Michael Reisch

Elektronische Bauelemente

Michael Reisch

Elektronische Bauelemente

Funktion, Grundschaltungen, Modellierung mit SPICE

2., vollständig neu bearbeitete Auflage

Mit 1125 Abbildungen und 67 Tabellen

Springer

Professor Dr. techn. Michael Reisch
Hochschule für Technik und Wirtschaft/
Fachhochschule Kempten
Bahnhofstraße 61-63
87435 Kempten/Allgäu
E-mail: Reisch@fh-kempten.de

ISBN-10 3-540-34014-9 Springer Berlin Heidelberg New York
ISBN-13 978-3-540-34014-0 Springer Berlin Heidelberg New York
ISBN-13 978-3-540-60991-9 1. Aufl. Springer Berlin Heidelberg New York

Bibliografische Information der Deutschen Nationalbibliothek
Die Deutsche Bibliothek verzeichnet diese Publikation in der Deutschen Nationalbibliografie; detaillierte bibliografische Daten sind im Internet über http://dnb.d-nb.de abrufbar.

Springer ist ein Unternehmen von Springer Science+Business Media

springer.de

Satz: Digitale Druckvorlage des Autors
Herstellung: LE-TEX Jelonek, Schmidt & Vöckler GbR, Leipzig
Einbandgestaltung: Sergio Vitale, medionet AG, Berlin

SPIN 10824317 7/3100/YL – 5 4 3 2 1 0 Gedruckt auf säurefreiem Papier

Vorwort zur 2. Auflage

Dieses Buch wurde für Studierende geschrieben, die sich etwas intensiver mit der Elektronik auseinandersetzen wollen, und soll ein nützlicher Begleiter durch das Elektronikstudium vom dritten Fachsemester bis zur industriellen Praxis sein. Neben diesem Einsatz im eigentlichen Studienbetrieb eignet sich das Buch wegen der Breite des abgedeckten Stoffs bestens als Nachschlagewerk und zum Selbststudium.

Wer die seit nahezu drei Jahren vergriffene erste Auflage neben die zweite legt wird das Buch kaum wiedererkennen. Das Buch wurde neu formatiert, komplett neu gegliedert und weist statt der ursprünglichen elf Kapitel nun 33 Kapitel auf. Durch diese stärkere Gliederung wird der Inhalt transparenter und schneller auffindbar, was die Verwendung als Nachschlagewerk verbessert.

Alle Kapitel wurden überarbeitet und zum Teil stark erweitert, mehr als ein Viertel des Texts und der Abbildungen wurden neu aufgenommen, und das Werk so auf den neuesten Stand gebracht. Dies gilt insbesondere für die in den letzten Jahren dramatisch weiterentwickelte CMOS-Technik und Speichertechnologie. Neu hinzugekommen sind die Kapitel Displays, Sensorbauelemente sowie Batterien und Akkumulatoren. Ich glaube es ist keine Hochstapelei, wenn ich behaupte, daß das Werk einen großen Schritt vorwärts gemacht hat.

Neben der Berücksichtigung neuer Bauelemente und Entwicklungen wurden insbesondere die halbleiterphysikalischen Grundlagen der Bauelemente vertieft: Als essentielle theoretische Grundlagen der Halbleiterbauelemente werden die Physik von pn-Übergang, Kurzbasisdiode, Schottky-Diode und MOS-Kondensator, das Gummel-Integral als Ausgangspunkt für aktuelle Modelle des Bipolartransistors, die Charge-sheet Näherung als Ausgangspunkt für aktuelle MOSFET-Modelle, und das Verhalten des pn-Übergangs bei Beleuchtung als Ausgangspunkt für ein gründlicheres Verständnis der Wirkungsweise einer Solarzelle ausführlich berücksichtigt.

Kleingedruckte Abschnitte bieten weiterführende oder ergänzende Informationen und können beim ersten Lesen übergangen werden. Der Inhalt dieser Abschnitte erscheint mir dennoch wichtig für ein vertieftes Verständnis der Halbleiterbauelemente. Gelegentlich sind diese Abschnitte auch etwas anspruchsvoller: Das Kleingedruckte hat es eben – wie so oft im Leben – manchmal in sich. Egal ob groß- oder kleingedruckt: Beim Lesen sollte der Bleistift und ein Schmierblatt für Nebenrechnungen nie fehlen. Wie heißt das so schön im Vorwort der Feynman Lectures on Physics: „Reading without a pencil is daydreaming“.

Insgesamt werden in den Literaturverzeichnissen mehr als 700 nahezu ausschließlich englischsprachige Arbeiten zitiert, nicht nur mit dem Ziel der Quellenangabe, sondern auch um Hinweise auf interessante weiterführende Literatur zu liefern. Ich weiß zwar, daß die meisten Studenten englischsprachige Veröffentlichungen weiträumig umgehen, möchte aber dennoch empfehlen, pro Semester beispielsweise zwei Arbeiten (man muß ja nicht gleich übertreiben), die besonderes interessant erscheinen zu besorgen, und diese von vorne bis hinten durchzuarbeiten. Das ist mühsam – aber für die spätere Berufstätigkeit außerordentlich hilfreich.

Und jetzt sollten Sie sich nicht mehr lange mit dem Vorwort aufhalten. Der Inhalt ist viel interessanter: Ich wünsche Ihnen viel Spaß beim Studium.

Kempten im September 2006

Michael Reisch

Aus dem Vorwort zur 1. Auflage

Eine zeitgemäße Einführung in das Gebiet der elektronischen Bauelemente, und damit in die Grundlagen der Elektronik, muß meiner Meinung nach, neben einer Darstellung der physikalischen Grundlagen und der Anwendungen, einen Bezug zu den heutzutage in der praktischen Arbeit eingesetzten CAD-Hilfsmitteln herstellen. Ein in der Elektronik tätiger Ingenieur muß die Wirkungsweise elektronischer Bauelemente verstanden und eine Vorstellung von der Größenordnung ihrer Kenngrößen haben, um sie kreativ einsetzen zu können. Er muß mit den Kenngrößen und sonstigen Datenblattangaben so weit vertraut sein, daß er aus Herstellerunterlagen die für die jeweilige Anwendung optimalen Bauteile auswählen kann. Er sollte über Kenntnisse der Modellierung der Bauelemente in SPICE verfügen, um die modernen Verfahren des CAD möglichst effizient nutzen zu können. Daneben muß er die analytische Rechnung mit vereinfachten Modellen zur Grobdimensionierung beherrschen – diese steht schließlich am Beginn einer jeden Schaltungsauslegung und ist auch für das Verständnis der Schaltung unverzichtbar.

Dieses Buch ist aus Vorlesungen entstanden, die ich in den Lehrgebieten „Werkstofftechnik“, „Elektronische Bauelemente“ sowie „Optoelektronik“ vor Studenten der Elektrotechnik an der FH Kempten gehalten habe, und richtet sich in erster Linie an angehende Ingenieure. Es soll einer praxisorientierten Ausbildung dienen, was nicht bedeutet, daß für theoretische Betrachtungen hier kein Raum wäre. Theorie und Praxis ergänzen sich und sind keine Gegensätze – schließlich ist das Gegenteil von „praktisch“ nicht „theoretisch“, sondern „unpraktisch“. Erst durch das theoretische Verständnis lassen sich Zusammenhänge erkennen, kann die ungeheure Vielfalt von Bauteilen und Effekten geordnet und der Wissensstoff zusammenfassend strukturiert werden. Ein Schwerpunkt der Ausbildung muß deshalb dem Aufbau einer *breiten* Grundlage dienen; Ingenieure sollten zumindest über Grundkenntnisse auf dem Gebiet der Bauelementephysik, der Halbleitertechnologie und der Schaltungstechnik verfügen – auch um mit Partnern aus benachbarten Gebieten zusammenarbeiten zu können.

Das Buch soll eine solide Grundlage für die Elektronikausbildung (Schaltungstechnik, Mikroelektronik, Leistungselektronik, Optoelektronik) darstellen und als begleitende Lektüre bereits im Grundstudium von Nutzen sein. Behandelt werden aber auch weiterführende Themen, die Studierende an aktuelle Entwicklungen der angewandten Halbleiterelektronik heranführen. Durch das umfangreiche Stichwortverzeichnis [...] sollen die Studierenden beim raschen Auffinden gesuchter Informationen unterstützt werden. Die mathematischen Voraussetzungen wurden bewußt gering gehalten: Für das Verständnis der durchgeführten Rechnungen sollten Grundkenntnisse in komplexer Rechnung, linearer Algebra, Differential- und Integralrechnung ausreichen. Zahlreiche Beispielrechnungen demonstrieren Lösungsansätze und zeigen Größenordnungen auf. Häufig wird der in der Praxis gegangene Weg der Schaltungsdimensionierung durch analytische Rechnung und die Verifikation mittels Simulation durch explizites Gegenüberstellen der Ergebnisse beschritten. Ein wichtiges Ziel ist dabei, Zusammenhänge zu erkennen sowie Lösungsansätze und -methoden einzustudieren – fertige „Kochrezepte“ werden nicht geboten.

Schreibweise, Formelzeichen

Die in diesem Buch verwendete Schreibweise versucht den üblichen Bezeichnungen sowie internationalen Standards (IEEE) weitestgehend zu entsprechen. Leider werden in der deutschsprachigen Lehrbuchliteratur für manche Größen andere Symbole verwendet als im „Rest der Welt". Dies gilt insbesondere für die Bezeichnung von Spannungen – diese wurden in der deutschsprachigen Lehrbüchern traditionell (DIN 1304) mit dem Symbol U bezeichnet, andernorts aber mit V. Da nach den neuen Normen ISO 31-5 und IEC 27-1 auch hierzulande das international gebräuchliche Symbol V verwendet werden darf und da mittlerweile auch die im deutschsprachigen Raum ansässigen Hersteller in ihren Datenbüchern elektrische Spannungen mit V bezeichnen, habe ich mich hier ebenfalls zu dieser Bezeichnung entschlossen.[2] Von wenigen Ausnahmen abgesehen, besitzen die Buchstaben B, C, d, E, F, I, P, R, V, W, x die in der folgenden Tabelle aufgeführte Bedeutung. Eine ausführliche Liste verwendeter Formelzeichen findet sich im Anschluß.

Tabelle Häufig verwendete Symbole

Kurzzeichen für Größen		Kurzzeichen für Indices	
C	Kapazität	B, b	Basis
d	Abstand	C, c	Kollektor
E	Elektrische Feldstärke	D, d	Drain
f	Frequenz	E, e	Emitter
I, i	Strom	eff	Effektivwert
G	Leitwert	F, f	Vorwärtsrichtung (Diode)
L	Induktivität	G, g	Gate
P, p	Leistung	R, r	Rückwärtsrichtung (Diode)
R	Widerstand	S, s	Source
T	Temperatur (absolut)	th	thermisch
t	Zeit		
V,v	Spannung		
W	Energie		
x	Ortskoordinate		

Wird eine bestimmte Kenngröße, wie der in deutschsprachigen Lehrbüchern häufig mit m bezeichnete Emissionskoeffizient einer Diode, in SPICE mit einem anderen Symbol bezeichnet (im Beispiel N), so wird die SPICE-

[2]Volumina und Geschwindigkeiten werden zwar ebenfalls mit dem Symbol v bezeichnet, Formeln, in denen Spannungen und Volumina bzw. Spannungen und Geschwindigkeiten gleichzeitig vorkommen, sind jedoch vergleichsweise selten; außerdem sollte der Leser in den Fällen, in denen beide Größen gleichzeitig vorkommen, die unterschiedliche Bedeutung leicht aus dem Zusammenhang erkennen können. Diesbezügliche Einschränkungen gelten ohnehin für nahezu sämtliche Symbole: Das Zeichen T kann beispielsweise die (absolute) Temperatur bezeichnen, aber auch die Periodendauer; mit W wird sowohl eine Weite als auch die Energie bezeichnet ...

Notation verwendet. Der leichteren Lesbarkeit in Formeln wegen werden SPICE-Parameter, die durch mehrere aufeinanderfolgende Großbuchstaben dargestellt werden, in Formeln als ein Großbuchstabe mit entsprechendem Index dargestellt (z.B. steht X_{CJC} für den Parameter `XCJC`). Hinsichtlich der Klein- und Großschreibung von Symbolen und Indizes werden ansonsten die folgenden Regeln angewandt:

1. Für *Augenblickswerte* zeitlich veränderlicher Größen werden kleine Buchstaben verwendet. Die Größen i, v und p bezeichnen nach dieser Konvention zeitabhängige Strom-, Spannungs- bzw. Leistungswerte.
2. Für zeitlich *konstante Größen* werden große Buchstaben verwendet. Die Größen I, V und P bezeichnen demnach konstante Strom-, Spannungs- bzw. Leistungswerte – oder aber Effektivwerte zeitlich veränderlicher Größen.
3. Indizes für *Großsignalgrößen* – das sind Größen, die „vom Wert Null an“ gezählt werden – werden groß geschrieben (z.B. i_{C}, I_{C}, v_{BE}, V_{BE}).
4. Indizes für *Kleinsignalgrößen* – das sind Größen deren Wert vom Arbeitspunkt aus gerechnet wird – werden klein geschrieben (z.B. v_{be}, i_{c}).

Diese Schreibweise wird auch auf die Knoten und Elemente von Ersatzschaltungen übertragen: Knotennamen in Großsignalersatzschaltungen werden mit großen Buchstaben gekennzeichnet (z.B. E, S), Knotennamen in Kleinsignalersatzschaltungen mit kleinen Buchstaben (z.B. e, s). Elemente einer Großsignalersatzschaltung werden mit großen Buchstaben gekennzeichnet (z.B. R), die Elemente einer Kleinsignalersatzschaltung entsprechend mit kleinen Buchstaben (z.B. r). Mit $r_{\mathrm{bb'}}$ wird demzufolge der zwischen den Knoten b und b' einer Kleinsignalersatzschaltung liegende Widerstand bezeichnet (Kleinsignalbasisbahnwiderstand, vgl. Kap.4). Bei einigen sehr häufig vorkommenden Elementen wird zur Vereinfachung der Schreibweise von dieser Konvention abgewichen; statt $g_{\mathrm{b'e'}}$ wird beispielsweise g_π geschrieben, statt $g_{\mathrm{c'e'}}$ die Abkürzung g_{o}.

Für den *zeitlichen Mittelwert* einer zeitabhängigen, mit T periodischen Größe $v(t)$ wird üblicherweise die Abkürzung

$$\overline{v} = \frac{1}{T}\int_0^T v(t)\,\mathrm{d}t$$

verwendet. Der *Effektivwert* $V_{\mathrm{eff}} = V_{\mathrm{rms}}$ von $v(t)$ ist definiert durch

$$V_{\mathrm{eff}} = \sqrt{\frac{1}{T}\int_0^T v^2(t)\,\mathrm{d}t} = \sqrt{\overline{v^2}}\,.$$

Falls aus dem Zusammenhang ersichtlich ist, daß ein Effektivwert vorliegt, wird der Index „eff“ nicht angeschrieben.

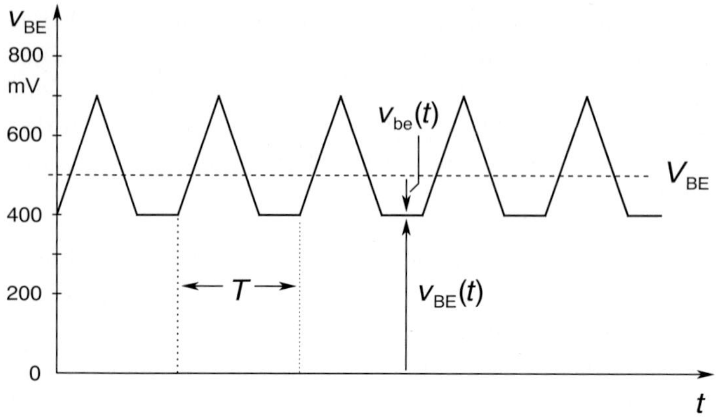

Abb. 1. Zur Erläuterung der verwendeten Notation

Beispiel Zur Erläuterung der Zusammenhänge wird Abb. 1 betrachtet. Diese zeigt den zeitabhängigen Verlauf der Basis-Emitter-Spannung $v_{BE}(t)$ eines Bipolartransistors. Der Großsignalwert v_{BE} nimmt dabei Werte zwischen 400 mV und 700 mV an; aus dem Diagramm entnimmt man für die Zeitabhängigkeit von $v_{BE}(t)$:

Zeit t	$0 < t \leq T/3$	$T/3 < t \leq 2T/3$	$2T/3 < t \leq T$
v_{BE}/mV	$400 + 900\,\frac{t}{T}$	$400 + 900\left(\frac{2}{3} - \frac{t}{T}\right)$	400
v_{be}/mV	$-100 + 900\,\frac{t}{T}$	$-100 + 900\left(\frac{2}{3} - \frac{t}{T}\right)$	-100

Der zeitliche Mittelwert der Spannung ist

$$\begin{aligned}\frac{\overline{v_{BE}}}{\mathrm{mV}} &= \frac{1}{T}\left[400\int_0^T \mathrm{d}t + 900\int_0^{T/3}\frac{t}{T}\,\mathrm{d}t + 900\int_{T/3}^{2T/3}\left(\frac{2}{3} - \frac{t}{T}\right)\mathrm{d}t\right] \\ &= \frac{1}{T}\left(400\,T + 300\,\frac{T}{3}\right) = 500\,.\end{aligned}$$

Vom Gleichanteil der Basis-Emitter-Spannung $V_{BE} = \overline{v_{BE}}$ aus wird der Wechselanteil $v_{be}(t)$ gemessen: Die zeitabhängige Basis-Emitter-Spannung $v_{BE}(t)$ setzt sich aus dem Gleichanteil V_{BE} und dem Wechselanteil $v_{be}(t)$ zusammen:

$$v_{BE}(t) = V_{BE} + v_{be}(t)\,.$$

Der Wechselanteil variiert im Beispiel zwischen -100 mV und 200 mV, sein Mittelwert ist Null. Wegen $\overline{v_{be}} = 0$ folgt

$$\overline{v_{BE}^2} = \overline{(V_{BE} + v_{be})^2} = \overline{V_{BE}^2 + 2V_{BE}v_{be} + v_{be}^2} = V_{BE}^2 + \overline{v_{be}^2}\,,$$

d.h. der Effektivwert $V_{BE,\mathrm{eff}}$ der Spannung v_{BE} ergibt sich aus dem Gleichanteil V_{BE} und dem Wechselanteil v_{be} gemäß

$$V_{BE,\mathrm{eff}} = \sqrt{V_{BE}^2 + \overline{v_{be}^2}} = \sqrt{V_{BE}^2 + V_{be}^2}\,,$$

wobei $V_{\mathrm{be}} = \sqrt{\overline{v_{\mathrm{be}}^2}}$ den Effektivwert des Wechselanteils bezeichnet. Der Effektivwert des Wechselanteils im Beispiel folgt aus

$$\frac{V_{\mathrm{be}}^2}{\mathrm{mV}^2} = \frac{1}{T}\int_0^{T/3}\left(900\,\frac{t}{T} - 100\right)^2 \mathrm{d}t + \frac{1}{T}\int_{\mathrm{T}/3}^{2T/3}\left(1000 - 900\,\frac{t}{T}\right)^2 \mathrm{d}t$$
$$+\frac{1}{T}\int_{2\mathrm{T}/3}^{T}(100)^2\,\mathrm{d}t = 10^4$$

zu $V_{\mathrm{be}} = 100$ mV. Der Effektivwert des Großsignalwerts der Basis-Emitter-Spannung ist demnach

$$V_{\mathrm{BE,eff}} = \sqrt{V_{\mathrm{BE}}^2 + V_{\mathrm{be}}^2} = \sqrt{(500\,\mathrm{mV})^2 + (100\,\mathrm{mV})^2} = 509.9\,\mathrm{mV}\,.$$

Er ist größer als der Gleichanteil.

Sinusförmige Wechselgrößen werden in komplexer Schreibweise ausgedrückt in der Form

$$v(t) = \mathrm{Re}[\,\underline{v}(t)\,] = \mathrm{Re}\left(\underline{\hat{v}}\,\mathrm{e}^{\mathrm{j}\omega t}\right)$$

mit der komplexen Amplitude $\underline{\hat{v}}$. Der Betrag der Amplitude wird angegeben als $\hat{v} = |\underline{\hat{v}}|$. Diese Größe gibt den Scheitelwert und nicht den Effektivwert der Größe an. Letzterer ergibt sich für sinusförmige Verläufe als

$$V = \hat{v}/\sqrt{2}\,.$$

Die ebenfalls häufig anzutreffende Rechnung mit komplexen Effektivwerten

$$\underline{V} = \underline{\hat{v}}/\sqrt{2}$$

wird in diesem Buch nicht verwendet. In Ersatzschaltungen für die Wechselstromanalyse werden zeitabhängige komplexe Zeiger für Spannung und Strom durch Unterstreichen angegeben; $\underline{v}$ bzw. $\underline{i}$ entsprechen demzufolge die Ausdrücke

$$\underline{v} = \underline{\hat{v}}\,\mathrm{e}^{\mathrm{j}\omega t} \quad \text{und} \quad \underline{i} = \underline{\hat{i}}\,\mathrm{e}^{\mathrm{j}\omega t}\,.$$

Die Beziehungen für Übertragungsfaktoren, Impedanzen, Admittanzen etc. sind Verhältnisse und unabhängig von der angewandten Schreibweise; beispielsweise gilt

$$\underline{Z} = \frac{\underline{V}}{\underline{I}} = \frac{\underline{\hat{v}}}{\underline{\hat{i}}} = \frac{\underline{v}}{\underline{i}}\,.$$

Werden mehrere Impedanzen $\underline{Z}_i$ parallel geschaltet, so lassen sich diese zu einer Impedanz

$$\underline{Z} = \underline{Z}_1 \,\|\, \underline{Z}_2 \,\|\, \cdots \,\|\, \underline{Z}_n = \left(\frac{1}{\underline{Z}_1} + \frac{1}{\underline{Z}_2} + \cdots + \frac{1}{\underline{Z}_n}\right)^{-1}$$

zusammenfassen. Das Zeichen „$\|$“ entspricht dabei einem Rechenoperator, der die Addition der Kehrwerte der verknüpften Ausdrücke mit anschließender Kehrwertbildung bewirkt. Die Rechenoperation „$\|$“ wird vor den „Strich-Operationen“ („+“, „−“) aber nach den „Punkt-Operationen“ („·“, „:“) ausgeführt.

Physikalische Konstanten

Avogadro-Konstante	N_{mol}	$6.02217 \cdot 10^{23}\mathrm{mol}^{-1}$
Bohrsches Magneton	$\mu_{\mathrm{B}} = e\hbar/2m_{\mathrm{e}}$	$9.27408 \cdot 10^{-24}$ J/T
Bohrscher Radius	a_0	$0.529166 \cdot 10^{-10}$ m
Boltzmann-Konstante	k_{B}	$1.38062 \cdot 10^{-23}\mathrm{J\ K}^{-1}$
Elementarladung	e	$1.602192 \cdot 10^{-19}$ As
Faraday-Konstante	$F = eN_{\mathrm{mol}}$	$9.648456 \cdot 10^{4}$ C/mol
Gaskonstante	$R = k_{\mathrm{B}}N_{\mathrm{mol}}$	$8.3143\mathrm{J\ K}^{-1}\mathrm{mol}^{-1}$
Influenzkonstante	ϵ_0	$8.8542 \cdot 10^{-12}\mathrm{As}V^{-1}m^{-1}$
Induktionskonstante	$\mu_0 = \epsilon_0^{-1}c^{-2}$	$1.2566 \cdot 10^{-6}\ \mathrm{V\ s\ A}^{-1}\ \mathrm{m}^{-1}$
Magnetisches Momemt ((Elektron)	μ_{e}	$9.2848456 \cdot 10^{-24}$ J/T
Plancksche Konstante	h	$6.62620 \cdot 10^{-34}$ Js
	$\hbar = h/2\pi$	$1.0546 \cdot 10^{-34}$ Js
Ruhemasse des Elektrons	m_{e}	$9.10956 \cdot 10^{-31}$ kg
Ruhemasse des Neutrons	m_{n}	$1.67482 \cdot 10^{-27}$ kg
Ruhemasse des Protons	m_{p}	$1.67261 \cdot 10^{-27}$ kg
Ruheenergie des Elektrons	$m_{\mathrm{e}}c^2$	0.511 MeV
Rydbergenergie	W_R	13.6 eV
Stefan-Boltzmann-Konstante	σ_{S}	$5.67032 \cdot 10^{-8}\ \mathrm{W/(m^2K^4)}$
Vakuumlichtgeschwindigkeit	c	$2.997925 \cdot 10^{8}\ \mathrm{ms}^{-1}$

Abgeleitete SI-Einheiten

Größe	Name	Zeichen	MKSA
Kraft	Newton	N	$\mathrm{kg\,m\,s^{-2}}$
Energie	Joule	J	$\mathrm{kg\,m^2 s^{-2}}$
	Elektronenvolt	eV	$1.6021892 \cdot 10^{-19}$ J
Leistung	Watt	W	$\mathrm{kg\,m^2 s^{-3}}$
Ladung	Coulomb	C	$\mathrm{A\,s}$
Spannung	Volt	V	$\mathrm{kg\,m^2 s^{-3} A^{-1}}$
Kapazität	Farad	F	$\mathrm{A^2 s^4 kg^{-1} m^{-2}}$
Widerstand	Ohm	Ω	$\mathrm{kg\,m^2 A^{-2} s^{-3}}$
Leitwert	Siemens	S	$\mathrm{A^2 s^3 kg^{-1} m^{-2}}$
Magnetischer Fluß	Weber	Wb	$\mathrm{kg\,m^2 s^{-2} A^{-1}}$
Magnetische Induktion	Tesla	T	$\mathrm{kg\,A^{-1} s^{-2}}$
Induktivität	Henry	H	$\mathrm{kg\,m^2 A^{-2} s^{-2}}$
Frequenz	Hertz	Hz	$\mathrm{s^{-1}}$
Winkel	Radiant	rad	1
Raumwinkel	Steradiant	sr	1
Lichtsrom	Lumen	Lm	cd sr
Beleuchtungsstärke	Lux	lx	$\mathrm{cd\,sr\,m^{-2}}$
Energiedosis	Gray	Gy	$\mathrm{m^2 s^{-2}}$
Dosisäquivalent	Sievert	Sv	$\mathrm{m^2 s^{-2}}$
Aktivität (radioaktive)	Becquerel	Bq	$\mathrm{s^{-1}}$

Formelzeichen

Symbol	Bedeutung	Seite
a_p	Verstärkungsmaß (10 dB· $\log(G_p)$)	19
$\underline{a}_{\mathrm{d}}$	Differenzverstärkung (Kleinsignal)	205
$\underline{a}_{\mathrm{gl}}$	Gleichtaktverstärkung (Kleinsignal)	205
a_v	Verstärkungsmaß (20 dB· $\log(A_v)$)	19
$\underline{a}_\alpha$	Wellengrößen ($\alpha = 1, 2$)	72
A^*	Richardson-Konstante	658
A_3	Nichtlinearität (Widerstand)	278
A_{D}	Differenzspannungsverstärkung	199
A_i	Stromverstärkung	19
A_I	Stromverstärkung (Fotowiderstand)	1277
A_I	Rauschindex	277
A_{j}	Sperrschichtfläche	595
A_{je}	Fläche der Emittersperrschicht	756
A_{GL}	Gleichtaktverstärkung	201
A_{L}	Induktivitätsfaktor	363
A_{N}	(Vorwärts-)Stromverstärkung in Basisschaltung	751
A_{N}	numerische Apertur (Glasfaser)	1265
A_{npn}	Stromverstärkung in Basischaltung (npn)	936
A_{pnp}	Stromverstärkung in Basischaltung (pnp)	936
A_{R}	Widerstandsfaktor	368
A_v	Spannungsverstärkung ($\lvert\underline{H}_v\rvert$)	18
$\underline{b}_\alpha$	Wellengrößen ($\alpha = 1, 2$)	72
B	B-Wert (Heißleiter)	287
$\boldsymbol{B}$	magnetische Flußdichte	357
B_{F}, `BF`	ideale Vorwärtsstromverstärkung	762
B_{R}, `BR`	ideale Rückwärtsstromverstärkung	762
B_{I}	Rückwärtsstromverstärkung	750
B_{N}	(Vorwärts-)Stromverstärkung (Emitterschaltung)	750
B_{off}	Abschaltstromverstärkung	958
c_{iss}	Eingangskapazität (MOSFET)	994
c_{j}	Sperrschichtkapazität (Diode, Schottky-Diode)	620
c_{jc}	BC-Sperrschichtkapazität	795
c_{je}	EB-Sperrschichtkapazität	795
c_{oss}	Ausgangskapazität (MOSFET)	994
c'_{ox}	flächenspezifische Oxidkapazität	667
c_{rss}	Rückwirkungskapazität (MOSFET)	994
c_{t}	Diffusionskapazität	626
c_μ	Kleinsignalkapazität der BC-Diode	795
c_π	Kleinsignalkapazität der EB-Diode	795
C'	Kapazitätsbelag (Leitung)	410
C_{J0}, `CJO`	$c_{\mathrm{j}}(V = 0)$	620
C_{N}	Nennkapazität (Batterie)	1477
C_{JC}, `CJC`	$c_{\mathrm{jc}}(V_{\mathrm{BC}} = 0)$	913
C_{JE}, `CJE`	$c_{\mathrm{je}}(V_{\mathrm{BE}} = 0)$	913
C_{th}	Wärmekapazität	170

Symbol	Bedeutung	Seite
CMRR	Gleichtaktunterdrückung	202
d_B	Basisweite	754
d_F	Desakkomodationskoeffizient	360
d_j	Sperrschichtweite	591
d_{ox}	Oxiddicke	552
D	Detektivität	1275
D	Energiedosis	1465
$\dot{D}$	Energiedosisleistung	1460
D^*	modifizierte Detektivität	1275
D_e	Strahlungsflußdichte	1249
D_n	Diffusionskoeffizient für Elektronen	92, 509
D_p	Diffusionskoeffizient für Löcher	509
e	Elementarladung ($1.602 \cdot 10^{-19}\,\text{cm}^{-3}$)	–
e	Euler-Zahl (2.71828...)	–
E	Elastizitätsmodul	1460
E_0	Standardpotential	1472
E_D	Durchschlagsfeldstärke (Dielektrikum)	316
E_e	Bestrahlungsstärke	1248
E_G, EG	Bandabstandsspannung	775
E_{max}	max. Feldstärke im pn-Übergang	592
ESR	Equivalent series resistance	329
f_G	Grenzfrequenz (Kapazitätsdiode)	721
f_{max}	maximale Schwingfrequenz	800
f_T	Transitfrequenz (OPV)	206
f_T	Transitfrequenz (BJT)	796
f_y	Steilheitsgrenzfrequenz	798
f_β	β-Grenzfrequenz	796
g	Kleinsignalleitwert	7
F	Rauschzahl, Rauschfaktor	104
$F(M)$	Rauschfaktor (Lawinenmultiplaktion)	1301
F_Z	Zusatzrauschzahl	105
FF	Füllfaktor	1334
g	optischer Gewinn	1373
g_d	Kleinsignalleitwert (Diode)	633
g_m	Übertragungsleitwert (BJT)	785
g_o	Ausgangsleitwert (BJT)	785
g_μ	Rückwirkungsleitwert	788
g_π	Eingangsleitwert (BJT)	785
$\mathcal{G}$	Generationsrate	511
G_n	äquivalenter Rauschleitwert	102
G'	Ableitungsbelag (Leitung)	410
G_B	Gummel-Zahl	765
G_p	Leistungsverstärkung	20
G_T	Betriebsleistungsverstärkung	68
G_{th}	Wärmeleitwert	169
GZ	Gesetzliche Zeit	1326
$\underline{h}_{\alpha\beta}$	Hybridparameter	60

Symbol	Bedeutung	Seite
$\boldsymbol{H}$	magnetische Feldstärke	357
H_e	Bestrahlung	1248
$\underline{H}_v$	Spannungsübertragungsfaktor	18
I_BB	Basisstromanteil (Rekombination im Basisgebiet)	754
I_BC	Basisstromanteil (Injektion in Kollektor)	754
I_BE	Basisstromanteil (Injektion in Emitter)	754
I_CE	von V_BE gesteuerter Transferstromanteil ($q_\mathrm{B} = 1$)	760
I_CBO	Kollektorreststrom	812
I_CEO	Kollektor-Emitter-Reststrom ($I_\mathrm{B} = 0$)	812
I_CES	Kollektor-Emitter-Reststrom ($V_\mathrm{BE} = 0$)	813
I_DE	Strom der idealen EB-Diode	763
I_DSP	Sättigungstrom (JFET)	1219
I_DSS	Drainreststrom	1017
I_DSS	maximaler Sättigungsstrom (JFET)	1219
I_DC	Strom der idealen BC-Diode	763
I_e	Strahlstärke	1247
I_EBO	Emitterreststrom	812
I_EC	von V_BC gesteuerter Transferstromanteil ($q_\mathrm{B} = 1$)	760
I_H	Haltestrom	935
$I_{h\nu}$	Fotostrom	1283,1334
I_KF	Kniestrom	600
I_O	Offsetstrom (OPV)	202
I_P	Abschnürstrom (JFET)	1217
I_S, `IS`	Sättigungsstrom (Diode,Schottky-Diode)	602, 658
I_sc	Kurzschlußstrom (Solarzelle)	1328
I_T	Transferstrom	755
I_v	Lichtstärke	1250
I_Z	Strom durch Z-Diode (Sperrpolung)	711
$\boldsymbol{J}$	Stromdichte	265
$\boldsymbol{J}$	magnetische Polarisation	358
J_0	Austauschstromdichte	1475
J_dark	Dunkelstromdichte	1420
J_n	Elektronenstromdichte	503,520
J_n	Teilchenstromdichte (Elektronen)	523
J_p	Löcherstromdichte	503, 520
k_B	Boltzmann-Konstante	–
k	k-Faktor, Gauge-Faktor	1459
k_DA	Koeffizient der dielektrischen Absorption	319
K	Fotometrisches Strahlungsäquivalent	1252
K_m	Fotometrisches Strahlungsäquivalent (Maximalwert)	1252
K_P, `KP`	Übertragungsleitwertparameter	980
$l(i)$	Kleinsignalinduktivität	10
L	Kanallänge (MOSFET)	980
L'	Induktivitätsbelag (Leitung)	410
L_e	Strahldichte	1248
L_D	Debye-Länge	529
L_n	Diffusionslänge für Elektronen ($\sqrt{D_\mathrm{n}\tau_\mathrm{n}}$)	595

Symbol	Bedeutung	Seite
L_{p}	Diffusionslänge für Löcher ($\sqrt{D_{\mathrm{p}}\tau_{\mathrm{p}}}$)	596
$L_{\alpha\beta}$	Induktivitätskoeffizienten	361
m_{n}^*	effektive Masse (Elektron)	482
m_{p}^*	effektive Masse (Loch)	482
M, `M`	Gradationsexponent der Diode	620
$\boldsymbol{M}$	Magnetisierung	358
M	Gegeninduktivität	361
M_{JC}, `MJC`	Gradationsexponent der BC-Diode	913
M_{JE}, `MJE`	Gradationsexponent der EB-Diode	913
M_{e}	spezifische Ausstrahlung	1247
M_{n}	Multiplikationsfaktor für injizierte Elektronen	615
M_{p}	Multiplikationsfaktor für injizierte Löcher	616
M_{s0}	Sättigungsmagnetisierung	387
MAG	maximal verfügbare Leistungsverstärkung	71
MAG	maximale stabile Leistungsverstärkung	71
MTTF	mittlere Lebensdauer	190
n	Elektronendichte	487
n_0	Elektronendichte im Gleichgewicht	494
n_{i}	Intrinsische Dichte	488
n_{ie}	effektive intrinsische Dichte	497
n_{p}	Elektronendichte im p-Gebiet	595
n_{p0}	Elektronendichte im Gleichgewicht (p-Typ)	495
n_{n0}	Elektronendichte im Gleichgewicht (n-Typ)	494
N	Emissionskoeffizient der Diode (SPICE)	602
NEP	Rauschäquivalenzleistung	1274
N_{A}	Akzeptordichte	494
N_{A}^-	Dichte ionisierter Akzeptoren	494
N_{C}	Effektive Zustandsdichte im Leitungsband	487
N_{d}	Tagesnummer	1324
N_{D}	Donatordichte	494
N_{D}^+	Dichte ionisierter Donatoren	494
$N_{h\nu}$	Photonenzahl	1373
N_{V}	Effektive Zustandsdichte im Valenzband	487
NF	Rauschmaß (Rauschzahl in dB)	104
p	Löcherdichte	487
p_0	Löcherdichte im Gleichgewicht	487
p_{n}	Löcherdichte im n-Gebiet	494
p_{n0}	Löcherdichte im Gleichgewicht (n-Typ)	495
p_{p0}	Löcherdichte im Gleichgewicht (p-Typ)	494
P_{nv}	verfügbare Rauschleistung	95
P_{Q}	Pyroelektrischer Ladungskoeffizient	1313
P_{v}	Pyroelektrischer Spannungskoeffizient	1313
P_{zul}	zulässige Verlustleistung	173
PSRR	Betriebsspannungsdurchgriff	203
q_{B}	normierte „Basisladung“ des BJT	759
Q	Güte	38
$\boldsymbol{Q}$	Wärmestrom	533

Symbol	Bedeutung	Seite
Q_{C}	Güte (Kondensator)	325
Q_{j}	Sperrschichtladung	620
Q_{L}	Güte (Spule)	367
Q'_{n}	flächenspezifische Inversionsladung	668
$Q_{\mathrm{r}}, Q_{\mathrm{rr}}$	Sperrverzögerungsladung	692,953
Q_{s}	Nachlaufladung	692
Q_{T}	Diffusionsladung	626
Q_{TB}	Diffusionsladung im Basisgebiet	756
Q_{TC}	Diffusionsladung der BC-Diode	794
Q_{TE}	Diffusionsladung der EB-Diode	794
r	Kleinsignalwiderstand	8
r	Reflexionskoeffizient (Optik)	1254
$r_{\mathrm{bb'}}$	Kleinsignalbasisbahnwiderstand	787
$\underline{r}$	Reflexionsfaktor	417
$\underline{r}_{\mathrm{i},i}$	Strom-Reflexionskoeffizient (Eingang)	72
$\underline{r}_{\mathrm{i},v}$	Spannungs-Reflexionskoeffizient (Eingang)	71
r_{s}	(Kleinsignal-)Bahnwiderstand (Diode)	633
r_{th}	transienter Wärmewiderstand	175
r_{Z}	Kleinsignalwiderstand der Z-Diode ($T = \mathrm{const.}$)	711
r^*_{Z}	Kleinsignalwiderstand der Z-Diode ($T = T_{\mathrm{A}} + R_{\mathrm{th}}P$)	713
$\mathcal{R}$	Rekombinationsrate	511
R'	Widerstandsbelag (Leitung)	410
$R_{\mathrm{BB'}}$	Basisbahnwiderstand	763
$R_{\mathrm{CC'}}$	Kollektorbahnwiderstand	763
R_{DSon}	Einschaltwiderstand (MOSFET)	980
$R_{\mathrm{EE'}}$	Emitterbahnwiderstand	763
R_{Gopt}	Quellwiderstand bei Rauschanpassung	106
R_{K}	Kontaktwiderstand	578
R_{n}	äquivalenter Rauschwiderstand	102
R_{S}, `RS`	(Großsignal-)Bahnwiderstand (Diode)	603
R_{th}	Wärmewiderstand	169
$R_{\mathrm{th,JC}}$	Wärmewiderstand zwischen Bauteil u. Gehäuse	177
$R_{\mathrm{th,CA}}$	Wärmewiderstand zwischen Gehäuse und Umgebung	177
$R_{\mathrm{th,CK}}$	Wärmekontaktwiderstand	179
RL	Rückflußdämpung (return loss)	418
S	Gate voltage swing	1017
S	Empfindlichkeit (Fotodetektor)	1274
S	Ordnungsgrad	1404
S_i	Spektrum (Rauschstrom)	87
S_{p}	Oberflächenrekombinaionsgeschwindigkeit (Löcher)	596
S_v	Spektrum (Rauschspannung)	87
$\underline{S}_{\alpha\beta}$	Streuparameter	73
t	Transmissionskoeffizient	1254
t_{c}	Schonzeit (Thyristor)	951
t_{d}	Verzögerungszeit (Laufzeit)	21
t_{g}	Gruppenlaufzeit	18
t_{fr}	Vorwärtserholzeit (Diode)	682

Symbol	Bedeutung	Seite
t_{gd}	Zündverzugszeit (Thyristor)	946
t_{gr}	Durchschaltzeit (Thyristor)	946
t_{gs}	Zündausbreitungszeit (Thyristor)	947
t_{gt}	Zündzeit (Thyristor)	946
t_{PDH}	Anstiegsverzögerungszeit	859
t_{PDL}	Abfallverzögerungszeit	858
t_{q}	Freiwerdezeit (Thyristor)	951
t_{r}	Anstiegszeit	21
t_{φ}	Phasenlaufzeit	18
$\tan\delta_{\epsilon}$	Verlustzahl (Dielektrikum)	316
$\tan\delta_{\mathrm{L}}$	Verlustfaktor (Spule)	367
$\tan\delta_{\mathrm{Ke}}$	Verlustfaktor (Kern mit Luftspalt))	371
T_{C}	Curie-Temperatur	390
T_{K}	Klärtemperatur	1403
T_{S}	Schmelztemperatur	1403
T_{T}, `T`	Transitzeit (Diode)	626
U	Unilaterale Leistungsverstärkung	69
ü	Übertrgungsverhältnis	401
v_{g}	Gruppengeschwindigkeit	1245
v_{gr}	Gruppengeschwindigkeit	413
v_{n}	Driftgeschwindigkeit (Elektronen)	502
v_{nsat}	Sättigungsgeschwindigkeit (Elektronen)	502
v_{ph}	Phasengeschwindigkeit	1242
v_{p}	Driftgeschwindigkeit (Löcher)	502
V'	Spannungsabfall am pn-Übergang	603
V_0	Leerlaufspannung (Batterie)	1476
V_{AF}	(Vorwärts-)Early-Spannung	761
V_{BF0}	Nullkippspannung	934
V_{BR}	Durchbruchspannung (Diode)	613
V_{BR}	Rückwärtsdurchbruchspannung (Thyristor)	934
V_{BRCBO}	Durchbruchspannung der BC-Diode	813
V_{BRCEO}	Kollektor-Emitter-Grenzspannung (offene Basis)	816
V_{BREBO}	Durchbruchspannung der EB-Diode	813
V_{Dsat}	Sättigungsspannung (MOSFET)	981
V_{DSP}	Sättigungsspannung (JFET)	1219
V_{DSS}	maximale Sättigungsspannung (JFET)	1219
V_{FB}	Flachbandspannung	665
V_{g0}	Bandabstandsspannung (Extrapolation zu $T = 0$)	489
V_{H}	Hall-Spannung	534
V_{H}	Haltespannung	935
V_{J}, `VJ`	Diffusionsspannung (Diode, Schottky-Diode)	590, 655
V_{N}	Nennspannung	1476
V_{O}	Eingangsoffsetspannung (OPV)	202
V_{P}	Abschnürspannung	1006
V_{S}	Entladeschlußspannung	1476
V_T	Temperaturspannung ($k_{\mathrm{B}}T/e$)	8
V_{TH}	Einsatzspannung (MOSFET, beliebiges V_{SB})	987

Symbol	Bedeutung	Seite
V_{TO}, VTO	Einsatzspannung (MOSFET mit $V_{\mathrm{SB}} = 0$)	669
V_{TO}	Abschnürspannung (JFET)	1217
V_{V}	Varistorspannung ($I = 1\,\mathrm{mA}$)	307
VSWR	Stehwellenverhältnis	418
W_{Bn}	Barrierenhöhe des Schottky-Kontakts (n-Typ)	656
W_{C}	Leitungsbandkante	477
W_{F}	Fermi-Energie	487
W_{Fi}	Fermi-Energie im undotierten Halbleiter	488
W_{Fn}	Fermi-Energie (n-Gebiet)	497
W_{Fp}	Fermi-Energie (p-Gebiet)	497
W_{g}	Energielücke	477
$W_{h\nu}$	Energie eines Photons	1242
W_{V}	Valenzbandkante	477
W_{χ}	Elektronenaffinität	477
WOZ	Wahe Ortszeit	1326
x_{n}	n-seitiger Sperrschichtrand	591
x_{p}	p-seitiger Sperrschichtrand	591
X_{TI}	Temperaturexponent des Sättigungsstroms I_S	607
$\underline{y}_{\alpha\beta}$	Leitwertparameter	55
$\underline{Y}$	Admittanz	13
$\underline{Y}_{\gamma}$	Korrelationsadmittanz	13
$\underline{z}_{\alpha\beta}$	Widerstandsparameter	62
$\underline{Z}$	Impedanz	13
$\underline{Z}_0$	Wellenwiderstand	412
Z_{C}	Zustandsdichte (Leitungsband)	489
$\underline{Z}_{\mathrm{i}}$	Eingangsimpedanz	65
$\underline{Z}_{\mathrm{o}}$	Ausgangsimpedanz	65
Z_{V}	Zustandsdichte (Valenzband)	490

Griechische Buchstaben:

Symbol	Bedeutung	Seite
α	Absorptionskoeffizient	1259
α	Absorptionsgrad	1272
α	Dämpfungskonstante /Leitung)	412
$\alpha_{\mathrm{n}}, \alpha_{\mathrm{p}}$	Ionisationskoeffizienten	516
$\alpha_{\mathrm{Sn}}, \alpha_{\mathrm{Sp}}$	Seebeck-Koeffizienten	532
α_{T}	Basistransportfaktor	757
α_{V}	Spannungskoeffizient	277
α_{W}	Weißsche Wechselwirkungskonstante	389
α_{X}	Temperaturkoeffizient der Größe X	168
α_{X2}	quadratischer Temperaturkoeffizient der Größe X	168
α_{Z}	Temperaturkoeffizient der Z-Spannung	712
β	NF-Kleinsignalstromverstärkung $(\partial I_C/\partial I_B)_{V_{\mathrm{CE}}}$	790

Symbol	Bedeutung	Seite
β	Phasenkonstante (Leitung)	412
β	Stromindex (Varistor)	307
β_{n}	Übertragungsleitwertfaktor (n-Kanal MOSFET)	982
γ	Zenitdistanz	1325
γ, GAMMA	Substratsteuerungsfaktor	669
γ	Spannungsindex (Varistor)	306
γ	Ausbreitungskonstante (Leitung) 411	
γ_{th}	spezifischer Wärmekontaktwiderstand	179
δ	Deklination	1324
δ	Eindringtiefe, Leitschichtdicke	267
δ_{ϵ}	Verlustwinkel (Dielektrikum)	315
$\Delta W_{\mathrm{g}}^{\mathrm{app}}$	Scheinbares bandgap narrowing	498
ϵ	Emissionsgrad	1271
ϵ	relative Längenänderung	1460
ϵ_0	Influenzkonstante ($= 8.859 \cdot 10^{-14}\,\mathrm{F/cm}$)	315
ϵ_{r}	Dielektrizitätszahl	315
η_{d}	differentielle Quantenausbeute	1375
η_{e}	Strahlungsausbeute	1248
η_{v}	Lichtausbeute	1252
η_{Q}	Quantenwirkungsgrad (Solarzelle)	1328
η_{Q}	Quantenausbeute (LED)	1358
η_{Q}	Quantenwirkungsgrad	1284
ϑ_{A}	Umgebungstemperatur in °C	169
Θ_{A}	Akzeptanzwinkel (Multimodefaser)	1265
κ	Modulationssteilheit	1362
λ	Ausfallrate	189
λ, LAMBDA	Kanallängenmodulationsparameter (SPICE)	990
λ_{G}	Grenzwellenlänge	1260
μ_0	Induktionskonstante ($4\,\pi\,\mathrm{nH/cm}$)	357
μ_{e}	effektive Permeabilität	371
μ_i	chemisches Potential	1473
$\tilde{\mu}_i$	elektrochemisches Potential	1473
μ_{n}	Elektronenbeweglichkeit	502
μ_{r}	Permeabilitätszahl	357
μ_{p}	Löcherbeweglichkeit	502
μ_{Δ}	Überlagerungspermeabilität	359
μ_{rev}	reversible Permeabilität	359
ν	Frequenz (Photonen)	1242
Π	Peltier-Koeffizient	183
ρ	spezifischer Widerstand	265
ρ_{C}	spezifischer Kontaktwiderstand	660
σ	mechanische Spannung	1460
σ	spezifische Leitfähigkeit	265
σ	spezifische Leitfähigkeit (Halbleiter)	503
σ	Parameter für DIBL-Effekt	1031
σ_{S}	Stefan-Boltzmann-Konstante	1271
τ_{B}	Basistransitzeit	757

Symbol	Bedeutung	Seite
τ_f	Vorwärtstransitzeit	794
τ_{cn}	Streuzeit (Elektronen)	502
τ_{is}	Selbstentladezeitkonstante	324
$\tau_{h\nu}$	Photonenlebensdauer	1374
τ_{K}	Transitzeit (MOSFET)	980
τ_n	Lebensdauer für Elektronen	512
τ_p	Lebensdauer für Löcher	512
τ_{r}	Rückwärtstransitzeit	795
τ_{th}	thermische Zeitkonstante	170
τ_ϵ	Dielektrische Relaxationszeit	528
φ	Stundenwinkel	1325
ϕ	Fluß (magnetischer)	10
ϕ_{n}	Quasi-Fermipotential (Elektronen)	531
ϕ_{p}	Quasi-Fermipotential (Löcher)	531
Φ	Oberflächenpotential bei starker Inversion	987
Φ_{e}	Strahlungsleistung	1247
Φ_{v}	Lichtstrom	1251
ψ	Elektrostatisches Potential	527
ψ	Azimut	1325
ψ_{s}	Oberflächenpotential	665
Ω	Raumwinkel	1246

Inhaltsverzeichnis

1 Grundlagen

Elektronische Bauelemente sind die Grundbausteine jeder elektronischen Schaltung. Mit einer vergleichsweise geringen Anzahl unterschiedlicher Bauelemente lassen sich vielfältige Funktionen realisieren – man denke nur an HiFi-Anlagen, Computer, Heizungssteuerungen, Fernsehtechnik, Einspritzregelung im Automobil, ABS oder die telefonische Vermittlung. Alle diese Techniken sind erst durch die Entwicklung der elektronischen Bauelemente möglich geworden; ihre Weiterentwicklung profitiert wesentlich von deren Fortschritt – insbesondere in der Mikroelektronik.

Der Aufbau elektronischer Schaltungen hat sich im Laufe der Zeit verändert. Wurden früher elektronische Schaltungen aus Einzelbauelementen zusammengelötet, so gibt es heute kaum mehr elektronische Schaltungen, in denen nicht mindestens ein integrierter Schaltkreis (IC) auftritt. Ingenieure, die mit der Entwicklung elektronischer Schaltungen betraut sind, finden heute ihr Einsatzgebiet in der „Chip-Entwicklung" oder in der „Board-Entwicklung". Im ersten Fall besteht ihre Aufgabe im Entwurf von integrierten Schaltkreisen mit spezifizierten Eigenschaften, im zweiten Fall in der Entwicklung von Leiterplatten, auf denen vorgefertige Bauelemente (einschl. ICs) zusammengeschaltet sind. Beide Einsatzgebiete erfordern eine profunde Kenntnis der Wirkungsweise elektronischer Bauelemente.

Mit zunehmender Komplexität der Schaltungen ist der Einsatz von Versuchsschaltungen zur Schaltungsoptimierung nicht mehr gangbar. Abgesehen von den hohen Kosten würde die zur Fertigstellung einer jeden Versuchsschaltung benötigte Zeit die Schaltungsentwicklung enorm[1] verzögern. Der Ingenieur muß deshalb in der Lage sein, die Eigenschaften seiner Schaltung im voraus zu berechnen. Für diese Aufgabe benötigt er mathematische Modelle und Ersatzschaltbilder, mit denen er die Bauteileigenschaften beschreiben kann, sowie Kenntnisse in der Analyse elektrischer Netzwerke mittels analytischer Rechnung und Computersimulation.

Dieses Kapitel bietet eine Zusammenfassung wichtiger Grundlagen aus der Theorie der elektrischen Netzwerke. Lesern die an einer breiteren Darstellung dieser Sachverhalte interessiert sind, kann z. B. [1–7] als empfehlenswerte Literatur genannt werden.

[1]Bei der Entwicklung von integrierten Schaltungen oder von Schaltungen mit modernen Aufbautechniken gilt dies in besonderem Maße. Hier scheidet die Nachbildung der Schaltung mit diskreten Einzelbauteilen aus, da in den so realisierten Testschaltungen völlig andere parasitäre Kapazitäten, Leitungslängen und Laufzeiten als im realen IC auftreten würden. Der Aufbau einer Testschaltung bedeutet hier also jedesmal die Herstellung einer kompletten integrierten Schaltung. Der Test ist außerdem stark erschwert, da mit konventionellen Meßverfahren nur die Knoten an der Peripherie zugänglich sind.

1.1 Elektrische Netzwerke, CAD-Werkzeuge

Elektronische Schaltungen werden üblicherweise mit einem *Schaltplan* beschrieben – dieser liefert eine symbolische Darstellung der Schaltung, legt die Verknüpfung der elektronischen Bauelemente in der Schaltung fest und spezifiziert die eingesetzten Bauelemente. Ein Beispiel für einen Schaltplan ist in Abb. 1.1 gezeigt.

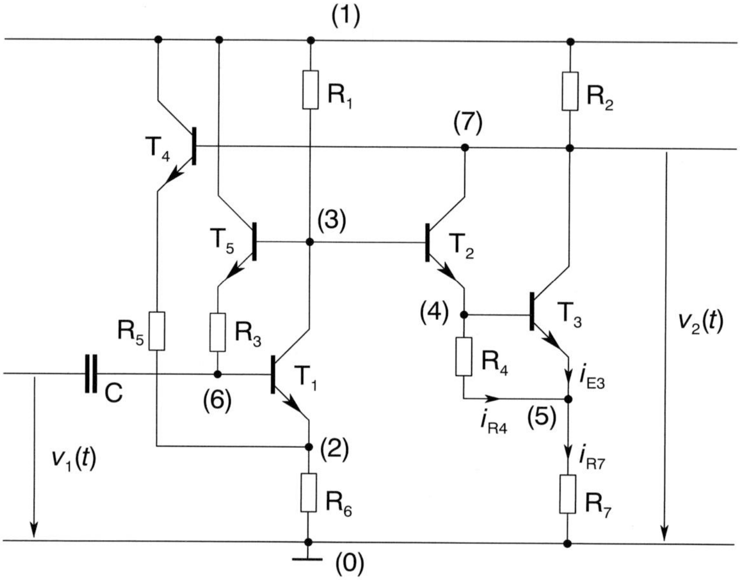

Abb. 1.1. Schaltplan eines elektronischen Verstärkers

Das wichtigste Werkzeug zur Berechnung der Eigenschaften einer solchen Schaltung sind die *Kirchhoffschen Sätze* für Schaltungen aus konzentrierten Elementen. Ihre Anwendung setzt voraus, daß die Wellenlänge λ der relevanten Signale groß ist im Vergleich zur Ausdehnung d der Schaltung

$$\boxed{\lambda \gg d\,.} \tag{1.1}$$

Andernfalls ist der Wert des Potentials auf einer Leiterbahn der Länge d in nicht mehr vernachlässigbarer Weise vom Ort abhängig. Aus Gl. (1.1) ergibt sich mit der Ausbreitungsgeschwindigkeit c des Signals eine *kritische Frequenz*

$$f_{\text{crit}} = c/d\,,$$

die stets groß sein muß im Vergleich zu den Frequenzen f, mit denen die Schaltung betrieben wird.[2] Gilt die *Konzentriertheitsannahme* (1.1), so be-

[2]Ist diese Bedingung nicht erfüllt, so sind anstelle der Knotenpotentiale v und Klemmenströme i ortsabhängige elektromagnetische Feldgrößen zu verwenden. Das Potential auf einer Leitung beispielsweise, muß dann als Funktion des Orts angesehen werden.

sitzt jeder Punkt einer Verbindung zwischen zwei Bauelementen annähernd dasselbe Potential. Die Verbindungsleitung läßt sich dann als *Knoten* idealisieren. Jedem dieser Knoten kann ein Name α und ein Knotenpotential v_α (oder $v(\alpha)$) zugeordnet werden.

Die *Spannung* $v_{\alpha\beta}$ (oder $v_{\alpha,\beta}$) zwischen zwei Knoten α und β wird durch die Differenz der entsprechenden Knotenpotentiale bestimmt

$$v_{\alpha\beta} = v_\alpha - v_\beta \,.$$

Die Spannung $v_{\alpha\beta}$ ist damit größer als null, wenn der Knoten α auf höherem Potential liegt als der Knoten β. In Schaltplänen wird die Spannung $v_{\alpha\beta}$ gewöhnlich als ein vom Knoten α zum Knoten β zeigender *Spannungspfeil* dargestellt. Meist wird einem Knoten der Schaltung das Potential null zugeordnet. Dieser wird im Schaltplan durch das *Massesymbol* gekennzeichnet (vgl. Abb. 1.1, Knoten 0).

Der 1. Kirchhoffsche Satz ist der sog. *Knotensatz*:

Die Summe der in einen Knoten hineinfließenden Ströme ist null.

Auf den Knoten (5) der in Abb. 1.1 gezeigten Schaltung angewandt resultiert beispielsweise die Beziehung

$$i_{\mathrm{R4}}(t) + i_{\mathrm{E3}}(t) = i_{\mathrm{R7}}(t) \,.$$

Von derselben Bedeutung wie der Knotensatz ist der 2. Kirchhoffsche Satz, auch als *Maschensatz* bezeichnet:

Die Summe der Spannungsabfälle zwischen Knotenpaaren, die einen geschlossenen Umlauf (Schleife) bilden, ist null.

Auf die in Abb. 1.1 bezeichnete Masche angewandt resultiert beispielsweise

$$v_{0,2}(t) + v_{2,3}(t) + v_{3,4}(t) + v_{4,5}(t) + v_{5,0}(t) = 0 \,.$$

Durch konsequentes Aufstellen sämtlicher Maschen- und Knotengleichungen erhält man ein System von Gleichungen, dem die Schaltung genügen muß. Für die Berechnung der Schaltungseigenschaften ist dies jedoch noch nicht ausreichend.

Zusätzlich erforderlich ist die Kenntnis der Strom-Spannungs-Beziehungen der Bauelemente. Die Gesamtheit dieser Gleichungen wird in der Folge als *Netzwerkgleichungen* der Schaltung bezeichnet. Die Lösung der Netzwerkgleichungen ermöglicht die Berechnung der Eigenschaften einer elektronischen Schaltung.

Die Klemmenströme realer elektronischer Bauelemente zeigen gewöhnlich komplizierte Abhängigkeiten von der Temperatur sowie von der Frequenz und

Amplitude der angelegten Spannung. Für die Berechnung ihres Verhaltens in elektronischen Schaltungen werden deshalb *Ersatzschaltungen* aus idealen Netzwerkelementen verwendet. Für jedes derartige Netzwerkelement sind Beziehungen *definiert*, die seine Klemmenströme zeitabhängig als Funktion der Klemmenspannungen beschreiben.

Die Berechnung der Schaltungseigenschaften mit „Bleistift und Papier" erfordert Näherungsannahmen, die zu einer oft erheblichen Ungenauigkeit [3] des Ergebnisses führen. Wegen dieser Ungenauigkeit werden analytische Rechnungen nur für eine „Grobdimensionierung" der Schaltung eingesetzt. Für genauere Berechnungen der Eigenschaften elektronischer Schaltungen stehen dem Ingenieur heute leistungsfähige CAD-Werkzeuge zur Verfügung. Diese lösen das zur Schaltung gehörige System von Netzwerkgleichungen auf numerischem Weg.

Das dominierende Programm für die Analyse analoger elektronischer Schaltungen ist das an der Universität Berkeley entwickelte Programm SPICE [4]. Ausgehend von einer vom Benutzer zu erstellenden Schaltungsbeschreibung – der sog. *Netzliste* – und geeigneten, ebenfalls vom Benutzer vorzugebenden, Modellparametern für die benutzten Bauelemente, stellt SPICE selbständig die Netzwerkgleichungen auf und löst diese numerisch auf der Basis des modifizierten Knotenpotentialverfahrens. Dies erlaubt es dem Ingenieur, das Verhalten von Schaltungen mit tausenden von Bauelementen am Rechner zu studieren. Vor der langwierigen und teuren Anfertigung eines Laboraufbaus wird so mit Methoden der Netzwerkanalyse und der Computersimulation eine optimale Dimensionierung der Bauelemente ermöglicht. Die Schaltungssimulation ist dabei als *Ergänzung* der analytischen Rechnung zu verstehen. Ein guter Schaltungsentwickler muß *beide* Werkzeuge beherrschen, um schnell ans Ziel zu kommen.

Neben SPICE stehen heute für die Entwicklung elektronischer Bauteile und Schaltungen eine Vielzahl von Simulationsprogrammen zur Verfügung. Diese lassen sich einteilen in Prozeß- und Bauelementesimulationsprogramme, Schaltungssimulationsprogramme auf der Grundlage von Netzwerkmodellen und Logiksimulationsprogramme (Abb. 1.2). Prozeß- und Bauelementesimulationsprogramme gründen auf einer direkten physikalischen Beschreibung. Sie sind von besonderem Interesse für die Entwicklung elektronischer Halbleiterbauelemente. Für den Entwickler elektronischer Schaltungen sind vor

[3] Über deren Höhe ist zudem meist wenig bekannt, da die Vereinfachung vorzugsweise zu Beginn der Untersuchung vorgenommen wird, ihre Auswirkung auf das Ergebnis demzufolge also nicht bestimmt werden kann.

[4] Abkürzend für simulation programme with integrated circuit emphasis. Da der Text auf dieses Programm fortlaufend Bezug nimmt, wird in Kap. 4 eine zusammenfassende Darstellung der wichtigsten Funktionen und Möglichkeiten von SPICE gegeben. Diese sollte es auch dem diesbezüglich nicht vorbelasteten Leser ermöglichen, kurzfristig einfache Simulationen durchzuführen.

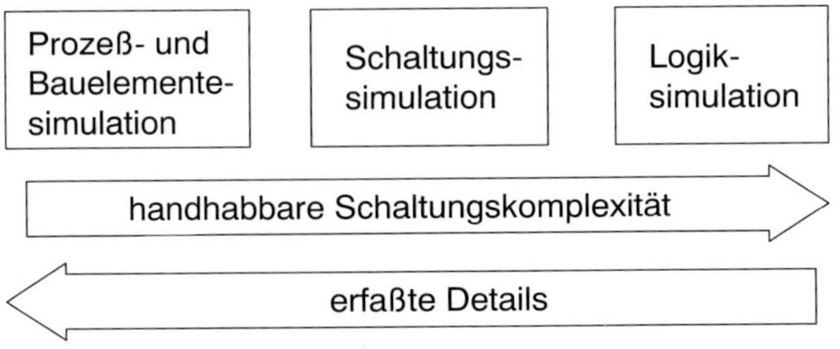

Abb. 1.2. Klassifizierung der CAD-Werkzeuge hinsichtlich erfaßter Details und handhabbarer Schaltungskomplexität

allem die Schaltungs- und Logiksimulationsprogramme von Bedeutung. Bei der Schaltungssimulation wird eine, gegenüber der rein physikalischen Beschreibung vereinfachte, Modellierung verwendet: Der Übergang zu einer Ersatzschaltung mit Knoten und Netzwerkelementen ersetzt die physikalische Beschreibung mittels *partieller* Differentialgleichungen durch eine Beschreibung mit *gewöhnlichen* Differentialgleichungen. Dies reduziert zwar die Genauigkeit[5] etwas, erlaubt aber im Gegenzug die Vorhersage des Verhaltens elektronischer Schaltkreise mit mehreren tausend Bauelementen. Eine weitere Vergröberung der Beschreibung der Bauelementeeigenschaften in Logiksimulatoren erlaubt eine weitere Steigerung der Komplexität – derartige Programme ermöglichen die Simulation höchstintegrierter digitaler Schaltungen mit mehr als 100 000 Gatterfunktion. Die gegenläufigen Tendenzen von Detailgenauigkeit und handhabbarer Komplexität sind in Abb. 1.2 illustriert.

1.2 Ideale Netzwerkelemente

Reale Bauteile werden für die Zwecke der Schaltungssimulation durch Ersatzschaltungen aus idealen Netzwerkelementen beschrieben. Für unsere Belange sind dies Zweipole mit genau definierten Strom-Spannungs-Beziehungen sowie gesteuerte Quellen. Für die Beschreibung aktiver Bauelemente werden zusätzlich gesteuerte Quellen benötigt.

Ein *Zweipol* ist ein Schaltungselement mit zwei elektrischen Anschlüssen, den Polen oder Klemmen. Der Strom, der durch die eine Klemme in den Zweipol hineinfließt, ist dabei gleich dem durch die andere Klemme aus dem Zweipol herausfließenden Strom. Ein Zweipol heißt *passiv* wirkend, wenn er elektrische Energie aufnimmt; gibt er elektrische Energie ab, so wird er als *aktiv* wirkender Zweipol bezeichnet. Abbildung 1.3 zeigt die für die wichtigsten Zweipole verwendeten Symbole.

[5]Durch Erhöhen der Komplexität der verwendeten Ersatzschaltung kann die Genauigkeit (prinzipiell beliebig) erhöht werden. Da dies aber den Rechenaufwand und damit die zum Durchführen einer Simulation benötigte Zeit wieder vergrößert, wird hier ein Kompromiß eingegangen.

Symbol	Bedeutung	Definition
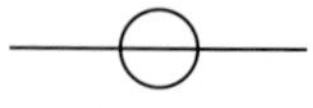	unabhängige Spannungsquelle	$v = v(t)$
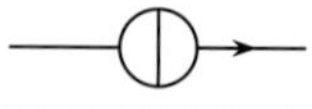	unabhängige Stromquelle	$i = i(t)$
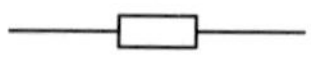	(lineaer) Widerstand	$v(t) = R\, i(t)$
	(lineare) Kapazität	$i(t) = C\, dv/dt$
	(lineare) Induktivität	$v(t) = L\, di/dt$
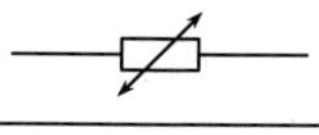	arbeitspunktabhängiger Widerstand	$v(t) = v[i(t)]$
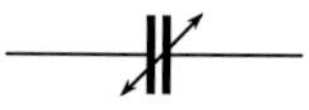	arbeitspunktabhängige Kapazität	$i(t) = dq/dt$; $q(t) = q[v(t)]$
	arbeitspunktabhängige Induktivität	$v(t) = d\phi/dt$; $\phi(t) = \phi[i(t)]$
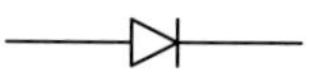	ideale Diode	$i(t) = I_S\, [\exp(v/NV_T)-1]$

Abb. 1.3. Symbole der wichtigsten zweipoligen Netzwerkelemente

1.2.1 Widerstände

Ein Zweipol heißt *Widerstand*, falls die zwischen seinen Klemmen auftretende Spannung $v(t)$ zu jedem Zeitpunkt durch den Klemmenstrom $i(t)$ bestimmt ist

$$v(t) = v[i(t)] \,. \tag{1.2}$$

Der Widerstand heißt *linear* oder *ohmsch*, falls Spannung und Strom zueinander proportional sind

$$v(t) = R\, i(t) \,. \tag{1.3}$$

Der Proportionalitätsfaktor R heißt *Widerstand(swert)*, sein Kehrwert $G = 1/R$ der *Leitwert* des Zweipols. Widerstandswerte werden in Ω (Ohm) angegeben, Leitwerte in S (Siemens) [6]; dabei gilt

$$1\Omega = 1\,\mathrm{V/A} \quad \text{und} \quad 1\,\mathrm{S} = 1/\Omega \,.$$

Wird der durch einen ohmschen Widerstand fließende Strom als Funktion der Spannung aufgetragen, so ergibt sich eine *Gerade* (Abb. 1.4).

[6] In den USA wird statt Siemens oft die Einheit 1 mho (Lesen Sie das mal von rechts nach links!) verwendet (1 mho = 1 S).

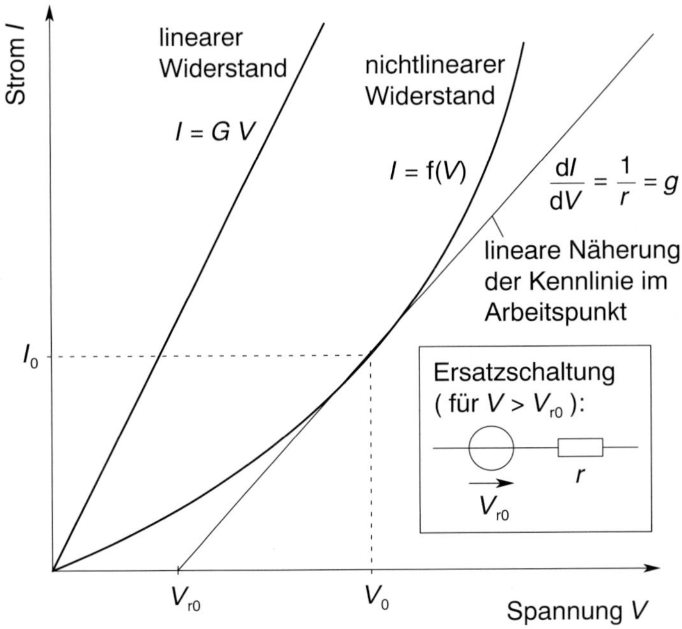

Abb. 1.4. Kennlinie für einen linearen und einen nichtlinearen Widerstand

Bei einem nichtlinearen Widerstand ist das ohmsche Gesetz nicht erfüllt. Die Kennlinie eines solchen Bauelements ist nichtlinear, ein Widerstandswert ist nicht definiert. Ist ein *Arbeitspunkt* (V_0, I_0) auf der Kennlinie vorgegeben, so kann jedoch – für geringe Abweichungen der anliegenden Spannung von V_0 – die Kennlinie im Arbeitspunkt *linearisiert* werden. Dabei wird die exakte $I(V)$-Charakteristik des nichtlinearen Widerstands durch die Taylor-Entwicklung bis zur ersten Ordnung ersetzt. Dies entspricht einer Näherung der Kennlinie durch die Tangente im Arbeitspunkt (Abb. 1.4).

Für die Abweichung ΔI des Stroms von seinem Wert $I_0 = I(V_0)$ als Folge einer Spannungsänderung ΔV gilt dann

$$\Delta I = I(V_0 + \Delta V) - I_0 \approx g(V_0)\Delta V , \tag{1.4}$$

mit dem *Kleinsignalleitwert*[7]

$$g(V_0) = \left.\frac{\mathrm{d}I}{\mathrm{d}V}\right|_{V_0} = \frac{1}{r(V_0)} . \tag{1.5}$$

Hinsichtlich der durch die (kleine) Spannungsänderung ΔV hervorgerufenen Stromänderung ΔI darf der nichtlineare Widerstand demzufolge wie ein ohmscher Leitwert $g = g(V_0)$ behandelt werden. Die in Abb. 1.5b dargestellte *Kleinsignalersatzschaltung* erlaubt deshalb die Berechnung des Zusammenhangs zwischen den Kleinsignalgrößen ΔI und ΔV. Das Element $g(V_0)$ der Kleinsignalersatzschaltung ist abhängig vom Arbeitspunkt V_0.

[7] Auch: differentieller Leitwert.

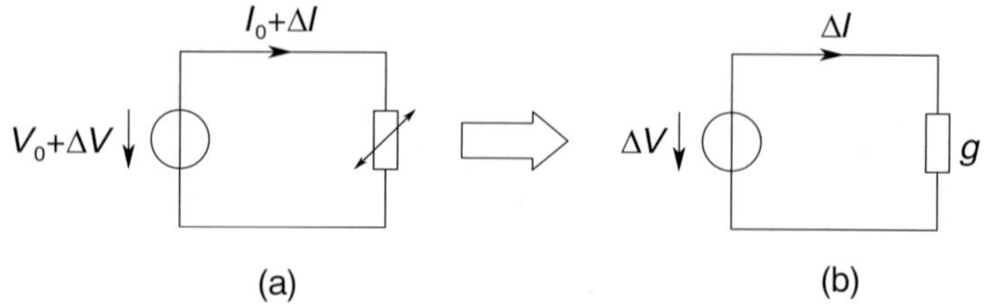

Abb. 1.5. (**a**) Großsignal- und (**b**) Kleinsignalbeschreibung eines nichtlinearen Widerstands

Für manche Anwendung ist die Entwicklung der Kennlinie bis zur 1. Ordnung nicht ausreichend; insbesondere für die Untersuchung von Intermodulationseffekten wird eine Entwicklung bis zur 3. Ordnung benötigt

$$\begin{aligned} i(t) &\approx I(V_0) + \left.\frac{\mathrm{d}I}{\mathrm{d}V}\right|_{V_0} v_\mathrm{s}(t) + \frac{1}{2}\left.\frac{\mathrm{d}^2I}{\mathrm{d}V^2}\right|_{V_0} v_\mathrm{s}^2(t) + \frac{1}{6}\left.\frac{\mathrm{d}^3I}{\mathrm{d}V^3}\right|_{V_0} v_\mathrm{s}^3(t) \\ &= I(V_0) + g\,v_\mathrm{s}(t) + g_2\,v_\mathrm{s}^2(t) + g_3\,v_\mathrm{s}^3(t)\,. \end{aligned} \tag{1.6}$$

Die zusätzlichen Summanden sind dann in einer Kleinsignalersatzschaltung über von $v_\mathrm{s}^2(t)$ und $v_\mathrm{s}^3(t)$ gesteuerte Stromquellen zu beschreiben.

Beispiel 1.2.1 Ein wichtiges Beispiel für einen nichtlinearen Widerstand ist die *ideale Gleichstromdiode*, für die ein eigenes Netzwerksymbol (Abb. 1.3) existiert. Die $I(V)$-Charakteristik dieses Zweipols ist *definiert* durch

$$I = I_\mathrm{S}\left[\exp\left(\frac{V}{NV_T}\right) - 1\right],$$

wobei I_S, N, V_T von der angelegten Spannung V unabhängige Parameter[8] sind. Der Kleinsignalleitwert der idealen Gleichstromdiode im Arbeitspunkt V_0 folgt durch Ableiten

$$g(V_0) = \frac{I_\mathrm{S}}{NV_T}\exp\left(\frac{V_0}{NV_T}\right) = \frac{I(V_0) + I_\mathrm{S}}{NV_T}\,.$$

Bei Flußpolung der Diode mit $I_0 = I(V_0) \gg I_\mathrm{S}$ gilt

$$g(V_0) = I_0/NV_T\,,$$

d. h. der Kleinsignalleitwert der idealen Gleichstromdiode steigt proportional zu dem durch die Diode fließenden Strom an. Die Koeffizienten g_2 und g_3 folgen durch weiteres Ableiten

$$g_2 = \frac{g}{2NV_\mathrm{T}} \quad \text{and} \quad g_3 = \frac{g}{6(NV_\mathrm{T})^2}\,.$$

Die nichtlinearen Beiträge $g_2 v_\mathrm{s}^2(t)$ und $g_3 v_\mathrm{s}^3(t)$ sind deshalb nur unter der Bedingung $|v_\mathrm{s}(t)/V_\mathrm{T}| \ll 1$ gegenüber $g v_\mathrm{s}(t)$ zu vernachlässigen. Δ

[8] Der Parameter I_S wird als *Sättigungsstrom* bezeichnet; für $V \ll 0$ folgt $I \to -I_\mathrm{S}$, d. h. I_S ist von der Größenordnung des Sperrstroms der Diode und damit sehr klein. Der Parameter N heißt *Emissionskoeffizient*, ist dimensionslos und besitzt üblicherweise Werte zwischen eins und zwei. Die Größe V_T schließlich bezeichnet die, von der absoluten Temperatur T abhängige, *Temperaturspannung*. Bei Raumtemperatur gilt näherungsweise $V_T \approx 25$ mV.

1.2.2 Kapazitäten

Ein Zweipol heißt *Kapazität*, falls die in ihm gespeicherte Ladung $q(t)$ zu jedem Zeitpunkt eindeutig durch die zwischen seinen Klemmen anliegende Spannung $v(t)$ bestimmt ist

$$q(t) = q[v(t)] \,. \tag{1.7}$$

Der durch eine Kapazität fließende Strom $i(t)$ ist gleich der Änderung der Ladung der Kapazität mit der Zeit

$$i(t) = \frac{\mathrm{d}q}{\mathrm{d}t} \,. \tag{1.8}$$

Die Kapazität heißt *linear*, falls $q(t)$ und $v(t)$ proportional zueinander sind.

$$q(t) = C\,v(t) \,. \tag{1.9}$$

Der Proportionalitätsfaktor C wird als *Kapazität(swert)* bezeichnet. Kapazitätswerte werden in F (Farad) angegeben, wobei gilt

$$1\,\mathrm{F} = 1\,\frac{\mathrm{C}}{\mathrm{V}} = 1\,\frac{\mathrm{A\,s}}{\mathrm{V}} \,.$$

Im Fall der linearen Kapazität geht Gl. (1.8) über in

$$i(t) = C\,\frac{\mathrm{d}v}{\mathrm{d}t} \,. \tag{1.10}$$

Für nichtlineare Kapazitäten läßt sich der Kapazitätswert nur als Kleinsignalkapazität definieren – diese bestimmt die Änderung $\mathrm{d}q$ der auf einer Kapazität gespeicherten Ladung mit der Änderung $\mathrm{d}v$ der anliegenden Spannung

$$c(v) = \frac{\mathrm{d}q}{\mathrm{d}v} \,. \tag{1.11}$$

Im Fall der linearen Kapazität ist $c(v) = C$, wie sich durch Einsetzen von Gl. (1.9) in Gl. (1.11) leicht zeigen läßt. Durch Umkehren von (1.11) folgt die auf der Kapazität gespeicherte Ladung $q(v)$, falls diese auf die Spannung v aufgeladen wurde

$$q(v) = \int_0^v c(v')\,\mathrm{d}v' \,. \tag{1.12}$$

Um die Spannung einer Kapazität von v auf $v + \mathrm{d}v$ zu erhöhren muß die Arbeit $v \cdot i\,\mathrm{d}t = v\,\mathrm{d}q = c(v)v\,\mathrm{d}v$ verrichtet werden; die auf einer Kapazität gespeicherte Energie ergibt sich daraus durch Integration

$$W = \int_0^v c(v')v'\,\mathrm{d}v' \,. \tag{1.13}$$

Im Fall einer linearen Kapzität C folgt so

$$W = Cv^2/2 \,. \tag{1.14}$$

1.2.3 Induktivitäten

Ein Zweipol heißt *Induktivität*, falls sein Fluß $\phi(t)$ zur Zeit t eine Funktion des Stroms $i(t)$ ist

$$\phi(t) = \phi[i(t)] . \tag{1.15}$$

Die Induktivität heißt linear, falls $\phi(t)$ und $i(t)$ zueinander proportional sind

$$\phi(t) = L\, i(t) . \tag{1.16}$$

Der Proportionalitätsfaktor L heißt *Induktivität(-swert)*. Induktivitätswerte werden in H (Henry) angegeben, wobei gilt

$$1\,\mathrm{H} = 1\,\frac{\mathrm{V\,s}}{\mathrm{A}} .$$

Die an der Induktivität abfallende Spannung $v(t)$ folgt aus dem Faradayschen Gesetz

$$v(t) = \frac{\mathrm{d}\phi}{\mathrm{d}t} \tag{1.17}$$

und ist für lineare Induktivitäten proportional zur Änderung des Stroms (Spannungs- und Strompfeil gleichgerichtet)

$$v(t) = L\,\frac{\mathrm{d}i}{\mathrm{d}t} . \tag{1.18}$$

Ist der Zusammenhang zwischen Fluß ϕ und Strom i nichtlinear, so kann die Induktivität lediglich als *Kleinsignalgröße* definiert werden

$$l(i) = \frac{\mathrm{d}\phi}{\mathrm{d}i} . \tag{1.19}$$

Aus $l(i)$ ergibt sich der Fluß durch Integration

$$\phi(i) = \int_0^i l(i')\,\mathrm{d}i' . \tag{1.20}$$

Die Arbeit die verrichtet werden muß um den Strom durch eine Induktivität von i auf $i + \mathrm{d}i$ zu erhöhen ergibt sich aus dem Induktionsgesetz zu $v \cdot i\,\mathrm{d}t = l(i)i\,\mathrm{d}i$; die auf einer Induktivität gespeicherte Energie ergibt sich daraus zu

$$W = \int_0^i l(i')i'\,\mathrm{d}i' ; \tag{1.21}$$

im Fall einer linearen Induktivität ergibt sich

$$W = Li^2/2 . \tag{1.22}$$

1.2.4 Unabhängige Quellen

Eine (unabhängige) *Spannungsquelle* (Abb. 1.3) ist ein Zweipol, zwischen dessen Klemmen eine spezifizierte Spannung $v(t)$ anliegt, deren Wert unabhängig vom Strom durch den Zweipol ist. Ist die Spannung $v(t)$ zeitunabhängig, so spricht man von einer *Gleichspannungsquelle.*

Neben den unabhängigen Spannungsquellen werden in der Netzwerktheorie auch unabhängige *Stromquellen* (Abb. 1.3) verwendet. Bei diesen wird ein vorgegebener Klemmenstrom $i(t)$ eingehalten, unabhängig von der zwischen den Klemmen anliegenden Spannung.

1.2.5 Gesteuerte Quellen

Das Gegenstück zu den unabhängigen Quellen sind die *gesteuerten* Quellen. Dabei handelt es sich um Spannungs- oder Stromquellen deren Wert durch eine bestimmte Spannung oder einen bestimmten Strom gesteuert wird.

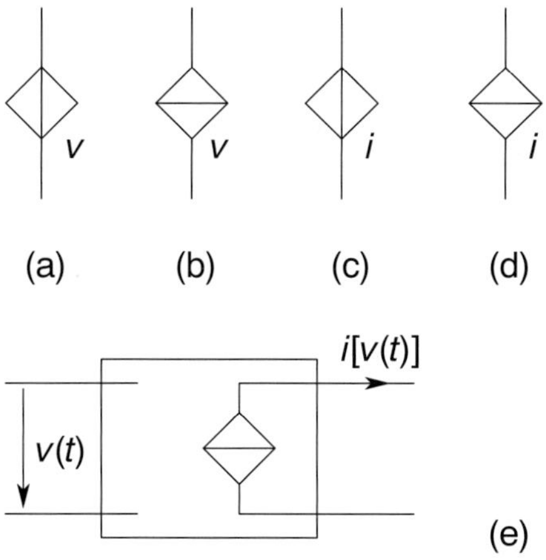

Abb. 1.6. Symbole für gesteuerte Quellen: **(a)** Spannungsgesteuerte Spannungsquelle, **(b)** spannungsgesteuerte Stromquelle, **(c)** stromgesteuerte Spannungsquelle, **(d)** stromgesteuerte Stromquelle, **(e)** Darstellung der spannungsgesteuerten Stromquelle als Vierpol

Gesteuerte Quellen werden üblicherweise als Zweipole dargestellt (Abb. 1.6 a-d) mit oder ohne zusätzlichem Vermerk der steuernden Größe. Eine formal korrekte Darstellung gesteuerter Quellen müßte diese – im Fall einer Steuergröße – als Vierpol[9] mit zwei Eingangsklemmen für die steuernde Größe und zwei Ausgangsklemmen für die gesteuerte Größe (Abb. 1.6 e) beschreiben. Die üblicherweise verwendete Zweipoldarstellung ist als eine reduzierte Schreibweise für diese Vierpoldarstellung zu verstehen.

[9] Im Fall von n steuernden Größen allgemein als $2(n+1)$-Pol.

1.3 Lineare Netzwerke

Netzwerke aus linearen Elementen (kurz: lineare Netzwerke) finden breite Anwendung in der Elektronik – als Beispiel sei hier nur die große Gruppe der passiven Filter genannt. Dieser Abschnitt faßt wichtige Eigenschaften linearer Netzwerke und Verfahren zu ihrer Berechnung zusammen. Als für die Praxis besonders relevante Anwendungsbeispiele werden der RC-Tiefpaß, der RC-Hochpaß, der RC-Bandpaß und der RLC-Reihenschwingkreis näher betrachtet.

Eine der wichtigsten Eigenschaften linearer Netzwerke ist, daß sie dem *Überlagerungssatz* genügen.

> **Treten in einem linearen Netzwerk mehrere unabhängige Quellen auf, so läßt sich jede Spannung und jeder Strom als Summe der Reaktionen auf die einzelnen Quellen darstellen.**

Der Überlagerungssatz ist eine direkte Folge der Kirchhoffschen Gleichungen für Netzwerke aus linearen Elementen. Er liefert keine Informationen, die sich nicht auch durch direkte Anwendung der Kirchhoffschen Gleichungen gewinnen ließen, ermöglicht aber häufig eine vereinfachte Berechnung von Schaltungseigenschaften. Die wohl bedeutendste Folgerung des Überlagerungssatzes ist, daß sich Netzwerke aus linearen Elementen vollständig durch Angabe ihres Verhaltens bei harmonischen (sinusförmigen) Anregungen unterschiedlicher Frequenz beschreiben lassen: Alle in der Praxis relevanten Signalverläufe lassen sich durch Überlagerung harmonischer Signale unterschiedlicher Frequenz darstellen. Für die Charakterisierung linearer Systeme genügt es deshalb zu wissen wie sich diese beim Durchgang durch das Netzwerk verhalten, um das resultierende Ausgangssignal dann aus entsprechend gewichteten harmonischen Anregungen zusammensetzen zu können. Letzteres läßt sich verhältnismäßig einfach[10] mit den komplexen Impedanzen und Admittanzen der Netzwerkelemente berechnen.

1.3.1 Impedanzen, Admittanzen

In Wechselstromkreisen besitzt die an einem Netzwerkelement anliegende Spannung $v(t)$ sinusförmigen Verlauf; mit der komplexen Amplitude $\underline{\hat{v}}$ und der Kreisfrequenz ω gilt

$$v(t) \;=\; \mathrm{Re}(\,\underline{\hat{v}}\,\mathrm{e}^{\mathrm{j}\omega t}\,) \;=\; \mathrm{Re}(\underline{v})\ .$$

Der durch einen linearen Zweipol fließende Strom hat dann ebenfalls einen sinusförmigen Verlauf; mit der komplexen Amplitude $\underline{\hat{\imath}}$ des Stroms gilt daher

[10] Der mathematische Hintergrund der vereinfachten Berechnung in der Frequenzdarstellung ist, daß zeitabhängige Differentialgleichungen beim Übergang zur Frequenzdarstellung in algebraische Gleichungen überführt werden.

$$i(t) = \mathrm{Re}(\hat{\underline{i}}\,\mathrm{e}^{\mathrm{j}\omega t}) = \mathrm{Re}(\underline{i}) .$$

Die komplexen Zeiger $\underline{v}$ und $\underline{i}$ sind dabei zueinander proportional

$$\underline{v} = \underline{Z}\,\underline{i} \qquad \text{bzw.} \qquad \underline{i} = \underline{Y}\,\underline{v} . \tag{1.23}$$

Der Proportionalitätsfaktor $\underline{Z}$ wird als komplexer Widerstand (*Impedanz*) bezeichnet, sein Kehrwert $\underline{Y} = 1/\underline{Z}$ als komplexer Leitwert (*Admittanz*). Impedanz- und Admittanzwerte für die linearen Netzwerkelemente Widerstand, Kapazität und Induktivität sind in der folgenden Tabelle zusammengestellt.

Element	Impedanz $\underline{Z}$	Admittanz $\underline{Y}$
Widerstand	R	$1/R$
Kapazität	$1/(\mathrm{j}\omega C)$	$\mathrm{j}\omega C$
Induktivität	$\mathrm{j}\omega L$	$1/\mathrm{j}\omega L$

Die Impedanzen bzw. Admittanzen sind *komplexwertige* Größen. Dies bedeutet, daß zwischen Strom und Spannung i. allg. eine *Phasenverschiebung* auftritt. Die Phasenverschiebung zwischen Strom und Spannung wird durch das Argument der Admittanz angegeben

$$\underline{Y} = Y \mathrm{e}^{\mathrm{j}\varphi} \quad \text{wobei} \quad \varphi = \arctan\left[\mathrm{Im}(\underline{Y})/\mathrm{Re}(\underline{Y})\right] .$$

Für reine Kapazitäten gilt

$$\underline{i} = \mathrm{j}\omega C\,\underline{v} \sim \underline{v}\,\mathrm{e}^{\mathrm{j}\pi/2} ;$$

der Stromzeiger $\underline{i}$ läuft hier dem Spannungszeiger $\underline{v}$ um 90° voraus. Für Induktivitäten gilt

$$\underline{i} = -\frac{\mathrm{j}}{\omega L}\,\underline{v} \sim \underline{v}\,\mathrm{e}^{-\mathrm{j}\pi/2} ;$$

in diesem Fall läuft der Stromzeiger $\underline{i}$ dem Spannungszeiger $\underline{v}$ um 90° hinterher.

Bei einer *Serienschaltung* linearer Zweipole lassen sich die Impedanzen der Einzelelemente zur Gesamtimpedanz $\underline{Z}$ addieren

$$\underline{Z} = \sum_{\alpha=1}^{n} \underline{Z}_\alpha . \tag{1.24}$$

Bei einer *Parallelschaltung* linearer Zweipole erhält man die Gesamtadmittanz $\underline{Y}$ durch Summation über die Einzeladmittanzen $\underline{Y}_\alpha$

$$\underline{Y} = \sum_{\alpha=1}^{n} \underline{Y}_\alpha . \tag{1.25}$$

Mit diesen Regeln läßt sich das elektrische Verhalten von Netzwerken aus passiven linearen Zweipolen berechnen.

Beispiel 1.3.1 Als Beispiel wird die (komplexe) Spannungsteilerregel betrachtet. Liegt am Eingang eines aus zwei Impedanzen $\underline{Z}_1$ und $\underline{Z}_2$ aufgebauten, unbelasteten Spannungsteilers eine Wechselspannung der Kreisfrequenz ω mit dem komplexen Spannungszeiger $\underline{v}_1$, so fließt durch die Reihenschaltung von $\underline{Z}_1$ und $\underline{Z}_2$ ein Wechselstrom mit dem komplexen Zeiger

$$\underline{i} = \frac{\underline{v}_1}{\underline{Z}_1 + \underline{Z}_2} \, .$$

Dieser ruft an $\underline{Z}_2$ einen Spannungsabfall mit dem komplexen Zeiger $\underline{v}_2 = \underline{Z}_2 \, \underline{i}$ hervor, d. h. am Ausgang stellt sich eine Wechselspannung der Kreisfrequenz ω mit dem komplexen Zeiger

$$\underline{v}_2 = \frac{\underline{Z}_2}{\underline{Z}_1 + \underline{Z}_2} \, \underline{v}_1 \tag{1.26}$$

ein. △

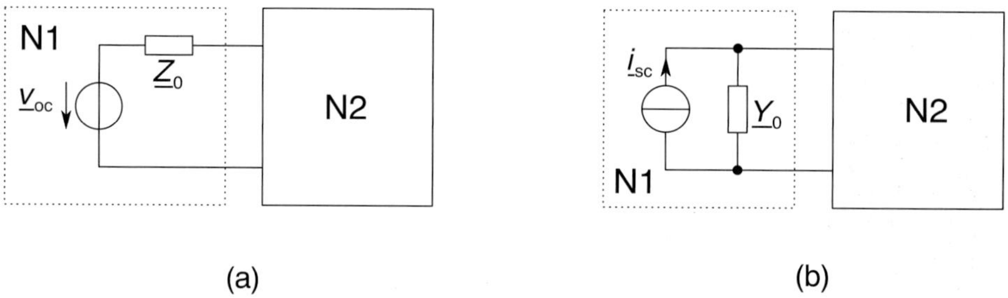

Abb. 1.7. Ersetzen des Teilnetzwerks N1 durch einen Ersatzzweipol

Die Berechnung einer elektronischen Schaltung läßt sich häufig dadurch vereinfachen, daß Teilschaltungen, die über nur zwei Anschlüsse mit dem Rest des Netzwerks verbunden sind, durch *Ersatzzweipole* ersetzt werden, die dasselbe Klemmenverhalten aufweisen. Von besonderer Bedeutung sind dabei Ersatzspannungsquellen und Ersatzstromquellen. Betrachtet wird ein aus zwei Teilen N1, N2 bestehendes Netzwerk aus linearen Elementen (einschließlich abhängiger und unabhängiger Quellen) bei der Kreisfrequenz ω. Die beiden Teile sind über zwei Klemmen[11] miteinander verbunden. Das Teilnetzwerk N1 kann durch einen Ersatzzweipol, d. h. durch eine Ersatzspannungsquelle mit der komplexen Amplitude $\hat{\underline{v}}_{oc}$ mit einer in Serie geschalteten Impedanz $\underline{Z}_0$ (Abb. 1.7 a) oder durch eine Ersatzstromquelle mit der komplexen Amplitude $\hat{\underline{i}}_{sc}$ mit einer parallel geschalteten Admittanz $\underline{Y}_0$ (Abb. 1.7 b) ersetzt werden, ohne daß sich das Verhalten des Gesamtnetzwerks bei der Kreisfrequenz ω ändert.

[11] Die einzige Verbindung zwischen den beiden Netzwerken N1, N2 muß über diese Klemmen erfolgen; weitere Verbindungen, z. B. über gekoppelte Induktivitäten oder über gesteuerte Quellen, werden ausgeschlossen.

Die von der Ersatzspannungsquelle gelieferte Spannung ist die *Leerlaufspannung*: Werden die Ausgangsklemmen des Ersatzzweipols nicht belastet, so kann an $\underline{Z}_0$ kein Spannungsabfall auftreten – die Klemmenspannung wird dann durch den Zeiger $\underline{v}_{\rm oc}$ beschrieben.

Der von der Ersatzstromquelle gelieferte Strom ist der *Kurzschlußstrom*: Werden die Ausgangsklemmen von N1 kurzgeschlossen, so fließt kein Strom durch $\underline{Y}_0$ (Spannungsabfall null) – der Klemmenstrom wird durch den Zeiger $\underline{i}_{\rm sc}$ beschrieben. Die Werte von $\underline{Z}_0$ bzw. $\underline{Y}_0$ ergeben sich aus den komplexen Amplituden von Leerlaufspannung und Kurzschlußstrom gemäß

$$\underline{Z}_0 = \frac{1}{\underline{Y}_0} = \frac{\hat{\underline{v}}_{\rm oc}}{\hat{\underline{i}}_{\rm sc}} . \tag{1.27}$$

1.3.2 Darstellung in Frequenz- und Zeitbereich

Fourier-Reihen, Fourier-Transformation

Ist eine Funktion $u(t)$ periodisch mit der Periode T, d. h. gilt für alle Werte der Zeit t die Beziehung

$$u(t+T) = u(t) ,$$

so läßt sich $u(t)$ in eine *Fourier-Reihe* (oder harmonische Reihe) entwickeln

$$u(t) = \sum_{n=-\infty}^{n=\infty} \hat{\underline{u}}_n \, \mathrm{e}^{\mathrm{j}n2\pi ft} \quad \text{mit} \quad f = \frac{1}{T} \tag{1.28}$$

mit den (komplexen) *Fourier-Koeffizienten*

$$\hat{\underline{u}}_n = \frac{1}{T}\int_{-T/2}^{T/2} u(t)\,\mathrm{e}^{-\mathrm{j}n2\pi ft}\,\mathrm{d}t , \qquad n = \ldots,-1,0,1,2,\ldots \tag{1.29}$$

Da $u(t)$ nur reelle Werte besitzt, besteht zwischen den Fourier-Koeffizienten der Zusammenhang („$*$“ kennzeichnet die komplexe Konjugation)

$$\hat{\underline{u}}_n^* = \hat{\underline{u}}_{-n} .$$

Eine Funktion läßt sich nur dann in eine Fourier-Reihe entwickeln, wenn sie periodisch ist. Das *Spektrum* der Funktion ist zusammengesetzt aus diskreten Beiträgen mit den Frequenzen $2\pi nft$. Mit zunehmender Periodendauer T rücken benachbarte Frequenzwerte immer dichter zusammen. Aus dem Spektrum diskreter Fourier-Koeffizienten wird im Grenzfall[12] $T \to \infty$ eine kontinuierliche *Spektralfunktion*

[12] Dieser Grenzübergang ist mathematisch nicht unproblematisch und korrekt nur mittels sog. Distributionen wie der δ-Funktion durchzuführen; eine vergleichsweise einfache Darstellung der Thematik bietet z. B. [8].

$$\underline{u}(\omega) \;=\; \frac{1}{2\pi}\int_{\infty}^{\infty} u(t)\,\mathrm{e}^{-\mathrm{j}\omega t}\,\mathrm{d}t\,. \tag{1.30}$$

Notwendig (und hinreichend) hierfür ist, daß $u(t)$ absolut integrierbar ist, d. h. das Integral

$$\int_{-\infty}^{\infty} |u(t)|\,\mathrm{d}t$$

darf nicht divergieren. Mit der Spektralfunktion $\underline{u}(\omega)$ läßt sich dann $u(t)$ durch

$$u(t) \;=\; \int_{-\infty}^{\infty} \underline{u}(\omega)\,\mathrm{e}^{\mathrm{j}\omega t}\,\mathrm{d}\omega \tag{1.31}$$

ausdrücken. Der Darstellung einer absolut integrierbaren Funktion $u(t)$ im *Zeitbereich* steht mit der Fouriertransformierten $\underline{u}(\omega)$ damit eine äquivalente Darstellung im *Frequenzbereich* gegenüber. Zwischen der Darstellung im Zeitbereich und der Darstellung im Frequenzbereich bestehen die in Tabelle 1.1 aufgeführten Beziehungen.

Tabelle 1.1 Darstellung in Zeit- und Frequenzbereich

Zeitdarstellung	Frequenzdarstellung
$u(t)+v(t)$	$\underline{u}(\omega)+\underline{v}(\omega)$
$a\,u(t)$	$a\,\underline{u}(\omega)$
$u(a\,t)$	$\lvert a\rvert^{-1}\,\underline{u}(\omega)$
$u(t+t')$	$\mathrm{e}^{\mathrm{j}\omega t'}\,\underline{u}(\omega)$
$\mathrm{d}u(t)/\mathrm{d}t$	$\mathrm{j}\omega\underline{u}(\omega)$
$\mathrm{e}^{-\mathrm{j}\omega' t}\,u(t)$	$\underline{u}(\omega+\omega')$
$\int_{-\infty}^{\infty} u(t')v(t-t')\,\mathrm{d}t'$	$\underline{u}(\omega)\,\underline{v}(\omega)$
$u(t)\,v(t)$	$\int_{-\infty}^{\infty} \underline{u}(\omega')\,\underline{v}(\omega-\omega')\,\mathrm{d}\omega'$
$\int_{-\infty}^{\infty} u(t)^2\,\mathrm{d}t$	$\int_{-\infty}^{\infty} \lvert\underline{u}(\omega)\rvert^2\,\mathrm{d}\omega$

Laplace-Transformation

Schwierigkeiten bei der *Spektraldarstellung* von $u(t)$ entsprechend Gl. (1.31) ergeben sich, falls $u(t)$ nicht absolut integrierbar ist, d. h. falls das Integral

$$\int_{-\infty}^{\infty} |u(t)|\,\mathrm{d}t$$

divergiert. Dies ist etwa der Fall für die *Stufenfunktion*

$$\Theta(t) = \begin{cases} 0 & \text{für} \quad t < 0 \\ 1 & \text{für} \quad t > 0 \end{cases} .$$

Da der Integrand für alle $t > 0$ konstant und von null verschieden ist, liegt hier keine absolute Integrierbarkeit vor. Wegen dieser Schwierigkeit wird bei der Untersuchung von Schaltvorgängen häufig die sog. *Laplace-Transformierte* von $u(t)$ eingesetzt. Die Laplace-Transformierte der Funktion $u(t)$ ist definiert gemäß

$$\underline{u}(s) = \int_0^\infty u(t)\, \mathrm{e}^{-st}\, \mathrm{d}t \quad \text{mit} \quad s = \sigma + \mathrm{j}\omega \; ; \tag{1.32}$$

sie kann als Fourier-Transformierte der Funktion

$$\Theta(t)\, \mathrm{e}^{-\sigma t}\, u(t)$$

betrachtet werden. Durch die Beschränkung auf $t > 0$ und den zusätzlichen, exponentiell mit der Zeit abklingenden Faktor $\mathrm{e}^{-\sigma t}$ lassen sich auch nicht absolut integrierbare Funktionen $u(t)$ transformieren.

Die Laplace-Transformierte der ersten *Ableitung* $\dot{u}(t)$ von $u(t)$ ist

$$\mathcal{L}[\,\dot{u}(t)] = s\,\underline{u}(s) - u(t{=}0) \;, \tag{1.33}$$

die der zweiten Ableitung $\ddot{u}(t)$ nach der Zeit

$$\mathcal{L}[\,\ddot{u}(t)] = s^2\,\underline{u}(s) - s\,u(t{=}0) - \dot{u}(t{=}0) \tag{1.34}$$

und allgemein die der n-ten Ableitung $u^{(n)}(t)$ nach der Zeit

$$\mathcal{L}[\,u^{(n)}(t)] = s^n\,\underline{u}(s) - \sum_{k=1}^{n} s^{n-k}\,u^{(k-1)}(t{=}0) \;. \tag{1.35}$$

Beim Übergang zur Laplace-Transformierten wird somit – wie bei der Fourier-Transformation – aus einer n-ten Ableitung eine *Potenzfunktion* n-ter Ordnung von s. Differentialgleichungen gehen auf diesem Weg in algebraische Gleichungen über. Die Laplace-Transformierte des *Integrals*

$$U(t) = \int_0^t u(t')\, \mathrm{d}t'$$

ist gegeben durch

$$\mathcal{L}[\,U(t)] = \frac{\underline{u}(s)}{s} \;. \tag{1.36}$$

Eine Ableitung nach der Zeit bedingt demnach einen Faktor s in der Laplace-Transformierten, eine Integration bezüglich der Zeit einen Faktor $1/s$.

Da die Laplace-Transformation einer zeitabhängigen Differentialgleichung die Anfangswerte der Differentialgleichung mit berücksichtigt, ist diese insbesondere für die Untersuchung von *Einschwingvorgängen* geeignet.

1.3.3 Übertragungsfaktor

Ist die Eingangsgröße $x(t)$ eines linearen Netzwerks eine sinusförmige Wechselgröße der Kreisfrequenz ω, in komplexer Schreibweise

$$x(t) = \mathrm{Re}\left(\hat{\underline{x}}\, \mathrm{e}^{\mathrm{j}\omega t}\right) = \mathrm{Re}(\underline{x}) \ ,$$

so gilt dies auch für die Ausgangsgröße

$$y(t) = \mathrm{Re}\left(\hat{\underline{y}}\, \mathrm{e}^{\mathrm{j}\omega t}\right) = \mathrm{Re}(\underline{y}) \ .$$

Das Verhältnis

$$\underline{H}(\mathrm{j}\omega) = \underline{y}/\underline{x} \tag{1.37}$$

der komplexen Zeiger $\underline{y}$ und $\underline{x}$ wird als *Übertragungsfaktor* des Netzwerks bezeichnet.

Bezeichnet $\underline{H}(\mathrm{j}\omega)$ ein Spannungsverhältnis, so spricht man auch von einem Spannungsübertragungsfaktor; dieser wird durch den Index v kenntlich gemacht. Der Betrag von $\underline{H}_v(\mathrm{j}\omega)$ bei der Frequenz $f = \omega/2\pi$

$$A_v(f) = |\underline{H}_v(\mathrm{j}2\pi f)| \tag{1.38}$$

wird als *Spannungsverstärkung* bezeichnet.

Ein *Stromübertragungsfaktor* – kenntlich gemacht durch den Index i – bezeichnet entsprechend ein Verhältnis (komplexer) Stromamplituden, während ein *Leistungsübertragungsfaktor* (Index p) ein Verhältnis zweier (komplexer) Leistungsamplituden bestimmt.

Die *Phase* φ des Übertragungsfaktors ist frequenzabhängig und errechnet sich aus Real- und Imaginärteil von $\underline{H}$ gemäß

$$\varphi(\omega) = \arctan\left[\frac{\mathrm{Im}\,\underline{H}(\mathrm{j}\omega)}{\mathrm{Re}\,\underline{H}(\mathrm{j}\omega)}\right] . \tag{1.39}$$

Aus der Phasenverschiebung folgt die *Phasenlaufzeit*

$$t_\varphi(\omega) = -\frac{\varphi(\omega)}{\omega} \ ; \tag{1.40}$$

diese bestimmt die *Verzögerung*, die ein unendlich ausgedehntes sinusförmiges Signal der Kreisfrequenz ω beim Durchgang durch das lineare System erfährt. Die Einhüllende eines endlichen Wellenzugs wird dagegen um die *Gruppenlaufzeit*

$$\boxed{t_\mathrm{g}(\omega) = -\frac{\mathrm{d}\varphi}{\mathrm{d}\omega}} \tag{1.41}$$

verzögert [9, 10].

Am Eingang eines linearen Netzwerks soll nun ein Signal $x(t)$ anliegen, das sich als Fourier-Integral darstellen läßt

$$x(t) = \int_{-\infty}^{\infty} \underline{x}(\omega)\, \mathrm{e}^{\mathrm{j}\omega t}\, \mathrm{d}\omega\ . \tag{1.42}$$

Da das Ausgangssignal des linearen Systems durch Überlagern der Komponenten des Eingangssignals zustandekommt, folgt mit dem frequenzabhängigen *Übertragungsfaktor* $\underline{H}(\mathrm{j}\omega)$

$$y(t) = \int_{-\infty}^{\infty} \underline{y}(\omega)\, \mathrm{e}^{\mathrm{j}\omega t}\, \mathrm{d}\omega = \int_{-\infty}^{\infty} \underline{H}(\mathrm{j}\omega)\, \underline{x}(\omega)\, \mathrm{e}^{\mathrm{j}\omega t}\, \mathrm{d}\omega\ . \tag{1.43}$$

Das Übertragungsverhalten ist demnach vollständig durch den Übertragungsfaktor $\underline{H}(\mathrm{j}\omega)$ bestimmt. Entsprechend besteht zwischen der Laplace-Transformierten $\underline{x}(s)$ des Eingangssignals und der Laplace-Transformierten $\underline{y}(s)$ des Ausgangssignals eines linearen Systems *im eingeschwungenen Zustand* der Zusammenhang

$$\underline{y}(s) = \underline{H}(s)\, \underline{x}(s)\ . \tag{1.44}$$

Der Übertragungsfaktor $\underline{H}(s)$ kann als Verallgemeinerung des Übertragungsfaktors $\underline{H}(\mathrm{j}\omega)$ zu komplexen Frequenzwerten ($\underline{\omega} = \omega - \mathrm{j}\sigma = -\mathrm{j}\, s$) aufgefaßt werden. Gemäß dem *Faltungssatz* der Laplace-Transformation führt Gl. (1.44) auf den folgenden Zusammenhang im Zeitbereich (eingeschwungener Zustand)

$$y(t) = \int_{0}^{t} H(t-t')\, x(t')\, \mathrm{d}t'\ , \tag{1.45}$$

d. h. das Ausgangssignal $y(t)$ des linearen Systems ist i. allg. nicht nur durch den Wert des Eingangssignals zur Zeit t bestimmt, sondern auch durch dessen Verhalten im Zeitintervall $[0, t]$.

Angaben in dB, Bode-Diagramm

Der Wert von Spannungs-, Strom- und Leistungsverstärkungen wird häufig als sog. *Verstärkungsmaß* a in (deziBel) dB angegeben. Bei Spannungs- und Stromverstärkungen wird hierzu der (Zehner-)Logarithmus von $A(f)$ mit 20 dB multipliziert. Dies führt im Fall der *Spannungsverstärkung* auf

$$a_v(f) = 20\,\mathrm{dB} \cdot \log[\, A_v(f)] \tag{1.46}$$

bzw. im Fall der *Stromverstärkung* $A_i(f) = |\underline{H}_i(\mathrm{j}2\pi f)|$ auf

$$a_i(f) = 20\,\mathrm{dB} \cdot \log[\, A_i(f)]\ . \tag{1.47}$$

Da $\log(1) = 0$ gilt, liegt allgemein für $a(f) > 0$ dB *Verstärkung* vor, für $a(f) < 0$ dB *Abschwächung*.

Soll eine *Leistungsverstärkung* in dB ausgedrückt werden[13], so ist der Logarithmus der Leistungsverstärkung $G_p(f) = P_2/P_1$ mit 10 dB zu multiplizieren.

$$a_p(f) = 10\,\mathrm{dB} \cdot \log[\,G_p(f)] \; . \tag{1.48}$$

Dabei bezeichnen P_1 und P_2 die Effektivwerte der vom System aufgenommenen bzw. abgegebenen Wirkleistung. Der Hintergrund für den gegenüber a_v und a_i halbierten „Vorfaktor“ von 10 dB ist, daß die Leistung proportional zum Quadrat von Spannungs- bzw. Stromamplitude ist.

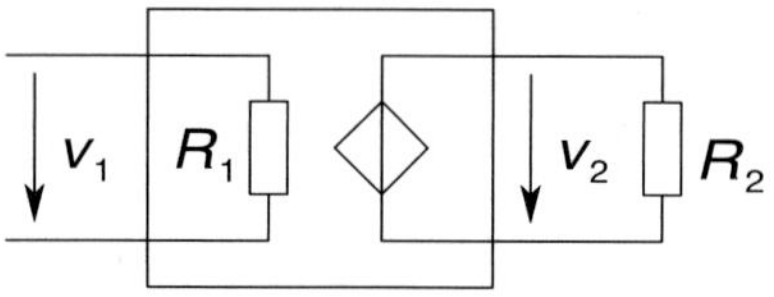

Abb. 1.8. In 1.3.2 untersuchte Beispielschaltung

Beispiel 1.3.2 Es wird die in Abb. 1.8 skizzierte Schaltung mit Eingangswiderstand R_1 und Lastwiderstand R_2, betrachtet. Der Effektivwert der an die Schaltung abgegebenen Leistung P_1 ist $P_1 = V_1^2/R_1$, wobei V_1 den Effektivwert der Eingangsspannung angibt; der Effektivwert P_2 der an die Last abgegebenen Leistung ergibt sich mit dem Effektivwert der Ausgangsspannung V_2 entsprechend zu $P_2 = V_2^2/R_2$. Für das Verstärkungsmaß $a_p(f)$ folgt damit

$$\begin{aligned} 10\,\mathrm{dB} \cdot \log\left(\frac{P_2}{P_1}\right) &= 10\,\mathrm{dB} \cdot \log\left(\frac{V_2^2}{V_1^2}\frac{R_1}{R_2}\right) \\ &= 20\,\mathrm{dB} \cdot \log\left(\frac{V_2}{V_1}\right) + 10\,\mathrm{dB} \cdot \log\left(\frac{R_1}{R_2}\right) \; . \end{aligned} \tag{1.49}$$

Das Verstärkungsmaß a_p ist somit gleich dem Verstärkungsmaß a_v, falls R_1 und R_2 denselben Wert haben. △

Der Übertragungsfaktor $\underline{H}(\mathrm{j}\omega)$ ist i. allg. eine komplexwertige Funktion der Frequenz. Für die grafische Darstellung der Frequenzabhängigkeit wird üblicherweise das sog. *Bode-Diagramm* gewählt. Dieses besteht aus zwei Abbildungen: In der einen wird das Verstärkungsmaß a, in der anderen die Phasenverschiebung φ über dem Logarithmus der Frequenz $f = \omega/2\pi$ aufgetragen (vgl. z.B. Abb. 1.12) . Für $A(f)$ wird eine doppeltlogarithmische Auftragung gewählt, da Potenzfunktionen dabei Geraden ergeben: Für beliebige Zahlen $\alpha > 0$ sowie m gilt

[13]Die „Einheit“ dB wird für relative Pegelangaben verwendet, d. h. für die Angabe von Verhältnissen. Daneben werden aber auch absolute Pegelangaben in dB vorgenommen, wobei eine feste Bezugsgröße vorgegeben wird. Erwähnt werden soll hier die gebräuchliche „Einheit“ dBm, die für Leistungsangaben verwendet wird und den Effektivwert P der Leistung bezogen auf 1 mW angibt

$$P \;\text{ in dBm} \equiv 10\,\mathrm{dB} \cdot \log\,(\,P/1\,\mathrm{mW}\,)\,.$$

$$\log(\alpha f^m) = \log(\alpha) + m \log(f) .$$

Wird demnach $y = \log(a)$ über $x = \log(f)$ aufgetragen, so ergibt sich eine Gerade der Steigung m, wodurch sich diese Größe leicht bestimmen läßt: Ein Anstieg der Spannungsverstärkung $A_v \sim f$ ergibt z. B. in doppeltlogarithmischer Auftragung eine Gerade der Steigung +1 bzw. 20 dB/dec, ein Abfall $A_v \sim 1/f$ entsprechend eine Gerade der Steigung −1 bzw. −20 dB/dec. Zeigt a_v einen Abfall von 40 dB/dec, so kann umgekehrt auf eine Frequenzabhängigkeit $\sim 1/f^2$ geschlossen werden.

Verzögerungszeit und Anstiegszeit

Bezeichnet y_0 den minimalen Wert der Ausgangsgröße eines linearen Netzwerks und y_s ihren Hub, so läßt sich schreiben

$$y(t) = y_0 + y_s f(t) ,$$

wobei $f(t)$ nur Werte zwischen 0 und 1 annehmen kann. Diese normierte Ausgangsvariable enthält sämtliche Informationen über das Zeitverhalten des Systems. Ein möglicher Verlauf von $f(t)$ als Antwort des Systems auf eine Sprungfunktion am Eingang ist in Abb. 1.9 dargestellt. Zur Charakterisierung

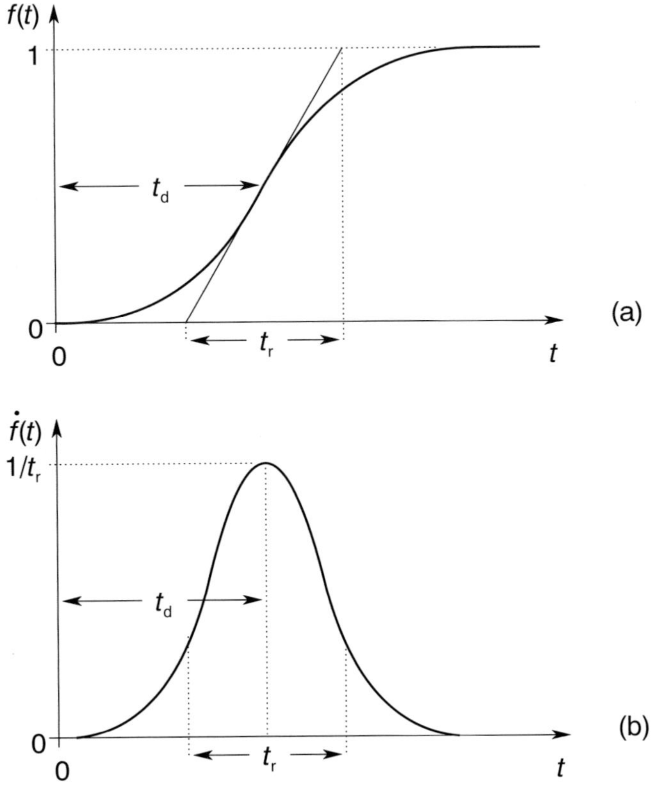

Abb. 1.9. Verlauf von $f(t)$ und $\dot{f}(t)$. Definition von Verzögerungszeit und Anstiegszeit

des Zeitverhaltens werden zwei Zeitkonstanten eingeführt:

1) Die *Verzögerungszeit* t_d, häufig definiert als die Zeit, nach der die Ausgangsgröße die Hälfte ihres Endwerts erreicht hat: $f(t_\mathrm{d}) = 1/2$. Diese Definition ist für die meßtechnische Charakterisierung (etwa beim Oszilloskopieren des Ausgangssignals zweckmäßig. Für Berechnungen ist die Definition nach Elmore [11] (Abb. 1.9)

$$t_\mathrm{d} \;=\; \int_0^\infty t\dot{f}(t)\,\mathrm{d}t \tag{1.50}$$

zweckmäßiger, da sich diese direkt aus dem Übertragungsfaktor berechnen läßt

$$t_\mathrm{d} \;=\; -\,\frac{1}{\underline{H}(0)}\,\frac{\mathrm{d}\underline{H}}{\mathrm{d}s}\bigg|_{s=0} \;=\; -\,\frac{\mathrm{d}}{\mathrm{d}s}\,\ln[\underline{H}(s)]\bigg|_{s=0}\;. \tag{1.51}$$

2) Die *Anstiegszeit* t_r, oft definiert als der Kehrwert der Steigung von $f(t)$ bei $t = t_\mathrm{d}$. Die von Elmore vorgeschlagende Definition

$$t_\mathrm{r} \;=\; \sqrt{2\pi\left(\int_0^\infty t^2\dot{f}(t)\,\mathrm{d}t - t_\mathrm{d}^2\right)} \tag{1.52}$$

ist mit dem Übertragungsfaktor über

$$t_\mathrm{r} \;=\; \sqrt{2\pi\left(\frac{1}{\underline{H}(0)}\,\frac{\mathrm{d}^2\underline{H}}{\mathrm{d}s^2}\bigg|_{s=0} - t_\mathrm{d}^2\right)} \tag{1.53}$$

verknüpft.

Rationale Übertragungsfaktoren. Für Netzwerke aus passiven linearen Zweipolen ist der Übertragungsfaktor rational

$$\underline{H}(s) \;=\; \underline{H}(0)\,\frac{1 + a_1\,s + a_2\,s^2 + \cdots + a_n\,s^n}{1 + b_1\,s + b_2\,s^2 + \cdots + b_m\,s^m}\;.$$

In diesem Fall folgt

$$t_\mathrm{d} \;=\; b_1 - a_1 \tag{1.54}$$

und

$$t_\mathrm{r} \;=\; \sqrt{2\pi\left[b_1^2 - a_1^2 + 2(a_2 - b_2)\right]}\;. \tag{1.55}$$

Wird der Übertragungsfaktor in eine Reihe nach s entwickelt, so lauten die ersten Glieder

$$\underline{H}(s) \;=\; \underline{H}(0)\left[1 - st_\mathrm{d} + \frac{1}{2}s^2\left(t_\mathrm{d}^2 + \frac{t_\mathrm{r}^2}{2\pi}\right) - \ldots\right]\;. \tag{1.56}$$

1.3.4 Der RC-Tiefpaß

Ein *Tiefpaß* überträgt sinusförmige Wechselspannungen geringer Frequenz unverändert. Bei hohen Frequenzen bewirkt er eine Abschwächung und Phasenverschiebung. Abbildung 1.10 zeigt für einen Tiefpaß schematisch den Ver-

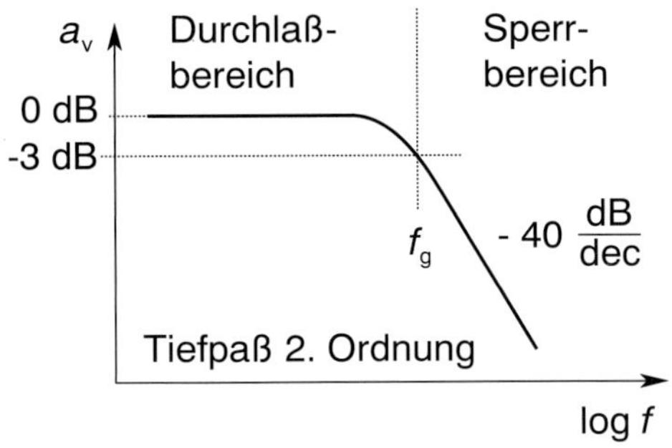

Abb. 1.10. Bode-Diagramm eines Tiefpasses 2. Ordnung

lauf von a_v im Bode-Diagramm. In dem bei tiefen Frequenzen vorliegenden *Durchlaßbereich* ist $a_v \approx 0$ dB; in dem bei hohen Frequenzen vorliegenden *Sperrbereich* erfolgt ein Abfall, der bei Tiefpaßnetzwerken aus konzentrierten Elementen durch eine Potenzfunktion gegeben ist. Gilt $A_v \sim f^{-m}$, so spricht man von einem Tiefpaß m-ter Ordnung; im Bode-Diagramm entspricht dies einer Geraden der Steigung $-m \cdot 20$ dB/dec. Der Übergang zwischen Sperrbereich und Durchlaßbereich wird durch die Grenzfrequenz f_g des Tiefpasses markiert; bei dieser weist a_v in guter Näherung den Wert -3 dB auf.

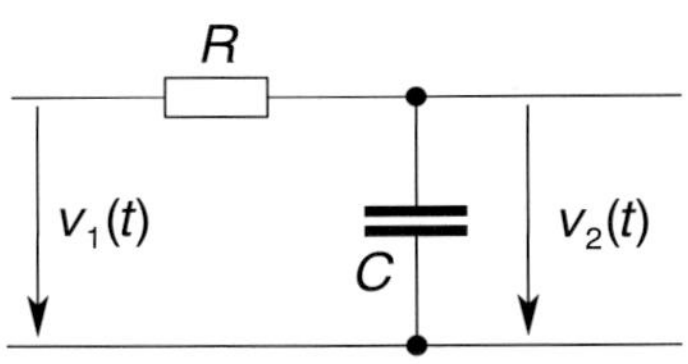

Abb. 1.11. RC-Tiefpass

Übertragungsfaktor, Bode-Diagramm

Abbildung 1.11 zeigt die Schaltung eines RC-Tiefpasses. Wird am Eingang eine sinusförmige Wechselspannung $v_1(t) = \mathrm{Re}\left(\underline{\hat{v}}_1 e^{j\omega t}\right)$ angelegt, so tritt am Ausgang die Spannung $v_2(t) = \mathrm{Re}\left(\underline{\hat{v}}_2 e^{j\omega t}\right)$ auf. Der Spannungsübertragungsfaktor des unbelasteten Tiefpasses ergibt sich aus der komplexen Spannungsteilerformel

$$\underline{H}_v(j\omega) = \frac{\underline{v}_2}{\underline{v}_1} = \frac{(j\omega C)^{-1}}{R + (j\omega C)^{-1}}$$

zu

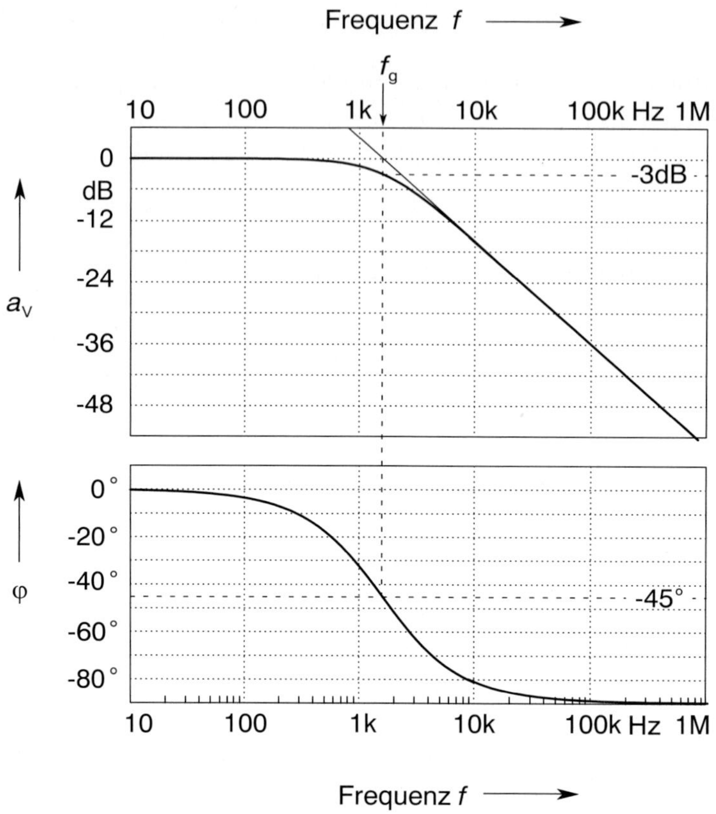

Abb. 1.12. Bode-Plot für den RC-Tiefpaß mit $R = 1$ kΩ, $C = 100$ nF

$$\underline{H}_v(\mathrm{j}\omega) = \frac{1}{1+\mathrm{j}\omega\tau} \quad \text{mit} \quad \tau = RC\,. \tag{1.57}$$

Mit der (3 dB-)Grenzfrequenz

$$f_\mathrm{g} = 1/(2\pi RC) \tag{1.58}$$

und $\omega = 2\pi f$ folgt aus Gl. (1.57) für die Spannungsverstärkung

$$A_v(f) = \frac{1}{\sqrt{1+(f/f_\mathrm{g})^2}} \tag{1.59}$$

und für die Phasenverschiebung

$$\varphi(f) = -\arctan(f/f_\mathrm{g})\,. \tag{1.60}$$

Das zugehörige Bode-Diagramm ist in Abb. 1.12 zu sehen. Für Frequenzen $f \ll f_\mathrm{g}$ gilt in guter Näherung $A_v \approx 1$ bzw. $a_v = 0$ dB; für Frequenzen $f \gg f_\mathrm{g}$ dagegen $A_v(f) \approx f_\mathrm{g}/f$. Im Bode-Diagramm entspricht dies einem Abfall von 20 dB/dec, d. h. der betrachtete RC-Tiefpaß ist ein Tiefpaß erster Ordnung. Wird der für große Frequenzen beobachtete Kurvenverlauf im Bode-Diagramm linear zu 0 dB extrapoliert, so liefert der Schnittpunkt mit der

0 dB-Achse die Grenzfrequenz (Abb. 1.12). Dort gilt[14] gilt $A_v = 1/\sqrt{2}$, während die Phasenverschiebung den Wert $-45°$ aufweist.

Impulsverhalten

Für eine Untersuchung des Impulsverhaltens wird die Ausgangsspannung $v_2(t)$ als Funktion von $v_1(t)$ im Zeitbereich bestimmt. Im Fall des unbelasteten Tiefpasses ergibt der Knotensatz angewandt auf den Ausgangsknoten

$$\frac{v_1(t) - v_2(t)}{R} = C\,\frac{\mathrm{d}v_2}{\mathrm{d}t}$$

bzw. mit $\tau = RC$

$$\frac{\mathrm{d}v_2}{\mathrm{d}t} + \frac{v_2(t)}{\tau} = \frac{v_1(t)}{\tau}\,. \tag{1.61}$$

Als allgemeine Lösung dieser Differentialgleichung zum Anfangswert $v_2(0)$ resultiert[15]

$$v_2(t) = v_2(0)\exp\left(-\frac{t}{\tau}\right) + \frac{1}{\tau}\int_0^t v_1(t')\exp\left(-\frac{t-t'}{\tau}\right)\mathrm{d}t'\,. \tag{1.62}$$

Einschalt- und Ausschaltvorgang. Einfache Spezialfälle sind der *Einschaltvorgang* ($v_2(0) = 0$ und $v_1(t) = V_+$ für $t > 0$) mit dem Ausgangsspannungsverlauf

$$v_2(t) = V_+\left[1 - \exp\left(-\frac{t}{\tau}\right)\right] \tag{1.63}$$

und der *Ausschaltvorgang* ($v_2(0) = V_+$ und $v_1(t) = 0$ für $t > 0$) mit dem Ausgangsspannungsverlauf

$$v_2(t) = V_+\exp\left(-\frac{t}{\tau}\right)\,. \tag{1.64}$$

Abbildung 1.13 zeigt für beide Situationen den Verlauf der Spannung an Eingang und Ausgang. Als charakteristische Zeit für das Erreichen des Endwerts dient die „RC-Zeitkonstante“ τ; diese ist nach (1.54) gleich der Verzögerungszeit des RC-Tiefpasses nach Elmore. Erst für eine Zeitspanne $t > 5\tau$ nach dem Umschaltvorgang ist der Endwert in guter Näherung (Fehler ca. 0.67 %) erreicht.

---

[14] Für das Verstärkungsmaß bei $f = f_\mathrm{g}$ gilt

$$a_v(f_\mathrm{g}) = 20\,\mathrm{dB}\cdot\log\left(1/\sqrt{2}\right) \approx -3.01\,\mathrm{dB}\,,$$

d. h. bei $f = f_\mathrm{g}$ ist der Wert von a_v um annähernd 3 dB gegenüber seinem Wert bei kleinen Frequenzen reduziert.

[15] Als Lösungsmethode für diese inhomogene Differentialgleichung erster Ordnung mit konstanten Koeffizienten kann etwa die Methode der Variation der Konstanten angewandt werden.

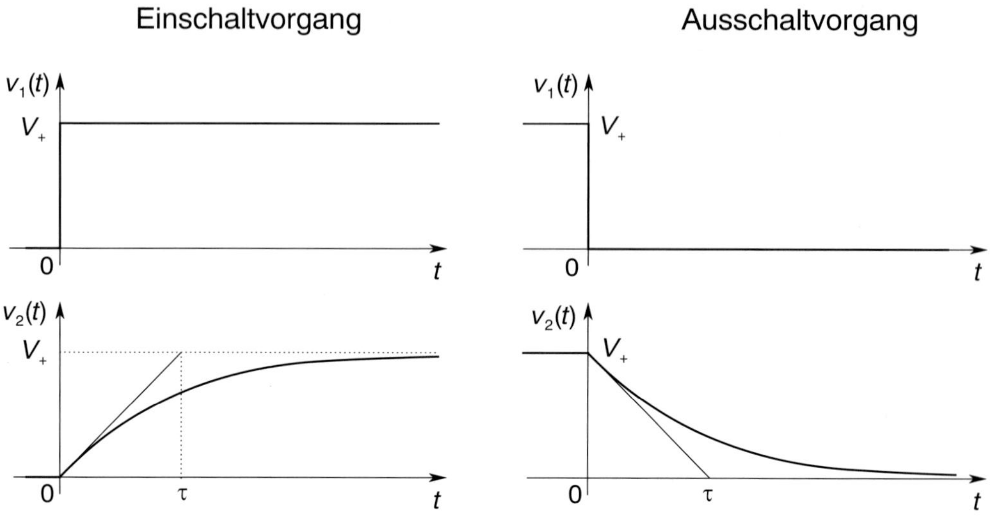

Abb. 1.13. Sprungantwort des RC-Tiefpasses

Anstiegs- und Abfallzeit. Als *Anstiegszeit* t_{r} wird oft die Zeit bezeichnet, die das Potential am Ausgang bei sprunghafter Änderung der Eingangsspannung benötigt, um von 10 % auf 90 % seines Endwerts anzusteigen. Aus Gl. (1.63) folgt die Zeit $t_{10\%}$, nach der die Ausgangsspannung 10% des Endwerts V_+ erreicht hat

$$t_{10\%} \;=\; -\tau \ln(0.9) \; ,$$

sowie die Zeit $t_{90\%}$ nach der $v_2(t)$ 90% des Endwerts erreicht hat

$$t_{90\%} \;=\; -\tau \ln(0.1) \; .$$

Die Anstiegszeit $t_{\mathrm{r}} = t_{90\%} - t_{10\%}$ errechnet sich hieraus zu

$$t_{\mathrm{r}} \;=\; \tau \ln(9) \;\approx\; 2.2 \cdot \tau \;\approx\; 0.35/f_{\mathrm{g}} \; . \tag{1.65}$$

Sie ist gleich der *Abfallzeit* $t_f = t_{10\%} - t_{90\%}$, wie sich durch eine entsprechende Untersuchung des Ausschaltvorgangs leicht zeigen läßt. Wird die Anstiegszeit über die Definition von Elmore berechnet, so folgt aus (1.55) der etwas größere Wert

$$t_{\mathrm{r}} \;=\; \sqrt{2\pi}\, RC \;\approx\; 2.506\, \tau \; .$$

Periodische Eingangsspannung. Ist $v_2(0) = 0$ und die Eingangsspannung $v_1(t)$ periodisch mit der Periode T, so folgt mit der Zerlegung von $v_1(t)$ in einen Gleichanteil $\overline{v_1}$ und einen Wechselanteil $\Delta v_1(t)$ aus (1.62)

$$v_2(t) \;=\; \overline{v_1} \left[1 - \exp\left(-\frac{t}{\tau} \right) \right] + \Delta v_2(t) \; , \tag{1.66}$$

mit dem Wechselanteil der Ausgangsspannung

$$\Delta v_2(t) \;=\; \frac{1}{\tau}\int_0^t \Delta v_1(t')\exp\left(-\frac{t-t'}{\tau}\right)\,dt' \;. \qquad (1.67)$$

Für $t \gg \tau$ folgt damit für die Ausgangsspannung

$$v_2(t) \;=\; \overline{v_1} + \Delta v_2(t)\;.$$

Der Wechselanteil $\Delta v_2(t)$ ist für $t \gg \tau$ periodisch mit der Frequenz $f = 1/T$. Ist $f = 1/T$ groß im Vergleich zur Grenzfrequenz f_g des Tiefpasses, so ist die Amplitude von $\Delta v_2(t)$ klein im Vergleich zur Amplitude von $\Delta v_1(t)$, da C nicht mehr schnell genug über R umgeladen werden kann: Der Tiefpass arbeitet als *Mittelwertbildner.* [16]

Der Wechselanteil der Ausgangsspannung ist für $t \gg \tau$ periodisch mit der Periode T; liegt bei t_0 ein Nulldurchgang von $\Delta v_2(t)$, so gilt

$$\Delta v_2(t) \;=\; \frac{1}{\tau}\int_{t_0}^t \Delta v_1(t')\,\exp\left(-\frac{t-t'}{\tau}\right)\,dt'$$

Wegen der Periodizität genügt es das Integral nur im Zeitintervall $[t_0, t_0{+}1/f]$ auszuwerten. Für $f \gg f_g$ gilt dort aber stets $t - t_0 \ll \tau$. Dies erlaubt es die Exponentialfunktion durch 1 anzunähern. Damit folgt

$$\Delta v_2(t) \;\approx\; \frac{1}{\tau}\int_{t_0}^t \Delta v_1(t')\,dt'\;, \qquad (1.68)$$

d. h. der Wechselanteil der Ausgangsspannung folgt als *Integral* des Wechselanteils der Eingangsspannung. Bezüglich des Wechselanteils $\Delta v_1(t)$ der Eingangsspannung arbeitet der Tiefpaß für $f \gg f_g$ als *Integrierer.*

---

[16] Dieses Ergebnis läßt sich auch durch Zerlegen der mit der Frequenz f periodischen Eingangsspannung in eine Fourier-Reihe

$$v_1(t) \;=\; \sum_{n=-\infty}^{n=\infty} \underline{\hat{v}}_{1,n}\,e^{j2\pi nft} \qquad \text{mit} \qquad \underline{\hat{v}}_{1,n} \;=\; f\int_0^{1/f} v_1(t)\,e^{-j2\pi nft}\,dt$$

gewinnen. Da es sich beim Tiefpaß um einen linearen Übertrager handelt, kann die Ausgangsspannung aus den Fourier-Komponenten der Eingangsspannung, multipliziert mit dem entsprechenden Spannungsübertragungsfaktor, zusammengesetzt werden

$$v_2(t) \;=\; \sum_{n=-\infty}^{n=\infty} \frac{\underline{\hat{v}}_{1,n}}{1+jnf/f_g}\,e^{j2\pi nft}\;.$$

Ist $f \gg f_g$, so wird bereits die Grundschwingung ($n = 1$) beim Durchgang durch den Tiefpaß stark bedämpft, die Oberwellenanteile ($n > 1$) um so mehr. Einzig der Term zu $n = 0$

$$\overline{v_1} \;=\; f\int_0^{1/f} v_1(t)\,dt \;=\; \underline{\hat{v}}_{1,0}\,,$$

d. h. der Gleichanteil der Eingangsspannung, durchläuft den Tiefpaß ungedämpft.

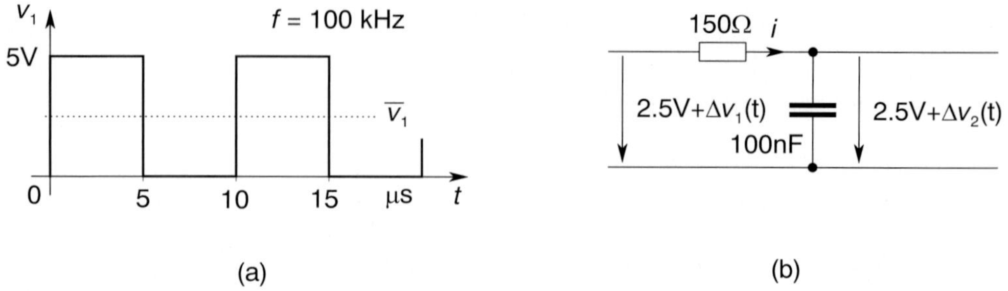

Abb. 1.14. **(a)** im Beispiel betrachtetes Eingangssignal und **(b)** Abschätzung der Restwelligkeit

Beispiel 1.3.3 Betrachtet wird ein RC-Tiefpaß mit $R = 150\,\Omega$, $C = 100$ nF. Dieser besitzt die Grenzfrequenz

$$f_{\mathrm{g}} = \frac{1}{2\pi RC} = 10.61\,\mathrm{kHz}\,.$$

Wird auf den Eingang eine rechteckförmige Spannung entsprechend der Abb. 1.14 gegeben

$$v_1(t) = 2.5\,\mathrm{V} + \Delta v_1(t); \qquad \Delta v_1(t) = \begin{cases} 2.5\,\mathrm{V} & \text{in der 1. Halbperiode} \\ -2.5\,\mathrm{V} & \text{in der 2. Halbperiode} \end{cases}$$

so stellt sich am Ausgang für $t \gg \tau = 15\,\mu\mathrm{s}$ ein periodischer Spannungsverlauf mit dem Gleichanteil 2.5 V und dem Wechselanteil $\Delta v_2(t)$ ein.

Der Hub am Ausgang läßt sich für $f/f_{\mathrm{g}} \gg 1$ leicht abschätzen, da dieser dann klein gegenüber dem Hub am Eingang ist und in einfachster Näherung vernachlässigt werden kann. Über R fließt damit näherungsweise der Strom

$$i = \frac{\Delta v_1(t) - \Delta v_2(t)}{R} \approx \frac{\Delta v_1(t)}{R} = \begin{cases} 16.7\,\mathrm{mA} & \text{für } \Delta v_1 = 2.5\,\mathrm{V} \\ -16.7\,\mathrm{mA} & \text{für } \Delta v_1 = -2.5\,\mathrm{V} \end{cases}$$

Wegen des weitgehend konstanten Lade- bzw. Entladestroms ändert sich $v_2(t)$ annähernd *linear* mit der Zeit – am Ausgang ist deshalb eine *Dreiecksspannung* mit einem überlagerten Gleichanteil von 2.5 V zu erwarten. In der zum Aufladen zur Verfügung stehenden Zeit $\Delta t = (2f)^{-1}$ (eine Halbperiode) steigt die Spannung am Kondensator näherungsweise um

$$\Delta v = \frac{i\,\Delta t}{C} = \frac{16.7\,\mathrm{mA}}{2 \cdot 10^5\,\mathrm{Hz} \cdot 100\,\mathrm{nF}} \approx 835\,\mathrm{mV}\,,$$

um in der nächsten Halbperiode um denselben Wert wieder abzunehmen. Dasselbe Ergebnis folgt aus (1.68): Angenommen $\Delta v_1(t)$ springt bei $t = 0$ von -2.5 V auf 2.5 V, so folgt nach (1.68) für den Hub während der folgenden Halbperiode ($\Delta v_1 =$ const.)

$$\frac{1}{\tau}\int_0^{1/2f} \Delta v_1\,\mathrm{d}t = \frac{1}{RC}\,\Delta v_1\,\frac{1}{2f} = \frac{1}{100\,\mathrm{nF}} \cdot \frac{2.5\,\mathrm{V}}{150\,\Omega} \cdot \frac{10^{-5}\,\mathrm{s}}{2} = 835\,\mathrm{mV}\,.$$

Abbildung 1.15 zeigt das Ergebnis einer SPICE-Transientenanalyse für $v_1(t)$, $v_2(t)$. Der Verlauf von $v_2(t)$ zeigt sich in guter Näherung als symmetrische Dreiecksspan-

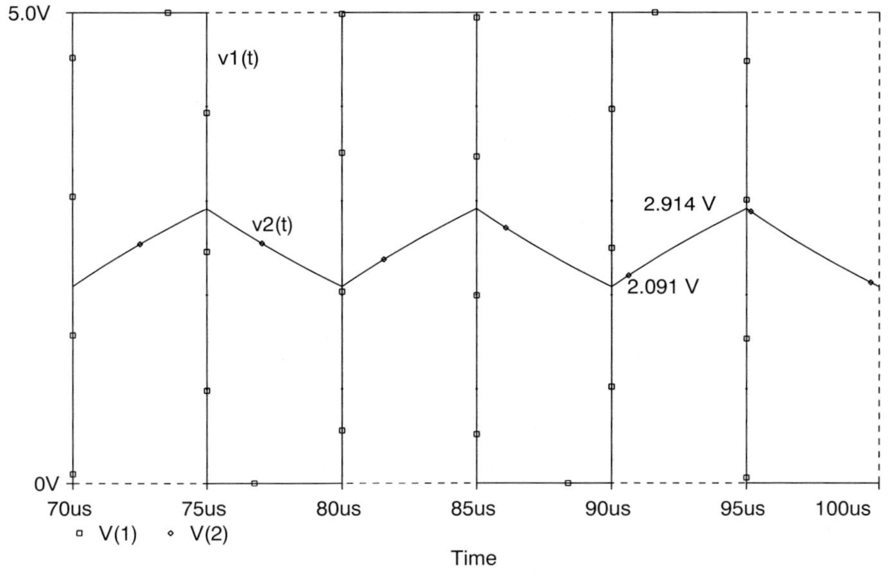

Abb. 1.15. Eingangs- und Ausgangsspannung am RC-Tiefpaß ($f/f_\mathrm{g} \approx 10$) berechnet mit der SPICE Transientenanalyse

nung (Integration des Wechselanteils der Eingangsspannung), die dem Gleichanteil der Eingangsspannung $\overline{v}_1 = 2.5$ V überlagert ist (Mittelwertbildung). Der durch Simulation ermittelte Hub von 823 mV am Ausgang stimmt gut mit der analytischen Abschätzung überein. Δ

Anwendung der Laplace-Transformation. Im Zeitbereich besteht zwischen Eingangsspannung $v_1(t)$ und Ausgangsspannung $v_2(t)$ der Zusammenhang

$$\frac{\mathrm{d}v_2}{\mathrm{d}t} = \frac{v_1(t) - v_2(t)}{RC} ,$$

was nach Laplace-Transformation in

$$s\,\underline{v}_2(s) - v_2(t{=}0) = \frac{\underline{v}_1(s) - \underline{v}_2(s)}{\tau}$$

übergeht. Durch Umstellen folgt für die Laplace-Transformierte der Ausgangsspannung

$$\underline{v}_2(s) = \frac{\underline{v}_1(s)}{1 + s\tau} + \frac{\tau v_2(t{=}0)}{1 + s\tau} . \tag{1.69}$$

Der erste Term beschreibt dabei das Verhalten im eingeschwungenen Zustand, der Übertragungsfaktor $\underline{H}(s) = 1/(1{+}s\tau)$ folgt durch die Substitution $\mathrm{j}\omega \to s$ aus dem Übertragungsfaktor $\underline{H}(\mathrm{j}\omega)$, wie er durch die komplexe Wechselstromrechnung ermittelt werden kann. Der zweite Term berücksichtigt den

Anfangswert der Ausgangsspannung; wird dieser Term in den Zeitbereich zurücktransformiert, so ergibt sich im Beispiel eine exponentiell gedämpfte Lösung, die für große Zeiten gegen null geht, im eingeschwungenen Zustand also abgeklungen ist.

Die Beziehung (1.69) erlaubt einen weiteren Nachweis der integrierenden Wirkung des RC-Tiefpasses. Hier gilt

$$\underline{v}_2(s) = \frac{1}{1+s\tau}\,\underline{v}_1(s)\,.$$

Bei Frequenzen die deutlich oberhalb [17] der Grenzfrequenz liegen, ist $s\tau \gg 1$ und damit

$$\underline{v}_2(s) \approx \frac{1}{s\tau}\,\underline{v}_1(s)\,.$$

Nach Rücktransformation in den Zeitbereich ergibt sich wegen Gl. (1.36) auf der rechten Seite das Integral von $v_1(t)$ über der Zeit.

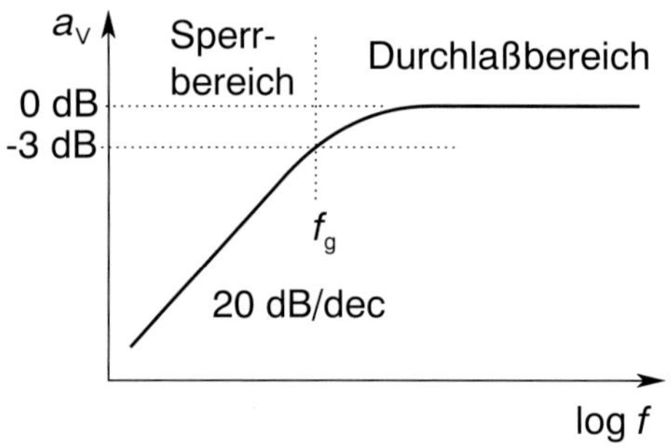

Abb. 1.16. Bode-Diagramm eines Hochpasses 1. Ordnung

1.3.5 Der RC-Hochpaß

Ein *Hochpaß* überträgt sinusförmige Eingangsspannungen hoher Frequenz unverändert. Bei Eingangsspannungen tiefer Frequenz bewirkt er eine Abschwächung und eine Phasenvorauseilung. Abbildung 1.16 zeigt schematisch den Verlauf von a_v im Bode-Diagramm für einen Hochpaß. In dem bei tiefen Frequenzen vorliegenden *Sperrbereich* erfolgt bei Hochpaßnetzwerken aus linearen Elementen ein Anstieg mit einem Vielfachen von 20 dB/dec entsprechend der Ordnung des Hochpasses: Ein Hochpaß der Ordnung k zeigt im Sperrbereich einen Anstieg mit $k \cdot 20$ dB/dec. In dem bei hohen Frequenzen vorliegenden *Durchlaßbereich* ist $a_v \approx 0$ dB. Der Übergang zwischen Durchlaßbereich und Sperrbereich wird durch die Grenzfrequenz f_g des Hochpasses markiert, bei der a_v den Wert -3 dB aufweist.

[17] Dies setzt voraus, daß nur Wechselanteile auftreten, andernfalls würde die Laplace-Transformierte eine Komponente mit $s\tau \ll 1$ aufweisen.

Übertragungsfaktor, Bode-Diagramm

Für den in Abb. 1.17 gezeigten RC-Hochpaß ergibt sich aus der Spannungsteilerformel

$$\underline{H}_v(\mathrm{j}\omega) = \frac{\underline{v}_2}{\underline{v}_1} = \frac{R}{R + (\mathrm{j}\omega C)^{-1}} = \frac{1}{1 + (\mathrm{j}\omega\tau)^{-1}} , \tag{1.70}$$

wobei wiederum $\tau = RC$ gilt.

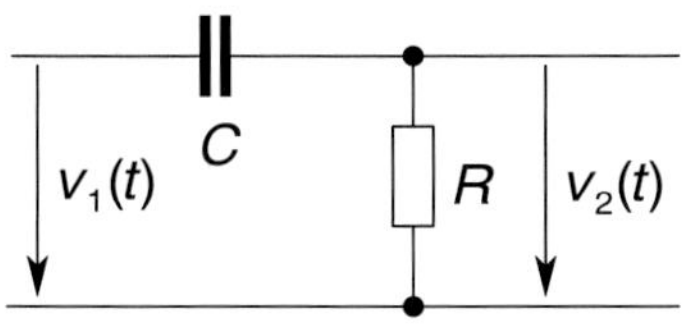

Abb. 1.17. RC-Hochpaß

Mit der Grenzfrequenz $f_\mathrm{g} = (2\pi RC)^{-1}$ resultiert hieraus für Betrag und Phase des Übertragungsfaktors

$$A_v(f) = \frac{f}{f_\mathrm{g}} \frac{1}{\sqrt{1 + (f/f_\mathrm{g})^2}} \tag{1.71}$$

sowie

$$\varphi(f) = \arctan(f_\mathrm{g}/f) . \tag{1.72}$$

Für kleine Frequenzen kann in Gl. (1.71) für $A_v(f)$ die Frequenzabhängigkeit des Wurzelausdrucks vernachlässigt werden. $A_v(f)$ steigt bei diesen Frequenzen in guter Näherung proportional zur Frequenz an

$$A_v(f) \approx \frac{f}{f_\mathrm{g}} \quad \text{mit} \quad f_\mathrm{g} = \frac{1}{2\pi RC} . \tag{1.73}$$

Im Bode-Diagramm (Abb. 1.18) resultiert für $f \ll f_\mathrm{g}$ ein Anstieg mit 20 dB/dec, d. h. es liegt ein Hochpaß 1. Ordnung vor. Für $\omega\tau \gg 1$ bzw. $f \gg f_\mathrm{g}$ nähert sich $A_v(f)$ dem Wert 1 (bzw. $a_v \to 0$ dB); die Phasenverschiebung zwischen Eingangs- und Ausgangssignal, die bei kleinen Frequenzen 90° beträgt, wird nun zu 0°. Bei der Grenzfrequenz gilt wie beim Tiefpaß $A_v(f_\mathrm{g}) = 1/\sqrt{2}$; die Phasenverschiebung zwischen Eingang und Ausgang ist hier jedoch 45°.

Impulsverhalten

Die Analyse des Impulsverhaltens wird wie beim Tiefpaß im Zeitbereich durchgeführt. Der Knotensatz liefert (im unbelasteten Fall) für den Ausgangsknoten

$$C \frac{\mathrm{d}}{\mathrm{d}t}(v_1 - v_2) = \frac{v_2}{R}$$

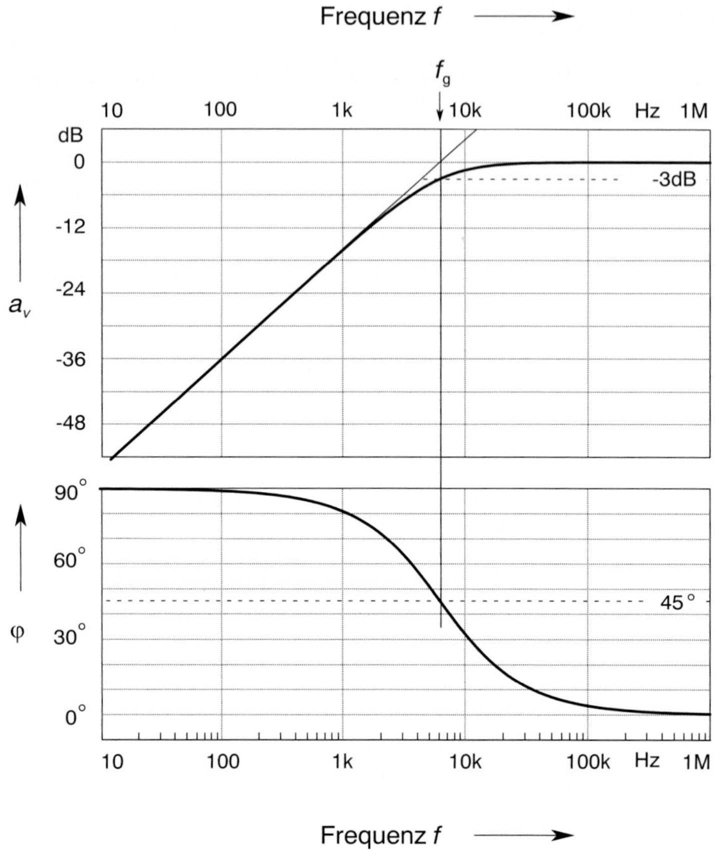

Abb. 1.18. Bode-Diagramm für einen RC-Hochpaß mit $f_\mathrm{g} = 6$ kHz

bzw. mit $\tau = RC$

$$\frac{\mathrm{d}v_2}{\mathrm{d}t} + \frac{v_2}{\tau} = \frac{\mathrm{d}v_1}{\mathrm{d}t} = \dot{v}_1(t) \; . \tag{1.74}$$

Die Lösung zum Anfangswert $v_2(0)$ ist in diesem Fall

$$v_2(t) = v_2(0^+)\exp\left(-\frac{t}{\tau}\right) + \int_{0^+}^{t} \dot{v}_1(t')\exp\left(-\frac{t-t'}{\tau}\right)\,\mathrm{d}t' \; . \tag{1.75}$$

Einschalt- und Ausschaltvorgang. Als einfache Spezialfälle werden der Einschaltvorgang und der Ausschaltvorgang betrachtet. Beim *Einschaltvorgang* springt v_1 bei $t = 0$ vom Wert 0 auf den Wert V_+. Da die Spannung über der Kapazität dabei erhalten bleibt ($v_\mathrm{C}(0^+) = v_\mathrm{C}(0^-) = 0$), folgt $v_2(0^+) = V_+$. Wegen der für $t > 0$ konstanten Eingangsspannung $v_1(t)$, gilt $\dot{v}_1(t) = 0$ für alle Zeiten $t > 0$. Aus diesem Grund verschwindet das Integral in Gl. (1.75) und der Ausgangsspannungsverlauf ergibt sich zu

$$v_2(t) = V_+ \exp\left(-\frac{t}{\tau}\right) \; . \tag{1.76}$$

Das Verhalten beim *Ausschaltvorgang*folgt auf analoge Weise. Hier war die

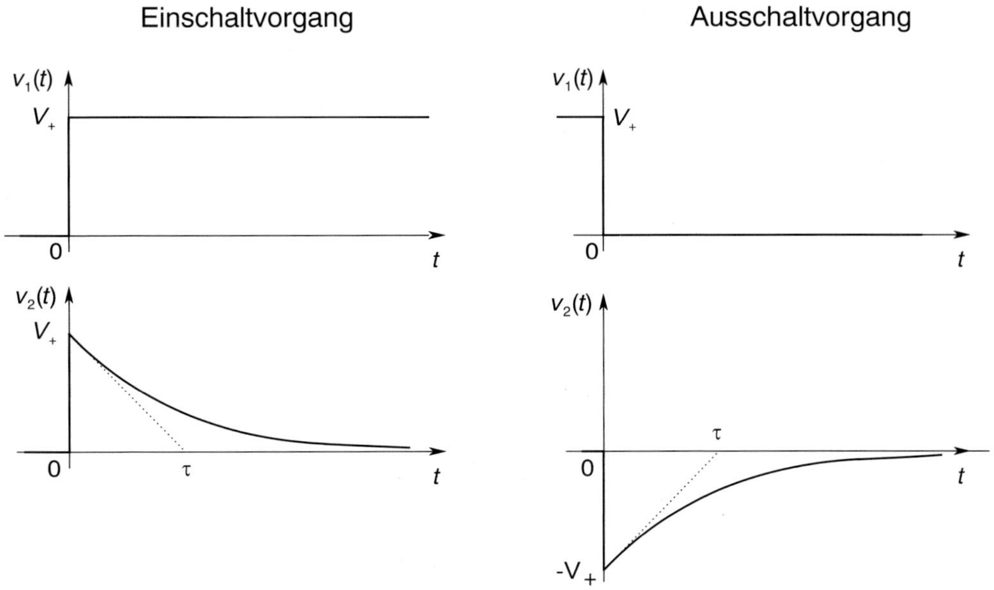

Abb. 1.19. Sprungantwort des RC-Hochpasses

Kapazität vor dem Sprung der Eingangsspannung auf die Spannung V_+ aufgeladen, d. h. hier gilt direkt nach dem Umschalten $v_2(0^+) = -V_+$. Aus Gl. (1.75) folgt so der Ausgangsspannungsverlauf

$$v_2(t) \; = \; -V_+ \, \exp\left(-\frac{t}{\tau}\right) . \tag{1.77}$$

Abbildung 1.19 zeigt für beide Situationen den Verlauf der Spannung an Eingang und Ausgang. Als charakteristische Zeit für das Erreichen des jeweiligen Endwerts dient auch hier $\tau = RC$.

Für kleine Werte von τ fällt der Exponentialfaktor im Integranden in Gl. (1.75) für $t' < t$ schnell zu null hin ab. In diesem Fall ist es sinnvoll $\dot{v}_1(t')$ um t zu entwickeln

$$\frac{\mathrm{d}v_1}{\mathrm{d}t'} \; = \; \dot{v}_1(t') \; = \; \dot{v}_1(t) + \ddot{v}_1(t) \cdot (t' - t) + ...$$

Wird diese Entwicklung in Gl. (1.75) verwendet, so folgt nach Ausführen der Integrale die Ausgangsspannung zum Anfangswert $v_2(0) = 0$ für $t \gg \tau$

$$v_2(t) \; \approx \; \tau \dot{v}_1(t) + \tau^2 \ddot{v}_1(t) + ...$$

Im Grenzfall kleiner Werte von τ folgt so

$$v_2(t) \; \approx \; \tau \, \frac{\mathrm{d}v_1}{\mathrm{d}t} \, , \tag{1.78}$$

d. h. der Hochpaß arbeitet als *Differenzierer*.

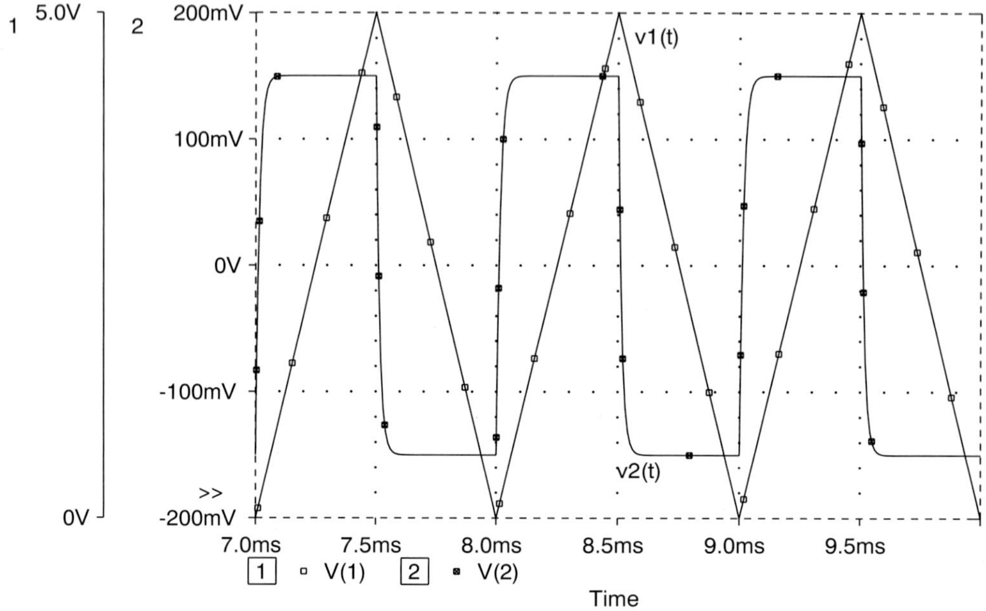

Abb. 1.20. Eingangs- und Ausgangsspannung des RC-Hochpasses ($f/f_g \approx 0.1$) berechnet mit der SPICE Transientenanalyse

Anwendung der Laplace-Transformation. Die differenzierende Eigenschaft des RC-Hochpasses kann auch durch Entwickeln des Übertragungsfaktors $\underline{H}(s)$ und Anwenden von (1.33) gezeigt werden. Für kleine Frequenzen ($s\tau \ll 1$) folgt

$$\underline{H}(s) = \frac{s\tau}{1+s\tau} = s\tau\left(1 - s\tau + s^2\tau^2 - + \ldots\right) .$$

Wird nur der erste Term der Entwicklung beibehalten, so verbleibt

$$\underline{v}_2(s) = s\tau\underline{v}_1(s) .$$

Bei Rücktransformation in den Zeitbereich ergibt sich wegen Gl. (1.33) auf der rechten Seite die Ableitung von $v_1(t)$ nach der Zeit.

Beispiel 1.3.4 Wird auf den Eingang eines RC-Hochpasses mit $R = 150\,\Omega$, $C = 150\,\text{nF}$, $f_g = 10.61$ kHz eine Dreiecksspannung entsprechend Abb. 1.21 gegeben, so ist bei steigender Flanke

$$\frac{\mathrm{d}v_1}{\mathrm{d}t} = \frac{5\,\text{V}}{0.5\,\text{ms}} = 10^4\,\frac{\text{V}}{\text{s}}$$

und bei fallender Flanke

$$\frac{\mathrm{d}v_1}{\mathrm{d}t} = \frac{-5\,\text{V}}{0.5\,\text{ms}} = -10^4\,\frac{\text{V}}{\text{s}} .$$

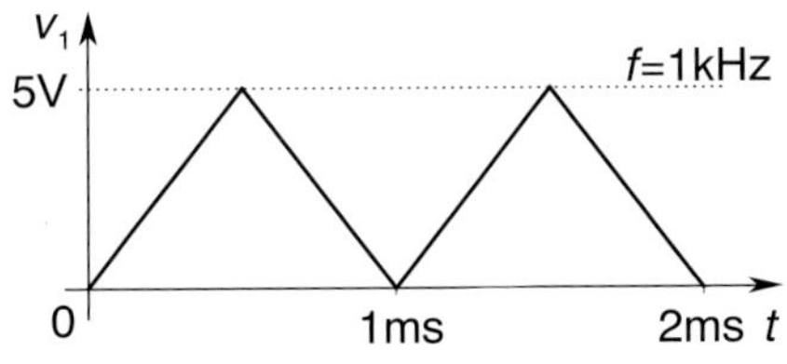

Abb. 1.21. In Beispiel 1.3.4 betrachteter Verlauf der Eingangsspannung

Da die Frequenz der Eingangsspannung klein ist gegenüber der Grenzfrequenz des Hochpasses, wird am Ausgang eine symmetrische Rechteckspannung erwartet: Die Ableitung einer Geraden ergibt eine Konstante. Mit $RC = 15\,\mu s$ folgt für die Ausgangsspannung

$$v_2 \approx \tau \frac{dv_1}{dt} = \begin{cases} 150\,\text{mV} & \text{bei steigender Flanke} \\ -150\,\text{mV} & \text{bei fallender Flanke} \end{cases}$$

Abbildung 1.20 zeigt das Ergebnis einer entsprechenden SPICE-Transientenanalyse für $v_1(t)$ und $v_2(t)$. Für $v_2(t)$ ergibt sich in guter Näherung der erwartete Verlauf. Δ

1.3.6 RC-Bandpass

Besitzt ein Netzwerk sowohl bei hohen als auch bei tiefen Frequenzen einen Sperrbereich und bei mittleren Frequenzen einen Durchlaßbereich, so liegt ein *Bandpaß*[18] vor. Der prinzipielle Verlauf von a_v im Bode-Diagramm ist in Abb. 1.22 skizziert.Die Grenzen des Durchlaßbereichs werden nach unten durch die

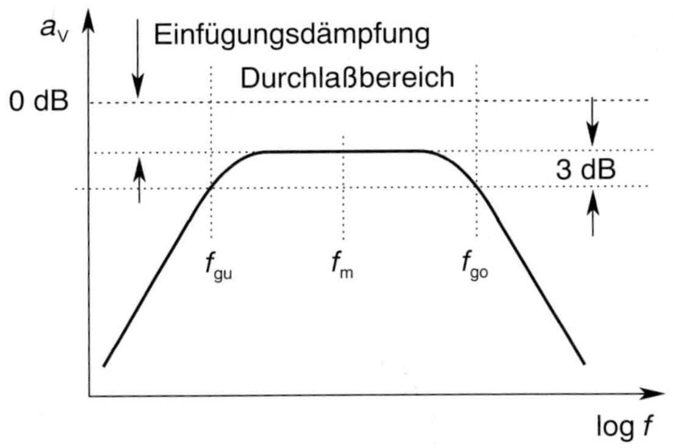

Abb. 1.22. Bode-Diagramm eines Bandpasses

untere Grenzfrequenz f_{gu} und nach oben durch die obere Grenzfrequenz f_{go} bestimmt. Die Differenz $B = f_{go} - f_{gu}$ heißt *Bandbreite* des Bandpasses; das geometrische Mittel

$$f_m = \sqrt{f_{gu}\, f_{go}} \tag{1.79}$$

[18] Eine *Bandsperre* weist im Gegensatz zum Bandpass sowohl bei tiefen als auch bei hohen Frequenzen einen Durchlaßbereich auf; lediglich im Bereich zwischen der unteren Grenzfrequenz f_{gu} und der oberen Grenzfrequenz f_{go} besitzt a_v einen Wert kleiner als -3 dB.

der beiden Grenzfrequenzen wird als *Bandmittenfrequenz* bezeichnet. Bei logarithmisch unterteilter Frequenzskala liegt f_{m} genau in der Mitte zwischen f_{gu} und f_{go}. Ein Bandpaß heißt *schmalbandig*, falls $B \ll f_{\mathrm{m}}$ gilt; als Maß gilt die *relative* Bandbreite B/f_{m}. Die Abschwächung des Signals bei der Bandmittenfrequenz wird als Einfügungsdämpfung bezeichnet (Abb. 1.22).

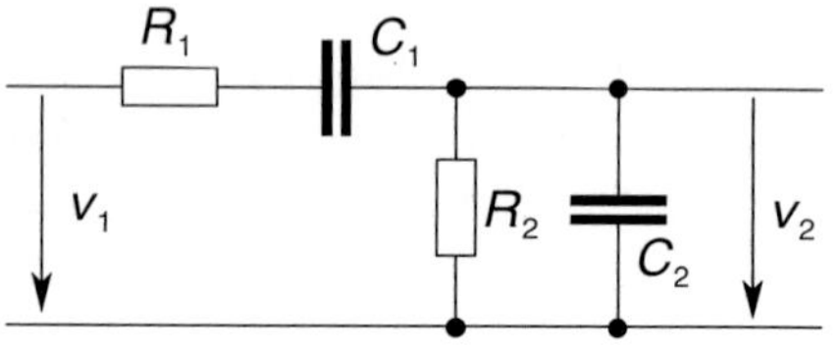

Abb. 1.23. RC-Bandpaß

Übertragungsfaktor, Bode-Diagramm

Abbildung 1.23 zeigt den Schaltplan eines RC-Bandpasses. Die Impedanz der Parallelschaltung von R_2 und C_2 ist

$$\underline{Z} = \left(\frac{1}{R_2} + \mathrm{j}\omega C_2\right)^{-1} = \frac{R_2}{1 + \mathrm{j}\omega R_2 C_2} .$$

Mit Hilfe der komplexen Spannungsteilerformel folgt so für den Spannungsübertragungsfaktor

$$\underline{H}_v(\mathrm{j}\omega) = \frac{1}{1 + \dfrac{R_1}{R_2} + \dfrac{C_2}{C_1} + \dfrac{1}{\mathrm{j}\omega C_1 R_2} + \mathrm{j}\omega R_1 C_2} .$$

Für sehr kleine Frequenzen ist im Nenner des Ausdrucks für $\underline{H}_v(\mathrm{j}\omega)$ der Term $1/(\mathrm{j}\omega C_1 R_2)$ dominierend, $A_v(f)$ verhält sich dann wie

$$A_v(f) = 2\pi C_1 R_2 f = \frac{f}{f_1} \quad \text{mit} \quad f_1 = \frac{1}{2\pi C_1 R_2} .$$

Die Impedenz von R_1 ist gegenüber der von C_1 vernachlässigbar, die Admittanz von C_2 gegenüber der von R_2, d.h. die Schaltung verhält sich wie ein RC-Hochpaß mit den Elementen C_1 und R_2. Das Verstärkungsmaß steigt in diesem Frequenzbereich mit 20 dB pro Dekade an.

Bei hohen Frequenzen wird der Nenner im Ausdruck für $\underline{H}_v(\mathrm{j}\omega)$ durch den Term $\mathrm{j}\omega R_1 C_2$ dominiert. Die Spannungsverstärkung verhält sich dann wie

$$A_v(f) \approx \frac{f_2}{f} \quad \text{mit} \quad f_2 = \frac{1}{2\pi R_1 C_2} .$$

In diesem Frequenzbereich fällt das Verstärkungsmaß mit 20 dB pro Dekade ab; die Impedanz von C_1 ist gegenüber der von R_1 vernachlässigbar, die Admittanz von R_2 gegenüber der von C_2, d.h. die Schaltung verhält sich

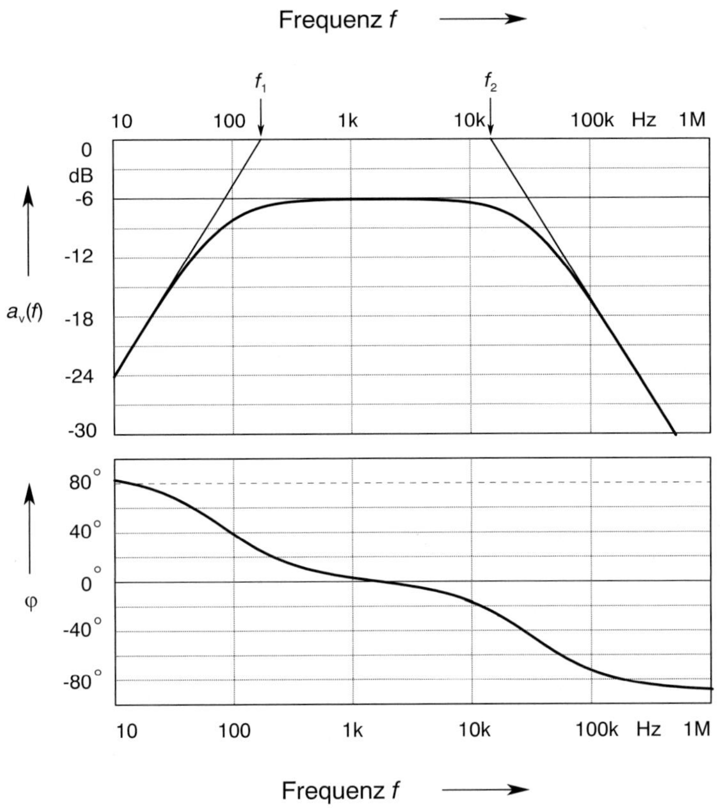

Abb. 1.24. Bode-Diagramm für den Bandpaß (Wienbrücke mit $R_1 = 100\ \Omega$, $R_2 = 100\ \Omega$, $C_1 = 10\,\mu\text{F}$, $C_2 = 100\,\text{nF}$)

wie ein RC-Tiefpaß mit den Elementen R_1 und C_2. Die Werte von f_1 und f_2 lassen sich durch lineare Extrapolation des ansteigenden bzw. abfallenden Kurvenstücks im Bodeplot zu 0 dB bestimmen (Abb. 1.24).

Bei korrekter Dimensionierung weist der Übertragungsfaktor zusätzlich einen Bereich auf, in dem gilt

$$1 + \frac{R_1}{R_2} + \frac{C_2}{C_1} \gg \frac{f_1}{f} \qquad \text{und} \qquad 1 + \frac{R_1}{R_2} + \frac{C_2}{C_1} \gg \frac{f}{f_2}$$

hier zeigt der Bodeplot des Bandpasses ein deutlich ausgeprägtes Plateau (Übertragungsband); in diesem gilt

$$\underline{H}_v(f) \approx \frac{1}{1 + R_1/R_2 + C_2/C_1} = H_{v0} \,.$$

Die Grenzfrequenzen des Bandpasses liegen bei

$$f_{\text{gu}} = H_{v0} f_1 = \frac{H_{v0}}{2\pi R_2 C_1} \quad \text{und} \quad f_{\text{go}} = f_2/H_{v0} = \frac{1}{2\pi H_{v0} R_1 C_2} \,;$$

die Bandmittenfrequenz ist

$$\sqrt{f_{\text{gu}} f_{\text{go}}} = \sqrt{f_1 f_2} = \frac{1}{2\pi\sqrt{R_1 R_2 C_1 C_2}} \,.$$

Die Phasenverschiebung des Bandpasses nähert sich vom Wert 90° für kleine Frequenzen, bei denen das Hochpaßverhalten dominiert, dem Wert 0° im Übertragungsband und verläuft gegen den Wert −90° im Bereich großer Frequenzen, in dem das Tiefpaßverhalten dominiert (Abb. 1.24).

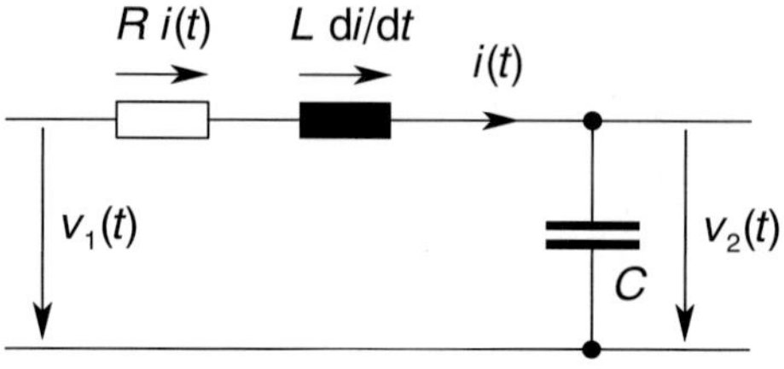

Abb. 1.25. RLC-Reihenschwingkreis

1.3.7 Der LRC-Reihenschwingkreis

Übertragungsfaktor, Bode-Diagramm

Der Spannungsübertragungsfaktor des in Abb. 1.25 skizzierten Reihenschwingkreises folgt aus der komplexen Spannungsteilerformel zu

$$\underline{H}_v(\mathrm{j}\omega) = \frac{(\mathrm{j}\omega C)^{-1}}{R + \mathrm{j}\omega L + (\mathrm{j}\omega C)^{-1}} = \frac{1}{1 + \mathrm{j}\omega RC - \omega^2 LC}\,. \tag{1.80}$$

Wird mittels

$$\omega_0 = 2\pi f_0 = \frac{1}{\sqrt{LC}}, \qquad \delta = \frac{R}{2L} \qquad \text{und} \qquad Q = \frac{1}{\omega_0 RC} = \frac{\omega_0}{2\delta} \tag{1.81}$$

die *Eigenkreisfrequenz* ω_0 des ungedämpften Schwingkreises (Kennkreisfrequenz), die *Abklingkonstante* δ und die *Güte* Q eingeführt, so ergibt sich für Betrag und Phase des Übertragungsfaktors als Funktion der Frequenz

$$A_v(f) = \frac{1}{\sqrt{1 - \left(2 - \frac{1}{Q^2}\right)\frac{f^2}{f_0^2} + \frac{f^4}{f_0^4}}} \tag{1.82}$$

sowie

$$\varphi(f) = -\arctan\left[\frac{f f_0}{Q(f_0^2 - f^2)}\right].$$

Für $f \ll f_0$ ist $A_v(f)$ in sehr guter Näherung gleich eins, d. h.

$$a_v \approx 0 \text{ dB} \qquad \text{für} \qquad f \to 0\,;$$

die Phasenverschiebung beträgt dort annähernd 0°. Unter der Voraussetzung $Q > 1/\sqrt{2}$ steigt der Spannungsübertragungsfaktor mit der Frequenz f an bis zum Maximum bei der *Resonanzfrequenz*

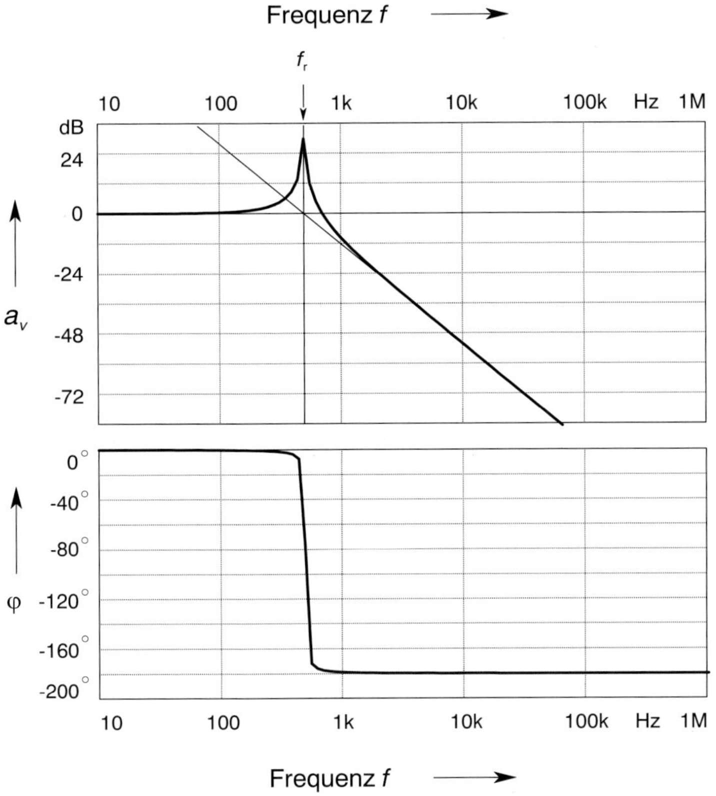

Abb. 1.26. Bode-Diagramm für den Reihenschwingkreis ($R = 10\,\Omega$, $L = 100$ mH, $C = 1\,\mu$F)

$$f_\mathrm{r} = \frac{\omega_\mathrm{r}}{2\pi} = \frac{\omega_0}{2\pi}\sqrt{1 - \frac{1}{2Q^2}} = \frac{1}{2\pi}\sqrt{\omega_0^2 - 2\delta^2}\,, \tag{1.83}$$

wie sich durch Ableiten leicht feststellen läßt. Im Maximum besitzt der Spannungsübertragungsfaktor den Wert

$$A_v(f_\mathrm{r}) = \frac{Q}{\sqrt{1 - 1/(4Q^2)}}\,. \tag{1.84}$$

Unter der Voraussetzung $Q > 1/\sqrt{2}$ überschreitet der Wert von a_v in der Nähe der Resonanzfrequenz den Wert 0 dB, was als *Resonanzüberhöhung* bezeichnet wird; im Fall $Q \gg 1$ gilt

$$a_v(f_\mathrm{r}) \approx 20\,\mathrm{dB} \cdot \log(Q)\,.$$

Als *Resonanzbreite* wird die Breite des Frequenzintervalls bezeichnet, in dem a_v um weniger als 3 dB unter seinem Maximalwert liegt. Aus der Forderung $a_v(f) = a_v(f_\mathrm{r}) - 3$ dB resultiert eine biquadratische Gleichung für f, die zwei positive Lösungen f_gu und f_go aufweist. Für $Q \gg 1$ folgt daraus für die Resonanzbreite

$$f_\mathrm{go} - f_\mathrm{gu} \approx f_0/Q = \delta/\pi\,. \tag{1.85}$$

Die Resonanzbreite ist um so kleiner, je größer die Güte Q des Reihenschwingkreises ist.

Für $f \gg f_0 = \omega_0/2\pi$ wird die Spannungsverstärkung Gl. (1.82) durch den Term $(f/f_0)^4$ dominiert, so daß gilt

$$A_v \approx 1\Big/\sqrt{(f/f_0)^4} \approx f_0^2/f^2 \,.$$

Für a_v resultiert hier ein Abfall mit 40 dB/dec; die Phasenverschiebung beträgt in diesem Frequenzbereich annähernd $-180°$. Das Bode-Diagramm für den LRC-Reihenschwingkreis ist in Abb. 1.26 zu sehen.

Impulsverhalten

Zur Untersuchung des Einschwingverhaltens der Schaltung werden die Netzwerkgleichungen der nebenstehend skizzierten Schaltung im Zeitbereich untersucht. Wegen $i(t) = C\,\mathrm{d}v_2/\mathrm{d}t$ gilt für die Spannungsabfälle an R und L

$$\begin{aligned} v_\mathrm{R}(t) &= R\,i(t) = RC\,\frac{\mathrm{d}v_2}{\mathrm{d}t} = \frac{1}{Q\omega_0}\,\frac{\mathrm{d}v_2}{\mathrm{d}t} \\ v_\mathrm{L}(t) &= L\,\frac{\mathrm{d}i}{\mathrm{d}t} = LC\,\frac{\mathrm{d}v_2^2}{\mathrm{d}t^2} = \frac{1}{\omega_0^2}\,\frac{\mathrm{d}v_2^2}{\mathrm{d}t^2} \,. \end{aligned}$$

Der Maschensatz lautet damit

$$v_1(t) = v_2(t) + \frac{1}{Q\omega_0}\,\frac{\mathrm{d}v_2}{\mathrm{d}t} + \frac{1}{\omega_0^2}\,\frac{\mathrm{d}v_2^2}{\mathrm{d}t^2} \,. \tag{1.86}$$

Der Einfachheit halber wird nur der *Einschaltvorgang* untersucht, bei dem zur Zeit $t = 0$ die Spannung $v_1(t)$ sprunghaft von 0 auf V_+ angehoben wird. Mit $\delta = \omega_0/2Q$ kann die Differentialgleichung (1.86) für Zeiten $t > 0$ dann zu

$$\omega_0^2 V_+ = \omega_0^2 v_2(t) + 2\delta\,\frac{\mathrm{d}v_2}{\mathrm{d}t} + \frac{\mathrm{d}v_2^2}{\mathrm{d}t^2} \tag{1.87}$$

vereinfacht werden. Direkt nach dem Einschalten befindet sich noch keine Ladung auf der Kapazität; dies führt auf die Anfangsbedingung

$$v_2(0^+) = 0 \,. \tag{1.88}$$

Da der Strom $i(t)$ zuvor null war, muß auch direkt nach dem Schaltzeitpunkt $i(0^+) = 0$ gelten, da der Strom wegen der Induktivität nur mit endlicher Geschwindigkeit ansteigen kann. Dies führt wegen $i = C\dot{v}_2$ auf die zweite Anfangsbedingung

$$\dot{v}_2(0^+) = 0 \,. \tag{1.89}$$

Die Lösung zu Gl. (1.87) ergibt sich durch Überlagern einer partikulären Lösung der inhomogenen Differentialgleichung zur allgemeinen Lösung der homogenen Differentialgleichung. Eine partikuläre Lösung der inhomogenen Differentialgleichung ist durch

$$v_2(t) = V_+$$

gegeben, wie durch Einsetzen leicht überprüft werden kann. Die allgemeine Lösung der homogenen Differentialgleichung folgt durch Exponentialansatz $v_2(t) \sim \mathrm{e}^{st}$; dieser führt auf die *charakteristische Gleichung*

$$\omega_0^2 + 2\delta s + s^2 = 0 \tag{1.90}$$

mit den Eigenwerten

$$s_\pm = -\delta \pm \sqrt{\delta^2 - \omega_0^2}\,.$$

Abhängig vom Verhältnis der Größen δ und ω_0 werden drei verschiedene Fälle unterschieden, die in der Folge näher betrachtet werden.

$\delta > \omega_0$	$s_\pm = -\delta \pm \sqrt{\delta^2 - \omega_0^2}$	Kriechfall
$\delta = \omega_0$	$s_\pm = -\delta$	Aperiodischer Grenzfall
$\delta < \omega_0$	$s_\pm = -\delta \pm \mathrm{j}\sqrt{\omega_0^2 - \delta^2}$	Schwingungsfall

Kriechfall. Für $\delta > \omega_0$ bzw. $Q > 1/2$ ergeben sich zwei reelle Lösungen der charakteristischen Gleichung, d. h. die allgemeine Lösung ist von der Form

$$v_2(t) = V_+ + a_+ \mathrm{e}^{s_+ t} + a_- \mathrm{e}^{s_- t}.$$

Werden die Konstanten a_+ und a_- so bestimmt, daß die Anfangsbedingungen (1.88) und (1.89) erfüllt sind, so folgt mit $\zeta = \sqrt{\delta^2 - \omega_0^2}$

$$v_2(t) = V_+ \left\{1 - \mathrm{e}^{-\delta t}\left[\cosh(\zeta t) + \frac{\delta}{\zeta}\sinh(\zeta t)\right]\right\}. \tag{1.91}$$

Im Fall sehr starker Dämpfung ($\delta \gg \omega_0$ bzw. $Q \ll 1$) kann entwickelt werden

$$\zeta = \sqrt{\delta^2 - \omega_0^2} = \delta\sqrt{1 - \omega_0^2/\delta^2} \approx \delta - \frac{\omega_0^2}{2\delta} = \delta - Q\omega_0\,.$$

Aus Gl. (1.91) resultiert damit die für $\delta \cdot t \gg 1$ bzw. $t > 2Q/\omega_0$ gültige Näherung

$$v_2(t) \approx V_+\left(1 - \mathrm{e}^{-Q\omega_0 t}\right). \tag{1.92}$$

d. h. das Einschwingverhalten entspricht in guter Näherung dem eines RC-Tiefpasses mit $\tau = (Q\omega_0)^{-1}$.

Aperiodischer Grenzfall. Im Fall $\delta = \omega_0$ bzw. $Q = 1/2$ fallen die beiden Lösungen s_+ und s_- zusammen. Die zu den Anfangsbedingungen gehörende Lösung der Differentialgleichung ist dann

$$v_2(t) \;=\; V_+\left[1-\mathrm{e}^{-\omega_0 t}\,(1+\omega_0 t)\right]\;. \tag{1.93}$$

Hier wird der Endwert der Ausgangsspannung am schnellsten erreicht.

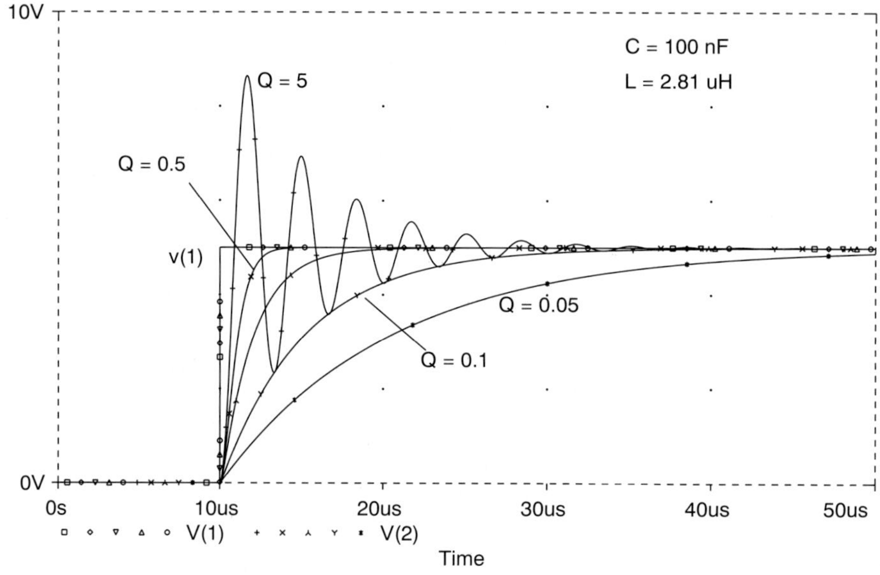

Abb. 1.27. Einschwingverhalten des in Beispiel 1.3.5 untersuchten RLC-Reihenschwingkreises für unterschiedliche Werte der Güte Q

Schwingungsfall. Für $\delta < \omega_0$ bzw. $Q > 1/2$ folgt $s_\pm = -\delta \pm \mathrm{j}\sqrt{\omega_\mathrm{d}}$ mit

$$\omega_\mathrm{d} \;=\; \sqrt{\omega_0^2-\delta^2}\;;$$

die allgemeine Lösung der Differentialgleichung (1.87) lautet in diesem Fall

$$v_2(t) \;=\; V_+ + a\mathrm{e}^{-\delta t}\sin(\omega_\mathrm{d} t+\varphi)\;.$$

Werden die Integrationskonstanten a und φ entsprechend den Anfangsbedingungen (1.88) und (1.89) bestimmt, so folgt

$$v_2(t) \;=\; V_+\left[1-\mathrm{e}^{-\delta t}\,\frac{\sin(\omega_\mathrm{d} t+\varphi)}{\sin\varphi}\right] \tag{1.94}$$

mit $\varphi = \arctan(\omega_d/\delta)$. Die Ausgangsspannung wird auch hier gegen den Endwert V_+ verlaufen. Dabei treten jedoch *Überschwinger* auf: Der Wert von $v_2(t)$ oszilliert um den Endwert V_+ mit einer Abklingzeitkonstante $1/\delta$.

Das zeitabhängige Verhalten von $v_2(t)$ wurde durch Lösen der Differentialgleichung (1.87) im Zeitbereich gewonnen. Das Einschwingverhalten erwies sich dabei als abhängig von den Lösungen der charakteristischen Gleichung. Diese ist jedoch eng mit dem Übertragungsfaktor $\underline{H}_v(j\omega)$ verknüpft. Ersetzt man im Übertragungsfaktor (1.80) die Variable $j\omega$ durch s, so läßt sich die charakteristische Gleichung (1.90) auch als $1/\underline{H}(s) = 0$ schreiben. Die Lösungen der charakteristischen Gleichung entsprechen demnach Nullstellen von $1/\underline{H}_v(s)$, d. h. *Polen* des Übertragungsfaktors $\underline{H}_v(s)$.

Beispiel 1.3.5 Als Beispiel wird ein RLC-Reihenschwingkreis mit der Kennkreisfrequenz $\omega_0 = 6\pi \cdot 10^5$ Hz betrachtet. Zu $C = 100$ nF ist dabei $L = \omega_0^{-2} \cdot C = 2.81\,\mu$H zu wählen. Abbildung 1.27 zeigt die Ausgangsspannung $v_2(t)$ für drei verschiedene Werte von R. Die Widerstandswerte wurden so gewählt, daß $Q = 5$ (bedämpfte Schwingung), $Q = 0.5$ (aperiodischer Grenzfall) und $Q = 0.05$ (Kriechfall) gilt.

Für $Q = 5$ wird erwartungsgemäß eine bedämpfte Schwingung und für $Q = 0.5$ ein sehr schneller Anstieg gegen den Endwert beobachtet. Die für $Q = 0.05$ in Abb. 1.27 abzulesende Zeit, nach der die Ausgangsspannung auf 63% ihres Endwerts angestiegen ist, stimmt ebenfalls sehr gut mit der Abschätzung $\tau \approx (\omega_0 Q)^{-1} \approx 10.6\,\mu$s überein. Δ

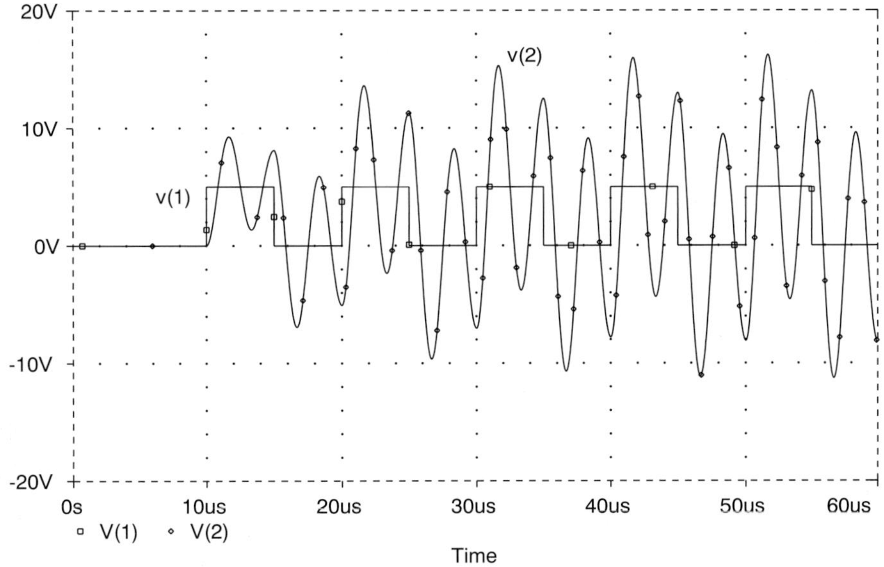

Abb. 1.28. Anregung der dritten Harmonischen in einem Reihenschwingkreis ($Q = 10$)

Beispiel 1.3.6 Das mit der Resonanzüberhöhung verknüpfte Bandpaßverhalten kann gezielt zur *Frequenzvervielfachung* eingesetzt werden, wenn die Resonanzfrequenz des Reihenschwingkreises auf die gewünschte Frequenz abgestimmt wird und die eingehende Spannung dort Oberwellenanteile aufweist.

Abbildung 1.28 zeigt das Ergebnis einer SPICE-Transientenanalyse bei der eine rechteckförmige Eingangsspannung der Periode $T = 10\,\mu\text{s}$ auf den in Beispiel 1.3.5 betrachteten RLC-Reihenschwingkreis mit $Q = 10$ gegeben wird. Die Resonanzfrequenz des Schwingkreises beträgt annähernd das dreifache der Frequenz der Grundschwingung des Eingangssignals, d. h. $f_\text{r} \approx 3/T$. Da vorzugsweise die Oberwellenanteile mit $f \approx f_\text{r}$ übertragen werden, weist das Ausgangssignal einen dominierenden Anteil mit $f = 300\,\text{kHz}$ auf, dem ein Anteil mit $f = 100\,\text{kHz}$ überlagert ist. Dies zeigt auch der folgende Ausdruck einer Fourier-Analyse des Eingangs- und Ausgangssignals.

```
************************************************************************
FOURIER COMPONENTS OF TRANSIENT RESPONSE V(1)
DC COMPONENT = 2.505010E+00

    HARMONIC   FREQUENCY    FOURIER    NORMALIZED     PHASE      NORMALIZED
       NO        (HZ)      COMPONENT   COMPONENT      (DEG)      PHASE (DEG)

       1      1.000E+05    3.183E+00   1.000E+00    1.804E-01    0.000E+00
       2      2.000E+05    1.002E-02   3.148E-03    9.036E+01    9.018E+01
       3      3.000E+05    1.061E+00   3.333E-01    5.411E-01    3.607E-01
       4      4.000E+05    1.002E-02   3.148E-03    9.072E+01    9.054E+01
       5      5.000E+05    6.366E-01   2.000E-01    9.018E-01    7.214E-01

FOURIER COMPONENTS OF TRANSIENT RESPONSE V(2)
DC COMPONENT = 2.499683E+00

    HARMONIC   FREQUENCY    FOURIER    NORMALIZED     PHASE      NORMALIZED
       NO        (HZ)      COMPONENT   COMPONENT      (DEG)      PHASE (DEG)

       1      1.000E+05    3.578E+00   1.000E+00   -2.139E+00    0.000E+00
       2      2.000E+05    1.293E-03   3.614E-04    1.368E+02    1.389E+02
       3      3.000E+05    1.062E+01   2.967E+00   -8.925E+01   -8.711E+01
       4      4.000E+05    1.430E-03   3.996E-04   -4.507E+00   -2.369E+00
       5      5.000E+05    3.568E-01   9.970E-02   -1.747E+02   -1.726E+02
************************************************************************
```

Während das Verhältnis der Amplituden der Grundschwingungen an Ein- und Ausgang annähernd denselben Wert aufweist ($A_v(100\text{ kHz}) \approx 1$), ist die Amplitude der 3. Oberschwingung von `V(2)` als Folge der Resonanzüberhöhung annähernd zehnmal so groß wie diejenige von `V(1)`, was dem Faktor Q entspricht. Da die Fourierreihe der Rechteckspannung keine geradzahligen Harmonischen aufweist, können die von SPICE an diesen Stellen berechneten Werte als Anhaltspunkt für den numerischen Fehler der Fourier-Transformation angesehen werden. Dieser läßt sich verringern, wenn das maximal zulässige Zeitinkrement der Transientenanalyse geringer gewählt wird. Δ

1.4 Nichtlineare Netzwerke

Linearität kann i.allg nur bei hinreichend kleiner Signalamplitude angenommen werden: Bei größeren Signalamplituden genügt die Annäherung der Kennlinien über Tangenten im Arbeitspunkt (X_0, Y_0) nicht mehr - die Entwicklung der Kennlinie in eine Taylor-Reihe[19] darf dann nicht mehr nach dem linearen Glied abgebrochen werden.

Betrachtet wird ein nichtlineares Netzwerk bei dem das Eingangssignal $X_0 + x_\sim(t)$ das Ausgangssignal $Y_0 + y_\sim(t)$ ergibt. Die Kleinsignalausgangsgröße $y_\sim(t)$ folgt bei Entwicklung der Kennlinie $y(x)$ bis zum N-ten Glied als Polynom N-ter Ordnung der Kleinsignaleingangsgröße $x_\sim(t)$

$$y(t) = \sum_{k=1}^{N} \alpha_k \, x^k(t) \qquad \text{mit} \qquad \alpha_k = \frac{1}{k!} \left. \frac{\mathrm{d}^k y}{\mathrm{d}x^k} \right|_{X_0} . \tag{1.95}$$

Bei sinusförmigem Eingangssignal der Frequenz f ergibt sich das Ausgangssignal als Überlagerung von *Grundschwingungung* (Frequenz f) und Oberschwingungen (sinusförmigen Signalen der Frequenz mf, $2 \leq m \leq N$).

Ist das Kleinsignal-Eingangssignal eine Überlagerung zweier sinusförmiger Signale unterschiedlicher Frequenz f_1 und f_2 so ergibt sich das Ausgangssignal als Überlagerung verschiedener „Mischprodukte", d.h. sinusförmiger Signale mit Frequenzen $mf_1 + nf_2$, wobei m und n ganze Zahlen bezeichnen, die der Bedingung $1 \leq |m| + |n| \leq N$ genügen. Die Summe $|m| + |n|$ wird als *Ordnung* des Mischprodukts bezeichnet. Wird die Kennlinie durch ein Polynom N-ter Ordnung angenähert, so stellen sich im Ausgangssignal Mischprodukte maximal N-ter Ordnung ein.

1.4.1 Harmonische, Kompressionspunkt

Wird das Eingangssignal $x(t) = \hat{x} \cos(\omega t)$ in ein nichtlineares Netzwerk gespeist, so resultiert ein Ausgangssignal der Form

$$y(t) = y_0 + \sum_{k=1}^{\infty} \hat{y}_k \cos(k\omega t + \varphi_k) .$$

Das Verhältnis $HD_m = \hat{y}_m / \hat{y}_1$ heißt m-ter *Teilklirrfaktor*; die Größe

$$THD = \sqrt{\sum_{k=2}^{\infty} HD_k^2} \tag{1.96}$$

[19] Diese Betrachtung gilt nur für sog. Systeme ohne Gedächtnis, die durch Angabe ihrer Kennlinie vollständig charakterisiert sind - sind kapazitive oder induktive Effekte von Bedeutung, so ist die Taylor-Reihe durch eine sog. *Volterra-Reihe* zu ersetzen [12–14].

ist der Klirrfaktor. Im Folgenden wird ein System betrachtet, dessen Spannungsübertragungskennlinie durch ein Polynom 3. Ordnung beschrieben wird; die Eingangsspannung sei $v_\mathrm{i}(t) = \hat{v}_\mathrm{i}\cos(\omega t)$. Mit den Beziehungen

$$\cos^2(\omega t) = \frac{1+\cos(2\omega t)}{2} \quad \text{und} \quad \cos^3(\omega t) = \frac{3\cos(\omega t)+\cos(3\omega t)}{4} ,$$

folgt für das Ausgangssignal

$$v_\mathrm{o}(t) = \sum_{p=1}^{3} \alpha_p v_\mathrm{i}^p(t) = \frac{\alpha_2}{2}\hat{v}_\mathrm{i}^2 + \alpha_1(1+3\kappa_3)\,\hat{v}_\mathrm{i}\cos(\omega t)$$
$$+\alpha_1\kappa_2\cos(2\omega t) + \alpha_1\kappa_3\cos(3\omega t) \; ; \qquad (1.97)$$

die Koeffizienten

$$\kappa_2 = \frac{\alpha_2}{2\alpha_1}\hat{v}_\mathrm{i} \approx HD_2 \quad \text{und} \quad \kappa_3 = \frac{\alpha_3}{4\alpha_1}\hat{v}_\mathrm{i}^2 \approx HD_3 \qquad (1.98)$$

entsprechend dabei annähernd dem 2. und 3. Teilklirrfaktor.

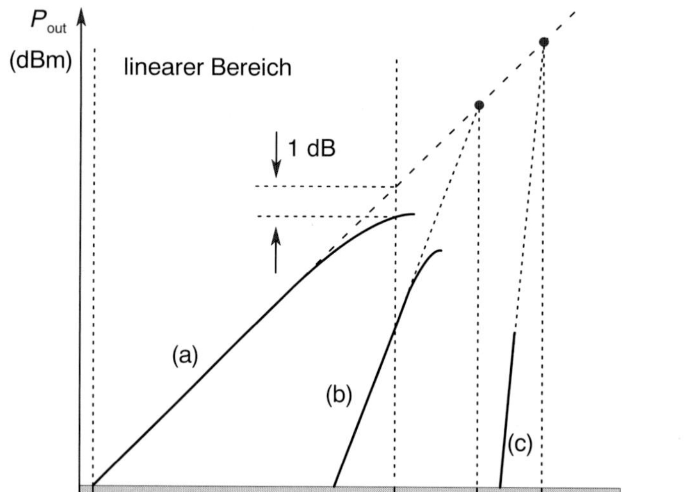

Abb. 1.29. Ausgangsleistung der (**a**) 1. Harmonischen (Grundschwingung), (**b**) 2. Harmonischen (1. Oberschwingung) und der (**c**) 3. Harmonischen (2. Oberschwingung) für verschiedene Werte der Eingangsleistung

Abbildung 1.29 zeigt die Ausgangsleistung [20] der ersten drei Harmonischen als Funktion der Eingangsleistung. Abbildung 1.29 und (1.97) zeigen folgende Konsequenzen des nichtlinearen Übertragungsverhaltens:

1. Die 2. Ableitung der Übertragungskennlinie führt zu einem Gleichanteil des Ausgangssignals.

[20] Es ist üblich diese für eine ohmsche Last mit 50 Ω in dBm anzugeben. Die Signalamplitude $\hat{v}_\mathrm{i} = 100$ mV entspricht dann beispielsweise der Eingangsleistung $P_\mathrm{i} = \hat{v}_\mathrm{i}^2/2R = 0.1\mathrm{mW}$ oder -10 dBm.

2. Bei kleinen Werten der Eingangsleistung hebt sich nur die Grundschwingung (1. Harmonische) aus dem Rauschen heraus. Erst bei größeren Werten der Eingangsleistung tragen die 2. und 3. Harmonische zur Ausgangsleistung bei. Da $\kappa_2 \sim \hat{v}_\mathrm{i}$ und $\kappa_3 \sim \hat{v}_\mathrm{i}^2$ gilt, steigen die Ausgangsamplituden der 2. und 3. Harmonischen schneller als die der Grundschwingung. Durch lineare Extrapolation der Kennlinien für die 1., 2. und 3. Harmonische erhält man die *Intercept-Punkte*[21] 2. und 3. Ordnung $IP_{2\mathrm{h}}$ und $IP_{3\mathrm{h}}$.
3. Durch die dritte Ableitung der Übertragungskennlinie wird die Verstärkung der 1. Harmonischen beeinflußt. Die Ausgangsamplitude der 1. Harmonischen ist $\alpha_1 \hat{v}_\mathrm{i}(1+3\kappa_3)$, und entspricht der Kleinsignalverstärkung $|\alpha_1(1+3\kappa_3)|$. In Verstärkern ist κ_3 in der Regel negativ, d.h. die Kleinsignalverstärkung nimmt mit zunehmender Amplitude $\hat{v}_\mathrm{i}$ des Eingangssignal ab. Dieser Effekt wird als *gain compression* bezeichnet; er wird in der Regel über den (1 dB)-Kompressionspunkt, charakterisiert, das ist der Wert des Eingsignals bei dem die Verstärkung um 1 dB gegenüber ihrem Kleinsignalwert $|\alpha_1|$ abgenommen hat. Die Amplitude $\hat{v}_\mathrm{i,cp}$ des Eingangssignals am Kompressionspunkt ergibt sich aus der Bedingung

$$
\begin{aligned}
-1\,\mathrm{dB} &= 20\,\mathrm{dB}\,\log(1+3\kappa_3) = 20\,\mathrm{dB}\,\log(\mathrm{e})\,\ln(1+3\kappa_3) \\
&\approx 8.68\,\mathrm{dB} \times 3\kappa_3
\end{aligned}
$$

zu $\hat{v}_\mathrm{i,cp} \approx \sqrt{|\alpha_1/6.51\,\alpha_3|}$. Dies entspricht der Eingangsleistung $P_{-1\,\mathrm{dB}} = \hat{v}_\mathrm{i,cp}^2/R_\mathrm{i}$. Die durch den Kompressionspunkt maximal zulässige Eingangsleistung wird i.allg. gemeinsam mit der durch das Rauschen bedingten minimal detektierbaren Eingangsleistung P_n zur Definition des Dynamikbereichs verwendet, der als das Verhältnis $P_{-1\,\mathrm{dB}}/P_\mathrm{n}$ berechnet und in dB ausgedrückt wird.

1.4.2 Intermodulation, Mischprodukte

Nun wird ein Eingangssignal $x(t)$ betrachtet, das aus zwei sinusförmigen Signalen mit Kreisfrequenzen ω und ω' zusammengestezt ist

$$x(t) = \hat{x}\cos(\omega t) + \hat{x}'\cos(\omega' t)\,. \tag{1.99}$$

Die Terme $\sim x^2(t)$ und $\sim x^3(t)$ bedingen Terme der Form $\cos(\omega t)\cos(\omega' t)$ und $\cos^2(\omega t)\cos(\omega' t)$. Mit den Beziehungen

$$\cos(\omega t)\cos(\omega' t) = \frac{\cos[(\omega-\omega')t\,] + \cos[(\omega+\omega')t\,]}{2}$$

und

[21] Bei diesen würde der 2. bzw. 3. Teilklirrfaktor HD_2 bzw. HD_3 gleich eins, falls die Ausgangsleistungen der einzelnen Harmonischen im gesamten Bereich dem bei der Extrapolation zugrundegelegten Potenzgesetz genügen, was nicht exakt der Fall ist.

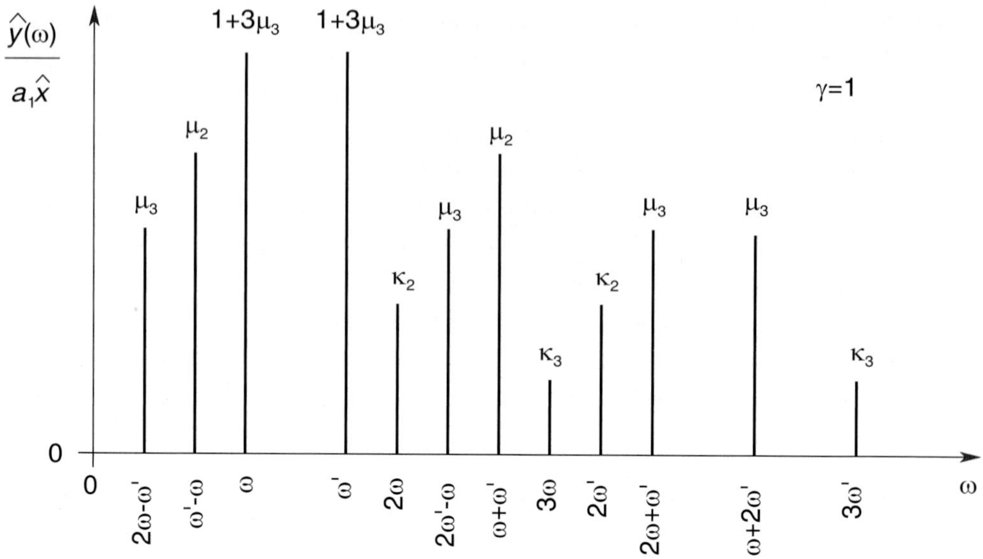

Abb. 1.30. Durch zwei sinusförmige Signale der Kreisfrequenzen ω, ω' (identische Amplitude $\hat{x}$) hervorgerufenes Spektrum am Ausgang (normiert)

$$\cos^2(\omega t)\cos(\omega' t) = \frac{\cos[(2\omega+\omega')t] + \cos[(2\omega-\omega')t] + 2\cos(\omega' t)}{4},$$

resultieren im Ausgangssignal Beiträge mit den Kreisfrequenzen $(\omega + \omega')$, $(\omega-\omega')$, $(2\omega+\omega')$, $(2\omega-\omega')$, $(2\omega'+\omega)$ und $(2\omega'-\omega)$. Derartige *Mischprodukte* werden vorzugsweise durch die Koeffizienten

$$\mu_2 = \alpha_2\hat{x}/\alpha_1 \quad \text{und} \quad \mu_3 = 3\alpha_3\hat{x}^2/4\alpha_1 , \tag{1.100}$$

bestimt, die mit den Teilklirrfaktoren über die Beziehungen $\mu_2 = 2\kappa_2$ und $\mu_3 = 3\kappa_3$ zusammenhängen. Bezeichnet $\gamma = \hat{x}'/\hat{x}$ das Amplitudenverhältnis der beiden Eingangssignale, so ist das Ausgangssignal in dritter Ordnung,

$$\begin{aligned} y(t) = \alpha_1\hat{x}\Big\{&\kappa_2(1+\gamma^2) + \Big[1 + (1+2\gamma^2)\mu_3\Big]\cos(\omega t) \\ &+\gamma\Big[1 + (\gamma^2+2)\mu_3\Big]\cos(\omega' t) \\ &+\kappa_2\cos(2\omega t) + \gamma^2\kappa_2\cos(2\omega' t) + \kappa_3\cos(3\omega t) + \gamma^3\kappa_3\cos(3\omega' t) \\ &+\gamma\mu_2\cos\,[(\omega+\omega')t\,] + \gamma\mu_2\cos\,[(\omega-\omega')t\,] \\ &+\gamma\mu_3\cos[(2\omega+\omega')t\,] + \gamma\mu_3\cos[(2\omega-\omega')t\,] \\ &+\gamma^2\mu_3\cos[(2\omega'+\omega)t\,] + \gamma^2\mu_3\cos[(2\omega'-\omega)t\,]\Big\} . \end{aligned} \tag{1.101}$$

Abbildung 1.30 illustriert das Ausgangsspektrum für den Spezialfall $\gamma = 1$. Durchlaufen zwei starke Signal mit Kreisfrequenzen ω' und ω'' ein nichtlineares Netzwerk, so entstehen Intermodulationsprodukte mit Kreisfrequenzen $2\omega'' - \omega'$ und $2\omega' - \omega''$; diese können in der Nähe der Kreisfrequenz ω eines zu verstärkenden (schwachen) Signals liegen und dieses erheblich stören. In linearen Verstärkern muß der Koeffizient μ_3 deshalb möglichst klein sein.

Abschwächung, Blocking. Angenommen, ein Netzwerk soll das schwache Signal $\hat{x}\cos(\omega t)$ verstärken. Wird diesem ein starkes ($\gamma \gg 1$) Signal $\hat{x}'\cos(\omega' t)$ überlagert, so weist das verstärkte Signal der Kreisfrequenz ω die Amplitude

$$\Big(1 + (1{+}2\gamma^2)\mu_3\Big)\,\alpha_1\hat{x} \;=\; \left(1 + \frac{3\alpha_3(\hat{x}^2{+}2\hat{x}'^2)}{4\alpha_1}\right)\alpha_1\hat{x} \qquad (1.102)$$

auf. Falls wie üblich $\alpha_3 < 0$ gilt resultiert eine mit der Amplitude des Störsignals abnehmende Verstärkung des Nutzsignals, das sog. *Blocking.* [15, 16].

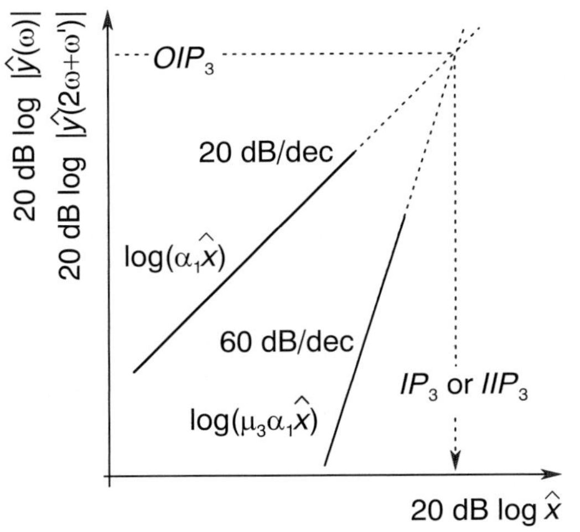

Abb. 1.31. Definition des Intercept-Punkts 3. Ordnung

Intermodulation, Intercept-Punkt. Zur Kennzeichung von Intermodulationsverzerrungen wird der Intercept-Punkt IP_3 (Abb. 1.31) für eine Überlagerung von zwei dicht beeinander liegenden Signalen ($|\omega - \omega'| \ll \omega, \omega'$) derselben Amplitude ($\gamma = 1$) spezifiziert. Dabei Entstehen neben den verstärkten Grundschwingungen (Amplitude $\alpha_1\hat{x}$) Intermodulationsprodukte der Kreisfrequenz $2\omega - \omega'$ sowie $2\omega' - \omega$, die sich mit einem Spektrum Analyzer ermitteln lassen. Die Amplitude dieser Mischprodukte

$$\mu_3\alpha_1\hat{x} \;=\; 3\alpha_3\hat{x}^3/4\;, \qquad (1.103)$$

ist proportional zur dritten Potenz der Eingangsamplitude, während die Amplitude der Grundschwingung nur proportional zu $\hat{x}$ ist. Bei doppeltlogarithmischer Auftragung der Ausgangsamplituden von Grundschwingung und Mischprodukt resultieren zwei Geraden unterschiedlicher Steigung, die sich im Intercept-Punkt IP_3 schneiden.

1.5 Literaturverzeichnis

[1] C.A. Desoer, E.S. Kuh. *Basic Circuit Theory*. McGraw Hill, New York, 1969.

[2] L.O. Chua; C.A. Desoer; E.S. Kuh. *Linear and Nonlinear Circuits*. McGraw Hill, New York, 1991.

[3] R. Unbehauen. *Grundlagen der Elektrotechnik, Band 1: Allgemeine Grundlagen, Lineare Netzwerke, Stationäres Verhalten*. Springer, Berlin, 4. Auflage, 1994

[4] R. Unbehauen. *Grundlagen der Elektrotechnik, Band 2: Einschwingvorgänge, Nichtlineare Netzwerke, Theoretische Erweiterungen*. Springer, Berlin, 4. Auflage, 1994

[5] A. Führer, K. Heidemann, W. Nerreter. *Grundgebiete der Elektrotechnik, Band 1: Stationäre Vorgänge*. Hanser, München, 4. Auflage, 1990

[6] A. Führer, K. Heidemann, W. Nerreter. *Grundgebiete der Elektrotechnik, Band 2: Zeitabhängige Vorgänge*. Hanser, München, 4. Auflage, 1991

[7] A.M. Davis. *Analyse linearer Schaltungen*. Hüthig Telekommunikation, Bonn, 2004.

[8] M.J. Lighthill. *Einführung in die Theorie der Fourier-Analysis und der Verallgemeinerten Funktionen*. Bibliographisches Institut, Mannheim, 1966.

[9] R. Unbehauen. *Systemtheorie, Eine Darstellung für Ingenieure*. Oldenbourg, München, 4. Auflage, 1983.

[10] H.D. Lüke. *Signalübertragung*. Springer, Berlin, 5. Auflage, 1992.

[11] W.C.Elmore. The transient response of damped linear networks with particular regard to wideband amplifiers. *J. Appl. Phys.*, 19:55–63, 1948.

[12] K.A. Simons. The decibel relationships between amplifier distortion products. *Proc. IEEE*, 58(7):1073–1086, 1970.

[13] D.D. Weiner, J.F. Spina. *Sinusoidal Analysis and Modeling of Weakly Nonlinear Circuits*. van Nostrand, New York, 1980.

[14] P. Wambacq, W. Sansen. *Distortion Analysis of Analog Integrated Circuits*. Kluwer, Doordrecht, 1998.

[15] R.G. Meyer, A.K. Wong. Blocking and desensitization in rf amplifiers. *IEEE J. Solid-State Circuits*, 30(8):944–946, 1995.

[16] H.H. Meinke, F.W. Gundlach. *Taschenbuch der Hochfrequenztechnik*. Springer, Berlin, 5. Auflage, 1992.

2 Aktive Vierpole

Dem Ingenieur steht eine Vielfalt von Bipolartransistoren und Feldeffekttransistoren zur Verfügung. Bevor Aufbau, Wirkungsweise und elektrisches Verhalten der verschiedenen Transistoren besprochen werden, kommen hier die für alle Transistoren gemeinsamen Grundlagen zur Sprache.

2.1 Transistoren als Verstärker und Schalter

Transistoren weisen *steuerbare Ausgangskennlinien*[1] auf, verfügen über mindestens drei Anschlußklemmen und lassen sich als Verstärker oder Schalter verwenden. Die prinzipielle Beschaltung ist in Abb. 2.1 skizziert.

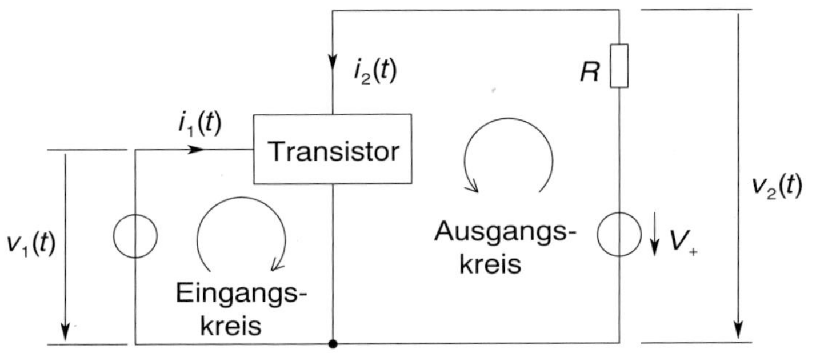

Abb. 2.1. Transistor mit Lastwiderstand R, Eingangskreis und Ausgangskreis

Allgemein wird zwischen *Eingangskreis* und *Ausgangskreis* unterschieden. Die Spannungsquelle $v_1(t)$ im Eingangskreis steuert den Strom $i_2(t)$ im Ausgangskreis. Hierdurch ändert sich der Spannungsabfall am Widerstand R und damit die Ausgangsspannung $v_2(t)$.

Das *Ausgangskennlinienfeld* eines aktiven Bauelements gibt den (stationären) Ausgangsstrom I_2 als Funktion der am Ausgang anliegenden Spannung wieder – als Parameter wird dabei entweder die am Eingang anliegende Spannung oder der in den Eingang fließende Strom verwendet. Bei NF-Betrieb kann die Ausgangsspannung v_2 für eine gegebene Eingangsspannung v_1 graphisch als Schnittpunkt der zu dieser Eingangsspannung gehörigen Ausgangskennlinie $I_2(V_2)$ mit der *Lastkennlinie* – hier einer Widerstandsgerade – gewonnen werden (Abb. 2.2). Das Verfahren hat folgenden Hintergrund: Zum einen gilt die durch die Ausgangskennlinie gegebene Abhängigkeit des Stroms I_2 von V_2. Da der Strom auch durch R fließt, gilt andererseits

[1]Die im Eingangskreis umgesetzte *Leistung* soll dabei klein sein im Vergleich zu der im Ausgangskreis umgesetzten (Leistungsverstärkung größer als eins). Außerdem sollte die *Rückwirkung* der gesteuerten Größe auf die steuernde Größe möglichst klein sein (Entkopplung), da dies den Entwurf von elektronischen Schaltungen erleichtert.

$$I_2 = \frac{V_+ - V_2}{R} .$$

Diese Gleichung beschreibt eine Gerade, die sog. *Lastgerade.* Da beide Beziehungen gleichzeitig erfüllt sein müssen, folgt die Lösung als Schnittpunkt der Lastgeraden mit der Ausgangskennlinie. So kann für jede Steuerspannung $V_{1,1}$, $V_{1,2}$,... die zugehörige Ausgangsspannung $V_{2,1}$, $V_{2,2}$,... ermittelt werden.

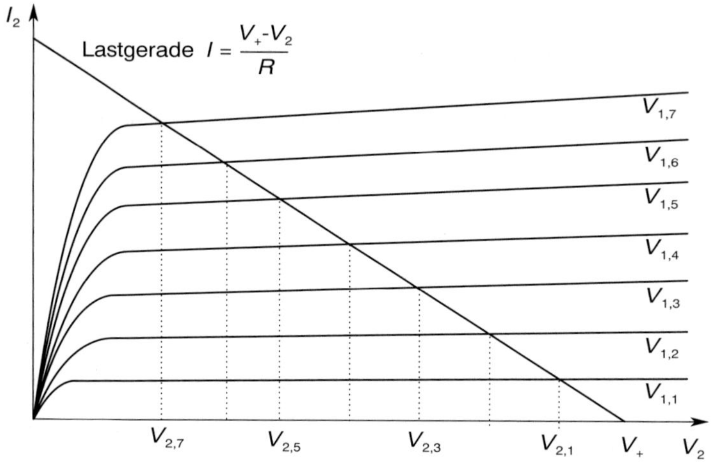

Abb. 2.2. Graphische Ermittlung der Ausgangsspannung für verschiedene Werte der Eingangsspannung

Wird die Ausgangsspannung V_2 der Schaltung über der Eingangsspannung V_1 aufgetragen, so erhält man die (Spannungs-) *Übertragungskennlinie.* Der typische Verlauf einer solchen Übertragungskennlinie ist in Abb. 2.3 gezeigt. Für kleine Werte der Eingangsspannung V_1 ist der Transistor hochohmig – im Ausgangskreis fließt nur ein geringer Strom. Unter diesen Umständen fällt nahezu die gesamte Versorgungsspannung V_+ am Transistor ab: Der Transistor kann als geöffneter Schalter angesehen werden. Für große Werte der Eingangsspannung wird der Transistor niederohmig; nun fällt der überwiegende Teil der Spannung V_+ an der Last ab: Der Transistor kann als geschlossener Schalter [2] angesehen werden.

Bei *Verstärkerbetrieb* wird ein bestimmter Arbeitspunkt (V_1, V_2) in der Übergangszone zwischen hochohmigem und niederohmigem Gebiet gewählt. Wird nun der Eingangsspannung ein Kleinsignalanteil überlagert

$$v_1(t) = V_1 + v_{1\sim}(t) ,$$

so folgt näherungsweise für die Spannung am Ausgang bei NF-Betrieb

$$v_2(t) = V_2 + \left.\frac{\mathrm{d}V_2}{\mathrm{d}V_1}\right|_{V_1} v_{1\sim}(t) , \tag{2.1}$$

[2] Zu beachten ist allerdings eine vom Transistor abhängige *Restspannung* $V_{2,\mathrm{on}}$.

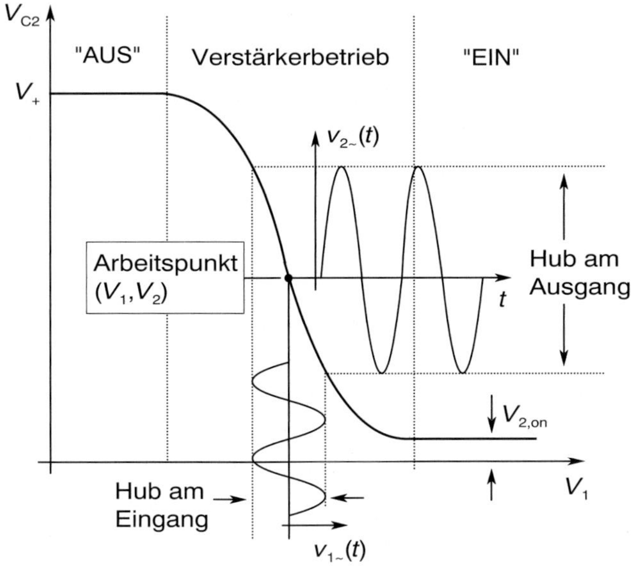

Abb. 2.3. Übertragungskennlinie eines einstufigen Verstärkers

wobei die Übertragungskennlinie bis zur ersten Ordnung in $v_{1\sim}(t)$ entwickelt wurde. Die Ableitung $\mathrm{d}V_2/\mathrm{d}V_1$ beschreibt die Änderung der Ausgangsspannung mit der Eingangsspannung und wird als (Kleinsignal-)*Spannungsübertragungsfaktor* $\underline{H}_{v0}$ bezeichnet

$$\underline{H}_{v0} = \frac{\mathrm{d}V_2}{\mathrm{d}V_1} . \tag{2.2}$$

Da der Strom im Ausgangskreis mit zunehmender Eingangsspannung gewöhnlich zunimmt, arbeiten derartige Verstärker *invertierend*, d. h. der Spannungsübertragungsfaktor weist ein negatives Vorzeichen auf. Der Betrag des Spannungsübertragungsfaktors ist die *Spannungsverstärkung*

$$A_{v0} = |\underline{H}_{v0}| . \tag{2.3}$$

Bei einem Transistor mit drei Anschlüssen genügt wegen des Maschen- und des Knotensatzes die Angabe von zwei Spannungen und zwei Strömen zur vollständigen Charakterisierung eines Arbeitspunkts. Von diesen vier Variablen wiederum können zwei als abhängige (gesteuerte) und zwei als unäbhängige (steuernde) Variablen aufgefaßt werden. So kann bei Gleichstrombetrieb für den Strom im Eingangskreis I_1 und den Strom im Ausgangskreis I_2 als Funktion der im Eingangs- und Ausgangskreis anliegenden Spannungen V_1, V_2 geschrieben werden[3]

$$I_1 = I_1(V_1, V_2) \quad \text{und} \quad I_2 = I_2(V_1, V_2) .$$

[3]Dies gilt wegen der im zeitabhängigen Fall zu berücksichtigenden kapazitiven Effekte streng genommen nur im Gleichstrombetrieb.

Diese Gleichungen beschreiben des *Großsignalverhalten* des Transistors im Gebiet kleiner Frequenzen. Im Großsignalbetrieb verhalten sich Transistoren nichtlinear – als Folge treten harmonische Verzerrungen, Mischung und Kreuzmodulation auf. Die Analyse des Großsignalverhaltens erfordert i. allg. den Einsatz numerischer Methoden (z. B. SPICE). Für *Kleinsignaluntersuchungen* kann der Transistor, wie im folgenden Abschnitt ausgeführt, näherungsweise als linearer Vierpol behandelt werden.

2.2 Kleinsignalanalyse, Vierpolkenngrößen

Werden Transistoren in linearen elektronischen Übertragern eingesetzt, so werden sie nur in einem kleinen Bereich um ihren *Arbeitspunkt* ausgesteuert. Für die Berechnung des Arbeitspunkts ist zwar nach wie vor das Großsignalmodell erforderlich, dieses muß aber lediglich für die Untersuchung des Gleichbetriebs verwendet werden. Für die Untersuchung des Frequenzverhaltens kann dann auf eine Großsignalanalyse verzichtet werden — die gewünschten Resultate folgen aus einer Analyse der im Arbeitspunkt linearisierten Kleinsignalersatzschaltung.

2.2.1 Leitwertparameter

In Kleinsignaluntersuchungen interessiert der Zusammenhang zwischen den Kleinsignalspannungen $v_{1\sim}(t)$ und $v_{2\sim}(t)$ und den Kleinsginalströmen $i_{1\sim}(t)$ und $i_{2\sim}(t)$ in Eingangs- und Ausgangskreis. Bei kleiner Amplitude der $v_{1\sim}(t)$ und $v_{2\sim}(t)$ liefert eine Entwicklung der Kennlinie bis zur 1. Ordnung eine ausreichende Genauigkeit. Da die betrachteten Ströme von zwei Spannungen abhängen ist dabei das totale Differential zu verwenden, also

$$\begin{aligned} i_{1\sim}(t) &= \left(\frac{\partial I_1}{\partial V_1}\right)_{V_2} v_{1\sim}(t) + \left(\frac{\partial I_1}{\partial V_2}\right)_{V_1} v_{2\sim}(t) \\ &= y_{11} \cdot v_{1\sim}(t) + y_{12} \cdot v_{2\sim}(t) \end{aligned} \tag{2.4}$$

$$\begin{aligned} i_{2\sim}(t) &= \left(\frac{\partial I_2}{\partial V_1}\right)_{V_2} v_{1\sim}(t) + \left(\frac{\partial I_2}{\partial V_2}\right)_{V_1} v_{2\sim}(t) \\ &= y_{21} \cdot v_{1\sim}(t) + y_{22} \cdot v_{2\sim}(t) \,. \end{aligned} \tag{2.5}$$

Dies läßt sich auch in Matrixform schreiben

$$\begin{pmatrix} i_{1\sim}(t) \\ i_{2\sim}(t) \end{pmatrix} = \begin{pmatrix} y_{11} & y_{12} \\ y_{21} & y_{22} \end{pmatrix} \begin{pmatrix} v_{1\sim}(t) \\ v_{2\sim}(t) \end{pmatrix} \,. \tag{2.6}$$

Die Größen $y_{\alpha\beta}$ werden als NF-*Leitwertparameter* des Transistors bezeichnet.

Das Kleinsignalverhalten eines Transistors läßt sich demnach über das Verhalten eines linearen Vierpols charakterisieren. Ein *Vierpol*[4] (oder *Zweitor*) ist ein Netzwerk mit zwei Eingangsklemmen (dem Eingangstor) und zwei

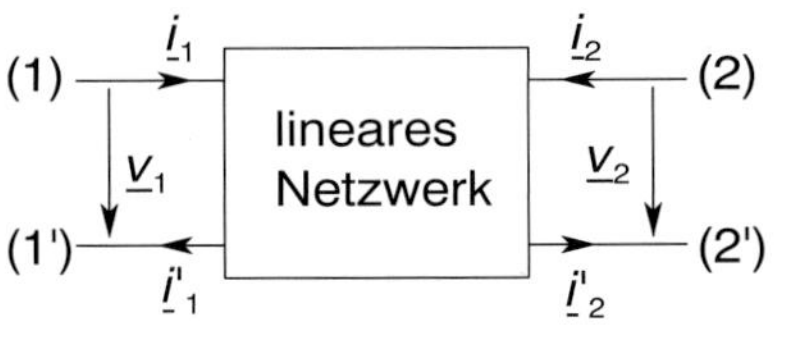

Abb. 2.4. Vierpol

Ausgangsklemmen (dem Ausgangstor). Dabei wird angenommen, daß der an einer Klemme in den Vierpol hineinfließende Strom gleich dem Strom ist, der an der anderen Klemme des jeweiligen Tors wieder aus dem Netzwerk herausfließt. In Abb. 2.4 gilt demnach

$$\underline{i}_1 = \underline{i}'_1 \qquad \text{und} \qquad \underline{i}_2 = \underline{i}'_2 \,.$$

Die Leitwertparameter sind als Koeffizienten einer Taylor-Entwicklung arbeitspunktabhängig, vergleichbar dem Kleinsignalleitwert g eines nichtlinearen Widerstands. Die so eingeführten Leitwertparameter sind *reelle* Größen und nur für niedrige Frequenzen, bei denen kapazitive und induktive Effekte vernachlässigbar sind, gültig. Bei hohen Frequenzen ist mit *komplexen* Leitwertparametern zu rechnen. Liegen am Bauelement die Spannungen

$$v_1(t) \;=\; V_1 + \mathrm{Re}\left(\hat{\underline{v}}_1 \mathrm{e}^{\mathrm{j}\omega t}\right) \qquad \text{und} \qquad v_2(t) \;=\; V_2 + \mathrm{Re}\left(\hat{\underline{v}}_2 \mathrm{e}^{\mathrm{j}\omega t}\right)$$

an, so bedingt dies – unter der Voraussetzungen kleiner Amplituden $\hat{v}_{1\sim}$, $\hat{v}_{2\sim}$ – sinusförmige Abweichungen der Ströme im Eingangs- und Ausgangskreis von ihrem Wert im Arbeitspunkt

$$i_1(t) \;=\; I_1 + \mathrm{Re}\left(\hat{\underline{i}}_1 \mathrm{e}^{\mathrm{j}\omega t}\right) \qquad \text{und} \qquad i_2(t) \;=\; I_2 + \mathrm{Re}\left(\hat{\underline{i}}_2 \mathrm{e}^{\mathrm{j}\omega t}\right) \,.$$

Zwischen den komplexen Zeigern für die Kleinsignalanteile von Strom und Spannung besteht ein linearer Zusammenhang. Die komplexen Stromzeiger $\underline{i}_1$ und $\underline{i}_2$ können demnach aus den komplexen Spannungszeigern $\underline{v}_1$ und $\underline{v}_2$ durch Multiplikation mit einer Matrix, der sog. *Leitwertmatrix*, bestimmt werden

$$\begin{pmatrix} \underline{i}_1 \\ \underline{i}_2 \end{pmatrix} = \begin{pmatrix} \underline{y}_{11} & \underline{y}_{12} \\ \underline{y}_{21} & \underline{y}_{22} \end{pmatrix} \begin{pmatrix} \underline{v}_1 \\ \underline{v}_2 \end{pmatrix} \,. \tag{2.7}$$

Die Koeffizienten $\underline{y}_{\alpha\beta}$ der Leitwertmatrix werden als *Leitwertparameter* oder y-Parameter bezeichnet; sie nehmen für Frequenzen $f > 0$ in der Regel kom-

[4] Der Begriff Vierpol wird hier synonym zum Begriff Zweitor verwendet, was dem allgemeinen Sprachgebrauch entspricht, aber streng genommen nicht ganz korrekt ist. Allgemein ist ein Vierpol definiert als ein Netzwerk mit vier Anschlüssen.

plexe Werte an. Für $f \to 0$ gehen die komplexen y-Parameter über in die als Ableitungen der Kennliniengleichungen gemäß (2.4) und (2.5) definierten DC-Leitwertparameter.

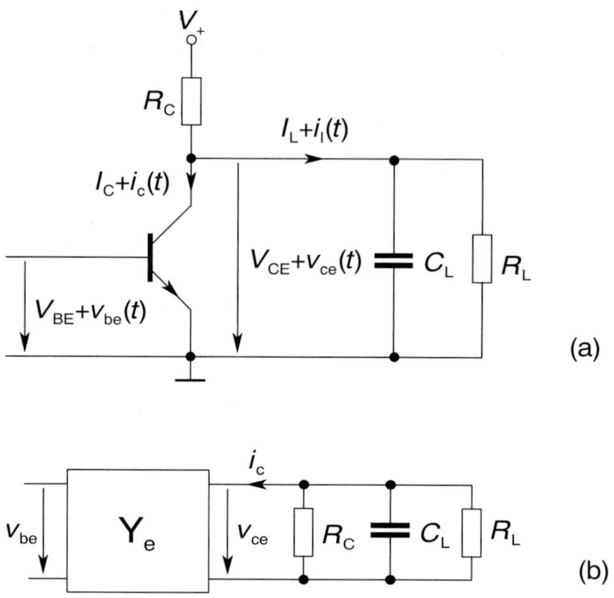

Abb. 2.5. Bipolarverstärker in Emitterschaltung. (**a**) Schaltung, (**b**) Kleinsignalbeschreibung

Beispiel 2.2.1 Als Beispiel wird das Kleinsignalverhalten eines Verstärkers mit Bipolartransistor in Emitterschaltung mit belastetem Ausgang (Abb. 2.5 a) untersucht. Die Leitwertparameter des Transistors im Arbeitspunkt werden dabei als bekannt vorausgesetzt; ihre Arbeitspunktabhängigkeit und ihr Frequenzverhalten wird in Kap. 16 untersucht. Im Arbeitspunkt (ohne Signal, $v_{be} = 0$) liegt am Eingang die Spannung V_{BE} an; diese bedingt einen Kollektorstrom I_C, der zusammen mit dem Strom $I_L = V_{CE}/R_L$ den Spannungsabfall an R_C und damit die Ausgangsspannung V_{CE} bestimmt

$$V_{CE} = V_+ - R_C(I_C + I_L) .$$

Wird der Eingangsspannung nun ein sinusförmiger Kleinsignalanteil überlagert

$$v_{BE}(t) = V_{BE} + v_{be}(t) = V_{BE} + \mathrm{Re}\left(\underline{\hat{v}}_{be}\, e^{j\omega t}\right) ,$$

so weisen die Ströme $i_C(t) = I_C + i_c(t)$ und $i_L(t) = I_L + i_l(t)$ die Wechselanteile $i_c(t)$ und $i_l(t)$ auf. Für die Ausgangsspannung folgt so

$$v_{CE}(t) = V_+ - R_C[\, i_C(t) + i_L(t)\,] = V_{CE} - R_C[\, i_c(t) + i_l(t)\,] ,$$

d. h. der Wechselanteil von $v_{CE}(t)$

$$v_{ce}(t) = -R_C[\, i_c(t) + i_l(t)\,] \tag{2.8}$$

ist nur durch die Wechselanteile von $i_C(t)$ und $i_L(t)$ bestimmt. Bei kleiner Amplitude der Eingangsspannung ($|\underline{\hat{v}}_{be}| \ll V_T$) besitzen die Wechselanteile $i_c(t)$ und $i_l(t)$ in guter Näherung einen sinusförmigen Verlauf

$$i_c(t) \approx \mathrm{Re}\Big(\hat{\underline{i}}_c \mathrm{e}^{\mathrm{j}\omega t}\Big) = \mathrm{Re}(\underline{i}_c) \quad \text{und} \quad i_l(t) \approx \mathrm{Re}\Big(\hat{\underline{i}}_l \mathrm{e}^{\mathrm{j}\omega t}\Big) = \mathrm{Re}(\underline{i}_l)\,,$$

so daß auch

$$v_{ce}(t) \approx \mathrm{Re}\big(\hat{\underline{v}}_{ce} \mathrm{e}^{\mathrm{j}\omega t}\big) = \mathrm{Re}(\underline{v}_{ce})$$

sinusförmigen Verlauf aufweist. In Gl. (2.8) ergibt dies den Zusammenhang

$$\underline{v}_{ce} = -R_C\,(\underline{i}_c + \underline{i}_l)\,.$$

Mit den Beziehungen

$$\underline{i}_l = \left(\frac{1}{R_L} + \mathrm{j}\omega C_L\right)\underline{v}_{ce} \quad \text{und} \quad \underline{i}_c = \underline{y}_{21e}\underline{v}_{be} + \underline{y}_{22e}\underline{v}_{ce}$$

folgt durch Zusammenfassen für den Spannungsübertragungsfaktor

$$\underline{H}_v(\mathrm{j}\omega) = \frac{\underline{v}_{ce}}{\underline{v}_{be}} = -\frac{R_C\,\underline{y}_{21e}}{1 + R_C\left(G_L + \mathrm{j}\omega C_L + \underline{y}_{22e}\right)}$$

mit $G_L = 1/R_L$. △

Die in Beispiel 2.2.1 angestellte Betrachtung ging von den Großsignal-Netzwerkgleichungen der Verstärkerschaltung aus; von diesen wurde der Kleinsignalanteil nach Gl. (2.8) abgespalten, der dann, unter Annahme eines linearen Zusammenhangs (2.7), zur Berechnung von $\underline{H}_v$ eingesetzt wurde. Schneller zum Ziel führt die Verwendung der *Kleinsignalersatzschaltung* des Verstärkers. In dieser treten nur Kleinsignalgrößen als Eingangs- und Ausgangsvariable auf – im betrachteten Beispiel also $\underline{v}_{be}$ und $\underline{v}_{ce}$. Die Kleinsignalersatzschaltung ergibt sich direkt aus dem Schaltplan, wobei für jedes Element die entsprechende Kleinsignalersatzschaltung eingesetzt wird. Gleichspannungsquellen sind durch einen Kurzschluß[5] zu ersetzen, Gleichstromquellen fallen beim Übergang zur Kleinsignalersatzschaltung weg[6]. Der Transistor wird in der Kleinsignalersatzschaltung ersetzt durch einen *Vierpol*, dessen Eigenschaften beispielsweise durch die Leitwertparameter $\underline{y}_{\alpha\beta e}$ des Transistors in Emitterschaltung (vgl. Beispiel 2.2.2) beschrieben werden.

Beispiel 2.2.2 Abbildung 2.5 b zeigt die Kleinsignalersatzschaltung des in Beispiel 2.2.1 betrachteten Verstärkers. Am Eingang des Vierpols liegt die Kleinsignalspannung mit dem komplexen Zeiger $\underline{v}_{be}$ an. Am Ausgang des Vierpols fällt die Kleinsignalspannung mit dem komplexen Zeiger $\underline{v}_{ce}$ ab. Der Ausgang ist mit R_L, C_L und dem Kollektorwiderstand R_C beschaltet. Daß R_C in der Kleinsignalersatzschaltung parallel zu R_L liegt, hängt damit zusammen, daß die Versorgungsspannung als Gleichspannung keinen Wechselanteil aufweist. In der Kleinsignalersatzschaltung

[5] Über der Gleichspannungsquelle fällt die Kleinsignalspannung 0 V ab, was einem, Kurzschluß entspricht.

[6] Der von der Quelle gelieferte Kleinsignalstrom ist 0 A was einem offenen Zweig entspricht.

hat der mit der Vorsorgungsspannungsquelle verbundene Knoten des Kollektorwiderstands folglich das Kleinsignalpotential 0V und muß auf Masse gelegt werden. Für den Strom im Ausgangskreis der Kleinsignalersatzschaltung folgt aus Abb. 2.5 b der Zusammenhang

$$\underline{i}_{\mathrm{c}} = \underline{y}_{21\mathrm{e}}\underline{v}_{\mathrm{be}} + \underline{y}_{22\mathrm{e}}\underline{v}_{\mathrm{ce}} = -\frac{\underline{v}_{\mathrm{ce}}}{R_{\mathrm{C}}} - \left(\frac{1}{R_{\mathrm{L}}} + \mathrm{j}\omega C_{\mathrm{L}}\right)\underline{v}_{\mathrm{ce}} ,$$

woraus sich sofort der Spannungsübertragungsfaktor $\underline{v}_{\mathrm{ce}}/\underline{v}_{\mathrm{be}}$ ergibt. Δ

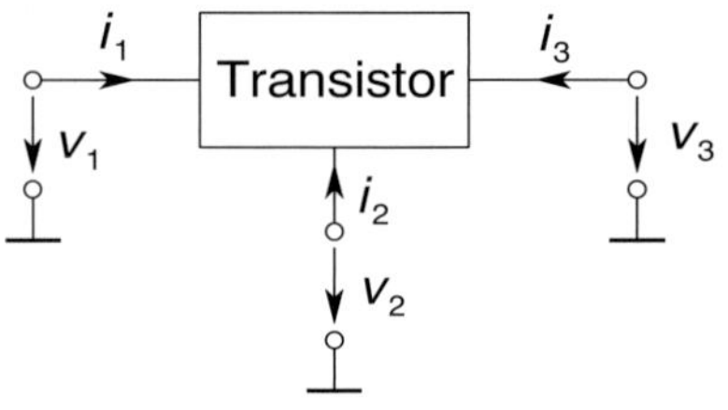

Abb. 2.6. Zur Definition der Leitwertmatrix

2.2.2 Die Wahl des Bezugspunkts

Ein Transistor besitzt drei Anschlüsse. Die Potentiale der Eingangsklemmen werden mit $v_\alpha(t)$, die Klemmenströme mit $i_\beta(t)$ bezeichnet. Sind die Klemmenpotentiale von der Form

$$v_\alpha(t) = V_\alpha + \mathrm{Re}\left(\hat{\underline{v}}_\alpha\, \mathrm{e}^{\mathrm{j}\omega t}\right) \qquad \text{mit} \qquad \alpha = 1,2,3 ,$$

so resultieren – kleine Amplituden der $\hat{v}_\alpha$ vorausgesetzt – Klemmenströme der Form

$$i_\beta(t) = I_\beta + \mathrm{Re}\left(\hat{\underline{i}}_\beta\, \mathrm{e}^{\mathrm{j}\omega t}\right) \qquad \text{mit} \qquad \beta = 1,2,3 .$$

Der Zusammenhang zwischen den Spannungszeigern $\underline{v}_\alpha$ und den Stromzeigern $\underline{i}_\beta$ wird durch die *allgemeine Leitwertmatrix* [7] $(\tilde{\underline{y}}_{\mathrm{ij}})$ hergestellt.

$$\begin{pmatrix} \underline{i}_1 \\ \underline{i}_2 \\ \underline{i}_3 \end{pmatrix} = \begin{pmatrix} \tilde{\underline{y}}_{11} & \tilde{\underline{y}}_{12} & \tilde{\underline{y}}_{13} \\ \tilde{\underline{y}}_{21} & \tilde{\underline{y}}_{22} & \tilde{\underline{y}}_{23} \\ \tilde{\underline{y}}_{31} & \tilde{\underline{y}}_{32} & \tilde{\underline{y}}_{33} \end{pmatrix} \begin{pmatrix} \underline{v}_1 \\ \underline{v}_2 \\ \underline{v}_3 \end{pmatrix} . \tag{2.9}$$

Die allgemeine Leitwertmatrix besitzt 3·3 Koeffizienten, von denen allerdings – wegen der Kirchhoffschen Sätze – nur vier voneinander unabhängig sind:

1. Da wegen dem Knotensatz für beliebige Stromzeiger

$$\sum_{\alpha=1}^{3} \underline{i}_\alpha = 0$$

[7] Englisch: indefinite admittance matrix.

gelten muß, ergibt die Summe der Koeffizienten in jeder Spalte der allgemeinen Leitwertmatrix null

$$\sum_{\alpha=1}^{3} \underline{\tilde{y}}_{\alpha\beta} = 0\,. \tag{2.10}$$

2. Da es keinen absoluten Nullpunkt auf der Potentialskala gibt, darf sich der Wert der Stromamplituden nicht ändern, wenn zu jedem Potentialwert ein einheitlicher Wert hinzuaddiert wird. Dies ist nur dann der Fall, wenn die Summe der Koeffizienten der allgemeinen Leitwertmatrix in jeder Zeile null wird

$$\sum_{\beta=1}^{3} \underline{\tilde{y}}_{\alpha\beta} = 0\,. \tag{2.11}$$

Diese Zusammenhänge sind nützlich, wenn es darum geht, Vierpolparameter ineinander umzurechnen.

Beispiel 2.2.3 Für einen Bipolartransistor lautet die allgemeine Leitwertmatrix

$$\begin{pmatrix} \underline{i}_{\mathrm{b}} \\ \underline{i}_{\mathrm{c}} \\ -\underline{i}_{\mathrm{e}} \end{pmatrix} = \begin{pmatrix} \underline{\tilde{y}}_{11} & \underline{\tilde{y}}_{12} & \underline{\tilde{y}}_{13} \\ \underline{\tilde{y}}_{21} & \underline{\tilde{y}}_{22} & \underline{\tilde{y}}_{23} \\ \underline{\tilde{y}}_{31} & \underline{\tilde{y}}_{32} & \underline{\tilde{y}}_{33} \end{pmatrix} \begin{pmatrix} \underline{v}_{\mathrm{b}} \\ \underline{v}_{\mathrm{c}} \\ \underline{v}_{\mathrm{e}} \end{pmatrix}.$$

Wird wie im Fall der *Emitterschaltung* der Emitterknoten als Bezugspunkt gewählt ($\underline{v}_{\mathrm{e}} = 0$), so ist $\underline{v}_{\mathrm{b}} = \underline{v}_{\mathrm{be}}$ und $\underline{v}_{\mathrm{c}} = \underline{v}_{\mathrm{ce}}$ sowie

$$\begin{pmatrix} \underline{i}_{\mathrm{b}} \\ \underline{i}_{\mathrm{c}} \end{pmatrix} = \begin{pmatrix} \underline{y}_{11\mathrm{e}} & \underline{y}_{12\mathrm{e}} \\ \underline{y}_{21\mathrm{e}} & \underline{y}_{22\mathrm{e}} \end{pmatrix} \begin{pmatrix} \underline{v}_{\mathrm{be}} \\ \underline{v}_{\mathrm{ce}} \end{pmatrix} = \begin{pmatrix} \underline{\tilde{y}}_{11} & \underline{\tilde{y}}_{12} \\ \underline{\tilde{y}}_{21} & \underline{\tilde{y}}_{22} \end{pmatrix} \begin{pmatrix} \underline{v}_{\mathrm{b}} \\ \underline{v}_{\mathrm{c}} \end{pmatrix}.$$

Die Parameter $\underline{y}_{\alpha\beta\mathrm{e}}$ heißen dabei *y-Parameter in Emitterschaltung.*

Im Fall der *Basisschaltung* wird der Basisknoten als Bezugspunkt gewählt ($\underline{v}_{\mathrm{b}} = 0$), so ist mit $\underline{v}_{\mathrm{c}} = \underline{v}_{\mathrm{cb}}$ und $\underline{v}_{\mathrm{e}} = \underline{v}_{\mathrm{eb}}$ sowie

$$\begin{pmatrix} -\underline{i}_{\mathrm{e}} \\ \underline{i}_{\mathrm{c}} \end{pmatrix} = \begin{pmatrix} \underline{y}_{11\mathrm{b}} & \underline{y}_{12\mathrm{b}} \\ \underline{y}_{21\mathrm{b}} & \underline{y}_{22\mathrm{b}} \end{pmatrix} \cdot \begin{pmatrix} \underline{v}_{\mathrm{eb}} \\ \underline{v}_{\mathrm{cb}} \end{pmatrix} = \begin{pmatrix} \underline{\tilde{y}}_{33} & \underline{\tilde{y}}_{32} \\ \underline{\tilde{y}}_{23} & \underline{\tilde{y}}_{22} \end{pmatrix} \cdot \begin{pmatrix} \underline{v}_{\mathrm{e}} \\ \underline{v}_{\mathrm{c}} \end{pmatrix}$$

Die Koefizienten $\underline{y}_{\alpha\beta\mathrm{b}}$ heißen dabei Leitwertparameter in Basisschaltung. Wegen der Identitäten (2.10) und (2.11) lassen sich die $\underline{y}_{\alpha\beta\mathrm{e}}$ in die $\underline{y}_{\alpha\beta\mathrm{b}}$ umrechnen und umgekehrt. Für die *y-Parameter in Basisschaltung* folgt so

$$\begin{aligned} \underline{y}_{11\mathrm{b}} &= \underline{y}_{11\mathrm{e}} + \underline{y}_{12\mathrm{e}} + \underline{y}_{21\mathrm{e}} + \underline{y}_{22\mathrm{e}} \\ \underline{y}_{12\mathrm{b}} &= -(\underline{y}_{12\mathrm{e}} + \underline{y}_{22\mathrm{e}}) \\ \underline{y}_{21\mathrm{b}} &= -(\underline{y}_{21\mathrm{e}} + \underline{y}_{22\mathrm{e}}) \\ \underline{y}_{22\mathrm{b}} &= \underline{y}_{22\mathrm{e}}\,; \end{aligned}$$

Der Fall der *Kollektorschaltung* ($\underline{v}_{\mathrm{c}} = 0$) wird dem Leser als Übungsaufgabe überlassen. Δ

2.2.3 Hybridparameter

Neben der Leitwertdarstellung ist die sogenannte *Hybriddarstellung* in der Praxis weit verbreitet. Dabei werden die Kennlinien durch Strom-Spannungs-Beziehungen der Form

$$V_1 = V_1(I_1, V_2) \qquad \text{und} \qquad I_2 = I_2(I_1, V_2)$$

beschrieben. Die entsprechenden Kleinsignalbeziehungen lauten

$$\begin{aligned} v_{1\sim}(t) &= \left(\frac{\partial V_1}{\partial I_1}\right)_{V_2} i_{1\sim}(t) + \left(\frac{\partial V_1}{\partial V_2}\right)_{I_1} v_{2\sim}(t) \\ &= h_{11} \cdot i_{1\sim}(t) + h_{12} \cdot v_{2\sim}(t) \\ i_{2\sim}(t) &= \left(\frac{\partial I_2}{\partial I_1}\right)_{V_2} i_{1\sim}(t) + \left(\frac{\partial I_2}{\partial V_2}\right)_{I_1} v_{2\sim}(t) \\ &= h_{21} \cdot i_{1\sim}(t) + h_{22} \cdot v_{2\sim}(t) \; . \end{aligned}$$

Die in diesen Beziehungen auftretenden Paramter $h_{\alpha\beta}$ werden üblicherweise als *DC-Hybridparameter* bezeichnet. Sie sind über die entsprechenden partiellen Ableitungen definiert und lassen sich als Steigungen verschiedener Gleichstromkennlinien illustrieren.

Für höherfrequente Signale sind komplexwertige, frequenzabhängige Hybridparameter $\underline{h}_{\alpha\beta}$ zu verwenden. Der Zusammenhang zwischen den Zeigern $\underline{v}_1$ und $\underline{i}_2$ sowie $\underline{i}_1$ und $\underline{v}_2$ lautet dann in Matrixform

$$\begin{pmatrix} \underline{v}_1 \\ \underline{i}_2 \end{pmatrix} = \begin{pmatrix} \underline{h}_{11} & \underline{h}_{12} \\ \underline{h}_{21} & \underline{h}_{22} \end{pmatrix} \begin{pmatrix} \underline{i}_1 \\ \underline{v}_2 \end{pmatrix} . \tag{2.12}$$

Die Koeffizienten der *Hybridmatrix* werden gewöhnlich als *Hybridparameter* oder h-Parameter bezeichnet. y-Parameter und h-Parameter bieten denselben Informationsgehalt. Sie lassen sich mit den in Tabelle 2.1 angegebenen Beziehungen leicht ineinander umrechnen.

2.2.4 Vierpoldarstellungen und Ersatzschaltungen

Das elektrische Verhalten des Vierpols bei der Kreisfrequenz ω wird charakterisiert durch Angabe des Zusammenhangs zwischen den komplexen Zeigern $\underline{v}_1$, $\underline{i}_1$, $\underline{v}_2$ und $\underline{i}_2$. Von diesen können zwei als abhängige (gesteuerte Größen) und zwei als unabhängige Variable (steuernde Größen) aufgefaßt werden. In *linearen Vierpolen* besteht zwischen den steuernden und den gesteuerten Größen ein *linearer* Zusammenhang. Dieser wird in der üblichen Matrixschreibweise durch eine 2·2-Koeffizientenmatrix hergestellt.

Je nachdem, welche zwei Variablen als abhängig und welche als unabhängig angenommen werden, ergeben sich unterschiedliche, mathematisch äquivalente Darstellungen. Von besonderer Bedeutung ist die *Leitwertdarstellung* (2.7), bei der die Ströme an Eingang und Ausgang des Vierpols als Funktion der Spannungen angegeben werden. Die *Leitwertparameter* $\underline{y}_{\alpha\beta}$ beschreiben Admittanzen bzw. gesteuerte Quellen in einer Ersatzschaltung.

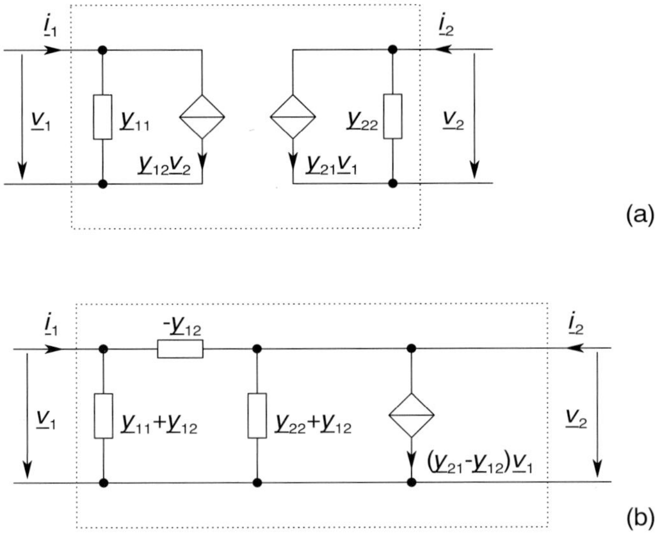

Abb. 2.7. Ersatzschaltungen für den linearen Vierpol in der Leitwertdarstellung

Die beiden in Abb. 2.7 gezeigten Ersatzschaltungen liefern dasselbe Klemmenverhalten und sind folglich äquivalent.[8] Die Schaltung Abb. 2.7b wird als *π-Ersatzschaltung* bezeichnet. Gilt $\underline{y}_{12} = \underline{y}_{21}$, so verschwindet die spannungsgesteuerte Stromquelle. Der Vierpol heißt in diesem Fall *reziprok*. Vierpole aus passiven linearen Zweipolen sind stets reziprok.

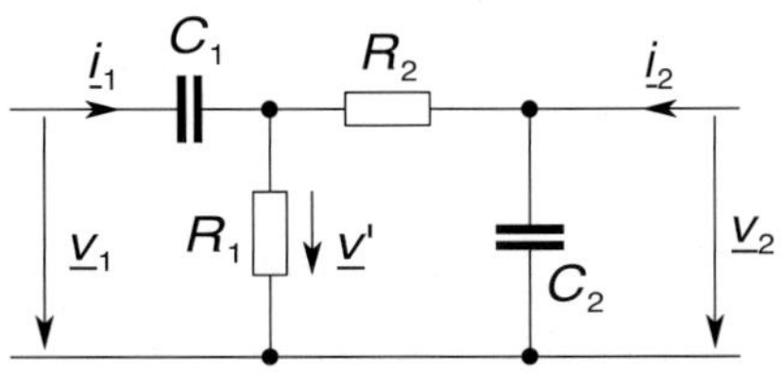

Abb. 2.8. In Beispiel 2.2.4 untersuchter Bandpaß

Beispiel 2.2.4 Als Beispiel werden die Leitwertparameter des in Abb. 2.8 gezeigten Bandpasses berechnet. Aus

$$\underline{i}_1 = \mathrm{j}\omega C_1(\underline{v}_1 - \underline{v}')\,, \quad \underline{i}_1 = \frac{\underline{v}'}{R_1} + \frac{\underline{v}' - \underline{v}_2}{R_2} \quad \text{und} \quad \underline{i}_2 = \mathrm{j}\omega C_2\,\underline{v}_2 + \frac{\underline{v}_2 - \underline{v}'}{R_2}$$

folgt durch Zusammenfassen der ersten beiden Gleichungen und Auflösen nach $\underline{v}'$

[8] Die Ersatzschaltung nach Abb. 2.7 a ist allerdings insofern allgemeiner, als hier nicht notwendig wie in Abb. 2.7 b die Knoten (1') und (2') auf demselben Potential liegen.

$$\underline{v}' = \frac{\mathrm{j}\omega R_2 C_1}{1 + R_2/R_1 + \mathrm{j}\omega R_2 C_1}\,\underline{v}_1 + \frac{1}{1 + R_2/R_1 + \mathrm{j}\omega R_2 C_1}\,\underline{v}_2 \,.$$

Einsetzen liefert dann

$$\underline{i}_1 = \frac{\mathrm{j}\omega C_1 (1 + R_2/R_1)}{1 + R_2/R_1 + \mathrm{j}\omega R_2 C_1}\,\underline{v}_1 - \frac{\mathrm{j}\omega C_1}{1 + R_2/R_1 + \mathrm{j}\omega R_2 C_1}\,\underline{v}_2$$

$$\underline{i}_2 = -\frac{\mathrm{j}\omega C_1}{1 + R_2/R_1 + \mathrm{j}\omega R_2 C_1}\,\underline{v}_1 + \left(\mathrm{j}\omega C_2 + \frac{1/R_1 + \mathrm{j}\omega C_1}{1 + R_2/R_1 + \mathrm{j}\omega R_2 C_1}\right)\underline{v}_2$$

Offensichtlich gilt $\underline{y}_{21} = \underline{y}_{12}$, d. h. das Netzwerk ist reziprok. Δ

Durch Vertauschen der Rolle von abhängigen und unabhängigen Variablen gelangt man zur *Widerstandsform*:

$$\begin{pmatrix} \underline{v}_1 \\ \underline{v}_2 \end{pmatrix} = \begin{pmatrix} \underline{z}_{11} & \underline{z}_{12} \\ \underline{z}_{21} & \underline{z}_{22} \end{pmatrix} \begin{pmatrix} \underline{i}_1 \\ \underline{i}_2 \end{pmatrix} . \tag{2.13}$$

Die *Widerstandsparameter* $\underline{z}_{\alpha\beta}$ beschreiben Impedanzen bzw. gesteuerte Quellen in der zugehörigen Ersatzschaltung.

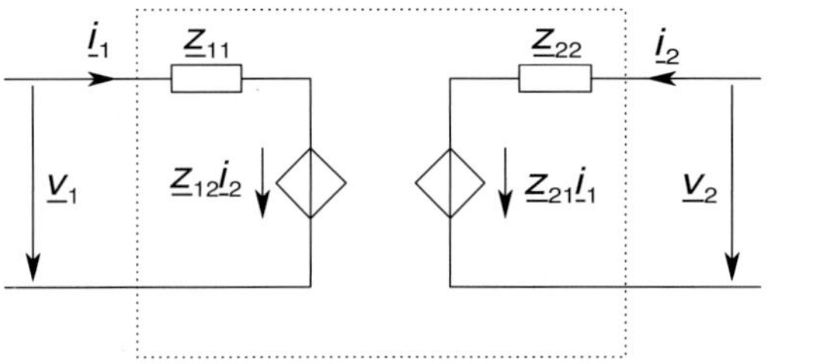

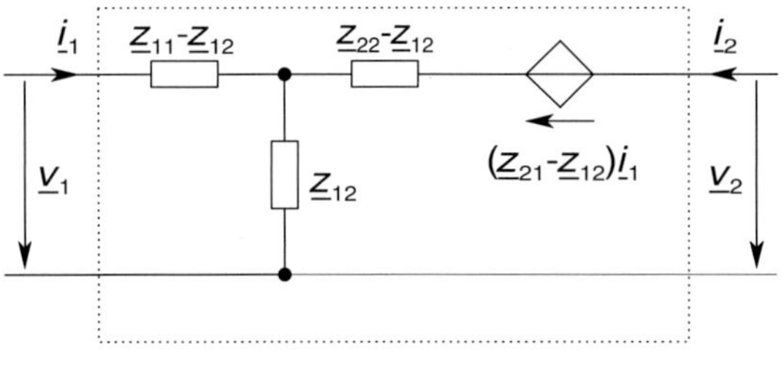

Abb. 2.9. Ersatzschaltungen für den linearen Vierpol in der Widerstandsform

Die beiden in Abb. 2.9 gezeigten Ersatzschaltungen liefern dasselbe Klemmenverhalten und sind deshalb äquivalent. Die in Abb. 2.9 b gezeigte Schaltung wird als *T-Ersatzschaltung* bezeichnet. Gilt $\underline{z}_{12} = \underline{z}_{21}$ so verschwindet die stromgesteuerte Spannungsquelle, der Vierpol ist dann *reziprok*.

Von besonderer Bedeutung neben der Leitwertform ist die *Hybridform* (2.12) mit der in Abb. 2.10 gezeigten Ersatzschaltung. Bei dieser werden $\underline{v}_1$ und $\underline{i}_2$ als unabhängige Variable aufgefaßt.

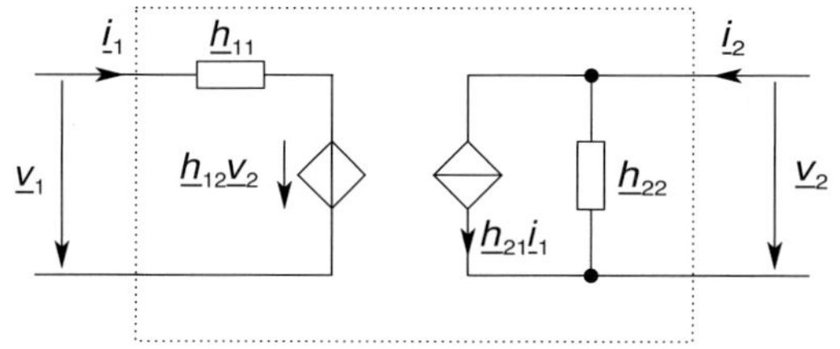

Abb. 2.10. Ersatzschaltung für den linearen Vierpol in der Hybridform

Die Koeffizienten $\underline{h}_{\alpha\beta}$ der Hybridmatrix, die Hybrid- oder *h-Parameter*, sind insbesondere für die Charakterisierung von Bipolartransistoren gebräuchlich.

Tabelle 2.1 Umrechnung von Vierpolkoeffizienten

	Y	H	Z	A
Y	$\begin{matrix} \underline{y}_{11} & \underline{y}_{12} \\ \underline{y}_{21} & \underline{y}_{22} \end{matrix}$	$\begin{matrix} \frac{1}{h_{11}} & \frac{-h_{12}}{h_{11}} \\ \frac{h_{21}}{h_{11}} & \frac{\Delta_h}{h_{11}} \end{matrix}$	$\begin{matrix} \frac{z_{22}}{\Delta_z} & \frac{-z_{12}}{\Delta_z} \\ \frac{-z_{21}}{\Delta_z} & \frac{z_{11}}{\Delta_z} \end{matrix}$	$\begin{matrix} \frac{a_{22}}{a_{12}} & \frac{-\Delta_a}{a_{12}} \\ \frac{-1}{a_{12}} & \frac{a_{11}}{a_{12}} \end{matrix}$
H	$\begin{matrix} \frac{1}{\underline{y}_{11}} & \frac{-\underline{y}_{12}}{\underline{y}_{11}} \\ \frac{\underline{y}_{21}}{\underline{y}_{11}} & \frac{\Delta_y}{\underline{y}_{11}} \end{matrix}$	$\begin{matrix} h_{11} & h_{12} \\ h_{21} & h_{22} \end{matrix}$	$\begin{matrix} \frac{\Delta_z}{z_{22}} & \frac{z_{12}}{z_{22}} \\ \frac{-z_{21}}{z_{22}} & \frac{1}{z_{22}} \end{matrix}$	$\begin{matrix} \frac{a_{12}}{a_{22}} & \frac{\Delta_a}{a_{22}} \\ \frac{-1}{a_{22}} & \frac{a_{21}}{a_{22}} \end{matrix}$
Z	$\begin{matrix} \frac{\underline{y}_{22}}{\Delta_y} & \frac{-\underline{y}_{12}}{\Delta_y} \\ \frac{-\underline{y}_{21}}{\Delta_y} & \frac{\underline{y}_{11}}{\Delta_y} \end{matrix}$	$\begin{matrix} \frac{\Delta_h}{h_{22}} & \frac{h_{12}}{h_{22}} \\ \frac{-h_{21}}{h_{22}} & \frac{1}{h_{22}} \end{matrix}$	$\begin{matrix} z_{11} & z_{12} \\ z_{21} & z_{22} \end{matrix}$	$\begin{matrix} \frac{a_{11}}{a_{21}} & \frac{\Delta_a}{a_{21}} \\ \frac{1}{a_{21}} & \frac{a_{22}}{a_{21}} \end{matrix}$
A	$\begin{matrix} \frac{-\underline{y}_{22}}{\underline{y}_{21}} & \frac{-1}{\underline{y}_{21}} \\ \frac{-\Delta_y}{\underline{y}_{21}} & \frac{-\underline{y}_{11}}{\underline{y}_{21}} \end{matrix}$	$\begin{matrix} \frac{-\Delta_h}{h_{21}} & \frac{-h_{11}}{h_{21}} \\ \frac{-h_{22}}{h_{21}} & \frac{-1}{h_{21}} \end{matrix}$	$\begin{matrix} \frac{z_{11}}{z_{21}} & \frac{\Delta_z}{z_{21}} \\ \frac{1}{z_{21}} & \frac{z_{22}}{z_{21}} \end{matrix}$	$\begin{matrix} a_{11} & a_{12} \\ a_{21} & a_{22} \end{matrix}$

Vertauscht man in der Hybridform die Rolle von abhängigen und unabhängigen Variablen, so gelangt man zur inversen Hybridform (Parallel-Reihen-Form)

$$\begin{pmatrix} \underline{i}_1 \\ \underline{v}_2 \end{pmatrix} = \begin{pmatrix} \underline{k}_{11} & \underline{k}_{12} \\ \underline{k}_{21} & \underline{k}_{22} \end{pmatrix} \begin{pmatrix} \underline{v}_1 \\ \underline{i}_2 \end{pmatrix} . \tag{2.14}$$

Für die Berechnung des Übertragungsverhaltens in Reihe geschalteter Vierpole ist gelegentlich die *Kettenform* hilfreich

$$\begin{pmatrix} \underline{v}_1 \\ \underline{i}_1 \end{pmatrix} = \begin{pmatrix} \underline{a}_{11} & \underline{a}_{12} \\ \underline{a}_{21} & \underline{a}_{22} \end{pmatrix} \begin{pmatrix} \underline{v}_2 \\ -\underline{i}_2 \end{pmatrix} \tag{2.15}$$

bzw. ihre Umkehrung

$$\begin{pmatrix} \underline{v}_2 \\ -\underline{i}_2 \end{pmatrix} = \begin{pmatrix} \underline{b}_{11} & \underline{b}_{12} \\ \underline{b}_{21} & \underline{b}_{22} \end{pmatrix} \begin{pmatrix} \underline{v}_1 \\ \underline{i}_1 \end{pmatrix} . \tag{2.16}$$

Jede der betrachteten Schreibweisen liefert eine vollständige Beschreibung des Vierpols. Die entsprechenden Vierpolmatrizen lassen sich deshalb ineinander umrechnen. Tabelle 2.1 zeigt die entsprechenden Verknüpfungen für die wichtigsten Darstellungen;[9] die Abkürzungen Δ_y, Δ_z, Δ_h und Δ_a bezeichnen dabei die Determinante der jeweiligen Koeffizientenmatrix, also z. B. $\Delta_y = \underline{y}_{11}\underline{y}_{22} - \underline{y}_{12}\underline{y}_{21}$.

2.3 Kenngrößen beschalteter Vierpole

Bei der Berechnung von Netzwerken aus beschalteten Vierpolen macht man häufig von der Möglichkeit Gebrauch, diese durch *Ersatzzweipole* zu ersetzen. Eingangsseitig wird der Vierpol dabei durch die *Eingangsimpedanz* $\underline{Z}_\mathrm{i}$ in Serie zur Leerlaufspannung $\underline{v}_{\mathrm{oc}1}$ ersetzt, ausgangsseitig durch die *Ausgangsimpedanz* $\underline{Z}_\mathrm{o}$ in Serie zur Leerlaufspannung $\underline{v}_{\mathrm{oc}2}$. Der Wert der Eingangsimpedanz hängt dabei von der Beschaltung des Ausgangs ab, der Wert der Ausgangsimpedanz von der Beschaltung des Eingangs. Oft darf $\underline{v}_{\mathrm{oc}1}$ gleich null angenommen werden, dann genügt die Angabe der Eingangsimpedanz zur Charakterisierung der Eingangsseite.

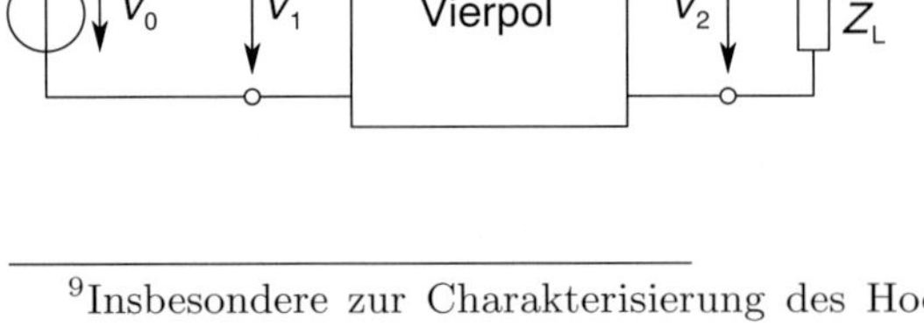

Abb. 2.11. Beschalteter Vierpol

[9] Insbesondere zur Charakterisierung des Hochfrequenzverhaltens sind neben den hier betrachteten Vierpolgrößen die über Wellengrößen definierten S-Parameter gebräuchlich; diese werden in Kap. 2.4 definiert.

2.3.1 Eingangsimpedanz, Ausgangsimpedanz, Übertragungsfaktoren

Wird ein linearer Vierpol eingangsseitig mit einer Spannungsquelle der Ausgangsimpedanz $\underline{Z}_\mathrm{G}$ betrieben und liegt am Ausgang die Last $\underline{Z}_\mathrm{L}$ an (Abb. 2.11), so müssen zusätzlich zu den Vierpolgleichungen (2.7) bzw. (2.12) die Beziehungen

$$\underline{v}_1 = \underline{v}_0 - \underline{Z}_\mathrm{G}\,\underline{i}_1 \quad \text{und} \quad \underline{v}_2 = -\underline{Z}_\mathrm{L}\,\underline{i}_2 \tag{2.17}$$

erfüllt sein. Durch Zusammenfassen von (2.17) mit (2.7) bzw. (2.12) folgt die *Eingangsimpedanz*

$$\underline{Z}_\mathrm{i} = \frac{\underline{v}_1}{\underline{i}_1} = \frac{1+\underline{y}_{22}\underline{Z}_\mathrm{L}}{\underline{y}_{11}+\Delta_y\underline{Z}_\mathrm{L}} = \frac{\underline{h}_{11}+\Delta_h\underline{Z}_\mathrm{L}}{1+\underline{h}_{22}\underline{Z}_\mathrm{L}}\,, \tag{2.18}$$

die *Ausgangsimpedanz* ($\underline{v}_0 = 0$)

$$\underline{Z}_\mathrm{o} = \frac{\underline{v}_2}{\underline{i}_2} = \frac{1+\underline{y}_{11}\underline{Z}_\mathrm{G}}{\underline{y}_{22}+\Delta_y\underline{Z}_\mathrm{G}} = \frac{\underline{h}_{11}+\underline{Z}_\mathrm{G}}{\Delta_h+\underline{h}_{22}\underline{Z}_\mathrm{G}}\,, \tag{2.19}$$

der *Stromübertragungsfaktor*

$$\underline{H}_i = \frac{\underline{i}_2}{\underline{i}_1} = \frac{\underline{y}_{21}}{\underline{y}_{11}+\Delta_y\underline{Z}_\mathrm{L}} = \frac{\underline{h}_{21}}{1+\underline{h}_{22}\underline{Z}_\mathrm{L}} \tag{2.20}$$

und der *Spannungsübertragungsfaktor*

$$\underline{H}_v = \frac{\underline{v}_2}{\underline{v}_1} = \frac{-\underline{y}_{21}\underline{Z}_\mathrm{L}}{1+\underline{y}_{22}\underline{Z}_\mathrm{L}} = \frac{-\underline{h}_{21}\underline{Z}_\mathrm{L}}{\underline{h}_{11}+\Delta_h\underline{Z}_\mathrm{L}}\,. \tag{2.21}$$

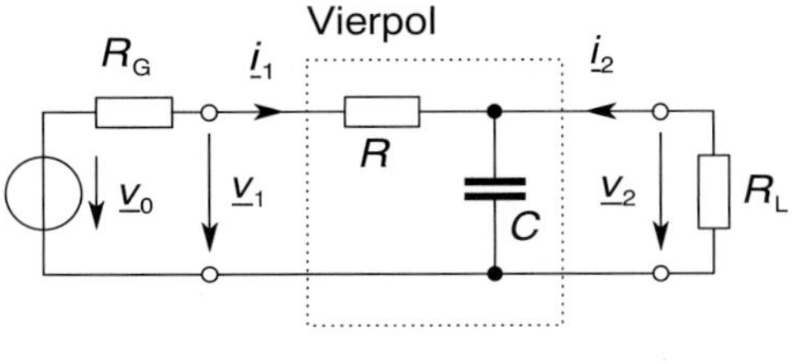

Abb. 2.12. In Beispiel 2.3.1 untersuchter RC-Tiefpaß

Beispiel 2.3.1 Als Beispiel wird der in Abb. 2.12 skizzierte RC-Tiefpaß betrachtet. Aus

$$\underline{i}_1 = \frac{\underline{v}_1-\underline{v}_2}{R} \quad \text{und} \quad \underline{i}_2 = \mathrm{j}\omega C\underline{v}_2 + \frac{\underline{v}_2-\underline{v}_1}{R}$$

kann man sofort die Leitwertparameter ablesen mit dem Ergebnis

$$\underline{y}_{11} = \frac{1}{R}, \quad \underline{y}_{12} = -\frac{1}{R}, \quad \underline{y}_{21} = -\frac{1}{R} \quad \text{und} \quad \underline{y}_{22} = \frac{1}{R}+\mathrm{j}\omega C\,.$$

Die Determinante der Leitwertmatrix resultiert hieraus zu

$$\Delta_y = \frac{1}{R}\left(\frac{1}{R} + j\omega C\right) - \frac{1}{R^2} = \frac{j\omega C}{R} \,.$$

Für die Eingangsimpedanz folgt nun aus Gl. (2.18)

$$\underline{Z}_\mathrm{i} = \frac{1 + \underline{y}_{22} R_\mathrm{L}}{\underline{y}_{11} + \Delta_y R_\mathrm{L}} = \frac{R + R_\mathrm{L}(1 + j\omega RC)}{1 + j\omega R_\mathrm{L} C} \,.$$

Für kleine Frequenzen ($\omega \to 0$) gilt $\underline{Z}_\mathrm{i} \to R{+}R_\mathrm{L}$, für große Frequenzen ($\omega \to \infty$) folgt $\underline{Z}_\mathrm{i} \to R$. Dieses Verhalten kann leicht anhand des Schaltbilds verstanden werden: Bei kleinen Frequenzen kann der über C fließende Strom vernachlässigt werden, vom Eingang aus „sieht" man dann nur die Reihenschaltung von R und R_L; bei hohen Frequenzen wird R_L kapazitiv überbrückt und kann durch einen Kurzschluß ersetzt werden, weswegen die Eingangsimpedanz auf R abnimmt.

Die Ausgangsimpedanz des beschalteten RC-Tiefpasses ist nach Gl. (2.19)

$$\underline{Z}_\mathrm{o} = \frac{1 + \underline{y}_{11} R_\mathrm{G}}{\underline{y}_{22} + \Delta_y R_\mathrm{G}} = \frac{R + R_\mathrm{G}}{1 + j\omega(R{+}R_\mathrm{G})C} \,.$$

Im Fall kleiner Frequenzen ($\omega \to 0$) gilt $\underline{Z}_\mathrm{o} \to R{+}R_\mathrm{G}$, für große Frequenzen ($\omega \to \infty$) folgt $\underline{Z}_\mathrm{o} \to 0$. Bei kleinen Frequenzen kann der über C fließende Strom vernachlässigt werden, vom Ausgang aus „sieht" man nur die Reihenschaltung von R und R_G; bei hohen Frequenzen wird der Ausgang kapazitiv „kurzgeschlossen", so daß $\underline{Z}_\mathrm{o} \to 0$. Für den Stromübertragungsfaktor folgt

$$\underline{H}_i = \frac{\underline{y}_{21}}{\underline{y}_{11} + \Delta_y R_\mathrm{L}} = -\frac{1}{1 + j\omega R_\mathrm{L} C} \,,$$

während sich der Spannungsübertragungsfaktor zu

$$\underline{H}_v = \frac{-\underline{y}_{21} R_\mathrm{L}}{1 + \underline{y}_{22} R_\mathrm{L}} = \frac{R_\mathrm{L}}{R + R_\mathrm{L}(1{+}j\omega RC)}$$

ergibt. △

Beispiel 2.3.2 Als Beispiel wird der Spannungsübertragungsfaktor des unbelasteten Bandpasses aus Beispiel 2.2.4 ermittelt. Für $|\underline{Z}_\mathrm{L}| \to \infty$ gilt

$$\underline{H}_v = \frac{-\underline{y}_{21} \underline{Z}_\mathrm{L}}{1 + \underline{y}_{22} \underline{Z}_\mathrm{L}} \to \frac{-\underline{y}_{21}}{\underline{y}_{22}} \,.$$

Mit den in Beispiel 2.2.4 bestimmten Leitwertparametern folgt so

$$\underline{H}_v = \frac{j\omega C_1}{1/R_1 + j\omega\,[C_1 + C_2(1{+}R_2/R_1)] - \omega^2 R_2 C_1 C_2} \,.$$

Im Fall sehr kleiner Frequenzen können die frequenzabhängigen Terme im Nenner vernachlässigt werden

$$\underline{H}_v \approx j\omega R_1 C_1 = j\, f/f_\mathrm{gu} \,,$$

der Bandpaß zeigt hier *Hochpaßverhalten* mit der Grenzfrequenz $f_\mathrm{gu} = (2\pi R_1 C_1)^{-1}$. Für sehr hohe Frequenzen dominiert der in ω quadratische Term im Nenner; wird nur dieser berücksichtigt, so resultiert die Näherung

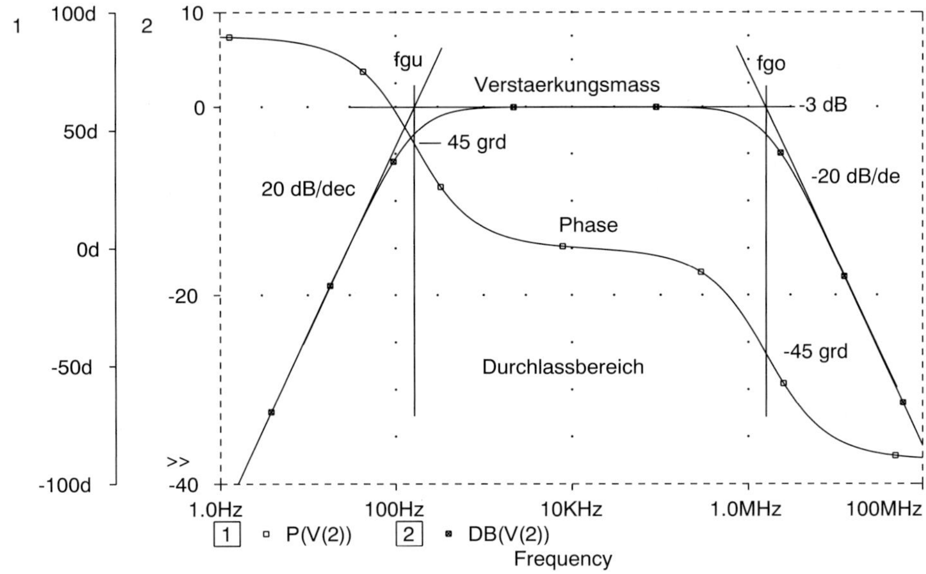

Abb. 2.13. Übertragungsfaktor (Skala 1: Phase, Skala 2: Verstärkungsmaß a_v in dB) des in Beispiel 2.3.2 Bandpasses

$$\underline{H}_v \approx 1/(\mathrm{j}\omega R_2 C_2) = -\mathrm{j}\, f_{\mathrm{go}}/f \;;$$

der Bandpaß zeigt hier *Tiefpaßverhalten* mit der Grenzfrequenz $f_{\mathrm{go}} = (2\pi R_2 C_2)^{-1}$. Gilt $f_{\mathrm{gu}} \ll f_{\mathrm{go}}$, so ist der Übertragungsfaktor im Frequenzbereich $f_{\mathrm{gu}} < f < f_{\mathrm{go}}$ annähernd konstant. Dort gilt dann

$$\underline{H}_v \approx \left[1 + \frac{C_2}{C_1}\left(1 + \frac{R_2}{R_1}\right)\right]^{-1} .$$

Abbildung 2.13 zeigt das Ergebnis einer SPICE-Frequenzanalyse für einen Bandpaß mit $R_1 = 1\,\mathrm{k\Omega}$, $C_1 = 1\,\mathrm{\mu F}$, $R_2 = 100\,\Omega$ und $C_2 = 1\,\mathrm{nF}$. Für kleine Frequenzen ($f \ll f_{\mathrm{gu}}$) wird das erwartete Hochpaßverhalten beobachtet – der Wert von a_v steigt hier mit 20 dB/dec an, die Phasenverschiebung zeigt einen Wert von annähernd 90°. Für große Frequenzen ($f \gg f_{\mathrm{go}}$) resultiert das erwartete Tiefpaßverhalten mit einem Abfall von 20 dB/dec für a_v und einer Phasenverschiebung von annähernd −90°. Dazwischen liegt ein Band von vernachlässigbarer Dämpfung ($a_v \approx 0$ dB), in dem Eingangssignal und Ausgangssignal annähernd miteinander in Phase sind. Für die beiden Grenzfrequenzen f_{gu} und f_{go} folgt $f_{\mathrm{gu}} = 1/(2\pi R_1 C_1) = 159\,\mathrm{Hz}$ und $f_{\mathrm{go}} = 1/(2\pi R_2 C_2) = 1.59\,\mathrm{MHz}$ in Übereinstimmung mit den Resultaten der Simulation. Δ

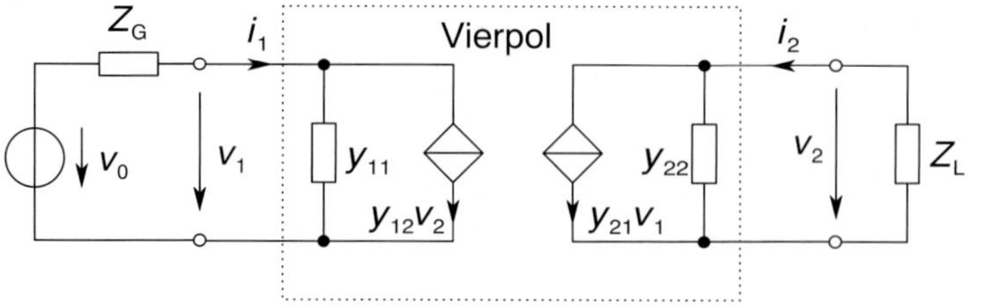

Abb. 2.14. Beschalteter Vierpol. Zur Definition der Leistungsverstärkung

2.3.2 Leistungsverstärkung

Für die Leistungsverstärkung werden unterschiedliche Definitionen verwendet [1], zur Erläuterung wird Abb. 2.14 betrachtet. Die *Leistungsverstärkung* G_p bezeichnet das Verhältnis des Effektivwerts der an die Last abgegebenen Wirkleistung $P_2 = -\mathrm{Re}\,(\underline{V}_2\,\underline{I}_2^*)$ zum Effektivwert der an das Eingangstor des Vierpols abgegebenen Wirkleistung $P_1 = \mathrm{Re}\,(\underline{V}_1\,\underline{I}_1^*)$. Unter Verwendung von

$$\underline{V}_1 = \underline{Z}_\mathrm{i}\underline{I}_1 = \underline{I}_1/\underline{Y}_\mathrm{i} \quad \text{und} \quad \underline{V}_2 = -\underline{Z}_\mathrm{L}\,\underline{I}_2 = -\underline{I}_2/\underline{Y}_\mathrm{L}$$

folgt

$$G_p = A_i(f)^2\,\frac{\mathrm{Re}(\underline{Z}_\mathrm{L})}{\mathrm{Re}(\underline{Z}_\mathrm{i})} = A_v(f)^2\,\frac{\mathrm{Re}(\underline{Y}_\mathrm{L})}{\mathrm{Re}(\underline{Y}_\mathrm{i})}\,. \tag{2.22}$$

Die Leistungsverstärkung G_p hängt von der Lastimpedanz $\underline{Z}_\mathrm{L} = 1/\underline{Y}_\mathrm{L}$ ab und ist unabhängig von der Impedanz $\underline{Z}_\mathrm{G} = 1/\underline{Y}_\mathrm{G}$ der Quelle. Unter Verwendung von Leitwertparametern läßt sich die Leistungsverstärkung durch

$$G_p = \frac{|\underline{y}_{21}|^2\mathrm{Re}(\underline{Y}_\mathrm{L})}{|\underline{y}_{22}+\underline{Y}_\mathrm{L}|^2}\left[\mathrm{Re}\left(\underline{y}_{11} - \frac{\underline{y}_{12}\,\underline{y}_{21}}{\underline{y}_{22}+\underline{Y}_\mathrm{L}}\right)\right]^{-1} \tag{2.23}$$

ausdrücken.

Betriebsleistungsverstärkung. Der Effektivwert P_1 der von der Signalquelle an den Vierpol abgegebenen Leistung wird bei Leistungsanpassung, d.h. unter der Bedingung $\underline{Z}_\mathrm{i} = Z_\mathrm{G}^*$ maximal [1]. An den Eingang des Vierpols wird dann die Leistung

$$P_1 = \frac{\mathrm{Re}(\underline{Z}_\mathrm{i})}{|\underline{Z}_\mathrm{i}+\underline{Z}_\mathrm{G}|^2}\,V_0^2 = \frac{V_0^2}{4\,\mathrm{Re}(\underline{Z}_\mathrm{i})} = P_1^+$$

abgegeben. Das ist genau die Hälfte der von der Signalquelle abgegebenen Leistung P_0 (die andere Hälfte wird in der Quellimpedanz $\underline{Z}_\mathrm{G}$ umgesetzt). Die *Betriebsleistungsverstärkung* (engl. *transducer power gain*)

$$G_\mathrm{T} = P_2/P_1^+ \tag{2.24}$$

ist definiert als das Verhältnis der abgegebenen Leistung P_2 zur aufgenommenen Leistung P_1^+. Bei Leistungsanpassung am Eingang ist die Betriebsleistungsverstärkung G_T gleich der Leistungsverstärkung G_p.

Verfügbare Leistungsverstärkung. Die Leistungsverstärkung die sich bei Anpassung am Eingang $\underline{Z}_\mathrm{i} = Z_\mathrm{L}^*$ und Ausgang $\underline{Z}_\mathrm{o} = Z_\mathrm{G}^*$ des Vierpols (Abb. 2.14) einstellt wird als *verfügbare Leistungsverstärkung* bezeichnet. Mit der bei Leistungsanpassung am Ausgang abgegebenen Leistung

$$P_2 = \frac{|\,\underline{y}_{21}|^2}{4\,\mathrm{Re}(\underline{y}_{22})} V_1^2 = P_2^-$$

resultiert die verfügbare Leistungsverstärkung $G_\mathrm{A} = P_2^-/P_1^+$. Bei Leistungsanpassung an Ein- und Ausgang gilt $G_\mathrm{A} = G_\mathrm{T} = G_p$.

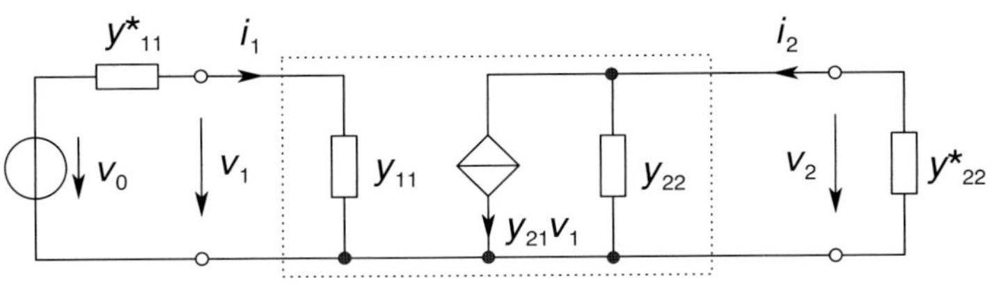

Abb. 2.15. Zur Berechnung der unilateralen Leistungsverstärkung

Unilaterale Leistungsverstärkung. Ein Zweitor ist *rückwirkungsfrei* (unilateral) falls $\underline{y}_{12} = 0$ gilt; diese Situation ist in Abb. 2.15 dargestellt, wobei Leistungsanpassung am Ein- und Ausgang angenommen wurde. Mit

$$\underline{I}_2 = \underline{y}_{21}\underline{V}_1 + \underline{y}_{22}\underline{V}_2 = -\underline{y}_{22}^*\underline{V}_2\,,$$

resultiert für den komplexen Effektivwert der Ausgangsspannung

$$\underline{V}_2 = -\frac{\underline{y}_{21}}{2\,\mathrm{Re}(\underline{y}_{22})}\underline{V}_1\,,$$

und damit für die an die Last abgegebene Leistung

$$P_2^- = -\frac{1}{2}\left(\underline{I}_2\underline{V}_2^* + \underline{I}_2^*\underline{V}_2\right) = \frac{|\,\underline{y}_{21}|^2}{4\,\mathrm{Re}(\underline{y}_{22})} V_1^2\,.$$

Mit der (bei Leistungsanpassung) an den Eingang abgegebenen Leistung $P_1^+ = \mathrm{Re}(\underline{y}_{11})V_1^2$, ergibt sich die unilaterale Leistungsverstärkung U zu

$$U = \frac{P_2^-}{P_1^+} = \frac{|\,\underline{y}_{21}|^2}{4\,\mathrm{Re}(\underline{y}_{11})\mathrm{Re}(\underline{y}_{22})}\,. \tag{2.25}$$

Da $\underline{y}_{12}$ in der Regel nur klein ist, sind Transistor-Vierpole nicht streng unilateral. Durch Unilateralisation, d.h. durch Hinzufügen eines verlustlosen Rückkopplungsnetzwerks läßt sich jedoch Rückwirkungsfreiheit herstellen (Abb. 2.16). Die Leitwertmatrix $\underline{Y}_{\alpha\beta}$ dieses Vierpols mit Rückkopplung ist

$$\mathsf{Y} = \frac{\underline{Y}_\mathrm{A}}{\underline{Y}_\mathrm{A}+\underline{y}_{22}}\begin{pmatrix} \underline{y}_{11}+\Delta_y/\underline{Y}_\mathrm{A} & \underline{y}_{12} \\ \underline{y}_{21} & \underline{y}_{22}\end{pmatrix} + \begin{pmatrix} \underline{Y}_\mathrm{F} & -\underline{Y}_\mathrm{F} \\ -\underline{Y}_\mathrm{F} & \underline{Y}_\mathrm{F}\end{pmatrix}. \tag{2.26}$$

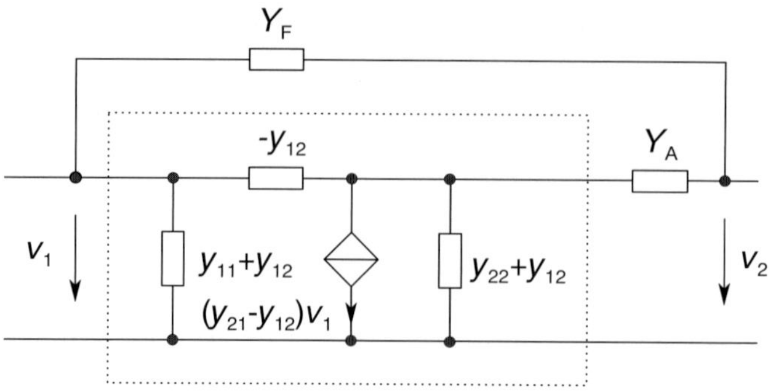

Abb. 2.16. Unilateralisation durch Addition von $\underline{Y}_F$ und $\underline{Y}_A$

Die hinzugefügten verlustlosen Admittanzen sind rein imaginär; Rückwirkungsfreiheit liegt unter den Bedingungen

$$\underline{Y}_F = j\left(\mathrm{Im}(\underline{y}_{12}) - \frac{\mathrm{Re}(\underline{y}_{12})\,\mathrm{Im}(\underline{y}_{22})}{\mathrm{Re}(\underline{y}_{22})}\right) \quad \text{und} \quad \underline{Y}_A = \frac{\mathrm{Re}(\underline{y}_{22})}{\mathrm{Re}(\underline{y}_{12})}\,\underline{Y}_F$$

vor. Unter diesen Bedingungen stellt sich die *unilaterale Leistungsverstärkung*

$$U = \frac{|\,\underline{Y}_{21}|^2}{4\,\mathrm{Re}(\underline{Y}_{11})\,\mathrm{Re}(\underline{Y}_{22})} = \frac{|\,\underline{y}_{21} - \underline{y}_{12}|^2}{4\,[\,\mathrm{Re}(\underline{y}_{11})\mathrm{Re}(\underline{y}_{22}) - \mathrm{Re}(\underline{y}_{12})\mathrm{Re}(\underline{y}_{21})]}$$

ein. Die unilaterale Leistungsverstärkung ist für einen Transistor mit drei Anschlüssen für alle Grundschaltungen[10] identisch [2]; die unilaterale Leistungsverstärkung eignet sich deswegen besonders um Verstärkungseigenschaften eines Transistors zu charakterisieren. Eine rückgekoppelte Schaltung kann selbsterregte Schwingungen ausführen, falls $U \geq 1$ gilt. Der Transistor kann bis zur maximalen Schwingfrequenz f_{max}, definiert über die Bedingung $U(f_{\mathrm{max}}) = 1$, als Leistungsverstärker dienen.

2.3.3 Stabiliät, MAG, MSG

Ein linearer Schaltkreis ist instabil, falls seine Ausgangsamplitude unkontrolliert ansteigen kann. Die *Stabilität* eines Vierpols hängt von seiner Beschaltung ab. Gibt es eine Beschaltung mit passiven Zweipolen, bei der ein Vierpol selbsterregte Schwingungen der Kreisfrequenz ω durchführt, so heißt der Vierpol potentiell instabil bei der Kreisfrequenz ω. Ist keine solche Beschaltung möglich, so heißt der Vierpol *absolut stabil.* Für absolute Stabilität muß der Realteil der Eingangsadmittanz

$$\underline{Y}_i = \frac{\underline{y}_{11}\underline{Y}_L + \Delta_y}{\underline{y}_{22} + \underline{Y}_L}$$

[10] In integrierten Transistoren, muß zusätzlich der Substrat- oder Bulkanschluß beachtet werden; dann resultieren i.allg. verschiedene Werte der unilateralen Leistungsverstärkung für Emitter-, Basis- oder Kollektorschaltung, bzw. Source-, Gate- oder Drainschaltung.

für alle Werte der Lastadmittanz $\underline{Y}_\mathrm{L}$ positiv sein. Diese Bedingung ist äquivalent zu der Forderung, daß der sog. *Stabilitätsfaktor* [1]

$$k = \frac{2\,\mathrm{Re}(\underline{y}_{11})\mathrm{Re}(\underline{y}_{22}) - \mathrm{Re}(\underline{y}_{12}\underline{y}_{21})}{|\,\underline{y}_{12}\underline{y}_{21}|}\,, \tag{2.27}$$

größer ist als eins. Der Wert des Stabilitätsfaktors liegt zwischen -1 und ∞; liegt k zwischen -1 und $+1$, so ist der Vierpol potentiell instabil. Der Stabilitätsfaktor wird nur aus den Vierpolparametern berechnet und ist deshalb von der Beschaltung unabhängig. Ist $k > 1$ und liegt Leistungsanpassung an Ein- und Ausgang vor, so stellt sich die *maximal verfügbare Leistungsverstärkung* (engl. maximum available gain) (MAG)

$$\mathrm{MAG} = \frac{|\underline{y}_{21}|}{|\underline{y}_{12}|}\left(k - \sqrt{k^2-1}\right) \tag{2.28}$$

ein. Für $k < 1$ kann die maximal verfügbare Leistungsverstärkung nicht berechnet werden, dann wird die maximale stabile Leistungsverstärkung (engl. maximum stable gain) (MSG) als der Wert der maximal verfügbaren Leistungsverstärkung, der sich für den kleinsten Serienwiderstand der Stabilität ergibt, einstellt. Der Wert der maximalen stabilen Leistungsverstärkung ist

$$\mathrm{MSG} = |\underline{y}_{21}|/|\underline{y}_{12}|\;; \tag{2.29}$$

im Fall $k = 1$ gilt offensichtlich MSG = MAG.

2.3.4 Reflexionskoeffizienten

Bei Anpassung werden Eingangsstrom und Eingangsspannung durch die komplexen Effektivwerte

$$\underline{I}_1 = \underline{V}_0/2R_\mathrm{G} = \underline{I}_1^+ \quad \text{und} \quad \underline{V}_1 = \underline{Z}_\mathrm{G}^*\underline{V}_0/2R_\mathrm{G} = \underline{V}_1^+$$

mit $\mathrm{Re}(\underline{Z}_\mathrm{G}) = R_\mathrm{G}$ beschrieben. Das Produkt dieser Größen liefert die vom Generator verfügbare Leistung $P_1^+ = \mathrm{Re}(\underline{V}_1^+\underline{I}_1^{+*})$. Bei Fehlanpassung kann die Eingangsspannung $\underline{V}_1$ als Summe der einlaufenden Spannung $\underline{V}_1^+$ und der reflektierten Spannung $\underline{V}_1^-$

$$\underline{V}_1 = \frac{\underline{Z}_\mathrm{i}}{\underline{Z}_\mathrm{G}+\underline{Z}_\mathrm{i}}\underline{V}_0 = \underline{V}_1^+ + \underline{V}_1^- = (1+\underline{r}_{\mathrm{i}v})\,\underline{V}_1^+$$

dargestellt werden [3]. Der *Spannungs-Reflexionskoeffizient*

$$\underline{r}_{\mathrm{i}v} = \frac{\underline{V}_1}{\underline{V}_1^+} - 1 = \frac{\underline{Z}_\mathrm{i}}{\underline{Z}_\mathrm{i}+\underline{Z}_\mathrm{G}}\,\frac{\underline{Z}_\mathrm{G}+\underline{Z}_\mathrm{G}^*}{\underline{Z}_\mathrm{G}^*} - 1 = \frac{\underline{Z}_\mathrm{i}-\underline{Z}_\mathrm{G}^*}{\underline{Z}_\mathrm{i}+\underline{Z}_\mathrm{G}}\,\frac{\underline{Z}_\mathrm{G}}{\underline{Z}_\mathrm{G}^*} \tag{2.30}$$

verschwindet bei Anpassung am Eingang ($\underline{Z}_\mathrm{i} = \underline{Z}_\mathrm{G}^*$). Auf dieselbe Weise läßt sich der Eingangsstrom aus einem einlaufenden Teil $\underline{I}_1^+$ und einem reflektierten Anteil $\underline{I}_1^-$

$$\underline{I}_1 = \frac{1}{\underline{Z}_\mathrm{G} + \underline{Z}_\mathrm{i}} \underline{V}_0 = \underline{I}_1^+ - \underline{I}_1^- = (1 - \underline{r}_{\mathrm{i}i})\, \underline{I}_1^+$$

zusammensetzen, wobei $\underline{r}_{\mathrm{i}i}$ den *Strom-Reflexionskoeffient* bezeichnet.

$$\underline{r}_{\mathrm{i}i} = 1 - \frac{\underline{I}_1}{\underline{I}_1^+} = 1 - \frac{\underline{Z}_\mathrm{G} + \underline{Z}_\mathrm{G}^*}{\underline{Z}_\mathrm{i} + \underline{Z}_\mathrm{G}} = \frac{\underline{Z}_\mathrm{i} - \underline{Z}_\mathrm{G}^*}{\underline{Z}_\mathrm{i} + \underline{Z}_\mathrm{G}} .$$

Die beiden Reflexionskoeffizienten sind über $\underline{r}_{\mathrm{i}v}\, \underline{Z}_\mathrm{G}^* = \underline{r}_{\mathrm{i}i}\, \underline{Z}_\mathrm{G}$ miteinander verknüpft, d.h. bei reeller Quellimpedanz sind Spannungs- und Strom-Reflexionskoeffizient identisch.

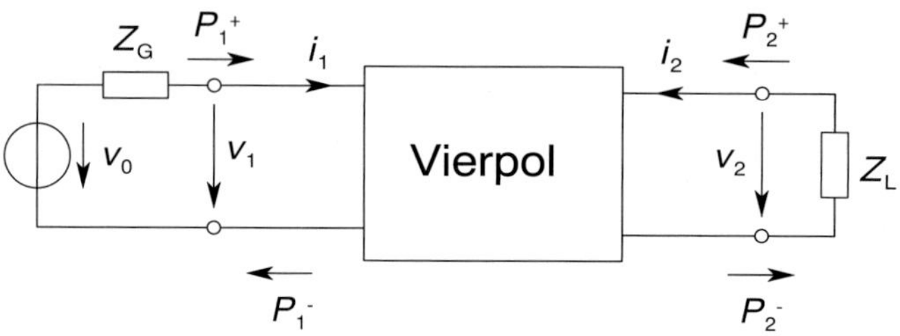

Abb. 2.17. Beschalteter Vierpol

Die an den Vierpol abgegebene Leistung ist

$$P_1 = \frac{1}{2} (\underline{V}_1 \underline{I}_1^* + \underline{V}_1^* \underline{I}_1) = \frac{R_\mathrm{i}\, V_0^2}{|\, \underline{Z}_\mathrm{G} + \underline{Z}_\mathrm{i}|^2} ,$$

wobei $R_\mathrm{i} = \mathrm{Re}(\underline{Z}_\mathrm{i})$. Sie kann als Differenz der verfügbaren (einlaufenden) Leistung

$$P_1^+ = \frac{V_0^2}{4\, R_\mathrm{G}} = \mathrm{Re}\,(\underline{V}^+\, \underline{I}^{+*}) = \frac{R_\mathrm{G}}{|\, \underline{Z}_\mathrm{G}|^2} \,|\, \underline{V}_1^+|^2 = |\underline{a}_1|^2$$

und der am Eingang reflektierten Leistung

$$P_1^- = \frac{V_0^2}{4\, R_\mathrm{G}} - \frac{R_\mathrm{i}\, V_0^2}{|\, \underline{Z}_\mathrm{G} + \underline{Z}_\mathrm{i}|^2} = \frac{1}{4\, R_\mathrm{G}} \frac{|\, \underline{Z}_\mathrm{G} - \underline{Z}_\mathrm{i}^*|^2}{|\, \underline{Z}_\mathrm{G} + \underline{Z}_\mathrm{i}|^2} V_0^2$$

$$= \frac{R_\mathrm{G}}{|\, \underline{Z}_\mathrm{G}|^2} \,|\, \underline{V}_1^-|^2 = |\underline{b}_1|^2$$

dargestellt werden. Die *Leistungs-* oder *Wellengrößen* $\underline{a}_1$ und $\underline{b}_1$ sind durch

$$\underline{a}_1 = \frac{\sqrt{R_\mathrm{G}}}{\underline{Z}_\mathrm{G}^*} \underline{V}_1^+ \quad \text{und} \quad \underline{b}_1 = \frac{\sqrt{R_\mathrm{G}}}{\underline{Z}_\mathrm{G}} \underline{V}_1^- \tag{2.31}$$

definiert, mit diesen lautet die Eingangsspannung

$$\underline{V}_1 = \underline{V}_1^+ + \underline{V}_1^- = \frac{\underline{Z}_\mathrm{G}^*}{\sqrt{R_\mathrm{G}}} \underline{a}_1 + \frac{\underline{Z}_\mathrm{G}}{\sqrt{R_\mathrm{G}}} \underline{b}_1 \tag{2.32}$$

$\underline{V}_1$ und der Eingangsstrom

$$\underline{I}_1 = \underline{I}_1^+ - \underline{I}_1^- = \frac{1}{\sqrt{R_G}}\underline{a}_1 - \frac{1}{\sqrt{R_G}}\underline{b}_1 \tag{2.33}$$

bzw.

$$\underline{a}_1 = \frac{\underline{V}_1 + \underline{Z}_G\,\underline{I}_1}{2\sqrt{R_G}} \quad \text{und} \quad \underline{b}_1 = \frac{\underline{V}_1 - \underline{Z}_G^*\,\underline{I}_1}{2\sqrt{R_G}} \tag{2.34}$$

Zusammen mit den auf analoge Weise definierten Parametern $\underline{a}_2$ und $\underline{b}_2$ für das Ausgangstor wird so ein neuer Variablensatz ($\underline{a}_1$, $\underline{b}_1$, $\underline{a}_2$ und $\underline{b}_2$) für die Beschreibung des Vierpolverhaltens eingeführt. Diese Variablen sind durch *Streuparameter* oder *S-Parameter* miteinander verknüpft.

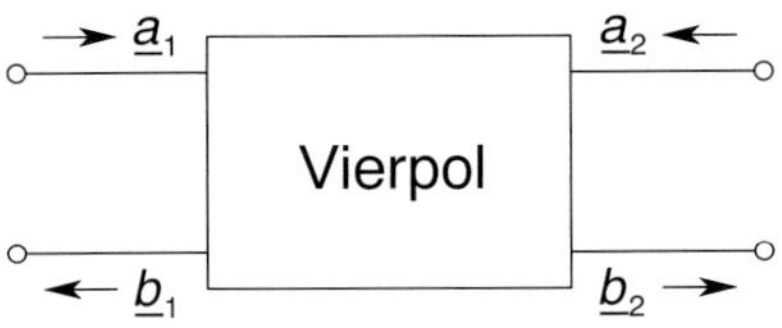

Abb. 2.18. Vierpol mit einlaufenden und auslaufenden Wellen

2.4 S-Parameter

Das Verhalten linearer Vierpole bei hohen Frequenzen bis weit in den Gigahertzbereich wird in der Regel durch *S-Parameter* beschrieben [4], da sich Messungen unter Leerlauf- und Kurzschlußbedingungen, wie sie zur Bestimmung der *y*- und *h*-Parameter benötigt werden, bei hohen Frequenzen aufgrund von Zuleitungsinduktivitäten und Streukapazitäten nur schwer durchführen lassen. Diese Probleme treten bei S-Parameter Messungen nicht auf: S-Parameter sind direkt mit der einlaufenden und reflektierten Leistung verknüpft und ändern sich nicht entlang einer verlustlosen Leitung (vgl. Kap. 10). Das zu charakterisierende Netzwerk kann deshalb ohne nennenswerte Verfälschungen durch die Zuleitung charakterisiert werden.

In linearen Vierpolen besteht eine lineare Beziehung zwischen den Leistungsgrößen am Eingangs- und Ausgangstor

$$\begin{pmatrix} \underline{b}_1 \\ \underline{b}_2 \end{pmatrix} = \begin{pmatrix} \underline{S}_{11} & \underline{S}_{12} \\ \underline{S}_{21} & \underline{S}_{22} \end{pmatrix} \begin{pmatrix} \underline{a}_1 \\ \underline{a}_2 \end{pmatrix} . \tag{2.35}$$

Die von der Frequenz abhängigen Parameter $\underline{S}_{\alpha\beta}$ werden als *S-Parameter* oder *Streuparameter*, die aus diesen Parametern aufgebaute Matrix als *Streumatrix* bezeichnet. Die S-Parameter sind als Verhältnisse von Leistungsgrößen definiert und deshalb dimensionlos. Die Messbedingen $\underline{a}_1 = 0$ bzw. $\underline{a}_2 = 0$ lassen sich durch Abschluß mit dem Wellenwiderstand erfüllen.

Der *Eingangs-Reflexionskoeffizient* (bei ausgangsseitigem Abschluß mit dem Wellenwiderstand) ist

$$\underline{S}_{11} = \left.\frac{\underline{b}_1}{\underline{a}_1}\right|_{\underline{a}_2=0} \qquad \text{(Eingangs-Reflexionskoeffizient)} \tag{2.36}$$

sein Betragsquadrat $|\underline{S}_{11}|^2$ bestimmt das Verhältnis der am Eingang reflektierten Leistung zur verfügbaren Leistung. Das Betragsquadrat $|\underline{S}_{21}|^2$ des *Vorwärts-Transmissionskoeffizienten* (bei ausgangsseitigem Abschluß mit dem Wellenwiderstand)

$$\underline{S}_{21} = \left.\frac{\underline{b}_2}{\underline{a}_1}\right|_{\underline{a}_2=0} \qquad \text{(Vorwärts-Transmissionskoeffizient)} \tag{2.37}$$

bestimmt das Verhältnis der an den Ausgang abgegebenen Leistung zu der am Eingang verfügbaren Leistung. Entsprechend beschreibt der *Rückwärts-Transmissionskoeffizient* (bei eingangsseitigem Abschluß mit dem Wellenwiderstand)

$$\underline{S}_{12} = \left.\frac{\underline{b}_1}{\underline{a}_2}\right|_{\underline{a}_1=0} \qquad \text{(Rückwärts-Transmissionskoeffizient)} \tag{2.38}$$

die Rückwirkung des Ausgangs auf den Eingang. Der *Ausgangs-Reflexionskoeffizient* (bei eingangsseitigem Abschluß mit dem Wellenwiderstand)

$$\underline{S}_{22} = \left.\frac{\underline{b}_2}{\underline{a}_2}\right|_{\underline{a}_1=0} \qquad \text{(Ausgangs-Reflexionskoeffizient)} \tag{2.39}$$

ist der Reflexionskoeffizient am Ausgangstor. Das Betragsquadrat $|\underline{S}_{22}|^2$ bestimmt das Verhältnis der am Ausgangstor reflektierten Leistung zu der am Ausgang verfügbaren Leistung.

Ein vollständiger Satz S-Parameter liefert eine vollständige Beschreibung des Vierpolverhaltens und enthält deshalb dieselbe Information wie z.B. die Leitwert- und Hybridparameter. Die Leitwertmatrix beispielsweise läßt sich über

$$\mathsf{y} = \frac{1}{\underline{Z}_0}\begin{pmatrix} \dfrac{1-\underline{S}_{11}+\underline{S}_{22}-\Delta_\mathrm{s}}{1+\underline{S}_{11}+\underline{S}_{22}+\Delta_\mathrm{s}} & \dfrac{-2\,\underline{S}_{12}}{1+\underline{S}_{11}+\underline{S}_{22}+\Delta_\mathrm{s}} \\ \dfrac{-2\,\underline{S}_{21}}{1+\underline{S}_{11}+\underline{S}_{22}+\Delta_\mathrm{s}} & \dfrac{1+\underline{S}_{11}-\underline{S}_{22}-\Delta_\mathrm{s}}{1+\underline{S}_{11}+\underline{S}_{22}+\Delta_\mathrm{s}} \end{pmatrix}$$

durch S-Parametern ausdrücken; umgekehrt gilt mit $y'_{\alpha\beta} = \underline{Z}_0\,\underline{y}_{\alpha\beta}$

$$\mathsf{s} = \begin{pmatrix} \dfrac{1-y'_{11}+y'_{22}-\Delta'_y}{1+y'_{11}+y'_{22}+\Delta'_y} & \dfrac{-2\,y'_{12}}{1+y'_{11}+y'_{22}+\Delta'_y} \\ \dfrac{-2\,y'_{21}}{1+y'_{11}+y'_{22}+\Delta'_y} & \dfrac{1+y'_{11}-y'_{22}-\Delta'_y}{1+y'_{11}+y'_{22}+\Delta'_y} \end{pmatrix}.$$

2.5 Verstärker

Ein Verstärker ist im Idealfall eine *gesteuerte Quelle* – in der Praxis ergeben sich (beispielsweise durch endliche Ein- und Ausgangswiderstände) allerdings Abweichungen vom idealen Verhalten. Dennoch hat es sich als zweckmäßig erwiesen, Verstärker nach der gesteuerten Quelle, der sie entsprechen sollen, in unterschiedliche Typen einzuteilen. Abbildung 2.19 erläutert die unterschiedlichen Verstärkertypen anhand einfacher Ersatzschaltungen, die so ausgewählt werden, daß sie das Verhalten möglichst anschaulich beschreiben.

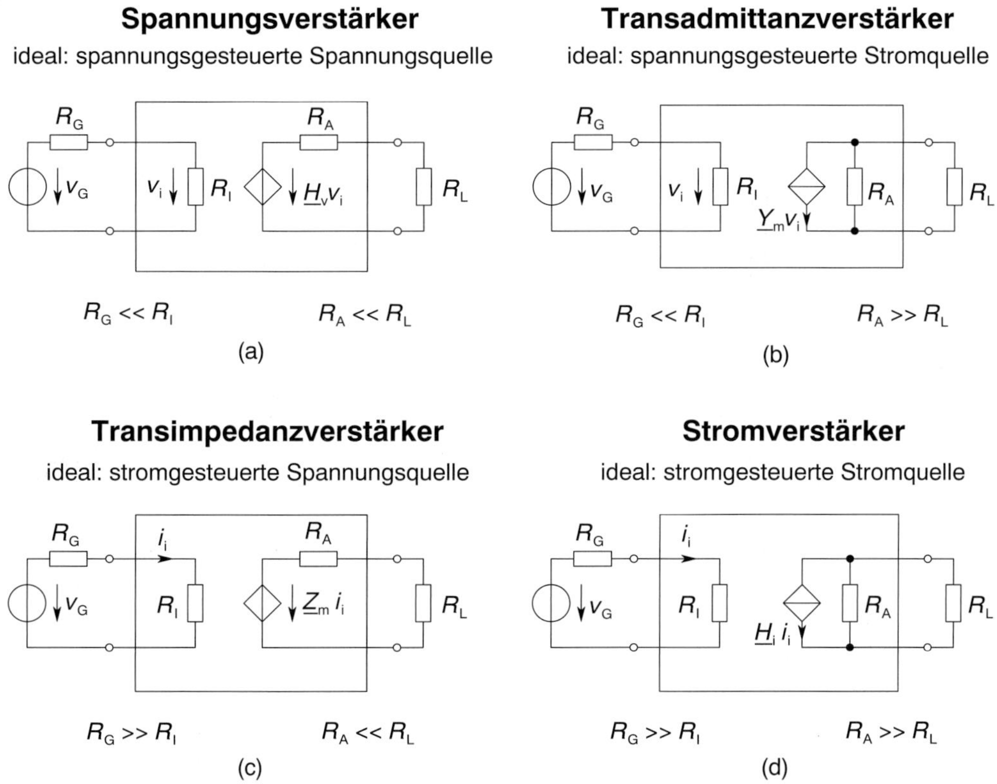

Abb. 2.19. Verstärkertypen. (**a**) Spannungsverstärker, (**b**) Transadmittanzverstärker, (**c**) Transimpedanzverstärker und (**d**) Stromverstärker

Der *Spannungsverstärker* entspricht im Idealfall der spannungsgesteuerten Spannungsquelle mit dem Spannungsübertragungsfaktor $\underline{H}_v$. In der Praxis liegt ein endlicher Eingangswiderstand R_I vor, der jedoch groß im Vergleich zum Generatorwiderstand R_G ist, sowie ein endlicher Ausgangswiderstand R_A, der jedoch klein im Vergleich zum Lastwiderstand R_L ist.

Der *Transadmittanzverstärker* entspricht im Idealfall der spannungsgesteuerten Stromquelle mit der Übertragungsadmittanz $\underline{Y}_\mathrm{m}$. Der in der Praxis vorliegende endliche Eingangswiderstand R_I muß auch hier groß im Vergleich zum Generatorwiderstand R_G, der Ausgangswiderstand R_A der gesteuerten Stromquelle hingegen groß im Vergleich zum Lastwiderstand R_L sein.

Der *Transimpedanzverstärker* entspricht im Idealfall der stromgesteuerten Spannungsquelle mit der Übertragungsimpedanz $\underline{Z}_m$. Hier muß der Eingangswiderstand R_I klein im Vergleich zum Generatorwiderstand R_G sein, damit eine Stromsteuerung vorliegt. Ferner muß der Ausgangswiderstand R_A der gesteuerten Spannungsquelle klein im Vergleich zum Lastwiderstand R_L sein.

Der *Stromverstärker* entspricht im Idealfall der stromgesteuerten Stromquelle mit dem Stromübertragungsfaktor $\underline{H}_i$. Der in der Praxis vorliegende endliche Eingangswiderstand R_I muß hier ebenfalls klein im Vergleich zum Generatorwiderstand R_G, der Ausgangswiderstand R_A groß im Vergleich zu R_L sein.

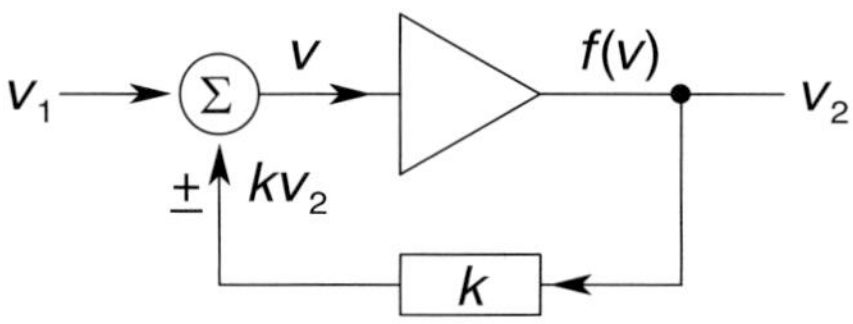

Abb. 2.20. Rückkopplung

Verstärker arbeiten in der Regel mit *Rückkopplung*: Der Ausgang des Verstärkers wird dabei über ein Rückkopplungsnetzwerk auf den Eingang zurückgeführt, wie dies in der Prinzipschaltung Abb. 2.20 dargestellt ist. Die Ausgangsspannung $v_2 = f(v)$ des dort dargestellten Verstärkers ist durch die Spannung v am Eingang gegeben. Der Wert von v setzt sich zusammen aus der von außen angelegten Spannung v_1 und dem Anteil kv_2, der vom Ausgang zurückgekoppelt wird. Wirkt die rückgekoppelte Spannung der Eingangsspannung entgegen ($v = v_1 - kv_2$), so spricht man von *Gegenkopplung*; wird die Eingangsspannung v_1 durch das rückgekoppelte Signal verstärkt ($v = v_1 + kv_2$), so spricht man von *Mitkopplung* – in diesem Fall kann es zu selbsterregten Schwingungen kommen.

2.5.1 Gegenkopplung

Im Fall eines linearen Verstärkers gilt $f(v) = a_1 v$, wobei a_1 die Spannungsverstärkung des nicht rückgekoppelten Verstärkers bezeichnet. Bei *Gegenkopplung* gilt dann

$$v_2 = a_1(v_1 - kv_2) \quad \text{bzw.} \quad v_2 = \frac{a_1}{1+ka_1} v_1 = A_v v_1 \ . \tag{2.40}$$

Hierbei bezeichnet ka_1 die *Schleifenverstärkung* des rückgekoppelten Verstärkers. Für $k > 0$ gilt offensichtlich $A_v < a_1$, d. h. die Gegenkopplung verringert die Verstärkung.

Transistoren in Verstärkern werden meist *gegengekoppelt*; dies wirkt sich günstig auf die Verstärkereigenschaften aus:

• Der *Arbeitspunkt* wird gegenüber Temperaturschwankungen und Exemplarstreuungen *stabilisiert.*

• Durch Gegenkopplung lassen sich *Eingangs-* und *Ausgangsimpedanz* einer Verstärkerschaltung in weiten Grenzen variieren.

• Der *Frequenzgang* der Verstärkerstufe wird verändert: Durch Gegenkopplung mit ohmschen Widerständen wird die Bandbreite erhöht und die Verstärkung vermindert, wobei das Verstärkungs-Bandbreite-Produkt konstant bleibt. Der Entwickler hat darüber hinaus die Möglichkeit, mit kapazitiven oder induktiven Rückkopplungsimpedanzen einen frequenzabhängigen Gegenkopplungsgrad zu realisieren. Dies bietet weitreichende Möglichkeiten, den Frequenzgang einer Verstärkerschaltung zu beeinflussen.

• Die *Nichtlinearität* des Verstärkers, bedingt durch nichtlineare Kennlinien der Transistoren, wird reduziert. Das verstärkte Ausgangssignal weist eine gegenüber der nicht gegengekoppelten Verstärkerstufe verminderte Verzerrung auf.

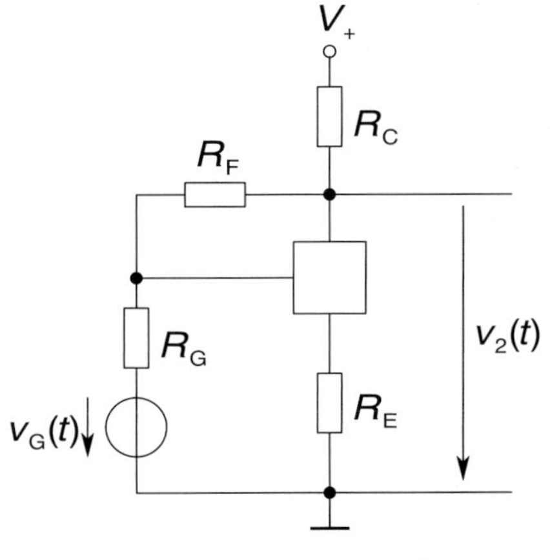

Abb. 2.21. Gegenkopplung beim Transistor

Abbildung 2.21 zeigt zwei Möglichkeiten der Gegenkopplung innerhalb einer Transistorverstärkerstufe.[11] Über den Widerstand R_F wirkt die Ausgangsspannung $v_2(t)$ auf $v_1(t)$ zurück – man spricht hier auch von einer *Spannungsgegenkopplung*. Die Wirksamkeit dieses Ansatzes wird durch das Verhältnis $R_\mathrm{G}/R_\mathrm{F}$ bestimmt. Die Spannung über dem Widerstand R_E ist vom Strom im Ausgangskreis abhängig. Da dieser Spannungsabfall in Serie zur Eingangsspannung des Transistors liegt, wirkt der Strom im Ausgangskreis auf diese zurück – man spricht hier auch von einer *Stromgegenkopplung*.

[11] Bei aufeinanderfolgenden Verstärkerstufen kann auch von einer der nachfolgenden auf die erste zurückgekoppelt werden.

Eingangs- und Ausgangsimpedanz

Durch die Gegenkopplung wird die *Eingangsimpedanz* der Verstärkerschaltung verändert und kann so auf einen Sollwert abgeglichen werden. Bei Spannungsgegenkopplung (Rückkopplungsnetzwerk liegt am Eingang in Serie zum Verstärker) vergrößert sich die Eingangsimpedanz des Verstärkers um den Faktor $(1 + kA)$, bei Stromgegenkopplung (Rückkopplungsnetzwerk liegt am Eingang parallel zum Verstärker) wird sie um den Faktor $(1 + kA)^{-1}$ kleiner.

Die *Ausgangsimpedanz* wird bei Spannungsgegenkopplung (die rückgeführte Größe wird parallel zum Ausgang abgegriffen) um den Faktor $(1+kA)^{-1}$ kleiner, während sie bei Stromgegenkopplung um den Faktor $(1 + kA)$ ansteigt. Je nachdem ob die Schaltung einen niederohmigen oder einen hochohmigen Ausgang aufweisen soll, muß also Spannungs- bzw. Stromgegenkopplung verwendet werden.

Beispiel 2.4.1 Abbildung 2.22 zeigt eine Ersatzschaltung für einen Verstärker mit Serien-Parallel-Gegenkopplung (Spannungsrückkopplung in Reihenschaltung). Ein praktisches Beispiel hierfür ist der nichtinvertierende Verstärker (vgl. Kap. 6): Wird der Operationsverstärker durch die einfache Ersatzschaltung des Spannungs-

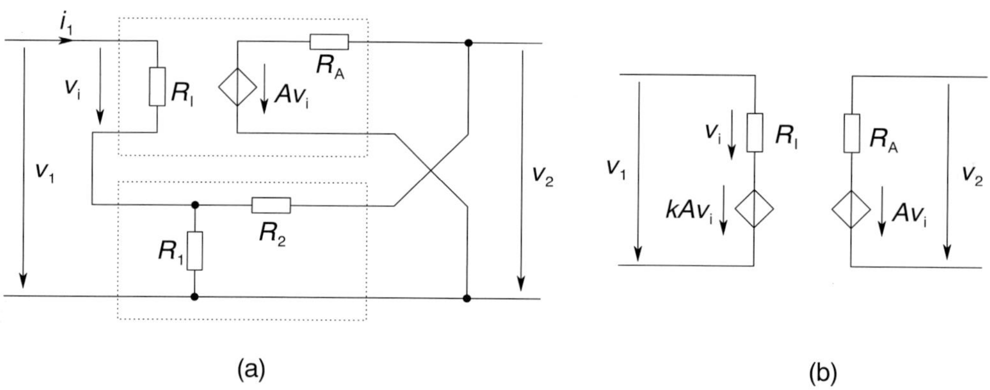

Abb. 2.22. Serien-Parallel-Gegenkopplung. **(a)** Ersatzschaltung und **(b)** vereinfachte Ersatzschaltung

verstärkers beschrieben, so resultiert Abbildung 2.22 a. Der Spannungsabfall an R_1 ergibt sich leicht durch Überlagerung

$$v_{R1} = \frac{R_1 R_2}{R_1 + R_2} i_1 + \frac{R_1}{R_1 + R_2} v_2 .$$

Ist der Eingangswiderstand R_I des nicht rückgekoppelten Verstärkers so groß, daß der Strom i_1 nur einen vernachlässigbar kleinen Spannungsabfall an R_1 hervorruft, so kann der erste Term in der Beziehung für v_{R1} vernachlässigt und die Rückkopplung durch eine spannungsgesteuerte Spannungsquelle mit Übertragungsfaktor $k = R_1/(R_1 + R_2)$ nachgebildet werden. Gilt ferner $R_A \ll (R_1 + R_2)$, so kann die Belastung des Ausgangs durch das Rückkopplungsnetzwerk vernachlässigt werden und es resultiert die in Abb. 2.22 b dargestellte vereinfachte Ersatzschaltung. Aus der vereinfachten Ersatzschaltung folgt sofort für die Spannungsverstärkung A_v, den Eingangswiderstand r_i und den Ausgangswiderstand r_o der rückgekoppelten Schaltung

$$A_v = \frac{A}{1+kA}\,, \qquad r_\mathrm{i} = R_\mathrm{I}(1+kA) \qquad \text{und} \qquad r_\mathrm{o} = \frac{R_\mathrm{A}}{1+kA}\,.$$

Durch die betrachtete Gegenkopplung vergrößert sich demzufolge der Eingangswiderstand des Verstärkers um den Faktor $(1+kA)$, während der Ausgangswiderstand um den Faktor $(1+kA)^{-1}$ kleiner wird. △

Verstärkungs-Bandbreite-Produkt

Weist der nicht rückgekoppelte Verstärker das Verhalten eines Tiefpasses erster Ordnung auf

$$\underline{H}_v(f) = \frac{A_{v0}}{1+\mathrm{j}\,f/f_\mathrm{g}}\,,$$

so folgt bei Gegenkopplung der Frequenzgang

$$\frac{\underline{H}_v(f)}{1+k\underline{H}_v(f)} = \frac{A_{v0}}{1+kA_{v0}+\mathrm{j}\,f/f_\mathrm{g}} = \frac{A_{v0}}{1+kA_{v0}}\,\frac{1}{1+\mathrm{j}\,\dfrac{f}{f_\mathrm{g}(1+kA_{v0})}}\,,$$

d. h. der gegengekoppelte Verstärker weist ein Tiefpaßverhalten mit der *Grenzfrequenz* $f_\mathrm{g}' = f_\mathrm{g}(1+kA_{v0})$ auf. Durch Umformen folgt sofort

$$f_\mathrm{g}'\,\frac{A_{v0}}{1+kA_{v0}} = f_\mathrm{g}A_{v0}\,, \tag{2.41}$$

d. h. das *Verstärkungs-Bandbreite-Produkt* des Verstärkers wird durch die Gegenkopplung nicht beeinflußt. Durch Verringerung der Verstärkung kann somit die *Bandbreite* vergrößert werden. Letztere wird meist definiert als der Frequenzbereich, in dem das Verstärkungsmaß bis auf 3 dB konstant ist.

Verzerrungen

Nichtlinearitäten in der Übertragungskennlinie $v_2 = f(v_1)$ des nicht gegengekoppelten Verstärkers verursachen bei sinusförmiger Ansteuerung *Oberwellen* und damit eine Verzerrung des Ausgangssignals. Durch Entwickeln bis zur dritten Ordnung folgt für den Wechselanteil der Ausgangsspannung als Funktion der Eingangsspannung

$$v_{2\sim}(t) = \alpha_1 v_{1\sim}(t) + \alpha_2 v_{1\sim}^2(t) + \alpha_3 v_{1\sim}^3(t) + \dots\,,$$

wobei α_m durch die die m-te Ableitung der Übertragungskennlinie im Arbeitspunkt V definiert ist

$$\alpha_m = \frac{1}{m!} \left.\frac{\mathrm{d}^m f}{\mathrm{d}v^m}\right|_V .$$

Wie in Kap. 1.4 gezeigt führt das Eingangssignal $v_{1\sim}(t) = \hat{v}_1 \cos(\omega t)$ zu Harmonischen der Frequenz 2ω und 3ω im Ausgangssignal. Maßgeblich für das Verhältnis der Amplituden der 2. und 3. Harmonischen zur Amplitude der Grundschwingung sind die Koeffizienten

$$\kappa_2 = \frac{\alpha_2}{2\alpha_1}\,\hat{v}_1 \quad \text{und} \quad \kappa_3 = \frac{\alpha_3}{4\alpha_1}\,\hat{v}_1^2 .$$

Bei Gegenkopplung über ein lineares Rückkopplungsnetzwerk mit dem Rückkopplungsfaktor k gilt

$$v_2 = f(v_1 - kv_2) = f(v) . \tag{2.42}$$

Bei sinusförmiger Ansteuerung lautet die Taylorreihe

$$v_{2\sim}(t) \approx \left.\frac{\mathrm{d}v_2}{\mathrm{d}v_1}\right|_V v_{1\sim}(t) + \frac{1}{2}\left.\frac{\mathrm{d}^2 v_2}{\mathrm{d}v_1^2}\right|_V v_{1\sim}^2(t) + \frac{1}{6}\left.\frac{\mathrm{d}^3 v_2}{\mathrm{d}v_1^3}\right|_V v_{1\sim}^3(t) + \ldots ,$$

wobei die Ableitungen von v_2 bezüglich v_1 im Arbeitspunkt $V = V_1 - kV_2$ zu ermitteln sind. Das Verhältnis der Amplituden der 2. und 3. Harmonischen des Ausgangssignals zur Amplitude der Grundschwingung wird nun näherungsweise durch die Koeffizienten

$$K_2 = \frac{\hat{v}_1}{4}\frac{\mathrm{d}^2 v_2/\mathrm{d}v_1^2|_V}{\mathrm{d}v_2/\mathrm{d}v_1|_V} \quad \text{und} \quad K_3 = \frac{\hat{v}_1^2}{24}\frac{\mathrm{d}^3 v_2/\mathrm{d}v_1^3|_V}{\mathrm{d}v_2/\mathrm{d}v_1|_V}$$

bestimmt. Durch Ableiten von $v_2 = f(v_1 - kv_2)$ folgt

$$\frac{\mathrm{d}v_2}{\mathrm{d}v_1} = \frac{\mathrm{d}f}{\mathrm{d}v}\frac{\mathrm{d}v}{\mathrm{d}v_1} = \frac{\mathrm{d}f}{\mathrm{d}v}\left(1 - k\,\frac{\mathrm{d}v_2}{\mathrm{d}v_1}\right) \tag{2.43}$$

bzw. mit $\alpha_1 = \mathrm{d}f/\mathrm{d}v$

$$\left.\frac{\mathrm{d}v_2}{\mathrm{d}v_1}\right|_V = \frac{\alpha_1}{1 + k\alpha_1} ,$$

was bereits bekannt ist: Die Kleinsignalverstärkung $\mathrm{d}v_2/\mathrm{d}v_1$ des gegengekoppelten Verstärkers hängt über Gl. (2.40) mit der Kleinsignalverstärkung α_1 des nicht gegengekoppelten Verstärkers zusammen. Durch Ableiten von Gl. (2.43) nach v_1 folgt weiter

$$\frac{\mathrm{d}^2 v_2}{\mathrm{d}v_1^2} = \frac{\mathrm{d}^2 f}{\mathrm{d}v^2}\left(1 - k\frac{\mathrm{d}v_2}{\mathrm{d}v_1}\right)^2 - k\,\frac{\mathrm{d}f}{\mathrm{d}v}\frac{\mathrm{d}^2 v_2}{\mathrm{d}v_1^2} \tag{2.44}$$

bzw. mit $2\alpha_2 = \mathrm{d}^2 f/\mathrm{d}v^2$

$$\left.\frac{\mathrm{d}^2 v_2}{\mathrm{d}v_1^2}\right|_V = \frac{2\alpha_2}{(1 + k\alpha_1)^3} .$$

Damit folgt für das Verhältnis der Amplituden der ersten beiden Harmonischen die Näherung

$$\boxed{K_2 \approx \frac{1}{(1+k\alpha_1)^2}\frac{\alpha_2}{\alpha_1}\frac{\hat{v}_1}{2}\,.} \tag{2.45}$$

Es wird im Vergleich zum nicht gegengekoppelten Verstärker um den Faktor $(1+k\alpha_1)^{-2}$ verringert. Bei konstant gehaltener Ausgangsamplitude muß beim gegengekoppelten Verstärker wegen der Reduktion der Verstärkung die Eingangsamplitude $\hat{v}_1$ um den Faktor $(1+k\alpha_1)$ angehoben werden, daher resultiert als Folge der Gegenkopplung lediglich eine Verbesserung um den Faktor $(1+k\alpha_1)^{-1}$ im Verhältnis der Amplituden der ersten beiden Harmonischen. Durch Ableiten von (2.44) folgt weiter

$$\frac{\mathrm{d}^3 v_2}{\mathrm{d}v_1^3} = \frac{\mathrm{d}^3 f}{\mathrm{d}v^3}\left(1-k\frac{\mathrm{d}v_2}{\mathrm{d}v_1}\right)^3 - 3k\frac{\mathrm{d}^2 f}{\mathrm{d}v^2}\left(1-k\frac{\mathrm{d}v_2}{\mathrm{d}v_1}\right)\frac{\mathrm{d}^2 v_2}{\mathrm{d}v_1^2} - k\frac{\mathrm{d}f}{\mathrm{d}v}\frac{\mathrm{d}^3 v_2}{\mathrm{d}v_1^3}$$

bzw. mit $6\alpha_3 = \mathrm{d}^3 f/\mathrm{d}v^3$

$$\frac{1}{6}\frac{\mathrm{d}^3 v_2}{\mathrm{d}v_1^3} = \frac{\alpha_3}{(1+k\alpha_1)^4} - \frac{2k\alpha_2^2}{(1+k\alpha_1)^5}\,.$$

Für das Verhältnis der Amplituden der ersten und dritten Harmonischen folgt damit näherungsweise

$$\boxed{K_3 \approx \frac{1}{(1+k\alpha_1)^3}\frac{1}{\alpha_1}\left(\alpha_3 - \frac{2k\alpha_2^2}{1+k\alpha_1}\right)\frac{\hat{v}_1^2}{4}\,.} \tag{2.46}$$

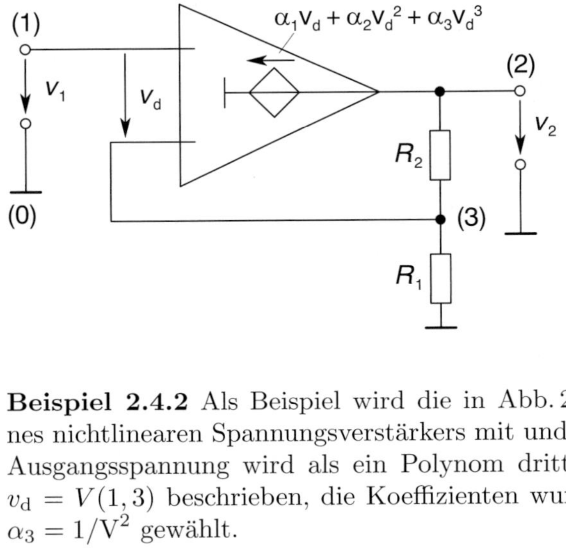

Abb. 2.23. Nichtlinearer Spannungsverstärker mit Rückkopplung

Beispiel 2.4.2 Als Beispiel wird die in Abb. 2.23 dargestellte Ersatzschaltung eines nichtlinearen Spannungsverstärkers mit und ohne Rückkopplung betrachtet. Die Ausgangsspannung wird als ein Polynom dritter Ordnung der Eingangsspannung $v_\mathrm{d} = V(1,3)$ beschrieben, die Koeffizienten wurden mit $\alpha_1 = 100$, $\alpha_2 = 10/\mathrm{V}$ und $\alpha_3 = 1/\mathrm{V}^2$ gewählt.

Ohne Rückkopplung gilt bei sinusförmigem Eingangssignal $v_d = \hat{v}_1 \cos(\omega t)$; wird $\hat{v}_1 = 1\,\mathrm{V}$ gewählt, so folgt

$$\kappa_2 = \frac{\alpha_2}{2\alpha_1}\,\hat{v}_1 = 5 \cdot 10^{-2} \quad \text{und} \quad \kappa_3 = \frac{\alpha_3}{4\alpha_1}\,\hat{v}_1^2 = 2.5 \cdot 10^{-3}$$

Für das Ausgangssignal folgt so (vgl. Kap. 1.4)

$$\begin{aligned} v_2(t) &= \frac{\alpha_2}{2}\,\hat{v}_i^2 + \alpha_1(1{+}3\kappa_3)\,\hat{v}_i\cos(\omega t) + \alpha_1\kappa_2\cos(2\omega t) + \alpha_1\kappa_3\cos(3\omega t) \\ &= 5\,\mathrm{V} + 100.75\,\mathrm{V}\cdot\cos(\omega t) + 5\,\mathrm{V}\cdot\cos(2\omega t) + 0.25\,\mathrm{V}\cdot\cos(3\omega t) \end{aligned}$$

Dieses Ergebnis wird durch eine SPICE-Analyse bestätigt: eine `.FOUR`-Analyse liefert in der `.OUT`-Datei das folgende Ergebnis für die ersten vier Harmonischen.

```
FOURIER COMPONENTS OF TRANSIENT RESPONSE V(2)
DC COMPONENT = 5.000000E+00
```

HARMONIC NO	FREQUENCY (HZ)	FOURIER COMPONENT	NORMALIZED COMPONENT	PHASE (DEG)
1	1.000E+03	1.008E+02	1.000E+00	9.000E+01
2	2.000E+03	5.000E+00	4.963E-02	9.000E+01
3	3.000E+03	2.500E-01	2.481E-03	9.000E+01
4	4.000E+03	1.075E-06	1.067E-08	-1.329E+02

```
TOTAL HARMONIC DISTORTION = 4.968979E+00 PERCENT
```

Die Ergebnisse für die ersten drei Harmonischen stimmen mit den Resultaten der analytischen Rechnung überein, das Ergebnis für die vierte Harmonische ist ohne Bedeutung, da maximal die dritte Harmonische erzeugt werden kann, das numerische Ergebnis liefert jedoch Anhaltspunkte für die Genauigkeit der numerischen Rechung.

Wird die Rückkopplung berücksichtigt, so wird die Verstärkung verringert. Mit $R_2 = 10\,\mathrm{k\Omega}$, $R_1 = 1\,\mathrm{k\Omega}$ folgt $k = 1/11$ und damit näherungsweise die neue Verstärkung

$$\frac{\alpha_1}{1 + k\alpha_1} = 9.91\ .$$

Da dies um den Faktor 10.091 unter dem Wert $\alpha_1 = 100$ liegt wurde die Amplitude der Eingangsspannung auf den Wert 10 V angehoben um wieder annähernd dieselbe Ausgangsamplitude zu erhalten. Mit der Steuerdatei

```
Nichtlinearer Verstaerker mit Rueckkopplung
V1 1 0 SIN 0 10 1k 0 0 90
RI 1 3 10MEG
E1 2 0 POLY(1) 1 3 0 100 10 1
R2 2 3 10k
R1 3 0 1k
.TRAN 1n 2m 0 1n
.FOUR 1k V(2)
.PROBE
.END
```

wurde erneut eine `.FOUR`-Analyse durchgeführt. Dabei wurde in der `.OUT`-Datei für die ersten fünf Harmonischen das Ergebnis

```
FOURIER COMPONENTS OF TRANSIENT RESPONSE V(2)

DC COMPONENT = 4.846844E-01

HARMONIC    FREQUENCY     FOURIER       NORMALIZED       PHASE
   NO          (HZ)       COMPONENT     COMPONENT        (DEG)
   1        1.000E+03     9.904E+01     1.000E+00      9.000E+01
   2        2.000E+03     4.840E-01     4.887E-03      9.000E+01
   3        3.000E+03     1.807E-02     1.824E-04     -9.000E+01
   4        4.000E+03     7.280E-04     7.350E-06     -9.005E+01
   5        5.000E+03     2.598E-04     2.623E-06      8.992E+01

TOTAL HARMONIC DISTORTION = 4.890039E-01 PERCENT
```

erzeugt. Das Ergebnis 99.04 V für die Amplitude der ersten Harmonischen entspricht annähernd dem Wert

$$\frac{\alpha_1}{1+k\alpha_1} \cdot 10\,\mathrm{V} \;=\; 99.1\,\mathrm{V}\,.$$

Für die Amplitude der zweiten Harmonischen liefert die Entwicklung bis zur dritten Ordnung die Näherung

$$\frac{\alpha_2}{(1+k\alpha_1)^3}\,\frac{\hat{v}_1^2}{2} \;=\; 0.4866\,\mathrm{V}$$

in guter Übereinstimmung mit dem Ergebnis der Simulation. Für die Amplitude der dritten Harmonischen folgt schließlich

$$\left[\frac{\alpha_3}{(1+k\alpha_1)^4} - \frac{2k\alpha_2^2}{(1+k\alpha_1)^5}\right]\frac{\hat{v}_1^3}{4} \;=\; -19.33\,\mathrm{mV}$$

was um ca. 7 % vom Simulationswert abweicht. Das negative Vorzeichen beschreibt eine Phasenverschiebung von - 180°, die auch durch die Simulation bestätigt wird. Daß die Amplitude der 3. Harmonischen bei Rückkopplung nicht nur von α_3 sondern auch von α_2 bestimmt wird, hängt damit zusammen, daß das rückgekoppelte Signal bereits Oberwellen enthält, die am Eingang mit dem Ausgangssignal gemischt werden. Abweichung von analytischer Näherung und Simulation erklären sich aus dem Abbruch der Taylor-Entwicklung nach dem dritten Glied. Weitere Terme der Entwicklung führen ebenfalls zu, wenn auch betragsmäßig geringen, Beiträgen proportional zu $\cos(2\omega t)$ und $\cos(3\omega t)$. Δ

2.5.2 Mitkopplung, Oszillatoren

Rückgekoppelte Verstärker zeigen u.U. selbsterregte Schwingungen – sie arbeiten dann als *Oszillatoren*. Die *Anschwingbedingung* läßt sich bei *Serien-Parallel-Rückkopplung* aus den Übertragungsfaktoren des Verstärker- und des Rückkopplungsvierpols bestimmen. Zu diesem Zweck wird der in Abb. 2.24

dargestellte rückgekoppelte Verstärkervierpol betrachtet. Die Rückkopplungsschleife wird aufgetrennt (gestrichelte Linie); die komplexe Amplitude des Spannungsabfalls zwischen den Trennpunkten wird mit $\underline{\hat{v}}_1$ bezeichnet.

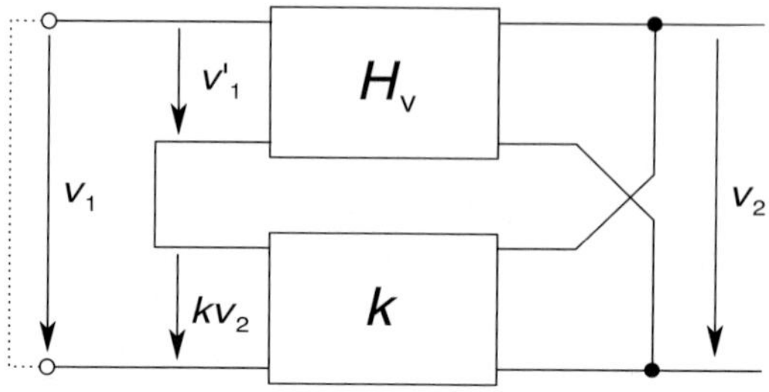

Abb. 2.24. Verstärkervierpol mit Serien-Parallel-Rückkopplung

Zunächst wird der Spannungsübertragungsfaktor $\underline{v}_2/\underline{v}_1$ des rückgekoppelten Verstärkers bestimmt. Bezeichnet $\underline{H}_v$ den Übertragungsfaktor des nicht rückgekoppelten Verstärkers und $\underline{k}$ den Übertragungsfaktor des Rückkopplungsnetzwerks, so ist $\underline{v}_2 = \underline{H}_v\,(\underline{v}_1 - \underline{k}\underline{v}_2)$ bzw.

$$(1+\underline{k}\underline{H}_v)\,\underline{v}_2 \;=\; \underline{H}_v\underline{v}_1 \,. \tag{2.47}$$

Werden die Eingangsklemmen kurzgeschlossen ($\underline{v}_1 = 0$), so kann $\underline{v}_2$ nur unter der Bedingung

$$\underline{k}\underline{H}_v \;=\; -1 \tag{2.48}$$

von null verschieden sein. Ist diese *Anschwingbedingung* erfüllt, so wird der Verstärker instabil und beginnt zu schwingen – er arbeitet dann als *Oszillator*.

2.6 Literaturverzeichnis

[1] R.S. Carson. *High-Frequency Amplifiers*. Wiley, New York, 1982.

[2] J. Choma. *General Circuit Theory, in Circuits and Filters Handbook, W.-K. Chen Ed.* CRC Press, Boca Raton, 1995.

[3] G.D. Vendelin, U.L Rohde, A.M. Pavio. *Microwave Circuit Design Using Linear and Nonlinear Techniques*. Wiley, New York, 1990.

[4] Hewlett Packard. S-parameter design. *Application Note 154*, 1972.

3 Rauschen

Der Begriff *Rauschen*, wie er hier verwendet wird, beschreibt statistische Schwankungen von Spannung und Strom. Die primären Ursachen des Rauschens [1] sind die thermische Bewegung und die diskrete Natur der beim Stromfluß transportierten Ladung – diese fließt ja nicht kontinuierlich, sondern quantisiert in Einheiten der Elementarladung. Die Möglichkeit elektronische Signale geringer Amplitude zu verstärken, ist durch das Rauschen der ersten Verstärkerstufen beschränkt. Aus diesem Grund bestimmt das Rauschen letztlich in allen Messungen die Empfindlichkeitsgrenze.

3.1 Grundlagen

Abbildung 3.1 zeigt schematisch den Verlauf eines verrauschten Stromsignals – einem mittleren Strom I ist hier ein *Rauschstrom* $i_\mathrm{n}(t)$ überlagert.

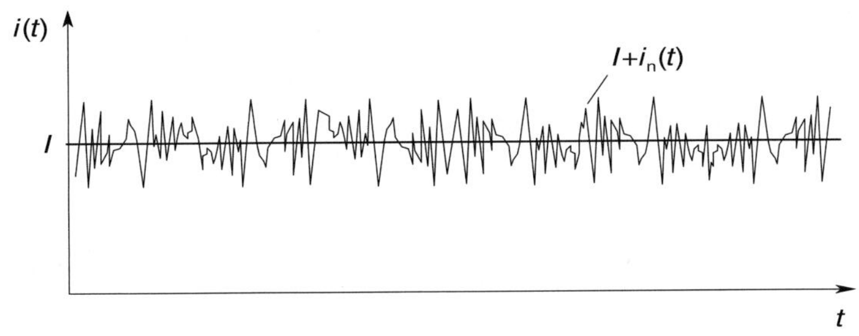

Abb. 3.1. Verrauschtes Stromsignal

Der Rauschstrom $i_\mathrm{n}(t)$ besitzt definitionsgemäß den Mittelwert null

$$\overline{i_\mathrm{n}} = \lim_{T\to\infty} \frac{1}{2T} \int_{-T}^{T} i_\mathrm{n}(t')\,\mathrm{d}t' = 0\,. \tag{3.1}$$

Als Maß für die Intensität des Rauschens wird deshalb das *mittlere Schwankungsquadrat* des Rauschstroms

$$\overline{i_\mathrm{n}^2} = \lim_{T\to\infty} \frac{1}{2T} \int_{-T}^{T} i_\mathrm{n}^2(t')\,\mathrm{d}t' \tag{3.2}$$

verwendet. Für praktische Berechnungen ist das *Spektrum* $S_i(f)$ des Rauschstroms [2] von besonderer Bedeutung. $S_i(f)$ gibt das mittlere Rauschstromquadrat je Hz Bandbreite an; die Einheit von $S_i(f)$ ist demnach A^2/Hz. Auf

[1] Leser, die sich über diese knappe Zusammenfassung hinausgehend mit dem Rauschen beschäftigen wollen, können mittels [1–4] tiefer in das Gebiet eindringen.

[2] Auch als *Spektralfunktion*, *spektrale Dichtefunktion*, *spektrale Leistungsdichte* oder *Leistungsspektrum* bezeichnet.

diesem Weg läßt sich die Zusammensetzung des Rauschstroms aus Anteilen unterschiedlicher Frequenz beschreiben[3]. Ist nur das Rauschen in einem Frequenzintervall $[f, f+\Delta f]$ von Interesse, so errechnet sich das entsprechende Rauschstromquadrat mit Hilfe von $S_i(f)$ gemäß

$$\overline{i_\mathrm{n}^2} = \int_f^{f+\Delta f} S_i(f)\,\mathrm{d}f\,. \tag{3.3}$$

Der zugehörige *Effektivwert* I_n des Rauschstroms ergibt sich hieraus durch Wurzelbildung

$$I_\mathrm{n} = \sqrt{\overline{i_\mathrm{n}^2}} = \sqrt{\int_f^{f+\Delta f} S_i(f)\,\mathrm{d}f}\,. \tag{3.4}$$

Rauschspannungen lassen sich entsprechend durch ihr Spektrum $S_v(f)$ (Einheit V^2/Hz) charakterisieren. Mit diesem folgt der Effektivwert

$$V_\mathrm{n} = \sqrt{\overline{v_\mathrm{n}^2}} = \sqrt{\int_f^{f+\Delta f} S_v(f)\,\mathrm{d}f}\,. \tag{3.5}$$

der Rauschspannung mit Frequenzanteilen im Intervall $[f, f+\Delta f]$.

3.1.1 Autokorrelation, Wiener-Khintchine-Relation

Das Spektrum eines Rauschstroms läßt sich nicht einfach durch Fourier-Transformation ermitteln: Der zeitliche Verlauf des Rauschstroms kann wegen dessen statistischer Natur nicht angegeben werden. Stattdessen kann die Wahrscheinlichkeit dafür angegeben werden, daß eine Schwankung innerhalb eines Zeitintervalls der Länge τ wieder abklingt. Diese wird bestimmt über die Korrelationsfunktion $R_i(\tau)$ des Rauschstroms $i_\mathrm{n}(t)$ zur Zeit t mit seinem Wert $i_\mathrm{n}(t+\tau)$ zur Zeit $t+\tau$

$$R_i(\tau) = \lim_{T\to\infty} \frac{1}{2T} \int_{-T}^{T} i_\mathrm{n}(t)\, i_\mathrm{n}(t+\tau)\,\mathrm{d}t\,. \tag{3.6}$$

$R_i(\tau)$ heißt *Autokorrelationsfunktion*[4] des Rauschstroms. Sie hat stets ein Maximum bei $\tau = 0$ mit dem Wert

$$R_i(0) = \lim_{T\to\infty} \frac{1}{2T} \int_{-T}^{T} i_\mathrm{n}^2(t)\,\mathrm{d}t = \overline{i_\mathrm{n}^2}\,, \tag{3.7}$$

[3] Die mathematische Definition der Spektralfunktion mit Hilfe der Wiener-Khintchine-Relation wird im folgenden Abschnitt erläutert.

[4] $R_i(\tau)$ kann meßtechnisch bestimmt werden. Zu diesem Zweck wird einem Mischer (Multiplizierer) das Rauschsignal einmal direkt und einmal um τ verzögert zugeführt, was den Integranden im Ausdruck für die Autokorrelationsfunktion ergibt. Die zeitliche Mittelung wird durch analoge Integration ausgeführt, wobei aus technischen Gründen nur über ein beschränktes Zeitintervall integriert werden kann.

und fällt mit zunehmenden Werten von τ gegen null ab. Dies ist gleichbedeutend damit, daß für zwei sehr weit auseinanderliegende Zeiten kein Zusammenhang mehr zwischen den Stromamplituden des Rauschstroms besteht.

Das *Spektrum* $S_i(f)$ des Rauschstroms ist mit dessen Autokorrelationsfunktion über die *Wiener-Khintchine-Relation* verknüpft

$$S_i(f) = 4 \int_0^\infty R_i(\tau) \cos(2\pi f \tau) \, \mathrm{d}\tau \,, \tag{3.8}$$

und umgekehrt

$$R_i(\tau) = \int_0^\infty S_i(f) \cos(2\pi f \tau) \, \mathrm{d}f \,. \tag{3.9}$$

Insbesondere gilt

$$R_i(0) = \int_0^\infty S_i(f) \, \mathrm{d}f = \overline{i_\mathrm{n}^2} \,. \tag{3.10}$$

In völliger Analogie zu Gl. (3.6) ist die Autokorrelationsfunktion $R_v(\tau)$ der Rauschspannung $v_\mathrm{n}(t)$ sowie das *Spektrum* $S_v(f)$ definiert.

3.1.2 Rauschquellen

Rauschbehaftete Netzwerkelemente werden in Ersatzschaltungen meist durch Schraffur gekennzeichnet. Für die Berechnung des Rauschverhaltens elektronischer Bauelemente werden diese durch ein Netzwerk von Rauschquellen und idealen rauschfreien Netzwerkelementen beschrieben. Man spricht in diesem Zusammenhang auch von einer *Rauschersatzschaltung* des Elements. Die für Rauschspannungs- und Rauschstromquellen verwendeten Symbole sind in Abb. 3.2 dargestellt; ihr Rauschverhalten wird durch das jeweilige Spektrum $S_v(f)$ bzw. $S_i(f)$ angegeben.

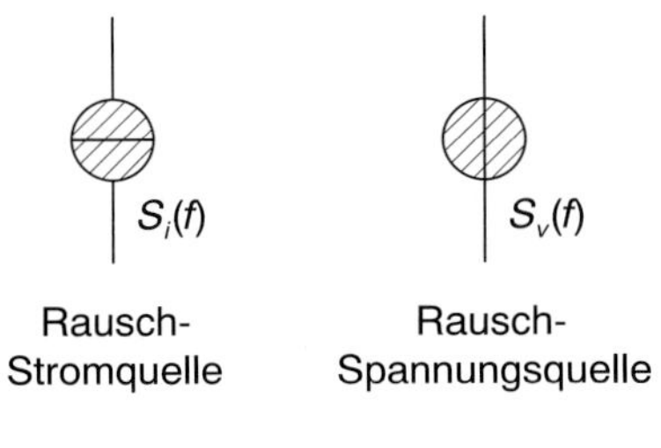

Abb. 3.2. Rauschquellen

Werden zwei voneinander unabhängige (unkorrelierte) Rauschspannungsquellen (charakterisiert durch die Spektren $S_{v1}(f)$ bzw. $S_{v2}(f)$) in Reihe geschaltet, so können diese zu einer einzelnen Rauschspannungsquelle mit dem Spektrum

$$S_v(f) = S_{v1}(f) + S_{v2}(f)$$

zusammengefaßt werden. Entsprechend lassen sich zwei voneinander unabhängige, parallelgeschaltete Rauschstromquellen (mit den Spektren $S_{i1}(f)$ bzw. $S_{i2}(f)$) zu einer durch

$$S_i(f) = S_{i1}(f) + S_{i2}(f)$$

beschriebenen Rauschstromquelle zusammenfassen. Besteht eine Korrelation zwischen den Rauschquellen, so dürfen diese Beziehungen *nicht* angewandt werden.

3.1.3 Korrelation

Werden zwei Rauschströme $i_{n1}(t)$ und $i_{n2}(t)$ überlagert, so ist das gesamte mittlere Schwankungsquadrat

$$\overline{(i_{n1}+i_{n2})^2} = \overline{i_{n1}^2} + \overline{i_{n2}^2} + 2\,\overline{i_{n1}i_{n2}}\,.$$

Für *unkorrelierte* Rauschsignale i_{n1} und i_{n2} verschwindet der Mittelwert $\overline{i_{n1}\,i_{n2}}$. Das Schwankungsquadrat des Gesamtstroms ergibt sich dann durch einfache Addition der Schwankungsquadrate der einzelnen Rauschströme. Dies ändert sich sobald die beiden Rauschbeiträge nicht mehr statistisch unabhängig sind; diese Situation ist i. allg. gegeben, falls die beiden Rauschströme teilweise auf dieselben Quellen zurückzuführen sind [5]. Die Korrelation der beiden Ströme läßt sich ausdrücken durch den *Korrelationskoeffzienten*

$$c_{1,2} = \overline{i_{n1}i_{n2}} \Big/ \sqrt{\overline{i_{n1}^2}\;\overline{i_{n2}^2}}\,, \qquad (3.11)$$

dessen Betrag Werte zwischen null und eins annehmen kann. Unkorrelierte Rauschströme i_{n1} und i_{n2} haben einen Korrelationskoeffizienten vom Wert null, vollständig korrelierte Rauschströme i_{n1} und i_{n2} haben einen Korrelationskoeffizienten vom Betrag eins.

3.2 Rauschmechanismen

Zur Untersuchung des Rauschens beim Stromtransport wird die in Abb. 3.3 skizzierte Anordnung betrachtet. Bewegt sich ein Elektron zwischen den Elektroden E1 und E2 und beträgt die x-Komponente seiner Geschwindigkeit $v_{xk}(t)$, so trägt es den Strom

$$i_k(t) = -\frac{e}{L}\,v_{xk}(t)\,. \qquad (3.12)$$

[5] Ein Beipiel für eine solche Situation ist ein rückgekoppelter Verstärker, bei dem der Ausgang auf den Eingang rückgekoppelt wird. Das Rauschsignal am Eingang wird dann zusammengesetzt aus einem Anteil i_{n1} des Eingangssignals und einem Anteil i_{n2} des rückgekoppelten Signals.

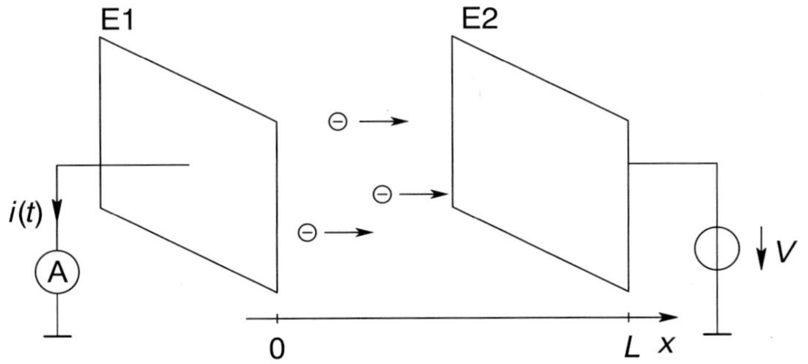

Abb. 3.3. Zur Beschreibung des Rauschens beim Stromtransport

Der zur Zeit t zwischen den Elektroden transportierte Strom beträgt demnach

$$i(t) = -\frac{e}{L} \sum_{k=1}^{N(t)} v_{xk}(t) \,, \tag{3.13}$$

wobei $N(t)$ die Anzahl der zur Zeit t zwischen den Elektroden befindlichen Elektronen angibt. Der zeitliche Mittelwert des Stroms ist

$$I = -\frac{e}{L} \langle N \rangle \langle v_x \rangle \,, \tag{3.14}$$

falls keine Korrelation zwischen den Fluktuationen der Teilchenzahl und den Fluktuationen der Teilchengeschwindigkeit besteht. Schwankungen im Strom sind durch Fluktuationen der Teilchenzahl $N(t)$ und der x-Komponente der Teilchengeschwindigkeiten bestimmt. Ist $\Delta N(t)$ die Abweichung der Teilchenzahl $N(t)$ vom Mittelwert $\langle N \rangle$, und $\Delta v_{xk}(t)$ die Abweichung der x-Komponente der Geschwindigkeit des Teilchens k vom Mittelwert $\langle v_x \rangle$ zur Zeit t, so ist die Stromfluktuation näherungsweise

$$\Delta i(t) \approx -\frac{e}{L} \langle v_x \rangle \Delta N(t) - \frac{e}{L} \sum_{k=1}^{\langle N \rangle} \Delta v_{xk}(t) \,. \tag{3.15}$$

Da zwischen den Geschwindigkeitsfluktuationen $\Delta v_{xk}(t)$ und $\Delta v_{xl}(t)$ für $k \neq l$ keine Korrelation besteht, ist die Autokorrelationsfunktion des Rauschstroms

$$R_{\Delta i}(\tau) = \frac{e^2}{L^2} \left[\langle v_x \rangle^2 R_{\Delta N}(\tau) + \langle N \rangle R_{\Delta v_x(}(\tau) \right] \,. \tag{3.16}$$

Abhängig davon, ob in diesem Ausdruck der durch die Autokorrelationsfunktion der Geschwindigkeitsfluktuationen $R_{\Delta v_x}(\tau)$ bestimmte Term oder der durch die Autokorrelationsfunktion der Teilchenzahlfluktuationen $R_{\Delta N}(\tau)$ bestimmte Term dominieren, wird vorzugsweise thermisches Rauschen oder vorzugsweise Schrotrauschen beobachtet. Dies wird im Folgenden am Beispiel der Röhrendiode und des Ohmschen Widerstands erläutert.[6]

[6]Für eine weiterführende Darstellung sei auf [2, 4] verwiesen.

3.2.1 Schrotrauschen

Abbildung 3.4 zeigt schematisch die Strom-Spannungs-Kennlinie einer Röhrendiode für verschiedene Werte der Kathodentemperatur T_C. Da bei hinreichend großer Anodenspannung nahezu alle aus der Kathode austretenden Elektronen zur Anode abtransportiert werden, wirkt die Röhrendiode im sog. Sättigungsbereich wie eine Stromquelle, deren Strom durch die Rate festgelegt ist, mit der Elektronen aus der Kathode austreten.

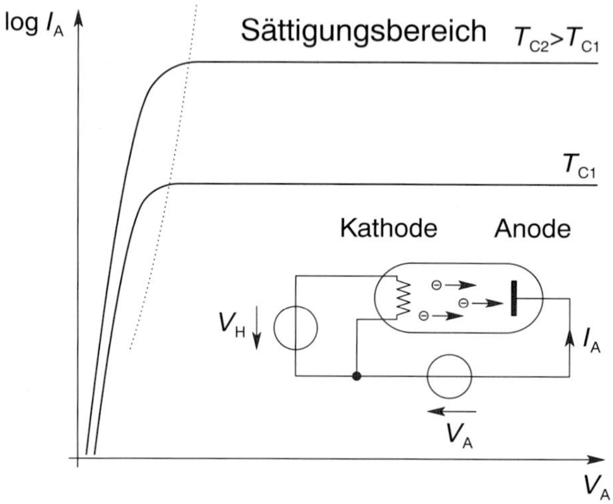

Abb. 3.4. Strom-Spannungskennlinie (schematisch) einer Röhrendiode für verschiedene Werte der Kathodentemperatur T_C

Die Anzahl $N(t)$ der Elektronen im Driftraum zwischen Kathode und Anode wird durch den zufälligen Emissionsvorgang bestimmt. Da die Energieverteilungsfunktion der Elektronen im Metall zu großen Energiewerten exponentiell abnimmt, ist die kinetische Energie der austretenden Elektronen klein: Die meisten Elektronen haben eine kinetische Energie kleiner als $3k_\mathrm{B}T_\mathrm{C}$. Da die Anodenspannung im Sättigungsbereich typischerweise einige Volt beträgt, ist die von den Elektronen im elektrischen Feld aufgenommene Energie (gerichtete Bewegung) deutlich größer als ihre thermische Energie (ungeordnete Bewegung). Bei Betrieb der Röhrendiode im Sättigungsbereich können wir deshalb $\langle \Delta v_x^2 \rangle \ll \langle v_x \rangle^2$ annehmen. In diesem Fall ist die Autokorrelationsfunktion des Rauschstroms $R_i(\tau)$ im wesentlichen durch die Autokorrelationsfunktion $R_{\Delta N}(\tau)$ der Teilchenzahl im Driftvolumen bestimmt:

$$R_i(\tau) \approx \frac{e^2}{L^2} \langle v_x \rangle^2 R_{\Delta N}(\tau) \,. \tag{3.17}$$

Da die Anwesenheit eines Elektrons im Driftraum nur vom Emissionsvorgang bestimmt wird, und somit unabhängig von der Anwesenheit weiterer Elektronen im Driftraum ist, ist die Autokorrelationsfunktion der Teilchenzahl $\langle N \rangle$ mal die Autokorrelationsfunktion der Funktion[7]

$$f_1(t) \;=\; \begin{cases} 1 & \text{Elektron zwischen E1 und E2 unterwegs} \\ 0 & \text{andernfalls} \end{cases}$$

die die Anwesenheit eines Elektrons im Driftraum beschreibt. Benötigt das Elektron die Zeit t_f um die Driftzone zu duchlaufen, so ist $f_1(t)$ rechteckförmig (vgl. Abb. 3.5 a) und führt auf eine dreieckförmige Autokorrelationsfunktion $R_1(\tau)$ wie in Abb. 3.5 b gezeigt.

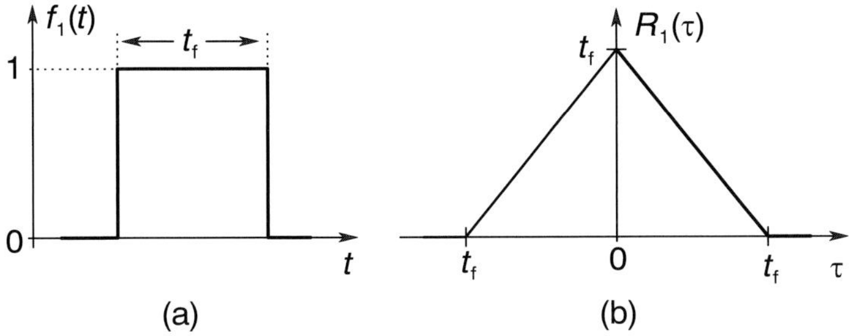

Abb. 3.5. (**a**) Verlauf der Funktion $f_1(t)$ die den Aufenthalt eines Elektrons im Driftbereich beschreibt, und (**b**) zugehörige Autokorrelationsfunktion

Das Spektrum $S_1(\omega)$ zu $R_1(\tau)$ kann mit der Wiener–Khintchine Beziehung ermittelt werden

$$S_1(\omega) \;=\; 4\int_0^{t_\mathrm{f}} \frac{t_\mathrm{f}-\tau}{t_\mathrm{f}}\cos(\omega\tau)\,\mathrm{d}\tau \;=\; 4t_\mathrm{f}\,\frac{1-\cos(\omega t_\mathrm{f})}{(\omega t_\mathrm{f})^2}\;. \tag{3.18}$$

Gilt $\omega t_\mathrm{f} \ll 1$, so kann $S_1(\omega)$ durch $S_1(\omega \to 0) = 2t_\mathrm{f}$ ersetzt werden, so daß

$$S_{\Delta N}(\omega) \;=\; \langle N \rangle S_1(\omega) \;\approx\; 2\langle N \rangle t_\mathrm{f}\;. \tag{3.19}$$

Mit $t_\mathrm{f} = L/\langle v_x \rangle$ folgt für das Spektrum des Rauchstroms

$$S_i(\omega) \;=\; \frac{e^2}{L^2}\langle v_x\rangle^2 S_{\Delta N}(\omega) \;=\; 2e\frac{e}{L}\langle N\rangle\langle v_x\rangle\frac{t_\mathrm{f}\langle v_x\rangle}{L} \;=\; 2eI_\mathrm{A}\;. \tag{3.20}$$

Dieses Ergebnis wurde erstmals von Schottky [5] gefunden. Liegt der relevante Frequenzbereich deutlich unter $1/t_f$, so kann das Spektrum des Schrotrauschens als frequenzunabhängig angenommen werden. Man spricht in diesem Zusammenhang auch von *weißem Rauschen*, da alle Spektralanteile im selben Maß beitragen. Für den Effektivwert des Rauschstroms in einem Frequenzintervall der Breite Δf gilt dann

$$\boxed{I_\mathrm{n} \;=\; \sqrt{\overline{i_\mathrm{n}^2}} \;=\; \sqrt{2eI\Delta f}\;.} \tag{3.21}$$

[7]Diese Betrachtung läßt die Beschleunigung der Elektronen im elektrischen Feld unberücksichtigt. Diese führt zu dreieckförmigen Strompulsen (im Unterschied zu den hier unterstellten rechteckförmigen). Das Spektrum des Rauschstroms ist jedoch für $\omega t_\mathrm{f} \ll 1$ unabhängig von der Pulsform und führt in diesem Grenzfall ebenfalls auf $S_i = 2eI_\mathrm{A}$.

3.2.2 Thermisches Rauschen

In einem Widerstand aus einer Metallschicht ist die Fluktuation der Elektronenzahl vernachlässigbar: Abweichungen von der Neutralität klingen innerhalb der dielektrischen Relaxationszeit τ_ϵ (vgl. Kap. 12) ab, deren Wert wegen der hohen Elektronendichte extrem klein ist. Die Anzahl der Elektronen zwischen den Elektroden wird hier nicht durch einen Emissionsvorgang bestimmt und überschüssige oder fehlende Elektronen können leicht über die Kontaktelektroden ausgeglichen werden. Ein weiterer Unterschied zur Röhrendiode ist

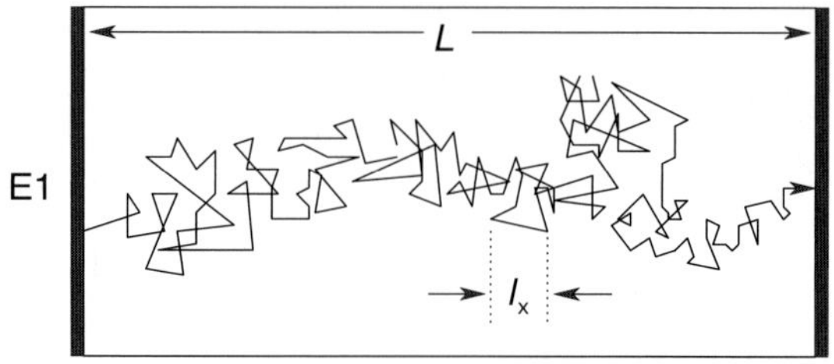

Abb. 3.6. Schematische Darstellung des Wegs eines Elektrons zwischen den Kontaktelektroden E1 und E2 eines metallischen Leiters

durch die Streuung der Elektronen an Störstellen bedingt: Im Festkörper ist die mittere freie Weglänge wesentlich kleiner als der Abstand der Kontaktelektroden, so daß jedes Elektron auf seinem Weg von E1 nach E2 sehr oft gestreut wird (Abb. 3.6). Die mittlere Driftgeschwindigkeit ist deshalb wesentlich kleiner als die mit der ungeordneten Bewegung verbundene Geschwindigkeit, d.h. $\langle \Delta v_x^2 \rangle \langle N \rangle \gg \langle v_x \rangle^2 \langle \Delta N^2 \rangle$. In diesem Fall ist die Autokorrelationsfunktion des Rauschstroms vor allem durch die Autokorrelationsfunktion der Geschwindigkeitsfluktuationen $R_{\Delta v_x}(\tau)$ bestimmt

$$R_i(\tau) \approx \frac{e^2}{L^2} \langle N \rangle R_{\Delta v_x}(\tau) \,. \tag{3.22}$$

Die Autokorrelationsfunktion der Geschwindigkeitsfluktuationen ist nur für Zeiten, in der Größenordnung der mittleren Streuzeit τ_c eines Teilchens von null verschieden. Für Frequenzen bei denen $\omega\tau_c \ll 1$ erfüllt ist, gilt deshalb

$$S_{\Delta v_x}(\omega) \approx S_{\Delta v_x}(\omega = 0) = 4 \int_0^\infty R_{\Delta v_x}(\tau)\, d\tau \,.$$

Das Integral auf der rechten Seite ist mit dem Diffusionskoeffizient für Elektronen über die Beziehung (vgl. Kap. 12)

$$D_n = \int_0^\infty R_{\Delta v_x}(\tau)\, d\tau \tag{3.23}$$

verknüpft. Der Diffusionskoeffizient ist weiter über die Einstein-Beziehung (vgl. Kap. 12) $D_n = \mu_n V_T$ mit der Beweglichkeit der Elektronen verbunden, so daß

$$S_{\Delta v_x}(\omega{=}0) \;=\; 4\int_0^\infty R_{\Delta v_x}(\tau)\,\mathrm{d}\tau \;=\; 4D_\mathrm{n} \;=\; 4\mu_\mathrm{n}V_T\;,$$

wobei $V_T = k_\mathrm{B}T/e$ die Temperaturspannung bezeichnet. Wird nun noch die mittlere Zahl $\langle N\rangle = nAL$ der Elektronen im Leiter durch das Produkt aus Elektronendichte n und dem Volumen, d.h. dem Produkt aus Querschnitt A und Länge L des Leiters, ausgedrückt, so folgt für das Spektrum des Rauschstroms

$$S_i(\omega) \;=\; \frac{e^2}{L^2}\,\langle N\rangle S_{\Delta v_x}(\omega) \;=\; 4eV_T\,\frac{e\mu_\mathrm{n}nA}{L} \;=\; 4k_\mathrm{B}TG\;. \qquad (3.24)$$

Dieser Rauschstrom fließt, falls an den Widerstand eine rauschfreie Spannung (Kurzschluß bezüglich des Kleinsignalverhaltens) angelegt wird, sein Wert steigt proportional zum Leitwert und zur absoluten Temperatur an. Ursache dieses als *Nyquist-* oder *Johnson-Rauschen* bekannten Phänomens ist die statistische Wärmebewegung der Ladungsträger im Leiter.

Bei konstantem Strom durch den Leiter (I=const., Leerlauf bezüglich des Kleinsignalverhaltens) läßt sich eine *thermische Rauschspannung* zwischen den Kontaktelektroden messen. Das Spektrum der thermischen Rauschspannung ist

$$\boxed{S_v(f) \;=\; 4k_\mathrm{B}TR\;,} \qquad (3.25)$$

wobei $k_\mathrm{B} = 1.38066\cdot 10^{-23}$ J/K die Boltzmann-Konstante und T den Wert der absoluten Temperatur bezeichnet. Das Rauschverhalten ohmscher Widerstände wird demnach beschrieben durch Reihenschaltung einer durch das Spektrum $S_v(f)$ charakterisierten Rauschspannungsquelle zu einem rauschfreien Widerstand R, entsprechend Abb. 3.7.

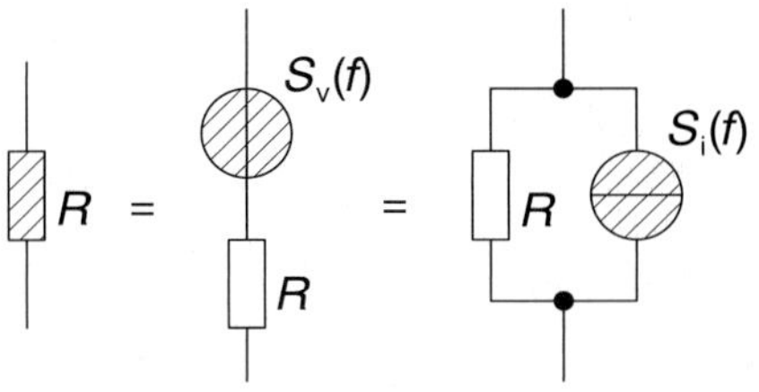

Abb. 3.7. Modellierung des Rauschverhaltens ohmscher Widerstände

Alternativ dazu kann das Rauschverhalten auch durch Parallelschalten einer Rauschstromquelle mit dem Spektrum

$$\boxed{S_i(f) \;=\; 4k_\mathrm{B}T/R} \qquad (3.26)$$

zu einem rauschfreien Widerstand R erfaßt werden. Nach (3.25) bzw. (3.26) handelt es sich beim thermischen Rauschen um weißes Rauschen – der Effektivwert der Rauschspannung hängt ab von der Bandbreite B der Schaltung.

Beispiel 3.2.1 Für einen 10 kΩ-Widerstand in einem Stereoverstärker mit der Bandbreite $B = 30\,\mathrm{kHz}$ folgt bei Raumtemperatur

$$V_\mathrm{n} = \sqrt{\overline{v_\mathrm{n}^2}} = \sqrt{S_v(f)B} \approx 2.2\,\mu\mathrm{V}\ .$$

Für denselben Widerstand in einem Videoverstärker mit der Bandbreite $B = 10\,\mathrm{MHz}$ gilt dagegen

$$V_\mathrm{n} = \sqrt{\overline{v_\mathrm{n}^2}} = \sqrt{S_v(f)B} \approx 41\,\mu\mathrm{V}\ .$$

Das Eingangssignal eines Videoverstärkers muß deshalb eine größere Amplitude aufweisen als das Eingangssignal eines Stereoverstärkers. △

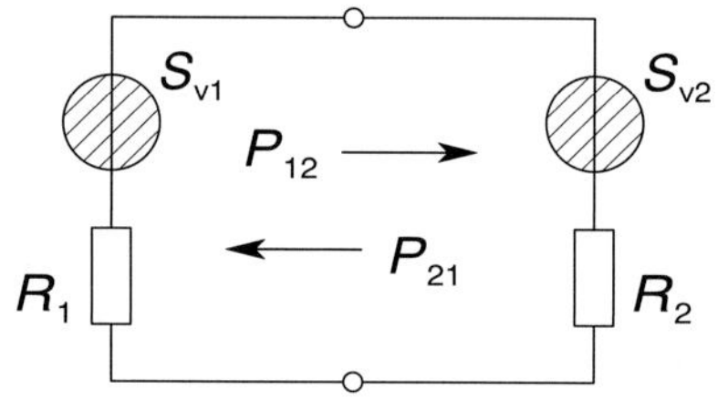

Abb. 3.8. Rauschersatzschaltung von zwei parallel geschalteten rauschbehafteten ohmschen Widerständen

Abgegebene Rauschleistung

Abbildung 3.8 zeigt die Rauschersatzschaltung zweier parallel geschalteter Widerstände R_1 (mit der Temperatur T_1) und R_2 (mit der Temperatur T_2). Der Widerstand R_1 verursacht im Frequenzintervall Δf eine thermische Rauschspannung mit dem Effektivwert

$$V_{\mathrm{n}1} = \sqrt{S_{v1}\Delta f} = \sqrt{4k_\mathrm{B}T_1R_1\Delta f}\,,$$

die sich entsprechend dem Spannungsteilerverhältnis auf die beiden Widerstände aufteilt. Die von R_1 an R_2 abgegebene Rauschleistung besitzt demnach den Wert[8]

$$\begin{aligned} P_{12} &= \frac{1}{R_2}\left(\frac{R_2}{R_1+R_2}V_{\mathrm{n}1}\right)^2 \\ &= \frac{R_2}{(R_1+R_2)^2}\,S_{v1}(f)\,\Delta f = \frac{4k_\mathrm{B}T_1R_1R_2}{(R_1+R_2)^2}\,\Delta f\ ; \end{aligned}$$

[8] Die im Frequenzbereich $0 < f < \infty$ an R_2 abgegebene Leistung folgt durch Integration über das gesamte Spektrum. Da der Integrand aber konstant und von Null verschieden ist, ergibt sich das physikalisch nicht sinnvolle Ergebnis einer unendlich großen Rauschleistung. Ursache dieses Widerspruchs ist der eingeschränkte Gültigkeitsbereich der Beziehung (3.25). Diese wurde auf der Grundlage der klassischen Thermodynamik gewonnen. Die Quantentheorie zeigt jedoch, daß (3.25) und (3.26) nur für Frequenzen $f \ll k_\mathrm{B}T/h$ gelten, wobei h die Plancksche Konstante bezeichnet. Da in elektronischen Schaltungen aber die Bandbreite nach oben auf Frequenzwerte begrenzt ist, die dieser Ungleichung genügen, kann für alle unsere Zwecke das thermische Rauschen als weißes Rauschen behandelt werden.

sie ist maximal für $R_1 = R_2$ und beträgt dann[9]

$$P_{\mathrm{nv}} \;=\; k_{\mathrm{B}} T_1\,\Delta f \;=\; 4.14\cdot 10^{-21}\left(\frac{T_1}{300\ \mathrm{K}}\right)\frac{\Delta f}{\mathrm{Hz}}\ . \tag{3.27}$$

Für $T_1 = 300\,\mathrm{K}$, $\Delta f = 1$ MHz ergibt sich damit beispielsweise $P_{\mathrm{nv}} = 4.14\,\mathrm{fW}$, was einem Rauschpegel von $-114\,\mathrm{dBm}$ entspricht. Dies ist der minimale Rauschpegel eines bei Raumtemperatur betriebenen Systems der Bandbreite 1 MHz. Ein geringerer Rauschpegel läßt sich bei gegebener Bandbreite nur durch Vermindern der Temperatur erzielen.

Für die von R_2 an R_1 abgegebene Leistung folgt entsprechend

$$\begin{aligned} P_{21} \;&=\; \frac{1}{R_1}\left(\frac{R_1}{R_1+R_2}\,\sqrt{4k_{\mathrm{B}}T_2R_2\,\Delta f}\right)^2 \\ &=\; \frac{R_1}{(R_1+R_2)^2}\,S_{v2}(f)\,\Delta f \;=\; \frac{4k_{\mathrm{B}}T_2R_1R_2}{(R_1+R_2)^2}\,\Delta f \;=\; P_{21}\ . \end{aligned}$$

Besitzen beide Widerstände dieselbe Temperatur ($T_1 = T_2$), so gilt $P_{12} = P_{21}$, d. h. es besteht ein Gleichgewicht in der Bilanz von abgegebener und aufgenommener Rauschleistung (thermisches Gleichgewicht). Bei ungleicher Temperatur überwiegt die vom wärmeren Widerstand abgegebene Rauschleistung die vom kälteren Widerstand abgegebene.

Rauschen komplexer Leitwerte

Wird R_2 durch eine Impedanz $\underline{Z}$ ersetzt, und bezeichnet $S_{v1}(f)$ das Spektrum der von R_1 verursachten Rauschspannung, so ist die im Frequenzintervall $\mathrm{d}f$ an $\underline{Z}$ abgegebene Rauschleistung

$$\mathrm{d}P_{12} \;=\; \frac{\mathrm{Re}(\underline{Z})}{|R_1+\underline{Z}|^2}\,S_{v1}(f)\,\mathrm{d}f \;=\; 4k_{\mathrm{B}}TR_1\,\frac{\mathrm{Re}(\underline{Z})}{|R_1+\underline{Z}|^2}\,\mathrm{d}f\ .$$

Die von $\underline{Z}$ an R_1 abgegebene Rauschleistung ist auf der anderen Seite

$$\mathrm{d}P_{21} \;=\; \frac{R_1}{|R_1+\underline{Z}|^2}\,S_{vz}(f)\,\mathrm{d}f\ ,$$

wobei $S_{vz}(f)$ das Spektrum der von $\underline{Z}$ erzeugten Rauschspannung angibt. Im thermodynamischen Gleichgewicht müssen die beiden Leistungen denselben Wert aufweisen. Aus der Forderung $\mathrm{d}P_{12} = \mathrm{d}P_{21}$ ergibt sich dann

$$\boxed{S_{vz}(f) \;=\; 4k_{\mathrm{B}}T\,\mathrm{Re}(\underline{Z})\ .} \tag{3.28}$$

Offensichtlich ist nur der Realteil der Impedanz $\underline{Z}$ maßgeblich für die Rauschspannung: Blindwiderstände können keine Rauschleistung abgeben. Soll das

[9] P_{nv} wird auch als *verfügbare Rauschleistung* bezeichnet.

Rauschverhalten durch eine parallel zur Impedanz geschaltete Rauschstromquelle beschrieben werden, so hat diese das Spektrum

$$\boxed{S_{iy} = 4k_{\mathrm{B}}T\mathrm{Re}(\underline{Y}) = 4k_{\mathrm{B}}T\,\mathrm{Re}(\underline{Z})/|\underline{Z}|^2 .}$$

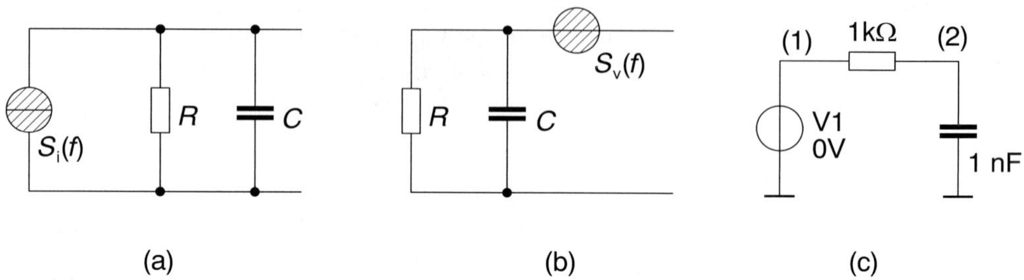

Abb. 3.9. Rauschersatzschaltung einer Parallelschaltung von Widerstand und Kondensator. (**a**) Mit Rauschstromquelle, (**b**) mit Rauschspannungsquelle, (**c**) in der Simulation untersuchte Beispielschaltung

Beispiel 3.2.2 Als Beispiel wird eine Parallelschaltung aus Widerstand und Kondensator betrachtet. In Abb. 3.9 a wird das Rauschen beschrieben durch eine Rauschstromquelle mit dem Spektrum $S_i = 4k_{\mathrm{B}}T/R$; in Abb. 3.9 b ist eine äquivalente Rauschersatzschaltung mit Rauschspannungsquelle angegeben. Deren Spektrum errechnet sich mit der Impedanz $\underline{Z} = (\mathrm{j}\omega C + 1/R)^{-1}$ der Parallelschaltung von R und C zu

$$S_v(f) = |\underline{Z}|^2 S_i(f) = \frac{4k_{\mathrm{B}}TR}{1 + (2\pi fRC)^2} .$$

Für das mittlere Rauschspannungsquadrat folgt nun durch Integration

$$\overline{v_{\mathrm{n}}^2} = \int_0^\infty S_v(f)\,\mathrm{d}f = 4k_{\mathrm{B}}TR \int_0^\infty \frac{\mathrm{d}f}{1 + (2\pi fRC)^2} = \frac{k_{\mathrm{B}}T}{C} .$$

Der Wert von $\overline{v_{\mathrm{n}}^2}$ wird demnach nur durch C und die absolute Temperatur T bestimmt [10] und ist unabhängig von R. Der Wert von R bestimmt aber die Bandbreite und den Wert von $S_v(f)$.

Als Beispiel wird die Rauschspannung am Knoten (2) der in Abb. 3.9 c skizzierten Schaltung mit SPICE berechnet. Die Steueranweisungen

```
.AC    DEC    100    10MEG    21
.NOISE    V(2)    V1
.TEMP   0   50   100
```

[10] Die mittlere im Kondensator gespeicherte Energie ist proportional zur absoluten Temperatur T

$$\overline{w} = C\overline{v_{\mathrm{n}}^2}/2 = k_{\mathrm{B}}T/2 .$$

Dieses Ergebnis ließe sich auch direkt aus dem Gleichverteilungssatz der klassischen Thermodynamik gewinnen. Nach diesem ist die mittlere thermische Energie eines Systems mit N Freiheitsgraden gleich $Nk_{\mathrm{B}}T/2$. Da beim Kondensator nur ein Freiheitsgrad vorliegt (Spannung), muß die mittlere thermische Energie des Kondensators gleich $k_{\mathrm{B}}T/2$ sein.

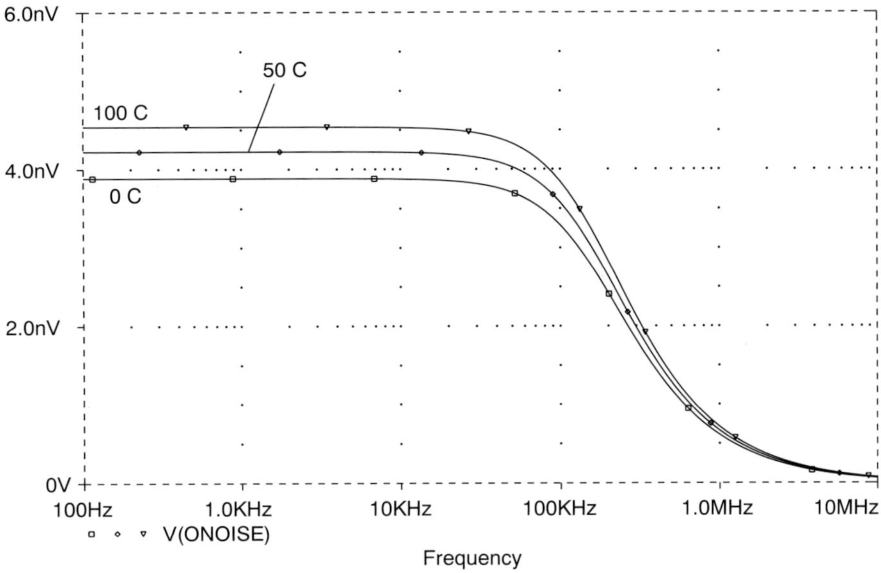

Abb. 3.10. Ergebnis der `.NOISE` Analyse

sorgen dafür, daß im Anschluß an die `.AC`-Analyse der Effektivwert der auf eine Bandbreite von 1 Hz bezogenen Rauschspannung am Knoten (2) für drei verschiedene Temperaturen (0°C, 50°C und 100°C) berechnet wird. Das Ergebnis wird von SPICE als `V(ONOISE)` bereitgestellt. Der Effektivwert der Rauschspannung nimmt mit zunehmender Temperatur zu. Der auf eine Bandbreite von 1 Hz bezogene Effektivwert ist bei geringen Frequenzen

$$\sqrt{4k_{\mathrm{B}}TR \cdot 1\,\mathrm{Hz}} = 2.349 \cdot 10^{-10}\,\mathrm{V}\sqrt{T/\mathrm{K}}\,.$$

Für $\vartheta = 0°\mathrm{C}$ bzw. $T = 273\,\mathrm{K}$ führt dies auf 3.88 nV, für $\vartheta = 100°\mathrm{C}$ bzw. $T = 373\,\mathrm{K}$ auf 4.54 nV in guter Übereinstimmung mit dem Ergebnis der SPICE-Simulation (Abb. 3.10). Bei höheren Frequenzen $f > 1/(2\pi RC) \approx 160\,\mathrm{kHz}$ wird die Rauschspannung kapazitiv kurzgeschlossen, was sich in einer Abnahme des Effektivwerts der Rauschspannung auswirkt. Δ

Rauschtemperatur

Ist $S_i(f)$ die Spektralfunktion des von einem linearen Zweipol erzeugten Rauschstroms, $\underline{Y}$ seine Admittanz, so läßt sich seine *Rauschtemperatur* T_{n} durch

$$T_{\mathrm{n}} = \frac{S_i(f)}{4k_{\mathrm{B}}\mathrm{Re}(\underline{Y})} = \frac{S_v(f)}{4k_{\mathrm{B}}\mathrm{Re}(\underline{Z})} \tag{3.29}$$

definieren. Die im Frequenzintervall der Bandbreite Δf verfügbare Rauschleistung, d.h. die bei Anpassung ($\underline{Y}_\mathrm{L} = \underline{Y}^*$) an die Admittanz $\underline{Y}_\mathrm{L}$ abgegebene Rauschleistung, ist

$$P_\mathrm{nv} = \frac{S_i(f)}{4\,\mathrm{Re}(\underline{Y})}\,\Delta f = k_\mathrm{B} T_\mathrm{n} \Delta f \,, \tag{3.30}$$

so daß die Rauschtemperatur auch durch die verfügbare Rauschleistung ausgedrückt werden kann. Da das Rauschen i.allg. nicht nur auf die thermische Bewegung der Ladungsträger zurückzuführen ist, hat die Rauschtemperatur oft wenig mit der tatsächlichen Bauteiltemperatur zu tun.

3.2.3 1/f-Rauschen

Thermisches Rauschen und Schrotrauschen dominieren das Rauschverhalten elektronischer Bauteile bei höheren Frequenzen. Nahezu alle Bauelemente zeigen aber zusätzlich zu diesem weißen Rauschen ein zu niedrigeren Frequenzen hin ansteigendes Rauschen, das sog. *1/f-Rauschen* (auch rosa Rauschen). $1/f$-Rauschen kann durch unterschiedliche Mechanismen bedingt sein, wie Fluktuationen der Beweglichkeit, Generation und Rekombination von Ladungsträgern in bipolaren Bauelementen, die Schwankung der Oxidladung in MOSFETs, etc. [6, 7]. Die spektrale Leistungsdichte des $1/f$-Rauschens läßt sich meist gut durch einen Ansatz der Form

$$S_i(f) = \left(\frac{I}{\mathrm{A}}\right)^{A_\mathrm{F}} \frac{K_\mathrm{F}}{f} \tag{3.31}$$

beschreiben, wobei K_F und A_F experimentell zu bestimmende Parameter sind. Der Effektivwert des Rauschstroms im Frequenzintervall $[f_1,\, f_2]$ ist demnach

$$I_\mathrm{n} = \left(\frac{I}{\mathrm{A}}\right)^{A_\mathrm{F}/2} \sqrt{K_\mathrm{F}\,\ln\left(\frac{f_2}{f_1}\right)}\ ;$$

er weist für jede Dekade denselben Wert auf, d.h. im Frequenzbereich zwischen 1 Hz und 10 Hz ergibt sich derselbe Effektivwert wie im Frequenzbereich zwischen 10 Hz und 100 Hz.

$1/f$-Rauschen bestimmt maßgeblich das Phasenrauschen von Oszillatoren. Es besteht ein Zusammenhang zwischen Defekten in Kristallen und an Halbleitergrenzflächen; $1/f$-Rauschen kann deshalb auch für Zuverlässigkeitsuntersuchungen (z.B. an elektrischen Kontakten oder der durch Elektromigration bedingten Veränderungen) eingesetzt werden [8].

3.3 Analyse rauschender Netzwerke

Das Rauschverhalten elektronischer Netzwerke[11] wird in der Regel im Rahmen einer Kleinsignalanalyse durchgeführt: Die Kleinsignalersatzschaltung wird um Rauschquellen erweitert und mit den Methoden der Wechselstromrechung analysiert. Rauschspannungen und Rauschströme werden dabei i.allg. durch komplexe Effektivwerte charakterisiert. Die Verwendung komplexer Effektivwerte für Rauschstrom bzw. Rauschspannung ist sinnvoll bei der Beschränkung auf ein schmales Frequenzband der Breite Δf um f. In diesem Fall läßt sich schreiben

$$\underline{i}_\mathrm{n}(t) = \sqrt{2}\,\underline{I}_\mathrm{n}\,\mathrm{e}^{\mathrm{j}\omega t} \qquad \text{mit} \qquad \underline{I}_\mathrm{n} = \sqrt{S_i(f)\Delta f}\cdot \mathrm{e}^{\mathrm{j}\varphi_\mathrm{n}}\,,$$

wobei die Phase φ_n des komplexen Effektivwerts $\underline{I}_\mathrm{n}$ unbekannten statistischen Schwankungen mit Werten zwischen 0 und 2π unterworfen ist. Statt über die Zeit ist dann über die Phase φ_n zu mitteln [1], was durch das Zeichen $\langle\cdots\rangle$ angezeigt wird.

Aus dem komplexen Effektivwert einer Rauschgröße resultiert das zugehörige Spektrum gemäß

$$S_i(f)\Delta f \;=\; \langle\, \underline{I}_\mathrm{n}\underline{I}_\mathrm{n}^*\,\rangle \;=\; \left(\sqrt{S_i(f)\Delta f}\right)^2 \langle\, \mathrm{e}^{\mathrm{j}\varphi_\mathrm{n}}\mathrm{e}^{-\mathrm{j}\varphi_\mathrm{n}}\,\rangle\,,$$

da $\mathrm{e}^x\mathrm{e}^{-x} = 1$ gilt. Bei unkorrelierten Größen besteht keine Beziehung zwischen den einzelnen Phasen φ_n1 und φ_n2 und der komplexe *Korrelationskoeffizient*[12]

$$\gamma_{1,2} \;=\; \langle\, \mathrm{e}^{\mathrm{j}\varphi_\mathrm{n1}}\mathrm{e}^{-\mathrm{j}\varphi_\mathrm{n2}}\,\rangle$$

verschwindet.

Die an einem Knoten auftretende Rauschspannung, bzw. der durch einen Zweig fließende Rauschstrom wird durch die Überlagerung sämtlicher Rauschquellen der Schaltung bestimmt. Werden die einzelnen Rauschquellen durch komplexe Effektivwerte $\underline{V}_{\mathrm{n},\alpha}$ bzw. $\underline{I}_{\mathrm{n},\beta}$ beschrieben, so kann für jede Quelle die Wirkung auf den komplexen Effektivwert der Rauschspannung $\underline{V}_\mathrm{n}$ am betrachteten Knoten bestimmt werden

$$\Delta\underline{V}_{\mathrm{n},\alpha} \;=\; H_{v,\alpha}\underline{V}_{\mathrm{n},\alpha} \qquad \text{bzw.} \qquad \Delta\underline{V}_{\mathrm{n},\beta} \;=\; H_{i,\beta}\underline{I}_{\mathrm{n},\beta}\,.$$

Durch Überlagerung ergibt sich so der komplexe Effektivwert $\underline{V}_\mathrm{n}$ der gesuchten Rauschspannung

[11] Eine ausführliche Darstellung der Vorgehensweise mit zahlreichen Beispielen ist in [3] zu finden.

[12] Diesr ist mit dem in (3.11) definierten Korrelationskoeffizient $c_{1,2}$ über $c_{1,2} = \mathrm{Re}(\gamma_{1,2})$ verknüpft.

$$\underline{V}_\mathrm{n} = \sum_\alpha \underline{H}_{v,\alpha}\,\underline{V}_{\mathrm{n},\alpha} + \sum_\beta \underline{H}_{i,\beta}\,\underline{I}_{\mathrm{n},\beta}\,. \tag{3.32}$$

Aus diesem kann die Rauschspannung im betrachteten Frequenzintervall gemäß

$$V_\mathrm{n} = \sqrt{\underline{V}_\mathrm{n}\underline{V}_\mathrm{n}^*}$$

berechnet werden. Im Fall nichtkorrelierter Rauschquellen ergibt sich so

$$V_\mathrm{n}^2 = S_v(f)\Delta f = \sum_\alpha |\underline{H}_{v,\alpha}|^2 |\underline{V}_{\mathrm{n},\alpha}|^2 + \sum_\beta |\underline{H}_{i,\beta}|^2 |\underline{I}_{\mathrm{n},\beta}|^2\,.$$

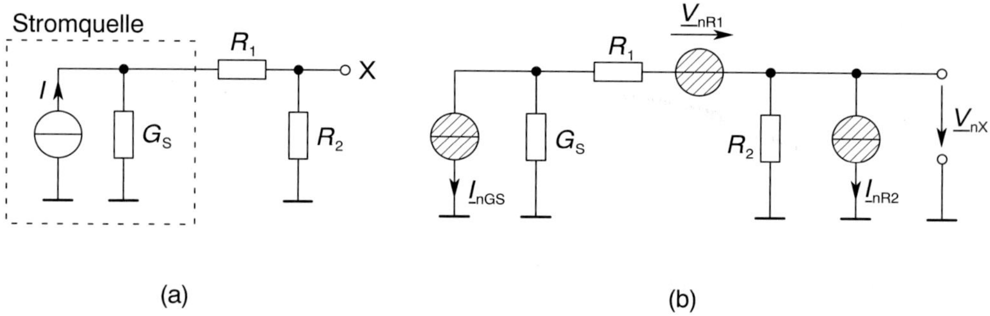

Abb. 3.11. Stromführender Spannungsteiler. **(a)** Schaltplan, **(b)** Rauschersatzschaltung

Beispiel 3.3.1 Ein einfaches Beispiel für die Rauschanalyse eines linearen Netzwerks bietet die in Abb.3.11 a skizzierte Schaltung: Dort prägt eine Stromquelle mit Ausgangsleitwert G_S einen Strom I in den aus den Widerständen R_1 und R_2 aufgebauten Spannungsteiler ein. Um den Effektivwert der Rauschspannung am Knoten X zu ermitteln wird die Rauschersatzschaltung 3.11 b verwendet. Da es sich dabei um eine Kleinsignalersatzschaltung handelt, braucht die Stromquelle I nicht berücksichtigt zu werden. Insgesamt sind drei Rauschquellen mit komplexen Effektivwerten $\underline{I}_\mathrm{nGS}$, $\underline{V}_\mathrm{nR1}$ und $\underline{I}_\mathrm{nR2}$ zur Beschreibung des Rauschens von G_S, R_1 und R_2 eingefügt. Die Wirkung der einzelnen Rauschquellen auf den Ausgangsknoten wird mit Hilfe des Überlagerungssatzes ermittelt: Ist nur $\underline{I}_\mathrm{nGS}$ wirksam, so resultiert mit $R_\mathrm{S} = 1/G_\mathrm{S}$

$$\underline{V}_\mathrm{nX} = \frac{R_2 R_\mathrm{S}}{R_\mathrm{S}+R_1+R_2}\,\underline{I}_\mathrm{nGS} = \underline{H}_1 \underline{I}_\mathrm{nGS}\,;$$

ist nur $\underline{V}_\mathrm{nR1}$ wirksam, so folgt

$$\underline{V}_\mathrm{nX} = \frac{R_2}{R_1+R_2+R_\mathrm{S}}\,\underline{V}_\mathrm{nR1} = \underline{H}_2 \underline{V}_\mathrm{nR1}\,;$$

ist nur $\underline{I}_\mathrm{nR2}$ wirksam, so resultiert

$$\underline{V}_\mathrm{nX} = \frac{R_2(R_1+R_\mathrm{S})}{R_1+R_2+R_\mathrm{S}}\,\underline{I}_\mathrm{nR2} = \underline{H}_3 \underline{I}_\mathrm{nR2}\,.$$

Durch Überlagerung folgt

$$\underline{V}_{\mathrm{nX}} = \underline{H}_1 \underline{I}_{\mathrm{nGS}} + \underline{H}_2 \underline{V}_{\mathrm{nR1}} + \underline{H}_3 \underline{I}_{\mathrm{nR2}} \,.$$

Da die Rauschquellen zu unterschiedlichen Widerständen gehören besteht zwischen diesen keine Korrelation. Das Spektrum der Rauschspannung am Ausgangsknoten ist damit

$$S_{v\mathrm{X}} \Delta f = |\underline{H}_1|^2 \langle \underline{I}_{\mathrm{nGS}} \underline{I}^*_{\mathrm{nGS}} \rangle + |\underline{H}_2|^2 \langle \underline{V}_{\mathrm{nR1}} \underline{V}^*_{\mathrm{nR1}} \rangle + |\underline{H}_3|^2 \langle \underline{I}_{\mathrm{nR2}} \underline{I}^*_{\mathrm{nR2}} \rangle \,.$$

Mit den Beziehungen

$$\frac{\langle \underline{I}_{\mathrm{nG}} \underline{I}^*_{\mathrm{nG}} \rangle}{\Delta f} = \frac{4 k_{\mathrm{B}} T}{R_{\mathrm{S}}}, \quad \frac{\langle \underline{V}_{\mathrm{nR1}} \underline{V}^*_{\mathrm{nR1}} \rangle}{\Delta f} = 4 k_{\mathrm{B}} T R_1 \quad \text{und} \quad \frac{\langle \underline{I}_{\mathrm{nR2}} \underline{I}^*_{\mathrm{nR2}} \rangle}{\Delta f} = \frac{4 k_{\mathrm{B}} T}{R_2}$$

folgt für das Spektrum der Rauschspannung am Knoten X

$$S_{v\mathrm{X}} = 4 k_{\mathrm{B}} T \, \frac{R_2^2 R_{\mathrm{S}} + R_2^2 R_1 + R_2 (R_1 + R_{\mathrm{S}})^2}{(R_1 + R_2 + R_{\mathrm{S}})^2} \,.$$

Δ

3.4 Rauschende lineare Vierpole

Rauschfreie lineare Vierpole lassen sich beispielsweise durch Angabe ihrer Leitwertmatrix vollständig charakterisieren. Im rauschenden linearen Vierpol sind den Klemmenströmen des Ein- und Ausgangskreises Rauschströme überlagert. Diese müssen durch zusätzliche *Rauschstromquellen* mit den Spektralfunktionen $S_{i,1}$ und $S_{i,2}$ beschrieben werden. Abbildung 3.12 a zeigt eine entsprechende *Rauschersatzschaltung* des linearen Vierpols.

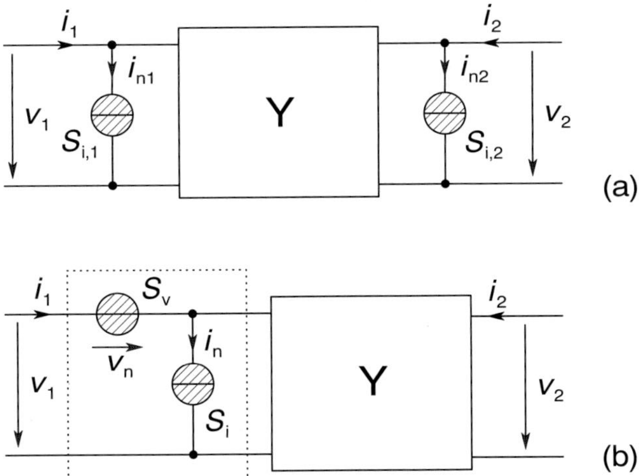

Abb. 3.12. Rauschender Vierpol dargestellt durch rauschfreien Vierpol mit (**a**) Rauschstromquellen am Eingangs- und Ausgangstor, und (**b**) vorgeschaltetem Rauschvierpol

Sind die Rauschquellen zum Teil auf denselben physikalischen Mechanismus zurückzuführen, so sind sie in der Regel korreliert. Wird das Rauschen dieser

Quellen durch die komplexen Effektivwerte $\underline{I}_{\mathrm{n1}}$ und $\underline{I}_{\mathrm{n2}}$ beschrieben, so folgt für die komplexen Effektivwerte der Ströme am Eingangs- und Ausgangstor

$$\begin{pmatrix} \underline{I}_1 \\ \underline{I}_2 \end{pmatrix} = \begin{pmatrix} \underline{y}_{11} & \underline{y}_{12} \\ \underline{y}_{21} & \underline{y}_{22} \end{pmatrix} \begin{pmatrix} \underline{V}_1 \\ \underline{V}_2 \end{pmatrix} + \begin{pmatrix} \underline{I}_{\mathrm{n1}} \\ \underline{I}_{\mathrm{n2}} \end{pmatrix} . \tag{3.33}$$

Häufig ist es zweckmäßig beide Rauschquellen am Eingang des Vierpols zu kombinieren, wie dies in Abb. 3.12 b dargestellt ist. Der rauschende Vierpol wird in diesem Fall beschrieben als Kettenschaltung des entsprechenden nichtrauschenden Vierpols mit einem nur die Rauschquellen enthaltenden Vierpol. Bezeichnen $\underline{I}_{\mathrm{n}}$ und $\underline{V}_{\mathrm{n}}$ die komplexen Effektivwerte der vorgeschalteten Rauschquellen, so folgt mit den Kettenparametern für die komplexen Effektivwerte der Ströme am Eingangs- und Ausgangstor

$$\begin{pmatrix} \underline{V}_1 \\ \underline{I}_1 \end{pmatrix} = \begin{pmatrix} \underline{a}_{11} & \underline{a}_{12} \\ \underline{a}_{21} & \underline{a}_{22} \end{pmatrix} \begin{pmatrix} \underline{V}_2 \\ -\underline{I}_2 \end{pmatrix} + \begin{pmatrix} \underline{V}_{\mathrm{n}} \\ \underline{I}_{\mathrm{n}} \end{pmatrix} . \tag{3.34}$$

Falls die Rauschquellen von denselben physikalischen Mechanismen bestimmt sind, werden diese nicht völlig unkorreliert sein. Dann läßt sich der Rauschstrom i_{n} in einen Anteil $i_{\mathrm{n}}^{(2)}$ der vollständig mit v_{n} korreliert, sowie einen Anteil $i_{\mathrm{n}}^{(1)}$ der nicht mit v_{n} korreliert, aufspalten; $i_{\mathrm{n}}^{(2)}$ kann durch den komplexen Effektivwert $\underline{I}_{\mathrm{n}}^{(2)} = \underline{Y}_\gamma \underline{V}_{\mathrm{n}}$ beschrieben werden. Die Korrelationsadmittanz $\underline{Y}_\gamma$ kann durch den komplexen Korrelationskoeffizienten $\underline{\gamma}_{i,v} = \langle \underline{I}_{\mathrm{n}} \underline{V}_{\mathrm{n}}^* \rangle / (I_{\mathrm{n}} V_{\mathrm{n}})$ von i_{n} und v_{n} ausgedrückt werden

$$\underline{Y}_\gamma = \underline{\gamma}_{i,v} \sqrt{S_i / S_v} \, . \tag{3.35}$$

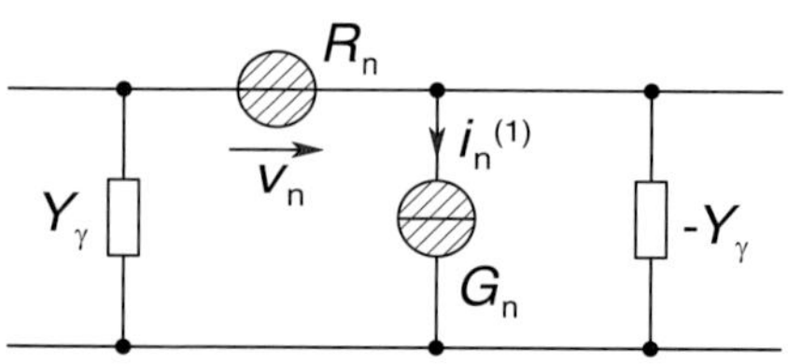

Abb. 3.13. Eingangsbezogener Rauschvierpol mit unkorrelierten Rauschquellen

Der dem Eingangstor vorgeschaltete Rauschvierpol läßt sich dann durch die Rauschersatzschaltung 3.13 mit nichtkorrelierten Rauschquellen v_{n} und $i_{\mathrm{n}}^{(1)}$ darstellen [9]. Die Rauschquellen werden gelegentlich auch durch ihren äquivalenten *Rauschleitwert*

$$G_{\mathrm{n}} = S_i^{(1)} / 4 k_{\mathrm{B}} T \tag{3.36}$$

bzw. ihren äquivalenten *Rauschwiderstand*

$$R_{\mathrm{n}} = S_v / 4 k_{\mathrm{B}} T \, . \tag{3.37}$$

charakterisiert. In diesem Fall wird das Rauschen durch die vier Parameter R_{n}, G_{n} sowie Real- und Imaginärteil von $\underline{Y}_\gamma$ beschrieben.

3.4.1 Äquivalente Rauschbandbreite

Wird am Eingang eines rauschfreien Vierpols der Spannungsverstärkung $A_v(f)$ eine Rauschspannungsquelle mit der Spektralfunktion $S_{v,1}(f)$ angeschlossen, so ist die Spektralfunktion $S_{v,2}(f)$ der Rauschspannung am Ausgang des Vierpols

$$\boxed{S_{v,2}(f) = A_v(f)^2 S_{v,1}(f) .} \tag{3.38}$$

Das mittlere Schwankungsquadrat der Rauschspannung am Ausgang des Vierpols ist demzufolge

$$\overline{v_\mathrm{n}^2} = \int_0^\infty A_v(f)^2 S_{v,1}(f)\,\mathrm{d}f .$$

Für einen Verstärker mit dem Spannungsübertragungsfaktor

$$\underline{H}_v(f) = \frac{A_{v0}}{1 + \mathrm{j}f/f_\mathrm{g}}$$

und einer weißen Rauschquelle am Eingang ($S_{v1}(f) = S_{v1} = \mathrm{const.}$) folgt

$$\overline{v_\mathrm{n}^2} = A_{v0}^2 S_{v1} \int_0^\infty \frac{\mathrm{d}f}{1 + f^2/f_\mathrm{g}^2} = A_{v0}^2 S_{v1} \Delta f_\mathrm{eq}$$

mit der *äquivalenten Rauschbandbreite*

$$\Delta f_\mathrm{eq} = \pi f_\mathrm{g}/2 .$$

Die äquivalente Rauschbandbreite bestimmt die für die Rauschübertragung wirksame Bandbreite. Für einen Verstärker mit Tiefpaßcharakteristik ist sie um ca. 57 % größer als die Bandbreite f_g für die Verstärkung des Nutzsignals. Das Verhältnis $\Delta f_\mathrm{eq}/f_\mathrm{g}$ hängt von der Frequenzabhängigkeit der Spannungsverstärkung ab. Es läßt sich verbessern durch Verstärker mit Übertragungsfaktoren, die zu hohen Frequenzen hin *schneller* als $1/f$ abfallen.

3.4.2 Signal-Rausch-Verhältnis, Rauschzahl

Abbildung 3.14 zeigt einen rauschenden linearen Vierpol im Verstärkerbetrieb. Ein Signalgenerator gibt dabei an den Eingang des Vierpols im Frequenzbereich zwischen f und $f+\Delta f$ die *Signalleistung* $\Delta P_\mathrm{s1}(f)$ ab. Diesem Signal ist ein von der Signalquelle produziertes Rauschen überlagert, dessen Leistung im betrachteten Frequenzintervall durch die *Rauschleistung* $\Delta P_\mathrm{n1}(f)$ gegeben sei. Am Eingang liegt für den betrachteten Frequenzbereich somit ein *Signal-Rausch-Verhältnis* von $\Delta P_\mathrm{s1}(f)/\Delta P_\mathrm{n1}(f)$ vor. Die von dem untersuchten Vierpol im Frequenzintervall $[\,f, f+\Delta f\,]$ an die Lastimpedanz abgegebene Leistung läßt sich ebenfalls in einen Signalanteil $\Delta P_\mathrm{s2}(f)$ und einen Rauschanteil $\Delta P_\mathrm{n2}(f)$ zerlegen. Das Signal-Rausch-Verhältnis am Ausgang des Vierpols ist damit $\Delta P_\mathrm{s2}(f)/\Delta P_\mathrm{n2}(f)$.

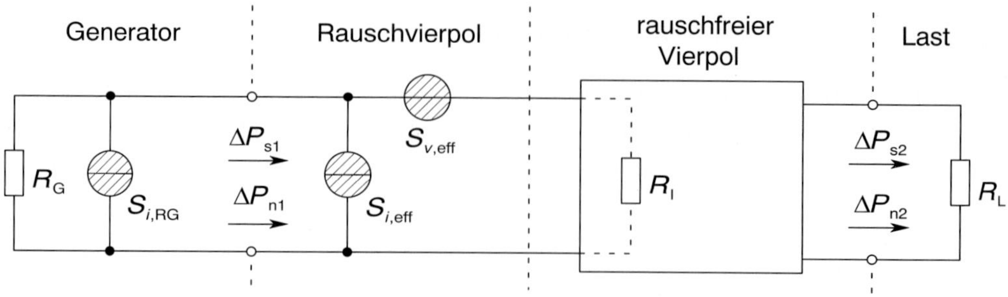

Abb. 3.14. Rauschender linearer Vierpol im Verstärkerbetrieb

Die *Rauschzahl* F eines linearen Vierpols ist nun definiert als Quotient des Signal-Rausch-Verhältnisses an Eingang und Ausgang[13]

$$F = \frac{\Delta P_{s1}/\Delta P_{n1}}{\Delta P_{s2}/\Delta P_{n2}} \,. \tag{3.39}$$

Statt der Rauschzahl F wird häufig die in dB ausgedrückte *Rauschzahl* (besser: *Rauschmaß*)[14]

$$\mathrm{NF} = 10\,\mathrm{dB} \cdot \log(F) \tag{3.40}$$

angegeben. Beim Durchgang durch einen rauschfreien Vierpol ändert sich das Signal-Rausch-Verhältnis nicht, einem derartigen Vierpol wäre somit die Rauschzahl $F = 1$ bzw. das Rauschmaß $\mathrm{NF} = 0\,\mathrm{dB}$ zuzuordnen.

Bezeichnet R_I den Eingangswiderstand der in Abb. 3.14 gezeigten Schaltung, so ist die im Frequenzintervall Δf vom Generator an den Verstärker abgegebene Leistung

$$\Delta P_{n1} = \frac{R_\mathrm{I} R_\mathrm{G}^2}{(R_\mathrm{I}+R_\mathrm{G})^2} S_{i,\mathrm{RG}} \Delta f = \frac{4k_\mathrm{B} T R_\mathrm{G} R_\mathrm{I}}{(R_\mathrm{I}+R_\mathrm{G})^2} \Delta f \,. \tag{3.41}$$

Diese wird zusammen mit der von dem vorgeschalteten Rauschvierpol erzeugten Rauschleistung verstärkt. Die vom Rauschvierpol an den Verstärker abgegebene Rauschleistung beträgt im Fall *unkorrelierter* Rauschquellen $S_{i,\mathrm{eff}}$ und $S_{v,\mathrm{eff}}$

$$\Delta P'_{n1} = \frac{R_\mathrm{I} R_\mathrm{G}^2}{(R_\mathrm{I}+R_\mathrm{G})^2} S_{\mathrm{i,eff}} \Delta f + \frac{R_\mathrm{I}}{(R_\mathrm{I}+R_\mathrm{G})^2} S_{v,\mathrm{eff}} \Delta f \,. \tag{3.42}$$

Mit der Leistungsverstärkung $G_p = \Delta P_{s2}/\Delta P_{s1}$ tritt am Verstärkerausgang demnach die Rauschleistung

[13] Die Rauschzahl ist eine frequenzabhängige Größe – die Abhängigkeit von der Frequenz wird aber zur Vereinfachung der Schreibweise nicht mehr explizit angeschrieben. Für die Charakterisierung des Rauschverhaltens von Breitbandverstärkern wird gelegentlich die über das relevante Frequenzband gemittelte *Breitbandrauschzahl* F_av verwendet.

[14] Die Bezeichnung NF kommt von englisch: noise figure. Der Sprachgebrauch ist hier nicht einheitlich: Die hier definierte Rauschzahl wird oft auch als Rauschfaktor, das hier definierte Rauschmaß als Rauschzahl bezeichnet.

$$\Delta P_{\mathrm{n2}} = G_p(\Delta P_{\mathrm{n1}} + \Delta P'_{\mathrm{n1}})$$

auf. Für die Rauschzahl folgt auf diesem Weg

$$F = \frac{\Delta P_{\mathrm{s1}}}{\Delta P_{\mathrm{s2}}} \frac{\Delta P_{\mathrm{n2}}}{\Delta P_{\mathrm{n1}}} = \frac{1}{G_p} \frac{G_p(\Delta P_{\mathrm{n1}} + \Delta P'_{\mathrm{n1}})}{\Delta P_{\mathrm{n1}}} = 1 + \frac{\Delta P'_{\mathrm{n1}}}{\Delta P_{\mathrm{n1}}}$$

bzw. mit den Gln. (3.41) und (3.42)

$$\boxed{F = 1 + \frac{R_{\mathrm{G}} S_{i,\mathrm{eff}}}{4k_{\mathrm{B}}T} + \frac{S_{v,\mathrm{eff}}}{4k_{\mathrm{B}}TR_{\mathrm{G}}} = 1 + F_{\mathrm{Z}}\,.} \tag{3.43}$$

Die hierdurch definierte Größe F_{Z} wird als *Zusatzrauschzahl* bezeichnet. Im rauschfreien Verstärker ist $F_{\mathrm{Z}} = 0$.

Sind die dem Vierpol vorgeschalteten Rauschquellen *korreliert*, so wirkt sich dies auf die an den Verstärker abgegebene Rauschleistung aus. Der Rauschstrom $i_{\mathrm{n}}(t)$ und die Rauschspannung $v_{\mathrm{n}}(t)$ erzeugen am Eingang des Verstärkers im Frequenzintervall $[\,f, f+\Delta f\,]$ den Rauschstrom mit dem komplexen Effektivwert

$$\underline{I}_{\mathrm{ni}} = \frac{R_{\mathrm{G}}\underline{I}_{\mathrm{n}} + \underline{V}_{\mathrm{n}}}{R_{\mathrm{G}} + R_{\mathrm{I}}}\,.$$

Für den Effektivwert $P = R_{\mathrm{I}}\langle \underline{I}_{\mathrm{ni}}\, \underline{I}^*_{\mathrm{ni}}\rangle$ der an den Verstärker abgegebenen Rauschleistung folgt damit

$$\begin{aligned} P &= \frac{R_{\mathrm{I}}}{(R_{\mathrm{G}}+R_{\mathrm{I}})^2}\left[R_{\mathrm{G}}^2\langle \underline{I}_{\mathrm{n}}\,\underline{I}^*_{\mathrm{n}}\rangle + \langle \underline{V}_{\mathrm{n}}\,\underline{V}^*_{\mathrm{n}}\rangle + R_{\mathrm{G}}\langle \underline{I}_{\mathrm{n}}\,\underline{V}^*_{\mathrm{n}} + \underline{V}_{\mathrm{n}}\,\underline{I}^*_{\mathrm{n}}\rangle\right] \\ &= \frac{R_{\mathrm{I}}}{(R_{\mathrm{G}}+R_{\mathrm{I}})^2}\left(R_{\mathrm{G}}^2 I_{\mathrm{n}}^2 + V_{\mathrm{n}}^2 + 2R_{\mathrm{G}}c_{i,v}I_{\mathrm{n}}V_{\mathrm{n}}\right)\,, \end{aligned}$$

da $\langle \underline{I}_{\mathrm{n}}\,\underline{V}^*_{\mathrm{n}} + \underline{V}_{\mathrm{n}}\,\underline{I}^*_{\mathrm{n}}\rangle = 2\mathrm{Re}\langle \underline{I}_{\mathrm{n}}\,\underline{V}^*_{\mathrm{n}}\rangle$ und $c_{i,v}I_{\mathrm{n}}V_{\mathrm{n}} = \mathrm{Re}\langle \underline{I}_{\mathrm{n}}\,\underline{V}^*_{\mathrm{n}}\rangle$. In einem Frequenzintervall der Breite Δf ist

$$I_{\mathrm{n}} = \sqrt{S_{i,\mathrm{eff}}\Delta f} \quad \text{und} \quad V_{\mathrm{n}} = \sqrt{S_{v,\mathrm{eff}}\Delta f}\,,$$

womit der Ausdruck (3.42) für $\Delta P'_{\mathrm{n1}}$ in

$$\Delta P'_{\mathrm{n1}} = \frac{R_{\mathrm{I}}}{(R_{\mathrm{I}}+R_{\mathrm{G}})^2}\left(R_{\mathrm{G}}^2 S_{i,\mathrm{eff}} + S_{v,\mathrm{eff}} + 2c_{i,v}R_{\mathrm{G}}\sqrt{S_{i,\mathrm{eff}}\,S_{v,\mathrm{eff}}}\right)\Delta f$$

übergeht. Bei nicht vernachlässigbarer Korrelation ist die Rauschzahl demzufolge

$$\boxed{F = 1 + \frac{R_{\mathrm{G}}^2 S_{i,\mathrm{eff}} + S_{v,\mathrm{eff}} + 2c_{i,v}R_{\mathrm{G}}\sqrt{S_{i,\mathrm{eff}}S_{v,\mathrm{eff}}}}{4k_{\mathrm{B}}TR_{\mathrm{G}}}\,.} \tag{3.44}$$

Die Rauschzahl ist eine temperaturabhängige Größe und wird für die Standardtemperatur 290 K spezifiziert. Rauschzahl F und Leistungsverstärkung

G_p sind außerdem abhängig von der Beschaltung des Vierpols, d. h. vom Quellwiderstand R_G und dem Lastwiderstand R_L. *Rauschanpassung* liegt vor, wenn R_G so gewählt wird, daß die Rauschzahl minimal wird. Aus der Bedingung $\mathrm{d}F/\mathrm{d}R_\mathrm{G} = 0$ folgt für den Quellwiderstand bei Rauschanpassung

$$\boxed{R_\mathrm{Gopt} = \sqrt{S_{v,\mathrm{eff}}/S_{i,\mathrm{eff}}}} \tag{3.45}$$

und für die minimale Rauschzahl

$$\boxed{1 + \frac{1 + c_{i,v}}{2k_\mathrm{B}T}\sqrt{S_{i,\mathrm{eff}}S_{v,\mathrm{eff}}}\ .} \tag{3.46}$$

In zahlreichen Anwendungen ist ein Rauschmaß von $2 \ldots 3\,\mathrm{dB}$ ausreichend: Wird das rauschbehaftete Ausgangssignal eines Sensors von einem Verstärker mit $\mathrm{NF} = 3\,\mathrm{dB}$ verstärkt, so tragen Verstärker und Sensor im selben Maß zum Rauschen des Ausgangssignals bei. Die Rauschspannung am Ausgang liegt dann um den Faktor $\sqrt{2}$ über dem mit einem idealen rauschfreien Verstärker erzielbaren Wert.

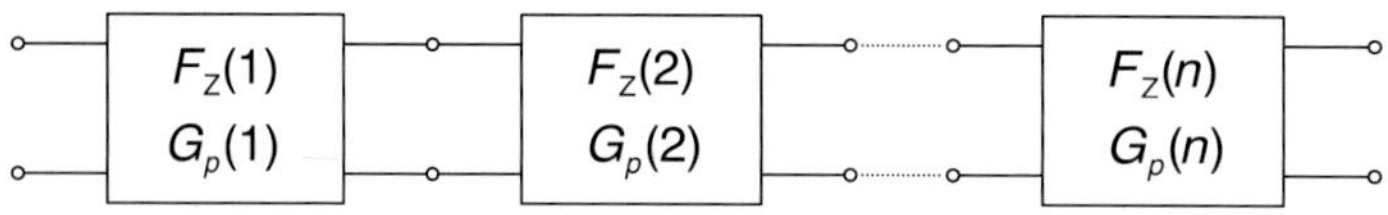

Abb. 3.15. Reihenschaltung rauschender linearer Vierpole

In der Praxis tritt häufig der Fall auf, daß mehrere Vierpole in *Reihe* geschaltet sind. In diesem Fall ist die Rauschzahl der gesamten Anordnung von Interesse. In der Folge wird die in Abb. 3.15 dargestellte Reihenschaltung rauschender Vierpole betrachtet; $F_\mathrm{Z}(k)$ bezeichnet die Zusatzrauschzahl des k-ten Vierpols, und $G_p(k)$ dessen Leistungsverstärkung.[15] Für die Zusatzrauschzahl der Vierpolkette gilt dann

$$\boxed{F_\mathrm{Z} = F_\mathrm{Z}(1) + \frac{F_\mathrm{Z}(2)}{G_p(1)} + \frac{F_\mathrm{Z}(3)}{G_p(1)G_p(2)} + \ldots.} \tag{3.47}$$

Offensichtlich trägt jede Verstärkerstufe mit ihrer Zusatzrauschzahl $F_\mathrm{Z}(k)$ bei, allerdings verringert um die Leistungsverstärkung der vorhergehenden Verstärkerstufen. Weist die erste Verstärkerstufe eine hohe Leistungsverstärkung auf, so wird die Zusatzrauschzahl der Kette weitgehend durch die *erste* Verstärkerstufe bestimmt – andernfalls liefern auch die folgenden Stufen nennenswerte Beiträge. Neben den Zusatzrauschzahlen $F_\mathrm{Z}(k)$ müssen bei der Optimierung der Rauscheigenschaften deshalb stets auch die zugehörigen Leistungsverstärkungen betrachtet werden [1].

[15] Beide Größen beziehen sich auf die Verschaltung in der Kette und sind nicht unabhängig von der Beschaltung der Kette an Eingang und Ausgang sowie der Anpassung der Vierpole aneinander.

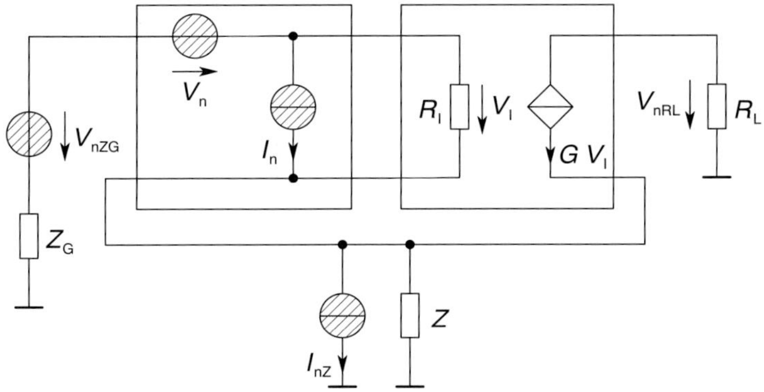

Abb. 3.16. Rauschersatzschaltung zur Untersuchung der Auswirkung einer Rückkopplung auf die Rauschzahl

Beispiel 3.4.1 Mit der in Abb. 3.16 dargestellten Rauschersatzschaltung kann die Auswirkung einer Rückkopplung auf die Rauschzahl eines Verstärkers anhand eines einfachen Beispiels betrachtet werden. Die in Serie zu $\underline{Z}_G$ liegende Signalspannungsquelle mit dem komplexen Effektivwert $\underline{V}_1$ wurde in der Rauschersatzschaltung durch einen Kurzschluß ersetzt. Der Spannungsübertragungsfaktor $\underline{V}_{nRL}/\underline{V}_{nZG}$ der eingangsseitigen Rauschspannungen auf den Lastwiderstand ist

$$\underline{H}_v = -\frac{GR_L}{1 + G\underline{Z} + (\underline{Z} + \underline{Z}_G)/R_I} ;$$

d.h. die Beiträge von $\underline{V}_{nZS}$ und $\underline{V}_n$ zum komplexen Effektivwert der am Ausgang auftretenden Rauschspannung $\underline{V}_{nRL}$ sind durch $\underline{H}_v \underline{V}_{nZG}$ und $-\underline{H}_v \underline{V}_n$ gegeben. Die Rauschstromquellen der Serienimpedanz $\underline{Z}$ und des Vierpols liefern die Beiträge

$$\underline{H}_z \underline{I}_{nZ} = -\frac{GR_L \underline{Z} \underline{I}_{nZ}}{1 + G\underline{Z} + (\underline{Z} + \underline{Z}_G)/R_I} \tag{3.48}$$

$$\underline{H}_i \underline{I}_n = \frac{GR_L (\underline{Z} + \underline{Z}_G) \underline{I}_n}{1 + G\underline{Z} + (\underline{Z} + \underline{Z}_G)/R_I} \tag{3.49}$$

zu $\underline{V}_{nRL}$. Im Fall des rauschbehafteten Vierpols ergibt sich damit für das Rauschspannungsquadrat am Ausgang (im Fall nichtkorrelierter Vierpolrauschquellen)

$$V_{nRL}^2 = |\underline{H}_v|^2 (V_{nZG}^2 + V_n^2) + |\underline{H}_z|^2 I_{nZ}^2 + |\underline{H}_i|^2 I_n^2 ,$$

während für den rauschfreien Vierpol

$$V_{nRL}^2 = |\underline{H}_v|^2 V_{nZG}^2 + |\underline{H}_z|^2 I_{nZ}^2$$

resultiert. Das Verhältnis der Rauschspannungsquadrate[16] liefert die Rauschzahl

$$F = 1 + \frac{|\underline{H}_v|^2 V_n^2 + |\underline{H}_i|^2 I_n^2}{|\underline{H}_v|^2 V_{nZG}^2 + |\underline{H}_z|^2 I_{nZ}^2} .$$

Mit

$$V_n^2 = S_{v,\mathrm{eff}}\, \Delta f , \quad V_{nZG}^2 = 4 k_B T \,\mathrm{Re}(\underline{Z}_G)\, \Delta f , \quad I_n^2 = S_{i,\mathrm{eff}}\, \Delta f$$

und

[16] Die Leistung ist proportional zum Quadrat der Spannung.

$$I_{\mathrm{nZ}}^2 = 4k_{\mathrm{B}}T\,\mathrm{Re}(\underline{Y})\,\Delta f = \frac{4k_{\mathrm{B}}T\,\mathrm{Re}(\underline{Z})}{|\underline{Z}|^2}\,\Delta f$$

läßt sich dieser Ausdruck in

$$F = 1 + \frac{1}{4k_{\mathrm{B}}T}\,\frac{S_{v,\mathrm{eff}} + |\underline{Z} + \underline{Z}_{\mathrm{G}}|^2 S_{i,\mathrm{eff}}}{\mathrm{Re}(\underline{Z} + \underline{Z}_{\mathrm{G}})}$$

überführen. Ohne Gegenkopplung ($|\underline{Z}| \to 0$) reduziert sich dieses Ergebnis auf

$$F = 1 + \frac{1}{4k_{\mathrm{B}}T}\,\frac{S_{v,\mathrm{eff}} + |\underline{Z}_{\mathrm{G}}|^2 S_{i,\mathrm{eff}}}{\mathrm{Re}(\underline{Z}_{\mathrm{G}})}\,.$$

Vergleicht man die beiden Fälle, so stellt man fest, daß der Beitrag des Spannungsrauschens zur Rauschzahl durch die Gegenkopplung um den Faktor $\mathrm{Re}(\underline{Z}_{\mathrm{G}})/\mathrm{Re}(\underline{Z}+\underline{Z}_{\mathrm{G}})$ vermindert wird, während sich der Beitrag des Stromrauschens um den Faktor

$$\frac{\mathrm{Re}(\underline{Z}_{\mathrm{G}})}{\mathrm{Re}(\underline{Z} + \underline{Z}_{\mathrm{G}})}\,\frac{|\underline{Z} + \underline{Z}_{\mathrm{G}}|^2}{|\underline{Z}_{\mathrm{G}}|^2}$$

verändert. Dieser Faktor wird minimal für $\mathrm{Im}(\underline{Z}) = -\mathrm{Im}(\underline{Z}_{\mathrm{G}})$ und führt im Fall einer reellen Quellimpedanz $\mathrm{Im}(\underline{Z}_{\mathrm{G}}) = 0$ auf einen Anstieg des Stromrauschens um den Faktor $\mathrm{Re}(\underline{Z} + \underline{Z}_{\mathrm{G}})/\mathrm{Re}(\underline{Z}_{\mathrm{G}})$. Die betrachtete Gegenkopplung wird also nur bei überwiegendem Spannungsrauschen des Verstärkers oder in Verbindung mit einem großen Imaginäranteil der Quellimpedanz zu einer Verbesserung des Rauschfaktors führen. Δ

3.5 Literaturverzeichnis

[1] R. Müller. *Rauschen.* Springer, Berlin, zweite Auflage, 1990.

[2] M.J. Buckingham. *Noise in Electronic Devices and Systems.* J.Wiley, 1983.

[3] C.D. Motchenbacher, J.A. Connelly. *Low-Noise Electronic System Design.* Wiley, New York, 1993.

[4] A. Blum. *Elektronisches Rauschen.* Teubner, Stuttgart, 1996.

[5] W. Schottky. Über spontane Stromschwankungen in verschiedenen Elektrizitätsleitern. *Annalen der Physik*, 57:541–567, 1918.

[6] P. Dutta, P.M. Horn. Low-frequency fluctuations in solids: $1/f$ noise. *Rev. mod. phys.*, 53(3):497–516, 1981.

[7] A. van der Ziel. Unified presentation of $1/f$ noise in electronic devices: Fundamental $1/f$ noise sources. *Proc. IEEE*, 76(3):233–258, 1988.

[8] L.K.J. Vandamme. Noise as a diagnostic tool for quality and reliability of electronic devices. *IEEE Trans. Electron Devices*, 41(11):2176–2187, 1994.

[9] J. Engberg, T. Larsen. *Noise Theory of Linear and Nonlinear Circuits.* Wiley, Cichester, 1995.

4 SPICE

SPICE [1] ist ein an der Universität Berkeley entwickeltes Programm zur Schaltungssimulation [1, 2]; es wird insbesondere bei der Entwicklung integrierter Schaltungen, aber auch bei der Entwicklung von Schaltungen aus diskreten Bauelementen eingesetzt und erfreut sich eines breiten Anwenderkreises auf der ganzen Welt. Das Programm eignet sich zur Simulation sehr umfangreicher Schaltungen; diesbezügliche Einschränkungen sind lediglich durch den zur Verfügung stehenden Arbeitsspeicher des Rechners, die Rechenzeit, gelegentlich auch durch *Konvergenzprobleme* bei der numerischen Lösung der Netzwerkgleichungen bedingt.

PSPICE [3,4] ist eine SPICE-Version für den PC, die dieselben Algorithmen wie SPICE benützt und dieselben Ein- und Ausgabeformate aufweist. Neben PSPICE sind zahlreiche andere SPICE-Derivate (z.B. Electronics Workbench) im Handel. Diese unterscheiden sich i. allg. primär durch die Benutzeroberfläche und durch die bei Ein- und Ausgabe gebotene Unterstützung. Die implementierten Modelle für die Beschreibung insbesondere der Halbleiterbauelemente sind jedoch weitgehend einheitlich. PSPICE bietet gegenüber SPICE zusätzliche Möglichkeiten und ist deshalb nicht notwendig mit anderen SPICE-Derivaten kompatibel, die ihrerseits wieder spezifische Ergänzungen aufweisen.

Ziel dieses Kapitels ist es, dem Leser eine knappe Darstellung der wichtigsten von SPICE bzw. PSPICE gebotenen Möglichkeiten zu liefern. Die gebotene Übersicht stellt keine vollständige Beschreibung des Funktionsumfangs dar – dies ist Aufgabe des Handbuchs. Da die Modelle für die Halbleiterbauelemente gemeinsam mit den physikalischen Grundlagen ausführlich in den entsprechenden Kapiteln betrachtet werden, wird hier auf eine detaillierte Erläuterung verzichtet.

4.1 Steuerdatei, Netzliste, Modellanweisungen

Damit SPICE ein Ergebnis liefern kann, muß definiert werden, aus welchen Bauelementen die Schaltung aufgebaut ist und wie diese verschaltet sind. Dies wird dem Programm durch die sog. *Netzliste* bekannt gemacht. Ferner muß SPICE die Abhängigkeit der Klemmenströme eines Bauelements von den Klemmenspannungen kennen. Die Bauelemente müssen hierzu durch entsprechende *Modelle* beschrieben werden. Zusätzlich muß SPICE wissen, welche Ergebnisse auszugeben sind (z. B. Ausgangsspannung eines Verstärkers) und welche Spannungen an der Schaltung anliegen (Stimulus und Versorgungs-

[1] SPICE steht abkürzend für simulation program with integrated circuit emphasis.

spannungen). Diese Punkte sind vor dem SPICE-Lauf in einer *Steuerdatei*, dem sog. Circuit File (Endung `.CIR`), festzulegen. Diese kann als ASCII-Datei mit einem beliebigen Texteditor erstellt werden. Ist die Steuerdatei erstellt, so kann PSPICE aufgerufen und der Name der Steuerdatei (Menüpunkt `File/open`) eingegeben werden, wonach die Simulation beginnt.

Die Steuerdatei besteht aus einer Folge von Anweisungen. Dabei beginnt mit jeder Zeile eine neue Eingabe. Die erste Zeile ist reserviert für den *Titel* (dessen Länge darf eine Zeile nicht überschreiten). In der letzten Zeile steht die `.END`-*Anweisung* – diese darf in keiner Steuerdatei fehlen und markiert das Ende der Anweisungen. Dazwischen sind die Netzliste, die Modellanweisungen[2] und die Steuerbefehle aufgeführt. Paßt eine Eingabe nicht in eine Zeile, so kann sie in der nächsten Zeile fortgesetzt werden; die *Folgezeile* muß dann mit einem Pluszeichen beginnen. Anweisungen, die sich über mehrere Zeilen erstrecken, müssen demnach dem Schema

```
Anweisung
+ Fortsetzung der Anweisung
```

genügen. Kommentare lassen sich in der Steuerdatei durch zusätzliche *Kommentarzeilen* (gekennzeichnet durch $*$ als erstes Zeichen) oder nach Anweisungen, getrennt durch ein Semikolon (;), einfügen.

4.1.1 Die Netzliste

Durch die *Netzliste* wird die zu untersuchende Schaltung – einschließlich der Versorgungsspannungsquellen sowie evtl. benötigter Quellen für Eingangssignale – festgelegt. Beim Erstellen der Netzliste ist zunächst eine Benennung der Knoten der Schaltung durchzuführen. Jedem Knoten der Schaltung wird dabei ein Name (bzw. eine Nummer zugeordnet), wobei folgende Regeln zu beachten sind:

1. Die Zuordnung muß umkehrbar eindeutig sein, d. h. unterschiedliche Knoten sind mit unterschiedlichen Namen[3] zu versehen.
2. An jedem Knoten müssen mindestens zwei Elemente angeschlossen sein.[4]
3. Ein Knoten muß die Nummer 0 erhalten, dieser Knoten dient als *Bezugsknoten*, sein Potential ist null.
4. Von sämtlichen Knoten der Schaltung muß ein Gleichstromweg mit einem endlichen Widerstand zum Bezugsknoten 0 führen. Falls kein solcher Weg vorhanden ist, kann eine Verbindung zwischen dem betreffenden Knoten

[2] Bzw. die Angabe der Bibliotheksdatei, in der diese abgelegt sind.

[3] Als Knotennummern sind in der ursprünglichen Version von SPICE nur natürliche Zahlen zugelassen. In PSPICE können Knoten durch beliebige alphanumerische Strings von bis zu 131 Zeichen gekennzeichnet werden.

[4] Ausnahmen von dieser Regel sind die Leitung und der Substratknoten von MOSFETs.

und dem Bezugsknoten eingebaut werden, die so hochohmig ist, daß sie die Eigenschaften der Schaltung nicht beeinflußt.

5. Maschen müssen einen von null verschiedenen Gleichstromwiderstand haben. Falls Maschen mit verschwindendem Gleichstromwiderstand in einer Schaltung auftreten, kann als Abhilfe ein niederohmiger Hilfswiderstand in die Masche geschaltet werden.

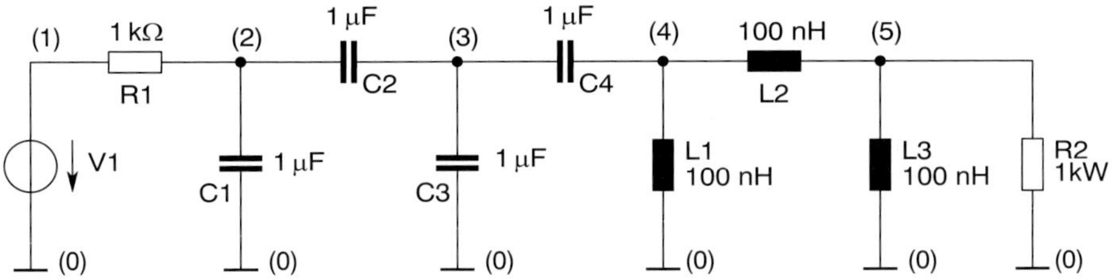

Abb. 4.1. Beispielschaltung zum Aufstellen einer Netzliste

Beispiel 4.1.1 Als Beispiel wird die in Abb. 4.1 dargestellte Filterschaltung betrachtet. Die Knoten wurden durch einfache Zahlen benannt; der mit dem Massesymbol gekennzeichnete Knoten erhält die Nummer 0. Problematisch ist Knoten 3, für den kein Gleichstrompfad zu Masse existiert. Um eine diesbezügliche Fehlermeldung zu vermeiden, sollte parallel zu C3 ein hochohmiger Hilfswiderstand (z. B. $10^{12}\,\Omega$) geschaltet werden. Ebenfalls problematisch ist die Masche mit den Knoten 4, 5 und 0. Diese besitzt den Gleichstromwiderstand null – um eine diesbezügliche Fehlermeldung zu vermeiden, könnte z. B. in Serie zu L2 ein niederohmiger Hilfswiderstand (z. B. $10^{-3}\,\Omega$) eingefügt werden. Eine um diese Elemente erweiterte Netzliste wird in Beispiel 4.1.2 angegeben. △

Sind sämtliche Knoten der Schaltung benannt, so kann die Schaltung durch *Elementanweisungen* für die einzelnen Netzwerkelemente in eindeutiger Weise beschrieben werden. Jedes Element einer Schaltung ist durch eine separate Elementanweisung (eigene Zeile) aufzuführen. An erster Stelle einer solchen Anweisung steht der Name des Elements, der für alle aufgeführten Elemente unterschiedlich sein muß. Der Elementname besteht aus maximal acht alphanumerischen Zeichen[5] und beginnt mit dem für das Element charakteristischen *Kennbuchstaben* (vgl. Tabelle 4.1). Durch den Elementnamen ist damit festgelegt, von welcher Art das verschaltete Element (z. B. Widerstand, Transistor) ist. Die Elementanweisung gibt weiter an, zwischen welchen Knoten das Element eingebunden ist und welche elektrischen Eigenschaften (z. B. Kapazitätswert) es aufweist. Der Aufbau einer Elementanweisung genügt dabei stets dem Schema

```
Elementname          Knotennamen          Spezifikation
```

[5]Er darf also keine Trenn- oder Leerzeichen enthalten (SPICE 2G6).

Tabelle 4.1 Kennbuchstaben für Schaltungselemente (PSPICE)

Kennbuchstabe	Schaltungselement
B	GaAs-FET
C	Kapazität
D	Diode
E	spannungsgesteuerte Spannungsquelle
F	stromgesteuerte Stromquelle
G	spannungsgesteuerte Stromquelle
H	stromgesteuerte Spannungsquelle
I	unabhängige Stromquelle
J	Sperrschicht-FET
K	gekoppelte Induktivitäten
L	Induktivität
M	MOSFET
N	Digital Input (*)
O	Digital Output (*)
Q	Bipolartransistor
R	Widerstand
S	spannungsgesteuerter Schalter (*)
T	verlustlose Leitung
V	unabhängige Spannungsquelle
W	stromgesteuerter Schalter (*)
X	Teilschaltung

(*) nicht enthalten in SPICE 2G6

Elementanweisungen für Halbleiterbauelemente erfordern i. allg. die Angabe einer größeren Zahl elektrischer Kenngrößen. Da in einer Schaltung häufig identische Halbleiterbauelemente mehrfach vorkommen, beschränkt man sich bei den Elementanweisungen für Halbleiterbauelemente deshalb auf die Angabe der Knotennamen der Anschlüsse und faßt die elektrischen Kenngrößen in einer gesonderten `.MODEL`-Anweisung zusammen.

Numerische Werte lassen sich auf drei verschiedene Arten darstellen:

1. Darstellung als ganze Zahl (z. B. `2700`),
2. Darstellung als Gleitkommazahl (z. B. `2.7E3`),
3. Darstellung mit Hilfe von Maßstabsfaktoren (z. B. `2.7K`).

Die zur Verfügung stehenden Maßstabsfaktoren sind in Tabelle 4.2 zusammengestellt.

Tabelle 4.2 Maßstabsfaktoren und ihre Bedeutung

Faktor	T	G	MEG	K	M	U	N	P	F
äquivalent	E12	E9	E6	E3	E-3	E-6	E-9	E-12	E-15
Bedeutung	Tera	Giga	Mega	kilo	milli	mikro	nano	pico	femto

Bei *Wertangaben* kann prinzipiell auf Einheiten verzichtet [6] werden, beispielsweise genügt für die Angabe eines Widerstandswerts von 100 Ω die Angabe der Zahl 100.

Beispiel 4.1.2 Die Netzliste der in Abb. 4.1 dargestellten Schaltung lautet unter Berücksichtigung der in Beispiel 4.1.1 erläuterten Hilfswiderstände:

```
V1   1   0   AC
R1   1   2   1k
C1   2   0   1u
C2   2   3   1u
C3   3   0   1u
RH1   3   0   1E12  ; Gleichstrompfad von Knoten 3 zu Masse
C4   3   4   1u
L1   4   0   100n
RH2   4   4A   1m  ; Hilfswiderstand
L2   4A   5   100n
L3   5   0   100n
R2   5   0   1k
```

Die Quelle `V1` wurde dabei als Wechselspannungsquelle (Typ `AC`, vgl. Kap. 4.5.2) definiert, wie sie für eine Frequenzanalyse benötigt wird. △

4.1.2 Die .MODEL-Anweisung

Der zur Beschreibung des elektrischen Verhaltens eines Bauteils erforderliche Parametersatz wird in der sog. `.MODEL`-Anweisung zusammengefaßt. Dies hat den Vorzug, daß die Bauteilkenngrößen bei mehrfacher Verwendung eines Bauteiltyps nur einmal in der Steuerdatei aufgeführt werden müssen, und ermöglicht es, die Bauteilkenngrößen in separaten *Modellbibliotheken* abzuspeichern, die für die Simulation über die `.INC`-Anweisung in die Steuerdatei eingebunden werden. Die `.INC`-Anweisung bewirkt das Einfügen der angegebenen Datei in die Steuerdatei. Die Anweisung

```
.INC   ''C:/MODEL.LIB''
```

beispielsweise fügt die in der Datei `MODEL.LIB` aufgeführten Modellanweisungen in die Steuerdatei ein. Die `.INC`-Anweisung wirkt sich genauso aus, als wäre die entsprechende Datei mit dem Texteditor in die Steuerdatei (Eindung `.CIR`) eingefügt worden.

Modellanweisungen sind von der allgemeinen Form

```
.MODEL   Modellname   Typ   (Parametersatz)
```

[6]Dies ist sogar empfehlenswert, da im Zusammenhang mit Maßstabsfaktoren eine Fehlinterpretation der Eingabe durch SPICE auftreten kann. So bedeutet die Wertangabe 1 F für eine Kapazität nicht etwa „1 Farad" sondern 1 fF = 10^{-15} F.

Das Beispiel

```
.MODEL   DIOD   D   (IS=1E-10   N=1.3   RS=0.5)
```

beschreibt somit eine Diode (Modelltyp D) mit dem Modellnamen DIOD und den Kenngrößen $I_S = 10^{-10}$ A, $N = 1.3$ sowie $R_S = 0.5\,\Omega$. In der .MODEL-Anweisung nicht beschriebene Kenndaten werden durch die jeweiligen Ersatzwerte beschrieben.

Unterscheiden sich zwei .MODEL-Anweisungen nur in wenigen Kenngrößen, so ist das AKO-Statement nützlich, das auf eine bestehende .MODEL-Anweisung Bezug nimmt und lediglich die zu verändernden Kenngrößen definiert.

Als Beispiel wird die .MODEL-Anweisung

```
.MODEL   DIODX   AKO:DIOD   D   (RS=1)
```

betrachtet. Diese beschreibt eine Diode mit Modellnamen DIODX, die denselben Sättigungsstrom I_S und Emissionskoeffizienten N wie die Diode mit dem Modellnamen DIOD aufweist, aber durch den Bahnwiderstand $R_S = 1\,\Omega$ beschrieben wird.

Bezugstemperatur

Werden keine diesbezüglichen Annahmen gemacht, so nimmt SPICE an, daß die in der .MODEL-Anweisung aufgeführten Daten bei der *Nominaltemperatur* TNOM bestimmt wurden. Deren Wert kann mittels der .OPTIONS-Anweisung verändert werden, der Ersatzwert beträgt $27\,°\mathrm{C} \equiv 300.15$ K. Die Simulation wird dann ebenfalls für die Nominaltemperatur durchgeführt. Wird eine andere Simulationstemperatur vorgegeben (beispielsweise mit der .TEMP-Anweisung, vgl. Kap. 4.4.4), so werden die Kenngrößen auf die Simulationstemperatur umgerechnet.

Wurden die Kenngrößen der einzelnen Bauteile bei verschiedenen Temperaturen bestimmt, so mußten diese ursprünglich auf eine gemeinsame Nominaltemperatur TNOM umgerechnet werden. Neuere Versionen von PSPICE bieten die Möglichkeit, eine für die jeweilige .MODEL-Anweisung spezifische *Bezugstemperatur* zu definieren. Diese wird als T_MEASURED in die .MODEL-Anweisung eingefügt. PSPICE bezieht sich dann bei der Umrechnung der Bauteilkenngrößen auf die aktuelle Simulationstemperatur auf den Wert von T_MEASURED. Die Modellanweisung für eine Diode

```
.MODEL  DIOD  D  (IS=1E-10  N=1.2  T_MEASURED=50)
```

bezieht sich demnach auf die Temperatur $\vartheta = 50\,°\mathrm{C}$. Wird bei einer anderen Temperatur simuliert, so wird der Sättigungsstrom I_S mit dem in Kap. 14 beschriebenen Temperaturmodell umgerechnet.

Daneben bietet PSPICE die Möglichkeit mittels T_ABS die Temperatur eines Bauteils unabhängig von der Simulationstemperatur der restlichen Schaltung festzulegen. Alternativ kann durch Angabe von T_REL_GLOBAL eine Temperaturdifferenz eines Bauteils zur Simulationstemperatur definiert werden.

4.1.3 Die .SUBCKT-Anweisung

Treten in einer Schaltung bestimmte Module mehrfach auf, so empfiehlt sich die Definition von Teilschaltungen mit der .SUBCKT-Anweisung. Eine Teilschaltung läßt sich dann mehrfach innerhalb einer Netzliste aufrufen. Der Aufruf einer Teilschaltung erfolgt mit einer Elementanweisung der Form

```
X(name)    Knotennummern    Subname
```

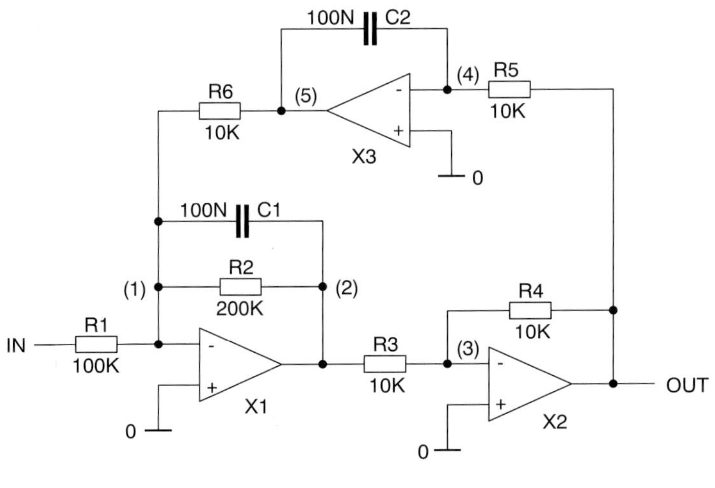

Abb. 4.2. Aktiver RC-Bandpaß

Beispiel 4.1.3 Als Beispiel wird der in Abb. 4.2 dargestellte aktive RC-Bandpaß betrachtet. Die Netzliste dieser Schaltung unter Verwendung von Teilschaltkreisen zur Beschreibung der Operationsverstärker lautet

```
R1    IN    1     100K
R2    1     2     200K
R3    2     3     10K
R4    3     OUT     10K
R5    4     OUT     10K
R6    5     1     10K
C1    1     2     100N
C2    4     5     100N
X1    0     1     2     OPAMP
X2    0     3     OUT     OPAMP
X3    0     4     5     OPAMP
```

Δ

Die Beschreibung der Teilschaltung – im vorgehenden Beispiel mit dem Namen `OPAMP` versehen – erfolgt mittels der `.SUBCKT`-Anweisung. Diese besitzt im Beispiel den folgenden Aufbau

```
.SUBCKT   OPAMP   INP   INN   OUT
Netzliste der Teilschaltung (Ersatzschaltung des OP)
.ENDS
```

In der ersten Zeile sind neben der Anweisung `.SUBCKT`, die SPICE den Beginn einer Teilschaltungsdefinition anzeigt, der Name der Teilschaltung (muß mit Buchstaben beginnen) und diejenigen Knotennamen angegeben, über die die Teilschaltung mit der äußeren Schaltung verbunden ist. Die Benennung der Knoten der Teilschaltung kann unabhängig von der äußeren Schaltung erfolgen. Wird der Knoten Null im Inneren der Teilschaltung definiert, so wird er automatisch mit dem obligaten Knoten Null der äußeren Teilschaltung verbunden; er muß nicht in der ersten Zeile als Randknoten definiert werden. Das Ende der Teilschaltungsdefinition wird mit der Anweisung `.ENDS` markiert.

Das klassische Verfahren eine Netzliste zu erstellen, ist die Eingabe als ASCII-Datei. Alternativ hierzu kann die Steuerdatei mit einem Hilfsprogramm zur *grafischen* Schaltplaneingabe erstellt werden. Dieser Weg ist insbesondere bei der Untersuchung komplexer Schaltungen vorzuziehen, da die grafische Darstellung wesentlich leichter zu kontrollieren ist. Wegen des geringen Umfangs der hier betrachteten Grundschaltungen können wir uns hier mit der klassischen Netzliste begnügen.[7]

4.2 Ergebnisausgabe

4.2.1 Die .OUT-Datei

Während einer SPICE-Simulation wird eine Datei mit der Endung `.OUT` erzeugt. Diese enthält die verwendete Steuerdatei, listet zugrundegelegte Bauteilkenngrößen sowie berechnete Arbeitspunkte und Kleinsignalkenngrößen auf, etc. Konnte die Simulation nicht ordnungsgemäß durchgeführt werden, so sind in der `.OUT`-Datei *Fehlermeldungen* zu finden.

Ursprünglich erfolgte die Ergebnisausgabe über die `.OUT`-Datei in Textform (falls die `.PRINT`-Anweisung gewählt wurde, vgl. Kap. 4.4.4) oder in „grafischer“ Form mittels Druckzeichen (falls die `.PLOT`-Anweisung gewählt wurde). Die `.PLOT`-Anwiesung hat nur noch historische Bedeutung, da alle verfügbaren SPICE-Derivate mittlerweile über leistungsfähige Programme zur grafischen Darstellung der Ergebnisse verfügen.

[7] Diese sollte jeder Anwender lesen können, allein schon um über Teilschaltungen definierte Modelle interpretieren zu können. Außerdem hat diese Beschränkung den Vorzug, daß das hier präsentierte Material unabhängig von der aktuellen Version des Programms gilt.

4.2.2 PROBE

PROBE ist ein Hilfsprogramm im PSPICE-Programmpaket zur grafischen Darstellung und Auswertung der Ergebnisse einer PSPICE-Simulation. Die Steueranweisung `.PROBE` in einem `.CIR`-File veranlaßt PSPICE zur Erzeugung einer Datei mit der Endung `.DAT`, in der die errechneten Daten in einer für PROBE geeigneten Weise abgespeichert werden.

Wird PROBE nach Ablauf der Simulation aufgerufen, so erscheint auf dem Bildschirm ein Koordinatensystem, dessen Abszisse durch die unabhängige Variable (z. B. die angelegte Spannung oder der eingeprägte Strom bei einer Kennlinie) gegeben ist. Die darzustellende Größe kann vom Benutzer im Menüpunkt `Trace Add` definiert werden. Nach Auswahl dieses Menüpunkts erscheint am Bildschirm eine Liste von Größen, die durch Anklicken auf dem Bildschirm dargestellt werden. Über den Menüpunkt `File/Print` ist eine Ausgabe auf dem Drucker möglich. Der dargestellte Ausschnitt läßt sich im Menüpunkt `Plot` durch Vorgabe entsprechender Werte unter `X Axis Settings` bzw. `Y Axis Settings` einstellen. Dort kann auch zwischen linearer und logarithmischer Skaleneinteilung gewählt werden.

Um mehrere Kurven mit unterschiedlichen Skalen aufzutragen, kann mittels `Add Y Axis` eine neue Ordinate eingeführt werden. Soll die auf der Abszisse aufgetragene Variable verändert werden, so kann durch Auswahl von `Axis Variable....` in dem durch `Plot/X Axis Settings` aktivierten Fenster eine Umstellung vorgenommen werden. In diesem Menü kann auch unter `Processing Options` mit `Fourier` eine Spektralanalyse des gezeigten Kurvenverlaufs über eine schnelle Fourier-Transformation (FFT) durchgeführt werden. Der Aufruf dieser Option ist jedoch nur sinnvoll, wenn zuvor eine `.TRAN`-Analyse durchgeführt wurde. Zur Analyse der Kurvenverläufe steht eine Cursor-Funktion zur Verfügung. Mit dieser über den Menüpunkt `Tools/Cursor` aktivierbaren Funktion können Abszissen- und Ordinatenwerte abgelesen, Minima und Maxima eines Kurvenverlaufs aufgespürt werden, etc.

Bei der Darstellung in PROBE lassen sich auch mehrere Größen über Rechenoperationen verknüpfen; beispielsweise kann so aus einem Strom und einer Spannung durch Multiplikation (Operator: *) eine Leistung errechnet werden. Daneben bietet PROBE die Möglichkeit, mathematische Funktionen eines errechneten Ergebnisses $X(t)$ darzustellen, wobei X die dargestellte Größe und t die auf der Abszisse aufgetragene Variable bezeichnet. Die wichtigsten verfügbaren Funktionen sind in Tabelle 4.3 aufgeführt.

Tabelle 4.3 Mathematische Funktionen in PROBE

Aufruf	Bedeutung
`ABS(X)`	Betrag, `ABS(X)` $= \|x\|$
`SGN(X)`	Vorzeichen, `SGN(X>0)` $= 1$, `SGN(X<0)` $= -1$, `SGN(X=0)` $= 0$
`SQRT(X)`	Wurzel, `SQRT(X)` $= \sqrt{X}$
`EXP(X)`	Exponentialfunktion, `EXP(X)` $= \mathrm{e}^X$
`LOG(X)`	Natürlicher Logarithmus, `LOG(X)` $= \ln X$
`LOG10(X)`	Zehnerlogarithmus, `LOG10(X)` $= \log X$
`M(X)`	Betrag der komplexen Größe X
`P(X)`	Phase der komplexen Größe X
`R(X)`	Realteil von X
`IMG(X)`	Imaginärteil von X
`G(X)`	Gruppenlaufzeit der Größe X
`PWR(x,k)`	Potenz, `PWR(x,k)` $= \|X\|^k$
`SIN(X)`	Sinus, `SIN(X)` $= \sin X$
`COS(X)`	Cosinus, `COS(X)` $= \cos X$
`TAN(X)`	Tangens, `TAN(X)` $= \tan X$
`ARCTAN(X)`	Arcustangens, `ARCTAN(X)` $= \arctan X$
`d(X)`	Ableitung bezüglich t
`s(X)`	Stammfunktion (Integral) bezüglich t
`AVG(X)`	Arithmetischer Mittelwert im Intervall $[t_{\min}, t]$
`AVGX(X,d)`	Arithmetischer Mittelwert im Intervall $[d, t]$
`RMS(X)`	Effektivwert von X
`DB(X)`	Betrag in dB
`MIN(X)`	Minimum des Realteils von x
`MAX(X)`	Maximum des Realteils von x

t bezeichnet die auf der Abszisse aufgetragene Variable

Werden bestimmte Verknüpfungen mehrfach benötigt, so lassen sich hierfür eigene `Macros` definieren.

Muß zur Bestimmung von Rauschzahlen beispielsweise regelmäßig die Funktion

$$F = 10 \log \left(\frac{\texttt{V(INOISE)} * \texttt{V(INOISE)}}{4 k_\mathrm{B} T R_\mathrm{G}} \right)$$

errechnet werden, so läßt sich hierfür das Macro

```
F(T,RG) = 10*log10(1.812E22*V(INOISE)*V(INOISE)*(1/T)*(1/RG))
```

definieren. Die Simulationstemperatur T ist dabei als 290 K zu wählen, da Rauschzahlen für diese Temperatur spezifiziert werden (vgl. Kap. 3).

4.3 Erste Schritte

Das PSPICE Programmpaket bietet eine für den Anfänger verwirrende Vielzahl von Funktionen und Analysearten. Um dem Leser den prinzipiellen Ablauf einer Simulation aufzuzeigen, werden hier drei einführende Beispiele vorangestellt, die die wichtigsten Analysearten vorstellen.

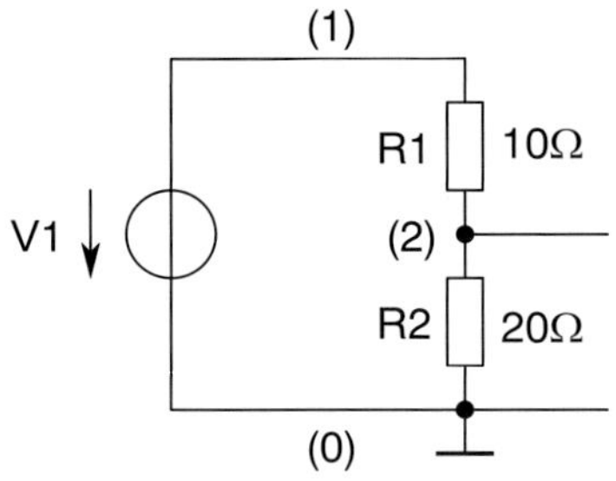

Abb. 4.3. Beispielschaltung zur .DC-Analyse

4.3.1 Kennlinien, .DC-Analyse

Als erstes Beispiel wird der in Abb. 4.3 dargestellte Spannungsteiler untersucht. Für diesen soll die Ausgangsspannung $V(2)$ als Funktion der Eingangsspannung $V(1)$ berechnet werden. Das Ergebnis soll für 1 V $<$ $V(1)$ $<$ 5 V mit einer Schrittweite von 0.5 V ermittelt werden und sowohl graphisch als auch in Tabellenform dargestellt werden. Dies wird durch die Steuerdatei

```
* Spannungsteiler
V1   1   0   DC;    Beginn der Netzliste
R1   1   2   10
R2   2   0   20;    Ende der Netzliste
.DC  V1  1  5  0.5
.PRINT   DC   V(1)   V(2)
.PROBE
.END
```

bewirkt. Diese enthält neben der Netzliste, die in diesem Beipiel die Elementanweisungen für die drei Bauteile V1, R1 und R2 umfaßt, drei Steueranweisungen. Die `.DC`-Anweisung bewirkt, daß der Wert der Spannungsquelle `V1` von 1 V bis 5 V in Schritten von 0.5 V durchlaufen wird. Die `.PRINT`-Anweisung verursacht eine tabellarische Darstellung des Simulationsergebnisses. Die `.PROBE`-Anweisung schließlich veranlaßt SPICE zur Erstellung einer `.DAT`-Datei, die die Analyse des Simulationsergebnisses mittels PROBE ermöglicht. Die Steuerdatei kann mit einem Texteditor im ASCII-Format erstellt und mit der Endung `.CIR` abgespeichert werden (z. B. `DIVID.CIR`). Wird nun PSPICE aufgerufen, so kann im Menüpunkt `Open` der Dateiname

DIVID.CIR eingegeben werden, worauf die Simulation durchgeführt wird. Während der Simulation wird die Datei DIVID.OUT erzeugt; in dieser steht als Folge der .PRINT-Anweisung die folgende Tabelle der errechneten Spannungswerte.

V1	V(2)
1.000E+00	6.667E-01
1.500E+00	1.000E+00
2.000E+00	1.333E+00
2.500E+00	1.667E+00
3.000E+00	2.000E+00
3.500E+00	2.333E+00
4.000E+00	2.667E+00
4.500E+00	3.000E+00
5.000E+00	3.333E+00

Das Verhältnis von Ausgangsspannung V(2) zu Eingangsspannung V1 ist erwartungsgemäß gleich dem Spannungsteilerverhältnis 2/3.

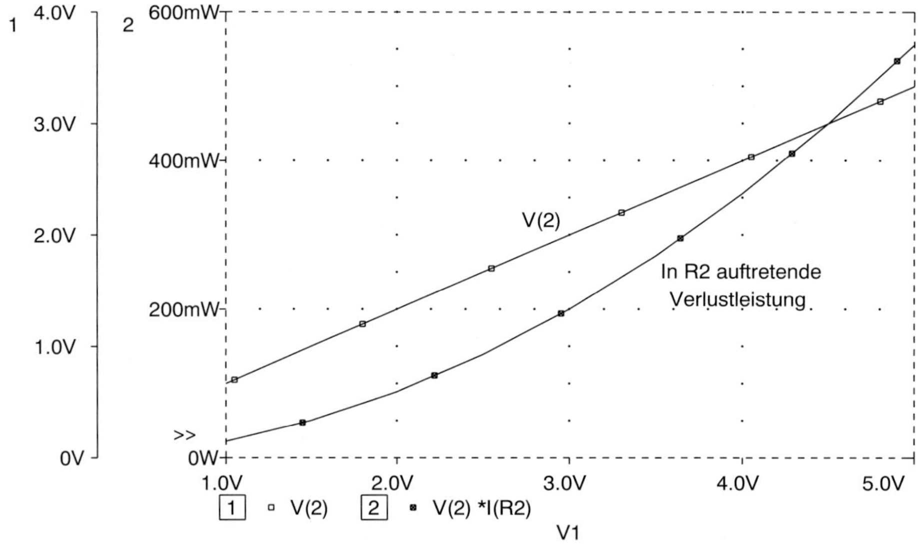

Abb. 4.4. Ausgangsspannung $V(2)$ (Skala 1) sowie im Widerstand R2 umgesetzte Verlustleistung (Skala 2) als Funktion der Eingangsspannung V1

Da wegen der Steueranweisung .PROBE eine Datei DIVID.DAT erzeugt wurde, kann mittels PROBE eine grafische Darstellung des Simulationsergebnisses gewonnen werden. Zu diesem Zweck wird PROBE gestartet und im Menüpunkt File/Open die Datei DIVID.DAT aufgerufen. Über den Menüpunkt Trace Add lassen sich dann unterschiedliche Ergebnisse darstellen. Abbildung

4.4 zeigt als Beispiel auf Skala 1 die Ausgangsspannung `V(2)`, auf Skala 2 die in R2 auftretende Leistung `V(2)*I(R2)` als Funktion der Eingangsspannung. Wird die Leistung über $V \cdot I$ und nicht über V^2/R berechnet, so erfolgt die Beschriftung der Ordinate in Watt.

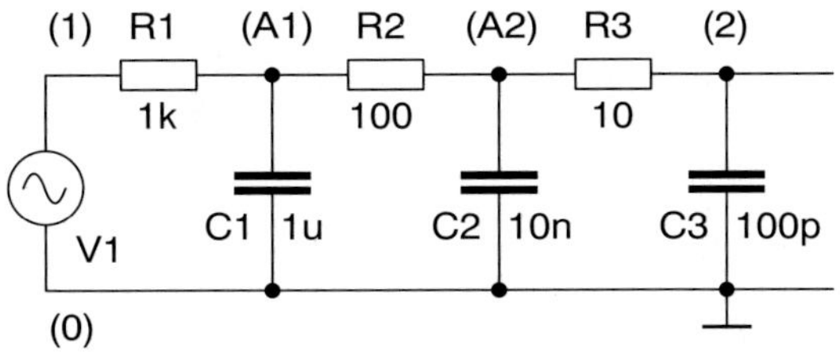

Abb. 4.5. Beispielschaltung zur .AC-Analyse

4.3.2 Frequenzgänge, .AC-Analyse

Die `.AC`-Analyse ermöglicht die Berechnung von Frequenzgängen linearer Netzwerke, wie sie mit den Methoden der komplexen Wechselstromrechnung ermittelt werden können. Als Beispiel wird das Frequenzverhalten des in Abb. 4.5 dargestellten Tiefpasses 3. Ordnung im Frequenzbereich 10 Hz $< f <$ 10 GHz untersucht. Die zugehörige Steuerdatei lautet

```
* TIEFPASS 3.ORDNUNG
V1   1   0   AC   1
R1   1   A1   1K
C1   A1   0   1U
R2   A1   A2   100
C2   A2   0   10N
R3   A2   2   10
C3   2   0   100P
.AC   DEC   25   10   10G
.PROBE
.END
```

Die am Eingang anliegende Spannungsquelle `V1` ist vom Typ `AC` mit der Amplitude 1 V; ihre Frequenz wird durch die `.AC`-Anweisung festgelegt. Die Angabe `DEC` bedingt eine logarithmische Einteilung der Frequenzskala, der Zahlenwert 25 bestimmt die Anzahl der je Dekade zu berechnenden Punkte, die Werte 10 und 10G bestimmen die Frequenzgrenzen. Bei der Simulation werden sämtliche Größen nach Betrag und Phase berechnet. Um mittels PROBE einen Bode-Plot der Ausgangsspannung `V(2)` anzufertigen, wird diese durch `DB(V(2))` und `P(V(2))` nach Betrag (in dB) und Phase dargestellt. Das Ergebnis ist in Abb. 4.6 zu sehen: Das Maß des Übertragungsfaktors beginnt oberhalb der Grenzfrequenz des ersten Tiefpasses ($(2\pi R_1 C_1)^{-1}$ = 159 Hz) mit 20 dB/dec abzufallen, oberhalb der Grenzfrequenz des zweiten Tiefpasses $(2\pi R_2C_2)^{-1} = 159$ kHz mit 40 dB/dec und oberhalb der Grenzfrequenz des dritten Tiefpasses $(2\pi R_3C_3)^{-1} = 159$ MHz mit 60 dB/dec; die Phasenverschiebung zwischen Eingangs- und Ausgangssignal nimmt dabei sukzessive auf $-270°$ ab.

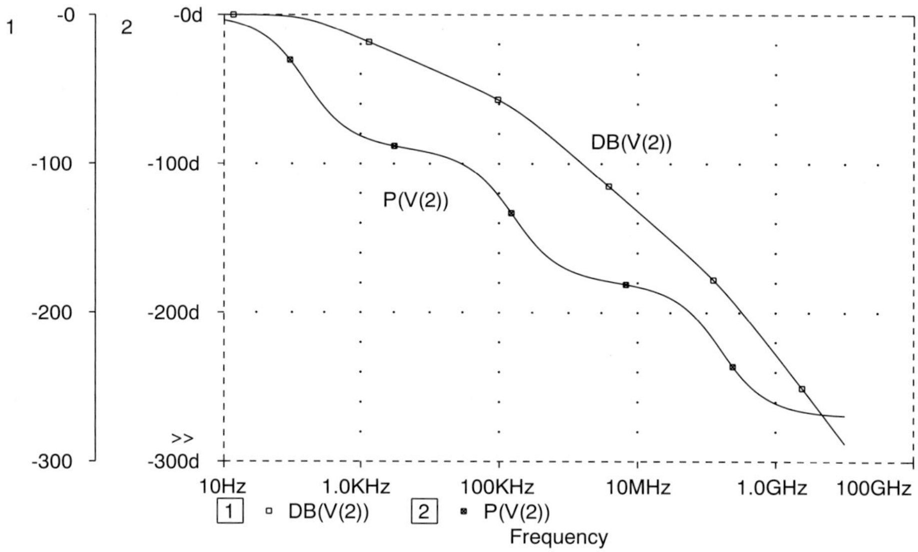

Abb. 4.6. Ergebnis der `.AC`-Analyse

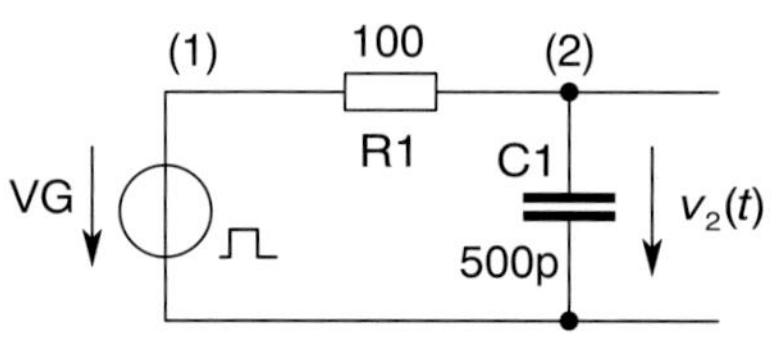

Abb. 4.7. Beispielschaltung zur .TRAN-Analyse

4.3.3 Einschwingvorgänge, .TRAN-Analyse

Die `.TRAN`-Analyse dient zur Berechnung zeitabhängiger Größen. Als Beispiel wird der in der in Abb. 4.7 skizzierte RC-Tiefpaß bei einer rechteckförmigen Eingangsspannung (1 MHz) der Amplitude 1 V betrachtet. Die Steuerdatei

```
* TIEFPASS MIT RECHTECKFOERMIGEM EINGANGSSPANNUNGSVERLAUF
VG   1   0  PULSE   0   1  100P   0   0   5E-7   1E-6
R1   1   2  100
```

```
C1  2  0  500P
*
.TRAN  1E-9  3E-6  0  1E-9
.PROBE
.END
```

bewirkt eine Transientenanalyse der Ausgangsspannung in Zeitschritten von 1 ns. Am Eingang ist dabei eine Spannungsquelle vom Typ PULSE angelegt. Diese liefert eine von der Zeit abhängige Ausgangsspannung mit trapezförmigem Spannungsverlauf (vgl. Kap. 4.5.3). Die ersten beiden Zahlen geben dabei die minimale und die maximale Spannung an (hier 0 und 1 V), die dritte Zahl bestimmt den Beginn einer neuen Periode (die steigende Flanke der Rechteckspannung erfolgt hier nach 100 ps), vierter und fünfter Zahlenwert bestimmen Anstiegs- und Abfallzeit (hier jeweils null, d. h. es handelt sich um eine Rechteckspannung), der sechste und siebte Werte bestimmt die Pulsweite und die Periodendauer (im Beispiel 0.5 µs und 1 µs, d. h. das Tastverhältnis der Rechteckspannung ist eins). Das Ergebnis für V(1) und V(2) ist in Abb. 4.8 dargestellt.

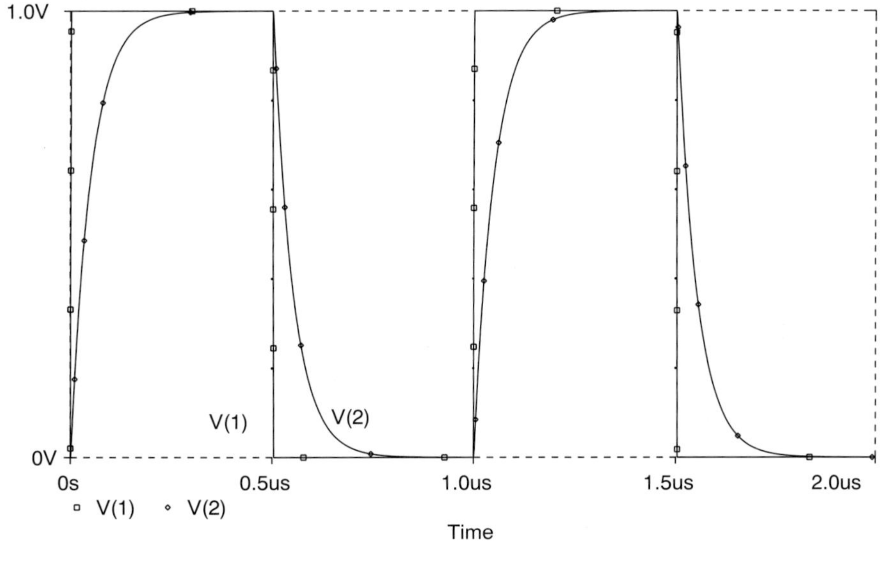

Abb. 4.8. Ergebnis der Transientenanalyse

Da die Grenzfrequenz des Tiefpasses $(2\pi R_1 C_1)^{-1} = 3.18$ MHz von derselben Größenordnung ist wie die Frequenz der Eingangsspannung, ergibt sich eine deutlich sichtbare Verformung des Ausgangssignals (vgl. Kap. 1.3.4).

4.4 Steuerbefehle

Die von SPICE gebotenen Analysearten lassen sich in Gleichstromanalysen, Transientenanalysen und Frequenzanalysen unterteilen:

- Bei der *Gleichstromanalyse* einer Schaltung bleiben Kapazitäten unberücksichtigt, und Induktivitäten werden als Kurzschluß behandelt. Sind in der Netzliste Wechselquellen (AC) aufgeführt, so wird deren Amplitude auf null gesetzt, zeitabhängige Spannungsquellen werden als Gleichquellen mit ihrem Anfangswert behandelt.
- Bei der *Transientenanalyse* (Einschwinganalyse) berechnet SPICE den zeitlichen Verlauf der gewünschten Größen im vorgegebenen Zeitintervall.
- Bei der *Frequenzanalyse* (Wechselstrom-Kleinsignalanalyse) werden Kleinsignalgrößen als Funktion der Frequenz berechnet. Enthält die Schaltung nichtlineare Netzwerkelemente, so werden die Elemente der Kleinsignalersatzschaltung im zuvor berechneten Arbeitspunkt automatisch von SPICE bestimmt und für die Analyse herangezogen. Auf diesem Weg läßt sich beispielweise der komplexe Übertragungsfaktor eines Transistorverstärkers berechnen.

Tabelle 4.4 Wichtige Steueranweisungen

Anweisung	Analyse, Funktion
`.OP`	Berechnen des DC-Arbeitspunkts
`.DC`	Berechnen von DC-Kennlinien
`.TF`	Berechnen von DC-Kleinsignal-Kenngrößen
`.SENS`	DC-Sensitivitätsanalyse
`.NODESET`	Festlegen von DC-Anfangsbedingungen
Transientenanalyse:	
`.TRAN`	Durchführen der Einschwinganalyse
`.IC`	Festlegen von Anfangsbedingungen
`.FOUR`	Durchführen einer Fourier-Analyse
Frequenzanalyse:	
`.AC`	Durchführen der AC-Kleinsignalanalyse
`.NOISE`	Kleinsignal-Rauschanalyse
Sonstige:	
`.TEMP`	Temperaturvariation
`.PRINT`	Erzeugen einer tab. Ergebnisausgabe
`.PLOT`	Plot-Ausgabe
`.PROBE`	Aufruf des PSPICE Postprozessors
`.PARAM`	Variation von Bauteil-Parametern
`.OPTIONS`	Optionen für die SPICE-Analyse

Tabelle 4.4 gibt eine Übersicht über wichtige Steueranweisungen; diese werden in den folgenden Abschnitten erklärt und ihre Wirkungsweise an Beispielen illustriert.

4.4.1 Gleichstromanalyse

Die .OP-Anweisung

Die .OP-Anweisung dient der Berechnung des Arbeitspunkts einer Schaltung. Die Analyse liefert die Knotenpotentiale (bezogen auf den Knoten mit der Nummer 0, dem das Potential 0 zugeordnet wird), die von den Spannungsquellen gelieferten Ströme, die Arbeitspunkte der gesteuerten Quellen sowie die Arbeitspunkte und die Kenngrößen der Kleinsignalersatzschaltungen von Halbleiterbauelementen.

Die .OP-Analyse erfolgt automatisch vor einer .TF-Analyse, vor einer .SENS-Analyse oder vor einer .AC-Analyse; eine besondere Ausgabeanweisung wird nicht benötigt. Die Ergebnisse der .OP-Analyse finden sich in der .OUT-Datei.

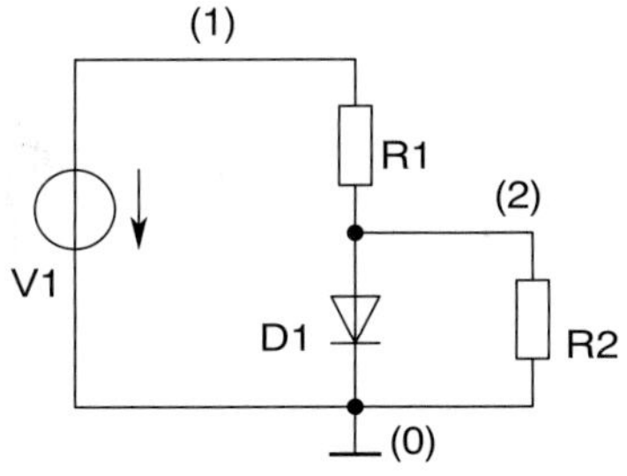

Abb. 4.9. Beispielschaltung zur .OP-Analyse

Beispiel 4.4.1 Als Beispiel wird der Arbeitspunkt der in Abb. 4.9 skizzierten Schaltung berechnet. Die zugehörige Steuerdatei lautet (die Parameter des Diodenmodells werden in Kap. 14 erläutert) :

```
DC-Analyse mit .OP-Anweisung
*
V1  1  0   DC 5
R1  1   2   100
D1  2   0   DIOD
R2  2  0   1K
*
.MODEL   DIOD  D
+(IS=1E-13   N=1.1  RS=3  TT=2U  CJO=1N
+ VJ=0.8  M=0.5  EG=1.12  XTI=3)
*
.OP
.END
```

In der .OUT-Datei findet man im betrachteten Beispiel neben der Simulationstemperatur (im Beispiel 27 °C) die Knotenpotentiale, den von der Spannungsquelle gelieferten Strom und die Verlustleistung in der Form

```
  NODE VOLTAGE          NODE VOLTAGE
  (1) 5.0000            (2) .8812
 VOLTAGE SOURCE CURRENTS
  NAME        CURRENT
  V1          -4.119E-02
 TOTAL POWER DISSIPATION 2.06E-01 WATTS
```

Daneben werden für die Diode D1 die folgenden Arbeitspunkt- und Kleinsignalkenngrößen angegeben:

Parameter	Wert	Erläuterung
MODEL	DIOD	
ID	4.03E-02	Diodenstrom $I = 40.3$ mA
VD	8.81E-01	Flußspannung $V = 881$ mV
REQ	7.06E-01	Kleinsignalwiderstand $r_\mathrm{d} = 0.706\,\Omega$
CAP	2.84E-06	Kleinsignalkapazität $c_\mathrm{d} = 2.84\,\mu$F

Zum besseren Verständnis werden diese Zahlenwerte der analytischen Rechnung gegenübergestellt. Der Diodenstrom I läßt sich für die angegebene Schaltung nur näherungsweise berechnen. Aus der Annahme $V = 700$ mV folgt $V_{\mathrm{R1}} = 4.3$ V und daraus $I_{\mathrm{R1}} = 43$ mA. Dieser Strom teilt sich auf in einen Anteil $I_{\mathrm{R2}} = 700\mathrm{mV}/1\mathrm{k}\Omega \approx 0.7$ mA durch R_2, und einen Strom durch die Diode $I \approx 43$ mA $- 0.7$ mA $= 42.3$ mA. Wegen des im Vergleich zum korrekten Wert als zu niedrig angenommenen Spannungsabfalls weicht das Ergebnis der analytischen Rechnung gegenüber dem korrekten Wert $I = 40.3$ mA etwas nach oben ab. Bei bekannten I folgt sofort

$$
\begin{aligned}
\texttt{VD} &= V = NV_T \ln\left(\frac{I}{I_\mathrm{S}}\right) + R_\mathrm{S} I = 761\,\mathrm{mV} + 121\,\mathrm{mV} = 882\,\mathrm{mV} \\
\texttt{REQ} &= \frac{1}{g_\mathrm{d}} = \frac{NV_T}{I} = 0.707\,\Omega \\
\texttt{CAP} &= c_\mathrm{d} = c_\mathrm{j}(V'{=}761\,\mathrm{mV}) + \frac{T_\mathrm{T} I}{NV_T} \approx \frac{T_\mathrm{T} I}{NV_T} = 2.83\,\mu\mathrm{F}\,,
\end{aligned}
$$

was bis auf Rundungsfehler mit den Ergebnissen der Simulation übereinstimmt. Δ

Die .TF-Anweisung

Die .TF-Anweisung dient zur Berechnung des NF-Kleinsignalverhaltens einer Schaltung im Arbeitspunkt und ist von der Form

```
.TF   X1   X2
```

wobei X_1 die Ausgangsvariable (gesteuerte Größe) und X_2 die Eingangsvariable (steuernde Größe) bezeichnet.

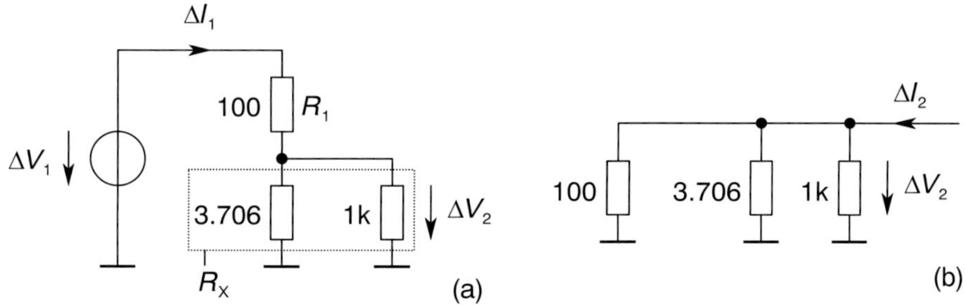

Abb. 4.10. Zur .TF-Analyse

Beispiel 4.4.2 Ersetzt man im vorangegangenen Beispiel die Anweisung `.OP` durch `.TF V(2) V1`, so ergibt sich in der `.OUT`-Datei nach den Resultaten der `.OP`-Analyse, die automatisch durchgeführt wird, das Ergebnis

```
**** SMALL-SIGNAL CHARACTERISTICS
V(2)/V1 = 3.561E-02
INPUT RESISTANCE AT V1 = 1.037E+02
OUTPUT RESISTANCE AT V(2) = 3.561E+00
```

Die Angabe `V(2)/V1` ist dabei etwas irreführend, da es sich nicht um den Quotienten, sondern um den Differentialquotienten handelt. Zum Vergleich werden Spannungsübertragungsfaktor und Eingangswiderstand aus der in Abb. 4.10 b dargestellten Kleinsignalersatzschaltung berechnet. Der Kleinsignalwiderstand der Diode ist dort mit `REQ` $+ R_S = 3.706\,\Omega$ eingetragen; er läßt sich mit dem parallel liegenden Widerstand 1 kΩ zum Widerstand $R_X = 3.69\,\Omega$ zusammenfassen. Der Spannungsübertragungsfaktor ergibt sich damit als Spannungsteilerverhältnis

$$\frac{\Delta V_2}{\Delta V_1} = \frac{R_X}{R_X + R_1} = \frac{3.69\,\Omega}{100\,\Omega + 3.69\,\Omega} = 0.0356\ ;$$

der Eingangswiderstand als Widerstand der Reihenschaltung R_1 und R_X

$$\frac{\Delta V_1}{\Delta I_1} = R_1 + R_X = 103.7\,\Omega\ .$$

Für den Ausgangswiderstand ($\Delta V_1 = 0$) folgt aus der Kleinsignalersatzschaltung

$$\frac{\Delta V_2}{\Delta I_2} = \left(\frac{1}{100\,\Omega} + \frac{1}{3.706\,\Omega} + \frac{1}{1\,\mathrm{k}\Omega}\right)^{-1} = 3.561\,\Omega\ ,$$

in Übereinstimmung mit dem Simulationsergebnis. Δ

Die .SENS-Anweisung

Die `.SENS`-Anweisung dient der *Empfindlichkeitsanalyse*. Dabei wird der Einfluß von Schwankungen der Versorgungsspannungen und Bauteilkenngrößen auf die in der `.SENS`-Anweisung spezifizierten Größen berechnet. Die `.SENS`-Anweisung ist von der Form

```
.SENS     Variable1     (evtl. weitere Variable)
```

Beispiel 4.4.3 Ersetzt man im Beispiel 4.4.1 die `.OP`-Anweisung durch `.SENS V(2)` so erhält man in der `.OUT`-Datei die folgende Tabelle

```
**** DC SENSITIVITIES OF OUTPUT V(2)

         ELEMENT         ELEMENT          ELEMENT             NORMALIZED
         NAME             VALUE         SENSITIVITY          SENSITIVITY
                                        (VOLTS/UNIT)       (VOLTS/PERCENT)
         R_R1           1.000E+02        -1.467E-03          -1.467E-03
         R_R2           1.000E+03         3.138E-06           3.138E-05
         V_V1           5.000E+00         3.561E-02           1.780E-03
D_D1
         RS             3.000E+00         3.873E-02           1.162E-03
         IS             1.000E-13        -2.734E+11          -2.734E-04
         N              1.100E+00         6.641E-01           7.305E-03
```

Aus dieser Tabelle folgt die Änderung der Ausgangsspannung `V(2)` mit einer Änderung von R_1, R_2, der Eingangsspannung V_1 sowie den Diodenparametern R_S, I_S und N. Die Spalte `NORMALIZED SENSITIVITY` gibt die Änderung der Ausgangsspannung bei einer Änderung der jeweiligen Größe um 1 % an; je größer der Wert, desto empfindlicher reagiert die Ausgangsspannung auf Streuungen der entsprechenden Bauteilkenngröße. △

Die .DC-Anweisung

Die `.DC`-Analyse erlaubt die Erzeugung von *Gleichstromkennlinien*. SPICE variiert hierzu den Wert der spezifizierten Eingangsquelle in den vorgegebenen Grenzen. Die `.DC`-Anweisung ist von der Form

```
.DC    Quellenname    START    STOP    SCHRITT
```

Die zu variierende Spannungs- bzw. Stromquelle muß dabei zuvor in der Netzliste erklärt worden sein. Die von dieser Quelle gelieferte Spannung (bzw. der gelieferte Strom) werden dann in der Einheit `SCHRITT` vom Wert `START` bis zum Wert `STOP` durchlaufen.

Beispiel 4.4.4 Als Beispiel wird die Ausgangsspannung `V(2)` der in Beispiel 4.4.1 gezeigten Schaltung als Funktion der Eingangsspannung `V1` bestimmt werden. In der Steuerdatei wird dazu die `.OP`-Anweisung durch

```
.DC   V1   0   10   25M
.PRINT   DC   V(2)
.PROBE
```

ersetzt. Die Eingangsspannung wird hier von 0 bis 10 V mit Schritten von 25 mV durchlaufen; neben einer `.DAT`-Datei wird für die Ausgangsspannung `V(2)` eine Tabelle in der `.OUT`-Datei erzeugt.

Eine grafische Darstellung des Simulationsergebnisses mittels PROBE ist in Abb. 4.11 zu sehen. Die Ausgangsspannung folgt der Eingangsspannung zunächst weitgehend:

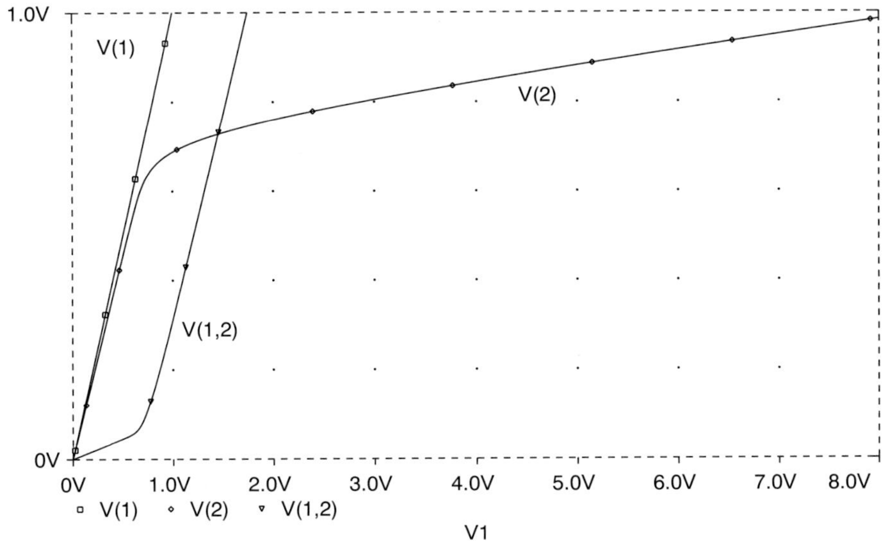

Abb. 4.11. Ausgangsspannung `V(2)` als Funktion der Eingangsspannung `V1`

Durch die Diode fließt hier noch kein Strom, die Schaltung verhält sich wie ein Spannungsteiler aus R_1 und R_2 mit dem Teilerverhältnis 10/11= 0.91.

Ist die Schleusenspannung der Diode erreicht, so wird diese im Vergleich zu R_2 niederohmig; das die Änderung von `V(2)` mit `V(1)` bestimmende Spannungsteilerverhältnis verringert sich mit zunehmendem Diodenstrom bis auf den Wert $R_S/(R_1 + R_S) = 0.029$, was in einer deutlichen Abflachung der Auftragung von `V(2)` über `V(1)` zum Ausdruck kommt. △

Mit der `.DC`-Anweisung lassen sich auch *Kennlinienfelder* erzeugen. Zu diesem Zweck sind zwei Variable zu verändern; eine entsprechende `.DC`-Anweisung ist von der Form

```
.DC    Quelle1     START1     STOP1     SCHRITT1
+ Quelle2     START2     STOP2     SCHRITT2
```

Für jeden Wert der zweiten Quelle wird dabei eine Kennlinie als Funktion der Ausgangsvariablen der ersten Quelle erzeugt.

In PSPICE besteht darüber hinaus die Möglichkeit im Rahmen einer `.DC`-Analyse die Temperatur oder eine Bauteilkenngröße zu variieren.

Beispiel 4.4.5 Als Beispiel wird der Temperaturgang der Ausgangsspannung `V(2)` der Schaltung aus Beispiel 4.4.1 für verschiedene Werte der Eingangsspannung untersucht.

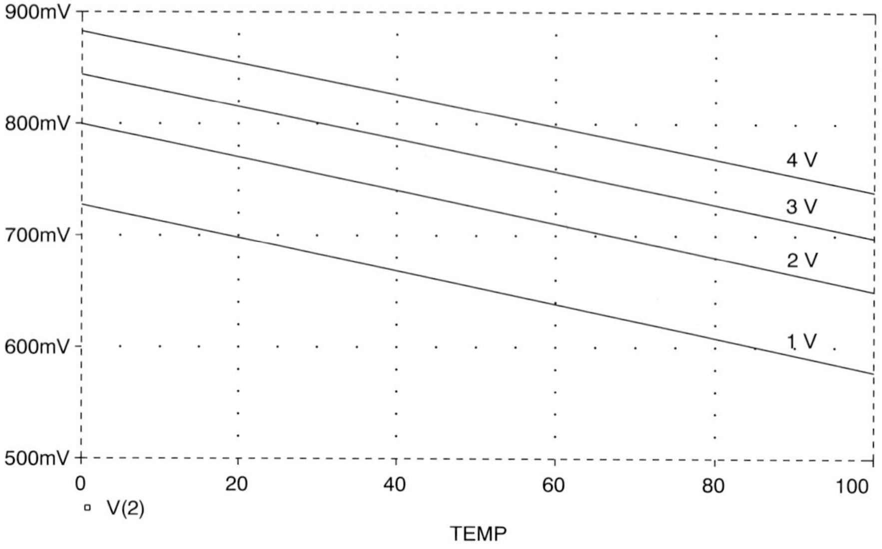

Abb. 4.12. Temperaturabhängigkeit von V(2) für verschiedene Werte von V1

Die .DC-Anweisung

```
.DC    TEMP   0   100   1   V1   1   4  1
```

liefert Kennlinien von V(2) als Funktion der Temperatur im Bereich $0\,^\circ\mathrm{C} < \vartheta < 100\,^\circ\mathrm{C}$ für Eingangsspannungen V1 im Bereich von 1 V bis 4 V mit Schrittweiten von 1 V. Das Ergebnis der Simulation ist in Abb. 4.12 zu sehen. Die Ausgangsspannung fällt mit annähernd -1.5 mV/K ab, da sich die Schleusenspannung der Diode mit zunehmender Temperatur entsprechend verringert. Δ

Die .NODESET-Anweisung dient der Festlegung von DC-Anfangsbedingungen für die SPICE-Gleichstromanalyse. Dies ist erforderlich, um bei Schaltungen mit mehreren stabilen Arbeitspunkten eine der möglichen Lösungen auszuwählen, kann aber auch dazu verwendet werden die Konvergenz (und damit die Rechengeschwindigkeit) zu verbessern. Die .NODESET-Anweisung ist von der Form

```
.NODESET    V(Knoten) = WERT, .....
```

4.4.2 Transientenanalyse

Die .TRAN-Anweisung

Die .TRAN-Anweisung ermöglicht die Analyse von Einschwingvorgängen. SPICE berechnet dann schrittweise die Größe der Ausgangsvariablen als Funktion der Zeit von $t = 0$ bis zu einem vom Anwender vorgegebenen Zeitpunkt (t_{stop}). Die Steueranweisung für die `.TRAN`-Analyse besitzt die Form

`.TRAN` t_{step} t_{stop} (t_{start}) (t_{max}) `(UIC)`

Der Wert von t_{step} bestimmt dabei den Zeitschritt der Ergebnisausgabe; diese Größe entspricht in der Regel nicht dem Zeitinkrement bei der numerischen Lösung der zeitabhängigen Netzwerkgleichungen, das von SPICE entsprechend der in der `.OPTIONS`-Anweisung geforderten Genauigkeit festgelegt wird. t_{stop} bestimmt das Ende des analysierten Zeitintervalls. Die Eingabe von t_{start} ist optional – wird diese Größe weggelassen, so gibt SPICE das Ergebnis ab $t = 0$ aus, andernfalls ab $t = t_{\text{start}}$; die Transientenanalyse wird dadurch nicht beeinflußt, sie beginnt stets bei $t = 0$. Der Wert von t_{max} bestimmt das maximale Zeitinkrement für die numerische Lösung. Die Angabe dieser Größe in Verbindung mit einem entsprechend niedrig gewählten t_{step} ist beispielsweise zweckmäßig, wenn nachfolgend eine Fourier-Analyse des Rechenergebnisses gewünscht wird. Alle Zeitangaben erfolgen in Sekunden und dürfen keine negativen Werte aufweisen.

Für eine spezielle Lösung der zeitabhängigen Netzwerkgleichungen müssen die *Anfangsbedingungen* für die Energiespeicher[8] bekannt sein. Diese lassen sich über Anfangswerte bei den jeweiligen Elementanweisungen angeben, wobei die `UIC`-Option[9] der `.TRAN`-Anweisung zu wählen ist. Wird diese gewählt, so führt SPICE keine Arbeitspunktberechnung für $t = 0$ durch: Alle energiebestimmenden Ströme und Spannungen ohne Vorgabe eines Anfangswerts werden dann mit dem Wert 0 versehen. Wird die `UIC`-Option nicht verwendet, so bestimmt SPICE die Anfangsbedingungen durch eine der Einschwinganalyse vorangehende Gleichstromsimulation. Diese Arbeitspunktberechnung läßt sich unter Verwendung der `.IC`-Anweisung modifizieren. Die `.IC`-Anweisung erlaubt die Spezifikation von Anfangswerten[10] für die Knotenpotentiale. Sie besitzt die Form

```
.IC    V(Knoten) = Wert     (+ evtl. weitere Vorgaben)
```

wobei das spezifizierte Knotenpotential `V(Knoten)` vom Bezugsknoten 0 an gezählt wird. Die von der `.DC`-Analyse her bekannte `.NODESET`-Anweisung wird ignoriert, falls zusätzlich eine `.IC`-Anweisung vorliegt.

---

[8] Dies sind Kapazitäten (Anfangsbedingung: Spannung für $t = 0$), Induktivitäten (Anfangsbedingung: Strom für $t = 0$) und Bauelemente, deren Netzwerkmodell Kapazitäten oder Induktivitäten enthält.

[9] Von use initial conditions.

[10] Die vorgegebenen Gleichspannungen werden mit Hilfe von zusätzlichen Gleichspannungsquellen an den aufgelisteten Knoten erzwungen. Bei der Berechnung des Zeitverhaltens werden diese Quellen wieder entfernt.

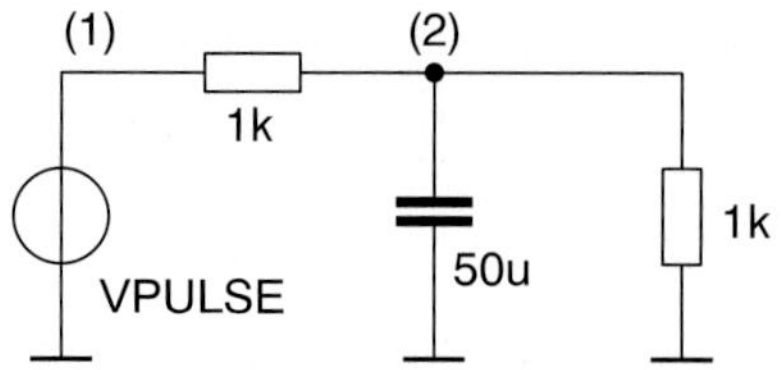

Abb. 4.13. Im Beispiel 4.4.6 untersuchte Schaltung

Beispiel 4.4.6 Als Beispiel wird eine Transientenanalyse der in Abb. 4.13 skizzierten Schaltung betrachtet. Das Potential des Knotens (2) wurde dabei einmal mit der `.NODESET`-Anweisung, das andere Mal mit der `.IC`-Anweisung zu 5 V vorgegeben. Im Fall der `.IC`-Anweisung stellen die 5 V eine Anfangsbedingung für die `.TRAN`-Analyse dar. Im Fall der `.NODESET`-Anweisung stellen die 5 V einen Startwert für die vorausgehende Analyse des Gleichstromarbeitspunkts dar, der vor Beginn der `.TRAN`-Analyse durch den korrekten Wert (2.5 V) ersetzt wird. Wegen der unterschiedlichen Anfangswerte für die Transientenanalyse weichen die Simulationsergebnisse für kleine Zeiten voneinander ab (Abb. 4.14). △

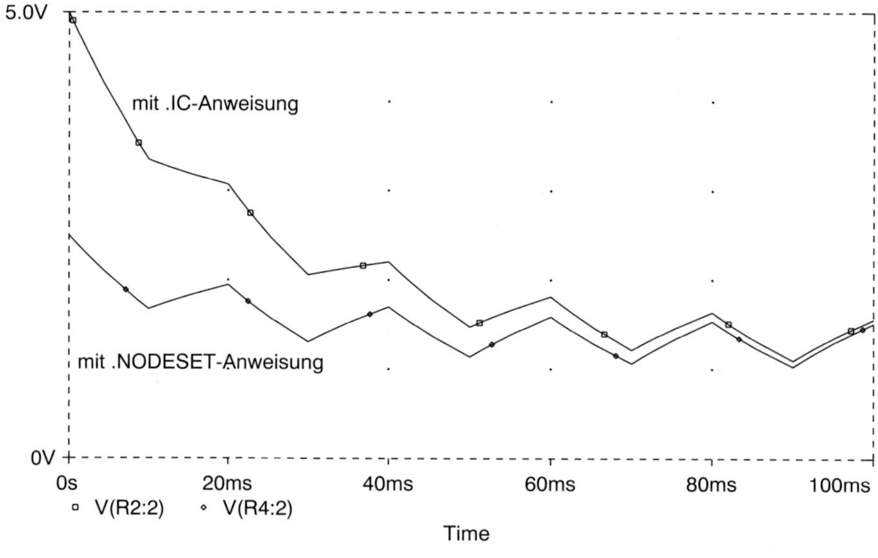

Abb. 4.14. Transientenanalyse mit Vorgabe von Startwerten durch die `.NODESET`- und die `.IC`-Anweisung

Die .FOUR-Anweisung

Die `.FOUR`-Anweisung ermöglicht eine Fourier-Analyse ausgesuchter Variablen. Sie ist von der Form

```
.FOUR    f    X1    (X2, etc)
```

Dabei bezeichnet f die Grundfrequenz[11] der Fourier-Analyse und X_1 die zu analysierende Ausgangsvariable. Die Fourier-Analyse liefert:

1. den Gleichstrom-Anteil (`DC COMPONENT`),
2. den Anteil der Grundschwingung (`HARMONIC NO 1`) und den der ersten 8 Oberschwingungen (`HARMONIC NO2` bis `HARMONIC NO9`) mit Amplituden $\hat{v}_n$ und Phasen φ_n sowie
3. den *Klirrfaktor* (`TOTAL HARMONIC DISTORTION`) in Prozent; dieser ist definiert durch

$$k = \frac{100\,\%}{\hat{v}_1}\sqrt{\sum_{n=2}^{9}\hat{v}_n^2}\,.$$

Die *Genauigkeit* der Fourier-Analyse hängt wesentlich von der Zahl der im analysierten Zeitintervall $[\,t_{\max}-1/f,\ t_{\max}\,]$ errechneten Stützpunkte ab. Das Zeitinkrement Δt der `.TRAN`-Anweisung sollte aus diesem Grund sehr viel kleiner als das Periodizitätsintervall $1/f$ gewählt werden.

Beispiel 4.4.7 Die Steueranweisung

```
.FOUR  1MEG  V(1)  V(2)
```

nach der `.TRAN`-Anweisung in dem in Kap. 4.3.3 betrachteten Beispiel bewirkt eine Fourier-Analyse des Eingangs- und Ausgangssignals. Das Ergebnis der Fourier-Analyse wird in der `.OUT`-Datei ausgegeben, wobei hier nur das Ergebnis für `V(1)` betrachtet wird (s. nächste Seite). Da es sich bei `V(1)` um ein Rechtecksignal handelt, kann das Simulationsergebnis der durch analytische Rechnung bestimmten Fourier-Reihe gegenübergestellt werden. Auf diesem Weg kann auf die erreichte Genauigkeit rückgeschlossen werden. Die Fourier-Reihe für `V1` lautet

$$\texttt{V(1)} = \frac{2\,\mathrm{V}}{\pi}\sum_{k=1}^{\infty}\frac{\sin[\,(2k-1)\omega(t-\delta)\,]}{2k-1} \qquad \text{mit} \qquad \delta = 100\,\mathrm{ps}\,.$$

Für die Amplituden der ungeradzahligen Harmonischen folgt daraus

$$\hat{v}_n = \frac{2\,\mathrm{V}}{\pi\,n} \qquad \text{mit} \qquad n = 1,3,5,7,9,\dots\,,$$

was mit dem Simulationsergebnis (Spalte `FOURIER COMPONENT`) übereinstimmt. Für die geradzahligen Harmonischen liefert die Fourier-Reihe stets die Amplitude null, die Simulation jedoch einen geringen Wert von der Größenordnung 1 mV. Dieser

[11] SPICE nimmt den Verlauf der gewählten Variablen im Intervall $[\,t_{\max}-1/f,\ t_{\max}\,]$ als maßgebliches Zeitintervall für die Fourier-Analyse, d. h. dieser Verlauf wird mit der Periode $1/f$ fortgesetzt.

```
FOURIER COMPONENTS OF TRANSIENT RESPONSE V(1)

DC COMPONENT = 5.009000E-01
```

HARMONIC NO	FREQUENCY (HZ)	FOURIER COMPONENT	NORMALIZED COMPONENT	PHASE (DEG)	NORMALIZED PHASE (DEG)
1	1.000E+06	6.366E-01	1.000E+00	-4.141E-01	0.000E+00
2	2.000E+06	1.800E-03	2.827E-03	8.906E+01	8.947E+01
3	3.000E+06	2.122E-01	3.333E-01	-1.242E+00	-8.281E-01
4	4.000E+06	1.800E-03	2.827E-03	8.812E+01	8.853E+01
5	5.000E+06	1.273E-01	2.000E-01	-2.070E+00	-1.656E+00
6	6.000E+06	1.800E-03	2.828E-03	8.718E+01	8.759E+01
7	7.000E+06	9.093E-02	1.428E-01	-2.898E+00	-2.484E+00
8	8.000E+06	1.800E-03	2.828E-03	8.624E+01	8.665E+01
9	9.000E+06	7.071E-02	1.111E-01	-3.726E+00	-3.312E+00

```
TOTAL HARMONIC DISTORTION = 4.287936E+01 PERCENT
```

Wert stellt ein Maß für den numerischen Fehler dar; ein verbessertes Ergebnis ließe sich durch ein verringertes Zeitinkrement bei der Transientanalyse erzielen (Vorgabe eines kleineren Werts für t_{max}). Δ

4.4.3 Frequenzanalyse

Die .AC-Anweisung

Die `.AC`-Anweisung erlaubt die Durchführung von Wechselstrom-Kleinsignalanalysen. Dabei wird die komplexe Amplitude (Betrag und Phase) des Kleinsignalanteils der Ausgangsvariablen als Funktion der Frequenz berechnet. SPICE berechnet hierzu zunächst den DC-Arbeitspunkt und leitet daraus eine lineare Kleinsignalersatzschaltung her. Dann verändert SPICE schrittweise die Frequenz der AC-Quelle im vorgegebenen Frequenzbereich und berechnet für jeden Frequenzpunkt die auszugebenden Größen. Das zu untersuchende Frequenzintervall läßt sich dekadisch oder linear einteilen. Die Anweisung

```
.AC     DEC     ND     FSTART     FSTOP
```

unterteilt das Frequnzintervall zwischen `FSTART` und `FSTOP` logarithmisch. `ND` bezeichnet die Anzahl der Frequenzschritte pro Dekade, d. h. ist $f(i)$ ein Frequenzpunkt, so ist der nächst höhere Frequenzwert $f(i+1)$ gegeben durch

$$f(i+1) = f(i) \cdot 10^{1/\mathtt{ND}} .$$

Die Anweisung

```
.AC     LIN     NP     FSTART     FSTOP
```

unterteilt das Frequenzintervall zwischen `FSTART` und `FSTOP` in `NP-1` gleich große Teilintervalle. Als Variable können die Kleinsignalanteile der Knotenpotentiale und der durch die Bauelemente fließenden Ströme sowie die Phasenverschiebung dieser Größen bzgl. des Eingangssignals ausgegeben werden.

Die .NOISE-Anweisung

Ergänzend zur `.AC`-Analyse liefert die `.NOISE`-Anweisung eine *Rauschanalyse* in Abhängigkeit von der Frequenz. Dabei wird die Kleinsignalersatzschaltung durch unkorrelierte Kleinsignalrauschquellen ergänzt. Aus dieser Rauschersatzschaltung wird dann die Ausgangsrauschspannung in dem durch die `.AC`-Anweisung vorgegebenen Frequenzbereich berechnet. Die `.NOISE`-Anweisung erfolgt in der Form

```
.NOISE    V(N)    Eingangsquelle
```

Als Ergebnis liefert SPICE den auf eine Bandbreite von 1 Hz bezogenen Effektivwert der Rauschspannung am Knoten `N`

$$\mathtt{V(ONOISE)} = \sqrt{S_{v,\mathtt{N}}(f) \cdot 1\,\mathrm{Hz}}$$

und die auf die Eingangsquelle bezogene Rauschspannung

$$\mathtt{V(INOISE)} = \frac{\mathtt{V(ONOISE)}}{A_v(f)}\,,$$

wobei $S_{v,\mathtt{N}}(f)$ dasSpektrum der Rauschspannung am Knoten `N`, $A_v(f)$ die Spannungsverstärkung von der Eingangsquelle zum Ausgangsknoten `V(N)` bezeichnet. Eine einfache Anwendung der `.NOISE`-Anweisung ist in Beispiel 3.2.3 zu finden.

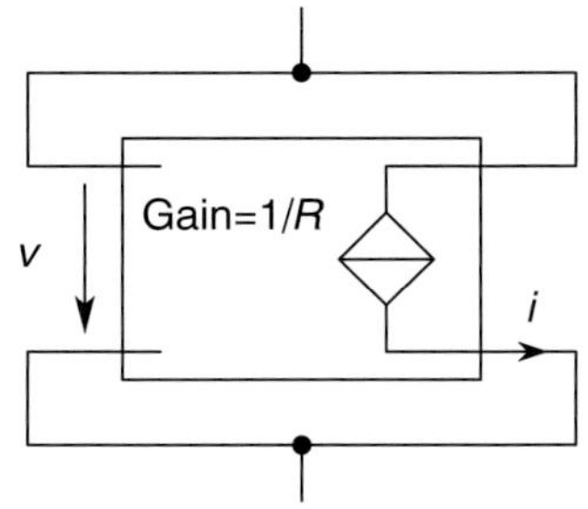

Abb. 4.15. Modellierung rauschfreier Widerstände in SPICE

Widerstände mit Kennbuchstabe `R` werden stets als mit dem thermischen Widerstandsrauschen behaftet angenommen. Nichtrauschende Widerstände können in Ersatzschaltungen durch spannungsgesteuerte Stromquellen definiert werden (Abb. 4.15). Benötigt man für eine Rauschuntersuchung eine Rauschspannungs- oder eine Rauschstromquelle mit einem bestimmten Frequenzgang, so kann diese mit rauschbehafteten Elementen und gesteuerten Quellen konstruiert werden (vgl. Kap. 4.6.2).

4.4.4 Weitere Steueranweisungen

Die .TEMP-Anweisung

Werden keine anderweitigen Angaben gemacht, so führt SPICE die Simulation bei der vorgegebenen Nominaltemperatur[12] durch. Die `.TEMP`-Anweisung erlaubt es, eine gegebene Schaltung für eine gegenüber der Nominaltemperatur veränderte Temperatur zu simulieren. Sämtliche temperaturabhängigen Bauteilparameter wie der Wert temperaturabhängiger ohmscher Widerstände, der Sättigungsstrom von Dioden und Transistoren, etc. werden dabei entsprechend dem jeweiligen Temperaturmodell modifiziert. Die anschließende Simulation wird dann mit den auf die neue Temperatur angepaßten Bauteilkenngrößen durchgeführt. Die *Steueranweisung* der Temperaturanalyse ist von der Form

```
.TEMP    T1    (T2,...)
```

Temperaturwerte T1, ... sind dabei in °C einzugeben.

Beispiel 4.4.8 Die Anweisung

```
.TEMP    -30    0    50
```

beispielsweise veranlaßt SPICE sukzessive drei Simulationen bei den Temperaturen $-30\,°C$, $0\,°C$ und $50\,°C$ durchzuführen.

Die .PARAM-Anweisung

Die `.PARAM`-Anweisung ermöglicht es, eine bestimmte Bauteilgröße als Parameter zu definieren. In Verbindung mit einer `.STEP`-Anweisung lassen sich so mehrere Analysen hintereinander mit veränderten Werten dieses Parameters durchführen. Wird einem Parameter durch die `.PARAM`-Anweisung ein Wert zugeordnet, so kann der Parametername statt konkreter Zahlenangaben in der Element- bzw. Modellanweisung verwendet werden. Die Anweisungen

```
.PARAM   Rwert = 1K
R1   2   1   Rwert
R2   1   0   2*Rwert
```

definiert demnach einen Spannungsteiler mit Teilerverhältnis 2 : 3, das durch eine andere Vorgabe von `Rwert` nicht verändert wird.

In Teilschaltungen können Parameter durch den Zusatz `PARAMS:` gefolgt von einer Liste der Parameter und der zugeordneten Werte definiert werden.

[12] Der Wert der Nominaltempeatur `TNOM` läßt sich mit der `.OPTIONS`-Anweisung verändern; der Ersatzwert beträgt `TNOM` $= 27\,°C$.

Beispiel 4.4.8 Ein Beispiel hierfür ist die in der PSPICE-Modellbibliothek zu findende Teilschaltungsdefinition für den Thyristor 2N1595, die mit der Anweisung

```
.SUBCKT   Name   K_A   K_G   K_C   PARAMS: VDM=600 V   VRM=400V
+ IDRM=10U   IH=6MA   DVDT=5E7   IGT=5MA   VGT=0.7V   VTM=1.7V
+ ITM=24   TON=1U   TOFF=15U
```

beginnt. Diese Parameter werden dann in der Teilschaltungsdefinition zur Berechnung der Elemente der Ersatzschaltung herangezogen

Die .STEP-Anweisung

Die .STEP-Anweisung bewirkt mehrere direkt nacheinander ausgeführte Analysen, bei denen jeweils ein Parameter verändert wird. Die Steueranweisung

```
.STEP   VIN   2   5   1
```

verändert beispielsweise den Wert der Eingangsspannungsquelle VIN im Intervall von $(2 - 5)$ V in Schritten von 1 V. Ist beispielsweise zusätzlich eine .TRAN-Anweisung vorhanden, so würde diese für jeden Wert der Eingangsspannung durchgeführt (insgesamt vier Einschwinganalysen).

Die .PRINT-Anweisung

Wird die .PRINT-Anweisung verwendet, so liefert SPICE das Ergebnis in Form einer Tabelle in der .OUT-Datei. Die .PRINT-Anweisung legt die zu berechnenden Ausgangsvariablen der Schaltung fest. Die .PRINT-Anweisung ist von der Form

```
.PRINT   Analyseart   Variable1   (Var2, ..., Var8)
```

Die .OPTIONS-Anweisung

Die .OPTIONS-Anweisung erlaubt dem Benutzer Eingriffe in den Programmablauf. Auf diesem Weg lassen sich z. B. Konvergenzschwierigkeiten beseitigen, höhere Genauigkeiten erreichen oder Ersatzwerte verändern. Die Anweisung besitzt die allgemeine Form

```
.OPTIONS    Option1    (Option2,...)
```

Beispiele solcher von SPICE vorgesehener Optionen sind in Tabelle 4.5 aufgeführt. Ein vollständiger Überblick über die verfügbaren Optionen sowie Programm- und Laufzeitstatistiken ist dem Handbuch zu entnehmen.

Tabelle 4.5 Beispiele für `.OPTIONS`-Anweisungen

Option	Wirkung
`LIST`	Bewirkt die Ausgabe der Eingabedaten und erlaubt so die Kontrolle der Schaltungsbeschreibung oder des Einbaus neuer Modelle
`NOMOD`	Unterdrückt die Ausgabe der Modellparameter
`NOPAGE`	Unterdrückt den Seitenvorschub
`NODE`	Bewirkt einen Ausdruck der Knotentabelle
`TNOM = X`	Setzt die Nominaltemperatur `TNOM` der Schaltung auf den Wert `X` [in °C].
`LIMPTS = X`	Setzt die maximal zulässige Zahl von Ergebnispunkten bei der `.DC`-, `.AC`- oder `.TRAN`-Analyse auf den Wert X
`CPTIME = X`	Begrenzt die maximal zulässige CPU-Zeit auf den Wert `X` in s

4.5 Unabhängige Quellen V, I

Für SPICE-Simulationen stehen ideale unabhängige Spannungs- und Stromquellen zur Verfügung. *Unabhängige Spannungsquellen* werden in der Netzliste durch Elementanweisungen der Form

```
V(name)    K_1    K_2    Typ    Parameter
```

eingeführt, *unabhängige Stromquellen* durch Elementanweisungen der Art

```
I(name)         K_1    K_2    Typ    Parameter
```

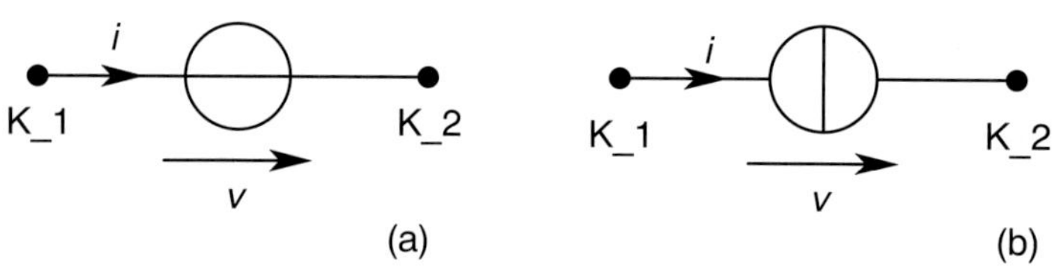

Abb. 4.16. Unabhängige Quellen in SPICE. **(a)** Spannungsquelle, **(b)** Stromquelle

Die Zählpfeilrichtung zeigt dabei vereinbarungsgemäß von `K_1` zu `K_2`. Für eine Spannungsquelle bedeutet eine Spannung $V > 0$ demzufolge, daß das Potential `V(K_1)` einen größeren Wert besitzt als das Potential `V(K_2)`. Für die Stromquelle bedeutet ein Strom $I > 0$ einen Stromfluß von Knoten K_1 nach Knoten K_2 (Abb. 4.16).

4.5.1 Gleichquellen

Für die Definition einer *Gleichspannungsquelle* ist eine Elementanweisung der Form

```
V(name)   K_1   K_2   DC   (Wert)
```

zu verwenden, für eine *Gleichstromquelle* gilt entsprechend

```
I(name)   K_1   K_2   DC   (Wert)
```

Die Ausgangsvariable (Spannung oder Strom) einer Gleichquelle kann durch die `.DC`-Anweisung in einem vorgegebenen Intervall verändert werden, was die Simulation von Kennlinienfeldern ermöglicht.

4.5.2 Wechselquellen (AC)

Wechselquellen (`AC`) liefern eine zeitabhängige cosinusförmige Spannung

$$v(t) = \hat{v}_\mathrm{a}\, \mathrm{e}^{\mathrm{j}\phi}\, \mathrm{e}^{\mathrm{j}2\pi f t} = \underline{\hat{v}}_\mathrm{a}\, \mathrm{e}^{\mathrm{j}2\pi f t} .$$

Die Elementanweisung der `AC`-Spannungsquelle lautet

`V(name)   K_1   K_2   AC` $\hat{v}_\mathrm{a}$ ϕ

Die Phase muß nicht spezifiziert werden; werden keine Angaben gemacht, so nimmt SPICE den Wert $\phi = 0$ an. Die `AC`-Quelle wird zusammen mit der `.AC`-Anweisung zur Frequenzanalyse der im Arbeitspunkt linearisierten Schaltung eingesetzt; die Frequenz der `AC`-Quelle wird dabei in der `.AC`-Anweisung spezifiziert. Bei der einer `.AC`-Analyse vorausgehenden Arbeitspunktberechnung wird die AC-Quelle durch einen Kurzschluß ersetzt.

4.5.3 Zeitabhängige Quellen

In SPICE lassen sich zeitabhängige Strom- und Spannungsquellen definieren. Dabei besteht die Wahl zwischen fünf verschiedenen Typen. Diese sind in Tabelle 4.6 aufgelistet.

Tabelle 4.6 Zeitabhängige Quellen für die `.TRAN`-Analyse

Quelle	Kennwort
Pulsquelle	`PULSE`
Sinusquelle	`SIN`
Exponentialquelle	`EXP`
Polygonquelle	`PWL`
Frequenzmodulierte Sinusquelle	`SFFM`

Die Eigenschaften der einzelnen Quellen werden im Folgenden dargestellt. Dabei werden lediglich die Elementanweisungen für die Spannungsquellen erläutert. Die Elementanweisungen für Stromquellen besitzen dieselbe Form – einzig der Kennbuchstabe `V` ist durch den Kennbuchstaben `I` zu ersetzen.

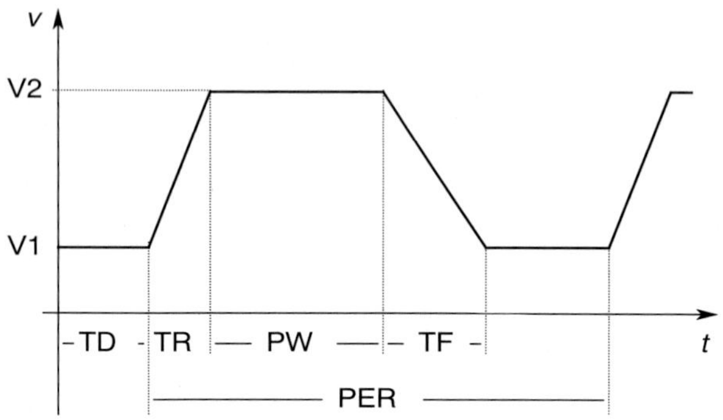

Abb. 4.17. Parameter zur Definition des Spannungsverlaufs der PULSE-Quelle

Pulsquelle. Die *Pulsquelle* erlaubt die Definition zeitabhängiger Spannungs- und Stromquellen mit trapezförmigem Verlauf. Die Elementanweisung der `PULSE`-Spannungsquelle ist von der Form

```
V(name)   K_1   K_2   PULSE   V1   V2   TD   TR   TF   PW   PER
```

Die Bedeutung der Parameter ist Abb. 4.17 und Tabelle 4.7 zu entnehmen. Abgesehen von `V1` und `V2` werden fehlende Parameter automatisch mit Ersatzwerten entsprechend der Tabelle versehen.

Tabelle 4.7 Kenngrößen der `PULSE`-Quelle

Parameter	Symbol	Einheit	Ersatzwert
Pulsanfangswert	V1	V	-
Pulshöhe	V2	V	-
Pulsverzögerung	TD	s	0
Anstiegszeit	TR	s	t_{step}
Abfallzeit	TF	s	t_{step}
Pulsweite	PW	s	t_{stop}
Periodendauer	PER	s	t_{stop}

Beispiel 4.5.1 Als Beispiel wird die durch die Elementanweisung

```
V   1   0   PULSE   -3   4   1N   0.5N   1.5N   2N   8N
```

hervorgerufene Ausgangsspannung `V(1)` betrachtet. Diese ist in Abb. 4.18 dargestellt.

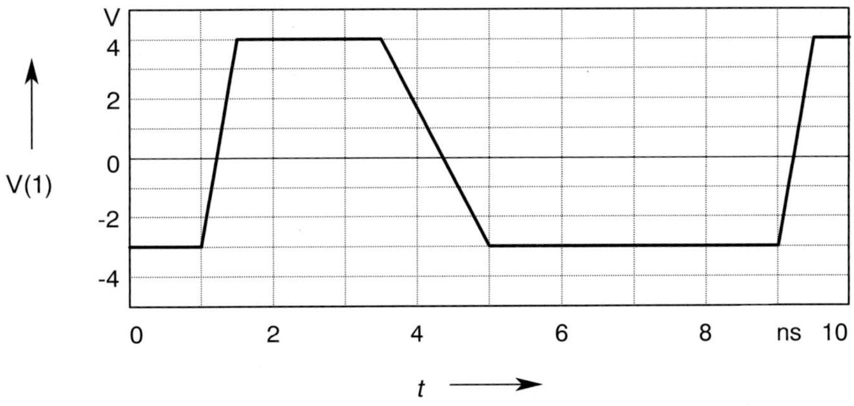

Abb. 4.18. Spannungsverlauf der in Beispiel 4.5.1 betrachteten Pulsquelle

Sinusquelle. Die *Sinusquelle* wird durch die Offsetspannung VOFF $= V_0$, die Spannungsamplitde VAMPL $= \hat{v}_a$, die Frequenz FREQ $= f$, die Verzögerung TD $= t_d$, die Dämpfung DF $= \alpha$ und die Phase PHASE $= \varphi$ (in Grad) mit der Elementanweisung

```
V(name)  K_1  K_2  SIN   VOFF  VAMPL  FREQ  TD  DF  PHASE
```

beschrieben; sie liefert für $t > t_d$ eine zeitabhängige Spannung der Form

$$v(t) \;=\; V_0 + \hat{v}_a \, e^{-\alpha(t-t_d)} \sin\left[2\pi\left(ft + \frac{\varphi}{360°}\right)\right] ,$$

d. h. eine um die Offsetspannung V_0 verschobene, nach der Verzögerungszeit τ_d einsetzende, exponentiell gedämpfte Sinusschwingung der Frequenz f. Die Größe α wird in Hz gemessen und bestimmt die Rate, mit der die Sinusschwingung abklingt. Werden die Parameter f, τ_d, α, φ nicht spezifiziert, so benützt SPICE automatisch die *Ersatzwerte* $f = 1/t_{step}$, $\tau_d = 0$, $\alpha = 0$, $\varphi = 0$.

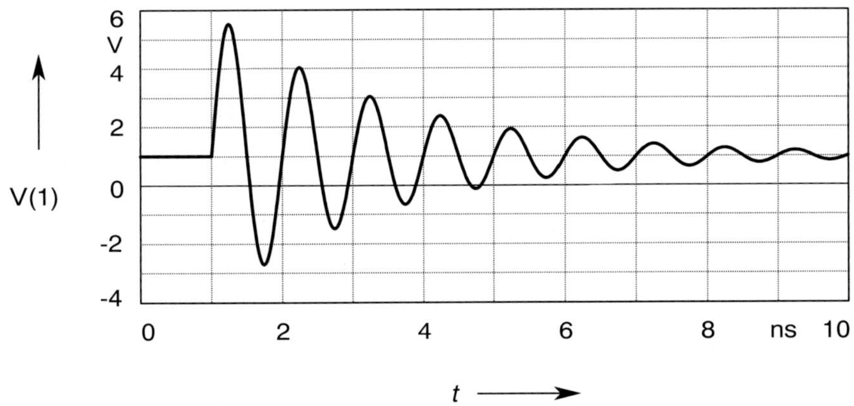

Abb. 4.19. Spannungsverlauf der in Beispiel 4.5.2 betrachteten Sinusquelle

Beispiel 4.5.2 Als Beispiel wird die durch die Elementanweisung

```
V   0   1   SIN   1V   4V   1E9   1N   4E8
```

hervorgerufene Ausgangsspannung `V(1)` betrachtet. Diese ist in Abb. 4.19 dargestellt.

Exponentialquelle. Der Spannungsverlauf $v(t)$ der *Exponentialquelle* wird aus exponentiell von der Zeit abhängigen Teilspannungsverläufen zusammengesetzt. Die Exponentialquelle besitzt die Elementanweisung

```
V(name)   K_1   K_2   EXP   V1   V2   TD1   TC1   TD2   TC2
```

Im Zeitintervall $0 < t \leq t_{\mathrm{d1}}$ bis zur Anstiegsverzögerungszeit `TC1` $= t_{\mathrm{d1}}$ ist die Spannung der `EXP`-Quelle gleich dem Anfangswert `V1` $= V_1$. Im Zeitintervall $t_{\mathrm{d1}} < t < t_{\mathrm{d2}}$ genügt die Spannung einem exponentiellen Zeitgesetz mit der Zeitkonstante `TC1` $= t_{\mathrm{c1}}$

$$v(t) = V_1 + (V_2 - V_1)\left[1 - \exp\left(-\frac{t - t_{\mathrm{d1}}}{t_{\mathrm{c1}}}\right)\right] .$$

Nach Erreichen der Abfallverzögerungszeit `TD2` $= t_{\mathrm{d2}}$, d. h. im Zeitintervall $t_{\mathrm{d2}} < t < t_{\mathrm{stop}}$, ist der Spannungsverlauf dann gegeben durch

$$v(t) = V_1 + (V_2 - V_1)\left[\exp\left(-\frac{t - t_{\mathrm{d2}}}{t_{\mathrm{c2}}}\right) - \exp\left(-\frac{t - t_{\mathrm{d1}}}{t_{\mathrm{c1}}}\right)\right] .$$

Falls nicht spezifiziert, werden von SPICE die *Ersatzwerte* $t_{\mathrm{d1}} = 0$, $t_{\mathrm{c1}} = t_{\mathrm{step}}$, $t_{\mathrm{d2}} = t_{\mathrm{d1}} + t_{\mathrm{step}}$ sowie $t_{\mathrm{c2}} = t_{\mathrm{step}}$ verwendet.

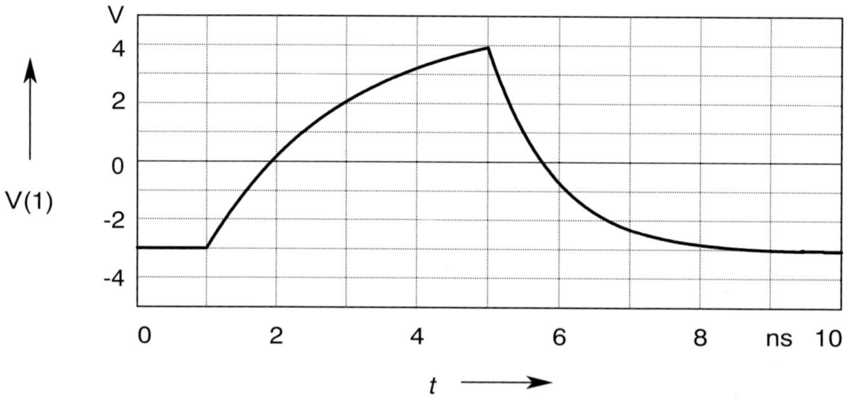

Abb. 4.20. Spannungsverlauf der in Beispiel 4.5.3 betrachteten Exponentialquelle

Beispiel 4.5.3 Als Beispiel wird die durch die Elementanweisung

```
V   0   1   EXP   -3V   4V   1N   2N   5N   1N   8N
```

hervorgerufene Ausgangsspannung `V(1)` betrachtet. Diese ist in Abb. 4.20 dargestellt.

Polygonquelle. Die *Polygonquelle* liefert eine aus Geradenstücken zusammengesetzte Ausgangsspannung $v(t)$. Zu jedem Stützpunkt ist ein Wertepaar von Zeit und Spannung (bzw. Strom) anzugeben. Die Elementanweisung für die Polygonquelle besitzt damit die allgemeine Form

```
V(name)   K_1   K_2   PWL   Wertepaare (t,v)
```

Beispiel 4.5.4 Abbildung 4.21 zeigt die durch die Elementanweisung

```
V   0   1   PWL   0   -4V    1N   -4V   2N   4V   3N   4V
+ 6N   3V   8N   3.5V   9N   0.5V   10N   0V
```

hervorgerufene Ausgangsspannung `V(1)`.

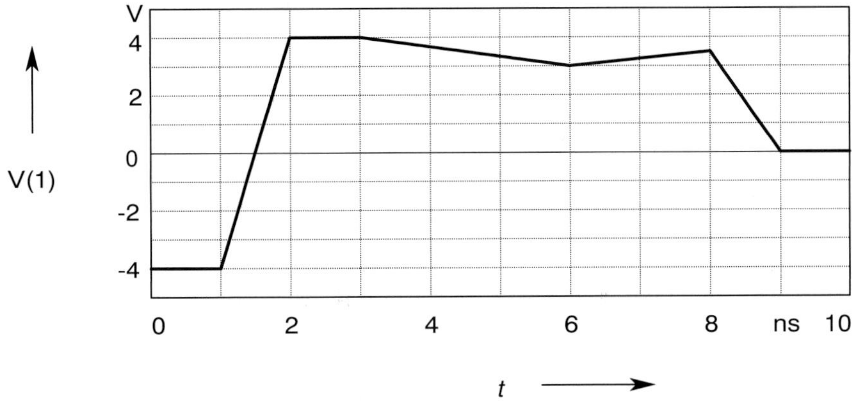

Abb. 4.21. Spannungsverlauf der in Beispiel 4.5.4 betrachteten Polygonquelle

Frequenzmodulierte Sinusquelle. Die *frequenzmodulierte Sinusquelle* wird durch die Elementanweisung

V(name)   K_1   K_2   SFFM V_0 $\hat{v}_a$ f_c m_i f_s

beschrieben; sie liefert eine zeitabhängige Spannung der Form

$$v(t) = V_0 + \hat{v}_a \sin\left[2\pi f_c t + m_i \sin(2\pi f_s t)\right] .$$

Das ist eine um die Offsetspannung V_0 verschobene Sinusschwinung der Amplitude $\hat{v}_a$ und Frequenz f_c (Trägerfrequenz), die von der Signalfrequenz f_s moduliert wird. Der Parameter m_i bezeichnet den Modulationsindex. Falls nicht spezifiziert, verwendet SPICE die *Ersatzwerte* $f_c = 1/t_{stop}$, $f_s = 1/t_{stop}$.

Beispiel 4.5.5 Als Beispiel wird die durch die Elementanweisung

```
V   0   1   SFFM   1V   5V   1E9   4   4E8
```

hervorgerufene Ausgangsspannung `V(1)` betrachtet. Diese ist in Abb. 4.22 dargestellt.

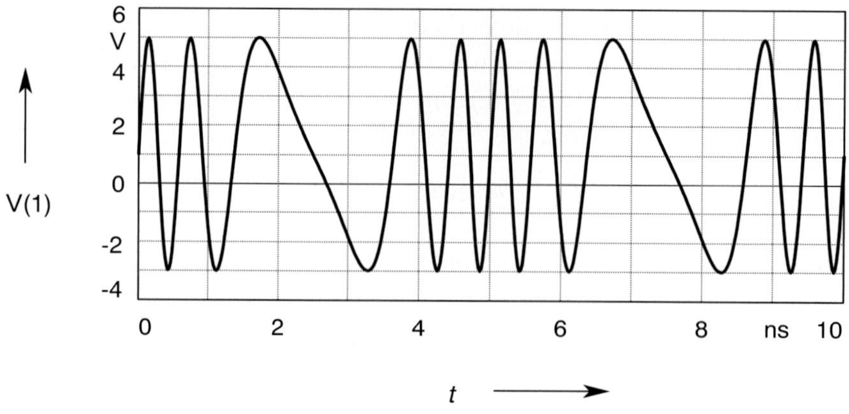

Abb. 4.22. Spannungsverlauf der frequenzmodulierten Sinusquelle nach Beispiel 4.5.5

4.6 Gesteuerte Quellen

Gesteuerte Quellen werden in SPICE durch Elementanweisungen gekennzeichnet, die mit den Buchstaben `E`, `F`, `G` oder `H` beginnen (vgl. Tab. 4.8). Dabei lassen sich sowohl lineare als auch nichtlineare Abhängigkeiten zwischen Eingangs- und Ausgangsvariable realisieren.

Tabelle 4.8 Gesteuerte Quellen und zugehörige Kennbuchstaben

Kennbuchstabe	Gesteuerte Quelle
E	spannungsgesteuerte Spannungsquelle
F	stromgesteuerte Stromquelle
G	spannungsgesteuerte Stromquelle
H	stromgesteuerte Spannungsquelle

4.6.1 Lineare gesteuerte Quellen

Die Elementanweisung für eine *lineare spannungsgesteuerte Spannungsquelle* ist von der Form

```
E(name)    A1    A2    E1    E2    Wert
```

die für eine *lineare spannungsgesteuerte Stromquelle* lautet entsprechend

```
G(name)    A1    A2    E1    E2    Wert
```

Die Elementanweisung beginnt mit dem jeweiligen Kennbuchstaben, gefolgt von einem beliebig gewählten Namen. Anschließend folgen vier Knotennummern. Die ersten beiden (`A1`, `A2`) kennzeichnen die Ausgangsknoten, wobei die Zählpfeilrichtung vereinbarungsgemäß von Knoten `A1` zu Knoten `A2` zeigt. Durch `E1` und `E2` sind die Knoten der steuernden Spannung festgelegt.

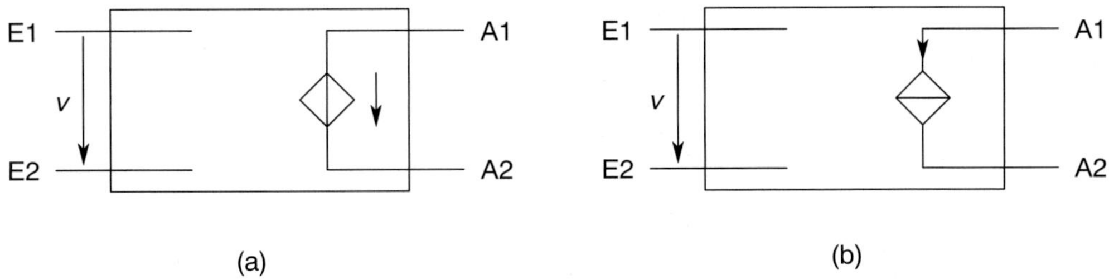

Abb. 4.23. SPICE-Modell der spannungsgesteuerten Spannungs- und Stromquelle

Der der linearen spannungsgesteuerten Spannungsquelle zugeordnete Wert ist die *Spannungsverstärkung* (dimensionslos):

$$\text{Spannungsverstärkung} = \frac{\text{Ausgangsspannung}}{\text{Eingangsspannung}} \,.$$

Der der linearen spannungsgesteuerten Stromquelle zugeordnete Wert ist der *Übertragungsleitwert* der in Siemens angegeben wird:

$$\text{Übertragungsleitwert} = \frac{\text{Ausgangsstrom}}{\text{Eingangsspannung}} \,.$$

Die Elementanweisung für eine *lineare stromgesteuerte Spannungsquelle* ist von der Form

```
H(name)    A1    A2    VST    WERT
```

die für eine *lineare stromgesteuerte Stromquelle* entsprechend

```
F(name)    A1    A2    VST    WERT
```

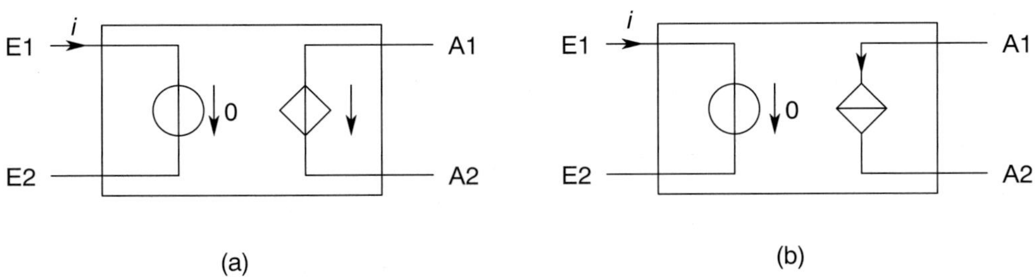

Abb. 4.24. SPICE-Modell der stromgesteuerten Spannungs- und Stromquelle

`A1` und `A2` bezeichnen wiederum die Ausgangsknoten, `VST` ist der Name der idealen unabhängigen Spannungsquelle[13] mit Innenwiderstand null, die vom

[13]Ist im Steuerstromzweig der Schaltung zunächst keine Spannungsquelle enthalten, so wird eine Quelle mit dem Wert null eingebaut. Diese wirkt als Kurzschluß und beeinflußt die Schaltung nicht.

Steuerstrom durchflossen wird. Der der linearen stromgesteuerten Spannungsquelle zugeordnete Wert ist der *Übertragungswiderstand* (in Ω):

$$\text{Übertragungswiderstand} = \frac{\text{Ausgangsspannung}}{\text{Eingangsstrom}} ;$$

der der linearen stromgesteuerten Stromquelle zugeordnete Wert ist die *Stromverstärkung* (dimensionslos):

$$\text{Stromverstärkung} = \frac{\text{Ausgangsstrom}}{\text{Eingangsstrom}} .$$

Beispiele für die Anwendung gesteuerter Quellen zur Nachbildung elektrischer *Schalter* sind in [5] zu finden.

4.6.2 Rauschquellen

Rauschquellen sind nicht explizit vorgesehen, lassen sich über spannungsgesteuerte Spannungs- oder Stromquellen aber leicht aus rauschbehafteten Netzwerkelementen konstruieren. Als „primäre“ Rauschquellen können dabei Widerstände oder Dioden verwendet werden.

Wird beispielsweise ein Widerstand vom Wert R an den Eingang einer spannungsgesteuerten Stromquelle mit Übertragungsfaktor G angeschlossen, so liefert diese am Ausgang einen Rauschstrom mit dem Spektrum $S_i = G^2 \cdot 4k_\mathrm{B}TR$. Eine so definierte Rauschstromquelle ist abhängig von der Simulationstemperatur. Soll die Quelle keinen Temperaturgang aufweisen, so ist die Betriebstemperatur des Widerstands unabhängig von der Simulationstemperatur der restlichen Schaltung mitteles `T_ABS` in der Modellanweisung des Widerstands festzulegen.

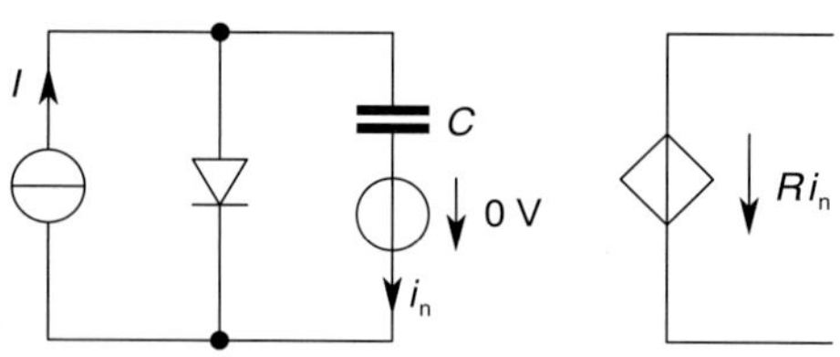

Abb. 4.25. Konstruktion einer Rauschspannungsquelle mit $1/f$-Rauschen

Das Rauschverhalten einer pn-Diode wird in SPICE durch eine Rauschstromquelle mit der spektralen Dichte

$$S_i = 2eI + K_\mathrm{F} \left(\frac{I}{\mathrm{A}}\right)^{A_\mathrm{F}} \frac{1}{f}$$

beschrieben (vgl. Kap. 14). Dies ermöglicht die Konstruktion von Rauschquellen die bei tiefen Frequenzen $1/f$-Rauschen zeigen. Abbildung 4.25 zeigt als Beispiel den Aufbau einer Rauschspannungsquelle. Der durch die Diode fließende Gleichstrom wird durch eine Stromquelle vorgegeben. Parallel zur Diode ist eine sehr große Kapazität[14] geschaltet, die die Spannung über der Diode konstant hält und den Diodenrauschstrom kurzschließt. Die in Reihe zu dieser Kapazität geschaltete Spannungsquelle vom Wert 0 V mißt den fließenden Rauschstrom und steuert damit die Spannungsquelle. Bezeichnet R den Übertragungsfaktor der gesteuerten Spannungsquelle, so liefert die Quelle bei hohen Frequenzen eine Rauschspannung mit dem Spektrum $S_v = 2eIR^2$; unterhalb der durch

$$2eI = K_\mathrm{F} \left(\frac{I}{\mathrm{A}}\right)^{A_\mathrm{F}} \frac{1}{f_\mathrm{c}} \quad \text{bzw.} \quad f_\mathrm{c} = \frac{K_\mathrm{F}}{2eI} \left(\frac{I}{\mathrm{A}}\right)^{A_\mathrm{F}}$$

bestimmten Rauscheckfrequenz dominiert das $1/f$-Rauschen.

Beispiel 4.6.1 Als Beispiel wird eine Rauschspannungsquelle mit der Rauscheckfrequenz $f_\mathrm{c} = 1\,\mathrm{kHz}$ und der Rauschspannung $1\,\mu\mathrm{V}/\sqrt{\mathrm{Hz}}$ im Bereich des weißen Rauschens konstruiert. Zu diesem Zweck wird in eine Diode `D1` der Strom 1 mA eingeprägt. Der Parameter `KF` wird mit

$$K_\mathrm{F} = 2ef_\mathrm{c} \cdot 1\,\mathrm{mA} = 3.204 \cdot 10^{-16}\,\mathrm{A}^2$$

festgelegt; A_F muß nicht angegeben werden, da PSPICE hier automatisch den Ersatzwert 1 verwendet. Die mit den Anweisungen

```
V1 1 0 DC 1
G1 0 2 1 0 1m
D1 2 0 DIOD
C1 2 3 1
V2 3 0 DC 0
H1 4 0 V2 55866
.MODEL DIOD D (IS=1P KF=3.24E-16)
.AC DEC 50 1 1MEG
.NOISE V(4) V1
.PROBE
.END
```

durchgeführte Simulation ergibt den in Abb. 4.26 dargestellten Frequenzgang der auf 1 Hz Bandbreite bezogenen Rauschspannung. Für $f < 1\,\mathrm{kHz}$ fällt diese erwartungsgemäß wie $1/\sqrt{f}$ – in diesem Bereich dominiert das $1/f$-Rauschen. Δ

Rauschvierpole lassen sich durch Kombination einer Rauschspannungs- und einer Rauschstromquelle erzeugen. Sind Rauschspannungs- und Rauschstromquelle unkorreliert, so sind die beiden Quellen mit unabhängigen Primärquellen zu steuern. Liegt eine Teilkorrelation der Rauschquellen vor, so kann

[14]Diese hat für Frequenzen mit $2\pi fC \gg g_\mathrm{d} = I/V_T$ keinen Einfluß auf das Spektrum der Rauschspannung. Um zu verhindern, daß ein Teil des Rauschstroms bereits durch die Diodenkapazität kurzgeschlossen wird, sollten die Parameter C_JO und T_T auf null gesetzt werden.

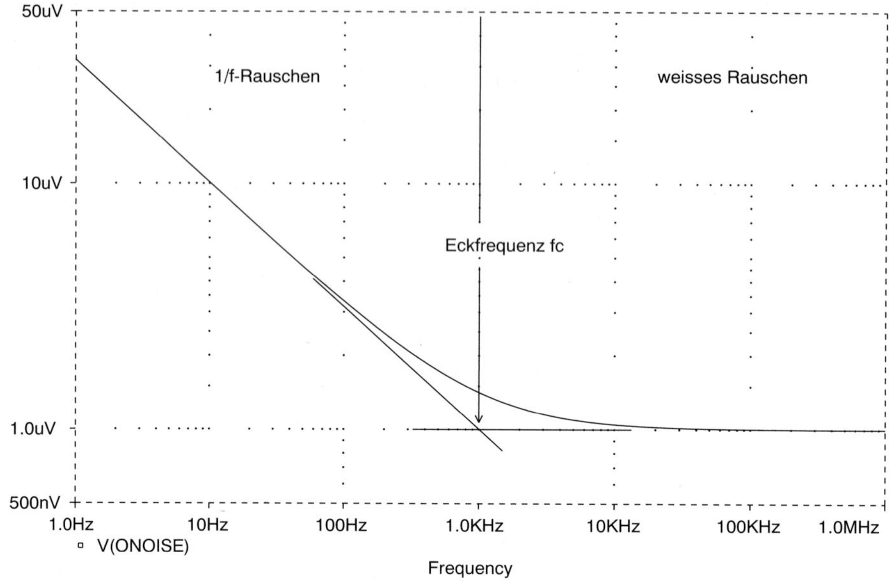

Abb. 4.26. Rauschspannung (bezogen auf die Bandbreite 1 Hz) am Ausgang der in Beispiel 4.6.1 konstruierten Rauschspannungsquelle

z.B. die Rauschstromquelle als Parallelschaltung einer unabhängig gesteuerten Rauschstromquelle und einer durch die Ausgangsspannung der Rauschspannungsquelle gesteuerten Stromquelle beschrieben werden.

4.6.3 Nichtlineare gesteuerte Quellen

Für gesteuerte Quellen lassen sich in SPICE auch nichtlineare Abhängigkeiten in Form von Polynomfunktionen definieren. Dabei sind auch mehrere Argumente zulässig, d. h. der Ausgang einer spannungsgesteuerten Stromquelle läßt sich durch mehrere Steuerspannungen beeinflussen. In PSPICE besteht ferner die Möglichkeit nichtlineare Abhängigkeiten durch andere Funktionen sowie Frequenzabhängigkeiten zu berücksichtigen. Nichtlineare gesteuerte Quellen finden zahlreiche Anwendungen, etwa zur Modellierung nichtlinearer Widerstände oder zur Modellierung der Ladungsträgermultiplikation in pn-Übergängen.

Polynomquellen. Die Anzahl N der Steuergrößen wird in der Elementanweisung durch den Eintrag `POLY(N)` spezifiziert. Die Polynomfunktion wird durch Angabe der Polynomkoeffizienten `P0`, `P1`, `P2` etc. festgelegt.[15] Die Bedeutung der Polynomkoeffizienten hängt von der Anzahl der Argumente ab,

[15] Sowohl die Anzahl N der Argumente als auch die Anzahl der Koeffizienten sind beliebig.

wie die folgenden Beispiele zeigen.[16] Im Fall einer Steuergröße X (N = 1) wird die Ausgangsgröße Y gebildet gemäß

$$Y = \texttt{P0} + \texttt{P1} \cdot X + \texttt{P2} \cdot X^2 + \texttt{P3} \cdot X^3 + \dots ,$$

im Fall zweier Steuergrößen X_1, X_2 ($\texttt{N} = 2$) gemäß

$$\begin{aligned} Y &= \texttt{P0} + \texttt{P1} \cdot X_1 + \texttt{P2} \cdot X_2 + \texttt{P3} \cdot X_1^2 + \texttt{P4} \cdot X_1 X_2 + \texttt{P5} \cdot X_2^2 + \\ &+ \texttt{P6} \cdot X_1^3 + \texttt{P7} \cdot X_1^2 X_2 + \texttt{P8} \cdot X_1 X_2^2 + \texttt{P9} \cdot X_2^3 + \dots \end{aligned}$$

Exemplarisch wird die Elementanweisung für eine nichtlineare spannungsgesteuerte Spannungsquelle betrachtet. Diese ist von der Form

```
E(name)    A1    A2    POLY(N)    E11    E21   ...
+ E1N    E2N    P0    P1 ...
```

`A1` und `A2` bezeichnen wieder die Ausgangsknoten wie bei den linearen gesteuerten Quellen. Das Feld `POLY(N)` braucht nur für den Fall mehrerer Steuerspannungen angegeben zu werden; wird es weggelassen, so nimmt SPICE an, daß nur eine steuernde Quelle vorliegt. Entsprechend der Anzahl der Steuerspannungen `N` sind nun N Knotenpaare `E11`, `E21`, ... , `E1N`, `E2N` anzugeben, zwischen denen die jeweiligen Steuerspannungen auftreten. Nach diesen Angaben folgen die Polynom-Koeffizienten `P0`, `P1`, ...

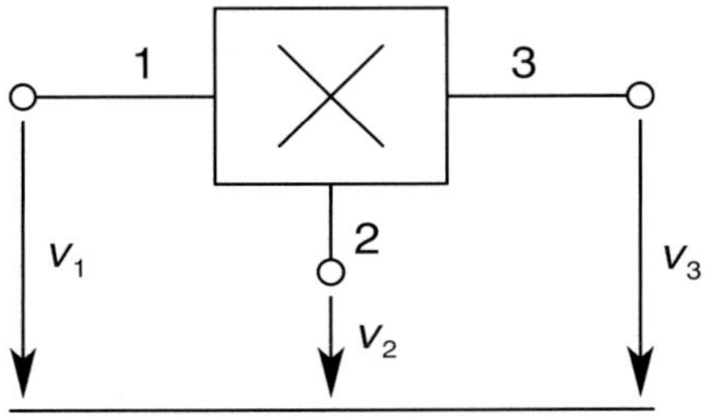

Abb. 4.27. Definition eines Spannungsmultiplizierers mit Polynomquelle

Beispiel 4.6.2 Als einfaches Anwendungsbeispiel wird die Beschreibung eines Spannungsmultiplizierers diskutiert. Dies ist eine von zwei Eingangsspannungen V_1, V_2 gesteuerte Spannungsquelle mit der Ausgangsspannung $V_1 \cdot V_2/\mathrm{V}$. Mit der Knotenbenennung entsprechend der nebenstehenden Abbildung lautet die Elementanweisung

```
EMULT   3   0   POLY(2)   1   0   2   0   0   0   0   0   1
```

Nur der Polynom-Koeffizient $\texttt{P4} = 1/\mathrm{V}$ wird von null verschieden gesetzt. In PSPICE läßt sich dieselbe Funktion auch durch die Elementanweisung

```
EMULT   3   0   VALUE={V(1)*V(2)}
```

[16]Die linearen gesteuerten Quellen stellen eine Untermenge der nichtlinearen Quellen dar: Wird bei einem eindimensionalen Polynom nur ein Koeffizient angegeben, so wird dieser automatisch als `P1` angenommen – die anderen Koeffizienten `P0`, `P2` etc. werden auf null gesetzt.

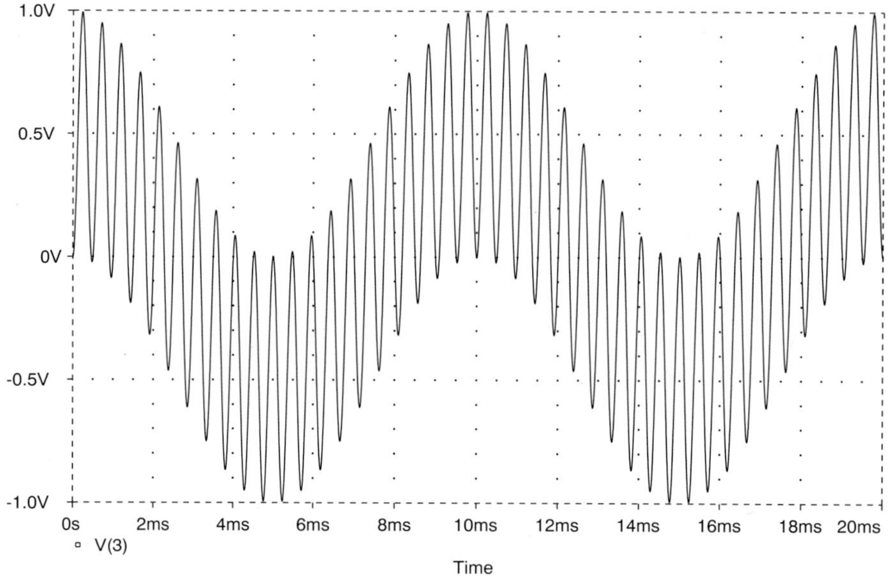

Abb. 4.28. Mischen (Multiplikation) zweier sinusförmiger Eingangsspannungen der Amplitude 1 V und der Frequenzen 1 kHz bzw. 1.1 kHz

definieren. Abbildung 4.28 zeigt den Verlauf der Ausgangsspannung einer so definierten Quelle, falls die Eingangsspannungen $v_1(t)$ und $v_2(t)$ als sinusförmige Spannungen der Frequenz 1 kHz bzw. 1.1 kHz gewählt werden. Die Simulation zeigt erwartungsgemäß, daß das „Mischprodukt" eine Überlagerung von zwei sinusförmigen Spannungen der Frequenz $f_+ = 2.1\,\text{kHz}$ (Summenfrequenz) und der Frequenz $f_- = 0.1\,\text{kHz}$ (Differenzfrequenz) darstellt. △

Der Aufbau der Elementanweisung für nichtlineare stromgesteuerte Quellen verläuft analog. Eine Elementanweisung der allgemeinen Form

```
H(name)  A1  A2  POLY(N)  VST1  ...  VSTN  P0  P1 ...
```

bestimmt beispielsweise eine nichtlineare von N Strömen gesteuerte Spannungsquelle; anstatt der Angabe der Knotennamen, zwischen denen die Steuerspannungen auftreten, sind nun N Spannungsquellen anzugeben, die von den einzelnen Steuerströmen durchflossen werden.

4.6.4 Analog Behavioral Modeling

In PSPICE können nichtlineare gesteuerte Quellen[17] mit einer Elementanweisung der Form

[17]Die Anweisung kann für spannungsgesteuerte Spannungsquellen (E) und spannungsgesteuerte Stromquellen (G) verwendet werden.

```
E(name)    K_1    K_2    VALUE = {f(v_1,...,v_n)}
```

durch direkte Angabe ihrer Übertragungsfunktion spezifiziert werden. Die Funktion $f(v_1,\ldots,v_n)$ bestimmt dabei die Abhängigkeit der Spannung zwischen den Knoten K_1 und K_2 von den Steuerspannungen $v_1,\ldots,v_n$. Die bei Polynomen höherer Ordnung etwas unübersichtliche Definition der Polynomquellen kann so vereinfacht werden.

Beispiel 4.6.3 Die Elementanweisung

```
E1    1    0    VALUE = {5*PWR(V(2,3),7)}
```

beschreibt beispielsweise eine von der Spannung $V_{2,3}$ gesteuerte Spannungsquelle E1, die zwischen den Knoten 1 und 0 die Spannung

$$V_{1,0} = 5\,\mathrm{V}\cdot(V_{2,3}/\mathrm{V})^7$$

einprägt. △

Der Übertragungsfaktor einer spannungsgesteuerten Spannungsquelle kann auch frequenzabhängig mittels der Laplace-Transformierten vorgegeben werden. Die entsprechende Elementanweisung ist von der Form

```
E(name)    K_1    K_2    LAPLACE {V_α,β} = {H(s)}
```

Beispiel 4.6.4 Die Elementanweiung

```
E1    1    0    LAPLACE {V(2,3)} = {1/(1+0.01*s)}
```

erzeugt demnach zwischen den Knoten 1 und 0 die Spannung mit der Laplace-Transformierten

$$v_{1,0}(s) = \frac{v_{2,3}(s)}{1+s\tau} \quad \text{mit} \quad \tau = 10\,\mathrm{ms}\,.$$

Alternativ müßte eine solche Spannungsquelle über die Reihenschaltung einer Spannungsquelle, eines RC-Tiefpaß ($\tau = RC$) und einer spannungsgesteuerten Spannungsquelle mit Übertragungsfaktor eins definiert werden. △

Dies bietet eine elegante Möglichkeit zur Definition frequenzabhängiger Übertragungsfaktoren für .AC-Analysen. Bei Transientenanalysen wird jedoch eine numerische Rücktransformation in den Zeitbereich benötigt, die zu Konvergenzproblemen führen kann.

Eine weitere interessante Möglichkeit bietet die Angabe der Übertragungsfunktion in *Tabellenform* durch eine Elementanweisung der Form

```
E(name)    K_1    K_2    TABLE = {V_α,β} = (V_i1,V_a1)...(V_im,V_am)
```

wobei die $(V_{\mathrm{i}k}, V_{\mathrm{a}k})$ Stützpunkte der Übertragungskennlinie angeben.

Beispiel 4.6.5 Die Elementanweisung

```
E1    OUT    0    TABLE = {V(IN)} = (-5,-3) (-4,0) (-3,0) (-2,-1)
+ (-1,-1) (2,3) (3,3) (5,0)
```

definiert eine von der zwischen dem Knoten `IN` und Masse liegenden Spannung gesteuerte Spannungsquelle. Die zwischen den Ausgangsknoten `OUT` und Masse anliegende Spannung ist in Abb. 4.29 als Funktion der Eingangsspannung dargestellt.

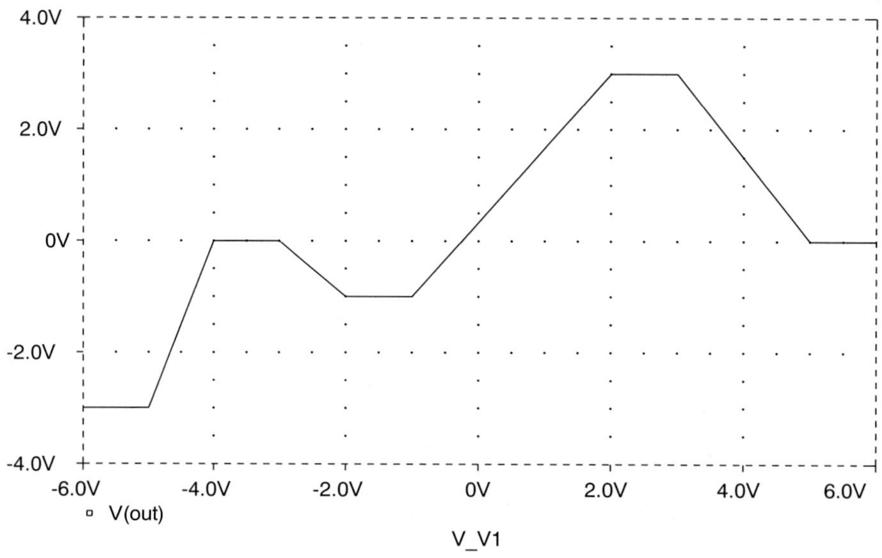

Abb. 4.29. Zur Definition der Übertragungskennlinie einer spannungsgesteuerten Spannungsquelle in Tabellenform

4.7 Literaturverzeichnis

[1] D.O. Pederson. A historical review of circuit simulation. *IEEE Trans. Circuits and Systems*, 31(1):103–111, 1984.

[2] E.E.E. Hoefer, H. Nielinger. *SPICE - Analyseprogramm für elektronische Schaltungen.* Springer, Berlin, 1985.

[3] P.W. Tuinenga. *SPICE: A Guide to Circuit Simulation and Analysis using PSPICE.* Prentice Hall, Englewood Cliffs, 2nd edition, 1995.

[4] R. Heinemann. *PSPICE – Einführung in die Elektroniksimulation.* Hanser, München, vierte Auflage, 2004.

[5] R.K. Swami, R. Senani. Macromodeling ideal switches for SPICE. *IEEE Circuits and Devices Mag.*, pp. 8–10, July 1995.

5 Praktischer Schaltungsaufbau

Elektronische Bauelemente werden zu Schaltungen zusammengefügt. Je nachdem wie die elektrische Verbindung zwischen den Bauelementen realisiert ist, wird unterschieden zwischen:

- *Leiterplattenaufbau*; hier werden die Bauelemente entweder mit Anschlußdrähten in vorgebohrte Löcher eingelötet (THMD = through hole mounted devices) oder aber ohne Anschlußdrähte direkt auf der Leiterplattenoberfläche durch Löten mechanisch und elektrisch verbunden (SMD = surface mounted devices).
- *Dick-* und *Dünnschicht-Hybridschaltungen*; hier werden Siebdrucktechniken (Dickschicht) oder Aufdampftechniken (Dünnschicht) zur Herstellung von passiven Bauelementen und zur Verbindung diskreter Bauelemente eingesetzt.
- *Integrierte Schaltungen*; hier wird die gesamte elektronische Schaltung in einem Halbleiterkristall realisiert. Die hohe mit dieser Technik erreichbare Packungsdichte der Bauteile ($> 10^6/\mathrm{cm}^2$) in Verbindung mit anderen Vorzügen, wie einer hohen Schaltgeschwindigkeit und einem auf die Einzelbauteile bezogenen sehr günstigen Preis, hat dieser Technik, für Schaltungen die in größeren Stückzahlen benötigt werden, einen bedeutenden Marktanteil beschert. Gegenüber Schaltungsaufbauten mit diskreten Bauteilen sind hier jedoch einige Besonderheiten zu beachten: Da die Abgleichmöglichkeiten begrenzt sind, werden Schaltungskonzepte benötigt, deren Funktion unabhängig von Streuungen der Bauteilkenngrößen sichergestellt ist. Dabei macht man zumeist von der Tatsache Gebrauch, daß die Streuungen der Bauteilkenngrößen *systematisch* erfolgen, d. h., daß benachbarte Bauteile gewöhnlich nahezu identische Eigenschaften aufweisen. Nicht alle elektronischen Bauelemente eignen sich gleichermaßen für die Integration; Induktivitäten und große Kapazitätswerte beispielsweise sind nur mit Mühe realisierbar und werden deshalb in integrierten Schaltungen meist[1] nicht eingesetzt oder falls unvermeidlich über Anschlüsse extern zugeschaltet. Die Integration verschiedener Transistortypen (Bipolartransistoren und Feldeffekttransistoren) ist sehr aufwendig – in der überwiegenden Mehrzahl der ICs werden deshalb lediglich MOS-Feldeffekttransistoren oder aber Bipolartransistoren eingesetzt. Weitere Einschränkungen resultieren aus der zulässigen Verlustleistung und den maximal zulässigen Spannungswerten; Leistungsbauteile wie Thyristoren oder Leistungstransistoren werden deshalb meist nicht integriert (vgl. Kap. 13).

---

[1] Integrierte induktive Bauelemente werden insbesondere in Schaltungen für Mobilfunkanwendungen eingesetzt (vgl. Kap. 13).

Die einzelnen Techniken weisen deutliche Unterschiede auf bzgl. Entwicklungskosten, Packungsdichte, Gewicht, Abmessungen, Zuverlässigkeit, HF-Tauglichkeit etc. Welches die günstigste Technik für die Realisierung einer elektronischen Schaltung ist, hängt z. B. ab von Wirtschaftlichkeitsbetrachtungen, den zu erwartenden Stückzahlen, der zur Verfügung stehenden Entwicklungszeit, der Frequenz mit der die Schaltung arbeitet, den Umwelteinflüssen (Temperatur, Feuchtigkeit) denen die Schaltung ausgesetzt ist und der geforderten Zuverlässigkeit.

Ziel dieses Kapitels ist es dem in diesen Fragen nicht vorbelasteten Leser einen Abriß[2] über Leiterplatten- und Hybridtechnologie zu bieten; auf die Herstellung integrierter Schaltkreise wird in den Kapiteln 13, 16 und 21 eingegangen. Weitere Abschnitte widmen sich der Eigenerwärmung und Kühlung sowie der Qualität und Zuverlässigkeit elektronischer Bauelemente und Schaltungen.

5.1 Leiterplatten

5.1.1 Substratmaterialien

Leiterplatten bestehen aus einem isolierenden *Substrat* auf dessen Oberfläche sich die Leiterbahnen zur Verbindung der elektronischen Bauelemente befinden. Die meistverwendeten Substratmaterialien sind Phenolharz- und Epoxidharz-Hartpapier sowie glasfaserverstärktes Epoxidharz; die Standardmaterialdicke beträgt dabei 1.6 mm. Für den Aufbau von Schaltungen werden häufig Europa-Karten (160 mm × 100 mm) und Doppel-Europa-Karten eingesetzt. Hartpapiersubstrate sind preisgünstig und lassen sich leicht bearbeiten. Sie werden vorzugsweise in der Unterhaltungselektronik eingesetzt. Glasfaserverstärktes Epoxidharz ist das Standardmaterial für Schaltungsaufbauten in der Industrielektronik und Computertechnik. Es zeichnet sich durch hohe mechanische Festigkeit, gute Maßhaltigkeit und niedrige elektrische Verluste aus.

Die elektrischen, thermischen und mechanischen Kenndaten des Substratmaterials hängen stark von der Materialzusammensetzung ab, und sollten – sofern dies kritisch ist – vom jeweiligen Hersteller erfragt werden. Als Anhaltspunkt können die in Tabelle 5.1 angegebenen Richtwerte für glasfaserverstärkte Epoxidharz-Leiterplatten (Standardmaterial FR4 und FR5) sowie BT (Bismaleimid Triazin) und Polyimid dienen. Bei der Auswahl eines Leiterplattensubstrats sind neben den elektrischen Eigenschaften auch thermische Eigenschaften relevant.

[2] Eine in die Tiefe gehende Darstellung dieser Techniken muß eigenständigen Werken vorbehalten bleiben. Ein tieferer Einblick in die Leiterplattentechnik kann z. B. mittels [1,2] sowie [3, 4] gewonnen werden (interessante Hinweise finden sich auch unter www.ilfa.de); Lötverbindungen werden in [5] ausführlich abgehandelt.

Tabelle 5.1 Richtwerte für Leiterplattensubstrate

Material	FR4	FR5	BT	Polyimid
Dielektrizitätszahl ϵ_r bei 1 MHz	4.0-4.7	4.6	4.4	4.3-4.6
Verlustfaktor $\tan \delta_\epsilon$ bei 1 MHz	0.025	0.016	0.011	0.010
Glasübergangstemperatur $T_g/°C$	130	165-170	170-190	260
Ausdehnungskoeffizient, ppm/K	12-17	11-17	30-40	14-17
Durchschlagsfestigkeit, kV/mm	58	62	60	53

Der zulässige Temperaturbereich wird nach oben durch die sog. *Glasübergangstemperatur* T_g beschränkt. Bei dieser geht das Harz von einem spröden, glasartigen Zustand in den viskoelastischen Zustand über, was mit einer deutlichen Ausdehnung verbunden ist. Die Glasübergangstemperatur sollte im Betrieb nicht überschritten werden.

Der thermische *Ausdehnungskoeffizient* der Leiterplatte bestimmt die relative Änderung der Abmessungen[3] mit der Temperatur. Diese Größe ist bedeutend, da sie in Verbindung mit den Ausdehungskoeffizienten der Bauelemente die Scherkräfte auf die Lötverbindung bei Temperaturwechsel bestimmt. Dies ist insbesondere bei SMT-Montagetechnik bedeutsam, da hier keine Anschlußdrähte vorliegen, die mechanische Spannungen auffangen könnten.

Für Sonderanwendungen werden auch Sandwichschichten aus Metallträgern, auf denen eine dünne Isolierschicht aufgebracht ist, eingesetzt (hohe Festigkeit und Wärmeleitfähigkeit), sowie thermo- und duroplastische Werkstoffe (Teflonfolie, Polyimidfolie, Polyesterfolie, dünne Träger aus glasfaserverstärktem Epoxidharz) zur Realisierung flexibler Schaltungen.

5.1.2 Herstellung

Die am weitesten verbreitete Technik zur Strukturierung von Leiterplatten ist die *Subtraktivmethode*[4]. Dabei wird das isolierende Trägermaterial zunächst ganzflächig mit Kupfer beschichtet, das anschließend an den nicht benötigten Stellen wieder entfernt wird. Bei geringen Stückzahlen kann dies durch Fräsen erfogen, bei größeren Stückzahlen erfolgt der Abtrag durch Ätzen. Standardmaterial weist eine Stärke der Kupferschicht von 35 µm auf. Die Übertragung der Struktur von der Vorlage auf die Leiterplatte geschieht meist auf *fotolithographischem* Weg (Abb. 5.1).

[3]Dabei können – abhängig vom Aufbau der Leiterplatte – unterschiedliche Ausdehungskoeffizienten für die Länge, Breite und Dicke auftreten.

[4]Neben der subtraktiven Technik werden auch additive Verfahren zur Realisierung der Leiterbahnen eingesetzt. Zu nennen sind hier die chemische Abscheidung von Kupfer auf der Substratoberfläche, das Aufdampfen dünner elektrischer Schichten und die Siebdrucktechnik bei der elektrisch leitende Pasten auf den Träger gedruckt und anschließend eingebrannt werden.

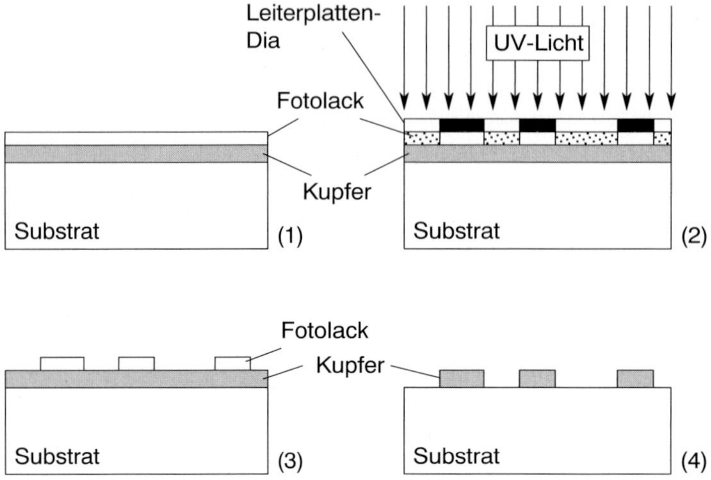

Abb. 5.1. Strukturübertragung durch Fotolithographie

Hierbei wird zunächst die Kupferschicht mit Fotolack beschichtet (1), auf den dann das gewünschte Leiterbild projiziert wird (2). Nach dem Entwickeln liegt eine Abdeckung der Kupferschicht an den Stellen vor, an denen später die Leiterbahnen liegen (3); beim anschließenden Ätzvorgang werden die ungeschützten Teile der Kupferfolie abgetragen (4). Für die Belichtung wird i. allg. UV-Licht mit Wellenlängen zwischen 300 und 400 nm verwendet. Die meistverwendeten *Ätzmittel* zur Strukturierung kupferkaschierter Leiterplatten sind salzsaure Lösungen von Kupferchlorid ($CuCl_2$)[5] oder ammonialkalische Kupferätzlösungen. Kupfer(II)chlorid reagiert in salzsaurer Lösung zu Kupfer(I)chlorid

$$Cu + CuCl_2 \quad \rightarrow \quad 2\,CuCl\,,$$

das bei der Regeneration (z.B. mit Chlorgas) wieder in $CuCl_2$ überführt wird; die Ätzrate beträgt ca. 15 µm/min bei $\vartheta = 40\,°C$ und steigt auf ca. 35 µm/min bei $\vartheta = 70\,°C$. In ammonialkalischen Kupferätzlösungen läuft die Ätzreaktion

$$Cu + Cu(NH_3)_4^{2+} \quad \rightarrow \quad 2\,Cu(NH_3)_2^+$$

ab, die dabei entstehenden Diaminkomplexe können durch Oxidation (z.B. mit Luftsauerstoff) wieder in $Cu(NH_3)_4^{2+}$ überführt werden. $CuCl_2$-Lösungen werden üblicherweise als Ätzmittel für feine Leitersysteme eingesetzt, $Cu(NH_3)_4^{2+}$ zeichnet sich v.a. durch seine höhere Ätzrate und den höheren Durchsatz aus.

[5]Das früher gebräuchliche Eisen-III-Chlorid ($FeCl_3$) ist nur noch von untergeordneter Bedeutung. Kupferchlorid zeichnet sich gegenüber Eisen-III-Chlorid durch hohe Wirtschaftlichkeit aus (hohe Kupferaufnahme, einfache Entsorgung) und ist deswegen das in der industriellen Fertigung bevorzugte Ätzmittel.

5.1.3 Bedrahtete und oberflächenmontierte Bauteile (SMD)

Ursprünglich wurden elektronische Bauelemente in bedrahteter Form durch Löcher in der Leiterplatte gesteckt und über eine Lötung fixiert. Bedingt durch mehrere Vorteile wie: erleichterte Automatisierbarkeit der Bestückung, erhöhte Zuverlässigkeit, höhere Packungsdichte, günstigere Eigenschaften im HF-Bereich, wurde die Montage bedrahteter Bauelemente in der industriellen Fertigung zunehmend durch die Montage von SMT-Bauelementen[6] ersetzt. Die beiden unterschiedlichen Montagetechniken sind in Abb. 5.2 dargestellt.

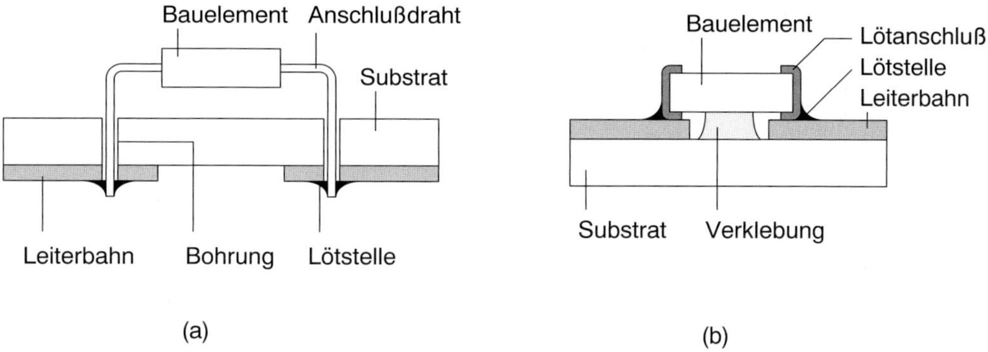

Abb. 5.2. Montage (**a**) von bedrahteten Bauelementen und (**b**) von SMT-Bauelementen auf einseitiger Leiterplatte

SMDs verfügen über keine Anschlußdrähte und lassen sich aus diesem Grund erheblich dichter packen als bedrahtete Bauteile. Dies ermöglicht in der Praxis eine Reduktion der erforderlichen Leiterplattengröße um bis zu 50 %, mit einer entsprechenden Verringerung des Gewichts. Für HF-Schaltungen entfallen die durch die Anschlußdrähte bedingten Induktivitäten und Streukapazitäten. SMT-Bauteile eignen sich auch besser für eine automatisierte Bestückung, da Arbeiten wie Biegen oder Beschneiden der Anschlußdrähte entfallen, sowie – bei einseitigen Leiterplatten – das Bohren der Leiterplatte. Ferner sind die Anforderungen an die Präzision bei der Plazierung von ICs hoher Pinzahl geringer.

Abbildung 5.3 zeigt übliche Anschlußformen für integrierte Schaltkreise. Für Bausteine mit einer großen Zahl von Anschlüssen werden üblicherweise sog. *ball grid arrays* (BGA) mit einer matrixförmigen Anordnung von Lotbumps eingesetzt.[7] Der Gull-Wing-Anschluß wird auch für SMT-Einzelhalbleiter eingesetzt und erlaubt eine einfache optische Kontrolle der Lötverbindung.

[6] Die Abkürzung SMD stammt von surface mounted device und bedeutet „oberflächenmontiertes Bauteil“. Die in diesem Zusammenhang ebenfalls häufig anzutreffende Abkürzung SMT steht für surface mount technology und bezeichnet die Verarbeitung von SMDs.

[7] Vgl. Kap.13 für einen Überblick über gebräuchliche Gehäuseformen.

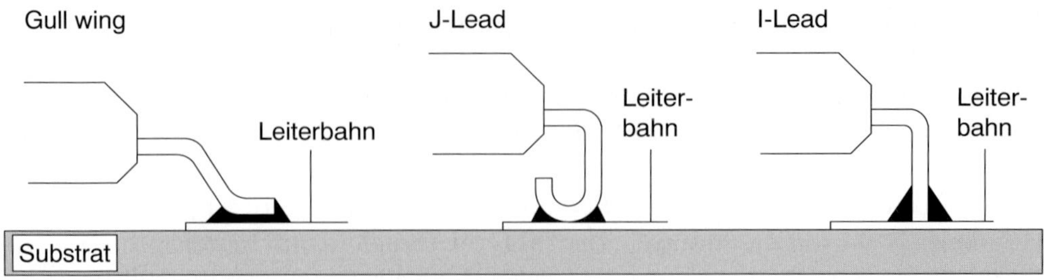

Abb. 5.3. IC-Anschlüsse in SMT-Technologie

Er benötigt gegenüber dem J-Anschluß bzw. dem I-Anschluß (auch MSP-Anschluß) eine größere Fläche auf der Leiterplatte und reduziert damit die Packungsdichte.

Den Vorzügen der SMT stehen aber auch Nachteile gegenüber: Manuelle Bestückung ist wegen der sehr kleinen Abmessungen der SMDs schwierig. SMDs sind häufig nicht beschriftet, da die Oberfläche hierfür zu klein ist. Dies kann zu Bauteilverwechslungen führen. SMDs größerer Abmessungen können wegen unterschiedlicher thermischer Ausdehnungskoeffizienten von Leiterplatte und Bauelement zu Problemen führen. Diesbezüglich bieten die flexiblen Anschlußdrähte bedrahteter Bauteile eine Pufferwirkung.

5.1.4 Einlagen- und Mehrlagenleiterplatten

Einseitige Leiterplatten[8] (Abb. 5.4 a) sind einfach herzustellen und besonders kostengünstig, erlauben aber nur eine geringe Packungsdichte der Bauelemente, da Überkreuzungen der Leiterbahnen nicht möglich sind und über *Drahtbrücken* realisiert werden müssen. Eine deutliche Steigerung der realisierbaren Packungsdichte ist durch zweiseitig beschichtete Leiterplatten mit Durchkontaktierung möglich (Abb. 5.4 b).

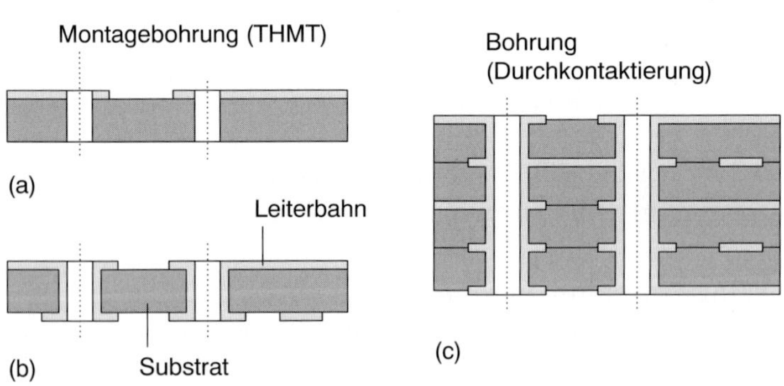

Abb. 5.4. Leiterplatten im Querschnitt (schematisch). (**a**) Einseitig beschichtete Leiterplatte, (**b**) zweiseitig beschichtete Leiterplatte mit Durchkontaktierung, (**c**) Mehrlagen-Leiterplatte

[8]Neben den üblicherweise eingesetzten starren Leiterplatten wurden auch *flexible* Leiterplatten entwickelt, die es auch bei beengten Einbauverhältnissen (z. B. in der Kfz-Technik oder der Fototechnik) ermöglichen, die kostengünstige Leiterplattentechnik einzusetzen.

Bei dieser Technik werden sowohl auf der Oberseite als auch auf der Unterseite der Trägerplatte Leiterbahnen erzeugt, die an definierten Stellen über Bohrungen und Durchverkupferung[9] miteinander verknüpft werden. Leiterbahnen der oberen und unteren Ebene dürfen sich überkreuzen, was eine deutliche Erhöhung der Packungsdichte ermöglicht. Beidseitig bestückte Leiterplatten finden eine breite Anwendung in Industrieelektronik und Datentechnik.

Für Schaltungen hoher Komplexität, wie sie etwa in der Computertechnik auftreten, werden darüber hinaus *Mehrlagenleiterplatten* (Abb. 5.4 c) eingesetzt. Diese ermöglichen hohe Packungsdichten und kurze Leiterverbindungen, was zu kurzen Signallaufzeiten und damit hohen Datenraten führt.

Die Herstellung von Mehrlagenleiterplatten erfolgt Schicht für Schicht. Strukturierte Leiterbahnebenen werden über sog. *Prepregs*[10] miteinander verbunden. Prepregs sind epoxidharzimprägnierte und vorpolymerisierte Glashartgewebe-Klebefolien, die gut auf Kupferleitbahnen haften und ein gutes Fließverhalten aufweisen, so daß alle Zwischenräume luftfrei aufgefüllt werden. Elektrische Verbindungen zwischen den Leiterbahnebenen erfordern Bohrungen[11] für Durchkontaktierungen zwischen den Leiterbahnebenen die mit leitendem Material aufgefüllt werden.

In Mehrlagenleiterplatten werden in der Regel mindestens zwei Ebenen für die Versorgungsspannungszuführung eingesetzt. Diese sind flächig ausgeführt (VDD- und GND-Ebene) wodurch Leiterbahnschleifen vermieden werden. Werden die beiden Ebenen direkt übereinander angeordnet und nur durch eine dünne dielektrische Schicht getrennt, so wirken die beiden Potentialflächen wie ein Stützkondensator. Im Fall einer 4-Lagen-Leiterplatte ist es deshalb empfehlenswert die zwei Ebenen für die Führung der Signalleitungen durch zwei Verorgungsspannungsebenen zu trennen, die gegeneinander durch eine möglichst dünne Isolierschicht getrennt sind. Durch diese Maßnahme werden die Ebenen in denen Signale geführt werden kapazitiv entkoppelt und die Versorgungsspannungszuführung niederinduktiv gestützt[12]. Bestehen höhere Anforderungen an die Störsicherheit und Elektromagneti-

[9] Diese galvanisch hergestellte Verbindung erhöht auch die Zuverlässigkeit, da sich Lötaugen an durchkontaktierten Bohrungen bei mechanischer Beanspruchung weniger leicht vom Träger lösen lassen.

[10] Von <u>pre</u>im<u>preg</u>nated fibres.

[11] Bohrungen dienen zum einen der Montage der Leiterplatte im Gehäuse, der Befestigung von Baugruppen oder von Bauteilen auf der Leiterplatte, sowie der Herstellung von Kontakten zwischen verschiedenen Leiterbahnebenen (Vias). Während Montagebohrungen üblicherweise Durchmesser der Größenordnung 1 mm haben, weisen Vias Durchmesser von weniger als 0.5 mm auf und können im Fall der Feinstleitertechnik Werte der Größenordnung 50 µm aufweisen (Microvias). Die Bohrungen können mechanisch, mittels Laser oder durch ein Plasmaätzverfahren ausgeführt werden und stellen einen erheblichen Kostenbeitrag dar.

[12] Beträgt der Abstand der Versorgungsspannungsebenen 100 µm, so ergibt sich bei $\epsilon_r \approx 4.7$ eine flächenspezifische Stützkapazität von ca. 40 pF/cm^2. Da dies häufig nicht ausreicht, werden ergänzend Stützkondensatoren (vgl. Kap. 8) eingesetzt, die niederinduktiv an die Versorgungsspannungsebenen gekoppelt werden.

sche Verträglichkeit, so sind 8-Lagen-Leiterplatten gebräuchlich. Diese erlauben es die Kapazität der Versorgungsspannungsebenen zur Stützung der Versorgungsspannung einzusetzen und gleichzeitig durch Potentialflächen nach außen geschirmte Leitungen mit vorgegebenem Wellenwiderstand (striplines, vgl. Kap. 10) zu realisieren. Abbildung 5.5 zeigt einen denkbaren Aufbau für eine 8-Lagen-Leiterplatte. Die Schichtdicken für Laminate, Pregregs und Kupferfolien sind dabei durch den Anwender festzulegen. Für Kupferleitbahnen sind beispielsweise Schichtdicken im Bereich von ca. 5 µm bis zu mehr als 200 µm verfügbar.

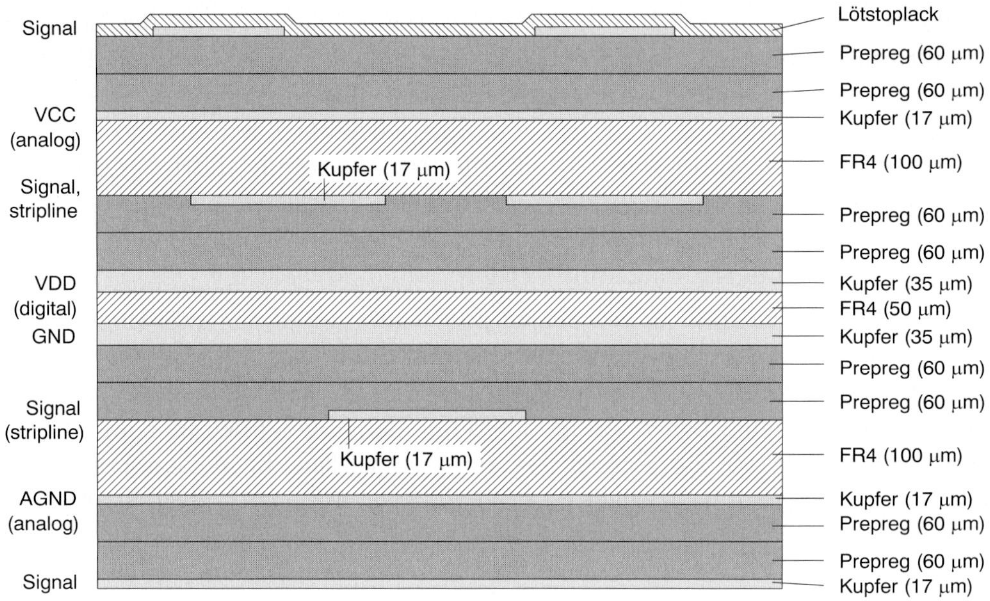

Abb. 5.5. Denkbarer Aufbau einer 8-Lagen-Mehrlagenleiterplatte

5.1.5 Layout

Das Layout der Leiterplatten und das als Vorlage für die fotolithographische Strukturübertragung benötigte Leiterplattendia wird heute vorzugsweise mit CAD-Unterstützung erzeugt. Ausgehend von einem Schaltplan und Vorgaben hinsichtlich der Plazierung der Bauteile werden die Leiterbahnen automatisch generiert. Abhängig von der Packungsdichte der Bauteile und der Betriebsfrequenz sind hier meist mehrere Optimierungsschritte erforderlich.

Rastermaß, Layout-Regeln: Stützpunkte für bedrahtete Bauteile sind meist im Rastermaß 2.54 mm anzuordnen, für SMD-Bauteile beträgt das Standard-Rastermaß 1.27 mm. Die Anschlußflächen für SMDs werden zweckmäßigerweise in einer entsprechenden Bibliothek [6] definiert. Die Größe der An-

Tabelle 5.2 Leiterplattenlayout, typische Layout-Regeln (vgl. Abb. 5.6)

Montagetechnik	r/mm	d/µm	d_{pad}/mm	d_{ring}/µm	d_{via}/µm
THMT	2.54	300	1.2	300	600
SMT (Standard)	1.27	150	0.6	150	300
SMT (Finepitch)	0.635	75	0.3	75	150
SMT (CSP)	0.3	35	0.15	35	80

CSP = chip scale package

schlußflächen ist dabei so zu wählen, daß beim Lötvorgang eine zuverlässige Verbindung zustande kommt.

Zwischen zwei benachbarten Leiterbahnen darf ein Mindestabstand d nicht unterschritten werden, um eine zuverlässige Isolation der Leiterbahnen gegeneinander zu gewährleisten. Der Wert von d ist durch die maximale Potentialdifferenz ΔV zwischen den Leiterbahnen bestimmt, Tabelle 5.2 zeigt typische Grenzwerte (Layout-Regeln) für Leiterplatten mit unterschiedlichem Rastermaß. In Mikrofeinstleitertechnik werden Leiterbahnen mit einer Breite von nur 50 µm eingesetzt.

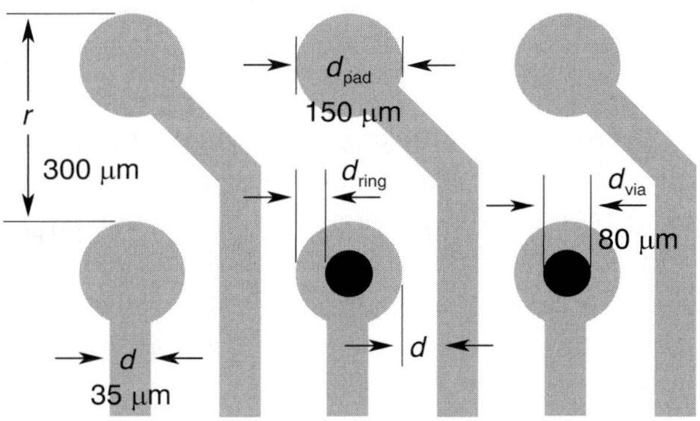

Abb. 5.6. Leiterplattenlayout für die Montage von CSP Bausteinen mit Rastermaß r = 300 µm

Aus Gründen der Zuverlässigkeit sollte in den Leiterbahnen eine Stromdichte von 80 A/mm^2 nicht überschritten werden. Soll eine Leiterbahn der Dicke 35 µm den Strom I transportieren, so sollte ihre Breite W demnach den Wert

$$W_{\mathrm{min}} \;=\; 0.36\,\mathrm{mm} \cdot I/\mathrm{A}$$

nicht unterschreiten. Jede Leiterbahn stellt einen *Serienwiderstand* dar, dessen Wert durch ihre Länge L und Breite W bestimmt ist: Der Widerstand einer Kupferschicht der Dicke 35 µm ist $R = 5 \cdot 10^{-4}\,\Omega \cdot L/W$. Bei vorgegebener Stromführung I und Länge L folgt aus dem maximal zulässigen Spannungsabfall $\Delta V = RI$ für die Mindestbreite

$$W_{\mathrm{min}} = 5\,\mathrm{mm} \cdot \frac{L}{\mathrm{cm}} \cdot \frac{I/\mathrm{A}}{\Delta V/\mathrm{mV}} \,.$$

Soll z. B. eine Leiterbahn der Länge $L = 15$ cm den Strom 500 mA führen, und soll der Spannungsabfall ΔV kleiner sein als 10 mV, so muß die Breite der Leiterbahn größer gewählt werden als $W_{\min} = 3.75$ mm.

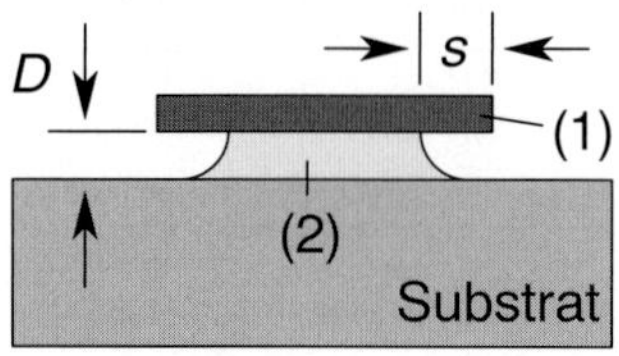

Abb. 5.7. Unterätzung

Unterätzung: Beim Ätzen feiner Leiterbahnen ist zu beachten, daß der Ätzangriff nicht nur senkrecht zur Oberfläche erfolgt, sondern auch horizontal. Dies führt, wie in Abb. 5.7 dargestellt, zu einer *Unterätzung* der Fotolackschicht (1) und damit zu einer Reduktion der Breite der Leiterbahn (2). Das Ausmaß der Unterätzung hängt von der Prozeßführung ab und wird gelegentlich durch den *Ätzfaktor* angegeben. Dieser gibt das Verhältnis D/s der Kupferschichtdicke zur Unterätzung an. Beim Layout ist die Breite der Leiterbahn um mindestens $2s$ breiter zu wählen, als die minimale Bahnbreite $W_{\min}$. Die Unterätzung ist auch bei Leiterplatten für HF-Schaltungen, bei denen die Impedanz der Leitung eingehalten werden muß (Impedanzkontrollierte Leiterplatten), zu beachten.

Koppelkapazitäten, Übersprechen: Wird die Schaltung bei höheren Frequenzen betrieben, so kann sich eine kapazitive und/oder induktive Kopplung zwischen den Leiterbahnen störend bemerkbar machen. Die Werte der Koppelelemente sind abhängig von den Abmessungen und dem Abstand der Leiterbahnen. Eine kurze Darstellung verkoppelter Leitungen wird in Kap. 10 gegeben. Insbesondere bei der Erstellung eines Layouts für Mehrlagenleiterplatten die bei hohen Frequenzen betrieben werden sollen, kann es erforderlich sein aus einem erstellten Layout – mittels verfügbarer Programme – Koppelkapazitäten und Induktivitätskoeffizienten zu bestimmen. Mit einer um diese Komponenten ergänzten Ersatzschaltung wird dann eine erneute Simulation der Schaltungseigenschaften durchgeführt um zu überprüfen ob die Spezifikation verletzt wird.

Plazierung: Für die Plazierung der Bauteile existieren einige Vorgaben aufgrund der automatischen Bestückung, des Lötprozesses und des abschließenden Leiterplattentests. So kann es opportun sein, einen bestimmten Widerstandswert durch Kombination mehrerer anderer in der Schaltung benötigter Widerstandswerte zu realisieren, falls der Bestückungsautomat nicht alle Bauteile aufnehmen kann. Ebenso sollte im Hinblick auf kurze Bestückungszeiten Wert auf möglichst geringe Greiferwege gelegt und beachtet werden, daß alle Bauelemente mit demselben Greifer plaziert werden können. Für einwandfreie Lötverbindungen müssen ausreichend große Kontaktierungsflächen vorgesehen werden. Abhängig vom verwendeten Lötprozeß erlaubt eine bestimmte Ausrichtung der Bauelemente eine gleichmäßig gute Kontaktierung ohne *Lotschatteneffekte*. Für einen Test der fertigen Baugruppe sollten ferner spezielle Kontaktflächen vorgesehen werden, die ein Aufsetzen der Prüfspitzen erlauben.

5.1.6 Montage der Bauteile

Lote in der Elektronik. Zinn-Blei-Legierungen mit 40 Gewichtsprozent Bleianteil wurden bisher als Standardlote in der Elektronik eingesetzt. Zinn-Blei-Legierungen zeichnen sich durch mehrere Vorzüge aus: Sie benetzen Kupferleitbahnen und die Anschlußdrähte elektronischer Bauteile schnell und gut und ermöglichen in Verbindung mit der niedrigen Schmelztemperatur $\vartheta_S = 183\,°C$ eine geringe Temperaturbelastung der Anschlußflächen der elektronischen Bauteile und der Leitbahnen. Von großer Bedeutung ist auch, daß mit Zinn-Blei-Legierungen gelötete Verbindungen zuverlässig auch bei großen Temperaturschwankungen sind und unterschiedliche thermische Ausdehnung auffangen. Einfache Anwendbarkeit, gute Reparierbarkeit, eine geringe Tendenz zur Korrosion und nicht zuletzt die Verfügbarkeit und der geringe Preis haben Zinn-Blei-Loten zu ihrer Bedeutung verholfen. Umweltaspekte spielten in der Vergangheit degegen eine geringe Rolle: Blei kann zu Schädigungen des Nervensystems und der Gehirnzellen, von Leber und Nieren führen und sollte deshalb nicht auf Deponien oder in Müllverbrennungsanlagen entsorgt werden. Wegen dieser Problematik wurde Blei aus Benzin, Farben und der Installationstechnik bereits verdrängt. Bestrebungen Zinn-Blei-Lote in der Elektronik zu ersetzen mündeten u.a. in EU-Richtlinien wie die RoHS-Richtline[13] die neben anderen Substanzen den Einsatz von Blei in der Elektronik weitgehend[14] verbietet.

Tabelle 5.3 Schmelztemperaturen unterschiedlicher Lote (nach [7])

Lot	Pb37Sn	Pb97Sn	SnAg3.5	SnAg3.8Cu0.7	SnAg3.5Bi3	SnCu0.7
ϑ_S, °C	183	317	221	217	208-215	227

Alternativen zu den bisher eingesetzten Zinn-Blei-Legierungen verwenden ebenfalls Zinn als Basismaterial mit geringen Beimengungen anderer Materialien wie Kupfer, Silber, Antimon, Indium, Wismuth, etc. Gefordert sind dabei

[13] RoHS steht abkürzend für restriction of the use of certain hazardeous substances in electrical and electronic equipment.

[14] Ausnahmen sind Lötmittel mit hohem Schmelzpunkt (Zinn-Blei-Legierungen mit mehr als 85 % Blei-Anteil, Blei in Schaltungen für die Netzinfrastruktur der Telekommunikation und Blei in keramischen Elektronikbauteilen. Die Einschränkungen sind ab 1. Juli 2006 gültig.

Legierungen die in Preis und Qualität an Lotverbindungen mit Zinn-Blei-Loten heranreichen. Interessant sind in dieser Hinsicht beispielsweise Zinn-Kupfer-Legierungen (0.7 % Kupferanteil), die zwar einen höheren Schmelzpunkt ($\vartheta_S = 227\,°C$) aufweisen, im Preis aber mit Zinn-Blei-Loten konkurrieren können. Problematisch ist hier allerdings die schlechtere Benetzung der Leitbahnen, weshalb für die Herstellung von Leiterplatten in SMT-Technologie üblicherweise silberhaltige Lote eingesetzt werden: Insbesondere in der Automobilelektronik und für mobile Telekommunikationsgeräte sind eutektische Sn-Ag-Cu-Legierungen bedeutend, da diese zuverlässigere Verbindungen bei Belastung durch Vibrationen ermöglichen. Zuverlässigkeitsprobleme können bei diesen Loten vor allem durch die Bildung von Kupferausscheidungsteilchen oder intermetallischen Verbindungen (Ag_3Sn, Cu_6Sn_5) herrühren, da diese das Gefüge der Lötverbindung beeinflussen und damit insbesondere die Anfälligkeit nach schnellen Temperaturänderungen [7].

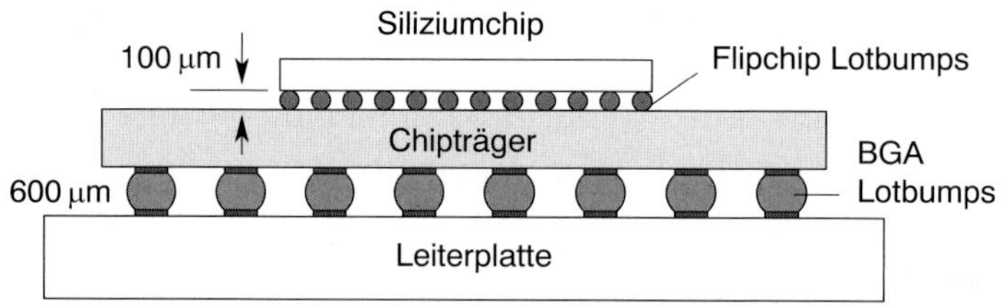

Abb. 5.8. Lötverbindungen in einem Plastic Ball Grid Array (PBGA, nach [7])

Integrierte Schaltungen mit einer großen Anzahl von Anschlußpins werden häufig als sog. Ball Grid Arrays ausgeliefert. Beim Einbau in das Gehäuse wird der Chip dabei vom Hersteller mit der Oberseite nach unten (Flip-chip-Technik, vgl. Kap. 13) über Lotbumps mit einem typischen Durchmesser von 100 µm auf einen Chipträger gelötet. Dieser stellt die elektrischen Verbindungen zu den Lotbumps her, über die der Baustein später auf die Leiterplatte gelötet wird. Da bei diesem Vorgang die zuerst hergestellten Lötverbindungen halten müssen, werden diese mit Loten realisiert, die einen deutlich höhere Schmelztemperatur aufweisen (i.allg. Zinn-Blei-Lote mit einem Zinn-Anteil von beispielsweise 3 Prozent, vgl. Tabelle 5.3).

Um zuverlässige Lötverbindungen herzustellen muß die Arbeitstemperatur bleifreier Lote i.allg größer gewählt werden als 230 °C, was bereits dicht an den maximal zulässigen Bauteiltemperaturen (typ. 260 °C) liegt. Dies bedingt einen kleinen Toleranzbereich für das Löten temperatursensibler Bauteile wie etwa BGAs. Eine präzise Kontrolle des Löttemperaturverlaufs ist damit vor allem beim Reflow-Löten erforderlich – wegen der Wärmekapazität ausgedehnter Leiterplatten, die eine gleichförmige Aufheizung erschweren, ist dies keineswegs unproblematisch. Beim Löten mit einer Lötspitze ist eine präzise Messung und Regelung der Temperatur an der Lötspitze unumgänglich.

Lötverfahren. Die zwei hautpsächlich verwendeten Löttechniken sind Reflow-Löten und Wellenlöten (Schwallöten). Beide Techniken gehören zu den sog. *Simultanlötverfahren*, bei denen die Bauteile auf einer ganzen Leiterplattenseite simultan, d. h. gleichzeitig, gelötet werden.

Beim *Reflow-Löten* liegt ein zweistufiger Prozeß vor. In einem ersten Arbeitsschritt wird das Lot auf die Kontaktfläche aufgebracht [15]. Für die Bestückung von Leiterplatten mit SMD-Bauteilen werden *Lotpasten* eingesetzt, die klebefähig sind und damit eine Vorfixierung des Bauelements erlauben. Bei der Bestückung ist für einen möglichst geringen Versatz zwischen SMD und Leiterplattenlötanschluß zu sorgen[16]. Die Herstellung einer dauerhaften elektrischen und mechanischen Verbindung zwischen Bauteil und Leiterplatte geschieht dann im zweiten Arbeitsgang. Durch Wärmezufuhr wird das Lot für ca. (5 - 15) s aufgeschmolzen und führt nach Erkalten zur gewünschten Verbindung. Die Wärmezufuhr erfolgt in der Regel von der Bauelementeseite her mittels IR-Strahler [17].

Beim *Wellenlöten* wird die bestückte Platine über einen von einer Pumpe erzeugten Lötschwall gezogen. In diesem Fall müssen SMT-Bauteile zusätzlich geklebt werden. Das Wellenlötverfahren wird insbesondere für Leiterplattenseiten eingesetzt, die (zumindest teilweise) mit bedrahteten Bauteilen bestückt sind. Sind beide Seiten der Leiterplatte ausschließlich mit SMDs bestückt, so werden meist beide Seiten reflowgelötet.

Fast alle Einzelhalbleiter eignen sich für das Wellenlötverfahren, wegen löttechnischer Probleme oder der zu hohen Temperaturbelastung aber nur wenige integrierte Schaltungen. Für mehrpolige, temperaturempfindliche ICs wird das *Bügellötverfahren*[18] eingesetzt. Dabei wird zunächst an den Anschlußstellen der Bauteile ein *Lotdepot* angelegt: Nach Bestücken mit den integrierten SMD-Bausteinen wird dann ein ein- oder mehrteiliger beheizter Bügel auf die Anschlüsse des SMDs gedrückt. Dabei schmilzt des Lot kurzfristig auf und kontaktiert den IC nach dem Erstarren. Das Bügellötverfahren hat gegenüber den anderen Techniken u.a. den wesentlichen Vorzug, daß lediglich die Anschlüsse auf Löttemperatur aufgewärmt werden. Wegen der

[15] Etwa durch Eintauchen in ein Bad mit geschmolzenem Lot oder durch Aufbringen von Lotpaste mittels Siebdrucktechniken.

[16] Durch optische Lageerkennung während des Bestückungsvorgangs (z. B. mittels CCD-Kamera) werden heute Bestückungsgenauigkeiten von $\pm 50\,\mu\text{m}$ erreicht.

[17] Ein gleichmäßiges Erhitzen von Komponenten und Substrat ist in sog. Dampfphasen-Reflow-Lötanlagen möglich. Bei diesen erfolgt die Wärmezufuhr über gesättigten Dampf. Die verwendeten Materialien sind allerdings stark gesundheitsschädlich, weshalb IR-Reflow-Lötanlagen gewöhnlich bevorzugt werden.

[18] Die Wärmebelastung der Bauelemente läßt sich auch durch Laser-Impulslöten reduzieren (typische Lötzeiten 200 – 400 ms je Verbindung) – bei erheblich reduziertem Durchsatz allerdings.

hohen Kosten [19] wird das Bügellöten jedoch nur eingesetzt, wenn die anderen Verfahren nicht mehr praktikabel sind.

In IC-Gehäusen wird Feuchtigkeit absorbiert, die bei einem schnellen Temperaturanstieg schneller verdampft als sie durch Diffusion entweichen kann. Dies kann zu *Gehäuserissen* führen, die sich zwar zunächst nicht auf die Funktion des ICs auswirken, langfristig aber die mechanische Festigkeit herabsetzen und die Korrosionsanfälligkeit erhöhen. Diese Problematik der Simultanlötverfahren läßt sich durch Aufbewahren der noch nicht eingelöteten ICs in einer Umgebung mit sehr geringer Luftfeuchte vermeiden.

5.2 Hybridschaltungen

Unter dem Begriff *Hybridschaltungen* werden üblicherweise die integrierten Schichtschaltungen zusammengefaßt, die wiederum in Dickschicht- und Dünnschicht-Schaltungen unterteilt werden. Die Hybridtechnik zeichnet sich gegenüber der konventionellen Leiterplattentechnik durch höhere Packungsdichte, höhere erreichbare Grenzfrequenzen sowie eine bessere Langzeitstabilität und Zuverlässigkeit aus [8]. Vor allem Dickschicht-Hybridschaltungen, bei denen Leiterbahnen und Widerstandsschichten auf einen meist keramischen Träger im Siebdruckverfahren aufgebracht werden, finden zahlreiche Anwendungen z. B. in der Nachrichtentechnik oder Industrielektronik.

Für Schaltungen in Dick- oder Dünnschichttechnologie werden meist *keramische Substratmaterialien* (Standardgrößen 2“× 2“ und 4“× 4“) eingesetzt. Für Dickschichtschaltungen ist dies aufgrund des günstigen Preises vorzugsweise Aluminiumoxidkeramik (Al_2O_3). Für Dünnschichtschaltungen wird auch Berylliumoxid (BeO) oder andere Materialien verwendet, das sich durch eine wesentlich höhere Wärmeleitfähigkeit auszeichnet. Wegen des hohen Preises und der Giftigkeit dieses Materials bleibt die Anwendung allerdings auf Sonderfälle beschränkt.

Tabelle 5.4 Ausgewählte Kenndaten für Substratmaterialien (Daten nach [8, 9])

Material	ϵ_r	$\tan\delta_\epsilon$ (bei 1 MHz)	$\tan\delta_\epsilon$ (bei 10 GHz)	λ W/(m K)	α_l ppm/K
Al_2O_3 (96 %)	9.5	$3 \cdot 10^{-4}$	$8 \cdot 10^{-4}$	24.7	7
BeO (99.5 %)	7.0	$2 \cdot 10^{-4}$	$3 \cdot 10^{-4}$	250	8.5
AlN	8.5	$4 \cdot 10^{-4}$	$4 \cdot 10^{-4}$	270	7.5
XXXPC	5.5	$5 \cdot 10^{-3}$	–	$2 \cdot 10^{-3}$	30

In Tabelle 5.4 werden einige Kenngrößen der angesprochenen Dickschichtsubstrate den entsprechenden Daten eines Leiterplattensubstrats (XXXPC:

[19] Da die Bauteile einzeln aufgelötet werden und für jede Bauform ein eigenes Werkzeug benötigt wird, sind die Investitionskosten hoch und die Lötgeschwindigkeit gering.

Epoxidharz Hartpapier) gegenübergestellt. Wegen der sehr viel geringeren dielektrischen Verluste und der wesentlich höheren Wärmeleitfähigkeit sind die keramischen Substrate den Leiterplattensubstraten bei hohen Frequenzen deutlich überlegen.

Dickschichtwiderstände für Hybridschaltungen werden, ebenso wie die Verbindungsleitungen, im Siebdruckverfahren direkt auf Keramikplatten gedruckt; einziger Unterschied ist der höhere spezifische Widerstandswert der *Widerstandspaste*. Nach dem Einbrennen der Pasten erfolgt ein Abgleich der Widerstände auf den Sollwert (meist Lasertrimmen). Da durch Materialabtrag der Widerstand zunimmt, wird das Layout so ausgelegt, daß der nicht abgeglichene Widerstandswert jedenfalls kleiner ist als der Sollwert.

Dünnschichtwiderstände werden durch Aufdampfen im Vakuum erzeugt; als Widerstandsschicht wird gewöhnlich NiCr oder Ta verwendet. Die Strukturierung der Widerstandsschicht erfolgt durch Abschatten oder im Fotoätzverfahren nach Aufbringen der Schicht. Ein Abgleich der Widerstandswerte ist durch anodische Oxidation und durch Lasertrimmen möglich.

Zur Realisierung von *Schutzglasuren* sowie *Leiterbahnüberkreuzungen* (Mehrschichtschaltungen) stehen dielektrische Pasten zur Verfügung. Diese müssen geringe dielektrische Verluste ($\tan \delta_\epsilon < 0.01$, vgl. Kap. 8) und Dielektrizitätszahlen (< 10) sowie einen hohen Isolationswiderstand ($> 10^{10}\,\Omega$) und eine hohe elektrische Durchschlagsfestigkeit ($> 1\,\mathrm{V/\mu m}$) aufweisen. Weitere Anforderungen sind Feuchteunempfindlichkeit und ein auf das Substratmaterial abgestimmter Wert des thermischen Ausdehnungskoeffizienten. Zur Realisierung von *Kondensatoren* stehen darüber hinaus Pasten aus ferroelektrischer oder dielektrischer Keramik zur Verfügung. Der übliche Weg ist hier jedoch der Einsatz keramischer Vielschichtkondensatoren in SMT-Bauweise.

Einzelhalbleiterbauelemente und ICs lassen sich sowohl in gehäuster Form (SMT-Bauweise) als auch ungehäust einsetzen. Für die Montage gehäuster Bauteile werden die im Zusammenhang mit der Leiterplattentechnologie erläuterten Lötverfahren eingesetzt. Bei der Montage ungehäuster ICs muß zunächst der Chip mit seiner Rückseite auf dem Substratmaterial fixiert werden. Dies kann durch Löten, Auflegieren oder Kleben [10] erfolgen. Dabei ist der thermische Ausdehnungskoeffizient α_l des Substratmaterials zu beachten; dieser sollte möglichst nahe bei $\alpha_\mathrm{l,Si} \approx 2.6$ ppm/K liegen. Diesbezüglich ist Aluminiumnitridkeramik (AlN) mit $\alpha_\mathrm{l,AlN} = 3.4$ ppm/K besonders geeignet. Im Anschluß sind die auf der Oberseite des Chip angebrachten Kontaktflächen anzuschließen (bonden). Zu diesem Zweck werden dünne Drähte oder Metallbändchen zwischen den Kontaktflächen auf dem Substrat und den Anschlußpads auf dem Chip gezogen und mit den Anschlüssen verschweißt. Neben dem Bondverfahren kommt die Flip-chip-Technik (vgl. Kap. 13) zum Einsatz, bei der die ungehäusten Chips über Lotbumps mit den Anschlußpads verbunden werden.

5.3 Verlustleistung und Eigenerwärmung

Die im Betrieb umgesetzte *Verlustleistung* $p(t)$ führt zur Erwärmung des Bauelements, d. h. zu einer Anhebung der Bauteiltemperatur gegenüber der *Umgebungstemperatur*[20] ϑ_A. Dies bedingt eine Änderung der temperaturabhängigen Kenngrößen des Bauelements, was sich auf das Verhalten der elektronischen Schaltung auswirken kann. Außerdem resultiert aus höheren Bauteiltemperaturen i. allg. eine reduzierte Lebensdauer[21]. Dieser Abschnitt betrachtet die Auswirkung einer Temperaturänderung auf Bauteilkenngrößen, die Eigenerwärmung aufgrund der umgesetzten elektrischen Leistung und die zulässige Verlustleistung sowie Kühlmaßnahmen.

5.3.1 Temperaturabhängigkeit von Bauteilkenngrößen

Die Temperaturabhängigkeit zahlreicher Bauteilkenngrößen X kann mit hinreichender Genauigkeit durch den Temperaturkoeffizienten α_X angegeben werden; dieser bestimmt die relative Änderung der Größe X mit der Bauteiltemperatur bei einer bestimmten Bezugstemperatur ϑ_0, die häufig gleich 20°C gewählt wird.

$$\alpha_\mathrm{X} = \frac{1}{X(\vartheta_0)} \left.\frac{\mathrm{d}X}{\mathrm{d}\vartheta}\right|_{\vartheta_0} . \tag{5.1}$$

Bezeichnet $X(\vartheta_0)$ den Wert von X bei der Bezugstemperatur ϑ_0, so folgt mit $\Delta\vartheta = \vartheta - \vartheta_0$

$$X(\vartheta) = X(\vartheta_0)(1 + \alpha_\mathrm{X}\Delta\vartheta) . \tag{5.2}$$

Dies entspricht einer Entwicklung der Funktion $X(\vartheta)$ in eine Taylor-Reihe um ϑ_0, die nach dem ersten Glied abgebrochen wird. Für genauere Rechnungen wird eine Entwicklung bis zur 2. Ordnung verwendet

$$X(\vartheta) \approx X_(\vartheta_0)\left[1 + \alpha_\mathrm{X}\Delta\vartheta + \alpha_\mathrm{X2}(\Delta\vartheta)^2\right] , \tag{5.3}$$

wobei

$$\alpha_\mathrm{X2} = \frac{1}{2X(\vartheta_0)} \left.\frac{\mathrm{d}^2X}{\mathrm{d}\vartheta^2}\right|_{\vartheta_0} \tag{5.4}$$

den *quadratischen Temperaturkoeffizienten* der Bauteilkenngröße angibt.

Allgemein läßt sich zeigen, daß der lineare Temperaturkoeffizient eines Produkts mehrerer temperaturunabhängiger Größen verschwindet, wenn die Summe der Temperaturkoeffizienten der Faktoren null ist.

[20] Der Index A stammt von englisch: ambient temperature.

[21] Für Halbleiterbauelemente, die bei Temperaturen $\vartheta > 100°\mathrm{C}$ betrieben werden, gilt als Anhaltspunkt, daß je 10 K Temperaturerhöhung eine Halbierung der Lebensdauer zu erwarten ist.

Beispiel 5.3.1 Die Temperaturabhängigkeit einer Kapazität und einer Induktivität sei durch lineare und quadratische Temperaturkoeffizienten ausgedrückt. Nun wird gefragt, welche Bedingungen zwischen den Temperaturkoeffizienten bestehen müssen, damit die Resonanzfrequenz f_r eines aus L und C gebildeten Schwingkreises temperaturunabhängig wird. Damit die Resonanzfrequenz $f_\mathrm{r} = 1/(2\pi\sqrt{LC})$ temperaturunabhängig ist muß das Produkt LC temperaturunabhängig sein. Dies führt auf die Bedingung

$$1 = \left(1 + \alpha_\mathrm{C}\Delta\vartheta + \alpha_\mathrm{C2}(\Delta\vartheta)^2\right)\left(1 + \alpha_\mathrm{L}\Delta\vartheta + \alpha_\mathrm{L2}(\Delta\vartheta)^2\right)$$

bzw.

$$(\alpha_\mathrm{L} + \alpha_\mathrm{C})\Delta\vartheta + (\alpha_\mathrm{L2} + \alpha_\mathrm{C2} + \alpha_\mathrm{L}\alpha_\mathrm{C})(\Delta\vartheta)^2 + \mathcal{O}((\Delta\vartheta^3)) = 0\,.$$

Damit dies für beliebige Werte von $\Delta\vartheta$ erfüllt ist, muß

$$\alpha_\mathrm{C} + \alpha_\mathrm{L} = 0 \qquad \text{und} \qquad \alpha_\mathrm{L2} + \alpha_\mathrm{C2} + \alpha_\mathrm{L}\alpha_\mathrm{C} = 0$$

gelten. Die Terme $\mathcal{O}((\Delta\vartheta^3))$ der Ordnung $(\Delta\vartheta)^3$ und höher, die sich beim Ausmultiplizieren der Klammern ergeben, sind ohne Bedeutung, da die Temperaturabhängigkeit von L und C nur bis zur Ordnung $(\Delta\vartheta)^2$ angegeben wurden. Δ

5.3.2 Wärmewiderstand, thermische Zeitkonstante

Um die Erwärmung des Bauelements aufgrund der umgesetzten elektrischen Leistung zu bestimmen, muß eine Energie- bzw. *Leistungsbilanz* (Abb. 5.9) aufgestellt werden. Ist die Temperatur ϑ des Bauelements größer als die Umgebungstemperatur [22] ϑ_A, so findet ein *Wärmeabtransport* statt.

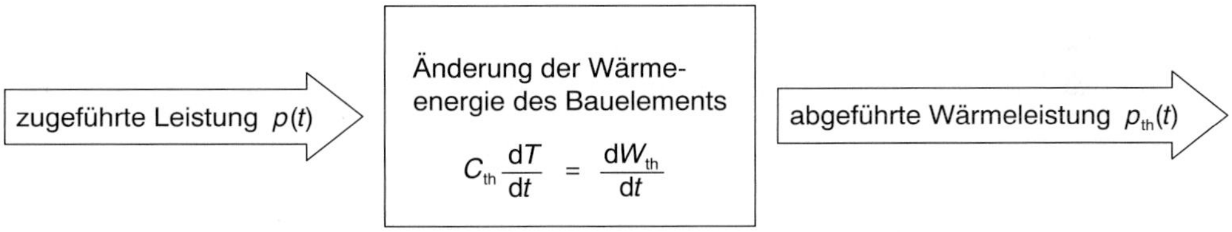

Abb. 5.9. Leistungsbilanz zur Bestimmung der Eigenerwärmung

Die abgeführte Wärmeleistung p_th ist – solange der Wärmeabtransport vorzugsweise durch Wärmeleitung und Konvektion erfolgt – annähernd proportional zu $\Delta\vartheta = \Delta T$

$$\boxed{p_\mathrm{th} = G_\mathrm{th}\,\Delta T\,.} \tag{5.5}$$

Der Proportionalitätsfaktor G_th heißt *Wärmeleitwert*, sein Kehrwert $R_\mathrm{th} = 1/G_\mathrm{th}$ *Wärmewiderstand*. Die Einheit des Wärmewiderstands ist K/W, die

[22] Wird das Bauelement in einem geschlossenen Gehäuse betrieben, so ist ϑ_A die Lufttemperatur im Gehäuse. Diese kann – abhängig von zugeführter Leistung und Wärmeabfuhr – deutlich über der Raumtemperatur liegen.

des Wärmeleitwerts entsprechend W/K. Eine Erwärmung um $\Delta T = \vartheta - \vartheta_\mathrm{A}$ erfordert die Wärmeenergie

$$\Delta W_\mathrm{th} \;=\; C_\mathrm{th}\,\Delta T\;. \tag{5.6}$$

Die Größe C_th bezeichnet dabei die *Wärmekapazität* des Bauelements; C_th bestimmt die Energie, die aufgewendet werden muß, um das Bauteil um 1 K zu erwärmen. Die Einheit der Wärmekapazität ist J/K bzw. Ws/K. Die Änderung der im Bauelement gespeicherten Wärmeenergie ergibt sich als Differenz von zugeführter und abgeführter Leistung

$$\frac{\mathrm{d}W_\mathrm{th}}{\mathrm{d}t} \;=\; C_\mathrm{th}\,\frac{\mathrm{d}}{\mathrm{d}t}\Delta T \;=\; p(t) - p_\mathrm{th} \;=\; p(t) - G_\mathrm{th}\,\Delta T\;. \tag{5.7}$$

Nach Division durch C_th führt dies auf die folgende Differentialgleichung für die Übertemperatur $\Delta T(t) = \vartheta(t) - \vartheta_\mathrm{A}$

$$\frac{\mathrm{d}}{\mathrm{d}t}\Delta T + \frac{\Delta T}{\tau_\mathrm{th}} \;=\; \frac{p(t)}{C_\mathrm{th}}\;. \tag{5.8}$$

Die Abkürzung τ_th bezeichnet dabei die *thermische Zeitkonstante*

$$\boxed{\tau_\mathrm{th} \;=\; C_\mathrm{th}/G_\mathrm{th} \;=\; R_\mathrm{th}C_\mathrm{th}\;.} \tag{5.9}$$

Durch Variation der Konstanten ergibt sich unter der Bedingung $\vartheta(0) = \vartheta_\mathrm{A}$ die Lösung

$$\Delta T(t) \;=\; \frac{1}{C_\mathrm{th}}\int_0^t p(t')\exp\left(-\frac{t-t'}{\tau_\mathrm{th}}\right)\mathrm{d}t'\;. \tag{5.10}$$

Kann $p(t)$ für $t > 0$ als zeitunabhängig angenommen werden ($p(t) = P$), so läßt sich das Integral auf der rechten Seite ausführen, mit dem Ergebnis

$$\Delta T(t) \;=\; PR_\mathrm{th}\left[1 - \exp\left(-t/\tau_\mathrm{th}\right)\right]; \qquad \text{für} \qquad t > 0\;. \tag{5.11}$$

Diese Gleichung liefert den zeitabhängigen Verlauf der Übertemperatur aufgrund der Eigenerwärmung: Für kleine Zeiten $t \ll \tau_\mathrm{th}$ läßt sich der Verlauf von $\Delta T(t)$ durch eine Gerade annähern[23] (Abb. 5.10)

$$\Delta T(t) \;\approx\; PR_\mathrm{th}t/\tau_\mathrm{th} \;=\; Pt/C_\mathrm{th}\;.$$

Für große Zeiten ($t \to \infty$) geht $\Delta T(t)$ gegen den Wert PR_th, der nur durch die umgesetzte Leistung P und den Wärmewiderstand R_th bestimmt ist: Die Temperatur des Bauelements ändert sich solange, bis $P = p_\mathrm{th}$ gilt, d. h. bis die im Bauelement umgesetzte Leistung P im Gleichgewicht[24] mit der abgeführten Leistung p_th ist. Der Endwert PR_th wird asymptotisch mit der charakteristischen Zeitkonstanten τ_th erreicht.

[23]Entsprechend einer Taylor-Entwicklung der Exponentialfunktion bis zum ersten Glied.
[24]In diesem Fall wird auch vom *thermisch eingeschwungenen Zustand* gesprochen.

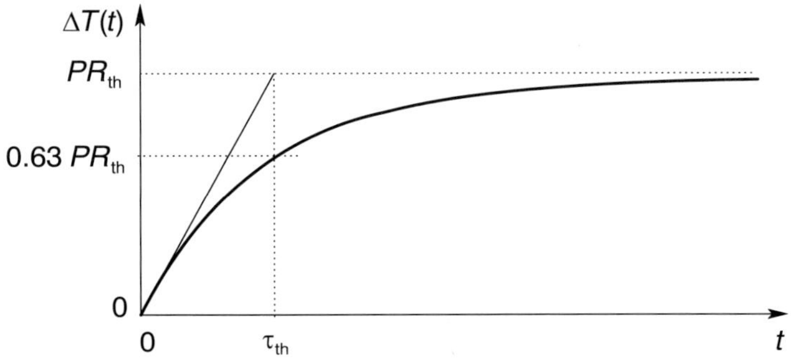

Abb. 5.10. Zeitabhängigkeit der Eigenerwärmung bei konstanter Verlustleistung für $t > 0$

Pulsmessungen. Die Kenngrößen elektronischer Bauteile ändern sich aufgrund der Eigenerwärmung. Da diese bei stationärem Betrieb von der im Bauteil umgesetzten Leistung abhängt ergibt sich bei Kennlinienmessungen eine Beeinflussung des Kennlinienverlaufs (Mitlaufeffekt). Dieser wird im Zusammenhang mit Kleinsignalwiderstand der Z-Diode und dem Ausgangswiderstand des Bipolartransistors näher betrachtet. Die (isothermen) Kennlinien[25] eines Bauteils lassen sich mit speziellen Pulsmeßplätzen ermitteln. Dabei wird nur während eines kurzen Pulses Leistung im Bauteil umgesetzt, wobei die Pulsdauer Δt so gering ist, daß $P_{\text{puls}} R_{\text{th}} \Delta t / \tau_{\text{th}}$ vernachlässigbar klein ist; zusätzlich muß die Pulswiederholfrequenz so klein sein, daß $P_{\text{eff}} R_{\text{th}}$ vernachlässigt werden kann.

Fremderwärmung. Die thermische Zeitkonstante τ_{th} bestimmt auch das Einschwingverhalten der Bauteiltemperatur bei Fremderwärmung. Dies ist beispielsweise bei Temperaturfühlern ohne Eigenerwärmung von Bedeutung: Wird ein Temperaturfühler mit der Anfangstemperatur $\vartheta(0)$ in ein Medium der Temperatur ϑ_{A} gebracht, so nähert sich die Temperatur des Fühlers der Temperatur des Mediums mit einer durch τ_{th} bestimmten Verzögerung. Für die Abweichung $\Delta T = \vartheta(t) - \vartheta_{\text{A}}$ gilt ($p = 0$)

$$\frac{\text{d}}{\text{d}T} \Delta T + \frac{\Delta T}{\tau_{\text{th}}} = 0 \; ;$$

die Lösung zur Anfangsbedingung $\Delta T(0) = \vartheta(0) - \vartheta_{\text{A}}$ lautet

$$\Delta T(t) = \Delta T(0) \exp\left(-t/\tau_{\text{th}}\right) \; ,$$

d.h. der Meßfühler muß für eine Zeitspanne $t \gg \tau_{\text{th}}$ in Kontakt zu dem Medium sein um zuverlässige Temperaturwerte ermitteln zu können.

[25] Die früher häufig verwendeten Curve Tracer liefern ebenfalls in guter Näherung isotherme Kennlinien auf dem Bildschirm eines Oszilloskops. Die Kennlinien werden dabei in einer Zeit durchlaufen die klein ist im Vergleich zur thermischen Zeitkonstante des Bauteils, so daß sich im Bauteil eine in guter Näherung konstante, durch den Effektivwert der umgesetzten Leistung bestimmte Übertemperatur einstellt.

5.3.3 Thermische Ersatzschaltung

Gleichung (5.5) ist analog zum Ohmschen Gesetz: Die abgeführte Wärmeleistung p_{th} als Folge einer Temperaturdifferenz ΔT wird durch den thermischen Leitwert bestimmt, der Strom i als Folge einer Potentialdifferenz (Spannung) v wird durch den elektrischen Leitwert bestimmt. Diese Analogie erlaubt es Temperaturausgleichsvorgänge durch elektrische Ersatzschaltungen (Abb. 5.11) zu beschreiben.

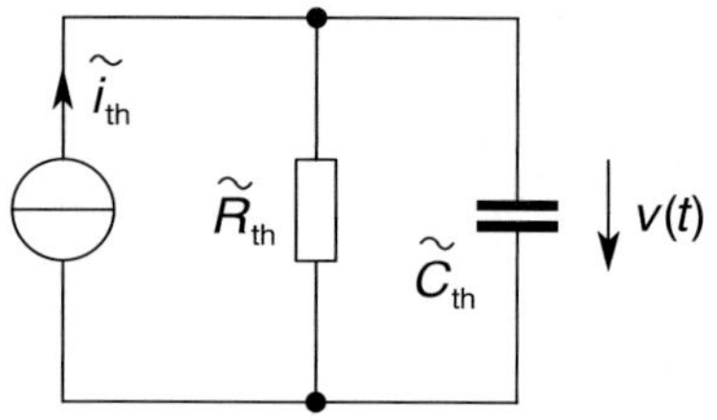

Abb. 5.11. Thermische Ersatzschaltung

Wegen der Analogie zum Ohmschen Gesetz kann τ_{th} als RC-Zeitkonstante aufgefaßt werden: Eine Wärmekapazität C_{th} wird über einen Wärmewiderstand R_{th} umgeladen. Der zeitliche Verlauf der Temperaturerhöhung entspricht damit dem Verlauf der Spannung $v(t)$ mit der ein, für $t = 0$ entladener, Kondensator $\tilde{C}_{\mathrm{th}}$ von einer Stromquelle $\tilde{i}_{\mathrm{th}}$ aufgeladen wird, falls parallel zu $\tilde{C}_{\mathrm{th}}$ ein Widerstand $\tilde{R}_{\mathrm{th}} = \tau_{\mathrm{th}}/\tilde{C}_{\mathrm{th}}$ geschaltet ist. Eine derartige Schaltung kann deshalb zur Simulation des thermischen Verhaltens eines Bauelements eingesetzt werden. Man spricht in diesem Zusammenhang auch von einer *thermischen Ersatzschaltung*. Wird zwischen p, R_{th}, C_{th} und $\tilde{i}_{\mathrm{th}}$, $\tilde{R}_{\mathrm{th}}$, $\tilde{C}_{\mathrm{th}}$ die Zuordnung

$$\tilde{i}_{\mathrm{th}} = 1\,\frac{\mathrm{A}}{\mathrm{W}}\,p\,, \quad \tilde{C}_{\mathrm{th}} = 1\,\frac{\mathrm{F\,K}}{\mathrm{J}}\,C_{\mathrm{th}} \quad \text{und} \quad \tilde{R}_{\mathrm{th}} = 1\,\frac{\Omega\,\mathrm{W}}{\mathrm{K}}\,R_{\mathrm{th}}$$

verwendet, so gilt $R_{\mathrm{th}}C_{\mathrm{th}} = \tilde{R}_{\mathrm{th}}\tilde{C}_{\mathrm{th}}$. Die Änderung der Spannung v über dem Kondensator ist dann direkt proportional zur Temperaturerhöhung ΔT des Bauelements. Dabei gilt

$$\Delta T = 1\,\frac{\mathrm{K}}{\mathrm{V}}\,v\,,$$

d. h. eine Erhöhung der Kondensatorspannung v um 1 V entspricht einer Temperaturerhöhung um 1 K.

Beispiel 5.3.2 Als Beispiel wird ein Bauteil der Wärmekapazität $C_{\mathrm{th}} = 0.08\,\mathrm{J/K}$ betrachtet, das einen Wärmewiderstand $R_{\mathrm{th}} = 150\,\mathrm{K/W}$ zur Umgebung aufweist. In diesem Bauteil soll die Verlustleistung

$$p(t) = 200\,\mathrm{mW} + 50\,\mathrm{mW} \cdot \cos(\omega t)$$

umgesetzt werden, wobei ω eine variable Kreisfrequenz bezeichnet. Der zeitliche Verlauf der Übertemperatur ΔT läßt sich durch Auswerten des Integrals (5.10) ermitteln. Da es sich bei der thermischen Ersatzschaltung um ein lineares Netzwerk handelt, läßt sich $\Delta T(t)$ auch mit Hilfe des Überlagerungssatzes berechnen. Der Gleichanteil (und damit der Effektivwert) $P = 200\,\mathrm{mW}$ der umgesetzten Verlustleistung führt zu einem durch (5.11) gegebenen Temperaturanstieg; mit $PR_{\mathrm{th}} = 30\,\mathrm{K}$ und $\tau_{\mathrm{th}} = 12\,\mathrm{s}$ ergibt dies den Beitrag

$$\Delta T_1(t) \;=\; 30\,\mathrm{K}\cdot[1-\exp(-t/12\,\mathrm{s})]\;.$$

Hierzu ist noch der durch den Wechselanteil der umgesetzten Verlustleistung bedingte Beitrag zu addieren. Dieser läßt sich leicht unter Verwendung der thermischen Ersatzschaltung Abb. 5.11 ermitteln. Der Wechselanteil der umgesetzten Leistung ist dabei durch eine Wechselquelle $\tilde{i}_{\mathrm{th}\sim} = 50\,\mathrm{mA}\cdot\cos(\omega t)$ zu beschreiben, R_{th} durch den ohmschen Widerstand $\tilde{R}_{\mathrm{th}} = 150\,\Omega$ und C_{th} durch die lineare Kapazität $\tilde{C}_{\mathrm{th}} = 0.08\,\mathrm{F}$. Über der Kapazität stellt sich dann die Spannung

$$v_{\mathrm{c}\sim}(t) \;=\; \frac{7.5\,\mathrm{V}}{\sqrt{1+(f/f_{\mathrm{g}})^2}}\,\cos(\omega t+\varphi)$$

mit $f_{\mathrm{g}} = 1/(2\pi\tau_{\mathrm{th}}) = 13.26\,\mathrm{mHz}$ und $\varphi = -\arctan(f/f_{\mathrm{g}})$ ein. Dies entspricht einem Wechselanteil der Übertemperatur mit der Amplitude

$$\hat{T}_2 \;=\; \frac{7.5\,\mathrm{K}}{\sqrt{1+(f/f_{\mathrm{g}})^2}} \;\approx\; \frac{0.1\mathrm{K}}{f/\mathrm{Hz}} \qquad \text{für} \quad f \gg 13.26\,\mathrm{mHz}\;.$$

Dieses Beispiel zeigt, daß die Eigenerwärmung bei Frequenzen mit $2\pi f\tau_{\mathrm{th}} \gg 1$ nahezu ausschließlich durch den Effektivwert der umgesetzten Leistung bestimmt ist. Δ

5.3.4 Zulässige Verlustleistung und Wärmeabfuhr

Die zulässige Verlustleistung P_{zul} eines elektronischen Bauelements wird bestimmt durch die maximal zulässige Bauteiltemperatur[26] $\vartheta_{\max}$, den Wärmeleitwert G_{th} zwischen Bauelement und Umgebung und die Umgebungstemperatur ϑ_{A}

$$P_{\mathrm{zul}} \;=\; G_{\mathrm{th}}(\vartheta_{\max}-\vartheta_{\mathrm{A}})\;.$$

Nimmt die Umgebungstemperatur zu, so nimmt die maximal zulässige Verlustleistung ab. In Datenblättern ist P_{zul} i. allg. als *Nennbelastbarkeit* (oder Nennleistung) P_{N} für $\vartheta_{\mathrm{A}} < \vartheta_{\mathrm{A,N}}$ definiert. Die maximal zulässige Verlustleistung $P_{\mathrm{zul}}(\vartheta_{\mathrm{A}})$ für Umgebungstemperaturen größer als $\vartheta_{\mathrm{A,N}}$ folgt aus der Forderung, daß die maximale Betriebstemperatur $\vartheta_{\max}$ des Bauelements nicht überschritten werden darf, zu

$$P_{\mathrm{zul}} \;=\; P_{\mathrm{N}}\,\frac{\vartheta_{\max}-\vartheta_{\mathrm{A}}}{\vartheta_{\max}-\vartheta_{\mathrm{A,N}}} \qquad \text{für } \vartheta > \vartheta_{\mathrm{A,N}}\,, \tag{5.12}$$

[26] Im Fall von Halbleiterbauelementen ist dies die maximal zulässige Sperrschichttemperatur $\vartheta_{\mathrm{Jmax}}$. Ist $\vartheta_{\max}$ nicht spezifiziert, so kann ersatzweise $\vartheta_{\max} \approx R_{\mathrm{th}}P_{\mathrm{N}}+\vartheta_{\mathrm{A,N}}$ verwendet werden.

d. h. die zulässige Verlustleistung nimmt in diesem Bereich linear mit der Temperatur ab (derating). Der Wert von P_{zul} wird null sobald die Umgebungstemperatur die maximal zulässige Betriebstemperatur des Bauelements erreicht hat. Dies wird in sog. *Lastminderungskurven* (Abb. 5.12) in den Datenblättern beschrieben.

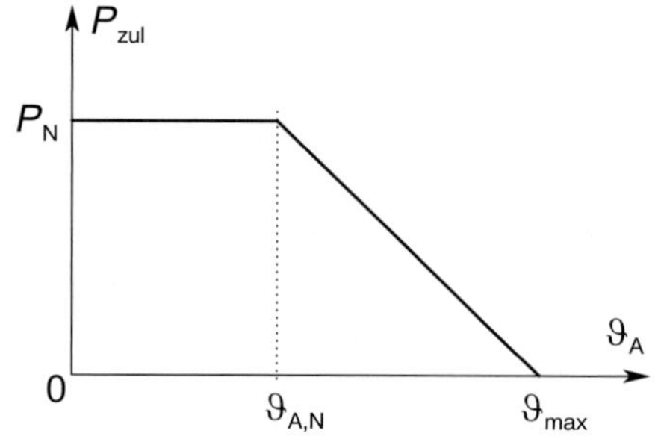

Abb. 5.12. Lastminderungskurve

Darf die Temperatur des Bauelements den Wert $\vartheta_{\max}$ nicht überschreiten und ist ϑ_{Amax} die maximal im Betrieb auftretende Umgebungstemperatur, so muß der Wärmewiderstand R_{th} zwischen Bauteil und Umgebung der Ungleichung

$$\boxed{R_{\text{th}} < \frac{\vartheta_{\max} - \vartheta_{\text{Amax}}}{P}} \tag{5.13}$$

genügen, falls im Element die Leistung P umgesetzt wird.

Beispiel 5.3.3 Als Beispiel wird ein ohmscher Widerstand der Baugröße 0207 (vgl. Kap. 7) betrachtet. Bei einer maximal zulässigen Temperatur $\vartheta_{\max} = 125°\text{C}$ und einer Umgebungstemperatur $\vartheta_{\text{Amax}} = 70°\text{C}$ ist dessen zulässige Verlustleistung mit 0.22 W spezifiziert. Der thermische Widerstand des Bauelements zur Umgebung ist

$$R_{\text{th}} = \frac{\vartheta_{\max} - \vartheta_{\text{Amax}}}{P_{\text{N}}} = \frac{55}{0.22} \frac{\text{K}}{\text{W}} = 250 \frac{\text{K}}{\text{W}} .$$

Wird der Widerstand bei einer Umgebungstemperatur von 100°C betrieben, so ist die zulässige Verlustleistung

$$P_{\text{zul}} = \frac{\vartheta_{\max} - \vartheta_{\text{Amax}}}{R_{\text{th}}} = P_{\text{N}} \frac{\vartheta_{\max} - \vartheta_{\text{Amax}}}{\vartheta_{\max} - \vartheta_{\text{A,N}}} = 0.1 \text{ W}$$

auf weniger als 50 % des Werts bei 70°C reduziert. △

Zulässige Verlustleistung bei Pulsbetrieb

Wird nur kurzfristig Leistung im Bauelement umgesetzt (Pulsbetrieb), so sind i. allg. um so größere Leistungen verträglich, je kürzer das Zeitintervall ist, in dem die Leistung umgesetzt wird. Zur Erläuterung dieses Zusammenhangs sei angenommen, daß sich die im Bauelement umgesetzte Leistung $p(t)$

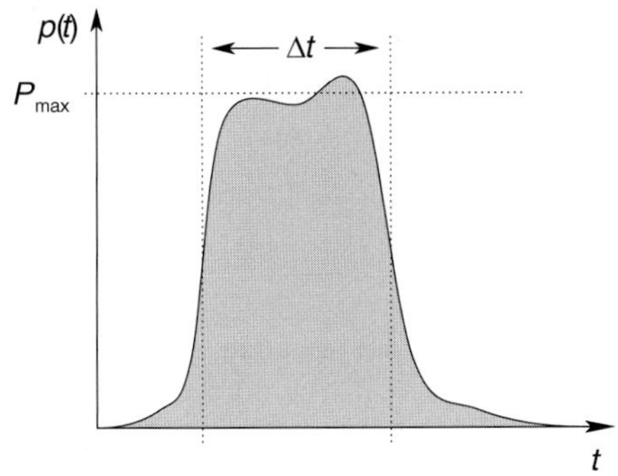

Abb. 5.13. Umgesetzte Verlustleistung bei Pulsbetrieb

durch eine Rechteckfunktion der „Höhe" P_{max} und der „Weite" Δt annähern läßt, wobei $\Delta t \ll \tau_{\mathrm{th}}$ gelten soll (Abb. 5.13). Das Bauteil sollte unter diesen Umständen keinen Schaden durch Überhitzung nehmen, falls die im Bauelement umgesetzte *Energie*

$$P_{\mathrm{max}}\,\Delta t \;<\; C_{\mathrm{th}}(\vartheta_{\mathrm{max}}-\vartheta_{\mathrm{A}}) \tag{5.14}$$

nicht ausreicht, dieses auf höhere Temperaturen als den maximal zulässigen Wert ϑ_{max} zu erwärmen. Der Ausdruck auf der rechten Seite ist eine bauartbedingte Konstante, so daß $P_{\mathrm{max}} \sim \Delta t^{-1}$ resultiert. Diese Betrachtung zur Pulsbelastbarkeit dient der Veranschaulichung der Zusammenhänge – da es in Überlastsituationen zu Stromeinschnürungen mit der Konsequenz lokal besonders stark ausgeprägter Überhitzung und damit zur Schädigung kommen kann (Bildung sog. hot spots), sollten die Grenzwerte für die maximale Leistung bei Impulsbelastung stets dem Datenblatt des Herstellers entnommen werden.

Ebenso wie die Belastbarkeit bei Gleichstrombetrieb hängt die Pulsbelastbarkeit von der Umgebungstemperatur, d. h. von der Temperatur der Wärmesenke ab. Wird die Leistung im Bauelement nur in Form von kurzfristigen Pulsen (Dauer kleiner als τ_{th}) umgesetzt, so darf die während eines solchen Pulses umgesetzte Leistung P_{puls} gewöhnlich höher sein, als die zulässige Verlustleistung P_{zul} bei Dauerbetrieb. Für die Berechnung der maximal während eines mit der Periode T wiederkehrenden, Pulses der Länge νT auftretenden Temperatur kann der häufig in Datenblättern angegebene Wärmeiderstand $r_{\mathrm{th}}(\nu, T)$ bei Impulsbelastung verwendet werden. Mit diesem erechnet sich die maximal zulässige Pulsleistung aus der Forderung

$$P_{\mathrm{puls}} \;<\; \frac{\vartheta_{\mathrm{max}} - \vartheta_{\mathrm{A}}}{r_{\mathrm{th}}(\nu, T)} \;=\; P_{\mathrm{zul}}\,\frac{R_{\mathrm{th}}}{r_{\mathrm{th}}(\nu, T)}\,.$$

Abbildung 5.14 zeigt den transienten Wärmewiderstand in normierter Form

$$r(\nu, T) \;=\; \frac{r_{\mathrm{th}}(\nu, T)}{R_{\mathrm{th}}} \;=\; \frac{P_{\mathrm{zul}}}{P_{\mathrm{puls}}}\,.$$

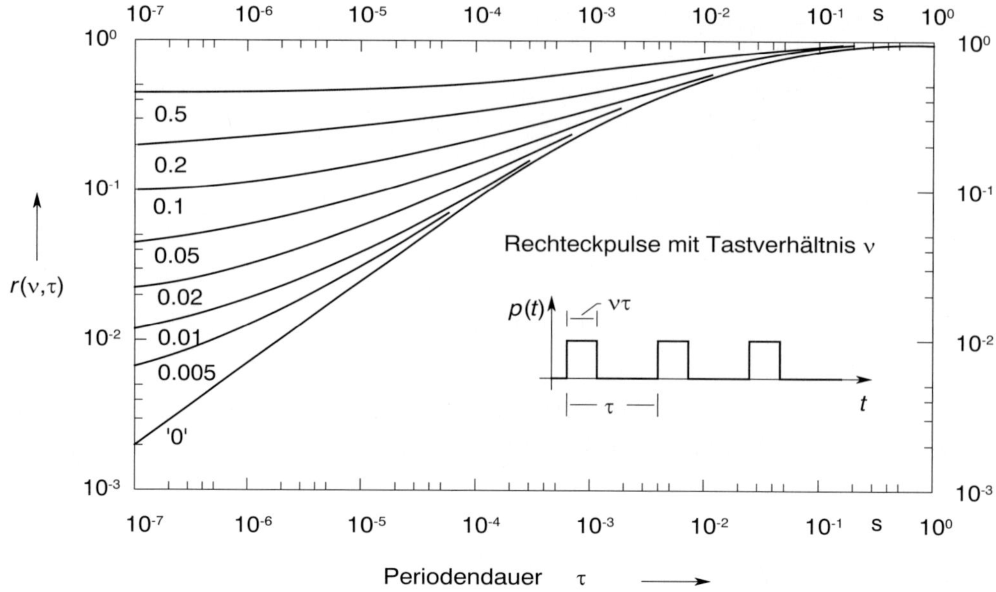

Abb. 5.14. Wärmewiderstand (normiert) bei Belastung mit rechteckförmigen Pulsen unterschiedlicher Wiederholfrequenz (nach [11])

Für große Pulsdauern geht der Wert von $r(\nu, T)$ gegen eins – die maximal zulässige Pulsleistung P_{puls} ist dann gleich P_{zul}. Mit abnehmender Pulsdauer und zunehmendem Tastverhältnis ν nimmt $r(\nu, T)$ deutlich[27] ab, was eine Zunahme der während des Pulses umsetzbaren Leistung bedingt. Für sehr kurze Periodendauer ist die Bauteiltemperatur nahezu konstant und nur noch durch den Effektivwert $P = \nu P_{\text{puls}}$ der umgesetzten Leistung bestimmt (vgl. Beispiel 5.3.2), d.h. für sehr kurze Periodendauern T sollte $r(\nu, T) \to \nu$ gelten (Abb. 5.15).

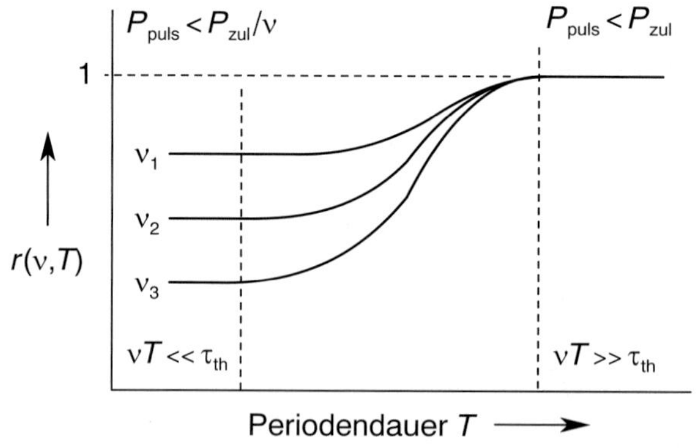

Abb. 5.15. Zur Erläuterung des transienten Wärmewiderstands

[27] Annähernd $\sim \nu^{1/2}$, wie sich theoretisch unter vereinfachten Näherungsannahmen aus der zeitabhängigen Wärmeleitungsgleichung folgern läßt [12].

5.3.5 Wärmeabtransport, Kühlkörper

Wird der Wärmewiderstand zur Umgebung vermindert, so verhält sich die zulässige Verlustleistung des gekühlten Bauelements P'_{zul} zur zulässigen Verlustleistung des ungekühlten Bauelements P_{zul} wie der Wärmeleitwert G'_{th} des gekühlten Bauelements zum ursprünglichen Wärmeleitwert G_{th}

$$\frac{P'_{\text{zul}}}{P_{\text{zul}}} = \frac{G'_{\text{th}}}{G_{\text{th}}} . \tag{5.15}$$

Der Wärmewiderstand $R_{\text{th}} = 1/G_{\text{th}}$ setzt sich bei gehäusten Bauelementen aus dem inneren Wärmewiderstand $R_{\text{th,JC}}$ zwischen Bauteil[28] und Gehäuse (C(ase)) und dem äußeren Wärmewiderstand $R_{\text{th,CA}}$ zwischen Gehäuse und Umgebung (Wärmesenke) zusammen (Abb. 5.16)

$$R_{\text{th}} = R_{\text{th,JC}} + R_{\text{th,CA}} . \tag{5.16}$$

Der Wert von $R_{\text{th,JC}}$ ist stark von der Gehäuseform abhängig. Typische Werte für Transistoren sind etwa $R_{\text{th,JC}} \approx 1.5-2$ K/W für das TO-3 Gehäuse (wie es beispielsweise für den Transistor 2N3055 verwendet wird) und $R_{\text{th,JC}} \approx 150-200$ K/W für das TO-18-Gehäuse (wie es beispielsweise für den Transistor BCY 59 verwendet wird).

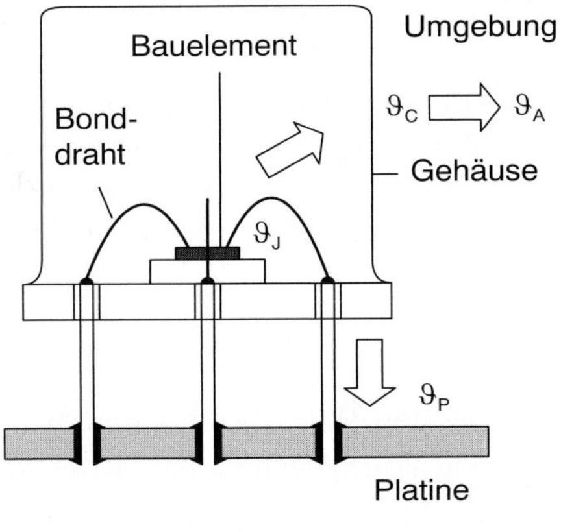

Abb. 5.16. Komponenten des Wärmewiderstands

Wärmetransport über die Anschlüsse. In manchen Fällen ist eine thermische Ersatzschaltung als einfache Reihenschaltung von Teilwärmewiderständen unzutreffend. Zusätzlich zum Wärmestrom über das Gehäuse kann ein Wärmetransport über die Anschlußdrähte zur Platine mit der Temperatur ϑ_{P} stattfinden (Abb. 5.16). Dies müßte in der thermischen Ersatzschaltung durch einen parallel geschalteten thermischen Widerstand erfaßt werden. Der Effekt läßt sich mit der spezifischen Wärmeleitfähigkeit λ der Zuleitung abschätzen. Besitzt diese die Länge L und den Querschnitt A, so ist der Wärmewiderstand der Zuleitung $R_{\text{th}} \approx L/\lambda A$. Als Beispiel

[28] Der Index J stammt von der engl. Bezeichnung für Sperrschicht (J(unction)), da diese Aufteilung des Wärmewiderstands vor allem für Halbleiterbauelemente von Bedeutung ist.

wird ein Cu-Anschlußbeinchen mit Durchmesser 0.45 mm und einer Länge von 1 cm betrachtet; mit $\lambda \approx 4.0$ W/(cm·K) folgt

$$R_{\mathrm{th}} = \frac{1}{4.0} \cdot \frac{\mathrm{cm} \cdot \mathrm{K}}{\mathrm{W}} \cdot \frac{1\ \mathrm{cm}}{\pi \cdot (0.0225\ \mathrm{cm})^2} \approx 157\ \frac{\mathrm{K}}{\mathrm{W}} .$$

Für einen dünnen Al-Bonddraht mit dem Durchmesser 50 μm und einer Länge von 3 mm folgt mit $\lambda = 2.3$ W/(cm·K) der thermische Widerstand $R_{\mathrm{th}} \approx 6640$ K/W. Beruht die Wärmekopplung zwischen Bauteil und Anschluß nur auf dem Wärmetransport über die Bonddrähte, so kann der Wärmetransport über die Anschlüsse vernachlässigt werden – unter diesen Umständen ist die Reihenschaltung des thermischen Widerstands von Bonddraht und Anschlußdraht maßgeblich. Wegen des vergleichsweise geringen thermischen Widerstands des Anschlußbeinchens tritt bei besserer thermischer Kopplung zwischen Anschlußdraht und Bauelement (z. B. in Widerständen oder bei Rückseitenkontaktierung des Kollektors eines Bipolartransistors) aber ein deutlicher Wärmetransport über die Anschlußdrähte auf.

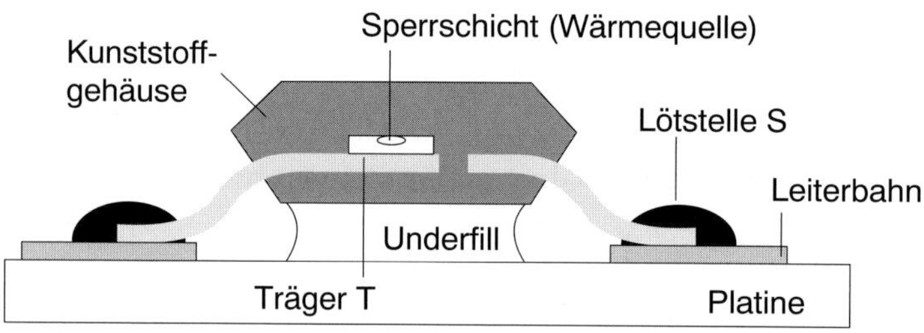

Abb. 5.17. Wärmewiderstand eines SMD-Bausteins

Abbildung 5.17 zeigt ein auf einer Leiterplatte montiertes SMT-Halbleiterbauelement. Der Wärmeabtransport wird hier zu einem großen Teil über die Anschlußbeinchen erfolgen. Wird der Wärmetransport über das Gehäuse an die Umgebungsluft und der Wärmetransport über die Verklebung mit der Leiterplatte (underfill) vernachlässigt, so gilt

$$R_{\mathrm{th}} = R_{\mathrm{th,JT}} + R_{\mathrm{th,TS}} + R_{\mathrm{th,SA}} ,$$

wobei $R_{\mathrm{th,JT}}$ den Wärmewiderstand des Chips, $R_{\mathrm{th,TS}}$ den Wärmewiderstand zwischen der Chiprückseite und der Lötstelle und $R_{\mathrm{th,SA}}$ den Wärmewiderstand zwischen Lötstelle und Umgebung bezeichnet.

Die Wärmeableitung vom Bauelement läßt sich durch Verringern des thermischen Widerstands $R_{\mathrm{th,CA}}$ zwischen Gehäuse und Umgebung steigern. Zu diesem Zweck werden gewöhnlich *Kühlkörper* eingesetzt. Dabei ist besonders auf guten thermischen Kontakt des Bauelements zum Kühlkörper zu achten (evtl. Einsatz von *Wärmeleitpaste*). Garantiert diese Maßnahme allein keine ausreichende Wärmeabfuhr, so wird *Zwangsumwälzung* der Luft vorgesehen (Lüfter), im Extremfall wird Flüssigkeitskühlung verwendet. In einzelnen Fällen – insbesondere falls Bauelementetemperaturen $\vartheta < \vartheta_{\mathrm{A}}$ gefordert sind – kommt auch eine thermoelektrische Kühlung (Peltier-Kühlemente) zum Einsatz.

Kühlkörper

Bei Verwendung von Kühlkörpern kann der Wärmewiderstand zwischen Gehäuse und Umgebung stark reduziert werden. Abbildung 5.18 zeigt ein auf einem Kühlkörper montiertes Bauelement und die zugehörige thermische Ersatzschaltung. Der Wärmewiderstand zwischen Gehäuse und Umgebung wird

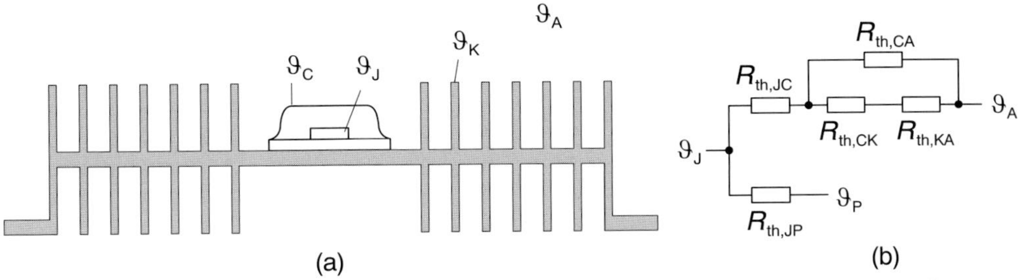

Abb. 5.18. (**a**) Kühlkörper mit Bauelement und (**b**) thermische Ersatzschaltung im stationären Betrieb

dabei primär durch den im Vergleich zu $R_{\mathrm{th,CA}}$ geringen Wärmekontaktwiderstand $R_{\mathrm{th,CK}}$ zwischen Gehäuse und Kühlkörper und den Wärmewiderstand des Kühlkörpers $R_{\mathrm{th,KA}}$ bestimmt. Unabhängig von der Dimensionierung des Kühlkörpers kann der Gesamtwärmewiderstand zwischen Bauteil und Umgebung den Wert des Wärmewiderstands $R_{\mathrm{th,JC}}$ zwischen Bauteil und Gehäuse nicht unterschreiten (Reihenschaltung).

Wärmekontaktwiderstand. Der Wärmekontaktwiderstand $R_{\mathrm{th,CK}}$ ist umgekehrt proportional zur Kontaktfläche A

$$R_{\mathrm{th,CK}} = \gamma_{\mathrm{th}}/A ;$$

der dabei auftretende Proportionalitätsfaktor heißt *spezifischer Wärmekontaktwiderstand* und wird in $\mathrm{cm^2\,K/W}$ gemessen. Typische Werte für γ_{th} sind in Tabelle 5.5 aufgeführt

Tabelle 5.5 Spezifischer Wärmekontaktwiderstand bei planaren Flächen

γ_{th} in $\mathrm{cm^2\,K/W}$	ohne Leitpaste	mit Leitpaste
Metall auf Metall	1.0	0.5
Metall auf Eloxalschicht	2.0	1.4

Der Wärmekontaktwiderstand wird erhöht, falls das Bauteil durch eine Isolierscheibe vom Kühlkörper galvanisch getrennt wird. Der zusätzliche Wärmekontaktwiderstand hängt von Material[29] und Dicke der isolierenden Scheibe und vom Anpreßdruck ab.

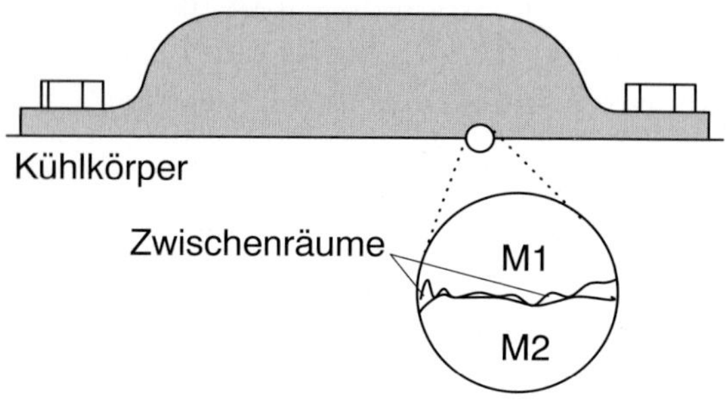

Abb. 5.19. Montage eines Bauteils auf einem Kühlkörper

Der genaue Wert des Wärmekontaktwiderstands ist abhängig von der Rauhigkeit der Kontaktflächen, er läßt sich durch erhöhten Anpreßdruck und die Verwendung von Wärmeleitpaste verringern. Zur Veranschaulichung dient Abb. 5.19: Wegen der Rauhigkeit befinden sich zwischen den Kontaktflächen zahlreiche luftgefüllte Zwischenräume, in denen die Wärme nur vergleichsweise schlecht geleitet wird. Der Wärmeleitwert von Luft beträgt ca. $\lambda \approx 0.026\,\mathrm{W/K\,m}$, eine Luftschicht der Dicke s bedingt demzufolge einen flächenspezifischen Wärmekontaktwiderstand $\gamma = s/\lambda$. Im Beispiel $s = 0.01\,\mathrm{mm}$ führt dies auf $\gamma \approx 4\,\mathrm{K\,cm^2/W}$. Werden die Luftzwischenräume durch erhöhten Anpreßdruck oder Ausfüllen mit einer gut wärmeleitenden Substanz verringert, so verbessert sich der Wärmekontaktwiderstand deutlich.

Auswahl des Kühlkörpers. Der Kühlkörper ist so auszuwählen, daß

$$R_{\mathrm{th,KA}} < \frac{\vartheta_{\max} - \vartheta_{\mathrm{Amax}}}{P} - R_{\mathrm{th,JC}} - R_{\mathrm{th,CK}}$$

erfüllt ist. Der Wärmewiderstand $R_{\mathrm{th,KA}}$ eines Kühlkörpers wird vom Hersteller angegeben. Die verfügbaren Werte liegen im Bereich einiger 10 K/W (Kühlsterne etc.) bis unter 0.2 K/W (Hochleistungskühlkörper).

Beispiel 5.3.4 Wird ein Transistor 2N3055 (Gehäuse TO-3 mit einer Grundfläche von ca. 1.5 cm^2) auf einen Kühlkörper geschraubt, so läßt sich der resultierende Wärmekontaktwiderstand ohne Verwendung von Wärmeleitpaste abschätzen zu

$$R_{\mathrm{th,CK}} \approx \frac{1.0\,\mathrm{cm}^2 \cdot \mathrm{K} \cdot \mathrm{W}^{-1}}{1.5\,\mathrm{cm}^2} \approx 0.66\,\frac{\mathrm{K}}{\mathrm{W}}\,.$$

Wird in dem Transistor die Leistung 10 W umgesetzt, beträgt die maximale Umgebungstemperatur in der das Gerät betrieben wird $\vartheta_{\mathrm{Amax}} = 70°\mathrm{C}$, und soll die

[29] Hier sind mittlerweile Isolierscheiben erhältlich, die nur einen geringen Wärmeserienwiderstand bedingen: Für das TO3-Gehäuse sind beispielsweise Polyimid-Isolierscheiben (Handelsname Kapton) verfügbar, die einen zusätzlichen Wärmewiderstand von lediglich 0.07 K/W verursachen.

Sperrschichttemperatur den Wert $\vartheta_{\text{Jmax}} = 120°\text{C}$ nicht überschreiten, so muß der Wärmewiderstand R_{th} kleiner sein als

$$R_{\text{th}} < \frac{\vartheta_{\text{Jmax}} - \vartheta_{\text{Amax}}}{P} = 5\,\frac{\text{K}}{\text{W}} .$$

R_{th} setzt sich dabei zusammen aus $R_{\text{th,JC}}$ (in diesem Fall mit 2 K/W abgeschätzt), dem Wärmekontaktwiderstand $R_{\text{th,CK}}$ mit 0.66 K/W und dem Wärmewiderstand $R_{\text{th,KA}}$ zwischen Kühlkörper und Umgebung. Für die Anwendung ist demzufolge ein Kühlkörper mit einem Wärmewiderstand von $R_{\text{th,KA}} < 2.3\,\text{K/W}$ zu verwenden. Δ

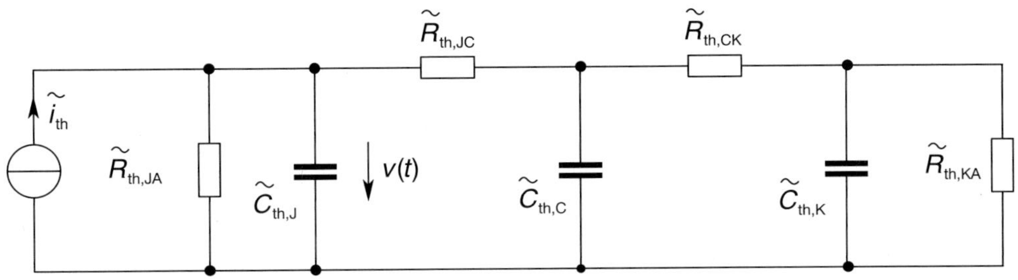

Abb. 5.20. Thermische Ersatzschaltung für ein auf einem Kühlkörper montiertes Bauelement

Thermische Ersatzschaltung. Die zeitabhängige Erwärmung eines Bauelements mit Kühlkörper laßt sich durch eine erweiterte thermische Ersatzschaltung entsprechend Abb. 5.20 beschreiben. Die Ersatzschaltung berücksichtigt zusätzlich zu den bereits besprochenen Wärmewiderständen die Wärmekapazitäten des Bauteils, des Gehäuses und des Kühlkörpers. Letztere sind in der Ersatzschaltung durch die Kapazitäten $\tilde{C}_{\text{th,J}}$, $\tilde{C}_{\text{th,C}}$ und $\tilde{C}_{\text{th,K}}$ erfaßt. Die Zeit nach der der thermisch eingeschwungene Zustand erreicht wird, ist hier durch mehrere thermische Zeitkonstanten (Reihenschaltung mehrerer RC-Tiefpässe) bestimmt. Maßgeblich für die Zeit nach der die Endtemperatur erreicht ist, ist die größte dieser Zeitkonstanten.

Zwangsumwälzung. Die Wärmeabfuhr vom Kühlkörper an die Umgebung läßt sich durch Einsatz eines Lüfters erhöhen. Der Grad der Kühlung hängt von der Geschwindigkeit ab, mit der die Luft über den Kühlkörper strömt. Für Kühlkörper zum Abführen großer Wärmeleistungen werden vom Hersteller i.allg. Kurven angegeben, die den Wärmewiderstand als Funktion der Anströmgeschwindigkeit darstellen.

Lüfter werden meistens eingesetzt, um in einem – bis auf Lüftungsschlitze geschlossenen – Gehäuse für ausreichend Wärmeabfuhr zu sorgen. Hier ist vor allem die *Förderleistung* F des Lüfters (in m^3/h) von Interesse. Mit dieser Rate wird Luft der Umgebungstemperatur ϑ'_{A} in das Gehäuse geblasen und verdrängt dort Luft der im Gehäuse maßgeblichen Umgebungstemperatur ϑ_{A}.

Im stationären Zustand wird die zugeführte Luft um $\vartheta_\mathrm{A} - \vartheta'_\mathrm{A}$ aufgewärmt, was eine Leistung

$$P = F c_\mathrm{p} \rho_\mathrm{m} (\vartheta_\mathrm{A} - \vartheta'_\mathrm{A}) \tag{5.17}$$

erfordert. Dies ist gleich der durch den Lüfterbetrieb abgeführten Wärmeleistung. Für Luft gilt $c_\mathrm{p} = 1003$ J/(kg·K) und $\rho_\mathrm{m} = 1.29$ kg/m^3. Bei einer Verlustleistung P (in W) im Gehäuse und einer Förderleistung F (in m^3/h) ergibt sich die Temperaturerhöhung (in K) aus

$$\vartheta_\mathrm{A} - \vartheta'_\mathrm{A} \approx 2.8 \cdot P/F\,. \tag{5.18}$$

Wird die Kühlung durch einen Lüfter unterstützt, so sollte die Anordnung von Bauteilen und Leiterplatten nach Möglichkeit so erfolgen, daß die Luft weitgehend ungehindert und damit mit maximaler Geschwindigkeit über die Bauteile und Baugruppen streicht in denen die größte Verlustleistung anfällt.

Für spezielle Fragestellungen wurden Computerprogramme entwickelt, mit denen der Wärmeabtransport bei erzwungener Konvektion simuliert werden kann. Wegen der i.allg. komplizierten geometrischen Verhältnisse in elektronischen Geräten dürfte eine überschlägige Dimensionierung mit einer nachfolgenden Optimierung der Anordnung und Lüfterleistung über Messungen aber meist schneller zum Ziel führen.

Heat Pipe. Eine heat pipe nutzt die Verdampfungswärme einer Kühlflüssigkeit um dem zu kühlenden Bauteil Wärme zu entziehen. Der Dampf wird dann durch Konvektion zum kälteren Ende transportiert, wo er kondensiert und die Wärme wieder abgibt. Das Kondensat wird über Kapillarwirkung wieder zum wärmeren Ende transportiert wo es erneut verdampft (Abb. 5.21).

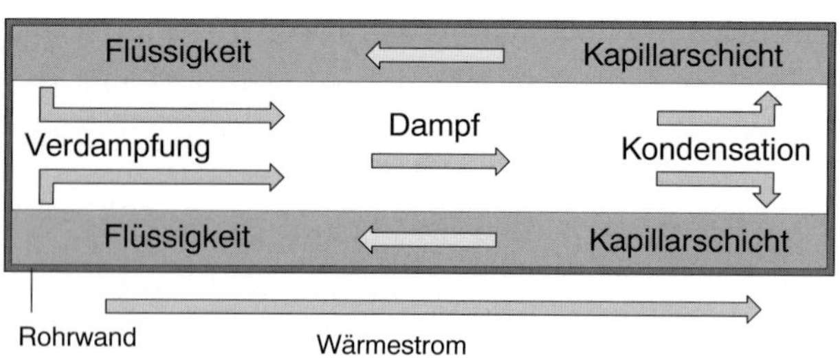

Abb. 5.21. Heat pipe

Da die Temperaturdifferenz zwischen warmem und kaltem Ende sehr gering sein kann und die beim Verdampfan aufgenommene - bzw. die beim Kondensieren abgegebene Energie - beträchtlich ist, wirken heat pipes bei geringen Temperaturdifferenzen als sehr gute Wärmeleiter, die die Wärmeleitfähigkeit eines Kupferrohrs um mehr als das tausendfache übersteigen können. Wegen des Schwerkrafteinflusses kann es dabei u.U. zu einer Abhängigkeit des

Wärmestroms von der Ausrichtung der heat pipe kommen. Heat pipes kommen zum Einsatz, wenn konventionelle Kühlkörper zu schwer sind und sind bereits zur Kühlung des Prozessors in einem tragbaren Computer eingesetzt worden. Durch Einbau von heat pipes in Hochleistungskühlkörper (embedded heatpipes) kann der Wärmewiderstand im Vergleich zu reinen Alu-Profilen auf annähernd die Hälfte reduziert werden.

5.3.6 Peltier-Kühler

Der *Peltier-Effekt* tritt an stromdurchflossenen Kontakten auf. An der Kontaktstelle wird die Peltier-Wärmeleistung

$$P_{\Pi} = \Pi I \qquad (5.19)$$

erzeugt. Π ist der *Peltier-Koeffizient*[30], eine für den Kontakt charakteristische Kenngröße. Bei Stromumkehr ändert sich das Vorzeichen von P_{Π}, d. h. abhängig von der Stromflußrichtung kann erwärmt oder abgekühlt werden.

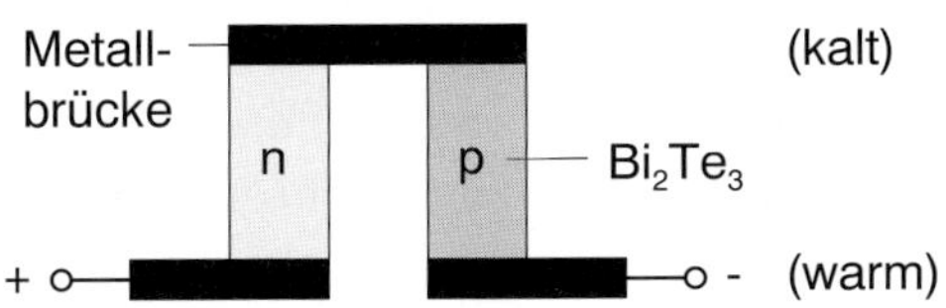

Abb. 5.22. Peltier-Element

Abbildung 5.22 zeigt den prinzipiellen Aufbau eines Peltier-Elements. Hier werden zwei Halbleitergebiete (z. B. Wismuttellurid) unterschiedlicher Dotierung über eine Metallbrücke verbunden. Bei Polung entsprechend der angegebenen Polarität wird diese gekühlt. Peltier-Kühler sind aus mehrerer miteinander verschalteten Peltier-Elementen aufgebaut (Abb. 5.23).

Peltier-Kühler stellen eine einfach zu realisierende Möglichkeit dar, einen kleinen Raumbereich auf Temperaturen unter die Umgebungstemperatur abzukühlen. Als Nachteil ist die – insbesondere bei großen Temperaturdifferenzen zur Umgebung – verhältnismäßig geringe Kälteleistung anzusehen. Da die Kühltemperatur ϑ_C über die erzielte Temperaturdifferenz von der Umgebungstemperatur ϑ_A abhängt, wird bei starken Schwankungen der Umgebungstemperatur häufig eine Temperaturstabilisierung nötig. Peltier-Kühler finden in der Elektronik Anwendung bei der Kühlung von temperaturempfindlichen elektronischen Bauteilen, die bei höheren Umgebungstemperaturen arbeiten müssen. Anwendungsbeispiele sind: Kühlung von Bildwandler-CCDs bei höheren Temperaturen, Kühlung von IR-Detektoren, Halbleiter-Laser (zur Kontrolle der temperaturabhängigen Wellenlänge). Mit Peltier-Elementen lassen sich in einer Stufe Temperaturdifferenzen bis zu ca. 60 K erzielen, die

[30] Er ist mit dem *Seebeck-Koeffizient* α_S über $\Pi = \alpha_S T_C$ verknüpft, wobei T_C die (absolute) Temperatur auf der kalten Seite des Peltier-Elements angibt.

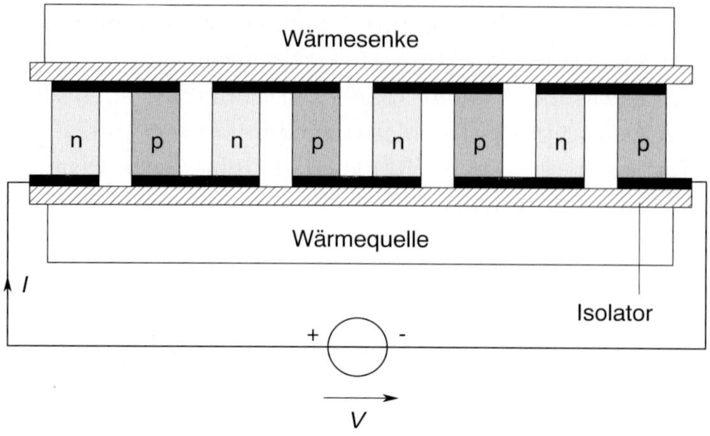

Abb. 5.23. Peltierkühler mit vier in Reihe geschalteten Peltierelementen

Kälteleistungen liegen typischerweise im Bereich von 1 W bis 100 W, die erforderlichen Betriebsspannungen betragen wenige Volt, die Betriebsströme sind abhängig von der Kälteleistung im Bereich von 1 A bis 100 A.

Die über dem Peltier-Kühler auftretende Temperaturdifferenz läßt sich durch *Kaskadieren*, d. h. Hintereinanderschalten mehrerer Kühlerstufen in einem System erhöhen. Auf diesem Weg lassen sich Temperaturdifferenzen bis ca. 140 K erreichen. Bei der Reihenschaltung ist jedoch zu beachten, daß in jeder Stufe sowohl die in der vorgeschalteten Stufe transportierte als durch die dort auftretende *Verlustleistung* abgeführt werden muß. Aus diesem Grund wird die Anzahl parallelgeschalteter Peltier-Elemente in Richtung des Wärmestroms von Stufe zu Stufe erhöht [31].

Kälteleistung und Wirkungsgrad

Die *Kälteleistung*, das ist die von der kalten Seite des Peltierelementes abgeführte Wärmeleistung P_{th}, errechnet sich aus der Peltierwärmeleistung abzüglich der Jouleschen Verlustleistung und der Verluste durch Wärmeleitung[32]

$$P_{\text{th}} = \Pi I - RI^2/2 - G_{\text{th}}(T_{\text{H}} - T_{\text{C}}) \,. \tag{5.20}$$

Dabei bezeichnet R den elektrischen Widerstand des Thermoelements, G_{th} den thermischen Leitwert zwischen der warmen und der kalten Seite, T_{H} die

[31] Typischerweise Faktor vier je Stufe.

[32] Diese Formel bezieht sich auf eine Seite des in Abb. 5.22 skizzierten Thermopaars. Daß die Joulesche Wärmeleistung RI^2 hier mit dem Faktor 1/2 auftritt folgt aus der Tatsache, daß die im Element erzeugte Wärme zur Hälfte zum warmen und zur Hälte zum kalten Ende abfließt – da die Wärmeleitungsgleichung im Fall einer als temperaturunabhängig angenommenen Wärmeleitfähigkeit linear ist, ergibt sich dies aus dem Superpositionsprinzip [13]. Hier wird nicht unterschieden zwischen Kontakten zu n-Typ und p-Typ-Material, welche i.allg. unterschiedliche Peltier-Koeffizienten aufweisen, d.h. Π ist als Mittelwert der beiden Peltier-Koeffizienten aufzufassen.

Temperatur der warmen Seite und T_C die Temperatur der kalten Seite. Sind in einem Peltierkühler n Thermopaare in Reihe geschaltet (Abb. 5.23), so ergibt sich das $2n$-fache dieser Kälteleistung. Werden in dem Kühler m solcher Reihen parallel betrieben, so trägt jede Reihe den Strom I/m; mit dem Peltierkoeffizient $\Pi_{\text{eff}} = 2n\Pi$, dem Widerstand $R_{\text{eff}} = 2nR/m$ und dem Wärmeleitwert $G_{\text{th,eff}} = 2nmG_{\text{th}}$ des Peltierkühlers resultiert die Kälteleistung

$$P_{\text{th}} = \Pi_{\text{eff}} I - R_{\text{eff}} I^2/2 - G_{\text{th,eff}} \Delta T \,, \tag{5.21}$$

wobei $\Delta T = T_H - T_C$ die Temperaturdifferenz zwischen dem warmen und dem kalten Kontakt angibt. Die Kälteleistung P_{th} sinkt demnach proportional zur Temperaturdifferenz ΔT. (Abb. 5.24). Der Wert von P_{th} ist abhängig vom Stromfluß I. Er weist ein Maximum auf für

$$\mathrm{d}P_{\text{th}}/\mathrm{d}I = 0 \quad \text{bzw.} \quad I = \Pi_{\text{eff}}/R_{\text{eff}}$$

und erreicht dort den Maximalwert

$$P_{\text{th,max}} = \frac{\Pi_{\text{eff}}^2}{2R_{\text{eff}}} - G_{\text{th,eff}} \Delta T \,.$$

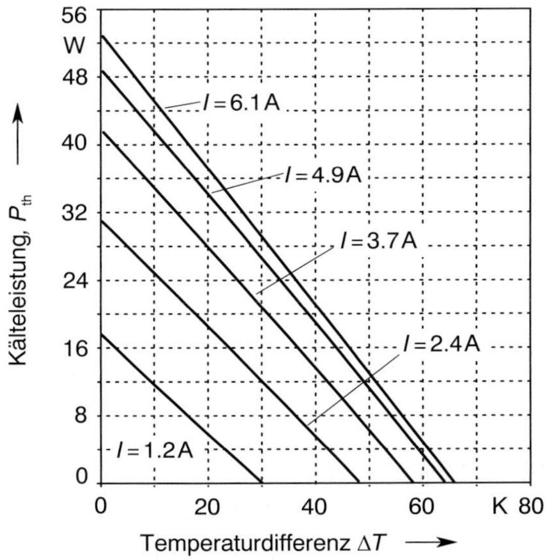

Abb. 5.24. Kälteleistung des Peltierelements PT6-12-40 der Firma Melcor für unterschiedliche Betriebsströme ($\vartheta_H = 25\,°\text{C}$)

Solange die rechte Seite von (5.21) größer ist als null, wird Wärme vom kalten Kontakt abgeführt; die maximal mögliche Temperaturdifferenz zwischen den Kontakten wir für $P_{\text{th}} = 0$ erreicht und weist den Wert

$$\Delta T_{\text{max}} = \frac{\Pi_{\text{eff}} I}{G_{\text{th,eff}}} - \frac{R_{\text{eff}} I^2}{2G_{\text{th,eff}}}$$

auf. Am Peltier-Element fällt die Spannung $V = \alpha_S \Delta T + RI$ ab; werden demnach n Thermopaare in Reihe geschaltet, so fällt über der Reihenschaltung die

Spannung $V = 2n(\alpha_S \Delta T + RI)$ ab. Werden wieder m solcher Reihen parallel betrieben, so folgt mit $\Pi = \alpha_S T_C$ für die umgesetzte elektrische Leistung

$$P = VI = \Pi_{\text{eff}} I \Delta T / T_C + R_{\text{eff}} I^2 . \qquad (5.22)$$

Als Wirkungsgrad η_π des Peltier-Kühlers wird das Verhältnis von Kälteleistung P_{th} zu umgesetzter Leistung P bezeichnet. Der Wirkungsgrad hängt vom Strom I ab; wird η_π als Quotient aus (5.21) und (5.22) berechnet, so folgt aus $\mathrm{d}\eta_\pi/\mathrm{d}I = 0$ der optimale Betriebsstrom

$$I_{\text{opt}} = \frac{G_{\text{th,eff}}}{\Pi_{\text{eff}}} \frac{T_C}{T_{\text{av}}} \left(1 + \sqrt{1 + ZT_{\text{av}}}\right) \Delta T , \qquad (5.23)$$

bei dem der Wirkungsgrad seinen maximalen Wert

$$\eta_{\pi,\text{opt}} = \frac{T_{\text{av}} \left(\sqrt{1 + ZT_{\text{av}}} - 1\right)}{\Delta T \left(\sqrt{1 + ZT_{\text{av}}} + 1\right)} - \frac{1}{2} \qquad (5.24)$$

annimmt. $T_{\text{av}} = (T_H + T_C)/2$ bezeichnet dabei die mittlere Temperatur des Peltierelements und

$$Z = \frac{\Pi_{\text{eff}}^2}{R_{\text{eff}} G_{\text{th,eff}} T_C^2} = \frac{\alpha_S^2}{\rho \lambda} \qquad (5.25)$$

die materialspezifische *Effektivitätszahl*. Peltier-Kühler hoher Leistungsfähigkeit erfordern demzufolge Materialien, die einen großen Peltier-Koeffizienten Π bzw. Seebeck-Koeffizienten S, eine geringe spezifische Wärmeleitfähigkeit λ und einen geringen spezifischen Widerstand ρ aufweisen. Diese Forderungen sind insbesondere bei einigen stark dotierten Halbleitern (z.B. Wismuttellurid Bi_2Te_3) erfüllt; Tabelle 5.4 stellt die für Bi_2Te_3 relevanten Materialgrößen für veschiedene Werte von T_{av} zusammen.

Tabelle 5.6 Materialgrößen von Bi_2Te_3 für verschiedene Betriebstemperaturen [9]

T_{av}, K	273	300	325	350	375	400	425	450	475
S, µV/K	194	202	207	210	200	196	190	186	179
ρ, µΩm	9.2	10.1	11.6	12.8	13.7	14.8	15.8	16.8	17.6
λ,W/m K)	1.61	1.51	1.53	1.55	1.58	1.63	1.73	1.88	2.09
Z, 10^{-3}/K	2.54	2.68	2.44	2.22	1.88	1.59	1.32	1.06	0.87

Beispiel 5.3.5 Als Beispiel wird das Peltierelement PT6-12-40 der Firma Melcor betrachtet. Für dieses wird der Widerstand R_{eff} bei $\vartheta_H = 25\,°\mathrm{C}$ mit $2.127\,\Omega$ spezifiziert. Die Kälteleistung bei $\Delta T = 0$ muß nach (5.21) gleich $\Pi_{\text{eff}} I - R_{\text{eff}} I^2/2$ sein. Wird aus Abb. 5.24 zu jedem Wert von I der Wert von P_{th} bei $\Delta T = 0$ abgelesen und der Wert $R_{\text{eff}} I^2/2$ ermittelt, so läßt sich $\Pi_{\text{eff}} I = P_{\text{th}} + R_{\text{eff}} I^2/2$ errechnen mit dem Ergebnis

I, A	1.2	2.4	3.7	4.9	6.1
P_{th}, W	17	31	41.5	48.5	52.5
$R_{\text{eff}}I^2/2$, W	1.5	6.1	14.6	25.5	39.6
$\Pi_{\text{eff}}I$, W	18.5	37.1	56.6	74.0	92.1

Eine Auftragung (Abb. 5.25) von $\Pi_{\text{eff}}I$ über I ergibt eine Gerade mit der Steigung $\Pi_{\text{eff}} = 15\,\text{V}$. Der Wert von $G_{\text{th,eff}}$ folgt aus der Steigung der Kennlinien in Abb. 5.24. Da die Kennlinien nicht exakt parallel verlaufen, ergeben sich für unterschiedliche Betriebsströme leicht unterschiedliche Werte von $G_{\text{th,eff}}$. Für $I = 2.4\,\text{V}$ folgt beispielsweise $G_{\text{th,eff}} \approx 31\,\text{W}/48\,\text{K} \approx 0.65\,\text{W/K}$.

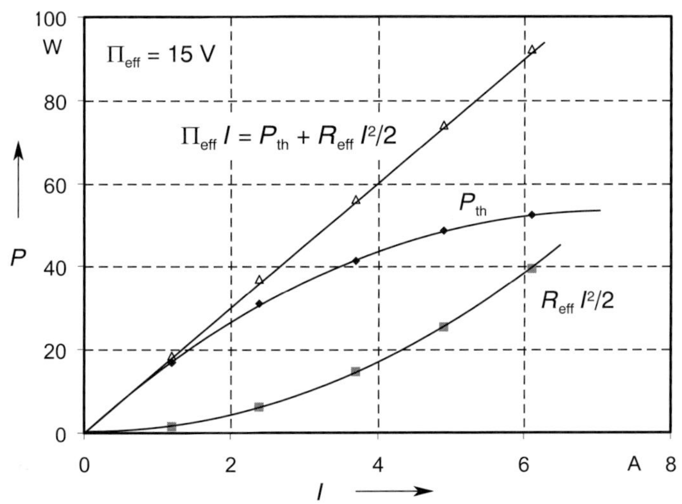

Abb. 5.25. Zur Extraktion des effektiven Peltierkoeffizienten

Aus diesen Daten läßt sich die Effektivitätszahl Z des Peltierkühlers für eine bestimmte Temperatur T_{C} berechnen. Weist die warme Seite die Temperatur 25 °C auf, und soll die Temperaturdifferenz $\Delta T = 30\,\text{K}$ aufgebaut werden, so ist $T_{\text{C}} = 268\,\text{K}$ und damit

$$Z = \frac{\Pi_{\text{eff}}^2}{R_{\text{eff}} G_{\text{th,eff}} T_{\text{C}}^2} = \frac{(15\,\text{V})^2}{2.127\,\Omega \cdot 0.65\,\text{W/K} \cdot (268\,\text{K})^2} = \frac{2.26 \cdot 10^{-3}}{\text{K}}$$

was etwas kleiner ist als der für $T_{\text{av}} = 281\,\text{K}$ aus Tabelle 5.6 durch Interpolation resultierende Wert $2.58 \cdot 10^{-3}\,\text{K}^{-1}$.

Für die mittlere Temperatur $T_{\text{av}} = 281\,\text{K}$ und $\Delta T = 30\,\text{K}$ folgt der maximal erreichbare Wirkungsgrad mit $Z = 2.26 \cdot 10^{-3}\,\text{K}^{-1}$ aus (5.25) zu 64.5 %. Der Strom I_{opt} bei dem dieser Wirkungsgrad erreicht wird folgt aus (5.23) zu 2.8 A. Für die unter diesen Bedingungen gegebene Kühlleistung $P_{\text{th}} \approx 14.2\,\text{W}$ sind damit $P \approx 22\,\text{W}$ elektrischer Leistung aufzubringen. Δ

5.4 Qualität und Zuverlässigkeit

Die *Qualität* eines Bauelements ist ein Maß für die Wahrscheinlichkeit dafür, daß dieses die spezifizierten Eigenschaften aufweist [33]. Die *Lieferqualität* ist die Qualität des Bauelements bei der Auslieferung an den Kunden; sie wird charakterisiert durch Angabe der fehlerhaften Stücke in einer Produktmenge. Die Lieferqualität wird häufig über den sog. AQL-Wert [34] spezifiziert. Dieser bestimmt den Anteil schlechter Bauelemente in einem Lieferlos, der entsprechend den Lieferbedingungen vom Kunden noch akzeptiert wird.

Die *Zuverlässigkeit* eines elektronischen Bauelements gibt dessen Fähigkeit wieder, festgelegten Anforderungen (also etwa Datenblattangaben) über eine bestimmte Zeit – die *Lebensdauer* – zu genügen. Die Zuverlässigkeit eines elektronischen Bauteils ist abhängig von den Betriebsbedingungen. Im Gegensatz zur Lieferqualität bezieht sich die Zuverlässigkeit demnach nicht auf einen Zeitpunkt, sondern auf die Aufrechterhaltung von Qualität über einen längeren Zeitraum: *Zuverlässigkeit ist Qualität auf Zeit* .

Der Preis einzelner elektronischer Bauelemente ist zwar im allgemeinen nicht sehr hoch. Die Bauelemente werden jedoch häufig zu sehr komplexen Systemen verschaltet, deren Zuverlässigkeit weitgehend durch die Zuverlässigkeit der verwendeten Komponenten bestimmt wird. Deshalb kann der Ausfall eines – für sich genommen sehr preisgünstigen – Bauteils dennoch sehr hohe Kosten durch den Ausfall des Systems verursachen.

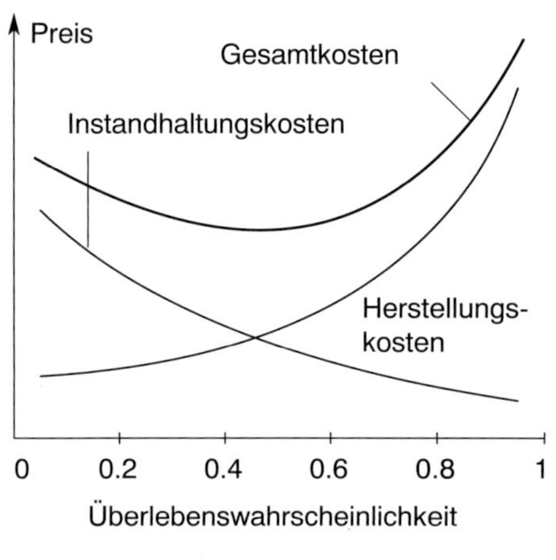

Abb. 5.26. Auswirkung der Herstellungs- und Instandhaltungskosten auf die Gesamtkosten eines Systems als Funktion der Zuverlässigkeit (schematisch)

Eine hohe Systemsicherheit erfordert den Einsatz möglichst zuverlässiger Bauelemente und deren Betrieb unter Bedingungen, bei denen eine Alterung weitgehend ausgeschlossen ist. Die Instandhaltungskosten sind hier ab-

---

[33] Nach DIN 55300 ist Qualität die „Gesamtheit aller Eigenschaften und Merkmale eines Produkts, die sich auf deren Eignung zur Erfüllung gegebener Erfordernisse beziehen".

[34] Von englisch: acceptable quality level

zuwägen gegenüber den Kosten für die Herstellung des Systems, die mit zunehmender Anforderung an Qualität und Zuverlässigkeit zunehmen. Beide Beiträge addieren sich zu den *Gesamtkosten*, welche beim optimalen Kompromiß zwischen Preis und Zuverlässigkeit ein Minimum aufweisen (Abb. 5.26).

Aussagen über Qualität und Zuverlässigkeit eines elektronischen Produkts erfordern sowohl eine Spezifikation der Leistungsmerkmale des Produkts als auch der zulässigen Betriebsbedingungen und der daraus resultierenden Beanspruchungsart.

5.4.1 Ausfallstatistik

Ein *Ausfall* des Systems oder Bauteils liegt vor, wenn die spezifizierten Leistungsdaten nicht mehr eingehalten werden. Meist wird unterschieden zwischen Änderungsausfällen (Driftausfälle), die mit einer Verschlechterung der Eigenschaften verbunden sind, und Totalausfällen.

In der Ausfallstatistik [14] wird die *Ausfallwahrscheinlichkeit* $F(t)$ bzw. die *Überlebenswahrscheinlichkeit* $R(t)$ eines Systems betrachtet. $R(t)$ bestimmt die Wahrscheinlichkeit dafür, daß das Bauteil nach der Zeit t noch intakt ist, $F(t)$ die Wahrscheinlichkeit dafür, daß es bis dahin ausgefallen ist. Da ein Bauteil definitionsgemäß entweder intakt oder ausgefallen ist, gilt stets

$$F(t) + R(t) = 1 . \tag{5.26}$$

Die Ausfallwahrscheinlichkeit $F(t)$ läßt sich als Integral über der *Ausfallhäufigkeit* $f(t)$ darstellen

$$F(t) = \int_0^t f(t')\,\mathrm{d}t' . \tag{5.27}$$

Da alle Bauteile eine endliche Lebensdauer haben, muß gelten

$$\lim_{t\to\infty} F(t) = \int_0^\infty f(t)\,\mathrm{d}t = 1 . \tag{5.28}$$

Die *Ausfallrate* $\lambda(t)$ eines Bauteils ist die auf $R(t)$ bezogene Ausfallhäufigkeit

$$\boxed{\lambda(t) = \frac{f(t)}{R(t)} = -\frac{\mathrm{d}}{\mathrm{d}t}\ln[R(t)] .} \tag{5.29}$$

Die für die Ausfallrate üblicherweise verwendete Zeiteinheit ist[35]

$$10^{-9}/\mathrm{h} = 1\,\mathrm{FIT} .$$

Wäre $\lambda(t) = \lambda$ eine konstante Größe, so würde $R(t)$ exponentiell mit der Zeit abnehmen

[35] FIT steht abkürzend für failure in time.

$$R(t) = \mathrm{e}^{-\lambda t} . \tag{5.30}$$

Für die Ausfallhäufigkeit ergibt sich unter diesen Umständen

$$f(t) = \lambda \, \mathrm{e}^{-\lambda t} . \tag{5.31}$$

Die Ausfallrate ist gewöhnlich zeitabhängig; wird sie über der Zeit aufgetragen, so ergibt sich häufig eine „Badewannen-Kurve“, wie in Abb. 5.27 skizziert.

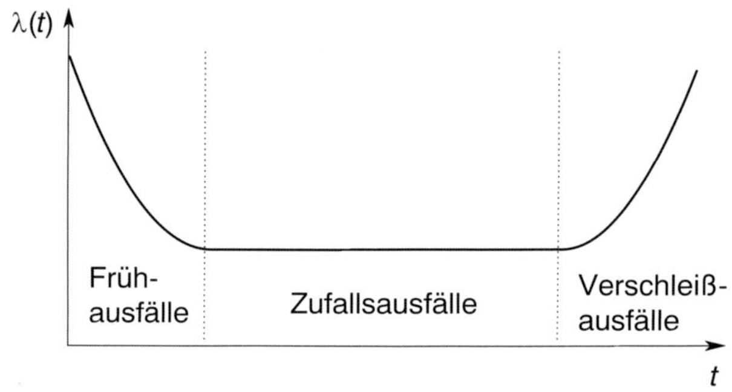

Abb. 5.27. Typische Abhängigkeit der Ausfallrate von der Nutzungsdauer

Die Ausfallrate weist dabei zunächst einen hohen Wert auf („Frühausfälle“), der dann auf einen niedrigeren Wert abfällt und über einen längeren Zeitraum annähernd konstant bleibt. Für große Zeiten wird dann wieder ein Anwachsen der Ausfallrate beobachtet, was auf Abnutzung der Elemente zurückzuführen ist. Um Stillstandzeiten durch Frühausfälle zu vermeiden, wird häufig eine *Voralterung* („burn in“) durchgeführt, bei der alle Elemente für einige Zeit unter voller Belastung betrieben oder aber mechanischen und thermischen Schocks ausgesetzt werden. Nach dieser Belastung werden die ausgefallenen Teile aussortiert.

Eine in der Ausfallstatistik häufig verwendete Größe ist die *mittlere Lebensdauer* MTTF[36]. Diese ist als das erste Moment der Ausfallhäufigkeit $f(t)$ definiert

$$\boxed{\mathrm{MTTF} = \int_0^\infty t \, f(t) \, \mathrm{d}t .} \tag{5.32}$$

Im Fall einer zeitunabhängigen Ausfallrate λ folgt insbesondere

$$\boxed{\mathrm{MTTF} = \int_0^\infty t \, \lambda \, \mathrm{e}^{-\lambda t} \, \mathrm{d}t = \frac{1}{\lambda} ,} \tag{5.33}$$

d. h. die mittlere Lebensdauer ist in diesem Fall der Kehrwert der Ausfallrate.

[36]Von englisch: mean time to failure; gelegentlich auch als MTBF (mean time before failure) bezeichnet.

Besteht eine Schaltung aus n Bauteilen mit den Überlebenswahrscheinlichkeiten $R_k(t)$ $(1 \leq k \leq n)$, und hängt die Funktion der Schaltung vom einwandfreien Funktionieren jedes einzelnen Bauelements ab, so ist die Überlebenswahrscheinlichkeit der Gesamtschaltung das Produkt der einzelnen Überlebenswahrscheinlichkeiten

$$R(t) = \prod_{k=1}^{n} R_k(t) . \tag{5.34}$$

Sind die Ausfallraten λ_k der einzelnen Bauteile konstant, so ist die Ausfallrate Λ des Systems die Summe der Ausfallraten der Bauteile

$$\boxed{\Lambda = \sum_{k=1}^{n} \lambda_k .} \tag{5.35}$$

Beispiel 5.4.1 Betrachtet wird eine aus 20 Kohleschichtwiderständen, zehn Ta-Elkos, zehn Si-Bipolartransistoren, und vier 16poligen ICs aufgebaute elektronische Schaltung. Die Bauteile werden auf einer Leiterplatte montiert, was

$$20 \cdot 2 + 10 \cdot 2 + 10 \cdot 3 + 4 \cdot 16 = 154$$

Lötstellen erfordert, die ebenfalls ein Zuverlässigkeitsproblem darstellen können. Die Ausfallraten der Bauteile seien mit $\lambda < 1\,\mathrm{FIT}$ für die Widerstände, $\lambda < 30\,\mathrm{FIT}$ für die Elkos, $\lambda < 4\,\mathrm{FIT}$ für die Bipolartransistoren und $\lambda < 30\,\mathrm{FIT}$ für die eingesetzten ICs spezifiziert. Kann unter den angestrebten Betriebsbedingungen die Ausfallrate einer Lötstelle mit $\lambda < 0.3$ FIT angenommen werden, so folgt als Obergrenze für die Ausfallrate der Schaltung

$$\Lambda < (20 \cdot 1 + 10 \cdot 30 + 10 \cdot 4 + 4 \cdot 30 + 154 \cdot 0.3)\mathrm{FIT} = 526\,\mathrm{FIT} .$$

Sie wird maßgeblich durch die eingesetzten Elkos bestimmt. Die mittlere Lebensdauer

$$\mathrm{MTTF} = \Lambda^{-1} = 1.9 \cdot 10^6\,\mathrm{h} \approx 217\,\mathrm{Jahre}$$

wäre deutlich höher, falls diese durch Kondensatoren mit erhöhter Zuverlässigkeit ersetzt werden könnten. Δ

Genauigkeit. Die nach Gl. (5.35) abgeschätzte Ausfallrate des Gesamtsystems liegt meist deutlich über dem realen Wert. Dies ist zum einen durch die ungenügende Kenntnis der realen Ausfallraten begründet, deren Wert in Datenblättern meist nur durch eine Obergrenze spezifziert wird. Zum anderen ist in Gl. (5.35) angenommen, daß der Ausfall eines Bauteils zwangsläufig zum Ausfall des Gesamtsystems führt, was nicht immer richtig ist. Die Absolutwerte der berechneten[37] Systemausfallraten sind aus diesem Grund kritisch

[37]Durch erhöhten Aufwand lassen sich zwar genauere Werte ermitteln – dabei ist jedoch im Einzelfall zu entscheiden, ob sich die Mühe lohnt.

zu betrachten. Die Anwendung von (5.35) ist dennoch recht nützlich, wenn es darum geht, unterschiedliche Schaltungskonzepte hinsichtlich ihrer Zuverlässigkeit zu *vergleichen*: Weist ein Schaltungskonzept eine deutlich niedrigere Systemausfallrate nach Gl. (5.35) auf, so darf für dieses auch eine höhere Zuverlässigkeit in der Praxis erwartet werden.

5.4.2 Thermischer Streß, Arrhenius-Gesetz

Für Zuverlässigkeitsuntersuchungen steht i. allg. nur eine im Vergleich zur Lebensdauer geringe Zeitspanne zur Verfügung. Deshalb wird häufig eine *beschleunigte Alterung* (accelerated aging) unter Betriebsbedingungen außerhalb des spezifizierten Bereichs vorgenommen. Weit verbreitet ist beispielsweise thermischer Streß[38]. Es zeigt sich nämlich, daß die Temperaturabhängigkeit der Ausfallrate häufig dem Arrhenius-Gesetz genügt

$$\lambda(T) = \lambda_\infty \exp\left(-\frac{\Delta W}{k_B T}\right) ; \tag{5.36}$$

ΔW bezeichnet dabei eine für den jeweiligen Ausfallmechanismus charakteristische Aktivierungsenergie.

Beispiel 5.4.2 Die Ausfallrate eines Bauteils genüge dem Arrhenius-Gesetz und weise bei $\vartheta = 70°$ den Wert λ_{70} auf.

$$\lambda_{70} \approx \lambda_\infty \exp\left(-\frac{\Delta W}{k_B \, 343\,\mathrm{K}} .\right)$$

Wird die Temperatur um 10°C erhöht, so resultiert die Ausfallrate λ_{80} bei der Temperatur $\vartheta = 80°\mathrm{C}$. Für das Verhältnis der beiden Amplituden folgt

$$\frac{\lambda_{80}}{\lambda_{70}} \approx \exp\left[-\frac{\Delta W}{k_B}\left(\frac{1}{353\,\mathrm{K}} - \frac{1}{343\,\mathrm{K}}\right)\right] \approx \exp\left(0.96\,\frac{\Delta W}{\mathrm{eV}}\right) .$$

Typische Werte für ΔW liegen im Bereich von 0.6 eV bis 0.9 eV; bei einer Erhöhung der Temperatur um 10 K steigt die Ausfallrate dann um einen Faktor 1.8 bis 2.4. Δ

Vor Anwendung der Arrhenius-Beziehung ist stets zu prüfen, ob sie auch tatsächlich erfüllt ist. Hierzu ist die Ausfallrate bei verschiedenen Temperaturen und daraus der Parameter ΔW zu bestimmen, der für die Extrapolation der Ausfallrate zu tieferen Temperaturen hin benötigt wird. Ferner ist sicherzustellen, daß der bei hohen Temperaturen untersuchte Mechanismus auch unter normalen Betriebsbedingungen zum Ausfall führt. Völlig falsche Voraussagen können sich etwa ergeben, wenn zwei unterschiedlich stark von der Temperatur abhängige Ausfallmechanismen vorliegen. Bei erhöhter Temperatur kann dann der bei Betriebstemperatur dominierende Mechanismus über-

[38]Andere Verfahren zur beschleunigten Alterung verwenden gegenüber den zulässigen Betriebsspannungen erhöhte Werte (z. B. bei der Untersuchung der Degradation von MOSFETs) oder erhöhte Stromdichten (z. B. beim Test der Elektromigrationsfestigkeit).

deckt werden – eine unkritische Anwendung des Arrhenius-Gesetzes würde dann zu niedrige Ausfallraten unter normalen Betriebsdingungen vorhersagen. Eine entsprechende Situation ist in Abb. 5.28 dargestellt. Dort wurde der Einfachheit halber λ_1 als einem Arrhenius-Gesetz genügend, λ_2 als temperaturunabhängig angenommen. Bei erhöhten Temperaturen wird die Ausfallrate $\lambda = \lambda_1(T) + \lambda_2$ vollständig durch $\lambda_1(T)$ bestimmt. Eine Auftragung von $\log(\lambda)$ über $1/T$ ergibt im untersuchten Temperaturbereich eine Gerade. Bei der Betriebstemperatur T_0 wird die Ausfallrate im Beispiel jedoch durch den zweiten Ausfallmechanismus und damit durch λ_2 bestimmt. Die durch Anwenden des Arrhenius-Gesetzes zu $T = T_0$ hin prognostizierte Ausfallrate ergäbe sich als viel zu klein.

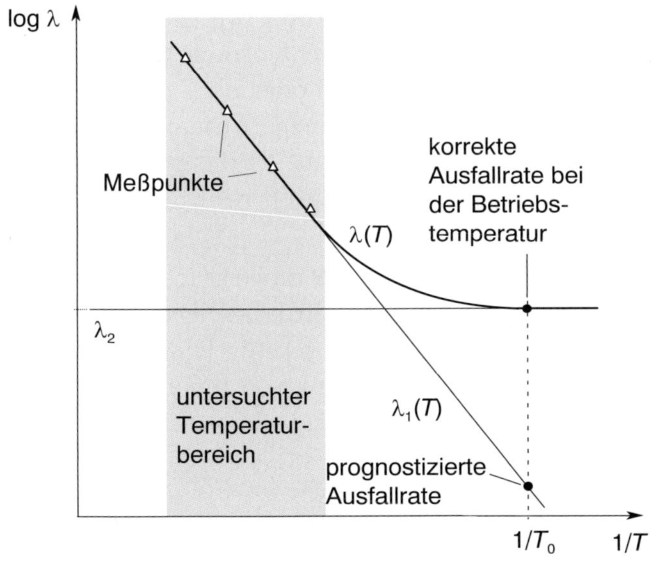

Abb. 5.28. Zur Anwendung des Arrhenius-Gesetzes

Aus diesem Grund kann auf eine sorgfältige Analyse der Ausfallmechanismen von Bauteilen, die unter normalen Betriebsbedingungen ausgefallen sind, nicht verzichtet werden. Nur wenn diese durch denselben Mechanismus ausgefallen sind wie bei beschleunigter Alterung, erscheint eine Anwendung des Arrhenius-Gesetzes sinnvoll.

5.4.3 Elektrostatische Entladungen

In einer typischen Arbeitsumgebung kann eine Person eine elektrostatische Ladung von ca. 0.6 µC tragen. Bei einer Kapazität von 150 pF entspricht dies einer Ladespannung von ca. 4 kV. Berührt eine derart geladene Person ein geerdetes Objekt (z. B. den Anschlußpin eines integrierten Schaltkreises), so kommt es zu einer Entladung. Diese läuft in ca. 0.1 µs mit Strömen bis zu mehreren Ampere ab.

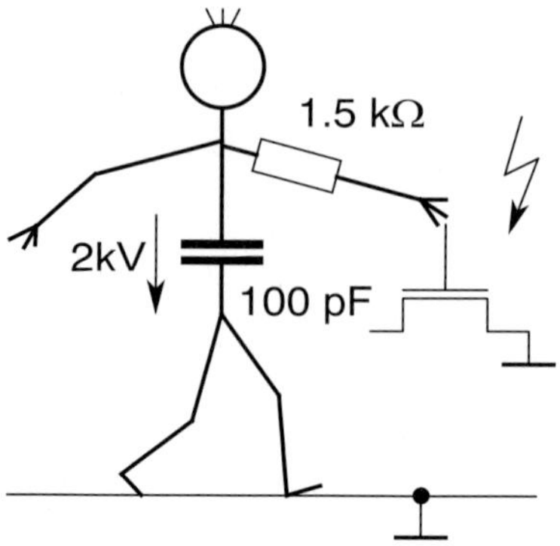

Abb. 5.29. Elektrostatische Entladung nach dem human body model

Wegen der geringen Oxiddicken und Abmessungen der Leiterbahnen und pn-Übergänge führen elektrostatische Entladungen die über MOS-Bausteine[39] verlaufen i. allg. zur Zerstörung des Bauteils. Als Mechanismen sind hier vor allem der Durchbruch des Gateoxids von MOSFETs oder aber die Überhitzung von pn-Übergängen oder Leiterbahnen zu nennen. Ausgangspins sind dabei gewöhnlich weniger empfindlich als Eingangspins, da die großen Drain-Substrat-Dioden der Ausgangstreibertransistoren ein größeres Energieaufnahmevermögen aufweisen.

Die bei einer typischen elektrostatischen Entladung umgesetzte Energie ist von der Größenordnung 0.1 mJ und nicht sehr groß. Wird diese Energie jedoch pulsförmig in einem Volumen von der Größenordnung wenig Kubikmikrometer umgesetzt, so kann durchaus eine Übertemperatur von mehr als 1000 K auftreten, wodurch das Silizium lokal aufschmilzt und kleine Krater in der Oberfläche entstehen.

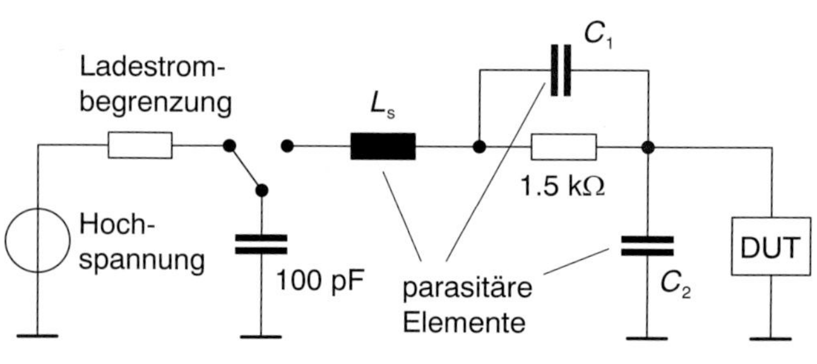

Abb. 5.30. Ersatzschaltung eines ESD-Testplatzes nach dem human body model [15]

Zur Überprüfung der ESD-Festigkeit werden kontrollierte Entladungen nach dem sog. *human body model* (HBM) durchgeführt. Die Person wird dabei durch eine Kapazität von 100 pF nachgebildet, der Entladewiderstand (z. B. der Hautwiderstand) mit 1.5 kΩ. Der zeitliche Verlauf des Entladestroms wird

[39]Die beschriebenen Probleme sind zwar für MOS-Bausteine besonders ausgeprägt, aber nicht auf diese Technologie beschränkt: Insbesondere Mikrowellentransistoren mit sehr kleinen Abmessungen und integrierte Bipolartransistoren sind ebenfalls durch elektrostatische Entladungen gefährdet.

dann durch die Entladezeitkonstante $RC = 150\,\text{ns}$ bestimmt. Daneben sind die in Abb. 5.30 eingezeichneten parasitären Elemente wie Zuleitungsinduktivität L_S (typ. $5 - 12\,\mu\text{H}$), Widerstandskapazität C_1 (typ. $1 - 4\,\text{pF}$) und die Kapazität des Versuchsaufbaus C_2 (typ. $12 - 95\,\text{pF}$) zu beachten (Daten nach [15]). Diese bestimmen die Anstiegsgeschwindigkeit des Pulses und können Überschwinger des Entladestrompulses verursachen.

Die Empfindlichkeit elektronischer Bausteine gegenüber Entladungen entsprechend dem human body model wird nach JEDEC durch eine Einteilung in die in Tabelle 5.7 aufgeführten *Empfindlichkeitsklassen* charakterisiert.

Tabelle 5.7 ESD-Empfindlichkeitsklassen nach JEDEC (22-A114-B)

Klasse	0	1A	1B	1C	2	3A	3B
V_{max}	250	500	1000	2000	4000	8000	> 8000

CMOS-Schaltungen beispielsweise werden i.allg. so spezifiziert, daß sie eine Entladung nach dem human body model mit mindestens 2 kV (bezüglich der Versorgungsanschlüsse und zwischen Paaren von Anschlußpins) unbeschadet überstehen. Bausteine, die einen derartigen Test nicht bestehen, zeigen erfahrungsgemäß eine stark erhöhte Ausfallwahrscheinlichkeit bei der Herstellung und beim Betrieb [16]. Mit zunehmender ESD-Festigkeit wurde eine abnehmende Ausfallwahrscheinlichkeit bei der Montage von Schaltungen beobachtet; für Bausteine die ESD-Entladungen nach dem human body model mit mehr als 4 kV überstehen, wurde jedoch keine weitere Verringerung mehr festgestellt. Deshalb wird lediglich in der Automobilindustrie eine größere Robustheit verlangt. Nur durch Integration von mit den Eingangspins verbundenen ESD-Schutzschaltungen (vgl. Kap. 21) kann die geforderte ESD-Festigkeit erzielt werden.

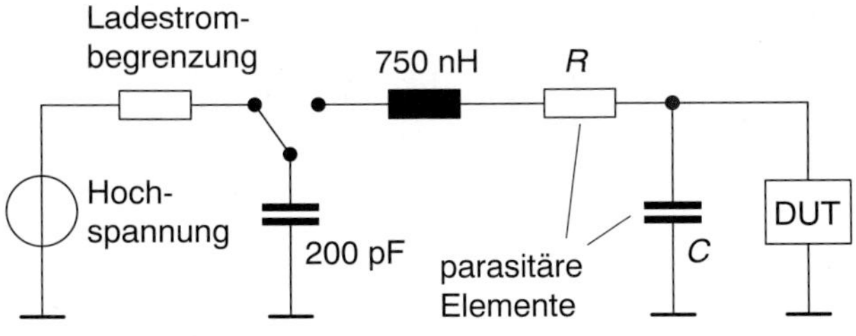

Abb. 5.31. Ersatzschaltung eines ESD-Testplatzes nach dem machine model [15]

Eine weitere Anordnung zur Charakterisierung der ESD-Festigkeit eines Bausteins oder einer Schaltung ist das in Abb. 5.31 dargestellte *machine model* (MM). Das Modell soll die Belastung durch die Entladung eines aufgeladenen Geräts wiederspiegeln; die Serienimpedanz ist dabei rein induktiv, mit typischerweise 500 nH bis 750 nH. Ebenfalls gebräuchlich ist das (CDM) *charged device model*, das die Entladung eines aufgeladenen Bauteils über ein anderes

Bauteil nachbildet. Hier wird eine vergleichsweise kleine Kapazität (zwischen 1 pF und 20 pF) mit dem zu testenden Bauteil überbrückt, die Serienimpedanz soll dabei vernachlässigbar sein.

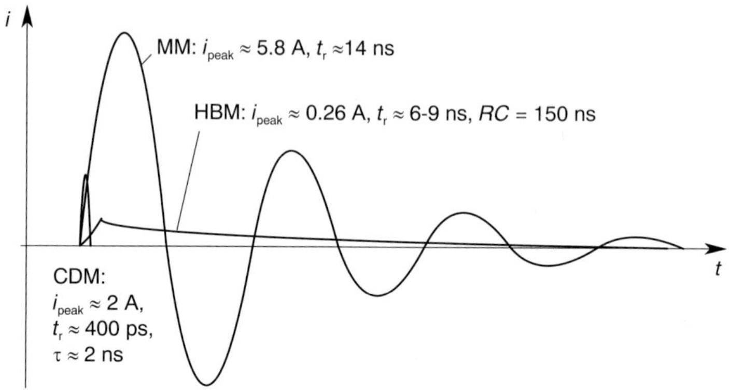

Abb. 5.32. Vergleich der Stromverläufe bei Entladungen nach dem human body model (HBM), machine model (MM) und chrged device model (CDM) bei einheitlicher Ladespannung 400 V (nach [17])

Abbildung 5.32 zeigt die Pulsform des Entladestroms für die verschiedenen Anordnungen bei einer Ladespannung des Kondensators auf 400 V. Beim HBM steigt der Strom in weniger als 10 ns auf den durch den Entladewiderstand R begrenzten Spitzenwert von ca. 0.27 A und fällt dann annähernd exponentiell mit der Entladezeitkonstante RC ab. Beim MM steigt der Strom ebenfalls sehr schnell an, erreicht jedoch bei derselben Ladespannung einen wesentlich größeren Spitzenwert (ca. 5.8 A) um dann mit einer gedämpften Schwingung abzuklingen. Die gesamte Dauer des Pulses ist vergleichbar zu der des HBM; da beim MM jedoch wesentlich weniger Energie in der Serienimpedanz umgesetzt wird ist die Belastung des Bauteils beim MM-Test wesentlich größer als bei HBM-Test. Beim CDM schließlich steigt der Strom sehr schnall an auf den Spitzenwert von ca. 2 A, die gesamte Pulsdauer ist hier mit ca. 2 ns sehr gering.

Um Ausfälle durch elektrostatische Entladungen zu minimieren sollten (soweit als möglich) integrierte Schaltungen mit eingebautem ESD-Schutz (vgl. Kap. 21) eingesetzt werden. Unter Umständen kann es sinnvoll sein, eine robustere (und langsamere) Technologie einzusetzen – falls die geforderte Bandbreite oder Taktrate der zu entwickelnden Schaltung dies zuläßt. Sind keine geeigneten Bausteine verfügbar, so kann ein ESD-Schutz durch externe Beschaltung hinzugefügt werden. Dabei sollten Schutzelemente wie Z-Dioden oder Varistoren möglichst dicht an die zu schützenden hochohmigen Anschlüsse plaziert werden und eine möglichst geringe kapazitive Last darstellen. Spezielle Varistoren mit sehr hoher Ansprechgeschwindigkeit für den Schutz von Baugruppen werden von verschiedenen Herstellern angeboten.[40] Damit die Schutzelemente wirksam werden können muß eine Serien-

[40]Die „CeraDiode“ im Gehäuse 0402 (1 mm×0.5 mm×0.5 mm) der Firma EPCOS weist beispielsweise eine Kapazität von nur 3 pF auf und wird zwischen den Eingang und Masse

impedanz in der Signalleitung den Spannungsabfall am Eingang begrenzen. Externe ESD-Schutzbeschaltung kann zu einer deutlichen Erhöhung der Anzahl der erforderlichen Bauteile führen (Kostenfaktor) und ist in schnellen Schaltkreisen nachteilig, da die Schutzelemente als kapazitive Last wirken.

Unabhängig von der ESD-Schutzbeschaltung sollten elektrostatische Entladungen nach Möglichkeit vermieden und die folgenden Regeln beim Arbeiten beachtet werden:

1. Baustein nur am Gehäuse und nicht an den Anschlußpins anfassen.
2. Leiterplatten nur am Rand anfassen.
3. Erdung der Person durch leitende Verbindung vom Handgelenk zum Schutzleiter. Um größere Ableitströme zu vermeiden, erfolgt die Erdung in der Regel über einen Serienwiderstand von der Größenordnung 1 MΩ. Weitere Verbesserungen bringen geerdete, elektrisch leitende Fußböden oder Fußmatten in Verbindung mit leitenden Sohlen und geerdeten Arbeitstischmatten.
4. Erdung der zur Montage verwendeten Werkzeuge; isolierte Griffe sollten vermieden werden.
5. Um Beschädigungen durch elektrostatische Auf- oder Entladung zu verhindern, sollten Leiterplatten (und empfindliche Halbleiterbauteile) in Behältern aus antistatischem oder leitendem Material aufbewahrt und transportiert werden.
6. Zusätzlich kann die elektrostatische Aufladung durch hohe Luftfeuchtigkeit in den Arbeitsräumen sowie durch Erhöhen des Ionisationsgrads der Luft vermindert werden. Insbesondere im Winter mit der saisonal niedrigeren Luftfeuchtigkeit kommt es ansonsten vermehrt zu Ausfällen durch elektrostatische Entladungen.

5.5 Literaturverzeichnis

[1] C.F. Coombs (Ed.). *Printed Circuits Handbook.* McGraw-Hill, New York, 5th edition, 2001.

[2] W. Jillek, G. Keller (Hrsg.). *Handbuch der Leiterplattentechnik - Band 4.* Eugen Leuze, Saulgau, 2003.

[3] H.-J. Hanke (Hrsg.). *Baugruppentechnologie der Elektronik - Leiterplatten.* Verlag Technik, Berlin, 1994.

[4] W. Scheel (Hrsg.). *Baugruppentechnologie der Elektronik - Montage.* Verlag Technik, Berlin, 2. Auflage, 1999.

[5] R.J. Klein Wassinik. *Soldering in Electronics.* Electrochemical Publications Ltd, Ayr, Scotland, 2nd edition, 1989.

---

geschaltet; der Leckstrom des Bauteils bei 16 V ist mit maximal 10 µA spezfiziert, die Varistorspannung (1mA) mit 150 V, der Spannungsabfall bei 1 A mit maximal 290 V, was einem Spannungsindex $\gamma > 10$ entspricht.

[6] R. Sautter. *Leiterplatten mit oberflächenmontierten Bauelementen.* Vogel, Würzburg, 1988.

[7] S.K. Kang, P.A. Lauro, D.-Y. Shih, D.W. Henderson, K.J. Puttlitz. Microstrusture and mechanical properties of lead-free solders and solder joints used in micrelectronic applications. *IBM J. Res. and Dev.*, 49(4/5):607–620, 2005.

[8] H. Reichl (Hrsg.). *Hybridintegration.* Hüthig, Heidelberg, 1986.

[9] Ch.A. Harper (Ed.). *Electronic Packaging and Interconnection Handbook.* McGraw Hill, New York, 3rd edition, 2000.

[10] H. Reichl (Hrsg.). *Direktmontage.* Springer, Heidelberg, 1998.

[11] SIEMENS. *Bauelemente - Technische Erläuterungen und Kenndaten für Studierende.* Siemens - Bereich Bauelemente, München, 4. Auflage, 1984.

[12] D.C. Wunsch, R.R. Bell. Determination of threshold failure levels of semiconductor diodes and transistors due to pulse voltages. *IEEE Trans. Nucl. Sci.*, NS-15:244–259, 1968.

[13] R.R. Heikes, W.W. Ure. *Thermoelectricity.* Interscience, New York, 1961.

[14] E. Schaefer. *Zuverlässigkeit, Verfügbarkeit und Sicherheit in der Elektronik.* Vogel, Würzburg, 1979.

[15] J.E. Vinson, J.J. Liou. Electrostatic discharge in semiconductor devices: protection techniques. *Proc. IEEE*, 88(12):1878–1900, 2000.

[16] C. Duvvury, A. Amerasekera. ESD: A pervasive reliability concern for IC technologies. *Proc. IEEE*, 81(5):690–702, 1993.

[17] Analog Devices. Electrically induced damage to standard linear integrated circuits: the most common causes and the associated fixes to prevent reoccurence. *Application Note 397.*

6 Operationsverstärker

Ein Operationsverstärker[1] ist ein integrierter Baustein mit hoher Differenzgleichspannungsverstärkung. Operationsverstärker sind damit keine elektronischen Bauelemente im strengen Sinne. Da diese aber im praktischen Einsatz nahezu ausschließlich in rückgekoppelten Konfigurationen verwendet und die Eigenschaften derartiger Schaltungen weitgehend durch das Rückkopplungsnetzwerk bestimmt werden, lassen sich Operationsverstärker häufig durch Ersatzschaltungen mit nur wenigen Netzwerkelementen zufriedenstellend beschreiben.

In diesem Kapitel werden die wichtigsten Kenngrößen und Grundschaltungen des Operationsverstärkers besprochen. Ausgehend vom idealen Operationsverstärker wird gezeigt, wie die Eigenschaften realer Operationsverstärker durch die Ergänzung der Ersatzschaltung mittels zusätzlicher Netzwerkelemente erfaßt werden können. Die Erstellung eines entsprechenden Makromodells des Operationsverstärkers erfolgt dabei auf rein phänomenologische Weise, d. h. ohne detaillierte Kenntnisse der internen Schaltung.[2]

6.1 Prinzipien, Kenndaten

6.1.1 NF-Kenngrößen, NF-Ersatzschaltung

Abbildung 6.1a zeigt das Schaltsymbol eines Operationsverstärkers (OP). Dieser weist zwei Eingänge auf: Den *invertierenden* Eingang (gekennzeichnet durch – bzw. den Index N) und den *nichtinvertierenden* Eingang (gekennzeichnet durch + bzw. den Index P). Der Wert der Ausgangsspannung V_{A} des Operationsverstärkers wird im Idealfall nur durch die Differenzeingangsspannung $V_{\mathrm{D}} = V_{\mathrm{P}} - V_{\mathrm{N}}$ bestimmt

$$V_{\mathrm{A}} = A_{\mathrm{D}}(V_{\mathrm{P}} - V_{\mathrm{N}}) \,. \tag{6.1}$$

Die Größe A_{D} heißt *(Leerlauf-)Differenzverstärkung* und liegt üblicherweise im Bereich zwischen 10^3 und 10^6. Wird $V_{\mathrm{N}} = 0$ gewählt, so gilt $V_{\mathrm{A}} = A_{\mathrm{D}} V_{\mathrm{P}}$, d. h. Eingangs- und Ausgangsspannung besitzen dieselbe Polarität. Wird andererseits $V_{\mathrm{P}} = 0$ gewählt, so gilt $V_{\mathrm{A}} = -A_{\mathrm{D}} V_{\mathrm{N}}$, Eingangs- und Ausgangsspannung besitzen dann entgegengesetzte Polarität. Dies erklärt die Unterscheidung zwischen nichtinvertierendem und invertierendem Eingang.

---

[1] Der Name Operationsverstärker rührt vom ursprünglichen Verwendungszweck derartiger Bauteile in der analogen Rechentechnik her.

[2] Eine Darstellung der in OPs eingesetzten Verstärkerschaltungen ist z.B. in [1, 2] zu finden.

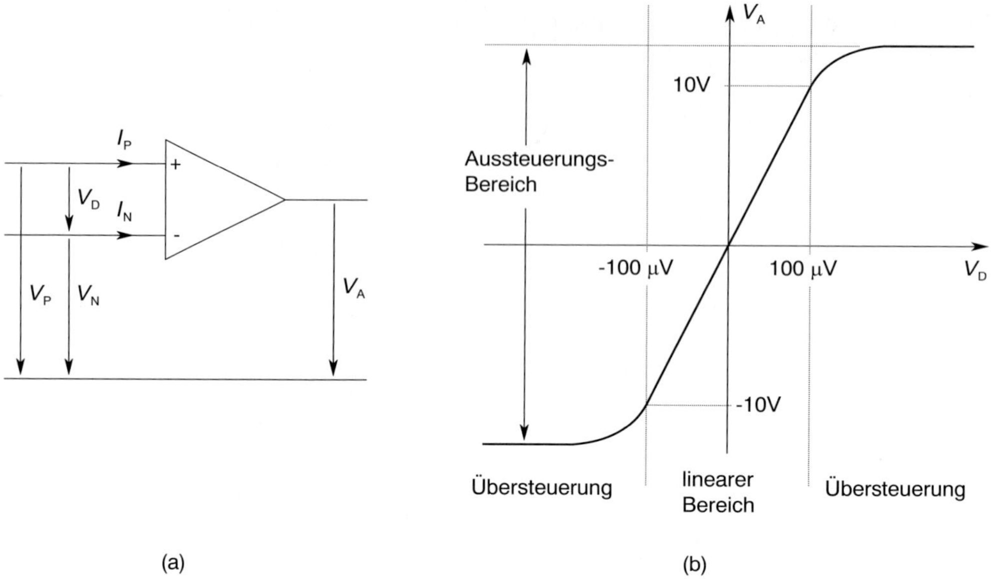

Abb. 6.1. Operationsverstärker. (**a**) Schaltung und (**b**) Übertragungskennlinie (typischer Verlauf)

Der *ideale* OP läßt sich gemäß Gl. (6.1) durch eine spannungsgesteuerte Spannungsquelle[3] mit dem Übertragungsfaktor A_D beschreiben (Abb. 6.2). Der Eingangswiderstand des idealen OP wird als unendlich angenommen – die Eingangsströme I_P und I_N des idealen OP sind null. Der Ausgangswiderstand des idealen OP ist null – die Ausgangsspannung V_A ist unabhängig vom Strom im Ausgangskreis.

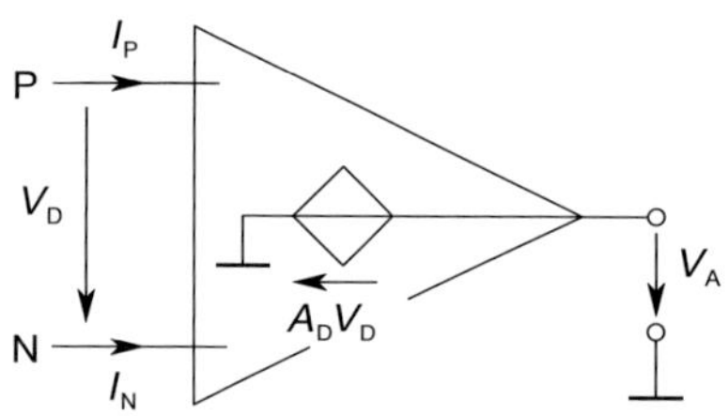

Abb. 6.2. Elementare Ersatzschaltung des Operationsverstärkers

Abbildung 6.1 b zeigt den typischen Verlauf der Übertragungskennlinie eines OP, d. h. die Ausgangsspannung V_A als Funktion der Differenzeingangsspannung V_D. Die Ausgangsspannung kann sowohl positive als auch negative Werte

[3] Neben dem am weitesten verbreiteten OP-Typ, der als Spannungsverstärker mit zwei hochohmigen Eingängen und einem niederohmigen Ausgang arbeitet, sind auch OPs im Handel, die als spannungsgesteuerte Stromquelle arbeiten. Diese werden zumeist als OTA (von operational transconductance amplifier) bezeichnet. Eine weitere Sonderform ist der sog. *Transimpedanzverstärker*, der über einen niederohmigen invertierenden Eingang und einen hochohmigen nichtinvertierenden Eingang verfügt. Transimpedanzverstärker sind besonders für den Aufbau von Breitbandverstärkern geeignet.

annehmen – OPs benötigen aus diesem Grund[4] eine positive und eine negative Betriebsspannung. Die Werte der Versorgungsspannung können meist innerhalb eines großen Bereichs verändert werden; dabei ist zu beachten, daß der *Arbeitsbereich*, also die nach Spezifikation zulässigen Werte von Eingangs- und Ausgangsspannung, von der gewählten Versorgungsspannung abhängt.

Die Ausgangsspannung ist nur im sog. *Aussteuerungsbereich* annähernd proportional zu V_D. Die Approximation der skizzierten Übertragungskennlinie durch eine Ursprungsgerade der Steigung 10^5 – entsprechend einer Beschreibung des OP durch eine spannungsgesteuerte Spannungsquelle mit dem Übertragungsfaktor 100 000 – ist somit nur für Differenzeingangsspannungen im Intervall $-100\,\mu V < V_D < 100\,\mu V$ sinnvoll. Für größere Werte von V_D wird der OP *übersteuert*. Die Ausgangsspannung bleibt dann weitgehend unabhängig von weiteren Änderungen von V_D. In *linearen* Schaltungen mit Operationsverstärkern wird durch die Wahl der Rückkopplungselemente sichergestellt, daß der OP im Aussteuerungsbereich betrieben wird.

Bei *Gleichtaktaussteuerung* wird an beide Eingänge dieselbe Spannung V_{GL} angelegt. Wäre der Operationsverstärker ein reiner Differenzverstärker, so müßte sich am Ausgang die Spannung $V_A = 0$ einstellen – denn es gilt stets $V_D = 0$. In der Praxis zeigt sich aber eine Abhängigkeit der Ausgangsspannung V_A von der Gleichtakteingangsspannung V_{GL} wie dies schematisch in Abb. 6.3 skizziert ist.

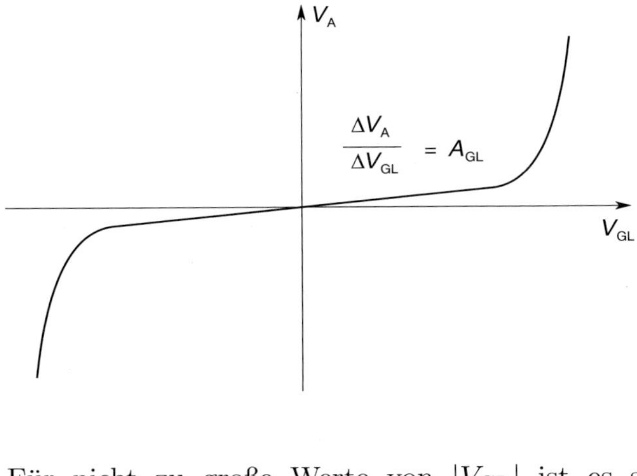

Abb. 6.3. Gleichtaktübertragungskennlinie (schematisch) eines Operationsverstärkers

Für nicht zu große Werte von $|V_{GL}|$ ist es sinnvoll, die Gleichtaktübertragungskennlinie durch eine Gerade mit der Steigung A_{GL}

$$A_{GL} = \frac{\Delta V_A}{\Delta V_{GL}} = \frac{A_D}{\text{CMRR}} \tag{6.2}$$

[4]Ist nur eine *unipolare* Betriebsspannung verfügbar, so kann durch Spannungsteilung ein Bezugspotential bei der halben Versorgungsspannung definiert werden; die Potentiale der Versorgungsanschlüsse sind dann positiv bzw. negativ gegenüber dem Bezugspotential.

anzunähern. Die Größe A_{GL} wird als *Gleichtaktverstärkung* bezeichnet, das Verhältnis CMRR[5] von Differenzverstärkung zu Gleichtaktverstärkung als *Gleichtaktunterdrückung*.

Unter Berücksichtigung der Gleichtaktverstärkung ist der Ausdruck (6.1) für die Ausgangsspannungsänderung zu

$$V_A = A_D V_D + A_{GL} V_{GL} \tag{6.3}$$

zu verallgemeinern. Die bei statischem Betrieb in die Eingänge eines realen OP fließenden Ströme werden als *Eingangsruheströme* bezeichnet. Diese sind bei Operationsverstärkern mit Bipolartransistoren durch die Basisströme der Eingangstransistoren bedingt und liegen i. allg. im Bereich einiger 10 nA, während sie für OPs mit Feldeffekt-Eingangstransistoren typischerweise drei Größenordnungen geringer sind. Die Eingangsruheströme I_P und I_N von nichtinvertierendem und invertierendem Eingang sind i. allg. nicht genau gleich, sondern können um einige Prozent vom *mittleren Eingangsruhestrom*

$$I_B = (I_P + I_N)/2 \tag{6.4}$$

abweichen. Der *Offsetstrom*

$$I_O = I_P - I_N \tag{6.5}$$

sollte möglichst klein sein, da sich die Auswirkung des mittleren Eingangsruhestroms durch schaltungstechnische Maßnahmen kompensieren läßt, die des Offsetstroms aber nicht.

Die Ausgangsspannung V_A realer OPs ist für $V_P = V_N = 0$ in der Regel von null verschieden. Die *(Eingangs-)Offsetspannung* V_O ist definiert als die Spannung, die an den Eingang eines Operationsverstärkers angelegt werden muß, damit die Ausgangsspannung null ist:

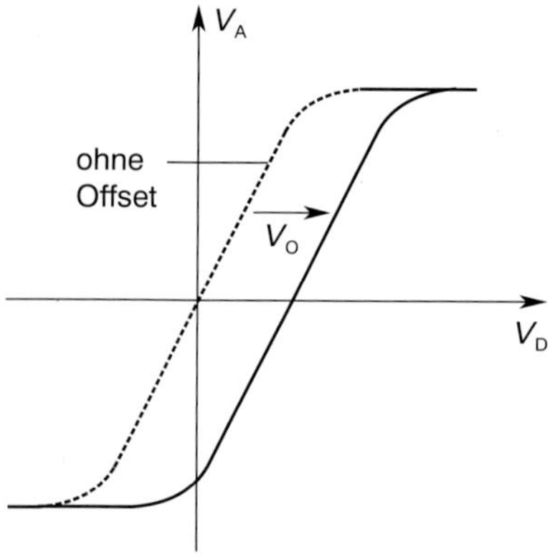

Abb. 6.4. Auswirkung der Offsetspannung auf die Spannungsübertragungskennlinie

[5] Von englisch Common mode rejection ratio.

$$V_{\mathrm{O}} = V_{\mathrm{P}} - V_{\mathrm{N}} \quad \text{bei} \quad V_{\mathrm{A}} = 0 \,.$$

Die Übertragungskennlinie eines OP mit von null verschiedener Eingangsoffsetspannung ist gegenüber der in Abb. 6.1b dargestellten um V_{O} verschoben (vgl. Abb. 6.4). Die Offsetspannung läßt sich *kompensieren*, was i. allg. durch Hinzuschalten eines Abgleichpotentiometers geschieht. Insbesondere über längere Zeiträume können dennoch Probleme auftreten, da die Offsetspannung sich sowohl mit der Temperatur als auch mit der Betriebsspannung ändert und ferner einer Langzeitdrift unterworfen ist. Hauptursache der Offsetspannung sind Unsymmetrien der Eingangsdifferenzverstärker. Für Anwendungen, die eine sehr geringe Offsetspannung erfordern, sind Typen mit Offsetspannungen kleiner 1 µV und einer Temperaturabhängigkeit unter 10 nV/K verfügbar (chopper-stabilisierte OPs).

Eine Änderung der Versorgungsspannung führt gewöhnlich zu einer Änderung der Ausgangsspannung. Auf den Eingang bezogen hat dies denselben Effekt wie eine Offsetspannungsverschiebung. Das Verhältnis dieser äquivalenten Offsetspannungsverschiebung zur Änderung der Versorgungsspannung wird als *Betriebsspannungsdurchgriff* PSRR [6] bezeichnet. Typische Werte für den Betriebsspannungsdurchgriff eines OP liegen in der Größenordnung [7] von 10 µV/V.

Beispiel 6.1.1 Der in Kap. 6.2.2 betrachtete nichtinvertierende Verstärker besitzt eine Spannungsverstärkung $A_v = 1 + R_2/R_1$, d. h. wird $R_2/R_1 = 99$ gewählt, so gilt $A_v = 100$. Ändern sich die Versorgungsspannungen (symmetrisch) um $\Delta V_{\pm}$, so resultiert eine Änderung der Ausgangsspannung V_2 um

$$\Delta V_2 = A_v \cdot \mathrm{PSRR} \cdot \Delta V_{\pm} = 10^{-3} \Delta V_{\pm} \,,$$

falls $\mathrm{PSRR} = 10\,\mu\mathrm{V/V} = 10^{-5}$. Δ

Um eine Überlastung zu verhindern, ist bei den meisten OPs der Ausgangsstrom auf Werte von einigen 10 mA beschränkt. Der maximale Ausgangsstrom wird als *Kurzschlußausgangsstrom* in den Datenblättern spezifiziert und gibt den maximalen Ausgangsstrom eines OP an, wenn der Ausgang mit Masse verbunden ist. Bei derartigen *kurzschlußfesten* Operationsverstärkern kann auch bei Dauerkurzschluß kein Schaden auftreten.

Ersatzschaltung. Der ideale OP wurde als spannungsgesteuerte Spannungsquelle beschrieben. Um die Eigenschaften realer OPs zu erfassen, ist diese Ersatzschaltung um weitere Netzwerkelemente zu *ergänzen*. Auf diesem Weg ge-

[6] Von englisch: Power supply rejection ratio.

[7] Der Wert von PSRR wird meist in dB angegeben; einem Betriebsspannungsdurchgriff von 10 μV/V entspricht dann der Wert −100 dB, wobei das Minuszeichen häufig unterdrückt wird.

langt man zu einem *Makromodell* des OP; das ist eine gegenüber der tatsächlichen Schaltung vereinfachte Ersatzschaltung, die dasselbe Klemmenverhalten aufweist wie der reale OP. Abbildung 6.5 zeigt ein solches Makromodell zur Beschreibung des Gleichstromverhaltens im linearen Bereich. Eine Darstellung von Makromodellen, wie sie für die Schaltungssimulation mit SPICE gebräuchlich sind, ist in Kap. 6.5 zu finden.

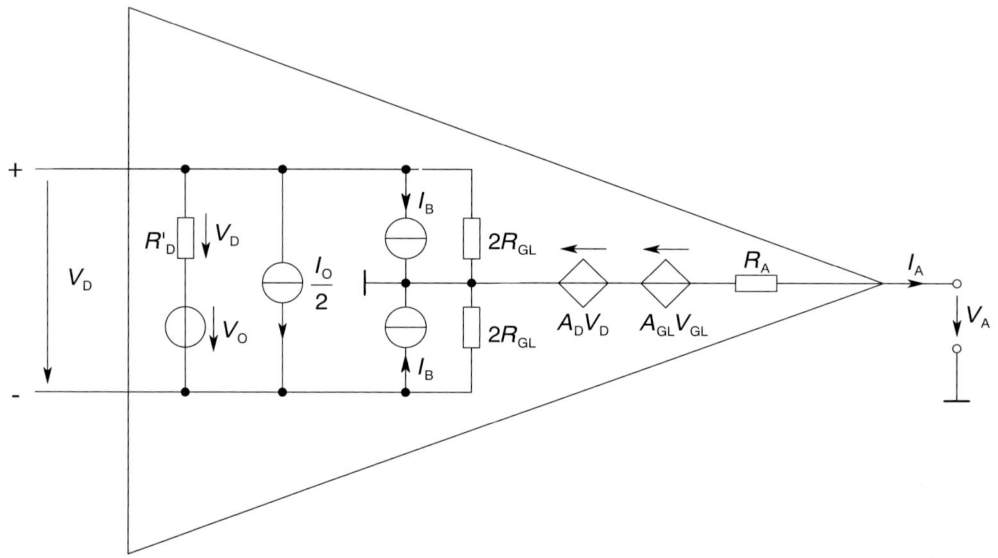

Abb. 6.5. Netzwerkmodell zur Beschreibung des OP im linearen Gleichbetrieb

Eingangsseitig wurde die Ersatzschaltung um Stromquellen erweitert, die den mittleren Eingangsruhestrom I_B und den Offsetstrom I_O beschreiben. Die im nicht abgeglichenen Zustand zu beobachtende Eingangsoffsetspannung wird durch die Spannungsquelle V_O erfaßt. Diese liegt zwischen den beiden Eingängen in Serie zum Widerstand R'_D, dessen Wert annähernd gleich dem Eingangswiderstand ist (vgl. Kap. 6.1.2). Der an R'_D auftretende Spannungsabfall $V_\Delta = V_P - V_N - V_O$ steuert eine Spannungsquelle mit dem Spannungsübertragungsfaktor A_D. In Serie zu dieser die Differenzverstärkung beschreibenden Quelle ist eine zweite spannungsgesteuerte Spannungsquelle angeordnet. Diese wird durch die Gleichtakteingangsspannung V_{GL} gesteuert und erfaßt die Gleichtaktverstärkung.

Der *Ausgangswiderstand* des OP gibt die Änderung der Ausgangsspannung mit dem Ausgangsstrom bei konstant gehaltenen Eingangsspannungen an. Im Makromodell kann er in einfachster Näherung als ohmscher Widerstand R_A in Serie zu den idealen Spannungsquellen eingefügt werden. Der Gleichtakteingangswiderstand (vgl. Kap. 6.1.2) wird durch Widerstände $2R_{GL}$ zwischen den Eingängen und Masse erfaßt. Diese sind bei einer Verwendung der

Ersatzschaltung in SPICE unverzichtbar – andernfalls resultiert die Fehlermeldung „no dc path to ground“.

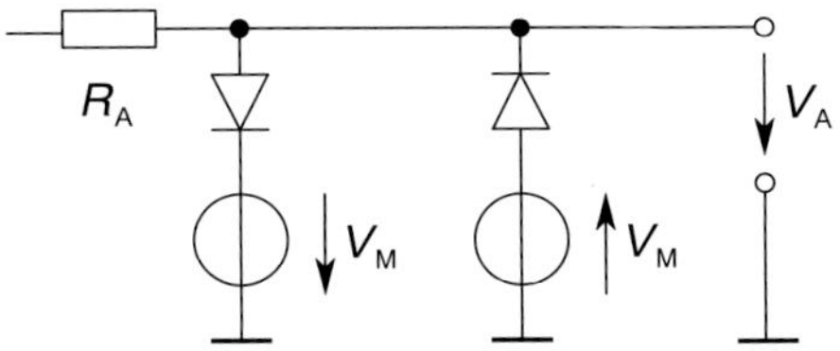

Abb. 6.6. Zur Modellierung des Sättigungsverhaltens der Ausgangsspannung

Die in der Praxis vorliegende Begrenzung des Ausgangsspannungshubs läßt sich im Makromodell durch zwei Spannungsquellen mit jeweils einer in Serie geschalteten Diode erfassen (Abb. 6.6). Der Wert von V_M ist so gewählt, daß die Dioden bei Erreichen des Sättigungswerts der Ausgangsspannung leitend werden und in Verbindung mit dem Ausgangswiderstand R_A die Ausgangsspannung V_A begrenzen. Die in SPICE eingesetzten Makromodelle verwenden eine gegenüber diesem Ansatz etwas modifizierte Ersatzschaltung, um die Auswirkung der Versorgungsspannung auf den Wert der Sättigungsspannung korrekt wiederzugeben (vgl. Kap. 6.5); die Grundidee ist jedoch dieselbe.

6.1.2 Frequenzverhalten und Kleinsignalmodell

Werden an die Eingänge des Operationsverstärkers sinusförmige Signale beschrieben durch die komplexen Zeiger $\underline{v}_p$ und $\underline{v}_n$ angelegt

$$v_P(t) = \mathrm{Re}(\underline{v}_p) \quad \text{und} \quad v_N(t) = \mathrm{Re}(\underline{v}_n) \,,$$

so ergibt sich am Ausgang ebenfalls ein (annähernd) sinusförmiges Signal

$$v_A(t) = \mathrm{Re}(\underline{\hat{v}}_a \, e^{j\omega t}) = \mathrm{Re}(\underline{v}_a) \,,$$

solange der Verstärker nicht übersteuert wird. Der komplexe Zeiger $\underline{v}_d$ der Differenzeingangsspannung und der komplexe Zeiger $\underline{v}_{gl}$ der Gleichtakteingangsspannung sind gegeben durch

$$\underline{v}_d = \underline{v}_p - \underline{v}_n \quad \text{und} \quad \underline{v}_{gl} = (\underline{v}_n + \underline{v}_p)/2 \,. \tag{6.6}$$

Hiermit läßt sich die *Differenzverstärkung*

$$\underline{a}_d = \underline{v}_a / \underline{v}_d \quad \text{für} \quad \underline{v}_{gl} = 0 \tag{6.7}$$

und die *Gleichtaktverstärkung*

$$\underline{a}_{gl} = \underline{v}_a / \underline{v}_{gl} \quad \text{für} \quad \underline{v}_d = 0 \tag{6.8}$$

bei der Frequenz $f = \omega/2\pi$ definieren. Für $f \to 0$ gilt

$$\underline{a}_d \to A_D \qquad \text{und} \qquad \underline{a}_{gl} \to A_{GL} \,.$$

Der Wert von $\underline{a}_\mathrm{d}$ und $\underline{a}_\mathrm{gl}$ hängt von der Belastung des Operationsverstärkerausgangs ab und wird in Datenblättern üblicherweise ohne äußere Last spezifiziert (*Leerlaufverstärkung*). Für den Zeiger der Leerlaufausgangsspannung $\underline{v}_\mathrm{a0}$ gilt dann

$$\underline{v}_\mathrm{a0} = \underline{a}_\mathrm{d}\,\underline{v}_\mathrm{d} + \underline{a}_\mathrm{gl}\,\underline{v}_\mathrm{gl}\,. \tag{6.9}$$

Sowohl Betrag als auch Phase der Differenzverstärkung $\underline{a}_\mathrm{d}$ sind frequenzabhängig. Häufig genügt die Beschreibung durch einen Tiefpaß erster Ordnung

$$\boxed{\underline{a}_\mathrm{d} = \frac{A_\mathrm{D}}{1 + \mathrm{j}\,f/f_\mathrm{co}}\,.} \tag{6.10}$$

f_co bestimmt die Frequenz bei der $|\underline{a}_\mathrm{d}|$ um 3 dB gegenüber dem NF-Wert abgefallen ist und wird als *Bandbreite* des Operationsverstärkers bezeichnet. Für Frequenzen $f \gg f_\mathrm{co}$ fällt $|\underline{a}_\mathrm{d}|$ umgekehrt proportional zur Frequenz ab

$$|\underline{a}_\mathrm{d}| \approx f_\mathrm{T}/f \quad \text{mit} \quad f_\mathrm{T} = A_\mathrm{D} f_\mathrm{co}\,. \tag{6.11}$$

Die *Transitfrequenz* f_T bezeichnet die Frequenz, bei der die Differenzverstärkung auf 0 dB abgefallen ist und wird auch als *Verstärkungs-Bandbreite-Produkt* bezeichnet.

Die Zeiger $\underline{i}_\mathrm{p}$ und $\underline{i}_\mathrm{n}$ der in die Operationsverstärkereingänge fließenden Kleinsignalströme sind nicht generell vernachlässigbar. Über diese Größen wird der *Differenzeingangsstrom* mit dem Zeiger

$$\underline{i}_\mathrm{d} = (\underline{i}_\mathrm{p} - \underline{i}_\mathrm{n})/2 \tag{6.12}$$

und der *Gleichtakteingangsstrom* mit dem Zeiger

$$\underline{i}_\mathrm{gl} = \underline{i}_\mathrm{p} + \underline{i}_\mathrm{n} \tag{6.13}$$

definiert. In Verbindung mit den Zeigern der Differenzeingangsspannung $\underline{v}_\mathrm{d}$ und der Gleichtakteingangsspannung $\underline{v}_\mathrm{gl}$ folgt die *Differenzeingangsimpedanz*

$$\underline{Z}_\mathrm{d} = \underline{v}_\mathrm{d}/\underline{i}_\mathrm{d} \quad \text{für} \quad \underline{v}_\mathrm{gl} = 0 \tag{6.14}$$

und die *Gleichtakteingangsimpedanz*

$$\underline{Z}_\mathrm{gl} = \underline{v}_\mathrm{gl}/\underline{i}_\mathrm{gl} \quad \text{für} \quad \underline{v}_\mathrm{d} = 0\,. \tag{6.15}$$

In Datenblättern wird $\underline{Z}_\mathrm{d}$ meist als Differenzeingangswiderstand r_d mit einer parallel geschalteten Differenzeingangskapazität c_d spezifiziert; der Wert von $\underline{Z}_\mathrm{gl}$ entsprechend durch einen Gleichtakteingangswiderstand r_gl und eine parallel geschaltete Gleichtakteingangskapazität c_gl. Für Operationsverstärker mit bipolaren Eingangsstufen liegt r_d typischerweise im Bereich von 1 MΩ, während r_gl Werte aufweist, die größenordnungsmäßig 100 mal höher liegen.

Deutlich höhere Werte werden für beide Größen bei Verwenden von FET-Eingangsstufen erzielt: Die Realteile der Eingangsimpedanzen liegen dann typischerweise im Bereich von 10 GΩ.

Kleinsignalmodell. Abbildung 6.7 zeigt eine Kleinsignalersatzschaltung des OP. Bei reiner Gleichtaktaussteuerung ($\hat{\underline{v}}_{\mathrm{d}} = 0$) sind die Impedanzen zwischen den Eingängen und Masse parallel geschaltet, sie lassen sich sofort mittels r_{gl} und c_{gl} angeben. Bei reiner Differenzaussteuerung ($\hat{\underline{v}}_{\mathrm{gl}} = 0$) ist der Differenzeingangswiderstand $r_{\mathrm{d}} = r'_{\mathrm{d}} \parallel 4r_{\mathrm{gl}}$ und die dazu parallel geschaltete Differenzeingangskapazität $c_{\mathrm{d}} = c'_{\mathrm{d}} + c_{\mathrm{gl}}/4$ wirksam. Für die Elemente der Ersatzschaltung gelten demnach die Beziehungen

$$r'_{\mathrm{d}} = \frac{r_{\mathrm{d}}}{1 - r_{\mathrm{d}}/(4r_{\mathrm{gl}})} \quad \text{und} \quad c'_{\mathrm{d}} = c_{\mathrm{d}} - \frac{c_{\mathrm{gl}}}{4} .$$

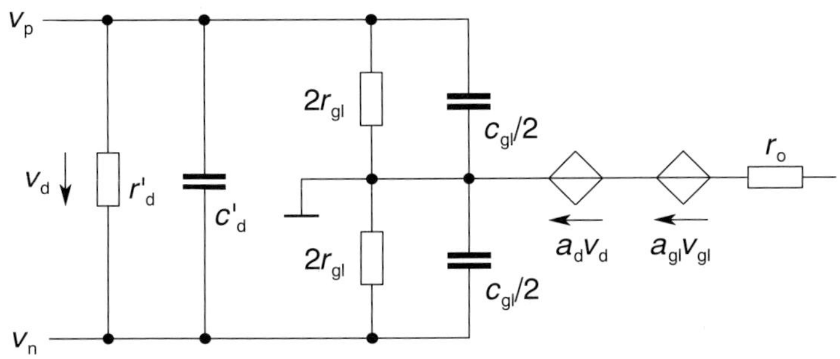

Abb. 6.7. Kleinsignalersatzschaltung des Operationsverstärkers

Das zur Nachbildung des Frequenzgangs der Differenz- und Gleichtaktverstärkung erforderliche Netzwerk wurde der Einfachheit nicht in die Ersatzschaltung aufgenommen – die in Serie geschalteten Spannungsquellen wurden deshalb mit frequenzabhängigen Übertragungsfaktoren ausgewiesen. Die Summe der Spannungen ergibt die Leerlaufausgangsspannung des Operationsverstärkers. Eine Lastabhängigkeit wird durch den folgenden *Ausgangswiderstand* r_{o} erfaßt.

Für Operationsverstärker wird häufig der *Eingangswiderstand* r_{i}, das ist der Kleinsignalwiderstand zwischen den Eingangsklemmen, falls eine der beiden Klemmen auf Masse liegt, spezifiziert. Die ebenfalls angegebene *Eingangskapazität* c_{i} ist entsprechend die Kapazität zwischen den Eingangsklemmen, falls eine der Klemmen auf Masse liegt. Offensichtlich gilt

$$\frac{1}{r_{\mathrm{i}}} = \frac{1}{r'_{\mathrm{d}}} + \frac{1}{2r_{\mathrm{gl}}} = \frac{1}{r_{\mathrm{d}}} + \frac{1}{4r_{\mathrm{gl}}} \quad \text{und} \quad c_{\mathrm{i}} = c'_{\mathrm{d}} + \frac{c_{\mathrm{gl}}}{2} = c_{\mathrm{d}} + \frac{c_{\mathrm{gl}}}{4} .$$

Das Tiefpaßverhalten der Differenzverstärkung kann durch die in Abb. 6.8 skizzierte Ersatzschaltung nachgebildet werden. Der Wert von R_1 und C_1 ist so zu bestimmen, daß $f_{\mathrm{co}} = 1/(2\pi R_1 C_1)$ gilt.

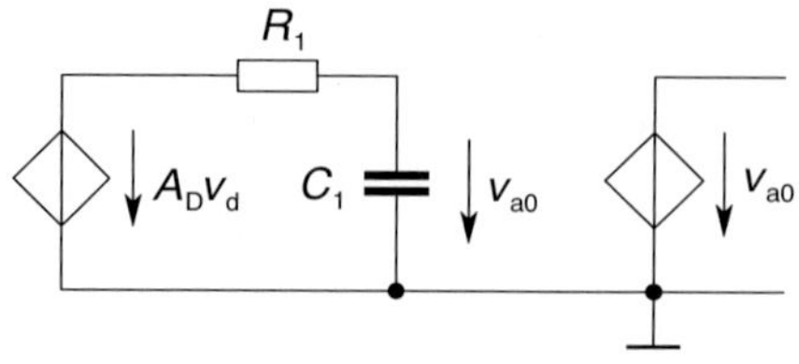

Abb. 6.8. Nachbildung des Tiefpaßverhaltens der Differenzverstärkung

In manchen Fällen wird die Leerlaufverstärkung durch einen Tiefpaß höherer Ordnung beschrieben

$$\underline{a}_\mathrm{d} = \frac{A_\mathrm{D}}{(1+\mathrm{j}f/f_1)\,(1+\mathrm{j}f/f_2)\,(1+\mathrm{j}f/f_3)}\;; \tag{6.16}$$

eine Ersatzschaltung zur Nachbildung dieses Frequenzgangs zeigt Abb. 6.9. Die eingefügten spannungsgesteuerten Spannungsquellen mit Übertragungsfaktor eins erlauben eine schnelle Umsetzung der Grenzfrequenzen in RC-Kombinationen, da die einzelnen Tiefpässe unbelastet sind.

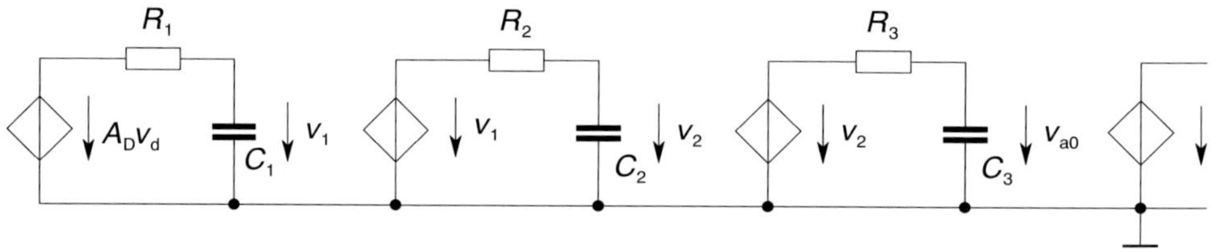

Abb. 6.9. Nachbildung einer Tiefpaßcharakterisik 3. Ordnung

6.1.3 Kenngrößen für transienten Großsignalbetrieb

Die Sinusaussteuerbarkeit des Operationsverstärkerausgangs nimmt oberhalb einer für den jeweiligen Operationsverstärker typischen Frequenz deutlich ab. Ursache hierfür ist eine Begrenzung der Flankensteilheit S (*slew rate*) aufgrund kapazitiver Effekte in der internen Schaltung des Operationsverstärkers. Die slew rate wird in V/µs angegeben und liegt typischerweise im Bereich einiger V/µs bis zu mehr als 1 kV/µs. Die maximale Anstiegsgeschwindigkeit des Ausgangssignals muß kleiner sein als S – andernfalls ist keine unverzerrte Übertragung möglich. Für eine sinusförmige Ausgangsspannung $v_\mathrm{A}(t) = \hat{v}_\mathrm{A}\sin(\omega t)$ folgt für die Änderungsgeschwindigkeit der Ausgangsspannung

$$\frac{\mathrm{d}v_\mathrm{A}}{\mathrm{d}t} = \omega\hat{v}_\mathrm{A}\cos(\omega t)\,.$$

Eine verzerrungsfreie Darstellung des Signals ist demnach nur möglich, falls $\omega\hat{v}_\mathrm{A} < S$ erfüllt ist. Soll die Ausgangsspannung den gesamten Aussteuerbereich mit Hub $\Delta V_{\mathrm{A}} = V_{\mathrm{Amax}} - V_{\mathrm{Amin}} = 2\hat{v}_{\mathrm{A}}$ durchlaufen, so muß demnach gelten

$$\boxed{f < S/\pi\Delta V_{\mathrm{A}}\ .} \tag{6.17}$$

Die so definierte Grenzfrequenz wird als *Großsignalbandbreite* des Verstärkers bezeichnet. Sie weist meist deutlich geringere Werte auf als das Verstärkungs-Bandbreite-Produkt. Für Frequenzen oberhalb der Großsignalbandbreite erreicht der Verstärker nicht mehr seine volle Aussteuerbarkeit.

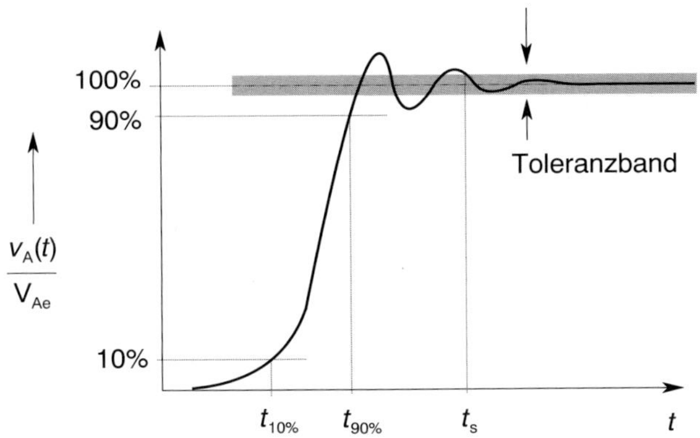

Abb. 6.10. Zeitlicher Verlauf (schematisch) der auf den Endwert V_{Ae} bezogenen Ausgangsspannung eines Operationsverstärkers

Als *Anstiegszeit* t_{r} wird diejenige Zeit bezeichnet, die das Ausgangssignal eines OP benötigt, um von 10% auf 90% seines Endwerts zu gelangen, falls am Eingang ein Spannungssprung anliegt. Die *Einschwingzeit* t_{s} (vgl. Abb. 6.10) eines OP kann wegen nichtlinearer Effekte nicht aus dem Verstärkungs-Bandbreite-Produkt bestimmt werden und wird bei schnellen OPs als gesonderte Größe spezifiziert. Das Auftreten von *Überschwingern* hängt mit der speziellen Form des Übertragungsfaktors zusammen. Zur Charakterisierung wird gelegentlich der *overshoot factor* (Überschwingfaktor) in Datenblättern als das Verhältnis des Maximalwerts der Ausgangsspannung zum Endwert bei einem Spannungssprung am Eingang spezifiziert. Als *Erholzeit* t_{rs} wird die Zeit bezeichnet, die ein bis in den Sättigungsbetrieb ausgesteuerter OP benötigt, um wieder in den linearen Betriebszustand zu gelangen.

6.1.4 Ausführungen

Operationsverstärker werden in unterschiedlichen Technologien gefertigt:

- Bipolar-OPs sind vollständig mit Bipolartransistoren aufgebaut. Diese weisen vergleichsweise große *Eingangsruheströme* auf, ermöglichen dafür jedoch den Aufbau von Operationsverstärkern mit sehr geringen Offsetspannungen. Wegen des großen Übertragungsleitwerts der Bipolartransistoren lassen sich hohe Werte der Leerlaufverstärkung und der Gleichtaktunterdrückung erreichen.

- In BiFET-OPs (z.B: AD 711) ist die Eingangsdifferenzstufe mit Sperrschichtfeldeffekttransistoren aufgebaut, die übrigen Stufen mit Bipolartransistoren. Um einen zur BJT-Eingangsstufe vergleichbaren Übertragungsleitwert zu erlangen, muß der Drainstrom um eine Größenordnung höher gewählt werden, was sich günstig auf Anstiegsgeschwindigkeit und Großsignalbandbreite auswirkt. Da sich Paare von Sperrschichtfeldeffekttransistoren mit identischen Kenngrößen nur schwer realisieren lassen, ist die Offsetspannung von BIFET-OPs meist wesentlich größer als die von Bipolar-OPs. Ein weiterer Nachteil gegenüber Bipolar-OPs ist die zumeist geringere Gleichtaktunterdrückung.
- CMOS-OPs schließlich sind vollständig mit MOSFETs aufgebaut. Sie zeichnen sich durch eine sehr hochohmige Eingangsstufe und sehr niedrige Versorgungsruheströme bei einer vorgegebenen slew rate aus. CMOS-OPs eignen sich besonders für den Betrieb in batteriebetriebenen Geräten, da sie auch für niedrige Versorgungsspannungen hergestellt werden können.[8]

  Einfache CMOS-Operationsverstärker weisen eine deutlich größere Offsetspannung auf als Operationsverstärker mit Bipolartransistoren. Durch automatischen Abgleich (Auto-Zero Amplifier) über einen zusätzlich integrierten zweiten OP kann dieser Nachteil jedoch ausgeglichen werden. So wird der Baustein AD 8571 beispielsweise mit einer maximalen Offsetspannung von 1 µV spezifiziert.

Mehrfachoperationsverstärker vereinen mehrere OPs in einem Gehäuse und ermöglichen damit die Realisierung kostengünstiger und kompakter Schaltungsaufbauten falls mehrere Operationsverstärker in einer Schaltung benötigt werden.

Der Ausgangsstrom der meisten OPs ist begrenzt auf einige 10 mA und muß bei höherem Strombedarf durch externe Treiberstufen aufgebracht werden, für Sonderanwendungen sind jedoch auch *Leistungs-OPs* mit Ausgangsströmen von 10A und mehr verfügbar.

[8] In derartigen Schaltungen steht in der Regel nur eine positive oder nur eine negative Spannung zur Verfügung. Der Aussteuerbereich ist in diesem Fall auf das Betriebsspannungsintervall beschränkt – abzüglich der minimal vom OP erreichbaren Potentialdifferenz zwischen Ausgangsknoten und Versorgungsspannungen. Für zahlreiche Anwendungen wird ein Arbeitsbereich gefordert, der sich bis zu 0 V erstreckt – in diesem Fall sind OPs auszuwählen, deren Gleichtaktaussteuerbarkeit und Ausgangsspannung die negative Versorgungsspannung erreichen können. Hier sind unterschiedliche Typen im Handel: Mit speziellen CMOS-OPs entspricht der Arbeitsbereich an Ein- und Ausgang sogar dem vollen Versorgungsspannungsintervall.

6.2 Lineare Grundschaltungen

Operationsverstärker sind beim Aufbau analoger Schaltungen sehr beliebt, da es bei der Schaltungsdimensionierung häufig genügt anzunehmen, daß die Verstärkung des OP sehr groß ist. In diesem Abschnitt werden einige wichtige lineare Grundschaltungen des OP betrachtet.

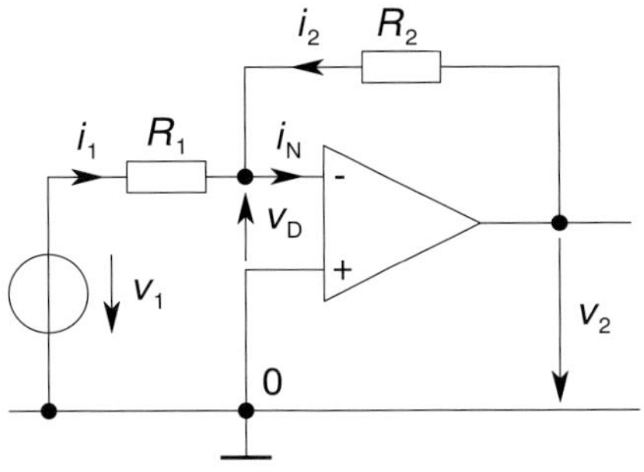

Abb. 6.11. Invertierender Verstärker

6.2.1 Der invertierende Verstärker

Abbildung 6.11 zeigt die Schaltung eines *invertierenden Verstärkers*. Dieser besteht aus einem OP mit ohmschem Rückkopplungsnetzwerk. Zur Erläuterung der Grundfunktion wird der OP zunächst als spannungsgesteuerte Spannungsquelle behandelt. Mit $v_2 = A_D(v_P - v_N)$ und $v_P = 0$ gilt dann

$$v_N = -v_2/A_D \,. \tag{6.18}$$

Ist der Strom $i_N = i_1 + i_2 \approx 0$ in den invertierenden Eingang vernachlässigbar, so folgt Hilfe des Überlagerungssatzes

$$v_N = \frac{R_2}{R_1 + R_2} v_1 + \frac{R_1}{R_1 + R_2} v_2 \,. \tag{6.19}$$

Durch Kombination der Gln. (6.18) und (6.19) läßt sich v_N eliminieren. Damit resultiert für den Übertragungsfaktor des rückgekoppelten Verstärkers

$$\underline{H}_{v0} = \frac{v_2}{v_1} = -\frac{R_2}{R_1}\left(1 + \frac{1}{A_D}\frac{R_1 + R_2}{R_1}\right)^{-1} \,. \tag{6.20}$$

Das Minuszeichen zeigt, daß die Ausgangsspannung eine zur Eingangsspannung entgegengesetzte Polarität aufweist: Diese Schaltungskonfiguration wird deshalb als invertierender Verstärker oder als *Umkehrverstärker* bezeichnet. Gilt $A_D \gg (R_1 + R_2)/R_1$, so ist in Gl. (6.20) der 2. Term in der Klammer vernachlässigbar. Für den *Spannungsübertragungsfaktor* gilt dann näherungsweise

$$\boxed{\underline{H}_{v0} \approx -R_2/R_1 \,.} \tag{6.21}$$

Für hohe Werte der Leerlaufdifferenzverstärkung A_D ist die Verstärkung des beschalteten Operationsverstärkers demnach nur durch das Widerstandsverhältnis R_2/R_1, d. h. durch die externe Beschaltung bestimmt.

Die Differenzeingangsspannung $v_D = -v_N$ im invertierenden Verstärker ist $v_D = -v_N = v_2/A_D$. Im Grenzwert $A_D \to \infty$ gilt für endliche Werte der Ausgangsspannung v_2 demnach

$$\boxed{v_D \to 0\,.} \tag{6.22}$$

Spannungen und Ströme in der rückgekoppelten Schaltung stellen sich also so ein, daß $v_D \approx 0$ gilt. Man spricht in diesem Zusammenhang auch von einem *virtuellen Kurzschluß* [9] zwischen invertierendem und nichtinvertierendem Eingang. Die Beobachtung (6.22) erleichtert vielfach die Analyse von rückgekoppelten OP-Schaltungen: Für den invertierenden Verstärker etwa folgen aus der Annahme $v_D = 0$ sofort die Beziehungen $v_1 = R_1 i_1$ und $v_2 = R_2 i_2$, aus denen mit $i_1 + i_2 = 0$ durch Quotientenbildung das Ergebnis (6.21) resultiert. Die Annahme $v_D \approx 0$ darf für die Analyse von OP-Schaltungen aber nur eingesetzt werden, solange der OP nicht in *Sättigung* arbeitet.

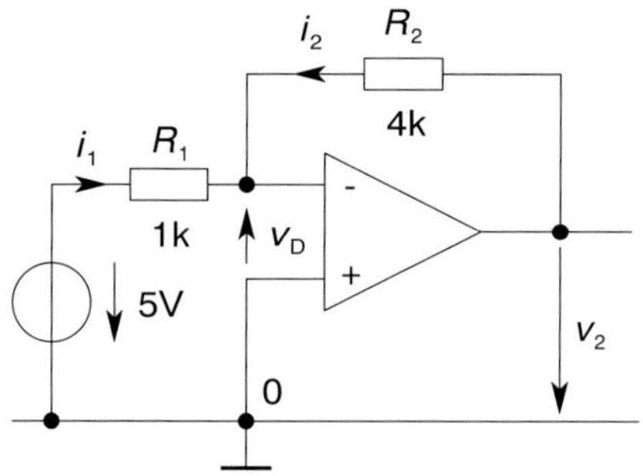

Abb. 6.12. Im Text betrachtete Beispielschaltung

Beispiel 6.2.1 Zur Illustration wird die in Abb. 6.12 dargestellte Schaltung betrachtet. Der Aussteuerungsbereich des OP sei -15 V $< v_A <$ 15 V. Bei linearem Betrieb arbeitet die Schaltung als invertierender Verstärker mit der Spannungsverstärkung vier. Bei einer Eingangsspannung von 5 V müßte sich demnach eine Ausgangsspannung von -20 V einstellen, was wegen des begrenzten Aussteuerungsbereichs aber nicht möglich ist. Der OP gerät in Sättigung: v_2 nimmt den Wert -15 V an. Über der Reihenschaltung von R_1 und R_2 tritt dann der Spannungsabfall 20 V auf. Dieser verteilt sich gemäß dem Spannungsteilerverhältnis auf die beiden Widerstände. An R_1 tritt so ein Spannungsabfall von 4 V auf, was zum Ergebnis $v_D = -1$ V führt. Eine Analyse der Schaltung unter der Annahme $v_D = 0$ hätte ein falsches Ergebnis geliefert. Δ

[9] Liegt der nichtinvertierende Eingang auf Masse, so wird der invertierende Eingang als *virtuelle Masse* mit dem Potential 0 behandelt.

Grenzfrequenz, Verstärkungs-Bandbreite-Produkt

Wegen des Frequenzgangs der Leerlaufverstärkung ist die Annahme $v_{\mathrm{D}} = 0$ bei höheren Frequenzen problematisch. Der Spannungsübertragungsfaktor $\underline{v}_2/\underline{v}_1$ für eine auf den Eingang des nichtinvertierenden Verstärkers gegebene Wechselspannung $v_1(t) = \mathrm{Re}(\hat{\underline{v}}_1 \mathrm{e}^{\mathrm{j}\omega t}) = \mathrm{Re}(\underline{v}_1)$ ergibt sich analog zu Gl. (6.20) und ist dazu identisch, abgesehen davon, daß A_{D} durch $\underline{a}_{\mathrm{d}}$ zu ersetzen ist

$$\frac{\underline{v}_2}{\underline{v}_1} = -\frac{R_2}{R_1}\left(1 + \frac{1}{\underline{a}_{\mathrm{d}}}\frac{R_1+R_2}{R_1}\right)^{-1} .$$

Mit

$$\underline{a}_{\mathrm{d}} = \frac{A_{\mathrm{D}}}{1 + \mathrm{j}\, f/f_{\mathrm{co}}}$$

folgt so

$$\frac{\underline{v}_2}{\underline{v}_1} = -\frac{R_2}{R_1}\left[1 + \frac{1}{A_{\mathrm{D}}}\frac{R_1+R_2}{R_1}\left(1 + \mathrm{j}\,\frac{f}{f_{\mathrm{co}}}\right)\right]^{-1} . \tag{6.23}$$

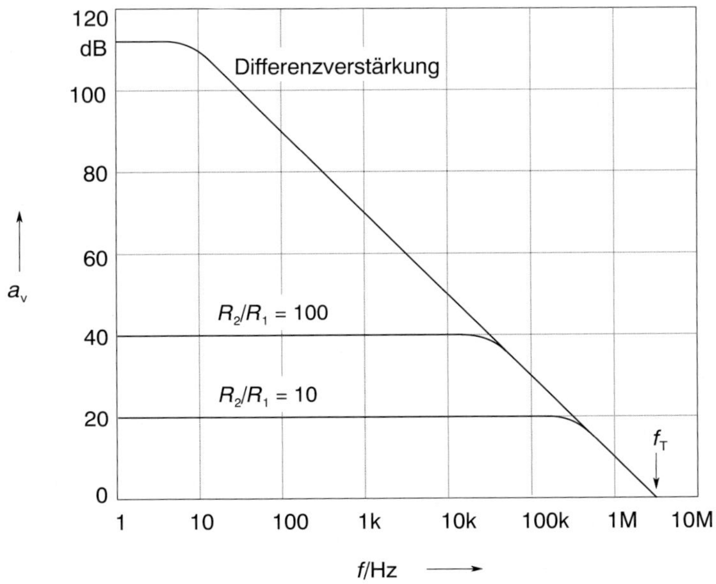

Abb. 6.13. Bode-Diagramm für einen invertierenden Verstärker (schematisch)

Für $f \to 0$ geht dieses Ergebnis in Gl. (6.20) über. Durch Ausklammern von $\underline{H}_{v0}$ folgt

$$\frac{\underline{v}_2}{\underline{v}_1} = \frac{\underline{H}_{v0}}{1 + \mathrm{j}\, f/f_{\mathrm{g}}} , \tag{6.24}$$

wobei

$$f_\mathrm{g} = \left(\frac{R_1}{R_1+R_2}A_\mathrm{D}+1\right) f_\mathrm{co} \tag{6.25}$$

die *Grenzfrequenz* des invertierenden Verstärkers bezeichnet. Für $0 < f < f_\mathrm{g}$ weicht das Verstärkungsmaß um weniger als 3 dB vom Wert für $f \to 0$ ab, f_g bestimmt damit die *Bandbreite* des Verstärkers. Sie weist deutlich größere Werte auf als die Bandbreite f_co des unbeschalteten Verstärkers. Wird f_g mit der Spannungsverstärkung $A_{v0} = |\underline{H}_{v0}|$ multipliziert, so ergibt sich der Zusammenhang

$$A_{v0} f_\mathrm{g} = \frac{R_2}{R_1+R_2} A_\mathrm{D} f_\mathrm{co} \, .$$

Solange der invertierende Verstärker eine NF-Spannungsverstärkung $A_{v0} \gg 1$ aufweist, gilt $R_2 \gg R_1$ und damit

$$A_{v0} f_\mathrm{g} \approx A_\mathrm{D} f_\mathrm{co} = f_\mathrm{T} \, , \tag{6.26}$$

d. h. der invertierende Verstärker besitzt zwar eine deutlich höhere Bandbreite als der unbeschaltete OP, das *Verstärkungs-Bandbreite-Produkt* bleibt jedoch unabhängig von der gewählten Verstärkung annähernd dasselbe. Diese Zusammenhänge sind in Abb. 6.13 anhand eines Bode-Diagramms dargestellt.

Frequenzgang des beschalteten Umkehrverstärkers

Im Folgenden wird der Frequenzgang des mit der Kapazität C_L belasteten, invertierenden Verstärkers unter Berücksichtigung der Eingangsimpedanz $\underline{Z}_\mathrm{i}$, des Ausgangswiderstands r_o und der frequenzabhängigen Leerlaufverstärkung des OP anhand der in Abb. 6.14 dargestellten Kleinsignalersatzschaltung untersucht.

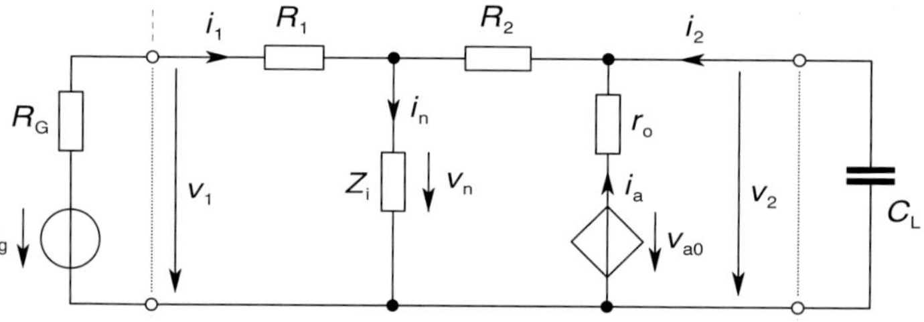

Abb. 6.14. Kleinsignalersatzschaltung des beschalteten Umkehrverstärkers

Bei vollständiger Gleichtaktunterdrückung gilt $\underline{v}_\mathrm{a0} = -\underline{a}_\mathrm{d}\,\underline{v}_\mathrm{n}$ und damit

$$\underline{v}_1 = \underline{v}_\mathrm{n} + R_1\left(\frac{\underline{v}_\mathrm{n}}{\underline{Z}_\mathrm{i}} - \frac{\underline{v}_2-\underline{v}_\mathrm{n}}{R_2}\right)$$

und

$$\underline{v}_2 = -\underline{a}_\mathrm{d}\,\underline{v}_\mathrm{n} - r_\mathrm{o}\left(\mathrm{j}\omega C_\mathrm{L}\underline{v}_2 + \frac{\underline{v}_2-\underline{v}_\mathrm{n}}{R_2}\right) .$$

Zusammenfassen der beiden Gleichungen und Eliminieren von $\underline{v}_\text{n}$ bringt

$$\frac{\underline{v}_1}{\underline{v}_2} = -\frac{R_1}{R_2} - \frac{(1 + R_1/R_2 + R_1/\underline{Z}_\text{i})(1 + r_\text{o}/R_2 + \text{j}\omega r_\text{o} C_\text{L})}{\underline{a}_\text{d} - r_\text{o}/R_2} .$$

Wird $\underline{a}_\text{d}$ nach Gl. (6.10) durch ein Tiefpaßverhalten erster Ordnung beschrieben und wird für die Eingangsimpedanz des Operationsverstärkers $\underline{Z}_\text{i}$ der Ansatz

$$\underline{Z}_\text{i} = \left(\frac{1}{r_\text{d}} + \text{j}\omega c_\text{d}\right)^{-1}$$

verwendet, so folgt unter Vernachlässigung der Terme r_o/R_2 und R_1/r_d

$$\frac{\underline{v}_1}{\underline{v}_2} \approx -\frac{R_1}{R_2} - \frac{(1 + \text{j}f/f_\text{co})(1 + \text{j}\omega r_\text{o} C_\text{L})(1 + R_1/R_2 + \text{j}\omega R_1 c_\text{d})}{A_\text{D}} .$$

Unter der Voraussetzung $A_\text{D} \gg R_2/R_1$ resultiert so mit der in Gl. (6.25) definierten Grenzfrequenz f_g des invertierenden Verstärkers

$$\frac{\underline{v}_2}{\underline{v}_1} \approx -\frac{R_2}{R_1} \cdot \frac{1}{1 + \text{j}\,f/f_\text{g}\,(1 + \text{j}f/f_\text{L})(1 + \text{j}f/f_\text{I})} . \tag{6.27}$$

Die Größe

$$f_\text{L} = 1/(2\pi r_\text{o} C_\text{L}) \tag{6.28}$$

bezeichnet die durch die kapazitive Last bestimmte Grenzfrequenz, während

$$f_\text{I} = \frac{1 + R_1/R_2}{2\pi R_1 c_\text{d}} \tag{6.29}$$

die durch die Eingangskapazität bedingte Grenzfrequenz des Verstärkers bestimmt. Die Bandbreite des invertierenden Verstärkers wird durch die kleinste dieser Grenzfrequenzen bestimmt. Bei geringer kapazitiver Last ist dies gewöhnlich die Grenzfrequenz des unbeschalteten Verstärkers

$$f_\text{g} \approx f_\text{T}/A_{v0} .$$

Beispiel 6.2.2 Als Beispiel wird ein invertierender Verstärker mit der Spannungsverstärkung 200 betrachtet, für den $R_1 = 1\,\text{k}\Omega$ und $R_2 = 200\,\text{k}\Omega$ gewählt wurde. Die kapazitive Last am Ausgang sei 10 nF. Das Verstärkungs-Bandbreite-Produkt des OP betrage 340 kHz, so daß

$$f_\text{g} \approx 340\,\text{kHz}/200 = 1.7\,\text{kHz} .$$

Aus $r_\text{o} = 70\,\Omega$ folgt

$$f_\text{L} = \frac{1}{2 \cdot 3.14 \cdot 70\,\Omega \cdot 10^{-9}\,\text{F}} = 227\,\text{kHz} .$$

Mit $c_\text{d} = 1.5$ pF folgt weiter

$$f_\text{I} = \frac{1 + .005}{2 \cdot 3.14 \cdot 1\,\text{k}\Omega \cdot 1.5 \cdot 10^{-12}\,\text{F}} = 111.4\,\text{MHz} .$$

Bei dieser Frequenz ist jedoch $\underline{a}_\text{d}$ bereits so klein, daß die Forderung $|\underline{a}_\text{d}| \gg R_\text{A}/R_2$ nicht mehr sehr gut erfüllt ist, d. h. Gl. (6.27) verliert hier ihre Gültigkeit.

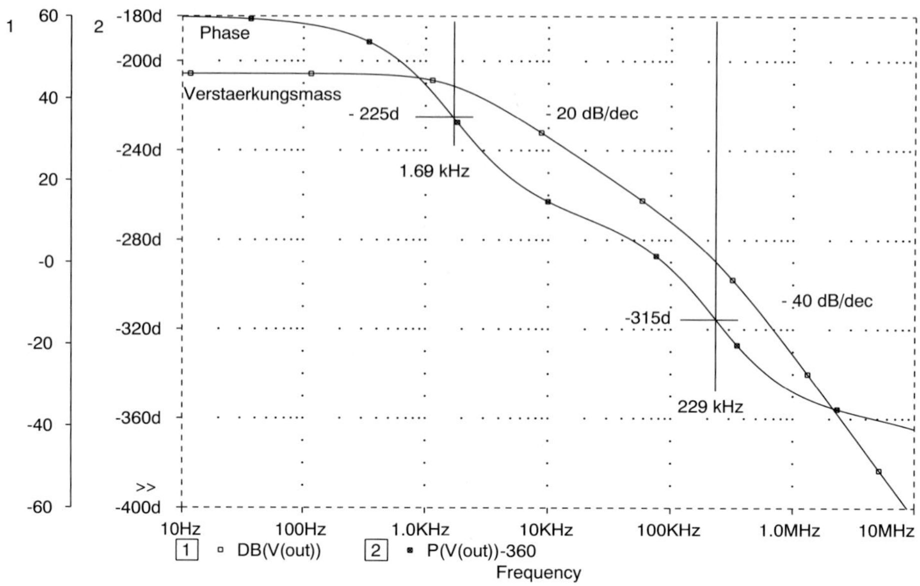

Abb. 6.15. Ergebnis einer SPICE-AC-Analyse für den Spannungsübertragungsfaktor des kapazitiv belasteten Umkehrverstärkers (Skala 1: Phase, Skala 2: Verstärkungsmaß)

Zum Vergleich wird der Frequenzgang mit SPICE simuliert. Für den OP wird dabei die in Abb. 6.7 dargestellte Kleinsignalersatzschaltung verwendet; die zugehörige Netzliste wird innerhalb einer Teilschaltungsdefinition aufgestellt. Die vollständige Steuerdatei lautet

```
* Invertierender Verstaerker
V1   IN  0  AC  1
R1  IN  INN  1K
R2  OUT   INN  200K
CL  OUT 0  10N
X1  0 INN  OUT   OPAMP
.SUBCKT  OPAMP  INP   INN   OUT
RI  INP   INN  2MEG
CI   INP   INN  1.5P
RGL1  INP  0  1G
RGL2  INN  0  1G
ED  OUTO  0  LAPLACE  V(INP,INN)={100000/(1+0.047*s)}
RA  OUTO  OUT  70
.ENDS
.AC  DEC  50  10  10MEG
.PROBE
.END
```

Der Frequenzgang der Leerlaufdifferenzverstärkung wurde hier durch eine – in PSPICE verfügbare – spannungsgesteuerte Spannungsquelle vomTyp `LAPLACE` realisiert.[10]

Das Simulationsergebnis ist in Abb. 6.15 zu sehen, die aus dem Phasengang ermittelten Grenzfrequenzen stimmen gut mit f_{g} und f_{L} überein. Δ

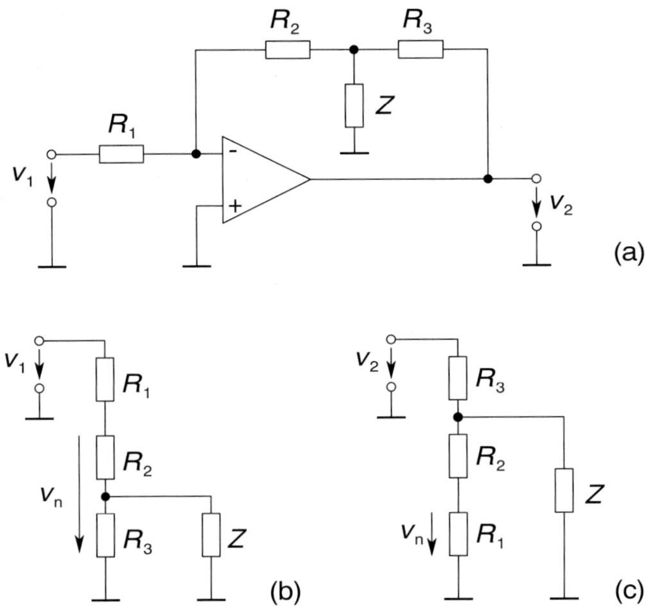

Abb. 6.16. Gegenkopplung mit T-Glied

Beispiel 6.2.3 Abbildung 6.16 a zeigt einen invertierenden Verstärker, bei dem R_2 durch ein T-Glied ersetzt wurde; für diesen wird der Spannungsübertragungsfaktor für beliebige Impedanzen $\underline{Z} = 1/\underline{Y}$ gesucht. Der Zeiger $\underline{v}_{\mathrm{n}}$ läßt sich mit Hilfe des Überlagerungssatzes ermitteln. Dazu werden die in Abb. 6.16 b und Abb. 6.16 c dargestellten Netzwerke betrachtet. Das Netzwerk nach Abb. 6.16 b liefert $\underline{v}_{\mathrm{n}}$ als Funktion von $\underline{v}_1$ für $\underline{v}_2 = 0$

$$\underline{v}_{\mathrm{n}} = \frac{R_2\,(1 + R_3/\underline{Z}) + R_3}{(R_1 + R_2)(1 + R_3/\underline{Z}) + R_3}\,\underline{v}_1 \,.$$

Das Netzwerk nach Abb. 3.2.4c liefert $\underline{v}_{\mathrm{n}}$ als Funktion von $\underline{v}_2$ für $\underline{v}_1 = 0$

$$\underline{v}_{\mathrm{n}} = \frac{R_1}{R_1 + R_2 + R_3 + (R_1 + R_2)R_3/\underline{Z}}\,\underline{v}_2 \,.$$

Durch Überlagerung resultiert

$$\begin{aligned}\underline{v}_{\mathrm{n}} &= \frac{R_2(1 + R_3/\underline{Z}) + R_3}{R_1 + R_2 + R_3 + (R_1 + R_2)R_3/\underline{Z}} \cdot \underline{v}_1 + \\ &\quad + \frac{R_1}{R_1 + R_2 + R_3 + (R_1 + R_2)R_3/\underline{Z}} \cdot \underline{v}_2 = -\frac{\underline{v}_2}{\underline{a}_{\mathrm{d}}} \,.\end{aligned}$$

[10] Bei Transientenanalysen kann dies zu Konvergenzproblemen führen. Hier ist es möglicherweise vorteilhaft, den Frequenzgang der Leerlaufverstärkung über RC-Glieder nachzubilden.

Im Bereich niedriger Frequenzen kann $\underline{a}_\mathrm{d} \to \infty$ angenommen werden, d. h. $\underline{v}_\mathrm{n}$ ist annähernd null. Für den Spannungsübertragungsfaktor folgt daraus sofort

$$\underline{H}_v = \frac{\underline{v}_2}{\underline{v}_1} = -\frac{R_2(1 + R_3/\underline{Z}) + R_3}{R_1} .$$

Wird $\underline{Z}$ als ohmsch angenommen ($\underline{Z} = R$), so geht dies über in

$$\underline{H}_v = \frac{\underline{v}_2}{\underline{v}_1} = -\frac{R_2}{R_1}\left(1 + \frac{R_3}{R} + \frac{R_3}{R_2}\right) .$$

Die Spannungsverstärkung kann demnach (durch Wahl $R_3/R \gg 1$) gegenüber dem Wert R_2/R_1 vergrößert werden. Dies ist von praktischem Interesse, falls die geforderte Spannungsverstärkung bei der Standardbeschaltung des invertierenden Verstärkers sehr große Werte von R_2 erfordert. Die Untersuchung des Falls $\underline{Z} = (\mathrm{j}\omega C)^{-1}$ wird dem Leser als Übungsaufgabe überlassen. △

Eingangs- und Ausgangswiderstand

Der *Eingangswiderstand* des invertierenden Verstärkers ergibt sich mit $v_\mathrm{D} \approx 0$ aus $i_1 = v_1/R_1$ zu

$$r_\mathrm{i} \approx R_1 . \tag{6.30}$$

Der Eingangswiderstand des invertierenden Verstärkers ist meist gering im Vergleich zum Eingangswiderstand des OP. Für die Verstärkung von Signalen hochohmiger Quellen wird deshalb in der Regel der nichtinvertierende Verstärker verwendet.

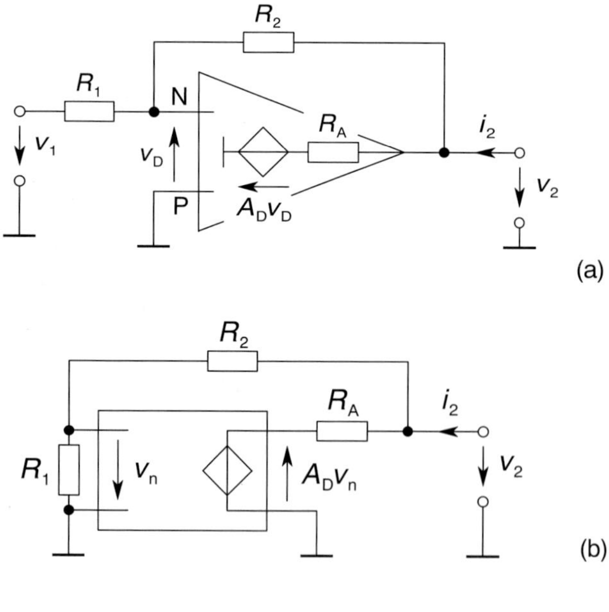

Abb. 6.17. Zur Berechnung des Ausgangswiderstands. (**a**) Großsignalmodell und (**b**) Kleinsignalmodell des invertierenden Verstärkers für $v_1 = \text{const.}$ ($\equiv \mathrm{d}v_1 = 0$)

Zur Berechnung des *Ausgangswiderstands* wird die in Abb. 6.17 a gezeigte Ersatzschaltung betrachtet. Die zugehörige Kleinsignalersatzschaltung für konstant gehaltene Eingangsspannung ist in Abb. 6.17 b dargestellt. Durch Anwenden der Spannungsteilerregel folgt daraus

$$v_{\mathrm{n}} = kv_2 \quad \text{mit} \quad k = \frac{R_1}{R_1+R_2} \, .$$

Im Knotensatz für den Ausgangsknoten

$$i_2 = \frac{v_2 - v_{\mathrm{n}}}{R_2} + \frac{v_2 + A_{\mathrm{D}} v_{\mathrm{n}}}{R_{\mathrm{A}}}$$

kann damit v_{n} eliminiert werden; dies ergibt den *Ausgangswiderstand*

$$\boxed{r_{\mathrm{a}} = \frac{v_2}{i_2} \approx \frac{R_{\mathrm{A}}}{1 + kA_{\mathrm{D}}} \, ,} \tag{6.31}$$

wobei der Term $R_{\mathrm{A}}/(R_1+R_2)$ im Nenner vernachlässigt wurde. Wegen der großen Differenzverstärkung A_{D} ist der Ausgangswiderstand r_{a} des gegengekoppelten Verstärkers sehr viel *geringer* als der Ausgangswiderstand des Operationsverstärkers.

Für $f > f_{\mathrm{co}}$ ist das Tiefpaßverhalten der Leerlaufverstärkung wirksam. In Gl. (6.31) ist dann A_{D} durch $\underline{a}_{\mathrm{d}}$ zu ersetzen; der Ausgangswiderstand der Schaltung geht damit über in die *Ausgangsimpedanz*

$$\underline{Z}_{\mathrm{a}} = \frac{R_{\mathrm{A}}}{1 + \dfrac{kA_{\mathrm{D}}}{1 + \mathrm{j}f/f_{\mathrm{co}}}} \approx r_{\mathrm{o}} \frac{1 + \mathrm{j}f/f_{\mathrm{co}}}{1 + \mathrm{j}f/f_{\mathrm{g}}}$$

Die Ausgangsimpedanz zeigt *induktives Verhalten* – ihr Betrag nimmt für $f > f_{\mathrm{co}}$ mit zunehmender Frequenz zu und nähert sich für große Frequenzen der Ausgangsimpedanz des Operationsverstärkers.

Transimpedanzverstärker

Transimpedanzverstärker weisen im Gegensatz zu gewöhnlichen OPs einen sehr niederohmigen invertierenden Eingang auf und eignen sich besonders für den Aufbau von *Breitbandverstärkern.* Abbildung 6.18 zeigt eine Ersatzschaltung für einen als invertierenden Verstärker beschalteten Transimpedanzverstärker. Bei AC-Betrieb lautet der Knotensatz am invertierenden Eingang

$$\frac{\underline{v}_1 - \underline{v}_{\mathrm{n}}}{R_1} + \frac{\underline{v}_2 - \underline{v}_{\mathrm{n}}}{R_2} = \frac{\underline{v}_{\mathrm{n}}}{R_{\mathrm{I}}} \, . \tag{6.32}$$

Mit $\underline{v}_2 = -\underline{a}_{\mathrm{d}} \underline{v}_{\mathrm{n}}$ folgt hieraus der Übertragungsfaktor des invertierenden Verstärkers

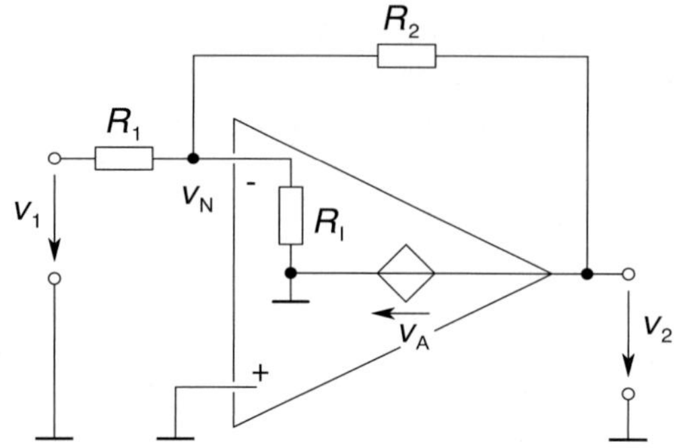

Abb. 6.18. transimpedanzverstärker

$$\frac{\underline{v}_2}{\underline{v}_1} = -\frac{R_2}{R_1} \frac{1}{1 + \frac{1}{\underline{a}_d}\left(1 + \frac{R_2}{R_1} + \frac{R_2}{R_I}\right)} . \tag{6.33}$$

Besitzt $\underline{a}_d$ ein Tiefpaßverhalten 1. Ordnung

$$\underline{a}_d = \frac{A_D}{1 + jf/f_{co}} ,$$

so folgt unter der Voraussetzung

$$A_D \gg \left(1 + \frac{R_2}{R_1} + \frac{R_2}{R_I}\right)$$

für den Spannungsübertragungsfaktor

$$\frac{\underline{v}_2}{\underline{v}_1} = -\frac{R_2}{R_1} \frac{1}{1 + j\, f/f_g} \quad \text{mit} \quad f_g = \frac{f_{co} A_D}{1 + \frac{R_2}{R_1} + \frac{R_2}{R_I}} . \tag{6.34}$$

Für $R_I \to \infty$ ergibt sich hieraus wieder das für den invertierenden Verstärker gefundene Resultat. Im Fall des Aufbaus mit Transimpedanzverstärker ist jedoch R_I sehr klein;[11] der Ausdruck für die Grenzfrequenz läßt sich damit nähern zu

$$f_g = f_{co} A_D R_I / R_2 .$$

Hier wird der wesentliche Unterschied zum Verstärker mit konventionellem OP deutlich. Während bei diesem Verstärkung und Bandbreite annähernd umgekehrt proportional zueinander sind, ändert sich beim Transimpedanzverstärker die Bandbreite nicht, solange R_2 konstant gehalten wird. Durch Wahl von R_1 läßt sich die Verstärkung somit unabhängig von der Bandbreite einstellen.

[11] Ein typischer Wert ist 20 Ω für den Transimpedanzverstärker AD9610.

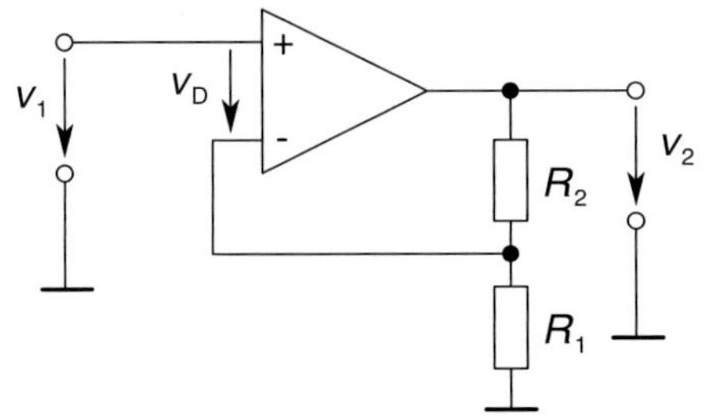

Abb. 6.19. Nichtinvertierender Verstärker

6.2.2 Der nichtinvertierende Verstärker

Bedingt durch die Beschaltung weist der invertierende Verstärker einen vergleichsweise niederohmigen Eingang auf. Sehr viel höhere Eingangswiderstände lassen sich mit der spannungsgesteuerten Spannungsrückkopplung, wie sie bei dem in Abb. 6.19 dargestellten *nichtinvertierenden Verstärker* (Elektrometerverstärker) verwendet wird, erzielen. Mit der Annahme $v_D = 0$ gilt hier $v_P = v_1 = v_N$. Bei vernachlässigbaren Eingangsströmen folgt aus der Spannungsteilerregel

$$v_N = \frac{R_1}{R_1+R_2}\, v_2 = kv_2 \,. \tag{6.35}$$

Die Größe $k = R_1/(R_1+R_2)$ wird dabei als *Rückkopplungsfaktor* bezeichnet. Zusammenfassen führt auf die Spannungsverstärkung

$$\frac{v_2}{v_1} = 1 + \frac{R_2}{R_1} = \frac{1}{k} \,. \tag{6.36}$$

Diese Beziehung gilt im Bereich niedriger Frequenzen, solange $|\underline{a}_d| \to \infty$ angenommen werden kann. Bei großen Frequenzen erfolgt ein Abfall der Spannungsverstärkung wie beim invertierenden Verstärker, wobei auch hier wieder das Verstärkungs-Bandbreite-Produkt durch die Transitfrequenz f_T des OP bestimmt wird.

Spannungsfolger

Läßt man $R_1 \to \infty$ gehen, so läuft die Spannungsverstärkung des nichtinvertierenden Verstärkers gegen eins. Eine solche Schaltung wird als *Spannungsfolger* bezeichnet: Die Spannung am Ausgang besitzt dann denselben Wert wie diejenige am Eingang. Die am Eingang des OP anliegende Quelle wird wegen der geringen Eingangsströme des OP nur schwach belastet, der OP liefert ausgangsseitig jedoch hohe Ströme.

Der Widerstand R im Rückkopplungszweig ist zwar prinzipiell unnötig, er sollte jedoch vorgesehen werden, wenn schnelle Änderungen der Eingangsspannung auftreten. In diesem Fall folgt die Ausgangsspannung der Eingangsspannung nur mit einer gewissen Verzögerung, weswegen eine von null ver-

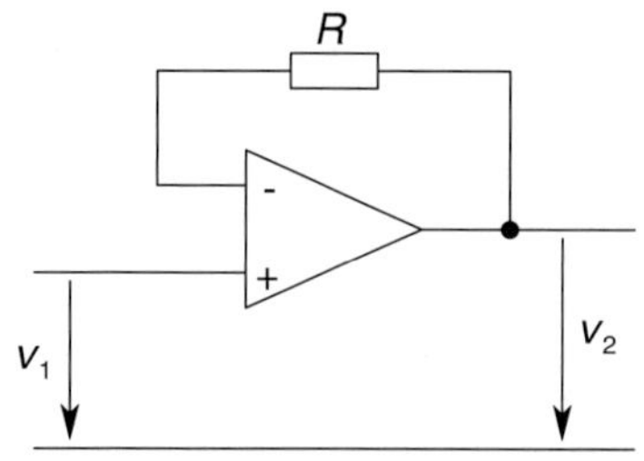

Abb. 6.20. Spannungsfolger

schiedene Differenzspannung am Eingang auftritt. Dies kann zu einem großen Strom über die *Eingangsschutzschaltung* führen, der durch R begrenzt wird. Eine Obergrenze für R resultiert aus der Forderung, daß im Normalbetrieb der Spannungsabfall an R aufgrund des in den invertierenden Eingang fließenden Stroms vernachlässigbar klein sein soll. Für die meisten Anwendungen ist $R = 10\ \mathrm{k\Omega}$ eine sinnvolle Wahl.

Eine geringe Spannungsdifferenz zwischen Eingang und Ausgang wird durch die *Eingangsoffsetspannung* und die endliche *Gleichtaktunterdrückung* bedingt. Aus der für niedrige Frequenzen gültigen Beziehung

$$V_2 = A_\mathrm{D}(V_\mathrm{P} - V_\mathrm{N} - V_\mathrm{O}) + A_\mathrm{GL} V_1$$

folgt mit $V_\mathrm{P} = V_1$, $V_\mathrm{N} = V_2$ und $A_\mathrm{D}/A_\mathrm{GL} = \mathrm{CMRR}$ für die Ausgangspannung

$$V_2 \approx V_1 + \frac{V_1}{\mathrm{CMRR}} - V_\mathrm{O} \, .$$

Beispiel 6.2.4 Bei einer Gleichtaktunterdrückung von 70 dB bedingt die Gleichtaktverstärkung bei der Eingangsspannung $V_1 = -7$ V demnach den Spannungsfehler

$$-7\,\mathrm{V} \cdot 10^{-70/20} \approx -2.2\,\mathrm{mV} \, .$$

In Verbindung mit der ebenfalls auf Werte im Millivoltbereich begrenzten Eingangsoffsetspannung ergibt sich somit eine Abweichung von wenigen Millivolt zwischen Eingangs- und Ausgangsspannung. △

Eingangsimpedanz und Ausgangsimpedanz

Die *Eingangsimpedanz* $\underline{Z}_\mathrm{i}$ des nichtinvertierenden Verstärkers wird durch die Kleinsignalkenngrößen des OP und dessen Beschaltung bestimmt. Zur Berechnung von $\underline{Z}_\mathrm{i}$ wird die in Abb. 6.21 a dargestellte Ersatzschaltung herangezogen; die Gleichtakteingangsimpedanz bleibt dabei unberücksichtigt. Der in den Eingang fließende Strom ist gegeben durch

$$\underline{i}_\mathrm{p} = \left(\frac{1}{r_\mathrm{d}} + \mathrm{j}\omega c_\mathrm{d}\right) \underline{v}_\mathrm{d} \, . \tag{6.37}$$

Für $\underline{v}_\mathrm{d}$ folgt durch Zusammenfassen von

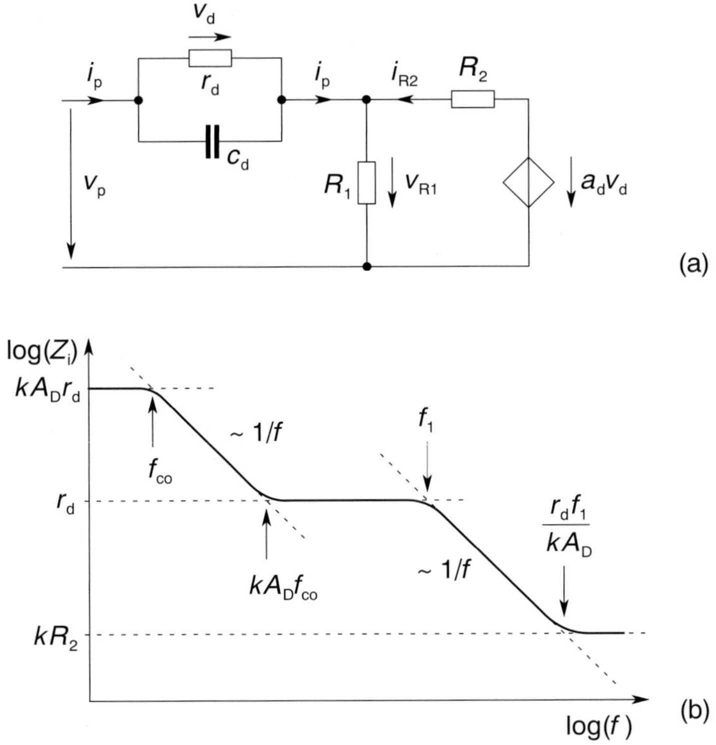

Abb. 6.21. Eingangsimpedanz des nichtinvertierenden Verstärkers. (**a**) Ersatzschaltung, (**b**) Frequenzabhängigkeit (schematisch).

$$\underline{v}_\mathrm{d} = \underline{v}_\mathrm{p} - \underline{v}_\mathrm{R1}\,, \qquad \underline{v}_\mathrm{R1} = R_1(\underline{i}_\mathrm{p} + \underline{i}_\mathrm{R2})$$

und

$$\underline{i}_\mathrm{R2} = \frac{1}{R_2}\left[(\underline{a}_\mathrm{d}+1)\underline{v}_\mathrm{d} - \underline{v}_\mathrm{p}\right]$$

die Beziehung

$$\underline{v}_\mathrm{d} = \frac{R_1+R_2}{R_1(\underline{a}_\mathrm{d}+1)+R_2}\,\underline{v}_\mathrm{p} - \frac{R_1 R_2}{R_1(\underline{a}_\mathrm{d}+1)+R_2}\,\underline{i}_\mathrm{p}\,.$$

Einsetzen in Gl. (6.37) führt auf die Eingangsimpedanz

$$\boxed{\underline{Z}_\mathrm{i} = \frac{r_\mathrm{d}}{1+\mathrm{j}\omega r_\mathrm{d} c_\mathrm{d}}\,(1+k\underline{a}_\mathrm{d}) + kR_2\,.} \tag{6.38}$$

Für kleine Frequenzen dominiert der 2. Term in der eckigen Klammer, außerdem gilt $\omega r_\mathrm{d} c_\mathrm{d} \ll 1$; demnach folgt näherungsweise

$$\underline{Z}_\mathrm{i} = r_\mathrm{d} k \underline{a}_\mathrm{d} = \frac{r_\mathrm{d} k A_\mathrm{D}}{1+\mathrm{j}f/f_\mathrm{co}}\,.$$

Für $f \ll f_\mathrm{co}$ führt dies auf $\underline{Z}_\mathrm{i} \approx kA_\mathrm{D} r_\mathrm{d}$; für $f > f_\mathrm{co}$ erfolgt ein Abfall proportional zu $1/f$ wegen der Abnahme von $|\underline{a}_\mathrm{d}|$. Für Frequenzen oberhalb von $kA_\mathrm{D}f_\mathrm{co}$ dominiert der erste Term in der Klammer, dann gilt $\underline{Z}_\mathrm{i} \approx r_\mathrm{d}$. Mit Überschreiten der Frequenz $f_1 = (2\pi r_\mathrm{d} c_\mathrm{d})^{-1}$ nimmt die Frequenz wiederum proportional zu $1/f$ ab, um auf den Wert kR_2 abzusinken, der die Eingangsimpedanz für $f > f_1 r_\mathrm{d}/(kR_2)$ bestimmt. Die Frequenzabhängigkeit von $Z_\mathrm{i} = |\underline{Z}_\mathrm{i}|$ ist in Abb. 6.21 b dargestellt.

Die *Ausgangsimpedanz* des nichtinvertierenden Verstärkers ist durch Gl. (6.31) gegeben, d. h. sie genügt der für den invertierenden Verstärker gefundenen Beziehung.

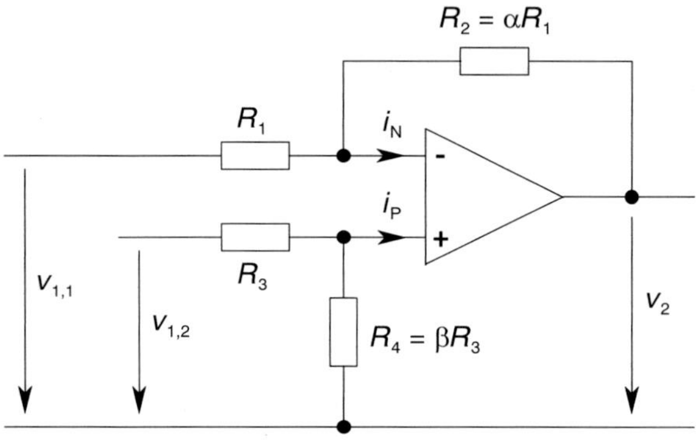

Abb. 6.22. Subtrahierverstärker

6.2.3 Der Subtrahierer

Die in Abb. 6.22 abgebildete Schaltung arbeitet als *Subtrahierverstärker.* Zur Erläuterung der Schaltung werden zunächst die Eingangsruheströme i_P und i_N vernachlässigt. Solange der OP nicht in Sättigung ist, gilt $v_\mathrm{D} \approx 0$ bzw. $v_\mathrm{P} \approx v_\mathrm{N}$. Mit

$$v_\mathrm{N} = \frac{1}{\alpha+1} v_2 + \frac{\alpha}{\alpha+1} v_{1,1} \quad \text{und} \quad v_\mathrm{P} = \frac{\beta}{\beta+1} v_{1,2}$$

führt dies auf

$$v_2 = \alpha \left(\frac{1+1/\alpha}{1+1/\beta} v_{1,2} - v_{1,1} \right) . \tag{6.39}$$

Wählt man $\alpha = \beta$, so ist die Ausgangsspannung gleich der Differenz der Eingangsspannungen multipliziert mit der Spannungsverstärkung $\alpha = R_2/R_1$.

$$\boxed{v_2 = \alpha (v_{1,2} - v_{1,1}) .} \tag{6.40}$$

Fehlerbetrachtung. Fehler des Subtrahierverstärkers können von der *Gleichtaktverstärkung* herrühren, da hier v_P und v_N nicht annähernd auf Masse liegen. Weitere Fehler sind durch Widerstandstoleranzen, Eingangsruheströme und die Eingangsoffsetspannung bedingt. Werden die Eingangsruheströme i_N und i_P berücksichtigt, so gilt

$$v_\mathrm{N} = v_2 + \frac{\alpha}{\alpha+1}\,(v_{1,1}-v_2-R_1 i_\mathrm{N})$$

und

$$v_\mathrm{P} = \frac{\beta}{\beta+1}\,(v_{1,2}-R_3 i_\mathrm{P}) \ .$$

Zusätzlich besteht bei nicht vernachlässigbarer Eingangsoffsetspannung und endlicher Gleichtaktunterdrückung der folgende Zusammenhang zwischen der Ausgangsspannung v_2 und den Eingangsspannungen v_P und v_N

$$\frac{v_2}{A_\mathrm{D}} = v_\mathrm{P} - v_\mathrm{N} - V_\mathrm{O} + \frac{v_\mathrm{P}+v_\mathrm{N}}{2\,\mathrm{CMRR}} \ .$$

Die linke Seite dieser Beziehung verschwindet im Grenzfall $A_\mathrm{D} \to \infty$. Für $\alpha = \beta$ folgt damit unter Vernachlässigung der Terme $R_1 i_\mathrm{N}/\mathrm{CMRR}$ und $R_3 i_\mathrm{P}/\mathrm{CMRR}$

$$\begin{aligned} v_2 &= \alpha\left(\frac{1+1/(2\mathrm{CMRR})}{1-1/(2\mathrm{CMRR})}\,v_{1,2} - v_{1,1}\right) - \alpha\,(R_3 i_\mathrm{P} - R_1 i_\mathrm{N}) - (\alpha+1)V_\mathrm{O} \\ &\approx \alpha\,(v_{1,2}-v_{1,1}) + \frac{v_{1,2}}{\mathrm{CMRR}} - \alpha\,(R_3 i_\mathrm{P} - R_1 i_\mathrm{N}) - (\alpha+1)V_\mathrm{O} \ . \end{aligned}$$

Die Auswirkung der *Eingangsruheströme* auf die Ausgangsspannung ist demnach für $R_1 = R_3$ ohne Bedeutung. Die Eingangsoffsetspannung V_O ergibt für $\alpha = 1$ den Fehler $2V_\mathrm{O}$. Der Wert der Eingangsspannung $v_{1,2}$ wirkt sich um die Gleichtaktunterdrückung gedämpft auf die Ausgangsspannung aus.

Bedingt durch *Widerstandstoleranzen* weicht α unkontrollierbar etwas von β ab. Mit

$$\frac{1+1/\alpha}{1+1/\beta} = 1+x\ , \qquad |x| \ll 1$$

läßt sich aus Gl. (6.39) der hierdurch bedingte Fehler in v_2 berechnen

$$\Delta v_2 = \alpha x\, v_{1,2} \ .$$

Der Wert von x ist durch die Widerstandstoleranz bestimmt. Gilt (von Schwankungen abgesehen) $\alpha = \beta$, so ist $\alpha x = 2\sigma_\mathrm{R}$, wobei σ_R die Widerstandstoleranz bezeichnet. Insbesondere für große Werte der Eingangsspannung $v_{1,2}$ können demnach deutliche Fehler in der Spannungsdifferenz Gl (6.39) resultieren.

Beispiel 6.2.5 Ein Subtrahierverstärker soll am Ausgang die um den Faktor 20 verstärkte Differenz der Eingangsspannungen $v_{1,1} = 9$ V und $v_{1,2} = 9.1$ V ausgeben. Das Widerstandsverhältnis $\alpha = \beta$ ist demnach auf 20 festzusetzen, bei $R_1 = R_3$ können Fehler durch die Eingangsströme vernachlässigt werden. Die Abweichung der Ausgangsspannung vom Sollwert ist dann

$$\Delta v_2 = 20 \cdot \left(\frac{1}{\mathrm{CMRR}} + x\right) \cdot 9.1\ \mathrm{V} + (20+1)V_\mathrm{O} \ .$$

Bei einer Gleichtaktunterdrückung von 100 dB und einem durch Widerstandstoleranzen bedingten Fehler $\alpha x = 0.1\%$ sowie einer Eingangsoffsetspannung von $V_\mathrm{O} = 0.1$ mV folgt

$$\Delta v_2 = 20 \cdot 10^{-5} \cdot 9.1\,\mathrm{V} + 10^{-3} \cdot 9.1\,\mathrm{V} + 21 \cdot 0.1\,\mathrm{mV} \approx 13\,\mathrm{mV}\,.$$

Bezogen auf den Sollwert $v_2 = 2\,\mathrm{V}$ bedeutet dies einen Fehler von 0.65%. Dies zeigt: Nur durch den Einsatz von *Präzisionswiderständen* und eines OP mit hoher Gleichtaktunterdrückung lassen sich „kleine Differenzen großer Zahlen“ mit einer für zahlreiche Anwendungen ausreichenden Genauigkeit bestimmen. △

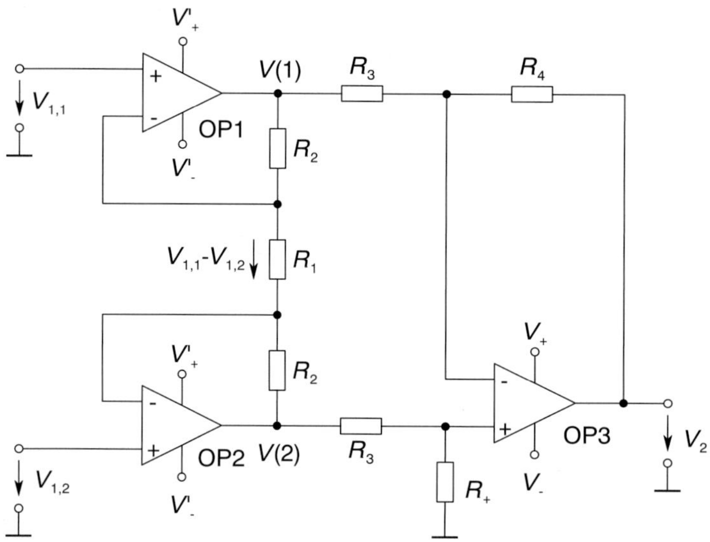

Abb. 6.23. Instrumentenverstärker (Grundschaltung)

Instrumentenverstärker

Die Eingänge des oben betrachteten Subtrahierverstärkers weisen einen vergleichsweise geringen Eingangswiderstand auf. Ist die hierdurch bedingte Beeinflussung der Signalquellen problematisch, so kann im Prinzip vor jeden der Eingänge des Subtrahierers ein *Spannungsfolger* geschaltet werden. Wegen der mit der Verstärkung α anwachsenden Schwierigkeiten der Gleichtaktunterdrückung ist es jedoch günstiger, statt der Spannungsfolger nichtinvertierende Verstärker einzusetzen und die bereits verstärkten Signale auf den Eingang eines Subtrahierverstärkers zu legen. Abbildung 6.23 zeigt die Grundschaltung eines derartigen, meist als *Instrumentenverstärker* bezeichneten Subtrahierverstärkers.

Wegen des virtuellen Kurzschlusses der Eingänge der Operationsverstärker OP1 sowie OP2 fällt an R_1 in guter Näherung die Spannung $V_{1,1} - V_{1,2}$ ab. Der durch R_1 fließende Strom fließt auch durch die Widerstände R_2. Für vernachlässigbare Eingangsströme der Operationsverstärker tritt zwischen den

Eingängen des durch $V(1)$ und $V(2)$ gespeisten Subtrahierverstärkers demnach die Spannung

$$V(1) - V(2) = \left(1 + \frac{2R_2}{R_1}\right)(V_{1,1} - V_{1,2})$$

auf. Durch Verändern von R_1 läßt sich demnach leicht die Verstärkung der Eingangsstufe verändern. Für die Ausgangsspannung folgt dann

$$V_2 = -\frac{R_4}{R_3}\left(1 + \frac{2R_2}{R_1}\right)(V_{1,1} - V_{1,2}) \ .$$

In der Praxis wird meist $R_4 = R_3$ gewählt (z. B. 10 kΩ), der eigentliche Subtrahierverstärker weist dann die Verstärkung $\alpha = 1$ auf. Derartige, fertig verschaltete Instrumentenverstärker werden von verschiedenen Herstellern als integrierte Bausteine angeboten (z.B. AD 627) – lediglich der zum Einstellen der Verstärkung erforderliche Widerstand R_1 wird extern zugeschaltet.

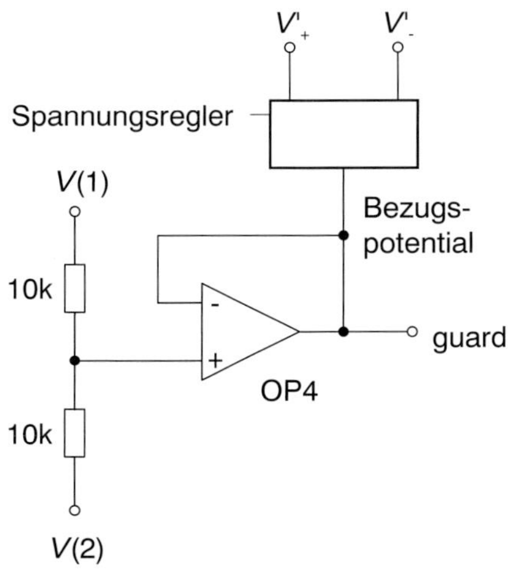

Abb. 6.24. Instrumentenverstärker. Verbesserung der Gleichtaktunterdrückung

Probleme mit der *Gleichtaktverstärkung* von OP1 und OP2 in Präzisionsanwendungen können umgangen werden, wenn deren Versorgungsspannung auf den Mittelwert der beiden Eingangsspannungen bezogen wird. Dies kann durch Zuschalten der in Abb. 6.24 gezeigten Elemente erreicht werden: Über einen Spannungsfolger wird der Mittelwert der Eingangsspannungen als Bezugspotential für einen integrierten Spannungsregler verwendet, der die Versorgungsspannungen von OP1 und OP2 liefert.[12] Der Ausgang des Spannungsfolgers kann auch als guard (vgl. Kap. 10.4) für die Eingänge des Instrumentenverstärkers herangezogen werden.

[12] OP3 und OP4 werden mit der auf die Gerätemasse bezogenen Spannungsversorgung betrieben.

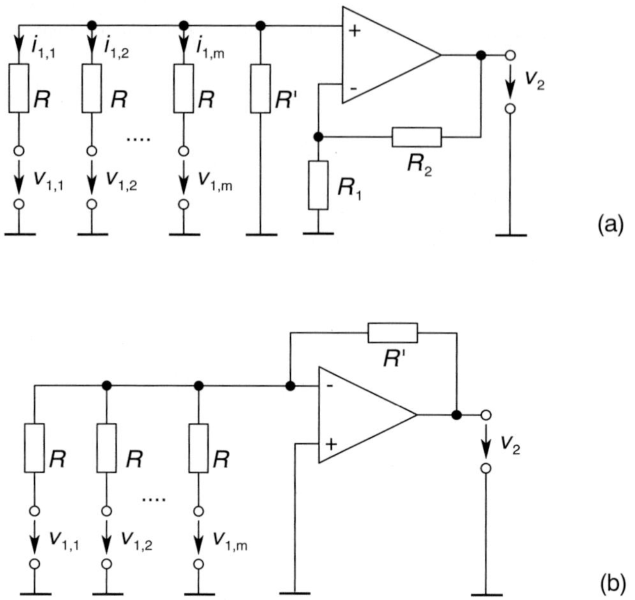

Abb. 6.25. Summierverstärker. (**a**) nichtinvertierender und (**b**) invertierender

6.2.4 Der Addierer

Abbildung 6.25 a zeigt einen auf dem Prinzip des *nichtinvertierenden* Verstärkers aufgebauten Summierverstärker. Die Ausgangsspannung des Verstärkers ergibt sich gemäß Gl. (6.36) zu

$$v_2 = \left(1 + \frac{R_2}{R_1}\right) v_\mathrm{P} \,.$$

Das Potential v_P des nichtinvertierenden Eingangs ist durch die Beziehungen

$$\begin{aligned} v_\mathrm{P} &= v_{1,1} + Ri_{1,1} = v_{1,2} + Ri_{1,2} = ... = v_{1,m} + Ri_{1,m} \\ &= -R'(i_{1,1} + i_{1,2} + ... + i_{1,m}) \end{aligned}$$

bestimmt. Unter der Annahme $R = R'$ folgt damit für die Ausgangsspannung

$$v_2 = \left(1 + \frac{R_2}{R_1}\right) \frac{v_{1,1} + v_{1,2} + ... + v_{1,m}}{1+m} \,. \tag{6.41}$$

Wird nun noch $R_2/R_1 = m$ gewählt, so erhält man

$$v_2 = v_{1,1} + v_{1,2} + ... + v_{1,m} \,. \tag{6.42}$$

Eine Alternative zum betrachteten Addierer stellt die in Abb. 6.25 b dargestellte *invertierende* Schaltung unter Verwendung des invertierenden Verstärkers dar. Anwenden des Knotensatzes auf den invertierenden Eingang bringt mit $v_\mathrm{N} \approx 0$

$$\frac{v_{1,1}}{R} + \frac{v_{1,2}}{R} + ... + \frac{v_{1,m}}{R} + \frac{v_2}{R'} = 0 \,,$$

so daß

$$v_2 = -\frac{R'}{R}\,(v_{1,1} + v_{1,2} + \ldots.. + v_{1,m}) \ . \tag{6.43}$$

Wird $R' = R$ gewählt, so ist die Spannung am Ausgang gleich der negativen Summe der Spannungswerte am Eingang.

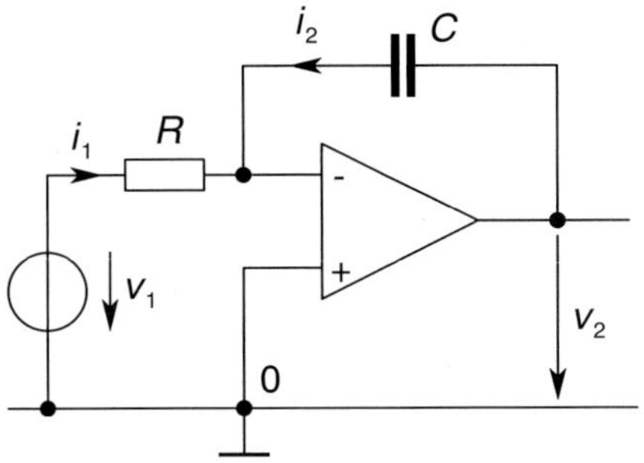

Abb. 6.26. Umkehrintegrator

6.2.5 Der Integrierer

Abbildung 6.26 zeigt die Schaltung eines *Umkehrintegrators.* Wird der Strom in den invertierenden Eingang vernachlässigt, so folgt mit $v_D = 0$

$$0 = i_1 + i_2, \qquad i_2 = C\,\mathrm{d}v_2/\mathrm{d}t \quad \text{und} \quad v_1 = R\,i_1 \ .$$

Durch Zusammenfassen dieser Gleichungen resultiert

$$RC\,\frac{\mathrm{d}v_2}{\mathrm{d}t} = -v_1 \ . \tag{6.44}$$

Dies ist eine inhomogene Differentialgleichung 1. Ordnung für v_2. Nach Integration ergibt sich

$$v_2(t) = v_2(0) - \frac{1}{RC}\int_0^t v_1(t')\,\mathrm{d}t' \ . \tag{6.45}$$

Die Größe RC wird in diesem Fall *Integrationszeitkonstante* genannt. In der Praxis treten, bedingt durch Eingangsruheströme und Offsetspannung, Fehler bei der Integration auf.

Beispiel 6.2.6 Als Beispiel wird der in Abb. 6.27 dargestellte Dreieckgenerator betrachtet. Dabei ist OP2 als Integrierer beschaltet; unter der Annahme idealer Verhältnisse gilt

$$v_2(t) = v_2(0) - \frac{1}{R_1 C}\int_0^t v_1(t')\,\mathrm{d}t' \ .$$

Die Ausgangsspannung v_1 des als „Schalter" betriebenen, mitgekoppelten OP1 ist – abhängig vom Vorzeichen von v_P – gleich der positiven oder gleich der negativen Sättigungsspannung. Durch Überlagerung folgt

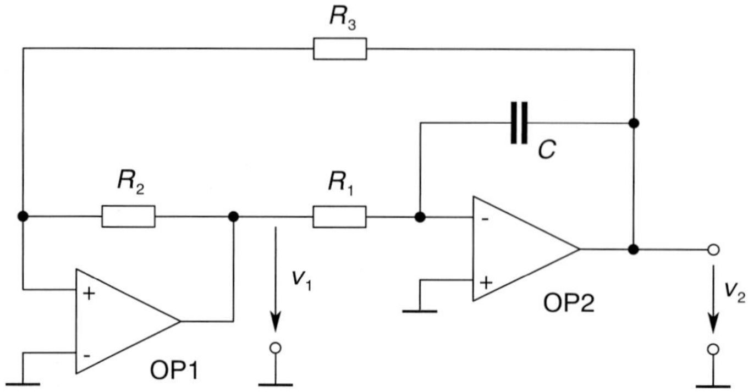

Abb. 6.27. Dreieckgenerator mit Integrierer

$$v_{\mathrm{P}} = \frac{R_3}{R_2 + R_3}\, v_1 + \frac{R_2}{R_2 + R_3}\, v_2 \,,$$

Nulldurchgänge von v_{P} und damit Änderungen der Ausgangsspannung v_1 von OP1 treten auf für

$$v_2 = -\frac{R_3}{R_2}\, v_1 \,.$$

Ist $v_1 = V_{\mathrm{Amax}}$, so nimmt v_2 linear mit der Zeit ab (Eingangsspannung des Umkehrintegrators konstant)

$$\frac{\mathrm{d}v_2}{\mathrm{d}t} \approx -\frac{V_{\mathrm{Amax}}}{R_1 C}$$

bis zum Wert $v_2 = -V_{\mathrm{Amax}}\, R_3/R_2$. Dort springt v_1 auf den Wert $V_{\mathrm{Amin}} \approx -V_{\mathrm{Amax}}$ und v_2 beginnt linear mit der Zeit zu steigen. Die Anstiegsgeschwindigkeit ist dabei

$$\frac{\mathrm{d}v_2}{\mathrm{d}t} \approx -\frac{V_{\mathrm{Amin}}}{R_1 C} \,.$$

Die Ausgangsspannung ändert sich bis zum Wert $v_2 = -V_{\mathrm{Amin}}\, R_3/R_2$, um anschließend wieder abzufallen. Amplitude und Frequenz der Dreiecksspannung lassen sich demnach durch R_3/R_2 und $R_1 C$ einstellen.

Für die Grobdimensionierung eines Dreieckgenerators (1 kHz, 10 $\mathrm{V_{ss}}$) wird R_3 gewählt. Mit der Wahl $R_3 = 10\ \mathrm{k\Omega}$ folgt aus $V_{\mathrm{Amax}} = -V_{\mathrm{Amin}} = 14$ V

$$R_2 = \frac{14\,\mathrm{V}}{5\mathrm{V}} \cdot 10\,\mathrm{k\Omega} = 28\,\mathrm{k\Omega} \,.$$

Bei der angenommenen symmetrischen Aussteuerung von OP1 ist die Anstiegsgeschwindigkeit gleich der Abfallgeschwindigkeit; bei $f = 1$ kHz muß demnach gelten

$$\left|\frac{\mathrm{d}v_2}{\mathrm{d}t}\right| = 20\,\frac{\mathrm{V}}{\mathrm{ms}} = \frac{14\,\mathrm{V}}{R_1 C} \,,$$

was mit der Wahl $R_1 = 10\ \mathrm{k\Omega}$ auf $C = 70\,\mathrm{nF}$ führt. Abbildung 6.28 zeigt die Ergebnisse einer SPICE-Transientenanalyse[13] für einen entsprechend ausgelegten Dreieckgenerator unter Verwendung des Makromodells für den OP LM324. Wegen der

[13] Für ein zuverlässiges Anschwingen werden die Versorgungsspannungsquellen als `PULSE`-Quellen ausgelegt, die zur Zeit $t = 0$ eingeschaltet werden.

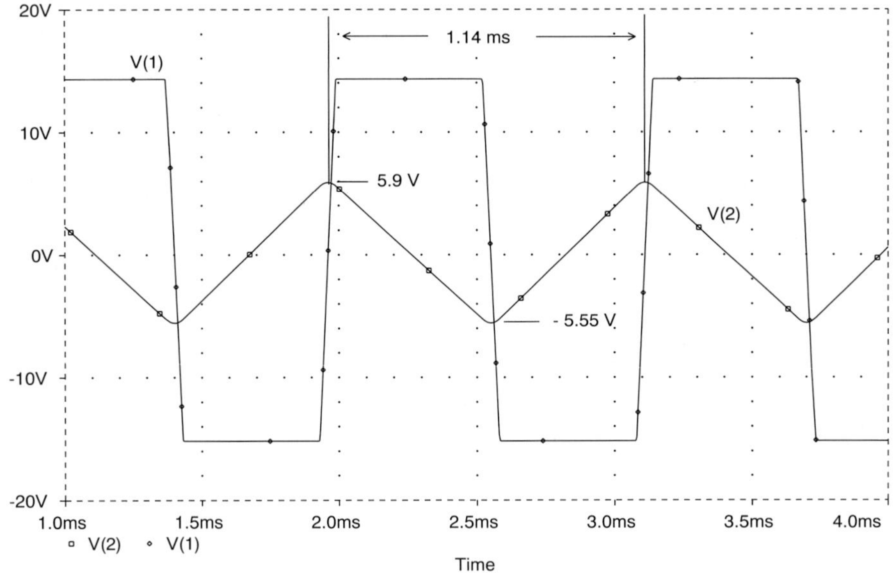

Abb. 6.28. Ergebnisse einer SPICE-Transientenanalyse für V(1) und V(2)

unsymmetrischen Aussteuerung und der endlichen Flankensteilheit des Ausgangs von OP1 ergeben sich leichte Abweichungen vom Sollwert, die in der Praxis durch Abgleichpotentiometer (etwa in Reihe zu R_1 und R_2) behoben werden. Δ

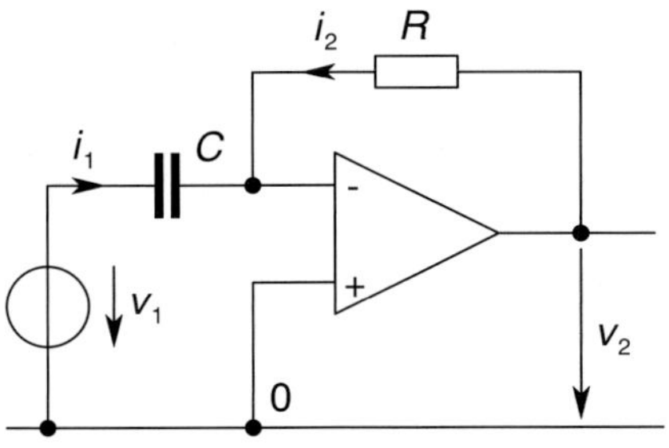

Abb. 6.29. Differenzierer

6.2.6 Der Differenzierer

Abbildung 6.29 zeigt den Einsatz eines OP als *Differenzierer*. Unter der Annahme $v_\mathrm{D} = 0$ und bei Vernachlässigung der Eingangsströme gelten die Gleichungen

$$0 = i_1 + i_2, \quad v_2 = R i_2 \quad \text{und} \quad i_1 = C \frac{\mathrm{d}v_1}{\mathrm{d}t} .$$

Zusammenfassen ergibt

$$v_2 = -RC \frac{\mathrm{d}v_1}{\mathrm{d}t} , \tag{6.46}$$

d. h. die Ausgangsspannung v_2 der Schaltung ist proportional zur Ableitung der Eingangsspannung nach der Zeit.

Der Einsatz des beschriebenen Differenzierers in der Praxis ist problematisch: Störend wirkt sich hier das i. allg. hohe Verstärkerrauschen sowie eine meist nur geringe Phasenreserve (Schwingneigung) aus (vgl. Beispiel 6.3.1). Ein verbessertes Einschwingverhalten läßt sich durch einen Serienwiderstand R' zu C erreichen (vgl. Beispiel 6.3.2).

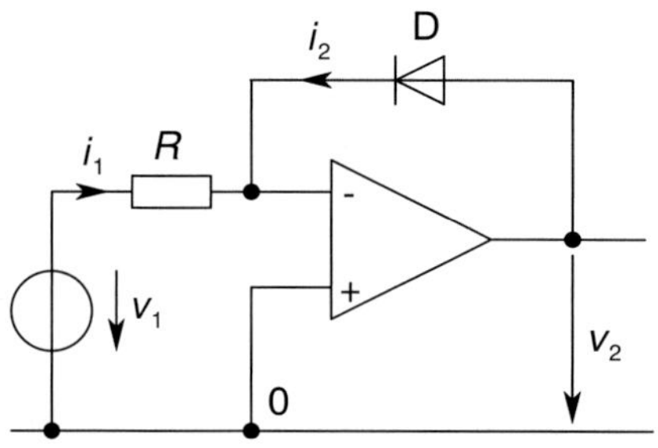

Abb. 6.30. Logarithmierer

6.2.7 Der Logarithmierer

In der Schaltung nach Abb. 6.30 befindet sich ein nichtlineares Netzwerkelement im Rückkopplungszweig. Mit der $I(V)$-Charakteristik für die ideale Diode gilt nun

$$i_2 = I_\mathrm{S} \left[\exp\left(\frac{v_2}{NV_T} \right) - 1 \right] = -i_1 ,$$

wobei der Strom in den invertierenden Eingang als vernachlässigbar klein und $v_\mathrm{D} = 0$ angenommen wurde. Mit

$$v_1 = Ri_1 = -RI_\mathrm{S} \left[\exp\left(\frac{v_2}{NV_T} \right) - 1 \right]$$

ergibt sich für $|v_1| \gg RI_\mathrm{S}$ die folgende nichtlineare Beziehung zwischen v_2 und v_1

$$v_2 = NV_T \ln\left(\frac{-v_1}{RI_\mathrm{S}} \right) , \tag{6.47}$$

d. h. die Ausgangsspannung der Schaltung ist proportional zum Logarithmus der (negativen) Eingangsspannung.

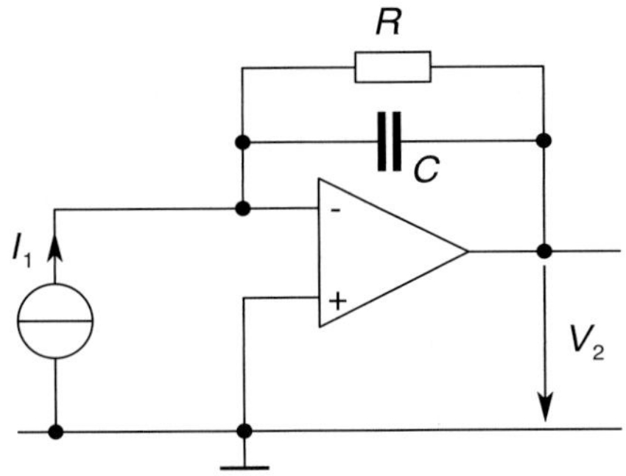

Abb. 6.31. Strom-Spannungs-Wandler

6.2.8 Strom-Spannungs-Wandler

Die Schaltung nach Abb. 6.31 arbeitet als Strom-Spannungs-Wandler für Gleichströme. Mit $i_N \approx 0$, $v_D \approx 0$ folgt aus dem Maschensatz

$$v_2 = -RI_1 \ . \tag{6.48}$$

Die Kapazität C unterdrückt eine Schwingneigung aufgrund der Kapazität der Signalleitung zum Strom-Spannungs-Wandler. Unter Berücksichtigung des Eingangsruhestroms I_N des OP gilt

$$v_2 = -R(I_1 - I_N) \ .$$

Mit Widerständen im GΩ-Bereich und OPs mit FET-Eingangsstufe kann diese Schaltung zur Messung von Strömen im fA-Bereich eingesetzt werden. Hierbei sind allerdings einige Vorsichtsmaßnahmen zu treffen, wie: Einsatz einer Teflonisolierung sowie einer Kapazität mit vernachlässigbarem Leckstrom und Temperaturregelung für den OP zur Vermeidung einer temperaturbedingten Offsetspannungsdrift.

6.2.9 Negative Widerstände

Werden in der Schaltung nach Abb. 6.32 die Eingangsströme des Operationsverstärkers vernachlässigt, so folgt $i_1 = i_2 = i$ unter der Annahme $v_D = 0$. Da i_2 auch durch R_L fließt, folgt aus dem Maschensatz $v + R_L i_2 - v_D = 0$ unter der Annahme $v_D = 0$

$$\boxed{i = -v/R_L \ ,} \tag{6.49}$$

d. h. die Schaltung verhält sich wie ein *negativer Widerstand* vom Wert $-R_L$. Die Schaltung wird häufig auch als NIC [14] bezeichnet.

Eine unkritische Anwendung der Annahme $v_D = 0$ würde den OP durch einen Kurzschluß ersetzen. Der Widerstand R_L würde dann von einem Strom in entgegengesetzter Richtung durchflossen, d. h. die Schaltung würde sich nach diesem Ansatz

[14] Von englisch: negative impedance converter.

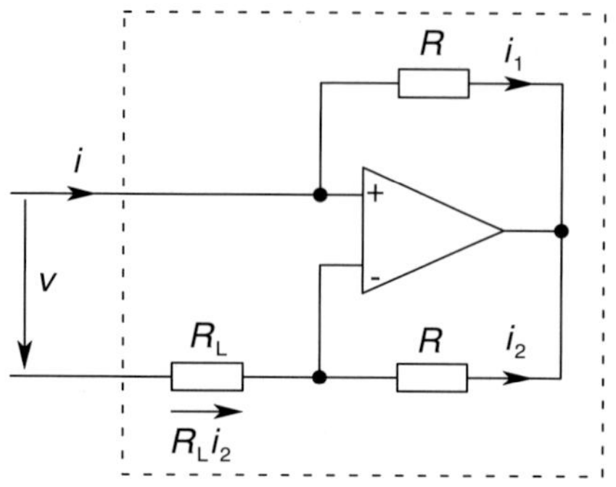

Abb. 6.32. Realisierung eines negativen Widerstands mit OP (NIC)

wie ein gewöhnlicher ohmscher Widerstand verhalten. Die Auflösung des Widerspruchs liegt darin, daß der OP als aktives Bauelement an die Versorgungsspannung angeschlossen ist und Strom „liefern" kann: Im Gegensatz zum tatsächlichen Kurzschluß mit einem idealen Leiter ist der Strom, der auf der einen Seite in den virtuellen Kurzschluß „hineinfließt", nicht notwendig gleich dem Strom, der auf der anderen Seite „herausfließt".

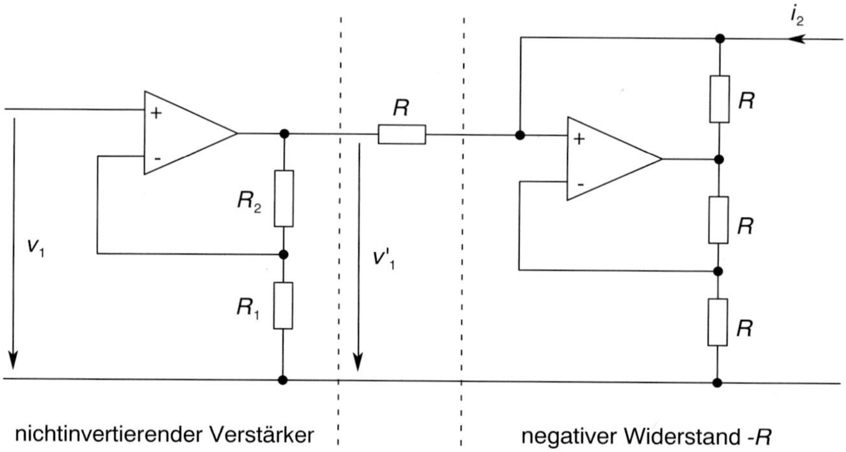

Abb. 6.33. Spannungsgesteuerte Stromquelle mit Operationsverstärker

6.2.10 Gesteuerte Quellen

Abbildung 6.33 zeigt den Schaltplan einer *spannungsgesteuerten Stromquelle.* Die erste Stufe dieser Schaltung wird durch einen nichtinvertierenden Verstärker gebildet, der die Ausgangsspannung

$$v_1' = (1 + R_2/R_1)\, v_1$$

liefert. Diese wird über den Widerstand R auf den Ausgang gegeben, der mit dem negativen Widerstand $-R$ beschaltet ist, wie in Abb. 6.34 gezeigt.

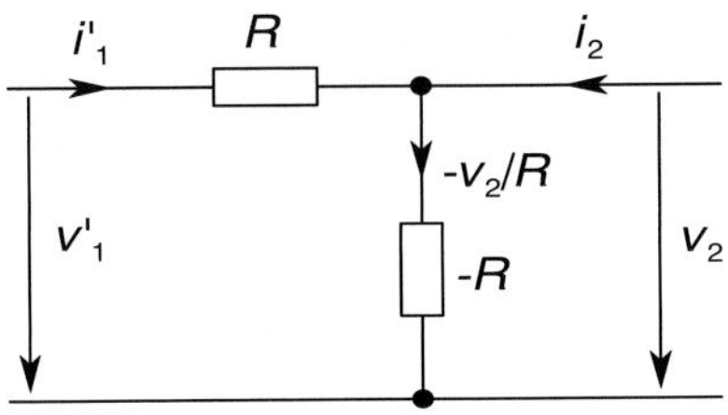

Abb. 6.34. Spannungsgesteuerte Stromquelle

Aus dem Knotensatz folgt nun sofort

$$i_2 = -\frac{v_2}{R} - i_1' = -\frac{v_2}{R} - \frac{v_1' - v_2}{R} = -\frac{v_1'}{R} ,$$

so daß

$$i_2 = -\frac{1}{R}\left(1 + \frac{R_2}{R_1}\right) v_1$$

resultiert. Kann der gewünschte Übertragungsleitwert bereits durch R festgelegt werden, so läßt sich die Schaltung etwas vereinfachen, indem der nichtinvertierende Verstärker als Spannungsfolger ausgelegt wird. Wird die nicht invertierende Verstärkerstufe durch einen Strom-Spannungs-Wandler ersetzt, so geht die Schaltung 6.33 in eine *stromgesteuerte Stromquelle* über.

6.2.11 Gyrator

Ein *Gyrator* ist ein Vierpol (vgl. Abb. 6.35) mit den Übertragungsgleichungen

$$i_1 = Gv_2 \quad \text{und} \quad i_2 = -Gv_1 , \tag{6.50}$$

d. h. der Strom auf der einen Seite ist proportional zur Spannung auf der anderen Seite.

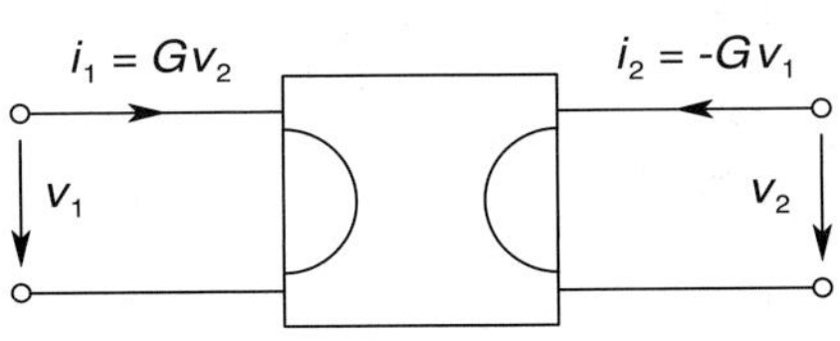

Abb. 6.35. Gyrator

Ist der Ausgang des Gyrators mit der Impedanz $\underline{Z}$ beschaltet, so besteht am Ausgang der folgende Zusammenhang zwischen den komplexen Zeigern für Strom und Spannung $\underline{i}_2 = -\underline{v}_2/\underline{Z}$, was sich mit den Übertragungsgleichungen des Gyrators zusammenfassen läßt zu

$$\underline{i}_1 = G\underline{v}_2 = -G\underline{Z}\underline{i}_2 = G^2\underline{Z}\underline{v}_1 .$$

Die Eingangsimpedanz des beschalteten Gyrators ist damit

$$\underline{Z}_{\mathrm{i}} = \frac{\underline{v}_1}{\underline{i}_1} = \frac{1}{G^2 \underline{Z}} = \frac{R^2}{\underline{Z}} . \tag{6.51}$$

Wird insbesondere der Ausgang des Gyrators mit einer Kapazität C beschaltet, so ist $\underline{Z} = 1/(\mathrm{j}\omega C)$ und damit

$$\underline{Z}_{\mathrm{i}} = \mathrm{j}\omega L' \quad \text{mit} \quad L' = R^2 C ,$$

d. h. der Eingang des kapazitiv beschalteten Gyrators weist eine rein induktive Eingangsimpedanz auf. Mit typischen Werten für R im Bereich einiger kΩ und Werten für C im Bereich von µF lassen sich so leicht „Induktivitätswerte“ $L' = R^2 C$ von der Größe einiger 100 H nachbilden. In der Realisierung verlustarmer, großer Induktivitätswerte liegt auch die Hauptanwendung des Gyrators. Abbildung 6.36 zeigt einen mit zwei negativen Widerständen aufgebauten Gyrator. Daß diese Schaltung die gewünschten Übertragungsfaktoren

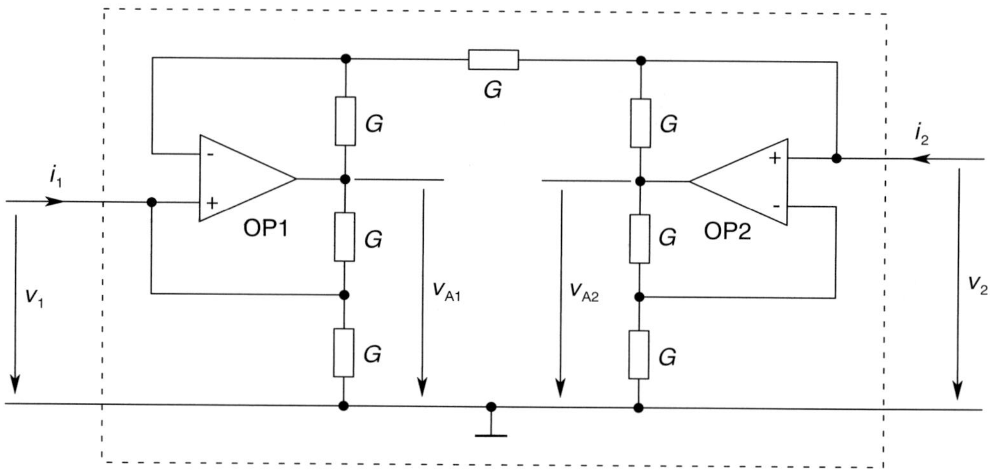

Abb. 6.36. Realisierung eines Gyrators

liefert, folgt durch Anwenden der Knotenregel auf die Eingänge der OPs. Unter Vernachlässigung der Eingangsströme folgt bei virtuellem Kurzschluß zwischen den beiden Eingängen eines jeden OP

$$\begin{aligned}
0 &= G(v_{\mathrm{A1}} - v_1) + G(v_2 - v_1) \\
0 &= G(v_{\mathrm{A1}} - v_1) - G v_1 + i_1 \\
0 &= G(v_{\mathrm{A2}} - v_2) + G(v_1 - v_2) + i_2 \\
0 &= G(v_{\mathrm{A2}} - v_2) - G v_2
\end{aligned}$$

Durch Zusammenfassen dieser Beziehungen lassen sich v_{A1} und v_{A2} eliminieren, was auf die Übertragungsgleichungen (6.50) führt.

6.2.12 Aktive Filter

In Kap. 1.3 wurden die Übertragungsfaktoren einiger einfacher RC- bzw. LRC-Netzwerke betrachtet. Durch LRC-Netzwerke lassen sich prinzipiell beliebige Übertragungsfaktoren der Form

$$\underline{H}(f) = \underline{H}(0)\,\frac{(1+\mathrm{j}f/f_{1,1})\cdot\ldots\cdot(1+\mathrm{j}f/f_{1,m})}{(1+\mathrm{j}f/f_{2,1})\cdot\ldots\cdot(1+\mathrm{j}f/f_{2,n})}$$

realisieren. Praktische Probleme treten hierbei jedoch durch parasitäre Eigenschaften realer Widerstände, Kondensatoren und Spulen sowie durch die im Bereich niedriger Frequenzen benötigten, unpraktisch großen Induktivitätswerte auf. Aus diesem Grund werden hier häufig sog. *aktive Filter* – das sind mit RC-Kombinationen beschaltete OPs – eingesetzt. Dieser Abschnitt zeigt exemplarisch[15] die Dimensionierung eines Bandpasses und einer Bandsperre.

Bandpaß mit Zweifachgegenkopplung

Der Spannungsübertragungsfaktor $\underline{H}_v$ des in Beispiel 2.2.2 betrachteten unbelasteten RC-Bandpasses ist

$$\underline{H}_v = \frac{\mathrm{j}\,f/f_{\mathrm{gu}}}{1+\mathrm{j}\,\Xi\,f/f_{\mathrm{gu}} - f^2/(f_{\mathrm{gu}}f_{\mathrm{go}})}\,, \tag{6.52}$$

wobei

$$f_{\mathrm{gu}} = \frac{1}{2\pi R_1 C_1}\,, \quad f_{\mathrm{go}} = \frac{1}{2\pi R_2 C_2} \quad \text{und} \quad \Xi = 1 + \frac{C_2}{C_1}\left(1+\frac{R_2}{R_1}\right).$$

Bei der Bandmittenfrequenz $f_{\mathrm{m}} = \sqrt{f_{\mathrm{go}}f_{\mathrm{gu}}}$ ist $\underline{H}_v = 1/\Xi$; da $\Xi > 1$ gilt, ist der Betrag des Spannungsübertragungsfaktors stets kleiner als eins. In einem aktiven Bandpaß kann zusätzlich eine Verstärkung erreicht werden.

Abbildung 6.37 zeigt einen aktiven Bandpaß mit Zweifachgegenkopplung. Zur Bestimmung des Übertragungsfaktors wird der Überlagerungssatz angewandt. Unter Vernachlässigung des in den invertierenden Eingang fließenden Stroms kann $\underline{v}_{\mathrm{n}}$ für $\underline{v}_2 = 0$ aus der in Abb. 6.37 b skizzierten Schaltung bestimmt werden. Durch zweimaliges Anwenden der Spannungsteilerregel

$$\underline{v}_{\mathrm{R2}} = \frac{1}{1+R_1/\underline{Z}}\cdot\underline{v}_1 \quad \text{mit} \quad \frac{1}{\underline{Z}} = \frac{1}{R_2} + \mathrm{j}\omega C_2 + \frac{\mathrm{j}\omega C_1}{1+\mathrm{j}\omega R_3 C_1}$$

und

$$\underline{v}_{\mathrm{n}} = \frac{R_3}{R_3 + 1/(\mathrm{j}\omega C_1)}\cdot\underline{v}_{\mathrm{R2}}$$

folgt

[15] Eine detaillierte Darstellung des Entwurfes aktiver Filter entspricht nicht der Intention dieses Buchs – Leser mit weitergehendem Interesse seien z. B. auf [3, 4] verwiesen.

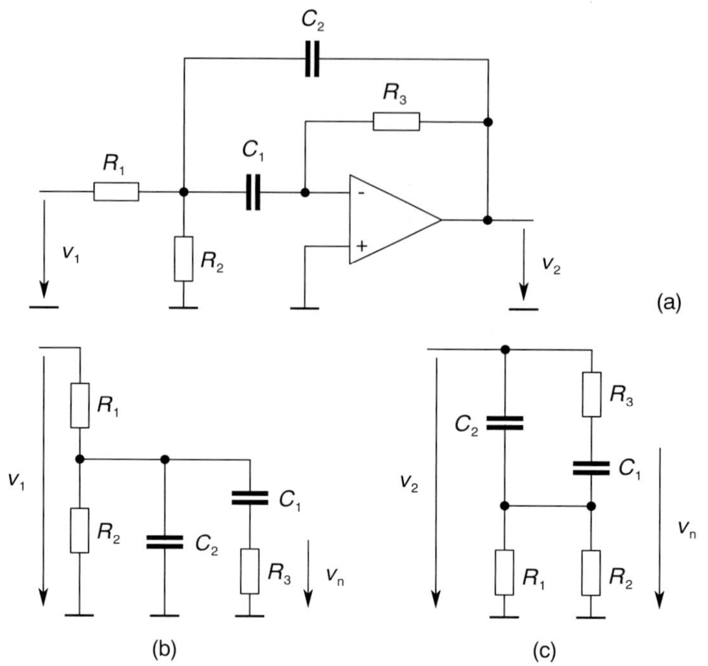

Abb. 6.37. Aktiver Bandpaß mit Zweifachgegenkopplung

$$\underline{v}_\mathrm{n} \;=\; \frac{\mathrm{j}\omega R_3 C_1}{(1+\mathrm{j}\omega R_3 C_1)\,(1+R_1/R_2+\mathrm{j}\omega R_1 C_2)+\mathrm{j}\omega R_1 C_1}\cdot \underline{v}_1\,.$$

Für $\underline{v}_1 = 0$ folgt entsprechend aus Abb. 6.37 c

$$\underline{v}_\mathrm{n} \;=\; \frac{1+R_1/R_2+\mathrm{j}\omega R_1(C_1+C_2)-\omega^2 R_1 C_2 R_3 C_1}{(1+\mathrm{j}\omega R_3 C_1)\,(1+R_1/R_2+\mathrm{j}\omega R_1 C_2)+\mathrm{j}\omega R_1 C_1}\cdot \underline{v}_2\,.$$

Überlagerung liefert den allgemeinen Zusammenhang zwischen $\underline{v}_\mathrm{n}$ und $\underline{v}_1$, $\underline{v}_2$. Mit der Näherungsannahme $\underline{v}_\mathrm{n} = 0$ folgt hieraus sofort der Spannungsübertragungsfaktor

$$\underline{H}_v = -\frac{\mathrm{j}\omega\dfrac{R_2 R_3 C_1}{R_1+R_2}}{1+\mathrm{j}\omega\dfrac{R_1 R_2 (C_1+C_2)}{R_1+R_2}-\omega^2\dfrac{R_1 R_2 R_3 C_1 C_2}{R_1+R_2}}\,.$$

Mit den Abkürzungen

$$f_\mathrm{gu} \;=\; \frac{R_1+R_2}{2\pi R_2 R_3 C_1}\,, \qquad f_\mathrm{go} \;=\; \frac{1}{2\pi R_1 C_2} \qquad \text{und} \qquad \Xi \;=\; \frac{R_1}{R_3}\left(1+\frac{C_2}{C_1}\right)$$

geht dieser Ausdruck über in Gl. (6.52). Bei $f = f_\mathrm{m}$ nimmt $|\underline{H}_v|$ seinen maximalen Wert $1/\Xi$ an. Die Gleichung $\underline{H}_v(f) = 1/(\sqrt{2}\,\Xi)$ hat zwei reelle Lösungen, deren Differenz die *Bandbreite* B des Filters bestimmt. Für schmalbandige Filter mit $B \ll f_\mathrm{m}$ gilt näherungsweise

$$B \;=\; \Xi\, f_\mathrm{go}\sqrt{1+\Xi^2 f_\mathrm{go}^2/4f_\mathrm{m}^2}\,. \tag{6.53}$$

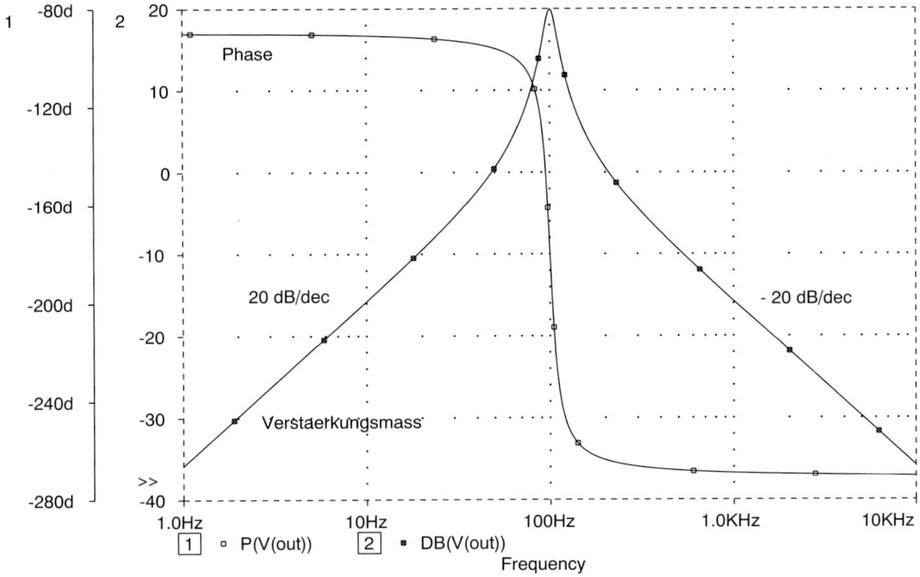

Abb. 6.38. Spannungsübertragungsfaktor (SPICE-AC-Analyse) des aktiven Bandpasses nach Beispiel 6.2.7 (Skala 1: Phase, Skala 2: Verstärkungsmaß)

Beispiel 6.2.7 Als Dimensionierungsbeispiel wird ein Bandpass mit der Mittenfrequenz 100 Hz und der Bandbreite 10 Hz betrachtet, der bei der Mittenfrequenz die Spannungsverstärkung zehn aufweist.

Zunächst wird aus Gl. (6.53) der Wert von f_{go} bestimmt. Wegen der geforderten Spannungsverstärkung von zehn bei $f = f_{\mathrm{m}}$ ist $\Xi^2 \ll 1$ – die Wurzel in Gl. (6.53) kann deshalb durch eins angenähert werden,[16] so daß

$$f_{\mathrm{go}} = \frac{1}{2\pi R_1 C_2} \approx \frac{B}{\Xi} = 100\,\mathrm{Hz}\,.$$

Die Wahl $R_1 = 10\ \mathrm{k\Omega}$ führt so auf $C_2 = 159\ \mathrm{nF}$. Wird $C_1 = C_2 = C$ gewählt, so folgt aus

$$\Xi = \frac{R_1}{R_3}\left(1 + \frac{C_2}{C_1}\right) = \frac{1}{10}$$

der Widerstandswert $R_3 = 200\ \mathrm{k\Omega}$. Die Forderung

$$f_{\mathrm{m}} = \frac{1}{2\pi}\sqrt{\frac{R_1 + R_2}{R_1 R_2 R_3 C_1 C_2}} = 22.4\,\mathrm{Hz} \cdot \sqrt{\frac{R_1 + R_2}{R_2}} = 100\,\mathrm{Hz}$$

führt dann auf $R_2 = 527\,\Omega$. Abbildung 6.38 zeigt die Ergebnisse einer SPICE-AC-Analyse für den Spannungsübertragungsfaktor eines entsprechend ausgelegten Bandpasses. Der OP wurde dabei durch das Makromodell des LM 324 beschrieben. Die vorgegebenen Werte stimmen mit den Resultaten der Simulation überein. Δ

[16] Ohne diese Näherungsannahme führt Gl. (6.53) auf eine ebenfalls analytisch lösbare biquadratische Gleichung für f_{go}.

Bandsperre

Abbildung 6.39 zeigt eine *Bandsperre* realisiert als aktives Filter. Die Eingangsspannung gelangt über ein RC-Netzwerk auf den Eingang eines nichtin-

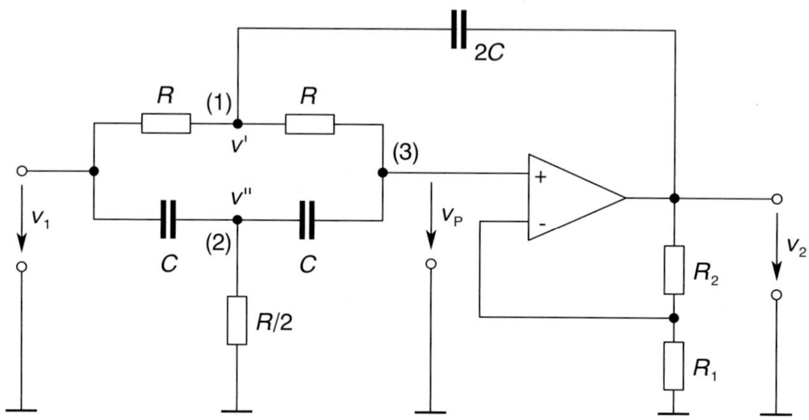

Abb. 6.39. Bandsperre mit Doppel-T-Glied

vertierenden Verstärkers, dessen Ausgang kapazitiv in das RC-Netzwerk rückgekoppelt wird. Mit der Spannungsverstärkung A_v des nichtinvertierenden Verstärkers ist $\underline{v}_2 = A_v \underline{v}_\mathrm{p}$. Unter Vernachlässigung des Stroms in den nichtinvertierenden Eingang lauten die Knotengleichungen für die Knoten (1), (2) und (3)

$$0 = \frac{\underline{v}_1 - \underline{v}'}{R} + 2\mathrm{j}\omega C(\underline{v}_2 - \underline{v}') + \frac{\underline{v}_\mathrm{p} - \underline{v}'}{R}$$

$$0 = \mathrm{j}\omega C(\underline{v}_1 - \underline{v}'') - \frac{2\underline{v}''}{R} + \mathrm{j}\omega C(\underline{v}_\mathrm{p} - \underline{v}'')$$

$$0 = \frac{\underline{v}_\mathrm{p} - \underline{v}'}{R} + \mathrm{j}\omega C\left(\underline{v}_\mathrm{p} - \underline{v}''\right)$$

Zusammenfassen führt auf den Übertragungsfaktor

$$\underline{H}_v = \frac{\underline{v}_2}{\underline{v}_1} = A_v \frac{1 - \omega^2\tau^2}{1 + 2\mathrm{j}(2 - A_v)\omega\tau - \omega^2\tau^2} \quad \text{mit} \quad \tau = RC\,. \tag{6.54}$$

Dieser weist eine Nullstelle auf für $\omega\tau = 1$ bzw.

$$f_\mathrm{r} = 1/(2\pi RC)\,.$$

Als *Unterdrückungsgüte* Q des Filters wird das Verhältnis

$$Q = f_\mathrm{r}/\Delta f$$

bezeichnet, wobei Δf die Breite des Frequenzintervalls angibt, in dem der Betrag des Übertragungsfaktors um mehr als 3 dB gegenüber seinem Wert bei 0 Hz abgesunken ist. Die Gleichung

$$|\underline{H}_v| = A_v/\sqrt{2}$$

besitzt zwei Lösungen f_1 und f_2, deren Differenz die Größe Δf bestimmt. Auf diesem Weg folgt

$$Q = 1/2(2-A_v)) \,.$$

Beispiel 6.2.8 Als Beispiel wird eine Bandsperre mit $R = 20\ \text{k}\Omega$, $C = 80\ \text{nF}$ betrachtet, wobei gilt

$$f_\mathrm{r} = 1/(2\pi RC) = 99.5\,\text{Hz} \,.$$

Der OP wurde mit $R_1 = 10\ \text{k}\Omega$ und verschiedenen Werten für R_2 beschaltet.

$$R_2 = 8\,\text{k}\Omega \implies A_v = 1.8 \implies Q = 2.5 \implies \Delta f = 39.8\,\text{Hz}$$
$$R_2 = 9.5\,\text{k}\Omega \implies A_v = 1.95 \implies Q = 10 \implies \Delta f = 9.9\,\text{Hz}$$
$$R_2 = 9.9\,\text{k}\Omega \implies A_v = 1.99 \implies Q = 50 \implies \Delta f = 1.99\,\text{Hz}$$

Abbildung 6.40 zeigt die Ergebnisse einer SPICE-AC-Analyse für den Betrag des Übertragungsfaktors entsprechend beschalteter OPs vom Typ LM 324. Die Simulationsergebnisse sind in guter Übereinstimmung mit den Resultaten der analytischen Rechnung. Δ

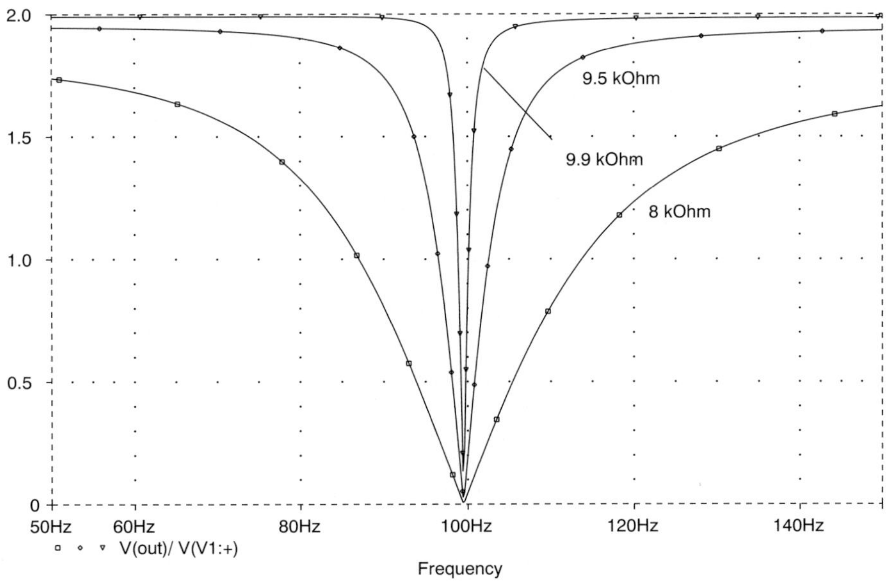

Abb. 6.40. Spannungsübertragungsfaktor unterschiedlicher Bandsperrfilter nach Abb. 6.39

6.3 Rückkopplung und Stabilität

Schaltungen mit Operationsverstärkern arbeiten meist mit *Gegenkopplung*, d. h. der Ausgang des OP wirkt über ein Rückkopplungsnetzwerk auf den *invertierenden* Eingang zurück. Gegengekoppelte OP-Schaltungen weisen gewöhnlich Eigenschaften auf, die weitgehend unabhängig von der Verstärkung des OP, Versorgungsspannungsschwankungen etc. sind. Bei Verstärkerschaltungen kann durch Gegenkopplung ferner die Eingangsimpedanz, Ausgangsimpedanz und Bandbreite in weiten Grenzen beeinflußt werden, wie die in Kap. 6.2.1 und 6.2.2 untersuchten Verstärkerschaltungen zeigen. Weitere positive Auswirkungen der Gegenkopplung sind eine Reduktion nichtlinearer Verzerrungen sowie eine Verbesserung der Rauscheigenschaften (vgl. Kap. 6.4) und der Störungsempfindlichkeit (vgl. Kap. 2).

Problematisch bei der Gegenkopplung jedoch ist, daß aufgrund der *Phasenverschiebung* in OP und Rückkopplungsnetzwerk das rückgekoppelte Signal um weniger als 180° gegenüber dem externen Signal phasenverschoben ist. Da die Phasenverschiebung des Verstärkers mit der Frequenz zunimmt, gibt es eine Frequenz f_{180} bei der das rückgekoppelte Signal *in Phase* mit dem Eingangssignal ist: Der Verstärker weist bei dieser Frequenz keine Gegenkopplung, sondern eine *Mitkopplung* auf. In Schaltungen, bei denen die Verstärkung des rückgekoppelten Netzwerks bei f_{180} größer gleich eins ist, treten selbsterregte *Schwingungen* auf. Die Schaltung arbeitet dann als Oszillator, was nicht immer erwünscht ist.

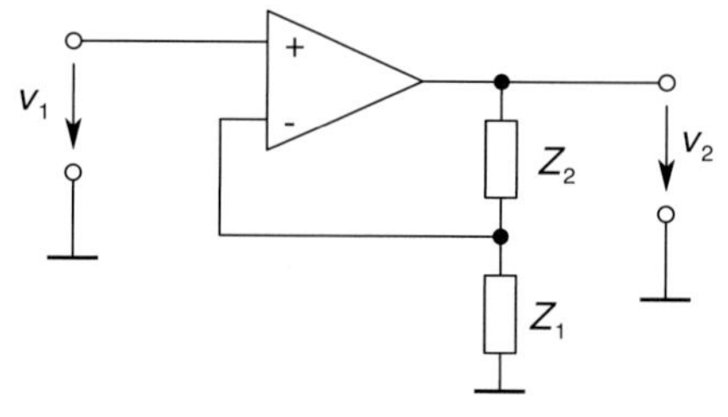

Abb. 6.41. Nichtinvertierender Verstärker

6.3.1 Gegenkopplung, Stabilitätsanalyse

Als Beispiel für eine gegengekoppelte OP-Schaltung wird der in Abb. 6.41 skizzierte nichtinvertierende Verstärker mit komplexem Rückkopplungsnetzwerk betrachtet. Der OP wird als spannungsgesteuerte Spannungsquelle mit der frequenzabhängigen Spannungsverstärkung $\underline{a}_\mathrm{d}$ angenommen ($\underline{v}_2 = \underline{a}_\mathrm{d}\underline{v}_\mathrm{d}$). Mit dem *Rückkopplungsfaktor*

$$\underline{k} = \frac{\underline{Z}_1}{\underline{Z}_1+\underline{Z}_2}$$

folgt aus der komplexen Spannungsteilerregel $\underline{v}_\mathrm{d} = \underline{v}_1 - \underline{k}\,\underline{v}_2$, so daß

$$\underline{v}_2 = \frac{\underline{a}_\mathrm{d}}{1 + \underline{k}\,\underline{a}_\mathrm{d}}\,\underline{v}_1\,. \tag{6.55}$$

Solange die *Schleifenverstärkung* $\underline{T}(\omega) = \underline{k}\,\underline{a}_\mathrm{d} \neq -1$ ist, hat $\underline{v}_2$ für $\underline{v}_1 = 0$ den Wert null; für $\underline{T}(\omega) = -1$ ist dies nicht notwendig der Fall: Die rückgekoppelte Schaltung kann dann schwingen.

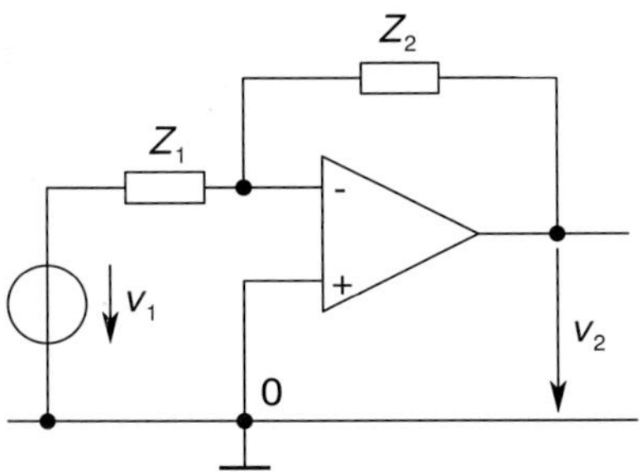

Abb. 6.42. Invertierender Verstärker

Für den mit $\underline{Z}_1$ und $\underline{Z}_2$ beschalteten, *invertierenden* Verstärker (vgl. Abb. 6.42) lautet der Überlagerungssatz für den Spannungszeiger am invertierenden Eingang

$$\underline{v}_\mathrm{n} = \underline{k}\,\underline{v}_2 + (1-\underline{k})\,\underline{v}_1 = -\frac{\underline{v}_2}{\underline{a}_\mathrm{d}} \quad \text{und} \quad \underline{k} = \frac{\underline{Z}_1}{\underline{Z}_1 + \underline{Z}_2}\,.$$

Damit folgt für den Spannungsübertragungsfaktor

$$\frac{\underline{v}_2}{\underline{v}_1} = -(1-\underline{k})\,\frac{\underline{a}_\mathrm{d}}{1 + \underline{k}\,\underline{a}_\mathrm{d}}\,.$$

Vom Faktor $-(1-\underline{k})$ abgesehen, resultiert also dasselbe Ergebnis wie in Gl. (6.55), d. h. auch hier muß die Bedingung $\underline{T}(\omega) = \underline{k}\,\underline{a}_\mathrm{d} = -1$ für das Auftreten ungedämpfter Schwingungen erfüllt sein.

Pole, Phasenreserve

Zur Klärung der Frage, ob eine Schaltung ungedämpfte Schwingungen ausführen kann, können die *Pole* des Übertragungsfaktors, d. h. die Nullstellen von $1 + \underline{T}(\omega)$, untersucht werden. Bevor die Gleichung

$$\boxed{1 + \underline{T}(\omega) = 0} \tag{6.56}$$

gelöst werden kann, muß eine Beziehung für $1 + \underline{T}(\omega)$ aufgestellt werden – die Nullstellen können dann analytisch oder mit Hilfe eines Mathematikprogramms bestimmt werden. Die Lösungen für die Kreisfrequenz ω sind dabei i. allg. komplex. Der Imaginärteil $\mathrm{Im}(\omega)$ beschreibt dann mit der Zeit anwachsende oder abfallende Lösungen

$$\mathrm{e}^{\mathrm{j}\omega t} = \mathrm{e}^{\mathrm{j}[\mathrm{Re}(\omega) + \mathrm{j}\,\mathrm{Im}(\omega)]\,t} = \mathrm{e}^{\mathrm{j}\,\mathrm{Re}(\omega)t} \cdot \mathrm{e}^{-\mathrm{Im}(\omega)t}\,.$$

Für $\mathrm{Im}(\omega) \leq 0$ resultieren demnach ungedämpfte oder exponentiell mit der Zeit anwachsende Schwingungen. Nur falls sämtliche Lösungen der Gleichung (6.56) positive Imaginärteile aufweisen – d. h. falls nur exponentiell mit der Zeit gedämpfte Schwingungen als Lösung auftreten – ist die Schaltung *stabil* und kann keine selbsterregten Schwingungen ausführen.

Ist f_K die Frequenz, bei der der Betrag der Schleifenverstärkung den Wert eins aufweist und φ_K die Phase der Schleifenverstärkung für $f = f_\mathrm{K}$, so heißt

$$\alpha = 180^\circ - |\varphi_\mathrm{K}| \tag{6.57}$$

die *Phasenreserve* der Schaltung. Für stabile Schaltungen ist die Phasenreserve α *positiv*; ihr Wert bestimmt das *Einschwingverhalten* der Schaltung. Um Überschwinger gering zu halten, sollte die Phasenreserve den Wert von ca. 45° nicht unterschreiten.

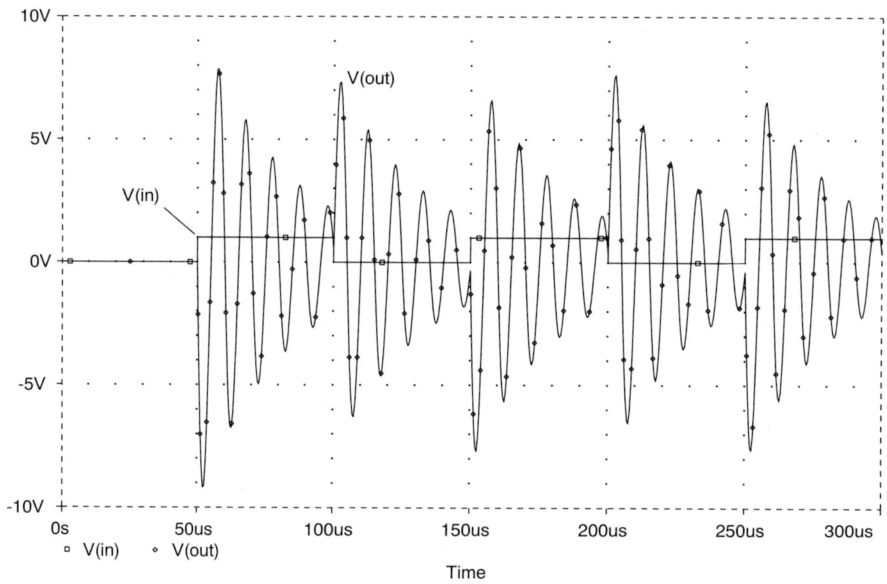

Abb. 6.43. Antwort der untersuchten Differenziererschaltung mit Phasenreserve $\alpha = 5.7^\circ$ auf eine rechteckförmige Eingangsspannung der Amplitude 1 V

Beispiel 6.3.1 Für den in Kap. 3.2.6 betrachteten Differenzierer ist $\underline{Z}_1 = 1/(\mathrm{j}\omega C)$ und $\underline{Z}_2 = R$, so daß

$$\underline{k} = \frac{\underline{Z}_1}{\underline{Z}_1 + \underline{Z}_2} = \frac{1}{1 + \mathrm{j}\omega RC} = \frac{1}{1 + \mathrm{j}\, f/f_\mathrm{g}} \quad \text{mit} \quad f_\mathrm{g} = \frac{1}{2\pi RC}\,.$$

Zeigt die Differenzverstärkung des verwendeten OP ein Tiefpaßverhalten erster Ordnung mit der Grenzfrequenz f_co, so ist die Schleifenverstärkung

$$\underline{T}(f) = \frac{A_\mathrm{D}}{(1 + \mathrm{j}f/f_\mathrm{co})\,(1 + \mathrm{j}f/f_\mathrm{g})}$$

und die Phase von $\underline{T}(f)$

$$\varphi(\underline{T}) = -\arctan\left(\frac{f}{f_\mathrm{g}}\right) - \arctan\left(\frac{f}{f_\mathrm{co}}\right) .$$

Die Schaltung kann[17] keine selbsterregten Schwingungen ausführen, da $|\varphi| = 180°$ nur für $f \to \infty$ und damit $|\underline{T}| \to 0$ erreicht werden kann. Die Phasenreserve der Schaltung kann jedoch sehr geringe Werte annehmen. Aus $|\underline{T}| = 1$ resultiert die folgende biquadratische Gleichung für f_K

$$f_\mathrm{K}^4 + f_\mathrm{K}^2(f_\mathrm{co}^2 + f_\mathrm{g}^2) - (A_\mathrm{D}^2 - 1) f_\mathrm{co}^2 f_\mathrm{g}^2 = 0$$

mit der für $A_\mathrm{D} \gg 1$ und $f_\mathrm{g} \ll f_\mathrm{T} = A_\mathrm{D} f_\mathrm{co}$ gültigen Näherungslösung

$$f_\mathrm{K} \approx \sqrt{f_\mathrm{T} f_\mathrm{g}} .$$

Für einen Operationsverstärker mit $f_\mathrm{T} = 1$ MHz, $A_\mathrm{D} = 10^5$ und einer Beschaltung mit $f_\mathrm{g} = 10$ kHz – entsprechend der Wahl $R = 10$ kΩ und $C = 1.59$ nF – resultiert die Lösung $f_\mathrm{K} \approx 100$ kHz, was in guter Näherung dem exakten Wert 99.75 kHz entspricht. Die Phasenreserve der Schaltung ist

$$\alpha = 180° - \arctan\sqrt{\frac{10^5}{10^4}} - \arctan\sqrt{\frac{10^5}{10}} = 5.7° ,$$

also wesentlich geringer als der für ein gutes Einschwingverhalten geforderte Wert von 45°. Das Ergebnis der SPICE-Transientenanalyse für den Fall der Ansteuerung mit einer rechteckförmigen Eingangsspannung zeigt deshalb sehr ausgeprägte Oszillationen der Ausgangsspannung (Abb. 6.43). Δ

Bode-Diagramm

Betrachtungen zur Stabilität rückgekoppelter Schaltungen werden häufig anhand des zugehörigen Bode-Diagramms der Schleifenverstärkung $\underline{T}(f)$ (vgl. Abb. 6.44) durchgeführt. Graphisch läßt sich aus der Auftragung von $|\underline{T}(f)|$ sofort die Frequenz f_K bestimmen, bei der $|\underline{T}(f)| = 1$ gilt. Zu dieser Frequenz wird dann in der Auftragung $\varphi(\underline{T})$ der Phasenwinkel φ_K der Schleifenverstärkung abgelesen, aus dem die Phasenreserve $\alpha = 180° - |\varphi_\mathrm{K}|$ folgt. Ist wie in Abb. 6.44 $|\varphi_\mathrm{K}| > 180°$, so ist die Phasenreserve negativ: Eine Schaltung mit diesen Eigenschaften ist instabil und beginnt selbsterregt zu schwingen.

Analyse mit PSPICE. Der Frequenzgang der Schleifenverstärkung einer rückgekoppelten Schaltung kann mittels SPICE-AC-Analyse bestimmt werden. Der Eingang der Schaltung wird dabei auf Masse gelegt, die Rückkopplungsschleife wird aufgetrennt und eine AC-Quelle der komplexen Spannung

[17] Unter der Voraussetzung, daß keine zusätzlichen zu einer Phasenverschiebung führenden Effekte wirksam sind. In der Praxis könnten solche etwa durch Streukapazitäten oder die Eingangskapazität des OP hervorgerufen werden.

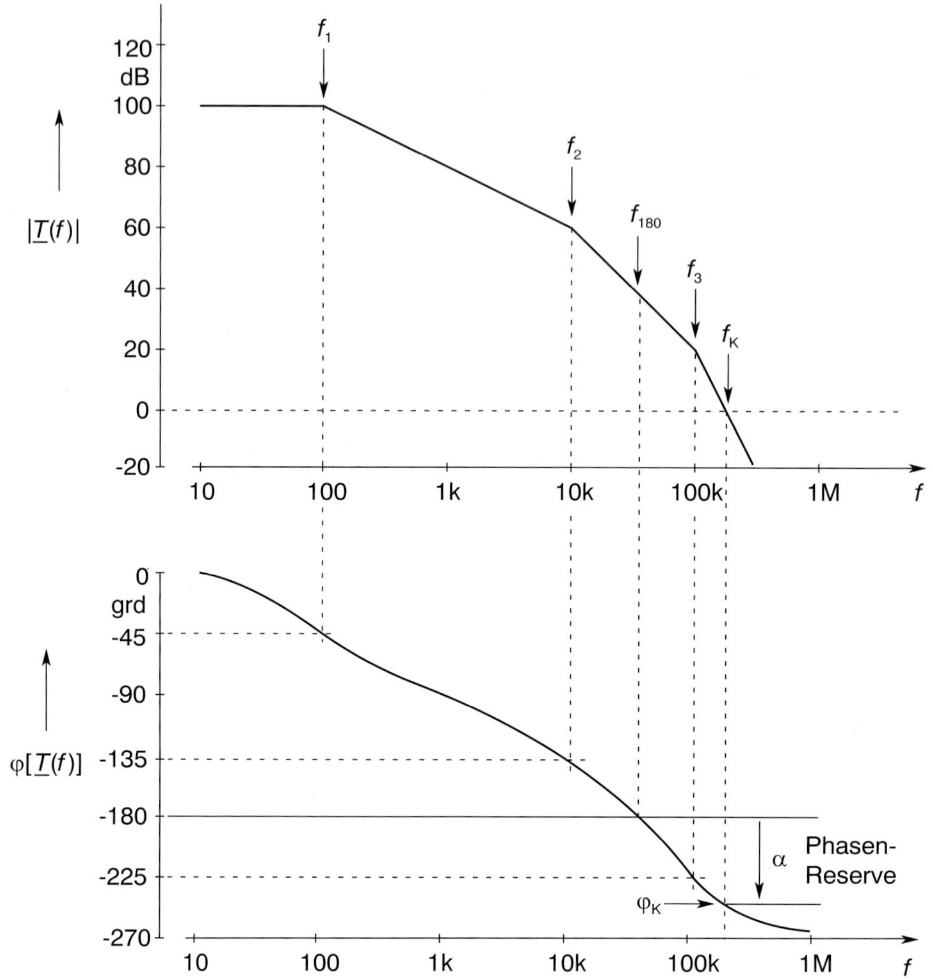

Abb. 6.44. Verwendung des Bode-Diagramms zur Stabilitätsanalyse

$\underline{v}_\mathrm{t}$ eingefügt, wie dies in Abb. 6.45 am Beispiel des invertierenden Verstärkers illustriert ist. Wegen $\underline{v}_\mathrm{a} = -\underline{a}_\mathrm{d}\,\underline{v}_\mathrm{n}$ und $\underline{v}_\mathrm{n} = \underline{k}\,\underline{v}_\mathrm{t}$ folgt die Schleifenverstärkung zu

$$\underline{T}(\omega) = \underline{k}\,\underline{a}_\mathrm{d} = -\,\underline{v}_\mathrm{a}/\underline{v}_\mathrm{t}\,.$$

Die SPICE-AC-Analyse liefert die Amplituden $\hat{\underline{v}}_\mathrm{a}$ und $\hat{\underline{v}}_2$ als Funktion der Frequenz in der Form

$$\hat{\underline{v}}_\mathrm{a} = \mathtt{V(3)}\cdot \mathrm{e}^{\mathrm{j}\,\mathtt{VP(3)}} \quad \text{und} \quad \hat{\underline{v}}_\mathrm{t} = \mathtt{V(2)}\cdot \mathrm{e}^{\mathrm{j}\,\mathtt{VP(2)}}\,,$$

so daß

$$\underline{k}\,\underline{a}_\mathrm{d} = -\frac{\mathtt{V(3)}}{\mathtt{V(2)}}\cdot \mathrm{e}^{\mathrm{j}\,[\mathtt{VP(3)}-\mathtt{VP(2)}]} = \frac{\mathtt{V(3)}}{\mathtt{V(2)}}\cdot \mathrm{e}^{\mathrm{j}\,[\mathtt{VP(3)}-\mathtt{VP(2)}-180°]}\,.$$

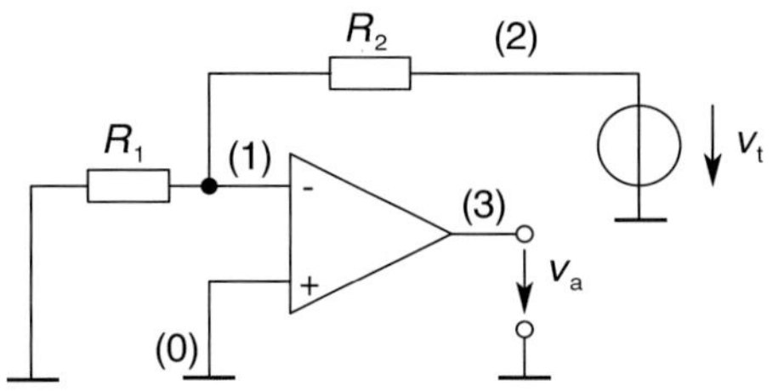

Abb. 6.45. Bestimmung der Schleifenverstärkung

Verstärkungsmaß und Phase der Schleifenverstärkung lassen sich mittels PROBE demnach als DB(V(3)/V(2)) bzw. VP(3) - VP(2) - 180 ausgeben.

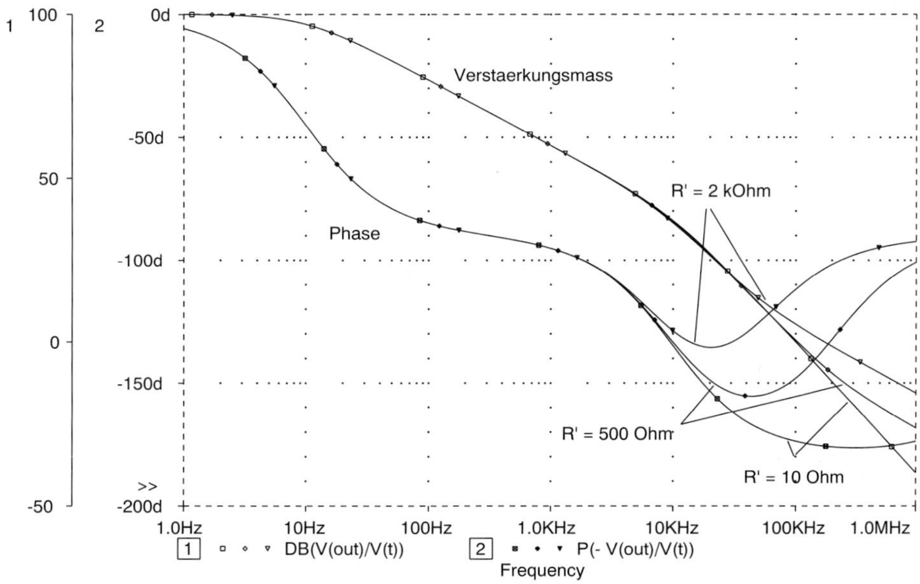

Abb. 6.46. Bode-Diagramm der Schleifenverstärkung $\underline{T}$ des mit R' beschalteten Differenzierers für verschiedene Werte von R' und Phasengang des Rückkopplungsfaktors

Beispiel 6.3.2 Die in Kap. 6.2.6 und Beispiel 6.3.1 untersuchte Schaltung eines Differenzierers weist für $f_T RC \gg 1$ eine unbefriedigende Phasenreserve auf. Zur Verbesserung kann ein Widerstand $R' \ll R$ in Serie zu C geschaltet werden. Der Rückkopplungsfaktor

$$\underline{k} = \frac{R' + (j\omega C)^{-1}}{R + R' + (j\omega C)^{-1}} = \frac{1 + j\omega R'C}{1 + j\omega(R + R')C}$$

weist dann für sehr kleine und für sehr große Frequenzen einen verschwindend kleinen Imaginärteil auf – der durch $\underline{k}$ bedingte Anteil der Phase der Schleifenverstärkung

$$\varphi(\underline{k}) = -\arctan\left(\frac{\omega RC}{1 + \omega^2 R'(R + R')C^2}\right)$$

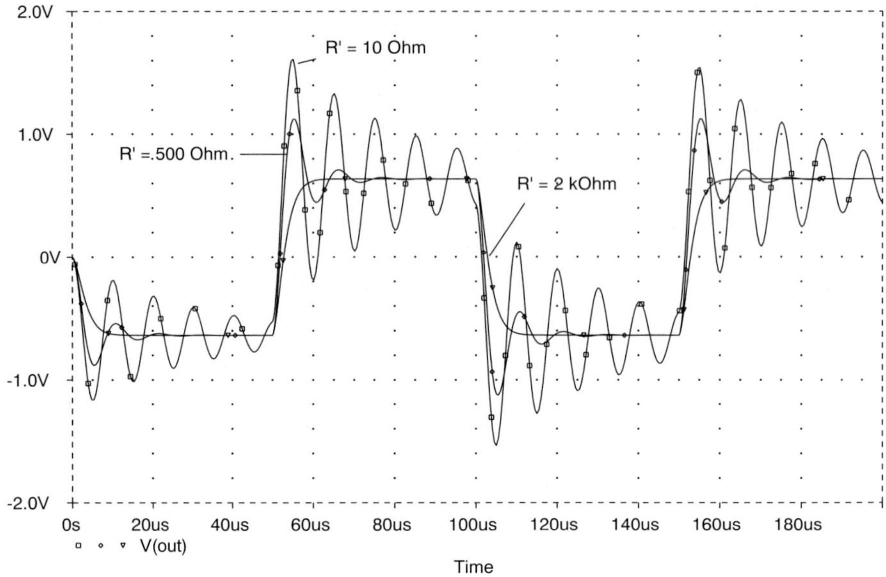

Abb. 6.47. Einschwingverhalten des Differenzierers für verschiedene Werte von R'

ist dann vernachlässigbar. Die maximale durch $\underline{k}$ bedingte Phasendrehung resultiert für

$$f = 1/(2\pi\sqrt{R'(R'+R)}C)$$

und besitzt den Wert

$$\varphi_{\max}(\underline{k}) = -\arctan\left(\frac{R}{2R'}\sqrt{\frac{R'}{R+R'}}\right).$$

Um eine bestimmte Phasenreserve α sicherzustellen, sollte $\varphi_{\max}(\underline{k}) > \alpha - 90°$ gewählt werden, falls $\underline{a}_{\mathrm{d}}$ ein Tiefpaßverhalten erster Ordnung zeigt. Die Forderung $\alpha = 45°$ führt so auf

$$R'^2 + RR' - R^2/4 > 0 \qquad \text{bzw.} \qquad R' > \frac{\sqrt{2}-1}{2}\,R \approx 2.1\,\mathrm{k}\Omega\,.$$

Dies wird durch Abb. 6.46 bestätigt. In Abb. 6.47 ist das zugehörige Einschwingverhalten gezeigt, wobei am Eingang eine Dreiecksspannung mit 2 $\mathrm{V_{ss}}$ und der Frequenz 10 kHz angelegt wurde. Dies sollte am Ausgang eine rechteckförmige Spannung liefern, die zwischen den Werten

$$\pm RC\left|\frac{\mathrm{d}v_2}{\mathrm{d}t}\right| = \pm 1.59\,\mathrm{nF}\cdot 10\,\mathrm{k}\Omega\cdot\frac{2\,\mathrm{V}}{50\,\mu\mathrm{s}} \approx \pm 624\,\mathrm{mV}$$

hin und her springt. Für die Werte $R' = 10\,\Omega$ und $R' = 500\,\Omega$ ist die Phasenreserve offensichtlich zu gering – es treten deutliche Oszillationen um den Sollwert auf; bei $R' = 2$ kΩ sind diese Überschwinger wegen der erhöhten Phasenreserve unterdrückt, die Ausgangsspannung zeigt annähernd den erwarteten rechteckförmigen Verlauf. Δ

6.3.2 Frequenzgangkorrektur

Besitzt eine Schaltung keine ausreichende Phasenreserve, so muß eine Frequenzgangkorrektur vorgenommen werden. Dabei wird entweder der Frequenzgang der Leerlaufdifferenzverstärkung – durch eine Beschaltung des Operationsverstärkers – oder der Frequenzgang des Rückkopplungsfaktors verändert.

Dominant-Pol-Kompensation (Lag-Kompensation)

Für ohmsche Rückkopplungsnetzwerke ist der Rückkopplungsfaktor $\underline{k}$ reell, die Phase von $\underline{T}(\omega)$ ist demnach gleich der Phase der Differenzverstärkung $\underline{a}_\mathrm{d}$ des OP. Da k nur Werte zwischen null und eins annehmen kann, gilt $|\underline{T}(\omega)| < |\underline{a}_\mathrm{d}(\omega)|$, d. h. besitzt die Leerlaufdifferenzverstärkung des OP eine Phasenreserve $\alpha \geq 45°$, so wird dieser Wert auch für alle ohmschen Rückkopplungsnetzwerke nicht unterschritten.

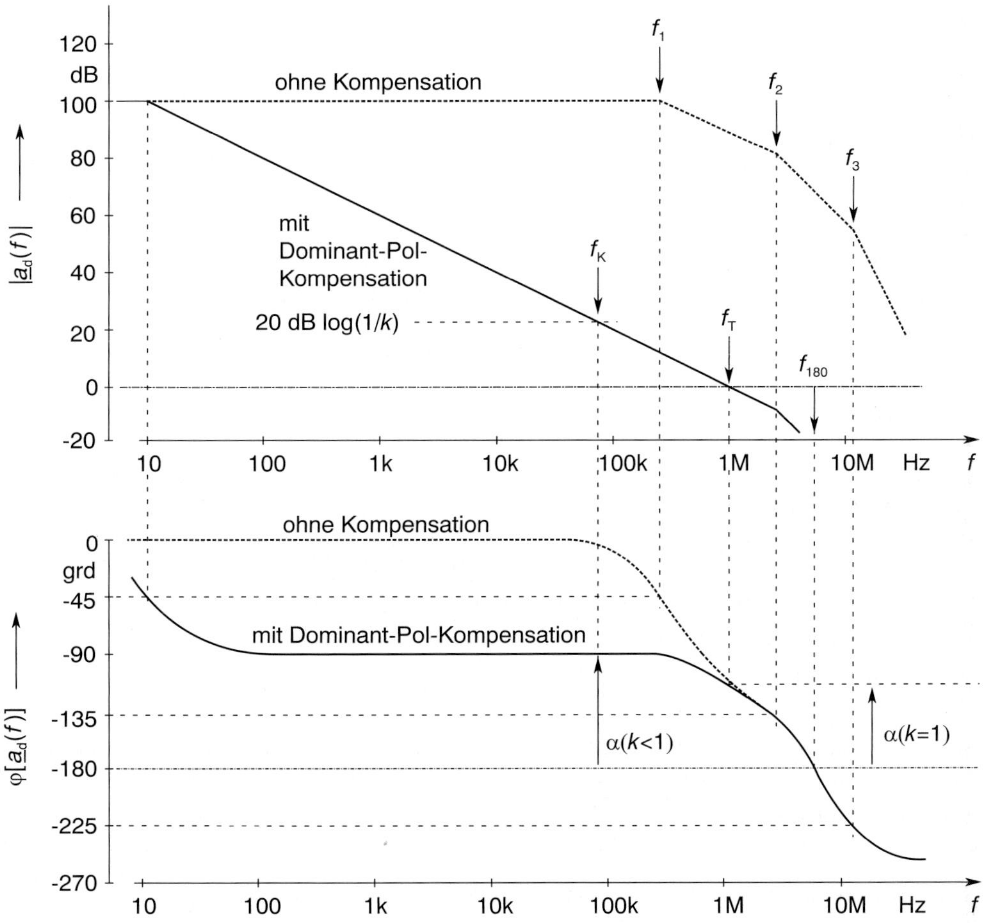

Abb. 6.48. Dominant-Pol-Kompensation des Frequenzgangs

Ohne besondere Maßnahmen zeigt die Differenzverstärkung das Verhalten eines Tiefpasses höherer Ordnung mit vergleichsweise dicht liegenden Grenzfrequenzen f_1, f_2, f_3, was in der Regel zu einer Phasenreserve $\alpha < 0$ führt (vgl. Abb. 6.48). Um die Leerlaufdifferenzverstärkung $\underline{a}_\mathrm{d}$ mit einer ausreichenden Phasenreserve auszustatten werden OPs häufig mit einer *internen Frequenzkompensation* versehen. Durch diese nimmt die 3 dB-Grenzfrequenz f_1 des zuerst wirksamen Tiefpasses so geringe Werte an, daß $|\underline{a}_\mathrm{d}|$ bei der 3 dB-Grenzfrequenz des als nächstes wirksam werdenden Tiefpasses bereits auf Werte $\leq$ 0 dB gedämpft wurde.[18] Dies ist in Abb. 6.48 illustriert. Offensichtlich gilt $|\underline{a}_\mathrm{d}(f_{180})| < 0$ dB, d. h. jede ohmsche Gegenkopplung führt bei einem derart kompensierten Verstärker zu einer stabilen Schaltung. Die Phasenreserve zum Rückkopplungsfaktor 1 läßt sich leicht bei $f = f_\mathrm{T}$ aus dem Diagramm ablesen. Die Phasenreserve zu einem Rückkopplungsfaktor $k < 1$ läßt sich ebenfalls aus Abb. 6.48 ablesen: Bei $f = f_\mathrm{K}$ ist $|k\underline{a}_\mathrm{d}| = 1$, d.h. das Verstärkungsmaß der Differenzverstärkung beträgt dort $20\,\mathrm{dB} \cdot \log(1/k)$. Die Phasenreserve ergibt sich dann aus der Phasenverschiebung bei dieser Frequenz (vgl. Abb. 6.48).

Als Nachteil der beschriebenen internen Dominant-Pol-Kompensation ist die starke Einschränkung der Bandbreite und damit des Verstärkungs-Bandbreite-Produkts des OP anzusehen. Bei Verstärkern mit Spannungsverstärkungen $A_v \gg 1$ gilt $k \ll 1$, d. h. hier verursacht die interne Dominant-Pol-Kompensation eine unnötig starke Einschränkung von f_T. Für die Realisierung von *Breitbandverstärkern* werden deshalb auch OPs hergestellt, die über keine interne Kompensation des Frequenzgangs verfügen. Diese wird vom Anwender durch extern zugeschaltete Kapazitätswerte vorgenommen. Die zur Kompensation des Frequenzgangs verwendete Kapazität kann dabei so gewählt werden, daß die Bandbreite bei der geforderten Phasenreserve maximal wird.

Lead-Kompensation

Ursache einer Instabilität bzw. einer zu geringen Phasenreserve ist die durch das Zusammenwirken mehrerer Tiefpässe bedingte Phase der Schleifenverstärkung. Durch ein Rückkopplungsnetzwerk mit *Hochpaßcharakteristik* kann dies kompensiert werden.

Beispiel 6.3.3 Als Beispiel wird der Operationsverstärker mit interner Dominant-Pol-Kompensation und kapazitiver Last am Ausgang betrachtet . Hier ist wegen des endlichen Ausgangswiderstands R_A des OP am Ausgang ein zweiter Tiefpaß wirksam, der die Phasenreserve vermindert. Zur Verbesserung der Phasenreserve wird

[18] Durch die interne Kompensation wird in der Regel f_1 zu kleineren Werten und f_2 zu größeren Werten hin verschoben (pole splitting) [1, 5]. Die Schaltung wird dabei meist so ausgelegt, daß $f_2 = f_\mathrm{T}$ gilt - in diesem Fall ist die Phasenreserve beim Rückkopplungsfaktor $k = 1$ gleich 45°.

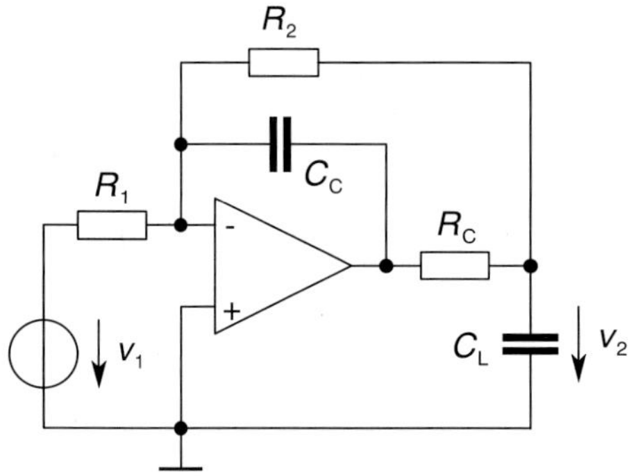

Abb. 6.49. Invertierender Verstärker mit verbessertem Einschwingverhalten

über C_C parallel zu R_2 ein frequenzabhängiger Rückkopplungsweg hinzugeschaltet (Abb. 6.49). Wird die Belastung des durch R_A, R_C und C_L gebildeten Spannungsteilers durch das Rückkopplungsnetzwerk vernachlässigt, so folgt $\underline{v}_\mathrm{n}$ durch Anwenden des Überlagerungssatzes zu (Abb. 6.50)

$$\underline{v}_\mathrm{n} = \frac{k_0}{1 + \mathrm{j}\omega k_0 R_2 C_\mathrm{C}}\, \underline{v}_2 + \frac{\mathrm{j}\omega k_0 R_2 C_\mathrm{C}}{1 + \mathrm{j}\omega k_0 R_2 C_\mathrm{C}}\, \underline{v}_\mathrm{a} \,,$$

wobei $k_0 = R_1/(R_1 + R_2)$ den Rückkopplungsfaktor des nicht kompensierten Verstärkers bezeichnet.

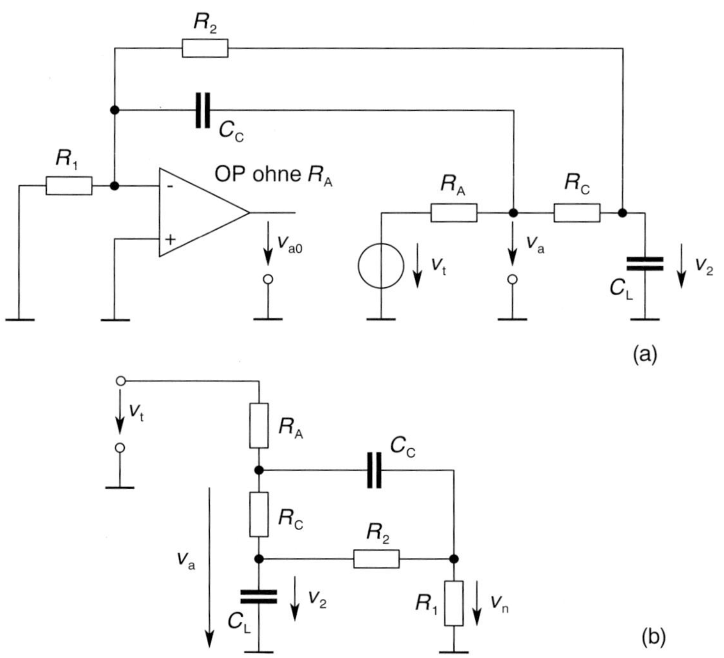

Abb. 6.50. Invertierender Verstärker mit kapazitiver Last. (**a**) Auftrennen der Schleife zur Berechnung der Schleifenverstärkung, (**b**) Teilschaltung zur Berechnung des Rückkopplungsfaktors

Aus der Spannungsteilerregel folgt ferner

$$\underline{v}_2 = \frac{1}{1 + \mathrm{j}\omega(R_\mathrm{A}+R_\mathrm{C})C_\mathrm{L}}\, \underline{v}_\mathrm{t} \quad \text{und} \quad \underline{v}_\mathrm{a} = \frac{1 + \mathrm{j}\omega R_\mathrm{C} C_\mathrm{L}}{1 + \mathrm{j}\omega(R_\mathrm{A}+R_\mathrm{C})C_\mathrm{L}}\, \underline{v}_\mathrm{t} \,.$$

Durch Zusammenfassen ergibt sich daraus der Rückkopplungsfaktor $\underline{k} = \underline{v}_n/\underline{v}_t$

$$\underline{k} = \frac{k_0}{1+j\omega(R_A+R_C)C_L}\,\frac{1+j\omega R_2 C_C(1+j\omega R_C C_L)}{1+j\omega k_0 R_2 C_C}\,.$$

Zur Kompensation[19] des Terms $1+j\omega(R_A+R_C)C_L$ im Nenner ist

$$C_C \approx \frac{R_A+R_C}{R_2}\,C_L$$

zu wählen – ein größerer Wert würde zu einer unnötigen Verzögerung der Anstiegsflanke am Ausgang führen. Für $C_L = 2\,\mu F$, $R_A = 35\,\Omega$, $R_C = 20\,\Omega$ und $R_2 = 10\,k\Omega$ führt dies auf die Forderung $C_C \approx 10\,nF$. Abbildung 6.51 zeigt das Einschwingverhalten eines entsprechenden Umkehrverstärkers – simuliert mit dem Makromodell des OP LM324 – für verschiedene Werte von C_C. Während für $C_C = 1$ nF und $C_C = 5$ nF noch deutliche Überschwinger bei rechteckförmiger Eingangsspannung auftreten, sind diese für $C_C = 10$ nF vollständig unterdrückt. Δ

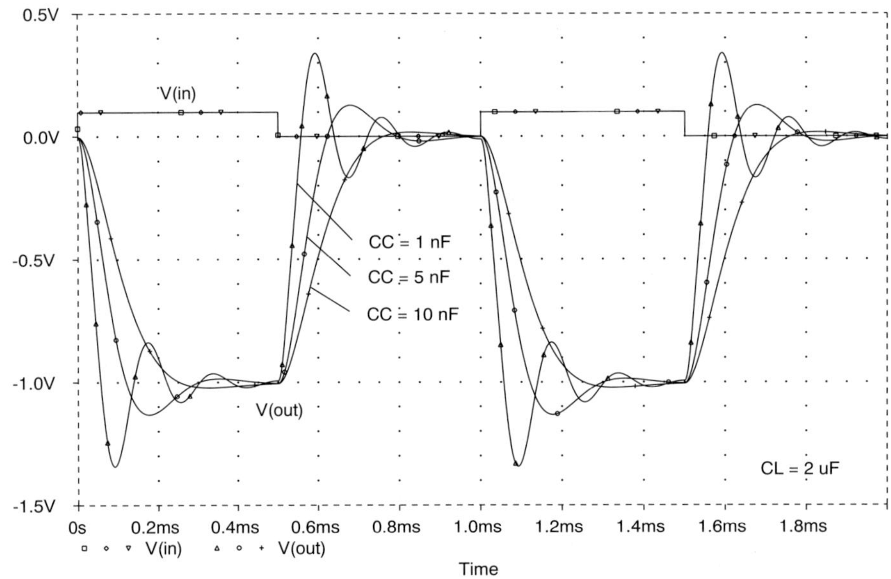

Abb. 6.51. Einschwingverhalten eines invertierenden Verstärkers bei kapazitiver Last am Ausgang und Lead-Kompensation für unterschiedliche Werte von C_C

[19]Der Term proportional zu $\omega^2 R_C C_L$ im Nenner kann bei höheren Frequenzen den Frequenzgang der sich dann nicht mehr wie ein ohmscher Widerstand verhaltenden Ausgangsimpedanz des OP kompensieren, bzw. bei niedriger Verstärkung (k_0 groß) die Auswirkung des Faktors $1+j\omega k_0 R_2 C_C$ im Nenner von $\underline{k}$ mildern.

6.4 Rauschen von Operationsverstärkern

6.4.1 Rauschersatzschaltung

Das Rauschen eines OPs wird durch eine Erweiterung der in Kap. 6.1 betrachteten Ersatzschaltung um Rauschquellen erfaßt. Diese werden üblicherweise auf den Eingang des OP bezogen, wie dies in Abb. 6.52 dargestellt ist.

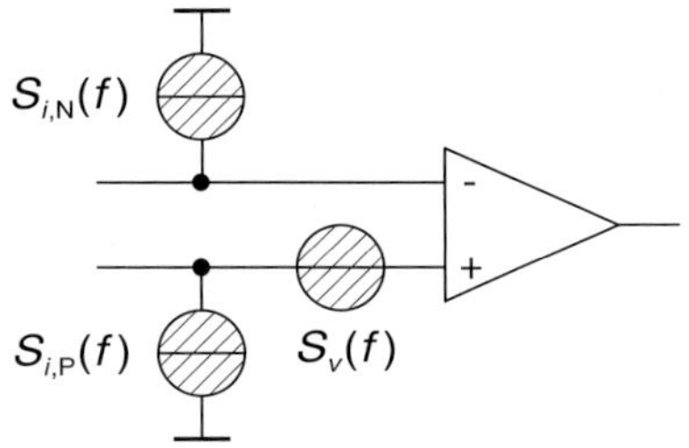

Abb. 6.52. Operationsverstärker mit Rauschquellen

Die Spektren $S_{i,\mathrm{P}}(f)$, $S_{i,\mathrm{N}}(f)$ und $S_v(f)$ der Rauschquellen werden durch das thermische Widerstandsrauschen und das Schrotrauschen der Halbleiterbauelemente bestimmt. Bei niedrigen Frequenzen ist darüber hinaus ein Anteil des $1/f$-Rauschens zu beobachten. Die Korrelation der Rauschquellen ist in der Regel gering und wird in den Datenblättern i.allg. nicht spezifiziert. Abbildung 6.53 zeigt die mittlere Rauschspannung und den mittleren Rauschstrom für ein Frequenzintervall von 1 Hz für den OP 101: Für $f < f_{0\mathrm{V}}$ wird S_v durch das $1/f$-Rauschen bestimmt, d. h. $\sqrt{S_v}$ nimmt hier proportional zu $1/\sqrt{f}$ ab. Das Rauschen einer Schaltung mit OP wird neben den Rauschquellen des OP durch die Rauschquellen der Beschaltung bestimmt. Als Beispiel wird der nichtinvertierende Verstärker betrachtet.

6.4.2 Rauschen des nichtinvertierenden Verstärkers

Das Rauschverhalten des von einer Quelle der Impedanz R_S angesteuerten nichtinvertierenden Verstärkers wird anhand der in Abb. 6.54 a dargestellten Ersatzschaltung untersucht. Diese kann durch Umzeichnen in die in Abb. 6.54 b gezeigte Form überführt werden. Die einzelnen Rauschquellen werden als nicht korreliert angenommen. Das Zusammenwirken der einzelnen Quellen läßt sich dann nach dem *Überlagerungssatz* berechnen, wobei die Auswirkung jeder Quelle auf die Ausgangsspannung separat untersucht wird. Zu diesem Zweck muß der jeweilige Übertragungsfaktor bestimmt werden.

Zunächst wird der Übertragungsfaktor $\underline{V}_\mathrm{a}/\underline{I}_1$ mit $\underline{V}_\mathrm{a} = \underline{a}_\mathrm{d}\underline{V}_\mathrm{d}$ ermittelt. Hierzu wird die Teilschaltung 6.55 a betrachtet. Aus dem Knotensatz für (2)

$$\mathrm{j}\omega c_\mathrm{d}\underline{V}_\mathrm{d} = \frac{\underline{V}_{\mathrm{nR1}}}{R_1} + \frac{\underline{V}_{\mathrm{nR1}} - \underline{V}_\mathrm{a}}{R_2}$$

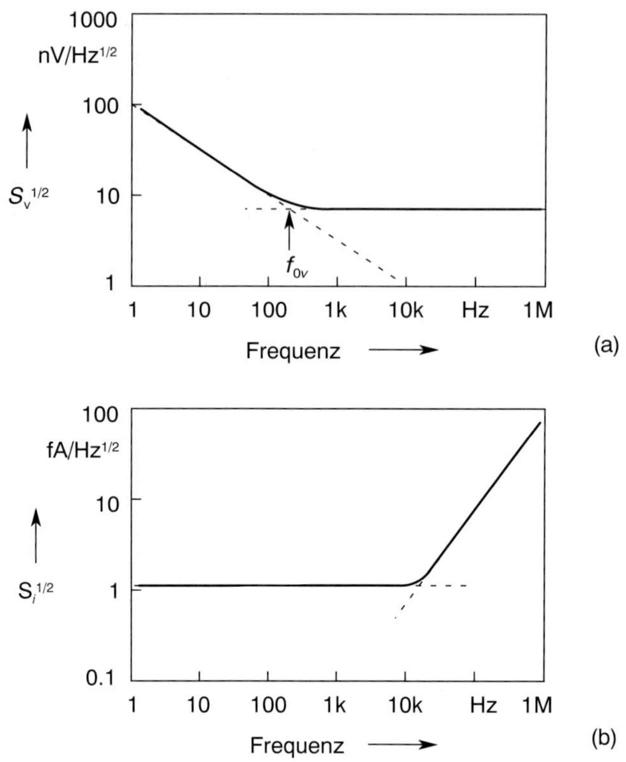

Abb. 6.53. Typischer Frequenzgang **(a)** der Rauschspannung und **(b)** des Rauschstroms eines Operationsverstärkers mit JFET-Eingangstransistoren

folgt mit $A_{v0} = 1/k = (R_1 + R_2)/R_1$ durch Überlagerung

$$\underline{V}_{\mathrm{nR1}} = \frac{1}{A_{v0}} \left(\underline{V}_{\mathrm{a}} + \mathrm{j}\omega c_{\mathrm{d}} R_2 \underline{V}_{\mathrm{d}} \right) .$$

Mit diesem Ergebnis und $\underline{V}_{\mathrm{d}} = \underline{V}_{\mathrm{nRS}} - \underline{V}_{\mathrm{nR1}}$ folgt aus dem Knotensatz für (1)

$$\underline{I}_1 = \frac{\underline{V}_{\mathrm{RS}}}{R_{\mathrm{S}}} + \mathrm{j}\omega c_{\mathrm{d}} \underline{V}_{\mathrm{d}}$$

die Beziehung

$$\underline{I}_1 = \left[\frac{1}{R_{\mathrm{S}}} + \mathrm{j}\omega c_{\mathrm{d}} \left(1 + \frac{R_2}{A_{v0} R_{\mathrm{S}}} \right) \right] \underline{V}_{\mathrm{d}} + \frac{1}{A_{v0} R_{\mathrm{S}}} \underline{V}_{\mathrm{a}}$$

bzw. mit $\underline{V}_{\mathrm{a}} = \underline{a}_{\mathrm{d}} \underline{V}_{\mathrm{d}}$

$$\frac{\underline{V}_{\mathrm{a}}}{\underline{I}_1} = A_{v0} R_{\mathrm{S}} \frac{1}{1 + \dfrac{1}{\underline{a}_{\mathrm{d}}} \left[A_{v0} + \mathrm{j}\omega c_{\mathrm{d}} (R_2 + A_{v0} R_{\mathrm{S}}) \right]} = A_{v0} R_{\mathrm{S}} \Xi(f) \ . \quad (6.58)$$

Dieses Ergebnis ermöglicht die Berechnung der Beiträge des Rauschens des Generatorinnenwiderstands und des Stromrauschens des nichtinvertierenden Eingangs.

Die Antwort der Ausgangsspannung auf das Spannungsrauschen des OP läßt sich ebenfalls mit dieser Beziehung ermitteln, falls die Rauschspannungsquelle

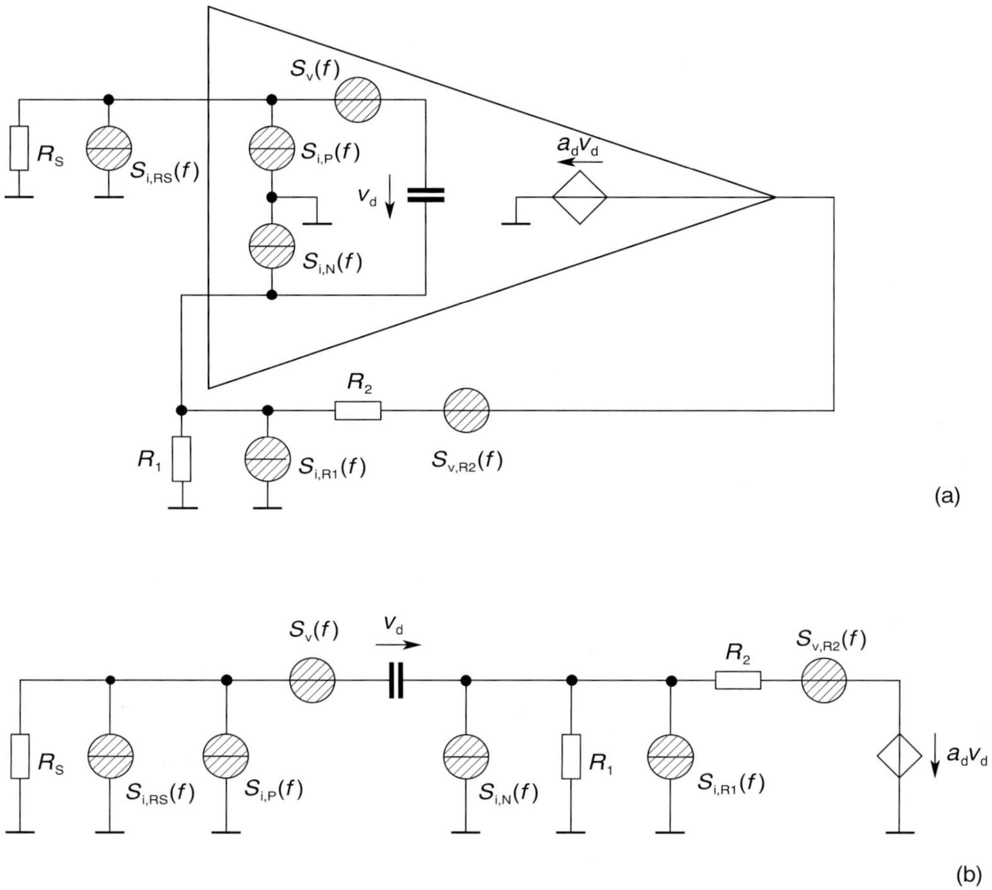

Abb. 6.54. Rauschersatzschaltung des invertierenden Verstärkers

durch eine äquivalente Rauschstromquelle ersetzt wird (Abb. 6.55 b). Für den Übertragungsfaktor der Eingangsrauschspannung ergibt sich damit

$$\underline{V}_a/\underline{V}_1 = A_{v0}\,\Xi(f) .$$

Um die Auswirkung des Rauschens von R_1 sowie des Stromrauschens des invertierenden Eingangs auf die Ausgangsspannung zu bestimmen, ist der Übertragungsfaktor $\underline{V}_a/\underline{I}_2$ für die in Abb. 6.55 c angegebene Teilschaltung zu ermitteln. Diese ergibt sich nach dem demselben Schema wie Gl. (6.58) zu

$$\underline{V}_a/\underline{I}_2 = -R_2\,\Xi(f) .$$

Der Einfluß des Rauschens des Widerstands R_2 auf die Ausgangsspannung läßt sich mit Hilfe des Übertragungsfaktors $\underline{V}_a/\underline{V}_2$ für die in Abb. 6.55 d angegebene Teilschaltung bestimmen. Diese ergibt sich nach kurzer Rechnung zu

$$\underline{V}_a/\underline{V}_2 = -\Xi(f) .$$

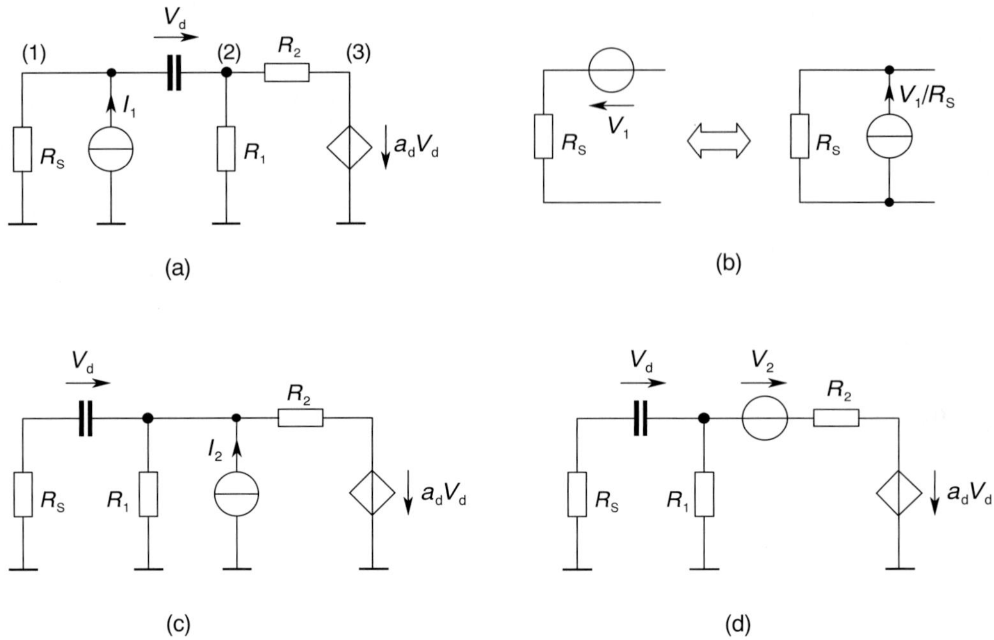

Abb. 6.55. Teilschaltungen zur Berechnung des Rauschens der Ausgangsspannung

Durch Überlagerung folgt für die spektrale Leistungsdichte des Spannungsrauschens am Ausgang

$$S_{v,\mathrm{a}}(f) = |\Xi(f)|^2 \{A_{v0}^2 R_\mathrm{S}^2 [\, S_{\mathrm{i,RS}}(f) + S_{\mathrm{i,P}}(f)\,] + A_{v0}^2 S_v(f) + $$
$$+ R_2^2 [\, S_{\mathrm{i,N}}(f) + S_{\mathrm{i,R1}}(f)\,] + S_{v,\mathrm{R2}}(f)\} \,.$$

Falls die Widerstände nur thermisches Rauschen aufweisen, ist

$$S_{i,\mathrm{RS}}(f) = \frac{4k_\mathrm{B}T}{R_\mathrm{S}}, \quad S_{i,\mathrm{R1}}(f) = \frac{4k_\mathrm{B}T}{R_1}, \quad S_{v,\mathrm{R2}}(f) = 4k_\mathrm{B}TR_2 \,,$$

so daß mit $S_{i,\mathrm{P}}(f) = S_{i,\mathrm{N}}(f) = S_i(f)$ folgt

$$S_{v,\mathrm{a}}(f) = |\Xi(f)|^2 \,[\, 4k_\mathrm{B}T(A_{v0}^2 R_\mathrm{S} + A_{v0}\, R_2)$$
$$+ (A_{v0}^2 R_\mathrm{S}^2 + R_2^2) S_i(f) + A_{v0}^2 S_v(f)\,] \,.$$

Für $A_{v0} \ll A_\mathrm{D}$ und $f \ll A_\mathrm{D}/[2\pi(R_2 + A_{v0}R_\mathrm{S})c_\mathrm{d}]$ gilt die Näherung

$$\Xi(f) \approx \frac{1}{1 + \mathrm{j}f/f_\mathrm{g}} \,,$$

wobei $f_\mathrm{g} = f_\mathrm{T}/A_{v0}$ die Bandbreite des Verstärkers bezeichnet, und damit

$$S_{v,\mathrm{a}} \approx \frac{A_{v0}^2}{1 + f^2/f_\mathrm{g}^2} \left\{ 4k_\mathrm{B}T \left(R_\mathrm{S} + \frac{R_2}{A_{v0}} \right) + \left[R_\mathrm{S}^2 + \left(\frac{R_2}{A_{v0}} \right)^2 \right] S_i + S_v \right\} \quad (6.59)$$

Aus diesem Ergebnis lassen sich folgende Schlußfolgerungen für den Aufbau rauscharmer Verstärkerschaltungen ziehen:

1. Das *Widerstandsniveau* sollte gering gehalten werden. Kleine Werte für R_2 halten den Einfluß des Stromrauschens des invertierenden Eingangs gering.
2. Bei hochohmigen Quellen (R_S groß) ist das *Stromrauschen* des nichtinvertierenden Eingangs besonders bedeutsam. In diesem Fall sollte demnach ein Operationsverstärker mit möglichst geringem Stromrauschen gewählt werden. Als geeignet erweisen sich hier Operationsverstärker mit FET-Eingang, bei denen der Eingangs-Rauschstrom i. allg. besonders niedrige Werte aufweist. Um das Rauschen minimal zu halten, ist bei der Verstärkung von Wechselspannungssignalen geringer Amplitude eine Rauschanpassung bezüglich des Generatorinnenwiderstands vorzunehmen.
3. Bei niederohmigen Quellen ist besonders auf das *Spannungsrauschen* zu achten.
4. Da sich die effektive Rauschspannung am Ausgang durch Integration von $S_{v,\mathrm{a}}(f)$ über die Bandbreite ergibt

$$V_\mathrm{n} = \sqrt{\int_f^{f+\Delta f} S_{v,\mathrm{a}}(f)\,\mathrm{d}f}\ ,$$

sollte die *Bandbreite* der Verstärkerschaltung nicht unnötig groß gewählt werden.

Beispiel 6.4.1 Mit einen OP ($f_\mathrm{T} = 1$ MHz, $A_\mathrm{D} = 10^5$) soll ein nichtinvertierender Verstärker der Spannungsverstärkung $A_{v0} = 20$ aufgebaut werden. Zu bestimmen ist der Effektivwert der Rauschspannung im Frequenzbereich 1 kHz $< f <$ 10 kHz, falls dort

$$\sqrt{S_v} = 10\,\mathrm{nV}/\sqrt{\mathrm{Hz}} \qquad \text{sowie} \qquad \sqrt{S_i} = 1\,\mathrm{fA}/\sqrt{\mathrm{Hz}}$$

gilt. Der Quellwiderstand betrage $R_\mathrm{S} = 1$ kΩ, ferner gelte $R_2 = 50$ kΩ; die Eingangskapazität des OP wird als vernachlässigbar klein angenommen. Die Bandbreite ist $f_\mathrm{g} = 1\,\mathrm{MHz}/20 = 50$ kHz, so daß im betrachteten Frequenzbereich $|\Xi(f)|^2 \approx 1$ gilt. Die Spektralfunktion $S_{v,\mathrm{a}}(f)$ wird damit unabhängig von der Frequenz; mit den Zahlenwerten $R_\mathrm{S} = 1$ kΩ, $R_2 = 50$ kΩ führt dies bei $T = 300$ K auf

$$S_{v,\mathrm{a}} \approx 400 \cdot \left(1.66 \cdot 10^{-17} \cdot 3.5 + 7.25 \cdot 10^{-24} + 10^{-16}\right) \frac{\mathrm{V}^2}{\mathrm{Hz}} = 6.3 \cdot 10^{-14}\,\frac{\mathrm{V}^2}{\mathrm{Hz}}\ .$$

Der Effektivwert der Rauschspannung im betrachteten Frequenzintervall Δf folgt daraus zu

$$V_\mathrm{n} = \sqrt{S_{\mathrm{v,a}}\,\Delta f} = \sqrt{6.3 \cdot 10^{-14}\,\frac{\mathrm{V}^2}{\mathrm{Hz}} \cdot 9 \cdot 10^3\,\mathrm{Hz}} \approx 24\,\mu\mathrm{V}\ .$$

6.5 Makromodelle für die Schaltungssimulation

Für die Zwecke der Schaltungssimulation werden die elektrischen Eigenschaften von Operationsverstärkern durch *Makromodelle* nachgebildet. Diese weisen eine deutlich geringere Komplexität auf als die tatsächliche Schaltung des Operationsverstärkers, was zu einer wesentlichen Verringerung der Rechenzeit und zu einer Verbesserung des Konvergenzverhaltens führt. Die meisten Modelle sind aus dem in [6] vorgestellten Ansatz entstanden.[20] Abbildung 6.56 zeigt ein Beispiel für einen OP mit bipolarer Eingangsstufe.[21]

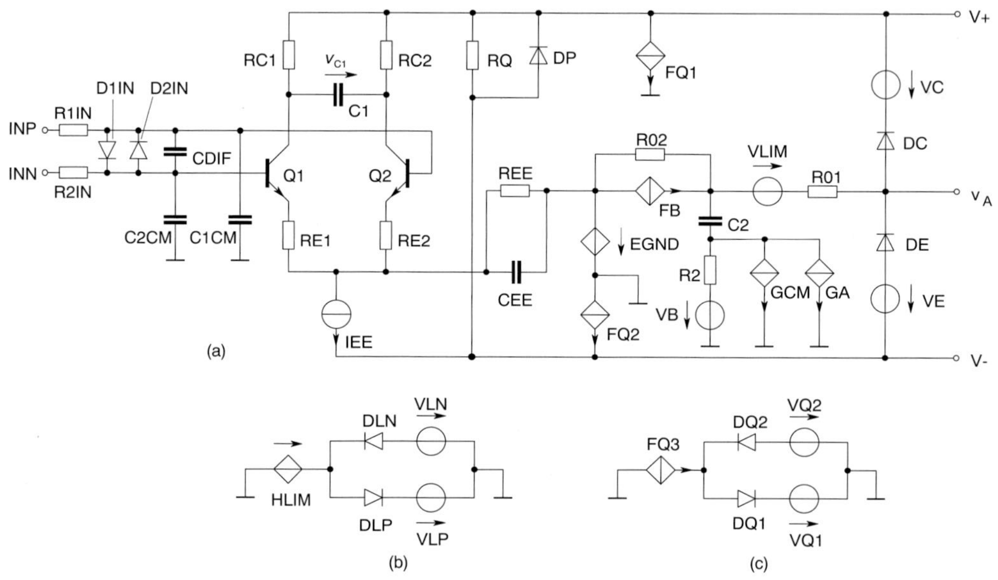

Abb. 6.56. Makromodell für einen OP mit bipolarer Eingangsstufe (nach [8])

Der Eingang ist mit einer Schutzbeschaltung (R1IN, R2IN, D1IN und D2IN) versehen; Gegentakt- und Gleichtakteingangskapazitäten werden durch die Elemente CDIF, C1CM und C2CM erfaßt. Die Dioden D1IN und D2IN werden wie alle übrigen Dioden des Modells als ideale Dioden beschrieben; in der Modellanweisung genügt die Angabe des Sättigungsstroms (z. B. `IS = 1E-16`). Die Eingangswiderstände R1IN und R2IN begrenzen zum einen den Strom der durch die Schutzdioden fließen kann; zum anderen bilden sie zusammen mit den Eingangskapazitäten einen Tiefpaß, dessen Grenzfrequenz auf die Grenzfrequenz der Eingangsdifferenzstufe abzustimmen ist.

Die Eingangsstufe ist als Differenzverstärker (vgl. Kap. 17) mit Bipolartransistoren ausgeführt. Durch geeignete Wahl der Elemente können Gleichtaktunterdrückung, Offseteigenschaften und Rauschen erfaßt werden. Unter Vernachlässigung evtl. vorhandener Offsetspannungen und Offsetströme wird die Differenzstufe vollständig *symmetrisch* ausgelegt, d. h.

[20] Vgl. auch [7] und dort zitierte Arbeiten.

[21] Dieser Abschnitt setzt Kenntnisse über Bipolartransistoren voraus, wie sie in Kap. 16 vermittelt werden.

$$Q1 = Q2, \qquad RC1 = RC2 = R_C \qquad \text{und} \qquad RE1 = RE2 = R_E \ .$$

Die beiden Transistoren werden als identische ideale Transistoren angesetzt, für die lediglich Sättigungsstrom I_S und Vorwärtsstromverstärkung B_F spezifiziert werden. Die Stufe wird der Einfachheit halber so dimensioniert, daß sie die NF-Differenzverstärkung eins aufweist, d. h. bei AC-Betrieb ist der Zeiger der Spannung über C1 durch $\underline{v}_{C1} = \underline{v}_p - \underline{v}_n$ gegeben.

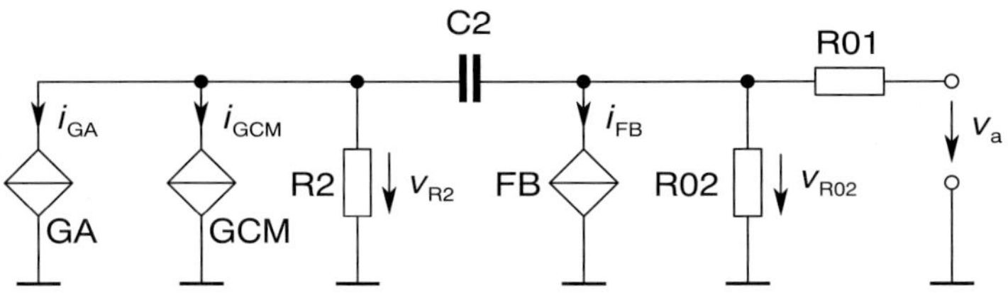

Abb. 6.57. Teilschaltung zur Nachbildung des Frequenzgangs

Die Nachbildung der Differenz- und Gleichtaktverstärkung erfolgt dann durch die von der Differenzeingangsspannung v_{C1} gesteuerte Stromquelle GA und die von der Gleichtakteingangsspannung gesteuerte Quelle GCM in Verbindung mit der stromgesteuerten Stromquelle FB. Letztere ist mehrdimensional und wird von insgesamt fünf Strömen gesteuert. Solange der OP jedoch im linearen Bereich arbeitet,[22] wird FB nur durch den durch VB fließenden Strom kontrolliert. Bei AC-Betrieb besteht dann der folgende Zusammenhang

$$\underline{i}_{FB} = A_I \frac{\underline{v}_{R2}}{R_2} = G_B \, \underline{v}_{R2} \ ,$$

wobei A_I die Stromverstärkung der gesteuerten Quelle FB bezeichnet. Die Ausgangsstufe läßt sich für linearen Betrieb entsprechend Abb. 6.57 vereinfachen. Die Elemente sind so festzulegen, daß die korrekte Leerlaufdifferenzverstärkung aufgritt. Im Leerlauf ist $\underline{v}_a = \underline{v}_{R02}$, da durch R_{01} kein Strom fließt. Der Strom durch GA wird durch $\underline{v}_{C1}$ gesteuert, wobei der Übertragungsleitwert mit $1/R_C$ festgelegt ist. Aus den Kirchhoffschen Gleichungen folgt damit unter Vernachlässigung der Gleichtaktverstärkung ($\underline{i}_{GCM} = 0$)

$$0 = \frac{\underline{v}_{C1}}{R_C} + \frac{\underline{v}_{R2}}{R_2} + j\omega C_2 \, (\underline{v}_{R2} - \underline{v}_2) \tag{6.60}$$

$$0 = \frac{\underline{v}_a}{R_{02}} + A_I \frac{\underline{v}_{R2}}{R_2} - j\omega C_2 \, (\underline{v}_{R2} - \underline{v}_2) \tag{6.61}$$

Durch Eliminieren von $\underline{v}_{R2}$ resultiert der Übertragungsfaktor

$$\frac{\underline{v}_a}{\underline{v}_{C1}} = A_I \frac{R_{02}}{R_C} \frac{1 - j\omega C_2 R_2 / A_I}{1 + j\omega C_2 \left[R_2 + (A_I + 1) R_{02} \right]} \ .$$

Dies führt auf die Forderung

$$A_I \frac{R_{02}}{R_C} = A_D \ .$$

[22]Weder Sättigung noch Strombegrenzung sind wirksam.

```
.SUBCKT OPAMP INP INN 3 4 5
****************************
C1 11 12 8.660E-12
C2 6 7 30.00E-12
DC 5 53 DX
DE 54 5 DX
DLP 90 91 DX
DLN 92 90 DX
DP 4 3 DX
EGND 99 0 POLY(2) (3,0) (4,0) 0 .5 .5
FB 7 99 POLY(5) VB VC VE VLP VLN
+ 0 70.20E6 -70E6 70E6 70E6 -70E6
GA 6 0 11 12 320.4E-6
GCM 0 6 10 99 2.022E-9
IEE 10 4 DC 30.05E-6
HLIM 90 0 VLIM 1K
Q1 11 2 13 QX
Q2 12 1 14 QX
R2 6 9 100.0E3
RC1 3 11 3.121E3
RC2 3 12 3.121E3
RE1 13 10 1.394E3
RE2 14 10 1.394E3
REE 10 99 6.656E6
RO1 8 5 25
RO2 7 99 25
VB 9 0 DC 0
VC 3 53 DC 2.500
VE 54 4 DC 2.500
VLIM 7 8 DC 0
VLP 91 0 DC 10
VLN 0 92 DC 10
FQ3 0 20 POLY(1) VLIM 0 1
DQ1 20 21 DX
DQ2 22 20 DX
VQ1 21 0 0
VQ2 22 0 0
FQ1 3 0 POLY(1) VQ1 2.136E-3 1
FQ2 0 4 POLY(1) VQ2 2.136E-3 -1
RQ 3 4 4.5E4
CDIF 1 2 3.0E-12
C1CM 1 99 1.5E-12
C2CM 2 99 1.5E-12
R1IN INP 1 1000
D1IN 1 2 DX
R2IN INN 2 1000
D2IN 2 1 DX
****************************
.MODEL DX D(IS=800.0E-18)
.MODEL QX NPN(IS=800.0E-18 BF=600)
****************************
.ENDS
```

Teilschaltungsdefinition zur Beschreibung eines Operationsverstärkers in SPICE

Der komplexe Ausdruck im Nenner des Übertragungsfaktors läßt sich damit umformen zu

$$\begin{aligned} 1+\mathrm{j}\omega C_2\,[\,R_2+(A_\mathrm{I}+1)R_{02}\,] &= 1+\mathrm{j}\omega C_2 A_\mathrm{D} R_\mathrm{C}\left[1+\frac{1}{A_\mathrm{D}}\left(\frac{R_{02}}{R_\mathrm{C}}+\frac{R_2}{R_\mathrm{C}}\right)\right] \\ &\approx 1+\mathrm{j}\omega C_2 A_\mathrm{D} R_\mathrm{C}\;, \end{aligned}$$

d. h. unter der Voraussetzung $f_\mathrm{co} = 1/(2\pi A_\mathrm{D} R_\mathrm{C} C_2)$ resultiert für die Verstärkung

$$\frac{\underline{v}_\mathrm{a}}{\underline{v}_\mathrm{C1}} = \frac{A_\mathrm{D}}{1+\mathrm{j}f/f_\mathrm{co}}\,.$$

Der Wert C_2 von C2 wird gewöhnlich mit 30 pF vorgegeben, R_C folgt dann aus dem Verstärkungs-Bandbreite-Produkt, d. h. der Transitfrequenz f_T

$$R_\mathrm{C} = \frac{1}{2\pi C_2 f_\mathrm{T}}\,.$$

Die spannungsgesteuerte Stromquelle GCM dient zur Beschreibung der Gleichtaktverstärkung des OP. Sie wird durch die Gleichtakteingangsspannung gesteuert und besitzt einen Übertragungsleitwert, der um den Faktor 1/CMRR gegenüber demjenigen von GA reduziert ist

$$G_{\mathrm{CM}} = \frac{G_{\mathrm{A}}}{\mathrm{CMRR}} \,.$$

Im ursprünglichen Ansatz wurde GCM durch den Spannungsabfall an REE gesteuert. Dies ergibt jedoch bei unsymmetrischer Versorgungsspannung einen unerwünschten Offset (vgl. [9]), der sich durch eine von v_{P} und v_{N} gesteuerte Stromquelle vermeiden läßt.

Der Ausgangswiderstand des OP wird durch die Widerstände R01 und R02 simuliert. Bei höheren Frequenzen ($f \gg [2\pi R_{02} C_2 (1 + R_2 G_{\mathrm{B}})]^{-1}$) wird R02 durch den von C2 verursachten AC-Kurzschluß abgekoppelt, so daß der Ausgangswiderstand gegen den Wert von R01 strebt.

Der Wert der Stromquelle IEE errechnet sich aus dem Eingangsruhestrom[23] I_{B} des OP dann zu

$$I_{\mathrm{EE}} = 2\,(B_{\mathrm{F}}{+}1)\; I_{\mathrm{B}} \,,$$

solange der Strom durch REE vernachlässigbar klein ist. Die Stromverstärkung B_{F} ist so zu wählen, daß der richtige Maximalwert für die Anstiegsgeschwindigkeit S^+ resultiert [6]

$$B_{\mathrm{F}} = \frac{C_2 S^+}{2 I_{\mathrm{B}}} \,.$$

Durch CEE kann die maximale Abfallgeschwindigkeit der Ausgangsspannung S^- niedriger als S^+ modelliert werden [6]

$$C_{\mathrm{EE}} = \frac{2 B_{\mathrm{F}} I_{\mathrm{B}}}{S^-} - C_2 \,.$$

Gilt $S^- = S^+$ so ist $C_{\mathrm{EE}} = 0$; CEE muß dann in der Netzliste nicht aufgeführt zu werden. Die Emitterserienwiderstände RE werden so dimensioniert, daß die NF-Verstärkung der Eingangsstufe eins ist. Für eine symmetrisch ausgelegte Stufe mit idealen Transistoren Q1 und Q2 ergibt sich diese aus einer Kleinsignalanalyse zu

$$\frac{\underline{v}_{\mathrm{C1}}}{\underline{v}_{\mathrm{p}} - \underline{\hat{v}}_{\mathrm{n}}} = \frac{\alpha R_{\mathrm{C}}}{\dfrac{\alpha}{g_{\mathrm{m}}} + R_E} \, \frac{1}{1 + \mathrm{j}\, 2\omega R_{\mathrm{C}} C_1} \,.$$

Hierbei bezeichnet $\alpha = B_{\mathrm{F}}/(B_{\mathrm{F}} + 1)$ die Kleinsignalstromverstärkung in Basisschaltung und

$$g_{\mathrm{m}} = \frac{I_{\mathrm{C}}}{V_T} = \frac{\alpha I_E}{V_{\mathrm{T}}} = \frac{B_{\mathrm{F}}}{B_{\mathrm{F}} + 1} \frac{I_{\mathrm{EE}}}{2 V_T}$$

die Steilheit der Transistoren. Dies führt auf die Bestimmungsgleichung

$$R_E = \frac{B_{\mathrm{F}}}{B_{\mathrm{F}} + 1} R_{\mathrm{C}} - \frac{2\,V_T}{I_{\mathrm{EE}}} \,.$$

Der Kondensator C1 erlaubt es, im Übertragungsfaktor eine zusätzliche Phasenverschiebung zu berücksichtigen. Er wird so gewählt, daß die Phasendrehung des OP bei

---

[23] Durch unterschiedliche Werte von I_{S} und B_{F} für die beiden Transistoren lassen sich Eingangs-Offsetströme und -Offsetspannung erfassen.

der Transitfrequenz korrekt wiedergegeben wird. Wird die gegenüber dem einfachen Tiefpaßverhalten zusätzlich auftretende Phasenverschiebung mit $\Delta\phi(f)$ bezeichnet, so ist

$$\Delta\phi(f_{\mathrm{T}}) = \arctan\left(\frac{2\pi f_{\mathrm{T}}}{2R_{\mathrm{C}}C_1}\right) = \arctan\left(\frac{2C_1}{C_2}\right)$$

bzw.

$$C_1 = \frac{C_2}{2}\tan\left[\Delta\phi(f_{\mathrm{T}})\right] .$$

Mit I_{EE} ist eine ideale Stromquelle gegeben; der damit verbundene unendlich hohe Ausgangswiderstand ist in der Praxis nicht realisierbar. Im Makromodell wird der endliche Ausgangswiderstand der Stromquelle durch REE nachgebildet. Der Wert von REE folgt aus dem Gleichtakteingangswiderstand[24] r_{gl} gemäß

$$R_{\mathrm{EE}} = \frac{r_{\mathrm{gl}}}{B_{\mathrm{F}}} - \frac{1}{2g_{\mathrm{m}}} .$$

Die spannungsgesteuerte Spannungsquelle EGND besitzt den Wert $(V_+ + V_-)/2$ und erlaubt die korrekte Simulation des Verhaltens des OP auch bei unsymmetrischer Versorgungsspannung. Bei symmetrischer Versorgung $V_- = -V_+$ bildet sie einen Kurzschluß zu Masse.

Die Sättigung der Ausgangsspannung wird durch die Dioden DE und DC in Verbindung mit den Spannungsquellen VC und VE nachgebildet. DC wird leitend, sobald v_{A} um weniger als $V_{\mathrm{VC}} - V_{\mathrm{F0}}$ unterhalb von V_+ liegt; entsprechend wird DE leitend, sobald v_{A} um weniger als $V_{\mathrm{VE}} - V_{\mathrm{F0}}$ oberhalb von V_- liegt. In beiden Fällen wird hierdurch die Ausgangsspannung begrenzt. Die Werte der Spannungsquellen sind zu wählen als

$$\begin{aligned} V_{\mathrm{VC}} &= V_+ - V_{\mathrm{Amax}} + V_T \,\ln\left(I_{\mathrm{sc}}/I_{\mathrm{S}}\right) \\ V_{\mathrm{VE}} &= V_- + V_{\mathrm{Amax}} + V_T \,\ln\left(I_{\mathrm{sc}}/I_{\mathrm{S}}\right) , \end{aligned}$$

wobei I_{sc} den Kurzschlußausgangsstrom des OP bezeichnet.

Die Hilfsschaltung nach Abb. 6.56 b dient zur Simulation der Strombegrenzung des OP. Die stromgesteuerte Spannungsquelle HLIM liefert eine Spannung, die proportional zu dem die DC-Spannungsquelle (0V) VLIM durchfließenden Strom ist. Wird die von HLIM abgegebene Spannung so groß, daß eine der beiden Dioden leitend wird, so fließt durch VLP bzw. VLN ein Strom. Dieser Strom wird in der mehrdimensionalen gesteuerten Quelle FB zur Kompensation eingesetzt.

Der in die Versorgungsklemmen des OP fließende Strom wird durch RQ und die gesteuerten Quellen FQ1 und FQ2 beschrieben. Die Steuerströme für FQ1 und FQ2

[24] Im ursprünglichen Ansatz [6] wurde als Ausgangspunkt zur Festlegung von REE eine Stromquelle mit npn-BJT angenommen; diese weist einen Ausgangswiderstand von näherungsweise $V_{\mathrm{AF}}/I_{\mathrm{EE}}$ auf, wobei V_{AF} die Vorwärts-Early-Spannung bezeichnet. Mit Early-Spannungen von typischerweise 200 V folgt so die in [6] angegebene Gleichung

$$R_{\mathrm{EE}} = 200\,\mathrm{V}/I_{\mathrm{EE}} .$$

werden in der Hilfsschaltung nach Abb. 6.56 c generiert. Dort wird durch die stromgesteuerte Stromquelle FQ3 der durch VLIM fließende Strom eingeprägt ($i(\text{FQ3}) = i(\text{VLIM})$). Je nach Polarität fließt dieser durch DQ1 oder DQ2 und wird mit den DC-Quellen (0V) VQ1 bzw. VQ2 gemessen. Die durch diese fließenden Ströme steuern FQ1 und FQ2 über

$$i(\text{FQ1}) = I_{\text{stat}} + i(\text{VQ1}) \quad \text{und} \quad i(\text{FQ2}) = I_{\text{stat}} + i(\text{VQ2}) ,$$

wobei I_{stat} den Versorgungsstrom des OP bei Leerlauf angibt.

Das beschriebene Makromodell weist im Frequenzgang annähernd das Verhalten eines Tiefpasses 1. Ordnung auf. Sollen Tiefpässe höherer Ordnung beschrieben werden, so ist dies möglich durch Einbau von Netzwerken geeigneter Übertragungscharakteristik. Auf diesem Weg sind beliebige Pol-Nullstellen-Kombinationen für den Übertragungsfaktor realisierbar.

Operationsverstärker, bei denen die Eingangsstufe mit Feldeffekttransistoren realisiert wurde, werden auf ähnliche Weise durch ein Makromodell beschrieben. Die Eingangsstufe wird dabei mit Feldeffekttransistoren nachgebildet (Abb. 6.58).

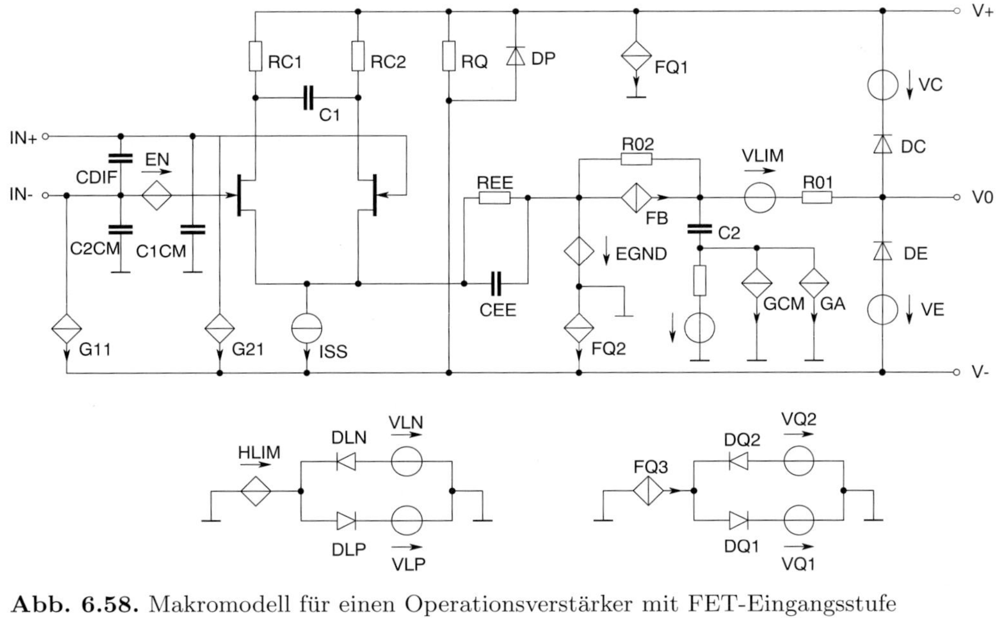

Abb. 6.58. Makromodell für einen Operationsverstärker mit FET-Eingangsstufe

6.6 Literaturverzeichnis

[1] U. Tietze, Ch. Schenk. *Halbleiter-Schaltungstechnik.* Springer, Berlin, 12. A., 2002

[2] S. Soclof. *Design and Applications of Analog Integrated Circuits.* Prentice Hall, London, 1991.

[3] A.B. Williams. *Electronic Filter Design Handbook.* McGraw Hill, New York, 1981.

[4] D.F. Stout, M. Kaufman. *Handbook of Operational Amplifier Circuit Design.* McGraw Hill, New York, 1976.

[5] P.R. Gray, R.G. Meyer. *Analysis and Design of Analog Integrated Circuits.* Wiley, New York, 3rd edition, 1993.

[6] G.R. Boyle, B.M. Cohn, D.O. Pederson, J.E. Solomon. Macromodeling of integrated circuit operational amplifiers. *IEEE J. Solid-State Circ.*, 9(6):353–364, 1974.

[7] R.V. Peic. Simple and accurate nonlinear macromodel for operational amplifiers. *IEEE J. Solid-State Circ.*, 26(6):896–899, 1991.

[8] Burr Brown Application Bulletin Number 20. Spice Based Macromodels. 1993.

[9] H. Nielinger. Op-Makromodell für korrekte Simulation des Gleichtaktverhaltens. *Elektronik*, (11):88–92, 1989.

7 Widerstände

Widerstände sind in nahezu jeder elektronischen Schaltung vorhanden und stellen die wohl am weitesten verbreiteten elektronischen Bauelemente dar. Je nach Bauform und Betriebsfrequenz weisen sie mehr oder weniger deutliche Abweichungen vom idealen ohmschen Verhalten auf. Ziel dieses Abschnitts ist es, die verschiedenen Bauformen ohmscher Widerstände und ihr Verhalten kennenzulernen. Zusätzlich werden nichtlineare Widerstände (Varistoren) und andere Überspannungsableiter (Funkenstrecken), Sicherungen sowie Thermistoren behandelt. Letztere sind Widerstände mit starker Temperaturabhängigkeit; je nach Vorzeichen des Temperaturkoeffizienten unterschiedet man *Heißleiter* (NTC) und *Kaltleiter* (PTC).

7.1 Physikalische Grundlagen

Stromtransport in Festkörpern erfordert frei im Festkörper bewegliche Ladungsträger. Bei Anwesenheit eines elektrischen Feldes $\boldsymbol{E}$ wirkt auf diese eine Kraft, was zu einer gerichteten Bewegung (Drift) der Ladungsträger führt: Im Leiter stellt sich die *Stromdichte*

$$\boldsymbol{J} = \sigma \boldsymbol{E} = \rho^{-1} \boldsymbol{E} \tag{7.1}$$

ein. Die materialspezifischen Kenngrößen σ und ρ werden als *Leitfähigkeit* (Einheit S/cm) bzw. *spezifischer Widerstand* (Einheit $\Omega\,$cm) bezeichnet.

Zum spezifischen Widerstand

Elektronen, die sich in einem idealen Kristallgitter bewegen und nicht miteinander wechselwirken, würden ungehindert durch den Festkörper laufen – der spezifische Widerstand ρ wäre in diesem Fall null. Bedingt durch Gitterschwingungen (Wärmebewegung der Gitteratome) und Störungen der Gittersymmetrie (Defekte, d. h. Versetzungen, Korngrenzen, Fremdatome etc.) sowie durch gegenseitige Streuung der Elektronen wird in der Praxis jedoch ein von null verschiedener Wert für ρ beobachtet. In Metallen wächst ρ normalerweise mit ansteigender Temperatur, da die zunehmende Wärmebewegung der Gitteratome die Elektronen auf ihrem Weg durch den Festkörper zusätzlich behindert. Für reine Metalle wird eine relative Änderung von ρ mit der Temperatur in der Größenordnung 0.5 %/K beobachtet. In Legierungen, bei denen der spezifische Widerstand weniger durch die Gitterschwingungen als durch die Störung der Gittersymmetrie aufgrund von Fremdatomen bestimmt wird, ist die Temperaturabhängigkeit des spezifischen Widerstands wesentlich kleiner; für ausgewählte Materialzusammensetzungen[1] kann sie sogar nahezu zum Verschwinden gebracht werden.

Widerstandswert

Wird eine Probe mit konstanter Leitfähigkeit σ mit zwei Kontakten versehen und zwischen diesen eine Spannung V angelegt, so fließt ein Strom I entsprechend dem ohmschen Gesetz, d. h. es gilt $I = V/R$. Der *Widerstandswert* R läßt sich dabei nur für einfache Geometrien leicht berechnen;[2] im Fall des homogen von einem Strom durchflossenen Körpers der Länge L mit gleichförmigem Querschnitt A folgt das Resultat

$$R = \rho L/A \quad \text{bzw.} \quad G = 1/R = \sigma A/L\,. \tag{7.2}$$

Gleichung (7.2) ist nur gültig, falls die Streuung der Elektronen an der Oberfläche der Widerstandsschicht vernachlässigt werden darf. Bei Schichtdicken im Bereich weniger Nanometer, wie sie z. B. in hochohmigen Widerstandsschichten Verwendung finden, ist dies jedoch i. allg. nicht erfüllt. Die zusätzlich zu berücksichtigende *Oberflächenstreuung* führt dann zu einem höheren Widerstandswert als nach Gl. (7.2) zu erwarten wäre [1, 2].

Ausbreitungswiderstand

Für sehr kleine Kontaktflächen wird der Widerstandswert weitgehend unabhängig von der Probengeometrie nur durch die Kontaktfläche und den spezifischen Widerstand bestimmt. Als Beispiel wird eine Scheibe der Dicke D betrachtet, deren Rückseite auf Massepotential liegt. Auf der Oberseite befinde sich eine kreisförmige Elektrode vom Durchmesser $2a$ (vgl. Abb. 7.1). Der Wert von a sei so klein gegenüber dem Radius der Scheibe, daß dieser als unendlich angenommen werden kann. Selbst für dieses vermeintlich einfache Problem läßt sich der Widerstandswert zwischen der Deckelektrode und der Rückseite nicht durch einen geschlossenen analytischen Ausdruck angeben. Für $D \gg a$ läßt sich jedoch die Näherung

$$R \approx \frac{\rho}{4a}\,\frac{1}{1+\xi+\xi^2} \quad \text{mit} \quad \xi = \frac{2\ln(2)}{\pi}\,\frac{a}{D} \tag{7.3}$$

---

[1] Insbesondere Legierungen von Kupfer (Cu), Nickel (Ni) und Mangan (Mn) haben diesbezüglich größere technische Bedeutung erlangt. Beispiele sind die Materialien CuNi45Mn1 (Konstantan), CuMn12Ni2 (Manganin) und CuMn12AlFe (Novokonstant).

[2] Im allgemeinen Fall muß von den Gleichungen $\boldsymbol{J} = \sigma \boldsymbol{E}$ und $\nabla \cdot \boldsymbol{J} = 0$ (gültig im stationären Fall) ausgegangen werden. Mit $\boldsymbol{E} = -\nabla\psi$ führen diese auf die Laplace-Gleichung $\nabla^2\psi = 0$ für das elektrostatische Potential ψ. Diese ist für das Widerstandsvolumen als „gemischtes Randwertproblem" zu lösen: An den Kontakten ist als Randwert das Potential vorgegeben, ansonsten muß die Forderung $\boldsymbol{J} \cdot \boldsymbol{n} = 0$ erfüllt sein, d. h. die Stromdichte darf abseits der Kontakte nur eine Komponente parallel zur Oberfläche besitzen.

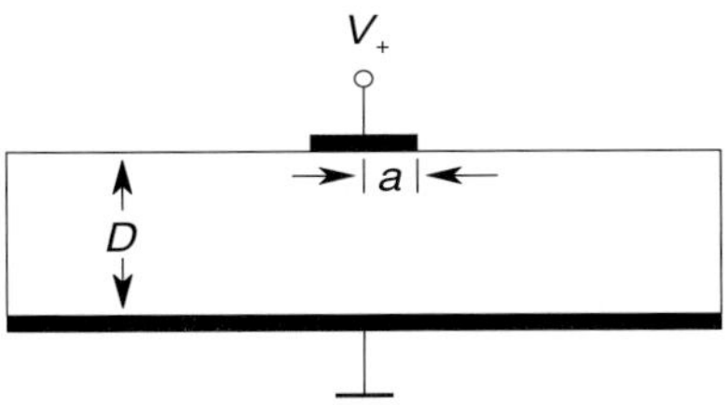

Abb. 7.1. Zur Berechnung des Ausbreitungswiderstands

finden [3, 4]. Für $D \to \infty$ bzw. $a/D \to 0$ folgt $R \approx \rho/(4a)$, d. h. der Widerstand wird hier nur noch durch den sog. *Ausbreitungswiderstand* $\rho/(4a)$ bestimmt. Dessen Wert hängt einzig vom Radius des Kontakts und dem spezifischen Widerstand der Scheibe ab.[3]

Skineffekt

Bei einem Gleichstrom führenden Leiter wird der gesamte Querschnitt von Strom durchsetzt. Bei Wechselstrom führenden Leitern fließt der Strom im wesentlichen in einer dünnen Schicht der Dicke

$$\delta = \sqrt{2\rho/(\omega\mu)} \tag{7.4}$$

an der Oberfläche des Leiters. Ursache dieses als *Skineffekt* bezeichneten Phänomens ist das mit dem Wechselstrom verbundene magnetische Wechselfeld [5, 6]. Dieses induziert Ströme im Leiterinneren, die nach der Lenzschen Regel entgegengesetzt zum induzierenden Stromfluß orientiert sind. Die Überlagerung von induzierender und induzierter Stromdichte erklärt die Abnahme der Stromdichte zum Leiterinneren. Die Größe δ wird als *Eindringtiefe*, *Leitschichtdicke* oder *Skintiefe* (englisch: *skin depth*), bezeichnet – sie bestimmt den Abfall des Betrags der Stromdichte mit dem Abstand x von der Leiteroberfläche: Für ebene Leiter gilt [7]

$$J(x) = J(0)\mathrm{e}^{-x/\delta} .$$

Bandleiter. Der Widerstand einer ebenen Leiterbahn der Dicke D, Länge L und Breite W läßt sich mit dem Flächenwiderstand $R_\mathrm{F} = \rho/D$ berechnen als $R = R_\mathrm{F} L/W$. Genügt die Dicke D des Leiters der Beziehung $D < 2\delta$, so kann für R_F der Wert ρ/D verwendet werden (Fehler kleiner als 10 %, [8]). Aus $D = 2\delta$ folgt eine Grenzfrequenz f_gs, unterhalb der der Skineffekt im Bandleiter vernachlässigbar ist

$$f_\mathrm{gs} = \frac{4\rho}{\pi\mu D^2} = \frac{4R_\mathrm{F}(0)}{\pi\mu D} \approx 1.01\,\mathrm{GHz} \cdot \frac{R_\mathrm{F}(0)}{\mathrm{m}\Omega} \cdot \frac{\mu\mathrm{m}}{D} . \tag{7.5}$$

[3]Dies wird beispielsweise bei der sog. Spreading-resistance-Methode ausgenützt, mit der in der Halbleitertechnologie der spezifische Widerstand von Halbleiterproben nahezu beliebiger Geometrie gemessen werden kann.

Mit zunehmender Frequenz wird δ immer kleiner. Gilt $D > 5\delta$, so ergibt sich näherungsweise $R_F = \rho/2\delta$, d. h. der Flächenwiderstand reduziert sich unter diesen Umständen auf den einer Schicht der Dicke 2δ (entsprechend einer leitenden Schicht der Dicke δ an Ober- und Unterseite der Leiterbahn). Bei hohen Frequenzen steigt der Flächenwiderstand bandförmiger Leiter demnach proportional zu $\sqrt{f}$ an. Mit $R_F(0) = \rho/D$ gilt für Frequenzen $f \gg f_{gs}$

$$R_F(f) \approx \frac{1}{2}\sqrt{\pi\mu\rho f} = R_F(0)\sqrt{f/f_{gs}} \,. \tag{7.6}$$

In doppeltlogarithmischer Auftragung resultiert die in Abb. 7.2 skizzierte Abhängigkeit des Flächenwiderstands von der Frequenz.

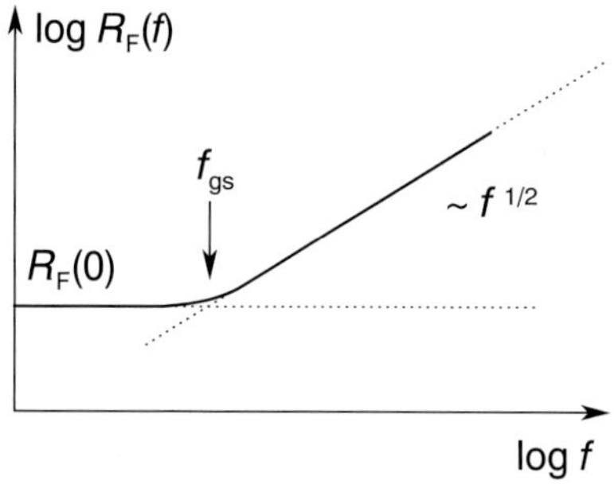

Abb. 7.2. Zum Skineffekt

Beispiel 7.1.1 Für eine Kupferleiterbahn der Dicke $D = 35\,\mu m$ ergibt sich aus dem Flächenwiderstand $R_F(0) = 0.486\,m\Omega$ der Wert $f_{gs} \approx 14\,MHz$. Bei einem spezifischen Widerstand von $1\,m\Omega cm$ und einer Schichtdicke von $D = 0.5\,\mu m$ folgt andererseits $R_F = 20\,\Omega$; der zugehörige Wert von f_{gs} resultiert hieraus zu annähernd $40\,THz$. In dünnen und hochohmigen Widerstandsschichten kann der Skineffekt demnach vernachlässigt werden. Dies wird bei der Herstellung von Schichtwiderständen für die Hochfrequenztechnik ausgenutzt. Δ

Zylindrische Drähte. Für zylindrische Drähte (Durchmesser D) wird der Einfluß des Skineffekts ebenfalls durch das Verhältnis D/δ und damit durch die Grenzfrequenz f_{gs} bestimmt. Für Kupferdraht folgt mit $\mu \approx \mu_0$ und $\rho_{Cu} \approx 1.7\,\mu\Omega cm$

$$f_{gs} = \frac{4\rho}{\pi\mu D^2} = 17.2\,kHz \cdot \left(\frac{1mm}{D}\right)^2 . \tag{7.7}$$

Bezeichnet $R'_0 = 4\rho/(\pi D^2)$ den Widerstandsbelag (Widerstand je Längeneinheit) bei Gleichbetrieb, so gelten die in Tabelle 7.1 aufgeführten Näherungen [8] für den Widerstandsbelag bei Wechselbetrieb mit der Frequenz f. Bei hohen Frequenzen ist der Widerstandsbelag durch eine oberflächennahe Schicht der Dicke δ bestimmt; wie beim Bandleiter resultiert ein Anstieg $R'(f) \sim \sqrt{f}$.

Tabelle 7.1 Skineffekt zylindrischer Drähte

Frequenz	$\frac{f}{f_{gs}} < 1$	$1 < \frac{f}{f_{gs}} < 4$	$4 < \frac{f}{f_{gs}} < 25$	$25 < \frac{f}{f_{gs}}$
$\frac{R'(f)}{R'_0}$	1	$1 + 0.02\left(\frac{f}{f_{gs}}\right)^2$	$\frac{1}{4} + \frac{1}{2}\sqrt{\frac{f}{f_{gs}}}$	$\frac{1}{2}\sqrt{\frac{f}{f_{gs}}}$

HF-Litze. Bis zu Frequenzen von ca. 10 MHz kann der Widerstandsanstieg aufgrund des Skineffekts durch sog. HF-Litze deutlich reduziert werden. Diese besteht aus einem Geflecht sehr dünner ($D \leq 0.1$ mm), voneinander isolierter Drähte. Wegen der geringen Drahtstärke wird der Skineffekt im Einzeldraht erst sehr spät wirksam. Durch Verflechten der Einzeldrähte wird sichergestellt, daß jeder Einzeldraht jede Lage im Querschnitt gleich oft einnimmt. Dadurch hat jeder Einzeldraht gleiche Betriebsbedingungen [7] und kann denselben Strom führen. Die Hauptanwendung der HF-Litze liegt in der Realisierung von Spulen und Übertragern im Frequenzbereich von 1 MHz bis 10 MHz. Bei geringeren Frequenzen ist die HF-Litze gegenüber massiven Drähten wegen ihres – aufgrund der Isolation – geringeren Leiterquerschnitts benachteiligt. Bei Frequenzen $f > 10$ MHz macht sich eine kapazitive Kopplung zwischen den isolierten Drähten störend bemerkbar, die HF-Litze bringt hier keinen Gewinn mehr.

7.2 Ohmsche Widerstände

Um den vielfältigen Anforderungen an ohmsche Widerstände gerecht zu werden, wurde ein breites Spektrum von Bauformen entwickelt. Auswahlkriterien für Widerstände sind die Belastbarkeit und Wärmeableitung, die zulässige Widerstandstoleranz, Langzeitstabilität und Zuverlässigkeit, Temperaturabhängigkeit, parasitäre induktive und kapazitive Anteile, Rauschverhalten und Störspannungen, Empfindlichkeit gegenüber Feuchtigkeit und der Preis.

7.2.1 Kenngrößen und Ersatzschaltung realer Widerstände

Für Widerstände wird der *Nennwert* R_N, bezogen auf $\vartheta_0 = 25°C$, gemeinsam mit der Toleranz (in %) angegeben. Die Toleranz bezieht sich dabei auf die zulässige relative Abweichung vom Nennwert; die relative Streubreite der Widerstandswerte innerhalb einer Herstellungscharge ist i. allg. wesentlich kleiner. Käufliche Widerstände sind nahezu ausschließlich entsprechend den *E-Reihen* nach DIN 41425 abgestuft. Die *Normwertreihe* En ($n = 6, 12, 24, 48, 96, 192$) ordnet jeder Dekade der Widerstandsskala n Widerstandswerte zu, wobei aufeinanderfolgende Widerstandswerte durch

$$R_{k+1} = R_k \cdot 10^{1/n}$$

miteinander verknüpft sind. Der Grad der Unterteilung wird dabei passend zur spezifizierten Toleranz gewählt: für Toleranzen ±10% etwa die Reihe E12 (mit $n = 12$), für Toleranzen ±5% die Reihe E24 (mit $n = 24$).

Die Aufteilung der Dekade zwischen 100 Ω und 1000 Ω für die Reihen E6, E12 und E24 ist in den folgenden Beispielen angegeben

E6 : 100 Ω, 150 Ω, 220 Ω, 330 Ω, 470 Ω, 680 Ω

E12: 100 Ω, 120 Ω, 150 Ω, 180 Ω, 220 Ω, 270 Ω, 330 Ω, 390 Ω, 470 Ω, 560 Ω, 680 Ω, 820 Ω

E24: 100 Ω, 110 Ω, 120 Ω, 130 Ω, 150 Ω, 160 Ω,180 Ω, 200 Ω, 220 Ω, 240 Ω, 270 Ω, 300 Ω, 330 Ω, 360 Ω, 390 Ω, 430 Ω, 470 Ω, 510 Ω, 560 Ω, 620 Ω, 680 Ω, 750 Ω, 820 Ω, 910 Ω

Tabelle 7.2 Farbcode für Widerstände

Kennfarbe	1.Ring	2.Ring	(3.Ring)	Multiplikator	Toleranz	(TK)
silber	-	-	-	10^{-2}	10 %	–
gold	-	-	-	10^{-1}	5%	–
schwarz	-	0	0	10^{0}	–	±250 ppm/K
braun	1	1	1	10^{1}	1 %	±100 ppm/K
rot	2	2	2	10^{2}	2 %	±50 ppm/K
orange	3	3	3	10^{3}	–	±15 ppm/K
gelb	4	4	4	10^{4}	–	±25 ppm/K
grün	5	5	5	10^{5}	0.5 %	±20 ppm/K
blau	6	6	6	10^{6}	0.25 %	±10 ppm/K
violett	7	7	7	10^{7}	0.1 %	±5 ppm/K
grau	8	8	8	10^{8}	0.05 %	±1 ppm/K
weiß	9	9	9	10^{9}	–	–

Bedrahtete Schichtwiderstände werden in der Regel mit mehreren Farbringen gekennzeichnet. Weit verbreitet ist dabei der 4 Ring-Farbcode nach DIN 41429 (vgl. Abb. 7.3). Insbesondere für Präzisionswiderstände wird gelegentlich der 6 Ring-Farbcode nach IEC 62 verwendet; bei diesem liefert der dritte Ring eine zusätzliche signifikante Stelle des Widerstandswerts und der sechste Ring den Temperaturkoeffizient (TK) des Widerstands, die übrigen Ringe weisen dieselbe Bedeutung auf: Dabei bezeichnet der letzte Ring meistens die Toleranz[4] , der vorletzte den Multiplikator und die davor liegenden zwei oder drei Ringe die Ziffern entsprechend dem in Tabelle 7.2 angegebenen Farbcode. Die Reihenfolge der Farbkennzeichen wird dann richtig abgelesen, wenn der Abstand zwischen dem letzten und dem vorletzten Zeichen größer ist als der

[4] Auch *Grenzabweichung*, das ist die spezifizierte, maximal zulässige relative Abweichung des Widerstandswerts vom Nennwert bei der Bezugstemperatur.

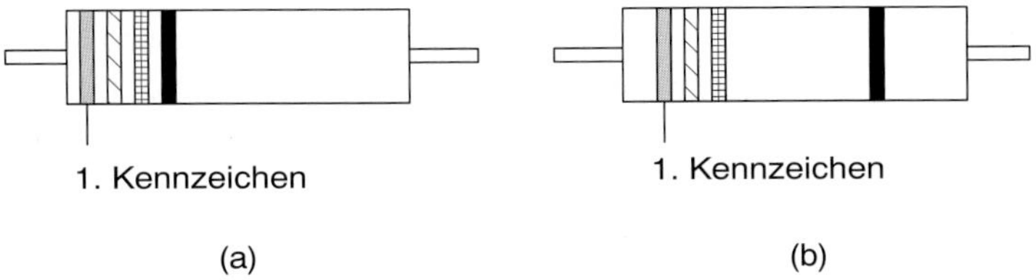

Abb. 7.3. Farbcode für Widerstände (DIN41429)

Abstand zwischen den übrigen benachbarten Kennzeichen. Haben alle Kennzeichen denselben Abstand zu ihren Nachbarn, so liegt das erste Kennzeichen näher an einem der Anschlüsse als das letzte. Alternativ zur Farbkennzeichnung kann der Nennwiderstandswert auch durch Kennziffern und Kennbuchstaben angegeben werden.

Die Änderung des Widerstandswerts mit der Temperatur wird durch den *linearen Temperaturkoeffizienten* (TK) α_R ausgedrückt (vgl. Kap. 5.3). Dieser ist definiert als die relative Änderung des Widerstandswerts bei der Bezugstemperatur ϑ_0. Für genauere Rechnungen wird eine Entwicklung bis zur 2. Ordnung verwendet

$$R(\vartheta) \approx R_\mathrm{N}\left[1+\alpha_\mathrm{R}(\vartheta-\vartheta_0)+\alpha_\mathrm{R2}(\vartheta-\vartheta_0)^2\right] , \tag{7.8}$$

wobei α_R2 den *quadratischen TK* des Widerstands angibt.

Grenzdaten. Die im Widerstand umgesetzte Verlustleistung P darf wegen der damit verbundenen Erwärmung des Bauelements einen bauartspezifischen Wert, die *Nennbelastbarkeit* P_N, nicht überschreiten. Der Wert von P_N bezieht sich auf den Gleichstrombetrieb bis zu einer spezifizierten Umgebungstemperatur $\vartheta_\mathrm{A,N}$ ohne zusätzliche Kühlmaßnahmen. Meist wird $\vartheta_\mathrm{A,N} = 70°\mathrm{C}$ angenommen und die zugehörige Nennbelastbarkeit als P_{70} angegeben. Nimmt die Umgebungstemperatur zu, so nimmt die maximal zulässige Verlustleistung ab. Dies wird durch *Lastminderungskurven* in den Datenblättern beschrieben (vgl. Kap. 5.3). Wird nur kurzfristig Leistung im Widerstand umgesetzt (Pulsbetrieb), so sind um so größere Werte der maximalen Leistung verträglich, je kürzer das Zeitintervall ist, in dem die Leistung umgesetzt wird. Die *Pulsbelastbarkeit* ist dabei von der Ausführung des Widerstands abhängig. Bei Schichtwiderständen nimmt die Pulsbelastbarkeit gewöhnlich mit der Schichtdicke zu – Widerstandsschichten mit höherem spezifischem Widerstand weisen hier Vorzüge gegenüber solchen mit geringem spezifischem Widerstand auf.

Die *maximale Spannung* V_max, die an einen Widerstand angelegt werden darf, berechnet sich aus der Nennbelastbarkeit und dem Widerstandswert

$$V_\mathrm{max} = \sqrt{P_\mathrm{N}R} . \tag{7.9}$$

Neben dieser, durch die Nennbelastbarkeit bestimmten Grenze, ist bei hochohmigen Widerständen die durch die verwendete Isolation bestimmte *Grenzspannung* zu beachten, die zusätzlich in den Datenblättern spezifiziert ist. Für spezielle Anwendungen (z. B. Vorschaltwiderstände in Vielfachmeßgeräten und Spannungsteilern, Hochspannungstastköpfe) sind beispielsweise Hochspannungskohleschichtwiderstände mit Grenzspannungen bis 10 kV erhältlich.

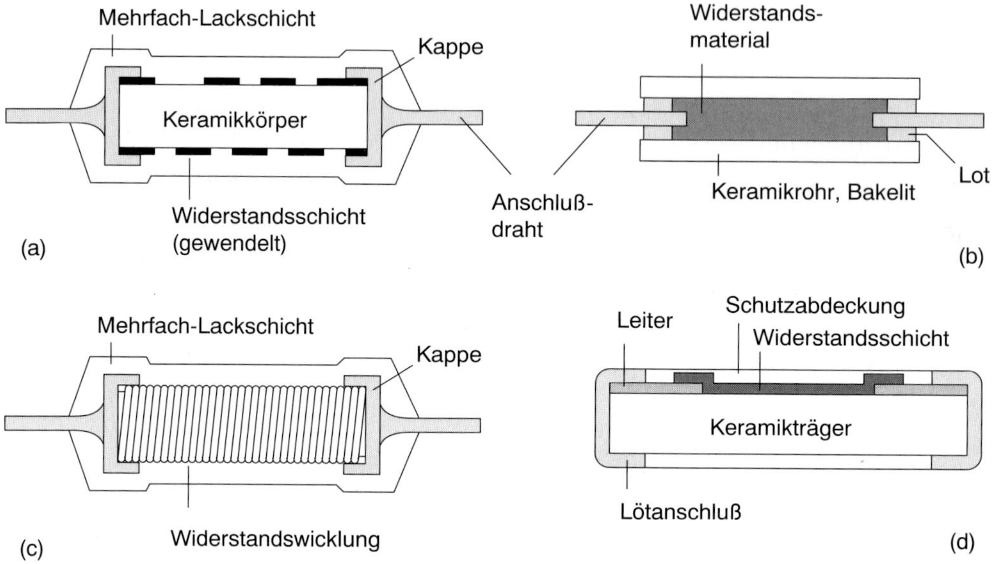

Abb. 7.4. Bauformen ohmscher Widerstände. (**a**) Schichtwiderstand, (**b**) Massewiderstand, (**c**) Drahtwiderstand und (**d**) Dünnschichtwiderstand

Bauformen. Widerstände sind als bedrahtete und als unbedrahtete Bauteile für SMT-Montage erhältlich; Abb. 7.4 erläutert die gebräuchlichen Ausführungen. Bedrahtete Widerstände werden vorzugsweise als Schichtwiderstände (Abb. 7.4 a) auf zylindrischen Keramikträgern hergestellt; daneben sind Massewiderstände (Abb. 7.4 b) und Drahtwiderstände (Abb. 7.4 c) erhältlich.

Tabelle 7.3 Bauformen für Schichtwiderstände in zylindrischer Form

Bauform	0204	0207	0309	0411	0414	0617	0922	0933
Länge/mm	4	7	9	11	14	17	22	33
Durchmesser/mm	2	2	3	4	4	6	9	9
$R_{\mathrm{th}}/(\mathrm{K/W})$	400	250	210	160	150	120	75	65
P_{70}/W	0.14	0.22	0.26	0.34	0.37	0.46	0.73	0.85

Der Wärmewiderstand R_{th} zwischen Widerstand und Umgebung – und damit die Nennbelastbarkeit – wird durch die Baugröße[5] des Widerstandskörpers bestimmt. Tabelle 7.3 zeigt dies für zylindrische Schichtwiderstände

[5] In ruhender Luft liegt die Nennbelastbarkeit P_{70} (abhängig von der zulässigen Oberflächentemperatur) in der Größenordnung von 0.5 W je cm^2 Oberfläche.

unterschiedlicher Bauform.[6] Die Werte für die Nennbelastbarkeit P_{70} sind dabei bezogen auf eine maximale Oberflächentemperatur ϑ_C von 125°C, d. h. $P_{70} = (\vartheta_C - 70°C)/R_{th}$. Widerstände für SMT-Montage stehen als Dickschicht- und Dünnschichtwiderstände in quaderförmiger Bauweise (Chip-Form) zur Verfügung (vgl. Abb. 7.4 d) – Tabelle 7.4 zeigt die Abmessungen[7] und Grenzdaten derartiger Widerstände.

Tabelle 7.4 Bauformen für Schichtwiderstände in chip-Form

Bauform	0503	0505	0805	1005	1505	1010	2010	1206
Länge/mm	1.27	1.27	1.98	2.54	3.81	2.54	5.08	3.20
Breite/mm	0.76	1.27	1.27	1.27	1.27	2.54	2.54	1.60
Höhe/mm	0.51	0.51	0.51	0.51	0.51	0.51	0.51	0.51
P_{70}/mW	50	75	100	150	350	500	1000	250
V_{max}/V	40	40	50	50	50	100	200	200

Neben den oberflächenmontierbaren Widerständen in quaderförmiger Bauweise gibt es solche mit zylindrischer Bauform. Diese mit MELF[8] gekennzeichneten Widerstände liegen in der Bauform 0207 (MELF), 0204 (MINI-MELF) und 0102 (MICROMELF, Durchmesser $\leq$ 1.1 mm, Länge $\leq$ 2.1 mm) vor. MICROMELF-Widerstände lassen sich als Durchführungswiderstände in Platinen einsetzen, wobei sie direkt in einer Bohrung in der Leiterplatte montiert werden.

Frequenzabhängigkeit. In der Praxis verwendete Widerstände sind nichtideal und weisen eine vom ohmschen Verhalten abweichende *Frequenzabhängigkeit* auf. Ursachen hierfür sind eine mit den Zuleitungen und der stromführenden Widerstandsschicht verbundene Induktivität, eine kapazitive Kopplung zwischen verschiedenen Elementen des Widerstands sowie der Skineffekt [7].[9] Ein genaues Erfassen aller Effekte erfordert eine komplizierte Ersatzschaltung, deren Anwendung für praktische Rechnungen sehr mühsam wäre.

Die Betrachtungen beschränken sich deshalb auf die Abb. 7.5 dargestellte vereinfachte Ersatzschaltung,[10] die zusätzlich zum ohmschen Widerstand R eine *Serieninduktivität* L, sowie eine *Parallelkapazität* C zwischen den beiden

---

[6] Die erste und zweite Ziffer bezeichnen den typischen Durchmesser, die dritte und vierte Ziffer die maximale Länge des Widerstandskörpers in mm.

[7] Die erste und zweite Ziffer bezeichnen dabei die maximale Länge in zehntel Zoll, die dritte und vierte Ziffer die maximale Breite in zehntel Zoll. Im Zuge fortschreitender Miniaturisierung kommen in der Fertigung auch die Baugrößen 0402 (1 mm×0.5 mm) und 0201 (0.5 mm×0.25 mm) zum Einsatz.

[8] Abkürzend für metal electrode face bonding.

[9] Ein Anstieg des Widerstandswerts durch den Skineffekt kann, wie in Beispiel 7.1.1 gezeigt, durch Schichtwiderstände aus dünnen Schichten geringer Leitfähigkeit weitgehend vermieden werden.

[10] Kompliziertere Ersatzschaltungen werden z. B. in [9] untersucht.

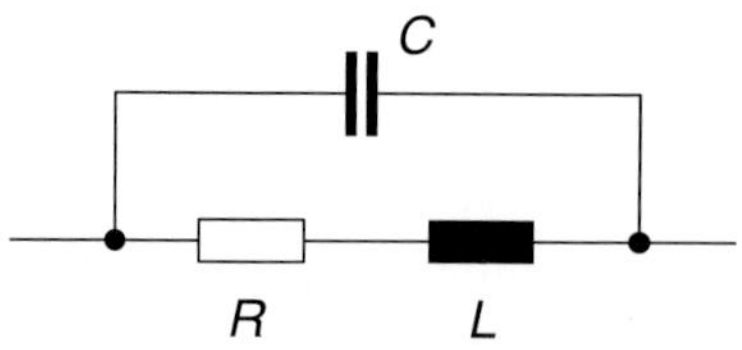

Abb. 7.5. Ohmscher Widerstand: Einfache Ersatzschaltung zur Beschreibung der Frequenzabhängigkeit

Anschlüssen berücksichtigt. Bei Schichtwiderständen liegt die Parallelkapazität in der Größenordnung 1 pF, die Serieninduktivität bei 10 nH (abhängig von der Länge des Anschlußdrahts). Die Admittanz des Widerstands ergibt sich aus der Ersatzschaltung zu

$$\underline{Y} = \frac{1}{R + \mathrm{j}\omega L} + \mathrm{j}\omega C = \frac{1}{R}\left(\frac{1}{1+\mathrm{j}\omega\tau_{\mathrm{L}}} + \mathrm{j}\omega\tau_{\mathrm{C}}\right) \tag{7.10}$$

mit den Zeitkonstanten $\tau_{\mathrm{L}} = L/R$ und $\tau_{\mathrm{C}} = RC$. Ohne besondere Maßnahmen wird bei kleinen Widerstandswerten ($< 200\,\Omega$) der Term mit τ_{L} und damit der Einfluß der Induktivität überwiegen, da τ_{L} umgekehrt proportional zu R ist. Die Größe τ_{C} auf der anderen Seite wächst proportional zu R an; bei großen Widerstandswerten ($> 1\,\mathrm{k}\Omega$) wird deshalb der Einfluß der Kapazität dominieren. Bei der Herstellung niederohmiger Widerstände ist daher besonders auf eine *induktivitätsarme* Ausführung zu achten, bei der Herstellung hochohmiger Widerstände auf eine *kapazitätsarme* Ausführung.

Zur Frequenzabhängigkeit. Aus (7.10) resultiert die Impedanz

$$\underline{Z} = R\frac{1+\mathrm{j}\omega\tau_{\mathrm{L}}}{1+\mathrm{j}\omega\tau_{\mathrm{C}} - \omega^2\tau_{\mathrm{C}}\tau_{\mathrm{L}}}$$

Werden nur Terme bis zur 2. Ordnung von ω berücksichtigt, so ergibt sich die Näherung

$$\underline{Z} \approx R(\omega)(1+\mathrm{j}\omega\tau)$$

wobei $\tau = \tau_{\mathrm{L}} - \tau_{\mathrm{C}}$ und

$$R(\omega) = \frac{R}{1+\omega^2\tau_{\mathrm{C}}(\tau_{\mathrm{C}} - 2\tau_{\mathrm{L}})} \approx \mathrm{Re}(\underline{Z})$$

gilt. Ist $\tau_{\mathrm{C}} > 2\tau_{\mathrm{L}}$, so ist der 2. Term im Nenner positiv und $R(\omega)$ sinkt mit steigender Frequenz; im Fall $\tau_{\mathrm{C}} < 2\tau_{\mathrm{L}}$ ist der 2. Term im Nenner negativ und verursacht einen Anstieg von $R(\omega)$ mit der Frequenz. Der Imaginärteil von $\underline{Z}$ verschwindet (in der betrachteten Näherung, falls $\tau_{\mathrm{C}} = \tau_{\mathrm{L}}$ gilt.

Die Frequenzabhängigkeit des Realteils der Impedanz verschiedener ohmscher Widerstände ist in Abb. 7.6 zu sehen. Für kleine Widerstandswerte R wird bei hohen Frequenzen eine Zunahme von $\mathrm{Re}(\underline{Z})$ beobachtet, was auf induktive Effekte und den Skineffekt zurückzuführen ist. Für große Werte von R folgt aufgrund der kapazitiven Kopplung eine Abnahme von $\mathrm{Re}(\underline{Z})$ mit zunehmender Frequenz. Diese ist um so ausgeprägter, je größer der Wert von R

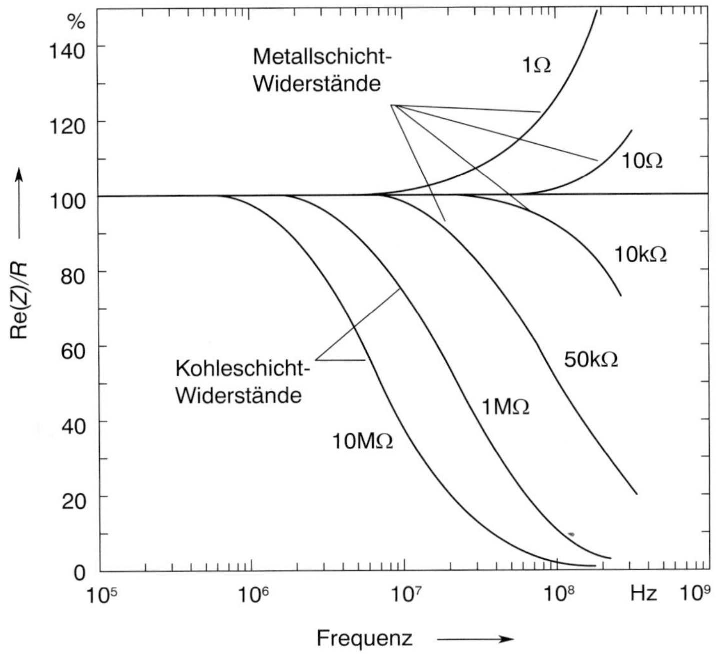

Abb. 7.6. Frequenzabhängigkeit ohmscher Widerstände

ist. Die Induktivität eines Widerstands wird durch die Energie des den stromdurchflossenen Widerstand umgebenenden Magnetfelds bestimmt. Wird das Volumen des vom Feld erfüllten Raums durch eine Abschirmung (Einbau des Widerstands in einen koaxialen Rückleiter) begrenzt, so gelangt man zu besonders induktivitätsarmen Bauformen. Die besten HF-Eigenschaften werden mit einer nicht gewendelten, dünnen (wegen des Skineffekts) Widerstandsschicht auf einem kleinen zylindrischen Widerstandskörper mit geringen dielektrischen Verlusten und einem großen Verhältnis von Länge zu Durchmesser erzielt. Durch Wendelung bei größeren Widerstandswerten R erhöht sich mit R auch die Induktivität L, wobei das Verhältnis $\tau_\mathrm{L} = L/R$ annähernd konstant bleibt.

Rauschen. Jeder Widerstand zeigt das bereits in Kap. 3 beschriebene thermische Rauschen mit der temperaturabhängigen Rauschleistung

$$P = \overline{v_\mathrm{n}^2}/R = 4\,k_\mathrm{B}T\Delta f \tag{7.11}$$

im Frequenzintervall Δf. Das Rauschverhalten von drahtgewickelten Widerständen und von Metallschichtwiderständen wird bei hochwertiger Kontaktierung nahezu ausschließlich durch das thermische Rauschen bestimmt.

Bei Stromdurchgang zeigen Widerstände zusätzlich zum thermischen Rauschen ein $1/f$-Rauschen, das sog. *Stromrauschen*, das bei niederen Frequenzen deutlich über dem thermischen Rauschen liegt. Dieses $1/f$-*Rauschen* wird insbesondere in polykristallinen Widerstandsschichten, wie sie in Kohleschichtwiderständen oder polykristallinen Halbleiterwiderständen (vgl. Kap. 13) vorliegen, beobachtet; das Stromrauschen nimmt mit steigender Frequenz ab und ist für $f > 20$ kHz meistens vernachlässigbar klein. Das besonders bei schlechter Kontaktierung der Widerstandsschicht auftretende *Kontaktrauschen* ist ein weiterer Mechanismus, der zu erhöhtem Rauschen führt.

Ursache des Stromrauschens ist eine zeitliche Fluktuation $\Delta R(t)$ des Widerstandswerts. Wird der Widerstand von einem Strom I durchflossen, so verursachen die Widerstandsschwankungen eine Rauschspannung

$$v_{\mathrm{n}}(t) = I\Delta R(t) = V\Delta R(t)/R\,.$$

Eine empirische Untersuchung des an unterschiedlichen Metall- und Halbleiterwiderständen gemessenen $1/f$-Rauschens durch Hooge [10] zeigte, daß die Spektralfunktionen $S_v^{(1/f)}(f)/V^2$ bzw. $S_i^{(1/f)}(f)/I^2$ umgekehrt proportional zur Zahl N der beweglichen Ladungsträger im Widerstandsvolumen sind[11]

$$\frac{1}{V^2}\,S_v^{(1/f)}(f)\bigg|_{I=\mathrm{const.}} = \frac{1}{I^2}\,S_i^{(1/f)}(f)\bigg|_{V=\mathrm{const.}} = \frac{\alpha_{\mathrm{H}}}{Nf}\,. \tag{7.12}$$

Diese Gleichung wird i.allg. als *Hooge-Relation* bezeichnet; der sog. Hooge-Parameter α_{H} weist, abhängig von der Kristallqualität typischerweise Werte zwischen 10^{-4} und $2 \cdot 10^{-3}$ auf [10]. Als Ursache des $1/f$-Rauschens in einkristallinen Widerständen werden v.a. Schwankungen der Beweglichkeit angesehen [11].

Da die Anzahl der beweglichen Ladungsträger proportional zum Volumen ansteigt, folgt aus der Hooge-Relation, daß das Stromrauschen umgekehrt proportional zum Volumen der Widerstandsschicht ist. Es ist deshalb bei kleinen Widerständen besonders stark ausgeprägt. Für den Effektivwert der durch $1/f$-Rauschen bedingten Rauschspannung im Frequenzintervall $[f_1, f_2]$ folgt wegen $1/N \sim 1/(LA) \sim R/L^2$ aus (7.12)

$$\frac{1}{V}\sqrt{\int_{f_1}^{f_2} S_v^{(1/f)}(f)\,\mathrm{d}f} \;\sim\; \frac{1}{L}\sqrt{R\ln\left(\frac{f_2}{f_1}\right)}\;;$$

das Verhältnis der durch das Stromrauschen bedingten Rauschspannung zum Spannungsabfall am Widerstand steigt demnach näherungsweise proportional zu $\sqrt{R}$ an.[12]

[11] Eine solche Abhängigkeit ist prinzipiell zu erwarten, falls das $1/f$-Rauschen als Überlagerung des Beitrags von N unabhängigen Elektronen zustande kommt. In diesem Fall ist $S_i \sim N$ und $I^2 \sim N^2$, so daß $S_i/I^2 \sim 1/N$ resultiert [11].

[12] Dies stimmt auch mit Meßresultaten für Kohleschichtwiderstände überein, wonach [9]

$$\frac{S_v^{(1/f)}(f)}{V^2} \approx c^2\,\frac{R/\mathrm{M}\Omega}{(L/\mathrm{dm})^2}\cdot\frac{1}{f} \tag{7.13}$$

gilt; dabei bezeichnet c eine Konstante zwischen 0.1 und 1 und L die Länge der Widerstandsschicht.

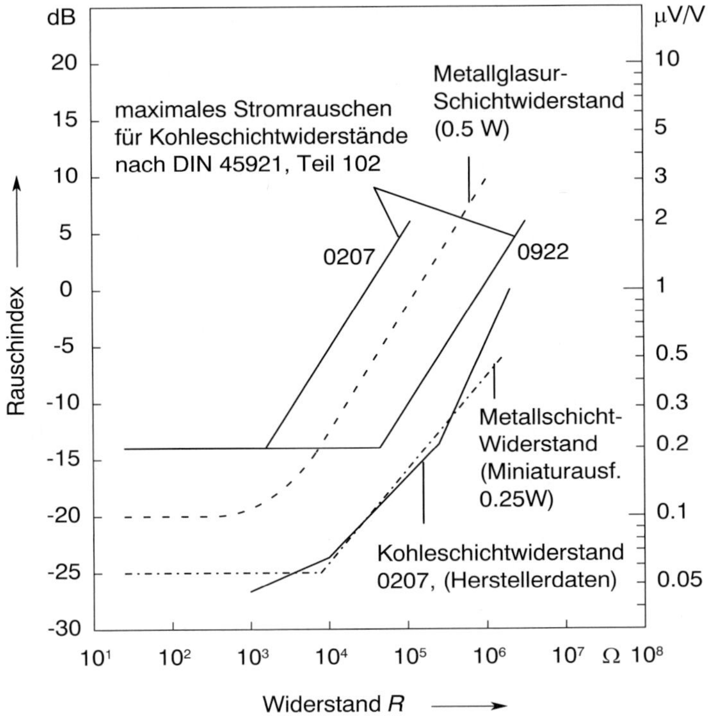

Abb. 7.7. Rauschindex ohmscher Widerstände

Der *Rauschindex* A_I für das Stromrauschen ist durch das Verhältnis des Effektivwerts der durch das Stromrauschen im Band von f_1 bis $f_2 = f_1 + \Delta f$ bedingten Rauschspannung zum Spannungsabfall V am Widerstand definiert

$$A_I \;=\; 20\,\mathrm{dB} \cdot \log\left(\sqrt{\overline{v_\mathrm{n}^2} - 4\,k_\mathrm{B} T R \Delta f}\Big/ V\right) \,. \tag{7.14}$$

Nach DIN 44049-1 wird der Rauschindex A_I für das Stromrauschen im Intervall $618\,\mathrm{Hz} < f < 1618\,\mathrm{Hz}$ bestimmt und auf den Spannungsabfall[13] am Widerstand bezogen – entweder in μV/V oder in dB (0 dB entsprechen dann einem Rauschindex von 1 μV/V). Abbildung 7.7 zeigt die Abhängigkeit des Rauschindex vom Widerstandswert für verschiedene Widerstandsmaterialien und Bauformen. Zu beachten ist die Abhängigkeit des Rauschindex von der Baugröße.

Nichtlinearität. Die Nichtlinearität ohmscher Widerstände, also die Änderung des Widerstandswerts mit der anliegenden Spannung, wird gelegentlich durch den sog. *Spannungskoeffizienten*

$$\alpha_V = \frac{1}{R}\frac{\mathrm{d}R}{\mathrm{d}V} \tag{7.15}$$

[13] Der bei der Charakterisierung des Stromrauschens am Widerstand auftretende Spannungsabfall wird in DIN 44049-1 vorgeschrieben und (abhängig von der Bauform) so gewählt, daß die im Widerstand umgesetzte Verlustleistung 250 mW oder 100 mW beträgt.

zum Ausdruck gebracht. Dieser ist für moderne Schichtwiderstände meist deutlich kleiner als 10^{-5}/V.

Nichtlinearitäten in der Strom-Spannungs-Charakteristik eines Widerstands führen zu Oberwellenanteilen im Strom, sofern der Widerstand mit einer rein sinusförmigen Spannung angesteuert wird. Zur Charakterisierung der Nichtlinearität wird der Widerstand nach DIN 44049 mit einer Wechselspannung V_1 der Frequenz 10 kHz belastet und die Urspannung E_3 der 3. Harmonischen (30 kHz) des Stroms bestimmt. Aus diesen Größen wird die *Nichtlinearität*

$$A_3 = 20\,\mathrm{dB} \cdot \log\left(V_1/E_3\right) \tag{7.16}$$

ermittelt. Hochwertige Widerstände weisen A_3-Werte von mehr als 100 dB auf.

Alterung, Zuverlässigkeit. Widerstandswerte können sich aufgrund unterschiedlicher chemischer oder physikalischer Prozesse (Oxidation, Korrosion, Elektrolyse, Diffusion, Rekristallisation) in irreversibler Weise verändern: Die *Oxidation* von Metallfilmwiderständen führt beispielsweise zu einer Reduktion der Dicke der stromführenden Widerstandsschicht. Da die Oxidschicht proportional zu $\sqrt{t}$ wächst, ergibt sich eine relative Widerstandsänderung nach dem Zeitgesetz $\Delta R/R \sim \sqrt{t}$. Dies ist durch eine, die Widerstandsschicht abschließende, Schutzschicht zu verhindern. *Rekristallisationsvorgänge* in der Widerstandsschicht führen ebenfalls zu zeitabhängigen Widerstandsänderungen in Schicht- und Drahtwiderständen.

Die Geschwindigkeit dieser irreversiblen Veränderungen nimmt mit der Temperatur zu; bei hohen Anforderungen an die *Langzeitstabilität* sollte die im Widerstand umgesetzte Verlustleistung deshalb deutlich kleiner sein als die Nennbelastbarkeit P_N. In Präzisionsdrahtwiderständen wird eine künstliche *Voralterung* durchgeführt, wobei die kaltgezogenen Drähte rekristallisieren. Durch sorgfältiges Vorgehen[14] lassen sich Drahtwiderstände mit einer Drift $<$ 10 ppm über eine Betriebszeit von 10000 h herstellen.

Bei Widerständen für erhöhte Anforderungen ist die maximal zulässige relative Widerstandsänderung (*Drift*) $(\Delta R/R)_{t_\mathrm{N}}$ für die Betriebszeit $t_\mathrm{N} =$ 8000 h bei der Oberflächentemperatur $\vartheta_\mathrm{C} = 125°\mathrm{C}$ spezifiziert. Für andere Oberflächentemperaturen und andere Betriebszeiten werden Korrekturfaktoren angegeben. Die Langzeitstabilität niederohmiger Widerstände ist dabei wegen der größeren Schichtdicken i. allg. deutlich besser als die hochohmiger Widerstände.

Bei Schaltungen mit dicht gepackten Bauelementen tritt eine gegenseitige Erwärmung der Bauteile über die Anschlußdrähte auf. Die umgesetzte Leistung sollte hier stets unter der zulässigen Verlustleistung liegen, um ei-

[14] Vermeiden von mechanischen Spannungen beim Wickeln, Ausheizen über mehrere Tage vor Kalibrierung des Widerstands.

Abb. 7.8. Lastminderung bei Reihenschaltung

ne Verringerung der Lebensdauer auszuschließen. Für Reihenschaltungen von Widerständen derselben Bauform wird die in Abb. 7.8 angegebene Verringerung der Verlustleistung vorgeschlagen. Die im mittleren Widerstand einer Reihenschaltung von fünf identischen Widerständen umgesetzte Leistung sollte demnach nur 40 % von P_N betragen. Bei einer Reihenschaltung von zwei Widerständen reduziert sich P_N auf 90 %.

Zuverlässigkeitsprobleme bei Schichtwiderständen können insbesondere bei geringen Schichtdicken auftreten: Da die Schicht gewöhnlich nicht überall dieselbe Dicke aufweist, besteht die Gefahr der lokalen Überhitzung mit der Folge einer Unterbrechung. Die *Ausfallrate* von Widerständen hängt von Bauform, Widerstandswert, Umgebungstemperatur sowie dem Verhältnis von tatsächlicher zu zulässiger Verlustleistung ab. In Datenblättern wird sie meist für einen Betrieb bei der Nennbelastbarkeit P_{70} spezifiziert.

Exemplarisch werden die in DIN45921-103 spezifizierten, maximalen Ausfallraten für Kohleschichtwiderstände betrachtet (Tabelle 7.5).

Tabelle 7.5 Ausfallraten für Kohleschichtwiderstände für erhöhte Anforderungen

		Ausfallrate in FIT (vgl. Kap. 5.4) für die Bauform							
ϑ_C	R_N	0204	0207	0309	0411	0414	0617	0922	0933
	bis 100 kΩ	3	1	0.1	0.01	0.01	0.01	0.1	0.1
70°C	bei 1 MΩ	30	10	1	0.1	0.1	0.1	1	1
	bei 10 MΩ	-	-	-	1	1	1	10	10
	bis 100 kΩ	100	30	3	0.3	0.3	0.3	3	3
125°C	bei 1 MΩ	1000	300	30	3	3	3	30	30
	bei 10 MΩ	-	-	-	30	30	30	300	300

Hinweise auf die Zuverlässigkeit eines Widerstands können aus Messungen der Nichtlinearität und des Stromrauschens gewonnen werden. Rißbildung in der Widerstandsschicht verursacht, wegen der damit verbundenen Stromeinschnürung, eine lokale Erwärmung der Widerstandsschicht $\sim I^2$, die zu Abweichungen vom ohmschen Gesetz führt. Deshalb sollten Widerstände mit erhöhter Nichtlinearität in Schaltungen mit hohen Anforderungen an die Zuverlässigkeit nicht verwendet werden.

7.2.2 Drahtwiderstände

Drahtwiderstände sind meistens als Zylinderspule auf einem Keramikkörper ausgeführt (Abb. 7.4 c). Die einzelnen Windungen werden dabei durch Lack- oder Oxidschichten voneinander isoliert. Zum Schutz vor Umwelteinflüssen wird die Wicklung mit einer Lackschicht oder Glasur überzogen bzw. mit einem Gehäuse aus Metall oder Keramik versehen. Drahtwiderstände finden ihre Anwendung als Hochlastwiderstände und als Präzisonswiderstände.

Hochlastwiderstände. Drahtwiderstände eignen sich für hohe Temperaturen – je nach Bauart und verwendeter Isolationsschicht werden zulässige Oberflächentemperaturen bis zu 400°C spezifiziert. Aus diesem Grund werden *Hochlastwiderstände* häufig als Drahtwiderstände realisiert. Beim Einbau hochbelasteter Widerstände in eine Schaltung ist die hohe Betriebstemperatur des Widerstands zu berücksichtigen, die zu einer Erwärmung benachbarter Bauteile führen kann. Beim Einbau in Leiterplatten sollte deshalb eine Oberflächentemperatur von 100°C nicht überschritten werden.

Drahtwiderstände können kurzfristige Pulse mit einem Vielfachen ihrer Nennbelastbarkeit übernehmen, ohne Schaden zu nehmen. Wegen der Induktivität der Wicklung kann es jedoch – insbesondere bei steilen Pulsflanken – zu deutlichen Verformungen des Spannungsverlaufs kommen. Durch spezielle Wickeltechniken – wie die Bifilarwicklung oder die Kreuzwicklung [9] – lassen sich zwar vergleichsweise induktivitätsarme Drahtwiderstände herstellen; wegen der (insbesondere bei höherer Nennbelastbarkeit) erforderlichen großen Drahtlänge sind Drahtwiderstände im Frequenzbereich $f > 100\,\text{kHz}$ dennoch i. allg. nicht zu verwenden.

Präzisionsdrahtwiderstände. Präzisionsdrahtwiderstände sind insbesondere für die Meßtechnik von Interesse, da sich mit ihnen sehr kleine Toleranzen (bis zu $5 \cdot 10^{-6}$), eine hohe Langzeitstabilität und niedrige Temperaturkoeffizienten ($\pm 1\,\text{ppm/K}$) erreichen lassen. Bei niederohmigen Widerständen können *thermoelektrische Effekte*, bedingt durch Temperaturdifferenzen zwischen den unterschiedlichen Kontakten (zwischen Widerstandswicklung und Anschlußdraht bzw. zwischen Anschlußdraht und Kupferbahn auf der Leiterplatte) auftreten. Die über dem Widerstand auftretende Thermospannung hängt von der Temperaturdifferenz zwischen den beiden Kontaktstellen ab und liegt bei Kontakten zu Kupfer (Leiterbahnen) in der Größenordnung $1\,\mu\text{V}$ je Grad Temperaturdifferenz. Hochwertige Drahtwiderstände verwenden deshalb häufig Kupferanschlußdrähte und sorgen für eine gute thermische Kopplung der beiden Kontaktpunkte im Widerstand. Auf diesem Weg kann nur eine geringe Temperaturdifferenz zwischen den beiden Kontaktstellen und damit nur eine geringe Thermospannung auftreten.

7.2.3 Massewiderstände

Massewiderstände (carbon composition resistors) werden durch Mischung von Kohle (Ruß) und Harzen hergestellt, wobei sich der Wert des spezifischen Widerstands durch die Harzbeimengung einstellen läßt. Die Masse wird in die gewünschte Form gepreßt, mit Anschlußstiften versehen und ausgehärtet; zum Schutz der Konstruktion wird eine Umhüllung aus Bakelit oder Keramik eingesetzt (vgl. Abb. 7.4 b). Derartige Widerstände weisen eine vergleichsweise große Temperaturabhängigkeit und Alterung des Widerstandswerts auf. Sie werden deshalb nicht in Schaltungen, in denen es auf die Einhaltung eines genau definierten Widerstandswerts ankommt, eingesetzt. Wegen ihrer hohen *Pulsbelastbarkeit* sind sie jedoch optimal als Schutz- und Ableitwiderstände geeignet.

7.2.4 Schichtwiderstände

Schichtwiderstände, insbesondere Kohle- und Metallschichtwiderstände, sind die am weitesten verbreiteten Widerstände. Tabelle 7.6 gibt einen Überblick über typische Kenndaten für die gebräuchlichen Typen von Schichtwiderständen.

Tabelle 7.6 Schichtwiderstände im Vergleich (nach [12])

	Kohleschicht-widerstände	Metallschicht-widerstände	Metallglasur-widerstände	Metalloxid-widerstände
Wertbereich/ Ω	$1 - 10^7$	$1 - 10^7$	$30 - 10^8$	$1 - 5 \cdot 10^6$
Toleranzen/%	2; 5	0.005 – 1	0.5 – 5	2; 5
Stabilität/ %	1 – 3	0.1 – 0.3	0.2 – 1	1 – 4
TK/(ppm/K)	-200 – -1200	2 – 100	25 – 200	200 – 400
Ausfallrate/FIT	0.3 – 30	1 – 10	0.1 – 1	1 – 10
Nennbelastbarkeit, W	0.1 – 2	0.1 – 2	0.1 – 3	0.25 – 6
Pulsbelastbarkeit	+	-/+	++	+
Stromrauschen	++	+++	+	+
Grenztemperatur/°C	125 – 155	125 – 155	155 – 175	155 – 250
Schichtdicke/μm	0.01 – 1.5	0.01 – 0.1	15 – 30	0.5 – 1.5

Je höherohmig der Widerstand sein soll, desto dünner wird die Widerstandsschicht ausgeführt. Da die Schicht nicht beliebig dünn gemacht werden kann (Toleranzen), wird der Widerstandsbelag für die Realisierung großer Widerstandswerte *gewendelt* (Abb. 7.9). Mit der Schleifscheibe oder dem Laserstrahl [15] wird hierzu in den fertig beschichteten Rohling eine schraubenförmi-

[15] Bei Wendelung mit Hilfe eines Laserstrahls kann der Widerstandswert auf diesem Weg um einen Faktor bis zu 10^4 erhöht werden. Lasertrimmen führt im Vergleich zur Wendelung

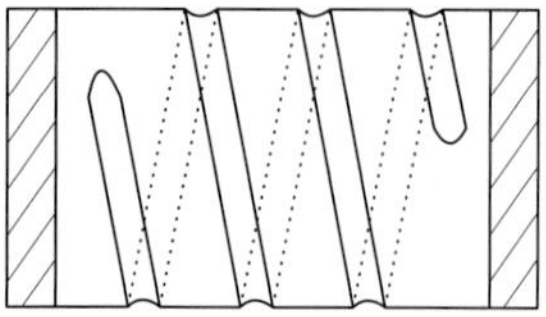

Abb. 7.9. Wendelung

ge Trennut eingeschliffen. Dabei wird gleichzeitig der Widerstand gemessen: Sobald der Sollwert erreicht ist, wird die Trennut nicht mehr weiter geführt. Auf diesem Weg lassen sich enge Toleranzgrenzen realisieren.

Kohleschichtwiderstände

Kohleschichtwiderstände werden als dünne Kohleschicht auf einem Keramikträger realisiert; sie sind preiswert, besitzen eine hohe Betriebszuverlässigkeit und werden insbesondere bei kleinen Belastungen (≤ 0.5 W) eingesetzt.

Nachteil der gewendelten Kohleschichtwiderstände sind die vergleichsweise ungünstigen HF-Eigenschaften. Neben den reinen Kohleschichtwiderständen kommen deshalb auch *Kohlegemischschichtwiderstände* zum Einsatz. Bei diesen werden unterschiedliche Widerstandswerte durch Variation der Schichtzusammensetzung und die damit verbundene Leitfähigkeitsreduktion realisiert. Derartige Widerstände sind induktionsarm und besitzen günstige HF-Eigenschaften. Wegen der meist unbefriedigenden Langzeitstabilität dieser Widerstände werden sie dennoch selten eingesetzt.

Herstellung von Kohleschichtwiderständen. Die Keramikstäbchen, auf denen die Widerstandsschicht abgeschieden wird (Substrat), werden auf ca. 1000°C erhitzt. Wird nun eine kohlenstoffhaltige organische Verbindung (C_xH_y) über das erhitzte Substrat geleitet, so zersetzt sich diese: Der Wasserstoff wird abgegeben, und auf dem Keramikkörper bildet sich eine polykristalline Kohleschicht (spez. Widerstand ≈ 3 mΩ cm). Letztere ist sehr hart und haftet außerordentlich fest auf keramischen Oberflächen. Dicken der Kohleschicht liegen i. allg. zwischen 10 nm und 40 µm. Kleinere Schichtdicken führen zu Toleranzproblemen. Der Flächenwiderstand ist deshalb auf ca. 5 kΩ begrenzt; höhere Widerstandswerte erfordern eine Wendelung der Widerstandsschicht. Die Enden der Widerstandsschicht werden mit den Anschlußdrähten verbunden. Dies erfolgt entweder über Metallkappen die auf die Widerstandsschicht gepresst werden und an die die Anschlußdrähte angeschweißt sind oder durch direkte Kontaktierung, was zu geringeren Schwankungen des Kontaktwiderstands und geringerem Stromrauschen am Kontakt führt. Zum Schutz gegen Umwelteinflüsse wird der Widerstand dann mit mehreren verschiedenen Lackschichten überzogen.

---

mit Schleifscheibe zu schärferen Rändern der Widerstandswendel und liefert in der Regel Widerstände mit geringerem Stromrauschen; dieses Verfahren wird deshalb vorzugsweise verwandt [13].

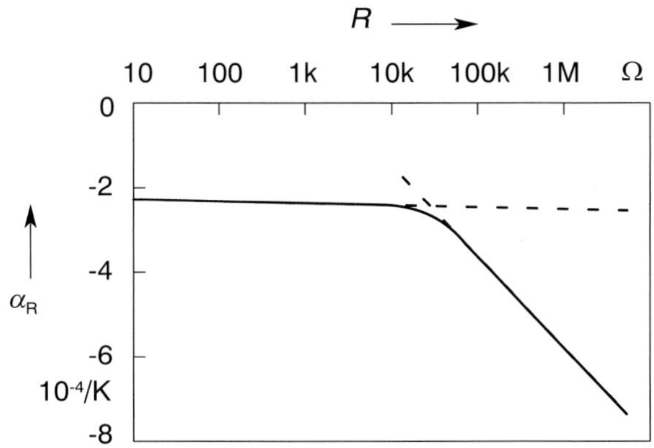

Abb. 7.10. Temperaturkoeffizient von Kohleschichtwiderständen als Funktion des Widerstandswerts

Der Temperaturkoeffizient (TK) von Kohleschichtwiderständen ist negativ und liegt im Bereich von $-10^{-4}\ \mathrm{K}^{-1}$ bis $-10^{-3}\ \mathrm{K}^{-1}$. Der genaue Wert ist eine Funktion der Schichtdicke. Dies ist bedingt durch den Einfluß der Korngröße und der Oberflächenstreuung – letztere stellt einen Streumechanismus für die stromführenden Ladungsträger dar und erhöht deshalb den Widerstand. Die Bedeutung der Oberflächenstreuung nimmt mit abnehmender Schichtdicke zu. Da hochohmige Kohleschichtwiderstände meist mit sehr dünnen Schichten realisiert werden, weisen diese andere TKs als niederohmige Kohleschichtwiderstände auf (Abb. 7.10).

Metallschichtwiderstände

Metallschichtwiderstände werden verwendet, wenn kleine Anliefertoleranzen und eine geringe Widerstandsdrift (Alterung) gefordert sind. Sie besitzen eine höhere zeitliche Stabilität, einen geringeren Temperaturkoeffizient und einen geringeren Rauschindex als Kohleschichtwiderstände. Als Widerstandsschicht kommt i. allg. eine Nickel-Chrom-Legierung zum Einsatz, die im Vakuum auf einen Keramikträger aufgedampft oder aufgesputtert wird. Die Schichtdicken liegen dabei im Bereich von $10 - 100$ nm, so daß die erreichbaren Flächenwiderstände auf $R_\mathrm{F} < 3\ \mathrm{k}\Omega$ begrenzt sind. Der TK des Widerstands wird durch das Verhältnis Ni zu Cr bestimmt. Metallschichtwiderstände weisen eine hohe Langzeitstabilität auf und sind mit kleinen Toleranzen ($\pm 0.005\%$) und Temperaturkoeffizienten (± 2 ppm/K) verfügbar. Sie werden deshalb immer dann eingesetzt, wenn erhöhte Anforderungen an die Genauigkeit gestellt werden.

Metalloxidschichtwiderstände

Ein höherer Wert des Flächenwiderstands als bei Metallschichtwiderständen läßt sich durch eine Widerstandsschicht aus Metalloxid (i. allg. SnO_2) erzielen. Die spezifischen Widerstandswerte dieser Widerstandsschichten liegen bei 1 mΩcm und sind damit annähernd eine Größenordnung höher als bei Metallschichtwiderständen. Die Schichtdicken liegen typischerweise bei 1 µm; die Widerstandsschicht ist auch bei erhöhten Temperaturen bis zu 300°C stabil. Metalloxidwiderstände verfügen bei kleiner Bauform deshalb über große Werte der Nennbelastbarkeit und bieten eine hohe Pulsfestigkeit. Andererseits sind sie, wegen der Langzeitdrift des Widerstandswerts im Prozentbereich und dem TK von 200 – 400 ppm/K, nicht für Präzisionsanwendungen geeignet.

Metallglasurschichtwiderstände

Bei Metallglasurschichtwiderständen[16] besteht die Widerstandsschicht aus einer Glasur mit Metall und Metallverbindungen. Diese wird bei hoher Temperatur (ca. 1300 K) in den Keramikkörper eingebrannt, mit dem sie sich untrennbar verbindet. Die Keramikstäbe werden nach dem Einbrennen in Einzelelemente zersägt, deren Stirnflächen kontaktiert werden. Der Widerstandswert wird dann durch Wendelung der Schicht auf den geforderten Wert getrimmt. Die Dicke der stromführenden Schicht ist hier mit 20–30 µm vergleichsweise hoch, weswegen Metallglasurschichtwiderstände eine hohe Zuverlässigkeit auch bei *Pulsbetrieb* aufweisen. Wegen ihrer mäßigen Langzeitstabilität sind Metallglasurschichtwiderstände nicht für Präzisionsanwendungen geeignet.

7.2.5 Potentiometer

Mit dem *Potentiometer* lassen sich Spannungsteiler mit variablem Teilerverhältnis und regelbare Vorwiderstände realisieren. Zu unterscheiden ist zwischen drahtgewickelten Potentiometern und Schichtpotentiometern (Flachbahnpotentiometer).

Drahtgewickelte Potentiometer weisen eine Widerstandswicklung auf einem isolierenden Körper (meist Keramik) auf. Ein Schleifer ermöglicht einen Abgriff an unterschiedlichen Stellen der Wicklung und ändert dadurch den Widerstandswert zwischen Endkontakt und Schleifer. Bei Schichtpotentiometern wird eine Widerstandsschicht – z. B. Lack-Rußmischung oder Metallglasur (CERMET) – auf einem isolierenden Träger aufgebracht und ggf. eingebrannt. Schichtpotentiometer sind mit linearer und logarithmischer Abhängigkeit des Widerstandswerts von der Schleiferstellung verfügbar. Potentiometer und Trimmwiderstände sind wegen des nur angepreßten Abgreifkontakts nicht so zuverlässig wie Festwiderstände.

Der Grad der *Kurventreue* – ausgedrückt in Prozent – ist nach DIN 45922 die maximale Abweichung zwischen dem wirklichen und dem theoretischen Widerstandsverlauf, wenn diese in % des wirksamen Widerstandswerts angegeben werden (Abb. 7.11). Für sehr genau einzustellende Widerstandswerte

[16] Wegen der (MET)all-(CER)amischen Widerstandsschicht gelegentlich auch als CERMET-Widerstände bezeichnet.

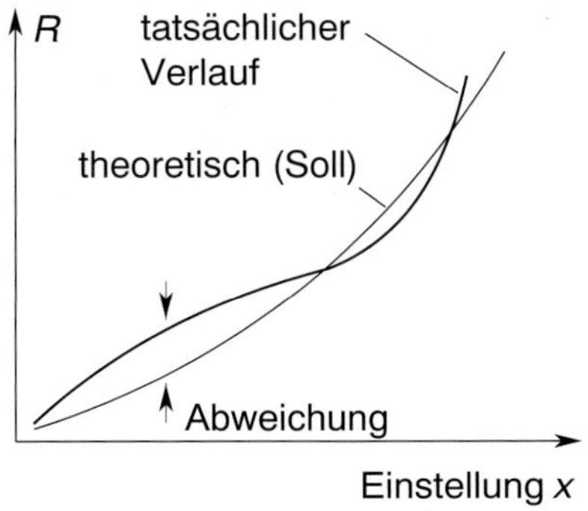

Abb. 7.11. Kurventreue eines Potentiometers

sind *Wendeldrehpotentiometer* erhältlich, bei denen mehrere Umdrehungen zum Durchlaufen des Widerstandsbereichs erforderlich sind. Bei höheren Frequenzen sind von der Schleiferstellung abhängige Koppelkapazitäten bedeutsam. Der Schleifer unterteilt den Nennwiderstand R_N des Potentiometers in zwei Teilwiderstände. Bei der Anwendung des Potentiometers ist zu beachten, daß der aus der Nennbelastbarkeit P_N bestimmte maximale Strom

$$I_\mathrm{max} = \sqrt{P_\mathrm{N}/R_\mathrm{N}}$$

in keinem der beiden Teilwiderstände überschritten wird.

7.2.6 Modellierung ohmscher Widerstände in SPICE

Ohmsche Widerstände werden beschrieben durch Elementanweisungen der Form

$\texttt{Rname} \quad \texttt{K\_1} \quad \texttt{K\_2} \quad \texttt{Wert} \quad \langle \texttt{TC = } \alpha_\mathrm{R}, \langle \beta_\mathrm{R} \rangle \rangle$

Der Name des Widerstands (dieser muß mit R beginnen: z. B. `R17` oder `Rbasis`), die Namen `K_1`, `K_2` der Knoten zwischen denen sich der Widerstand befindet, sowie der Widerstandswert (in Ω) sind dabei stets anzugeben. Die in Klammern stehenden Angaben zum Temperaturkoeffizienten sind optional; werden hier keine Angaben gemacht, so nimmt SPICE an, daß der Widerstandswert temperaturunabhängig ist.

Beispiel 7.2.2 Als Beispiel werden die folgenden Elementanweisungen betrachtet:

```
(1)    R17  2  3  120
(2)    RLX  3  0  15 OHM   TC = 1M, -25U
```

Im ersten Beispiel wird ein temperaturunabhängiger Widerstand `R17` mit Wert 120 Ω zwischen den Knoten 2 und 3 definiert. Im zweiten Beispiel wird ein temperaturabhängiger Widerstand `RLX` mit Wert 15 Ω zwischen den Knoten 3 und 0 definiert. Der lineare TK beträgt $10^{-3}/\mathrm{K}$, der quadratische TK beträgt $-2.5 \cdot 10^{-5}/\mathrm{K}^2$. Δ

Frequenzabhängige Abweichungen vom ohmschen Verhalten lassen sich durch eine Ersatzschaltung mit kapazitiven und induktiven Elementen – bzw. (in PSPICE) mit einer spannungsgesteuerten Stromquelle mit definiertem Frequenzgang (vgl. Kap. 4) – beschreiben. Da die Datenblätter diesbezüglich meist wenig Informationen enthalten, sind für eine korrekte Modellierung entweder entsprechende Daten vom Hersteller zu erfragen, oder eigene Messungen durchzuführen.

Das thermische Widerstandsrauschen wird automatisch im Rahmen einer `.NOISE`-Analyse berücksichtigt. Sollen rauschfreie Widerstände simuliert werden, so können diese als lineare spannungsgesteuerte Stromquellen mit Übertragungsleitwert $G = 1/R$ verwirklicht werden. Um das Stromrauschen zu erfassen, ist parallel zum Widerstand eine Rauschstromquelle mit entsprechender Spektralfunktion zu schalten.

In PSPICE können Widerstände durch eine separate Modellanweisung charakterisiert werden. Zu diesem Zweck wird die Elementanweisung

```
R(name)   K_1   K_2   RMOD   Wert
```

in Verbindung mit einer separaten Modellanweisung

```
.MODEL   RMOD   RES(Modellparameter)
```

eingesetzt. Die für das Widerstandsmodell verfügbaren Modellparameter sind in der folgenden Tabelle 7.7 aufgeführt.

Tabelle 7.7 Modellparameter des PSPICE-Widerstandsmodells

Parameter	Bedeutung	Einheit	Ersatzwert
R	Multiplikator für Widerstandswert	–	1
TC1	linearer Temperaturkoeffizient	1/K	0
TC2	quadratischer Temperaturkoeffizient	$1/K^2$	0
TCE	exponentieller Temperaturkoeffizient	%/K	0
T_MEASURED	Bezugstemperatur	°C	
T_ABS	Simulationstemperatur des Widerstands	°C	
T_REL_GLOBAL	Simulationstemperatur relativ zu TNOM	°C	
T_REL_LOCAL	Simulationstemperatur relativ zu AKO	°C	

Neben linearem und quadratischem TK steht hier der Parameter `TCE` zur Verfügung; wird dieser angegeben, so wird der Widerstandswert bei der Temperatur ϑ gemäß

$$R(\vartheta) = R(\vartheta_0) \cdot 1.01^{\,T_{\mathrm{CE}}\,(\vartheta-\vartheta_0)}$$

berechnet. Dabei stellt ϑ_0 die mittels `TNOM` in der `.OPTIONS`-Anweisung bzw. `T_MEASURED` in der `.MODEL`-Anweisung spezifizierte Bezugstemperatur dar.

7.3 Heißleiter

Heißleiter zeigen eine deutliche Abnahme des Widerstandswerts mit der Temperatur: Der TK eines Heißleiters beträgt bei Raumtemperatur größenordnungsmäßig −5%/K. Derartige Bauteile besitzen zahlreiche Anwendungen: *Kompensationsheißleiter* werden etwa zur Temperaturstabilisierung von Transistorschaltungen sowie zur Kompensation der Temperaturabhängigkeit von Widerständen eingesetzt, *Anlaßheißleiter* werden zur Einschaltstrombegrenzung und zur Relaisverzögerung eingesetzt, *Meßheißleiter* dienen zur Temperaturmessung.

Abb. 7.12. Heißleiter: Schaltsymbole

Die Temperaturabhängigkeit des Widerstandswerts von Heißleitern ist in guter Näherung exponentiell

$$\boxed{R(T) = R_\infty \, \mathrm{e}^{B/T}\,,} \tag{7.17}$$

und wird üblicherweise durch den *Kaltwiderstand* $R_{25} = R(\vartheta = 25°\mathrm{C})$ und den Parameter B (*B-Wert*) spezifiziert. Dieser besitzt die Einheit K und weist gewöhnlich Werte im Bereich 1500 K $< B <$ 6000 K auf. Zwischen dem Proportionalitätsfaktor R_∞, gegen den der Heißleiterwiderstand im (praktisch nicht erreichbaren) Grenzfall unendlich großer Temperatur streben würde, und R_{25} besteht die Beziehung

$$R_\infty = R_{25} \exp\left(-\frac{B}{298.15\ \mathrm{K}}\right) . \tag{7.18}$$

Der Kaltwiderstand R_{25} nimmt im Laufe der Zeit langsam ab; für die Widerstandsabnahme gilt dabei näherungsweise ein logarithmisches Zeitgesetz. Sie ist in den ersten Betriebsstunden besonders ausgeprägt. Bei Präzisions-NTC-Widerständen für Meßzwecke wird deshalb eine Voralterung (burn-in) vorgenommen.

Durch Ableiten von Gl. (7.17) ergibt sich der *Temperaturkoeffizient* α_R des Heißleiters

$$\boxed{\alpha_\mathrm{R} = \frac{1}{R}\frac{\mathrm{d}R}{\mathrm{d}T} = -\frac{B}{T^2}\,.} \tag{7.19}$$

Das Vorzeichen von α_R ist negativ,[17] der Betrag des TK nimmt mit zunehmender Temperatur ab. Mit einem typischen B-Wert von 3600 K resultiert bei Raumtemperatur (300 K) $\alpha_R = -(3600\,\mathrm{K}/(300\,\mathrm{K})^2 = -4\,\%/\mathrm{K}$.

Abweichungen der $R(T)$-Kennlinie von Gl. (7.17) werden gelegentlich durch einen temperaturabhängigen B-Wert erfaßt. Alternativ hierzu wird – insbesondere bei Heißleiter-Temperatursensoren – die *Steinhart-Hart-Gleichung*

$$\frac{1}{T} = a + b\ln(R) + c\ln^3(R) \tag{7.20}$$

zur verbesserten Beschreibung des Temperaturverhaltens eingesetzt. Dabei gilt $a = -\ln(R_\infty)/B$ und $b = 1/B$, während c einen zusätzlichen Parameter bezeichnet, der an gemessene $R(T)$-Kennlinien angepaßt wird. Auf diesem Weg lassen sich Heißleiter für Temperaturmessungen mit Unsicherheiten von unter 10 mK einsetzen.

Herstellung und Leitungsmechanismus

Ausgangsmaterial für die Herstellung von Heißleitern sind Metalloxide (wie Fe_2O_3, Zn_2TiO_4, $MgCr_2O_4$); diese werden in Pulverform mit einem Bindemittel vermischt, in die gewünschte Form gepreßt und gesintert. Derartige Materialien zeigen halbleitende Eigenschaften, da durch die Ionisation eingebauter Fremdatome im Festkörper bewegliche Elektronen auftreten. Im relevanten Temperaturbereich sind die meisten Fremdatome ionisiert (Störstellenerschöpfung), d. h. die Temperaturabhängigkeit des Leitwerts ist nicht auf eine Änderung der Ladungsträgerkonzentration, sondern auf eine Änderung der Ladungsträgerbeweglichkeit zurückzuführen. Die Temperaturabhängigkeit der Beweglichkeit ist in den für Heißleiter verwendeten Materialien besonders stark ausgeprägt, da sich die Elektronen nur durch „hüpfen" zwischen lokalisierten Zuständen fortbewegen können[18], wobei $\Delta W \approx k_B B$ die beim Übergang von einem lokalisierten Zustand zum anderen aufzubringende Aktivierungsenergie bezeichnet.

Die V(I)-Kennlinie

Für kleine Werte der Verlustleistung braucht die Eigenerwärmung des Heißleiters nicht berücksichtigt zu werden. Dieser verhält sich dann in sehr guter Näherung ohmsch: Der Spannungsabfall V am Heißleiter nimmt proportional

[17] Aus diesem Grunde werden Heißleiter auch als NTC-Widerstände (von negative temperature coefficient) bezeichnet.

[18] Man spricht in diesem Zusammenhang auch von *Hopping-Leitfähigkeit*. Die Ursache der „Lokalisierung" ist eine Polarisation des Gitters aufgrund der elektrostatischen Wechselwirkung mit den Gitterionen. Die für ein „Hüpfen" von einem lokalisierten Zustand zum nächsten erforderliche (Aktivierungs-)Energie wird durch die Wärmebewegung zugeführt. Die Wahrscheinlichkeit für einen solchen Vorgang ist damit proportional zu $\exp[-\Delta W/(k_B T)]$.

zum Stromfluß zu. Dieser Arbeitsbereich vernachlässigbarer Eigenerwärmung des Heißleiters wird für *Temperatursensoren* verwendet.

Nimmt die umgesetzte Leistung zu, so nimmt der Widerstand des Heißleiters aufgrund der Eigenerwärmung ab: Die $V(I)$-Kennlinie flacht für größere Ströme ab und erreicht beim Strom I_{M} das *Spannungsmaximum* V_{M}. Dort ist die relative Widerstandsabnahme $\Delta R/R$ aufgrund der Erwärmung gleich der relativen Stromzunahme $\Delta I/I$. Für Ströme $I > I_{\mathrm{M}}$ nimmt V wieder ab – in diesem Bereich ist die relative Abnahme des Heißleiterwiderstands größer als die relative Stromzunahme.

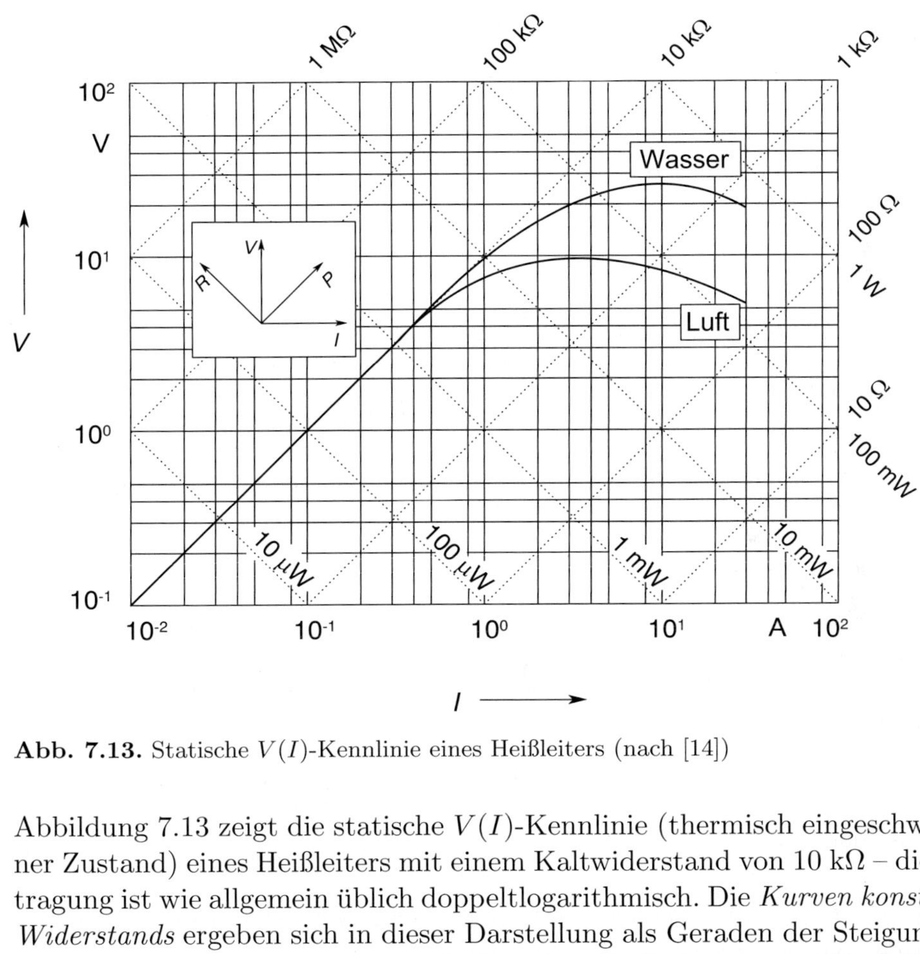

Abb. 7.13. Statische $V(I)$-Kennlinie eines Heißleiters (nach [14])

Abbildung 7.13 zeigt die statische $V(I)$-Kennlinie (thermisch eingeschwungener Zustand) eines Heißleiters mit einem Kaltwiderstand von 10 kΩ – die Auftragung ist wie allgemein üblich doppeltlogarithmisch. Die *Kurven konstanten Widerstands* ergeben sich in dieser Darstellung als Geraden der Steigung $+1$, die *Kurven konstanter Leistung* als Geraden der Steigung -1. Durch Drehen der Abbildung um 45° ergibt sich aus der Kennlinie so eine $R(P)$-Darstellung, die zeigt, wie der Widerstand des Heißleiters aufgrund der zunehmenden Bauteiltemperatur (Eigenerwärmung) abnimmt. Der Verlauf der Kurve hängt in diesem Bereich vom thermischen Widerstand zur Umgebung ab. Dies zeigt auch Abb. 7.13: Durch die bessere Wärmeabfuhr in Wasser tritt das Maximum der $V(I)$-Kurve in dieser Umgebung erst bei größeren Stromwerten auf.

Die Temperatur im Spannungsmaximum T_M ist (s.u.)

$$T_\mathrm{M} = \frac{B}{2}\left(1-\sqrt{1-4T_\mathrm{A}/B}\right) \approx T_\mathrm{A} + T_\mathrm{A}^2/B\,. \tag{7.21}$$

Der Ausdruck für T_M ist nur für Werte der Umgebungstemperatur $T_\mathrm{A} < B/4$ reell, d. h. nur unter dieser Bedingung weist die $V(I)$-Kennlinie des Heißleiters ein Spannungsmaximum auf. Die in Gl. (7.21) angegebene Näherung resultiert durch Entwickeln des Wurzelausdrucks im Fall $T_\mathrm{A} \ll B/4$. In der Praxis liegt die Temperatur T_M, abhängig von B-Wert und Umgebungstemperatur, um ca. (20 - 50) K über der Umgebungstemperatur T_A.

Zum Spannungsmaximum. Die Steigung der $I(V)$-Kennlinie ist

$$\frac{\mathrm{d}I}{\mathrm{d}V} = \frac{\mathrm{d}}{\mathrm{d}V}\left(\frac{V}{R}\right) = \frac{1}{R}\left(1-\frac{V}{R}\frac{\mathrm{d}R}{\mathrm{d}V}\right)\,. \tag{7.22}$$

Die Spannungsabhängigkeit $\mathrm{d}R/\mathrm{d}V$ ist bedingt durch die arbeitspunktabhängige Temperatur des Heißleiters; es gilt

$$\frac{1}{R}\frac{\mathrm{d}R}{\mathrm{d}V} = \frac{1}{R}\frac{\mathrm{d}R}{\mathrm{d}T}\frac{\mathrm{d}T}{\mathrm{d}V} = \alpha_\mathrm{R}\frac{\mathrm{d}T}{\mathrm{d}V}\,. \tag{7.23}$$

Mit $T = T_\mathrm{A} + R_{th}P$ und $P = V^2/R$ folgt weiter

$$\frac{\mathrm{d}T}{\mathrm{d}V} = \frac{\mathrm{d}T}{\mathrm{d}P}\frac{\mathrm{d}P}{\mathrm{d}V} = R_\mathrm{th}\left(\frac{2V}{R} - \frac{V^2}{R^2}\frac{\mathrm{d}R}{\mathrm{d}V}\right) = R_\mathrm{th}\frac{V}{R}\left(2-\frac{V}{R}\frac{\mathrm{d}R}{\mathrm{d}V}\right)$$

In Gl. (7.23) kann nunmehr $R^{-1}\mathrm{d}R/\mathrm{d}V$ bestimmt werden; wird das Ergebnis in Gl. (7.22) eingesetzt, so folgt

$$\frac{\mathrm{d}I}{\mathrm{d}V} = \frac{1}{R}\left(1-\frac{2\,\alpha_\mathrm{R}R_\mathrm{th}P}{1+\alpha_\mathrm{R}R_\mathrm{th}P}\right)\,.$$

Dieser Ausdruck divergiert für $\alpha_\mathrm{R}R_\mathrm{th}P = -BT^{-2}R_\mathrm{th}P \to -1$. Mit $P = G_\mathrm{th}(T-T_\mathrm{A})$ und $R_\mathrm{th}G_\mathrm{th} = 1$ folgt hieraus eine quadratische Gleichung für die Temperatur T_M im Spannungsmaximum

$$T_\mathrm{M}^2 - BT_\mathrm{M} + BT_\mathrm{A} = 0\,,$$

mit der Lösung (7.21).

Parallelschaltung. NTC-Widerstände sollen nicht *parallel* geschaltet werden, falls Eigenerwärmung nicht ausgeschlossen werden kann. Andernfalls kann das Problem entstehen, daß sich der Heißleiter mit dem geringsten Widerstandswert am schnellsten erwärmt (da er ja vom größten Strom durchflossen wird), sich dadurch stärker erwärmt als die übrigen und noch niederohmiger wird, bis er schließlich nahezu den gesamten Strom übernimmt und dadurch überlastet wird.

Ansprechverzögerung, Einschaltstrombegrenzung. Die mit der Eigenerwärmung stromdurchflossener Heißleiter verbundene Widerstandabnahme wird eingesetzt zur *Ansprechverzögerung* von Relais und zur *Begrenzung* des Einschaltstroms von Verbrauchern (z. B. Elektromotoren oder Transformatoren), die im Einschaltmoment überhöhte Ströme aufweisen. Alle diese Anwendungen nützen die Tatsache, daß im Einschaltmoment zunächst der relativ hohe Kaltwiderstand wirksam ist, der den Strom durch Verbraucher oder Relais begrenzt. Bedingt durch die Eigenerwärmung nimmt der Widerstand dann ab (um den Faktor 10 bis 50), der Spannungsabfall am Verbraucher nimmt zu. Für den Zweck der *Einschaltstrombegrenzung* geeignete *Anlaßheißleiter* weisen einen Kaltwiderstand R_{25} im Bereich weniger Ω auf, um im Betrieb einen möglichst geringen Serienwiderstand zum Verbraucher darzustellen. Sie müssen für den im Betrieb fließenden Dauerstrom ausgelegt sein. Dieser wird in den Datenblättern i.allg. als *Nennstrom* I_{N} spezifiziert.

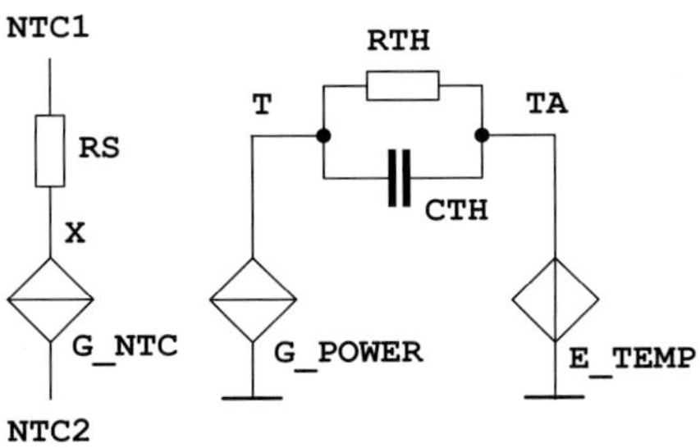


```
RS  NTC1  X  50m
RP  X  NTC2  1T
G_NTC  X  NTC2
 + VALUE={1000*V(X,NTC2)*exp(-3600/V(T))}
G_POWER  0  T
 + VALUE={V(NTC1,NTC2)*V(NTC1,X)*20}
E_TEMP  TA  0  VALUE={TEMP+273.15}
R_TH  T  TA  100
C_TH  T  TA  0.15
```

Abb. 7.14. Ersatzschaltung zur Simulation eines NTC-Widerstands mit Eigenerwärmung

Simulation von NTC-Widerständen mit SPICE. Das Verhalten eines NTC-Widerstands kann in PSPICE z.B. durch die in Abb. 7.14 gezeigte Ersatzschaltung nachgebildet werden; diese erfaßt neben dem exponentiell von der Temperatur abhängigen NTC-Widerstand einen kleinen ohmschen Serienwiderstand R_{S} . Wird der B-Wert über $V_{\mathrm{B}} = B \cdot \mathrm{V/K}$ in eine Spannung umgerechnet und ist $V(\mathtt{T}) = T \cdot \mathrm{V/K}$, so kann der Strom durch den NTC-Widerstand

$$i_{\mathrm{NTC}} \;=\; R_{\infty}^{-1} \exp\left[V_{\mathrm{B}}/V(\mathtt{T})\right] V_{\mathrm{X,NTC2}}$$

über eine spannungsgesteuerte Stromquelle `G_NTC` beschrieben werden. Die Spannung $V(\mathtt{T})$ wird über eine thermische Ersatzschaltung berechnet; `E_TEMP` liefert dabei eine Spannung die der absoluten Umgebungstemperatur T_{A} entspricht. Zu dieser ist die durch die Stromquelle `G_POWER` verursachte Spannung am thermischen Widerstand `RTH` zu addieren, die der Übertemperatur des Bauelements entspricht. Die im Bauteil umgesetzte Leistung ist $P = V_{\mathrm{NTC1,NTC2}} \cdot V_{\mathrm{NTC1,X}}/R_{\mathrm{S}}$; die die umgesetzte Leistung abbildende Stromquelle `G_POWER` kann deshalb durch die Spannungen $V_{\mathrm{NTC1,NTC2}}$ und $V_{\mathrm{NTC1,X}}$ gesteuert werden.

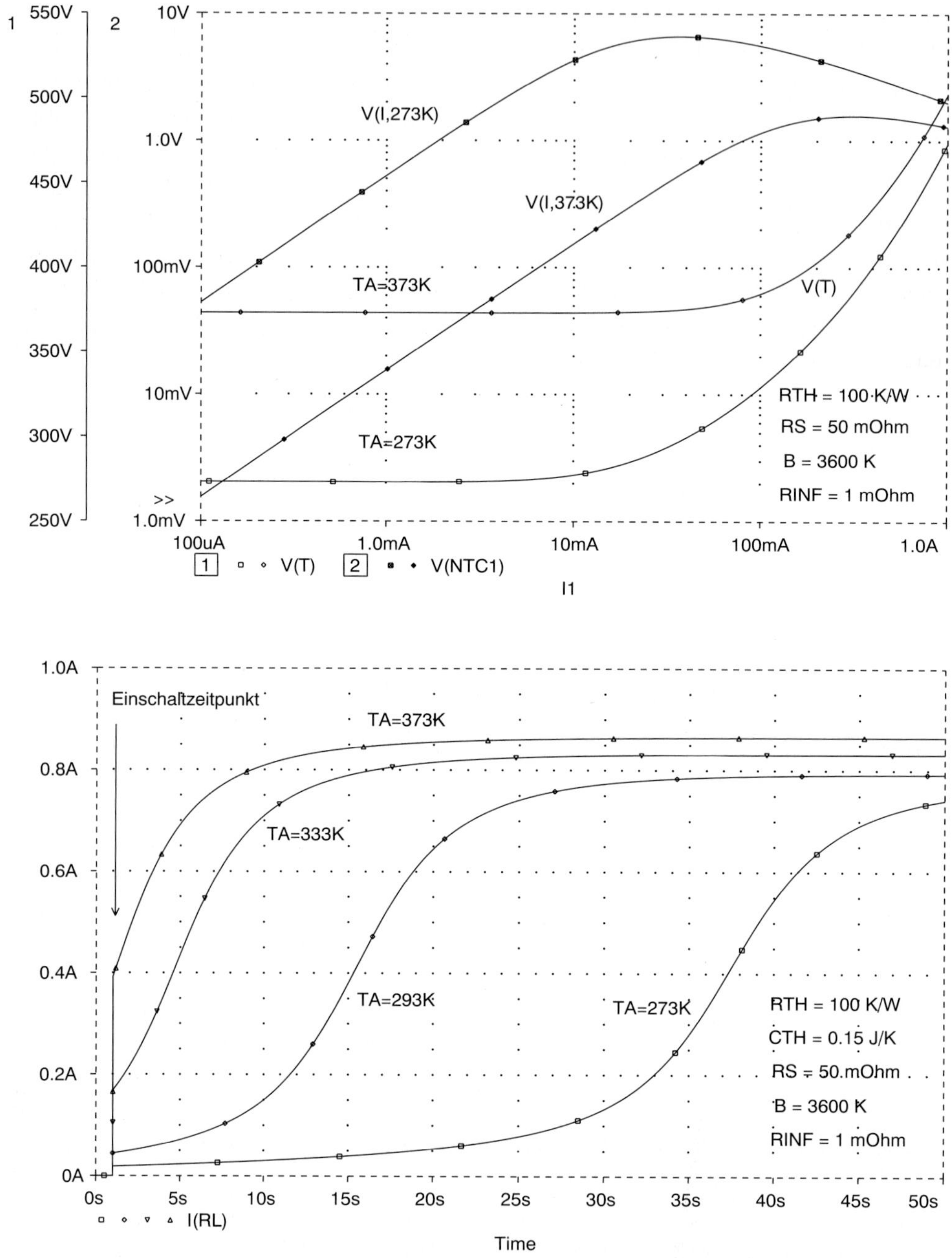

Abb. 7.15. Simulierte Spannungs-Strom-Kennlinien sowie Bauteiltemperaturen (ausgedrückt als Spannung $V(\mathtt{T})$) für einen NTC-Widerstand ($R_S = 50, \mathrm{m}\Omega$, $R_{th} = 100\,\mathrm{K/W}$) und simulierte Verläufe des Stroms (Einschaltvorgang, ohmsche Last $R_L = 10\,\Omega$, $R_S = 100\,\mathrm{m}\Omega$, $R_{th} = 100\,\mathrm{K/W}$, $C_{th} = 0.15\,\mathrm{J/K}$) für unterschiedliche Umgebungstemperaturen

Beispiel 7.3.1 In diesem Beispiel wird das soeben entwickelte Modell für den NTC-Widerstand zur Simulation der $V(I)$-Kennlinie im thermisch eingeschwungenen Zustand sowie zur Simulation des Einschwingvorgangs nach Einschaltvorgängen eingesetzt. Die zugrundegelgten Parameter sind in beiden Beispielen $R_\infty = 1\,\mathrm{m\Omega}$, $B = 3600\,\mathrm{K}$, $R_\mathrm{S} = 50\,\mathrm{m\Omega}$, $R_\mathrm{th} = 100\,\mathrm{K/W}$ sowie $C_\mathrm{th} = 0.15\,\mathrm{J/K}$. Abbildung 7.15 zeigt im oberen Teil die $V(I)$-Kennlinie für zwei verschiedene Werte der Umgebungstemperatur; zusätzlich gezeigt ist die zur absoluten Bauteiltemperatur proportionale Spannung $V(\mathtt{T})$. Im unteren Teil ist der zeitliche Verlauf des Stroms durch einen in Serie zum NTC-Widerstand geschalteten Lastwiderstand $R_\mathrm{L} = 10\,\Omega$ nach Anlegen einer Spannung von 10 V gezeigt. Das Simulationsbeispiel zeigt, daß die Verzögerung durch den NTC-Widerstand vor allem bei tiefen Temperaturen stark ausgeprägt ist. Dies wird durch die bei tiefen Temperaturen geringe Verlustleistung V^2/R_NTC und demzufolge geringe Eigenerwärmung erklärt. △

7.4 Keramische Kaltleiter (PTC-Widerstände)

Der Widerstand eines Kaltleiters steigt mit zunehmender Temperatur. In diesem Sinne sind die meisten Metalle Kaltleiter – mit ihnen lassen sich positive TKs bis zu 0.5%/K verwirklichen. Der Widerstand einer Metallfadenglühlampe etwa liegt im Nennbetrieb um den Faktor 5 – 10 über dem Kaltwiderstand. Die in diesem Abschnitt behandelten *keramischen Kaltleiter* besitzen im Gegensatz nur über einen kleinen – aber technisch wichtigen – Temperaturbereich einen positiven Temperaturkoeffizienten. Dieser weist jedoch sehr große Werte von der Größenordnung 5%/K bis zu 70%/K auf. Der Widerstandswert nimmt dabei innerhalb weniger Kelvin um mehrere Größenordnungen zu.

Widerstands-Temperatur-Charakteristik. Abbildung 7.16 zeigt den Verlauf der $R(\vartheta)$-Kennlinie eines keramischen Kaltleiters. Der *Nennwiderstand* R_N des Kaltleiters wird üblicherweise für 25°C angegeben. Für Temperaturen ϑ kleiner als ϑ_Rmin weist der Kaltleiter einen negativen TK auf. Bei ϑ_Rmin besitzt der Kaltleiterwiderstand seinen kleinsten Wert R_min (Minimalwiderstand). Für $\vartheta > \vartheta_\mathrm{Rmin}$ erhöht sich der Widerstandswert mit zunehmendem ϑ. Der Beginn des steilen Widerstandsanstiegs wird durch die *Bezugstemperatur* [19] ϑ_b markiert, die über $R_\mathrm{b} = R(\vartheta_\mathrm{b}) = 2R_\mathrm{min}$ definiert ist. Derzeit stehen Kaltleitertypen mit Bezugstemperaturen zwischen −30°C und 340°C zur Verfügung. Das Ende des steilen Widerstandsanstiegs wird durch die Temperatur ϑ_e angegeben, der zugehörige Widerstand als R_e (Endwiderstand). Der Temperaturkoeffizient des Kaltleiters

$$\alpha_\mathrm{R} = \frac{1}{R}\frac{\mathrm{d}R}{\mathrm{d}\vartheta} = \frac{\mathrm{d}}{\mathrm{d}\vartheta}\ln(R) \approx 2.303\,\frac{\mathrm{d}}{\mathrm{d}\vartheta}\log(R)$$

[19] Die Bezugstemperatur ϑ_b des Kaltleiters entspricht etwa der ferroelektrischen Curie-Temperatur.

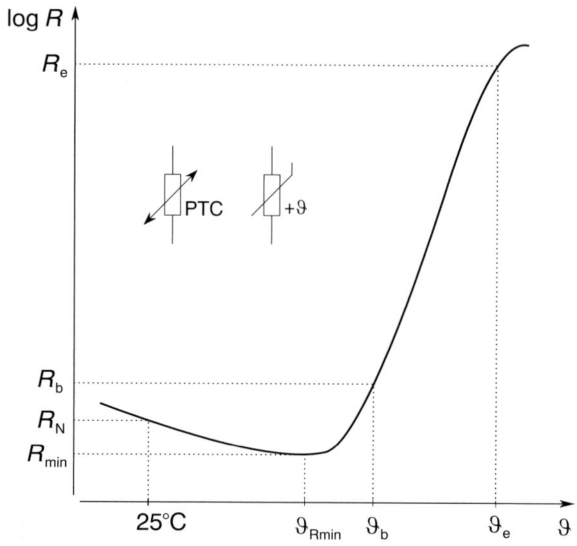

Abb. 7.16. Schaltzeichen und $R(\vartheta)$-Kennlinie eines Kaltleiters (schematisch)

kann im Bereich des steilen Widerstandsanstiegs als näherungsweise konstant angenommen werden; α_R kann aus der semilogarithmischen $R(\vartheta)$-Kennlinie leicht bestimmt werden

$$\alpha_\mathrm{R} \approx 2.303 \cdot \frac{\log(R_2) - \log(R_1)}{\vartheta_2(R_2) - \vartheta_1(R_1)} = 2.303 \cdot \frac{\log(R_2/R_1)}{\vartheta_2 - \vartheta_1} .$$

Werden die Temperaturen ϑ_2 und ϑ_1 zu Widerstandswerten R_2 und R_1 abgelesen, die sich gerade um den Faktor 10 unterscheiden, so wird die Berechnung von α_R besonders einfach, da dann $\log(R_2/R_1) = 1$ gilt.

Herstellung und Leitungsmechanismus

Keramische Kaltleiter bestehen aus polykristallinen ferroelektrischen Substanzen wie Bariumtitanat ($BaTiO_3$) oder Strontiumtitanat ($SrTiO_3$). Diese Stoffe werden mit Metallsalzen dotiert und bei Temperaturen zwischen 1000°C und 1400°C gesintert. Die Bezugstemperatur von dotiertem Bariumtitanat liegt bei ca. 120°C. Sie kann durch eine Änderung der chemischen Zusammensetzung gezielt verändert werden: Werden Bariumatome durch Strontium ersetzt, so läßt sich die Bezugstemperatur erniedrigen (bis −40°C), Ersetzen von Bariumatomen durch Bleiatome bewirkt eine Anhebung der Bezugstemperatur (bis 360°C).

Der Kaltleitereffekt beruht auf dem polykristallinen Aufbau der keramischen PTC-Widerstände. An den Korngrenzen befinden sich Akzeptoren, die Leitungselektronen einfangen können und dort eine negative Flächenladung erzeugen (Abb. 7.17). Elektronen, die von einem Korn in das andere gelangen wollen, werden von einer solchen negativen Ladungsschicht abgestoßen. Bewegt sich ein Elektron auf eine Korngrenze zu, so muß es Arbeit gegen

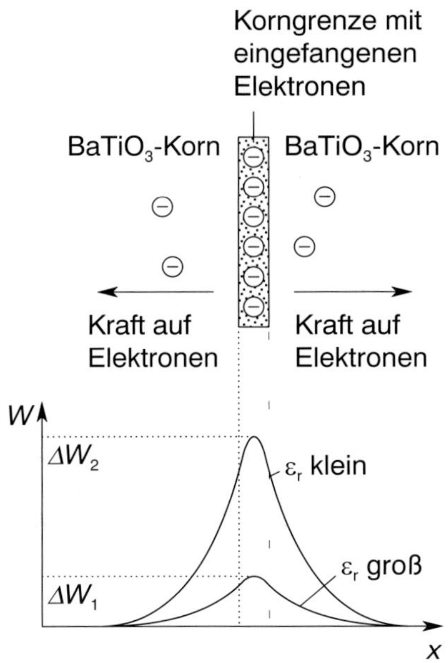

Abb. 7.17. Zur Klärung des Kaltleitereffekts

diese abstoßende Kraft verichten, d.h. seine potentielle Energie nimmt zu. Im Energie-Orts-Diagramm muß es die Potentialbarriere an der Korngrenze überwinden, um von einem Korn ins andere zu gelangen. Nur Elektronen, die genügend Energie haben, um über derartige Potentialbarrieren der Höhe ΔW gelangen zu können, tragen zum Stromfluß bei. Wird diese Energie auf thermischem Weg zugeführt, so folgt für die Temperaturabhängigkeit der Leitfähigkeit einer solchen Substanz

$$\sigma \sim \exp\left(-\frac{\Delta W}{k_\mathrm{B}T}\right) .$$

Die Barrierenhöhe ΔW ist aber – wie eine Lösung der Poisson-Gleichung zeigt [15] – von der Dielektrizitätszahl abhängig. In ferroelektrischen Materialen weist diese eine ausgeprägte Temperaturabhängigkeit auf. Mit der Curie-Temperatur T_C des ferroelektrischen Materials gilt für Temperaturen $T > T_\mathrm{C}$ die Proportionalität

$$\Delta W \sim 1/\epsilon_\mathrm{r} \sim T - T_\mathrm{C} ,$$

da ϵ_r dem Curie-Weiss-Gesetz [16] genügt. Die Zunahme der Barrierenhöhe ΔW mit der Temperatur erklärt die Abnahme der Leitfähigkeit (Kaltleitereffekt). Der Wert von ΔW nimmt aber nicht beliebig zu, da mit zunehmender Barrierenhöhe die Oberflächenladungsdichte abnimmt – deshalb ist das Kaltleiterverhalten auf einen vergleichsweise schmalen Temperaturbereich oberhalb der Curie-Temperatur beschränkt.

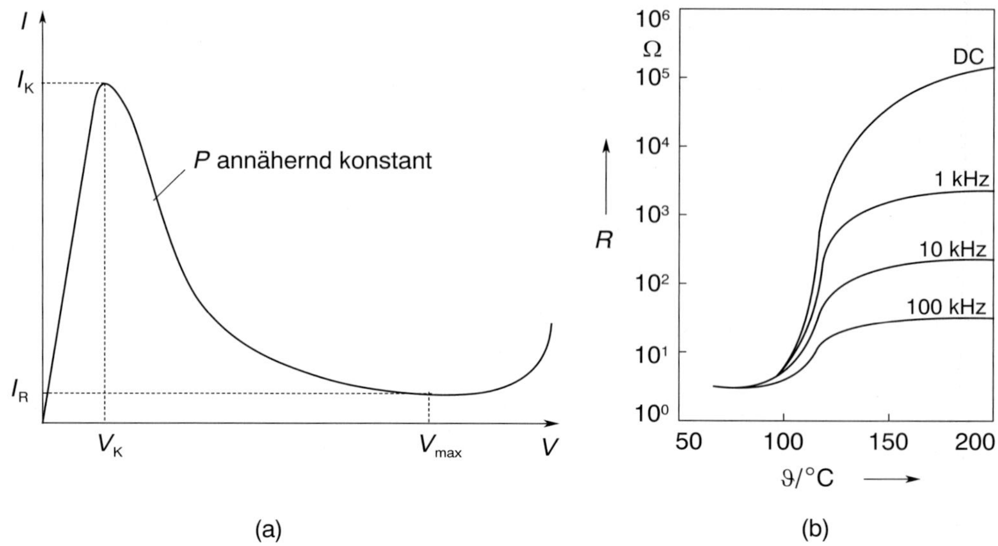

Abb. 7.18. (**a**) $I(V)$-Kennlinie eines Kaltleiters unter Berücksichtigung der Eigenerwärmung und (**b**) $R(\vartheta)$-Kennlinie für verschiedene Werte der Frequenz (nach [17])

Die I(V)-Kennlinie eines Kaltleiters

Abbildung 7.18a zeigt die $I(V)$-Kennlinie eines Kaltleiters unter Berücksichtigung der Eigenerwärmung. Zunächst steigt der Strom mit der angelegten Spannung. In diesem Bereich ist die Eigenerwärmung noch vernachlässigbar – der Kaltleiter verhält sich näherungsweise wie ein ohmscher Widerstand. Mit zunehmender Spannung V wird die Eigenerwärmung bedeutend – der Widerstandswert nimmt zu und damit die Steigung der $I(V)$-Kennlinie ab, bis bei der *Kippspannung* V_K der *Kippstrom* I_K erreicht ist. Bei weiterer Erhöhung der angelegten Spannung nimmt der Widerstandswert schneller zu als die angelegte Spannung – der durch das Element fließende Strom nimmt aus diesem Grund ab. Die Temperatur ϑ_K des Kaltleiters im Kippunkt ist näherungsweise [9]

$$\vartheta_K \approx 0.8 \cdot \vartheta_b + 0.2 \cdot \vartheta_{Rmin} , \tag{7.24}$$

und liegt damit etwas unterhalb der Bezugstemperatur. Bezeichnet $R_K = V_K/I_K$ den Widerstand des Kaltleiters im Kippunkt, so gilt

$$R_{th} V_K I_K = R_{th} R_K I_K^2 = \vartheta_K - \vartheta_A . \tag{7.25}$$

Der Wert von I_K wird sich demnach annähernd proportional zu $\sqrt{\vartheta_K - \vartheta_A}$ mit der Umgebungstemperatur verändern. Sein Wert ist um so größer, je geringer ϑ_A ist. Als Folge des sehr starken Widerstandsanstiegs für $\vartheta > \vartheta_b$, nimmt die Temperatur des Kaltleiters in der Folge nur noch wenig zu, d. h. im Kaltleiter umgesetzte Verlustleistung steigt nur noch wenig an. Der weitere Verlauf der $I(V)$-Kennlinie entspricht deshalb näherungsweise dem einer Hyperbel.

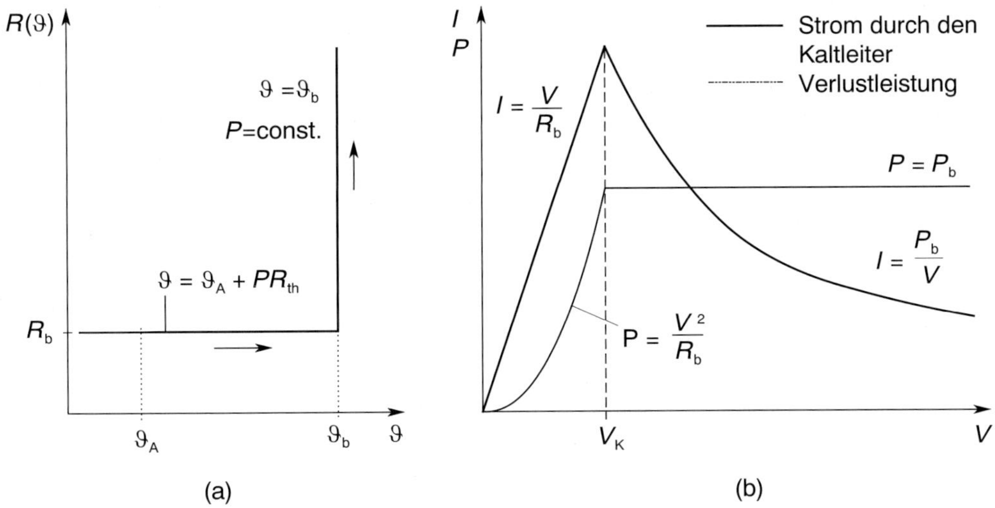

Abb. 7.19. Verhalten eines idealisierten Kaltleiters. (**a**) $R(\vartheta)$-Kennlinie und (**b**) Verlauf (schematisch) von I und P als Funktion der angelegten Spannung V

Vereinfachte Betrachtung. Zur Erläuterung der Zusammenhänge kann ein idealisierter Kaltleiter betrachtet werden; dieser soll bis zur Bezugstemperatur ϑ_b ohmsches Verhalten mit dem Bezugswiderstand R_b aufweisen und anschließend einen unendlich starken Temperaturanstieg zeigen (Abb. 7.19 a). Der Kaltleiter verhält sich so lange wie ein ohmscher Widerstand (Abb. 7.19 b) bis aufgrund der Eigenerwärmung die Übertemperatur $\vartheta_\mathrm{b} - \vartheta_\mathrm{A}$ erreicht ist. Die hierzu erforderliche Verlustleistung ist

$$P_\mathrm{b} = G_\mathrm{th}(\vartheta_\mathrm{b} - \vartheta_\mathrm{A}) ,$$

wobei G_th den Wärmeleitwert des Kaltleiters zur Umgebung bezeichnet. Für die Kippspannung und den Kippstrom des idealisierten Kalteiters folgt damit

$$V_\mathrm{K} = \sqrt{R_\mathrm{b} P_\mathrm{b}} \quad \text{und} \quad I_\mathrm{K} = \sqrt{P_\mathrm{b}/R_\mathrm{b}} .$$

Für $V > V_\mathrm{K}$ wird der senkrechte Ast der $R(\vartheta)$-Kennlinie durchlaufen. Da die Temperatur nicht mehr zunehmen kann, muß die Verlustleistung im Kaltleiter konstant sein, wegen $I = P/V$ fällt der Strom hyperbolisch mit V ab.

Der Strom nimmt ab bis auf den Reststrom I_R bei der maximal zulässigen Spannung V_max (Abb. 7.18 a); I_R zeigt eine zum Kippstrom vergleichbare Abhängigkeit von der Umgebungstemperatur proportional zu $\sqrt{\vartheta_\mathrm{K} - \vartheta_\mathrm{A}}$. Bei höheren Spannungen tritt der Durchbruch des Kaltleiters auf.

Der Widerstandswert von Kaltleitern ist nicht nur von der Temperatur abhängig. Zum einen zeigt sich eine Abhängigkeit des Widerstandswerts von der angelegten Spannung (Varistoreffekt), zum anderen erweist er sich wegen der kapazitiven Kopplung über die Korngrenzen als *frequenzabhängig.* Abbildung 7.18 b zeigt die $R(\vartheta)$-Kennlinie eines Kaltleiters für verschiedene Werte der Meßfrequenz. Wegen dieser Frequenzabhängigkeit des Widerstandswerts werden Kaltleiter gewöhnlich nicht im AC-Betrieb eingesetzt.

Anwendung: Entmagnetisierung

Zur *Entmagnetisierung* der Ablenkspulen in Bildröhren wird ein abklingender Wechselstrom durch die Spulen geschickt. Dies kann durch einen in Reihe zur Ablenkspule geschalteten Kaltleiter erreicht werden: Direkt nach dem Einschalten ist der Kaltleiter niederohmig – eine angelegte Wechselspannung führt zu einem Wechselstrom durch die Ablenkspulen. Die als Folge davon im PTC-Widerstand umgesetzte Leistung führt zu dessen Erwärmung und damit zur Zunahme des in Reihe wirkenden Widerstandswerts: Der Wechselstrom klingt ab bis auf einen kleinen Restwert.

Anwendung: Temperaturfühler, Niveaufühler

Aufgrund ihres extremen TK in der Nähe der Bezugstemperatur eignen sich Kaltleiter hervorragend als Sensoren zur Temperaturüberwachung. Zu diesem Zweck werden Kaltleiter mit geringem Volumen – für eine geringe thermische Zeitkonstante und damit hohe Ansprechgeschwindigkeit – und Bezugstemperaturen entsprechend der zu überwachenden Temperatur eingesetzt. Die Ausgangsspannung eines Spannungsteilers aus Kaltleiter und Widerstand (Abb. 7.20) zeigt dann in der Nähe der Bezugstemperatur eine starke Änderung, die zum Auslösen eines Schaltvorgangs verwendet werden kann. Die Widerstandswerte werden hier so gewählt, daß Eigenerwärmung vernachlässigbar ist. Mit $R_\mathrm{V} \approx 10 R_\mathrm{b}$ läßt sich eine Spannungsänderung von $V < 0.1\,V_0$ auf $V_2 \approx V_0$ erreichen.

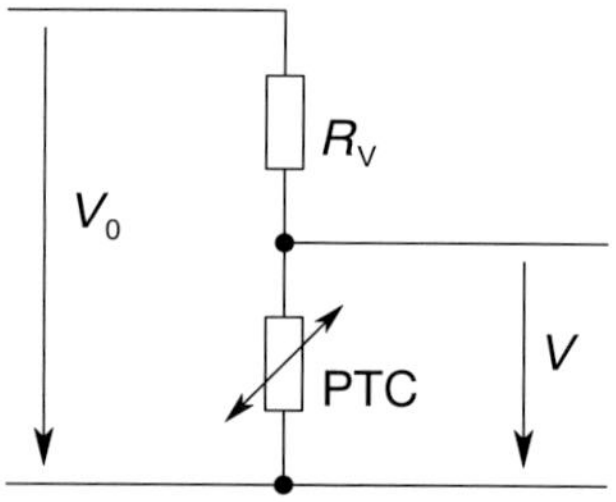

Abb. 7.20. Spannungsteiler mit Kaltleiter

Der Einsatz von Kaltleitern als *Niveaufühler* nutzt die Änderung des thermischen Leitwerts zur Umgebung aus, die auftritt, wenn der Kaltleiter in eine Flüssigkeit eingetaucht wird. Der durch den Kaltleiter und R_V fließende Strom muß so groß sein, daß der Kaltleiter in Luft hochohmig, nach Eintauchen in die Flüssigkeit niederohmig ist. Die hieraus resultierenden Einschränkungen für R_V sind in Abb. 7.21 dargestellt. Die vier $I(V)$-Charakteristiken entsprechen dem Betrieb in Luft bei der minimal bzw. der maximal zulässigen Lufttemperatur ($\vartheta_\mathrm{A,L}^{(\mathrm{min})}$ bzw. $\vartheta_\mathrm{A,L}^{(\mathrm{max})}$) und in der Flüssigkeit bei der minimal bzw. der maximal zulässigen Flüssigkeitstemperatur ($\vartheta_\mathrm{A,F}^{(\mathrm{min})}$ bzw. $\vartheta_\mathrm{A,F}^{(\mathrm{max})}$).

Der Wert von R_V ist so zu wählen, daß auch im ungünstigsten Fall zuverlässig ein niederohmiger Zustand bei Betrieb in der Flüssigkeit und ein hochohmiger Zustand bei Betrieb in Luft resultiert, d. h. es muß gelten $R_{Vmin} < R_V < R_{Vmax}$; die Kennlinie von R_V muß in dem markierten Bereich verlaufen. Die in Abb. 7.21 eingefügte Schaltung verwendet eine Brücke

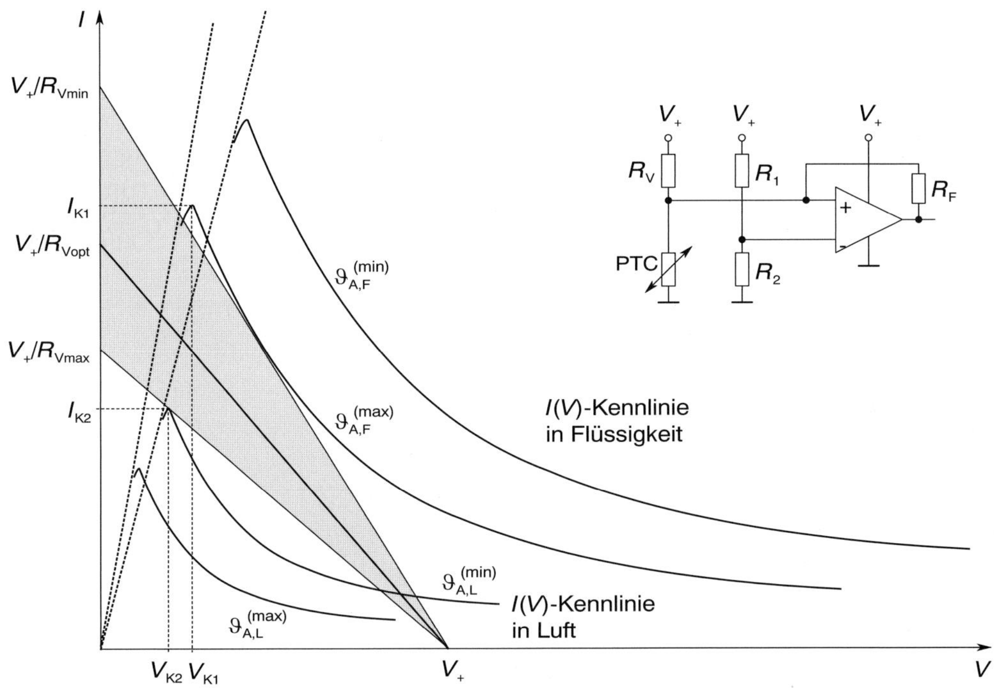

Abb. 7.21. Zur Auswahl des Vorwiderstands in PTC-Niveaufühlern

in Verbindung mit einem Spannungskomparator. Für manche Anwendungen genügt es den Kaltleiter direkt in Serie zu einem Relais zu schalten, dessen Ansprechstrom bei niederohmigem Kaltleiter über- und bei hochohmigem Kaltleiter unterschritten wird.

Anwendung: PTC-Heizelemente

Kaltleiter ermöglichen dank ihres großen positiven TK die Realisierung von Wärmequellen mit Überlastungsschutz [18]. PTC-Heizelemente werden ohne Vorwiderstand direkt an die Versorgungsspannung angeschlossen. Abhängig von der angelegten Spannung und vom thermischen Übergangswiderstand [20] zwischen Heizelement und zu heizendem Medium stellt sich ein stabiler Temperaturwert ein, bei dem die im Kaltleiter umgesetzte Leistung und die an das

[20] Das PTC-Heizelement muß vom zu erwärmenden Medium elektrisch isoliert werden, was beispielsweise durch Polyimidfolien bewerkstelligt werden kann. Diese bedingen einen endlichen thermischen Leitwert zwischen Heizelement und Wärmesenke.

zu beheizende Medium abgegebenen Wärmeleistung im Gleichgewicht sind. Somit gilt

$$\frac{V^2}{R(\vartheta)} = G_{\mathrm{th}}\,(\vartheta - \vartheta_{\mathrm{A}})$$

bzw.

$$G(\vartheta) = \frac{1}{R(\vartheta)} = \frac{G_{\mathrm{th}}}{V^2}\,(\vartheta - \vartheta_{\mathrm{A}}) \ .$$

Ist der Leitwert des Kaltleiters als Funktion der Temperatur bekannt, so kann die *Arbeitstemperatur* für eine gegebene Betriebsspannung V und Umgebungstemperatur ϑ_{A} graphisch bestimmt werden. Hierzu wird der Schnittpunkt der $G(\vartheta)$-Kennlinie des Heißleiters mit einer Geraden der Steigung G_{th}/V^2 bestimmt, welche durch den Punkt $(\vartheta_{\mathrm{A}}, 0)$ verläuft.

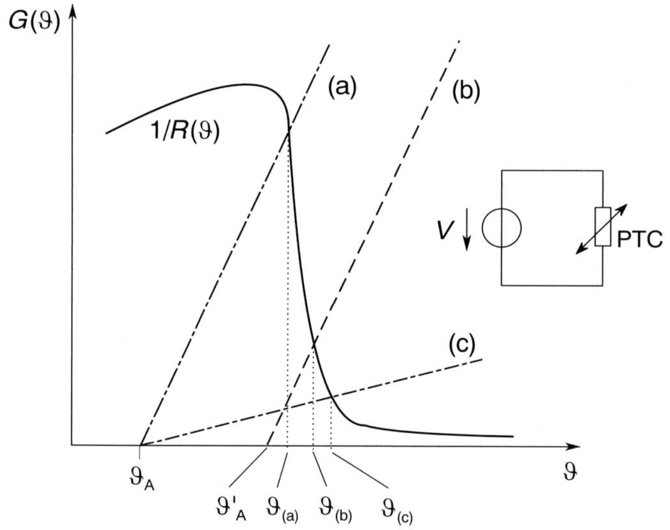

Abb. 7.22. Bestimmung der Arbeitstemperatur eines PTC-Heizelements

Abbildung 7.4 zeigt dies für die drei Geraden (a)-(c). Aus ϑ_{A}, V und G_{th} folgt eindeutig die Gerade (a) und als Schnittpunkt mit der $G(\vartheta)$-Kurve die Temperatur $\vartheta_{(\mathrm{a})}$. Erhöht sich ϑ_{A} bei ansonsten gleichbleibenden Bedingungen auf den Wert ϑ'_{A}, so ist die Gerade parallel zu verschieben (b) . Die Temperatur des Kaltleiters nimmt dabei wegen der, in der Nähe der Bezugstemperatur sehr ausgeprägten, Temperaturabhängigkeit von $G(\vartheta)$ nur wenig zu bis auf den Wert $\vartheta_{(\mathrm{b})}$. Dasselbe gilt für eine Abnahme der Wärmeleitfähigkeit zur Umgebung.[21] Bei gleicher Umgebungstemperatur ϑ_{A} resultiert nun eine sehr viel flachere Gerade (c), deren Schnittpunkt mit der $G(\vartheta)$-Kennlinie wiederum nur eine geringfügig erhöhte Temperatur $\vartheta_{(\mathrm{c})}$ ergibt.

[21] Ein praktischer Anwendungsfall hierfür ist der „Expreßkocher“, in dem der gesamte Wasserinhalt verdunstet ist.

PTC-Heizelemente besitzen demnach *thermostatische Eigenschaften*: Wird aufgrund einer abnehmenden Temperaturdifferenz zum zu beheizenden Medium weniger Wärme abgeführt, so erhöht sich die Temperatur und damit der Widerstandswert des Kaltleiters. Dies führt automatisch zu einer Verringerung der umgesetzten Leistung V^2/R und damit der Wärmezufuhr. Wird dem PTC-Heizelement auf der anderen Seite viel Wärme entzogen, so nimmt ϑ und damit $R(\vartheta)$ ab, mit der Folge einer Zunahme der vom Heizelement abgegebenen Wärmeleistung. Dies erklärt die hohe *Betriebssicherheit* von PTC-Heizelementen, die ihre Anwendungen beispielsweise in explosions- und feuergefährderter Umgebung, in Kraftfahrzeugen in unmittelbarem Kontakt zu Kraftstoffzuführungen etc. finden.

7.5 PPTC-Widerstände (Poly Switch)

Polymer-PTCs bestehen aus einem teilkristallinen mit leitenden Kohlenstoffteilchen angereicherten Kunststoff (üblicherweise vernetztes Polyethylen). Der Widerstand solcher rußgefüllter Polymere hängt sehr stark von der Konzentration der Rußteilchen ab und fällt bei einer typischen Konzentration um viele Größenordnungen [19]. Wird diese Konzentration erreicht, so bilden die zwischen den teilkristallinen Bereichen des Kunststoffs eingelagerten Kohlenstoffteilchen ein leitendes Netzwerk [20] (Perkolationsnetzwerk). Bei ca. 120° wandelt sich das kristalline Gefüge in eine amorphe Struktur, was mit einer deutlichen Volumenzunahme verbunden ist. Da sich die leitenden Teilchen nicht im selben Maß ausdehnen, wird das Perkolationsnetzwerk aufgetrennt und das Material hochohmig. PPTCs verhalten sich demnach wie keramische Kaltleiter wobei die Bezugstemperatur durch die Temperatur bestimmt wird, bei der der Übergang vom kristallinen zum amorphen Zustand erfolgt.

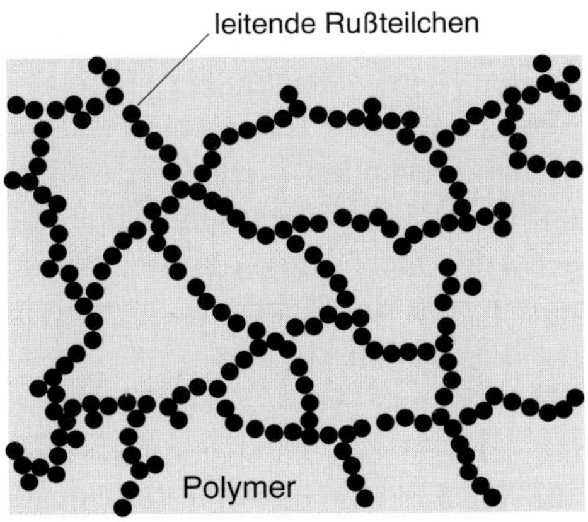

Abb. 7.23. Perkolationsnetzwerk aus leitenden Rußteilchen in einem teilkristallinen Polymer

Polymer-PTCs weisen im jungfräulichen Zustand sehr geringe Serienwiderstände auf, kehren nach Abkühlen aus dem hochohmigen Zustand aber nicht mehr ganz auf den ursprünglichen Wert zurück. Aus diesem Grund wird vom Hersteller häufig vor Auslieferung ein Widerstandssprung durch elektrische Belastung erzwungen. Spätere Schaltvorgänge wirken sich dann in der Regel nur noch vergleichsweise gering auf den Kaltwiderstand des PPTCs aus.

Vergleicht man PPTCs mit keramischen Kaltleitern, so zeichnen sich PPTC-Widerstände durch schnelle Schaltzeiten und geringes Bauteilvolumen aus; keramische Kaltleiter bieten im Gegensatz vergleichsweise genau spezifizierte Widerstandswerte mit geringer Drift und Reversibilität bei Schaltvorgängen.

7.6 Sicherungen

Aufgabe einer Sicherung ist den Strompfad zu einem Verbraucher im Überlastfall zu unterbrechen. Generell kann jedes Bauteil, das im Überlastfall von einem niederohmigen in einen hochohmigen Zustand übergeht als Sicherung dienen. Wo immer möglich werden die weit verbreiteten Schmelzsicherungen (die nach Ansprechen ersetzt werden müssen) durch Widerstände mit PTC-Charakteristik ersetzt, da diese nach Beseitigen der Überlastsituation wieder in einen niederohmigen Zustand zurückkehren.

7.6.1 Feinsicherungen

Feinsicherungen (Schmelzsicherungen für Elektronikanwendungen) werden eingeteilt bezüglich ihrer Ansprechgeschwindigkeit in flinke (Kennbuchstaben F, schaltet bei fünffachem Nennstrom nach 100 ms ab), mittelträge (Kennbuchstaben M) und träge (Kennbuchstaben T, schaltet bei fünffachem Nennstrom nach 1 s ab). Neben dem abgesicherten Strom wird die Spannung spezifiziert die von einer durchgebrannten Sicherung gesperrt wird. Die Angabe T 1.25/250V bezeichnet demzufolge eine träge Schmelzsicherung, die bei Überschreiten eines Stromes von 1.25 A anspricht und dann 250 V sperren kann.

Wegen des Einschaltstromstoßes ist es in der Regel zweckmäßig träge Sicherungen zur primärseitigen Absicherung von Netzteilen zu verwenden. Der erforderliche Stromwert ist als Effektivwert des fließenden Stroms zu ermitteln; der Nennstrom der Sicherung sollte um ca. 50 % über dem Effektivwert des eingangsseitig fließenden Stroms liegen. Sicherungen sollten so in die Schaltung eingebaut werden, daß Personen, die die Sicherung berühren (Einbau/Ausbau) keinen elektrischen Schlag bekommen können.

Abbildung 7.24 zeigt den Zusammenhang zwischen Ansprechzeit t_A und Laststrom für Schmelzsicherungen mit unterschiedlichen Nennstromwerten. Kurze Ansprechzeiten ergeben sich nur für Lastströme die deutlich oberhalb des Nennstromwerts liegen. Im Bereich sehr kurzer Ansprechzeiten wird annähernd ein Zusammenhang $t_A \sim 1/I^2$ beobachtet (vgl. die gestrichelte Gerade in Abb. 7.24). Unter diesen Umständen kann der Wärmeabtransport

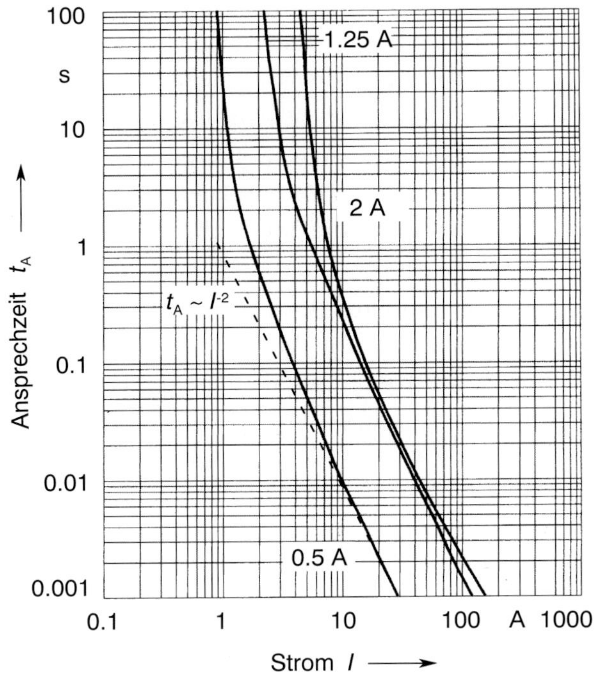

Abb. 7.24. Laststromabhängigkeit der Ansprechzeit mittelträger Feinsicherungen (nach Daten der Firma Raychem)

bis zum Ansprechen der Sicherung näherungsweise vernachlässigt werden. Zwischen dem mittleren Widerstand des Sicherungsdrahts R und der zum Aufschmelzen des Drahts aufzubringenden Energie ΔW besteht dann der Zusammenhang $\Delta W = RI^2 t_A$, so daß $t_A \sim 1/I^2$. Sicherungen begrenzen also nur bei langsamem Lastwechsel den Strom durch einen Verbraucher, im Fall kurzer Strompulse kann der Strom deutlich[22] oberhalb des Nennwerts liegen, ohne daß die Sicherung anspricht. Im Fall kurzer Strompulse begrenzt die Sicherung damit die im Verbraucher umgesetzte Energie. Eine Feinsicherung spricht um so schneller an, je geringer Wärmekapazität, Schmelzwärme und Schmelztemperatur des Sicherungsdrahts sind.

7.6.2 Überlastschutz mit keramischen Kaltleitern

Keramische Kaltleiter können als Überstromsicherungen für elektronische Schaltungen sowie als thermischer Überlastschutz verwendet werden [21]. Gegenüber Schmelzsicherungen sprechen sie nicht nur auf überhöhte Ströme, sondern auch beim Überschreiten einer – über die Bezugstemperatur vorgegebenen – Temperaturgrenze an. Das Ansprechen der Kaltleitersicherung ist zudem reversibel – sie braucht nach Beseitigen des Überlastfalls nicht ausgewechselt zu werden, sondern übernimmt nach kurzer Abkühlzeit wieder ihre

[22] Durch eine 10-A-Sicherung kann beispielsweise kurzfristig ein Strom im Kiloamperebereich fließen, ohne daß diese schmilzt.

Schutzfunktion. Zum Überlastschutz wird der Kaltleiter in Serie zum Verbraucher geschaltet; seine Bezugstemperatur ϑ_b wird so ausgewählt, daß sie unter normalen Bedingungen über der Betriebstemperatur liegt.

Wird der Kaltleiter als *thermischer Überlastschutz* eingesetzt, so ist dieser so am Verbraucher anzubringen, daß eine gute thermische Kopplung besteht. Sobald die Temperatur des Verbrauchers die Bezugstemperatur überschreitet, wird der Kaltleiter hochohmig und verringert so die im Verbraucher umgesetzte Leistung.

Bei der Anwendung als *Überstromsicherung* wird die Eigenerwärmung des Kaltleiters ausgenutzt. Abbildung 7.25 erläutert die Verhältnisse für unterschiedliche Lastwiderstände. Der durch die Reihenschaltung von Kaltleiter und Lastwiderstand fließende Strom ergibt sich durch Schnitt[23] der $I(V)$-Kennlinie des Kaltleiters mit der Lastgeraden. Unter normalen Betriebsbe-

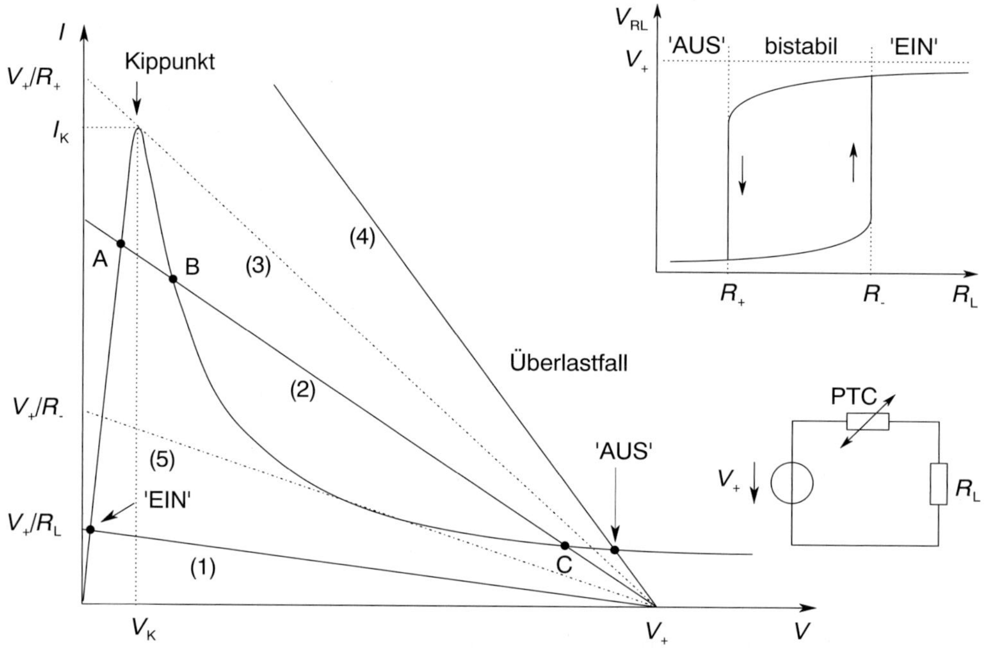

Abb. 7.25. Überstromsicherung mit Kaltleiter; Arbeitspunkte

dingungen (1) ist R_L so groß, daß die beiden Kennlinien nur einen gemeinsamen Punkt haben, wobei am Kaltleiter nur ein geringer Spannungsabfall auftritt. Dies entspricht dem „EIN-Zustand". Nimmt R_L ab, so nimmt der

[23] Dies entspricht einer graphischen Auswertung der Netzwerkgleichungen: Durch beide Elemente muß derselbe Strom fließen; die angelegte Spannung V_+ teilt sich auf in eine Spannung am Kaltleiter und einen Spannungsabfall am Lastwiderstand. Wird die Kennlinie des Kaltleiters beginnend von $V = 0$ von links nach rechts aufgetragen, diejenige des Lastwiderstands, beginnend von $V = V_+$ von rechts nach links, so sind im Schnittpunkt der beiden Kennlinien Maschensatz und Knotensatz erfüllt.

Strom zu; der Schnittpunkt der Kennlinien wandert auf der Kaltleiterkennlinie nach oben (Punkt A in 2) bis zum Erreichen des Kippstroms (3). Für kleinere Werte (4) von R_L existiert dann nur noch ein Schnittpunkt der beiden Kennlinien, bei dem nahezu der gesamte Spannungsabfall am Kaltleiter auftritt („AUS-Zustand“). Der Lastwiderstand R_L, bei dem die Kaltleitersicherung anspricht, ist damit $R_+ \approx (V_+ - V_\mathrm{K})/I_\mathrm{K}$. Wird nun R_L wieder auf Werte größer als R_+ erhöht, so nimmt der Spannungsabfall am Kaltleiter zunächst nur wenig ab (Punkt C in (2)); für $R_+ < R_\mathrm{L} < R_-$ zeigt die Reihenschaltung von Kaltleiter und ohmschem Widerstand ein *bistabiles* Verhalten: Die Heißleiter- und die Lastkennlinie weisen hier drei Schnittpunkte auf, von denen zwei (A und C) stabilen Arbeitspunkten entsprechen. Ob der Kaltleiter hoch- oder niederohmig ist, hängt hier von der Geschichte ab. Erst nach Überschreiten des durch die Lastgerade (5) definierten Widerstands R_- existiert wieder nur noch ein Schnittpunkt zwischen den Kennlinien von Kaltleiter und Last. Dies erklärt die im Zusammenhang mit der Kaltleitersicherung beobachtete *Schalthysterese*: Wird die Spannung an der Last über dem veränderlichen Lastwiderstand aufgetragen, so resultiert die Abb. 7.25 dargestellte Hysteresekurve.

Für die *Ansprechzeit* des Kaltleiters – vom Anlegen der Spannung bis zum Erreichen der Bezugstemperatur – gilt die Abschätzung [22]

$$t_\mathrm{A} \approx \frac{C_\mathrm{th}(\vartheta_\mathrm{b} - \vartheta_\mathrm{A})}{P} \approx \frac{C_\mathrm{th}(\vartheta_\mathrm{b} - \vartheta_\mathrm{A})(R_\mathrm{L} + R_\mathrm{b})^2}{V_+^2 R_\mathrm{b}}, \tag{7.26}$$

wobei C_th die Wärmekapazität des Kaltleiters und P die im Kaltleiter umgesetzte Verlustleistung angibt. Gleichung (7.26) ist nur anwendbar, falls der Wärmeabtransport vom Kaltleiter während der Aufheizphase vernachlässigbar ist (s.u.).

Ansprechzeit bei Berücksichtigung des Wärmeabtransports. Unter der Annahme, daß der Kaltleiterwiderstand bis zum Erreichen der Bezugstemperatur gleich R_b ist, wird im Kaltleiter eine konstante Leistung umgesetzt. Die Übertemperatur $\Delta\vartheta(t)$ steigt damit exponentiell an (vgl. Kap.5.3)

$$\Delta\vartheta(t) = PR_\mathrm{th}\left[1 - \exp\left(-\frac{t}{\tau_\mathrm{th}}\right)\right] \quad \text{mit} \quad P = \frac{R_\mathrm{b}}{(R_L + R_\mathrm{b})^2} V_+^2 .$$

Ist ϑ_A die Temperatur der Wärmesenke und $PR_\mathrm{th} > \vartheta_\mathrm{b} - \vartheta_\mathrm{A}$ so erreicht der Kaltleiter die Bezugstemperatur nach der Zeit

$$t_\mathrm{A} = -\tau_\mathrm{th} \ln[1 - (\vartheta_\mathrm{b} - \vartheta_\mathrm{A}))/PR_\mathrm{th}] . \tag{7.27}$$

Diese Gleichung besitzt nur unter der Voraussetzung $\vartheta_\mathrm{b} - \vartheta_\mathrm{A} < PR_\mathrm{th}$ eine Lösung. Andernfalls liegt die im Grenzwert $t \to \infty$ erreichte Grenztemperatur ϑ_∞ unterhalb von ϑ_b, d.h. der Wärmeabtransport ist so groß, daß die Eigenerwärmung des Kaltleiters nicht genügt, um die Bezugstemperatur zu erreichen. Das Ergebnis (7.26) folgt unter der Voraussetzung $\vartheta_\mathrm{b} - \vartheta_\mathrm{A} \ll PR_\mathrm{th}$ durch Entwickeln des Logarithmus bis zur 1. Ordnung ($\ln(1 + x) \approx x$).

7.7 Varistoren (VDR-Widerstände)

Varistoren sind nichtlineare Widerstände mit symmetrischer $I(V)$-Kennlinie.[24] Die Hauptanwendung dieser Bauteile, die einen mit zunehmender Spannung stark abnehmenden Widerstandswert aufweisen, liegt im *Überspannungsschutz.* Als besonders vorteilhaft erweist sich hier die hohe Energieaufnahme von Varistoren, die bis zu 2000 J betragen kann.

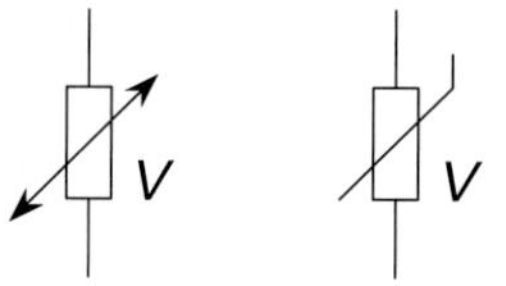

Abb. 7.26. Varistor: Schaltsymbol

Abbildung 7.27 zeigt schematisch den Verlauf der $I(V)$-Kennlinie eines ZnO-Varistors in linearer (a) und doppeltlogarithmischer (b) Auftragung. Die lineare Auftragung illustriert die Symmetrie der Kennlinie – im Gegensatz zur Diodenkennlinie liegt kein Gleichrichtereffekt vor. Die doppeltlogarithmische Auftragung zeigt, daß die Kennlinie des Varistors in drei Bereiche unterteilt werden kann: den *Leckstrombereich* mit annähernd ohmschem Verhalten, den *Durchbruchbereich* und den *Hochstrombereich*, in dem das Verhalten ebenfalls wieder annähernd ohmsch ist.

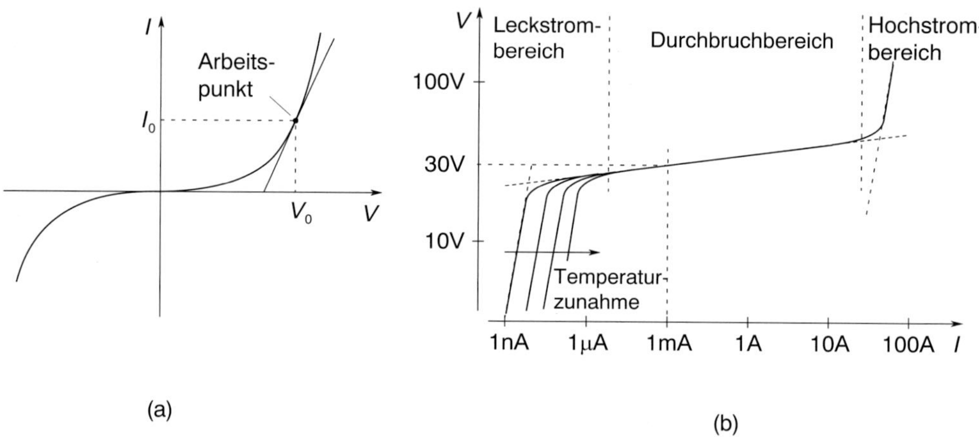

Abb. 7.27. $I(V)$-Kennlinie eines Varistors (schematisch)

Im *Durchbruchbereich* wird die $I(V)$-Kennlinie des Varistors näherungsweise durch eine Potenzfunktion $I \sim V^\gamma$ beschrieben. Der Exponent γ heißt *Spannungsindex* des Varistors. Für die weitverbreiteten ZnO-Varistoren liegt γ im

[24]Der Name Varistor wurde aus den englischen Begriffen variable resistor gebildet. Gelegentlich werden Varistoren auch als VDR-Widerstände bezeichnet (von voltage dependent resistor).

Bereich von 30 – 70. Als *Ansprechspannung* (oder Varistorspannung) eines Varistors wird in Datenblättern zumeist der am Varistor bei einem eingeprägten Strom von 1 mA auftretende Spannungsabfall V_V angegeben. Es sind Varistoren mit unterschiedlichen Ansprechspannungen (typischerweise (5 – 600) V) lieferbar. Die in Abb. 7.27 b skizzierte Kennlinie würde demnach einer Varistorspannung von 30 V entsprechen. Mit der Varistorspannung V_V läßt sich die $I(V)$-Charakteristik im Durchbruchbereich mittels

$$\boxed{I = 1\,\mathrm{mA} \cdot \left(\frac{V}{V_V}\right)^{\gamma}} \tag{7.28}$$

beschreiben. Nach V aufgelöst resultiert die Beziehung

$$V = V_V \cdot \left(\frac{I}{1\,\mathrm{mA}}\right)^{\beta} \quad \text{mit} \quad \beta = \frac{1}{\gamma}\,. \tag{7.29}$$

Der in dieser Beziehung auftretende Exponent β heißt *Stromindex*[25]. Der Großsignalwiderstand im Arbeitspunkt (V_0, I_0) ist

$$R = \frac{V_0}{I_0} = \frac{V_V}{1\,\mathrm{mA}} \left(\frac{I_0}{1\,\mathrm{mA}}\right)^{\beta-1} = \frac{V_V}{1\,\mathrm{mA}} \left(\frac{V_0}{V_V}\right)^{1-\gamma}, \tag{7.30}$$

der zugehörige *Kleinsignalwiderstand* ist

$$r = \left.\frac{\mathrm{d}V}{\mathrm{d}I}\right|_{V_0} = \beta R\,.$$

Beispiel 7.7.1 Ein Varistor habe den Spannungsindex $\gamma = 40$ und die Ansprechspannung $V_V = 20$ V. Die Spannung V, die an den Varistor angelegt werden muß, damit der Strom 100 mA fließt, ist

$$V = 20\,\mathrm{V} \cdot \left(\frac{100\,\mathrm{mA}}{1\,\mathrm{mA}}\right)^{1/40} = 22.44\,\mathrm{V}\,.$$

Der bei der Betriebsspannung 25 V fließende Strom ist

$$I = 1\,\mathrm{mA} \cdot \left(\frac{25\,\mathrm{V}}{20\,\mathrm{V}}\right)^{\gamma} = 7.52\,\mathrm{A}\,.$$

Bei $V = 20$ V ist voraussetzungsgemäß $I = 1$ mA, was einem Großsignalwiderstand von 20 kΩ entspricht. Bei $V = 25$ V fließt nach (b) der Strom $I = 7.52$ A, entsprechend einem Großsignalwiderstand von 3.32 Ω, was annähernd vier Größenordnungen unter dem Wert bei $V = 20$ V liegt. Δ

[25] Aus zwei Arbeitspunkten (V_1, I_1), (V_2, I_2) läßt sich der Stromindex bestimmen gemäß

$$\beta = \frac{\log(V_1/V_2)}{\log(I_1/I_2)}\,.$$

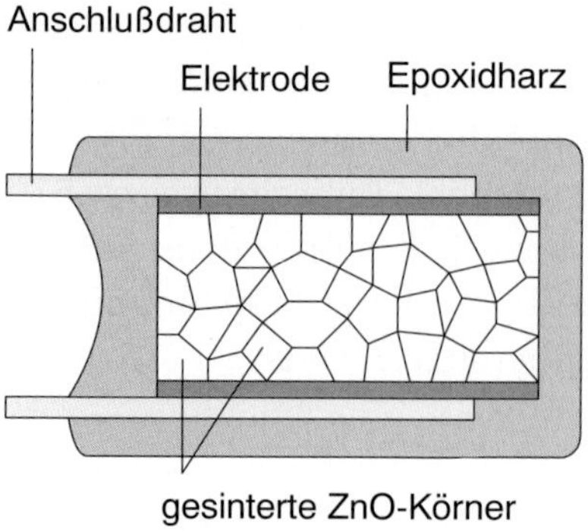

Abb. 7.28. Querschnitt (schematisch) durch einen ZnO-Varistor

Aufbau und Leitungsmechanismus

Abbildung 7.28 zeigt den prinzipiellen Aufbau eines Varistors. Varistoren werden gewöhnlich aus pulverisiertem Metalloxid (insbesondere Zinkoxid (ZnO)) hergestellt. Das Pulver, dem weitere Metalloxide als Dotierelemente beigemengt sind, wird mit Bindemittel versetzt, gepresst und gesintert, wodurch die Pulverkörner (typischer Durchmesser 20 µm) zusammenbacken und untereinander elektrisch verbunden sind. An den Korngrenzen entstehen dabei *Potentialbarrieren*, die die Ursache des nichtlinearen Leitwerts darstellen.[26] Diese Grenzschichten zwischen benachbarten Körnern wirken als „Mikrovaristoren“ : Der Stromfluß über die Korngrenze ist gering, solange die materialspezifische Ansprechspannung (ca. 3.6 V für ZnO-Varistoren) nicht überschritten ist. Die $I(V)$-Charakteristik des Varistors ergibt sich aus der Reihen- und Parallelschaltung dieser Mikrovaristoren. Über die Anzahl der zu durchlaufenden Grenzschichten und somit (bei gleichbleibender Korngröße) über die Dicke des Varistors kann demnach die *Ansprechspannung* eingestellt werden.

Die im Varistor umgesetzte Leistung verteilt sich auf die einzelnen Mikrovaristoren und damit nahezu homogen auf das Volumen des Varistors. Varistoren weisen deshalb ein wesentlich höheres *Energieaufnahmevermögen* als Z-Dioden auf (vgl. Kap. 15), bei denen die gesamte Verlustleistung in der räumlich begrenzten Sperrschicht anfällt.

Ersatzschaltung

Der scheibenförmige Aufbau der Varistoren verursacht *Eigenkapazitäten*, die typisch im Bereich zwischen 100 pF und 100 nF liegen. Bei Schaltvorgängen kann ebenfalls die unvermeidliche, durch die Zuleitungen bestimmte Serieninduktivität bedeutsam werden. Eine diese Elemente berücksichtigendes Ersatzschaltung ist in Abb. 7.29 dargestellt. Der nichtlineare Widerstand R_{var} gibt das Durchbruchverhalten wieder; der dazu parallele Widerstand R_{p} beschreibt

[26] Die physikalischen Details des Stromtransports über diese Barrieren, an dem auch die Stoßionisation im Feld beteiligt ist, werden z. B. in [23] dargestellt.

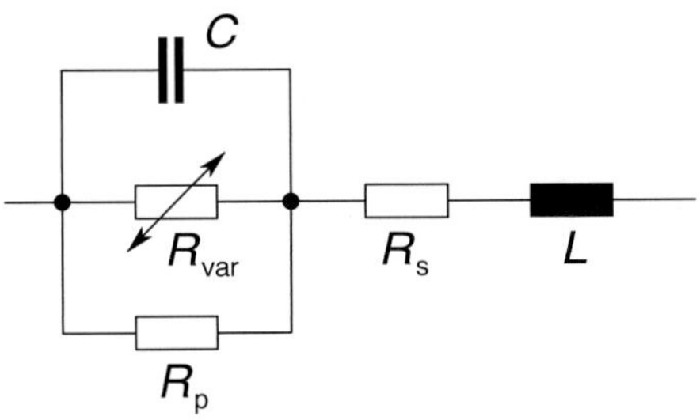

Abb. 7.29. Varistor: Ersatzschaltung

das Leckstromverhalten. Der Wert von R_p ist stark temperaturabhängig und zeigt das Verhalten eines Heißleiters. Der in Serie geschaltete Widerstand R_s beschreibt das Hochstromverhalten. Typische Werte für die „parasitären Elemente“ sind $R_p \approx 10\,\mathrm{M\Omega}$, $R_s = 0.1\,\Omega$, $C = 10\,\mathrm{nF}$ und $L = 10 - 20\,\mathrm{nH}$ (für bedrahtete Bauteile).

Die Zeitkonstante, mit der sich die für den Varistoreffekt maßgeblichen Potentialbarrieren auf den veränderten Zustand einstellen, beträgt einige Nanosekunden. Bei Stoßstrombelastung kann dies zu einer *Spannungsspitze* führen. Diese ist jedoch deutlich kleiner als die, durch die Eigeninduktivitäten der Zuleitungen bedingten Spannungsspitzen [24].

Modellierung von Varistoren in SPICE

Nichtlineare Widerstände stehen als gesonderte Netzwerkelemente in SPICE nicht zur Verfügung. Sie lassen sich aber mit nichtlinearen gesteuerten Quellen leicht nachbilden, solange die Strom-Spannungs-Charakteristik des nichtlinearen Widerstands durch eine Polynomfunktion darstellbar ist In diesem Fall kann eine polynomiale spannungsgesteuerte Stromquelle (Abb. 7.30) zur Simulation des Varistors herangezogen werden: Als steuernde Variable wird dabei die Spannung im Ausgangskreis benutzt. In PSPICE besteht zusätzlich die Möglichkeit den funktionalen Zusammenhang zwischen Eingangsspannung und Ausgangsstrom der gesteuerten Quelle über eine mathematische Funktion zu definieren. Die Hersteller von Varistoren bieten häufig fertige Modelle für SPICE-Simulationen.

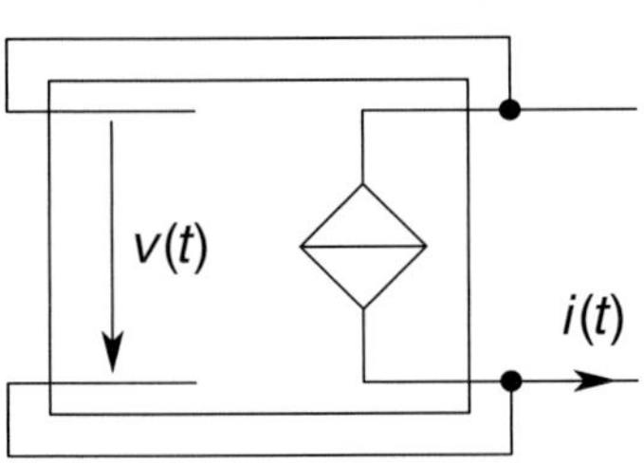

Abb. 7.30. Spannungsgesteuerte Stromquelle zur Simulation eines Varistors

Beispiel 7.7.2 Eine Teilschaltungsdefinition für die Varistor-Ersatzschaltung (Abb. 7.29) lautet

```
.SUBCKT  VARISTOR  K1  K2
Gvar    K1    K3    VALUE = {1E-3*PWR(V(K1,K3)/20, 40)}
Rp    K1    K3    10MEG
Cp    K1    K3    10n
Rs    K3    K4   0.1
Ls    K4    K2    15n
.ENDS
```

wobei der Spannungsindex im Durchbruchbereich mit 40, $V_V = 20\,\text{V}$, $R_p = 10\,\text{M}\Omega$, $C = 10\,\text{nF}$, $R_s = 100\,\text{m}\Omega$ und $L = 15\,\text{nH}$ angenommen wurde. △

Anwendung: Überspannungsschutz

Varistoren werden hauptsächlich für Schutzschaltungen verwendet. Um die Spannung an einem Verbraucher zu begrenzen, wird parallel zu diesem (Abb. 7.31 a) ein Varistor geschaltet, dessen Widerstand mit zunehmendem Wert der anliegenden Spannung stark abnimmt. Tritt nun eine Spannungsspitze auf, so wird der Varistor kurzfristig [27] niederohmig: Der über den Varistor abfließende Strom erhöht den Spannungsabfall an der vorgeschalteten Impedanz (Widerstand oder Induktivität) wodurch die Spannung am Verbraucher begrenzt und dieser geschützt wird.

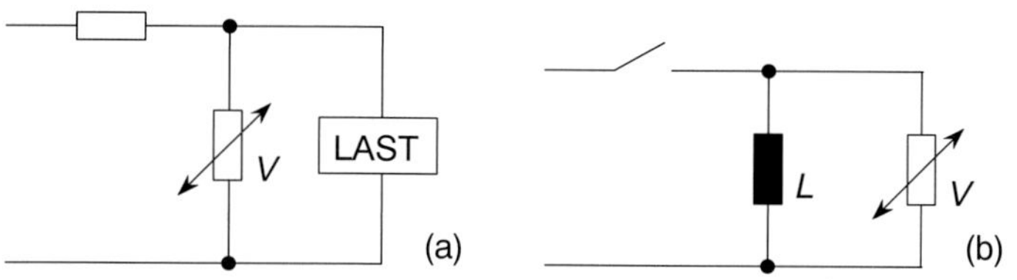

Abb. 7.31. Schutzbeschaltung mit Varistoren

Abbildung 7.31 b zeigt einen Varistor, eingesetzt als Überspannungsschutz beim Schalten induktiver Lasten. Bei geschlossenem Schalter wird die Spule von einem Strom I_L durchflossen; im magnetischen Feld der Spule ist Energie gespeichert. Beim Öffnen des „Schalters“ (z. B. Transistor) treten hohe Induktionsspannungen auf, die zu einer Zerstörung des „Schalters“ führen können. Wird ein Varistor parallel zur Spule geschaltet, so wird dieser bei hohen Induktionsspannungen leitend und setzt die in der Spule gespeicherte Energie in Wärme um. Bei $L = 0.3\,\text{H}$ und $I_L = 1\,\text{A}$ wäre diese beispielsweise

$$W = LI_L^2/2 = 0.5 \cdot 0.3\,\text{H} \cdot 1\,\text{A}^2 = 0.15\,\text{J}\,.$$

Der Varistor muß diese Energie aufnehmen können. Treten solche Schaltvorgänge periodisch mit der Frequenz f auf, so ist dafür Sorge zu tragen, daß

[27] Die Ansprechzeit eines Varistors liegt meistens im Bereich weniger ns.

die mittlere Verlustleistung $P = Wf$ die Nennbelastbarkeit nicht überschreitet. Ferner ist sicherzustellen, daß der *maximale Pulsstrom* unterhalb des vom Hersteller vorgegebenen Werts bleibt.

Für die Anwendung als Überspannungsschutz ist ein möglichst abrupter Übergang vom hochohmigen in den niederohmigen Zustand gefragt. Hier zeichnen sich ZnO-Varistoren gegenüber SiC-Varistoren aus, bei denen der Übergang vom hoch- zum niederohmigen Zustand wesentlich weicher erfolgt. Aus diesem Grund werden SiC-Varistoren nur noch für wenige Spezialzwecke[28] verwendet, etwa zur Ableitung sehr großer Leistungen unter hohen Umgebungstemperaturen.

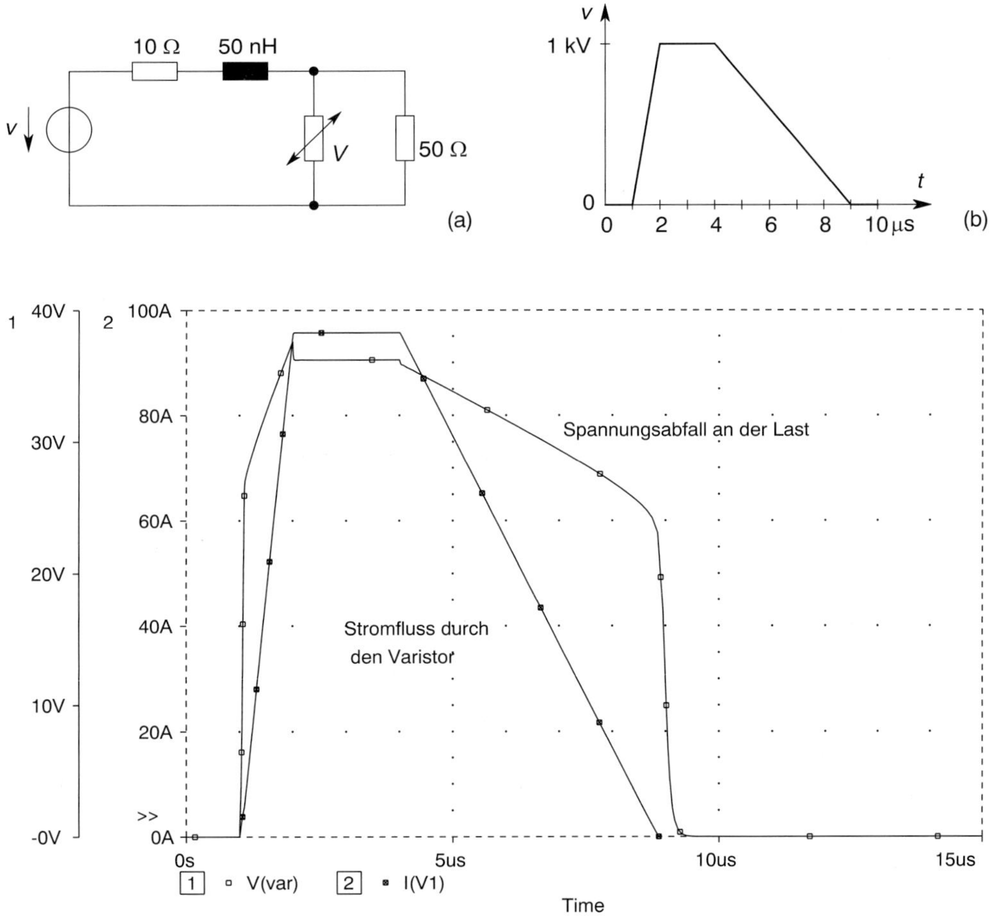

Abb. 7.32. In Beispiel 7.7.3 untersuchte Schaltung (**a**) und angelegter Störspannungspuls (**b**) so Simulationsergebnis für Spannungsabfall am Varistor und den Stromfluß durch den betrachteten Varistor

[28]Wegen der für zahlreiche Anwendungen zu hohen Leckströme der SiC-Varistoren unterhalb der Ansprechspannung werden diese dann häufig in Serie zu einer Funkenstrecke betrieben.

Beispiel 7.7.3 Als Beispiel wird ein einfacher Überspannungsschutz nach Abb. 7.32 a betrachtet. Abbildung 7.32 zeigt das Ergebnis einer SPICE-Transientenanalyse für die Überspannung am Verbraucher (Lastwiderstand 50 Ω). Die Spannungsspitze von 1 kV am Eingang wurde auf Werte kleiner als 40 V reduziert. Im Varistor tritt dabei kurzfristig ein Stoßstrom von annähernd 100 A auf; wegen der kurzen Dauer des Pulses ist die umgesetzte Pulsenergie dennoch wesentlich kleiner als 1 J. Für die Simulation wurde die in Beispiel 7.7.2 angegebene Ersatzschaltung verwendet. Sind große Überspannungen zu befürchten, so werden mehrere derartige Schutzschaltungen hintereinander geschaltet (Staffelschutz). Eingangsseitig kann ergänzend ein edelgasgefüllter Überspannungsableiter [25] eingesetzt werden. Dabei kann in zahlreichen Anwendungsfällen auf komplett montierte *Schutzmodule* zurückgegriffen werden. Δ

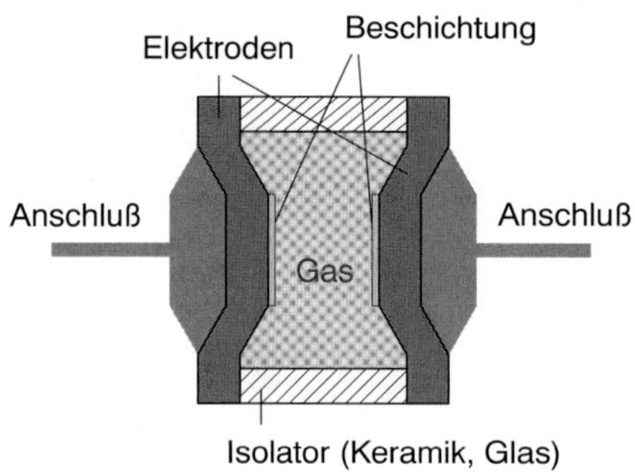

Abb. 7.33. Prinzipieller Aufbau eines Edelgasgefüllten Überspannungsableiters

7.8 Edelgasgefüllte Überspannungsableiter

Abbildung 7.33 zeigt den prinzipiellen Aufbau eines edelgasgefüllten Überspannungsableiters. Diese Schutzelemente nutzen den Durchschlag zwischen zwei Elektroden zur Spannungsbegrenzung (Funkenstrecke). Wird die Zündspannung (je nach Typ weniger als 100 V bis zu mehreren Kilovolt) überschritten, so bildet sich innerhalb von Nanosekunden ein Lichtbogen aus, der annähernd wie ein Kurzschluß wirkt und einen starken Anstieg des Stroms bedingt. Die Spannung über dem Ableiter bricht dabei nach Durchlaufen der kurzen Glimmphase auf die vom Strom weitgehend unabhängige Bogenbrennspannung (typ. 10 bis 25 V) zusammen. Edelgasgefüllte Überspannungsableiter zeichnen sich durch hohe Stromtragfähigkeit, sehr gutes Isolationsverhalten (Isolationswiderstand größer als 10 GΩ) und eine geringe Eigenkapazität (ca. 0.5 bis 3 pF) aus (Daten nach [26]).

Reproduzierbare Zündspannungen lassen sich durch Füllen des Entladevolumens mit einem Edelgas erreichen.[29] Die Elektroden weisen einen Abstand

[29]Durch Beimengen geringer Mengen einer radioaktiven Substanz wird dabei eine Vorionisation eingestellt, was statistische Schwankungen der Zündspannung vermindert. Es

von weniger als 1 mm auf und sind mit einer Schicht überzogen, die eine sehr geringe Austrittsarbeit aufweist.

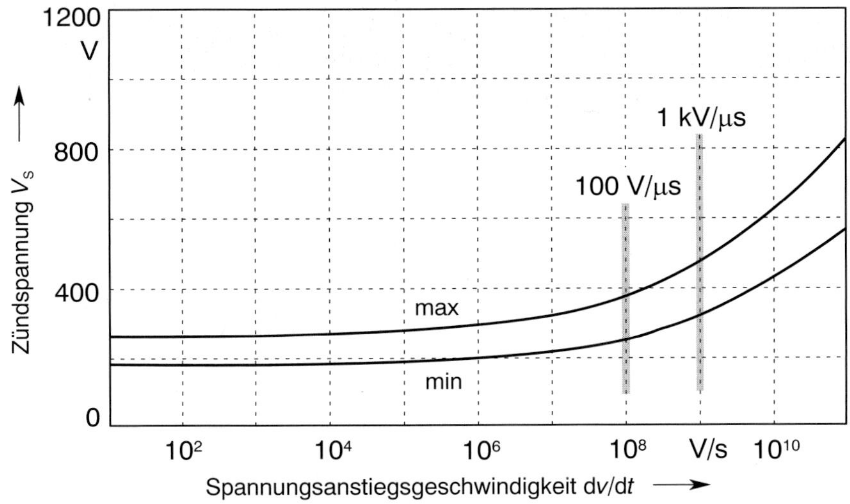

Abb. 7.34. Zündspannung eines edelgasgefüllten Überspannungsableiters der Nennansprechgleichspannung 230 V als Funktion der Anstiegsgeschwindigkeit der Spannung (nach [26])

Die Zündspannung V_S nimmt mit der Anstiegsgeschwindigkeit des Störspannungspulses zu; Abb. 7.34 zeigt typische Verläufe für einen Überspannungsableiter der Nennzündspannung 230 V. Neben der Zündspannung ist der maximal zulässige Strom bei pulsförmiger Belastung zu beachten. Dieser liegt für Pulse der Dauer 20 µs üblicherweise im Kiloamperebereich.

7.9 Literaturverzeichnis

[1] K. Fuchs. The conductivity of thin metallic films according to the electron theory of metals. *Proc. Cambridge Phil. Soc.*, 34(3):100–108, 1938.

[2] F.S. Ham, D.C. Mattis. Electrical properties of thin-film semiconductors. *IBM Journal*, 53:143–151, 1960.

[3] G.F. Foxhall, J.A. Lewis. The resistance of an infinite slab with a disk electrode. *Bell Syst. Tech. J.*, 44:1609–1617, 1964.

[4] M.S. Leong, S.C. Choo, K.H. Tay. The resistance of an infinite slab with a disc electrode as a mixed boundary value problem. *Solid-State Electronics*, 19(3):397–401, 1976.

[5] H.A. Wheeler. Formulas for the skin effect. *Proc. I.R.E.*, pp.412–424, September 1942.

[6] O. Zinke, H. Brunswig. *Lehrbuch der Hochfrequenztechnik, Band 1: Hochfrequenzfilter, Leitungen, Antennen.* Springer, Berlin, fünfte Auflage, 1995.

---

sind aber auch Typen verfügbar, die keine radioaktiven Elemente enthalten; bei diesen ist allerdings eine erhöhte Zündspannung nach längerer Dunkellagerung zu beachten.

[7] H.H. Meinke. *Einführung in die Elektrotechnik höherer Frequenzen - Band 1: Bauelemente und Stromkreise.* Springer, Berlin, zweite Auflage, 1965.

[8] H.H. Meinke, F.W. Gundlach. *Taschenbuch der Hochfrequenztechnik.* Springer, Berlin, fünfte Auflage, 1992.

[9] O.Zinke, H. Seither. *Widerstände, Kondensatoren, Spulen und ihre Werkstoffe.* Springer, Berlin, zweite Auflage, 1982.

[10] F.N. Hooge. 1/f noise sources. *IEEE Trans. Electron Devices*, 41(11):1926–1935, 1994.

[11] A. van der Ziel. Unified presentation of $1/f$ noise in electronic devices: Fundamental $1/f$ noise sources. *Proc. IEEE*, 76(3):233–258, 1988.

[12] VITROHM. *Hauptkatalog.* Deutsche Vitrohm GmbH, Pinneberg, 1995.

[13] P. Deluca. A review of thirty-five years of laser trimming with a look to the future. *Proc. IEEE*, 90(10):1614–1619, 2002.

[14] SIEMENS. *Datenbuch Heißleiter.* Siemens AG, München, 1986.

[15] W. Heywang. *Amorphe und Polykristalline Halbleiter.* Springer, Berlin, 1984.

[16] K.H. Hellwege. *Einführung in die Festkörperphysik.* Springer, Berlin, 1976.

[17] SIEMENS. *Kaltleiter Datenbuch.* Siemens AG, München, 1987.

[18] G. Ott. Der Kaltleiter als Heizelement. *Siemens Components*, 19(2):56–59, 1981.

[19] H. Schaumburg (Hrsg.). *Werkstoffe und Bauelemente der Elektrotechnik 6 – Polymere.* Teubner, Stuttgart, 1997.

[20] R.D. Sherman, L.M. Middleman, S.M. Jacobs. Electron transport processes in conductor-filled polymers. *Polymer Engineering and Science*, 23(1):36–46, 1983.

[21] G. Kainz. Keramische Kaltleiter schützen Elektronische Schaltungen. *Siemens Components*, (1):13–16, 1990.

[22] W. Kahr. Der Kaltleiter – ein Leitfaden für den Anwender. *Siemens Components*, 23(4):152–157, 1985.

[23] M. Rosinelli, F. Greuter. Zinkoxid-Varistoren: Herstellung und elektrische Eigenschaften. In *Magnetische Werkstoffe, Varistoren und Supraleiter*, ETG-Fachbericht Nr.29, pp. 89–102, Berlin, 1989. VDE-Verlag.

[24] K.Feser, L.Kehl, D.Qui, B.Richter. Steilstoßverhalten von Metalloxid-Ableitern. In *Magnetische Werkstoffe, Varistoren und Supraleiter*, ETG-Fachbericht Nr.29, pp. 125–129, Berlin, 1989. VDE-Verlag.

[25] T.Kuther. Metalloxid-Varistoren schützen zuverlässig vor Überspannungen. *Siemens Components*, (4):115–118, 1994.

[26] EPCOS. *Überspannungsableiter und Schaltfunkenstrecken.* EPCOS Firmenschrift, www.epcos.com, 2000.

8 Kondensatoren

Kondensatoren dienen zur Speicherung von elektrischer Ladung und sollten sich im Idealfall wie eine Kapazität C verhalten, was in der Praxis jedoch nur näherungsweise der Fall ist. Verschiedene Bauformen wurden entwickelt, um unter unterschiedlichen Betriebsbedingungen und für einen weiten Bereich von Kapazitätswerten das kapazitive Verhalten möglichst genau zu realisieren. In elektronischen Schaltungen werden heute vorzugsweise drei Ausführungen eingesetzt: Kunststoffolienkondensatoren, Keramikkondensatoren und Elektrolytkondensatoren.

8.1 Physikalische Grundlagen

Die Kapazität eines idealen (Parallel-)*Plattenkondensators* zwischen dessen Platten sich Vakuum befindet ist

$$C_0 = \epsilon_0 \frac{A}{d} \approx 886\,\mathrm{pF} \cdot \frac{A/\mathrm{cm}^2}{d/\mu\mathrm{m}} , \tag{8.1}$$

wobei $\epsilon_0 = 8.859 \cdot 10^{-12}$ F/m die sog. *Influenzkonstante*, A die Fläche der Kondensatorplatten und d den Plattenabstand angibt.

Wird der Raum zwischen den Kondensatorplatten mit einem Isolator – einem sog. *Dielektrikum* – ausgefüllt, so vergrößert sich die Kapazität des Kondensators wie bereits von Faraday festgestellt wurde. Als *Dielektrizitätszahl* oder (relative) Dielektrizitätskonstante ϵ_r des Isolators wird das Verhältnis der Kapazität C des Kondensators mit Dielektrikum zur Kapazität C_0 mit Vakuum im Plattenzwischenraum bezeichnet

$$\epsilon_\mathrm{r} = C/C_0 . \tag{8.2}$$

Die Dielektrizitätszahl ϵ_r ist im Gegensatz zu ϵ_0 dimensionslos; im Vakuum ist definitionsgemäß $\epsilon_\mathrm{r} = 1$. Ursache der Kapazitätszunahme bei Einführen eines Dielektrikums ist dessen *Polarisation*, d. h. eine gegenseitige Verschiebung der positiven und negativen Ladungsschwerpunkte im Dielektrikum. Dies geschieht nicht völlig trägheitslos – für $\omega \neq 0$ folgt die Polarisation deshalb der Feldstärke mit einer gewissen Phasenverschiebung, die durch eine komplexe Dielektrizitätszahl $\underline{\epsilon}_\mathrm{r}$ erfaßt wird

$$\boxed{\underline{\epsilon}_\mathrm{r} = \epsilon'_\mathrm{r}(\omega) - \mathrm{j}\epsilon''_\mathrm{r}(\omega) = \epsilon'_\mathrm{r}(\omega)\,(1 - \mathrm{j}\,\tan\delta_\epsilon) .} \tag{8.3}$$

Der *Verlustwinkel* $\delta_\epsilon = \arctan[\epsilon''_\mathrm{r}(\omega)/\epsilon'_\mathrm{r}(\omega)]$ des Dielektrikums beschreibt die Phasenverschiebung zwischen der dielektrischen Verschiebung und der elektrischen Feldstärke und damit, in einem ansonsten idealen Kondensator, die Abweichung der Phasenverschiebung zwischen Strom und Spannung vom idealen Wert 90°. Das frequenzabhängige Verhältnis

$$\tan \delta_\epsilon = \epsilon_r''(\omega)/\epsilon_r'(\omega) \tag{8.4}$$

wird *Verlustzahl* des Dielektrikums genannt; die Verlustzahl bestimmt maßgeblich die im Kondensator bei Wechselbetrieb anfallende Verlustleistung.

Die auf dem Plattenkondensator gespeicherte *Ladung* Q ist mit der Potentialdifferenz V zwischen den beiden Platten verknüpft über

$$Q = CV = \epsilon_0 \epsilon_r A \frac{V}{d} = \epsilon_0 \epsilon_r A E < \epsilon_0 \epsilon_r A E_D , \tag{8.5}$$

wobei E die elektrische Feldstärke zwischen den Kondensatorplatten bezeichnet. Die im Kondensator gespeicherte Ladung Q nimmt demnach sowohl mit der Fläche A der Kondensatorplatten als auch mit der Dielektrizitätszahl ϵ_r und der Feldstärke E zu. Während der Wert von A durch die Größe und die Bauform des Kondensators festgelegt ist, ergeben sich ϵ_r und die maximal zulässige Feldstärke E_D (*Durchschlagsfeldstärke*) aus den Materialeigenschaften des Kondensatordielektrikums. Für Vergleiche wird häufig die sog. *spezifische Kapazität* eines Kondensators – das ist die auf das Volumen des Kondensators bezogene Kapazität – verwendet.

8.1.1 Polarisationsmechanismen

Der Wert des Verlustwinkels und damit die Verlustzahl eines Kondensatordielektrikums hängt vom wirksamen Polarisationsmechanismus ab. Hier ist zwischen elektronischer Polarisation, ionischer Polarisation und Orientierungspolarisation zu unterscheiden.

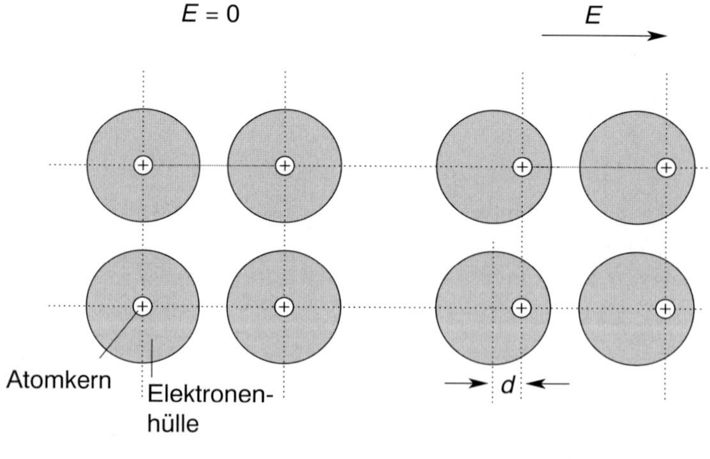

Abb. 8.1. Elektronische Polarisation (nach [1])

Elektronische Polarisation. Ursache der *elektronischen Polarisation* ist die Deformation (Abb. 8.1) der Elektronenhülle der Atome des Dielektrikums im elektrischen Feld. Dies bedingt eine gegenseitige Verschiebung der Ladungsschwerpunkte von positiver und negativer Ladung und damit ein induziertes Dipolmoment.

Da bei diesem Polarisationsmechanismus die Masse der verschobenen Teilchen (Elektronenmasse) sehr klein ist, folgt das induzierte Dipolmoment nahezu trägheitslos einer Änderung des elektrischen Feldes. Die elektronische Polarisation des Dielektrikums darf deshalb in den meisten Fällen als in Phase zum elektrischen Feld befindlich angenommen werden. Dielektrika, deren Eigenschaften primär durch die elektronische Polarisation bestimmt sind, sind z. B. Polyethylen, Polystyrol, Teflon.

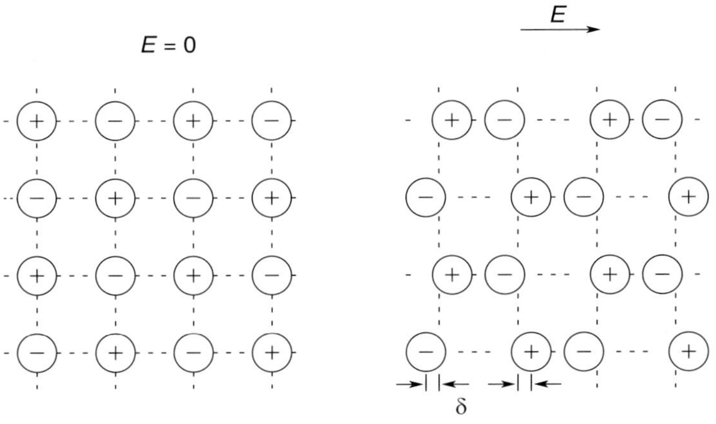

Abb. 8.2. Ionische Polarisation (nach [1])

Ionische Polarisation. Die *ionische Polarisation* wird durch die gegenseitige Verschiebung (Abb. 8.2) positiver und negativer Ionen in Ionenkristallen verursacht. Die ionische Polarisation ist wesentlich stärker als die elektronische und bedingt beispielsweise im fall des TiO_2 eine Dielektrizitätszahl von ca. 100.

Im Vergleich zur elektronischen Polarisation sind hier Ionen im elektrischen Feld zu verschieben. Deren Masse ist jedoch um einen Faktor der Größenordnung 10^4 höher als die Masse der Elektronen. Dies bedingt eine höhere Trägheit im Vergleich zur elektronischen Polarisation: Für Dielektrika mit ionischer Polarisation treten im GHz-Bereich als Folge einer Phasenverschiebung zwischen Polarisation und elektrischem Wechselfeld dielektrische Verluste auf.

Orientierungspolarisation. Ursache der *Orientierungspolarisation* ist das Ausrichten von Molekülen mit permanentem Dipolmoment im elektrischen Feld (Abb. 8.3). Im Vergleich zu den anderen, auf der Coulomb-Wechselwirkung beruhenden Polarisationsmechanismen wird die Orientierungspolarisation von vergleichsweise schwachen Dipolkräften verursacht. Die auszurichtenden Moleküle besitzen darüber hinaus eine relativ hohe Masse und damit eine hohe Trägheit. Die Polarisation ist bei diesem

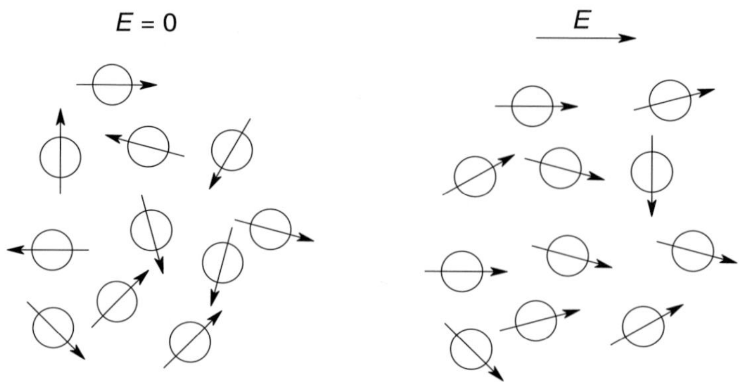

Abb. 8.3. Orientierungspolarisation (nach [1])

Mechanismus deshalb i. allg. bereits bei Frequenzen im MHz-Bereich so weit außer Phase zum elektrischen Feld, daß beachtliche dielektrische Verluste auftreten.

8.1.2 Ionenleitung, Durchschlag

Im Dielektrikum bewegliche Ionen verschieben sich bei Anlegen einer Spannung zwischen den Kondensatorplatten und bewirken so einen kleinen Leckstrom, der gewöhnlich eine exponentielle Temperaturabhängigkeit zeigt.

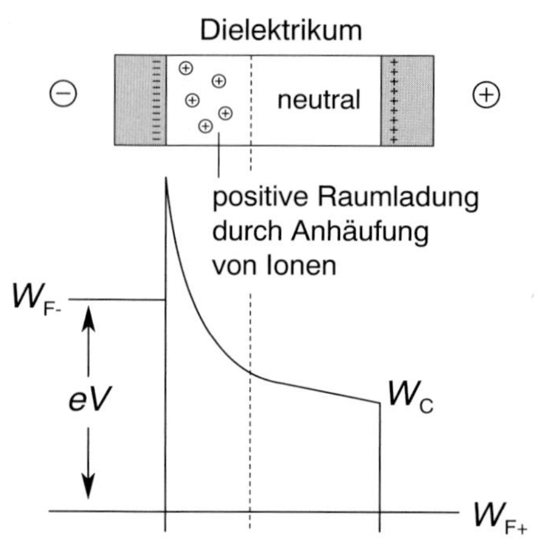

Abb. 8.4. Auswirkung von Ionen auf die Feldverteilung im Isolator

Der Durchbruch eines Dielektrikums erfolgt in der Regel lokal an Schwachstellen mit erhöhter Feldstärke durch Stoßionisation. Derartige Schwachstellen sind etwa durch inhomogene Dicke oder durch eine lokale Häufung von Ladungen im Oxid bedingt. Als Beispiel wird die in Abb. 8.4 skizzierte Situation einer Anhäufung positiver Ionen in der Nähe der negativen Elektrode betrachtet. Durch die Ladungshäufung kommt es zu einer Erhöhung der elektrischen Feldstärke - im Bänderschema (vgl. Kap. 12) nimmt das Gefälle der Leitungsbandkante zu.

8.1.3 Dielektrische Absorption

Wird ein Kondensator, der längere Zeit auf eine bestimmte Spannung aufgeladen war, durch einen für kurze Zeit wirkenden Kurzschluß vollständig entladen, so stellt sich nach einiger Zeit wieder eine Spannung über dem Kondensator ein. Dieser Effekt wird als *dielektrische Absorption* bezeichnet. Dielektrische Absorption kann beispielsweise zu Fehlern in A/D-Wandlern (sample and hold) führen [2]. Zur Kennzeichnung wird der Koeffizient der dielektrischen Absorption k_{DA} verwendet. Dieser gibt das Verhältnis der Spannung V_{C1} die sich nach dem Entladen wieder aufbaut, zur ursprünglichen Ladespannung V_{C0} in % an

$$k_{\mathrm{DA}} = (V_{\mathrm{C1}}/V_{\mathrm{C0}}) \cdot 100\,\% \,.$$

Dabei wird der Kondensator zunächst für eine Stunde auf V_{C0} (i.allg. die Nennspannung) gehalten, dann durch einen $5\,\Omega$-Widerstand für 10 s entladen; V_{C1} wird 15 min nach dem Entladen ermittelt. Typische Werte liegen im Bereich zwischen 0.01 % und 10 %. Besonders geringe dielektrische Absorption zeigen PS- und PP- Kunststofffolienkondensatoren, Polyesterkondensatoren weisen DA-Werte von typ. 0.25 % auf, bei Keramikkondensatoren sind DA-Werte im Prozentbereich typisch.

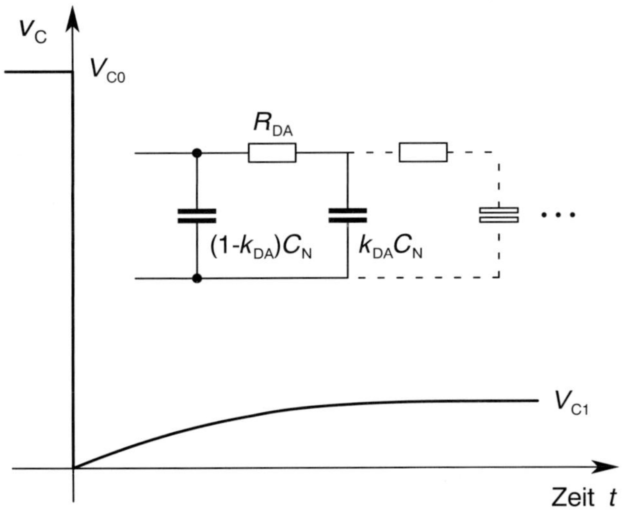

Abb. 8.5. Verhalten eines Kondensators nach Entladen und einfache Ersatzschaltung

Die dielektrische Absorption kann durch parallel zur Kapazität $C_\infty = (1 - k_{\mathrm{DA}})C_{\mathrm{N}}$ geschaltete RC-Glieder erfaßt werden. Allerdings kann das Verhalten nicht durch eine einzelne Zeitkonstante beschrieben werden. So kann ein Kondensator bereits 1 bis 10 Sekunden nach dem Entladen 50 % von V_{C1} aufweisen und die Spannung nach 10 min immer noch ansteigen.

Für eine genaue Beschreibung des Relaxationsverhaltens müssen demnach mehrere RC-Glieder parallel geschaltet werden. Als Beispiel kann die in [3] angegebene Ersatzschaltung mit fünf parallel geschalteteten RC-Gliedern (numeriert mit $1 \leq k \leq 5$) für einen $1\,\mu\mathrm{F}$ Kondensator mit Polyesterdielektrikum betrachtet werden (Tabelle 8.1). Die größte Zeitkonstante in diesem Beispiel ist 500 s, die kleinste 40 ms.

Tabelle 8.1 Ersatzschaltung zur Beschreibung der dielektrischen Absorption (Beispiel)

k	1	2	3	4	5
R_k, Ω	$3.6 \cdot 10^{12}$	$2.5 \cdot 10^{11}$	$2 \cdot 10^{10}$	$3 \cdot 10^{9}$	$3.3 \cdot 10^{8}$
C_k/C_∞	$1.4 \cdot 10^{-4}$	$2.0 \cdot 10^{-4}$	$2.7 \cdot 10^{-4}$	$1.9 \cdot 10^{-4}$	$1.2 \cdot 10^{-4}$
$\tau_k = R_k C_k$, s	500	50	5.4	0.58	0.04

Alternative Beschreibungen der dielektrischen Absorption gründen auf einer bereits von Curie gefundenen und seither vielfach bestätigten empirischen Beziehung [4]. Danach ist der Strom $i(t)$ durch einen Kondensator, der an einer konstanten Spannung liegt, über einen sehr großen Zeitraum proportional zu t^{-n}, wobei n in der Nähe von 1.0 liegt. Dies führt auf eine Admittanz der Form $s^n C_\infty$. Der in [3] beschriebene Ansatz gründet auf eine empirische Beziehung für die Frequenzabhängigkeit der Dielektrizitätszahl, die die klassische Debye-Theorie für die Frequenzabhängigkeit der Orientierungspolarisation [1]

$$\epsilon_\mathrm{r}(\omega) = \epsilon_{\mathrm{r}\infty} + \frac{\Delta\epsilon_\mathrm{r}}{1 + \mathrm{j}\omega\tau_\epsilon}$$

durch einen Parameter α erweitert. Dies führt auf folgenden Ansatz für die Admittanz eines Kondensators [3]

$$\underline{Y}(s) = s\left(C_\infty + \frac{\Delta C}{1 + (s\tau)^{1-\alpha}}\right), \tag{8.6}$$

und damit ebenfalls auf eine Laplace-Transformierte mit nichtganzzahligem Exponenten. Dies kann durch gesteuerte Quellen (analog behavioral modeling) nachgebildet werden; wegen möglicher Konvergenzprobleme erscheint mir jedoch die Beschreibung über parallel geschaltete RC-Glieder robuster.

8.1.4 Ferroelektrika

Ferroelektrische Materialien (*Ferroelektrika*) weisen unterhalb der *Curie-Temperatur* eine *spontane Polarisation* auf, d.h. positiver und negativer Ladungsschwerpunkt einer Elementarzelle fallen nicht zusammen, so daß die Zelle ein Dipolmoment aufweist. Oberhalb der Curie-Temperatur ändert sich die Kristallstruktur, die Zelle geht in den paraelektrischen Zustand über.

Abbildung 8.6 zeigt dies für den Fall des Bariumtitanats ($BaTiO_3$), ein in der Elektrotechnik häufig verwendetes Material mit ferroelektrischen Eigenschaften. Oberhalb der Curie-Temperatur weist Bariumtitanat eine kubische Elemantarzelle auf, bei der die Bariumatome an den Ecken der würfelförmigen Elementarzelle, die Sauerstoffionen in den Zentren der Seitenflächen und das Titanion im Zentrum des Würfels liegen. Diese Kristallstruktur wird als *Perowskitstruktur* bezeichnet; bei dieser Kristallstruktur fallen positiver und negativer Ladungsschwerpunkt der Elementarzelle zusammen, so daß kein Dipolmoment resultiert. Unterhalb von 110°C ist das Gitter tetragonal mit einer quaderförmigen Elementarzelle. Das Titanion ist gegenüber dem Zen-

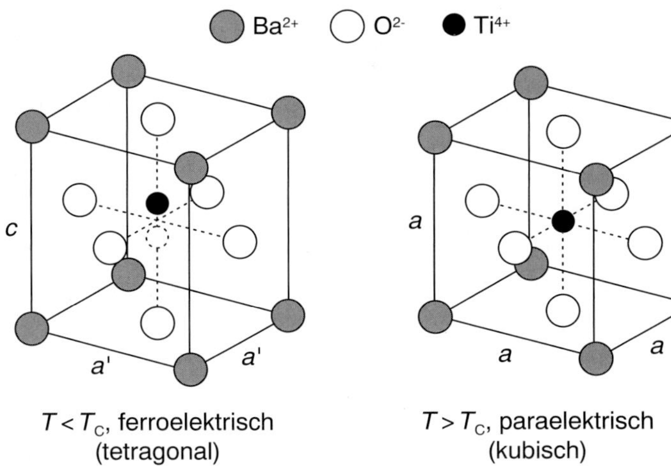

Abb. 8.6. Ferroelektrischer und paraelektrischer Zustand von $BaTiO_3$ (nach [1])

trum leicht nach oben verschoben, die Sauerstoffionen nach unten. Positiver und negativer Ladungsschwerpunkt fallen nun nicht mehr zusammen: Die Zelle weist ein Dipolmoment und damit eine spontane Polarisation auf.

Bereiche im Festkörper, in denen die Dipolmomente der Elementarzellen parallel ausgerichtet sind, werden – in Analogie zu den Ferromagnetika (vgl. Kap. 9) – als *Weißsche Bezirke* oder *Domänen* bezeichnet. In einem unpolarisierten ferroelektrischen Material sind die Polarisationsrichtungen der Weißschen Bezirke unterschiedlich ausgerichtet, so daß sich nach außen hin keine Polarisation bemerkbar macht. Wird ein solches Material in ein äußeres elektrisches Feld gebracht, so ändern ungünstig ausgerichtete Weißsche Bezirke ihre Polarisationsrichtung. Nun überwiegt eine Polarisationsrichtung und die Polarisation des Festkörpers P steigt stark mit dem äußeren elektrischen Feld E an (Neukurve), was einer großen Dielektrizitätszahl entspricht (Abb. 8.7). Sind die Dipolmomente sämtlicher Domänen zum Feld ausgerichtet, so steigt

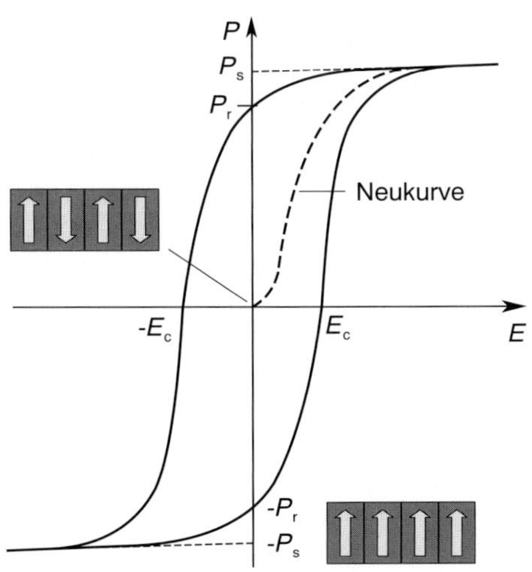

Abb. 8.7. Polarisation eines ferroelektrischen Materials im äußeren Feld E

die Polarisation nur noch vergleichsweise schwach mit dem äußeren Feld an (ionische Polarisation). Durch Extrapolation des $P(E)$-Verlaufs in diesem Bereich zu $E = 0$ hin, ergibt sich die durch die spontane Polarisation bedingte *Sättigungspolarisation.* Wird das elektrische Feld nach Erreichen der Sättigung wieder verringert, so bleibt die Polarisation großenteils erhalten: der bei $E = 0$ beobachtete Wert wird als *remanente Polarisation* bezeichnet. Die Polarisation verschwindet erst für $E = -E_c$, wobei E_c als *Koerzitivfeldstärke* bezeichnet wird. Durchläuft E periodisch Werte von $E < -E_c$ bis $E > E_c$, so durchläuft P eine Hysteresekurve wie in Abb. 8.7 gezeigt. Da – abhängig von der Geschichte – für $E = 0$ zwei Polarisationszustände vorliegen können, kann die ferroelektrische Hysterese zur Herstellung nichtflüchtiger Speicherbausteine ausgenutzt werden (vgl. Kap. 22).

8.2 Bauformen

Für Kondensatoren sind unterschiedliche Bauformen gebräuchlich. Den einfachsten Aufbau weisen die sog. *Scheibenkondensatoren* auf, die meist als Parallelplattenkondensator mit Keramikdielektrikum ausgeführt sind. Zwar lassen sich mit diesem Aufbau keine großen Kapazitätswerte erzielen, wegen der kleinen Induktivitätswerte können derartige Kondensatoren dafür aber auch bei hohen Frequenzen eingesetzt werden.

Die Kapazitätswerte lassen sich steigern durch sog. *Schichtkondensatoren* (Abb. 8.8a), die als parallelgeschaltete Plattenkondensatoren aufgefaßt werden können. Hierbei werden zwei Elektrodensysteme ineinander verschachtelt. Ist n die Gesamtzahl der Metallbeläge, so sind insgesamt $n-1$ parallel geschaltete Plattenkondensatoren der Fläche A und Dicke d vorhanden. Die Kapazität ist damit

$$C \approx \epsilon_0 \epsilon_r (n-1) A/d \,. \tag{8.7}$$

Läßt sich das Kondensatordielektrikum leicht verformen, so bieten *Wickelkondensatoren* die Möglichkeit hoher spezifischer Kapazitätswerte. Abbildung 8.8 b zeigt den prinzipiellen Aufbau eines Wickelkondensators aus zwei Metallfolien und zwei isolierenden Folien. Wegen der doppelten Ausnutzung der Fläche A des Metallbelags ist die Kapazität eines solchen Kondensators

$$C \approx 2\, \epsilon_0 \epsilon_r A/d \,, \tag{8.8}$$

wobei A die Elektrodenfläche und d die Foliendicke angibt. Um geringe Serieninduktivitäten und Verlustzahlen zu erzielen, werden die Metallfolien an der Seite kontaktiert.[1]

[1] Dies geschieht nach dem Metallspritzverfahren (Schoop-Verfahren). Die zur Kontaktierung verwendeten Metalle werden dabei geschmolzen, zerstäubt und auf die Seitenflächen des Wickels gesprüht. Da jede Windung für sich kontaktiert wird, stellt dieses Verfahren geringe Serienwiderstände und -induktivitäten sicher.

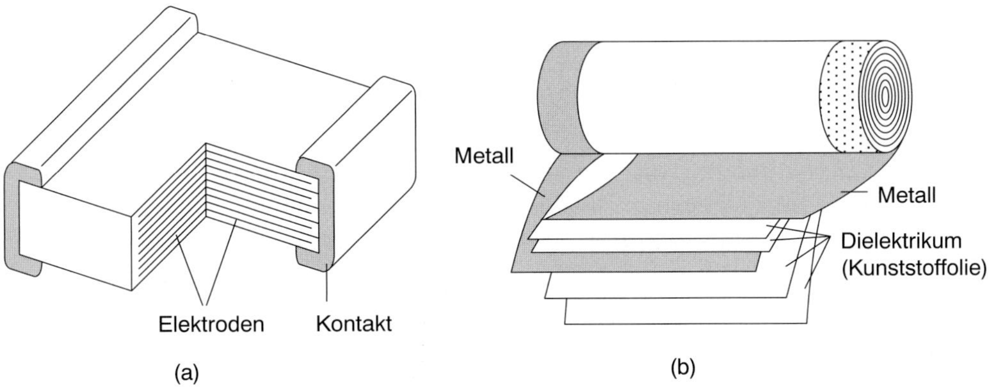

Abb. 8.8. Aufbau (Prinzip) von Kondensatoren. (**a**) Schichtkondensator und (**b**) Wickelkondensator

Zylinderkondensatoren (Röhrchenkondensatoren) sind Kondensatoren, deren Beläge auf der Innen- und Außenseite eines rohrförmigen keramischen Dielektrikums aufgebracht sind. Die Kapazität ist hier durch

$$C = \epsilon_0 \epsilon_\mathrm{r} \frac{2\pi\Lambda}{\ln(1 + d/r)} \tag{8.9}$$

gegeben, wobei Λ die Länge, r den Innenradius und d die Wandstärke des Röhrchens angibt. Solange $d/r \ll 1$ gilt, kann $\ln(1+d/r) \approx d/r$ angenommen werden, was zur Näherung

$$C \approx \epsilon_0 \epsilon_\mathrm{r}\, 2\pi\Lambda r/d \approx \epsilon_0 \epsilon_\mathrm{r}\, A/d \tag{8.10}$$

führt, wobei A die Oberfläche des Zylinders angibt. Die Kapazität des Zylinderkondensators entspricht dann der eines Plattenkondensators, der zum Zylinder „aufgerollt“ wurde.

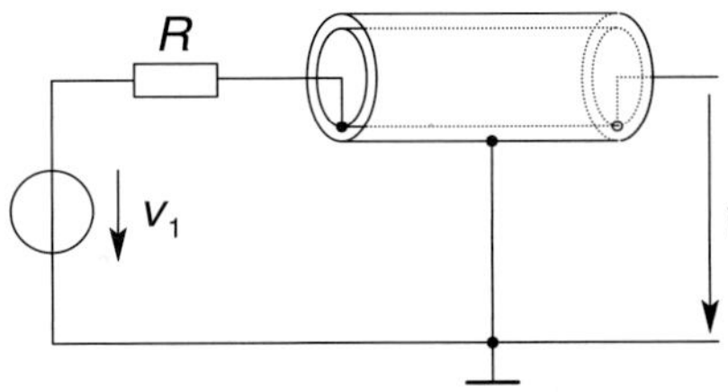

Abb. 8.9. Durchführungskondensator

Zylinderkondensatoren kommen beispielsweise in der Störschutztechnik als zylindrische *Durchführungskondensatoren* zum Einsatz (Abb. 8.9). Der Außenbelag des Kondensators wird dabei über einen Schraubanschluß mit dem Chassis, d. h. mit Masse verbunden. In Verbindung mit dem Innenwiderstand R der Signalquelle bildet sich so ein RC-Tiefpaß, der höherfrequente Anteile kapazitiv kurzschließt.

Trimmkondensatoren sind veränderbare Kapazitäten; sie dienen zum (einmaligen) Abgleich von Schwingkreisen, Filtern etc. und werden nach dem Einstellen gegen ungewollte Veränderung gesichert. Trimmkondensatoren werden meistens mit Keramik-Dielektrikum[2] als Scheiben- oder Rohrtrimmer realisiert. *Drehkondensatoren* bieten ebenfalls veränderbare Kapazitätswerte, die jedoch im Gegensatz zu Trimmkondensatoren jederzeit während des Betriebs eines Geräts verändert werden können. Diese Kondensatoren spielten früher beim Abgleich des Eingangskreises eines Rundfunkempfängers eine große Rolle. Durch besondere Formgebung der Plattenpakete sind unterschiedliche Abhängigkeiten des Kapazitätswerts vom Drehwinkel erzielbar.

8.3 Kenngrößen und Ersatzschaltung des realen Kondensators

8.3.1 Kenndaten, Grenzwerte

Für jeden Kondensator wird vom Hersteller die *Nennspannung* V_N sowie die i. allg. auf 20°C bezogene *Nennkapazität* C_N mit der zulässigen *Toleranz*, spezifiziert. Letztere gibt die maximal zulässige[3] relative Abweichung des Kapazitätswerts vom Nennwert an (in Prozent). Die Nennspannung V_N des Kondensators bestimmt die Spannung für die der Kondensator ausgelegt ist, sie bezieht sich auf den Betrieb des Kondensators bei Temperaturen unterhalb der Nenntemperatur ϑ_N.

Die relative Änderung des Kapazitätswerts mit der Temperatur wird durch den *Temperaturkoeffizienten* α_C spezifiziert. Bezieht sich die angegebene Nennkapazität C_N auf die Temperatur 20°C, so ist

$$C(\vartheta) = C_N[1 + \alpha_C(\vartheta - 20°C)] .$$

Das Isolationsvermögen des Dielektrikums wird durch Angabe des *Isolationswiderstands* R_{is} spezifiziert. Dieser bestimmt die ebenfalls häufig angegebene *Selbstentladezeitkonstante*

$$\tau_{is} = R_{is}C , \tag{8.11}$$

nach der die Spannung eines, zuvor auf die Nennspannung V_N aufgeladenen, Kondensators auf 37 % ihres ursprünglichen Werts abgesunken ist. Da C proportional und R_{is} umkehrt proportional zur Elektrodenfläche ist, liefert τ_{is} eine von der Elektrodenfläche (und damit vom Kapazitätswert) unabhängige Kenngröße zur Charakterisierung einer Kondensatortechnologie. Die *Verlustleistung* bei Gleichbetrieb ergibt sich damit zu

---

[2] Für Scheibentrimmer werden gelegentlich auch Kunststoffdielektrika verwendet.

[3] Die Angabe bezieht sich dabei auf den Zeitpunkt der Auslieferung und kann nach längerer Lagerung oder längerem Gebrauch nach oben überschritten werden.

$$P = V^2/R_{\text{is}} = 2\,W/\tau_{\text{is}}\,. \tag{8.12}$$

Sie ist proportional zur im Kondensator gespeicherten Energie W und umgekehrt proportional zur Selbstentladezeitkonstante τ_{is}. Wird der Spannung V eine Wechselspannung $\hat{v}\sin(\omega t)$ überlagert, so ist zusätzlich zu (8.12) der frequenzabhängige Verlustleistungsanteil (Effektivwert)

$$P = \text{Re}(\underline{Y})\hat{v}^2/2 \tag{8.13}$$

zu berücksichtigen. Die *Verlustzahl* $\tan\delta_{\text{C}}$ des Kondensators ist definiert als Quotient des Realteils und des Betrags des Imaginärteils der Impedanz

$$\tan\delta_{\text{C}} = \frac{\text{Re}\,\underline{Z}}{|\text{Im}\,\underline{Z}|} = \frac{1}{Q_{\text{C}}}\,. \tag{8.14}$$

Ihr Kehrwert $Q_{\text{C}} = 1/\tan\delta_{\text{C}}$ wird als *Güte* des Kondensators bezeichnet. Solange die Bedingung $\tan\delta_{\text{C}} \ll 1$ erfüllt ist, gilt näherungsweise

$$P \approx \frac{1}{2}\,\hat{v}^2\omega C\tan\delta_{\text{C}}\,. \tag{8.15}$$

Die Verluste entstehen hauptsächlich im Dielektrikum. Weitere Verluste sind bedingt durch den Isolationswiderstand, die endliche Leitfähigkeit der Kondensatorbeläge sowie den Übergangswiderstand zwischen den Belägen und den Anschlußdrähten. Sie lassen sich (zumindest näherungsweise) mit der in Abschnitt 8.3.3 bzw. 8.3.4 besprochenen Ersatzschaltung erfassen.

8.3.2 Grenzspannungen, Pulsbelastbarkeit

Die *Dauergrenzspannung* V_{g} bestimmt die höchste Spannung, mit der der Kondensator betrieben werden darf. V_{g} ist für $\vartheta < 40°\text{C}$ in der Regel gleich der Nennspannung; bei höheren Werten der Umgebungstemperatur ϑ_{A} ist jedoch meist eine vom Hersteller spezifizierte *Spannungsminderung* zu beachten: Der Wert von V_{g} ist dann kleiner als V_{N}. Wird an den Kondensator eine Gleichspannung V_+ angelegt, der eine Wechselspannung überlagert ist, so darf die Summe aus Scheitelwert der überlagerten Wechselspannung und Gleichspannung die Dauergrenzspannung nicht überschreiten: Bei niedrigen Frequenzen ist der Effektivwert $V_\sim$ der überlagerten Wechselspannung durch die Dauergrenzspannung beschränkt und muß der Ungleichung

$$V_\sim < (V_{\text{g}} - V_+)\Big/\sqrt{2} = V_{\sim,\text{max}} \tag{8.16}$$

genügen. Mit zunehmender Frequenz nimmt bei gleichbleibender Wechselspannungsamplitude der Effektivwert des durch den Kondensator fließenden Stroms zu. Der maximal zulässige Effektivwert des durch den Kondensator fließenden Stroms wird durch den *Dauergrenzstrom* I_{g} vorgegeben. Für Frequenzen $f > I_{\text{g}}/(2\pi C V_{\sim,\text{max}})$ wird der maximal zulässige Effektivwert $V_\sim$ der überlagerten Wechselspannung deshalb durch die Forderung

$$V_{\sim} < I_{\mathrm{g}}/(2\pi C f) \tag{8.17}$$

bestimmt. Werden die spezifizierten Grenzwerte überschritten, so kann es zum *Durchschlag* kommen. *Wärmedurchschlag* tritt auf, falls im Dielektrikum mehr Wärme entsteht, als abgeführt wird; dadurch erwärmt sich das Dielektrikum in zunehmendem Maß bis zum Auftreten des Durchschlags. *Felddurchschlag* [5] ist dagegen bedingt durch Überspannungen. Der Durchschlag erfolgt durch Stoßionisation, dabei bilden sich Entladungskanäle im Dielektrikum.

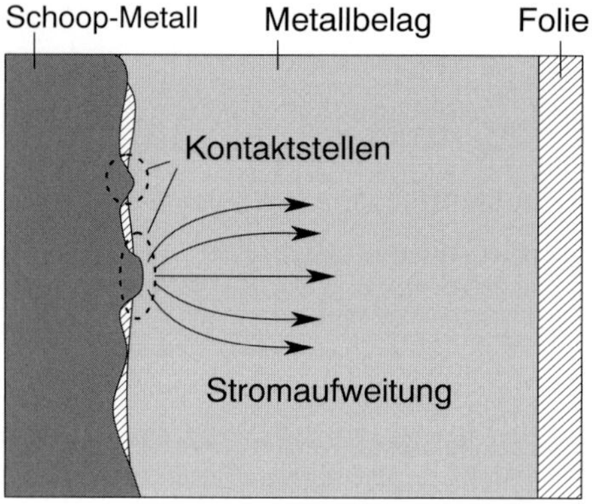

Abb. 8.10. Zur Problematik der Kontaktierung von Kuststoffolienkondensatoren [6]

An Kondensatoren dürfen keine Spannungspulse mit beliebig hoher *Flankensteilheit* $\mathrm{d}v/\mathrm{d}t$ angelegt werden, da diese zu hohen Strömen $i(t) = C\,\mathrm{d}v/\mathrm{d}t$ im Kondensator führen und damit zu einer möglichen thermischen Überlastung der Kontakte – insbesondere bei Kunststoffolienkondensatoren mit dünnen aufgedampften Metallelektroden. Die Metallelektroden werden durch ein Flammspritzverfahren (Schoop-Verfahren) kontaktiert, bei dem feine Metalltröpfchen mit hoher Geschwindigkeit auf die zu kontaktierende Stirnfläche des Kondensatorwickels geschleudert werden. Die elektrische Kontaktierung ist dabei nicht durchgängig - abhängig von der Qualität der Kontaktierung entsteht eine mehr oder weniger dichte Folge von Kontaktstellen (Abb. 8.10). Die Dichte der Kontaktstellen bestimmt die Pulsbelastbarkeit der Kondensatoren.

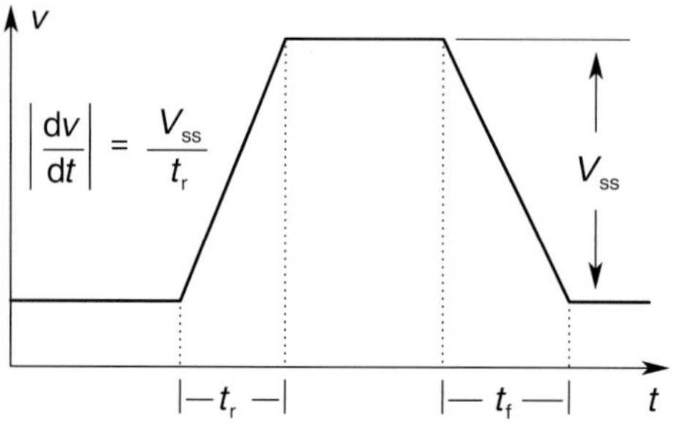

Abb. 8.11. Zur Pulsbelastbarkeit von Kondensatoren

Die Pulsbelastbarkeit wird meist durch Angabe einer maximalen Flankensteilheit[4] $F = |dv/dt|$ bei Umladevorgängen mit einem Hub entsprechend der Nennspannung spezifiziert. Bezeichnet V_{ss} den Hub der am Kondensator anliegenden Spannung, t_r die Anstiegszeit und t_f die Abfallzeit (vgl. Abb. 8.11), so müssen V_{ss}/t_r und V_{ss}/t_f kleiner als F sein.

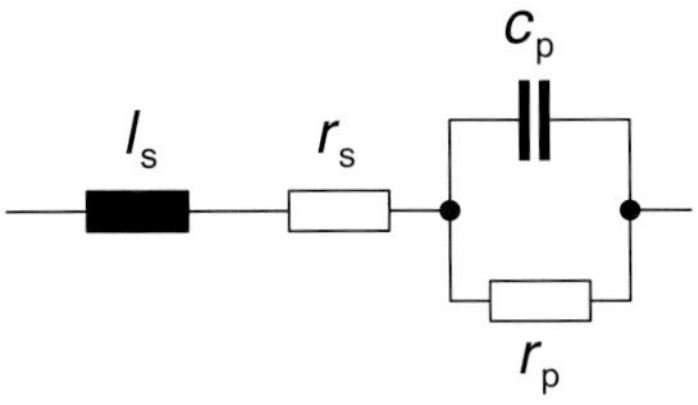

Abb. 8.12. Parallelersatzschaltung für Kondensatoren

8.3.3 Parallelersatzschaltung

Abbildung 8.12 zeigt eine Ersatzschaltung für einen Kondensator. Die Induktivität l_s beschreibt dabei induktive Beiträge der Zuleitungen und der Wicklung des Kondensators; r_s ist ein durch die Zuleitungen und Beläge bedingter Serienwiderstand. Der Wert von r_s steigt als Folge des Skineffekts bei hohen Frequenzen an. Der parallel zur Kapazität c_p liegende Parallelwiderstand r_p wird bei niederen Frequenzen i. allg. durch den Isolationswiderstand bestimmt; bei höheren Frequenzen werden dielektrische Verluste maßgebend. Mit der Verlustzahl des Dielektrikums läßt sich schreiben

$$1/r_p = \omega c_p \tan\delta_\epsilon + 1/R_{is} \,. \tag{8.18}$$

Die Impedanz $\underline{Z}$ des Kondensators ergibt sich aus der Ersatzschaltung zu

$$\underline{Z} = r_s + j\omega l_s + \frac{r_p}{1 + j\omega r_p c_p} \tag{8.19}$$

[4] Für die während eines Aufladevorgangs in den Zuleitungswiderständen umgesetzte Energie gilt

$$W \sim \int_0^{t_r} i^2(t)\,dt \sim \int_0^{t_r} \left(\frac{dv}{dt}\right)^2 dt \approx \frac{V_{ss}^2}{t_r} \,.$$

W soll einen bestimmten Grenzwert nicht überschreiten. Aus diesem Grund kann die Pulsbelastbarkeit eines Kondensators durch den *Pulskennwert* k_0 (in $V^2/\mu s$) spezifiziert werden [7]. Für die Anstiegs- bzw. Abfallzeit eines trapezförmigen Pulses (Abb. 8.11) muß gelten

$$t_f, t_r \geq 2V_{ss}^2/k_0 \,.$$

Typische Werte für k_0 liegen im Bereich von 50 000 $V^2/\mu s$. Die maximale Flankensteilheit F errechnet sich aus Pulskennwert und Hub zu $F < k_0/(2V_{ss})$. Bei abnehmendem Hub V_{ss} wären somit rein rechnerisch beliebige Flankensteilheiten und damit Ströme zugelassen. Dies ist in der Praxis jedoch zumeist ohne Bedeutung, da durch die unvermeidliche Serieninduktivität die Anstiegsgeschwindigkeit ohnehin begrenzt ist.

und läßt sich aufspalten in Realteil und Imaginärteil

$$\mathrm{Re}(\underline{Z}) = r_\mathrm{s} + \frac{r_\mathrm{p}}{1+\omega^2 r_\mathrm{p}^2 c_\mathrm{p}^2} \tag{8.20}$$

$$\mathrm{Im}(\underline{Z}) = -\frac{1}{\omega c_\mathrm{p}}\left[\frac{1}{1+(\omega r_\mathrm{p} c_\mathrm{p})^{-2}} - \omega^2 l_\mathrm{s} c_\mathrm{p}\right] . \tag{8.21}$$

Wird der Isolationswiderstand R_is vernachlässigt, so ist $r_\mathrm{p} = (\omega c_\mathrm{p} \tan\delta_\epsilon)^{-1}$ und

$$\mathrm{Re}(\underline{Z}) = r_\mathrm{s} + \frac{1}{\omega c_\mathrm{p}} \frac{\tan\delta_\epsilon}{1+\tan^2\delta_\epsilon} \approx r_\mathrm{s} + \frac{\tan\delta_\epsilon}{\omega c_\mathrm{p}} \tag{8.22}$$

$$\mathrm{Im}(\underline{Z}) = -\frac{1}{\omega c_\mathrm{p}}\left[\frac{1}{1+\tan^2\delta_\epsilon} - \omega^2 l_\mathrm{s} c_\mathrm{p}\right] \approx -\frac{1-\omega^2 l_\mathrm{s} c_\mathrm{p}}{\omega c_\mathrm{p}} . \tag{8.23}$$

$\mathrm{Im}(\underline{Z})$ weist für $r_\mathrm{p}, l_\mathrm{s} \neq 0$ eine Nullstelle auf bei der *Resonanzfrequenz*

$$\boxed{f_\mathrm{r} = \frac{1}{2\pi}\sqrt{\frac{1}{l_\mathrm{s} c_\mathrm{p}} - \frac{1}{r_\mathrm{p}^2 c_\mathrm{p}^2}} \approx \frac{1}{2\pi}\sqrt{\frac{1}{l_\mathrm{s} c_\mathrm{p}}} .} \tag{8.24}$$

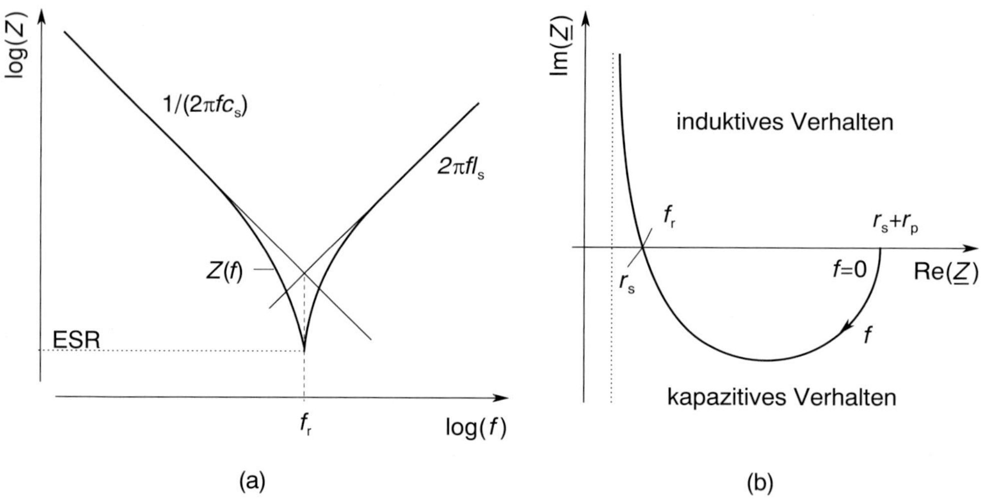

Abb. 8.13. (**a**) Scheinwiderstand als Funktion der Frequenz und (**b**) Impedanzortskurve eines Kondensators (schematisch)

Für Frequenzen $f < f_\mathrm{r}$ verhält sich der Kondensator kapazitiv, für $f > f_\mathrm{r}$ induktiv (Abb. 8.13). Bei kleinen Frequenzen weist Z einen Abfall proportional zu $1/f$ auf. In der Nähe der Resonanzfrequenz fällt Z zunächst stärker ab; für $f > f_\mathrm{r}$ beginnt dann der induktive Anteil zu überwiegen und Z steigt wieder an. Bei der Resonanzfrequenz ist $\mathrm{Im}(\underline{Z}) = 0$.

Die *Verlustzahl* $\tan\delta_C$ des Kondensators ergibt sich aus den Gln. (8.22) und (8.23) durch Quotientenbildung. Für $\tan\delta_\epsilon \ll 1$ und $f < f_r$ führt dies auf

$$\boxed{\tan\delta_C = \frac{\mathrm{Re}\,\underline{Z}}{|\mathrm{Im}\,\underline{Z}|} \approx \frac{\tan\delta_\epsilon + \omega r_s c_p}{1-(f/f_r)^2}\ .} \tag{8.25}$$

8.3.4 Serienersatzschaltung

Bei hohen Frequenzen ist die Anwendung der *Serienersatzschaltung* sinnvoll. Der Übergang von der Parallelersatzschaltung zur Serienersatzschaltung ist in Abb. 8.14 dargestellt.

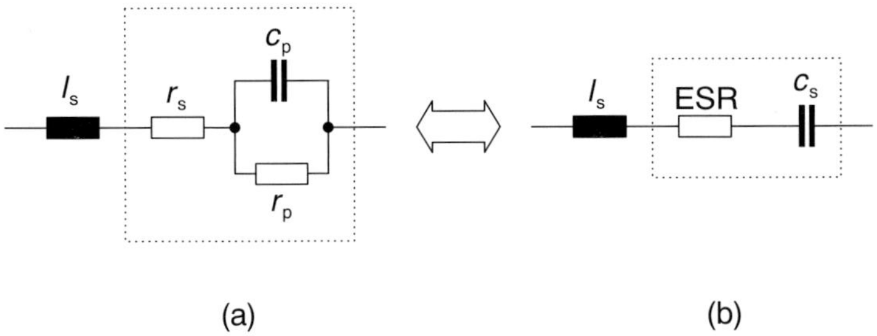

Abb. 8.14. Parallel- und Serienersatzschaltung eines Kondensators

Damit beide Ersatzschaltungen dasselbe Frequenzverhalten beschreiben, müssen die Impedanzen der gestrichelt eingefaßten Teilschaltungen identisch sein

$$r_s + \frac{r_p}{1 + j\omega r_p c_p} = ESR + \frac{1}{j\omega c_s}\ . \tag{8.26}$$

Durch Vergleich der Real- und Imaginärteile resultieren die Forderungen

$$\begin{aligned} 0 &= 1 - \omega^2 r_p c_p (ESR - r_s) c_s \\ 0 &= (ESR - r_s) c_s - r_p (c_s - c_p)\ . \end{aligned}$$

Die Lösung dieses Gleichungssystems liefert den gesuchten Zusammenhang zwischen den Größen der Parallel- und der Serienersatzschaltung

$$\boxed{c_s = c_p + \frac{1}{\omega^2 r_p^2 c_p} \quad \text{und} \quad ESR = r_s + \frac{r_p}{1+\omega^2 r_p^2 c_p^2}\ .} \tag{8.27}$$

Mit der Näherung $c_p \approx C_N$ folgt für unendlich hohen Isolationswiderstand ($R_{is} \to \infty$) und kleine Verlustzahlen ($1 + \tan^2\delta_\epsilon \approx 1$) für ESR [5]

$$ESR \approx r_s + \frac{1}{2\pi c_p}\,\frac{\tan\delta_\epsilon}{1+\tan^2\delta_\epsilon}\,\frac{1}{f} \approx r_s + \frac{1}{2\pi C_N}\,\frac{\tan\delta_\epsilon}{f}\ .$$

[5] Die Bezeichnung *ESR* kommt von englisch: equivalent series resistance

Der Wert von ESR steigt in der Regel mit der Betriebstemperatur und der Betriebsfrequenz des Kondensators. Für hohe Frequenzen gilt jedoch häufig in guter Näherung $r_s \approx ESR$. Die Kenngrößen c_s, l_s und ESR lassen sich aus einer doppeltlogarithmischen Auftragung des Kondensatorscheinwiderstands Z über der Frequenz ablesen. Abbildung 8.13 a erläutert die Zusammenhänge.

Beispiel 8.3.1 Als Beispiel wird der in Abb. 8.15a dargestellte Verlauf des Scheinwiderstands Z von metallisierten Polyesterkondensatoren unterschiedlicher Kapazitätswerte betrachtet.

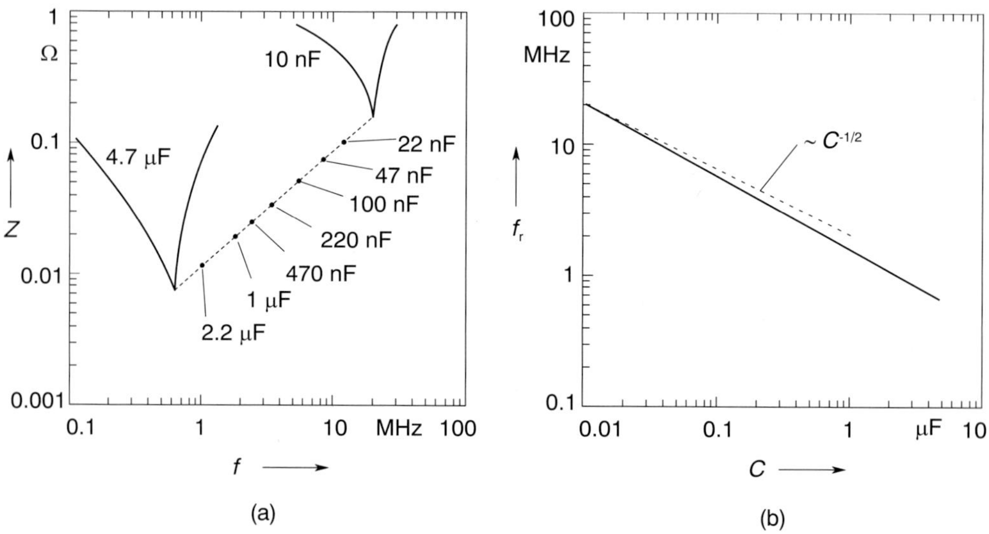

Abb. 8.15. **(a)** Scheinwiderstand metallisierter Polyesterkondensatoren als Funktion der Frequenz, **(b)** Resonanzfrequenz f_r als Funktion des Kapazitätswerts C (nach [8])

Die Resonanzfrequenz der Reihe nimmt mit zunehmendem Kapazitätswert der Kondensatoren ab; in Abb. 8.15 b ist die Resonanzfrequenz f_r über dem Kapazitätswert C aufgetragen. Dieses Verhalten ist unter der Annahme einer für sämtliche Kapazitätswerte einheitlichen Zuleitungsinduktivität leicht verständlich, da für $l_s = \text{const.}$ nach Gl. (8.24) $f_r \sim 1/\sqrt{C}$ gilt. Ein entsprechender Abfall der Resonanzfrequenz würde in der gewählten doppeltlogarithmischen Darstellung durch eine Gerade der Steigung $-1/2$ wiedergegeben. Eine solche ist in Abb. 8.15 b gestrichelt eingetragen; sie gibt den tatsächlichen Verlauf weitgehend wieder und bestätigt damit die getroffene Annahme. Der Wert der Serieninduktivität läßt sich aus der Resonanzfrequenz zu $l_s \approx 6\,\text{nH}$ abschätzen. Dies ist ein typischer Wert für bedrahtete Bauteile[6] – er wird bei SMT-Bauteilen unterschritten. Der Wert des Scheinwiderstands bei der Resonanzfrequenz folgt aus Gl. (8.22) zu

[6]Der genaue Wert ist immer abhängig von den jeweiligen Einbauverhältnissen – bei hohen Betriebsfrequenzen ist deshalb stets auf kürzeste Drahtlänge (oder SMT-Bauform) zu achten.

$$Z(f_\mathrm{r}) = \mathrm{Re}[\underline{Z}(f_\mathrm{r})] \approx r_\mathrm{s} + \frac{\tan\delta_\epsilon}{2\pi f_\mathrm{r} C_\mathrm{N}} = r_\mathrm{s} + \tan\delta_\epsilon \sqrt{\frac{l_\mathrm{s}}{C_\mathrm{N}}} = ESR(f_\mathrm{r})\,.$$

Er steigt mit abnehmenden Werten von $c_\mathrm{p} \approx C_\mathrm{N}$ an, was mehrere Ursachen haben kann: In Wickel- und Vielschichtkondensatoren ist jede Schicht kontaktiert, mit der Folge, daß die durch die Anschlüsse bedingten Serienwiderstände parallel liegen, was sich in einer Reduktion von r_s bemerkbar macht. Der erste Beitrag zu $Z(f_\mathrm{r})$ skaliert deshalb bei identisch ausgeführten Kontakten annähernd proportional zu $1/C_\mathrm{N}$. Der zweite Beitrag zu $Z(f_\mathrm{r})$ skaliert auf der anderen Seite bei konstant bleibender Serieninduktivität wie $1/\sqrt{C_\mathrm{N}}$. Da die Resonanzfrequenz mit abnehmendem C_N zunimmt, kann darüber hinaus der Skineffekt eine Steigerung des Serienwiderstands bei Resonanz verursachen – der entsprechende Anstieg wäre proportional zu $\sqrt{f_\mathrm{r}}$ bzw. proportional zu $1/\sqrt{C_\mathrm{N}}$. Abhängig von Bauform und Dielektrikum ist der eine oder andere Beitrag dominierend. Der Wert von $Z(f_\mathrm{r})$ liegt jedoch typischerweise im Intervall $10\,\mathrm{m\Omega}$ bis $1\,\Omega$. Δ

8.3.5 Parallel- und Reihenschaltung von Kondensatoren

Werden mehrere Kondensatoren mit Kapazitätswerten $C_1, \ldots, C_m$ und Verlustzahlen $\tan\delta_{\mathrm{C}1}, \ldots, \tan\delta_{\mathrm{C}m}$ parallel geschaltet, so addieren sich die jeweiligen Admittanzwerte $\underline{Y}_k = \mathrm{j}\omega C_k(1 - \mathrm{j}\tan\delta_{\mathrm{C}k})$. Die Admittanz der Parallelschaltung ist demnach

$$\mathrm{j}\omega \sum_{k=1}^{m} C_k(1 - \mathrm{j}\tan\delta_{\mathrm{C}k}) = \mathrm{j}\omega C(1 - \mathrm{j}\tan\delta_\mathrm{C})$$

mit dem Kapazitätswert C und Verlustzahl $\tan\delta_\mathrm{C}$ der Parallelschaltung

$$C = \sum_{k=1}^{n} C_k \quad \text{und} \quad \tan\delta_\mathrm{C} = \frac{1}{C}\sum_{k=1}^{m} C_k \tan\delta_{\mathrm{C}k}\,.$$

Beschreibt $\alpha_{\mathrm{C}k}$ den Temperaturkoeffizient des Kondensators mit der Nennkapazität C_k, so folgt für den Kapazitätswert bei $\vartheta \neq \vartheta_\mathrm{N}$

$$C(\vartheta) = \sum_{k=1}^{m} C_k\,(1 + \alpha_{\mathrm{C}k}\Delta\vartheta) = C(\vartheta_\mathrm{N})\,(1 + \alpha_\mathrm{C}\Delta\vartheta)$$

mit dem Temperaturkoeffizienten der Parallelschaltung

$$\alpha_\mathrm{C} = \frac{1}{C}\sum_{k=1}^{m} C_k \alpha_{\mathrm{C}k}\,.$$

Bei der Reihenschaltung von Kondensatoren sind die Impedanzwerte $\underline{Z}_k$ zu addieren. Für Verlustzahlen $\tan\delta_{Ck} \ll 1$ gilt die Näherung

$$\underline{Z}_k = \frac{1}{\underline{Y}} = \frac{1}{\mathrm{j}\omega C_k}\,\frac{1}{1 - \mathrm{j}\omega\tan\delta_{\mathrm{C}k}} \approx \frac{1 + \mathrm{j}\omega\tan\delta_{\mathrm{C}k}}{\mathrm{j}\omega C_k}\,;$$

damit folgt für die Impedanz der Reihenschaltung

$$\underline{Z} = \sum_{k=1}^{m} \frac{1 + \mathrm{j}\omega \tan \delta_{\mathrm{C}k}}{\mathrm{j}\omega C_k} = \frac{1 + \mathrm{j}\omega \tan \delta_{\mathrm{C}}}{\mathrm{j}\omega C}$$

mit der Kapazität C und der Verlustzahl $\tan \delta_{\mathrm{C}}$ der Reihenschaltung

$$\frac{1}{C} = \sum_{k=1}^{m} \frac{1}{C_k} \quad \text{und} \quad \tan \delta_{\mathrm{C}} = C \sum_{k=1}^{m} \frac{\tan \delta_{\mathrm{C}k}}{C_k} .$$

Weicht die Temperatur der Kondensatoren von der Nenntemperatur um $\Delta\vartheta$ ab, so verändert sich der Kapazitätswert in erster Ordnung von $\Delta\vartheta$ zu

$$\frac{1}{C(\vartheta)} = \sum_{k=1}^{m} \frac{1}{C_k(1 + \alpha_{\mathrm{C}k}\Delta\vartheta)} \approx \sum_{k=1}^{m} \frac{1 - \alpha_{\mathrm{C}k}\Delta\vartheta}{\mathrm{C}_k} \tag{8.28}$$

$$= \frac{1}{C\,(1 + \alpha_{\mathrm{C}}\Delta\vartheta)} \approx \frac{1 - \alpha_{\mathrm{C}}\Delta\vartheta}{C} , \tag{8.29}$$

d.h. der Temperaturkoeffizient der Reihenschaltung errechnet sich aus den Temperaturkoeffizienten der einzelnen Kondensatoren gemäß

$$\alpha_{\mathrm{C}} = C \sum_{k=1}^{m} \frac{\alpha_{\mathrm{C}k}}{C_k} .$$

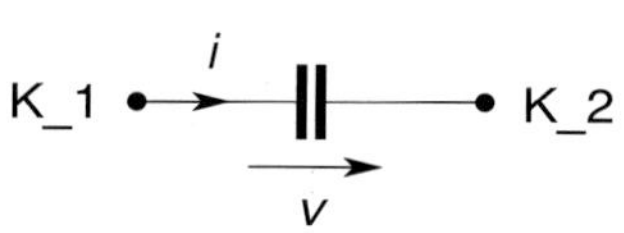

Abb. 8.16. Zur Elementanweisung von Kapazitäten in SPICE

8.3.6 Modellierung von Kapazitäten in SPICE

Die Elementanweisung für die (lineare) *Kapazität* ist von der Form

C(name)   K_1   K_2   Wert (in Farad)   (IC = $V(0)$)

Für die Analyse zeitabhängiger Vorgänge ist gelegentlich die Spannung über C zur Zeit $t = 0$ zu definieren (*Anfangsbedingung*). Dies kann durch die optionale Angabe IC $= V(0)$ erfolgen.

Nichlineare Kapazitäten lassen sich mit der Elementanweisung

C(name)   K_1   K_2   POLY   C0   (C1, C2, ...)   (IC = $V(0)$)

definieren. Die Größen C0, C1, ... sind dabei die Koeffizienten des Polynoms, das die (Kleinsignal-)Kapazität c (in F) als Funktion der Spannung angibt

$$\frac{c}{\mathrm{F}} = \mathtt{C0} + \mathtt{C1} \cdot \frac{V}{\mathrm{V}} + \mathtt{C2} \cdot \frac{V^2}{\mathrm{V}^2} + \cdot\cdot$$

Beispiel 8.3.2 Die als Beispiel betrachtete Anweisung

```
CVAR   3   2   POLY   1N   100P   -50P   80P   IC=2
```

definiert eine (Kleinsignal-)Kapazität C_{VAR} zwischen Knoten 3 und 2 mit der Spannungsabhängigkeit

$$c_{\mathrm{VAR}} = \left(1 + 0.1\,\frac{V}{\mathrm{V}} - 0.05\,\frac{V^2}{\mathrm{V}^2} + 0.08\,\frac{V^3}{\mathrm{V}^3}\right)\mathrm{nF},$$

über der zur Zeit $t = 0$ die Spannung 2 V abfällt. △

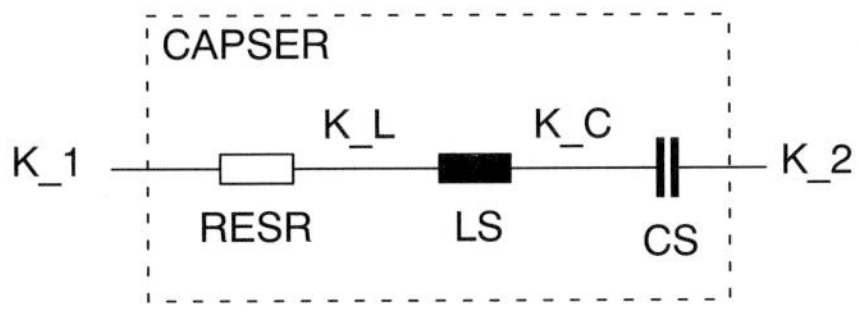

Abb. 8.17. Teilschaltungsdefinition für Kondensatoren

Um die elektrischen Eigenschaften von Kondensatoren mit $\tan\delta_{\mathrm{C}} \neq 0$ zu erfassen, muß der Kondensator über eine Ersatzschaltung beschrieben werden; in SPICE wird dieses zweckmäßigerweise in einer Teilschaltung (vgl. Kap. 4) definiert.[7] Die Elemente der Reihenersatzschaltung lassen sich aus der in Datenblättern gebräuchlichen Auftragung von $Z(f)$ entsprechend Abb. 8.13 a ermitteln.

Beispiel 8.3.3 Die Teilschaltungsdefinition

```
.SUBCKT    CAPSER    K_1    K_2
RESR   K_1    K_L    0.02
LS    K_L   K_C    6N
CS    K_C    K_2   1U
.ENDS
```

beschreibt eine Reihenersatzschaltung für einen 1 µF-Polyesterkondensator nach Beispiel 8.3.1. In der Netzliste wird die Teilschaltung mit der Anweisung

```
X(name)    K_1    K_2    CAPSER
```

aufgerufen. Abbildung 8.18 zeigt die Ergebnisse einer SPICE-AC-Analyse für die Scheinwiderstände unterschiedlicher Kunststoffolienkondensatoren mit Polyesterdielektrikum (Kapazitätswerte 4.7 µF, 1 µF, 100 nF und 10 nF). Dabei wurde jeweils `RESR` $= Z[f(r)]$ gesetzt. Zusätzlich wurde die bei gleichbleibender Spannungsamplitude (1 V) im 10 nF-Kondensator umgesetzte Verlustleistung eingetragen, die ein ausgeprägtes Maximum bei der Resonanzfrequenz aufweist. △

[7] Alternativ kann in PSPICE mit einer frequenzabhängigen gesteuerten Quelle gearbeitet werden.

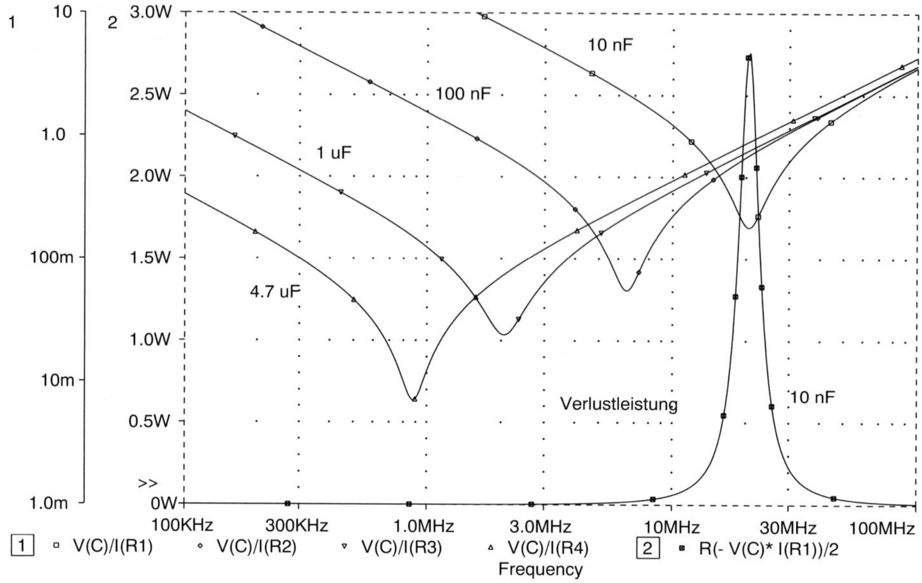

Abb. 8.18. Mit PSPICE simulierte Scheinwiderstände als Funktion der Frequenz

8.3.7 Anwendung: Stütz- und Abblockkondensatoren

Schnelle Stromänderungen (etwa beim Treiben großer kapazitiver Lasten) führen in Verbindung mit der Serienimpedanz der Versorgungsleitung zu Störungen der Versorgungsspannung. Diese lassen sich durch Pufferung mit Stützkondensatoren am Verbraucher deutlich vermindern. Der Stützkondensator sollte dabei möglichst induktivitätsarm sein, einen geringen ESR-Wert aufweisen und möglichst nahe an den Bausteinen plaziert werden, bei denen große Stromänderungen auftreten. Wirkt der Kondensator rein kapazitiv und fließt während der Zeit Δt zusätzlich der Strom ΔI in den Verbraucher, so entspricht dies der Ladungsänderung $\Delta Q = \Delta I \Delta t$. Diese bewirkt am Kondensator die Spannungsänderung $\Delta V = \Delta Q/C$, falls die im Zeitintervall Δt auf den Kondensator fließende Ladung vernachlässigt wird. Bezeichnet $\Delta V_{\max}$ die maximal zulässige Änderung der Versorgungsspannung am Verbraucher, so sollte die Kapazität des Stützkondensators zunächst die Bedingung

$$C \geq \Delta Q/\Delta V_{\max} \tag{8.30}$$

erfüllen. Da reale Kondensatoren nicht rein kapazitiv sind, stellt sich die Frage nach dem Frequenzbereich, in dem das Bauteil Wechselströme niederohmig überbrücken muß. Dieser läßt sich aus der Unschärferelation annähernd bestimmen. Tritt am Ausgang eines Treibers ein kurzer Strompuls $i(t)$ der Breite Δt auf, so läßt sich dieser als Fouriertransformierte darstellen

$$i(t) = \int_{-\infty}^{\infty} \underline{i}(\omega)\mathrm{e}^{\mathrm{j}\omega t}\,\mathrm{d}\omega \,.$$

Die Breite $\Delta\omega$ der Fouriertransformierten genügt dabei der Unschärferelation

$$\Delta\omega\Delta t \geq 1/2 \,.$$

Wird $\Delta t \approx t_\mathrm{r}/2\pi$ angesetzt, so folgt, daß der Stützkondensator bis zur Frequenz[8] $\Delta f \approx 1/(2t_\mathrm{r})$ niederohmig ($|\underline{Z}| < \Delta V_\mathrm{max}/\Delta I$) sein muß, d.h. die Resonanzfrequenz des Stützkondensators sollte nicht nennenswert kleiner sein als dieser Wert. Weisen Kondensatoren mit Kapazitätswerten nach (8.30) kleinere Werte der Resonanzfrequenz auf, so sollten mehrere unterschiedliche Kapazitätswerte parallel geschaltet werden. Auf diesem Weg läßt sich über einen großen Frequenzbereich eine niedriger Scheinwiderstand realisieren.

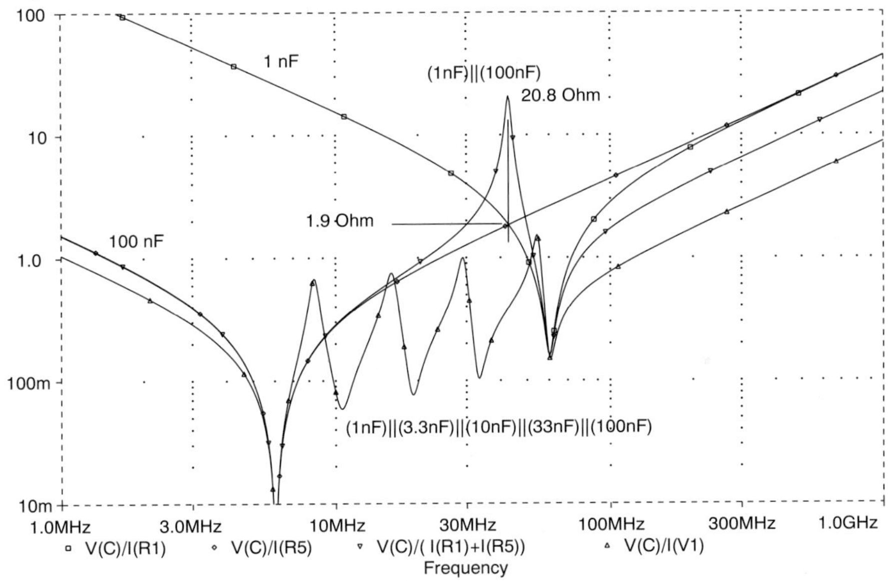

Abb. 8.19. Scheinwiderstandsverläufe für parallelgeschaltete Stützkondensatoren (Beispiel 8.3.4)

Beispiel 8.3.4 Damit eine Batterie parallelgeschalteter Stützkondensatoren über einen großen Frequenzbereich wirksam ist, sind die Kapazitätswerte der parallel geschalteten Kondensatoren sorgfältig aufeinander abzustimmen. Liegen die Kapazitätswerte weit auseinander, so kann es zu Resonanzeffekten mit einem starken Anstieg des Scheinwiderstands kommen. Zur Erläuterung wird Abb. 8.20 betrachtet. Gilt $c_1 \gg c_2$ so ist (bei vergleichbarem l_s der Kondensatoren) die Resonanzfrequenz

[8]Eine untere Grenze für den Frequenzbereich in dem die Stützkapazität niederohmig sein muß ergibt sich aus der Zeitkonstanten mit der der Stützkondensator über die Versorgungsspannung nachgeladen wird.

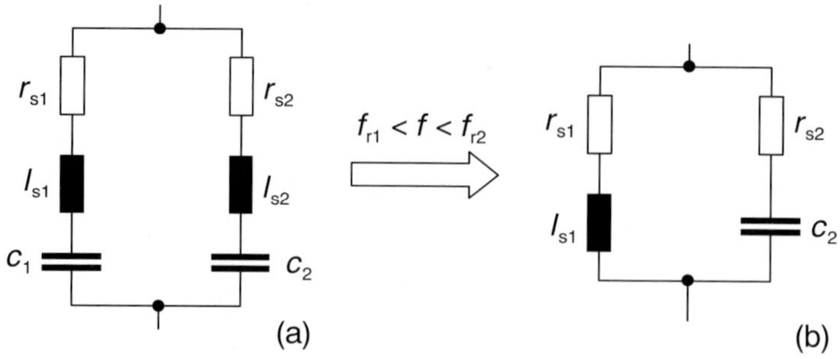

Abb. 8.20. Zur Erläuterung der Resonanzeffekte in parallel geschalteten Stützkondensatoren

f_{r1} des großen Kondensators wesentlich kleiner als die Resonanzfrequenz f_{r2} des kleinen Kondensators. Im Frequenzbereich zwischen f_{r1} und f_{r2} dominiert deshalb beim großen Kondensator der induktive Anteil, beim kleinen Kondensator der kapazitive Anteil, so daß ein Parallelschwingkreis entsteht, der die Impedanz der Parallelschaltung ansteigen läßt. Dies zeigt das in Abb. 8.19 gezeigte Simulationsergebnis für den Scheinwiderstand von zwei parallel geschalteten Transistoren der Kapazität 1 nF und 100 nF: Durch den beschriebenen Resonanzeffekt steigt der Scheinwiderstand auf 20.8 Ω an, was oberhalb des zum Vergleich dargestellten Scheinwiderstands des 100 nF-Kondensators allein liegt. Durch eine enger gestufte Parallelschaltung von fünf Kondensatoren (1 nF, 3.3 nF, 10 nF, 33 nF und 100 nF) kann der Scheinwiderstand über einen großen Frequenzbereich unter 1 Ω gehalten werden (Abb. 8.19). Δ

8.3.8 Zuverlässigkeit von Kondensatoren

Die *Ausfallrate* von Kondensatoren ist stark temperaturabhängig. Dies wird erklärt durch chemische Reaktionen im Kondensatordielektrikum, die mit zunehmender Temperatur beschleunigt ablaufen (Arrhenius-Gesetz). Auch die Betriebsspannung ist von bedeutendem Einfluß: Mit zunehmender Spannung erhöht sich die elektrische Feldstärke und damit die Wahrscheinlichkeit, daß an einer Schwachstelle des Kondensatordielektrikums ein Durchschlag auftritt. Durch eine Reduktion der Betriebsspannung und der Bauteiltemperatur läßt sich in allen Fällen eine deutliche Steigerung der Lebensdauer erreichen.

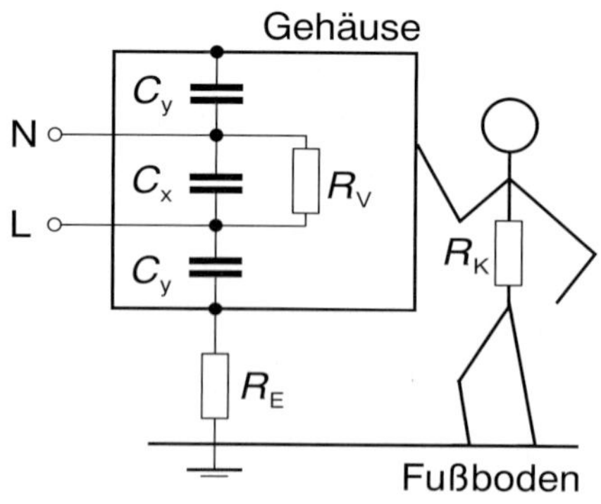

Abb. 8.21. Störschutzkondensator

Störschutzkondensatoren, die ständig mit dem Netz verbunden sind, müssen besonders zuverlässig sein. Kondensatoren der Klasse X („X-Kondensatoren“) dürfen zwischen Phase und Nulleiter oder zwischen den Phasen angeschlossen werden – Situationen, in denen ein Ausfall des Kondensators nicht zu einer Gefährdung von Personen durch Stromschlag führen kann. Kondensatoren der Klasse Y („Y-Kondensatoren“) sind dann einzusetzen, wenn ein Ausfall des Kondensators einen ernsten Stromschlag bedingen könnte (Anschluß zwischen Phase und berührbarem, schutzgeerdetem Gehäuse). Y-Kondensatoren müssen deshalb Spannungspulse von 5 kV überstehen. Der Kapazitätswert von Y-Kondensatoren ist auf 10 nF (ortsveränderliche Geräte) bzw. 50 nF (ortsfeste Geräte) begrenzt, um den als Blindstrom über die Y-Kondensatoren fließenden Strom zu begrenzen.[9]

8.4 Ausführungen

8.4.1 Metallpapierkondensatoren

In *Metallpapierkondensatoren* (MP) wird ein imprägniertes Papier als Dielektrikum verwendet. Die dielektrischen Eigenschaften werden dabei durch das verwendete Imprägniermittel beeinflußt. Metallpapierkondensatoren werden wegen ihres sehr guten Ausheilverhaltens hauptsächlich zur Funkentstörung und für *Netzparallelkondensatoren* eingesetzt.[10] Diese liegen teilweise viele Jahre ununterbrochen direkt am Netz und sind besonders gefährdet, z. B. durch energiereiche Störpulse. Neben einem guten *Ausheilverhalten* wird hier zur Vermeidung von Brandgefahr gefordert, daß der Kondensator nicht entflammbar ist. In elektronischen Schaltungen sind MP-Kondensatoren ansonsten nicht weit verbreitet, da sie vergleichsweise schlechte elektrische Eigenschaften aufweisen: Der Temperaturkoeffizient α_C liegt bei ca. 0.15 %/K, die Verlustzahl $\tan \delta_C$ ist größenordnungsmäßig 10^{-2} bei $f = 1\,\text{kHz}$, die Selbstentladezeitkonstate ist größenordnungsmäßig 1 h.

8.4.2 Folienkondensatoren

Hochwertige Kunststoffolien mit geringen Dicken und günstigen elektrischen Eigenschaften lassen sich kostengünstig erzeugen und ermöglichen die Herstellung von *Folienkondensatoren*. Kunststoffolien besitzen gegenüber Papierdielektrika eine Reihe von Vorzügen wie: weitgehende Freiheit von Fehlstellen

[9] Im Fall einer Unterbrechung des Schutzleiters ($R_E \to \infty$) fließt dieser bei Berührung über R_K ab, was – ohne Begrenzung – zur Gefährdung der Person führen würde.

[10] An Netzparallelkondensatoren können, bedingt durch Blitzeinschläge oder Überschläge ins Versorgungsnetz, Transienten mit Spitzenspannungen im Bereich mehrerer Kilovolt auftreten. Mittlerweile sind auch Folienkondensatoren verfügbar, die bzgl. Überspannungsfestigkeit vergleichbare Sicherheitsreserven aufweisen wie MP-Kondensatoren. Diese zeichnen sich i.allg. durch einen günstigen Preis und einen besseren Schutz gegen Feuchte aus.

bei geringer Folienstärke, hohe Isolationswiderstände und Durchschlagsfestigkeit, sowie eine geringe Feuchtigkeitsaufnahme. Da sich Kunststoffolien leicht dehnen lassen, werden Folienkondensatoren meistens als Wickelkondensator ausgeführt.[11] Abhängig davon wie die Kondensatorelektroden erzeugt werden, unterscheidet man KF- und MKF- (oder MK)-Kondensatoren:

- Bei *KF-Kondensatoren* dienen Metallfolien, die zusammen mit dem Foliendielektrikum aufgerollt werden, als Kondensatorelektroden. Die zuvor gereckten Kunststoffolien werden nach dem Wickeln erhitzt und dadurch geschrumpft. Dies ermöglicht Feuchteschutz und mechanische Stabilisierung des Wickels.
- Bei *MKF-Kondensatoren* wird die Kondensatorelektrode durch Bedampfen der Kunststoffolie mit einer dünnen Metallschicht realisiert. Die Dicke der aufgedampften Metallbeläge liegt dabei typischerweise im Bereich zwischen 20 nm und 50 nm.

Folienkondensatoren sind sowohl bedrahtet als auch unbedrahtet (Chipkondensatoren) lieferbar, wobei sich letztere durch eine besonders geringe Serieninduktivität auszeichnen. Fortgeschrittene Wickel- und Kontaktierungsverfahren sowie die Verfügbarkeit isolierender Folien mit einer Stärke von der Größenordnung 1 µm ermöglichten eine beachtliche Reduktion der Abmessungen bei gleichbleibenden Kapazitätswerten. Dies ging einher mit einer Verringerung des Rastermaßes für die Anschlüsse bedrahteter Kondensatoren. Tabelle 8.2 zeigt dies anhand der Entwicklung von 1 µF-Polyester-Kondensatoren.

Tabelle 8.2 Entwicklung von MKT-Kondensatoren (1 µF, nach [9])

Rastermaß mm	Abmessungen $W \times L \times H$ mm^3	Grundfläche mm^2	Volumen mm^3	spez. Kapazität pF/mm^3
15	$6 \times 12.5 \times 18$	108	1350	740
10	$5 \times 11 \times 13$	65	715	1400
7.5	$4.5 \times 9.5 \times 10.3$	46	440	2270
5	$5 \times 10 \times 7.2$	36	360	2780
2.5	$5.5 \times 10 \times 4.6$	25	253	3950

Organische Dielektrika für Folienkondensatoren

Die Eigenschaften von Folienkondensatoren wie Verlustwinkel, Temperaturabhängigkeit etc. werden wesentlich durch das verwendete Dielektrikum bestimmt. Die folgende Tabelle 8.3 gibt einen Überblick über die gebräuchlichsten Materialien.

[11] Daneben sind Vielschichtkondensatoren im Handel.

Tabelle 8.3 Organische Dielektrika für Folienkondensatoren (typische Daten)

Kenngröße	Einheit	PETP	PC	PP	PS	PPS
ϵ_r	–	3.3	2.8	2.2	2.5	3.0
$\vartheta_{min}/\vartheta_{max}$	°C	−55/100	−55/125	−55/85	−40/70	−55/125
TK	ppm/K	400 ±200	0 ±100	−200 ± 50	−150 ± 50	0 ±50
E_D	V/μm	500	350	600	150	400
d_{min}	μm	0.9	1.5	4	4	2
$\tan \delta_\epsilon$(1 kHz)	%	0.5	0.15	0.03	0.02	0.08
τ_{is}(23°C)	s	25000	25000	100000	100000	10000

Eine Gegenüberstellung der relativen Änderung des Kapazitätswerts unterschiedlicher Folienkondensatoren mit der Temperatur ist in Abb. 8.22 zu sehen.

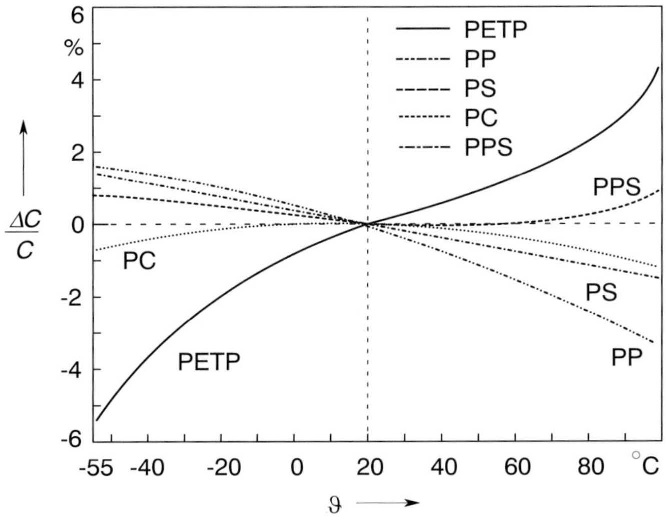

Abb. 8.22. Relative Änderung der Kapazität mit der Temperatur (Richtwerte) für verschiedene Foliendielektrika

Polyester (PETP). Polyester (Polyethylenterephthalat, PETP) zeichnet sich als Kondensatordielektrikum durch gute Beständigkeit bei höheren Temperaturen und Unempfindlichkeit gegenüber Feuchtigkeit aus. PETP ist ein polares Dielektrikum: ϵ_r' verringert sich von Werten zwischen 3.2 und 3.3 bei $f = 50\,\text{Hz}$ auf $\epsilon_r' = 2.9$ bei $f = 10\,\text{GHz}$. Die Verlustzahl steigt zunächst stark mit der Frequenz an und liegt bei $f = 1$ MHz deutlich oberhalb ein Prozent, mit weiter zunehmender Frequenz fällt $\tan \delta_\epsilon$ jedoch wieder ab ($\tan \delta_\epsilon \approx 0.6\%$ bei $f = 10\,\text{GHz}$, [10]). Der Wert von ϵ_r' nimmt mit zunehmender Temperatur mit einem Temperaturkoeffizienten von ca. 500 ppm/K zu. Typische Anwendungen liegen in kapazitiver Kopplung und Siebung.

Polycarbonat (PC). Polycarbonat ist ein polarer Kunststoff mit Dielektrizitätszahlen im Bereich von 3.0 bis 3.2; diese Werte nehmen mit steigender Frequenz leicht ab. Die Verlustzahl beträgt $\tan\delta_\epsilon \approx 10^{-3}$ bei 1 kHz und $\tan\delta_\epsilon \approx 10^{-2}$ bei 1 MHz. PC weist eine sehr geringe Temperaturabhängigkeit, einen großen zulässigen Temperaturbereich, geringe Alterung und geringe Verluste auf. Kondensatoren mit PC-Dielektrikum werden für Zeitglieder und Filter sowie Schaltungen, die bei erhöhten Umgebungstemperaturen ($\vartheta_{\mathrm{max}} \approx 130°\mathrm{C}$) betrieben werden, eingesetzt.

Polystyrol (PS). Polystrol zeichnet sich durch sehr geringe dielektrische Verluste, hohen Isolationswiderstand, eine geringe Alterung und einen kleinen negativen TK $\approx -150\,\mathrm{ppm/K}$ aus. Der Wert von ϵ'_r beträgt 2.5 und ist weitgehend frequenzunabhängig; die Verlustzahl beträgt $\tan\delta_\epsilon \approx 5 \cdot 10^{-5}$ bei 50 Hz und nimmt auf $\tan\delta_\epsilon \approx 5 \cdot 10^{-4}$ bei 100 GHz zu. Polystyrol kann Wasser aufnehmen; der Feuchtekoeffizient von ϵ'_r ist ca. 130 ppm/% relative Feuchte. Von besonderem Interesse ist die nahezu lineare Abhängigkeit des Kapazitätswerts von der Temperatur, was eine Kompensation des Temperaturgangs z. B. in Resonanzkreisen ermöglicht. Typische Anwendungen für Kondensatoren mit Polystyroldielektrikum sind Zeitglieder und Filter. Trotz ihrer sehr guten elektrischen Eigenschaften haben Polystyrol-Kondensatoren wegen des vergleichsweise hohen Preises in den letzten Jahren zunehmend an Marktanteil verloren.

Polypropylen (PP). Polypropylen ist ein feuchtigkeitsabweisendes, unpolares Dielektrikum mit $\epsilon'_\mathrm{r} \approx 2.3$. Es weist sehr geringe Verluste, einen hohen Isolationswiderstand und einen annähernd konstanten, negativen Temperaturkoeffizient von ca. $-200\,\mathrm{ppm/K}$ auf. Typische Anwendungen für MKP-Kondensatoren sind Oszillatoren und Filter. Daneben werden Kondensatoren mit PP-Dielektrikum als Leistungskondensatoren (insbesondere im Spannungsbereich von 250 V bis 600 V) eingesetzt.

Polyphenylensulfid (PPS). Polyphenylensulfid weist geringe Verluste, einen geringen Temperaturkoeffizienten, geringe Alterung und einen großen zulässigen Temperaturbereich auf. Kondensatoren mit PPS-Dielektrikum werden in Zeitgliedern, Filtern sowie in Schaltungen, die bei hohen Umgebungstemperaturen betrieben werden (z. B. Automobiltechnik), eingesetzt.

Selbstheilfähigkeit, Zuverlässigkeit

MK-Kondensatoren zeichnen sich durch engtolerierte Kapazitätswerte und *Selbstheilfähigkeit* nach lokalen Felddurchschlägen aus, d. h. Durchschläge führen i. allg. nicht zu einem bleibenden Kurzschluß zwischen den Kondensatorelektroden. Dem *Selbstheilungsvorgang* liegt folgender Mechanismus zugrunde: Durchschläge erfolgen meist lokal an Schwachstellen, Poren oder Verunreinigungen im Dielektrikum. Im Durchschlagskanal wird eine sehr hohe Leistung pro Volumeneinheit umgesetzt. Als Folge davon bildet sich ein Plasma und damit ein starker lokaler Überdruck, der die Dielektrikumsschichten, wie in Abb. 8.23 gezeigt, linsenförmig auseinanderdrückt. Die Metallbeläge

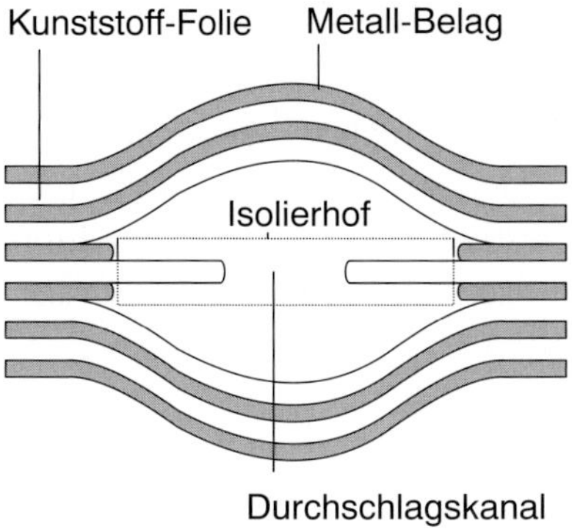

Abb. 8.23. Bildung eines Isolierhofs

der Kondensatorelektroden werden an den Rändern des Durchschlagskanals durch Verdampfen abgetragen – um den Kanal bilden sich damit nahezu kreisförmige *Isolierhöfe*, die einen Kurzschluß zwischen den Metallbelägen ausschließen. Die Entladung erlischt als Folge dieses Vorgangs i. allg. nach wenigen Mikrosekunden. Die Selbstheilfähigkeit ist um so größer, je größer das Verhältnis entstandener gasförmiger Stoffe zu festem Kohlenstoff ist. Letzterer bildet leitfähige Brücken und erhöht damit die Bereitschaft für neue Durchschläge. Aus diesem Grund darf der Wickeldruck bei der Herstellung nicht zu groß sein.

Die *Ausfallrate* λ für Folienkondensatoren hängt von der Spannung und der Temperatur ab, bei der der Kondensator betrieben wird. Sie wird z. B. in der Form

$$\lambda = \lambda_0 \, \pi_V \, \pi_T$$

spezifiziert; λ_0 bezeichnet dabei die zu erwartende Ausfallrate bei einer bestimmten Temperatur und Betriebsspannung,[12] π_V und π_T bezeichnen Korrekturfaktoren für davon abweichende Betriebsspannungen und -temperaturen, die den Datenblättern der Hersteller entnommen werden können.

Speziell gestaltete Folienkondensatoren weisen hinsichtlichlich ihrer *Überspannungsfestigkeit* vergleichbare Sicherheitsreserven auf wie MP-Kondensatoren. Durch geeignet strukturierte Elektrodenfolien, bei denen Teilkapazitäten über dünne Strombrücken (Abb. 8.24) angeschlossen werden, kann die Selbstheilfähigkeit erhöht werden. Tritt im Dielektrikum einer solchen Teil-

[12] Für MKT- oder MKC-Kondensatoren liegt der Wert für λ_0 bei typischerweise 2 FIT ($V = V_{\mathrm{N}}/2$, $\vartheta = 40°\mathrm{C}$)

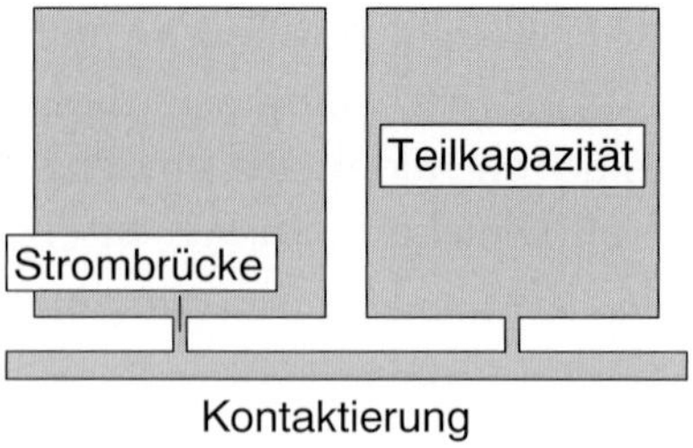

Abb. 8.24. Strukturierte Elektrodenfolie

elektrode ein Durchschlag auf, so verdampft die Strombrücke; dadurch wird die defekte Teilkapazität abgekoppelt und der Kondensator ist ausgeheilt. Wegen ihres günstigen Preises und des besseren Schutzes gegen Feuchteausfälle stellen derartige Störschutzkondensatoren eine interessante Alternative zu den herkömmlich verwendeten MP-Kondensatoren dar.

8.4.3 Keramikkondensatoren

In Keramikkondensatoren wird als Dielektrikum eine *Oxidkeramik* verwendet. Das ist ein anorganischer, polykristalliner Festkörper, der durch einen Brennprozeß bei hohen Temperaturen erzeugt wird. Keramikkondensatoren sind als Scheiben-, Röhrchen- und Vielschichtkondensatoren erhältlich. Für die Miniaturisierung sind dabei insbesondere keramische Vielschichtkondensatoren von Bedeutung. Diese bestehen aus einem monolithischen Keramikblock mit kammartig eingesinterten Elektroden (Abb. 8.8 a).

Herstellung. Bei der *Herstellung* keramischer Vielschichtkondensatoren wird in einem ersten Schritt das pulverisierte keramische Ausgangsmaterial [13] mit einem organischen Bindemittel zu einer breiigen Substanz vermengt. Diese wird auf einem Band mit der Ziehklinge zu einer dünnen Schicht [14] ausgezogen. Durch Verdunsten des Lösungsmittels bildet sich eine Keramikfolie, die in Blätter geschnitten und im Siebdruckverfahren mit Elektroden[15] bedruckt werden kann. Nach Bedrucken der Blätter werden diese zu Stapeln von 30 bis 60 Blättern geschichtet, wobei zwei aufeinanderfolgende Blätter leicht gegeneinander verschoben sind. Die Stapel werden dann in kleine Würfel geschnitten, die bei Temperaturen zwischen 1000°C und 1400°C gebrannt werden. Die Kontakte werden durch Eintauchen in ein Silber-Palladium-Bad und anschließendes Einbrennen hergestellt. Nach Anbringen der Lötfahnen und Überzug mit einer schützenden Kunststoffschicht ist der Keramikkondensator fertig hergestellt.

Keramikvielschichtkondensatoren sind in Chipform mit sehr geringen Abmessungen verfügbar. Tabelle 8.4 zeigt eine Auswahl verfügbarer Bauformen.

[13] Korngrößen liegen typischweise im Bereich von Mikrometern.

[14] Typische. Stärken liegen im Bereich zwischen 10 und 100 μm.

[15] Als Elektrodenmaterial wird dabei entweder eine Silber-Palladium-Paste oder eine Blei-Zinn-Paste verwendet.

Tabelle 8.4 Bauformen für Keramikvielschichtkondensatoren (Chip, nach [11])

Bauform	Länge/mm	Breite/mm	Höhe/mm	Kapazitätsbereich
0603	1.6	0.8	0.9	1 pF – 10 nF
0805	2.0	1.25	0.6 – 1.3	1 pF – 47 nF
1206	3.2	2.5	0.6 – 1.3	1 pF – 100 nF
1210	3.2	2.5	0.6 – 1.3	0.82 nF – 330 nF
1812	4.5	3.2	1.3	1.2 nF – 470 nF
2220	5.7	5.1	1.3	3.3 nF – 1.5 μF

Abhängig von der chemischen Zusammensetzung der Dielektrika unterscheidet man keramische Kondensatoren der Klassen 1, 2 und 3.

Keramikkondensatoren der Klasse 1 (NDK). Bei diesen wird als Dielektrikum gewöhnlich eine Mischung von Metalloxiden verwendet (z. B. Oxide der Lanthanide und Titanoxid); die Dielektrizitätszahl ϵ_r' solcher Dielektrika ist i. allg. kleiner als 100. Klasse 1-Kondensatoren zeichnen sich durch eine vernachlässigbare Spannungsabhängigkeit des Kapazitätswerts, kleine Verluste bis in den UHF-Bereich, eine hohe Langzeitkonstanz, einen hohen Isolationswiderstand sowie eine reversible und annähernd lineare Abhängigkeit des Kapazitätswerts von der Temperatur aus. Sie eignen sich deshalb für Anwendungen, in denen zeitkritische Größen mittels Kapazitäten definiert werden wie: Zeitglieder, Schwingkreise, Filter.

Kennzeichnung. Die Temperaturabhängigkeit der Kapazitätswerte von NDK-Kondensatoren wird entweder entsprechend dem EIA-Standard RS198B oder nach der IEC-Norm 384-8 (CECC 32100) bezeichnet. Nach EIA-Standard werden Keramikkondensatoren der Klasse 1 mit einer dreistelligen Bezeichnung spezifiziert. Der erste Kennbuchstabe und der als zweites angegebene Multiplikator bestimmen den Temperaturkoeffizienten des Kapazitätswerts, die dritte Stelle gibt die Toleranz an. Die Bedeutung der verwendeten Zeichen ergibt sich aus Abb. 8.25.

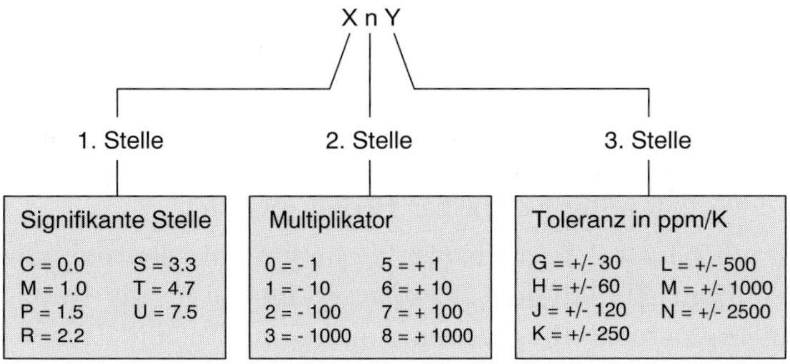

Abb. 8.25. Kennzeichnung von Keramikkondensatoren der Klasse 1

Die Kennbuchstaben C0G bezeichnen demzufolge einen Kondensator dessen Temperaturkoeffizient um maximal $\pm 30 \cdot 10^{-6}$/K vom Wert Null abweicht.

Als typische Beispiele werden Klasse 1-Keramikvielschichtkondensatoren mit Temperaturcharakteristiken (CECC) gemäß CG, bzw. SL betrachtet. Diese sind mit Kapazitätswerten im Bereich von 1 pF bis 100 nF lieferbar. Für CG-Typen sind Kapazitätstoleranzen von ±1 % und einem Temperaturkoeffizienten von $(0 \pm 30)\,\text{ppm/K}$ lieferbar, die Verlustzahl ist kleiner als $1 \cdot 10^{-3}$, die Selbstentladezeitkonstante ist bei Raumtemperatur größer als 1000 s. Für Kondensatoren mit der Temperaturcharakteristik SL ist der Temperaturkoeffizient mit $-1000\,\text{ppm/K} < \alpha_C < +140\,\text{ppm/K}$ weniger genau spezifiziert.

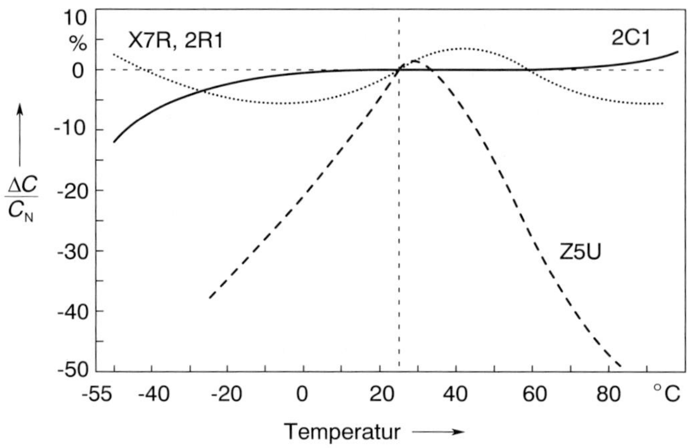

Abb. 8.26. Temperaturcharakteristiken für Klasse 2-Keramikkondensatoren

Keramikkondensatoren der Klasse 2 (HDK). Bei diesen besteht das Dielektrikum vorwiegend aus ferroelektrischen Materialien (i. allg. Titanate oder Zirkonate mit Perowskitstruktur). Die Dielektrizitätszahl solcher Dielektrika liegt typisch im Bereich $1000 < \epsilon_r < 10000$. Klasse 2 Kondensatoren zeigen eine nichtlineare Abhängigkeit der Kapazität von Temperatur und Spannung, altern nach einem logarithmischen Zeitgesetz (Abnahme der Kapazität) und sind auch hinsichtlich ihrer Verlustzahlen und Isolationswiderstände weniger günstig als Klasse 1-Kondensatoren. Wegen der hohen Dielektrizitätszahlen in Klasse 2-Kondensatoren bieten diese aber im Gegenzug hohe spezifische Kapazitätswerte – sie kommen dann zum Einsatz, wenn große Kapazitätswerte bei kleinen Abmessungen gefragt sind, geringe Verluste und große Konstanz der Kapazitätswerte jedoch von untergeordneter Bedeutung sind.

Es gibt eine Vielzahl von Klasse 2-Kondensatorkeramiken mit deutlich unterschiedlichen Eigenschaften. Abbildung 8.26 zeigt exemplarisch die Kapazitätsänderung mit der Temperatur für Keramikkondensatoren mit Temperaturcharakteristiken 2C1, 2R1 (X7R), Z5U. Neben dieser zum Teil bedeutenden Temperaturabhängigkeit ist eine Abhängigkeit des Kapazitätswerts von einer überlagerten Gleichspannung zu beachten. Bei X7R reduziert sich die Kapazität bei $V = V_N$ um 60 % gegenüber dem Nennwert, bei Z5U sogar um 75 %. Die Verlustzahl nimmt mit zunehmender Temperatur ab; bei Raumtemperatur gilt i. allg. $\tan \delta_C > 1\%$.

Kennzeichnung. Keramikkondensatoren der Klasse 2 werden nach EIA-Standard RS198B mit einer dreistelligen Bezeichnung spezifiziert. Die Bedeutung der Zeichen kann aus Abb. 8.27 entnommen werden.

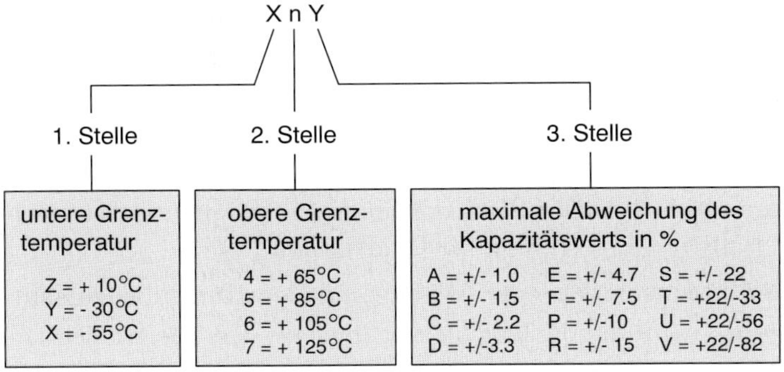

Abb. 8.27. Kennzeichnung von Keramikkondensatoren der Klasse 2

Die Kennbuchstaben X7R bezeichnen demzufolge einen für den Temperaturbereich $-55°C < \vartheta < 125°C$ spezifizierten Kondensator, der in diesem Temperaturintervall aufgrund seiner Temperaturabhängigkeit um höchstens ±15% von seinem Nennwert abweicht.

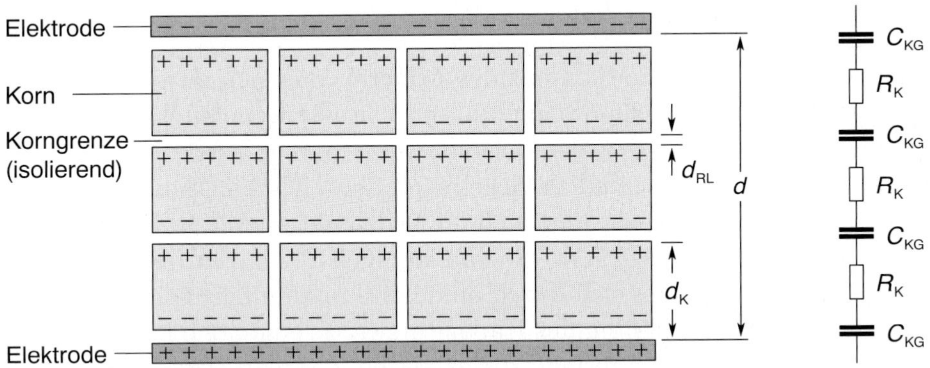

Abb. 8.28. Zur Wirkungsweise von Keramikkondensatoren der Klasse 3

Keramikkondensatoren der Klasse 3. Hier besteht das Dielektrikum aus einer polykristallinen Titanatkeramik ($BaTiO_3$, $SrTiO_3$) mit halbleitenden Eigenschaften (n-Leitung). In diesen Stoffen bilden sich an den Korngrenzen dünne und dennoch sehr hochohmige Raumladungszonen – sog. Sperrschichten mit Dicken $d_{RL} = (0.2-2)$ µm – aus. Diese sind verantwortlich für die isolierenden Eigenschaften des Materials. Wird zwischen den Elektroden eine Spannung angelegt, so verschieben sich die Ladungsträger im elektrischen Feld nur innerhalb der Körner, da sie die Sperrschichten am Rand nicht überwinden können – es tritt eine sog. *Raumladungspolarisation* auf. Das Kondensatordielektrikum entspricht dabei näherungsweise einer Reihenschaltung von Sperrschichtkapazitäten (Kapazität je Flächeneinheit $C' \approx \epsilon_0\epsilon_r/d_{RL}$), wie dies schematisch in Abb. 8.28 dargestellt ist. Sind im Dielektrikum im Mittel $k = d/d_K$ Körner „in Reihe geschaltet", so entspricht dies $k+1$ in Reihe geschalteten Sperrschichtkapazitäten, d. h. es gilt

$$C \approx \frac{1}{k+1}\,\epsilon_0\epsilon_r\,\frac{A}{d_{RL}} = \epsilon_0\epsilon_r\,\frac{d/d_{RL}}{1+d/d_K}\,\frac{A}{d}\,.$$

Im Grenzfall $d \gg d_K$ geht dies über in

$$C \approx \epsilon_0\epsilon_{r,eff}A/d \quad \text{mit} \quad \epsilon_{r,eff} = \epsilon_r d_K/d_{RL}\,.$$

Bei typischen Korndurchmessern d_K in der Größenordnung einiger 10 µm lassen sich so effektive Dielektrizitätszahlen $\epsilon_{r,eff}$ von über 50000 erreichen.

In Wechselfeldern hoher Frequenz wird der Widerstand des Korns bedeutsam. Durch $R_K C_{KG} \approx \rho\epsilon_0\epsilon_r d_K/d_{RL}$ wird die für Umladevorgänge auf den Sperrschichtkapazitäten maßgebliche Zeitkonstante bestimmt. Die zugehörige *Relaxationsfrequenz* ist deshalb vom spezifischen Widerstand im Korn abhängig. Mit $SrTiO_3$ lassen sich Relaxationsfrequenzen von bis zu 1 GHz erreichen. Die Verlustzahl von Dielektrika der Klasse 3 ist hoch: Bei niederen Frequenzen wird er bestimmt durch Leckströme die über die Korngrenzen fließ, bei hohen Frequenzen durch den Serienwiderstand der Körner (also durch die aus dem RC-Verhalten resultierende Phasenverschiebung).

8.4.4 Glimmerkondensatoren

Glimmer ist ein natürlich vorkommendes Mineral, das sich zu sehr dünnen Plättchen spalten läßt - es sind Schichtdicken von nur wenigen Mikrometern herstellbar. Diese Plättchen werden beispielsweise im Siebdruckverfahren mit Silberelektroden beschichtet und als Scheiben- oder Vielschichtkondensatoren verwendet. Glimmerkondensatoren sind in bedrahteter und SMD-Bauform erhältlich und weisen Kapazitätswerte von wenigen Pikofarad bis zu einigen Nanofarad auf. Sie zeichnen sich durch eine hohe Spannungsfestigkeit, einen kleinen Temperaturkoeffizienten des Kapazitätswerts, eine hohe Langzeitkonstanz und Impulsfestigkeit, geringe dielektrische Verluste sowie vergleichsweise große zulässige Betriebstemperaturen aus. Wegen ihres hohen Preises kommen diese Kondensatoren dennoch nur vergleichsweise selten zum Einsatz.

8.4.5 Elektrolytkondensatoren

In Elektrolytkondensatoren (Elkos) wird das Dielektrikum durch einen elektrochemischen Vorgang auf einer zuvor präparierten Aluminium-, Tantal- oder Niobelektrode hergestellt. Da die dielektrische Schicht sehr homogen ist und – im Gegensatz zu den bisher besprochenen Kondensatorbauformen – nach ihrer Herstellung nicht mehr mechanisch bearbeitet werden muß (Wickeln oder Schichten), genügen sehr geringe Schichtdicken, was zu sehr hohen spezifischen Kapazitätswerten führt. Elkos sind meist *gepolt*, d. h. sie dürfen nur mit einer Spannung von bestimmter Polarität und nicht mit Wechselspannung betrieben werden. Der positiv gepolte Anschluß wird als *Anode*, der negativ gepolte als *Kathode* bezeichnet. Daneben existieren aber auch *bipolare* (oder *ungepolte*) Elkos. Abbildung 8.29 zeigt die entsprechenden Schaltsymbole.

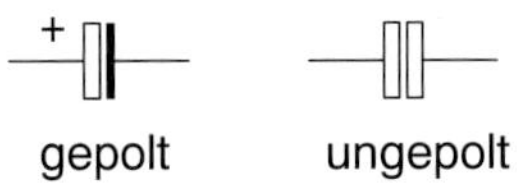

Abb. 8.29. Elkos: Schaltsymbole

Typische Anwendungen für Elkos sind Glättung und Siebung in Netzgeräten, Frequenzweichen für Lautsprecher, Zeitverzögerung für Motorschaltungen, Energiespeicher in Blitzgeräten oder Digitalschaltungen.

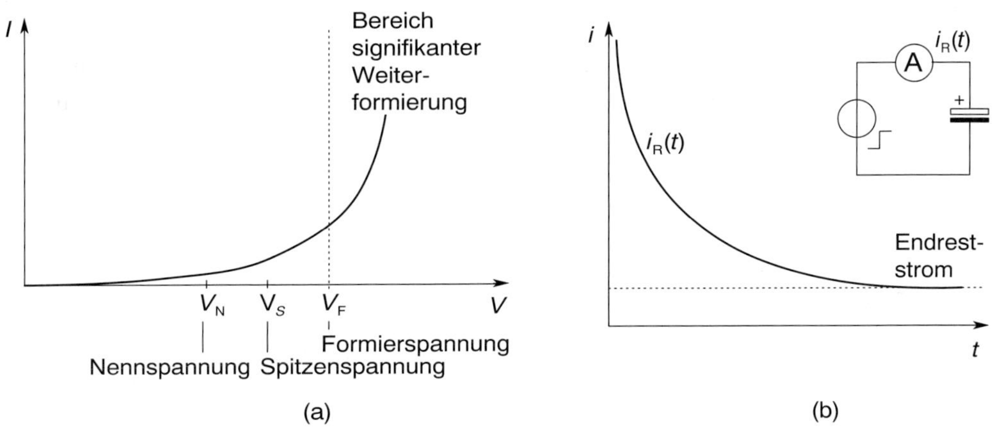

Abb. 8.30. Strom durch den Elektrolytkondensator. (**a**) als Funktion der angelegten Spannung, (**b**) als Funktion der Zeit nach Lagerung (schematisch)

Formierung, Reststrom. Bei der Herstellung eines Elkos wird das Anodenmaterial (z.B. Aluminium) mit dem Betriebselektrolyten in Kontakt gebracht. Durch Anlegen einer Formierspannung V_F kommt es zu einer elektrochemischen Reaktion des Betriebselektrolyten mit dem Anodenmaterial, wobei dieses mit einer isolierenden Oxidschicht überzogen wird (anodische Oxidation). Die so erzeugten Dielektrika zeichnen sich durch eine hohe Dickenhomogenität, eine im Vergleich zu Kunststoffolien hohe Dielektrizitätszahl (Al_2O_3: 7 − 8 und Ta_2O_5: 25 − 27) und eine sehr hohe Durchschlagsfeldstärke (Größenordnung 10 MV/cm) aus. Die erforderlichen Oxidschichtdicken sind deshalb mit 1.35 nm/V zulässiger Betriebsspannung für Al-Elkos und 1.7 nm/V für Ta-Elkos sehr gering. Da sich die Oberfläche des Elektrolyten an Unebenheiten der Anode anpaßt, kann die effektive Fläche des Kondensators durch *Aufrauhen* der Anode vervielfacht werden. In Verbindung mit den geringen Schichtdicken lassen sich so sehr große Kapazitätswerte erreichen.

Der Strom durch einen Elektrolytkondensator hängt nichtlinear von der Spannung ab, wie in Abb. 8.30 dargestellt. Für Spannungen unterhalb der Spitzenspannung V_S ist der Strom sehr klein und kann annähernd durch einen zu einem idealen Kondensator parallel geschalteten hochohmigen Widerstand beschrieben werden. Erhöht man die Spannung über V_S hinaus, so wächst der Strom stark an; mit Erreichen der *Formierspannung* V_F setzt dann eine ausgeprägte *Weiterformierung* ein, verbunden mit einer starken Gas- und Wärmeentwicklung. Zwar tritt eine solche Weiterformierung bereits bei kleineren Spannungen auf, sie ist jedoch vernachlässigbar klein, solange die Betriebsspannung die Nennspannung V_N nicht überschreitet.[16]

Der *Reststrom* ist definiert als der Strom, der bei angelegter Gleichspannung durch den Kondensator fließt. Er ist bedingt durch Ionen, die über Fehlstellen in der Oxidschicht fließen. Der Wert des Reststroms hängt stark von der „Vorgeschichte“ ab. Bei spannungsloser Lagerung wird die Oxidschicht langsam abgebaut; sie regeneriert sich wieder nach Anlegen der Spannung. Der Reststrom kann aus diesem Grund nach längerer Lagerzeit um mehrere Größenordnungen ansteigen, fällt dann aber nach einigen Stunden Dauerbetrieb wieder gegen den *Endreststrom* ab. Dieser ist gewöhnlich in guter Näherung proportional zu der auf dem jeweiligen Kondensator gespeicherten Ladung ($C\,V$). Zur Reduktion des Reststroms eines Elektrolytkondensators nach längerer Lagerung kann dieser bei Nennspannung *nachformiert* werden. Damit aufgrund des zunächst hohen Reststroms keine unzulässige Erwärmung im Kondensator entsteht, wird hierzu gewöhnlich ein den Strom begrenzender Vorwiderstand (z. B. 1 kΩ) verwendet. Der Nachformiervorgang verbraucht wesentlich mehr Elektrolyt als Regenerierprozesse während des normalen Betriebs. Wird die Oxidschicht zu stark abgebaut – etwa durch Lagern des Kondensators oberhalb der Grenztemperatur – so kann der Fall eintreten, daß der Elektrolytvorrat des Kondensators nicht mehr zur Nachformierung ausreicht.

Grenzdaten. Die *Nennspannung* V_N ist die Spannung, für die der Kondensator ausgelegt wurde – sie darf als Gleichspannung dauernd am Kondensator anliegen, ohne daß dieser Schaden nimmt. Ist der Gleichspannung eine periodische Wechselspannung überlagert, so darf der Scheitelwert die Nennspannung nicht überschreiten. Die *Spitzenspannung* V_S bestimmt den Scheitelwert der Spannung die kurzfristig (höchstens fünfmal pro Stunde mit einer Dauer

[16] Je höher also die als *Überformierung* bezeichnete Differenz $V_F - V_N$ zwischen Formierspannung und Nennspannung ist, desto größer die Betriebssicherheit des Kondensators.

von weniger als 1 min) am Kondensator anliegen und keinesfalls überschritten werden darf. Für viele Elkos wird eine *Spannungsminderung*, d. h. eine Reduktion der Nennspannung bei höherer Umgebungstemperatur, vorgeschrieben.

An Elkos, die für Glättungsaufgaben eingesetzt werden, liegt eine Gleichspannung an, der ein Wechselspannungsanteil überlagert ist. Wegen *ESR* führt dieser zu einer *Erwärmung* des Kondensators; dabei darf auch im Inneren des Kondensators, wo die höchste Temperatur auftritt, eine maximale Temperatur nicht überschritten werden, um die Lebensdauer nicht herabzusetzen. Ein überlagerter Wechselstrom der Kreisfrequenz ω vom Effektivwert $I(\omega)$ führt zur Verlustleistung (Effektivwert)

$$P(\omega) = ESR(\omega)\, I^2(\omega)\,. \tag{8.31}$$

Da die Anode während schneller Entladevorgänge reduziert und die Kathode oxidiert wird (was sich in einer Abnahme des Kapazitätswerts bemerkbar macht), sind Elektrolytkondensatoren beschränkt *schaltfest.*

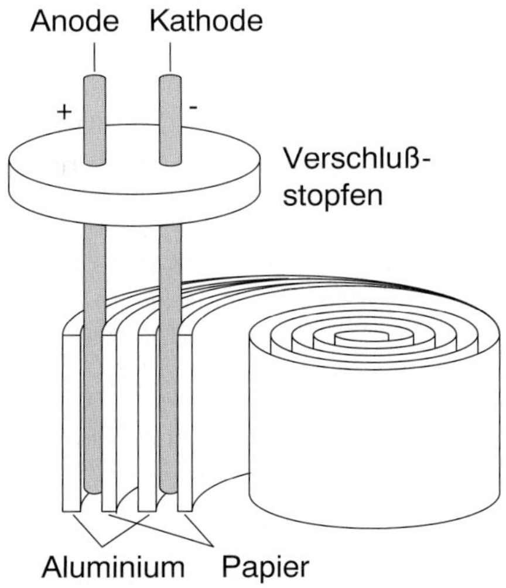

Abb. 8.31. Zum Aufbau eines Elkos

Aluminium-Elektrolytkondensatoren

Aufbau. Aluminium-Elkos mit (halb-)flüssigem Elektrolyten (nasse Aluminium-Elkos) werden üblicherweise als Wickelkondensatoren (Abb. 8.31) realisiert. Der Wickel enthält zwei Aluminiumfolien (Anode und Kathode) die durch je eine, vom Elektrolyten durchtränkte, Papierschicht (Separatorfolie) voneinander getrennt werden. Die Anordnung wird mit Elektrolyt getränkt, in einem Becher untergebracht und dicht verschlossen. Der Kathodenanschluß

(Minuspol) wird gewöhnlich mit dem Becher kurzgeschlossen, der Anodenanschluß wird isoliert herausgeführt.[17]

Zur Vergrößerung der Kondensatoroberfläche werden heute nahezu ausschließlich Al-Elkos mit aufgerauhten Oberflächen erzeugt. Durch diese Maßnahme verschlechtern sich zwar die elektrischen Werte etwas[18], dafür lassen sich aber um ein mehrfaches höhere spezifische Kapazitäten erzielen.

Der in Abb. 8.32 a dargestellte Aufbau, bei dem nur auf der Anode eine Oxidschicht erzeugt wurde, darf nur mit einer Polarität betrieben werden und funktioniert nur ordnungsgemäß, wenn an der Anode (das ist die bei der Formierung oxidierte Al-Folie) der Pluspol, an der anderen Folie der Minuspol angeschlossen wird. Wird die Polarität vertauscht, so setzt eine mit starker innerer Erwärmung und Gasbildung verbundene Formierung der kathodenseitigen Al-Folie ein, die unter Umständen zur Zerstörung des Kondensators führt.[19] Bei den für Wechselbetrieb geeigneten *bipolaren* Elkos ist

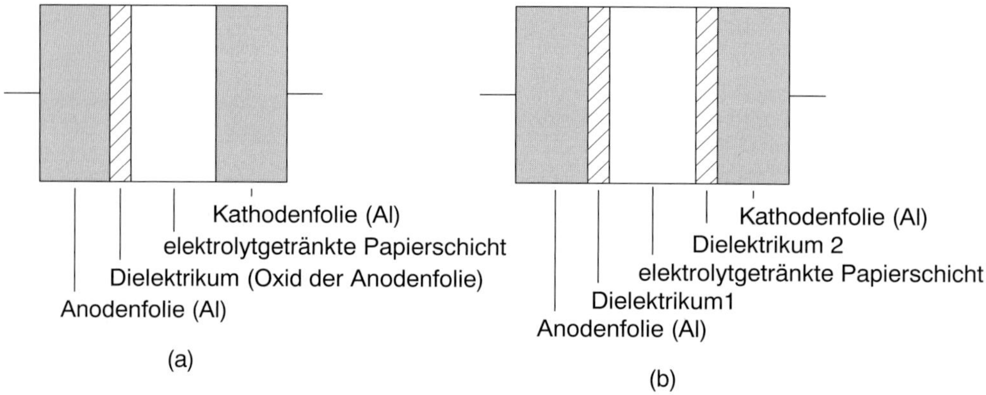

Abb. 8.32. Aufbau (schemematisch) eines (**a**) gepolten und eines (**b**) bipolaren Elkos

der Formierprozeß der Kathode bereits in der Fertigung durchgeführt worden, d. h. hier sind Anoden- und Kathodenfolie mit einer Oxidschicht überzogen (Abb. 8.32 b). Da die zwischen Anodenfolie und Kathodenfolie realisierte Kapazität nun als Serienschaltung zweier Kapazitäten aufzufassen ist, reduziert sich die spezifische Kapazität im Vergleich zum ungepolten Elko auf die Hälfte. Aus diesem Grund werden, soweit möglich, gepolte Elkos verwendet.

[17]Durch Elementbildung zwischen Anode und Kathode können bei Al-Elkos Eigenspannungen von bis zu 0.5 V zwischen Anode und Kathode auftreten. Wegen des hohen Innenwiderstands der „Zelle" kann diese aber für die meisten Anwendungen vernachlässigt werden.

[18]Z. B. Erhöhung des Serienwiderstands.

[19]Kurzzeitige Falschpolungen bis zu 2 V sind i. allg. zulässig, da die Formierung der Kathode erst für höhere Werte der angelegten Spannung einsetzt. Der maximal zulässige Wert wird vom Hersteller als *Umpolspannung* spezifiziert.

Trockene Aluminium-Elkos nutzen einen Festkörperelektrolyten (i.allg. organisches Material oder MnO_2) und haben den Vorteil, daß kein Elektrolyt verdunsten kann. Sie weisen deswegen eine vergleichsweise lange Lebensdauer auf.

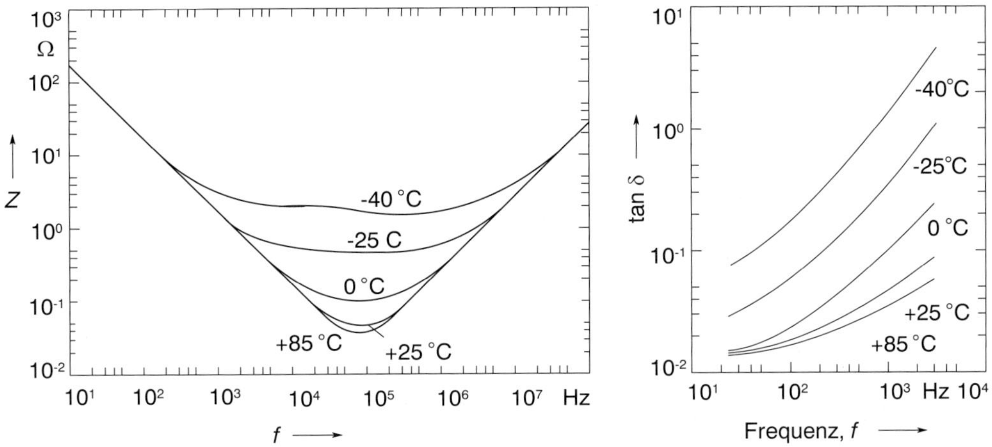

Abb. 8.33. Scheinwiderstand Z und Verlustzahl $\tan \delta_C$ eines Elkos (100 µF, 63 V)

Temperaturabhängigkeit. Die *Nennkapazität* eines Al-Elkos wird bei Nennspannung mit einer überlagerten Wechselspannung der Frequenz 100 Hz bestimmt. Abbildung 8.4.5 zeigt den Verlauf des Scheinwiderstands und der Verlustzahl als Funktion der Frequenz für verschiedene Werte der Umgebungstemperatur. Der Serienwiderstand ESR wird v.a. durch den Zuleitungswiderstand des Elektrolyten bestimmt und ist groß im Vergleich zu anderen Kondensatortypen. Mit abnehmender Temperatur nimmt der durch den Elektrolyt bedingte Serienwiderstand aufgrund der dann schlechteren Ionenbeweglichkeit stark zu. Dies führt zu einer großen Verlustzahl $\tan \delta_C \approx 2\pi f C_N \cdot ESR$ und bereits bei kleinen Frequenzen zu deutlichen Abweichungen vom rein kapazitiven Verhalten.

Zuverlässigkeit, Lebensdauer. Al-Elkos sind in begrenztem Maße selbstheilend, da der an Schwachstellen auftretende erhöhte Stromfluß zur Oxidation der Anodenfolie führt. Fehlstellen können ausheilen, sofern der Innenwiderstand R_i der umgebenden Schaltung nicht zu klein ist. In diesem Fall begrenzt dieser den bei Kurzschluß fließenden Strom und ermöglicht so ein Ausheilen. Für kleine Innenwiderstände liefert die Umgebung einen hohen Strom – der Kondensator wird zerstört bevor die Fehlstelle ausheilen kann.

Die Lebensdauer von Al-Elkos hängt stark vom verwendeten Elektrolyten ab und verringert sich, wenn dieser – bedingt durch Undichtigkeiten, Korrosion, Reststrom oder Nachformierung – abnimmt. Da die Elektrolyt verbrauchenden elektrochemischen Prozesse bei höheren Temperaturen schneller ablaufen[20], verringert sich die Lebensdauer mit steigender Temperatur stark [21]. Durch ein großes Speichervolumen für Elektrolyt kann die Lebensdauer von Al-Elkos erhöht werden.

Als *Brauchbarkeitsdauer* wird die Zeit bis zum Erreichen eines vorgegebenen Ausfallsatzes, d. h. eines bestimmten Prozentsatzes ausgefallener Bauteile, bezeichnet. Die Brauchbarkeitsdauer ist i. allg. um so größer, je niedriger die Umgebungstemperatur, je geringer die überlagerte Wechselspannung, je kleiner die Betriebsspannung und je größer der Innenwiderstand der umgebenden Schaltung ist. In den Datenblättern der Hersteller werden hierzu Diagramme und Korrekturfaktoren angegeben, die es erlauben, für bestimmte Betriebsbedingungen die Brauchbarkeitsdauer zu ermitteln. Al-Elkos sind genormt und sowohl in Ausführungen für erhöhte Anforderungen als auch für allgemeine Anforderungen erhältlich.

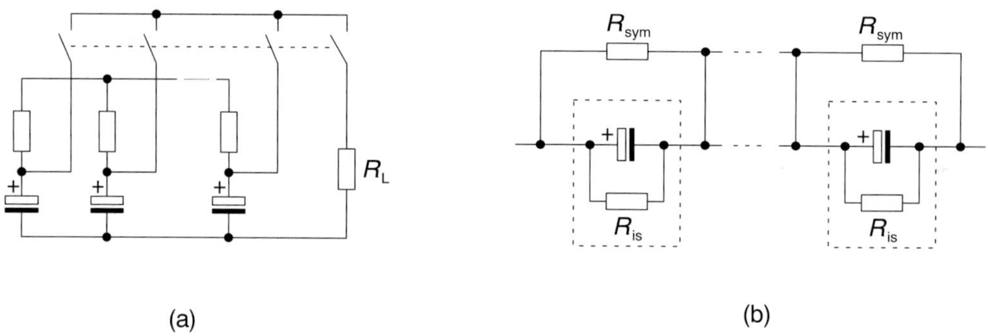

Abb. 8.34. (**a**) Parallelschaltung und (**b**) Reihenschaltung von Elkos

Kondensatorbatterien. Werden mehrere Elkos zur Erhöhung des Kapazitätswerts *parallel* geschaltet, so führt ein Kurzschluß in einem Kondensator meist zu einem sehr großen Entladestrom, da sich die übrigen Kondensatoren dann über den defekten Kondensator entladen. Für derartige Anwendungen ist es deshalb sinnvoll, den Strom, der durch einen Kondensator fließen kann, durch Serienwiderstände zu begrenzen. In Anwendungen, in denen diese die Entladezeit der Kondensatorbatterie in unzulässiger Weise erhöhen (Stoßentladung), können die Widerstände im Zeitpunkt der Entladung überbrückt werden (Abb. 8.34 a).

Werden Elkos in *Serie* geschaltet, um mit Spannungen höher als die Dauergrenzspannung der Einzelkondensatoren betrieben zu werden, so muß sichergestellt werden, daß die anliegende Spannung sich so verteilt, daß keiner der Kondensatoren

[20]Erwärmung führt zu verstärkter Gasbildung, was den Druck im Kondensator und damit die Diffusion des Elektrolyten aus dem Kondensator beschleunigt.

[21]Als Anhaltspunkt kann das „Sieben-Grad-Gesetz" genannt werden. Nach diesem wird die Lebensdauer für $\vartheta > 50°C$ mit je 7°C Temperaturerhöhung halbiert.

überlastet wird. Da die Spannungsaufteilung durch die Isolationswiderstände R_{is} bestimmt wird, diese aber starken Schwankungen unterworfen sind, wird zumeist parallel zu jeder Kapazität ein „Symmetrierwiderstand“ R_{sym} geschaltet (Abb. 8.34 b); dessen Wert wird i. allg. so gewählt, daß der Strom durch R_{sym} ca. zehnmal größer ist als der Reststrom des Al-Elkos. Die parallelgeschalteten Widerstände bestimmen dann die Spannungsaufteilung weitgehend unabhängig von Schwankungen des Isolationswiderstands.

Tantal- und Niob-Elektrolytkondensatoren

Tantal-Elkos lassen sich mit nassem Elektrolyt herstellen, werden meist aber als trockene gepolte Kondensatoren ausgeführt. Das als Dielektrikum dienende Tantalpentoxid (Ta_2O_5) weist mit $\epsilon_r = 27$ eine im Vergleich zu Al_2O_3 große Dielektrizitätszahl auf; das in den neu entwickelten Niob-Elkos eingesetzte Niobpentoxid (Nb_2O_5) ist mit $\epsilon_r = 41$ noch vorteilhafter.

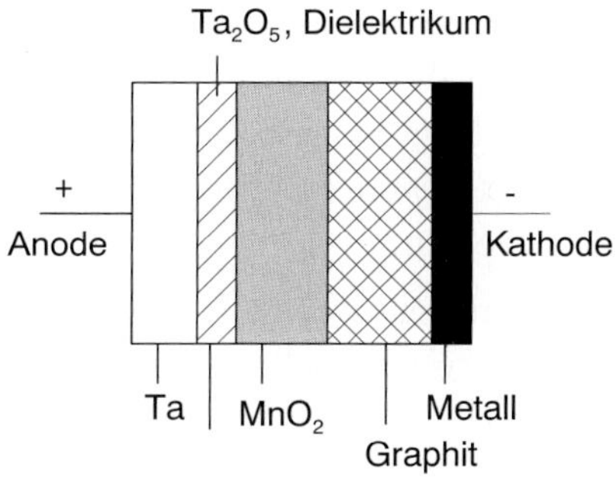

Abb. 8.35. Aufbau eines trockenen Tantal-Elkos

Trockene Tantal- oder Niob-Kondensatoren werden durch Sintern hergestellt; die vorgehensweise ist weitgehend identisch und wird im Folgenden für Tantal-Kondensatoren dargestellt. Tantal-Pulver wird mit Bindemittel vermischt, mit einem Ta-Draht kontaktiert, gepresst und bei ca. 1500°C bis 2000°C gesintert. Auf diesem Weg entsteht eine hochporöse Ta-Perle, die eine sehr große Oberfläche[22] besitzt. Diese Perle dient als Anode des Kondensators. Das Kondensatordielektrikum Ta_2O_5 wird in einem anschließenden Formierprozeß in einem phosphorsäurehaltigen Elektrolyten erzeugt. Als Gegenelektrode wird MnO_2 (Braunstein) oder ein Polymerelektrolyt verwendet. Polymere (z.B. Polypyrrol) zeichnen sich gegenüber Braunstein durch die annähernd hundertfach höhere Leitfähigkeit aus, was zu sehr günstigen ESR-Werten führt [12]. Die spröde Braunsteinschicht bzw. Polymerschicht wird mit einer schützenden

[22] Die Tantalkörner haben Durchmesser von der Größenordnung 1 µm und darunter. Ziel der Entwicklung ist eine Verringerung des Korndurchmessers, da sich das Verhältnis von Oberfläche (maßgeblich für die Kapazität) zu Volumen (maßgeblich für die Masse) umgekehrt proportional zum Korndurchmesser verhält: Je geringer der Korndurchmesser, desto größer ist der erreichbare Wert für die spezifische Kapazität.

Graphitschicht eingehüllt, die dann von einem Metall kontaktiert wird. Auf diesem Weg ergibt sich der in der Abb. 8.35 schematisch dargestellte Aufbau des Ta-Elkos.

Wegen der im Vergleich zu Aluminium höheren Korrosionsbeständigkeit des Tantals besitzen Ta-Elkos eine größere Lebensdauer als Al-Elkos. Ta-Elkos mit ihrem im Vergleich zu Al-Elkos höheren Preis finden deshalb insbesondere in Schaltungen Verwendung, bei denen hohe spezifische Kapazitätswerte sowie eine hohe Zuverlässigkeit auch bei erhöhten Temperaturen gefordert sind. Ta-Elkos besitzen eine hohe spezifische Kapazität und werden vorzugsweise als Koppel- oder Abblockkondensatoren (zur Siebung) sowie als Energiespeicher eingesetzt – typische Anwendungen sind Puffer- und Stützkondensatoren für die Stromversorgung von PCs und Notebooks. Sie werden in der Regel gegenüber MKF- oder keramischen Vielschichtkondensatoren vorgezogen, falls höhere Kapazitätswerte gebraucht werden oder die Abmessungen des Kondensators kritisch sind. Für die Beschreibung des elektrischen Verhaltens ist die *Serienersatzschaltung* gut geeignet, wobei für den praktisch interessanten Frequenzbereich deutlich unterhalb der Resonanzfrequenz der Einfluß der Serieninduktivität vernachlässigt werden kann: In der Regel genügt eine Reihenersatzschaltung aus C und ESR. Bei Anwendung im Entladebetrieb (Zeitglieder) ist die begrenzte Stoßstromfestigkeit zu beachten: In der Regel sollten die Ladeströme einige 100 mA nicht überschreiten.

Die Kapazität von Ta-Elkos zeigt einen positiven Temperaturkoeffizienten in der Größenordnung 0.1 – 0.2 %/K. Wegen der hohen elektrischen Leitfähigkeit des MnO_2 besitzen Ta-Elkos wesentlich geringere Serienwiderstände – und damit Verlustzahlen – als Al-Elkos. Ein weiterer Vorzug ist die geringe Temperaturabhängigkeit der Leitfähigkeit dieser Elektrolyten: Der Scheinwiderstand Z von Ta-Elkos hängt nur wenig von der Temperatur ab. Bei Verwendung von Polymerelektrolyten und Mehrfach-Anodenanschlüssen lassen sich ESR-Werte im Bereich von 20 mΩ erzielen (Kapazitätswert 470 µF, [13]). Tantal-Kondensatoren weisen typischerweise dielektrische Absorptionskoeffizienten k_{DA} in der Größenordnung einiger Prozent auf.

Abb. 8.36. Gegenpolige Serienschaltung für Wechselspannungsbetrieb

Ta-Elkos sind gepolte Kondensatoren – in den Datenblättern wird gewöhnlich eine bei Falschpolung maximal zulässige Umpolspannung angegeben. Diese ist von der Größenordnung 1 V. Bei Wechselbetrieb kann eine gegenpolige Serienschaltung (z. B. Kathode an Kathode, Abb. 8.36) zweier Ta-Elkos verwendet werden. Diese Konfiguration sperrt den Strom unabhängig von der Polung und kann mit Wechselspannungen der Amplitude V_{N} (Nennspannung der Einzelkondensatoren) betrieben werden.

Ta_2O_5 wird bei Raumtemperatur praktisch nicht abgebaut. Aus diesem Grund ist eine spannungslose Lagerung von Ta-Elkos unproblematisch: Der Reststrom vergrößert sich bei Lagerung unter Raumtemperatur praktisch nicht und bei Lagerung unter höheren Temperaturen nur wenig. Ta-Elkos weisen zudem eine vergleichsweise hohe Schaltfestigkeit auf. Bei Anwendung im Entladebetrieb (Zeitglieder) ist jedoch die begrenzte *Stoßstromfestigkeit* zu beachten. Für Ta-Elkos nach DIN 44350 und DIN 44555 sollten die Ladeströme nicht größer als 300 mA sein. Tantal-Elkos sind mit hoher Zuverlässigkeit erhältlich. Für Standard-Chipkondensatoren wird bei $\vartheta_{\mathrm{A}} = 40°\mathrm{C}$, $V = V_{\mathrm{N}}$ und einem Vorschaltwiderstand $R_V = 3\,\Omega \cdot V/\mathrm{V}$ eine Ausfallrate $\lambda_0 < 5$ FIT angegeben [14], für solche mit erhöhter Zuverlässigkeit $\lambda_0 < 1$ FIT. Die Werte der Ausfallrate sind abhängig von der Betriebsspannung V und der Umgebungstemperatur.

8.4.6 Doppelschichtkondensatoren, Ultracaps

Doppelschichtkondensatoren[23] sind zwar nur für Nennspannungen bis ca. 2.7 V verfügbar, weisen dafür aber Kapazitätswerte von vielen Farad auf. Als Beispiele seien ein Kondensator der Kapazität 120 F mit Nennspannung 2.3 V, Masse 22.5 g und zylinderförmigen Abmessungen (45 mm lang, 22 mm Durchmesser) der Firma Nesscap sowie ein Kondensator der Kapazität 200 F mit Nennspannung 2.5 V, Masse 65 g und zylinderförmigen Abmessungen (76 mm lang, 30 mm Durchmesser) der Firma EPCOS genannt.

Doppelschichtkondensatoren werden als Energiespeicher eingesetzt, sie zeichnen sich gegenüber anderen Energiespeichern dadurch aus, daß sie Energie schnell speichern und wieder abgeben können: Doppelschichtkondensatoren weisen einen im Vergleich zu Akkumulatoren (vgl. Kap. 33) geringen Innenwiderstand auf und ermöglichen damit sehr große Entladeströme. Ihr Anwendungsgebiet liegt beispielsweise im kurzfristigen Überbrücken von Netzausfällen oder im Abdecken von Lastspitzen. In der Automobiltechnik zeichnet sich ein umfangreiches Anwendungsgebiet als Energiespeicher zur Abdeckung von Spitzenleistungen und bei der Energierückgewinnung bei Bremsvorgängen in Hybridantrieben ab. Sie werden in Kap. 33 im Zusammenhang mit den elektrochemischen Energiespeichern näher erläutert.

[23] Auch Elektrochemische Kondensatoren, Superkondensatoren, Supercaps, Ultracaps, Goldcaps,...

8.5 Literaturverzeichnis

[1] W. von Münch. *Elektrische und magnetische Eigenschaften der Materie.* Teubner, Stuttgart, 1987.

[2] J.W. Fattaruso, M. de Wit, G. Warwar, K.-S. Tan, R.K. Hester. The effect of dielectric relaxation on charge-redistribution A/D converters. *IEEE J. Solid-State Circuits*, 25(6):1550–1561, 1990.

[3] K. Kundert. Modeling dielectric absorption in capacitors. *Version 2c, www.designers-guide.org*, pages 1–18, 2004.

[4] S. Westerlund, L. Ekstam. Capacitor theory. *IEEE Trans. Dielectrics and Electrical Insulation*, 1(5):826–839, 1994.

[5] W. Franz. *Dielektrischer Durchschlag*, in Handbuch der Physik, S. Flügge Hrsg. Springer, Berlin, 1957.

[6] K.-H. Schindhelm. Impulsfeste Kondensatoren - Impulskennwert als aussagekräftiges Kriterium. *Elektronik*, (8):94–98, 1997.

[7] SIEMENS. *Bauelemente - Technische Erläuterungen und Kenndaten für Studierende.* Siemens - Bereich Bauelemente, München, vierte Auflage, 1984.

[8] Wima. *Kondensatoren für die Elektronik (Datenbuch).* Wima, Mannheim, 1992.

[9] R.Hecker, K.-H. Schnurer. Miniaturized plastic film capacitors. *Vortrag der Fa. Westermann, CARTS '91*, 1991.

[10] O.Zinke, H. Seither. *Widerstände, Kondensatoren, Spulen und ihre Werkstoffe.* Springer, Berlin, zweite Auflage, 1982.

[11] EPCOS. *Keramikkondensatoren - general technical information*, www.epcos.com.

[12] W. Lohwasser. CV-Werte im Höhenflug und ESR auf Talfahrt. *EPCOS Components*, www.epcos.com, (4):18–23, 2001.

[13] EPCOS. *Tantalkondensatoren - general technical information*, www.epcos.com.

[14] W.Kefer, C. Lappeßen. Tantal-Chipkondensatoren - die Zuverlässigen. *Siemens Components*, PHP-7(3):85 – 87, 1994.

9 Spulen und Übertrager

Spulen dienen der Verwirklichung von Induktivitäten. Übertrager und Transformatoren nutzen die induktive Kopplung von i. allg. galvanisch getrennten Spulen zur Spannungstransformation und zum Übertragen von elektrischer Leistung. Spulen und Übertrager werden in der Elektronik hauptsächlich zum Aufbau von Stromversorgungen, galvanischen Trennungen (z. B. Trennverstärker) und bei der Verwirklichung von Übertragern (z. B. Filter) mit definiertem Frequenzgang verwendet.

Im Gegensatz zu Kondensatoren und Widerständen stehen Spulen häufig nicht als fertige Bauelemente zur Verfügung. Der Anwender hat die Auswahl unter einer großen Fülle magnetischer Werkstoffe, Kernformen und Spulenaufbauten. Der Entwurf von Spulen und Übertragern – insbesondere für den Bereich hoher Frequenzen – erfordert deshalb eine Vielzahl von material- und damit herstellerspezifischen Angaben, deren Wiedergabe den Rahmen dieses Buchs sprengen würde. Die Darstellung beschränkt sich aus diesem Grund auf die physikalischen Grundlagen, Ersatzschaltungen und exemplarische Dimensionierungsrechnungen.

9.1 Physikalische Grundlagen

Jeder von einem Strom durchflossene Leiter erzeugt ein *magnetisches Feld* der Feldstärke $\boldsymbol{H}$. Die Einheit der magnetischen Feldstärke im SI-System ist A/m. Im Vakuum ist $\boldsymbol{H}$ mit der *magnetischen Flußdichte* $\boldsymbol{B}$ verknüpft über

$$\boldsymbol{B} = \mu_0 \boldsymbol{H} , \tag{9.1}$$

wobei

$$\mu_0 = 4\pi \cdot 10^{-7}\,\mathrm{Vs/Am} = 4\pi\,\mathrm{nH/cm} \tag{9.2}$$

die *magnetische Feldkonstante* (Induktionskonstante) bezeichnet. Die Einheit der magnetischen Flußdichte ist Tesla ($1\,\mathrm{T} = 1\,\mathrm{Vs/m^2}$).[1] Durch *Kernmaterialien* mit ferromagnetischen oder ferrimagnetischen Eigenschaften wird in technischen Spulen und Übertragern häufig die magnetischen Flußdichte $\boldsymbol{B}$ erhöht. Durch die magnetische Polarisation dieser Materialien im Feld $\boldsymbol{H}$ ist die magnetische Flußdichte im Kern um die *Permeabilitätszahl* μ_r erhöht

$$\boldsymbol{B} = \mu_0 \mu_\mathrm{r} \boldsymbol{H} = \mu \boldsymbol{H} . \tag{9.3}$$

[1] Für die magnetische Flußdichte wird auch die Einheit Gauss verwendet. Diese ist definiert als $1\,\mathrm{Gauss} = 10^{-4}\,\mathrm{Tesla} = 10^{-4}\,\mathrm{Vs/m^2}$. Für die magnetische Feldstärke wurde früher die auch heute noch gelegentlich anzutreffende Einheit Oersted verwendet. Diese ist definiert als $1\,\mathrm{Oe} = 4\pi \cdot 10^{-3}\,\mathrm{A/m}$.

Der Wert von μ_r ist aussteuerungsabhängig; bei geringer Aussteuerung liegt μ_r für typische Spulenkerne im Bereich $10^2 - 10^4$.

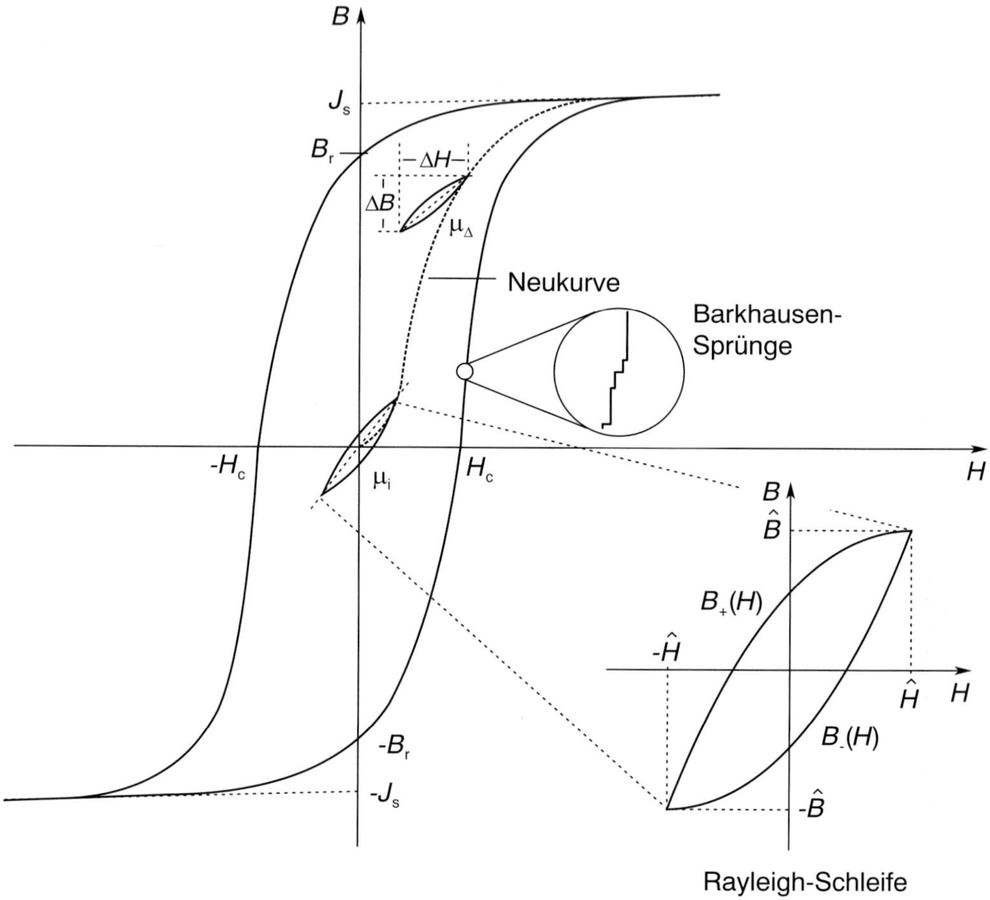

Abb. 9.1. $B(H)$-Hysteresekurve, Rayleigh-Schleife

Magnetisierung. Wird ein Stoff in ein Magnetfeld gebracht, so erfolgt eine Magnetisierung (magnetische Polarisation); diese kann durch die Bildung bzw. Ausrichtung magnetischer Dipole im atomaren Bereich erklärt werden und bewirkt eine Erhöhung der magnetischen Flußdichte

$$\boldsymbol{B} = \mu_0 (\boldsymbol{H}+\boldsymbol{M}) = \mu_0 \boldsymbol{H} + \boldsymbol{J} . \tag{9.4}$$

Die Größe $\boldsymbol{M}$ wird dabei als *Magnetisierung* und die Größe $\boldsymbol{J}$ als *magnetische Polarisation* des Stoffs bezeichnet.

In ferro- und ferrimagnetischen Materialien (vgl. Kap. 9.7.1) hängt die Magnetisierung und damit die magnetische Flußdichte B in nichtlinearer Weise von der magnetischen Feldstärke H ab und zeigt zusätzlich eine *Hysterese*, wie in Abb. 9.1 dargestellt. Ausgehend vom unmagnetisierten Zustand (Ursprung des Koordinatensystems) steigt B mit zunehmender Feldstärke H entlang der *Neukurve* zunächst stark an. Bei hohen Feldstärken tritt dann Sättigung auf – eine weitere Steigerung von H führt zu keiner nennenswerten Änderung von B. Mit der *Sättigungsmagnetisierung* M_s bzw. der Sättigungspolarisation J_s läßt sich schreiben

$$B = \mu_0(H + M_\mathrm{s}) = \mu_0 H + J_\mathrm{s} \, . \tag{9.5}$$

Wird nun die Feldstärke H wieder reduziert, so liegt $B(H)$ stets oberhalb der Neukurve; der sich für $H = 0$ einstellende Wert wird als *remanente Induktion* B_r bezeichnet. Erst bei $H = -H_\mathrm{c}$ ist die magnetische Flußdichte wieder auf null zurückgegangen; die zur Entmagnetisierung erforderliche Feldstärke H_c heißt *Koerzitivfeldstärke.* Für $H < -H_\mathrm{c}$ strebt die magnetische Flußdichte B mit negativen Werten bis zur Sättigung $B \approx -J_\mathrm{s}$. Wird nun die Feldstärke H wieder erhöht, so wird der bezüglich des Ursprungs punktsymmetrische Ast der Hystereseschleife durchlaufen.

Materialien mit geringer Koerzitivfeldstärke heißen *weichmagnetisch*; solche Werkstoffe zeichnen sich durch geringe Hystereseverluste (vgl. Kap. 9.7.1) aus. Der Verlauf der Hysteresekurve und insbesondere die zum Erreichen der Sättigungsmagnetisierung notwendige Mindestfeldstärke ist bei einkristallinen Materialien abhängig von der Orientierung des Kristalls bezüglich des magnetischen Felds. Es gibt dann eine Richtung leichter Magnetisierbarkeit. Die für Spulenkerne besonders wichtigen Ferritmaterialien sind polykristallin, d. h. sie bestehen aus zahlreichen kleinen Einkristallen unterschiedlicher Orientierung – die Magnetisierbarkeit ist hier unabhängig von der Ausrichtung zum Feld.

Permeabilität. Die durch (9.3) definierte relative Permeabilität $\mu_\mathrm{r} = B/\mu_0 H$ ferro- oder ferrimagnetischer Materialien ist nichtlinear von der magnetischen Feldstärke abhängig. Bei kleinen Aussteuerungen um den Arbeitspunkt durchläuft B als Funktion von H eine kleine linsenförmige Hystereseschleife. Der Zusammenhang zwischen der Änderung ΔB der magnetischen Induktion und der Änderung ΔH der magnetischen Feldstärke wird durch die *Überlagerungspermeabilität* μ_Δ beschrieben. Diese ist definiert als (Abb. 9.1)

$$\mu_\Delta = \frac{1}{\mu_0} \frac{\Delta B}{\Delta H} \tag{9.6}$$

und vom Hub ΔH abhängig. Häufig genügt es, den Grenzfall sehr kleiner Hübe ΔH zu betrachten. In diesem Fall geht μ_Δ über in die *reversible Permeabilität*

$$\mu_\mathrm{rev} = \frac{1}{\mu_0} \lim_{\Delta H \to 0} \frac{\Delta B}{\Delta H} \, . \tag{9.7}$$

Ohne Vormagnetisierung ist μ_{rev} identisch mit der *Anfangspermeabilität* μ_{i}. Die Permeabilität ist temperaturabhängig; bei den üblicherweise verwendeten Werkstoffen steigt sie mit zunehmender Temperatur an, erreicht kurz vor der Curie-Temperatur ein Maximum und fällt dann stark ab. Der *Temperaturkoeffizient* α_μ der Permeabilität ist definiert als relative Änderung der Anfangspermeabilität mit der Temperatur bei der Bezugstemperatur ϑ_0

$$\alpha_\mu = \frac{1}{\mu_{\text{i}}} \left.\frac{\mathrm{d}\mu_{\text{i}}}{\mathrm{d}\vartheta}\right|_{\vartheta_0} . \tag{9.8}$$

In Datenblättern wird zumeist der *bezogene Temperaturkoeffizient* $\alpha_\mu/\mu_{\text{i}}$ angegeben. Diese Größe ermöglicht die Berechung der Temperaturabhängigkeit der effektiven Permeabilität eines Spulenkerns mit Luftspalt (vgl. Kap. 9.4). Der bezogene TK $\alpha_\mu/\mu_{\text{i}}$ liegt für typische Spulenkerne in der Größenordnung 10^{-6}/K, kann aber je nach Werkstoff auch wesentlich größer sein ($> 10^{-4}$/K).

Aufgrund von Nachwirkungseffekten (vgl. Kap. 9.7.1) ändert sich die Permeabilität eines Materials auch unter konstanten Betriebsbedingungen (Feldstärke, Temperatur) langsam mit der Zeit. Dieser als *Desakkomodation* bezeichnete Effekt ist z. B. bei Kernmaterialien für Filterspulen (Schwingkreisspulen) von Bedeutung. Die Desakkomodation D bestimmt die relative Änderung der Permeabilität im Zeitintervall $[t_1, t_2]$; sie läßt sich mit dem Desakkomodationskoeffizienten d_{F} berechnen gemäß

$$D = [\mu(t_1) - \mu(t_2)]/\mu(t_1) = d_{\text{F}} \log(t_2/t_1) . \tag{9.9}$$

Der Wert von d_{F} ist material- und temperaturabhängig. Bei Kernen für Schwingkreisspulen liegt d_{F} typischerweise im Bereich $(10^{-5} - 10^{-6})$.

Durchflutungs- und Induktionsgesetz. Durch Integration der magnetischen Flußdichte über eine Fläche A folgt der diese Fläche durchsetzende *magnetische Fluß*

$$\phi = \int_A \boldsymbol{B} \cdot \mathrm{d}\boldsymbol{A} . \tag{9.10}$$

Der Zusammenhang zwischen Stromfluß und magnetischer Feldstärke wird durch das *Durchflutungsgesetz* (1. Maxwellsche Gleichung) beschrieben. Dieses besagt, daß das Linienintegral über der magnetischen Feldstärke längs einer beliebigen geschlossenen Kurve Γ gleich dem diese Schleife durchsetzenden Strom i ist

$$\oint_\Gamma \boldsymbol{H} \cdot \mathrm{d}\boldsymbol{s} = i . \tag{9.11}$$

Ändert sich der eine geschlossene Schleife Γ durchsetzende magnetische Fluß ϕ, so wird in der Schleife eine Spannung v induziert; induzierte Spannung und Flußänderung sind durch das *Induktionsgesetz* (2. Maxwellsche Gleichung)

$$v = \oint_{\Gamma} \boldsymbol{E} \cdot \mathrm{d}\boldsymbol{s} = -\frac{\mathrm{d}\phi}{\mathrm{d}t} \tag{9.12}$$

verknüpft. Der durch die induzierte Spannung hervorgerufene Strom ist nach der *Lenzschen Regel* so gerichtet, daß er seiner Ursache – der Flußänderung – entgegenwirkt. Gleichung (9.12) gilt auch für nichtlineare Induktivitäten, wie Spulen mit Eisenkern, die bis in den Sättigungsbereich hinein ausgesteuert werden. Bei schwacher Aussteuerung kann häufig ein linearer Zusammenhang zwischen Fluß und Strom angenommen werden. Sofern nur eine Leiterschleife vorliegt gilt dann $v = L\,\mathrm{d}i/\mathrm{d}t$, wobei L den *Induktivitätswert* – genauer den *Selbstinduktionskoeffizienten* – des Leiters bezeichnet. Sind N stromdurchflossene Leiter vorhanden und bezeichnet i_α den Stromfluß durch Leiter α, so ist die im Leiter α durch Änderungen der Ströme im Leitersystem *induzierte* Spannung

$$\boxed{v_\alpha(t) = \sum_{\beta=1}^{N} L_{\alpha\beta} \frac{\mathrm{d}i_\beta}{\mathrm{d}t}\,.} \tag{9.13}$$

$L_{\alpha\alpha}$ heißt *Selbstinduktionskoeffizient* von α und $L_{\alpha\beta}$ mit $\alpha \neq \beta$ *Gegeninduktionskoeffizient* von α und β. Gegeninduktionskoeffizienten können sowohl positives als auch negatives Vorzeichen besitzen; dabei gilt stets

$$L_{\alpha\beta} = L_{\beta\alpha}\,. \tag{9.14}$$

Liegen lediglich zwei Leiter vor, so wird in der Regel die Schreibweise

$$L_1 = L_{11}\,, \quad L_2 = L_{22} \quad \text{sowie} \quad M = L_{12} = L_{21} \tag{9.15}$$

verwendet. L_1 und L_2 bezeichnen dann die Selbstinduktionskoeffizienten der beiden Leiter, M die Gegeninduktivität. Werden zwei Spulen mit den Selbstinduktivitätskoeffizienten L_1 und L_2 sowie dem Gegeninduktionskoeffizient M in Serie geschaltet, so wirken sie wie eine Induktivität mit dem Wert

$$\boxed{L = L_1 + L_2 + 2M\,;} \tag{9.16}$$

bei *Parallelschaltung* der Spulen resultiert die wirksame Induktivität

$$\boxed{L = \frac{L_1 L_2 - M^2}{L_1 + L_2 - 2M}}\,. \tag{9.17}$$

Gleichung (9.16) kann zur Bestimmung des Gegeninduktionskoeffizienten zweier verkoppelter Induktivitäten ausgenutzt werden. Zu diesem Zweck werden die Spulen in Reihe geschaltet und die in der Folge mit $L_{\mathrm{s}1}$ bezeichnete Gesamtinduktivität bestimmt. Anschließend werden die Anschlüsse einer der beiden Spulen vertauscht – wobei diese aber ihre Lage beibehält – und die Induktivität der Reihenschaltung erneut gemessen, was den Wert $L_{\mathrm{s}2}$ ergibt. Für den Gegeninduktionskoeffizienten folgt dann aus (9.16) $M = (L_{\mathrm{s}1} - L_{\mathrm{s}2})/4$.

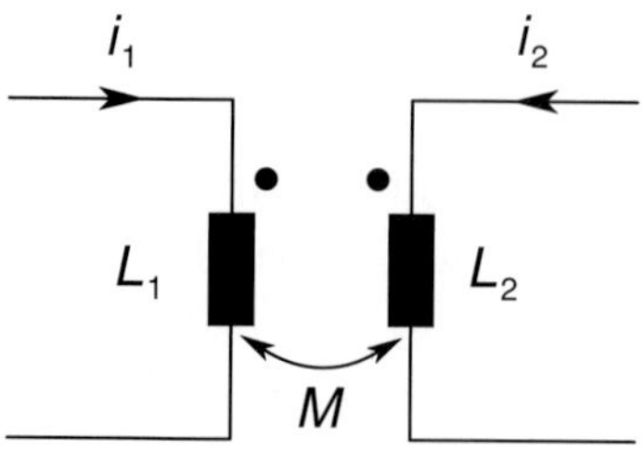

Abb. 9.2. Gleichsinnige Kopplung

Das Vorzeichen von M hängt von der Verschaltung der beiden Induktivitäten ab. Zur eindeutigen Kennzeichnung wird im Schaltplan in verkoppelten Spulen je eine Seite mit einem Punkt markiert. Der Gegeninduktionskoeffizient der beiden Spulen ist positiv, falls die Richtung der Strompfeile bezüglich der Wicklungspunkte in beiden Spulen identisch ist (*gleichsinnige Kopplung*). Gegensinnige Kopplung ($M < 0$) liegt vor, falls die Strompfeile entgegengesetzt orientiert sind. Im Schaltplan kann auf die magnetische Kopplung zweier Spulen durch einen Doppelpfeil hingewiesen werden (vgl. Abb. 9.2).

9.2 Induktionskoeffizienten ausgewählter Leiterformen

Die Induktionskoeffizienten[2] lassen sich aus der Energie des magnetischen Feldes

$$W = \frac{1}{2}\int \boldsymbol{H}\cdot\boldsymbol{B}\,\mathrm{d}^3x = \frac{1}{2}L\,i^2$$

berechnen. Mit $\boldsymbol{B} = \mu\boldsymbol{H}$ folgt

$$\boxed{L = \frac{\mu}{i^2}\int |\boldsymbol{H}|^2\mathrm{d}^3x\,.} \tag{9.18}$$

Der Wert von L spaltet auf in eine *innere* Induktivität L_i und eine *äußere* Induktivität L_a, wenn das Volumenintegral (9.18) als Summe eines Integrals über das Leiterinnere und eines Integrals über den den Leiter umgebenden Raum zerlegt wird. Dabei gilt i. allg. $L_\mathrm{i} \ll L_\mathrm{a}$. Bei der Berechnung des äußeren Selbstinduktionskoeffizienten für Leiteranordnungen ergeben sich jedoch nur sinnvolle Werte, wenn Angaben über den *Rückleiter* gemacht werden.

Die Berechnung der Induktionskoeffizienten stellt ein i. allg. mühsames und häufig mit analytischer Rechnung nur näherungsweise zu bewältigendes Unterfangen dar. Aus diesem Grund werden hier nur Näherungsbeziehungen für einige in der Praxis besonders bedeutsame Leiterkonfigurationen angegeben.

[2] Der Einfachheit halber wird hier nur ein Leiter betrachtet. Der Fall mehrerer Leiter und Beziehungen zur Berechnung der Gegeninduktionskoeffizienten sind z. B. in [1] zu finden.

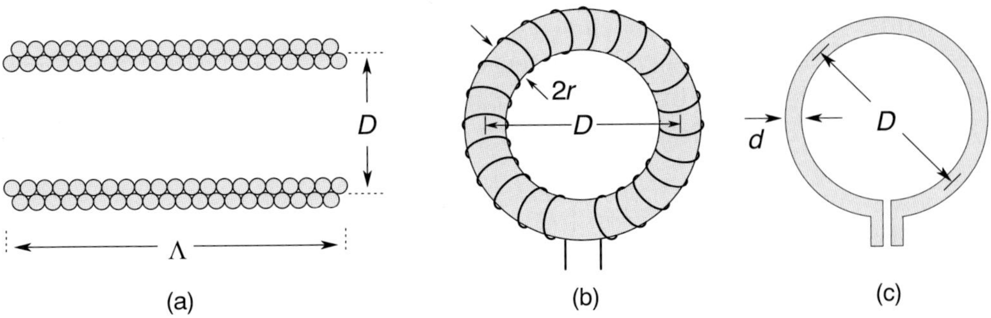

Abb. 9.3. Zur Induktivität ausgewählter Leiterformen. (**a**) Zylinderspule, (**b**) Ringkernspule und (**c**) Drahtring

Zylinderspule. Für die äußere Induktivität einer eng gewickelten, flachen *Zylinderspule* (Abb. 9.3 a) mit Länge Λ und Durchmesser D kann nach [2] die Näherungsbeziehung

$$L \approx L_\mathrm{a} = \mu \frac{A}{\Lambda} \frac{1}{1 + 0.45\, D/\Lambda} n^2 \tag{9.19}$$

hergeleitet werden, wobei n die Windungszahl und $A = \pi D^2/4$ den Querschnitt des Wickelkörpers bezeichnet.[3] Diese Beziehung wird mit dem *Induktivitätsfaktor* A_L gewöhnlich in der Form

$$\boxed{L = A_\mathrm{L} n^2} \tag{9.20}$$

geschrieben. A_L ist die auf die Windungszahl 1 bezogene Induktivität der Spule. Der A_L-Wert eines Kerns wird vom Hersteller im Datenblatt spezifiziert. Er berücksichtigt die Permeabilität des Kernmaterials und Geometrieeffekte.

Beispiel: Für eine Zylinderspule (Länge $\Lambda = 3\,\mathrm{cm}$, Durchmesser $D = 1\,\mathrm{cm}$) ohne Kern ($\mu_\mathrm{r} = 1$) folgt aus (9.19) $A_\mathrm{L} = 2.86\,\mathrm{nH}$.

Ringkernspule. Bei *Ringkernspulen* (Abb. 9.3 b) mit hochpermeablem Kern verläuft das magnetische Feld nahezu ausschließlich im Spuleninneren – das *Außenfeld* einer solchen Spule ist sehr gering. Für den A_L-Wert der Ringkernspule mit kreisförmigem Querschnitt (Torus) gilt nach [2] die Näherung

$$A_\mathrm{L} = \mu D x^2 (1 + x^2) \quad \text{mit} \quad x = r/D\,. \tag{9.21}$$

Ringkerne werden wegen ihres geringen Streufelds vorzugsweise für Übertrager verwendet, sie eignen sich aufgrund ihrer einfachen Form ferner besonders gut zur Bestimmung der Materialkenngrößen (z. B. Permeabilität) eines Kernmaterials. Als Nachteil ist die bei ungeteilten Kernen aufwendige Wicklung zu nennen.

[3]Korrekturfaktoren zu Gl. (9.19) für kurze Spulen (kleines Λ) und dicke Drähte werden in [3] angegeben.

Drahtring. Die Induktivität eines Drahts vom Durchmesser d, der zu einem Kreisring mit Durchmesser D gebogen wurde, läßt sich analytisch berechnen und mittels elliptischer Integrale erster und zweiter Ordnung ausdrücken [2]. Das allgemeine Ergebnis kann für $d \ll D$ angenähert werden durch

$$\frac{L}{\mathrm{nH}} = 2\pi \cdot \frac{D - d/2}{\mathrm{cm}} \cdot \left[\ln \left(\frac{D}{d} \sqrt{1 - \frac{d}{D}} \right) + 0.047 \right] . \tag{9.22}$$

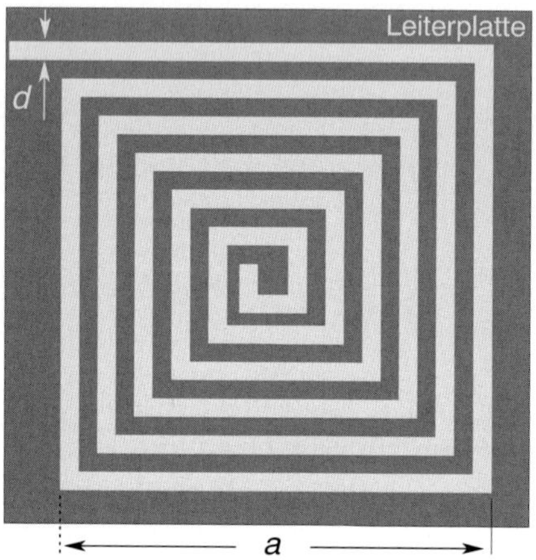

Abb. 9.4. Gedruckte Spule

Gedruckte Spulen. Auf Leiterplatten und in Hybridschaltungen lassen sich Induktivitäten durch geeignet geformte Leiterbahnen realisieren. Dabei sind quadratische und runde Formen gebräuchlich (Abb. 9.4, der Anschluß des inneren Punktes erfolgt über eine Drahtbrücke oder eine Leiterbahn in einer anderen Ebene). Die quadratische Form läßt sich leichter zeichnen und besitzt etwas höhere Induktivitätswerte bei gegebenen Außenabmessungen. Die runde Form zeichnet sich demgegenüber durch eine etwas höhere Güte aus. Für die Induktivität der Spule mit quadratischem Grundriß gilt die Abschätzung[4] [5]

$$\frac{L}{\mathrm{nH}} \approx 0.85 \, \frac{a}{\mathrm{mm}} \cdot n^{5/3} . \tag{9.23}$$

Dabei bezeichnet A die Fläche und n die Anzahl der Windungen. Da die auf der Leiterplatte zur Verfügung stehende Fläche und damit die Zahl der Windungen begrenzt ist, lassen sich mit dieser Technik Induktivitäten bis ca. 1 µH realisieren. Wegen der mit zunehmender Windungszahl abnehmenden *Güte* wird die Windungszahl meist nicht größer als zehn gewählt. Die *Resonanzfrequenz* (vgl. Kap. 9.4.1) gedruckter Spulen liegt, abhängig von Substratmaterial, Windungszahl und den Abmessungen, typischerweise im Bereich von 150 MHz bis 1.5 GHz.

[4] Detailliertere Berechnungsgrundlagen sind in [4] angegeben.

9.3 Definition von Induktivitäten in SPICE

In der SPICE-Netzliste können lineare und nichtlineare Induktivitäten definiert werden. Mit diesen lassen sich Ersatzschaltungen für die Spule (vgl. Kap. 9.4.1) nachbilden. Für Spulen mit Kern besteht in PSPICE darüber hinaus die Möglichkeit, Hysterese- und Sättigungsverhalten mit einem speziellen Kernmodell (vgl. Kap. 9.7.3) zu beschreiben.

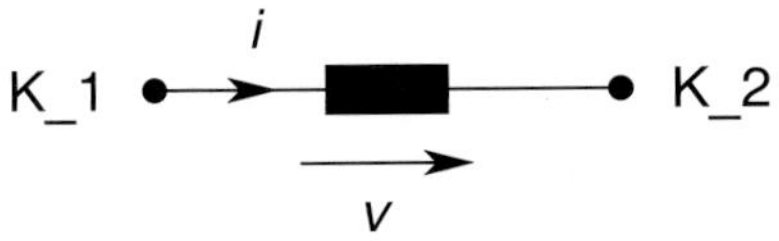

Abb. 9.5. Lineare Induktivität

Lineare und nichtlineare Induktivitäten

Die Elementanweisung für eine (lineare) Induktivität ist von der Form

L(Name)   K_1   K_2   Wert (in Henry)   (IC = $i(0)$)

Die Angabe einer *Anfangsbedingung* für den Spulenstrom über IC = $i(0)$ ist dabei nicht zwingend. Die Elementanweisung

```
L5    13    15    10U
```

bezeichnet demnach eine Induktivität L5 vom Wert 10 µH zwischen den Knoten 13 und 15.

Nichtlineare Induktivitäten lassen sich mit der Elementanweisung

L(name)   K_1   K_2   POLY   C0 (C1, C2,...)   (IC = $i(0)$)

definieren. Die C0, C1 ... sind, wie im Fall der nichtlinearen Kapazität, Polynomkoeffizienten, die die Stromabhängigkeit der (Kleinsignal-)Induktivität l in Henry beschreiben

$$\frac{l}{\mathrm{H}} = \mathtt{C0} + \mathtt{C1}\,\frac{i}{\mathrm{A}} + \mathtt{C2}\,\frac{i^2}{\mathrm{A}^2} + \ldots$$

Beispiel 9.3.1 Als Beispiel wird die Anweisung

```
LVAR    OUT    0    POLY    1U    2U    -100N    IC=1M
```

betrachtet. Diese beschreibt eine nichtlineare Induktivität zwischen den Knoten OUT und 0, die zur Zeit $t = 0$ von einem Strom $i(0) = 1$ mA durchflossen wird und die stromabhängige Kleinsignalinduktivität

$$l_{\mathrm{VAR}} = \left(1 + 2\,\frac{i}{\mathrm{A}} - 0.1\,\frac{i^2}{\mathrm{A}^2}\right)\,\mu\mathrm{H}$$

aufweist. Δ

9.4 Spulen

Spulen werden gewöhnlich als Drahtwicklung auf einem Spulenkörper aus Isoliermaterial ausgeführt. Häufig dient ein Kern aus einem hochpermeablen Material (Eisen, Ferrit) der Erhöhung des Induktivitätswerts – Spulen ohne derartigen Kern werden als *Luftspulen* bezeichnet.

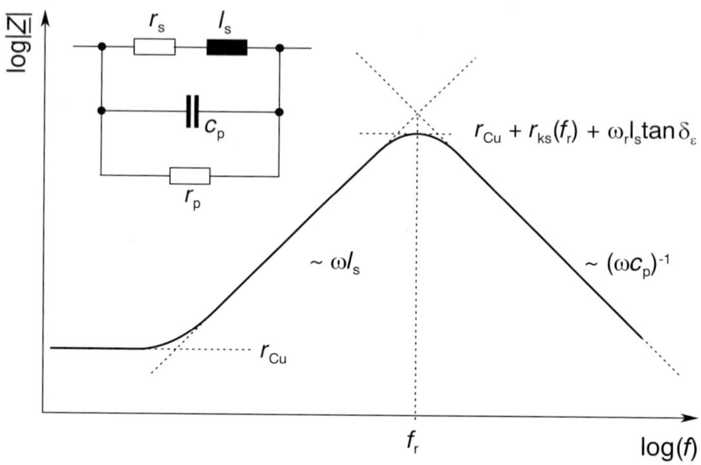

Abb. 9.6. Spule. Ersatzschaltung und Scheinwiderstand als Funktion der Frequenz

9.4.1 Ersatzschaltung und elektrisches Verhalten

Abbildung 9.6 zeigt eine *Ersatzschaltung* für eine Spule, die bei Kleinsignalaussteuerung verwendet werden kann. Da die Netzwerkelemente arbeitspunktabhängig sind, wurden kleine Buchstaben verwendet. Wie in Gl. (9.33) gezeigt wird, lassen sich Ummagnetisierungsverluste einer Spule mit Kern durch den *Kernverlustwiderstand* r_{ks} in Serie zu einer reinen Induktivität l_{s} erfassen. Zusätzlich zu r_{ks} ist der *Drahtwiderstand* r_{Cu} zu berücksichtigen, so daß

$$r_{\mathrm{s}} = r_{\mathrm{Cu}} + r_{\mathrm{ks}} \,. \tag{9.24}$$

Parallel hierzu liegt die Wicklungskapazität c_{p}; dielektrische Verluste in der Isolation werden durch den zusätzlich parallel geschalteten Widerstand r_{p} beschrieben. Mit dem Verlustfaktor $\tan\delta_\epsilon$ der Isolierschichten gilt demnach $1/r_{\mathrm{p}} \approx \omega c_{\mathrm{p}} \tan\delta_\epsilon$.

Impedanz, Eigenresonanz. Die *Impedanz* $\underline{Z}$ der Spule errechnet sich aus der Ersatzschaltung (Abb. 9.6) zu

$$\begin{aligned}\frac{1}{\underline{Z}} &= \frac{1}{r_{\mathrm{p}}} + \mathrm{j}\omega c_{\mathrm{p}} + \frac{1}{\mathrm{j}\omega l_{\mathrm{s}} + r_{\mathrm{s}}} = \\ &= \frac{-\mathrm{j}\omega l_{\mathrm{s}}(1 - c_{\mathrm{p}} r_{\mathrm{s}}^2/l_{\mathrm{s}} - \omega^2 l_{\mathrm{s}} c_{\mathrm{p}}) + r_{\mathrm{s}} + (r_{\mathrm{s}}^2 + \omega^2 l_{\mathrm{s}}^2)\omega c_{\mathrm{p}} \tan\delta_\epsilon}{r_{\mathrm{s}}^2 + \omega^2 l_{\mathrm{s}}^2} \,. \end{aligned} \tag{9.25}$$

Der prinzipielle Verlauf des Scheinwiderstands Z als Funktion der Frequenz ist in Abb. 9.6 in doppeltlogarithmischer Auftragung dargestellt. Bei sehr kleinen Frequenzen ist Z durch den ohmschen Widerstand der Wicklung bestimmt. Mit zunehmender Frequenz dominiert dann der induktive Anteil: Z steigt proportional zu f an. Für Frequenzen $f > f_\mathrm{r}$ dominiert der kapazitive Parallelleitwert: Hier fällt Z proportional zu $1/f$ ab.

Der *Verlustfaktor* $\tan\delta_\mathrm{L}$ der Spule ist defniert als das Verhältnis von Real- zu Imaginärteil der Impedanz

$$\tan\delta_\mathrm{L} = \frac{\mathrm{Re}(\underline{Z})}{\mathrm{Im}(\underline{Z})} = \frac{1}{Q_\mathrm{L}}\,; \tag{9.26}$$

sein Kehrwert Q_L wird als *Spulengüte* bezeichnet. Mit Luftspulen lassen sich Güten größer als 1000 verwirklichen [3]; bei Spulen mit Kern liegen die Werte niedriger – bei sorgfältiger Dimensionierung sind jedoch Güten von mehr als 500 erreichbar (vgl. Beispiel 9.4.1). Trennung von Gl. (9.25) in Realteil und Imaginärteil liefert für den Verlustfaktor

$$\tan\delta_\mathrm{L} \approx \frac{r_\mathrm{s}}{2\pi f\, l_\mathrm{s}}\,\frac{1}{1-(f/f_\mathrm{r})^2} + \frac{(f/f_\mathrm{r})^2}{1-(f/f_\mathrm{r})^2}\tan\delta_\epsilon\,, \tag{9.27}$$

wobei $f_\mathrm{r} \approx 1/2\pi\sqrt{l_\mathrm{s}c_\mathrm{p}}$ die (Eigen-)*Resonanzfrequenz* der Spule bezeichnet und $\omega r_\mathrm{s}c_\mathrm{p}\tan\delta_\epsilon \ll 1$ sowie $c_\mathrm{p}r_\mathrm{s}^2/l_\mathrm{s} \ll 1$ angenommen wurde.

Im Handel sind fertig gewickelte Spulen mit unterschiedlichen Induktivitätswerten verfügbar: Spulen für Anwendungen im NF-Bereich sind üblicherweise auf einem Ferritspulenkörper gewickelt und von einer Kunststoffhülle umgeben. Derartige Spulen weisen typisch Induktivitätswerte im Bereich von $1\,\mu\mathrm{H}$ bis $1\,\mathrm{mH}$, annähernd proportional zum Induktivitätswert ansteigende Drahtwiderstände (Anstieg um typischerweise 30 bis $40\,\mathrm{m}\Omega$ je $\mu\mathrm{H}$) sowie Gütewerte im Bereich zwischen 50 und 100, auf. Die Resonanzfrequenz liegt für $L = 10\,\mu\mathrm{H}$ in der Größenordnung von $50\,\mathrm{MHz}$, sie fällt mit zunehmender Induktivität etwas stärker als $L^{-1/2}$ ab. In *konisch* gewickelten Spulen kann die Spulenkapazität sehr klein gehalten werden; auf diesem Weg lassen sich Luftspulen im Mikrohenrybereich herstellen, die resonanzfrei bis in Gigahertzbereich arbeiten [6].

Wo verfügbare Festinduktivitäten den Anforderungen nicht genügen, werden Spulen – unter Verwendung vorgefertigter Schalenkernsätze – vom Anwender selbst aufgebaut. Dabei ist zunächst ein, für die Betriebsfrequenz geeignetes Kernmaterial auszuwählen. Abhängig vom geforderten Temperaturkoeffizienten bzw. dem maximalen Spulenstrom ist ein Wert für den Luftspalt auszuwählen. Mit dem im Datenblatt spezifizierten A_L-Wert kann dann leicht die geforderte Windungszahl berechnet werden. Die die Spulenverluste bestimmenden Größen werden in der Folge näher betrachtet.

9.4.2 Drahtwiderstand, Kupferverluste

Besteht die Wicklung einer Spule aus einem Kupferdraht vom Querschnitt A_D und der Länge $\Lambda_\mathrm{D} = n\,\Lambda_\mathrm{W}$, so ist der ohmsche Widerstand der Wicklung (*Drahtwiderstand*)

$$R_\mathrm{Cu} = \rho_\mathrm{Cu}\Lambda_\mathrm{D}/A_\mathrm{D} = n\rho_\mathrm{Cu}\Lambda_\mathrm{W}/A_\mathrm{D}\,. \tag{9.28}$$

Dabei bezeichnet Λ_W die mittlere Windungslänge, n die Windungszahl und ρ_Cu den spezifischen Widerstand von Kupfer. Wegen des Skineffekts ist der Drahtwiderstand bei hohen Frequenzen frequenzabhängig – der Wert r_Cu bei der Frequenz f ist dann abhängig vom Frequenzbereich aus R_Cu durch Multiplikation mit einem Korrekturfaktor nach Tabelle 7.1 zu ermitteln.

Bedingt durch die Isolation und zwangsläufig auftretende Zwischenräume ist der Querschnitt nA_D des stromführenden Teils der Wicklung kleiner als die Wicklungsfläche $A_\mathrm{W} = bd$ (Abb. 9.10). Das Verhältnis der beiden Größen ist der sog. *Kupferfüllfaktor* $F_\mathrm{Cu} = nA_\mathrm{D}/A_\mathrm{W}$. Einsetzen in (9.28) führt auf

$$\boxed{R_\mathrm{Cu} = A_\mathrm{R}n^2} \tag{9.29}$$

mit dem *Widerstandsfaktor*

$$A_\mathrm{R} = \rho_\mathrm{Cu}\Lambda_\mathrm{W}/A_\mathrm{W}F_\mathrm{Cu} \tag{9.30}$$

des Spulenkörpers. Für einen als konstant angenommenen Kupferfüllfaktor – also bei vollständiger Bewicklung des Spulenkörpers – wachsen die Kupferverluste proportional zu R_Cu, nach Gl. (9.29) also proportional zum Quadrat der Windungszahl an. Hintergrund ist, daß die Länge des Drahts proportional zu n zunimmt, sein Querschnitt wegen der vollständigen Ausnutzung des Wicklungsraums aber proportional zu n abnimmt, was bei der Berechnung des Widerstands zu einer Abhängigkeit $R_\mathrm{Cu} \sim n^2$ führt.

9.4.3 Kernverlustwiderstand

Die Magnetisierung eines Spulenkerns folgt einem externen Wechselfeld nicht trägheitsfrei: Zwischen dem externen Wechselfeld und der Magnetisierung tritt eine Phasenverschiebung auf. Dies führt zu Ummagnetisierungsverlusten, den sog. *Kernverlusten.* Bei Kleinsignalaussteuerung können diese näherungsweise durch eine komplexe Permeabilitätszahl

$$\underline{\mu}_\mathrm{r} = \mu_\mathrm{s}' - \mathrm{j}\mu_\mathrm{s}'' = \mu_\mathrm{s}'(1 - \mathrm{j}\tan\delta_\mathrm{K}) \tag{9.31}$$

erfaßt werden; $\tan\delta_\mathrm{K}$ bezeichnet dabei den *Verlustfaktor* des Kernmaterials. Der Wert von μ_s' wird durch das Material und die Vormagnetisierung bestimmt. Liegt keine Vormagnetisierung vor, so ist μ_s' – zumindest solange $\tan\delta_\mathrm{K} \ll 1$ gilt – näherungsweise gleich der Anfangspermeabilität μ_i. Die

Impedanz einer ansonsten idealen Induktivität L_0 mit einem Kern der komplexen Permeabilität $\underline{\mu}_{\mathrm{r}}$ ist

$$\underline{Z} = \mathrm{j}\omega\mu_{\mathrm{s}}' L_0 (1 - \mathrm{j}\tan\delta_{\mathrm{K}}) = \mathrm{j}\omega\mu_{\mathrm{s}}' L_0 + \omega\mu_{\mathrm{s}}' L_0 \tan\delta_{\mathrm{K}} \,. \tag{9.32}$$

Mit $l_{\mathrm{s}} = \mu_{\mathrm{s}}' L_0$ und $r_{\mathrm{ks}} = \omega l_{\mathrm{s}} \tan\delta_{\mathrm{K}}$ geht dies über in

$$\underline{Z} = \mathrm{j}\omega l_{\mathrm{s}} + r_{\mathrm{ks}} \,, \tag{9.33}$$

d. h. die ideale Spule mit verlustbehaftetem Kern läßt sich darstellen als Reihenschaltung einer Spule der Induktivität l_{s} und eines *Kernverlustwiderstands* r_{ks}. Letzterer berücksichtigt sämtliche Kernverluste. Der Wert von r_{ks} ist sowohl frequenz- als auch aussteuerungsabhängig.

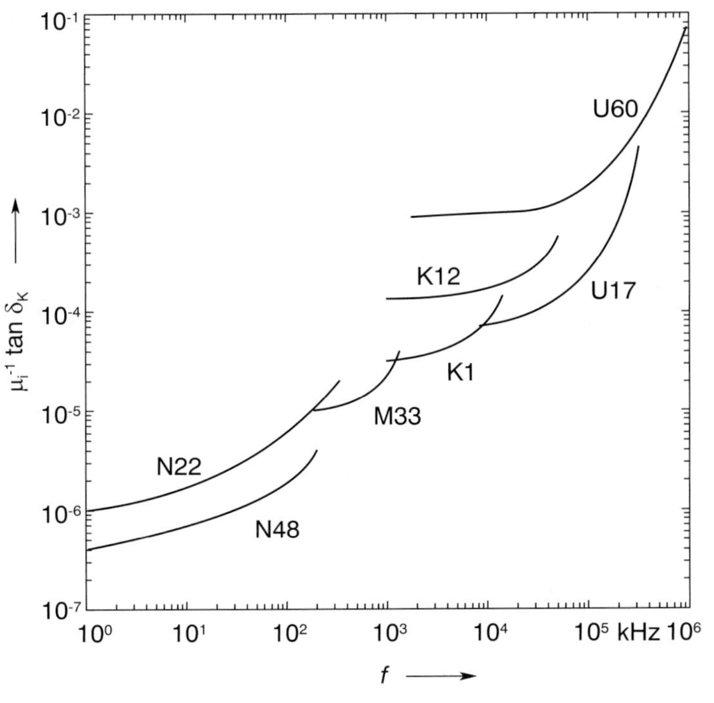

Abb. 9.7. Bezogener Verlustfaktor verschiedener Ferritwerkstoffe ($\hat{B} \leq 0.1$ mT, nach [7])

Zur Charakterisierung der Kernverluste wird in Datenblättern meist der auf die Anfangspermeabilität μ_{i} *bezogene* Verlustfaktor $\tan\delta_{\mathrm{K}}/\mu_{\mathrm{i}}$ angegeben. Abbildung 9.8 zeigt als Beispiel die an Ringkernen gemessenen Werte des bezogenen Verlustfaktors als Funktion der Frequenz für verschiedene Werkstoffe.

9.4.4 Effektive Permeabilität, Luftspalte

In der Praxis werden Kerne in der Regel mit einem *Luftspalt* ausgeführt. Dies reduziert die Permeabilität auf die sog. *effektive Permeabilität* μ_{e} und verringert Verluste, nichtlineare Verzerrungen, Temperaturabhängigkeit etc.

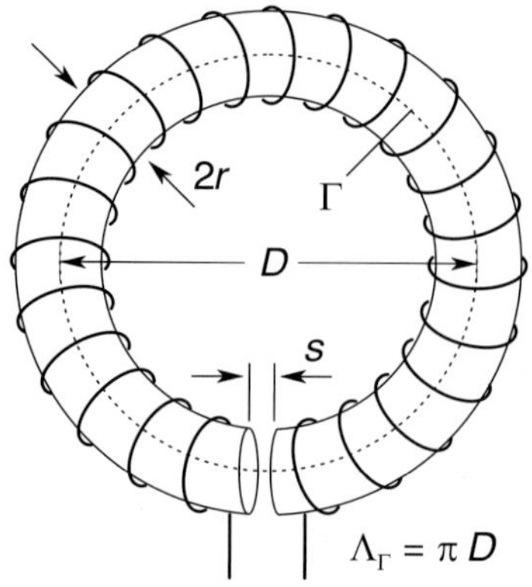

Abb. 9.8. Ringkern mit Luftspalt

Zur Erläuterung der Zusammenhänge wird der in Abb. 9.8 dargestellte Ringkern betrachtet. Dieser sei gleichmäßig mit n Windungen umwickelt, durch die der Strom I fließt. Ohne Luftspalt ($s = 0$) gilt entlang des eingezeichneten Wegs Γ der Länge Λ_Γ nach dem Durchflutungsgesetz $H_\mathrm{i}(0)\,\Lambda_\Gamma = n\,I$. Wird der Ring nun durch einen dünnen Luftspalt der Länge s unterbrochen, so tritt im Kern die Feldstärke $H_\mathrm{i}(s)$ und im Luftspalt die Feldstärke H_a auf. Das Durchflutungsgesetz lautet nun

$$H_\mathrm{i}(s)(\Lambda_\Gamma - s) + H_\mathrm{a}\,s \;=\; n\,I\;.$$

Für die Feldstärke $H_\mathrm{i}(s)$ im Material folgt mit $H_\mathrm{a} = B/\mu_0$ unter der Annahme $\Lambda_\Gamma \gg s$ die Näherung

$$H_\mathrm{i}(s) \;=\; \frac{n\,I}{\Lambda_\Gamma - s} - \frac{s}{\Lambda_\Gamma - s}\,\frac{B}{\mu_0} \;\approx\; H_\mathrm{i}(0) - \frac{s}{\Lambda_\Gamma}\,\frac{B}{\mu_0}\;, \tag{9.34}$$

d. h. bei einem gegebenen Strom I durch die Wicklung ist die Feldstärke im Kernmaterial bei Anwesenheit eines Luftspalts um den Wert $sB/(\mu_0\Lambda_\Gamma)$ geringer als ohne Luftspalt. Der Faktor s/Λ_Γ wird aus diesem Grund meist als *Entmagnetisierungsfaktor* bezeichnet. Gleichung (9.34) beschreibt eine „Scherung“ der $B(H)$-Kennlinie wie in Abb. 9.9 a dargestellt. Bei Anwesenheit eines Luftspalts tritt die Sättigung demnach erst bei sehr viel höherem Strom ein als bei Abwesenheit eines Luftspalts. Verbunden mit der höheren Aussteuerbarkeit ist eine *Linearisierung* des Zusammenhangs zwischen B und I, was zu einer Reduktion nichtlinearer Verzerrungen führt. Für die magnetische Flußdichte gilt bei linearer Aussteuerung näherungsweise

$$B \;=\; \mu_0\mu_\mathrm{e} nI/\Lambda_\Gamma\;,$$

wobei μ_e die von der Luftspaltlänge abhängige effektive Permeabilität μ_e bezeichnet. Diese Größe ist maßgeblich für den A_L-Wert und damit für die Induktivität einer Spule mit Kern. Mit

$$H_\mathrm{i}(s) \;=\; \frac{B}{\mu_0\mu_\mathrm{r}} \quad\text{und}\quad H_\mathrm{i}(0) \;=\; \frac{nI}{\Lambda_\Gamma} \;=\; \frac{B}{\mu_0\mu_\mathrm{e}}$$

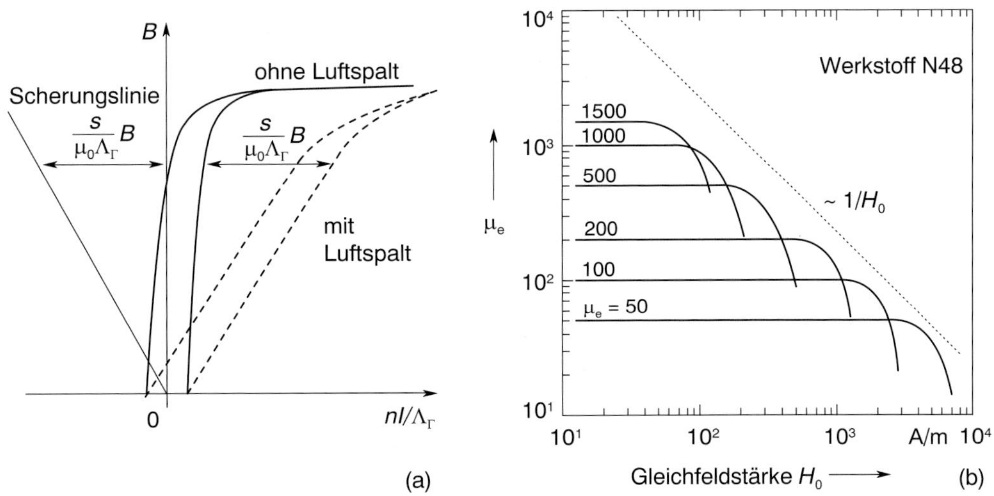

Abb. 9.9. (**a**) Hystereseschleife eines Kerns mit und ohne Luftspalt, (**b**) effektive Permeabilität als Funktion des Gleichfeldstärke H_0 für den Werkstoff N 48 (nach [7])

folgt aus Gl. (9.34) für die sog. *effektive* (oder gescherte) Permeabilität

$$\boxed{\mu_e = \frac{\mu_r}{1 + s\mu_r/\Lambda_\Gamma} = S\mu_r \,.} \tag{9.35}$$

Die Größe S heißt *Scherfaktor*. Um diesen Faktor veringert sich der A_L-Wert bei Einführen eines Luftspalts. Gilt $s\mu_r \gg \Lambda_\Gamma$, so ist $\mu_e \approx \Lambda_\Gamma/s$ weitgehend unabhängig von μ_r, d. h. μ_e ist in diesem Fall primär durch die Abmessungen des Eisenkerns und des Luftspalts bestimmt.

Durch den Luftspalt wird der Verlustfaktor des Kerns verringert. Wird in Gl. (9.35) die komplexe Permeabilität $\underline{\mu}_r = \mu_i(1-\mathrm{j}\tan\delta_K)$ eingesetzt

$$\frac{\mu_i(1-\mathrm{j}\tan\delta_K)}{1 + (s/\Lambda_\Gamma)\mu_i(1-\mathrm{j}\tan\delta_K)} \approx \mu_e(1-\mathrm{j}\tan\delta_{Ke}) \,,$$

so folgt für den *Verlustfaktor* $\tan\delta_{Ke}$ der effektiven Permeabilität die Näherung

$$\boxed{\tan\delta_{Ke} \approx \mu_e \frac{\tan\delta_K}{\mu_i}} \tag{9.36}$$

d. h. der Verlustfaktor verringert sich bei Einfügen eines Luftspalts um den Scherfaktor S.[5] Andere um den Scherfaktor reduzierte Größen sind Nichtlinearität, Temperaturabhängigkeit und Desakkomodation des Kernmaterials. Durch Wahl des Luftspalts kann demnach insbesondere der *Temperaturkoeffizient* einer Spule eingestellt werden.

[5] Bei vorgegebenem Spulenstrom nehmen die in $\tan\delta_K$ berücksichtigten Hystereseverluste (proportional zu H_i) wegen der Reduktion des inneren Felds sogar proportional zu S^2 ab.

9.4.5 Wicklungskapazität

Die *Wicklungskapazität* mehrlagiger Spulen wird durch die Abmessungen des Wicklungsraums, die mittlere Windungslänge Λ_{W}, die genaue Lage der Drähte zueinander und die effektive Dielektrizitätszahl der Isolation bestimmt. Für eine näherungsweise Berechnung der Wicklungskapazität mehrlagiger Spulen kann nach [8] die Abschätzung

$$\frac{c_{\mathrm{p}}}{\mathrm{pF}} \approx 0.2 \cdot \frac{b}{d} \cdot \frac{\Lambda_{\mathrm{W}}}{\mathrm{mm}} \tag{9.37}$$

verwendet werden, wobei b die Breite und d die Dicke des Wickelraums angeben. Diese Abschätzung beruht auf Meßdaten für lackisolierte Drähte bei maschinell hergestellter Vollwicklung. Das Ergebnis dieser Abschätzung kann mit einem relativen Fehler von $\pm 50\%$ behaftet sein kann. Diese Ungenauigkeit ist aber meist für eine überschlagsmäßige Bestimmung der Spulengüte ausreichend, da die Spule in der Regel so dimensioniert wird, daß im relevanten Frequenzbereich $\omega^2 l_{\mathrm{s}} c_{\mathrm{p}} \ll 1$ gilt. Für die Abschätzung der dielektrischen Verluste in der Isolationsschicht kann aus demselben Grund $\tan\delta_\epsilon \approx 10^{-2}$ angesetzt werden [9]; dieser Wert liegt über dem für Kupferlackdrähte ($\tan\delta_\epsilon \approx 4 \cdot 10^{-3}$) bzw. HF-Litze ($\tan\delta_\epsilon \approx 3 \cdot 10^{-3}$) typischen Wert [6] und sollte deshalb die Abschätzung einer unteren Grenze für die Spulengüte ermöglichen (vgl. Beispiel 9.4.1).

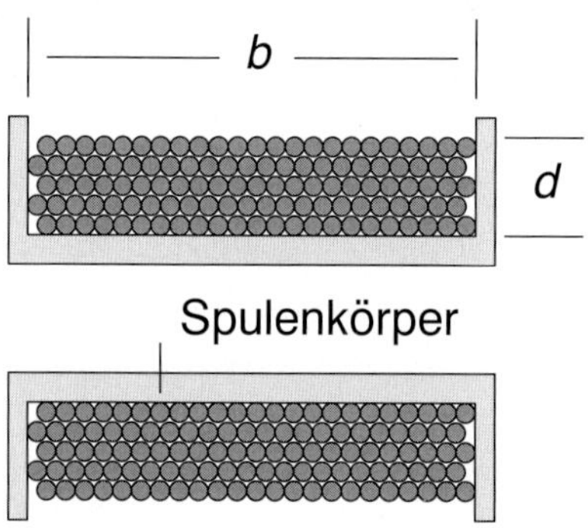

Abb. 9.10. Wicklungsraum

Aus Gl. (9.37) folgt, daß sog. *Scheibenspulen* mit geringer Breite und großer Dicke besonders niedrige Wicklungskapazitäten aufweisen. Durch spezielle Wickeltechniken (z. B. *Kreuzwicklung*), sowie das Einfügen dielektrischer Schichten (z. B. Polycarbonatfolie) zwischen den einzelnen Lagen der Wicklung kann die Eigenkapazität der Wicklung zusätzlich verringert werden. Bei größeren Windungszahlen kommt ferner die Verwendung von *Mehrkammerspulenkörpern* in Frage; der Wickelraum wird dabei in k Schichten unterteilt, deren Breite gegenüber der nicht unterteilten Wicklung auf b/k verringert

[6] Daten nach [2].

ist. Diese werden der Reihe nach vollgewickelt, so daß insgesamt k Teilwicklungen in Reihe liegen. Die Wicklungskapazität einer solchen Teilwicklung ist gegenüber der nicht unterteilten Wicklung auf c_p/k verringert. Da die Wicklungskapazitäten der Teilwicklungen in *Reihe* liegen, verringert sich die gesamte Wicklungskapazität somit auf das $1/k^2$-fache der Einkammerwicklung. Dies wird in der Praxis wegen unvermeidlicher Streukapazitäten nicht ganz erreicht: Die Wicklungskapazität nimmt in der Regel um einen Faktor zwischen den Werten $1/k$ und $1/k^2$ ab [9].

9.4.6 Spulengüte, Verlustfaktor

Mit $r_s = r_{Cu} + \omega l_s \tan\delta_{Ke}$ folgt aus Gl. (9.27)

$$\tan\delta_L \approx \frac{1}{1-(f/f_r)^2}\left(\frac{r_{Cu}}{2\pi f l_s} + \tan\delta_{Ke} + \frac{f^2}{f_r^2}\tan\delta_\epsilon\right) . \tag{9.38}$$

Für $f \ll f_r$ wird das Minimum im wesentlichen durch die Kern- und Kupferverluste bestimmt. Da $\tan\delta_{Ke}$ für kleine Frequenzen annähernd konstant ist (Abb. 9.7), dominiert zunächst der *Kupferverlustfaktor*

$$\tan\delta_{Cu} = \frac{r_{Cu}}{2\pi f l_s}$$

auf der rechten Seite von Gl. (9.38). Der Wert von $\tan\delta_L$ nimmt deshalb in diesem Bereich mit zunehmender Frequenz zunächst ab, um dann nach Durchlaufen eines Minimums als Folge des Anstiegs von $\tan\delta_{Ke}$ wieder anzusteigen.

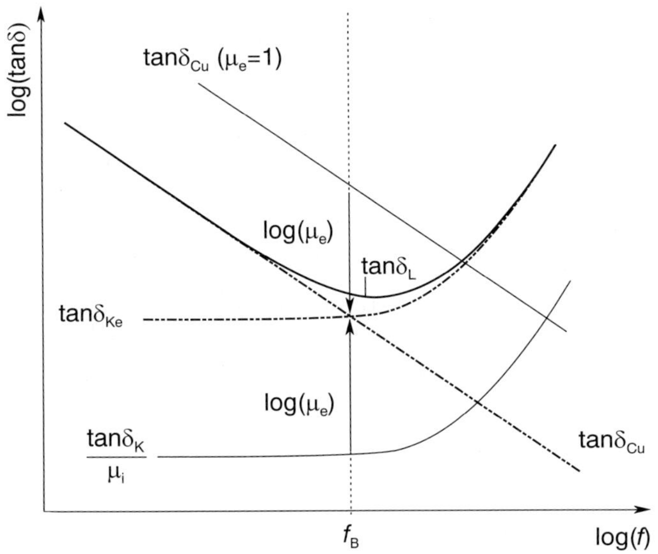

Abb. 9.11. Zur Optimierung der Spulengüte

Optimierung der Spulengüte. Für *optimale Spulengüte* (d. h. minimalen Verlustfaktor $\tan\delta_L$) ist das Kernmaterial so auszuwählen, daß bei der Betriebsfrequenz f_B der stark ansteigende Ast von $\tan\delta/\mu_i$ noch nicht erreicht ist. Der bezogene Verlustfaktor $\tan\delta_K/\mu_i$ entspricht einer effektiven Permeabilität $\mu_e = 1$; für einen Kern mit Luftspalt der effektiven Permeabilität μ_e ist die entsprechende Kurve in der doppeltlogarithmischen Auftragung von $\tan\delta_K/\mu_i$ über f um $\log(\mu_e)$ nach oben zu schieben, da der effektive Kernverlustfaktor nach Gl. (9.36) bei gegebener Frequenz proportional zu μ_e ansteigt. Bei vollständiger Ausnutzung des Wicklungsraums folgt aus

$$r_{Cu} \approx A_R n^2 \qquad \text{und} \qquad l_s \approx \mu_e A_{L0} n^2$$

für den Kupferverlustfaktor

$$\tan\delta_{Cu} = \frac{r_{Cu}}{2\pi f l_s} \approx \frac{A_R}{2\pi f \mu_e A_{L0}} \sim \frac{1}{\mu_e},$$

wobei $A_{L0} = A_L/\mu_e$ den A_L-Wert für $\mu_e = 1$ bezeichnet. Die effektive Permeabilität $\mu_e = 1$ würde bei gegebener Induktivität eine große Windungszahl und damit sehr große Kupferverluste bedingen: Der entsprechende Verlustfaktor $\tan\delta_{Cu}(\mu_e = 1)$ ist in Abb. 9.11 als Hilfslinie eingezeichnet. Bei Erhöhung der effektiven Permeabilität verschiebt sich diese Linie um $\log(\mu_e)$ nach unten. Der optimale Wert der effektiven Permeabilität ist erreicht, wenn Kernverluste und Kupferverluste bei der Betriebsfrequenz f_B *denselben* Wert aufweisen. Dies ist gleichbedeutend mit der Forderung $r_{ks} = r_{Cu}$ bzw.

$$\mu_e = \sqrt{\frac{A_R}{A_{L0}} \frac{\mu_i}{\tan\delta_K} \frac{1}{2\pi f_B}}$$

was sich rechnerisch auch durch Nullsetzen der Ableitung (Extremwert) von

$$\tan\delta_{Cu} + \tan\delta_{Ke} = \frac{A_R}{2\pi f_B \mu_e A_{L0}} + \mu_e \frac{\tan\delta_K}{\mu_i}$$

ermitteln läßt. Damit der Verlustfaktor der Spule $\tan\delta_L$ bei f_B minimal wird, muß das Material verwendet werden, das bei der Betriebsfrequenz f_B den geringsten Wert von $\tan\delta_K/\mu_i$ aufweist.

9.4.7 Temperaturkoeffizient

Technische Spulen weisen einen temperaturabhängigen Induktivitätswert auf. Der *Temperaturkoeffizient* (TK) $\alpha_L = L^{-1}(\mathrm{d}L/\mathrm{d}T)$ wird bei Spulen mit Kern vor allem durch die temperaturabhängige Permeabilitätszahl bestimmt. Für eine effektive Permeabilität μ_e errechnet sich der TK $\alpha_{\mu e}$ aus dem üblicherweise angegebenen sog. bezogenen TK α_μ/μ_i gemäß

$$\alpha_{\mu e} = \alpha_\mu \, \mu_e/\mu_i \, . \tag{9.39}$$

Weitere Einflüsse sind bedingt durch die temperaturabhängigen Abmessungen der Spule und die Wicklung; für $\mu_e < 80$ wirken sich diese nach [10] in einem zusätzlichen Beitrag von 10 – 30 ppm/K zum TK des Induktivitätswerts aus. Wegen Gl. (9.39) kann durch Wahl des Luftspalts und damit des Werts der effektiven Permeabilität der TK der Spuleninduktivität in einem weiten Bereich eingestellt werden.

Beispiel 9.4.1 Als Beispiel wird in Anlehnung an [10] die Auslegung einer Schwingkreissspule für die Betriebsfrequenz $f_\mathrm{B} = 500$ kHz betrachtet. Diese soll eine Induktivität von 640 µH mit einem Temperaturkoeffizient von annähernd 100 ppm/K aufweisen. Als geeignetes Material wird anhand von Abb.9.7 der Werkstoff M33 mit dem bezogenen TK von $\alpha_\mu/\mu_\mathrm{i} \approx 1.6\,\mathrm{ppm/K}$ ausgewählt. Um den geforderten TK zu erhalten, wäre demnach die effektive Permeabilität

$$\mu_\mathrm{e} = \frac{\alpha_\mathrm{L}}{\alpha_\mu/\mu_\mathrm{i}} \approx 62.5$$

erforderlich. Dieser Wert kann wegen des Wicklungseinflusses etwas kleiner sein; ausgewählt wird ein Schalenkern mit einem Luftspalt $s = 0.6\,\mathrm{mm}$ und $\mu_\mathrm{e} = 47.9$, für den ein A_L-Wert von 100 nH spezifiziert ist. Die erforderliche Windungszahl errechnet sich mit Hilfe des A_L-Werts zu

$$n = \sqrt{L/A_\mathrm{L}} = 80\,.$$

Als für diese Betriebsfrequenz geeigneten Draht wird HF-Litze 20 × 0.05 mit einem Außendurchmesser von 0.367 mm und einem Widerstandsbelag von 0.44 Ω/m gewählt. Mit der dem Datenblatt entnommenen, mittleren Windungslänge von 35.6 mm folgt so ein Kupferwiderstand von

$$R_\mathrm{Cu} = 0.444\,\frac{\Omega}{\mathrm{m}} \cdot 35.6\,\mathrm{mm} \cdot 80 \approx 1.27\,\Omega\,.$$

Der bezogene Verlustfaktor $\tan\delta_\mathrm{K}/\mu_\mathrm{i}$ bei $f = 500$ kHz kann aus dem Datenblatt mit $1.4 \cdot 10^{-5}$ abgelesen werden, was mit $\mu_\mathrm{e} = 47.9$ auf einen Kernverlustfaktor $\tan\delta_\mathrm{Ke} \approx 6.7 \cdot 10^{-4}$ führt. Bei $f_\mathrm{B} = 500\,\mathrm{kHz}$ ergibt dies den Kernverlustwiderstand

$$r_\mathrm{ks} = 2 \cdot \pi \cdot 5 \cdot 10^5\,\mathrm{s}^{-1} \cdot 640 \cdot 10^{-6}\,\Omega\mathrm{s} \cdot 6.7 \cdot 10^{-4} \approx 1.348\,\Omega\,.$$

Berücksichtigt man noch Zuleitungswiderstände, so gelangt man zur Abschätzung $r_\mathrm{s} = R_\mathrm{Cu} + r_\mathrm{ks} \approx 2.7\,\Omega$. Bei einem Einkammerspulenkörper der Breite $b \approx 7$ mm sind insgesamt 4 Lagen erforderlich, was beim gegebenen Drahtdurchmesser auf eine Dicke der Wicklung von $d \approx 1.5\,\mathrm{mm}$ führt. Nach Gl. (9.37) gibt dies eine Spulenkapazität

$$c_\mathrm{p} \approx 0.2\,\mathrm{pF} \cdot \frac{7\,\mathrm{mm}}{1.5\,\mathrm{mm}} \cdot 35.6 \approx 32\,\mathrm{pF}\,.$$

Wird eine Zweikammerwicklung gewählt, so ist die Wicklungskapazität deutlich kleiner: Wegen der halbierten Breite b ist die Wicklungskapazität einer Kammer halbiert; da die beiden Kapazitäten anähernd in Reihe geschaltet werden, ergibt sich im Idealfall eine weitere Halbierung der Gesamtkapazität, die sich in der Praxis jedoch nicht ganz erreichen läßt. Als Abschätzung wird $c_\mathrm{p} \approx 10\,\mathrm{pF}$ angenommen. Die Resonanzfrequenz ergibt sich hieraus zu

$$f_\mathrm{r} = \frac{1}{2\pi\sqrt{l_\mathrm{s} c_\mathrm{p}}} \approx 2\,\mathrm{MHz}\,,$$

was deutlich oberhalb der Betriebsfrequenz liegt. Bei $f_{\mathrm{B}} = 500\,\mathrm{kHz}$ folgt mit $\tan\delta_\epsilon \approx 10^{-2}$ aus Gl. (9.27) die Abschätzung

$$\tan\delta_{\mathrm{L}} \approx 2\cdot 10^{-3} ,$$

was auf eine Güte $Q_{\mathrm{L}} \approx 500$ führt – etwas weniger als der im Datenblatt angegebene Wert 550. Diese Abweichung ist vor allem durch die sehr „vorsichtige" Annahme für den Verlustfaktor $\tan\delta_\epsilon$ bedingt. Das Beispiel zeigt, daß die Berechnung der Spulengüte zwar annähernd möglich, aber doch mit einigen Unsicherheiten behaftet ist. Zur Spulenoptimierung sind aus diesem Grund ergänzende praktische Versuche angeraten. △

9.4.8 Kernformen

Kerne werden in der Regel als weitgehend geschlossene *magnetische Kreise* ausgeführt, d. h. der Fluß verläuft in der Hauptsache im hochpermeablen Kernmaterial. Für den Aufbau von Spulen und Übertragern stehen unterschiedliche Kernformen zur Verfügung. Das einfachste Beispiel hierfür ist der in Kap. 9.2 betrachtete Ringkern, bei dem der magnetische Kreis einen einheitlichen Querschnitt aufweist. In vielen Anwendungen werden allerdings magnetische Kreise mit Luftspalt verwendet, die zusätzlich aus mehreren Abschnitten mit unterschiedlichem Querschnitt und/oder unterschiedlicher Permeabilität bestehen.

Zusammengesetzte magnetische Kreise

Besteht der magnetische Kreis aus m Abschnitten mit den magnetischen Querschnitten[7] $A_1, \ldots, A_m$ und den magnetischen Weglängen $\Lambda_1, \ldots, \Lambda_m$, so lautet das Durchflutungsgesetz

$$\oint \boldsymbol{H}\cdot \mathrm{d}\boldsymbol{s} = \sum_{k=1}^{m} H_k \Lambda_k , \tag{9.40}$$

wobei H_k die magnetische Feldstärke im k-ten Teilstück bezeichnet. Der die unterschiedlichen Abschnitte durchsetzende magnetische Fluß errechnet sich mit den jeweiligen Permeabilitäten μ_{k} gemäß

$$\phi = A_k B_k = \mu_0 \mu_k A_k H_k .$$

Da der Fluß annähernd konstant ist lautet das Durchflutungsgesetz

$$\oint \boldsymbol{H}\cdot \mathrm{d}\boldsymbol{s} = \phi \sum_{k=1}^{m} R_{mk} = nI \quad \text{mit} \quad R_{mk} = \frac{1}{\mu_0\mu_k}\frac{\Lambda_k}{A_k} . \tag{9.41}$$

[7]Die magnetischen Querschnitte und Weglängen entsprechen nur annähernd den jeweiligen geometrischen Abmessungen, da die Feldlinien in den Teilstücken nicht exakt parallel verlaufen.

Die Größen R_{mk} werden dabei als *magnetische Widerstände* der Teilstücke bezeichnet. Durch Einführen der sog. *magnetischen Spannungen*

$$V_{mk} = \Lambda_k H_k = \phi R_{mk}$$

über den Teilstücken läßt sich so aus dem Durchflutungsgesetz das dem ohmschen Gesetz entsprechende *Hopkinsonsche Gesetz* gewinnen

$$\phi \sum R_{mk} = \sum V_{mk} = nI.$$

Für die Induktivität einer Spule mit n Windungen folgt daraus

$$\frac{1}{L} = \frac{I}{n\phi} = \frac{1}{n^2} \sum_{k=1}^{m} R_{mk} = \frac{1}{n^2} \sum_{k=1}^{m} \frac{1}{\mu_0 \mu_k} \frac{\Lambda_k}{A_k} \tag{9.42}$$

Der magnetische Kreis eines Spulenkörpers besteht in der Regel aus einheitlichem Material. Unter diesen Umständen kann die *effektive magnetische Weglänge* Λ_e und der *effektive magnetische Querschnitt* A_e gemäß

$$\Lambda_\mathrm{e} = \left(\sum_{k=1}^{m} \frac{\Lambda_k}{A_k} \right)^2 \Big/ \sum_{k=1}^{m} \frac{\Lambda_k}{A_k^2} \quad \text{und} \quad A_\mathrm{e} = \sum_{k=1}^{m} \frac{\Lambda_k}{A_k} \Big/ \sum_{k=1}^{m} \frac{\Lambda_k}{A_k^2}$$

definiert werden [9]. Diese Größen werden meist in Datenblättern spezifiziert; die Induktivität einer Spule mit n Windungen errechnet sich damit wie folgt

$$L = \mu_0 \mu_\mathrm{e} A_\mathrm{e} n^2 / \Lambda_\mathrm{e} = A_\mathrm{L} n^2 \,, \tag{9.43}$$

d. h. es gilt

$$A_\mathrm{L} = \mu_0 \mu_\mathrm{e} A_\mathrm{e} / \Lambda_\mathrm{e} \,. \tag{9.44}$$

Das Verhältnis von effektivem magnetischen Kernquerschnitt A_e zum geometrischen Kernquerschnitt A heißt *Füllfaktor* oder *Stapelfaktor*. Das Produkt $\Lambda_\mathrm{e} A_\mathrm{e}$ aus effektiver magnetischer Weglänge und effektivem magnetischem Querschnitt wird als effektives magnetisches Volumen bezeichnet.

Blechkerne. Für den NF-Bereich ($\leq$ 20 kHz) werden Pakete (Abb. 9.12 a) aus genormtem (DIN 41302) Silizium- bzw. Nickel-Eisenblech verwendet. Diese lassen sich kostengünstig durch Stanzen herstellen, sind gegeneinander durch die natürliche Oxidschicht isoliert und häufig auf einer Seite zusätzlich mit einer Lackschicht überzogen; Blechdicken für Einsatz bei der Netzfrequenz $f = 50\,\mathrm{Hz}$ liegen typisch bei 0.3 mm. Eisen-Silizium-Legierungen weisen im Vergleich zu reinem Eisen einen höheren spezifischen Widerstand – und damit geringere Wirbelstromverluste – sowie eine geringere Koerzitivfeldstärke – und damit geringere Hystereseverluste – auf. Der Si-Anteil im Eisen ist wegen der damit verbundenen Versprödung des Materials auf wenige Prozent begrenzt. Nickelhaltige Eisenbleche lassen sich sehr gut zu dünnen Folien walzen, wobei Schichtdicken im Bereich weniger Mikrometer realisierbar sind.

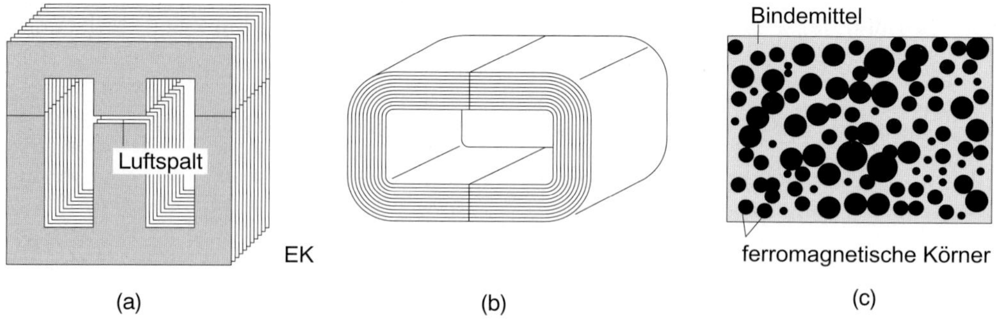

Abb. 9.12. Kernformen. (**a**) EK-Kernblechpaket, (**b**) Schnittbandkern und (**c**) Struktur eines Pulverkerns

Bandkerne. Bandkerne werden durch Aufwickeln langer Bänder aus hochpermeablem Material hergestellt (Abb. 9.12 b). Dies ist vor allem dann von Vorzug, wenn die Walzrichtung mit der magnetischen Vorzugsrichtung übereinstimmt, da der vom Kern geführte Fluß dann in der Richtung leichter Magnetisierbarkeit erfolgt. Neben weichmagnetischen Legierungen mit zumeist hohem Nickelanteil werden auch Bänder aus *amorphem Metall* eingesetzt. Bei letzteren sind die Atome nicht in Form eines Kristallgitters, sondern regellos im Festkörper angeordnet, was einen hohen spezifischen Widerstand und damit eine hohe Wirbelstromgrenzfrequenz (vgl. Kap. 9.7.4) bedingt. Zur Reduktion von Wirbelstromverlusten werden Banddicken im Bereich einiger 10 µm eingesetzt. Die gewickelten Bandkerne werden zur Erhöhung der mechanischen Festigkeit verklebt und zur Aufnahme von Spulenkörpern meist aufgeschnitten (*Schnittbandkern*). Die Hälften werden nach Einfügen des Spulenkörpers durch Spannbänder zusammengehalten. Durch Schleifen der Schnittfläche können die an den Schnittstellen wirksamen Luftspalte klein gehalten werden. Abhängig von der Schliffqualität sind Luftspalte kleiner als 5 µm realisierbar. Schnittbandkerne erlauben die Herstellung sehr hochwertiger Transformatoren.

Pulverkerne (Massekerne). Pulverkerne werden aus einem feinkörnigen Pulver aus ferromagnetischem Material mit Kunstharz als Bindemittel hergestellt (Abb. 9.12 c). Die Korngröße liegt dabei im Mikrometerbereich, was höhere Wirbelstromgrenzfrequenzen ermöglicht als bei Blechkernen. Ein Vorzug der Pulverkerne ist die vergleichsweise hohe *Linearität* der Magnetisierungskennlinie, d. h. die reversible Permeabilität μ_{rev} ist hier weitgehend unabhängig von einer Vormagnetisierung. Dies ist z. B. bei der Realisierung von *Speicherdrosseln* von Interesse. Die Permeabilität von Pulverkernen liegt trotz der hohen Permeabilität der Körner (typischerweise mehrere 100) in der Größenordnung von lediglich 10. Die Ursache liegt im Isolierstoff, der sich wie ein Luftspalt auswirkt. Durch Pressen mit hohem Druck bei der Herstellung kann der Isolierstoffanteil im Pulverkern vermindert werden, was eine Steigerung der Permeabilität bewirkt.

Ferritkerne. *Ferrite* sind magnetische Oxide mit sehr geringer elektrischer Leitfähigkeit: Gegenüber Eisen kann die Leitfähigkeit um mehr als zehn Größenordnungen reduziert werden. Die Sättigungspolarisation von Ferriten liegt typischerweise im Bereich von $(0.3 - 0.5)\,\mathrm{T}$, sie ist wegen der Teilkompensation der magnetischen Momente (ferrimagnetische Ordnung, vgl. Kap. 9.7.1) geringer als in Eisenblechen. Ferrite zeichnen sich durch eine vergleichsweise geringe Dichte $((3 - 5)\,\mathrm{g/cm^3})$ und hohe Korrosionsbeständigkeit aus; nachteilig ist die für keramische Werkstoffe typische schlechte Wärmeleitfähigkeit. Die Curie-Temperatur liegt typischerweise im Bereich von $200°\mathrm{C} - 450°\mathrm{C}$.

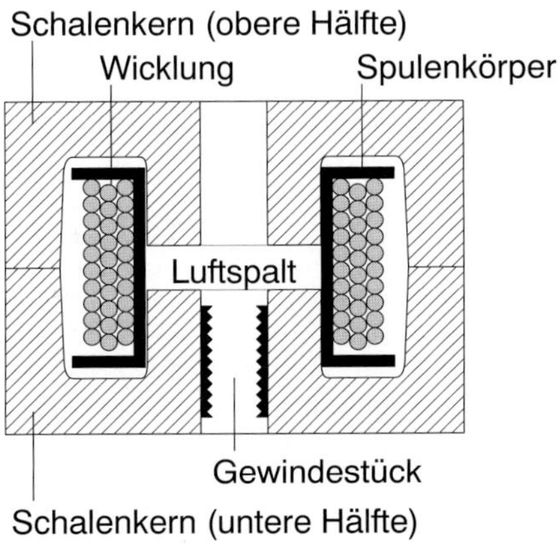

Abb. 9.13. Schalenkern (Schnitt, nach [10])

Für unterschiedliche Anforderungen hinsichtlich Anfangspermeabilität, Betriebsfrequenz, etc. wurde eine Vielzahl ferritischer Werkstoffe entwickelt. Die größte Verbreitung haben Ni-Zn-Ferrite gefunden, die zwar nur über eine vergleichsweise geringe Anfangspermeabiltiät verfügen ($\mu_\mathrm{i} \approx 100 - 1000$), dafür jedoch einen hohen spezifischen Widerstand ($\rho \approx 10^7\,\Omega\mathrm{cm}$) haben und bis zu Frequenzen im Bereich von 100 MHz eingesetzt werden können.

Um Streuungen der Werkstoffpermeabilität und der Abmessungen kompensieren zu können, werden meist Schalenkerne mit *Abgleichkern* eingesetzt. Abbildung 9.13 zeigt den Querschnitt durch einen RM-Schalenkern mit Luftspalt. Mit derartigen Schalenkernen lassen sich sehr gut abgeschirmte und kompakte Spulen aufbauen. Neben diesen sind eine Fülle anderer Kernformen verfügbar [11]; an dieser Stelle seien lediglich die für gedruckte Schaltungen geeigneten EFD-Kerne (economic flat design) genannt, die bei geringer Einbauhöhe eine hohe Leistungsübertragung ermöglichen sowie die ETD-Kerne (economic transformer design), die speziell für kostengünstige Leistungsübertrager [10] entwickelt wurden.

9.5 Dämpfungsperlen

Dämpfungsperlen sind kleine zylindrische Ferritkörper mit einer Bohrung, durch die ein Draht geführt werden kann. Sie weisen einen Durchmesser von wenigen Millimetern auf und werden gewöhnlich über einen Anschlußdraht eines bedrahteten Bauteils – z. B. Basisanschluß eines Transistors – gesteckt.

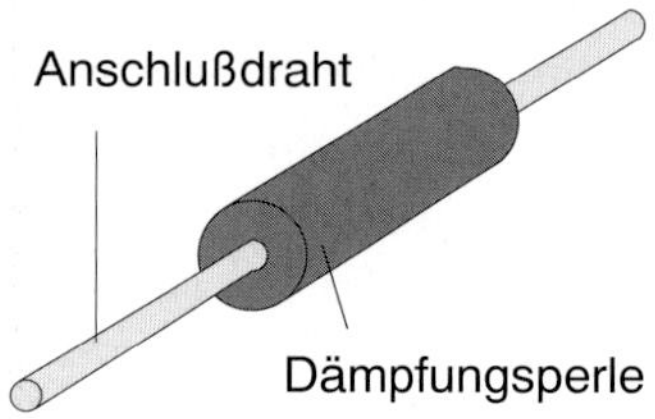

Abb. 9.14. Dämpfungsperle

Durch die Dämpfungsperle wird die Impedanz des Anschlußdrahts erhöht. Ist diese ohne Dämpfungsperle durch $R_0 + \mathrm{j}\omega L_0$ gegeben, so folgt mit der komplexen Permeabilität $\underline{\mu}_\mathrm{r} = \mu'_\mathrm{s} - \mathrm{j}\mu''_\mathrm{s}$ des Materials überschlagsmäßig für die Impedanz $\underline{Z}$ des Anschlußdrahts bei der Kreisfrequenz ω

$$\underline{Z} \approx R_0 + \mathrm{j}\omega L_0(\mu'_\mathrm{s} - \mathrm{j}\mu''_\mathrm{s}) = R_0 + \omega\mu''_\mathrm{s} L_0 + \mathrm{j}\omega\mu'_\mathrm{s} L_0 \,.$$

Dämpfungsperlen verringern auf kostengünstige Weise hochfrequente Stromanteile ohne störende Serienwiderstände im NF-Bereich zu verursachen. Sie werden zur Unterdrückung von Überschwingern bei Schaltvorgängen, zur Dämpfung selbsterregter Schwingungen aufgrund parasitärer Rückkopplungen in Verstärkerschaltungen sowie zur Unterdrückung hochfrequenter Rauschanteile eingesetzt. Ihre Wirksamkeit beruht darauf, daß sie im relevanten Frequenzbereich eine nennenswerten *Serienimpedanz* hervorrufen. Eine gute Dämpfung bei einer bestimmten Frequenz wird nur erreicht, wenn die durch die Dämpfungsperle bewirkte Serienimpdedanz groß ist im Vergleich zur Eingangsimpedanz der folgenden Schaltung. Da die durch Dämpfungsperlen bei Frequenzen im MHz-Bereich bedingten Impedanzwerte betragsmäßig in der Größenordnung[8] von 100 Ω liegen, sind Dämpfungsperlen am wirkungsvollsten in Schaltungen mit geringer *Eingangsimpedanz.* In diesem Zusammenhang kann auch die Kombination einer Dämpfungsperle mit Abblockkondensatoren geringer Serieninduktivität sinnvoll sein. Bei der Anwendung ist darauf zu achten, daß die Ferritperlen keinen Kontakt zu anderen Anschlüssen bekommen, da sonst *Leckströme* fließen können. Zu beachten ist auch, daß Dämpfungsperlen durch ihre induktive Wirkung bei falscher Anwendung Resonanzfrequenzen in unerwünschte Frequenzbereiche verschieben und somit ihrerseits Ursache für selbsterregte Schwingungen sein können.

[8] Wird der Draht mit mehreren Windungen um die Dämpfungsperle gewickelt, so kann die Serienimpedanz erhöht werden.

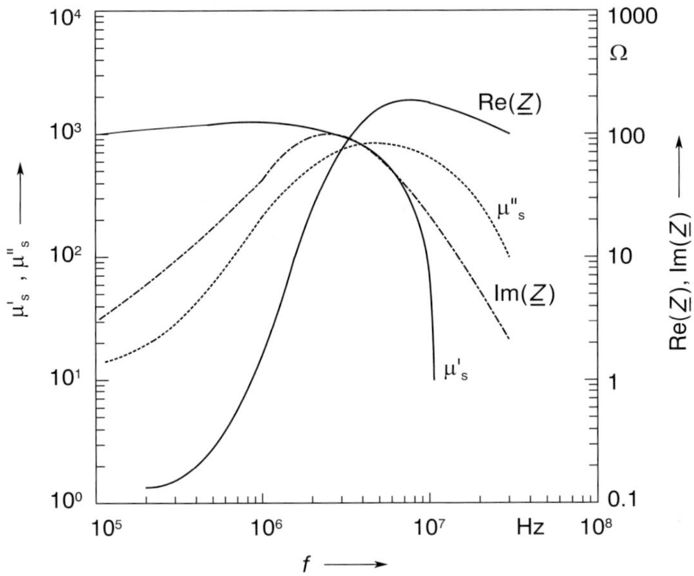

Abb. 9.15. Komplexe Permeabilität für das Material N22 (nach [10]) und Impedanz eines Anschlußdrahts mit einer Dämpfungsperle der Länge 5mm

Beispiel 9.5.1 Als Beispiel wird eine Dämpfungsperle der Länge 5 mm aus dem Material N22 betrachtet, die über einen Anschlußdraht der Länge 12 mm gesteckt wird. Abbildung 9.15 zeigt für dieses Material μ_{s}' und μ_{s}'' als Funktion der Frequenz. Der Serienwiderstand R_0 liegt im Bereich einiger Milliohm und wird im Folgenden vernachlässigt; die Induktivität L_0 des reinen Anschlußdrahts wurde mit 1 nH/mm zu 12 nH angenommen.[9] Wird eine Ferritperle der Länge 5 mm über den Anschlußdraht gestreift, so errechnet sich die Impedanz als Reihenschaltung einer Induktivität von 7 nH und einer mit der komplexen Permeabilität zu multiplizierenden Induktivität von 5 nH

$$\underline{Z}/\mathrm{m}\Omega \;=\; \left[\,31.4\,\mu_{\mathrm{s}}''(f) + \mathrm{j}\,(44 + 31.4\,\mu_{\mathrm{s}}'(f))\right](f/\mathrm{MHz})\,.$$

Die hieraus resultierenden Werte $\mathrm{Re}(\underline{Z})$ und $\mathrm{Im}(\underline{Z})$ sind in Abb. 9.15 aufgetragen. Die durchgeführte Rechnung darf nur als Überschlagsrechnung zur Erläuterung der Zusammenhänge angesehen werden: Genaue Werte der Impedanz sind durch Messung zu bestimmen, liegen jedoch in der berechneten Größenordnung. Δ

Modellierung komplexer, frequenzabhängiger Induktivitäten. Zur Beschreibung induktiver Elemente, die eine komplizierte Abhängigkeit von der Frequenz aufweisen, eignet sich die von PSPICE ermöglichte Darstellung als frequenzabhängige, spannungsgesteuerte Stromquelle. Der zwischen den Klemmen 1 und 2 fließende Strom wird dabei durch die Spannung $V(1,2)$ gesteuert; der Zusammenhang zwischen beiden Größen wird durch die Admittanz des Elements bestimmt. Diese kann mit Betrag (in dB) und Phase (in Grad) als Tabelle für verschiedene Werte der Frequenz definiert werden; zwischen diesen Stützpunkten liegende Werte folgen durch Interpolation.

[9] Dies kann nur als größenordnungsmäßig richtiger Anhaltspunkt dienen, ein genauerer Wert erfordert konkrete Angaben über die Leitungsform und den Rückleiter.

9.6 Vormagnetisierung, Drosselspulen

Drosselspulen sollen den Gleichanteil I_L des sie durchfließenden Stroms möglichst wenig, den Wechselanteil möglichst stark dämpfen (drosseln). Der Kern einer Drosselspule ist deshalb in der Regel mit einem starken Gleichfeld belastet, dem ein schwaches Wechselfeld überlagert ist. Die Verluste in der Drosselspule sind somit vorwiegend *Kupferverluste*, da der dominierende Gleichanteil keine Kernverluste verursacht.

Der Gleichanteil des Stroms bestimmt eine *Vormagnetisierung*, die die für das Wechselfeldverhalten maßgebliche Permeabilität μ_rev beeinflußt. Der Wert von μ_rev wird mit zunehmender Vormagnetisierung – wegen der Sättigung – immer geringer (Abbn. 9.1 und 9.9). Zur Reduktion der Vormagnetisierung bei einer gegebenen Gleichstromstärke werden deshalb meist Spulen mit *Luftspalt* eingesetzt. Dies erhöht die reversible Permeabilität, da die Vormagnetisierung reduziert wird, vermindert sie aber andererseits aufgrund der Scherung. Der Luftspalt ist so zu wählen, daß beim mittleren Spulenstrom der Gewinn durch die Abnahme der Vormagnetisierung bedeutender ist, als der durch die Scherung bedingte Verlust.

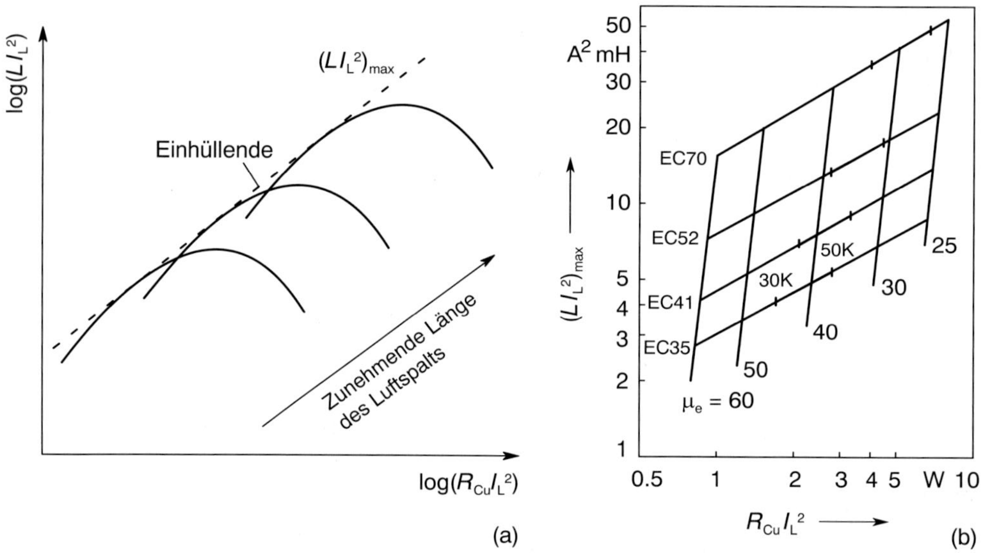

Abb. 9.16. (**a**) LI^2 über $R_\mathrm{Cu}I^2$ (prinzipieller Verlauf) für identische Kerne mit unterschiedlicher Luftspaltlänge und Definition der Vormagnetisierbarkeit; (**b**) Vormagnetisierbarkeit als Funktion der Kupferverlustleistung für EC-Kerne aus SIFERRIT N27 (nach [10])

Zur Bestimmung der optimalen Luftspaltlänge s kann für jeden Wert von s die Größe LI_L^2, die ein Maß für die in der Spule gespeicherte Energie darstellt, über der Verlustleistung $R_\mathrm{Cu}I_\mathrm{L}^2$ aufgetragen werden (Abb. 9.16 a). Im Idealfall würde sich hier eine Gerade der Steigung $A_\mathrm{L}/A_\mathrm{R}$ ergeben, da sowohl

$L = A_L n^2$ als auch $R_{Cu} = A_R n^2$ proportional zum Quadrat der Windungszahl ansteigt. Da die effektive Permeabilität jedoch bei hohen Strömen abnimmt, kommt es zu Abweichungen von dieser Abhängigkeit. Abbildung 9.16 a zeigt den prinzipiellen Verlauf derartiger Kurven; die zu den Kurven gehörenden Kerne unterscheiden sich nur in der Länge des Luftspalts, Material und Kernform sind identisch. Die Einhüllende dieser Kurvenschar markiert den bei gegebener Kupferverlustleistung maximal erreichbaren Wert $(L I_L^2)_{max}$, der auch als *Vormagnetisierbarkeit* bezeichnet wird.

Ausgangspunkt für die Dimensionierung einer Drosselspule mit vorgegebener Induktivität L ist die zulässige *Eigenerwärmung* $\Delta\vartheta = \vartheta - \vartheta_A$ der Spule beim mittleren Spulenstrom I_L. Diese bestimmt – über den von der Kernform abhängigen thermischen Widerstand – eine Obergrenze für die zulässige Kupferverlustleistung $R_{Cu} I_L^2$; Kernverluste aufgrund des Wechselanteils des Spulenstroms werden bei der Dimensionierung gewöhnlich vernachlässigt.

In Abb. 9.16 b ist die Vormagnetisierbarkeit für EC-Kerne unterschiedlicher Abmessungen über der Kupferverlustleistung aufgetragen. Die dick markierten Segmente kennzeichnen den Arbeitsbereich mit einer Eigenerwärmung zwischen 30 K und 50 K. Aus diesem Kennlinienfeld wird der kleinste Kern ausgewählt, dessen Übertemperatur beim vorgegebenen Wert der Vormagnetisierbarkeit $(L I_L^2)_{max}$ unterhalb des zugelassenen Werts liegt. Aus dem Schnittpunkt mit dem Kennlinienfeld kann der erforderliche Wert der effektiven Permeabilität abgelesen werden, der über das Datenblatt auf den A_L-Wert und damit auf die erforderliche Windungszahl führt. Der Drahtquerschnitt wird dann so festgelegt, daß der vorgegebene Wickelraum mit der ermittelten Windungszahl vollständig ausgefüllt wird.

Beispiel 9.6.1 Als Beispiel wird die Dimensionierung einer Drosselspule für ein einfaches Schaltnetzteil (Drossel-Abwärtswandler) betrachtet. Abbildung 9.17 erläutert den prinzipiellen Aufbau einer solchen Schaltung. Der gesteuerte Schalter S wird periodisch geöffnet und geschlossen; das *Tastverhältnis*, d. h. das Verhältnis $t_1/T = \nu$ von Einschaltdauer t_1 zur Periodendauer T sei im Bereich $\nu_{min} \le \nu \le \nu_{max}$ variabel. Läßt man die Änderung von v_1 und v_2 im Lauf einer Periode unberücksichtigt ($v_1 \approx V_1$, $v_2 \approx V_2$), so folgt bei geschlossenem Schalter $v_L \approx$ const. bzw. $di_L/dt \approx$ const., falls der Spannungsabfall am Schalter vernachlässigt werden kann. Unter Berücksichtigung des Gleichstromwiderstands R_{Cu} der Drossel gilt bei geschlossenem Schalter

$$v_L = v_1 - v_2 - R_{Cu} i_L \approx V_1 - V_2 - R_{Cu} I_L = L \left.\frac{di_L}{dt}\right|_1 .$$

Wird nun der Schalter geöffnet, so wird die in L gespeicherte magnetische Energie frei. Die dabei auftretende Induktionsspannung bringt die Diode D in Flußrichtung, d. h. das Potential des Knotens 3 liegt näherungsweise auf $-V_{F0}$, wobei V_{F0} die Schleusenspannung der Diode bezeichnet. An der Spule fällt nun die Spannung

$$v_L = -V_{F0} - R_{Cu} i_L - v_2 \approx -(V_{F0} + V_2 + R_{Cu} I_L) = L \left.\frac{di_L}{dt}\right|_2$$

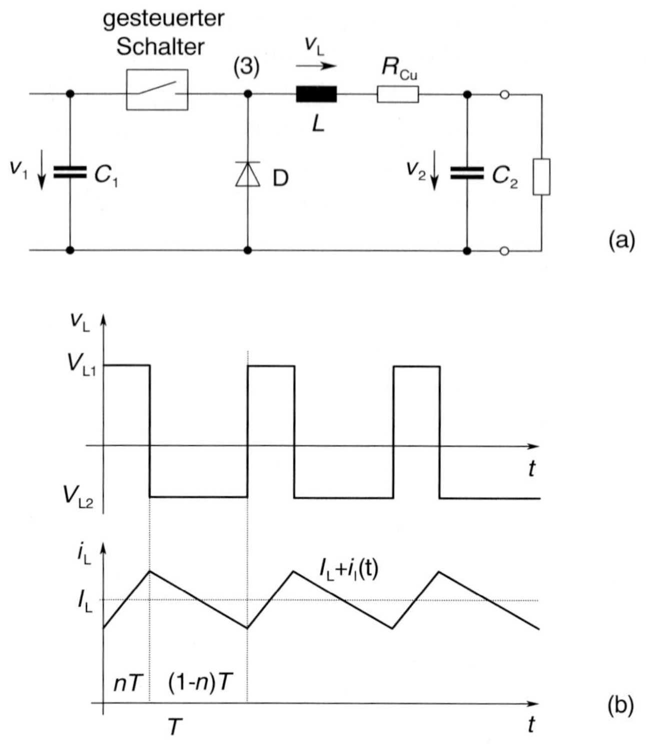

Abb. 9.17. Schaltnetzteil mit Drossel-Abwärtswandler. (**a**) Schaltprinzip und (**b**) Verlauf (schematisch) von Spannungsabfall v_L und Spulenstrom i_L

ab. Im zeitlichen Mittel ist die Änderung des Spulenstroms null, d. h. es muß gelten

$$\nu \left.\frac{\mathrm{d}i_L}{\mathrm{d}t}\right|_1 + (1-\nu) \left.\frac{\mathrm{d}i_L}{\mathrm{d}t}\right|_2 = 0 .$$

Der maximal zulässige Hub $\Delta I_{L,max}$ folgt aus dem minimalen Laststrom $I_{L,min}$; stets muß gelten $\Delta I_L < I_{L,min}/2$, da andernfalls die Spannung über der Drossel während der Austastphase zusammenbricht. Zusammenfassen der Gleichungen führt auf

$$\nu\,(V_1 - V_2 - R_{Cu} I_L) = (1-\nu)\,(V_{F0} + V_2 + R_{Cu} I_L)$$

bzw.

$$V_2 = \nu V_1 - R_{Cu} I_L - (1-\nu) V_{F0} .$$

Durch Variation des Tastverhältnisses ν kann demnach die Ausgangsspannung V_2 verändert werden. Das für eine bestimmte Ausgangsspannung V_2 erforderliche Tastverhältnis ist

$$\nu = \frac{V_{F0} + V_2 + R_{Cu}\, I_L}{V_1 + V_{F0}} . \tag{9.45}$$

Die Induktivität der Spule ist so zu wählen, daß die von der Spule während der Austastphase $(1-\nu)T$ maximal abgebbare Energie $\Delta W \approx L I_L \Delta I_{L,max}$ mindestens gleich der während dieser Zeit in der Last verbrauchten Energie $W \approx (1-\nu) T V_2 I_L$ ist. Dies führt mit $f = 1/T$ auf die Forderung

$$L > \frac{(1-\nu)V_2}{f\Delta I_{\mathrm{L,max}}} \approx \frac{(V_1 - V_2 - R_{\mathrm{Cu}} I_{\mathrm{L}})V_2}{(V_1 + V_{\mathrm{F0}}) f \Delta I_{\mathrm{L,max}}} .$$

Der Wert von L sollte nicht wesentlich größer gewählt werden, da andernfalls die Einschwingzeit der Schaltung bei *Laständerungen* unnötig groß wird.

Als Dimensionierungsbeispiel wird ein Abwärtswandler betrachtet, der bei der Eingangsspannung $V_1 = 12\,\mathrm{V}$ und der Taktfrequenz $f = 30\,\mathrm{kHz}$ die Ausgangsspannung $V_2 = 6\,\mathrm{V}$ liefert. Die Übertemperatur der Spule aufgrund der Eigenerwärmung soll den Wert 35 K nicht überschreiten. Der Wert des mittleren Spulenstroms I_{L} soll im Bereich von 0.25 A bis 5 A veränderlich sein; als Obergrenze für den Hub ΔI_{L} folgt hieraus $\Delta I_{\mathrm{L,max}} = 0.5\,\mathrm{A}$. Als Mindestwert für die Induktivität folgt nun

$$L \geq \frac{(12\,\mathrm{V} - 6\,\mathrm{V}) \cdot 6\,\mathrm{V}}{(12\,\mathrm{V} + 0.7\,\mathrm{V}) \cdot 3 \cdot 10^4\,\mathrm{Hz} \cdot 0.5\,\mathrm{A}} = 189\,\mu\mathrm{H} ,$$

wobei die Schleusenspannung der Diode mit 0.7 V angenommen wird. Als Sollwert wird $L = 0.2$ mH gewählt. Beim Maximalwert des mittleren Spulenstroms beträgt die Vormagnetisierung mithin $L\,I_{\mathrm{L}}^2 \approx 5\,\mathrm{A}^2\mathrm{mH}$. Die Drossel soll mit einem EC-Schalenkern ausgeführt werden. Aus Abb. 9.16 b entnimmt man die Bauform EC41 als geeignet – bei der Bauform EC35 wäre die Übertemperatur (mit annähernd 50 K) zu hoch, größere Bauformen würden unnötiges Gewicht und Kosten verursachen. Aus Abb. 9.16 b wird nun der Optimalwert der effektiven Permeabilität zu $\mu_{\mathrm{e}} \approx 51$ abgelesen. Dieser Wert läßt sich annähernd durch Kombination von zwei Schalenkernhälften realisieren, bei denen der Mittelsteg um je 1 mm reduziert wurde, was sich zu einem Gesamtluftspalt von 2 mm addiert. Der zugehörige A_{L}-Wert kann aus dem Datenblatt zu 100 nH entnommen werden. Die erforderliche Windungszahl folgt hieraus zu

$$n = \sqrt{L/A_{\mathrm{L}}} \approx 45 .$$

Der passende Spulenkörper besitzt gemäß dem Datenblatt einen nutzbaren Wickelquerschnitt von $A_{\mathrm{W}} = 134\,\mathrm{mm}^2$, eine mittlere Windungslänge $\Lambda_{\mathrm{W}} = 62\,\mathrm{mm}$ und einen A_{R}-Wert von $15.9\,\mu\Omega$. Bei einer Windungszahl[10] von $n = 45$ führt dies auf $R_{\mathrm{Cu}} = A_{\mathrm{R}} n^2 = 31.8\,\mathrm{m}\Omega$. Für die beim Maximalwert des mittleren Spulenstroms $I_{\mathrm{L}} = 5\,\mathrm{A}$ umgesetzte Leistung folgt somit $P \approx 0.8$ W. Nach Abb. 9.16 b weist der gewählte Kern bei einer Verlustleistung von 2 W eine Übertemperatur von 30 K auf, der thermische Widerstand zur Umgebung ist mithin 15 K/W. Dies führt mit der errechneten Verlustleistung auf eine Übertemperatur von 12 K, d. h. die projektierte Drossel ist „großzügig“ dimensioniert.

Der Wechselanteil des Spulenstroms soll bei ohmscher Last über den Kondensator C_2 abfließen, da er andernfalls einen Wechselanteil der Ausgangsspannung hervorruft. Zur Festlegung von C_2 kann der Wechselanteil $i_l(t)$ des Spulenstroms als sinusförmig mit der Taktfrequenz f angenommen werden. Zwischen der Restwelligkeit ΔV_2 (Spitze-Spitze) der Ausgangsspannung v_2 und dem Hub $\Delta I_{\mathrm{L,max}}$ des Spulenstroms existiert damit näherungsweise der Zusammenhang

[10] Würde die Drossel als einfache Spule ausgeführt, so wäre ein Drahtdurchmesser größer als 1 mm zu verwenden, um den zur Verfügung stehenden Wickelquerschnitt auszufüllen. Da dies wegen der Steifigkeit der Drähte und wegen der Widerstandserhöhung aufgrund des Skineffekts unzweckmäßig ist, werden in solchen Fällen meist mehrere Wicklungen (z. B. drei Kupferlackdrähte mit Außendurchmesser 0.8 mm) parallel geschaltet.

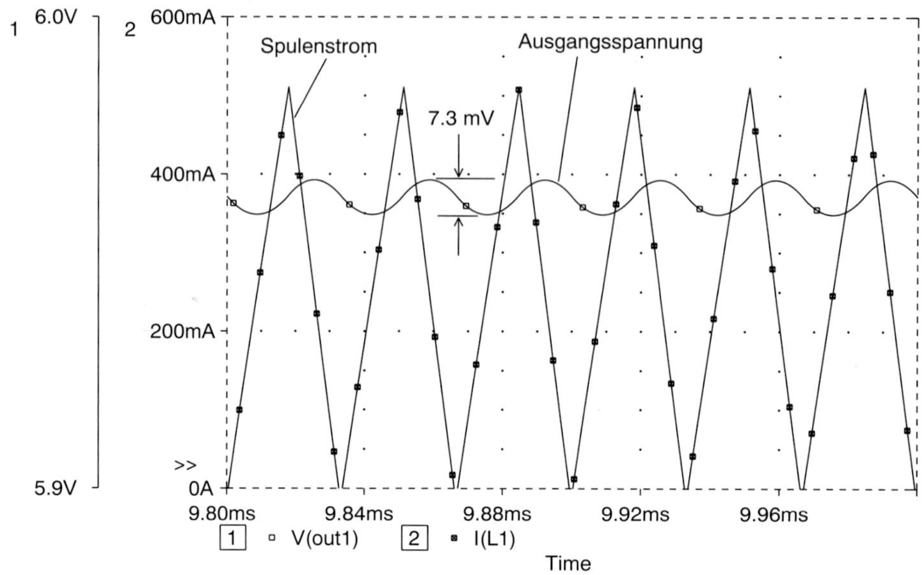

Abb. 9.18. Ergebnis einer Transientenanalyse mit PSPICE für den Verlauf der Ausgangsspannung (Skala 1) und den Spulenstrom (Skala 2) im untersuchten Drossel-Abwärtswandler

$$\Delta I_{\mathrm{L,max}} = 2\pi f\, C_2\, \Delta V_2 ,$$

d. h. ist $\Delta V_{2,\mathrm{max}}$ der maximal zulässige Wert für die Restwelligkeit, so ist

$$C_2 \geq \frac{\Delta I_{\mathrm{L,max}}}{2\pi f\, \Delta V_{2,\mathrm{max}}}$$

zu wählen. Im betrachteten Fall etwa würde aus $\Delta V_{2,\mathrm{max}} = 10$ mV die Forderung

$$C_2 \geq \frac{0.5\ \mathrm{A}}{10\ \mathrm{mV} \cdot 2\pi \cdot 30 \cdot 10^3\ \mathrm{Hz}} \approx 265\,\mu\mathrm{F}$$

folgen. Für eine Simulation[11] des zeitabhängigen Verlaufs der Ausgangsspannung wurde eine Kapazität von 300 µF zugrundegelegt[12]. Das Ergebnis der Simulation ist in Abb. 9.18 zu sehen, das Resultat für die Restwelligkeit stimmt gut mit der Abschätzung überein. △

[11] Der Schalter wurde dabei über einen von einer Pulsquelle mit der Taktfrequenz 30 kHz kontrollierten, spannungsgesteuerten Schalter simuliert. Das erforderliche Tastverhältnis wurde mit Hilfe von Gl. (9.45) berechnet.

[12] Diese würde in der Praxis vorzugsweise durch Parallelschalten mehrerer Kondensatoren, z. B. mit je 100 µF realisiert, da dies geringere Verluste ermöglicht und da die Abmessungen der Kondensatoren geringer sind, was die Unterbringung auf einer Platine erleichtert.

9.7 Eigenschaften und Modellierung ferro- und ferrimagnetischer Kernmaterialien

In Spulen, Übertragern und Transformatoren eingesetzte magnetische Werkstoffe dienen vor allem der Führung und Verstärkung des magnetischen Flusses bei Wechselbetrieb. Deshalb sind hier *weichmagnetische* Materialen mit geringen Ummagnetisierungsverlusten gefragt. Insbesondere bei höherer Frequenz ist darüberhinaus eine geringe elektrische Leitfähigkeit des Kernmaterials erforderlich um Wirbelstromverluste gering zu halten. Abhängig von der Anwendung können zusätzliche Anforderungen – wie z. B. nach einer von Frequenz, Temperatur, Gleichstromvormagnetisierung etc. unabhängigen Permeabilität – hinzukommen. In der Praxis verwendete Kernmaterialien weisen entweder ferro- oder ferrimagnetisches Verhalten auf.

9.7.1 Ferromagnetismus und Ferrimagnetismus

In *ferromagnetischen* Stoffen weisen die Atome ein permanentes magnetisches Dipolmoment auf, d. h. jedes Atom verhält sich wie ein kleiner Magnet vom magnetischen Moment $\boldsymbol{m}$. Ursache des magnetischen Dipolmoments sind ungefüllte d- oder f-Schalen, in denen sich das Spinmoment der Elektronen zu einem nicht verschwindenden Gesamtmoment addiert. Bedingt durch die sog. *Austauschwechselwirkung* richten sich die Dipolmomente bei tiefen Temperaturen in einzelnen Kristallbereichen, den sog. *Weisschen Bezirken*, parallel aus – diese sind dann bis zur Sättigung magnetisiert. Für den Betrag M_{s0} der *Sättigungsmagnetisierung* des Materials bei $T = 0$ K folgt mit der Dichte N/V der Atome

$$M_{s0} = |\boldsymbol{m}|\, N/V \,. \tag{9.46}$$

Beispiel 9.7.1 Als Beispiel wird die Magnetisierung von Eisen (Fe) betrachtet. Eisen besitzt die Dichte $\rho_m = 7.9$ g/cm^3; das Atomgewicht beträgt 55.8 g/mol. Mit der Avogadro-Konstanten $N_{\mathrm{mol}} = 6.022 \cdot 10^{23}$ mol^{-1} errechnet sich die Dichte der Atome zu

$$\frac{N}{V} = \frac{7.9\,\mathrm{g/cm^3}}{55.8\,\mathrm{g/mol}} \cdot 6.022 \cdot 10^{23}\,\frac{1}{\mathrm{mol}} \approx 8.526 \cdot 10^{22}\,\mathrm{cm}^{-3} \,.$$

Der Betrag $|\boldsymbol{m}|$ des magnetischen Moments eines Eisenatoms ist annähernd $2.2\,\mu_{\mathrm{B}}$, wobei $\mu_{\mathrm{B}} = 9.273 \cdot 10^{-24}$ Am^2 das sog. Bohrsche Magneton bezeichnet. Für die Sättigungsmagnetisierung von Eisen folgt daraus

$$M_{s0} = 8.526 \cdot 10^{22}\mathrm{cm}^{-3} \cdot 2.2 \cdot 9.273 \cdot 10^{-24}\,\mathrm{Am}^2 \approx 1.74 \cdot 10^6\,\mathrm{A/m} \,.$$

Verwandt zum Ferromagnetismus ist der *Antiferromagnetismus*. Während die Austauschwechselwirkung im Ferromagneten eine parallele Ausrichtung der magnetischen Momente innerhalb eines Weisschen Bezirks bewirkt, führt sie im Antiferromagneten zu einer antiparallelen Ausrichtung, d. h. die resultierende magnetische Polarisation ist hier null. Antiferromagnetische Werkstoffe weisen ein $\mu_r \approx 1$ auf und sind deshalb als Kernmaterialien uninteressant.

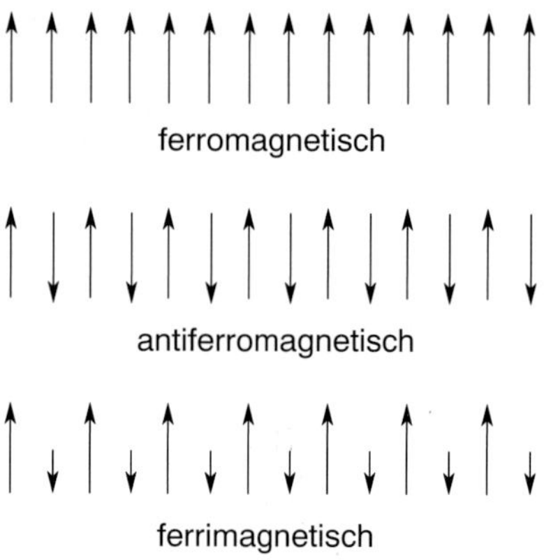

Abb. 9.19. Magnetische Ordnung

In *ferrimagnetischen* Substanzen sind Atome mit unterschiedlichen magnetischen Momenten vorhanden. Bei ferrimagnetischer Ordnung bilden diese Untergitter mit gegensätzlich orientierten magnetischen Momenten, die sich im Gegensatz zum Antiferromagneten aber nur teilweise kompensieren. Somit stellt sich eine resultierende Magnetisierung ein, die um so größer ist, je unterschiedlicher die magnetischen Momente der Ionen auf den Untergittern sind. Ferrimagnetismus tritt in den als Spulenkörper weitverbreiteten *Ferriten* auf.

9.7.2 Magnetisierung

Die beschriebenen ferro- oder ferrimagnetischen Ordnungszustände bilden sich innerhalb räumlich begrenzter Bereiche, den *Weisschen Bezirken* oder *Domänen* aus. Im unmagnetisierten Zustand sind die magnetischen Momente in benachbarten Weisschen Bezirken unterschiedlich ausgerichtet und kompensieren sich gegenseitig. Die Weisschen Bezirke bilden sich dabei so aus, daß die Gesamtenergie (Magnetisierungsenergie und Energie des Aussenfelds) minimal wird. In einkristallinen Materialien erfolgt die spontane Magnetisierung vorzugsweise in der Richtung leichter Magnetisierbarkeit – die magnetische Polarisation in benachbarten Weisschen Bezirken ist deshalb häufig um 180° gegeneinander verdreht.

Die Weisschen Bezirke werden durch die sog. *Bloch-Wände* getrennt. Innerhalb einer Bloch-Wand der Dicke δ erfolgt ein allmählicher Übergang der Ausrichtung der magnetischen Momente (Abb. 9.20 b). Durch Anlegen eines magnetischen Felds kommt es zu einer zunehmenden Ausrichtung der magnetischen Momente in Feldrichtung. In fehlerfreien Einkristallen vergrößern sich dabei Weissche Bezirke, deren magnetische Momente (weitgehend) par-

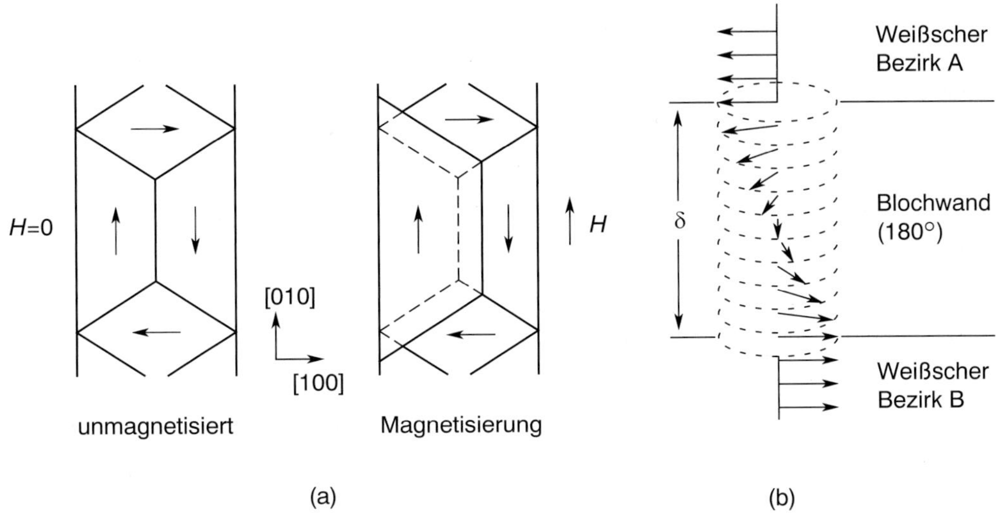

Abb. 9.20. Weissche Bezirke (**a**) und Bloch-Wände (**b**) in Ferromagnetika (nach [12])

allel zur Feldrichtung liegen durch Verschieben der Bloch-Wand auf Kosten der anderen Bereiche (Abb. 9.20 a). Dieser Vorgang ist reversibel und erfolgt bereits bei sehr kleinen Feldern. Materialien, in denen sich die Bloch-Wände leicht verschieben lassen, zeichnen sich durch eine sehr hohe *Anfangspermeabilität* μ_i und eine geringe *Hysterese* aus. Im Bereich hoher Feldstärken erfolgt dann eine Drehung der magnetischen Momente aus der kristallographischen Vorzugsrichtung heraus parallel zum Feldstärkevektor. Die zum Erreichen der Sättigungsmagnetisierung M_s erforderliche Feldstärke ist bei einkristallinem Material abhängig von der Orientierung des Kristalls zum Feld. Der Wert von M_s nimmt darüber hinaus mit zunehmender Temperatur ab, da die Wärmebewegung der Austauschwechselwirkung entgegenwirkt; M_s verschwindet bei der Curie-Temperatur.

Spontane Magnetisierung, Curie-Temperatur. Aufgrund der Wärmebewegung sind die magnetischen Momente der Atome in einem Weisschen Bezirk für $T > 0\,\mathrm{K}$ nicht exakt parallel ausgerichtet. Die Magnetisierung M in einem Feld H_W ist deshalb eine temperaturabhängige Größe. Sie kann mit den Methoden der statistischen Thermodynamik berechnet werden und wird durch eine Langevin-Funktion [13] beschrieben

$$M = M_{\mathrm{s}0}\,[\coth(\zeta) - 1/\zeta] \qquad \text{mit} \qquad \zeta = \mu_0|\boldsymbol{m}|H_\mathrm{W}/k_\mathrm{B}T\,, \tag{9.47}$$

wobei $M_{\mathrm{s}0}$ wiederum die Sättigungsmagnetisierung bei $T = 0\,\mathrm{K}$ bezeichnet. Für die Feldstärke H_W ist dabei nach Weiss das lokal wirksame Magnetfeld anzusetzen, das sowohl durch das externe magnetische Feld H als auch durch die Magnetisierung M der umliegenden Gebiete bestimmt wird (sog. Weissches Molekularfeld). Mit der Weisschen Wechselwirkungskonstante α_W läßt sich so schreiben

$$H_\mathrm{W} = H + \alpha_\mathrm{W} M\,. \tag{9.48}$$

In (9.47) eingesetzt führt dies auf eine nichtlineare, implizite Gleichung für M. Für $H = 0$ resultiert insbesondere die folgende Gleichung für die *spontane Magnetisierung* innerhalb eines Weisschen Bezirks

$$\frac{M}{M_{s0}} = \frac{k_B T}{\mu_0 |\boldsymbol{m}| \alpha_W M_{s0}} \zeta_0 = \coth(\zeta_0) - \frac{1}{\zeta_0} , \tag{9.49}$$

wobei $\zeta_0 = \mu_0 |\boldsymbol{m}| \alpha_W M / k_B T$. Die Lösung von Gl.(9.49) kann graphisch ermittelt werden [12, 13], der prinzipielle Verlauf ist in der Abb. 9.21 dargestellt.

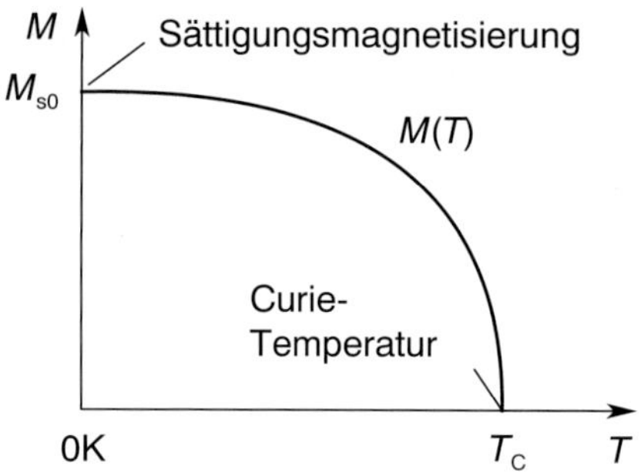

Abb. 9.21. Spontane Magnetisierung

Eine Lösung $M \neq 0$ ergibt sich danach nur, falls T kleiner ist als die *Curie-Temperatur*

$$T_C = \frac{M_{s0} \mu_0 |\boldsymbol{m}| \alpha_W}{3 k_B} . \tag{9.50}$$

Ferromagnetische Ordnungszustände werden bei Überschreiten der materialspezifischen Curie-Temperatur zerstört, d. h. nur für $T < T_C$ liegen Weissche Bezirke mit spontaner Magnetisierung vor. Durch Erhitzen auf Temperaturen $T > T_C$ wird eine Magnetisierung des Materials aufgehoben (Entmagnetisierung).

Hysterese. Die *Hysterese* in ferromagnetischen Materialien ist auf Störstellen im Gitter zurückzuführen. Diese behindern die Verschiebung der Bloch-Wände im magnetischen Feld. Ohne diesen Mechanismus würde eine Probe nach Abschalten des externen Felds wieder in den energetisch besonders günstigen[13] unmagnetisierten Zustand zurückgehen. Durch die Haftwirkung der Bloch-Wände an den Störstellen muß aber erst eine kritische Feldstärke überschritten werden, bis sich eine Bloch-Wand bewegt. Die Ausdehnung der durch die Wand begrenzten Domäne erfolgt dann sprunghaft (*Barkhausen-Sprung*). Derartige Sprünge führen zu kleinen Stufen in der Hysteresekurve (Abb. 9.1), die in der Kennlinie (wegen der endlichen Genauigkeit) zwar meist nicht sichtbar sind, mit einer äußeren Meßspule aber nachgewiesen werden können (Barkhausen-Rauschen). Eine detaillierte Betrachtung der Zusammenhänge ist z. B. in [14, 15] zu finden; an dieser Stelle wird nur der ver-

[13]Da im unmagnetisierten Zustand keine Energie im Feld außerhalb der Probe gespeichert ist.

gleichsweise einfache Ansatz von Jiles und Atherton betrachtet, der auch die Grundlage der Modellierung in PSPICE darstellt.

Das Modell von Jiles und Atherton. Jiles und Atherton [16] betrachten zunächst den „hysteresefreien“ Anteil M_{an} der Magnetisierung (anhysteretic magnetization), den sie entsprechend der Weisschen Molekularfeldtheorie (9.47), (9.48) ansetzen

$$M_{\mathrm{an}} = M_{\mathrm{s0}} \left[\coth\left(\frac{H_{\mathrm{W}}}{A}\right) - \frac{A}{H_{\mathrm{W}}} \right] \qquad \text{mit} \qquad H_{\mathrm{W}} = H + \alpha_{\mathrm{W}} M \, . \tag{9.51}$$

Dabei bezeichnet M_{s0} die Sättigungsmagnetisierung, $A = k_{\mathrm{B}}T/(\mu_0|\boldsymbol{m}|)$ einen (temperaturabhängigen) Parameter von der Dimension A/m und α_{W} die Weissche Wechselwirkungskonstante. Wird in Gl. (9.51) $M = M_{\mathrm{an}}$ gesetzt, so ergibt sich eine nichtlineare, implizite Gleichung für M_{an}, die sich numerisch lösen läßt.

Bedingt durch die Hysterese weicht die tatsächliche Magnetisierung M vom hysteresefreien Anteil M_{an} ab. Zur Modellierung der Hysterese wird der Ansatz

$$\frac{\mathrm{d}M}{\mathrm{d}H_{\mathrm{W}}} = \frac{M_{\mathrm{an}} - M}{\pm K}$$

gemacht. Die Größe K (Einheit A/m) stellt dabei ein Maß für die Energie dar, die pro Volumeneinheit aufgebracht werden muß, um die an Störstellen haftenden Blochwände zu lösen; das positive Vorzeichen ist für $\mathrm{d}H/\mathrm{d}t > 0$ und das negative Vorzeichen für $\mathrm{d}H/\mathrm{d}t < 0$ zu wählen. In Verbindung mit $H_{\mathrm{W}} = H + \alpha_{\mathrm{W}} M$ kann dies umgeformt werden in

$$\frac{\mathrm{d}M}{\mathrm{d}H} = \frac{\mu_0\,(M_{\mathrm{an}} - M)}{\pm K - \alpha_{\mathrm{W}}\mu_0\,(M_{\mathrm{an}} - M)} \, . \tag{9.52}$$

Jiles und Atherton berücksichtigen zusätzlich zu diesem, irreversible Wandverschiebungen beschreibenden Ausdruck, die reversible Deformation von Blochwänden, die an Störstellen haften. Diese führen zu einem zusätzlichen Term $C\,\mathrm{d}(M_{\mathrm{an}} - M)/\mathrm{d}H$ auf der rechten Seite von (9.52). Der Parameter C charakterisiert die *Deformierbarkeit* der an einer Störstelle haftenden Bloch-Wände. Nach $\mathrm{d}M/\mathrm{d}H$ aufgelöst resultiert

$$\frac{\mathrm{d}M}{\mathrm{d}H} = \frac{1}{1+C}\,\frac{\mu_0\,(M_{\mathrm{an}} - M)}{\pm K - \alpha_{\mathrm{W}}\mu_0\,(M_{\mathrm{an}} - M)} + \frac{C}{1+C}\,\frac{\mathrm{d}M_{\mathrm{an}}}{\mathrm{d}H} \, . \tag{9.53}$$

Das Gleichungssystem aus (9.51) und (9.53) ergibt den gesuchten Zusammenhang $M(H)$, woraus sofort $B(H)$ folgt.

9.7.3 Beschreibung von Spulen mit Kern in PSPICE

Zur Beschreibung ferromagnetischer Kernmaterialien steht in PSPICE ein spezielles `CORE`-Modell zur Verfügung. Spulen werden hier nicht durch Induktivitätswerte, sondern durch Windungszahlen definiert. Die Eigenschaften des Kernmaterials werden in einer gesonderten Modellanweisung vom Typ `CORE` spezifiziert.

Die Elementanweisung für eine Spule mit Kern ist von der Form

```
Lx    K_a    K_b    Windungszahl
Kx    Lx    Kopplungsfaktor    Modellname
```

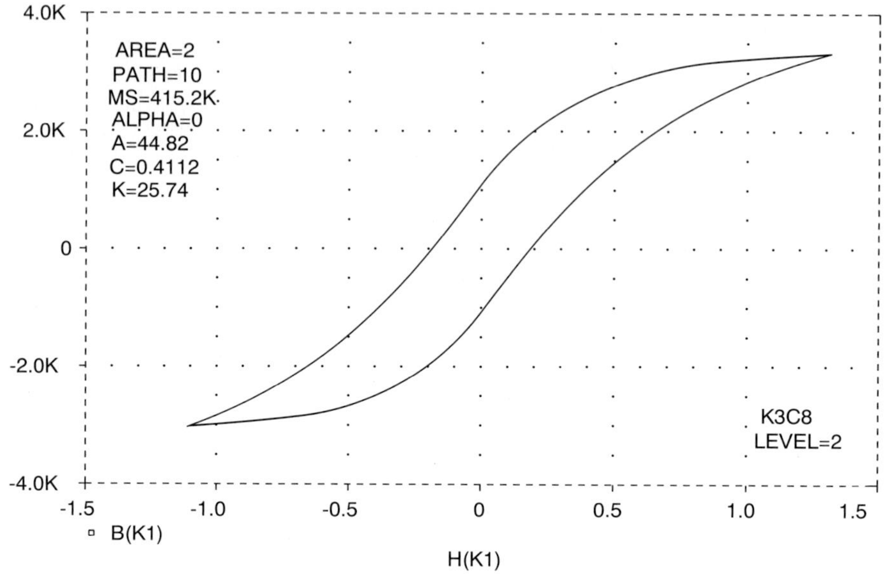

Abb. 9.22. $B(H)$-Hysteresekurve eines Ferroxcube-Kerns (simuliert mit PSPICE, Angaben in Gauss bzw. Oersted)

Die erste Zeile definiert dabei die Knotennamen `K_a` und `K_b` der Anschlüsse und die Windungszahl. Die zweite Zeile bestimmt den Kopplungsfaktor, der bei der Modellierung von Spulen zweckmäßigerweise auf den Wert `1` gesetzt wird und das für die Simulation zu verwendende Kernmodell. Die zugehörige Modellanweisung enthält die nach der Theorie von Jiles und Atherton zur Beschreibung der $B(H)$-Abhängigkeit des Kernmaterials erforderlichen Parameter. Der Aufbau einer solchen Anweisung ist von der Form

```
.MODEL   Modellname  CORE (AREA =   PATH = ...)
```

Die wichtigsten Parameter des Modells sind in Tabelle 9.1 aufgeführt.

Tabelle 9.1 Parameter des PSPICE-Kernmodells

Parameter	Bedeutung	Einheit	Ersatzwert
AREA	effektiver magnetischer Querschnitt	cm^2	0.1
PATH	effektive magnetische Weglänge	cm	1
GAP	effektive Länge des Luftspalts	cm	0
MS	Sättigungsmagnetisierung	Gauss	10^6
A	„thermal energy parameter“	A/m	10^3
C	„domain flexing parameter“		0.2
K	„domain anisotropy parameter“	A/m	500
ALPHA	Weissche Wechselwirkungskonstante		10^{-3}
GAMMA	„domain damping parameter“	Hz	∞

Die Parameter AREA, PATH und GAP charakterisieren die Abmessungen des Kerns und sind dem Datenblatt zu entnehmen. Für eine Windungszahl n und einen gegebenen Spulenstrom i berechnet PSPICE die effektive Feldstärke im Kern nach Gl. (9.34). Die Größen MS, A, C, K, ALPHA beschreiben das Kernmaterial entsprechend dem Ansatz von Jiles und Atherton. Dabei sind zwei Ansätze zur Beschreibung des hysteresefreien Anteils der Magnetisierung verfügbar. Diese können in der Modellanweisung durch zusätzliche Angabe von $\texttt{LEVEL} = 1, 2$ ausgewählt[14] werden. LEVEL=1 benutzt den Ansatz (9.51), während LEVEL=2 den Ansatz

$$M_{\mathrm{an}} = \texttt{MS} \cdot \frac{H_{\mathrm{W}}/A}{1 + |H_{\mathrm{W}}/A|}$$

für den hysteresefreien Anteil der Magnetisierung verwendet.

Um die endliche Geschwindigkeit der Ummagnetisierungsprozesse zu erfassen, wurde zusätzlich der Parameter GAMMA eingeführt, der mittels

$$\mathrm{d}M/\mathrm{d}t = \texttt{GAMMA} \cdot [M(H) - M(t)]$$

eine Verzögerung zwischen der tatsächlichen Magnetisierung $M(t)$ und der zu der aktuellen Feldstärke $H(t)$ gehörenden Gleichgewichtsmagnetisierung $M(H)$ erfaßt. Der Kehrwert von GAMMA kann als charakteristische Zeitkonstante für das Einstellen der Magnetisierung aufgefaßt werden. Der Wert von GAMMA beeinflußt die Kernverluste – diese nehmen mit zunehmendem GAMMA ab.

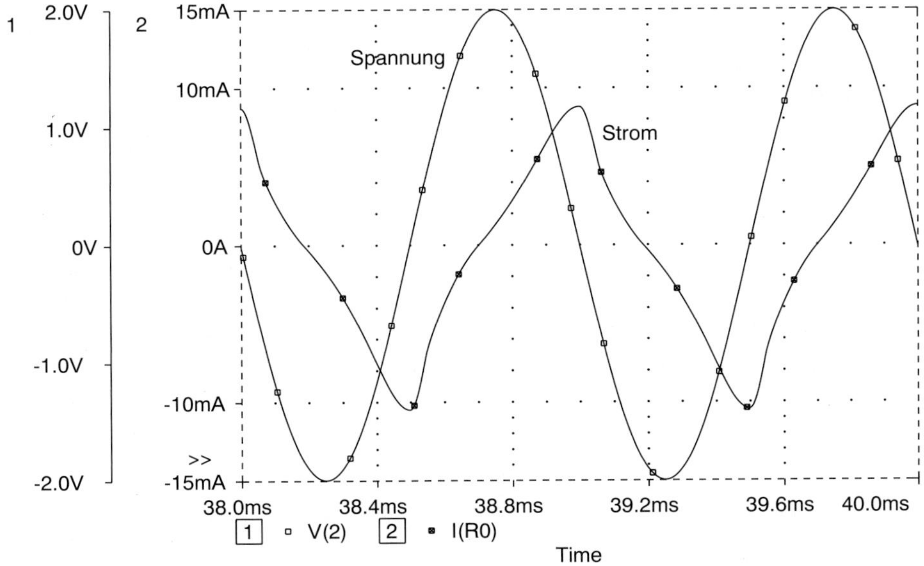

Abb. 9.23. Stromverlauf in einer Spule mit hysteresebehaftetem Kern

[14]Erfolgt keine Angabe, so gilt der Ersatzwert LEVEL=1.

Beispiel 9.7.2 Abbildung 9.23 zeigt die Ergebnisse einer Transientenanalyse für den Stromfluß durch eine Spule (Modellparameter entsprechend Abb. 9.22) mit Kern bei harmonischer Erregung ($\hat{v} = 2$ V, $f = 1$ kHz). Die Windungszahl wurde mit $n = 100$ und der Kupferwiderstand mit $\texttt{R0} = R_{\mathrm{Cu}} = 2\ \Omega$ angenommen. Wegen der nichtlinearen Eigenschaften des Kerns (die durchlaufene Hystereseschleife ist in Abb. 9.22 dargestellt) weicht der Stromverlauf stark vom sinusförmigen Verhalten ab. Dies zeigt auch das Ergebnis einer Fourier-Analyse, nach der vor allem die *dritte* Harmonische eine besonders ausgeprägte Amplitude aufweist.

```
FOURIER COMPONENTS OF TRANSIENT RESPONSE I(RO)
DC COMPONENT = -4.225784E-04
```

HARMONIC NO	FREQUENCY (HZ)	FOURIER COMPONENT	NORMALIZED COMPONENT	PHASE (DEG)	NORMALIZED PHASE (DEG)
1	1.000E+03	7.648E-03	1.000E+00	1.061E+02	0.000E+00
2	2.000E+03	2.733E-04	3.574E-02	-7.657E+01	-1.827E+02
3	3.000E+03	1.565E-03	2.046E-01	1.161E+02	9.943E+00
4	4.000E+03	5.277E-05	6.900E-03	-7.081E+01	-1.769E+02
5	5.000E+03	4.627E-04	6.050E-02	1.003E+02	-5.832E+00

9.7.4 Kernverluste

Aufgrund von Trägheits- und Resonanzeffekten bei der Magnetisierung sowie bedingt durch die Hysterese und Wirbelstromverluste, ist die wirksame Permeabilität magnetischer Stoffe frequenzabhängig. Bei Annahme eines linearen Zusammenhangs zwischen B und H lassen sich diese Effekte durch den in (9.31) definierten *Kernverlustfaktor* $\tan\delta_{\mathrm{K}}$ erfassen. Dieser setzt sich im wesentlichen aus dem Wirbelstromverlustfaktor $\tan\delta_{\mathrm{w}}$, dem Hystereseverlustfaktor $\tan\delta_{\mathrm{h}}$ und dem Nachwirkungsverluste berücksichtigenden Verlustfaktor $\tan\delta_{\mathrm{n}}$ zusammen

$$\tan\delta_{\mathrm{K}} = \tan\delta_{\mathrm{h}} + \tan\delta_{\mathrm{w}} + \tan\delta_{\mathrm{n}}\ . \tag{9.54}$$

Bei niederen Frequenzen läßt sich $\tan\delta_{\mathrm{K}}$ in einen konstanten Anteil, einen Anteil proportional zur Feldstärke H sowie einen zur Frequenz proportionalen Anteil aufspalten [9]

$$2\pi\tan\delta_{\mathrm{K}} = hH + wf + n\ . \tag{9.55}$$

Die Koeffizienten h, w und n werden als Hysterese-, Wirbelstrom- bzw. Nachwirkungsbeiwert bezeichnet und in der Folge näher erläutert.

Neben den weiter unten näher betrachteten Hysterese- und Wirbelstromverlusten können zusätzliche Mechanismen die Frequenzabhängigkeit der Permeabilität beeinflussen: Zum einen können die Spins der Elektronen einer Feldänderung nicht beliebig schnell folgen, was sich bei hohen Frequenzen in einem Abfall der Permeabilität und einer Zunahme der Verluste bemerkbar macht.[15] Zum anderen kommt es zu *Resonanzeffekten*, wenn die Frequenz der Feldänderung mit der Präzessionsfrequenz der Spins im magnetischen Feld übereinstimmt (Spinresonanz, ferromagnetische Resonanz). In polykristallinen Werkstoffen kann es darüber hinaus aufgrund einer kapazitiven Kopplung über die Korngrenzen hinweg, zu überproportional mit der Frequenz zunehmenden Wirbelstromverlusten und dielektrischen Verlusten kommen (Dimensionsresonanz). Ein weiterer Mechanismus, der die Verluste eines Kerns beeinflussen kann, ist die *magnetostriktive Resonanz*: Da sich die Ausdehnung des Kerns mit der Magnetisierung verändert, regt ein Wechselfeld diesen zu mechanischen Schwingungen („Trafobrummen“) an. Wird die Spule von einem Wechselstrom mit einer Frequenz im Bereich der Eigenfrequenz dieser Schwingungen durchflossen, so kommt es zur magnetostriktiven Resonanz und erhöhten Ummagnetisierungsverlusten, da die zur Anregung der Schwingungen erforderliche Leistung dem magnetischen Feld entzogen wird.

Wirbelstromverluste, gyromagnetische Grenzfrequenz

Das sich ändernde magnetische Feld induziert im Kern *Wirbelströme*. Nach der Lenzschen Regel sind diese so gerichtet, daß sie das induzierende Feld schwächen. Die bei höheren Frequenzen in den äußeren Schichten eines Kerns induzierten Wirbelströme schirmen deshalb das Kerninnere zumindest teilweise ab. Auf diesem Weg kommt es zu einer Phasenverschiebung zwischen i und B sowie zu einer Verringerung des wirksamen Kernquerschnitts, was zu einer Abnahme der effektiven Permeabilität führt. Der Mechanismus entspricht der Stromverdrängung in Leitern bei höheren Frequenzen (Skineffekt, vgl. Kap. 7.1) und wird ebenfalls oberhalb einer von der Permeabilität, der Leitfähigkeit und den Abmessungen abhängigen Grenzfrequenz maßgeblich. Diese wird hier als *Wirbelstromgrenzfrequenz* f_w bezeichnet. Für dünne Bleche gilt

$$f_\mathrm{w} = \frac{4\rho}{\pi\mu_0\mu_\mathrm{i}}\,\frac{1}{d^2}\,, \tag{9.56}$$

d. h. die Wirbelstromgrenzfrequenz entspricht der Grenzfrequenz für den Skineffekt. Die Wirbelstromverluste werden durch den *Wirbelstromverlustfaktor*

$$\tan\delta_\mathrm{w} \approx \frac{2}{3}\,\frac{f}{f_\mathrm{w}} = \frac{w}{2\pi}\,f \tag{9.57}$$

beschrieben. Dieser steigt proportional zur Frequenz an; der Faktor w wird als *Wirbelstrombeiwert* bezeichnet.

Wirbelstromverluste können durch eine Anhebung des spezifischen Widerstands des Kernmaterials verringert werden. Dies ist möglich durch Einsatz ferritischer

[15] Zusätzlich zu diesem als *Spinrelaxation* bezeichneten Effekt spielen im Wechselfeld die mit endlicher Geschwindigkeit ablaufenden Verschiebungen der Bloch-Wände und andere meist thermisch bedingte Prozesse eine Rolle. Genannt seien hier insbesondere die thermische Nachwirkung (Jordan-Nachwirkung) oder die Diffusionsnachwirkung (Richter-Nachwirkung). Der Frequenzgang dieser *Nachwirkungsverluste* wird deshalb meist durch mehrere Zeitkonstanten bestimmt (vgl. [9]) – für Abschätzungen genügt jedoch meist der Nachwirkungsverlustfaktor $\tan\delta_\mathrm{n}$ bzw. der *Nachwirkungsbeiwert* $n = 2\pi\tan\delta_\mathrm{n}$.

Werkstoffe oder amorpher Metallegierungen. Durch eine räumliche Begrenzung der Wirbelstrombahnen lassen sich Wirbelstromverluste ebenfalls reduzieren. Dies geschieht entweder durch Einteilung des Kerns in dünne voneinander isolierte Bleche oder aber durch Zerkleinern des Kernmaterials in Pulverform und anschließende Verbindung mit einem isolierenden Stoff. Die Dicke der Bleche bzw. die Größe der Pulverpartikel ist dabei um so geringer zu wählen, je höher die Frequenz ist.

In der Praxis ergeben sich – insbesondere für Werte von d im Bereich weniger µm – als *Wirbelstromanomalien* bezeichnete Abweichungen von Gl. (9.56). Dies ist zum einen durch die in der klassischen Wirbelstromtheorie außer acht gelassene Unterteilung in Weissche Bezirke und zum anderen auf die, bei hohen Wirbelstromgrenzfrequenzen bemerkbare, endliche Einstellgeschwindigkeit der Spinmomente im magnetischen Wechselfeld zurückzuführen. Dieser als *Spinrelaxation* bezeichnete Mechanismus führt zu der von der Blechdicke unabhängigen sog. *gyromagnetischen Grenzfrequenz* f_g. Diese ist abhängig vom Verhältnis der Sättigungspolarisation J_s zur Anfangspermeabilität μ_i, wobei nach [11] näherungsweise gilt

$$f_\mathrm{g} \approx (0.8-1.9)\,\mathrm{MHz} \cdot 10^4 \cdot (J_\mathrm{s}/\mathrm{T})/\mu_\mathrm{i}\,. \tag{9.58}$$

Bei einer Anfangspermeabilität von $\mu_\mathrm{i} \approx 1000$ beträgt sie größenordnungsmäßig 10 MHz. In ferromagnetischen Blechen macht sich die Spinrelaxation, wegen der dort vorliegenden hohen Leitfähigkeit, erst bei Blechstärken unter 20 μm bemerkbar; in Ferritkernen gilt wegen des hohen spezifischen Widerstands jedoch häufig $f_\mathrm{g} < f_\mathrm{w}$.

Hystereseverluste

Beim Ummagnetisieren eines Kerns wird aufgrund der Hysterese Arbeit verrichtet. Die bei einem vollständigen Zyklus (zweimaliges Ummagnetisieren) pro Volumeneinheit verrichtete Arbeit wird durch die von der Hysteresekurve eingeschlossene Fläche bestimmt

$$\frac{W_H}{\mathcal{V}} = \oint H\,\mathrm{d}B\,. \tag{9.59}$$

Um die *Hystereseverluste* klein zu halten werden für die meisten Anwendungen magnetisch weiche Materialien (kleine Koerzitivfeldstärke) bevorzugt.

Bei kleinen Feldstärken läßt sich die Hysteresekurve durch die in Abb. 9.1 dargestellte Rayleigh-*Schleife* approximieren. Diese wird beschrieben durch zwei Äste

$$B_\pm(H) = \mu_0 \left[(\mu_\mathrm{i} + 2\nu\hat{H})H \pm \nu\left(\hat{H}^2 - H^2\right)\right]\,, \tag{9.60}$$

wobei $\hat{H}$ den Scheitelwert der magnetischen Feldstärke und ν die sog. *Rayleigh-Konstante* bezeichnet. Der Wert von ν bestimmt den Betrag der remanenten Induktion; aus $H = 0$ folgt

$$B = \pm\mu_0\nu\hat{H}^2 = \pm B_\mathrm{r}\,.$$

Das Integral (9.59) läßt sich für Hysteresekurven entsprechend einer Rayleighschleife (9.60) berechnen [9]. Alternativ kann der Hystereseverlustfaktor $\tan\delta_\mathrm{h}$ durch direktes Berechnen der Induktion bei harmonischer Erregung gewonnen werden. Besitzt $H(t)$ einen harmonischen Verlauf

$$H(t) = \hat{H}\cos(\omega t) ,$$

so werden abwechselnd beide Äste der Rayleigh-Schleife durchlaufen. Entwickeln von $B(t)$ in eine Fourier-Reihe ergibt nach [9]

$$B(t) = \hat{B}_1 \cos(\omega t - \delta_\mathrm{h}) - \sum_{k=1}^{\infty} \hat{B}_{2k+1} \sin[(2k+1)\omega t] . \tag{9.61}$$

Die Amplituden der Grundschwingung und der höheren Harmonischen sind dabei

$$\hat{B}_1 \approx \mu_0 \hat{H}(\mu_\mathrm{i} + 2\nu\hat{H}), \qquad \hat{B}_{2k+1} = \frac{8\mu_0\nu\hat{H}^2}{\pi(2k-1)(2k+1)(2k+3)} , \tag{9.62}$$

wobei $\tan\delta_\mathrm{h} \ll 1$ angenommen wurde. Bemerkenswert ist, daß – wegen der Symmetrie der Hysteresekurve – nur *ungeradzahlige* Harmonische auftreten; von diesen ist die dritte Harmonische ($k = 1$) die Bedeutendste.

Die Größe δ_h in Gl. (9.61) bezeichnet den *Hystereseverlustwinkel*; für den daraus resultierenden *Hystereseverlustfaktor* ergibt sich nach [9]

$$\tan\delta_\mathrm{h} = \frac{8}{3\pi}\,\frac{\nu\hat{H}}{\mu_\mathrm{i} + 2\nu\hat{H}} \approx \frac{8}{3\pi}\,\frac{\nu}{\mu_\mathrm{i}}\,\hat{H} . \tag{9.63}$$

Der Hystereseverlustfaktor steigt annähernd proportional zum Effektivwert $H = \hat{H}/\sqrt{2}$ der Feldstärke an; unter Verwendung des Jordanschen *Hysteresebeiwerts* h läßt sich demnach schreiben

$$\boxed{\tan\delta_\mathrm{h} = \frac{hH}{2\pi} \quad \text{mit} \quad h = \frac{16\sqrt{2}\,\nu}{3\mu_\mathrm{i}} .} \tag{9.64}$$

Eng verwandt mit dem Hystereseverlustfaktor ist die über

$$\eta_\mathrm{B} = \frac{\tan\delta_\mathrm{h}}{\mu_\mathrm{e}\hat{B}} \tag{9.65}$$

definierte *Hysteresematerialkonstante* (Einheit 1/T). Der Wert von η_B ist im Gegensatz zum Hysteresebeiwert h unabhängig vom Luftspalt und charakterisiert somit die Materialeigenschaften. Der Hysteresebeiwert h folgt aus η_B gemäß [10]

$$h = 2\pi\sqrt{2}\cdot\mu_0\mu_\mathrm{i}^2\cdot\eta_\mathrm{B} \approx 111.66\,\frac{\mathrm{nH}}{\mathrm{cm}}\cdot\mu_\mathrm{i}^2\cdot\eta_\mathrm{B} . \tag{9.66}$$

Verzerrungen, Klirrfaktor. Die magnetische Induktion hängt in nichtlinearer Weise vom magnetischen Feld und damit vom Spulenstrom ab. Ein sinusförmiger Strom führt deshalb zu Oberwellen im Spannungsabfall, die als Verzerrungen wirken. Zur Charakterisierung kann der *Klirrfaktor* verwendet werden. Dieser setzt den Effektivwert der Oberwellenanteile der magnetischen Induktion ins Verhältnis zum Effektivwert B. Da die Oberwellenanteile von der dritten Harmonischen dominiert werden, gilt meist in guter Näherung $k_\mathrm{B} \approx \hat{B}_3/\hat{B}_1$. Die von den Oberwellen induzierte Spannung ist proportional zur Frequenz. Für den Klirrfaktor des an der Spule auftretenden Spannungsabfalls folgt unter Verwendung von Gl. (9.62)

$$k_V \approx 3k_\mathrm{B} = 3\hat{B}_3/\hat{B}_1 \approx 3\tan\delta_\mathrm{h}/5 , \tag{9.67}$$

d. h. dieser ist annähernd proportional zum Hystereseverlustfaktor.

9.8 Transformatoren und Übertrager

Durch magnetische Verkopplung zweier galvanisch getrennter Stromkreise kann zwischen diesen Leistung übertragen werden. Dies wird angewendet in *Transformatoren* (Trafos), die der Umsetzung von Spannungs- bzw. Stromwerten dienen sowie in *Übertragern* und *Trenntrafos* zur galvanischen Trennung von Wechselstromkreisen, Impedanzanpassung, Unterdrückung von Gleichanteilen und zum Unterbrechen von Erdschleifen. Die Verkopplung der Induktivitäten wird gewöhnlich durch einen gemeinsamen Kern erhöht, der – zur Verbesserung der Linearität – meist einen Luftspalt enthält.

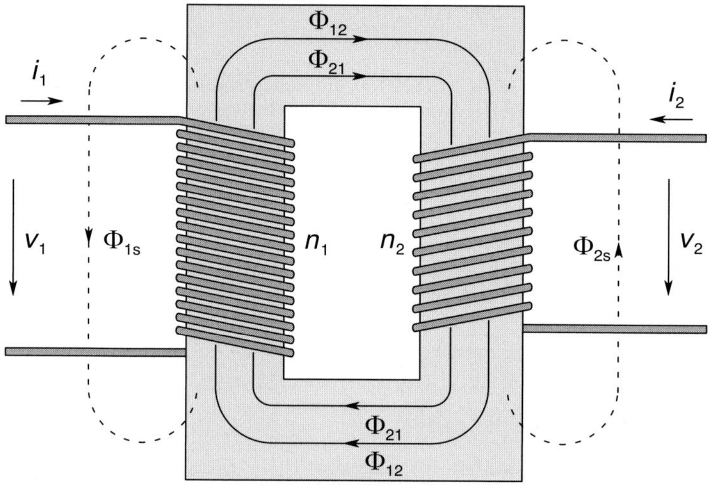

Abb. 9.24. Haupt- und Streuflüsse im Transformator (nach [2])

Abbildung 9.24 zeigt den prinzipiellen Aufbau eines Transformators bzw. Übertragers mit einer primärseitigen Wicklung der Windungszahl n_1 und einer sekundärseitigen Wicklung der Windungszahl n_2. Wird die primärseitige Spule von einem Strom i_1 durchflossen, so setzt sich der erzeugte Fluß

$$\phi_{11} = \phi_{1\sigma} + \phi_{12}$$

aus dem *primären Streufluß* $\phi_{1\sigma}$ und dem die Sekundärwicklung durchsetzenden Fluß ϕ_{12} zusammen. Entsprechend läßt sich der von der Sekundärwicklung erzeugte Fluß ϕ_{22} in den *sekundären Streufluß* $\phi_{2\sigma}$ und den die Primärwicklung durchsetzenden Fluß ϕ_{21} zerlegen

$$\phi_{22} = \phi_{2\sigma} + \phi_{21} \,.$$

Der die Primärwicklung durchsetzende Fluß ϕ_1 und der die Sekundärwicklung durchsetzende Fluß ϕ_2 sind damit

$$\phi_1 = \phi_{11} + \phi_{21} \quad \text{und} \quad \phi_2 = \phi_{22} + \phi_{12} \,.$$

Unter Berücksichtigung der Spannungsabfälle an den Wicklungen folgt aus dem Induktionsgesetz für die Spannungsabfälle in Primär- und Sekundärkreis

$$v_1 = R_{\mathrm{Cu1}} i_1 + n_1 \, \mathrm{d}\phi_1/\mathrm{d}t \tag{9.68}$$

$$v_2 = R_{\mathrm{Cu2}} i_2 + n_2 \, \mathrm{d}\phi_2/\mathrm{d}t \,. \tag{9.69}$$

Die Beziehungen (9.68) und (9.69) gelten allgemein und sind auch bei Aussteuerung des Kernmaterials in den Sättigungsbereich anwendbar. Bei Aussteuerung mit geringer Amplitude besteht annähernd ein linearer Zusammenhang zwischen den Flüssen und den Spulenströmen

$$\phi_{11} = \frac{L_1}{n_1} i_1 \,, \quad \phi_{12} = \frac{M}{n_2} i_1 \,, \quad \phi_{21} = \frac{M}{n_1} i_2 \quad \text{und} \quad \phi_{22} = \frac{L_2}{n_2} i_2 \,.$$

Dabei bezeichnet $L_1 = L_{11}$ den (Selbst-)Induktionskoeffizienten der Primärwicklung, $M = L_{12}$ den Gegeninduktionskoeffizienten von Primär- und Sekundärwicklung und $L_2 = L_{22}$ den (Selbst-)Induktionskoeffizienten der Sekundärwicklung. Durch Einsetzen in die Gln. (9.68) und (9.69) ergeben sich die sog. *Transformatorgleichungen*

$$v_1 = R_{\mathrm{Cu1}} i_1 + L_1 \frac{\mathrm{d}i_1}{\mathrm{d}t} + M \frac{\mathrm{d}i_2}{\mathrm{d}t} \tag{9.70}$$

$$v_2 = R_{\mathrm{Cu2}} i_2 + L_2 \frac{\mathrm{d}i_2}{\mathrm{d}t} + M \frac{\mathrm{d}i_1}{\mathrm{d}t} \tag{9.71}$$

Diese Beziehungen gelten nur bei Kleinsignalaussteuerung ohne Vormagnetisierung im Bereich niederer Frequenzen. Bei höheren Frequenzen tritt eine Phasenverschiebung zwischen magnetischem Feld (bzw. Spulenstrom) und magnetischer Polarisation auf.

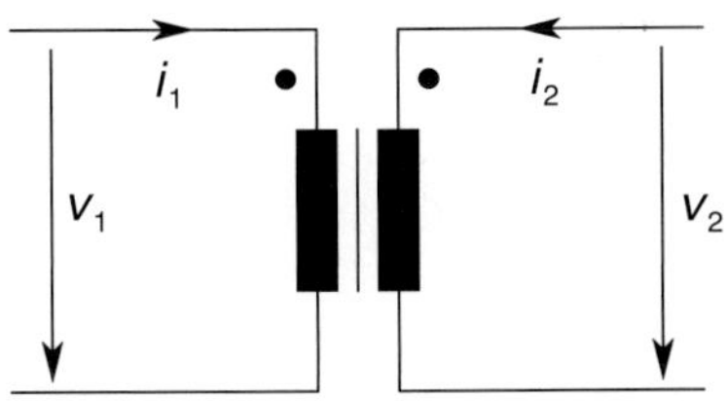

Abb. 9.25. Schaltsymbol zweier gekoppelter Induktivitäten

9.8.1 Der verlustlose Übertrager

Bei sinusförmiger Erregung folgt unter Vernachlässigung der Drahtwiderstände ($R_{\mathrm{Cu1}} = R_{\mathrm{Cu2}} = 0$) aus (9.70) und (9.71) für die komplexen Zeiger der Wechselspannungsanteile an Primär- und Sekundärwicklung (Abb. 9.25)

$$\underline{v}_1 = \mathrm{j}\omega L_1 \, \underline{i}_1 + \mathrm{j}\omega M \, \underline{i}_2 \tag{9.72}$$

$$\underline{v}_2 = \mathrm{j}\omega M \, \underline{i}_1 + \mathrm{j}\omega L_2 \, \underline{i}_2 \tag{9.73}$$

Mit dem *Kopplungsfaktor* $k = M/\sqrt{L_1 L_2}$ läßt sich dies umformen zu

$$\underline{v}_1 = \frac{1}{k}\sqrt{\frac{L_1}{L_2}} \cdot \underline{v}_2 - \mathrm{j}\omega \frac{1-k^2}{k} \sqrt{L_1 L_2} \cdot \underline{i}_2 \tag{9.74}$$

$$\underline{i}_1 = \frac{1}{\mathrm{j}\omega k \sqrt{L_1 L_2}} \cdot \underline{v}_2 - \frac{1}{k}\sqrt{\frac{L_2}{L_1}} \cdot \underline{i}_2 \,. \tag{9.75}$$

Bei belastetem Ausgang gilt $\underline{i}_2 = -\underline{v}_2/\underline{Z}_\mathrm{L}$; für den Spannungsübertragungsfaktor folgt damit aus Gl. (9.74)

$$\frac{\underline{v}_1}{\underline{v}_2} = \frac{1}{k}\sqrt{\frac{L_1}{L_2}} + \mathrm{j}\omega \frac{1-k^2}{k} \sqrt{L_1 L_2} \frac{1}{\underline{Z}_\mathrm{L}} \,. \tag{9.76}$$

Vollständige Kopplung. Im Fall idealer Kopplung ($|k| = 1$) verschwindet der zweite Term auf der rechten Seite von Gl. (9.76); das Spannungsverhältnis ist dann

$$\underline{v}_1/\underline{v}_2 = \sqrt{L_1/L_2} = \ddot{u} \,. \tag{9.77}$$

Die Größe $\ddot{u}$ wird dabei als *Übertragungsverhältnis* bezeichnet. Zwischen den Zeigern der Ströme besteht nach Gl. (9.75) der Zusammenhang

$$\underline{i}_1 = -\sqrt{\frac{L_2}{L_1}} \cdot \underline{i}_2 + \frac{1}{\mathrm{j}\omega \sqrt{L_1 L_2}} \cdot \underline{v}_2 \,.$$

Im Grenzfall des *idealen Übertragers* mit $L_1 = \ddot{u}^2 L_2 \to \infty$ führt dies auf

$$\underline{i}_1/\underline{i}_2 = -1/\ddot{u} \,. \tag{9.78}$$

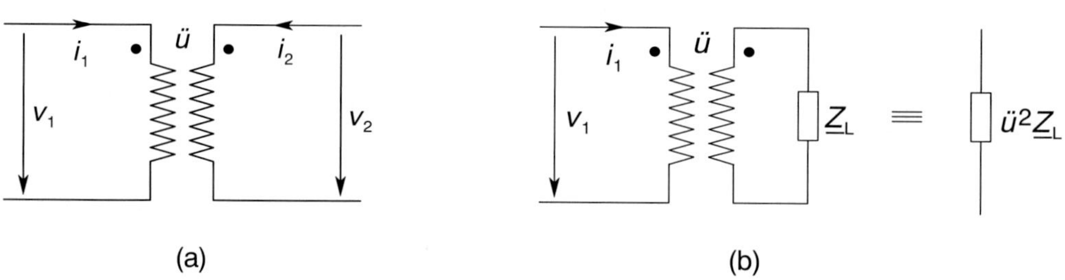

Abb. 9.26. Idealer Übertrager. (**a**) Schaltsymbol und (**b**) Impedanztransformation mit idealem Übertrager

Abbildung 9.26 a zeigt des Netzwerksymbol eines idealen Übertragers. Für diesen gelten die folgenden Beziehungen zwischen den Zeigern von Strom und Spannung an Ein- und Ausgang

$$\begin{pmatrix} \underline{v}_1 \\ \underline{i}_1 \end{pmatrix} = \begin{pmatrix} \ddot{u} & 0 \\ 0 & -1/\ddot{u} \end{pmatrix} \begin{pmatrix} \underline{v}_2 \\ \underline{i}_2 \end{pmatrix} \,. \tag{9.79}$$

Besitzen die beiden Wicklungen des Übertragers denselben A_L-Wert, so ist $L_1 = A_L n_1^2$ und $L_2 = A_L n_2^2$, wobei n_1 und n_2 die Windungszahlen der jeweiligen Wicklung bezeichnen. In Gl. (9.76) eingesetzt folgt

$$\ddot{u} = n_1/n_2 , \tag{9.80}$$

d. h. im idealen Übertrager ist das Übertragungsverhältnis $\ddot{u}$ gleich dem Verhältnis der jeweiligen Windungszahlen.

Impedanztransformation. Wird der Ausgang eines idealen Übertragers mit der Impedanz $\underline{Z}_L$ beschaltet (Abb. 9.26 b), so gilt $\underline{v}_2/\underline{i}_2 = -\underline{Z}_L$. Für die *Eingangsimpedanz* $\underline{Z}_i$ des Übertragers folgt damit

$$\underline{Z}_i = \frac{\underline{v}_1}{\underline{i}_1} = \frac{\underline{v}_1}{\underline{v}_2} \cdot \frac{\underline{v}_2}{\underline{i}_2} \cdot \frac{\underline{i}_2}{\underline{i}_1} = \ddot{u}^2 \, \underline{Z}_L , \tag{9.81}$$

d. h. der ideale Übertrager mit vollständiger Kopplung „transformiert" Impedanzen im Verhältnis $\ddot{u}^2$ von der Sekundärseite auf die Primärseite.

9.8.2 Unvollständige Kopplung

In realen Übertragern ist der Kopplungsfaktor von eins verschieden, da aufgrund von Streufeldern der die eine Spule durchsetzende Fluß die andere nicht vollständig durchsetzt.

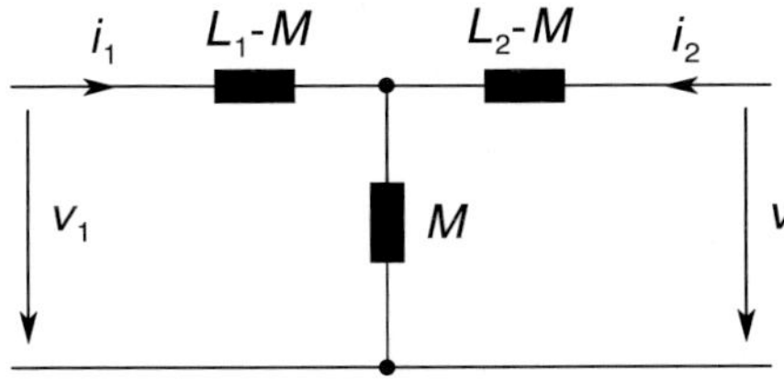

Abb. 9.27. T-Ersatzschaltung

Die Transformatorgleichungen (9.72) und (9.73) lassen sich in die in Abb. 9.27 dargestellte *T-Ersatzschaltung* überführen. Durch Anwenden des Maschensatzes folgt sofort

$$\underline{v}_1 = j\omega(L_1 - M)\,\underline{i}_1 + j\omega M\,(\underline{i}_1 + \underline{i}_2) = j\omega L_1\,\underline{i}_1 + j\omega M\,\underline{i}_2$$

$$\underline{v}_2 = j\omega(L_2 - M)\,\underline{i}_2 + j\omega M\,(\underline{i}_1 + \underline{i}_2) = j\omega L_2\,\underline{i}_2 + j\omega M\,\underline{i}_1$$

Das Verhalten des Übertragers kann demnach durch drei verschaltete Induktivitäten, die beiden *Längsinduktivitäten* $L_1 - M$ und $L_2 - M$ sowie die *Gegeninduktivität* M beschrieben werden. Für Kopplungsfaktoren von annähernd eins gilt $M \approx \sqrt{L_1 L_2}$; d.h. zumindest eine der Längsinduktivitäten ist *negativ*. Die T-Ersatzschaltung ist aus diesem Grund als rein formales Netzwerk anzusehen, das die Transformatorgleichungen korrekt erfaßt – eine physikalisch anschauliche Interpretation der Netzwerkelemente besteht jedoch nicht.

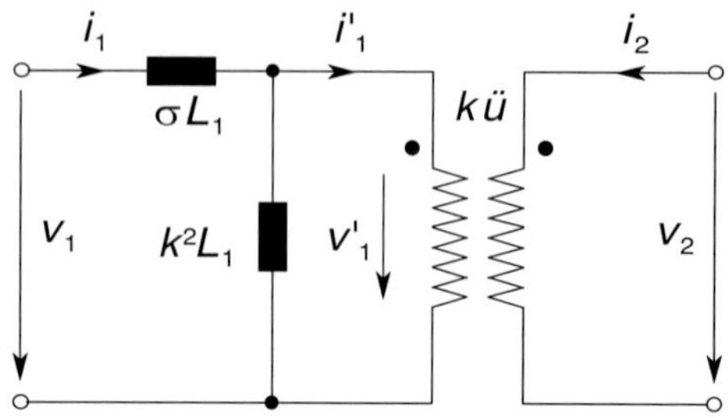

Abb. 9.28. Ersatzschaltung eines unvollständig gekoppelten Übertragers

Abbildung 9.28 zeigt die Ersatzschaltung eines unvollständig gekoppelten ($k < 1$), ansonsten verlustfreien Übertragers. Dabei wird von der Induktivität L_1 ein Streuanteil σL_1 abgespalten; der *Streugrad* σ des Übertragers ist definiert als

$$\sigma = 1 - k^2 . \qquad (9.82)$$

Lediglich der an $k^2 L_1$ auftretende Spannungsabfall wirkt als Eingangsspannung des idealen Übertragers mit Übertragungsverältnis $k\ddot{u}$. Die Netzwerkgleichungen für diese Ersatzschaltung lauten

$$\underline{v}_1' = \underline{v}_1 - \mathrm{j}\omega\sigma L_1 \underline{i}_1 = k\ddot{u}\,\underline{v}_2, \qquad \underline{i}_1 = \frac{\underline{v}_1'}{\mathrm{j}\omega k^2 L_1} + \underline{i}_1'$$

und $\underline{i}_1' = -\underline{i}_2/k\ddot{u}$. Durch Eliminieren von $\underline{v}_1'$ und $\underline{i}_1'$ lassen sich diese in die Gln. (9.74) und (9.75) überführen, wobei die Details der Rechnung dem Leser als Übungsaufgabe überlassen werden.

Kern- und Kupferverluste, Streukapazitäten. Die in realen Übertragern stets vorhandenen Kupferverluste können in der Ersatzschaltung durch zusätzliche Serienwiderstände r_{Cu1} und r_{Cu2} in Primär- und Sekundärkreis berücksichtigt werden. Kann der Skineffekt vernachlässigt werden, so ist $r_{\mathrm{Cu1}} = R_{\mathrm{Cu1}}$ und $r_{\mathrm{Cu2}} = R_{\mathrm{Cu2}}$. Wie bei der Spule lassen sich Kernverluste durch Parallel- oder Reihenschaltung eines Kernverlustwiderstands erfassen.[16] Werden dann noch die zwischen den Anschlüssen auftretenden Koppelkapazitäten berücksichtigt, so gelangt man zu den in Abb. 9.29 gezeigten Ersatzschaltungen für den Übertrager.

---

[16]Da die Impedanzen beider Ersatzschaltungen sowohl in Real- als auch in Imaginärteil übereinstimmen müssen, folgen die Zuordnungen

$$l_{\mathrm{p}} = l_{\mathrm{s}}(1 + \tan^2\delta_{\mathrm{K}}) \quad \text{und} \quad r_{\mathrm{kp}} = \omega l_{\mathrm{p}}/\tan\delta_{\mathrm{K}} .$$

zwischen den Elementen l_{s} und $r_{\mathrm{ks}} = \omega l_{\mathrm{s}} \tan\delta_{\mathrm{K}}$ der Serienersatzschaltung und den Elementen l_{p} und r_{kp} der Parallelersatzschaltung.

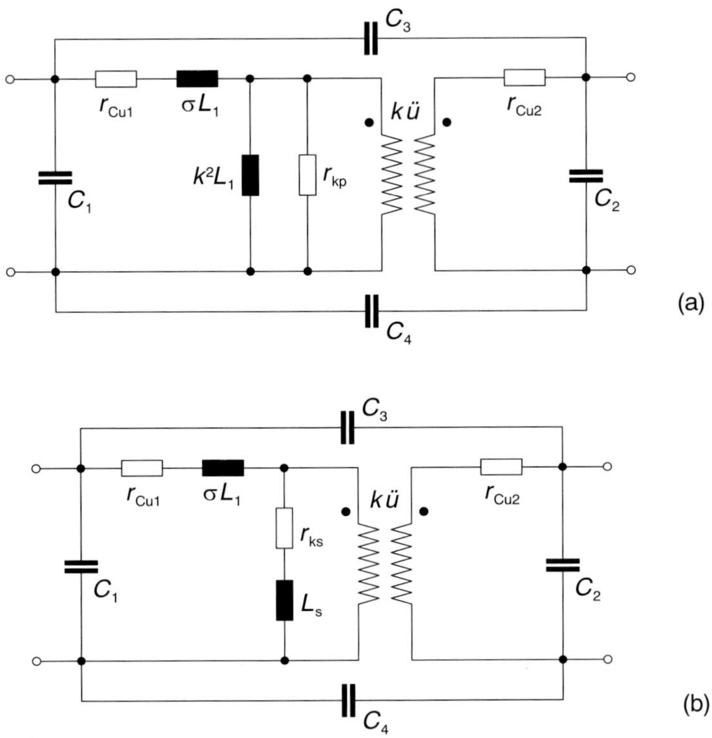

Abb. 9.29. Ersatzschaltungen für einen verlustbehafteten Übertrager: (**a**) Parallelersatzschaltung, (**b**) Serienersatzschaltung

Die kapazitive Kopplung zwischen Primär- und Sekundärkreis kann weitgehend durch eine elektrostatische Abschirmung zwischen den beiden Wicklungen unterdrückt werden. Dazu wird zwischen Primär- und Sekundärwicklung eine geerdete Flächenelektrode angebracht; die Koppelkapazität zwischen Primär- und Sekundärwicklung spaltet sich dabei auf in die Reihenschaltung einer Koppelkapazität zwischen Primärwicklung und Abschirmung und einer Koppelkapazität zwischen Sekundärwicklung und Abschirmung. Bei niederohmigem Anschluß der Abschirmung bewirkt ein Strom über eine dieser Teilkapazitäten nur geringe Potentialveränderungen auf der Abschirmung, d.h. die kapazitive Kopplung ist weitgehend unterdrückt.

9.8.3 Übertragungsfaktor

Übertrager sollen eine formtreue Signalübertragung aufweisen, was erhöhte Anforderungen an die Linearität bedingt und eine hohe Bandbreite voraussetzt. Für eine Untersuchung des Frequenzgangs von Übertragern wird die in Abb. 9.30 gezeigte Ersatzschaltung herangezogen, wobei die durch C_3 und C_4 beschriebene kapazitive Kopplung zwischen Primär- und Sekundärwicklung vernachlässigt wird.

Der Ausgang des idealen Übertragers in der Ersatzschaltung Abb. 9.30 ist mit der Impedanz

$$\underline{Z}_{\mathrm{x}} = r_{\mathrm{Cu2}} + \frac{\underline{Z}_{\mathrm{L}}}{1 + \mathrm{j}\omega C_2 \underline{Z}_{\mathrm{L}}}$$

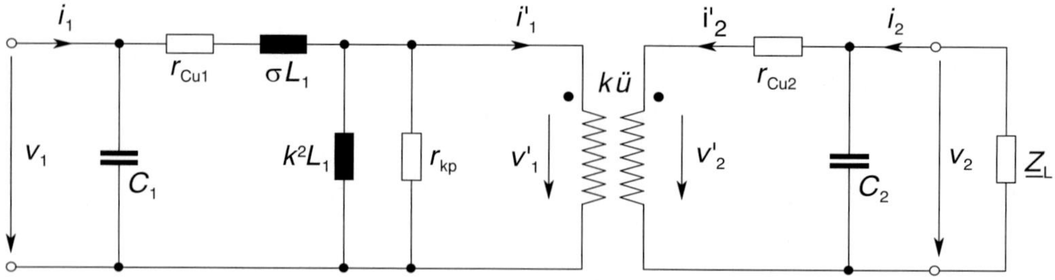

Abb. 9.30. Ersatzschaltung des verlustbehafteten Übertragers mit beschaltetem Ausgang

beschaltet, die eingangseitig wie eine Impedanz $k^2\ddot{u}^2\,\underline{Z}_x$ wirkt. Zur Berechnung der Amplitude von $\underline{v}_1'$ kann demnach die in Abb.9.31 dargestellte Ersatzschaltung herangezogen werden.

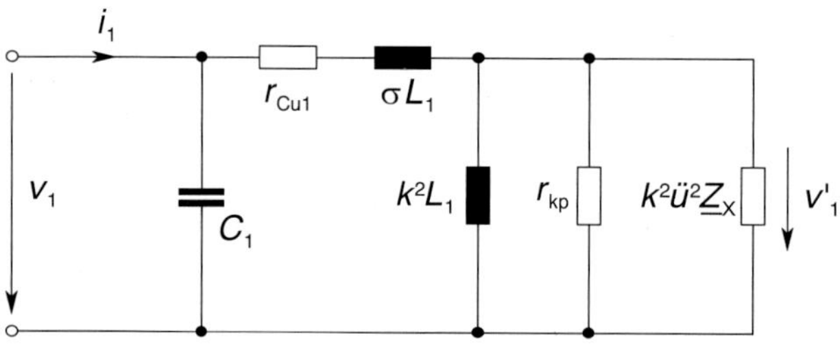

Abb. 9.31. Zur Berechnung des Übertragungsfaktors des verlustbehafteten Übertragers

Nach der Spannungsteilerregel folgt sofort

$$\frac{\underline{v}_1'}{\underline{v}_1} = \frac{\mathrm{j}\omega k^2 L_1 \,\|\, r_{\mathrm{kp}} \,\|\, k^2\ddot{u}^2\,\underline{Z}_{\mathrm{x}}}{r_{\mathrm{Cu1}} + \mathrm{j}\omega\sigma L_1 + \mathrm{j}\omega k^2 L_1 \,\|\, r_{\mathrm{kp}} \,\|\, k^2\ddot{u}^2\,\underline{Z}_{\mathrm{x}}}$$

$$= \frac{1}{1 + (r_{\mathrm{Cu1}} + \mathrm{j}\omega\sigma L_1)\left(\dfrac{1}{\mathrm{j}\omega k^2 L_1} + \dfrac{1}{r_{\mathrm{kp}}} + \dfrac{1}{k^2\ddot{u}^2\,\underline{Z}_{\mathrm{x}}}\right)}\,. \tag{9.83}$$

Ebenfalls durch Anwenden der Spannungsteilerregel erhält man

$$\frac{\underline{v}_2}{\underline{v}_2'} = \frac{\underline{Z}_{\mathrm{L}} \,\|\, (\mathrm{j}\omega C_2)^{-1}}{\underline{Z}_{\mathrm{x}}} = \frac{\underline{Z}_{\mathrm{L}}}{\underline{Z}_{\mathrm{L}} + r_{\mathrm{Cu2}}(1 + \mathrm{j}\omega C_2 \underline{Z}_{\mathrm{L}})}\,. \tag{9.84}$$

Mit dem Übertragungsverhältnis $k\ddot{u}$ des idealen Übertragers folgt für den Spannungsübertragungsfaktor

$$\underline{H}_v = \frac{\underline{v}_2}{\underline{v}_1} = \frac{1}{k\ddot{u}} \cdot \frac{\underline{v}_2}{\underline{v}_2'} \cdot \frac{\underline{v}_1'}{\underline{v}_1}\,. \tag{9.85}$$

Im Folgenden wird der Fall einer rein ohmschen Last $\underline{Z}_{\mathrm{L}} = R_{\mathrm{L}}$ betrachtet; unter diesen Umständen gilt

$$\underline{Z}_{\mathrm{x}} = r_{\mathrm{Cu2}} + \frac{R_{\mathrm{L}}}{1 + \mathrm{j}\omega C_2 R_{\mathrm{L}}} \quad \text{und} \quad \frac{\underline{v}_2}{\underline{v}_2'} = \frac{R_{\mathrm{L}}}{R_{\mathrm{L}} + r_{\mathrm{Cu2}}(1 + \mathrm{j}\omega C_2 R_{\mathrm{L}})}\,.$$

Der Spannungsübertragungsfaktor (9.85) ergibt sich hiermit und aus Gl. (9.83) durch Ausmultiplizieren in der Form

$$\underline{H}_v = \frac{A_{\mathrm{v0}}}{1 - \mathrm{j}f_{\mathrm{u}}/f + \mathrm{j}f/f_{\mathrm{o}} - f^2/f_{\mathrm{r}}^2} \,. \tag{9.86}$$

Gleichung (9.86) beschreibt ein *Bandpaßverhalten*. Für Frequenzen $f_{\mathrm{u}} \ll f \ll f_{\mathrm{o}}$ ist der Spannungsübertragungsfaktor reell

$$\underline{H}_v = A_{v0} = \frac{1}{k\ddot{u}} \frac{1}{1+\delta} \,,$$

wobei

$$\delta = \left(\frac{\sigma}{k^2} + \frac{r_{\mathrm{Cu1}}}{r_{\mathrm{kp}}}\right)\left(1 + \frac{r_{\mathrm{Cu2}}}{R_{\mathrm{L}}}\right) + \frac{r_{\mathrm{Cu2}}}{R_{\mathrm{L}}} + \frac{r_{\mathrm{Cu1}}}{k^2\,\ddot{u}^2 R_{\mathrm{L}}} + \frac{r_{\mathrm{Cu1}} r_{\mathrm{Cu2}} C_2}{k^2\,L_1}$$

in der Regel klein gegenüber eins ist. Bei sehr kleinen Frequenzen ($f \ll f_{\mathrm{u}}$) dominiert in Gl. (9.86) der Term proportional zu $1/f$ im Nenner: Der Übertrager zeigt hier ein *Hochpaßverhalten* mit der Grenzfrequenz

$$f_{\mathrm{u}} = \frac{1}{2\pi\,(1+\delta)}\left(1 + \frac{r_{\mathrm{Cu2}}}{R_{\mathrm{L}}}\right)\frac{r_{\mathrm{Cu1}}}{k^2 L_1} \approx \frac{1}{2\pi}\frac{r_{\mathrm{Cu1}}}{k^2 L_1} \,. \tag{9.87}$$

Der Betrag des Übertragungsfaktors steigt für $f \ll f_{\mathrm{u}}$ proportional zu f an. Ursache dieses Verhaltens ist, daß der von r_{Cu1} und $k^2 L_1$ gebildete komplexe Spannungsteiler bei diesen niederen Frequenzen von r_{Cu1} dominiert wird; der für die Übertragung maßgebliche Spannungsabfall an $k^2 L_1$ steigt deshalb proportional zur Frequenz an.

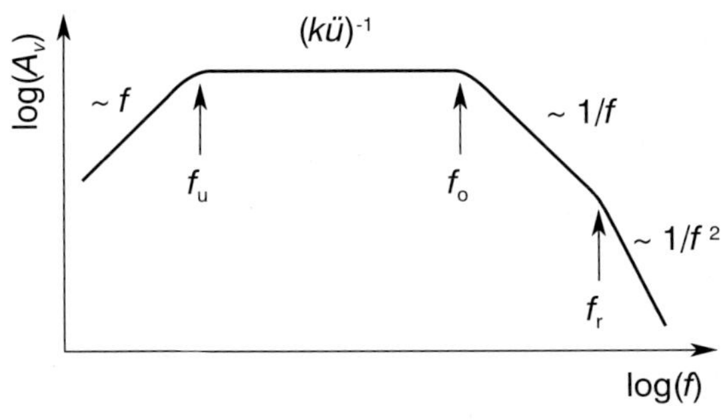

Abb. 9.32. Frequenzgang (Näherung) des Übertragungsfaktors

Bei sehr großen Frequenzen dominieren die proportional zu f bzw. f^2 ansteigenden Terme im Nenner von Gl. (9.86). Die zugehörigen Grenzfrequenzen f_{o} und f_{r} sind näherungsweise

$$\frac{1}{2\pi f_{\mathrm{o}}} \approx \sigma L_1\left(\frac{1}{r_{\mathrm{kp}}} + \frac{1}{k^2\ddot{u}^2\underline{Z}_{\mathrm{L}}}\right) + C_2\left(r_{\mathrm{Cu2}} + \frac{r_{\mathrm{Cu1}}}{k^2\ddot{u}^2}\right) \tag{9.88}$$

$$\frac{1}{2\pi f_{\mathrm{r}}} \approx \sqrt{\sigma L_1 C_2\left(\frac{1}{k^2\ddot{u}^2} + \frac{r_{\mathrm{Cu2}}}{r_{\mathrm{kp}}}\right)} \tag{9.89}$$

Die Bandbreite des Übertragers $f_{\mathrm{o}} - f_{\mathrm{u}}$ ist nach oben durch f_{o} begrenzt (Abb. 9.32). Für eine hohe Bandbreite des Übertragers muß deshalb auf geringe Streuflüsse (kleines σL_1), eine geringe Wicklungskapazität der Sekundärwicklung (kleines C_2) und niedrige Drahtwiderstände geachtet werden.

9.8.4 Leistungsübertrager, Transformatoren

Beim Tansformator steht die maximal übertragbare Leistung im Vordergrund – Signalverformungen sind zulässig. Aufgrund der Proportionalität der in die Sekundärwicklung induzierten Spannung zur Frequenz f (bei konstantem Induktionshub ΔB) steigt die in einem Transformator von der Primärseite auf die Sekundärseite übertragbare Leistung annähernd proportional zu f an. Unter Vernachlässigung der Spannungsabfälle an den Wicklungswiderständen, Streuinduktivitäten und der Vormagnetisierung gilt die folgende Näherung für die übertragene Leistung [17]

$$P = C \cdot \Delta B \cdot J \cdot A_{\mathrm{W}} \cdot A_{\mathrm{e}} \cdot F_{\mathrm{Cu}} \cdot f \sim f\,. \tag{9.90}$$

Dabei bezeichnet C einen von der Betriebsart abhängigen Faktor, der typischerweise im Bereich $0.6 < C < 1$ liegt und J die Stromdichte in der Wicklung. Der Induktionshub ΔB ist bei niedrigen Frequenzen durch Sättigungseffekte[17] und bei hohen Frequenzen durch die Erwärmung des Kerns aufgrund von Kernverlusten beschränkt. Die Stromdichte J wird durch die Erwärmung der Wicklung aufgrund von Kupferverlusten begrenzt. Der wirksame Kernquerschnitt sollte im Sinne geringer Kosten und geringen Gewichts möglichst klein sein. Ein Steigerung der übertragbaren Leistung ist demnach nur durch eine Anhebung der Frequenz möglich.

Tabelle 9.2 Ferritmaterialien für Leistungsübertrager in Schaltnetzteilen (nach [18])

Kenngröße	Einheit	N27	N41	N62	N63
μ_{i}	–	2000	2800	1900	1800
$J_{\mathrm{s}}(25°\mathrm{C})$	mT	480	470	510	485
$J_{\mathrm{s}}(100°\mathrm{C})$	mT	400	380	400	405
T_C	°C	> 220	> 220	> 220	> 220
ρ	Ωcm	300	200	400	800
ρ_m	g/cm^3	4.75	4.8	4.8	4.8
$\Delta P/\Delta V$ bei 25 kHz	mW/cm^3	155	180	80	75
$\Delta P/\Delta V$ bei 100 kHz	mW/cm^3	920	1400	500	480

(Verlustleistungsdichten bei $\vartheta = 100°\mathrm{C}$ und $\hat{B} = 200\,\mathrm{mT}$)

Mit zunehmender Schaltfrequenz kann das Gewicht – und damit auch der Preis – von Stromversorgungen und DC-DC-Wandlern gesenkt werden. Ein 100 W-Netzteil, realisiert mit einem bei Netzfrequenz (50 Hz) arbeitenden Transformator, hat eine Masse in der Größenordnung von 10 kg; durch

[17] Maßgeblich ist hier der kleinste Querschnitt, da der im Kern geführte Fluß dort die maximale Flußdichte aufweist.

Erhöhen der Schaltfrequenz auf 50 kHz kann diese auf unter 1 kg gesenkt werden, bei 500 kHz sind weniger als 400 g erreichbar. Wesentlich für diese Anhebung der Schaltfrequenz war die Entwicklung spezieller, verlustarmer Ferritwerkstoffe. Tabelle 9.2 gibt einen Überblick über typische Daten unterschiedlicher, für Übertrager gebräuchlicher Kernmaterialien.

9.8.5 Beschreibung gekoppelter Spulen in SPICE

Induktivitäten lassen sich in SPICE verkoppeln zur Simulation von Übertragern und Transformatoren. Hierzu wird zusätzlich zu den Elementanweisungen für die Einzelinduktivitäten eine mit dem Kennbuchstaben K beginnende Anweisung

```
K(name)      Lname1      Lname2      Kopplungsfakator
```

benötigt, die den Kopplungsfaktor der beiden Induktivitäten spezifiziert. In dieser werden die miteinander verkoppelten Induktivitäten benannt und der Kopplungsfaktor zwischen diesen Induktivitäten angegeben.

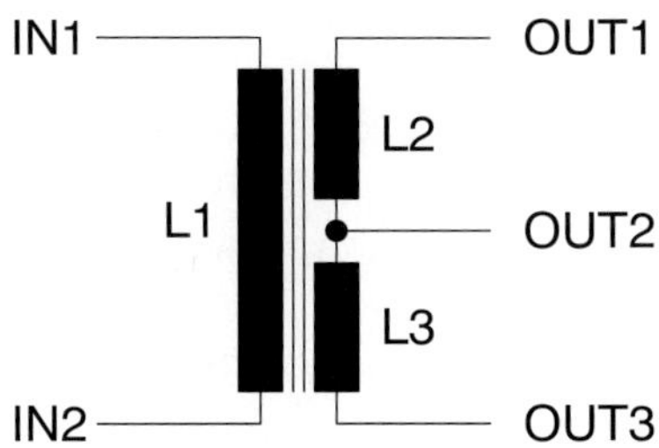

Abb. 9.33. Gekoppelte Induktivitäten

Beispiel 9.8.1 Als Beispiel wird ein Transformator mit zwei Ausgangsspannungen entsprechend der nebenstehenden Abbildung betrachtet. Für diesen sind drei Induktivitäten anzugeben (für die Primärwicklung und die in zwei Teilinduktivitäten separierte Sekundärwicklung) sowie drei Kopplungsfaktoren zwischen diesen Induktivitäten. Die Beschreibung des in der nebenstehenden Abbildung dargestellten Transformators in einer SPICE-Netzliste hat damit das Aussehen

```
L1   IN1   IN2   100M
L2  OUT1   OUT2  20M
L3   OUT2   OUT3  20M
K12   L1   L2   0.95
K13   L1   L3   0.95
K23   L2   L3   0.8
```

falls $L_1 = 200$ mH, $L_2 = L_3 = 20$ mH, der Koppelfaktor zwischen L_1 und L_2 gleich dem Koppelfaktor zwischen L_1 und L_3 gleich 0.95 und der Koppelfaktor zwischen L_2 und L_3 gleich 0.8 ist. Δ

Transformatoren mit ferro- oder ferrimagnetischen Kernen lassen sich mit dem in PSPICE verfügbaren `CORE`-Modell beschreiben. Die einzelnen Wicklungen sind dabei ebenfalls als Einzelinduktivitäten zu beschreiben, allerdings unter Angabe der Windungszahl wie bei der Spule mit Kern. Die Kopplung der Spulen wird durch eine K-Anweisung der Form

```
Kx   L1  L2  ... LN  Kopplungsfaktor   Modellname
```

bewirkt. PSPICE berechnet dann den im Kern auftretenden Fluß zu den Strömen durch die Spulen `L1`, `L2` ... `LN` und daraus (über das Induktionsgesetz) die an den Spulen auftretenden Spannungsabfälle.

9.9 Literaturverzeichnis

[1] K. Simonyi. *Theoretische Elektrotechnik.* VEB Deutscher Verlag der Wissenschaften, Berlin, achte Auflage, 1980.

[2] O.Zinke, H. Seither. *Widerstände, Kondensatoren, Spulen und ihre Werkstoffe.* Springer, Berlin, zweite Auflage, 1982.

[3] G. Janzen. *Kurze Antennen.* Franckh, Stuttgart, 1986.

[4] H.M. Greenhouse. Design of planar rectangular microelectronic inductors. *IEEE Trans. on Parts, Hybrids and Packaging*, 10(2):101–109, 1974.

[5] C.A.Harper. *Handbook of Thick Film Hybrid Microelectronics.* McGraw Hill, New York, 1974.

[6] T.A. Winslow. Conical inductors for broadband applications. *IEEE Microwave Mag.*, pages 68–72.

[7] SIEMENS. *Bauelemente - Technische Erläuterungen und Kenndaten für Studierende.* Siemens - Bereich Bauelemente, München, vierte Auflage, 1984.

[8] R. Feldtkeller. *Theorie der Spulen und bertrager.* Hirzel, Stuttgart, fünfte Auflage, 1971.

[9] W. Kampczyk, E. Röß. *Ferritkerne - Grundlagen, Dimensionierung, Anwendungen in der Nachrichtentechnik.* Siemens, Berlin, 1978.

[10] Siemens. *Datenbuch Ferrite.* Siemens, München, 1987.

[11] R. Boll. *Weichmagnetische Werkstoffe.* Vacuumschmelze, Hanau, vierte Auflage, 1990.

[12] K.H. Hellwege. *Einführung in die Festkörperphysik.* Springer, Berlin, 1976.

[13] W. von Münch. *Elektrische und magnetische Eigenschaften der Materie.* Teubner, Stuttgart, 1987.

[14] Hrsg. W. Seeger. *Moderne Probleme der Metallphysik, Bd. 2 Chemische Bindung in Kristallen und Ferromagnetismus.* Springer, Berlin, 1966.

[15] L.D. Landau, E.M. Lifshitz. *Lehrbuch der Theoretischen Physik, Bd.8: Elektrodynamik der Kontinua.* Akademie-Verlag, Berlin, 1985.

[16] D.C. Jiles, D.L. Atherton. Theory of ferromagnetic hysteresis. *Journal of Magnetism and Magnetic Materials*, 61:48–60, 1986.

[17] J. Hess. Übertragbare Leistung von Ferritkernen. *elektronik*, 1998(2), pp. 52–58, 1998.

[18] J. Hess. Ferrit-Induktivitäten in getakteten Stromversorgungen: I.2 Der Sperrwandler – Dimensionierungshinweise. *ELEKTRONIK*, 1994(17), pp. 68 – 70, 1994.

10 Leitungen

Eine Leitung – z. B. ein Koaxialkabel – ist ein Beispiel für ein „Bauelement“, das nicht der Konzentriertheitsannahme genügt. Ein detailliertes Verständnis des Verhaltens von Leitungen war seit jeher von großer Bedeutung für die Nachrichtentechnik – mit zunehmender Schaltfrequenz wurde dieses Gebiet aber auch für die Entwickler von Leiterplatten oder integrierten Schaltkreisen bedeutsam. Laufzeiteffekte als Folge von Verbindungsleitungen endlicher Länge und Übersprechen aufgrund von Kopplungen zwischen den Leitungen können die einwandfreie Funktion solcher Schaltungen in Frage stellen und sind bereits beim Entwurf zu berücksichtigen. Gegenstand dieses Abschnitts ist eine Zusammenstellung der wichtigsten Grundlagen der Leitungstheorie, eine Betrachtung der wichtigsten Leitungstypen sowie die Modellierung einfacher und verkoppelter Leitungen in PSPICE.

10.1 Grundlagen

Eine Leitung besteht aus einem Leiter und einem Rückleiter. Werden die beiden Leiter von einem Wechselstrom durchflossen, so bildet sich im Umfeld ein elektromagnetisches Wechselfeld aus. Durch Lösen der Maxwellgleichungen zu dem durch die Leiteranordnung bestimmten Randwertproblem läßt sich die Ausbreitung von Wellen längs der Leitungen allgemein berechnen, hierzu sind aber gewöhnlich numerische Hilfsmittel erforderlich. Im Fall der verlustfreien Leitung (Leitfähigkeit $\sigma \to \infty$) läßt sich das Problem vereinfachen: Als Lösung erhält man transversal-elektromagnetische Wellen[1] (TEM-Wellen), die sich mit der *Phasengeschwindigkeit*

$$v_{\mathrm{ph}} = c/\sqrt{\mu_{\mathrm{r}}\epsilon_{\mathrm{r}}} \approx c/\sqrt{\epsilon_{\mathrm{r}}} \tag{10.1}$$

entlang der Leitung ausbreiten (c = Lichtgeschwindigkeit im Vakuum), falls der Abstand von Leiter und Rückleiter klein ist gegenüber einem Viertel der Wellenlänge λ auf der Leitung; λ ist mit der Frequenz f über die Phasengeschwindigkeit $v_{\mathrm{ph}} = f \cdot \lambda$ verknüpft. Bei gegebener Frequenz folgt damit für die Wellenlänge

$$\lambda = \frac{v_{\mathrm{ph}}}{f} \approx \frac{c}{\sqrt{\epsilon_{\mathrm{r}}} \cdot f} \approx \frac{30\ \mathrm{cm}}{f/\mathrm{GHz}} \frac{1}{\sqrt{\epsilon_{\mathrm{r}}}}\,.$$

Für ein Koaxialkabel mit PE-Isolation ($\epsilon_{\mathrm{r}} \approx 2.28$) ergibt diese Beziehung beispielsweise die Wellenlänge $\lambda \approx 20\,\mathrm{cm}$ bei $f = 1$ GHz.

[1] Das sind elektromagnetische Wellen, bei denen der elektrische und der magnetische Feldstärkevektor nur Komponenten senkrecht zur Ausbreitungsrichtung aufweist.

Die Theorie der Ausbreitung von TEM-Wellen längs Leitungen ist eng verwandt mit der in der Folge betrachteten Theorie der Leitungswellen. Die Theorie der Leitungswellen läßt sich auch für die verlustbehaftete Leitung formulieren.[2]

10.1.1 Leitungsgleichungen, Telegraphengleichung

Die folgende Betrachtung beschränkt sich auf die homogene (gleichförmige) Leitung mit einheitlichen Querschnittsabmessungen und elektrischen Eigenschaften. Abbildung 10.1 zeigt eine Ersatzschaltung für ein Teilstück der Länge Δx einer homogenen Leitung. Es wird beschrieben durch einen Serienwiderstand $R'\Delta x$ – ausgedrückt über den *Widerstandsbelag* R' (Widerstand/Längeneinheit) – eine Serieninduktivität $L'\Delta x$ – ausgedrückt über den *Induktivitätsbelag* L' (Induktivität/Längeneinheit) – einen Parallelleitwert $G'\Delta x$ – ausgedrückt über den *Ableitungsbelag* G' (Leitwert/Längeneinheit) – und eine Parallelkapazität $C'\Delta x$ – ausgedrückt[3] über den *Kapazitätsbelag* C' (Kapazität/Längeneinheit).

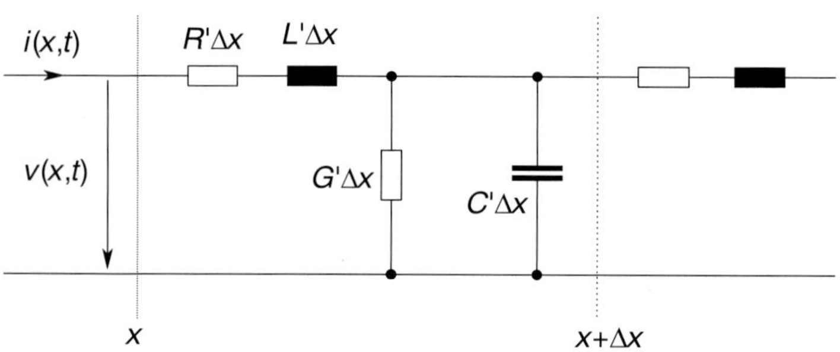

Abb. 10.1. Ersatzschaltung für einen Leitungsabschnitt der Länge Δx

Im allgemeinen sind sowohl die Spannung $v(x,t)$ als auch der Strom $i(x,t)$ Funktionen von Ort und Zeit. Für $v(x,t)$ und $i(x,t)$ folgt in erster Ordnung[4] von Δx aus den Kirchhoffschen Gleichungen

$$
\begin{aligned}
i(x+\Delta x,t) &\approx i(x,t) - G'\,\Delta x \cdot v(x,t) - C'\Delta x \cdot \frac{\partial v(x,t)}{\partial t} \\
v(x+\Delta x,t) &\approx v(x,t) - R'\,\Delta x \cdot i(x,t) - L'\Delta x \cdot \frac{\partial i(x,t)}{\partial t}
\end{aligned}
$$

Im Grenzfall $\Delta x \to 0$ führt dies auf die sog. *Leitungsgleichungen*

[2] Vgl. [1] und [2] für eine weiterführende Diskussion der Zusammenhänge.

[3] Eine Frequenzabhängigkeit der Beläge – etwa bedingt durch den Skineffekt oder durch dielektrische Verluste – bleibt zunächst unberücksichtigt. Zur Berechnung von Kapazitäts- und Induktivitätsbelägen vgl. z. B. [3]; Kapazitätsbeläge werden in tabellierter Form in [2] angegeben.

[4] Dies bedeutet insbesondere $v(x+\Delta x,t)\,\Delta x \approx v(x,t)\,\Delta x$ sowie $i(x+\Delta x,t)\,\Delta x \approx i(x,t)\,\Delta x$.

$$-\frac{\partial v(x,t)}{\partial x} = R'\,i(x,t) + L'\,\frac{\partial i(x,t)}{\partial t} \tag{10.2}$$

$$-\frac{\partial i(x,t)}{\partial x} = G'\,v(x,t) + C'\,\frac{\partial v(x,t)}{\partial t}\;, \tag{10.3}$$

die sich zur sog. *Telegraphengleichung*

$$\boxed{\frac{\partial^2 v}{\partial x^2} = L'C'\,\frac{\partial^2 v}{\partial t^2} + (R'C'+L'G')\,\frac{\partial v}{\partial t} + R'G'\,v(x,t)} \tag{10.4}$$

zusammenfassen lassen. Die Telegraphengleichung beschreibt die Ausbreitung von Signalen auf verlustbehafteten Leitungen im Zeitbereich. Der zugehörige Strom ergibt sich aus $v(x,t)$ dann mittels Gl. (10.3). Im Fall der *verlustlosen Leitung* ($R' = G' = 0$) vereinfacht sich die Telegraphengleichung zu

$$\frac{\partial^2 v}{\partial x^2} = L'C'\,\frac{\partial^2 v}{\partial t^2}\;. \tag{10.5}$$

Die allgemeine Lösung dieser Gleichung läßt sich mit dem Ansatz von d'Alembert in der Form

$$v(x,t) = V_0 + v_-(x-v_{\mathrm{ph}}t) + v_+(x+v_{\mathrm{ph}}t) \tag{10.6}$$

angeben, wobei $v_{\mathrm{ph}} = 1/\sqrt{L'C'}$ die Phasengeschwindigkeit des Signals darstellt. Gleichung (10.6) kann als Überlagerung zweier Signale interpretiert werden, die sich in entgegengesetzter Richtung auf der Leitung ausbreiten: $v_-(x-v_{\mathrm{ph}}t)$ beschreibt den Spannungsverlauf eines sich mit der Geschwindigkeit v_{ph} in positiver x-Richtung bewegenden Pulses, $v_+(x+v_{\mathrm{ph}}t)$ entsprechend einen in negativer x-Richtung laufenden Puls. Die Pulsform ändert sich dabei nicht im Lauf der Zeit – wegen der stets vorhandenen Verluste ist dies bei realen Leitungen jedoch nur annähernd erfüllt.

10.1.2 Leitungswellen

Für eine sich mit der Kreisfrequenz ω ausbreitende Welle gilt

$$i(x,t) = \mathrm{Re}[\,\hat{\underline{i}}(x)\,\mathrm{e}^{\mathrm{j}\omega t}\,] \quad \text{und} \quad v(x,t) = \mathrm{Re}[\,\hat{\underline{v}}(x)\,\mathrm{e}^{\mathrm{j}\omega t}\,]\;. \tag{10.7}$$

Einsetzen liefert für $\hat{\underline{i}}(x)$ und $\hat{\underline{v}}(x)$ das folgende System gewöhnlicher Differentialgleichungen zweiter Ordnung

$$\frac{\mathrm{d}^2\,\hat{\underline{i}}(x)}{\mathrm{d}x^2} = \gamma^2\,\hat{\underline{i}}(x) \quad \text{und} \quad \frac{\mathrm{d}^2\hat{\underline{v}}(x)}{\mathrm{d}x^2} = \gamma^2\,\hat{\underline{v}}(x)\;, \tag{10.8}$$

wobei γ die (frequenzabhängige) komplexe *Ausbreitungskonstante* bezeichnet

$$\boxed{\gamma = \sqrt{(R' + \mathrm{j}\omega L')(G' + \mathrm{j}\omega C')}\;.} \tag{10.9}$$

Die allgemeine Lösung des Systems (10.8) ist von der Form

$$\underline{\hat{v}}(x) = \underline{\hat{v}}_{-}\mathrm{e}^{-\gamma x} + \underline{\hat{v}}_{+}\mathrm{e}^{\gamma x} \quad \text{und} \quad \underline{\hat{i}}(x) = \frac{\underline{\hat{v}}_{-}\mathrm{e}^{-\gamma x} - \underline{\hat{v}}_{+}\mathrm{e}^{\gamma x}}{\underline{Z}_0}\,. \tag{10.10}$$

Die Größen $\underline{\hat{v}}_{-}$ und $\underline{\hat{v}}_{+}$ bezeichnen dabei (durch Randbedingungen zu bestimmende) Integrationskonstanten; die Größe $\underline{Z}_0$ heißt *Wellenwiderstand* oder *charakteristische Impedanz* der Leitung

$$\boxed{\underline{Z}_0 = \sqrt{\frac{R' + \mathrm{j}\omega L'}{G' + \mathrm{j}\omega C'}}\,.} \tag{10.11}$$

Realteil $\alpha = \mathrm{Re}(\gamma)$ und Imaginärteil $\beta = \mathrm{Im}(\gamma)$ der Ausbreitungskonstante werden als *Dämpfungskonstante* (Dämpfungskoeffizient) bzw. *Phasenkonstante* (Phasenkoeffizient) bezeichnet. Zur Erläuterung wird die Teilwelle mit der reellen Amplitude $\underline{\hat{v}}_{-} = \hat{v}_{-}$ betrachtet

$$\begin{aligned}\mathrm{Re}\left(\hat{v}_{-}\mathrm{e}^{-\gamma x}\,\mathrm{e}^{\mathrm{j}\omega t}\right) &= \hat{v}_{-}\mathrm{e}^{-\alpha x}\,\mathrm{Re}\left(\mathrm{e}^{-\mathrm{j}\beta x + \mathrm{j}\omega t}\right) = \hat{v}_{-}\mathrm{e}^{-\alpha x}\cos(\beta x - \omega t)\\ &= \hat{v}_{-}\mathrm{e}^{-\alpha x}\cos[\,\beta(x - v_{\mathrm{ph}}t)]\,.\end{aligned} \tag{10.12}$$

Wie die Zerlegung zeigt, beschreibt dies eine mit $\mathrm{e}^{-\alpha x}$ abklingende Welle, die sich mit der *Phasengeschwindigkeit*

$$\boxed{v_{\mathrm{ph}} = \omega/\beta} \tag{10.13}$$

entlang der Leitung ausbreitet. Für $\alpha = 0$ (keine Dämpfung) beschreibt (10.12) eine cosinusförmige Welle der Kreisfrequenz ω bzw. der *Periode*

$$\boxed{T = 1/f = 2\pi/\omega} \tag{10.14}$$

und der *Wellenlänge*

$$\boxed{\lambda = 2\pi/\beta = v_{\mathrm{ph}}T = v_{\mathrm{ph}}/f\,.} \tag{10.15}$$

Die Amplituden $\underline{\hat{v}}_{-}$ und $\underline{\hat{v}}_{+}$ lassen sich wegen

$$\underline{\hat{v}}(0) = \underline{\hat{v}}_{-} + \underline{\hat{v}}_{+} \quad \text{und} \quad \underline{\hat{i}}(0) = (\underline{\hat{v}}_{-} - \underline{\hat{v}}_{+})/\underline{Z}_0$$

durch $\underline{\hat{v}}(0)$ und $\underline{\hat{i}}(0)$ ersetzen. Auf diesem Weg erhält man für eine Leitung der Länge Λ aus Gl. (10.10) den folgenden linearen Zusammenhang zwischen den Amplituden $\underline{\hat{v}}(0)$ bzw. $\underline{\hat{i}}(0)$ von Spannung bzw. Strom am Leitungsanfang und den entsprechenden Amplituden $\underline{\hat{v}}(\Lambda)$ bzw. $\underline{\hat{i}}(\Lambda)$ am Leitungsende (vgl. Abb. 10.2)

$$\begin{pmatrix}\underline{\hat{v}}(\Lambda)\\ \underline{\hat{i}}(\Lambda)\end{pmatrix} = \begin{pmatrix}\cosh(\gamma\Lambda) & -\underline{Z}_0\sinh(\gamma\Lambda)\\ -\underline{Z}_0^{-1}\sinh(\gamma\Lambda) & \cosh(\gamma\Lambda)\end{pmatrix}\begin{pmatrix}\underline{\hat{v}}(0)\\ \underline{\hat{i}}(0)\end{pmatrix}. \tag{10.16}$$

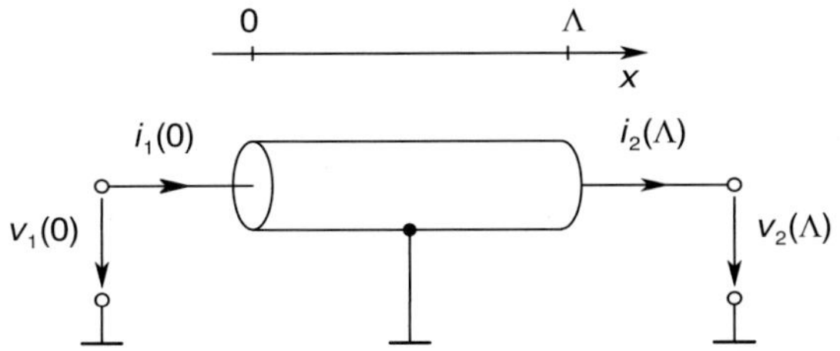

Abb. 10.2. Leitung der Länge Λ

Dies entspricht einer Beschreibung der Leitung als passiver Vierpol in Kettenform mittels der *b*-Parameter. Die dabei auftretenden Vierpolparameter sind *transzendente* Funktionen von ω – das ist typisch für Bauelemente, die nicht der Konzentriertheitsannahme genügen. Vierpole, die aus konzentrierten Bauelementen aufgebaut sind, weisen dagegen Vierpolkenngrößen auf, die sich als *rationale* Funktionen von ω ausdrücken lassen. Wird Gl. (10.16) nach den Größen am Leitungsanfang aufgelöst, so folgt

$$\begin{pmatrix} \underline{\hat{v}}(0) \\ \underline{\hat{i}}(0) \end{pmatrix} = \begin{pmatrix} \cosh(\gamma\Lambda) & \underline{Z}_0 \sinh(\gamma\Lambda) \\ \underline{Z}_0^{-1} \sinh(\gamma\Lambda) & \cosh(\gamma\Lambda) \end{pmatrix} \begin{pmatrix} \underline{\hat{v}}(\Lambda) \\ \underline{\hat{i}}(\Lambda) \end{pmatrix} . \tag{10.17}$$

Wellengrößen. Wellen auf Leitungen werden häufig durch die normierten Größen

$$\underline{a}(x) = \underline{\hat{v}}_- \mathrm{e}^{-\gamma x}/\sqrt{\underline{Z}_0} \quad \text{und} \quad \underline{b}(x) = \underline{\hat{v}}_+ \mathrm{e}^{\gamma x}/\sqrt{\underline{Z}_0} \tag{10.18}$$

beschrieben. Mit diesen Größen gilt

$$\underline{\hat{v}}(x) = \sqrt{\underline{Z}_0}\,[\underline{a}(x)+\underline{b}(x)] \quad \text{und} \quad \underline{\hat{i}}(x) = \frac{\underline{a}(x)-\underline{b}(x)}{\sqrt{\underline{Z}_0}} . \tag{10.19}$$

Die angegebenen *Wellengrößen* sind insbesondere in Verbindung mit S-Parametern gebräuchlich.

10.1.3 Pulse auf Leitungen

Soll ein Puls über eine Leitung übertragen werden, so ist dieser aus sinusförmigen Wellen unterschiedlicher Frequenz zusammengesetzt. Jede dieser Komponenten breitet sich mit der entsprechenden Phasengeschwindigkeit aus, was i. allg. zur *Dispersion*, d. h. zu einer Verbreiterung des Pulses mit der Zeit, führt. Für die Ausbreitungsgeschwindigkeit des Maximums der Hüllkurve des Pulses ist die *Gruppengeschwindigkeit* maßgeblich

$$\boxed{v_{\mathrm{gr}} = \frac{1}{\mathrm{d}\beta/\mathrm{d}\omega} .} \tag{10.20}$$

Zur verzerrungsfreien Übertragung pulsförmiger Signale muß die Phasengeschwindigkeit frequenzunabhängig sein, d. h. β muß linear von ω abhängen und für $\omega = 0$ verschwinden. Wird nur ein eingeschränkter Frequenzbereich für die Übertragung verwendet, so genügt es, daß die Phasengeschwindigkeit im ausgenützten Frequenzintervall konstant ist.

10.1.4 Kurze Leitungen

Das Verhalten einer Leitung kann sowohl durch eine π-Ersatzschaltung als auch durch eine T-Ersatzschaltung beschrieben werden (Abb. 10.3).

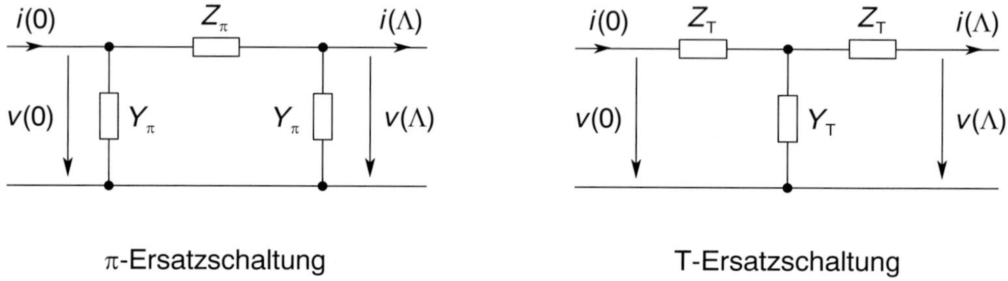

Abb. 10.3. π- und T-Ersatzschaltung einer Leitung

Die Elemente $\underline{Z}_\pi$, $\underline{Y}_\pi$, $\underline{Z}_T$, $\underline{Y}_T$ sind so zu wählen, daß die jeweilige Ersatzschaltung das durch (10.16) beschriebene Verhalten zeigt. Diese Forderung führt auf

$$\underline{Z}_\pi = \underline{Z}_0 \sinh(\gamma\Lambda) \quad \text{und} \quad \underline{Y}_\pi = \underline{Z}_0^{-1} \tanh(\gamma\Lambda/2) \tag{10.21}$$

sowie

$$\underline{Z}_T = \underline{Z}_0 \tanh(\gamma\Lambda/2) \quad \text{und} \quad \underline{Y}_T = \underline{Z}_0^{-1} \sinh(\gamma\Lambda)\ . \tag{10.22}$$

Im Fall *kurzer* Leitungen ist $|\gamma\Lambda| \ll 1$; durch Entwickeln ergeben sich in diesem Fall die Näherungen

$$\sinh(\gamma\Lambda) \approx \gamma\Lambda\left(1 + \frac{\gamma^2\Lambda^2}{6}\right), \quad \tanh(\gamma\Lambda/2) \approx \frac{\gamma\Lambda}{2}\left(1 - \frac{\gamma^2\Lambda^2}{12}\right).$$

Werden lediglich Terme erster Ordnung in $\gamma\Lambda$ berücksichtigt, so folgt aus Gl. (10.21) bzw. (10.22)

$$\underline{Z}_\pi \approx \underline{Z}_0\gamma\Lambda = (R' + \mathrm{j}\omega L')\Lambda \tag{10.23}$$

$$\underline{Y}_\pi = \underline{Z}_0^{-1}\gamma\Lambda/2 = (G' + \mathrm{j}\omega C')\Lambda/2 \tag{10.24}$$

$$\underline{Z}_T = \underline{Z}_0\gamma\Lambda/2 = (R' + \mathrm{j}\omega L')\Lambda/2 \tag{10.25}$$

$$\underline{Y}_T = \underline{Z}_0^{-1}\gamma\Lambda = (G' + \mathrm{j}\omega C')\Lambda\ . \tag{10.26}$$

Entsprechende Ersatzschaltungen sind in Abb. 10.4 dargestellt.

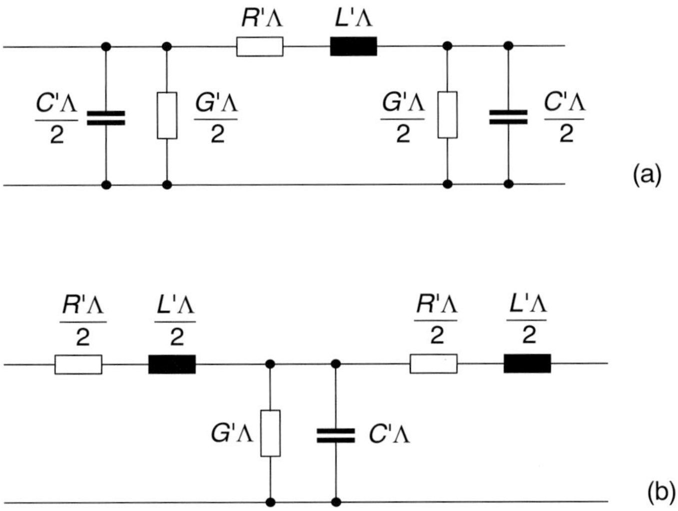

Abb. 10.4. Ersatzschaltungen für kurze Leitungen. (**a**) Π-Ersatzschaltung und (**b**) T-Ersatzschaltung

10.1.5 Verlustlose Leitung

Für *verlustlose Leitungen* gilt $R' = G' = 0$; der Wellenwiderstand

$$Z_0 = \sqrt{L'/C'} \tag{10.27}$$

ist in diesem Fall reell, während die Ausbreitungskonstante rein imaginär ist

$$\gamma = \mathrm{j}\omega\sqrt{L'C'} = \mathrm{j}\beta = \mathrm{j}\omega/v_{\mathrm{ph}} \, .$$

Mit Gl. (10.1) ergibt sich so der Zusammenhang

$$v_{\mathrm{ph}} = 1/\sqrt{L'C'} = c/\sqrt{\epsilon_{\mathrm{r}}} \, . \tag{10.28}$$

In (10.27) eingesetzt folgt der Wellenwiderstand der verlustlosen Leitung

$$Z_0 = \frac{\sqrt{\epsilon_{\mathrm{r}}}}{c \cdot C'} = 33.3\,\Omega \cdot \sqrt{\epsilon_{\mathrm{r}}} \cdot \frac{\mathrm{pF/cm}}{C'} \, , \tag{10.29}$$

d. h. Z_0 wird durch den Kapazitätsbelag eindeutig festgelegt.

10.1.6 Leitung mit geringen Verlusten

Aufspalten von Gl. (10.9) in Real- und Imaginärteil ergibt allgemeine Ausdrücke für die Phasen- und Dämpfungskonstante einer Leitung [4, 5]. Im Fall geringer Verluste ($R' \ll \omega L'$ und $G' \ll \omega C'$) folgt durch Entwickeln [6]

$$\alpha \approx \frac{R'}{2}\sqrt{\frac{C'}{L'}} + \frac{G'}{2}\sqrt{\frac{L'}{C'}}$$

$$\beta \approx \omega\sqrt{L'C'} + \frac{R'}{2\sqrt{L'/C'}}\frac{R'}{4\omega L'} + \frac{G'}{2}\sqrt{\frac{L'}{C'}}\frac{G'}{4\omega C'} - \frac{R'G'}{4\omega\sqrt{L'C'}} \, .$$

Da $G' \approx \omega C' \tan\delta_\epsilon$ primär durch dielektrische Verluste in der Isolation zwischen Leiter und Rückleiter bestimmt wird, kann für die Phasenkonstante β auch geschrieben werden

$$\beta = \omega\sqrt{L'C'}\left(1 + \frac{1}{8}\tan^2\delta_\epsilon\right) - \frac{R'}{4}\sqrt{\frac{C'}{L'}}\tan\delta_\epsilon + \frac{1}{8}\sqrt{\frac{C'}{L'}}\frac{R'^2}{L'}\frac{1}{\omega}\,.$$

Der Wert von β ist nun nicht mehr exakt proportional zur Kreisfrequenz ω, so daß die Phasengeschwindigkeit $v_{\mathrm{ph}} = \omega/\beta$ eine Funktion von ω wird.

Als Folge des *Skineffekts* sind R' und L' frequenzabhängige Größen [7]. Diese Abhängigkeit kann durch Erweitern der Ersatzschaltung für ein Leitungssegment mittels zusätzlicher konzentrierter Elemente erfaßt werden [8]. Alternativ hierzu kann die Frequenzabhängigkeit der Beläge als Funktion vorgegeben und die zeitabhängige Ausbreitung von Pulsen durch Transformation (Faltungssatz) [9] berechnet werden. Der Skineffekt bedingt bei großen Leitungslängen eine erhöhte *Dispersion*, d. h. eine Verformung von Pulsen.

Widerstandsbeläge dürfen in der Regel vernachlässigt werden, wenn $R'\Lambda \ll Z_0$ gilt, wobei Λ die Leitungslänge bezeichnet. Dies ist bei Verbindungen auf Leiterplatten und Dickschicht-Hybridschaltungen gewöhnlich der Fall. Der Einfluß des Skineffekts auf den Widerstandsbelag ist zwar schon bei Anstiegszeiten von ca. 7 ns (Leiterplatten) bzw. 1 ns (Dickschicht) zu beachten, wegen des geringen Flächenwiderstands bei Gleichbetrieb führt dies aber zu keinem nennenswerten Einfluß auf die Pulsausbreitung [10]. Abgesehen von dielektrischen Verlusten dürfen derartige Leitungen als verlustfrei angenommen werden. Bei Dünnschichtschaltungen und stärker ausgeprägt bei integrierten Schaltungen hingegen sind die Widerstandsbeläge meist nicht zu vernachlässigen und führen zu einer deutlichen Verzögerung der Pulsausbreitung sowie zu einer Verformung der Pulse. Wegen der geringen Schichtdicken derartiger Leiterbahnen kann der Skineffekt in der Regel vernachlässigt werden, da er erst bei extrem kurzen Anstiegs- bzw. Abfallzeiten (von der Größenordnung 200 ps (Dünnschicht) bzw. 10 ps (IC), [10]) zu nennenswerten Veränderungen des Widerstandsbelags führt. Für Verbindungsleitungen in elektronischen Schaltungen mit Daten entsprechend der Tabelle 10.1 kann der Skineffekt demzufolge für praktisch auftretende Anstiegs- und Abfallzeiten vernachlässigt werden [10].

Tabelle 10.1 Typische Daten für Leitungen in elektronischen Schaltungen [10]

Aufbautechnik	Bahnbreite μm	Widerstandsbelag Ω/cm	max. Leitungslänge cm
Integrierte Schaltung	1 – 2	130 – 260	0.7 – 1.4
Dünnschicht	10 – 25	1.25 – 4	20 – 45
Dickschicht	75 – 100	0.4 – 0.7	20 – 50
Leiterplatte	60 – 100	0.06 – 0.08	40 – 70

10.2 Leitung mit Beschaltung

Abbildung 10.5 zeigt eine von einer Spannungsquelle mit Innenwiderstand R_G getriebene Leitung der Länge Λ, an deren Ende eine Last angeschlossen ist. Eine entsprechende Situation liegt beispielsweise vor, wenn der Ausgang eines digitalen Schaltkreises über eine Leitung mit dem Eingang eines anderen digitalen Schaltkreises verbunden ist.

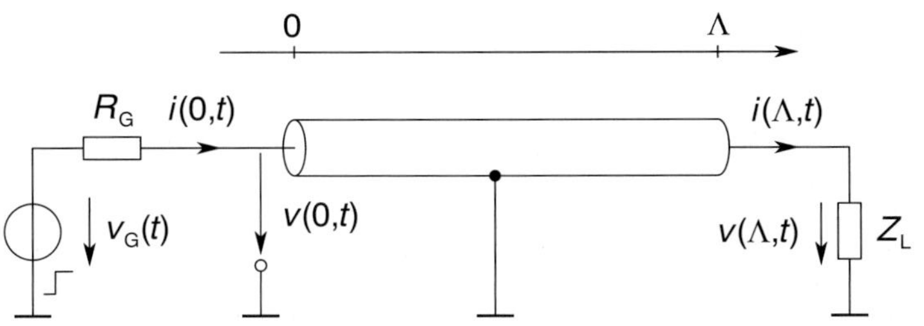

Abb. 10.5. Beschaltete Leitung der Länge Λ

10.2.1 Reflexionsfaktor

Der Verlauf von $v_G(t)$ wird zunächst als sinusförmig angenommen

$$v_G(t) = \operatorname{Re}\left(\underline{\hat{v}}_g \, e^{j\omega t} \right) .$$

Die Impedanz der Last bei der Kreisfrequenz ω sei durch $\underline{Z}_L$ gegeben. Für die Amplitude $\underline{\hat{v}}(\Lambda)$ der Spannung am Leitungsausgang gilt dann

$$\underline{\hat{v}}(\Lambda) = \underline{Z}_L \, \underline{\hat{i}}(\Lambda) .$$

Für das Verhältnis von $\underline{\hat{v}}_-$ und $\underline{\hat{v}}_+$ folgt nun aus den Gln. (10.10)

$$\underline{\hat{v}}_+ / \underline{\hat{v}}_- = \underline{r} \, e^{-2\gamma\Lambda}$$

mit dem *(Spannungs-)Reflexionsfaktor*

$$\boxed{\underline{r} = \frac{\underline{Z}_L - \underline{Z}_0}{\underline{Z}_L + \underline{Z}_0}} \tag{10.30}$$

Für eine korrekt *abgeschlossene* Leitung ($\underline{Z}_L = \underline{Z}_0$) ist $\underline{r} = 0$ und damit $\underline{\hat{v}}_+ = 0$: in diesem Fall tritt keine Reflexion am Ende auf.

Die Amplitude der reflektierten Welle überlagert sich mit der Amplitude der einlaufenden Welle – die Amplitude der Spannung an der Last ist demnach

$$\underline{\hat{v}}_+ e^{\gamma\Lambda} + \underline{\hat{v}}_- e^{-\gamma\Lambda} = (1 + \underline{r}) \underline{\hat{v}}_- e^{-\gamma\Lambda} = \underline{b} \, \underline{\hat{v}}_- e^{-\gamma\Lambda} .$$

In verlustlosen Leitungen besitzt $e^{-\gamma\Lambda}$ den Betrag eins, d. h. der Betrag der Amplitude am Ausgang beträgt das $|1 + \underline{r}|$-fache des Betrags der Amplitude am Eingang. Der Faktor $\underline{b} = 1 + \underline{r}$ wird gewöhnlich – in Analogie zur Optik – als *Brechungskoeffizient* bezeichnet. Reflexionsfaktor und Brechungskoeffizient bestimmen die Spannungssprünge auf Leitungen bei Fehlanpassung.

Eng verwandt mit dem Reflexionsfaktor ist die *Welligkeit* (Stehwellenverhältnis, englisch: voltage standing wave ratio, VSWR)

$$\mathrm{VSWR} = \frac{1 + |\underline{r}|}{1 - |\underline{r}|} \tag{10.31}$$

und die *Rückflußdämpfung* (englisch: return loss, RL)

$$\mathrm{RL} = -20\,\mathrm{dB} \cdot \log|\underline{r}| \,. \tag{10.32}$$

10.2.2 Schaltvorgänge auf verlustlosen Leitungen

Betrachtet wird der Einschaltvorgang bei einer als verlustlos angenommenen Leitung ($R' = G' = 0$) der Länge Λ mit ohmscher Last $\underline{Z}_\mathrm{L} = R_\mathrm{L}$ (Abb. 10.5). $v_\mathrm{G}(t)$ soll zur Zeit $t = 0$ sprunghaft vom Wert 0 auf V_G erhöht werden. Am Eingang der Leitung stellt sich zur Zeit $t = 0$ damit die Spannung

$$v_1(0^+) = \frac{Z_0}{Z_0 + R_\mathrm{G}} V_\mathrm{G}$$

ein, da der Eingangswiderstand der Leitung im Moment des Einschaltens gleich dem Wellenwiderstand ist. Der Spannungssprung bewegt sich nun entlang der Leitung fort und erreicht deren Ende nach der *Laufzeit*

$$t_\mathrm{d} = \Lambda / v_\mathrm{gr} = \Lambda\sqrt{L'C'} \,.$$

Ist die Leitung korrekt abgeschlossen ($R_\mathrm{L} = Z_0$), so nimmt v_2 den Wert

$$v_2 = \frac{R_\mathrm{L}}{R_\mathrm{L} + R_\mathrm{G}} V_\mathrm{G}$$

an. Ist hingegen $R_\mathrm{L} \neq Z_0$, so tritt am Leitungsende eine *Reflexion* auf. Der zurücklaufende Spannungssprung besitzt die Amplitude

$$v_{2,\mathrm{r}} = r\, v_1(0^+) = \frac{R_\mathrm{L} - Z_0}{R_\mathrm{L} + Z_0} \frac{Z_0}{Z_0 + R_\mathrm{G}} V_\mathrm{G} \,.$$

Er erreicht den Eingang nach der Zeit $2\,t_\mathrm{d}$. Liegt Anpassung am Eingang vor ($R_\mathrm{G} = Z_0$), so tritt keine weitere Reflexion mehr auf; es gilt

$$v_1 = v_2 = \frac{R_\mathrm{L}}{R_\mathrm{L} + R_\mathrm{G}} V_\mathrm{G} \,.$$

Im Fall $R_\mathrm{G} \neq Z_0$ tritt auch am Eingang eine Reflexion auf, bei Fehlanpassung an Ein- und Ausgang kommt es somit zu *Mehrfachreflexionen*, die um so langsamer abklingen, je größer die Fehlanpassung ist.

Mehrfachreflexionen, Lattice-Diagramm

Für eine Untersuchung von Mehrfachreflexionen an den Leitungsenden hat sich das sog. *Lattice-Diagramm* als nützlich erwiesen. Dieses illustriert die zwischen den Leitungsenden hin und her laufenden Signale.

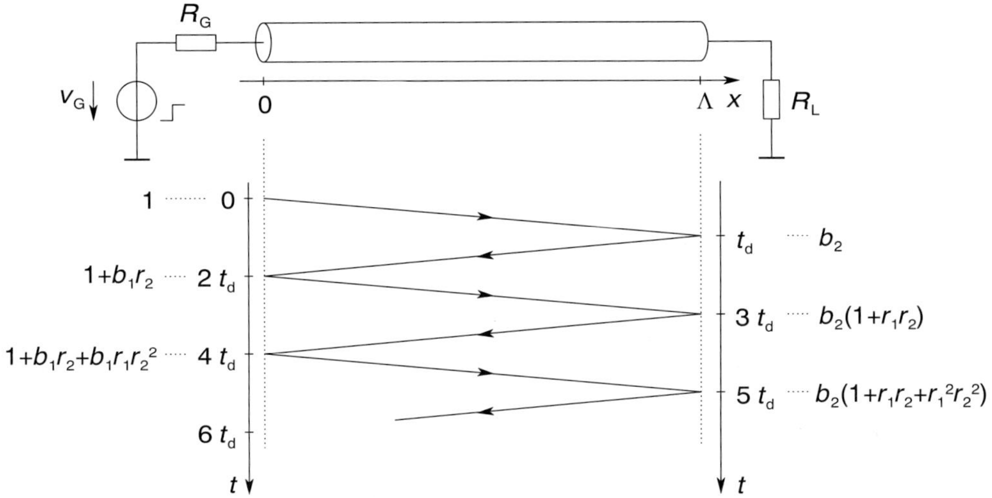

Abb. 10.6. Lattice-Diagramm für eine Leitung bei Fehlanpassung

Direkt nach dem Einschalten und bis zur Ankunft (bei $t = 2t_\mathrm{d}$) evtl. reflektierter Wellen besitzt die Spannung am Leitungsanfang den Wert $v_1(0^+)$; bei $t = 2t_\mathrm{d}$ wird diesem Wert der gebrochene Anteil des reflektierten Signals überlagert, so daß $v_1(2t_\mathrm{d}^+) = (1 + \underline{b}_1\underline{r}_2)v_1(0^+)$ – ein Wert, der bis zu $t = 4t_\mathrm{d}$ erhalten bleibt. Allgemein ($n \geq 1$) liegt im Zeitintervall $2nt_\mathrm{d} < t < 2(n+1)t_\mathrm{d}$ am Leitungsanfang die Spannung

$$v_1(t) \;=\; v_1(0^+)\left[1 + \underline{b}_1\underline{r}_2\sum_{\mathrm{k=0}}^{n-1}(\underline{r}_1\underline{r}_2)^k\right] \;=\; v_1(0^+)\left[1 + \underline{b}_1\underline{r}_2\,\frac{1-(\underline{r}_1\underline{r}_2)^n}{1-\underline{r}_1\underline{r}_2}\right]$$

an; am Leitungsende fällt im Zeitintervall $(2n-1)t_\mathrm{d} < t < (2n+1)t_\mathrm{d}$

$$v_2(t) \;=\; \underline{b}_2\,v_1(0^+)\sum_{\mathrm{k=0}}^{n-1}(\underline{r}_1\underline{r}_2)^k \;=\; \underline{b}_2\,v_1(0^+)\frac{1-(\underline{r}_1\underline{r}_2)^n}{1-\underline{r}_1\underline{r}_2}$$

ab. Da $|\underline{r}_1\underline{r}_2| < 1$ ist, gilt für große Zeiten ($n \to \infty$, $(\underline{r}_1\underline{r}_2)^n \to 0$)

$$v_1(t) \;\to\; \left(1 + \frac{\underline{b}_1\underline{r}_2}{1-\underline{r}_1\underline{r}_2}\right)v_1(0^+) \;=\; \frac{R_\mathrm{L}}{R_\mathrm{L}+R_\mathrm{G}}\,V_\mathrm{G}$$

und

$$v_2(t) \;\to\; \frac{\underline{b}_2}{1-\underline{r}_1\underline{r}_2}\,v_1(0^+) \;=\; \frac{R_\mathrm{L}}{R_\mathrm{L}+R_\mathrm{G}}\,V_\mathrm{G}\,.$$

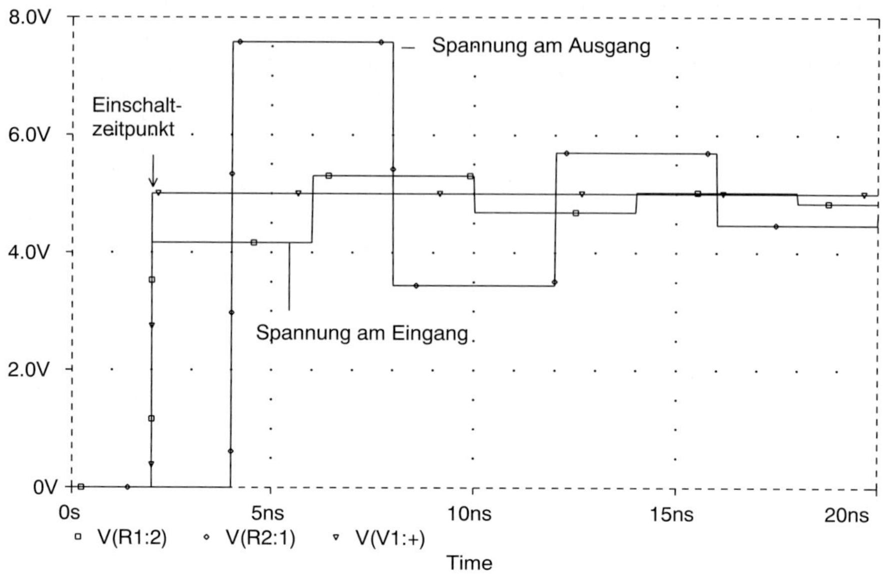

Abb. 10.7. Simulierter Spannungsverlauf an den Leitungsenden der verlustlosen Leitung bei beidseitiger Fehlanpassung (Beispiel 10.2.1)

Beispiel 10.2.1 Als Beispiel wird eine verlustlose Leitung mit der Laufzeit 2 ns und dem Wellenwiderstand $Z_0 = 50\,\Omega$ betrachtet. Als Last wird ein Widerstand $R_\mathrm{L} = 500\,\Omega$, als Quellwiderstand ein Wert $R_\mathrm{G} = 10\,\Omega$ angenommen. An den Enden treten damit die Reflexionsfaktoren

$$\underline{r}_1 = \frac{R_\mathrm{G} - Z_0}{R_\mathrm{G} + Z_0} = -0.667 \quad \text{und} \quad \underline{r}_2 = \frac{R_\mathrm{L} - Z_0}{R_\mathrm{L} + Z_0} = 0.818$$

auf; die Brechungskoeffizienten sind

$$\underline{b}_1 = \frac{2R_\mathrm{G}}{R_\mathrm{G} + Z_0} = 0.333 \quad \text{und} \quad \underline{b}_2 = \frac{2R_\mathrm{L}}{R_\mathrm{L} + Z_0} = 1.818\,.$$

Zur Zeit $t = 0$ springt die Spannung am Eingang auf den Wert

$$v_1(0^+) = \frac{Z_0}{R_\mathrm{G} + Z_0} \cdot 5\,\mathrm{V} = 4.167\,\mathrm{V}\,.$$

Bezeichnet t_d die Laufzeit, so ergibt sich für die Spannungen an Eingang und Ausgang der Leitung anhand von Abb. 10.6 die folgende Abhängigkeit

Zeitintervall	$[0, t_\mathrm{d}]$	$[t_\mathrm{d}, 2t_\mathrm{d}]$	$[2t_\mathrm{d}, 3t_\mathrm{d}]$	$[3t_\mathrm{d}, 4t_\mathrm{d}]$	$[4t_\mathrm{d}, 5t_\mathrm{d}]$	$[5t_\mathrm{d}, 6t_\mathrm{d}]$
$v(0,t)/\mathrm{V}$	4.167	4.167	5.292	5.292	4.683	4.683
$v(\Lambda,t)/\mathrm{V}$	0	7.576	7.576	3.442	3.442	5.697

Abbildung 10.7 zeigt das Ergebnis einer SPICE-Transientenanalyse für die Eingangsspannung $v(0,t)$ und die Ausgangspannung $v(\Lambda,t)$ einer entsprechend beschalteten, verlustlosen Leitung mit der Laufzeit $t_\mathrm{d} = 2$ ns (vgl. Kap. 10.3). Die Ergebnisse der Simulation stimmen mit dem Ergebnis des Lattice-Diagramms überein. Δ

10.2.3 Eingangsimpedanz, Widerstandstransformation

Für die *Eingangsimpedanz* der mit $\underline{Z}_\mathrm{L}$ belasteten Leitung folgt

$$\frac{\hat{\underline{v}}(0)}{\hat{\underline{i}}(0)} = \underline{Z}_0 \frac{1+\underline{r}\,\mathrm{e}^{-2\gamma\Lambda}}{1-\underline{r}\,\mathrm{e}^{-2\gamma\Lambda}} = \underline{Z}_\mathrm{i}\,. \tag{10.33}$$

Als *Kurzschlußeingangsimpedanz* $\underline{Z}_\mathrm{iK}$ der Leitung wird die Eingangsimpedanz bei kurzgeschlossenem Ende bezeichnet. Mit $\underline{Z}_\mathrm{L} = 0$ bzw. $\underline{r} = -1$ folgt

$$\underline{Z}_\mathrm{iK} = \underline{Z}_0 \tanh(\gamma\Lambda)\,. \tag{10.34}$$

Die *Leerlaufeingangsimpedanz* $\underline{Z}_\mathrm{iL}$ bezeichnet entsprechend die Eingangsimpedanz der Leitung bei offenem Ende. Mit $\underline{Z}_\mathrm{L} \to \infty$ bzw. $\underline{r} = 1$ folgt

$$\underline{Z}_\mathrm{iL} = \underline{Z}_0 \coth(\gamma\Lambda)\,. \tag{10.35}$$

Aus den leicht zu messenden Eingangsimpedanzen $\underline{Z}_\mathrm{iK}$ und $\underline{Z}_\mathrm{iL}$ folgen Wellenwiderstand und Ausbreitungskonstante gemäß

$$\underline{Z}_0 = \sqrt{\underline{Z}_\mathrm{iK}\underline{Z}_\mathrm{iL}} \quad \text{und} \quad \gamma = \frac{1}{\Lambda}\operatorname{arctanh}\sqrt{\underline{Z}_\mathrm{iK}/\underline{Z}_\mathrm{iL}}\,. \tag{10.36}$$

Widerstandstransformation. Für verlustfreie Leitungen ist $Z_0 = \sqrt{L'/C'}$ reell, d. h. ein korrekter Abschluß der Leitung erfordert einen ohmschen Widerstand, der gleich dem Wellenwiderstand der Leitung ist. Reflexionen, die bei ohmscher Last mit $R_\mathrm{L} \neq Z_0$ auftreten, lassen sich durch Zwischenschalten eines Leitungsstücks der Länge $\lambda/4$ und des Wellenwiderstands

$$Z_0' = \sqrt{Z_0 R_\mathrm{L}} \tag{10.37}$$

unterdrücken ($\lambda/4$-Transformator). In diesem Fall besitzt die dazwischen geschaltete Leitung die Eingangsimpedanz Z_0 und die Ausgangsimpedanz R_L. Die Anpassung mittels eines $\lambda/4$-Transformators ist nur bei ohmscher Last möglich. Bei kapazitiver Last kann durch Verwenden *einer Stichleitung* [1] eine Anpassung bei einer Frequenz vorgenommen werden. Da bei Schaltvorgängen Anteile unterschiedlicher Frequenz überlagert sind, wird an kapazitiven Lasten stets ein Teil der einlaufenden Leistung reflektiert (vgl. Beispiel 10.3.2).

10.2.4 Spannungsübertragungsfaktor

Mit der Eingangsimpedanz $\underline{Z}_\mathrm{i}$ der beschalteten Leitung berechnet sich der Wert von $\hat{\underline{v}}(0)$ mit der Spannungsteilerformel

$$\hat{\underline{v}}(0) = \frac{\underline{Z}_\mathrm{i}}{\underline{Z}_\mathrm{i} + R_\mathrm{G}}\,\hat{\underline{v}}_\mathrm{g}\,;$$

wobei $\hat{\underline{v}}_\mathrm{g}$ die komplexe Amplitude der Quellspannung bezeichnet.

Mit

$$\underline{\hat{v}}(0) = \left(1 + \underline{r}\mathrm{e}^{-2\gamma\Lambda}\right)\underline{\hat{v}}_- \quad \text{und} \quad \underline{\hat{v}}(\Lambda) = (1 + \underline{r})\,\mathrm{e}^{-\gamma\Lambda}\,\underline{\hat{v}}_-$$

läßt sich nun der Spannungsübertragungsfaktor $\underline{H}_v(\mathrm{j}\omega) = \underline{\hat{v}}(\Lambda)/\underline{\hat{v}}_\mathrm{g}$ bestimmen

$$\begin{aligned}\underline{H}_v(\mathrm{j}\omega) &= \frac{\underline{\hat{v}}(\Lambda)}{\underline{\hat{v}}_\mathrm{g}} = \frac{\underline{\hat{v}}(0)}{\underline{\hat{v}}_\mathrm{g}}\,\frac{\underline{\hat{v}}_-}{\underline{\hat{v}}(0)}\,\frac{\underline{\hat{v}}(\Lambda)}{\underline{\hat{v}}_-} \\ &= \frac{\underline{Z}_\mathrm{i}}{\underline{Z}_\mathrm{i}+R_\mathrm{G}}\,\frac{1}{1+\underline{r}\mathrm{e}^{-2\gamma\Lambda}}\,(1+\underline{r})\mathrm{e}^{-\gamma\Lambda} \\ &= \frac{\underline{Z}_0\underline{Z}_\mathrm{L}}{\underline{Z}_0(\underline{Z}_\mathrm{L}+R_\mathrm{G})\cosh(\gamma\Lambda) + (\underline{Z}_0^2+R_\mathrm{G}\underline{Z}_\mathrm{L})\sinh(\gamma\Lambda)}\,. \qquad (10.38)\end{aligned}$$

Mit der Substitution $\mathrm{j}\omega \to s$ folgt im Fall einer kapazitiven Last ($\underline{Z}_\mathrm{L} = 1/sC_\mathrm{L}$)

$$\underline{H}_v(s) = \frac{1}{(1+sR_\mathrm{G}C_\mathrm{L})\cosh(\gamma\Lambda) + (sC_\mathrm{L}\underline{Z}_0+R_\mathrm{G}/\underline{Z}_0)\sinh(\gamma\Lambda)}$$

und daraus die Verzögerungszeit nach Elmore (1.50) bei kapazitiver Last. Diese wird im folgenden Abschnitt für die RC-Leitung näher betrachtet.

10.2.5 RC-Leitung

Der über eine Leitung zu übertragende Frequenzbereich ist nach oben begrenzt. Eine solche Frequenzgrenze läßt sich aus der Transitfrequenz f_T der eingesetzten Transistoren abschätzen, eine andere folgt aus den Anstiegs- und Abfallzeiten der zu übertragenden Pulse: Ist $t_{\mathrm{r,min}}$ die kürzeste Anstiegszeit eines Pulses, der über die Leitung läuft, so folgt eine obere Frequenzgrenze aus $f_\mathrm{o} \approx 1/(2\,t_\mathrm{r})$. Genügen die Beläge der Bedingung $2\pi f_\mathrm{T} L'_\mathrm{S} \ll R'$ bzw. $2\pi f_\mathrm{o} L'_\mathrm{S} \ll R'$, so kann der Induktivitätsbelag vernachlässigt werden. Diese Situation wird in integrierten Schaltungen häufig angetroffen, wobei in Digitalschaltungen üblicherweise eine kapazitive Last umzuladen ist. Diese Situation wird im Folgenden untersucht.

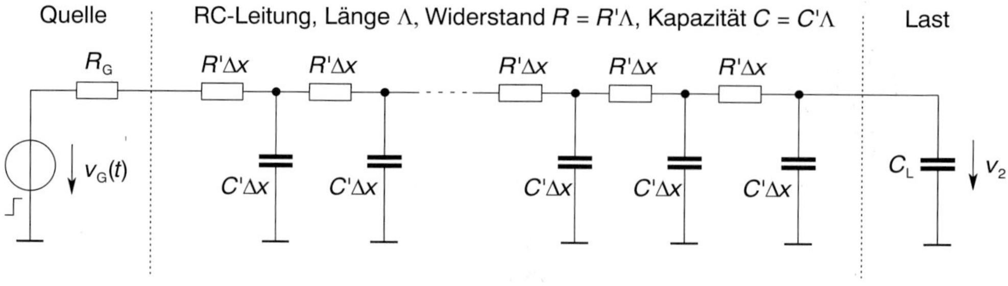

Abb. 10.8. RC-Leitung mit kapazitiver Last

Laufzeit nach Elmore. Für Ausbreitungskonstante und Wellenwiderstand ergibt sich in diesem Fall näherungsweise ($\mathrm{j}\omega \rightarrow s$)

$$\gamma \approx \sqrt{sR'C'} \quad \text{und} \quad \underline{Z}_0 \approx R'/\gamma \, .$$

Bei kapazitiver Last resultiert die Verzögerungszeit nach Elmore dann zu

$$\tau_\mathrm{d} = (R_\mathrm{G} + R'\Lambda)C_\mathrm{L} + (R_\mathrm{G} + R'\Lambda/2)\, C'\Lambda \, .$$

Der Ausdruck setzt sich aus zwei „RC-Zeitkonstanten“ zusammen: Der erste Term berücksichtigt das Umladen von C_L über den Quellwiderstand R_G und den Leitungswiderstand $R'\Lambda$; der zweite Term beschreibt das Umladen der Leitungskapazität $C'\Lambda$ über R_G und den verteilten Leitungswiderstand. Für große Leitungslängen ist der letzte Beitrag dominierend – die Verzögerungszeit wird dann proportional zu Λ^2 ansteigen. Abhilfe können hier Zwischenverstärker (*Repeater*) [11–13] bieten, die so dicht plaziert sind, daß auf den Teilleitungsstücken der Term proportional zu Λ^2 unbedeutend ist, sich die Verzögerungen auf den Teilstrecken demnach zu einem lediglich proportional zu Λ anwachsenden Wert addieren.

Ausgangsspannung im Zeitbereich. Werden nur Widerstands- und Kapazitätsbelag berücksichtigt, so lautet die Telegraphengleichung

$$\frac{\partial^2 v(x,t)}{\partial x^2} = R'C' \, \frac{\partial v(x,t)}{\partial t} \, .$$

Im Fall einer RC-Leitung der Länge Λ mit kapazitiver last C_L (Abb. 10.8) kann die Ausgangsspannung $v_2(t)$ als Reihe [14, 15]

$$v_2(t) = V_+ \left[1 + \sum_{\mathrm{k}=1}^{\infty} K_k \exp\left(-\frac{\sigma_k t}{RC} \right) \right]$$

ausgedrückt werden, falls v_G zur Zeit $t = 0$ vom Wert 0 auf V_+ springt. Die Größen $R = R'\Lambda$ und $C = C'\Lambda$ bezeichnen dabei Widerstand und Kapazität der Leitung. Die σ_k sind aus der Gleichung ($R_\mathrm{T} = R_\mathrm{G}/R$, $C_\mathrm{T} = C_\mathrm{L}/C$)

$$\tan\sqrt{\sigma_k} = \frac{1 - \sigma_k R_\mathrm{T} C_\mathrm{T}}{(R_\mathrm{T} + C_\mathrm{T})\sqrt{\sigma_k}}$$

zu bestimmen, was i. allg. numerisch geschehen muß. Die Konstanten

$$K_k = (-1)^k \, \frac{2\sqrt{(1+\sigma_k^2 R_\mathrm{T}^2)(1+\sigma_k^2 C_\mathrm{T}^2)}}{\sqrt{\sigma_k}\,\left[(1+\sigma_k^2 R_\mathrm{T}^2)(1+\sigma_k^2 C_\mathrm{T}^2) + (R_\mathrm{T}+C_\mathrm{T})(1+\sigma_k R_\mathrm{T} C_\mathrm{T})\right]}$$

lassen sich mit den σ_k berechnen. Für Zeiten $t > 0.1RC$ genügt nach [14] bereits der erste Term in der Reihendarstellung, um eine für den Schaltungsentwurf hinreichende Genauigkeit zu erzielen (Abb. 10.9)

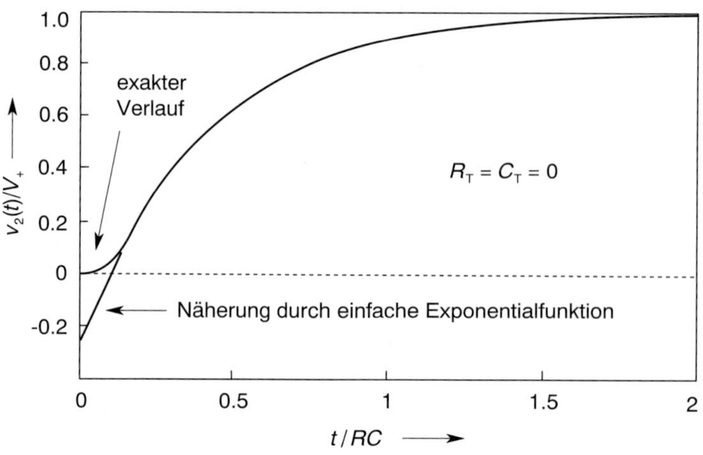

Abb. 10.9. Verlauf der Ausgangsspannung einer RC-Leitung bei einem Spannungssprung am Eingang (nach [14])

$$v_2(t) \approx V_+ \left[1 + K_1 \exp\left(-\frac{\sigma_1 t}{RC} \right) \right] . \tag{10.39}$$

Für die Größen σ_1 und K_1 gilt nach [15] näherungsweise

$$\frac{\sigma_1}{RC} = \frac{1.04}{R_G C_L + R_G C + R C_L + (2/\pi)^2 RC}$$

$$K_1 = -1.01 \frac{R_G C + R C_L + RC}{R_G C + R C_L + (\pi/4) RC} .$$

Die relative Abweichung dieser Näherungen vom exakten Wert beträgt dabei maximal 3 % für K_1 und 4 % für σ_1. Die Ausgangsspannung $v_2(t)$ folgt die Näherung

$$\frac{v_2(t)}{V_+} \approx 1 - \exp\left(-\frac{t - 0.1\,RC}{R_G C_L + R_G C + C_L R + 0.4 RC} \right) \tag{10.40}$$

Die Zeit $t(v_2)$ nach der am Ausgang die Spannung v_2 erreicht ist, folgt in dieser Näherung durch Umstellen

$$t(v_2) \approx 0.1\,RC - (R_G C_L + R_G C + C_L R + 0.4 RC) \ln\left(1 - \frac{v_2}{v_+} \right) . \tag{10.41}$$

Aus (10.41) folgen insbesondere die Zeiten $t_{50\,\%}$ und $t_{90\,\%}$ nach denen die Ausgangsspannung noch 50 % bzw. 10 % vom Endwert abweicht [14]

$$t_{50\,\%} = 0.377\,RC + 0.693(R_G C_L + R C_L + R_G C)$$

$$t_{90\,\%} = 1.02\,RC + 2.3\,(R_G C_L + R C_L + R_G C)$$

Beispiel 10.2.2 Als Beispiel wird eine Al-Leiterbahn der Dicke 1 µm und der Breite 4 µm, die durch ein Dielektrikum ($\epsilon_r = 4$) der Dicke 1 µm von planaren, auf Massepotential liegenden Elektroden (ground planes) isoliert wird, mit den in Abb. 10.10 angegebenen Belägen [11] betrachtet.

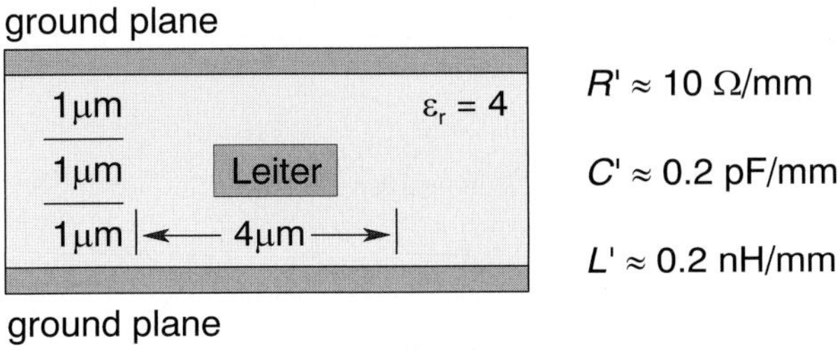

Abb. 10.10. Zu Beispiel 10.2.2

Die Bedingung $2\pi f L' \ll R'$ ist erfüllt für $f \ll R'/2\pi L' \approx 8\,\mathrm{GHz}$. Mit den angegebenen Belägen folgt unter der Annahme $\Lambda = 10\,\mathrm{mm}$, $R_\mathrm{G} = 200\,\Omega$ sowie $C_\mathrm{L} = 1\,\mathrm{pF}$ für die Verzögerungszeit nach Elmore

$$t_\mathrm{d} \;=\; (200\,\Omega + 100\,\Omega)\cdot 10\,\mathrm{pF} + (200\,\Omega + 50\,\Omega)\cdot 2\,\mathrm{pF} \;=\; 0.8\,\mathrm{ns}\,.$$

Würde die Last ohne Verzögerung durch die Leitung nur über R_G aufgeladen werden, so wäre die Verzögerungszeit $R_\mathrm{G}C_\mathrm{L} = 0.2\,\mathrm{ns}$, d.h. durch die Leitung kommt eine zusätzliche Verzögerung von 0.6 ns hinzu. Mit $RC = 100\,\Omega \cdot 2\,\mathrm{pF} = 0.2\,\mathrm{ns}$ und

$$R_\mathrm{G}C_\mathrm{L} + R_\mathrm{G}C + C_\mathrm{L}R + 0.4RC \;=\; 0.2\,\mathrm{ns} + 0.4\,\mathrm{ns} + 0.1\,\mathrm{ns} + 0.08\,\mathrm{ns} \;=\; 0.78\,\mathrm{ns}$$

folgt für die Ausgangsspannung

$$\frac{v_2(t)}{V_+} \;\approx\; 1 - \exp\left(-\frac{t/\mathrm{ns} - 0.02}{0.78\,\mathrm{ns}}\right)$$

Wird auf der rechten Seite für t die Verzögerungszeit nach Elmore eingesetzt, so folgt

$$v_2(t_\mathrm{d})/V_+ \;=\; 1 - \exp(-1) \;=\; 63.2\,\%\,,$$

die Elmore-Verzögerungszeit ist deshalb größer als $t_{50\,\%}$ und kleiner als $t_{90\,\%}$. Δ

RLC-Leitung. In sehr schnellen Digitalschaltungen liegen die Anstiegs- und Abfallzeiten unter 0.1 ns. In solchen Schaltungen ist der induktive Leitungsbelag meist nicht mehr vernachlässigbar. Eine Erweiterung der Arbeit von Sakurai auf den Fall von RLC-Leitungen ist in [16, 17] zu finden. Der induktive Leitungsbelag kann zu Überschwingern führen. Aus der Forderung, daß der Betrag des Übertragungsfaktors der Leitung keinen Peak aufweist, kann auch eine Bedingung abgeleitet werden, unter der Überschwinger aufgrund induktiver Leitungsbeläge vermieden werden können [18].

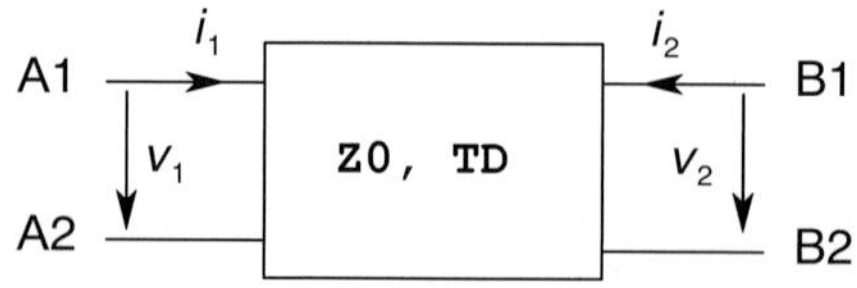

Abb. 10.11. Verlustlose Leitung

10.3 Modellierung der Leitung in SPICE

Die ideale Leitung ist als passives Netzwerkelement in SPICE verfügbar. Entsprechende Elementanweisungen beginnen mit einem `T` und sind von der Form

```
T(name)    A1    A2    B1    B2    Z0 = Wellenwiderstand
+ (TD = Laufzeit)   (IC = .....)
```

`A1` und `A2` bezeichnen dabei die Knotennamen am Leitungsanfang, `B1` und `B2` die Knotennamen am Leitungsende (Abb. 10.11). Der *Wellenwiderstand* `Z0` ist in Ω anzugeben; statt der *Laufzeit* `TD` kann auch die auf die Wellenlänge λ bezogene Leitungslänge[5] `NL` $=$ Länge$/\lambda$ angegeben werden. Für Ströme und Spannungen an Ein- und Ausgang lassen sich (optional) Anfangsbedingungen vorgeben. Abbildung 10.12 zeigt die Ersatzschaltung der verlustfreien Leitung mit Wellenwiderstand Z_0.

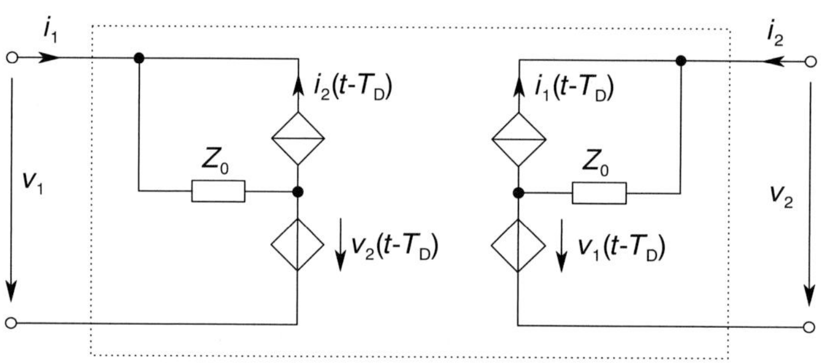

Abb. 10.12. Ersatzschaltung der verlustfreien Leitung

Die folgende Betrachtung zeigt, daß diese Ersatzschaltung dieselben Ergebnisse liefert wie die Analyse mit dem Lattice-Diagramm. Die Beschaltung der Leitung wird entsprechend Abb. 10.5 angenommen; der Einfachheit halber wird nur das Zeitintervall $0 < t < 2\,$`TD` betrachtet. Für $t <$ `TD` ist $v_2 = 0$ und $i_2 = 0$; im Zeitintervall $0 < t <$ `TD` ist am Eingang daher die in Abb. 10.13 a dargestellte vereinfachte Ersatzschaltung gültig. Dies führt sofort auf

$$v_1 \;=\; Z_0 V_G/(Z_0 + R_G) \qquad \text{und} \qquad i_1 \;=\; v_1/Z_0 \;.$$

[5]Zwischen `TD` und `NL` besteht der Zusammenhang `TD` $=$ `NL`$/f$, wobei f den Wert der Frequenz (in Hz) bezeichnet. Da der Zeitschritt bei der Transientenanalyse nicht größer sein kann als die Hälfte der kleinsten Laufzeit `TD`, können sehr kurze Leitungen unbeabsichtigt lange Programmlaufzeiten verursachen.

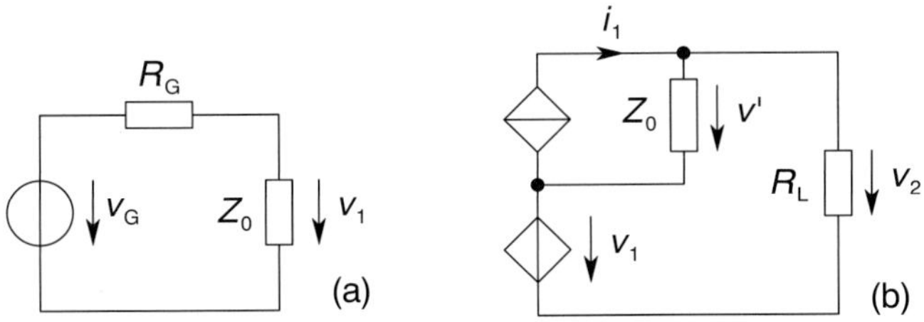

Abb. 10.13. Zum Verhalten des Modells der verlustlosen Leitung. **(a)** Eingang, **(b)** Ausgang

Die vereinfachte Schaltung (a) ist auch im Zeitintervall $\mathtt{TD} < t < 2\,\mathtt{TD}$ auf der Eingangsseite maßgeblich, da noch kein reflektiertes Signal eingetroffen sein kann ($v_2(t - \mathtt{TD}) = 0$ und $i_2(t - \mathtt{TD}) = 0$). Auf der Ausgangsseite sind im Zeitintervall $\mathtt{TD} < t < 2\,\mathtt{TD}$ die Stromquelle und die Spannungsquelle zu berücksichtigen: Aus der in Abb. 10.13 b dargestellten Teilschaltung folgt durch Anwenden von Maschen- und Knotensatz

$$2v_1 = v_2\,(1 + Z_0/R_L) \qquad \text{bzw.} \qquad v_2 = b_2 v_1 \ ,$$

was für $Z_0 = R_L$ (korrekter Abschluß der Leitung) offensichtlich zu $v_1 = v_2$, andernfalls zu Reflexionen führt.

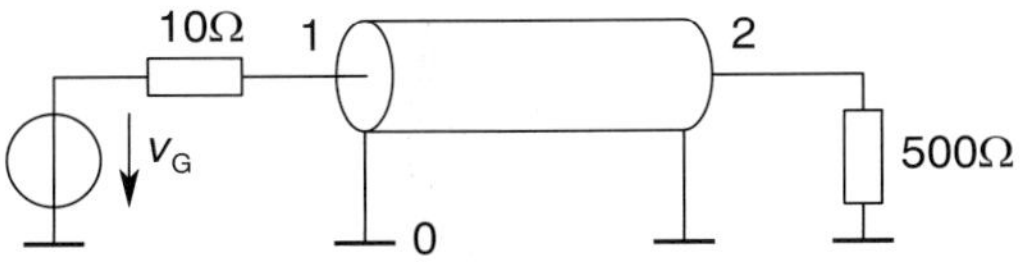

Abb. 10.14. Zu Beispiel 10.3.1

Beispiel 10.3.1 Als Beispiel wird eine Koaxialleitung mit geerdetem Außenleiter, 50 Ω Wellenwiderstand, einer Laufzeit von 2 ns und einer Beschaltung entsprechend Abb. 10.14 betrachtet. Diese besitzt die Elementanweisung

```
TKOAX    1    0    2    0    Z0 = 50    TD = 2N
```

Ein Simulationsergebnis, das mit diesem Leitungsmodell gewonnen wurde, ist in Abb. 10.7 zu sehen. Δ

Verlustbehaftete Leitungen lassen sich grundsätzlich mit aneinandergereihten Teilschaltungen entsprechend Abb. 10.1 simulieren. Bei der Simulation langer Leitungen ist allerdings eine Unterteilung in sehr viele Segmente erforderlich.[6] Dies führt zu beachtlichen Rechenzeiten und kann auch numerische Probleme verursachen. Der in PSPICE implementierte Ansatz zur Simulation verlustbehafteter Leitungen geht von der Darstellung im Frequenzbereich aus und berechnet die Abhängigkeit im Zeitbereich unter Verwendung des Faltungssatzes [9, 19].

[6] Als Faustregel gilt, daß die Laufzeit durch ein Segment nicht größer sein sollte als ein Fünftel der kürzesten Anstiegs- bzw. Abfallzeit [9].

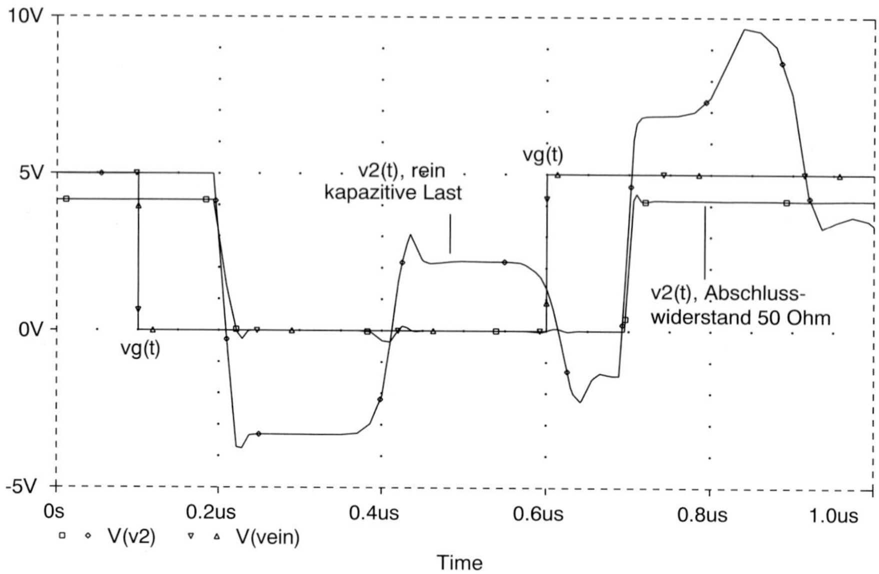

Abb. 10.15. Spannungsverläufe am Ausgang eines Koaxialkabels bei kapazitiver Last (Beispiel 10.3.2)

Verlustbehaftete Leitungen werden in PSPICE durch Angabe der Länge sowie durch Widerstands-, Ableitungs-, Induktivitäts- und Kapazitätsbelag beschrieben. Entsprechende Elementanweisungen beginnen ebenfalls mit einem T und sind von der Form

```
T(name)   A1   A2   B1   B2   LEN = Länge
+ R = Widerstandsbelag   L = Induktivitätsbelag
+ G = Ableitungsbelag   C = Kapazitätsbelag
```

Alternativ lassen sich die Parameter über eine Modellanweisung spezifizieren.

Beispiel 10.3.2 Als Beispiel wird die Ausbreitung eines Pulses auf einem Koaxialkabel mit den Belägen $L' = 238\,\mathrm{nH/m}$, $C' = 95.3\,\mathrm{pF/m}$, $R' = 0.01\,\Omega/\mathrm{m}$, $G' = 0$, der Länge 20 m und einer kapazitiven Last von 100 pF betrachtet. Am Eingang wird von einer PULSE-Quelle eine rechteckförmige Spannung mit einem Hub von 5V geliefert, die über einen Quellwiderstand von $10\,\Omega$ auf den Eingang der Leitung wirkt. Bei rein kapazitiver Last ergeben sich starke Reflexionen an den Enden, die sich in ausgeprägten „Überschwingern" bemerkbar machen. Diese werden weitgehend unterdrückt, wenn parallel zur Kapazität ein Abschlußwiderstand von $50\,\Omega$ – entsprechend dem Wellenwiderstand – geschaltet wird. Da der Abschlußwiderstand mit dem Quellwiderstand einen Spannungsteiler bildet, kann nun am Ausgang nicht mehr der volle Hub erreicht werden Abb. 10.15). △

10.4 Leitungsformen

Der Entwickler elektronischer Schaltungen sollte zumindest Grundkenntnisse über Zweidrahtleitungen, Koaxialleitungen und Streifenleiter (insbesondere Microstreifenleitungen) besitzen. Dieser Abschnitt stellt die wichtigsten Eigenschaften zusammen.

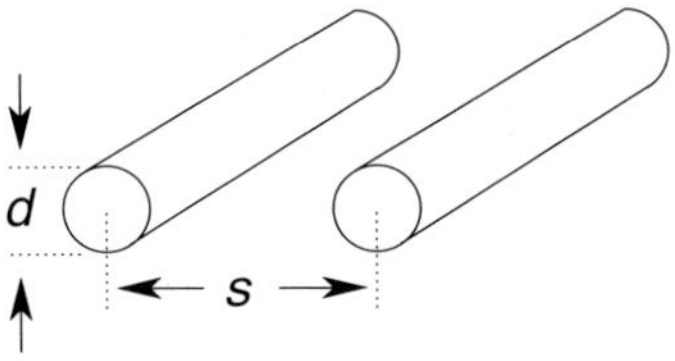

Abb. 10.16. Zweidrahtleitung

10.4.1 Zweidrahtleitung

Der Wellenwiderstand der symmetrischen Zweidrahtleitung ist

$$\boxed{Z_0 = \frac{120\,\Omega}{\sqrt{\epsilon_r}} \ln\left[\frac{s}{d} + \sqrt{\left(\frac{s}{d}\right)^2 - 1}\right]}\,, \tag{10.42}$$

falls der gesamte die Drähte umgebende Raum von einem Dielektrikum der Dielektrizitätszahl ϵ_r ausgefüllt wird. Ist dies nicht der Fall, so ist ϵ_r durch eine effektive Dielektrizitätszahl $\epsilon_{r,\mathrm{eff}}$ zu ersetzen.

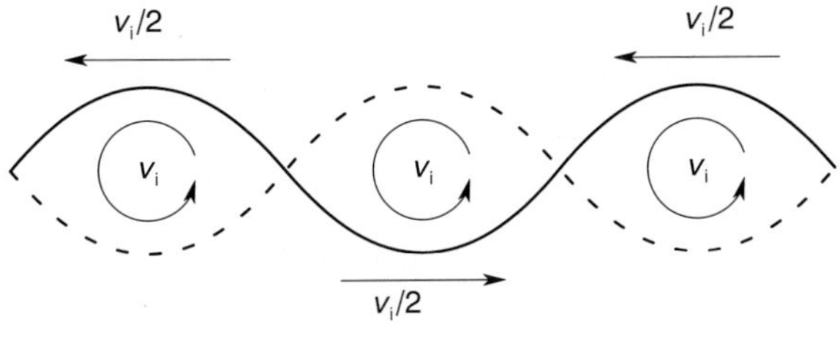

Abb. 10.17. Verringerung induzierter Störspannungen durch Verdrillen

Die symmetrische Zweidrahtleitung hat den Nachteil, daß sie – zusammen mit Quelle und Verbraucher – eine Leiterschleife bildet, in der Störspannungen induziert werden können. Dies kann durch *Verdrillen* von Leiter und Rückleiter deutlich reduziert werden, da die in aufeinanderfolgenden Schleifen induzierten Spannungen gegenläufig sind und sich deshalb kompensieren (Abb. 10.17). Der Wellenwiderstand einer solchen verdrillten Zweidrahtleitung (twisted pair) ist durch den Grad der Verdrillung, den Drahtdurchmesser und die Stärke der Isolation sowie deren Dielektrizitätszahl bestimmt. Verdrillte Zweidrahtleitungen ermöglichen einfach zu realisierende Verbindungen für Signale im Megahertzbereich – sie lassen sich insbesondere leicht an die in der Computertechnik gebräuchlichen Steckerleisten anschließen. Der Wellenwiderstand hängt vom Verdrillwinkel, d. h. vom Drahtdurchmesser und der Anzahl der Umdrehungen je Längeneinheit, ab. Nach [20] gilt

$$\boxed{Z_0 = \frac{120\,\Omega}{\sqrt{\epsilon_{\mathrm{r,eff}}}} \ln\left[\frac{D}{d} + \sqrt{\left(\frac{D}{d}\right)^2 - 1}\right]}\,, \tag{10.43}$$

wobei D den Drahtdurchmesser mit und d den Drahtdurchmesser ohne Isolation sowie $\epsilon_{\mathrm{r,eff}}$ eine von der Dielektrizitätszahl ϵ_{r2} der Isolation, der Dielektrizitäszahl ϵ_{r1} des umgebenden Mediums und dem Verdrillwinkel θ (in Grad) abhängige effektive Dielektrizitätszahl bezeichnet [7]

$$\epsilon_{\mathrm{r,eff}} \approx \epsilon_{\mathrm{r1}} + \left[0.25 + 4 \cdot 10^{-4} (\theta/\mathrm{grad})^2\right] (\epsilon_{\mathrm{r2}} - \epsilon_{\mathrm{r1}}) \tag{10.44}$$

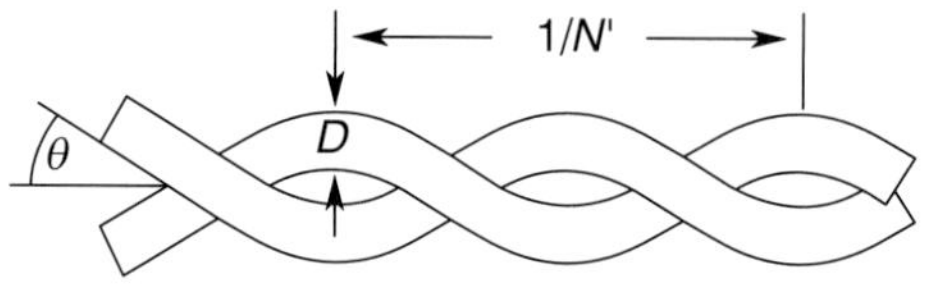

Abb. 10.18. Verdrillte Zweidrahtleitung

Der *Verdrillwinkel* θ kann anhand des Drahtdurchmessers aus der Anzahl der Umdrehungen je Längeneinheit N' bestimmt werden (Abb. 10.18)

$$\theta = \arctan(\pi N' D)\,.$$

Er wird üblicherweise zwischen 20° und 45° gewählt – kleinere Verdrillwinkel schränken die mechanische Stabilität ein (die Drähte können sich dann leicht gegeneinander verschieben), größere Verdrillwinkel führen zu großen mechanischen Spannungen in den Drähten.

Beispiel 10.4.1 Als Beispiel wird eine verdrillte Zweidrahtleitung betrachtet, die aus Drähten mit PVC-Isolierung der Dicke 0.3 mm vom Außendurchmesser 1.2 mm hergestellt wird; für diese Drähte gilt $D/d \approx 2$. Für PVC gilt $\epsilon_{\mathrm{r2}} \approx 3$ bei $f =$ 1 MHz, bei einer Verdrillung von einer Umdrehung pro Zentimeter resultiert der Verdrillwinkel

$$\theta = \arctan(\pi N' D) = 20.65\,\mathrm{grad}$$

und damit in Luft ($\epsilon_{\mathrm{r1}} = 1$) die effektive Dielektrizitätszahl

$$\epsilon_{\mathrm{r,eff}} = 1 + 2\left[0.25 + 4 \cdot 10^{-4} \cdot (20.65)^2\right] = 1.84\,,$$

so daß

$$Z_0 \approx \frac{120\,\Omega}{\sqrt{1.84}} \ln\left(2 + \sqrt{3}\right) \approx 116.5\,\Omega\,.$$

[7]Bei sehr weicher Isolation kann die Abhängigkeit vom Verdrillwinkel zunehmen [20].

Wegen der schlechten dielektrischen Eigenschaften von PVC bei Frequenzen im Megahertzbereich, die sich in einer dielektrischen Verlustzahl im Prozentbereich und einer frequenzabhängigen Dielektrizitätszahl bemerkbar machen, sind derartige Leitungen verlustbehaftet. Für Leitungslängen im Bereich weniger Meter ist dies jedoch i. allg. unproblematisch. Δ

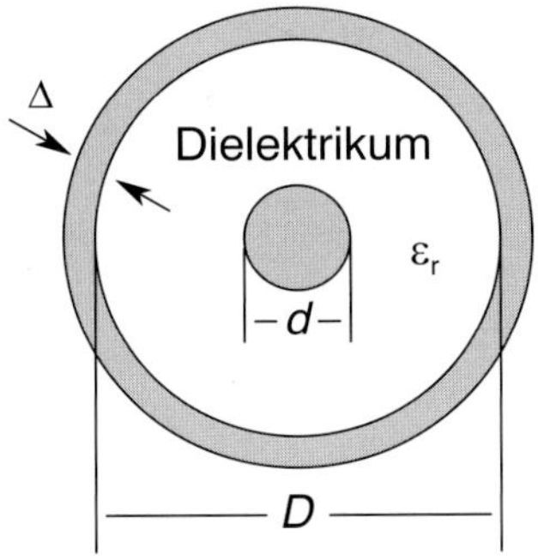

Abb. 10.19. Querschnitt durch eine Koaxialleitung

10.4.2 Koaxialkabel

Im Fall des Koaxialkabels ist der Kapazitätsbelag der eines Zylinderkondensators, d. h. mit den in Abb. 10.19 erläuterten Abmessungen gilt

$$C' = \frac{2\pi\epsilon_0\epsilon_\mathrm{r}}{\ln(D/d)} .$$

Mit (10.29) folgt der Wellenwiderstand des verlustlosen Koaxialkabels

$$\boxed{Z_0 = \frac{60\,\Omega}{\sqrt{\epsilon_\mathrm{r}}} \ln\left(\frac{D}{d}\right) .} \tag{10.45}$$

Die in der Praxis üblichen *Koaxialkabel* haben Wellenwiderstände von 50 Ω oder von 75 Ω. Die Durchmesser D variieren – abhängig von der maximalen Betriebsspannung – im Bereich von ca. 1 mm bis ca. 20 mm. Als Isolatormaterial wird vorzugsweise Polyethylen (PE) oder Teflon (PTFE) verwendet.

Dämpfung. Der Widerstandsbelag des Koaxialkabels setzt sich aus dem Widerstandsbelag R'_i des Innenleiters und dem Widerstandsbelag R'_a des Außenleiters zusammen. Wird der spezifische Widerstand ρ des Innenleiters und des Außenleiters als identisch angenommen, so folgt für Außenleiter der Dicke $\Delta \ll D$ unter Vernachlässigung des Skineffekts

$$R' = \frac{4\rho}{\pi d^2} + \frac{\rho}{\pi D\Delta} .$$

Bei Leiterquerschnitten der Größenordnung 1 mm liegt die Grenzfrequenz für den Skineffekt (vgl. Kap. 7.1) in der Größenordnung 10 kHz. Bei wesentlich höheren Frequenzen fließt der Strom im Innen- und Außenleiter nur noch in

Tabelle 10.2 Eigenschaften einiger Koaxialkabeltypen (Daten nach [21])

Größe	Einheit	RG58	RG213	RG141	RG59
Wellenwiderstand, Z_0	Ω	50 ± 2	50 ± 2	50 ± 2	75 ± 3
Innenleiter, d	mm	0.90	2.25	0.95	0.60
		Litze	Litze	Draht	Draht
Dielektrikum		PE	PE	Teflon	PE
Außendurchmesser, D	mm	2.95	7.25	2.95	3.7
Dielektrizitätszahl, ϵ_r		2.28	2.28	2.1	2.28
Kapazitätsbelag, C'	pF/m	ca. 101	ca. 101	ca. 95	ca. 67
Induktivitätsbelag, L'	μH/m	ca. 0.25	ca. 0.25	ca. 0.24	ca. 0.38
Dämpfungsfaktor, k_D		0.016	0.0065	0.012	0.011
Widerstandsfaktor, k_r	Ω/m	0.184	0.075	0.138	0.127
bei 30 MHz:					
Dämpfung	dB/m	0.088	0.036	0.066	0.06
Widerstandsbelag	Ω/m	1.0	0.41	0.76	0.7
Spannungsfestigkeit	kV_{eff}	1.9 – 2.5	5	2.5	2.3 – 3.5

einer Randzone der effektiven Dicke $\delta = \sqrt{\rho/(\pi\mu f)}$. Der Widerstandsbelag steigt dann proportional zu $\sqrt{f}$ an und läßt sich mit dem *Widerstandsfaktor* k_r in der Form

$$R' = k_r \sqrt{\frac{f}{\text{MHz}}} \quad \text{mit} \quad k_r = \left(\frac{1}{d}+\frac{1}{D}\right)\sqrt{\frac{\rho\mu \cdot 1\,\text{MHz}}{\pi}}$$

angeben. Die Dämpfungskonstante α wird für Frequenzen im Megahertzbereich hauptsächlich durch die Widerstandsverluste bestimmt, d. h. es gilt

$$\alpha \approx R'/2Z_0 .$$

Das *Dämpfungsmaß* einer Leitung bei der Frequenz f ist definiert als

$$a = 20\,\text{dB} \cdot \log\left[V(0)/V(\Lambda)\right] ,$$

wobei $V(0)$ und $V(\Lambda)$ die Effektivwerte der Spannungen am Anfang und Ende der Leitung bezeichnen. Die Dämpfung einer Leitung wird üblicherweise durch den *Dämpfungsbelag* a' (das ist das Dämpfungsmaß pro Meter Leitungslänge) angegeben

$$\frac{a'}{\text{dB/m}} = 20 \log\left[\exp(\alpha \cdot 1\,\text{m})\right) = 20\,\alpha \log(\text{e}) \cdot 1\,\text{m} .$$

Werden nur Widerstandsverluste (Skinverluste) berücksichtigt, so gilt

$$\frac{a'}{\text{dB/m}} = 8.686 \cdot \frac{R' \cdot 1\,\text{m}}{2Z_0} = k_D \sqrt{\frac{f}{\text{MHz}}} ,$$

d. h. die Dämpfung steigt proportional zur Wurzel der Frequenz an. Der *Dämpfungsfaktor* k_D ist dabei vom Wellenwiderstand Z_0 und dem Widerstandsfaktor k_r abhängig. Typische Werte für k_D liegen bei Koaxialkabeln in der Größenordnung 10^{-2}.

Die Typbezeichnung für Koaxialkabel wird überwiegend nach der US-Norm MIL-C-17 vorgenommen (RG-Typen); den unterschiedlichen Anforderungen entsprechend ist eine breite Palette verschiedener Koaxialkabel verfügbar, von denen einige in Tabelle 10.2 vorgestellt werden.[8]

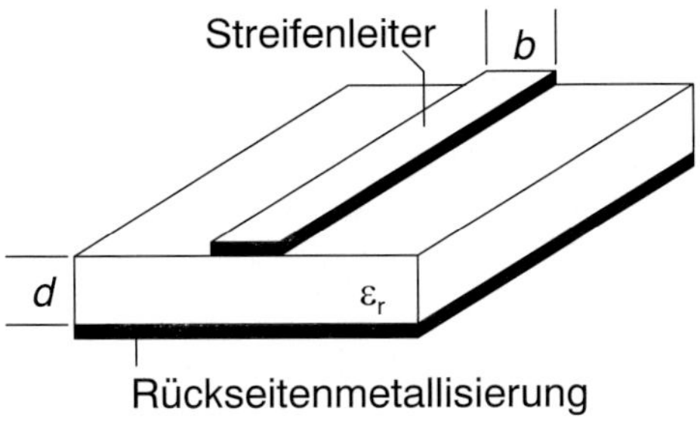

Abb. 10.20. Streifenleiter

10.4.3 Streifenleiter

Streifenleiter werden als flache, leitende Streifen auf einem dielektrischen Substrat über einer leitenden Grundplatte hergestellt. In Abb. 10.20 ist die Mikrostreifenleitung (microstrip line) dargestellt, die vor allem in integrierten Mikrowellenschaltungen vielfach verwendet wird. Wegen der hohen Dielektrizitätszahlen der verwendeten Substratmaterialien (z. B. Al_2O_3 mit $\epsilon_r = 9.8$) verlaufen die Feldlinien vorwiegend im Substrat zwischen dem Streifenleiter und der auf Massepotential liegenden Rückseite („ground plane“).

Der Wellenwiderstand der Streifenleitung kann für dünne Leiterbahnen, bei denen die Schichtdicke weniger als ein Zehntel der Bahnbreite beträgt, näherungsweise bestimmt werden [23]. Danach gilt für breite Leitungen ($b/d > 1$)

$$\boxed{\frac{Z_0}{\Omega} \approx \frac{120\pi}{\sqrt{\epsilon_{r,\text{eff}}}} \frac{1}{1.393 + b/d + 0.667 \ln(1.444 + b/d)}\ .} \tag{10.46}$$

mit der effektiven Dielektrizitätszahl

$$\epsilon_{r,\text{eff}} \approx \frac{\epsilon_r + 1}{2} + \frac{\epsilon_r - 1}{2} \left(1 + 12\,\frac{d}{b}\right)^{-1/2} \tag{10.47}$$

und entsprechend für schmale Leitungen ($b/d < 1$)

$$\boxed{\frac{Z_0}{\Omega} \approx \frac{60}{\sqrt{\epsilon_{r,\text{eff}}}} \ln\left(\frac{8d}{b} + \frac{b}{4d}\right)} \tag{10.48}$$

[8]Eine praxisorientierte Einfhrung in die Kabeltypen fr nachrichtentechnische Anwendungen bietet [22].

mit der effektiven Dielektrizitätszahl

$$\epsilon_{\mathrm{r,eff}} \approx \frac{\epsilon_{\mathrm{r}}+1}{2} + \frac{\epsilon_{\mathrm{r}}-1}{2} \left[\left(1 + 12\,\frac{d}{b}\right)^{-1/2} + 0.04\left(1 - \frac{b}{d}\right)^2 \right] . \qquad (10.49)$$

Der *Kapazitätsbelag* C' der Mikrostreifenleitung folgt aus Gl. (10.29). Für $b/d < 1$ führt dies auf die Näherungsformel

$$C' = 0.556\,\frac{\mathrm{pF}}{\mathrm{cm}} \cdot \frac{\epsilon_{\mathrm{r,eff}}}{\ln[\,8d/b + b/(4d)\,]} \qquad (10.50)$$

für $b/d > 1$ folgt entsprechend

$$C' = 88.3\,\epsilon_{\mathrm{r,eff}} \left[1.393 + \frac{b}{d} + 0.667\,\frac{\mathrm{fF}}{\mathrm{cm}} \cdot \ln\left(1.444 + \frac{b}{d}\right) \right] . \qquad (10.51)$$

Der *Induktivitätsbelag* L' läßt sich unter Verwendung von (10.27) aus C' und Z_0 berechnen. Dies ergibt im Fall $b/d < 1$

$$L' = 2\,\frac{\mathrm{nH}}{\mathrm{cm}} \cdot \ln\left(\frac{8d}{b} + \frac{b}{4d}\right) \qquad (10.52)$$

und im Fall $b/d > 1$

$$L' = 12.5\,\frac{\mathrm{nH}}{\mathrm{cm}} \cdot \frac{1}{1.393 + b/d + 0.667\,\ln(1.444 + b/d)} . \qquad (10.53)$$

Sind die Dicke d sowie die Dielektrizitätszahl ϵ_{r} des Substratmaterials vorgegeben, so folgt aus dem geforderten Wellenwiderstand Z_0 für die Breite der Leiterbahn

$$b = d\,\frac{8\mathrm{e}^{A}}{\mathrm{e}^{2A} - 2} , \qquad (10.54)$$

falls $b/d < 2$ und $\epsilon_{\mathrm{r}} < 16$, sowie

$$b = \frac{2d}{\pi}\,[\,B - 1 - \ln(2B - 1)\,] + \frac{\epsilon_{\mathrm{r}}-1}{2\epsilon_{\mathrm{r}}} \left[\ln(B-1) + 0.39 - \frac{0.61}{\epsilon_{\mathrm{r}}} \right] , \qquad (10.55)$$

falls $2 < b/d < 20$ und $\epsilon_{\mathrm{r}} < 16$. Die Größen A und B stehen dabei für

$$A = \frac{Z_0/\Omega}{60}\sqrt{\frac{\epsilon_{\mathrm{r}}+1}{2}} + \frac{\epsilon_{\mathrm{r}}-1}{\epsilon_{\mathrm{r}}+1}\left(0.23 + \frac{0.11}{\epsilon_{\mathrm{r}}}\right) \qquad (10.56)$$

und

$$B = \frac{60\pi^2}{\sqrt{\epsilon_{\mathrm{r}}}\,Z_0/\Omega} . \qquad (10.57)$$

Beispiel 10.4.2 Auf einem Al_2O_3-Keramiksubstrat ($\epsilon_{\mathrm{r}} = 9.8$) der Dicke $d = 0.63\,\mathrm{mm}$ soll eine Leitung mit Wellenwiderstand $Z_0 = 50\,\Omega$ realisiert werden. Mit

$$A = \frac{Z_0/\Omega}{60}\sqrt{\frac{\epsilon_r + 1}{2}} + \frac{\epsilon_r - 1}{\epsilon_r + 1}\left(0.23 + \frac{0.11}{\epsilon_r}\right) = 2.133$$

folgt

$$\frac{b}{d} = \frac{8e^{A}}{e^{2A} - 2} = 0.975\ ,$$

was nach Multiplikation mit der Substratdicke auf die erforderliche Breite der Leiterbahn von 0.61 mm führt. △

10.4.4 Geschirmte Leitungen, Triaxialkabel

Werden hochohmige OP-Eingänge von OPs mit Feldeffekttransistoren genutzt, so kann es zu Verfälschungen aufgrund von Leckströmen über die Leiterplatte kommen. Zur Abhilfe wird der hochohmige Eingang ringförmig mit einem Leiter („guard ring") umschlossen, der niederohmig auf dem Potential des Eingangs gehalten wird. Liegt der hochohmige Eingang annähernd auf Massepotential, so können Leckströme vom hochohmigen Eingang klein gehalten werden, wenn der Eingangsknoten durch einen auf Massepotential gelegten Ring umgeben wird. Liegt der hochohmige Eingang nicht auf Massepotential, so kann der guard ring mit dem Ausgang eines Spannungsfolgers verbunden werden, dessen (sehr hochohmiger) Eingang ebenfalls mit dem hochohmigen Eingang verbunden ist (vgl. Abb. 10.21).

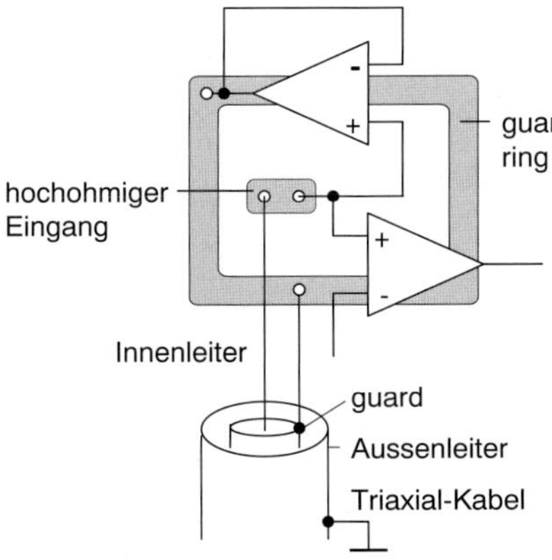

Abb. 10.21. Vermeidung von Leckströmen bei hochohmigen Eingängen durch Guarding und Traixialkabel

Um Leckströme zwischen Leiter und Masse im geschirmten Kabel zu reduzieren, werden in der Meßtechnik sog. Triaxialkabel eingesetzt, bei denen der innere Leiter von einem zweiten Innenleiter („guard") umgeben ist, dessen Potential über einen Spannungsfolger auf das Potential des Innenleiters gelegt wird. Um diesen befindet sich ein zweiter mit Masse verbundener Außenleiter. Leckströme zu Masse fließen demnach zwischen guard und Außenleiter, werden vom Spannungsfolger geliefert und machen sich nicht als Leckstrom auf dem Innenleiter bemerkbar.

10.5 Verkoppelte Leitungen

In elektronischen Schaltungen und in der Nachrichtentechnik sind häufig nicht abgeschirmte Leitungen nebeneinander angeordnet. Durch induktive und kapazitive Kopplung resultiert dann eine als *Übersprechen* bezeichnete gegenseitige Beeinflussung der Leitungsvorgänge.

10.5.1 Ersatzschaltung

Zur Untersuchung des Übersprechens zwischen miteinander verkoppelten Leitungen wird die in Abb. 10.22 dargestellte Ersatzschaltung für einen Ausschnitt der Länge Δx der beiden verkoppelten Leitungen herangezogen.

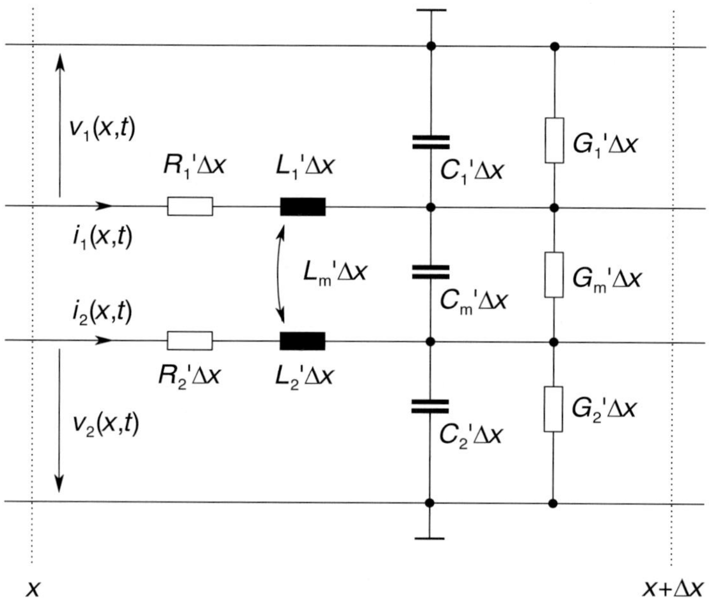

Abb. 10.22. Ersatzschaltung von Leitungsstücken der Länge Δx mit induktiver und kapazitiver Kopplung

Diese Ersatzschaltung beschreibt den Fall zweier gekoppelter Leitungen, die in einem – gemessen an der Wellenlänge – geringen Abstand parallel verlaufen. Im Grenzfall $\Delta x \to 0$ resultiert das folgende System von Differentialgleichungen für die Potentiale auf den Leitungen

$$-\frac{\partial v_1}{\partial x} = R_1' \, i_1 + L_1' \frac{\partial i_1}{\partial t} + L_{\mathrm{m}}' \frac{\partial i_2}{\partial t} \qquad (10.58)$$

$$-\frac{\partial v_2}{\partial x} = R_2' i_2 + L_2' \frac{\partial i_2}{\partial t} + L_{\mathrm{m}}' \frac{\partial i_1}{\partial t} \qquad (10.59)$$

und für die Ströme

$$-\frac{\partial i_1}{\partial x} = G_1' v_1 + C_1' \frac{\partial v_1}{\partial t} + C_{\mathrm{m}}' \frac{\partial v_{12}}{\partial t} + G_{\mathrm{m}}' v_{12} \tag{10.60}$$

$$-\frac{\partial i_2}{\partial x} = G_2' v_2 + C_2' \frac{\partial v_2}{\partial t} - C_{\mathrm{m}}' \frac{\partial v_{12}}{\partial t} - G_{\mathrm{m}}' v_{12} \tag{10.61}$$

wobei $v_{12}(x,t) = v_1(x,t) - v_2(x,t)$. Dieses System von vier partiellen Differentialgleichungen ist bei der Berechnung des Verhaltens zweier gekoppelter Leitungen zu lösen.

10.5.2 Simulation verkoppelter Leitungen

Die Simulation verkoppelter Leitungen mit PSPICE ist möglich durch Definition eines Kopplungsfaktors. Die entsprechende Elementanweisung ist von der Form

`K(name)    T(name1)    T(name2)    Lm =` L_{m}' `   Cm =` C_{m}'

wobei für `Lm` der Belag L_{m}' der Koppelinduktivität, für `Cm` der Belag C_{m}' der Koppelkapazität anzugeben ist. Diese Anweisung muß zusätzlich zu den Anweisungen `T(name1)` und `T(name2)` in die Netzliste aufgenommen werden.

Beispiel 10.5.1 Die Anweisungen

```
T1   1   0   2   0   R=0.1   L=250n   G=0.1n   C=100p   LEN=1
T2   3   0   4   0   R=0.1   L=250n   G=0.1n   C=100p   LEN=1
K12   T1   T2   Lm=25n    Cm=10p
```

definieren beispielsweise verlustbehaftete Leitungen T1 und T2 der Länge 1 m, die über die Koppelinduktivität mit dem Belag $L_{\mathrm{m}}' = 25\,\mathrm{nH/m}$ und die Koppelkapazität mit dem Belag $C_{\mathrm{m}}' = 10\,\mathrm{pF/m}$ miteinander verknüpft sind. △

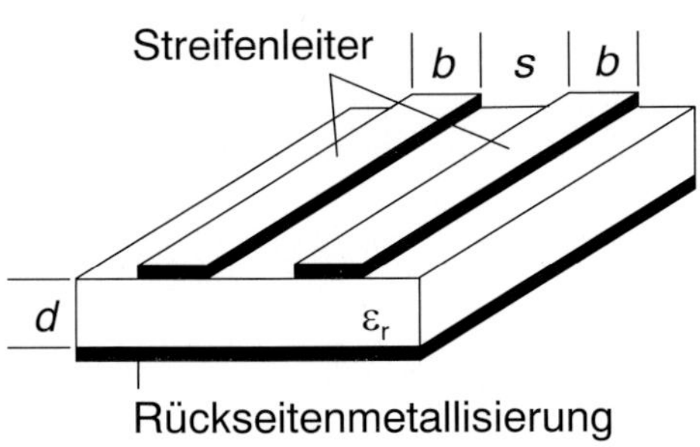

Abb. 10.23. Verkoppelte Streifenleitungen zu Beispiel 10.5.2

Beipiel 10.5.2 Als Beispiel werden zwei parallel verlaufende Leiterbahnen der Länge 10 cm und der Dicke 35,µm auf einer Epoxidharzplatte ($\epsilon_{\mathrm{r}} = 4.5$, Dicke $d = 1.6\,\mathrm{mm}$) betrachtet (Abb. 10.23); die Breite b der Leiterbahnen betrage 0.5 mm, zwischen ihnen befinde sich eine Lücke von $s = 2.5\,\mathrm{mm}$. Für die Simulation werden die Leitungsbeläge benötigt. Der Widerstandsbelag liegt dabei in der Größenordnung $10\,\mathrm{m\Omega/cm}$ und wird in der Folge vernachlässigt. Mit der effektiven Dielektrizitätszahl

$$\epsilon_{\mathrm{r,eff}} \approx \frac{\epsilon_{\mathrm{r}}+1}{2} + \frac{\epsilon_{\mathrm{r}}-1}{2} \left[\left(1+12\,\frac{d}{b}\right)^{-1/2} + 0.04\left(1-\frac{b}{d}\right)^2\right] \approx 3.06$$

folgen Kapazitäts- und Induktivitätsbeläge einer einzelnen Streifenleitung aus Gl. (10.50) und (10.52) zu

$$L' \approx 2\,\frac{\mathrm{nH}}{\mathrm{cm}} \cdot \ln\left(\frac{8d}{b} + \frac{b}{4d}\right) \approx 6.5\,\frac{\mathrm{nH}}{\mathrm{cm}}$$

$$C' \approx 0.556\,\frac{\mathrm{pF}}{\mathrm{cm}} \cdot \frac{\epsilon_{\mathrm{r,eff}}}{\ln\left[8d/b + b/(4d)\right]} \approx 0.52\,\frac{\mathrm{pF}}{\mathrm{cm}}\,.$$

Die Beläge für die Koppelinduktivität und Koppelkapazität lassen sich nach [24] abschätzen durch

$$L'_{\mathrm{m}} \approx 1\,\frac{\mathrm{nH}}{\mathrm{cm}} \cdot \ln\left[1 + \left(\frac{2d}{s+b}\right)^2\right] \approx 0.76\,\frac{\mathrm{nH}}{\mathrm{cm}}$$

$$C'_{\mathrm{m}} \approx \frac{L'_{\mathrm{m}}C'}{L'} \approx 61\,\frac{\mathrm{fF}}{\mathrm{cm}}\,.$$

Für den Wellenwiderstand und die Phasengeschwindigkeit einer Leitung folgt

$$Z_0 \approx \sqrt{\frac{L'}{C'+C'_{\mathrm{m}}}} \approx 105.8\,\Omega \qquad \text{und} \qquad v_{\mathrm{ph}} \approx \frac{1}{\sqrt{L'(C'+C'_{\mathrm{m}})}} \approx 16.2\,\frac{\mathrm{cm}}{\mathrm{ns}}\,,$$

falls Anfang und Ende der anderen Leitung auf Masse gelegt wird. Bei einer Leitungslänge von 10 cm ergibt dies eine Laufzeit $t_{\mathrm{d}} = 0.615\,\mathrm{ns}$. Im Folgenden wird angenommen, daß die beiden Leitungen an Anfang und Ende korrekt mit diesem Wellenwiderstand abgeschlossen sind. Abbildung 10.25 zeigt das Ergebnis einer Transientenanalyse für die Spannung am Leitungsanfang der gestörten Leitung 2, wenn die Spannungsquelle am Eingang der störenden Leitung 1 einen Spannungssprung von 0 auf 5 V (Beginn des Anstiegs bei $t = 0.4\,\mathrm{ns}$, Anstiegszeit $t_{\mathrm{r}} = 0.2\,\mathrm{ns}$) durchführt (Abb. 10.24). Am Anfang der Leitung 2 tritt während der doppelten Laufzeit des Pulses eine konstante Spannung von ca. 139 mV auf.

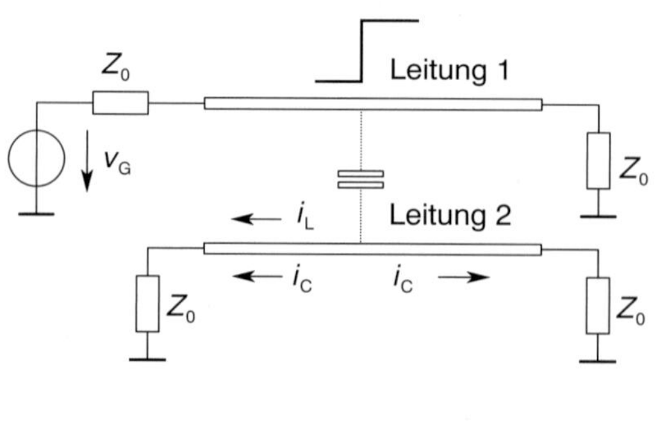

Abb. 10.24. Induzierte Ströme in verkoppelten Leitungen (nach [25])

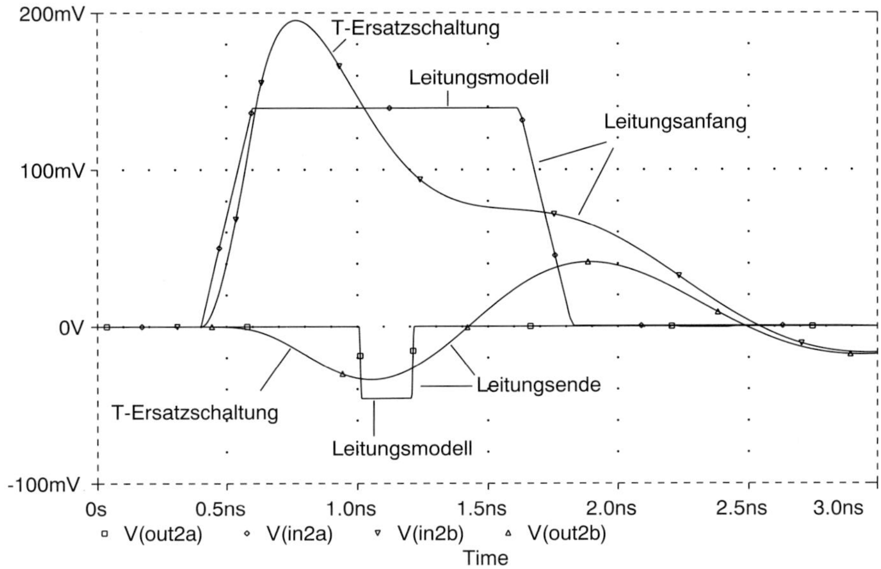

Abb. 10.25. Zeitabhängiger Verlauf der Störspannung am Leitungseingang berechnet mit dem Leitungsmodell und mit der verkoppelten T-Ersatzschaltung der Leitung

Das Zustandekommen dieses Kurvenverlaufs läßt sich unter Vernachlässigung der Verluste qualitativ verstehen [25]. Bei der gegebenen Beschaltung springt die Spannung am Eingang von Leitung 1 bei $t = 0.4\,\mathrm{ns}$ auf den Wert $v_1 = 2.5\,\mathrm{V}$. Der Spannungssprung am Eingang der Leitung breitet sich auf dieser mit der Geschwindigkeit $v = 1/\sqrt{L'C'}$ aus. Durch die kapazitive und induktive Kopplung wird in dem dem Spannungssprung gegenüberliegenden Segment der Leitung 2 ein Strom i_C bzw. i_L hervorgerufen (Abb. 10.24). Dieser fließt wegen der Laufzeit auf Leitung 2 während der doppelten Laufzeit $2t_\mathrm{d}$ durch den Widerstand Z_0 am Beginn der Leitung 2 und ruft in dieser Zeit am Abschlußwiderstand Z_0 des Eingangs von Leitung 2 einen Spannungsabfall $Z_0 \cdot (i_\mathrm{L} + i_\mathrm{C})$ hervor.

Nach [25] gilt bei schwacher Kopplung, d. h. unter der Annahme, daß die Ausbreitung des Pulses auf Leitung 1 durch Leitung 2 nicht nennenswert beeinflußt wird, für die auf Leitung 2 bei x induzierte Störspannung

$$\begin{aligned} v_2(x,t) &= -\frac{1}{2}\left(\frac{L'_\mathrm{m}}{Z_0} - C'_\mathrm{m} Z_0\right) x \frac{\mathrm{d}}{\mathrm{d}t} v_1\left(0, t - \frac{t_\mathrm{d}}{\Lambda}x\right) \\ &+ \frac{\Lambda}{4t_\mathrm{d}}\left(\frac{L'_\mathrm{m}}{Z_0} + C'_\mathrm{m} Z_0\right)\left[v_1\left(0, t - \frac{t_\mathrm{d}}{\Lambda}x\right) - v_1\left(0, t - 2t_\mathrm{d} + \frac{t_\mathrm{d}}{\Lambda}x\right)\right] . \end{aligned} \tag{10.62}$$

Für $t > 0.6\,\mathrm{ns}$ ist $v_1(0,t)$ konstant, v_2 wird bei $x = 0$, d. h. am Anfang von Leitung 2 bis zu $t = 2t_\mathrm{d} + 0.6$ ns $= 1.83\,\mathrm{ns}$ durch den Ausdruck in der eckigen Klammer bestimmt. Dieser ist bis auf die abschließende Flanke ($t_\mathrm{f} = 0.2\,\mathrm{ns}$) konstant und führt auf

$$v_2(0,t) = \frac{10\,\mathrm{cm}}{4 \cdot 0.615\,\mathrm{ns}}\left(\frac{0.76\,\mathrm{nH/cm}}{105.8\,\Omega} + 61\,\frac{\mathrm{fF}}{\mathrm{cm}} \cdot 105.8\,\Omega\right) \cdot 2.5\,\mathrm{V} \approx 139\,\mathrm{mV} ,$$

in guter Übereinstimmung mit den Ergebnissen der Simulation. Für die am Leitungsende ($x = \Lambda$) induzierte Störspannung ist nur der erste Term auf der rechten Seite von Gl. (10.62) von Bedeutung, da der Ausdruck in der eckigen Klammer für $x = \Lambda$ verschwindet. Die in diesem Term auftretende Ableitung ist für die gegebene Eingangsspannung nur während der ansteigenden Flanke von $v_1(\Lambda, t) = v_1(0, t - t_\mathrm{d})$ verschieden. Mit

$$\frac{\mathrm{d}}{\mathrm{d}t} v_1(0, t - t_\mathrm{d}) = \frac{\mathrm{d}}{\mathrm{d}t} v_1(\Lambda, t) = \begin{cases} 12.5\,\mathrm{V/ns} & \text{für } 0.4\,\mathrm{ns} + t_\mathrm{d} < t < 0.6\,\mathrm{ns} + t_\mathrm{d} \\ 0 & \text{sonst} \end{cases}$$

führt Einsetzen der gegebenen Werte im Zeitintervall $1.015\,\mathrm{ns} < t < 1.215\,\mathrm{ns}$ auf

$$v_1(\Lambda, t) = -\frac{\Lambda}{2}\left(\frac{L'_\mathrm{m}}{Z_0} - C'_\mathrm{m} Z_0\right) \cdot \frac{\mathrm{d}}{\mathrm{d}t} v_1(\Lambda, t) = -45\,\mathrm{mV}\,,$$

was durch die Simulation (Abb. 10.25) bestätigt wird.

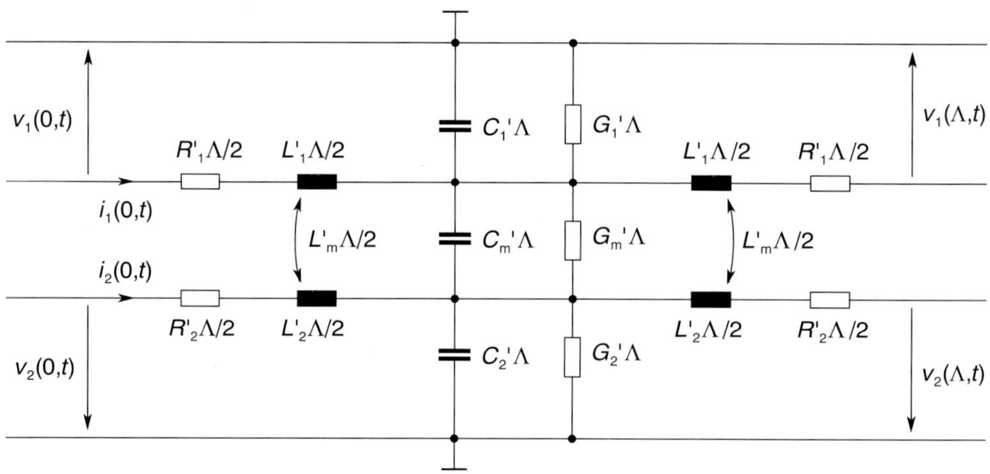

Abb. 10.26. Ersatzschaltung für zwei kurze verkoppelte Leitungsstücke der Länge Λ

Zum Vergleich sind in Abb. 10.25 die Ergebnisse für eine verkoppelte T-Ersatzschaltung entsprechend Abb. 10.26 dargestellt. Der Verlauf des damit berechneten Störspannungspulses zeigt deutliche Abweichungen vom exakten Ergebnis (TLM). Die T-Ersatzschaltung liefert dennoch ein größenordnungsmäßig richtiges Ergebnis für die Amplitude der induzierten Störspannung und ist deshalb für die Abschätzung des Übersprechens zwischen kurzen verkoppelten Leitungsstücken geeignet. Δ

10.5.3 Wellen in zwei gekoppelten Leitungen

Allgemeine Lösung. Wird nur kapazitive und induktive Kopplung berücksichtigt ($G'_\mathrm{m} = 0$) und angenommen, daß sich auf beiden Leitungen Wellen der Kreisfrequenz ω ausbreiten, d. h.

$$v_1(x, t) = \mathrm{Re}\left(\underline{\hat{v}}_1(x)\,\mathrm{e}^{\mathrm{j}\omega t}\right) = \mathrm{Re}(\underline{v}_1)$$

und entsprechend für $i_1(x,t)$, $v_2(x,t)$ und $i_2(x,t)$, so resultiert das folgende Gleichungssystem für die komplexen Spannungszeiger

$$\frac{\mathrm{d}}{\mathrm{d}x}\begin{pmatrix} \underline{v}_1(x) \\ \underline{v}_2(x) \end{pmatrix} = -\begin{pmatrix} R_1'+\mathrm{j}\omega L_1' & \mathrm{j}\omega L_\mathrm{m}' \\ \mathrm{j}\omega L_\mathrm{m}' & R_2'+\mathrm{j}\omega L_2' \end{pmatrix}\begin{pmatrix} \underline{i}_1(x) \\ \underline{i}_2(x) \end{pmatrix} \tag{10.63}$$

und mit den Abkürzungen $\tilde{C}_1' = C_1' + C_\mathrm{m}'$, $\tilde{C}_2' = C_2' + C_\mathrm{m}'$ für die komplexen Stromzeiger

$$\frac{\mathrm{d}}{\mathrm{d}x}\begin{pmatrix} \underline{i}_1(x) \\ \underline{i}_2(x) \end{pmatrix} = -\begin{pmatrix} G_1'+\mathrm{j}\omega \tilde{C}_1' & -\mathrm{j}\omega C_\mathrm{m}' \\ -\mathrm{j}\omega C_\mathrm{m}' & G_2'+\mathrm{j}\omega \tilde{C}_2' \end{pmatrix}\begin{pmatrix} \underline{v}_1(x) \\ \underline{v}_2(x) \end{pmatrix} \tag{10.64}$$

Durch Zusammenfassen folgt

$$\frac{\mathrm{d}^2}{\mathrm{d}x^2}\begin{pmatrix} \underline{v}_1(x) \\ \underline{v}_2(x) \end{pmatrix} = \begin{pmatrix} A_{11} & A_{12} \\ A_{21} & A_{22} \end{pmatrix}\begin{pmatrix} \underline{v}_1(x) \\ \underline{v}_2(x) \end{pmatrix} \tag{10.65}$$

mit den Koeffizienten

$$\begin{aligned} A_{11} &= (R_1'+\mathrm{j}\omega L_1')(G_1'+\mathrm{j}\omega\tilde{C}_1') + \omega^2 L_\mathrm{m}' C_\mathrm{m}' \\ A_{22} &= (R_2'+\mathrm{j}\omega L_2')(G_2'+\mathrm{j}\omega\tilde{C}_2') + \omega^2 L_\mathrm{m}' C_\mathrm{m}' \\ A_{12} &= \mathrm{j}\omega L_\mathrm{m}'(G_2'+\mathrm{j}\omega\tilde{C}_2') - \mathrm{j}\omega C_\mathrm{m}'(R_1'+\mathrm{j}\omega L_1') \\ A_{21} &= \mathrm{j}\omega L_\mathrm{m}'(G_1'+\mathrm{j}\omega\tilde{C}_1') - \mathrm{j}\omega C_\mathrm{m}'(R_2'+\mathrm{j}\omega L_2') \end{aligned}$$

Zur Lösung des Differentialgleichungssystems werden zunächst die Eigenwerte γ_1^2 und γ_2^2 der Koeffizientenmatrix $[A]$ bestimmt. Diese folgen aus der Gleichung

$$\begin{vmatrix} A_{11}-\gamma^2 & A_{12} \\ A_{21} & A_{22}-\gamma^2 \end{vmatrix} = 0$$

zu

$$\gamma_{1,2}^2 = \frac{A_{11}+A_{22}}{2} \pm \frac{1}{2}\sqrt{(A_{11}-A_{22})^2 + 4A_{12}A_{21}}\,.$$

Mit Hilfe der zugehörigen Eigenvektoren

$$\begin{pmatrix} B_{11} \\ B_{21} \end{pmatrix} = \frac{\sqrt{2}}{\sqrt{(A_{22}-\gamma_1^2)^2 + A_{21}^2}}\begin{pmatrix} \gamma_1^2 - A_{22} \\ A_{21} \end{pmatrix} \tag{10.66}$$

$$\begin{pmatrix} B_{12} \\ B_{22} \end{pmatrix} = \frac{-\sqrt{2}}{\sqrt{(A_{22}-\gamma_2^2)^2 + A_{21}^2}}\begin{pmatrix} \gamma_2^2 - A_{22} \\ A_{21} \end{pmatrix} \tag{10.67}$$

lassen sich über die Transformation

$$\begin{pmatrix} \underline{v}_1(x) \\ \underline{v}_2(x) \end{pmatrix} = \begin{pmatrix} B_{11} & B_{12} \\ B_{21} & B_{22} \end{pmatrix}\begin{pmatrix} \underline{w}_1(x) \\ \underline{w}_2(x) \end{pmatrix} \tag{10.68}$$

neue Zeiger $\underline{w}_1(x)$ und $\underline{w}_2(x)$ einführen, die dem Differentialgleichungssystem

$$\frac{\mathrm{d}^2}{\mathrm{d}x^2}\begin{pmatrix}\underline{w}_1(x)\\ \underline{w}_2(x)\end{pmatrix} = \begin{pmatrix}\gamma_1^2 & 0\\ 0 & \gamma_2^2\end{pmatrix}\begin{pmatrix}\underline{w}_1(x)\\ \underline{w}_2(x)\end{pmatrix} \tag{10.69}$$

genügen. Die $\underline{w}_1(x)$ und $\underline{w}_2(x)$ beschreiben die *Eigenwellen* des verkoppelten Leitungssystems; ihre allgemeine Form lautet

$$\underline{w}_1(x) = \underline{w}_1^{(+)}\,\mathrm{e}^{+\gamma_1 x} + \underline{w}_1^{(-)}\,\mathrm{e}^{-\gamma_1 x} \tag{10.70}$$

$$\underline{w}_2(x) = \underline{w}_2^{(+)}\,\mathrm{e}^{+\gamma_2 x} + \underline{w}_2^{(-)}\,\mathrm{e}^{-\gamma_2 x} \tag{10.71}$$

Die Zeiger $\underline{w}_1^{(+)}$, $\underline{w}_1^{(-)}$, $\underline{w}_2^{(+)}$ und $\underline{w}_2^{(-)}$ sind durch Randwerte festzulegen; die komplexen Zeiger $\underline{v}_1(x)$ und $\underline{v}_2(x)$ folgen dann mit Hilfe von Gl. (10.68).

Symmetrische Leitungen. Im Folgenden beschränken wir uns auf den Fall symmetrischer Leitungen und schreiben $L'_1 = L'_2 = L'$, $C'_1 = C'_2 = C'$, Widerstands- und Ableitungsbeläge werden als vernachlässigbar angenommen. Unter diesen Bedingungen ist $A_{11} = A_{22}$ und $A_{12} = A_{21}$; die Eigenwerte und Eigenvektoren vereinfachen sich in diesem Fall zu

$$\gamma_{1,2} = \sqrt{A_{11} \pm A_{12}} \tag{10.72}$$

bzw.

$$\begin{pmatrix}B_{11}\\ B_{21}\end{pmatrix} = \begin{pmatrix}1\\ 1\end{pmatrix} \quad \text{und} \quad \begin{pmatrix}B_{12}\\ B_{22}\end{pmatrix} = \begin{pmatrix}1\\ -1\end{pmatrix},$$

d. h. die allgemeine Lösung ist von der Form

$$\begin{pmatrix}\underline{v}_1(x)\\ \underline{v}_2(x)\end{pmatrix} = \underline{w}_1(x)\begin{pmatrix}1\\ 1\end{pmatrix} + \underline{w}_2(x)\begin{pmatrix}1\\ -1\end{pmatrix}.$$

Für $\underline{w}_2 = 0$ sind die beiden Leitungswellen $\underline{v}_1(x)$ demnach gleichphasig und für $\underline{w}_1 = 0$ entsprechend gegenphasig. Die Eigenwelle $\underline{w}_1(x)$ wird deshalb auch als *Gleichtaktwelle*, die Eigenwelle $\underline{w}_2(x)$ als *Gegentaktwelle* bezeichnet. Unter Berücksichtigung der Gln. (10.70) und (10.71) folgt

$$\begin{aligned}
\underline{v}_1(x) &= \underline{w}_1^{(+)}\mathrm{e}^{\gamma_1 x} + \underline{w}_1^{(-)}\mathrm{e}^{-\gamma_1 x} + \underline{w}_2^{(+)}\mathrm{e}^{\gamma_2 x} + \underline{w}_2^{(-)}\mathrm{e}^{-\gamma_2 x}\\
\underline{v}_2(x) &= \underline{w}_1^{(+)}\mathrm{e}^{\gamma_1 x} + \underline{w}_1^{(-)}\mathrm{e}^{-\gamma_1 x} - \underline{w}_2^{(+)}\mathrm{e}^{\gamma_2 x} - \underline{w}_2^{(-)}\mathrm{e}^{-\gamma_2 x}
\end{aligned} \tag{10.73}$$

und daraus für die Stromzeiger [26]

$$\begin{aligned}
\underline{i}_1(x) &= -\frac{\underline{w}_1^{(+)}\,\mathrm{e}^{\gamma_1 x}}{\underline{Z}_{01}} + \frac{\underline{w}_1^{(-)}\,\mathrm{e}^{-\gamma_1 x}}{\underline{Z}_{01}} - \frac{\underline{w}_2^{(+)}\,\mathrm{e}^{\gamma_2 x}}{\underline{Z}_{02}} + \frac{\underline{w}_2^{(-)}\,\mathrm{e}^{-\gamma_2 x}}{\underline{Z}_{02}}\\
\underline{i}_2(x) &= -\frac{\underline{w}_1^{(+)}\,\mathrm{e}^{\gamma_1 x}}{\underline{Z}_{01}} + \frac{\underline{w}_1^{(-)}\,\mathrm{e}^{-\gamma_1 x}}{\underline{Z}_{01}} + \frac{\underline{w}_2^{(+)}\,\mathrm{e}^{\gamma_2 x}}{\underline{Z}_{02}} - \frac{\underline{w}_2^{(-)}\,\mathrm{e}^{-\gamma_2 x}}{\underline{Z}_{02}}
\end{aligned}$$

wobei

$$\underline{Z}_{01} = \sqrt{\frac{L' + L'_{\mathrm{m}}}{\tilde{C}' - C'_{\mathrm{m}}}} \quad \text{bzw.} \quad \underline{Z}_{02} = \sqrt{\frac{L' - L'_{\mathrm{m}}}{\tilde{C}' + C'_{\mathrm{m}}}}$$

den Gleichtakt- bzw. Gegentaktwellenwiderstand der verkoppelten Leitungen bezeichnen.

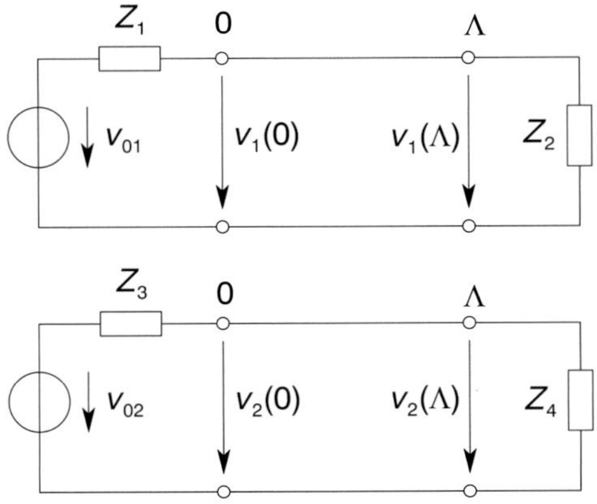

Abb. 10.27. Beschaltung der verkoppelten Leitungen

Übersprechen. Für eine Untersuchung des Übersprechens zwischen benachbarten Leitungen wird zwei entsprechend Abb. 10.27 beschaltete Leitungen betrachtet. Die Zeiger $\underline{w}_1^{(+)}$, $\underline{w}_1^{(-)}$ und $\underline{w}_2^{(+)}$, $\underline{w}_2^{(-)}$, sind nun so zu bestimmen, daß die Randbedingungen

$$\underline{v}_1(0) \;=\; \underline{v}_{01} - \underline{Z}_{\mathrm{i}}\, \underline{i}_1(0) \qquad \text{und} \qquad \underline{v}_1(\Lambda) \;=\; \underline{Z}_2\, \underline{i}_1(\Lambda)$$

bzw.

$$\underline{v}_2(0) \;=\; \underline{v}_{02} - \underline{Z}_3\, \underline{i}_2(0) \qquad \text{und} \qquad \underline{v}_2(\Lambda) \;=\; \underline{Z}_4\, \underline{i}_2(\Lambda)$$

erfüllt sind. Einsetzen der allgemeinen Lösung führt auf ein System von vier Gleichungen für die vier unbekannten komplexen Zeiger. Die im Fall beliebiger Impedanzen $\underline{Z}_1$, $\underline{Z}_2$, $\underline{Z}_3$ und $\underline{Z}_4$ resultierende Lösung ist recht unübersichtlich. Wir folgen deshalb [26] und beschränken uns auf den Sonderfall $\underline{Z}_1 = \underline{Z}_2 = \underline{Z}_3 = \underline{Z}_4$. Dies schließt insbesondere den Fall ein, daß beide Leitungen am Anfang und Ende korrekt abgeschlossen sind. Mit den Abkürzungen

$$P_{00} = 1 + \frac{\underline{Z}_1}{\underline{Z}_{01}}\,, \quad P_{10} = 1 - \frac{\underline{Z}_1}{\underline{Z}_{01}}\,, \quad P_{01} = 1 + \frac{\underline{Z}_1}{\underline{Z}_{02}} \;\text{ und }\; P_{11} = 1 - \frac{\underline{Z}_1}{\underline{Z}_{02}}$$

folgt dann [26]

$$\underline{v}_1(x) = \frac{R_{01}(x)+R_{02}(x)}{2}\,\underline{v}_0 \qquad \text{und} \qquad \underline{v}_2(x) = \frac{R_{01}(x)-R_{02}(x)}{2}\,\underline{v}_0$$

mit

$$R_{01}(x) \;=\; \frac{P_{00}\,\mathrm{e}^{\gamma_1(\Lambda-x)} - P_{10}\,\mathrm{e}^{-\gamma_1(\Lambda-x)}}{P_{00}^2\,\mathrm{e}^{\gamma_1\Lambda} - P_{10}^2\,\mathrm{e}^{-\gamma_1\Lambda}}$$

und

$$R_{02}(x) \;=\; \frac{P_{01}\,\mathrm{e}^{\gamma_2(\Lambda-x)} - P_{11}\,\mathrm{e}^{-\gamma_2(\Lambda-x)}}{P_{01}^2\,\mathrm{e}^{\gamma_2\Lambda} - P_{11}^2\,\mathrm{e}^{-\gamma_2\Lambda}}\,.$$

Die Spannungsübertragungsfaktoren $\underline{H}_v(0) = \underline{v}_2(0)/\underline{v}_0$ und $\underline{H}_v(\Lambda) = \underline{v}_2(\Lambda)/\underline{v}_0$ werden im Folgenden für den Fall *schwacher Kopplung* untersucht. Dabei werden nur Terme erster Ordnung in den Kopplungsbelägen berücksichtigt. Gleichtakt- und Gegentaktwellenwiderstand lassen sich in dieser Näherung durch

$$Z_{01} = \frac{Z_0}{1-\delta} \quad \text{und} \quad Z_{02} = \frac{Z_0}{1+\delta}$$

ausdrücken, wobei

$$\delta = \frac{1}{2}\left(\frac{C'_\mathrm{m}}{\tilde{C}'} + \frac{L'_\mathrm{m}}{L'}\right) \quad \text{und} \quad Z_0 = \sqrt{\frac{L'}{\tilde{C}'}}\,.$$

Sind beide Leitungen an Anfang und Ende mit Z_0 abgeschlossen, so folgt $P_{00} \approx 2-\delta$, $P_{10} \approx \delta$, $P_{01} \approx 2+\delta$ und $P_{11} \approx -\delta$. Als weitere Näherung wird

$$\gamma_1 \approx \gamma_2 \approx \gamma_0 = \mathrm{j}\omega\sqrt{L'\tilde{C}'}$$

angenommen. Mit diesen Ausdrücken folgt für den Spannungsübertragungsfaktor am *Leitungsanfang*

$$\underline{H}_v(0) = \frac{1}{2}\left[R_{01}(0) - R_{02}(0)\right] \approx \frac{\delta}{4}\left(1 - \mathrm{e}^{-2\gamma_0\Lambda}\right)\,,$$

wobei wiederum nur Terme erster Ordnung in δ berücksichtigt wurden. Im Bereich niedriger Frequenzen gilt in guter Näherung

$$\mathrm{e}^{-2\gamma_0\Lambda} \approx 1 - 2\gamma_0\Lambda\,,$$

so daß

$$\underline{H}_v(0) \approx \frac{\delta\gamma_0\Lambda}{2} = \frac{1}{4}\left(\frac{C'_\mathrm{m}}{\tilde{C}'} + \frac{L'_\mathrm{m}}{L'}\right)\cdot \mathrm{j}\omega\sqrt{L'\tilde{C}'}\cdot\Lambda\,.$$

proportional zur Frequenz ansteigt.

Beispiel 12.5.3 Auf den in Beispiel 12.5.2 untersuchten Fall angewandt resultiert

$$|\underline{H}_v(0)| \approx 0.214\cdot\frac{f}{\mathrm{GHz}}\,.$$

Dies wird sehr gut durch eine AC-Analyse mittels SPICE bestätigt (Abb. 10.28). Mit zunehmender Frequenz ergeben sich Abweichungen vom Anstieg proportional zu f; der Spannungsübertragungsfaktor nimmt nach Überschreiten eines maximalen Werts wieder ab und erreicht ein Minimum für

$$2\,\mathrm{Im}\gamma_0\,\Lambda = 2\pi \quad \text{bzw.} \quad f = \frac{1}{2\sqrt{L'\tilde{C}'}\,\Lambda}\,.$$

Im konkreten Beispiel resultiert für f hieraus der Wert 814 kHz, was durch die Simulation bestätigt wird (vgl. Abb. 2.4.13). Die verkoppelte T-Ersatzschaltung liefert bis zu Frequenzen von mehr als 100 MHz praktisch dasselbe Ergebnis wie das Modell verkoppelter Leitungen. Mit Annäherung an die Resonanzfrequenz 816 kHz treten dann allerdings deutliche Abweichungen auf. Für den Spannungsübertragungsfaktor am *Leitungsende*

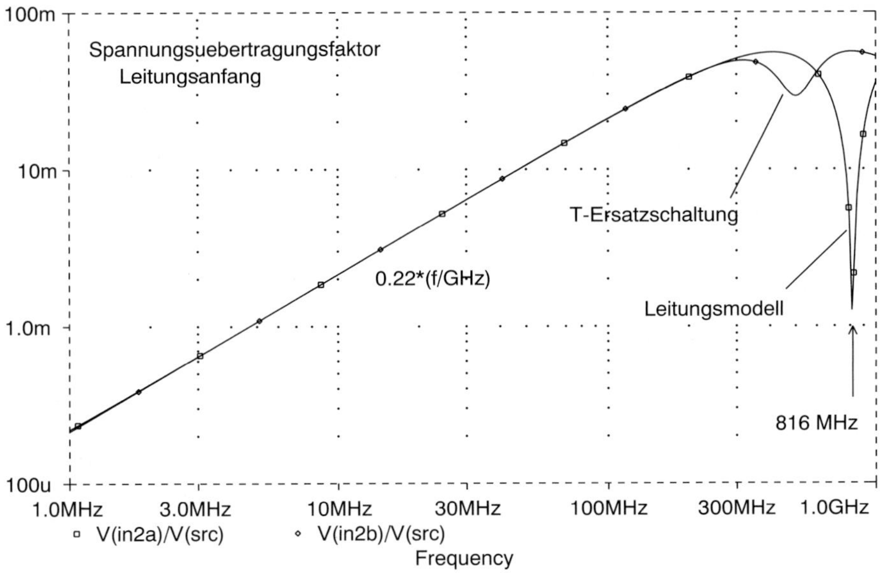

Abb. 10.28. Frequenzgang des Spannungsübertragungsfaktors zweier kurzer verkoppelter Leitungsstücke der Länge Λ

$$\underline{H}_v(\Lambda) = \frac{1}{2}\left[R_{01}(\Lambda) - R_{02}(\Lambda) \right]$$

folgt in der betrachteten Näherung der Wert null – die dort auftretende Störspannung ist in erster Ordnung vernachlässigbar. Daß $\underline{H}_v(\Lambda)$ annähernd null ist, folgt aus der Tatsache, daß die durch induktive bzw. kapazitive Kopplung bewirkten Ströme am Leitungsende entgegengesetzt gleich groß sind (vgl. Beispiel 2.4.5.2), weswegen am Abschlußwiderstand kein Spannungsabfall auftritt. Dieser Effekt wird in der HF-Technik für die Realisierung sog. *Richtkoppler* verwendet. Δ

10.6 Literaturverzeichnis

[1] O. Zinke, H. Brunswig. *Lehrbuch der Hochfrequenztechnik, Band 1: Hochfrequenzfilter, Leitungen, Antennen.* Springer, Berlin, fünfte Auflage, 1995.

[2] H.Grabinski. *Theorie und Simulation von Leitbahnen.* Springer, Berlin, 1991.

[3] G.L. Matthaei, G.C. Chinn, C.H. Plott, N. Dagli. A simplified means for computation of interconnect distributed capacitances and inductances. *IEEE Trans. CAD*, 11(4):513–524, 1992.

[4] K. Küpfmüller. *Einführung in die theoretische Elektrotechnik.* Springer, Berlin, dritte Auflage, 1973.

[5] H.-G. Unger. *Elektromagnetische Wellen auf Leitungen.* Hüthig, Heidelberg, dritte Auflage, 1991.

[6] R.E. Matick. *Transmission Lines for Digital and Communication Networks.* IEEE Press, New York, 1995.

[7] H.A. Wheeler. Formulas for the skin effect. *Proc. I.R.E.*, pp. 412–424, September 1942.

[8] C.-S. Yen, Z. Fazarinc, R.L. Wheeler. Time-domain skin-effect model for transient analysis of lossy transmission lines. *Proc. IEEE*, 70(7):750–757, 1982.

[9] A.R. Djordjevic, T.K. Sarkar, R.F. Harrington. Time-domain response of multiconductor transmission lines. *Proc. IEEE*, 75(6):743–764, 1987.

[10] A. Deutsch et.al. High-speed signal propagation on lossy transmission lines. *IBM J. Res. Develop.*, 34(4):601–615, 1990.

[11] W.Wilhelm. Propagation delays of interconnect lines in large-scale integrated circuits. *Siemens Forsch.- und Entwickl.-Ber.*, 15(2):60–63, 1986.

[12] S. Takahashi, M. Edahiro, Y. Hayashi. Interconnect design strategy: Structures, repeaters and materials with strategic system performance analysis (S^2PAL) model. *IEEE Trans. Electron Devices*, 48(2):239–251, 2001.

[13] K. Banerjee, A. Mehrotra. A power-optimal repeater insertion methodology for global interconnects in nanometer designs. *IEEE Trans. Electron Devices*, 49(11):2001–2007, 2002.

[14] T. Sakurai. Approximation of wiring delay in MOSFET LSI. *IEEE J. Solid-State Circuits*, 18(4):418–426, 1983.

[15] T. Sakurai. Closed-form expressions for interconnection delay, coupling, and crosstalk in VLSI's. *IEEE Trans. Electron Devices*, 40(1):118–124, 1993.

[16] J.A. Davis, J.D. Meindl. Compact distributed RLC interconnect models – part I. Single line transient, time delay and overshoot expressions. *IEEE Trans. Electron Devices*, 47(11):2068–2077, 2000.

[17] J.A. Davis, J.D. Meindl. Compact distributed RLC interconnect models – part II. Coupled line transient expressions and peak crosstalk in multilevel networks. *IEEE Trans. Electron Devices*, 47(11):2078–2087, 2000.

[18] J.R. Brews. Overshoot-controlled RLC-interconnections. *IEEE Trans. Electron Devices*, 38(1):76–87, 1991.

[19] J.S. Roychowdhury, D.O. Pederson. Efficient transient simulation of lossy interconnect. In *Proceedings*, No.29 in ACM/IEEE Design Automation Conference, pages 740–745, 1991.

[20] P. Lefferson. Twisted magnet wire transmission line. *IEEE Trans. on Parts, Hybrids and Packaging*, (4):148–154, 1971.

[21] G. Janzen. *Kurze Antennen.* Franckh, Stuttgart, 1986.

[22] U. Queck. *Kupferkabel für Kommunikationsaufgaben.* Pflaum, München, 2000.

[23] E.O. Hammerstad. Equations for microstrip circuit design. *Proc. of the Europ. Microw. Conf.*, pp. 261–272, 1975.

[24] C.S. Walker. *Capacitance, Inductance and Crosstalk Analysis.* Artech House, Boston, 1990.

[25] A. Feller, H.R. Kaupp, J.J. Digiacomo. Crosstalk and reflections in high-speed digital systems. In *Proceedings*, Fall Joint Computer Conference, pp. 511–525, 1965.

[26] J.C. Isaacs, N.A. Strakhov. Crosstalk in uniformly coupled lossy transmission lines. *Bell Syst. Tech. J.*, 52(1):101–115, 1973.

11 Resonatoren und Filter

Resonatoren spielen eine bedeutende Rolle als frequenzbestimmende Elemente in Oszillatoren – mit Resonatoren hoher Güte können außerdem sehr schmalbandige Filter verwirklicht werden. Gegenstand dieses Abschnitts sind Schwingquarze und Quarzfilter, Oberflächenwellenbauelemente sowie dielektrische Resonatoren und Filter.

11.1 Resonatoren und Filter mit RLC-Kombinationen

Die Güte eines aus Spulen und Kondensatoren aufgebauten Resonanzkreises (Schwingkreis) ist durch die Güte der Einzelbauteile bestimmt. Als Beispiel wird der in Abb. 11.1 dargestellte *Parallelschwingkreis* betrachtet.

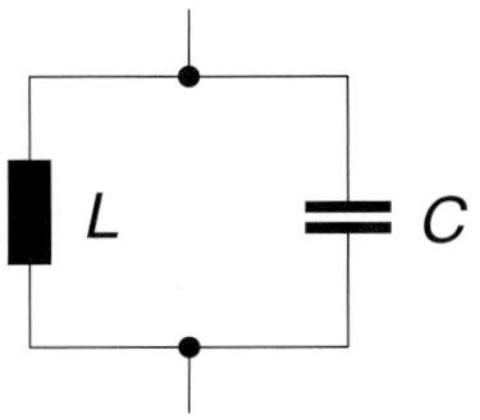

Abb. 11.1. Parallelschwingkreis

Wäre dieser mit einer idealen Induktivität und einer idealen Kapazität aufgebaut, so wäre seine Admittanz bei der *Resonanzfrequenz*

$$f_\mathrm{r} = 1/2\pi\sqrt{LC} \qquad (11.1)$$

null, d. h. die Impedanz $\underline{Z}$ hätte an dieser Stelle einen Pol. Bei Verwendung realer Bauteile mit den Verlustfaktoren $\tan\delta_\mathrm{C}$ bzw. $\tan\delta_\mathrm{L}$ weist die Admittanz bei der Resonanzfrequenz – definiert als Nullstelle des Imaginärteils – einen nicht verschwindenden Realteil

$$Y(f_\mathrm{r}) \approx 2\pi f_\mathrm{r} C \tan\delta_\mathrm{C} + \frac{\tan\delta_\mathrm{L}}{2\pi f_\mathrm{r} L} \qquad (11.2)$$

auf; der Wert der Resonanzfrequenz bleibt weitgehend unverändert, solange $\tan\delta_\mathrm{C}$ und $\tan\delta_\mathrm{L}$ klein gegenüber eins sind. Aus der Gleichung $|\underline{Y}(f)| = \sqrt{2}\cdot Y(f_\mathrm{r})$ folgen zwei Frequenzen f_1 und f_2, deren Differenz $f_2 - f_1 = \Delta f$ die *Resonanzbreite* und damit die Bandbreite $B = \Delta f$ eines entsprechenden Filters angibt. Solange $\Delta f \ll f_\mathrm{r}$ erfüllt ist, gilt für die *relative Bandbreite*

$$\boxed{B/f_\mathrm{r} \approx \tan\delta_\mathrm{C} + \tan\delta_\mathrm{L} \approx 1/Q = 1/Q_\mathrm{C} + 1/Q_\mathrm{L}\ ,} \qquad (11.3)$$

wobei Q die *Güte* des Resonanzkreises, $Q_\mathrm{C} = 1/\tan\delta_\mathrm{C}$ die Güte des Kondensators und $Q_\mathrm{L} = 1/\tan\delta_\mathrm{L}$ die Güte der Kapazität bezeichnet.

Schmalbandige Filter erfordern Resonatoren mit sehr hoher Güte. Wie in Kap. 8 und Kap. 9 ausgeführt, liegt die Güte Q_C von Kondensatoren wie sie für Schwingkreise Verwendung finden im Bereich von $10^{-3}-10^{-4}$, die Güte Q_L von Schwingkreisspulen mit Ferritkern im Bereich von $100-700$. In der Praxis erzielte Schwingkreisgüten Q liegen typischerweise im Bereich zwischen 100 und 500, d. h. mit Schwingkreisen lassen sich Bandfilter mit relativen Bandbreiten im Bereich weniger Promille erzielen. Bei $Q = 200$ und $f_\mathrm{r} = 10\,\mathrm{MHz}$ bedeutet dies immerhin eine Bandbreite $B = 10\,\mathrm{MHz}/200 = 50\,\mathrm{kHz}$. Da die erreichbare Schwingkreisgüte bei hohen Frequenzen abnimmt, eignen sich Resonatoren aus diskreten Elementen nicht für die Realisierung schmalbandiger Filter im Frequenzbereich oberhalb ca. 200 MHz.

11.2 Leitungsresonatoren

In Leitungen, die nicht mit dem Wellenwiderstand abgeschlossen werden – in der Praxis verwendet man meist am Ende offene oder kurzgeschlossene Leitungen – können sich *stehende Wellen* ausbilden. Die Leitung zeigt bei den jeweiligen Frequenzen das Verhalten eines Resonanzkreises: Der Imaginärteil der Impedanz verschwindet, während der Realteil einen Extremwert aufweist. Leitungsresonatoren können in Frequenzbereichen, in denen Schwingkreise nicht mehr diskret aufzubauen sind, deren Rolle übernehmen.

Kurzschluß am Ende. Die Eingangsimpedanz einer am Ende kurzgeschlossenen Leitung ($Z_\mathrm{L} = 0$, $\underline{r} = -1$) der Länge Λ ist

$$\underline{Z}_\mathrm{i} = \underline{Z}_0 \frac{1 - \mathrm{e}^{-2\gamma\Lambda}}{1 + \mathrm{e}^{-2\gamma\Lambda}} = \underline{Z}_0 \frac{1 - \mathrm{e}^{-2\alpha\Lambda}\,\mathrm{e}^{-\mathrm{j}2\beta\Lambda}}{1 + \mathrm{e}^{-2\alpha\Lambda}\,\mathrm{e}^{-\mathrm{j}2\beta\Lambda}} \,.$$

Für einen reellen Wellenwiderstand Z_0 verschwindet der Imaginärteil von $\underline{Z}_\mathrm{i}$ nur unter der Bedingung

$$\mathrm{e}^{-\mathrm{j}2\beta\Lambda} = \pm 1 \qquad \text{bzw.} \qquad 2\beta\Lambda = m\pi \,,$$

wobei m eine ganze Zahl bezeichnet. Diese Bedingung ist wegen $\beta = 2\pi/\lambda$ gleichbedeutend mit der Forderung

$$\Lambda = m\,\lambda/4 \quad \text{mit} \quad \lambda = v_\mathrm{ph}/f \,.$$

Resonanz tritt demnach auf, falls die Länge Λ der Leitung ein ganzzahliges Vielfaches von $\lambda/4$ beträgt. Ist Λ ein ungeradzahliges Vielfaches von $\lambda/4$, so weist Z_i ein Maximum auf (*Parallelresonanz*), während Z_i minimal wird, falls Λ ein geradzahliges Vielfaches von $\lambda/4$ beträgt (*Serienresonanz*).

Offenes Ende. Bei offenem Ende ($Z_\mathrm{L} \to \infty$, $\underline{r} = +1$) wird die Eingangsimpedanz

$$\underline{Z}_\mathrm{i} = \underline{Z}_0 \frac{1 + \mathrm{e}^{-2\gamma\Lambda}}{1 - \mathrm{e}^{-2\gamma\Lambda}} = \underline{Z}_0 \frac{1 + \mathrm{e}^{-2\alpha\Lambda}\,\mathrm{e}^{-\mathrm{j}2\beta\Lambda}}{1 - \mathrm{e}^{-2\alpha\Lambda}\,\mathrm{e}^{-\mathrm{j}2\beta\Lambda}}$$

ebenfalls nur unter der Bedingung $\Lambda = m\,\lambda/4$ reell. Allerdings tritt hier Serienresonanz (Z_i minimal) bei ungeradzahligen Vielfachen und Parallelresonanz (Z_i maximal) bei geradzahligen Vielfachen von $\lambda/4$ auf.

Güte. Die *Güte* eines Leitungsresonators ist durch die Dämpfungs- und Phasenkonstante der Leitung festgelegt [1]

$$Q = \beta/2\alpha\,. \tag{11.4}$$

Mit den für schwach gedämpfte Leitungen gültigen Näherungen für α und β folgt für Resonanzfrequenzen f_r, bei denen $2\pi f_\text{r} L' \gg R'$ erfüllt ist

$$Q \approx \frac{1}{\tan\delta_\epsilon(f_\text{r}) + R'/(2\pi f_\text{r} L')}\,, \tag{11.5}$$

wobei $\tan\delta_\epsilon \ll 1$ angenommen wurde. Für die Resonanzfrequenz eines $\lambda/4$-Resonators gilt

$$f_\text{r} = \frac{v_\text{ph}}{\lambda} = \frac{v_\text{ph}}{4\Lambda} \approx \frac{1}{4\Lambda\sqrt{L'C'}}\,,$$

so daß

$$Q(f_\text{r}) \approx \frac{1}{\tan\delta_\epsilon(f_\text{r}) + 2R'\Lambda/(\pi Z_0)}\,. \tag{11.6}$$

Beispiel 11.2.1 Als Beispiel werden Real- und Imaginärteil der Eingangsadmittanz eines Streifenleiters mit offenem[1] Ende durch Simulation mittels PSPICE berechnet. Die Leitung wurde für die Resonanzfrequenz 2 GHz ausgelegt. Vorgegeben war die Breite $b = 1$ mm, die Substratdicke $d = 0.63$ mm, die Dielektrizitätszahl des Substrats $\epsilon_\text{r} = 9.8$, die dielektrische Verlustzahl des Substrats bei der Resonanzfrequenz $\tan\delta_\epsilon = 0.001$ und der Flächenwiderstand der Leiterbahn bei der Resonanzfrequenz $1.5\,\text{m}\Omega$.

Zur Bestimmung der Beläge wurde zunächst nach Gl. (10.47) die effektive Dielektrizitätszahl ermittelt, mit dem Ergebnis $\epsilon_\text{reff} = 6.90$. Mit $v_\text{ph} = c/\sqrt{\epsilon_\text{reff}} = 1.14\cdot 10^{10}$ cm/s folgt die Wellenlänge bei $f = 2$ GHz zu $\lambda = 5.71$ cm, d. h. der $\lambda/4$-Resonator muß eine Länge von $\Lambda = 1.43$ cm aufweisen. Mit der effektiven Dielektrizitätszahl führt Gl. (10.46) auf den Wellenwiderstand $Z_0 = 41.4\,\Omega$. Zur Bestimmung der Leitungsbeläge wird die Leitung zunächst als verlustfrei angenommen, dies führt auf

$$\frac{C'}{\text{pF/cm}} \approx \frac{33.3\sqrt{\epsilon_\text{reff}}}{Z_0/\Omega} = 2.11 \quad \text{und} \quad \frac{L'}{\text{nH/cm}} \approx \frac{Z_0^2}{\Omega^2}\,\frac{C'}{\text{nF/cm}} = 3.61\,.$$

Widerstands- und Ableitungsbelag folgen dann zu

$$R' = 15\,\text{m}\Omega/\text{cm} \quad \text{und} \quad G' = \omega C' \tan\delta_\epsilon = 2.65\cdot 10^{-5}\,\text{S/cm}\,.$$

Mit den gegebenen Werten folgt mit (11.6) die Güte des Leitungsresonators

[1] In der Simulation wurde ein Abschlußwiderstand von 1 MΩ verwendet.

$$Q \approx \frac{1}{\tan\delta_\epsilon + 2R'\Lambda/(\pi Z_0)} = \frac{1}{10^{-3} + 3.3\cdot 10^{-4}} \approx 752\,,$$

in guter Übereinstimmung mit der aus Abb. 11.2 ablesbaren Resonanzbreite. Δ

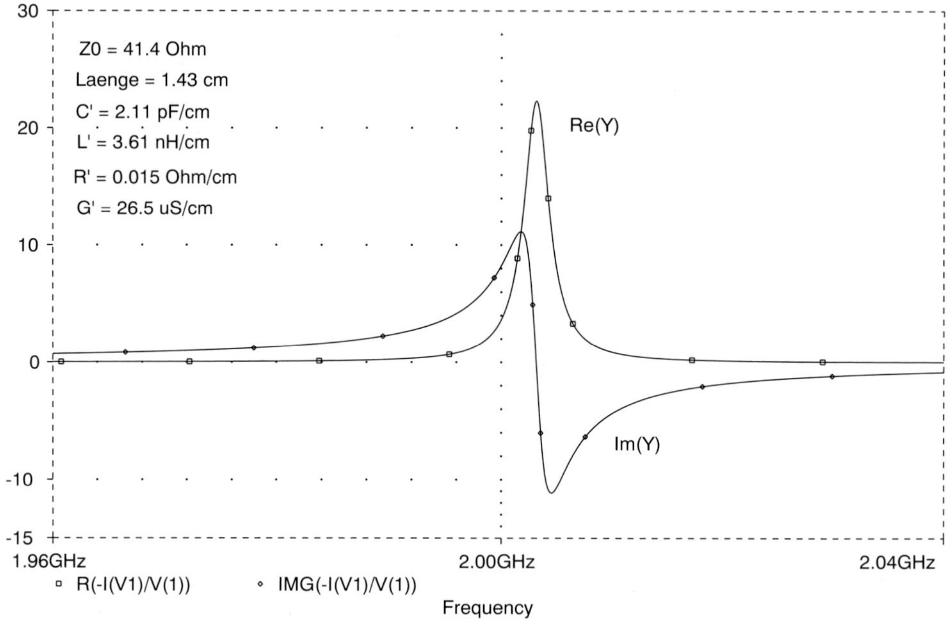

Abb. 11.2. Real- und Imaginärteil der Eingangsadmittanz eines Streifenleiters ($Z_\mathrm{L} \to \infty$)

Kapazitive Beschaltung. Wird das Ende des Leitungsresonators mit einer Kapazität C beschaltet, so lautet der Reflexionsfaktor

$$\underline{r} = \frac{1 - \mathrm{j}\omega C Z_0}{1 + \mathrm{j}\omega C Z_0}\,.$$

Für die Eingangsimpedanz der als verlustfrei angenommenen Leitung folgt damit

$$\underline{Z}_\mathrm{i} = Z_0 \frac{1 + \mathrm{j}\omega C Z_0 + (1 - \mathrm{j}\omega C Z_0)\,\mathrm{e}^{-\mathrm{j}2\beta\Lambda}}{1 + \mathrm{j}\omega C Z_0 - (1 - \mathrm{j}\omega C Z_0)\,\mathrm{e}^{-\mathrm{j}2\beta\Lambda}}\,.$$

Der Imaginärteil von $\underline{Z}_\mathrm{i}$ verschwindet bei den Resonanzfrequenzen der Anordnung; diese folgen als Lösungen der impliziten Gleichung

$$Z_0 \tan(\beta\Lambda) = 1/\omega_\mathrm{r} C \quad \text{mit} \quad \beta = \omega_\mathrm{r}/v_\mathrm{ph}\,. \tag{11.7}$$

Die niedrigste Resonanzfrequenz liegt dabei niedriger als bei offenem Leitungsende. Im Gegensatz zu Leitungsresonatoren mit offenem oder kurzgeschlossenen Ende sind die höheren Resonanzfrequenzen hier keine ganzzahligen Vielfachen der Grundfrequenz.

11.3 Schwingquarze und Quarzfilter

Mit Schwingquarzen lassen sich Resonatoren und Filter aufbauen, die sich gegenüber RLC-Kombinationen durch eine wesentlich verbesserte Güte bei gleichzeitiger Temperaturkonstanz auszeichnen. Das Resonanzverhalten ist auf eine Kopplung mechanischer Schwingungen mit dem elektrischen Feld aufgrund des piezoelektrischen Effekts zurückzuführen.

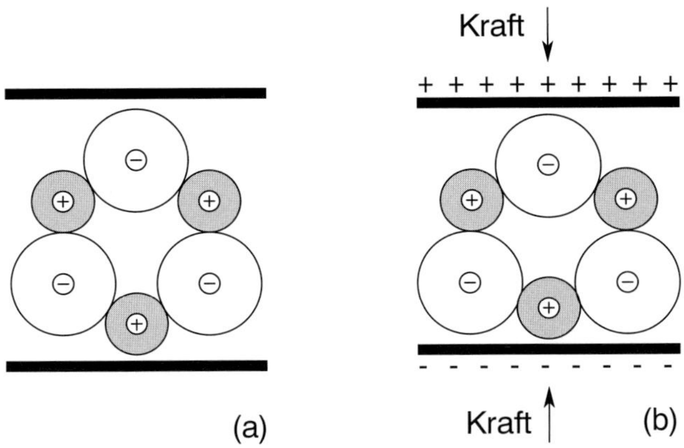

Abb. 11.3. Auftreten einer Polarisationsladung in piezoelektrischen Kristallen bei Deformation

11.3.1 Der piezoelektrische Effekt

Unter dem *direkten piezoelektrischen Effekt* versteht man die elektrische Polarisation eines Kristalls aufgrund einer mechanischen Deformation. Polarisation $\boldsymbol{P}$ und Druck $\boldsymbol{\sigma}$ sind miteinander über den piezoelektrischen Koeffizienten [2] d_π verknüpft

$$\boldsymbol{P} = d_\pi \boldsymbol{\sigma} .$$

Durch Anlegen eines elektrischen Felds kann umgekehrt eine mechanische Deformation eines Piezokristalls hervorgerufen werden; dies wird als inverser piezoelektrischer Effekt oder als *Elektrostriktion* bezeichnet. Der Wert des piezoelektrischen Koeffizienten d_π liegt – abhängig vom Material – in der Größenordnung $(10^{-12} - 10^{-10})$ C/N. Der piezoelektrische Effekt tritt in polaren Kristallen oder Ionenkristallen auf, falls diese kein Inversionszentrum [2] aufweisen. Unter dieser Bedingung verschieben sich bei Deformation der positive und der negative Ladungsschwerpunkt der Zelle gegeneinander. Als Beispiel wird Quarz (kristallines SiO_2) betrachtet (Abb. 11.3). Wegen der hohen Elektronegativität des Sauerstoffs ist die Si-O-Bindung polar: Bei den

[2]Dies ist eine vereinfachte Darstellung. In der Regel sind Druck und Polarisation nicht parallel; außerdem bedingt nicht nur Druck sondern auch Scherung eine elektrische Polarisation.Um dies zu erfassen ist anstatt eines einzelnen piezoelektrischen Koeffizienten eine Matrix aus 3×6 - Koeffizienten zu verwenden.

Sauerstoffatomen überwiegt die negative Ladung, bei den Siliziumatomen die positive Ladung. Solange der Kristall nicht deformiert wird, fallen positiver und negativer Ladungsschwerpunkt zusammen: Zwischen den Oberflächen des Kristalls tritt keine Potentialdifferenz auf. Bei Verformung werden positiver und negativer Ladungsschwerpunkt gegeneinander verschoben: An den Oberflächen entsteht eine *Polarisationsladung*. In Kristallen mit Inversionszentrum tritt kein piezoelektrischer Effekt auf: In diesem Fall werden der positive und der negative Ladungsschwerpunkt bei Deformation im selben Maß verschoben, so daß keine Polarisationsladung entsteht.

11.3.2 Schwingquarze

Schwingquarze sind SiO_2-Quarzplatten, auf die zwei dünne Metallschichten als Elektroden aufgedampft wurden. Sie sind so in einem Gehäuse montiert, daß sie in der gewünschten Richtung frei schwingen können. Wird zwischen den Elektroden ein Wechselfeld angelegt, so regt dieses – wegen des inversen piezoelektrischen Effekts – den Kristall zu mechanischen Schwingungen an. Dies geschieht besonders wirkungsvoll bei der *Eigenfrequenz* der mechanischen Schwingungen des Kristalls (*elektromechanische Resonanz*). Dann liegen das durch die Deformation aufgrund des piezoelektrischen Effekts bedingte elektrische Feld und das von außen angelegte Feld in Phase.

Für Schwingquarze üblich ist der sog. *AT-Schnitt*, bei dem dünne Quarzscheiben mit einer bestimmten Kristallorientierung aus dem SiO_2-Kristall gesägt werden. Schwingquarze im AT-Schnitt werden meist als runde Scheiben ausgeführt, in denen *Scherschwingungen*[3] (Abb. 11.4 b) durch ein elektrisches Wechselfeld an den Elektroden angeregt werden. Dabei sind sowohl Grundschwingungen als auch Oberschwingungen möglich. Zu beachten ist jedoch, daß nur ungeradzahlige Harmonische erregt werden können. Bei geradzahligen Harmonischen tritt zwischen den Oberflächen kein elektrisches Feld auf; mechanische Schwingungen dieser Frequenz lassen sich nicht durch ein elektrisches Wechselfeld erregen.

Quarze im AT-Schnitt werden für Grundschwingungen im Bereich von 800 kHz bis 35 MHz und für Obertonschwingungen im Bereich von 16 MHz bis 270 MHz hergestellt. Die Frequenz der Grundtonschwingung eines AT-Quarzes ist durch die Dicke d der Scheibe bestimmt; näherungsweise gilt

$$f \cdot d \approx 1.66\,\mathrm{MHz\,mm}\,. \tag{11.8}$$

[3] Für niederfrequente Schwinger kommen auch andere Schwingungsmoden wie Biegeschwingung, Dehnungsschwingung oder Flächenscherungsschwingung in Betracht. Diese sind jedoch auf Sonderfälle beschränkt, da es meist vorteilhaft ist, niedrige Frequenzen durch Frequenzteilung aus Dickenscherungsschwingern im AT-Schnitt zu gewinnen. Das größte Einsatzgebiet finden Biegungsschwinger als Quarz-Stimmgabelresonatoren mit einer Eigenfrequenz von 32,768 kHz, aus denen durch die Frequenzteilung (2^{15} : 1) die Frequenz 1 Hz abgeleitet wird (Zeitnormal für „Quarzuhren“).

Da sich d nicht nennenswert unter eine Dicke von 0.1 mm verringern läßt, können Grundton-Schwingquarze nur bis zu Frequenzen von einigen 10 MHz hergestellt werden.[4]

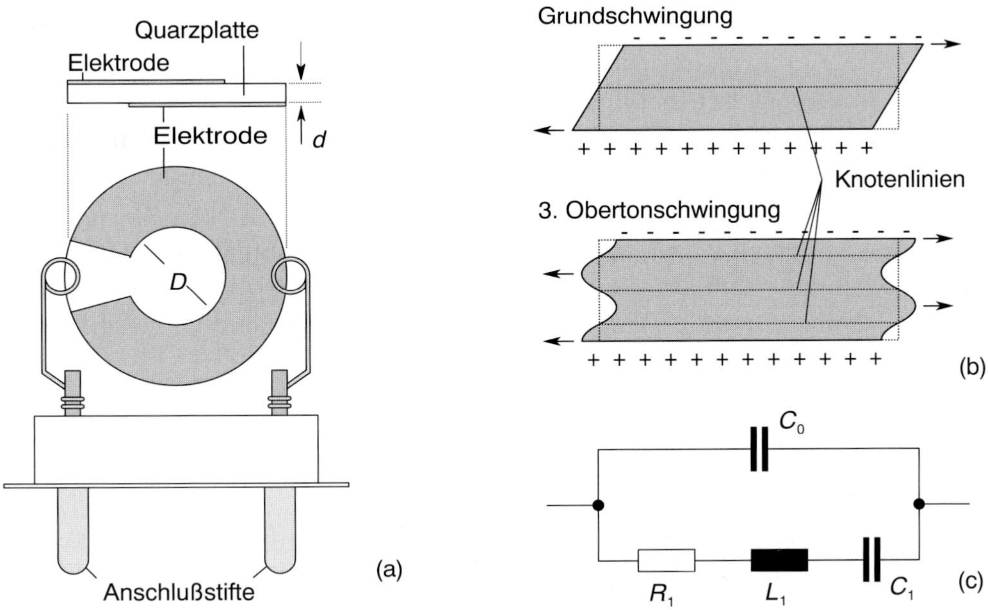

Abb. 11.4. Schwingquarz. (**a**) Aufbau, (**b**) Scherschwingungen und (**c**) Ersatzschaltung

Herstellung. Die zur *Herstellung* von Schwingquarzen benötigten Kristalle hoher Reinheit müssen gezüchtet werden. Zu diesem Zweck läßt man bei erhöhter Temperatur und unter erhöhtem Druck gelösten Quarz auf einkristallinen Quarzkeimen mit definierter Kristallorientierung aufwachsen. Die Geschwindigkeit des Kristallwachstums ist gering (ca. 1mm/Tag), wobei langsameres Kristallwachstum i. allg. zu besserer Kristallqualität führt. Nach dem Kristallschnitt und dem Aufdampfen der Elektroden wird der Schwingquarz so montiert, daß die mechanischen Eigenschwingungen möglichst wenig gedämpft werden. Über die Halterung wird auch die elektrische Energie zugeführt (Abb. 11.4 a).

Da sich in ungeschützten Schwingquarzen durch Wasserdampfdiffusion im Kristallgitter eine Verschiebung der Resonanzfrequenz in der Größenordnung $\Delta f/f_\mathrm{r} \approx (10^{-8} - 10^{-9})/$ h einstellt, werden Schwingquarze in einem mit Schutzgas gefüllten, hermetisch dichten Gehäuse (Metall oder Glas) vor äußeren Einflüssen geschützt. Die Zuverlässigkeit des Verschlusses bestimmt wesentlich das Alterungsverhalten des Schwingquarzes. Um Flußmitteldämpfe, die sich mit dem Schutzgas vermischen können, zu vermeiden, wird meist eine Stromverschweißung der Gehäuseteile eingesetzt.

[4]Neue Herstellverfahren, die durch Ätzen Schichtdicken von annhernd 10 µm erreichen, ermöglichen Grundschwingungen bis zu 200 Mhz und Oberschwingungen bis zu 600 MHz [3].

Ersatzschaltung. Für Frequenzen in der Nähe der Resonanzfrequenz läßt sich das elektrische Verhalten eines Schwingquarzes näherungsweise durch die in Abb. 11.4 c gezeigte Ersatzschaltung beschreiben. Das elektromechanische Resonanzverhalten wird durch den Reihenschwingkreis C_1, L_1 und R_1 beschrieben. Die *dynamische Induktivität* L_1 erfaßt dabei die schwingende Masse des Quarzresonators, die *dynamische Kapazität* C_1 die Elastizität und den piezoelektrischen Effekt; R_1 erfaßt die Dämpfung der mechanischen Schwingung aufgrund der viskosen Eigenschaften des Materials, der endlichen Abmessungen und der Leistungsabgabe an des umgebende Gas.

Die *statische Kapazität* C_0 berücksichtigt die durch die Elektroden und das Gehäuse bedingte Koppelkapazität zwischen den Anschlußsiften. Der Wert von C_0 wird maßgeblich durch die Elektrodenfläche $\pi D^2/4$ und die Plattendicke d bestimmt, deren Wert durch die Resonanzfrequenz vorgegeben ist. Mit Gl. (11.8) und $\epsilon_\mathrm{r} = 3.9$ folgt so

$$C_0 \approx \epsilon_0 \epsilon_\mathrm{r} \frac{\pi D^2}{4d} + C_\mathrm{H} \approx 16\,\mathrm{fF} \cdot \frac{f}{\mathrm{MHz}} \left(\frac{D}{\mathrm{mm}}\right)^2 + C_\mathrm{H}$$

wobei C_H die Kapazität von Gehäuse und Halterung ($< 1\,\mathrm{pF}$) bezeichnet. Die Werte von C_0 liegen typischerweise [4] im Bereich $(1-10)\,\mathrm{pF}$; C_1 weist Werte im Bereich von $(0.1-100)\,\mathrm{fF}$, L_1 Werte im Bereich von $(10^{-3}-10^6)\,\mathrm{H}$ auf.

Die Admittanz der Ersatzschaltung ist

$$\begin{aligned} \underline{Y} &= \mathrm{j}\omega C_0 + \frac{1}{R_1 + \mathrm{j}\,(\omega L_1 - 1/\omega C_1)} \qquad (11.9) \\ &= \frac{R_1}{R_1^2 + (\omega L_1 - 1/\omega C_1)^2} + \mathrm{j}\left[\omega C_0 - \frac{\omega L_1 - 1/\omega C_1}{R_1^2 + (\omega L_1 - 1/\omega C_1)^2}\right] . \end{aligned}$$

Bei der *Resonanzfrequenz* f_r verschwindet der Imaginärteil $\mathrm{Im}(\underline{Y})$ des Leitwerts. Die Forderung $\mathrm{Im}(\underline{Y}(f_\mathrm{r})) = 0$ führt auf eine biquadratische Gleichung für die Resonanzfrequenz f_r, die zwei Lösungen aufweist: Die *Serienresonanzfrequenz* f_s und die *Parallelresonanzfrequenz* f_p. Im Fall vernachlässigbarer Verluste ($R_1 = 0$) lauten diese

$$f_{\mathrm{s}0} = \frac{1}{2\pi\sqrt{L_1 C_1}} \quad \text{und} \quad f_{\mathrm{p}0} = f_{\mathrm{s}0}\sqrt{1 + \frac{C_1}{C_0}} . \qquad (11.10)$$

Unter Berücksichtigung von R_1 gilt näherungsweise

$$f_\mathrm{s} = f_{\mathrm{s}0}\left(1 + \frac{R_1^2 C_0}{2L_1}\right) \quad \text{und} \quad f_\mathrm{p} = f_{\mathrm{p}0}\left(1 - \frac{R_1^2 C_0}{2L_1}\right) . \qquad (11.11)$$

Im Intervall $f_\mathrm{s} < f < f_\mathrm{p}$ ist $\mathrm{Im}(\underline{Y}) < 0$. Für die Verlustfaktoren bei Serien- bzw. Parallelresonanz gilt

$$\tan\delta_\mathrm{s} = \frac{1}{Q_\mathrm{s}} \approx \frac{1}{2\pi}\frac{R_1}{L_1}\frac{1}{f_\mathrm{s}} \quad \text{und} \quad \tan\delta_\mathrm{p} = \frac{1}{Q_\mathrm{p}} \approx \frac{1}{2\pi}\frac{R_1}{L_1}\frac{1}{f_\mathrm{p}} . \qquad (11.12)$$

Die Verlustfaktoren weisen vergleichbare Werte auf, da Serien- und Parallelresonanzfrequenz dicht beieinander liegen. Die Kehrwerte der Verlustfaktoren werden als *Schwingungsgüten* (kurz: Güten) bezeichnet. Ihr Wert liegt beim AT-Schnitt typischerweise zwischen 25000 und 150000. Die maximal erreichbare Güte ist durch die Dämpfung des Materials bestimmt und frequenzabhängig, sie nimmt mit zunehmender Frequenz ab.[5] Besonders hohe Schwingungsgüten lassen sich mit Schwingquarzen im Frequenzbereich von (2 − 5) MHz erzielen [5].

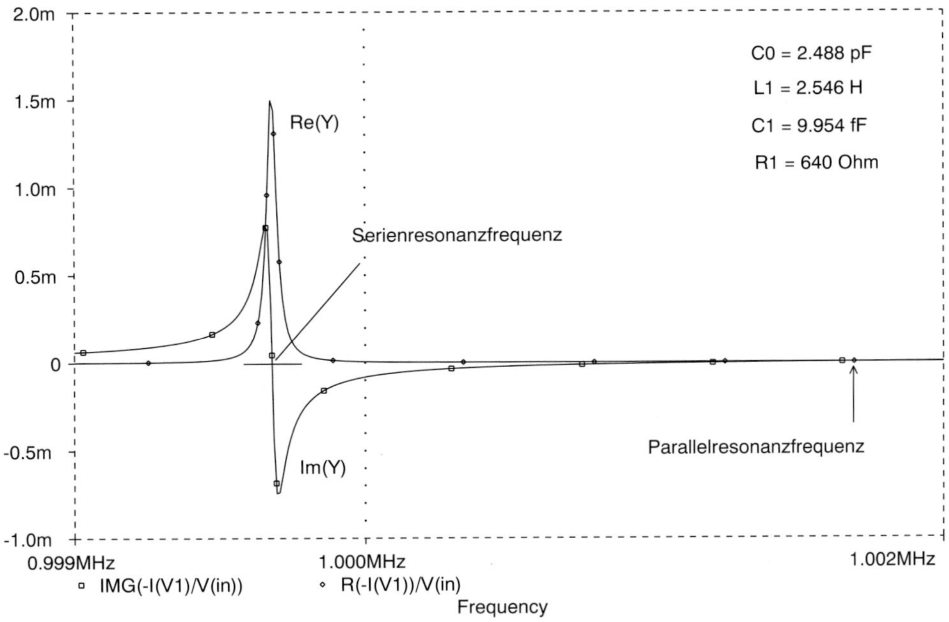

Abb. 11.5. Realteil und Imaginärteil des Leitwerts der Ersatzschaltung für einen 1 MHz-Schwingquarz als Funktion der Frequenz

Beispiel 11.3.1 Mit den Werten $C_0 = 2.488$ pF, $L_1 = 2.546$ H, $C_1 = 9.954$ fF und $R_1 = 640\,\Omega$ folgt

$$f_{s0} = 1/2\pi\sqrt{L_1 C_1} \approx 0.999752\,\text{MHz} \quad \text{und}$$

$$f_{p0} = f_{s0}\sqrt{1 + C_1/C_0} \approx 1.001750\,\text{MHz}\,.$$

Eine Berücksichtigung von R_1 bei der Berechnung der Resonanzfrequenzen läßt die ersten sechs Stellen unverändert und kann deshalb unterbleiben. Die beiden Resonanzfrequenzen liegen um 1998 Hz auseinander. Die Schwingungsgüten bei Serien- bzw. Parallelresonanz sind

$$Q_s \approx \frac{1}{R_1}\sqrt{\frac{L_1}{C_1}} = 24703 \quad \text{und} \quad Q_p \approx Q_s\sqrt{1 + \frac{C_1}{C_0}} = 24752\,.$$

[5]Nach [5] gilt $Q \cdot f < 16 \cdot 10^{12}$ Hz .

Abbildung 11.5 zeigt den Verlauf von Real- und Imaginärteil der Admittanz in der Nähe der Resonanzfrequenz, berechnet mittels der SPICE-AC-Analyse unter Verwendung der Quarzersatzschaltung. Die dicht beieinander liegenden Nulldurchgänge des Imaginärteils der Admittanz (bei den Resonanzfrequenzen) sind eingezeichnet; ihr Wert stimmt mit den Ergebnissen der Beispielrechnung überein. △

Die Impedanz des Quarzes ist definitionsgemäß reell; bei Serienresonanz folgt aus (11.9) und den Näherungen (11.10) für die Resonanzfrequenz sofort

$$R_\mathrm{s} \approx R_1 \; ; \tag{11.13}$$

im Fall der Parallelresonanz gilt entsprechend

$$R_\mathrm{p} = R_1 + \frac{1}{R_1}\left(\omega_\mathrm{p} L_1 - \frac{1}{\omega_\mathrm{p} C_1}\right)^2 \approx R_1 + \frac{C_1 L_1}{R_1 C_0 (C_1 + C_0)} \; . \tag{11.14}$$

Die in Abb. 11.4 c angegebene Ersatzschaltung ist gültig in der Umgebung der Resonanzfrequenz der Grundschwingung. Um das Verhalten des Schwingquarzes in der Nähe der Obertöne zu beschreiben, sind in der Ersatzschaltung zusätzliche RLC-Reihenschwingkreise parallel zu schalten (Abb. 11.6).

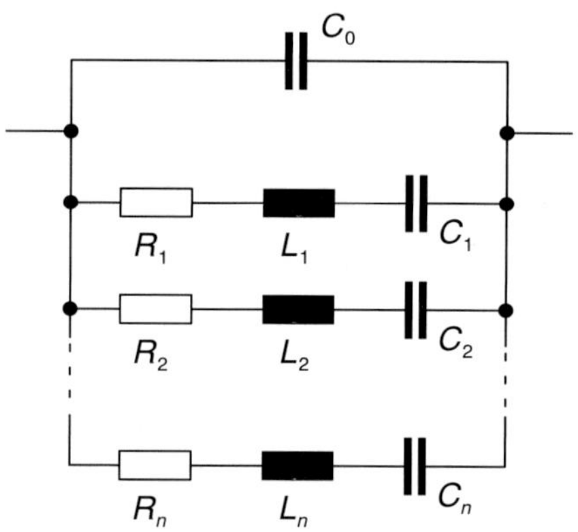

Abb. 11.6. Erweiterte Ersatzschaltung zur Beschreibung von Obertonschwingungen

Die Werte für L_n, C_n und R_n sind dabei auf die n-te Obertonfrequenz abzustimmen. Da die schwingende Masse im Obertonbetrieb annähernd dieselbe ist wie im Grundtonbetrieb, bleibt die dynamische Induktivität nahezu unverändert. Die dynamische Kapazität C_1 ist im n-ten Oberton jedoch deutlich reduziert; näherungsweise gilt

$$C_n / C_1 = 1/n^2 \; .$$

Die kleine dynamische Kapazität von Obertonquarzen eignet sich zur Konstruktion besonders frequenzstabiler Quarzoszillatoren. In Normalfrequenzquarzen wird meist die Schwingung im dritten Oberton ausgenutzt. Der Resonanzwiderstand R_n im n-ten Oberton beträgt annähernd das n-fache des Resonanzwiderstands der Grundschwingung [5]: $R_n \approx nR_1$.

Schwingquarz mit kapazitiver Beschaltung. Zum *Abgleich* der Resonanzfrequenz wird gewöhnlich parallel oder in Serie zum Schwingquarz eine Kapazität geschaltet. Dabei ist jedoch zu beachten, daß die Güte des Resonanzkreises wegen der Verlustfaktoren der für die Beschaltung verwendeten Kondensatoren abnimmt.

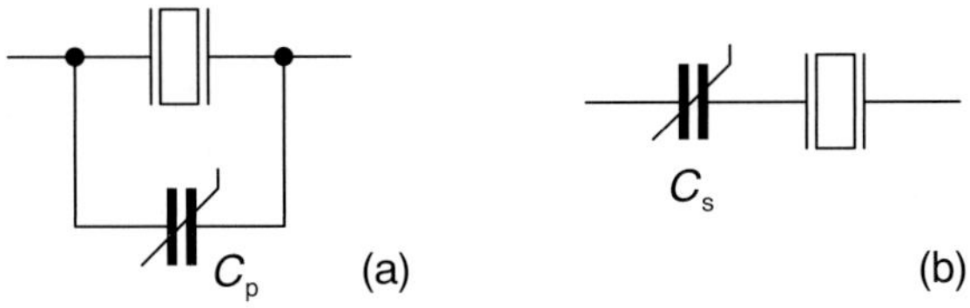

Abb. 11.7. Abgleich der Resonanzfrequenz durch (**a**) parallel geschalteten und (**b**) in Reihe geschalteten Trimmkondensator

Die Kapazität C_p liegt parallel zur Kapazität C_0 der Quarzersatzschaltung (Abb. 11.7 a). Die Parallelresonanzfrequenz nimmt dadurch ab, während die Serienresonanzfrequenz in erster Näherung unverändert bleibt; näherungsweise gilt

$$f_\mathrm{p}(C_\mathrm{p}) = f_{\mathrm{s}0}\sqrt{1+\frac{C_1}{C_0+C_\mathrm{p}}} \approx f_{\mathrm{s}0}\left[1+\frac{C_1}{2(C_0+C_\mathrm{p})}\right], \tag{11.15}$$

es tritt eine relative Frequenzänderung

$$\frac{f_\mathrm{p}(C_\mathrm{p})-f_\mathrm{p}(0)}{f_{\mathrm{s}0}} \approx -\frac{C_1 C_\mathrm{p}}{2C_0(C_0+C_\mathrm{p})}$$

auf. Bei *Serienschaltung* (Abb. 11.7 b) einer Kapazität C_s zum Schwingquarz gilt näherungsweise

$$f_\mathrm{s}(C_\mathrm{s}) \approx f_{\mathrm{s}0}\sqrt{1+\frac{C_1}{C_0+C_\mathrm{s}}} \approx f_{\mathrm{s}0}\left[1+\frac{C_1}{2(C_0+C_\mathrm{s})}\right], \tag{11.16}$$

hier nimmt die Serienresonanzfrequenz ab. Die durch kapazitive Beschaltung erreichbare Frequenzänderung ist zwar gering, ermöglicht aber dennoch den Ausgleich fertigungsbedingter Toleranzen. Als *Ziehbetrag* (englisch pulling range) PR wird die erreichbare (relative) Frequenzänderung bezeichnet; dabei gilt stets PR $< C_1/(2C_0)$.

Verlustleistung. Bei erhöhten Anforderungen an die Frequenzstabilität ist die *Verlustleistung* wesentlich, da die damit verbundene Erwärmung zu einer Frequenzverschiebung[6] führen kann. Die Verlustleistung ist gegeben durch

$$P = I^2 R_1\left(1+\frac{C_0}{C_\mathrm{L}}\right)^2,$$

[6] Meistens wird eine Zunahme der Resonanzfrequenz mit der Verlustleistung beobachtet.

wobei C_L die Lastkapazität und I den Effektivwert des über den Quarz fließenden Stroms bezeichnet. Die Lastkapazität C_L in der Schaltung wird dabei durch den parallel oder in Serie zum Quarz geschalteten Kondensator und parasitäre Kapazitäten, wie Koppelkapazitäten zwischen Leiterbahnen und Bauteilen, sowie die internen Kapazitäten von Halbleiterbauteilen bestimmt. Typische Werte der Verlustleistung liegen im Bereich von $(0.1 - 1)\,\mathrm{mW}$.

Temperaturabhängigkeit. Die relative Änderungs $\Delta f/f$ der Resonanzfrequenz eines Schwingquarzes mit der Temperatur ist näherungsweise [6]

$$\frac{\Delta f}{f} = -5 \cdot 10^{-6}\,\Delta\theta\,\frac{\vartheta - \vartheta_{\mathrm{inv}}}{{}^\circ\mathrm{C}} + 10^{-10}\,\frac{(\vartheta - \vartheta_{\mathrm{inv}})^3}{({}^\circ\mathrm{C})^3}\,. \tag{11.17}$$

Dabei bezeichnet $\Delta\theta$ die Abweichung des Schnittwinkels vom Nullwinkel[7] in Grad und ϑ_{inv} die sog. *Inversionstemperatur*, das ist die Temperatur am Wendepunkt der durch Gl. (11.17) definierten Parabel. Um gewünschte Abhängigkeiten der Frequenz von der Temperatur zu realisieren, wird der Schnittwinkel bis auf wenige Winkelsekunden genau eingehalten. Die Inversionstemperatur wird für Frequenznormale so gewählt, daß sie in der Mitte des zulässigen Temperaturbereichs der Schaltung zu liegen kommt; dies führt zu symmetrischen Abweichungen und zu einem minimalen Fehler $|\Delta f/f|$.

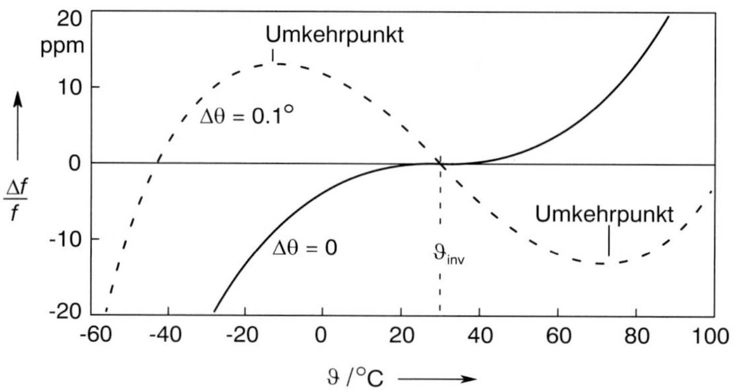

Abb. 11.8. Relative Änderung der Resonanzfrequenz mit der Temperatur für Schwingquarze im AT-Schnitt mit unterschiedlichem Schnittwinkel bezüglich des Nullwinkels (nach [6])

Für erhöhte Anforderungen bezüglich der Frequenzstabilität werden auch temperaturgeregelte Schwingquarze eingesetzt. Die Temperatur des Schwingquarzes wird dabei auf der Temperatur eines *Umkehrpunkts* gehalten, da in diesem näherungsweise $\mathrm{d}f/\mathrm{d}T = 0$ gilt.

Alterung. Die Resonanzfrequenz von Schwingquarzen weist eine langfristige Drift (Alterung) auf; für die relative Frequenzabweichung aufgrund der Alterung gilt dabei annähernd ein logarithmisches Zeitgesetz [5]

[7] Das ist der Winkel bei dem die Wendetangente waagrecht verläuft (vgl. Abb. 11.8).

$$\Delta f/f \approx \kappa(T)\ln(t/\mathrm{h}) .$$

Der Faktor $\kappa(T)$ genügt näherungsweise dem Arrhenius-Gesetz, d. h. die Alterung wird mit zunehmender Temperatur beschleunigt; bei Überlastung des Schwingquarzes kann es darüber hinaus zu einer bleibenden Veränderung der Resonanzfrequenz durch Versetzungen im Kristallgitter kommen.

Quarzoszillatoren. Mit Schwingquarzen lassen sich relativ einfach Oszillatoren mit Frequenzstabilitäten im ppm-Bereich realisieren. Abbildung 11.9 a zeigt einen Pierce-Oszillator aufgebaut mit einem CMOS-Inverter als Verstärker. Der Schwingquarz mit der Frequenz 32768 Hz könnte z. B. als Zeitnormal in einer „Quarzuhr“ dienen – durch Frequenzteilung im Verhältnis $1 : 2^{15}$ ergibt sich die Frequenz 1 Hz. Abbildung 11.9 b zeigt eine weitere Grundschaltung: Den emittergekoppelten Quarzoszillator. Der Wert von R_E ist so zu wählen, daß die Schaltung einerseits sicher anschwingt, andererseits aber auch nicht zu sehr übersteuert. Diese Schaltung ist Bestandteil von integrierten Oszillatorschaltungen.

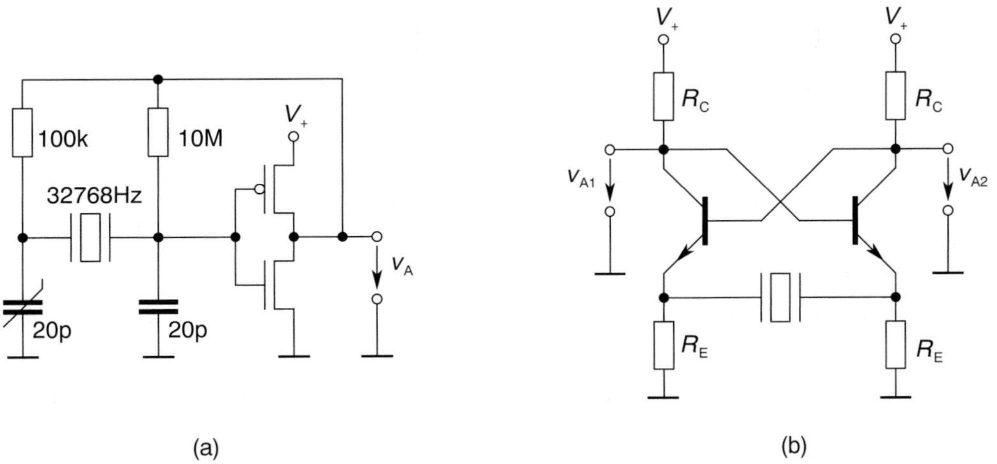

Abb. 11.9. Schaltbeispiele für Quarzoszillatoren. (**a**) Pierce-Oszillator für Quarzuhren und (**b**) emittergekoppelter Quarzoszillator

In der Praxis werden Quarzoszillatoren meist nicht mit diskreten Bauteilen aufgebaut, sondern verwenden monolithisch integrierte Ansteuerschaltungen. Diese haben zum einen einen geringeren Platzbedarf, bieten zum anderen aber auch eine optimierte Ansteuerung, indem sie die Amplitude und damit die im Quarz umgesetzte Verlustleistung begrenzen, was sich positiv auf die Frequenzstabilität auswirkt.

Nach DIN45175-1 werden Quarzoszillatoren in einfache Quarzoszillatoren (PXO), spannungsgesteuerte Quarzoszillatoren (VCXO), temperaturkompensierte Quarzoszillatoren (TCXO) und temperaturstabilisierte Quarzoszillatoren (OCXO) eingeteilt. Mit einfachen Quarzoszillatoren lassen sich bei niederfrequenten Schwingquarzen relative Frequenzabweichungen von $\pm 2 \cdot 10^{-4}$ im Temperaturbereich von $-40°C$ bis $+90°C$ realisieren; mit Dickenscherschwingern im AT-Schnitt sind für Frequenzen größer 1 MHz Genauigkeiten in der Größenordnung von $\pm 2 \cdot 10^{-5}$ zu erreichen.

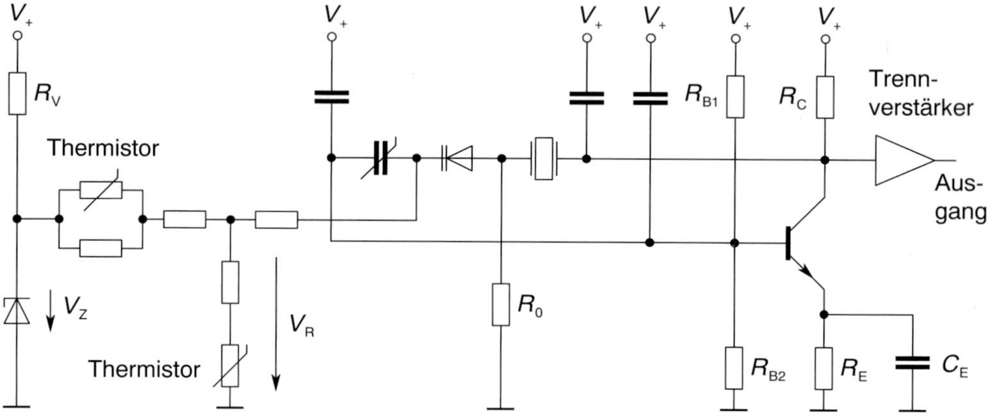

Abb. 11.10. Temperaturkompensierter Quarzoszillator (nach DIN 45175-1)

Für erhöhte Anforderungen an die Temperaturkonstanz besteht die Möglichkeit der *Temperaturkompensation* mit Hilfe eines zusätzlichen Netzwerks. Bei analoger Temperaturkompensation wird in Serie zum Schwingquarz eine Kapazitätsdiode geschaltet, die über ein Netzwerk temperaturabhängiger Widerstände mit einer temperaturabhängigen Sperrspannung betrieben wird (Abb. 11.10). Die in Serie zum Schwingquarz wirkende Lastkapazität weist damit einen Temperaturgang auf, der zur Kompensation des Temperaturgangs der Resonanzfrequenz verwendet werden kann. Temperaturkompensierte Quarzoszillatoren sind als fertig verschaltete Module von zahlreichen Herstellern verfügbar, sie weisen typischerweise eine relative Frequenzkonstanz von 1 ppm (Präzisionstypen unter 0.1 ppm) über einen Temperaturbereich von 0 bis 50°C auf.

Mit *temperaturstabilisierten* Quarzoszillatoren lassen sich sehr präzise Oszillatoren aufbauen (relative Frequenzänderung nach Betrieb über mehrere Monate kleiner als 10^{-11} pro Tag, im wesentlichen bedingt durch die Alterung des Quarzes). Eine Diskussion der prinzipiellen Grenzen der erreichbaren Frequenzstabilität ist in [7] zu finden.

11.3.3 Quarzfilter

Die hohe Güte des Quarzresonators erlaubt die Realisierung von Filtern mit steilen Flanken, die elektrischen LC-Kreisen weit überlegen sind. Die einfachsten Quarzfilter verwenden einen Schwingquarz in Serie oder parallel zum Verbraucher (Abb. 11.11 a und 11.11 b).

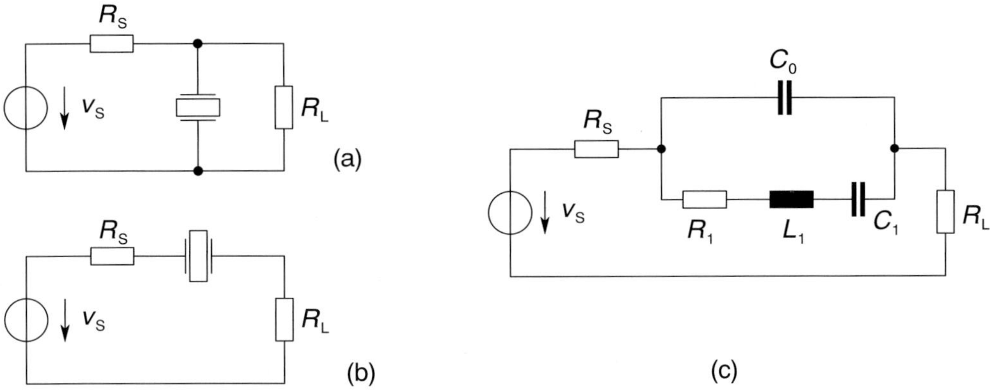

Abb. 11.11. Einfache Quarzfilter

Abbildung 11.11 c zeigt die Ersatzschaltung der Schaltung 11.11 b. Solange die statische Kapazität vernachlässigt werden kann, entspricht die Anordnung einem LRC-Reihenschwingkreis. Mit den Ergebnissen von Kap. 1 folgt dann

$$\underline{H}_v \approx \frac{R_\mathrm{L}}{R} \frac{\mathrm{j}\omega C_1}{1 + \mathrm{j}\omega RC - \omega^2 L_1 C_1} \quad \text{mit} \quad R = R_\mathrm{L} + R_\mathrm{G} + R_1 \, .$$

Der Spannungsübertragungsfaktor der Anordnung zeigt ein lokales Maximum bei der Serienresonanzfrequenz. Dort ist

$$\underline{H}_v = \frac{R_\mathrm{L}}{R_\mathrm{G} + R_\mathrm{L} + R_1} \, .$$

Für die 3 dB-Bandbreite des „Durchlaßbereichs“ bei der Serienresonanzfrequenz folgt mit der Güte $Q = 2\pi f_\mathrm{s} L_1 / R$

$$B = \frac{f_\mathrm{s}}{Q} = \frac{f_\mathrm{s}}{Q_\mathrm{s}} \left(1 + \frac{R_\mathrm{L}}{R_1} + \frac{R_\mathrm{G}}{R_1} \right) ,$$

wobei $Q_\mathrm{s} = 2\pi f_\mathrm{s} L_1 / R_1$ die Schwingungsgüte des Quarzes bezeichnet. Bei geringen Werten für R_G und R_L ergibt sich demnach ein Bandfilter hoher Güte. Nachteilig an der in Abb. 11.11 c gezeigten Anordnungen ist die parallel wirkende statische Kapazität. Diese führt in Verbindung mit R_L zu einem *Hochpaßverhalten*, das den Wert des Spannungsübertragungsfaktors bei großen Frequenzen gegen den Wert $\underline{H}_v \to R_\mathrm{L}/(R_\mathrm{G} + R_\mathrm{L})$ laufen läßt.

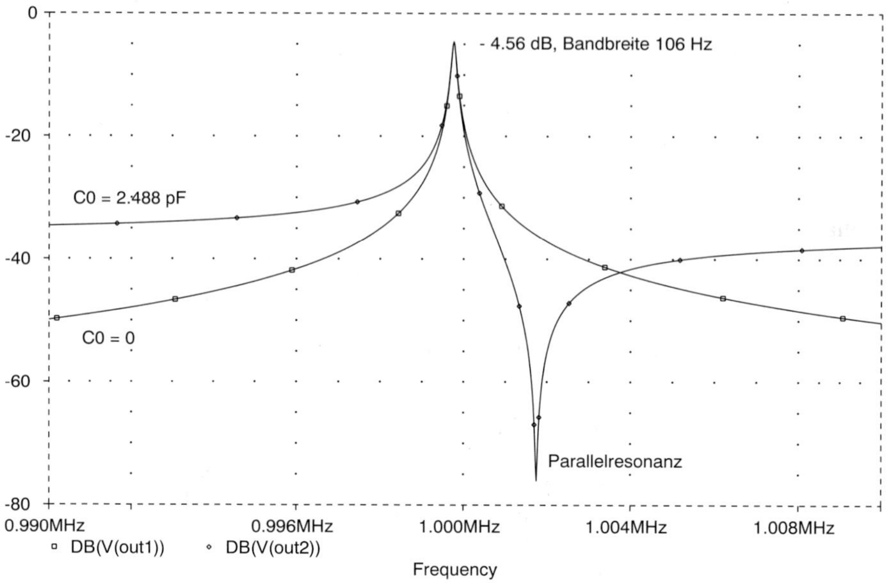

Abb. 11.12. Ergebnisse der SPICE-AC-Analyse für das Maß des Übertragungsfaktors des in Abb. 11.11 b gezeigten Quarzfilters

Beispiel 11.3.2 Abbildung 11.12 zeigt die Ergebnisse einer SPICE-AC-Analyse für das Maß des Spannungsübertragungsfaktors der in Abb. 11.11 c gezeigten Ersatzschaltung. Die Elemente der Quarzersatzschaltung wurden wie in Beispiel 11.3.1 gewählt ($C_0 = 2.488\,\mathrm{pF}$, $L_1 = 2.546\,\mathrm{H}$, $C_1 = 9.954\,\mathrm{f\ F}$ und $R_1 = 640\,\Omega$); zum Vergleich wurde die statische Kapazität C_0 in einer zusätzlich durchgeführten Simulation gleich null gesetzt. Für R_G und R_L wurden die Werte $50\,\Omega$ bzw. $1\,\mathrm{k}\Omega$ angenommen. Die Simulation zeigt: Das Übertragungsverhalten in unmittelbarer Umgebung der Serienresonanzfrequenz darf unter Vernachlässigung der statischen Kapazität berechnet werden. Die Abschätzung für die Bandbreite

$$B = \frac{f_\mathrm{s}}{Q_\mathrm{s}}\left(1 + \frac{R_\mathrm{L}}{R_1} + \frac{R_\mathrm{G}}{R_1}\right) = \frac{1\,\mathrm{MHz}}{24703}\left(1 + \frac{1000}{640} + \frac{50}{640}\right) = 106.9\,\mathrm{Hz}$$

und das Verstärkungsmaß bei der Resonanzfrequenz

$$a_v = 20\,\mathrm{dB}\cdot\log\left(\frac{R_\mathrm{L}}{R_\mathrm{G} + R_1 + R_\mathrm{L}}\right) = -4.557\,\mathrm{dB}$$

stimmt mit den Resultaten der Simulation überein. Wird die statische Kapazität C_0 berücksichtigt, so kommt bei der Parallelresonanzfrequenz f_p ein Minimum des Spannungsübertragungsfaktors hinzu. Für Frequenzen fernab der Resonanzfrequenz bedingt C_0 eine Hochpaßübertragungscharakteristik mit der Grenzfrequenz $f_g = (2\pi R_\mathrm{L} C_0)^{-1} \approx 64$ MHz. Bei $f_\mathrm{s} \approx 1$ MHz führt dies auf das Verstärkungsmaß

$$a_v \approx 20\,\mathrm{dB}\cdot\log(1/64) \approx -36.1\,\mathrm{dB}$$

in Übereinstimung mit der Simulation (Abb. 11.12). Δ

Da die durch C_0 bedingten Hoch- bzw. Tiefpaßanteile der Übertragungsfaktoren der in den Abbn. 11.11a und 11.11b gezeigten Quarzfilter gewöhnlich stören, werden diese meist durch zusätzliche Quarze und/oder LC-Kombinationen ergänzt. Abbildung 11.13 a zeigt ein mit Schwingquarzen aufgebautes *Abzweigfilter*. Quarzfilter in Abzweigschaltung sind einfach im Aufbau und vergleichsweise unempfindlich gegenüber Streuungen der Bauteilparameter. Durch Reihen- oder Parallelschaltung von Kondensatoren können die Resonanzfrequenzen der Quarze und damit die Bandbreite verändert werden; durch Einsatz von Kapazitätsdioden lassen sich sogar Bandfilter mit stufenlos veränderlicher Bandbreite verwirklichen [8].

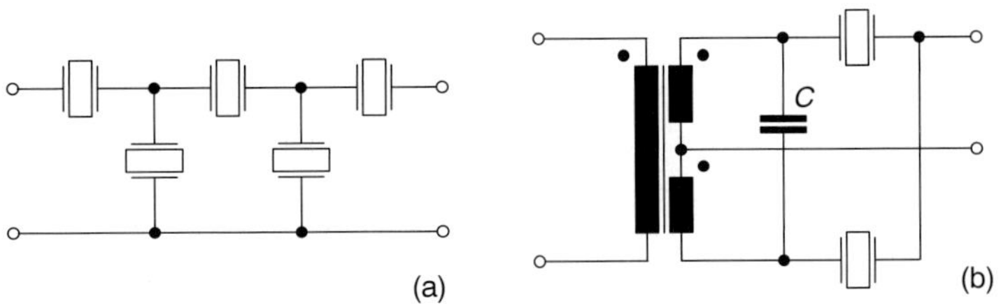

Abb. 11.13. Quarzfilter. **(a)** Abzweigfilter und **(b)** Brückenschaltung

Quarzfilter in Abzweigschaltung weisen unterschiedlich steile untere und obere Flanken auf und kommen deswegen meist als *Einseitenbandfilter* zum Einsatz. Alternativ zur Abzweigschaltung wird die *Brückenschaltung* verwendet, mit der symmetrische Filterflanken auch bei höherer Bandbreite realisiert werden können. Quarzfilter in Brückenschaltung werden in der Praxis meist unter Verwendung eines Differentialübertragers aufgebaut (Abb. 11.13 b) [8]. Werden die Serienresonanzfrequenzen der Quarze etwas unterschiedlich gewählt, so kann die Durchlaßcharakteristik verändert werden. Durch die Kapazität C lassen sich die Serienresonanzfrequenzen der Quarze zusätzlich auseinander schieben, wodurch die Durchlaßcharakteristik geglättet wird.

Monolithische Quarzfilter. Monolithische Quarzfilter vereinen mehrere mechanisch nur schwach verkoppelte elektromechanische Resonatoren auf *einer* Quarzplatte. Diese wird so dünn gewählt, daß sich in ihr keine Wellen im relevanten Frequenzbereich ausbreiten können. Die von den aufgebrachten Elektroden erregten Schwingungen sind lokal – ihre Amplitude fällt exponentiell mit dem Abstand von den Elektroden ab. Dieser Effekt wird als *energy trapping* bezeichnet. Zwischen den einzelnen Resonatoren stellt sich dann eine – durch den Abstand der Elektroden einstellbare – mechanische Kopplung ein. Durch diese mechanische und elektrische Kopplung lassen sich so Kettenschaltungen mehrerer Resonatoren auf einem einzigen Quarzträger aufbauen. Auf diesem Weg können Bandfilter realisiert werden, die ohne äußere Induktivitäten auskommen; die Übertragungsfaktoren können dabei in einem weiten Bereich bei der Herstellung eingestellt werden.

11.4 Oberflächenwellenbauelemente

Akustische Oberflächenwellenbauelemente (OFW-Bauelemente[8]) nutzen den piezoelektrischen Effekt in Verbindung mit speziellen oberflächengebundenen elastischen Wellen, den sog. Rayleigh-Wellen, zur Realisierung von Resonatoren, Kopplern, Verzögerungsleitungen und Filtern [9, 10].

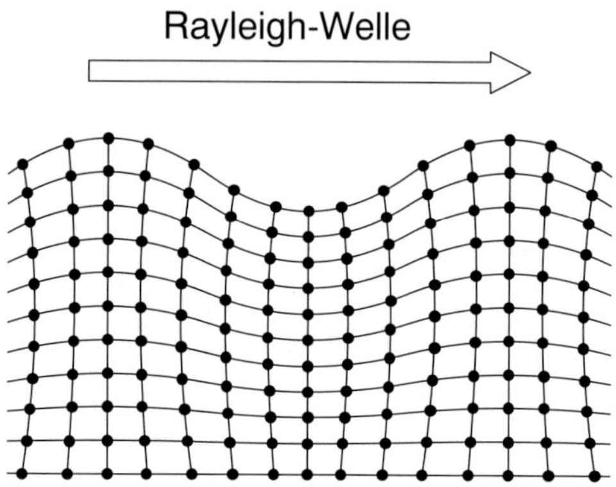

Abb. 11.14. Elastische Oberflächenwelle

Elastische Oberflächenwellen. Die als Rayleigh-Wellen bezeichneten Oberflächenwellen [11] sind elastische Schwingungen eines Festkörpers, bei denen nur eine Deformation der Oberfläche auftritt; die Eindringtiefe der Welle in den Festkörper ist dabei von der Größenordnung der Wellenlänge. Die Phasengeschwindigkeit der Rayleigh-Wellen beträgt ca. das 10^{-4}-fache der Lichtgeschwindigkeit und ist weitgehend frequenzunabhängig. Sie ist geringer als die Phasengeschwindigkeit von Volumenwellen, bei denen das gesamte Festkörpervolumen beteiligt ist. Bei Phasengeschwindigkeiten von $(3-4) \cdot 10^9\,\mu\text{m/s}$ resultiert eine Wellenlänge von ca. $3\,\mu\text{m}$ bei der Frequenz 1 GHz. In piezoelektrischen Materialien besteht eine Kopplung zwischen der mechanischen Rayleigh-Welle und dem elektrischen Feld an der Oberfläche des Festkörpers. Dies ermöglicht die Anregung von Oberflächenwellen bzw. deren Umsetzung in ein elektrisches Signal mittels geeignet geformter Elektroden.

Interdigitalwandler. Die Anregung von Oberflächenwellen durch elektrische Signale und die Umsetzung von Oberflächenwellen in elektrische Signale wird mittels sog. *Interdigitalwandler* bewerkstelligt. Dies sind fingerförmig ineinandergreifende Elektrodenpaare, die durch Fotoätztechnik aus einer auf dem piezoelektrischen Substrat abgeschiedenen Metallschicht hergestellt werden.

[8] Aus dem Amerikanischen stammt die Abkürzung SAW (von surface acoustic wave.)

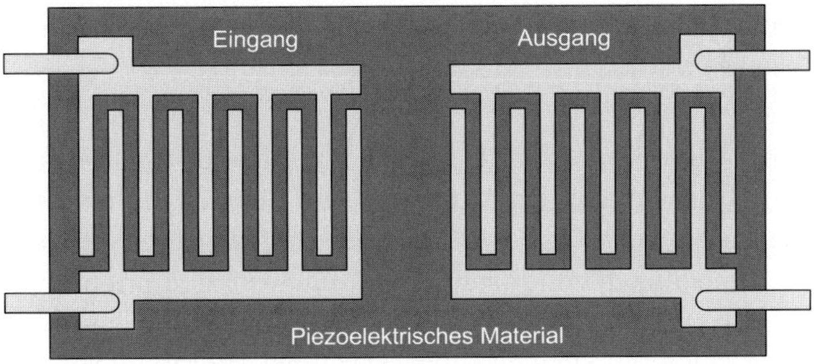

Abb. 11.15. Interdigitalwandler zum Ein- und Auskoppeln elektrischer Signale in OFW-Bauteilen

Abbildung 11.15 zeigt in Draufsicht zwei Interdigitalwandler[9] zum Ein- und Auskoppeln von Oberflächenwellen. Wird zwischen den beiden Anschlüssen eines Interdigitalwandlers eine Wechselspannung angelegt, so baut sich zwischen den Fingern ein elektrisches Wechselfeld auf (Abb. 11.16). Wegen des piezoelektrischen Effekts führt dies zu mechanischen Deformationen der Oberfläche, die sich als Rayleigh-Wellen entlang der Oberfläche ausbreiten.

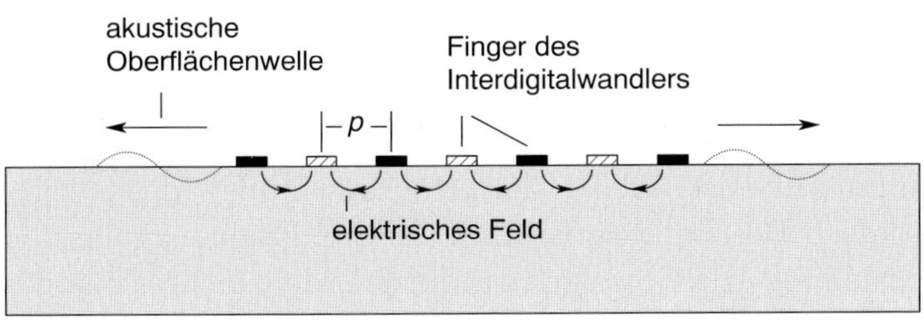

Abb. 11.16. Anregung von Oberflächenwellen mit Hilfe eines Interdigitalwandlers

Die Anregung der Rayleigh-Wellen erfolgt besonders wirksam, wenn die Wellenlänge der erzeugten Oberflächenwelle gleich $2p$ ist. Dies definiert die sog. *Mittenfrequenz* f_0 des Interdigitalwandlers

$$f_0 = v_{\mathrm{ph}}/2p \,, \tag{11.18}$$

wobei v_{ph} die Phasengeschwindigkeit der Rayleigh-Welle angibt. Daß Anregungen mit dieser Frequenz besonders wirksam sind, wird deutlich, wenn man sich eine Anregung vorstellt, die sich von einem Rand des Wandlers zum anderen ausbreitet. Liegt f bei der Mittenfrequenz, so erfolgt die Anregung bei jedem Fingerpaar in Phase mit der einlaufenden Welle, was sich in einer optimalen Verstärkung auswirkt. Bei Anregungen mit anderer Frequenz sind die Auslenkung bei den benachbarten Fingerpaaren nicht in Phase mit der einlaufenden Welle, wodurch es zu einer Abschwächung bzw. verminderten Verstärkung kommt. Umgekehrt bewirkt eine einen Interdigitalwandler pas-

[9] Hierbei handelt es sich um „ungewichtete“ Wandler. Durch alternative Formgebung für die Elektroden kann auf die Übertragungscharakteristik Einfluß genommen werden.

sierende Rayleigh-Welle eine Spannung zwischen dessen Fingern – auf diesem Weg werden Signale ausgekoppelt.

OFW-Filter. Oberflächenwellenfilter (*OFW-Filter*) sind Bandpaßfilter aus zwei miteinander verkoppelten Interdigitalwandlern, die für Bandmittenfrequenzen von ca. 10 MHz bis zu mehr als 2 GHz hergestellt werden; sie werden als Bandfilter vorzugsweise in der Fernsehtechnik eingesetzt, finden aber auch bei Frequenzen im GHz-Bereich (Mobilfunktechnik) ihre Anwendung. Gegenüber LC-Bandfiltern zeichnen sie sich durch geringen Platzbedarf, eng tolerierte Daten und eine günstige Filtercharakteristik aus, die bei der Herstellung nicht durch einen nachträglichen Abgleich eingestellt werden muß. Bei der Herstellung wird durch mechanische Dämpfung der Oberflächenwellen an den Kanten dafür Sorge getragen, daß reflektierte Oberflächenwellenanteile nicht zu Störsignalen führen.

OFW-Filter weisen einen von Substratmaterial und Kristallschnitt abhängigen negativen TK auf, d. h. die Bandmittenfrequenz verschiebt sich bei Temperaturerhöhung zu niedrigeren Frequenzen. Bei OFW-Filtern auf Lithiumniobat-Basis ist der Betrag des Temperaturkoeffizienten kleiner als $10^{-4}\ \mathrm{K}^{-1}$.

Die Ein- bzw. Ausgangsimpedanz eines OFW-Filters ist, insbesondere wegen der frequenzabhängigen „Abstrahlung“ des Wandlers, frequenzabhängig, wobei vor allem der Realteil der Eingangsadmittanz bei der Mittenfrequenz ein ausgeprägtes Maximum aufweist. Wegen der „Rückstrahlung“ des jeweils anderen Wandlers hat dessen Beschaltung Einfluß auf den Frequenzgang der Admittanz. Zur Unterdrückung von Störsignalen durch „Mehrfachreflexion“ (Triple-Transit-Echo) sollte die Ansteuerung eines OFW-Filters sehr niederohmig erfolgen.

Elektromechanische Verzögerungsleitungen. Jede Leitung der Länge Λ führt zu einer Verzögerung eines Signals um $\Lambda/v_{\mathrm{gr}} \approx \sqrt{\epsilon_{\mathrm{r}}}\,\Lambda/c$. Wegen der hohen Ausbreitungsgeschwindigkeit der Leitungswellen sind für größere Verzögerungszeiten unzweckmäßig große Leitungslängen erforderlich. Als Folge der wesentlich kleineren Schallgeschwindigkeit in Festkörpern ermöglichen elektromechanische Bauteile den Aufbau von sehr viel kompakteren Verzögerungsgliedern. Dabei regt ein piezoelektrischer Wandler Wellen im Festkörper an, diese breiten sich mit der Schallgeschwindigkeit durch den Festkörper fort, wobei sie für eine Strecke von 1 cm ungefähr 3 µs benötigen. In einem zweiten Wandler erfolgt dann die Rückwandlung in das elektrische Signal.

11.5 Dielektrische Resonatoren und Filter

Die in Kap. 10 betrachteten Leitungswellen stellen einen Sonderfall der allgemeinen Ausbreitungsmoden in einem Wellenleiter dar. Für die Übertragung hochfrequenter Signale mit Wellenlängen im Zentimeter- und Millimeterbereich weisen Leitungen aber – z. B. wegen des bei diesen Frequenzen deutlich erhöhten Widerstands (Skineffekt) – eine hohe Dämpfung auf.

Als Alternative können hier *Hohlleiter* eingesetzt werden, in denen die Leistung in Form elektromagnetischer Wellen übertragen wird. Diese weisen eine geringere Dämpfung auf als Koaxialkabel und erlauben es, höhere Leistungen zu transportieren. Die Wände eines Hohlleiters sind leitend, was die Möglichkeit der ausbreitungsfähigen Moden einschränkt. Als Nachteil der Hohlleiter sind ihre hohen Kosten, die mechanische Starrheit und die – insbesondere bei größeren Wellenlängen – beachtlichen Abmessungen und das damit verbundene Gewicht zu nennen.

Durch Fortschritte auf dem Gebiet der *Mikrowellenkeramik* [12] sind heute Materialien mit hoher Dielektrizitätszahl ϵ_{r}, geringem Verlustwinkel und geringer Temperaturabhängigkeit verfügbar. Dies ist von praktischer Bedeutung, da sich die Abmessungen von mit dielektrischem Material gefüllten Hohlleitern und Hohlraumresonatoren mit $1/\sqrt{\epsilon_{\mathrm{r}}}$ verringern lassen. Die hohen Werte der Dielektrizitätszahlen ermöglichen so eine Volumenreduktion (Faktor $\epsilon_{\mathrm{r}}^{-3/2}$) gegenüber Hohlleiterbauelementen von der Größenordnung 1000; die Abmessungen von *Hohlleiterbauelementen*, die häufig im Dezimeterbereich liegen, konnten auf diesem Weg so stark reduziert werden, daß sie sich in Verbindung mit Streifenleitern auf Substraten aufbauen lassen. Sie sind häufig in SMT-Bauform verfügbar.

Dielektrische Resonatoren

Dielektrische Resonatoren [13] werden z. B. zur Frequenzstabilisierung in Oszillatoren für Mobilfunk oder in Heimempfangsanlagen für das Satellitenfernsehen verwendet. Sie zeichnen sich durch günstigen Preis und mechanische Robustheit aus.

Zylinderresonatoren. Zylinderresonatoren sind zylinderförmige Vollstücke aus verlustarmer Mikrowellenkeramik. Sie werden eingesetzt zur Frequenzstabilisierung von Mikrowellenoszillatoren (z. B. in TV-Satellitenempfängern). Für die *Resonanzfrequenz* gilt näherungsweise

$$f_{\mathrm{r}} \approx \frac{c}{\sqrt{\epsilon_{\mathrm{r}}}} \frac{1}{D} \, ,$$

wobei c die Vakuumlichtgeschwindigkeit, ϵ_r die Dielektrizitätszahl des Resonators und D den Durchmesser[10] des Zylinders bezeichnet. Die Durchmesser liegen im Bereich weniger mm, die Eigenfrequenzen der Resonatoren liegen im Frequenzbereich von 1 GHz bis 30 GHz.

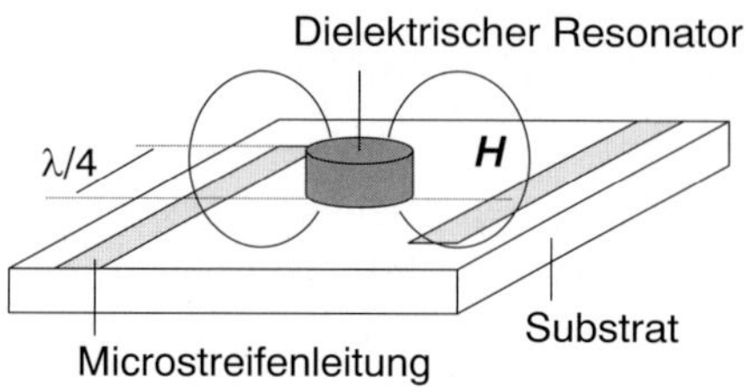

Abb. 11.17. Dielektrischer Resonator zur schmalbandigen Kopplung zweier Streifenleitungen

Dielektrische Zylinderresonatoren werden gewöhnlich an Streifenleitungen angekoppelt (Abb. 11.17). Für maximale Kopplung des Resonators an das magnetische Feld ist dieser an Strommaxima auf den Streifenleitern zu plazieren – d. h. um $\lambda/4$ gegenüber den Enden der im Leerlauf betriebenen Streifenleitung verschoben. Der Resonator bewirkt dann eine schmalbandige Kopplung zwischen den beiden Streifenleitungen.

Eine Temperaturabhängigkeit der Resonanzfrequenz resultiert aus der Temperaturvariation der Dielektrizitätszahl ϵ_r des Resonators sowie seiner Wärmeausdehnung. Mit dem Wärmeausdehnungskoeffizienten α_l folgt für den Temperaturkoeffizient der Resonanzfrequenz

$$\frac{1}{f_r}\frac{\mathrm{d}f_r}{\mathrm{d}T} = -\frac{1}{2\epsilon_r}\frac{\mathrm{d}\epsilon_r}{\mathrm{d}T} - \alpha_l\,.$$

Dieser läßt sich durch die Zusammensetzung des Keramikmaterials variieren, so daß dielektrische Zylinderresonatoren nach Kundenwunsch (vorgegebene Werte von ϵ_r, TK und f_r) hergestellt werden können. Der Temperaturkoeffizient wird bei Präzisionsresonatoren auf ca. ± 0.5 ppm/K spezifiziert, während die Fertigungstoleranzen bei Standardprodukten im Bereich von ± 1.5 ppm/K liegen [14].

Die *Güte Q* eines dielektrischen Zylinderresonators ist stark von der Resonanzfrequenz abhängig und nimmt mit zunehmendem f_r ab. Als grobe Abschätzung gilt dabei [14]

$$Q\,f_r \approx \text{const.}$$

Bei $f = 10$ GHz sind Gütewerte bis ca. 10000 verfügbar. Zur Vermeidung von *Abstrahlverlusten* müssen die Resonatoren in ein Metallgehäuse eingebaut werden; wegen der in der Gehäusewand induzierten Ströme führt dies zu einer Verringerung der Güte.

[10] Die Höhe des Zylinders beträgt typ. $L \approx 0.4D$.

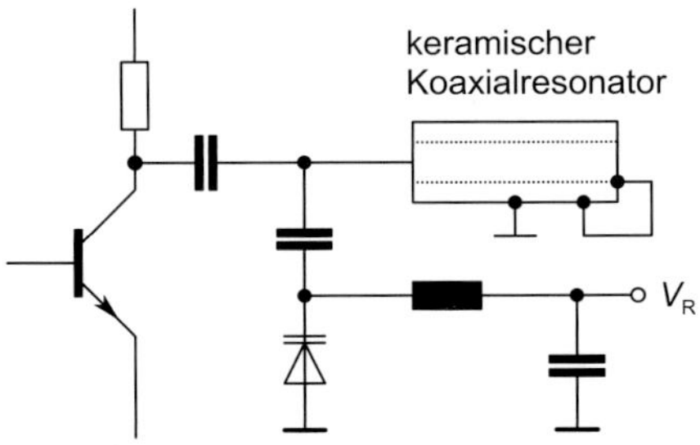

Abb. 11.18. Spannungsgesteuerter Oszillator mit Koaxialresonator (nach [14])

Koaxialresonatoren. Keramische Koaxialresonatoren eignen sich zur Frequenzstabilisierung im Frequenzbereich 300 MHz bis 6 GHz; die Resonanzfrequenz läßt sich dabei elektronisch abstimmen. Anwendungsbeispiele liegen etwa in der Mobilfunktechnik; Abb. 11.18 zeigt den prinzipiellen Aufbau eines spannungsgesteuerten Oszillators mit einem keramischen Koaxialresonator.

Keramische Koaxialresonatoren sind $\lambda/4$-Resonatoren, aufgebaut als Quader aus keramischem Material mit koaxialer Bohrung, die auf der Innen- und Außenseite von einer leitenden Schicht (gewöhnlich Silber oder Kupfer) überzogen sind. Die *Resonanzfrequenz* f_r wird durch die Dielektrizitätszahl und die Länge Λ des Resonators bestimmt

$$f_r \approx \frac{c}{4\Lambda\sqrt{\epsilon_r}} \approx 75\,\text{GHz} \cdot \frac{1}{\sqrt{\epsilon_r}} \frac{\text{mm}}{\Lambda} \,.$$

Da sich beim Einbau des Resonators in die Schaltung aufgrund parasitärer Parallelkapazitäten die Resonanzfrequenz i. allg. nach unten verschiebt, ist ein Abgleich erforderlich.

Die *Güte* Q der Koaxialresonatoren wird in erster Linie durch die Metallisierung bestimmt; diese bedingt eine Begrenzung bei $f = 1\,\text{GHz}$ auf Werte in der Größenordnung 1000 weitgehend unabhängig vom Keramikmaterial. Bei niedrigeren Frequenzen f nimmt die Güte ab, wobei in grober Abschätzung $Q \sim \sqrt{f_r}$ gilt.

Dielektrische Filter

Durch Verkopplung mehrerer dielektrischer Resonatoren lassen sich *keramische Bandfilter* realisieren [15]. Dies kann durch Verschalten separater Resonatoren oder durch monolithischen Aufbau, bei dem koaxiale Resonatoren z. B. über Koppelschlitze [12] zusammenwirken, erfolgen. Dielektrische Bandfilter sind in SMD-Bauform verfügbar, sie sind wegen der großen Dielektrizitätszahlen (in der Größenordnung von 100) sehr kompakt und besitzen eine geringe Einfügedämpfung. Anwendungen für derartige Filter liegen beispielsweise in der Mobilfunktechnik bzw. in schnurlosen Telefonen [14]. Wegen ihrer geringen dielektrischen Verluste können mit dielektrische Resonatoren für spezielle Anwendungen auch Bandpaßfilter mit Güten $Q > 1000$ bei Frequenzen von

100 GHz sowie Filter für übertragene Leistungen im Kilowattbereich aufgebaut werden.

11.6 Literaturverzeichnis

[1] H.-G. Unger. *Elektromagnetische Wellen auf Leitungen.* Hüthig, Heidelberg, dritte Auflage, 1991.

[2] K.H. Hellwege. *Einführung in die Festkörperphysik.* Springer, Berlin, 1976.

[3] K. Wessendorf, T. Payne. Quarzoszillatoren für höchste Frequenzen. *Elektronik*, (3):68–73, 1999.

[4] B. Neubig. Schwingquarze in der Oszillatorschaltung. *in 'Schwingquarze', ZVEI-Symposium 1985, Vistas, Berlin*, pp. 51–108, 1985.

[5] W. Briese. Aufbau, Eigenschaften und Anwendungen von Schwingquarzen. *in 'Schwingquarze', ZVEI-Symposium 1985, Vistas, Berlin*, pp. 7–50, 1985.

[6] O. Zinke, H. Brunswig. *Lehrbuch der Hochfrequenztechnik, Band 1: Hochfrequenzfilter, Leitungen, Antennen.* Springer, Berlin, dritte Auflage, 1986.

[7] F.L. Walls, J.R. Vig. Fundamental limits on the frequency stabilities of crystal oscillators. *IEEE Trans. Ultrasonics, Ferroelectrics and Frequence Control*, 42(4):576–589, 1995.

[8] O. Zinke, H. Brunswig. *Lehrbuch der Hochfrequenztechnik, Band 1: Hochfrequenzfilter, Leitungen, Antennen.* Springer, Berlin, fünfte Auflage, 1995.

[9] C.K. Campbell. Applications of surface acoustic and shallow bulk acoustic wave devices. *Proc. IEEE*, 77(10):1453–1484, 1989.

[10] C.W. Ruppel, L. Reindl, R. Weigel. SAW devices and their wireless communications applications. *IEEE Microwave Mag.*, pages 65–71, June 2002.

[11] R. Helbig. Elastische Oberflächenwellen. *Physik in unserer Zeit*, 9(5):148–153, 1978.

[12] Y. Konishi. Novel dielectric waveguide components - microwave applications of new ceramic materials. *Proc. IEEE*, 79(6):726–740, 1991.

[13] S.J. Fiedziusko, S. Holme. Dielectric resonators. *IEEE Microwave Mag.*, pp. 51– 60, September 2001.

[14] Siemens Matsushita Components. *Mikrowellenkeramik (Broschüre mit Anwendungshinweisen).* Siemens Matsushita, München, 1994.

[15] J.K. Plourde, C.-L. Ren. Application of dielectric resonators in microwave components. *IEEE Trans. MTT*, 29(8):754–770, 1981.

12 Halbleiter

Für das Verständnis der elektronischen Halbleiterbauelemente sind Grundkenntnisse auf dem Gebiet der Halbleiterphysik unerläßlich. Dieses Kapitel faßt die wichtigsten Grundlagen zusammen.

12.1 Halbleitermaterialien, Leitungsmechanismen

Abbildung 12.1 zeigt typische Werte für den spezifischen Widerstand unterschiedlicher Materialien bei Raumtemperatur ($T = 300$ K). *Halbleiter* sind Materialien, deren elektrische Leitfähigkeit bei Raumtemperatur zwischen der der Metalle (Leiter) und der der Isolatoren (Nichtleiter) liegt, d. h. Materialien mit $10^{-4}\,\Omega\,\text{cm} < \rho < 10^{9}\,\Omega\,\text{cm}$.

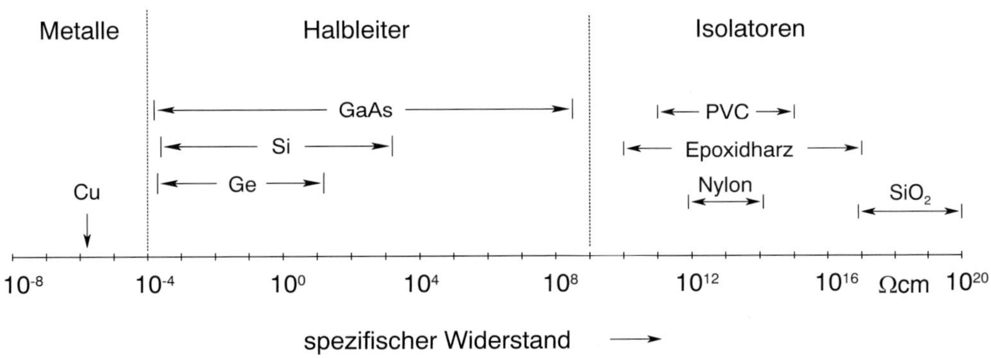

Abb. 12.1. Spezifischer Widerstand verschiedener Materialien

Im Unterschied zu metallischen Leitern, deren spezifischer Widerstand mit abnehmender Temperatur sinkt, weisen reine Halbleiter eine *Zunahme* des spezifischen Widerstands beim Abkühlen auf. Bei $T = 0$ K verhalten sich reine Halbleiter wie Isolatoren. Eine weitere Besonderheit der Halbleiter ist, daß ihre elektrische Leitfähigkeit durch Einbau bestimmter Fremdatome (Dotierung) in einem weiten Bereich eingestellt werden kann. Dies erklärt die breiten Intervalle für den spezifischen Widerstand der in Abb. 12.1 angeführten Beispiele Germanium (Ge), Silizium (Si) und Galliumarsenid (GaAs). Typisch ist auch, daß die Absorption optischer Strahlung eine für das Halbleitermaterial charakteristische Grenzwellenlänge λ_G aufweist – optische Strahlung mit einer Wellenlänge $\lambda > \lambda_G$ wird praktisch ungehindert durchgelassen, im Fall $\lambda < \lambda_G$ aber stark absorbiert.

Weitere bereits im 19. Jhdt. gefundene Phänomene wie der Fotovoltaische Effekt an einer Halbleiter-Elektrolyt Grenzfläche (Becquerel, 1839), die Fotoleitfähigkeit, d.h. die Zunahme der Leitfähigkeit eines Materials bei Beleuchtung (Smith, 1873), die gleichrichtende Wirkung von Metallkontakten auf einem Bleiglanzkristall (Braun, 1874) sowie die Beobachtung von Hall (1879), daß in einigen Materialien *positive* Ladungsträger, in anderen *negative* Ladungsträger den Strom transportieren, blieben ebenfalls lange unverstanden. Das Verständnis dieser Eigenschaften kam erst nachdem 1926 die Schrödinger-Gleichung gefunden und diese auf Elektronen im Festkörper angewandt wurde. Dies führte zur Entdeckung der Bandstruktur der Festkörper, brachte die Erkenntnis, daß Halbleiter eine Energielücke aufweisen und förderte das Verständnis für die Wirkungsweise der Dotierung.

H							He
Li	Be	B	C	N	O	F	Ne
Na	Mg	Al	Si	P	S	Cl	Ar
K	Ca	Ga	Ge	As	Se	Br	Kr
Rb	Sr	In	Sn	Sb	Te	J	Xe
1.	2.	3.	4.	5.	6.	7.	8.

Hauptgruppe

Abb. 12.2. Ausschnitt aus dem Periodensystem der Elemente

Abbildung 12.2 zeigt einen Ausschnitt aus dem Periodensystem der Elemente. Silizium und Germanium sind sog. *Elementhalbleiter*, das sind Festkörper, die aus lauter identischen Atomen aufgebaut sind. Die Elementhalbleiter kommen aus der IV. Hauptgruppe des Periodensystems (Abb. 12.2); weitere Elementhalbleiter sind Selen und Tellur aus der VI. Hauptgruppe. Selen wurde früher in Gleichrichtern und als lichtempfindliche Schicht in der Walze von Kopiergeräten eingesetzt, ist heute aber für die Herstellung elektronischer Bauelemente von geringer Bedeutung.

Neben den Elementhalbleitern sind zahlreiche *Verbindungshalbleiter* von technischer Bedeutung. Verbindungshalbleiter sind kovalent gebundene Festkörper aus zwei oder mehr verschiedenen Elementen. Bei den *binären* Halbleitern, die aus zwei verschiedenen Elementen aufgebaut sind, wird unterschieden zwischen den sog. IV-IV-Halbleitern, die aus unterschiedlichen Elementen der IV. Hauptgruppe zusammengesetzt sind (z.B. SiC), III-V-Halbleitern, die aus Elementen der III. und V. Hauptgruppe des Periodensystems bestehen (z.B. GaAs, InP, GaP) und den sog. II-VI-Halbleitern (z.B. ZnS, CdS) aus Elementen der II. und VI. Gruppe des Periodensystems. *Ternäre* Halbleiter (z.B. AlGaAs) sind aus drei verschiedenen Elementen aufgebaut, *quaternäre* Halbleiter (z.B. $Ga_xIn_{1-x}As_yP_{1-y}$) aus vier verschiedenen Elementen.

In Halbleitermaterialien sind benachbarte Atome über die kovalente Bindung (Elektronenpaarbindung) miteinander verbunden. Als Beispiel wird Silizium betrachtet – das Halbleitermaterial, das in der Elektronik die breiteste Anwendung gefunden hat. Siliziumatome haben vier Valenzelektronen; im Siliziumkristall gehen diese vier kovalente Bindungen mit den vier nächsten Nachbarn im Kristall ein. Zwischen je zwei benachbarten Siliziumatomen bildet sich dabei ein *Bindungsorbital* aus, das von maximal zwei Elektronen (unterschiedlichen Spins) besetzt werden kann.

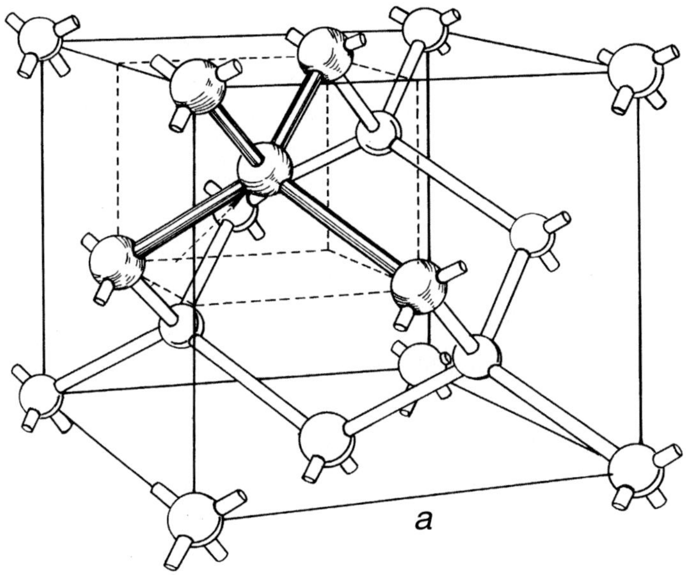

Abb. 12.3. Anordnung der Atome im Siliziumkristall

Beispiel 12.1.1 Silizium weist die Dichte $\rho_\mathrm{m} = 2.329\,\mathrm{g/cm^3}$ und die Molmasse 28.0855 g/mol auf. Mit der Avogadrozahl $N_\mathrm{mol} = 6.022 \cdot 10^{23}\,\mathrm{mol}^{-1}$ folgt für die Dichte der Siliziumatome im Kristallgitter

$$N_\mathrm{Si} = \frac{2.329\,\dfrac{\mathrm{g}}{\mathrm{cm^3}} \cdot 6.022 \cdot 10^{23}\,\dfrac{1}{\mathrm{mol}}}{28.0855\,\dfrac{\mathrm{g}}{\mathrm{mol}}} = 4.994 \cdot 10^{22}\,\frac{1}{\mathrm{cm^3}}\,.$$

Abbildung 12.3 zeigt die Anordnung der Siliziumatome im Kristall. Die würfelförmige Elementarzelle ist mit acht Atomen besetzt; in einem Kubikzentimeter befinden sich demnach $0.125 \cdot 4.994 \cdot 10^{22}$ Zellen, was auf das Zellvolumen $a^3 = 1.602 \cdot 10^{-22}\,\mathrm{cm^3}$ führt. Die Gitterkonstante a erechnet sich damit zu 5.431 Å. Die nächsten Nachbarn eines Siliziumatoms im Gitter liegen auf den Ecken eines Tetraeders der Seitenlänge $a/\sqrt{2}$. Der Abstand zweier nächster Nachbarn im Siliziumgitter ist gleich dem Radius der das Tetraeder umschreibenden Kugel

$$d = \frac{a}{\sqrt{2}}\,\frac{\sqrt{6}}{4} = \frac{\sqrt{3}\,a}{4} = 2.35\,\text{Å}\,.$$

Im Grundzustand ist jedes Bindungsorbital im Siliziumgitter mit zwei Elektronen gefüllt und damit vollständig besetzt (Abb. 12.4). Wegen des Pauli-Verbots[1] können diese Elektronen nicht von einem Gitterplatz zum nächsten wandern – sämtliche erlaubten Zustände dort sind ja bereits besetzt. Deshalb

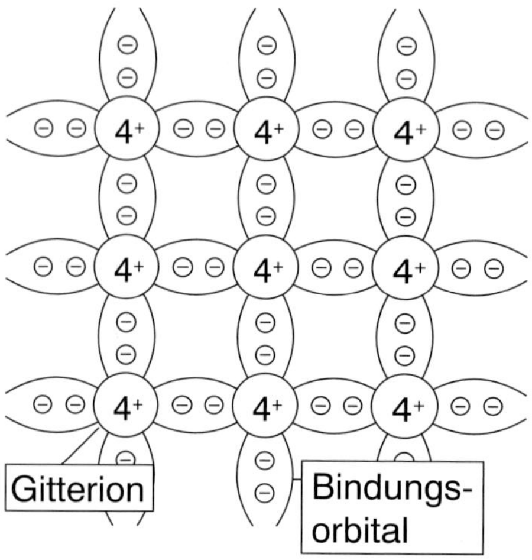

Abb. 12.4. Silizium im Grundzustand (schematische Darstellung)

ist im Grundzustand *kein* Stromfluß möglich. Strom kann erst dann fließen, wenn einzelne Elektronen aus ihrem Bindungsorbital in energetisch höher liegende Zustände angeregt werden. Diese angeregten Zustände werden als *Leitungsbandzustände* bezeichnet, im Gegensatz zu den *Valenzbandzuständen*, die durch die Elektronenzustände in den Bindungsorbitalen gegeben sind.

Mit zunehmender Temperatur werden immer mehr Elektronen aus den Bindungsorbitalen – also aus Valenzbandzuständen – in höher liegende Leitungsbandzustände angeregt. Dies verbessert die Leitfähigkeit in zweifacher Hinsicht: Zum einen sind die in Leitungsbandzustände angeregten Elektronen frei im Festkörper beweglich und können somit einen Strom transportieren, zum anderen lassen sie unbesetzte Valenzbandzustände zurück, die von Elektronen aus benachbarten Orbitalen besetzt werden können. Zum Stromtransport im Halbleiter tragen demnach sowohl Elektronen im teilweise besetzten Leitungsband als auch unbesetzte Zustände im Valenzband bei. Da die Anzahl beider Spezies mit der Temperatur stark zunimmt, steigt auch die Leitfähigkeit mit der Temperatur.

Abbildung 12.5 erläutert den Stromtransport im Valenzband eines Siliziumkristalls: Liegt im Valenzband ein unbesetzter Zustand vor, so kann dieser von einem Elektron aus einem benachbarten Bindungsorbital besetzt werden (1). Dadurch entsteht ein neuer unbesetzter Zustand, der wiederum aus einem benachbarten Bindungsorbital besetzt werden kann (2). Die Elektro-

[1]Nach dem Pauli-Verbot darf ein Elektronenzustand nicht mit mehreren Elektronen besetzt werden.

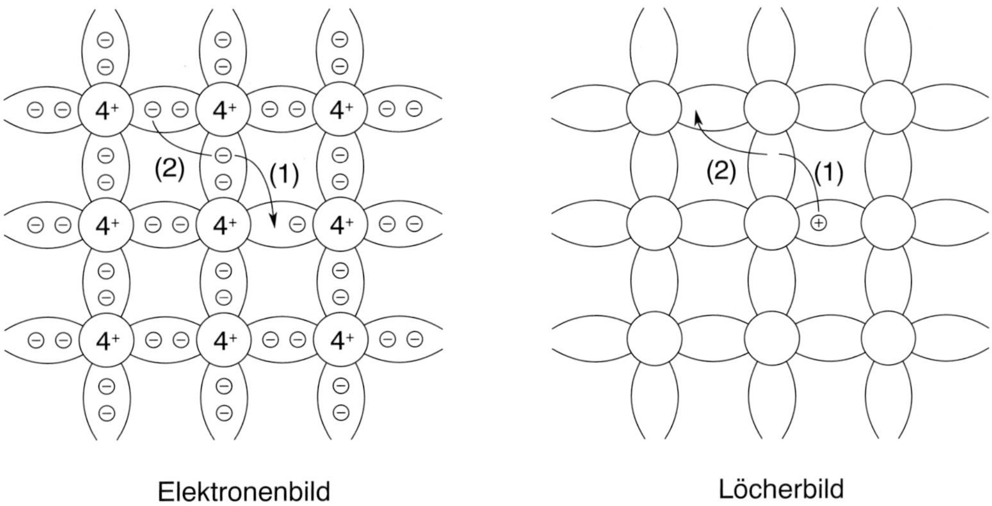

Abb. 12.5. Ladungsträgertransport im Valenzband, dargestellt im Bindungsladungsmodell

nenzustände im Valenzband eines Halbleiters sind normalerweise zum größten Teil besetzt. Für die Beschreibung des Stromtransports im Valenzband ist es deswegen zweckmäßiger, die unbesetzten Zustände zu betrachten – auf diesem Weg gelangt man zum *Löcherbild* des Stromtransports im Valenzband (Abb. 12.5): Im Löcherbild werden die unbesetzten Bindungsorbitale wie *positive Teilchen* behandelt. Statt des Übergangs eines Elektrons in einen unbesetzten Zustand unter Hinterlassung eines Lochs wird vom Transport eines Lochs in entgegengesetzter Richtung gesprochen.

Die Beschreibung elektrischer Vorgänge im Halbleiter beschränkt sich gewöhnlich auf die Betrachtung der besetzten Leitungsbandzustände – in der Folge als *Elektronen* bezeichnet – und der unbesetzten Valenzbandzustände – in der Folge als *Löcher* bezeichnet.

12.2 Grundelemente des Bändermodells

12.2.1 Energiebänder, Bandschema

Elektronen können in Atomen nur bestimmte *Energieniveaus* besetzen. Im Orbitalmodell lassen sich diese einzelnen (Elektronen-)Schalen zuordnen, wobei die elektrischen und chemischen Eigenschaften nahezu ausschließlich durch die sog. *Valenzelektronen*, das sind die Elektronen in der äußersten besetzten Schale, der sog. *Valenzschale*, bestimmt sind. Atome mit vollständig abgeschlossener Valenzschale weisen eine sehr große Ionisierungsenergie auf (Edelgaskonfiguration).

Die Rumpfelektronen – also die Elektronen in den abgeschlossenen inneren Schalen – sind fest an den Kern gebunden. Um derartige Elektronen aus ihren Schalen anzuregen, werden Anregungsenergien von typischerweise mehr als 100 eV benötigt. Das ist wesentlich mehr, als bei den chemischen und elektrischen Vorgängen in der Elektronenhülle üblicherweise zur Verfügung steht: Die Rumpfelektronen bleiben auch nach Bildung des Festkörpers in der Nähe „ihres“ Kerns und können mit diesem zu einem (positiv geladenen) *Gitterion* zusammengefaßt werden. Dieses ist für unsere Zwecke durch seine Masse und Ladung vollständig beschrieben.

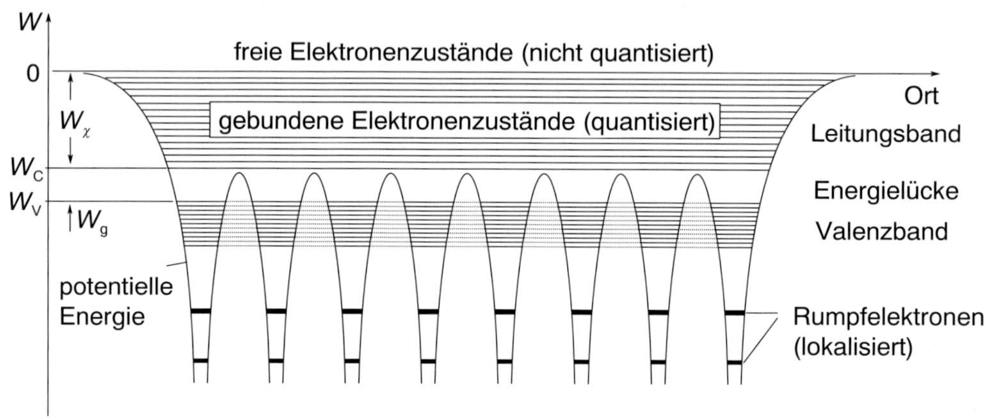

Abb. 12.6. Zur Entstehung der Energiebänder im Festkörper

Nähern sich einzelne Atome so weit, wie dies in einem Kristallgitter der Fall ist, so überlappen sich die Atomorbitale der Valenzschale. Die anziehende Wirkung eines postiven Gitterions auf ein Elektron „seiner“ Valenzschale wird im Innern des Festkörpers durch die konkurrierende Wirkung benachbarter ebenfalls postiv geladener Gitterionen teilweise aufgehoben. Die „Potentialberge“ zwischen benachbarten Atomen (Abb. 12.6) werden dadurch so niedrig, daß die Valenzelektronen leicht von einem Gitterplatz zum nächsten gelangen können. Die Elektronen der Valenzschale sind damit nicht mehr an ein Gitterion gebunden und müssen durch Wellenfunktionen beschrieben werden, die sich über den gesamten Festkörper erstrecken. Diese *nicht lokalisierten* Zustände sind wie die Elektronenzustände in einem Atom quantisiert, liegen jedoch so dicht beeinander, daß eine Unterscheidung einzelner Energieniveaus hier nicht mehr sinnvoll ist. Man faßt die Zustände deshalb zu sog. *Energiebändern* zusammen (Abb. 12.6). Die elektrischen Eigenschaften des Festkörpers werden durch *Valenz-* und *Leitungsband* bestimmt. Elektronen in diesen Bändern können sich im Festkörper bewegen – wobei das Pauli-Verbot beachtet werden muß; zur Emission aus dem Festkörper muß jedoch zusätzlich Energie aufgebracht werden.

Valenz- und Leitungsband können sich überlappen oder energetisch durch eine Energielücke getrennt sein. Bezeichnet W_C die Energie des Leitungsbandzustands mit der geringsten Energie und W_V die Energie des Valenzbandzustands mit der höchsten Energie, und gilt $W_C > W_V$, so wird

$$\boxed{W_g = W_C - W_V} \tag{12.1}$$

als *Energielücke* oder Bandabstand bezeichnet. Die Valenzbandzustände beschreiben die Elektronen in den Bindungsorbitalen. Die Energie W_g ist deshalb die Energie, die mindestens aufgebracht werden muß, um ein Elektron aus dem Bindungsorbital zu lösen. Die Energie die aufgebracht werden muß, um ein Elektron von der Leitungsbandkante W_C aus so weit anzuregen, daß es den Festkörper verlassen kann wird als *Elektronenaffinität* W_χ bezeichnet (Abb. 12.6). Bei der in Abb. 12.6 verwendeten Energieskala wurde der Nullpunkt so gewählt, daß im Festkörper gebundene Elektronenzustände eine negative Gesamtenergie, ungebundene (freie) Elektronen eine positive Gesamtenergie aufweisen.

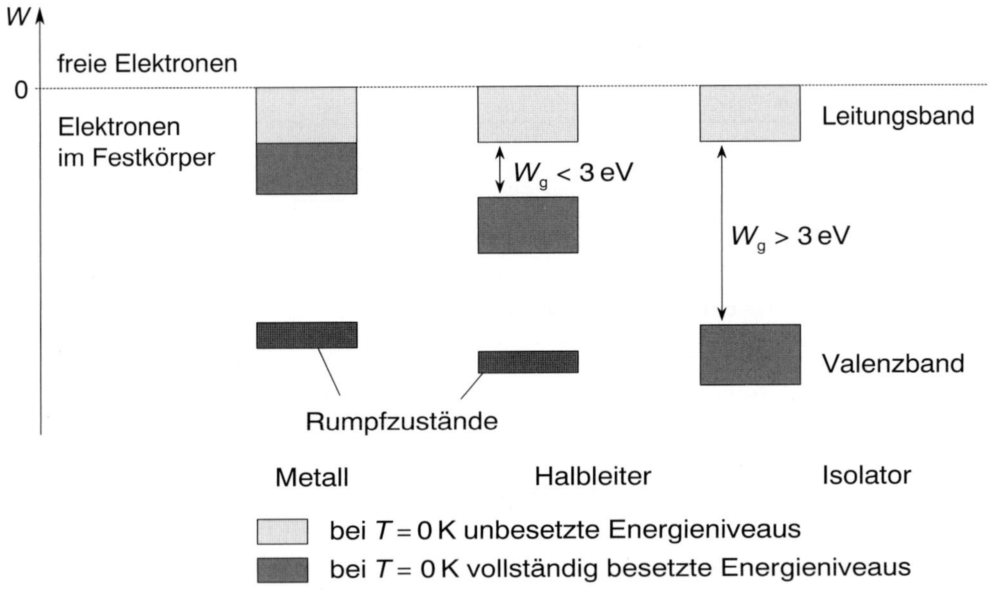

Abb. 12.7. Energiebänder (schematisch) im Metall, Halbleiter und Isolator

Halbleiter und Isolatoren weisen eine Energielücke $W_g > 0$ zwischen Valenz- und Leitungsband auf. Bei $T = 0\,\mathrm{K}$ befindet sich der Halbleiter im *Grundzustand*, in dem nur die tiefsten Elektronenzustände besetzt sind. Unter diesen Bedingungen ist das Valenzband vollständig gefüllt, das Leitungsband vollständig geleert; wegen des Pauli-Prinzips kann der Halbleiter keinen Strom führen: Bei $T = 0\,\mathrm{K}$ verhalten sich Halbleiter wie Isolatoren. Die Energielücke W_g eines Halbleiters ist jedoch so klein, daß bei Raumtemperatur eine nennenswerte Zahl von Elektronen vom Valenz- ins Leitungsband angeregt sind. Dies erklärt eine nicht verschwindende Leitfähigkeit, deren Wert zwischen der

der Metalle und der der Isolatoren liegt. Isolatoreigenschaften ($\rho > 10^9\,\Omega$cm) werden bei reinen Kristallen für $W_g > 3$ eV beobachtet (Abb. 12.7). Als Beispiel seien hier die drei Halbleitermaterialien Germanium (Ge), Silizium (Si) und Galliumarsenid (GaAs) genannt. Die Energielücken dieser Materialen besitzen bei $T = 300$ K die Werte 0.66 eV (Ge), 1.12 eV (Si) und 1.42 eV (GaAs).

Der Wert der Energielücke für die Kristalle aus Elementen der IV. Hauptgruppe nimmt mit zunehmender Ordnungszahl ab: Si und Ge besitzen eindeutig Halbleitereigenschaften. Reiner Diamant (C , $W_g = 5.5$ eV) ist ein Isolator, Sn ist für Temperaturen größer als 18°C metallisch, wandelt sich für kleinere Temperaturen jedoch in eine allotrope Modifikation mit Diamantstruktur um (graues Zinn), die sich wie ein Halbleiter mit sehr kleiner Energielücke verhält.

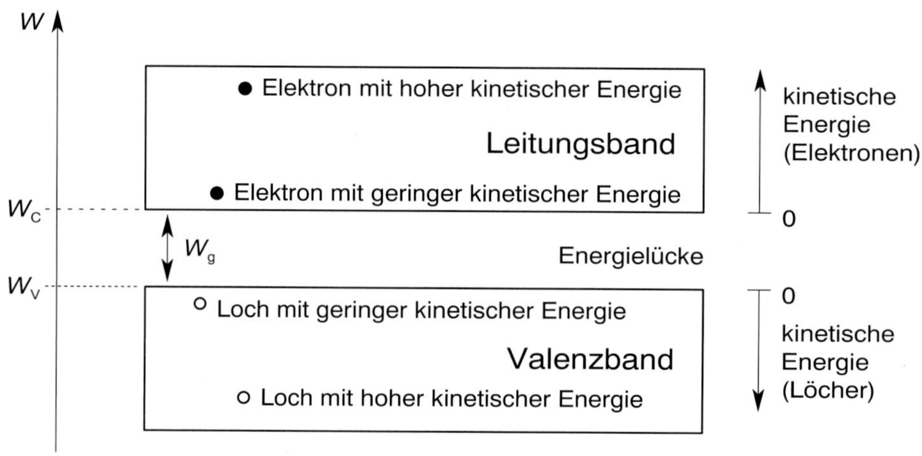

Abb. 12.8. Eindimensionales Bandschema eines Halbleiters im feldfreien Fall

Die Vorgänge in Halbleiterbauelementen werden üblicherweise anhand des sog. *Bandschemas* veranschaulicht (Abb. 12.8). Das Bandschema zeigt die Lage des Leitungsbandminimums W_C und des Valenzbandmaximums W_V auf der Energieskala als Funktion des Orts (entlang einer Ortsachse). Die kinetische Energie der Elektronen und Löcher wird von den Bandkanten aus gemessen (Abb. 12.8). Dabei ist zu beachten, daß die Energie der Elektronen nach oben, die der Löcher nach unten aufgetragen wird.

Die Lage der Bandkanten im Bänderschema definiert die potentielle Energie der Elektronen und Löcher. Die potentielle Energie wird ortsabhängig sobald im Halbleiter ein elektrisches Feld auftritt – im Bänderschema tritt deshalb eine „*Bandverbiegung*“ auf, d. h. die Bandkanten verlaufen nicht mehr horizontal sondern ändern ihre Lage mit dem Ort (vgl. Kap. 12.4.1).

12.2.2 Zur Bandstruktur

Eine korrekte Beschreibung der Elektronen im Festkörper ist nur mit den Mitteln der Quantenmechanik möglich. Elektronen werden dabei durch sog. *Bloch-Wellen* beschrieben. Dieser Abschnitt skizziert das Prinzip und erläutert die sich aus der Bandstruktur ergebende quasiklassische Beschreibung von Elektronen und Löchern durch das sog. *Effektivmassenmodell.*

De Broglie-Wellen, Quantisierung

Ein freies Elektron wird in der Quantentheorie durch sog. *de Broglie-Wellen* beschrieben. Einem Elektron mit dem Impuls p entspricht demnach eine Elektronenwelle mit der Wellenlänge

$$\lambda = h/p \qquad \text{(de Broglie-Wellenlänge)}\ , \tag{12.2}$$

bzw. der Wellenzahl

$$k = p/\hbar \tag{12.3}$$

wobei $\hbar = h/2\pi = 1.054589 \cdot 10^{-34}\,\mathrm{Js} = 0.6582 \cdot 10^{-15}\,\mathrm{eVs}$ bis auf den Faktor $(2\pi)^{-1}$ der Planckschen Konstante entspricht. Eine solche Welle mit genau definierter Wellenlänge ist unendlich ausgedehnt, was gleichbedeutend damit ist, daß über den Ort an dem sich das Elektron aufhält keine Aussage getroffen werden kann. Um ein Elektron zu beschreiben, dessen Ort bis auf die *Ortsunschärfe* Δx bekannt ist, müssen mehrere de Broglie-Wellen mit unterschiedlicher Wellenzahl überlagert werden, genau so wie ein elektromagnetischer Strahlungspuls als Fourier-Integral, d. h. durch Überlagerung von Wellen unterschiedlicher Wellenzahl beschrieben wird. Je kleiner nun Δx wird, desto unterschiedlicher sind die Wellenzahlen der Wellen die überlagert werden müssen, um das lokalisierte Wellenpaket zu beschreiben. Da der Impuls des Elektrons jedoch proportional zur Wellenzahl k ist ergibt sich daraus eine Unsicherheit im Impuls des Elektrons, die sog. *Impulsunschärfe* Δp. Je kleiner also Δx wird, desto größer wird Δp, wobei das Produkt aus beiden Größen der Heisenbergschen *Unschärferelation*

$$\boxed{\Delta x \cdot \Delta p \geq \hbar/2} \tag{12.4}$$

genügen muß. Das Wellenbild des Elektrons erklärt auch warum gebundene Elektronen nur bestimmte Energieniveaus besetzen können. Zur Veranschaulichung kann ein Elektron betrachtet werden, das in einem (eindimensionalen) Kasten der Länge L „eingesperrt“ ist und zwischen den Wänden des Kastens hin und her reflektiert wird. Ein solches *gebundenes* Elektron muß durch eine stehende de Broglie-Welle beschrieben werden: Nur de Broglie-Wellen, die sich nicht durch Interferenz mit sich selbst auslöschen bleiben erhalten, d. h. die de Broglie-Wellenlänge muß der Bedingung $\lambda = 2L/m$ genügen, wobei

m eine ganze Zahl bezeichnet (Abb. 12.9). Die Wellenzahl $k = 2\pi/\lambda$ eines

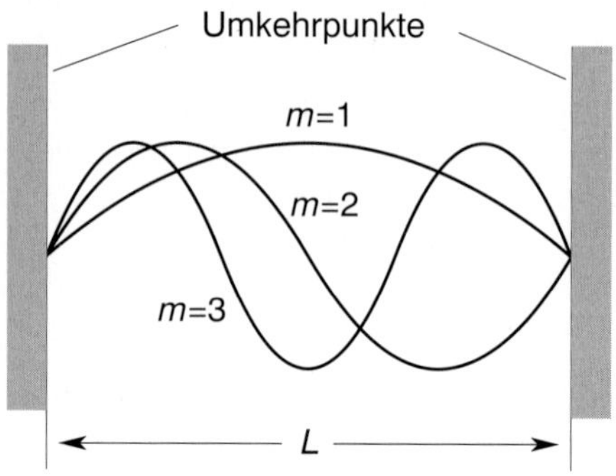

Abb. 12.9. Stehende Wellen in einem Potentialtopf der Länge L

gebundenen Elektrons und damit seine kinetische Energie ($\sim p^2 = \hbar^2 k^2$) kann demzufolge nur bestimmte Werte aufweisen – die Energieniveaus sind *quantisiert*. Die Wellenzahl zweier benachbarter Zustände (m und $m+1$) unterscheidet sich um $\Delta k = \pi/L$, d. h. die Differenz ist um so kleiner, je größer die Abmessung L des Kastens ist, in den das Elektron eingesperrt ist. Ist $L = 0.1$ nm (Größenordnung des Atomdurchmessers), so liegt der Energieunterschied benachbarter Zustände in der Größenordnung einiger Elektronenvolt; bei $L = 10$ cm resultiert dagegen ein Wert kleiner als 10^{-16} eV, d. h. ein meßtechnisch nicht mehr auflösbar kleiner Energieunterschied.

Energie-Impuls-Diagramm für Elektronen im Vakuum

Die Gesamtenergie $W(p)$ eines Elektrons im externen Feld ist die Summe aus kinetischer Energie $p^2/2m_e$ und potentieller Energie W_{pot} am Ort. Wird $W(p)$ über dem Impuls p aufgetragen, so resultiert ein parabelförmiger Verlauf mit einem Minimum bei $p = 0$ (Abb. 12.10).

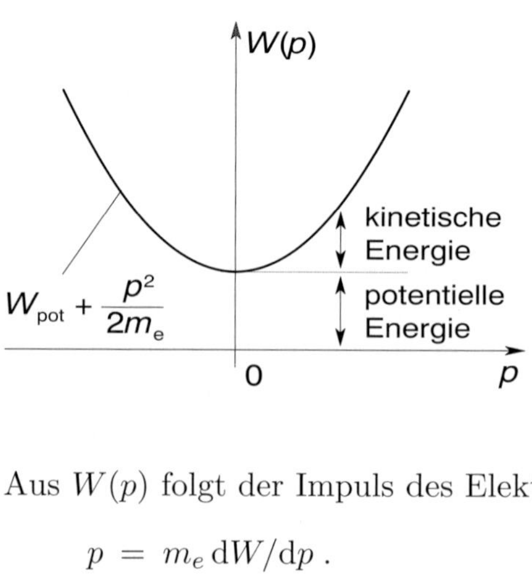

Abb. 12.10. Energie-Impuls-Diagramm für Elektronen im Vakuum

Aus $W(p)$ folgt der Impuls des Elektrons durch einfaches Differenzieren

$$p = m_e \, \mathrm{d}W/\mathrm{d}p \, .$$

Durch zweimaliges Differenzieren von $W(p)$ erhält man den Kehrwert der Masse des Elektrons

$$1/m_e = \mathrm{d}^2W/\mathrm{d}p^2 .$$

Diese Beziehungen sind für die Beschreibung der Festkörperelektronen zu verallgemeinern.

Energie-Wellenzahl-Diagramm für Elektronen im Festkörper

Elektronenzustände in einem Band werden nicht durch einen Impuls p, sondern durch eine Wellenzahl k (Kristallimpuls) gekennzeichnet. Die Energie der Zustände im Leitungsband wird durch die Funktion $W_\mathrm{C}(k)$ angegeben, die der Zustände im Valenzband durch die Funktion $W_\mathrm{V}(k)$.[2] Das Minimum der Funktion $W_\mathrm{C}(k)$ der Leitungsbandelektronen liegt nicht notwendigerweise bei $k = 0$. Liegen Valenzbandmaximum und Leitungsbandminimum beim selben k-Wert, so spricht man von einem *direkten Halbleiter*, andernfalls von einem *indirekten Halbleiter*. Direkte und indirekte Halbleiter unterscheiden sich insbesondere bei der Wechselwirkung mit optischer Strahlung.

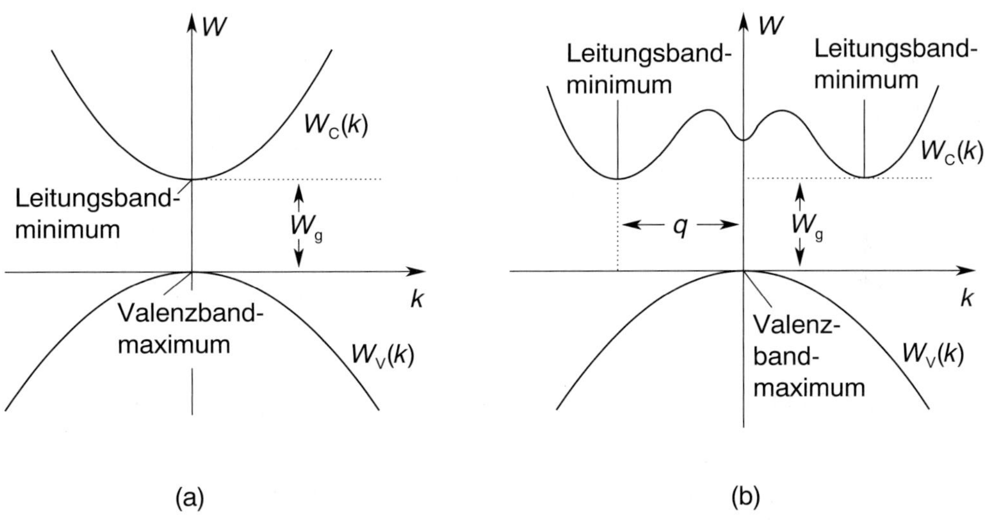

Abb. 12.11. Bandstruktur. (**a**) direkter Halbleiters und (**b**) indirekter Halbleiter; q bezeichnet die Wellenzahldifferenz zwischen Valenzbandmaximum und Leitungsbandminimum

Tritt bei $k = k_0$ ein Minimum von $W_\mathrm{C}(k)$ auf („Leitungsbandminimum"), so läßt sich $W_\mathrm{C}(k)$ um $k = k_0$ bis zur zweiten Ordnung entwickeln

$$W_\mathrm{C}(k) \approx W_\mathrm{C}(k_0) + \frac{1}{2} \left. \frac{\mathrm{d}^2W_\mathrm{C}}{\mathrm{d}k^2} \right|_{k_0} (k - k_0)^2 .$$

[2]Der Einfachheit halber wird zunächst nur eine Impulskomponente (ein Freiheitsgrad) betrachtet.

Definiert man Impuls p und *effektive Masse* der Elektronen im Leitungsband m_n^* durch

$$p = \hbar(k - k_0) \quad \text{und} \quad \frac{1}{m_\mathrm{n}^*} = \frac{1}{\hbar^2} \left.\frac{\mathrm{d}^2 W_\mathrm{C}}{\mathrm{d}k^2}\right|_{k_0}$$

so geht diese Beziehung in die für freie Elektronen bekannte Form

$$W = W_\mathrm{C} + p^2/2m_\mathrm{n}^* \tag{12.5}$$

an, wobei die Bandkante W_C der potentiellen Energie und $p^2/2m_\mathrm{n}^*$ der kinetischen Energie eines Teilchens der Masse m_n^* entspricht. Auf dieselbe Weise folgt mit $p = \hbar k$ für die Energie eines Lochs

$$W = W_\mathrm{V} - p^2/2m_\mathrm{p}^* , \tag{12.6}$$

wobei

$$\frac{1}{m_\mathrm{p}^*} = -\frac{1}{\hbar^2} \left.\frac{\mathrm{d}^2 W_\mathrm{V}}{\mathrm{d}k^2}\right|_{k=0}$$

die effektive Masse für Löcher bezeichnet.

Im sog. *Effektivmassenmodell* werden Elektronen als negative Ladungsträger der effektiven Masse m_n^* und Löcher als positiv geladene Ladungsträger der effektiven Masse m_p^* beschrieben. Maßgeblich für die effektiven Massen ist die *Krümmung* der $W_\mathrm{C}(k)$- bzw. der $W_\mathrm{V}(k)$-Kurve. Die Werte der effektiven Massen sind für die meisten Halbleitermaterialien kleiner als die Masse eines freien Elektrons, jedoch von derselben Größenordnung. Die effektive Masse m_p^* der Löcher ist dabei gewöhnlich größer als die effektive Masse der Elektronen; entsprechend ist die Beweglichkeit der Löcher meist geringer als die der Elektronen.

12.2.3 Bloch-Wellen

Im Rahmen der Quantentheorie werden Elektronen durch komplexe Wellenfunktionen $\psi(\boldsymbol{x}, t)$, beschrieben, die der Schrödinger-Gleichung genügen. Die Wellenfunktionen für Elektronen die sich im periodischen Potential der Gitterionen bewegen, sind sog. [3] *Bloch-Funktionen* der Form

$$\psi_{\alpha,\boldsymbol{k}}(\boldsymbol{x}) = u_{\alpha,\boldsymbol{k}}(\boldsymbol{x})\, \mathrm{e}^{\mathrm{j}\boldsymbol{k}\cdot\boldsymbol{x}} . \tag{12.7}$$

Die Funktion $u_{\alpha,\boldsymbol{k}}(\boldsymbol{x})$ besitzt dabei die Periodizität des Gitters, α wird als Bandindex bezeichnet. Da das Elektron über drei Freiheitsgrade verfügt besitzt der Wellenzahlvektor $\boldsymbol{k}$ drei Komponenten. Die Energie eines Zustands in einem bestimmten Band wird durch $\boldsymbol{k}$ bestimmt. Als *Bandstruktur* des Festkörpers wird die Abhängigkeit der Energie W vom Wert von $\boldsymbol{k}$ für die verschiedenen Bänder des Festkörpers bezeichnet. Dabei genügt die Kenntnis für Wellenzahlvektoren die innerhalb der ersten

[3] Eine gründlichere Darstellung der physikalischen Grundlagen ist z.B. in [1–4] zu finden.

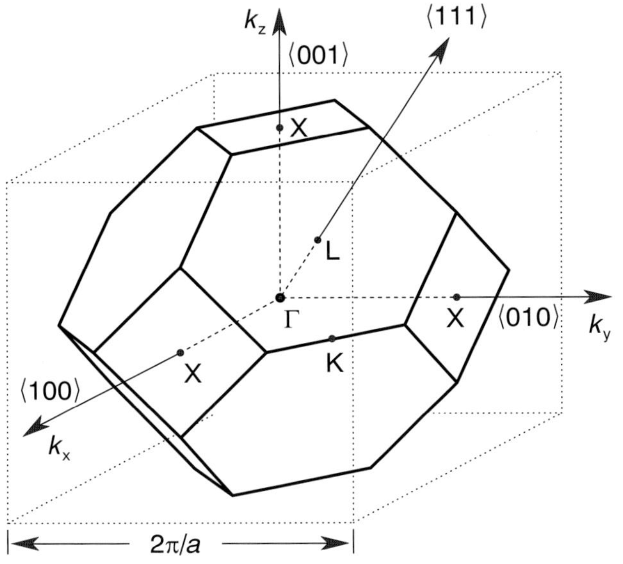

Abb. 12.12. Brillouin-Zone für kubische Kristalle. Das Zentrum der Brillouinzone wird mit Γ bezeichnet, Grenze auf der k_x-Achse (⟨100⟩ Richtung) mit X (Koordinaten $(\pi/a, 0, 0)$) die Grenze in ⟨111⟩ richtung mit L (Koordinaten $(\pi/2a, \pi/2a, \pi/2a)$)

Brillouinzone liegen; diese ist in Abb. 12.12 für ein kubisches Kristallgitter dargestellt. Graphische Darstellungen der Bandstruktur geben in der Regel $W_\alpha(\boldsymbol{k})$ zwischen Γ und X bzw. L wieder, also für Wellenzahlvektoren, die in ⟨100⟩ bzw. ⟨111⟩ Richtung zeigen.

Die elektronischen Eigenschaften eines Halbleiters werden vor allem durch das Valenzband (Bandindex V) und das Leitungsband (Bandindex C) bestimmt. Das Maximum von $W_\mathrm{V}(\boldsymbol{k})$ liegt dabei im allgemeinen bei Γ; das Leitungsband hingegen weist mehrere Minima auf (bei X in Si und bei L in Ge and GaAs und zusätzlich bei Γ in Ge und GaAs). In der Umgebung dieser Punkte kann $W_\mathrm{C}(\boldsymbol{k})$ durch Parabeln angenähert werden (Abb. 12.13).

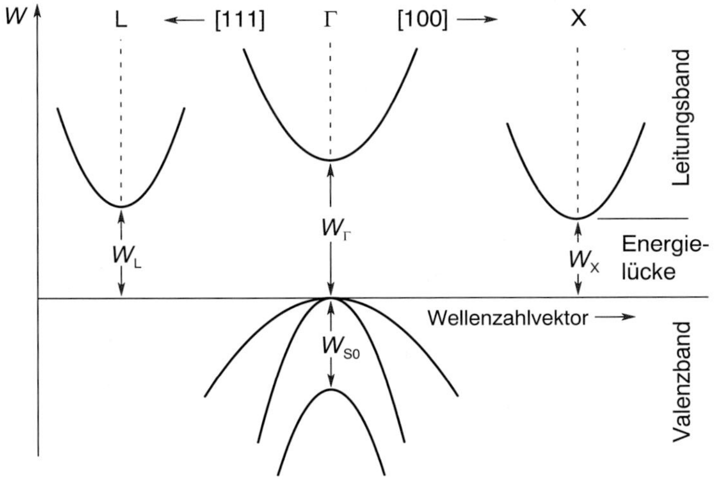

Abb. 12.13. Prinzipieller Verlauf der Bandstruktur eines kubischen Modellhalbleiters [5]

Tabelle 12.1 Bandstrukturparameter für Halbleiter mit kubischem Gitter (nach [6])

	W_Γ eV	W_L eV	W_X eV	W_{s0} meV	$\frac{m_l^*}{m_e}$	$\frac{m^*}{m_e}$	$\frac{m_t^*}{m_e}$	α 1/eV	$\lvert A\rvert$	$\lvert B\rvert$	$\lvert C\rvert$
C	11.67	12.67	5.45	6	1.4	-	0.36	-	3.61	0.18	3.76
Si	4.08	1.87	1.13	44	0.98	-	0.19	0.5	4.22	0.78	4.80
Ge	0.89	0.76	0.96	290	1.64	-	0.082	0.65	13.35	8.50	13.11
AlP	3.3	3.0	2.1	50	-	-	-	-	3.47	0.12	3.98
AlAs	2.95	2.67	2.16	280	2.0	-	-	-	4.04	1.56	4.71
AlSb	2.5	2.39	1.6	750	1.64	-	0.23	-	4.15	2.02	4.95
GaP	2.7	2.7	2.2	80	1.12	-	0.22	-	4.20	1.96	4.65
GaAs	1.42	1.71	1.90	340	-	0.067	-	0.64	7.65	4.82	7.71
GaSb	0.67	1.07	1.30	770	-	0.045	-	1.36	11.80	8.06	11.71
InP	1.26	2.0	2.3	130	-	0.080	-	0.67	6.28	4.16	6.35
InAs	0.35	1.45	2.14	380	-	0.023	-	2.73	19.67	16.74	13.96
InSb	0.23	0.98	0.73	810	-	0.014	-	5.72	35.08	31.28	22.27
ZnS	3.8	5.3	5.2	70	-	0.28	-	0.14	2.54	1.50	2.75
ZnSe	2.9	4.5	4.5	430	-	0.14	-	0.26	3.77	2.48	3.87
ZnTe	2.56	3.64	4.26	920	-	0.18	-	0.26	3.74	2.14	4.30
CdTe	1.80	3.40	4.32	910	-	0.096	-	0.45	5.29	3.78	5.46

Die Energielücke W_g wird durch den Kleinsten der Werte von W_X, W_L und W_Γ bestimmt. Gilt $W_g = W_\Gamma$, wie dies in GaAs der Fall ist, so weist der Halbleiter eine *direkte* Energielücke auf, im Fall des Si, mit Leitungsbandminima bei den (sechs) X-Punkten ($W_g = W_X$) und Ge mit Leitungsbandminima bei den (acht) L-Punkten ($W_g = W_L$) liegt eine *indirekte* Energielücke vor.

Quasiklassische Beschreibung

Bloch-Wellen charakterisieren nichtlokalisierte Zustände, d.h. ein Elektron das durch die Wellenfunktion $\psi_{\alpha,\boldsymbol{k}}(\boldsymbol{x})$ beschrieben wird, kann sich überall im Festkörper aufhalten. Um die Lage eines Elektrons näher einzugrenzen müssen mehrere Blochwellen mit unterschiedlichem Wellenzahlvektor $\boldsymbol{k}$ überlagert werden. Befindet sich das Zentrum eines solchen Wellenpakets bei $\boldsymbol{x}$, mit einer Ortsunschärfe $\Delta\boldsymbol{x}$, so müssen Wellen mit Wellenzahlvektoren im Bereich $\Delta\boldsymbol{k}$ bei $\boldsymbol{k}$ überlagert werden. $\boldsymbol{x}$ und $\boldsymbol{k}$ können als (unscharfe) Werte für Ort und (Kristall-)Impuls des Elektrons aufgefaßt werden. Beschreibt das Wellenpaket ein Elektron das sich in einem elektrischen Feld $\boldsymbol{E}$ bewegt, so genügen $\boldsymbol{x}$ und $\boldsymbol{k}$ den quasiklassischen Beziehungen [2]

$$\mathrm{d}\boldsymbol{k}/\mathrm{d}t = -e\boldsymbol{E}/\hbar\,, \tag{12.8}$$

$$\mathrm{d}\boldsymbol{x}/\mathrm{d}t = \boldsymbol{u}_\mathrm{n}(\boldsymbol{k}) = \hbar^{-1}\,\nabla_{\boldsymbol{k}} W_\mathrm{C}(\boldsymbol{k})\,. \tag{12.9}$$

Diese Beziehungen stellen die Grundlage der quasiklassischen Beschreibung des Stromtransports in Halbleitern dar. Weist $W_{\mathrm{C}}(\boldsymbol{k})$ ein Minimum bei $\boldsymbol{k} = \mathbf{0}$ auf, so läßt sich $W_{\mathrm{C}}(\boldsymbol{k})$ um dieses Minimum entwickeln

$$W_{\mathrm{C}}(\boldsymbol{k}) \approx W_{\mathrm{C}}(\mathbf{0}) + \frac{\hbar^2}{2m_{\mathrm{n}}^*}\,|\boldsymbol{k}|^2 = W_{\mathrm{C}} + w_{\mathrm{c}}(\boldsymbol{k})\,, \tag{12.10}$$

mit der effektiven Masse m_{n}^*; die Gruppengeschwindigkeit eines Wellenpakets mit Schwerpunkt bei $\boldsymbol{k}$ ist dann

$$\boldsymbol{u}_{\mathrm{n}}(\boldsymbol{k}) = \hbar\boldsymbol{k}/m_{\mathrm{n}}^*\,. \tag{12.11}$$

Liegt allgemein ein Leitungsbandminima bei $\boldsymbol{k}_0$ vor, so lautet die Entwicklung für $W_{\mathrm{C}}(\boldsymbol{k})$ in einem geeigneten Koordinatensystem

$$W_{\mathrm{C}}(\boldsymbol{k}) = W_{\mathrm{C}} + \frac{\hbar^2}{2}\sum_{\alpha=1}^{3}\frac{(k_\alpha - k_{\alpha 0})^2}{m_\alpha^*}\;;$$

statt einer effektiven Masse ist nun ein Effektivmassentensor $\mathrm{diag}(m_1^*, m_2^*, m_3^*)$ maßgeblich, die Bandstruktur ist anisotrop (richtungsabhängig).

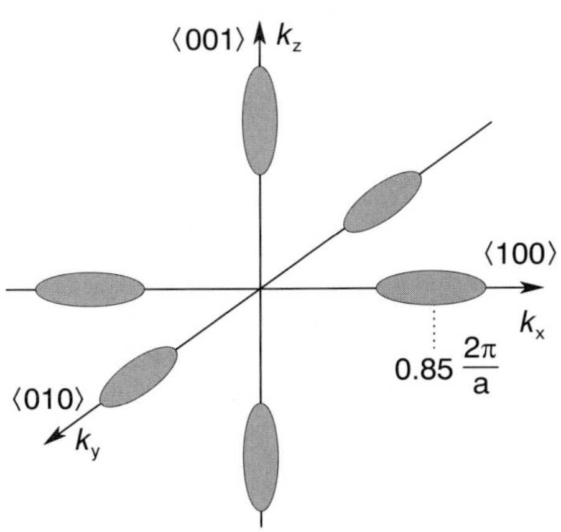

Abb. 12.14. Flächen konstanter Energie im Leitungsband von Silizium

Silizium ist ein indirekter Halbleiter mit sechs äquivalenten Leitungsbandminima im $\boldsymbol{k}$-Raum die im Abstand von ca. $0.85\,(2\pi/a)$ vom Γ Punkt in X-Richtung liegen [7]. Abbildung 12.14 a illustriert die Flächen konstanter Energie für das Leitungsband des Siliziums (im $\boldsymbol{k}$-Raum) für eine Energie die etwas oberhalb des Leitungsbandminimums liegt. Die ellipsoidische Form folgt aus der Anisotropie der effektiven Masse, die den Wert m_{l}^* in Richtung der Symmetrieachse und den Wert m_{t}^* senkrecht dazu aufweist. Die kinetische Energie $w_{\mathrm{c}}(\boldsymbol{k}) = W_{\mathrm{C}}(\boldsymbol{k}) - W_{\mathrm{C}}$ eines Elektrons, mit einer Gesamtenergie etwas oberhalb des Leitungsbandminimums W_{C} bei $k_{x0} = 0.85\,(2\pi/a)$ ist

$$w_{\mathrm{c}}(\boldsymbol{k}) = \frac{\hbar^2(k_x - k_{x0})^2}{2m_{\mathrm{l}}^*} + \frac{\hbar^2 k_y^2}{2m_{\mathrm{t}}^*} + \frac{\hbar^2 k_z^2}{2m_{\mathrm{t}}^*}\,. \tag{12.12}$$

Die Flächen konstanter Energie $w_{\mathrm{c}}(\boldsymbol{k}) = \mathrm{const.}$ sind deshalb Rotationsellipsoide im $\boldsymbol{k}$-Raum. Die Werte $m_{\mathrm{l}}^* \approx 0.98\,m_{\mathrm{e}}$ und $m_{\mathrm{t}}^* \approx 0.19\,m_{\mathrm{e}}$ unterscheiden sich um mehr als den Faktor fünf. Neben dem Betrachteten sind noch fünf weitere (gleichberechtigte) Leitungsbandminima vorhanden; die Umgebungen dieser Minima werden als *Täler* bezeichnet. Die Elektronen im Leitungsband verteilen sich gleichförmig auf die sechs Täler. Werden Elektronen nun in Richtung von k_x beschleunigt, so ist für die in $\langle 100\rangle$-Richtung orientierten Täler die effektive Masse m_l^* wirksam, während für die in $\langle 010\rangle$-Richtung oder $\langle 001\rangle$-Richtung orientierten Täler die effektive Masse m_t^* wirksam ist. Mittelt man über die sechs Täler, so ergibt sich

$$m_\mathrm{n}^* = 3\left(\frac{1}{m_\mathrm{l}^*} + \frac{2}{m_\mathrm{t}^*}\right)^{-1} .$$

Die so gemittelte effektive Masse m_n^* bestimmt die Beschleunigung der Elektronen im elektrischen Feld und damit die Beweglichkeit der Leitungsbandelektronen; sie heißt daher auch *Leitfähigkeitsmasse*[4] (engl. conductivity effective mass). Für Silizium folgt $m_\mathrm{n}^* \approx 0.26\, m_\mathrm{e}$.

Das Valenzbandmaximum der Halbleiter mit kubischer Elementarzelle liegt stets bei $\boldsymbol{k} = 0$. Insgesamt werden drei Subbänder unterschieden, von denen eines ein um W_s0 (vgl. Tabelle 12.1) tiefer liegendes Maximum aufweist (split-off band). Die meisten Löcher finden sich deshalb in den beiden anderen Teilbändern mit Maximum bei W_V. Da die beiden Teilbänder durch unterschiedliche effektive Massen gekennzeichnet sind, unterscheidet man schwere und leichte Löcher. Für die Energie der schweren und leichten Löcher gilt $W_\mathrm{V}(\boldsymbol{k}) = W_\mathrm{V} + w_\mathrm{v}(\boldsymbol{k})$ wobei die kinetische Energie der Löcher $w_\mathrm{v}(\boldsymbol{k})$ im Bänderschema nach unten aufzutragen ist und näherungsweise durch $(k = |\boldsymbol{k}|)$

$$w_\mathrm{v}(\boldsymbol{k}) = \frac{\hbar^2}{2m_\mathrm{e}}\left[|A|k^2 \mp \sqrt{B^2k^4 + C^2(k_x^2k_y^2 + k_y^2k_z^2 + k_z^2k_x^2)}\right]$$

gegeben ist (vgl. Tabelle 12.x). Die beiden Vorzeichen entsprechen den beiden Teilbändern mit großer und kleiner effektiver Masse. Die Flächen konstanter Energie weisen eine vergleichsweise komplizierte Form auf (warped spheres, vgl. [8]). Erfreulicherweise sind diese Details der Valenzbandstruktur aber nicht so bedeutend für das Verständnis der Wirkungsweise elektronische Halbleiterbauelemente, wir verwenden deshalb den einfachen Näherungsansatz

$$w_\mathrm{v}(\boldsymbol{k}) = \hbar^2|\boldsymbol{k}|^2/2m_\mathrm{p}^*$$

für die kinetische Energie der Löcher im Valenzband.

---

[4]Daneben gibt es noch die für die Berechnung der Zustandsdichte maßgebliche effektive Masse $(m_\mathrm{l}^*)^{1/3}(m_\mathrm{t}^*)^{2/3}$ (engl. density-of-state effective mass). Sofern nicht explizit anderweitig vermerkt wird unter der effektiven Masse m_n^* hier aber stets die Leitfähigkeitsmasse verstanden.

12.3 Halbleiter im thermischen Gleichgewicht

Im thermischen Gleichgewicht wird die Dichte der Elektronen und Löcher im Halbleiter einzig durch die Dotierung und die Temperatur bestimmt. Unter diesen Bedingungen fließen im Halbleiter keine Ströme. Diese treten nur bei Abweichungen vom thermischen Gleichgewicht auf – wie sie beispielsweise durch Anlegen einer Spannung oder Bestrahlen mit Licht hervorgerufen werden. Beim praktischen Betrieb elektronischer Halbleiterbauelemente interessiert zwar vor allem der Nichtgleichgewichtsfall, dennoch ist eine vorhergehende Untersuchung des Gleichgewichtsfalls unverzichtbar, da bei der Beschreibung von Halbleitern im Nichtgleichgewicht stets *Abweichungen* vom Gleichgewicht betrachtet werden.

12.3.1 Massenwirkungsgesetz

Ist die absolute Temperatur T größer als 0 K, so werden immer wieder Elektronen durch die Wärmebewegung aus dem Valenzband ins Leitungsband angeregt. Im *thermischen Gleichgewicht* ist die Rate, mit der Elektronen ins Leitungsband angeregt werden, und dabei ein Loch zurücklassen (Generation eines Elektron-Loch-Paars), und die Rate mit der Elektronen in einen freien Zustand im Valenzband zurückfallen können (Rekombination eines Elektron-Loch-Paars) gleich groß.

Die *Elektronendichte* n – das ist die Zahl der besetzten Zustände im Leitungsband je Volumeneinheit – ergibt sich aus der Dichte der Elektronenzustände im Leitungsband multipliziert mit der jeweiligen Besetzungswahrscheinlichkeit. Letztere ist durch die in Kap. 12.3.2 erläuterte *Fermi-Verteilung* gegeben, die außer von der Temperatur noch von dem Parameter W_{F}, der sog. *Fermi-Energie*, abhängt: Die Elektronendichte wird bestimmt durch den energetischen Abstand der Fermi-Energie W_{F} von der Leitungsbandkante. Solange W_{F} um mindestens $3\,k_{\mathrm{B}}T$ unter der Leitungsbandkante liegt, läßt sich die Elektronendichte im thermischen Gleichgewicht[5] n_0 näherungsweise beschreiben durch

$$\boxed{n_0 \approx N_{\mathrm{C}} \exp\left(\frac{W_{\mathrm{F}}-W_{\mathrm{C}}}{k_{\mathrm{B}}T}\right)} . \tag{12.13}$$

Dabei bezeichnet $k_{\mathrm{B}} \approx 1.38 \cdot 10^{-23}\,\mathrm{J/K}$ die Boltzmann-Konstante, T die absolute Temperatur und N_{C} die sog. *effektive Zustandsdichte* des Leitungsbands. Eine entsprechende Beziehung gilt für die Löcherdichte p_0 im Gleichgewicht

$$\boxed{p_0 \approx N_{\mathrm{V}} \exp\left(\frac{W_{\mathrm{V}}-W_{\mathrm{F}}}{k_{\mathrm{B}}T}\right)} , \tag{12.14}$$

[5] Zur Kennzeichnung des Zustands des thermischen Gleichgewichts wird der Index 0 angehängt.

mit der effektiven Zustandsdichte N_V des Valenzbands. Im reinen (*intrinsischen*) Halbleiter können Elektronen nur aus dem Valenz- ins Leitungsband gelangen, d.h. jedes Elektron im Leitungsband hat ein Loch im Valenzband zurückgelassen: Es gilt $n_0 = p_0$ bzw. unter Verwendung der Gln. (12.13) und (12.14)

$$N_C \exp\left(\frac{W_F - W_C}{k_B T}\right) = N_V \exp\left(\frac{W_V - W_F}{k_B T}\right) .$$

Dies führt sofort auf den Wert der Fermi-Energie W_F des intrinsischen Halbleiters

$$W_F = \frac{W_V + W_C}{2} + \frac{k_B T}{2} \ln\left(\frac{N_V}{N_C}\right) = W_{Fi} . \tag{12.15}$$

Der zweite Term auf der rechten Seite ist dabei vergleichsweise unbedeutend (Größenordnung wenige meV), d. h. die *Fermi-Energie* W_{Fi} im undotierten Halbleiter liegt in guter Näherung in der *Mitte* der Energielücke. Durch Dotieren des Halbleiters verändert sich die Lage der Fermi-Energie relativ zu den Bandkanten (vgl. Kap. 12.3.5).

Multipliziert man n_0 und p_0, so folgt das sog. *Massenwirkungsgesetz*[6]

$$\boxed{n_0 \, p_0 = N_C N_V \, e^{-W_g / k_B T} = n_i^2(T)} \tag{12.16}$$

Das Produkt der Elektronen- und Löcherdichte im thermischen Gleichgewicht ist demnach unabhängig vom Wert der Fermi-Energie[7] nur durch die Temperatur bestimmt. Die Größe n_i heißt *intrinsische Dichte* und ist gleich der Dichte der Elektronen bzw. Löcher im undotierten (intrinsischen) Halbleiter, in dem $n_0 = p_0$ gilt. Insbesondere wegen des, die absolute Temperatur T enthaltenden Exponentialfaktors ist n_i stark von der Temperatur abhängig. Die Werte für $T = 300$ K können Tabelle 12.2 entnommen werden.

Tabelle 12.2 Kenngrößen wichtiger Halbleiter bei $T = 300$ K (aus [9–11])

Halbleiter	ϵ_r	N_C cm^{-3}	N_V cm^{-3}	W_g eV	n_i cm^{-3}	$W_g(0)$ eV	α meV/K	β K
Ge	16.3	$1.04 \cdot 10^{19}$	$6.1 \cdot 10^{18}$	0.66	$2.4 \cdot 10^{13}$	0.7437	0.4774	235
Si	11.8	$2.86 \cdot 10^{19}$	$3.1 \cdot 10^{19}$	1.12	$1.08 \cdot 10^{10}$	1.170	0.473	636
GaAs	10.9	$4.7 \cdot 10^{17}$	$7 \cdot 10^{18}$	1.42	$1.79 \cdot 10^{6}$	1.519	0.5405	204

[6]Die Bezeichnung *Massenwirkungsgesetz* stammt von der entsprechenden Beziehung für chemische Reaktionen im thermischen Gleichgewicht. Zum Vergleich: Wassermoleküle dissoziieren gelegentlich in H^+-Ionen und OH^--Ionen, die jedoch wieder zu Wassermolekülen rekombinieren können ($H^+ + OH^- \rightleftharpoons H_2O$). Im Gleichgewicht ist das Produkt der Ionenkonzentrationen $[H^+]$ und $[OH^-]$ eine Funktion der Temperatur: $[H^+] \cdot [OH^-] = f(T)$.

[7]Und damit von der Dotierung: Das Massenwirkungsgesetz behält seine Gültigkeit, wenn die Elektronen- und Löcherdichten durch Dotieren verändert werden.

Der Wert der Energielücke W_g ist eine temperaturabhängige Größe (Abb. 12.15); die Temperaturabhängigkeit wird näherungsweise durch die Funktion

$$W_g(T) = W_g(0) - \frac{\alpha T^2}{T + \beta} \tag{12.17}$$

beschrieben (Tabelle 12.2). Für die Modellierung elektronischer Bauteile wird diese nichtlineare Beziehung häufig bei der Betriebstemperatur $T = 300\,\mathrm{K}$ durch eine Tangente angenähert; dann gilt

$$W_g(T) \approx eV_{g0} + T \left.\frac{dW_g}{dT}\right|_{300\,\mathrm{K}} \tag{12.18}$$

mit der zu $T = 0\,\mathrm{K}$ extrapolierten Bandabstandsspannung

$$V_{g0} = \frac{1}{e}\left(W_g(300\,\mathrm{K}) - 300\,\mathrm{K}\left.\frac{dW_g}{dT}\right|_{300\,\mathrm{K}}\right) . \tag{12.19}$$

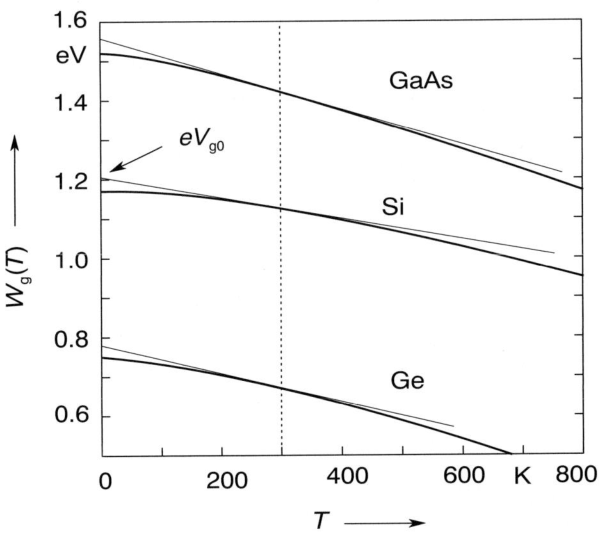

Abb. 12.15. Energielücke W_g als Funktion der Temperatur und zu $T = 0\,\mathrm{K}$ extrapolierte Bandabstandsspannung V_{g0} für die Halbleiter Ge, Si und GaAs

12.3.2 Zustandsdichte und Besetzungswahrscheinlichkeit

Die Elektronendichte n erfaßt alle Elektronen des Leitungsbands unabhängig von ihrer Energie. Die Dichte $n'(W)\,dW$ der Elektronen mit Energien im Intervall zwischen W und $W{+}dW$ ist durch die Dichte $Z_C(W)\,dW$ der in diesem Energieintervall vorhandenen Zustände und deren *Besetzungswahrscheinlichkeit* $f(W)$ bestimmt

$$n'(W)dW = Z_C(W)f(W)dW . \tag{12.20}$$

Für die *Zustandsdichte* $Z_C(W)$ im Leitungsband gilt nahe der Bandkante

$$Z_C(W) \approx \frac{2N_C}{k_B T}\sqrt{\frac{W - W_C}{\pi k_B T}} , \tag{12.21}$$

wobei N_{C} die in Kap. 12.3.1 eingeführte effektive Zustandsdichte im Leitungsband bezeichnet. Die Besetzungswahrscheinlichkeit der Zustände in Valenz- und Leitungsband ist durch die *Fermi-Verteilung*

$$f(W) = \left[1 + \exp\left(\frac{W - W_{\mathrm{F}}}{k_{\mathrm{B}}T}\right)\right]^{-1} \tag{12.22}$$

gegeben; W_{F} bezeichnet dabei die Fermi-Energie. Für $T \rightarrow 0$ K geht die Fermi-Verteilung in eine Stufenfunktion über

$$f(W) = \begin{cases} 1 & \text{für } W < W_{\mathrm{F}} \\ 0 & \text{für } W > W_{\mathrm{F}} \end{cases} .$$

Diese Besetzung entspricht dem *Grundzustand* des Festkörpers, in dem alle Zustände mit Energien unterhalb der Fermi-Energie W_{F} besetzt, alle Zustände mit größeren Energiewerten unbesetzt sind.

Für $T > 0$ K sind Elektronen aufgrund der Wärmebewegung aus Zuständen mit $W < W_{\mathrm{F}}$ auf Zustände mit $W > W_{\mathrm{F}}$ angeregt. Unterhalb der Fermi-Energie ($W < W_{\mathrm{F}}$) gibt es jetzt auch unbesetzte Zustände ($f(W) < 1$), während oberhalb ($W > W_{\mathrm{F}}$) besetzte Zustände auftreten ($f(W) > 0$). Für $W = W_{\mathrm{F}}$ besitzt die Fermi-Verteilung den Wert 1/2 und die Steigung $-1/(4\,k_{\mathrm{B}}T)$. Der Übergang von $f(W) \approx 1$ auf $f(W) \approx 0$ erfolgt demnach innerhalb eines Energieintervalls von der Größenordnung $4k_{\mathrm{B}}T$ (Abb. 12.16).

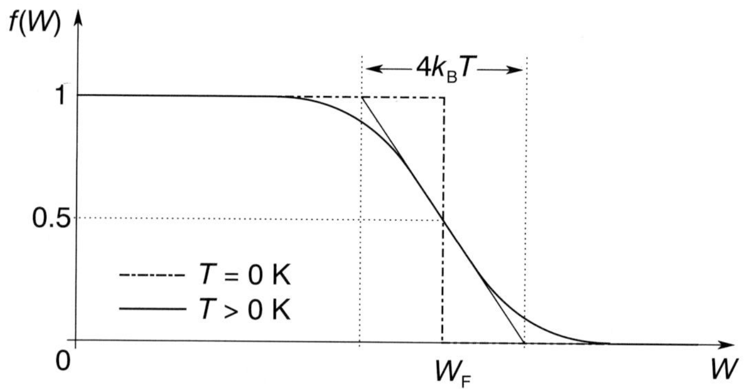

Abb. 12.16. Verlauf der Fermi-Verteilung $f(W)$

Für dotierte Halbleiter, bei denen die Dotierstoffkonzentration klein ist im Vergleich zu den effektiven Zustandsdichten, liegt die Fermi-Energie W_{F} zwischen den Bandkanten W_{V} und W_{C}.

Die *Elektronendichte* n_0 im thermischen Gleichgewicht errechnet sich aus $n'(W)$ durch Integration über sämtliche erlaubten Zustände

$$n_0 = \int_{W_{\mathrm{C}}}^{\infty} Z_{\mathrm{C}}(W) f(W)\,\mathrm{d}W . \tag{12.23}$$

Wegen des exponentiellen Abfalls der Fermi-Verteilung für $W \gg W_{\mathrm{F}}$ wurde hier die obere Integrationsgrenze nach ∞ verschoben. In völliger Analogie gibt

$$p'(W)\,\mathrm{d}W = Z_{\mathrm{V}}(W)[1 - f(W)]\,\mathrm{d}W \tag{12.24}$$

die Dichte der unbesetzten Zustände im Valenzband mit Energien zwischen W und $W + \mathrm{d}W$, d. h. die Dichte der Löcher mit entsprechenden Energien an. Dabei bezeichnet $Z_\mathrm{V}(W)$ die Zustandsdichte im Valenzband; mit der effektiven Zustandsdichte N_V im Valenzband gilt nahe der Valenzbandkante die Näherung

$$Z_\mathrm{V}(W) \approx \frac{2N_\mathrm{V}}{k_\mathrm{B}T}\sqrt{\frac{W_\mathrm{V}-W}{\pi k_\mathrm{B}T}}\,. \tag{12.25}$$

Die Löcherdichte errechnet sich aus Gl. (12.24) zu

$$p_0 = \int_{-\infty}^{W_\mathrm{V}} Z_\mathrm{V}(W)[\,1-f(W)]\,\mathrm{d}W\,. \tag{12.26}$$

Für nichtentartete Halbleiter (keine extrem hohen Dotierungen) liegt die Fermi-Energie hinreichend weit von den Bandkanten entfernt in der verbotenen Zone, um eine Entwicklung für $f(W)$ in den Bändern zu rechtfertigen: Im Leitungsband gilt für $W_\mathrm{C} - W_\mathrm{F} \gg k_\mathrm{B}T$

$$f(W) \approx \exp\left(\frac{W_\mathrm{F}-W}{k_\mathrm{B}T}\right),$$

und im Valenzband für $W_\mathrm{F} - W_\mathrm{V} \gg k_\mathrm{B}T$

$$1 - f(W) \approx \exp\left(-\frac{W_\mathrm{F}-W}{k_\mathrm{B}T}\right).$$

Werden Elektronen- und Löcherdichte mit diesen Näherungen berechnet, so ergeben sich die Gln. (12.13) und(12.14).

Beispiel 12.3.1 Betrachtet wird ein Siliziumkristall, bei dem die Fermi-Energie um 150 meV unter der Leitungsbandkante liegt. Bei $T = 300\,\mathrm{K}$ gilt dann

$$\exp\left(\frac{W_\mathrm{C}-W_\mathrm{F}}{k_\mathrm{B}T}\right) \approx 331 \gg 1\,.$$

Für die Fermi-Verteilung läßt sich bei $W = W_\mathrm{C}$ deshalb die Boltzmann-Näherung

$$f(W_\mathrm{C}) \approx \exp\left(-\frac{W_\mathrm{C}-W_\mathrm{F}}{k_\mathrm{B}T}\right) \approx 3.02 \cdot 10^{-3}$$

verwenden, d.h. nur 0.3 % aller Zustände an der Leitungsbandkante sind unter diesen Umständen besetzt. Für Zustände oberhalb der Leitungsbandkante ist die Boltzmann-Näherung erst recht gerechtfertigt. Zustände, die um $2k_\mathrm{B}T$ (bei Raumtemperatur ca. 50 meV) über der Leitungsbandkante liegen sind nur noch mit der Wahrscheinlichkeit

$$f(W_\mathrm{C}+2k_\mathrm{B}T) \approx \frac{1}{\mathrm{e}^2}\,f(W_\mathrm{C}) \approx 4.09 \cdot 10^{-4}$$

besetzt. Dies illustriert den steilen Abfall der Besetzungswahrscheinlichkeit für Zustände oberhalb der Fermi-Energie: Im Leitungsband sind deswegen vorzugsweise Zustände in der Nähe der Leitungsbandkante besetzt. Δ

12.3.3 Dotierung

Im reinen Halbleiter können Elektronen nur durch Anregung aus dem Valenzband in das Leitungsband gelangen. Elektronen und Löcher werden dabei *paarweise* erzeugt, so daß $n_0 = p_0 = n_\mathrm{i}$. Durch Dotieren, d. h. durch den gezielten Einbau chemischer Verunreinigungen in das Kristallgitter des Halbleiters kann das Verhältnis von Elektronen- zu Löcherdichte verändert werden. Bei den eingebauten Dotierstoffatomen wird zwischen Donatoren und Akzeptoren unterschieden. *Donatoren* sind Elemente, die bei Einbau in das Kristallgitter sehr leicht ein Elektron an das Leitungsband abgeben können. *Akzeptoren* sind dagegen Elemente, die bei Einbau in das Kristallgitter sehr leicht ein Elektron aus dem Valenzband aufnehmen können, und damit ein Loch im Valenzband zurücklassen. Als Beispiel wird die Dotierung von Silizium mit den Dotierstoffen Arsen (As) und Bor (B) betrachtet.

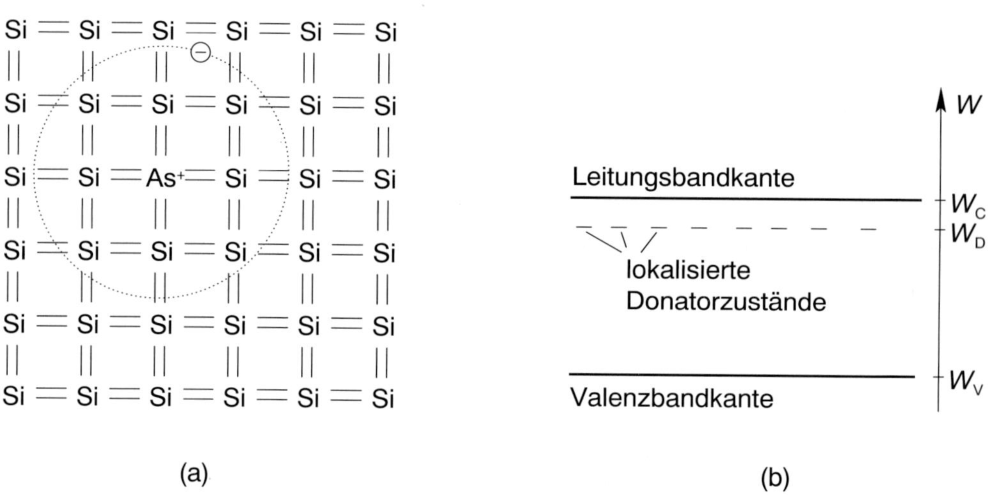

Abb. 12.17. Donatoren. (**a**) Einbau eines As-Atoms in das Si-Gitter als As^+-Ion mit schwach gebundenem Elektron, (**b**) Bandschema mit lokalisierten Donatorzuständen

Donatoren. Arsen (As) ist ein fünfwertiges Element. Es besitzt fünf Elektronen in der Valenzschale. Beim Einbau eines As-Atoms in das Si-Gitter werden vier der fünf Valenzelektronen für die Absättigung der Bindungen mit den vier nächsten Nachbaratomen im Si-Gitter benötigt. Diese vier Valenzelektronen kompensieren die Ladung des As-Atomkerns bis auf eine Elementarladung – das As-Atom wird demzufolge als As^+-Ion in das Gitter eingebaut. Das verbleibende fünfte Elektron ist nur schwach an dieses einfach positiv geladene Ion gebunden: Die Bindungsenergie $W_\mathrm{C} - W_\mathrm{D}$ dieses Elektrons liegt für typische Donatoren im Bereich von $(10 - 50)$ meV. Im Bandschema sind nun zusätzlich lokalisierte *Donatorzustände* (Abb. 12.17 b) unterhalb der Leitungsbandkante zu berücksichtigen.

Bei $T = 0$ K sind alle fünf Valenzelektronen an das As-Ion gebunden: Sämtliche Donatorzustände sind mit Elektronen besetzt – die Störstellen haben in diesem Fall keinen Einfluß auf die Leitfähigkeit. Bei Raumtemperatur sind die Donatoratome weitgehend ionisiert, d.h. die Elektronen wurden durch die Wärmebewegung aus den Donatorniveaus in Leitungsbandzustände angeregt. Es entstehen zusätzliche frei im Festkörper bewegliche Elektronen und fest im Gitter gebundene Donatorionen. Mit der Dichte der eingebauten Donatoratome steigt dabei die Dichte der Elektronen im Leitungsband und damit die Leitfähigkeit.

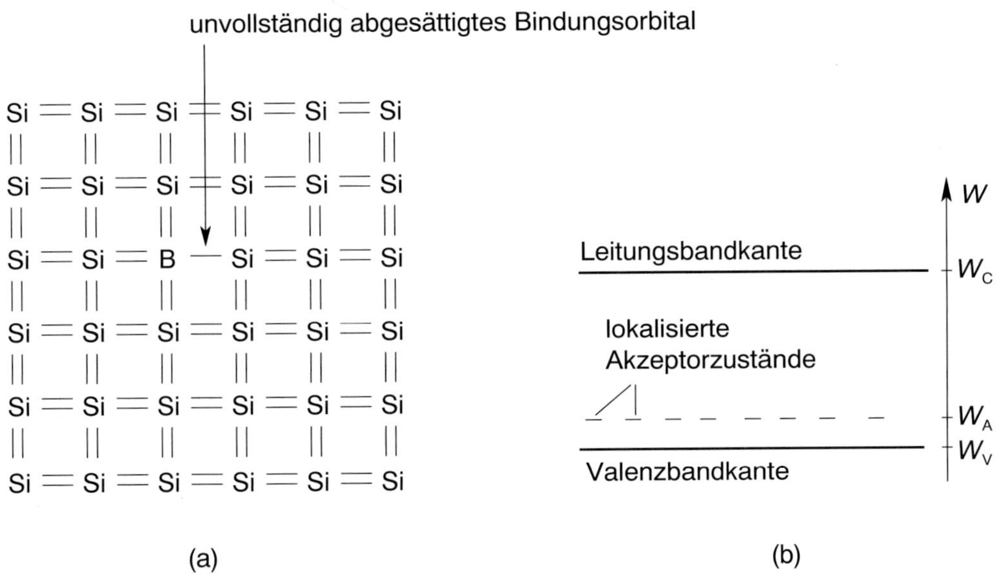

Abb. 12.18. Akzeptoren. (**a**) Einbau eines B-Atoms in das Si-Gitter, (**b**) Bandschema mit lokalisierten Akzeptorzuständen oberhalb der Valenzbandkante

Akzeptoren. Das Bor-Atom (B) hat nur drei Valenzelektronen. Wird Bor in das Si-Gitter eingebaut, so bleibt eine der vier kovalenten Bindungen zu den nächsten Nachbarn ungesättigt (Abb. 12.18 a): Es entsteht ein unbesetzter (lokalisierter) Elektronenzustand, der energetisch nur wenig über dem nahezu vollständig besetzten Valenzband liegt (Abb. 12.18 b). Elektronen aus dem Valenzband sind leicht thermisch so weit anzuregen, daß sie diesen *Akzeptorzustand* besetzen können. Auf diesem Weg entsteht im Leitungsband ein unbesetzter Zustand (Loch), der für den Stromtransport zur Verfügung steht. Liegt die Fermi-Energie deutlich oberhalb der Störstellenniveaus, so sind bei Raumtemperatur nahezu sämtliche Akzeptorzustände besetzt: Die Dichte der Löcher im Valenzband ist dann annähernd gleich der Dichte der eingebauten Akzeptoratome.

In *Verbindungshalbleitern* sind Atome mit unterschiedlicher Anzahl der Valenzelektronen zum Gitter zusammengefügt: Im Beispiel GaAs etwa Gallium mit drei Valenzelektronen und Arsen mit fünf Valenzelektronen. Zinkatome (zweiwertig) werden im Gitter bevorzugt auf Ga-Plätzen eingebaut: Zink wirkt als Akzeptor; Selen-Atome (sechswertig) werden im Gitter bevorzugt auf As-Plätzen eingebaut und wirken damit als Donator. Vierwertige Elemente (z.B. Si) können sowohl auf Ga-Plätzen als auch auf As-Plätzen eingebaut werden, sie wirken im ersten Fall als Donator und im zweiten Fall als Akzeptor. Man spricht in diesem Zusammenhang auch von *amphoteren* Dotierstoffen.

12.3.4 Ladungsträgerdichten im dotierten Halbleiter

Im homogen dotierten Halbleiter gilt im thermischen Gleichgewicht stets die *Neutralitätsbedingung*

$$p_0 - n_0 + N_\mathrm{D}^+ - N_\mathrm{A}^- = 0 \,, \tag{12.27}$$

wobei N_D^+ die Dichte der ionisierten Donatoren und N_A^- die Dichte der ionisierten Akzeptoren bezeichnet. Die Neutralitätsbedingung besagt, daß sich positive und negative Ladungen im Halbleiter kompensieren – der Halbleiter ist elektrisch neutral. Zusammen mit dem Massenwirkungsgesetz $n_0 p_0 = n_\mathrm{i}^2$ folgt im thermischen Gleichgewicht für die Trägerkonzentrationen in einem n-Typ Halbleiter[8] ($N_\mathrm{A}^- = 0$)

$$\boxed{n_\mathrm{n0} = \frac{1}{2}\left[\sqrt{(N_\mathrm{D}^+)^2 + 4n_\mathrm{i}^2} + N_\mathrm{D}^+\right] \;; \qquad p_\mathrm{n0} = \frac{n_\mathrm{i}^2}{n_\mathrm{n0}}} \tag{12.28}$$

und für einen p-Typ Halbleiter ($N_\mathrm{D}^+ = 0$)

$$\boxed{p_\mathrm{p0} = \frac{1}{2}\left[\sqrt{(N_\mathrm{A}^-)^2 + 4n_\mathrm{i}^2} + N_\mathrm{A}^-\right] \;; \qquad n_\mathrm{p0} = \frac{n_\mathrm{i}^2}{p_\mathrm{p0}}} \tag{12.29}$$

Liegen sowohl Donatoren als auch Akzeptoren vor, so verhält sich der Halbleiter wie ein n-Typ Halbleiter, falls die Donatorkonzentration überwiegt oder wie wie ein p-Typ Halbleiter, falls die Akzeptorkonzentration überwiegt. Maßgeblich für die Berechnung der Ladungsträgerdichten ist jeweils die Netto-Dotierstoffkonzentration $N_\mathrm{D}^+ - N_\mathrm{A}^-$ bzw. $N_\mathrm{A}^- - N_\mathrm{D}^+$.

Für Halbleiterbauelemente werden die Dotierstoffkonzentrationen so gewählt, daß sie im zugelassenen Betriebstemperaturbereich wesentlich größer sind als die intrinsische Dichte n_i. Im *n-Typ Halbleiter* ($N_\mathrm{A}^- = 0$) gilt

$$n_\mathrm{n0} \approx N_\mathrm{D}^+ \quad \text{bzw.} \quad p_\mathrm{n0} \approx n_\mathrm{i}^2/N_\mathrm{D}^+ \,. \tag{12.30}$$

Unter der Voraussetzung $N_\mathrm{D}^+ \gg n_\mathrm{i}$ gilt $n_\mathrm{n0} \gg p_\mathrm{n0}$, d.h. im n-Typ Halbleiter ist die Dichte der Elektronen groß im Vergleich zur Dichte der Löcher. Elektronen

[8] Bei dieser Schreibweise sagt der erste Index ob es sich um einen n-Typ oder p-Typ Halbleiter handelt; der zweite Index 0 bezeichnet den Fall des thermischen Gleichgewichts.

werden deshalb auch als *Minoritäten*, die Löcher als *Majoritäten* bezichnet. Im *p-Typ Halbleiter* ($N_D^+ \approx 0$) gilt entsprechend

$$p_{p0} \approx N_A^- \quad \text{bzw.} \quad n_{p0} \approx n_i^2/N_A^- \,, \tag{12.31}$$

Hier ist $p_{p0} \gg n_{p0}$, d. h. im p-Typ Halbleiter überwiegt die Dichte der Löcher die der Elektronen: Im p-Typ Halbleiter sind die Löcher die Majoritäten und die Elektronen die Minoritäten. Die Majoritätsdichten n_{n0} und p_{p0} sind durch die Dotierstoffkonzentration bestimmt und annähernd konstant, während die Minoritätsdichten n_{p0} und p_{n0} stark von der Temperatur abhängig sind.

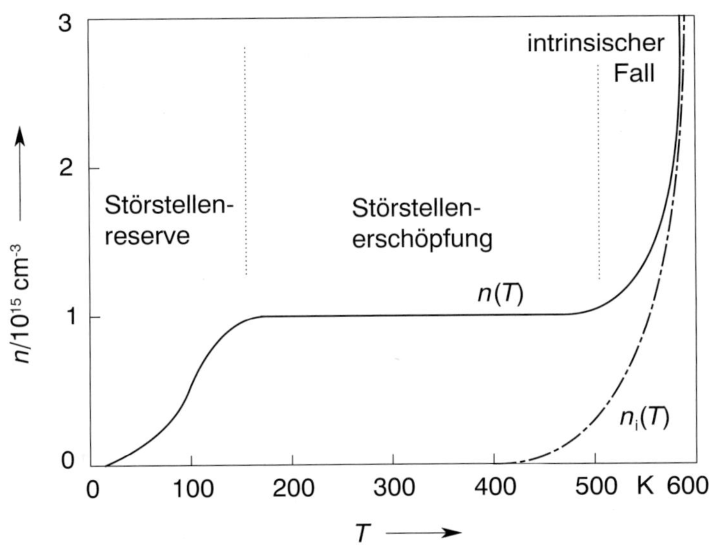

Abb. 12.19. Elektronendichte in n-Typ-Silizium (Dotierung $N_D = 10^{15}$ cm^{-3}) als Funktion der Temperatur (schematisch)

Da die intrinsische Dichte eines Halbleiters stark mit der Temperatur ansteigt, gelten die Beziehungen (12.30) und (12.31) nur für einen begrenzten Temperaturbereich. Abbildung 12.19 zeigt die Abhängigkeit der Elektronendichte von der Temperatur für einen mit 10^{15} Donatoratomen pro cm^3 dotierten Siliziumkristall. Dort werden drei Bereiche auf der Temperaturskala unterschieden. Für technische Anwendungen ist dabei vor allem der Bereich der *Störstellenerschöpfung*, in dem praktisch alle Störstellenatome ionisiert sind von Bedeutung. Hier ist die Dichte der Majoritäten in guter Näherung gleich der Dotierstoffkonzentration ($N_D \approx N_D^+$, bzw. $N_A \approx N_A^-$).

Bei sehr tiefen Temperaturen treten, bedingt durch den Einfang von Ladungsträgern in die Störstellenniveaus, Abweichungen auf. Die unvollständige Ionisation der Störstellenatome bedingt eine im Vergleich zur Dotierstoffkonzentration verringerte Dichte der Majoritätsladungsträger. Dieser Bereich wird als *Störstellenreserve* bezeichnet.

Mit zunehmender Temperatur wird n_i nach Gl. (12.16) immer größer und kann nicht mehr gegen die Störstellenkonzentration vernachlässigt werden.

Bei sehr hohen Temperaturen ist n_i groß im Vergleich zur Störstellenkonzentration. Dann gilt $n_{\mathrm{n}0} \approx p_{\mathrm{n}0} \approx n_\mathrm{i}$. Der Halbleiter verliert unter diesen Umständen seine spezifischen n-Typ oder p-Typ-Eigenschaften – in diesem Bereich liegen annähernd intrinsische Verhältnisse vor.

Störstellenreserve. Im Fall der Störstellenreserve sind die eingebauten Donator- bzw. Akzeptoratome nur zum Teil ionisiert. Bezeichnet N_D die Dichte der in das Gitter eingebauten Donatorstörstellen, so ist die Dichte N_D^+ der ionisierten Donatoren, d. h. der Donatoren, die ein Elektron an das Leitungsband abgegeben haben, durch die Energie W_D der Donator-Energieniveaus bestimmt [11]

$$N_\mathrm{D}^+ = \frac{N_\mathrm{D}}{1+\exp\left(\dfrac{W_\mathrm{F}-W_\mathrm{D}'}{k_\mathrm{B}T}\right)} \,. \tag{12.32}$$

Die effektive Energie W_D' berücksichtigt, daß an das Donatoratom gebundene Elektronen zwei verschiedene Spinrichtungen aufweisen können (Spin-Entartung) und weicht deshalb etwas von W_D ab. Für mäßig dotierte Halbleiter, in denen die Fermi-Energie deutlich unterhalb der Störstellenniveaus liegt ($W_\mathrm{D} > W_\mathrm{F}$), gilt in guter Näherung $N_\mathrm{D} \approx N_\mathrm{D}^+$. Für die Elektronendichte im n-dotierten Halbleiter folgt aus

$$n_{\mathrm{n}0} = N_\mathrm{C}\exp\left(\frac{W_\mathrm{F}-W_\mathrm{C}}{k_\mathrm{B}T}\right) \approx N_\mathrm{D}^+$$

und

$$N_\mathrm{D}^+ = \frac{N_\mathrm{D}}{1+\exp\left(\dfrac{W_\mathrm{F}-W_\mathrm{D}'}{k_\mathrm{B}T}\right)} = \frac{N_\mathrm{D}}{1+\dfrac{n_{\mathrm{n}0}}{N_\mathrm{C}}\exp\left(\dfrac{W_\mathrm{C}-W_\mathrm{D}'}{k_\mathrm{B}T}\right)}$$

eine quadratische Gleichung für $n_{\mathrm{n}0}$ mit der Lösung

$$n_{\mathrm{n}0} = \frac{N_\mathrm{C}}{2}\exp\left(\frac{W_\mathrm{D}'-W_\mathrm{C}}{k_\mathrm{B}T}\right)\cdot\left[\sqrt{1+\frac{4N_\mathrm{D}}{N_\mathrm{C}}\exp\left(\frac{W_\mathrm{C}-W_\mathrm{D}'}{k_\mathrm{B}T}\right)}-1\right] .$$

Bei niedrigen Temperaturen ist der 2. Term unter der Wurzel dominant. Dann gilt

$$n_{\mathrm{n}0} \approx \sqrt{N_\mathrm{D}N_\mathrm{C}}\exp\left(\frac{W_\mathrm{D}'-W_\mathrm{C}}{2k_\mathrm{B}T}\right) ,$$

d. h. die Elektronendichte hängt hier exponentiell von der Temperatur ab.

12.3.5 Lage der Fermi-Energie

Im Fall dotierter Halbleiter ergibt sich die Lage der Fermi-Energie aus

$$n_0 = N_\mathrm{C}\exp\left(\frac{W_\mathrm{F}-W_\mathrm{C}}{k_\mathrm{B}T}\right) \quad \text{und} \quad p_0 = N_\mathrm{V}\exp\left(\frac{W_\mathrm{V}-W_\mathrm{F}}{k_\mathrm{B}T}\right)$$

sowie der Neutralitätsbedingung

$$p_0 - n_0 + N_\mathrm{D}^+ - N_\mathrm{A}^- = 0 ,$$

wobei N_D^+ die Dichte der ionisierten Donatoren und N_A^- die Dichte der ionisierten Akzeptoren bezeichnet.

Für *p-dotierte* Halbleiter gilt $N_\mathrm{D}^+ \approx 0$ und $n_\mathrm{p0} \approx 0$, so daß

$$\boxed{W_\mathrm{F} \;\approx\; W_\mathrm{V} + k_\mathrm{B}T \ln\left(N_\mathrm{V}/N_\mathrm{A}^-\right) \;=\; W_\mathrm{Fp}\,.} \tag{12.33}$$

Mit zunehmender Dotierung N_A^- verschiebt sich die Fermi-Energie demnach immer mehr zur Valenzbandkante hin.

Für *n-dotierte* Halbleiter gilt $N_\mathrm{A}^- \approx 0$ und $p_\mathrm{n0} \approx 0$, so daß

$$\boxed{W_\mathrm{F} \;\approx\; W_\mathrm{C} - k_\mathrm{B}T \ln\left(N_\mathrm{C}/N_\mathrm{D}^+\right) \;=\; W_\mathrm{Fn}\,.} \tag{12.34}$$

Mit zunehmender Dotierung N_D^- verschiebt sich die Fermi-Energie demnach immer mehr zur *Leitungsbandkante* hin.

12.3.6 Stark dotierte Halbleiter

Bei starker Dotierung ist die Dichte der Majoritäten groß und es kommt zu Abweichungen von (12.13) bzw. (12.14), da die Fermi-Verteilung nicht mehr durch einen einfachen Boltzmannfaktor angenähert werden kann. Darüber hinaus kommt es zu Abweichungen durch den Einfluß der Dotierstoffatome und der zusätzlich vorhandenen Ladungsträger auf die Zustandsdichte [12,13]. Die genannten Einflüsse bewirken einen Anstieg der intrinsischen Dichte und zeigen demnach dieselbe Wirkung wie eine Verringerung der Energielücke (*bandgap narrowing*); dies hat u.a. erhebliche Auswirkungen auf die Stromverstärkung von Bipolartransistoren. Die Hochdotierungseffekte lassen sich durch eine von der Dotierstoffkonzentration abhängige *effektive intrinsische Dichte* n_ie beschreiben

$$n_\mathrm{ie} \;=\; n_\mathrm{i} \exp\left(\frac{\Delta W_\mathrm{g}^\mathrm{app}(N)}{2k_\mathrm{B}T}\right)\,. \tag{12.35}$$

Dabei bezeichnet $\Delta W_\mathrm{g}^\mathrm{app}(N)$ das sog. *scheinbare bandgap narrowing*; diese Größe berücksichtigt sowohl die Auswirkungen der tatsächlichen Abnahme der Energielücke als auch der Abweichungen von der Boltzmann-Statistik. Für das scheinbare bandgap narrowing als Funktion der Dotierstoffkonzentration wird üblicherweise die empirische Beziehung [14]

$$\Delta W_\mathrm{g}^\mathrm{app}(N) \;=\; W_1 \left[\ln(N/N_0) + \sqrt{\ln^2(N/N_0) + 0.5}\right] \tag{12.36}$$

verwendet. Das scheinbare bandgap narrowing wird durch elektrische Messungen ermittelt; da diese allerdings stets das Produkt aus der Beweglichkeit der Minoritäten und dem Quadrat der effektiven intrinsischen Dichte ergeben, kann n_{ie} und damit $\Delta W_{\text{g}}^{\text{app}}(N)$ nur bei bekannter Minoritätsladungsträgerbeweglichkeit extrahiert werden.

Silizium. Daten für das scheinbare bandgap narrowing in Silizium die mit dem Beweglichkeitsmodell von Klaassen [15, 16] zusammenpassen sind $W_1 = 6.92\,\text{meV}$ und $N_0 = 1.3 \cdot 10^{17}\,\text{cm}^{-3}$. Gilt $N \gg N_0$, so steigt das scheinbare bandgap narrowing annähernd logarithmisch mit der Dotierstoffkonzentration N an

$$\Delta W_{\text{g}}^{\text{app}} \approx 13.84\,\text{meV} \cdot \ln\left(\frac{N}{1.3 \cdot 10^{17}\,\text{cm}^{-3}}\right) . \tag{12.37}$$

Für den Anstieg der effektiven intrinsischen Dichte ergibt sich daraus ein Potenzgesetz

$$n_{\text{ie}}(T) \approx n_{\text{i}}(T) \left(\frac{N}{1.3 \times 10^{17}\,\text{cm}^{-3}}\right)^{T_0/T} , \tag{12.38}$$

wobei $T_0 \approx 13.84\,\text{meV}/2k_{\text{B}} \approx 80\,\text{K}$.

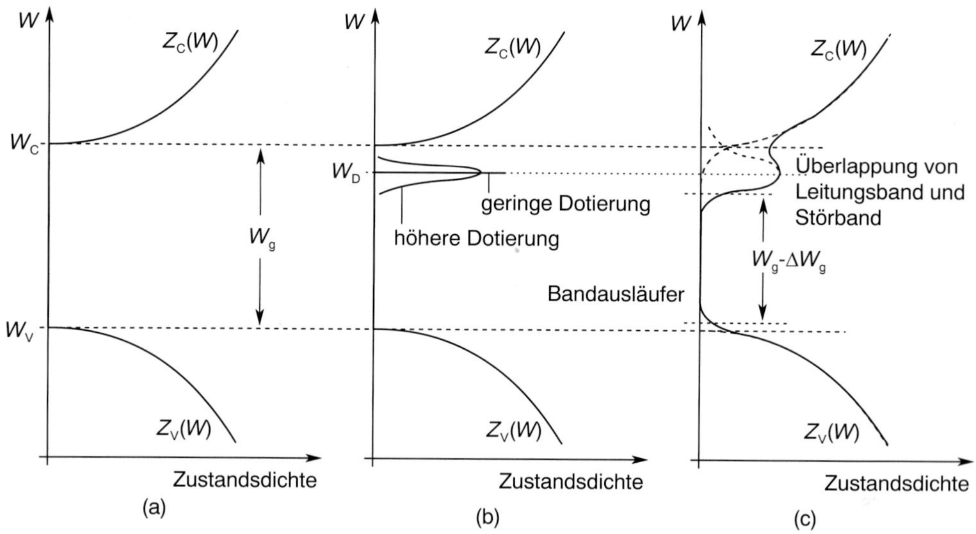

Abb. 12.20. Zustandsdichte im (**a**) reinen, (**b**) gering bis mäßig dotierten und (**c**) sehr stark n-dotierten Halbleiter mit Veringerung der Energielücke

Einfluß auf die Zustandsdichte. In reinen Halbleitern ist die Zustandsdichte in der Energielücke null (Abb. 12.20 a). Ein substitutionell eingebautes Donatoratom führt zu einem lokalisierten Zustand in der Energielücke, der von einem Elektron besetzt werden kann. Werden mehrere solcher Donatoren in das Gitter eingebaut und ist ihre mittlere Entfernung so groß, daß sich die Wellenfunktionen der Donatorzustände nicht gegenseitig beeinflussen, so weist die Zustandsdichte eine zusätzliche Spitze in der Nähe der Leitungsbandkante auf (Abb. 12.20 b).

Die Ausdehnung der Wellenfunktion eines Donatorzustands läßt sich aus dem Bohrschen Radius $a_0 = 4\pi\epsilon\hbar^2/m_{\text{n}}^* e^2$ abschätzen, und liegt bei größenordnungsmäßig 10 nm. Nur wenn der Abstand zwischen benachbarten Störstellen groß ist gegenüber a_0, d.h. für Donatorkonzentrationen N_D die der Beziehung $N_D \ll 1/a_0^3$ genügen kann die Wechselwirkung zwischen den Donatorzuständen vernachlässigt werden. Mit $a_0 \approx 10\,\text{nm}$ führt dies auf die Forderung $N_D \ll 10^{18}\,\text{cm}^{-3}$. Bei höherer Dotierung können sich die Wellenfunktionen benachbarter Donatorzustände überlappen – es kommt zur Ausbildung eines *Störbands*. Das Enerigeniveau der Störstellenzustände verschiebt sich dabei etwas, da benachbarte Störstellen ebenfalls eine Kraft auf ein an einem Donatorion gebundenes Elektron ausüben. Das Ausmaß dieser Verschiebung hängt vom Abstand zum Nachbarn und damit von der Dotierstoffkonzentration N ab [12]. Da die Verteilung der Dotierstoffatome statistischen Schwankungen unterworfen ist, werden einzelne Störstellenzustände stärker, andere weniger stark verschoben: Die Zustandsdichte verbreitert sich (Abb. 12.20 b) und weist im Bereich des Störbands annähernd die Form einer Gauß-Verteilung auf [17].

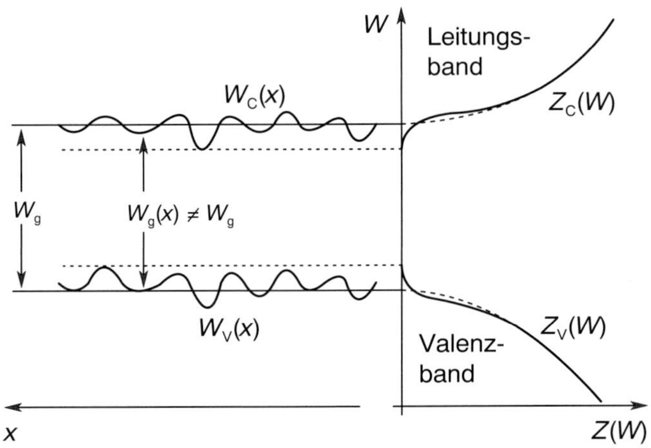

Abb. 12.21. Zur Bildung von Bandausläufern durch räumliche Schwankungen des elektrostatischen Potentials (nach [18])

Die Störstellen sind nicht völlig gleichförmig über das Kristallgitter verteilt. Dies führt zu räumlichen Fluktuationen des auf die Ladungsträger wirkenden elektrostatischen Potentials und zur Bildung von Potentialmulden in den Bändern (Abb. 12.21). Die Zustandsdichtefunktion weist unter diesen Umständen sog. *Bandausläufer* auf Abb. 12.20 c). Solche Bandausläufer treten sowohl in Valenz- als auch im Leitungsband auf und sind weitgehend identisch [19]. Mit weiter zunehmender Donatorkonzentration verschmilzt das Störband mit dem Leitungsband (Abb. 12.20 c); eine Unterscheidung zwischen Störstellenzuständen und Leitungsbandzuständen ist nicht mehr möglich.

Da die Fermi-Energie in so stark n-dotierten Halbleitern oberhalb der „Leitungsbandkante" zu liegen kommt, bleiben auch bei sehr tiefen Temperaturen zahlreiche Leitungsbandzustände besetzt. Die Ladungsträger frieren nicht wie im Bereich der Störstellenreserve des moderat dotierten Halbleiters aus – sehr stark dotierte Halbleiter gehen auch bei tiefen Temperaturen nicht in den Isolatorzustand über.

12.4 Halbleiter im Nichtgleichgewicht

Ohne äußere Anregung verbleiben Halbleiter im Zustand des thermischen Gleichgewichts. Anlegen einer Spannung, Bestrahlen mit Licht o.ä. führt jedoch zu Abweichungen von diesem Zustand mit der Folge, daß ein Strom fließt, zusätzliche Elektron-Loch-Paare erzeugt werden, usw. Ströme in Halbleitern haben ihre Ursachen in einem elektrischen Feld (Driftstrom), einer ortsabhängigen Konzentration der Ladungsträger (Diffusionsstrom) oder in einer vom Ort abhängigen Temperatur (Thermostrom). Das Verhalten der üblicherweise in der Elektronik verwendeten Halbeiterbauelemente wird nahezu ausschließlich durch Drift- und Diffusionsströme bestimmt. Dieser Abschnitt erläutert die grundlegenden Gleichungen der Drift-Diffusions-Näherung, sowie die für Sensorbauelemente bedeutsamen galvanomagnetischen, thermoelektrischen und piezoresistiven Effekte.

12.4.1 Driftstrom

Ein elektrisches Feld $E(x)$ übt die Kraft $-eE(x)$ auf Elektronen aus. Wird ein Elektron um $\mathrm{d}x$ im elektrischen Feld verschoben, so muß die Arbeit $\mathrm{d}W = -eE(x)\mathrm{d}x$ verrichtet werden. Dabei ändert sich seine potentielle Energie: Im Bandschema wird die Lage der Bandkanten ortsabhängig. Bezeichnet $\mathrm{d}W_\mathrm{C} = -\mathrm{d}W = eE(x)\mathrm{d}x$ die Änderung der potentiellen Energie, so folgt

$$E(x) = \frac{1}{e}\frac{\mathrm{d}W_\mathrm{C}}{\mathrm{d}x},$$

d.h. die Steigung der Leitungsbandkante im Bandschema ist durch die elektrische Feldstärke bestimmt (Abb. 12.22).

Elektronen und Löcher werden durch die Kraftwirkung des elektrischen Feldes beschleunigt: Löcher in und Elektronen entgegengesetzt zur Richtung des Feldstärkevektors. Der Weg eines Elektrons bzw. Lochs ist im Bandschema als horizontale Linie (W = const.) einzuzeichnen, solange das betreffende Teilchen keine Energie an das Gitter abgibt bzw. von dort aufnimmt. Durch die Beschleunigung des Elektrons im elektrischen Feld wird zwar potentielle Energie in kinetische Energie umgewandelt, die Gesamtenergie bleibt dabei jedoch erhalten: Mit zunehmendem Weg erhöht sich der Abstand von den Bandkanten, was als Zunahme der kinetischen Energie (Bewegungsenergie) interpretiert wird.

Reale Kristalle weisen keine exakt periodische Gitterstruktur auf: Defekte (insbesondere in das Kristallgitter eingebaute Fremdatome) sowie Gitterschwingungen aufgrund der Wärmebewegung bewirken eine Streuung der Elektronen. Durch derartige Stöße mit dem Gitter verlieren die Teilchen i. allg. Energie, können von dort aber auch welche aufnehmen. Im Bandschema werden diese Änderungen der aus kinetischer und potentieller Energie des Elek-

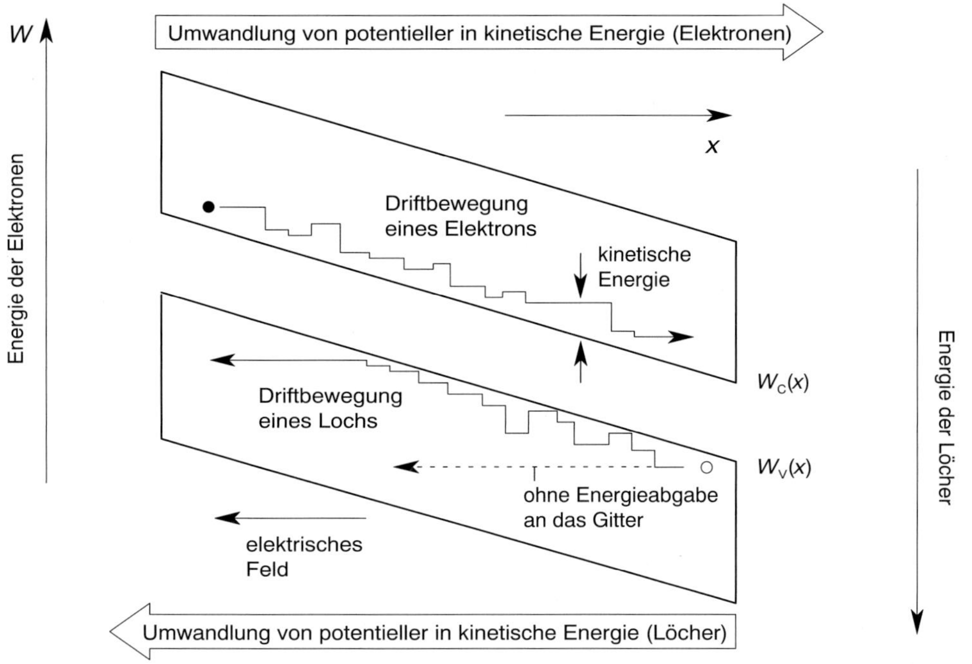

Abb. 12.22. Eindimensionales Bandschema eines Halbleiters bei Anwesenheit eines elektrischen Feldes

trons zusammengesetzten Energie durch Abweichungen der $W(x)$-Kurve von der horizontalen Linie dargestellt (Abb. 12.22). Die Wahrscheinlichkeit dafür, daß ein Elektron Energie über einen Stoß mit dem Gitter verliert, wächst mit zunehmender Bewegungsenergie des Elektrons stark an. Aus diesem Grund gelingt es nur sehr wenigen Elektronen, eine hohe kinetische Energie aus dem Feld aufzunehmen: Die meisten $W(x)$-Kurven verlaufen innerhalb eines schmalen Bereichs der Breite 100 mV bei der Bandkante $W_C(x)$.

Ein einfaches Modell für den Stromtransport aufgrund der Bewegung der Ladungsträger im elektrischen Feld ist das *Drude-Lorentz-Modell.* Dabei wird angenommen, daß die Ladungsträger bei Streuvorgängen an Gitterstörungen mit gleicher Wahrscheinlichkeit in jede Richtung gestreut werden. Der Mittelwert der Geschwindigkeitsvektoren direkt nach einem Streuvorgang ist deshalb null. Für die gerichtete Bewegung des Ladungsträgers im elektrischen Feld verbleibt damit nur die Zeit zwischen jeweils zwei Streuvorgängen. Diese erfolgen statistisch: Als Maß für die Häufigkeit der Streuvorgänge dient die *Streuzeit* – das ist die Zeit, die im Mittel zwischen zwei Stößen verstreicht – bzw. die *freie Weglänge* – das ist die im Mittel zwischen zwei Streuvorgängen zurückgelegte Wegstrecke. Je größer die Streuzeit bzw. die freie Weglänge, desto länger werden die Ladungsträger ungehindert in Feldrichtung beschleunigt, desto größer wird die *Driftgeschwindigkeit* mit der sich die Ladungsträger im Mittel in bzw. entgegengesetzt der Feldrichtung fortbewegen. Da die Ladungsträger bei größerer Feldstärke stärker beschleunigt werden, wächst ihre Driftgeschwindigkeit mit der Feldstärke an: Die *Driftgeschwindigkeiten* v_n und v_p für Elektronen und Löcher sind mit der elektrischen Feldstärke verknüpft über die Beziehungen

$$v_\mathrm{n} = -\mu_\mathrm{n} E \quad \text{und} \quad v_\mathrm{p} = \mu_\mathrm{p} E \, . \tag{12.39}$$

Die Größen μ_n und μ_p heißen *Beweglichkeiten* für Elektronen bzw. Löcher. Ihr Wert wächst näherungsweise proportional zu den Streuzeiten τ_cn bzw. τ_cp für Elektronen bzw. Löcher an, wobei gilt

$$\mu_\mathrm{n} = e\tau_\mathrm{cn}/m_\mathrm{n}^* \quad \text{und} \quad \mu_\mathrm{p} = e\tau_\mathrm{cp}/m_\mathrm{p}^* \, . \tag{12.40}$$

Beispiel 12.4.1 In schwach dotiertem Silizium liegt die Elektronenbeweglichkeit bei Raumtemperatur bei ca. $1400\,\mathrm{cm^2/Vs}$ bzw. $0.14\,\mathrm{m^2/Vs}$. Für die Streuzeit folgt daraus mit $m_\mathrm{n}^* = 0.26\, m_\mathrm{e}$ und der Umrechung $\mathrm{kg\,m^2/s^2} = \mathrm{VAs}$

$$\tau_\mathrm{cn} = \frac{\mu_\mathrm{n} m_\mathrm{n}^*}{e} = \frac{0.14\,\mathrm{m^2/Vs} \cdot 0.26 \cdot 9.11 \cdot 10^{-31}\mathrm{kg}}{1.602 \cdot 10^{-19}\,\mathrm{As}} \approx 0.2\,\mathrm{ps} \, .$$

Die zwischen zwei Streuvorgängen im Mittel verstreichende Zeit ist demnach sehr gering. Dieser Tatbestand ist für die Elektronik interessant, da die Beweglichkeit bei Wechselstrom der Kreisfrequenz ω als frequenzunabhängig angenommen werden kann, solange $\omega\tau_\mathrm{cn} \ll 1$ erfüllt ist [2]: Wegen der sehr kleinen Streuzeiten ist die Beweglichkeit frequenzunabhängig bis weit in den Gigahertzbereich. Δ

Die Beweglichkeit eines Ladungsträgers bzw. seine Driftgeschwindigkeit in einem gegebenen elektrischen Feld E ist nach (12.40) umso größer, je kleiner seine effektive Masse ist. Ein Halbleitermaterial mit besonders kleiner effektiver Elektronenmasse und besonders großer Elektronenbeweglichkeit ist InSb mit $m_\mathrm{n}^* \approx 0.0145\, m_\mathrm{e}$ und $\mu_\mathrm{n} = 80000\ \mathrm{cm^2/(Vs)}$; aber auch Galliumarsenid mit $m_\mathrm{n}^* \approx 0.067\, m_\mathrm{e}$ und $\mu_\mathrm{n} = 8500\ \mathrm{cm^2/(Vs)}$ weist eine deutlich geringere effektive Masse für Elektronen und damit eine höhere Elektronenbeweglichkeit auf als beispielsweise Silizium. Dies wird insbesondere in Heterostrukturbipolartransistoren und MODFETs ausgenutzt, um extrem „schnelle“ Transistoren herzustellen.

Zum Drude-Lorentz-Modell. Ist $1/\tau_\mathrm{cn}$ die Rate mit der Elektronen gestreut werden (Streurate), so ist $\exp(-t/\tau_\mathrm{cn})$ die Wahrscheinlichkeit dafür, daß ein Elektron zur Zeit t nach dem letzten Stoß noch nicht gestreut wurde. Die Wahrscheinlichkeit dafür, daß ein Elektron im Zeitintervall $[t, t+\mathrm{d}t]$ nach dem letzten Stoß gestreut wird ist deshalb durch $p(t)\,\mathrm{d}t$ mit

$$p(t) = \frac{1}{\tau_\mathrm{cn}} \exp\left(-\frac{t}{\tau_\mathrm{cn}}\right)$$

gegeben. Die mittlere Streuzeit für Elektronen

$$\int_0^\infty t\, p(t)\,\mathrm{d}t = \tau_\mathrm{cn}$$

ergibt sich als Kehrwert der Streurate. Da sich die Elektronen zwischen Streuvorgängen mit der Beschleunigung $a_x = -eE/m_n^*$ im elektrischen Feld bewegen, legen Elektronen die zur Zeit t nach dem letzten Stoß gestreut werden im Mittel den Weg $a_x t^2/2$ zurück. Die mittlere Verschiebung $\langle \Delta x_n \rangle$ eines Elektrons zwischen zwei Stößen ist demnach

$$\langle \Delta x_\mathrm{n} \rangle = \frac{1}{2} \int_0^\infty a_x \, t^2 p(t) \, \mathrm{d}t = a_x \tau_\mathrm{cn}^2 .$$

Die Driftgeschwindigkeit der Elektronen ergibt sich nun durch Quotientenbildung

$$v_\mathrm{n} = -\mu_\mathrm{n} E = \frac{\langle \Delta x_\mathrm{n} \rangle}{\tau_\mathrm{cn}} = a_x \tau_\mathrm{cn}$$

was auf (12.40) führt.[9] Bei konstanter Streuzeit steigt die Driftgeschwindigkeit demnach proportional zur Feldstärke an. Dies ist jedoch nur bei moderaten Feldstärken bis zu ca. 1 kV/cm in guter Näherung erfüllt. Für größere Feldstärken kommt es zu Abweichungen von der Proportionalität und damit von Ohmschen Gesetz (vgl. Beispiel 12.4.2).

Spezifischer Widerstand

Die *Driftstromdichten* J_n und J_p für Elektronen und Löcher sind für eine gegebene Feldstärke E proportional zur jeweiligen Ladungsträgerkonzentration und zur Driftgeschwindigkeit

$$\begin{aligned} J_\mathrm{n} &= -env_\mathrm{n} = e\mu_\mathrm{n} nE \\ J_\mathrm{p} &= epv_\mathrm{p} = e\mu_\mathrm{p} pE \end{aligned} \qquad (12.41)$$

Tragen Elektronen und Löcher zum Stromtransport bei, so ist die Gesamtstromdichte

$$J = J_\mathrm{n} + J_\mathrm{p} = e(\mu_\mathrm{n} n + \mu_\mathrm{p} p)E = \sigma E = E/\rho . \qquad (12.42)$$

Spezifische Leitfähigkeit σ und spezifischer Widerstand ρ sind also durch die allgemeine Beziehung

$$\boxed{\sigma = e(\mu_\mathrm{n} n + \mu_\mathrm{p} p) = 1/\rho} \qquad (12.43)$$

gegeben. Da im Bereich der Störstellenerschöpfung die Dichte der Majoritäten durch die Dotierstoffkonzentration bestimmt und groß im Vergleich zur Dichte

[9] In der 1. Auflage wurde die mittlere Driftgeschwindigkeit wie in [20] als $a_x \tau_\mathrm{cn}/2$ ermittelt. Da Elektronen nach dem Streuvorgang die mittlere Geschwindigkeit null haben und sich diese innerhalb der mittleren Streuzeit bis auf $a_x \tau_\mathrm{cn}$ erhöht, ist es naheliegend, die mittlere Geschwindigkeit als arithmetisches Mittel aus „Anfangswert" 0 und „Endwert" $a_x \tau_\mathrm{cn}$ zu ermitteln. Dies ist jedoch nicht korrekt, da die Verschiebung der Teilchen proportional zum Quadrat der verstrichenen Zeit ist – Elektronen die für Zeiten $t \gg \tau_\mathrm{cn}$ gestreut werden tragen deshalb wesentlich stärker zum Strom bei als Elektronen die nach sehr kurzer Zeit erneut gestreut werden.

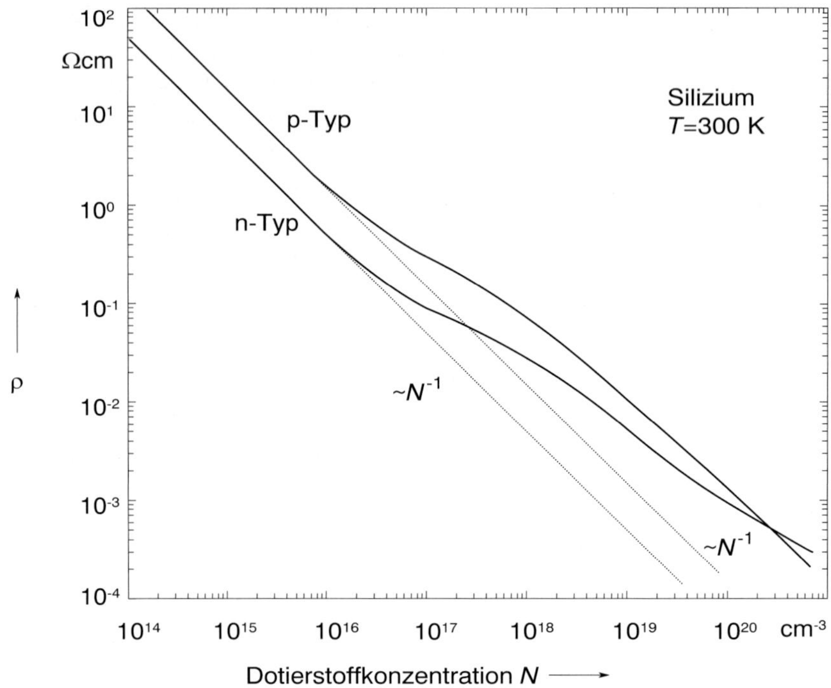

Abb. 12.23. Spezifischer Widerstand ρ von dotiertem Silizium bei $T = 300$ K (nach [9])

der Minoritäten ist, errechnet sich der spezifische Widerstand von n- bzw. p-dotierten Halbleitern in guter Näherung aus

$$\rho_{\mathrm{n}} = \frac{1}{e\mu_{\mathrm{n}}N_{\mathrm{D}}} \quad \text{bzw.} \quad \rho_{\mathrm{p}} = \frac{1}{e\mu_{\mathrm{p}}N_{\mathrm{A}}} \,. \tag{12.44}$$

Abbildung 12.23 zeigt die Abhängigkeit des spezifischen Widerstands ρ für n-dotiertes und p-dotiertes Silizium von der Dotierstoffkonzentration. Wegen der durch die Dotierstoffkonzentration N bestimmten Majoritätsdichten nimmt der spezifische Widerstand ρ bei geringer Dotierung ab wie $1/N$. Für Dotierstoffkonzentrationen $N \geq 10^{16}$ cm^{-3} ergeben sich Abweichungen von der umgekehrten Proportionalität, da die Beweglichkeiten mit der Dotierstoffkonzentration abnehmen.

Die Beweglichkeiten hängen sowohl von der Temperatur als auch von Dotierstoffkonzentration und Feldstärke ab. Die Abhängigkeit von Temperatur und Dotierstoffkonzentration ist leicht einzusehen. Mit erhöhter Temperatur weisen die Gitteratome eine verstärkte thermische Bewegung auf, was die Elektronen zu vermehrter Streuung veranlaßt und eine Abnahme der Streuzeit verursacht. In derselben Weise wirkt eine Erhöhung der Dotierstoffkonzentration: Durch den Einbau der Dotierstoffatome in das Gitter werden zusätzliche Streuzentren geschaffen, die ebenfalls zu einer Reduktion der Streuzeit und damit der Beweglichkeit führen. Die Abhängigkeit der Beweglichkeiten für Elektronen und Löcher von der Dotierstoffkonzentration ist in Abb. 12.24

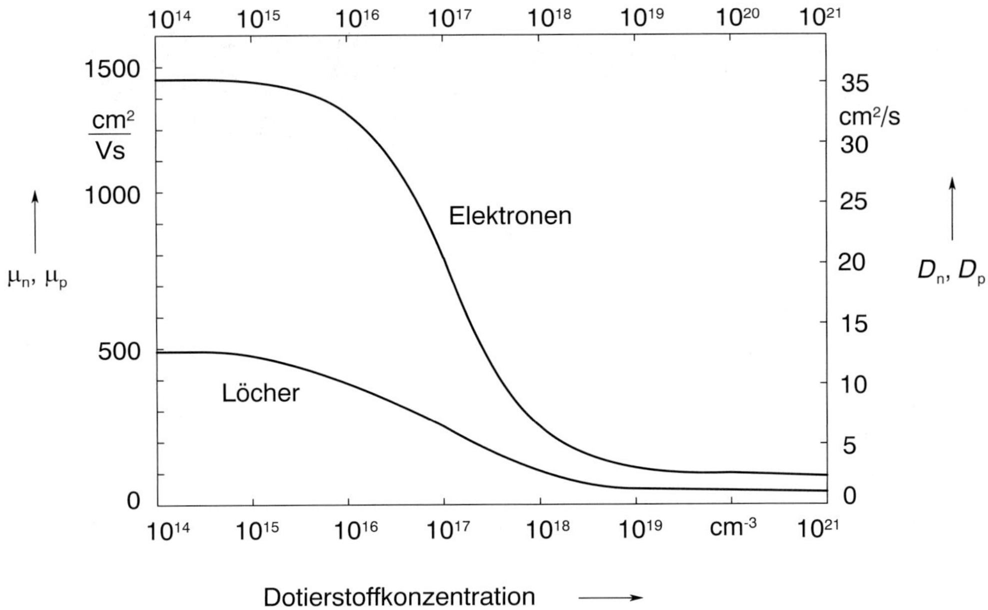

Abb. 12.24. Beweglichkeiten μ_n und μ_p sowie Diffusionskoeffizienten D_n und D_p bei $T = 300$ K in Silizium als Funktion der Dotierstoffkonzentration

dargestellt.[10] Die Abbildung zeigt, daß die Löcherbeweglichkeit nur gut ein Drittel der Elektronenbeweglichkeit beträgt. Dies hat beispielsweise zur Folge, daß Transistoren die einen Löcherstrom steuern bei gleichen Abmessungen langsamer arbeiten und geringere Ströme führen als Transistoren, die einen Elektronenstrom steuern.

Feldstärkeabhängigkeit der Beweglichkeit

Die *Feldstärkeabhängigkeit* der Beweglichkeit hängt damit zusammen, daß die Streumechanismen im Halbleiter energieabhängig sind. Den Hintergrund hierfür liefert die Quantentheorie, nach der bestimmte Gitterschwingungen (sog. optische Phononen) eine bestimmte Energie aufweisen (quantisiert sind). Ist die kinetische Energie eines Ladungsträgers geringer als die Energie einer solchen Schwingung, so kann dieser seine Energie *nicht* unter Erzeugung eines optischen Phonons abgeben. Dies ändert sich, sobald die zur Erzeugung eines optischen Phonons erforderliche Energie W_{op} erreicht ist – die Streuzeit für Ladungsträger mit Energien größer als W_{op} ist deshalb wesentlich geringer als die Streuzeit für Ladungsträger mit Energien unterhalb der Schwelle. Nur sehr wenige Elektronen – sog. heiße Elektronen – werden deshalb so stark beschleunigt, daß ihre kinetische Energie deutlich oberhalb der Schwellenergie für die Erzeugung optischer Phononen liegt. Dies führt zu einer *Sättigung*

[10] Modellgleichungen für die Beweglichkeiten in Silizium sind am Ende dieses Abschnitts zusammengestellt.

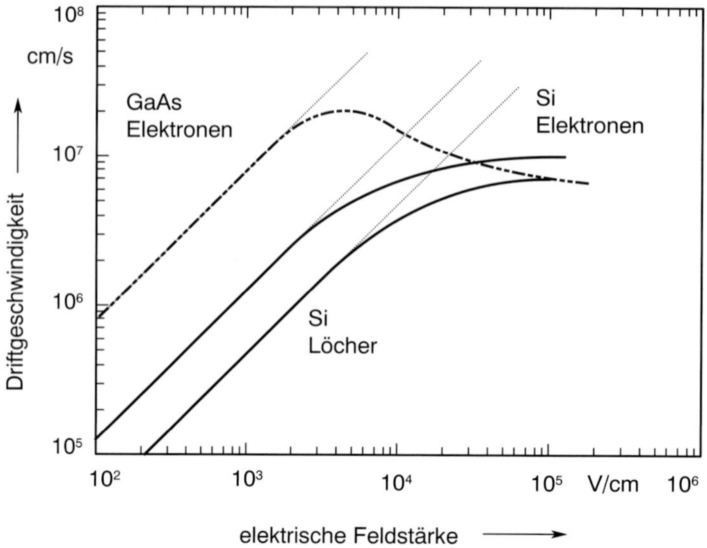

Abb. 12.25. Driftgeschwindigkeit für Elektronen und Löcher in Si und GaAs

der Driftgeschwindigkeit [21]. Die Sättigungsgeschwindigkeit läßt sich aus der Energie zur Erzeugung eines optisches Phonons abschätzen.

Abschätzung der Sättigungsgeschwindigkeit. Für die Driftgeschwindigkeit der Elektronen gilt

$$v_\mathrm{n} = -\frac{e\tau_\mathrm{cn}}{m_\mathrm{n}^*}E \quad \text{bzw.} \quad eE = -\frac{v_\mathrm{n}m_\mathrm{n}^*}{\tau_\mathrm{cn}} \,.$$

Ist W_op die Energie eines optischen Phonons und τ_op die Zeit die im Mittel zwischen zwei Stößen mit Anregung eines optischen Phonons verstreicht, so verliert ein Elektron im Mittel pro Zeiteinheit die Energie $W_\mathrm{op}/\tau_\mathrm{op}$; diese Verlustleistung muß bei Geschwindigkeitssättigung im Gleichgewicht mit der im Mittel vom elektrischen Feld verrichteten Leistung $-eEv_\mathrm{nsat}$ stehen, was auf die Leistungsbilanz

$$\frac{W_\mathrm{op}}{\tau_\mathrm{op}} = -eEv_\mathrm{nsat} = \frac{m_\mathrm{n}^*}{\tau_\mathrm{cn}}v_\mathrm{nsat}^2$$

führt. Mit $W_\mathrm{op} = 63\,\mathrm{meV}$ und $m_\mathrm{n}^* \approx 0.26\,m_\mathrm{e}$ folgt so für die Sättigungsgeschwindigkeit v_nsat der Elektronen in Silizium

$$v_\mathrm{nsat} = \sqrt{\frac{W_\mathrm{op}}{m_\mathrm{n}^*}\frac{\tau_\mathrm{cn}}{\tau_\mathrm{op}}} = 1.63\cdot 10^7\,\frac{\mathrm{cm}}{\mathrm{s}}\sqrt{\frac{\tau_\mathrm{cn}}{\tau_\mathrm{op}}}$$

Da τ_cn alle Streuprozesse erfaßt, ist[11] $\tau_\mathrm{cn}/\tau_\mathrm{op} < 1$; da die Erzeugung optischer Phononen bei hohen Feldstärken aber einen hohen Anteil der Streuprozesse ausmacht [23], ist das Verhältnis in der Größenordnung von eins und die Sättigungsgeschwindigkeit in der Größenordnung von 10^7 cm/s.

[11]Der Zusammenhang zwischen τ_cn und τ_op ist durch die Matthiesensche Regel [22] gegeben wonach, mit der Streurate $1/\tau_\mathrm{nop}$ der Streuprozesse bei denen keine optischen Phononen erzeugt werden, gilt: $1/\tau_\mathrm{cn} = 1/\tau_\mathrm{nop} + 1/\tau_\mathrm{op}$.

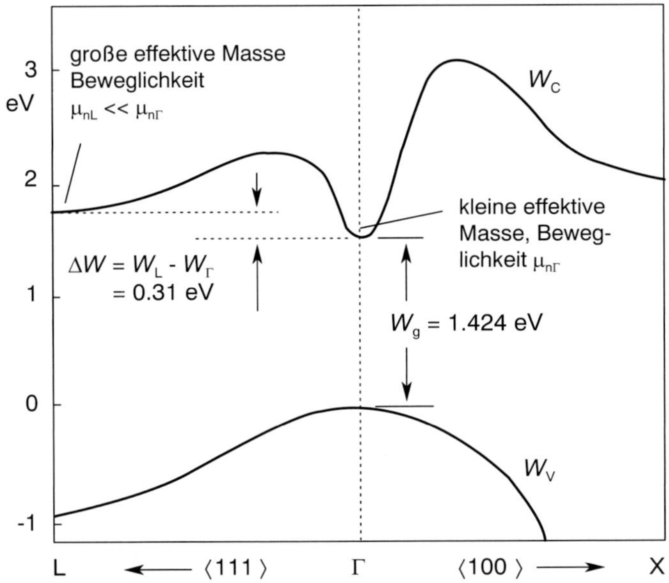

Abb. 12.26. Bandstruktur von GaAs (vereinfacht)

Abbildung 12.25 zeigt die Driftgeschwindigkeit von Elektronen und Löchern für Si und für GaAs. Während bei Si die Driftgeschwindigkeit monoton mit der Feldstärke zunimmt und gegen den Wert der Sättigungsgeschwindigkeit verläuft, steigt in GaAs die Driftgeschwindigkeit nur bis zu einem Maximalwert an, um dann mit zunehmender Feldstärke wieder *abzunehmen*. Dies ist die Ursache des sog. *Gunn-Effekts*, der anhand von Abb. 12.26 erklärt werden kann. Dort ist eine vereinfachte Darstellung der Bandstruktur von GaAs zu sehen. Das Leitungsband weist zwei Täler bei Γ und bei L auf, wobei das L-Tal nur um 0.31 eV oberhalb des Γ-Tals liegt. Die Krümmung der $W_C(k)$-Kurve ist im L-Tal jedoch deutlich geringer als im Γ-Tal, d.h. die Beweglichkeit μ_{nL} der Elektronen im L-Tal ist wesentlich kleiner als die Beweglichkeit $\mu_{n\Gamma}$ der Elektronen im Γ-Tal. Die Elektronenbeweglichkeit μ_n hängt nun davon ab, wie sich die Elektronen auf die beiden Täler verteilen. Ist n_Γ die Dichte der Elektronen im Γ-Tal und n_L die Dichte der Elektronen im L-Tal, so ist

$$\mu_n = \frac{\mu_{n\Gamma} n_\Gamma + \mu_{nL} n_L}{n_\Gamma + n_L} .$$

Bei Raumtemperatur und geringen Feldstärken ist die mittlere Energie der Elektronen gering: Die Elektronen bevölkern nahezu ausschließlich Zustände im Γ-Tal und es gilt $\mu_n \approx \mu_{n\Gamma}$. Mit größerer Feldstärke gibt es jedoch viele Elektronen, die so viel Energie aus dem Feld aufgenommen haben, daß sie in das L-Tal gestreut werden können, wodurch die Population dieses Tals ansteigt und die Beweglichkeit sinkt.

Beispiel 12.4.2 Die Geschwindigkeitssättigung führt zu Abweichungen vom Ohmschen Gesetz, wie dieses Beispiel zeigt: Betrachtet wird ein Si-Halbleiterwiderstand der Länge 10 µm, Breite 2 µm und Dicke 200 nm, der mit Donatoren der Konzen-

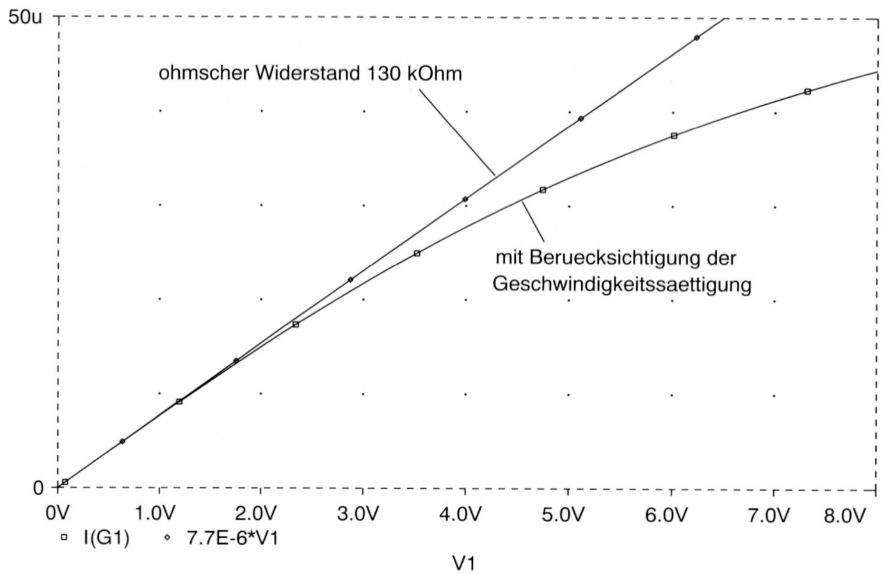

Abb. 12.27. Abweichungen vom Ohmschen Gesetz (Beispiel 12.4.2)

tration $N_\mathrm{D} = 10^{16}\,\mathrm{cm}^{-3}$ dotiert ist. Wird an den Widerstand die Spannung V angelegt, so tritt im Halbleiter ein elektrisches Feld vom Betrag V/L auf und es fließt ein Driftstrom. Bei kleiner Feldstärke ist die Beweglichkeit der Elektronen $\mu_\mathrm{n}(0) \approx 1200\,\mathrm{cm}^2/\mathrm{Vs}$ und der Widerstand

$$R(0) = \frac{1}{e\mu_\mathrm{n}(0)N_\mathrm{D}D}\,\frac{L}{W} = 130\,\mathrm{k\Omega}\,.$$

Wird die Feldstärkeabhängigkeit der Beweglichkeit (12.70) berücksichtigt, so ist $1/\mu_\mathrm{n}(0)$ durch

$$\frac{1}{\mu_\mathrm{n}(E)} = \frac{1}{\mu_\mathrm{n}(0)}\sqrt{1+(\mu_\mathrm{n}(0)E/v_\mathrm{nsat})^2} = \frac{1}{\mu_\mathrm{n}(0)}\sqrt{1+(V/V^*)^2}$$

zu ersetzen. Der Widerstandswert wird spannungsabhängig und für den Strom durch den Widerstand folgt

$$I = \frac{V}{R(V)} = 7.7\,\frac{\mu\mathrm{A}}{\mathrm{V}}\,V\Big/\sqrt{1+(V/V^*)^2}\,.$$

Die Spannung $V^* = v_\mathrm{nsat}L/\mu_\mathrm{n}(0) \approx 8.33\,\mathrm{V}$ kann als charakteristische Spannung für Hochfeldeffekte dienen: Bei $V = V^*$ ist der Widerstandswert auf das $\sqrt{2}$-fache von $R(0)$ angestiegen. Abbildung 12.27 zeigt das nichtohmsche Verhalten anhand einer SPICE-Simulation. Der Widerstand wurde dabei durch eine spannungsgesteuerte Stromquelle über die Anweisung

```
G1 1 0 VALUE = {7.7E-6*V(1,0)*SQRT(1+0.01441*V(1,2)*V(1,2))}
```

modelliert; der Vergleich mit der Kennlinie des ohmschen Widerstands 130 kΩ zeigt die Auswirkung der Geschwindigkeitssättigung. △

12.4.2 Diffusionsstrom

Ursache des *Diffusionsstroms* ist die Wärmebewegung der Ladungsträger. Diese ist ihrer Natur nach ungerichtet. Solange die Dichte der Ladungsträger nicht vom Ort abhängt, tritt deshalb kein Strom auf: Die aufgrund der thermischen Bewegung aus einem Teilvolumen austretenden Teilchen werden im statistischen Mittel durch eine gleichgroße Zahl von Teilchen ersetzt, die aus den angrenzenden Gebieten hereinströmen. Dies ist nicht mehr der Fall, wenn die Trägerdichte vom Ort abhängt: Aus den Gebieten hoher Teilchendichte bewegen sich dann mehr Teilchen fort, als von den umliegenden – schwächer besetzten – Gebieten nachgeliefert werden. Bei inhomogener Verteilung der beweglichen Ladungsträger fließt deshalb ein Teilchenstrom vom Gebiet hoher Konzentration in Zonen niederer Konzentration (Abb. 12.28).

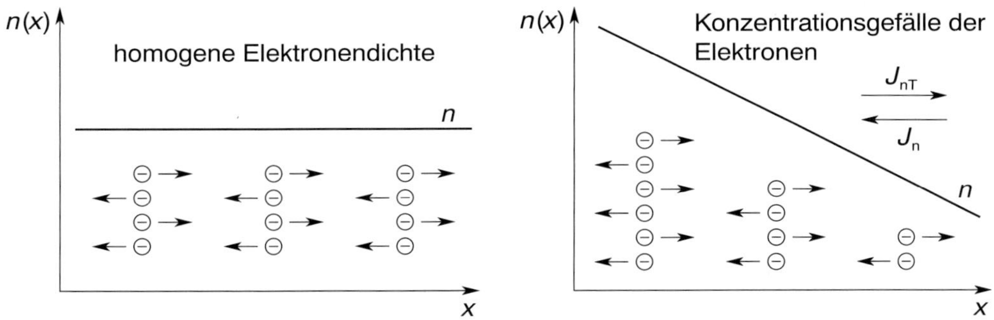

Abb. 12.28. Zur Entstehungen des Diffusionsstroms

Die durch Diffusion bedingte Stromdichte ist proportional zum Gradienten der entsprechenden Trägerkonzentration (*1. Ficksches Gesetz*)

$$\boxed{J_\mathrm{n} = eD_\mathrm{n}\frac{\partial n}{\partial x} \quad \text{und} \quad J_\mathrm{p} = -eD_\mathrm{p}\frac{\partial p}{\partial x}\,.} \tag{12.45}$$

Die dabei auftretenden Proportionalitätsfaktoren D_n und D_p werden als *Diffusionskoeffizienten* für Elektronen bzw. Löcher bezeichnet. Sie sind mit den entsprechenden Beweglichkeiten über die *Einstein-Relationen* verknüpft

$$\boxed{D_\mathrm{n} = \mu_\mathrm{n} V_T \quad \text{und} \quad D_\mathrm{p} = \mu_\mathrm{p} V_T\,.} \tag{12.46}$$

Zur Einstein-Relation. Ursache der Diffusion ist die statistisch ungeordnete Wärmebewegung. Der Einfachheit halber beschränken wir uns auf die Bewegung in x-Richtung; die Wahrscheinlichkeit ein Elektron zur Zeit t im Intervall zwischen x und $x + \Delta x$ anzutreffen sei $f(x,t)\Delta x$; die Wahrscheinlichkeitsdichte $f(x,t)$ für ein Elektron das ursprünglich bei $x = 0$ war ist dabei[12] durch eine zeitabhängige Gauß-Verteilung [24] gegeben

[12]Hier ist angenommen, daß keine zusätzliche Kraftwirkung durch ein äußeres Feld vorliegt; wird die Bewegung des Elektrons zusätzlich durch die Wirkung eines elektrischen

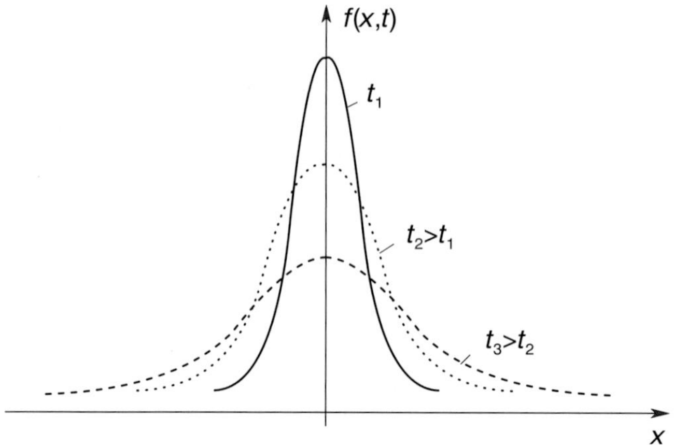

Abb. 12.29. Zeitliche Entwicklung der Dichtefunktion $f(x,t)$ aufgrund der Diffusion für ein ursprünglich bei $x=0$ befindliches Teilchen

$$f(x,t) \;=\; \frac{1}{\sqrt{4\pi D_\mathrm{n} t}}\,\exp\!\left(-\frac{x^2}{4D_\mathrm{n} t}\right)\;, \tag{12.47}$$

wie sie in Abb. 12.29 skizziert ist. Je größer der Diffusionskoeffizient D_n, desto schneller verbreitert sich die Dichtefunktion $f(x,t)$. Da die Diffusion keine Richtung bevorzugt verschwindet die mittlere Verschiebung des Elektrons

$$\langle x(t)\rangle \;=\; \int_{-\infty}^{\infty} x f(x,t)\,\mathrm{d}x \;=\; 0\;,$$

nicht jedoch das Schwankungsquadrat

$$\langle x^2(t)\rangle \;=\; \int_{-\infty}^{\infty} x^2 f(x,t)\,\mathrm{d}x \;=\; 2D_\mathrm{n} t\;. \tag{12.48}$$

Die aufgrund der Wärmebewegung von einem Elektron im Zeitintervall $[\,0,t\,]$ zurückgelegte Weg ergibt sich aus der Geschwindigkeit $\Delta v_x(t)$ der Wärmebewegung

$$x(t) \;=\; \int_0^t \Delta v_x(t')\,\mathrm{d}t'\;, \tag{12.49}$$

wobei $\langle x(t)\rangle = 0$. Für die Varianz der Verschiebung folgt so

$$\langle x(t)^2\rangle \;=\; \int_0^t\!\int_0^t \langle \Delta v_x(t')\Delta v_x(t'')\rangle\,\mathrm{d}t'\,\mathrm{d}t''\;. \tag{12.50}$$

Die Autokorrelationsfunktion (vgl. Kap. 3)

$$\langle \Delta v_x(t')\Delta v_x(t'')\rangle \;=\; \langle \Delta v_x(0)\Delta v_x(\tau)\rangle \;=\; R_{\Delta v_x}(\tau)$$

hängt bei stationären Prozessen nur von der Differenz $t''-t'=\tau$ ab; eine entsprechende Substitution überführt (12.50) in

$$\langle x(t)^2\rangle \;=\; \int_0^t\!\int_{-\infty}^{\infty} R_{\Delta v}(\tau)\,\mathrm{d}\tau\,\mathrm{d}t \;=\; 2t\int_0^{\infty} R_{\Delta v}(\tau)\,\mathrm{d}\tau\;. \tag{12.51}$$

Feldes E_x beeinflußt, so verschiebt sich das Maximum der Gauß-Verteilung mit der Driftgeschwindigkeit $-\mu_\mathrm{n} E_x$, d.h. im Argument der Exponentialfunktion ist x^2 durch $(x+\mu_\mathrm{n} Et)^2$ zu ersetzen.

Die Integrationsgrenzen für τ wurden dabei ins Unendliche verlegt, was für Zeiten groß gegenüber der mittleren Streuzeit τ_{cn} gerechtfertigt ist, da die Autokorrelationsfunktion $R_{\Delta v_x}(\tau)$ für $\tau \gg \tau_{\mathrm{cn}}$ schnell gegen null abfällt. Durch Vergleich von (12.48) mit (12.51) ergibt sich die folgende Beziehung zwischen dem Diffusionskoeffizienten und der Autokorrelationsfunktion der Geschwindigkeitsfluktuationen

$$D_{\mathrm{n}} = \int_0^\infty R_{\Delta v}(\tau)\,\mathrm{d}\tau \,. \tag{12.52}$$

Unter der Annahme isotroper Streuung besteht keine Korrelation zwischen den Teilchengeschwindigkeiten vor und nach einem Streuvorgang, d.h.

$$\langle \Delta v_x(0)\Delta v_x(\tau)\rangle = \langle \Delta v_x^2(0)\rangle\,\mathrm{e}^{-\tau/\tau_{\mathrm{cn}}} \,.$$

Nach dem Gleichverteilungssatz der klassischen Thermodynamik ist die mittlere Energie der Wärmebewegung in einem Freiheitsgrad $k_{\mathrm{B}}T/2 = m_{\mathrm{n}}^*\langle \Delta v_x^2\rangle/2$, so daß

$$\langle \Delta v_x^2(0)\rangle = k_{\mathrm{B}}T/m_n^* \,.$$

Zusammenfassen und einsetzen in (12.52) liefert dann

$$D_{\mathrm{n}} = \int_0^\infty \frac{k_{\mathrm{B}}T}{m_n^*}\mathrm{e}^{-\tau/\tau_{\mathrm{cn}}}\,\mathrm{d}\tau = \frac{k_{\mathrm{B}}T}{m_n^*}\tau_{\mathrm{cn}}$$

Mit der Elektronenbeweglichkeit $\mu_{\mathrm{n}} = e\tau_{\mathrm{cn}}/m_{\mathrm{n}}^*$ folgt so

$$D_{\mathrm{n}} = \frac{k_{\mathrm{B}}T}{m_n^*}\tau_{\mathrm{cn}} = \frac{k_{\mathrm{B}}T}{e}\,\frac{e\tau_{\mathrm{cn}}}{m_n^*} = \mu_{\mathrm{n}}V_T \,. \tag{12.53}$$

Das ist die Einstein-Relation.

12.4.3 Generation und Rekombination

Im thermischen Gleichgewicht werden durch thermische Anregung gleich viel Elektronen vom Valenz- ins Leitungsband angeregt wie Elektronen mit Löchern im Valenzband rekombinieren. Auf diesem Weg bleibt die Dichte der Elektronen und Löcher konstant. Abweichungen der Ladungsträgerdichte von ihrem Wert im thermischen Gleichgewicht führen zu einem Überwiegen der Generation oder der Rekombination – der Halbleiter ist bestrebt, wieder in den Zustand des thermischen Gleichgewichts zu gelangen.

Die *Rekombinationsrate* $\mathcal{R}$ gibt die Abnahme der Elektronen- bzw. Löcherdichte durch Rekombination an

$$\left.\frac{\partial n}{\partial t}\right|_{\mathrm{Rekombination}} = \left.\frac{\partial p}{\partial t}\right|_{\mathrm{Rekombination}} = -\mathcal{R} \,,$$

die Generationsrate $\mathcal{G}$ entsprechend die Zunahme der Elektronen- bzw. Löcherdichte durch Generation

$$\left.\frac{\partial n}{\partial t}\right|_{\mathrm{Generation}} = \left.\frac{\partial p}{\partial t}\right|_{\mathrm{Generation}} = \mathcal{G} \,.$$

Als *Nettorekombinationsrate* wird die Differenz $\mathcal{R}-\mathcal{G}$ bezeichnet. Werden nur die im thermischen Gleichgewicht wirksamen Generations- und Rekombinationsmechanismen betrachtet, so ist die Nettorekombinationsrate in dotierten Bahngebieten in erster Näherung [13] proportional zu den Abweichungen der Minoritätsdichten vom Gleichgewichtswert

$$\mathcal{R}-\mathcal{G} = \frac{p_\mathrm{n}-p_\mathrm{n0}}{\tau_\mathrm{p}} \quad \text{(im n-Gebiet)} \quad \text{und} \tag{12.54}$$

$$\mathcal{R}-\mathcal{G} = \frac{n_\mathrm{p}-n_\mathrm{p0}}{\tau_\mathrm{n}} \quad \text{(im p-Gebiet)}\,. \tag{12.55}$$

Diese Beziehungen beschreiben Generations-Rekombinations-Vorgänge (kurz G-R-Vorgänge) bei kleinen elektrischen Feldstärken und ohne Lichteinfluß. Die *Lebensdauern* τ_n und τ_p für Elektronen und Löcher sind dabei vor allem von der Dotierstoffkonzentration abhängig.

Sowohl bei der Generation als auch bei der Rekombination von Elektron-Loch-Paaren muß die Energie- *und* Impulserhaltung (genauer: Die Erhaltung des Kristallimpulses $\boldsymbol{k}$) gewährleistet sein. Dies kann über verschiedene Mechanismen sichergestellt werden, erfordert aber stets die Wechselwirkung mit einem dritten „Teilchen“ (Photon, Störstelle oder Ladungsträger), das die frei werdende Energie aufnimmt.

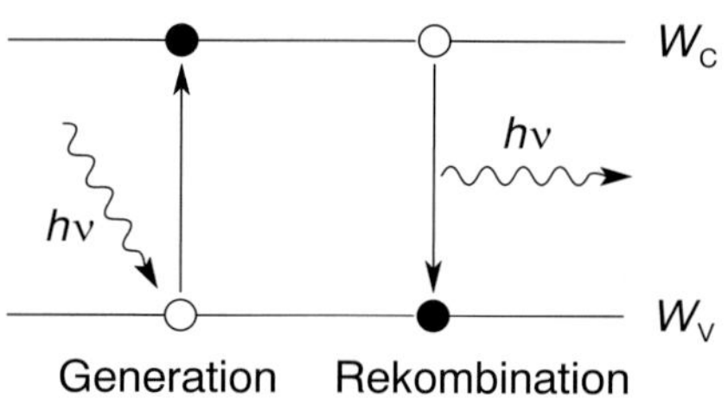

Abb. 12.30. Generation und Rekombinationsvorgänge unter Beteiligung eines Photons

G-R-Vorgänge unter Beteiligung eines Photons

Bei der *Generation* eines Elektron-Loch-Paars durch Licht wird ein Photon der Energie $h\nu > W_\mathrm{g}$ im Halbleiter absorbiert. Seine Energie wird dazu verwendet, ein Elektron aus dem Valenzband in das Leitungsband anzuheben. Dieser Effekt wird z.B. in Fotodetektoren und Solarzellen ausgenutzt.

Bei der *Rekombination* eines Elektron-Loch-Paars fällt ein Elektron aus dem Leitungsband in einen unbesetzten Zustand im Valenzband zurück. Die dabei freiwerdende Energie wird in Form eines Photons abgestrahlt. Da sich

[13] Diese Beziehungen verlieren bei großen Abweichungen vom Gleichgewicht (Hochinjektion) ihre Gültigkeit.

Elektronen und Löcher auf der Energieskala vorzugsweise in der Nähe der Bandkanten aufhalten, gilt für die Energie der emittierten Photonen

$$h\nu \approx W_{\mathrm{g}} ,$$

d. h. das emittierte Licht ist weitgehend *monochromatisch* (vgl. Kap. 29). Die beschriebene strahlende Rekombination ermöglicht die Herstellung lichtemittierender Halbleiterbauelemente, wie z.B. Leuchtdioden.

Die Wahrscheinlichkeit mit der G-R-Vorgänge unter Photonenbeteiligung auftreten, hängt vom Halbleitermaterial ab. In indirekten Halbleitern besitzen die meisten Elektronen eine Energie in der Nähe des Leitungsbandminimums und damit einen betragsmäßig großen Kristallimpuls, während die meisten Löcher eine Energie in der Nähe des Valenzbandmaximums und damit einen betragsmäßig kleinen Kristallimpuls aufweisen. Ein Elektron-Loch-Paar besitzt deshalb in der Regel einen großen Kristallimpuls. Bei der Rekombination würde ein Photon der Energie $h\nu \approx W_{\mathrm{g}}$ entstehen, das jedoch nur einen sehr geringen Impuls aufweist. Strahlende Rekombinationsvorgänge in indirekten Halbleitern würden den Impulssatz verletzen und treten deshalb nicht auf.[14] In direkten Halbleitern besitzen Elektronen *und* Löcher betragsmäßig kleine Werte des Kristallimpulses; hier ist die Wahrscheinlichkeit für „strahlende Übergänge“ wesentlich größer als in indirekten Halbleitern.

G-R-Vorgänge unter Beteiligung einer Störstelle

Störstellen im Halbleiter führen in der Regel zu lokalisierten Energieniveaus in der Energielücke. In diese können Elektronen und/oder Löcher eingefangen werden, was in einem zweistufigen Vorgang zur Generation bzw. Rekombination eines Elektron-Loch-Paars führt (Abb. 12.31). Dieser Mechanismus wird nach seinen Entdeckern [25–27] meist als Shockley-Read-Hall-Mechanismus (SRH) bezeichnet. Eine Störstelle wirkt um so effizienter als *Rekombinationszentrum*, je näher das zugehörige Energieniveau bei der Mitte der Energielücke liegt. Dotierstoffe mit ihren in der Nähe der Bandkanten liegenden Energieniveaus sind hier nicht problematisch – Schwierigkeiten können jedoch von metallischen Störstellen (wie Kupfer oder Gold) herrühren. Die Wahrscheinlichkeit dafür, daß ein Minoritäts- mit einem Majoritätsträger an einer Störstelle rekombiniert, ist proportional zur Dichte der Störstellen und zur Dichte der Majoritäten, d. h. die Lebensdauer für Minoritäten aufgrund der SRH-Rekombination ist annähernd umgekehrt proportional zur Dotierstoffkonzentration.

G-R-Vorgänge unter Beteiligung einer Störstelle beeinflussen die Eigenschaften von Halbleiterbauelementen meist in unerwünschter Weise; beispiels-

---

[14]Durch Störungen des perfekten Kristallgitters (z.B. durch Einbau sog. isoelektronischer Störstellen) kommt es auch in indirekten Halbleitern zu strahlenden Rekombinationsvorgängen.

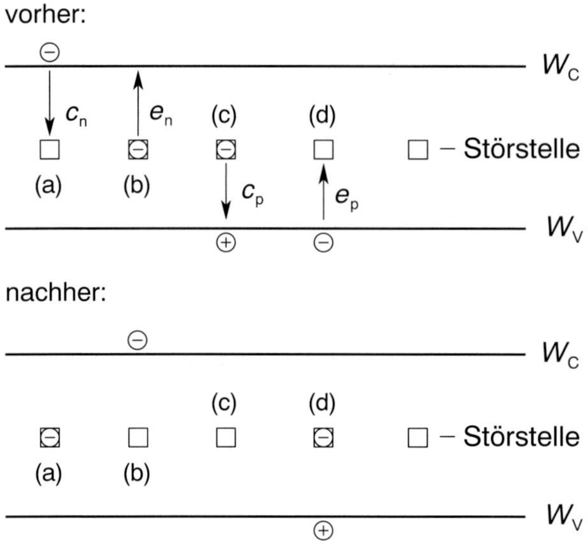

Abb. 12.31. Übergänge an einer tiefen Störstelle vom Akzeptortyp [27]

weise bestimmt die Generation von Elektron-Loch-Paaren an Störstellen maßgeblich die Dunkelströme in Fotodetektoren und die Sperrströme in Dioden. Rekombination an Störstellen beeinflußt auch den Wirkungsgrad von Solarzellen. Die Zunahme der Störstellen im Kristall im Laufe der Lebensdauer eines Bauelements führt zu Alterungseffekten *(Degradation)*, die sich beispielsweise in einer Abnahme der Stromverstärkung von Bipolartransistoren mit der Zeit oder der Abnahme des Wirkungsgrads von Leuchtdioden bemerkbar machen.

Der gezielte Einbau von Störstellen zur Reduktion der Minoritätslebensdauer wird zur Verringerung der *Schaltzeiten* in Leistungsbauelementen eingesetzt. Für diesen Zweck ist insbesondere Gold gebräuchlich, das ein beinahe in der Mitte der Energielücke liegendes Energieniveau aufweist. Durch den Einbau von *Goldatomen* in n-dotiertes Silizium kann beispielsweise die Lebensdauer für Löcher im Bereich von 1 µs (Goldkonzentration 10^{14} cm^{-3}) bis 0.1 ns (Goldkonzentration 10^{18} cm^{-3}) eingestellt werden. Eine andere Methode ist, durch Beschuß mit energiereichen Strahlen Kristallschäden zu erzeugen. Energiereiche Elektronen erzeugen in Silizium beispielsweise Defekte die zu lokalen Akzeptorzuständen 400 meV oberhalb der Valenzbandkante und Donatorzuständen 360 meV unterhalb der Leitungsbandkante führen. Die Störstellen sind dabei, abhängig von der Eindringtiefe der die Schäden verursachenden Strahlung, ungleichförmig verteilt – im Gegensatz zum Einbau von Goldatomen, die durch Diffusion bei ca. 1000°C gleichförmig im Kristall verteilt werden können.

Netto-Rekombinationsrate für SRH-Prozesse. Zur Erläuterung werden die in Abb. 12.31 dargestellten Übergänge an einer tiefen Störstelle betrachtet. Für diese Störstelle vom Akzeptortyp gibt es nur zwei mögliche Zustände: entweder sie ist mit einem Elektron besetzt oder unbesetzt. Insgesamt lassen sich vier Übergänge unterscheiden: (a) Einfang eines Elektrons aus dem Leitungsband, (b) Emission eines Elektrons aus dem besetzten Akzeptorzustand in das Leitungsband, (c) Rekombination eines im Akzeptorzustand eingefangenen Elektrons mit einem Loch im valenzband (dieser Vorgang entspricht dem Einfang eines Lochs vom Valenzband durch die mit einem Elektron besetzte Störstelle)) und (d) Einfang eines Elektrons aus dem Valenzband (dies kann auch als Emission eines Lochs von der Störstelle in das Valenzband beschrieben werden). Wie in [27,28], werden die Übergangsraten dieser vier Prozesse mit $c_\mathrm{n}n$, e_n, $c_\mathrm{p}p$ und e_p bezeichnet; die Dichte der tiefen Störstellen wird mit N_T bezeichnet. Unter der Annahme einer stationären Besetzungswahrscheinlichkeit folgt für die Netto-Rekombinationsrate

$$\mathcal{R}-\mathcal{G} \;=\; N_\mathrm{T}\,\frac{pn-n_\mathrm{i}^2}{\tau_\mathrm{p0}(n+n_1)+\tau_\mathrm{n0}(p+p_1)} \tag{12.56}$$

mit $\tau_\mathrm{n0}=1/c_\mathrm{n}$ und $\tau_\mathrm{p0}=1/c_\mathrm{p}$. Für die n_1 und p_1 gilt im thermischen Gleichgewicht

$$n_1 \;=\; \frac{e_\mathrm{n}}{c_\mathrm{n}} = N_\mathrm{C}\exp\left(\frac{W_\mathrm{T}-W_\mathrm{C}}{k_\mathrm{B}T}\right) = n_\mathrm{i}\exp\left(\frac{W_\mathrm{T}-W_\mathrm{Fi}}{k_\mathrm{B}T}\right)$$

$$p_1 \;=\; \frac{e_\mathrm{p}}{c_\mathrm{p}} = N_\mathrm{V}\exp\left(\frac{W_\mathrm{V}-W_\mathrm{T}}{k_\mathrm{B}T}\right) = n_\mathrm{i}\exp\left(\frac{W_\mathrm{Fi}-W_\mathrm{T}}{k_\mathrm{B}T}\right)$$

wobei W_T die Energie des Störstellenzustands und W_Fi die Lage der Fermi-Energie im undotierten Halbleiter bezeichnet. Unter dieser Bedingung ergibt sich Gilt $\tau_\mathrm{p0}=\tau_\mathrm{n0}=\tau N_\mathrm{T}$ so vereinfacht sich (12.56) zu

$$\mathcal{R}-\mathcal{G} \;=\; \frac{1}{\tau}\,\frac{pn-n_\mathrm{i}^2}{n+p+2n_\mathrm{i}\cosh\left[\,(W_\mathrm{T}-W_\mathrm{Fi})/k_\mathrm{B}T\,\right]}\;; \tag{12.57}$$

die Netto-Rekombinationsrate hängt demzufolge stark von der Energie des Störstellenniveaus W_T ab und errecht ihren maximalen Wert für $W_\mathrm{T}\to W_\mathrm{Fi}$.

In einem n-Typ Halbleiter wird der Nenner von (12.56) durch den Term $\tau_\mathrm{p0}n \approx \tau_\mathrm{p0}N_\mathrm{D}^+$ dominiert. Mit $p_\mathrm{n0}\approx n_\mathrm{i}^2/N_\mathrm{D}^+$, folgt dann für die Netto-Rekombinationsrate

$$\mathcal{R}-\mathcal{G} \;\approx\; \frac{p_\mathrm{n}n_\mathrm{n}-n_\mathrm{i}^2}{\tau_\mathrm{pSRH}N_\mathrm{D}^+} \;=\; \frac{p_\mathrm{n}-p_\mathrm{n0}}{\tau_\mathrm{pSRH}}\,, \tag{12.58}$$

wobei $\tau_\mathrm{pSRH}=\tau_\mathrm{p0}/N_\mathrm{T}$ die Lebensdauer für Löcher aufgrund des SRH-Mechanismus bezeichnet. Analog dominiert $\tau_\mathrm{n0}p\approx\tau_\mathrm{n0}N_\mathrm{A}^-$ im Nenner (12.56) im Fall eines p-Typ Halbleiters bei Niederinjektion, so daß

$$\mathcal{R}-\mathcal{G} \;\approx\; \frac{p_\mathrm{p}n_\mathrm{p}-n_\mathrm{i}^2}{\tau_\mathrm{nSRH}N_\mathrm{A}^-} \;=\; \frac{n_\mathrm{p}-n_\mathrm{p0}}{\tau_\mathrm{nSRH}}\,, \tag{12.59}$$

wobei $\tau_\mathrm{nSRH}=\tau_\mathrm{n0}/N_\mathrm{T}$ die Lebensdauer für Löcher aufgrund des SRH-Mechanismus bezeichnet.

Generation und Rekombination an Oberflächen. Die Grenzfläche zwischen einem Halbleiter und einem Isolator kann die Generation und Rekombination auf zweifache Weise beeinflussen: Zum einen sind an der Grenzfläche Störstellenzustände – vor allem durch nicht abgesättigte Bindungsorbitale bedingt – an denen Generation und Rekombination stattfinden kann, zum anderen können Ladungen im Isolator eingefangen werden und durch ihr elektrisches Feld die Rekombinationsvorgänge im Halbleiter in der Nähe der Grenzfläche beeinflussen. Für die Stromdichte der Elektronen und Löcher an einer solchen Oberfläche gilt

$$J_{\mathrm{p}} = -J_{\mathrm{n}} = e(\mathcal{R}-\mathcal{G})' \; ;$$

die Netto-Rekombinationsrate (pro Flächeneinheit) $(\mathcal{R}-\mathcal{G})'$ läßt sich bei Niederinjektion in einem n-Typ Gebiet[15] mit Hilfe der Oberflächenrekombinationsgeschwindigkeit S_{p} ausdrücken [29]

$$e(\mathcal{R}-\mathcal{G})' = S_{\mathrm{p}}(p_{\mathrm{n}}-p_{\mathrm{n0}}) \; ; \qquad (12.60)$$

bei Niederinjektion ist S_{p} unabhängig von der Dichte der Löcher an der Grenzfläche.

G-R-Vorgänge unter Beteiligung dreier Ladungsträger

Stoßionisation. Elektronen oder Löcher, die eine kinetische Energie größer als die Energielücke W_{g} aufweisen, sind in der Lage, weitere Elektron-Loch-Paare zu erzeugen. Dieser als *Stoßionisation* bezeichnete Vorgang tritt vorzugsweise in elektrischen Feldern oberhalb von 10^5 V/cm auf. Bei kleineren Feldstärken ist der Weg, den die Ladungsträger zurücklegen müßten, um eine hinreichend große kinetische Energie zu erlangen, zu groß: Bevor der erforderliche Wert erreicht ist, wird die Energie über Stöße an das Gitter abgegeben.

Die mit der Stoßionisation verbundene Generationsrate ist proportional zur jeweiligen Stromdichte

$$\mathcal{G} = \alpha_{\mathrm{n}}|J_{\mathrm{n}}| + \alpha_{\mathrm{p}}|J_{\mathrm{p}}| \, . \qquad (12.61)$$

Die Größen α_{n} und α_{p} werden als *Ionisationskoeffizienten* bezeichnet.Ihr Wert hängt vom Verlauf der elektrischen Feldstärke im Halbleitermaterial ab. Sie können als Funktion der lokalen elektrischen Feldstärke angesehen werden, falls diese nur geringfügig mit dem Ort variiert. Für diesen Fall wird für die beiden Ionisationskoeffizienten meist der Ansatz von Chynoweth [30]

$$\alpha_{\mathrm{n}} \approx a_{\mathrm{n}} \exp\left(-\frac{b_{\mathrm{n}}}{|E(x)|}\right) \quad \text{und} \quad \alpha_{\mathrm{p}} \approx a_{\mathrm{p}} \exp\left(-\frac{b_{\mathrm{p}}}{|E(x)|}\right) \qquad (12.62)$$

verwendet, wobei die Konstanten a_{n} und b_{n} für Elektronen sowie a_{p} und b_{p} für Löcher stark unterschiedliche Werte aufweisen. Die in der Literatur veröffentlichten Zahlenwerte für diese Parameter sind sehr unterschiedlich, ein Überblick ist z.B. in [31] zu finden. Der Ansatz (12.62) ist nur anwendbar, solange die Änderung der elektrischen Feldstärke auf einer Strecke, die

[15] Die Betrachtung für ein p-Typ Gebiet verläuft analog.

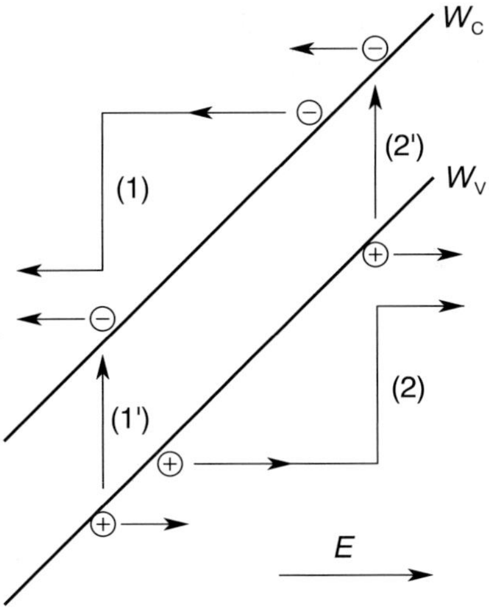

Abb. 12.32. Stoßionisation

im Mittel benötigt wird um die zur Stoßionisation erforderliche Energie zu gewinnen, vernachlässigbar klein ist. Diese Forderung ist in Bauelementen der Mikroelektronik mit ihren sehr dünnen Raumladungszonen jedoch häufig nicht erfüllt.

Shockley-Modell. Die exponentielle Abhängigkeit der Ionisationskoeffizienten von der Feldstärke läßt sich anhand des – stark vereinfachenden – Shockleyschen Modells [32], [33] der Stoßionisation verstehen. Dieses berücksichtigt zwei Energieverlustmechansimen für ein Elektron, das im Feld der Raumladungszone beschleunigt wird:

- Anregung von Gitterschwingungen (optischen Phononen), beschrieben durch die mittlere freie Weglänge λ_{op}: Die Wahrscheinlichkeit dafür, daß ein Elektron die Strecke d zurücklegt, ohne ein optisches Phonon anzuregen, ist $P = \exp(-d/\lambda_{\mathrm{op}})$.
- Erzeugung von Elektron-Loch-Paaren: Sobald die kinetische Energie des Elektrons größer als die „Ionisationsenergie“ [16] W_{i} ist, kann ein Elektron ein Elektron-Loch-Paar erzeugen. Die freie Weglänge für Stoßionisation für Elektronen mit $W > W_{\mathrm{i}}$ wird mit λ_{i} bezeichnet.

Um in einem elektrischen Feld E die Energie W_{i} aufzunehmen, muß das Elektron die Strecke $W_{\mathrm{i}}/(eE)$ durchlaufen. Die Wahrscheinlichkeit dafür, daß ein Elektron diese Strecke durchläuft, ohne ein optisches Phonon zu erzeugen, ist

$$P(W_{\mathrm{i}}) = \exp(-W_{\mathrm{i}}/e\lambda_{\mathrm{r}}E) .$$

Sobald ein Elektron die Energie W_{i} überschreitet, besitzt es die Fähigkeit zur Stoßionisation. Der Anteil der Elektronen der beim nächsten Streuvorgang kein optisches Phonon sondern ein Elektron-Loch-Paar erzeugt ist $\lambda_{\mathrm{r}}/\lambda_{\mathrm{i}}$. Durch $(\lambda_{\mathrm{r}}/\lambda_{\mathrm{i}})P(W_{\mathrm{i}})$

[16] W_{i} ist dabei in indirekten Halbleitern größer als die Energielücke W_{g} anzusetzen, da die Stoßionisation von Elektronen mit kinetischen Energien $W_{\mathrm{kin}} \approx W_{\mathrm{g}}$ aus Gründen der Impulserhaltung vernachlässigbar klein ist.

ist damit die Wahrscheinlichkeit gegeben, daß ein Elektron ein Elektron-Loch-Paar durch Stoßionisation erzeugt. Der Ionisationskoeffizient ist proportional zu dieser Größe. Dies erklärt die exponentielle Abhängigkeit der Ionisationskoeffizienten von der Feldstärke in der Chynoweth-Beziehung.

Nichtlokale Effekte. Wie bereits erwähnt lassen sich Ionisationskoeffizienten nur bei schwacher Ortsabhängigkeit der elektrischen Feldstärke als eine Funktion der lokalen elektrischen Feldstärke ausdrücken. Ein vergleichsweise einfacher Ansatz zur Berücksichtigung einer vom Ort abhängigen elektrischen Feldstärke [34–36] führt auf Ionisationskoeffizienten in Chynoweth-Form

$$\alpha_{\mathrm{n}} = a_{\mathrm{n}} \exp\left(-b_{\mathrm{n}}/|E_{\mathrm{eff}}(x)|\right) , \tag{12.63}$$

in denen statt der lokalen elektrischen Feldstärke eine effektive Feldstärke

$$E_{\mathrm{eff}}(x) = \frac{1}{\lambda_{\mathrm{wn}}} \int_{x_{\mathrm{p}}}^{x} E(x') \exp\left(\frac{x-x'}{\lambda_{\mathrm{wn}}}\right) \mathrm{d}x' . \tag{12.64}$$

verwendet wird. Die Streulänge λ_{wn} wird in [35, 37] mit 65 nm angegeben, in [36] wurde $\lambda_{\mathrm{wn}} = 80\,\mathrm{nm}$ als passend gefunden. Für Löcher wurde in [37] der Wert $\lambda_{\mathrm{wn}} = 50\,\mathrm{nm}$ angegeben.

Auger-Rekombination. Die Umkehrung der Stoßionisation ist die *Auger-Rekombination.* Diese stellt den dominierenden Rekombinationsmechanismus in stark dotierten indirekten Halbleitern dar. Der bei der Rekombination eines Elektron-Loch-Paars auftretende Impulsüberschuß und die freiwerdende Energie [17] wird an ein Elektron (eeh-Prozeß) oder an ein Loch (ehh-Prozeß) abgegeben. Da die Wahrscheinlichkeit dafür, daß ein Minoritätsträger gleichzeitig mit zwei Majoritätsträgern zusammenstößt, proportional zum Quadrat der Majoritätsträgerkonzentration ist, nimmt die durch die Auger-Rekombination bestimmte Lebensdauer umgekehrt proportional zum Quadrat der Dichte der Majoritäten und damit zum Quadrat der Dotierstoffkonzentration ab. Der übliche Ansatz zur Beschreibung der Auger-Rekombination verwendet die Nettorekombinationsrate

$$\mathcal{R}-\mathcal{G} = (np-n_{\mathrm{i}}^2)(C_{\mathrm{n}}n+C_{\mathrm{p}}p) , \tag{12.65}$$

mit Koeffizienten C_{n} und C_{p} die durch Messung bestimmt werden. Parameter für Silizium werden im Folgenden angegeben.

Lebensdauern in Silizium. In schwach dotiertem Silizium dominiert die Shockley-Read-Hall Rekombination mit Lebensdauern in der Größenordnung einiger Mikrosekunden, bei hohen Dotierstoffkonzentrationen wird die Auger-Rekombination maßgeblich mit der Netto-Rekombinationsrate (12.65). Tabelle 12.3 zeigt Werte für die

[17] Zumindest zum großen Teil: eine genauere Analyse der Auger-Rekombinationsvorgänge zeigt, daß zusätzliche Wechselwirkungen mit Gitterschwingungen und Störstellen eine wichtige Rolle spielen.

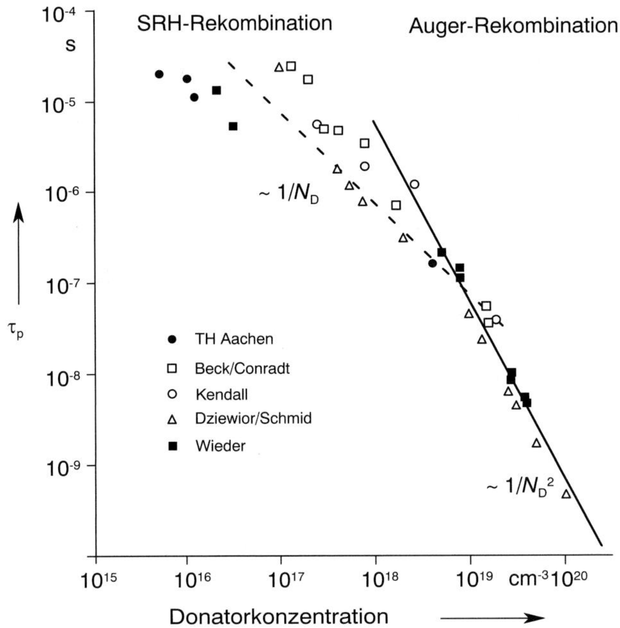

Abb. 12.33. Löcherlebensdauer in n-Typ Silizium (nach [39])

Parameter C_n und C_p, die aus dem Abfall des bei der Rekombination von Elektron-Loch-Paaren ausgesendeten Lichts nach Anregung mit einem kurzen Laserpuls bestimmt wurden [38].

Tabelle 12.3. Parameter C_n und C_p für Auger Rekombination in Silizium [38]

Temperatur	77 K	300 K	400 K
$C_n/(\mathrm{cm^6\,s^{-1}})$	2.3×10^{-31}	2.8×10^{-31}	2.8×10^{-31}
$C_p/(\mathrm{cm^6\,s^{-1}})$	7.8×10^{-32}	9.9×10^{-32}	1.2×10^{-31}

In stark dotiertem n-Typ Silizium resultiert die Nettorekombinationsrate

$$\mathcal{R}-\mathcal{G} \approx \left(C_n n + \frac{1}{\tau_{pSRH} n}\right)(pn - n_{ie}^2) ,$$

da $n \gg p$. Wird wie in [40] durch Lebensdauer für Löcher

$$\tau_p \approx \frac{\tau_{pSRH}}{1 + C_n \tau_{pSRH} n^2} , \tag{12.66}$$

die effektive Lebensdauer für Löcher eingeführt, und beachtet, daß bei Niederinjektion $p_{n0} = n_{ie}^2/n$ gilt, so ergibt sich die Netto-Rekombinationsrate

$$\mathcal{R}-\mathcal{G} = \frac{p_n - p_{n0}}{\tau_p} .$$

Das ist der üblicherweise für die Beschreibung der Minoritäten verwendete Ansatz. Eine grafische darstellung der Löcherlebensdauer in n-Typ-Silizium ist in Abb. 12.33 zu sehen.

12.4.4 Grundgleichungen der Drift-Diffusions-Theorie

Die Drift-Diffusions-Theorie verwendet fünf Gleichungen – die Stromgleichungen, die Kontinuitätsgleichungen und die Poisson-Gleichung – um die Ladungsträger- und Stromdichten für Elektronen und Löcher sowie das elektrische Feld zu ermitteln. Dieses System von fünf partiellen Differentialgleichungen wird in Simulationsprogrammen [31,36,41] numerisch gelöst – analytische Lösungen lassen sich nur für vereinfachende Sonderfälle angeben.

Wegen der Näherungsannahmen, die den Stromgleichungen zugrunde liegen, liefert dieser Ansatz gewöhnlich nur dann sinnvolle Werte, wenn sich die elektrische Feldstärke nur geringfügig über einer freien Weglänge verändert – andernfalls ist auch eine Vorhersage der Stoßionisation problematisch. Zwar besteht prinzipiell die Möglichkeit, durch aufwendigere Verfahren wie die Lösung der Boltzmann-Gleichung bzw. die dazu gleichwertige Monte-Carlo-Simulation [42, 43] korrekte Simulationsergebnisse zu erzielen. Wegen des beachtlichen Aufwands werden diese Techniken aber nahezu ausschließlich für Studien eingesetzt.

Stromgleichungen

Durch Zusammenfassen der Ausdrücke für die Driftstromdichte und die Diffusionsstromdichte folgen die Stromgleichungen für Elektronen bzw. Löcher. Der allgemeine Ansatz

$$\boldsymbol{J}_\mathrm{n} = e\mu_\mathrm{n} n \boldsymbol{E} + eD_\mathrm{n}\nabla n \quad \text{und} \quad \boldsymbol{J}_\mathrm{p} = e\mu_\mathrm{p} p \boldsymbol{E} - eD_\mathrm{p}\nabla p$$

vereinfacht sich im eindimensionalen Fall zu

$$\boxed{J_\mathrm{n} = e\mu_\mathrm{n} n E + eD_\mathrm{n}\frac{\partial n}{\partial x} \quad \text{und} \quad J_\mathrm{p} = e\mu_\mathrm{p} p E - eD_\mathrm{p}\frac{\partial p}{\partial x}\,.} \qquad (12.67)$$

Beispiel 12.4.3 In einem ungleichförmig dotierten n-Typ Halbleiter ist die Dichte der Elektronen ortsabhängig. Deshalb diffundieren Elektronen vom stärker dotierten zum schwächer dotierten Ende. Die fest im Gitter gebundenen Donatorionen können diese Bewegung nicht mitmachen: Das stärker dotierte Ende lädt sich deshalb positiv auf, das schwächer dotierte negativ. Auf diesem Weg entsteht ein elektrisches Feld; der mit diesem Feld verbundene Driftstrom ist dem Diffusionsstrom entgegengesetzt. Da im thermischen Gleichgewicht kein Strom fließt, müssen sich Drift- und Diffusionsstromdichte kompensieren. Aus der Forderung $J_\mathrm{n} = 0$ und der Einstein-Beziehung $D_\mathrm{n} = \mu_\mathrm{n} V_T$ folgt mit (12.67) für die elektrische Feldstärke im Halbleiter und damit für die Steigung der Bandkanten im Bandschema

$$E(x) = -\frac{V_T}{n}\frac{\mathrm{d}n}{\mathrm{d}x} = \frac{1}{e}\frac{\mathrm{d}W_\mathrm{C}}{\mathrm{d}x}\,.$$

Mit den Elektronendichten bei $x = 0$ und $x = d$ folgt für die Potentialdifferenz über dem Halbleiterstück

$$\psi(0) - \psi(d) = V_T \ln[n(0)/n(d)] \; .$$

Wird die Elektronendichte $n(x)$ über den Ansatz (12.13) mit ortsabhängigen Werten für W_C und W_F beschrieben, so folgt

$$\frac{dn}{dx} = N_C \frac{d}{dx} \exp\left(-\frac{W_C - W_F}{k_B T}\right) = -\frac{n}{k_B T}\left(\frac{dW_C}{dx} - \frac{dW_F}{dx}\right) .$$

Aus der Bedingung $J_n = 0$ folgt aber

$$\frac{dn}{dx} = -\frac{nE}{V_T} = -\frac{enE}{k_B T} = -\frac{n}{k_B T}\frac{dW_C}{dx} ,$$

d.h. $J_n = 0$ kann nur gelten, wenn $dW_F/dx = 0$ gilt. Im thermischen Gleichgewicht muß die Fermi-Energie also überall denselben Wert aufweisen (Abb. 12.34). Δ

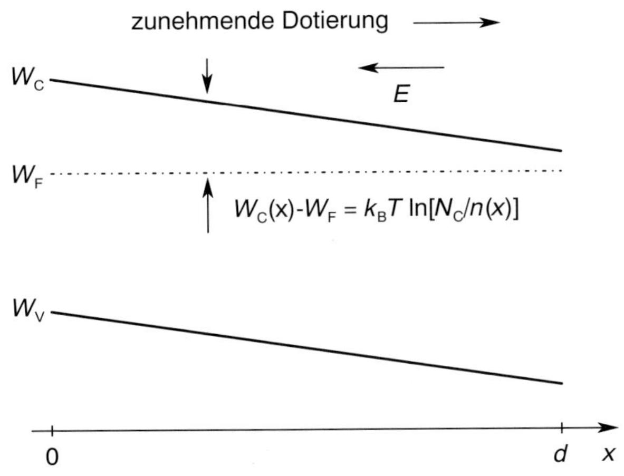

Abb. 12.34. Bänderschema eines ungleichförmig dotierten n-Typ Halbleiters

Beweglichkeit in Silizium. Wegen der Streuung an Gitterschwingungen ist die Beweglichkeit temperaturabhängig; in reinem Silizium wird die Temperaturabhängigkeit durch ein Potenzgesetz beschrieben

$$\mu(T) = \mu_{300\,\mathrm{K}}\,(300\,\mathrm{K}/T)^{\alpha} \; , \tag{12.68}$$

wobei $\alpha \approx 2.2$ in Silizium[18]. Bei dotiertem Silizium hängt die Ladungsträgerbeweglichkeit wegen der Streuung an ionisierten Donatoren und Akzeptoren zusätzlich von der Dotierstoffkonzentration ab. Nach [44] lassen sich bei $T = 300\mathrm{K}$ gemessene Daten für die Beweglichkeit der Majoritäten[19] durch

$$\mu_{L0} = \mu_{\min} + \frac{\mu_{\max} - \mu_{\min}}{1 + (N/N_{r1})^{\alpha_1}} - \frac{\mu_1}{1 + (N_{r2}/N)^{\alpha_2}} , \tag{12.69}$$

[18] In der Literatur werden Werte zwischen 2.2 und 2.6 angegeben (vgl. [6, 31]).

[19] Die Beweglichkeiten für Minoritäten können in stark dotierten Halbleitern von den Beweglichkeiten der Majoritäten abweichen, da die ionisierten Störstellen auf die Majoritäten anziehend, auf die Minoritäten abstoßend wirken, was sich in unterschiedlichen Streuraten auswirkt. Die Beweglichkeit der Minoritäten ist dabei in stark dotierten Halbleitern größer als als die der Majoritäten.

beschreiben; N bezeichnet die Dichte der ionisierten Störstellen, die Parameter $\mu_{\min}$, $\mu_{\max}$, μ_1, N_{r1}, α_1, N_{r2} and α_2 sind in Tabelle 12.4 aufgeführt.

Tabelle 12.4. Parameter für die Beweglichkeiten der Majoritäten [a]) [44]

	$\mu_{\min}$	$\mu_{\max}$	μ_1	N_{r1}	α_1	N_{r2}	α_2
As	52.2	1417	43.4	9.68×10^{16}	0.68	3.43×10^{20}	2
P	68.5	1414	56.1	9.2×10^{16}	0.711	3.41×10^{20}	1.98
B	44.9	470.5	29.0	2.23×10^{17}	0.719	6.1×10^{20}	2

[a]) Beweglichkeiten in $\mathrm{cm^2/(Vs)}$, Dotierstoffkonzentrationen in $\mathrm{cm^{-3}}$.

Da die Streuung an Störstellen eine andere Temperaturabhängigkeit aufweist als die Streuung an Gitterschwingungen, kann die Beweglichkeit in stärker dotierten Halbleitern durch eine Überlagerung entsprechend der Matthiesenschen Regel ermittelt werden; eine entsprechendes Beweglichkeitsmodell wird in [15, 45] vorgestellt.

Die zunehmende Erzeugung optischer Phononen bedingt eine Abnahme der Beweglichkeit bei großer Feldstärke; dabei wird üblicherweise die empirische Beziehung von Caughey uand Thomas [46]

$$\mu(E) = \frac{\mu(0)}{\left[1 + \left(\mu(0)E/v_{\mathrm{nsat}}\right)^{\beta}\right]^{1/\beta}} \tag{12.70}$$

mit $\beta \approx 2$ zugrundegelegt.

Stromtransport in Materialien mit ortsabhängiger Energielücke. Durch eine Änderung in der Zusammensetzung eines Verbindungshalbleiters kann eine allmähliche Änderung der Energielücke (z.B. über der Basis eines Bipolartransistors) erreicht werden (graded base). Ein weiterer Effekt der zu einer ortsabhängigen Energielücke führt ist das bandgap narrowing. Eine in Flußrichtung der Elektronen abnehmende Energielücke wirkt sich auf den Transferstrom wie ein zusätzliches Driftfeld aus: In Halbleitern mit ortsabhängiger Zusammensetzung sind die *Stromgleichungen* für Elektronen und Löcher wie folgt zu verallgemeinern [47]

$$J_{\mathrm{n}} = en\mu_{\mathrm{n}}E + eD_{\mathrm{n}}\frac{\partial n}{\partial x} + \mu_{\mathrm{n}}n\frac{\mathrm{d}W_{\mathrm{C}}}{\mathrm{d}x} - eD_{\mathrm{n}}\frac{n}{N_{\mathrm{C}}}\frac{\mathrm{d}N_{\mathrm{C}}}{\mathrm{d}x} \tag{12.71}$$

$$J_{\mathrm{p}} = -ep\mu_{\mathrm{p}}E + eD_{\mathrm{p}}\frac{\partial p}{\partial x} + \mu_{\mathrm{p}}p\frac{\mathrm{d}W_{\mathrm{V}}}{\mathrm{d}x} - eD_{\mathrm{p}}\frac{p}{N_{\mathrm{V}}}\frac{\mathrm{d}N_{\mathrm{V}}}{\mathrm{d}x} \tag{12.72}$$

Dabei bezeichnet $\mathrm{d}W_{\mathrm{C}}/\mathrm{d}x$ die Änderung der Energie der Leitungsbandkante im feldfreien Fall und $\mathrm{d}W_{\mathrm{V}}/\mathrm{d}x$ die Änderung der Energie der Valenzbandkante. Entsprechend bezeichnet $\mathrm{d}N_{\mathrm{C}}/\mathrm{d}x$ die Änderung der effektiven Zustandsdichte im Leitungsband mit dem Ort und $\mathrm{d}N_{\mathrm{V}}/\mathrm{d}x$ diejenige des Valenzbands.

Kontinuitätsgleichungen

Die Kontinuitätsgleichungen für Elektronen und Löcher stellen die „Bilanz“ für diese Ladungsträger auf, d. h. sie verknüpfen die Änderung der Ladungsträgerdichte mit der Stromdichte und der Nettorekombinationsrate. Die eindimensionale *Kontinuitätsgleichung* für Elektronen lautet

$$\boxed{\frac{\partial n}{\partial t} = \frac{1}{e}\frac{\partial J_\mathrm{n}}{\partial x} - (\mathcal{R}-\mathcal{G})\ .} \tag{12.73}$$

Für Löcher gilt entsprechend

$$\boxed{\frac{\partial p}{\partial t} = -\frac{1}{e}\frac{\partial J_\mathrm{p}}{\partial x} - (\mathcal{R}-\mathcal{G})} \tag{12.74}$$

mit der Löcherstromdichte J_p. Die Verallgemeinerung dieser Beziehungen auf den dreidimensionalen Fall ergibt

$$\frac{\partial n}{\partial t} = \frac{1}{e}\nabla\cdot\boldsymbol{J}_\mathrm{n} - (\mathcal{R}-\mathcal{G}) \quad \text{bzw.} \quad \frac{\partial p}{\partial t} = -\frac{1}{e}\nabla\cdot\boldsymbol{J}_\mathrm{p} - (\mathcal{R}-\mathcal{G})\ .$$

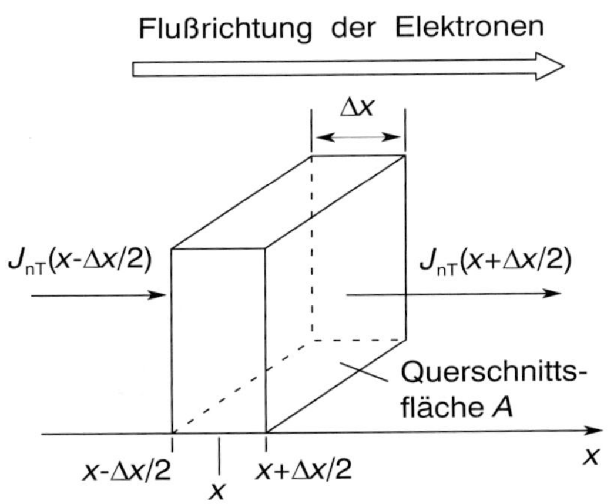

Abb. 12.35. Teilchenfluß (eindimensional) durch ein quaderförmiges Volumen

Herleitung der Kontinuitätsgleichung. Zur Herleitung der eindimensionalen Kontinuitätsgleichung für Elektronen wird ein eindimensionaler Elektronenfluß in x-Richtung, beschrieben durch die Teilchenstromdichte $J_\mathrm{nT}(x)$, betrachtet (Abb. 12.35). Die Rate, mit der Elektronen in den skizzierten Quader mit Querschnittsfläche A strömen, ist

$$\mathrm{EIN} = AJ_\mathrm{nT}(x-\Delta x/2)\ .$$

Die Rate, mit der Elektronen aus dem Quader herausfließen, ist

$$\mathrm{AUS} = AJ_\mathrm{nT}(x+\Delta x/2)\ .$$

Ferner ist ein Schwund durch Rekombination zu berücksichtigen

$$\text{SCHWUND} = (\mathcal{R}-\mathcal{G})A\Delta x\,.$$

Die Bilanz für Elektronen im Volumen V lautet damit

$$\text{ÄNDERUNG} = \text{EIN} - \text{AUS} - \text{SCHWUND}\,.$$

Die ÄNDERUNG der Anzahl der Elektronen im Volumen $V = A\,\Delta x$ hängt mit der Änderung der Elektronendichte im Volumen über die Beziehung

$$\text{ÄNDERUNG} = \frac{\partial n}{\partial t}A\Delta x$$

zusammen. Setzt man diese Zusammenhänge in die Bilanzgleichung ein, so folgt

$$\frac{\partial n}{\partial t}A\Delta x = AJ_{\mathrm{nT}}(x-\Delta x/2) - AJ_{\mathrm{nT}}(x+\Delta x/2) - (\mathcal{R}-\mathcal{G})A\Delta x$$

bzw. nach Division durch A und Δx

$$\frac{\partial n}{\partial t} = -\frac{J_{\mathrm{nT}}(x+\Delta x/2) - J_{\mathrm{nT}}(x-\Delta x/2)}{\Delta x} - (\mathcal{R}-\mathcal{G})\,.$$

Im Grenzfall $\Delta x \to 0$ geht der erste Term auf der rechten Seite in die Ableitung der Teilchenstromdichte über. Mit $J_{\mathrm{n}} = -eJ_{\mathrm{nT}}$ führt dies auf Gl. (12.73).

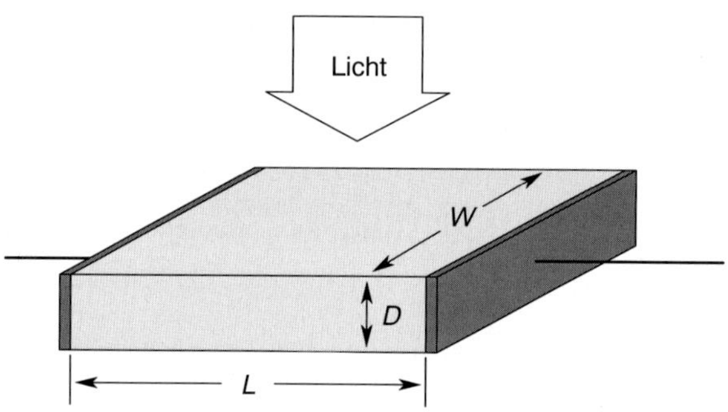

Abb. 12.36. Zu Beispiel 12.4.4

Beispiel 12.4.4 Als einfaches Anwendungsbeispiel der Kontinuitätsgleichung wird das in Abb. 12.36 skizzierte Halbleiterplättchen (Silizium) mit der Akzeptorkonzentration $N_{\mathrm{A}} \gg n_{\mathrm{i}}$ betrachtet. Im unbeleuchteten Fall ist der Leitwert des Plättchens

$$G = e(\mu_{\mathrm{n}}n_{\mathrm{p0}} + \mu_{\mathrm{p}}p_{\mathrm{p0}})WD/L \approx e\mu_{\mathrm{p}}N_{\mathrm{A}}WD/L$$

vor allem durch die Dotierung bestimmt. Trifft Licht auf das Plättchen, so werden zusätzliche Elektron-Loch-Paare erzeugt; da Elektronen und Löcher paarweise erzeugt werden, steigt die Elektronen- und Löcherdichte im selben Maß an ($\Delta n = \Delta p$). Da die Stromdichte im betrachteten Beispiel nicht vom Ort abhängt lautet die Kontinuitätsgleichung für die Elektronen

$$\frac{\mathrm{d}n_{\mathrm{p}}}{\mathrm{d}t} = -\frac{n_{\mathrm{p}}-n_{\mathrm{p0}}}{\tau_{\mathrm{n}}} + \mathcal{G}_{h\nu}(t)$$

wobei $\mathcal{G}_{h\nu}(t)$ die zusätzliche Generationsrate durch die absorbierte Strahlung angibt. Ist die auftreffende Strahlung monochromatisch mit der Wellenlänge λ, so ist die

Energie eines Photons $W_{h\nu} = hc/\lambda$ (vgl. Kap. 26). Die Anzahl der pro Zeiteinheit auftreffenden Photonen ist dann $\phi_e(t)/W_{h\nu}$ wobei $\phi_e(t)$ die auftreffende Strahlungsleistung ist. Bezeichnet η den Anteil der auftreffenden Photonen, die ein Elektron-Loch-Paar erzeugen, so ist die durch die optische Strahlung bedingte Generationsrate

$$\mathcal{G}_{h\nu}(t) = \frac{1}{WLD}\,\eta\,\frac{\phi_e(t)}{hc/\lambda} .$$

Bei dieser Betrachtung wurde der Einfachheit halber angenommen, daß die Strahlungsleistung gleichförmig im Volumen absorbiert wird, d.h. $\mathcal{G}_{h\nu}(t)$ ist die über das Volumen gemittelte Generationsrate.[20]

(a) Wird zur Zeit $t = 0$ eine konstante Beleuchtung eingeschaltet, so gilt für $t < 0$: $\mathcal{G}_{h\nu} = 0$ und $n_p = n_{p0}$ (thermisches Gleichgewicht, Abb. 12.37, (1)); für $t > 0$ genügt $n_p(t)$ der Kontinuitätsgleichung

$$\frac{\mathrm{d}n_p}{\mathrm{d}t} = -\frac{n_p - n_{p0}}{\tau_n} + \mathcal{G}_{h\nu}$$

mit $G_{h\nu} > 0$; diese Differentialgleichung ist zum Anfangswert $n_p(0) = n_{p0}$ zu lösen. Bei $t = 0^+$ gilt $\mathrm{d}n_p/\mathrm{d}t = \mathcal{G}_{h\nu} > 0$, d.h. die Kontinuitätsgleichung liefert erwartungsgemäß eine mit der Zeit ansteigende Elektronendichte. Die Elektronendichte steigt an, bis $\mathrm{d}n_p/\mathrm{d}t = 0$ gilt, bzw. bis beim Wert $n_p = n_{p0} + \mathcal{G}_{h\nu}\tau_n$ ein stationärer Zustand erreicht wird (Abb. 12.37, (2)). Elektronen- und Löcherdichte genügen für $t > 0$ der Beziehung

$$n_p(t) = n_{p0} + \mathcal{G}_{h\nu}\tau_n \left[1 - \exp(-t/\tau_n)\right] .$$

Mit $n_{p0} \ll p_{p0} \approx N_A$ folgt für den Leitwert des beleuchteten Halbleiterplättchens

$$G = e\mu_p N_A \frac{WD}{L} + e(\mu_n + \mu_p)\mathcal{G}_{h\nu}\tau_n \frac{WD}{L} = G_{\text{dark}} + \Delta G$$

wobei G_{dark} den Leitwert des unbeleuchteten Halbleiterplättchens und ΔG die Zunahme des Leitwerts bei Beleuchtung bezeichnet.

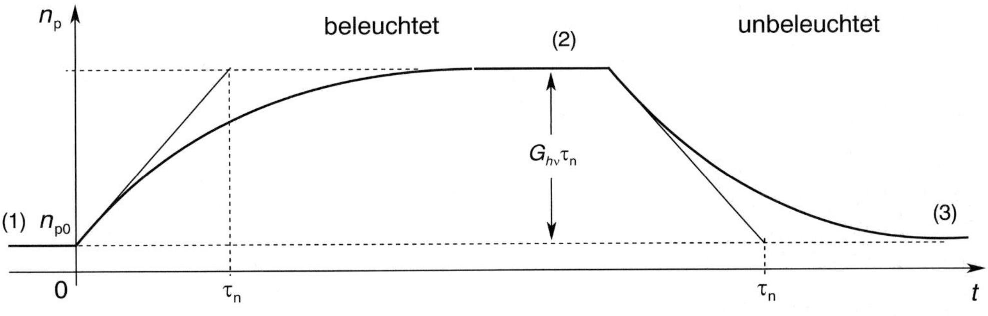

Abb. 12.37. Änderung der Elektronendichte im p-Typ Halbleiter nach Ein- und Ausschalten der Beleuchtung

[20]Eine aufwendigere Rechnung mit einer von der Eindringtiefe abhängigen Generationsrate liefert dasselbe Ergebnis für die Änderung des Leitwerts bei Beleuchtung.

(b) Wird das Licht bei $t = 0$ ausgeschaltet, d.h. gilt $G_{h\nu} > 0$ für $t < 0$ und $G_{h\nu} = 0$ für $t > 0$, so lautet die Kontinuitätsgleichung für $t > 0$

$$\frac{\mathrm{d}n_\mathrm{p}}{\mathrm{d}t} = -\frac{n_\mathrm{p} - n_\mathrm{p0}}{\tau_\mathrm{n}}$$

mit der Anfangsbedingung $n_\mathrm{p}(0) = n_\mathrm{p0} + \mathcal{G}_{h\nu}\tau_\mathrm{n} > n_\mathrm{p0}$. Bei $t = 0^+$ gilt $\mathrm{d}n_\mathrm{p}/\mathrm{d}t = -\mathcal{G}_{h\nu} < 0$, d.h. die Elektronendichte nimmt erwartungsgemäß ab. Die Elektronendichte fällt ab bis $\mathrm{d}n_\mathrm{p}/\mathrm{d}t = 0$ bzw. $n_\mathrm{p} = n_\mathrm{p0}$ erreicht ist: Sich selbst überlassen strebt der Halbleiter also wieder den Zustand des thermischen Gleichgewichts an (Abb. 12.37, (3)).

(c) Fällt für $t > 0$ Licht mit sinusförmig modulierter Leistung auf das Halbleiterplättchen, so lautet die Kontinuitätsgleichung

$$\frac{\mathrm{d}n_\mathrm{p}}{\mathrm{d}t} = -\frac{n_\mathrm{p} - n_\mathrm{p0}}{\tau_\mathrm{n}} + \mathcal{G}_{h\nu 0} + \hat{\mathcal{G}}_{h\nu\sim}\cos(\omega t)\ .$$

Der Gleichanteil der Generationsrate $\mathcal{G}_{h\nu 0}$ verursacht einen Anstieg der Elektronendichte auf den Wert $n_\mathrm{p} = n_\mathrm{p0} + \mathcal{G}_{\mathrm{h}\nu 0}\tau_\mathrm{n}$; diesem Gleichanteil der Elektronendichte wird ein Wechselanteil $n_{\mathrm{p}\sim}(t)$ überlagert, der durch

$$\frac{\mathrm{d}n_{\mathrm{p}\sim}}{\mathrm{d}t} = -\frac{n_{\mathrm{p}\sim}}{\tau_\mathrm{n}} + \hat{\mathcal{G}}_{h\nu\sim}\cos(\omega t)$$

bestimmt ist. Die Lösung dieser DGL ergibt

$$n_{\mathrm{p}\sim}(t) = \frac{\tau_\mathrm{n}\hat{\mathcal{G}}_{\mathrm{h}\nu\sim}}{\sqrt{1 + \omega^2\tau_\mathrm{n}^2}}\cos(\omega t + \varphi) = \hat{n}_{\mathrm{p}\sim}\cos(\omega t + \varphi)$$

mit $\varphi = -\arctan(\omega\tau_\mathrm{n})$. Es lassen sich zwei Grenzfälle betrachten

- Für niedere Frequenzen mit $\omega\tau_\mathrm{n} \ll 1$ ist $\hat{n}_{\mathrm{p}\sim} \approx \tau_\mathrm{n}\hat{\mathcal{G}}_{\mathrm{h}\nu\sim}$; unter diesen Bedingungen stellen sich Leitwertsänderungen mit einer von der Frequenz unabhängigen Amplitude ein.
- Für hohe Frequenzen mit $\omega\tau_\mathrm{n} \gg 1$ ist $\hat{n}_{\mathrm{p}\sim} \approx \hat{\mathcal{G}}_{\mathrm{h}\nu\sim}/\omega$; unter diesen Bedingungen fällt die Amplitude der durch den Wechselanteil der Strahlung bedingten Leitwertsänderungen umgekehrt proportional zur Frequenz ab.

Der in diesem Beispiel untersuchte Fotowiderstand zeigt somit bei Wechselbetrieb ein Tiefpaßverhalten mit der Grenzfrequenz $1/(2\pi\tau_\mathrm{n})$. Δ

Beispiel 12.4.5 Ein schöne Illustration des Zusammenwirkens von Drift, Diffusion und Rekombination bietet das Haynes-Shockley-Experiment [48] mit der in Abb. 12.38 skizzierten Anordnung. In einem n-Typ Halbleiter werden dabei bei $x = 0$ durch einen kurzen Lichtblitz zur Zeit $t = 0$ Elektron-Loch-Paare erzeugt. Durch ein angelegtes elektrisches Feld driften die erzeugten Löcher nach rechts. Wird das elektrische Feld im Halbleiter als konstant angenommen ($\mathrm{d}E/\mathrm{d}x = 0$), so lassen sich die Strom- und die Kontinuitätsgleichung für die Löcher im n-Gebiet

$$J_\mathrm{p} = e\mu_\mathrm{p}p_\mathrm{n}E - eD_\mathrm{p}\frac{\partial p_\mathrm{n}}{\partial x} \quad \text{und} \quad \frac{\partial p_\mathrm{n}}{\partial t} = \frac{1}{e}\frac{\partial J_\mathrm{p}}{\partial x} - \frac{p_\mathrm{n} - p_\mathrm{n0}}{\tau_\mathrm{n}}$$

zusammenfassen zu

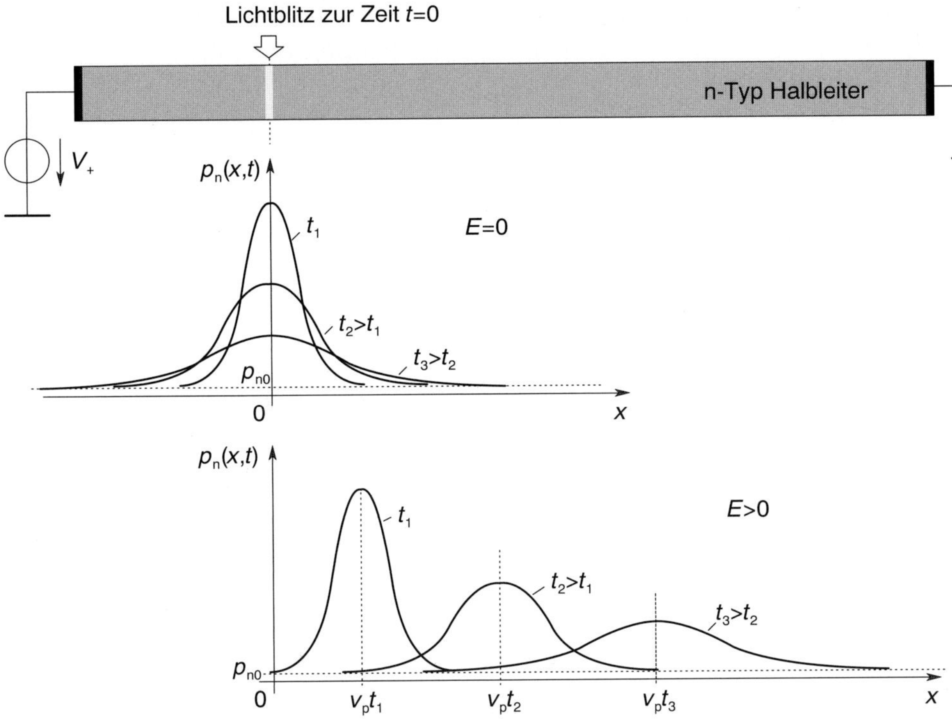

Abb. 12.38. Haynes-Shockley Experiment. Versuchsanordnung und Verteilung der Minoritätsladungsträger für verschiedene Zeiten

$$\frac{\partial p_\mathrm{n}}{\partial t} = -\frac{p_\mathrm{n} - p_\mathrm{n0}}{\tau_\mathrm{p}} - \mu_\mathrm{p} E \frac{\partial p_\mathrm{n}}{\partial x} + D_\mathrm{p} \frac{\partial^2 p_\mathrm{n}}{\partial x^2} \; .$$

Werden durch den Lichtblitz N Löcher zur Zeit $t = 0$ bei $x = 0$ erzeugt, so ist die Lösung dieser partiellen Differentialgleichung

$$p_\mathrm{n}(x,t) = \frac{N}{\sqrt{4\pi D_\mathrm{p} t}} \exp\left(-\frac{t}{\tau_\mathrm{p}}\right) \exp\left(-\frac{(x - v_\mathrm{p} t)^2}{4 D_\mathrm{p} t}\right) + p_\mathrm{n0} \; .$$

Dabei bezeichnet $v_\mathrm{p} = \mu_\mathrm{p} E$ die Driftgeschwindigkeit der Löcher im elektrischen Feld E. Liegt keine Spannung an, so ist $E = 0$; das Maximum der Löcherdichte bleibt dann bei $x = 0$, aufgrund der Diffusion verteilen sich die Löcher aber über einen zunehmend größeren Bereich und nehmen aufgrund der Rekombination (Faktor $\exp(-t/\tau_\mathrm{p})$) insgesamt ab. Wird ein elektrisches Feld überlagert, so verschiebt sich das Maximum der Löcherdichte mit der Driftgeschwindigkeit in Feldrichtung. △

Poisson-Gleichung

Für eine vollständige Beschreibung der Vorgänge im Halbleiter unter Nichtgleichgewichtsbedingungen sind die Strom- und Kontinuitätsgleichungen durch eine Beziehung zu ergänzen, die es erlaubt, die elektrische Feldstärke

$$E = -\partial\psi/\partial x \tag{12.75}$$

bzw. das elektrostatische Potential ψ aus der Verteilung der Ladungen zu berechnen. Der gesuchte Zusammenhang wird durch die Poisson-Gleichung [49] geliefert, die in ihrer eindimensionalen Form durch

$$\boxed{\frac{\partial^2 \psi}{\partial x^2} = -\frac{\rho}{\epsilon_0 \epsilon_\mathrm{r}}} \tag{12.76}$$

gegeben ist. Hierbei bezeichnet

$$\rho = e\left(p - n + N_\mathrm{D}^+ - N_\mathrm{A}^-\right) \tag{12.77}$$

die *Ladungsdichte.* Die Verallgemeinerung auf drei Dimensionen lautet

$$\nabla \cdot \boldsymbol{E} = -\nabla^2 \psi = \rho / \epsilon_0 \epsilon_\mathrm{r} \, .$$

12.4.5 Abschirmung

Werden Minoritäten in ein zuvor neutrales Bahngebiet injiziert, so ziehen diese aufgrund ihrer Ladung dort Majoritätsträger an, die sich so verschieben, daß die injizierte Minoritätsladung weitgehend *neutralisiert* wird. Dieser Vorgang erfolgt in Materialien mit großem spezifischem Leitwert σ sehr schnell. Die charakteristische Zeitkonstante für diesen Ausgleichsvorgang ist die *dielektrische Relaxationszeit*

$$\boxed{\tau_\epsilon = \epsilon_0 \epsilon_\mathrm{r} / \sigma \, .} \tag{12.78}$$

Für Dotierstoffkonzentrationen größer als 10^{17} cm^{-3}, wie sie in den Bahngebieten von Halbleiterbauelementen häufig anzutreffen sind, ist τ_ϵ deutlich kleiner als 1 ps, die neutralisierenden Majoritäten folgen den injizierten Minoritäten unter diesen Umständen nahezu *trägheitsfrei.*

Im Fall eines n-Typ Halbleiters der Dotierstoffkonzentration N_D^+ folgt aus (12.78) für die dielektrische Relaxationszeit[21]

$$\tau_\epsilon = \epsilon_0 \epsilon_\mathrm{r} / e \mu_\mathrm{n} N_\mathrm{D}^+ \, . \tag{12.80}$$

[21] Die Beziehung (12.80) darf nur verwendet werden, falls die *Feldstärkeabhängigkeit* der Elektronenbeweglichkeit vernachlässigbar ist. Ist dies nicht der Fall, so ist statt μ_n die *Kleinsignalbeweglichkeit*

$$\mu_\mathrm{n}'(E_0) = \mu_\mathrm{n}(E_0) + E_0 \left.\frac{\mathrm{d}\mu_\mathrm{n}}{\mathrm{d}E}\right|_{E_0} \tag{12.79}$$

zu verwenden, wobei E_0 die Feldstärke im Arbeitspunkt bezeichnet. Diese kann in bestimmten Halbleitern negative Werte annehmen, was zu exponentiell mit der Zeit anwachsenden Störungen und damit zu einer Instabilität der Ladungsverteilung (Gunn-Effekt) führen kann.

Mit dieser Zeitkonstante wird sich eine zufällige Anhäufung von Elektronen, wie sie z.B. durch die Wärmebewegung zustandekommen kann, wieder auflösen.

Die charakteristische Länge für die Abschirmung der injizierten Minoritäten durch Majoritäten ist die *Debye-Länge*[22]

$$\boxed{L_\mathrm{D} = \sqrt{\frac{\epsilon_0 \epsilon_\mathrm{r} V_T}{eN}}\,.} \tag{12.81}$$

Für N ist dabei die Dichte der Majoritäten einzusetzen, also n_n im n-Halbleiter und p_p im p-Halbleiter. Für n-Typ Silizium mit $N_\mathrm{D}^+ = 10^{17}\,\mathrm{cm}^{-3}$ ergibt sich beispielsweise eine Debye-Länge von $L_\mathrm{D} = 13\,\mathrm{nm}$: Die injizierten Minoritätsträger können hier für die meisten Zwecke als perfekt neutralisiert angenommen werden.

Physikalischer Hintergrund. Als Beispiel wird eine Störung $\Delta n(x,t)$ der Elektronendichte $n(x,t) = N_\mathrm{D}^+ + \Delta n(x,t)$ in einem gleichförmig dotierten n-Typ Halbleiter betrachtet. Durch Ableiten der Stromgleichung

$$J_\mathrm{n} = -e\mu_\mathrm{n} n \frac{\partial \psi}{\partial x} + eD_\mathrm{n} \frac{\partial n}{\partial x}$$

folgt mit der Poisson-Gleichung

$$\frac{\partial^2 \psi}{\partial x^2} = -\frac{\rho}{\epsilon_0 \epsilon_\mathrm{r}} = \frac{e\Delta n}{\epsilon_0 \epsilon_\mathrm{r}}$$

für die Kontinuitätsgleichung

$$\frac{\partial n}{\partial t} = \frac{\partial}{\partial t}\Delta n = \frac{1}{e}\frac{\partial J_\mathrm{n}}{\partial x} = -\frac{e\mu_\mathrm{n} n}{\epsilon_0 \epsilon_\mathrm{r}}\Delta n + D_\mathrm{n}\frac{\partial^2}{\partial x^2}\Delta n\,.$$

Wird im Produkt $n\,\Delta n = (N_\mathrm{D}^+ + \Delta n)\Delta n \approx N_\mathrm{D}^+ \Delta n$ der Term Δn^2 vernachlässigt, was für kleine Abweichungen Δn vom Gleichgewichtswert zulässig ist, so folgt mit $D_\mathrm{n} = V_\mathrm{T}\mu_\mathrm{n}$

$$\frac{\partial^2}{\partial x^2}\Delta n - \frac{\Delta n}{L_\mathrm{D}^2} = \frac{1}{D_\mathrm{n}}\frac{\partial}{\partial t}\Delta n \tag{12.82}$$

wobei

$$L_\mathrm{D} = \sqrt{\epsilon_0 \epsilon_r V_T / e N_\mathrm{D}^+}$$

die Debye-Länge bezeichnet. Diese partielle Differentialgleichung beschreibt allgemein das Verhalten einer Störung $\Delta n(x,t)$ der Majoritätsdichte. An dieser Stelle sollen nur zwei Sonderfälle betrachtet werden:

[22] Zur Veranschaulichung der Debye-Länge L_D kann man sich eine Punktladung – etwa ein Elektron – in einem p-Typ-Halbleiter vorstellen. Das Elektron zieht Löcher an, die sich in einer „Wolke" mit Abmessungen von der Größenordnung der Debye-Länge um die negative Ladung häufen und diese abschirmen (neutralisieren).

- Hängt die Störung nur vom Ort ab, so vereinfacht sich (12.82) zu

$$\frac{\mathrm{d}^2}{\mathrm{d}x^2}\Delta n - \frac{\Delta n}{L_\mathrm{D}^2} = 0$$

mit der Lösung

$$\Delta n(x) = \Delta n(0)\,\mathrm{e}^{-x/L_\mathrm{D}} ,$$

d.h. die Debye-Länge beschreibt wie schnell eine Störung auf der Längenskala abklingt.

- Hängt die Störung nur von der Zeit ab, so vereinfacht sich (12.82) zu

$$\frac{D_\mathrm{n}}{L_\mathrm{D}^2}\Delta n = \frac{\Delta n}{\tau_\epsilon} = \frac{\mathrm{d}}{\mathrm{d}t}\Delta n$$

mit der dielektrischen Relaxationszeit $\tau_\epsilon = L_\mathrm{D}^2/D_\mathrm{n} = \epsilon_0\epsilon_\mathrm{r}/e\mu_\mathrm{n}N_\mathrm{D}^+ = \epsilon_0\epsilon_\mathrm{r}/\sigma$; die Lösung dieser Differentialgleichung ist von der Form

$$\Delta n(t) = \Delta n(0)\,\mathrm{e}^{-t/\tau_\epsilon} ,$$

d.h. die dielektrische Relaxationszeit bestimmt wie schnell eine Störung auf der Zeitskala abklingt.

12.4.6 Quasi-Fermipotentiale

Die Fermi-Energie W_F bestimmt die Besetzungswahrscheinlichkeit der Elektronenzustände in Leitungs- und Valenzband unter den Bedingungen des thermischen Gleichgewichts. Elektronen- und Löcherdichte sind in diesem Fall durch das Massenwirkungsgesetz miteinander verknüpft. Im Nichtgleichgewichtsfall treten Abweichungen der Elektronendichten und Löcherdichten von ihren jeweiligen Gleichgewichtswerten auf. Die für die Wiederherstellung des Gleichgewichtszustands maßgeblichen Zeitkonstanten sind die Lebensdauern τ_n und τ_p. Diese sind groß im Vergleich zu den für die „Thermalisierung" von Elektronen und Löchern benötigten Zeiten: Durch Stöße der Elektronen bzw. Löcher untereinander und mit dem Gitter haben diese bereits nach einer Zeit von der Größenordung 1 ps eine dem Gleichgewichtsfall entsprechende *Energieverteilung*. Aus diesem Grund ist es naheliegend das Konzept der Fermi-Energie zu verallgemeinern. Im thermischen Gleichgewicht gilt für die Elektronendichte

$$n = N_\mathrm{C}\exp\left(\frac{W_\mathrm{Fn}-W_\mathrm{C}}{k_\mathrm{B}T}\right) .$$

Bei Anwesenheit eines elektrischen Feldes mit dem elektrostatischen Potential $\psi(x)$ wird die Leitungsbandkante ortsabhängig: Es gilt $\mathrm{d}W_\mathrm{C}/\mathrm{d}x = -e\mathrm{d}\psi/\mathrm{d}x$. Da der Nullpunkt für die Skala des elektrostatischen Potentials frei gewählt werden kann, ist der Ansatz

$$n = n_{\mathrm{ie}} \exp\left(\frac{\psi - \phi_{\mathrm{n}}}{V_T}\right) ,$$

naheliegend; dabei bezeichnet $\phi_{\mathrm{n}} = -W_{\mathrm{Fn}}/e$ das *Quasi-Fermi-Potential* für Elektronen. Das Quasi-Fermi-Potential für Elektronen folgt aus dem elektrostatischen Potential und der Elektronendichte nach der Beziehung[23]

$$\phi_{\mathrm{n}} = \psi - V_T \ln\left(n/n_{\mathrm{ie}}\right) ; \tag{12.83}$$

entsprechend folgt das Quasi-Fermi-Potential für Löcher aus dem elektrostatischen Potential und der Löcherdichte gemäß

$$\phi_{\mathrm{p}} = \psi + V_T \ln\left(p/n_{\mathrm{ie}}\right) ; \tag{12.84}$$

es weist nur im Fall des thermischen Gleichgewichts denselben Wert auf wie ϕ_{n}. Für das „np-Produkt" gilt die folgende *Verallgemeinerung des Massenwirkungsgesetzes* für das Nichtgleichgewicht

$$\boxed{np = n_{\mathrm{ie}}^2 \exp\left(\frac{\phi_{\mathrm{p}} - \phi_{\mathrm{n}}}{V_T}\right)} \tag{12.85}$$

und für die Stromdichten

$$\boxed{J_{\mathrm{n}} = -e\mu_{\mathrm{n}} n \frac{\partial \phi_{\mathrm{n}}}{\partial x} \quad \text{sowie} \quad J_{\mathrm{p}} = -e\mu_{\mathrm{p}} p \frac{\partial \phi_{\mathrm{p}}}{\partial x} .} \tag{12.86}$$

Diese Beziehungen erfassen sowohl den Drift- als auch den Diffusionsstromanteil von Elektronen bzw. Löchern.

Fließt kein Strom so ist nach (12.86) $\partial\phi_{\mathrm{n}}/\partial x = \partial\phi_{\mathrm{p}}/\partial x = 0$, d.h. im stromlosen Fall ist das Quasi-Fermipotential ortsunabhängig. In Beispiel 12.4.3 wurde gezeigt, daß sich in einem ungleichförmig dotierten Halbleiter ein elektrisches Feld ausbildet, das den Diffusionsstrom aufgrund der ortsabhängigen Ladungsträgerdichte kompensiert. Zwischen den unterschiedlich stark dotierten Enden des Halbleiters besteht deshalb eine Potentialdifferenz. Würden wir mit einem Voltmeter versuchen diese Potentialdifferenz zu messen, so würde dieses nichts anzeigen: Die nach außen sichtbare Spannung ist gleich der Differenz der Quasi-Fermipotentiale an den Kontakten – sofern die Ladungsträgerdichten am Kontakt dem thermischen Gleichgewicht entsprechen[24].

[23] Mathematisch gesehen handelt es sich bei den Gln. (12.83) und (12.84) um eine Variablentransformation. Die Vorgänge im Halbleiter lassen sich sowohl durch Verwenden der Größen n, p, und ψ als auch durch Verwenden der Größen ϕ_{n}, ϕ_{p}, ψ beschreiben. Da die Schreibweisen äquivalent sind, kann die für den jeweiligen Fall günstigste (bequemste) herangezogen werden.

[24] Dies ist an Metallkontakten in sehr guter Näherung erfüllt; bei anderen Kontaktmaterialien (z.B. poly-Silizium) zumeist nicht.

12.4.7 Thermoelektrische Effekte

Der *Thermostrom* hat seine Ursache in einer vom Ort abhängigen Temperatur der Ladungsträger. Die Temperatur charakterisiert die mittlere kinetische Energie der statistisch ungeordneten Wärmebewegung der Ladungsträger. Da diese mit zunehmender Temperatur ansteigt, bewegen sich (bei ortsunabhängiger Ladungsträgerdichte) aufgrund der thermischen Bewegung mehr Ladungsträger aus den wärmeren Zonen fort, als aus den kälteren nachgeliefert werden. Der durch das Temperaturgefälle hervorgerufene Teilchenstrom verläuft somit vom wärmeren zum kälteren Ende. Der Thermostrom wird durch den Temperaturgradienten ∇T bestimmt, mit dem (absoluten) *Seebeck-Koeffizienten* α_{Sn} und α_{Sp} folgt für die Elektronenstromdichte

$$\boldsymbol{J}_{\mathrm{n}} = -e\mu_{\mathrm{n}} n \left(\nabla \phi_{\mathrm{n}} - \alpha_{\mathrm{Sn}} \nabla T\right) \tag{12.87}$$

und für die Löcherstromdichte

$$\boldsymbol{J}_{\mathrm{p}} = -e\mu_{\mathrm{p}} p \left(\nabla \phi_{\mathrm{p}} + \alpha_{\mathrm{Sp}} \nabla T\right) \ . \tag{12.88}$$

Werden die Enden des Leiters nicht angeschlossen, so kann kein Strom fließen; als Folge des Thermostroms baut sich dann eine Thermospannung über dem Leiter auf.

Beispiel 12.4.6 Es wird ein n-Typ Halbleiters der Länge L betrachtet, zwischen dessen Enden die Temperaturdifferenz $T(L) - T(0) = \Delta T$ auftritt. Bei offenen Enden ($J_{\mathrm{n}} = 0$) folgt aus (12.87) bei Annahme eindimensionaler Verhältnisse

$$\frac{\mathrm{d}\phi_{\mathrm{n}}}{\mathrm{d}x} = \alpha_{\mathrm{Sn}} \frac{\mathrm{d}T}{\mathrm{d}x} \ .$$

Wird diese Beziehung von 0 bis L integriert so folgt unter der Annahme, daß α_{Sn} überall im Halbleiter denselben Wert aufweist für die Spannung die sich zwischen den Enden einstellt

$$\phi_{\mathrm{n}}(L) - \phi_{\mathrm{n}}(0) = \alpha_{\mathrm{Sn}} \Delta T \ ,$$

wobei α_{Sn} der Einfachheit halber als temperaturunabhängig angenommen wurde. Zwischen den Enden des Leiters tritt demzufolge eine zur Temperaturdifferenz proportionale Thermospannung auf. Der Spannungspfeil zeigt dabei vom wärmeren Ende (das sich positiv auflädt) zum kälteren Ende (negative Aufladung). Δ

Thomson-Effekt, Wärmestrom. Ein weiterer thermoelektrischer Effekt neben dem oben beschriebenen *Seebeck-Effekt* ist der *Thomson-Effekt.* Dieser beschreibt den mit einem elektrischen Stromfluß verbundenen Wärmetransport. Besteht in dem Leiter ein Temperaturgefälle, so kann die Stromflußrichtung so liegen, daß die Elektronen vom wärmeren zum kälteren Ende transportiert werden. Durch den elektrischen Stromfluß gelangen dann Elektronen mit vergleichsweise hoher Temperatur in ein Gebiet mit niederer Gittertemperatur und wärmen dieses auf: Es kommt zu einer zusätzlichen Leistungsabgabe an das Gitter. Fließen die Elektronen dagegen vom kälteren zum wärmeren Ende, so gelangen aufgrund des Stromflusses kalte Elektronen in eine Zone mit höherer Gittertemperatur, erwärmen sich auf die Gittertemperatur und entziehen dem Gitter dadurch Wärme: Die an das Gitter abgegebene Leistung ist negativ. Der Wärmestrom $\boldsymbol{Q}$ ist neben der Wärmeleitung aufgrund eines Temperaturgradienten durch die vom elektrischen Strom transportierte Wärme bestimmt. Mit den Peltier-Koeffizienten π_n und π_p für Elektronen und Löcher läßt sich schreiben [50]

$$\boldsymbol{Q} = -\lambda \nabla T + e\pi_\mathrm{n}\boldsymbol{J}_\mathrm{n} + e\pi_\mathrm{p}\boldsymbol{J}_\mathrm{p} \,. \tag{12.89}$$

Die Peltier-Koeffizienten sind dabei mit den Seebeck-Koeffizienten über die Beziehungen

$$\pi_\mathrm{n} = \alpha_\mathrm{Sn} T \quad \text{und} \quad \pi_\mathrm{p} = \alpha_\mathrm{Sp} T \tag{12.90}$$

verknüpft. Um die pro Volumeneinheit umgesetzte Leistung H zu berechnen ist neben der Jouleschen und der Thomsonschen Wärmeleistung die durch die bei der Rekombination von Elektron-Loch-Paaren freiwerdende Leistung, die absorbierte elektromagnetische Strahlungsleistung $H_{h\nu}$ und die aufgrund der Wärmeleitung erfolgende Aufheizung zu beachten [50, 51];

$$\begin{aligned} H = {} & |\boldsymbol{J}_\mathrm{n}|^2/(e\mu_\mathrm{n} n) + |\boldsymbol{J}_\mathrm{p}|^2/(e\mu_\mathrm{p} p) + \alpha_\mathrm{Sn}\boldsymbol{J}_\mathrm{n}\cdot\nabla T + \alpha_\mathrm{Sp}\boldsymbol{J}_\mathrm{p}\cdot\nabla T \\ & -\boldsymbol{J}_\mathrm{n}\cdot\nabla\pi_\mathrm{n} - \boldsymbol{J}_\mathrm{p}\cdot\nabla\pi_\mathrm{p} + e(\phi_\mathrm{p}-\phi_\mathrm{n}-\pi_\mathrm{n}+\pi_\mathrm{p})\,(\mathcal{R}-\mathcal{G}) \\ & +H_{h\nu} - \nabla\cdot(\lambda\nabla T) \,. \end{aligned}$$

12.4.8 Galvanomagnetische Effekte

Galvanomagnetische Effekte treten in stromdurchflossenen Leitern unter dem Einfluß eines Magnetfelds auf. Sie sind in Halbleitern wegen der im Vergleich zu Metallen geringen Dichte beweglicher Ladungsträger besonders ausgeprägt. Auf Ladungsträger der Ladung q, die sich mit der Geschwindigkeit $\boldsymbol{v}$ in einem magnetischen Feld der magnetischen Induktion $\boldsymbol{B}$ bewegen, wirkt die *Lorentz-Kraft*

$$\boldsymbol{F} = q(\boldsymbol{v} \times \boldsymbol{B}) \,. \tag{12.91}$$

Diese führt zu einer Ablenkung der Ladungsträger senkrecht zur Stromflußrichtung. Die folgende vereinfachte Betrachtung[25] (in Anlehung an [52]) nimmt an, daß es sich bei den beweglichen Ladungsträgern um Elektronen

[25] Diese Betrachtung läßt außer acht, daß das Magnetfeld die Bewegung der Ladungsträger zwischen Streuvorgängen und damit die Beweglichkeit beeinflußt. Vgl. [8] für eine genauere Betrachtung.

handelt, die sich einheitlich mit der Driftgeschwindigkeit $\boldsymbol{v}_\mathrm{n}$ bewegen. Ohne Magnetfeld ($\boldsymbol{B} = 0$) folgt die Driftgeschwindigkeit aus der Stromgleichung

$$\boldsymbol{v}_\mathrm{n}(0) = -\frac{\boldsymbol{J}_\mathrm{n}(0)}{en} = -\mu_\mathrm{n}\boldsymbol{E} - \frac{D_\mathrm{n}}{n}\nabla n = \frac{\mu_\mathrm{n}}{e}\boldsymbol{F}_\mathrm{e} - \frac{D_\mathrm{n}}{n}\nabla n \tag{12.92}$$

wobei $\boldsymbol{F}_\mathrm{e}$ die Kraft auf ein Elektron bezeichnet. Wird dem elektrischen Feld ein Magnetfeld $\boldsymbol{B}$ überlagert, so ist die Kraft auf ein Elektron gleich der Lorentz-Kraft

$$\boldsymbol{F}_\mathrm{e} = -e(\boldsymbol{E} + \boldsymbol{v}_\mathrm{n}\times\boldsymbol{B}) \, .$$

In (12.92) folgt damit $\boldsymbol{v}_\mathrm{n}(\boldsymbol{B}) = \boldsymbol{v}_\mathrm{n}(0) - \mu_\mathrm{n}\boldsymbol{v}_\mathrm{n}(\boldsymbol{B})\times\boldsymbol{B}$ bzw.

$$\boldsymbol{J}_\mathrm{n}(\boldsymbol{B}) = \boldsymbol{J}_\mathrm{n}(0) - \mu_\mathrm{n}\boldsymbol{J}_\mathrm{n}(\boldsymbol{B})\times\boldsymbol{B} \, .$$

Um diese Gleichung nach $\boldsymbol{J}_\mathrm{n}(\boldsymbol{B})$ aufzulösen wird zunächst das Vektorprodukt $\boldsymbol{B} \times \boldsymbol{J}_\mathrm{n}(\boldsymbol{B})$ gebildet. Mit den Identitäten

$$\boldsymbol{B} \times [\boldsymbol{J}_\mathrm{n}(\boldsymbol{B}) \times \boldsymbol{B}] = \boldsymbol{J}_\mathrm{n}(\boldsymbol{B})\,|\boldsymbol{B}|^2 - [\boldsymbol{J}_\mathrm{n}(\boldsymbol{B}) \cdot \boldsymbol{B}]\,\boldsymbol{B}$$

und $\boldsymbol{J}_\mathrm{n}(\boldsymbol{B}) \cdot \boldsymbol{B} = \boldsymbol{J}_\mathrm{n}(0) \cdot \boldsymbol{B}$ folgt so bei vernachlässigbarem Diffusionsstrom mit $\boldsymbol{J}_\mathrm{n} = e\mu_\mathrm{n} n\boldsymbol{E}$

$$\boldsymbol{J}_\mathrm{n}(\boldsymbol{B}) = e\mu_\mathrm{n} n \frac{\boldsymbol{E} + \mu_\mathrm{n}\boldsymbol{B} \times \boldsymbol{E} + \mu_\mathrm{n}^2\,(\boldsymbol{B}\cdot\boldsymbol{E})\,\boldsymbol{B}}{1 + \mu_\mathrm{n}^2\,|\boldsymbol{B}|^2} \, . \tag{12.93}$$

Hall-Effekt, Gauß-Effekt. Die folgende Betrachtung bezieht sich auf die in Abb. 12.39 a dargestellte Geometrie mit einem in z-Richtung orientierten Magnetfeld und einem Stromfluß parallel zur $x|y$-Ebene mit der Stromdichte

$$\boldsymbol{J}_\mathrm{n}(\boldsymbol{B}) = e\mu_\mathrm{n} n \frac{E_x - \mu_\mathrm{n} B_z E_y}{1 + \mu_\mathrm{n}^2\,|\boldsymbol{B}|^2}\,\boldsymbol{e}_x + e\mu_\mathrm{n} n \frac{E_y + \mu_\mathrm{n} B_z E_x}{1 + \mu_\mathrm{n}^2\,|\boldsymbol{B}|^2}\,\boldsymbol{e}_y \, . \tag{12.94}$$

Im Fall $\boldsymbol{B} = 0$ besitzt das elektrische Feld nur eine x-Komponente, die von der extern angelegten Spannung V_0 herrührt, und einen Stromfluß I_x bedingt. Die Lorentz-Kraft verursacht für $\boldsymbol{B} \neq 0$ eine Ablenkung der Teilchen senkrecht zur x-Richtung. Fließt in y-Richtung kein Strom, so führt dies zum Aufbau eines elektrischen Feldes E_y: Zwischen den Elektroden in y-Richtung tritt die *Hall-Spannung*

$$V_\mathrm{H} = -E_\mathrm{y} W = \mu_\mathrm{n} B_z E_x W = \frac{I_x B_z}{enWD} \, .$$

auf. Da $\mu_\mathrm{n} E_x = I_x/(enWD)$ gilt, ist V_H proportional zum Strom I_x. Wird der Strom durch Löcher transportiert, so stellt sich eine Hall-Spannung mit umgekehrtem Vorzeichen ein (Übungsaufgabe!). Legt man an ein vom Strom I_x durchflossenes Hallplättchen ein Voltmeter mit unendlich hohem Innenwiderstand senkrecht zur Flußrichtung an, so läßt sich die Hall-Spannung

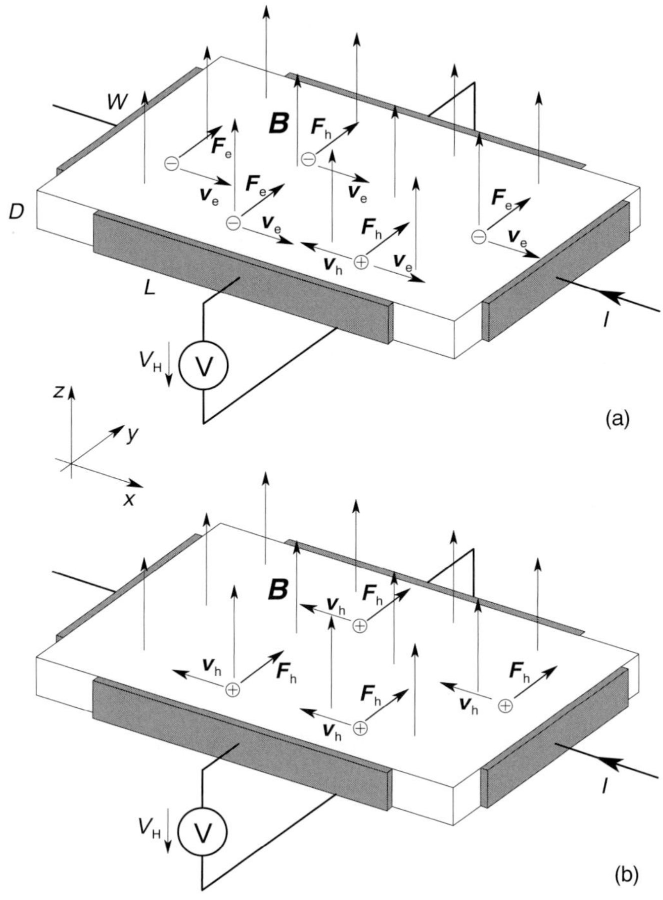

Abb. 12.39. Hall-Effekt. (**a**) Mit Elektronen und (**b**) mit Löchern

$$V_{\mathrm{H}} = -\frac{1}{qn}\frac{I_x B_z}{D} = -R_{\mathrm{H}}\frac{I_x B_z}{D}$$

messen, wobei q die Ladung der Ladungsträger bezeichnet. Die Größe $R_{\mathrm{H}} = 1/(qn)$ heißt *Hall-Koeffizient.* Sind I_x, B_y, und die Dicke des Plättchens d bekannt, so läßt sich aus der Hallspannung V_{H} der Hallkoeffizient berechnen. Aus diesem folgen Dichte und Vorzeichen der Ladungsträger. Der Hall-Koeffizient ist umgekehrt proportional zur Ladungsträgerdichte - und der Hall-Effekt aus diesem Grund in Materialien mit einer geringen Ladungsträgerdichte besonders ausgeprägt. In Metallen ist der Hall-Effekt sehr klein - trotzdem wurde er zuerst an dünnen Gold-Plättchen nachgewiesen[26].

(12.94) zeigt noch eine weiteren Einfluß des Magnetfelds auf den Stromfluß in x-Richtung: Bei konstanter Spannung wird die Stromkomponente in x-Richtung durch das magnetische Feld verringert: Der Widerstand in x-Richtung ist magnetfeldabhängig. Dieser Effekt heißt *Magnetowiderstandseffekt* oder *Gauß-Effekt.*

[26]Vom amerikanischen Physiker Edwin Hall im Jahre 1879.

Thermomagnetische Effekte. Thermomagnetische Effekte treten auf, wenn gleichzeitig magnetische Felder und Temperaturunterschiede vorliegen. Liegt das Magnetfeld in z-Richtung $\boldsymbol{B} = B_z \boldsymbol{e}_z$, und fließt der Strom in x-Richtung $\boldsymbol{J} = J_x \boldsymbol{e}_x$ so treten folgende Effekte auf:

- *Nernst-Ettinghausen-Effekt:* Liegt ein Temperaturgradient in x-Richtung vor und gilt $J_x = 0$, so tritt in y-Richtung ein elektrisches Fels $E_y \sim B_z \partial T/\partial x$ auf. Fließt hingegen ein Strom in x-Richtung so stellt sich im magnetischen Feld ein Temperaturgradient $\partial T/\partial y \sim J_x B_z$ in y-Richtung ein.
- *Magneto-Seebeck-Effekt:* Der Seebeck-Koeffizient α_S zeigt eine leichte Abhängigkeit von der magnetischen Induktion senkrecht zur Stromflußrichtung.
- *Righi-Leduc Effekt:* Im stromlosen Fall führt ein Temperaturgradient in x-Richtung in Verbindung mit einem Magnetfeld in z-Richtung zu einem Temperaturgradienten in y-Richtung.

Thermomagnetische Effekte wurden schon vereinzelt in der Sensorik (z.B. Nernst-Ettinghausen-Detektoren [53]) eingesetzt, sind i.allg. jedoch von untergeordneter Bedeutung.

12.4.9 Piezoresistiver Effekt

Der piezoresistive Effekt bezeichnet eine Änderung des spezifischen Widerstands eines Festkörpers aufgrund einer mechanischen Verformung. Durch die Deformation ändert sich der Abstand der nächsten Nachbaratome im Gitter und damit die Bandstruktur des Festkörpers, was sich wiederum auf die effektiven Massen und so auf den spezifischen Widerstand auswirkt. Der Piezowiderstandseffekt wird am Beispiel des n-Typ Silizium erläutert. Liegt keine mechanische Deformation vor, so weist das Leitungsband im $\boldsymbol{k}$-Raum sechs äquivalente Minima auf (Abb. 12.40 a).

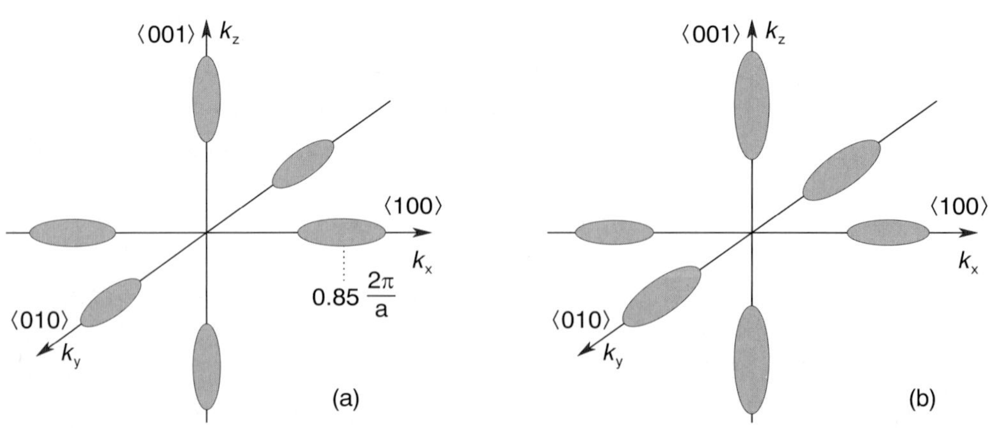

Abb. 12.40. Flächen konstanter Energie (für einen Energiewert der etwas oberhalb der Leitungsbandkante liegt) für (**a**) nicht deformiertes und (**b**) deformiertes Silizium

Da sich die Elektronen im Leitungsband zu gleichen Teilen auf die sechs gleichberechtigten Zonen um die Leitungsbandminima verteilen, ist die Beweglichkeit des Siliziums in $\langle 100 \rangle$-Richtung als gewichtetes Mittel

$$\mu_{\mathrm{n}}^{\mathrm{Si}} = (\mu_{\mathrm{n}\|} + 2\mu_{\mathrm{n}\perp})/3$$

aus den Beweglichkeiten $\mu_{\mathrm{n}\|}$ und $\mu_{\mathrm{n}\perp}$ zu ermitteln. Dabei bezeichnet $\mu_{\mathrm{n}\|}$ die Beweglichkeit der Elektronen in Tälern die in $\langle 100 \rangle$ Richtung, $\mu_{\mathrm{n}\perp}$ die Beweglichkeit der Elektronen in den senkrecht dazu orientierten Tälern. Mit der Abkürzung $\mu_{\mathrm{n}\perp}/\mu_{\mathrm{n}\|} = m_{\mathrm{l}}^*/m_{\mathrm{t}}^* = B = 5.15$, lassen sich die Beweglichkeiten $\mu_{\mathrm{n}\|}$ und $\mu_{\mathrm{n}\perp}$ durch μ_{n} ausdrücken

$$\mu_{\mathrm{n}\|} = \frac{3\mu_{\mathrm{n}}}{2B+1} \quad \text{and} \quad \mu_{\mathrm{n}\perp} = \frac{3B\mu_{\mathrm{n}}}{2B+1} \,.$$

Durch eine Zugspannung in $\langle 100 \rangle$-Richtung vergrößert sich der Atomabstand in dieser Richtung - in der Richtung senkrecht dazu verkleinert er sich als Folge der Querkontraktion. Dies führt zu einer Anhebung der Leitungsbandminima in $\langle 100 \rangle$ Richtung und zu einer Absenkung der anderen Minima. Die Flächen konstanter Energie schließen deshalb in den senkrecht zur $\langle 100 \rangle$-Richtung orientierten Tälern ein deutlich größeres Volumen und damit wesentlich mehr Elektronenzustände ein: Die Elektronen verteilen sich nun nicht mehr gleichförmig auf die Täler und halten sich bevorzugt in den senkrecht zu $\langle 100 \rangle$-Richtung orientierten Tälern auf. Bezeichnet ΔW_x die Veschiebung der Leitungsbandminima der in $\langle 100 \rangle$-Richtung orientierten Täler und ΔW_z die Veschiebung der Leitungsbandminima der in $\langle 010 \rangle$- bzw. $\langle 001 \rangle$ Richtung orientierten Täler, so folgt für das Verhältnis der Elektronendichte $n_{\|}$ eines Tals in $\langle 100 \rangle$-Richtung zur Dichte $n_{\perp}$ in einem senkrecht dazu orientierten Tal

$$\frac{n_{\|}}{n_{\perp}} = \exp\left(\frac{\Delta W_z - \Delta W_x}{k_{\mathrm{B}}T}\right) = \Theta \,.$$

Die Werte von ΔW_x und ΔW_z sind proportionel zur relativen Längenänderung $\epsilon_{\mathrm{T}} = \Delta L/L$: Mit der Deformationspotentialkonstante von Silizium $\Xi_{\mathrm{u}} \approx 9.2\,\mathrm{eV}$ gilt $\Delta W_x = -\Xi_{\mathrm{u}}\epsilon_{\mathrm{T}}/3$ und $\Delta W_z = 2\Xi_{\mathrm{u}}\epsilon_{\mathrm{T}}/3$, so daß $\Delta W_z - \Delta W_x = -\Xi_{\mathrm{u}}\epsilon_{\mathrm{T}}$ gilt. Da $2n_{\|} + 4n_{\perp}$ gleich der Elektronendichte n sein muß folgt für den Anteil der Elektronen in den unterschiedlich orientierten Tälern

$$\frac{2n_{\|}}{n} = \frac{\Theta}{2+\Theta} \quad \text{und} \quad \frac{4n_{\perp}}{n} = \frac{2}{2+\Theta} \,.$$

Für die Beweglichkeit in $\langle 100 \rangle$-Richtung folgt auf diesem Weg

$$\frac{\mu_{\mathrm{n}}(\epsilon_{\mathrm{T}})}{\mu_{\mathrm{n}}(0)} = \frac{3\Theta + 6B}{(2B+1)(2+\Theta)} = \frac{0.265\,\Theta + 2.735}{2+\Theta} \,. \tag{12.95}$$

12.5 Eigenschaften ausgewählter Halbleiter

Dieser Abschnitt fasst Eigenschaften technisch bedeutsamer Halbleiter zusammen. Da auf Silizium im Text bereits ausführlich eingegangen wurde, werden aus der vierten Hauptgruppe Germanium, Silizium-Germanium-Mischkristalle und der IV-IV-Verbindungshalbleiter Siliziumkarbid betrachtet. Ein weiterer Absatz geht kurz auf die Besonderheiten der III-V-Verbindungshalbleiter ein.

12.5.1 Germanium

Germanium steht im Periodensystem unter dem Silizium und verfügt wie dieses über vier Valenzelektronen und eine indirekte Energielücke. Im Unterschied zu Silizium weist das Leitungsband acht Täler bei den L-Punkten auf – mit effektiven Massen die deutlich unter denen der Leitungsbandelektronen des Siliziums liegen: Die Beweglichkeit der Elektronen in reinem Germanium ist deshalb annähernd dreimal so groß wie in reinem Silizium.

Die ersten Halbleiterbauelemente wurden mit Germanium-Kristallen realisiert, da Germanium wegen der im Vergleich zu Silizium (1415°C) geringen Schmelztemperatur bei 937°C sehr viel leichter eingeschmolzen und in einkristalliner Form gezüchtet werden konnte. Die vergleichsweise kleine Energielücke von ca. 0.66 eV bei Raumtemperatur bedingt jedoch einen großen Wert der intrinsischen Dichte. Dies wirkt sich in großen Sperrströmen gleichrichtender pn-Übergänge aus; wegen des starken Anstiegs der intrinsischen Dichte mit der Temperatur kommt diese bereits bei Temperaturen von ca. 100°C in den Bereich der Dotierstoffkonzentration wie sie für Dioden mit Sperrspannungen im Bereich von 100 V benötigt werden. Dies führt zum Verlust der Sperrfähigkeit und schränkt den Temperaturbereich in dem Germanium-Bauelemente eingesetzt werden können deutlich ein. Germanium wurde deshalb mit der Entwicklung der Silizium-Technologie weitgehend verdrängt und wird heute nur noch in speziellen Anwendungen der Optoelektronik und der Sensortechnik eingesetzt.

12.5.2 Silizium-Germanium

Dünne Schichten aus Silizium-Germanium-Mischkristallen die aus der Gasphase auf Silizium abgeschieden werden, haben in den letzten Jahren erhebliche Bedeutung erlangt, da sie die Herstellung von Heterostrukturbauelementen im Rahmen der etablierten Siliziumprozeßtechnik ermöglichen. Silizium und Germanium bilden Kristalle mit Diamantgitter und können als Mischkristalle in beliebiger Konzentration hergestellt werden. Die Gitterkonstante von Germanium ist jedoch 4.17% größer als die von Silizium; ein $Si_{1-x}Ge_x$-

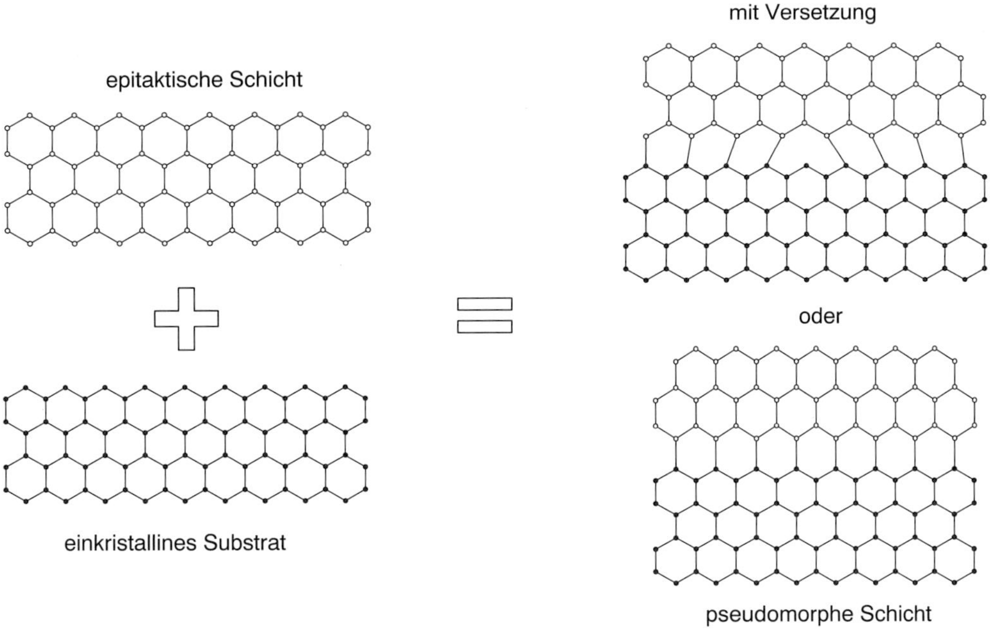

Abb. 12.41. Illustration der Möglichkeiten eine Halbleiterschicht auf ein Substrat mit abweichender Gitterkonstante aufzuwachsen (nach [54])

Mischkristall mit dem Germanium-Anteil x weist nach der Vegardschen Regel die Gitterkonstante

$$a_{\mathrm{Si}_{(1-x)}\mathrm{Ge}_x} = a_{\mathrm{Si}} + (a_{\mathrm{Ge}} - a_{\mathrm{Si}})x \tag{12.96}$$

auf [55], wobei a_{Si} die Gitterkonstante von Silizium, a_{Ge} die von Germanium bezeichnet. Heterostrukturen aus Si-$\mathrm{Si}_{1-x}\mathrm{Ge}_x$-Mischkristallen mit unterschiedlichem Germaniumanteil sind nur mit Einschränkungen möglich, da die voneinander abweichenden Gitterkonstanten zu Versetzungen führen (Abb. 12.41). Diese Versetzungen verringern die mechanische Spannung in der aufgebrachten Schicht und damit die in der Verspannung gespeicherte Energie. Die Deformationsenergie sehr dünner Schichten ist gering – kleiner als die zur Bildung von Versetzungen benötigte Energie. In diesem Fall wächst eine auf dem Si-Einkristall abgeschiedene $\mathrm{Si}_{1-x}\mathrm{Ge}_x$-Schicht mit der Gitterkonstante des Substrats auf. Dabei tritt eine Kompression parallel zur Oberfläche und ein Zug senkrecht zur Oberfläche auf (Abb. 12.41). In solchen pseudomorphen oder or strained-layer Heterostrukturen müssen die Gitterkonstanten aufeinanderfolgender Schichten nicht übereinstimmen – solange eine kritische Dicke der aufgewachsenen Schicht nicht überschritten wird. Abbildung 12.42 zeigt die kritische Dicke von $\mathrm{Si}_{1-x}\mathrm{Ge}_x$-Schichten als Funktion der relativen Abweichung $\Delta a/a$ der Gitterkonstante für zwei verschiedene Abscheidetemperaturen. Die Abbildung zeigt, daß bei höherer Temperatur aufgewachsene SiGe-Schichten eine geringere kritische Dicken aufweisen als bei niederer Temperatur aufgewachsene.

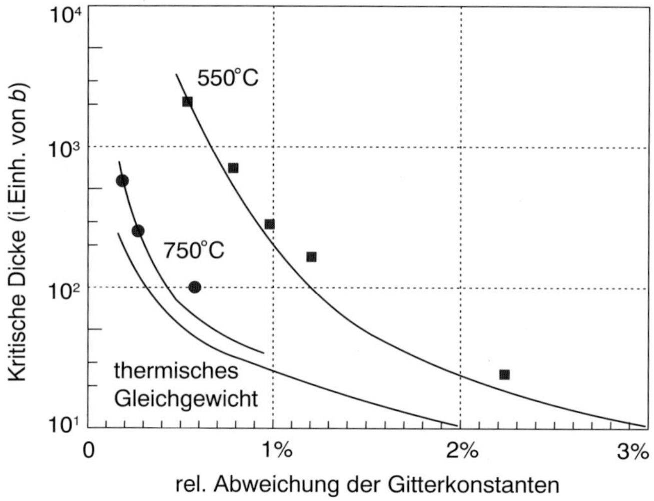

Abb. 12.42. Kritische Dicke von SiGe-Schichten auf Si-Substrat für unterschiedliche Abscheidetemperaturen (Einheit: Betrag des Burger-Vektors $b \approx 0.4\,\mathrm{nm}$, nach [56, 57])

Einfluß auf die Bandstruktur. In Silizium-Germanium-Legierungen ist die Energielücke im Vergleich zum reinen Silizium verringert. Die Abnahme der Energielücke ist dabei in pseudomorphen Schichten wesentlich ausgeprägter [56, 58] als in nicht verspannten SiGe-Mischkristallen (Abb. 12.43). Die Energielücke einer $\mathrm{Ge}_x\mathrm{Si}_{1-x}$-Schicht auf Silizium ist eine Funktion des Germanium-Anteils x, wobei näherungsweise gilt [54]

$$W_\mathrm{g}(x,T)/\mathrm{eV} \;=\; W_\mathrm{g}(0,T)/\mathrm{eV} - 0.96\,x + 0.43\,x^2 - 0.17\,x^3 \;.$$

In $\mathrm{Ge}_x\mathrm{Si}_{1-x}$/Si-Heteroübergängen bedingt ein Germanium-Anteil von 20% demzufolge eine Verringerung der Energielücke um 176 meV bzw. $7k_\mathrm{B}T$ bei Raumtemperatur. Der Valenzbandsoffset (Kap. 14.5) an einem $\mathrm{Ge}_x\mathrm{Si}_{1-x}$/Si-Heteroübergang ist vom Germaniumanteil abhängig und nimmt um annähernd 7 meV je Prozent Germanium zu [59,60], d.h. $\Delta W_\mathrm{V}(x,T) \approx x \cdot 700\,\mathrm{meV}$. Das Leitungsband weist nur einen geringen Offset auf; dieser wurde in [56, 58] mit ca. 20 meV berechnet.

Beweglichkeiten. In $\mathrm{Si}_{1-x}\mathrm{Ge}_x$-Mischkristallen ist die Bandstruktur bis zum Germanium-Anteil $x = 0.85$ ähnlich der des Siliziums mit sechs äquivalenten Leitungsbandminima; für größere Werte von x ist die Leitungsbandstruktur ähnlich der des Germanium mit acht äquivalenten Leitungsbandminima in $\langle 111 \rangle$-Richtung. In $\mathrm{Si}_{1-x}\mathrm{Ge}_x$-Mischkristallen nimmt die Beweglichkeit wegen der zunehmenden Streuung an Germaniumatomen mit zunehmendem Germaniumanteil x ab bis zu $x = 0.85$; für größere Werte von x, ergibt sich wieder ein Anstieg von μ_n bis zum Wert von reinem Germanium bei $x = 1$.

Pseudomorphe $\mathrm{Si}_{1-x}\mathrm{Ge}_x$-Schichten auf Si-Substrat zeigen wegen des Piezowiderstandseffekts eine deutlich größere Elektronenbeweglichkeit senkrecht zur aufgewachsenen Schicht als parallel zur Schicht.[27] Bei geringer Dotier-

[27] Die mechanische Spannung parallel zur Schicht ist

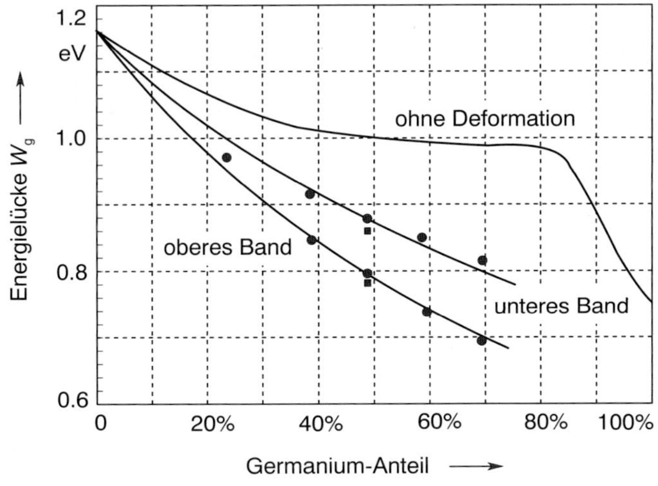

Abb. 12.43. Energielücke von $Si_{1-x}Ge_x$-Mischkristallen und pseudomorphen $Si_{1-x}Ge_x$-Schichten auf Si-Substrat (nach [56, 57])

stoffkonzentration nimmt die Elektronenbeweglichkeit mit x ab, nur bei hoher Dotierstoffkonzentration ist eine leichte Zunahme der Elektronenbeweglichkeit senkrecht zur Schicht zu beobachten. Dies ist vorteilhaft für Heterostrukturbipolartransistoren, da die Elektronenbeweglichkeit zusammen mit der Basisweite die Transitzeit beeinflußt. Für die Löcherbeweglichkeit in pseudomorphen p-Typ ($N_A = 10^{15}$ cm^{-3}) $Si_{1-x}Ge_x$-Schichten auf $\langle 100 \rangle$-Silizium wurde parallel zur aufgewachsenen Schicht ein Anstieg um 50% bei $x = 0.1$, um 80% bei $x = 0.2$ und um 140% bei $x = 0.3$ gefunden [61]; diese Zunahme wird auf eine Abnahme der effektiven Masse der Löcher zurückgeführt. Bei größeren Werten der Dotierstoffkonzentration sinkt die Beweglichkeit wegen zunehmender Streuung an ionisierten Störstellen.

12.5.3 Siliziumkarbid (SiC)

Siliziumkarbid zeichnet sich durch eine große Energielücke, gute Elektronenbeweglichkeit, hohe mechanische Festigkeit und Strahlenbelastbarkeit aus. Es wurde in den letzten Jahren zunehmend als Material für die Herstellung von Bauelementen für hohe Durchbruchspannungen und hohe Betriebstemperaturen herangezogen. Da Siliziumkarbid-Einkristalle wegen der sehr hohen Schmelztemperatur von ca 2830 °C bei 35 bar derzeit nicht über das Czochralski-Verfahren produziert werden können, werden SiC-Kristalle durch Abscheiden aus der Gasphase hergestellt, wobei die geringen Aufwachsraten problematisch sind.

Siliziumkarbid kann in zahlreichen (mehr als 200) unterschiedlichen Polytypen auftreten, das sind Kristalle mit identischer stöchiometrischer Zusammen-

$$\epsilon_T = \frac{1+\nu}{1-\nu} \frac{a_{SiGe}(x) - a_{Si}}{a_{SiGe}(x)},$$

mit der Poisson-Zahl $\nu = 0.280 - 0.007x$ von $Si_{1-x}Ge_x$. Mit diesen Beziehungen kann die Elektronenbeweglichkeit entsprechend Kap. 12.4.9 berechnet werden [61].

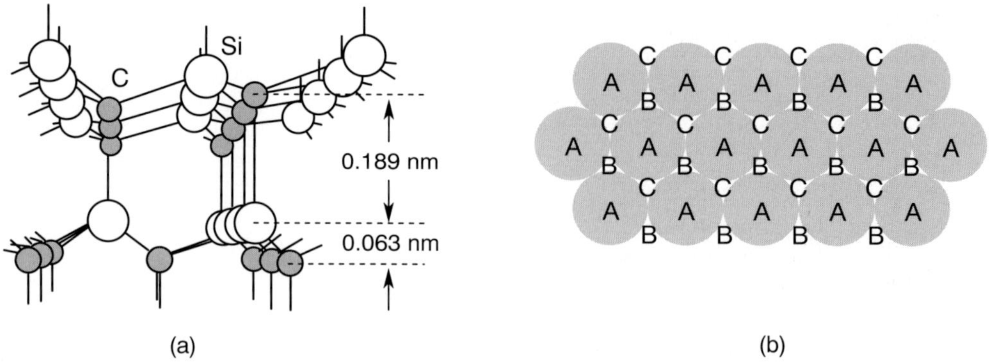

Abb. 12.44. Siliziumkarbid (**a**) Anordnung der Silizium- und Kohlenstoffatome im SiC-Gitter und (**b**) zur Kennzeichnung möglicher Stapelfolgen (nach [62])

setzung aber unterschiedlicher Anordnung der Atome in der Elementarzelle. Der Aufbau eines SiC-Kristalls ist in Abb. 12.44 a dargestellt; der Kristall ist aus aufeinanderfolgenden Silizium-Kohlenstoff-Doppelschichten vorzustellen. Wird die Lage der Kohlenstoffatome einer Schicht wie in Abb. 12.44 b mit A bzeichnet, so können die Kohlenstoffatome der darüber liegenden Schicht entweder auf den mit B oder auf den mit C bezeichneten Plätzen liegen. Die Schichtfolge bestimmt dabei den vorliegenden Polytyp. Die als Substratmeterialien erhältlichen Polytypen[28] 4H und 6H haben die Schichtfolge ABCB bzw. ABCACB. Alle Polytypen des Siliziumkarbid sind indirekte Halbleiter mit Energielücken bei Raumtemperatur zwischen ca. 2.2 eV (3C) und 3.3 eV (2H). Tabelle 12.5 stellt die wichtigsten Materialkenngrößen der drei bedeutendsten Polytypen 4H, 6H und 3C zusammen.

Tabelle 12.5. Materialparameter einiger SiC-Polytypen im Vergleich zu Si

Parameter	3C	4H	6H	Si
W_g/(eV	2.40	3.26	3.02	1.12
E_{crit}/(MV/cm)	2.12	2.2	2.5	0.25
λ, W/cmK	3.2	3.7	4.9	1.5
n_i(300 K), cm^{-3}	0.15	$5 \cdot 10^{-9}$	$1.6 \cdot 10^{-6}$	$1.1 \cdot 10^{10}$
v_{nsat}, cm/s		$2 \cdot 10^7$	$2 \cdot 10^7$	10^7
μ_n, cm^2/Vs	800	1000	400	1400
μ_p, cm^2/Vs	40	115	100	470
ϵ_r	9.72		9.66	11.9

[28]Die Bezeichnung der Polytypen erfolgt so, daß die Zahl die Anzahl der Stapelfolgen angibt, die zum Erreichen der Ausgangsposition erforderlich ist, der Buchstabe kennzeichnet die Form der Elementarzelle: C für kubisch, H für hexagonal und R für rhomboedrisch. Der Polytyp 3C des Siliziumkarbids wird häufig auch als β-SiC bezeichnet, während alle übrigen Polytypen unter der Bezeichnung α-SiC zusammengefaßt werden [63]. Der Polytyp 6H wurde früher für die Herstellung blauer Leuchtdioden eingesetzt.

12.5.4 III-V-Verbindungshalbleiter

Die direkte Energielücke zahlreicher III-V-Verbindungshalbleiter macht diese insbesondere für die Realisierung lichtemittierender elektronischer Bauelemente bedeutsam. Weitere Vorzüge dieser Materialgruppe sind eine hohe Elektronenbeweglichkeit und die Möglichkeit Hetero-Übergänge zwischen Halbleitern unterschiedlicher Energielücke aber identischer Gitterkonstante zu realisieren. Anwendungen die von diesen Eigenschaften profitieren sind Heterostrukturbipolartransistoren und spezielle Sperrschichtfeldeffekttransistoren (MESFETs und MODFETs). Zahlreiche III-V Verbindungshalbleiter kristallisieren in dem in Abb. 12.45 gezeigten Zinkblendegitter.

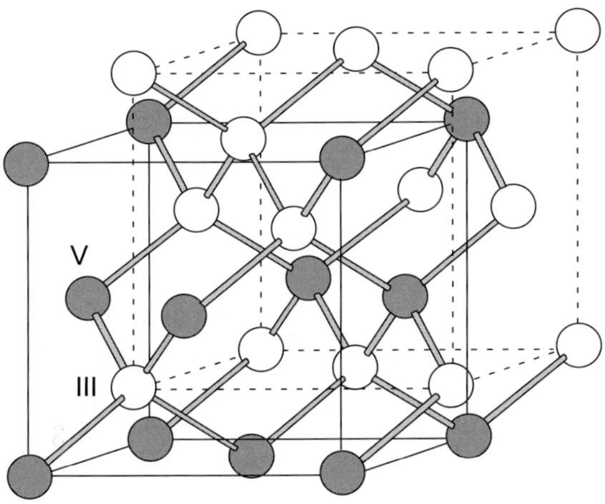

Abb. 12.45. Zinkblendegitter

Mit den Elementen Aluminium (Al), Gallium (Ga) und Indium (In) aus der 3. Hauptgruppe und den Elementen Stickstoff (N), Phosphor (P), Arsen (As) und Antimon (Sb) aus der 5. Hauptgruppe lassen sich insgesamt $3 \times 4 = 12$ binäre Verbindungshalbleiter realisieren. Tabelle 12.6 stellt die wichtigsten Materialgrößen dieser III-V-Verbindungen zusammen.

Galliumarsenid (GaAs). Galliumarsenid ist ein direkter Halbleiter mit einem Leitungsbandminimum beim Γ-Punkt. Acht weitere Täler in L-Richtung weisen eine deutlich größere effektive Masse auf und liegen nur um 0.29 eV über dem globalen Leitungsbandminimum bei $\boldsymbol{k} = \mathbf{0}$. Bei geringen Energien ist vor allem das Tal bei Γ besetzt. In dem Maße in dem Ladungsträger durch Beschleunigung im elektrischen Feld Energie gewinnen, können Elektronen in die Täler mit der größeren effektiven Masse gestreut werden. Dies führt zu einer Verminderung der Beweglichkeit, die für Feldstärken oberhalb einer kritischen Feldstärke sogar zu einer mit der Feldstärke abnehmenden Driftgeschwindigkeit führt.

Galliumphosphid (GaP). Galliumphosphid ist ein indirekter Halbleiter mit der Energielücke 2.35 eV, der sich durch Einbau isoelektronischer Störstellen

Tabelle 12.6. Materialkenngrößen der III-V-Halbleiter

Halb-leiter	W_g eV	Energie-lücke	a Å	μ_n cm^2/Vs	μ_p cm^2/Vs	λ W/cm K	ϵ_r
AlN*)	6.2	dir	3.11/4.98	14		9.14	
AlP	2.505	ind	5.4635	60		0.9	9.8
AlAs	2.229	ind	5.660	300	100		10.06
AlSb	1.615	ind	6.1355	200	400	0.8	12.04
GaN*)	3.503	dir	3.17/5.15	2000			10.4
GaP	2.350	ind	5.4505	160	135		11.11
GaAs	1.424	dir	5.65325	9200	400	0.46	13.1
GaSb	0.75	dir	6.09593	3750	680	0.4	15.69
InN	2.05	dir	3.55/5.70	250			9.3
InP	1.4236	dir	5.8687	5370	150	0.7	12.5
InAs	0.354	dir	6.0583	30000	500	0.4	15.15
InSb	0.178	dir	6.47937	77000	850	0.6	17

*) Wurtzitgitter (hexagonal), sonst Zinkblendegitter (kubisch)

(Stickstoff) [23] aber dennoch als Material für die Herstellung von Leuchtdioden eignet. Das ternäre System $GaAs_xP_{1-x}$ mit einer vom infraroten bis zum gelbgrünen Bereich durchstimmbaren Wellenlänge ist weitverbreitet für die Herstellung einfacher Leuchtdioden (vgl. Kap. 29).

Galliumnitrid (GaN). Galliumnitrid (GaN) hat in den letzten Jahren erhebliche Bedeutung für optoelektronische Anwendungen (blaue Leuchtdioden, Laserdioden) erlangt, ist wegen seiner großen Energielücke aber auch für Realisierung von Bauelementen der Leistungselektronik interessant und steht hier in Konkurrenz zu SiC.

Indiumphosphid (InP). Die Bandstruktur von Indiumphosphid (InP) ähnelt der von GaAs. InP weist jedoch eine etwas kleinere direkte Energielücke auf, und ein Leitungsbandminimum mit einer sehr geringen effektiven Masse, was sich in einer besonders großen Elektronenbeweglichkeit auswirkt. Da die Energiedifferenz zwischen den indirekten und direkten Leitungsbandminima in InP deutlich größer ist als in GaAs (0.74 eV i. vgl. zu 0.29 eV) werden auch bei großen Feldstärken nur wenige Elektronen in die Täler mit der großen effektiven Masse gestreut – die Abnahme der Beweglichkeit mit der Feldstärke ist deutlich geringer.

$In_xGa_{1-x}As_yP_{1-y}$. Durch Realisierung ternärer oder quaternärer Systeme lassen sich diese aber in weiten Bereich verändern. Zur Illustration wird das quaternäre System $In_xGa_{1-x}As_yP_{1-y}$ (Abb. 12.46) betrachtet, das für die optische Nachrichtentechnik interessant ist, da sich die Wellenlänge der emittierten strahlung auf die Dämpfungsminima von Glasfaser-Lichtwellenleitern

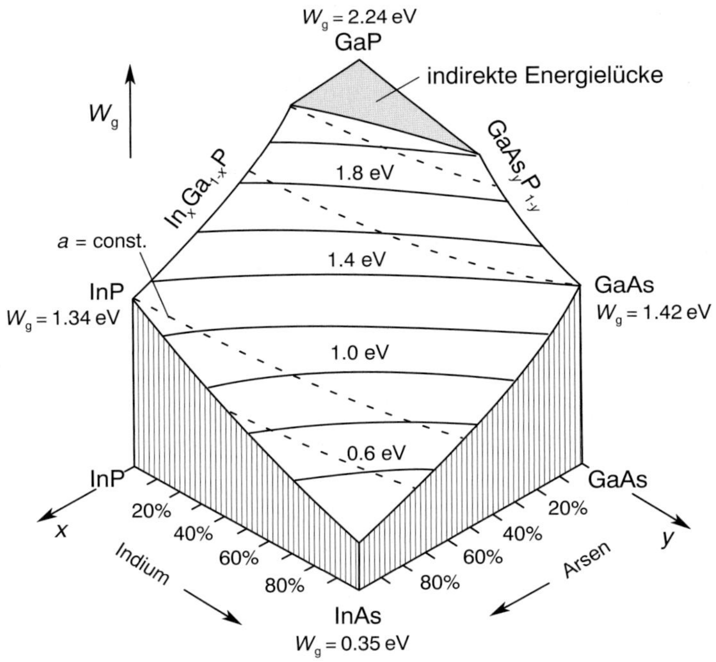

Abb. 12.46. Bandabstand W_g des quaternären Systems $In_xGa_{1-x}As_yP_{1-y}$ (gestrichelte Linien kennzeichnen Verbindungen derselben Gitterkonstante, a = const., nach [63])

(vgl. Kap. 26) abstimmen lassen. Ga und In sind dabei aus der III. Hauptgruppe und können und können untereinander beliebig ersetzt werden, As und P sind aus der 5. Hauptgruppe und können ebenfalls frei in ihrer Zusammensetzung gewählt werden. Soll eine entsprechende Schicht auf einem InP-Substrat aufgewachsen werden, so muß die Gitterkonstante mit der des Substrats übereinstimmen, x und y sind dann nicht mehr frei wählbar, sondern über die Bedingung [64]

$$1 - x \; = \; 0.4\,y + 0.067\,y^2$$

miteinander verknüpft, d.h. bei gegebenem y ist x und damit die Energielücke

$$W_g/\mathrm{eV} \; = \; 1.35 - 0.72\,y + 0.12\,y^2$$

vorgegeben. Ihr Wert läßt sich von 1.35 eV ($\lambda_G = hc/W_g = 0.92\,\mu\mathrm{m}$) bis 0.75 eV ($\lambda_G = 1.65\,\mu\mathrm{m}$) verändern.

12.6 Literaturverzeichnis

[1] J.M. Ziman. *Prinzipien der Festkörpertheorie.* Harri Deutsch, Frankfurt, 1975.

[2] N.W. Ashcroft, N.D. Mermin. *Solid State Physics.* Holt-Saunders, New York, 1976.

[3] O. Madelung. *Introduction to Solid State Theory.* Springer, Berlin, third edition, 1996

[4] Ch. Kittel. *Einführung in die Festkörperphysik.* Oldenbourg, München, 2002.

[5] C. Jacoboni, L. Reggiani. The Monte Carlo method for the solution of charge transport in semiconductors with applications to covalent materials. *Rev. Mod. Phys.*, 55(3):645–705, 1983.

[6] M. Lundstrom. *Fundamentals of Carrier Transport (Modular Series on Solid State Devices, Volume X).* Addison-Wesley, Reading, Massachusetts, 1990.

[7] O. Madelung (Ed.). *Semiconductors - Basic Data.* Springer, Berlin, second edition, 1996.

[8] K. Seeger. *Semiconductor Physics.* Springer, Berlin, third edition, 1985.

[9] W.E. Beadle, J.C.C. Tsai, R.D. Plummer (Eds.). *Quick Reference Manual for Silicon Integrated Circuit Technology.* Wiley, New York, 1985.

[10] M.A. Green. Intrinsic concentration, effective densities of states, and effective mass in silicon. *J. Appl. Phys.*, 67(6):2944–2954, 1990.

[11] S.M. Sze. *Physics of Semiconductor Devices.* Wiley, New York, second edition, 1982.

[12] R.P. Mertens, R.J. van Overstraeten, H.J. de Man. Heavy doping effects in silicon. *Advances in Electronics and Electron Physics*, 55:77–118, 1981.

[13] R.J. van Overstraeten, R.P. Mertens. Heavy doping effects in silicon. *Solid-State Electronics*, 30(11):1077–1087, 1987.

[14] J.W. Slotboom, H.C. de Graaff. Measurements of bandgap narrowing in Si bipolar transistors. *Solid-State Electronics*, 19:857–862, 1976.

[15] D.B.M. Klaassen. A unified mobility model for device simulation – I. Model equations and concentration dependence. *Solid-State Electronics*, 35(7):953–959, 1992.

[16] D.B.M. Klaassen, J.W. Slotboom, H.C. de Graaff. Unified apparent bandgap narrowing in n- and p-type silicon. *Solid-State Electronics*, 35:125–129, 1992.

[17] T.N. Morgan. Broadening of impurity bands in heavily doped semiconductors. *Phys. Rev.*, 139(1A):343–348, 1965.

[18] D.S. Lee, J.G. Fossum. Energy-band distortion in highly doped silicon. *IEEE Trans. Electron Devices*, 30(6):626–634, 1983.

[19] E.O. Kane. Thomas-Fermi approach to impure semiconductor band structure. *Phys. Rev.*, 131(1):79–88, 1963.

[20] C. Gerthsen, H.O. Kneser, H. Vogel. *Physik.* Springer, Berrlin, sechzehnte Auflage, 1989.

[21] C. Canali, C. Jacoboni, F. Nava, G. Ottaviani, A.Alberigi-Quaranta. Electron drift velocity in silicon. *Phys. Rev. B*, 12(4):2265–2284, 1975.

[22] W. von Münch. *Elektrische und magnetische Eigenschaften der Materie.* Teubner, Stuttgart, 1987.

[23] P.Y. Yu, M. Cardona. *Fundamentals of Semiconductors.* Springer, Berlin, 1996.

[24] F. Reif. *Statistical and Thermal Physics.* McGraw-Hill, Singapore, 1965.

[25] R.N. Hall. Electron-hole recombination in germanium. *Phys. Rev.*, 87:387, 1952.

[26] W. Shockley, W.T. Read. Statistics of the recombination of holes and electrons. *Phys. Rev.*, 87:835–842, 1952.

[27] C.-T. Sah, R.N. Noyce, W. Shockley. Carrier generation and recombination in p-n junctions and p-n junction characteristics. *Proc. IRE*, 45:1228–1243, 1957.

[28] C.-T. Sah, F.A. Lindholm. Carrier generation, recombination, trapping, and transport in semiconductors witch position-dependent composition. *IEEE Trans. Electron Devices*, 24(4):358–362, 1977.

[29] M. Reisch. *High-frequency Bipolar Transistors.* Springer, Berlin 2003

[30] A.G. Chynoweth. *Charge Multiplication Phenomena, in 'Semiconductors and Semimetals', Vol.4 (R.K. Willardson and A.C. Beer Eds.).* Academic Press, New York, 1968.

[31] S. Selberherr. *Analysis and Simulation of Semiconductor Devices.* Springer, Wien, 1984.

[32] W. Shockley. Problems related to p-n junctions in silicon. *Solid-State Electronics,* 2(1):35–67, 1961.

[33] J.J. Moll, N.I. Meyer. Secondary multiplication in silicon. *Solid-State Electronics,* 3:155–158, 1961.

[34] E.F. Crabbe, J.M.C. Stork, G. Baccarani, M.v. Fischetti, S.E. Laux. The impact of non-equilibrium transport on breakdown and transit time in bipolar transistors. *IEDM Tech. Dig.*, 1990:463–466, 1990.

[35] J.W. Slotboom, G. Streutker, A. Pruijmboom, D.J. Gravesteijn. Parasitic energy barriers in SiGe HBTs. *IEEE Electron Device Letters*, 12(9):486–488, 1991.

[36] W. Lee et.al. Numerical modeling of advanced semiconductor devices. *IBM J. Research and Development*, 36(2):208 – 230, 1992.

[37] P. Palestri, L. Selmi, G.A.M. Hurkx, J.W. Slotboom, E. Sangiorgi. Energy dependent electron and hole impact ionization in Si bipolar transistors. *IEDM Tech. Dig.*, 1998:885–888, 1998.

[38] J. Dziewior, W. Schmid. Auger coefficients for highly-doped and highly excited silicon. *Appl. Phys. Lett.*, 31(5):346–348, 1977.

[39] A.W. Wieder. Emitter effects in shallow bipolar devices: measurements and consequences. *IEEE Trans. Electron Devices*, 27(8):1402–1408, 1980.

[40] H.C. de Graaff, F.M. Klaassen. *Compact Transistor Modeling for Circuit Design.* Springer, Wien, 1990.

[41] M.Kurata. *Numerical Analysis for Semiconductor Devices.* Lexington Books, D.C. Heath Co., Lexington, 1982.

[42] C. Jacoboni, P. Lugli. *The Monte Carlo Method for Semiconductor Device Simulation.* Springer, Wien, 1989.

[43] M.V. Fischetti, S.E. Laux. *Phys. Rev.*, 38(14):9721–9745, 1988.

[44] G.D. Masetti, M. Severi, S. Solmi. Modeling of carrier mobility against concentration in arsenic-, phosphorous- and boron-doped silicon. *IEEE Trans. Electron Devices,* 30:764–769, 1983.

[45] D.B.M. Klaassen. A unified mobility model for device simulation - II. Temperature dependence of carrier mobility and lifetime. *Solid-State Electronics*, 35(7):961–967, 1992.

[46] D.M. Caughey, R.E. Thomas. Carrier mobilities in silicon empirically related to doping and field. *Proc. IEEE*, 55(12):2192–2193, 1967.

[47] S.M. Sze (Ed.). *High-Speed Semiconductor Devices.* Wiley, New York, 1990.

[48] J.R. Haynes, W. Shockley. The mobility and life of injected holes and electrons in germanium. *Phys. Rev.*, 81:835, 1951.

[49] J.D. Jackson. *Classical Electrodynamics.* Wiley, New York, second edition, 1975.

[50] J.E. Parrot. Thermodynamic theory of transport processes in semiconductors. *IEEE Trans. Electron Devices*, 43(5):809 – 826, 1996.

[51] G.K. Wachutka. Rigorous thermodynamic treatment of heat generation and conduction in semiconductor device modeling. *IEEE Trans. CAD*, 9(11):1141 – 1149, 1990.

[52] H. Baltes, R. Castagnetti. *Magnetic Sensors in Semiconductor Sensors (S.M. Sze Ed.).* J.Wiley, New York, 1994.

[53] M.v. Ardenne, G. Musiol, S. Reball (Hrsg.). *Effekte der Physik und ihre Anwendungen.* Harri Deutsch, Frankfurt, 1988.

[54] J.C. Bean. Silicon-based semicondcutor heterostructures: Column IV bandgap engineering. *Proc. IEEE*, 80(4):571–587, 1992.

[55] S.S. Iyer, G.L. Patton, J.M.C. Stork, B.S. Meyerson, D.L. Harame. Heterojunction bipolar transistors using Si-Ge alloys. *IEEE Trans. Electron Devices*, 36(10):2043–2064, 1989.

[56] R. People. Physics and applications of Ge_xSi_{1-x}/Si strained-layer heterostructures. *IEEE J. Quantum Electronics*, 22(9):1696–1710, 1986.

[57] H. Morkoc, B. Sverdlov, G.-B. Gao. Strained layer heterostructures, and their applications to MODFET's, HBT's and lasers. *Proc. IEEE*, 81(4):493–556, 1993.

[58] R. People. Indirect bandgap of coherently strained Ge_xSi_{1-x} bulk alloys on $\langle 001 \rangle$ silicon substrates. *Phys. Rev. B*, 32(2):1405–1408, 1985.

[59] C.H. Gan, J.A. del Alamo, B.R. Bennett, B.S. Meyerson, E.F. Crabbe, C.G. Sodini, L.R. Reif. $Si_{1-x}Ge_x/Si$ valence band discontinuity measurements using a semiconductor-insulator-semiconductor (SIS) heterostructure. *IEEE Trans. Electron Devices*, 41(12):2430–2439, 1994.

[60] S.-I. Takagi, J.L. Hoyt, K. Rim, J.J. Welser, J.F. Gibbons. Evaluation of the valence band discontinuity of $Si/Si_{1-x}Ge_x/Si$ heterostrucures by application of admittance spectroscopy to MOS capacitors. *IEEE Trans. Electron Devices*, 45(2):494–501, 1998.

[61] T. Manku, A. Nathan. Electron drift mobility for devices based on unstrained and coherently strained $Si_{1-x}Ge_x$ grown on (001) silicon substrate. *IEEE Trans. Electron Devices*, 39(9):2082–2089, 1992.

[62] A.R. Powell, L.B. Rowland. SiC materials - progress, status, and potential roadblocks. *Proc. IEEE*, 90(6):942–955, 2002.

[63] W.v. Münch. *Einführung in die Halbleitertechnologie.* Teubner, Stuttgart, 1993.

[64] W. Kowalsky. *Dielektrische Werkstoffe der Elektronik und Photonik.* Teubner, Stuttgart, 1993.

13 Herstellung von Halbleiterbauelementen

Elektronische Halbleiterbauelemente werden durch eine Aufeinanderfolge chemischer und physikalischer Prozesse hergestellt. Fortschritte in der Halbleitertechnologie ermöglichten die Realisierung immer kleinerer Bauelemente und waren so der Motor der rasanten Entwicklung hochintegrierter Schaltungen in den vergangenen Jahren. Dies hat mehrere Ursachen:

- Kleinere Bauelementeabmessungen führen zu „schnelleren“ integrierten Schaltungen, da zum einen die parasitären Kapazitäten der Bauelemente reduziert werden, zum anderen die Verdrahtungslängen und die damit verbundenen Kapazitäten und Laufzeiteffekte. Wird eine gegebene Digitalschaltung in der Technologie der folgenden Generation mit geringeren Strukturgrößen realisiert, so kann sie bei höheren Taktfrequenzen betrieben werden und ermöglicht so einen höheren Datendurchsatz.
- Kleinere Bauelementeabmessungen ermöglichen eine größere Packungsdichte und damit die Integration von mehr Bauelementen auf einem Chip. Dies erlaubt die Realisierung breiterer interner Busse, interne Parallelverarbeitung etc. und somit die Verwirklichung von Schaltungen, die einen höheren Datendurchsatz ermöglichen.
- Die mit der Hochintegration verbundene erhöhte Zuverlässigkeit [1] der elektronischen Schaltungen erlaubt die kostengünstige Realisierung von Systemen, die zuvor an der damit verbundenen Komplexität gescheitert wären.

Dieses Kapitel erläutert in kurzer Form die Grundprozesse der Halbleiterfertigung. Für eine detailliertere Darstellung wird auf [1–3] verwiesen.

13.1 Herstellung von Silizium-Einkristallen, Wafer

Silizium ist das zweithäufigste Element der Erdkruste. In der für die Realisierung von Halbleiterbauelementen benötigten hochreinen, einkristallinen Form kommt es in der Natur jedoch nicht vor. Rohsilizium mit einer Reinheit von ca. 98 % wird aus Quartzit (SiO_2) durch Reaktion mit Kohlenstoff nach der Reaktionsgleichung

$$\mathrm{SiO_2} + 2\,\mathrm{C} \quad \rightarrow \quad \mathrm{Si} + 2\,\mathrm{CO}$$

gewonnen. Die Reaktion erfordert sehr hohe Temperaturen (Lichtbogen) und ist sehr energieaufwendig: Für die Herstellung von 1 kg Rohsilizium werden ca.

[1] Im Vergleich zu einer Realisierung derselben Schaltung mit Einzelhalbleitern oder integrierten Bausteinen mit niedrigem Integrationsgrad.

13 kWh elektrischer Energie benötigt [3]. Um Si-Einkristalle aus Rohsilizium zu gewinnen wird dieses zunächst in Trichlorsilan ($SiHCl_3$) und damit in die Gasphase überführt (Hydrochlorierung)

$$\mathrm{Si} + 3\ \mathrm{HCl} \quad \rightarrow \quad \mathrm{SiHCl_3} + \mathrm{H_2}\ .$$

Das Trichlorsilan wird gereinigt und anschließend mit Wasserstoff zu (polykristallinem) Silizium reduziert

$$\mathrm{SiHCl_3} + \mathrm{H_2} \quad \rightarrow \quad \mathrm{Si} + 3\ \mathrm{HCl}\ .$$

Das so gewonnene hochreine polykristalline Silizium wird in einem Quarztiegel eingeschmolzen und für die Züchtung von Si-Einkristallen nach dem *Czochralski-Verfahren* verwendet. Dabei wird ein Impfkristall in die Schmel-

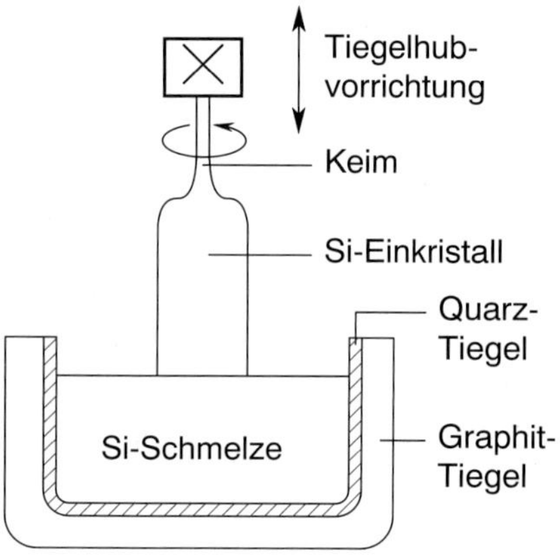

Abb. 13.1. Czochralski-Verfahren

ze gebracht, deren Temperatur an der Oberfläche nur wenig oberhalb der Erstarrungstemperatur liegt. Unter langsamem Drehen wird dieser Impfkristall stetig aus der Schmelze gezogen (Abb. 13.1).[2] Durch Anlagerung von Si-Atomen aus der Schmelze an den Keim entsteht so ein zylinderförmiger

[2]Die Ziehgeschwindigkeit liegt dabei typischerweise im Bereich von 1 – 3 mm/min, die Drehzahl bei 10 – 20 U/min. Ein Nachteil des Czochralski-Verfahrens ist die vergleichsweise hohe Kontamination (Verunreinigung) des Substratmaterials – insbesondere mit den Elementen Kohlenstoff und Sauerstoff. Das sog. *Zonenschmelzverfahren* ist diesbezüglich günstiger. Dabei wird ein Stab aus hochreinem polykristallinem Silizium über einem als Impfkristall dienenden Einkristall eingespannt. Eine schmale Zone über dem Impfkristall wird induktiv bis zur Schmelztemperatur erhitzt. Diese Schmelzzone wird nun langsam nach oben verschoben. Die unterhalb der Schmelzzone wieder erstarrende Schicht nimmt dabei die Kristallstruktur des Impfkristalls an. Der Prozeß besitzt den Vorteil, daß er in inertem Schutzgas oder im Vakuum durchgeführt werden kann, was zu geringen Verunreinigungen führt. Ein weiterer Vorzug ist die *Getterwirkung* des polykristallinen Siliziums: An den Korngrenzen des polykristallinen Siliziums lagern sich leicht Störatome an. Beim Zonenschmelzverfahren wandern Verunreinigungen deshalb aus der geschmolzenen Zone vorzugsweise zu der angrenzenden Schicht aus polykristallinem Silizium und werden vor der geschmolzenen Zone „hergeschoben" („Zonenreinigen").

Einkristall. Dieser wird in Scheiben mit Dicken[3] um 0.5 mm zersägt. Die Scheiben werden poliert und bilden als sog. *Wafer* das Substratmaterial für die Herstellung elektronischer Bauelemente. Der Durchmesser dieser Wafer konnte durch technische Fortschritte im Laufe der Jahre stetig gesteigert werden und erreicht mittlerweile Werte von 300 mm.[4]

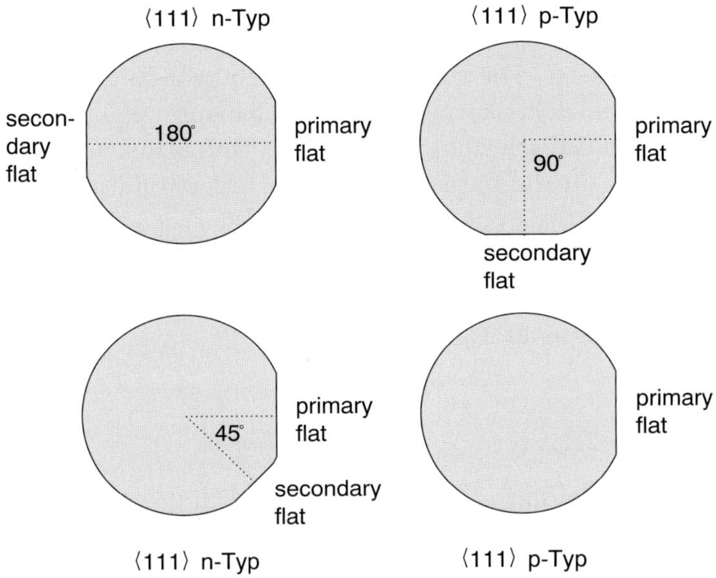

Abb. 13.2. SEMI-Standard zur Kennzeichnung von Si-Wafern hinsichtlich Kristallorientierung und Leitungstyp

Die Wafer besitzen eine definierte Kristallorientierung, die durch Markierungen am Rand (*Flats*) angezeigt werden (Abb. 13.2). Gewöhnlich wird ⟨100⟩-Material verwendet – das sind Si-Wafer bei denen die Waferoberfläche durch eine ⟨100⟩-Gitterebene gebildet wird [5]. Die Wafer besitzen ein spezifizierte Dotierung (n-Typ oder p-Typ), die durch Einbau von in der Schmelze gelösten Donatoren bzw. Akzeptoren erzielt wird. Neben diesen gezielt eingebrachten Störstellen enthalten die Wafer *Verunreinigungen*. Von besonderem Interesse ist hier eingelagerter Sauerstoff, da Sauerstoff auf Zwischengitterplätzen SiO_2-Präzipitate (Ausscheidungen) bilden kann, die als Getterzentren für andere Verunreinigungen eine wichtige Rolle spielen.

[3]Die Dicke von Standardmaterial steigt mit zunehmendem Durchmesser des Wafers an und beträgt $775 \pm 25\,\mu m$ bei 300 mm Wafern, bei einer maximal zulässigen Dickenvariation von $10\,\mu m$ über der Scheibe; die Kristallorientierung wird mit der Genauigkeit $\pm 1°$ spezifiziert.

[4]Die Entwicklung verlief über 2 Zoll, 3 Zoll, 4 Zoll, 6 Zoll und 8 Zoll (1 Zoll = 2.54 cm).

[5]Der Grund dafür ist, daß in diesem Fall die geringste Zahl von Oberflächenzuständen an der Si-SiO_2-Grenzfläche entsteht: Bei ⟨100⟩-Orientierung beträgt die Flächendichte der Atome an der Oberfläche $6.78 \cdot 10^{14}$ Atome/cm^2, bei ⟨110⟩-Orientierung $9.59 \cdot 10^{14}$ Atome/cm^2 und bei ⟨111⟩-Orientierung $7.83 \cdot 10^{14}$ Atome/cm^2 [4]. Die ist insbesondere für die elektrischen Eigenschaften von MOS-Bauelementen bedeutsam.

13.2 Thermische Oxidation von Silizium

Ein wesentlicher Grund für die beherrschende Rolle von Silizium als Substratmaterial für integrierte Schaltkreise ist die außergewöhnliche Güte des Isolators SiO_2, der durch einfache Oxidation des Siliziumsubstrats erhalten wird. Zwei der wichtigsten Innovationen der Halbleiterelektronik profitierten von den hervorragenden Eigenschaften des SiO_2: Der 1960 von Hoerni erfundene Planarprozeß und der ebenfalls 1960 von Kahng und Atalla erstmals realisierte MOS-Feldeffekttransistor. Die Hauptanwendungen von SiO_2 in der Halbleiterelektronik sind Gatedielektrika für MOS-Bauelemente, elektrische Isolation von Bauelementen in integrierten Schaltungen, Diffusionsbarrieren für Dotierstoffe, sowie Masken für die Implantation von Dotierstoffatomen.

Für die thermische Oxidation eines Siliziumsubstrats wird dieses in sauerstoffreicher Atmosphäre auf Temperaturen im Bereich von typisch 900°C bis 1100°C erhitzt. [6] Zwei Reaktionen – *trockene* und *nasse Oxidation* – werden für die thermische Oxidation ausgenutzt:

$$\mathrm{Si} + \mathrm{O_2} \rightarrow \mathrm{SiO_2} \qquad \textit{(trockene Oxidation)}$$

$$\mathrm{Si} + 2\mathrm{H_2O} \rightarrow \mathrm{SiO_2} + 2\mathrm{H_2} \qquad \textit{(nasse Oxidation)}$$

Die Aufwachsraten der nassen Oxidation sind dabei wesentlich größer als die der trockenen Oxidation. Entsprechend wird die nasse Oxidation[7] zur Herstellung dicker Oxidschichten (z.B. LOCOS-Isolation), eingesetzt, die trockene Oxidation für die kontrollierte Herstellung dünner Oxide (z.B. Gateoxide in MOSFETs). Trockene Oxide weisen bessere elektrische Eigenschaften auf als nasse Oxide, insbesondere falls dem Sauerstoff bei der Oxidation HCl-Gas beigemengt wird. Zur Verringerung der häufig störenden Diffusion von Störstellen während der Erzeugung dicker thermischer Oxide wird gelegentlich die sog. *Hochdruckoxidation* eingesetzt, bei der im Reaktionsvolumen ein Überdruck der reagierenden Gase aufgebaut wird.

Modell von Deal und Grove. Das Aufwachsen eines thermischen Oxids auf dem Si-Substrat wird durch das Modell von Deal und Grove [5] beschrieben. Nach diesem gilt für die Dicke der SiO_2-Schicht die folgende Beziehung („linear parabolic law“)

$$d_{\mathrm{ox}}^2(t) + A\,d_{\mathrm{ox}}(t) = B\,(t + t_0) \qquad (13.1)$$

A und B sind exponentiell von der Oxidationstemperatur abhängige Konstanten; die Oxidationstemperatur muß für die reproduzierbare Herstellung dünner Oxidschichten – wie sie für MOS-Bauelemente verwendet werden – deshalb genau kontrolliert

[6] Die Wahl einer geringeren Oxidationstemperatur (bis zu Werten von 600°C) ist gelegentlich sinnvoll, um die Aufwachsraten zu reduzieren und damit ein reproduzierbares Aufwachsen auch dünnster Gateoxide zu ermöglichen. Andererseits kann es opportun sein, Oxidationstemperaturen größer als 1100°C zu verwenden, um die Aufwachsrate bei der Erzeugung dicker Schichten zu beschleunigen.

[7] Das hierfür benötigte H_2O wird gewöhnlich in einer Knallgasflamme erzeugt, da H_2 und O_2 in großer Reinheit verfügbar sind.

werden. Die Größe t_0 berücksichtigt eine zur Zeit $t = 0$ evtl. bereits vorhandene Oxidschicht

$$t_0 = \left(d_{\text{ox}}^2(0) + A\, d_{\text{ox}}(0)\right)/B\,.$$

Für kleine Zeiten t dominiert der in t lineare Term ($d_{\text{ox}}(0) = 0$)

$$d_{\text{ox}}(t) \approx Bt/A\,,$$

für große Zeiten der quadratische; dann gilt

$$d_{\text{ox}}(t) \approx \sqrt{Bt}\,.$$

Solange $d_{\text{ox}}(t)$ proportional zu t ansteigt, wächst die Dicke der Oxidschicht mit konstanter Rate. Für größere Zeiten, in denen $d_{\text{ox}} \sim \sqrt{t}$ anwächst, nimmt das Dickenwachstum mit zunehmender Dicke der Oxidschicht ab – die Oxidation von Silizium wird aufgrund der Diffusion von Sauerstoffatomen durch die bereits entstandene Oxidschicht begrenzt. Da die Reaktion an der Si-SiO_2-Grenzfläche stattfindet, müssen die beteiligten Sauerstoffatome zunächst durch die Oxidschicht gelangen, was mit zunehmender Oxiddicke immer schwieriger wird.

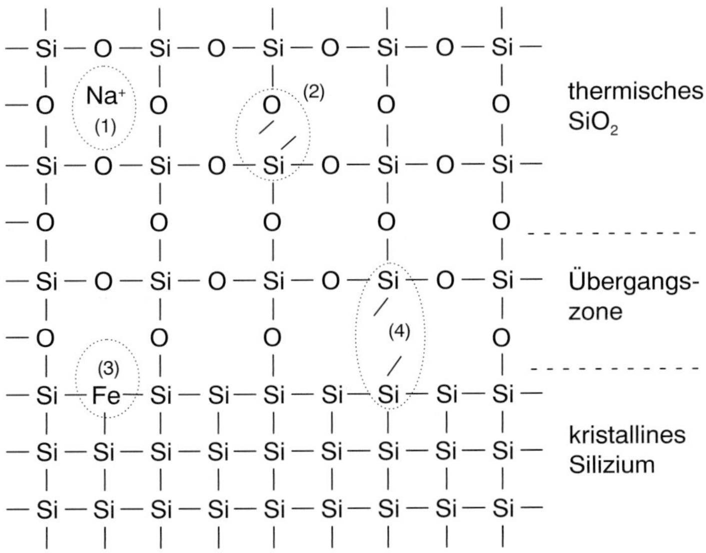

Abb. 13.3. Idealisierte Darstellung der Übergangszone zwischen Si und SiO_2, Illustration möglicher Defekte

Die Übergangszone zwischen Si und SiO_2 ist sehr schmal (typisch ein bis zwei Atomlagen dick). In dieser Zone findet der Übergang von Si zu SiO_2 statt. Durch nicht abgesättigte Valenzen oder Einbau von Fremdatomen in Oxid und Übergangszone kommt es zu Defekten im Oxid und an der Grenzfläche, die die elektrischen Eigenschaften elektronischer Bauelemente beeinflussen können. Abbildung 13.3 zeigt schematisch Beispiele für Defekte an der Si-SiO_2-Grenzfläche und im Oxid: Na-Ionen auf Zwischengitterplätzen im Oxid (1) können im elektrischen Feld „driften“ und dadurch die Bauteileigenschaften längerfristig verändern; aufgebrochene Si-O-Bindungen im Oxid (2) können Elektronen einfangen und so eine Aufladung der Oxidschicht verursachen[8]; Fremdatome (3) und nicht abgesättigte Bindungen („dangling bonds“) an der Grenzfläche (4) führen zu Haftstellen („Traps“) für Elektronen mit der Folge einer Oberflächenladung oder erhöhter Generation und Rekombination.

Bei der Oxidation des Siliziumsubstrats werden Si-Atome „verbraucht“ – mit fortschreitender Oxidation wandert die Si-SiO_2-Grenzfläche demzufolge immer weiter in das Substrat hinein. Der Anteil der SiO_2-Schicht, der unterhalb der ursprünglichen Substratoberfläche des Siliziums liegt, läßt sich aus der Dichte $\rho_{Si} = 2.328\ g{\cdot}cm^{-3}$ von Silizium, der Dichte $\rho_{SiO2} = 2.2\ g{\cdot}cm^{-3}$ des Oxids und den Molmassen von O_2 und Si mit ca $\approx 44\,\%$ abschätzen, d. h. das bei der thermischen Oxidation entstehende SiO_2 liegt zu 56% oberhalb der ursprünglichen Oberfläche des Si-Substrats.

Mit zunehmender Oxidation wandert die Si-SiO_2-Grenzfläche immer weiter in das Si-Substrat. Die ursprünglich an der Siliziumoberfläche vorhandenen Oberflächenzustände werden dadurch eliminiert – es entsteht eine Oberfläche mit einer sehr geringen Defektdichte.

Wird ein Teil der Oberfläche des Siliziumsubstrats mit einer für Sauerstoff nur schwer zu durchdringenden Schicht abgedeckt und dieses anschließend thermisch oxidiert, so wächst das Oxid nur an den nicht abgedeckten Stellen auf. Dieses als LOCOS-Technik bezeichnete Verfahren nutzt aus, daß Si_3N_4 sowohl für sauerstoffhaltige Spezies weitgehend undurchlässig ist als auch die hohen beim Oxidationsvorgang auftretenden Temperaturen aushält.

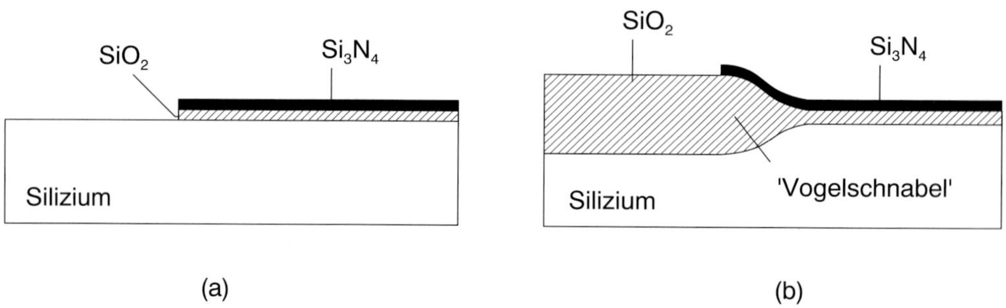

Abb. 13.4. LOCOS-Technik. (**a**) Maskierung, (**b**) nach thermischer Oxidation

Beim LOCOS-Prozeß (Abb.13.4) wird auf ein dünnes Oxid[9] eine Siliziumnitridchicht (Si_3N_4) aufgebracht. Durch einen fototechnischen Schritt wird diese an den Stellen, an denen das Oxid aufwachsen soll, wieder entfernt. Anschließende Oxidation liefert dann das gewünschte „Dickoxid“. Zu beachten ist der durch Diffusion von Sauerstoffatomen unter die Maske bedingte „Vogelschnabel“ ; dessen laterale Ausdehnung unter das Oxid ist i. allg. vergleichbar zur Oxiddicke.

[8]In MOSFETs führt dies u.a. zu einer Verschiebung der Einsatzspannung.

[9]Dieses dient der Pufferung von thermisch bedingten Spannungen, die bei den großen auftretenden Temperaturänderungen andernfalls zu Kristalldefekten führen könnten.

13.3 Schichtabscheidung

In der Siliziumprozeßtechnik werden Schichten meistens aus der Gasphase abgeschieden. Hierfür hat sich auch im deutschen Sprachgebrauch die Abkürzung CVD [10] eingebürgert.

13.3.1 Abscheidung isolierender Schichten

Abgeschiedene Isolierschichten werden für die Isolation, zur Passivierung[11] oder zur Herstellung von Diffusionsbarrieren für Sauerstoff, wie sie in der LOCOS-Technik benötigt werden, eingesetzt.

Abscheiden von Oxidschichten. Aus der Gasphase abgeschiedenes SiO_2 wird zur Erzeugung isolierender Zwischenschichten sowie zur Maskierung bei der Implantion oder Diffusion verwendet. Abgeschiedene SiO_2-Schichten können bei vergleichsweise niedrigen Temperaturen (typischerweise 450°C) durch Oxidation von *Silan*

$$\mathrm{SiH_4 + O_2 \quad \rightarrow \quad SiO_2 + 2\,H_2}$$

bei reduziertem Druck (LPCVD) erzeugt werden. Eine gute *Kantenbedeckung* wird durch thermische Zersetzung von Tetraethylorthosilikat (TEOS) erreicht

$$\mathrm{Si(OC_2H_5)_4 \quad \rightarrow \quad SiO_2} + \text{Nebenprodukte}\,.$$

Die hierfür erforderliche Temperatur von ca. 700°C ist zu hoch, um Metallschichten isolieren zu können; derartige Schichten müssen deshalb vor Aufbringen der Metallbahnen abgeschieden werden. Eine konforme Bedeckung von Kanten (Abb. 13.5) durch abgeschiedene Oxidschichten ist notwendig für selbstjustierende Isolationsverfahren (vgl. Kap. 16 bzw. Kap. 21).

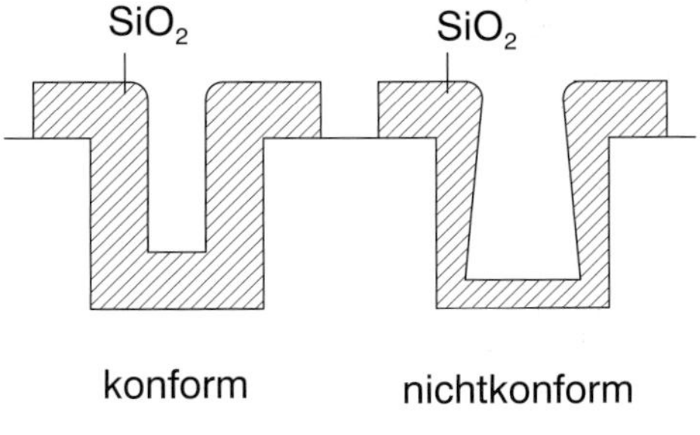

Abb. 13.5. Kantenbedeckung abgeschiedener SiO_2-Schichten

[10]Von englisch chemical vapor deposition. Die Abkürzung LPCVD bezeichnet einen Abscheideprozeß, der unter Niederdruck (LP steht für low pressure) stattfindet, UHVCVD ist ein CVD-Verfahren, das im Ultrahochvakuum abläuft, PCVD bezeichnet einen CVD-Prozeß, bei dem die Gasteilchen durch ein Plasma zur Schichtbildung angeregt werden.

[11]Überziehen einer fertigen integrierten Schaltung mit einer dielektrischen Schicht, um die Schaltung vor Umwelteinflüssen, wie etwa wechselnder Luftfeuchtigkeit, zu schützen.

Abscheiden von Siliziumnitridschichten. Siliziumnitrid (Si_3N_4) stellt eine hervorragende Diffusionsbarriere für Wasser und Natrium dar und wird deshalb zur Passivierung von Siliziumbauelementen eingesetzt. Da es die Oxidation einer darunter liegenden Siliziumschicht verhindert, wird Si_3N_4 zur Maskierung bei der lokalen thermischen Oxidation (LOCOS) verwendet. Siliziumnitrid läßt sich bei Temperaturen von $(700 - 900)°C$ und Normaldruck durch Reaktion von Silan mit Ammoniak gemäß

$$3\,SiH_4 + 4\,NH_3 \quad \rightarrow \quad Si_3N_4 + 12\,H_2$$

abscheiden. Alternativ hierzu wird Siliziumdichlorid bei $(700 - 800)°C$ in einem LPCVD-Prozeß mit Ammoniak zur Reaktion gebracht

$$3\,SiCl_2H_2 + 4\,NH_3 \quad \rightarrow \quad Si_3N_4 + 6\,HCl + 6\,H_2\ .$$

Dieses Verfahren zeichnet sich durch die besonders gute Gleichförmigkeit der abgeschiedenen Schicht aus.

13.3.2 Abscheiden von Siliziumschichten

Wird Silizium aus der Gasphase abgeschieden, so entsteht meist eine polykristalline Siliziumschicht, d. h. ein Gefüge aus kleinen Si-Einkristallen mit unterschiedlich orientierten Kristallachsen. Neben diesen polykristallinen Schichten spielen einkristalline Schichten (sog. epitaktische Schichten) und amorphe Si-Schichten in der Praxis eine bedeutende Rolle.

Abscheiden von polykristallinem Silizium. Dotierte Schichten aus *polykristallinem* Silizium finden eine breite Anwendung in der Mikroelektronik: Als Material für Gatelektroden in MOS-Bausteinen, als Diffusionsquelle, beim Aufbau kapazitätsarmer Schichtwiderstände [6, 7] etc. In polykristallinem Silizium sind kleine einkristalline Gebiete mit unterschiedlicher Kristallorientierung aneinandergereiht. Elektrische Eigenschaften wie Widerstandswert, Temperaturkoeffizient etc. derartiger Schichten hängen wesentlich von der Korngröße und damit von den Abscheidebedingungen ab.

Abscheiden von amorphem Silizium. Wird das Silizium bei Substrattemperaturen im Bereich von $(500 - 625)°C$ abgeschieden, so entsteht keine polykristalline, sondern eine *amorphe* Siliziumschicht. Charakteristisch für derartige Schichten ist die fehlende Periodizität des Kristallgitters [8]. Die einzelnen Atome haben zwar meist vier nächste Nachbarn, mit denen sie kovalente Bindungen ausbilden, diese befinden sich i. allg. aber nicht genau an den Ecken eines Tetraeders, sondern sind aus dieser Lage verschoben. Amorphes Silizium wird z.B. für Dünnschichtsolarzellen eingesetzt.

Epitaxie. Unter geeigneten Umständen lagern sich die Atome einer auf einem Kristall abgeschiedenen Schicht so an, daß sie das Gitter des Trägers fortsetzen. Derartige Schichten werden als *epitaktische Schichten*, das Verfahren als *Epitaxie* bezeichnet. Epitaktische Schichten werden beispielsweise immer dann eingesetzt, wenn eine schwach dotierte einkristalline halbleiterschicht auf einem stark dotierten Substratkristall benötigt wird.

Epitaktische Schichten müssen mit genau definierter Dicke und Dotierung herstellbar sein und sollen so wenig Defekte wie möglich aufweisen. Das in der Silizium-Prozeßtechnik am weitesten verbreitete Epitaxieverfahren ist die Gasphasenepitaxie.[12] Bei der Gasphasenepitaxie werden die Wafer typischerweise auf Temperaturen im Bereich von $(1000 - 1200)°\mathrm{C}$ aufgeheizt. Über die erhitzte Waferoberfläche wird dann eine gasförmige Siliziumverbindung geleitet, z.B. eine Mischung[13] aus $SiCl_4$ und H_2

$$2\,H_2 + SiCl_4 \quad \rightleftharpoons \quad 4\,HCl + Si\,.$$

Die angezeigte chemische Reaktion verläuft bei der Gasphasenepitaxie von links nach rechts, da entstehendes HCl durch den Gasfluß fortlaufend entfernt wird, wodurch die Rückreaktion unterbunden wird.[14]

Alternative bzw. aus der Gasphasenepitaxie abgeleitete Verfahren, die insbesondere für die Herstellung der in Submikrometerbauelementen benötigten dünnen Schichten von Bedeutung sind, sind die Epitaxie im Ultrahochvakuum (UHVCVD), die lichtgesteuerte Epitaxie (Photoepitaxie) und die Molekularstrahlepitaxie (MBE von Molecular beam epitaxy). Diese Verfahren arbeiten bei sehr viel geringeren Temperaturen als die konventionelle Gasphasenepitaxie und erlauben wegen der stark reduzierten Aufwachsraten[15] eine deutlich verbesserte Kontrolle der aufgewachsenen Schichtdicke. Aufgrund der bei den geringeren Temperaturen sehr viel weniger ausgeprägten Diffusion von Dotierstoffatomen, lassen sich ferner große Gradienten der Dotierstoffkonzentration einstellen. Da sich bei geringeren Temperaturen Verunreinigungen der Substratoberfläche in deutlich stärkerem Maße in Form von Kristalldefekten in der epitaxialen Schicht auswirken, sind für derartige Verfahren allerdings Vakuumbedingungen erforderlich.

---

[12] Für GaAs und verwandte III-V-Halbleiter werden die Atome der epitaktischen Schicht häufig aus einer Flüssigkeit abgeschieden (Flüssigphasenepitaxie).

[13] Diese Gasmischung wird vorzugsweise bei höheren Temperaturen und Drücken eingesetzt. Für Gasphasenepitaxie mit reduzierten Gasdrücken und Temperaturen, wie sie zum kontrollierten Aufwachsen dünner Schichten benötigt wird, wird Silan SiH_4 oder Dichlorsilan SiH_2Cl_2 verwendet. Die *Aufwachsraten* nehmen dabei mit zunehmendem Chlorgehalt der Siliziumverbindungen zu.

[14] Würde HCl-Gas eingeleitet, so liefe die Reaktion von rechts nach links ab. Die Si-Schicht würde in diesem Fall abgetragen und in gasförmiges Siliziumtetrachlorid umgewandelt, das abtransportiert wird. Dieser Prozeß wird häufig zum Reinigen der Waferoberfläche eingesetzt.

[15] Bei MBE liegt die Aufwachsrate typisch bei $1\,\mu\mathrm{m/h}$, entsprechend einer Atomlage pro Sekunde.

13.4 Dotierung

Dotierte Halbleiterkristalle lassen sich mit dem Czochralski-Verfahren durch Beimengung von Dotierstoffatomen zur Schmelze herstellen. In Halbleiterbauelementen sind jedoch verschiedene Gebiete des Halbleiterkristalls unterschiedlich zu dotieren. Zu diesem Zweck müssen Dotierstoffatome in den Festkörper eingebracht werden, was in der Regel durch Störstellendiffusion oder Ionenimplantation erreicht wird.

13.4.1 Störstellendiffusion

Wird ein Halbleiterkristall stark erhitzt,[16] so ist ein nicht mehr zu vernachlässigender Anteil der Atome aus dem Gitterverband gelöst. Diese Atome können sich im Festkörper bewegen: Ist die Konzentration c einer Atomsorte nicht einheitlich, so tritt ein *Diffusionsstrom* auf (Abb. 13.6).

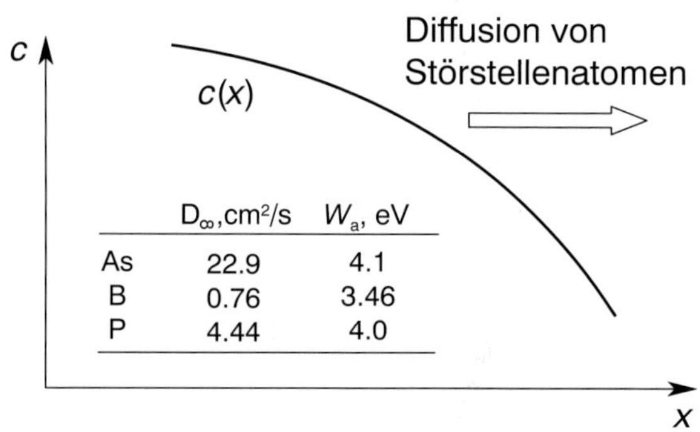

Abb. 13.6. Störstellendiffusion

Die Konzentration der Störstellenatome ändert sich bei Diffusion in x-Richtung mit der Zeit entsprechend dem Diffusionsgesetz[17]

$$\frac{\partial c}{\partial t} = D\,\frac{\partial^2 c}{\partial x^2}\,. \tag{13.2}$$

Der Diffusionskoeffizient

$$D(T) \approx D_\infty \exp\left(-W_\mathrm{a}/k_\mathrm{B}T\right) \tag{13.3}$$

hängt dabei – da nur thermisch aktivierte Störstellenatome diffundieren können – in guter Näherung exponentiell von der Temperatur ab. Die Parameter D_∞ und W_a weisen unterschiedliche Werte für die verschiedenen

[16] Für die Störstellendiffusion verwendete Temperaturwerte liegen typischerweise zwischen 600°C und 1300°C.

[17] Für eine präzise Vorhersage der Störstellenverteilung muß diese Beziehung durch Terme ergänzt werden, die den Einfluß der Störstellen auf die Diffusionskonstante, den Einfluß der elektrischen Ladung auf den Störstellentransport (Drift) sowie Ausscheidungsvorgänge bzw. das Auflösen von Ausscheidungen berücksichtigen. Eine analytische Lösung unter Berücksichtigung all dieser Effekte ist dann nicht mehr möglich.

Dotierstoffe auf; die Werte für die wichtigsten Dotierstoffe in Silizium sind in Abb. 13.6 eingefügt.

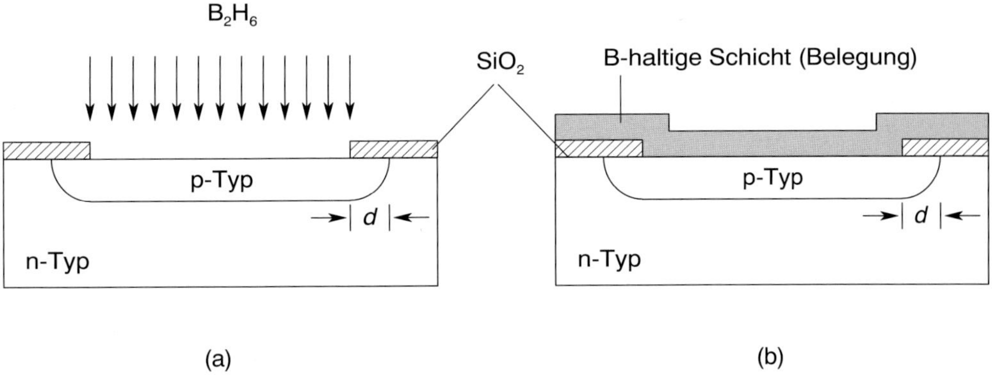

Abb. 13.7. Planartechnik, Störstellendiffusion durch Oxidmaske. (**a**) in der Gasatmosphäre und (**b**) mit Belegung. Zu beachten ist die Unterdiffusion d unter die Öffnung der Maske

Da die Diffusionskoeffizienten der Dotierstoffe in Silizium sehr viel höher sind als in SiO_2 lassen sich durch Maskieren der Si-Oberfläche mit Oxidmasken Teilgebiete dotieren. Dies ermöglichte die Einführung der *Planartechnik* (Abb. 13.7). In der Praxis sind dabei zwei Lösungen der Diffusionsgleichung von besonderem Interesse: (1) Die zeitliche Entwicklung der Dotierstoffkonzentration bei konstanter Konzentration an der Oberfläche – wie sie bei einer *gasförmigen Quelle* für die Dotierstoffatome vorliegt, und (2) die zeitliche Entwicklung der Dotierstoffkonzentration bei konstanter Gesamtzahl der Dotierstoffatome – wie sie bei Diffusion aus einer zuvor aufgebrachten *Belegung* vorliegt. Diese Technik wird häufig bei der Erzeugung von Diffusionsgebieten sehr geringer Dicke eingesetzt. Dabei wird meist aus polykristallinen Siliziumschichten, in die zuvor mittels Implantation eine genau definierte Anzahl von Dotierstoffatomen eingebracht wurde, eine Schicht ausdiffundiert.

Diffusion mit Belegung. Die Lösung der eindimensionalen Diffusionsgleichung (13.2) konstanter Gesamtzahl der Dotierstoffatome mit der Anfangsbedingung $c(x,0) = 0$ für $x > 0$ und den Randbedingungen

$$\int_0^\infty c(x,t)\,\mathrm{d}t \;=\; \Phi \qquad \text{sowie} \qquad c(\infty,t) = 0$$

ist durch eine Gauß-Verteilung der Störstellenatome gegeben

$$c(x,t) \;=\; \frac{\Phi}{\sqrt{\pi D t}} \exp\left(-\frac{x^2}{4Dt}\right) ,$$

wobei Φ die zur Verfügung stehende Anzahl der Dotierstoffatome je Flächeneinheit bezeichnet. Die Dotierstoffkonzentration an der Oberfläche nimmt hier mit wachsender Zeit t ab

$$c(0,t) \;=\; \frac{\Phi}{\sqrt{\pi D t}} \;\sim\; t^{-1/2} .$$

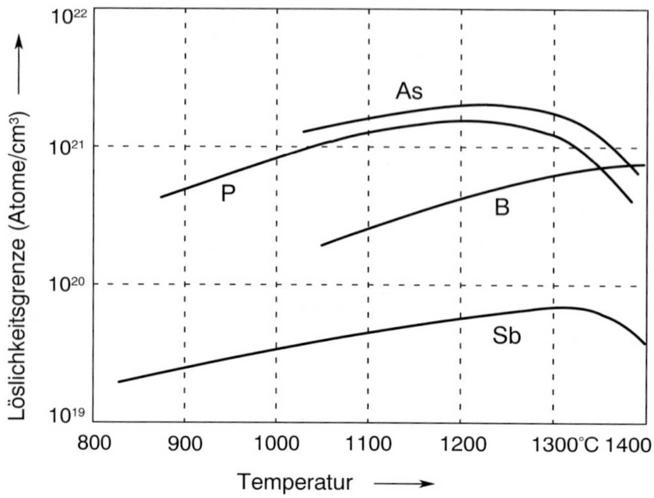

Abb. 13.8. Löslichkeitsgrenze wichtiger Dotierstoffatome in Silizium als Funktion der Prozesstemperatur (nach [2])

Damit Dotierstoffatome elektrisch wirksam sind müssen sie als Einzelatome im Siliziumgitter gelöst werden; wird die Löslichkeitsgrenze überschritten, so kommt es zur Bildung von elektrisch inaktiven Ausscheidungen. Abbildung 13.8 zeigt die Löslichkeitsgrenze wichtiger Dotierstoffatome in Silizium als Funktion der Prozeßtemperatur. Die höchsten Dotierstoffkonzentrationen lassen sich demzufolge mit Prozeßtemperaturen größer als 1200°C erzielen. Wegen der starken Diffusion der Dotierstoffatome bei diesen hohen Temperaturen lassen sich geringe Dicken der eindiffundierten Schicht nur durch sehr kurzzeitige Diffusionsvorgänge erreichen. Um nur für kurze Zeit eine hohe Prozeßtemperatur zu erreichen wurde das Verfahren des Rapid Thermal Processing (RTP) entwickelt, bei dem der Wafer von einer Strahlungsquelle für einige Sekunden auf die hohe Prozeßtemperatur aufgeheizt wird. Mit dieser Technik lassen sich „flache" sehr stark dotierte Bahngebiete herstellen; das ist insbesondere wichtig für geringe Kontaktwiderstände an die Source- und Drain-Bahngebiete in CMOS-Schaltkreisen oder für die Herstellung des Emitters in Bipolartransistoren.

13.4.2 Ionenimplantation

Eine Alternative zur Diffusionstechnik stellt der Beschuß des Substratmaterials mit hochenergetischen Dotierstoffatomen dar. Deren Energie ist so groß, daß sie hinreichend weit in den Festkörper eindringen können. Diese als *Ionenimplantation* bekannte Technik hat in der Mikroelektronik weite Verbreitung gefunden. Die Vorteile der Ionenimplantation sind:

(1) Dosis, Störstellenverteilung und Gleichförmigkeit lassen sich präzise kontrollieren, dies bedingt eine sehr gute Reproduzierbarkeit der Ergebnisse. Im Vergleich zur Diffusion können Eindringtiefe und Maximalwert der Konzentration weitgehend unabhängig voneinander gewählt werden.

(2) Ein Erhitzen des Substrats ist nicht erforderlich; ein Ausdiffundieren und damit „Verschmieren“ bereits bestehender Dotierstoffgradienten, wird dadurch vermieden.

(3) Die Dotierung kann lokal durch Maskierung erfolgen. Als Maskenmaterial eignen sich nahezu alle gängigen, in der Si-Prozeßtechnik verwendeten, nichtmetallischen Schichten: SiO_2, poly-Si, Fotolack etc. Die laterale Ausbreitung der Dotierstoffatome unter die Ränder der Maske ist dabei gering.

(4) Durch die im Vakuum stattfindende Implantation ist die Kontamination (Verunreinigung) des Wafers gering.

Dem stehen allerdings auch Nachteile gegenüber: Zum einen ist die Ausrüstung (Teilchenbeschleuniger) sehr teuer, der Durchsatz aber vergleichsweise gering, da immer nur ein Wafer gleichzeitig bearbeitet werden kann; zum anderen werden durch den Beschuß mit hochenergetischen Ionen *Kristallschäden* erzeugt, die nach der Implantation durch Erhitzen des Kristalls („thermal annealing“) erst wieder ausgeheilt werden müssen. Dies relativiert die in (2) aufgeführten Vorzüge etwas.

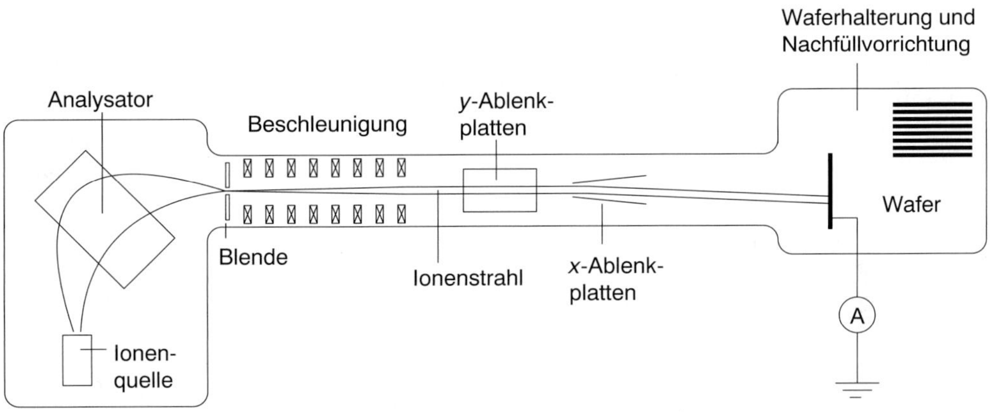

Abb. 13.9. Aufbau einer Vorrichtung zur Ionenimplantation (schematisch)

Eine schematische Darstellung eines Implantationsgeräts ist in Abb. 13.9 zu sehen. Ein solches Gerät besteht im wesentlichen aus einer *Ionenquelle*, die Ionen der zu implantierenden Dotierstoffatome liefert. Nach Durchlaufen einer ersten Beschleunigungsstufe werden sie in einem *Massenseparator* (Analysator) von Störatomen befreit, erneut beschleunigt und durchlaufen dann ein *Ablenksystem.*[18] Das Ablenksystem sorgt dafür, daß der zu implantierende

[18] In Abb. 13.9 ist ein elektrostatisches Ablenksystem dargestellt, bei dem der Wafer fix ist und von einem Ionenstrahl „abgerastert“ wird. Daneben werden auch mechanische Ablenksysteme verwendet, bei denen der Strahl fix ist und der Wafer relativ zum Strahl bewegt wird. Dies ist insbesondere bei Hochstromimplantationsanlagen der Fall, da dort der Ionenstrom *neutralisiert* werden muß – andernfalls würde er sich wegen der gegenseitigen elektrostatischen Abstoßung der Ionen zu stark verbreitern.

Wafer im zeitlichen Mittel homogen mit Dotierstoffatomen beschossen wird. Die zur Beschleunigung der Ionen zur Verfügung stehende *Potentialdifferenz* liegt typisch zwischen[19] wenigen Kilovolt bis zu mehreren 100 kV. Die von den Ionenquellen gelieferten *Ströme* liegen typischerweise im Bereich von 0.1 mA bis zu 100 mA. Die Absorption der energiereichen Ionen in der Scheibe führt zur Aufheizung und macht eine Kühlung der Scheiben erforderlich: Werden einfach geladene Ionen mit 100 kV und $I = 10\,\mathrm{mA}$ implantiert, so wird in der Scheibe die Leistung $P = 10^5\,\mathrm{W} \cdot 10^{-2}\,\mathrm{A} = 1\,\mathrm{kW}$ absorbiert.

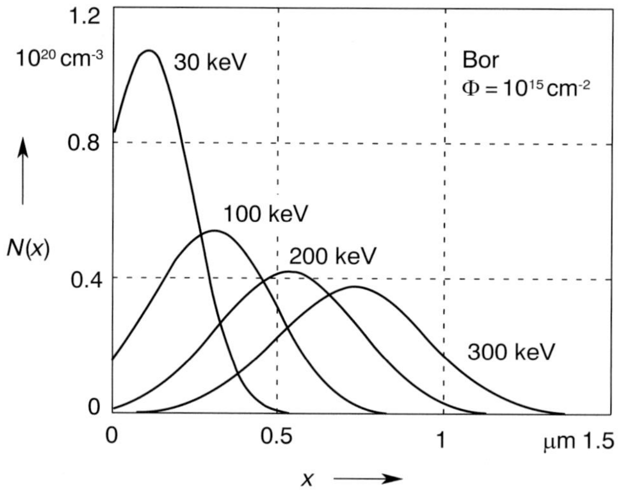

Abb. 13.10. Dotierprofil nach Bor-Implantation ($\Phi = 10^{15}/\mathrm{cm}^2$) in Silizium bei unterschiedlicher Implantationsenergie (nach [1])

Die auf die Flächeneinheit bezogene *Implantationsdosis* Φ läßt sich bei der Ionenimplantation leicht elektrisch messen. Dabei wird der über den Wafer fließende Strom i_{ION} ermittelt – denn die implantierten Ionen transportieren eine Ladung eZ_{ION} – und über die Zeit integriert. Mit der implantierten Fläche A und dem *Ionisationsgrad* Z_{ION} folgt damit

$$\Phi = \frac{1}{eAZ_{\mathrm{ION}}} \int_0^t i_{\mathrm{ION}}(t')\,\mathrm{d}t' \approx \frac{i_{\mathrm{ION}}}{eAZ_{\mathrm{ION}}}\, t\,.$$

Die Dichte der implantierten Dotierstoffe läßt sich näherungsweise durch eine Gauß-Verteilung wiedergeben

$$N(x) = \frac{\Phi}{\sqrt{2\pi}\,\Delta R_{\mathrm{p}}} \exp\left[-\frac{(x-R_{\mathrm{p}})^2}{2(\Delta R_{\mathrm{p}})^2}\right] \tag{13.4}$$

Die *projizierte Reichweite* R_{p} ist dabei durch die Masse und Ordnungszahl der implantierten Atome und der Atome des Substratmaterials sowie die Energie

[19] Für die Erzeugung sehr flacher (oberflächennaher) pn-Übergänge werden auch Beschleunigungsspannungen von weniger als 1 kV eingesetzt. Andererseits wurden für die Erzeugung sehr tief liegender implantierter Schichten auch schon Implantationsenergien der Größenordnung 1 MeV benützt.

der implantierten Ionen bestimmt, und wird für einen gegebenen Dotierstoff durch Beschleunigungsspannung und Ionisationsgrad festgelegt: Bei derselben Beschleunigungsspannung werden zweifach positiv geladene Ionen mit der doppelten Energie einfach positiv geladener Ionen implantiert. Die projizierte Reichweite R_p steigt etwas schwächer als die Implantationsenergie, für die Standardabweichung gilt näherungsweise $\Delta R_\mathrm{p} \approx 0.4\, R_\mathrm{p}$ [1,2].

Werden Ionen senkrecht in einen Silizium-Einkristall mit beispielsweise ⟨100⟩-Orientierung implantiert, so kommt es wegen des sog. *Channeling-Effekts* zu deutlichen Abweichungen von der Näherungsbeziehung (13.4) da ein Teil der Ionen sehr viel weiter in den Kristall eindringt [3]. Der Channeling-Effekt ist im Normalfall nicht erwünscht da er zu „flacheren“ Dotierprofilen führt, und kann durch Verkippen der Halbleiterfläche gegenüber der Strahlachse (typischerweise um 7°) oder durch Aufbringen einer amorphen Schicht auf die Halbleiteroberfläche weitgehend unterdrückt werden.

13.5 Strukturübertragung

Die Herstellung von Halbleiterbauelementen erfordert die Definition von Bahngebieten, isolierenden Zwischenschichten, Leiterbahnen etc., d. h. eine Strukturierung der abgeschiedenen Schichten. Dies geschieht zumeist *subtraktiv*: Die Schichten werden zunächst ganzflächig erzeugt, um dann an den Stellen, an denen sie nicht benötigt werden, wieder abgetragen zu werden. Zu diesem Zweck dient die im Folgenden beschriebene lithographische Technik.

Lithographie bezeichnet in der Halbleitertechnolgie die Übertragung eines geometrischen Musters von einer Strukturvorlage (Maske) auf eine strahlungsempfindliche Schicht (Fotolack) auf der Waferoberfläche. In einem anschließenden Ätzprozeß wird die unter dem Fotolack liegende Schicht an den ungeschützten Stellen abgetragen.

Das Verfahren ist in Abb. 13.11 am Beispiel der Strukturierung einer Oxidschicht auf Silizium illustriert. Dabei wird die oxidierte Oberfläche des Siliziums zunächst ganzflächig mit Fotolack beschichtet (a), der anschließend maskiert belichtet wird (b). Beim folgenden Entwicklungsvorgang (c) wird die Fotolackschicht entweder an den belichteten Stellen (positiver Fotolack) oder an den nicht belichteten Stellen (negativer Fotolack) entfernt. Der verbleibende Fotolack schützt die abgedeckten Stellen beim anschließenden Ätzprozeß (d), bei dem lediglich die nicht abgedeckten Teilstücke abgetragen werden. Nach Abschluß des Ätzvorgangs und Entfernen der Fotolackschicht („Strippen“) verbleiben Oxidgebiete auf Silizium, deren Ränder durch die Fotomaske gegeben sind.

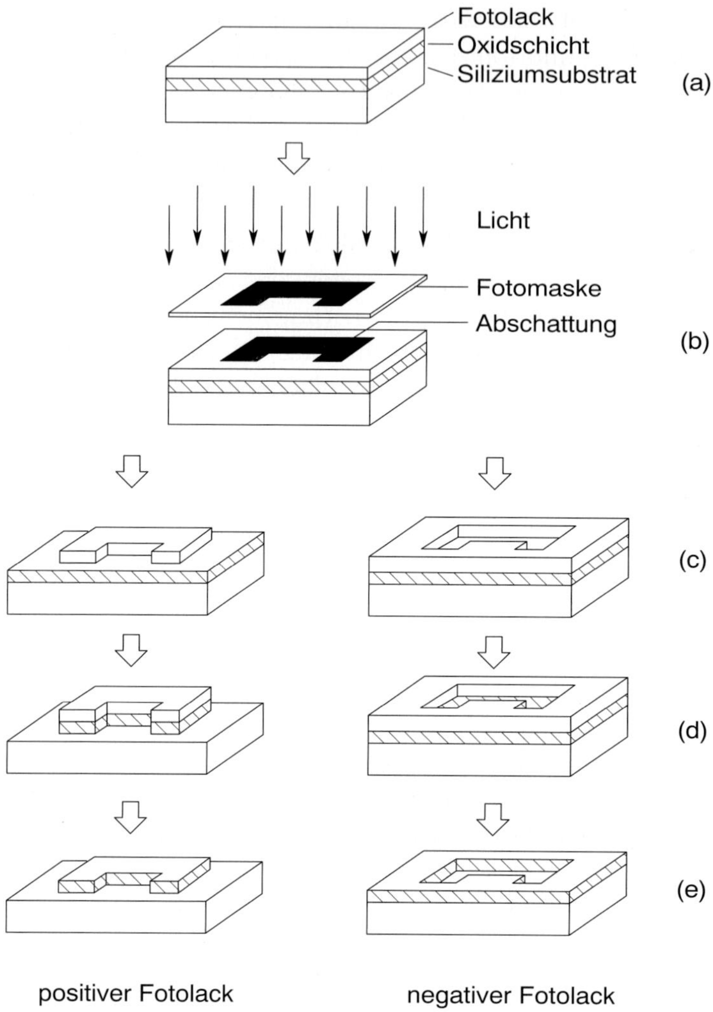

Abb. 13.11. Strukturübertragung mittels Fotolithographie am Beispiel der Strukturierung einer Oxidschicht. (**a**) Beschichten mit Fotolack, (**b**) Belichten, (**c**) Entwickeln, (**d**) Ätzen und (**e**) Strippen des Fotolacks

13.5.1 Belichtung

Die charakteristischen Größen eines Geräts zur Belichtung von Fotolacken sind: Auflösungsvermögen, Justiertoleranzen, Durchsatz und Bildfeld. Das Auflösungsvermögen ist wegen Beugungseffekten an der Maske begrenzt; die minimale Strukturgröße liegt bei einem Bruchteil der Wellenlänge.

Vorteil optischer Belichtungsgeräte ist ein relativ hoher Durchsatz. Die früher verwendete *Kontaktbelichtungsmethodik*, bei der die Fotomaske direkt auf dem zu belichtenden Material aufzulegen war, wurde mehr und mehr durch die *Projektionsbelichtung* verdrängt. Ursache für diesen Vorgang waren Justier- und Maßhaltigkeitsprobleme bei der Kontaktbelichtungstechnik, bei der die gesamte Scheibe auf einmal belichtet wird. Abgelöst wurden die Kontaktbelichtungsgeräte durch sog. *Wafer stepper*, die jeweils nur einen Chip belichten, was Probleme mit der *Maßhaltigkeit* [20] deutlich reduziert. Ein weiterer Vorzug der Projektionsbelichtung ist, daß die Maske verkleinert projiziert werden kann: Dies erleichtert die Herstellung der Masken und macht das Belichtungsverfahren weniger empfindlich gegen kleine Verunreinigungen der Maske.

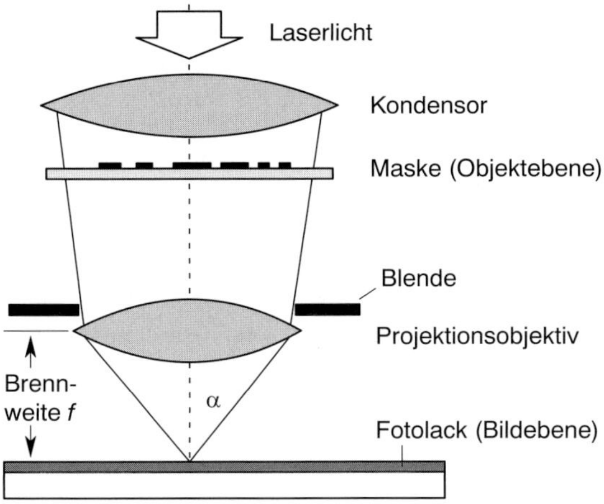

Abb. 13.12. Prinzipieller Aufbau eines Projektionsbelichtungsgeräts

Nach der Abbe'schen Theorie [9] ist die minimale Strukturgröße aufgrund von Beugungseffekten durch[21] $L_{\mathrm{min}} \approx 0.8\,\lambda/\mathrm{NA}$ gegeben, wobei NA die numerische Apertur des Objektivs bezeichnet. Die numerische Apertur errechnet sich aus dem Öffnungswinkel α der Abbildungsoptik und dem Brechungsindex des Mediums zwischen Objektiv und Wafer (Abb. 13.12). Je größer dieser Wert, desto höher ist das Auflösungsvermögen bei gegebener Wellenlänge. Deshalb weisen Projektionsobjektive[22] einen großem Durchmesser auf. Die neue Technologie der immersion lithography füllt den Raum zwischen Objektiv und Wafer mit hochreinem Wasser, wodurch die numerische Apertur nochmals um ca. ein drittel erhöht wird (Brechungsindex von Wasser: $n \approx 1.33$).

Masken für die optische Lithographie bestehen aus einem Glasträger, auf dem eine ca. 100 nm dicke Chromschicht abgeschieden ist. Diese Schicht wird bei der Maskenherstellung mit einem Elektronenstrahl strukturiert. Die Mas-

[20] Bei der Herstellung elektronischer Bauteile und integrierter Schaltkreise in Planartechnik sind mehrere lithographische Schritte nacheinander auszuführen, wobei die jeweiligen Masken relativ zueinander justiert werden müssen. Die maximal zulässige Dejustierung muß i. allg. wesentlich kleiner sein als die minimale Strukturgröße, was bei Masken in Wafergröße eine in der Praxis nicht erreichbare Maßhaltigkeit der Vorlage erfordert.

[21] Die maximale Auflösung kann nur bei ganz planarer Chipoberfläche ausgenützt werden, da Unebenheiten eine endliche Schärfentiefe erfordern und damit die Auflösung verschlechtern.

[22] Zur Projektion werden Objektive aus ca. 20 Linsen mit extrem genau bearbeiteten Oberflächen eingesetzt: Die Oberfläche der Linsen darf dabei um maximal ein zehntel der Wellenlänge vom Sollwert abweichen.

ke muß dabei nicht notwendig ein genaues Abbild der zu belichtenden Struktur darstellen. Durch abweichende Formgebung lassen sich beispielsweise unerwünschte Verrundungen reduzieren [10]. Spezielle Masken, sog. *phase shifting masks* [11, 12], nützen die Interferenz des Lichts aus, um Beugungseffekte zumindest teilweise zu kompensieren. Der prinzipielle Unterschied ist in Abb. 13.13 schematisch dargestellt: Wird die Phase des die Maske durchdringenden Lichts an benachbarten Öffnungen durch optische Schichten verdreht, so läßt sich an der Waferoberfläche aufgrund der Interferenz ein verbessertes Abbild der Maske erreichen. Auf diesem Weg kann eine Steigerung

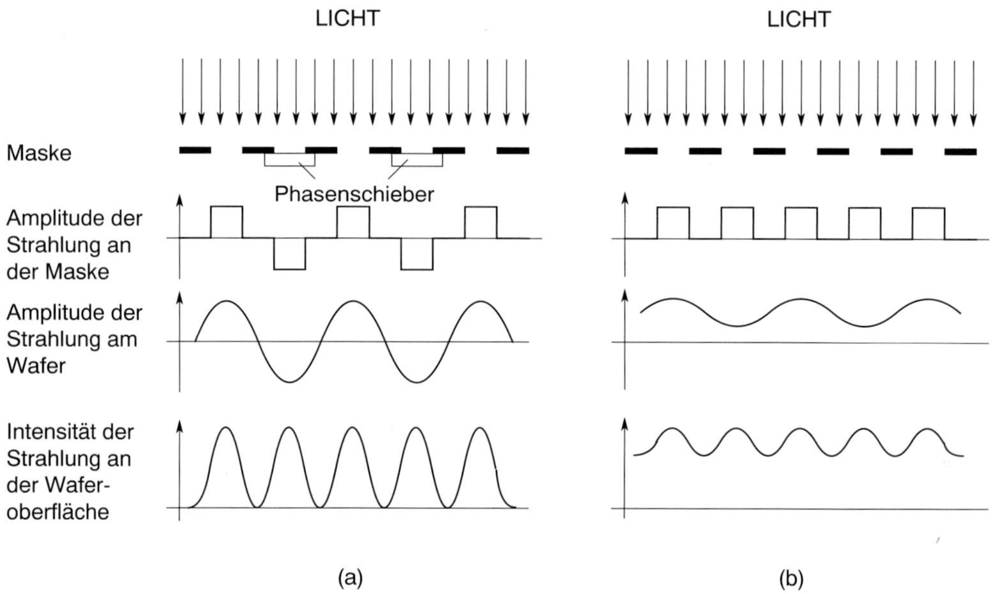

Abb. 13.13. Vergleich einer (**a**) phase shifting mask mit einer (**b**) konventionellen Maske

des Auflösungsvermögens um bis zu 100 % erreicht werden. Statt des oben erläuterten Ansatzes mit einer Maske bei der Teilbereiche eine Phasenverschiebung bewirken, wird in der Praxis häufig ein modifizierter Weg mit zwei aufeinanderfolgenden Belichtungsschritten gewählt, bei dem nach der Belichtung mit der ersten Maske eine Belichtung mit einer zweiten „trim mask" erfolgt, was denselben Effekt bringt. Auf diese Weise läßt sich die minimal erreichbare Strukturgröße gegenüber der konventionellen Lithographie ebenfalls auf ca. die Hälfte verringern, die Packungsdichte kann durch solche Maßnahmen aber nicht erhöht werden [13].

Phase shifting masks erlauben den Einsatz von i-line-Steppern auch noch bei Strukturgrößen im Bereich um 0.3 µm. Kleinere Strukturen erfordern eine Belichtung mit kürzerer Wellenlänge. Die derzeit in der Produktion eingesetzten Belichtungsgeräte nutzen einzelne Spektrallinien einer Quecksilberdampflampe mit Wellenlängen von 436 nm (g-line) oder 365 nm (i-line). Bei kürzeren Wellenlängen (z.B. 248 nm) ist die Emission der Quecksilberdampflampe sehr schwach. Aus diesem Grund werden im „deep UV"-Bereich Excimer Laser [14] eingesetzt; diese liefern vergleichsweise hohe Intensitäten im tiefen UV bei den Wellenlängen 248 nm, 193 nm und 157 nm. In diesem Wellenlängenbereich sind die Grenzen der konventionellen Projektionsbelichtung mit Objektiven erreicht, da auch spezielle Linsen (CaF_2) für kürzerwellige UV-Strahlung undurchlässig werden. Alternative Spiegeloptiken für kürzere Wellenlängen werden derzeit entwickelt.

Elektronenstrahl-Lithographie. Hier erfolgt die Belichtung des Fotolacks mit einem fein fokussierten Elektronenstrahl, der – wie im Fernsehgerät – die Scheibe abrastert und dabei entsprechend dem gewünschten Muster moduliert wird. Vorzüge der Technik sind das hohe Auflösungsvermögen [23] und die hohe Flexibilität bedingt durch die direkte Rechneransteuerung des Belichtungsgeräts. Als Nachteil ist der geringe Durchsatz zu nennen.

13.5.2 Ätztechnik

Beim Ätzen wird die zu strukturierende Schicht an den vom Fotolack nicht geschützten Stellen abgetragen. Das ursprünglich eingesetzte Verfahren der naßchemischen Ätzung wird heute vielfach durch sog. Plasmaätzverfahren abgelöst, die eine Reihe neuartiger Techniken der Strukturverkleinerung ermöglichten. Maßgeblich für die Auswahl eines Ätzmediums ist die *Selektivität* [24] des Ätzangriffs im Vergleich zum Fotolack sowie zur darunter liegenden Schicht. Eine hohe Selektivität zur darunter liegenden Schicht ermöglicht eine *Überätzung*, – d. h. es wird länger geätzt, als zum Abtragen der Schicht in ihrer Sollstärke erforderlich wäre – ohne daß die darunter liegenden Schicht in Mitleidenschaft gezogen wird. Auf diesem Weg läßt sich eine Schicht, trotz unvermeidlicher Schwankungen der Schichtdicke, zuverlässig entfernen.

Naßchemische Ätzung. Bei der naßchemischenÄtzung wird die abzutragende Schicht in einer Ätzlösung aufgelöst. Der Ätzangriff erfolgt hier *isotrop*, d. h. ohne Vorzugsrichtung. Dies führt zu einer *Unterätzung* der schützenden Lacksicht am Rand der Öffnung der Maske, entsprechend der Skizze Abb. 13.14 a. Insbesondere beim Ätzen kleiner Strukturen führt diese Unterätzung zu Fehlern in der Strukturübertragung, da das abgetragene Gebiet nicht flächengleich mit der Öffnung der Fotomaske ist.

---

[23] Die Beugung der Elektronenstrahlen ist wegen der sehr kleinen de Broglie-Wellenlänge der Elektronen vernachlässigbar. Probleme resultieren hier aus einer Streuung der Elektronen im Fotolack, was zu einer Begrenzung der minimalen Strukturgröße führt. Diese Schwierigkeit wird bei der *Ionenstrahl-Lithographie* umgangen, die statt des Elektronenstrahls einen Ionenstrahl verwendet. Da die Ionen über eine größere Masse verfügen als die Elektronen, werden sie im Fotolack sehr viel weniger gestreut.

[24] Die Selektivität ist definiert als das Verhältnis der Ätzrate des zu ätzenden Materials zur Ätzrate des darunter liegenden Materials.

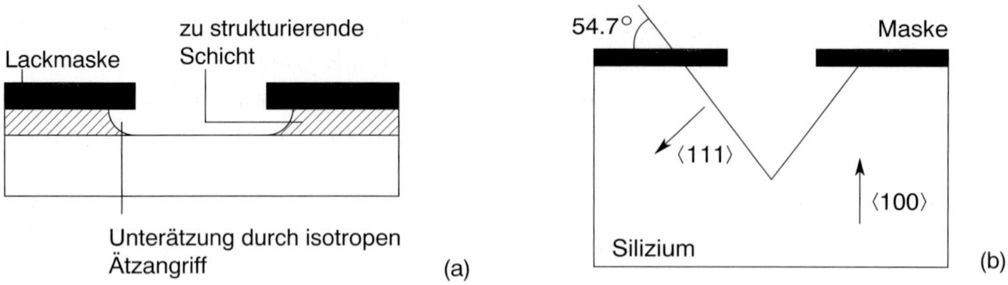

Abb. 13.14. Naßchemische Ätzung. (**a**) Unterätzung, (**b**) Ätzen V-förmiger Gräben (V-Grooves) durch anisotropen Ätzangriff

Manche Ätzlösungen zeigen eine deutlich von der Kristallorientierung abhängige Ätzgeschwindigkeit. In Si kann die Ätzrate in ⟨100⟩-Richtung um den Faktor 100 größer sein als in ⟨111⟩-Richtung. Auf diesem Weg lassen sich in ⟨100⟩-orientiertem Silizium V-förmige Gräben ätzen. Die Grenzflächen dieser Gräben sind ⟨111⟩-Gitterebenen, die mit der Oberfläche einen Winkel von 54.7° einschließen. Diese Technik wird in der sog. *V-Groove-Isolation* eingesetzt; bei der Strukturierung der Oberfläche monokristalliner Solarzellen kann mit dieser Technik der Anteil der reflektierten Strahlung reduziert werden (vgl. Kap. 28).

Plasmaätzverfahren. Bei den Plasmaätzverfahren[25] erfolgt der Ätzangriff über ionisierte Gasmoleküle, die zuvor in einem elektrischen Feld beschleunigt wurden. Dies führt zu einem *anisotropen* – d. h. gerichteten – Ätzangriff, der es erlaubt scharfe Kanten ohne Unterätzung zu realisieren. Im Gegensatz zu naßchemischen Ätzverfahren wird hier auch von *Trockenätzverfahren* gesprochen. Das Plasmaätzverfahren ermöglicht nicht nur wegen der fehlenden Unterätzung die Erzeugung sehr kleiner Strukturen, in Verbindung mit Schichtabscheidetechniken ermöglicht es auch neue Ansätze, die mit naßchemischen Ätzverfahren nicht verwirklicht werden konnten. Als Beispiele seien die *selbstjustierende Isolation* sowie die in dRAMs eingesetzten *Trench-Kondensatoren* erwähnt.

13.6 Metallisierung

Bei der Herstellung von Einzelbauelementen und integrierten Schaltungen müssen Metallfilme aufgebracht werden, um Leiterbahnen, ohmsche Anschlüsse oder gleichrichtende Schottky-Kontakte zu erzeugen. Die gewünschten Metallschichten lassen sich durch CVD-Verfahren konform abscheiden oder im Vakuum aufdampfen oder sputtern. Insbesondere bei hochintegrierten Bausteinen werden dabei u.U. mehr als fünf Metallisierungsebenen erzeugt, wodurch Leitungslängen verkürzt werden können und größere Leiterbahnquerschnitte möglich werden. Ersteres führt zu kürzeren Signallaufzeiten,

[25] In der englischen Literatur meistens mit RIE von reactive ion etching abgekürzt.

letzteres erhöht die Ausbeute und entschärft die Anfälligkeit für Elektromigration.

Aufdampf- und Sputterverfahren. Dünne Metallfilme lassen sich im Hochvakuum (Druck $< 10^{-5}$ Pa) *aufdampfen*. Die Quelle wird dabei durch Widerstandsheizung oder auf induktivem Weg so stark erhitzt, daß Metallatome abdampfen. Diese bewegen sich – wegen der fehlenden Stöße mit anderen Gasatomen – geradlinig durch das evakuierte Behältnis, bis sie auf die zu beschichtende Scheibe treffen, wo sie sich niederschlagen.

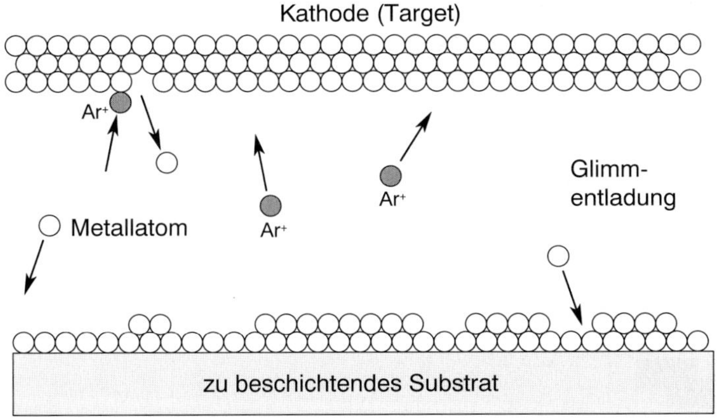

Abb. 13.15. Sputtern

Das Prinzip des üblicherweise eingesetzten *Sputter-Verfahrens* (Kathodenzerstäubung) [15] ist in Abb. 13.15 schematisch dargestellt. Dabei werden Ionen (z.B. Ar-Ionen) auf die Quelle geschossen. Aufgrund ihrer Bewegungsenergie schlagen diese Metallatome heraus, die dann im Vakuum[26] zur zu beschichtenden Scheibe fliegen und diese mit einem Metallfilm überziehen. Die Bewegungsenergie der auftreffenden Ionen bestimmt die Anzahl der im Mittel je auftreffendes Ion herausgelösten Metallatome: Bei geringen Ionenenergien im Bereich von 100 eV liegt sie im Fall von Al z.B. bei [16] 11 %, bei 300 eV bei 65 % und steigt bei 600 eV auf 124 %. Bei zu großer Energie der auftreffenden Ionen nimmt die Sputterausbeute aber wieder ab, da die Ionen dann zu weit in den Festkörper vordringen und keine Atome mehr an der Oberfläche ablösen können.

Bei den meisten Sputter-Verfahren gewinnen die Ionen ihre Energie in einer Glimmentladung durch ein elektrisches Feld, das Target, also die Quelle der Metallatome wird dann als Kathode ausgebildet. Werden beim Auftrall der Edelgasionen nicht nur Metallatome sondern auch Elektronen aus dem Target geschlagen, so können diese im elektrischen Feld beschleunigt werden und beim Auftreffen auf das Substrat ihre kinetische Energie an dieses

[26] Hier wird kein Hochvakuum verwendet, sondern Edelgas mit Drücken die typischerweise im Bereich zwisch 0.1 und 10 Pa liegen.

abgeben wodurch es zu einer starken Erwärmung kommmt. Durch ein zusätzliches Magnetfeld (Magnetron-Sputteranlage) werden die Elektronen auf eine schraubenförmige Bahnkurve gezwungen; sie stoßen auf dieser Bahn mit zahlreichen Edelgasatomen zusammen wodurch sie Energie verlieren und das Substrat nicht mehr nennenswert aufheizen können.

Materialien und Zuverlässigkeitsprobleme. Für die Metallisierung elektronischer Halbleiterbauelemente wurde in konventionellen Prozessen vorwiegend Aluminium oder Aluminiumlegierungen mit Schichtdicken unter 1 µm verwendet. Diese haben einen geringen spezifischen Widerstand und haften gut auf SiO_2. Nachteilig ist die Begrenzung der Temperatur nachfolgender Prozeßschritte (Aluminium weist einen niedrigen Schmelzpunkt auf) sowie die geringe Elektromigrationsbeständigkeit. Probleme ergeben sich auch bei der Kontaktierung sehr flacher pn-Übergänge, da Siliziumatome in die darüberliegene Al-Schicht diffundieren können. Dadurch wird das Silizium des pn-Übergangs teilweise verbraucht. Dieser Vorgang tritt zumeist lokal auf – das abdiffundierte Silizium wird ersetzt durch Aluminiumspikes, die in das Si-Gebiet hineinragen (Abb. 13.16).

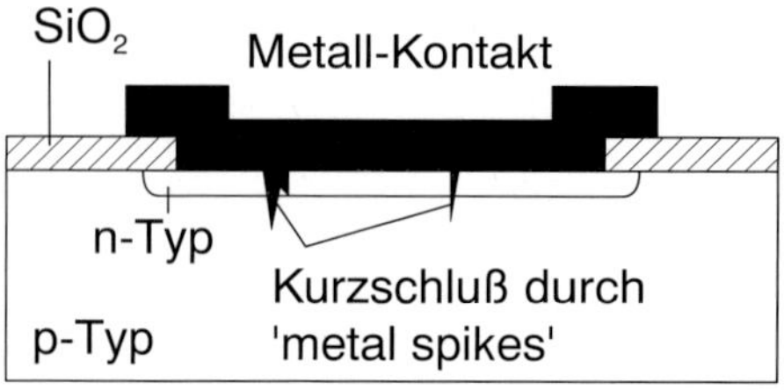

Abb. 13.16. Probleme der direkten Metallkontaktierung

Bei flachen pn-Übergängen kann dies zum Kurzschluß führen. Durch Abscheiden einer metallischen Diffusionsbarriere (z.B. TiN) vor Aufbringen der Metallisierung kann dies verhindert werden.[27] Ein weiterer Vorzug der TiN-Zwischenschicht ist die verbesserte Haftung der Al-Schicht. Auf die TiN-Schicht wird dann die Al-Schicht – i.allg. mit einem Kupferanteil von ca. 0.5 % zur Verbesserung der Elektromigrationsbeständigkeit – abgeschieden. Über diese Al-Schicht kommt in der Regel nochmals eine TiN-Schicht (capping layer) die sich ebenfalls günstig auf die Elektromigrationsbeständigkeit auswirkt. Die Strukturierung der Leiterbahnen erfolgt dann in einem Trockenätzverfahren (Abb. 13.17 a). Mehrlagenmetallisierungen erfordern die Abscheidung einer isolierenden Schicht, die in der Regel durch chemical me-

[27] Alternativ kann die Aluminiumschicht durch gleichzeitiges Sputtern von Aluminium und Silizium (Co-Sputtern) mit Silizium angereichert werden. Der Siliziumanteil muß dabei jedoch so klein gewählt werden, daß sich keine Ausscheidungsteilchen bilden. Diese verringern zum einen den wirksamen Leiterquerschnitt und erhöhen damit die Anfälligkeit für Elektromigration. Zum anderen bilden Ausscheidungsteilchen, die ja bis zur Löslichkeitsgrenze mit Al (Akzeptor) dotiert sind, bei Kontakten zu n-Typ Schichten unerwünschte pn-Übergänge und damit einen hohen Kontaktwiderstand.

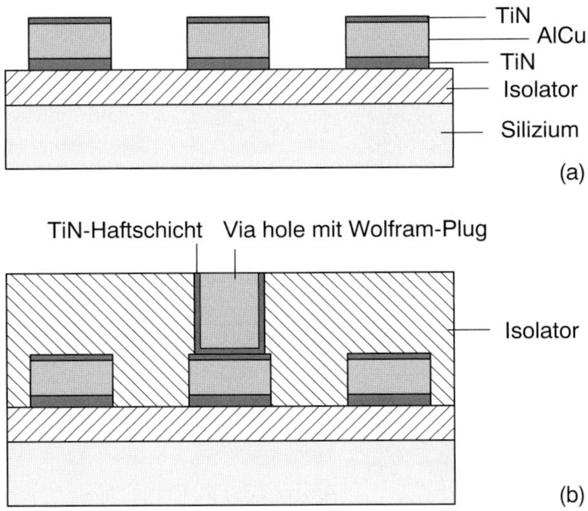

Abb. 13.17. Prinzipielle Vorgehensweise bei der Herstellung einer Aluminium-Mehrlagen-Metallisierung. (**a**) Auf Isolator abgeschiedene TiN-AlCu-TiN-Schicht nach Strukturierung durch Trockenätzverfahren, (**b**) Bedeckung der strukturierten Leitbahnen mit Isolator und Planarisierung, Ätzen eines Viaholes und Auffüllen mit Wolfram-Plug

chanical polishing (CMP) planarisiert wird. Elektrische Verbindungen zwischen übereinanderliegenden Leiterbahnebenen werden durch Kontaktfenster (Via Holes) hergestellt, die in den Isolator geätzt werden. Nach Aufbringen einer Haftschicht (z.B. TiN) wird das Kontaktfenster dann z.B. mit Wolfram aufgefüllt (Wolfram-Plug, Abb. 13.17 b). Nun läßt sich die nächste Leiterbahnebene aufbringen.

Die Metallisierung ist in den letzten Jahren zunehmend bedeutender für die Leistungsfähigkeit hochintegrierter Digitalschaltungen geworden [17, 18]. Durch die Strukturverkleinerung wurden die Transistoren stetig schneller und die Gatterlaufzeiten entsprechend kleiner. Die Verbindungsleitungen zwischen den Schaltkreisen hingegen profitierten nicht von der Strukturverkleinerung – im Gegenteil: Da der Widerstandsbelag einer Leitung umgekehrt proportional zum Querschnitt, der Kapazitätsbelag aber annähernd proportional zur Oberfläche ist, verdoppelt sich die RC-Zeitkonstante annähernd bei einer Halbierung der horizontalen und vertikalen Abmessungen einer Leitung. Zusätzlich kommt es zu größeren Stromdichten und damit erhöhter Ausfallwahrscheinlichkeit durch Elektromigration. Die Laufzeit- und Elektromigrationsproblematik hat denn auch zur Einführung der Cu-Mehrlagenmetallisierung in hochintegrierten Digitalschaltungen geführt. Um die RC-Zeitkonstante sowie das Übersprechen zwischen benachbarten Leitungen gering zu halten wurden darüber hinaus isolierende Zwischenschichten mit geringer Dielektrizitätszahl entwickelt, da dies die Kapazitätsbeläge und Koppelkapazitäten zwischen benachbarten Leitungen verringert.

Da sich ganzflächig abgeschiedene Kupferschichten durch einen Ätzprozeß nicht so einfach strukturieren lassen wurde der *damascene* Prozeß entwickelt. Dabei wird das isolierende Dielektrikum zuerst abgeschieden; in das Dielektrikum werden dann Gräben geätzt, die durch ganzflächige Abscheidung mit

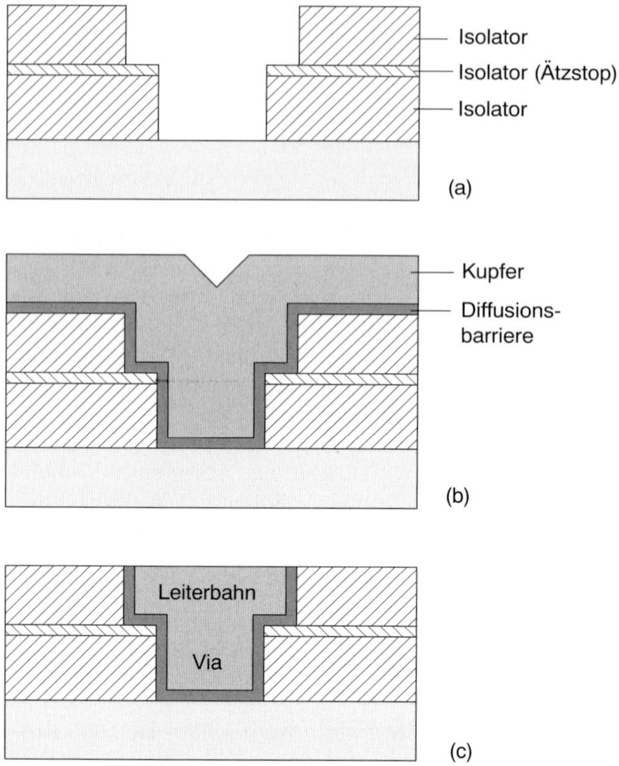

Abb. 13.18. Prinzipielle Vorgehensweise bei der Herstellung einer Kupfer-Mehrlagen-Metallisierung im dual damascene Prozeß. (**a**) Strukturierung der Isolierschichten, (**b**) Bedecken mit leitfähiger Diffusionsbarriere, Aufbringen der Kupferschicht (**c**) Planarisierung

Kupfer aufgefüllt werden. Durch einen anschließenden Planarisierungsschritt (CMP) wird die aufgebrachte Kupferschicht so weit abgetragen, daß nur noch die Leiterbahnen zurückbleiben. Durch geeignete Prozeßführung können Leiterbahnen und Vias in einem Schritt erzeugt werden. Abb. 13.18 zeigt die Vorgehensweise bei einem solchen *dual damascene* Prozeß: Über die Isolatorschicht der Via-Ebene wird eine weitere als Ätzstop dienende Isolatorschicht[28] abgeschieden; darüber wird die Isolatorschicht der Leiterbahnebene abgeschieden. Nun werden Gräben für die Leiterbahnen geätzt, wobei der Ätzvorgang an der mittleren Isolatorschicht zum Stillstand kommt. An den Stellen an denen Via Holes entstehen sollen, wird diese Schicht geöffnet und anschließend die darunterliegene Isolatorschicht geätzt (Abb. 13.18 a). Nach Abscheiden einer leitenden Diffusionsbarriere (z.B. TiN) wird Kupfer abgeschieden bis die Via holes und Leiterbahngräben aufgefüllt sind (Abb. 13.18 b). Ein nachfolgender Planarisierungsschritt entfernt die leitenden Schichten auf der Oberfläche und hinterläßt die in Abb. 13.18 c skizzierte Struktur.

Elektromigration – d. h. das Wandern der Atome der Metallisierungsschicht unter der Wirkung eines starken Stromflusses – stellt ein bedeutendes Zuverlässigkeitsproblem in Bausteinen der Mikroelektronik dar. Ursache der

[28]Typischerweise Siliziumnitrid oder Siliziumkarbid bei anorganischen Isolatorschichten oder Oxid bei organischen Isolatoren [17].

Elektromigration sind Atome, die durch thermische Anregung aus dem Gitterverband gelöst sind und von den den Leiter durchströmenden Elektronen mittransportiert werden [19,20]. Sehr bildlich wird in diesem Zusammenhang vom „Elektronenwind" gesprochen, der die beweglichen Atome mitträgt. Die Richtung des Materialtransports ist demnach in Richtung des Elektronenflusses, d. h. entgegengesetzt zur technischen Stromflußrichtung. Die durch Elektromigration bedingte Ausfallrate hängt stark von der Stromdichte J und der Temperatur ab. Näherungsweise gilt der Zusammenhang[29] [22]

$$\mathrm{MTTF} \sim \frac{1}{J^2} \exp\left(\frac{W_\mathrm{A}}{k_\mathrm{B} T}\right) , \tag{13.5}$$

wobei $W_\mathrm{A} \approx 0.5\,\mathrm{eV}$ für Aluminium und $W_\mathrm{A} \approx 0.81 - 0.86\,\mathrm{eV}$ für Kupfer [23]. Der Querschnitt für Leiterbahnen integrierter Schaltungen ist so festzulegen, daß Unterbrechungen aufgrund von Elektromigration während der angestrebten Lebensdauer des Bausteins nicht auftreten können. In Aluminiumleiterbahnen sollte aus diesem Grund eine Stromdichte von $1\ \mathrm{mA}/\mu\mathrm{m}^2$ nicht überschritten werden.

Beispiel 13.6.1 Ein Leiter (Stromdichte $2 \cdot 10^5\ \mathrm{A/cm}^2$) soll bei Betriebstemperaturen bis 120°C über einen Zeitraum von 20 Jahren nicht durch Elektromigration ausfallen ($\mathrm{MTTF} > 20\,\mathrm{y}$). Die Elektromigrationsbetändigkeit soll in einem einmonatigen Labortest bei der doppelten Stromdichte nachgewiesen werden. Gesucht ist die Betriebstemperatur bei der mindestens getestet werden muß, falls $W_\mathrm{A} = 0.89\,\mathrm{eV}$.

Nach (13.5) muß gelten

$$\frac{\mathrm{MTTF}_1}{\mathrm{MTTF}_2} = 240 = \frac{J_2^2}{J_1^2} \frac{\exp(W_\mathrm{A}/k_\mathrm{B} T_1)}{\exp(W_\mathrm{A}/k_\mathrm{B} T_2)} = 4 \frac{\exp(W_\mathrm{A}/k_\mathrm{B} T_1)}{\exp(W_\mathrm{A}/k_\mathrm{B} T_2)}$$

bzw. $1/T_2 = 1/T_1 - k_\mathrm{B} \ln(60)/W_\mathrm{A}$, so daß $T_2 = 465\,\mathrm{K}$ bzw. $\vartheta_2 = 192\,^\circ\mathrm{C}$ als minimale Betriebstemperatur (einschließlich Eigenerwärmung) für den Test resultiert. Δ

Die Elektromigrationsbeständigkeit hängt stark vom Gefüge der Leiterbahn ab. Innerhalb der einkristallinen Körner sind die Atome fest im Gitter gebunden – die Elektromigration ist hier vergleichsweise unbedeutend. Atome an den Korngrenzen dagegen können sehr viel leichter abgelöst und entlang der Korngrenze transportiert werden. Die Elektromigration ist deshalb besonders ausgeprägt, wenn zahlreiche Korngrenzen parallel zu Stromflußrichtung ausgerichtet sind: Ein feinkörniges Gefüge ist aus diesem Grund anfälliger für Elektromigration als ein grobkörniges.[30] Besonders kritisch sind Zonen in denen sich das Gefüge ändert (Abb. 13.19): Da aus dem grobkörnigen Bereich nur wenig Material zufließt, bild sich am Übergang zum feinkörnigen

[29] Bei Wechselstrombetrieb ergeben sich wesentlich geringere Ausfallraten [21].

[30] In sehr dünnen Leiterbahnen können einzelne Körner den gesamten Leiterbahnquerschnitt einnehmen; unter diesen Umständen wird eine wesentlich größere Elektromigrationsbeständigkeit beobachtet.

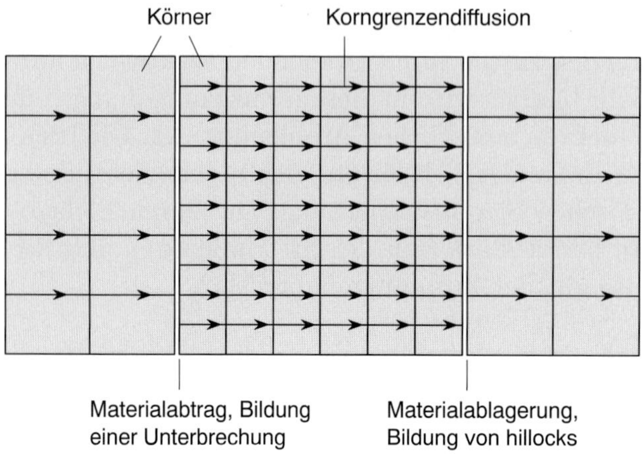

Abb. 13.19. Zur Auswirkung einer Gefügeänderung auf die Elektromigration [2]

Bereich eine Unterbrechung, am anderen Ende häuft sich das abgewanderte Material an (Bildung sog. hillocks). Eine weitere Schwachstelle tritt an den Kontakten zwischen Vias und der darunterliegenden Leiterbahn auf: Durch die Diffusionsbarriere im dual damascene Prozeß wird der Materialfluß unterbrochen wodurch sich Unterbrechungen unter dem Via bilden können [24,25]; die Ausfallrate hängt dabei von der Stromflußrichtung ab und ist größer wenn die Elektronen vom Via in die Leiterbahn fließen.

13.7 Layout, Design Rules

Beim *Layout* einer integrierten Schaltung werden die zur Strukturübertragung erforderlichen Masken gezeichnet. Mit den so erzeugten Daten können die *Fotomasken* mit einem Elektronenstrahl auf einer dünnen chrombeschichteten Glasplatte hergestellt werden. Beim Layout sind bestimmte Einschränkungen wie eine durch die Prozeßtechnologie bedingte minimale Linienbreite, Mindestabstände zwischen Kontakten und benachbarten Bahngebieten, etc. zu beachten. Diese werden dem Designer in Form sog. *Design Rules* vorgegeben. Abbildung 13.20 erläutert einige solcher Regeln wie sie beim Entwurf eines MOSFET zu beachten wären. Jede Länge muß größer sein als der entsprechende Minimalwert ('minimal feature size'). Dieser ist in Abb. 13.20 mit Λ_d für die Diffusionsschicht, Λ_p für die poly-Si Schicht, Λ_m für die Breite der Zuleitung, Λ_c für die Abmessungen des Kontaktloches illustriert. Weiter müssen Mindestabstand, bzw. Mindestwerte für den gegenseitigen Überlapp zweier Schichten eingehalten werden. In Abb. 13.20 ist dies illustriert am Mindestabstand Λ_dp zwischen dem Diffusionsgebiet und dem Anschlußgebiet des poly-Siliziums, sowie dem Mindest-Überlapp Λ_pc des poly-Siliziums gegenüber dem gezeichneten Kontaktloch. Derartige Designrules können nicht als eine abrupte Grenze zwischen „korrekter" und „fehlerhafter" Fertigung aufgefaßt werden - sie stellen eher eine Art Kompromiß zwischen Ausbeu-

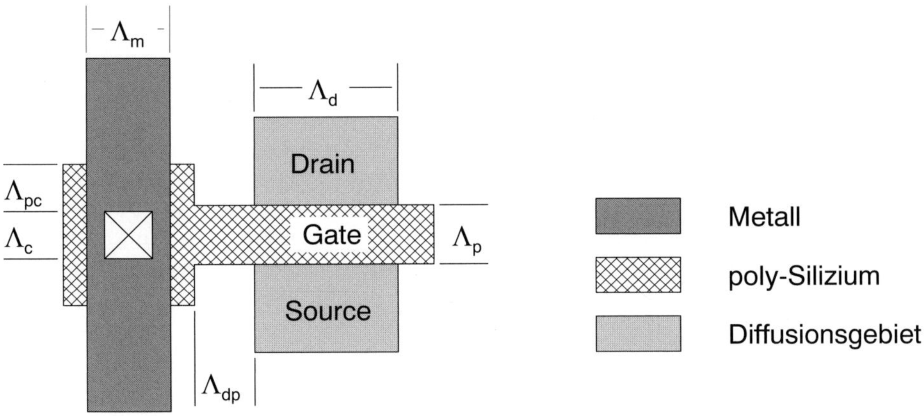

Abb. 13.20. Erläuterung einiger Desgin rules, die beim Entwurf eines einfachen MOSFET zu beachten sind

te und elektrischen Eigenschaften dar. Für teure „High Performance“ Chips kann es sinnvoll sein aggressivere Design Rules zu verwenden um schnellere Schaltungen zu realisieren, und dafür eine geringere Ausbeute, d.h. erhöhte Kosten je funktionierendem Chip in Kauf zu nehmen.

Design Rules müssen sowohl Prozeß-Toleranzen als auch elektrische Anforderungen an die Schaltung berücksichtigen. Einige der Randbedingungen die zu Design Rules führen werden am folgenden Beispiel gezeigt.

Beispiel 13.7.1 *Realisierung von Metallkontakten auf poly-Silizium:* Drei Masken-Ebenen sind bei der Realisierung von Metallkontakten auf poly-Silizium von Bedeutung:

- die poly-Maske, die die laterale Abmessung W des poly-Silizium Gebietes bestimmt
- die Kontaktloch-Maske, mit deren Hilfe eine Öffnung der Breite B in die über der poly-Si-Schicht liegenden Oxidschicht geätzt wird
- die Metall-Maske die für die Strukturierung der Metallschicht benötigt wird.

Das Kontaktloch soll dabei vollständig über der poly-Silizium-Schicht liegen, wie dies in Abb.13.21 a dargestellt ist Andernfalls bildet sich eine 'Tasche' neben der poly-Siliziumschicht, die aus verschiedenen Gründen Zuverlässigkeitsprobleme bedingt.

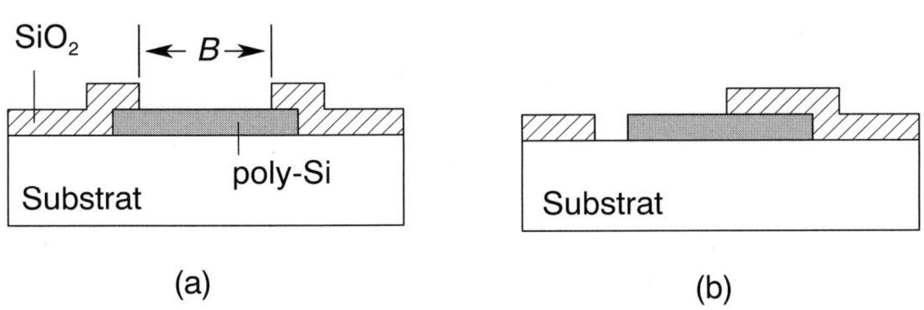

Abb. 13.21. Kontaktloch. (**a**) Korrekt justiert, (**b**) Fehljustierung

Werden sowohl poly-Maske als auch Kontaktloch-Maske bezüglich bezüglich der Transistorfläche justiert, so ergibt sich die gegenseitige Fehljustierung aus dem Justierfehler δ_0 zu

$$\delta_{\rm pc} = \sqrt{2}\,\delta_0$$

Dieser Fehler ist zu den Fehlern $\delta_{\rm p}$, $\delta_{\rm c}$ in den lateralen Abmessungen des poly-Si und des Kontaktlochs zu addieren. Abb. 13.22 zeigt die Verhältnisse wie sie im ungünstigsten Fall vorliegen. Dieser liegt dann vor, wenn die lateralen Abmessung des poly-

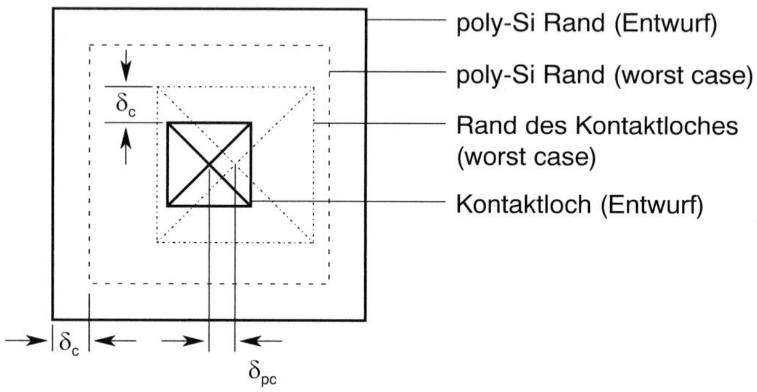

Abb. 13.22. Zur Festlegung der Design-Regel für Metallkonatakte auf poly-Silizium

Silizium um $\delta_{\rm p}$ reduziert sind, während das Kontaktloch um $\delta_{\rm c}$ vergrößert und um $\delta_{\rm pc}$ gegenüber dem poly-Silizium dejustiert ist. Beim Entwurf ist demnach mindestens der Abstand $\delta_{\rm p} + \delta_{\rm c} + \delta_{\rm pc}$ für den Abstand zwischen Kontaktloch-Kante und poly-Kante einzuhalten - um diesen Wert muß das gezeichnete poly-Si-Gebiet das gezeichnete Kontaktloch mindestens überlappen.

Nach der Kontaktlochätzung wird Metall abgeschieden, das dann gemäß der Metall-Maske strukturiert wird. Wird diese bezüglich des Kontaktloches justiert, so resultiert eine gegenseitige Dejustierung von $\delta_{\rm cm} = \delta_0$. Bezeichnet $\delta_{\rm m}$ den maximalen Fehler der in den lateralen Abmessungen der Metallbahnen auftreten kann, so ist demnach zu fordern, daß die gezeichnete Metallbahn das gezeichnete Kontaktloch um mindestens den Wert $\delta_{\rm m} + \delta_{\rm cm} + \delta_{\rm c}$ überlappt. Δ

13.8 Integration passiver Bauelemente

Insbesondere für die Realisierung integrierter Schaltkreise für Funkanwendungen werden auf dem Chip integrierte Widerstände, Kapazitäten, Induktivitäten und Transformatoren benötigt.

13.8.1 Widerstände

Widerstände können auf unterschiedliche Weise integriert werden. Die in der klassischen Planartechnik verwendeten diffundierten Widerstände sind bei hohen Frequenzen wegen der Sperrschichtkapazität zwischen Widerstandsschicht und Substrat problematisch (Abb. 13.23 a).

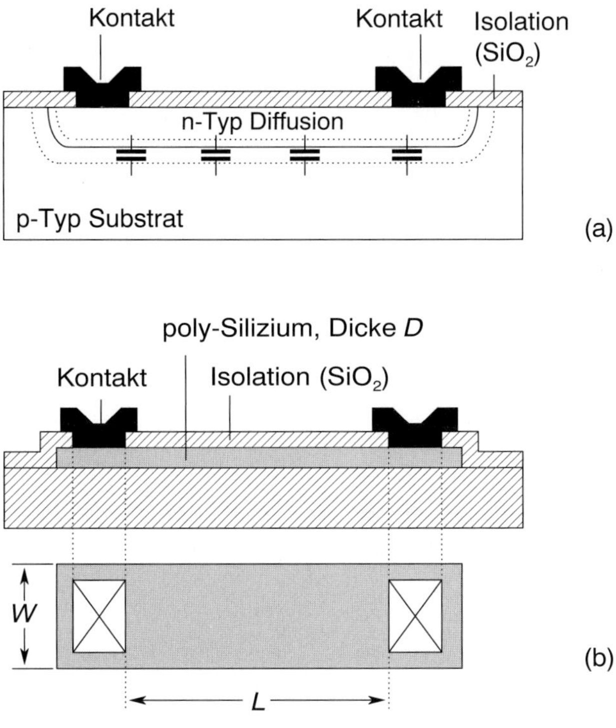

Abb. 13.23. Wege zur Integration von Festwiderständen (**a**) Diffundierter Widerstand und (**b**) Polysilizium-Schichtwiderstand

Deshalb werden heute Festwiderstände vorzugsweise mit auf dicken isolierenden Trägern abgeschiedenen Widerstandsschichten (Abb. 13.23 b) aus polykristallinem oder amorphem Silizium realisiert. Bor-dotierte p-Typ Polysiliziumwiderstände weisen dabei im Vergleich zu Arsen-dotierten Widerständen einen geringeren Temperaturkoeffizienten und eine deutlich bessere Linearität auf [26]. Ein Anstieg des Widerstands von Polysiliziumschichtwiderständen nach thermischer oder elektrischer Belastung wird beobachtet. Dies wird auf die Zunahme der als Einfangzentren wirkenden Störstellenzustände an den Korngrenzen zurückgeführt. Um diesen Effekt zu begrenzen kann beim Abscheiden der Widerstandsschicht Fluor mit eingebaut werden um dangling bonds abzusättigen oder Dotierstoffkompensation eingesetzt werden [27].

Da spezifischer Widerstand und Schichtdicke meist vorgegeben sind, werden diese Größen i. allg. zum *Flächenwiderstand* (auch Schichtwiderstand)

$$R_{\mathrm{F}} = \rho / D \tag{13.6}$$

zusammengefaßt. Dieser läßt sich verstehen als Widerstandswert bei quadratischem Grundriß ($W/L = 1$). Ist W die Breite der Widerstandsschicht eines ebenen Schichtwiderstands mit rechteckförmigem[31] „Layout" (Grundriß) und L der Abstand der beiden Kontakte, so ist der Wert des Widerstands

[31] Für die Berechnung von Schichtwiderständen beliebiger Geometrie werden numerische Verfahren wie die Methode der finiten Elemente [28, 29] oder die Randelemente-Methode [30, 31] verwendet.

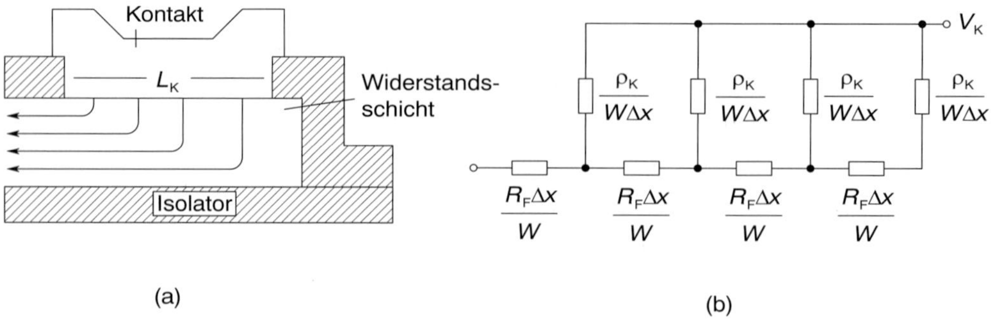

Abb. 13.24. Zur Berechnung des Kontaktendwiderstands

$$R = R_F \frac{L}{W} + 2R_{Ke} , \tag{13.7}$$

wobei R_{Ke} den *Kontaktendwiderstand* bezeichnet. Der Kontaktendwiderstand ist durch den spezifischen *Kontaktwiderstand*[32] ρ_K und den Ausbreitungswiderstand in der darunter liegenden Widerstandsschicht bestimmt (Abb. 13.24a). Die in Abb. 13.24 b gezeigte Ersatzschaltung ist anwendbar, wenn die Breite des Kontakts gleich der Breite W der Widerstandsschicht (senkrecht zur Zeichenebene) ist. Der Kontakt wird dabei in Segmente der Länge Δx unterteilt, von denen jedes einen Kontaktwiderstand $\rho_K/(W\,\Delta x)$ zur darunter liegenden Widerstandsschicht aufweist, die als Reihenschaltung von Teilwiderständen $R_F \Delta x/W$ beschrieben wird. Für den Kontaktendwiderstand folgt aus der Theorie der RG-Leitung [32, 33] im Grenzfall $\Delta x \to 0$

$$R_{Ke} = \frac{\sqrt{\rho_K R_F}}{W} \coth\left(L_K \sqrt{R_F/\rho_K}\right) . \tag{13.8}$$

Ist die Länge L_K des Kontakts groß gegenüber $\sqrt{\rho_K/R_F}$, so geht $R_K \to \sqrt{\rho_K R_F}/W$.

Leitungsmodell für den Kontaktendwiderstand. Die in Abb. 13.24 b gezeigte Ersatzschaltung geht für $\Delta x \to 0$ in eine *RG-Leitung*[33] über. Ausbreitungskonstante und Wellenwiderstand sind in diesem Sonderfall durch

$$\gamma = \sqrt{R'G'} \quad \text{und} \quad Z_0 = \sqrt{R'/G'} \tag{13.9}$$

gegeben. Mit Hilfe der RG-Leitung läßt sich sofort der Kontaktendwiderstand R_{Ke} eines Kontakts bestimmen. Mit der in Abb. 13.24 b eingeführten verteilten Ersatzschaltung des Kontakts folgt $G' = W/\rho_K$ und $R' = R_F/W$, so daß gilt

$$\gamma = \sqrt{R_F/\rho_K} \quad \text{und} \quad Z_0 = \sqrt{\rho_K R_F}\Big/W .$$

Der Kontakt kann demnach durch die in der nebenstehenden Abbildung dargestellte RG-Leitung beschrieben werden. Das Potential des Kontakts V_K in Abb. 13.25 wurde

[32] Dieser folgt aus dem Kontaktwiderstand R_K (bei senkrecht durchflossenem Kontakt) durch Multiplikation mit der Kontaktfläche A_K, d. h. $\rho_K = R_K A_K$.

[33] Von einer RG-Leitung spricht man falls $R' \gg \omega L'$ und $G' \gg \omega C'$ gilt.

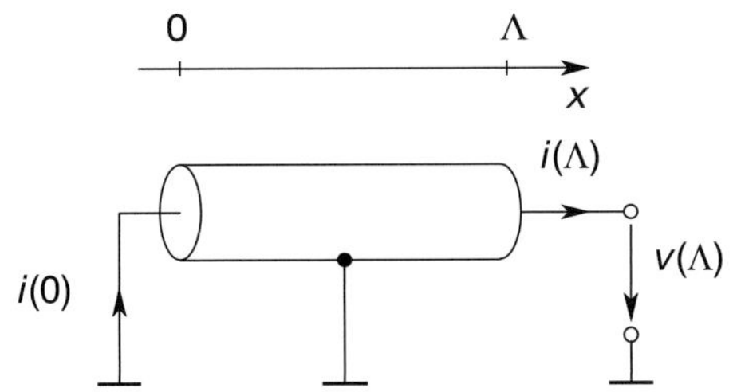

Abb. 13.25. Leitungsmodell zur Berechnung des Kontaktendwiderstands

dabei gleich null gesetzt (Massepotential). Der Kontaktendwiderstand folgt aus der Forderung $\underline{i}(0) = 0$ mit Hilfe von (10.17) sofort zu

$$R_{\mathrm{Ke}} \;=\; -\underline{v}(\Lambda)/\underline{i}(\Lambda) \;=\; Z_0 \coth(\gamma\Lambda) \,,$$

in Übereinstimmung mit (13.8).

Beispiel 13.8.1 Als Beispiel wird ein Kontakt der Länge $L_{\mathrm{K}} = 2\,\mu\mathrm{m}$ und der Breite $W = 10\,\mu\mathrm{m}$ betrachtet. Mit einem spezifischen Kontaktwiderstand von $100\,\Omega\mu\mathrm{m}^2$ und einem Flächenwiderstand von $1000\,\Omega$ folgt für den Kontaktendwiderstand

$$R_{\mathrm{Ke}} \approx 31.6\,\Omega \cdot \coth(6.32) \;\approx\; 31.6\,\Omega\,.$$

Im Grenzfall einer sehr niederohmigen Widerstandsschicht ($R_{\mathrm{F}} \to 0$) kann der Ausbreitungswiderstand in der Widerstandsschicht vernachlässigt werden. Der Kontaktendwiderstand ist dann gleich dem Kontaktwiderstand $R_{\mathrm{K}} = \rho_{\mathrm{K}}/(L_{\mathrm{K}}W) = 5\,\Omega$. Gleichung (13.8) wurde unter Annahmen gewonnen, die insbesondere in der Mikroelektronik häufig nicht sehr gut erfüllt sind. Durch aufwendigere Ansätze (vgl. z. B. [34]) lassen sich genauere Werte berechnen. Zu bedenken ist dabei jedoch, daß *Prozeßschwankungen* zu beträchtlichen Abweichungen vom Sollwert – und sei er noch so genau berechnet – führen können. [34] Δ

13.8.2 Kondensatoren

Lineare Kapazitäten können als MOS-Kondensator in Akkumulation oder als Plattenkondensator zwischen zwei Lagen aus Metall und/oder Polysilizium realisiert werden. Metall-Isolator-Metall-Kondensatoren (MIM) zwischen zwei Metallagen bieten die größte Güte Q, aber nur relativ geringe flächenspezifische Kapazitätswerte, was auf die vergleichsweise große Dicke und die niedrige Dielektrizitätszahl der Isolatorschichten zwischen den Metallisierungsebenen zurückzuführen ist. Da diese Eigenschaften der Isolierschichten gewollt sind – um parasitäre Koppelkapazitäten der Leitungen zu verringern und damit kurze Signallaufzeiten und geringes Übersprechen zu ermöglichen – wei-

[34] Ein guter – wenn auch nicht immer gangbarer – Ausweg aus diesem Dilemma ist es, die relevanten Spannungspegel in einer Schaltung durch *Widerstandsverhältnisse* zu definieren. Werden diese mit *identischen* Widerständen realisiert (Reihen- und Parallelschaltung), so bleibt das Verhältnis von Prozeß- sowie Temperaturschwankungen unbeeinflußt, da diese alle Widerstandswerte im selben Maß verändern.

sen MIM-Kondensatoren generell geringe flächenspezifische Kapazitätswerte auf. In [35] wurde beispielsweise ein 3.5 pF MIMKondensator mit der Fläche $240 \times 415\,\mu m^2$, der Güte $Q = 36$ bei $f = 1$ GHz und der Eigenresonanzfrequenz 6.6 GHz mit einem 2 pF MOS Kondensator der Fläche $35 \times 31.8\,\mu m^2$, der Güte $Q = 7$ bei $f = 1$ GHz und der Eigenresonanzfrequenz 8 GHz verglichen. Diese Ergebnisse zeigen, daß MOS-Kondensatoren (sofern verfügbar) eine große flächenspezifische Kapazität bei eher geringer Güte aufweisen; wird eine hohe Güte gefordert, so ist der MIM-Kondensator vorzuziehen.

13.8.3 Integrierte Induktivitäten

Integrierte Induktivitäten eignen sich etwa zur Impedanzanpassung in rauscharmen Verstärkern, für die Realisierung frequenzselektiver Verstärker, etc. und sind deshalb in integrierten Schaltkreisen für RF-Anwendungen erwünscht. Wegen der zahlreichen Mobilfunkanwendungen sind seit ca. 1990, als das este Mal über integrierte Induktivitäten mit brauchbarer Güte Q berichtet wurde [36], erhebliche Anstrengungen zur Optimierung unternommen worden. Zwei miteinander verkoppelte ebene Induktivitäten ermöglichen die Realisierung integrierter Transformatoren und Baluns [37].

Daß intgrierte Induktivitäten erst seit relativ kurzer Zeit von Interesse sind wird auch durch die vergleichsweise grobe Lithographie und die niedrigen Betriebsfrequenzen früherer Technologiegenerationen erklärt, da diese einen erheblichen Flächenbedarf und schlechte Gütewerte ergaben. Bei Frequenzen im Gigahertzbereich und Metallstegbreiten im Mikrometerbereich lassen sich mehr Windungen auf einer gegebenen Chipfläche unterbringen während gleichzeitig geringere Induktivitätswerte erforderlich sind. Induktivitätswerte im Bereich von 0.5–100 nH mit Gütewerten bis zu 40 werden in modernen Prozessen erreicht [38]; der Flächenbedarf einer integrierten Induktivität (Abb. 13.26) ist typischerweise $10^4 - 10^5\,\mu m^2$. Eine optimal ausgelegte Spule sollte bei vorgegebener Fläche die maximale Güte erreichen und dabei eine Eigenresonanzfrequenz aufweisen, die deutlich unter der Betriebsfrequenz liegt. Die Güte wird vor allem durch den Serienwiderstand der Leiterbahnen und durch Wirbelstromverluste in dem eher niederohmigen Substrat begrenzt. Siliziumsubstrate sind diesbezüglich nicht optimal, ein semi-isolierendes Substrat wie es etwa undotiertes GaAs darstellt ist hier vorteilhafter. Aus Kostengründen wird dennoch überwiegend Siliziumprozeßtechnologie einesetzt. Sind mehrere Metallisierungsebenen verfügbar, so kann die Induktivität in mehreren Ebenen ausgeführt werden; durch Parallelschalten wird der Serienwiderstand vermindert und damit die Güte erhöht. Sind nur zwei Metallisierungsebenen verfügbar, so ist die obere Ebene besser für die Realisierung der Induktivität geeignet, da der größere Abstand zum Substrat geringere Substratverluste ermöglicht.

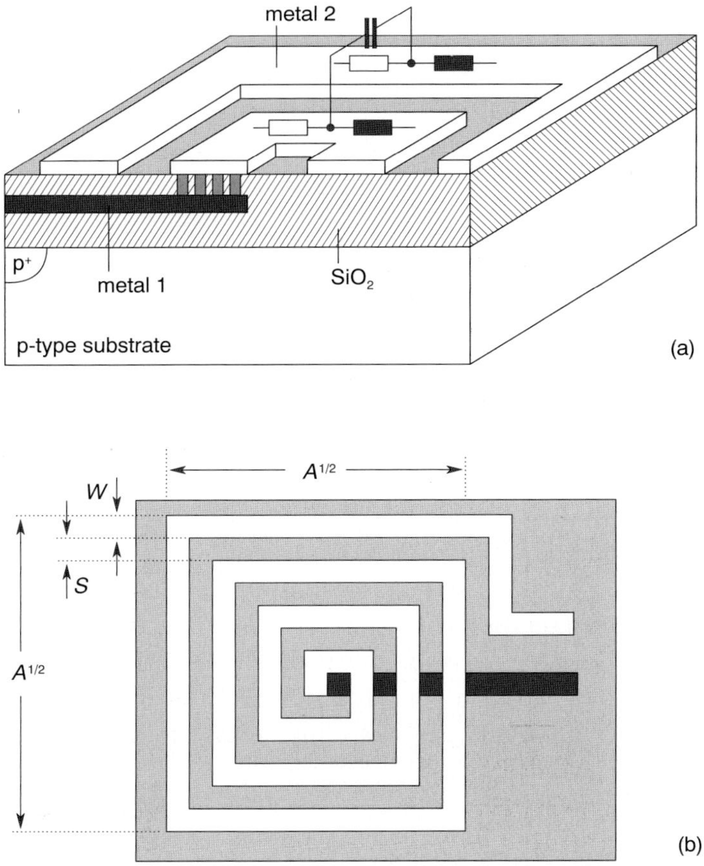

Abb. 13.26. (**a**) Querschnitt durch eine mit zwei Metallisierungsebenen aufgebaute ebene Spule, (**b**) Layout und Abmessungen [39]

Die in Abb. 13.27 gezeigte Ersatzschaltung[35] erläutert das prinzipielle Verhalten integrierter Induktivitäten. Die Spule wird durch ihre Induktivität l, den Serienwiderstand r_s und die Kapazität c_p, die die kapazitive Kopplung zwischen benachbarten Windungen erfaßt, beschrieben. Die Kapazitäten c_s und Widerstände r_b berücksichtigen die Kopplung zum Substrat. Die Admittanz zwischen den Anschlüssen ist

$$\underline{y} = \mathrm{j}\omega c_\mathrm{p} + \frac{1}{r_\mathrm{s} + \mathrm{j}\omega l} + \frac{\mathrm{j}\omega c_\mathrm{s}/2}{1 + \mathrm{j}\omega r_\mathrm{b} c_\mathrm{s}} . \tag{13.10}$$

Nach Trennung in Real- und Imangiärteil folgt für die Güte Q

$$Q = \frac{\mathrm{Im}(\underline{z})}{\mathrm{Re}(\underline{z})} = -\frac{\mathrm{Im}(\underline{y})}{\mathrm{Re}(\underline{y})} \approx \omega\left(\frac{l}{r_\mathrm{s}} - r_\mathrm{s} c_\|\right) \frac{1+\omega^2\tau_1^2}{1+\omega^2\tau_2^2} , \tag{13.11}$$

wobei $c_\| = c_\mathrm{p} + c_\mathrm{s}/2$,

[35] dieses einfache Modell [36] kann durch Hinzufügen von Kapazitäten parallel zu den Substratwiderständen und durch Einfügen eines frequenzabhängigen Widerstands r_s, der den Skin-Effekt berücksichtigt, verbessert werden.

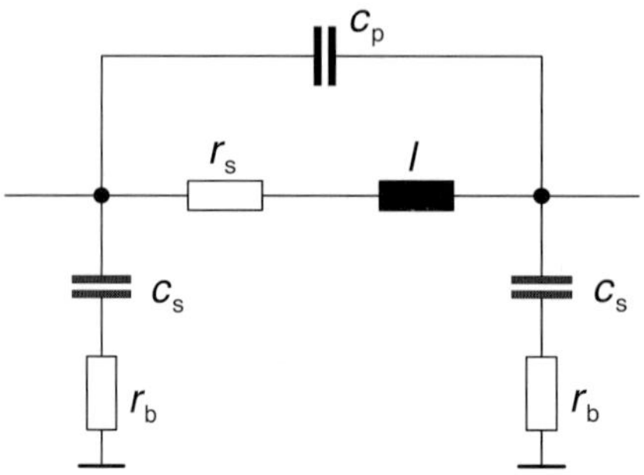

Abb. 13.27. Ersatzschaltung einer integrierten planaren Spule

$$\tau_1^2 = \frac{r_b^2 c_s^2 (1 - r_s^2 c_p / l) - c_\| l}{1 - r_s^2 c_\| / l} \approx r_b^2 c_s^2 - c_\| l \tag{13.12}$$

und

$$\tau_2^2 = r_b (r_b + r_s/2) c_s^2 \, . \tag{13.13}$$

Bei niedrigen Frequenzen ($\omega \ll \omega_1, \omega_2$), steigt die Güte Q annähernd proportional zur Frequenz an. Die hier betachtete Ersatzschaltung eignet sich zur Erläuterung des Prinzips ist aber zu einfach um Layouts optimieren zu können; für diesen Zweck werden Modelle benötigt, die die kapazitive Kopplung zwischen benachbarten Windungen, die Kopplung zum Substrat, Skin-Effekt und Proximity-Effekt besser berücksichtigen [40–42].

13.9 Kontaktierung und Packaging

Integrierte Bausteine werden meist in gehäuster Form verarbeitet und müssen dazu vom Hersteller in einem Gehäuse montiert und elektrisch angeschlossen werden. Anwendungen mit einem hohen Miniaturisierungsgrad nutzen häufig ungehäuste ICs die dann in Multichipmodulen eingesetzt werden.

13.9.1 Kontaktierung

Zur Kontaktierung werden auf dem Chip Bondpads der Standardgröße 100 µm × 100 µm aufgebracht; in Sonderfällen kommen auch kleinere Bondpads zum Einsatz.

Drahtbonden. Beim Drahtbonden werden die elektrischen Anschlüsse zu den Kontaktierungsflecken des Chips (Pads) über dünne Bonddrähte (i.allg. Gold oder Aluminium bzw. Aluminiumlegierungen) hergestellt. Diese haben typische Durchmessern im Bereich von 25 bis 50 µm – für Leistungsbauelemente können aber auch Drahtdurchmesser von mehr als 500 µm eingesetzt werden.

Zur Herstellung der Kontakte wird entweder das bei Raumtemperatur durchgeführte Ultraschallbonden oder das bei erhöhter Temperatur und

Druck durchgeführte Thermosonic-Verfahren eingesetzt. Die einzelnen Anschlußdrähte werden dabei nacheinander angeschlossen, d.h. der Automat fährt sukzessive die einzelnen Bondpads an.

Drahtbonden ist eine fest etablierte Technologie, die sich insbesondere durch hohe Flexibilität auszeichnet, da die flexiblen Bonddrähte eine leichte Anpassung an verschiedene Gehäuse- bzw. Chipformen erlauben. Nachteile des Drahtbondverfahrens liegen in der Begrenzung der Bondpadgeometrie beim Standardbonden auf minimal etwa 60 µm Kantenlänge, den Bonddrahtinduktivitäten[36] sowie einer Anfälligkeit der Drahtbrücken gegenüber mechanischen Belastungen bei nachfolgenden Prozeßschritten [44].

Tape-automated Bonding (TAB). Beim Tape-automated Bonding werden alle Anschlüsse eines Chips gleichzeitig kontaktiert. Die „Anschlußdrähte" werden dabei durch Strukturieren einer auf einer Kunststoffolie (z.B. Polyimid) aufgebrachten Metallschicht hergestellt. Dieser sog. *Spider* wird z.B. durch Thermokompression mit zuvor vom Hersteller auf die Bondpads aufgebrachten Höckern (Bumps) aus Kupfer oder Gold verbunden. Diese sog. *Innenkontaktierung* wird i.allg. beim Chiphersteller vorgenommen; der äußere Anschluß des Spiders kann dann von Anwendern die ungehäuste ICs verarbeiten vorgenommen werden. Der Chip ist dabei vor Herstellung der Außenkontaktierung elektrisch prüfbar.

Die TAB-Technologie bietet ein sehr enges Anschlußraster und fordert nur einen sehr geringen Einbauplatz was sich in kurzen Zuleitungen und damit kurzen Signallaufzeiten auszahlt. Da der Einsatz dieser Technologie vergleichsweise aufwendig ist, ist sie in der Regel nur bei großen Stückzahlen wirtschaftlich sinnvoll einsetzbar.

Flip-Chip Technik. Bei der Flip-Chip Technik[37] wird der Chip mit der Oberfläche nach unten auf Kontaktflecken (Footprints) gelötet. Dies wird möglich durch zuvor auf die Anschlußpads des Chips aufgebrachte Kontaktierungshöcker (Bumps) mit einer Höhe von typischerweise 20 – 40 µm aus Gold oder Zinn-Legierungen. Der typische Aufbau eines solchen Bumps ist in Abb. 13.28 gezeigt; zwischen dem eigentlichen Bump und dem Al-Metallisierungspad ist eine dünne Haftschicht sowie eine Diffusionssperre angebracht. Da der Chip bei dieser Montagetechnik noch ungeschützt ist, erfolgt die Flip Chip Montage unter Reinraumbedingungen.

---

[36]Messergebnisse für die Eigen- und Gegeninduktionskoeffizienten benachbarter Bonddrähte werden in [43] angegeben: Für Bonddrähte die eine horizontale Entfernung von 0.5 mm bzw. 1 mm überbrücken wurden dabei Selbstinduktionskoeffizienten von ca. 0.35 nH bzw. 0.55 nH gefunden.

[37]Eine ausführliche Darstellung der Flip-Chip Technologie ist z.B. in [45] zu finden.

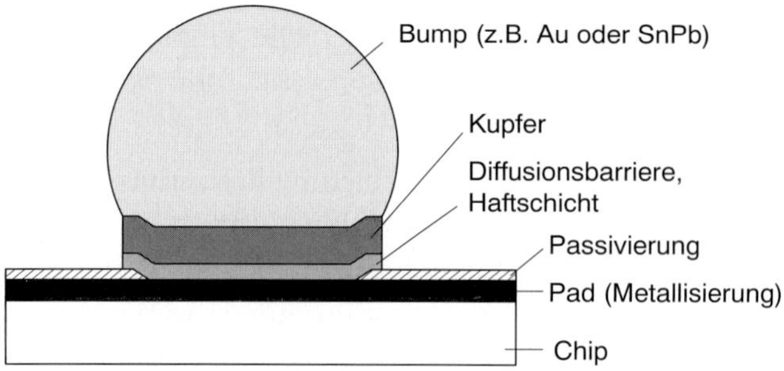

Abb. 13.28. Aufbau eines Bumps für die Flip-Chip-Kontaktierung

13.9.2 Gehäuse

Kunststoff-IC-Gehäuse für Durchsteckmontge sind als sog. Dual Inline Package (DIP) oder Single Inline Package gebräuchlich. Das DIP-Gehäuse weist zwei Reihen von Anschlßpins mit einem Raster von 2.54 mm und Pinzahlen von vier bis 48 auf. Wegen des vergleichsweise hohen Flächenverbrauchs wird es heute nur noch für einfache Schaltungen eingesetzt. Das Single Inline Package (SIP) weist nur eine Reihe von Anschlußpins (drei bis ca. 15) auf und ermöglicht den platzsparenden stehenden Einbau des Chips. Das SIP-Gehäuse wird häufig auch für integrierte Schaltkreise mit größerer Verlustleistung (z.B. Endstufen integrierter Audio-Verstärker) eingesetzt. Bei derartigen Anwendungen wird die Wärme vom Chip über eine Metallplatte abgeführt, die mit dem Kühlkörper verschraubt wird.

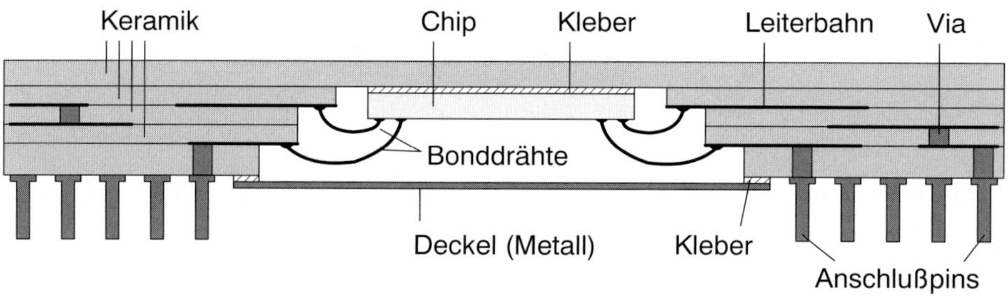

Abb. 13.29. Prinzipieller Aufbau eines Pin Grid Array mit Keramiksubstrat

Keramikgehäuse werden vor allem für Bausteine die bei hohen Frequenzen betrieben werden eingesetzt. Als Trägermaterial wird hier gesintertes Aluminiumoxid verwendet, bei Bausteinen mit einer großen Anzahl von Anschlüssen kommen mehrere Verdrahtungsebenen zum Einsatz, wodurch Signallaufzeiten und Übersprechen deutlich vermindert weden können. Solche pin grid arrays (PGA) wurden früher für Mikroprozessoren und andere Logikbausteine mit einer großen Zahl von Anschlußpins (bis. ca. 1000) eingesetzt. Sie wurden mittlerweile weitgehend durch Ball Grid Arrays (BGA, Abb. 5.8) ersetzt.

13.10 Literaturverzeichnis

[1] W.v. Münch. *Einführung in die Halbleitertechnologie.* Teubner, Stuttgart, 1993.

[2] B. Hoppe. *Mikroelektronik 2.* Vogel, Würzburg, 1998.

[3] S.M. Sze (Ed.). *VLSI Technology.* McGraw-Hill, New York, 1985.

[4] W.E. Beadle, J.C.C. Tsai, R.D. Plummer (Eds.). *Quick Reference Manual for Silicon Integrated Circuit Technology.* Wiley, New York, 1985.

[5] A.S. Grove. *Physics and Technology of Semiconductor Devices.* Wiley, New York, 1967.

[6] J.Y.W. Seto. The electrical properties of polycrystalline silicon films. *J. Appl. Phys.*, 46(12):5247–5254, 1975.

[7] N.C. Lu, L. Gerzberg, C. Lu, J.D. Meindl. Modeling and optimization of monolithic polycrystalline silicon resistors. *IEEE Trans. Electron Devices*, (7):818–830, 1981.

[8] G. Winterling. Amorphes Silizium (a-Si). *Physik in unserer Zeit*, 16(2):50–62, 1985.

[9] Bergmann, Schäfer. *Lehrbuch der Experimentalphysik Band III: Optik (H. Gobrecht Hrsg.).* de Gruyter, Berlin, achte Auflage, 1987.

[10] C.-C. Fu, T. Yang, D.R. Stone. Enhancement of lithographic patterns by using serif features. *IEEE Trans. Electron Devices*, 38(12):2599–2603, 1991.

[11] M.D. Levenson, N.S. Viswanathan, R.A. Simpson. Improving resolution in photolithography with a phase-shifting mask. *IEEE Trans. Electron Devices*, (12):1828–1836, 1982.

[12] B.J. Lin. Physe-shifting masks gain an edge. *IEEE Circuits and Devices Mag.*, (March):28–35, 1993.

[13] L.R. Harriott. Limits of lithography. *Proc. IEEE*, 89(3):366–686, 2001.

[14] P. Das, R.L. Sandstrom. Advances in excimer laser technology for sub-0.25 µm lithography. *Proc. IEEE*, 90(10):1637–1652, 2002.

[15] H.-G. Severin. Sputtern. *Physik in unserer Zeit*, 17(3):71–79, 1986.

[16] B. Chapman. *Glow Discharge Processes.* Wiley, New York, 1980.

[17] R.H. Havemann, J.A. Hutchby. High-performance interconnects: An integration overview. *Proc. IEEE*, 89(5):586–601, 2001.

[18] J.A. Davis and et.al. Interconnect limits on gigascale integration (GSI) in the 21st century. *Proc. IEEE*, 89(3):305–324, 2001.

[19] A.H. Verbruggen. Fundamental questions in the theory of electromigration. *IBM J. Res. Develop.*, 32(1):93–98, 1988.

[20] V.M. Dwyer. Electromigration behavior under a unidirectional time-dependent stress. *IEEE Trans. Electron Devices*, 43(6):877–882, 1996.

[21] J. Tao, J.F. Chen, N.W. Cheung, C. Hu. Modeling and characterization of electromigration failures under bidirectional current stress. *IEEE Trans. Electron Devices*, 43(5):800–808, 1996.

[22] J.R. Black. Electromigration - a brief survey and some recent results. *IEEE Trans. Electron Devices*, (4):338–347, 1969.

[23] C. Ryu, et.al. Microstructure and reliability of copper interconnects. *IEEE Trans. Electron Devices*, 46(6):1113–1120, 1999.

[24] M. Ueki, M. Hiroi, N. Ikarashi, T. Onodera, N. Furutake, N. Inoue, Y. Hayashi. Effects of Ti addition on via reliability in Cu dual damascene interconnects. *IEEE Trans. Electron Devices*, 51(11):1883–1890, 2004.

[25] M.H. Lin, Y.L. Lin, J.M. Chen, M.-S. Yeh, K.P. Chang, K.C. Su, T. Wang. Electromigration lifetime improvement of copper interconnect by cap/dielectric interface treatment and geometrical design. *IEEE Trans. Electron Devices*, 52(12):2602–2608, 2005.

[26] T. Yamaguchi, S. Uppili, J.S. Lee, G.H. Kawamoto, T. Dosluoglu, S. Simpkins. Process and device characterization for a 30-GHz f_T submicrometer double poli-Si bipolar technology using BF_2-implanted base with rapid thermal process. *IEEE Trans. Electron Devices*, 40(8):1484–1495, 1993.

[27] M. Rydberg, U. Smith. Long-term stability and electrical properties of compensation doped poly-Si IC-resistors. *IEEE Trans. Electron Devices*, 47(2):417–426, 2000.

[28] C.M. Sakkas. Potential distribution and multi-terminal DC resistance computations for LSI technology. *IBM J. Res. Develop.*, 23(6):640–651, 1988.

[29] T. Mitsuhashi, K. Yoshida. A resistance calculation algorithm and its application to circuit extraction. *IEEE Trans. on Computer-Aided Design*, (3):337–345, 1987.

[30] B.R. Chawla, H.K. Gummel. A boundary technique for calculation of distributed resistance. *IEEE Trans. Electron Devices*, ED-17(10):915–925, 1970.

[31] A. Schwaferts. Widerstands-Extraktion aus dem Masken-Layout integrierter Schaltungen durch Anwendung der Randelemente-Methode. *A.E.Ü.*, 42(5):296–308, 1988.

[32] H. Murrmann, D. Widmann. Current crowding on metal contacts to planer devices. *IEEE Trans. Electron Devices*, ED-16(12):1022–1024, 1969.

[33] H.H. Berger. Models for contacts to planar devices. *Solid-State Electronics*, 15(2-A):145–158, 1972.

[34] W.M. Loh, S.E. Swirhun, T.A. Schreyer, R.M Swanson, K.C. Saraswat. Modeling and measurement of contact resistances. *IEEE Trans. Electron Devices*, ED-34(3):512–524, 1987.

[35] J.N. Burghartz, M. Soyuer, K.A. Jenkins. Integrated RF and microwave components in BICMOS technology. *IEEE Trans. Electron Devices*, 43(9):1559–1570, 1996.

[36] N.M. Nguyen, R.G. Meyer. Si IC-compatible inductors and LC passive filters. *IEEE J. Solid-State Circuits*, 25(4):1028–1031, 1990.

[37] D.T.S. Cheung, J.R. Long, R.A. Hadaway, D.L. Harame. Monolithic transformers for silicon RF IC design. *IEEE BCTM 1998 Tech. Dig.*, pp. 105–108, 1998.

[38] J.N. Burghartz, D.C. Edelstein, M. Soyuer, K.A. Jenkins. RF circuit design aspects of spiral inductors on silicon. *IEEE J. Solid-State Circuits*, 33(12):2028–2034, 1998.

[39] M. Reisch. *High-Frequency Bipolar Transistors.* Springer, Berlin, 2003

[40] J.R. Long, M.A. Copeland. The modeling, characterization, and design of monolithic inductors for silicon RF IC's. *IEEE J. Solid-State Circuits*, 32(3):357–368, 1997.

[41] C.P. Yue, S.S. Wong. Physical modeling of spiral inductors on silicon. *IEEE Trans. Electron Devices*, 47(3):560–568, 2000.

[42] S. Jenei, B.K.J.C. Nauwelaers, S. Decoutere. Physics-based closed-form inductance expression for compact modeling of integrated spiral inductors. *IEEE J. Solid-State Circuits*, 37(1):77–80, 2002.

[43] K. Mouthaan, R. Tinti, M. de Kok, H.C. de Graaff, J.L. Tauritz, J. Slotboom. Microwave modelling and measurement of the self- and mututal inductance of coupled bondwires. *IEEE BCTM 1997 Tech. Dig.*, pp. 106–169, 1997.

[44] W. Scheel (Hrsg.). *Baugruppentechnologie der Elektronik-Montage.* Verlag Technik, Berlin, zweite Auflage, 1999.

[45] H. Reichl (Hrsg.). *Direktmontage.* Springer, Heidelberg, 1998.

14 Kontakte

Die Wirkungsweise der Halbleiter-Bauelemente beruht in der Regel auf Kontakten zwischen unterschiedlichen Materialien. In diesem Kapitel werden die physikalischen Grundlagen des

- pn-Übergangs, des
- Heteroübergangs zwischen unterschiedlichen Halbleitermaterialien, des
- Metall-Halbleiter-Übergangs, sowie des
- MOS-Kondensators

näher betrachtet. Insbesondere der pn-Übergang wird ausführlich untersucht, da er nicht nur zum Verständnis der Halbleiterdioden von Bedeutung, sondern wesentlicher Bestandteil nahezu sämtlicher Halbleiterbauelemente ist.

14.1 PN-Übergang: Gleichbetrieb

14.1.1 Thermisches Gleichgewicht

Der Einfachheit halber wird der sog. *abrupte* pn-Übergang betrachtet. Bei diesem grenzt ein gleichförmig mit der Donatorkonzentration N_D dotiertes Halbleitergebiet (n-Typ) an ein gleichförmig mit der Akzeptorkonzentration N_A dotiertes Halbleitergebiet (p-Typ) (Abb. 14.1). Am *metallurgischen Übergang* – bezeichnet mit der Koordinate x_j – ändert sich die Dotierung sprunghaft.

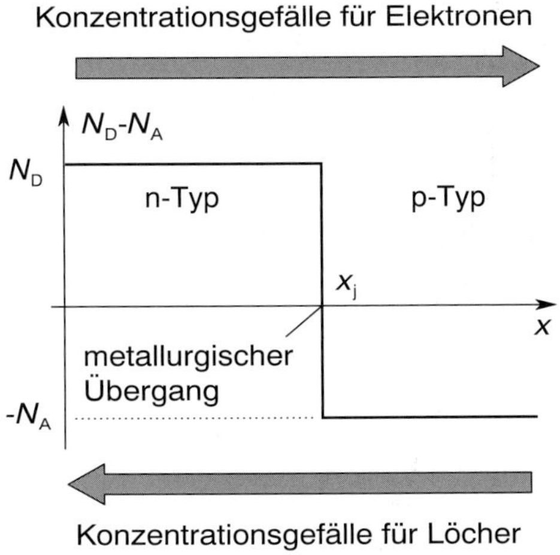

Abb. 14.1. Abrupter pn-Übergang

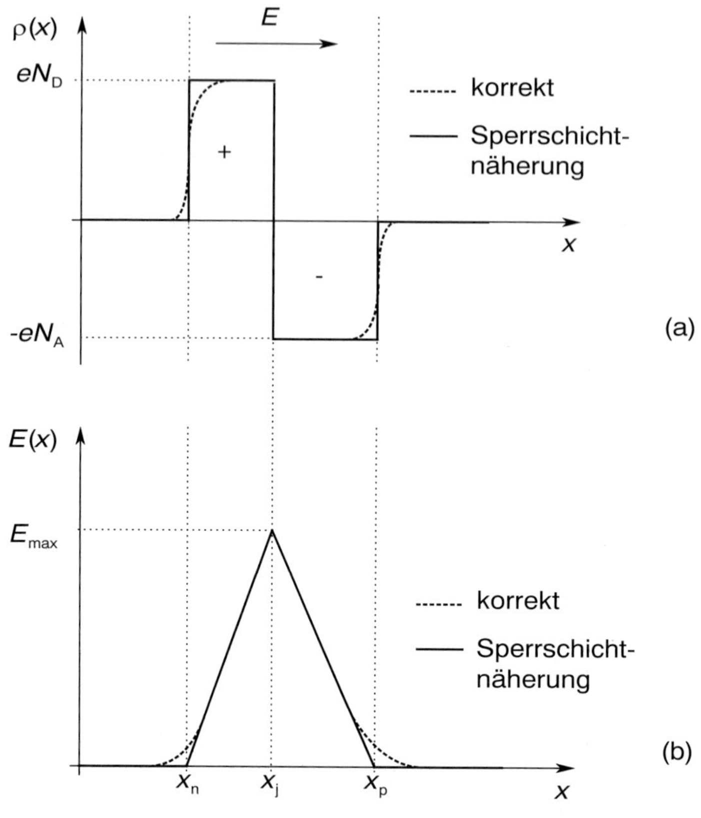

Abb. 14.2. Abrupter pn-Übergang im thermischen Gleichgewicht. Ortsabhängigkeit (schematisch) der **(a)** Ladungsdichte und **(b)** des elektrischen Felds

Beim Übergang vom n- zum p-Gebiet nimmt die Elektronendichte ab: Es liegt ein Konzentrationsgefälle vor, mit der Folge, daß Elektronen vom n- ins p-Gebiet diffundieren. Umgekehrt diffundieren, wegen der Abnahme der Löcherdichte beim Übergang vom p- ins n-Gebiet, Löcher ins n-Gebiet. Falls nicht laufend neue Elektronen und Löcher nachgeliefert werden, führen diese Ströme in der Nähe des metallurgischen Übergangs zu einer Verarmung des n-Gebiets an Elektronen und zu einer Verarmung des p-Gebiets an Löchern.

Sperrschichtnäherung

Da die Ladung der ionisierten Störstellen in dieser Verarmungszone nicht durch die der mobilen Ladungsträger (Elektronen bzw. Löcher) kompensiert wird, entsteht so eine Dipolschicht, die sog. *Raumladungszone* oder *Sperrschicht* (Abb. 14.2a). Das durch die Dipolschicht bedingte Feld $E(x)$ wirkt der Ladungsträgerdiffusion entgegen. Da die Elektronendichte $n(x)$ im n-dotierten Gebiet (im p-Gebiet entsprechend die Löcherdichte $p(x)$) zur Raumladungszone sehr schnell abnimmt, hat sich die sog. *Sperrschichtnäherung* zur Beschreibung der Verhältnisse bewährt. In dieser wird die Diode durch die bei x_{n} bzw. x_{p} angenommenen Grenzen der Raumladungszone (RLZ) in drei Gebiete eingeteilt (Abb. 14.3): die beiden als *elektrisch neutral* angenommenen *Bahngebiete* und die *Raumladungszone* (auch *Sperrschicht* oder *Verarmungszone*). Die Ladungsträgerdichten in den Bahngebieten sind bei Raumtemperatur im thermischen Gleichgewicht durch die Dotierstoffkonzentration bestimmt; in der Sperrschicht wird die Dichte der mobilen Ladungsträger (Elektronen und Löcher) als *vernachlässigbar klein* angenommen.

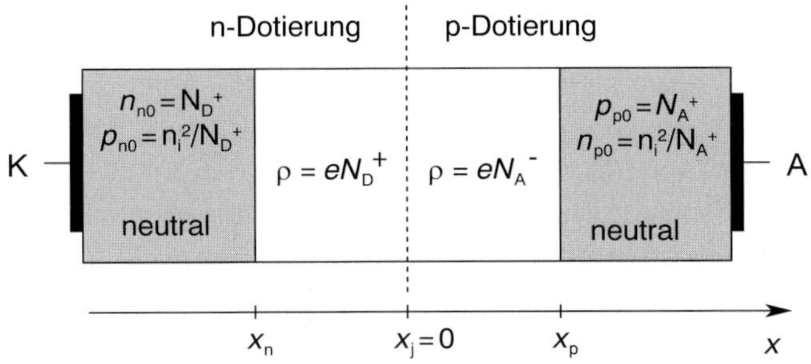

Abb. 14.3. Ladungsverteilung im abrupten pn-Übergang in Sperrschichtnäherung

Das durch die Raumladungszone bedingte elektrische Feld ist ortsabhängig: Es ist null in den neutralen Bahngebieten und nimmt in der Raumladungszone zum metallurgischen Übergang hin zu. An diesem tritt die maximale Feldstärke auf (Abb. 14.2b). Das elektrische Feld wirkt der Ladungsträgerdiffusion entgegen und führt dazu, daß im thermischen Gleichgewicht kein Stromfluß stattfindet. Das Gleichgewicht stellt sich ein, sobald die Fermi-Energie überall im Halbleiter denselben Wert aufweist. Im Bänderschema werden n- und p-Bahngebiet mit horizontalem Verlauf der Bandkanten dargestellt, da in diesen Gebieten kein elektrisches Feld vorliegt. Nur in der Raumladungszone liegt ein elektrisches Feld vor: Hier kommt es zu einer „Bandverbiegung", da die Fermi-Energie im n-Bahngebiet in der Nähe der Leitungsbandkante, die Fermi-Energie im p-Bahngebiet in der Nähe der Valenzbandkante liegt (Abb. 14.4).

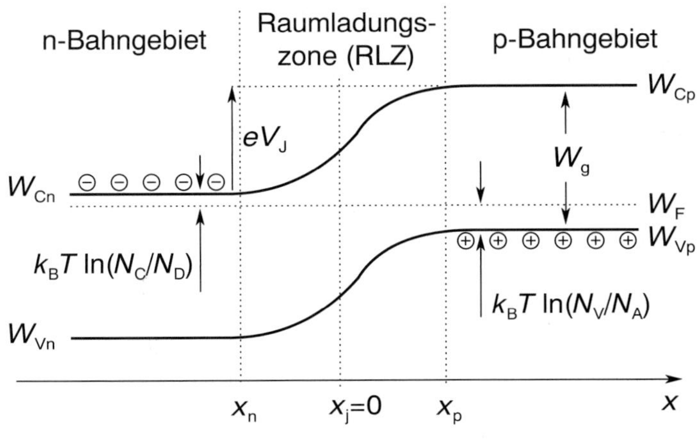

Abb. 14.4. Bänderschema der pn-Diode im thermischen Gleichgewicht

Für den abrupten pn-Übergang läßt sich die Energiebarriere eV_J, die Elektronen aus dem n-dotierten Bahngebiet überwinden müssen, um ins Leitungsband auf der p-dotierten Seite zu gelangen (Abb. 14.4) leicht berechnen. Die als Maß für die Bandverbiegung verwendete Größe V_J heißt *Diffusionsspannung*; ihr Wert für den abrupten pn-Übergang beträgt bei Raumtemperatur näherungsweise

$$\boxed{V_\mathrm{J} \approx V_T \ln\left(\frac{N_\mathrm{A}N_\mathrm{D}}{n_\mathrm{i}^2}\right)}, \tag{14.1}$$

wobei N_A die Dichte der Akzeptoren im p-Gebiet und N_D die Dichte der Donatoren im n-Gebiet angibt. Zur Vereinfachung der Schreibweise wird hier und im Folgenden vollständige Ionisation der Störstellen angenommen.[1] Die Diffusionsspannung V_J eines pn-Übergangs nimmt dann mit ansteigender Dotierstoffkonzentration in den Bahngebieten logarithmisch zu. Mit zunehmender Energielücke nimmt die intrinsische Dichte n_i ab, was sich in einem Anstieg der Diffusionsspannung auswirkt: pn-Übergänge aus Halbleitermaterialien mit großer Energielücke weisen deshalb auch große Werte der Diffusionsspannung auf.

Zur Berechnung der Diffusionsspannung. Die Diffusionsspannung kann über die Beziehung

$$eV_\mathrm{J} = W_\mathrm{g} - k_\mathrm{B}T \ln(N_\mathrm{C}/N_\mathrm{D}) - k_\mathrm{B}T \ln(N_\mathrm{V}/N_\mathrm{A})$$

berechnet werden (Abb. 14.4). Die Umformung in das in (14.1) angegebene Resultat für die Diffusionsspannung V_J wird dem Leser als Übungsaufgabe überlassen, stattdessen wird ein Zugang über die Stromgleichung betrachtet.

Der durch das elektrische Feld bedingte Driftstrom ist in seiner Richtung dem Diffusionsstrom entgegengesetzt. Im Gleichgewicht fließt kein Strom – Diffusionsstrom und Driftstrom müssen sich dann gegenseitig kompensieren. Aus der Forderung

$$J_\mathrm{n} = e\mu_\mathrm{n} nE + eD_\mathrm{n}\frac{\mathrm{d}n}{\mathrm{d}x} = 0$$

ergibt sich mit Hilfe der Einstein-Beziehung $D_n = \mu_n V_T$ für das elektrische Feld in der Raumladungszone

$$E = -\frac{\mathrm{d}\psi}{\mathrm{d}x} = -\frac{V_T}{n}\frac{\mathrm{d}n}{\mathrm{d}x} = -V_T\frac{\mathrm{d}}{\mathrm{d}x}\ln[n(x)] .$$

Integration dieser Beziehung von x_n nach x_p ergibt

$$-V_\mathrm{J} = \psi(x_\mathrm{p}) - \psi(x_\mathrm{n}) = V_T \ln\left[\frac{n(x_\mathrm{p})}{n(x_\mathrm{n})}\right],$$

was mit den bei Raumtemperatur im thermischen Gleichgewicht verwendbaren Näherungsbeziehungen $n(x_n) \approx N_D$ und $n(x_p) \approx n_i^2/N_A$ in (14.1) übergeht.

[1] In Fällen in denen dies nicht gerechtfertigt ist in den erzielten Resultaten N_A durch N_A^- und N_D durch N_D^+ zu ersetzen.

Raumladungszone, Feldverteilung

Die Unterteilung des pn-Übergangs in zwei neutrale, durch eine Raumladungszone getrennte, Bahngebiete läßt sich auch verwenden falls eine Spannung an den pn-Übergang angelegt wird. Die Lage der Sperrschichtränder x_n und x_p folgt aus der Potentialdifferenz ψ_j über der Sperrschicht und der Forderung nach Neutralität. Letztere besagt, daß die gesamte Ladung in der Sperrschicht gleich null ist, bzw.

$$\int_{x_\mathrm{n}}^{x_\mathrm{p}} N(x)\,\mathrm{d}x \;=\; 0\,, \tag{14.2}$$

wobei $N(x) = N_\mathrm{D}(x) - N_\mathrm{A}(x)$ die Netto-Dotierstoffkonzentration bezeichnet. Aus der Poisson-Gleichung

$$\frac{\mathrm{d}^2\psi}{\mathrm{d}x^2} \;=\; -\frac{\mathrm{d}E}{\mathrm{d}x} \;=\; -\frac{\rho(x)}{\epsilon_0\epsilon_\mathrm{r}} \qquad \text{mit} \qquad \rho(x) \;=\; eN(x)\,, \tag{14.3}$$

folgt weiter nach zweimaliger Integration für die gesamte über der Sperrschicht auftretende Potentialdifferenz

$$\psi_\mathrm{j} \;=\; -\frac{e}{\epsilon_0\epsilon_\mathrm{r}}\int_{x_\mathrm{n}}^{x_\mathrm{p}}\int_{x_\mathrm{n}}^{x} N(x')\,\mathrm{d}x'\,\mathrm{d}x \;=\; \frac{e}{\epsilon_0\epsilon_\mathrm{r}}\int_{x_\mathrm{n}}^{x_\mathrm{p}} xN(x)\,\mathrm{d}x\,. \tag{14.4}$$

Ist keine äußere Spannung angelegt, so ist $\psi_\mathrm{j} = -V_\mathrm{J}$; im Fall einer extern zwischen p- und n-Bahngebiet angelegten (Fluß-)Spannung V ist $\psi_\mathrm{j} = V - V_\mathrm{J}$, unter Vernachlässigung der Spannungsabfälle in den Bahngebieten. Mit den Gln. (14.2) und (14.4) sind zwei – im allgemeinen Fall nur numerisch lösbare – Gleichungen zur Bestimmung der beiden Unbekannten x_n und x_p gegeben. Im Fall des abrupten pn-Übergangs (Abb. 14.3) lautet die Neutralitätsbedingung (14.2)

$$-x_\mathrm{n}N_\mathrm{D} \;=\; x_\mathrm{p}N_\mathrm{A}\,, \tag{14.5}$$

während Gl. (14.4) in

$$N_\mathrm{D}x_\mathrm{n}^2 + N_\mathrm{A}x_\mathrm{p}^2 \;=\; -\frac{2\epsilon_0\epsilon_\mathrm{r}}{e}\psi_\mathrm{j} \;=\; \frac{2\epsilon_0\epsilon_\mathrm{r}}{e}\,(V_\mathrm{J} - V) \tag{14.6}$$

übergeht. Nach Zusammenfassen folgen die Ausdehnungen der Raumladungszone in das n- bzw. p-Bahngebiet

$$|x_\mathrm{n}| \;=\; \sqrt{\frac{2\epsilon_0\epsilon_\mathrm{r}N_\mathrm{A}(V_\mathrm{J} - V)}{eN_\mathrm{D}(N_\mathrm{A} + N_\mathrm{D})}} \quad \text{bzw.} \quad x_\mathrm{p} = \sqrt{\frac{2\epsilon_0\epsilon_\mathrm{r}N_\mathrm{D}(V_\mathrm{J} - V)}{eN_\mathrm{A}(N_\mathrm{A} + N_\mathrm{D})}} \tag{14.7}$$

sowie die *Sperrschichtweite*

$$\boxed{d_\mathrm{j} \;=\; x_\mathrm{p} - x_\mathrm{n} \;=\; \sqrt{\frac{2\epsilon_0\epsilon_\mathrm{r}(N_\mathrm{A} + N_\mathrm{D})}{eN_\mathrm{A}N_\mathrm{D}}\,(V_\mathrm{J} - V)}\,.} \tag{14.8}$$

Der Wert der *elektrischen Feldstärke* am Ort x folgt durch einmalige Integration der Poisson-Gleichung (14.3)

$$E(x) = \frac{e}{\epsilon_0 \epsilon_r} \int_{x_n}^{x} N(x')\, dx' , \tag{14.9}$$

Der *Maximalwert* E_{max} der elektrischen Feldstärke tritt am metallurgischen pn-Übergang auf. Dort ist

$$\boxed{E_{max} = \sqrt{\frac{2eN_A N_D (V_J - V)}{\epsilon_0 \epsilon_r (N_A + N_D)}} .} \tag{14.10}$$

In der Praxis liegt häufig der Fall des sog. *einseitigen* pn-Übergangs vor, das ist ein pn-Übergang bei dem eine Seite sehr viel stärker dotiert ist als die andere. In diesem Fall wird die Sperrschichtweite und der Maximalwert der elektrischen Feldstärke bei gegebener Spannung nahezu ausschließlich durch die Dotierstoffkonzentration auf der *schwach* dotierten Seite bestimmt. Gilt beispielsweise $N_D \gg N_A$, so vereinfacht sich die Beziehung für die Sperrschichtweite (14.8) zu

$$d_j \approx \sqrt{\frac{2\epsilon_0 \epsilon_r}{eN_A} (V_J - V)} . \tag{14.11}$$

während die Beziehung (14.10) für den Maximalwert der elektrischen Feldstärke in

$$E_{max} \approx \sqrt{\frac{2eN_A (V_J - V)}{\epsilon_0 \epsilon_r}} \tag{14.12}$$

übergeht. Beide Näherungen sind unabhängig vom Wert N_D der Dotierstoffkonzentration auf der stark dotierten Seite.

Beispiel 14.1.1 Für einen Silizium-pn-Übergang ($\epsilon_r = 11.9$) mit abrupter Änderung der Dotierstoffkonzentration von $N_D = 10^{18}\ cm^{-3}$ auf $N_A = 10^{16}\ cm^{-3}$ wird die Diffusionsspannung bei $T = 300$ K berechnet. Mit dem Wert der intrinsischen Dichte bei dieser Temperatur $n_i(300\,K) = 1.08 \cdot 10^{10}\,cm^{-3}$ folgt für die Diffusionsspannung

$$V_J = 25.852\,mV \cdot \ln \left[\frac{10^{34}}{(1.08 \cdot 10^{10})^2} \right] = 829\,mV .$$

Wird keine Spannung an den pn-Übergang angelegt, so ist die Sperrschichtweite

$$d_j = x_p - x_n = \sqrt{\frac{2\,\epsilon_0 \epsilon_r (N_A + N_D)}{eN_A N_D} V_J} = 0.332\,\mu m .$$

Die Raumladungszone dehnt sich dabei wegen

$$\frac{x_j - x_n}{x_p - x_j} = \frac{N_A}{N_D} = \frac{1}{100}$$

vorzugsweise in das niedriger dotierte p-Gebiet aus. Der Maximalwert der elektrischen Feldstärke im pn-Übergang ohne äußere Spannung ist

$$E_{\max} = \sqrt{\frac{2eN_{\mathrm{A}}N_{\mathrm{D}}V_{\mathrm{J}}}{\epsilon_0\epsilon_{\mathrm{r}}(N_{\mathrm{A}}+N_{\mathrm{D}})}} = 49.97\,\frac{\mathrm{kV}}{\mathrm{cm}} .$$

Sowohl d_{j} als auch $E_{\max}$ sind wegen $N_{\mathrm{D}} \gg N_{\mathrm{A}}$ weitgehend durch die Dotierstoffkonzentration N_{A} des schwächer dotierten Gebiets bestimmt. Δ

14.1.2 Flußpolung

Liegt keine Spannung an, so ist $W_{\mathrm{F}} = \mathrm{const.}$ und das Verhältnis der Löcherdichte p_{n0} im n-Gebiet zur Löcherdichte p_{p0} im p-Gebiet

$$\boxed{\frac{p_{\mathrm{n0}}}{p_{\mathrm{p0}}} = \exp\left(\frac{W_{\mathrm{Vn}}-W_{\mathrm{Vp}}}{k_{\mathrm{B}}T}\right) = \exp\left(-\frac{V_{\mathrm{J}}}{V_T}\right) .} \tag{14.13}$$

Eine entsprechende Beziehung gilt für das Verhältnis der Elektronendichte n_{p0} im p-Gebiet zur Elektronendichte n_{n0} im n-Gebiet

$$\boxed{\frac{n_{\mathrm{p0}}}{n_{\mathrm{n0}}} = \exp\left(\frac{W_{\mathrm{Cn}}-W_{\mathrm{Cp}}}{k_{\mathrm{B}}T}\right) = \exp\left(-\frac{V_{\mathrm{J}}}{V_T}\right) .} \tag{14.14}$$

Wird eine Flußspannung V an die Diode angelegt, so ändert sich die Potentialdifferenz über der Sperrschicht; die zu überwindende Potentialbarriere wird um V erniedrigt, solange der Spannungsabfall in den Bahngebieten vernachlässigt werden kann. Der Elektronenfluß vom n- ins p-Gebiet überwiegt dann denjenigen vom p- ins n-Gebiet. Ein *Flußgleichgewicht* stellt sich ein, sobald die nach Shockley benannten Bedingungen am Sperrschichtrand

$$\frac{p_{\mathrm{n}}(x_{\mathrm{n}})}{p_{\mathrm{p}}(x_{\mathrm{p}})} = \exp\left(-\frac{V_{\mathrm{J}}-V}{V_T}\right) \quad \text{und} \quad \frac{n_{\mathrm{p}}(x_{\mathrm{p}})}{n_{\mathrm{n}}(x_{\mathrm{n}})} = \exp\left(-\frac{V_{\mathrm{J}}-V}{V_T}\right) \tag{14.15}$$

erfüllt sind. An den Sperrschichträndern gilt nun in *Verallgemeinerung des Massenwirkungsgesetzes*

$$\boxed{n_{\mathrm{p}}(x_{\mathrm{p}})p_{\mathrm{p}}(x_{\mathrm{p}}) = n_{\mathrm{n}}(x_{\mathrm{n}})p_{\mathrm{n}}(x_{\mathrm{n}}) = n_{\mathrm{i}}^2 \exp\left(\frac{V}{V_T}\right) .} \tag{14.16}$$

Im Bereich des pn-Übergangs erhöht sich demnach die Elektronendichte im p-Gebiet und die Löcherdichte im n-Gebiet. Durch die Flußpolung werden also Elektronen in das p-Gebiet und Löcher in das n-Gebiet *injiziert*. Solange die Minoritätsdichten klein sind im Vergleich zu den jeweiligen Majoritätsdichten spricht man von *Niederinjektion*. In diesem Fall gilt an den Sperrschichträndern $p_{\mathrm{p}}(x_{\mathrm{p}}) \approx p_{\mathrm{p0}} \approx N_{\mathrm{A}}$ und $n_{\mathrm{n}}(x_{\mathrm{n}}) \approx n_{\mathrm{n0}} \approx N_{\mathrm{D}}$ und (14.15) ergibt

$$p_{\mathrm{n}}(x_{\mathrm{n}}) \approx p_{\mathrm{n0}} \exp(V/V_T) \quad \text{und} \quad n_{\mathrm{p}}(x_{\mathrm{p}}) \approx n_{\mathrm{p0}} \exp(V/V_T) . \tag{14.17}$$

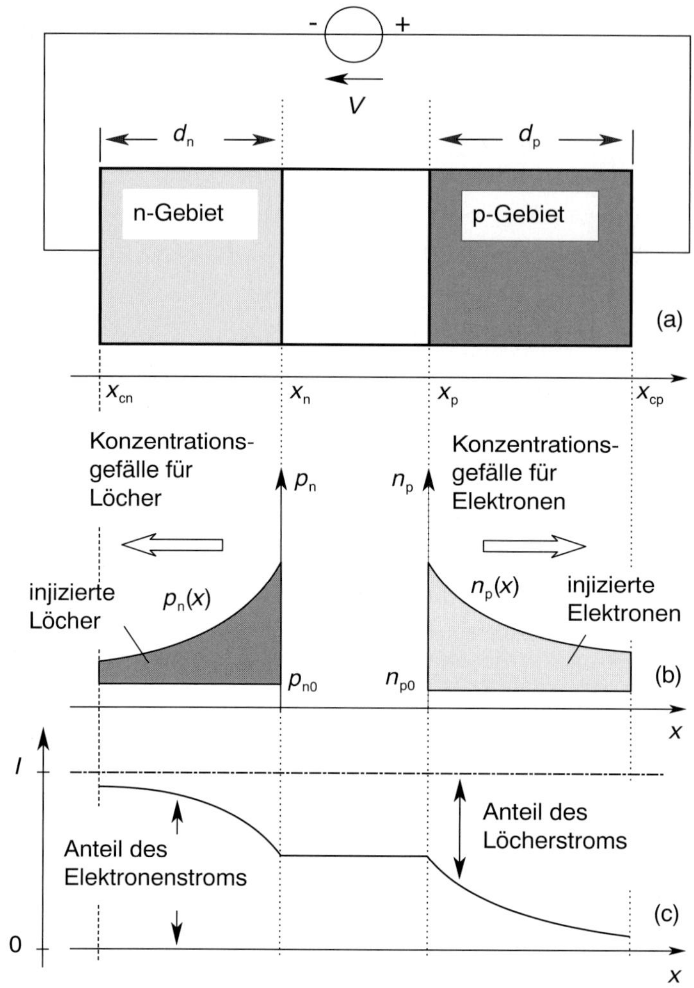

Abb. 14.5. pn-Diode bei Flußbetrieb

Dies bedeutet, daß bei Flußpolung ($V > 0$) die Minoritätsdichten $n_p(x_p)$ und $p_n(x_n)$ an den Sperrschichträndern jeweils um den Faktor $\exp(V/V_T)$ über den entsprechenden Gleichgewichtsdichten ($V = 0$) liegen.

In ausgedehnten Bahngebieten laufen die Minoritätsdichten in großen Abständen von der Sperrschicht wieder gegen ihren Gleichgewichtswert, also $p_n(x)$ gegen p_{n0} und $n_p(x)$ gegen n_{p0}. Der Grund dafür ist, daß die injizierten Überschußelektronen bzw. -löcher rekombinieren und deshalb kontinuierlich abgebaut werden. Aus diesem Grund bildet sich ein *Konzentrationsgefälle* für Elektronen im p-Gebiet und ein Konzentrationsgefälle für Löcher im n-Gebiet (Abb. 14.5) – es fließt ein *Diffusionsstrom.* [2]

[2]Das elektrische Feld in den Bahngebieten ist bei homogener Dotierung i. allg. vernachlässigbar klein, da die injizierten Minoritätsladungen durch entgegengesetzt gleich große Majoritätsladungen elektrisch *neutralisiert* werden (vgl. Kap. 14.2.2).

Der bei Gleichbetrieb in der Diode mit Sperrschichtfläche A_j fließende Strom setzt sich aus dem bei x_p in das p-Bahngebiet injizierten Elektronenstrom und dem bei x_n in das n-Bahngebiet injizierten Löcherstrom zusammen

$$I = -eA_\mathrm{j}\left(D_\mathrm{n}\left.\frac{\mathrm{d}n}{\mathrm{d}x}\right|_{x_\mathrm{p}} - D_\mathrm{p}\left.\frac{\mathrm{d}p}{\mathrm{d}x}\right|_{x_\mathrm{n}}\right) . \tag{14.18}$$

Das Minuszeichen legt den Strompfeil so fest, daß der bei Flußpolung von der Anode (p-Gebiet) zur Kathode (n-Gebiet) fließende Strom *positiv* ist.

Damit die Ableitungen auf der rechten Seite von (14.18) berechnet werden können, muß die Verteilung der Löcher im n-Gebiet und die Verteilung der Elektronen im p-Gebiet ermittelt werden. Dazu sind die Strom- und Kontinuitätsgleichungen für Elektronen und Löcher im jeweiligen Bahngebiet zu lösen. Dies soll hier für die Elektronenverteilung im p-Gebiet geschehen. Im stationären Fall gilt $\partial n_\mathrm{p}/\partial t = 0$; die Kontinuitätsgleichung für die Elektronen vereinfacht sich damit zu

$$\frac{1}{e}\frac{\mathrm{d}J_\mathrm{n}}{\mathrm{d}x} = \frac{n_\mathrm{p}(x) - n_\mathrm{p0}}{\tau_\mathrm{n}} . \tag{14.19}$$

Die elektrische Feldstärke im p-Typ Gebiet wird als vernachlässigbar klein angenommen ($E = 0$), d.h. der Elektronenstrom ist dort ein reiner Diffusionsstrom

$$J_\mathrm{n} = eD_\mathrm{n}\frac{\mathrm{d}n_\mathrm{p}}{\mathrm{d}x} . \tag{14.20}$$

Zusammenfassen von (14.19) und (14.20) ergibt für die Überschußelektronendichte $\Delta n(x) = n_\mathrm{p}(x) - n_\mathrm{p0}$ im p-Gebiet die *Diffusionsgleichung*

$$\left(\frac{\mathrm{d}^2}{\mathrm{d}x^2} - \frac{1}{L_\mathrm{n}^2}\right)\Delta n(x) = 0 . \tag{14.21}$$

Die Größe L_n bezeichnet dabei die *Diffusionslänge* für Elektronen

$$\boxed{L_\mathrm{n} = \sqrt{D_\mathrm{n}\tau_\mathrm{n}} .} \tag{14.22}$$

Die allgemeine Lösung der Differentialgleichung (14.21) ist von der Form

$$\Delta n = \Delta n_+ \exp\left(\frac{x}{L_\mathrm{n}}\right) + \Delta n_- \exp\left(-\frac{x}{L_\mathrm{n}}\right) .$$

Die Konstanten Δn_+ und Δn_- sind durch Randbedingungen zu bestimmen. Bei Niederinjektion ist eine dieser Bedingungen durch die Shockley'sche Randbedingung (14.15) gegeben; diese fordert für die Überschußelektronendichte am Sperrschichtrand

$$\Delta n(x_\mathrm{p}) = n_\mathrm{p0}\left[\exp\left(\frac{V}{V_\mathrm{T}}\right) - 1\right] = \frac{n_\mathrm{i}^2}{N_\mathrm{A}}\left[\exp\left(\frac{V}{V_\mathrm{T}}\right) - 1\right] . \tag{14.23}$$

Eine zweite Randbedingung wird durch die Kontakteigenschaften bestimmt. Abbildung 14.6 zeigt wie die Elektronendichte in einem metallkontaktierten p-Bahngebiet mit zunehmendem Abstand vom Sperschichtrand abnimmt. Da die Elektronen am Metallkontakt sehr schnell rekombinieren, stellt sich dort die Gleichgewichtskonzentration n_{p0} ein, so daß $\Delta n(x_{\mathrm{cp}}) = 0$ gilt.

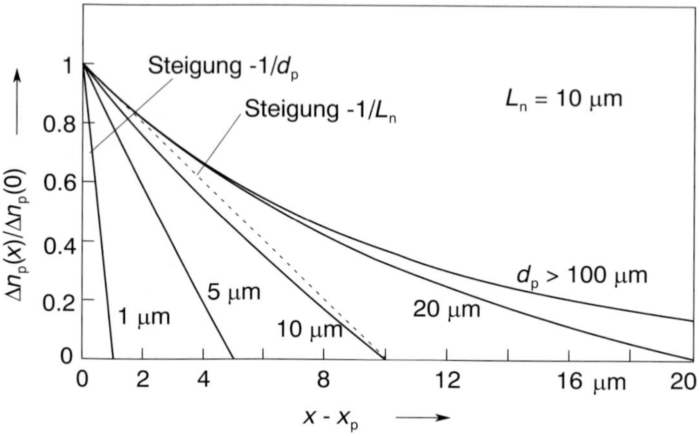

Abb. 14.6. Ortsabhängigkeit der Dichte injizierter Elektronen für p-Bahngebiete mit Metallkontakt unterschiedlicher Dicke (nach [1])

Nur im Fall der sog. *Langbasisdiode*, bei der die Dicke $d_{\mathrm{p}} = x_{\mathrm{cp}} - x_{\mathrm{p}}$ des p-Bahngebiets (Abb. 14.5) groß ist im Vergleich zur Diffusionslänge L_{n} für Elektronen, fällt $\Delta n \sim \exp(-x/L_{\mathrm{n}})$ ab; in diesem Fall folgt für den in das p-Bahngebiet injizierten Elektronenstrom

$$I_{\mathrm{n}} = eA_{\mathrm{j}}D_{\mathrm{n}}\frac{\Delta n(x_{\mathrm{p}})}{L_{\mathrm{n}}} = \frac{eA_{\mathrm{j}}D_{\mathrm{n}}n_{\mathrm{p0}}}{L_{\mathrm{n}}}\left[\exp\left(\frac{V}{V_{\mathrm{T}}}\right) - 1\right]$$

In *Kurzbasisdioden* ($d_{\mathrm{p}}/L_{\mathrm{n}} \ll 1$) mit Metallkontakt fällt die Elektronendichte annähernd linear auf null ab; hier ist der injizierte Elektronenstrom

$$I_{\mathrm{n}} = eA_{\mathrm{j}}D_{\mathrm{n}}\frac{\Delta n(x_{\mathrm{p}})}{d_{\mathrm{p}}} = \frac{eA_{\mathrm{j}}D_{\mathrm{n}}n_{\mathrm{p0}}}{d_{\mathrm{p}}}\left[\exp\left(\frac{V}{V_{\mathrm{T}}}\right) - 1\right] .$$

Werden also dünne Bahngebiete mit einem Metallkontakt versehen, so ist der Strom umgekehrt proportional zur Dicke des Bahngebiets. Dieser Zusammenhang wirft etwa bei der Strukturverkleinerung von Bipolartransistoren Probleme auf. Abhilfe können hier Kontake aus polykristallinem Silizium schaffen, die durch eine endliche Oberflächenrekombinationsgeschwindigkeit charakterisiert sind. Da das Ergebnis später auf den npn-Bipolartransistor angewendet wird, betrachten wir hier die Injektion von Löchern in ein n-Typ Gebiet dessen Dicke d_{n} gering ist gegenüber der Diffusionslänge für Löcher $L_{\mathrm{p}} = \sqrt{D_{\mathrm{p}}\tau_{\mathrm{p}}}$ (Abb. 14.7). Wird die Rekombination im Bahngebiet vernachlässigt, so ist die Stromdichte konstant und mit der Überschußlöcherdichte $\Delta p(x) = p_{\mathrm{n}}(x) - p_{\mathrm{n0}}$ am Kontakt über die Bedingung

$$J_{\mathrm{p}} = eS_{\mathrm{p}}\Delta p(d_{\mathrm{n}}) \tag{14.24}$$

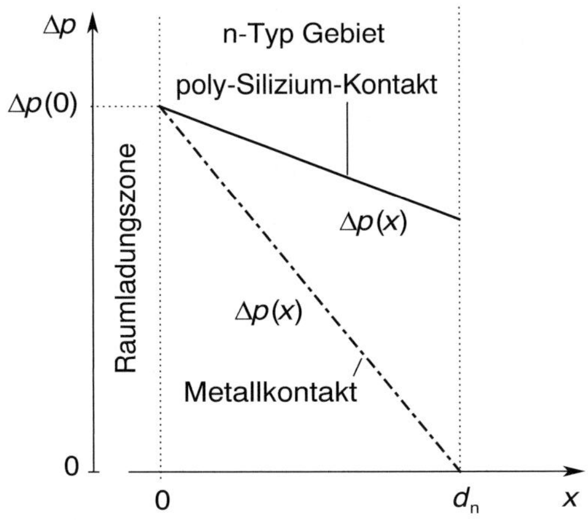

Abb. 14.7. Minoritätsladungsträgerdichte in einem gleichförmig dotierten n-Bahngebiet mit Metallkontakt und Kontakt endlicher Oberflächenrekombinationsgeschwindigkeit bei vernachlässigbarer Rekombination im Volumen

verknüpft. Eine konstante Stromdichte im Bahngebiet führt im Fall eines reinen Diffusionsstroms auf einen linearen Zusammenhang zwischen Δp und x. Durch Kombination von (14.24) mit

$$J_{\mathrm{p}} = eD_{\mathrm{p}} \frac{\Delta p(0) - \Delta p(d_{\mathrm{n}})}{d_{\mathrm{n}}}$$

folgt $\Delta p(0)/\Delta p(d_{\mathrm{n}}) = 1 + d_{\mathrm{n}} S_{\mathrm{p}}/D_{\mathrm{p}}$. Zusammen mit der Shockleyschen Randbedingung $\Delta p(0) = p_{\mathrm{n}0}\,[\exp(V/V_T) - 1\,]$ folgt

$$I_{\mathrm{p}} = \frac{eA_{\mathrm{j}} S_{\mathrm{p}}}{1 + d_{\mathrm{n}} S_{\mathrm{p}}/D_{\mathrm{p}}} \Delta p(0) = I_{\mathrm{Sc}} \left[\exp\left(\frac{V}{V_{\mathrm{T}}}\right) - 1 \right] \tag{14.25}$$

mit dem Sättigungsstrom

$$I_{\mathrm{Sc}} = \frac{eA_{\mathrm{j}} S_{\mathrm{p}} p_{\mathrm{n}0}}{1 + d_{\mathrm{n}} S_{\mathrm{p}}/D_{\mathrm{p}}} = \frac{eA_{\mathrm{j}} S_{\mathrm{p}}}{1 + d_{\mathrm{n}} S_{\mathrm{p}}/D_{\mathrm{p}}} \frac{n_{\mathrm{i}}^2}{N_{\mathrm{A}}} . \tag{14.26}$$

Bei Vernachlässigung der Rekombination im Bahngebiet ist die Ladung der Minoritäten im n-Bahngebiet

$$Q_{\mathrm{T}} = eA_{\mathrm{j}} d_{\mathrm{n}} \frac{\Delta p(0) + \Delta p(d)}{2} = \frac{eA_{\mathrm{j}} d_{\mathrm{n}}}{2} \left(1 + \frac{1}{1 + d_{\mathrm{n}} S_{\mathrm{p}}/D_{\mathrm{p}}} \right) \Delta p(0) \; ;$$

Mit diesem Ergebnis läßt sich der Strom aufgrund der Rekombination im Bahngebiet abschätzen

$$\frac{Q_{\mathrm{T}}}{\tau_{\mathrm{p}}} = \frac{eA_{\mathrm{j}} S_{\mathrm{p}} \Delta p(0)}{1 + d_{\mathrm{n}} S_{\mathrm{p}}/D_{\mathrm{p}}} \left(\frac{d_{\mathrm{n}}}{S_{\mathrm{p}} \tau_{\mathrm{p}}} + \frac{d_{\mathrm{n}}^2}{2L_{\mathrm{p}}^2} \right) . \tag{14.27}$$

Die gemachte Näherung ist nur gültig unter der Bedingung $I_{\mathrm{p}} \gg Q_{\mathrm{T}}/\tau_{\mathrm{p}}$, bzw.

$$\frac{d_{\mathrm{n}}}{S_{\mathrm{p}} \tau_{\mathrm{p}}} + \frac{d_{\mathrm{n}}^2}{2L_{\mathrm{p}}^2} \ll 1$$

Eine genauere Betrachtung wird im folgenden Abschnitt durchgeführt.

Genauere Betrachtung der Kurzbasisdiode

Betrachtet wird die Injektion von Elektronen bei $x = 0$ in ein p-Typ Bahngebiet der Dicke d_p. Die Dichte der Elektronen am Kontakt ist mit der Elektronenstromdichte über die Oberflächenrekombinationsgeschwindigkeit S_n verknüpft

$$J_\mathrm{n}(d_\mathrm{p}) = eD_\mathrm{n} \left.\frac{\mathrm{d}\Delta n}{\mathrm{d}x}\right|_{d_\mathrm{p}} = -eS_\mathrm{n}\Delta n(d_\mathrm{p}) \; . \tag{14.28}$$

Aus (14.21), (14.23) und (14.28) folgt für die Überschußelektronendichte

$$\Delta n(x) = \frac{\sinh\left(\dfrac{d_\mathrm{p}-x}{L_\mathrm{n}}\right) + \nu_\mathrm{n}\cosh\left(\dfrac{d_\mathrm{p}-x}{L_\mathrm{n}}\right)}{\sinh\left(\dfrac{d_\mathrm{p}}{L_\mathrm{n}}\right) + \nu_\mathrm{n}\cosh\left(\dfrac{d_\mathrm{p}}{L_\mathrm{n}}\right)} \Delta n(0) \; , \tag{14.29}$$

wobei $\nu_\mathrm{n} = D_\mathrm{n}/S_\mathrm{n}L_\mathrm{n}$. Im Fall eines einseitigen pn-Übergangs in dem nur Elektronen in das p-Bahngebiet injiziert werden resultiert aus (14.18) die Kennliniengleichung

$$I = I_\mathrm{S}\left[\exp\left(\frac{V}{V_\mathrm{T}}\right) - 1\right] \tag{14.30}$$

mit dem Sättigungsstrom

$$I_\mathrm{S} = \frac{eA_\mathrm{j}D_\mathrm{n}n_\mathrm{p0}}{L_\mathrm{n}} \frac{\cosh(d_\mathrm{p}/L_\mathrm{n}) + \nu_\mathrm{n}\sinh(d_\mathrm{p}/L_\mathrm{n})}{\sinh(d_\mathrm{p}/L_\mathrm{n}) + \nu_\mathrm{n}\cosh(d_\mathrm{p}/L_\mathrm{n})} \; . \tag{14.31}$$

Der Sättigungsstrom $I_\mathrm{S} = I_\mathrm{Sc} + I_\mathrm{Sr}$ läßt sich in einen Anteil

$$I_\mathrm{Sc} = \frac{eA_\mathrm{j}D_\mathrm{n}n_\mathrm{p0}}{L_\mathrm{n}} \frac{1}{\sinh(d_\mathrm{p}/L_\mathrm{n}) + \nu_\mathrm{n}\cosh(d_\mathrm{p}/L_\mathrm{n})} \; , \tag{14.32}$$

der die Rekombination am Kontakt beschreibt, und den Beitrag

$$\begin{aligned} I_\mathrm{Sr} &= \frac{1}{\tau_\mathrm{n}} \frac{eA_\mathrm{j}\displaystyle\int_0^{d_\mathrm{n}} \Delta n(x)\,\mathrm{d}x}{\exp(V/V_\mathrm{T}) - 1} \\ &= \frac{eA_\mathrm{j}D_\mathrm{n}n_\mathrm{p0}}{L_\mathrm{n}} \frac{\cosh(d_\mathrm{p}/L_\mathrm{n}) - 1 + \nu_\mathrm{n}\sinh(d_\mathrm{p}/L_\mathrm{n})}{\sinh(d_\mathrm{p}/L_\mathrm{n}) + \nu_\mathrm{n}\cosh(d_\mathrm{p}/L_\mathrm{n})} \; , \end{aligned} \tag{14.33}$$

der die Rekombination im n-Bahngebiet beschreibt aufteilen. Ist die Dicke des Bahngebiets d_p groß im Vergleich zur Diffusionslänge für Elektronen L_n, so nimmt der Anteil I_Sc des Diodenstroms aufgrund der Rekombination am Kontakt proportional zu $\exp(-d_\mathrm{p}/L_\mathrm{n})$ ab. Unter diesen Umständen hängt der Diodenstrom nur wenig von den Eigenschaften des Kontakts ab. Im Grenzfall $d_\mathrm{p}/L_\mathrm{n} \to \infty$, bzw. $\tanh(d_\mathrm{p}/L_\mathrm{n}) \to 1$ folgt

$$I_\mathrm{S} \to I_\mathrm{Sr} \to eA_\mathrm{j}D_\mathrm{n}n_\mathrm{p0}/L_\mathrm{n} \; .$$

Im Grenzfall $d_\mathrm{p}/L_\mathrm{n} \ll 1$ verschwindet der durch die Rekombination im Bahngebiet bedingte Strom proportional zu $d_\mathrm{p}/L_\mathrm{n}$, d.h. im Fall dünner Bahngebiete ist der Strom durch die Rekombination am Kontakt bestimmt.

Generation und Rekombination in der Raumladungszone

Die bisher nicht berücksichtigte Rekombination in der Raumladungszone liefert einen zusätzlichen Beitrag

$$I_{\mathrm{rec}} = eA_{\mathrm{j}} \int_{x_{\mathrm{n}}}^{x_{\mathrm{p}}} (\mathcal{R} - \mathcal{G})\,\mathrm{d}x$$

zum Diodenstrom. Generation und Rekombination in der Raumladungszone erfolgt hauptsächlich an Störstellen (SRH-Prozesse). Liegen nur Störstellen eines Typs mit der Dichte N_{T} vor, und weisen diese einen Zustand der Energie W_{T} in der Energielücke auf, so läßt sich das Integral mit der Nettorekombinationsrate (12.56) näherungsweise auswerten. Das Ergebnis der längeren Rechnung [2–4]

$$I_{\mathrm{rec}} \sim d_{\mathrm{j}} A_{\mathrm{j}} n_{\mathrm{i}} \left[\exp\left(\frac{V}{2V_T}\right) - 1 \right]$$

zeigt ebenfalls eine exponentielle Spannungsabhängigkeit, die sich von der idealen Diodenkennlinie aber durch den Faktor 2 im Exponenten unterscheidet. Darüber hinaus wird I_{rec} bestimmt durch das Volumen $A_{\mathrm{j}} d_{\mathrm{j}}$ der Raumladungszone und die intrinsische Dichte n_{i}. Der proportional zu n_{i} anwachsende Wert von I_{sc} hängt weniger stark von der Temperatur ab als der zu n_{i}^2 proportionale Diffusionsstrom. In SPICE wird I_{sc} beschrieben durch den Ansatz (vgl. Kap 14.4.2)

$$I_{\mathrm{rec}} = K_{\mathrm{gen}} I_{\mathrm{SR}} \left[\exp\left(\frac{V}{N_{\mathrm{R}} V_T}\right) - 1 \right], \tag{14.34}$$

wobei der *Emissionskoeffizient* N_{R} ebenso wie der Sättigungsstrom I_{SR} an den gemessenen Kennlinienverlauf anzupassende Parameter sind. Der in (14.106) definierte Faktor K_{gen} berücksichtigt das arbeitspunktabhängige Volumen der Raumladungszone; diese dehnt sich mit zunehmender Sperrspannung aus, was zu einer Zunahme des Sperrstroms führt.

Hochinjektion

Bei der Herleitung der Diodengleichung wurde für die Überschußelektronendichte am p-seitigen Sperrschichtrand der Ansatz

$$\Delta n_{\mathrm{p}} = n_{\mathrm{p0}} \left[\exp(V/V_T) - 1 \right]$$

verwendet. Dies ist jedoch nur im Gebiet schwacher Injektion (Niederinjektion) möglich, solange die Elektronendichte klein ist im Vergleich zur Löcherdichte. Allgemein ist bei vernachlässigbarem Bahnwiderstand vom verallgemeinerten Massenwirkungsgesetz (14.16)

$$n_{\mathrm{p}}(x_{\mathrm{p}})\, p_{\mathrm{p}}(x_{\mathrm{p}}) = n_{\mathrm{i}}^2 \exp(V/V_T)$$

auszugehen. Da p_{p} zur *Neutralisierung* der injizierten Elektronendichte $\Delta n_{\mathrm{p}}(x)$ gegenüber p_{p0} um $\Delta n_{\mathrm{p}}(x)$ angehoben[3] wird, läßt sich dieses auch schreiben als

[3]Die negativ geladenen Elektronen (im Leitungsband) üben eine anziehende Kraft auf die Löcher (im Valenzband) aus. Über die Anode fließen deshalb so lange Löcher in das p-Bahngebiet, bis die injizierte negative Ladung neutralisiert ist (vgl. Kap. 12.4.5).

$$[n_{\mathrm{p0}}+\Delta n_{\mathrm{p}}(x_{\mathrm{p}})]\,[p_{\mathrm{p0}}+\Delta n_{\mathrm{p}}(x_{\mathrm{p}})] \;=\; n_{\mathrm{i}}^2 \exp{(V/V_T)}\ .$$

Dies führt mit $n_{\mathrm{p0}}p_{\mathrm{p0}} = n_{\mathrm{i}}^2$ und $n_{\mathrm{p0}}+p_{\mathrm{p0}} = \sqrt{N_{\mathrm{A}}^2+4\,n_{\mathrm{i}}^2}$ (vgl. Kap. 12) auf eine quadratische Gleichung für $\Delta n_{\mathrm{p}}(x_{\mathrm{p}})$ mit der Lösung

$$\Delta n_{\mathrm{p}}(x_{\mathrm{p}}) \;=\; \frac{1}{2}\left\{\sqrt{N_{\mathrm{A}}^2+4n_{\mathrm{i}}^2\exp\left(\frac{V}{V_T}\right)} - \sqrt{N_{\mathrm{A}}^2+4n_{\mathrm{i}}^2}\right\}.$$

Für kleine Werte von V ist der zweite Term unter der Wurzel klein im Vergleich zum ersten. Der Ausdruck läßt sich entwickeln und liefert die für die *Niederinjektion* gültige Beziehung

$$\Delta n_{\mathrm{p}}(x_{\mathrm{p}}) \;\approx\; \frac{n_{\mathrm{i}}^2}{\sqrt{N_{\mathrm{A}}^2+4\,n_{\mathrm{i}}^2}}\left[\exp\left(\frac{V}{V_T}\right)-1\right] \;\approx\; \frac{n_{\mathrm{i}}^2}{N_{\mathrm{A}}}\left[\exp\left(\frac{V}{V_T}\right)-1\right].$$

Bei *Hochinjektion* ist der zweite Term unter der Wurzel groß im Vergleich zum ersten. Hier gilt näherungsweise

$$\Delta n_{\mathrm{p}}(x_{\mathrm{p}}) \;\approx\; n_{\mathrm{i}} \exp{(V/2V_T)}\ ;$$

die Überschußelektronendichte wächst nun nicht mehr so stark mit der Spannung an wie im Fall der Niederinjektion. Dies macht sich in einer Abflachung der Kennlinie bemerkbar, die allerdings in der Praxis häufig vom Einfluß des Bahnwiderstands überdeckt wird. Für den Diffusionsstrom folgt nun im Fall der Langbasisdiode[4]

$$I \;=\; eA_{\mathrm{j}}D_{\mathrm{n}}\frac{\Delta n(x_{\mathrm{p}})}{L_{\mathrm{n}}} \;=\; eA_{\mathrm{j}}n_{\mathrm{i}}\frac{D_{\mathrm{n}}}{L_{\mathrm{n}}}\exp\left(\frac{V}{2V_T}\right). \tag{14.35}$$

Vergleicht man diesen Ausdruck mit dem Ergebnis für Niederinjektion, so stellt man fest, daß sich die beiden Kennlinien bei $V = 2V_T \ln(N_{\mathrm{A}}/n_{\mathrm{i}})$ schneiden. Der zugehörige Strom

$$I_{\mathrm{KF}} \;=\; eA_{\mathrm{j}}\frac{D_{\mathrm{n}}}{L_{\mathrm{n}}}N_{\mathrm{A}} \tag{14.36}$$

wird als *Kniestrom* bezeichnet. Der Kniestrom definiert demnach eine kritische Stromstärke oberhalb der Hochinjektion vorliegt; der Wert des Kniestroms wird durch die Dotierstoffkomzentration auf der schwächer dotierten Seite bestimmt.

Beispiel 14.1.2 Für eine Diode mit $N_{\mathrm{A}} = 10^{16}\ \mathrm{cm}^{-3}$ im niedrig dotierten Bahngebiet und bei $T = 300$ K gilt für den Diffusionskoeffizient $D_{\mathrm{n}} = 32.3\ \mathrm{cm}^2/\mathrm{s}$ und für die Diffusionslänge $L_{\mathrm{n}} = 0.035$ cm. Mit diesen Zahlen folgt für die Kniestromdichte des betrachteten pn-Übergangs die Abschätzung

$$\frac{I_{\mathrm{KF}}}{A_{\mathrm{j}}} \approx 1.6\cdot 10^{-19}\ \mathrm{As}\cdot\frac{32.3\ \mathrm{cm}^2}{0.035\ \mathrm{cm}\cdot\mathrm{s}}\cdot 10^{16}\ \mathrm{cm}^{-3} \approx 1.5\ \frac{\mathrm{A}}{\mathrm{cm}^2}$$

Hochinjektionseffekte sind in dieser Diode vernachlässigbar, solange die Stromdichte deutlich geringer bleibt als dieser Wert. △

[4]Dies kann nur als grobe Abschätzung verstanden werden, da die Auswirkungen der erhöhten Ladungsträgerdichte auf Diffusionskoeffizient und Lebensdauer nicht berücksichtigt werden. Weiterführende Informationen zu dieser Problematik sind z. B. in [5] zu finden.

Zum verallgemeinerten Massenwirkungsgesetz

Die Diskussion von Hochinjektionseffekten wird i.allg. auf der Basis des verallgemeinerten Massenwirkungsgesetzes

$$n_\mathrm{p}(x_\mathrm{p})p_\mathrm{p}(x_\mathrm{p}) \;=\; n_\mathrm{i}^2 \exp(V/V_T) \tag{14.37}$$

geführt, wobei $V = \phi_\mathrm{p}(x_\mathrm{p}) - \phi_\mathrm{n}(x_\mathrm{n})$ den Spannungsabfall an der Sperrschicht bezeichnet. Gleichung (14.37) stellt dabei bereits eine Näherung dar, da allgemein nur

$$\begin{aligned} n_\mathrm{p}(x_\mathrm{p})p_\mathrm{p}(x_\mathrm{p}) &= n_\mathrm{i}^2 \exp\left(\frac{\phi_\mathrm{p}(x_\mathrm{p})-\phi_\mathrm{n}(x_\mathrm{p})}{V_T}\right) \\ &= n_\mathrm{i}^2 \exp\left(\frac{V}{V_T}\right) \exp\left(\frac{\phi_\mathrm{n}(x_\mathrm{n})-\phi_\mathrm{n}(x_\mathrm{p})}{V_T}\right) \end{aligned}$$

gilt. Das verallgemeinerte Massenwirkungsgesetz (14.37) gilt demnach nur falls

$$\exp\left(\frac{\phi_\mathrm{n}(x_\mathrm{n})-\phi_\mathrm{n}(x_\mathrm{p})}{V_T}\right) \ll 1$$

angenommen werden darf. Dies ist nur der Fall, solange

$$\Delta\phi_\mathrm{n} \;=\; \phi_\mathrm{n}(x_\mathrm{n})-\phi_\mathrm{n}(x_\mathrm{p}) \;=\; -\int_{x_\mathrm{n}}^{x_\mathrm{p}} \frac{\mathrm{d}\phi_\mathrm{n}}{\mathrm{d}x}\,\mathrm{d}x \;=\; \int_{x_\mathrm{n}}^{x_\mathrm{p}} \frac{J_\mathrm{n}}{e\mu_\mathrm{n} n}\,\mathrm{d}x \;\ll\; V_T$$

erfüllt ist. Wird die Rekombination in der Raumladungszone der Einfachheit halber vernachlässigt, so ist $J_\mathrm{n} = \mathrm{const.}$. Die Elektronendichte nimmt in der Raumladungszone vom Wert $n(x_\mathrm{n})$ auf den Wert $n(x_\mathrm{p})$ ab; für eine Abschätzung wird eine exponentiell vom Ort abhängige Elektronendichte angenommen

$$n(x) \;=\; n(x_\mathrm{n}) \left(\frac{n(x_\mathrm{p})}{n(x_\mathrm{n})}\right)^{-(x-x_\mathrm{n})/d_\mathrm{j}} .$$

Mit dieser Annahme folgt

$$\Delta\phi_\mathrm{n} \;=\; \frac{J_\mathrm{n}}{e\mu_\mathrm{n}} \int_{x_\mathrm{n}}^{x_\mathrm{p}} \frac{\mathrm{d}x}{n} \;=\; \frac{J_\mathrm{n} d_\mathrm{j}}{e\mu_\mathrm{n} n(x_\mathrm{p}) \ln[n(x_\mathrm{n})/n(x_\mathrm{p})]} .$$

In einer Langbasisdiode gilt $J_\mathrm{n} \approx -eD_\mathrm{n} n(x_\mathrm{p})/L_\mathrm{n}$, so daß mit $D_\mathrm{n} = V_T\mu_\mathrm{n}$ folgt

$$\frac{\Delta\phi_\mathrm{n}}{V_T} \;\approx\; \frac{d_\mathrm{j}}{L_\mathrm{n} \ln[n(x_\mathrm{n})/n(x_\mathrm{p})]} .$$

Da i.allg. $\ln[n(x_\mathrm{n})/n(x_\mathrm{p})] > 1$ und $d_\mathrm{j} \ll L_\mathrm{n}$ gilt, ist die Anwendung des verallgemeinerten Massenwirkungsgesetztes bei der Langbasisdiode gerechtfertigt. In einer Kurzbasisdiode der Dicke d_p mit Metallkontakt gilt $J_\mathrm{n} \approx -eD_\mathrm{n} n(x_\mathrm{p})/d_\mathrm{p}$, so daß

$$\frac{\Delta\phi_\mathrm{n}}{V_T} \;\approx\; \frac{d_\mathrm{j}}{d_\mathrm{p} \ln[n(x_\mathrm{n})/n(x_\mathrm{p})]} .$$

Kommt d_j in die Größenordnung von d_p, so ergeben sich erhebliche Abweichungen vom verallgemeinerten Massenwirkungsgesetz.

14.1.3 Diodenkennlinie, Parameterbestimmung

In Kap. 14.1.2 wurde gezeigt, daß der Diodenstrom exponentiell mit der Spannung ansteigt; es ist deshalb zweckmäßig, die ideale Diodenkennlinie durch

$$\boxed{I = I_S\left[\exp\left(\frac{V}{NV_T}\right) - 1\right]} \tag{14.38}$$

anzugeben. Der *Sättigungsstrom* I_S ist dabei durch Dotierstoffkonzentration und Dicke der Bahngebiete sowie Kontakteigenschaften bestimmt und sehr stark temperaturabhängig; der *Emissionskoeffizient* N ermöglicht eine verbesserte Beschreibung gemessener Kennlinienverläufe. Sein Wert liegt in der Regel zwischen 1 und 2 – in qualitativ hochwertigen pn-Übergängen gilt jedoch in sehr guter Näherung $N \approx 1$; I_S und N werden, wie im folgenden Abschnitt gezeigt, durch Anpassen an gemessene Kennlinienverläufe ermittelt.

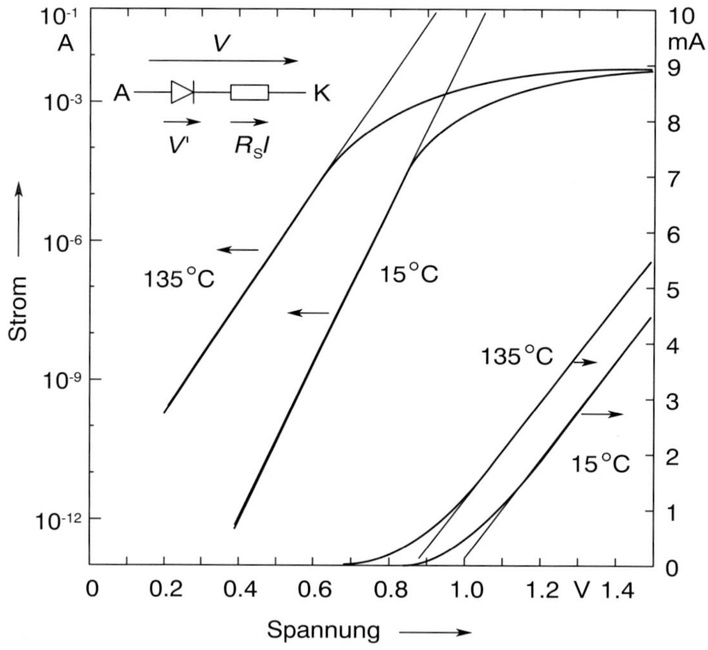

Abb. 14.8. Gemessene Kennlinien einer pn-Diode bei Flußpolung (A_j = 1 µm^2) und Ersatzschaltung der realen Diode bei Gleichbetrieb: Ideale Diode mit Serienwiderstand

Kennlinie und Bahnwiderstand

Abbildung 14.8 zeigt gemessene Kennlinien einer pn-Diode [5] bei Flußpolung in logarithmischer und linearer Auftragung für zwei verschiedene Temperaturen.

[5] Die charakterisierte Diode ist sowohl auf der p- als auch auf der n-Seite so stark dotiert, daß Hochinjektionseffekte vernachlässigt werden können. Eine Eigenerwärmung der Diode aufgrund der umgesetzten Leistung ist ebenfalls vernachlässigbar, da die umgesetzte Leistung gering ist und die Temperatur der Halbleiterrückseite konstant gehalten wurde.

Die Kennlinie läßt sich in sehr guter Näherung als Reihenschaltung einer idealen Diode mit einem *Bahnwiderstand* R_S beschreiben (Abb. 14.8). Eine an den Klemmen der Diode anliegende Flußspannung V spaltet sich dabei auf in eine Spannung V' an der idealen Diode und eine Spannung $R_S I$ am Serienwiderstand

$$\boxed{V = V' + R_S I = N V_T \ln\left(\frac{I + I_S}{I_S}\right) + R_S I \,.} \tag{14.39}$$

Für kleine Flußspannungen V ist der Spannungsabfall am Serienwiderstand vernachlässigbar; die logarithmische Auftragung ergibt mit $V \approx V'$ für $I \gg I_S$ (bzw. $V \gg NV_T$) einen linearen Kennlinienverlauf

$$\log[\,I(V)/\mathrm{A}] = \log(I_S/\mathrm{A}) + \frac{\log(\mathrm{e})}{NV_T} V \,.$$

Aus *Achsenabschnitt* und *Steigung* der Näherungsgeraden an die Kennlinie in logarithmischer Darstellung folgen so Sättigungsstrom I_S und Emissionskoeffizient N. Mit zunehmender Stromstärke I wird der Spannungsabfall am Serienwiderstand $R_S I$ immer bedeutungsvoller und verursacht eine Abflachung der Kennlinie in logarithmischer Auftragung. Für einen bestimmten Wert des Stroms läßt sich der Spannungsabfall am Serienwiderstand – und damit der Wert von R_S – als Abstand der Kennlinie von der extrapolierten rein exponentiellen Kennlinie bestimmen[6] (Abb. 14.9).

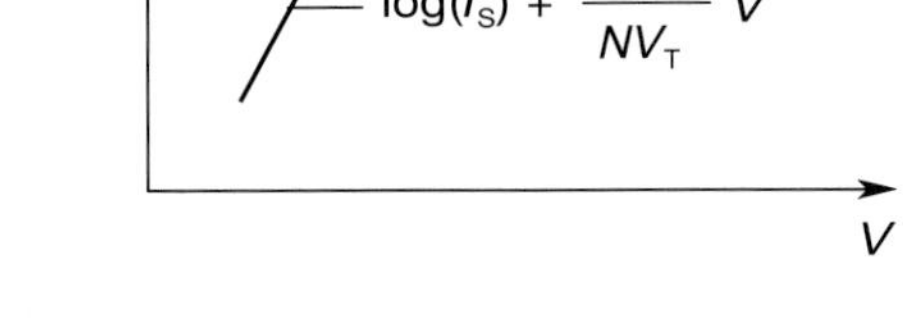

Abb. 14.9. Ermittlung der Diodenparameter aus der Kennlinie

Wird (14.39) nach dem Diodenstrom I abgeleitet, so ergibt sich der *Kleinsignalwiderstand*

$$r = \frac{\mathrm{d}V}{\mathrm{d}I} = R_S + \frac{NV_T}{I} \qquad \text{für} \quad I \gg I_S \,. \tag{14.40}$$

[6]Dieser Ansatz vernachlässigt die Änderung von V' als Folge der Eigenerwärmung der Diode sowie eine Arbeitspunktabhängigkeit des Bahnwiderstands. In Gleichrichterdioden für hohe Durchbruchspannungen mit entsprechend niedrig dotierten Bahngebieten stellt dies eine grobe Näherung dar, da dort der Bahnwiderstand mit zunehmender Flußpolung als Folge der Leitfähigkeitsmodulation abnimmt.

Der Wert von r nimmt mit zunehmendem I ab; gilt $R_S I \gg NV_T$, so ist der Kleinsignalwiderstand in sehr guter Näherung gleich dem Bahnwiderstand R_S. Bei linearer Auftragung des Diodenstroms über der Spannung sollte sich dann annähernd eine Gerade ergeben. Dies wird durch Abb. 14.8 bestätigt: Bei großen Flußspannungen steigt I annähernd proportional zu V an.

Beispiel 14.1.3 Für eine Silizium-pn-Diode werden bei Raumtemperatur (ϑ = 19°C) folgende Daten gemessen

Klemmenspannung V	430 mV	530 mV	780 mV
Klemmenstrom I	1.67 µA	47.0 µA	30 mA

Unter Vernachlässigung der Eigenerwärmung können aus diesen Daten die Parameter I_S, N und R_S bestimmt werden. Bei den Klemmenspannungen 430 mV und 530 mV ist der Spannungsabfall am Serienwiderstand vernachlässigbar. Für diese beiden Meßpunkte gilt

$$I = I_S \left[\exp\left(\frac{V}{NV_T} \right) - 1 \right] \approx I_S \exp\left(\frac{V}{NV_T} \right) ,$$

was die Bestimmung von I_S und N erlaubt. I_S läßt sich aus den beiden Gleichungen durch Quotientenbildung eliminieren mit dem Ergebnis

$$\frac{I_1}{I_2} \approx \exp\left(\frac{V_1 - V_2}{NV_T} \right) \quad \text{bzw.} \quad \frac{1}{N} = \frac{V_T}{V_1 - V_2} \ln\left(\frac{I_1}{I_2} \right) .$$

Mit $V_T = 25.2\,\mathrm{mV}$, $V_1 - V_2 = 100\,\mathrm{mV}$ und $\ln(I_1/I_2) \approx 3.34$ führt dies auf $N = 1.19$. Mit bekanntem Emissionskoeffizienten N berechnet sich nun aus I_1 und V_1 der Sättigungsstrom I_S gemäß

$$I_S \approx I_1 \exp\left(-\frac{V_1}{NV_T} \right) \approx 10^{-12}\,\mathrm{A} .$$

Beim Strom I_3 = 30 mA würde an einer solchen Diode ohne Serienwiderstand R_S die Spannung

$$V_3' = NV_T \ln(I_3/I_S) \approx 724\,\mathrm{mV}$$

abfallen – an den Klemmen wird aber die Spannung 780 mV gemessen. Die Differenz 780 mV – 724 mV = 56 mV muß am Serienwiderstand R_S abfallen. Dieser ist demzufolge $R_S \approx 56\,\mathrm{mV}/30\,\mathrm{mA} \approx 1.87\,\Omega$. △

Modellbeschreibung in SPICE

In der SPICE-Netzliste kann eine ideale Diode durch die *Elementanweisung*

```
D(name)     K_p     K_n     Mname
```

definiert werden. Dabei bezeichnet `K_p` den Namen des Knotens, an den die Anode angeschlossen ist (p-Seite) und `K_n` den Namen des Knotens, an den die

Kathode angeschlossen ist (n-Seite). `Mname` kennzeichnet das verwendete Diodenmodell, das in einer gesonderten `.MODEL`-Anweisung spezifiziert wird. Die Temperaturabhängigkeit des Sättigungsstroms wird entsprechend Gl. (14.44) beschrieben.

Beispiel 14.1.4 Die Anweisung

```
D3    17    19    DIOD
```

in Verbindung mit der `.MODEL`-Anweisung

```
.MODEL    DIOD    D    (IS = 1E-13    N = 1.2)
```

beschreibt eine ideale Diode D3 zwischen Knoten 17 (Anode) und 19 (Kathode) vom Typ DIOD (Name der Modellanweisung) mit dem Sättigungsstrom $I_S = 10^{-13}$ A und dem Emissionskoeffizienten $N = 1.2$. Δ

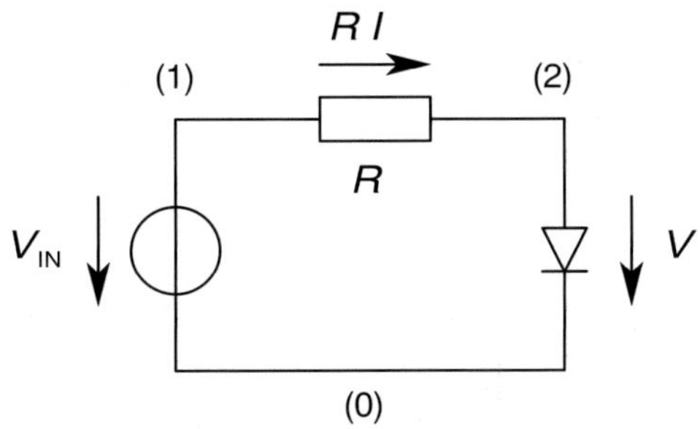

Abb. 14.10. Zur Berechnung des Arbeitspunkts bei Spannungssteuerung

14.1.4 Arbeitspunkt bei Spannungssteuerung

Eine Diode sei in Serie zu einem Widerstand R geschaltet und an eine Spannungsquelle vom Wert V_{IN} angeschlossen (Abb. 14.10). Gesucht ist der Strom I durch die Anordnung. Der Spannungsabfall V an der idealen Diode folgt unter der Bedingung $I \gg I_S$ bei vernachlässigbarem Bahnwiderstand R_S und vernachlässigbarer Eigenerwärmung

$$V = NV_T \ln(I/I_S) \; ; \tag{14.41}$$

der Strom durch die Anordnung errechnet sich mit Hilfe des Ohmschen Gesetzes

$$RI = V_{IN} - V \, . \tag{14.42}$$

Die Gln. (14.41) und (14.42) stellen eine nichtlineare Beziehung zwischen I und V_{IN} her, die *iterativ* gelöst werden kann. Dazu benötigt man einen Schätzwert $V^{(0)}$ für die Flußspannung an der inneren Diode. Für Si-Dioden ist i.allg. $V^{(0)} = 0.7$ V ein guter Startwert. Für den Strom durch die Anordnung folgt daraus näherungsweise

$$I^{(0)} = \frac{V_{\mathrm{IN}} - V^{(0)}}{R}, \tag{14.43}$$

was in Gl. (14.41) eingesetzt auf einen verbesserten Wert $V^{(1)}$ für den Spannungsabfall an der inneren Diode führt. Aus diesem folgt in Gl. (14.42) wiederum eine bessere Näherung für den Strom etc.

Beispiel 14.1.5 Sei $V_0 = 1.2$ V, $R = 21\,\Omega$, $I_\mathrm{S} = 10^{-11}$ A, $N = 1.2$ und $T = 300$ K. Mehrfaches Durchlaufen der Iterationsschleife liefert:

$V'^{(0)}$	=	700	mV	$I^{(0)}$	=	23.80952	mA
$V'^{(1)}$	=	671.041	mV	$I^{(1)}$	=	25.18852	mA
$V'^{(2)}$	=	672.791	mV	$I^{(2)}$	=	25.10519	mA
$V'^{(3)}$	=	672.6879	mV	$I^{(3)}$	=	25.1101	mA
$V'^{(4)}$	=	672.694	mV	$I^{(4)}$	=	25.10981	mA
$V'^{(5)}$	=	672.6937	mV	$I^{(5)}$	=	25.10983	mA

Wie das Beispiel zeigt, konvergiert das angegebene Verfahren sehr schnell, d. h. der zweite Iterationsschritt liefert bereits ein sehr gutes Ergebnis. Δ

Ist der am Serienwiderstand auftretende Spannungsabfall *groß* im Vergleich zum Spannungsabfall an der Diode, so genügt meistens die Abschätzung $V = V^{(0)}$ – unter diesen Umständen liefert Gl. (14.43) den Diodenstrom in ausreichender Genauigkeit. Für $V_0 = 10$ V beispielsweise führt ein Fehler von 100 mV bei der Abschätzung des Spannungsabfalls an der Diode nur zu einem Fehler von ca. 1% im berechneten Spannungsabfall am Serienwiderstand und damit im berechneten Strom.

Newton-Raphson-Verfahren. Das in SPICE verwendete Newton-Raphson-Verfahren verwendet die Knotenpotentiale V_1 und V_2 zur numerischen Lösung des nichtlinearen Gleichungssystems (Abb. 14.10)

$$I = \frac{V_1 - V_2}{R} = I_\mathrm{S}\left[\exp\left(\frac{V_2}{V_T}\right) - 1\right]\;; \qquad V_1 = V_{\mathrm{IN}}\,.$$

Ist $V_2^{(k)}$ das Ergebnis des k-ten Iterationsschritts, so folgt durch Taylor-Entwicklung bis zur 1. Ordnung

$$\begin{aligned} I^{(k+1)} &= \frac{V_1^{(k+1)} - V_2^{(k+1)}}{R} = I_\mathrm{S}\left[\exp\left(\frac{V_2^{(k+1)}}{V_T}\right) - 1\right] \\ &\approx I_\mathrm{S}\left[\exp\left(\frac{V_2^{(k)}}{V_T}\right) - 1\right] + \left[V_2^{(k+1)} - V_2^{(k)}\right]\frac{I_\mathrm{S}}{V_T}\exp\left(\frac{V_2^{(k)}}{V_T}\right) \end{aligned}$$

Mit $V_1^{(k+1)} = V_{\mathrm{IN}}$ ergibt sich so eine lineare Gleichung zur Berechnung von $V_2^{(k+1)}$ und damit $I^{(k+1)}$.

14.1.5 Temperaturabhängigkeit

Dioden zeigen *Heißleiterverhalten*: Der Diodenstrom bei konstanter Spannung steigt bei zunehmender Temperatur, während der Spannungsabfall bei konstant gehaltenem Strom abnimmt. Die Änderung des Diodenstroms bei konstant gehaltener Spannung ist in Abb. 14.8 zu sehen. Bei kleinen Werten der Flußspannung nimmt der Strom bei Temperaturerhöhung von 15°C auf 135°C um annähernd vier Größenordnungen zu. Ursache des Heißleiterverhaltens ist der exponentiell mit der Temperatur zunehmende Sättigungsstrom, dessen Auswirkung allerdings zu einem Teil durch die Zunahme der Temperaturspannung V_T kompensiert wird. Der Sättigungsstrom der idealen Langbasisdiode[7] mit $N = 1$ ist proportional zu $D_\mathrm{n} n_\mathrm{i}^2 / L_\mathrm{n}$, d.h. es gilt

$$I_\mathrm{S}(T) \;=\; I_\mathrm{S}(T_0) \frac{D_\mathrm{n}(T)}{D_\mathrm{n}(T_0)} \frac{L_\mathrm{n}(T_0)}{L_\mathrm{n}(T)} \frac{n_\mathrm{i}^2(T)}{n_\mathrm{i}^2(T_0)} \,,$$

wobei

$$n_\mathrm{i}^2 \;\sim\; T^\gamma \exp(-W_\mathrm{g}(T)/k_\mathrm{B} T)$$

mit $\gamma \approx 3$ sehr stark temperaturabhängig ist. Der Sättigungsstrom von Dioden mit Emissionskoeffizient $N \neq 1$ ist annähernd proportional zu $n_\mathrm{i}^{2/N}$. Werden die Temperaturabhängigkeiten von D_n und L_n über eine Potenzfunktion der Temperatur erfaßt und die Energielücke entsprechend (12.18) als linear von der Temperatur abhängig angesetzt, so folgt die in SPICE verwendete Temperaturabhängigkeit

$$\boxed{I_\mathrm{S}(T) \;=\; I_\mathrm{S} \left(\frac{T}{T_0}\right)^{X_\mathrm{TI}/N} \exp\left(\frac{E_\mathrm{G}}{N V_\mathrm{T}} \frac{T - T_0}{T_0}\right) .} \tag{14.44}$$

Der Parameter I_S ist dabei der Wert des Sättigungsstroms bei der Bezugstemperatur T_0. Der Parameter `XTI` ist typischerweise 3.5 für Silizium-Gleichrichterdioden; die Bandabstandsspannung $V_{\mathrm{g}0}$ wird in der Elementanweisung durch den Parameter `EG` angegeben.

Wird die Simulation für eine andere Temperatur T als die Bezugstemperatur durchgeführt, so errechnet SPICE automatisch anhand von (14.44) den passenden Sättigungsstrom $I_\mathrm{S}(T)$. Werden die Parameter `XTI` und `EG` nicht spezifiziert, so kommen die Ersatzwerte $X_\mathrm{TI} = 3$ und $E_\mathrm{G} = 1.11$ V zur Anwendung.

---

[7] Im Fall der Kurzbasisdiode mit vernachlässigbarer Rekombination im Bahngebiet gilt nach (14.26) $I_\mathrm{S} \sim S_\mathrm{p} n_\mathrm{i}^2 / (1 + d_\mathrm{n} S_\mathrm{p} / D_\mathrm{p})$. Zeigt die Oberflächenrekombinationsgeschwindigkeit S_p eine starke Temperaturabhängigkeit, so kann die Modellgleichung (14.44) ihre Gültigkeit verlieren.

Für $I \gg I_S$ geht Gl. (14.39) über in

$$V = NV_T \ln\left(\frac{I}{I_S}\right) + R_S I = V' + R_S I . \tag{14.45}$$

Durch Ableiten dieser Beziehung nach der Temperatur folgt allgemein

$$\frac{dV}{dT} = \frac{V'}{T} + NV_T\left(\frac{1}{I}\frac{dI}{dT} - \frac{1}{I_S}\frac{dI_S}{dT}\right) + I\,\frac{dR_S}{dT} + R_S\,\frac{dI}{dT} . \tag{14.46}$$

Die relative Änderung des Sättigungsstroms mit der Temperatur ergibt sich dabei mit $V_{g0} = E_G$ aus (14.44)

$$\frac{1}{I_S}\frac{dI_S}{dT} = \frac{1}{NT}\left(X_{TI} + \frac{V_{g0}}{V_T}\right) . \tag{14.47}$$

Bei konstant gehaltenem Strom ($dI/dT = 0$) erhält man somit

$$\boxed{\left(\frac{\partial V}{\partial T}\right)_I = \frac{V' - V_{g0} - X_{TI}V_T}{T} + \frac{dR_S}{dT}\,I \quad \text{für } I \gg I_S ,} \tag{14.48}$$

wobei der zweite, die Temperaturabhängigkeit des Bahnwiderstands R_S berücksichtigende Term, zumeist vernachlässigbar ist.

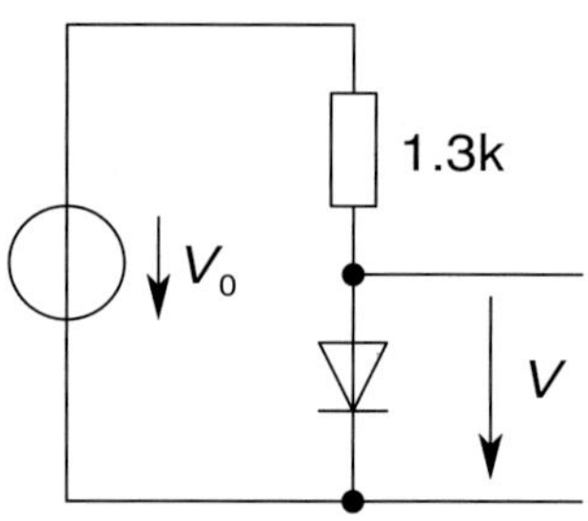

Abb. 14.11. Zu Beispiel 14.1.6

Beispiel 14.1.6 Betrachtet wird die in Abb. 14.11 skizzierte Reihenschaltung einer Siliziumdiode mit einem ohmschen Widerstand. Der Bahnwiderstand R_S der Diode sei vernachlässigbar. Die angelegte Spannung sei $V_0 = 2$V, bei $T = 300$ K betrage der Strom durch die Anordnung 10 mA. (a) Wie verändert sich die Ausgangsspannung V mit der Temperatur, falls der Wert von $R = 1.3$ kΩ als temperaturunabhängig angenommen werden darf? (b) Welchen Temperaturkoeffizient müßte R aufweisen, damit V temperaturunabhängig wird?

(a) Für die Änderung der Ausgangsspannung gilt allgemein

$$\frac{dV}{dT} = \left(\frac{\partial V}{\partial T}\right)_I + \left(\frac{\partial V}{\partial I}\right)_T \frac{dI}{dT} . \tag{14.49}$$

Mit

$$\left(\frac{\partial V}{\partial I}\right)_T = r_d \approx \frac{V_T}{I} \approx 2.6\,\Omega$$

und

$$\frac{\mathrm{d}}{\mathrm{d}T}(V + RI) = \frac{\mathrm{d}V}{\mathrm{d}T} + I\frac{\mathrm{d}R}{\mathrm{d}T} + R\frac{\mathrm{d}I}{\mathrm{d}T} = 0 \tag{14.50}$$

folgt im Fall eines temperaturunabhängigen Widerstandswerts

$$\frac{\mathrm{d}I}{\mathrm{d}T} = -\frac{1}{R}\frac{\mathrm{d}V}{\mathrm{d}T}.$$

Einsetzen in Gl. (14.49) liefert mit $V = 2\,\mathrm{V} - 1.3\,\mathrm{k\Omega}\cdot 10\,\mathrm{mA} = 0.7\ \mathrm{V}$, $V_\mathrm{g} = 1.205\ \mathrm{V}$ und $X_\mathrm{TI} = 3.5$

$$\begin{aligned}\frac{\mathrm{d}V}{\mathrm{d}T} &= \frac{1}{1 + r_\mathrm{d}/R}\left(\frac{\partial V}{\partial T}\right)_I \\ &= \frac{1}{1 + r_\mathrm{d}/R}\,\frac{V - V_\mathrm{g} - X_\mathrm{TI}\,V_T}{T} = -1.98\,\frac{\mathrm{mV}}{\mathrm{K}}.\end{aligned}$$

Der Vorfaktor des Ausdrucks auf der rechten Seite ist wegen $r_\mathrm{d}/R \ll 1$ in diesem Beispiel annähernd gleich eins.

(b) Ist R temperaturabhängig, so folgt aus Gl. (14.50)

$$\frac{\mathrm{d}I}{\mathrm{d}T} = -\frac{1}{R}\frac{\mathrm{d}V}{\mathrm{d}T} - \alpha_\mathrm{R} I\,,$$

wobei α_R den Temperaturkoeffizienten des Widerstandswerts angibt. Mit Gl. (14.49) folgt

$$\frac{\mathrm{d}V}{\mathrm{d}T} = \left(\frac{\partial V}{\partial T}\right)_I - \frac{r_\mathrm{d}}{R}\frac{\mathrm{d}V}{\mathrm{d}T} - \alpha_\mathrm{R} r_\mathrm{d} I\,.$$

Die Forderung $\mathrm{d}V/\mathrm{d}T = 0$ nach einer temperaturunabhängigen Ausgangsspannung führt somit auf

$$\alpha_\mathrm{R} = \frac{1}{r_\mathrm{d} I}\left(\frac{\partial V}{\partial T}\right)_I \approx -0.076\,\mathrm{K}^{-1}\,.$$

Der Widerstand R müßte demnach ein ausgeprägtes Heißleiterverhalten aufweisen. Δ

Beispiel 14.1.7 Die Steuerdatei

```
* Diodenkennlinie
V1   1   0   DC  1
D1   1   0   DIOD1
D2   1   0   DIOD2
.MODEL   DIOD1   D   (IS = 1E-9    N = 1.8    RS = 2)
.MODEL   DIOD2   D   (IS = 1E-15   N = 1    RS = 2)
.DC   V1   0.5   1   0.001
.TEMP   0   50
.PROBE
.END
```

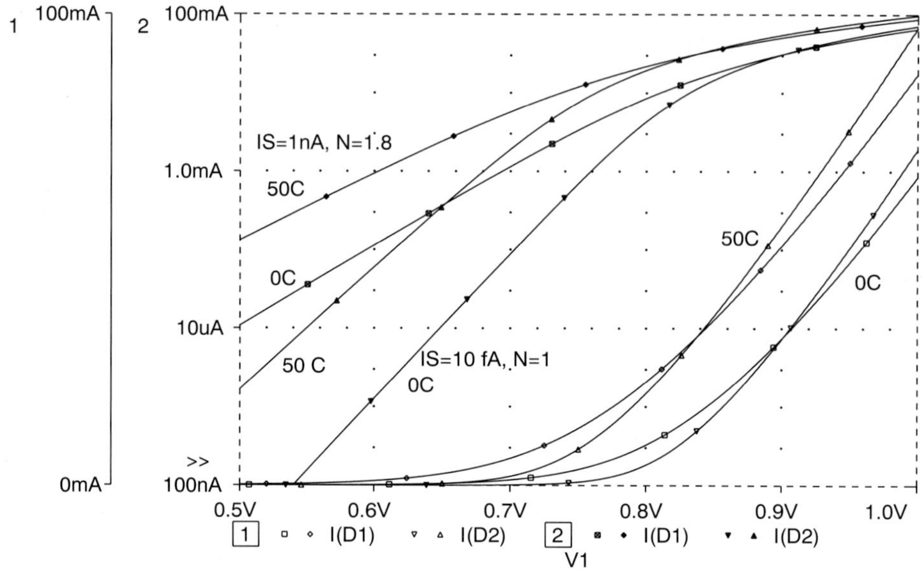

Abb. 14.12. Simulierte Diodenkennlinien nach Beispiel 14.1.7

liefert die Kennlinien (Abb. 14.12) zweier Dioden D1 und D2 mit unterschiedlichen Werten des Sättigungsstroms und Emissionskoeffzienten für zwei verschiedene Werte der Temperatur (0°C und 50°C). Der angegebene Wert des Sättigungsstroms ist auf die Nominaltemperatur $T_0 = T_{\mathrm{nom}}$ (hier 27°C) bezogen. Die logarithmische Darstellung der Kennlinien zeigt deutliche Unterschiede im Bereich kleiner Ströme; im Bereich großer Ströme besteht jedoch weitgehend Übereinstimmung, wie die lineare Auftragung der Diodenkennlinien zeigt. Δ

Temperaturabhängigkeit der Diffusionsspannung. Die Beziehung (14.1) für die Diffusionsspannung V_J des abrupten pn-Übergangs wurde unter den Annahmen $n_{\mathrm{n}0} \approx N_\mathrm{D} \gg n_\mathrm{i}$ und $p_{\mathrm{p}0} \approx N_\mathrm{A} \gg n_\mathrm{i}$ gewonnen. Der allgemeine Ausdruck für V_J lautet

$$\begin{aligned} V_\mathrm{J} &= V_T \ln\left(\frac{n_{\mathrm{n}0}\, p_{\mathrm{p}0}}{n_\mathrm{i}^2}\right) = \\ &= V_T \ln\left\{\left[\sqrt{\left(\frac{N_\mathrm{A}}{2n_\mathrm{i}}\right)^2 + 1} + \frac{N_\mathrm{A}}{2n_\mathrm{i}}\right]\left[\sqrt{\left(\frac{N_\mathrm{D}}{2n_\mathrm{i}}\right)^2 + 1} + \frac{N_\mathrm{D}}{2n_\mathrm{i}}\right]\right\}. \end{aligned}$$

Aus dieser Beziehung resultiert die Temperaturabhängigkeit von V_J. Die Diffusionsspannung nimmt mit zunehmender Temperatur ab und geht für große Temperaturen (mit $n_\mathrm{i} \gg N_\mathrm{A}, N_\mathrm{D}$) offensichtlich gegen null. Der pn-Übergang verliert dann seine *Sperrfähigkeit.*

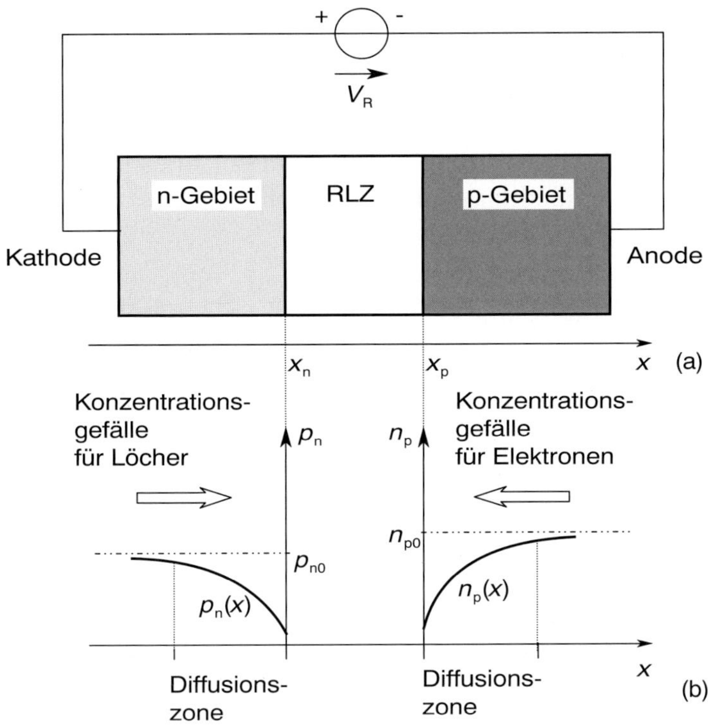

Abb. 14.13. pn-Diode bei Sperrpolung. **(a)** Querschnitt, **(b)** Minoritätsdichten

14.1.6 Sperrpolung, Durchbruch

Aus (14.38) folgt für $V \ll -V_T$

$$I = I_S \left[\exp\left(\frac{V}{V_T}\right) - 1 \right] \to -I_S \,. \tag{14.51}$$

Bei *Sperrbetrieb* einer idealen Diode fließt demnach der Sperrstrom I_S. Das Zustandekommen dieses Sperrstroms ist in Abb. 14.13 erläutert. Gemäß den Shockleyschen Randbedingungen (14.15) gilt an den Sperrschichträndern

$$n_p(x_p) = n_{p0} \exp(V/V_T) \quad \text{und} \quad p_n(x_n) = p_{n0} \exp(V/V_T) \,.$$

Bei Sperrpolung ($V < 0$) ist demnach $n_p(x_p) < n_{p0}$ und $p_n(x_n) < p_{n0}$: Die Löcherdichte im n-Bahngebiet fällt ebenso wie die Elektronendichte im p-Bahngebiet zur Sperrschicht hin ab. Wegen dieses Konzentrationsgefälles fließen Löcher aus dem n- ins p-Gebiet und umgekehrt Elektronen aus dem p- ins n-Gebiet. Dies begründet den Diffusionsstromanteil I_S des Sperrstroms: Durch thermische Generation werden laufend Minoritätsladungsträger generiert; diese können aus einem Bereich in der Umgebung der Raumladungszone bis zum Sperrschichtrand diffundieren, von wo sie wegen des elektrischen Felds der Raumladungszone ins gegenüberliegende Bahngebiet abfließen und so zum *Sperrstrom* $I_R = -I$ beitragen. Ein weiterer, in (14.51) nicht berücksichtigter Beitrag zum Sperrstrom kommt in der Praxis durch die Generation von Elektron-Loch-Paaren in der Raumladungszone und an der Oberfläche des pn-Übergangs zustande. Sperrströme realer Dioden sind deshalb betragsmäßig oft deutlich größer als I_S. Der Sperrstrom steigt in der Regel auch mit zunehmender Sperrspannung an, was auf die Multiplikation thermisch erzeugter Ladungsträger durch Stoßionisation und die von der Sperrspannung abhängige Ausdehnung der Raumladungszone zurückzuführen ist.

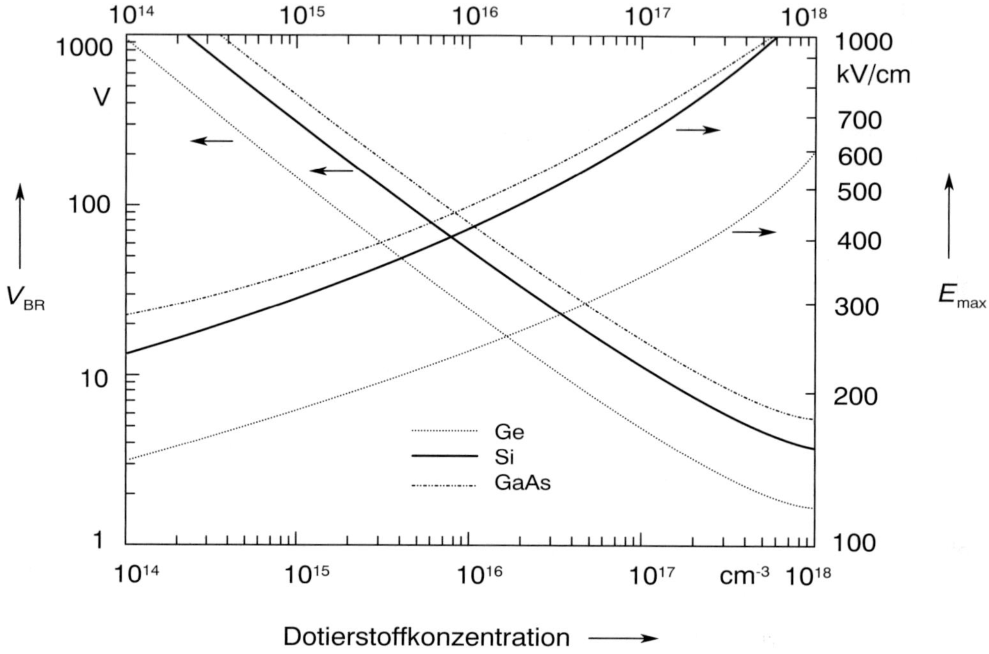

Abb. 14.14. Durchbruchspannung V_{BR} und $E_{max}(V_{BR})$ im einseitigen pn-Übergang

Für den Durchbruch eines pn-Übergangs im Sperrbetrieb kommen drei Mechanismen in Frage: Zener-Effekt, Lawinendurchbruch und thermischer Durchbruch. Gemeinsames Kennzeichen von Zener- und Lawinendurchbruch ist, daß zu ihrem Auftreten im pn-Übergang eine hohe Feldstärke erforderlich ist. Als kritische Größe hierfür dient der Maximalwert E_{max} der Feldstärke in der Sperrschicht. Im einseitigen abrupten p^+n-Übergang mit der Sperrspannung $V_R = -V$ läßt sich Gl. (14.10) wegen $N_A \gg N_D$ durch

$$E_{max} \approx \sqrt{\frac{2eN_D\,(V_R + V_J)}{\epsilon_0 \epsilon_r}} \tag{14.52}$$

annähern. Beim Auftreten des Durchbruchs wird in Silizium eine *kritische Feldstärke* in der Größenordnung mehrerer 10^5 V/cm überschritten. Wäre diese kritische Feldstärke unabhängig von der Dotierstoffkonzentration konstant, so ergäbe sich aus (14.52) eine Abhängigkeit der Durchbruchspannung von der Dotierstoffkonzentration der Form $V_{\mathrm{BR}} \sim 1/N_{\mathrm{D}}$. Die in der Praxis beobachtete Abhängigkeit ist wegen der Zunahme der kritischen Feldstärke mit der Dotierstoffkonzentration schwächer: Abbildung 14.14 zeigt Durchbruchspannungen für einseitige pn-Übergänge in unterschiedlichen Halbleitermaterialien als Funktion der Dotierstoffkonzentration. Dort ist auch die maximale elektrische Feldstärke im pn-Übergang bei der Durchbruchspannung eingetragen, die mit zunehmender Dotierung ansteigt. Die doppeltlogarithmische Auftragung der *Durchbruchspannung* V_{BR} über der Dotierstoffkonzentration kann durch eine Gerade angenähert werden, d. h. zwischen den beiden Größen besteht ein Zusammenhang in Form eines Potenzgesetzes

$$\boxed{V_{\mathrm{BR}} \approx 60\,\mathrm{V} \cdot \left(\frac{N}{10^{16}\,\mathrm{cm}^{-3}}\right)^{-0.75}} . \tag{14.53}$$

Bei Dioden mit hoher Durchbruchspannung muß demzufolge mindestens eine Seite eine *geringe* Dotierung aufweisen.

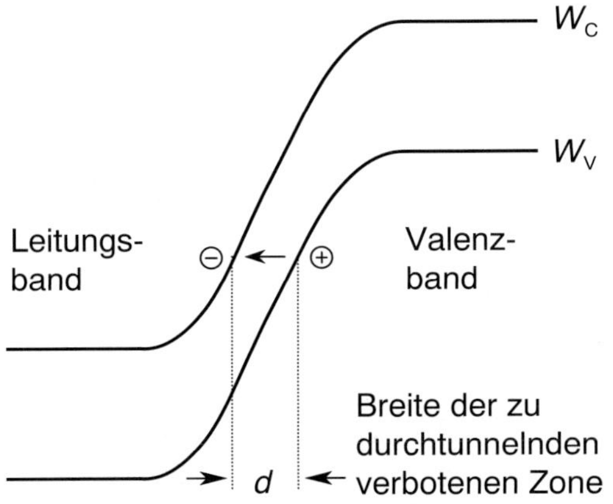

Abb. 14.15. Zener-Effekt: Ein Elektron tunnelt vom Valenzband ins Leitungsband

Zener-Effekt. In hochdotierten pn-Übergängen tritt bereits bei geringen Sperrspannungen eine sehr hohe Feldstärke auf. Unter diesen Umständen können Valenzbandelektronen von der p-Seite durch die Energielücke in unbesetzte Zustände im Leitungsband auf der n-Seite „tunneln“. Auf diesem Weg entstehen Löcher im Valenzband und Elektronen im Leitungsband. Elektronen und Löcher werden im Feld der Raumladungszone getrennt und fließen als Sperrstrom über die Kontakte ab. Die Wahrscheinlichkeit für das Auftreten des beschriebenen *Zener-Effekts* hängt exponentiell von der Breite d der zu durchtunnelnden Strecke (Abb. 14.15) und – da $E \cdot d \approx W_{\mathrm{g}}$ gelten muß – von der elektrischen Feldstärke E ab. Für die Tunnelstromdichte J_{tun} ist die maximale elektrische Feldstärke $E_{\max}$ im pn-Übergang maßgeblich. Mit Hilfe der Quantenmechanik kann die folgende Abschätzung gewonnen werden [6]

$$J_{\mathrm{tun}} \sim E_{\mathrm{max}} \exp\left(-aW_{\mathrm{g}}^{3/2}/E_{\mathrm{max}}\right) , \tag{14.54}$$

wobei a eine materialabhängige Konstante ist. Mit zunehmender Temperatur nimmt der Wert der Energielücke W_{g} ab. Der Wert der elektrischen Feldstärke und damit die Sperrspannung, die benötigt wird, um einen bestimmten Sperrstrom aufrechtzuerhalten, nehmen deshalb ebenfalls ab. Ist der Sperrstrom durch den Zener-Effekt bedingt, so weist die bei konstantem Strom gemessene Sperrspannung demzufolge einen *negativen Temperaturkoeffizienten* auf. Der Wert des TK kann aus der Überlegung, daß bei konstantem Sperrstrom nach Gl. (14.54) der Quotient $W_{\mathrm{g}}^{3/2}/E_{\mathrm{max}}$ konstant sein muß, mit dem Temperaturkoeffizienten der Energielücke abgeschätzt werden [7]. Er liegt in der Größenordnung von $-0.1\%/\mathrm{K}$. Diese Temperaturabhängigkeit erlaubt eine Unterscheidung des Zener-Effekts von dem im Folgenden zu besprechenden Lawinendurchbruch (maßgeblich bei $V_{\mathrm{BR}} > 6$ V).

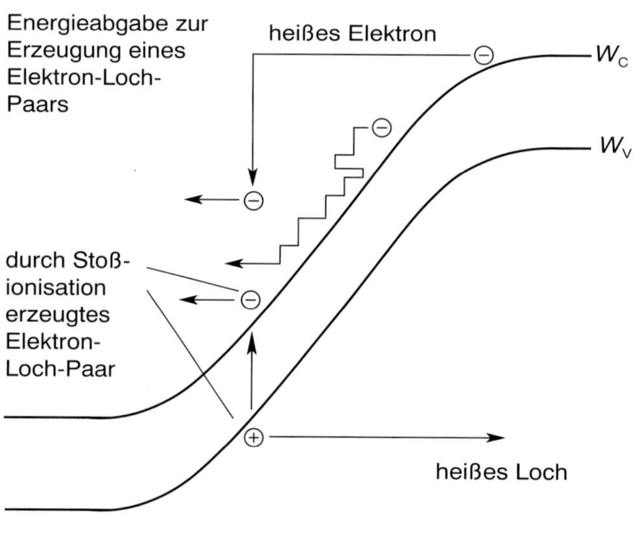

Abb. 14.16. Stoßionisation im sperrgepolten pn-Übergang

Lawinendurchbruch. Der *Lawinendurchbruch* eines pn-Übergangs wird durch *Stoßionisation* bestimmt. Zur Illustration des Effekts dient Abb. 14.16. Im pn-Übergang werden durch thermische Anregung laufend Elektron-Loch-Paare erzeugt (wenn auch gewöhnlich mit geringer Rate). Die so erzeugten Ladungsträger werden im Feld der Raumladungszone beschleunigt und gewinnen auf diesem Weg kinetische Energie. Diese wird üblicherweise nach Durchlaufen eines Wegs in der Größenordnung der freien Weglänge durch Gitterstöße wieder abgegeben. Ein kleiner Anteil der beschleunigten Ladungsträger nimmt dennoch eine sehr hohe kinetische Energie auf (sog. heiße Ladungsträger). Solche Elektronen und Löcher mit $W_{\mathrm{kin}} > W_{\mathrm{g}}$ sind nun in der Lage, Elektron-Loch-Paare durch *Stoßionisation* zu erzeugen. Dies ist in Abb. 14.16 für den Fall eines heißen Elektrons skizziert. Die erzeugten Elektronen und Löcher werden im Feld der Raumladungszone separiert und beschleunigt. Sie sind damit ihrerseits mit einer bestimmten Wahrscheinlichkeit wieder in der Lage, soviel kinetische Energie aus dem Feld aufzunehmen, daß sie durch Stoßionisation weitere Elektron-Loch-Paare erzeugen können. Bei hinreichend großer Feldstärke kommt es zu einer lawinenartigen Verstärkung des Stroms, dem sog. *Lawinendurchbruch.* Der Vergleich der drei Halbleitermaterialien Ge, Si und GaAs zeigt, daß bei konstanter Dotierstoffkonzentration die Durchbruchspannung mit der Energielücke *zunimmt* (Abb. 14.14). Die Ursache hierfür liegt in der mit der Energielücke zunehmenden Ionisationsenergie W_i.

Die Wahrscheinlichkeit dafür, daß ein Elektron so viel kinetische Energie aufnimmt, daß es Stoßionisation ausführen kann, wird durch die mittlere freie Weglänge der Ladungsträger und die elektrische Feldstärke E in der Raumladungszone bestimmt. Mit zunehmender Temperatur nimmt die freie Weglänge für Elektronen und Löcher ab, da nun vermehrt Streuprozesse mit den Gitterschwingungen auftreten. Für die Aufrechterhaltung des Lawinenprozesses ist somit eine größere elektrische Feldstärke erforderlich. Ist der Sperrstrom einer pn-Diode durch den Lawineneffekt bestimmt, so muß die Sperrspannung demnach bei konstantem Sperrstrom einen *positiven Temperaturkoeffizienten* aufweisen.[8]

Multiplikationsfaktoren. Unter Berücksichtigung der Generationsraten für die Stoßionisation lauten die Kontinuitätsgleichungen für Elektronen und Löcher im stationären Fall

$$\frac{\mathrm{d}J_\mathrm{n}}{\mathrm{d}x} = e(\mathcal{R}-\mathcal{G}) + \alpha_\mathrm{n} J_\mathrm{n} + \alpha_\mathrm{p} J_\mathrm{p} = -\frac{\mathrm{d}J_\mathrm{p}}{\mathrm{d}x} .$$

Die Gesamtstromdichte $J = J_\mathrm{n} + J_\mathrm{p}$ ist dann unabhängig vom Ort, so daß

$$\frac{\mathrm{d}J_\mathrm{n}}{\mathrm{d}x} - (\alpha_\mathrm{n} - \alpha_\mathrm{p}) J_\mathrm{n} = \alpha_\mathrm{p} J + e(\mathcal{R}-\mathcal{G}) .$$

Durch Einführen eines integrierenden Faktors

$$J_\mathrm{n} = \tilde{J}_\mathrm{n} \mathrm{e}^{-\theta(x)} \qquad \text{mit} \qquad \theta(x) = \int_{x_\mathrm{n}}^{x} [\alpha_\mathrm{n}(x') - \alpha_\mathrm{p}(x')]\, \mathrm{d}x'$$

läßt sich diese Gleichung integrieren und in die Form

$$\begin{aligned} J = {} & J_\mathrm{n}(x_\mathrm{p}) M_\mathrm{n} + J_\mathrm{p}(x_\mathrm{n}) M_\mathrm{p} \\ & + e M_\mathrm{p} \int_{x_\mathrm{n}}^{x_\mathrm{p}} (\mathcal{R}-\mathcal{G}) \exp\left(- \int_{x_\mathrm{p}}^{x} (\alpha_\mathrm{n} - \alpha_\mathrm{p})\, \mathrm{d}x' \right) \mathrm{d}x , \end{aligned} \tag{14.55}$$

überführen. Die Größe

$$M_\mathrm{n} = \frac{1}{1 - \displaystyle\int_{x_\mathrm{n}}^{x_\mathrm{p}} \alpha_\mathrm{n} \exp\left(- \int_{x_\mathrm{n}}^{x} (\alpha_\mathrm{n} - \alpha_\mathrm{p})\, \mathrm{d}x' \right) \mathrm{d}x}$$

[8] Der Temperaturkoeffizient läßt sich unter Verwendung des Shockley-Modells (vgl. Kap. 12.4) abschätzen [8, 9].

bezeichnet den *Multiplikationsfaktor* für Elektronen, die über den p-seitigen Sperrschichtrand in die Raumladungszone gelangen: Ein bei x_p injizierter Elektronenstrom wird beim Durchgang durch die Raumladungszone um M_n verstärkt. Entsprechend bezeichnet

$$M_\mathrm{p} = \frac{1}{1 - \int_{x_\mathrm{n}}^{x_\mathrm{p}} \alpha_\mathrm{p} \exp\left(- \int_{x_\mathrm{p}}^{x} (\alpha_\mathrm{n} - \alpha_\mathrm{p})\,\mathrm{d}x' \right) \mathrm{d}x}$$

den Multiplikationsfaktor für Löcher, die über den n-seitigen Sperrschichtrand in die Raumladungszone gelangen. Bei unterschiedlichen Ionisationskoeffizienten für Elektronen und Löcher weisen M_n und M_p i. allg. verschiedene Werte auf:In Silizium gilt $\alpha_\mathrm{n} > \alpha_\mathrm{p}$ und $M_\mathrm{n} > M_\mathrm{p}$. Im Fall identischer Ionisationskeoffizienten ist $\theta(x) = 0$ bzw. $\exp[\theta(x)] = 1$ und $M_\mathrm{n} = M_\mathrm{p}$.

Der dritte Term auf der rechten Seite von Gl. (14.55) beschreibt den Beitrag der in der Raumladungszone generierten Elektron-Loch-Paare zum Strom; durch den Exponentialfaktor geht der Ort, an dem die Ladungsträger erzeugt werden, ein.

Die Multiplikationsfaktoren hängen von der angelegten Sperrspannung ab. Zur Beschreibung wird häufig eine Beziehung nach Miller [9] herangezogen, gemäß der

$$M_\mathrm{n} \approx \frac{1}{1 - (V_\mathrm{R}/V_\mathrm{BR})^{n_\mathrm{n}}} \quad \text{und} \quad M_\mathrm{p} \approx \frac{1}{1 - (V_\mathrm{R} V_\mathrm{BR})^{n_\mathrm{p}}} \tag{14.56}$$

gilt. Für $V_\mathrm{R} \to V_\mathrm{BR}$ laufen beide Multiplikationsfaktoren M_n und M_p gegen unendlich. Die an gemessene Verläufe anzupassenden Parameter n_n und n_p weisen typischerweise Werte im Bereich von 3 bis 6 auf.

Thermischer Durchbruch. Der durch thermische Anregung von Elektronen aus dem Valenz- ins Leitungsband bestimmte Sperrstrom der pn-Diode ist exponentiell von der Temperatur abhängig. Da eine Zunahme des Sperrstroms zu einem Anstieg der in der Diode umgesetzten Verlustleistung führt, kann die damit verbundene Eigenerwärmung der Diode zu einer Instabilität des Arbeitspunkts, dem *thermischen Durchbruch*, führen. Dieser wird verhindert, solange die Bedingung [10]

$$R_\mathrm{th} V_\mathrm{R} \frac{\mathrm{d}I_\mathrm{R}}{\mathrm{d}T} < 1 \tag{14.57}$$

erfüllt ist. Da der Sperrstrom I_R eine starke Temperaturabhängigkeit aufweist und $\mathrm{d}I_\mathrm{R}/\mathrm{d}T \sim I_\mathrm{R}$ gilt, tritt der thermische Durchbruch vornehmlich bei hohen Umgebungstemperaturen auf. Wegen des mit zunehmender Energielücke abnehmenden Sperrstroms kann thermischer Durchbruch durch Einsatz von Halbleitermaterialien mit größerer Energielücke vermieden werden.

[9] Die Beziehungen (14.56) liefern häufig nur eine recht grobe Annäherung an die tatsächliche Spannungsabhängigkeit, dies ist für viele Abschätzungen dennoch ausreichend.

[10] Die Herleitung folgt den in Kapitel 7 angestellten Betrachtungen zur Instabilität des Arbeitspunkts von Heißleitern.

14.1.7 Low–High Übergänge, Epitaxialdioden

Große Werte der Durchbruchspannung und kleine Werte der Sperrschichtkapazität erfordern eine geringe Dotierung, was einen großen Serienwiderstand zur Konsequenz hat. Aus diesem Grund werden pn-Dioden in der Regel in einer schwach n-dotierten Schicht auf einem stark n-dotierten Substrat realisiert. Der Übergang vom schwach zum stark dotierten Gebiet wird im folgenden Abschnitt näher betrachtet.

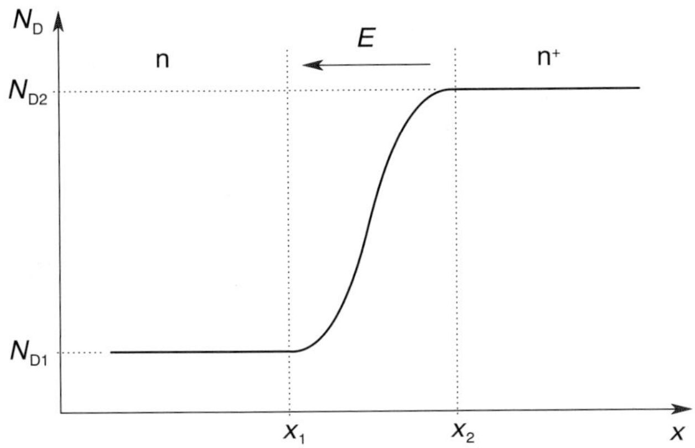

Abb. 14.17. Donatorkonzentration $N_D(x)$ für einen nn^+ Low–High-Übergang

Low–High Übergänge

Thermisches Gleichgewicht. Ein Low-High-Übergang entsteht, wenn ein schwach dotiertes Bahngebiet an ein stark dotiertes anstößt. Die folgende Betrachtung beschränkt sich auf einen nn^+ Übergang wie in Abb. 14.17 dargestellt. Da die Elektronendichte beim Übergang vom stark zum schwach dotierten Gebiet abnimmt, werden Elektronen vom stark ins schwach dotierte Gebiet diffundieren. Das stark dotierte Gebiet lädt sich aus diesem Grund positiv auf, das schwach dotierte negativ. Das elektrische Feld der so entstandenen Dipolschicht kompensiert die Diffusion der Ladungsträger im thermischen Gleichgewicht; dabei stellt sich die Potentialdifferenz

$$V_{JH} = V_T \ln[n_n(x_2)/n_n(x_1)] \approx V_T \ln[N_{D2}/n(x_1)] \tag{14.58}$$

ein. Im thermischen Gleichgewicht gilt $n_n(x_1) \approx N_{D1}$ und $n_n(x_2) \approx N_{D2}$ und V_{JH} ist nur durch die Dotierstoffkonzentrationen bestimmt.

Löcherinjektion. Werden Löcher in das schwach dotierte Gebiet injiziert, so steigt die Elektronendichte $n_n(x_1)$ an. Wird vollständige Ionisation der Störstellen und Neutralität am Rand x_1 der Raumladungszone angenommen, d.h., $p_n(x_1) + N_{D1} = n_n(x_1)$, so ergibt sich die Potentialdifferenz

$$V_{\rm JH} \;=\; V_T \ln\left[\frac{N_{\rm D2}}{N_{\rm D1}+p_{\rm n}(x_1)}\right] \;;$$

ihr Wert bestimmt das Verhältnis der Löcherdichten auf beiden Seiten des Übergangs

$$p_{\rm n}(x_2) \;=\; p_{\rm n}(x_1)\exp\left(-\frac{V_{\rm JH}}{V_T}\right) \;=\; \frac{p_{\rm n}(x_1)[N_{\rm D1}+p_{\rm n}(x_1)]}{N_{\rm D2}} \,.$$

Weist das stark dotierte Gebiet eine Dicke auf [11] die groß ist im Vergleich zur Diffusionslänge $L_{\rm p2}$, so ist die Löcherstromdichte

$$J_{\rm p} \;=\; eD_{\rm p2}[\,p_{\rm n}(x_2)-p_{\rm n02}\,]/L_{\rm p2} \,.$$

Mit $p_{\rm n01} \;=\; n_{\rm i}^2/N_{\rm D1}$ und $p_{\rm n02} \;=\; n_{\rm i}^2/N_{\rm D2}$, geht diese Beziehung bei vernachlässigbarem Bandgap Narrowing über in

$$J_{\rm p} \;=\; e\frac{D_{\rm p2}}{L_{\rm p2}}\frac{N_{\rm D1}}{N_{\rm D2}}\left(\frac{p_{\rm n}(x_1)[\,N_{\rm D1}+p_{\rm n}(x_1)]}{N_{\rm D1}} - p_{\rm n01}\right) \,. \tag{14.59}$$

Bei Niederinjektion gilt $p_{\rm n}(x_1) \ll N_{\rm D1}$. Mit der effektiven Oberflächenrekombinationsgeschwindigkeit am n-n^+-Kontakt

$$S_{\rm nn^+} \;=\; \frac{D_{\rm p2}}{L_{\rm p2}}\frac{N_{\rm D1}}{N_{\rm D2}} \,, \tag{14.60}$$

folgt dann für die Löcherstromdichte

$$J_{\rm p} \;=\; eS_{\rm nn^+}\,[\,p_{\rm n}(x_1)-p_{\rm n01}\,] \,. \tag{14.61}$$

Bei Hochinjektion hingegen resultiert die Löcherstromdichte

$$J_{\rm p} \;=\; eS_{\rm nn^+}\left(\frac{p_{\rm n}(x_1)[\,N_{\rm D1}+p_{\rm n}(x_1)]}{N_{\rm D1}} - p_{\rm n01}\right) \,. \tag{14.62}$$

Strom-Spannungsbeziehung

Betrachtet wird eine $\mathrm{p^+nn^+}$ Diode mit einem n-Typ Gebiet der Dicke d die klein ist im Vergleich zur Diffusionslänge $L_{\rm p}$ der Löcher in diesem Gebiet; Rekombination im epitaxial Gebiet wird vernachlässigt. Die in die Epischicht injizierte Löcherstromdichte ist in diesem Fall [12] durch die implizite Beziehung

[11] Falls die Diffusionslänge $L_{\rm p2}$ im n^+ Gebiet nicht klein gegenüber der Dicke dieses Gebiets ist, wird die effektive Oberflächenrekombinationsgeschwindigkeit durch die Eigenschaften des Kontakts bestimmt. Im Fall eines Metallkontakts an das n^+ Gebiet der Dicke $d_{\rm n2}$ folgt beispielsweise [10],

$$S_{\rm nn^+} \;=\; \frac{D_{\rm p2}}{L_{\rm p2}}\frac{N_{\rm D1}}{N_{\rm D2}}\coth\left(\frac{d_{\rm n2}}{L_{\rm p2}}\right) \,.$$

[12] Die Herleitung dieser Beziehung ist in [4], Anhang C.2 zu finden.

$$J_\mathrm{p} = -\frac{eN_\mathrm{D1}D_\mathrm{p1}}{d_\mathrm{epi}} \ln\left(\frac{1+\sqrt{1+\frac{4n_\mathrm{ie1}^2}{N_\mathrm{D1}^2}\exp\left(\frac{V'}{V_T}\right)}}{1+\sqrt{1+\frac{4}{N_\mathrm{D1}}\left(\frac{J_\mathrm{p}}{eS_\mathrm{nn^+}}+p_\mathrm{n01}\right)}}\right)$$

gewgeben, wobei V' den Spannungsabfall über der injizierenden Sperrschciht bezeichnet. Die bei Niederinjektion in das epitaxiale Gebiet injizierte Löcherstromdichte ergibt sich daraus als Grenzfall

$$I_\mathrm{p,lo} \approx I_\mathrm{S}\left[\exp\left(\frac{V'}{V_T}\right)-1\right], \quad \text{mit} \quad I_\mathrm{S} = \frac{eA_\mathrm{j}D_\mathrm{p1}p_\mathrm{n01}}{d+D_\mathrm{p1}/S_\mathrm{nn^+}}; \tag{14.63}$$

bei Hochinjektion resultiert die Näherung

$$I_\mathrm{p,hi} \approx I_\mathrm{SH}\exp\left(\frac{V'}{2V_T}\right), \quad \text{with} \quad I_\mathrm{SH} = \frac{2eA_\mathrm{j}D_\mathrm{p1}n_\mathrm{i1}}{d}. \tag{14.64}$$

Mit dem *Kniestrom* $I_\mathrm{KF} = I_\mathrm{SH}^2/I_\mathrm{S}$, lassen sich die für Nieder- und Hochinjektion gefundenen Näherungen (14.63) and (14.64) kombinieren mit dem Ergebnis

$$I_\mathrm{p} \approx \frac{I_\mathrm{p,lo}}{\sqrt{1+I_\mathrm{p,lo}/I_\mathrm{KF}}}. \tag{14.65}$$

Abbildung 14.18 illustriert die hierdurch beschriebene Strom-Spannungskennlinie (ohne Berücksichtigung von Serienwiderständen).

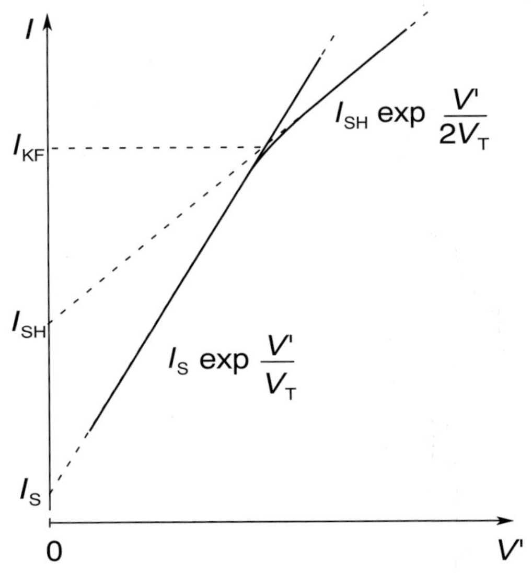

Abb. 14.18. Strom-Spannungskennlinie einer epitaxialen Diode und asymptotisches Verhalten bei Nieder- und Hochinjektion

14.2 PN-Übergänge: Speicherladungen, Schaltverhalten

Die Anzahl der Elektronen und Löcher und damit die in der Diode gespeicherte Ladung hängt von der Spannung v zwischen Anode und Kathode ab. Die Speicherladung wird aufgespalten in eine Änderung der Sperrschichtladung und eine Änderung der Minoritätsladung in den Bahngebieten (Diffusionsladung). Entsprechende Ladungsänderungen werden beschrieben durch Umladen von Sperrschichtkapazität c_j und Diffusionskapazität c_t.

14.2.1 Sperrschichtkapazität

Die Sperrschichtladung ist abhängig von der angelegten Spannung. Ändert sich der Spannungsabfall an der Sperrschicht, so ist die zugehörige *Sperrschichtkapazität* umzuladen. Diese ist arbeitspunktabhängig und wird bei Sperrbetrieb sowie im Bereich kleiner Flußspannungen in SPICE durch den Ansatz[13]

$$\boxed{c_\mathrm{j}(V) = \frac{C_\mathrm{JO}}{(1 - V/V_\mathrm{J})^M}} \tag{14.66}$$

beschrieben. Der *Gradationsexponent* M besitzt dabei typischerweise Werte im Bereich zwischen 1/3 und 1/2, während die *Diffusionsspannung* V_J in Siliziumdioden im Bereich $(0.7 - 1)\,\mathrm{V}$ liegt. Der Parameter C_JO beschreibt die Sperrschichtkapazität $c_\mathrm{j}(0)$. Gleichung (14.66) stellt eine Verallgemeinerung der im Rahmen der Sperrschichtnäherung für den abrupten ($M = 1/2$) und linearen ($M = 1/3$) pn-Übergang gefundenen Ausdrücke dar. Die Parameter C_JO, V_J und M werden gewöhnlich durch Anpassung an gemessene $c_\mathrm{j}(V)$-Verläufe bestimmt.

Der Wert von C_JO weist wegen der temperaturabhängigen Dielektrizitätskonstante und Diffusionsspannung einen Temperaturgang auf. Für die bei der Spannung V auf der Sperrschichtkapazität gespeicherte Ladung Q_j folgt aus

$$c_\mathrm{j}(V) = \frac{\mathrm{d}Q_\mathrm{j}}{\mathrm{d}V}$$

durch Integration

$$Q_\mathrm{j} = \int_0^V c_\mathrm{j}(v)\,\mathrm{d}v = \frac{C_\mathrm{JO} V_\mathrm{J}}{1 - M}\left[1 - \left(1 - \frac{V}{V_\mathrm{J}}\right)^{(1-M)}\right]. \tag{14.67}$$

Diese Ladung muß bei einem Schaltvorgang über die Klemmen zu- bzw. abgeführt werden, was bei endlichem Strom zu Schaltverzögerungen führt.

[13]Sind Bahnwiderstände zu berücksichtigen, so ist V durch V' zu ersetzen.

Beispiel 14.2.1 Gegeben sei eine Diode mit $V_{\rm J} = 0.8$ V, $M = 0.4$ und $C_{\rm JO} = 2$ pF. Die Diode wird über eine Konstantstromquelle $I = -1$ mA entladen. Gefragt ist die zum Entladen der Sperrschichtkapazität von $V = 0$ auf $V = -10$ V benötigte Zeit.

Um über der Diode die Sperrspannung 10 V aufzubauen, muß nach Gl. (14.67) aus der Sperrschicht die Ladung

$$\begin{aligned} \Delta Q_{\rm j} &= \frac{C_{\rm JO}\,V_{\rm J}}{1-M}\left[1-\left(1-\frac{V}{V_{\rm J}}\right)^{(1-M)}\right] \\ &= \frac{2\cdot 10^{-12}\,{\rm F}\cdot 0.8\,{\rm V}}{0.6}\left[1-\left(1+\frac{10}{0.8}\right)^{0.6}\right] \\ &= -1.004\cdot 10^{-11}\,{\rm As} \end{aligned}$$

abtransportiert werden. Der Entladestrom $I = -1$ mA benötigt dazu

$$\Delta t = \frac{\Delta Q_{\rm j}}{I} \approx 10\,{\rm ns}\,.$$

Erst nach dieser Zeit ist die Sperrschicht vollständig aufgebaut. Δ

Sperrschichtkapazität des abrupten pn-Übergangs

Abbildung 14.19 zeigt die Ladungsverteilung in einem abrupten pn-Übergang in Sperrschichtnäherung. Die Grenzen der Raumladungszone bei der Potentialdifferenz $V - V_{\rm J}$ über der Sperrschicht werden mit $x_{\rm n}$ und $x_{\rm p}$ bezeichnet. Vergrößert sich die Potentialdifferenz betragsmäßig um ΔV, so verschieben sich die Sperrschichtränder um $\Delta x_{\rm n}$ bzw. $\Delta x_{\rm p}$.

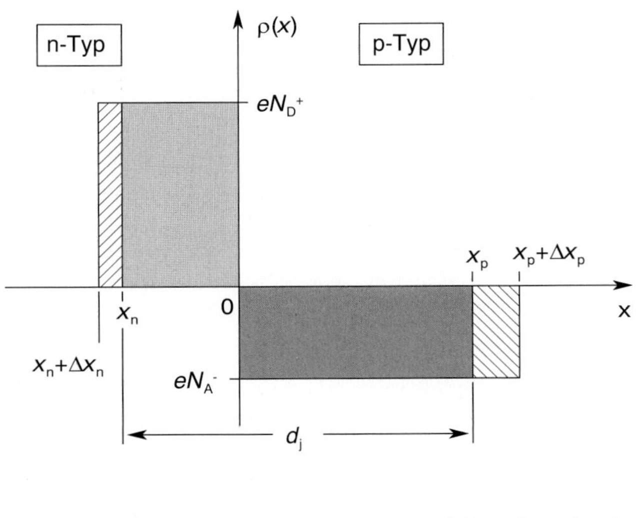

Abb. 14.19. Ladungsänderung im abrupten pn-Übergang durch Änderung der Sperrschichtweite

Wegen $\Delta V < 0$ bzw. $\Delta x_{\rm n} < 0$ folgt für die Ladungsänderung auf der n-dotierten Seite

$$\Delta Q_{\rm j} = c_{\rm j}(V)\Delta V = eA_{\rm j}N_{\rm D}\Delta x_{\rm n}\,.$$

Die Sperrschichtkapazität $c_j(V)$ kann durch die vom Plattenkondensator her bekannte Beziehung

$$c_j(V) = \frac{\epsilon_0 \epsilon_r A_j}{d_j(V)} \tag{14.68}$$

beschrieben werden. Der „Plattenabstand", d. h. die Sperrschichtweite d_j, ist hier jedoch von der angelegten Spannung V abhängig. Mit Gl. (14.8) folgt für die Sperrschichtkapazität des abrupten pn-Übergangs

$$\boxed{c_j(V) = \frac{c_j(0)}{\sqrt{1 - V/V_J}}\,,} \tag{14.69}$$

wobei gilt

$$c_j(0) = A_j \sqrt{\frac{e\epsilon_0\epsilon_r}{2V_J} \frac{N_A N_D}{N_A + N_D}}\,. \tag{14.70}$$

Gleichung Gl. (14.69) besitzt dieselbe Form wie Gl. (14.66), falls der Gradationsexponent $M = 1/2$ gewählt wird.

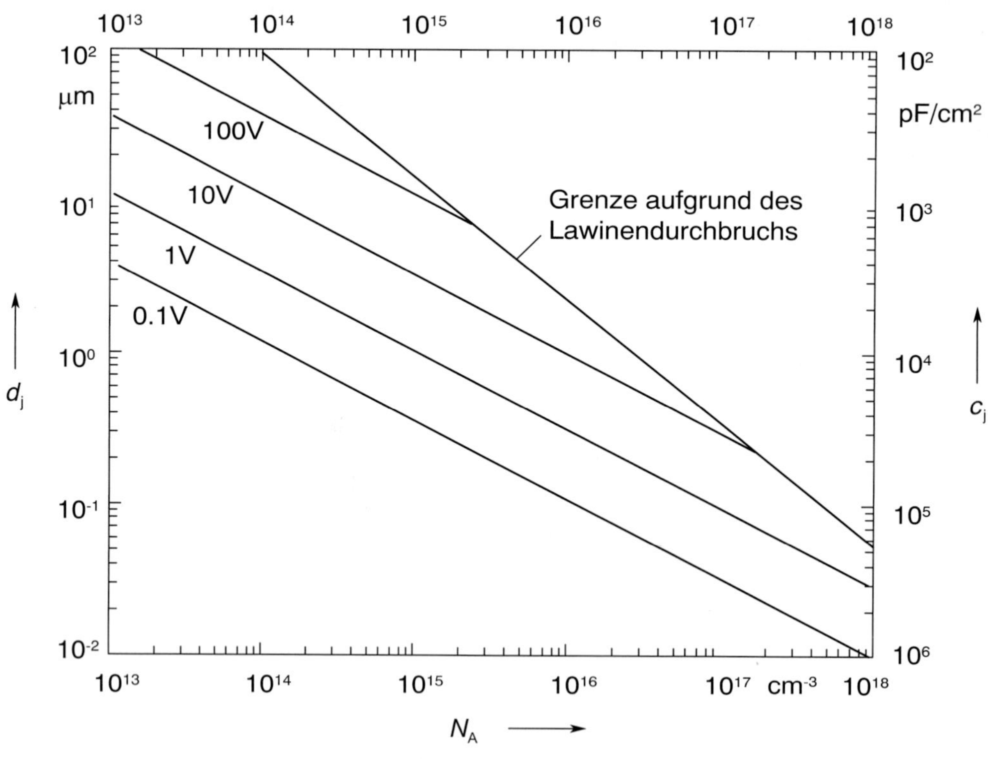

Abb. 14.20. Sperrschichtweite und spezifische (flächenbezogene) Sperrschichtkapazität einseitiger abrupter pn-Übergänge für verschiedene Werte der Potentialdifferenz über der Sperrschicht [6]

Im Fall des *einseitigen pn-Übergangs* ($N_\mathrm{D} \to \infty$) erstreckt sich die Sperrschicht ausschließlich in die akzeptordotierte Seite. Die Sperrschichtkapazität nimmt dann proportional zur Wurzel der Akzeptorkonzentration zu. In Abb. 14.20 sind Sperrschichtkapazität und -weite über der Dichte N_A ionisierter Störstellen für verschiedene Werte von $V_\mathrm{R} + V_\mathrm{J}$ aufgetragen.

Beispiel 14.2.2 Für einen abrupten Silizium-pn-Übergang der Fläche $A_\mathrm{j} = 5000\,\mu\mathrm{m}^2$ sei $N_\mathrm{A} = 10^{16}\ \mathrm{cm}^{-3}$ und $N_\mathrm{D} = 10^{18}\ \mathrm{cm}^{-3}$. Zu bestimmen ist die Sperrschichtkapazität bei $V = 0.4$ V, -1 V und -10 V. Mit dem Ergebnis für V_J aus Beispiel 14.1.1 folgt

$$c_\mathrm{j}(0) = A_\mathrm{j}\sqrt{\frac{e\epsilon_0\epsilon_\mathrm{r} N_\mathrm{A} N_\mathrm{D}}{2(N_\mathrm{A}+N_\mathrm{D})V_\mathrm{J}}} = 1.58\,\mathrm{pF}\ .$$

Für die Sperrschichtkapazität bei den angegebenen Spannungswerten folgen damit aus Gl. (14.69) die Werte $c_\mathrm{j}(0.4\,\mathrm{V}) = 2.20\,\mathrm{pF}$, $c_\mathrm{j}(-1\,\mathrm{V}) = 1.068\,\mathrm{pF}$ und $c_\mathrm{j}(-10\,\mathrm{V}) = 0.439\,\mathrm{pF}$. Δ

Im linearen pn-Übergang ist die Nettodotierstoffkonzentration $N_\mathrm{D}(x) - N_\mathrm{A}(x)$ linear vom Ort abhängig. Die Spannungsabhängigkeit der Sperrschichtkapazität des linearen pn-Übergangs genügt ebenso wie diejenige des abrupten pn-Übergangs einem Potenzgesetz [6]. Im Unterschied zum abrupten pn-Übergang ist der Gradationsexponent M jedoch 1/3.

Gültigkeitsbereich der Sperrschichtnäherung

Die rechte Seite von (14.66) divergiert für $V \to V_\mathrm{J}$ und wird für größere Werte von V komplex. Die auf der Basis der Sperrschichtnäherung hergeleitete Beziehung versagt mithin im Bereich großer Flußspannungen – nur für kleine Flußspannungen und im Sperrbereich ist die Sperrschichtnäherung mit ihrer Unterteilung des Diodenvolumens in Bahngebiete und Raumladungszonen eine gute Näherung. Eine numerische Untersuchung [11–13] der Diodenkapazität als Funktion der angelegten Spannung zeigt erwartungsgemäß, daß die Divergenz nicht auftritt und die Sperrschichtkapazität oberhalb eines maximalen Werts sogar wieder abnimmt (Abb. 14.21).

Da im Bereich großer Flußspannungen die Sperrschichtkapazität sehr viel kleiner ist als die im nächsten Abschnitt zu diskutierende Diffusionskapazität, wird in SPICE für Flußspannungen größer als $V = F_\mathrm{C} V_\mathrm{J}$ die Sperrschichtkapazität durch lineare Extrapolation beschrieben. Dieser Ansatz ist einfach und verursacht keine numerischen Probleme – er ist trotz der damit verbundenen Fehler[14] brauchbar, da diese wegen der Dominanz der Diffusionskapazität (vgl. Kap. 14.2.2) nicht ins Gewicht fallen.

[14]Mit etwas aufwendigeren Formeln läßt sich der korrekte Verlauf recht gut nachbilden. Der interessierte Leser findet weitere Informationen in [14], [12].

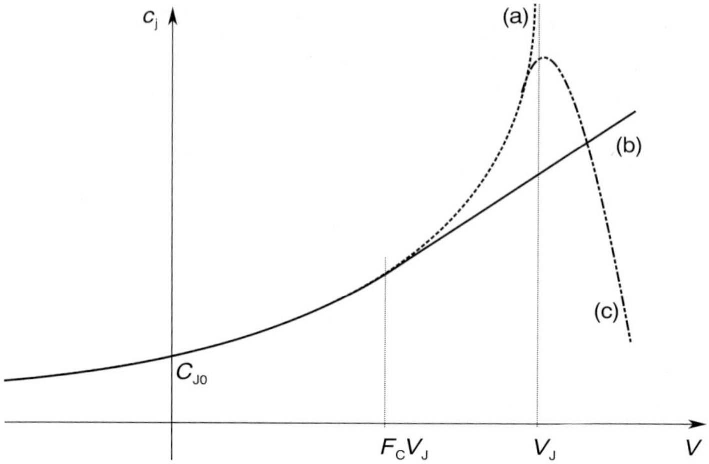

Abb. 14.21. Sperrschichtkapazität $c_j(V)$. (**a**) Sperrschichtnäherung, (**b**) von SPICE verwendete Abhängigkeit, (**c**) korrekter Verlauf

Sperrschichtkapazität und Dotierstoffkonzentration

In Sperrschichtnäherung ist die Sperrschichtkapazität als Funktion von V durch

$$c_j(V) \;=\; \frac{\epsilon_0 \epsilon_r A_j}{x_p(V) - x_n(V)} \quad \text{bzw.} \quad \frac{1}{c_j(V)} \;=\; \frac{x_p(V) - x_n(V)}{\epsilon_0 \epsilon_r A_j}$$

gegeben. Wird diese Beziehung nach V abgeleitet, so folgt

$$\frac{d}{dV} c_j^{-1} \;=\; \frac{1}{\epsilon_0 \epsilon_r A_j} \left(\frac{dx_p}{dV} - \frac{dx_n}{dV} \right) .$$

Mit $N(x) = N_D(x) - N_A(x)$ und

$$c_j(V) \;=\; eA_j N(x_n)\, dx_n/dV \;=\; eA_j N(x_p)\, dx_p/dV$$

können dx_n/dV und dx_p/dV ersetzt werden, mit dem Ergebnis

$$\frac{1}{N(x_n(V))} \;=\; \frac{1}{N(x_p(V))} - \frac{e\epsilon_0 \epsilon_r A_j^2}{c_j(V)} \frac{d}{dV} c_j^{-1} . \tag{14.71}$$

Im Fall eines einseitigen p^+n-Übergangs geht $N(x_p(V)) \to \infty$ und $x_p \to 0$, so daß

$$x_n(V) \;=\; \frac{\epsilon_0 \epsilon_r A_j}{c_j(V)} \quad \text{und} \quad N(x_n(V)) \;=\; -\frac{c_j(V)}{e\epsilon_0 \epsilon_r A_j^2} \left(\frac{d}{dV} c_j^{-1} \right)^{-1}$$

gilt. Durch Messung der arbeitspunktabhängigen Sperrschichtkapazität kann somit bei bekanntem Verlauf der Dotierstoffkonzentration auf einer Seite des pn-Übergangs der Verlauf der Dotierstoffkonzentration auf der anderen Seite ermittelt werden. Das Verfahren liefert insbesondere bei geringen Gradienten der Dotierstoffkonzentration zuverlässige Ergebnisse, wobei die Ortsauflösung in der Größenordnung der Debye-Länge liegt [15, 16]. Durch Wahl eines geeigneten Verlaufs der Dotierstoffkonzentration kann umgekehrt eine bestimmte Arbeitspunktabhängigkeit der Sperrschichtkapazität eingestellt werden. Dies wird in Varaktordioden ausgenutzt.

14.2.2 Minoritätsspeicherladung, Diffusionskapazität

Bei Flußpolung der Diode bewegen sich die Sperrschichtränder aufeinander zu, die Sperrschicht wird schmaler und die damit verbundene Potentialbarriere niedriger. Abbildung 14.22 zeigt die Verteilungen der Ladungsträger bei Flußpolung. Zum Abbau der Sperrschicht ist die Löcherladung Q_{jp} und die entgegengesetzt gleich große Elektronenladung Q_{jn} aufzubringen. Der Wert von $Q_{\mathrm{jp}} = Q_{\mathrm{j}}$ kann nach Gl. (14.67) als Integral über die Sperrschichtkapazität berechnet werden.

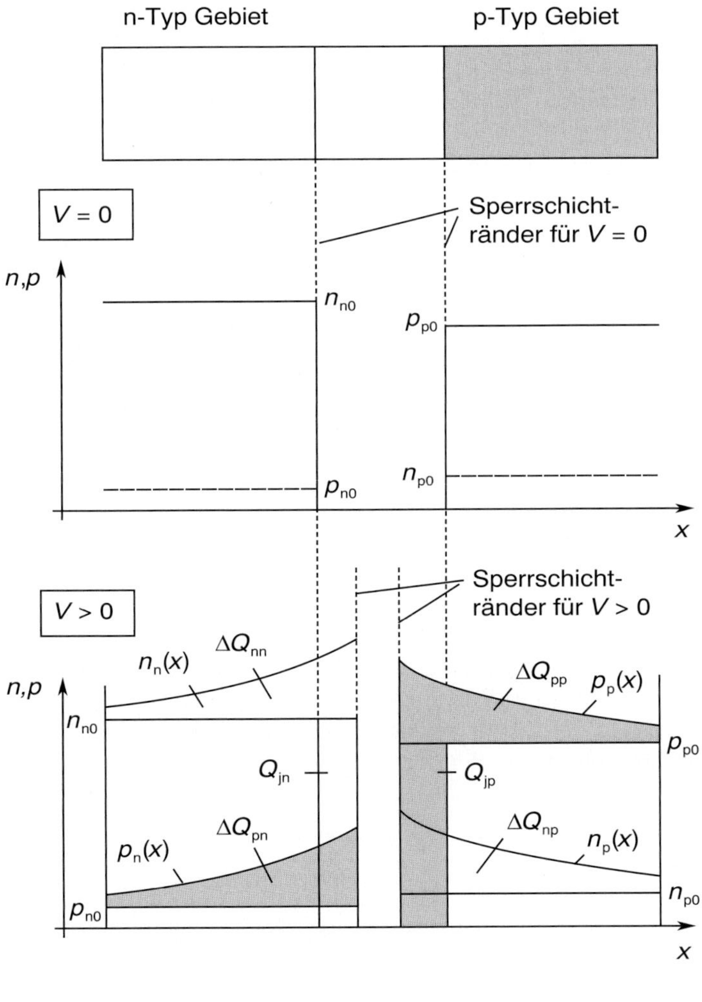

Abb. 14.22. Elektronendichte $n(x)$ und Löcherdichte $p(x)$ in der pn-Diode bei $V = 0$ und bei Flußpolung ($V > 0$)

Bei Flußpolung werden zusätzlich Elektronen in das p-Bahngebiet injiziert und Löcher in das n-Bahngebiet. Die injizierten Minoritäten bilden dort die Ladungen ΔQ_{pn} bzw. $\Delta Q_{\mathrm{n,p}}$. Das durch diese Ladungen verursachte elektrische Feld zieht nun entgegengestzt gleich große Majoritätsladungen ΔQ_{pp} bzw. ΔQ_{nn} an, die die injizierten Minoritäten *neutralisieren.* Dies erfolgt insbesondere bei hoher Dotierung der Bahngebiete sehr schnell (vgl. Kap. 12.4.5); in der Regel kann deshalb eine vollständige Neutralität der Bahngbiete angenommen werden. Aus diesem Grund genügt es, die gespeicherte Löcherladung zu betrachten. Die gesamte in den Bahngebieten gespeicherte Löcherladung wird als *Diffusionsladung*

$$Q_{\mathrm{T}} = \Delta Q_{\mathrm{pp}} + \Delta Q_{\mathrm{pn}} = -(\Delta Q_{\mathrm{nn}} + \Delta Q_{\mathrm{np}})$$

bezeichnet. Bei stationärem Betrieb ist die Diffusionsladung Q_{T} proportional zum Diodenstrom I

$$\boxed{Q_{\mathrm{T}} = T_{\mathrm{T}}\, I\,.} \tag{14.72}$$

Der Proportionalitätsfaktor T_{T} wird als *Transitzeit* bezeichnet. Die Diffusionsladung ist wegen der exponentiellen Diodenkennlinie stark von der angelegten Flußspannung abhängig ($Q_{\mathrm{T}} \sim \exp(V/V_T)$). Bei Sperrpolung und im Bereich kleiner Flußspannungen ist sie vernachlässigbar klein. Q_{T} wird häufig unter Verwendung der sog. *Diffusionskapazität*

$$\boxed{c_{\mathrm{t}} = \frac{\mathrm{d}Q_{\mathrm{T}}}{\mathrm{d}V} = T_{\mathrm{T}}\,\frac{\mathrm{d}I}{\mathrm{d}V}} \tag{14.73}$$

beschrieben. Die Diffusionsladung ist nur bei stationärem Betrieb in guter Näherung proportional zum Diodenstrom. Beziehung (14.72) wird deshalb auch als *quasistatische* Definition der Diffusionsladung bezeichnet.

Zur Transitzeit T_{T}. Im Fall der Langbasisdiode ist der Diodenstrom bei Gleichbetrieb nur durch die Rekombination im Volumen bestimmt. In diesem Fall ergibt sich die Transitzeit T_{T} als gewichtetes Mittel der Lebensdauern τ_{n} und τ_{p}, da

$$\frac{Q_{\mathrm{T}}}{T_{\mathrm{T}}} = \frac{\Delta Q_{\mathrm{pp}} + \Delta Q_{\mathrm{pn}}}{T_{\mathrm{T}}} = \frac{\Delta Q_{\mathrm{pn}}}{\tau_{\mathrm{n}}} + \frac{\Delta Q_{\mathrm{pn}}}{\tau_{\mathrm{p}}}$$

gelten muß. Bei Kurzbasisdioden mit Kontakten der Oberflächenrekombinationsgeschwindigkeit S_{n} bzw. S_{p} kann die Minoritätsspeicherladung in den Bahngebieten allgemein aus (14.31) und (14.33) ermittelt werden. Der Einfachheit halber wird ein einseitiger pn-Übergang betrachtet, bei dem nur Elektronen in ein p-Bahngebiet injiziert werden; dann gilt

$$T_{\mathrm{T}} = \frac{\Delta Q_{\mathrm{pp}}}{I_{\mathrm{n}}} = \tau_{\mathrm{n}}\,\frac{I_{\mathrm{Sr}}}{I_{\mathrm{S}}} = \tau_{\mathrm{n}}\left(1 - \frac{1}{\cosh(d_{\mathrm{p}}/L_{\mathrm{n}}) + \nu_{\mathrm{n}}\sinh(d_{\mathrm{p}}/L_{\mathrm{n}})}\right).$$

Mit $\nu_{\mathrm{n}} = D_{\mathrm{n}}/S_{\mathrm{n}}L_{\mathrm{n}}$ und den für kurze Bahngebiete gültigen Näherungen

$$\cosh\,(d_{\mathrm{p}}/L_{\mathrm{n}}) \approx 1 + d_{\mathrm{p}}^2/2L_{\mathrm{n}}^2 \quad \text{und} \quad \sinh\,(d_{\mathrm{p}}/L_{\mathrm{n}}) \approx d_{\mathrm{p}}/L_{\mathrm{n}}$$

folgt so

$$T_{\mathrm{T}} \approx \tau_{\mathrm{n}}\left(1 - \frac{1}{1 + d_{\mathrm{p}}^2/2L_{\mathrm{n}}^2 + D_{\mathrm{n}}d_{\mathrm{p}}/S_{\mathrm{n}}L_{\mathrm{n}}^2}\right) \approx \frac{d_{\mathrm{p}}^2}{2D_{\mathrm{n}}} + \frac{d_{\mathrm{p}}}{S_{\mathrm{n}}}\,.$$

Im Fall des Metallkontakts mit $S_{\mathrm{n}} \to \infty$ vereinfacht sich dieses Ergebnis weiter zu $T_{\mathrm{T}} \approx d_{\mathrm{p}}^2/2D_{\mathrm{n}}$.

14.2.3 Schaltverhalten, Ladungssteuerungstheorie

Die *Ladungssteuerungstheorie* geht von der Tatsache aus, daß ein in die Diode fließender Löcherstrom $i(t)$ dort entweder rekombiniert oder eine Änderung der Löcherladung in der Diode bedingt

$$i(t) = \frac{q_{\mathrm{T}}(t)}{T_{\mathrm{T}}} + c_{\mathrm{j}}(v)\,\frac{\mathrm{d}v}{\mathrm{d}t} + \frac{\mathrm{d}q_{\mathrm{T}}}{\mathrm{d}t}\,. \tag{14.74}$$

Dabei bezeichnen i, q_{T} und v den Diodenstrom, die Diffusionsladung und die an der Sperrschicht abfallende Spannung; der Spannungsabfall am Bahnwiderstand wurde der Einfachheit halber nicht berücksichtigt. Gleichung (14.74) folgt direkt aus der Kontinuitätsgleichung für Löcher und erfordert in der Herleitung kaum Näherungsannahmen. Zur vollständigen Beschreibung des zeitabhängigen Diodenstroms verwendet die Ladungssteuerungstheorie die folgende *quasistatische Annahme*

$$q_{\mathrm{T}}(t) = q_{\mathrm{T}}[\,v(t)\,] \approx T_{\mathrm{T}}\,I_{\mathrm{S}}\left\{\exp\left[\frac{v(t)}{NV_T}\right] - 1\right\}\,, \tag{14.75}$$

was eine Übertragung der im stationären Fall vorgefundenen Verhältnisse auf den zeitabhängigen Fall bedeutet. Wie auf Seite 630 näher erläutert kann dies nur näherungsweise gelten; da jedoch genauere Verfahren wesentlich aufwendiger sind, werden die mit der Ladungssteuerungstheorie verbundenen Fehler gewöhnlich in Kauf genommen – insbesondere für die Simulation großer Schaltungen.

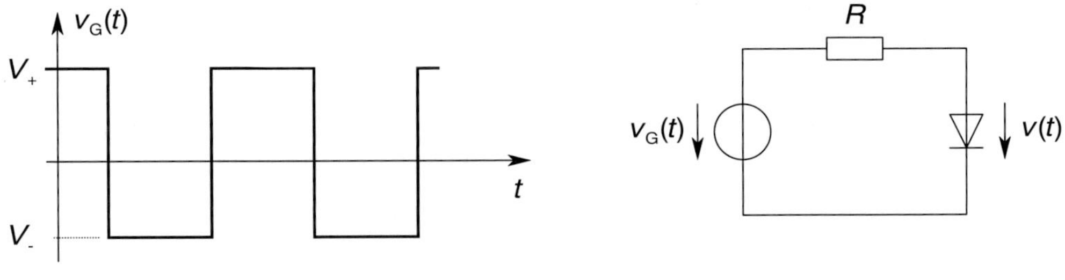

Abb. 14.23. Schaltbetrieb mit ohmscher Last R

Schaltverhalten bei ohmscher Last

Betrachtet wird eine Diode in Serie zu einem ohmschen Widerstand, die von einem Rechteckgenerator mit den Spannungswerten V_+ und V_- regelmäßig umgepolt wird (Abb. 14.23). Beim Umschalten sind die Diffusions- und die Sperschichtkapazität umzuladen. Wegen der exponentiellen Abhängigkeit der Diffusionsladung von $v(t)$ bleibt $v(t)$ näherungsweise konstant, solange die Diffusionsladung auf- bzw. abgebaut wird (Abb. 14.24).

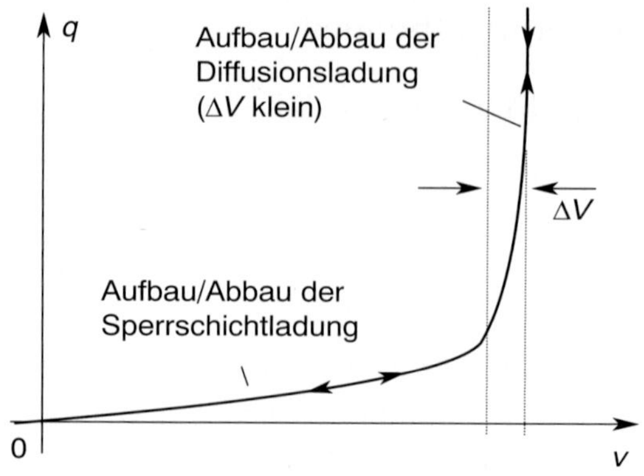

Abb. 14.24. Zur Erläuterung der Vorgänge beim Übergang zur Sperrpolung

Die Ladung auf der Sperrschichtkapazität kann während dieses Vorgangs als annähernd konstant angenommen werden – Gl. (14.74) vereinfacht sich damit während des Umladens der Diffusionskapazität zu

$$i(t) = \frac{q_\mathrm{T}(t)}{T_\mathrm{T}} + \frac{\mathrm{d}q_\mathrm{T}}{\mathrm{d}t} . \tag{14.76}$$

Ist die Diffusionskapazität entladen ($q_\mathrm{T} \approx 0$), so braucht nur noch die Sperrschichtkapazität umgeladen zu werden. Während dieses Vorgangs gilt näherungsweise

$$i(t) = c_\mathrm{j}(v) \frac{\mathrm{d}v}{\mathrm{d}t} = \frac{v_\mathrm{G} - v}{R} . \tag{14.77}$$

Da die Arbeitspunktabhängigkeit der Sperrschichtkapazität c_j deutlich geringer ist als die der Diffusionskapazität, wird während des Umladens der Sperrschichtkapazität ein „RC-Verhalten“ beobachtet.

Einschaltverhalten. Nach dem Umschalten $V_- \rightarrow V_+$ muß zunächst die Sperrschichtkapazität auf den Wert V_{F0} aufgeladen werden. Die Diffusionsladung ist dabei noch unbedeutend, so daß aus Gl. (14.77) die Beziehung

$$i(t) = c_\mathrm{j}(v) \frac{\mathrm{d}v}{\mathrm{d}t} = \frac{V_+ - v}{R} \tag{14.78}$$

folgt. Durch Trennen der Variablen resultiert die für den Ladevorgang erforderliche Zeit

$$t_1 = R \int_{V_-}^{V_{\mathrm{F0}}} \frac{c_\mathrm{j}(v)}{V_+ - v} \, \mathrm{d}v .$$

Nach Aufladen der Sperrschichtkapazität auf V_{F0} bleibt die Spannung an der Diode weitgehend konstant; es fließt der Strom $i(t) = I_\mathrm{F}$, der den Aufbau der Diffusionsladung q_T in der Diode bedingt. Aus Gl. (14.76) folgt für $t > t_1$

$$I_\mathrm{F} \approx \frac{V_+ - V_{\mathrm{F0}}}{R} = \frac{q_\mathrm{T}(t)}{T_\mathrm{T}} + \frac{\mathrm{d}q_\mathrm{T}}{\mathrm{d}t} ,$$

was mit $q_\mathrm{T}(t_1) = 0$ auf die Lösung

$$q_\mathrm{T}(t) \;=\; T_\mathrm{T} I_\mathrm{F} \left[1 - \exp\left(-\frac{t-t_1}{T_\mathrm{T}} \right) \right]$$

führt. Für $t \to \infty$ gilt offensichtlich $q_\mathrm{T} \to T_\mathrm{T} I_\mathrm{F}$.

Ausschaltverhalten. Jedesmal, wenn der Rechteckgenerator von V_+ auf V_- umschaltet, beginnt der Entladevorgang mit einem Strom

$$i(t) \;=\; \frac{V_- - V_\mathrm{F0}}{R} \;=\; -I_\mathrm{R} \,,$$

wobei R die Summe der Serienwiderstände angibt. Der Entladestrom ist zunächst in sehr guter Näherung konstant, da sich $v \approx V_\mathrm{F0}$ während des Zeitintervalls $[\,0, t_\mathrm{s}\,]$ nur wenig ändert (Abbn. 14.23 und 14.25). Die Differentialgleichung (14.76) für die Löcherladung lautet dann

$$\frac{\mathrm{d}q_\mathrm{T}}{dt} = -I_\mathrm{R} - \frac{q_\mathrm{T}}{T_\mathrm{T}} \,. \tag{14.79}$$

Sie besitzt mit der Anfangsbedingung $q_\mathrm{T}(0) = T_\mathrm{T} I_\mathrm{F}$ für $t = 0$ die Lösung

$$q_\mathrm{T}(t) \;=\; T_\mathrm{T} \left[\, (I_\mathrm{F} + I_\mathrm{R}) \exp\left(-t/T_\mathrm{T}\right) - I_\mathrm{R} \,\right] \,.$$

Ist t_s die Zeit, die zum Entladen der zur Zeit $t = 0$ gespeicherten Ladung $q_\mathrm{T}(0)$ benötigt wird, so muß gelten $q_\mathrm{T}(t_\mathrm{s}) = 0$; durch Auflösen dieser Bedingung ergibt sich die *Speicherzeit*

$$t_\mathrm{s} \;=\; T_\mathrm{T} \ln\left(1 + I_\mathrm{F}/I_\mathrm{R}\right) \,. \tag{14.80}$$

Die Speicherzeit nimmt mit zunehmendem Wert von I_F zu, da ein größerer Flußstrom zu einer größeren Diffusionsladung führt. Sie nimmt mit zunehmendem I_R ab, da die angesammelten Diffusionsladungen über einen größeren Rückstrom schneller abgebaut werden.

Für $t > t_\mathrm{s}$ ist die Diffusionskapazität entladen, nun bleibt nur noch die Sperrschichtkapazität umzuladen. Aus Gl. (14.77) resultiert die folgende Differentialgleichung für $v(t)$

$$c_\mathrm{j}[\,v(t)\,] \,\frac{\mathrm{d}v}{\mathrm{d}t} \;=\; \frac{V_- - v(t)}{R} \tag{14.81}$$

mit der von $v(t)$ abhängigen Sperrschichtkapazität c_j. Diese Beziehung eignet sich mit einer gemittelten, als konstant angenommenen Sperrschichtkapazität für die Abschätzung der *Rückwärtserholzeit* t_rr, das ist die Zeit nach der sich die Sperrspannung bis auf 10 % ihres Endwerts aufgebaut hat.

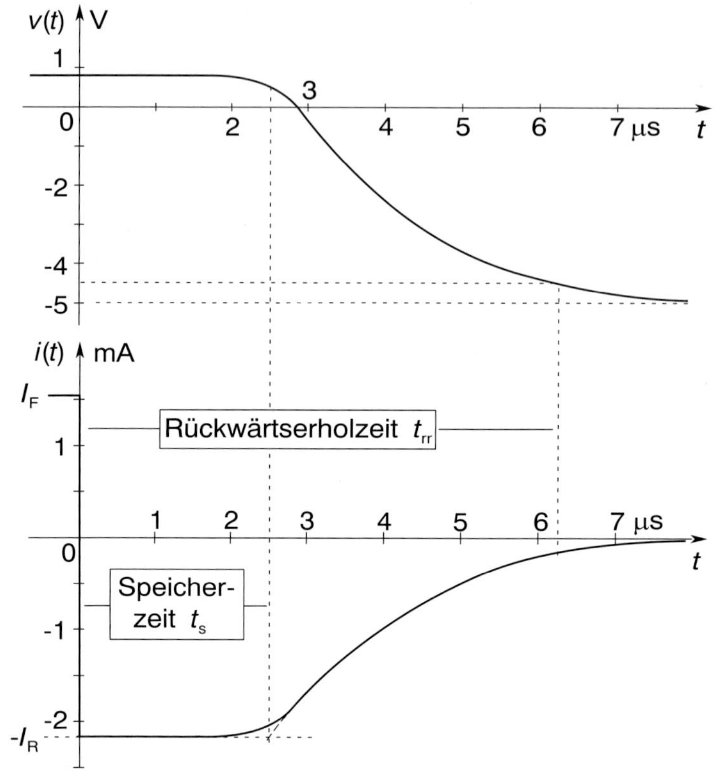

Abb. 14.25. Ausschaltverhalten einer Diode: Zeitabhängigkeit von $v(t)$ und $i(t)$

Fehler der Ladungssteuerungstheorie

Die Ladungssteuerungstheorie liefert eine Obergrenze für die Speicherzeit einer pn-Diode, deren Wert wird jedoch nicht korrekt bestimmt. Die fehlerhafte Bestimmung der Speicherzeit ist auf die *quasistatische Annahme* zurückzuführen. Nach dieser wird z. B. die Elektronenverteilung $n_{\mathrm{p}}(x)$ im p-Bahngebiet zu jedem Zeitpunkt durch eine Verteilung wie im stationären Flußbetrieb beschrieben. Der Abbau der Diffusionsladung entspricht dann einer Abnahme der Elektronendichte am Sperrschichtrand x_{p} (Abb. 14.26a).

Der Widerspruch wird offensichtlich, wenn man bedenkt, daß die Elektronendichte unter dieser Annahme stets ein Konzentrationsgefälle vom Sperrschichtrand weg aufweist – ein Abfließen von Elektronen über den Sperrschichtrand und damit ein Entladen der Diffusionskapazität würde demnach gar nicht stattfinden. Der korrekte Verlauf der Elektronendichte für verschiedene Zeitpunkte während des Entladevorgangs ist in Abb. 14.26b schematisch dargestellt. Die Elektronenladung nimmt am Sperrschichtrand schneller ab als in der Mitte des Bahngebiets – dadurch entsteht ein Konzentrationsgefälle für Elektronen zum Sperrschichtrand hin. Der hierdurch bedingte Diffusionsstrom führt dazu, daß ein Teil der Diffusionsladung über den n-seitigen Kontakt wieder entladen wird.

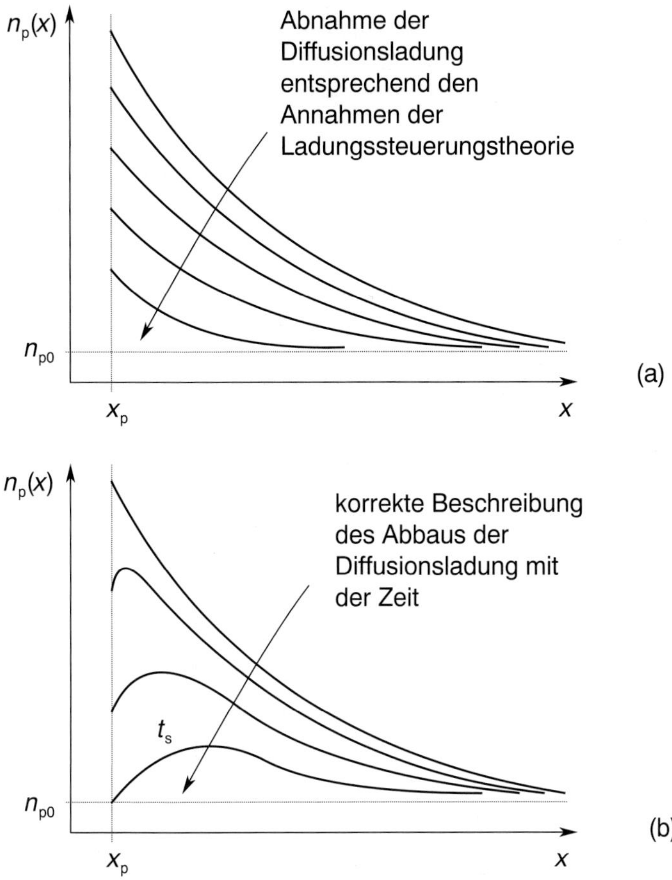

Abb. 14.26. Abbau der im p-Bahngebiet gespeicherten Elektronenladung beim Ausschaltvorgang. (**a**) Annahme der Ladungssteuerungstheorie, (**b**) tatsächlicher Verlauf

Verbesserte Beschreibung. Um eine gegenüber der Ladungssteuerungstheorie verbesserte Beschreibung des Schaltverhaltens einer Diode zu erhalten, muß die zeitabhängige Diffusionsgleichung in den Bahngebieten gelöst werden. Im hier betrachteten Fall der einseitigen n^+p-Diode kann die Untersuchung auf den Fall der in das p-Gebiet injizierten Elektronen, und damit auf die Diffusionsgleichung

$$\left(\frac{\partial}{\partial t} + \frac{1}{\tau_n} - D_n \frac{\partial^2}{\partial x^2}\right) \Delta n_p(x,t) \;=\; 0\;,$$

beschränkt werden. Diese läßt sich mittels Laplace-Transformation lösen. Die Speicherzeit ergibt sich aus der Forderung, daß für $t = t_s$ der Elektronenüberschuß am Sperrschichtrand auf null abgebaut wurde, d. h., daß $n(0, t_s) = n_{p0}$ gilt. Dies führt im Fall der Langbasisdiode auf folgende Gleichung für die Speicherzeit t_s [17, 18]

$$\mathrm{erf}\left(\sqrt{\frac{t_s}{\tau_n}}\right) \;=\; \frac{I_F}{I_F + I_R}\;,$$

wobei erf(x) die Fehlerfunktion (auch Gaußsches Fehlerintegral) bezeichnet. Für $t > t_s$ folgt für den Strom über den Sperrschichtrand [17]

$$i_R(t) \;=\; I_F \left[\mathrm{erf}\sqrt{\frac{t}{\tau_n}} + \sqrt{\frac{\tau_n}{\pi t}}\exp\left(-\frac{t}{\tau_n}\right)\right]\;; \tag{14.82}$$

dieser ist also im Gegensatz zur Ladungssteuerungstheorie keineswegs null, d. h. für $t > t_s$ wird nicht nur die Sperrschichtkapazität umgeladen. Die Ladungssteuerungstheorie kann deshalb nur eine genäherte Beschreibung des Schaltvorgangs liefern.

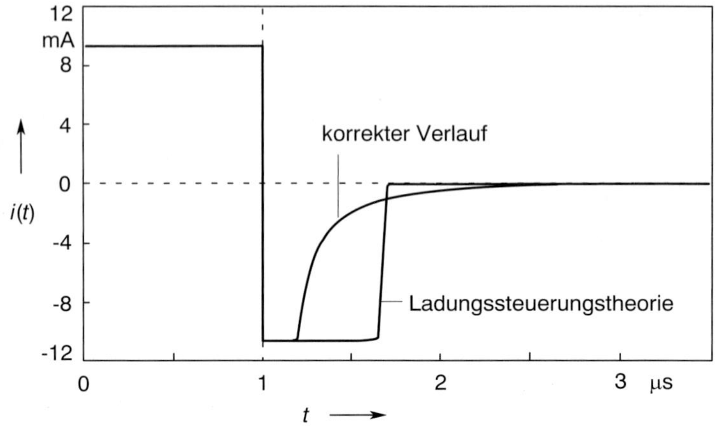

Abb. 14.27. Diodenstrom beim Abschalten der Langbasisdiode mit ohmscher Last. Vergleich des korrekten Ergebnisses mit dem Ergebnis der Ladungssteuerungstheorie (nach [18])

Abbildung 14.27 zeigt den Verlauf des Diodenstroms beim Abschalten wie er sich aus der zeitabhängigen Kontinuitätsgleichung ergibt im Vergleich zum Ergebnis der Ladungssteuerungstheorie mit $T_T = \tau_n$. Die Ladungssteuerungstheorie liefert offensichtlich einen zu großen Wert für die Speicherzeit und anschließend einen deutlich zu schnellen Abfall des Rückstroms. Geht es nur darum sicher zu stellen, daß der kurzfristig fließende Rückstrom die Funktion der Schaltung nicht beeinträchtigt, so kann die Ladungssteuerungstheorie denoch eingesetzt werden, da sie einen im Vergleich zur Realität eher ungünstigen Fall beschreibt.

14.3 PN-Übergänge: Kleinsignalmodell und Rauschverhalten

14.3.1 Quasistatische Beschreibung

Wird an eine pn-Diode eine Gleichspannung V mit überlagertem Kleinsignalanteil der Kreisfrequenz ω angelegt

$$v(t) \;=\; V + \mathrm{Re}\left(\underline{\hat{v}}\,\mathrm{e}^{\mathrm{j}\omega t}\right) \;=\; V + \mathrm{Re}(\underline{v})\;,$$

so gilt – eine hinreichend kleine Amplitude $\hat{v}$ vorausgesetzt – in guter Näherung für den Diodenstrom

$$i(t) \;=\; I + \mathrm{Re}\left(\underline{\hat{i}}\,\mathrm{e}^{\mathrm{j}\omega t}\right) \;=\; I + \mathrm{Re}(\underline{i})\;.$$

Der Zusammenhang zwischen den komplexen Zeigern $\underline{v}$ und $\underline{i}$ wird durch die Admittanz $\underline{y}_d = \underline{v}/\underline{i}$ hergestellt. Wegen der Ladungsspeicherung in der Diode weist $\underline{y}_d$ für $\omega > 0$ einen nichtverschwindenden Imaginärteil auf. Der Wert von $\underline{y}_{\rm d}$ kann näherungsweise aus der in Abb. 14.28 dargestellten Kleinsignalersatzschaltung der Diode ermittelt werden.

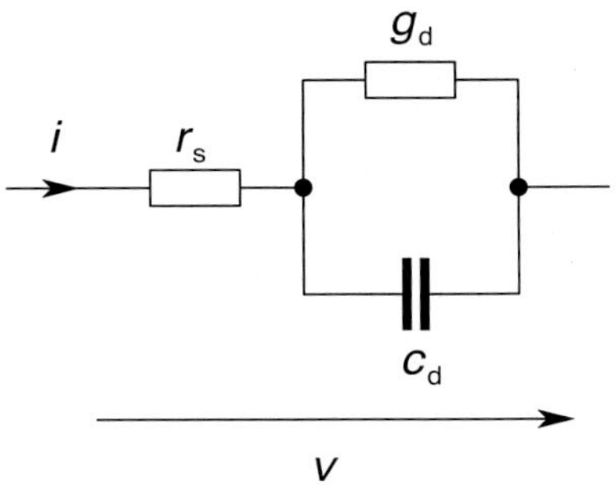

Abb. 14.28. Kleinsignalmodell der Diode

Das Kleinsignalmodell ergibt sich aus dem Großsignalmodell durch Linearisieren der Diodenkennlinie im betrachteten Arbeitspunkt. Bei Flußpolung gilt für den (inneren) *Diodenleitwert* $g_{\rm d}$ unter Vernachlässigung von Hochinjektionseffekten

$$\boxed{g_{\rm d} \;=\; \frac{{\rm d}I}{{\rm d}V'} \;=\; \frac{I+I_{\rm S}}{NV_T} \;\approx\; \frac{I}{NV_T}\,.} \tag{14.83}$$

Die (Kleinsignal-)*Diodenkapazität* $c_{\rm d}$ ergibt sich als Summe von Sperrschichtkapazität und Diffusionskapazität im Arbeitspunkt. Mit den Gln. (14.66) und (14.73) gilt

$$\boxed{c_{\rm d} \;=\; c_{\rm j} + T_{\rm T}\, g_{\rm d}\,.} \tag{14.84}$$

Der *Kleinsignalbahnwiderstand* $r_{\rm s}$ kann bei vernachlässigbarer Leitfähigkeitsmodulation in sehr guter Näherung gleich dem Großsignalbahnwiderstand $R_{\rm S}$ gesetzt werden, andernfalls gilt $r_{\rm s} = R_{\rm S} + I\,{\rm d}R_{\rm S}/{\rm d}I$.

Das betrachtete Kleinsignalmodell wird von SPICE bei Durchführung einer `.AC`-Analyse automatisch mit Hilfe der Modellparameter des Großsignalmodells generiert. Dies erfordert zunächst eine Berechnung des DC-Arbeitspunkts; einer `.AC`-Analyse geht deshalb stets eine `.OP`-Analyse voraus, auch wenn diese nicht explizit aufgerufen wird. In der `.OUT`-Datei lassen sich dann die Werte von $r_{\rm d} = 1/g_{\rm d}$ sowie $c_{\rm d}$ ablesen als `REQ` bzw. `CAP`.

Für $\underline{y}_{\rm d}$ folgt aus der Kleinsignalersatzschaltung

$$\underline{y}_{\rm d} \;=\; \frac{1}{r_{\rm s} + (g_{\rm d}+{\rm j}\omega c_{\rm d})^{-1}} \;=\; \frac{g_{\rm d} + {\rm j}\omega c_{\rm d}}{1 + r_{\rm s}g_{\rm d} + {\rm j}\omega r_{\rm s}c_{\rm d}} \tag{14.85}$$

bzw. nach Aufspalten in Real- und Imaginärteil

$$\underline{y}_{\rm d} \;=\; g_{\rm d}\,\frac{1+r_{\rm s}g_{\rm d} + \omega^2 r_{\rm s}r_{\rm d}c_{\rm d}^2}{(1+r_{\rm s}g_{\rm d})^2 + \omega^2 r_{\rm s}^2 c_{\rm d}^2} + {\rm j}\,\frac{\omega c_{\rm d}}{(1+r_{\rm s}g_{\rm d})^2 + \omega^2 r_{\rm s}^2 c_{\rm d}^2}\,. \tag{14.86}$$

Bei kleinen Frequenzen ist $\underline{y}_{\mathrm{d}}$ reell

$$\underline{y}_{\mathrm{d}} \approx y_{\mathrm{d}}(0) = \frac{g_{\mathrm{d}}}{1+r_{\mathrm{s}}g_{\mathrm{d}}} = \frac{1}{r_{\mathrm{s}}+r_{\mathrm{d}}} .$$

Der Scheinwiderstand der Kapazität c_{d} ist hier groß im Vergleich zu $r_{\mathrm{d}} = 1/g_{\mathrm{d}}$; in der Ersatzschaltung ist c_{d} vernachlässigbar und das Kleinsignalverhalten wird durch die Reihenschaltung von r_{s} und r_{d} bestimmt. Gilt $r_{\mathrm{s}}g_{\mathrm{d}} \ll 1$ bzw. $I \ll NV_T/r_{\mathrm{s}}$, so hat der Bahnwiderstand keinen nennenswerten Einfluß auf den NF-Diodenleitwert und es gilt $y_{\mathrm{d}}(0) \to g_{\mathrm{d}}$. Für $r_{\mathrm{s}}g_{\mathrm{d}} \gg 1$ bzw. $I \gg NV_T/R_{\mathrm{S}}$ folgt andererseits $y_{\mathrm{d}}(0) \to 1/r_{\mathrm{s}}$; der Kleinsignalleitwert der Diode bei Gleichbetrieb ist dann nur noch durch r_{s} bestimmt.

Für größere Frequenzen läßt sich schreiben

$$\underline{y}_{\mathrm{d}} = y_{\mathrm{d}}(0)\, \frac{1 + \mathrm{j}\omega r_{\mathrm{d}} c_{\mathrm{d}}}{1 + \mathrm{j}\omega \dfrac{r_{\mathrm{s}} c_{\mathrm{d}}}{1+r_{\mathrm{s}}g_{\mathrm{d}}}} = y_{\mathrm{d}}(0)\, \frac{1 + \mathrm{j}\, f/f_1}{1 + \mathrm{j}\, f/f_2} \tag{14.87}$$

mit den charakteristischen Frequenzen

$$f_1 = \frac{1}{2\pi r_{\mathrm{d}} c_{\mathrm{d}}} \quad \text{und} \quad f_2 = \frac{1 + r_{\mathrm{s}} g_{\mathrm{d}}}{2\pi r_{\mathrm{s}} c_{\mathrm{d}}} .$$

Für Frequenzen $f \ll f_1$ bzw. $f \gg f_2$ ist die Admittanz der Diode annähernd reell; im ersten Fall ist der Scheinwiderstand $1/\omega c_{\mathrm{d}}$ so groß, daß der Leitwert durch die Reihenschaltung von r_{s} und r_{d} bestimmt wird, im zweiten Fall wird r_{d} durch c_{d} kurzgeschlossen und der Leitwert durch r_{s} bestimmt. Das beschriebene Modell gründet auf der quasistatischen Annahme und ist deshalb bei hohen Frequenzen ungenau. Eine kurze Darstellung der Zusammenhänge ist in Abschnitt 14.3.2 zu finden.

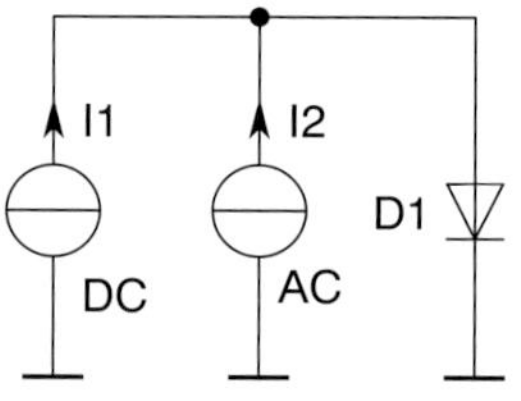


```
*
I1  0  1  DC  1M
I2  0  1  AC  1
D1  1  0  DIOD
.MODEL  DIOD  D (IS=1E-12 N=1
 + RS=1 CJO=10P VJ=1 M=0 TT=5N)
.OP
.AC  DEC  51  100K  10G
.PROBE
.END
```

Abb. 14.29. Zu Beispiel 14.3.1

Beispiel 14.3.1 Als Beispiel wird die Admittanz einer pn-Diode mit $R_{\mathrm{S}} = 1\,\Omega$, $T_{\mathrm{T}} = 5$ ns und $c_{\mathrm{j}} = 10$ pF untersucht. Die Sperrschichtkapazität wird der Einfachheit halber als arbeitspunktunabhängigig angenommen, der Emissionskoeffizient sei $N = 1.1$ und die Temperatur betrage 300 K. Zum Vergleich wurde die Kleinsignaladmittanz mit der in Abb. 14.29 skizzierten Schaltung durch eine `.AC`-Analyse simuliert. Mit den angegebenen Zahlenwerten folgt bei dem von der Gleichquelle I1 eingeprägten Diodenstrom $I = 1$ mA

$$r_{\mathrm{d}} = NV_T/I = 28.5\,\Omega \quad \text{sowie} \quad c_{\mathrm{d}} = c_{\mathrm{j}} + T_{\mathrm{T}}/r_{\mathrm{d}} = 187\,\mathrm{pF}$$

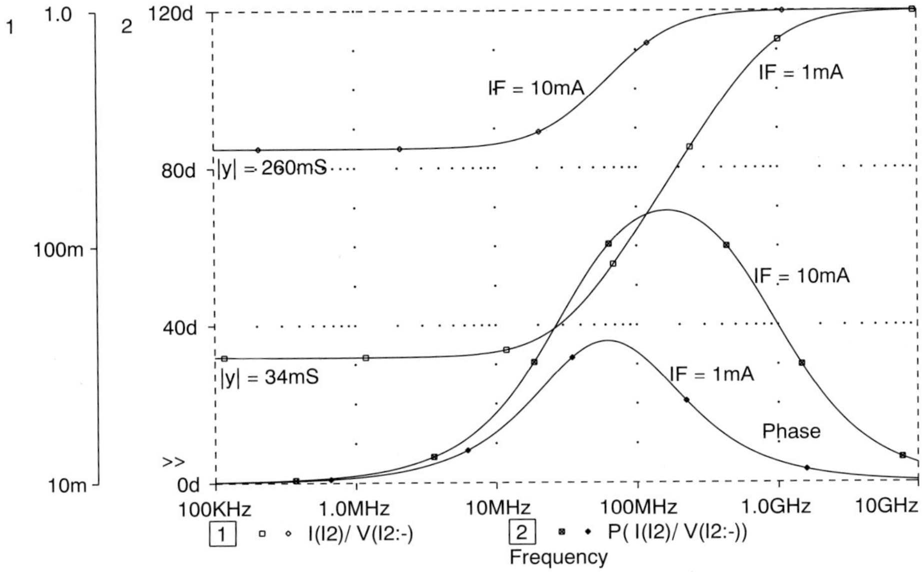

Abb. 14.30. Betrag (Skala 1) und Phase (Skala 2) der Admittanz einer pn-Diode für zwei verschiedene Arbeitspunkte

und bei $I = 10$ mA

$$r_\mathrm{d} = NV_T/I = 2.85\,\Omega \quad \text{sowie} \quad c_\mathrm{d} = c_\mathrm{j} + T_\mathrm{T}/r_\mathrm{d} = 1.77\,\mathrm{nF}$$

in Übereinstimmung mit den entsprechenden Ergebnissen `REQ` und `CAP` der `.OP`-Analyse, die in der `.OUT`-Datei abgelesen werden können.

Abbildung 14.30 zeigt das Simulationsergebnis für den Frequenzgang von Betrag und Phase der Diodenleitwerte; beim Strom $I = 1$ mA erhält man für kleine Frequenzen erwartungsgemäß

$$|\underline{y}_\mathrm{d}| = 1/(r_\mathrm{s}+r_\mathrm{d}) = 33.9\,\mathrm{mS}\ .$$

Für größere Frequenzen wird ein annähernd frequenzproportionaler Anstieg beobachtet (Steigung 1 der doppeltlogarithmischen Auftragung); die charakteristische Frequenz für den Übergang ist

$$f_1 = \frac{1}{2\pi r_\mathrm{d} c_\mathrm{d}} = 29.9\,\mathrm{MHz}$$

in Übereinstimmung mit der Simulation. Für hohe Frequenzen gilt erwartungsgemäß $|\underline{y}_\mathrm{d}| \to 1/r_\mathrm{s} = 1$ S; die charakteristische Frequenz für den Übergang ist

$$f_2 = \frac{1 + r_\mathrm{s} g_\mathrm{d}}{2\pi r_\mathrm{s} c_\mathrm{d}} = 881\,\mathrm{MHz}\ ,$$

was ebenfalls durch die Simulation bestätigt wird. Für $f \ll f_1$ und $f \gg f_2$ ist die Admittanz annähernd reell, wie aus der Auftragung der Phase über der Frequenz ersichtlich ist. Δ

14.3.2 HF-Diodenleitwert

Für eine korrekte Berechnung der Admittanz einer flußgepolten Diode müssen die zeitabhängigen Diffusionsgleichungen gelöst werden. Wird der Einfachheit halber nur die Injektion von Elektronen in ein p-Typ Bahngebiet der Dicke d_p betrachtet, das mit einem Kontakt der als frequenzunabhängig angenommenen Oberflächenrekombinationsgeschwindigkeit S_n versehen ist, so ergibt sich die Admittanz [4]

$$\underline{y}(\omega) = \frac{eA_\mathrm{j}D_\mathrm{n}n_\mathrm{p}(0)}{V_\mathrm{T}}\frac{1}{\underline{L}_\mathrm{n}}\frac{\cosh(d_\mathrm{p}/\underline{L}_\mathrm{n})+\underline{\nu}_\mathrm{n}\sinh(d_\mathrm{p}/\underline{L}_\mathrm{n})}{\sinh(d_\mathrm{p}/\underline{L}_\mathrm{n})+\underline{\nu}_\mathrm{n}\cosh(d_\mathrm{p}/\underline{L}_\mathrm{n})}, \tag{14.88}$$

wobei $\underline{L}_\mathrm{n} = L_\mathrm{n}/\sqrt{1+\mathrm{j}\omega\tau_\mathrm{n}}$ die komplexe Diffusionslänge bezeichnet und $\underline{\nu}_\mathrm{n} = D_\mathrm{n}/(S_\mathrm{n}\underline{L}_\mathrm{n})$. (14.88) erfasst weder Sperrschichtkapazität noch Serienwiderstand und entspricht damit dem Ausdruck $g_\mathrm{d}(1+\mathrm{j}\omega T_\mathrm{T})$ der quasistatischen Beschreibung. Wird (14.88) bis zur 1. Ordnung in ω entwickelt

$$\underline{y}(\omega) \approx y(0) + \omega\left.\frac{\mathrm{d}\underline{y}}{\mathrm{d}\omega}\right|_{\omega=0},$$

so resultiert eine verbesserte Beschreibung der Diffusionskapazität. Der Gleichanteil

$$\begin{aligned} y(0) &= \frac{eA_\mathrm{j}D_\mathrm{n}n_\mathrm{p}(0)}{V_\mathrm{T}}\frac{1}{L_\mathrm{n}}\frac{\cosh(d_\mathrm{p}/L_\mathrm{n})+\nu_\mathrm{n}\sinh(d_\mathrm{p}/L_\mathrm{n})}{\sinh(d_\mathrm{p}/L_\mathrm{n})+\nu_\mathrm{n}\cosh(d_\mathrm{p}/L_\mathrm{n})} \\ &= g_\mathrm{d} = (I+I_\mathrm{S})/V_\mathrm{T}, \end{aligned} \tag{14.89}$$

ist der Kleinsignalleitwert der Diode wie er auch durch Ableiten der Diodenkennlinie (vgl. (14.30) und (14.31)) folgt. Der Term 1. Ordnung in ω der Entwicklung von $\underline{y}(\omega)$ ist rein imaginär und definiert die Diffusionskapazität

$$\omega\left.\frac{\mathrm{d}\underline{y}}{\mathrm{d}\omega}\right|_0 = \mathrm{j}\omega\frac{g_\mathrm{d}\tau_\mathrm{n}}{2}\left[1+\frac{(\nu_\mathrm{n}^2-1)\,\xi-\nu_\mathrm{n}}{[\sinh(\xi)+\nu_\mathrm{n}\cosh(\xi)]\,[\cosh(\xi)+\nu_\mathrm{n}\sinh(\xi)]}\right]$$

mit $\xi = d_\mathrm{p}/L_\mathrm{n}$. Für die Transitzeit folgt damit

$$T_\mathrm{T} = \frac{\tau_\mathrm{n}}{2}\left[1+\frac{(\nu_\mathrm{n}^2-1)\,\xi-\nu_\mathrm{n}}{[\sinh(\xi)+\nu_\mathrm{n}\cosh(\xi)]\,[\cosh(\xi)+\nu_\mathrm{n}\sinh(\xi)]}\right]. \tag{14.90}$$

Langbasisdiode. In der Langbasisdiode geht $d_\mathrm{p}/L_\mathrm{n} \to \infty$ und der Ausdruck in der eckigen Klammer gegen eins, so daß $T_\mathrm{T} = \tau_\mathrm{n}/2$. Die durch Kleinsignalanalyse ermittelte Diffusionskapazität ist demnach um den Faktor 1/2 kleiner als das Ergebnis $T_\mathrm{T} = \tau_\mathrm{n}$ der quasistatischen Rechnung.

Metallkontakt. In einer Kurzbasisdiode mit Metallkontakt ($S_\mathrm{n} \to \infty$ so daß $\nu_\mathrm{n} \to 0$), vereinfacht sich der Ausdruck in der eckigen Klammer zu

$$1-\frac{d_\mathrm{p}}{L_\mathrm{n}}\frac{1}{\sinh(d_\mathrm{p}/L_\mathrm{n})\cosh(d_\mathrm{p}/L_\mathrm{n})} = 1-\frac{2d_\mathrm{p}}{L_\mathrm{n}}\frac{1}{\sinh(2d_\mathrm{p}/L_\mathrm{n})}.$$

Gilt zusätzlich $d_\mathrm{p} \ll L_\mathrm{n}$, so führt die Näherung $\sinh(x) \approx x + x^3/6$ auf

$$1-\frac{2d_\mathrm{p}}{L_\mathrm{n}}\frac{1}{\sinh(2d_\mathrm{p}/L_\mathrm{n})} \approx \frac{2}{3}\frac{d_\mathrm{p}^2}{L_\mathrm{n}^2} = \frac{2}{3}\frac{d_\mathrm{p}^2}{D_\mathrm{n}\tau_\mathrm{n}}$$

so daß $T_\mathrm{T} = d_\mathrm{p}^2/3D_\mathrm{n}$ was zwei Dritteln des quasistatischen Werts $d_\mathrm{p}^2/2D_\mathrm{n}$ entspricht.

Polysiliziumkontakt. Liegt ein Polysiliziumkontakt mit endlicher Oberflächenrekombinationsgeschwindigkeit vor, so liefert Entwickeln des Ausdrucks in der eckigen Klammer in zweiter Ordnung von $d_\mathrm{p}/L_\mathrm{n}$ die Transitzeit

$$T_\mathrm{T} \approx \tau_\mathrm{n} \frac{d_\mathrm{p}}{L_\mathrm{n}} \frac{\nu_\mathrm{n}(\nu_\mathrm{n} + d_\mathrm{p}/L_\mathrm{n})}{\nu_\mathrm{n} + (1+\nu_\mathrm{n}^2) d_\mathrm{p}/L_\mathrm{n}} \;; \tag{14.91}$$

in erster Ordnung verbleibt $T_\mathrm{T} \approx \tau_\mathrm{p}\nu_\mathrm{p} d_\mathrm{p}/L_\mathrm{n} = d_\mathrm{p}/S_\mathrm{n}$.

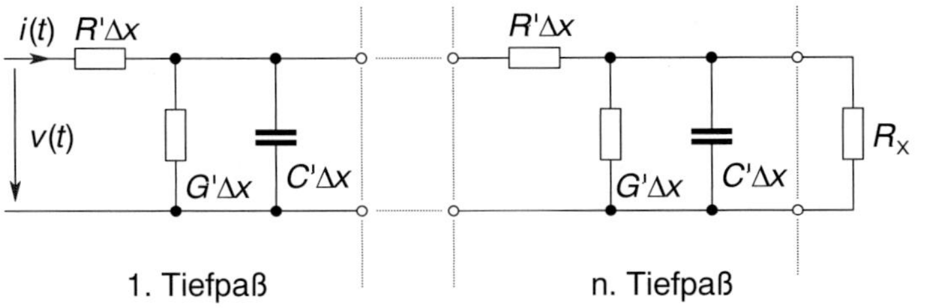

Abb. 14.31. Leitung als Ersatzschaltung zur verbesserten Beschreibung der Diffusionskapazität

Analogie zur Leitung. Eine verbesserte Beschreibung der HF-Eigenschaften ist prinzipiell möglich falls die Diffusionskapazität durch ein Netzwerk aus mehreren Bauelementen ersetzt wird. Dazu wird beobachtet, daß die zeitabhängige Kontinuitätsgleichung für Elektronen im p-Gebiet und die Stromgleichung für Elektronen im feldfreien Fall ($i_\mathrm{n}(x,t) = -A_\mathrm{j} J_\mathrm{n}(x,t)$)

$$-\frac{\partial}{\partial x} \Delta n_\mathrm{p}(x,t) = \frac{1}{e D_\mathrm{n} A_\mathrm{j}} i_\mathrm{n}(x,t) \tag{14.92}$$

$$-\frac{\partial}{\partial x} i_\mathrm{n}(x,t) = \frac{e A_\mathrm{j}}{\tau_\mathrm{n}} \Delta n_\mathrm{p}(x,t) + e A_\mathrm{j} \frac{\partial}{\partial t} \Delta n_\mathrm{p}(x,t) \tag{14.93}$$

dieselbe Form aufweisen, wie das Gleichungssystem für Spannung $v(x,t)$ und Strom $i(x,t)$ auf einer Leitung ohne Induktivitätsbelag L'

$$-\frac{\partial}{\partial x} v(x,t) = R' \, i(x,t) \tag{14.94}$$

$$-\frac{\partial}{\partial x} i(x,t) = G' \, v(x,t) + C' \frac{\partial}{\partial t} v(x,t) \tag{14.95}$$

Das zeitliche Verhalten von $\Delta n_\mathrm{p}(x,t)$ und $i_\mathrm{n}(x,t)$ kann demzufolge durch eine Leitung nachgebildet werden, falls die Zuordnungen

$$\Delta n_\mathrm{p}(x,t) = \Gamma \, v(x,t) \qquad \text{und} \qquad i_\mathrm{n}(x,t) = i(x,t) \tag{14.96}$$

getroffen werden, wobei Γ einen Faktor der Einheit $\mathrm{cm}^{-3}\mathrm{V}^{-1}$ bezeichnet. Durch Entwickeln der Shockleyschen Randbedingung bis zur ersten Ordnung des Kleinsignalanteils $v'_\sim(x,t)$ der Spannung an der Sperrschicht

$$n_\mathrm{p}(0,t) = n_\mathrm{p0} \exp\left(\frac{V' + v'_\sim(t)}{V_T}\right) \approx n_\mathrm{p0} \exp\left(\frac{V'}{V_T}\right)\left(1 + \frac{v'_\sim(t)}{V_T}\right) ,$$

ergibt für den Kleinsignalanteil der Überschußelektronendichte am Sperrschichtrand

$$\Delta n_\mathrm{p}(0,t) = n_\mathrm{p}(0) \, v'_\sim(t)/V_\mathrm{T} \, . \tag{14.97}$$

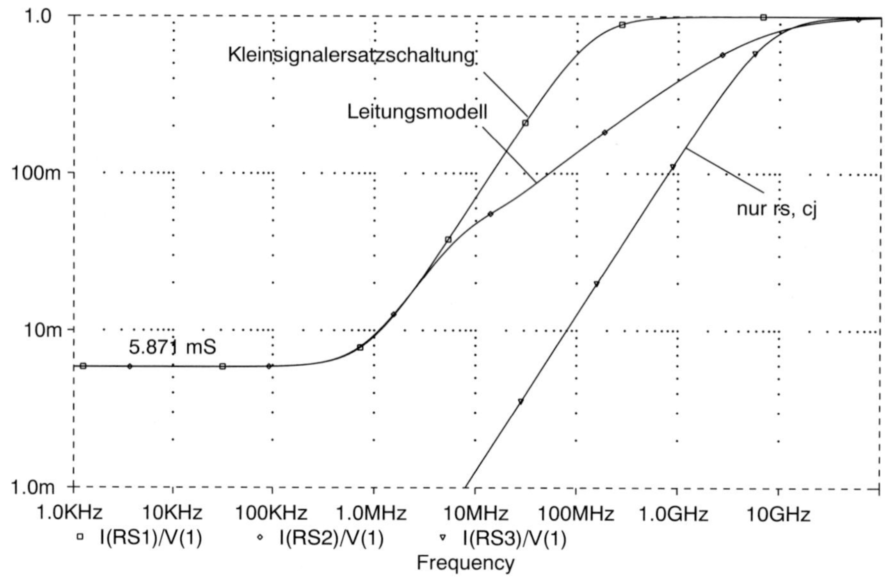

Abb. 14.32. Admittanz (Betrag) einer Diode nach Beispiel 14.3.2. Vergleich der Kleinsignalersatzschaltung mit dem Leitungsmodell

Die Wahl $\Gamma = n_\mathrm{p}(0)/V_T$ sorgt demnach dafür, daß $v'_\sim(t)$ der Spannung $v(0,t)$ des Leitungsmodells entspricht. Durch Koeffizientenvergleich folgen die Zuordnungen

$$R' = 1/(eD_\mathrm{n}A_\mathrm{j}\Gamma)\,, \qquad G' = eA_\mathrm{j}\Gamma/\tau_\mathrm{n} \quad \text{und} \quad C' = eA_\mathrm{j}\Gamma\,. \tag{14.98}$$

Die Länge des p-Bahngebiets und damit der Leitung sei d_p; der am Rand ankommende Elektronenstrom genügt mit der Rekombinationsgeschwindigkeit für Elektronen dort der Randbedingung $i_\mathrm{n} = eS_\mathrm{n}A_\mathrm{j}\Delta n_\mathrm{p}$. Dies kann in der Simulation durch Abschluß der Leitung mit einem ohmschen Widerstand vom Wert $R_\mathrm{X} = 1/(eS_\mathrm{n}A_\mathrm{j}\Gamma)$ nachgebildet werden. Damit gelangt man zu der in Abb. 14.31 dargestellten Ersatzschaltung.

Beispiel 14.3.2 Abbildung 14.32 zeigt ein Simulationsergebnis für eine mit $V' = 700\,\mathrm{mV}$ flußgepolte Diode (Silizium, $N_\mathrm{A} = 3\cdot 10^{16}\,\mathrm{cm^{-3}}$, $T = 300\,\mathrm{K}$, $\tau_\mathrm{n} = 3\,\mathrm{\mu s}$, $D_\mathrm{n} = 20\,\mathrm{cm^2/s}$, $A_\mathrm{j} = 10^{-4}\,\mathrm{cm^2}$, $d_\mathrm{p} = 10\,\mathrm{\mu m}$) mit einem Kontakt der Oberflächenrekombinationsgeschwindigkeit $S_\mathrm{n} = 5\cdot 10^3\,\mathrm{cm/s}$. Mit $L_\mathrm{n} = 77.5\,\mathrm{\mu m}$, folgt $\xi = 0.1291$ und $\nu_\mathrm{n} = 0.561$. Mit (14.89) und (14.90) folgt dann $g_\mathrm{d} = 5.905\,\mathrm{mS}$ und $T_\mathrm{T} = 0.188\,\mathrm{\mu s}$, so daß $c_t = T_\mathrm{T}g_\mathrm{d} = 1.11\,\mathrm{nF}$. Mit der parallel hierzu liegenden Sperrschichtkapazität $c_\mathrm{j} = 20\,\mathrm{pF}$ und dem Bahnwiderstand $r_\mathrm{s} = 1\,\Omega$ folgt die in Abb.14.32 gezeigte Frequenzabhängigkeit der Admittanz.

Für das Leitungsmodell wurden die Beläge $R' = 3.6182\,\Omega/\mathrm{\mu m}$, $C' = 138.2\,\mathrm{pF/\mu m}$ und $G' = 46.1\,\mathrm{\mu S/\mu m}$ sowie $R_\mathrm{X} = 144.7\,\Omega$ errechnet. Da das in PSPICE implementierte Modell der verlustbehafteten Leitung mit $L' = 0$ fragwürdige Ergebnisse liefert, wurde die Leitung über 20 RGC-Abschnitte beschrieben; die Länge der Abschnitte wurde dabei von Stufe zu Stufe um einen konstanten Faktor erhöht. Bei niederen Frequenzen liefert das Leitungsmodell erwartungsgemäß dasselbe Ergebnis, bei hohen Frequenzen ergeben sich deutliche Abweichungen. Δ

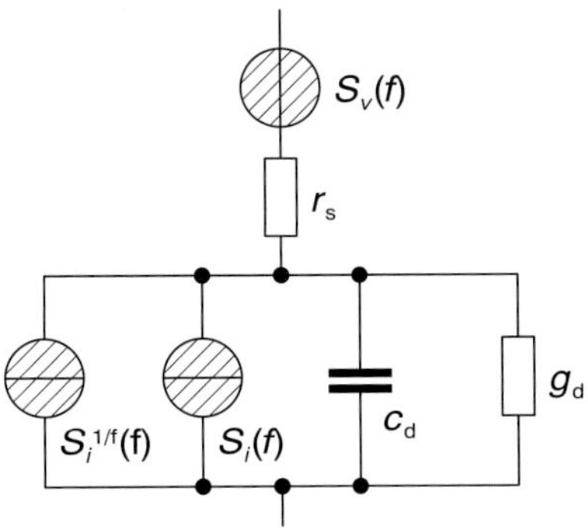

Abb. 14.33. Rauschersatzschaltung der pn-Diode

14.3.3 Rauschen der pn-Diode

Das Rauschen der pn-Diode setzt sich aus mehreren Anteilen zusammen:
1. Schrotrauschen[15] der die Sperrschicht überschreitenden Ladungsträger. Dieses wird charakterisiert durch eine Rauschstromquelle mit dem Spektrum

$$S_i(f) \;=\; 2e(I{+}2I_\mathrm{S})\;, \tag{14.99}$$

wobei im Flußbetrieb der Diode wegen $I \gg I_\mathrm{S}$ die Näherung $S_i(f) \approx 2eI$ gültig ist. Mit $g_\mathrm{d} = (I + I_\mathrm{S})/(NV_T)$ läßt sich dieser Ausdruck umformen zu

$$S_i(f) \;=\; 4Nk_\mathrm{B}Tg_\mathrm{d} - 2eI\;.$$

Bei hohen Frequenzen ist g_d durch den Realteil der Diodenadmittanz bei der jeweiligen Frequenz zu ersetzen

$$S_i(f) \;=\; 4Nk_\mathrm{B}T\,\mathrm{Re}\left(\underline{y}'(f)\right) - 2eI\;. \tag{14.100}$$

2. Rauschen im Serienwiderstand R_S. Dieses wird charakterisiert durch eine Rauschspannungsquelle mit dem Spektrum

$$S_v(f) \;=\; 4k_\mathrm{B}TR_\mathrm{S}\;. \tag{14.101}$$

3. $1/f$-Rauschen. Durch Generations- und Rekombinationsvorgänge in der Raumladungszone und an Oberflächenzuständen tritt ein mit zunehmender Frequenz abfallender Rauschbeitrag auf. Zur Beschreibung des zugehörigen Rauschstroms eignet sich i.allg. ein frequenzabhängiges Spektrum der Form

$$S_i^{1/f}(f) \;=\; K_\mathrm{F}\,|I/\mathrm{A}|^a/f^b; \qquad a \geq 1, b < 2\;. \tag{14.102}$$

Abbildung 14.33 zeigt eine Kleinsignalersatzschaltung der pn-Diode mit Rauschquellen, die diese Beiträge berücksichtigen. Da jeder der Beiträge eine andere physikalische Ursache aufweist, sind die Rauschquellen nicht korreliert. Wird eine `.NOISE`-Analyse durchgeführt, so ermittelt SPICE nach der Arbeitspunktberechnung die Elemente der Rauschersatzschaltung.

[15] Die physikalische Begründung dieses „Schrotrauschens“ ist im Rahmen dieses Buchs nicht möglich; es wird auf [4], Kap. 5 verwiesen.

14.4 Großsignalmodell der pn-Diode

Das Klemmenverhalten realer Dioden weicht mehr oder weniger stark von der idealen Diodenkennlinie ab und wird für die Schaltungssimulation durch eine *Ersatzschaltung* beschrieben. Gegenstand dieses Abschnitts ist das in SPICE verwendete Großsignalmodell der pn-Diode.

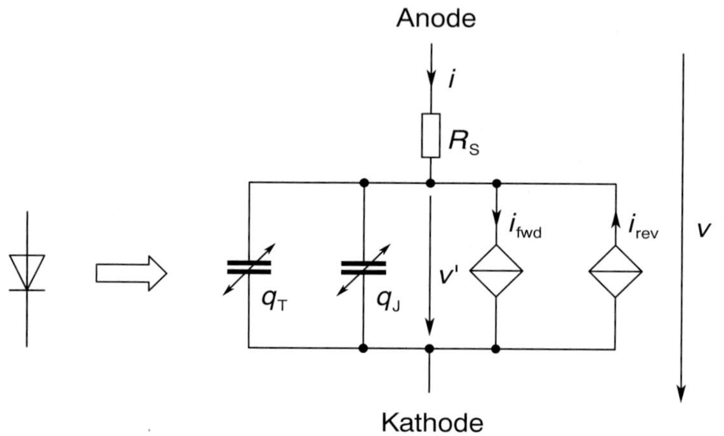

Abb. 14.34. Großsignalmodell für die Diode, wie sie in SPICE verwendet wird

14.4.1 Ersatzschaltung und Modellanweisung

Abbildung 14.34 zeigt das in PSPICE verwendete Diodenmodell. Dieses setzt sich zusammen aus einem Bahnwiderstand R_S, der Spannungsabfälle in den Anschlüssen erfaßt, spannungsgesteuerten Stromquellen zur Beschreibung der nichtlinearen Strom-Spannungs-Kennlinie in Fluß- bzw. Sperrichtung und nichtlinearen Kapazitäten. Die extern an der Diode anliegende Spannung v ist aufzuspalten in den Spannungsabfall am Bahnwiderstand und den an der Sperrschicht auftretenden Spannungsabfall v'.

Die von der Spannung v' gesteuerte Stromquelle i_{fwd} beschreibt den durch die Diode bei Flußpolung fließenden Strom; ihre Spannungsabhängigkeit verallgemeinert die ideale Diodenkennlinie durch das Erfassen nichtidealer Effekte. Die ebenfalls von der Spannung v' gesteuerte Stromquelle i_{rev} beschreibt die – in der idealen Diodentheorie nicht berücksichtigte – starke Zunahme des Sperrstroms im Bereich der Durchbruchspannung der Diode. Dies ermöglicht die Simulation von Dioden, die im Durchbruch betrieben werden (Z-Dioden).

Die Kapazitäten berücksichtigen die von v abhängigen Speicherladungen q_T und q_J in der Diode. Diese wird aufgespalten in die Sperrschichtladung und die Diffusionsladung in den Bahngebieten. Ladungsänderungen werden beschrieben durch Umladen von Sperrschichtkapazität c_j nach (14.66) und

Tabelle 14.1 Parameter des SPICE-Diodenmodells

Bedeutung	Parameter	Einheit	Ersatzwert
Flußbetrieb (DC)			
Sättigungsstrom	I_S, `IS`	A	1E-14
Emissionskoeffizient	N, `N`	-	1
Kniestrom	I_{KF}, `IKF`	A	∞
Sättigungsstrom der Leckstromdiode	I_{SR}, `ISR`	A	0
Emissionskoeffizient der Leckstromdiode	N_R, `NR`	-	2
Bahnwiderstand	R_S, `RS`	Ω	0
Sperrbetrieb (DC)			
Durchbruchskniespannung	B_V, `BV`	V	∞
Durchbruchskniestrom (1. Diode)	I_{BV}, `IBV`	A	1E-10
Emissionskoeffizient (1. Diode)	N_{BV}, `NBV`	-	1
Durchbruchskniestrom (2. Diode)	I_{BVL}, `IBVL`	A	0
Emissionskoeffizient (2. Diode)	N_{BVL}, `NBVL`	-	1
Kapazitäten			
Sperrschichtkapazität bei 0 V	C_{JO}, `CJO`	F	0
Diffusionsspannung	V_J, `VJ`	V	1
Gradationsexponent	M, `M`	-	0.5
c_j-Koeffizient	F_C, `FC`	-	0.5
Transitzeit	T_T, `TT`	s	0
Temperaturabhängigkeit			
Bandabstandsspannung ($= W_g/e$)	E_G, `EG`	V	1.11
Temperaturexponent für I_S	X_{TI}, `XTI`	-	3
TK für R_S (linear)	T_{RS1}, `TRS1`	K^{-1}	0
TK für R_S (quadratisch)	T_{RS2}, `TRS2`	K^{-2}	0
TK für B_V (linear)	T_{BV1}, `TBV1`	K^{-1}	0
TK für B_V (quadratisch)	T_{BV2}, `TBV2`	K^{-2}	0
TK für I_{KF} (linear)	T_{IKF}, `TIKF`	K^{-1}	0
Rauschen			
$1/f$-Rauschkoeffizient	K_F, `KF`	A^2	0
$1/f$-Rauschexponent	A_F, `AF`	-	1

Diffusionskapazität c_t. Die Diffusionsladung q_T bzw. Diffusionskapazität c_t wird durch den quasistatischen Ansatz (Kap. 14.2.2) beschrieben

$$q_T = T_T i_{fwd} \quad \text{bzw.} \quad c_t = T_T \, di_{fwd}/dv' . \qquad (14.103)$$

Elementanweisung. Die Elementanweisung für eine *Diode* in der SPICE-Netzliste besitzt die Form

```
D(name)      K_p      K_n      Mname      ⟨ AREA ⟩
```

Dabei bezeichnet `K_p` den Namen des Knotens, an den die Anode angeschlossen ist (p-Seite) und `K_n` den Namen des Knotens, an den die Kathode angeschlossen ist (n-Seite). `Mname` kennzeichnet das verwendete Diodenmodell,

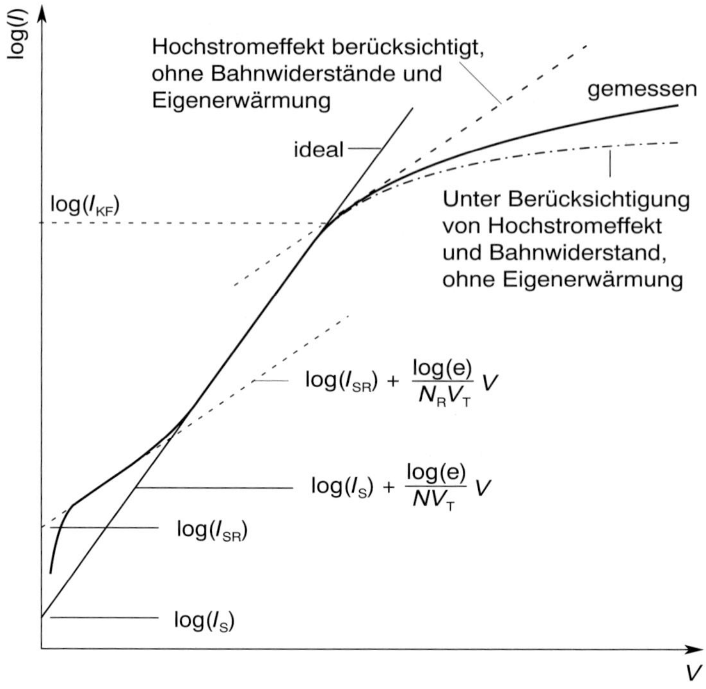

Abb. 14.35. Kennlinie einer pn-Diode bei Flußpolung unter Berücksichtigung nichtidealer Effekte

das in einer gesonderten `.MODEL`-Anweisung spezifiziert wird. `AREA` ist eine dimensionslose Zahl, mit der die flächenspezifischen Kenngrößen I_{S}, I_{SR}, I_{KF}, C_{JO} und I_{BV} multipliziert werden, während R_{S} durch diese Größe dividiert wird. Die Angabe ist optional; wird für `AREA` keine Größe angegeben, so wird automatisch `AREA = 1` angenommen.

Beispiel 14.4.1 Die Anweisungen

```
D3   17   19   DN1004
.MODEL   DN1004   D   (IS=1E-13 N=1.2 ISR=1E-10 NR=1.9 IKF=0.1
+ BV=100 IBV=1E-3 RS=1 TT=1E-9 CJO=1E-10 VJ=0.8 M=0.4)
```

beschreiben eine Diode zwischen Knoten 17 und 19 vom Typ DN1004 mit Kenngrößen, die in der gleichnamigen `.MODEL`-Anweisung definiert werden. Δ

Zur Beschreibung der Arbeitspunkt- und Temperaturabhängigkeit der Netzwerkelemente der Ersatzschaltung sind über 20 Parameter vorgesehen, die in Tabelle 14.1 aufgelistet sind. Wird eine Kenngröße nicht spezifiziert, so verwendet SPICE automatisch den in Tabelle 14.1 aufgeführten Ersatzwert.

14.4.2 Modellgleichungen

Kennlinien realer Dioden weichen gewöhnlich sowohl bei kleinen als auch bei großen Strömen vom Verhalten einer idealen Diode mit ohmschem Bahnwiderstand ab. Bei kleinen Strömen ist meist ein zusätzlicher Stromanteil – bedingt durch Rekombination in der Raumladungszone und an der Halbleiteroberfläche – zu beobachten.

Bei großen Strömen ergeben sich Abweichungen durch Hochinjektion (s.u.), die eine Abflachung der Kennlinie bedingen. Um diese Effekte zu erfassen, wurde das Diodenmodell um die Parameter I_{KR}, N_{R} und I_{SR} erweitert. Für die Beschreibung des im Flußbetrieb fließenden Diodenstroms $I = i_{\mathrm{fwd}}$ wird unter Vernachlässigung der Bahnwiderstände ($V = V'$) angesetzt

$$I = K_{\mathrm{inj}} I_{\mathrm{S}} \left[\exp\left(\frac{V}{N V_T} \right) - 1 \right] + K_{\mathrm{gen}} I_{\mathrm{SR}} \left[\exp\left(\frac{V}{N_{\mathrm{R}} V_T} \right) - 1 \right] \tag{14.104}$$

wobei

$$K_{\mathrm{inj}} = \left\{ 1 + \frac{I_{\mathrm{S}}}{I_{\mathrm{KF}}} \left[\exp\left(\frac{V}{N V_T} \right) - 1 \right] \right\}^{-1/2} \tag{14.105}$$

und

$$K_{\mathrm{gen}} = \left[(1 - V/V_{\mathrm{J}})^2 + 0.005 \right]^{M/2} \tag{14.106}$$

gilt. Der erste Term in Gl. (14.104) beschreibt den bereits bekannten, durch Generation bzw. Rekombination in den Bahngebieten hervorgerufenen Diodenstrom – der zusätzliche Faktor K_{inj} berücksichtigt Hochinjektion (vgl. Kap. 14.1.2). Der Faktor K_{inj} enthält als charakteristische Größe den temperaturabhängigen *Kniestrom*

$$I_{\mathrm{KF}}(T) = I_{\mathrm{KF}} \left[1 + T_{\mathrm{IKF}}(T - T_{\mathrm{nom}}) \right] ; \tag{14.107}$$

der Parameter T_{IKF} bezeichnet den Temperaturkoeffizienten des Kniestroms. Für $I_{\mathrm{S}} \left[\exp(V/NV_T) - 1 \right] \ll I_{\mathrm{KF}}$ gilt $K_{\mathrm{inj}} \approx 1$, Hochinjektonseffekte treten unter diesen Umständen nicht auf. Für $I_{\mathrm{S}} \left[\exp(V/NV_T) - 1 \right] \gg I_{\mathrm{KF}}$ gilt

$$K_{\mathrm{inj}} \approx \sqrt{\frac{I_{\mathrm{KF}}}{I_{\mathrm{S}}}} \exp\left(-\frac{V}{2NV_T} \right) ,$$

so daß für die Kennlinie der Diode

$$I \approx \sqrt{I_{\mathrm{S}} I_{\mathrm{KF}}} \exp\left(\frac{V}{2NV_T} \right) \tag{14.108}$$

folgt. Die logarithmische Darstellung der Diodenkennlinie flacht demzufolge für $I > I_{\mathrm{KF}}$ ab. Diesem Effekt ist der Einfluß des Bahnwiderstands sowie die vor allem bei größeren Dioden nicht mehr zu vernachlässigende, arbeitspunktabhängige *Eigenerwärmung*, die eine Aufsteilung der Kennlinie verursacht, überlagert (Abb. 14.35). Dieses Zusammenwirken mehrerer Effekte macht es in der Praxis schwierig, die einzelnen Kenngrößen eindeutig aus der DC-Kennlinie[16] zu bestimmen.

Der zweite Term in Gl. (14.104) berücksichtigt den durch Generation bzw. Rekombination in der Raumladungszone bedingten Beitrag zum Diodenstrom; K_{gen} erfaßt dabei die arbeitspunktabhängige Ausdehnung der Raumladungszone. Die Parameter I_{SR} und N_{R} werden durch Anpassen einer Gerade an den gemessenen Kennlinienverlauf im Bereich geringer Flußspannungen (Abb. 14.35) ermittelt[17].

---

[16] Deshalb werden häufig gepulste Messungen (vgl. Kap. 5.3.2) zur Bestimmung der Diodenkennlinie eingesetzt.

[17] Die Arbeitspunktabhängigkeit des Faktors K_{gen} wird dabei vernachlässigt, d. h. $K_{\mathrm{gen}} \approx 1$ angenommen, was angesichts der logarithmischen Auftragung gerechtfertigt ist.

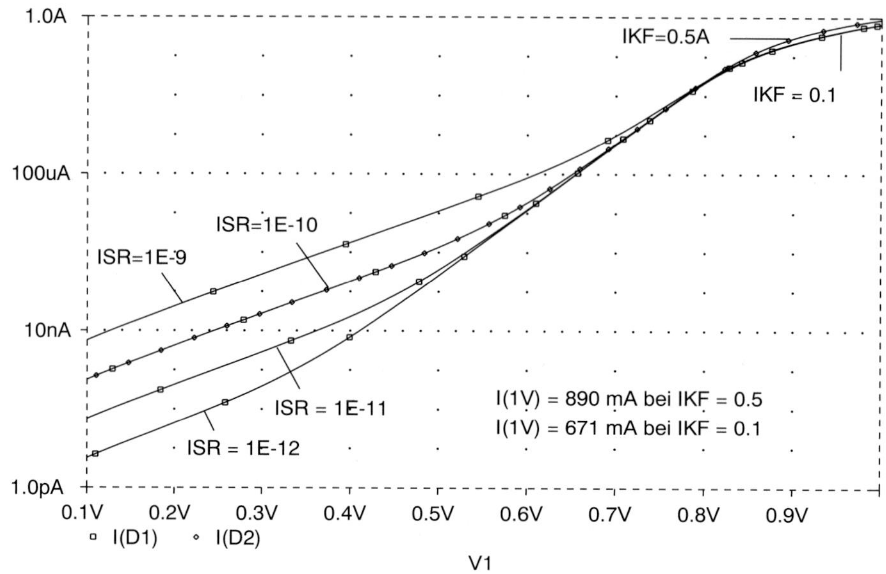

Abb. 14.36. Simulationsbeispiel zum Einfluß der Parameter I_{SR} und I_{KF} auf die Diodenkennlinie

Beispiel 14.4.2 Abbildung 14.36 zeigt wie sich die Parameter I_{SR} und I_{KF} auf die Diodenkennlinie auswirken. Neben den in der Abbildung angegebenen Kenngrößen wurden $I_{\mathrm{S}} = 1\,\mathrm{fA}$, $N = 1$ und $N_{\mathrm{R}} = 2$ sowie $R_{\mathrm{S}} = 0.1\,\Omega$ spezifiziert. Der Kniestrom I_{KF} wirkt sich nur bei großen Stromwerten aus: Bei 1 V und $I_{\mathrm{KF}} = 0.5$ A wird der Diodenstrom 890 mA errechnet, bei $I_{\mathrm{KF}} = 0.1$ A der Strom 671 mA. Die logarithmische Auftragung ist hier leicht irreführend, da die Kennlinien zu unterschiedlichem Kniestrom in der Auftragung nur geringfügig voneinander abweichen; dennoch steigt der Diodenstrom um ca ein Drittel beim Übergang vom kleineren zum größeren Kniestrom. Δ

Temperaturabhängigkeiten. Die Sättigungsströme werden durch exponentielle Temperaturabhängigkeiten gemäß (14.44) beschrieben; die Temperaturabhängigkeit von R_{S} kann über den linearen (T_{RS1}) und quadratischen (T_{RS2}) Temperaturkoeffizient definiert werden

$$R_{\mathrm{S}}(T) = R_{\mathrm{S}} \cdot \left[1 + T_{\mathrm{RS1}}(T - T_{\mathrm{nom}}) + T_{\mathrm{RS2}}(T - T_{\mathrm{nom}})^2 \right] . \tag{14.109}$$

Die Temperaturabhängigkeit der Sperrschichtkapazität wird durch den Ansatz

$$\begin{aligned} C_{\mathrm{JO}}(T) &= C_{\mathrm{JO}} \left\{ 1 + 4 \cdot 10^{-4}\, M(T - T_{\mathrm{nom}}) + \left[1 - \frac{V_{\mathrm{J}}(T)}{V_{\mathrm{J}}} \right] \right\} \\ V_{\mathrm{J}}(T) &= 1.16\,\mathrm{V} - \frac{7.02 \cdot 10^{-4}\, T^2}{T + 1108}\,\mathrm{V} + \frac{(V_{\mathrm{J}} - E_{\mathrm{G}})T}{T_{\mathrm{nom}}} - 3V_T \ln\left(\frac{T}{T_{\mathrm{nom}}} \right) \end{aligned}$$

erfaßt (T in K).

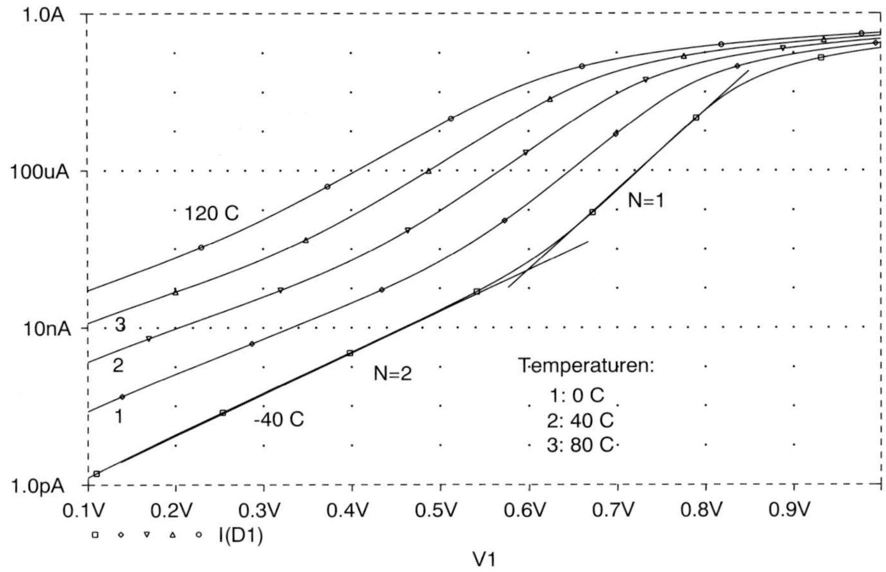

Abb. 14.37. Simulationsbeispiel zum Temperaturverhalten des Diodenmodells

Beispiel 14.4.3 Abbildung 14.37 zeigt die Kennlinie einer durch die Parameter $I_{\mathrm{S}} = 10\,\mathrm{fA}$, $N = 1$, $I_{\mathrm{SR}} = 0.1\,\mathrm{nA}$, $N_{\mathrm{R}} = 2$ und $R_{\mathrm{S}} = 1\,\Omega$ spezifizierten Diode für verschiedene Simulationstemperaturen. Da I_{S} deutlich stärker mit der Temperatur ansteigt als I_{SR} verliert der nichtideale Diodenstromanteil bei höherer Temperatur zunehmend an Bedeutung. Die Abnahme der Steigung in der logarithmischen Auftragung ist durch den Anstieg der Temperaturspannung V_T bedingt. Δ

Sperrverhalten. Der von SPICE berechnete Sperrstrom ist

$$I = -I_{\mathrm{R}} = -K_{\mathrm{gen}}\, I_{\mathrm{SR}} - I_{\mathrm{S}}\ . \tag{14.110}$$

Dieser Wert weicht jedoch häufig deutlich von gemessenen Sperrstromkennlinien ab, da Effekte wie die Generation von Ladungsträgern an der Si-SiO_2-Grenzfläche und Ladungsträgermultiplikation nicht korrekt [18] wiedergegeben werden.

In SPICE wird der starke Anstieg des Stroms im Durchbruch durch die von v' gesteuerte Stromquelle i_{rev} mit der Strom-Spannungs-Beziehung

$$i_{\mathrm{rev}} = I_{\mathrm{BV}} \exp\left(-\frac{v'+B_{\mathrm{V}}}{N_{\mathrm{BV}} V_T}\right) + I_{\mathrm{BVL}} \exp\left(-\frac{v'+B_{\mathrm{V}}}{N_{\mathrm{BVL}} V_T}\right) \tag{14.111}$$

beschrieben (vgl. Kap. 15). Diese Beziehung ist nicht durch ein physikalisches Modell begründet – die Parameter I_{BV}, N_{BV}, I_{BVL} und N_{BVL} müssen an gemessene Kennlinien angepaßt werden. Die Vorgehensweise bei der Parameterbestimmung verläuft dabei ähnlich wie bei der Bestimmung von Sättigungsstrom und Emissionskoeffizient (vgl. Kap. 14.1.3). Die Temperaturabhängigkeit von B_{V} wird im Diodenmodell

[18] Das ist für die Praxis jedoch meist ohne Belang, da es bei den Sperrströmen gewöhnlich weniger auf den genauen Verlauf, als auf das Einhalten bestimmter Grenzen ankommt.

durch den linearen Temperaturkoeffizienten (T_{BV1}) und den quadratischen Temperaturkoeffizienten (T_{BV2}) erfaßt.

$$B_V(T) = B_V \left[1 + T_{BV1}(T - T_{nom}) + T_{BV2}(T - T_{nom})^2 \right] . \tag{14.112}$$

Das Modell eignet sich zur Nachbildung der Sperrkennlinie bei Zener- oder Lawinendurchbruch – der thermische Durchbruch kann nicht erfaßt werden.

14.4.3 Modellgenauigkeit und Bauteiltoleranzen

Macht man von sämtlichen Parametern der Tabelle 14.1 Gebrauch, so ist in der Regel eine recht genaue Nachbildung gemessener Diodenkennlinien möglich. Der Verlauf einer Diodenkennlinie bei einer bestimmten Temperatur wird vom Hersteller jedoch nur mit einem typabhängig mehr oder weniger großen *Streubereich* spezifiziert.

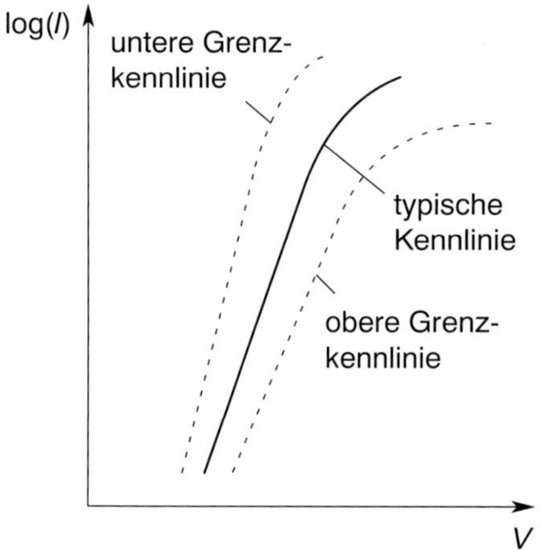

Abb. 14.38. Streubereich der Diodenkennlinie

Abbildung 14.38 zeigt einen typischen Verlauf und zwei Grenzkennlinien, die den möglichen Streubereich markieren. Nun stellt sich natürlich die Frage: Ist es überhaupt sinnvoll *eine* Kennlinie so genau zu modellieren, wenn die Bauteilkenngrößen derartig starken Schwankungen unterworfen sind? Und: Durch welchen Parametersatz soll die Kennlinie beschrieben werden?

Die Antwort auf diese Fragen wird vom jeweiligen Anwendungsfall abhängen. Wird die Simulation verwendet, um Ergebnisse der analytischen Dimensionierungsrechnung zu bestätigen, so genügt in der Regel ein typischer Parametersatz. Um die Funktion einer Schaltung auch unter ungünstigen Bedingungen sicherzustellen, muß jedoch die Streuung der Bauteilkenngrößen ebenso wie der zulässige Temperaturbereich berücksichtigt werden. Die Schaltungssimulation bietet hier Einblicke, die mit Versuchsschaltungen nur sehr schwer gewonnen werden können, da das spezifizierte Grenzverhalten der Bauelemente durch geeignete Wahl der Parameter nachgebildet und der Einfluß einzelner Bauteilkenngrößen auf das Verhalten der Schaltung gezielt studiert werden kann. Insbesondere bei der Entwicklung integrierter Schaltungen sind solche Untersuchungen von größter Bedeutung. Dort sind auch möglichst genaue Modelle gefragt, mit Parametern die einen klaren physikalischen Bezug aufweisen, damit die Streuung der Bauteilkenngrößen aus den bekannten Prozeßschwankungen (z. B. Schwankungen der Oxiddicke) ermittelt werden kann.

Um den ungünstigsten Fall durch Simulation zu erfassen, werden in der Regel zwei Simulationsreihen – entsprechend der minimal und der maximal zulässigen Umgebungstemperatur – durchgeführt.[19] PSPICE bietet zwei Anweisungen um den Einfluß von Bauteiltoleranzen in der Simulation zu berücksichtigen: die `.WCASE`-Anweisung und die `.MC`-Anweisung. Die `.MC`-Anweisung bedingt dabei eine vom Anwender zu bestimmende Zahl von Simulationsläufen mit jeweils neuen Bauteilkenngrößen, die mit einem Zufallszahlengenerator entsprechend einer vorgegebenen Verteilung (in der Regel Gauß-Verteilung) erzeugt werden. Auf diesem Weg kann die Streuung der Schaltungseigenschaften ermittelt werden. Die `.WCASE`-Anweisung verursacht eine Worst-case-Analyse der Schaltung. Dabei wird zunächst ein Simulationslauf durchgeführt, bei dem für jeden Parameter der in der `.MODEL`-Anweisung spezifizierte typische Wert verwendet wird. Für jeden streubehafteten Parameter wird nun ein weiterer Simulationslauf durchgeführt, in dem nur dieser Parameter gegenüber dem typischen Parametersatz verändert ist. Auf diesem Weg ergibt sich eine Empfindlichkeitsanalyse. Der Worst-case-Fall liegt dann vor, wenn sämtliche Bauteilstreuungen zu einer Abweichung mit demselben Vorzeichen führen. Dieser Fall wird zum Abschluß simuliert.

Der *Worst-case-Fall* ist extrem unwahrscheinlich, da sämtliche Parameter bis zur Grenze des zulässigen Streubereichs in die ungünstigste Richtung verändert wurden. Erfüllt die simulierte Schaltung unter den sehr pessimistischen Annahmen der Worst-case-Analyse die geforderte Spezifikation, so wird dies i. allg. auch für den praktischen Schaltungsaufbau gelten. Die Worst-case-Analyse wird deshalb in der Regel zu Beginn einer solchen, Bauteilschwankungen erfassenden, Analyse gemacht. Genügt das Ergebnis der Worst-case-Analyse der optimierten Schaltung nicht der geforderten Spezifikation, so kann die zu erwartende *Ausbeute*, also der Anteil der Schaltungen, der in der Spezifikation liegt, durch Monte-Carlo-Analyse ermittelt werden.

[19] Liegt eine *Eigenerwärmung* der Bauteile vor, so ist die obere Grenztemperatur durch die Umgebungstemperatur zuzüglich der Übertemperatur aufgrund der Eigenerwärmung bestimmt. Der Designer muß in der Lage sein, diese Temperatur abzuschätzen, da eine Eigenerwärmung von PSPICE (zumindest derzeit) nicht berücksichtigt wird. Als Hilfsmittel kann die bei der Arbeitspunktberechnung ermittelte Verlustleistung (ausgedruckt in der `.OUT`-Datei) dienen. In Verbindung mit dem Wärmewiderstand zur Umgebung kann so die Übertemperatur abgeschätzt werden. Dieser Ansatz ist beim Entwurf integrierter Schaltungen vergleichsweise unproblematisch, da hier eine gute thermische Kopplung zwischen den Bauteilen besteht, die in der Regel die Annahme einer einheitlichen Chiptemperatur rechtfertigt. Bei der Simulation von Schaltungen aus diskreten Bauteilen ist die im jeweiligen Bauteil umgesetzte Verlustleistung maßgeblich.

14.5 Heteroübergänge

Heteroübergänge treten an der Grenzfläche zwischen unterschiedlichen Halbleitermaterialien auf. Die unterschiedliche Bandstruktur der Halbleitermaterialien führt dabei zu einem Potentialunterschied an der Grenzfläche, der das elektrische Verhalten beeinflußt. Die folgende Betrachtung beschränkt sich auf ideale Heteroübergänge die keine Grenzflächenzustände aufweisen. Dies erfordert, daß jedes Atom an der Oberfläche des einen Halbleiters Bindungspartner im gegenüberliegenden Halbleiterkristall findet. Das wiederum ist nur möglich, falls beide Halbleiter identische Kristallstruktur mit annähernd identischer Gitterkonstante aufweisen. Andernfalls würden unvollständig abgesättigte Bindungsorbitale zu unerwünschten Grenzflächenzuständen führen [19].

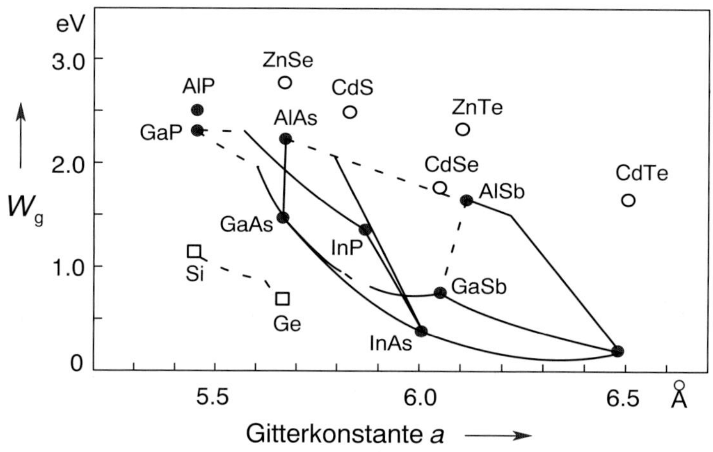

Abb. 14.39. Zusammenhang zwischen Energielücke und Gitterkonstante a für einige gebräuchliche Halbleiter. Die Linien zwischen Punkten, die für reine Halbleitermaterialien stehen kennzeichnen Mischkristalle, durchgezogene Linien kennzeichnen Halbleiter mit direkter Energielücke (nach [19])

Abbildung 14.39 zeigt die Energielücke gebräuchlicher Halbleitermaterialien aufgetragen über der Gitterkonstante a. Ein idealer Heteroübergang besteht aus zwei Halbleitern mit identischer Gitterkonstante, wie dies etwa bei $Ga_xAl_{1-x}As$ Mischkristallen erreicht werden kann.

Heteroübergänge auf Siliziumsubstrat wurden durch Aufwachsen dünner Ge_xSi_{1-x}-Mischkristallschichten auf Si-Substraten ermöglicht.[20] Die Schichten müssen so dünn sein, daß die durch die unterschiedlichen Gitterkonstanten bedingten mechanischen Spannungen vom Festkörper aufgefangen werden und keine Versetzungen entstehen.

[20] Silizium könnte prinzipiell mit GaP Heteroübergänge bilden; wegen Schwierigkeit mit dem Wachstum homogener Schichten und Problemen der Dotierung wird dieser Ansatz in der Praxis nicht verwendet [19].

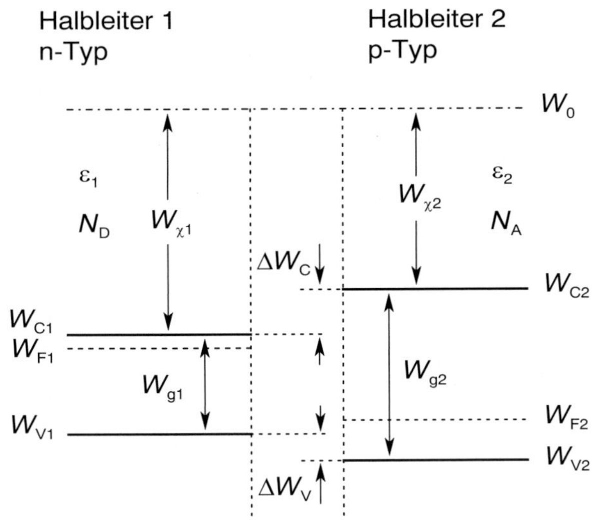

Abb. 14.40. Eindimensionales Bandschema für die Komponenten eines Heteroübergangs vor Zusammenfügen der Komponenten. W_0 bezeichnet die Energie eines Elektrons, das in der Lage ist, das Material zu verlassen

14.5.1 Thermisches Gleichgewicht

Abbildung 14.40 zeigt das eindimensionale Bandschema der Komponenten des Heteroübergangs vor Herstellen des Kontakts. Bei nicht zu großer Dotierung sind die Elektronendichten auf beiden Seiten des Heteroübergangs näherungsweise durch

$$n_{\mathrm{n0}} \approx N_{\mathrm{C1}} \exp\left(\frac{W_{\mathrm{F1}} - W_{\mathrm{C1}}}{k_{\mathrm{B}}T}\right) \quad \text{und} \quad n_{\mathrm{p0}} \approx N_{\mathrm{C2}} \exp\left(\frac{W_{\mathrm{F2}} - W_{\mathrm{C2}}}{k_{\mathrm{B}}T}\right)$$

gegeben, wobei N_{C1} und N_{C2} die effektiven Zustandsdichten im Leitungsband bezeichnen. Im thermischen Gleichgewicht muß nach Herstellen des Kontakts die Bedingung $W_{\mathrm{F1}} = W_{\mathrm{F2}} = W_{\mathrm{F}}$ erfüllt sein (Abb. 14.41). Aus der Beziehung

$$W_{\mathrm{C2}} - W_{\mathrm{C1}} = eV_{\mathrm{J}} + \Delta W_{\mathrm{C}} , \tag{14.113}$$

mit einem Leitungsbandsprung

$$\Delta W_{\mathrm{C}} = W_{\chi 1} - W_{\chi 2} \tag{14.114}$$

der aus den Werten der Elektronenaffinität der Halbleitermaterialien ermittelt wird, ergibt sich die Relation

$$n_{\mathrm{p0}} = n_{\mathrm{n0}} \frac{N_{\mathrm{C2}}}{N_{\mathrm{C1}}} \exp\left(-\frac{V_{\mathrm{J}}}{V_T}\right) \exp\left(-\frac{\Delta W_{\mathrm{C}}}{k_{\mathrm{B}}T}\right) = \Lambda_{\mathrm{n}} n_{\mathrm{n0}} \tag{14.115}$$

zwischen den Elektronendichten auf beiden Seiten des Heteroübergangs. Analog ergibt sich aus

$$W_{\mathrm{V2}} - W_{\mathrm{V1}} = eV_{\mathrm{J}} + W_{\mathrm{V2}}(0^+) - W_{\mathrm{V1}}(0^-) = eV_{\mathrm{J}} + \Delta W_{\mathrm{V}}$$

sowie

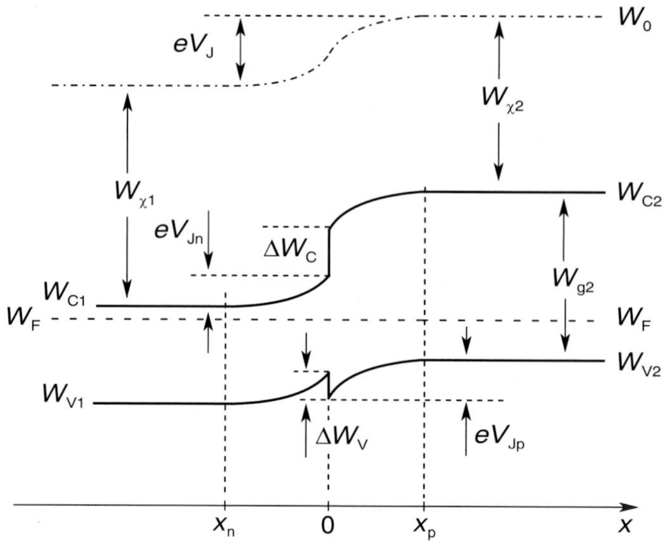

Abb. 14.41. Eindimensionales Bandschema eines Heteroübergangs nach Herstellung des Kontakts ($\Delta W_\mathrm{C} > 0$, $\Delta W_\mathrm{V} < 0$)

$$p_{\mathrm{n0}} \approx N_{\mathrm{V1}} \exp\left(\frac{W_{\mathrm{V1}} - W_{\mathrm{F1}}}{k_\mathrm{B}T}\right) \quad \text{und} \quad p_{\mathrm{p0}} \approx N_{\mathrm{V2}} \exp\left(\frac{W_{\mathrm{V2}} - W_{\mathrm{F2}}}{k_\mathrm{B}T}\right) ,$$

der folgende Zusammenhang zwischen den Löcherdichten auf beiden Seiten des Heteroübergangs:

$$p_{\mathrm{n0}} = p_{\mathrm{p0}} \frac{N_{\mathrm{V1}}}{N_{\mathrm{V2}}} \exp\left(-\frac{V_\mathrm{J}}{V_T}\right) \exp\left(-\frac{\Delta W_\mathrm{V}}{k_\mathrm{B}T}\right) = \Lambda_\mathrm{p} p_{\mathrm{p0}} . \tag{14.116}$$

Berücksichtigen wir die Beziehungen

$$n_\mathrm{i}^2(x_\mathrm{n}) = N_{\mathrm{C1}} N_{\mathrm{V1}} \exp(-W_{\mathrm{g1}}/k_\mathrm{B}T) \tag{14.117}$$

und

$$n_\mathrm{i}^2(x_\mathrm{p}) = N_{\mathrm{C2}} N_{\mathrm{V2}} \exp(-W_{\mathrm{g2}}/k_\mathrm{B}T) , \tag{14.118}$$

so ergibt sich für Λ_n und Λ_p

$$\Lambda_\mathrm{n} = \frac{n_\mathrm{i}^2(x_\mathrm{p})}{n_{\mathrm{n0}} p_{\mathrm{p0}}} \quad \text{und} \quad \Lambda_\mathrm{p} = \frac{n_\mathrm{i}^2(x_\mathrm{n})}{n_{\mathrm{n0}} p_{\mathrm{p0}}} , \tag{14.119}$$

wobei $n_{\mathrm{n0}} \approx N_\mathrm{D}$ und $p_{\mathrm{p0}} \approx N_\mathrm{A}$. Die *Diffusionsspannung* V_J kann aus Abb. 14.41 abgelesen werden

$$\begin{aligned} V_\mathrm{J} &= \frac{W_{\mathrm{g2}} - \Delta W_\mathrm{C}}{e} - \frac{W_{\mathrm{C1}} - W_\mathrm{F}}{e} - \frac{W_\mathrm{F} - W_{\mathrm{V2}}}{e} \\ &= \frac{W_{\mathrm{g1}} - \Delta W_\mathrm{V}}{e} - \frac{W_{\mathrm{C1}} - W_\mathrm{F}}{e} - \frac{W_\mathrm{F} - W_{\mathrm{V2}}}{e} , \end{aligned}$$

wobei die Werte für $W_{\mathrm{C1}} - W_\mathrm{F}$ und $W_\mathrm{F} - W_{\mathrm{V2}}$ wie im Fall des Homoübergangs angesetzt werden, d.h.

$$W_{C1} - W_F = k_B T \ln(N_{C1}/n_{n0}) \approx k_B T \ln(N_{C1}/N_D) \,, \tag{14.120}$$

$$W_F - W_{V2} = k_B T \ln(N_{V2}/p_{p0}) \approx k_B T \ln(N_{V2}/N_A) \,. \tag{14.121}$$

Die Diffusionsspannung kann in den Anteil

$$V_{Jn} = \frac{N_A \epsilon_2}{N_D \epsilon_1 + N_A \epsilon_2} V_J = k V_J \tag{14.122}$$

der auf der n-Typ Seite abfällt und den Anteil

$$V_{Jp} = \frac{N_D \epsilon_1}{N_D \epsilon_1 + N_A \epsilon_2} V_J = (1-k) V_J \tag{14.123}$$

der auf der p-Typ Seite abfällt aufgeteilt werden.

14.5.2 Flußpolung

Abbildung 14.42 zeigt den unstetigen Verlauf der Bandkante eines abrupten Heteroübergangs mit angelegter Flußspannung V'. Der vom n-Typ- ins p-Typ-Gebiet fließende Elektronenstrom muß eine Potentialbarriere der Höhe

$$eV_n = ek(V_J - V') \,,$$

überwinden, wobei k nach (14.122) definiert ist. Wird dieser Strom als rein thermischer Emissionsstrom aufgefaßt, der der Richardson-Gleichung genügt, so resultiert die Stromdichte

$$J_{np} = -A_1^* T^2 \exp\left(-\frac{V_n}{V_T}\right) \,,$$

wobei A_1^* die Richardson-Konstante von Halbleiter 1 bezeichnet. Der Elektronenstrom vom p-Typ zum n-Typ Halbeiter muß eine Potentialbarriere der Höhe

$$\Delta W_C - eV_p = \Delta W_C - e(1-k)(V_J - V') \,,$$

überwinden, was auf die Stromdichte

$$J_{pn} = -A_2^* T^2 \exp\left(-\frac{\Delta W_C/e - V_p}{V_T}\right) \,,$$

führt, wobei A_2^* die Richardson-Konstante von Halbeiter 2 bezeichnet. Da sich die beiden Ströme im thermischen Gleichgewicht ($V' = 0$) die Waage halten, muß die Bedingung

$$\frac{A_2^*}{A_1^*} = \exp\left(\frac{\Delta W_C/e - V_J}{V_T}\right)$$

unter den Richardson-Konstanten auf beiden Seiten des Kontakts erfüllt sein. Bei Flußpolung werden sich die beiden Stromkomponenten nicht mehr länger

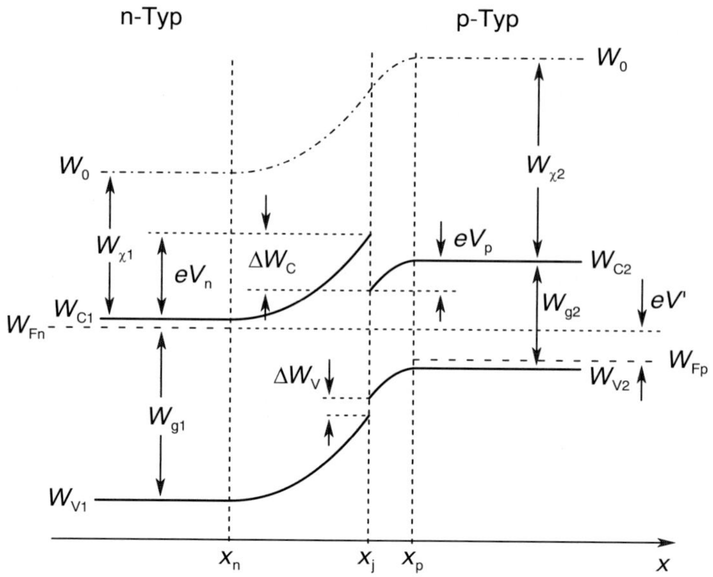

Abb. 14.42. Eindimensionales Bandschema eines abrupten Heteroübergangs zwischen einem n-Typ Halbeiter mit großer Energielücke und einem p-Typ Halbleiter. Diese Situation tritt z.B. in einem npn HBT mit „wide-gap emitter“auf.

kompensieren. So resultiert die Stromdichte $J = J_{\mathrm{np}} - J_{\mathrm{pn}}$, die sich in der Form

$$\begin{aligned} J &= -A_1^* T^2 \left[\exp\left(-\frac{V_\mathrm{n}}{V_T}\right) - \frac{A_2^*}{A_1^*} \exp\left(-\frac{\Delta W_\mathrm{C}/e - V_\mathrm{p}}{V_T}\right)\right] \\ &= -A_1^* T^2 \exp\left(-\frac{kV_\mathrm{J}}{V_T}\right) \left[\exp\left(\frac{kV'}{V_T}\right) - \exp\left(\frac{(k-1)V'}{V_T}\right)\right] \end{aligned} \quad (14.124)$$

schreiben läßt. Der Wert von k hängt von den Dotierstoffkonzentrationen auf beiden Seiten des Heteroübergangs ab. Gilt $N_\mathrm{D} \ll N_\mathrm{A}$, so ist $k \approx 1$, und

$$J_\mathrm{n} \approx -A_1^* T^2 \exp\left(-\frac{V_\mathrm{J}}{V_T}\right) \left[\exp\left(\frac{V'}{V_T}\right) - 1\right] . \quad (14.125)$$

Unter diesen Umständen gibt es keine „Delle“ in der Leitungsbandkante auf der p-Typ-Seite ($eV_\mathrm{p} \approx 0$), und es resultiert eine exponentielle Strom-Spannungs-Kennlinie mit Emissionskoeffizient $N = 1$. Diese Situation ist typisch für die EB-Diode in einem Heterostruktur-Bipolartransistor (HBT) mit stark dotierter Basis und Emitter mit großer Energielücke (wide-gap emitter)[21].

Das vorgestellte Modell der thermischen Emission von Ladungsträgern über den Heteroübergang liefert kein vollständiges Bild der Vorgänge in einem flußgepolten Heteroübergang. Dient das p-Typ Gebiet beispielsweise als Basis eines HBT, so ergibt sich aus (14.125) – entgegen der Erwartung – kein Einfluß

[21] Ist die Dotierstoffkonzentration auf der p-Typ-Seite in der gleichen Größenordnung wie auf der n-Typ-Seite, so ist k kleiner als eins und es ergibt sich eine exponentielle Strom-Spannungs-Kennlinie mit Emissionskoeffizient $N = 1/k$ [20].

der Basisweite auf den Transferstrom. Für eine vollständige Beschreibung des Heteroübergangs werden Randbedingungen für die Minoritätsladungsträgerdichten bei x_n und x_p benötigt. Wie eine genauere Untersuchung[22] zeigt, sind die Quasi-Fermi-Potentiale für Elektronen und Löcher am stromführenden Heteroübergang nicht konstant.

14.5.3 Sperrschichtkapazität

Hier wird die Sperrschichtkapazität des abrupten Heteroübergangs betrachtet. Der Heteroübergang sei bei $x_j = 0$, die Lage der Sperrschichtränder wird mit x_n und x_p bezeichnet. Weisen beide Seiten eine homogene Dotierung auf, so sind die Potentialdifferenzen V_n und V_p auf beiden Seiten des metallurgischen Übergangs

$$V_n = \frac{eN_D x_n^2}{2\epsilon_1} \quad \text{und} \quad V_p = \frac{eN_A x_p^2}{2\epsilon_2} .$$

Mit der *Neutralitätsbedingung* $eN_D|x_n| = eN_A x_p$ und der gesamten Potentialdifferenz über dem Heteroübergang $V_n + V_p = V_J - V'$, läßt sich die Lage der Sperrschichtränder berechnen

$$|x_n| = \sqrt{\frac{2N_A\epsilon_1\epsilon_2(V_J - V')}{eN_D(\epsilon_1 N_D + \epsilon_2 N_A)}} \tag{14.126}$$

und

$$x_p = \sqrt{\frac{2N_D\epsilon_1\epsilon_2(V_J - V')}{eN_A(\epsilon_1 N_D + \epsilon_2 N_A)}} . \tag{14.127}$$

Aus diesen Beziehungen ergibt sich die Sperrschichtkapazität[23] des abrupten Heteroübergangs

$$c_j(V') = -eN_A A_j \frac{dx_p}{dV'} = \frac{C_{JO}}{\sqrt{1 - V'/V_J}} ,$$

wobei

$$C_{JO} = A_j \sqrt{\frac{e\epsilon_1\epsilon_2 N_A N_D}{2(\epsilon_1 N_D + \epsilon_2 N_A)V_J}} . \tag{14.128}$$

Im Sonderfall $\epsilon_1 = \epsilon_2 = \epsilon$ reduziert sich diese Beziehung auf das Ergebnis (14.70) für den gewöhnlichen pn-Übergang.

[22] Vgl. z.B. [4] und die dort angegebenen Literaturhinweise.

[23] Diese kann als Reihenschaltung von zwei Kapazitäten auf beiden Seiten des Heteroübergangs aufgefaßt werden, d.h.

$$\frac{1}{c_j} = \left(\frac{\epsilon_1 A_j}{|x_n|}\right)^{-1} + \left(\frac{\epsilon_2 A_j}{x_p}\right)^{-1} , \quad \text{bzw.} \quad c_j = \frac{\epsilon_1\epsilon_2}{\epsilon_1 x_p + \epsilon_2 |x_n|} A_j .$$

14.6 Metall-Halbleiter-Kontakte

Metall-Halbleiter-Übergänge treten in der Elektronik immer dann auf, wenn metallische Anschlußdrähte mit Halbleiterbauelementen verbunden werden. Für derartige Anschlüsse ist ein sehr niedriger Kontaktwiderstand erwünscht, dessen Wert unabhängig von der Polarität der am Kontakt anliegenden Spannung ist. Daneben wird die gleichrichtende Wirkung[24] von Metall-Halbleiter-Übergängen in sog. *Schottky-Dioden*[25] ausgenutzt. Ob ein Metall-Halbleiter-Kontakt als Schottky-Diode oder als niederohmiger Kontakt wirkt, hängt von der Dotierung des Halbleitermaterials und von der Austrittsarbeit des kontaktierenden Metalls ab.

14.6.1 Schottky-Kontakte im thermischen Gleichgewicht

Das Bänderschema eines Metalls und eines davon getrennten n-Halbleiters ist in Abb. 14.43 zu sehen. Gemeinsame Bezugsenergie ist die *Vakuumenergie* W_0 – das ist die Energie, die ein Elektron mindestens haben muß, um den Festkörper verlassen zu können. Die Fermi-Energie W_{Fm} des Metalls liegt um dessen *Austrittsarbeit* W_{A} unterhalb der Vakuumenergie. Für den Halbleiter wird keine Austrittsarbeit definiert, sondern die sog. *Elektronenaffinität* W_χ. Diese Größe gibt die Energiedifferenz zwischen der Leitungsbandkante W_{C} des Halbleiters und der Vakuumenergie W_0 an.[26] Die Fermi-Energie W_{Fs} des Halbleiters liegt bei nicht zu starker Dotierung unterhalb der Leitungsbandkante in der Energielücke, wobei der energetische Abstand zur Bandkante durch die Dotierung festgelegt wird (Abb. 14.43). Der Abstand der Fermi-Energie W_{Fs} von der Vakuumenergie wird mit W_{S} bezeichnet.

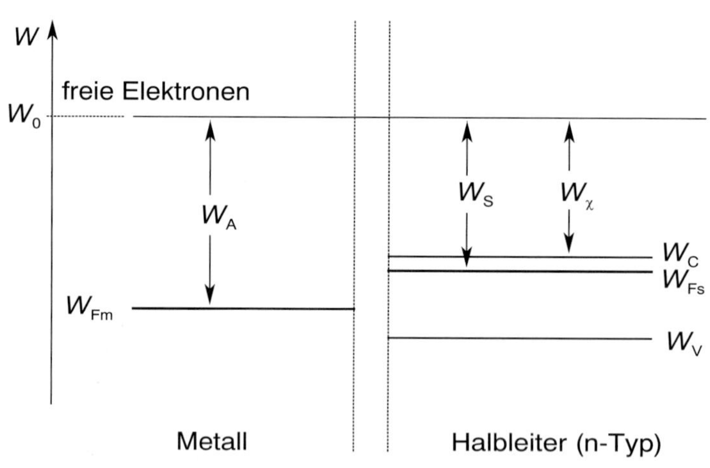

Abb. 14.43. Bänderschema eines Metalls und eines separaten n-Halbleiters

[24] Diese wurde bereits 1874 von Ferdinand Braun beobachtet, der eine Metallspitze mit der Oberfläche eines Bleiglanzkristalls in Kontakt brachte.

[25] Gelegentlich auch als Hot-carrier-Dioden bezeichnet.

[26] Gelegentlich wird die Elektronenaffinität χ auch als W_χ/e definiert.

Bringt man Metall und Halbleiter in Kontakt, so findet ein Elektronenaustausch statt: Das Material, dessen Fermi-Energie zuvor auf dem höheren Wert lag, gibt so lange Elektronen an das andere ab, bis die Fermi-Energie auf beiden Seiten denselben Wert aufweist. Bei dem in Abb. 14.43 betrachteten Beispiel gilt $W_{\mathrm{Fs}} > W_{\mathrm{Fm}}$: Der Halbleiter gibt deshalb beim Zusammenfügen der Komponenten Elektronen an das Metall ab. Wegen der nun nicht mehr vollständig neutralisierten Donatoren entsteht so im Halbleiter eine positive Raumladung und im Metall eine negative Oberflächenladung (Abb. 14.44). Am Kontakt tritt eine Potentialdifferenz auf, deren Wert durch die *Kontaktspannung* V_{J} gegeben ist

$$V_{\mathrm{J}} = \frac{W_{\mathrm{A}} - W_{\mathrm{S}}}{e} = \frac{W_{\mathrm{A}} - W_{\chi}}{e} - V_T \ln\left(\frac{N_{\mathrm{C}}}{N_{\mathrm{D}}}\right) . \tag{14.129}$$

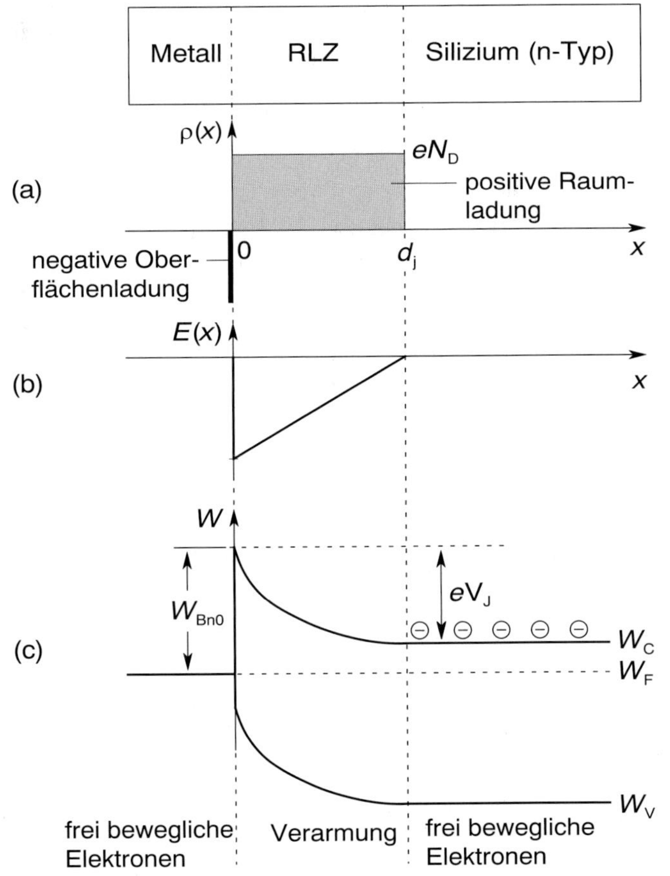

Abb. 14.44. Schottky-Diode im thermischen Gleichgewicht ($V = 0$). (**a**) Ladungsverteilung, (**b**) elektrische Feldstärke, (**c**) eindimensionales Bandschema

Ist der Wert der Kontaktspannung wie im betrachteten Beispiel positiv, gilt also $W_{\mathrm{A}} > W_{\mathrm{S}}$, so bildet der Metall-Halbleiter-Übergang einen sogenannten *Schottky-Kontakt*.

In Abb. 14.44 ist das Bandschema eines (idealisierten) Schottky-Kontakts für den Fall des thermischen Gleichgewichts dargestellt. Damit Elektronen vom Metall in den Halbleiter gelangen können müssen sie eine Barriere der Höhe $W_{\mathrm{Bn0}} = W_{\mathrm{A}} - W_{\chi}$ überwinden, in umgekehrter Richtung ist eine Barriere der Höhe $eV_{\mathrm{J}} = W_{\mathrm{Bn0}} - k_{\mathrm{B}}T \ln(N_{\mathrm{C}}/N_{\mathrm{D}})$ zu überwinden (Abb. 14.44 c). Wie bei der pn-Diode sind im thermischen Gleichgewicht die Ströme I_{MS} vom Metall in den Halbleiter und I_{SM} vom Halbleiter in das Metall entgegengesetzt gleich groß. Dieses Gleichgewicht wird durch Anlegen einer Spannung verschoben.

Barrierenhöhe, Schottky-Effekt

Die in einem realen Metall-Halbleiter-Kontakt von einem Elektron auf seinem Weg vom Metall zum Halbleiter zu überwindende Energiebarriere weicht aus mehreren Gründen vom Wert $W_{\mathrm{Bn0}} = W_{\mathrm{A}} - W_{\chi}$ ab.

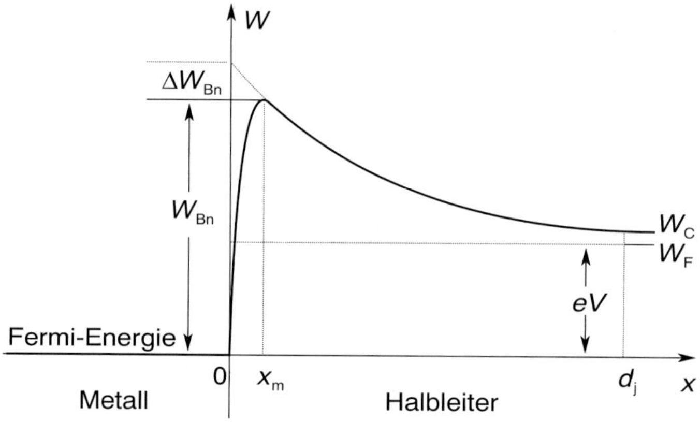

Abb. 14.45. Schottky-Effekt

1. *Schottky-Effekt*: Befindet sich ein Elektron im Halbleiter in der Nähe des Metall-Halbleiter-Übergangs, so verdrängt es aufgrund seiner negativen Ladung die Elektronen an der Metalloberfläche etwas. Diese wird wegen der unbeweglichen positiven Ionenrümpfe demzufolge leicht positiv geladen, was eine anziehende Wirkung auf das Elektron im Halbleiter ausübt (Bildladungskraft). Im Bänderschema wirkt sich dies in einer Absenkung der zu überwindenen Energiebarriere um (Abb. 14.45)

$$\Delta W_{\mathrm{Bn}} = W_{\mathrm{Bn0}} - W_{\mathrm{Bn}} \approx e\sqrt{\frac{e|E_{\mathrm{max}}|}{4\pi\epsilon_0\epsilon_{\mathrm{r}}}} \approx \left(\frac{e^3 N_{\mathrm{D}}(V_{\mathrm{J}}-V)}{8\pi^2\epsilon_0^3\epsilon_{\mathrm{r}}^3}\right)^{1/4} \qquad (14.130)$$

aus, wobei $|E_{\mathrm{max}}|$ den Maximalwert des elektrischen Felds am Kontakt angibt. Bei moderaten Feldstärken am Kontakt ($|E_{\mathrm{max}}| \approx 10^5$ V/cm) führt der Schottky-Effekt zu einer Absenkung von der Größenordnung 100 mV, ein Wert der mit zunehmender Feldstärke bzw. angelegter Sperrspannung anwächst.

2. Eine weitere Beeinflussung der Barrierenhöhe kommt durch die in der Praxis unvermeidbaren *Grenzflächenzustände* und eine dünne *Zwischenschicht* zwischen Metall und Halbleiter (z. B. Lageroxid) zustande [6,21]. Die Grenzflächenzustände sind lokalisierte Zustände, deren Energiewerte auch innerhalb der Energielücke liegen können

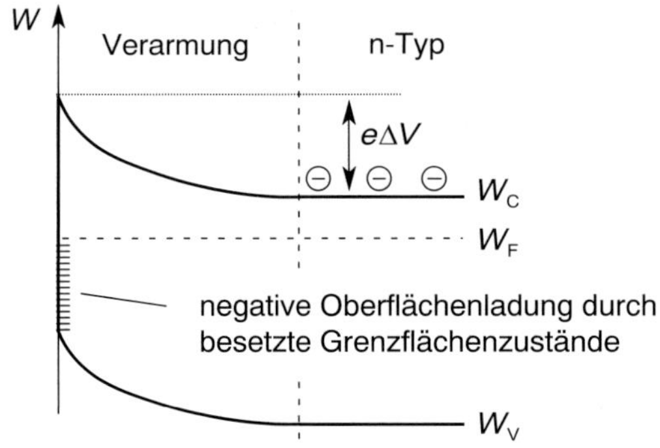

Abb. 14.46. Oberflächenzustände an der Grenzfläche zwischen Halbleiter und Metall im Bandschema

– sie treten an jeder Halbleiteroberfläche auf, da die zur Bandstruktur führende Gitterperiodizität dort unterbrochen wird [22]. Im thermischen Gleichgewicht sind die Grenzflächenzustände bis zur Fermi-Energie mit Elektronen gefüllt, was – auch in Abwesenheit eines Metalls – zu einer negativen Ladungsschicht an der Halbleiteroberfläche führt, die durch eine positive Raumladungszone neutralisiert wird (Abb. 14.46). Die mit der Raumladungszone verbundene Bandverbiegung $e\Delta V$ hängt von der Dichte der Grenzflächenzustände und ihrer Energieverteilung ab. Bei sehr hoher Dichte der Grenzflächenzustände wird die Barrierenhöhe dann nur noch durch die Grenzflächenzustände und nicht mehr durch die Austrittsarbeit des Metalls bestimmt.[27]

Wegen der genannten Einflüsse kann die Barrierenhöhe eines Schottky-Kontakts von der Herstellung abhängen; die in Tabelle 14.2 angegebenen Daten für W_{Bn} auf n-dotiertem Si und GaAs sind deshalb als Richtwerte zu verstehen.

Tabelle 14.2 Barrierenhöhen von Schottky-Kontakten auf Si und GaAs (n-Typ) [6]

Kontaktmaterial	Al	Au	Pt	W
W_{Bn}/eV auf Si	0.72	0.80	0.90	0.67
W_{Bn}/eV auf GaAs	0.8	0.90	0.84	0.80

14.6.2 Fluß- und Sperrpolung

Schottky-Kontakte sind wie pn-Übergänge gleichrichtend. In Flußrichtung fließen Elektronen vom n-Gebiet in das Metall – durch Ändern der angelegten Spannung ändert sich die Ausdehnung der Raumladungszone im Halbleiter und damit die Höhe der zu überwindenden Potentialbarriere, die proportional zur angelegten Flußspannung abnimmt (Abb. 14.47 a). Der Elektronenfluß vom Metall in den Halbleiter dagegen ist – hinreichend große Barrierenhöhen W_{Bn0} vorausgesetzt – klein und läßt sich nicht über die angelegte Spannung

[27]Eine Untersuchung der Zusammenhänge ist z. B. in [6] zu finden.

steuern, da diese keinen[28] Einfluß auf die beim Übergang vom Metall zum Halbleiter zu überwindende Barrierenhöhe hat.

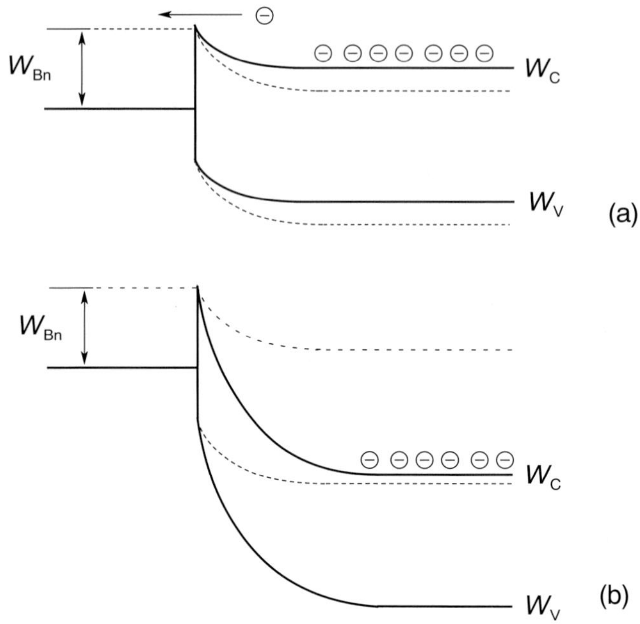

Abb. 14.47. Bänderschema der Schottky-Diode. (**a**) bei Flußpolung und (**b**) bei Sperrpolung

Der Strom in der Schottky-Diode fließt wie in der pn-Diode aufgrund einer *thermischen Anregung* der Ladungsträger über die Potentialbarriere. Ideale Schottky-Dioden weisen deshalb, wie pn-Dioden, eine exponentielle *Strom-Spannungs-Kennlinie* der Form

$$I = I_S \left[\exp\left(V/V_T\right) - 1 \right] \tag{14.131}$$

auf. Unterschiede zur pn-Diode liegen jedoch bei Größe und Temperaturabhängigkeit des Sättigungsstroms I_S vor. Für diesen ist anzusetzen

$$I_S = A_j A^* T^2 \exp\left(-\frac{W_{Bn}}{k_B T} \right) , \tag{14.132}$$

wobei A^* die sog. Richardson-Konstante bezeichnet. Der Wert von A^* liegt in der Größenordnung $100\,\mathrm{A/(cm^2\,K^2)}$; der genaue Wert ist durch Metall und Kristallorientierung des Halbleiters bestimmt [6]. Da $W_{Bn} < W_g$ gilt, weisen Schottky-Dioden i. allg. sehr viel höhere *Sättigungsströme* I_S auf als pn-Dioden derselben stromführenden Fläche. Als Konsequenz hieraus resultiert zum einen eine im Vergleich zu pn-Dioden deutlich reduzierte *Schleusenspannung*, zum anderen weisen Schottky-Dioden deutlich höhere *Sperrströme* auf

[28] Wegen des Schottky-Effekts ist dies nur näherungsweise richtig: Die Barrierenhöhe W_{Bn} verringert sich etwas mit zunehmender Feldstärke in der Sperrschicht, d. h. mit zunehmendem Wert der angelegten Sperrspannung.

als entsprechende pn-Dioden und haben eine vergleichsweise geringe Durchbruchspannung.

Bei *Sperrpolung* der Schottky-Diode vergrößert sich die Ausdehnung der Raumladungszone und damit die Höhe der Potentialbarriere, die Elektronen aus dem Halbleiter überwinden müssen, um in das Metall zu gelangen (Abb. 14.47 b). Es verbleibt nur noch der Strom der Elektronen aus dem Metall in den Halbleiter, der als thermischer Emissionsstrom über die Barriere der Höhe W_{Bn} erfolgt. Wegen des Schottky-Effekts nimmt W_{Bn} mit zunehmender Sperrspannung ab. Als Folge davon tritt eine Zunahme des Sperrstroms auf.

Zur Herleitung der Kennlinie. Die in Gl. (14.132) angegebene Beziehung resultiert aus dem Modell der thermischen Emission von Bethe: Bei der Berechnung des vom Halbleiter in das Metall fließenden Elektronenstroms wird angenommen, daß sämtliche Elektronen, deren Geschwindigkeitskomponente senkrecht zur Barriere ausreicht, die Barriere zu überwinden, in das Metall gelangen. Dies führt auf

$$I_{\mathrm{SM}} = -e \int v_x \, \mathrm{d}n \,, \tag{14.133}$$

wobei über alle Elektronen mit $v_x < 0$ und $m^* v_x^2/2 > e(V_{\mathrm{J}} - V)$ zu integrieren ist. Unter der Annahme einer Maxwellschen Geschwindigkeitsverteilung für die Elektronen im Leitungsband kann das Integral analytisch gelöst werden mit dem Resultat [6]

$$I_{\mathrm{SM}} = A^* A_{\mathrm{j}} T^2 \exp\left(-\frac{W_{\mathrm{Bn}}}{k_{\mathrm{B}} T}\right) \exp\left(\frac{V}{V_T}\right) , \tag{14.134}$$

wobei

$$A^* = \frac{4\pi e m_{\mathrm{n}}^* k_{\mathrm{B}}^2}{h^3} = 120 \, \frac{\mathrm{A}}{\mathrm{cm}^2\,\mathrm{K}^2} \, \frac{m_{\mathrm{n}}^*}{m_{\mathrm{e}}} \tag{14.135}$$

die *Richardson-Konstante* bezeichnet. Der genaue Wert von m_{n}^* ist von der Orientierung des Halbleiterkristalls bezüglich der Grenzfläche abhängig [6, 22]). Der in entgegengesetzter Richtung vom Metall in den Halbleiter fließende Elektronenstrom ergibt sich entsprechend zu

$$I_{\mathrm{MS}} = -A^* A_{\mathrm{j}} T^2 \exp\left(-\frac{W_{\mathrm{Bn}}}{k_{\mathrm{B}} T}\right) . \tag{14.136}$$

Durch Addition der beiden Komponenten folgt die in Gl. (14.131) angegebene Diodenkennlinie. Der Ansatz von Schottky, der die Stromgleichungen für die Elektronen auswertet, führt auf ein ähnliches Ergebnis, das sich jedoch im Ausdruck für den Sättigungsstrom

$$I_{\mathrm{S}} \approx \frac{e^2 D_{\mathrm{n}} N_{\mathrm{C}}}{k_{\mathrm{B}} T} \sqrt{\frac{2e(V_{\mathrm{J}} - V) N_{\mathrm{D}}}{\epsilon_0 \epsilon_{\mathrm{r}}}} \, A_{\mathrm{j}} \exp\left(-\frac{W_{\mathrm{Bn}}}{k_{\mathrm{B}} T}\right)$$

etwas unterscheidet. Eine Synthese der beiden Ansätze wurde von Crowell und Sze entwickelt [6]; dieses Modell enthält die Theorien von Bethe und Schottky als Spezialfälle.

Auch die von Crowell und Sze verallgemeinerte Beziehung nimmt an, daß Elektronen nur durch thermische Anregung *über* die Potentialbarriere vom Halbleiter zum Metall (bzw. umgekehrt) gelangen können. Daneben besteht jedoch eine endliche Wahrscheinlichkeit dafür, daß Elektronen die Potentialbarriere *durchtunneln*, was zu einer zusätzlichen Stromkomponente [23] führt. [29] Für die praktische Modellierung von Schottky-Dioden für die Schaltungssimulation ist eine so detaillierte Beschreibung unzweckmäßig und wegen des oben erläuterten Einflusses der Grenzfläche wohl auch nicht sinnvoll. Das Modell der thermischen Emission ist für die Praxis ausreichend genau – vorausgesetzt die Kenngrößen werden in konsistenter Weise an gemessene Kennlinienverläufe angepaßt. Die Modellierung der Schottky-Diode in SPICE wird in Kap. 15 erläutert.

14.6.3 Niederohmige Kontakte

Die bei Schottky-Dioden erwünschte Gleichrichterwirkung ist bei der Kontaktierung von Halbleiterbauelementen mit metallischen Anschlüssen völlig unerwünscht: Der Kontakt soll möglichst niederohmig sein und den Strom unabhängig von der Polarität der anliegenden Spannung gleich gut transportieren. Als Kriterium gilt der *Kontaktwiderstand* ρ_C, der aus dem Kontaktwiderstand R_K bei senkrecht durchströmtem Kontakt durch Multiplikation mit der Fläche A des Kontakts folgt. Wird der Kontakt von einem Strom I durchflossen, so ist der Spannungsabfall ΔV am Kontakt

$$\Delta V = \rho_\mathrm{C}\, I/A = \rho_\mathrm{C} J$$

proportional zur Stromdichte J.

Niederohmige Kontakte können entweder durch Verwenden eines Metalls mit geeigneter Austrittsarbeit oder aber durch sehr starke Dotierung des Halbleiters an der Kontaktstelle erreicht werden. Die beiden Möglichkeiten sind in Abb. 14.48 anhand des eindimensionalen Bandschemas für einen Metallkontakt zu einem n-dotierten Halbleiter dargestellt.

Abbildung 14.48 a zeigt das Bandschema für einen Kontakt mit *negativem* V_J, wie es im Fall

$$W_\mathrm{A} < W_\chi + k_\mathrm{B}T\,\ln\left(N_\mathrm{C}/N_\mathrm{D}\right)$$

auftritt. In diesem Fall gibt das Metall Elektronen an den Halbleiter ab, die sich am Metall-Halbleiter-Übergang anhäufen. Die Bandverbiegung ist im Vergleich zur Schottky-Diode umgekehrt – Elektronen können vom Halbleiter ins Metall fließen, ohne eine Potentialbarriere überwinden zu müssen – die gleichrichtende Wirkung ist eliminiert.

[29] Bei sehr hoher Dotierung und damit geringer Dicke der Potentialbarriere wird der Strom durch die Barriere sogar durch den Tunnelstrom dominiert, was die Herstellung niederohmiger Kontakte ermöglicht (vgl. Kap. 14.6.3).

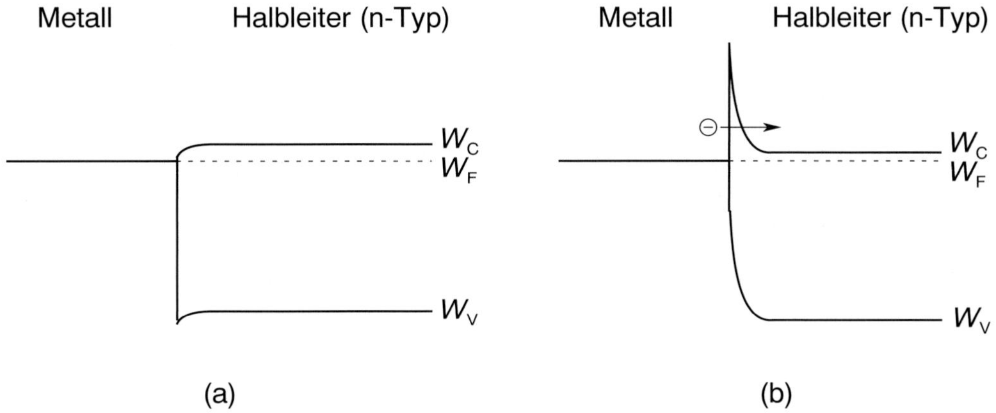

Abb. 14.48. Realisierung ohmscher Kontakte. (**a**) Austrittsarbeit des Metalls so gewählt, daß $V_J < 0$ gilt, (**b**) Tunnelkontakt bei hoher Dotierstoffkonzentration

Abbildung 14.48 b zeigt das Bänderschema für einen *Tunnelkontakt* – das ist ein Kontakt mit sehr hoher Dotierung des Halbleiters. In diesem Fall ist die Dicke der Potentialbarriere so gering, daß sie von Elektronen durchtunnelt werden kann. Da die Wahrscheinlichkeit dafür, daß ein Elektron die Potentialbarriere durchtunnelt, exponentiell von deren Dicke abhängt, diese aber umgekehrt proportional zu $\sqrt{N_D}$ ist,[30] nimmt der spezifische Kontaktwiderstand derartiger Kontakte stark mit der Dotierung ab

$$\log(\rho_C) \sim 1\Big/\sqrt{N_D}\ ;$$

dies wurde experimentell bestätigt [6, 23].

Wegen der sehr geringen Anschlußflächen erfordern insbesondere Kontakte an Bauelemente auf integrierten Schaltungen möglichst geringe spezifische Kontaktwiderstände ($< 1\,\mu\Omega\,\mathrm{cm}^2$). Dies kann durch eine entsprechende Dotierung des Halbleiters im Kontaktgebiet und sorgfältiges Entfernen des Lageroxids[31] vor Aufbringen der Metallisierung erreicht werden. Eine weitere wichtige Forderung – insbesondere bei hochintegrierten ICs – ist die Zuverlässigkeit. Der Kontakt muß so realisiert werden, daß keine Probleme durch Migrationseffekte (Materialwanderung) auftreten können. Zur Erhöhung der Zuverlässigkeit von Kontakten in integrierten Schaltkreisen wird zwischen Metall und Halbleiter meist eine Zwischenschicht aus einem Silizid [24] aufgebracht; alternativ kann mit Kontakten aus Wolfram oder Molybdän gearbeitet werden. Diese Materialien weisen jedoch höhere Werte des spezifischen Widerstands auf als Aluminium.

[30] Die Dicke der zu durchtunnelnden Zone wird durch die Ausdehnung der Raumladungszone bestimmt.

[31] Bedingt durch Reaktionen mit dem Luftsauerstoff ist die Si-Oberfläche auch ohne spezielle Oxidation stets von einer Oxidschicht der Dicke (1 – 2) nm überzogen.

14.6.4 Peltier-Effekt

Der Peltier-Effekt tritt allgemein an stromdurchflossenen Kontakten auf; in *Peltier-Elementen* werden nichtgleichrichtende Metall-Halbleiterkontakte eingesetzt. Abb. 14.49 zeigt das Bandschema nichtgleichrichtender Kontakte zwischen einem Metall und (a) n-Typ Halbleiter bzw. (b) p-Typ Halbleiter.

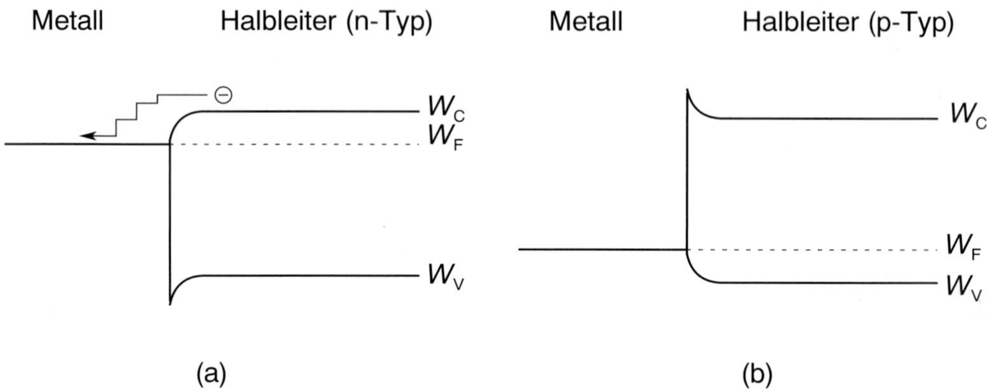

Abb. 14.49. Nichtgleichrichtende Metall-Halbleiterkontakte zwischen (**a**) Metall und n-Typ Halbleiter sowie (**b**) Metall und p-Typ Halbleiter

Zur Erläuterung des Peltier-Effekts wird der n-Typ Halbleiter (Abb. 14.49 a) betrachtet. Aufgrund der Wärmebewegung liegt die mittlere Energie eines Elektrons das vom n-Typ Halbleiter in das Metall fließt um $W_\mathrm{C}-W_\mathrm{F}+3k_\mathrm{B}T/2$ oberhalb der Fermi-Energie. Das Elektron gibt diese Energie an das Metall ab und führt so zur Aufwärmung des Metalls, die umgesetzte Wärmeleistung errechnet sich aus

$$P_\mathrm{th} = \frac{I}{e}\left(W_\mathrm{C} - W_\mathrm{F} + 3k_\mathrm{B}T/2\right) .$$

Fließen die Elektronen umgekehrt vom Metall zum Halbleiter, so müssen sie die Energie $W_\mathrm{C}-W_\mathrm{F}+3k_\mathrm{B}T/2$ aufbringen, die der Wärmeenergie der Metallelektronen entzogen wird: Nur energiereiche Elektronen können die Barriere überwinden – die so bedingte bedingte Abkühlung der Metallelektrode kann in Analogie zur Verdunstungskälte gesehen werden. Der Peltier-Koeffizient $\Pi = P_\mathrm{th}/I$ ist damit vor allem durch den Abstand von Fermi-Energie und Leitungsbandkante bestimmt

$$\Pi = \frac{W_\mathrm{C} - W_\mathrm{F} + 3k_\mathrm{B}T/2}{e}$$

Diese Betrachtung liefert eine anschauliche Interpretation der Peltierwärmeleistung, ist aber nicht ganz exakt: Eine genauere Untersuchung liefert

$$\Pi = \frac{W_\mathrm{C} - W_\mathrm{F} + 2k_\mathrm{B}T}{e} .$$

14.7 MOS-Kondensatoren

Eines der herausragenden Kennzeichen von Silizium als Halbleitermaterial ist, daß sich durch einfache thermische Oxidation von Silizium ein hervorragender Isolator (SiO_2) erzeugen läßt. Dies erlaubt es, zuverlässige Feldeffektbauelemente mit isolierter Gateelektrode herzustellen. Grundelement ist dabei stets der MOS-Kondensator. Abbildung 14.50 zeigt den prinzipiellen Aufbau eines MOS-Kondensators. Die Metallelektrode auf der SiO_2-Schicht wird gewöhnlich als *Gate* bezeichnet, das unter dem Gateoxid liegende Silizium als *Substrat* oder *Bulk*.

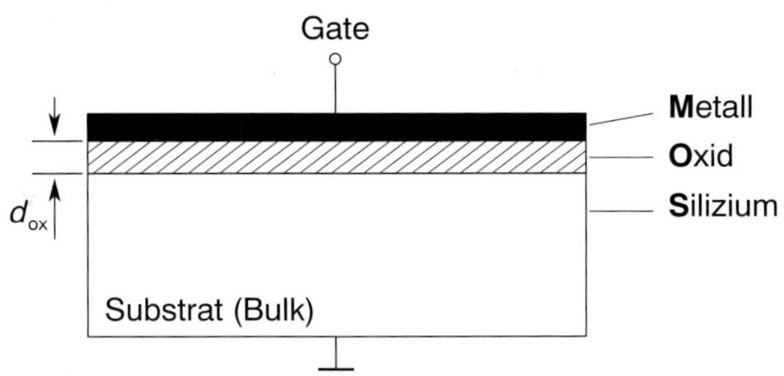

Abb. 14.50. Aufbau eines MOS-Kondensators

Die Abkürzung MOS wird heute für alle Feldeffektbauelemente verwendet, bei denen die Gateelektrode durch SiO_2 vom Siliziumsubstrat getrennt wird. Aus Gründen höherer Zuverlässigkeit wird als Gatematerial mittlerweise hochdotiertes polykristallines Silizium oder Silizid verwendet. Die Oxiddicken liegen – abhängig von der Anwendung – im Bereich von ca. vier Nanometern bis zu mehr als hundert Nanometern.

MOS-Kondensatoren werden in integrierten Schaltungen als Ladungsspeicher eingesetzt; in dRAM-Speicherbausteinen etwa wird die auf MOS-Kondensatoren gespeicherte Ladung als Informationseinheit benutzt. Einzelne MOS-Kondensatoren werden auch als Varaktoren sowie zur Charakterisierung der Si-SiO_2-Grenzfläche herangezogen. Arrays von MOS-Kondensatoren werden darüber hinaus in sog. CCD-Bausteinen als Schieberegister und Bildwandler (vgl. Kap. 31) eingesetzt.

Abhängig von Polarität und Betrag der angelegten Betriebsspannung befindet sich der MOS-Kondensator in Verarmung, Akkumulation oder Inversion. Diese Zustände lassen sich am besten anhand des eindimensionalen Bandschemas der MOS-Struktur erläutern. Dabei wird zunächst der Fall des thermischen Gleichgewichts betrachtet. Als Ausgangspunkt wird der Einfachheit halber ein idealer MOS-Kondensator angenommen, der ein vollständig isolierendes Oxid (keinerlei Leckströme) ohne Störladungen sowie ein homogen dotiertes Substrat aufweist.

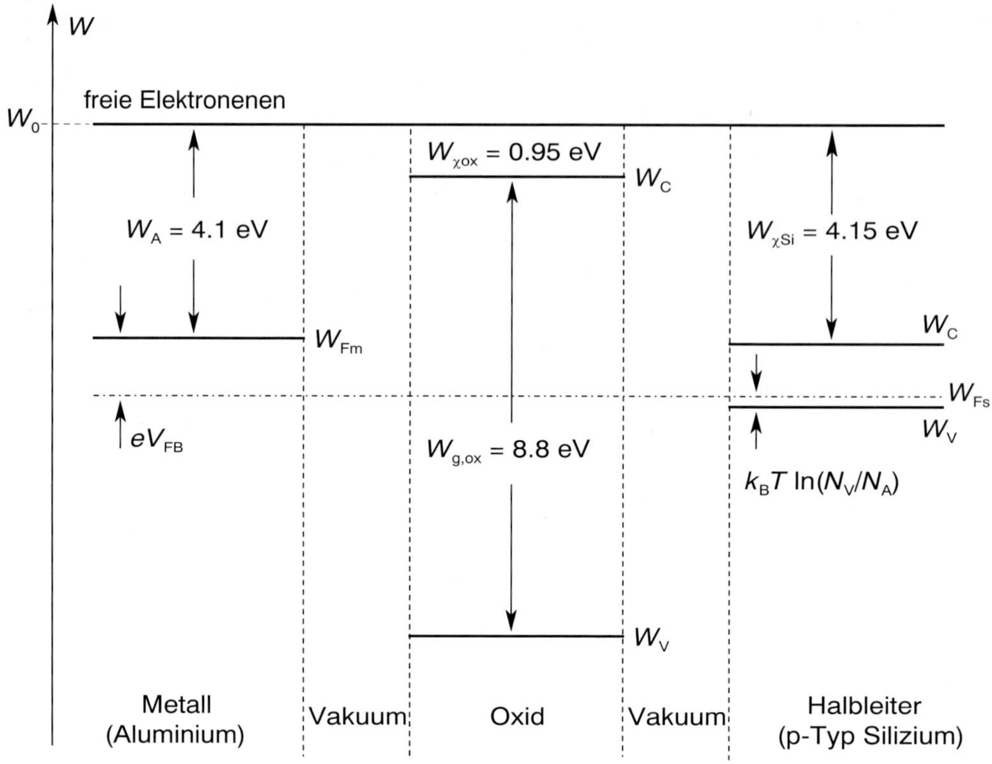

Abb. 14.51. Bänderschema der Komponenten eines MOS-Kondensators

14.7.1 Thermisches Gleichgewicht

Abbildung 14.51 zeigt das Bänderschema der einzelnen Komponenten des MOS-Kondensators im getrennten Zustand. Dabei wurde – wie im Rest dieses Abschnitts – angenommen, daß das Halbleitersubstrat eine p-Dotierung aufweist.

Gemeinsame Bezugsenergie ist die Vakuumenergie W_0, das ist die Energie, über die ein Elektron mindestens verfügen muß, um den Festkörper verlassen zu können. Die Fermi-Energie W_{Fm} des Metalls liegt um die *Austrittsarbeit* W_{A} unterhalb der Vakuumenergie; für Aluminium gilt $W_{\mathrm{A}} = 4.1$ eV. Der Isolator besitzt sowohl Valenz- als auch Leitungsband, diese sind jedoch durch eine große Energielücke ($W_{\mathrm{g}} = 8.8$ eV für SiO_2) voneinander getrennt. Die Leitungsbandkante W_{C} des SiO_2 liegt um die Elektronenaffinität $W_{\chi\mathrm{ox}} \approx 0.95$ eV unter der Vakuumenergie. Der Abstand der Leitungsbandkante W_{C} des Siliziums von der Vakuumenergie wird durch die Elektronenaffinität des Siliziums $W_{\chi\mathrm{Si}} \approx 4.15$ eV bestimmt. Die Lage der Fermi-Energie W_{Fs} im Halbleiter bezüglich der Bandkanten ist durch die Dotierung des Halbleiters festgelegt.

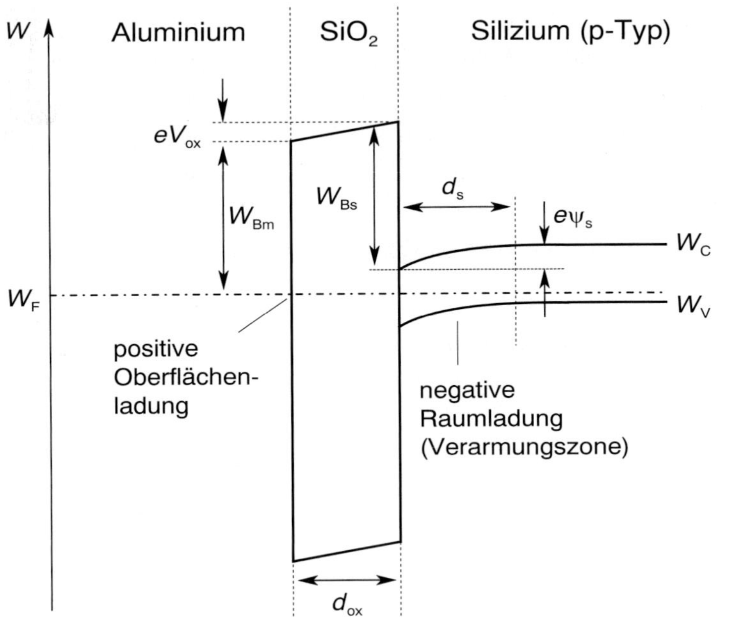

Abb. 14.52. Bandschema eines MOS-Kondensators im thermischen Gleichgewicht

Die Werte der Fermi-Energie in Metall und Halbleiter sind vor Herstellen des Kontakts i. allg. verschieden. In diesem Fall findet ein Elektronenaustausch statt, sobald die Komponenten miteinander in Kontakt gebracht werden. In Abb. 14.51 gilt $W_{\mathrm{Fm}} > W_{\mathrm{Fs}}$; hier gibt das Metall beim Zusammenfügen der Komponenten Elektronen an das p-dotierte Substrat ab. Auf dem Gate verbleibt eine positive *Oberflächenladung.* Diese wird kompensiert durch eine gleich große negative *Raumladung* im Substrat, die durch Verarmen der p-dotierten Halbleiterschicht entsteht. Das thermische Gleichgewicht ist erreicht, sobald die Fermi-Energie im gesamten System denselben Wert aufweist. Die zugehörige Bandstruktur ist in Abb. 14.52 dargestellt.

Im thermischen Gleichgewicht tritt im Isolator die Potentialdifferenz V_{ox} und im Halbleiter die Potentialdifferenz ψ_{s} – das sog. *Oberflächenpotential* – auf (Abb. 14.52). Als *Flachbandspannung* V_{FB} wird diejenige Spannung bezeichnet, die an das Gate des MOS-Kondensators angelegt werden muß, um die Bandverbiegung aufzuheben (Abb. 14.53)

$$V_{\mathrm{FB}} = \frac{W_{\mathrm{A}} - W_{\chi\mathrm{Si}} - W_{\mathrm{g}}}{e} + V_T \ln\left(\frac{N_{\mathrm{V}}}{N_{\mathrm{A}}}\right) . \qquad (14.137)$$

Die Flachbandspannung wird durch die Austrittsarbeit des Gatematerials und die Dotierung des Halbleitersubstrats bestimmt.

Oxidladungen. Treten Ladungen im Oxid auf, so beeinflussen diese das elektrische Feld und bedingen auf diesem Weg eine *Verschiebung* der Flachbandspannung um den Wert

$$\Delta V_{\mathrm{FB}} = \frac{1}{c'_{\mathrm{ox}} d_{\mathrm{ox}}} \int_0^{d_{\mathrm{ox}}} x \rho_{\mathrm{ox}}(x)\,\mathrm{d}x .$$

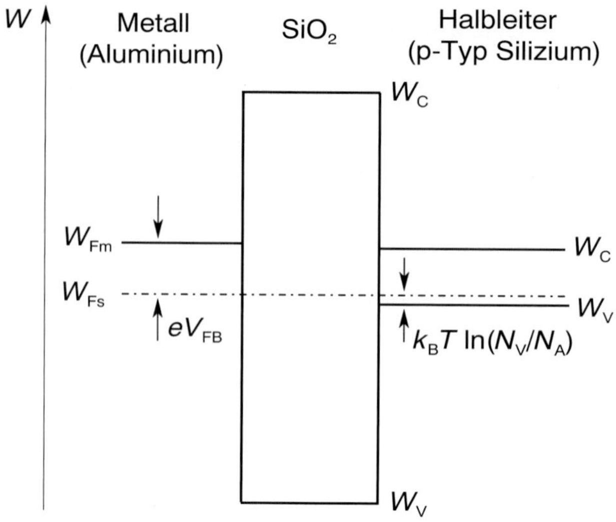

Abb. 14.53. Flachbandfall

Da sich dies als Verschiebung der *Einsatzspannung* von MOSFETs bemerkbar macht und sich damit unmittelbar auf das elektrische Verhalten des MOS-Bauelements auswirkt, stellt das Einfangen von Störladungen im Oxid im Betrieb einen kritischen Mechanismus für die Alterung (Degradation) der MOS-Bauelemente dar.

14.7.2 Akkumulation

Ist die am Gate anliegende Spannung kleiner als die Flachbandspannung, so ist die Gateelektrode negativ geladen (Abb. 14.54). Im Halbleiter häufen sich (*akkumulieren*) daher Löcher in einer dünnen Zone am Gateoxid. Die mit dieser Ladungsanhäufung verbundene positive Oberflächenladung an der Si-SiO_2-Grenzfläche ist im Betrag gleich groß wie die negativen Oberflächenladung auf dem Gate. Die Ausdehnung der Akkumulationzone ist von der Größenordnung der Debye-Länge

$$L_\mathrm{D} = \sqrt{\frac{\epsilon_\mathrm{Si} V_T}{e p_\mathrm{p0}}} \quad \text{mit} \quad \epsilon_\mathrm{Si} \approx 11.9 \cdot \epsilon_0 \; ; \tag{14.138}$$

die Gleichgewichtslöcherkonzentration p_p0 im Substrat ist dabei annähernd gleich der Substratdotierung.

Beispiel 14.7.1 Bei der Substratdotierung $N_\mathrm{A} = N_\mathrm{A} = 6 \cdot 10^{15}\ \mathrm{cm}^{-3}$ beträgt die Debye-Länge

$$L_\mathrm{D} = \sqrt{\frac{8.85 \cdot 10^{-14}\ \mathrm{F/cm} \cdot 11.9 \cdot 25.8\ \mathrm{mV}}{1.602 \cdot 10^{-19}\ \mathrm{C} \cdot 6 \cdot 10^{15}\ \mathrm{cm}^{-3}}} \approx 53.3\ \mathrm{nm}\ .$$

Bei höherer Substratdotierung ist L_D entsprechend kleiner. △

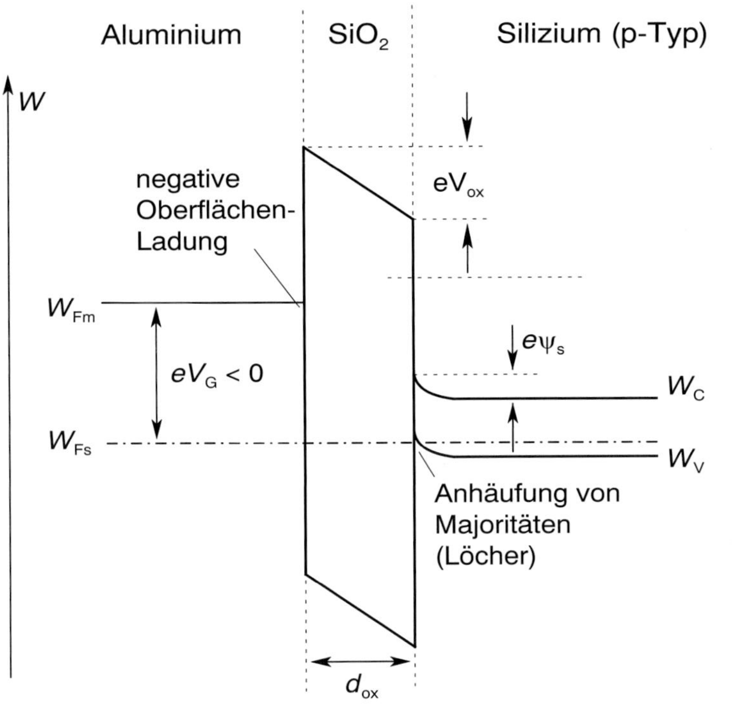

Abb. 14.54. Bandschema eines MOS-Kondensators bei Akkumulation

Der MOS-Kondensator verhält sich bei Akkumulation annähernd wie ein Plattenkondensator der Kapazität

$$C = c'_{\text{ox}} WL \, .$$

Dabei bezeichnet WL die Fläche des Kondensators und

$$c'_{\text{ox}} = \frac{\epsilon_{\text{SiO2}}}{d_{\text{ox}}} \quad \text{mit} \quad \epsilon_{\text{SiO2}} \approx 3.9 \cdot \epsilon_0 \tag{14.139}$$

die durch die *Oxiddicke* d_{ox} bestimmte *flächenspezifische Oxidkapazität.*

14.7.3 Inversion

Mit zunehmendem $V_{\text{G}} > 0$ wächst die positive Oberflächenladung auf der Gateelektrode und entsprechend die negative Raumladung im Halbleiter: Die Sperrschicht dehnt sich aus und das Oberflächenpotential ψ_{s} nimmt zu. Dies führt zu einer Abnahme des Abstands zwischen Leitungsbandkante und Fermi-Energie an der Si-SiO_2-Grenzfläche. Dort verschiebt sich das Verhältnis von Elektronen- zu Löcherdichte deshalb immer mehr zugunsten der Elektronen, bis diese schließlich überwiegen. An der Si-SiO_2-Grenzfläche sind dann Elektronen die Majoritätsträger: Durch das elektrische Feld ist im p-Typ Halbleiter eine dünne „n-Typ-Schicht“entstanden – man spricht in diesem Zusammenhang auch von *Inversion.*

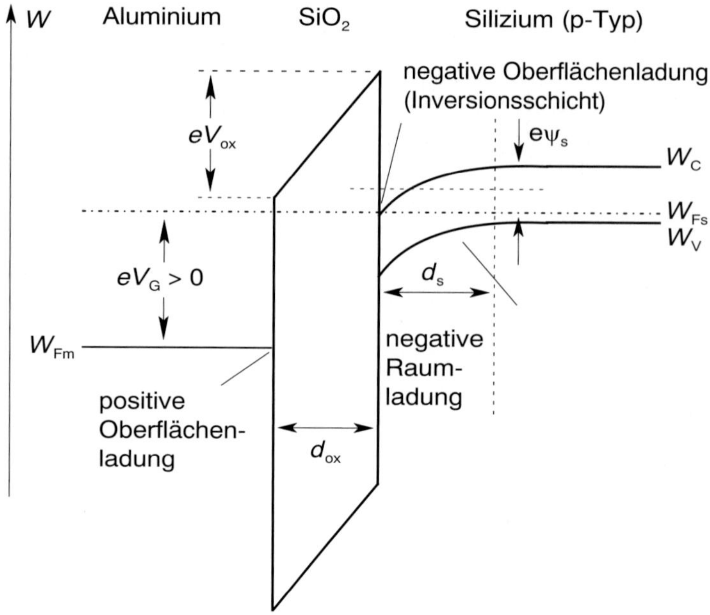

Abb. 14.55. Bandschema eines MOS-Kondensators bei Inversion

Damit an der Si-SiO_2-Grenzfläche die Elektronendichte überwiegt, muß

$$\psi_s > V_T \ln(N_A/n_i) = \phi_F \tag{14.140}$$

gelten. Das sog. *Dotierungspotential*[32] ϕ_F bezeichnet dabei das Oberflächenpotential ψ_s, bei dem der Übergang vom Zustand der *Verarmung* zum Zustand der Inversion erfolgt.

Mit zunehmendem Oberflächenpotential ψ_s steigt die Elektronendichte an der Si-SiO_2-Grenzfläche exponentiell an (solange der Halbeiter im thermischen Gleichgewicht ist). Zunächst ist die Elektronenladung an der Si-SiO_2-Grenzfläche jedoch noch gering – der MOS-Kondensator befindet sich im Gebiet *schwacher Inversion.* Der Beitrag der Elektronen zur Gesamtladung im Halbleiter ist hier noch unbedeutend.

Starke Inversion. Im Bereich *starker Inversion* wird die Ladungsänderung des MOS-Kondensators auf der Halbleiterseite hauptsächlich durch die Inversionsladung bestimmt. Das Oberflächenpotential wächst hier nur noch annähernd logarithmisch mit der anliegenden Spannung. Markiert V_{TO} die Gatespannung, bei der starke Inversion einsetzt, so lautet ein einfacher Ansatz zur Beschreibung der Spannungsabhängigkeit der flächenspezifischen Inversionsladung

$$Q'_n = \begin{cases} 0 & \text{für} \quad V_G < V_{TH} \\ -c'_{ox}(V_G - V_{TH}) & \text{für} \quad V_G > V_{TH} \end{cases} \tag{14.141}$$

[32] Die Größe ϕ_F wird gelegentlich auch als *Fermi-Spannung* bezeichnet.

Dabei wird angenommen, daß die Inversionsladung im Bereich der Verarmung und der schwachen Inversion vernachlässigbar klein ist, um dann mit Einsetzen starker Inversion linear mit der angelegten Gatespannung anzuwachsen. Letzteres ergibt sich daraus, daß das Oberflächenpotential ψ_s und damit die Ausdehnung der Raumladungszone bei starker Inversion annähernd konstant bleiben; die bei weiterer Erhöhung von V_G erforderliche Zunahme der negativen Ladung im Halbleiter wird v.a. durch die Inversionsladung aufgebracht. Die Inversionsschicht hat dabei eine Dicke von der Größenordnung weniger Nanometer [25].

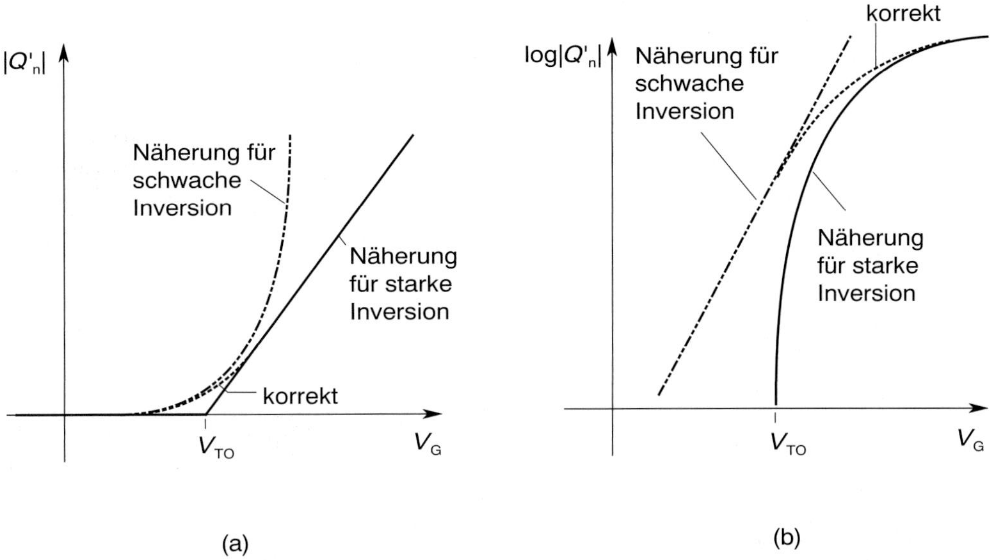

Abb. 14.56. Inversionsladung als Funktion der Spannung V_G zwischen Gate und Substrat (Bulk) (schematisch). (**a**) Lineare Darstellung, (**b**) logarithmische Auftragung

Der Verlauf von $Q'_n(V_G)$ ist schematisch in Abb. 14.56 dargestellt. Die Spannung V_{TO} charakterisiert den Beginn starker Inversion und wird als *Einsatzspannung* bezeichnet. Für die Einsatzspannung gilt näherungsweise

$$\boxed{V_{TO} = V_{FB} + 2\phi_F + \gamma\sqrt{2\phi_F}} \tag{14.142}$$

mit dem *Substratsteuerungsfaktor*

$$\gamma = \sqrt{2e\epsilon_{si}N_A d_{ox}^2/\epsilon_{SiO2}^2}\,. \tag{14.143}$$

Grundlage der Näherung (14.142) ist die Annahme, daß die starke Inversion bei $\psi_s = 2\phi_F$ einsetzt. Wegen

$$\psi_s = \frac{eN_A}{2\epsilon_{Si}}d_s^2 \quad \text{bzw.} \quad d_s = \sqrt{\frac{2\epsilon_{Si}\psi_s}{eN_A}}$$

folgt für die Ladung in der Verarmungszone beim Einsetzen starker Inversion

$$Q'_B = -eN_A d_s = -\sqrt{2\epsilon_{Si} e N_A}\sqrt{2\phi_F} = -c'_{ox}\gamma\sqrt{2\phi_F}\,.$$

Aus

$$V_{ox} = Q'_G/c'_{ox} = -\left(Q'_n + Q'_B\right)/c'_{ox} = V_G - V_{FB} - \psi_s$$

ergibt sich damit für die Inversionsladung im Gebiet der starken Inversion

$$\begin{aligned} Q'_n &= -c'_{ox}\left(V_G - V_{FB} - \psi_s\right) - Q'_B \\ &= -c'_{ox}\left(V_G - V_{FB} - 2\phi_F - \gamma\sqrt{2\phi_F}\right) \end{aligned}$$

Ein Vergleich mit (14.141) liefert somit den Zusammenhang zu (14.142).

Schwache Inversion. Die angegebene Näherung ist nur im Bereich starker Inversion sinnvoll, da sie die Inversionsladung im Bereich schwacher Inversion für $V_G < V_{TH}$ unberücksichtigt läßt. Eine genauere Rechnung ergibt die folgende Näherung für die Inversionsladung im Bereich schwacher Inversion

$$\boxed{Q'_n \approx -Q'_{I0}\exp\left(\frac{V_G - V_{GR}}{mV_T}\right)}\,, \qquad (14.144)$$

wobei Q'_{I0}, V_{GR} und m Parameter bezeichnen, die gewöhnlich an Messwerte angepaßt werden.

Hintergrund. Durch Lösen der Poisson-Gleichung kann die flächenspezifische Ladung auf dem Gate als Funktion des Oberflächenpotentials ψ_s berechnet werden. Im neutralen p-Typ Gebiet (Bulk) wird der Wert des elektrostatischen Potentials $\psi = 0$ gesetzt (Abb. 14.57); Elektronen- und Löcherdichte sind dort durch n_{p0} und $p_{p0} = N_A + n_{p0}$ gegeben. Die durch die Raumladungszone bedingte Bandverbiegung verändert den Abstand der Fermi-Energie[33] von den Bandkanten und damit die Elektronen- bzw. Löcherdichte; mit dem elektrostatischen Potential gilt

$$n_p = n_{p0}\,e^{\psi/V_T} \quad \text{und} \quad p_p = p_{p0}\,e^{-\psi/V_T}$$

Wegen $N_A = p_{p0} - n_{p0}$ lautet die Poisson-Gleichung

$$\begin{aligned} \frac{d^2\psi}{dx^2} &= -\frac{e}{\epsilon_{Si}}\left(p_p - N_A - n_p\right) \\ &= -\frac{e}{\epsilon_{Si}}\left[p_{p0}\left(e^{-\psi/V_T} - 1\right) - n_{p0}\left(e^{\psi/V_T} - 1\right)\right]\,. \end{aligned} \qquad (14.145)$$

Da $E = -d\psi/dx$ gilt, ist

$$\frac{d}{dx}E^2 = \frac{d}{dx}\left(\frac{d\psi}{dx}\right)^2 = 2\,\frac{d\psi}{dx}\,\frac{d^2\psi}{dx^2}\,;$$

[33] Im stationären Zustand fließt kein Strom durch den als ideal angenommenen Isolator, so daß $W_F = \text{const.}$ angenommen werden kann.

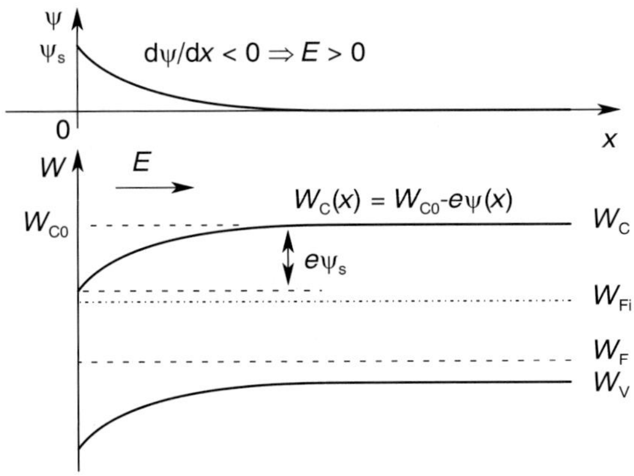

Abb. 14.57. Bandverbiegung an der Oberfläche eines p-Typ Halbleiters und elektrostatisches Potential

mit der Poissongleichung (14.145) folgt so

$$\frac{\mathrm{d}}{\mathrm{d}x}\,E^2 = -\frac{2e}{\epsilon_{\mathrm{Si}}}\,\frac{\mathrm{d}\psi}{\mathrm{d}x}\,\left[p_{\mathrm{p0}}\left(\mathrm{e}^{-\psi/V_T}-1\right)-n_{\mathrm{p0}}\left(\mathrm{e}^{\,\psi/V_T}-1\right)\right]$$

bzw.

$$\mathrm{d}E^2 = -\frac{2e}{\epsilon_{\mathrm{Si}}}\left[p_{\mathrm{p0}}\left(\mathrm{e}^{-\psi/V_T}-1\right)-n_{\mathrm{p0}}\left(\mathrm{e}^{\psi/V_T}-1\right)\right]\,\mathrm{d}\psi\,.$$

Integration vom Bulk bis zur Oberfläche bei $x = 0$ liefert nun

$$\begin{aligned} E^2(0^+) &= -\frac{2e}{\epsilon_{\mathrm{Si}}}\int_0^{\psi_{\mathrm{s}}}\left[p_{\mathrm{p0}}\left(\mathrm{e}^{-\psi/V_T}-1\right)-n_{\mathrm{p0}}\left(\mathrm{e}^{\,\psi/V_T}-1\right)\right]\mathrm{d}\psi \\ &= \frac{2e}{\epsilon_{\mathrm{Si}}}\,p_{\mathrm{p0}}V_T\left[\mathrm{e}^{-\psi/V_T}+\frac{\psi}{V_T}-1+\frac{n_{\mathrm{p0}}}{p_{\mathrm{p0}}}\left(\mathrm{e}^{\,\psi/V_T}-\frac{\psi}{V_T}-1\right)\right] \end{aligned}$$

Mit der Debye-Länge $L_{\mathrm{D}} = \sqrt{\epsilon_{\mathrm{Si}}V_T/ep_{\mathrm{p0}}}$ und der Abkürzung

$$F(x,y) = \sqrt{\left(\mathrm{e}^{\,-x}+x-1\right)+y\left(\mathrm{e}^{\,x}-x-1\right)}$$

folgt

$$E(0^+) = \pm\frac{\sqrt{2}V_T}{L_{\mathrm{D}}}\,F\left(\frac{\psi}{V_T},\,\frac{n_{\mathrm{p0}}}{p_{\mathrm{p0}}}\right)\,, \qquad (14.146)$$

wobei das positive Vorzeichen dem Fall $\psi > 0$, das negative Vorzeichen dem Fall $\psi < 0$ entspricht. Die Feldstärke bei $x = 0^+$ ist mit der Ladung je Flächeneinheit in der Raumladungszone über den Gaußschen Satz verbunden

$$Q_{\mathrm{s}} = -\epsilon_{\mathrm{Si}}E(0^+) = \mp\frac{\sqrt{2}\,\epsilon_{\mathrm{Si}}V_T}{L_{\mathrm{D}}}\,F\left(\frac{\psi}{V_T},\,\frac{n_{\mathrm{p0}}}{p_{\mathrm{p0}}}\right) \qquad (14.147)$$

Die Feldstärke im Oxid ist $E(0^-) = (\epsilon_{\mathrm{Si}}/\epsilon_{\mathrm{SiO2}})E(0^+) = Q'_{\mathrm{G}}/(c'_{\mathrm{ox}}d_{\mathrm{ox}})$; dieser Wert bestimmt die in Abb. 14.58 dargestellte Flächenladungsdichte auf der Gateelektrode

$$Q'_{\mathrm{G}} = \pm c'_{\mathrm{ox}}\gamma\sqrt{V_T}\,F\left(\psi_{\mathrm{s}}/V_T,\,n_{\mathrm{p0}}/p_{\mathrm{p0}}\right)\,. \qquad (14.148)$$

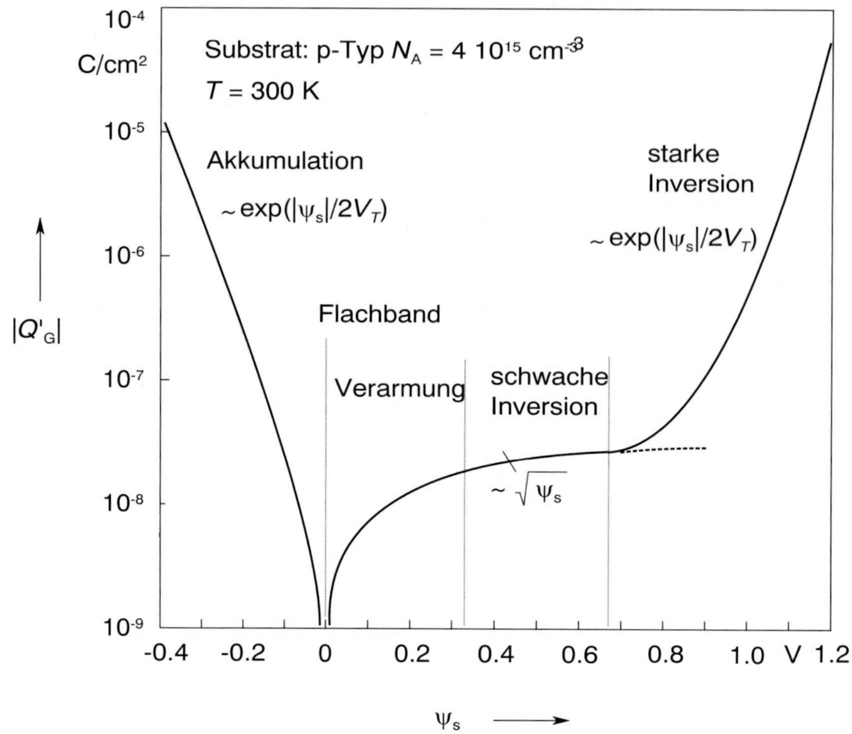

Abb. 14.58. Flächenspezifische Gateladung als Funktion des Oberflächenpotentials ψ_s (nach [26])

Gemeinsam mit

$$Q'_G = -(Q'_B + Q'_n) = c'_{ox}\gamma\sqrt{\psi_s} - Q'_n \quad \text{und} \quad y = \exp(-2\phi_F/V_T)$$

folgt unter der Annahme $\psi_s/V_T \gg 1$ für die Inversionsladung die Näherung [27]

$$Q'_n \approx -\gamma c'_{ox}\left[\sqrt{\psi_s + V_T\exp\left(\frac{\psi_s - 2\phi_F}{V_T}\right)} - \sqrt{\psi_s}\right]. \tag{14.149}$$

Im Gebiet schwacher Inversion gilt näherungsweise $Q'_G = -Q'_B$, so daß

$$\gamma\sqrt{\psi_s} \approx V_G - V_{FB} - \psi_s \quad \text{bzw.} \quad \psi_s = \frac{1}{2}\left[-\gamma + \sqrt{\gamma^2 + 4(V_G - V_{FB})}\right]^2.$$

Entwickeln um $\psi_s = 3\phi_F/2$ ergibt die folgende Näherung für $\psi_s(V_G)$

$$\psi_s \approx \frac{3}{2}\phi_F + \frac{V_G - V_{GR}}{m} \tag{14.150}$$

wobei

$$m = \left.\frac{dV_G}{d\psi_s}\right|_{3\phi_F/2} \approx 1 + \frac{\gamma}{2\sqrt{1.5\,\phi_F}} \quad \text{und}$$

$$V_{GR} = V_G(\psi_s = 1.5\phi_F) \approx V_{FB} + 1.5\,\phi_F + \gamma\sqrt{1.5\,\phi_F}\,.$$

Wird Gl. (14.150) zur Approximation von ψ_s in Gl. (14.149) eingesetzt, wobei die Abhängigkeit von V_G nur im Exponenten berücksichtigt wird, d. h.

$$Q'_n \approx -\gamma c'_{ox} \left\{ \sqrt{1.5\phi_F + V_T \exp\left[\frac{1.5\,\phi_F + (V_G - V_{GR})/N - 2\phi_F}{V_T}\right]} - \sqrt{\psi_s} \right\} ,$$

so folgt durch Entwickeln des Wurzelausdrucks bis zur ersten Ordnung das Ergebnis (14.144), wobei gilt

$$Q'_{I0} = \frac{\gamma c'_{ox} V_T}{2\sqrt{1.5\,\phi_F}} \exp\left(-\frac{\phi_F}{2V_T}\right) .$$

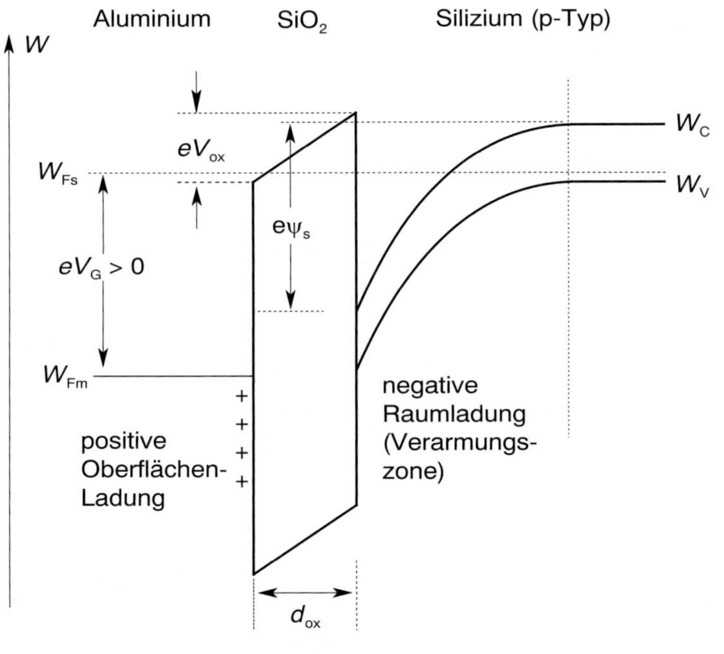

Abb. 14.59. Bänderschema eines MOS-Kondensators bei tiefer Verarmung (deep depletion)

14.7.4 Tiefe Verarmung (Deep Depletion)

Im thermischen Gleichgewicht ist für $V_G > V_{TO}$ immer ein Inversionskanal an der Si-SiO_2-Grenzfläche ausgebildet. Wird ein MOS-Kondensator durch einen Spannungspuls von $V_G < V_{TO}$ auf $V_G > V_{TO}$ geschaltet, so tritt nicht sofort eine Inversionsladung unter dem Gate auf, da die hierfür erforderlichen Elektronen erst bereitgestellt werden müssen. Im unbeleuchteten MOS-Kondensator kann dies nur durch thermische Generation an der Si-SiO_2-Grenzfläche und im Substrat erfolgen. Der MOS-Kondensator wird sich aus diesem Grund für einige Zeit nach dem Umschalten in einem als *deep depletion* (tiefe Verarmung) bezeichneten Nichtgleichgewichtszustand befinden.

Durch thermische Generation von Ladungsträgern, die im Feld der Raumladungszone getrennt[34] werden, baut sich in der Folge eine Inversionsschicht auf. Dadurch verändert sich die Aufteilung des Spannungsabfalls über der MOS-Struktur: Der Spannungsabfall am Oxid nimmt zu, während das Oberflächenpotential bis auf Werte $\psi_s \approx 2\phi_F$ abnimmt.[35] Für Zeiten, die klein sind im Vergleich zu der zum Aufbau der Inversionsladung benötigten Zeit, kann der MOS-Kondensator als dynamischer Ladungsspeicher verwendet werden. Dies findet Anwendung in CCD-Bauteilen, wie sie in modernen Bildwandlern für Fernsehkameras eingesetzt werden.

14.7.5 Die Kapazität des MOS-Kondensators

Die Kapazität c_{MOS} des MOS-Kondensators kann nur als (arbeitspunktabhängige) Kleinsignalkapazität definiert werden; sie wird gewöhnlich als flächenspezifische Kapazität (durch einen Hochstrich gekennzeichnet) angegeben

$$c'_{\mathrm{MOS}} = c_{\mathrm{MOS}}/A = \mathrm{d}Q'_{\mathrm{G}}/\mathrm{d}V_{\mathrm{G}} \,. \tag{14.151}$$

Dabei bezeichnet $V_{\mathrm{G}} = V_{\mathrm{FB}} + V_{\mathrm{ox}} + \psi_s$ die zwischen Gate und Bulk angelegte Spannung und Q'_{G} die Ladung auf dem Gate pro Flächeneinheit. Mit der flächenspezifischen Oxidkapazität gilt $Q'_{\mathrm{G}} = c'_{\mathrm{ox}} V_{\mathrm{ox}}$, so daß

$$c'_{\mathrm{MOS}} = \frac{\mathrm{d}Q'_{\mathrm{G}}}{\mathrm{d}V_{\mathrm{G}}} = c'_{\mathrm{ox}} \frac{\mathrm{d}V_{\mathrm{ox}}}{\mathrm{d}V_{\mathrm{G}}} = c'_{\mathrm{ox}} \left(1 - \frac{\mathrm{d}\psi_s}{\mathrm{d}V_{\mathrm{G}}}\right) \tag{14.152}$$

da $V_{\mathrm{ox}} = V_{\mathrm{G}} - V_{\mathrm{FB}} - \psi_s$ und die Ableitung des konstanten Werts V_{FB} verschwindet. Bei Akkumulation bzw. starker Inversion ist $\psi_s \approx$ const., d. h. $|\mathrm{d}\psi_s/\mathrm{d}V_{\mathrm{G}}| \ll 1$, so daß

$$c'_{\mathrm{MOS}} \approx c'_{\mathrm{ox}}$$

gilt. Beim Übergang vom Gebiet der Akkumulation zum Gebiet der Inversion ist $\mathrm{d}\psi_s/\mathrm{d}V_{\mathrm{G}}$ nicht vernachlässigbar, in diesem Fall ist c'_{MOS} deutlich kleiner als c'_{ox}. Unter Verwendung der flächenspezifischen Raumladungskapazität

$$c'_{\mathrm{dep}} = \mathrm{d}Q'_{\mathrm{G}}/\mathrm{d}\psi_s$$

läßt sich schreiben

$$\frac{\mathrm{d}\psi_s}{\mathrm{d}V_{\mathrm{G}}} = \frac{\mathrm{d}\psi_s}{\mathrm{d}Q'_{\mathrm{G}}} \frac{\mathrm{d}Q'_{\mathrm{G}}}{\mathrm{d}V_{\mathrm{G}}} = \frac{c'_{\mathrm{MOS}}}{c'_{\mathrm{dep}}} \,.$$

In Gl. (14.152) resultiert damit

$$\boxed{\frac{1}{c'_{\mathrm{MOS}}} = \frac{1}{c'_{\mathrm{ox}}} + \frac{1}{c'_{\mathrm{dep}}} \,,} \tag{14.153}$$

[34] Die Löcher fließen über den Substratkontakt ab, die Elektronen sammeln sich in der Inversionsschicht.

[35] Diese Veränderung kann mittels Kapazitätsmessung beobachtet werden; die Rate mit der die Inversionsschicht aufgebaut wird, ermöglicht die Bestimmung der Generationsrate.

d. h. die Kapazität des MOS-Kondensators kann als *Reihenschaltung* von Oxidkapazität und Raumladungskapazität aufgefaßt werden (Abb. 14.60).

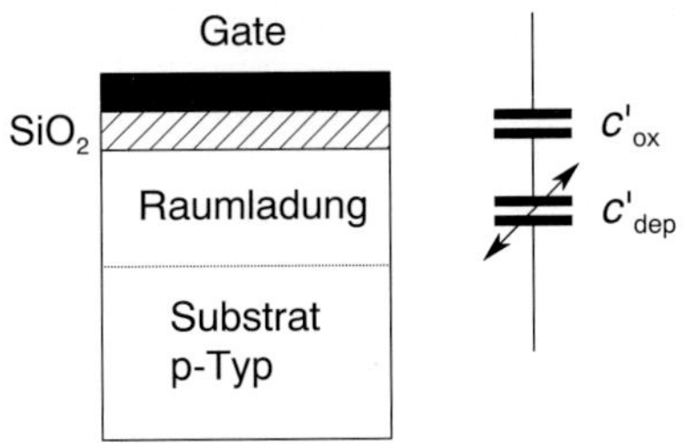

Abb. 14.60. Zur Kapazität des MOS-Kondensators

Abbildung 14.61 zeigt schematisch den Verlauf der MOS-Kapazität als Funktion der Gatespannung V_G. Die ausgezogene Linie bezeichnet die quasistatische Inversionskapazität. Diese kann bei Messung der Diodenadmittanz im Inversionsbereich jedoch nur beobachtet werden, wenn die Ladung in der Inversionsschicht der Änderung der Gatespannung folgt. Ist dies nicht der Fall, so liegt der bei Inversion gemessene Verlauf unterhalb der quasistatischen Kurve.[36]

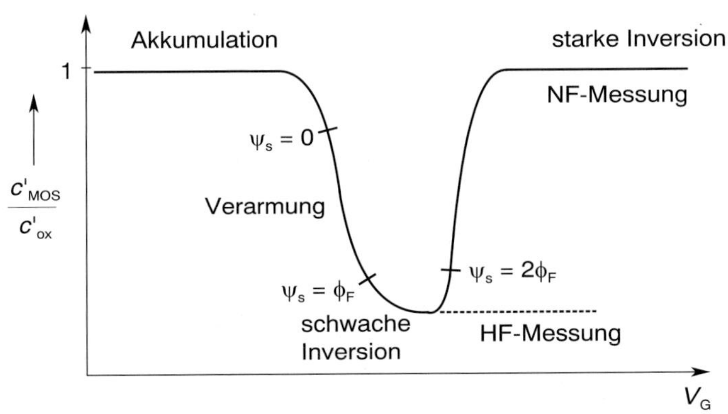

Abb. 14.61. Abhängigkeit der MOS-Kapazität von der angelegten Gatespannung (schematisch)

14.7.6 Stromfluß durch das Gateoxid

Im bisher betrachteten Idealfall tritt kein Stromfluß durch das Gateoxid auf. In der Praxis wird dies jedoch nur annähernd erreicht. Bis zu Feldstärken von 0.6 V/nm im Oxid ist die Stromdichte durch thermische Oxidschichten kleiner als $4 \cdot 10^{-11}$ A/cm^2. Bei größeren Feldstärken ist in dickeren Oxidschichten mit (irreversiblen) Durchbrüchen aufgrund der Stoßionisation zu rechnen, bei kleineren Oxiddicken mit *Tunnelströmen.*

Die beim Auftreten von Tunnelströmen vorliegenden Verhältnisse sind in Abb. 14.62 im Bänderschema dargestellt. Nur wenn der Spannungsabfall V_{ox}

[36] Weiterführende Betrachtungen zu dieser Thematik sind z. B. in [28, 29] zu finden.

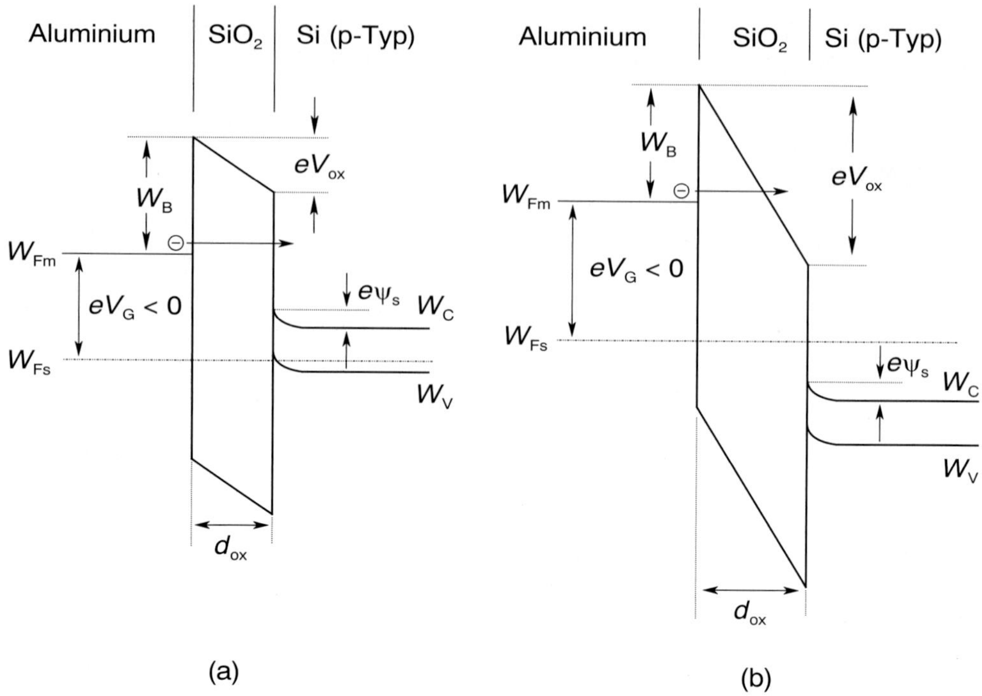

Abb. 14.62. Tunnelstrom durch Gateisolatoren im Bänderschema. (**a**) Direktes Tunneln und (**b**) Fowler-Nordheim-Tunneln

über dem Oxid kleiner ist als W_B/e, gelangen tunnelnde Elektronen von der Gateelektrode direkt ins Leitungsband des Halbleiters; die Elektronen durchtunneln dabei eine trapezförmige Potentialbarriere (Abb. 14.62 a). Dieser Mechanismus wird nur für sehr geringe Oxiddicken ($d_{ox} < 5\,\text{nm}$) beobachtet. Ist der Spannungsabfall über dem Oxid größer als W_B/e, so gelangen die tunnelnden Elektronen zunächst in das Leitungsband des SiO_2, wobei sie eine dreieckige Potentialbarriere zu durchtunneln haben (Abb. 14.62 b). Dieser Tunnelmechanismus ist als Fowler-Nordheim-Tunneln bekannt; er bestimmt die durch Oxide mit Dicken $d_{ox} > 5\,\text{nm}$ fließenden Tunnelströme. Für die Tunnelstromdichte gilt unter diesen Umständen

$$J_{tun} \sim E^2 \exp\left(-E_0/E\right) , \tag{14.154}$$

wobei E_0 eine vom Material der Gateelektrode abhängige charakteristische Feldstärke in der Größenordnung von $25\,\text{V/nm}$ bezeichnet (Silizium).

Abbildung 14.63 zeigt die Messwerte der Tunnelstromdichte durch dünne Gateisolatoren unterschiedlicher Dicke als Funktion der angelegten Spannung.[37] Die Tunnelströme sind weitgehend temperaturunabhängig, eine ge-

[37] Die Kennlinien der beiden Oxide mit $d_{ox} = 4.3\,\text{nm}$ und $d_{ox} = 5$ nm zeigen oszillatorische Abweichungen von Gl. (14.154). Dies wird erklärt durch eine Selbstinterferenz der Elektronenwelle im Oxid [30], [31].

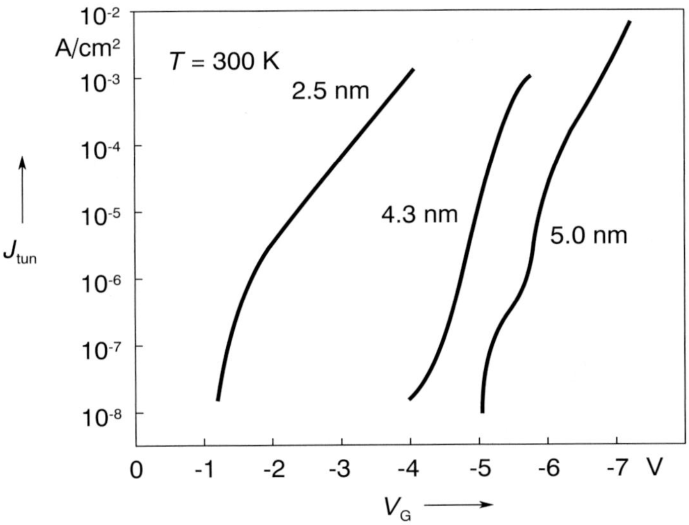

Abb. 14.63. Stromdichte des Tunnelstroms durch Gateoxide unterschiedlicher Dicke. (Gatematerial: n^+-poly-Si, die Oxiddicken wurden elektronenmikroskopisch bestimmt)

ringe Variation der gemessenen $I(V)$-Kennlinien ist durch die Temperaturabhängigkeit des Spannungsabfalls im Halbleiter bedingt.

Tunneln durch Gateisolatoren verursacht als parasitärer Effekt einerseits eine untere Grenze für die Dicke der in MOSFETs verwendbaren Gateoxide, kann aber andererseits auch ausgenutzt werden, um allseitig isolierte Elektroden mit dem Ziel der Informationsspeicherung aufzuladen (EEPROM, vgl. Kap. 22).

14.8 Literaturverzeichnis

[1] A.S. Grove. *Physics and Technology of Semiconductor Devices.* Wiley, New York, first edition, 1967.

[2] C.-T. Sah, R.N. Noyce, W. Shockley. Carrier generation and recombination in p-n junctions and p-n junction characteristics. *Proc. IRE*, 45:1228–1243, 1957.

[3] A. Möschwitzer, K. Lunze. *Halbleiterelektronik.* Verlag Technik, Berlin, sechste Auflage, 1984.

[4] M. Reisch. *High-Frequency Bipolar Transistors.* Springer, Berlin, 2003

[5] R.M. Warner, B.L. Grung. *Transistors – Fundamentals for the Integrated-Circuit Engineer.* John Wiley, New York, 1983.

[6] S.M. Sze. *Physics of Semiconductor Devices.* Wiley, New York, second edition, 1982.

[7] M.S. Tyagi. Zener and avalanche breakdown in silicon alloyed p-n junctions – I. *Solid-State Electronics*, 11:99–115, 1968.

[8] M.S. Tyagi. Zener and avalanche breakdown in silicon alloyed p-n junctions - II. *Solid-State Electronics*, 11:117–128, 1968.

[9] R. Hall. Temperature coefficient of the breakdown voltage of silicon p-n junctions. *Int. J. Electronics*, 22(6):513–519, 1967.

[10] J.R. Hauser, P.M. Dunbar. Minority carrier reflecting properties of semiconductor high-low junctions. *Solid-State Electronics*, 18:715–716, 1975.

[11] B.R. Chawla, H.K. Gummel. Transition region capacitance of diffused p-n junctions. *IEEE Trans. Electron Devices*, 18(3):178–195, 1971.

[12] J.J.H. van den Biesen. P-N junction capacitances, part I: The depletion capacitance. *Philips J. Res.*, 40(2):88–102, 1985.

[13] J.J. Liou, F.A. Lindholm. Capacitance of semiconductor p-n junction space-charge layers: an overview. *Proc. IEEE*, 76(11):1406–1422, 1988.

[14] H.C. de Graaff, F.M. Klaassen. *Compact Transistor Modelling for Circuit Design.* Springer, Wien, 1990.

[15] W.C. Johnson, P.T. Panousis. The influence of Debye length on the C-V measurement of doping profiles. *IEEE Trans. Electron Devices*, 18(10):965–973, 1971.

[16] C.P. Wu, E.C. Douglas, C.W. Mueller. Limitations of the CV technique for ion-implanted profiles. *IEEE Trans. Electron Devices*, 22(6):319–329, 1975.

[17] R.H. Kingston. Switching time in junction diodes and junction transistors. *Proc. IRE*, 42(5):829–835, 1954.

[18] R.B. Darling. A full dynamic model for pn-junction diode switching transients. *IEEE Trans. Electron Devices*, 42(5):969–976, 1995.

[19] J.C. Bean. Silicon-based semicondcutor heterostructures: column IV bandgap engineering. *Proc. IEEE*, 80(4):571–587, 1992.

[20] H. Krömer. Heterostructure bipolar transistors and integrated circuits. *Proc. IEEE*, 70(1):13–25, 1982.

[21] G. Kesel, J. Hammerschmidt, E. Lange. *Signalverarbeitende Dioden.* Springer, Berlin, 1982.

[22] H.K. Henisch. *Semiconductor Contacts - An Approach to Ideas and Models.* Clarendon, Oxford, 1984.

[23] A.Y.C. Yu. Electron tunneling and contact resistance of metal-silicon contact barriers. *Solid-State Electronics*, 13:239–247, 1979.

[24] Murarka S.P. *Silicides for VLSI Applications.* Academic press, New York, 1983.

[25] J.A. Pals. Measurements of the surface quantization in silicon n- and p-type inversion layers at temperatures above 25 K. *Phys. Rev. B*, 7(2):754–760, 1973.

[26] C.G.B. Garett, W.H. Brattain. Physical theory of semiconductor surfaces. *Phys. Rev.*, 99(2):376–387, 1955.

[27] Y.P. Tsividis. *Operation and Modeling of the MOS Transistor.* McGraw Hill, New York, 1988.

[28] V. Temple, J. Shewchun. Exact frequency dependent complex admittance of the MOS diode including surface states, Shockley-Read-Hall (SRH) impurity effects, and low temperature dopant impurity response. *Solid-State Electronics*, 16(5):93–113, 1973.

[29] E.H. Nicollian, J.R. Brews. *MOS Physics and Technology.* Wiley, New York, 1982.

[30] K.H. Gundlach. Zur Berechnung des Tunnelstroms durch eine trapezförmige Potentialstufe. *Solid-State Electronics*, 9:949–957, 1966.

[31] G. Lewicki, J. Maserjian. Oscillations in MOS tunneling. *J. Appl. Phys.*, 46(7):3032–3039, 1975.

15 Halbleiterdioden

Halbleiterdioden sind zweipolige Bauelemente mit asymmetrischer, nichtlinearer Strom-Spannungs-Kennlinie. Die beiden als *Anode* und *Kathode* bezeichneten Anschlüsse (Abb. 15.1) der Diode sind nicht vertauschbar: Ein nennenswerter Strom durch die Diode fließt nur, falls die Spannung v zwischen Anode und Kathode positiv ist.

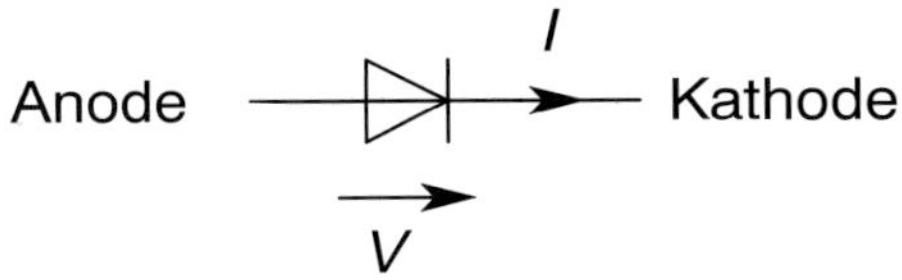

Abb. 15.1. Schaltzeichen einer pn-Gleichrichterdiode

Solche asymmetrische Kennlinien mit einem *Durchlaßbereich* ($v > 0$) und einem *Sperrbereich* ($v < 0$) werden in der *Gleichrichterdiode* ausgenutzt. Die Nichtlinearität der Kennlinie läßt sich darüber hinaus für Mischer, Frequenzvervielfacher, Pulsformer etc. ausnutzen.

PN-Übergänge weisen neben ihrer gleichrichtenden Wirkung weitere interessante Eigenschaften auf, die in Sonderbauformen wie der Z-Diode, Kapazitätsdiode, pin-Diode, Tunneldiode oder Lawinenlaufzeitdiode ausgenützt werden. Neben den pn-Gleichrichterdioden werden aus dem pn-Übergang abgeleitete Halbleiterdioden, Schottky-Dioden sowie Laufzeitdioden und Gunn-Elemente behandelt.

15.1 Gleichrichterdioden

PN-Gleichrichterdioden sind meistens aus Si hergestellt; für Anwendungen, bei denen im Flußbetrieb geringe Spannungsabfälle an der Diode auftreten sollen, kommen gelegentlich Ge-Gleichrichterdioden oder Schottky-Dioden (vgl. Kap. 15.3) für hohe Temperaturen Gleichrichterdioden aus Materialien mit größerer Energielücke (GaAs, SiC, GaN) zum Einsatz.

15.1.1 Aufbau und elektrische Eigenschaften

Einfache Gleichrichterdioden werden in *Planartechnik* hergestellt. Durch ein Oxidfenster wird dabei ein pn-Übergang in einen dotierten Wafer (Substrat) diffundiert. Da das diffundierte Bahngebiet klein ist im Vergleich zur Substratdicke, ist es vorteilhaft ein n-Substrat zu verwenden; dieses ermöglicht wegen der höheren Elektronenbeweglichkeit einen geringeren Bahnwiderstand als ein p-Substrat.

Dioden für große Sperrspannungen erfordern ein niedrig dotiertes Substratmaterial, was zu einem großen Bahnwiderstand führt. In der Praxis wird deswegen zumeist ein niedrig dotiertes n-Bahngebiet als epitaxiale Schicht auf einem hochdotierten und damit niederohmigen Substratmaterial hergestellt (Abb. 15.2). Die Dicke der epitaxialen Schicht wird dabei auf die Durchbruchspannung abgestimmt – je größer die geforderte Durchbruchspannung, desto niedriger dotiert und desto dicker die „Epischicht".

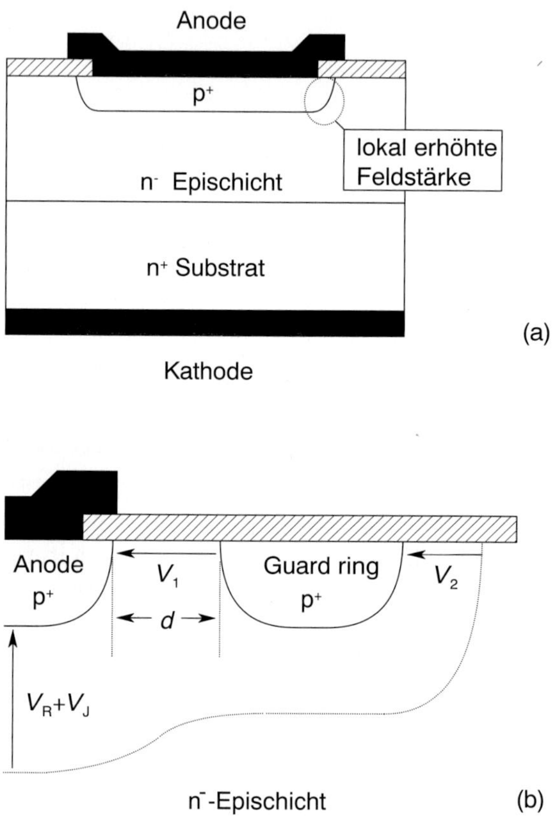

Abb. 15.2. (a) Querschnitt (schematisch) durch eine Gleichrichterdiode in Planartechnik, **(b)** Guard ring

Bei der Planartechnik ist der pn-Übergang am Rand gekrümmt, was dort zu einer erhöhten Feldstärke führt. Der Durchbruch einer solchen Diode erfolgt deshalb am Rand, die Durchbruchspannung ist gegenüber der eines ebenen pn-Übergängs vermindert. Durch einen sog. *Guard ring* [1] kann dieses Problem entschärft werden. Der p^+n-Übergang wird dabei von einem ringförmigen p^+-Gebiet umschlossen, das *nicht* kontaktiert wird. Der Abstand d des Rings vom Anodengebiet wird kleiner als die Sperrschichtweite bei der maximal zulässigen Sperrspannung gewählt. Unter diesen Umständen ist bei großen Sperrspannungen das gesamte n-dotierte Gebiet zwischen Anode und Guard ring verarmt; das Potential des Guard rings unterscheidet sich dann vom Anodenpotential um die vom Abstand d und der Donatorkonzentration abhängige Spannung V_1 (vgl. Abb. 15.2b). Zwischen Guard ring und Kathode tritt demnach eine kleinere Potentialdifferenz V_2 auf als zwischen Anode und Kathode; auf diesem Weg kann die Erhöhung der Feldstärke aufgrund der nun am Rand des Guard rings auftetenden Krümmung ausgeglichen und Randdurchbruch verhindert werden.

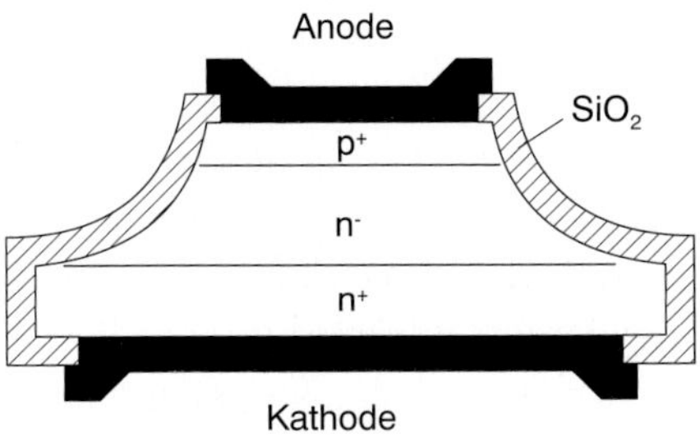

Abb. 15.3. Diode mit abgeschrägtem pn-Übergang durch Mesaätzung

Für Sperrspannungen im Kilovoltbereich werden in der Regel ebene pn-Übergänge verwendet, deren Seiten *abgeschrägt* werden, was sich günstig auf die Feldstärken im Randbereich auswirkt. Eine Möglichkeit zur Herstellung solcher Dioden ist die ganzflächige Diffusion eines pn-Übergangs und anschließende Strukturierung der Scheibenoberfläche durch eine *Mesaätzung*, was zu dem in Abb. 15.3 dargestellten Aufbau führt. Der seitlich abgeschrägte pn-Übergang wird mit einer SiO_2-Schicht überzogen, wodurch die Zahl der Rekombinationszentren an der Halbleiteroberfläche und damit der Sperrstrom verringert wird.

Das niedrig dotierte epitaxiale Bahngebiet wird bei Flußpolung mit Ladungsträgern „überschwemmt": Die Ladungsträgerdichten betragen hier ein Vielfaches der Dotierstoffkonzentration, Elektronen- und Löcherdichte weisen annähernd denselben Wert auf. Der durch das epitaxiale Bahngebiet hervorgerufene Teil des Bahnwiderstands wird deshalb durch die Diffusionsladung bestimmt. Er fällt in grober Näherung umgekehrt proportional zur Elektronen- und Löcherdichte und damit zum Flußstrom, da die Diffusionsladung annähernd proportional zum Strom anwächst. Wegen dieser sog. *Leitfähigkeitsmodulation* weist der Bahnwiderstand einen arbeitspunktabhängigen Anteil auf, der im gewöhnlichen Diodenmodell nicht erfaßt wird.

15.1.2 Kenndaten, Grenzwerte

Die wichtigsten Kenngrößen für Dioden im Gleichrichterbetrieb sind der *Sperrstrom*[1] I_R, sowie die *Durchlaßspannung* V_F, das ist der Spannungsabfall V an der Diode beim *Durchlaßstrom* I_F. In Datenblättern wird darüber hinaus

[1]Dieser wird meist bei der für die maximal zulässige Sperrspannung V_R spezifiziert. Er ist stark temperaturabhängig und zeigt im Gegensatz zu den Annahmen des idealen Diodenmodells meist eine deutliche Abhängigkeit von der angelegten Sperrspannung.

zumeist die Diodenkapazität bei $V = 0$ angegeben. Diese setzt sich zusammen aus der Sperrschichtkapazität $c_j(0)$ und der Gehäusekapazität. Zusätzlich zur *Rückwärtserholzeit*[2] t_{rr} für vorgegebene Werte von I_F und I_R (vgl. Kap. 14.2) wird die *Vorwärtserholzeit*[3] t_{fr} spezifiziert.

Für zuverlässigen Betrieb dürfen beim Einsatz *Grenzwerte* bezüglich des Durchlaßstroms, der Sperrspannung, der umgesetzten Leistung und der Umgebungstemperatur nicht überschritten werden. Die (maximal zulässige) *Sperrspannung* bei Gleichbetrieb wird in Datenblättern i.allg.[4] mit V_R, die *periodische Spitzensperrspannung* mit V_{RRM} bezeichnet. V_{RRM} bestimmt die maximale Amplitude (Scheitelwert) einer sinusförmigen Wechselspannung mit $f > 20$ Hz. Der maximal zulässige Flußstrom bei Gleichbetrieb wird meist mit I_F oder I_0 gekennzeichnet; I_{FRM} bezeichnet i. allg. den maximal zulässigen *Spitzenstrom* in Durchlaßrichtung bei sinusförmiger[5] Aussteuerung mit $f > 20$ Hz. Da die Sperrschichttemperatur ϑ_J der Diode im Betrieb über der Temperatur ϑ_A der Umgebung liegt, darf ϑ_A die maximal zulässige Sperrschichttemperatur ϑ_{Jmax} nicht überschreiten. Der Wert von ϑ_{Jmax} ist durch Halbleitermaterial (Energielücke) und Dotierung bestimmt. Bei Überschreiten der maximal zulässigen Sperrschichttemperatur verliert der pn-Übergang seine Sperrfähigkeit (vgl. Kap. 14.1). Aus dem Wärmewiderstand $R_{th,JA}$ der Diode zur Umgebung folgt für eine gegebene Umgebungstemperatur ϑ_A die maximal zulässige Dauerverlustleistung

$$P_{zul} = \frac{\vartheta_{Jmax} - \vartheta_A}{R_{th,JA}} , \tag{15.1}$$

die bei *Pulsbetrieb* jedoch überschritten werden darf (vgl. Kap. 5.3).

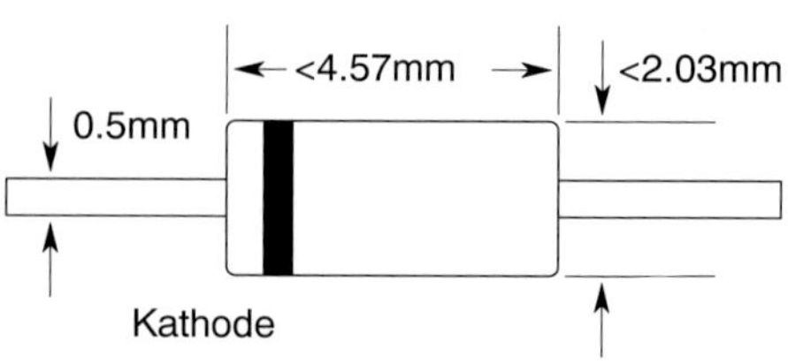

Abb. 15.4. Gleichrichterdiode 1N4148, Abmessungen

Beispiel 15.1.1 Als Beispiele für typische Gleichrichterdioden werden die Dioden 1N4148 und 1N4004 betrachtet. Die Diode 1N4148 ist eine Kleinleistungsdiode für schnelle Schaltvorgänge und wird als „Universaldiode" eingesetzt. Sie ist im Dauerbetrieb für Sperrspannungen bis 75 V spezifiziert, im Durchlaßbereich für Ströme bis 200 mA (kurze Strompulse mit Strömen von 2 A sind bei Pulsdauern kleiner 1 µs aber zulässig). Der Wärmewiderstand zur Umgebung beträgt maximal 350 K/W; mit

---

[2]Gelegentlich auch als Sperrverzögerungszeit oder Sperrverzug bezeichnet.
[3]Gelegentlich auch als Durchlaßverzögerungszeit oder Durchlaßverzug bezeichnet.
[4]V_R bezeichnet häufig auch eine angelegte Sperrspannung ($V_R = -V_F = -V$).
[5]Bzw. bei rechteckförmiger Aussteuerung mit einem Tastverhältnis < 0.5.

der maximal zulässigen Sperrschichttemperatur 200°C folgt daraus die zulässige Verlustleistung (Dauerbetrieb) bei der Umgebungstemperatur $\vartheta_{\mathrm{A}} = 25°\mathrm{C}$ zu 500 mW. Als Maximalwert des Sperrstroms bei $V = -20\,\mathrm{V}$ werden 25 nA bei $\vartheta_{\mathrm{j}} = 25°\mathrm{C}$ und 50 µA bei $\vartheta_{\mathrm{j}} = 150°\mathrm{C}$ angegeben. Die Diodenkapazität beträgt maximal 4 pF, die Rückwärtserholzeit (bei $I_{\mathrm{F}} = I_{\mathrm{R}} = 10\,\mathrm{mA}$) maximal 8 ns.

Die Diode 1N4004 ist eine Gleichrichterdiode für mittlere Durchlaßströme von 1 A (Stoßdurchlaßstrom 5 A). Aus dem thermischen Widerstand $R_{\mathrm{th,JA}} = 85\,\mathrm{K/W}$ zur Umgebung und $\vartheta_{\mathrm{Jmax}} = 175°$ C folgt die zulässige Verlustleistung (Dauerbetrieb) bei $\vartheta_{\mathrm{A}} = 25°\mathrm{C}$ zu $P = 1.75\,\mathrm{W}$. Der maximale Sperrstrom bei $\vartheta_{\mathrm{j}} = 75°\mathrm{C}$ wird mit 30 µA angegeben. Die Diodenkapazität beträgt etwa 50 pF, die Rückwärtserholzeit (bei $I_{\mathrm{F}} = I_{\mathrm{R}} = 10\,\mathrm{mA}$) liegt bei ca. 5 µs und damit um drei Dekaden über der Rückwärtserholzeit der 1N4148. Der Grund für diesen Unterschied liegt in der hohen zulässigen Sperrspannung der 1N4004; diese erfordert eine geringe Dotierung in einem der Bahngebiete. Bei Flußpolung wird das niedrig dotierte Bahngebiet mit Ladungsträgern „überschwemmt“– es baut sich eine große Diffusionsladung auf, die wegen der hohen Lebensdauer im niedrig dotierten Silizium mehrere Mikrosekunden benötigt, bis sie wieder abgebaut ist.

Es ist instruktiv, die wichtigsten Kenngrößen (typische Werte für $T = 300\,\mathrm{K}$) des SPICE-Diodenmodells für diese Dioden in einer Tabelle gegenüberzustellen.

Diode	$I_{\mathrm{S}}/\mathrm{A}$	N	R_{S}/Ω	$C_{\mathrm{J0}}/\mathrm{pF}$	$T_{\mathrm{T}}/\mathrm{ns}$
1N4148	$1.3 \cdot 10^{-9}$	1.73	1.6	4	5.8
1N4004	$1.41 \cdot 10^{-8}$	1.984	0.034	25.9	5700

Die unterschiedlichen Rückwärtserholzeiten sind vor allem eine Folge der stark unterschiedlichen Transitzeiten. Δ

15.1.3 Parallel- und Reihenschaltung von Gleichrichterdioden

Zum Gleichrichten großer Ströme können mehrere Gleichrichterdioden *parallelgeschaltet* werden. Wegen des Heißleiterverhaltens der Dioden kann es dabei jedoch zu einer Instabilität in der Stromverteilung kommen, mit der Konsequenz, daß sich eine Diode zusehends erwärmt und damit einen immer größeren Teil des Stroms auf sich zieht, bis sie schließlich überlastet wird und ausfällt. Dieses Problem kann vermieden werden, falls in Serie zu jeder Diode ein Widerstand R eingefügt wird (Abb. 15.5 a). Dessen Wert wird gewöhnlich so gewählt, daß am Serienwiderstand ein Spannungsabfall von ca. 100 mV auftritt (vgl. Beispiel 15.1.2); größere Werte des Spannungsabfalls führen nur zu einer unnötigen Erhöhung der Verlustleistung.

Symmetrierwiderstand. Im Folgenden wird für die in Abb. 15.5 a skizzierte Schaltung eine Bedingung für eine stabile Stromaufteilung abgeleitet. Die in der Diode D_2 umgesetzte Verlustleistung ist $(V_2' + R_{\mathrm{S}} I_2) I_2$. Steigt I_2 um $\mathrm{d}I_2$ an, so erhöht sich die Temperatur von D_2 um

$$\mathrm{d}T = R_{\mathrm{th}}\,\mathrm{d}P = R_{\mathrm{th}}(V_2'\,\mathrm{d}I_2 + I_2\,\mathrm{d}V_2' + 2R_{\mathrm{S}} I_2\,\mathrm{d}I_2)\,. \tag{15.2}$$

Mit

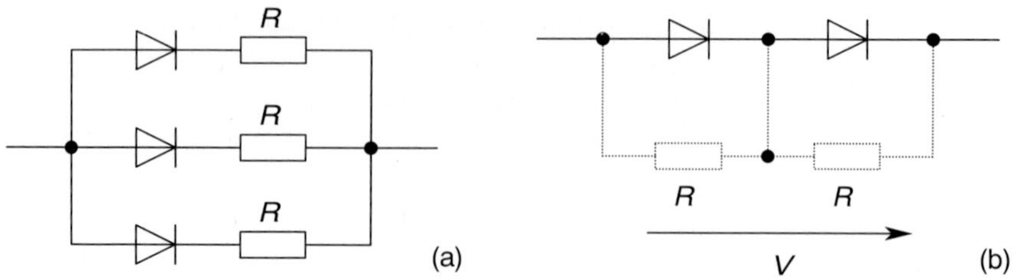

Abb. 15.5. (**a**) Parallelschaltung und (**b**) Reihenschaltung von Gleichrichterdioden

$$\mathrm{d}V_2' = \left(\frac{\partial V_2'}{\partial I_2}\right)\mathrm{d}I_2 + \left(\frac{\partial V_2'}{\partial T}\right)\mathrm{d}T = \frac{NV_T}{I_2}\,\mathrm{d}I_2 + \left(\frac{\partial V_2'}{\partial T}\right)\mathrm{d}T \tag{15.3}$$

folgt durch Zusammenfassen von (15.2) und (15.3)

$$\frac{\mathrm{d}T}{\mathrm{d}I_2} = \frac{R_{\mathrm{th}}(V_2' + 2R_{\mathrm{S}}I_2 + NV_T)}{1 - R_{\mathrm{th}}I_2(\partial V_2/\partial T)} \,. \tag{15.4}$$

Die Spannung über der Reihenschaltung von Diode und Symmetrierwiderstand beträgt $V = V_2' + (R_{\mathrm{S}} + R)I_2$; wird die Temperaturabhängigkeit von R vernachlässigt, so folgt für die Änderung des Spannungsabfalls $\mathrm{d}V = \mathrm{d}V_2' + (R_{\mathrm{S}} + R)\mathrm{d}I_2$. Die Stromaufteilung ist stabil, falls eine Zunahme des Stroms I_2 mit einer Zunahme ($\mathrm{d}V > 0$) des Spannungsabfalls an der Reihenschaltung verbunden ist; mit (15.3) führt dies auf die Bedingung

$$\frac{NV_T}{I_2}\,\mathrm{d}I_2 + \left(\frac{\partial V_2'}{\partial T}\right)\mathrm{d}T + (R_{\mathrm{S}} + R)\,\mathrm{d}I_2 \geq 0 \,.$$

Der Spannungsabfall am Symmetrierwiderstand muß deshalb der Forderung

$$(R_{\mathrm{S}} + R)I_2 \geq -I_2\left(\frac{\partial V_2'}{\partial T}\right)\frac{\mathrm{d}T}{\mathrm{d}I_2} - NV_T$$

bzw. nach Einsetzen von (15.4)

$$(R_{\mathrm{S}} + R)I_2 \geq -\frac{NV_T + R_{\mathrm{th}}(V_2' + 2R_{\mathrm{S}}I_2)I_2(\partial V_2'/\partial T)}{1 - R_{\mathrm{th}}I_2(\partial V_2'/\partial T)} \,. \tag{15.5}$$

genügen. Δ

Beispiel 15.1.2 Gilt beispielsweise $I_{\mathrm{max}} = 10\,\mathrm{A}$, $R_{\mathrm{th}} = 10\,\mathrm{K/W}$, $V_2' = 0.75\,\mathrm{V}$ (das ist nur der Spannungsabfall am pn-Übergang) und $(\partial V_2/\partial T) = -2\,\mathrm{mV/K}$, $N = 1.5$ und $R_{\mathrm{S}} = 20\,\mathrm{m\Omega}$ so muss bei der Umgebungstemperatur 300 K gelten[6]

$$\begin{aligned} RI_2 &\geq \frac{2\cdot 10^{-3}\dfrac{\mathrm{V}}{\mathrm{K}}\cdot 10\,\dfrac{\mathrm{K}}{\mathrm{W}}\cdot 10\,\mathrm{A}\cdot 1.15\,\mathrm{V} - 1.5\cdot 25.852\,\mathrm{mV}\dfrac{300\,\mathrm{K} + 95\,\mathrm{K}}{300\,\mathrm{K}}}{1 + 10\,\dfrac{\mathrm{K}}{\mathrm{W}}\cdot 10\,\mathrm{A}\cdot 2\cdot 10^{-3}\,\dfrac{\mathrm{V}}{\mathrm{K}}} \\ &\approx 149\,\mathrm{mV}\,; \end{aligned}$$

[6] NV_T ist streng genommen bei Betriebstemperatur zu berechnen; diese liegt um $R_{\mathrm{th}}(V_2 + R_{\mathrm{S}}I_2)I_2 = 95\,\mathrm{K}$ über der Umgebungstemperatur. Für die Auslegung kann auch der Wert für Raumtemperatur verwendet werden: Der Symmetrierwiderstand ist dann leicht überdimensioniert.

Da dies den Spannungsabfall an R_S und Symmetrierwiderstand bestimmt genügt mit $R_S I = 20\,\text{mV}$ in diesem Beispiel der Spannungsabfall 129 mV am Symmetrierwiderstand. △

Sind Spannungen gleichzurichten, deren Amplitude die höchstzulässige Spitzensperrspannung überschreitet, so kann eine *Serienschaltung* von Dioden verwendet werden. Der Sperrstrom durch die Reihenschaltung wird dabei durch den größten Sperrstrom der einzelnen Dioden bestimmt. Da dieser starken Exemplarstreuungen unterworfen ist, werden die Dioden mit deutlich kleineren Sperrströmen im Durchbruch betrieben: Die Spannung verteilt sich ungleichmäßig auf die einzelnen Dioden. Um dies zu vermeiden, können *Symmetrierwiderstände* R (typische Werte liegen bei mehreren 10 MΩ) parallelgeschaltet werden (Abb. 15.5 b) ; die Aufteilung der Spannung wird dabei durch den Spannungsteiler erzwungen. Damit dieser wirksam ist, muß er von einem Strom durchflossen werden, der größer ist als der maximal zulässige Sperrstrom der verwendeten Dioden. Der Strom durch den Spannungsteiler fließt parallel zu den Dioden und erhöht den Sperrstrom der Anordnung. Bei der Auslegung ist ferner die *Streuung* der Widerstandswerte zu beachten: Auch bei ungünstiger Spannungsaufteilung darf die Durchbruchspannung an keiner Diode überschritten werden.

15.1.4 Einweggleichrichter

Beim *Einweggleichrichter* wird die Diode in Serie zum Verbraucher geschaltet. Sie ist bei Flußpolung niederohmig, bei Sperrpolung hochohmig. Bei Sperrpolung fällt deshalb die Quellenspannung an der Diode ab – es fließt kein Strom. Bei Flußpolung hingegen fällt – abgesehen von der Flußspannung der Diode – die gesamte Spannung am Verbraucher ab.

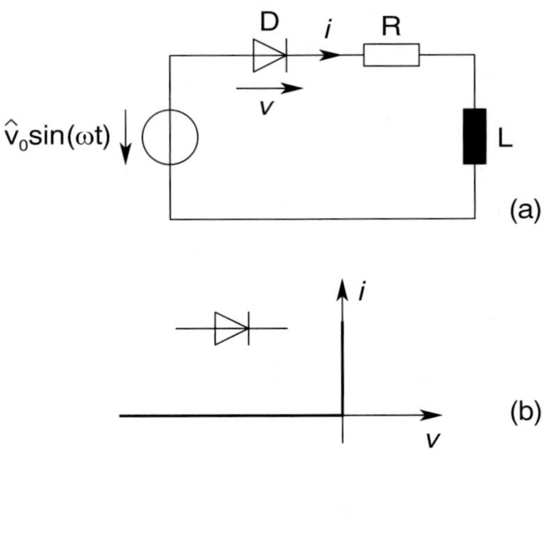

Abb. 15.6. Einweggleichrichter. (**a**) mit ohmisch-induktiver Last und (**b**) ideale Ventilkennlinie

Ohmsche und induktive Lasten

Der Einweggleichrichter mit ohmisch-induktiver Last (Abb. 15.6 a) wird im Folgenden untersucht; dabei wird die Diodenkennlinie der Einfachheit halber als ideale Ventilkennlinie angenommen (Abb. 15.6 b). Genauere Ergebnisse für vorgegebene Lastverhältnisse lassen sich leicht mit SPICE ermitteln.

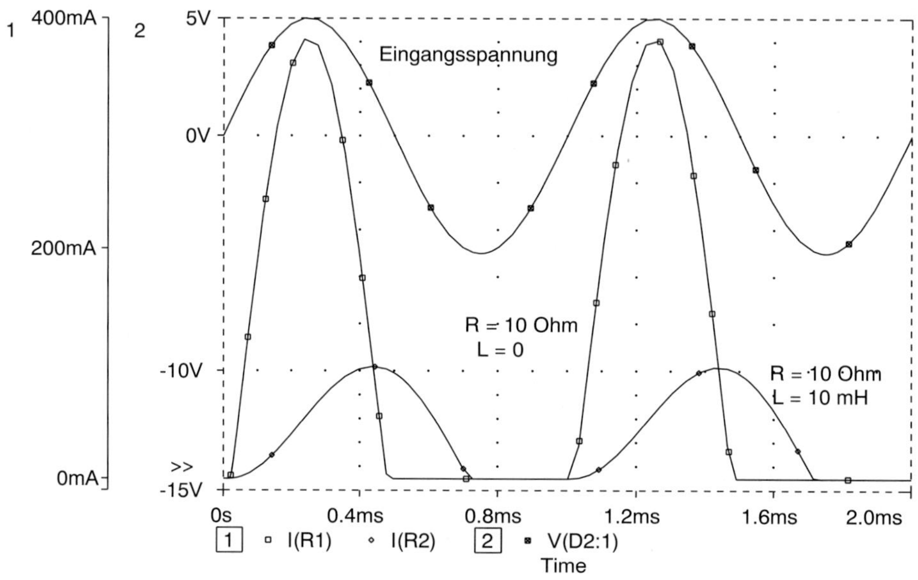

Abb. 15.7. Einweg-Diodengleichrichter. Ströme im Ausgangskreis bei ohmscher und ohmisch-induktiver Last (Skala 1) mit sinusförmiger Eingangsspannung (Skala 2)

Stromführungswinkel. Ist der Spannungsabfall v an der Diode mit idealer Ventilkennlinie kleiner als null, so ist $i = 0$; für $i > 0$ ist $v = 0$, negative Werte des Stroms können nicht auftreten. Für $i = 0$ fällt die gesamte Spannung an der Diode ab, für $i \neq 0$ an der Last. Liegt am Eingang eine sinusförmige Spannung der Amplitude $\hat{v}$ und Kreisfrequenz ω an, so gilt bei Stromführung nach dem Maschensatz

$$R\,i + L\,\frac{\mathrm{d}i}{\mathrm{d}t} = \hat{v}\,\sin(\omega t)$$

bzw. mit $\tau = L/R$

$$\frac{\mathrm{d}i}{\mathrm{d}t} + \frac{i}{\tau} = \frac{1}{L}\,\hat{v}\,\sin(\omega t)\,.$$

Die Lösung dieser Differentialgleichung zur Anfangsbedingung $i(0) = 0$ lautet

$$\begin{aligned} i(t) &= \frac{\hat{v}}{L}\int_0^t \sin(\omega t')\,\exp\left(-\frac{t-t'}{\tau}\right)\,\mathrm{d}t' = \\ &= \frac{\hat{v}}{R}\,\frac{1}{1+\omega^2\tau^2}\left[\sin(\omega t) - \omega\tau\cos(\omega t) + \omega\tau\,e^{-t/\tau}\right]. \end{aligned}$$

Der Zeitpunkt t_1 des nächsten Nulldurchgangs des Stroms folgt aus der Nullstelle der Klammer. Die Größe ωt_1 wird als *Stromführungswinkel* φ bezeichnet; für φ ergibt sich die transzendente Gleichung

$$\sin\varphi - x\cos\varphi + x\,\mathrm{e}^{-\varphi/x} = 0 \qquad \text{mit} \qquad x = \omega\tau$$

Der Stromführungswinkel nimmt mit zunehmendem L/R zu.

Beispiel 15.1.3 Das Verhalten des Einweggleichrichters mit ohmisch-induktiver Last wird mittels SPICE untersucht. Abbildung 15.7 zeigt den zeitlichen Verlauf des Stroms für zwei unterschiedliche Lastsituationen. Während bei ohmscher Last ($R = 10\,\Omega$, $L = 0$) nur während der positiven Halbwelle ein Strom fließt, ist bei ohmisch-induktiver Last ($R = 10\,\Omega$, $L = 10\,\mathrm{mH}$) die Länge des stromführenden Intervalls sichtbar größer. Mit solchen Simulationen läßt sich leicht der Effektivwert der Ausgangsspannung, die in der Diode umgesetzte Leistung etc. berechnen. Δ

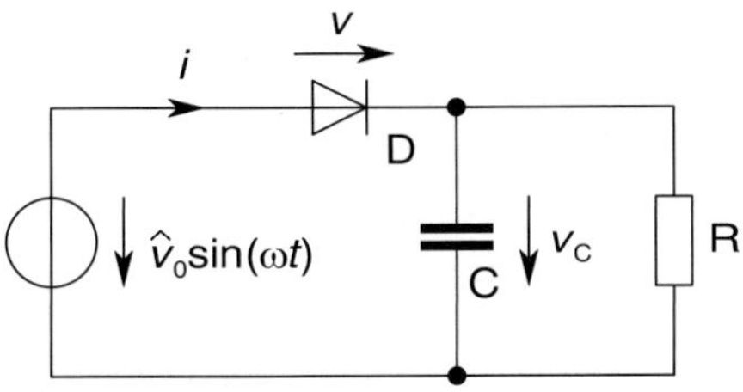

Abb. 15.8. Einweggleichrichter mit kapazitiver Last

Kapazitive Last, Glättung

Bei induktiver Last ist der Stromführungswinkel größer als 180° – bei kapazitiver Last (Abb. 15.8) hingegen kleiner als 180°. Dies liegt daran, daß die Kapazität zwar über die Diode von der Quelle aufgeladen wird, wegen der Sperrwirkung der Diode über diese aber nicht entladen werden kann. Wird der Ausgangsknoten nicht belastet, so wird die Kapazität einmalig auf die Amplitude[7] der am Eingang anliegenden Wechselspannung aufgeladen. Da C nicht entladen wird, kommt keine Flußpolung der Diode mehr zustande – die Spannung v_C bleibt konstant.

Wird die Kapazität durch einen parallel geschalteten Lastwiderstand R kontinuierlich entladen, so wird der Stromfluß durch die Diode ebenfalls nach Überschreiten des Spannungsmaximums zum Erliegen kommen; da sich C bei gesperrter Diode entlädt, nimmt v_C nun solange ab, bis die Eingangsspannung wieder um die Schleusenspannung über v_C liegt. Ab diesem Zeitpunkt beginnt wieder ein Ladestrom durch die Diode zu fließen: Die Spannung über C nimmt wieder zu. Die Amplitude Δv des Wechselanteils der Spannung v_C läßt sich leicht abschätzen, wenn die Dauer Δt der Aufladephase gegenüber

[7] Abzüglich der Flußspannung der Diode.

der Dauer der Entladephase vernachlässigt ($\Delta t \approx 1/f$) und der Entladestrom als annähernd konstant angenommen wird ($i \approx \overline{v}/R$). Diese Annahmen sind sinnvoll, solange Δv klein ist gegenüber dem zeitlichen Mittelwert der Spannung $\overline{v}$ über dem Kondensator. Dann gilt

$$\Delta v = i\,\Delta t/C \approx \overline{v}/fRC = \overline{v}/f\tau \qquad (15.6)$$

mit $\tau = RC$. Der Wert von Δv läßt sich durch Verwenden zweipulsiger Gleichrichter deutlich reduzieren; dies ist beim Erzeugen einer Gleichspannung aus Netzwechselspannung von besonderer Bedeutung.

15.1.5 Zweipulsige Brückenschaltung

Abbildung 15.9 zeigt eine *Brückenschaltung* [8] von vier Dioden, die als zweipulsiger Gleichrichter arbeitet. Am Ausgang des Brückengleichrichters stellt sich eine pulsierende Gleichspannung ein – der Glättungsbedarf zur Erzeugung einer Gleichspannung wird im Vergleich zum Einweggleichrichter wesentlich geringer. Bei Ansteuerung mit einer Spannungsquelle, deren Innenwiderstand gegenüber dem Lastwiderstand vernachlässigbar klein ist, ergibt sich für die Amplitude des Wechselspannungsanteils der Ausgangsspannung die Abschätzung

$$\boxed{\Delta v \approx \overline{v}/2f\tau\,,} \qquad (15.7)$$

wobei $\overline{v}$ wieder den Mittelwert der Spannung am Lastwiderstand bezeichnet.

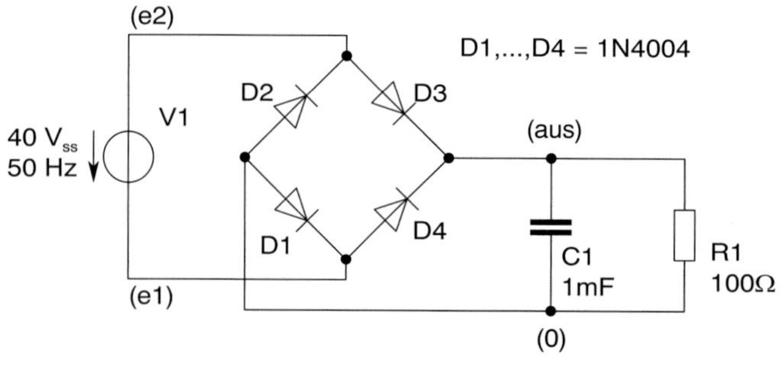

Abb. 15.9. Zweipulsiger Gleichrichter in Brückenschaltung, Beschaltung nach Beispiel 15.1.4

Beispiel 15.1.4 Abbildung 15.10 zeigt den zeitlichen Verlauf der Eingangsspannung (Skala 1) und der Ausgangsspannung (Skala 2) der in Abb. 15.9 dargestellten Schaltung (SPICE-Simulation). Die Amplitude des Wechselanteils läßt sich zu $\Delta v \approx 1.4$ V ablesen. Dieser Wert ist etwas geringer als der aus der Abschätzung (15.7) gewonnene Wert

$$\Delta v \approx \frac{18\,\mathrm{V}}{2 \cdot 50\,\mathrm{s}^{-1} \cdot 0.1\,\mathrm{s}} = 1.8\,\mathrm{V}\,;$$

[8] Für den praktischen Aufbau von Schaltungen sind Brückengleichrichtermodule verfügbar in denen die vier Dioden bereits in der besprochenen Weise verschaltet sind.

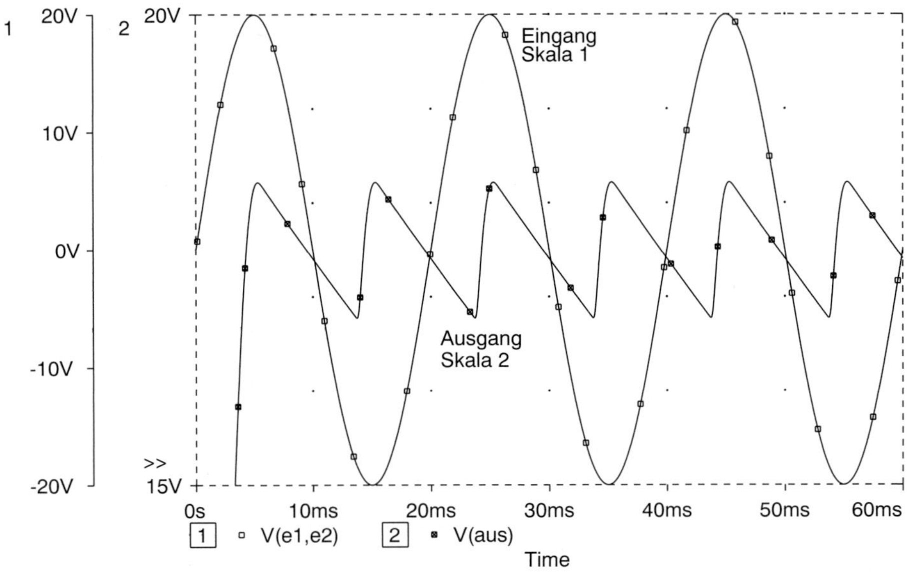

Abb. 15.10. Zweiweg-Brückengleichrichter mit kapazitiver Last (Skala 1: V_{ein}, Skala 2: V_{aus})

die durch Gl. (15.7) vermittelte Abschätzung der Restwelligkeit der Ausgangsspannung liegt demzufolge „auf der sicheren Seite“. Wegen der großen Streuung der Kapazitätswerte der für Glättungszwecke eingesetzten Kondensatoren ist diese Abschätzung für eine Grobdimensionierung aber ausreichend genau. Δ

15.1.6 Spannungsvervielfacher

Werden große Spannungswerte bei geringen Lastströmen benötigt, so lassen sich diese mit *Spannungsvervielfachern* gewinnen. Abbildung 15.11 a zeigt die *Delon-Schaltung* zur Spannungsverdopplung. Die Dioden D1 und D2 sind so gepolt, daß während der einen Halbwelle C1, während der anderen Halbwelle C2 aufgeladen wird. Da beide Kapazitäten in Reihe geschaltet sind, und die Ausgangsspannung v_2 über der Reihenschaltung abgegriffen wird, ist die Spannungsverdoppelung sofort einsichtig. Zu beachten ist, daß die Durchbruchspannung von D1 und D2 höher liegen muß als v_2.

Die in Abb. 15.11 b gezeigte *Villard-Schaltung* dient ebenfalls der Spannungsverdoppelung. Hier wird während der negativen Halbwelle C1 über D1 auf die Amplitude der angelegten Wechselspannung v_1 aufgeladen. Während der positiven Halbwelle sperrt D1; über D2 wird nun C2 auf die Spannung $\hat{v}_1 + v_{C1}$ aufgeladen, was sich ebenfalls in einer Verdoppelung von v_2 gegenüber v_1 auswirkt. Die Idee der Villardschaltung läßt sich ausbauen zur *Spannungskaskade*. Das in Abb. 15.11 c gezeigte Schaltbeispiel zeigt eine Kaskadenschaltung, bei der die Amplitude der Eingangsspannung annähernd versechsfacht

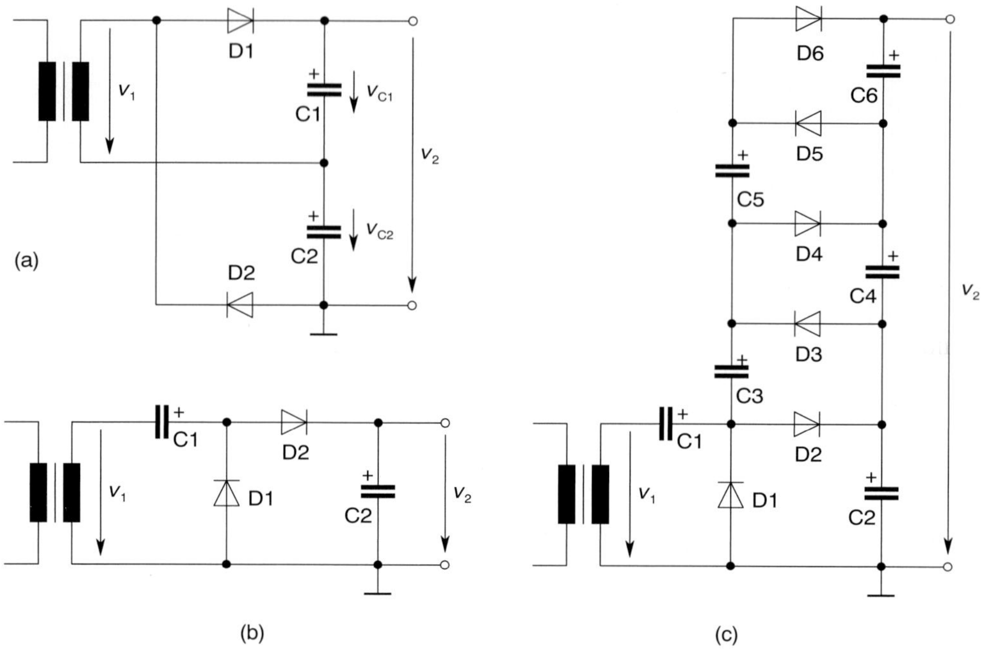

Abb. 15.11. Spannungsverdopplung mit (**a**) Delon-Schaltung oder (**b**) Villard-Schaltung; (**c**) Spannungsvervielfachung mit Kaskadenschaltung

wird ($v_2 \approx 6\,v_1$). Die Spannungsfestigkeit der Dioden und Kondensatoren muß mindestens das Doppelte der Amplitude der Eingangsspannung betragen.

15.1.7 Spannungsbegrenzung, Freilaufdioden

Abbildung 15.12 zeigt zwei weitere Anwendungen für Dioden. Schaltung (a) begrenzt die Ausgangsspannung v_2 auf Werte von ca. $V_{\mathrm{REF}} + V_{\mathrm{F0}}$. Wird dieser Wert überschritten, so wird die Diode niederohmig und verursacht am Vorwiderstand R_{V} einen so großen Spannungsabfall, daß die Ausgangsspannung nicht nennenswert weiter ansteigen kann. Anwendung finden derartige *Begrenzer* z. B. als integrierte Schutzbeschaltung für die Eingänge von CMOS-Bausteinen.

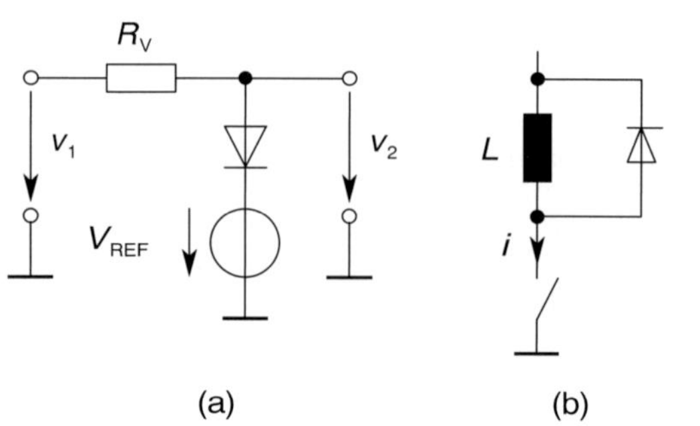

Abb. 15.12. Anwendung der Gleichrichterdiode (**a**) zur Spannungsbegrenzung und (**b**) als Freilaufdiode

Schaltung (b) zeigt eine mit einer sog. *Freilaufdiode* beschaltete Induktivität L. Wurde L zuvor von einem Strom der eingezeichneten Richtung durchflossen, so würde bei einer Unterbrechung des Stromflusses – z. B. durch einen Schalter – eine hohe Spannung induziert, die jedoch durch die Diode „kurzgeschlossen“ wird. Ohne eine solche Schutzbeschaltung würde die Lebensdauer des Schalters reduziert (erhöhter Abbrand der Kontakte), ein Schalttransistor liefe – abhängig vom Wert von L – in Gefahr, zerstört zu werden. Die Freilaufdiode muß so ausgewählt werden, daß sie in Flußrichtung den zuvor durch die Induktivität geflossenen Strom aufnehmen kann. Die Schutzbeschaltung mit Freilaufdiode ist beim Schalten von Induktivitäten, die von einem Wechselstrom durchflossen werden, nicht anwendbar. Hier werden Elemente mit symmetrischer $I(V)$-Kennlinie benötigt (i. allg. Varistoren, vgl. Kap. 7.7).

15.1.8 Schalten induktiver Lasten

Bei induktiver Beschaltung ist die Stromsteilheit $\mathrm{d}i/\mathrm{d}t$ durch die Induktivität begrenzt. Abbildung 15.13 a zeigt eine Ersatzschaltung für die Diode mit induktiver Last; der Widerstand R erfaßt dabei den ohmschen Anteil der Lastimpedanz, den Quellwiderstand und den Serienwiderstand der Diode.

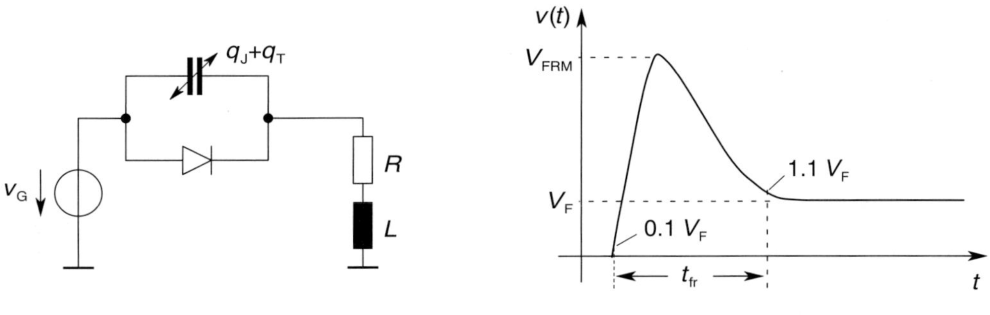

Abb. 15.13. (**a**) Ersatzschaltung für Diode mit induktiver Last, (**b**) Einschalt-Spannungsspitze bei Hochvolt-Gleichrichterdioden

Wegen des Zusammenwirkens induktiver und kapazitiver Komponenten sowie der u.U. erst mit Verzögerung einsetzenden Leitfähigkeitsmodulation (vgl. Kap. 15.2.1) kann es beim Einschalten zu einer Spannungsüberhöhung kommen. Die *Einschalt-Spannungsspitze* V_{FRM} hängt von der Anstiegsgeschwindigkeit des Stroms und der zulässigen Sperrspannung der Diode ab und kann bei pin-Dioden für große Sperrspannungen mehr als 100 V betragen. Die als *Vorwärtserholzeit* oder Durchlaßverzugszeit bezeichnete Zeit t_{fr} bestimmt die Zeit, nach der der Spannungsendwert (die Durchlaßspannung V_{F}) mit einer Abweichung von 10 % erreicht ist (Abb. 15.13 b).

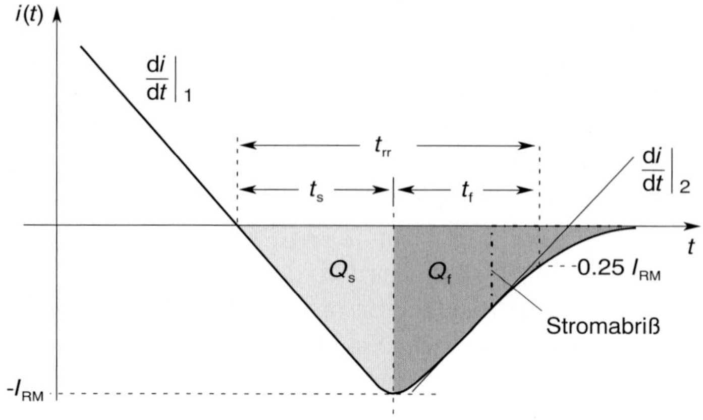

Abb. 15.14. Stromverlauf beim Ausschalten einer Soft-Recovery Diode mit induktiver Last. Der gestrichelt eingezeichnete Stromabriß kennzeichnet ein Abrupt-Recovery-Verhalten

Die den Ausschaltvorgang charakterisierende Sperrverzögerungszeit t_{rr} ist durch die Sperrverzögerungsladung Q_{r} (auch Q_{rr}) bestimmt, die in die Nachlaufladung Q_{s} und die Restladung Q_{f} aufgespalten werden kann. Nach Abb. 15.14 gilt näherungsweise $t_{\mathrm{rr}}I_{\mathrm{RM}} = 2Q_{\mathrm{r}}$, wobei I_{RM} die *Rückstromspitze* bezeichnet. Die *Nachlaufladung* Q_{s} folgt aus der Rückstromspitze

$$Q_{\mathrm{s}} \approx \frac{1}{2} I_{\mathrm{RM}} t_{\mathrm{s}} \approx \frac{I_{\mathrm{RM}}^2}{2} \left(\left. \frac{\mathrm{d}i}{\mathrm{d}t} \right|_{\mathrm{aus}} \right)^{-1} .$$

Die Speicherzeit t_{s} wird bei Schaltdioden auch als *Spannungsnachlaufzeit*, die Zeit t_{f} als *Rückstromfallzeit* bezeichnet. Von einem *Soft-Recovery-Verhalten* wird gesprochen, wenn der Rückstrom nicht abreißt und mit einer nicht zu großen Stromsteilheit gegen null verläuft. Ein solches Verhalten ist erwünscht, da andernfalls wegen der schnellen Stromänderung eine hohe Überspannung induziert wird. Liegt kein Stromabriß vor, so liefert der „Softfaktor“ $s = t_{\mathrm{f}}/t_{\mathrm{s}}$ oder in neuerer Definition $s = |\mathrm{d}i/\mathrm{d}t|_1/|\mathrm{d}i/\mathrm{d}t|_{2,\mathrm{max}}$ (vgl. Abb. 15.14) einen Anhaltspunkt: Für $s > 0.5-0.8$ wird von Soft-Recovery-Verhalten gesprochen (vgl. auch [2], Kap. 2.6).

15.2 PIN-Dioden

In *pin-Dioden* sind p- und n-Bahngebiet durch eine annährend undotierte (intrinsische) Schicht getrennt. Bei Sperrpolung erstreckt sich die Raumladungszone über das gesamte intrinsische Gebiet. Ist die Dicke d dieser Zone groß, so tritt die von der äußeren Spannung hervorgerufene Potentialdifferenz über einer großen Strecke auf, was einer geringen Feldstärke entspricht. pin-Dioden mit ausgedehnter intrinsischer Zone weisen deswegen eine hohe Durchbruchspannung auf und können als Gleichrichterdioden für hohe Spannungen eingesetzt werden. Dabei weisen solche Dioden wegen der Leitfähigkeitsmodulation des niedrig dotierten Gebietes bei starker Flußpolung nur einen geringen Serienwiderstand auf.

15.2.1 Lange PIN-Dioden, Leistungsgleichrichter

Leistungsdioden sind meist als lange pin-Dioden ausgeführt, mit einer Dicke der schwach dotierten Schicht, die nicht mehr als klein gegenüber der Diffusionslänge angesehen werden kann. Bei Hochinjektion ist die Dichte der in das i-Gebiet injizierten Ladungsträger groß im Vergleich zur Dotierstoffkonzentration $N_{D\nu}$. Da sich die injizierte Ladung weitgehend neutralisiert, kann $n(x) \approx p(x)$ angenommen werden. Über das p^+-Gebiet werden Löcher in das i-Gebiet injiziert über das n^+-Gebiet Elektronen, für die Verteilung der Ladungsträgerdichten ergibt sich der in Abb. 15.15 skizzierte Verlauf.

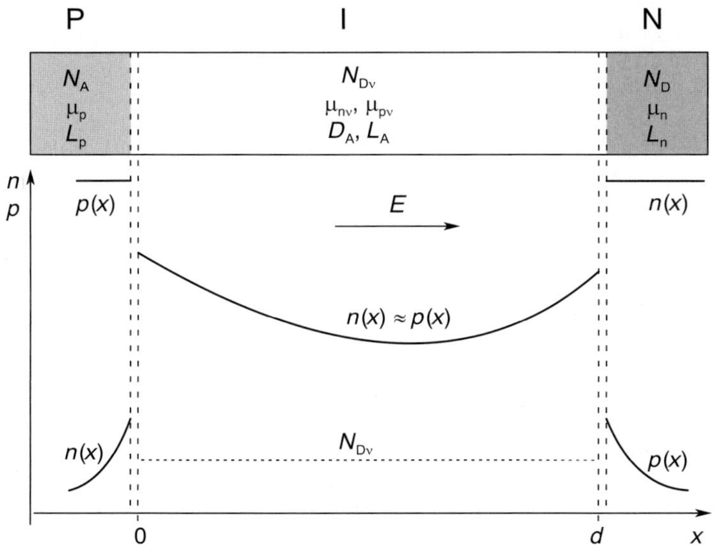

Abb. 15.15. Elektronen- und Löcherdichte in langer pin-Diode (log. Darstellung, schematisch). Die stark dotierten p- und n-Gebiete werden als Emitter, das i-Gebiet als Basis bezeichnet

Die Grenzen des quasineutralen i-Gebiets werden mit 0 und d bezeichnet. Die Elektronen- und Löcherdichten fallen zur Mitte des i-Gebiets hin ab, wegen der unterschiedlichen Elektronen- und Löcherbeweglichkeiten liegt das Minimum der Dichten allerdings nicht exakt in der Mitte. Der Stromtransport durch das i-Gebiet ist keine reine Diffusion: Über dem i-Gebiet baut sich ein elektrisches Feld mit der in Abb. 15.15 angezeigten Richtung auf. Elektronen- und Löcherdichte ergeben sich aus einer modifizierten Diffusionsgleichung; man spricht hier von *ambipolarer Diffusion.* Würde der Stromtransport nur durch Diffusion erfolgen, so würden sich beispielsweise die Löcher sowohl vom p-Typ Emitter als auch vom n-Typ Emitter fort in Richtung des Minimums der $p(x)$-Kurve bewegen [3].

Kennlinie. Der Spannungsabfall an der Diode bei Flußpolung (Durchlasspannung) setzt sich aus dem Spannungsabfall V_{pn} am flußgepolten p^+n^--Übergang, dem Spannungsabfall V_i in der i-Schicht und dem Spannungsabfall V_{nn} am nn^+-Übergang zusammen

$$V = V_{\text{pn}} + V_{\text{i}} + V_{\text{nn}} \, .$$

V_{pn} folgt mit $p(0) \approx n(0)$ aus dem verallgemeinerten Massenwirkungsgesetz

$$V_{\text{pn}} = 2V_T \ln\left(p(0)/n_{\text{i}}\right) \; ; \tag{15.8}$$

V_{nn} ergibt sich aus der Abnahme der Potentialdifferenz am n^-n^+-Übergang (vgl. Kap. 14.1.7) bei Flußpolung

$$V_{\text{nn}} = V_T \ln\left(\frac{N_{\text{D}\nu} + p(d)}{N_{\text{D}\nu}}\right) \approx V_T \ln\left(\frac{p(d)}{N_{\text{D}\nu}}\right) . \tag{15.9}$$

Zur Bestimmung von V_{i} muß die elektrische Feldstärke in der Basis betrachtet werden; durch Addition der Stromgleichungen für Elektronen und Löcher folgt für die Gesamtstromdichte

$$J = e(\mu_{\text{n}\nu} + \mu_{\text{p}\nu}) pE + e(D_{\text{n}\nu} - D_{\text{p}\nu}) \frac{\text{d}p}{\text{d}x} \, ,$$

wobei $n(x) \approx p(x)$ angenommen wurde. Wird diese Beziehung nach der elektrischen Feldstärke im i-Gebiet aufgelöst so folgt

$$E = J \frac{1}{e(\mu_{\text{n}\nu} + \mu_{\text{p}\nu}) p} - \frac{D_{\text{n}\nu} - D_{\text{p}\nu}}{\mu_{\text{n}\nu} + \mu_{\text{p}\nu}} \frac{1}{p} \frac{\text{d}p}{\text{d}x} \; ; \tag{15.10}$$

Integration dieser Beziehung über die Dicke der intrinsischen Schicht liefert für den Spannungsabfall

$$V_{\text{i}} = \frac{J}{e(\mu_{\text{n}\nu} + \mu_{\text{p}\nu})} \int_0^d \frac{\text{d}x}{p(x)} - \frac{D_{\text{n}\nu} - D_{\text{p}\nu}}{\mu_{\text{n}\nu} + \mu_{\text{p}\nu}} \ln\left(\frac{p(d)}{p(0)}\right) . \tag{15.11}$$

Der zweite Term auf der rechten Seite von (15.11), die sog. *Dember-Spannung* liegt typischerweise im Bereich weniger Millivolt und kann meist vernachlässigt werden. Der erste Term läßt sich mit der ermittelten Löcherdichte (15.16) ausrechnen und liefert V_{i} als Funktion der Ladungsträgerdichten $p(0)$ und $p(d)$. Aus (15.8), (15.9) und (15.11) ergibt sich die Kennlinie, sobald ein Zusammenhang zwischen dem Flußstrom und der Löcherdichte im i-Gebiet vorliegt.

Vereinfachte Betrachtung. Wird die Löcherdichte im i-Gebiet durch den Mittelwert $\langle p \rangle = Q_{\text{i}}/(edA_{\text{j}})$ angenähert,[9] und die Injektion von Ladungsträgern in die Emittergebiete vernachlässigt, so ergibt sich für den Spannungsabfall an der intrinsischen Schicht die Abschätzung

$$V_{\text{i}} \approx \frac{J}{e(\mu_{\text{n}\nu} + \mu_{\text{p}\nu})} \int_0^d \frac{\text{d}x}{p(x)} \approx \frac{edA_{\text{j}}J}{e(\mu_{\text{n}\nu} + \mu_{\text{p}\nu})Q_{\text{i}}} \int_0^d \text{d}x = \frac{d^2}{(\mu_{\text{n}\nu} + \mu_{\text{p}\nu})\tau_{\text{A}}}$$

[9] Diese Näherung ist für $d/L_{\text{A}} < 2$ (Definition der ambipolaren Diffusionslänge L_{A} in vertiefender Betrachtung) einigermaßen gerechtfertigt. Für größere Dicken der Basis fällt die Ladungsträgerdichte zur Mitte so weit ab, daß zunehmend die Situation zweier in Serie geschalteter Langbasisdioden mit einem entsprechend großen Serienwiderstand vorliegt. Diese Situation ist unerwünscht, so daß d in der Praxis selten deutlich größer ist als L_{A}.

wobei $Q_\mathrm{i} \approx I_\mathrm{i}\tau_\mathrm{A}$ die in der Basis gespeicherte Diffusionsladung und τ_A die ambipolare Lebensdauer bezeichnet (s.u.). Der Spannungsabfall ist in dieser Näherung unabhängig vom Strom: Da der Widerstand umgekehrt proportional zur Diffusionsladung und damit zum Strom ist, ist der Spannungsaball RI stromunabhängig.

Die durchgeführte Betachtung zeigt bereits einen wichtigen Kompromiß, der beim Aufbau der pin-Diode getroffen werden muß: Einerseits wäre eine möglichst große Lebensdauer der in die Basis injizierten Ladungsträger wünschenswert, da der Spannungsabfall an der Basis umgekehrt proportional zu τ_A ist, andererseits sollte τ_A möglichst klein sein, damit die Speicherladung Q_i bei gegebenem Strom möglichst gering ausfällt. Auf Kosten der Durchlaßspannung können so, durch Absenken der Lebensdauer τ_A, die Speicherladung und damit Rückstromspitze und Rückwärtserholzeit vermindert werden (Abb. 15.16).

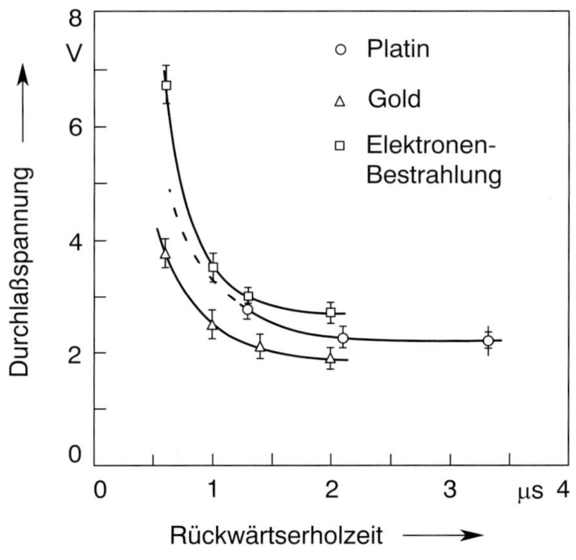

Abb. 15.16. Zusammenhang zwischen Durchlaßspannung und Rückwärtserholzeit für pin-Dioden mit unterschiedlichen Rekombinationszentren (nach [4])

Durch Diffusion von Platin- oder Goldatomen kann die Dichte der SRH-Rekombinationszentren erhöht und damit τ_A vermindert werden. Da Platin und Gold sehr schnell diffundieren ist die Verteilung der Rekombinationszentren dabei praktisch nicht einstellbar. Gold wird in Leistungsbauelementen selten benutzt, da das nahezu in der Mitte der Energielücke liegende Störstellenniveau nicht nur die Rekombination sondern auch die thermische Generation von Ladungsträgern beschleunigt. Platin bietet hier deutliche Vorzüge [5] und wesentlich geringere Sperrströme bei einem zu Gold-diffundierten Dioden vergleichbaren Abschaltverhalten.

Durch Beschuß des Halbleiters mit leichten Teilchen (z.B. Protonen oder He-Kerne) werden Atome aus dem Gitterverband herausgeschlagen. Dabei entstehen Leerstellen und nicht abgesättigte Bindungsorbitale, die als Rekombinationszentren wirken. Im Unterschied zur Platindiffusion kann hier die Verteilung der Rekombinationszentren durch die gewählte Teilchenenergie eingestellt werden. Diese befinden sich idealerweise in der Nähe des pn-Übergangs [6], was eine geringe Rückstromspitze bei gleichzeitig geringer Durchlaßspannung ermöglicht.

Vertiefende Betrachtung

Ambipolare Diffusion, Löcherdichte. Im Grenzfall großer Ladungsträgerdichten geht die Netto-Rekombinationsrate für SRH-Prozesse[10] (12.56) über in

$$\mathcal{R}-\mathcal{G} \approx \frac{n}{\tau} \approx \frac{p}{\tau_{\mathrm{A}}} \quad \text{mit} \quad \tau_{\mathrm{A}} = \frac{\tau_{\mathrm{n0}}+\tau_{\mathrm{p0}}}{N_{\mathrm{T}}} .$$

Im stationären Betrieb nehmen die Kontinuitätsgleichungen dann die einfache Form

$$\frac{\mathrm{d}J_{\mathrm{n}}}{\mathrm{d}x} = e\,\frac{n}{\tau_{\mathrm{A}}} \quad \text{und} \quad \frac{\mathrm{d}J_{\mathrm{p}}}{\mathrm{d}x} = -\,e\,\frac{p}{\tau_{\mathrm{A}}}$$

an. Durch Kombination mit den Stromgleichungen für Elektronen und Löcher folgt das Gleichungssystem

$$0 = D_{\mathrm{n}\nu}\,\frac{\mathrm{d}^2 n}{\mathrm{d}x^2} + \mu_{\mathrm{n}\nu} n\,\frac{\mathrm{d}E}{\mathrm{d}x} + \mu_{\mathrm{n}\nu} E\,\frac{\mathrm{d}n}{\mathrm{d}x} - \frac{n}{\tau_{\mathrm{A}}} \tag{15.12}$$

$$0 = D_{\mathrm{p}\nu}\,\frac{\mathrm{d}^2 p}{\mathrm{d}x^2} - \mu_{\mathrm{p}\nu} p\,\frac{\mathrm{d}E}{\mathrm{d}x} - \mu_{\mathrm{p}\nu} E\,\frac{\mathrm{d}p}{\mathrm{d}x} - \frac{p}{\tau_{\mathrm{A}}} \tag{15.13}$$

Nun wird (15.12) mit $D_{\mathrm{p}\nu}$ und (15.13) mit $D_{\mathrm{n}\nu}$ multipliziert; bei einer Addition der resultierenden Gleichungen folgt dann wegen $n(x) \approx p(x)$

$$0 = 2D_{\mathrm{n}\nu}D_{\mathrm{p}\nu}\,\frac{\mathrm{d}^2 p}{\mathrm{d}x^2} - (D_{\mathrm{p}\nu}+D_{\mathrm{n}\nu})\,\frac{p}{\tau_{\mathrm{A}}} \quad \text{bzw.} \quad \frac{\mathrm{d}^2 p}{\mathrm{d}x^2} = \frac{p}{L_{\mathrm{A}}^2} \tag{15.14}$$

mit der *ambipolaren Diffusionslänge*

$$L_{\mathrm{A}} = \sqrt{D_{\mathrm{A}}\tau_{\mathrm{A}}} \quad \text{mit} \quad D_{\mathrm{A}} = \frac{2D_{\mathrm{p}\nu}D_{\mathrm{n}\nu}}{D_{\mathrm{p}\nu}+D_{\mathrm{n}\nu}} \tag{15.15}$$

Die Größe D_{A} wird als *ambipolarer Diffusionskoeffizient* bezeichnet. Die allgemeine Lösung von (15.14) ist von der Form

$$p(x) = p_{+}\mathrm{e}^{x/L_{\mathrm{A}}} + p_{-}\mathrm{e}^{-x/L_{\mathrm{A}}} \tag{15.16}$$

Werden die Integrationskonstanten p_{+} und p_{-} durch Werte $p(0)$ und $p(d)$ ausgedrückt, so geht dies über in

$$p(x) = \frac{\sinh[(d-x)/L_{\mathrm{A}}]}{\sinh(dL_{\mathrm{A}})}\,p(0) + \frac{\sinh(x/L_{\mathrm{A}})}{\sinh(d/L_{\mathrm{A}})}\,p(d) \tag{15.17}$$

[10] Bei sehr hoher Dichte der injizierten Ladungsträger ist zusätzlich Auger-Rekombination zu beachten [7].

Für die im i-Gebiet gespeicherte Diffusionsladung liefert dies

$$Q_\mathrm{i} \;=\; eA_\mathrm{j}L_\mathrm{A}\,\frac{\cosh(d/L_\mathrm{A})-1}{\sinh(d/L_\mathrm{A})}\;[\,p(0)+p(d)\,] \tag{15.18}$$

Die Stromdichte ist

$$J \;=\; J_\mathrm{n}(0)+J_\mathrm{p}(0) \;=\; J_\mathrm{n}(d)+J_\mathrm{p}(d)\;. \tag{15.19}$$

Für die Stromdichte der bei $x=d$ in das metallkontaktierte n^+-Gebiet der Dicke d_n injizierten Löcher folgt analog zu (14.57) bei Hochinjektion mit $p(d)\approx n(d)\gg N_{\mathrm{D}\nu}$

$$J_\mathrm{p}(d) \;\approx\; e\,\frac{D_\mathrm{p}}{L_\mathrm{p}N_\mathrm{D}}\,\coth\left(\frac{d_\mathrm{n}}{L_\mathrm{p}}\right)p^2(d) \;=\; J_\mathrm{Sp}\,\frac{p^2(d)}{n_\mathrm{i}^2}\;,$$

wobei J_ps die Sättigungsstromdichte bezeichnet. Die Stromdichte der bei $x=0$ in das metallkontaktierte p^+-Gebiet der Dicke d_p injizierten Löcher ist entsprechend

$$J_\mathrm{n}(0) \;\approx\; e\,\frac{D_\mathrm{n}}{L_\mathrm{n}N_\mathrm{A}}\,\coth\left(\frac{d_\mathrm{p}}{L_\mathrm{n}}\right)p^2(0) \;=\; J_\mathrm{Sn}\,\frac{p^2(0)}{n_\mathrm{i}^2}\;,$$

mit der Sättigungsstromdichte J_Sn. Mit (15.10) und (15.17) folgt mit $b=\mu_{\mathrm{n}\nu}/\mu_{\mathrm{p}\nu}$

$$\begin{aligned}
J_\mathrm{p}(0) \;&=\; e\mu_{\mathrm{p}\nu}pE - eD_{\mathrm{p}\nu}\,\frac{\mathrm{d}p}{\mathrm{d}x}\bigg|_0 \;=\; \frac{1}{b+1}\,J - eD_\mathrm{A}\,\frac{\mathrm{d}p}{\mathrm{d}x}\bigg|_0\\
&=\; \frac{1}{b+1}\,J + \frac{eD_\mathrm{A}}{L_\mathrm{A}}\,\frac{p(0)\cosh(d/L_\mathrm{A})-p(d)}{\sinh(d/L_\mathrm{A})}
\end{aligned}$$

und

$$\begin{aligned}
J_\mathrm{n}(d) \;&=\; e\mu_{\mathrm{n}\nu}pE + eD_{\mathrm{n}\nu}\,\frac{\mathrm{d}p}{\mathrm{d}x}\bigg|_d \;=\; \frac{b}{b+1}\,J + eD_\mathrm{A}\,\frac{\mathrm{d}p}{\mathrm{d}x}\bigg|_d\\
&=\; \frac{b}{b+1}\,J + \frac{eD_\mathrm{A}}{L_\mathrm{A}}\,\frac{p(d)\cosh(d/L_\mathrm{A})-p(0)}{\sinh(d/L_\mathrm{A})}\;.
\end{aligned}$$

Durch Zusammenfassen ergeben sich aus (15.19) zwei Gleichungen, die es erlauben $p(0)$ und $p(d)$ durch J auszudrücken.

$$\begin{aligned}
\frac{J}{e} \;&=\; J_\mathrm{Sn}\,\frac{(b+1)}{b}\,\frac{p^2(0)}{n_\mathrm{i}^2} + \frac{2D_{\mathrm{p}\nu}}{L_\mathrm{A}}\,\frac{\cosh(d/L_\mathrm{A})}{\sinh(d/L_\mathrm{A})}\,p(0) - \frac{2D_{\mathrm{p}\nu}}{L_\mathrm{A}}\,\frac{p(d)}{\sinh(d/L_\mathrm{A})}\\
\frac{J}{e} \;&=\; J_\mathrm{Sp}(b+1)\,\frac{p^2(d)}{n_\mathrm{i}^2} - \frac{2D_{\mathrm{n}\nu}}{L_\mathrm{A}}\,\frac{p(0)}{\sinh(d/L_\mathrm{A})} + \frac{2D_{\mathrm{n}\nu}}{L_\mathrm{A}}\,\frac{\cosh(d/L_\mathrm{A})}{\sinh(d/L_\mathrm{A})}\,p(d)\;.
\end{aligned}$$

Diese Gleichungen berücksichtigen die unterschiedlichen Beweglichkeiten für Elektronen und Löcher sowie die Injektion in die stark dotierten Emittergebiete; leider ist die Lösung dieses quadratischen Gleichungssystems extrem aufwendig.

Wird die Ladungsträgerinjektion in die Emittergebiete vernachlässigt, so entfällt jeweils der erste Terme auf der rechten Seite und es folgt ein lineares Gleichungssystem zur Bestimmung von $p(0)$ und $p(d)$. Die so ermittelte Stromdichte beschreibt den Strom aufgrund der Rekombination in der Basis, d.h. es gilt $J=Q_\mathrm{i}/(A_\mathrm{j}\tau_\mathrm{A})$ wie sich durch Vergleich mit (15.11) leicht feststellen läßt; $p(0)$ und $p(d)$ sind in diesem Fall proportional zur Stromdichte J bzw. zur Diffusionsladung Q_i.

Auswirkung der Injektion in die Emittergebiete. Wegen der Ladungsträgerinjektion in die Emittergebiete kommt es bei großen Stromdichten zu Abweichungen von diesem Verhalten, wie die folgende Betrachtung zeigt: Der Strom I_i aufgrund der Rekombination in der Basis ist proportional zu Q_i und damit zu $p(0)$ bzw. $p(d)$, der Strom I_r aufgrund der Injektion in die Emittergebiete ist proportional zu $p^2(0)$ bzw. $p^2(d)$, so daß die Annahme $I_\mathrm{r} \sim Q_\mathrm{i}^2$ gerechtfertigt ist. Für den Diodenstrom folgt so der Ansatz

$$I = \frac{Q_\mathrm{i}}{\tau}\left(1 + \frac{Q_\mathrm{i}}{Q_\mathrm{i0}}\right)$$

wobei Q_i0 als Fitparameter eingeführt wird. Dies stellt eine quadratische Gleichung für die Diffusionsladung in der Basis dar, mit der Lösung

$$Q_\mathrm{i} = \frac{1}{2}\left(\sqrt{Q_\mathrm{i0}^2 + 4IQ_\mathrm{i0}\tau} - Q_\mathrm{i0}\right) \; ; \qquad (15.20)$$

für den Spannungsabfall an der Basis ergibt sich nun

$$V_\mathrm{i} \approx \frac{2d^2}{\mu_{\mathrm{n}\nu} + \mu_{\mathrm{p}\nu}} \frac{I}{\sqrt{Q_\mathrm{i0}^2 + 4IQ_\mathrm{i0}\tau} - Q_\mathrm{i0}} \, .$$

Im Grenzfall kleiner Ströme liefert Entwickeln der Wurzel wieder den oben gefundenen stromunabhängigen Spannungsabfall. Im Grenzfall großer Ströme resultiert die Näherung

$$V_\mathrm{i} \approx \frac{d^2\sqrt{I}}{(\mu_{\mathrm{n}\nu} + \mu_{\mathrm{p}\nu})\sqrt{Q_\mathrm{i0}\tau}} \, ,$$

d.h. bei großen Strömen steigt der Spannungsabfall an der Basis annähernd proportional zu $\sqrt{I}$ an.

Siliziumkarbid-pin-Dioden

Da Siliziumkarbid eine um annähernd eine Größenordnung höhere Durchbruchfeldstärke aufweist als Silizium können pin-Dioden aus Siliziumkarbid bei derselben Durchbruchspannung mit verringerter Basisweite aufgebaut werden. Dies führt zu Dioden mit deutlich besserem Schaltverhalten. Als Beispiel sei eine pin-Diode mit 10 kV zulässiger Sperrspannung angeführt, die bei einem Flußstrom $I \approx 20\,\mathrm{A}$ nur ein $Q_\mathrm{rr} \approx 3.8\,\mathrm{nC}$ aufweist [8]. Siliziumkarbid Dioden eignen sich für den Betrieb bei hohen Temperaturen. Als Beispiel sei der Betrieb von 6-kV Gleichrichterdioden bis zu Temperaturen von 773 K bei Sperrstromdichten der Größenordnung $60\,\mu\mathrm{A/cm^2}$ erwähnt [9]; bei der Stromdichte $25\,\mathrm{A/cm^2}$ wurde bei einer Temperaturerhöhung von 293 K auf 773 K dabei eine Abnahme der Durchlaßspannung von ca. 3.6 V auf ca 2.2 V beobachtet, die Speicherladung stieg dabei wegen einer Zunahme der Lebensdauer von $1.7\,\mu\mathrm{C/cm^2}$ auf $12.2\,\mu\mathrm{C/cm^2}$.

Bei Sperrspannungen bis zu ca. 1000 V haben pin-Dioden mittlerweile Konkurrenz durch Siliziumkarbid Schottky-Dioden erhalten (vgl. Kap. 15.3.3).

15.2.2 Kurze PIN-Dioden

In der HF-Technik werden pin-Dioden mit kurzer intrinsischer Zone eingesetzt. Für diese existiert eine breite Palette von Anwendungen als Varistor, Modulator, Schalter für HF-Signale, Begrenzer etc. Die bedeutendste Eigenschaft der pin-Diode für Anwendungen in der HF-Technik ist, daß sie sich bei Flußpolung im HF-Bereich wie ein ohmscher Widerstand verhält, dessen Wert sich – über den eingeprägten Gleichstrom – zwischen $1\,\Omega$ und mehr als $10\,\mathrm{k}\Omega$ variieren läßt.

Aufbau und Bänderschema

Die folgende Darstellung bezieht sich auf kurze pin-Dioden. Die Dicke der intrinsischen Zone ist dann klein im Vergleich zur Diffusionslänge für Elektronen und Löcher in diesem Gebiet. In der Praxis weist das als *Basis* bezeichnete intrinsische Gebiet stets eine schwache Dotierung auf. Als Beispiel wird eine nπp-Diode betrachtet, bei der zwischen n- und p-Bahngebiet eine sehr schwach dotierte p-Schicht (π-Schicht) der Dicke $d_\pi \ll L_\mathrm{n}, L_\mathrm{p}$ liegt. Abbildung 15.17 zeigt Aufbau und Bänderschema einer solchen Diode im thermischen Gleichgewicht.

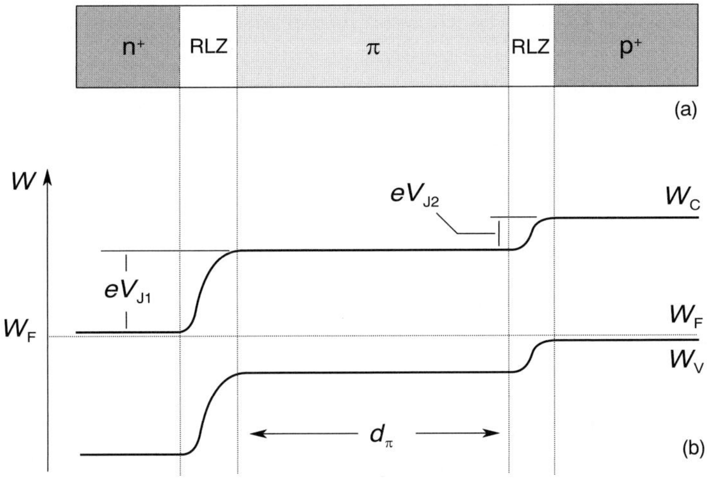

Abb. 15.17. $\mathrm{n}^+\pi\mathrm{p}^+$-Diode. (**a**) Aufbau und (**b**) Bandschema

Das Bandschema weist zwei Potentialbarrieren auf: Am Übergang vom n-dotierten zum π-Gebiet tritt eine Sperrschicht mit gleichrichtender Wirkung auf; die Höhe der Potentialbarriere ist beschrieben durch die Diffusionsspannung

$$V_\mathrm{J1} \approx V_T \ln\left(N_\mathrm{D} N_{\mathrm{A}\pi}/n_\mathrm{i}^2\right) . \qquad (15.21)$$

Zusätzlich tritt am Übergang vom π- zum p-Gebiet eine Potentialbarriere mit der Diffusionsspannung

$$V_{\mathrm{J2}} \approx V_T \ln\left(N_{\mathrm{Ap}}/N_{\mathrm{A}\pi}\right) \tag{15.22}$$

auf. Die Ursache dieser Potentialbarriere ist eine Dipolschicht am πp-Übergang, die sich als Folge des Konzentrationsgefälles für Löcher beim Übergang vom p$^+$-Gebiet zum π-Gebiet aufbaut: Die abnehmende Löcherkonzentration führt zu einer Löcherdiffusion vom stark dotierten p$^+$- in das schwach dotierte π-Gebiet – im π-Gebiet baut sich deshalb eine positive Ladung auf, während sich, als Folge des Löchermangels, im p$^+$-Gebiet eine negative Ladung bildet. Wie beim pn-Übergang entsteht so ein Gegenfeld, das der Diffusion entgegenwirkt; im Unterschied zum pn-Übergang weist der πp$^+$-Kontakt jedoch keine gleichrichtende Wirkung auf.

Elektrische Eigenschaften

Kennlinie. Bei Flußpolung der Diode wird die Potentialbarriere eV_{J1} abgebaut, so daß Elektronen in die Basis injiziert werden. Diese diffundieren bis zu der Potentialbarriere eV_{J2} am πp$^+$-Übergang, über die nur Elektronen mit einer entsprechend hohen thermischen Energie gelangen können. Die Injektion von Löchern in das n-Gebiet ist wegen der hohen Donatordichte vergleichsweise unbedeutend. Es können drei Arbeitsbereiche unterschieden werden:

1. *Schwache Injektion* – hier ist die Flußspannung noch so klein, daß die Dichte der in die Basis injizierten Elektronen geringer ist als die Dotierstoffkonzentration $N_{\mathrm{A}\pi}$. Die ideale pin-Diode verhält sich dann wie eine ideale Diode, d. h. es gilt

$$I \approx I_{\mathrm{S}}\left[\exp\left(V/V_T\right) - 1\right] .$$

Der Wert des Sättigungsstroms I_{S} hängt von der Ausdehnung d_π der Basis ab; in der Praxis wird I_{S} durch Anpassen an gemessene Kennlinienverläufe bestimmt.

2. *Starke Injektion* – hier ist die Dichte der in die Basis injizierten Elektronen größer als $N_{\mathrm{A}\pi}$, jedoch kleiner als die Dotierstoffkonzentration im n$^+$- bzw. p$^+$-Gebiet. Zur Neutralisierung der in das π-Gebiet injizierten Elektronen werden für $n(x) \gg N^-_{\mathrm{A},\pi}$ soviel Löcher in die Basis injiziert, daß

$$p(x) \approx n(x) + N_{\mathrm{A}\pi} \approx n(x)$$

gilt. Der Stromanstieg erfolgt dann proportional zu $\exp(V/2V_T)$.

3. *Hochstrominjektion* – diese tritt ein, sobald die Dichte der Löcher in der Basis vergleichbar zur Dotierung der angrenzenden p-dotierten Schicht wird. Der Strom in den Bahngebieten fließt nun nicht mehr als reiner Diffusionsstrom, sondern auch als Driftstrom, die pin-Diode verhält sich im Kleinsignalbetrieb

annähernd wie ein Widerstand. Im Unterschied zum ohmschen Widerstand tritt eine sog. *Leitfähigkeitsmodulation* auf: Durch die in die Bahngebiete injizierten Minoritäten wird auch die Majoritätsdichte erhöht, was zu einer Abnahme des Bahnwiderstands führt.

Kleinsignalverhalten. Im Folgenden wird angenommen, daß der Strom I im Arbeitspunkt nahezu ausschließlich durch Rekombination von Elektronen in der Basis zustandekommt, d.h.

$$I \approx \frac{|\Delta Q_{\mathrm{n}}|}{\tau_{\mathrm{n}}} \approx \frac{enA_{\mathrm{j}}d_{\pi}}{\tau_{\mathrm{n}}}, \tag{15.23}$$

wobei n die mittlere Elektronendichte im intrinsischen Gebiet und τ_{n} ihre Lebensdauer bezeichnet.[11] Bei starker Injektion sind im π-Gebiet Elektronen- und Löcherdichte annähernd gleich groß. Mit der mittleren Beweglichkeit [12]

$$\overline{\mu} = (\mu_{\mathrm{n}}+\mu_{\mathrm{p}})/2$$

folgt deshalb wegen $n \approx p$ für den spezifischen Leitwert dieser Zone

$$\sigma_{\pi} = e(\mu_{\mathrm{n}}n + \mu_{\mathrm{p}}p) \approx 2e\overline{\mu}n\,.$$

Für den durch die π-Zone bedingten Widerstand ergibt sich mit(15.23)

$$r_{\pi} = \frac{d_{\pi}}{\sigma_{\pi}A_{\mathrm{j}}} \approx \frac{d_{\pi}}{2e\overline{\mu}nA_{\mathrm{j}}} \approx \frac{d_{\pi}^2}{2\,I\,\overline{\mu}\,\tau_{\mathrm{n}}} \sim \frac{1}{I}\,;$$

der Wert von r_{π} nimmt also annähernd umgekehrt proportional zum Gleichanteil I des Stroms ab.

Die (Kleinsignal-)Impedanz der pin-Diode setzt sich zusammen aus dem ohmschen Widerstand r_{π}, der Impedanz des $\mathrm{p}^+\pi$- und des $\pi\mathrm{n}^+$-Übergangs sowie dem Bahnwiderstand r_{s}, der durch die n^+ bzw. p^+ Gebiete bedingt ist. Da $r_{\mathrm{s}} \ll r_{\pi}$ gilt und die Kleinsignalimpedanzen der Übergänge bei hohen Frequenzen ($f\tau_{\mathrm{n}} \gg 1$) ebenfalls gegenüber r_{π} vernachlässigbar sind [10], gilt in guter Näherung

$$\boxed{\underline{z} = r_{\pi}\,.} \tag{15.24}$$

Bei *Sperrpolung* wird die Impedanz der pin-Diode im wesentlichen durch die Sperrschichtkapazität und den Bahnwiderstand des π-Gebiets bestimmt

$$\underline{z} = r_{\pi} + \frac{1}{\mathrm{j}\omega c_{\mathrm{j}}} \approx \frac{d_{\pi} - d_{\mathrm{j}}(V)}{e\mu_{\mathrm{p}}N_{\mathrm{A}\pi}A_{\mathrm{j}}} + \frac{d_{\mathrm{j}}(V)}{\mathrm{j}\omega A_{\mathrm{j}}\epsilon_0\epsilon_{\mathrm{r}}}\,,$$

wobei $d_{\mathrm{j}}(V)$ die vom Arbeitspunkt abhängige Sperrschichtweite des $\mathrm{n}^+\pi$-

[11]Der Wert von τ_{n} wird dabei von n abhängen, da keine Niederinjektion mehr vorliegt.

[12]In Silizium gilt in guter Näherung $\mu_{\mathrm{n}} \approx 3\mu_{\mathrm{p}}$, so daß $\overline{\mu} \approx 2\mu_{\mathrm{p}} \approx 2\mu_{\mathrm{n}}/3$ gilt.

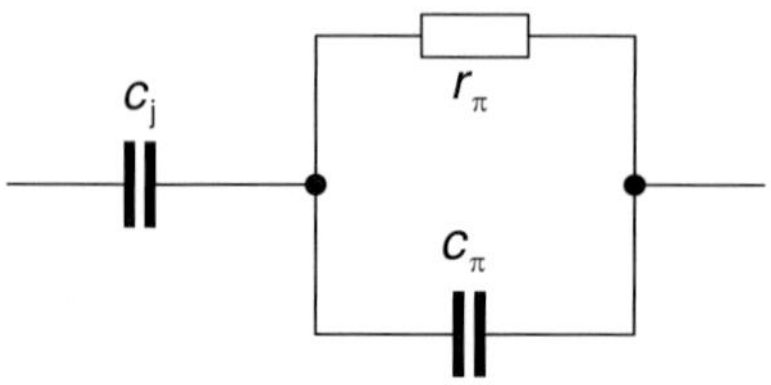

Abb. 15.18. Kleinsignalersatzschaltung der sperrgepolten pin-Diode

Übergangs bezeichnet. In der Kleinsignalersatzschaltung Abb. 15.18 ist parallel zu r_π eine Kapazität

$$c_\pi = \frac{\epsilon_0 \epsilon_r A_j}{d_\pi - d_j(V)} = \frac{\tau_\epsilon}{r_\pi}$$

geschaltet. Diese berücksichtigt, daß bei Frequenzen im Bereich der dielektrischen Relaxationsfrequenz $f_\epsilon = 1/\tau_\epsilon$ mit

$$\tau_\epsilon = \frac{\epsilon_0 \epsilon_r}{e \mu_p N_{A\pi}}$$

oder darüber der Strom über das nicht verarmte π-Gebiet nicht nur als Löcherstrom, sondern auch als *Verschiebestrom* fließt. Für die Impedanz folgt damit

$$\underline{z} = \frac{1 + j\omega(r_\pi c_j + \tau_\epsilon)}{j\omega c_j (1 + j\omega\tau_\epsilon)} = \frac{1}{j\omega\epsilon_0\epsilon_r A_j} \frac{d_j + j\omega\tau_\epsilon d_\pi}{1 + j\omega\tau_\epsilon} \tag{15.25}$$

Für $\omega\tau_\epsilon \ll 1$ gilt offensichtlich

$$\underline{z} \approx \frac{d_j}{j\omega\epsilon_0\epsilon_r A_j}$$

und für Frequenzen $\omega\tau_\epsilon \gg 1$ die Näherung

$$\underline{z} \approx \frac{d_\pi}{j\omega\epsilon_0\epsilon_r A_j} .$$

Das Rauschen der pin-Diode läßt sich in guter Näherung als Rauschen eines ohmschen Widerstands vom Wert r_π und Bauteiltemperatur T_J beschreiben.

Anwendungen

HF-Schalter. Abbildung 15.19 zeigt einen Serien-pin-Schalter. Durch die über L_1 eingespeiste Gleichspannung V kann die Diode in Fluß- bzw. Sperrpolung betrieben werden. Bei Flußpolung bewirkt der geringe Kleinsignalwiderstand r_π eine sehr gute Ankopplung des HF-Signals an die Last – der pin-Schalter ist „geschlossen“. Als *Einfügedämpfung*[13] wird die Dämpfung

[13]Die Einfügedämpfung D ist allgemein definiert als das Verhältnis der an die Last ohne pin-Diode abgegebenen Leistung P_E zu der bei eingebauter pin-Diode abgegebenen Leistung P_A. Die Angabe erfolgt dabei üblicherweise in dB: $D = 10\,\mathrm{dB} \cdot \log(P_E/P_A)$.

des Signals bei geschlossenem HF-Schalter bezeichnet. Sie liegt typischerweise im Bereich von (0.1 – 0.5) dB.

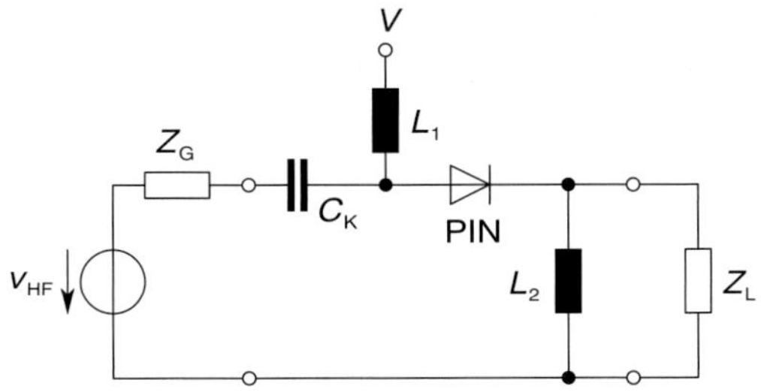

Abb. 15.19. Einsatz der pin-Diode als HF-Schalter

Die Dämpfung bei „geöffnetem" Schalter, d. h. bei Sperrpolung der pin-Diode, wird durch die Diodenkapazität bestimmt und nimmt deshalb mit zunehmender Frequenz ab. Für eine gute Isolationswirkung im GHz-Bereich muß deshalb auf eine möglichst geringe Diodenkapazität geachtet werden [11].

HF-Dämpfungsglieder. Die Tatsache, daß sich pin-Dioden bei hohen Frequenzen wie veränderliche HF-Widerstände verhalten, läßt sich zum Aufbau variabler Dämpfungsglieder sowie zur Amplitudenmodulation hochfrequenter Signale ausnutzen.

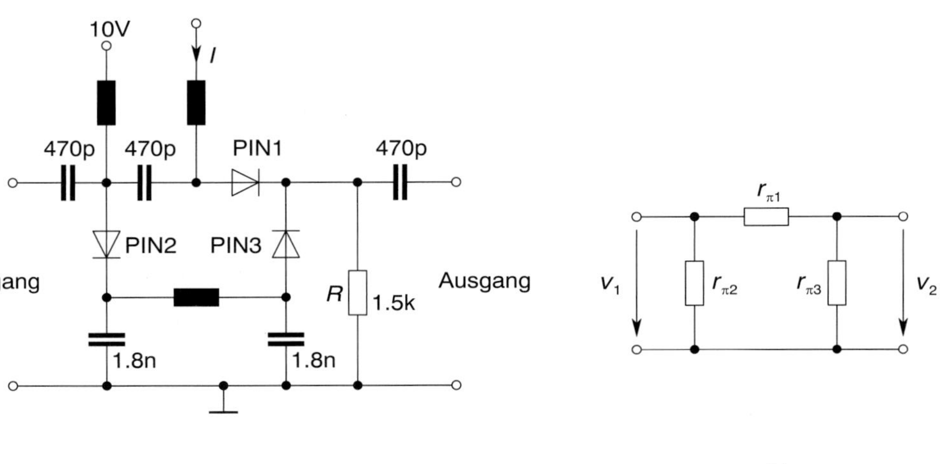

Abb. 15.20. HF-Dämpfungsglied für Fernsehtuner. (**a**) Schaltplan, (**b**) HF-Ersatzschaltung

Abbildung 15.20 a zeigt als Beispiel ein Dämpfungsglied für Fernsehtuner [12]. Durch die Verschaltung in π-Struktur kann sowohl am Eingang als auch am Ausgang zumindest annähernd *Leistungsanpassung* erreicht werden. Werden die Kapazitäten für den Wechselanteil als Kurzschluß behandelt und die Induktivitäten als Sperren, so folgt die in Abb. 15.20 b dargestellte Kleinsignalersatzschaltung. Dabei kann $r_{\pi 2} = r_{\pi 3}$ angenommen werden, da die Dioden pin2 und pin3 vom selben Gleichstrom durchflossen werden. Der Kleinsignalwiderstand $r_{\pi 1}$ wird durch den Steuerstrom I eingestellt, welcher über R zu Masse abfließt. Ist der Spannungsabfall an R größer als 10 V, so sind die beiden pin-Dioden pin2 und pin3 in Sperrpolung, die Dämpfung ist dann minimal. Nimmt der Spannungsabfall auf Werte unter 10 V ab, so geraten die beiden Dioden in Flußrichtung.

Im Folgenden werden Quell- und Lastwiderstand als gleich groß angenommen ($R_G = R_L = R_0$). Bei Leistungsanpassung an Eingang und Ausgang muß dann gelten

$$\frac{1}{R_0} = \frac{1}{r_{\pi 2}} + \frac{1}{r_{\pi 1} + R_0 \,\|\, r_{\pi 2}} ,$$

d. h. $r_{\pi 1}$ und $r_{\pi 2}$ müssen in einem bestimmten Verhältnis zueinander stehen. Für die Einfügedämpfung der Schaltung folgt dann

$$\begin{aligned} D &= 10\,\mathrm{dB} \cdot \log\left(\frac{V_1^2/R_0}{V_2^2/R_0}\right) = 20\,\mathrm{dB} \cdot \log\left(\frac{V_1}{V_2}\right) \\ &= 20\,\mathrm{dB} \cdot \log\left(\frac{r_{\pi 1} + r_{\pi 2} \,\|\, R_0}{r_{\pi 2} \,\|\, R_0}\right) = 20\,\mathrm{dB} \cdot \log\left[1 + \frac{r_{\pi 1}(r_{\pi 2} + R_0)}{r_{\pi 2}\, R_0}\right] . \end{aligned}$$

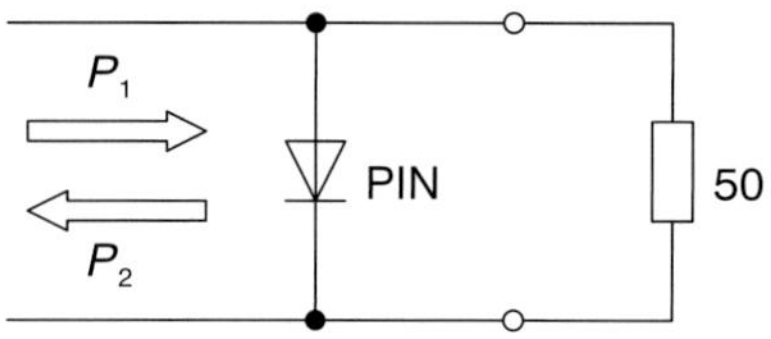

Abb. 15.21. Begrenzer mit pin-Diode

Begrenzer. pin-Dioden eignen sich zum Aufbau von (passiven) *Begrenzern.* Die Diode wird dazu am Leitungsende parallel zur Last geschaltet. Bei niedriger Eingangsleistung ist die Diodenimpedanz groß und die Diode beeinflußt den Abschlußwiderstand der Leitung nur unwesentlich. Bei Leistungsanpassung wird deshalb nahezu die gesamte einlaufende Leistung an die Last übertragen. Mit zunehmender Leistung und damit zunehmender Amplitude des HF-Signals wird die Diode niederohmig. Durch die Parallelschaltung von pin-Diode und Last kommt es zu Fehlanpassung am Leitungsende mit der Folge, daß ein großer Teil der einfallenden Leistung P_1 wieder reflektiert wird (P_2). Die Leistungsübertragungskennlinie ist deshalb nichtlinear, was die Begrenzerwirkung erläutert. Besonders geeignet als Begrenzerdioden sind kurze pin-Dioden [12].

15.3 Schottky-Dioden

Schottky-Dioden weisen wie pn-Dioden eine exponentielle $I(V)$-Kennlinie auf. Die *Schleusenspannung* einer Schottky-Diode ist jedoch gewöhnlich deutlich kleiner als die einer Silizium-pn-Diode (Abb. 15.22). Dies ist von Bedeutung bei *Leistungsgleichrichtern*, da die bei Flußbetrieb in der Diode umgesetzte Leistung mit der Schleusenspannung abnimmt.

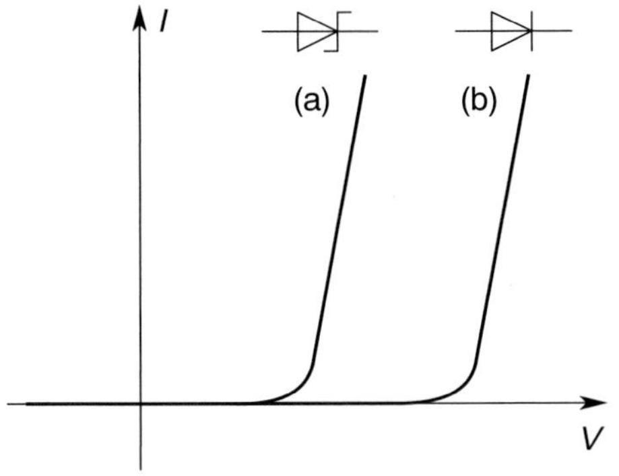

Abb. 15.22. Kennlinie (schematisch) und Schaltzeichen von (**a**) Schottky- und (**b**) pn-Diode

In Schottky-Dioden tritt bei Flußpolung nur eine vernachlässigbar kleine Diffusionsladung auf. Dies erhöht den Wirkungsgrad von Gleichrichterdioden, führt zu sehr hohen Grenzfrequenzen und ermöglicht es, in sog. Schottky-TTL-Schaltkreisen (vgl. Kap. 17) die Schaltgeschwindigkeit zu erhöhen. Da Schottky-Dioden keine Leitfähigkeitsmodulation aufweisen, erfordern Schottky-Dioden für große Sperrspannungen auf Siliziumsubstrat bei großen Stromdichten größere Flußspannungen als pin-Dioden (Abb. 15.26). Als drittes ist der im Unterschied zur pn-Diode (Si) deutlich größere *Sperrstrom* zu nennen, der zudem stärker spannungsabhängig ist und eine andere Temperaturabhängigkeit aufweist.

15.3.1 Ersatzschaltung

Großsignalmodell, Beschreibung in SPICE

Schottky-Dioden werden in SPICE durch das in Kap. 14.4 erläuterte Diodenmodell beschrieben. Abweichungen von der idealen Kennlinie werden auch hier durch Einführen zusätzlicher Kenngrößen erfaßt. Die Parameter I_{S} und N sowie gegebenenfalls I_{SR} und N_{R} werden durch Anpassen an gemessene Kennlinienverläufe bestimmt. Für E_{G} ist die Höhe W_{Bn} der Schottky-Barriere in eV einzusetzen, X_{TI} sollte mit annähernd zwei spezifiziert werden. Für die Bestimmung der Barrierenhöhe wird $\log(I_{\mathrm{S}}/T^2)$ über dem Kehrwert $1/T$ der absoluten Temperatur aufgetragen – aus Achsenabschnitt und Steigung folgen dann die Kenngrößen $A_{\mathrm{j}}A^*$ und W_{Bn}.

Die Sperrschichtkapazität c_j läßt sich in Analogie zur pn-Diode beschreiben durch

$$c_\mathrm{j}(V) = \frac{C_\mathrm{J0}}{(1 - V/V_\mathrm{J})^M} . \tag{15.26}$$

Für homogen dotierte Halbleiter kann V_J nach Gl. (14.129) berechnet werden; in diesem Fall gilt $M \approx 1/2$ sowie

$$C_\mathrm{J0} \approx A_\mathrm{j} \sqrt{\frac{\epsilon_0 \epsilon_\mathrm{r} e N_\mathrm{D}}{2 V_\mathrm{J}}} ,$$

wobei A_j die Sperrschichtfläche bezeichnet.

Eine wesentlicher Unterschied der Schottky-Diode zur pn-Diode ist, daß (fast) keine *Minoritätsspeicherladung* auftritt. Der Stromfluß bei Flußbetrieb wird vorwiegend von Elektronen getragen, die vom Halbleiter in das Metall injiziert werden – die Minoritätsspeicherladung ist i. allg. vernachlässigbar klein: Die Transitzeit der Schottky-Diode liegt für Halbleiterdotierungen $> 10^{16}\,\mathrm{cm}^{-3}$ im Bereich weniger Pikosekunden. Dies wirkt sich vorteilhaft bei Hochfrequenzanwendungen aus: Schottky-Dioden mit Silizium als Halbleitermaterial werden bis zu Frequenzen größer als 10 GHz eingesetzt. Mit GaAs bzw. InP aufgebaute Schottky-Dioden können, wegen der im Vergleich zu Silizium höheren Werte für die Elektronenbeweglichkeit, bis in das Gebiet der Millimeterwellen ($f > 100\,\mathrm{GHz}$) eingesetzt werden.

Da die in der Schottky-Diode auftretende Diffusionsladung zumeist vernachlässigbar klein ist, kann bei der Modellierung in SPICE auf die Angabe der Transitzeit T_T verzichtet werden, so daß automatisch der Ersatzwert $T_\mathrm{T} = 0$ zum Tragen kommt.

Kleinsignalersatzschaltung, Rauschen

Die Kleinsignalersatzschaltung der Schottky-Diode entspricht dem der pn-Diode (Abb. 14.28). Die Kleinsignalkenngrößen sind arbeitspunktabhängig, mit

$$g_\mathrm{d} = \frac{I}{N V_T} \quad \text{und} \quad c_\mathrm{d} = c_\mathrm{j}(V') . \tag{15.27}$$

Das Rauschen der Schottky-Diode ist wie bei der pn-Diode durch das Schrotrauschen und das thermische Rauschen des Bahnwiderstands bestimmt. Für Rauschuntersuchungen ist der Kleinsignalersatzschaltung durch entsprechende Rauschquellen mit den Spektralfunktionen

$$S_i = 2e(I + 2I_\mathrm{S}) \quad \text{bzw.} \quad S_v = 4 k_\mathrm{B} T R_\mathrm{S}$$

zu ergänzen. Für Frequenzen im kHz-Bereich und darunter ist zusätzlich $1/f$-Rauschen zu berücksichtigen.

15.3.2 Schottky-Dioden für kleine Leistungen

Abbildung 15.23 a zeigt den Aufbau einer *planaren* oxidpassivierten Schottky-Diode für HF-Anwendungen. Der Kathodenanschluß ist ganzflächig auf der Rückseite eines hochdotierten n-Typ Substrats ausgeführt. Dieses dient als niederohmige Zuleitung für die darüber abgeschiedene epitaxiale Schicht. Letztere weist eine für Schottky-Kontakte typische niedrige Dotierung (in der Größenordnung 10^{16} cm^{-3}) und damit einen hohen spezifischen Widerstand auf – ihre Dicke wird deshalb möglichst gering gewählt.

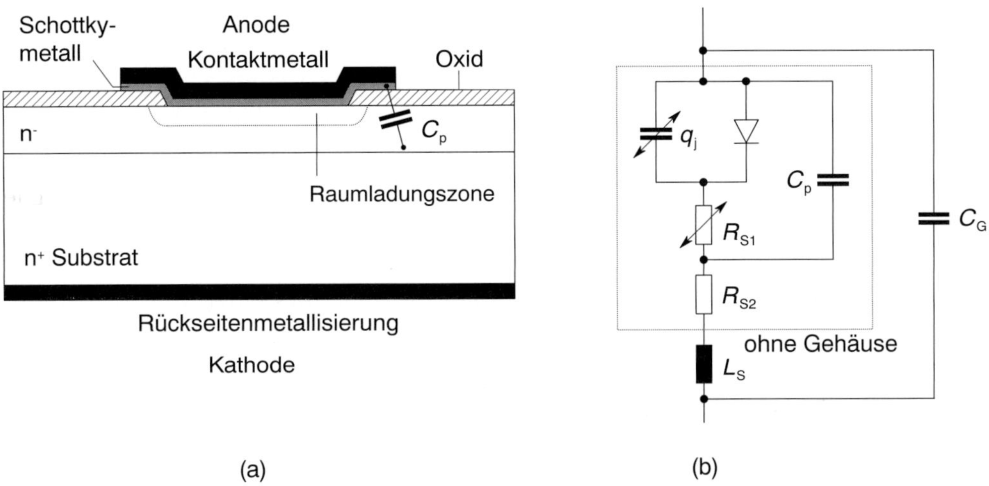

Abb. 15.23. Oxidpassivierte Schottky-Diode in Planartechnik. (**a**) Querschnitt, (**b**) Ersatzschaltung

Die Fläche des Schottky-Kontakts wird durch eine in die Oxidschicht geätzte Öffnung festgelegt. Über dieses Fenster wird das Schottky-Metall abgeschieden. Wegen der unvermeidbaren Überlappung der Metallschicht über die Oxidschicht resultiert eine Kapazität C_p, die in der *Ersatzschaltung* parallel zur eigentlichen Diode wirkt (Abb. 15.23 b). Der Bahnwiderstand ist hier in einen von der Ausdehnung der Sperrschicht abhängigen Anteil der Epischicht $R_{\mathrm{S}1}$ und den konstanten Anteil des Substrats $R_{\mathrm{S}2}$ aufzuspalten; die Parallelkapazität C_p liegt parallel zum Schottky-Übergang und $R_{\mathrm{S}1}$ (Abb. 15.23 b). Bei Einzelbauteilen mit Gehäuse wäre zusätzlich eine Gehäusekapazität und die Zuleitungsinduktivität zu beachten. Die Ersatzschaltung

Da C_p annähernd proportional zum Umfang, c_j aber proportional zur Fläche des Schottky-Kontakts ist, wird die Impedanz der Diode bei Miniaturiserung in zunehmendem Maß von C_p beeinflußt. Dies hat zur Entwicklung alternativer Konfigurationen geführt [12], bei denen die Randkapazitäten minimiert werden. Bei Anwendungen im Gigahertzbereich ist hier insbesondere die Beam-lead-Technik von Bedeutung, bei der die Diode direkt an geeignet ausgeführte Streifenleiter angeschlossen wird.

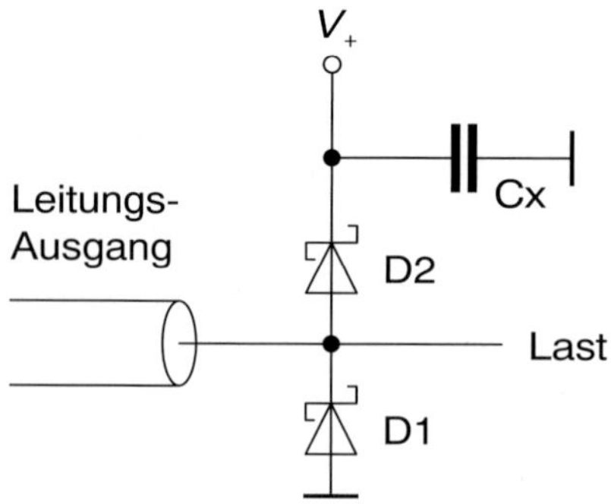

Abb. 15.24. Begrenzung relefktierter Pulse

Anwendungsbeispiel: Begrenzung reflektierter Pulse. Bei Fehlanpassung können Pulse auf Leitungen zum einen eine erhebliche Spannungsüberhöhung, zum anderen auch bedeutende Reflexionen bedingen. Mit den sehr schnell ansprechenden Schottky-Dioden kann die Spannung am Leitungsausgang auf ein vorgegebenes Intervall begrenzt werden, was sich auch in einer Verringerung der Reflexionen bemerkbar macht. In der in Abb. 15.24 skizzierten Schaltung wird die Schottky-Diode D1 für $V_A < -V_{F0}$ niederohmig, während für $V_A > V_+ + V_{F0}$ die Schottky-Diode D2 niederohmig wird und in Verbindung mit dem Quellwiderstand die Spannung auf diese Werte begrenzt. Die Spannung V_+ sollte – um den Einfluß störender Zuleitungsinduktivitäten zu unterdrücken – an der Diode kapazitiv abgeblockt werden (Kondensator Cx).

15.3.3 Schottky-Dioden für große Leistungen

Wegen ihrer geringen Schleusenspannung und der vernachlässigbaren Diffusionskapazität werden Schottky-Dioden auch als Leistungsgleichrichter eingesetzt. Dies ist z.B. in getakteten Niedervolt-Spannungsversorgungen von Interesse. Diese werden bei Frequenzen $f > 20$ kHz, d. h. oberhalb der Hörgrenze betrieben und weisen bei Einsatz von Schottky-Dioden einen höheren Wirkungsgrad auf, da die Umschaltverluste reduziert werden und die in der Diode bei Flußbetrieb umgesetzte Leistung vermindert wird. Zu beachten ist der gegenüber Silizium pn-Gleichrichterdioden erhöhte Sperrstrom.

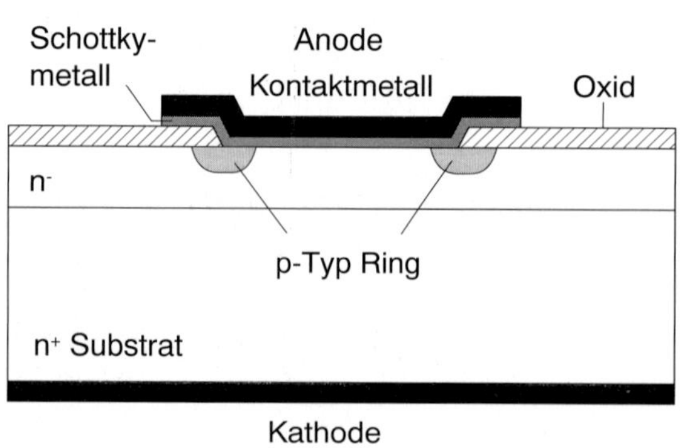

Abb. 15.25. Hybride Schottky-Diode

Da konventionelle Schottky-Dioden in Planartechnologie wegen der erhöhten Feldstärke am Rand des Oxidfensters durchbrechen, wurden Anordnungen mit verringerter Randfeldstärke entwickelt. Ein Beispiel hierfür ist die *hybride Schottky-Diode*, die von einem p-dotierten Ring umgeben ist, der auf demselben Potential wie der Anodenkontakt liegt (Abb. 15.25). Schottky-Dioden profitieren nicht wie pin-Dioden von der Leitfähigkeitsmodulation des niedrig dotierten Bahngebiets und wurden deshalb nicht für große Sperrspannungen auf Siliziumsubstrat realisiert. Sog. JBS- oder auch MPS-Dioden[14] [13,14] verwenden ein Array dicht beieinander liegender pn- und Schottky-Übergänge um so das Verhalten beider Ansätze zu kombinieren (Abb. 15.26).

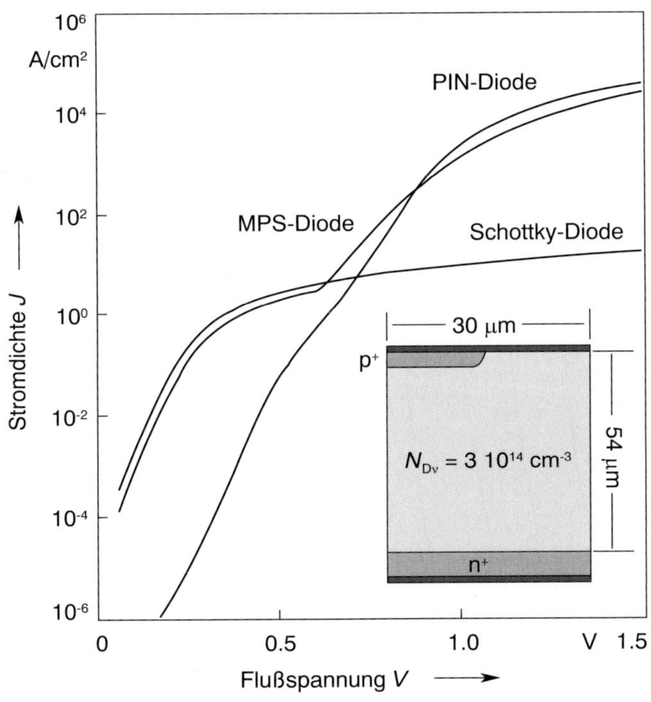

Abb. 15.26. Kennlinienverlaufe für PIN, MPS- und Schottky-Diode bei identisch ausgelegter Basiszone (Simulationsergebnisse nach [13])

Die wesentlich größere Durchbruchfeldstärke von Siliziumkarbid erlaubt eine deutlich höhere Dotierung der Bahngebiete und damit Schottky-Dioden für sehr große Sperrspannungen[15], die wegen der im Vergleich zu Si-Schottky-Dioden nahezu doppelt so großen Barrierenhöhe sehr geringe Sperrströme aufweisen. Ein Beispiel hierfür ist eine 4H-SiC-Schottky-Diode mit einer Durchbruchspannung von mehr als 1200 V und einer Durchlaßspannung von 2 V bei 6 A mit einer Rückwärtserholzeit im Bereich weniger Nanosekunden [16]. Eine JBS-Diode auf 4H-SiC-Substrat mit einer Durchbruchspannung von über 1 kV und und einer Durchlaßspannung von weniger als 1.5 V bei der Stromdichte 100 A/cm^2 wird in [17] beschrieben.

[14] Abkürzend für Junction Barrier Schottky bzw. Merged PIN-Schottky.

[15] [15] beschreibt z.B. Schottky-Dioden mit einer Durchbruchspannung von 4.9 kV die bei einer $J = 25$ A/cm^2 eine Durchlaßspannung von 2.4 V aufweisen.

15.4 Z-Dioden

Z-Dioden sind pn-Dioden mit genau definierten Durchbruchseigenschaften, die speziell für den Betrieb im Durchbruchsgebiet ausgelegt sind: Für Z-Dioden existiert eine vom Hersteller spezifizierte Spannung, bei der der Sperrstrom einen steilen Anstieg aufweist.

15.4.1 Kenngrößen, Modellierung

Bei Flußpolung verhalten sich Z-Dioden wie gewöhnliche Gleichrichterdioden. Eine in der praktischen Anwendung übliche Darstellung der Sperrkennlinien erfolgt in der Form $I_Z = -I$ über $V_Z = -V$. Auf diese Weise wird das Sperrverhalten im ersten Quadranten dargestellt. Abbildung 15.27 zeigt entsprechende Kennlinien unterschiedlicher Z-Dioden. Für die Dioden wird gewöhn-

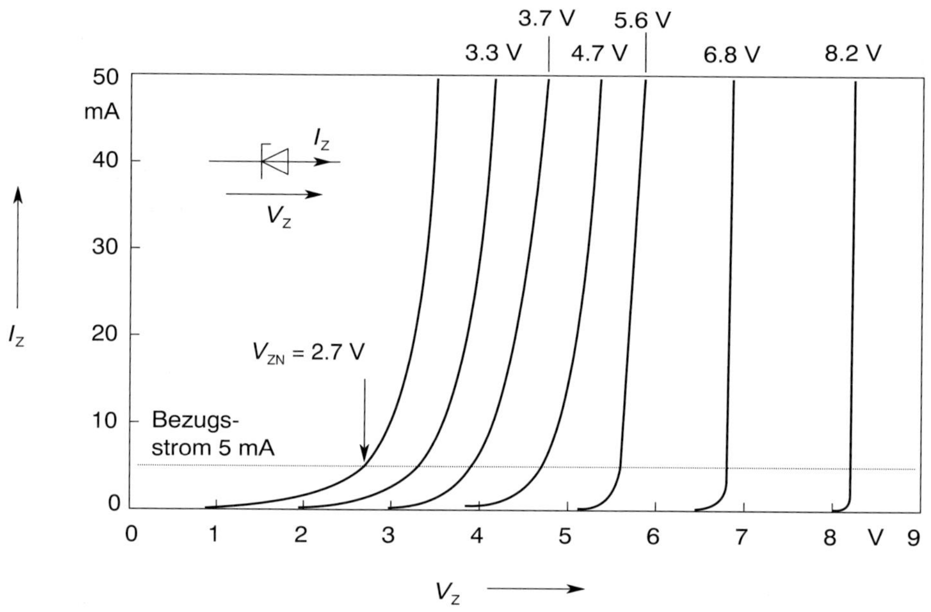

Abb. 15.27. Schaltzeichen und Sperrkennlinien unterschiedlicher Z-Dioden (nach [18])

lich eine *Nenn-Z-Spannung* V_{ZN} spezifiziert, die bei einem bestimmten Sperrstrom I_Z (i. allg. 5 mA) als Spannungsabfall über der Diode auftritt. Wie Abb. 15.27 zeigt, weisen Z-Dioden mit $V_{ZN} > 6$ V einen ausgeprägten Knick in der $I_Z(V_Z)$-Kennlinie auf; bei Z-Dioden mit $V_{ZN} < 5$ V ist der Übergang in den niederohmigen Bereich weniger markant. Dies ist durch die unterschiedlichen Durchbruchsmechanismen bedingt: Für $V_{ZN} > 6$V ist der *Lawineneffekt* maßgeblich und für $V_{ZN} < 5$ V der *Tunneleffekt* (Zener-Effekt). Dies macht sich auch in unterschiedlichem Temperaturverhalten bemerkbar.

Z-Dioden werden mit unterschiedlichen Werten der zulässigen Verlustleistung und Nennspannungen V_{ZN} im Spannungsbereich 2.4 V $< V_{ZN} <$ 200 V geliefert. V_{ZN} wird gemeinsam mit der Toleranz in der *Typbezeichung* spezifiziert. Für die Angabe der Toleranz werden dabei die Kennbuchstaben A(= 1 %), B(= 2 %), C(= 5 %), D(= 10 %) und E(= 15 %) verwendet. Die Nenn-Z-Spannung wird in der Form xVy angegeben, wobei x die Stellen von V_{ZN} vor dem Komma und y die Stellen nach dem Komma bezeichnet. Die Bezeichnung BZX 87/C3V9 beschreibt beispielsweise eine Z-Diode vom Typ BZX 87 mit der Toleranz 5 % und der Nenn-Z-Spannung 3.9 V.

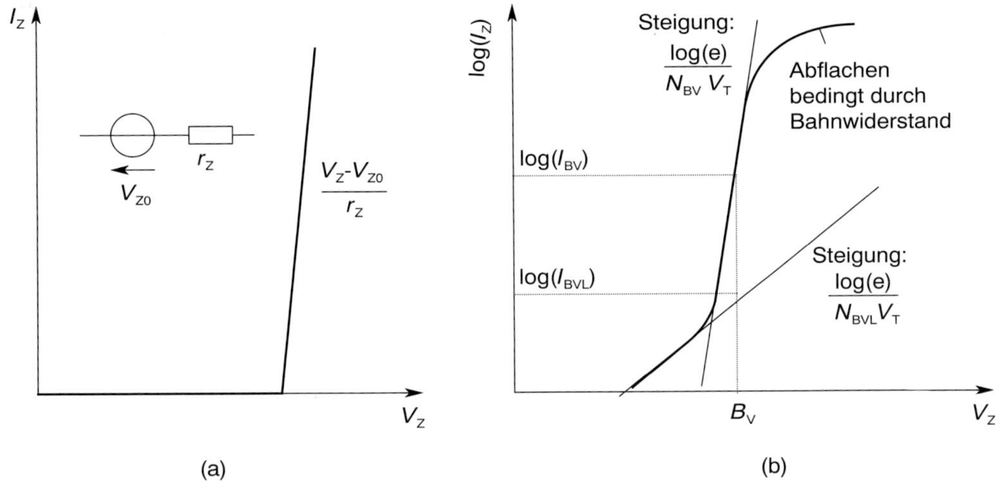

Abb. 15.28. (a) Knickkennlinie zur Approximation der Kennlinie einer Z-Diode und zugehörige Ersatzschaltung für $V_Z > V_{Z0}$, **(b)** Approximation der Sperrkennlinie unterschiedlicher Z-Dioden nach dem SPICE-Diodenmodell

Kennlinie, Kleinsignalwiderstand

Die Sperrkennlinien von Z-Dioden werden für Näherungsrechnungen meist durch eine *Knickkennlinie* gemäß

$$I_Z = \begin{cases} 0 & \text{für} \quad V_Z < V_{Z0} \\ (V_Z - V_{Z0})/r_Z & \text{für} \quad V_Z > V_{Z0} \end{cases}$$

beschrieben. Dies entspricht einer Ersatzschaltung für die Z-Diode im Sperrbetrieb durch eine in Serie zu einem Widerstand r_z geschaltete Spannungsquelle V_{Z0} (vgl. Abb. 15.28). Der Wert von r_Z wird wesentlich durch die Bahnwiderstände der Diode und die Eigenerwärmung des Bauelements bestimmt. Bei Pulsmessungen mit vernachlässigbarer Eigenerwärmung resultiert der (isotherme) *Kleinsignalwiderstand*

$$r_Z = \left(\frac{\partial V_Z}{\partial I_Z} \right)_T . \tag{15.28}$$

Modellierung in SPICE. In SPICE wird die Sperrkennlinie durch Gl. (14.111) beschrieben – die Parameter I_{BV}, N_{BV}, I_{BVL} und N_{BVL} müssen an gemessene Kennlinien angepaßt werden. Die Vorgehensweise bei der Parameterbestimmung verläuft dabei ähnlich wie bei der Bestimmung von I_{S} und N: In der halblogarithmischen Auftragung von I_{Z} über V_{Z} werden zwei Näherungsgeraden angepaßt (vgl. Abb. 15.28 b), aus denen – bei gewähltem $B_{\mathrm{V}} \approx V_{\mathrm{ZN}}$ – sofort die restlichen Parameter resultieren. Die Temperaturabhängigkeit von B_{V} wird nach Gl. (14.112) durch den linearen TK (T_{BV1}) und den quadratischen TK (T_{BV2}) erfaßt, Eigenerwärmung wird nicht berücksichtigt.

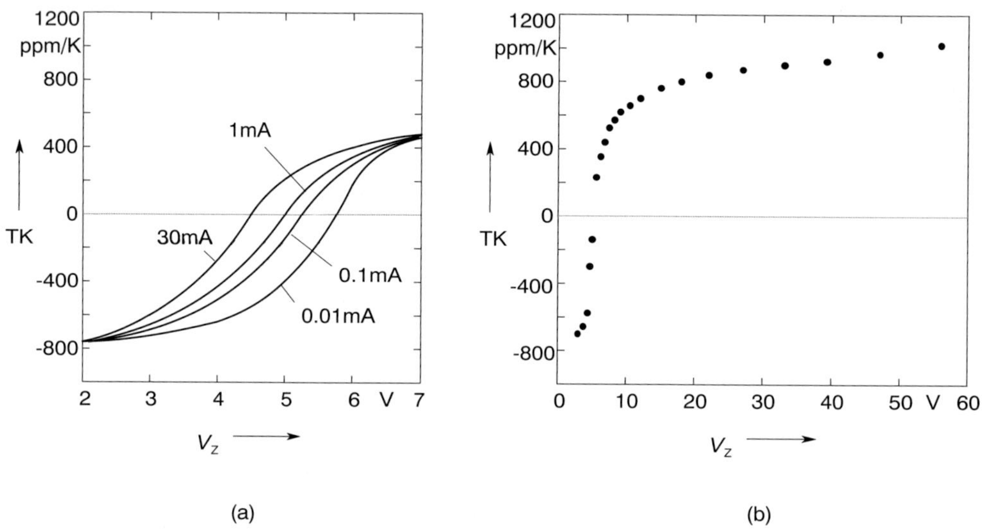

Abb. 15.29. Temperaturkoeffizienten von Z-Dioden unterschiedlicher Nennspannung **(a)** nach Unterlagen der Fa. Motorola, **(b)** nach Unterlagen der Fa. Philips

Temperaturabhängigkeit und Eigenerwärmung

Der *Temperaturkoeffizient* TK der Z-Spannung

$$\alpha_{\mathrm{Z}} = \frac{1}{V_{\mathrm{Z}}} \left(\frac{\partial V_{\mathrm{Z}}}{\partial T} \right)_{I_{\mathrm{Z}}} \tag{15.29}$$

ist negativ für Z-Spannungen $V_{\mathrm{ZN}} <$ ca. 5.5V (Zener-Efekt) und positiv für Z-Spannungen $V_{\mathrm{ZN}} >$ ca. 5.5 V (Lawineneffekt, vgl. Kap. 14.1.3). Der Spannungswert V_{Z}, für den der Temperaturkoeffizient der Z-Spannung verschwindet, hängt vom Stromfluß durch die Diode ab (Abb. 15.29 a). Werden temperaturkompensierte Z-Spannungen größer als ca. 5.5 V benötigt, so besteht die Möglichkeit der Temperaturkompensation durch Reihenschaltung der Z-Diode mit in Flußrichtung betriebenen Dioden (Abb. 15.30). Da die Spannungsabfälle an Z-Diode und den flußgepolten Dioden Temperaturkoeffizienten mit unterschiedlichen Vorzeichen aufweisen, kann bei geeigneter Wahl der Komponenten eine Temperaturkompensation mit $|\alpha_Z| < 10^{-5}$ K^{-1} über einen weiten Temperaturbereich erreicht werden.

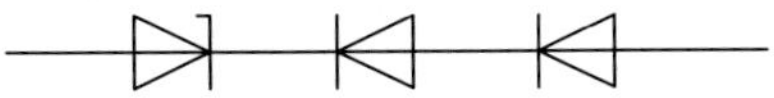

Abb. 15.30. Temperaturkompensierte Z-Diode ($V_{Z0} > 5.5$ V)

Unter Berücksichtigung der Eigenerwärmung nimmt der Spannungsabfall an der Z-Diode bei einer Zunahme des Stroms um $\mathrm{d}I_Z$ um

$$\mathrm{d}V_Z = \left(\frac{\partial V_Z}{\partial I_Z}\right)_T \mathrm{d}I_Z + \left(\frac{\partial V_Z}{\partial T}\right)_{I_Z} \mathrm{d}T \tag{15.30}$$

zu. Mit (15.28) führt dies auf den Kleinsignalwiderstand

$$r_Z^* = \frac{\mathrm{d}V_Z}{\mathrm{d}I_Z} = r_Z + \left(\frac{\partial V_Z}{\partial T}\right)_{I_Z} \frac{\mathrm{d}T}{\mathrm{d}I_Z} .$$

Mit $P = V_Z I_Z$, dem Temperaturkoeffizient (15.29) und

$$\frac{\mathrm{d}T}{\mathrm{d}I_Z} = \frac{\mathrm{d}T}{\mathrm{d}P}\frac{\mathrm{d}P}{\mathrm{d}I_Z} = R_{\mathrm{th}}\left(V_Z + I_Z\frac{\mathrm{d}V_Z}{\mathrm{d}I_Z}\right) = R_{\mathrm{th}}\left(V_Z + r_Z^* I_Z\right)$$

folgt

$$r_Z^* = \frac{r_Z + \alpha_Z R_{\mathrm{th}} V_Z^2}{1 - \alpha_Z R_{\mathrm{th}} P} \approx r_Z + \alpha_Z R_{\mathrm{th}} V_Z^2 . \tag{15.31}$$

Dieser Wert folgt aus der Steigung einer punktweise aufgenommenen Z-Diodenkennlinie, bei der in jedem Meßpunkt ein thermisch eingeschwungener Zustand vorliegt. Zur Veranschaulichung kann Abb. 15.31 betrachtet werden: Wird der Meßstrom schrittweise erhöht, so wird – ausgehend von einm Punkt

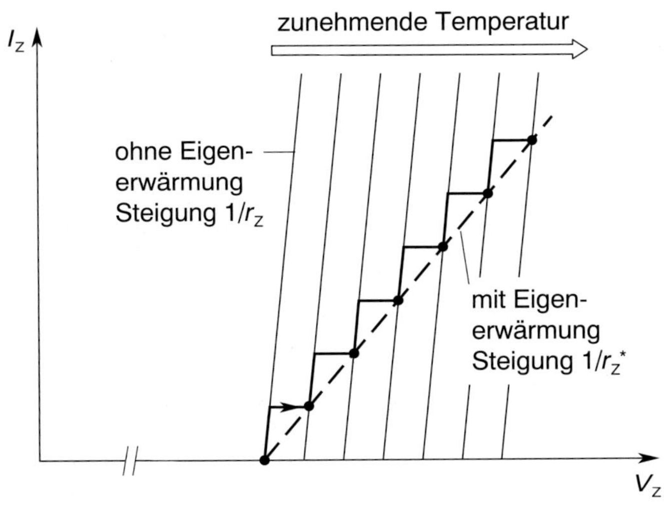

Abb. 15.31. Kennlinienverlauf bei Eigenerwärmung ($\alpha_Z > 0$).

im thermisch eingeschwungenen Zustand – zunächst ein Punkt auf der durch die Ausgangstemperatur bestimmten Kennlinie (Steigung $1/r_Z$) eingenommen. Aufgrund der Eigenerwärmung steigt dann die Z-Spannung allmählich an: Der abgelesene Spannungswert driftet zu größeren Werten bis sich wieder ein thermisch eingeschwungener Zustand eingestellt hat.

Rauschen

Kommt der Stromfluß in einer Z-Diode nur durch den Zener-Effekt zustande, so ist das Schrotrauschen bestimmend. In der Kleinsignalersatzschaltung kann dies durch Parallelschalten einer Rauschstromquelle mit der frequenzunabhängigen Spektralfunktion $S_i = 2eI_Z$ berücksichtigt werden. Wegen der statistischen Natur der Ladungsträgermultiplikation nimmt das Rauschen zu, sobald die *Stoßionisation* bedeutsam wird [19]. Bezeichnet $M(t)$ den zeitabhängigen Wert des Multiplikationsfaktors, so ist nach Tager [20] in der Ersatzschaltung nun eine *Rauschstromquelle* mit der Spektralfunktion

$$S_i = 2e\overline{M(t)^2}\, I_Z \tag{15.32}$$

zu berücksichtigen, wobei die Ionisationskoeffizienten α_n und α_p als identisch angenommen werden. Der zeitliche Mittelwert $\overline{M(t)^2}$ nimmt mit zunehmendem I_Z zu, d. h. S_i wächst hier überproportional zu I_Z an, wobei meist ein Ansatz der Form $S_i \sim I_Z^\beta$ mit $1.5 < \beta < 2.5$ erfüllt ist. Das mit dem Lawineneffekt verbundene Rauschen kann bis zu Frequenzen von mehreren hundert Megahertz als weiß angesehen werden. Bei Frequenzen im Gigahertzbereich nimmt das Rauschen wegen der endlichen Laufzeit der Ladungsträger ab: Die Stoßionisation ist hier zu träge, um derartig kurzfristige Fluktuationen im Strom mit dem mittleren Multiplikationsfaktor $\overline{M}$ zu verstärken. Das starke Rauschen von Z-Dioden mit $V_{ZN} \geq 5$V wird für *Rauschquellen* ausgenutzt – bei kleiner Sperrschichtkapazität können beträchtliche Rauschleistungen bis zu Frequenzen im Bereich einiger hundert Megahertz abgegeben werden.

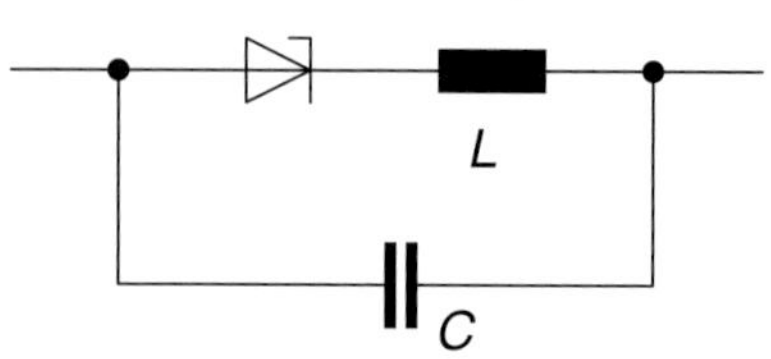

Abb. 15.32. Verminderung der Rauschspannung einer als Spannungsreferenz eingesetzten Z-Diode

Soll die Z-Diode als Spannungsreferenz verwendet werden, so ist das starke Rauschen unerwünscht. Eine deutliche Verringerung der Rauschspannung kann durch eine Beschaltung der Z-Diode entsprechend Abb. 15.32 erreicht werden. Dabei wird in Reihe zur Z-Diode eine Induktivität (typisch 10 mH) geschaltet und die Rauschspannung über eine Kapazität (typisch 100 nF) kurzgeschlossen. Damit die stabilisierende Wirkung der Z-Diode nicht beeinträchtigt wird, muß der durch die Induktivität bedingte Serienwiderstand klein gegenüber dem dynamischen Widerstand der Z-Diode sein.

15.4.2 Spannungsstabilisierung, Spannungsreferenz

Abbildung 15.33 a zeigt eine einfache Schaltung zur Stabilisierung der Ausgangsspannung V_2 mittels Z-Diode. Eine für $V_Z > V_{Z0}$ gültige Kleinsignalersatzschaltung für diese Stabilisierungsschaltung ist in Abb. 15.33 b dargestellt.

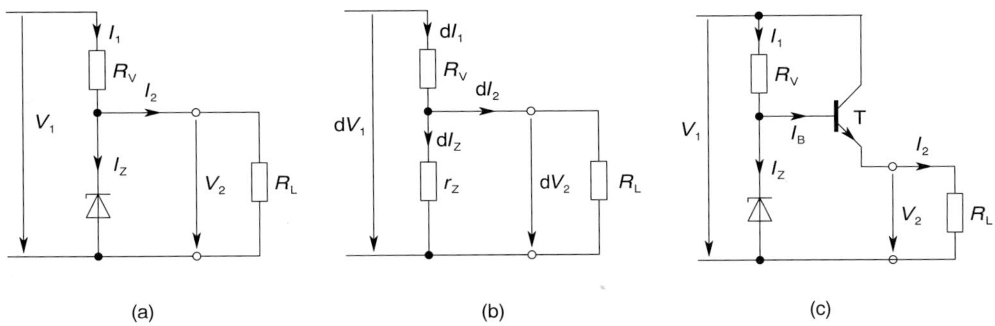

Abb. 15.33. Spannungsstabilisierung mit Z-Diode. (**a**) Schaltplan, (**b**) Kleinsignalersatzschaltung und (**c**) erweiterte Stabilisierungsschaltung für größere Ausgangsströme

Die Ausgangsspannung ist $V_2 = V_1 - R_V(I_Z + I_2)$, wobei I_2 den Laststrom bezeichnet. Wird dieser durch einen an den Ausgang angeschlossenen Lastwiderstand R_L bestimmt, so ist $I_2 = V_2/R_L$ und damit

$$V_1 = V_2 + R_V\,(I_Z + V_2/R_L)\ .$$

Hieraus berechnet sich der *Glättungsfaktor* dV_1/dV_2 zu

$$\frac{dV_1}{dV_2} = 1 + R_V\left(\frac{dI_Z}{dV_2} + \frac{1}{R_L}\right)$$

Wegen $V_Z = V_2$ und $r_Z = dV_Z/dI_Z$ folgt für den Glättungsfaktor

$$\frac{dV_1}{dV_2} = 1 + R_V\left(\frac{1}{r_Z} + \frac{1}{R_L}\right)\ . \tag{15.33}$$

Zu diesem Ergebnis kann man auch durch die Untersuchung der Kleinsignalersatzschaltung nach Abb. 15.33 b. Der Glättungsfaktor ergibt sich über die Spannungsteilerregel als Kehrwert des Teilerverhältnisses.

Der Vorwiderstand R_V ist so zu wählen, daß zum einen die zulässige Verlustleistung der Dioden nicht überschritten wird, d. h., daß

$$I_Z \leq P_{zul}/V_Z = I_{Zmax}$$

gilt, zum anderen der Strom durch die Z-Diode nicht zu klein wird, da ansonsten der Spannungsabfall über der Z-Diode stark arbeitspunktabhängig würde und die stabilisierende Wirkung verlorenginge. Gewöhnlich wird deshalb $I_{Zmin} = I_{Zmax}/10$ als minimal zulässiger Strom durch die Z-Diode festgelegt. Aus diesen Vorgaben sowie dem Schwankungsbereich der Versorgungsspannung und des Lastwiderstands folgt eine Unter- und eine Obergrenze für den Vorwiderstand R_V.

Dimensionierung. Im Folgenden wird die *Dimensionierung* einer Spannungsstabilisierung mit Z-Diode für Versorgungsspannungsschwankungen im Bereich $V_{1min} < V_1 < V_{1max}$ und Lastwiderstandsschwankungen im Bereich $R_0 < R_L < R_1$ betrachtet. Für $V_1 = V_{1min}$ darf der Spannungsabfall am Vorwiderstand bei maximalem Laststrom nicht kleiner werden als $V_{1min} - V_Z$. Aus

$$V_{1min} - V_Z < R_V \left(\frac{I_{Zmax}}{10} + \frac{V_Z}{R_0} \right)$$

folgt

$$R_V < \frac{V_{1min} - V_Z}{I_{Zmax}/10 + V_Z/R_0} = R_{Vmax} .$$

Für $V_1 = V_{1max}$ muß der Vorwiderstand den Strom so begrenzen, daß der bei minimalem Laststrom durch die Z-Diode fließende Strom, nicht größer wird als I_{Zmax}. Aus

$$V_{1max} - V_Z < R_V (I_{Zmax} + V_Z/R_1)$$

folgt als zweite Bedingung

$$R_V > \frac{V_{1max} - V_Z}{I_{Zmax} + V_Z/R_1} = R_{Vmin} .$$

Beide Bedingungen müssen gleichzeitig[16] erfüllt sein, damit die Spannungsstabilisierungsschaltung im gesamten Versorgungsspannungsbereich und für sämtliche Lastverhältnisse korrekt arbeitet.

Für größere Lastströme ist die einfache Stabilisierungsschaltung mit Z-Diode sehr unbefriedigend, da für eine gute Stabilisierung eine sehr hohe Verlustleistung erforderlich wird. Abbildung 15.33 c zeigt eine erweiterte Stabilisierungsschaltung, die zusätzlich einen Transistor verwendet. Der Spannungsteiler wird hier nur noch durch $I_B = I_2/(B_N+1)$ belastet, wobei B_N die Stromverstärkung (vgl. Kap. 16) des Bipolartransistors bezeichnet. Dies führt zu einer deutlich geringeren Lastabhängigkeit der Ausgangsspannung. Die Ausgangsspannung ist um V_{BE} gegenüber V_Z abgesenkt. Für Z-Dioden mit positivem Temperaturkoeffizient α_Z ergibt sich so wegen des negativen Temperaturkoeffizienten der Flußspannung eine zusätzliche Kompensation des Temperaturgangs der Ausgangsspannung.

[16] Gilt $R_{Vmax} < R_{Vmin}$, so lassen sich die beiden Bedingungen nicht gleichzeitig erfüllen: Die Stabilisierungsschaltung eignet sich dann nicht für den gesamten Versorgungs- und Lastwiderstandsbereich. Durch Vergrößeren von I_{Zmax}, d. h. Einsatz einer Z-Diode mit höherer zulässiger Verlustleistung, lassen sich beide Bedingungen erfüllen.

Temperaturkompensierte Z-Dioden werden als *Referenzspannungsquellen* eingesetzt. Sie weisen gewöhnlich Nenn-Z-Spannungen von 6.35 V sowie Temperaturkoeffizienten $\leq 10^{-5}$ K^{-1} auf und sind mit Langzeitstabilitäten von besser als 20 ppm/1000 h lieferbar. Für die Ansteuerung empfiehlt sich eine Stromquelle (vgl. Abb. 15.34 a) in Verbindung mit einem hochohmigen Abgriff der Referenzspannung. Als Alternative kann die Z-Diode auch mit einer geregelten Versorgungsspannung (vgl. Abb. 15.34 b) betrieben werden.

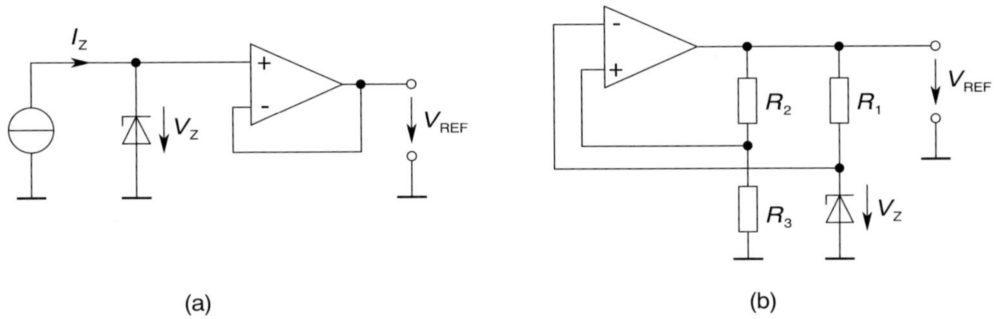

Abb. 15.34. Erzeugung von Referenzspannungen mit Z-Diode. (**a**) Ansteuerung mit Stromquelle, (**b**) Ansteuerung über geregelte Spannungsversorgung

Wegen der hohen Rauschspannung bei kleinen Strömen I_Z sind Z-Dioden in Geräten mit niedriger Leistungsaufnahme (etwa batteriebetriebene Geräte) nicht optimal. Hier bieten integrierte Bandgap-Referenzspannungsquellen (vgl. Kap. 7) eine interessante Alternative. Diese liefern vergleichsweise rauscharme Referenzspannungen (typisch 1.26 V) bei geringer Stromaufnahme ($<$ 0.1 mA) und Temperaturkoeffizienten der Größenordnung $5 \cdot 10^{-5}$ K^{-1}.

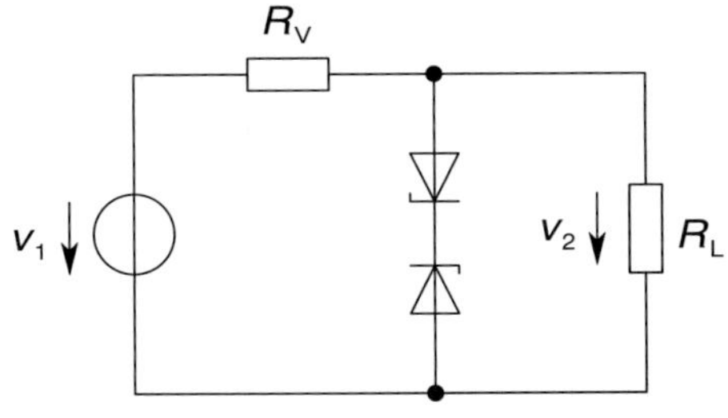

Abb. 15.35. Spannungsbegrenzung mit Z-Diode (Wechselbetrieb)

15.4.3 Überspannungsschutz

Zwei entsprechend Abb. 15.35 in Reihe geschaltete Z-Dioden lassen sich zur Überspannungsbegrenzung einsetzen.[17] Die beiden Z-Dioden werden – wie

[17]Ist die Polarität der Überspannung bekannt, so kann auf die in Flußrichtung gepolte Diode verzichtet werden.

beim Überspannungsschutz mit Varistoren – parallel zur Last R_L geschaltet. Unabhängig von der Polarität der angelegten Spannung ist stets eine der beiden Dioden in Flußrichtung, die andere in Sperrichtung gepolt. Überschreitet v_2 den Wert $V_{2,\max} = V_{ZN} + V_{F0}$, so wird die Serienschaltung der Z-Dioden niederohmig. Die daraus resultierende Zunahme des Stroms erhöht den Spannungsabfall am Widerstand R_V und begrenzt auf diesem Weg die Spannung an R_L auf $V_{2,\max}$. Wie bei der Spannungsstabilisierung mit Z-Dioden ist dafür Sorge zu tragen, daß die in den Z-Dioden umgesetzte Leistung den zulässigen Wert nicht überschreitet, d. h., daß

$$\frac{v_{1,\max} - V_{2,\max}}{R_V} - \frac{V_{2,\max}}{R_L} < I_{Z\max}$$

erfüllt ist.

Z-Dioden erlauben einen wirksamen Schutz von Verbrauchern vor Spannungsspitzen und zeichnen sich insbesondere durch eine hohe Impedanz unterhalb der Durchbruchspannung und eine niedrige Impedanz oberhalb der Durchbruchspannung sowie eine sehr schnelle Ansprechzeit von unter 1 ns aus [21]. Treten die Überspannungen nur als kurze Pulse auf, so darf die in der Diode während des Pulses umgesetzte maximale Leistung die Nennleistung überschreiten. Zu beachten ist allerdings die zulässige *Pulsbelastbarkeit.* Der maximal zulässige Wert der Pulsleistung nimmt mit der Pulsdauer ab. Bei einmalig auftretenden Pulsen [18] gilt näherungsweise

$$P_{\max} \sqrt{t_p} \approx \text{const.}$$

Bei Überschreiten der zulässigen Grenze ist mit einer Zerstörung des Bauteils durch lokale Überhitzung zu rechnen. Eine Untersuchung des während eines rechteckförmigen Pulses in der Sperrschicht auftretenden Temperaturmaximums erfordert die Lösung der zeitabhängigen Wärmeleitungsgleichung, da Wärme während des Pulses an das umgebende Halbleitermaterial abgeführt wird. Eine Untersuchung von Wunsch und Bell [22] ergab für die während eines Pulses auftretende maximale Temperaturerhöhung die Näherung

$$\Delta T \approx 0.73 \, \frac{\text{cm}^2\text{K}^2}{\text{W}\sqrt{\text{s}}} \cdot \frac{P\sqrt{t_p}}{A_j} \,. \tag{15.34}$$

Als Beispiel sei die Supressor-Diode 1N6267 genannt. Diese weist bei einer statischen Verlustleistung von 5 W für Pulse der Dauer 1 ms eine maximal zulässige Pulsleistung von 1.5 kW auf.

[18] Bei periodisch auftretenden Pulsen nimmt die maximal zulässige Pulsleistung ab. Für die praktische Auslegung einer Schutzschaltung sollte stets auf die Angaben des Herstellers zurückgegriffen werden.

15.5 Varaktoren

Varaktoren sind Halbleiterdioden, die die Arbeitspunktabhängigkeit der Diodenkapazität ausnutzen. Man unterscheidet Sperrschichtvaraktoren (Kapazitätsdioden), bei denen die Arbeitspunktabhängigkeit der Sperrschichtkapazität ausgenutzt wird, und Speichervaraktoren, die die Nichtlinearität der Diffusionskapazität ausnutzen.

Abb. 15.36. Schaltsymbole für Kapazitätsdioden

15.5.1 Kapazitätsdioden, Eigenschaften

Kapazitätsdioden nutzen die Abhängigkeit der Sperrschichtkapazität von der angelegten Spannung. Kapazitätsdioden werden gewöhnlich im Sperrbetrieb eingesetzt und können in sehr guter Näherung als (nichtlineare) Blindwiderstände angesehen werden. Die Diffusionskapazität ist für Sperrschichtvaraktoren unter diesen Betriebsumständen vernachlässigbar.

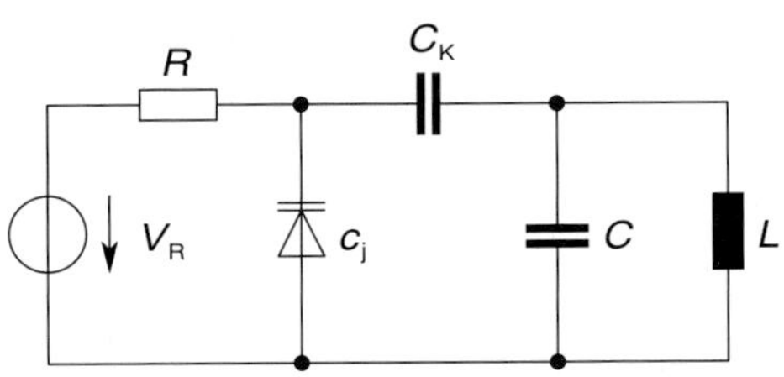

Abb. 15.37. Parallelschwingkreis mit steuerbarer Resonanzfrequenz

Eine der Hauptanwendungen von Kapazitätsdioden ist die Steuerung der Resonanzfrequenz eines Schwingkreises durch Verändern der Sperrspannung an der Kapazitätsdiode. Eine entsprechende Schaltung (Prinzip) ist in Abb. 15.37 skizziert. Die Spannungsquelle legt die an der Varaktordiode anliegende Spannung V_R fest und bestimmt damit die Sperrschichtkapazität der Diode. Die Kapazität C_K und der Widerstand R entkoppeln den durch C und L gebildeten Schwingkreis von der Gleichspannungsquelle; C_K ist groß im Vergleich zur Sperrschichtkapazität der Varaktordiode – die Kapazität der Reihenschaltung von c_j und C_K wird durch c_j bestimmt. Für die Resonanzfrequenz des Schwingkreises als Funktion der angelegten Spannung V_R folgt damit

$$f_r = \frac{1}{2\pi\sqrt{L[\,C + c_j(V_R)\,]}} \,. \tag{15.35}$$

Typische Kapazitätsdioden weisen Werte für C_{J0} im Bereich weniger pF auf. Das *Kapazitätsverhältnis* der Diode ist maßgeblich für den einstellbaren Bereich der Resonanzfrequenz. Es ist als das Verhältnis von der größten zur kleinsten einstellbaren Sperrschichtkapazität definiert:

$$\text{Kapazitätsverhältnis} = c_\mathrm{j}(V_\mathrm{Rmin})/c_\mathrm{j}(V_\mathrm{Rmax}) \, .$$

Das Kapazitätsverhältnis käuflicher Varaktordioden liegt typisch im Bereich zwischen drei und sieben – es lassen sich aber auch Werte größer als zehn erzielen.

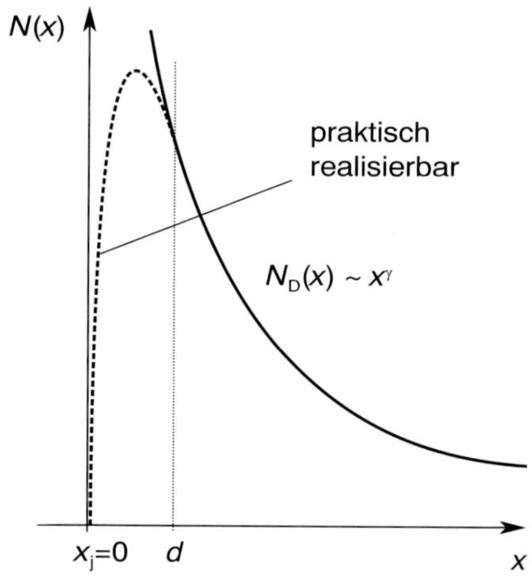

Abb. 15.38. Hyperabrupter pn-Übergang

Die Spannungsabhängigkeit des Kapazitätswerts kann über den Dotierstoffverlauf auf der schwächer dotierten Seite des pn-Übergangs eingestellt werden. Liegt ein einseitiger pn-Übergang bei $x = 0$ vor, und ist der Dotierstoffverlauf[19] für $x > \delta$ durch

$$N_\mathrm{D}(x) = K\,x^\gamma$$

gegeben, so lassen sich C_J0 und M mit der Sperrschichtnäherung berechnen

$$M = \frac{1}{\gamma+2} \quad \text{und} \quad C_\mathrm{J0} = \frac{\epsilon_0\epsilon_\mathrm{r}A_\mathrm{j}}{\left[\dfrac{(\gamma+2)\epsilon_0\epsilon_\mathrm{r}}{eK}V_\mathrm{J}\right]^{1/(\gamma+2)}} \, . \tag{15.36}$$

Der Sonderfall des einseitigen abrupten pn-Übergangs ist hierin mit $\gamma = 0$ enthalten. Ist $\gamma < 0$, so nimmt die Dotierung mit wachsendem Abstand vom metallurgischen Übergang ab. Derartige Übergänge heißen *hyperabrupt*; die erforderlichen Dotierstoffverläufe lassen sich annähernd durch Diffusion oder Ionenimplantation einstellen. (Abb. 15.38).

[19]Bei negativen Werten des Exponenten γ würde $N_\mathrm{D} \to \infty$ für $x \to 0$ gelten, was physikalisch nicht sinnvoll ist. Aus diesem Grund wird das untersuchte Potenzgesetz der Dotierstoffkonzentration nur für $x > \delta$ angesetzt, wobei δ als so klein angenommen wird, daß der Beitrag des Intervalls $[0, \delta]$ vernachlässigt werden kann.

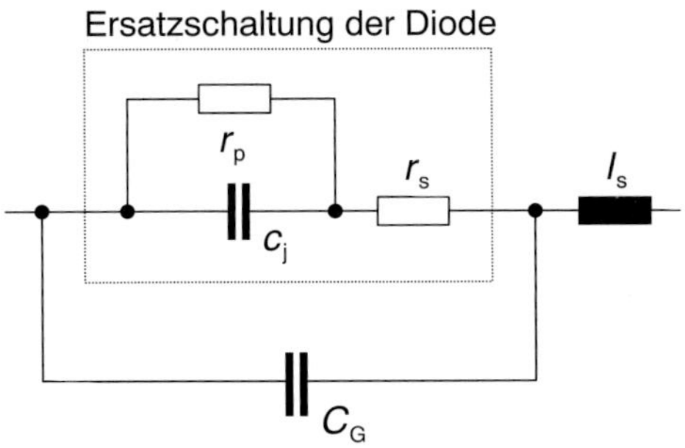

Abb. 15.39. Kapazitätsdiode: Ersatzschaltung

Ersatzschaltung, Güte. Wesentlich für die im Schwingkreis auftretenden Verluste ist die *Güte* Q der verwendeten Kapazität, die für Kapazitätsdioden anhand der in Abb 15.39 dargestellten Ersatzschaltung berechnet werden kann. Wird der Einfluß des Gehäuses und der Zuleitung vernachlässigt ($c_G = 0$ und $l_s = 0$), so folgt unter der Bedingung $\omega c_j \gg r_p$

$$Q \approx (\omega c_j r_s)^{-1} .$$

Für große Frequenzen tritt demnach ein Abfall $Q \sim f^{-1}$ auf, der durch r_s bestimmt ist. In doppeltlogarithmischer Auftragung erhält man im Bereich großer Frequenzen für $Q(f)$ demzufolge eine Gerade der Steigung -1. Dies ist der Frequenzbereich, in dem Kapazitätsdioden üblicherweise zum Einsatz kommen. Als *Grenzfrequenz* f_G der Varaktordiode bezeichnet man die Frequenz, für die Q den Wert 1 annimmt

$$f_G \approx (2\pi c_j r_s)^{-1} . \tag{15.37}$$

Temperaturabhängigkeit. Die Kapazität von Varaktordioden ist *temperaturabhängig.* Ursache dafür ist die Temperaturabhängigkeit der Diffusionsspannung V_J und der Dielektrizitätszahl ϵ_r, die im Ausdruck für C_{J0} enthalten ist. Für bekanntes dV_J/dT und bekanntes $d\epsilon_r/dT$ läßt sich der *Temperaturkoeffizient* der Sperrschichtkapazität berechnen gemäß

$$\begin{aligned} \alpha_C &= \frac{1}{c_j}\frac{dc_j}{dT} = \frac{1}{c_j}\left(\frac{\partial c_j}{\partial \epsilon_r}\frac{d\epsilon_r}{dT} + \frac{\partial c_j}{\partial V_J}\frac{dV_J}{dT}\right) = \\ &= (1-M)\frac{1}{\epsilon_r}\frac{d\epsilon_r}{dT} - \frac{M}{V_R + V_J}\frac{dV_J}{dT} . \end{aligned} \tag{15.38}$$

Die Dielektrizitätszahl ϵ_r weist in Silizium den Temperaturkoeffizient

$$\frac{1}{\epsilon_r}\frac{d\epsilon_r}{dT} \approx 3.5 \cdot 10^{-5}\,\mathrm{K}^{-1}$$

auf [23] und führt zu einer Zunahme der Sperrschichtkapazität mit T. Auf dieselbe Weise wirkt sich der zweite Term aus – bedingt durch die Abnahme der Diffusionsspannung V_J mit T. Da größenordnungsmäßig

$$\frac{dV_J}{dT} \approx -2\,\frac{mV}{K}$$

gilt, wird die Temperaturabhängigkeit primär durch den Term dV_J/dT bestimmt. Da dieser proportional zu $(V_R + V_J)^{-1}$ abnimmt, nimmt der Temperaturkoeffizient der Sperrschichtkapazität mit der angelegten Sperrspannung ab. Der Temperaturgang der Sperrschichtkapazität kann weitgehend durch Reihenschaltung einer flußgepolten pn-Diode mit vergleichbarem $V_J(T)$ kompensiert werden. Durch diese Maßnahme wird der Spannungsabfall an der Kapazitätsdiode in dem Maße größer, wie V_J abnimmt – die gesamte Potentialdifferenz an der Sperrschicht der Varaktordiode bleibt demnach unverändert. Auf diesem Weg kann der Temperaturkoeffizient der Sperrschichtkapazität auf Werte kleiner als 10^{-5} K^{-1} reduziert werden.

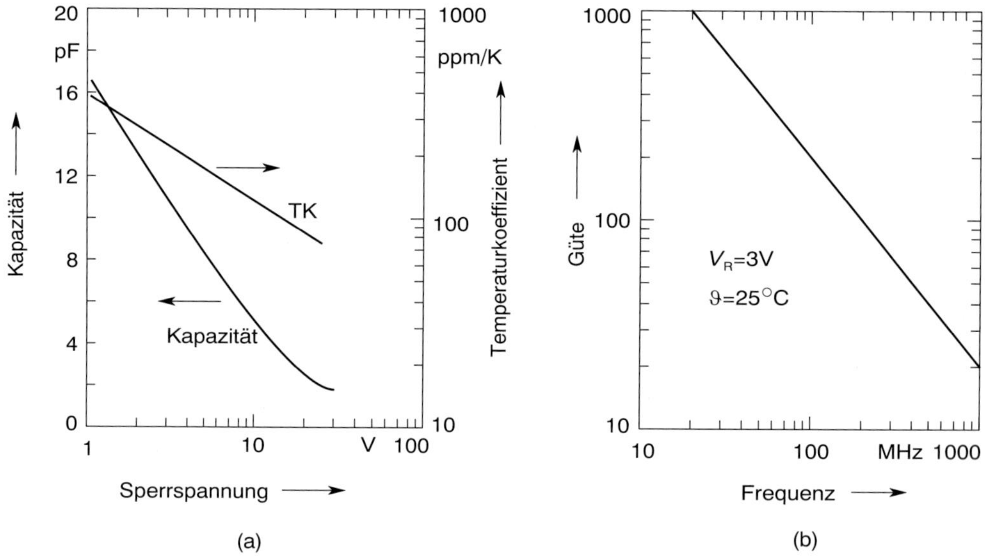

Abb. 15.40. (**a**) Kapazität und Temperaturkoeffizient der Diode BB721 als Funktion der angelegten Sperrspannung, (**b**) Güte Q als Funktion der Frequenz (nach [18])

Beispiel 15.5.1 Abbildung 15.40 zeigt Sperrschichtkapazität und Temperaturkoeffizient der Sperrschichtkapazität als Funktion der angelegten Sperrspannung sowie die Güte Q als Funktion der Frequenz für die Kapazitätsdiode BB721. Diese wird als Abstimmdiode in UHF-Empfängern (Fernsehgeräte) eingesetzt. Das Kapazitätsverhältnis $c_j(1\ V)/c_j(28\ V)$ ist für diese Diode mit dem Mindestwert 8 spezifiziert. Der Parallelwiderstand r_p ist so groß, daß er im relevanten Frequenzbereich vernachlässigt werden kann. Die $Q(f)$-Kurve (Abb. 5.8.1b) zeigt hier den erwarteten Abfall proportional zu $1/f$. Durch Extrapolation zu $Q = 1$ resultiert hieraus die Grenzfrequenz der Diode zu $f_G = 20$ GHz. Mit dem Wert der Sperschichtkapazität bei 3 V von 11 pF folgt für den Bahnwiderstand $R_S \approx 0.72\ \Omega$; das ist ein typischer Wert für derartige Dioden. Δ

Für korrekte Simulationen mittels SPICE sind die drei Parameter C_{J0}, V_J und M an die gemessenen Kapazitätswerte anzupassen. Zur Bestimmung der drei Kenngrößen sind drei Kapazitätswerte bei unterschiedlichen Werten der angelegten Sperrspannung erforderlich. Diese führen dann auf ein nichtlineares Gleichungssystem mit drei Unbekannten

$$c_j(V_\alpha) = \frac{C_{J0}}{(1 + V_\alpha/V_J)^M} \; ; \qquad \alpha = 1, 2, 3 \; .$$

In PSPICE wird diese Aufgabe durch das Zusatzprogramm PARTS gelöst.

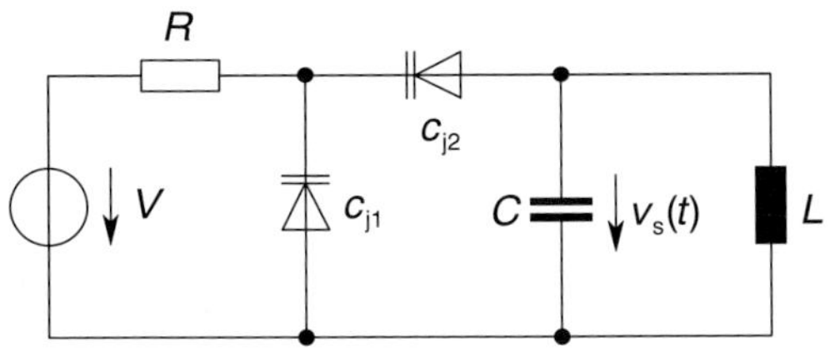

Abb. 15.41. Doppeldiode zur Verminderung von Verzerrungen

Verzerrungen, Doppeldioden

Die nichtlineare Arbeitspunktabhängigkeit der Sperrschichtkapazität bedingt wegen der endlichen Amplitude der Signalspannung $v_s(t)$ *Verzerrungen*. Eine deutliche Verbesserung dieser Situation ergibt sich, wenn die Koppelkapazität C_K durch eine Kapazitätsdiode ersetzt wird. Abstimmdioden werden deshalb meistens als *Doppeldioden* ausgeführt und entsprechend der Abb. 15.41 verschaltet. Die beiden Sperrschichtkapazitäten c_{j1} und c_{j2} liegen in Serie, so daß

$$f_r = \frac{1}{2\pi\sqrt{L \cdot \left[C + \left(\frac{1}{c_{j1}} + \frac{1}{c_{j2}}\right)^{-1}\right]}}$$

gilt. Da die Schwingkreisinduktivität gleichspannungsmäßig als Kurzschluß wirkt, liegt an beiden Dioden dieselbe (Gleich-)Spannung V an. Bei vernachlässigbarer Signalamplitude $v_s(t)$ sind also beide Kapazitäten gleich groß. Da der über R fließende Strom vernachlässigbar klein ist, verteilt sich die Spannung $v_s(t)$ demnach zu gleichen Teilen auf die beiden Sperrschichtkapazitäten. Da die beiden Dioden hinsichtlich des Wechselanteils aber antiparallel geschaltet sind, vergößert sich c_{j2} mit $v_s(t)$, während c_{j1} abnimmt. Dieses gegenläufige Verhalten kompensiert die Abhängigkeit des Kapazitätswerts von der Signalspannung und die daraus resultierenden Verzerrungen in erster Ordnung von $v_s(t)$.

15.5.2 Anwendungen

Frequenzvervielfachung

Wird an eine arbeitspunktabhängige Kapazität eine sinusförmige Wechselspannung der Frequenz $f_0 = \omega_0/2\pi$ angelegt, so enthält der resultierende Verschiebestrom Oberwellenanteile der Frequenz $n\,f_0$ mit $n > 1$ (Harmonische). Der Strom durch die nichtlineare Kapazität

$$i(t) = \frac{\mathrm{d}q}{\mathrm{d}t} = c_{\mathrm{j}}(v)\,\frac{\mathrm{d}v}{\mathrm{d}t}$$

soll im folgenden für eine Spannung $v(t)$ der Form $v(t) = V_0 + \hat{v}\,\sin(\omega t)$ berechnet werden. Zu diesem Zweck wird $q[\,v(t)\,]$ im Arbeitspunkt entwickelt

$$q[\,v(t)\,] = q(V_0) + \sum_{n=1}^{\infty} \frac{1}{n!}\,\frac{\mathrm{d}^n q}{\mathrm{d}v^n}\bigg|_{V_0} [\,\hat{v}\sin(\omega t)\,]^n \; .$$

Mit den Umformungen

$$\sin^2(\omega t) = \frac{1}{2} - \frac{\cos(2\omega t)}{2} \qquad \text{und} \qquad \sin^3(\omega t) = \frac{3\,\sin(\omega t)}{4} - \frac{\sin(3\omega t)}{4}$$

folgt aus den ersten drei Termen der Reihe

$$\begin{aligned} q(t) \;\approx\; & q(V_0) + \frac{\mathrm{d}q}{\mathrm{d}v}\bigg|_{V_0} \hat{v}\sin(\omega t) + \frac{1}{2}\,\frac{\mathrm{d}^2 q}{\mathrm{d}v^2}\bigg|_{V_0} \hat{v}^2 \left[\frac{1}{2} - \frac{1}{2}\,\cos(2\omega t)\right] + \\ & + \frac{1}{6}\,\frac{\mathrm{d}^3 q}{\mathrm{d}v^3}\bigg|_{V_0} \hat{v}^3 \left[\frac{3}{4}\,\sin(\omega t) - \frac{1}{4}\,\sin(3\omega t)\right] \end{aligned}$$

bzw.

$$\begin{aligned} i(t) \;\approx\; & \omega\,\frac{\mathrm{d}q}{\mathrm{d}v}\bigg|_{V_0} \hat{v}\cos(\omega t) + \frac{\omega}{2}\,\frac{\mathrm{d}^2 q}{\mathrm{d}v^2}\bigg|_{V_0} \hat{v}^2\,\sin(2\omega t) \\ & + \frac{\omega}{8}\,\frac{\mathrm{d}^3 q}{\mathrm{d}u^3}\bigg|_{V_0} \hat{v}^3\,[\,\cos(\omega t) - \cos(3\omega t)\,] \end{aligned}$$

Im Fall nichtlinearer Kapazitäten dürfen die Ableitungen zweiter und höherer Ordnung nicht vernachlässig werden; $i(t)$ weist dann Oberwellenanteile auf, deren Anteil mit zunehmender Krümmung des $q(V)$-Verlaufs – also mit zunehmenden Werten der Koeffizienten $\mathrm{d}^n q/\mathrm{d}v^n$ – zunimmt. Dieser Effekt wird in der HF-Technik zur *Frequenzvervielfachung* eingesetzt, falls eine hohe Frequenzstabilität gefordert ist. Eingangsseitig wird dann ein Quarzoszillator verwendet, der eine hohe Frequenzkonstanz aufweist, aber nur bis zu Frequenzen der Größenordnung 100 MHz betrieben werden kann. Durch wiederholte Frequenzvervielfachung lassen sich aus dieser Grundfrequenz sehr viel höhere Frequenzen ableiten, die dieselbe relative Genauigkeit aufweisen. Wegen der endlichen Krümmung des $c_{\mathrm{j}}(V)$-Verlaufs nimmt der Wirkungsgrad bei hohen Frequenzvervielfachungszahlen stark ab. Soll die Frequenz mehr als verdreifacht werden, so können mehrere Frequenzvervielfacher – gefolgt von Zwischenverstärkern – hintereinandergeschaltet werden.

Solange der Sperrschichtvaraktor einen nichtlinearen Blindwiderstand darstellt, ist eine Umsetzung der Eingangsleistung auf die höhere Frequenz mit einem Wirkungsgrad von nahezu 100 % möglich. Für Werte der Ausgangsfrequenz $f \rightarrow f_G$ wird jedoch der Bahnwiderstand R_S maßgeblich – der Wirkungsgrad des Frequenzvervielfachers nimmt ab. Für hohe Wirkungsgrade muß deshalb stets $f \ll f_G$ gelten.

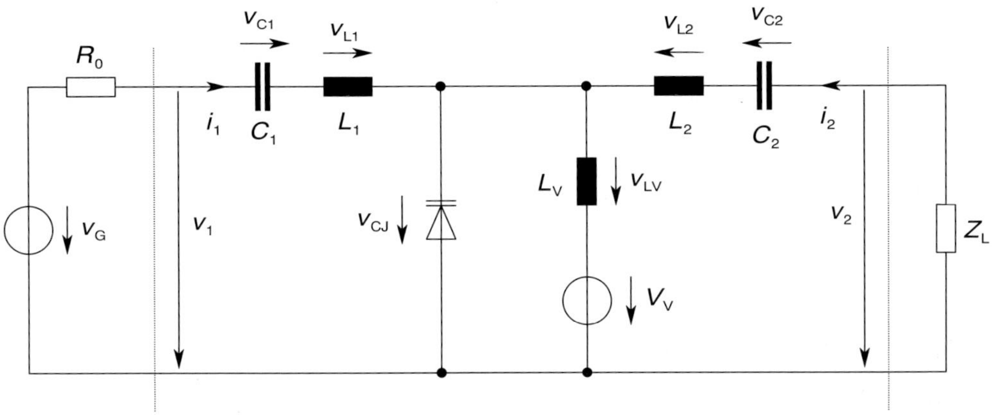

Abb. 15.42. Frequenzverdopplung mit Varaktordiode

Abbbildung 15.42 zeigt eine einfache Schaltung zur Frequenzverdopplung. Eingangsseitig wird die Schaltung mit einer Wechselspannungsquelle der Frequenz f_0 gespeist. Der eigentlichen Vervielfacherstufe ist ein Serienschwingkreis (L_1, C_1) mit Eigenfrequenz f_0 vorgelagert, der dem anschließenden Netzwerk bevorzugt Leistung der Frequenz f_0 zuführt. Die von der nichtlinearen Kapazität bei der Frequenz $2\,f_0$ erzeugte Leistung wird dann über den Serienschwingkreis (L_2, C_2) mit Eigenfrequenz $2f_0$ an die Lastimpedanz Z_L abgegeben. Da die Kapazitätsdiode in sehr guter Näherung einen nichtlinearen Blindwiderstand darstellt, wird nur Leistung in denjenigen Harmonischen umgesetzt, für die über Filter Lastwiderstände angeschlossen sind. Auf diesem Weg läßt sich ein hoher Wirkungsgrad der Schaltung realisieren, der bei Frequenzen $f_0 \ll f_G$ annähernd 100 % betragen kann. Da sich mit modernen Transistoren Oszillatorschaltungen bis in den Bereich von 100 GHz verwirklichen lassen, ist die beschriebene Methode der Frequenzvervielfachung in vielen Anwendungen durch Oszillatoren mit PLL-Regelschleife ersetzt worden: Das Ausgangssignal wird dabei über Frequenzteiler mit der Schwingfrequenz des Quarzes synchronisiert.

Frequenzmodulation

Schwingkreise, deren Resonanzfrequenz durch Kapazitätsdioden verändert werden kann, eignen sich zur Modulation einer HF-Trägerfrequenz mit einem niederfrequenten Signal. Zu diesem Zweck wird die Spannung an der Kapazitätsdiode durch die Signalspannung $v_{NF}(t)$ verändert (Abb. 15.43). Diese wird dabei über einen Widerstand R an die Kapazitätsdiode angeschlossen, wobei mit der Frequenz f_{NF} der mo-

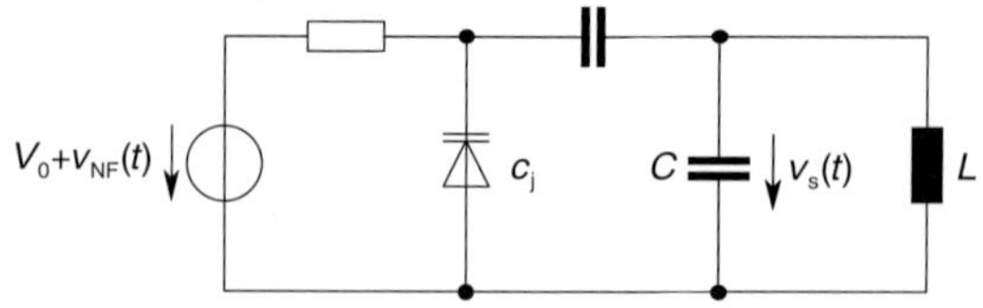

Abb. 15.43. Frequenzmodulation mit Varaktordiode

dulierenden Spannung und der mittleren Frequenz f_0 des Schwingkreises gelten soll $f_{\mathrm{NF}} R c_{\mathrm{j}} \ll 1 \ll f_0 R c_{\mathrm{j}}$. Bei unverzerrter Frequenzmodulation ändert sich die Frequenz proportional zur Signalspannung

$$f_{\mathrm{r}}(t) \;=\; f_0\, [\, 1 + a v_{\mathrm{NF}}(t)]\ .$$

Dies wird erreicht, wenn die Sperrschichtkapazität c_{j} eine quadratische Arbeitspunktabhängigkeit aufweist ($M = 2$). Nach Gl. (15.36) erfordert dies einen hyperabrupten pn-Übergang mit $\gamma = -3/2$.

15.5.3 Speichervaraktoren, Step-recovery-Dioden

Sperrschichtvaraktoren nutzen die Nichtlinearität der $c_{\mathrm{j}}(V)$-Kennlinie zur Frequenzvervielfachung. Dabei ist, bedingt durch Verluste in Bahnwiderstand und die auf den Sperrbereich beschränkte Aussteuerbarkeit, die umsetzbare Leistung begrenzt. Außerdem lassen sich nur geringe Vervielfachungszahlen verwirklichen. *Speichervaraktoren* nutzen im Gegensatz hierzu die Ladungs-

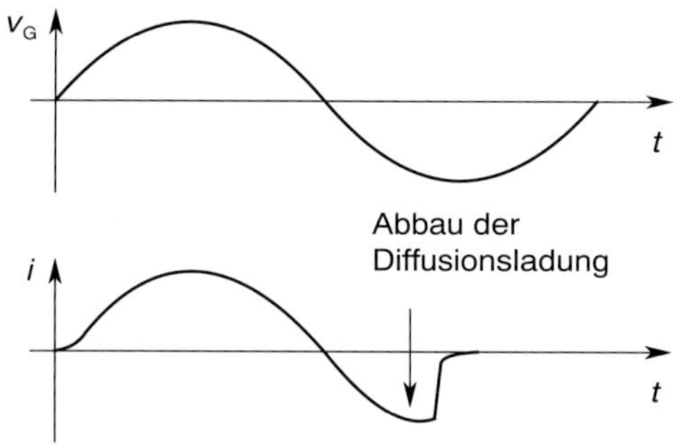

Abb. 15.44. Ausschaltverhalten bei sinusförmiger Ansteuerung

speicherung im Flußbetrieb. Speichervaraktoren sind Sonderformen der pin-Diode und als sog. *Step-recovery-Dioden*[20] im Handel. Bei sinusförmiger Aussteuerung der Diode wird dabei periodisch zwischen Fluß- und Sperrbetrieb umgeschaltet. Da die in der Diode gespeicherte Ladung zu Beginn einer negativen Halbwelle erst abgebaut werden muß, fließt auch nach dem Nulldurchgang der Spannung zunächst noch ein Strom. Dieser ist hauptsächlich durch den Abbau der Diffusionsladung bestimmt. Ist diese abgebaut, so verläuft der Sperrstrom sehr schnell gegen null (Abb. 15.44). Dieser scharfe Übergang be-

[20]Gelegentlich auch als Snap-back-Diode bezeichnet.

dingt einen deutlichen *Oberwellenanteil* im Strom bzw. im Spannungsabfall an der Serienimpedanz.

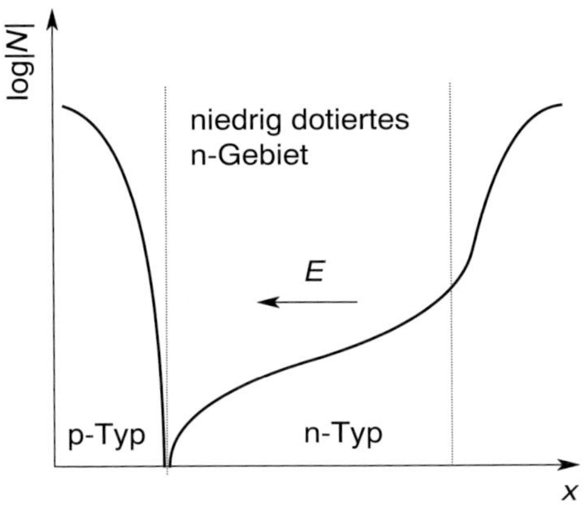

Abb. 15.45. Dotierstoffverlauf einer Step-recovery Diode

Abbildung 15.45 zeigt den Verlauf der Netto-Dotierstoffkonzentration $N(x) = N_{\mathrm{A}}(x) - N_{\mathrm{D}}(x)$ für eine Step-recovery-Diode. Das Dotierstoffprofil ist der pin-Diode verwandt, weist aber nur eine verhältnismäßig dünne Zone mit niedriger Dotierung auf. Da die Dotierung in diesem Bereich zum metallurgischen Übergang hin abnimmt, tritt ein elektrisches Feld auf. Bei Flußpolung wird die niedrig dotierte n-Zone mit Löchern überschwemmt. Beim Umschalten in die Sperrpolung fließen diese – unterstützt durch das elektrische Feld im schwach dotierten Gebiet – über den pn-Übergang zurück. Nach Ablauf der Speicherzeit bleibt dann nur noch die sehr geringe Sperrschichtkapazität umzuladen, was zu Abfallzeiten[21] t_{f} in der Größenordnung von 100 ps führt. Als Folge dieser steilen Flanke stellt sich ein hoher Oberwellenanteil im Strom bzw. im Spannungsabfall an einer Serienimpedanz ein.

Die abgegebene Leistung ist durch die zulässige Verlustleistung nach oben begrenzt. Letztere folgt aus der maximal zulässigen Sperrschichttemperatur $\vartheta_{\mathrm{Jmax}}$ und dem Wärmewiderstand zur Umgebung. Durch spezielle Gehäuseformen lassen sich abgegebene Leistungen in der Größenordnung von 10 W erreichen. Beim Betrieb von Step-recovery-Dioden sollte die Frequenz f deutlich größer sein als der Kehrwert der Lebensdauer τ, da andernfalls ein nennenswerter Anteil der in das niedrig dotierte n-Gebiet injizierten Ladungsträger rekombiniert, was den Wirkungsgrad verschlechtert. Nach oben ist die Ausgangsfrequenz des Vervielfachers durch die Breite des erzeugten Pulses, d. h. durch die Abfallzeit t_{f} (Größenordnung 100 ps) begrenzt. Ist die ausgekoppelte Frequenz größer als $1/t_{\mathrm{f}}$, so nimmt der Wirkungsgrad ab. Speichervaraktoren werden aus diesem Grund nicht für Frequenzvervielfacher mit Ausgangsfrequenzen größer 10 GHz eingesetzt.

---

[21] In Datenblättern wird diese für Step-recovery-Dioden meist als Transitzeit t_t spezifiziert.

15.6 Tunneldioden

Tunneldioden oder Esaki-Dioden[22] besitzen eine Kennlinie, die im Bereich kleiner Flußspannungen ein Spannungsintervall mit negativem Kleinsignalwiderstand aufweist. Sie lassen sich für den Aufbau[23] von Verstärkern, Oszillatoren und als Pulsformer einsetzen [24, 25].

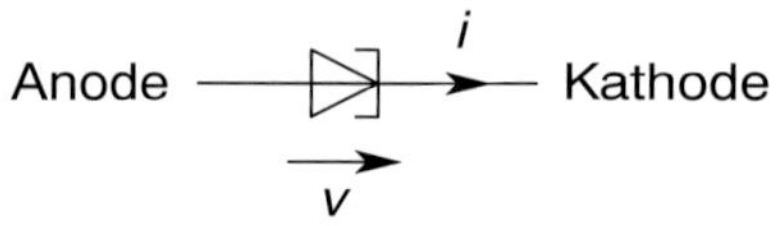

Abb. 15.46. Schaltzeichen der Tunneldiode

15.6.1 Kennlinie der Esaki-Diode

In sehr stark dotierten Halbleitern liegt die Fermi-Energie nicht mehr in der Energielücke, sondern wird in das Leitungs- bzw. Valenzband verschoben. In stark dotiertem p-Material (mit Dotierstoffkonzentrationen $N_A > N_V$) gilt demzufolge $W_F < W_V$ und in stark dotiertem n-Material (mit Dotierstoffkonzentrationen $N_D > N_C$) gilt $W_C < W_F$. Das Bänderschema eines pn-Übergangs, bei dem ein derart hoch dotiertes n-Gebiet an ein entsprechend hoch dotiertes p-Gebiet angrenzt, ist in Abb. 15.47 a skizziert.

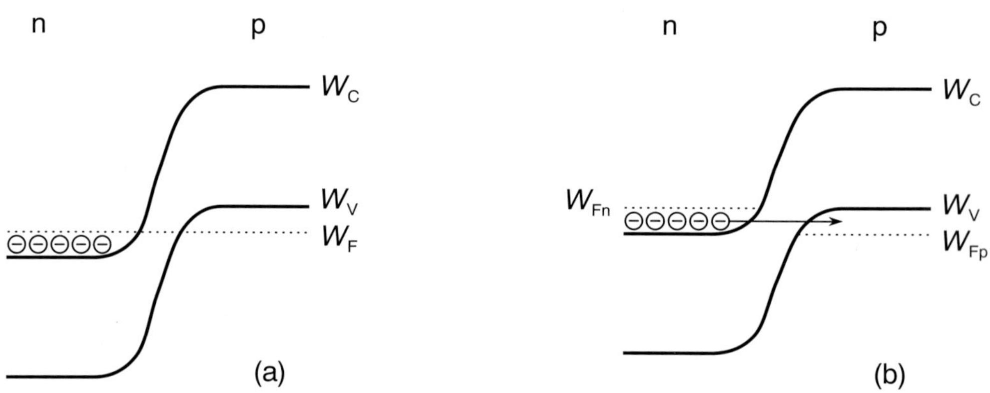

Abb. 15.47. Bänderschema einer Esaki-Diode für (**a**) $V = 0$, (**b**) $V > 0$ mit direktem Tunnelstrom von Elektronen im Leitungsband des n-Bahngebiets zu unbesetzten Zuständen im Valenzband des p-Bahngebiets

Ist keine Spannung angelegt, so ist das Fermi-Niveau im n-Halbleiter gleich dem Fermi-Niveau im p-Halbleiter – es fließt kein Strom. Bei kleinen Flußspannungen ist kein thermischer Diodenstrom zu erwarten, da die Potentialbarriere zwischen p- und n-Gebiet für thermische Emission noch zu hoch

[22] Benannt nach L. Esaki, der dieses Bauteil 1957 erstmals vorgestellt hat.

[23] Die Bedeutung der Tunneldiode hat wegen des technologischen Fortschritts der Transistortechnik in den letzten Jahren deutlich abgenommen.

ist. Aufgrund der hohen Dotierung und der daraus resultierenden großen Feldstärke im pn-Übergang können Elektronen vom n- ins p-Gebiet und umgekehrt *tunneln* – ein Effekt der ansonsten das Verhalten von Z-Dioden mit niedrigem V_{ZN} bestimmt. Elektronen, die aus dem Leitungsband im n-Gebiet ins p-Gebiet tunneln, finden im Valenzband oberhalb der Fermi-Energie auf der p-Seite freie Plätze: Es fließt ein meßbarer Elektronenstrom vom n- ins p-Gebiet. (Abb. 15.47 b). Mit zunehmender Flußspannung V wird der Strom

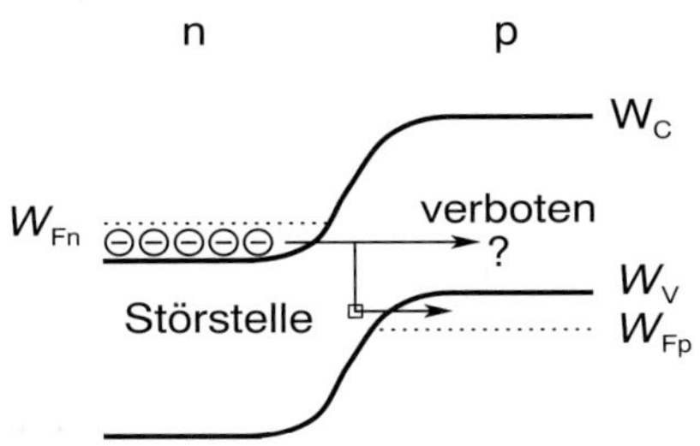

Abb. 15.48. Tunnelstrom über Störstellen bei höheren Flußspannungen (parasitärer Tunnelstrom)

durch die Tunneldiode demzufolge zunächst stark ansteigen. Da mit wachsender Flußspannung die Elektronenzustände auf der n-Seite keine unbesetzten Zustände derselben Energie mehr auf der p-Seite finden (Abb. 15.48), wird der Strom nach Erreichen eines maximalen Werts – dem *Gipfelstrom* I_{P} bei der *Gipfelspannung* V_{P} – wieder abnehmen (Abb. 15.49a). Tunnelströme können jetzt nur noch fließen, wenn die Elektronen einen Teil ihrer Energie an das Gitter abgeben, was über Wechselwirkung mit *Störstellen* geschehen kann: Über Störstellen verlaufende Tunnelvorgänge bestimmen i. allg. den Wert des bei der *Talspannung* V_{V} auftretenden *Talstroms* I_{V}.

Mit weiter steigender Flußspannung V beginnt der exponentiell von der Spannung abhängige thermische Emissionsstrom von Elektronen und Löchern über die Potentialbarriere zu dominieren – die Tunneldiode verhält sich dann wie eine gewöhnliche pn-Diode. Die Kennlinie einer Tunneldiode im Flußbetrieb wird demzufolge durch drei Stromanteile bestimmt:

(1) Den *(direkten) Tunnelstrom* vom Leitungsband der n-Seite zum Valenzband der p-Seite. Dieser bestimmt den Gipfelstrom I_{P}.

(2) Den über Störstellen verlaufenden *parasitären Tunnelstrom* (sog. excess current). Dieser bestimmt den Talstrom I_{V} und kann mit zunehmender Störstellendichte (Alterung, Strahlenschäden) zunehmen, was das Verhältnis $I_{\mathrm{P}}/I_{\mathrm{V}}$ verschlechtert.

(3) Den *thermischen Diodenstrom*, wie er in jeder pn-Diode bei hinreichend großen Flußspannungen auftritt.

Die Kennlinie läßt sich näherungsweise durch die Beziehung

$$I = I_{\mathrm{P}} \frac{V}{V_{\mathrm{P}}} \exp\left(1 - \frac{V}{V_{\mathrm{P}}}\right) + I_{\mathrm{V}} \exp\left[A_2(V - V_{\mathrm{V}})\right] + I_{\mathrm{S}} \exp\left(\frac{V}{V_T}\right)$$

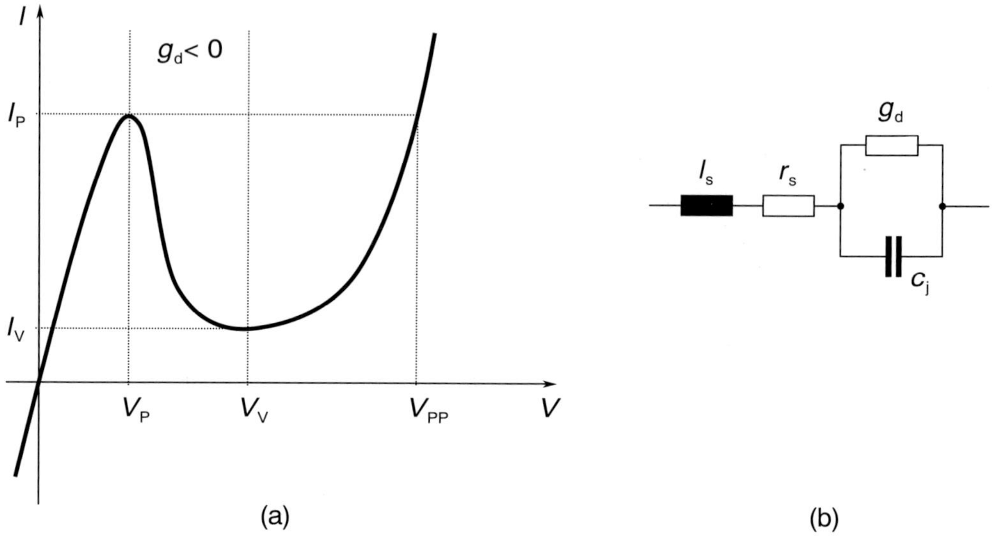

Abb. 15.49. (**a**) Kennlinie einer Tunneldiode, (**b**) Kleinsignalersatzschaltung

wiedergeben. Hierbei beschreibt der erste Term den direkten Tunnelstrom, der zweite Term den parasitären Tunnelstrom und der dritte Term den thermischen Diodenstrom. A_2 ist ein an die gemessene Kennlinie anzupassender Parameter.

Die Tunneldiode weist im Spannungsbereich $V_P < V < V_V$ einen *negativen Kleinsignalwiderstand* auf. Wird der Arbeitspunkt in diesen Bereich gelegt, so läßt sich die Tunneldiode für Verstärkerzwecke und zur Schwingungserzeugung verwenden. Die Kennlinie der Tunneldiode ist bezüglich der angelegten Spannung eindeutig, nicht aber bezüglich des angelegten Stroms. Dies läßt sich zur *Pulsformung* ausnützen. Der Betrag des Kleinsignalwiderstands r_d im Intervall $V_P < V < V_V$ ist durch das Gipfel/Tal-Stromverhältnis I_P/I_V bestimmt. Dieses ist damit ein wichtiges Maß für die Güte einer Tunneldiode. Für Silizium-Tunneldioden lassen sich entsprechende Stromverhältnisse von 6:1, für Germanium-Tunneldioden von 10:1 und für GaAs-Tunneldioden von bis zu 60:1 erreichen.

15.6.2 Kleinsignalbetrachtung

Die Kleinsignalersatzschaltung der Tunneldiode (Abb. 15.49b) ist wie diejenige einer gewöhnlichen Diode aufgebaut. Der (Kleinsignal-)Leitwert $g_d = 1/r_d$ der inneren Diode weist jedoch eine andere Arbeitspunktabhängigkeit auf und ist im Intervall zwischen V_P und V_V negativ. Wird der Arbeitspunkt der Tunneldiode in diesem Bereich gewählt, so ist die Diffusionskapazität vernachlässigbar klein – die Diodenkapazität wird durch die Sperrschichtkapazität bestimmt. Für die Impedanz der Ersatzschaltung gilt unter diesen Umständen

$$\underline{Z}(\omega) = r_\mathrm{s} + \mathrm{j}\omega l_\mathrm{s} + \frac{1}{g_\mathrm{d} + \mathrm{j}\omega c_\mathrm{j}}$$
$$= \frac{r_\mathrm{d}}{1 + \omega^2 r_\mathrm{d}^2 c_\mathrm{j}^2} + r_\mathrm{s} + \mathrm{j}\omega \left(l_\mathrm{s} - \frac{\omega c_\mathrm{j} r_\mathrm{d}^2}{1 + \omega^2 r_\mathrm{d}^2 c_\mathrm{j}^2} \right) . \qquad (15.39)$$

Solange

$$\frac{r_\mathrm{d}}{1 + \omega^2 r_\mathrm{d}^2 c_\mathrm{j}^2} + r_\mathrm{s} < 0$$

erfüllt ist, besitzt $\underline{Z}(\omega)$ im Arbeitspunkt einen *negativen Realteil* der Impedanz. Die Tunneldiode läßt sich demnach bis zur Grenzfrequenz

$$f_\mathrm{G} = \frac{1}{2\pi |r_\mathrm{d}| c_\mathrm{j}} \sqrt{\frac{|r_\mathrm{d}|}{r_\mathrm{s}} - 1} \approx \frac{1}{2\pi \sqrt{r_\mathrm{s} |r_\mathrm{d}|}\, c_\mathrm{j}}$$

in Verstärker- und Oszillatorschaltungen einsetzen. Dies gilt allerdings nur, falls die so definierte Grenzfrequenz f_G kleiner ist als die *Eigenresonanzfrequenz*

$$f_\mathrm{r0} = \frac{1}{2\pi} \sqrt{\frac{1}{l_\mathrm{s} c_\mathrm{j}} - \frac{1}{r_\mathrm{d}^2 c_\mathrm{j}^2}} ,$$

bei der der Imaginärteil der Impedanz verschwindet.

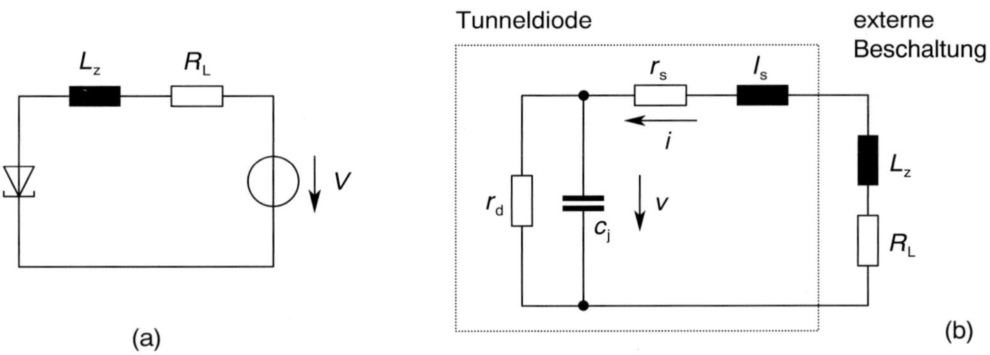

Abb. 15.50. Oszillator mit Tunneldiode. (**a**) Beschaltung, (**b**) Kleinsignalersatzschaltung

15.6.3 Oszillatoren mit Tunneldioden

Tunneldioden erlauben den Aufbau von *Oszillatoren* mit Frequenzen bis zu mehr als 100 GHz. Abbildung 15.50 a zeigt einen einfachen Oszillator, bei dem die Tunneldiode mit einem Lastwiderstand R_L[24] und einer Spule L_z beschaltet wurde. Die zugehörige *Kleinsignalersatzschaltung* ist in Abb. 15.50 b zu sehen. Mit den Abkürzungen $R =$

[24]Der Wert von R_L soll auch den Innenwiderstand der Spannungsquelle berücksichtigen; diese kann dann als ideal angenommen werden.

$r_s + R_L$ und $L = l_s + L_z$ ergibt sich für den komplexen Zeiger des Kleinsignalanteils des Stroms durch den Lastwiderstand

$$\underline{i} = (g_d + j\omega c_j)\,\underline{v}\,, \qquad \text{wobei} \quad \underline{v} = -(R + j\omega L)\,\underline{i}$$

den komplexen Zeiger der an der Sperrschichtkapazität anliegenden Spannung angibt. Zusammenfassen der beiden Gleichungen liefert

$$\underline{i} = -(g_d + j\omega c_j)(R + j\omega L)\,\underline{i}\,.$$

Dies führt nach Ausmultiplizieren der Klammer auf die folgende quadratische Gleichung für die Kreisfrequenz ω

$$\omega^2 - j\,\frac{g_d L + c_j R}{c_j L}\,\omega - \frac{g_d R}{c_j L} = \frac{1}{c_j L}\,.$$

Als Lösung resultiert

$$\omega = \frac{j}{2}\left(\frac{R}{L} + \frac{g_d}{c_j}\right) \pm \sqrt{\frac{1 + g_d R}{c_j L} - \frac{1}{4}\left(\frac{R}{L} + \frac{g_d}{c_j}\right)^2}\,.$$

Damit periodische Schwingungen auftreten können, muß der Ausdruck unter der Wurzel positiv sein – ansonsten ergibt sich ein rein imaginäres ω

$$\frac{1 + g_d R}{L c_j} > \frac{1}{4}\left(\frac{R}{L} + \frac{g_d}{c_j}\right)^2\,.$$

Das Vorzeichen des Imaginärteils von ω bestimmt, ob die Schwingungslösung bedämpft ist – dies ist der Fall für $\operatorname{Im}\omega > 0$ – oder, ob der Oszillator selbst anschwingen kann – was für $\operatorname{Im}(\omega) < 0$ der Fall ist. Für

$$\operatorname{Im}(\omega) < 0 \qquad \text{bzw.} \qquad g_d L + c_j R < 0$$

erhält man eine exponentiell anwachsende Lösung – die Kleinsignaluntersuchung liefert unter diesen Umständen eine Schwingung mit der Frequenz

$$f = \frac{\operatorname{Re}(\omega)}{2\pi} = \frac{1}{2\pi}\sqrt{\frac{1 + g_d R}{L c_j} - \frac{1}{4}\left(\frac{R}{L} + \frac{g_d}{c_j}\right)^2}\,,$$

deren Amplitude exponentiell mit der Zeit anwächst. Für große Amplituden wird das Verhalten allerdings nicht mehr korrekt beschrieben, da dort die zugrundegelegte Kleinsignalbeschreibung ihre Gültigkeit verliert.

Die maximal vom Tunneldiodenoszillator abgebbare Leistung hängt von der Frequenz ab und ist näherungsweise [26], [27]

$$P_{\max} \approx \frac{3}{16}\,\Delta V \Delta I \left[1 - \left(\frac{f}{f_G}\right)^2\right]\,.$$

Da der Spannungshub ΔV im Bereich einiger 100 mV und der Stromhub ΔI auf einige 10 mA beschränkt sind, liegt die maximal[25] abgegebene Leistung im Milliwattbereich.

[25] Zweipoloszillatoren höherer Ausgangsleistung im Mikrowellenbereich lassen sich mit Gunn-Dioden oder IMPATT-Dioden erreichen.

15.6.4 Resonante Tunneldioden

Betrachtet wird ein Mehrfachheteroübergang, für den die Leitungsbandkante den in Abb. 15.51a skizzierten Verlauf aufweist. Damit Elektronen im Leitungsband von der einen zur anderen Seite fließen können, müssen sie die *Doppelbarriere* der Höhe ΔW_C überwinden. Dies ist durch thermische Emission über die Barriere möglich, ein Vorgang der bei hinreichend großer Barrierenhöhe jedoch extrem unwahrscheinlich ist. Sind die einzelnen Barrieren jedoch nur wenige Nanometer dick, so kann zusätzlich ein *Tunnelstrom* durch die Barrieren stattfinden. Die Elektronen zeigen dabei – wie von der Quantentheorie vorhergesagt – einen Resonanzeffekt, der im Prinzip dem Fabry-Perot-Resonator der Optik verglichen werden kann.

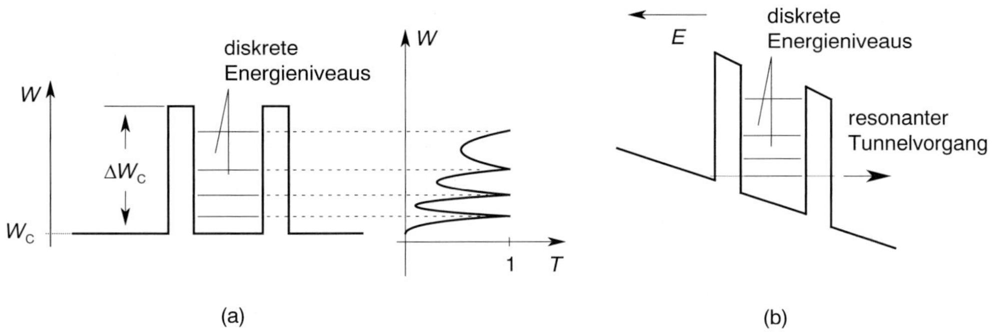

Abb. 15.51. Zur Wirkungsweise einer resonanten Tunneldiode. (**a**) Potentialtopf mit diskreten Energieniveaus im feldfreien Fall und Wahrscheinlichkeit (schematisch) für einen Tunnelvorgang als Funktion der Energie, (**b**) Bandverbiegung durch Anwesenheit eines elektrischen Felds und Verschiebung der Energieniveaus des Potentialtopfs

Die Doppelbarriere bildet einen *Potentialtopf*: Die erlaubten Zustände von Elektronen, die sich zwischen den Wänden des Potentialtopfs aufhalten und deren kinetische Energie geringer ist als ΔW_C, sind *quantisiert*. Da die Wände des Potentialtopfs sehr dünn sind, können Elektronen diese durchtunneln und so in die benachbarten Gebiete gelangen. Für solche Tunnelvorgänge ist neben der Forderung, daß die Barriere sehr dünn sein muß, wesentlich, daß „das tunnelnde Elektron“ auf der anderen Seite der Barriere einen *unbesetzten* Zustand derselben Energie vorfindet, den es besetzen kann. Für ein Elektron, das vom Potentialtopf in das Leitungsband des angrenzenden Halbleitergebiets tunnelt, stellt dies kein Problem dar, da dort zahlreiche unbesetzte Energiezustände mit passenden Energiewerten existieren. Damit jedoch ein von der linken Seite auf die Doppelbarriere treffendes Elektron die erste Barriere durchtunneln kann, muß seine Energie gleich der eines der Potentialtopfzustände sein.

Die Wahrscheinlichkeit T dafür, daß ein Elektron die Doppelbarriere durchdringt, hängt deshalb sehr stark von der Energie W ab (Abb. 15.51 a). Da der niedrigste Energiezustand im Potentialtopf deutlich höher liegt als die Leitungsbandkante, und da die meisten auf die Doppelbarriere treffenden Elektronen Energiewerte in der Nähe der Leitungsbandkante aufweisen, wird bei kleinen angelegten Spannungen nur ein geringer Strom fließen. Aufgrund der mit zunehmender Spannung auftretenden Bandverbiegung werden die Energieniveaus des Potentialtopfs im Bandschema nach unten verschoben (vgl. Abb. 15.51b). Bei bestimmten Werten der angelegten Spannung können nun Elektronen von der Leitungsbandkante in den Zustand im Potentialtopf tunneln und von da aus weiter in das benachbarte Halbleitergebiet in dem die Energieniveaus sehr dicht liegen (resonanter Tunnelvorgang, vgl. Abb. 15.51 b). Dies macht sich in einer deutlichen Steigerung des Stroms bemerkbar.[26] Da bei einer weiteren Steigerung der angelegten Spannung die Elektronen von der Leitungsbandkante aus keinen Potentialtopfzustand mehr erreichen, nimmt der Strom dann wieder ab, bis der nächste höher gelegene Potentialtopfzustand von der Leitungungsbandkante aus erreicht werden kann. Die Kennlinie einer resonanten Tunneldiode weist deshalb i. allg. mehrere Bereiche mit negativem Kleinsignalwiderstand $\mathrm{d}V/\mathrm{d}I < 0$ auf.

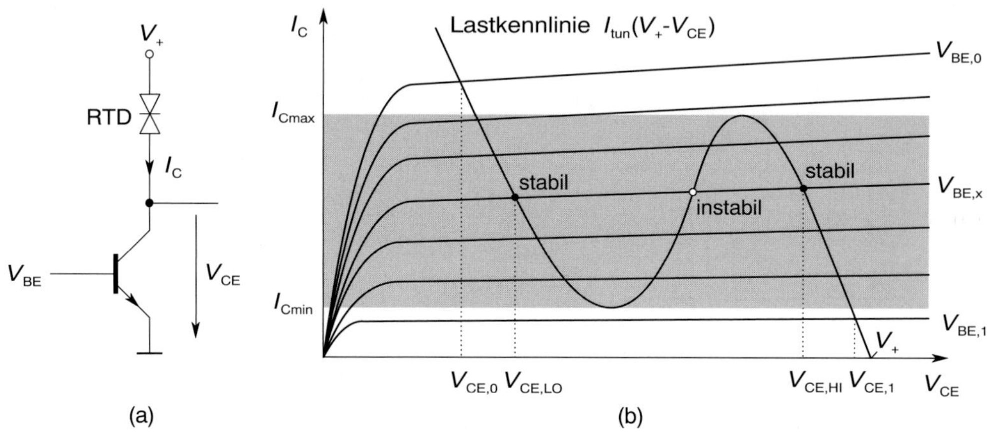

Abb. 15.52. Bistabiler Schalter mit Resonanter Tunneldiode (RTD) und Bipolartransistor

Mit Tunneldioden können prinzipiell sehr schnelle Digitalschaltungen aufgebaut werden.[27] Abbildung 15.52 erläutert das Prinzip eines bistabilen Schalters mit einer Tunneldiode, die einen Bereich mit negativem Kleinsignalwiderstand aufweist – liegen mehrere Bereiche mit negativem Kleinsignalwiderstand vor, so erhöht sich die Anzahl stabiler Arbeitspunkte entsprechend, was zumindest prinzipiell die Realisierung mehrwertiger Logik ermöglicht. Für Kollektorströme im Bereich $I_{\mathrm{Cmin}} < I_{\mathrm{C}} < I_{\mathrm{Cmax}}$ können dabei zwei stabile Arbeitspunkte mit unterschiedlichen Werten von V_{CE} beobachtet werden: Liegt am Eingang $V_{\mathrm{BE,x}}$ an, so können am Ausgang entweder $V_{\mathrm{CE,LO}}$ oder $V_{\mathrm{CE,HI}}$ auftreten. Ein Umschalten zwischen beiden Schaltzuständen ist möglich durch

- Unterschreiten von I_{Cmin}: Bei $V_{\mathrm{BE,1}}$ kann sich nur der Arbeitspunkt $V_{\mathrm{CE,1}}$ einstellen – oder durch
- Überschreiten von I_{Cmax}: Bei $V_{\mathrm{BE,0}}$ kann sich nur der Arbeitspunkt $V_{\mathrm{CE,0}}$ einstellen.

[26] Eine Übersicht über Physik und Modellierung Resonanter Tunneldioden ist in [27–29] zu finden.

[27] Einsatzmöglichkeiten Resonanter Tunneldioden zur Realisierung digitaler Schaltkreise werden z.B. in [30–32] gegeben. Interessant sind auch die Ausführungen in [33], der zum Ergebnis kommt, daß Digitalschaltungen die auf zweipoligen Bauteilen (wie Tunneldioden) beruhen, weniger geeignet sind als Transistorschaltungen.

15.7 Laufzeitdioden

Laufzeitdioden nützen die endliche Laufzeit der Ladungsträger durch die Sperrschicht einer Halbleiterdiode. Diese führt zu einer Phasenverschiebung zwischen angelegter Spannung und Strom, die bei einem Wert von 180° zu selbsterregten Schwingungen führen kann. Mit derartigen Bauteilen lassen sich beispielsweise Oszillatoren für den Mikrowellenbereich herstellen.

15.7.1 IMPATT-Dioden

IMPATT-Dioden[28] ermöglichen die Erzeugung hoher Leistungen im Mikrowellengebiet ($f > 30$ GHz), wobei jedoch das durch den Lawineneffekt bedingte *Rauschen* zu beachten ist. TRAPATT-Dioden sind spezielle Lawinenlaufzeitdioden, die bei sehr hohen Stromdichten betrieben werden. Sie ermöglichen deutlich höhere Wirkungsgrade als IMPATT-Dioden, sind aber nur für Frequenzen bis ca. 10 GHz von Bedeutung [34]. Eine Sonderform der IMPATT-Diode ist die Read-Diode, deren Aufbau in Abb. 15.53 schematisch dargestellt ist. Kennzeichnend für diese Diode ist eine Unterteilung der Raumladungszone in eine schmale Multiplikationszone ($d_{\mathrm{A}} \approx 1\,\mu\mathrm{m}$) und einen ausgedehnten Driftraum ($d_i \approx 10\,\mu\mathrm{m}$) mit geringer Dotierung.

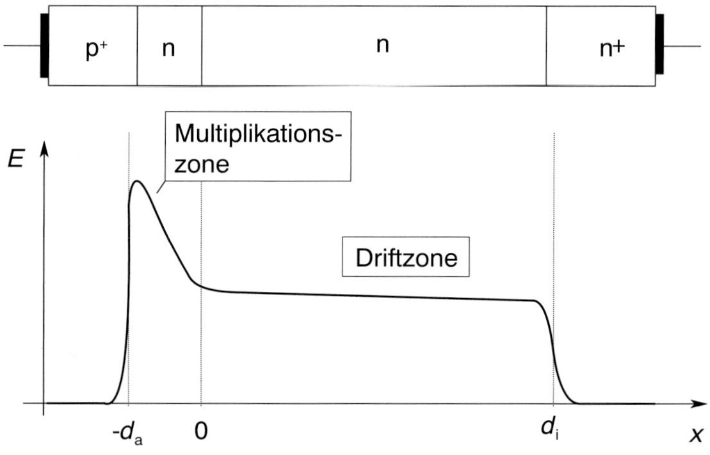

Abb. 15.53. IMPATT-Diode (Read-Typ), Aufbau und Feldstärkeverlauf

In der Multiplikationszone liegt der Wert der elektrischen Feldstärke im Bereich der Durchbruchfeldstärke, hier liegt eine beträchtliche Ladungsträgermultiplikation durch Stoßionisation vor. In der Driftzone dagegen reicht die Feldstärke nicht zur Stoßionisation aus; ihr Wert ist jedoch so groß, daß sich die Ladungsträger dort mit der Sättigungsgeschwindigkeit bewegen.

Zur Erläuterung der Wirkungsweise wird angenommen, daß die Versorgungsspannung V_0 in der Schaltung gemäß Abb. 15.54 bei $t = 0$ auf einen

[28] IMPATT steht abkürzend für impact ionization avalanche transit time.

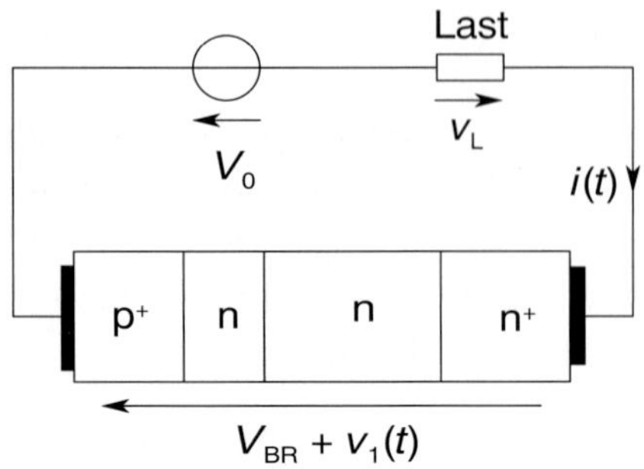

Abb. 15.54. Betrieb einer IMPATT-Diode

Wert größer als die Durchbruchspannung V_{BR} angehoben wird. Für $t < 0$ sperrt die Diode, der Strom durch die Anordnung ist sehr gering. Sobald V_0 aber größer wird als V_{BR} tritt Lawinendurchbruch der Diode auf: In der Multiplikationszone werden sehr viel Löcher und Elektronen generiert. Wegen der für den Aufbau des Lawinenstroms erforderlichen Zeit und wegen der Laufzeit der Elektronen durch die Driftzone kommt die strombegrenzende Wirkung der in Serie liegenden Last nicht sofort zum Tragen. Dadurch kann sich ein größerer Sperrstrom aufbauen, der mit Verzögerung zu einem Spannungsabfall an der Last führt, wodurch die Spannung an der Diode auf einen Wert kleiner als V_{BR} vermindert wird ($v_1 < 0$). In der Folge kommt es zum Erlöschen des Lawinenstroms und damit zu einer erneuten Zunahme der Spannung an der Diode, bis die Durchbruchspannung erneut überschritten wird.

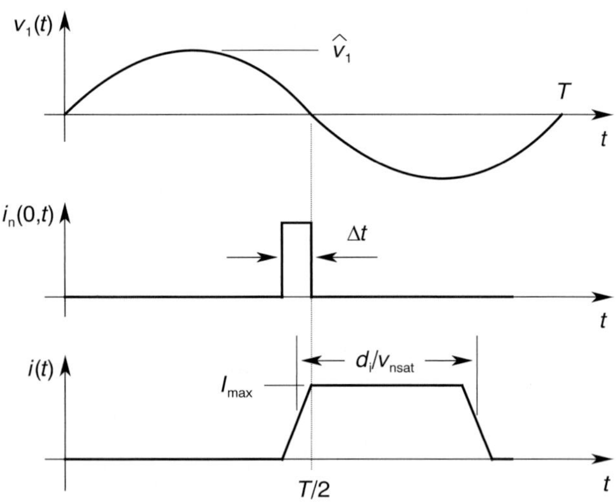

Abb. 15.55. Zusammenhang zwischen Wechselspannungsanteil $v_1(t)$, Injektionsstrom $i_n(0,t)$ und Gesamtstrom $i(t)$ (schematisch)

Abbildung 15.55 erläutert die Verhältnisse anhand des zeitabhängigen Verlaufs des Wechselanteils $v_1(t)$ der Diodenspannung, des in den Driftraum injizierten Elektronenstroms $i_n(0,t)$ sowie des Gesamtstroms $i(t)$. Solange $v_1(t) > 0$ gilt, nimmt der in der Multiplikationszone erzeugte Strom zu –

das Maximum des in die Driftzone injizierten Elektronenstroms $i_\mathrm{n}(0,t)$ tritt deshalb beim Nulldurchgang der fallenden Flanke von $v_1(t)$ auf. In die Driftzone injizierte Elektronen bewegen sich dort annähernd mit der Sättigungsgeschwindigkeit v_nsat, für den Elektronenstrom bei $x > 0$ gilt

$$i_\mathrm{n}(x,t) = i_\mathrm{n}(0, t - x/v_\mathrm{nsat}) . \tag{15.40}$$

Die die Raumladungszone durchlaufenden Elektronen verdrängen Elektronen in dem anschließenden n^+-Gebiet, dies trägt während der Laufzeit d_i/v_nsat als *Influenzstrom* zum Klemmenstrom $i(t)$ bei. Dieser ist positiv, obwohl $v_1(t) < 0$ gilt: Es wird Leistung abgegeben. Der Effektivwert P_1 des Wechselanteils der in der Diode umgesetzten Leistung errechnet sich aus

$$P_1 = \frac{1}{T}\int_0^T v_1(t)\, i_1(t)\, \mathrm{d}t .$$

Wird $v_1(t) = \hat{v}_1 \cos(\omega t)$ als harmonische Spannung und der injizierte Elektronenstrom als rechteckförmiger Puls der Breite Δt angenommen (Abb. 15.55), so ist $i_1(t)$ eine Folge trapezförmiger Strompulse der Höhe i_max mit Anstiegs- und Abfallzeiten von Δt. In diesem Fall läßt sich das Integral auswerten. Im Grenzfall $\Delta t \to 0$ folgt mit dem *Laufwinkel* $\theta_\mathrm{d} = \omega d_i/v_\mathrm{nsat}$ und $\omega T = 2\pi$ die Beziehung

$$P_1 = \frac{\hat{v}_1\, I_\mathrm{max}}{T}\int_{\mathrm{T}/2}^{T/2+\theta_\mathrm{d}/\omega} \sin(\omega t)\, \mathrm{d}t = \frac{\hat{v}_1 I_\mathrm{max}}{2\pi}\left(\cos\theta_\mathrm{d} - 1\right) .$$

Der Wert von P_1 ist negativ: Die Diode gibt für $\omega > 0$ Leistung ab. Die abgegebene Leistung ist offensichtlich maximal, falls $\cos\theta_\mathrm{d} = -1$ bzw. $\theta_\mathrm{d} = 180°$ gilt; die Ausdehnung d_i der Driftzone ist deshalb unter der Bedingung $d_i \approx v_\mathrm{nsat}/(2f)$ optimal auf die Frequenz f abgestimmt.

Die von IMPATT-Dioden abgegebene Leistung nimmt mit zunehmender Frequenz ab. Für Si-IMPATT-Dioden im Dauerstrichbetrieb gilt dabei größenordnungsmäßig

$$P_1(f) \approx 3.5\,\mathrm{kW}\cdot\mathrm{GHz}^2/f^2 .$$

Die von GaAs-IMPATT-Dioden abgegebene Leistung beträgt wegen der annähernd halb so großen Sättigungsgeschwindigkeit nur ca. ein Drittel dieses Werts [34].

Kleinsignalanalyse, Ersatzschaltung

Fällt im Arbeitspunkt an der Diode die Durchbruchspannung V_BR ab, so ist der durch die Serienimpedanz begrenzte Diodenstrom

$$I_0 = (V_0 - V_\mathrm{BR})/R_\mathrm{L} ,$$

wobei R_L die Serienimpedanz bei der Frequenz $f = 0$ angibt. Kleine Abweichungen der an der Diode anliegenden Spannung vom Wert im Arbeitspunkt der Form $v_1(t) = \mathrm{Re}(\underline{v}_1)$ bedingen in erster Näherung einen harmonischen Anteil $i_1(t) = \mathrm{Re}(\underline{i}_1)$ des Diodenstroms, der dem Strom I_0 im Arbeitspunkt überlagert ist. Der Zusammenhang zwischen den Zeigern $\underline{v}_1$ und $\underline{i}_1$ wird durch die Kleinsignalimpedanz $\underline{z}$ der Diode beschrieben. Um diese zu bestimmen, wird die Read-Diode als eine Reihenschaltung von Multiplikationszone und Driftzone aufgefaßt. Die Impedanz der Diode kann dann in der Form

$$\underline{z} = R_\mathrm{S} + \underline{z}_\mathrm{a} + \underline{z}_\mathrm{d} \tag{15.41}$$

angegeben werden, wobei R_S einen durch die Bahngebiete und die Zuleitungen bedingten Serienwiderstand, $\underline{z}_\mathrm{a}$ die Kleinsignalimpedanz der Multiplikationszone und $\underline{z}_\mathrm{d}$ die Kleinsignalimpedanz der Driftzone bezeichnet.

Der durch Stoßionisation in der Lawinenzone hervorgerufene Strom $i_\mathrm{n}(0,t)$ nimmt während der gesamten positiven Halbwelle von $v_1(t)$ zu und ist damit gegenüber der Spannung phasenverschoben. Werden die Ionisationskoeffizienten für Elektronen und Löcher als gleich groß und die Feldstärke in der Lawinenzone als konstant angenommen, so liefert eine Kleinsignalanalyse das Ergebnis [34]

$$\underline{z}_\mathrm{a} = \frac{d_\mathrm{a}}{\mathrm{j}\omega\epsilon_0\epsilon_\mathrm{r}A_\mathrm{j}}\,\frac{1}{1-(\omega_\mathrm{a}/\omega)^2} \tag{15.42}$$

mit der *Lawinenfrequenz*

$$f_\mathrm{a} = \frac{\omega_\mathrm{a}}{2\pi} = \frac{1}{2\pi}\sqrt{\frac{2v_\mathrm{s}I_0}{\epsilon_0\epsilon_\mathrm{r}A_\mathrm{j}}\,\frac{\mathrm{d}\alpha}{\mathrm{d}E}}\,, \tag{15.43}$$

wobei $\mathrm{d}\alpha/\mathrm{d}E$ die Änderung der Ionisationskoeffizienten mit der elektrischen Feldstärke bestimmt. Die durch Gl. (15.42) gegebene Impedanz entspricht der Parallelschaltung einer Kapazität c_a und einer Induktivität l_a mit den Werten

$$c_\mathrm{a} = \frac{\epsilon_0\epsilon_\mathrm{r}A_\mathrm{j}}{d_\mathrm{a}} \quad \text{und} \quad l_\mathrm{a} = \frac{d_\mathrm{a}}{2v_\mathrm{s}I_0\,(\mathrm{d}\alpha/\mathrm{d}E)}\,.$$

Die Beziehung für die Kleinsignalimpedanz der Driftzone lautet [34]

$$\underline{z}_\mathrm{d} = \frac{1}{\omega c_\mathrm{i}}\left\{\frac{1-\cos\theta_\mathrm{d}}{\theta_\mathrm{d}}\,\frac{1}{1-(\omega/\omega_\mathrm{a})^2} - \mathrm{j}\left[1 - \frac{\sin\theta_\mathrm{d}}{\theta_\mathrm{d}}\,\frac{1}{1-(\omega/\omega_\mathrm{a})^2}\right]\right\}. \tag{15.44}$$

Hierin bezeichnet $c_\mathrm{i} = \epsilon_0\epsilon_\mathrm{r}A_\mathrm{j}/d_i$ die Kapazität der Driftzone. Aus den Gln. (15.41), (15.42) und (15.44) folgt für die Kleinsignalimpedanz im Fall $\theta_\mathrm{d} = 180^\circ \equiv \pi$

$$\underline{z} = R_\mathrm{S} + \frac{2}{\pi\omega c_\mathrm{i}}\,\frac{1}{1-(\omega/\omega_\mathrm{a})^2} - \mathrm{j}\left(\frac{1}{\omega c_\mathrm{i}} + \frac{1}{\omega c_\mathrm{a}}\,\frac{1}{1-(\omega/\omega_\mathrm{a})^2}\right).$$

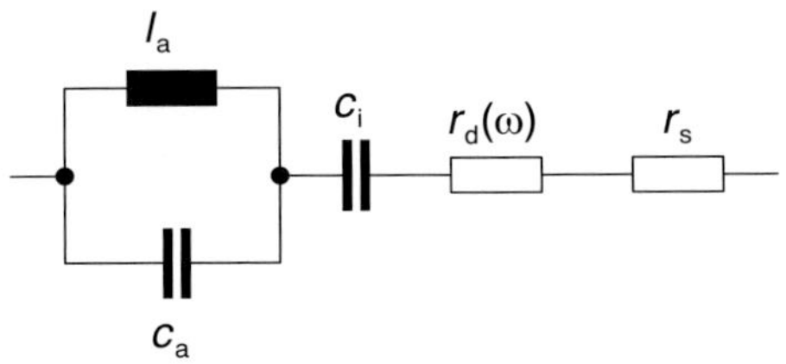

Abb. 15.56. Kleinsignalersatzschaltung der IMPATT-Diode

Abbildung 15.56 zeigt die zugehörige Ersatzschaltung. Die Parallelschaltung von c_a und l_a bildet die Kleinsignalimpedanz der Lawinenzone nach, die Reihenschaltung von c_d und

$$r_d(\omega) = \frac{2}{\pi\omega c_i} \frac{1}{1-(\omega/\omega_a)^2}$$

die Kleinsignalimpedanz der Driftzone. Negative Werte von Real- und Imaginärteil der Impedanz sind nur für $\omega > \omega_a$ möglich.

15.7.2 BARITT-Dioden

In IMPATT-Dioden werden Ladungsträger aus der Multiplikationszone in den Driftraum injiziert; da die injizierte Ladungsmenge von der anliegenden Spannung bestimmt wird, ihr Beitrag zum Klemmenstrom jedoch verzögert ist, tritt eine Phasenverschiebung zwischen anliegender Spannung und Strom auf. BARITT-Dioden[29] nutzen prinzipiell denselben Mechanismus;[30] im Gegensatz zu IMPATT-Dioden werden die Ladungsträger hier jedoch über eine von der anliegenden Spannung gesteuerte Barriere in den Driftraum injiziert. Die Wirkungsweise wird in Abb. 15.57 anhand des Bänderschemas für eine p^+np^+-Konfiguration[31] erläutert.

Wird zwischen den beiden Kontakten eine Spannung angelegt, so ist einer der beiden pn-Übergänge in Sperrichtung gepolt, der andere in Flußrichtung – der Strom durch die Anordnung ist vernachlässigbar klein. Mit zunehmender Spannung dehnt sich die Raumladungszone des in Sperrichtung gepolten pn-Übergangs immer weiter in das n-dotierte Gebiet aus. Bei der durch die Dicke d_n der n-dotierten Schicht bestimmten *Durchgreifspannung*

$$V_{pt} \approx \frac{eN_D d_n^2}{2\epsilon_0\epsilon_r} - d_n\sqrt{\frac{2eN_D V_J}{\epsilon_0\epsilon_r}}$$

erreicht sie die Grenze der gegenüberliegenden Sperrschicht. Eine weitere Erhöhung der Spannung führt zu einer Verringerung der Barrierenhöhe für Löcher und zu einer *Injektion* von Löchern in den Driftraum (vgl.

[29] BARITT steht abkürzend für barrier injection transit time.

[30] Dieser wurde bereits 1954 von Shockley beschrieben [35].

[31] Das Verhalten von Doppel-Schottky-Kontakten (MSM-Dioden) oder $p^+ i n \pi p^+$-Strukturen folgt sinngemäß (vgl. [34]).

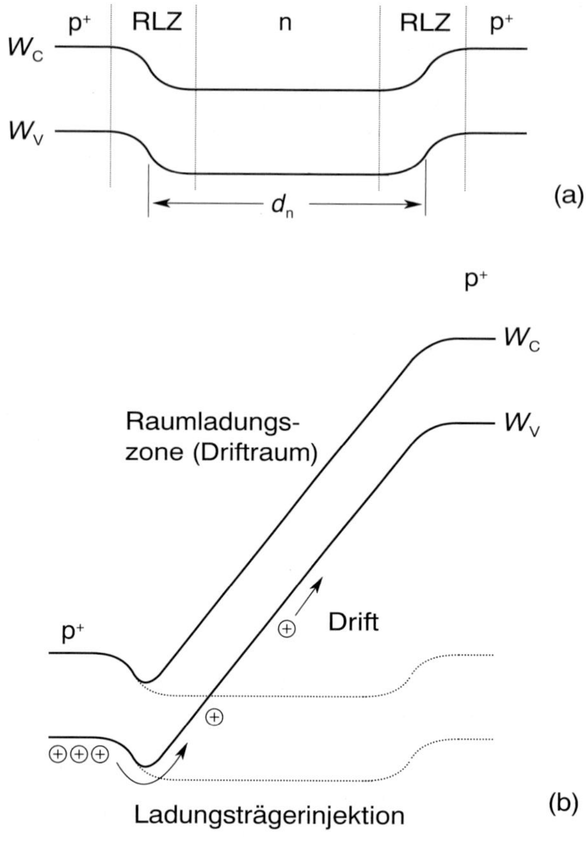

Abb. 15.57. Bänderschema der BARITT-Diode. (**a**) Im spannungslosen Zustand, (**b**) Injektion über die Potentialbarriere nach Durchgriff der Raumladungszone durch das n-Gebiet

Abb. 15.57b). Die Injektion erfolgt durch thermische Anregung über die Barriere; für den injizierten Löcherstrom gilt dabei für $V \geq V_{\mathrm{pt}}$ nach [34]

$$I \approx A_{\mathrm{j}}\, A^*\, T^2 \exp\left[-\frac{(V_{\mathrm{FB}} - V)^2}{4 V_T V_{\mathrm{FB}}}\right] .$$

Die Größe $V_{\mathrm{FB}} = e N_{\mathrm{D}} d_{\mathrm{n}}^2/(2\epsilon_0\epsilon_{\mathrm{r}})$ bezeichnet dabei die sog. *Flachbandspannung*; bei dieser Spannung stößt der in Sperrichtung gepolte pn-Übergang am gegenüberliegenden metallurgischen Übergang an.

Beim Betrieb der BARITT-Diode wird diese mit einer Serienimpedanz an eine Spannung $V_{\mathrm{pt}} < V < V_{\mathrm{FB}}$ angeschlossen. Nach Einschalten der Spannung liegt zunächst die volle Spannung an der Diode, es kommt zum Durchgreifen der Sperrschicht und zur Ladungsträgerinjektion. Die injizierten Ladungsträger durchfließen die Serienimpedanz um die Driftzeit verzögert, rufen dort einen Spannungsabfall hervor, der die an der Diode anliegende Spannung unter die Durchgreifspannung reduziert, was zum Erlöschen der Ladungsträgerinjektion führt. Der Strom fällt deshalb ab, der Spannungsabfall an der Serienimpedanz sinkt und derjenige an der Diode nimmt wieder zu, bis die Durchgreifspannung erneut erreicht wird.

15.8 Gunn-Elemente

Als *Gunn-Effekt* wird das Auftreten selbsterregter hochfrequenter Schwingungen in einigen Halbleiterkristallen bezeichnet. Der Effekt wurde zuerst von J.B. Gunn im Jahre 1963 an n-dotierten GaAs-Kristallen beobachtet: Bei Überschreiten einer kritischen Feldstärke $E \approx 3.3\,\mathrm{kV/cm}$ traten dabei Stromschwingungen mit Frequenzen im Mikrowellenbereich auf. Der Effekt wird in den sog. Gunn-Elementen[32] ausgenutzt. Diese werden zur Realisierung von Oszillatoren kleiner Leistung ($< 1\,\mathrm{W}$ im Dauerbetrieb) für den Mikrowellenbereich (Frequenzbereich $1 - 100\,\mathrm{GHz}$) sowie in Vorverstärkern eingesetzt.

Die Erklärung des Gunn-Effekts, der auch in einigen anderen Halbleitern (z. B. InP) beobachtet werden kann, wurde in der speziellen Bandstruktur dieser Halbleiter gefunden. Diese bedingt, daß eine homogene Feldverteilung im Halbleiter oberhalb einer kritischen Feldstärke *instabil* wird: Es kommt zur Ausbildung sog. *Domänen*, das sind Gebiete mit – im Vergleich zum Gleichgewichtsfall – erhöhter bzw. erniedrigter Elektronenkonzentration, die sich im elektrischen Feld durch den Halbleiter bewegen. Zur Illustration der Wirkungsweise wird Abb. 15.58 betrachtet.

Abbildung 15.58 zeigt schematisch[33] die ortsabhängige Elektronendichte und die Feldverteilung in einem Gunn-Halbleiter für zwei verschiedene Zeitpunkte. Dabei wird angenommen, daß die Elektronen als Folge des elektrischen Felds eine Driftbewegung in positiver x-Richtung ausführen. Bei homogener Dotierung weist die Elektronendichte überall im Halbleiter denselben Wert auf. Wegen der Wärmebewegung der Teilchen gilt dies jedoch nur im zeitlichen Mittel: Die Elektronendichte ist ständigen statistischen Schwankungen unterworfen. Durch solche Schwankungen bilden sich kurzfristig Dipoldomänen, das sind Gebiete, in denen die Elektronendichte etwas oberhalb des Gleichgewichtswerts liegt, und benachbarte Gebiete, in denen die Elektronendichte darunter liegt. Im Normalfall würde die elektrostatische Abstoßung der Elektronen in der negativen Ladungsanhäufung zum alsbaldigen Ausgleich der Elektronenverteilung führen. Eine zur Zeit $t = 0$ gegebene Überhöhung $\Delta n(0)$ der Elektronendichte würde exponentiell mit der Zeit abnehmen und die Dipoldomäne würde wieder verschwinden. Die charakteristische Zeitkonstante des Ausgleichsvorgangs ist die dielektrische Relaxationszeit τ_ϵ, deren Wert durch die Dielektrizitätskonstante und Leitfähigkeit des Materials bestimmt wird

$$\Delta n(t) \approx \Delta n(0)\,\mathrm{e}^{-t/\tau_\epsilon} \quad \text{mit} \quad \tau_\epsilon = \frac{\epsilon_0 \epsilon_\mathrm{r}}{e\, n_{\mathrm{n}0}\, \mu'_\mathrm{n}} . \tag{15.45}$$

[32] Häufig auch als Gunn-Dioden bezeichnet, obwohl sie streng genommen gar keine Diodenstruktur (pn-Übergang mit gleichrichtender Wirkung) besitzen.

[33] Die Darstellung beschränkt sich auf eindimensionale Verhältnisse.

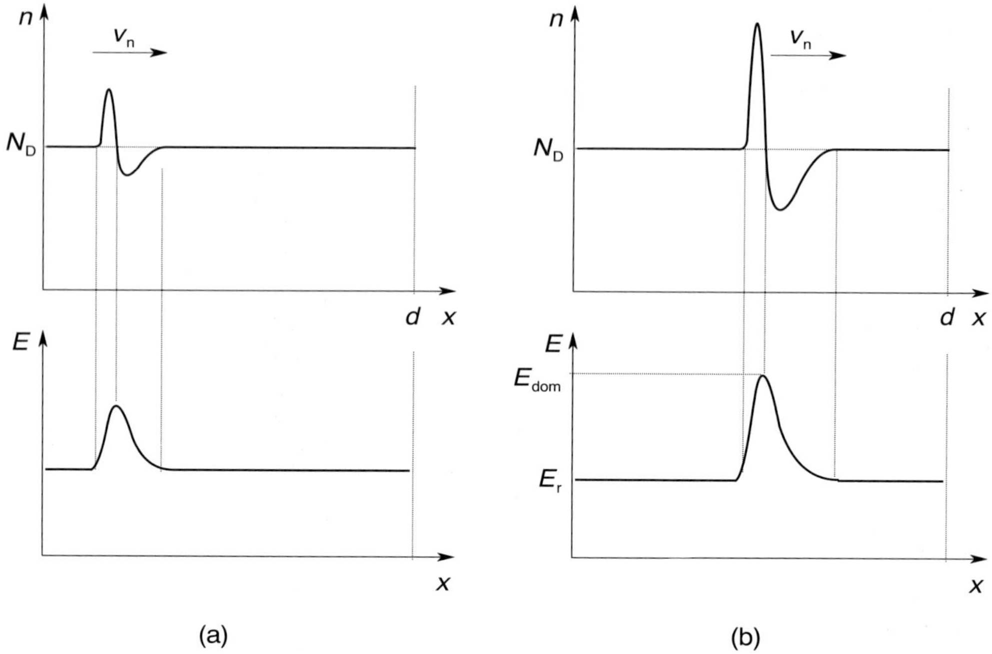

Abb. 15.58. Ausbreitung einer Domäne durch einen n-GaAs-Kristall

In Gunn-Effekt-Halbleitern gibt es einen Bereich der Feldstärke in dem die Driftgeschwindigkeit der Elektronen mit zunehmender Feldstärke *abnimmt* ($\mathrm{d}v_\mathrm{n}/\mathrm{d}E < 0$). In solchen Materialien wird unter bestimmten Umständen eine *Selbstverstärkung* zufällig entstandener Dipoldomänen beobachtet.

Durch die Dipolschicht ergibt sich eine Ortsabhängigkeit der elektrischen Feldstärke – diese ist in der Darstellung Abb. 5.14.1a in der Domäne größer als außerhalb. Gilt nun $\mathrm{d}v_\mathrm{n}/\mathrm{d}E < 0$, so ist die Driftgeschwindigkeit der Elektronen auf der linken Seite der Domäne größer als innerhalb. Aus diesem Grund werden links mehr Elektronen in die Anreicherungsschicht hineinlaufen, als nach rechts abtransportiert werden; die an Elektronen verarmte Zone wird auf der anderen Seite weiter an Elektronen verarmen, da die hineinfließenden Elektronen eine geringere Geschwindigkeit aufweisen als die hinausfließenden. Dies erklärt die Selbstverstärkung solcher Dipoldomänen.

Da in Halbleitern, die den Gunn-Effekt zeigen, in einem Bereich der elektrischen Feldstärke eine negative differentielle Elektronenbeweglichkeit μ'_n aufritt (vgl. Kap. 4.4.6), kann die Selbstverstärkung auch anhand von Gl. (15.45) verstanden werden. Durch die nun negative dielektrische Relaxationszeit kommt es nicht zu einer Abnahme, sondern zu einem Anstieg der Störung mit der Zeit. Damit sich eine Domäne beim Durchlaufen des Halbleiters gut ausbilden kann, muß $d/v_\mathrm{d,n} > |\tau_\epsilon|$ gelten, bzw.

$$n_\mathrm{no}\, d > \frac{\epsilon_0 \epsilon_\mathrm{r} v_\mathrm{d,n}}{e|\mu'_\mathrm{n}|}\,, \tag{15.46}$$

wobei d die Länge des Halbleiters und $v_{d,n}$ die mittlere Driftgeschwindigkeit bezeichnet. Für n-Typ-GaAs oder -InP ist die rechte Seite dieser Ungleichung von der Größenordnung 10^{12} cm^{-2}. Gunn-Elemente, die die Ungleichung (15.46) erfüllen, heißen *überkritisch*, andernfalls *unterkritisch*.

Die Domäne wächst so lange an, bis sie sich im Gleichgewicht mit den zufließenden und den abfließenden Elektronen befindet. Dies setzt voraus, daß sich die Domäne mit derselben Geschwindigkeit wie die Elektronen davor und dahinter bewegt. Die Feldstärke vor und hinter der Domäne muß hierzu denselben Wert E_r aufweisen: Die Domäne muß zu einer nach außen hin neutralen Dipolschicht werden. Der Wert der Feldstärke in der Domäne weicht aufgrund der Raumladung von E_r ab. Daß sich die Domäne trotz der Feldstärkeabhängigkeit der Beweglichkeit mit der Geschwindigkeit $\mu_n(E_r)E_r$ vorwärts bewegen kann, ist auf die den Stromfluß unterstützende *Ladungsträgerdiffusion* zurückzuführen.

Das Auftreten der Stromschwingungen läßt sich nun folgendermaßen erklären: Mit Überschreiten der kritischen Feldstärke E_K im Halbleiter kann sich z. B. am negativen Kontakt eine Domäne bilden. Diese führt zu einer Absenkung der elektrischen Feldstärke im Rest des Halbleiters auf einen Wert $E_r < E_K$. Mit der Feldstärke sinkt der Strom, dieser steigt erst wieder an, nachdem die Domäne den Halbleiter durchlaufen hat. Nun kann die nächste Domäne entstehen, was wieder zu einer Stromabnahme führt. Auf diesem Weg wird der Gleichanteil des die Diode durchfließenden Stroms von einer Pulsfolge überlagert.

Der hier beschriebene *Laufzeitmodus* ermöglicht Wirkungsgrade von 10 % mit GaAs und 15 % mit InP [27]. Daneben sind andere Betriebsarten der Gunn-Elemente bekannt, die einen höheren Wirkungsgrad ermöglichen [10,34]. Im Vergleich mit IMPATT-Oszillatoren zeichnen sich Gunn-Elemente durch Rauscharmut und gute Durchstimmbarkeit aus; Wirkungsgrad und abgegebene Leistung liegt dahingegen bei IMPATT-Dioden höher. Die im Dauerstrichbetrieb erzielbare Leistung nimmt proportional zu $1/f^2$ ab; für $f > 25$ GHz gilt größenordnungsmäßig [34]

$$P \approx 500\,\mathrm{W}\cdot\mathrm{GHz}^2/f^2 .$$

Zum Gunn-Effekt. Es wird ein quaderförmiges Halbleiterstück der Länge L betrachtet, zwischen dessen Enden die Spannung V_+ angelegt wird (Abb. 15.59). Ist N_D die Dichte der Donatoren, so folgt im stationären Fall ($\partial n/\partial t = 0$) für Elektronendichte n, elektrische Feldstärke E und Elektronenstromdichte J_n

$$n = N_D\,, \qquad E = V_+L = E_0 \qquad \text{und} \qquad J_n = e\mu_n N_D V_+/L == J_{n0}\,,$$

wobei $\mu_n = \mu_n(E_0)$. Von einer Feldstärkeabhängigkeit der Beweglichkeit abgesehen, beschreibt dies das Verhalten eines ohmschen Widerstands. Für den n-Typ Halbleiter müssen die Kontinuitäts- und Stromgleichung für Elektronen sowie die Poisson-Gleichung erfüllt sein

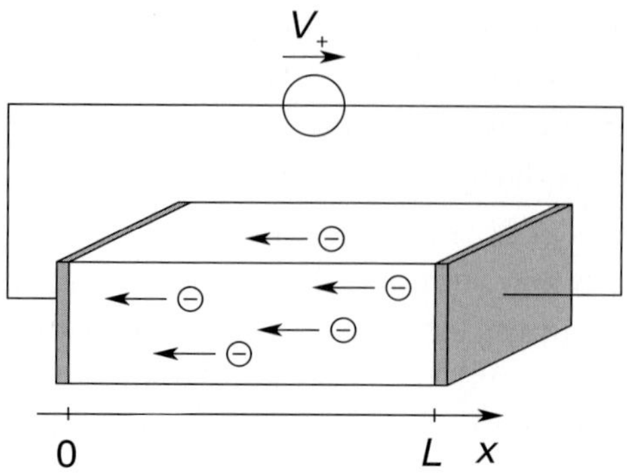

Abb. 15.59. Zur Erläuterung des Gunn-Effekts

$$e\,\frac{\partial n}{\partial t} = \frac{\partial J_\mathrm{n}}{\partial x}, \qquad J_\mathrm{n} = e\mu_\mathrm{n} n E \qquad \text{und} \qquad \frac{\partial E}{\partial x} = \frac{e(N_D - n)}{\epsilon_0\epsilon_r}\,, \tag{15.47}$$

wobei der Diffusionsanteil des Elektronenstroms der Einfachheit halber vernachlässigt wurde. Beschränkt man sich auf die Untersuchung kleiner Abweichungen $n_1(x,t)$, $j_{\mathrm{n}1}(x,t)$ und $e_1(x,t)$ der Elektronendichte $n(x,t)$, elektrischen Feldstärke $E(x,t)$ und der Elektronenstromdichte $J_\mathrm{n}(x,t)$ von ihren stationären Werten, so folgt aus Kontinuitäts- und Poisson-Gleichung

$$e\,\frac{\partial n_1}{\partial t} = \frac{\partial j_{\mathrm{n}1}}{\partial x} \qquad \text{und} \qquad \frac{\partial e_1}{\partial x} = -\frac{e\,n_1(x,t)}{\epsilon_0\epsilon_r} \tag{15.48}$$

und mit der Entwicklung

$$\mu_\mathrm{n}[E(x,t)] \approx \mu_\mathrm{n}(E_0) + \left.\frac{\mathrm{d}\mu_\mathrm{n}}{\mathrm{d}E}\right|_{\mathrm{E}_0} e_1(x,t)$$

aus der Stromgleichung

$$j_{\mathrm{n}1}(x,t) \approx e\mu_\mathrm{n} N_D e_1(x,t) + e\mu_\mathrm{n} E_0 n_1(x,t) + e\left.\frac{\mathrm{d}\mu_\mathrm{n}}{\mathrm{d}E}\right|_{\mathrm{E}_0} E_0 N_D e_1(x,t)\,,$$

wobei nur Terme 1. Ordnung in den Kleinsignalanteilen berücksichtigt wurden. Mit der Kleinsignalbeweglichkeit

$$\mu_\mathrm{n}'(E_0) = \mu_\mathrm{n}(E_0) + E_0\left.\frac{\mathrm{d}\mu_\mathrm{n}}{\mathrm{d}E}\right|_{E_0}$$

folgt durch Ableiten nach x und Zusammenfassen mit (15.48) für den Kleinsignalanteil $n_1(x,t)$ der Elektronendichte

$$\frac{\partial n_1}{\partial t} = -\frac{e\mu_\mathrm{n}' N_D^+}{\epsilon_0\epsilon_r}\, n_1(x,t) + \mu_\mathrm{n} E_0\,\frac{\partial n_1}{\partial x}\,. \tag{15.49}$$

Da sich die Elektronen mit der Driftgeschwindigkeit $v_\mathrm{n} = -\mu_\mathrm{n} E_0$ im elektrischen Feld bewegen (im Beispiel von rechts nach links) ist zur Veranschaulichung ein Ansatz der Form

$$n_1(x,t) \approx f(x - v_\mathrm{n} t)g(t)$$

naheliegend; ein seine Form beibehaltender Kleinsignalanteil wird dabei durch $g(t) = 1$ beschrieben, ein gedämpfter durch $\mathrm{d}g/\mathrm{d}t < 0$ und ein mit der Zeit anwachsender durch $\mathrm{d}g/\mathrm{d}t > 0$. Mit diesem Ansatz ist

$$\frac{\partial n_1}{\partial x} \approx g(t)f'(x - v_\mathrm{n}t) \quad \text{und} \quad \frac{\partial n_1}{\partial t} \approx -v_\mathrm{n}g(t)f'(x - v_\mathrm{n}t) + f(x - v_\mathrm{n}t)\,\frac{\mathrm{d}g}{\mathrm{d}t}\,,$$

wobei $f'(x,t) = \mathrm{d}f/\mathrm{d}x$. In Gl. (15.49) ergibt dies

$$\frac{\mathrm{d}g}{\mathrm{d}t} \approx -\frac{e\mu'_\mathrm{n}N_D}{\epsilon_0\epsilon_r}\,g(t)\,.$$

Gilt $\mu'_\mathrm{n} < 0$, so ist offensichtlich $\mathrm{d}g/\mathrm{d}t > 0$, d. h. eine zufällig auftretende Störung wächst immer weiter an – die Elektronenverteilung wird instabil, es kommt zum Gunn-Effekt.

15.9 Literaturverzeichnis

[1] K.-D. Suh, S.-W. Hong, K. Lee, C.-K. Kim. Ananalysis for the potential of floating guard rings. *Solid-State Electronics*, 33(9):1125–1129, 1990.

[2] D. Schröder. *Leistungselektronische Bauelemente.* Springer, Berlin, zweite Auflage, 2006.

[3] E. Spenke. *pn-Übergänge.* Springer, Berlin, 1979.

[4] B.J. Baliga, S. Sun. Comparison of gold, platinum and electron irradiation for controlling lifetime in power rectifiers. *IEEE Trans. Electron Devices*, 24(6):685–688, 1977.

[5] M.D. Miller. Differences between platinum- and gold-doped silicon power rectifiers. *IEEE Trans. Electron Devices*, 23(12):1279–1283, 1976.

[6] E. Napoli, A.G.M. Strollo, P. Spirito. Numerical analysis of local lifetime control for high-speed low-loss PIN diode design. *IEEE Trans. Electron Devices*, 14(4):615–621, 1999.

[7] T.T. Mnatsakanov, L.I. Pomortseva, V.B. Shuman. Investigation into the effect of Auger recombination on charge carrier transport and static characteristics of silicon multilayer structures. *Solid-State Electronics*, 41(12):1871–1880, 1997.

[8] R. Singh, K.G. Irvine, D.C. Capell, J.T. Richmond, D. Berning, A.R. Hefner, J.W. Palmour. Large area, ultra-high voltage 4H-SiC PIN rectifiers. *IEEE Trans. Electron Devices*, 49(8):1153–1158, 2002.

[9] M.E. Levinshtein, P.A. Ivanov, M.S. Boltovets, V.A. Krivutsa, J.W.Palmour, M.K. Das, B.A. Hull. High-temperature (up to 773 K) operation of 6-kV 4H-SiC junction diodes. *Solid-State Electronics*, 49:1228–1232, 2005.

[10] H.-G. Unger, W. Harth. *Hochfrequenz-Halbleiterelektronik.* Hirzel, Stuttgart, 1972.

[11] E. Renz. *PIN- und Schottky-Dioden.* Hüthig, Heidelberg, 1976.

[12] G. Kesel, J. Hammerschmidt, E. Lange. *Signalverarbeitende Dioden.* Springer, Berlin, 1982.

[13] S.L. Tu, J. Baliga. Controlling the characteristics of the MPS rectifier by variation of area of Schottky region. *IEEE Trans. Electron Devices*, 40(7):1307–1315, 1993.

[14] R. Singh, D.C. Capell, A.R. Hefner, J. Lai, J.W. Palmour. High-power 4H-SiC JBS rectifiers. *IEEE Trans. Electron Devices*, 41(11):2054–2062, 2002.

[15] R. Singh, J.A. Cooper, M.R. Melloch, T.P. Chow, J.W. Palmour. SiC power Schottky and PIN diodes. *IEEE Trans. Electron Devices*, 49(4):665–672, 2002.

[16] D.T. Morisette, J.A. Cooper, M.R. Melloch, G.M. Dolny, P.M. Shenoy, M. Zafrani, J. Gladish. Static and dynamic characterization of large-area high-current-density SiC Schottky diodes. *IEEE Trans. Electron Devices*, 48(2):349–352, 2001.

[17] L. Zhu, T.P. Chow, K.A. Jones, A. Agarwal. Design, fabrication, and characterization of low forward drop, low leakage, 1-kV 4H-SiC JBS rectifiers. *IEEE Trans. Electron Devices*, 53(2):363–368, 2006.

[18] ITT Semiconductors. *Discrete Semiconductors for Surface Mounting (SMD).* ITT, Freiburg, 1991.

[19] W.A. Lukaszek, A. van der Ziel, E.R. Chenette. Investigation of the transition from tunneling to impact ionization multiplication in silicon p-n junctions. *Solid-State Electronics*, 19:57–71, 1976.

[20] A.S. Tager. Current fluctuations in a semiconductor (dielectrc) under the conditions of impact ionization and avalanche breakdown. *Sov. Phys. Solid-State*, 6(8):1919–1925, 1965.

[21] MOTOROLA Application Note AN-843. A review of transients and their means of suppression.

[22] D.C. Wunsch, R.R. Bell. Determination of threshold failure levels of semiconductor diodes and transistors due to pulse voltages. *IEEE Trans. Nucl. Sci.*, NS-15:244–259, 1968.

[23] M.H. Norwood, E. Shatz. Voltage variable capacitor tuning: A review. *Proc. IEEE*, 56(5):788–798, 1968.

[24] L. Esaki, Y. Miyahara. A new device using the tunneling process in narrow pn junctions. *Solid-State Electronics*, 1(1):13–21, 1960.

[25] H.C. Okean. *Tunnel Diodes in 'Semiconductors and Semimetals', vol.7B (R. Willardson and A.C. Beer (Eds.)).* Academic Press, New York, 1971.

[26] O. Zinke, H. Brunswig. *Lehrbuch der Hochfrequenztechnik, Band.2: Elektronik und Signalverarbeitung.* Springer, Berlin, dritte Auflage, 1987.

[27] S.M. Sze (Ed.). *High-Speed Semiconductor Devices.* Wiley, New York, 1990.

[28] F. Capasso, K. Mohammed, A.Y. Cho. Resonant tunneling through double barriers, perpendicular quantum transport phenomena in superlattices, and their device applications. *IEEE J. Quantum Electronics*, 22(9):1853–1869, 1986.

[29] J.P. Sun, G.I. Haddad, P. Mazumder, J.N. Schulman. Resonant tunneling diodes: Models and properties. *Proc. IEEE*, 86(4):641–663, 1998.

[30] P. Mazumder, S. Kulkarni, M Bhattacharya, J.P. Sun, G.I Haddad. Digital circuit applications of resonant tunneling diodes. *Proc. IEEE*, 86(4):664–686, 1998.

[31] J.P.A. van der Wagt. Tunneling-based SRAM. *Proc. IEEE*, 87(4):571–595, 1999.

[32] R.H. Mathews et.al. A new RTD-FET logic family. *Proc. IEEE*, 87(4):596–605, 1999.

[33] R.W. Keyes. Physics of digital devices. *Rev. Mod. Phys*, 61(2):279–287, 1989.

[34] S.M. Sze. *Physics of Semiconductor Devices.* Wiley, New York, second edition, 1982.

[35] W. Shockley. Negative resistance arising from transit time in semiconductor diodes. *Bell Syst. Tech. J.*, 33:799–826, 1954.

16 Bipolartransistoren

Der Bipolartransistor (BJT) [1] wurde 1947 in den Bell Laboratorien erfunden. Diese Erfindung leitete eine Revolution in der Elektronik ein und hat mit der etwa ein Jahrzehnt später entwickelten Planartechnologie das Tor zu dem sich rasch weiterentwickelnden Gebiet der integrierten Schaltungen[2] aufgestoßen.

Vom Leistungstransistor, mit Sperrschichtflächen von der Größenordnung mm^2, bis zum selbstjustierten Bipolartransistor für HF-Anwendungen, mit Sperrschichtflächen von der Größenordnung μm^2, wird eine breite Palette von Bipolartransistoren für eine Vielzahl unterschiedlicher Anwendungen hergestellt. Gegenstand dieses Kapitels ist eine Darstellung der grundlegenden Prinzipien, die Beschreibung des Bipolartransistors durch elementare Kleinsignal- und Großsignalnetzwerkmodelle, für die Praxis relevante Grenzdaten sowie Bauformen von Bipolartransistoren.

16.1 Einführung

Bipolartransistoren sind aus zwei nahe beieinander liegenden pn-Übergängen in einem Halbleiterkristall aufgebaut. Dabei werden, wie in Abb. 16.1 schematisch dargestellt, entweder zwei n-dotierte Gebiete durch ein p-dotiertes Gebiet voneinander getrennt *(npn-Transistor)* oder zwei p-dotierte Gebiete durch ein n-dotiertes Gebiet *(pnp-Transistor)*. Die drei unterschiedlich dotierten Gebiete werden als Emitter (E), Basis (B) und Kollektor (C) bezeichnet. Jedes dieser Gebiete ist mit einem Ohmschen Kontakt und einer Zuleitung versehen; der Bipolartransistor ist ein Bauelement mit drei Anschlußklemmen: Emitter, Basis und Kollektor.

Der Basisanschluß hat die Funktion der *Steuerelektrode*; mit ihm kann der Strom vom Emitter zum Kollektor – der sog. *Transferstrom* – gesteuert werden. Im Fall des npn-Transistors fließen Elektronen vom Emitter [3] zum Kollektor – die technische Stromflußrichtung ist mithin vom Kollektor

[1] Der Name „Transistor" wurde erst später geprägt [1]; er erklärt sich aus der Tatsache, daß Transistoren ursprünglich als stromgesteuerte Spannungsquellen aufgefaßt wurden. Das Kleinsignalübertragungsverhalten wird dann durch den Übertragungswiderstand (transresistance) beschrieben: transistor steht abkürzend für transresistor. Diese Namensgebung deckt sich nicht mehr mit der heute als zweckmäßiger empfundenen Darstellung der Transistoren als spannungsgesteuerte Stromquelle. Die Abkürzung BJT kommt von englisch bipolar junction transistor.

[2] Im Bereich der hochintegrierten Schaltkreise sind die Bipolartransistoren zwar mittlerweile weitgehend durch MOS-Feldeffekttransistoren verdrängt worden, sie haben jedoch nach wie vor breite Anwendungsgebiete in der analogen Schaltungstechnik, für Digitalschaltungen bei sehr hohen Taktfrequenzen, sowie als vergleichsweise robuste Einzelhalbleiter.

[3] Der Emitter „emittiert" die den Transferstrom tragenden Ladungsträger (Elektronen beim npn-, Löcher beim pnp-Transistor), der Kollektor „sammelt" sie ein.

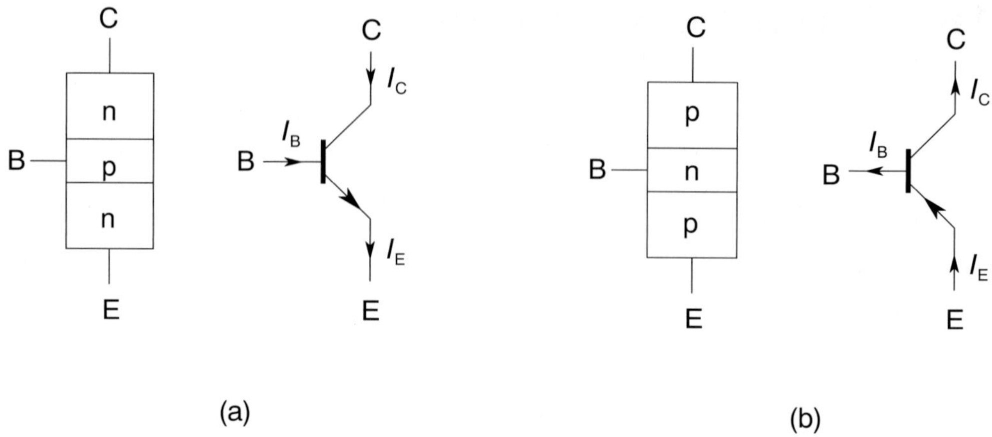

Abb. 16.1. Prinzipieller Aufbau und Schaltzeichen für (**a**) npn- und (**b**) pnp-Transistoren

zum Emitter. Dies wird im Schaltzeichen (Abb. 16.1 a) des npn-Transistors berücksichtigt: Der den Emitter kennzeichnende Pfeil zeigt die Richtung des Stromflusses im Normalbetrieb an. Beim pnp-Transistor wird der Transferstrom von Löchern getragen; die technische Stromflußrichtung stimmt hier mit der Richtung des Teilchenstroms überein: Im Schaltsymbol (Abb. 16.1 b) ist der „Emitterpfeil“ vom Emitter zum Kollektor orientiert. Die Wirkungsweise des npn-Transistors [4] wird zunächst anhand des Bandschemas erläutert.

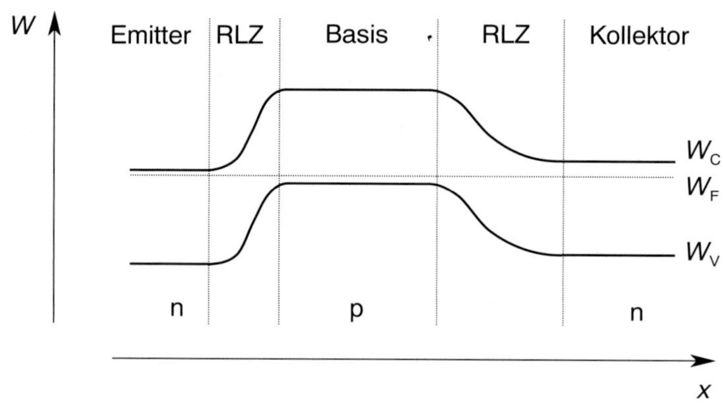

Abb. 16.2. Bandschema eines npn-Bipolartransistors ohne extern angelegte Spannungen (RLZ = Raumladungszone, W_C = Leitungsbandkante, W_V = Valenzbandkante, W_F = Fermi-Energie)

Transistoreffekt, Bandschema. Abbildung 16.2 zeigt das Bandschema eines npn-Bipolartransistors ohne extern angelegte Spannungen. Die Fermi-Energie

[4] Im Folgenden werden – wegen ihrer größeren technischen Bedeutung – nahezu ausschließlich npn-Bipolartransistoren betrachtet. Diese zeichnen sich gegenüber pnp-Transistoren gleicher Abmessungen durch eine höhere Stromverstärkung und kürzere Schaltzeiten aus, was in der größeren Beweglichkeit der Elektronen begründet ist. Die für npn-Bipolartransistoren gewonnenen Ergebnisse lassen sich durch Vertauschen der Dotierung, Polaritäten der Ladungsträger und angelegten Spannungen direkt auf pnp-Transistoren übertragen.

W_F liegt in allen Bahngebieten auf demselben Niveau – es fließt kein Strom. Wird an den Transistor eine Spannung $V_{CE} > 0$ angelegt, so würden die Elektronen vom Emitter zum Kollektor fließen, falls sie die Basiszone überwinden könnten. Solange der emitterseitige pn-Übergang nicht in Flußrichtung betrieben wird, ist die von den Elektronen auf ihrem Weg vom Emitter zum Kollektor zu überwindende Potentialbarriere allerdings so hoch, daß der resultierende Strom vernachlässigbar klein ist. Durch Anlegen einer Flußspannung $V_{BE} > 0$ zwischen Basis und Emitter kann die Potentialbarriere nun soweit abgebaut werden, daß ein nennenswerter Strom fließt.

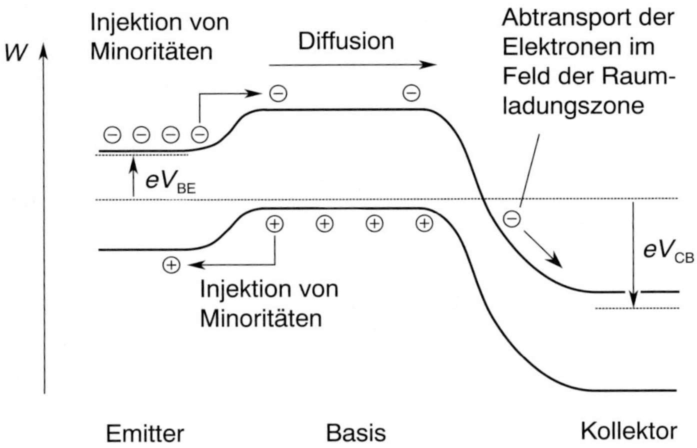

Abb. 16.3. Bandschema des Bipolartransistors bei Vorwärtsbetrieb

Im *Normalbetrieb* (Vorwärtsbetrieb) wird der pn-Übergang zwischen Emitter und Basis (EB-Diode) in Flußrichtung ($V_{BE} > 0$), der pn-Übergang zwischen Basis und Kollektor (BC-Diode) in Sperrichtung ($V_{BC} < 0$) gepolt (Abb. 16.3). Über die EB-Sperrschicht werden in diesem Fall Elektronen in die Basis injiziert. Diese können – sofern sie nicht in der Basis rekombinieren – zum kollektorseitigen Sperrschichtrand diffundieren.[5] Die am kollektorseitigen Sperrschichtrand der Basis ankommenden Elektronen werden über die Raumladungszone abtransportiert und tragen so zum Kollektorstrom bei. Der in die BC-Sperrschicht injizierte Elektronenstrom wird als *Transferstrom* I_T bezeichnet; er bildet im Normalfall den wesentlichen Anteil des Kollektorstroms I_C.

Mit der an der EB-Sperrschicht auftretenden Flußspannung V_{BE} ändert sich die Rate, mit der Elektronen in das Basisbahngebiet injiziert werden, und damit der am kollektorseitigen Sperrschichtrand ankommende Transferstrom.

[5]Solange die Basis homogen dotiert und die Dichte der injizierten Elektronen klein im Vergleich zur Löcherdichte ist, ist der Driftstromanteil im Basisgebiet unbedeutend ($E \approx 0$). Durch eine zum Kollektor hin abnehmende Basisdotierung läßt sich jedoch ein elektrisches Feld in der Basis einstellen, das den Elektronentransport vom Emitter zum Kollektor unterstützt und so kürzere Schaltzeiten ermöglicht. Derartige *Drifttransistoren* werden in Abschnitt 16.2.4 betrachtet.

Durch Änderung der Steuerspannung V_{BE} im Eingangskreis kann demzufolge der Strom I_{C} im Ausgangskreis *gesteuert* werden. Der Bipolartransistor kann deshalb in einfachster Näherung als *spannungsgesteuerte Stromquelle* aufgefaßt werden.

Wesentlich für das Auftreten des beschriebenen Transistoreffekts ist, daß die über den leitenden EB-Übergang injizierten Elektronen auch tatsächlich den sperrgepolten BC-Übergang erreichen können. Die Dicke der Basisschicht wird aus diesem Grund stets wesentlich kleiner als die Diffusionslänge in der Basis gewählt.

Durch die Flußpolung der EB-Diode kommt es zu einer Injektion von Löchern in den Emitter. Die dort rekombinierenden Löcher werden über den Basiskontakt „nachgeliefert" und verursachen so den Basisstrom. Für praktische Anwendungen soll ein großer Transferstrom I_{T} durch einen kleinen Steuerstrom (= Basisstrom) kontrolliert werden. Dies läßt sich durch unterschiedliche Dotierstoffkonzentrationen in Emitter und Basis sowie durch eine möglichst kleine Basisweite erzielen. Da der Emitter eine wesentlich höhere Dotierstoffkonzentration aufweist als die Basis, werden bei Flußpolung der EB-Diode sehr viel mehr Elektronen in das Basisgebiet injiziert als Löcher in den Emitter. Wird nun noch über eine kleine Basisweite dafür gesorgt, daß die injizierten Elektronen mit geringen Verlusten zur BC-Sperrschicht gelangen können, so liegt ein Bauelement mit *Verstärkereigenschaften* vor: Ein kleiner Löcherstrom steuert einen großen Elektronenstrom. Das Verhältnis von Kollektorstrom zu Basisstrom im Normalbetrieb wird als *Vorwärtsstromverstärkung* (meist lediglich *Stromverstärkung* genannt) B_{N} bezeichnet

$$\boxed{B_{\mathrm{N}} = I_{\mathrm{C}}/I_{\mathrm{B}}\,.} \tag{16.1}$$

Der Wert von B_{N} ist in der Regel sehr viel größer als eins.

Bisher wurde der Fall $V_{\mathrm{CE}} > 0$ betrachtet – hier fließen Elektronen vom Emitter zum Kollektor, sobald die EB-Diode in Flußrichtung betrieben wird. Auch für $V_{\mathrm{CE}} < 0$ und bei Flußpolung der BC-Diode fließt ein Transferstrom – allerdings vom Kollektor zum Emitter. Auch in diesem *Rückwärtsbetrieb* stellt der Transistor ein aktives Bauelement dar. Die Rückwärtsstromverstärkung

$$B_{\mathrm{I}} = -I_{\mathrm{E}}/I_{\mathrm{B}} \tag{16.2}$$

für diese Betriebsart ($V_{\mathrm{BE}} < 0$, $V_{\mathrm{BC}} > 0$) weist jedoch i. allg. deutlich kleinere Werte auf als B_{N}, da der Transistor für Vorwärtsbetrieb ausgelegt wird, mit einer sehr hohen Emitterdotierung und einer i. allg. um mehrere Größenordnungen kleineren Kollektordotierung.

Betriebsarten. Abhängig davon, welche Polarität die an die einzelnen pn-Übergänge angelegten Spannungen besitzen, werden die folgenden *Betriebsarten* unterschieden:

V_{BE}	V_{BC}	Betriebsart (npn)
> 0	< 0	Vorwärtsbetrieb (normaler Betrieb)
< 0	> 0	Rückwärtsbetrieb (inverser Betrieb)
< 0	< 0	Sperrbetrieb
> 0	> 0	Sättigung

Grundschaltungen. Der Bipolartransistor kann in der allgemeinen Verstärkerschaltung nach Abb. 2.1 eingesetzt werden. Je nachdem, welcher der drei Anschlüsse des Bipolartransistors dem Eingangs- und dem Ausgangskreis gemeinsam angehört, werden drei Grundschaltungen unterschieden.

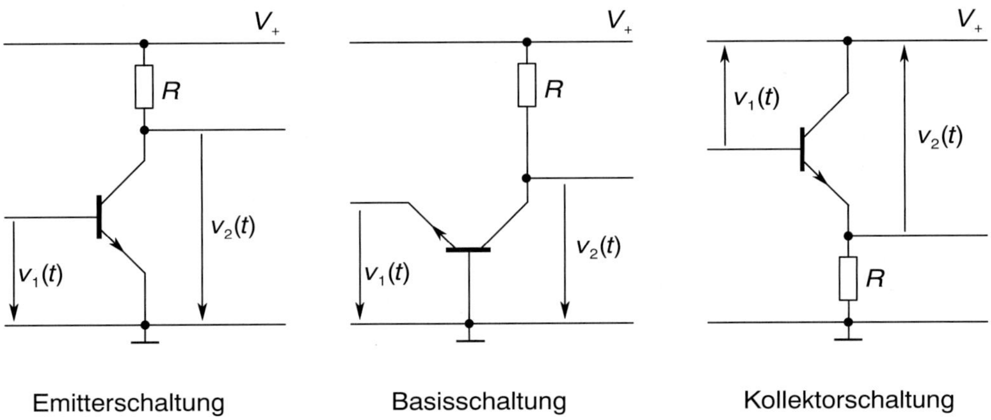

Abb. 16.4. Grundschaltungen des npn-Bipolartransistors (Prinzip)

In *Emitterschaltung* (Abb. 16.4) gehört der Emitter sowohl zum Eingangskreis als auch zum Ausgangskreis. Die steuernden Größen sind V_{BE} bzw. I_B, die gesteuerten Größen sind V_{CE} bzw. I_C. Die Vorwärtsstromverstärkung B_N definiert das Verhältnis des Stroms I_C im Ausgangskreis zum Strom I_B im Eingangskreis. Sie wird deshalb häufig auch als *Stromverstärkung in Emitterschaltung* bezeichnet.

Bei Betrieb in *Basisschaltung* (Abb. 16.4) gehört der Basisanschluß dem Eingangs- und Ausgangskreis an. Der Strom im Eingangskreis ist durch den Emitterstrom I_E gegeben, der Strom im Ausgangskreis ist der Kollektorstrom I_C. Das Verhältnis

$$A_N = I_C/I_E \tag{16.3}$$

wird aus diesem Grund als *Stromverstärkung in Basisschaltung* bezeichnet. Da wegen der Kirchhoffschen Gleichungen stets $I_C + I_B = I_E$ ist, gilt

$$A_N = \frac{B_N}{B_N + 1} < 1 \qquad \text{und} \qquad B_N = \frac{A_N}{1 - A_N}\,. \tag{16.4}$$

Als dritte Grundschaltung ist in Abb. 16.4 die *Kollektorschaltung* skizziert. Bei dieser ist der Basisstrom der Eingangsstrom und der Emitterstrom der Ausgangsstrom. Die Stromverstärkung dieser Anordnung ist von derselben Größenordnung wie die Stromverstärkung in Emitterschaltung

$$I_{\mathrm{E}}/I_{\mathrm{B}} = B_{\mathrm{N}} + 1 .$$

Die beschriebenen Grundschaltungen weisen unterschiedliche Eigenschaften bezüglich ihres Eingangs- und Ausgangswiderstands sowie der Spannungs-, Strom- und Leistungsverstärkung auf: Die Basisschaltung ermöglicht eine Spannungs- aber keine Stromverstärkung, die Kollektorschaltung ermöglicht eine Strom- aber keine Spannungsverstärkung; lediglich die Emitterschaltung ermöglicht sowohl Strom- als auch Spannungsverstärkung. Mit der Emitterschaltung ist deshalb die höchste Leistungsverstärkung möglich.

Geschichte. Die ersten Transistoren wurden Ende 1947 durch Brattain und Bardeen [2] hergestellt, die zwei sehr dicht beieinander liegende Elektroden[6] auf einem n-Typ Germaniumkristall anbrachten. Der ursprünglich veröffentlichte schematische Querschnitt ist in Abb. 16.5 mit leichten Veränderungen wiedergegeben. Er zeigt einen pnp-Bipolartransistor als Verstärker in Basisschaltung. Die Kleinsignalspan-

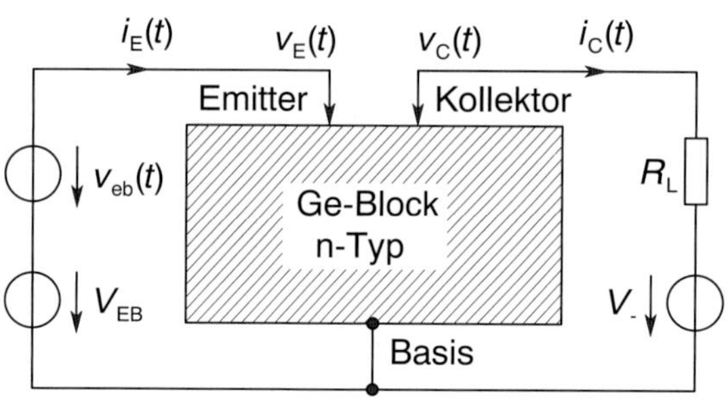

Abb. 16.5. Punktkontakttransistor (nach [2])

nung $v_{\mathrm{eb}}(t)$ ist der Spannung V_{EB} im Arbeitspunkt überlagert und moduliert den Strom $i_{\mathrm{E}}(t)$ der in den Emitter fließt und der den Kollektor mit einem bestimmten Anteil erreicht. Aus diesem Querschnitt wird die Bezeichnung *Basis* für den dritten Anschluß des Bipolartransistors verständlich. Mit solchen Transistoren ließen sich bereits Leistungsverstärkungen der Größenordnung 100 (20 dB) mit einer Ausgangsleistung von 25 mW für Frequenzen bis zu ca. 10 MHz erreichen [3]. Derartige *Punktkontakttransistoren* wiesen zahlreiche Nachteile auf und wurden nur für einige Jahre in geringen Stückzahlen produziert.

Die Arbeiten von Shockley zum pn-Übergang und zur Ladungsträgerinjektion in sperrgepolte pn-Übergänge führten dann zur Erfindung des Bipolartransistors mit Flächenemitter [4–6]. Von da an dauerte es noch ein gutes Jahrzehnt bis mit der Planartechnologie ein Weg zur Herstellung zuverlässiger Bipolartransistoren und integrierter Schaltungen gefunden wurde.[7]

[6]Z.B Golddrähte mit einer Dicke von ca. 50 µm in Abständen von ca. 50 – 250 µm.
[7]Ein kurzer Abriß der Geschichte ist in [7] zu finden.

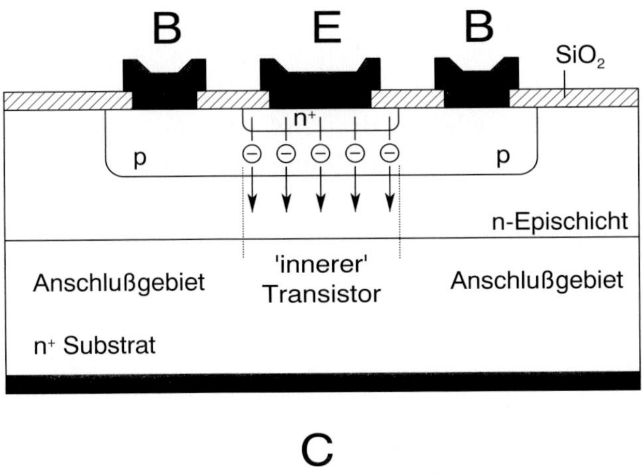

Abb. 16.6. Querschnitt (schematisch) durch einen Einzeltransistor mit Doppelbasisanschluß in Planartechnologie

Aufbau eines Bipolartransistors in Planartechnologie. Abbildung 16.6 zeigt schematisch den Querschnitt durch einen einzelnen *vertikalen* npn-Bipolartransistor in Planartechnologie. Basis- und Emitterkontakt sind an der Vorderseite, der Kollektorkontakt ist an der Rückseite ausgeführt. Die Fläche A_{je} der EB-Diode unterscheidet sich von der Fläche A_{jc} der BC-Diode, die bei Transistoren in Planartechnik wesentlich größer ist. Zwischen den Dotierstoffkonzentrationen in Emitter (N_{DE}), Basis (N_{AB}) und Kollektor (N_{DC}) liegt i. allg. mindestens eine Größenordnung. Als Anhaltspunkt kann gelten

$$\begin{aligned} N_{\mathrm{DE}} &\approx 10^{19} \ldots 10^{20}\,\mathrm{cm}^{-3} \\ N_{\mathrm{AB}} &\approx 10^{17} \ldots 10^{18}\,\mathrm{cm}^{-3} \\ N_{\mathrm{DC}} &\approx 10^{15} \ldots 10^{16}\,\mathrm{cm}^{-3} \end{aligned}$$

Die niedrige Kollektordotierung ist erforderlich, um die Durchbruchspannung der BC-Diode groß und ihre Sperrschichtkapazität klein zu halten. Damit der hohe spezifische Widerstand des Kollektorbahngebiets nicht zu unerwünscht hohen Serienwiderständen führt, wird der Kollektor als dünne epitaxiale Schicht auf einem hochdotierten n^+-Substrat abgeschieden. Dieses weist im Vergleich zur Epischicht (Dicke wenige Mikrometer) eine Dicke von mehreren hundert Mikrometer auf und wirkt als mechanischer Träger und niederohmiger Kollektoranschluß.

Der *innere Transistor* ist das Gebiet unter dem Emitterkontakt, durch das der Transferstrom im wesentlichen verläuft. Der innere Transistor wird von dem gewöhnlich sehr viel ausgedehnteren Anschlußgebiet umgeben, das aus technologischen Gründen erforderlich ist, aber wegen der damit verbundenen parasitären Effekte (Sperrschichtkapazitäten, Bahnwiderstände) nur zu einer Verschlechterung der elektrischen Eigenschaften führt.

16.2 Großsignalbeschreibung

Für die folgende Untersuchung wird ein eindimensionales Transistormodell zugrundegelegt. Das Transistorvolumen wird in drei *Bahngebiete* – Emitter, Basis und Kollektor – unterteilt (Abb. 16.7). Diese Bahngebiete werden durch die Raumladungszone der EB-Diode (mit den Sperrschichträndern bei x_{eb} und x_{be}) und die Raumladungszone der BC-Diode (mit den Sperrschichträndern bei x_{bc} und x_{cb}) voneinander getrennt.

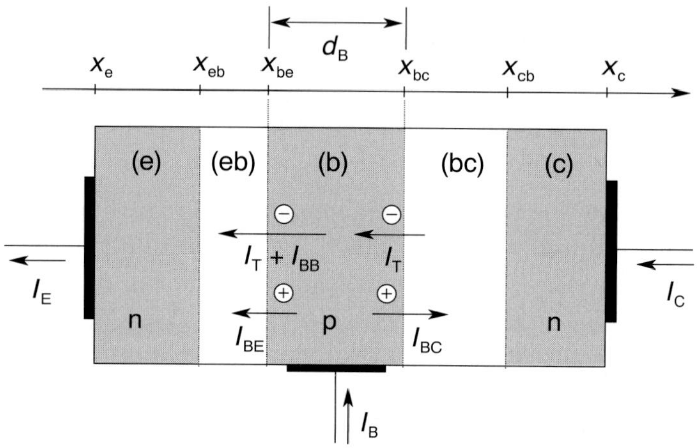

Abb. 16.7. Eindimensionales Transistormodell

Die *Strompfeile* für die Klemmenströme I_{C}, I_{B} und I_{E} wurden so gewählt, daß bei Normalbetrieb alle Ströme positives Vorzeichen aufweisen. Im stationären Betrieb teilt sich der Basisstrom I_{B} in einen Strom I_{BE} (Löcher die über den Rand der Sperrschicht in den Emitter injiziert werden), einen Strom I_{BC} (Löcher die über den Rand der Sperrschicht in den Kollektor injiziert werden) und einen Strom I_{BB} (bestimmt durch Rekombination von Ladungsträgern in der Basis) auf

$$I_{\mathrm{B}} = I_{\mathrm{BE}} + I_{\mathrm{BC}} + I_{\mathrm{BB}} \,. \tag{16.5}$$

Im Normalbetrieb ($V_{\mathrm{BC}} < 0$) ist I_{BC} gleich dem Sperrstrom der BC-Diode und gewöhnlich vernachlässigbar klein. Solange die *Basisweite*

$$d_{\mathrm{B}} = x_{\mathrm{bc}} - x_{\mathrm{be}} \tag{16.6}$$

klein im Vergleich zur Diffusionslänge im Basisgebiet ist, kann I_{BB}, also die in der Basis stattfindende Rekombination, i. allg. ebenfalls vernachlässigt werden. Der *Basisstrom* I_{B} ist bei Vorwärtsbetrieb dann nur durch den in den Emitter abfließenden Löcherstrom bestimmt

$$\boxed{I_{\mathrm{B}} \approx I_{\mathrm{BE}} \,,} \tag{16.7}$$

er besitzt die von der pn-Diode bekannte Strom-Spannungs-Charakteristik. Der *Kollektorstrom* I_C setzt sich aus dem Transferstrom I_T und dem durch Löcherinjektion in den Kollektor bedingten Strom I_{BC} zusammen

$$I_C = I_T - I_{BC} .$$

Da bei Vorwärtsbetrieb $I_{BC} \approx 0$ gilt, kann hier der Kollektorstrom dem Transferstrom gleichgesetzt werden

$$\boxed{I_C \approx I_T .} \tag{16.8}$$

16.2.1 Transferstrom, Basistransitzeit

Näherungsannahmen. Für eine näherungsweise Berechnung des Transferstroms werden die folgenden Annahmen getroffen:

1. Konstante Dotierung in den Bahngebieten, abrupte pn-Übergänge
2. Keine Bahnwiderstände
3. Keine Generation und Rekombination in den Raumladungszonen
4. Keine Rekombination im Basisbahngebiet
5. Niederinjektion (Dichte der injizierten Minoritäten klein im Vergleich zur jeweiligen Majoritätsdichte in den Bahngebieten)
6. Eindimensionaler Stromtransport (in x-Richtung)

Tritt in der Basis keine Rekombination auf, so ist die Stromdichte J_n der die Basis durchfließenden Elektronen unabhängig von x. Im Fall der homogen dotierten Basis ist der Transferstrom ein reiner Diffusionsstrom, so daß gilt

$$J_n = eD_n \frac{dn_p}{dx} = \text{const.}$$

Da e und D_n Konstanten sind, muß dn_p/dx ebenfalls konstant sein, so daß $n_p(x)$ *linear* vom Ort abhängt; die Fläche unter $n_p(x)$ wird deshalb häufig auch als *Diffusionsdreieck* bezeichnet (Abb. 16.8). Wegen der linearen Ortsabhängigkeit läßt sich der Wert von dn_p/dx durch den Differenzenquotienten

$$\frac{dn_p}{dx} = \frac{n_p(x_{bc}) - n_p(x_{be})}{x_{bc} - x_{be}}$$

ausdrücken. Die Werte für $n_p(x_{be})$ und $n_p(x_{bc})$ werden durch die Shockleyschen Randbedingungen festgelegt. Bei Niederinjektion, d. h. falls die Dichte der in das Basisbahngebiet injizierten Elektronen vernachlässigbar klein ist gegenüber der Löcherdichte, gilt

$$n_p(x_{be}) = n_{p0} \exp\left(\frac{V_{BE}}{V_T}\right) \qquad \text{und} \qquad n_p(x_{bc}) = n_{p0} \exp\left(\frac{V_{BC}}{V_T}\right) .$$

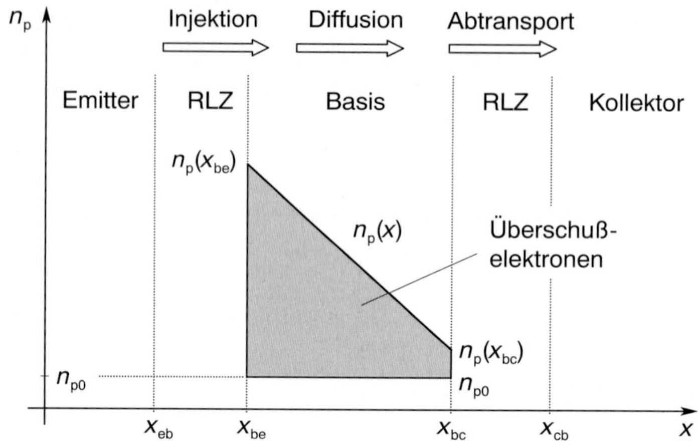

Abb. 16.8. Verteilung der Minoritäten in der Basis des Transistors mit homogener Basisdotierung

Mit $d_B = x_{bc} - x_{be}$ und der Emitterfläche A_{je} folgt damit für den die Basis durchfließenden Transferstrom

$$I_T = -eA_{je}D_n \frac{dn_p}{dx} \quad (16.9)$$

$$= \frac{en_{p0}D_nA_{je}}{d_B} \left[\exp\left(\frac{V_{BE}}{V_T}\right) - \exp\left(\frac{V_{BC}}{V_T}\right) \right] . \quad (16.10)$$

Das Minuszeichen wurde eingefügt, um dem Transferstrom im normalen aktiven Betrieb des Transistors ein positives Vorzeichen zuzuordnen.

Vorwärtsbetrieb. Bei Vorwärtsbetrieb ($V_{BC} < 0$) folgt aus der Shockleyschen Randbedingung für die Elektronendichte am kollektorseitigen Sperrschichtrand $n_{p0} \gg n_p(x_{bc}) \approx 0$. Wegen der endlichen Sättigungsgeschwindigkeit v_{nsat} der Elektronen kann das aber nur bei vernachlässigbarem Transferstrom richtig sein; für endliche Werte des Transferstroms kann $n_p(x_{bc})$ aus $I_T = en_p(x_{bc})v_{nsat}A_{je}$ bestimmt werden [8]. Auf diesem Weg folgt

$$I_T = \frac{eA_{je}D_nn_{p0}}{d_B + D_n/v_{nsat}} \exp\left(\frac{V_{BE}}{V_T}\right) .$$

Da D_n/v_{nsat} von der Größenordnung weniger Nanometer ist, ist der Fehler, der sich aus der Anwendung der Shockleyschen Randbedingung für $n_p(x_{bc})$ ergibt in der Regel vernachlässigbar.

Basistransitzeit und Basistransportfaktor

Aufgrund der Flußpolung der EB-Diode erhöht sich die *Diffusionsladung* Q_{TB} in der Basis. Im Fall $V_{BE} > 0$ und $V_{BC} = 0$ ist $n_p(x_{bc}) = n_{p0}$, so daß (Abb. 16.8)

$$Q_{TB} = eA_{je}d_B \frac{n_p(x_{be}) - n_{p0}}{2} = \tau_B I_T$$

mit der *Basistransitzeit*

$$\boxed{\tau_{\mathrm{B}} \;=\; d_{\mathrm{B}}^2/2D_{\mathrm{n}}\;.} \tag{16.11}$$

Diese Größe entspricht der Zeit, die ein Elektron im Mittel auf seinem Weg vom Emitter zum Kollektor für die Durchquerung der Basis benötigt. Die Basistransitzeit ist für typische Bipolartransistoren sehr viel kleiner als die Lebensdauer der Minoritäten in der Basis.

Beispiel 16.2.1 Ein typischer Wert für d_{B} ist 500 nm, eine typische Basisdotierung ist $10^{17}\,\mathrm{cm}^{-3}$. Die dieser Dotierung entsprechende Diffusionskonstante für Elektronen ist $D_{\mathrm{n}} \approx 21\,\mathrm{cm}^2/\mathrm{s}$. Für die Basistransitzeit folgt daraus $\tau_{\mathrm{B}} \approx 60\,\mathrm{ps}$. Δ

Das Ergebnis von Beispiel 16.2.1 rechtfertigt im nachhinein die Vernachlässigung der Rekombination im Basisvolumen. Die Annahme vernachlässigbarer Rekombination in der Basis ist gerechtfertigt, falls die Basistransitzeit τ_{B} klein ist im Vergleich zur Minoritätslebensdauer τ_{n} im Basisbahngebiet. In Beispiel 16.2.1 folgt das Verhältnis der beiden Größen mit $\tau_{\mathrm{n}} \geq 1\,\mu\mathrm{s}$ zu $\tau_{\mathrm{B}}/\tau_{\mathrm{n}} \leq 6{\cdot}10^{-5}$. Durch dieses Verhältnis ist die relative Abnahme des Transferstroms aufgrund der Rekombination in der Basis bestimmt.

Basistransportfaktor. Der Einfluß der Rekombination im Basisbahngebiet läßt sich durch einen *Basistransportfaktor* α_{T} erfassen, der das Verhältnis des über den Kollektorkontakt extrahierten Elektronenstroms zu dem über den Emitterkontakt injizierten Elektronenstrom angibt. Im Fall einer homogen dotierten Basis gilt bei Vorwärtsbetrieb[8]

$$\alpha_{\mathrm{T}} \;=\; \frac{J_{\mathrm{n}}(x_{\mathrm{bc}})}{J_{\mathrm{n}}(x_{\mathrm{be}})} \;=\; \left[\cosh\left(\frac{d_{\mathrm{B}}}{L_{\mathrm{n}}}\right)\right]^{-1}\;.$$

Für kleine Werte der Basisweite d_{B} liefert Entwickeln der cosh-Funktion

$$\alpha_{\mathrm{T}} \;\approx\; 1 - d_{\mathrm{B}}^2/2L_{\mathrm{n}}^2 \;=\; 1 - \tau_{\mathrm{B}}/\tau_{\mathrm{n}}\;,$$

d. h. solange die Basistransitzeit τ_{B} klein ist im Vergleich zur Lebensdauer τ_{n} der Elektronen in der Basis, ist der Basistransportfaktor in sehr guter Näherung eins. Die in der Basis rekombinierenden Löcher müssen über den Basiskontakt zugeführt werden. Dies führt bei Vorwärtsbetrieb zu einem zusätzlichen Anteil

$$I_{\mathrm{BB}} \;=\; (1 - \alpha_{\mathrm{T}})I_{\mathrm{CE}}$$

im Basisstrom. Für die praktische Anwendung der Ersatzschaltung bei der Schaltungsdimensionierung ist dies weitgehend ohne Belang, da die Stromverstärkung durch Anpassen an gemessene Kennlinienverläufe bestimmt wird und den Basistransportfaktor folglich bereits berücksichtigt.

[8]Dieser Wert entspricht dem Verhältnis $I_{\mathrm{sc}}/(I_{\mathrm{sr}}+I_{\mathrm{sc}})$ für ein n-Bahngebiet der Dicke d_{B} mit Metallkontakt ($\nu_{\mathrm{n}} = 0$, vgl. Kap. 14).

16.2.2 Stromverstärkung

Wird die Rekombination im Basisgebiet vernachlässigt, so ist der Basisstrom bei Vorwärtsbetrieb gleich dem in das Emittergebiet injizierten Löcherstrom. Dünne, durch Implantation oder Diffusion hergestellte Basisbahngebiete erfordern *flache Emitter*, d. h. Emitterbahngebiete, deren Ausdehnung gering im Vergleich zur Diffusionslänge L_p für Löcher ist. Der in den Emitter fließende Löcherstrom wird für Emitterbahngebiete mit einer Dicke $d_\mathrm{E} \ll L_\mathrm{p}$ maßgeblich durch den Kontakt bestimmt. Wird die Rekombination im Emitterbahngebiet vernachlässigt, so ist $p_\mathrm{n}(x)$ linear vom Ort abhängig (Abb. 16.9) und

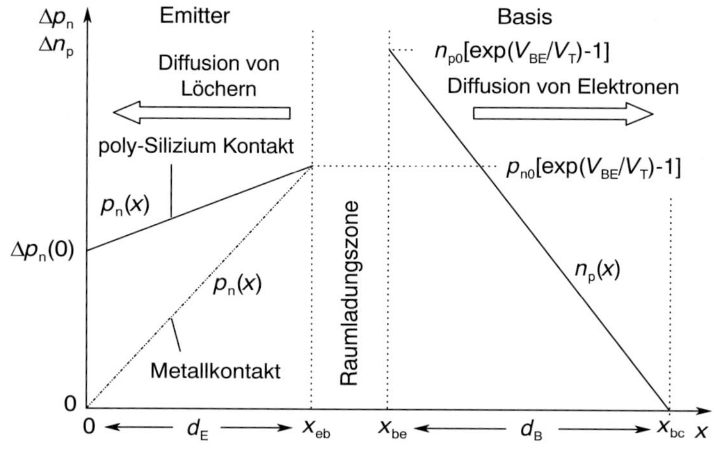

Abb. 16.9. Dichte der Minoritäten in einem Bipolartransistor bei vernachlässigbarer Rekombination in Emitter- und Basisbahngebiet

aus (14.26) folgt für den Basisstrom

$$I_\mathrm{B} = \frac{eA_\mathrm{je}S_\mathrm{p}}{1+d_\mathrm{E}S_\mathrm{p}/D_\mathrm{p}} \frac{n_\mathrm{iE}^2}{N_\mathrm{DE}} \left[\exp\left(\frac{V_\mathrm{BE}}{V_T}\right) - 1\right] . \tag{16.12}$$

Der Kollektorstrom ist annäherung gleich dem Transferstrom und im Fall $V_\mathrm{CB} = 0$ durch

$$I_\mathrm{C} = \frac{eA_\mathrm{je}D_\mathrm{n}}{d_\mathrm{B}} \frac{n_\mathrm{iB}^2}{N_\mathrm{AB}} \left[\exp\left(\frac{V_\mathrm{BE}}{V_T}\right) - 1\right] \tag{16.13}$$

gegeben. Für die Stromverstärkung B_N bei Vorwärtsbetrieb ergibt dies

$$B_\mathrm{N} = \frac{I_\mathrm{C}}{I_\mathrm{B}} = \frac{N_\mathrm{DE}\, d_\mathrm{E}}{N_\mathrm{AB}\, d_\mathrm{B}} \frac{n_\mathrm{iB}^2}{n_\mathrm{iE}^2} \frac{D_\mathrm{n}}{D_\mathrm{p}} \left(1 + \frac{D_\mathrm{p}}{d_\mathrm{E}S_\mathrm{p}}\right) . \tag{16.14}$$

Liegt ein metallkontaktierter Emitter vor, so kann $S_\mathrm{p} \to \infty$ angenommen werden; für die Stromverstärkung folgt dann

$$B_\mathrm{N} = \frac{I_\mathrm{C}}{I_\mathrm{B}} = \frac{N_\mathrm{DE}\, d_\mathrm{E}}{N_\mathrm{AB}\, d_\mathrm{B}} \frac{n_\mathrm{iB}^2}{n_\mathrm{iE}^2} \frac{D_\mathrm{n}}{D_\mathrm{p}} . \tag{16.15}$$

In konventionellen Bipolartransistoren ist als Folge des bandgap narrowing in der Regel $n_{\mathrm{iB}} < n_{\mathrm{iE}}$; um eine nennenswerte Stromverstärkung zu erhalten müssen Transistoren mit metallkontaktiertem Emitter ein großes Verhältnis $N_{\mathrm{DE}} d_{\mathrm{E}} / N_{\mathrm{AB}} d_{\mathrm{B}}$ aufweisen. Da $N_{\mathrm{AB}} d_{\mathrm{B}}$ den Flächenwiderstand der Basisschicht und damit den Basisbahnwiderstand bestimmt, kann der Nenner nicht beliebig reduziert werden. Der Wert von N_{DE} kann auf der anderen Seite wegen der begrenzten Löslichkeit der Dotierstoffatome nicht beliebig gesteigert werden. Eine Reduktion der Bauteilabmessungen, und damit der Emitterindringtiefe d_{E}, führt bei flachen metallkontaktierten Emittern deshalb zu inakzeptabel kleinen Werten der Stromverstärkung B_{N}. Da direkt metallkontaktierte flache Emitter wegen möglicher metal spikes (vgl. Kap. 13) außerdem ein Zuverlässigkeitsproblem darstellen, wurden die sog. poly-Siliziumemitter entwickelt. Hierbei wird eine poly-Siliziumschicht als Diffusionsquelle für das im monokristallinen Silizium liegende Emitterbahngebiet und als Emitterkontakt verwendet. Diese Emitter zeichnen sich bei gleicher Emittereindringtiefe durch wesentlich größere Stromverstärkungen aus als metallkontaktierte Emitter. Der Grund hierfür liegt in der Grenzfläche zwischen polykristallinem Silizium und monokristallinem Silizium: Die Grenzfläche wirkt als Diffusionsbarriere für die Löcher, weist aber im Gegensatz zu einem Metallkontakt nur eine endliche Oberflächenrekombinationsgeschwindigkeit S_{p} auf. Das Gefälle der Löcherdichte zum Kontakt hin ist geringer als beim metallkontaktierten Emitter (Abb. 16.9), was sich in einem verringerten Basisstrom bemerkbar macht.

16.2.3 Elementares Großsignalmodell

Ersetzt man in Gl. (16.10) unter Verwendung des Massenwirkungsgesetzes n_{p0} durch n_{i}^2/p, und erweitert zusätzlich um eA_{je}, so resultiert mit der Abkürzung $Q_{\mathrm{B}} = eA_{\mathrm{je}} p d_{\mathrm{B}}$ für den Transferstrom

$$I_{\mathrm{T}} = \frac{e^2 A_{\mathrm{je}}^2 D_{\mathrm{n}} n_{\mathrm{i}}^2}{Q_{\mathrm{B}}} \left[\exp\left(\frac{V_{\mathrm{BE}}}{V_T}\right) - \exp\left(\frac{V_{\mathrm{BC}}}{V_T}\right) \right] . \tag{16.16}$$

Die als *Basisladung* bezeichnete Größe Q_{B} gibt dabei die von den Löchern im Basisvolumen getragene Ladung an; der Transferstrom ist nach Gl. (16.16) umgekehrt proportional zu Q_{B}. Die Beziehung (16.16), die hier für den Spezialfall der homogen dotierten Basis gefunden wurde, gilt für beliebige Dotierstoffprofile (vgl. Kap. 16.2.4) und bildet die Grundlage für die Beschreibung des Transferstroms nach Gummel und Poon. Die Basisladung Q_{B} ist arbeitspunktabhängig: Für $V_{\mathrm{BE}} \neq 0$ bzw. $V_{\mathrm{BC}} \neq 0$ ergeben sich Abweichungen vom Wert Q_{B0} mit $V_{\mathrm{BE}} = V_{\mathrm{BC}} = 0$. Im Folgenden bezeichnet q_{B} die *normierte Basisladung*

$$q_{\mathrm{B}} = Q_{\mathrm{B}}(V_{\mathrm{BE}}, V_{\mathrm{BC}})/Q_{\mathrm{B0}} . \tag{16.17}$$

Ihr Wert beschreibt die relative Änderung der Basisladung durch angelegte Betriebsspannungen; für $V_{\rm BE} = 0$ und $V_{\rm BC} = 0$ besitzt $q_{\rm B}$ den Wert eins. Für den Transferstrom läßt sich mit Gl. (16.17) schreiben

$$I_{\rm T} = \frac{I_{\rm S}}{q_{\rm B}} \left[\exp\left(\frac{V_{\rm BE}}{V_T}\right) - \exp\left(\frac{V_{\rm BC}}{V_T}\right) \right] = \frac{I_{\rm CE} - I_{\rm EC}}{q_{\rm B}} \,. \tag{16.18}$$

Die Größe

$$I_{\rm S} = \frac{e A_{\rm je} D_{\rm n} n_{\rm p0}}{d_{\rm B0}} = \frac{e^2 A_{\rm je}^2 D_{\rm n} n_{\rm i}^2}{Q_{\rm B0}} \tag{16.19}$$

wird dabei als *Transfersättigungsstrom* bezeichnet, $d_{\rm B0}$ gibt die Basisweite bei $V_{\rm BE} = V_{\rm BC} = 0$ an. Der Transferstrom läßt sich demnach als Differenz eines von der EB-Diode gesteuerten Stroms[9]

$$I_{\rm CE} = I_{\rm S} \left[\exp\left(\frac{V_{\rm BE}}{V_T}\right) - 1 \right] \tag{16.20}$$

und eines von der BC-Diode gesteuerten Stroms

$$I_{\rm EC} = I_{\rm S} \left[\exp\left(\frac{V_{\rm BC}}{V_T}\right) - 1 \right] . \tag{16.21}$$

beschreiben. Bei Vorwärtsbetrieb ist $I_{\rm EC} \approx 0$ und bei Rückwärtsbetrieb ist $I_{\rm CE} \approx 0$.

Early-Effekt. Die normierte Basisladung $q_{\rm B}$ weist im allgemeinen Fall eine komplizierte Arbeitspunktabhängigkeit auf: Bei Niederinjektion wird $q_{\rm B}$ durch die arbeitspunktabhängigen Sperrschichtladungen beeinflußt, bei Hochinjektion ist zusätzlich die Diffusionsladung zu beachten (vgl. Kap.18).

Das hier vorgestellte elementare Großsignalmodell verwendet nur eine einfache Näherung für Überschlagsrechnungen; es kann jedoch durch Hinzufügen weiterer Netzwerkelemente und mit einer aufwendigeren Modellgleichung für $q_{\rm B}$ zu dem in Kap. 18 erläuterten Gummel-Poon Modell des Bipolartransistors, wie es in SPICE verwendet wird, ausgebaut werden. Die normierte Basisladung $q_{\rm B}$ berücksichtigt im elementaren Großsignalmodell nur den sog. *Early-Effekt*, das ist die Auswirkung der von $V_{\rm CB}$ abhängigen Basisweite $d_{\rm B}$ auf den Transferstrom. Mit zunehmendem $V_{\rm CB}$ dehnt sich die BC-Sperrschicht immer weiter in das Basisgebiet aus, wodurch die Basisweite $d_{\rm B}$ und damit $q_{\rm B}$ abnimmt. Der Transferstrom wächst deshalb nach Gl. (16.18) bei konstantem $V_{\rm BE}$ mit zunehmendem $V_{\rm CB}$ an. Zur physikalischen Interpretation kann Abb. 16.10 betrachtet werden. Wird die Sperrspannung von $V_{\rm CB}$ auf

[9] Die Indices kennzeichnen dabei die technische Stromflußrichtung: $I_{\rm CE}$ fließt vom Kollektor zum Emitter, $I_{\rm EC}$ vom Emitter zum Kollektor.

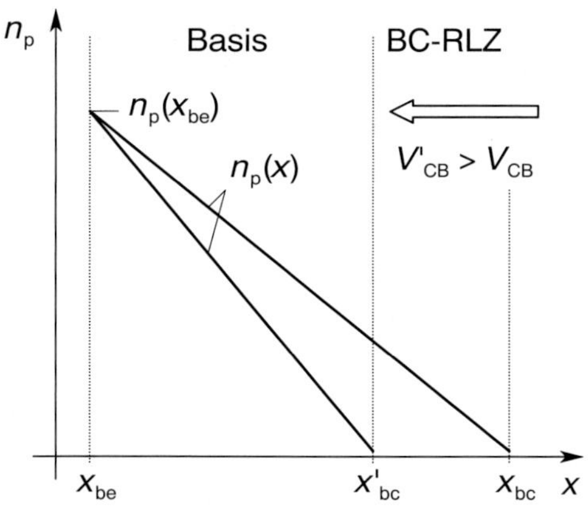

Abb. 16.10. Zur Erläuterung des Early-Effekts: Arbeitspunktabhängigkeit der Verteilung der Minoritäten in der Basis

V'_{CB} vergrößert, so verschiebt sich der kollektorseitige Sperrschichtrand x_{bc} des Basisbahngebiets nach x'_{bc}. Da (bei Niederinjektion) für die Elektronendichte $n_{\mathrm{p}}(x_{\mathrm{bc}}) \approx 0$ unabhängig von $V_{\mathrm{CB}} > 0$ gilt, und da die Elektronendichte $n_{\mathrm{p}}(x_{\mathrm{be}})$ am emitterseitigen Sperrschichtrand wegen $V_{\mathrm{BE}} = \mathrm{const.}$ unverändert bleibt, hat die Abnahme der Basisweite d_{B} eine Aufsteilung des Diffusionsdreiecks zur Folge: Das Konzentrationsgefälle der Elektronen in der Basis wird größer – und damit der hierzu proportionale Transferstrom. Der beschriebene Effekt wird näherungsweise durch eine lineare Abhängigkeit der Form

$$\frac{1}{q_{\mathrm{B}}} \approx 1 + \frac{V_{\mathrm{CE}}}{V_{\mathrm{AF}}} \tag{16.22}$$

erfaßt; die Größe V_{AF} wird dabei als *Vorwärts-Early-Spannung* bezeichnet.

Early-Spannung. Gleichung (16.22) ist nicht ganz konsistent mit dem Großsignalmodell des Bipolartransistors in SPICE, wonach in (16.22) V_{CB} statt V_{CE} stehen müßte. Da die Abweichung in der Regel gering und das Modell so besser auf die praktisch bedeutsame Emitterschaltung anwendbar ist, wurde hier der Ansatz (16.22) gewählt. Der in SPICE verwendete Ansatz (16.23) berücksichtigt zusätzlich den Einfluß von V_{BE} auf die Basisweite d_{B}; mit der (Vorwärts-)Early-Spannung V_{AF} und der Rückwärts-Early-Spannung V_{AR} wird q_{B} bei Niederinjektion durch

$$q_{\mathrm{B}} = \left(1 - \frac{V_{\mathrm{BC}}}{V_{\mathrm{AF}}} - \frac{V_{\mathrm{BE}}}{V_{\mathrm{AR}}}\right)^{-1} \tag{16.23}$$

beschrieben. Die Änderungen von q_{B} lassen sich auch unter Verwendung der arbeitspunktabhängigen Sperrschichtkapazitäten (vgl. Kap. 16.3.4) ausdrücken

$$\begin{aligned} q_{\mathrm{B}} &= 1 + \frac{1}{Q_{\mathrm{B0}}} \int_0^{V_{\mathrm{B'C'}}} c_{\mathrm{jc}} \, \mathrm{d}V + \frac{1}{Q_{\mathrm{B0}}} \int_0^{V_{\mathrm{B'E'}}} c_{\mathrm{je}} \, \mathrm{d}V \\ &\approx 1 + \frac{\langle c_{\mathrm{jc}} \rangle \, V_{\mathrm{B'C'}}}{Q_{\mathrm{B0}}} + \frac{\langle c_{\mathrm{je}} \rangle \, V_{\mathrm{B'E'}}}{Q_{\mathrm{B0}}} \,, \end{aligned}$$

wobei $\langle c_{\mathrm{jc}} \rangle$ und $\langle c_{\mathrm{je}} \rangle$ die über den relevanten Spannungsbereich gemittelten Werte der (inneren) BC-Sperrschichtkapazität sowie der EB-Sperrschichtkapazität bezeichnen.

Nach Entwickeln von $1/q_\mathrm{B}$ bis zur ersten Ordnung folgt so durch Koeffizientenvergleich

$$V_\mathrm{AF} \approx Q_\mathrm{B0}/\langle c_\mathrm{jc}\rangle \quad \text{und} \quad V_\mathrm{AR} \approx Q_\mathrm{B0}/\langle c_\mathrm{je}\rangle \,. \tag{16.24}$$

Die Early-Spannung V_AF ist demzufolge proportional zur Basisladung Q_B0 und umgekehrt proportional zur (inneren) BC-Sperrschichtkapazität c_jc. Eine große Early-Spannung läßt sich demnach durch ein dickes und hochdotiertes Basis- sowie ein gering dotiertes Kollektorbahngebiet erzielen. Da die Early-Spannung proportional zu Q_B0 und die Stromverstärkung umgekehrt proportional zu Q_B0 ist, ergibt sich für das Produkt aus Early-Spannung und Stromverstärkung eine Konstante

$$B_\mathrm{N} V_\mathrm{AF} \approx \text{const.}$$

Der Wert liegt dabei für typische HF-Bipolartransistoren in der Größenordnung 2000 V, in Heterostrukturbipolartransistoren lassen sich wesentlich größere Werte $B_\mathrm{N} V_\mathrm{AF} > 10^5\,\mathrm{V}$ erreichen (vgl. Kap. 16.6). Das Produkt $B_\mathrm{N} V_\mathrm{AF}$ ist eine wichtige Kenngröße für die analoge Schaltungstechnik und bestimmt den Ausgangswiderstand von Stromquellen (vgl. Kap. 17).

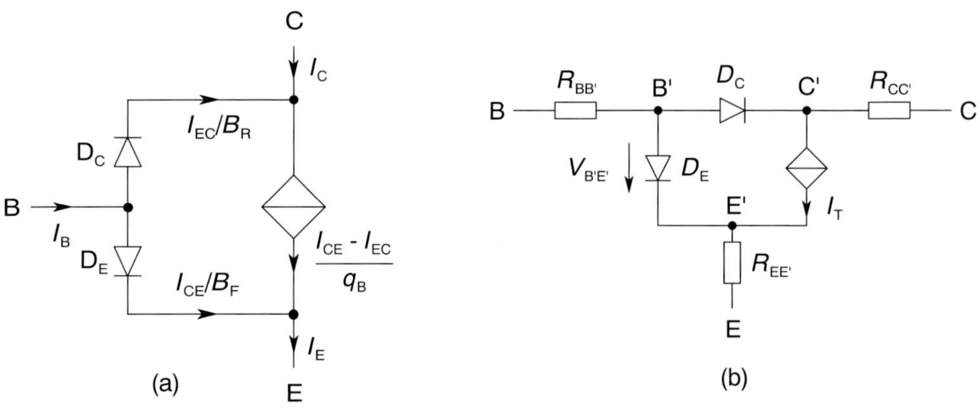

Abb. 16.11. (**a**) Elementares Transistormodell, (**b**) erweitert um Bahnwiderstände

Ersatzschaltung. Abbildung 16.11 a zeigt eine einfache Ersatzschaltung des Bipolartransistors. Das Modell erlaubt eine grobe Beschreibung der Kennlinien und eignet sich für Überschlagsrechnungen; es besteht aus zwei idealen Dioden zur Modellierung der beiden pn-Übergänge zwischen Basis und Emitter bzw. Basis und Kollektor sowie einer gesteuerten Stromquelle, die die Verkopplung zwischen den beiden pn-Übergängen, d. h. den Transferstrom, beschreibt. Bahnwiderstände werden zunächst vernachlässigt. Die EB-Diode D_E und die BC-Diode D_C werden als ideale Dioden mit Emissionskoeffizient $N = 1$ beschrieben. Mit der *idealen Vorwärtsstromverstärkung* B_F und dem in Gl. (16.20) definierten Strom I_CE wird für den Strom in der EB-Diode D_E angesetzt

$$\boxed{I_{\mathrm{DE}} = \frac{I_{\mathrm{CE}}}{B_{\mathrm{F}}} = \frac{I_{\mathrm{S}}}{B_{\mathrm{F}}}\left[\exp\left(\frac{V_{\mathrm{BE}}}{V_T}\right) - 1\right]} \tag{16.25}$$

und entsprechend mit der *idealen Rückwärtsstromverstärkung* B_{R} und mit dem in Gl. (16.21) definierten Strom I_{EC} für den Strom in der BC-Diode D_{C}

$$\boxed{I_{\mathrm{DC}} = \frac{I_{\mathrm{EC}}}{B_{\mathrm{R}}} = \frac{I_{\mathrm{S}}}{B_{\mathrm{R}}}\left[\exp\left(\frac{V_{\mathrm{BC}}}{V_T}\right) - 1\right] .} \tag{16.26}$$

Bahnwiderstände. Das diskutierte Modell läßt sich durch Hinzufügen von Bahnwiderständen zu der in Abb. 16.11 b dargestellten Ersatzschaltung erweitern. Die Arbeitspunktabhängigkeit der Bahnwiderstände $R_{\mathrm{BB'}}$ und $R_{\mathrm{CC'}}$ wird in Kap. 18 diskutiert; im elementaren Großsignalmodell werden $R_{\mathrm{BB'}}$ und $R_{\mathrm{CC'}}$ wie ohmsche Widerstände behandelt.

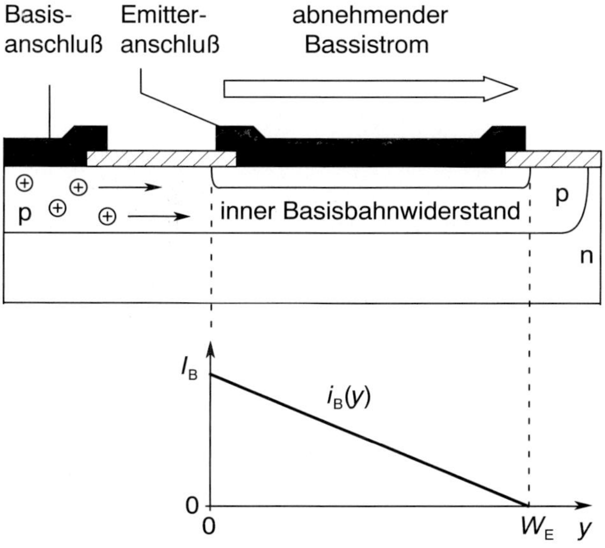

Abb. 16.12. Zur Abschätzung des Basisbahnwiderstands bei einseitigem Anschluß

Für eine Abschätzung des Basisbahnwiderstands wird angenommen, daß die in den Emitter injizierte Löcherstromdichte konstant ist. Der Löcherstrom $i_{\mathrm{B}}(y)$ in der Basisschicht wird dann proportional zu y abnehmen (Abb. 16.12); in einem dünnen Streifen der Dicke d_{B}, Länge L_{E} und Breite $\mathrm{d}y$ bei y wird dann die Leistung

$$\mathrm{d}P = \frac{\rho}{d_{\mathrm{B}} L_{\mathrm{E}}} i_{\mathrm{B}}^2(y)\,\mathrm{d}y = \frac{\rho I_{\mathrm{B}}^2}{d_{\mathrm{B}} L_{\mathrm{E}}}\left(1 - \frac{y}{W_{\mathrm{E}}}\right)^2 \mathrm{d}y$$

umgesetzt, wobei ρ den spezifischen Widerstand des Basisgebiets bezeichnet. Die gesamte in der Basisschicht umgesetzte Leistung P errechnet sich daraus durch Integration

$$P = \frac{\rho I_B^2}{d_B L_E} \int_0^{W_E} \left(1 - \frac{y}{W_E}\right)^2 \mathrm{d}y \, .$$

Wird der Basisbahnwiderstand $R_{BB'}$ über die umgesetzte Leistung $P = R_{BB'} I_B^2$ definiert[10], so ergibt sich

$$R_{BB'} = \frac{\rho}{3} \frac{W_E}{d_B L_E} \, . \tag{16.27}$$

Da der Basisbahnwiderstand das Hochfrequenzverhalten eines Bipolartransistors maßgeblich beeinflußt, werden häufig Transistoren mit Doppelbasisanschluß (Abb. 16.6) verwendet. Ein solcher Transistor mit zwei Basisanschlüssen entspricht der Parallelschaltung von zwei Transistoren mit einem Emitterfenster der Breite $W_E/2$, von denen jeder mit dem Basisstrom $I_B/2$ angesteuert wird. Die Leistungsbetrachtung führt in diesem Fall auf das Ergebnis

$$R_{BB'} = \frac{\rho}{12} \frac{W_E}{d_B L_E} \, , \tag{16.28}$$

d.h. beim Doppelbasisanschluß vermindert sich der (innere) Basisbahnwiderstand auf ein Viertel.

16.2.4 Die Gummel'sche Transferstrom-Beziehung

Die unter starken Vereinfachungen gefundene Beziehung (16.16) für den Transferstrom kann deutlich allgemeiner formuliert werden und ist dann sogar auf Heterostrukturbipolartransistoren anwendbar.

Integral Charge Control Relation. Die integral charge control relation (ICCR) von Gummel [9, 10] überführt die Differentialgleichung für die Stromdichte in eine Integralform, die sich besonders gut als Ausgangspunkt für die Modellierung eignet und als Grundlage des in SPICE verwendeten Gummel–Poon Modells [11] dient. Für eine Herleitung der ICCR wird die Stromgleichung für Elektronen in der Form

$$\begin{aligned} J_n &= -e\mu_n n \frac{\partial \phi_n}{\partial x} = -e\mu_n n_{ie} \exp\left(\frac{\psi - \phi_n}{V_T}\right) \frac{\partial \phi_n}{\partial x} \\ &= k_B T \mu_n n_{ie} \exp\left(\frac{\psi}{V_T}\right) \frac{\partial}{\partial x} \exp\left(-\frac{\phi_n}{V_T}\right) \, , \end{aligned} \tag{16.29}$$

geschrieben, wobei die Einstein-Beziehung in der Form $k_B T = eV_T$ verwendet wurde. Mit der Beziehung $p = n_{ie} \exp\left[(\phi_p - \psi)/V_T \right]$ kann nun $\exp(\psi/V_T)$ ersetzt werden wodurch (16.29) in

$$\frac{\partial}{\partial x} \exp\left(-\frac{\phi_n}{V_T}\right) = \frac{p}{k_B T \mu_n n_{ie}^2} \exp\left(-\frac{\phi_p}{V_T}\right) J_n$$

übergeht. Mit der Abkürzung

[10] Alternative Definitionen werden in Kap. 18 betrachtet.

$$\Gamma_{\rm B}(x,t) \;=\; \int_{x_{\rm be}}^{x} \frac{p}{D_{\rm n}}\left(\frac{n_{\rm i0}}{n_{\rm ie}}\right)^2 \exp\left(\frac{\phi_{\rm pB}-\phi_{\rm p}(\xi)}{V_T}\right)\,{\rm d}\xi\;,$$

wobei $n_{\rm i0}$ die intrinsische Dichte von Silizium und $\phi_{\rm pB}$ den Wert des Quasi-Fermi-Potentials für Löcher im Basisgebiet bezeichnet, läßt sich dieses Ergebnis umformen in ($D_{\rm n} = V_T\mu_{\rm n}$)

$$\frac{\partial}{\partial x}\exp\left(\frac{\phi_{\rm pB}-\phi_{\rm n}}{V_T}\right) \;=\; \frac{J_{\rm n}}{e n_{\rm i0}^2}\,\frac{\partial \Gamma_{\rm B}}{\partial x}\;.$$

Wird nun von $x_{\rm be}$ bis $x_{\rm bc}$ integriert und beachtet, daß[11]

$$v_{\rm B'E'} \;=\; \phi_{\rm pB}-\phi_{\rm n}(x_{\rm be}) \qquad \text{und} \qquad v_{\rm B'C'} \;=\; \phi_{\rm pB}-\phi_{\rm n}(x_{\rm bc})$$

gilt, so erhält man

$$\exp\left(\frac{v_{\rm B'E'}(t)}{V_T}\right)-\exp\left(\frac{v_{\rm B'C'}(t)}{V_T}\right) \;=\; -\frac{1}{e n_{\rm i0}^2}\int_{x_{\rm be}}^{x_{\rm bc}} J_{\rm n}(x,t)\,\frac{\partial \Gamma_{\rm B}}{\partial x}\,{\rm d}x\;.$$

Diese Beziehung kann als Integralform der (eindimensionalen) Stromgleichung aufgefaßt werden; sie wurde ohne Näherungsannahmen aus dieser gewonnen. Im Vergleich zur Differentialform der Stromgleichung weist diese Beziehung jedoch den Vorzug auf, daß die Randbedingungen für die Quasi-Fermipotentiale bereits berücksichtigt sind. Unter der Annahme einer ortsunabhängigen Stromdichte ($\partial J_{\rm n}/\partial x = 0$) und eines konstanten Werts für das Quasi-Fermipotential der Löcher im Basisgebiet folgt so für den Transferstrom $i_{\rm T}(t) = -A_{\rm je}J_{\rm n}(t)$:

$$i_{\rm T} \;=\; \frac{e n_{\rm i0}^2 A_{\rm je}}{G_{\rm B}}\left[\exp\left(\frac{v_{\rm B'E'}}{V_T}\right)-\exp\left(\frac{v_{\rm B'C'}}{V_T}\right)\right]\;. \tag{16.30}$$

mit der *Gummel-Zahl*

$$G_{\rm B} \;=\; \int_{x_{\rm be}}^{x_{\rm bc}} \frac{p}{D_{\rm n}}\left(\frac{n_{\rm i0}}{n_{\rm ie}}\right)^2 {\rm d}x\;, \tag{16.31}$$

Mit dem Mittelwertsatz der Integralrechnung kann die Gummel-Zahl in der Form

$$G_{\rm B} \;=\; \frac{n_{\rm i0}^2}{\langle D_{\rm n} n_{\rm ie}^2\rangle}\int_{x_{\rm be}}^{x_{\rm bc}} p(x)\,{\rm d}x \;=\; \frac{n_{\rm i0}^2}{\langle D_{\rm n} n_{\rm ie}^2\rangle}\,\frac{Q'_{\rm B}}{e} \tag{16.32}$$

angegeben werden, wobei $Q'_{\rm B} = Q_{\rm B}/A_{\rm je}$ die Basisladung je Flächeneinheit und $\langle D_{\rm n} n_{\rm ie}^2\rangle$ das gewichtete Mittel dieser Größen bezeichnet. Nach dieser Umformung resultiert für den Transferstrom

$$I_{\rm T} \;=\; \frac{e^2 A_{\rm je}\langle D_{\rm n} n_{\rm ie}^2\rangle}{Q'_{\rm B}}\left[\exp\left(\frac{V_{\rm B'E'}}{V_T}\right)-\exp\left(\frac{V_{\rm B'C'}}{V_T}\right)\right]\;. \tag{16.33}$$

[11] Die so definierten Spannungen $v_{\rm B'E'}$ und $v_{\rm B'C'}$ entsprechen dem Spannungsabfall über der jeweiligen Sperrschicht, falls das Quasi-Fermipotential der Elektronen als konstant über der Sperrschicht angenommen werden kann. Dies ist bei Flußpolung in guter Näherung erfüllt, nicht aber bei Sperrpolung, wie die Ausführungen am Ende dieses Abschnitts zeigen.

Vorwärtsbetrieb. Bei Vorwärtsbetrieb ist die BC-Diode sperrgepolt ($V_{\mathrm{BC}} < 0$); wegen der endlichen Driftgeschwindigkeit der Elektronen ist die Elektronendichte $n_{\mathrm{p}}(x_{\mathrm{bc}})$ am BC-Sperrschichtrand

$$\begin{aligned} n_{\mathrm{p}}(x_{\mathrm{bc}}) &= \frac{I_{\mathrm{T}}}{eA_{\mathrm{je}}v_{\mathrm{nsat}}} = n_{\mathrm{ie}}(x_{\mathrm{bc}})\exp\left(\frac{\psi(x_{\mathrm{bc}})-\phi_{\mathrm{n}}(x_{\mathrm{bc}})}{V_T}\right) \\ &= \frac{n_{\mathrm{ie}}^2(x_{\mathrm{bc}})}{p(x_{\mathrm{bc}})}\exp\left(\frac{\phi_{\mathrm{pB}}-\phi_{\mathrm{n}}(x_{\mathrm{bc}})}{V_T}\right) . \end{aligned}$$

Über diese Beziehung wird $\phi_{\mathrm{pB}} - \phi_{\mathrm{n}}(x_{\mathrm{bc}})$ durch I_{T} festgelegt; in (16.30) folgt so

$$I_{\mathrm{T}} = \frac{en_{\mathrm{i0}}^2 A_{\mathrm{je}}}{G_{\mathrm{B}}}\left[\exp\left(\frac{V_{\mathrm{B'E'}}}{V_T}\right) - \frac{1}{v_{\mathrm{nsat}}}\frac{p(x_{\mathrm{bc}})}{n_{\mathrm{ie}}^2(x_{\mathrm{bc}})}\frac{I_{\mathrm{T}}}{eA_{\mathrm{je}}}\right] . \tag{16.34}$$

Wird (16.34) nach I_{T} aufgelöst, so folgt für den Transferstrom

$$I_{\mathrm{T}} = eA_{\mathrm{je}}n_{\mathrm{i0}}^2 \frac{\exp\left(\dfrac{V_{\mathrm{B'E'}}}{V_T}\right)}{\displaystyle\int_{x_{\mathrm{be}}}^{x_{\mathrm{bc}}} \frac{p}{D_{\mathrm{n}}}\frac{n_{\mathrm{i0}}^2}{n_{\mathrm{ie}}^2}\,\mathrm{d}x + \frac{p(x_{\mathrm{bc}})}{v_{\mathrm{nsat}}}\frac{n_{\mathrm{i0}}^2}{n_{\mathrm{ie}}^2(x_{\mathrm{bc}})}} . \tag{16.35}$$

Drifttransistoren. Im vorhergehenden Abschnitt wurde die Basisdotierung als homogen, also unabhängig von x, angenommen. Dies ist in der Praxis zumeist nicht der Fall: Durch die üblicherweise zur Herstellung von Basisgebieten verwendete Diffusion oder Implantation von Störstellen ergibt sich in der Regel eine Abnahme der Dotierstoffkonzentration $N_{\mathrm{AB}}(x)$ in der Basis vom emitterseitigen zum kollektorseitigen Sperrschichtrand um mehrere Größenordnungen. Das resultierende Konzentrationsgefälle für Löcher bedingt einen Diffusionsstrom der Löcher zum Kollektor. Dieses führt zu einer (geringfügigen) Verschiebung der Löcherladung gegenüber der Ladung der ionisierten Akzeptoren. Das dadurch bedingte elektrische Feld in der Basis wirkt der Diffusion der Löcher entgegen, *beschleunigt* jedoch die Elektronen auf ihrem Weg zum Kollektor, was eine Verminderung der Basistransitzeit zur Folge hat[12]. Als Anhaltspunkt kann die von Krömer [12] angegebene Relation für die Basistransitzeit

$$\tau_{\mathrm{B}} = \int_0^{d_{\mathrm{B}}} \frac{1}{N_{\mathrm{AB}}(x)} \int_x^{d_{\mathrm{B}}} \frac{N_{\mathrm{AB}}(y)}{D_{\mathrm{n}}(y)}\,\mathrm{d}y\,\mathrm{d}x \tag{16.36}$$

herangezogen werden. Der Sättigungsstrom ist nach wie vor umgekehrt proportional zur Basisladung; näherungsweise gilt

$$I_S \approx \frac{eA_{\mathrm{je}}D_{\mathrm{n}}n_i^2}{\displaystyle\int_{x_{\mathrm{be}}}^{x_{\mathrm{bc}}} N_{\mathrm{AB}}(x)\,\mathrm{d}x} . \tag{16.37}$$

[12]Voraussetzung für die kürzere Basistransitzeit ist das durch die inhomogene p-Dotierung bedingte elektrische Feld. Dieses ist nur bei Niederinjektion von Bedeutung, da die Verteilung der Löcher in der Basis bei Hochinjektion nicht mehr durch die Dotierstoffverteilung, sondern durch die Elektronendichte bestimmt wird.

16.2.5 SPICE-Modellanweisung

Die *Elementanweisung* für einen Transistor in der SPICE-Netzliste lautet in einfachster Form

```
Q(name)    K_C    K_B    K_E    Mname
```

Dabei bezeichnet `K_C` den Namen des Kollektorknotens, `K_B` den Namen des Basisknotens und `K_E` den Namen des Emitterknotens. `Mname` kennzeichnet das verwendete Transistormodell, dessen Parameter in einer gesonderten `.MODEL`-Anweisung aufgeführt werden. Für einen npn-Transistor besitzt diese die Form

```
.MODEL    Mname    NPN       (Modell-Parameter)
```

Die bereits erläuterten Größen I_S, B_F, B_R und V_{AF} dienen auch als Modellparameter zur Beschreibung des Bipolartransistors in SPICE. Ohmsche Bahnwiderstände $R_{BB'}$, $R_{CC'}$ und $R_{EE'}$ können durch Angabe der Parameter `RB`, `RC` sowie `RE` definiert werden. Werden in der `.MODEL`-Anweisung für einen Bipolartransistor nur diese Kenngrößen spezifiziert, so berechnet SPICE die Schaltungseigenschaften auf der Grundlage des elementaren Großsignalmodells. Für nicht spezifizierte Kenngrößen werden *Ersatzwerte* verwendet: Für `IS` wird der Ersatzwert $I_S = 10^{-16}$ A, für `BF` der Ersatzwert $B_F = 100$ und für `BR` der Ersatzwert $B_R = 1$ angenommen. Liegen keine Angaben über Bahnwiderstände vor, so werden diese als null angenommen; die Early-Spannung wird bei fehlender Angabe als unendlich angesetzt, der Early-Effekt wird dann nicht berücksichtigt (vgl. Tabelle 18.1).

16.2.6 Kennlinien

Eingangs- und Transferstromkennlinie. Die *Eingangskennlinie* $I_B(V_{BE})$ des Bipolartransistors beschreibt den Strom im Eingangskreis als Funktion der Eingangsspannung; die *Transferstromkennlinie* $I_C(V_{BE})$ beschreibt den Strom im Ausgangskreis als Funktion der Eingangsspannung. Eingangs- und Transferstromkennlinie werden häufig in Basisschaltung mit $V_{BC} = 0$ bestimmt und logarithmisch als sog. *Gummel-Plot* aufgetragen (vgl. Kap. 18).

Unter der Bedingung $V_{BC} = 0$ ist $I_{EC} = 0$, falls der Spannungsabfall am Kollektorbahnwiderstand vernachlässigbar klein ist. Kollektorstrom und Basisstrom werden dann durch exponentiell von der Spannung V_{BE} abhängige Kennlinien beschrieben, wie sie von der Diode bekannt sind. Die *Vorwärtsstromverstärkung* $B_N = I_C/I_B$ folgt aus $I_C \approx I_{CE}(1 + V_{CE}/V_{AF})$ und $I_B = I_{CE}/B_F$ zu

$$B_N = B_F \left(1 + \frac{V_{CE}}{V_{AF}}\right) , \qquad (16.38)$$

ihr Wert steigt mit zunehmendem V_{CE} an.

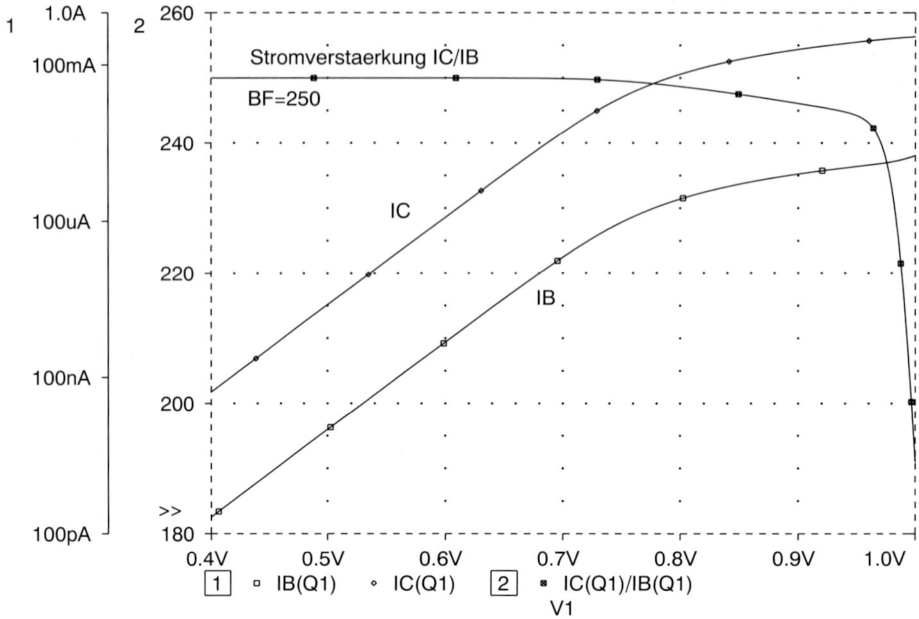

Abb. 16.13. Eingangs- und Transferstromkennlinie sowie Stromverstärkung eines Bipolartransistors in Basisschaltung mit $V_{\mathrm{BC}} = 0$, simuliert mit der SPICE `.DC`-Analyse

Beipiel 16.2.2 Zur Berechnung der Eingangs- und Transferstromkennlinie eines npn-Transistors wurde die Steuerdatei

```
Gummel-Plot
V1   1   0   DC   1
Q1   1   1   0   BIPO
.MODEL  BIPO  NPN (IS=10F BF=250 VAF=25 BR=6 RB=10 RE=0.5 RC=2)
.DC   V1   0.4   1   0.001
.PROBE
.END
```

verwendet. Die Eingangsspannung V_{BE} (entspricht `V(1)`) wird dabei von 0.4V bis 1V in 1mV-Schritten durchlaufen, V_{BC} ist null. Abbildung 16.13 zeigt das Simulationsergebnis: Für Basis- und Kollektorstrom ergeben sich „Diodenkennlinien“, die in der logarithmischen Auftragung für große Flußspannung aufgrund der Bahnwiderstände abflachen. Die Stromverstärkung $B_{\mathrm{N}} = I_{\mathrm{C}}/I_{\mathrm{B}}$ ist bei kleinen Flußspannungen gleich der idealen Vorwärtsstromverstärkung $B_{\mathrm{F}} = 250$. Bei großer Flußspannung wird jedoch eine Abnahme der Stromverstärkung beobachtet. Ursache ist der Spannungsabfall, den der Kollektorstrom am Kollektorbahnwiderstand hervorruft: Mit zunehmendem Kollektorstrom gerät die BC-Diode immer stärker in Flußpolung, wodurch zunächst die Basisweite ansteigt, was in Folge des Early-Effekts zu einer Verringerung des Kollektorstroms und damit der Stromverstärkung führt. Sobald der Spannungsabfall an R_{C} die Flußspannung der BC-Diode erreicht, wird diese leitend wodurch der Basisstrom zu- und die Stromverstärkung $I_{\mathrm{C}}/I_{\mathrm{B}}$ abnimmt (Quasisättigung). Δ

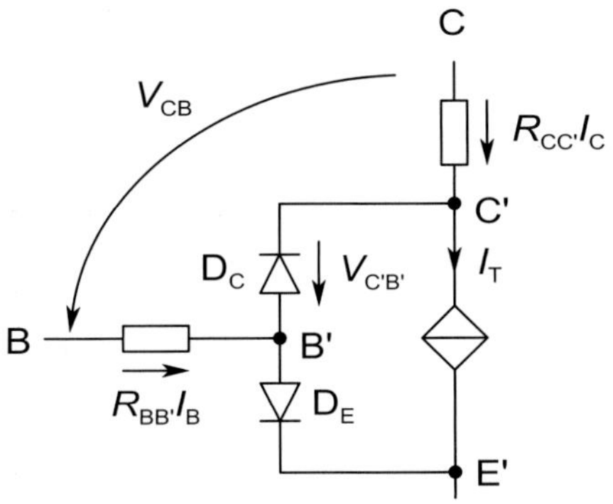

Abb. 16.14. Quasi-Sättigung

Sättigung, Quasisättigung. Für $V_{CE} < V_{BE}$ ist die BC-Diode flußgepolt. Der Kollektorstrom setzt sich dann aus dem Transferstrom und dem in der BC-Diode fließenden Strom zusammen: Die Stromverstärkung nimmt ab. Gilt $I_B \gg I_C/B_F$, so liegt $V_{C'E'}$ im Bereich weniger Millivolt. Der Spannungsabfall zwischen Kollektor und Emitter ist dann wesentlich durch die Bahnwiderstände bestimmt. Bedingt durch den Spannungsabfall an den Bahnwiderständen kann $V_{C'B'} = V_{CB} - R_{CC'}I_C + R_{BB'}I_B$ negativ werden, obwohl die Klemmenspannung $V_{CB} > 0$ ist (Abb. 16.14). Dies wird als *Quasisättigung* bezeichnet. Das Auftreten der Quasisättigung ist mit Ladungsträgerinjektion in den Kollektor verbunden. Dies verursacht zum einen eine Zunahme des Basisstroms, die in der Eingangskennlinie sichtbar wird, zum anderen muß im Schaltfall die unerwünschte Speicherladung in der BC-Diode umgeladen werden, wodurch die *Schaltzeiten* ansteigen.

Ausgangskennlinien in Emitterschaltung. In Emitterschaltung interessiert die Abhängigkeit der Ströme I_B und I_C von V_{BE} und V_{CE}. Werden die Bahnwiderstände zunächst vernachlässigt, so folgt aus Gl. (16.18) mit $V_{BC} = V_{BE} - V_{CE}$ für den Transferstrom

$$I_T = \frac{I_S}{q_B} \exp\left(\frac{V_{BE}}{V_T}\right) \left[1 - \exp\left(-\frac{V_{CE}}{V_T}\right)\right] .$$

Für den *Kollektorstrom* $I_C = I_T - I_{DC}$ erhält man hiermit unter der Annahme $V_{BE} \gg V_T$ (bzw. $I_{CE} \gg I_S$)

$$I_C = \frac{I_S}{q_B} \exp\left(\frac{V_{BE}}{V_T}\right) \left[1 - \left(1 + \frac{q_B}{B_R}\right) \exp\left(-\frac{V_{CE}}{V_T}\right)\right] . \qquad (16.39)$$

Wird I_C für $V_{BE} = \text{const.}$ über V_{CE} aufgetragen, so steigt I_C innerhalb eines Spannungsintervalls von der Breite weniger V_T auf

$$\frac{I_S}{q_B} \exp\left(\frac{V_{BE}}{V_T}\right) \approx I_S \left(1 + \frac{V_{CE}}{V_{AF}}\right) \exp\left(\frac{V_{BE}}{V_T}\right) \qquad (16.40)$$

an und hängt in der Folge nur noch schwach von V_{CE} ab. Für $V_{BE} = \text{const.}$ beschreibt dies eine linear mit V_{CE} ansteigende Gerade. Der Ausdruck in

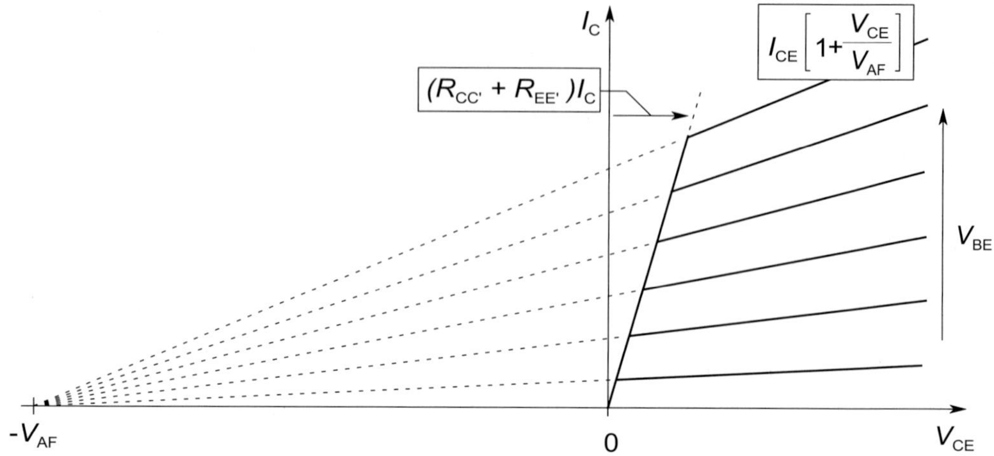

Abb. 16.15. Näherungsweise Bestimmung der Early-Spannung und Annäherung des Ausgangskennlinienfelds durch Knickkennlinien

der eckigen Klammer verschwindet für $V_{CE} = -V_{AF}$, die zu $I_C = 0$ hin extrapolierten Ausgangskennlinien sollten sich deshalb annähernd im selben Punkt – bei $V_{CE} \approx -V_{AF}$ – schneiden, wie dies in Abb. 16.15 dargestellt ist. Der *Basisstrom* ist in der betrachteten Näherung

$$I_B = I_{DE} + I_{DC} = \frac{I_{CE}}{B_F} + \frac{I_{EC}}{B_R} .$$

Für $V_{CE} \gg V_T$ ist der Strom I_{DC} durch die BC-Diode klein gegenüber dem Strom I_{DE} durch die EB-Diode, so daß gilt

$$I_C \approx \frac{I_{CE}}{q_B} = \frac{B_F I_{DE}}{q_B} \approx B_F \left(1 + \frac{V_{CE}}{V_{AF}}\right) I_B = B_N I_B ;$$

die Stromverstärkung nimmt demzufolge mit V_{CE} zu. Für $V_{CE} \to 0$ verläuft der Kollektorstrom gegen

$$I_C = -\frac{I_{CE}}{B_R} = -\frac{I_B}{1 + B_R/B_F} .$$

In diesem Fall sind EB- und BC-Diode parallelgeschaltet, die Ströme I_{CE} und I_{EC} sind gleich groß. Der Basisstrom setzt sich zusammen aus einem Anteil I_{DE} und einem Anteil I_{DC}, mit einem durch die Stromverstärkungen B_F und B_R bestimmten Verhältnis; als Kollektorstrom tritt der Strom $-I_{DC}$ auf.

Wird der Spannungsabfall an $R_{EE'}$ und $R_{CC'}$ berücksichtigt, so ist in Gl. (16.39) V_{CE} durch $V_{C'E'}$ zu ersetzen, wobei gilt

$$V_{C'E'} = V_{CE} - R_{EE'} I_E - R_{CC'} I_C \approx V_{CE} - (R_{EE'} + R_{CC'}) I_C .$$

Im Kennlinienfeld bewirkt dies eine Verschiebung um $(R_{EE'} + R_{CC'}) I_C$ nach rechts. Unter Vernachlässigung des Spannungsabfalls $V_{C'E'}$ für $I_C \ll I_{CE}$ führt dies auf die in Abb. 16.15 dargestellte Annäherung der Ausgangskennlinien durch *Knickkennlinien*, die sich für Überschlagsrechnungen eignet.

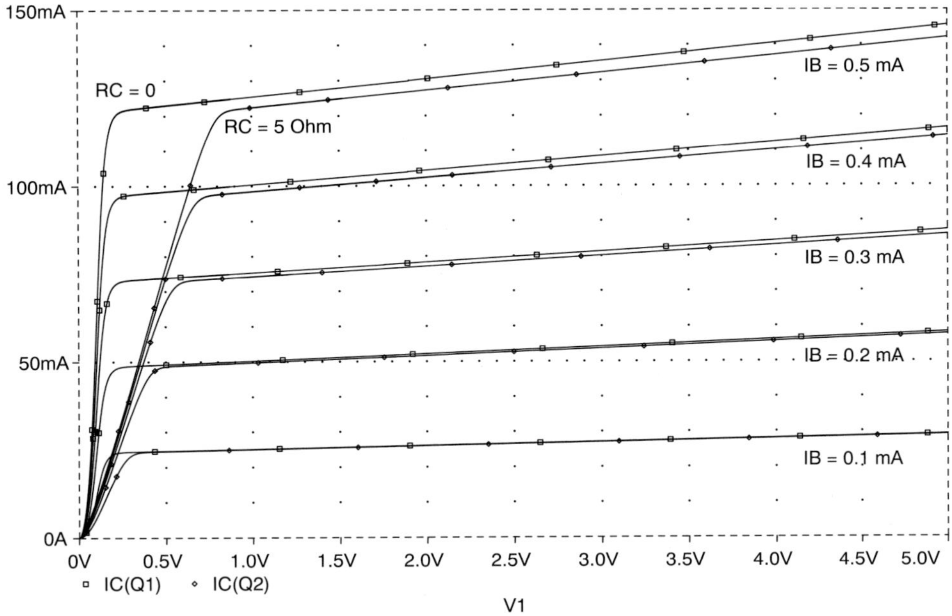

Abb. 16.16. Ausgangskennlinienfeld (SPICE-Simulation) eines Bipolartransistors für zwei verschiedene Werte von RC

Beispiel 16.2.3 Abbildung 16.16 zeigt die Ergebnisse einer SPICE-Simulation für das Ausgangskennlinienfeld eines Bipolartransistors für zwei verschiedene Werte des Kollektorbahnwiderstands. Als Parameter wurden spezifiziert $I_S = 10\,\text{fA}$, $B_F = 250$, $V_{AF} = 25\,\text{V}$, $B_R = 6$. Das Simulationsergebnis stimmt gut mit dem in Abb. 16.15 skizzierten Kennlinienverlauf überein; in der Praxis können jedoch Abweichungen durch nicht ohmsches Verhalten des Kollektorbahnwiderstands auftreten. Die Kennlinien für $R_C = 5\,\Omega$ sind wegen des Spannungsabfalls am Kollektorbahnwiderstand um $R_C I_C$ gegenüber den entsprechenden Kennlinien für $R_C = 0$ verschoben. Δ

Beispiel 16.2.4 Solange der Transistor im Vorwärtsbetrieb arbeitet, läßt sich die Übertragungskennlinie der Emitterschaltung (Abb. 16.4) durch Kombination von

$$I_C = I_S \left(1 + \frac{V_{CE}}{V_{AF}}\right) \exp\left(\frac{V_{BE}}{V_T}\right) \quad \text{und} \quad V_{CE} = V_+ - R_C I_C$$

in der Form $V_{CE}(V_{BE})$ darstellen

$$V_{CE} = V_+ \frac{1 - \dfrac{R_C I_S}{V_+} \exp\left(\dfrac{V_{BE}}{V_T}\right)}{1 + \dfrac{R_C I_S}{V_{AF}} \exp\left(\dfrac{V_{BE}}{V_T}\right)} \approx V_+ \left[1 - \frac{R_C I_S}{V_+} \exp\left(\frac{V_{BE}}{V_T}\right)\right] .$$

Die Näherung vernachlässigt den Early-Effekt, was unter der Voraussetzung $V_{AF} \gg R_C I_S \exp(V_{BE}/V_T)$ zulässig ist. Kommt der Transistor in Sättigung, so ist der Kollektorstrom durch (16.39) zu beschreiben, die Übertragungskennlinie kann dann nicht mehr in der Form $V_{CE}(V_{BE})$ dargestellt werden, dafür aber in der Form $V_{BE}(V_{CE})$.

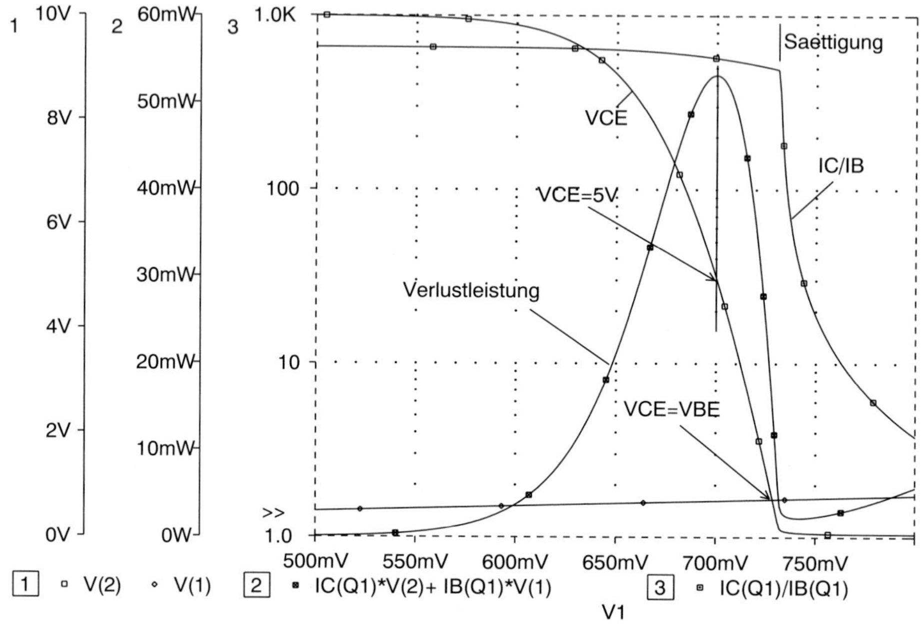

Abb. 16.17. Simulationsergebnis für die Übertragungskennlinie $V_{CE}(V_{BE})$, Verlustleistung $V_{CE}I_C + V_{BE}I_B$ und die Stromverstärkung I_C/I_B

Abbildung 16.17 zeigt das Ergebnis einer SPICE-Simulation der Übertragungskennlinie. Der Transistor wurde durch die Parameter $I_S = 2.5 \cdot 10^{-14}$ A, $B_F = 500$, $B_R = 10$, $V_{AF} = 30$ V, $R_B = 5\,\Omega$, $R_E = R_C = 1\,\Omega$ beschrieben, der Lastwiderstand ist $R_C = 470\,\Omega$, die Betriebsspannung $V_+ = 10$ V. Die ebenfalls eingetragene Verlustleistung $V_{CE}I_C + V_{BE}I_B$ zeigt erwartungsgemäß ein Maximum bei $V_{CE} \approx V_+/2$ um dann steil abzufallen; der Anstieg für große Werte der Eingangsspannung ist auf die zunehmende Verlustleistung im Eingangskreis zurückzuführen. Die auf einer dritten Skala aufgetragene Stromverstärkung I_C/I_B nimmt zunächst nur geringfügig ab, als Folge des Early-Effekts. Beim Übergang in die Sättigung steigt I_C jedoch nur noch wenig, während I_B weiter ansteigt - zunächst über I_{BE} und mit zunehmender Flußpolung der BC-Diode auch über I_{BC}. Dies hat einen deutlichen Rückgang der Stromverstärkung zur Folge.

Abbildung 16.18 zeigt eine gemessene Spannungsübertragungskennlinie für einen npn-Transistor vom Typ BCY59-X in Emitterschaltung ($R_C = 470\,\Omega$, $V_+ = 10$ V). Die Kennlinie wurde Punkt für Punkt aufgenommen, so daß sich in jedem Punkt der thermisch eingeschwungene Zustand einstellen konnte. Da V_{BE} bei konstantem I_C (und damit V_{CE}) und steigender Temperatur abnimmt, ist die gemessene Kennlinie aufgrund der Eigenerwärmung verschoben. Im thermisch eingeschwungenen Zustand ist die Übertemperatur durch die statische Verlustleistung bestimmt; diese ist unter Vernachlässigung der Verlustleistung im Eingangskreis $V_{CE}(V_+ - V_{CE})/R_C$ und weist über V_{CE} aufgetragen einen parabelförmigen Verlauf, mit Maximum bei $V_{CE} = V_+/2$ auf. Die gemessene Kennlinie ist demzufolge gegenüber einer für die Umgebungstemperatur berechneten Kennlinie um

$$\delta V_{BE}(V_{CE}) \approx \frac{\partial V_{BE}}{\partial T} R_{th} \frac{V_{CE}(V_+ - V_{CE})}{R_C}$$

verschoben. Durch Addition von $-\delta V_{BE}$ zu jedem Meßpunkt kann die Verfälschung durch die Eigenerwärmung korrigiert werden. Eine solche Korrektur wurde in Abb. 16.18 durchgeführt ($\partial V_{BE}/\partial T = -1.9\,\mathrm{mV/K}$, $R_{th} = 220\,\mathrm{K/W}$).

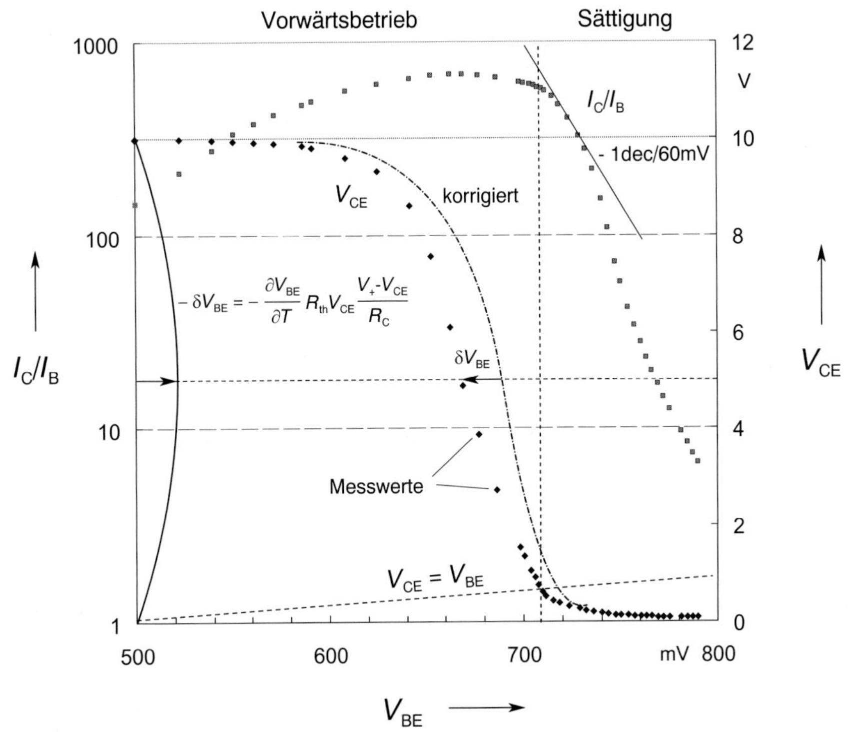

Abb. 16.18. Übertragungskennlinie $V_{CE}(V_{BE})$ in Emitterschaltung (Messwerte)

Abbildung 16.18 zeigt zusätzlich die gemessene Stromverstärkung I_C/I_B für die verschiedenen Werte von V_{BE}. Bis zum Übergang in den Sättigungsbereich bei ca. 710 mV weist die Stromverstärkung große Werte in der Größenordnung 600 auf. Im Sättigungsbereich kann jedoch I_C nicht mehr nennenswert ansteigen, während I_B nach wie vor exponentiell mit der Spannung anwächst. Für die Stromverstärkung wird deshalb ein Abfall proportional zu $\exp(-V_{BE}/V_T)$ erwartet, was in der logarithmischen Auftragung einem Abfall um ca. 1 dec in 60 mV entspricht (bei Raumtemperatur). Ein solcher Abfall wird zunächst beobachtet (vgl. Abb. 16.18). Mit weiter steigendem V_{BE} gerät die BC-Diode dann so stark in Flußpolung, daß die Stromverstärkung stärker abfällt. Dieses Beispiel zeigt deutlich, daß ein geschlossener Transistorschalter mit kleiner Stromverstärkung I_C/I_B betrieben werden muß um eine geringe Restspannung V_{CEon} zu erhalten. Δ

16.2.7 Das Ebers-Moll-Modell

Das in Abb. 16.19 dargestellte Ebers-Moll-Modell des Bipolartransistors ist äquivalent zum bisher betrachteten elementaren Großsignalmodell, solange Early-Effekt und Bahnwiderstände nicht berücksichtigt werden. Das Klemmenverhalten wird im Ebers-Moll-Modell durch vier Parameter beschrieben: die ideale Vorwärtsstromverstärkung A_{F} in Basisschaltung, die ideale Rückwärtsstromverstärkung A_{R} in Basisschaltung, den Sättigungsstrom I_{ES} der „EB-Diode“, und den Sättigungsstrom I_{CS} der „BC-Diode“. Die Ströme I_{F} und I_{R} werden beschrieben durch

$$I_{\mathrm{F}} = I_{\mathrm{ES}} \left[\exp\left(\frac{V_{\mathrm{BE}}}{V_T}\right) - 1 \right] \quad \text{und} \quad I_{\mathrm{R}} = I_{\mathrm{CS}} \left[\exp\left(\frac{V_{\mathrm{BC}}}{V_T}\right) - 1 \right] .$$

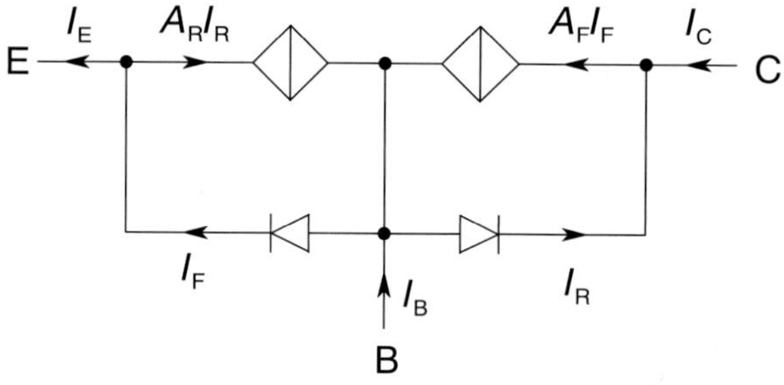

Abb. 16.19. Ebers–Moll Modell

Das Ebers-Moll-Modell muß dieselben Spannungsabhängigkeiten für die Klemmenströme liefern wie das elementare Transistormodell bei Vernachlässigung des Early-Effekts. Durch Koeffizientenvergleich ergeben sich die folgenden Zusammenhänge für die Stromverstärkungen

$$A_{\mathrm{F}} = B_{\mathrm{F}}/(B_{\mathrm{F}}+1) \quad \text{und} \quad A_{\mathrm{R}} = B_{\mathrm{R}}/(B_{\mathrm{R}}+1)$$

sowie für die Sättigungsströme

$$I_{\mathrm{ES}} = I_{\mathrm{S}}\,(1+1/B_{\mathrm{F}}) = I_{\mathrm{S}}/A_{\mathrm{F}} \quad \text{und} \quad I_{\mathrm{CS}} = I_{\mathrm{S}}\,(1+1/B_{\mathrm{R}}) = I_{\mathrm{S}}/A_{\mathrm{R}} .$$

Während im elementaren Großsignalmodell drei Parameter (I_{S}, B_{F}, B_{R}) zur Beschreibung der Kennlinien genügen, verwendet das Ebers-Moll-Modell vier (I_{ES}, I_{CS}, A_{F}, A_{R}). Da beide Modelle äquivalent sind, können demnach nur drei Parameter des Ebers-Moll-Modells unabhängig voneinander sein. Wie man durch Einsetzen leicht nachprüft, gilt die *Reziprozitätsbedingung* $A_{\mathrm{F}} I_{\mathrm{ES}} = A_{\mathrm{R}} I_{\mathrm{CS}}$, die bei drei bekannten Parametern den vierten Parameter eindeutig festlegt.

Das Ebers-Moll-Modell war früher sehr beliebt. Das in diesem Buch ausschließlich eingesetzte Großsignalmodell zeichnet sich gegenüber diesem jedoch durch mehrere Vorzüge aus: Jedes der Netzwerkelemente besitzt eine konkrete physikalische Interpretation, der Parametersatz ist besser auf die weit verbreitete Emitterschaltung zugeschnitten[13] (und zudem nicht redundant) und die Ersatzschaltung läßt sich leicht durch Ergänzen zum Gummel-Poon Modell, wie es in SPICE verwendet wird (vgl. Kap. 18), ausbauen.

[13]So muß der Basisstrom nicht als Differenz zweier annähernd gleich großer Ströme ermittelt werden; außerdem wird der Transfersättigungsstrom I_{S} im Gegensatz zu I_{ES} und I_{CS} nicht durch nichtideale Anteile des Basisstroms beeinflußt.

16.2.8 Temperaturabhängigkeit

Der Transfersättigungsstrom I_S ist proportional zu n_i^2 und damit stark temperaturabhängig; I_S wird in der `.MODEL`-Anweisung für die Bezugstemperatur T_0 spezifiziert und für von T_0 abweichende Simulationstemperaturen T umgerechnet. Für den Transfersättigungsstrom wird dabei der bereits von der pn-Diode bekannte Ansatz

$$I_S(T) = I_S(T_0)\left(\frac{T}{T_0}\right)^{X_{TI}} \exp\left[\frac{E_G}{V_T}\left(\frac{T}{T_0} - 1\right)\right] \tag{16.41}$$

verwendet. Die Größen X_{TI} und E_G werden auch hier durch für Silizium typische Werte ersetzt, falls sie nicht in der Modellanweisung spezifiziert werden. Im Vorwärtsbetrieb gilt $I_C \approx I_{CE}$, für die Änderung der Flußspannung der EB-Diode mit der Temperatur bei konstantem Kollektorstrom kann deshalb das Ergebnis (5.32) übernommen werden, so daß

$$\boxed{\left(\frac{\partial V_{BE}}{\partial T}\right)_{I_C} \approx \frac{V_{BE} - V_g(T) - X_{TI}V_T}{T}\,.} \tag{16.42}$$

Die Stromverstärkung des Bipolartransistors nimmt i. allg. mit der Temperatur zu, was hauptsächlich durch eine im Emitter gegenüber der Basis verringerte Energielücke (*bandgap narrowing*) bedingt ist. Für die intrinsische Dichte n_{iE} im Emitter folgt damit eine andere Temperaturabhängigkeit als für die intrinsische Dichte n_{iB} in der Basis. Da der Basisstrom proportional zu n_{iE}^2, der Transferstrom jedoch proportional zu n_{iB}^2 ist, wirkt sich die im Emitter um ΔW_g verringerte Energielücke auf die Stromverstärkung aus. Mit

$$B_N \sim n_{iB}^2/n_{iE}^2 \sim \exp\left(-\Delta W_g/k_B T\right) \tag{16.43}$$

folgt eine Zunahme der Stromverstärkung mit zunehmender Temperatur T. In SPICE wird die Temperaturabhängigkeit der idealen Vorwärtsstromverstärkung B_F (und der idealen Rückwärtsstromverstärkung B_R) durch

$$B_{F(R)}(T) = B_{F(R)}(T_0)\,(T/T_0)^{X_{TB}} \tag{16.44}$$

beschrieben.[14] Der Exponent X_{TB} wird dabei durch Anpassen einer Gerade an die doppeltlogarithmische Auftragung von $B_F(T)$ über der absoluten Temperatur T bestimmt. Er liegt typischerweise etwas unter dem Wert 2. Für den Temperaturkoeffizienten von B_F folgt damit

$$\alpha_{BF} = \frac{1}{B_F}\frac{\mathrm{d}B_F}{\mathrm{d}T} \approx \frac{X_{TB}}{T}\,. \tag{16.45}$$

[14] Da die Dotierstoffkonzentration im Kollektor sehr viel kleiner ist, als im Emitter, ist der Ansatz identischer Temperaturabhängigkeiten für $B_F(T)$ und $B_R(T)$ recht willkürlich und physikalisch nicht begründet.

Mit $X_{\mathrm{TB}} \approx 2$ folgt bei $T = 300$ K demnach ein Temperaturkoeffizient von 0.66%/K. Der Temperaturgang der Stromverstärkung ist bei der Schaltungsdimensionierung zu beachten.

Mitlaufeffekt, thermische Stabilität

Bei konstantem I_{B} oder V_{BE} führt eine Erhöhung von V_{CE} zu einer Erhöhung der im Transistor umgesetzten Verlustleistung $P = I_{\mathrm{B}} V_{\mathrm{BE}} + I_{\mathrm{C}} V_{\mathrm{CE}} \approx I_{\mathrm{C}} V_{\mathrm{CE}}$. Beim langsamen Durchlaufen der Ausgangskennlinie stellt sich deshalb für jeden Arbeitspunkt die der umgesetzen Verlustleistung entsprechende *Übertemperatur* $\Delta T \approx R_{\mathrm{th}} V_{\mathrm{CE}} I_{\mathrm{C}}$ ein. Dies wird als *Mitlaufeffekt* bezeichnet. Für die Steigung der Ausgangskennlinien bei konstantem V_{BE} folgt damit

$$\frac{\mathrm{d}I_{\mathrm{C}}}{\mathrm{d}V_{\mathrm{CE}}} = \left(\frac{\partial I_{\mathrm{C}}}{\partial V_{\mathrm{CE}}}\right) + \left(\frac{\partial I_{\mathrm{C}}}{\partial T}\right) \frac{\mathrm{d}T}{\mathrm{d}V_{\mathrm{CE}}} ; \tag{16.46}$$

ihr Wert nimmt aufgrund der Eigenerwärmung zu (Abb. 16.20).

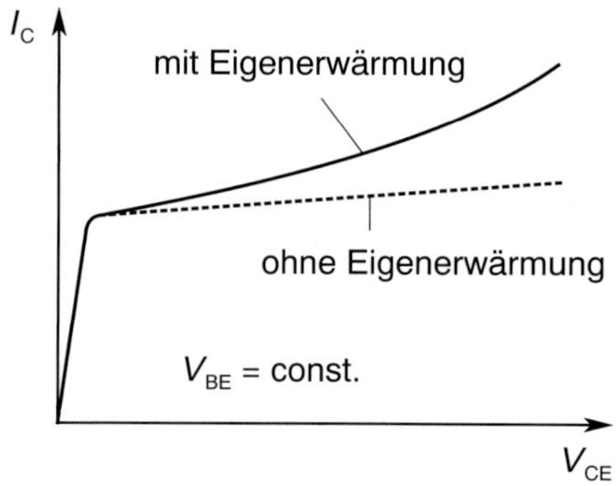

Abb. 16.20. Mitlaufeffekt

Der erste Ausdruck auf der rechten Seite von (16.46) entspricht dabei dem Ausgangsleitwert $y_{22\mathrm{e}}$. Wegen

$$\frac{\mathrm{d}T}{\mathrm{d}V_{\mathrm{CE}}} = \frac{\mathrm{d}T}{\mathrm{d}P}\frac{\mathrm{d}P}{\mathrm{d}V_{\mathrm{CE}}} = R_{\mathrm{th}} \left(I_{\mathrm{C}} + V_{\mathrm{CE}} \frac{\mathrm{d}I_{\mathrm{C}}}{\mathrm{d}V_{\mathrm{CE}}} \right) \tag{16.47}$$

folgt durch Zusammenfassen

$$\frac{\mathrm{d}I_{\mathrm{C}}}{\mathrm{d}V_{\mathrm{CE}}} = \frac{\left(\frac{\partial I_{\mathrm{C}}}{\partial V_{\mathrm{CE}}}\right) + R_{\mathrm{th}} I_{\mathrm{C}} \left(\frac{\partial I_{\mathrm{C}}}{\partial T}\right)}{1 - R_{\mathrm{th}} V_{\mathrm{CE}} \left(\frac{\partial I_{\mathrm{C}}}{\partial T}\right)} , \tag{16.48}$$

d. h. durch die Eigenerwärmung folgt eine *Aufsteilung* der Ausgangskennlinie. Der Ausdruck (16.48) divergiert für

$$R_{\mathrm{th}} V_{\mathrm{CE}} \left(\frac{\partial I_{\mathrm{C}}}{\partial T}\right) \to 1 , \tag{16.49}$$

was einer *Instabilität* entspricht: Der Strom wächst unter diesen Bedingungen unkontrolliert immer stärker an. Bei ungünstiger Auslegung der Schaltung kann es auf diesem Weg zur Zerstörung des Transistors kommen. Problematisch ist hier insbesondere der Fall der *Spannungssteuerung*, da bei $V_{\mathrm{BE}} =$ const. (Einfluß der Bahnwiderstände nicht berücksichtigt)

$$\left(\frac{\partial I_{\mathrm{C}}}{\partial T}\right) \approx \frac{I_{\mathrm{C}}}{T}\left(\frac{V_{\mathrm{g}} - V_{\mathrm{BE}}}{V_T} + X_{\mathrm{TI}}\right) \tag{16.50}$$

sehr viel größer ist als im Fall der *Stromsteuerung* ($I_{\mathrm{B}} =$ const.), wo mit dem Temperaturkoeffizienten α_{B} der Stromverstärkung gilt

$$\left(\frac{\partial I_{\mathrm{C}}}{\partial T}\right) \approx \alpha_{\mathrm{B}} I_{\mathrm{C}} \,. \tag{16.51}$$

Wird (16.50) in der Bedingung (16.49) verwendet, so folgt daß ein „Davonlaufen" des Arbeitspunkts ausgeschlossen ist, solange die im Ausgangskreis umgesetzte Leistung der Bedingung (16.49)

$$P \approx V_{\mathrm{CE}} I_{\mathrm{CE}} < \frac{T}{R_{\mathrm{th}}} \frac{V_T}{V_{\mathrm{g}} - V_{\mathrm{BE}} + X_{\mathrm{TI}} V_T}$$

genügt.

Beispiel 16.2.5 Für den Fall $T = 300\,\mathrm{K}$, $R_{\mathrm{th}} = 100\,\mathrm{K/W}$, $V_{\mathrm{BE}} = 0.7\,\mathrm{V}$ und $X_{\mathrm{TI}} = 3.5$ folgt für die maximal zulässige Leistung

$$P = \frac{300\,\mathrm{K}}{100\,\mathrm{K/W}} \frac{25.9\,\mathrm{mV}}{1205\,\mathrm{mV} - 700\,\mathrm{mV} + 3.5 \cdot 25.9\,\mathrm{mV}} = 130\,\mathrm{mW}$$

Dieser Wert wird aufgrund der Gegenkopplung durch die Bahnwiderstände in der Praxis deutlich überschritten. Δ

Gegenkopplung, Parallelschaltung. Bei konstanter Steuerspannung und Gegenkopplung durch einen Emitterserienwiderstand gilt

$$\frac{\mathrm{d}V_{\mathrm{BE}}}{\mathrm{d}T} = -R_{\mathrm{E}} \frac{\mathrm{d}I_{\mathrm{E}}}{\mathrm{d}T} \approx -R_{\mathrm{E}} \frac{\mathrm{d}I_{\mathrm{C}}}{\mathrm{d}T}$$

sowie

$$\frac{\mathrm{d}I_{\mathrm{C}}}{\mathrm{d}T} = \left(\frac{\partial I_{\mathrm{C}}}{\partial T}\right)_{V_{\mathrm{CE}}} + \left(\frac{\partial I_{\mathrm{C}}}{\partial V_{\mathrm{BE}}}\right)_T \frac{\mathrm{d}V_{\mathrm{BE}}}{\mathrm{d}T} \approx \left(\frac{\partial I_{\mathrm{C}}}{\partial T}\right)_{V_{\mathrm{CE}}} + \frac{I_{\mathrm{C}}}{V_T} \frac{\mathrm{d}V_{\mathrm{BE}}}{\mathrm{d}T} \,.$$

Durch Zusammenfassen folgt

$$\frac{1}{I_{\mathrm{C}}} \frac{\mathrm{d}I_{\mathrm{C}}}{\mathrm{d}T} = \frac{1}{1 + R_{\mathrm{E}} I_{\mathrm{C}}/V_T} \frac{1}{I_{\mathrm{C}}} \left(\frac{\partial I_{\mathrm{C}}}{\partial T}\right)_{V_{\mathrm{CE}}} \,.$$

Die im Transistor umgesetzte Leistung, bei der die thermische Instabilität auftritt, wird demnach um den Faktor $(1 + R_{\mathrm{E}} I_{\mathrm{C}}/V_T)$ erhöht. Das Problem

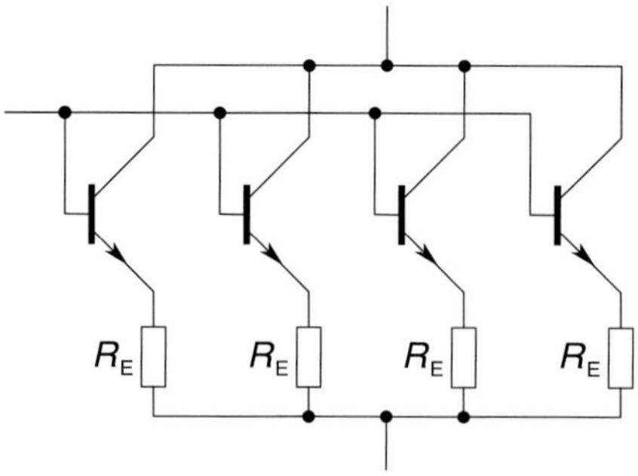

Abb. 16.21. Parallelschalten von Bipolartransistoren mit Emitterserienwiderständen zur Stabilisierung der Stromaufteilung

der thermischen Instabilität ist von besonderer Bedeutung in Anwendungen, in denen mehrere Transistoren *parallel* geschaltet werden (Abb. 16.21), da die umgesetzte Leistung die zulässige Verlustleistung eines Einzeltransistors überschreitet. Bei schlechter thermischer Kopplung der Transistoren ist hier durch Emitterserienwiderstände R_{E} sicherzustellen, daß nicht einer der Transistoren – aufgrund der thermischen Instabilität – den gesamten Strom auf sich vereint und überlastet wird.

16.2.9 Hochinjektion

Zusätzlich zum Einfluß der Bahnwiderstände sind bei großen Stromdichten Effekte der Hochinjektion zu beachten. Diese beruhen auf Abweichungen von den Shockleyschen Randbedingungen, dem Einfluß der mobilen Ladungsträger auf das elektrische Feld, Stromaufweitungseffekten, Auswirkungen der endlichen Driftgeschwindigkeit in der BC-Raumladungszone und Spannungsabfällen in der epitaxialen Kollektorschicht.

Hochinjektion in der Basis

Bei Niederinjektion wächst der Transferstrom proportional zu $\exp(V_{\mathrm{B'E'}}/V_T)$, da die Elektronendichte am Sperrschichtrand x_{be} entsprechend ansteigt. Dies ist eine direkte Folge des verallgemeinerten Massenwirkungsgesetzes

$$p(x_{\mathrm{be}})n(x_{\mathrm{be}}) = n_{\mathrm{ie}}^2 \exp(V_{\mathrm{B'E'}}/V_T) \qquad (16.52)$$

und der Annahme der Niederinjektion $p(x_{\mathrm{be}}) \approx N_{\mathrm{AB}}(x_{\mathrm{be}}) = \mathrm{const}$. Da die Löcherdichte mit der Elektronendichte ansteigt, ist diese Annahme nur gerechtfertigt, solange die Elektronendichte am Sperrschichtrand $n(x_{\mathrm{be}})$ klein ist im Vergleich zur Akzeptorkonzentration N_{AB} in der Basis. Bei Hochinjektion ist die Annahme $p(x_{\mathrm{be}}) \approx N_{\mathrm{AB}}(x_{\mathrm{be}})$ durch

$$N_{\mathrm{AB}} + n(x_{\mathrm{be}}) = p(x_{\mathrm{be}}) \qquad (16.53)$$

zu ersezen. Aus (16.52) und (16.53) folgt für die Elektronendichte am Sperrschichtrand

$$n(x_{\mathrm{be}}) \;=\; \frac{2n_{\mathrm{ie}}^2 \exp(V_{\mathrm{B'E'}}/V_T)}{N_{\mathrm{A}}\left[1+\sqrt{1+(4n_{\mathrm{ie}}^2/N_{\mathrm{A}}^2)\exp(V_{\mathrm{B'E'}}/V_T)}\right]} \,. \tag{16.54}$$

Bei sehr starker Flußpolung dominiert der zweite Term in der Wurzel und (16.54) kann zu

$$n(x_{\mathrm{be}}) \;\approx\; n_{\mathrm{ie}} \exp(V_{\mathrm{B'E'}}/2V_T) \tag{16.55}$$

vereinfacht werden. Dieser Effekt ist in der Gummel'schen Transferstromrelation durch den Ansatz $I_{\mathrm{T}} \sim 1/Q_{\mathrm{B}}$ erfaßt.

Webster-Effekt. Bei hohen Transferstromdichten muß die Löcherladung in der Basis zur Neutralisation deutlich erhöht werden. Wegen der zum Kollektor hin abnehmenden Elektronendichte bedingt dies einen Gradienten der Löcherdichte, der einen Löcherdiffusionsstrom zum Kollektor hin verursachen würde. Dieser kann jedoch wegen der gesperrten BC-Diode nicht fließen: Es baut sich im Basisraum ein elektrisches Gegenfeld auf, das der Löcherdiffusion entgegenwirkt. Die Richtung des Feldstärkevektors ist dabei so, daß das Feld beschleunigend auf die die Basis durchströmenden Elektronen wirkt. Die Basistransitzeit halbiert[15] sich aufgrund dieser als *Webster-Effekt* bezeichneten Erscheinung [13] im Idealfall auf die Hälfte[16]

$$\tau_{\mathrm{B}} \;\approx\; d_{\mathrm{B}}^2/4D_{\mathrm{n}} \;=\; \tau_{\mathrm{B}\infty} \,.$$

Der Webster-Effekt wird häufig durch die Zunahme der Basistransitzeit aufgrund der *Basisaufweitung* überdeckt.

Beispiel 16.2.6 Die bei Niederinjektion bzw. Hochinjektion vorliegenden Verhältnisse werden am Beispiel eines npn-Bipolartransistors mit der Emitterdotierung $N_{\mathrm{DE}} = 5 \cdot 10^{19}\,\mathrm{cm}^{-3}$, der Basisdotierung $N_{\mathrm{AB}} = 10^{17}\,\mathrm{cm}^{-3}$ und der Kollektordotierung $N_{\mathrm{DC}} = 2 \cdot 10^{15}\,\mathrm{cm}^{-3}$ illustriert. Die metallurgische Basisweite betrage 500 nm und die Weite der niedrig dotierten Kollektorzone 1.5 µm. Abbildung 16.22 zeigt den Dotierstoffverlauf als gestrichelte Linie.

Aus den gegebenen Dotierstoffkonzentrationen resultieren die Diffusionsspannungen der EB- bzw. der BC-Sperrschicht $V_{\mathrm{JE}} = 991\,\mathrm{mV}$ bzw. $V_{\mathrm{JC}} = 712\,\mathrm{mV}$ und die Sperrschichtweiten $d_{\mathrm{je}} = 76\,\mathrm{nm}$ bzw. $d_{\mathrm{jc}} = 1071\,\mathrm{nm}$ bei $V_{\mathrm{BE}} = 700\,\mathrm{mV}$ bzw. $V_{\mathrm{BC}} = -1\,\mathrm{V}$, wobei Abweichungen von der einfachen Theorie aufgrund der hohen Emitterdotierung der Einfachheit halber vernachlässigt wurden. Dabei erstreckt sich die EB-Sperrschicht nahezu ausschließlich in das Basisbahngebiet und die BC-Sperrschicht nahezu ausschließlich in das Kollektorbahngebiet. Die Basisweite $d_{\mathrm{B}} = x_{\mathrm{bc}} - x_{\mathrm{be}}$ errechnet sich aus der metallurgischen Basisweite abzüglich der Anteile der Raumladungszonen zu $d_{\mathrm{B}} = 409\,\mathrm{nm}$. Die Gleichgewichtselektronenkonzentration in der Basis ist $n_{\mathrm{p0}} \approx n_i^2/N_{\mathrm{AB}} \approx 1160\,\mathrm{cm}^{-3}$, so daß

$$n_{\mathrm{p}}(x_{\mathrm{be}}) \;\approx\; n_{\mathrm{p0}} \exp\left(700\,\mathrm{mV}/25.9\,\mathrm{mV}\right) \;\approx\; 6.34 \cdot 10^{14}\,\mathrm{cm}^{-3} \,.$$

[15]Falls der Transferstrom bei Niederinjektion nur durch Diffusion bestimmt ist. Liegt – durch ein Gefälle der Akzeptorkonzentration im Basisgebiet – bei Niederinjektion bereits ein elektrisches Feld in der Basis vor, so kann die Basistransitzeit τ_{B} bei Niederinjektion kleiner sein als $\tau_{\mathrm{B}\infty}$. In diesem Fall wird τ_{B} mit der Stromdichte auf $\tau_{\mathrm{B}\infty}$ anwachsen.

[16]Eine Herleitung ist beispielsweise in [7] zu finden.

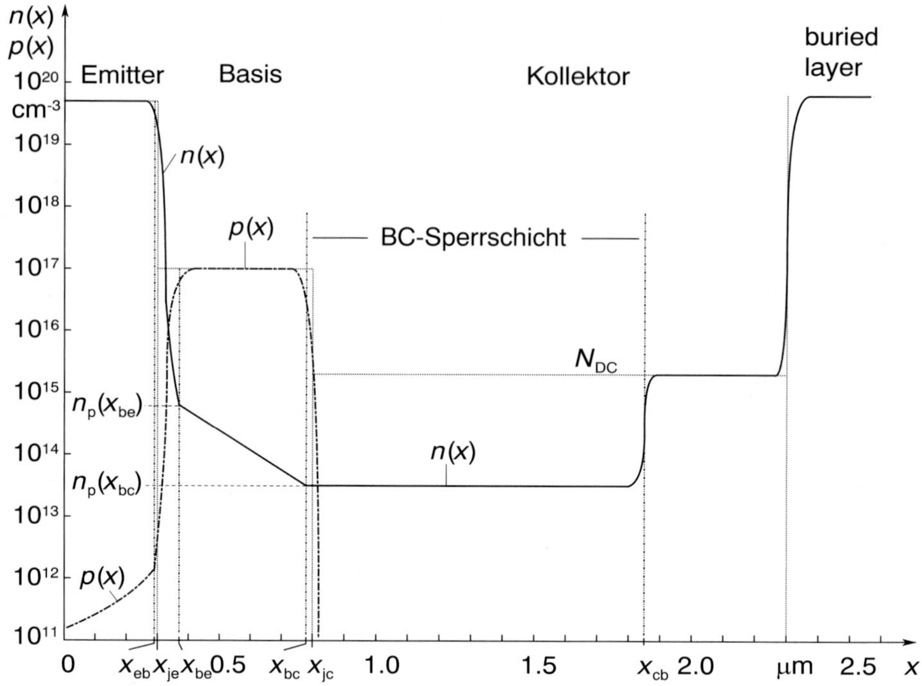

Abb. 16.22. Dotierstoffverteilung, Elektronendichte $n(x)$ und Löcherdichte $p(x)$ im npn-Bipolartransistor bei Niederinjektion

Mit dem Diffusionskoeffizient $D_n = 21.5\,\text{cm}^2/\text{s}$ und $J_n = -en_p(x_{bc})v_{nsat}$ folgt damit die Transferstromdichte

$$-J_n \approx eD_n \frac{n_p(x_{be})-n_p(x_{bc})}{d_B} = \frac{eD_n n_p(x_{be})}{d_B + D_n/v_{nsat}} \approx 50.6 \frac{\text{A}}{\text{cm}^2} .$$

Der Term D_n/v_{nsat} berücksichtigt, daß sich die bei x_{bc} ankommenden Elektronen im Mittel mit der Sättigungsgeschwindigkeit v_{nsat} bewegen. Die Elektronendichte bei x_{bc} und in der BC-Sperrschicht ist damit $n_p(x_{bc}) = -J_n/ev_{nsat} \approx 3 \cdot 10^{13}\,\text{cm}^{-3}$. Durch die in der BC-Sperrschicht vorhandenen Elektronen wird die positive Raumladung der Donatorionen teilweise kompensiert. Im vorliegenden Fall der Niederinjektion ist die Störung jedoch nur von der Größenordnung 1% und damit vernachlässigbar.

Bei $V_{BE} = 950$ mV liegt *Hochinjektion* vor. Die Elektronendichte bei x_{be} errechnet sich nun aus dem verallgemeinerten Massenwirkungsgesetz (16.54) zu

$$n_p(x_{be}) \approx 9.47 \cdot 10^{17}\,\text{cm}^{-3} \gg N_{AB}$$

und liegt damit wesentlich über der Dotierstoffkonzentration im Basisbahngebiet. Zur Neutralisierung der injizierten Elektronenladung wird die Löcherladung entsprechend erhöht. Die Stromdichte ist nun so hoch, daß die mit den Elektronen verbundene negative Ladung die positive Raumladung der Donatorionen in der „BC-Sperrschicht" durch die Elektronen mehr als kompensiert. Es kommt zur Ausweitung der Basis in das Kollektorbahngebiet mit einer entsprechenden Vergrößerung der Basistransitzeit, deren Wert proportional zum Quadrat der Basisweite ansteigt. Das niedrig dotier-

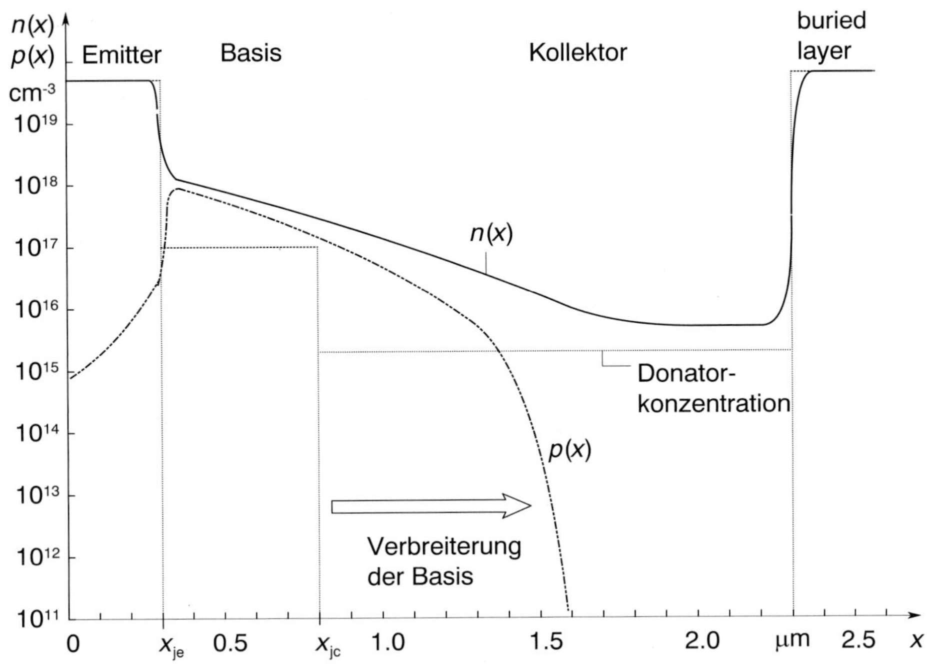

Abb. 16.23. Dotierstoffverteilung, Elektronendichte $n(x)$ und Löcherdichte $p(x)$ im npn-Bipolartransistor bei Hochinjektion

te Kollektorbahngebiet wird nun von Elektronen und Löchern „überschwemmt" und dadurch niederohmig. Die Verteilung der Elektronen und Löcher ist in Abb. 16.23 dargestellt. Die bei Niederinjektion nützliche Sperrschichtnäherung ist hier nicht mehr anwendbar; zur Berechnung des elektrischen Verhaltens und insbesondere der im Transistor gespeicherten Ladung sind i. allg. numerische Hilfsmittel erforderlich. Δ

Hochinjektion im Kollektor

Bei Hochinjektion sind im Kollektor folgende Einflüsse zu beachten:

• Der Spannungsabfall über dem Kollektorbahnwiderstand, d.h. über dem nicht ausgeräumten Teil des Kollektorbahngebiets, dem Subkollektor und dem Kollektorkontakt verringert den Spannungsabfall an der BC-Sperrschicht. Dies vergrößert die Basisweite und damit die Basistransitzeit und kann sogar zu einer internen Flußpolung der BC-Diode führen (Quasi-Sättigung). Als kritischen Strom für das Auftreten dieser Effekte kann [14]

$$I_2 \;=\; (V_{\mathrm{CB'}}+V_{\mathrm{JC}})/R_{\mathrm{C0}} \tag{16.56}$$

eingeführt werden, wobei $R_{\mathrm{C0}} = d_{\mathrm{epi}}/(e\mu_{\mathrm{n0}}N_{\mathrm{Depi}}A_{\mathrm{jc}})$ den Bahnwiderstand der epitaxialen Kollektorzone bezeichnet. Erreicht der Transferstrom I_{T} den Wert I_2, so so wird der Spannungsabfall über der Epischicht so groß, daß eine Flußspannung an der BC-Sperrschicht abfällt: I_2 stellt eine Obergrenze für

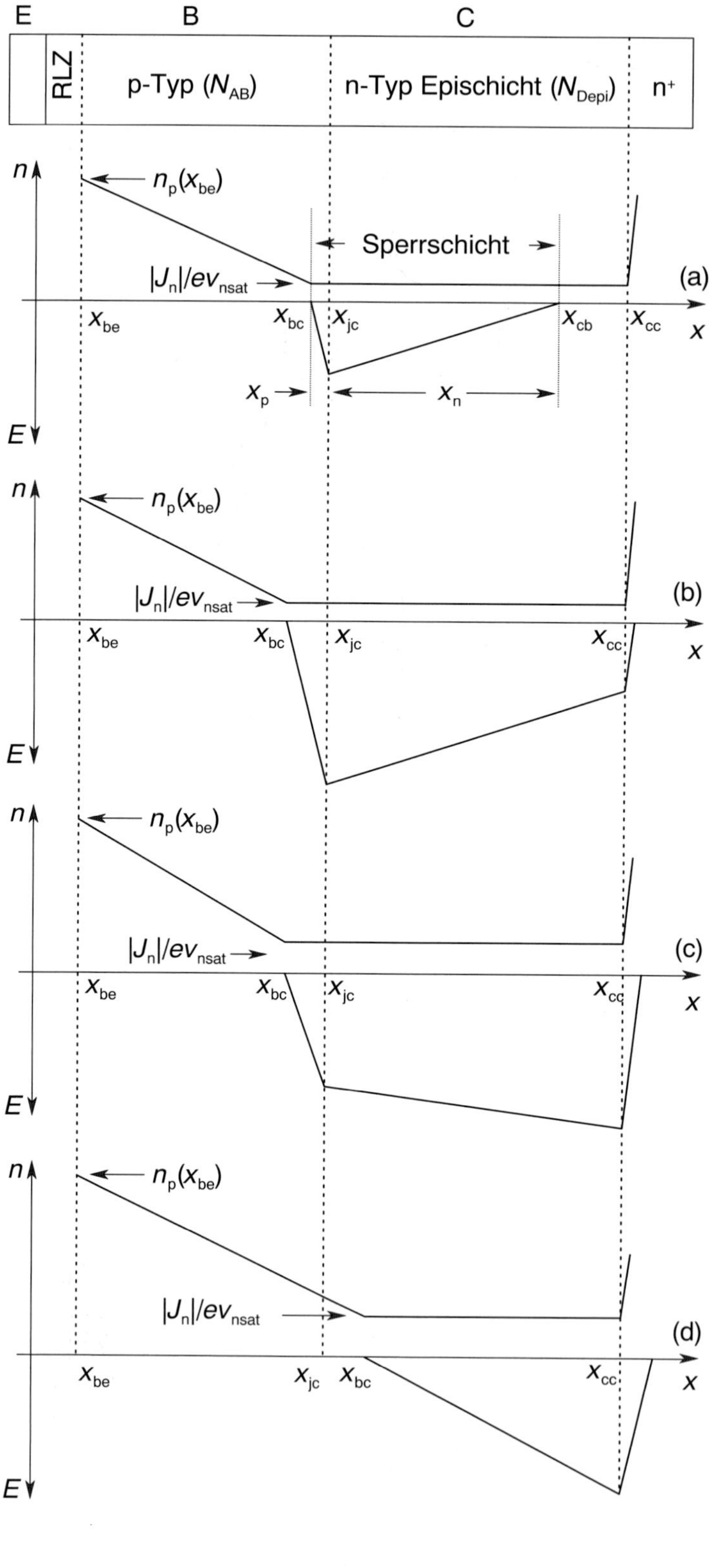

Abb. 16.24. Elektronendichte und elektrisches Feld (schematisch) in der BC-Sperrschicht. (**a**) Vorwärtsbetrieb bei moderaten V_{CB}-Werten (die Raumladungszone erreicht den Kollektoranschluß noch nicht), (**b**) Vorwärtsbetrieb bei großen V_{CB}-Werten (die Raumladungszone stößt am Kollektoranschluß an), (**c**) Vorwärtsbetrieb bei $I_T > I_1$, (**d**) Base pushout (nach [15])

den Kollektorstrom dar, den ein Transistor bei einem gegebenen Wert von $V_{\mathrm{CB'}}$ führen kann ohne daß die BC-Diode flußgepolt wird.[17] Erreicht der Transferstrom den Wert I_2, so kommt es zur Flußpolung der BC-Diode und zur Injektion von Löchern in das Kollektorbahngebiet. In diesem Fall bildet sich eine große Minoritätsspeicherladung im Kollektor und die Transitfrequenz des Transistors sinkt spürbar.

• Ein weiterer Effekt ist durch die endliche Driftgeschwindigkeit $v_{\mathrm{nsat}} \approx 10^7$ cm/s der Elektronen in der BC-Sperrschicht bedingt; fließt die Elektronenstromdichte J_{n} so ist die Elektronendichte in der BC-Sperrschicht $n \approx |J_{\mathrm{n}}|/ev_{\mathrm{nsat}}$. Die Ladung der Elektronen verändert die Ladungsdichte in der Sperrschicht: Unter Berücksichtigung der Elektronen ist die Ladungsdichte auf der p-Typ Seite $\rho(x) = -eN_{\mathrm{A}} - |J_{\mathrm{n}}|/v_{\mathrm{nsat}}$, während auf der n-Typ Seite die Ladungsdichte $\rho(x) = eN_{\mathrm{Depi}} - |J_{\mathrm{n}}|/v_{\mathrm{nsat}}$ folgt. Die Ausdehnung der Raumladungszone in das metallurgische Basis- und Kollektorbahngebiet muß nun mit den neuen Ladungsdichten bestimmt werden.

Teilweise ausgeräumte Epischicht. Solange der Strom kleiner ist als

$$I_1 = eA_{\mathrm{je}}N_{\mathrm{Depi}}v_{\mathrm{nsat}} \tag{16.57}$$

und solange die Epischicht nicht völlig ausgeräumt ist, folgt für die Ausdehnung der Raumladungszone in das epitaxiale Kollektorbahngebiet die Näherung [7]

$$x_{\mathrm{n}} = \sqrt{\frac{2\epsilon(V_{\mathrm{CB'}}+V_{\mathrm{JC}})}{eN_{\mathrm{Depi}}}}\sqrt{\frac{1-I_{\mathrm{T}}/I_2}{1-I_{\mathrm{T}}/I_1}} \,. \tag{16.58}$$

Dieser Ausdruck vereinfacht sich im Grenzfall $I_{\mathrm{T}} \to 0$ zu dem für den einseitigen pn-Übergang gefundenen Wert. (16.58) erfaßt zwei gegenläufige, mit den kritischen Strömen I_1 ubd I_2 verbundene Einflüsse des Transferstroms auf die BC-Sperrschicht:

- Der Spannungsabfall über der Epischicht reduziert die über der BC-Sperrschicht abfallende Sperrspannung und damit die Ausdehnung der Raumladungszone
- Da die Ladungsdichte auf der Kollektorseite durch die Elektronenladung herabgesetzt wird, dehnt sich die Raumladungszone weiter in die Epischicht aus

Gilt $I_1 > I_2$, so dominiert der erste Einfluß und die Ausdehnung der Raumladungszone sinkt mit zunehmendem Transferstrom; gilt $I_1 < I_2$ so überwiegt der zweite Einfluß und die Ausdehnung der Raumladungszone wächst mit dem steigendem Transferstrom. (16.58) kann verwendet werden solange $x_{\mathrm{n}} \leq d_{\mathrm{epi}}$ gilt, bzw. solange

$$V_{\mathrm{CB'}} \leq \frac{eN_{\mathrm{Depi}}d_{\mathrm{epi}}^2}{2\epsilon}\left(1 - \frac{I_{\mathrm{T}}}{I_1}\right) - V_{\mathrm{JC}} \,.$$

Steigt der Transferstrom $I_{\mathrm{T}} > 0$, so nimmt die Spannung $V_{\mathrm{CB'}}$ bei der die Grenze der Raumladungszone am Subkollektor anstößt ab. Solange der Sperrschichtrand den Subkollektor nicht erreicht, wird die Sperrschichtweite durch den Transferstrom beeinflußt; dies wirkt sich auf die BC-Sperrschichtkapazität und den Ausgangswiderstand aus [7].

[17] Unter der Annahme einer vernachlässigbaren Stromaufweitung im Kollektor [16].

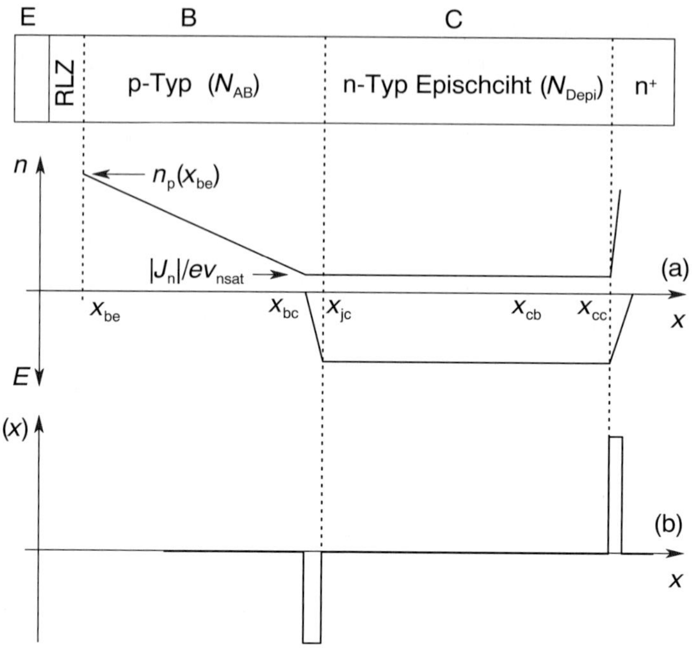

Abb. 16.25. (**a**) Elektronenkonzentration und Feldstärkeverlauf in der BC-Raumladungszone für den Fall $I_T = I_1$, (**b**) Verlauf der Raumladungsdichte

Vollständig ausgeräumte Epischicht. Ist die Epischicht wie in Abb. 16.24 b vollständig ausgeräumt, so bleibt die Ausdehnung der Raumladungszone und damit die Sperrschichtweite annähernd konstant, und der durch die Epischicht bedingte Kollektorbahnwiderstand verschwindet. Der Verlauf der elektrischen Feldstärke wird sich jedoch mit zunehmendem Tranferstrom verändern: Während im Fall $I_T < I_1$ ein Abfall der elektrischen Feldstärke zum Kollektorkontakt hin vorliegt, wächst die Feldstärke im Fall $I_T > I_1$ an (Abb. 16.24 c). Gilt $I_T = I_1$ so wird die Ladungsdichte der ionisierten Donatoren durch die Elektronendichte neutralisiert und die Epischicht ist elektrisch neutral (Abb. 16.25). Ein Anstieg des Transferstroms über den Wert I_1 bedingt eine negative Raumladung in der Epischicht und eine Verschiebung des kollektorseitigen Sperrschichtrands der Basis in Richtung Kollektor, da nun weniger negative Raumladung auf der p-Typ Seite des Übergangs benötigt wird um eine gegebene Potentialdifferenz herzustellen. Beim kritischen Strom I_{KK} ist $x_{bc} = x_{jc}$; die Sperrschicht dehnt sich dann nicht mehr in das p-Bahngebiet aus und die Potentialdifferenz erfolgt hauptsächlich über der Epischicht. Eine zweifache Integration der Poissongleichung liefert dann

$$V_{B'C} - V_{JC} = \int_0^{d_{epi}} E(x)\,dx = \frac{1}{\epsilon}\left(eN_{Depi} - \frac{I_{KK}}{A_{je}v_{nsat}}\right)\frac{d_{epi}^2}{2}$$

falls $x_{jc} = 0$, so daß

$$I_{KK} = I_1 + 2\epsilon A_{je} v_{nsat}(V_{JC} + V_{CB'})/d_{epi}^2 .$$

Übersteigt der Transferstrom I_T den Wert I_{KK}, so kommt es zu einem deutlichen Anstieg der Basisweite mit dem Transferstrom. Diese Basisaufweitung wird als *Kirk Effekt* bezeichnet; sie führt zu einem Anstieg der Basistransitzeit und zu einem Abfall der Stromverstärkung.

16.3 Kleinsignalbeschreibung

16.3.1 Das elementare Kleinsignalmodell

Im elementaren Großsignalmodell gilt im Vorwärtsbetrieb mit $V_{\mathrm{BE}} \gg V_T$ unter Vernachlässigung der Bahnwiderstände (Abb. 16.26 a)

$$I_{\mathrm{C}} \approx I_{\mathrm{S}}\left(1+\frac{V_{\mathrm{CE}}}{V_{\mathrm{AF}}}\right)\exp\left(\frac{V_{\mathrm{BE}}}{V_T}\right) \qquad \text{und} \qquad I_{\mathrm{B}} = \frac{I_{\mathrm{S}}}{B_{\mathrm{F}}}\exp\left(\frac{V_{\mathrm{BE}}}{V_T}\right) .$$

Für die NF-Kleinsignalleitwertparameter folgt hieraus durch Ableiten

$$y'_{11\mathrm{e}} = \left(\frac{\partial I_{\mathrm{B}}}{\partial V_{\mathrm{BE}}}\right)_{\mathrm{V_{CE}}} = \frac{I_{\mathrm{B}}}{V_T} = g_\pi \tag{16.59}$$

$$y'_{12\mathrm{e}} = \left(\frac{\partial I_{\mathrm{B}}}{\partial V_{\mathrm{CE}}}\right)_{\mathrm{V_{BE}}} = 0 \tag{16.60}$$

$$y'_{21\mathrm{e}} = \left(\frac{\partial I_{\mathrm{C}}}{\partial V_{\mathrm{BE}}}\right)_{\mathrm{V_{CE}}} = \frac{I_{\mathrm{C}}}{V_T} = g_{\mathrm{m}} \tag{16.61}$$

$$y'_{22\mathrm{e}} = \left(\frac{\partial I_{\mathrm{C}}}{\partial V_{\mathrm{CE}}}\right)_{\mathrm{V_{BE}}} = \frac{I_{\mathrm{C}}}{V_{\mathrm{CE}}+V_{\mathrm{AF}}} = g_{\mathrm{o}} \tag{16.62}$$

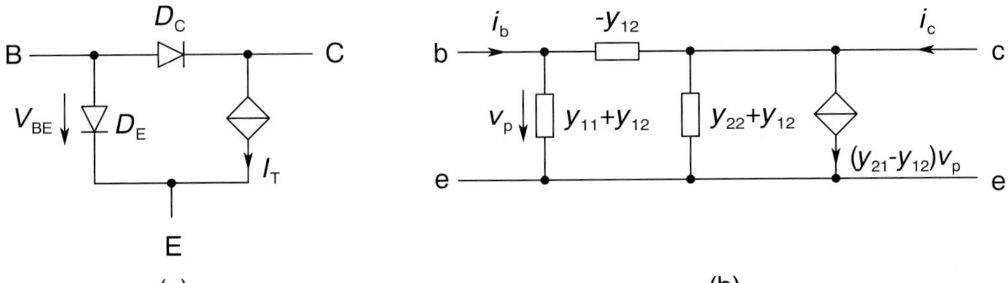

Abb. 16.26. (**a**) Elementares Großsignalmodell unter Vernachlässigung der Bahnwiderstände und (**b**) allgemeine Vierpolersatzschaltung

Die Striche weisen darauf hin, daß es sich um die unter Vernachlässigung der Bahnwiderstände bestimmten *inneren Leitwertparameter* des Transistors handelt. Der Leitwertparameter $y'_{12\mathrm{e}}$ ist in dieser Näherung null; die allgemeine Ersatzschaltung für Vierpole in Leitwertbeschreibung nach Abb. 16.26 b vereinfacht sich damit zu der in Abb. 16.27 dargestellten Kleinsignalersatzschaltung, wobei

$$g_\pi = \frac{I_{\mathrm{B}}}{V_T}, \qquad g_{\mathrm{m}} = \frac{I_{\mathrm{C}}}{V_T} \qquad \text{und} \qquad g_{\mathrm{o}} = \frac{I_{\mathrm{C}}}{V_{\mathrm{CE}}+V_{\mathrm{AF}}} . \tag{16.63}$$

Diese Beziehungen stellen Näherungen dar, die wie das elementare Großsignalmodell für Überschlagsrechnungen verwendet werden können, genauere Wer-

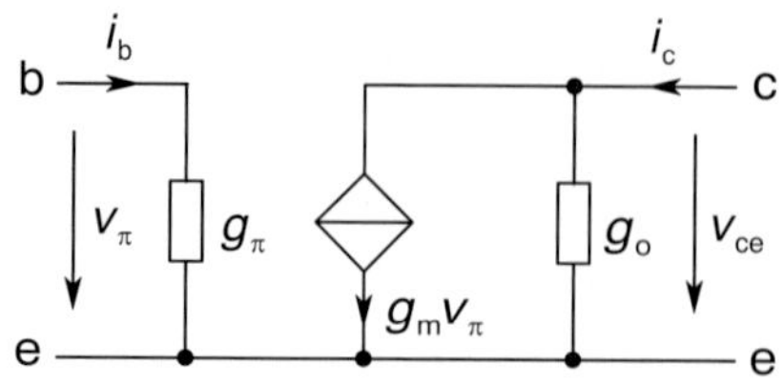

Abb. 16.27. Elementare Kleinsignalersatzschaltung des Bipolartransistors

te der Kleinsignalgrößen ergeben sich aus den in Kap. 18 erläuterten CAD-Modellen. g_π wird gelegentlich als *Eingangsleitwert*, g_m als *Übertragungsleitwert* und g_o als *Ausgangsleitwert* bezeichnet. Diese Größen werden von SPICE bei der Arbeitspunktberechnung ermittelt, falls der Transistor durch das elementare Großsignalmodell beschrieben wird.

Beispiel 16.3.1 Als Beispiel wird ein npn-Transistor simuliert, der durch die Modellanweisung

```
.MODEL BIPO NPN (IS=1F BF=250 VAF=25 BR=6 RB=10 RE=.5 RC=2)
```

beschrieben wird. Die Spannungen V_{BE} und V_{CE} wurden durch zwei Gleichspannungsquellen mit 0.75 V und 5 V festgelegt. Für diese Schaltung wurde eine `.OP`-Anweisung ausgeführt, die in der `.OUT`-Datei u.a. das folgende Ergebnis erzeugt:

```
NAME        Q1
MODEL       BIPO
IB          1.44E-05
IC          4.20E-03
VBE         7.50E-01
VBC         -4.25E+00
VCE         5.00E+00
BETADC      2.92E+02
GM          1.62E-01
RPI         1.80E+03
RO          6.95E+03
```

Die Angaben enthalten Ströme und Klemmenspannungen im Arbeitspunkt und die Stromverstärkung BETADC $= I_C/I_B$, die als Folge des Early-Effekts größer ist als die ideale Vorwärtsstromverstärkung B_F. Mit dem von SPICE berechneten Kollektorstrom I_C ergibt sich der Übertragungsleitwert

$$g_m = \frac{I_C}{V_T} \approx \frac{4.2\,\text{mA}}{25.9\,\text{mV}} = 162\,\text{mS}\ ;$$

der Eingangswiderstand $r_\pi = 1/g_\pi$ des inneren Transistors folgt entsprechend mit dem von SPICE berechneten Basisstrom

$$r_\pi = \frac{V_T}{I_B} = \frac{25.9\,\text{mV}}{14.4\,\mu\text{V}} = 1.8\,\text{k}\Omega\ ,$$

während der Ausgangswiderstand $r_o = 1/g_o$ nach Gl. (16.63) mit

$$r_o = \frac{V_{CE} + V_{AF}}{I_C} = \frac{5\,\text{V} + 25\,\text{V}}{4.2\,\text{mA}} = 7.14\,\text{k}\Omega$$

folgt. Die Größen g_m und r_π stimmen vollständig mit dem Ergebnis der SPICE-Simulation überein, für r_o ergibt sich jedoch eine leichte Abweichung, die von der in Gl. (16.22) gemachten Näherung für q_B herrührt, die nicht ganz dem Ansatz in SPICE entspricht. Δ

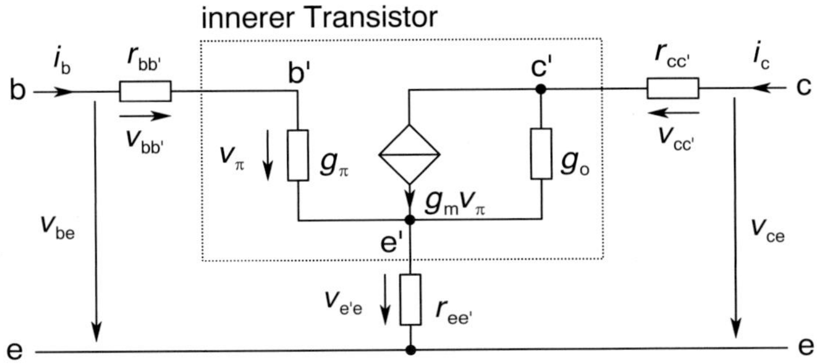

Abb. 16.28. NF-Kleinsignalmodell mit Bahnwiderständen

Die Bahnwiderstände lassen sich durch Ergänzen des Kleinsignalmodells um *Kleinsignalbahnwiderstände* $r_{bb'}$, $r_{cc'}$ und $r_{ee'}$ gemäß Abb. 16.28 erfassen. Im Fall arbeitspunktabhängiger Großsignalbahnwiderstände sind diese von den zugehörigen Kleinsignalbahnwiderständen verschieden. Zur Erläuterung wird der vom Basisstrom i_B abhängige Basisbahnwiderstand $R_{BB'}$ betrachtet. Der Strom I_B im Arbeitspunkt ruft an $R_{BB'}$ den Spannungabfall

$$V_{BB'} = R_{BB'} I_B \tag{16.64}$$

hervor. Wird dem Basisstrom I_B ein Kleinsignalanteil i_b überlagert, so ändert der Basisbahnwiderstand seinen Wert von $R_{BB'} = R_{BB'}(I_B)$ auf

$$R_{BB'}(I_B + i_b) \approx R_{BB'} + i_b \left. \frac{dR_{BB'}}{dI_B} \right|_{I_B} ;$$

der Spannungsabfall am Basisbahnwiderstand ist damit

$$\begin{aligned} V_{BB'} + v_{bb'} &\approx \left(R_{BB'} + i_b \left. \frac{dR_{BB'}}{dI_B} \right|_{I_B} \right) (I_B + i_b) \\ &= R_{BB'} I_B + i_b \left(R_{BB'} + I_B \left. \frac{dR_{BB'}}{dI_B} \right|_{I_B} \right) + i_b^2 \left. \frac{dR_{BB'}}{dI_B} \right|_{I_B} . \end{aligned}$$

Werden nur Terme erster Ordnung in i_b berücksichtigt, so folgt mit Gl. (16.64) $v_{bb'} = r_{bb'} i_b$, wobei

$$\boxed{r_{bb'} = R_{BB'} + I_B \left. \frac{dR_{BB'}}{dI_B} \right|_{I_B}}$$

den *Kleinsignalbasisbahnwiderstand* bezeichnet. Der Kleinsignalbasisbahnwiderstand wird bei einer `.OP`-Analyse aus dem in Kap. 18 beschriebenen Modell des Basisbahnwiderstands berechnet und als `RX` in der `.OUT`-Datei ausgegeben.

Der verschwindende Leitwert $g_\mu \approx 0$ bei Vorwärtsbetrieb ist eine Folge der vernachlässigten Rekombination im Basisbahngebiet. Der bei Vorwärtsbetrieb fließende Basisstrom $I_\mathrm{B} = I_\mathrm{BE} + I_\mathrm{BB} + I_\mathrm{BC}$ ist damit nahezu ausschließlich durch I_BE gegeben, so daß (ohne Berücksichtigung der Bahnwiderstände)

$$y'_{12\mathrm{e}} = \left(\frac{\partial I_\mathrm{B}}{\partial V_\mathrm{CE}}\right)_{V_\mathrm{BE}} = 0$$

resultiert. Beim Übergang zur Vierpolersatzschaltung in Leitwertdarstellung ergibt sich so das in Abb. 16.29 skizzierte Giacoletto-Modell des inneren Transistors für NF-Betrieb.

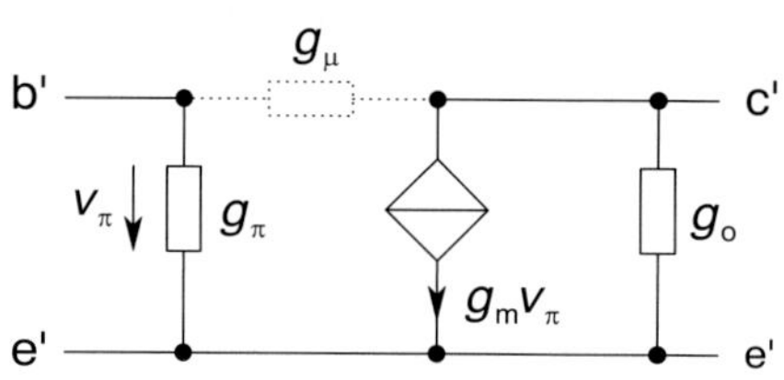

Abb. 16.29. Zur Bedeutung des Rückwirkungsleitwerts bei Vorwärtsbetrieb

In realen Transistoren wird I_B zum Teil durch die Rekombination im Basisvolumen bestimmt, was in der Kleinsignalersatzschaltung durch einen (in Abb. 16.29 gestrichelt eingetragenen) Leitwert g_μ zu berücksichtigen ist. Mit der Basistransitzeit τ_B und der Elektronenlebensdauer in der Basis τ_n gilt die Näherung (vgl. Beispiel 16.2.1)

$$I_\mathrm{BB} \approx \frac{\tau_\mathrm{B}}{\tau_\mathrm{n}} I_\mathrm{T} \,.$$

Dies führt auf einen nicht verschwindenden *Rückwirkungsleitwert*

$$y'_{12\mathrm{e}} = \left(\frac{\partial I_\mathrm{BB}}{\partial V_\mathrm{CE}}\right)_{V_\mathrm{BE}} \approx \frac{I_\mathrm{T}}{\tau_\mathrm{n}} \left(\frac{\partial \tau_\mathrm{B}}{\partial V_\mathrm{CE}}\right)_{V_\mathrm{B'E'}} + \frac{\tau_\mathrm{B}}{\tau_\mathrm{n}} \left(\frac{\partial I_\mathrm{T}}{\partial V_\mathrm{CE}}\right)_{V_\mathrm{BE}} .$$

Mit $\tau_\mathrm{B} \approx d_\mathrm{B}^2/(2D_\mathrm{n})$ folgt

$$\left(\frac{\partial \tau_\mathrm{B}}{\partial V_\mathrm{CE}}\right)_{V_\mathrm{BE}} = \frac{d_\mathrm{B}}{D_\mathrm{n}} \left(\frac{\partial d_\mathrm{B}}{\partial V_\mathrm{CE}}\right)_{V_\mathrm{BE}} = \frac{2\,\tau_\mathrm{B}}{d_\mathrm{B}} \left(\frac{\partial d_\mathrm{B}}{\partial V_\mathrm{CE}}\right)_{V_\mathrm{BE}} .$$

Da der Transferstrom I_T umgekehrt proportional zu d_B ist und bei Niederinjektion nur durch den Early-Effekt von V_CE abhängt, gilt weiter

$$\left(\frac{\partial I_\mathrm{T}}{\partial V_\mathrm{CE}}\right)_{V_\mathrm{BE}} = g_\mathrm{o} \approx -\frac{I_\mathrm{T}}{d_\mathrm{B}} \left(\frac{\partial d_\mathrm{B}}{\partial V_\mathrm{CE}}\right)_{V_\mathrm{BE}}$$

bzw.

$$\left(\frac{\partial d_\mathrm{B}}{\partial V_\mathrm{CE}}\right)_{V_\mathrm{BE}} = -\frac{d_\mathrm{B}}{I_\mathrm{T}} g_\mathrm{o} \,.$$

Zusammenfassen liefert für den Rückwirkungsleitwert

$$g_\mu = -y'_{12e} = \frac{\tau_B}{\tau_n}\, g_o \,. \tag{16.65}$$

Würden keine Löcher in den Emitter injiziert, so wäre $I_B \approx I_{BB}$ und das Verhältnis τ_B/τ_n gleich dem Kehrwert der Stromverstärkung B_N; unter diesen Umständen ergibt sich die gelegentlich angegebene Beziehung $g_\mu = g_o/B_N$. Da in modernen Transistoren $I_{BE} \gg I_{BB}$ bzw. $B_N\tau_B \ll \tau_n$ gilt, ist bei Vorwärtsbetrieb die Annahme

$$\boxed{g_o/B_N \gg g_\mu \approx 0} \tag{16.66}$$

gerechtfertigt.

16.3.2 NF-Hybridparameter

Die NF-Hybridparameter sind als Ableitungen definiert und können, wie Abb. 16.30 zeigt, als Steigungen der Kennlinien des Bipolartransistors im Vierquadranten-Kennlinienfeld aufgefaßt werden. Die Parameter

$$h_{11e} = \left(\frac{\partial V_{BE}}{\partial I_B}\right)_{V_{CE}} \quad \text{und} \quad h_{21e} = \left(\frac{\partial I_C}{\partial I_B}\right)_{V_{CE}}$$

werden dabei unter der Bedingung V_{CE} = const. ermittelt, der Kleinsignalanteil v_{ce} ist hier null, was einem *Kurzschluß* im Ausgangskreis der Kleinsignalersatzschaltung entspricht (Abb. 16.31 a). Die Parameter

$$h_{12e} = \left(\frac{\partial V_{BE}}{\partial V_{CE}}\right)_{I_B} \quad \text{und} \quad h_{22e} = \left(\frac{\partial I_C}{\partial V_{CE}}\right)_{I_B}$$

werden dagegen unter der Bedingung I_B = const. ermittelt; hier ist der Kleinsignalanteil i_b im Eingangskreis null, was dem *Leerlauf* am Eingang der Kleinsignalersatzschaltung entspricht (Abb. 16.31 b).

Die in Abb. 16.31 dargestellten Kleinsignalersatzschaltungen können zur Bestimmung der NF-Hybridparameter verwendet werden. Aus Abb. 16.31 a folgt der als *(Kurzschluß-)Eingangswiderstand* bezeichnete Parameter h_{11e} zu

$$h_{11e} = \frac{v_{be}}{i_b} = r_{bb'} + r_\pi + r_{ee'}(h_{21e} + 1) \,. \tag{16.67}$$

Der Eingangswiderstand ergibt sich demnach als Reihenschaltung dreier Widerstände. Dabei ist jedoch zu berücksichtigen, daß der Emitterbahnwiderstand $r_{ee'}$ zusätzlich vom Strom im Ausgangskreis durchflossen wird, der über die gesteuerte Stromquelle mit dem Strom im Eingangskreis zusammenhängt. Unter Vernachlässigung der Bahnwiderstände folgt die Näherung

$$h_{11e} \approx r_\pi \approx V_T/I_C \,,$$

die für grobe Abschätzungen taugt.

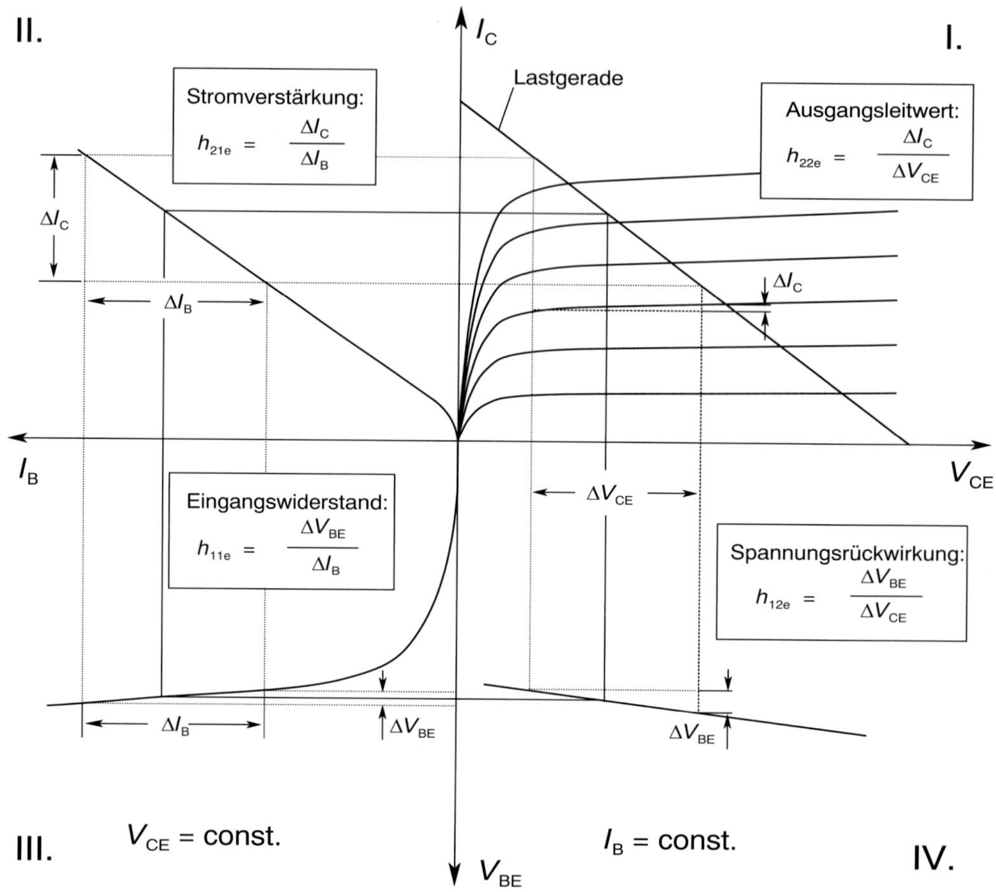

Abb. 16.30. Vierpolparameter interpretiert als Steigungen im Kennlinienfeld

Ebenfalls aus Abb. 16.31 a kann die als *(Kurzschluß-)Stromverstärkung* bezeichnete Kenngröße h_{21e} ermittelt werden

$$h_{21e} = \frac{i_c}{i_b} = \frac{g_m/g_\pi - r_{ee'}g_o}{1 + g_o(r_{ee'} + r_{cc'})} . \tag{16.68}$$

Unter Vernachlässigung der Bahnwiderstände folgt die Näherung

$$\boxed{h_{21e} = \beta \approx g_m/g_\pi ,} \tag{16.69}$$

die in der Regel sehr gut erfüllt ist. Der Kleinsignalwert β der Stromverstärkung ist mit dem Großsignalwert $B_N = I_C/I_B$ über

$$\beta = \left(\frac{\partial I_C}{\partial I_B}\right)_{V_{CE}} = \left(\frac{\partial B_N I_B}{\partial I_B}\right)_{V_{CE}} = B_N + I_B\left(\frac{\partial B_N}{\partial I_B}\right)_{V_{CE}}$$

$$= \frac{B_N}{1 - I_B(\partial B_N/\partial I_C)} \tag{16.70}$$

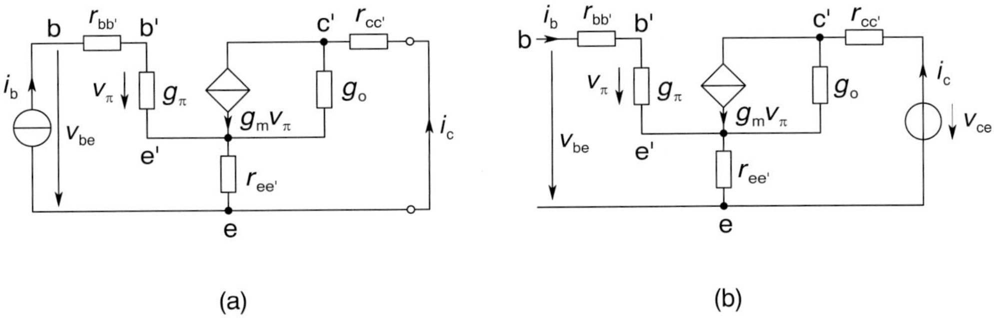

Abb. 16.31. Kleinsignalersatzschaltungen zur Berechung (**a**) der Parameter h_{11e} und h_{21e} sowie (**b**) der Parameter h_{12e} und h_{22e}

verknüpft, wobei berücksichtigt wurde, daß $(\partial B_N/\partial I_B) = \beta(\partial B_N/\partial I_C)$ gilt. Die beiden Größen stimmen nur überein, wenn die Großsignalstromverstärkung B_N arbeitspunktunabhängig ist, was in der Regel jedoch nicht der Fall ist. Die Kleinsignalstromverstärkung β wird bei der Arbeitspunktberechnung (`.OP`-Analyse) bestimmt und als `BETAAC` in der `.OUT`-Datei ausgedruckt.

Der Parameter h_{22e} wird als *Ausgangsleitwert* bei offenem Eingang bezeichnet; er folgt aus der Kleinsignalersatzschaltung nach Abb. 16.31 b zu

$$h_{22e} = \frac{i_c}{v_{ce}} = \frac{g_o}{1 + g_o(r_{ee'} + r_{cc'})} . \tag{16.71}$$

Unter Vernachlässigung der Bahnwiderstände resultiert die Näherung

$$\boxed{h_{22e} \approx g_o ,} \tag{16.72}$$

die in der Regel sehr gut erfüllt ist.

Der Parameter h_{12e} heißt *Spannungsrückwirkung* bei offenem Eingang und läßt sich ebenfalls anhand von Abb. 16.31 b ermitteln

$$h_{12e} = \frac{v_{be}}{v_{ce}} = \frac{r_{ee'}}{r_{cc'} + r_o + r_{ee'}} . \tag{16.73}$$

Da im Nenner i. allg. r_o dominiert, gilt die Näherung

$$\boxed{h_{12e} \approx r_{ee'} g_o \ll 1} \tag{16.74}$$

Für die meisten Anwendungen kann h_{12e} gleich null angenommen werden. Das folgende Beispiel zeigt, wie die Hybridparameter eines Bipolartransistors aus den Kenngrößen der Großsignalersatzschaltung berechnet werden können.

Beispiel 16.3.2 Betrachtet wird ein Bipolartransistor, der durch die Parameter

```
IS=1F   BF=200   VAF=20   RB=10   RE=0.5   RC=2
```

beschrieben ist. Die Betriebstemperatur sei $T = 300\,\mathrm{K}$; im Arbeitspunkt $V_{CE} = 5\,\mathrm{V}$ fließt der Kollektorstrom $I_C = 10\,\mathrm{mA}$. Die Stromverstärkung im Arbeitspunkt ist

$$B_{\mathrm{N}} \approx B_{\mathrm{F}}\left(1+\frac{V_{\mathrm{CE}}}{V_{\mathrm{AF}}}\right) = 200\left(1+\frac{5}{20}\right) = 250\ .$$

Damit folgt für den Basisstrom

$$I_{\mathrm{B}} = I_{\mathrm{C}}/B_{\mathrm{N}} = 40\,\mu\mathrm{A}\ .$$

Die Elemente g_{m}, r_{π} und g_{o} der Kleinsignalersatzschaltung ergeben sich mit der Temperaturspannung $V_T = 25.9\,\mathrm{mV}$ zu

$$g_{\mathrm{m}} \approx I_{\mathrm{C}}/V_T = 386\,\mathrm{mS} \qquad (16.75)$$

$$r_{\pi} \approx V_T/I_{\mathrm{B}} = 647\,\Omega \qquad (16.76)$$

$$g_{\mathrm{o}} \approx I_{\mathrm{C}}/(V_{\mathrm{AF}}+V_{\mathrm{CE}}) = 0.4\,\mathrm{mS}\ . \qquad (16.77)$$

Hieraus folgt für die NF-Hybridparameter $h_{21\mathrm{e}}$ und $h_{22\mathrm{e}}$ unter Vernachlässigung der Bahnwiderstände

$$h_{21\mathrm{e}} \approx \frac{g_{\mathrm{m}}}{g_{\pi}} = 250 \quad \text{und} \quad h_{22\mathrm{e}} \approx g_{\mathrm{o}} = 0.4\,\mathrm{mS}\ .$$

Aus den Gln. (16.68) und (16.72) folgt unter Berücksichtigung der Bahnwiderstände $h_{21\mathrm{e}} = 249.7$ und $h_{22\mathrm{e}} = 0.3996\,\mathrm{mS}$: Die Vernachlässigung der Bahnwiderstände war hier gerechtfertigt. Bei der Berechnung von $h_{11\mathrm{e}}$ und $h_{12\mathrm{e}}$ spielen die Bahnwiderstände eine bedeutendere Rolle

$$h_{11\mathrm{e}} \approx r_{\mathrm{bb'}} + r_{\pi} + r_{\mathrm{ee'}}(h_{21\mathrm{e}}+1) = 10\,\Omega + 647\,\Omega + 251\cdot 0.5\,\Omega = 782\,\Omega$$

$$h_{12\mathrm{e}} = \frac{r_{\mathrm{ee'}}}{r_{\mathrm{cc'}}+r_{\mathrm{o}}+r_{\mathrm{ee'}}} = \frac{0.5\,\Omega}{2\,\Omega + 2.5\,\mathrm{k}\Omega + 0.5\,:\Omega} = 2\cdot 10^{-4}\ .$$

Unter Vernachlässigung der Bahnwiderstände ergibt sich $h_{12\mathrm{e}} = 0$ und $h_{11\mathrm{e}} = 647\,\Omega$, was deutlich abweicht. Für Überschlagsrechnungen ist die Vernachlässigung der Bahnwiderstände dennoch sinnvoll, da r_{π} wegen des hier nicht berücksichtigten Emissionskoeffizienten der EB-Diode bereits deutlich fehlerbehaftet sein kann. △

Die Werte der Hybridparameter hängen vom Arbeitspunkt, d. h. vom Kollektorstrom I_{C} und der Spannung V_{CE} ab. Zur schnellen Bestimmung der NF-Hybridparameter werden diese gelegentlich in Datenbüchern in normierter Form angegeben.

16.3.3 T-Ersatzschaltung

Abbildung 16.32 a zeigt das um Bahnwiderstände erweiterte Ebers-Moll-Modell für den Vorwärtsbetrieb. Durch Linearisieren dieses Modells folgt die in Abb. 16.32 b dargestellte *T-Ersatzschaltung*, in dem Ausgangsleitwert und die Spannungsrückwirkung jedoch nicht berücksichtigt werden. Um diese zu erfassen wird das Modell entsprechend Abb. 16.32 c um den Widerstand r_{c} und die gesteuerte Quelle $\mu v_{\mathrm{b'c'}}$ ergänzt.

Die erweiterte T-Ersatzschaltung ist wie die Giacoletto-Ersatzschaltung für NF-Betrieb aus sechs Netzwerkelementen aufgebaut, wobei die Werte von $r_{\mathrm{bb'}}$

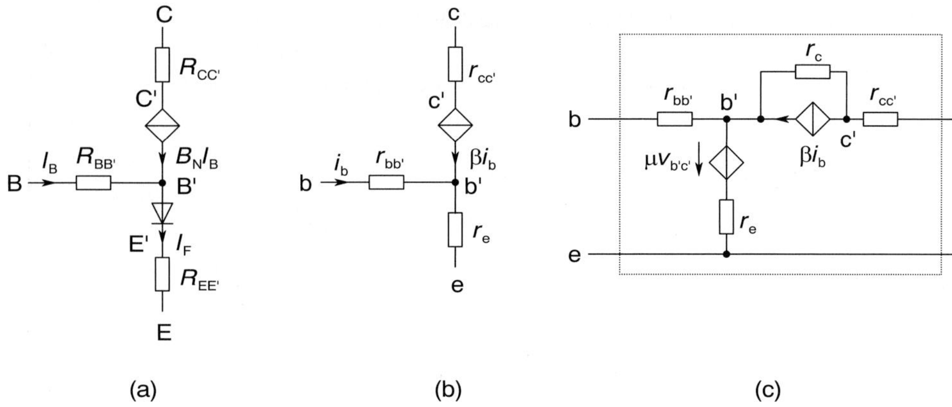

Abb. 16.32. (**a**) Ebers-Moll-Moll für Vorwärtsbetrieb mit Bahnwiderständen, (**b**) elementare T-Ersatzschaltung, (**c**) T-Ersatzschaltung mit Berücksichtigung von Ausgangsleitwert und Spannungsrückwirkung

und $r_{cc'}$ in beiden Modellen übereinstimmen. Die Kenngrößen β, r_e, r_c und μ der T-Ersatzschaltung lassen sich aus den Komponenten g_π, g_m, g_o und $r_{ee'}$ der π-Ersatzschaltung nach Giacoletto berechnen, da beide Ersatzschaltungen auf dieselben Vierpolparameter führen müssen.

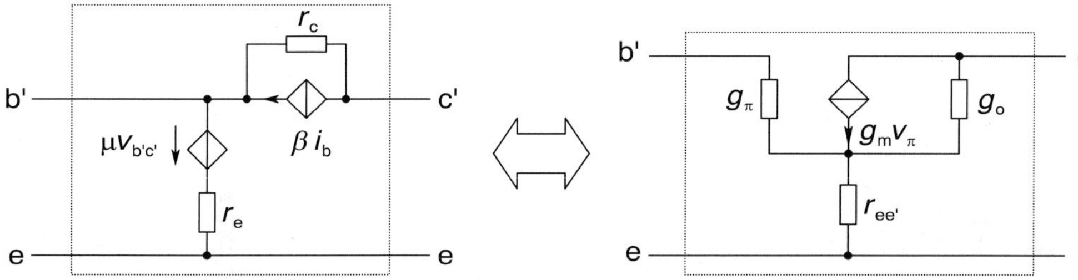

Abb. 16.33. Zum Übergang zwischen T-Ersatzschaltung und Giacoletto-Ersatzschaltung

Durch Bestimmen der Vierpolparameter der in Abb. 16.33 dargestellten Ersatzschaltungen und Koeffizientenvergleich ergeben sich so die Beziehungen

$$\beta = g_m/g_\pi \tag{16.78}$$

$$r_e = r_\pi\,(1+r_{ee'}g_o)\,/(\beta+1) + r_{ee'} \approx r_{ee'} + 1/g_m \tag{16.79}$$

$$r_c = (r_{ee'} + r_o)/(1 - r_{ee'}g_o) \approx r_o \tag{16.80}$$

$$\mu = r_e/r_c + r_{ee'}g_o \approx r_e/r_c \tag{16.81}$$

mit denen sich die Elemente der T-Ersatzschaltung aus den Kenngrößen der Giacoletto-Ersatzschaltung berechnen lassen.

16.3.4 Transistorkapazitäten und Grenzfrequenzen

Da mit jedem der pn-Übergänge des Bipolartransistors die aus Kap. 14 bekannten Sperrschicht- und Diffusionskapazitäten verbunden sind, sind bei höheren Frequenzen in der Kleinsignalersatzschaltung zusätzlich zwei Kapazitäten c_π (zwischen Basis und Emitter) und c_μ (zwischen Basis und Kollektor) zu berücksichtigen. Auf diesem Weg folgt die in Abb. 16.34 dargestellte Kleinsignalersatzschaltung nach Giacoletto.

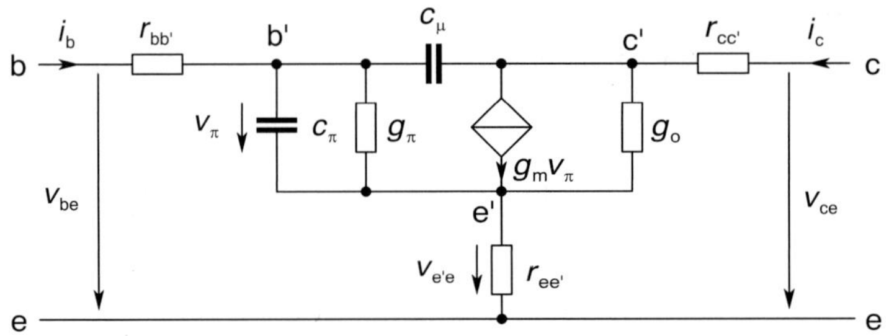

Abb. 16.34. Kleinsignalersatzschaltung nach Giacoletto

Die im Transistor auftretende Diffusionsladung wird in einen Anteil $q_{TE} \sim i_{CE}$ aufgeteilt, der von der EB-Diode gesteuert wird und einen Anteil $q_{TC} \sim i_{EC}$, der von der BC-Diode gesteuert wird. Die *Diffusisonsladungen* q_{TE} und q_{TC} werden wie bei der pn-Diode, durch einen *quasistatischen* Ansatz beschrieben: Die im stationären Betrieb vorliegenden Verhältnisse werden auf den zeitabhängigen Fall übertragen.

Abbildung 16.35 erläutert die Aufteilung der Diffusionsladung. Die Diffusionsladung im Emitter kommt durch Löcherinjektion in das Emitterbahngebiet bei $V_{B'E'} > 0$ zustande und ist eindeutig mit der EB-Diode verbunden. Entsprechend hängt die Diffusionsladung im Kollektor mit Löcherinjektion für $V_{B'C'} > 0$ zusammen und ist mit der BC-Diode verknüpft. Die Diffusionsladung in der Basis ist proportional zur Fläche des Trapezes ABCD. Sie läßt sich aufteilen [18] in einen Anteil (ABD), der der EB-Diode zuzuordnen ist und bei $V_{B'E'} > 0$ und $V_{B'C'} = 0$ auftritt, sowie einen Anteil (ACD) der der BC-Diode zuzuordnen ist und bei $V_{B'C'} > 0$ und $V_{B'E'} = 0$ auftritt. Die beiden Diffusionsladungen q_{TE} und q_{TC} werden unter Verwendung der Vorwärtstransitzeit τ_f und der Rückwärtstransitzeit τ_r beschrieben als

$$q_{TE} = \tau_f \, i_{CE}/q_B \quad \text{und} \quad q_{TC} = \tau_r \, i_{EC}/q_B \, , \tag{16.82}$$

wobei τ_f und, τ_r i.allg. arbeitspunktabhängige Größen sind. Die sog. *Vorwärtstransitzeit* τ_f wird in SPICE in einfachster Näherung durch den Parameter

[18] Die Summe der Flächen der beiden Dreiecke ABD und ACD ist gleich der Fläche unter dem Trapez, da das unschraffierte Dreieck BCD durch Scherung in ACD überführt werden kann.

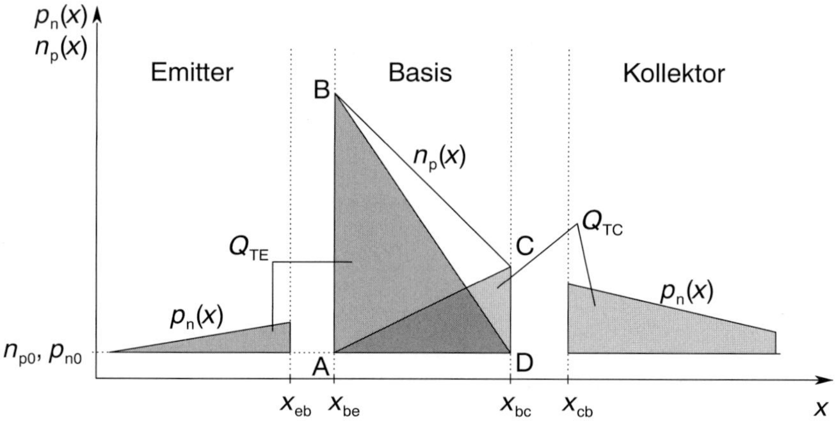

Abb. 16.35. Diffusionsladungen im npn-Bipolartransistor (schematisch)

T_F bestimmt (vgl. Kap. 18) und kann für Abschätzungen gleich der Basistransitzeit τ_B gesetzt werden, da die Diffusionsladung der EB-Diode wegen der im Vergleich zum Emitter geringen Basisdotierung hauptsächlich im Basisgebiet liegt; die *Rückwärtstransitzeit* τ_r wird durch den Parameter T_R spezifiziert.

Bei Vorwärtsbetrieb ist nur die EB-Diode flußgepolt, mit der BC-Diode ist unter diesen Umständen keine Diffusionsladung verbunden. Die Diffusionsladung ist dann $q_{TE} = \tau_f I_C$ woraus durch Ableiten nach V_{BE} die Diffusionskapazität $\tau_f g_m$ folgt. Bezeichnet c_{je} die EB-Sperrschichtkapazität und c_{jc} die BC-Sperrschichtkapazität, so läßt sich schreiben

$$c_\pi = c_{je} + \tau_f g_m \quad \text{und} \quad c_\mu = c_{jc}\,, \tag{16.83}$$

wobei $\tau_f g_m$ die *Diffusionskapazität* der EB-Diode angibt.

Die Kapazitäten beeinflussen das elektrische Verhalten des Transistors bei höheren Frequenzen. Hier wird nur das für die Praxis besonders wichtige Verhalten der Stromverstärkung $\underline{h}_{21e}$ und des Übertragungsleitwerts $\underline{y}_{21e}$ betrachtet, wobei die Bahnwiderstände $r_{ee'}$ und $r_{cc'}$ der Einfachheit halber nicht berücksichtigt werden. Abbildung 16.36 zeigt die unter diesen Umständen maßgebliche Ersatzschaltung; der Ausgangsleitwert g_o wurde gestrichelt gezeichnet, da er wegen des Kurzschlusses am Ausgang überbrückt wird.

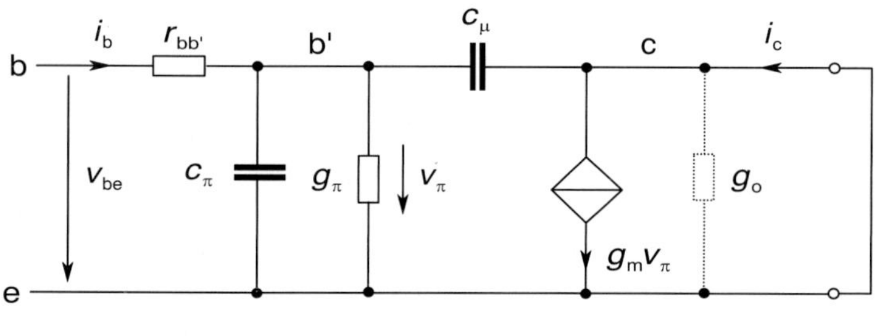

Abb. 16.36. Kleinsignalersatzschaltung mit kurzgeschlossenem Ausgang zur Bestimmung von $\underline{h}_{21e}$ und $\underline{y}_{21e}$

Transitfrequenz, β-Grenzfrequenz. Der Eingangsstrom $\underline{i}_\mathrm{b}$ teilt sich nach der Stromteilerregel auf in einen Strom durch g_π sowie einen Strom durch die parallel liegenden Kapazitäten c_π und c_μ. Mit zunehmender Frequenz wird g_π kapazitiv kurzgeschlossen, der Spannungsabfall $\underline{v}_\pi$ nimmt dann umgekehrt proportional zur Frequenz ab, und damit auch der von dieser Spannung gesteuerte Transferstrom. Wird der Beitrag des Stroms durch c_μ zum Kollektorstrom vernachlässigt, so folgt aus der *Stromteilerregel*

$$\underline{i}_\mathrm{c} = g_\mathrm{m}\underline{v}_\pi = g_\mathrm{m}r_\pi \frac{g_\pi}{g_\pi + \mathrm{j}\omega(c_\pi + c_\mu)}\underline{i}_\mathrm{b} = \frac{\beta}{1+\mathrm{j}f/f_\beta}\underline{i}_\mathrm{b}$$

mit der *β-Grenzfrequenz*

$$f_\beta = \frac{1}{2\pi}\frac{g_\pi}{c_\pi + c_\mu}\,.$$

Für $\underline{h}_\mathrm{21e}$ gilt demzufolge in erster Ordnung der Frequenz f

$$\boxed{\underline{h}_\mathrm{21e}(f) \approx \frac{\beta}{1+\mathrm{j}f/f_\beta}\,.} \tag{16.84}$$

Der Betrag von $\underline{h}_\mathrm{21e}$ zeigt deshalb für Frequenzen $f \gg f_\beta$ einen Abfall $\sim f^{-1}$.

$$|\underline{h}_\mathrm{21e}(f)| \approx \beta f_\beta/f = f_\mathrm{T}/f\,.$$

Die Größe

$$\boxed{f_\mathrm{T} = \beta f_\beta} \tag{16.85}$$

wird dabei als *Transitfrequenz* des Transistors bezeichnet. Für $f = f_\mathrm{T}$ ist der Näherungsausdruck für $|\underline{h}_\mathrm{21e}|$ gleich eins.

Beispiel 16.3.3 Mit der Steuerdatei

```
IBDC 1 0 DC -50u
IBAC 1 0 AC 1
VCE 2 0 DC 5
Q1 2 1 0 BIPO
.MODEL BIPO NPN (IS=1E-15 BF=200 VAF=20 CJE=2P VJE=0.95 MJE=0.4
+CJC=1P VJC=0.9 MJC=0.45 TF=0.4N)
.AC DEC 50 1 1G
.PROBE
.END
```

wurde $\underline{h}_{21e}$ durch eine `.AC`-Analyse nach Betrag und Phase ermittelt. Der Arbeitspunkt wird dabei durch die Quellen IBDC und VCE mit 50 µA bzw. 5 V eingestellt. Mit der Stromverstärkung $B_\mathrm{N} = 200(1 + 5/20) = 250 = \beta$ folgt $I_\mathrm{C} = 12.5\,\mathrm{mA}$ und somit $g_\mathrm{m} = I_\mathrm{C}/V_T = 484\,\mathrm{mS}$ und $g_\pi = I_\mathrm{B}/V_T = 1.93\,\mathrm{mS}$. Mit den Spannungen

$$V_\mathrm{BE} = V_T \ln(B_\mathrm{F} I_\mathrm{B}/I_\mathrm{S}) = 774\,\mathrm{mV} \quad \text{und} \quad V_\mathrm{CB} = 5\,\mathrm{V} - V_\mathrm{BE} = 4.226\,\mathrm{V}$$

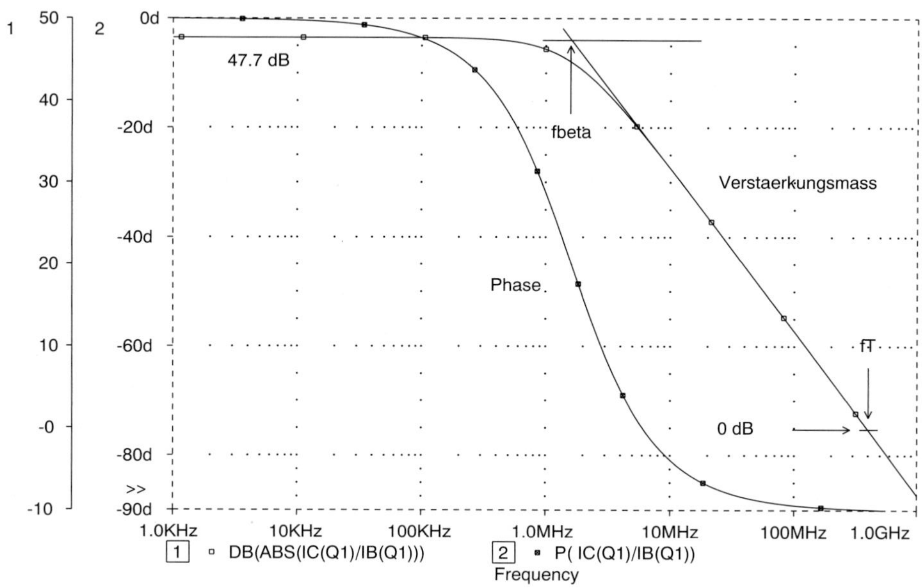

Abb. 16.37. Beispielsimulation h21e

folgen die Sperrschichtkapazitäten

$$c_{\text{je}} = \frac{2\,\text{pF}}{(1-0.774/0.95)^{0.45}} = 3.92\,\text{pF}$$

und

$$c_{\text{jc}} = \frac{1\,\text{pF}}{(1+4.226/0.9)^{0.4}} = 0.46\,\text{pF}\ ,$$

so daß $c_\pi = c_{\text{je}} + T_{\text{F}} g_{\text{m}} = 197.5\,\text{pF}$ und $c_\mu = c_{\text{jc}} = 0.46\,\text{pF}$. Für die Transitfrequenz und die β-Grenzfrequenz des Transistors folgt damit

$$f_{\text{T}} = \frac{g_{\text{m}}}{2\pi(c_\pi + c_\mu)} = 389\,\text{MHz} \quad \text{und} \quad f_\beta = \frac{f_{\text{T}}}{\beta} = 1.56\,\text{MHz}$$

in Übereinstimmung mit dem Simulationsergebnis (Abb. 16.37). Δ

Für $r_{\text{ee}'} \neq 0$ und $r_{\text{cc}'} \neq 0$ ergibt sich mit Gl. (16.83) unter Vernachlässigung des Early-Effekts ($g_{\text{o}} = 0$) aus dem Giacoletto-Modell (Abb. 16.34)

$$\begin{aligned} \frac{1}{f_{\text{T}}} &= 2\pi \left[\frac{c_\pi + c_\mu}{g_{\text{m}}} + (r_{\text{ee}'} + r_{\text{cc}'}) c_\mu \right] \\ &= 2\pi \left[\frac{(c_{\text{je}} + c_{\text{jc}}) V_T}{I_{\text{C}}} + \tau_{\text{f}} + (r_{\text{ee}'} + r_{\text{cc}'})\, c_{\text{jc}} \right] . \end{aligned} \qquad (16.86)$$

Beispiel 16.3.4 Als Beispiel wird die Transitfrequenz eines integrierten Bipolartansistors berechnet. Für diesen sei bekannt: $c_{\text{je}} = 10\,\text{fF}$, $c_{\text{jc}} = 11\,\text{fF}$, $\tau_{\text{f}} = 8\,\text{ps}$, $r_{\text{cc}'} = 80\,\Omega$ und $r_{\text{ee}'} = 25\,\Omega$. Die Temperaturspannung V_T sei 25 mV, einer Temperatur von 290 K entsprechend; der Strom im Arbeitspunkt betrage $I_{\text{C}} = 0.1\,\text{mA}$.

Durch Einsetzen folgt

$$\begin{aligned}\frac{1}{2\pi f_{\mathrm{T}}} &= \frac{(c_{\mathrm{je}}+c_{\mathrm{jc}})V_T}{I_{\mathrm{C}}} + \tau_{\mathrm{f}} + r_{\mathrm{ee'}}c_{\mathrm{jc}} + r_{\mathrm{cc'}}c_{\mathrm{jc}} = \\ &= 5.0\,\mathrm{ps} + 8.0\,\mathrm{ps} + 0.3\,\mathrm{ps} + 0.8\,\mathrm{ps} = 14.1\,\mathrm{ps}\end{aligned}$$

was auf die Transitfrequenz $f_{\mathrm{T}} = 11.3\,\mathrm{GHz}$ führt. Mit $\beta = 100$ würde eine β-Grenzfrequenz von 113 MHz resultieren. Δ

Die Transitfrequenz ist eine vom Arbeitspunkt abhängige Größe. Für kleine Ströme I_{C} dominiert der erste Term auf der rechten Seite

$$f_{\mathrm{T}} \approx \frac{I_{\mathrm{C}}}{2\pi(c_{\mathrm{je}}+c_{\mathrm{jc}})V_T},$$

die Transitfrequenz nimmt hier mit zunehmendem I_{C} zu. Für große I_{C} kann der erste Term in (16.86) vernachlässigt werden; dann gilt

$$f_{\mathrm{T}} \approx \frac{1}{2\pi\left[\tau_{\mathrm{f}} + (r_{\mathrm{ee'}}+r_{\mathrm{cc'}})c_{\mathrm{jc}}\right]}.$$

Die Transitfrequenz würde danach gegen einen konstanten Wert streben – dies wird in der Praxis nicht beobachtet, da τ_{f} im Bereich hoher Ströme ansteigt: Bei weiter steigendem Kollektorstrom sinkt die Transitfrequenz nach Überschreiten des Maximalwerts f_{Tmax}. Der maximal erreichbare Wert der Transitfrequenz nimmt mit ansteigendem Wert von V_{CE} zu, da c_{jc} und die von der Basisweite abhängige Vorwärtstransitzeit τ_{f} mit zunehmender Sperrspannung abnehmen.

Steilheitsgrenzfrequenz. Der *Übertragungsleitwert* $\underline{y}_{21\mathrm{e}}$ ist maßgeblich bei Spannungssteuerung und wird durch den am Eingang wirkenden Spannungsteiler aus $r_{\mathrm{bb'}}$ und der Parallelschaltung von g_π und $(c_\pi + c_\mu)$ bestimmt. Mit dem Spannungsteilerverhältnis

$$\frac{\underline{v}_\pi}{\underline{v}_{\mathrm{be}}} = \frac{[g_\pi + \mathrm{j}\omega\,(c_\pi + c_\mu)]^{-1}}{r_{\mathrm{bb'}} + [g_\pi + \mathrm{j}\omega\,(c_\pi+c_\mu)]^{-1}} = \frac{1}{1 + g_\pi r_{\mathrm{bb'}} + \mathrm{j}\omega\, r_{\mathrm{bb'}}\,(c_\pi+c_\mu)}$$

folgt für den Übertragungsleitwert näherungsweise

$$\underline{y}_{21\mathrm{e}} \approx g_{\mathrm{m}}\frac{\underline{v}_\pi}{\underline{v}_{\mathrm{be}}} \approx \frac{g_{\mathrm{m}}}{1 + r_{\mathrm{bb'}}g_\pi}\,\frac{1}{1 + \mathrm{j}\,f/f_{\mathrm{y}}}, \tag{16.87}$$

wobei

$$f_{\mathrm{y}} = \frac{1 + r_{\mathrm{bb'}}g_\pi}{2\pi r_{\mathrm{bb'}}(c_\pi+c_\mu)} \approx \frac{1}{2\pi r_{\mathrm{bb'}}(c_\pi+c_\mu)} \tag{16.88}$$

die sog. *Steilheitsgrenzfrequenz* bezeichnet. Ist der Term $r_{\mathrm{bb'}}\,g_\pi$ im Zähler vernachlässigbar, so folgt

$$f_{\mathrm{y}} \approx \frac{1}{2\pi r_{\mathrm{bb'}}(c_\pi + c_\mu)} = \frac{1}{r_{\mathrm{bb'}} g_{\mathrm{m}}} \frac{g_{\mathrm{m}}}{2\pi(c_\pi + c_\mu)} \approx \frac{f_{\mathrm{T}}}{r_{\mathrm{bb'}} g_{\mathrm{m}}} = \frac{f_\beta}{r_{\mathrm{bb'}} g_\pi} .$$

Die Steilheitsgrenzfrequenz ist deshalb groß im Vergleich zur β-Grenzfrequenz solange $r_{\mathrm{bb'}} g_\pi \ll 1$ gilt. Die betrachtete Näherung ist für Abschätzungen geeignet; eine weitergehende Untersuchung der HF-Leitwertparameter ist weiter unten zu finden.

Beispiel 16.3.5 Besitzt der in Beispiel 16.3.4 betrachtete Bipolartransistor den Kleinsignalbasisbahnwiderstand $r_{\mathrm{bb'}} = 100\,\Omega$, und die Kleinsignalstromverstärkung $\beta = 100$, so folgt bei $I_{\mathrm{C}} = 1\,\mathrm{mA}$ für die Steilheitsgrenzfrequenz

$$f_{\mathrm{y}} = \frac{1 + r_{\mathrm{bb'}} \dfrac{I_{\mathrm{C}}}{\beta V_T}}{2\pi r_{\mathrm{bb'}} \left(c_{\mathrm{je}} + \tau_{\mathrm{f}} \dfrac{I_{\mathrm{C}}}{V_T} + c_{\mathrm{jc}} \right)} = \frac{1 + 0.0386}{2\pi \cdot 100\,\Omega \cdot 330\,\mathrm{fF}} \approx 5\,\mathrm{GHz} ,$$

was deutlich größer ist als die β-Grenzfrequenz, die im Arbeitspunkt den Wert $f_\beta \approx 166\,\mathrm{MHz}$ aufweist. Δ

Maximale Schwingfrequenz. Neben der Transitfrequenz f_{T} wird zum Vergleich unterschiedlicher Transistortypen häufig deren maximale Schwingfrequenz f_{max} herangezogen. Für Frequenzen $f > f_{\mathrm{max}}$ ist die Ausgangsleistung in Emitterschaltung auch bei optimaler Beschaltung kleiner als die Eingangsleistung, d. h. der Transistor kann dann nicht mehr als aktives Element in einer Oszillatorschaltung verwendet werden. Der Wert von f_{max} definiert eine theoretische Obergrenze: In der Praxis werden Transistoren in frequenzstabilen Oszillatorschaltungen bei Frequenzen betrieben, die deutlich unterhalb der maximalen Schwingfrequenz liegen.

Für eine Abschätzung von f_{max}wird die in Abb. 16.38 a gezeigte Kleinsignalersatzschaltung herangezogen. Bei hohen Frequenzen mit $\omega c_\pi \gg r_{\mathrm{bb'}}$ fällt die Eingangsspannung v_1 hauptsächlich an $r_{\mathrm{bb'}}$ ab; die an den Eingang abgegebene Leistung ist demzufolge $P_1 = r_{\mathrm{bb'}} I_{\mathrm{b}}^2$, wobei I_{b} den Effektivwert des Kleinsignalbasisstroms i_{b} bezeichnet. Die an die Last R_{L} abgegebene Leistung P_2 ist $P_2 = R_{\mathrm{L}} I_{\mathrm{c}}^2$, wobei I_{c} den Effektivwert des Kleinsignalkollektorstroms i_{c} bezeichnet. Die Leistungsverstärkung wird maximal, wenn Anpassung am Eingang vorliegt ($R_{\mathrm{S}} \approx r_{\mathrm{bb'}}$ im betrachteten Frequenzbereich) und wenn die Lastimpedanz R_{L} an den Realteil der Ausgangsimpedanz $1/h_{22\mathrm{e}}$ angepaßt ist. Gilt $\omega c_\pi \gg 1/[\, r_\pi \,\|\, (R_{\mathrm{S}} + r_{\mathrm{bb'}})]$, so können die Widerstände $r_{\mathrm{bb'}}$, R_{S} und r_π in der Ersatzschaltung Abb 16.38 b zur Berechnung von $h_{22\mathrm{e}} = \underline{i}_{\mathrm{c}}/\underline{v}_2$ vernachlässigt werden. Die Kapazitäten c_μ und c_π wirken dann als kapazitiver Spannungsteiler, d.h., $\underline{v}_\pi/\underline{v}_2 = c_\mu/(c_\mu + c_\pi)$. Für den Kleinsignalkollektorstrom folgt so

$$\underline{i}_{\mathrm{c}} = g_{\mathrm{m}} \underline{v}_\pi + \mathrm{j}\omega c_\mu (\underline{v}_2 - \underline{v}_\pi) = \frac{c_\mu}{c_\mu + c_\pi} (g_{\mathrm{m}} + \mathrm{j}\omega c_\pi)\, \underline{v}_2 ,$$

und damit für die Ausgangsimpedanz

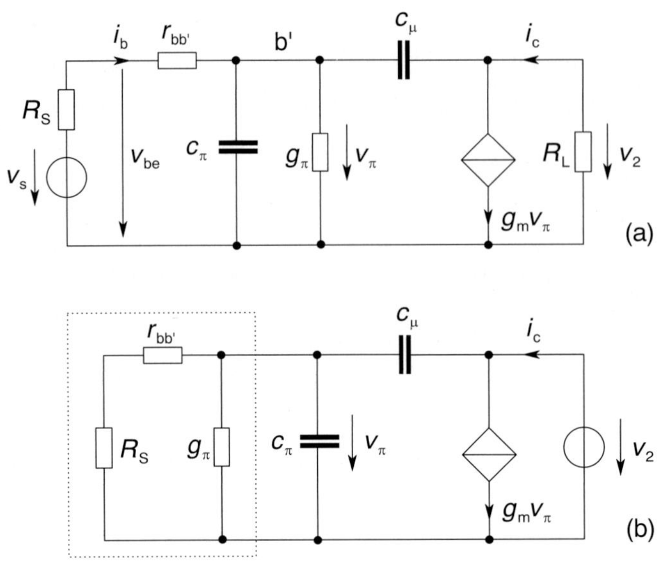

Abb. 16.38. Kleinsignalersatzschaltungen zur Abschätzung von $f_{\max}$. (**a**) Zur Berechnung von P_1 und P_2, (**b**) zur Berechnung der Ausgangsimpedanz

$$h_{22e} = \frac{c_\mu}{c_\mu + c_\pi}(g_m + j\omega c_\pi) .$$

Anpassung am Ausgang liegt deshalb vor wenn

$$R_L \approx (c_\mu + c_\pi)/c_\mu g_m .$$

Da

$$\frac{\underline{i}_c}{\underline{i}_b} = \frac{\underline{I}_c}{\underline{I}_b} = \frac{h_{21e}}{1 + h_{22e}R_L} \approx \frac{h_{21e}}{2} ,$$

folgt im betrachteten Frequenzbereich

$$I_c^2/I_b^2 \approx |h_{21e}|^2/4 \approx f_T^2/4f^2 .$$

Für die Leistungsvestärkung folgt so

$$\frac{P_2}{P_1} = \frac{R_L}{r_{bb'}}\frac{f_T^2}{4f^2} \approx \frac{1}{4}\frac{c_\mu + c_\pi}{c_\mu g_m}\frac{1}{r_{bb'}}\frac{f_T^2}{f^2} \approx \frac{f_T}{8\pi r_{bb'} c_\mu}\frac{1}{f^2} ,$$

da $f_T \approx g_m/2\pi(c_\mu + c_\pi)$. Die maximale Schwingfrequenz $f_{\max}$ ergibt sich als die Frequenz für die $P_2/P_1 \to 1$ läuft

$$f_{\max} \approx \sqrt{f_T/8\pi r_{bb'} c_\mu} . \tag{16.89}$$

HF-Leitwertparameter

Zur Bestimmung der Leitwertparameter bei hohen Frequenzen wird zunächst nur der innere Transistor betrachtet; dieser beschreibt das Transistorverhalten unter Vernachlässigung der Bahnwiderstände $r_{bb'}$, $r_{cc'}$ und $r_{ee'}$ (Abb. 16.39).

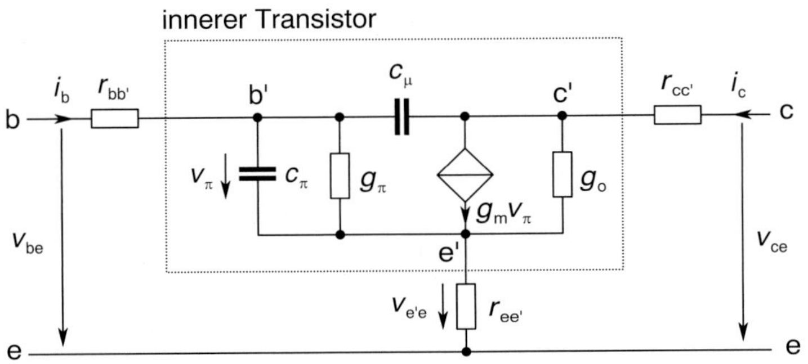

Abb. 16.39. Giacoletto-Modell für den Bipolartransistor in Emitterschaltung

Die Leitwertparameter des inneren Transistors werden im folgenden mit $\underline{y}'_{\alpha\beta\mathrm{e}}$ bezeichnet; somit folgt

$$\begin{aligned}\underline{i}_\mathrm{b} &= \underline{y}'_{11\mathrm{e}}\,\underline{v}_\pi + \underline{y}'_{12\mathrm{e}}\,\underline{v}_{\mathrm{c'e'}}\\ \underline{i}_\mathrm{c} &= \underline{y}'_{21\mathrm{e}}\,\underline{v}_\pi + \underline{y}'_{22\mathrm{e}}\,\underline{v}_{\mathrm{c'e'}}\end{aligned}$$

Die $\underline{y}'_{\alpha\beta\mathrm{e}}$ ergeben sich durch Aufstellen der Knotenregel für die Knoten b' und c' unter Berücksichtigung von

$$\underline{v}_{\mathrm{b'c'}} = \underline{v}_\pi + \underline{v}_{\mathrm{e'c'}} = \underline{v}_\pi - \underline{v}_{\mathrm{c'e'}}$$

zu

$$\begin{aligned}\underline{y}'_{11\mathrm{e}} &= g_\pi + \mathrm{j}\omega(c_\pi + c_\mu) & \underline{y}'_{12\mathrm{e}} &= -\mathrm{j}\omega c_\mu\\ \underline{y}'_{21\mathrm{e}} &= g_\mathrm{m} - \mathrm{j}\omega c_\mu & \underline{y}'_{22\mathrm{e}} &= g_\mathrm{o} + \mathrm{j}\omega c_\mu\end{aligned} \tag{16.90}$$

Berücksichtigung der Bahnwiderstände. Im Fall nicht vernachlässigbarer Bahnwiderstände sind zusätzlich die Maschengleichungen

$$\begin{aligned}\underline{v}_\mathrm{ce} &= \underline{v}_{\mathrm{c'e'}} + (r_{\mathrm{cc'}} + r_{\mathrm{ee'}})\underline{i}_\mathrm{c} + r_{\mathrm{ee'}}\underline{i}_\mathrm{b}\\ \underline{v}_\mathrm{be} &= \underline{v}_\pi + (r_{\mathrm{bb'}} + r_{\mathrm{ee'}})\underline{i}_\mathrm{b} + r_{\mathrm{ee'}}\underline{i}_\mathrm{c}\end{aligned}$$

zu berücksichtigen. Einsetzen und Auflösen des resultierenden linearen Gleichungssystems nach $\underline{i}_\mathrm{b}$ und $\underline{i}_\mathrm{c}$ liefert die Leitwertparameter $\underline{y}_{\alpha\beta\mathrm{e}}$. Werden nur Terme 1. Ordnung in der Frequenz berücksichtigt und Ausdrücke der Form $r_{\mathrm{ee'}}g_\mathrm{o}$ sowie $r_{\mathrm{cc'}}g_\mathrm{o}$ vernachlässigt, so lauten diese unter der Annahme $\beta \gg 1$

$$\underline{y}_{11\mathrm{e}} = \frac{1}{1 + I_\mathrm{C}/I_\mathrm{C}^*}\,\frac{1}{1 + \mathrm{j}\,f/f_\mathrm{y}}\,\frac{g_\mathrm{m}}{\beta}\left(1 + \mathrm{j}\frac{f}{f_\beta}\right) \tag{16.91}$$

$$\underline{y}_{12\mathrm{e}} = \frac{-1}{1 + I_\mathrm{C}/I_\mathrm{C}^*}\,\frac{1}{1 + \mathrm{j}\,f/f_\mathrm{y}}\,\mathrm{j}2\pi f(1 + g_\mathrm{m}r_{\mathrm{ee'}})c_\mu \tag{16.92}$$

$$\underline{y}_{21\mathrm{e}} = \frac{1}{1 + I_\mathrm{C}/I_\mathrm{C}^*}\,\frac{1}{1 + \mathrm{j}\,f/f_\mathrm{y}}\,[\,g_\mathrm{m} + \mathrm{j}2\pi f(1 + g_\mathrm{m}r_{\mathrm{ee'}})c_\mu\,] \tag{16.93}$$

$$\underline{y}_{22\mathrm{e}} = \frac{1}{1 + I_\mathrm{C}/I_\mathrm{C}^*}\,\frac{1}{1 + \mathrm{j}\,f/f_\mathrm{y}}\,\{g_\mathrm{o} + \mathrm{j}2\pi f\,[\,1 + g_\mathrm{m}(r_{\mathrm{bb'}} + r_{\mathrm{ee'}})\,]\,c_\mu\} \tag{16.94}$$

Der erste, allen Parametern gemeinsame Faktor $1/(1+I_{\mathrm{C}}/I_{\mathrm{C}}^{*})$ beschreibt die Reduktion der Leitwerte durch die Bahnwiderstände. Die Größe

$$I_{\mathrm{C}}^{*} \;=\; \frac{V_T}{r_{\mathrm{ee'}} + (r_{\mathrm{ee'}} + r_{\mathrm{bb'}})/\beta} \tag{16.95}$$

bestimmt dabei ein Maß für die Stromstärke I_{C}, bei der Bahnwiderstände maßgeblich werden. Gilt $I_{\mathrm{C}} \ll I_{\mathrm{C}}^{*}$, so kann dieser Faktor durch eins ersetzt werden.

Der zweite, ebenfalls allen Parametern gemeinsame Faktor $1/(1+\mathrm{j}\,f/f_{\mathrm{y}})$ bestimmt ein Tiefpaßverhalten erster Ordnung. Ursache hierfür ist, daß bei Wechselbetrieb die Kapazitäten c_π und c_μ über die Bahnwiderstände umgeladen werden müssen. Die *Steilheitsgrenzfrequenz* f_{y} ist arbeitspunktabhängig und läßt sich näherungsweise durch

$$f_{\mathrm{y}} \;=\; \frac{1}{2\pi}\,\frac{1+I_{\mathrm{C}}/I_{\mathrm{C}}^{*}}{(r_{\mathrm{bb'}}+r_{\mathrm{ee'}})c_\pi + \left[\,r_{\mathrm{cc'}}g_{\mathrm{m}}(r_{\mathrm{ee'}}+r_{\mathrm{bb'}}) + r_{\mathrm{bb'}}(1+g_{\mathrm{m}}r_{\mathrm{ee'}})\,\right]c_\mu} \tag{16.96}$$

ausdrücken. Bei größeren Werten von I_{C} gilt wegen der dann dominierenden Diffusionskapazität $\tau_{\mathrm{f}}g_{\mathrm{m}}$ die Relation $c_\pi \gg c_\mu$. In diesem Fall hat meist folgende Näherung Gültigkeit

$$f_{\mathrm{y}} \;\approx\; \frac{1}{2\pi}\,\frac{1+I_{\mathrm{C}}/I_{\mathrm{C}}^{*}}{(r_{\mathrm{bb'}}+r_{\mathrm{ee'}})c_\pi}\;. \tag{16.97}$$

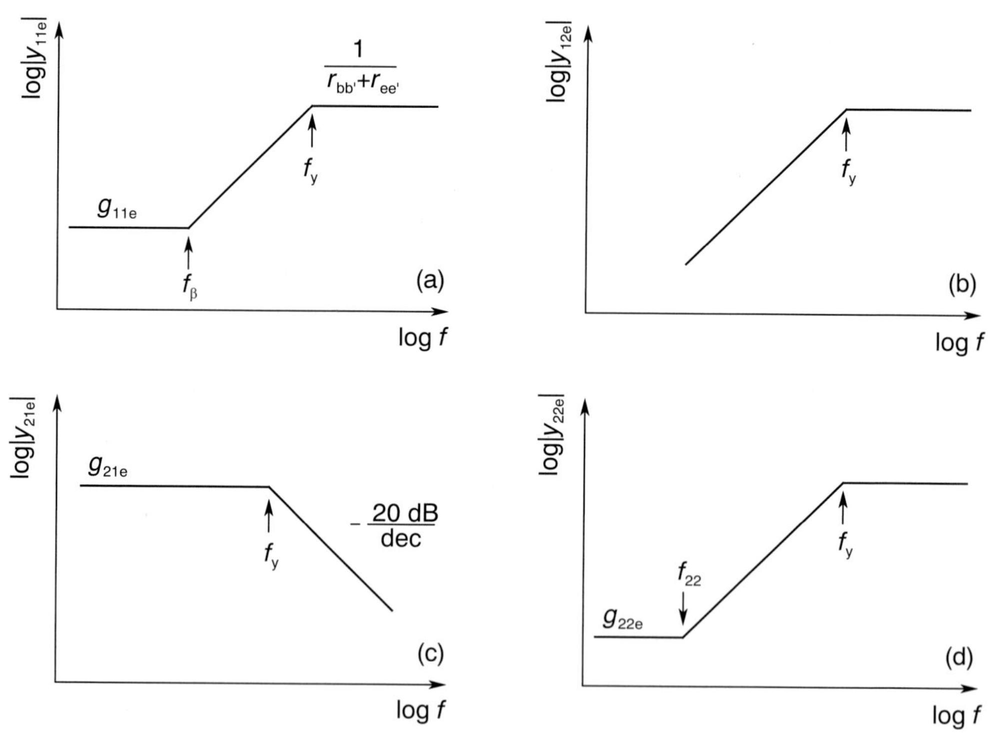

Abb. 16.40. Schematische darstellung der frequenzabhängigen Leitwertparameter im Bodediagramm. (**a**) Eingangleitwert, (**b**) Rückwirkungsleitwert, (**c**) Übertragungsleitwert und (**d**) Ausgangsleitwert

Für kleine Frequenzen f ist der *Eingangsleitwert*

$$\boxed{\underline{y}_{11e} \approx \frac{1}{1+I_C/I_C^*}\frac{g_m}{\beta} = g_{11e}}$$

annähernd frequenzunabhängig. Mit Erreichen der β-Grenzfrequenz erfolgt der Übergang zu einem kapazitiven Verhalten, der zu einem Anstieg proportional zur Frequenz führt. Nach Überschreiten der Steilheitsgrenzfrequenz f_y kommt zusätzlich ein Tiefpaßverhalten zum Tragen und $\underline{y}_{11e}$ verläuft gegen

$$\underline{y}_{11e} \approx 1/(r_{bb'}+r_{ee'}) .$$

Die Frequenzabhängigkeit von $|\underline{y}_{11e}|$ ist in Abb. 16.40 a in doppeltlogarithmischer Auftragung schematisch dargestellt.

Der *Übertragungsleitwert* $\underline{y}_{21e}$ weist bei geringen Frequenzen den Wert

$$\boxed{\underline{y}_{21e} \approx \frac{g_m}{1+I_C/I_C^*} = g_{21e}} \tag{16.98}$$

auf. Für Frequenzen oberhalb der Steilheitsgrenzfrequenz resultiert in guter Näherung ein Tiefpaßverhalten (Abb. 16.40 b)

$$\boxed{\underline{y}_{21e}(f) \approx \frac{g_{21e}}{1+\mathrm{j}\,f/f_y} .} \tag{16.99}$$

Abweichungen hiervon treten erst für Frequenzen im Bereich von $g_m/[\,2\pi(1+g_m r_{ee'})c_\mu]$ auf und sind für praktische Anwendungen zumeist ohne Bedeutung.

Der *Ausgangsleitwert* $\underline{y}_{22e}$ ist im NF-Bereich annähernd konstant

$$\boxed{\underline{y}_{22e} \approx \frac{g_o}{1+I_C/I_C^*} = g_{22e} .} \tag{16.100}$$

Nach Überschreiten der Frequenz

$$f_{22} = \frac{g_o}{2\pi\,[\,1+g_m(r_{bb'}+r_{ee'})\,]\,c_\mu} \tag{16.101}$$

dominiert jedoch der imaginäre Term im Zähler des Ausdrucks für $\underline{y}_{22e}$; in diesem Frequenzbereich steigt $|\underline{y}_{22e}|$ proportional zur Frequenz an. Nach Überschreiten der Steilheitsgrenzfrequenz f_y läuft $\underline{y}_{22e}$ dann gegen den Wert

$$\underline{y}_{22e} \approx g_{22e} f_y / f_{22} .$$

In der Messung läßt sich dieses Verhalten jedoch nur annähernd beobachten, da das Verhalten von $|\underline{y}_{22e}|$ für höhere Frequenzen auch durch Terme der Ordnung f^2 bestimmt wird.

Der *Rückwirkungsleitwert* $\underline{y}_{12e}$ zeigt kapazitives Verhalten, das für $f > f_y$ von einem Tiefpaßverhalten überlagert wird. Der Wert von $\underline{y}_{12e}$ läuft dann gegen

$$\underline{y}_{12e} \approx -\frac{(1+g_m r_{ee'})c_\mu}{(r_{bb'}+r_{ee'})c_\pi} ,$$

wobei für f_y die Näherung (16.97) verwendet wurde.

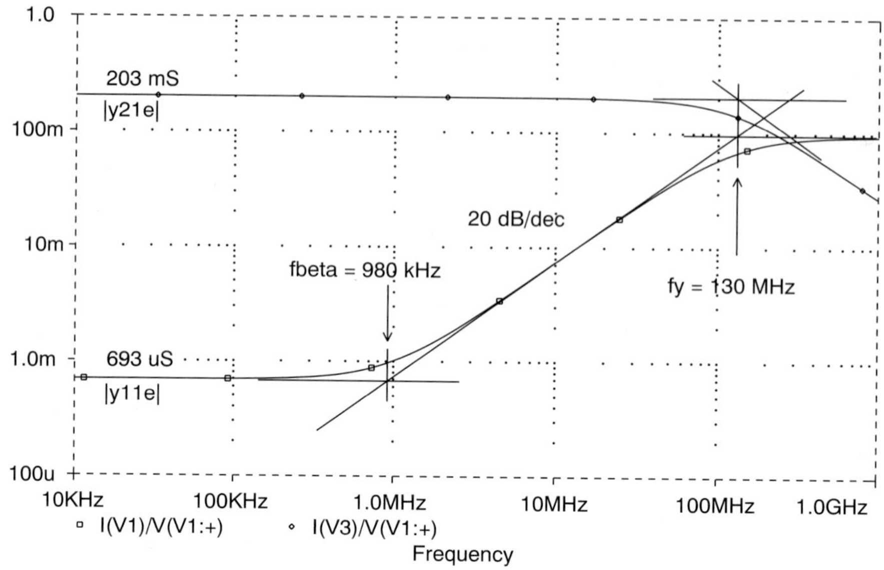

Abb. 16.41. Betrag der Leitwertparameter $\underline{y}_{11e}$ und $\underline{y}_{21e}$ als Funktion der Frequenz

Beispiel 16.3.6 Als Beispiel wird ein Transistor betrachtet, der durch die folgende Modellanweisung beschrieben wird

```
IS=10F   VAF=25   BF=250   BR=6   RC=1   RE=0.5   RB=10
+CJC=10P   MJC=0.4   VJC=0.75   CJE=20P   MJE=0.4   VJE=0.75
+ TF=400P   TR=50N
```

Da die Bahnwiderstände im betrachteten Beispiel als arbeitspunktunabhängig modelliert werden, ist

$$r_{bb'} = 10\,\Omega\,, \qquad r_{ee'} = 0.5\,\Omega \qquad \text{und} \qquad r_{cc'} = 1\,\Omega\,.$$

Bei $T = 300\,\mathrm{K}$, $V_{BE} = 700\,\mathrm{mV}$ und $V_{CE} = 5\,\mathrm{V}$ resultiert $I_C = 5.9\,\mathrm{mA}$ im Arbeitspunkt, sowie $q_B = 1/(1+4.3/25) = 0.853$. Für die Stromverstärkung im Arbeitspunkt folgt damit

$$B_N = \beta = B_F/q_B = 293$$

und weiter

$$g_m \approx \frac{I_C}{V_T} = 228\,\mathrm{mS}, \qquad g_\pi \approx \frac{g_m}{\beta} = 778\,\mu\mathrm{S} \qquad \text{und} \qquad g_o \approx \frac{q_B I_C}{V_{AF}} = 201\,\mu\mathrm{S}\,.$$

Mit

$$I_C^* = \frac{V_T}{r_{ee'} + (r_{ee'} + r_{bb'})/\beta} = 48.4\,\mathrm{mA}$$

folgt $1/(1 + I_C/I_C^*) = 0.89$. Für die DC-Leitwerte resultiert damit

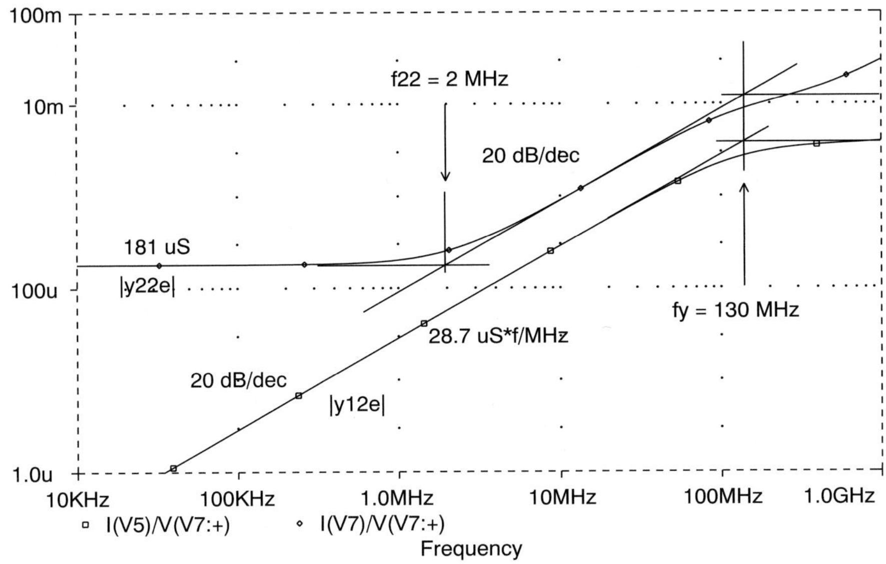

Abb. 16.42. Betrag der Leitwertparameter $\underline{y}_{12e}$ und $\underline{y}_{22e}$ als Funktion der Frequenz

$$g_{11e} = 0.89 \cdot 778\,\mu\text{S} = 692\,\mu\text{S}$$
$$g_{21e} = 0.89 \cdot 197\,\text{mS} = 203\,\text{mS}$$
$$g_{22e} = 0.89 \cdot 201\,\mu\text{S} = 179\,\mu\text{S}$$

Der Gleichwert von $\underline{y}_{12e}$ ist in der betrachteten Näherung null.

Für die Kleinsignalkapazitäten erhält man $c_\mu = 4.67\,\text{pF}$ und $c_\pi = 126\,\text{pF}$. Damit folgt für die β-Grenzfrequenz und die Steilheitsgrenzfrequenz

$$f_\beta = 1.03\,\text{MHz} \quad \text{und} \quad f_y = 129\,\text{MHz}$$

sowie

$$f_{22} = 1.78\,\text{MHz} .$$

Die Steilheitsgrenzfrequenz f_y wird hier nahezu ausschließlich durch die Näherung (16.97) bestimmt; die zusätzlichen Terme in Gl. (16.96) bedingen lediglich eine Korrektur der Größenordnung von 5 %.

Die Abbn. 16.41 und 16.42 zeigen die mit der SPICE `.AC`-Analyse errechneten Verläufe von $|\underline{y}_{\alpha\beta e}|$. Die analytisch berechneten Grenzfrequenzen f_{22}, f_β und f_y werden durch die Simulation bestätigt. Δ

16.4 Rauschverhalten

Das Rauschen des Bipolartransistors ist durch das Schrotrauschen und das thermische Rauschen der Bahnwiderstände bestimmt. Darüber hinaus können bei geringen Frequenzen Rauschanteile durch $1/f$-Rauschen bedeutsam werden. Abbildung 16.43 zeigt eine Kleinsignalersatzschaltung, die diese Mechanismen durch entsprechende Rauschquellen berücksichtigt. Dieses Modell wird von SPICE bei einer `.NOISE`-Analyse automatisch aufgestellt.

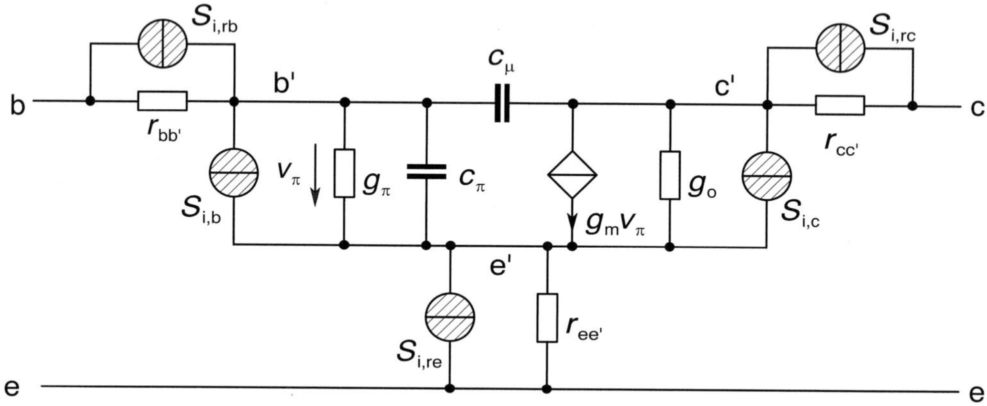

Abb. 16.43. Rauschersatzschaltung des Bipolartransistors

Parallel zu jedem der Bahnwiderstände wird eine Rauschstromquelle zur Beschreibung des thermischen Widerstandsrauschens geschaltet. Die Spektralfunktionen der Quellen lauten

$$S_{i,\mathrm{rb}} = \frac{4k_\mathrm{B}T}{r_{\mathrm{bb}'}}, \qquad S_{i,\mathrm{re}} = \frac{4k_\mathrm{B}T}{r_{\mathrm{ee}'}} \quad \text{und} \quad S_{i,\mathrm{rc}} = \frac{4k_\mathrm{B}T}{r_{\mathrm{cc}'}} . \tag{16.102}$$

Das Schrotrauschen in der EB-Diode und das $1/f$-Rauschen wird durch die Rauschstromquelle $S_{i,\mathrm{b}}$ mit dem Spektrum

$$S_{i,\mathrm{b}} = 2eI_\mathrm{B} + \left(\frac{I_\mathrm{B}}{\mathrm{A}}\right)^{A_\mathrm{F}} \frac{K_\mathrm{F}}{f} \tag{16.103}$$

beschrieben. Da der Exponent A_F größer ist als eins, wächst das $1/f$-Rauschen mit dem Basisstrom stärker an als das Schrotrauschen. Für NF-Vorverstärker, in denen $1/f$-Rauschen problematisch werden kann, werden Transistoren deswegen häufig mit sehr geringen Kollektorströmen (deutlich geringer als 1 mA) eingesetzt. Das Schrotrauschen[19] der BC-Sperrschicht wird beschrieben durch die Rauschstromquelle $S_{i,\mathrm{c}}$ mit dem vom Wert des Kollektorstroms I_C im Arbeitspunkt bestimmten Spektrum

$$S_{i,\mathrm{c}} = 2eI_\mathrm{C} . \tag{16.104}$$

[19] Für eine sorgfältigere Begründung dieses „Schrotrauschens“ und seiner Frequenzabhängigkeit wird z.B. auf [7] verwiesen.

16.4.1 Effektive Rauschquellen

Wie in Kap. 3 ausgeführt, läßt sich jeder rauschbehaftete Vierpol als rauschfreier Vierpol mit einem vorgeschalteten Rauschvierpol beschreiben. Im Folgenden wird der im Verstärkerbetrieb meist unerhebliche Kollektorbahnwiderstand $r_{\mathrm{cc'}}$ und sein Rauschbeitrag vernachlässigt. Der Emitterbahnwiderstand wird ebenfalls ausgeklammert, da er (in Emitterschaltung) wie eine Seriengegenkopplung wirkt und in diesem Zusammenhang analysiert wird (vgl. Kap. 18). Auf diesem Weg gelangt man zu der in Abb. 16.44 a dargestellten Rauschersatzschaltung, die nun in die äquivalente Schaltung 16.44 b mit den effektiven Rauschquellen S_v und S_i umgewandelt wird.

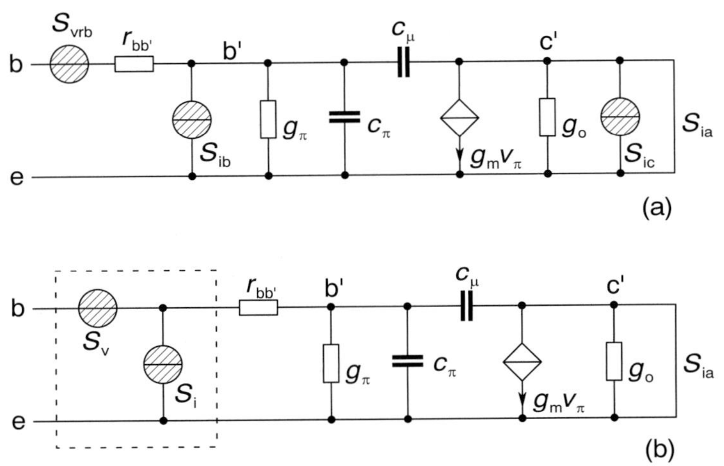

Abb. 16.44. Übergang zu effektiven Spannungs- und Stromrauschquellen

Effektive Rauschspannungsquelle. Zunächst wird das Spektrum S_v der effektiven Rauschspannungsquelle berechnet. Zu diesem Zweck wird der Eingang kurzgeschlossen und die Auswirkung der einzelnen Rauschquellen auf das Rauschen des Ausgangsstroms mit dem Überlagerungssatz untersucht. Aus den in der linken Spalte von Abb. 16.45 aufgeführten Teilschaltungen (a) – (c) folgen die Übertragungsfaktoren $\underline{I}_{\mathrm{a}}/\underline{V}_{\mathrm{nb}} = -\underline{y}_{21\mathrm{e}}$, $\underline{I}_{\mathrm{a}}/\underline{I}_{\mathrm{nb}} = -r_{\mathrm{bb'}}\underline{y}_{21\mathrm{e}}$ und $\underline{I}_{\mathrm{a}}/\underline{I}_{\mathrm{nc}} = -1$, wobei

$$\underline{y}_{21\mathrm{e}} = \frac{g_{\mathrm{m}} - \mathrm{j}\omega c_\mu}{1 + r_{\mathrm{bb'}} g_\pi + \mathrm{j}\omega r_{\mathrm{bb'}}(c_\pi + c_\mu)} \,. \tag{16.105}$$

Durch Überlagerung folgt für das Spektrum des Ausgangsstroms

$$S_{\mathrm{ia}} = |\underline{y}_{21\mathrm{e}}|^2 S_{v\mathrm{rb}} + r_{\mathrm{bb'}}^2 |\underline{y}_{21\mathrm{e}}|^2 S_{i\mathrm{b}} + S_{i\mathrm{c}} \,.$$

Da dies mit dem aus Teilschaltung (d) gewonnen Ergebnis $S_{\mathrm{i,a}} = |\underline{y}_{21\mathrm{e}}|^2 S_v$ übereinstimmen muß, folgt

$$S_v = S_{v\mathrm{rb}} + r_{\mathrm{bb'}}^2 S_{i\mathrm{b}} + S_{i\mathrm{c}}/|\underline{y}_{21\mathrm{e}}|^2 \,. \tag{16.106}$$

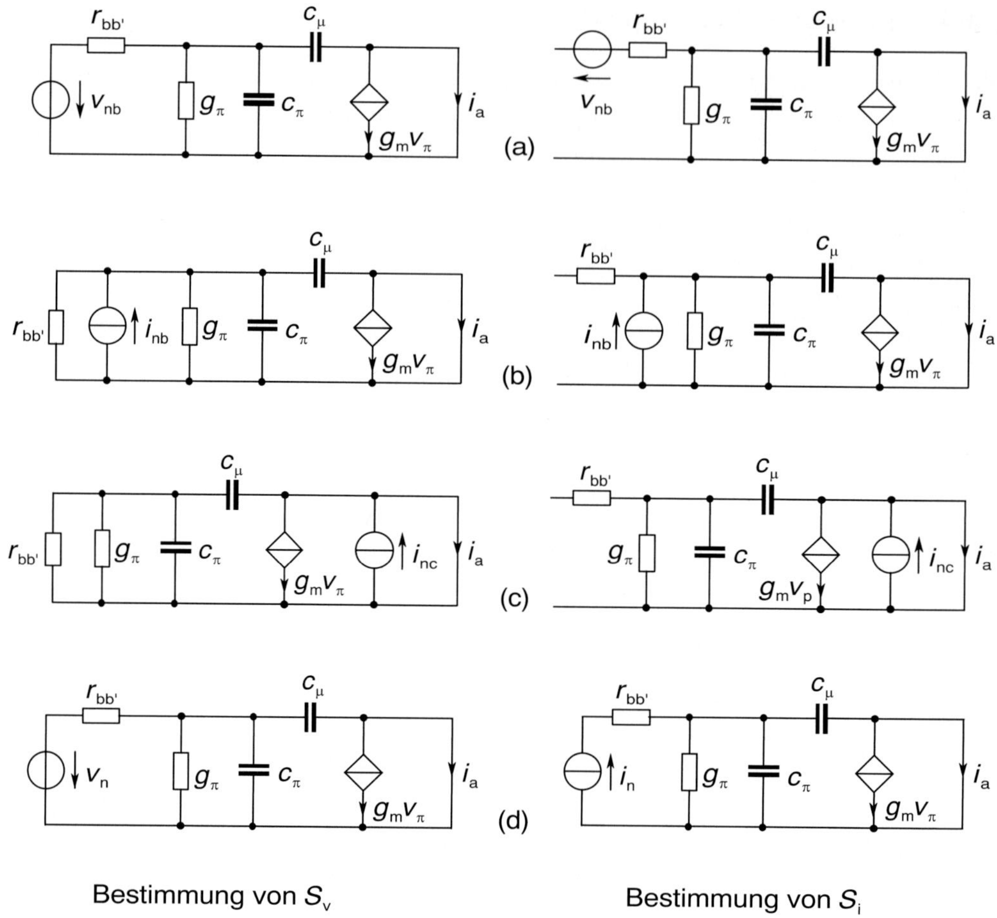

Abb. 16.45. Teilschaltungen zur Berechnung der effektiven Spannungs- und Stromrauschquellen

Solange $\omega c_\mu \ll g_m$ und $r_{bb'} g_\pi \ll 1$ erfüllt sind, läßt sich $|\underline{y}_{21e}|^2$ durch

$$|\underline{y}_{21e}|^2 \approx g_m^2/(1 + f^2/f_y^2)$$

annähern, wobei $f_y = 1/(2\pi r_{bb'}(c_\pi + c_\mu))$ die Steilheitsgrenzfrequenz für den betrachteten Fall ($r_{ee'} = r_{cc'} = 0$) bezeichnet. Unter Verwendung der Spektren für die einzelnen Quellen folgt damit

$$\boxed{S_v \approx 4k_B T r_{bb'} + r_{bb'}^2 \left[2eI_B + \frac{K_F}{f} \left(\frac{I_B}{A} \right)^{A_F} \right] + \frac{2eV_T^2}{I_C} \left(1 + \frac{f^2}{f_y^2} \right) .}$$

Im Frequenzbereich $f \ll f_{cv1}$, mit

$$f_{cv1} = \frac{K_F}{4k_B T r_{bb'} + 2eI_B r_{bb'}^2 + 2eV_T^2/I_C} \left(\frac{I_B}{A} \right)^{A_F} , \tag{16.107}$$

dominiert das $1/f$-Rauschen und S_v fällt umgekehrt proportional zur Frequenz; oberhalb von f_cv1 ist der Wert von S_v in der Regel über mehrere Dekaden der Frequenz konstant um dann im Frequenzbereich $f \gg f_\mathrm{cv2}$, mit

$$f_\mathrm{cv2} \;=\; f_\mathrm{y}\sqrt{1 + 2r_\mathrm{bb'}I_\mathrm{C}/V_T + r_\mathrm{bb'}^2 I_\mathrm{C}I_\mathrm{B}/V_T^2}\;, \tag{16.108}$$

proportional zu f^2 anzusteigen (Abb. 16.46).

Effektive Rauschstromquelle. Zur Bestimmung von S_i wird der Eingang offen gelassen. Aus den in der rechten Spalte von Abb. 16.45 aufgeführten Teilschaltungen (a) – (c) folgen dann die Übertragungsfaktoren $\underline{I}_\mathrm{a}/\underline{V}_\mathrm{nb} = 0$, $\underline{I}_\mathrm{a}/\underline{I}_\mathrm{nb} = -h_\mathrm{21e}$ und $\underline{I}_\mathrm{a}/\underline{I}_\mathrm{nc} = -1$, wobei

$$h_\mathrm{21e} \;=\; \frac{g_\mathrm{m} - \mathrm{j}\omega c_\mu}{g_\pi + \mathrm{j}\omega(c_\pi + c_\mu)} \;\approx\; \frac{\beta}{1 + \mathrm{j}\,f/f_\beta}\;, \tag{16.109}$$

falls $\omega c_\mu \ll g_\mathrm{m}$. Dies führt mit dem aus Teilschaltung (d) gewonnen Ergebnis auf

$$S_{i\mathrm{a}} \;=\; |h_\mathrm{21e}|^2 S_{i\mathrm{b}} + S_{i\mathrm{c}} \;=\; |h_\mathrm{21e}|^2 S_i\;,$$

so daß unter der Voraussetzung $\omega c_\mu \ll g_\mathrm{m}$

$$S_i \;=\; S_{i\mathrm{b}} + \frac{g_\pi^2 + \omega^2(c_\pi + c_\mu)^2}{g_\mathrm{m}^2} S_{i\mathrm{c}} \;=\; S_{i\mathrm{b}} + \left[\frac{1}{\beta^2} + \left(\frac{f}{f_\mathrm{T}}\right)^2\right] S_{i\mathrm{c}}\;.$$

Dabei bezeichnet

$$f_\mathrm{T} \;\approx\; \frac{g_\mathrm{m}}{2\pi(c_\pi + c_\mu)}$$

die Transitfrequenz unter Vernachlässigung von Emitter- und Kollektorbahnwiderstand. Mit den Spektraldichten für die einzelnen Quellen folgt somit

$$\boxed{S_i \;\approx\; \left(\frac{I_\mathrm{B}}{\mathrm{A}}\right)^{A_\mathrm{F}} \frac{K_\mathrm{F}}{f} + 2eI_\mathrm{B} + 2eI_\mathrm{C}\left(\frac{1}{\beta^2} + \frac{f^2}{f_\mathrm{T}^2}\right)}\;. \tag{16.110}$$

Der Verlauf von S_i wird für kleine Frequenzen ebenfalls durch das $1/f$-Rauschen dominiert. Da i. allg. $2eI_\mathrm{B} \gg 2eI_\mathrm{C}/\beta^2$ gilt, ist im mittleren Frequenzbereich der zweite Term bestimmend; S_i ist in diesem Bereich frequenzunabhängig. Für große Frequenzen f gilt

$$2eI_\mathrm{B} \;<\; 2eI_\mathrm{C}\,f^2/f_\mathrm{T}^2\;.$$

Der Wert von S_i steigt hier mit zunehmender Frequenz proportional zu f^2. Mit $I_\mathrm{C}/I_\mathrm{B} = B_\mathrm{N}$ folgt für die zugehörige Grenzfrequenz

$$f_\mathrm{B} \;\approx\; f_\mathrm{T}/\sqrt{B_\mathrm{N}}\;. \tag{16.111}$$

Beispiel 16.4.1 Im Folgenden werden die Rauschquellen S_v und S_i für den in Beispiel 16.3.6 untersuchten Transistor ermittelt. Dabei wird angenommen, daß zusätzlich die Parameter $A_F = 1.5$ und $K_F = 1 \cdot 10^{-12}\,\mathrm{A}^2$ spezifiziert wurden.

Mit $I_C = 5.9\,\mathrm{mA}$ und $I_B = 20.1\,\mu\mathrm{A}$ folgt für $\sqrt{S_v}$

$$\sqrt{S_v} \approx 0.45\,\frac{\mathrm{nV}}{\sqrt{\mathrm{Hz}}}\sqrt{1+\frac{45\,\mathrm{Hz}}{f}+\left(\frac{f}{304\,\mathrm{MHz}}\right)^2}\,.$$

Für $f < 45\,\mathrm{Hz}$ dominiert das $1/f$-Rauschen; oberhalb dieser Frequenz bis zu $f \approx 300\,\mathrm{MHz}$ ist die in einem Frequenzintervall von $1\,\mathrm{Hz}$ anfallende Rauschspannung konstant mit dem Effektivwert $0.45\,\mathrm{nV}/\sqrt{\mathrm{Hz}}$. Für höhere Frequenzen steigt die Rauschspannung dann proportional zu f an (vgl. Abb. 16.46). Für $\sqrt{S_i}$ folgt entsprechend

$$\sqrt{S_i} = 2.54\,\frac{\mathrm{pA}}{\sqrt{\mathrm{Hz}}}\cdot\sqrt{1+\frac{14\,\mathrm{kHz}}{f}+\left(\frac{f}{17.6\,\mathrm{MHz}}\right)^2}\,.$$

Hier dominiert das $1/f$-Rauschen für $f < 14$ kHz, während für $f > 17.6\,\mathrm{MHz}$ ein Anstieg einsetzt (Abb. 16.46). Δ

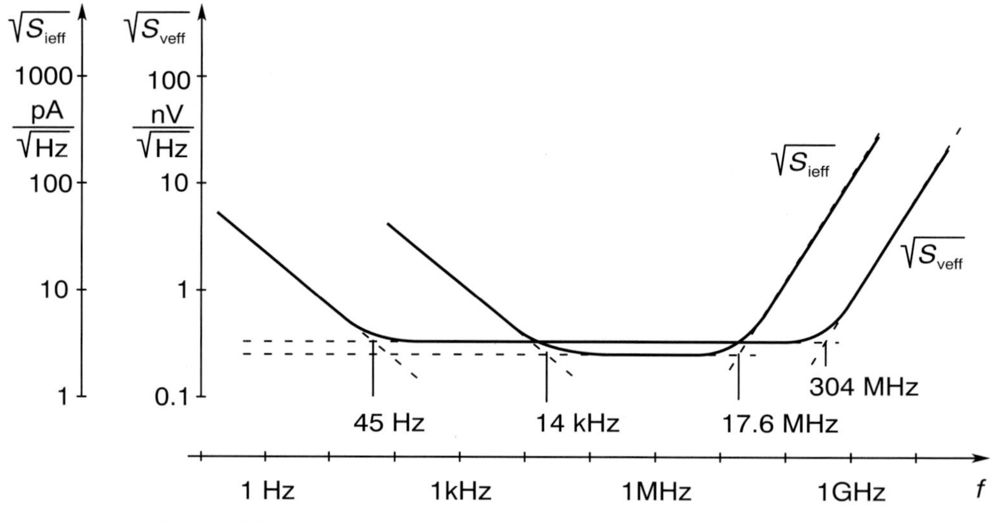

Abb. 16.46. Spektraldichten der auf den Eingang bezogenen äquivalenten Rauschquellen des Transistorvierpols

Korrelation. Die auf den Eingang bezogenen äquivalenten Rauschquellen leiten sich von denselben physikalischen Rauschquellen ab und sind deshalb *korreliert*. Zur Bestimmung des Korrelationskoeffizienten $c_{i,v}$ der beiden Rauschquellen werden die komplexen Effektivwerte unter Vernachlässigung des $1/f$-Rauschens

$$\frac{\underline{V}_{\rm n}}{\sqrt{\Delta f}} = \sqrt{4k_{\rm B}Tr_{\rm bb'}}\,{\rm e}^{{\rm j}\varphi_{\rm rb}} + r_{\rm bb'}\sqrt{2eI_{\rm B}}\,{\rm e}^{{\rm j}\varphi_{\rm ib}} - \frac{\sqrt{2eI_{\rm C}}}{g_{\rm m}}\,{\rm e}^{{\rm j}\varphi_{\rm ic}} \quad (16.112)$$

$$\frac{\underline{I}_{\rm n}}{\sqrt{\Delta f}} = \sqrt{2eI_{\rm B}}\,{\rm e}^{{\rm j}\varphi_{\rm ib}} - \frac{1}{\beta}\sqrt{2eI_{\rm C}}\,{\rm e}^{j\varphi_{\rm ic}} \quad (16.113)$$

für Rauschstrom bzw. Rauschspannung betrachtet, wobei der Einfachheit halber $\underline{y}_{21e} \approx g_{\rm m}$ und $\underline{h}_{21e} \approx \beta$ gesetzt wurde. Mit diesen folgt der Korrelationskoeffizient

$$\underline{\gamma}_{i,v} = \frac{\langle \underline{I}_{\rm n}\underline{V}_{\rm n}^* \rangle}{I_{\rm n}V_{\rm n}} = \frac{2eI_{\rm B}}{\sqrt{S_iS_v}}\left(r_{\rm bb'} + \frac{1}{g_{\rm m}}\right) \quad (16.114)$$

wobei $I_{\rm B} \approx I_{\rm C}/\beta$ angenommen wurde. Für Transistoren mit großer Stromverstärkung und kleinem Basisbahnwiderstand ist die Korrelation der Rauschquellen i.allg. vernachlässigbar klein.

16.4.2 Rauschzahl, Rauschanpassung

Mit den oben ermittelten Ausdrücken für S_v und S_i folgt unter Vernachlässigung der Korrelation und des $1/f$-Rauschens sowie unter der Annahme $I_{\rm B} \gg I_{\rm C}/\beta^2$ aus (3.43) die Rauschzahl des Bipolartransistors

$$F = 1 + \frac{1}{R_{\rm G}}\left[r_{\rm bb'}\left(1 + \frac{r_{\rm bb'}I_{\rm B}}{2V_T}\right) + \frac{V_T}{2I_{\rm C}}\left(1 + \frac{f^2}{f_{\rm y}^2}\right)\right] + R_{\rm G}\frac{I_{\rm B}}{2V_T}\left(1 + B_{\rm N}\frac{f^2}{f_{\rm T}^2}\right) . \quad (16.115)$$

Aus F errechnet sich das *Rauschmaß* NF des Transistors gemäß Gl. (3.40). Da der zweite Term auf der rechten Seite (proportional zu $1/R_{\rm G}$) mit zunehmendem $R_{\rm G}$ abfällt, der dritte (proportional zu $R_{\rm G}$) jedoch ansteigt, weist F ein Minimum auf. Der für die dort vorliegende *Rauschanpassung* zu wählende Quellwiderstand kann aus der Forderung ${\rm d}F/{\rm d}R_{\rm G} = 0$ bestimmt werden. Dies führt unter den Bedingungen $f < f_{\rm y}$ sowie $f < f_{\rm B} \approx f_{\rm T}/\sqrt{B_{\rm N}}$ auf

$$R_{\rm Gopt} = \sqrt{\frac{2r_{\rm bb'}V_T}{I_{\rm B}}\left(1 + \frac{r_{\rm bb'}I_{\rm B}}{2V_T}\right) + \frac{V_T^2}{B_{\rm N}I_{\rm B}^2}} . \quad (16.116)$$

Im Fall eines vernachlässigbaren Basisbahnwiderstands ($r_{\rm bb'} \to 0$) läßt sich dieser Ausdruck weiter vereinfachen zu $R_{\rm Gopt} \approx \sqrt{B_{\rm N}}\,V_T/I_{\rm C}$. Dieser Ausdruck ist nützlich für eine schnelle, überschlagsmäßige Bestimmung des optimalen Quellwiderstands. Allgemein folgt durch Ableiten von Gl. (3.44) der optimale Quellwiderstand $R_{\rm Gopt}$ und die mit diesem erzielbare Rauschzahl $F_{\rm min}$

$$R_{\rm Gopt} = \sqrt{S_v/S_i} \quad \text{und} \quad F_{\rm min} = 1 + \frac{1 + c_{i,v}}{2k_{\rm B}T}\sqrt{S_vS_i} . \quad (16.117)$$

16.5 Sperrverhalten, Grenzdaten

16.5.1 Restströme

Als *Restströme* werden die bei Sperrpolung zwischen zwei Anschlüssen eines Bipolartransistors fließenden Ströme bezeichnet.

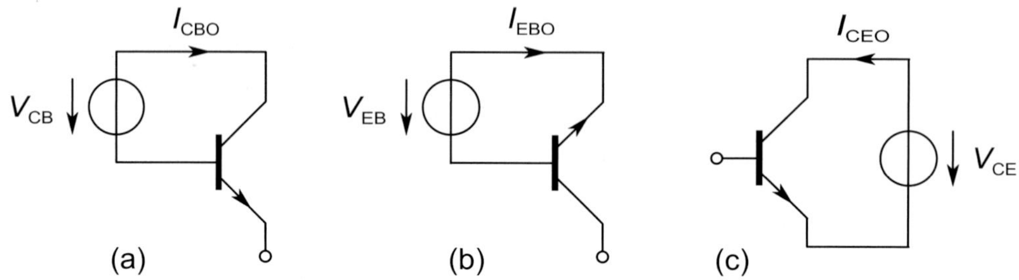

Abb. 16.47. Restströme in Bipolartransistoren. (**a**) Kollektorreststron I_{CBO}, (**b**) Emitterreststrom I_{EBO}, (**c**) Kollector–Emitter Reststrom bei offener Basis I_{CEO}

Der *Kollektorreststrom* I_{CBO} ist der bei gesperrter BC-Diode und offenem Emitterkontakt fließende Strom. Im elementaren Transistormodell ist I_{CBO} durch die Diode D_C bestimmt, so daß gilt

$$I_{CBO} = I_S/B_R \,. \tag{16.118}$$

Die Indizierung ist so, daß der Spannungspfeil der angelegten positiven Spannung vom Anschluß C (an erster Stelle) zum Anschluß B (an zweiter Stelle) zeigt, während der nicht angeschlossene Emitterkontakt durch O (an dritter Stelle) kenntlich gemacht wird. In diesem Sinne ist der Emitterreststrom I_{EBO} der bei gesperrter EB-Diode und offenem Kollektorkontakt fließenden Strom. Dieser fließt im elementaren Transistormodell durch D_E, und es gilt [20]

$$I_{EBO} = I_S/B_F \,. \tag{16.119}$$

Für den zwischen Kollektor und Emitter fließenden Reststrom werden unterschiedliche Werte abhängig von der Beschaltung des Basisanschlusses definiert. Der Kollektor-Emitter-Reststrom bei *offener* Basis I_{CEO} ist durch den in der sperrgepolten BC-Diode generierten Strom gegeben. Dieser fließt als Elektronenstrom in den Kollektor ab. Die beim Generationsvorgang ebenfalls erzeugten Löcher fließen in die Basis, wirken wie ein von außen zugeführter Basisstrom und rufen einen um die Stromverstärkung B_N verstärkten Transferstrom hervor,

$$I_{CEO} = (B_N+1)I_{CBO} \,. \tag{16.120}$$

[20] In Transistoren mit stark dotierter EB-Dioden, wie sie in modernen HF-Bipolartransistoren vorliegen, liegt I_{EBO} wegen des Zener-Effekts um Größenordnungen höher.

Werden Emitter und Basis *kurzgeschlossen*, so fließt der Reststrom

$$I_{\mathrm{CES}} \approx I_{\mathrm{CBO}} \tag{16.121}$$

Darüber hinaus wird gelegentlich der Kollektor-Emitter-Reststrom I_{CER} angegeben, wobei die Basis über einen Widerstand R mit dem Emitter verbunden wird sowie der Kollektor-Emitter-Restrom I_{CEV}, wobei die EB-Diode sperrgepolt wird.

Alle Sperrströme sind stark von der Temperatur abhängig und wachsen gewöhnlich proportional zu n_{i}^{γ} an, wobei der Exponent γ typischerweise Werte im Bereich zwischen eins und zwei aufweist.

16.5.2 Grenzspannungen, Durchbrüche

Bipolartransistoren weisen drei Anschlüsse auf. Für jedes Paar von Anschlüssen wird vom Hersteller eine maximal zulässige *Grenzspannung* definiert, deren Wert durch die entsprechende Durchbruchspannung bestimmt wird. Die Werte der Durchbruchspannungen werden über den Spannungsabfall bei eingeprägtem Strom gemessen. Die Grenzspannungen beziehen sich i. allg. auf den *Dauerbetrieb* – für kurze Pulse mit geringer Pulsleistung dürfen sie meist überschritten werden, ohne einen Totalausfall zur Folge zu haben. Eine Änderung elektrischer Kenngrößen – z. B. eine Abnahme der Stromverstärkung – kann dennoch die Folge sein.

Kollektor-Basis-Grenzspannung

Der Lawinendurchbruch der BC-Diode definiert die Kollektor-Basis-Grenzspannung V_{BRCBO} (auch BV_{CBO}), die nicht überschritten werden darf. Ihr Wert nimmt mit zunehmender Kollektordotierung ab: Spezielle Hochvolttransistoren weisen V_{BRCBO}-Werte von mehr als 1 kV auf; integrierte Bipolartransistoren für schnelle Schaltanwendungen besitzen dagegen V_{BRCBO}-Werte von wenigen Volt.

Emitter-Basis-Grenzspannung

Die Emitter-Basis-Grenzspannung V_{BREBO} (auch BV_{EBO}) wird durch den Durchbruch der EB-Diode bestimmt. Ihr Wert nimmt mit zunehmender Basisdotierung ab. Bei Einzeltransistoren ist V_{BREBO} i. allg. durch den Lawineneffekt bestimmt; integrierte Bipolartransistoren weisen jedoch meist eine so hohe Basisdotierung auf, daß der Durchbruch über den Zener-Effekt erfolgt. Da beide Mechanismen durch die Feldstärke beeinflußt werden, diese bei Planartransistoren wegen der Krümmung am Rand des Emitterfensters am höchsten ist, tritt der EB-Durchbruch gewöhnlich am Rand auf (Abb. 16.48).

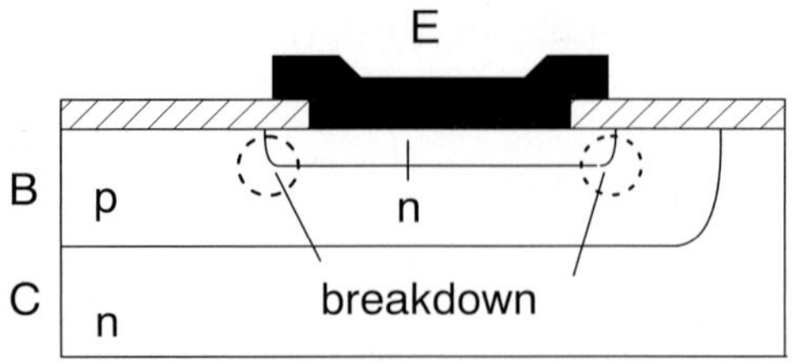

Abb. 16.48. Der Durchbruch der EB-Diode erfolgt gewöhnlich in der Seitenwand

Eine Sperrpolung der EB-Diode tritt in der Praxis vorwiegend bei Schaltvorgängen auf; Abbildung 16.49 zeigt ein einfaches Beispiel: Den sog. Emitterfolger mit kapazitiver Last. Ist C_{L} für $t < 0$ auf $v_1(0^-) - V_{\mathrm{BEon}}$ geladen und wird bei $t = 0$ der Wert von v_1 auf $v_1(0^+)$ verringert, so fällt an der EB-Diode zunächst die Sperrspannung $v_1(0^-) - v_1(0^+) - V_{\mathrm{BEon}}$ ab, da die Spannung v_2 im Schaltpunkt unverändert bleibt. Wird dabei V_{BREBO} überschritten, so kommt es zum Durchbruch der EB-Diode; der Kondensator entlädt sich dann über die EB-Diode. Die dabei in der EB-Sperrschicht umgesetzte Leistung kann zur Überhitzung und Zerstörung des Bauteils führen.

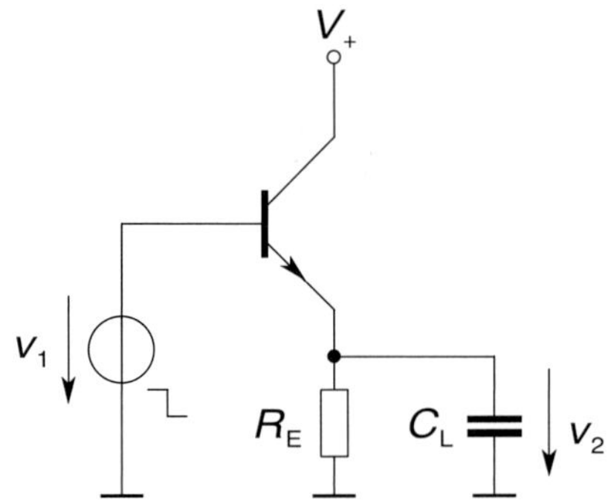

Abb. 16.49. Emitterfolger mit kapazitiver Last

Kollektor-Emitter-Grenzspannung

Die Kollektor-Emitter-Grenzspannung V_{BRCEO} (auch BV_{CEO}) bei offener Basis definiert eine Obergrenze für die zulässige Spannung V_{CE} bei *Stromansteuerung*: Für $V_{\mathrm{CE}} > V_{\mathrm{BRCEO}}$ kann der Strom im Ausgangskreis nicht mehr durch einen Basisstrom im Eingangskreis gesteuert werden. Abhängig von Basisweite und Dotierstoffkonzentration in der Basis kann der Durchbruch aufgrund des Lawineneffekts in der BC-Diode oder als Folge eines Durchgreifens der BC-Raumladungszone durch die Basis (*punchthrough*) erfolgen.

Beim Durchbruch aufgrund des *Lawineneffekts* tritt eine Instabilität aufgrund einer positiven *Rückkopplung* auf. Wird bei offener Basis die Spannung zwischen Kollektor und Emitter erhöht, so fließt zunächst nur ein verhältnismäßig geringer Strom I_{CEO}. Die angelegte Spannung fällt vorzugsweise als Sperrspannung an der BC-Diode ab. Mit zunehmendem V_{CE} erhöht sich deshalb die Feldstärke in der BC-Diode. Dort wird der die Raumladungszone durchfließende Strom durch Stoßionisation um den Multiplikationsfaktor M_n vermehrt, was in der Ersatzschaltung durch eine vom Transferstrom i_T gesteuerte Stromquelle berücksichtigt wird (Abb. 16.50).

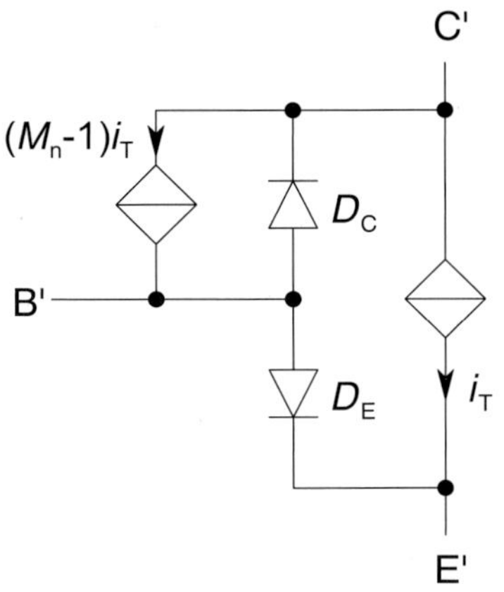

Abb. 16.50. Erweiterte Ersatzschaltung zur Modellierung des Lawineneffekts in der BC-Diode

Die bei der Stoßionisation entstehenden Löcher wirken wie ein Basisstrom, so daß gilt

$$I_\mathrm{C} \;=\; M_\mathrm{n} \left[\frac{B_\mathrm{N}}{1 - B_\mathrm{N}\,(M_\mathrm{n} - 1)} + 1 \right] I_\mathrm{CBO} \, .$$

Dieser Ausdruck weist für

$$\boxed{B_\mathrm{N}(M_\mathrm{n} - 1) \;=\; 1} \tag{16.122}$$

eine *Polstelle* auf, die den *Durchbruch* markiert. Wird die Abhängigkeit des Multiplikationsfaktors M_n von der angelegten Spannung V_CB durch einen Ansatz nach Miller beschrieben

$$M_\mathrm{n} \;=\; \frac{1}{1 - (V_\mathrm{CB}/V_\mathrm{BRCBO})^n} \quad \text{bzw.} \quad 1 - \frac{1}{M_\mathrm{n}} = \left(\frac{V_\mathrm{CB}}{V_\mathrm{BRCBO}} \right)^n ,$$

so folgt aus der Bedingung (16.122) für die sog. *Haltespannung* $V_\mathrm{CEO}(I_\mathrm{C})$, das ist die Spannung, die erforderlich ist, um einen bestimmten Wert von I_C aufrechtzuerhalten

$$V_\mathrm{CEO} \;=\; V_\mathrm{BRCBO}\,(B_\mathrm{N} + 1)^{-1/n} + V_\mathrm{BE} \, . \tag{16.123}$$

Ihr Wert nimmt mit zunehmender Stromverstärkung ab. Wegen der Arbeitspunktabhängigkeit der Stromverstärkung B_N ist V_CEO darüber hinaus von I_C abhängig (Abb. 16.51). Wird der Durchbruch durch Erhöhen des Werts einer Spannungsquelle eingeleitet, so muß – wegen der zunächst geringen Stromverstärkung – eine große Spannung zwischen Kollektor und Emitter angelegt

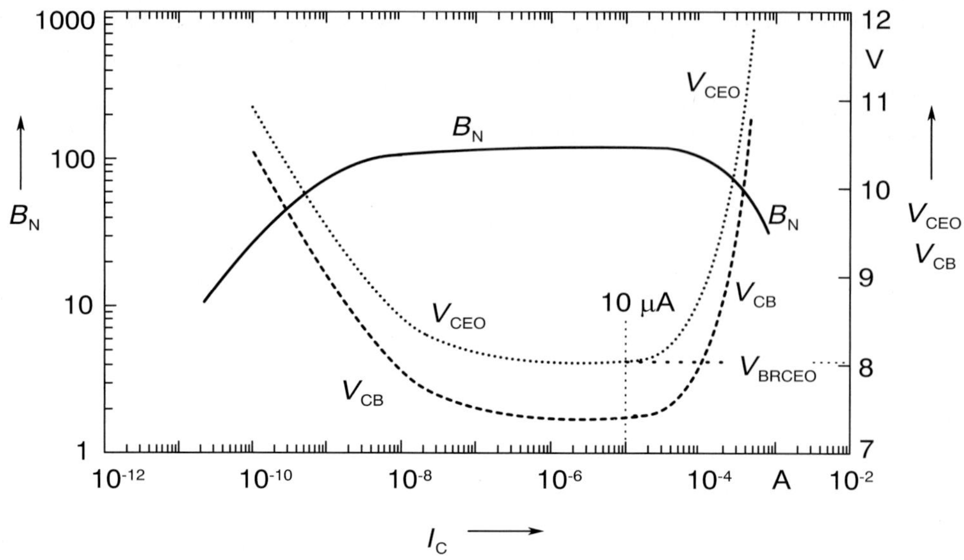

Abb. 16.51. Zum Kollektor-Emitter-Durchbruch bei offener Basis

werden, damit Gl. (16.122) erfüllt wird. Sobald die Durchbruchbedingung erreicht ist nimmt der Strom und damit die Stromverstärkung zu, was zu einem unkontrollierten Anstieg des Stroms und damit letztendlich zur Zerstörung des Transistors führt. Messungen von V_{BRCEO} verwenden deshalb stets eine Stromquelle, die einen definierten Wert einprägt und greifen die Spannung zwischen den Klemmen hochohmig ab.

Abbildung 16.51 bestätigt den durch Gl. (16.122) gegebenen Zusammenhang. Dort sind gemessene Werte für die Stromverstärkung B_{N} (für $M_{\mathrm{n}} = 1$) und die Haltespannung V_{CEO} als Funktion des Kollektorstroms I_{C} aufgetragen: Mit zunehmendem B_{N} sinkt V_{CEO}. Als Durchbruchsspannung V_{BRCEO} sollte der kleinste Wert von V_{CEO} bestimmt werden (Abb. 16.51).

Der Durchbruch bei offener Basis bzw. konstantem I_{B} beschreibt den ungünstigsten Fall: Der durch Stoßionisation zusätzlich erzeugte Basisstrom kann hier nur in den Emitter abfließen. Bei Spannungssteuerung (V_{BE} vorgegeben) kann V_{CE} auf Werte größer als V_{BRCEO} erhöht werden. Der Basisstrom ändert bei $V_{\mathrm{CE}} = V_{\mathrm{CEO}}$ sein Vorzeichen und fließt für $V_{\mathrm{CE}} > V_{\mathrm{CEO}}$ nach außen [17]. Wird parallel zur EB-Diode ein Widerstand geschaltet oder die EB-Diode sperrgepolt, so vergrößert sich die Durchbruchsspannung. Die entsprechenden Werte V_{BRCER} für die CE-Durchbruchspannung (bei einem parallel zur EB-Diode geschalteten Widerstand R) sowie V_{BRCEV} (bei einer an der Diode angelegten Sperrspannung) liegen zwischen den Werten V_{BRCEO} und V_{BRCBO}, wobei die Durchbruchspannung um so näher bei V_{BRCBO} liegt, je niederohmiger die Basis angeschlossen ist.

Beim Durchbruch aufgrund des *punchthrough* ist die Basisweite so gering, daß die BC-Sperrschicht an die EB-Sperrschicht anstößt. Durch thermische

Emission [7, 18] von Ladungsträgern über die dann verringerte Potentialbarriere kommt es zu einem starken Anstieg im Strom. Eine Unterscheidung zwischen beiden Mechanismen ist durch Vergleich der Werte von V_{BRCEO} und V_{BRCES} möglich: Gilt $V_{\mathrm{BRCES}} \geq V_{\mathrm{BRCEO}}$, so ist der Lawineneffekt maßgeblich. Abgesehen von speziellen HF-Transistoren wird die Basisweite wegen des Basisbahnwiderstands jedoch i. allg. so groß gewählt, daß der Kollektor-Emitter-Durchbruch auf den Lawineneffekt zurückzuführen ist.

16.5.3 Der sichere Arbeitsbereich

Abbildung 16.52 zeigt ein SOAR-Diagramm[21] für einen npn-Bipolartransistor bei statischem Betrieb. Die schraffierte Fläche markiert dabei die Menge der zulässigen – innerhalb der Spezifikation liegenden – Arbeitspunkte.

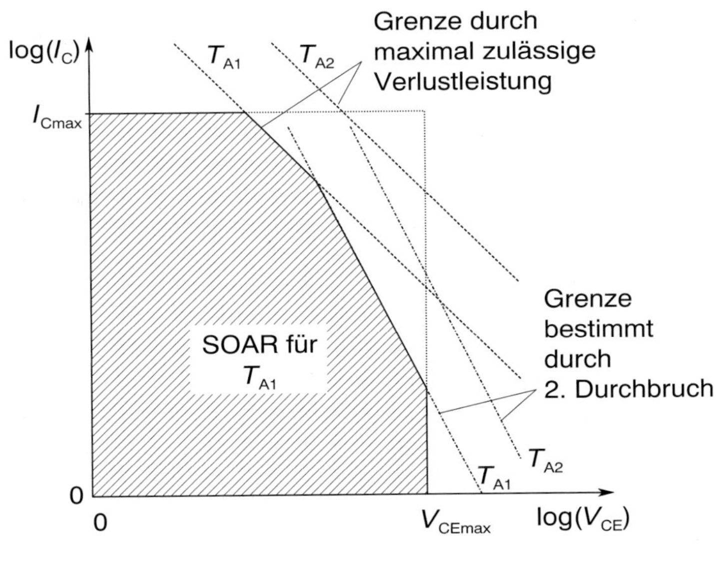

Abb. 16.52. SOAR-Diagramm eines Bipolartransistors (schematisch)

Die Menge der zulässigen Arbeitspunkte in der $(V_{\mathrm{CE}}|I_{\mathrm{C}})$-Ebene wird eingeschränkt durch:

(1) Den maximal zulässigen Kollektor(dauer)strom I_{Cmax}. Dieser darf einen bestimmten Wert nicht überschreiten ($I_{\mathrm{C}} < I_{\mathrm{Cmax}}$), andernfalls besteht die Gefahr, daß ein Anschlußdraht oder die Metallkontaktierung abschmilzt bzw. langfristig durch Elektromigration ausfällt.

(2) Die maximal zulässige Kollektor-Emitter-Spannung V_{CEmax}. V_{CE} ist i. allg. kleiner zu wählen als der kleinere der beiden Werte von BV_{CEO} und BV_{CES}. Andernfalls besteht die Gefahr, daß die Steuerbarkeit des Ausgangskreises verlorengeht. In Schaltungen mit modernen HF-Bipolartransistoren ist

[21] Die Abkürzung steht für englisch: safe operating area.

V_{BRCEO} mitunter so klein (z.B. 2 V), daß bestimmte Schaltungen einen Betrieb bei $V_{\mathrm{CE}} > V_{\mathrm{BRCEO}}$ erfordern. Das ist bei hinreichend niederohmiger Ansteuerung zulässig; eine Betrachtung zur Stabilität ist in [7] zu finden.

(3) Die maximal zulässige Verlustleistung P_{zul}. Diese ist eine Funktion der Umgebungstemperatur und nimmt mit zunehmender Umgebungstemperatur ϑ_{A} ab. Bei der gewählten doppeltlogarithmischen Auftragung stellen die Kurven konstanter Verlustleistung im Ausgangskreis ($V_{\mathrm{CE}}\, I_{\mathrm{C}} = \mathrm{const.}$) Geraden[22] der Steigung -1 dar. Die zulässige Verlustleistung ist unter Berücksichtigung des Kühlkörpers sowie der Umgebungstemperatur aus der Lastminderungskurve zu entnehmen. Bei größeren Werten von V_{CE} kann der sog. *zweite Durchbruch* auftreten, der eine weitere Einschränkung der zulässigen Arbeitspunkte bedingt.

(4) Der *zweite Durchbruch* des Bipolartransistors. Dieser ist mit einer Stromeinschnürung und lokalen Überhitzung des Bipolartransistors verbunden, die zur Zerstörung des Bauteils führen kann. Mögliche Ursachen hierfür sind:

- *Thermische Instabilität:* Da die im Transistor erzeugte Wärme zu den Rändern hin abfließt, tritt im Zentrum des Transistors ein Temperaturmaximum auf. Dort ist die Transfersättigungsstromdichte und die Sättigungssstromdichte der BC-Diode größer, was i. allg. zu einer lokal erhöhten Verlustleistung im Zentrum führt. Bei Transistoren mit großen lateralen Abmessungen kann es auf diesem Weg zur Bildung von *hot spots* [19, 20] kommen, in denen die Sättigungsstromdichte unkontrolliert auf Werte ansteigt, die zur Zerstörung des Transistors führen. Dieser Mechanismus ist bei Werten $V_{\mathrm{CE}} < BV_{\mathrm{CEO}}$ dominierend.
- *Pinch-in-Effekt:* Ist $V_{\mathrm{CE}} > BV_{\mathrm{CEO}}$, so fließt der Basisstrom nach außen. Durch den Spannungsabfall im Basisbahngebiet ist hier die Spannung $v_{\mathrm{B'E'}}$ im Inneren des Transistors größer als die Klemmenspannung v_{BE}. Dies führt zu einer lokalen Erhöhung des Transferstroms, was zu einer instabilen Stromverteilung führen kann [17].

Die Gefährdung eines Transistors durch den zweiten Durchbruch ist um so größer, je größer der Flächenwiderstand der Basisschicht ist.

Das in Abb. 16.52 dargestellte Diagramm gilt für den *statischen* Betrieb eines Transistors. Bei *Impulsbetrieb* sind häufig höhere Kollektorströme und höhere Verlustleistungen zulässig; die SOAR vergrößert sich hierbei abhängig von Impulsdauer und Wiederholfrequenz, jedoch unter Beibehaltung der Spannungsobergrenze.

[22] Bei linearer Auftragung ergibt sich aus der Forderung $V_{\mathrm{CE}} I_{\mathrm{C}} < P_{\mathrm{zul}}$ eine Grenzkurve in Hyperbelform, die sog. Verlustleistungshyperbel.

16.6 Heterostruktur-Bipolartransistoren (HBTs)

Mit Hetero-pn-Übergängen aufgebaute Bipolartransistoren (*HBTs*) bieten verbesserte elektrische Eigenschaften hinsichtlich der Stromverstärkung, der Basistransitzeit und der Early-Spannung. Während ursprünglich nahezu ausschließlich III-V-Verbindungshalbleiter zur Herstellung von HBTs verwendet wurden [21], sind neuerdings Si-Ge-Mischkristalle [22–24] in das Zentrum des Interesses geraten, da diese mit der weiterentwickelten Siliziumprozeßtechnik kompatibel sind [25] und kostengünstige Großintegration ermöglichen.

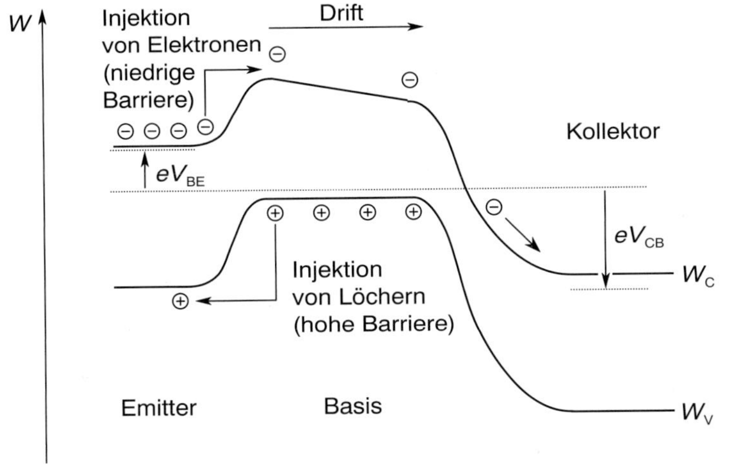

Abb. 16.53. Heterostrukturbipolartransistor mit ortsabhängiger Energielücke im Basisbahngebiet (graded base)

Emitter mit großer Energielücke. Weist der Emitter eine größere Energielücke auf als die Basis ($W_{gE} > W_{gB}$), so werden bei Flußpolung weniger Ladungsträger in den Emitter injiziert als beim konventionellen Bipolartransistor (unter der Voraussetzung einer konstanten Transferstromdichte). Die Stromverstärkung ändert sich wie die Injektionsverhältnisse, d. h. sie nimmt exponentiell mit der Änderung der Energielücke zu

$$B_N \sim \exp\left(\frac{W_{gE} - W_{gB}}{k_B T}\right) ;$$

Dies wurde bereits 1957 von Krömer [26] erkannt. Im Gegensatz zu konventionellen Bipolartransistoren, bei denen aufgrund des bandgap narrowing die Energielücke im Emitter kleiner ist als in der Basis ($W_{gE} < W_{gB}$), nimmt hier die Stromverstärkung mit steigender Temperatur i. allg. ab.[23] Durch den Einsatz von Emittern mit großer Energielücke kann die Basis stärker dotiert werden als der Emitter, ohne daß die Stromverstärkung allzusehr leidet. Dies ist für die Realisierung extrem schneller Transistoren von großer Bedeutung,

[23] Als Folge des Mitlaufeffekts kann es deshalb zu fallenden Ausgangskennlinien kommen, da der Early-Effekt durch den Effekt der abnehmenden Stromverstärkung überdeckt wird.

da die Basisweite mit zunehmender Dotierstoffkonzentration verringert werden kann, ohne daß der Flächenwiderstand des Basisbahngebiets und damit der interne Basisbahnwiderstand zunehmen. Die geringe Basisweite bedingt sehr geringe Basistransitzeiten: Die *Vorwärtstransitzeit* von HBTs ist kleiner als die konventioneller Bipolartransistoren, wobei sich auch die bei erhöhter Stromverstärkung verringerte Speicherladung im Emitter bemerkbar macht.

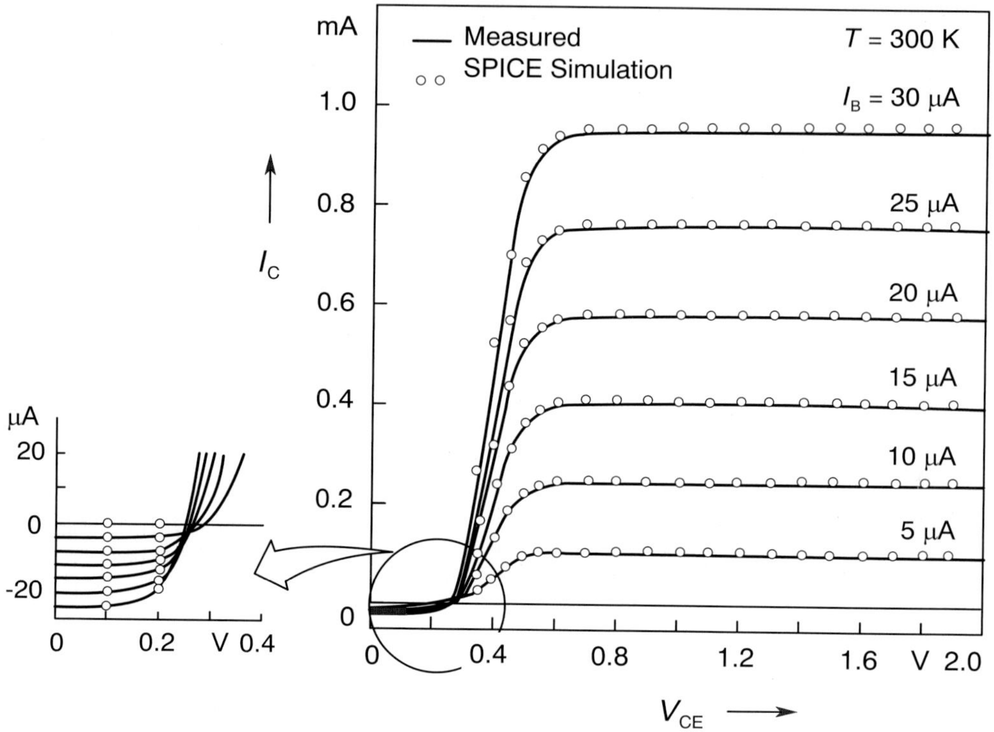

Abb. 16.54. Ausgangskennlinien eines GaAs/AlGaAs HBT (nach [27])

Offset-Spannung. Unterschiedliche Werte der Schleusenspannungen von EB- und BC-Diode führen zu einer Offset-Spannung $V_{CE}(I_C = 0)$ die einige hundert Millivolt betragen kann (Abb. 16.54). Der Wert der Offset-Spannung kann aus $I_C = I_T - I_{BC}$ und $I_B = I_{BE} + I_{BC}$ ermittelt werden. In HBTs mit wide-gap Emitter kann die Injektion von Löchern in den Emitter häufig vernachlässigt werden, was auf die vereinfachten Beziehungen

$$I_C \approx I_S \exp\left(\frac{V_{B'E'}}{N_F V_T}\right) - I_{SC} \exp\left(\frac{V_{B'C'}}{N_C V_T}\right) = 0 \tag{16.124}$$

$$I_B \approx I_{SC} \exp\left(\frac{V_{B'C'}}{N_C V_T}\right) \tag{16.125}$$

führt. Dies ergibt für die Offset-Spannung

$$V_{CE}(I_C = 0) = R_{EE'} I_B + V_T \ln\left[\left(\frac{I_B}{I_S}\right)^{N_F} \left(\frac{I_{SC}}{I_B}\right)^{N_C}\right] \tag{16.126}$$

Dieses Ergebnis berücksichtigt wegen $I_S \sim A_{je}$ und $I_{SC} \sim A_{jc}$ die Auswirkung unterschiedlicher Flächen der EB- und der BC-Diode sowie den Einfluß der ortsabhängigen Energielücke und des Emitterserienwiderstands; Hochstromeffekte und Spannungsabfälle über der Epischicht werden nicht berücksichtigt.

Kollektor mit großer Energielücke. Durch Verwenden eines Kollektors mit einer im Vergleich zur Basis großen Energielücke ($W_{gC} > W_{gB}$) kann die Offset-Spannung verkleinert und die Injektion von Löchern in den Kollektor bei Sättigung oder Quasisättigung reduziert werden. Dies führt bei großen Stromstärken zu einem „Löcherstau" am Heteroübergang [24, 28], mit der Folge eines Gegenfelds für die Elektronen, was sich in einer Zunahme der Transitzeit und damit einer Abnahme der Transitfrequenz auswirkt. Um diesen Effekt zu reduzieren wird der Heteroübergang deshalb gewöhnlich gegenüber dem metallurgischen pn-Übergang in Richtung Kollektor verschoben [24]. Da Halbleiter mit größerer Energielücke niedrigere Koeffizienten α_n und α_p für Stoßionisation aufweisen, führen Kollektoren mit großer Energielücke zu höheren Durchbruchspannungen.

Bandgap-grading. Die *Vorwärtstransitzeit* nimmt bei HBTs mit graded base ab. Zur Abschätzung der Basistransitzeit kann eine Verallgemeinerung der von Krömer [12] angegebenen Beziehung für die Basistransitzeit[24] verwendet werden

$$\begin{aligned}\tau_{Bf} \;=\; & \int_0^{d_B} \frac{n_{ie}^2(x)}{p(x)} \int_x^{d_B} \frac{p(y)}{D_n(y) n_{ie}^2(y)}\, dy\, dx \\ & + \frac{1}{v_{nsat}} \frac{p(d_B)}{n_{ie}^2(d_B)} \int_0^{d_B} \frac{n_{ie}^2(x)}{p(x)}\, dx \;;\end{aligned}$$

die Koordinaten wurden dabei so gewählt, daß $x_{be} = 0$ und $x_{bc} = d_B$. Die Dotierstoffkonzentration im Basisvolumen wird sehr groß und homogen gewählt – auf diesem Weg kann die Basisweite für gegebene Anforderungen an den Flächenwiderstand des Basisbahngebiets und die Durchgreifspannung (Punchthrough) minimal gewählt werden.

Early-Spannung. Das „grading" der Energielücke in der Basis wirkt sich auch positiv auf die *Early-Spannung* aus, die zunimmt [24]. Durch Differentiation von (16.35) folgt der allgemeine Ausdruck für die Early-Spannung [7]

$$V_{AF} = \frac{e A_{je} n_{ie}^2(x_{bc})}{n_{i0}^2 c_{jc}(V_{C'B'})} \frac{G_B + \dfrac{p(x_{bc})}{v_{nsat}} \dfrac{n_{i0}^2}{n_{ie}^2(x_{bc})}}{\dfrac{1}{D_n(x_{bc})} + \dfrac{1}{v_{nsat}} \left.\dfrac{d \ln(p/n_{ie}^2)}{dx}\right|_{x_{bc}}} - V_{C'B'} \,. \qquad (16.127)$$

[24]Wegen der sehr geringen Basistransitzeit wird die Vorwärtstransistzeit $\tau_f \approx \tau_{Bf} + \tau_{jc}$ zu einem erheblichen Teil durch die Kollektortransitzeit $\tau_{jc} = (x_{cb} - x_{bc})/(2 v_{nsat})$ bestimmt.

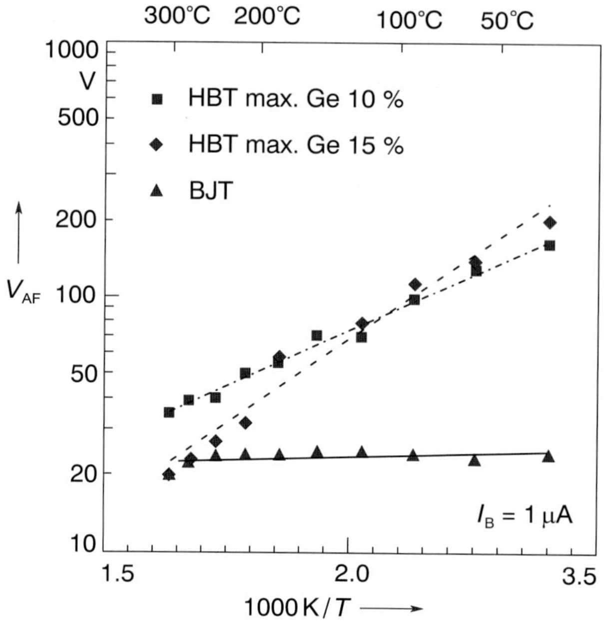

Abb. 16.55. Temperaturabhängigkeit der durch Extrapolation bestimmten Early-Spannung V_A von Si BJTs und SiGe HBTs (nach [29])

Dieser zeigt, daß die Early-Spannung proportional zum Quadrat der intrinsischen Dichte $n_{ie}(x_{bc})$ am kollektorseitigen Sperrschichtrand ist. Steigt $n_{ie}(x_{bc})$, wie dies in HBTs mit graded base der Fall ist, so steigt die Early-Spannung; da $n_{ie}^2(x_{bc})/n_{i0}^2$ mit zunehmender Temperatur sinkt, wird auch die Early-Spannung mit zunehmender Temperatur geringer (Abb. 16.55).

HBTs mit SiGe-Basis

Durch Gasphasenepitaxie im Ultrahochvakuum (UHVCVD) oder durch Molekularstrahlepitaxie (MBE) lassen sich Bipolartransistoren herstellen, deren Basiszone einen zum Kollektor hin zunehmenden Anteil von Ge-Atomen aufweist. Auf diesem Weg entsteht ein HBT mit graded base (Abb. 16.70). Der bei einer bestimmten Flußspannung V_{BE} fließende Basisstrom nimmt gegenüber einem konventionellen Siliziumbipolartransistor nicht ab. Wegen der gegenüber Siliziumtransistoren verringerten Energielücke in der Basis nimmt der Transferstrom zu: Bipolartransistoren mit SiGe-Basis benötigen eine geringere Flußspannung, um einen bestimmten Transferstrom zu führen (Abb. 16.56).

HBTs mit SiGe-Basis zeichnen sich gegenüber konventionellen Si-Bipolartransistoren durch eine Reihe von Vorzügen aus:

- Durch das Driftfeld in der Basis kann die Transitzeit beträchtlich verringert werden; dies ermöglicht eine deutliche Steigerung der Transitfrequenz f_T.
- Bei gleichbleibender Stromverstärkung kann die Basis des SiGe-Transistors stärker dotiert werden, was einen deutlich verringerten Basisbahnwiderstand

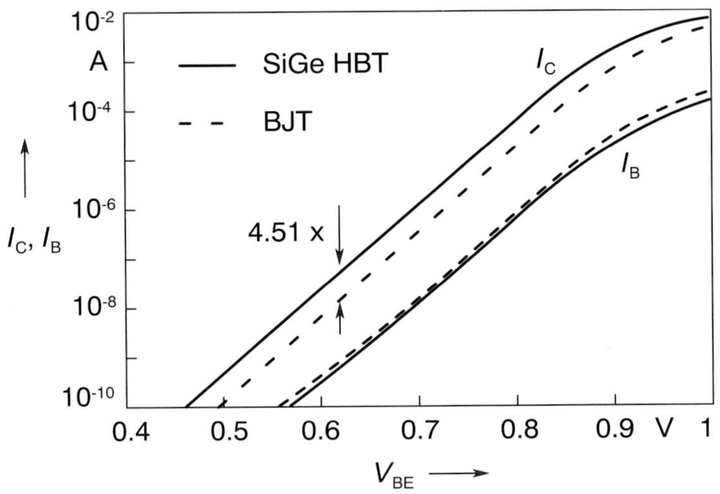

Abb. 16.56. Gummel Plot eines SiGe HBT mit graded und base und eines Si BJT (nach [24])

bringt und damit eine Steigerung der Steilheitsgrenzfrequenz f_y und der maximalen Schwingfrequenz f_{max}.

• Der Hetero-Emitter bietet gute Stromverstärkungen ohne eine Grenzschicht am poly-Silizium-Kontakt zu erfordern; dies führt zu Eckfrequenzen für das $1/f$-Rauschen auf Werte die unter 500 Hz liegen können [30].

• Die Early-Spannung steigt deutlich an, was die Anwendungsmöglichkeit der Transistoren in der analogen Schaltungstechnik verbessert.

HBTs mit III-V-Verbindungshalbleitern

HBTs auf Siliziumbasis sind insbesondere für die kostengünstige Integration von Hochfrequenzschaltungen von Interesse. HBTs mit Verbindungshalbleitern können dagegen Vorteile hinsischtlich der größeren Elektronenbeweglichkeit oder einer anderen Energielücke bieten. Wegen der Hochstromeffekte steigt die Transitfrequenz nicht monoton mit der Stromdichte an, sondern sinkt oberhalb eines kritischen, durch die Kollektordotierung bestimmten Werts wieder ab. Größere Stromdichten und damit höhere Grenzfrequenzen werden durch ein Anheben der Kollektordotierung möglich. Dies bedingt aber eine Verminderung der Durchbruchspannung V_{BRCEO}. Wegen dieses „Tradeoffs“ wird das Produkt $f_T V_{BRCEO}$ als Gütezahl verwendet; Halbleitermaterialien mit geringeren Ionisationsoeffizienten und einer höheren Elektronenbeweglichkeit sind hier vorteilhafter. Abbildung 16.57 zeigt entsprechende Werte für unterschiedliche Transistortechnologien.

GaAlAs/GaAs HBTs. Heterostrukturen aus GaAlAs/GaAs zeichnen sich durch eine Reihe von Vorzügen aus:

• Die Gitterkonstanten von AlAs und GaAs weichen bei Raumtemperatur nur um ca. 0.14% voneinander ab, was Heterostrukturen mit beliebigem Al-

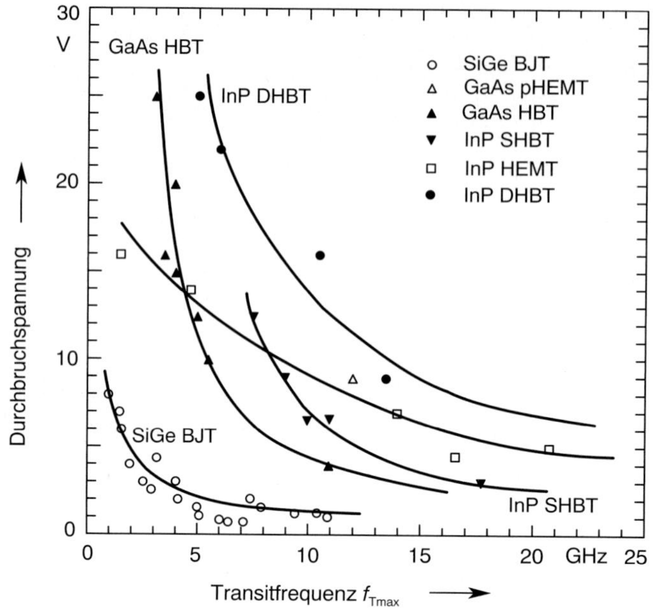

Abb. 16.57. Erreichte Werte für Transitfrequenz und Durchbruchspannung für unterschiedliche Transistortechnologien (nach [31]

Anteil ermöglicht. Die große Freiheit der Materialzusammensetzung erlaubt es große Differenzen der Energielücke zu realisieren.

• Die geringe effektive Masse der Elektronen im direkten Leitungsbandmanimum bedingt eine große Beweglichkeit der Elektronen, die in reinem GaAs bei annähernd 8000 cm^2/Vs liegt.

• Die direkte Energielücke von GaAs erlaubt die Integration von LEDs oder Laserdioden gemeinsam mit elektronischen Schaltungen.

• Die große Energielücke von GaAs führt zu einer geringen intrinsischen Dichte n_i; undotiertes GaAs ist deshalb vergleichsweise hochohmig (semiisolierend). Dadurch werden z.B. die kapazitive Kopplung von Leitungen zum Substrat sowie Wirbelstromverluste wie sie durch integrierte Induktivitäten im Substrat hervorgerufen werden können verringert. Dies ist von besonderer Bedeutung für die Herstellung monolithisch integrierter Mikrowellenschaltung (MMICs) die gewöhnlich vergleichsweise breite Leiterbahnen einsetzen.

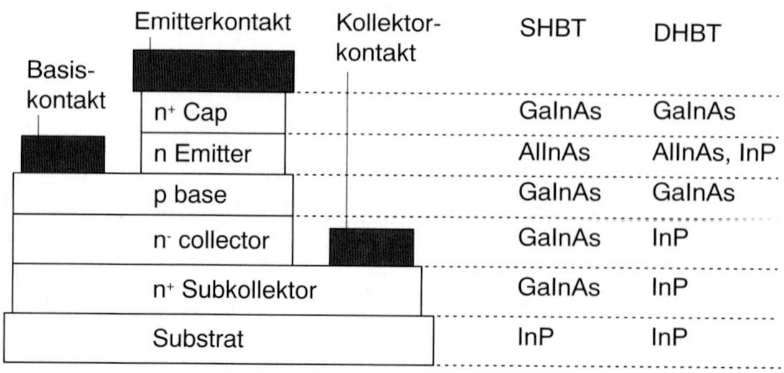

Abb. 16.58. Schichtfolge in Einfach- (SHBT) und Doppel-Heterostrukturbipolartransistoren (DHBT) auf InP Substrat (nach [32])

Indiumphosphid. Indiumphosphid zeichnet sich durch eine hohe Elektronenbeweglichkeit und eine Sättigungsgeschwindigkeit v_{nsat} aus, die annähernd das Dreifache des Werts von Silizium beträgt; die Schleusenspannung liegt dabei um annähernd 200 mV unter der eines Si BJT. Transistoren auf InP-Substrat haben eine größere Durchbruchspannung als Transistoren auf Si-Substrat, wegen der im Vergleich zu Silizium geringeren Wärmeleitfähigkeit ist die zulässige Verlustleistung bei identischen Abmessungen allerdings geringer [32].

Abbildung16.58 zeigt die Schichtfolge in Einfach- und Doppel-Heterostrukturbipolartransistoren (SHBT bzw. DHBT) auf InP Substrat. Mit InAs ($W_{\mathrm{g}} = 1.45\,\mathrm{eV}$) oder InP ($W_{\mathrm{g}} = 1.35\,\mathrm{eV}$) als Emitter auf einer GaInAs-Basisschicht mit der Energielücke $W_{\mathrm{g}} = 0.75\,\mathrm{eV}$ erhält man einen Widegap Emitter und eine geringe Schleusenspannung (Abb. 16.59). Doppel-Heterostrukturbipolartransistoren (DHBTs) die auch einen Kollektor mit großer Energielücke (z.B. InP) verwenden profitiern zusätzlich von der großen Durchbruchfeldstärke von InP; dies erlaubt es Dotierung und Dicke der n^- Kollektorschicht zu reduzieren, was höhere Transitfrequenzen bei gegebener Durchbruchspannung ergibt: InP/InGaAs HBTs weisen ein größeres $f_{\mathrm{T}} V_{\mathrm{BRCEO}}$-Produkt auf als SiGe HBTs.

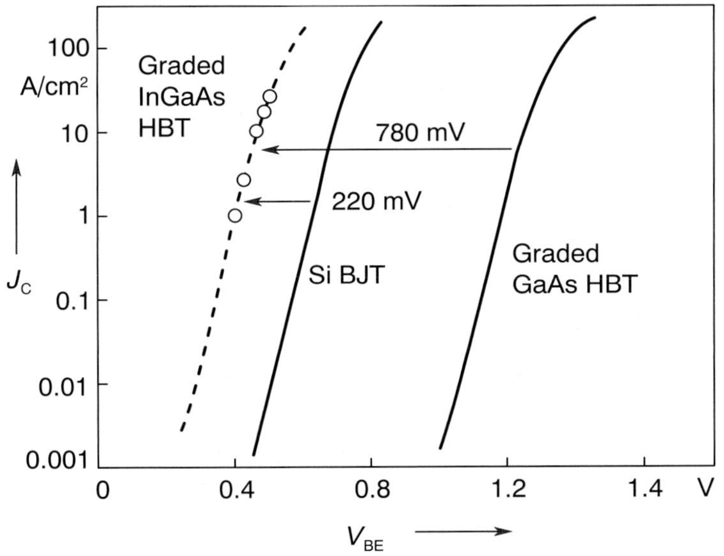

Abb. 16.59. Kollektorstromdichte $J_{\mathrm{C}}(V_{\mathrm{BE}})$ für unterschiedliche npn-Transistortechnologien

Galliumnitrid. Heterostrukturbipolartransistoren mit III–V Halbleitern grosser Energielücke wie $\mathrm{Al}_x\mathrm{Ga}_{1-x}\mathrm{N/GaN}$ werden als Leistungshalbleiter für HF-Anwendungen entwickelt[25] [34–37]. Die Energielücke dieser Materialien übersteigt 3 eV und erlaubt es derartige HBTs bei hohen Temperaturen und Spannungen zu betreiben, da sowohl die intrinsische Dichte als auch die Ionisationskoeffizienten klein sind.

[25] Einen Vergleich unterschiedlicher Halbleitermaterialen für Leistungs-HBTs bietet [33].

16.7 Einzeltransistoren

Viele Standard-Transistorschaltungen sind heute als integrierte Schaltung verfügbar. Einzeltransistoren werden daneben nur noch eingesetzt, falls kein geeigneter IC zur Verfügung steht oder falls die geforderten Transistoreigenschaften mit der Technologie der integrierten Schaltung nicht vereinbar sind (Leistungs- und Hochvolttransistoren, besonders rauscharme Transistoren für das NF-Gebiet).

Transistoren werden in den unterschiedlichsten Schaltungen eingesetzt und deshalb mit verschiedenen Parametern hergestellt. Für Kleinsignalverstärker wird i. allg. eine große Stromverstärkung gewünscht. Leistungstransistoren werden bei großen Kollektorströmen betrieben, d. h. bei Stromstärken oberhalb des Maximums der Stromverstärkung, die deshalb bei großen Stromstärken möglichst wenig absinken sollte. Für Hochvolttransistoren sind hohe Grenzspannungen gefordert, was durch Wahl der Dotierung und speziellen Aufbau ermöglicht wird. Für Mikrowellentransistoren sind geringe Basisweiten, geringe Kapazitätswerte sowie gute Hochstromeigenschaften von besonderer Bedeutung.

Herstellung. Bei der Herstellung werden durch eine Abfolge von Oxidations-, Ätz- und Diffusionsprozessen mehrere tausend Transistoren auf einer Siliziumscheibe (Wafer) erzeugt. Diese werden noch auf der Scheibe einem automatisierten Test unterworfen – schlechte Transistoren werden mit einem Farbpunkt gekennzeichnet. Nur gute Transistoren werden nach dem Zerteilen der Scheibe in Einzeltransistoren in ein Gehäuse montiert. Dieser letzte Schritt der Transistorfertigung ist besonders kostenintensiv und beeinflußt die Zuverlässigkeit des Bauelements maßgeblich.

Bei den *Metallgehäusen* (z. B. TO-18 und TO-39) wird der Transistor zumeist auf eine von einer dünnen Goldschicht überzogene metallische Bodenplatte auflegiert, die Emitter- und Basisanschlüsse werden über Bonddrähte mit den jeweiligen Anschlußpins verbunden. Um die mechanische Festigkeit zu erhöhen, wird der fertig kontaktierte Transistor mit einem Lacktropfen überzogen. Anschließend wird das Gehäuse montiert und eine erneute Überprüfung der Transistorparameter vorgenommen.

Kunststoffgehäuse (z. B. TO-92 oder SOT-143) bieten bei geringen Verlustleistungen (bis ca. 1 W) eine kostengünstige Alternative zu Metallgehäusen. Die drei Anschlußpins werden dabei aus einem Band gestanzt. Der Transistor wird hier direkt auf die Kollektorfahne auflegiert, die Anschlüsse für Emitter und Basis werden über Bonddrähte hergestellt. Im Folgenden wird das Gehäuse mit einer schützenden Kunststoffschicht vergossen. Zur besseren Wärmeabfuhr wird der Kollektoranschluß häufig mit einer Kühlfahne ausgestattet.

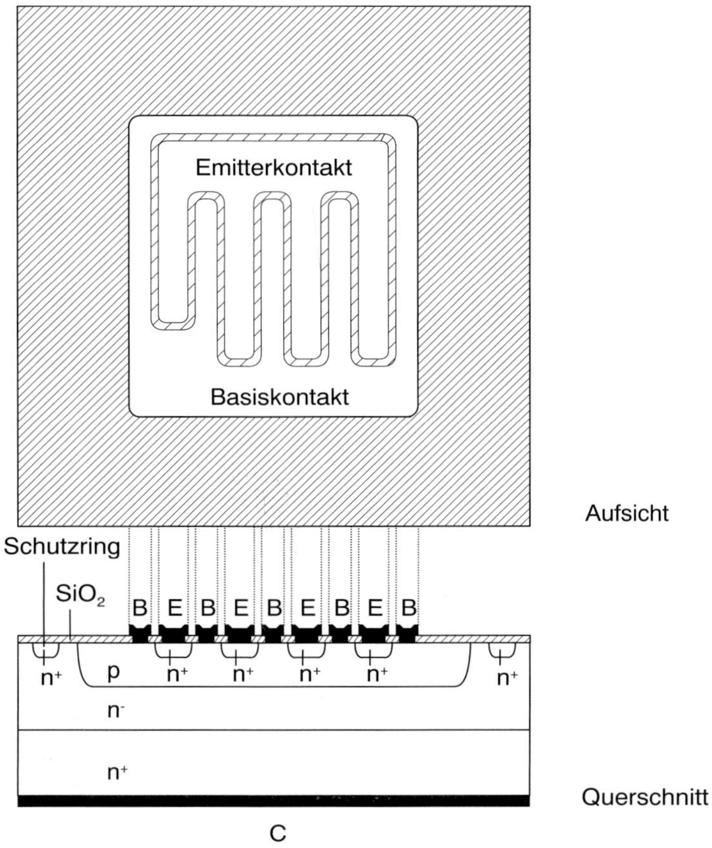

Abb. 16.60. Aufbau eines NF-Kleinleistungstransistors

Kleinsignaltransistoren. Kleinsignaltransistoren finden als Vorstufentransistoren, Treiber sowie als schnelle Schalter Verwendung. Die maximal zulässigen Kollektorströme liegen im Bereich 0.1 – 1 A, die Sperrspannungen im Bereich bis 100 V, die Stromverstärkungen typischerweise zwischen 100 und 1000 und die Transitfrequenzen in der Größenordnung von 100 MHz.

Einzeltransistoren für Kleinsignalanwendungen werden i. allg. mit kammförmigem Emitter in Planartechnologie gefertigt. Ein entsprechender Aufbau ist in Abb. 16.60 dargestellt. Auf einem n^+-Substrat wird dabei eine niedrig dotierte n-Schicht epitaxial aufgewachsen, in die anschließend Basisbahn- und Emitterbahngebiet diffundiert werden. Man spricht in diesem Zusammenhang auch von *doppeltdiffundierten* Transistoren. Durch Parallelschalten mehrerer „Emitterfinger" wird eine große Fläche der EB-Sperrschicht mit einem geringen Wert des Basisbahnwiderstands kombiniert.

Für schnelle Schaltanwendungen werden Transistoren mit dünner Basis und schmalen Emitterfingern verwendet, was zu großen Werten der Transitfrequenz und der Steilheitsgrenzfrequenz führt. Für NF-Anwendungen kommen spezielle *rauscharme* Vorstufentransistoren zum Einsatz, die aufgrund ihrer Herstellung und durch Selektion ein besonders niedriges $1/f$-Rauschen zeigen.

Leistungstransistoren. Die Herstellung von Leistungstransistoren für den NF-Bereich ist gegenüber der Planartechnik häufig wesentlich vereinfacht. Leistungstansistoren wurden weitgehend durch MOS-Bauelemente ersetzt.

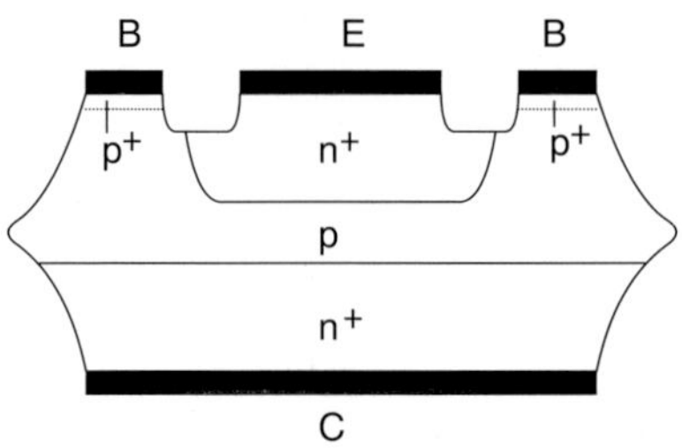

Abb. 16.61. Einfachdiffusionstechnik

Einfachdiffusionstechnik. Ausgehend von einem p-Typ-Substrat wird hier durch beidseitige Diffusion in einem Schritt eine npn-Struktur erzeugt. Abbildung 16.61 zeigt das Aufbauschema eines entsprechenden Transistors. Bei der Herstellung werden Ober- und Unterseite mit einer mehrere Mikrometer dicken Phosphorschicht belegt, die an der Oberseite wieder bis auf die Emitterfinger weggeätzt wird. Anschließend wird die Scheibe mit einer borhaltigen Schicht belegt. Bei einem nun folgenden Diffusionsschritt bilden sich Emitter- und Kollektorbahngebiet; die Diffusionsdauer wird so gewählt, daß zwischen diesen eine metallurgische Basisweite von 20 µm bis 40 µm verbleibt. Einfachdiffundierte Transistoren werden für Kollektorströme bis 20 A und Kollektorspannungen bis 150 V hergestellt. Wegen ihrer großen Basisweite weisen sie hohe Schaltzeiten und eine geringe Grenzfrequenz auf. Im Gegenzug sind derartige Transistoren sehr robust und praktisch frei vom 2. Durchbruch.

Als Beispiel kann der Transistor 2N3055 betrachtet werden. Dieser ist im TO-3-Gehäuse montiert, für eine Verlustleistung bis zu 115 W und für Kollektorströme $I_C < 15$ A ausgelegt; die Stromverstärkung ist arbeitspunktabhängig und liegt typischerweise im Bereich von 20 – 70. Die wichtigsten SPICE-Parameter besitzen die Werte [38] $I_S = 10^{-11}\,\mathrm{A}$, $B_F = 150$, $B_R = 15$, $V_{AF} = V_{AR} = 170\,\mathrm{V}$, $I_{SE} = 2.5 \cdot 10^{-9}\,\mathrm{A}$, $I_{SC} = 6.6 \cdot 10^{-9}\,\mathrm{A}$, $N_E = N_C = 2$, $I_{KF} = 1\,\mathrm{A}$, $C_{JE} = 700\,\mathrm{pF}$, $C_{JC} = 1.2\,\mathrm{nF}$, $T_F = 100\,\mathrm{ns}$, $R_E = 40\,\mathrm{m\Omega}$, $R_C = 20\,\mathrm{m\Omega}$, $R_B = 6\,\Omega$, $R_{BM} = 0.25\,\Omega$, $I_{RB} = 0.7\,\mathrm{A}$. Wegen der großen Werte der Transitzeit ist der 2N3055 nur für NF-Betrieb geeignet.

Epibasistechnik. In *Epibasistransistoren* wird eine p-Typ-Basisschicht (Dicke typischerweise 5 – 20 µm) auf ein hochdotiertes und damit niederohmiges n-Substrat[26] aufgewachsen. Der Emitter wird dann in das epitaxiale p-Gebiet diffundiert. Dieser sehr einfache Prozeß erfordert nur einen Diffusionsvorgang und bietet eine hohe Ausbeute.

[26] Werden besonders hohe Durchbruchspannungen gefordert, so wird auf das n^+-Substrat zunächst eine schwach n-dotierte epitaxiale Schicht aufgewachsen.

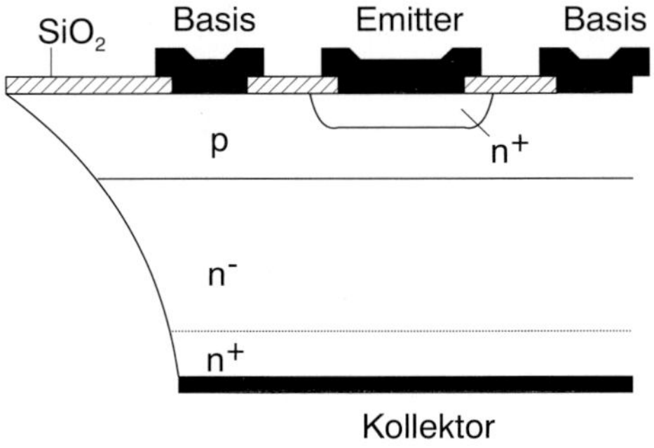

Abb. 16.62. Dreifachdiffusionstechnik

Hochspannungstransistoren. Hochspannungstransistoren erfordern ein sehr ausgedehntes, niedrig dotiertes Kollektorbahngebiet. Deshalb wird hier meist ein niedrig dotiertes Substratmaterial verwendet, in das von der Rückseite her ein hochdotiertes Kollektoranschlußgebiet und von der Vorderseite her das Basisbahn- und das Emitterbahngebiet diffundiert wird. Man spricht in diesem Zusammenhang auch von der *Dreifachdiffusionstechnik*. Die Trennung der Transistoren erfolgt hier meist nicht durch Sägen oder Brechen, sondern durch eine naßchemische Ätzung (sog. Mesaätzung) von der Rückseite her. Auf diesem Weg entsteht ein abgeschrägter pn-Übergang (Abb. 16.62) mit einer besonders günstigen Feldverteilung und damit großer Durchbruchspannung.

HF-Transistoren, Mikrowellentransistoren. Transistoren für Anwendungen in der HF- und Mikrowellentechnik müssen in lateraler und vertikaler Richtung geringe Abmessungen aufweisen. Geringe Abmessungen in vertikaler Richtung, insbesondere eine geringe Basisweite, sind für eine geringe Transitzeit erforderlich; geringe Abmessungen in lateraler Richtung führen zu kleinen Werten der Transistorkapazitäten und des Basisbahnwiderstands. Beides sind notwendige Voraussetzungen für hohe Werte der Transitfrequenz f_T und der Steilheitsgrenzfrequenz f_y.

Um diese Forderungen zu erfüllen, werden HF- und Mikrowellentransistoren häufig durch Parallelschalten mehrerer sehr schmaler *Emitterfinger* (sog. *Streifentransistoren*) realisiert.[27] Die Breite der Emitterfinger wird dabei durch die Grenzen der verfügbaren Lithographie bestimmt und liegt heutzutage unter 1 µm. Für einen niederohmigen Anschluß des Basisbahngebiets werden i. allg. *selbstjustierende* Techniken eingesetzt.

HF-Transistoren werden entweder in Chip-Form – zum Einbau in Dickschicht- oder Dünnschichtschaltungen – oder in speziellen Gehäuseformen geliefert, die sich besonders gut für den Einsatz in Streifenleiterschaltungen eignen. Von besonderer Bedeutung sind hier geringe Werte der Zuleitungsinduktivitäten

[27] Alternativ zu den Streifentransistoren wurden auch andere Emittergeometrien entwickelt; ein Überblick über gebräuchliche Techniken ist z. B. in [39] zu finden.

sowie der Koppelkapazitäten zwischen Eingang und Ausgang. Zur Verringerung der kapazitiven Kopplung zwischen Eingangs- und Ausgangskreis wird gewöhnlich die gemeinsame Elektrode (i. allg. der Emitter) zur kapazitiven Abschirmung verwendet. HF-Transistoren für den Betrieb in Emitterschaltungen besitzen dann meist ein Gehäuse mit vier senkrecht zueinander angeordneten Anschlüssen. Der Transistorchip wird dabei auf der Kollektorfahne montiert; Emitter- und Basisanschluß werden dann über Bonddrähte hergestellt, wobei meistens mehrere Bonddrähte parallel geschaltet werden, um die Zuleitungsinduktivitäten zu reduzieren.

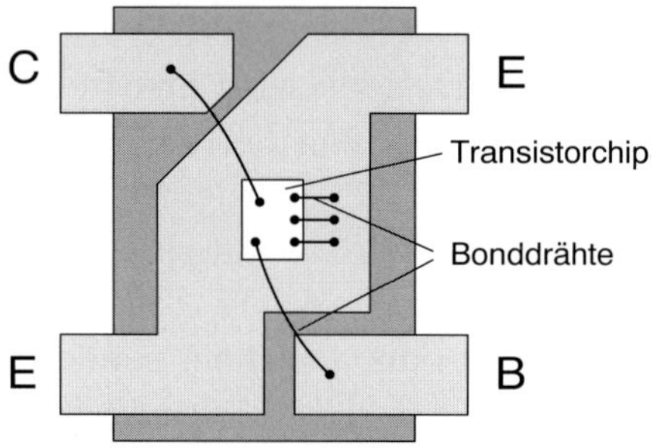

Abb. 16.63. Montage eines Transistors mit isoliertem Kollektor auf dem Emitteranschlußbeinchen (nach Unterlagen der Firma Infineon)

Wird der Kollektorkontakt auf der Rückseite des Halbleiterchips ausgeführt, so ist dieser auf dem Kollektoranschlußbeinchen zu montieren was vergleichsweise lange Bonddrähte für den Emitteranschluß erfordert. Die durch die Bonddrahtinduktivität bedingte Serienimpedanz ist bei Betriebsfrequenzen im Gigahertz-Bereich sehr nachteilig. Wird der Kollektor dagegen wie bei einem integrierten Bipolartransistor durch einen sperrgepolten pn-Übergang isoliert, so kann der Transistor auf dem Emitterbeinchen des Gehäuses montiert und der Emitteranschluß über mehrere kurze Bonddrähte ausgeführt werden (vgl. Abb. 16.63), was die Serieninduktivität auf ca. 0.25 nH und damit auf etwa ein viertel des ursprünglichen Werts verringert. Ein weiterer Vorzug dieser SIEGET-Technik (Infineon) ist eine deutliche Verringerung der aus BC-Sperrschichtkapazität und parasitären Kapazitäten zusammengesetzten Rückwirkungskapazität.

Als Beispiel kann der BFP520 von Infineon dienen. Dieser in doppel-poly-Silizium Technologie (vgl. Kap. 16.8.2) realisierte Transistor mit der Transitfrequenz $f_{\mathrm{T}} = 45\,\mathrm{GHz}$ (bei $I_{\mathrm{C}} = 30\,\mathrm{mA}$ und $V_{\mathrm{CE}} = 2\,\mathrm{V}$) wird in dem lediglich 2mm x 1.3 mm großen SOT 343 Gehäuse (mit zwei Emitteranschlüssen zur Verringerung der Emitterserienimpedanz) angeboten und weist eine Rückwirkungskapazität von lediglich ca. 60 fF ($V_{\mathrm{CB}} = 2\,\mathrm{V}$) auf. Wegen des sehr geringen Basisbahnwiderstands weisen derartige Transistoren neben sehr guten Verstärkereigenschaften bei hohen Frequenzen auch niedrige Rauschzahlen auf.

16.8 Integrierte Bipolartransistoren

Der *Kollektorkontakt* kann bei Einzeltransistoren auf der Rückseite ausgeführt werden. Bei integrierten Bipolartransistoren müssen die Kollektoren verschiedener Transistoren auf demselben Chip gegeneinander isoliert werden. Dies wird gewöhnlich durch in Sperrichtung betriebene pn-Übergänge erreicht.

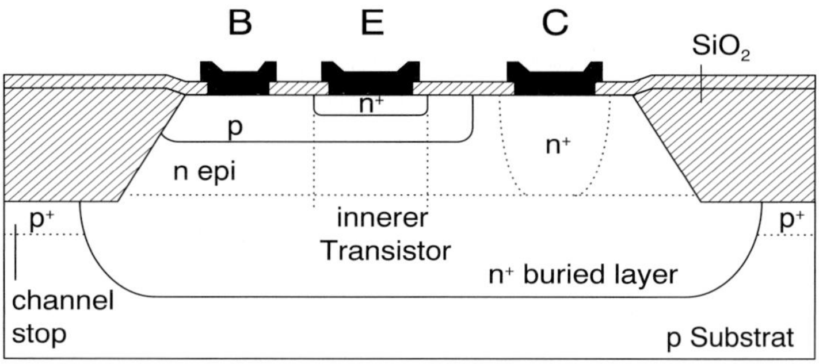

Abb. 16.64. Querschnitt (schematisch) durch einen vertikalen npn-Transistor für integrierte Schaltungen

Abbildung 16.64 zeigt einen npn-Transistor, bei dem der Kollektor über ein unter der n-Epischicht liegendes, hochdotiertes und damit niederohmiges n^+-Gebiet [28] angeschlossen ist. Dieses bildet gemeinsam mit dem p-Substrat einen pn-Übergang. Wird das Substrat an den Minuspol der Versorgungsspannung angeschlossen, so ist das Kollektorpotential (von Überschwingern abgesehen) stets größer als das Substratpotential: Die pn-Übergänge zwischen den Kollektoren und Substrat sperren und isolieren die Kollektoren gegeneinander. Der Kollektorkontakt wird nun an der Oberseite des Wafers ausgeführt, was auch für eine „Verdrahtung“ der Elemente auf der Chipoberfläche wesentlich ist. Bei der Simulation des Schaltverhaltens eines solchen Bipolartransistors

Table 16.1. Entwicklung typischer Größen für integrierte Bipolartransistoren [7]

Jahr	1979	1983	1986	1992	1999
Emitterstreifenbreite [µm]	3	2.5	1.4	0.5	0.3
Basisweite [nm]	250	200	150	100	40
Epi-Schichtdicke [µm]	2	1.5	1.2	0.8	0.4
BC-Sperrschichtkapazität [fF]	120	80	35	20	8
CS-Sperrschichtkapazität [fF]	370	200	60	8	5
CE-Durchbruchspannung V_{BRCEO} [V]	12	10	8	5	2.5
Transitfrequenz f_{T}, [GHz]	3	5	10	40	100
Vorwärtstransitzeit τ_{f}, [ps]	35	25	20	10	2.5

1979: Isolation durch pn-Übergänge, 1983: LOCOS-Isolation, 1986: Polysilizium-Emitter (selbstjustierend), 1992: Trench-Isolation, Strukturverkleinerung, 1999: SiGe HBTs

[28] Dieses wird als vergrabene Schicht (buried layer) vor Abscheiden der n-Epischicht hergestellt (vgl. Kap. 13).

ist die *CS-Diode*, also der pn-Übergang zwischen Kollektor und Substrat mit zu berücksichtigen. Abbildung 16.64 zeigt den klassischen Querschnitt eines integrierten Bipolartransistors in Planartechnologie mit LOCOS-Isolation und damit den Stand der Technik vor ca. 25 – 30 Jahren. Weiterentwicklungen zielen darauf ab, die vertikalen und lateralen Abmessungen eines Bipolartransistors zu verringern.

Dünne Emitter- und Basisgebiete wurden möglich durch die Kombination von Arsen-dotierten Emittern mit dünnen durch Implantation hergestellten Basisschichten. Die in Kap. 16.2.2 angesprochenen Probleme mit Metallkontakten konnten dabei durch die Einführung von Emittern mit *Polysiliziumkontakt* vermieden werden, die eine wesentlich größere Stromverstärkung aufweisen [40]. Diese Technik ermöglichte die *vertikale Skalierung* des Transistors. Weitere Verbesserungen ergaben sich durch feinere Lithographie; dies brachte eine Verringerung der lateralen Abmessungen und damit der Sperrschichtkapazitäten und des Basisbahnwiderstands. Ein wichtiger Beitrag, der zu einer weiteren Reduktion der lateralen Abmessungen (*laterale Skalierung*) führte, war die Entwicklung der selbstjustierenden EB-Diode, die durch Einführung der Plasmaätzverfahren möglich wurde. Die Forderung nach einer hohen Packungsdichte und geringen Werten der Kollektor-Substrat-Kapazität führte zur Entwicklung der Trench-Isolation um benachbarte Transistoren auf dem Chip zu isolieren. Mit diesen Techniken war die Herstellung integrierter Transistoren mit einem Querschnitt entsprechend Abb. 16.71 möglich.

Tabelle 16.1 zeigt die Entwicklung typischer Kenngrößen einer Bipolartechnologie. Während die Sperrschichtkapazitäten durch die lateralen Abmessungen und damit durch Lithographie und Layout bestimmt sind, werden die Vorwärtstransitzeit, Transitfrequenz und die CE-Durchbruchspannung V_{BRCEO} primär durch das vertikale Dotierungsprofil und damit durch physikalische und chemische Prozesse wie Diffusion, Implantation oder Epitaxie bestimmt. Die Verringerung der CS-Kapazität wurde möglich durch Ersetzen der pn-Übergangs-Isolation durch LOCOS-Isolation und Trench-Isolation.

16.8.1 Isolation der Kollektorbahngebiete

Abbildung 16.65 zeigt drei gebräuchliche Methoden, die Kollektoren der einzelnen Transistoren gegeneinander zu isolieren. Die in Abb. 16.65 a dargestellte Isolation mit pn-Übergang verwendet ein den Transistor ringförmig umschließendes p-Gebiet, das durch die n-dotierte epitaxiale Schicht bis zum p-dotierten Substrat diffundiert wurde. Diese Technik wird in modernen ICs nicht mehr eingesetzt, da der Platzbedarf zu groß ist. Ferner ist die vergleichsweise große Kollektor-Substrat-Kapazität und die thermische Belastung während des p-Diffusionsschritts störend, da dieser auch zu einer Ausdiffusion und damit zu einer schwer kontrollierbaren Verbreiterung des n-dotierten buried layer führt.

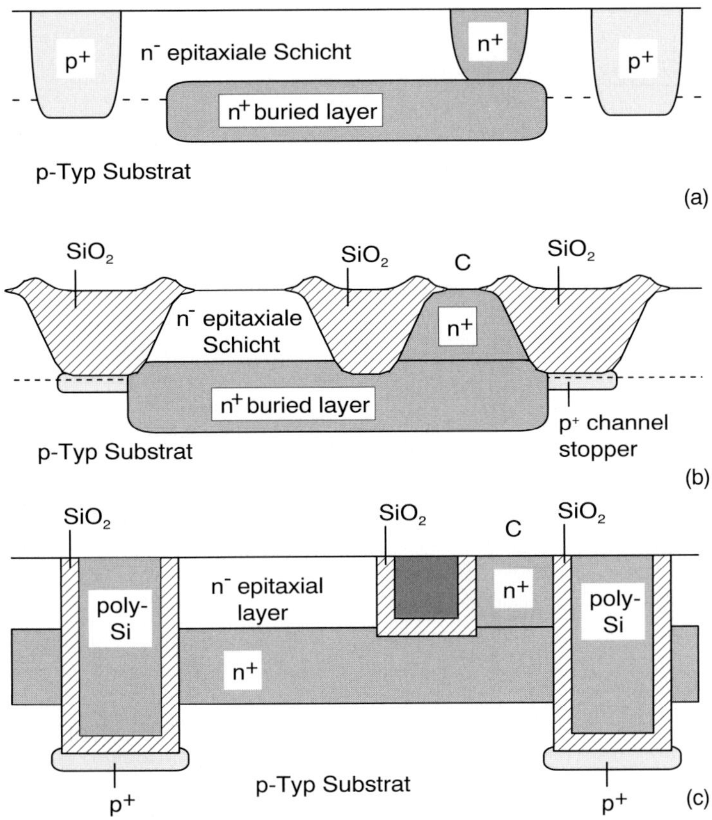

Abb. 16.65. Isolation der Kollektorbahngebiete in integrierten Bipolartransistoren. (**a**) p-Diffusion, (**b**) LOCOS-Isolation, (**c**) Trench-Isolation (U-groove-Isolation)

Eine deutliche Verringerung der Transistorfläche und der Transistorkapazitäten wurde mit der *LOCOS-Isolation* erreicht, die in Abb. 16.65 b dargestellt ist. Bei dieser wird das Transistorvolumen ringförmig von einem LOCOS-Oxid umgeben (vgl. Kap. 13); die Transistorfläche ist auf nahezu ein Drittel reduziert. Da sich durch im Oxid eingefangene Ladungen unter dem LOCOS-Oxid eine Bandverbiegung einstellen kann, die zu *Inversionskanälen* wie beim MOSFET führt, wird durch eine zusätzliche p-Implantation (sog. „channel stopper") die Dotierung unter dem Oxid so stark heraufgesetzt, daß keine Inversion mehr möglich ist.

Für sehr kleine Isolationsgebiete, wie sie z. B. in modernen integrierten Bipolartransistoren für Hochgeschwindigkeitslogik benötigt werden, kann die Abmessung des LOCOS-Oxids nicht hinreichend reduziert werden. Hier sind Isolationsgebiete, die durch Ätzen von Gräben und anschließendes Auffüllen mit hochohmigem Material erzeugt werden, von Bedeutung (sog. *Trench-Isolation* oder U-groove-Isolation, Abb. 16.65 c). Diese Technik besitzt gegenüber den zuvor beschriebenen den Vorzug, daß der buried layer ganzflächig erzeugt werden kann und bei der Grabenätzung dann in einzelne inselförmige Anschlußgebiete aufgetrennt wird.

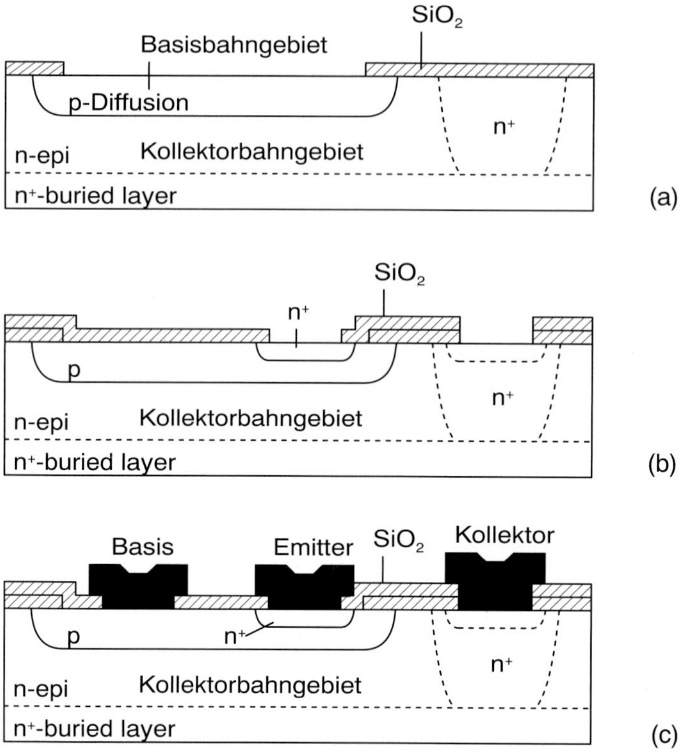

Abb. 16.66. Herstellung von Emitter- und Basisbahngebiet in konventioneller Planartechnik. (**a**) Diffusion des Basisbahngebiets durch ein Oxidfenster, (**b**) Diffusion des Emitterbahngebiets durch ein bezüglich des Basisbahngebiets justiertes Oxidfenster und (**c**) Herstellung der Metallkontakte nach Kontaktlochätzung

16.8.2 Herstellung von Emitter- und Basisbahngebiet

Nach Herstellung der gegeneinander isolierten Kollektorbahngebiete werden Basis- und Emitterbahngebiet erzeugt. In der klassischen *Planartechnik* wurde zuerst das Basisbahngebiet und in dieses anschließend das Emitterbahngebiet diffundiert (Abb. 16.66). Da der Basiskontakt hier über der BC-Diode ausgeführt wird, weist diese Technik jedoch ein sehr ungünstiges Verhältnis X_{CJC} der Flächen von EB- und BC-Diode auf, was sich nachteilig auf Schaltgeschwindigkeit und Grenzfrequenz auswirkt.

Eine signifikante Verbesserung der Situation wurde durch Einführen der *selbstjustierenden EB-Isolation* erzielt, bei der Emitter und Basisanschluß durch Ausdiffusion aus hochdotiertem polykristallinem Silizium hergestellt werden. Die prinzipielle Vorgehensweise bei der Herstellung der selbstjustierenden EB-Isolation ist in Abb. 16.67 dargestellt. Zunächst wird ganzflächig eine Doppelschicht aus stark p-dotiertem poly-Silizium und Oxid abgeschieden. Bei der folgenden Plasmaätzung wird diese Doppelschicht bis auf die Stellen, an denen später die Basisanschlußgebiete zu liegen kommen, wieder weggeätzt[29]. Durch diesen Ätzschritt wird auch die Emitterfläche bestimmt. Nach

[29] Als Problem erweist sich dabei ein Einätzen in das einkristalline Material (Überätzung): Da die Ätzraten in polykristallinem und einkristallinem Silizium nicht sehr verschieden sind, kommt der Ätzvorgang bei Erreichen des einkristallinen Materials nicht zum Stillstand.

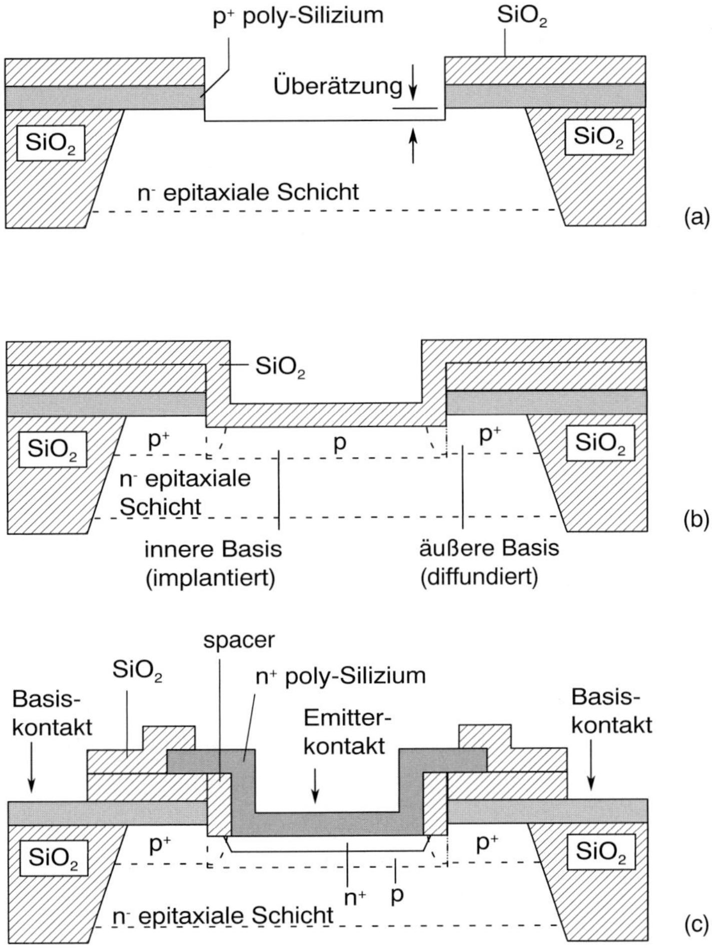

Abb. 16.67. Herstellung einer selbstjustierenden EB-Diode

Ausdiffusion des Basisanschlußgebiets aus dem verbliebenen poly-Silizium und nach der Implantation des Basisbahngebiets durch das Emitterfenster wird die Waferoberfläche mit einer gut kantenbedeckenden Oxidschicht überzogen, die im nächsten Schritt durch ein Plasmaätzverfahren wieder entfernt wird. Die dabei übrig bleibenden Ätzresiduen (sog. *spacer*) isolieren das Basisanschlußgebiet von dem nun abgeschiedenen, stark n-dotierten poly-Silizium, das als Diffusionsquelle und Kontakt für das Emitterbahngebiet dient. Nach der Strukturierung des n^+-poly-Siliziums und der Emitterdiffusion, bei der Arsen-Atome aus dem poly-Silizium in das einkristalline Material wandern, wird erneut ein Oxid abgeschieden. In dieses werden in der Folge die *Kontaktlöcher* für Emitter-, Basis- und (nicht gezeigt) Kollektoranschluß geätzt. Da bei dieser Technik die Kontaktierung des Basisgebiets über dem isolierten Gebiet erfolgt, können die BC-Diode und die damit verbundene Kapazität drastisch reduziert werden. Ein weiterer Vorzug ist der niederohmige Basisanschluß, da das hochdotierte und damit niederohmige polykristalline Silizium den Emitter ringförmig umschließt und bis auf die Dicke des spacers an den Emitterkontakt heranreicht.

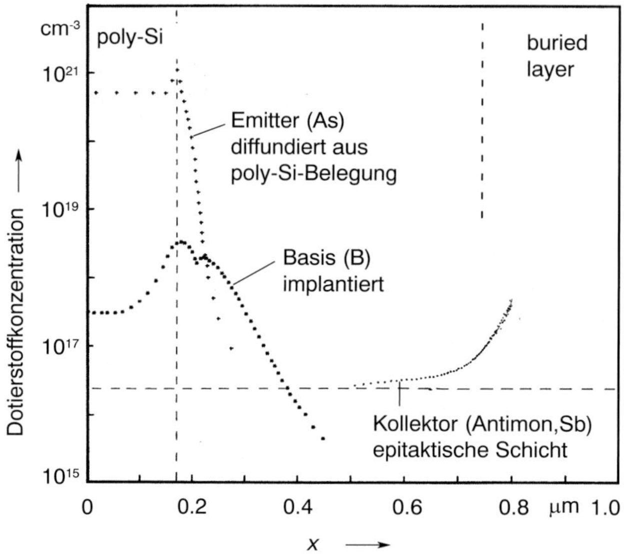

Abb. 16.68. Vertikales Dotieringsprofil eines npn-Bipolartransistors illustriert drei Dotierungstechniken: dotierte Abscheidung (Kollektor), Implantation (Basis) und Diffusion (Emitter)

Dünne, durch Implantation oder Diffusion hergestellte Basisbahngebiete erfordern *flache Emitter*, d. h. Emitterbahngebiete, deren Ausdehnung gering im Vergleich zur Diffusionslänge L_{p} für Löcher ist. Der in den Emitter fließende Löcherstrom wird unter diesen Umständen maßgeblich durch den Kontakt bestimmt. Im Extremfall eines Metallkontakts würde die Stromverstärkung B_{N} unakzeptabel kleine Werte annehmen, die vertikale Skalierung des integrierten Bipolartransistors wurde erst durch Entwickeln der sog. poly-Siliziumemitter möglich. Hierbei wird eine poly-Siliziumschicht als Diffusionsquelle für das im monokristallinen Silizium liegende Emitterbahngebiet und als Emitterkontakt verwendet. Derartige Emitter zeichnen sich bei gleicher Emittereindringtiefe durch wesentlich größere Stromverstärkungen aus als metallkontaktierte Emitter. Der Grund hierfür liegt in der Grenzfläche zwischen polykristallinem Silizium und monokristallinem Silizium: Die Grenzfläche wirkt als Diffusionsbarriere für die Löcher, weist aber im Gegensatz zu einem Metallkontakt nur eine endliche Oberflächenrekombinationsgeschwindigkeit S_{p} auf.

Da sehr dünne, implantierte oder diffundierte Basisbahngebiete schwierig reproduzierbar herzustellen sind, wurden Prozesse entwickelt, bei denen das Basisbahngebiet als selektive epitaxiale Schicht abgeschieden wird. Dabei wird ausgenutzt, daß Silizium unter bestimmten Prozeßbedingungen nur auf Silizium, aber nicht auf umliegenden oxidbedeckten Gebieten aufwächst. Wegen der geringen Fläche der externen Basis-Kollektor-Diode und dem weitgehend auf Oxid verlaufenden Basisanschlußgebiet können auf diesem Weg Transistorstrukturen mit sehr geringen „parasitären“ Kapazitäten und ex-

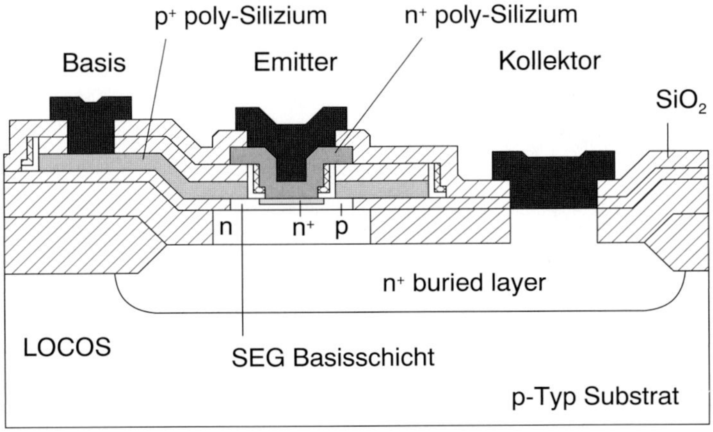

Abb. 16.69. Querschnitt durch einen Bipolartransistor mit selbstjustierender EB-Diode und selektiv aufgewachsener epitaxialer Basis- und Kollektorschicht (nach [41])

trem hohen Grenzfrequenzen hergestellt werden. Der Emitter kann hier, wie in Abbildung 16.69 dargestellt, aus poly-Silizium ausdiffundiert oder ebenfalls epitaxial aufgewachsen werden. Das Verfahren der selektiven Epitaxe hat in Verbindung der Herstellung von SiGe-HBTs erhebliche Bedeutung erlangt.

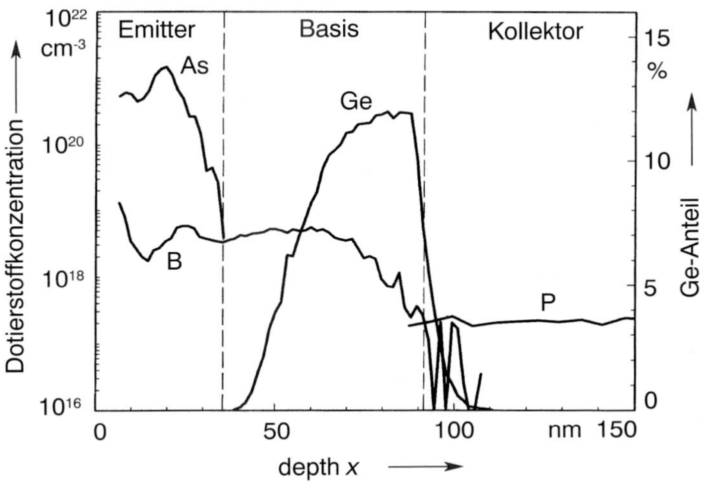

Abb. 16.70. Vertikales Dotierungsprofil eines HF-Bipolartransistors mit SiGe graded base (nach [41])

Abbildung 16.70 zeigt ein typisches vertikales Dotierungsprofil eines npn-Bipolartransistors mit einer SiGe-Basisschicht, deren Germanium-Anteil kontinuierlich zum Kollektor ansteigt. Durch Beimengung von Kohlenstoff (Konzentration $< 10^{20}$ cm^{-3} kann die Diffusion der Bor-Atome bei nachfolgenden Hochtemperatur-Prozeßschritten deutlich vermindert werden; auf diesem Weg können dünne Basisgebiete mit sehr hoher Dotierstoffkonzentration realisiert werden. Mit derartigen HF-Bipolartransistoren sind bereits Transitfrequenzen größer als 200 GHz erreicht worden.

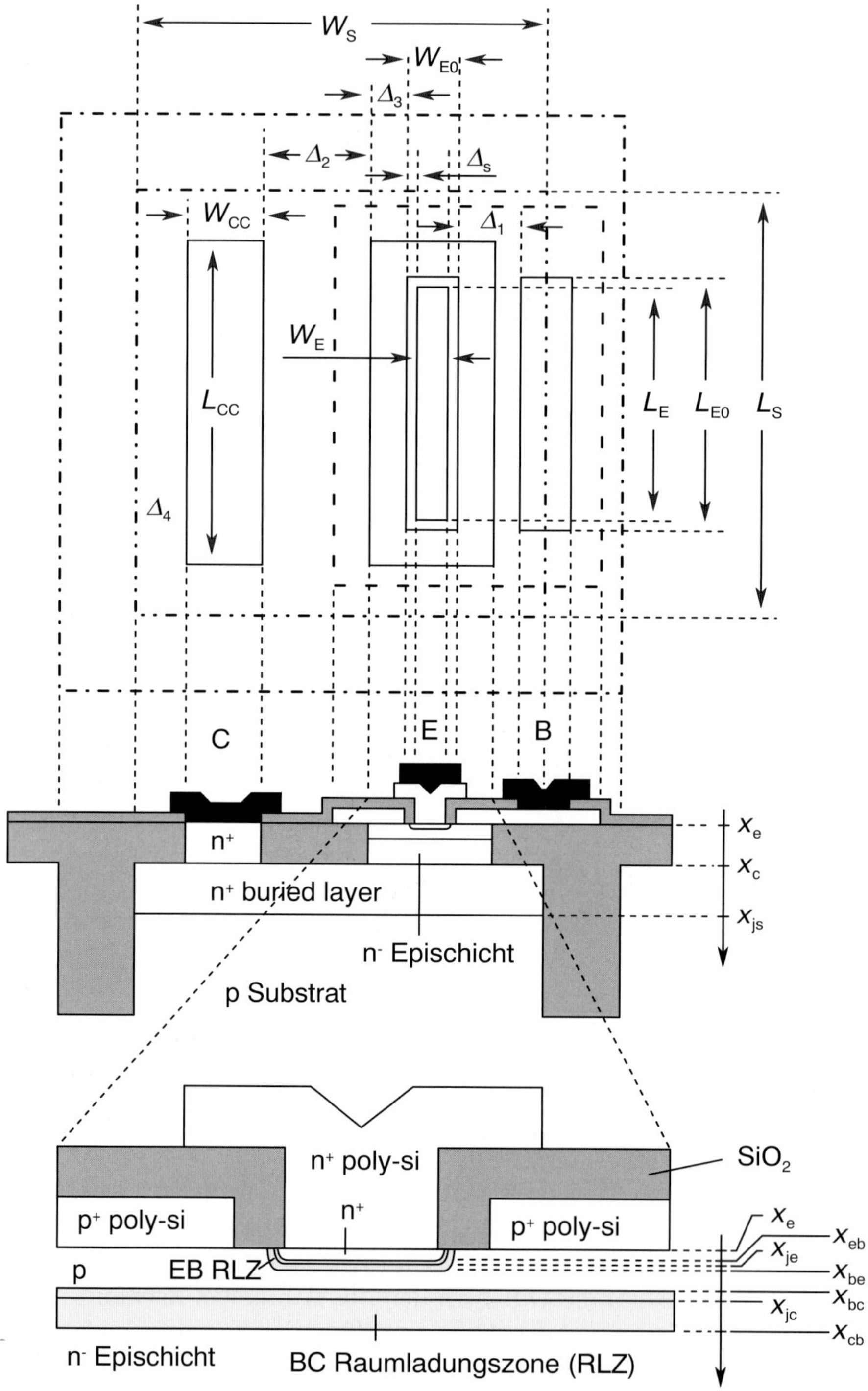

Abb. 16.71. Layout und Querschnitt durch den in Beispiel 16.5.1 untersuchten Bipolartransistor [7]

Beispiel 16.8.1 Als Beispiel wird ein npn Bipolartransitor mit dem in Abb. 16.71 dargestellten Aufbau betrachtet. Die metallurgischen EB- und BC-Übergänge x_{je} und x_{jc} sind 50 nm bzw. 125 nm; die Dicke der Epischicht wird mit 800 nm angenommen. Der Einfachheit halber werden alle Bahngebiete als gleichförmig dotiert angenommen. Um die Kenngrößen des Transistors bei $T = 300\,\mathrm{K}$ abzuschätzen werden die folgenden Daten verwendet:

Bahngebiet	Dotierung (cm^{-3})	Dicke (nm)	μ_n ($\mathrm{cm}^2/\mathrm{Vs}$)	μ_p ($\mathrm{cm}^2/\mathrm{Vs}$)	ρ ($\Omega\,\mu\mathrm{m}$)
Emitter	5×10^{19}	50	72	150	17.4
Basis	2×10^{18}	75	270	117	267
Kollektor	6×10^{16}	675	845	–	1230
Subkollektor	1×10^{19}	1000	108	–	58
Substrat	1×10^{15}	350 µm	–	470	1.3×10^5

Als Isolation wird eine Trench-Isolation angenommen was auf eine Kollektorsubstratdiode mit den Abmessungen $W_\mathrm{S} = 7\,\mu\mathrm{m}$ und $L_\mathrm{S} = 8.4\,\mu\mathrm{m}$ führt. Beträgt die Specer-Breite $\Delta_\mathrm{S} = 0.25\,\mu\mathrm{m}$, so resultiert die Fläche der EB-Diode aus der Öffnung in der p^+-poly-Schicht (Abmessungen $W_\mathrm{E0} = 1\,\mu\mathrm{m}$ und $L_\mathrm{E0} = 5\,\mu\mathrm{m}$) zu $W_\mathrm{E} = 0.5\,\mu\mathrm{m}$ und $L_\mathrm{E} = 4.5\,\mu\mathrm{m}$. Die Abmessungen W_C und L_C der BC-Diode folgen aus W_E0 und L_E0 zumsammen mit dem Überstand $\Delta_3 = 0.7\,\mu\mathrm{m}$ der p^+-poly-Schicht über das einkristalline Basisgebiet wie folgt:

$$W_\mathrm{C} = W_\mathrm{E0} + 2\Delta_3 = 2.4\,\mu\mathrm{m} \quad \text{und} \quad L_\mathrm{C} = L_\mathrm{E0} + 2\Delta_3 = 6.4\,\mu\mathrm{m}\,.$$

Die Parameter der EB-Sperrschichtkapazität werden mit den Dotierstoffkonzentrationen N_DE und N_AB von Emitter- und Basisbahngebiet abgeschätzt[30]

$$V_\mathrm{JE} = V_T \ln\left(\frac{N_\mathrm{AB} N_\mathrm{DE}}{n_\mathrm{i}^2}\right) = 1070\,\mathrm{mV}$$

$$C_\mathrm{JE} = L_\mathrm{E} W_\mathrm{E} \sqrt{\frac{e\epsilon_\mathrm{Si} N_\mathrm{AB} N_\mathrm{DE}}{2(N_\mathrm{AB}+N_\mathrm{DE}) V_\mathrm{JE}}} = 8.8\,\mathrm{fF}\,.$$

Die Parameter der BC-Sperrschichtkapazität folgen entsprechend aus den Dotierstoffkonzentrationen N_AB und N_DC von Basis und Kollektor

$$V_\mathrm{JC} = V_T \ln\left(\frac{N_\mathrm{AB} N_\mathrm{DC}}{n_\mathrm{i}^2}\right) = 896\,\mathrm{mV}$$

$$C_\mathrm{JC} = W_\mathrm{C} L_\mathrm{C} \sqrt{\frac{e\epsilon_\mathrm{Si} N_\mathrm{AB} N_\mathrm{DC}}{2(N_\mathrm{AB}+N_\mathrm{DC}) V_\mathrm{JC}}} = 11.4\,\mathrm{fF}\,.$$

Zum inneren Transistor gehört dabei nur der Anteil

$$X_\mathrm{CJC} = \frac{W_\mathrm{E} L_\mathrm{E}}{W_\mathrm{C} L_\mathrm{C}} \approx 0.146\,.$$

[30] Hochdotierungseffekte werden in dieser vereinfachten Betrachtung nur bei der Abschätzung der Stromvstärkung berücksichtigt.

Die Kenngrößen der CS-Sperrschichtkapazität folgen aus den Dotierstoffkonzentrationen N_{DSC} und N_{AS} in Subkollektor und Substrat wie folgt :

$$V_{\mathrm{JS}} = V_T \ln\left(\frac{N_{\mathrm{AS}}N_{\mathrm{DSC}}}{n_{\mathrm{i}}^2}\right) = 832\,\mathrm{mV}$$

$$C_{\mathrm{JS}} = W_{\mathrm{S}}L_{\mathrm{S}}\sqrt{\frac{e\epsilon_{\mathrm{Si}}N_{\mathrm{AS}}N_{\mathrm{DSC}}}{2(N_{\mathrm{AS}}+N_{\mathrm{DSC}})V_{\mathrm{JS}}}} = 5.9\,\mathrm{fF}\;.$$

Da die pn-Übergänge als abrupt angenommen wurden sind sämtliche Gradationsexponenten, M_{JE}, M_{JC} and M_{JS}, gleich 0.5. Die Ausdehnung der EB-Sperrschicht in das Basisbahngebiet ist arbeitspunktabhängig und durch

$$x_{\mathrm{be}} - x_{\mathrm{je}} = \sqrt{\frac{2\epsilon_{\mathrm{Si}}N_{\mathrm{DE}}(V_{\mathrm{JE}}-V_{\mathrm{BE}})}{e\,N_{\mathrm{AB}}(N_{\mathrm{AB}}+N_{\mathrm{DE}})}} = 26\,\mathrm{nm}\cdot\sqrt{1-\frac{V_{\mathrm{BE}}}{V_{\mathrm{JE}}}}$$

gegeben; die Ausdehnung der BC-Sperrschicht in das Basisbahngebiet ist

$$x_{\mathrm{jc}} - x_{\mathrm{bc}} = \sqrt{\frac{2\epsilon_{\mathrm{Si}}N_{\mathrm{DC}}(V_{\mathrm{JC}}-V_{\mathrm{BC}})}{e\,N_{\mathrm{AB}}(N_{\mathrm{AB}}+N_{\mathrm{DC}})}} = 4.1\,\mathrm{nm}\cdot\sqrt{1-\frac{V_{\mathrm{BC}}}{V_{\mathrm{JC}}}}\;.$$

Bei $V_{\mathrm{BE}} = V_{\mathrm{BC}} = 0$ beträgt die Basisweite demzufolge

$$d_{\mathrm{B0}} = x_{\mathrm{bc}} - x_{\mathrm{be}} = 75\,\mathrm{nm} - 26\,\mathrm{nm} - 4.1\,\mathrm{nm} \approx 45\,\mathrm{nm}\;.$$

Für die Basisladung bei $V_{\mathrm{BE}} = V_{\mathrm{BC}} = 0$ folgt damit

$$Q_{\mathrm{B0}} = eN_{\mathrm{AB}}L_{\mathrm{E}}W_{\mathrm{E}}d_{\mathrm{B}} = 3.24\cdot 10^{-14}\,\mathrm{As}\,,$$

was ungefähr 2×10^5 Löchern entspricht. Mit $D_{\mathrm{n}} = V_T\mu_{\mathrm{n}} \approx 7\,\mathrm{cm}^2/\mathrm{s}$ folgt

$$I_{\mathrm{S}} = \frac{eD_{\mathrm{n}}n_{\mathrm{i}}^2}{N_{\mathrm{AB}}}\frac{W_{\mathrm{E}}L_{\mathrm{E}}}{d_{\mathrm{B0}}} \approx 2.9\cdot 10^{-19}\,\mathrm{A}$$

für den Transfersättigungsstrom sowie

$$\tau_{\mathrm{B0}} = d_{\mathrm{B}}^2/2D_{\mathrm{n}} = 1.4\,\mathrm{ps}$$

für die Basistransitzeit bei $V_{\mathrm{BE}} = V_{\mathrm{BC}} = 0$. Die Vorwärtstransitzeit τ_{f} setzt sich aus der Basistransitzeit τ_{B} und der Kollektortransitzeit $\tau_{\mathrm{jc}} = d_{\mathrm{jc}}/2\,v_{\mathrm{nsat}}$ zusammen. Da $I_{\mathrm{C}} \sim 1/Q_{\mathrm{B}} \approx 1/(Q_{\mathrm{B0}}+Q_{\mathrm{JE}}+Q_{\mathrm{JC}})$ gilt ergibt sich

$$\left(\frac{\partial I_{\mathrm{C}}}{\partial V_{\mathrm{CE}}}\right)_{V_{\mathrm{BE}}} \approx -\frac{I_{\mathrm{C}}}{Q_{\mathrm{B}}}\frac{\mathrm{d}Q_{\mathrm{JC}}}{\mathrm{d}V_{\mathrm{CB}}} \approx I_{\mathrm{C}}\frac{X_{\mathrm{CJC}}C_{\mathrm{JC}}}{Q_{\mathrm{B}}} = \frac{I_{\mathrm{C}}}{V_{\mathrm{CE}}+V_{\mathrm{AF}}}\;;$$

für die (Vorwärts-)Early-Spannung folgt daraus:

$$V_{\mathrm{AF}} \approx Q_{\mathrm{B0}}/X_{\mathrm{CJC}}C_{\mathrm{JC}} \approx 19.5\,\mathrm{V}\;;$$

Die Rückwärts-Early-Spannung V_{AR} wird entsprechend abgeschätzt zu

$$V_{\mathrm{AR}} \approx Q_{\mathrm{B0}}/C_{\mathrm{JE}} \approx 3.7\,\mathrm{V}\;.$$

Für den Basisstrom wird angenommen, daß er nur durch Rekombination am Emitterkontakt mit der Oberflächenrekombinationsgeschwindigkeit S_p bestimmt ist. Dies führt auf die folgende Abschätzung für die ideale Vorwärtsstromverstärkung (vgl. Kap. 16.2.2))

$$B_\mathrm{F} = \frac{D_\mathrm{n}}{D_\mathrm{p}} \frac{N_\mathrm{DE}}{N_\mathrm{AB}} \left(\frac{n_\mathrm{iB}}{n_\mathrm{iE}}\right)^2 \frac{d_\mathrm{E} + D_\mathrm{p}/S_\mathrm{p}}{d_\mathrm{B0}} .$$

Mit dem scheinbaren bandgap narrowing $\Delta W_\mathrm{g} \approx 85\,\mathrm{meV}$, folgt $(n_\mathrm{iB}/n_\mathrm{iE})^2 \approx 0.037$; mit $S_\mathrm{p} \approx 5 \times 10^3\ \mathrm{cm/s}$ folgt $B_\mathrm{F} \approx 290$ für die ideale Vorwärtsstromverstärkung. Im Fall eines metallkontaktierten Emitters ($S_\mathrm{p} \to \infty$), würde die Stromverstärkung lediglich $B_\mathrm{F} \approx 1.8$ betragen.

Der Emitterbahnwiderstand wird aus dem spezifischen Kontaktwiderstand $\rho_\mathrm{C} \approx 100\,\Omega\,\mu\mathrm{m}^2$ und der Kontaktfläche $A_\mathrm{je} = L_\mathrm{E} W_\mathrm{E}$ abgeschätzt:

$$R_{\mathrm{EE}'} \approx r_{\mathrm{ee}'} \approx \rho_\mathrm{C}/A_\mathrm{je} \approx 44\,\Omega .$$

Der Kollektorbahnwiderstand setzt sich zusammen aus dem Widerstand R_sub des Subkollektors, und dem Widerstand R_epi des epitaxialen Kollektorbahngebiets. R_sub wird durch

$$R_\mathrm{sub} = \frac{\rho_\mathrm{C} + \rho d_\mathrm{epi}}{L_\mathrm{CC} W_\mathrm{CC}} + \frac{\rho}{d_\mathrm{bl} L_\mathrm{S}} \left(\varDelta_2 + \frac{W_\mathrm{CC}}{2} + \varDelta_3 + \frac{W_\mathrm{E0}}{2} \right) \approx 42\,\Omega ,$$

abgeschätzt, wobei $L_\mathrm{CC} = 6.4\ \mu\mathrm{m}$, $W_\mathrm{CC} = 1.5\ \mu\mathrm{m}$, $\varDelta_2 = 2\ \mu\mathrm{m}$, $\varDelta_3 = 0.7\ \mu\mathrm{m}$ and $\rho = 58\,\Omega\,\mu\mathrm{m}$. R_epi ist arbeitspunktabhängig und wird durch

$$R_\mathrm{epi} = \frac{\rho_\mathrm{epi}(x_\mathrm{c} - x_\mathrm{cb})}{W_\mathrm{C} L_\mathrm{C}} \approx 54\,\Omega \left(1 - 0.21 \sqrt{1 - \frac{V_\mathrm{BC}}{V_\mathrm{JC}}} \right) ;$$

abgeschätzt. Ergibt diese Formel negative Werte, so ist $R_\mathrm{epi} = 0$ zu setzen, da die BC-Sperrschicht dann am Subkollektor anstößt. Der Basisbahnwiderstand wird aus dem Basiskontaktwiderstand (die Fläche des Basiskontakts wird $L_\mathrm{E0} W_\mathrm{E0}$), dem Serienwiderstand der Schicht unter dem Spacer und (16.28) für den Streifentransistor mit zweiseitigem Basisanschluß abgeschätzt

$$R_{\mathrm{BB}'} \approx r_{\mathrm{bb}'} \approx \frac{\rho_\mathrm{C}}{W_\mathrm{E0} L_\mathrm{E0}} + \frac{\rho \varDelta_\mathrm{S}}{2\,L_\mathrm{E} d_\mathrm{B0}} + \frac{\rho W_\mathrm{E}}{12\,L_\mathrm{E} d_\mathrm{B0}} \approx 212\,\Omega .$$

Der Flächenwidersatnd der silizidierten p^+-poly-Siliziumschicht, current crowding und Leitfähigkeitsmodulation des Basisbahngebiets werden dabei nicht berücksichtigt.

Mit diesen Daten lassen sich die Grenzfrequenzen des Transistors für einen Arbeitspunkt abschätzen. Gilt beispielsweise $I_\mathrm{C} = 1\,\mathrm{mA}$ und $V_\mathrm{CE} = 3\ \mathrm{V}$, so folgt $g_\mathrm{m} = I_\mathrm{C}/V_T \approx 38.6\,\mathrm{mS}$ and $V_\mathrm{BE} \approx V_T \ln(I_\mathrm{C}/I_\mathrm{S}) \approx 926\,\mathrm{mV}$, und damit $V_\mathrm{CB} = 2.07\,\mathrm{V}$ was auf die Stromverstärkung

$$B_\mathrm{N} \approx B_\mathrm{F}\,(1 + V_\mathrm{CB}/V_\mathrm{AF} - V_\mathrm{EB}/V_\mathrm{AR}) \approx 248$$

führt. Die Basisweite im Arbeitspunkt ist

$$d_\mathrm{B} = 75\,\mathrm{nm} - 26\,\mathrm{nm}\sqrt{1 - \frac{0.926}{1.07}} - 4.1\,\mathrm{nm}\sqrt{1 + \frac{2.07}{0.898}} \approx 58\,\mathrm{nm} ,$$

mit der Basistransitzeit $\tau_{\mathrm{B}} = 2.4\,\mathrm{ps}$. Die Sperrschichtweite der DC-Diode ist

$$d_{\mathrm{jc}} = \sqrt{\frac{2\epsilon_{\mathrm{Si}}(N_{\mathrm{DC}}+N_{\mathrm{AB}})(V_{\mathrm{JC}}+V_{\mathrm{CB}})}{e\,N_{\mathrm{AB}}N_{\mathrm{DC}}}} = 259\,\mathrm{nm}\,,$$

was auf die Kollektortransitzeit $\tau_{\mathrm{jc}} = d_{\mathrm{jc}}/2v_{\mathrm{nsat}} = 1.3\,\mathrm{ps}$ führt. Aus diesen Daten folgt für die Vorwärtstransitzeit $\tau_{\mathrm{f}} = \tau_{\mathrm{B}} + \tau_{\mathrm{jc}} = 3.7\,\mathrm{ps}$. Mit $g_\pi \approx g_{\mathrm{m}}/B_{\mathrm{N}} \approx 156\,\mu\mathrm{S}$, $c_{\mathrm{je}} \approx 24\,\mathrm{fF}$, $\tau_{\mathrm{f}} g_{\mathrm{m}} \approx 143\,\mathrm{fF}$, $c_\pi = 167\,\mathrm{fF}$, $c_{\mathrm{jc}} = c_\mu \approx 6.2\,\mathrm{fF}$, $r_{\mathrm{ee'}} \approx 44\,\Omega$ and $r_{\mathrm{cc'}} \approx 75\,\Omega$ folgt

$$f_{\mathrm{T}} = \frac{1}{2\pi\left[\tau_{\mathrm{f}} + \dfrac{c_{\mathrm{je}} + c_{\mathrm{jc}}}{g_{\mathrm{m}}} + (r_{\mathrm{ee'}} + r_{\mathrm{cc'}})c_{\mathrm{jc}}\right]} \approx 30.5\,\mathrm{GHz}$$

für die Transitfrequenz, was auf die β-Grenzfrequenz $f_\beta \approx f_{\mathrm{T}}/B_{\mathrm{N}} \approx 123\,\mathrm{MHz}$ führt. Die Steilheitsgrenzfrequenz ist

$$f_{\mathrm{y}} = \frac{1 + r_{\mathrm{bb'}}\,g_\pi}{2\pi r_{\mathrm{bb'}}\,(c_\pi + c_\mu)} \approx 4.5\,\mathrm{GHz}\,,$$

und damit wesentlich größer als die β-Grenzfrequenz. Die maximale Schwingfrequenz beträgt

$$f_{\max} \approx \sqrt{\frac{f_{\mathrm{T}}}{8\pi r_{\mathrm{bb'}} c_\mu}} \approx 30.4\,\mathrm{GHz}\,.$$

Sowohl f_{y} als auch $f_{\max}$ werden hier etwas zu hoch abgeschätzt, da der Einfluß der Kollektor-Substrat-Kapazität nicht berücksichtigt wurde.

Im Frequenzbereich zwischen f_{cv1} und f_{cv2}, wird die Spektralfunktion der auf den Eingang bezogenen Rauschspannung durch den Term $4k_{\mathrm{B}}Tr_{\mathrm{bb'}}$ dominiert. Bei $T = 290$ K folgt für ein Frequenzintervall der Breite 1 Hz die Rauschspannung $V_{\mathrm{n}} \approx 1.9$ nV. Das Spektrum des auf den Eingang bezogenen Rauschstroms wird im Frequenzbereich zwischen f_{ci1} und f_{ci2} durch $2eI_{\mathrm{B}}$ dominiert; in einem Frequenzintervall der Breite 1 Hz folgt für den Rauschstrom $I_{\mathrm{n}} = 1.1\,\mathrm{pA}$. Nach (16.116), folgt die minimale Rauschzahl mit dem optimalen Quellwiderstand $R_{\mathrm{Gopt}} = 1.7\,\mathrm{k}\Omega$. Der Rauschfaktor folgt dann aus (16.115) zu $F = 1.26$ dies entspricht einer Rauschzahl $N_{\mathrm{F}} \approx 1$ dB, was sehr gut mit Meßdaten an vergleichbaren Bipolartransistoren übereinstimmt. △

Die Technik der selektiven Epitaxie ermöglicht nicht nur die reproduzierbare Herstellung sehr dünner Basisbahngebiete, sondern erlaubt auch den Übergang zu Heterostrukturbipolartransistoren mit SiGe-Basis.

16.9 Literaturverzeichnis

[1] J.R. Pierce. The naming of the transistor. *Proc. IEEE*, 86(1):37–47, 1998.

[2] J. Bardeen, W.H. Brattain. The transistor - a semiconductor triode, Phys. Rev. vol. 74, pp. 230-231, July 15, 1948; reprinted in:. *Proc. IEEE*, 86(1):29–30, 1998.

[3] P.R. Morris. *A history of the world semiconductor industry.* P. Peregrinus, London, 1990.

[4] W. Shockley. The theory of pn junctions in semiconductors and pn junction transistors. *Bell Syst. Tech. J.*, 28:435–487, 1949.

[5] W. Shockley. Semiconductor amplifiers, patented Apr. 4, 1950, United States Patent Office No. 2,502,488, reprinted in:. *Proc. IEEE*, 86(1):34–36, 1998.

[6] W. Shockley, G.K. Teal, M Sparks. PN junction transistors. *Phys. Rev.*, 83(1):151–162, 1951.

[7] M. Reisch. *High-frequency Bipolar Transistors.* Springer, Berlin, 2003.

[8] D.J. Roulston. *Bipolar Semiconductor Devices.* Mc Graw-Hill, New York, 1990.

[9] H.K. Gummel. A self-consistent iterative scheme for one-dimensional steady state transistor calculations. *IEEE Trans. Electron Devices*, 11:455–465, 1964.

[10] H.K. Gummel. A charge control relation for bipolar transistors. *Bell Syst. Tech. J*, 49:115–120, 1970.

[11] H.K. Gummel, H.C. Poon. An integral charge control model of bipolar transistors. *Bell Syst. Tech. J.*, 49:827–852, 1970.

[12] H. Krömer. Two integral relations pertaining to the electron transport through a bipolar transistor with a nonuniform energy gap in the base region. *Solid-State Electronics*, 28(11):1101–1103, 1985.

[13] W.M. Webster. On the variation of junction-transistor current-amplification factor with emitter current. *Proc. IRE*, 42:914–920, 1954.

[14] C.T. Kirk. A theory of transistor cutoff frequency (f_T) falloff at high current densities. *IRE Trans. Electron Devices*, 9(5):164–174, 1962.

[15] S.-G. Lee, R.M. Fox. The effects of carrier-velocity saturation on high-current BJT ouput resistance. *IEEE Trans. Electron Devices*, 39(3):629–633, 1992.

[16] R.J. Whittier, D.A. Tremere. Current gain and cutoff frequency falloff at high currents. *IEEE Trans. Electron Devices*, 16(1):39–57, 1969.

[17] H.M. Rein, T. Schad, R. Zühlke. Der Einfluß des Basisbahnwiderstandes und der Ladungsträgermultiplikation auf des Ausgangskennlinienfeld von Planartransistoren. *Solid-State Electronics*, 15:481–500, 1972.

[18] J. Lohstroh, J.J.M. Koomen, A.T. van Zanten, R.H.W. Salters. Punchthrough-currents in pnp and npn sandwich structures – I. Introduction and basic calculations. *Solid-State Electron.*, 24(9):805–814, 1981.

[19] R.M. Scarlett, W. Shockley. Secondary breakdown and hot spots in power transistors. *IEEE Intern. Conv. Rec., pt.3*, pp. 3–13, 1963.

[20] F. Weitzsch. A discussion of some known physical models for second breakdown. *IEEE Trans. Electron Devices*, 13(11):731–734, 1966.

[21] H. Krömer. Heterostructure bipolar transistors and integrated circuits. *Proc. IEEE*, 70(1):13–25, 1982.

[22] R. People. Physics and applications of Ge_xSi_{1-x}/Si strained-layer heterostructures. *IEEE J. Quantum Electronics*, 22(9):1696–1710, 1986.

[23] S.S. Iyer, G.L. Paton, J.M.C. Stork, B.S. Meyerson, D.L. Harame. Heterojunction bipolar transistors using Si-Ge alloys. *IEEE Trans. Electron Devices*, 36(10):2043–2064, 1989.

[24] D.L. Harame, J.H. Comfort, J.D. Cressler, E.F. Crabbe, J.Y.-C. Sun, B.S. Meyerson, T. Tice. Si/SiGe epitaxial-base transistors - part I: Materials, physics, and circuits. *IEEE Trans. Electron Devices*, 42(3):455–468, 1995.

[25] D.L. Harame, J.H. Comfort, J.D. Cressler, E.F. Crabbe, J.Y.-C. Sun, B.S. Meyerson, T. Tice. Si/SiGe epitaxial-base transistors - part II: Process intgration and analog applications. *IEEE Trans. Electron Devices*, 42(3):469–482, 1995.

[26] H. Kroemer. Theory of a wide-gap emitter for transistors. *Proc. IRE*, 45(11):1535–1537, 1957.

[27] M.E. Hafizi, C.R. Crowell, M.E. Grupen. The DC characteristics of GaAs/AlGaAs heterojunction bipolar transistors with application to device modeling. *IEEE Trans. Electron Devices*, 37(10):2121–2129, 1990.

[28] H. Morkoc, B. Sverdlov, G.-B. Gao. Strained layer heterostructures, and their applications to MODFET's, HBT's and lasers. *Proc. IEEE*, 81(4):493–556, 1993.

[29] M. Pohl, K. Aufinger, J. Böck, T.F. Meister, H. von Philipsborn. DC and AC performance of Si and $Si/Si_{1-x}Ge_x$ bipolar transistors at temperatures up to 300 °C. *Proc. ESSDERC*, 28:100–103, 1998.

[30] J.D. Cressler. SiGe HBT technology: A new contender for Si-based RF and microwave circuit applications. *IEEE Trans. on Microwave Theory and Techniques*, 46(5):572–589, 1998.

[31] C. Nguyen, M. Micovic. The state-of-the-art GaAs and InP power devices and amplifiers. *IEEE Trans. Electron Devices*, 48(3):472–478, 2001.

[32] G. Raghavan, M. Sokolich, W. Stanchina. Indium phosphide ICs unleash the high-frequency spectrum. *IEEE Spectrum*, 37(10):47–52, 2000.

[33] G.-B. Gao, H. Morkoc. Material-based comparison for power heterojunction bipolar transistors. *IEEE Trans. Electron Devices*, 38(11):2410–2416, 1991.

[34] C. Monier, F. Ren, J. Han, P.-C. Chang, R.J. Shul, K.-P. Lee, A. Zhang, A.G. Baca, S. Pearton. Simulation of npn and pnp AlGaN/GaN heterojunction bipolar transistor performances: limiting factors and optimum design. *IEEE Trans. Electron Devices*, 48(3):427–432, 2001.

[35] B.S. Shelton, D.J.H. Lambert, J.J. Huang, M.M. Wong, U. Chowdhury, T.G. Zhu, H.K. Kwon, Z. Liliental-Weber, M Benarama, M. Feng, R.D. Dupuis. Selective area growth and characterization of AlGaN/GaN heterojunction bipolar transistors by metallorganic chemical vapor deposition. *IEEE Trans. Electron Devices*, 48(3):490–494, 2001.

[36] L.S. McCarthy, I.P. Smorchkova, H. xing, P. Kozodoy, P. Fini, J. Limb, D.L. Pulfrey, J.S. Speck, M.J.W. Rodwell, S.P. DenBaars, U.K. Mishra. GaN HBT: Toward an RF device. *IEEE Trans. Electron Devices*, 48(3):543–551, 2001.

[37] D.L. Pulfrey, S. Fathpour. Performance predictions for npn $Al_xGa_{1-x}N/GaN$ HBTs. *IEEE Trans. Electron Devices*, 48(3):597–602, 2001.

[38] J.N. Ellis, V.S. Osadchy. The 2N3055: A case history. *IEEE Trans. Electron Devices*, 48(11):2477–2484, 2001.

[39] H. Schenk. *Bipolare Transistoren*. Springer, Berlin, 1978.

[40] J. Graul, A. Glasl, H. Murrmann. High-performance transistors with arsenic-implanted polysil emitters. *IEEE J. Solid-State Circuits*, 11(8):491–495, 1976.

[41] T.F. Meister, H. Schäfer, M. Franosch, W. Molzer, K. Aufinger, U. Scheler, C. Walz, M. Stolz, S. Boguth, J. Böck. SiGe base bipolar technology with 74 GHz $f_{\max}$ and 11 ps gate delay. *IEDM Tech. Dig.*, pp. 739–742, 1995.

17 Grundschaltungen mit Bipolartransistoren

Dieses Kapitel erläutert die Anwendung des Bipolartransistors anhand wichtiger Grundschaltungen der Analog- und Digitaltechnik.

17.1 Emitterschaltung

Abbildung 17.1a zeigt eine Verstärkerstufe mit Bipolartransistor in Emitterschaltung. Der Arbeitspunkt wird durch den Basisspannungsteiler R_{B1}, R_{B2} und den Emitterserienwiderstand R_E eingestellt. Parallel zu R_E wurde eine Kapazität C_E geschaltet, die den Emitterserienwiderstand für große Frequenzen mit dem niederohmigen Parallelwiderstand R'_E überbrückt.

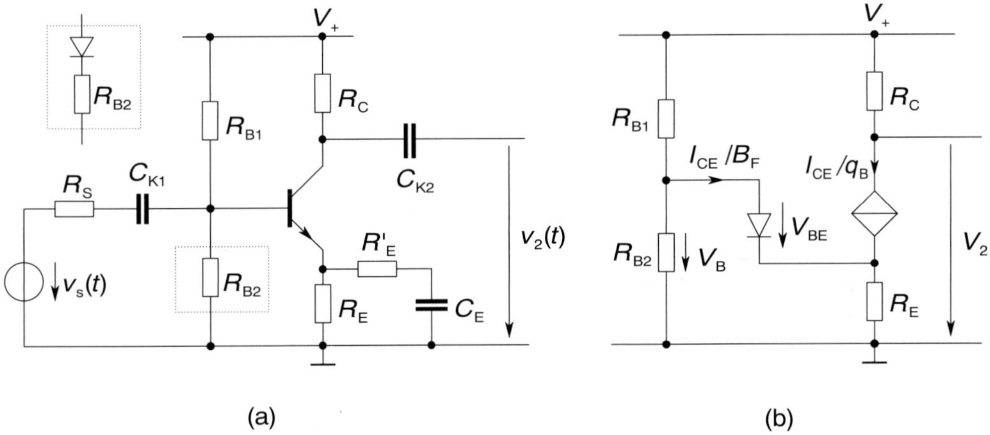

Abb. 17.1. Verstärkerstufe mit Bipolartransistor in Emitterschaltung. (**a**) Schaltbild und (**b**) Ersatzschaltung (DC) zur Berechnung des Arbeitspunkts

17.1.1 Arbeitspunkt, Verlustleistung, Gegenkopplung

Zur Bestimmung des Arbeitspunkts der Schaltung kann $v_s(t) = 0$ angenommen werden; Zweige mit den unter diesen Umständen keinen Strom führenden Kapazitäten dürfen dann aus der Ersatzschaltung entfernt werden. Ist die Schaltung so ausgelegt, daß der Transistor nicht in Sättigung arbeitet und wird dieser durch das elementare Transistormodell beschrieben, so folgt die in Abb. 17.1b gezeigte Ersatzschaltung. Im Grenzfall großer Stromverstärkung gilt bei gewähltem $I_C = B_N I_B$

$$V_{\mathrm{B}} \approx \frac{R_{\mathrm{B2}}}{R_{\mathrm{B1}} + R_{\mathrm{B2}}} V_{+} \quad \text{und} \quad R_{\mathrm{E}} \approx \frac{V_{\mathrm{B}} - V_{\mathrm{BE}}}{I_{\mathrm{C}}} .$$

Die Widerstände R_{B1}, R_{B2} und R_{E} werden gewöhnlich so gewählt, daß an R_{E} ein Spannungsabfall von der Größenordnung $(2-3)$ V auftritt. Ein größerer Wert des Spannungsabfalls an R_{E} bedingt zwar eine bessere Stabilisierung des Arbeitspunkts, begrenzt aber andererseits den verfügbaren Hub am Ausgang. Bei der Dimensionierung des Spannungsteilers ist ein Kompromiß zu schließen: Einerseits sollten die Widerstandswerte möglichst groß gewählt werden, damit die im Spannungsteiler umgesetzte Leistung gering wird, andererseits sollten die Widerstandswerte klein gewählt werden, um die Belastung des Spannungsteilers durch den Basisstrom $I_{\mathrm{B}} = I_{\mathrm{C}}/B_{\mathrm{N}}$ klein zu halten. R_{B1} sollte deshalb stets so gewählt werden, daß $R_{\mathrm{B1}} I_{\mathrm{C}}/B_{\mathrm{N}} \ll V_{+}$ gilt.

Die Änderung des Arbeitspunkts mit der Temperatur folgt aus

$$V_2 = V_{+} - R_{\mathrm{C}} I_{\mathrm{C}} \approx V_{+} - R_{\mathrm{C}} \frac{V_{\mathrm{B}} - V_{\mathrm{BE}}}{R_{\mathrm{E}}}$$

zu

$$\frac{\mathrm{d}V_2}{\mathrm{d}T} \approx -\frac{R_{\mathrm{C}}}{R_{\mathrm{E}}} \left(\frac{\mathrm{d}V_{\mathrm{B}}}{\mathrm{d}T} - \frac{\mathrm{d}V_{\mathrm{BE}}}{\mathrm{d}T} \right) .$$

Hierbei wurde das Widerstandsverhältnis $R_{\mathrm{C}}/R_{\mathrm{E}}$ als temperaturunabhängig angenommen. Dies ist sinnvoll, falls die beiden Widerstandswerte denselben Temperaturkoeffizienten aufweisen. Der Arbeitspunkt ist demnach näherungsweise temperaturunabhängig, falls $\mathrm{d}V_{\mathrm{B}}/\mathrm{d}T = \mathrm{d}V_{\mathrm{BE}}/\mathrm{d}T$ erfüllt ist. Gilt $V_{+} \gg V_{\mathrm{BE}}$, so kann diese Bedingung durch Erweitern des Basisspannungsteilers um eine Diode (vgl. Abb. 17.1) in guter Näherung erfüllt werden.

Beispiel 17.1.1 Als Beispiel wird die Auslegung einer Verstärkerstufe bei vorgegebenem Kollektorstrom betrachtet. Der Sättigungsstrom des Transistors sei $I_{\mathrm{S}} = 10$ fF, die Stromverstärkung im Arbeitspunkt betrage $B_{\mathrm{N}} = 200$. Mit der Vorgabe $I_{\mathrm{C}} \approx 5$ mA ist für R_{E} ein Wert um $500\,\Omega$ zu wählen, damit am Gegegenkopplungswiderstand die geforderte Spannung von $(2-3)$ V abfällt. Aus der Reihe E12 wird der Wert 560 Ω gewählt. Der an R_{E} auftretende Spannungsabfall ist damit

$$V_{\mathrm{RE}} = R_{\mathrm{E}} I_{\mathrm{E}} = R_{\mathrm{E}} I_{\mathrm{C}} \left(1 + \frac{1}{B_{\mathrm{N}}} \right) = 560\,\Omega \cdot 5\,\mathrm{mA} \cdot 1.005 = 2.814\,\mathrm{V} .$$

Mit

$$V_{\mathrm{BE}} \approx V_T \ln\left(I_{\mathrm{C}}/I_{\mathrm{S}}\right) = 698\,\mathrm{mV}$$

folgt für den Spannungsabfall an R_{B2}

$$V_{\mathrm{B}} = V_{\mathrm{BE}} + V_{\mathrm{RE}} = 3.512\,\mathrm{V} .$$

Wird bei der Versorgungsspannung $V_{+} = 10$ V der Wert von $R_{\mathrm{B1}} = 10$ kΩ gewählt, so ist das erforderliche Spannungsteilerverhältnis

$$K = \frac{R_{B2}}{R_{B1} + R_{B2}} = \frac{V_B}{V_+ - R_{B1} I_C / B_N} = \frac{3.51\,\mathrm{V}}{10\,\mathrm{V} - 0.25\,\mathrm{V}} = 0.36\,.$$

Für R_{B2} folgt somit

$$R_{B2} = \frac{K}{1-K} R_{B1} = 5625\,\Omega\,,$$

was sich mit der E12-Reihe (Nominalwert 5.6 kΩ) gut realisieren läßt. Der *Aussteuerbereich* der Verstärkerschaltung liegt im Bereich $V_B < v_2 < V_+$. Für symmetrische Aussteuerbarkeit sollte der Arbeitspunkt $V_2 = V_{CE}$ in die Mitte dieses Intervalls gelegt werden. Der Kollektorwiderstand R_C sollte demnach

$$R_C \approx \frac{V_+ - V_B}{2\,I_C} = \frac{10\,\mathrm{V} - 3.5\,\mathrm{V}}{2 \cdot 5\,\mathrm{mA}} = 650\,\Omega$$

betragen. Als nächster Wert der E12-Reihe wird $R_C = 680\,\Omega$ gewählt. Δ

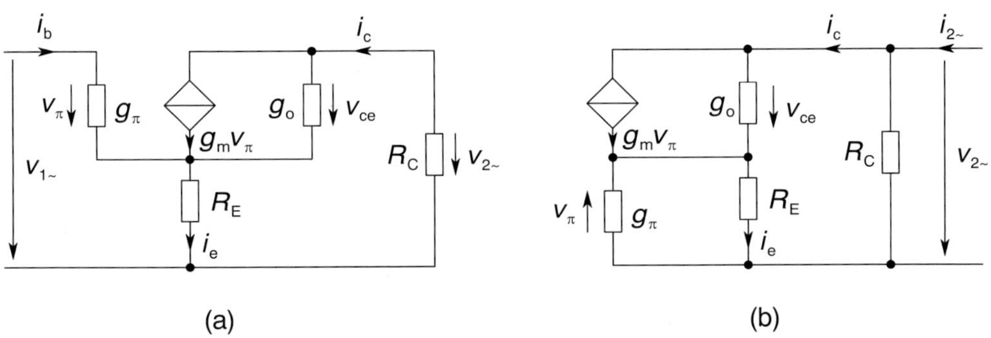

Abb. 17.2. Verstärker in Emitterschaltung. (**a**) Kleinsignalersatzschaltung zur Bestimmung von Spannungsübertragungsfaktor und Eingangswiderstand, (**b**) Kleinsignalersatzschaltung zur Bestimmung des Ausgangswiderstands

Seriengegenkopplung

Die Seriengegenkopplung stabilisiert den Arbeitspunkt und wirkt sich auf Spannungsübertragungsfaktor, Eingangs- und Ausgangswiderstand des Verstärkers aus. Für die Berechnung des Spannungsübertragungsfaktors des unbelasteten Verstärkers wird die in Abb. 17.2 gezeigte Kleinsignalersatzschaltung herangezogen, wobei der Ausgangsleitwert g_o des Transistors der Einfachheit halber vernachlässigt wird. Mit $\beta = g_m/g_\pi$ folgt

$$v_{1\sim} = v_\pi + R_E\, i_e \approx v_\pi + R_E(\beta+1) i_b = \left[1 + R_E g_m \left(1 + \frac{1}{\beta}\right)\right] v_\pi\,.$$

Vom Eingangssignal $v_{1\sim}$ fällt nur der Bruchteil $v_\pi / v_{1\sim}$ an r_π ab, und nur dieser Anteil wirkt sich auf den Kollektorstrom aus. Für $\beta \gg 1$ gilt näherungsweise

$$\frac{v_\pi}{v_{1\sim}} \approx \frac{1}{1 + R_E g_m} \qquad (17.1)$$

bzw. für den *Spannungsübertragungsfaktor*

$$\boxed{\frac{v_{2\sim}}{v_{1\sim}} \approx -\frac{R_C g_m}{1+R_E g_m}\ .} \tag{17.2}$$

Die Spannungsverstärkung ist um den Faktor

$$\frac{1}{1+R_E g_m} \approx \frac{1}{1+R_E I_C/V_T}$$

kleiner als beim Verstärker mit $R_E = 0$. Im Fall *starker Gegenkopplung* ($R_E\, g_m \gg 1$) kann die Eins im Nenner von Gl. (17.2) vernachlässigt werden, g_m kürzt sich dann heraus und für den Spannungsübertragungsfaktor verbleibt näherungsweise

$$\boxed{v_{2\sim}/v_{1\sim} \approx -R_C/R_E\ .} \tag{17.3}$$

Der Strom in den Verstärkereingang ist

$$i_{1\sim} = v_{1\sim}/R_B + v_\pi/r_\pi\ ;$$

wird der Arbeitspunkt demnach durch eine ideale Stromquelle eingestellt ($R_B \to \infty$), so ergibt sich der *Eingangswiderstand*

$$r_i = v_{1\sim}/i_{1\sim} = r_\pi\, v_{1\sim}/v_\pi$$

des gegengekoppelten Verstärkers mit der Näherung (17.1) zu

$$\boxed{r_i \approx r_\pi\,(1+g_m R_E)\ .} \tag{17.4}$$

Ohne Gegenkopplungswiderstand ($R_E = 0$) würde $r_i = r_\pi$ gelten, d. h. durch die Seriengegenkopplung hat sich der Eingangswiderstand um den Faktor $(1+g_m R_E)$ *erhöht.*

Der *Ausgangswiderstand* $r_a = v_{2\sim}/i_{2\sim}$ des rückgekoppelten Verstärkers ergibt sich aus der Kleinsignalersatzschaltung nach Abb. 17.2 b. Aus

$$i_{2\sim} = \frac{v_{2\sim}}{R_C} + g_m\, v_\pi + g_o(v_{2\sim}+v_\pi) = \frac{v_{2\sim}}{R_C} - g_\pi v_\pi - \frac{v_\pi}{R_E}$$

folgt ($G_E = 1/R_E$)

$$\frac{v_\pi}{v_{2\sim}} = -\frac{g_o}{g_m+g_\pi+g_o+G_E}$$

und damit für den *Ausgangswiderstand*

$$r_a = \left[\frac{1}{R_C} + \frac{g_o(g_\pi+G_E)}{g_m+g_\pi+g_o+G_E}\right]^{-1} \approx \left[\frac{1}{R_C} + \frac{g_o(1+R_E g_\pi)}{1+R_E g_m}\right]^{-1}\ .$$

Da in der Regel $R_C g_o \ll 1$ gilt, dominiert der erste Ausdruck in der eckigen Klammer – durch die Gegenkopplung ergibt sich dann nur eine geringfügige Anhebung des Ausgangswiderstands.

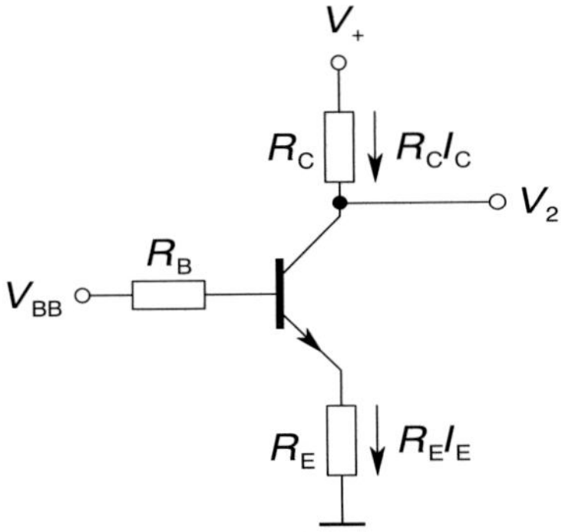

Abb. 17.3. Zur Auswirkung der Seriengegenkoplung auf die Stabilität des Arbeitspunkts

Einfluß von Bauteiltoleranzen und Temperaturschwankungen. Die Seriengegenkopplung verringert den Einfluß von Bauteiltoleranzen und Temperaturschwankungen auf den Arbeitspunkt. Als Beispiel wird die Änderung des Arbeitspunkts V_2 der in Abb. 17.3 dargestellten Schaltung mit der Temperatur untersucht. Die Widerstände werden dabei als temperaturunabhängig angenommen. Aus

$$V_2 \;=\; V_+ - R_C I_C \;=\; V_+ - R_C B_N \frac{V_{BB} - V_{BE} - R_E I_E}{R_B}$$

folgt durch Ableiten nach der Temperatur

$$\frac{dV_2}{dT} \;=\; -\frac{1}{B_N}\frac{dB_N}{dT} R_C I_C + \frac{R_C}{R_B} B_N \frac{dV_{BE}}{dT} + R_C \frac{R_E B_N}{R_B}\frac{dI_E}{dT} \;.$$

Mit den Näherungen

$$\left(\frac{\partial V_{BE}}{\partial I_C}\right)_T \;\approx\; \frac{1}{g_m} \;\approx\; \frac{V_T}{I_C} \qquad \text{und} \qquad \frac{dV_2}{dT} = -R_C\,\frac{dI_C}{dT}$$

folgt

$$\frac{dV_{BE}}{dT} \;=\; \left(\frac{\partial V_{BE}}{\partial T}\right)_{I_C} + \left(\frac{\partial V_{BE}}{\partial I_C}\right)_T \frac{dI_C}{dT} \;=\; \left(\frac{\partial V_{BE}}{\partial T}\right)_{I_C} - \frac{V_T}{R_C I_C}\frac{dV_2}{dT} \;,$$

Durch Zusammenfassen mit

$$-R_C \frac{dI_E}{dT} \;\approx\; -R_C \frac{dI_C}{dT} \;=\; \frac{dV_2}{dT}$$

führt dies auf

$$\frac{dV_2}{dT} \;=\; -\frac{R_C}{R_B + B_N(R_E + V_T/I_C)}\left[\frac{R_B I_C}{B_N}\frac{dB_N}{dT} + B_N\left(\frac{\partial V_{BE}}{\partial T}\right)_{I_C}\right] .$$

Im Grenzfall $R_E \to 0$ folgt unter der Voraussetzung $R_B I_C / V_T \gg B_N$ die Beziehung

$$\frac{dV_2}{dT} \;\approx\; -\frac{1}{B_N}\frac{dB_N}{dT} R_C I_C \;\approx\; -6\,\frac{\text{mV}}{\text{K}}\,\frac{R_C I_C}{\text{V}} - 1.5\,\frac{\text{mV}}{\text{K}}\,\frac{R_C}{R_B}\,B_N \;,$$

wobei der Temperaturkoeffizient $(\mathrm{d}B_\mathrm{N}/\mathrm{d}T)/B_\mathrm{N}$ der Stromverstärkung mit 0.6%/K angenommen wurde. V_BB wirkt in Verbindung mit einem hochohmigen Basiswiderstand R_B näherungsweise als *Stromquelle*; wegen des Temperaturkoeffizienten der Stromverstärkung ergibt sich hier eine beachtliche Temperaturdrift der Ausgangsspannung (ca. $-30\,\mathrm{mV/K}$ für $R_\mathrm{C}I_\mathrm{C} = 5\,\mathrm{V}$ und $R_\mathrm{B} \to \infty$). Aus diesem Grund wird die Arbeitspunkteinstellung ohne Emitterseriengegenkopplung ($R_\mathrm{E} = 0$) in der Praxis i. allg. nicht eingesetzt. Günstiger ist der Fall $R_\mathrm{B} \to 0$. In diesem Fall resultiert die Näherung

$$\frac{\mathrm{d}V_2}{\mathrm{d}T} \approx \frac{R_\mathrm{C}}{R_\mathrm{E} + V_T/I_\mathrm{C}} \left(\frac{\partial V_\mathrm{BE}}{\partial T}\right)_{I_\mathrm{C}} \approx -1.5\,\frac{\mathrm{mV}}{\mathrm{K}} \cdot \frac{R_\mathrm{C}}{R_\mathrm{E}} .$$

Für Werte von $R_\mathrm{C}/R_\mathrm{E}$ in der Größenordnung von eins ergibt dies eine wesentlich geringere Temperaturdrift des Arbeitspunkts.

17.1.2 Verlustleistung und Wirkungsgrad

Beim Aufbau eines Transistorverstärkers ist dafür Sorge zu tragen, daß die zulässige Verlustleistung in Transistor und Kollektorwiderstand nicht überschritten wird. Der Effektivwert der im Transistor umgesetzten *Verlustleistung* ist

$$P_\mathrm{T} = \frac{1}{T}\int_0^T v_\mathrm{CE}(t) i_\mathrm{C}(t)\,\mathrm{d}t ,$$

wobei T die Periode der Ausgangsspannung bezeichnet. Mit

$$v_\mathrm{CE}(t) = V_\mathrm{CE} + v_\mathrm{ce}(t) \quad \text{und} \quad i_\mathrm{C}(t) = I_\mathrm{C} + i_\mathrm{c}(t)$$

folgt

$$P_\mathrm{T} = V_\mathrm{CE}I_\mathrm{C} + \frac{1}{T}\int_0^T v_\mathrm{ce}(t) i_\mathrm{c}(t)\,\mathrm{d}t ,$$

da die über eine Periode gemittelten Werte der Wechselanteile $v_\mathrm{ce}(t)$ und $i_\mathrm{c}(t)$ verschwinden. Im unbelasteten Verstärker gilt $v_\mathrm{ce}(t) = -R_\mathrm{C}i_\mathrm{c}(t)$, so daß

$$P_\mathrm{T} = V_\mathrm{CE}I_\mathrm{C} - \frac{1}{T}\int_0^T \frac{v_\mathrm{ce}^2(t)}{R_\mathrm{C}}\,\mathrm{d}t = V_\mathrm{CE}I_\mathrm{C} - \frac{\hat{v}_\mathrm{ce}^2}{2R_\mathrm{C}} ,$$

wobei $\hat{v}_\mathrm{ce}$ die Amplitude der als sinusförmig angenommenen Spannung $v_\mathrm{ce}(t)$ bezeichnet. Mit zunehmender Amplitude $\hat{v}_\mathrm{ce}$ des Ausgangssignals nimmt die im Transistor umgesetzte Verlustleistung demzufolge ab; stets gilt

$$P_\mathrm{T} < V_\mathrm{CE}I_\mathrm{C} \le V_+^2/4R_\mathrm{C} .$$

Die im Kollektorwiderstand umgesetzte Verlustleistung ist

$$P_\mathrm{R} = \frac{1}{T}\int_0^T \frac{[V_+ - v_\mathrm{CE}(t)]^2}{R_\mathrm{C}}\,\mathrm{d}t = \frac{(V_+ - V_\mathrm{CE})^2}{R_\mathrm{C}} + \frac{\hat{v}_\mathrm{ce}^2}{2R_\mathrm{C}} .$$

Die von der Spannungsversorgung aufgebrachte Leistung ist

$$P = \frac{V_+}{T}\int_0^T i_C(t)\,\mathrm{d}t = V_+ I_C = \frac{V_+(V_+ - V_{CE})}{R_C} = P_T + P_R\,.$$

Als *Wirkungsgrad* η des Verstärkers wird das Verhältnis des Effektivwerts der im Widerstand umgesetzten Wechselleistung zum Effektivwert der von der Spannungsversorgung aufgebrachten Leistung bezeichnet

$$\eta = \frac{\hat{v}_{ce}^2}{2R_C}\,\frac{R_C}{V_+(V_+ - V_{CE})} = \frac{\hat{v}_{ce}^2}{2V_+(V_+ - V_{CE})}\,.$$

Da $\hat{v}_{ce}$ durch die Versorgungsspannung auf $V_+/2$ begrenzt ist, kann der Wirkungsgrad der Verstärkerschaltung nicht größer als 25 % sein. Wegen des geringen Wirkungsgrads wird die betrachtete Verstärkerschaltung nur für *Kleinleistungsverstärker* (≤ 0.5 W) eingesetzt.

17.1.3 Frequenzgang

Zur Berechnung des Frequenzgangs der in Abb. 17.1a dargestellten Verstärkerschaltung wird die Kleinsignalersatzschaltung nach Abb. 17.4 herangezogen. Der Ausgang wurde dabei der Einfachheit halber als unbelastet angenommen,[1] die in der Kleinsignalersatzschaltung parallel zum Eingangstor liegenden Widerstände R_{B1} und R_{B2} wurden zu $R_B = R_{B1} \| R_{B2}$ zusammengefaßt, die Elemente R_E, C_E und R'_E zur Impedanz $\underline{Z}_E$.

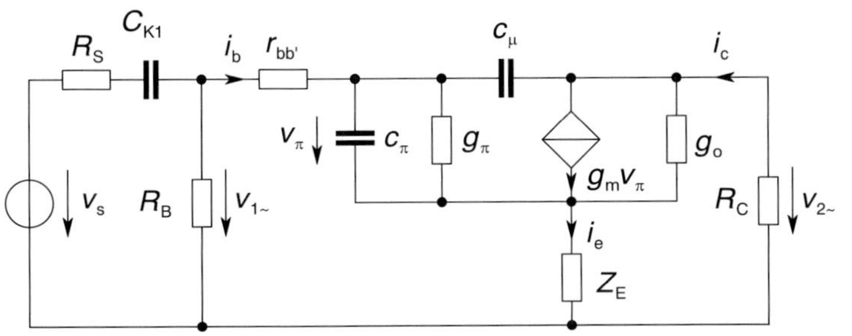

Abb. 17.4. Kleinsignalersatzschaltung des beschalteten Verstärkers

Der *Spannungsübertragungsfaktor* ist wegen der Transistorkapazitäten, der kapazitiven Einkopplung und der frequenzabhängigen Gegenkopplung von der Frequenz abhängig. Das Verhalten wird am folgenden Beispiel erläutert.

Beispiel 17.1.2 Abbildung 17.5 zeigt das Verstärkungsmaß des gemäß Beispiel 17.1.1 ausgelegten Verstärkers. Dieses wurde für verschiedene Werte von R'_E mit der SPICE `.AC`-Analyse berechnet; der Transistor wurde dabei durch die folgenden Modellparameter beschrieben

[1] Bei belastetem Ausgang wäre parallel zu R_C die Lastimpedanz wirksam.

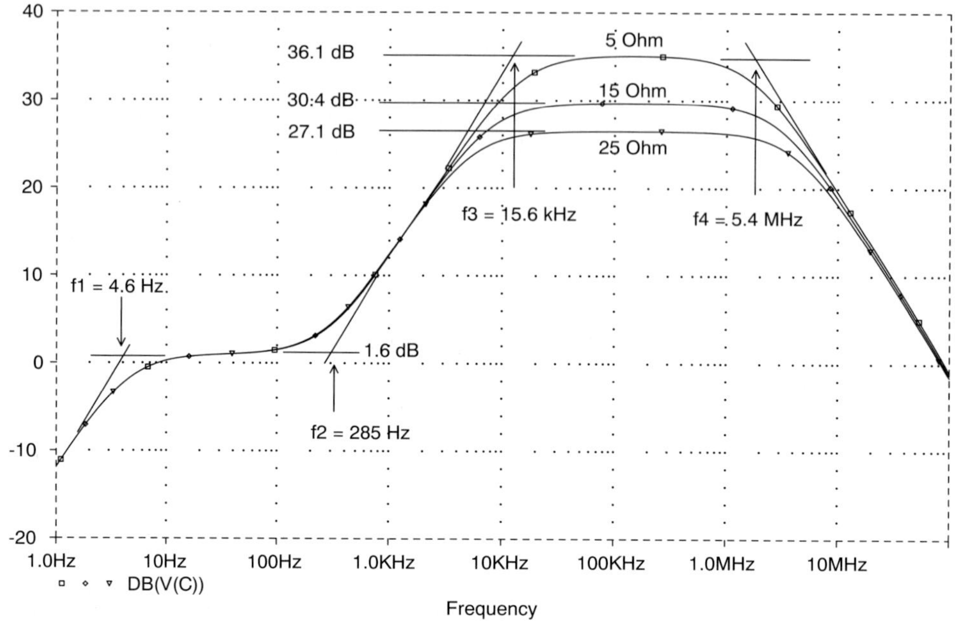

Abb. 17.5. Verstärkungsmaß als Funktion der Frequenz für verschiedene Werte von R'_E

```
IS=10F  BF=200  BR=6  RC=1  RB=10  CJE=20P  MJE=0.4
+ VJE=0.75  CJC=10P  MJC=0.35  VJC=0.75  TF=500P
```

Die Koppelkapazität wurde mit $C_{K1} = 10\,\mu F$ und $C_E = 1\,\mu F$ gewählt. Der Frequenzgang weist vier charakteristische Frequenzen f_1, f_2, f_3 und f_4 auf, die durch unterschiedliche Komponenten der Schaltung bestimmt werden.

Für $f < f_2$ ist die durch R_E, R'_E und C_E gebildete Serienimpedanz $\underline{Z}_E$ in guter Näherung gleich R_E. Hier liegt der Fall *starker Gegenkopplung* vor; unter Vernachlässigung der Bahnwiderstände gilt damit für den Spannungsübertragungsfaktor

$$\frac{\underline{v}_2}{\underline{v}_1} \approx -\frac{R_C}{R_E} = -\frac{680\,\Omega}{560\,\Omega} = -1.21 \,.$$

Dies entspricht einem Verstärkungsmaß von ca. 1.7 dB (vgl. Abb. 17.5).

Für $f < f_1$ ist ein *Hochpaßverhalten* zu beobachten: Das Verstärkungsmaß steigt hier mit 20 dB pro Dekade an. Die Ursache hierfür liegt in der kapazitiven Einkopplung des zu verstärkenden Signals. Der Koppelkondensator C_{K1} bildet mit $R_B = R_{B1} \,\|\, R_{B2}$ und dem Eingangswiderstand r_i der Transistorstufe (vgl. Abb. 17.6 a) einen Hochpaß mit der Grenzfrequenz[2] $f_1 \approx 1/[\,2\pi C_{K1}(R_B \,\|\, r_i)]$.

Der Eingangswiderstand r_i der Transistorstufe folgt mit $g_m \approx 193\,\text{mS}$ aus Gl. (17.4)

$$r_i = r_\pi\,(1 + g_m R_E) = 1.04\,\text{k}\Omega \cdot (1 + 0.193\,\text{mS} \cdot 560\,\Omega) \approx 113\,\text{k}\Omega \,.$$

[2]Dabei wird angenommen, daß C_{K1}, wie in der Praxis üblich, groß gegenüber der Eingangskapazität des Verstärkers ist.

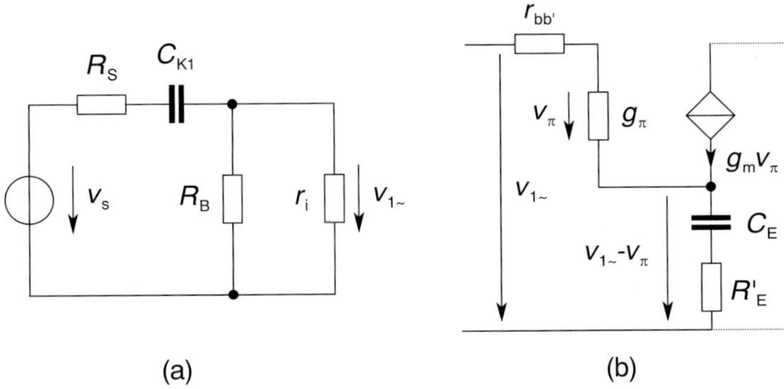

Abb. 17.6. (**a**) Zum Hochpaßverhalten der Eingangsbeschaltung, und (**b**) zur Auswirkung der Seriengegenkopplung auf den Frequenzgang

Die Grenzfrequenz f_1 des durch die kapazitive Einkopplung bedingten Hochpasses errechnet sich damit zu

$$f_1 = \frac{1}{2\pi \cdot 10\,\mu\text{F}} \left(\frac{1}{10\,\text{k}\Omega} + \frac{1}{5.6\,\text{k}\Omega} + \frac{1}{113\,\text{k}\Omega} \right) \approx 4.6\,\text{Hz}\,.$$

Dieses Verhalten wird sehr gut durch die SPICE-Simulation bestätigt (Abb. 17.5). Für $f_2 < f < f_3$ wird ein *Hochpaßverhalten* beobachtet, da nun über die Reihenschaltung von C_E und R'_E ein niederohmiger Parallelleitwert zu R_E wirksam wird. Oberhalb von f_3 kann C_E dann als Kurzschluß betrachtet werden. In diesem Fall gilt näherungsweise

$$\frac{1}{\underline{Z}_\text{E}} = \frac{1}{R_\text{E}} + \frac{1}{R'_\text{E}} \approx \frac{1}{R'_\text{E}}\,.$$

Dies führt mit $R'_\text{E} = 5\,\Omega$ in Gl.(17.2) auf die Spannungsverstärkung

$$\frac{g_\text{m} R_\text{C}}{1 + g_\text{m} R'_\text{E}} = 66.8\,,$$

was einem Verstärkungsmaß von 36.5 dB entspricht (Abb. 17.5). Die Grenzfrequenzen f_2 und f_3, die den Übergang von $\underline{Z}_\text{E}$ vom hochohmigen in den niederohmigen Zustand markieren, sind unter der Voraussetzung $R_\text{E} \gg R'_\text{E}$

$$f_2 \approx \frac{1}{2\pi R_\text{E} C_\text{E}} \approx 284\,\text{Hz}$$

bzw. mit $g_\text{m} \gg g_\pi$ (vgl. Abb. 17.6 b)

$$f_3 \approx \frac{1}{2\pi \left(R'_\text{E} + 1/g_\text{m}\right) C_\text{E}} \approx 15.7\,\text{kHz}\,.$$

Auch diese Ergebnisse werden durch Abb. 17.5 bestätigt. Für $f < f_4$ ist der Frequenzgang des Verstärkers ausschließlich durch die externe Beschaltung bestimmt; die Vierpolkenngrößen des Transistors können in diesem Frequenzbereich als reelle Größen aus der NF-Kleinsignalersatzschaltung ermittelt werden.

Für $f > f_4$ sind die internen Kapazitäten des Transistors von Bedeutung. Das Verhalten des Verstärkers bei hohen Frequenzen läßt sich anhand der vereinfachten Ersatzschaltung nach Abb. 17.7 erläutern. Die Koppelkapazität wurde dabei durch

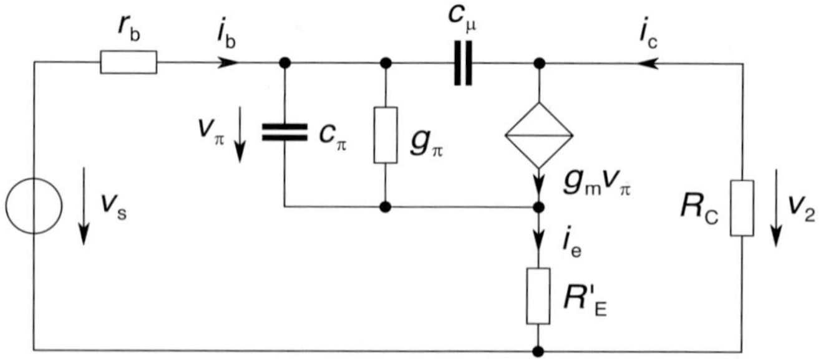

Abb. 17.7. Vereinfachte Ersatzschaltung zur Berechnung der Grenzfrequenz f_4

einen Kurzschluß ersetzt, R_B und r_o wurden aus der Ersatzschaltung entfernt und die Serienimpedanz $\underline{Z}_E$ durch R'_E ersetzt. Der Widerstand $r_b = R_S + r_{bb'} = 60\,\Omega$ entspricht der Reihenschaltung des Generatorwiderstands R_S und des Basisbahnwiderstands $r_{bb'}$. Mit $c_\mu = 5.64$ pF sowie $g_m = 193\,\text{mS}$ folgt für den Spannungsübertragungsfaktor unter der Bedingung $\omega c_\mu \ll g_m$

$$\frac{\underline{v}_{2\sim}}{\underline{v}_\pi} \approx -\frac{g_m R_C}{1 + j\omega R_C c_\mu} = -\frac{131}{1 + j\,(f/41.5\,\text{MHz})} .$$

Zur Berechnung von f_4 kann die Frequenzabhängigkeit vernachlässigt und der Spannungsübertragungsfaktor durch $-g_m R_C$ ersetzt werden. In 1. Ordnung von ω gilt damit

$$\underline{v}_s = r_b\,\underline{i}_b + \underline{v}_\pi + R'_E\,\underline{i}_e = [1 + r_b g_\pi + R'_E(g_m + g_\pi)]\,(1 + jf/f_g)\underline{v}_\pi$$

mit der durch

$$\frac{1}{2\pi f_g} = \frac{r_b(c_\pi + c_\mu) + r_b c_\mu\,[\,R'_E(g_m + g_\pi) + g_m R_C\,] + R'_E c_\pi}{1 + r_b g_\pi + R'_E(g_m + g_\pi)}$$

gegebenen Grenzfrequenz. Unter der Voraussetzung $r_b g_\pi \ll 1$ und $R'_E g_\pi \ll 1$ ergibt sich so der Spannungsübertragungsfaktor

$$\frac{\underline{v}_\pi}{\underline{v}_s} \approx \frac{1}{1 + R'_E g_m}\,\frac{1}{1 + jf/f_g} ,$$

mit dem für $R'_E \ll R_C$ gültigen Näherungsausdruck für die Grenzfrequenz

$$f_g \approx \frac{1}{2\pi}\,\frac{1 + R'_E g_m}{r_b(c_\pi + c_\mu g_m R_C)} .$$

Der Spannungsübertragungsfaktor der Verstärkerschaltung ergibt sich auf diesem Weg näherungsweise zu

$$\underline{H}_v = \frac{\underline{v}_\pi}{\underline{v}_s}\,\frac{\underline{v}_{2\sim}}{\underline{v}_\pi} \approx -\frac{g_m R_C}{1 + g_m R'_E}\,\frac{1}{1 + jf/f_g} .$$

Im betrachteten Beispiel folgt mit $c_\pi = 132$ pF für die Grenzfrequenz

$$f_g = \frac{1 + r_b g_\pi + R'_E(g_m + g_\pi)}{2\pi\{r_b[\,c_\pi + c_\mu(1 + g_m R_C + g_m R'_E + g_\pi R'_E)] + R'_E c_\pi\}} \approx 6\,\text{MHz}$$

in guter Übereinstimmung mit dem Ergebnis des Näherungsausdrucks sowie dem Simulationsergebnis. Δ

17.1.4 Schaltbetrieb

Transistoren ermöglichen die Realisierung schneller Schalter für kleine und mittlere Leistungen. Dies wird in der Digitaltechnik ausgenutzt – Einzeltransistoren kommen hier allerdings nicht mehr zum Einsatz, da digitale Schaltkreise heute ausschließlich als integrierte Schaltungen realisiert werden. Einzeltransistoren spielen dagegen beim Schalten größerer Ströme und Spannungen nach wie vor eine bedeutsame Rolle, typische Anwendungen sind Wechselrichter, Motorsteuerungen, getaktete Stromversorgungen, elektronische Zündanlagen, etc. Von besonderer Bedeutung sind hier Belastbarkeit und Zuverlässigkeit.

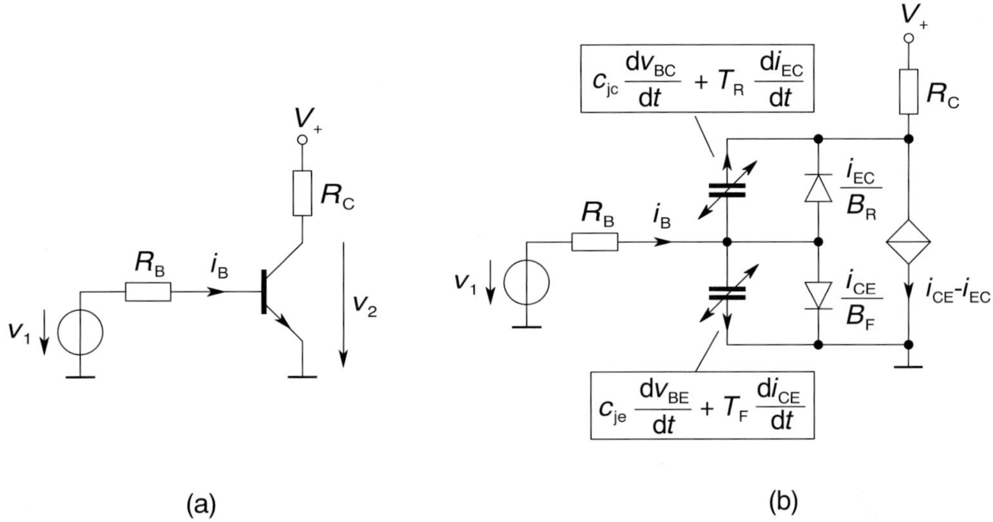

Abb. 17.8. Transistorschalter mit ohmscher Last. (**a**) Schaltplan und (**b**) Ersatzschaltung

Sättigungsspannung. Abbildung 17.8 a zeigt einen Transistorschalter im *Serienbetrieb* mit ohmscher Last. Im ausgeschalteten Zustand ist im Idealfall $i_B = 0$; durch die Last fließt dann der Reststrom I_{CEO}. Im eingeschalteten Zustand fällt nahezu die gesamte Versorgungsspannung an der Last ab, die am Transistor abfallende Restspannung V_{CE} wird wesentlich durch die *Bahnwiderstände* des Transistors bestimmt, wobei näherungsweise gilt

$$V_{CE} \approx V_{C'E'} + \frac{R_{CC'} + R_{EE'}}{R_C} V_+ \,. \tag{17.5}$$

Der Kollektorbahnwiderstand $R_{CC'}$ nimmt dabei wegen der *Leitfähigkeitsmodulation* des Kollektorbahngebiets mit zunehmendem Kollektorstrom ab. Die Kollektor-Emitter-Restspannung wird als *Sättigungsspannung* V_{CEsat} häufig in Datenblättern als Funktion des Kollektorstroms I_C für eine gegebene Stromverstärkung $I_C/I_B = B \ll B_F$ angegeben (vgl. Abb. 17.9); der zugehörige Wert von V_{BE} wird entsprechend als V_{BEsat} spezifiziert. V_{CEsat} wächst

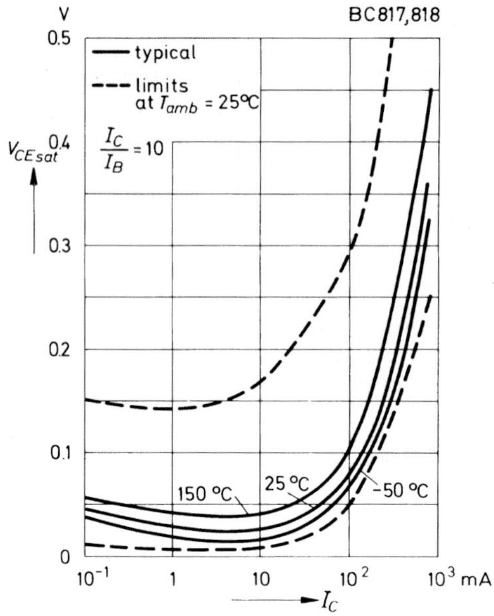

Abb. 17.9. Restspannung V_{CEsat} über dem „geschlossenen Transistorschalter" (Sättigung), nach einem Datenblatt der Firma Infineon

i. allg. mit zunehmender Temperatur an, was vor allem auf die Zunahme des Bahnwiderstands zurückzuführen ist.

Schaltverhalten bei ohmscher Last

Bei dem in Abbildung 17.8 a gezeigten Transistorschalter wird der Basisstrom $i_{\text{B}}(t)$ von einer Spannungsquelle $v_1(t)$ geliefert und über einen Basiswiderstand R_{B} eingespeist, so daß

$$i_{\text{B}}(t) = \frac{v_1(t) - v_{\text{BE}}(t)}{R_{\text{B}}} . \tag{17.6}$$

Im stationären Betrieb ersetzt der Basisstrom die im Transistor rekombinierenden Löcher. Im Schaltfall muß er zusätzlich die mit der EB- bzw. der BC-Diode verbundenen Diffusions- und Sperrschichtladungen umladen. Die im Transistor gespeicherte Löcherladung wird dabei in einen mit der EB-Diode verknüpften Anteil (Ladung der EB-Sperrschichtkapazität und der EB-Diode zugeordnete Diffusionsladung $\tau_{\text{f}} i_{\text{CE}}$) sowie einen mit der BC-Diode verknüpften Anteil (Ladung der BC-Sperrschichtkapazität und der BC-Diode zugeordnete Diffusionsladung $\tau_{\text{r}} i_{\text{EC}}$) aufgeteilt (vgl. Abb. 17.8 b). Die im allgemeinen arbeitspunktabhängigen Größen τ_{f} und τ_{r} werden im folgenden durch die in SPICE verwendeten Modellparameter T_{F} und T_{R} ersetzt um den Einschalt- und den Ausschaltvorgang zu untersuchen.

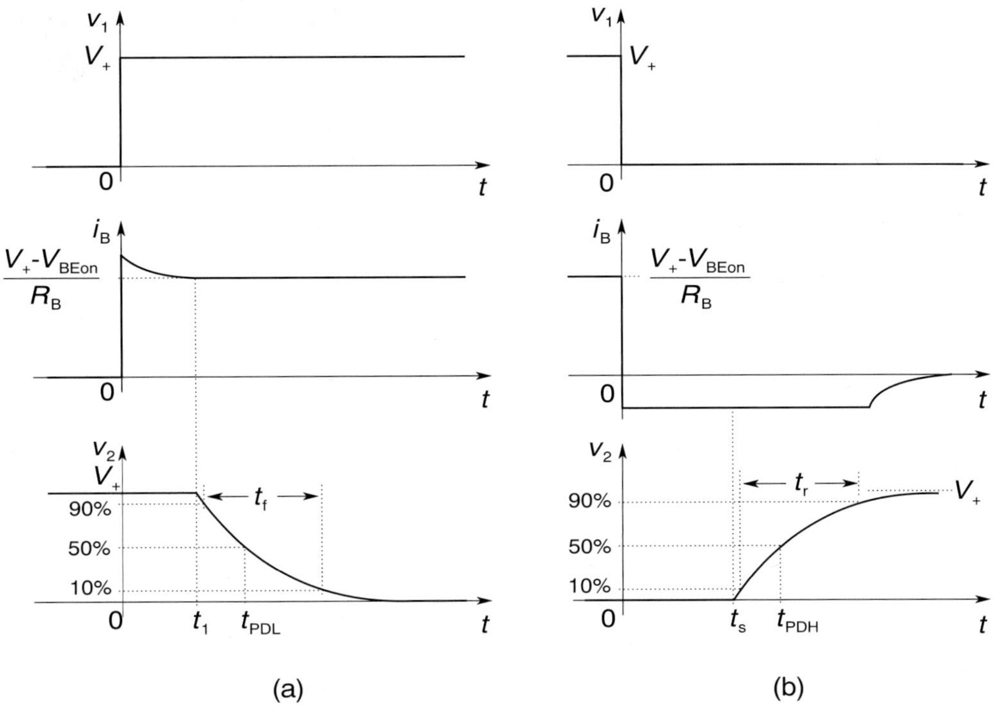

Abb. 17.10. Zum Schaltverhalten bei ohmscher Last. (**a**) Einschaltvorgang und Definition der Abfallverzögerungszeit t_{PDL}, (**b**) Ausschaltvorgang und Definition der Anstiegsverzögerungszeit t_{PDH}

Einschaltvorgang. Springt v_1 zur Zeit $t = 0$ von null auf den Wert V_+, so ist zunächst v_{BE} kleiner als die Schleusenspannung V_{BEon} der EB-Diode. Die Ströme i_{CE} und i_{EC} lassen sich hier näherungsweise vernachlässigen, so daß zunächst $v_{\mathrm{CE}} \approx$ const. gilt. Aus der Ersatzschaltung 17.8b folgt damit

$$i_{\mathrm{B}}(t) \;=\; (c_{\mathrm{je}} + c_{\mathrm{jc}})\,\frac{\mathrm{d}v_{\mathrm{BE}}}{\mathrm{d}t} \;=\; \frac{V_+ - v_{\mathrm{BE}}}{R_{\mathrm{B}}}\,.$$

Für eine Abschätzung der zum Erreichen der Schleusenspannung benötigten Zeit t_1 können die aufzubringenden Ladungen

$$\Delta Q_{\mathrm{JE1}} \;=\; \int_0^{V_{\mathrm{BEon}}} c_{\mathrm{je}}\,\mathrm{d}V_{\mathrm{BE}} \qquad \text{und} \qquad \Delta Q_{\mathrm{JC1}} \;=\; \int_{-V_+}^{-(V_+ - V_{\mathrm{BEon}})} c_{\mathrm{jc}}\,\mathrm{d}V_{\mathrm{BC}}$$

betrachtet werden. Unter der meist zutreffenden Bedingung $V_+ \gg V_{\mathrm{BEon}}$ läßt sich der Basisstrom durch einen Mittelwert ($i_{\mathrm{B}} \approx (V_+ - V_{\mathrm{BEon}})/2R_{\mathrm{B}}$) ersetzen, so daß

$$t_1 \;\approx\; R_{\mathrm{B}}\,\frac{\Delta Q_{\mathrm{JE1}} + \Delta Q_{\mathrm{JC1}}}{V_+ - V_{\mathrm{BEon}}/2}\,. \tag{17.7}$$

Sobald v_{BE} den Wert V_{BEon} erreicht hat, kann das weitere Aufladen der EB-Sperrschichtkapazität vernachlässigt werden. Nun beginnt i_{CE} anzusteigen;

i_{EC} kann für $v_{\mathrm{CE}} > V_{\mathrm{CEon}}$ vernachlässigt werden, da die BC-Diode noch nicht nennenswert in Flußrichtung gepolt ist. Mit $\mathrm{d}v_{\mathrm{BE}}/\mathrm{d}t \approx 0$ gilt dann näherungsweise

$$i_{\mathrm{B}}(t) = I_{\mathrm{B}} = \frac{V_+ - V_{\mathrm{BEon}}}{R_{\mathrm{B}}} = \frac{i_{\mathrm{CE}}}{B_{\mathrm{F}}} + T_{\mathrm{F}} \frac{\mathrm{d}i_{\mathrm{CE}}}{\mathrm{d}t} + c_{\mathrm{jc}} \frac{\mathrm{d}v_{\mathrm{BC}}}{\mathrm{d}t} . \tag{17.8}$$

Durch Integration von t_1 bis zur *Abfallverzögerungszeit* t_{PDL} folgt

$$I_{\mathrm{B}}\,(t_{\mathrm{PDL}} - t_1) = T_{\mathrm{F}}\, i_{\mathrm{CE}}(t_{\mathrm{PDL}}) + \int_{\mathrm{t}_1}^{t_{\mathrm{PDL}}} c_{\mathrm{jc}} \frac{\mathrm{d}v_{\mathrm{BC}}}{\mathrm{d}t}\, \mathrm{d}t\,, \tag{17.9}$$

wobei der während dieser Zeit fließende Rekombinationsstrom $i_{\mathrm{CE}}/B_{\mathrm{F}}$ vernachlässigt wurde. Die rechte Seite von Gl. (17.9) bestimmt die von I_{B} aufzubringende Ladungsmenge. Der erste Term beschreibt dabei die Änderung ΔQ_{TE} der Diffusionsladung. Mit $i_{\mathrm{CE}}(t_{\mathrm{PDL}}) \approx V_+/(2R_{\mathrm{C}})$ folgt

$$\Delta Q_{\mathrm{TE}} = T_{\mathrm{F}}\, i_{\mathrm{CE}}(t_{\mathrm{PDL}}) \approx \frac{T_{\mathrm{F}} V_+}{2R_{\mathrm{C}}} .$$

Der zweite Term auf der rechten Seite beschreibt die Änderung ΔQ_{JC2} der Sperrschichtladung in der BC-Diode

$$\Delta Q_{\mathrm{JC2}} = \int_{\mathrm{t}_1}^{t_{\mathrm{PDL}}} c_{\mathrm{jc}} \frac{\mathrm{d}v_{\mathrm{BC}}}{\mathrm{d}t}\, \mathrm{d}t = \int_{-(V_+ - V_{\mathrm{BEon}})}^{-(V_+/2 - V_{\mathrm{BEon}})} c_{\mathrm{jc}}\, \mathrm{d}V_{\mathrm{BC}}$$

wenn sich v_{CB} vom Wert $V_+ - V_{\mathrm{BEon}}$ auf $V_+/2 - V_{\mathrm{BEon}}$ vermindert. Aus Gl. (17.9) folgt für die Abfallverzögerungszeit

$$t_{\mathrm{PDL}} = t_1 + \frac{\Delta Q_{\mathrm{TE}} + \Delta Q_{\mathrm{JC2}}}{I_{\mathrm{B}}} . \tag{17.10}$$

Die *Abfallzeit* t_{f} folgt entsprechend zu

$$t_{\mathrm{f}} = \left(0.8\, \frac{T_{\mathrm{F}} V_+}{R_{\mathrm{C}}} + \Delta Q_{\mathrm{JC3}}\right) \Big/ \left(\frac{V_+ - V_{\mathrm{BEon}}}{R_{\mathrm{B}}}\right) . \tag{17.11}$$

Hier bezeichnet

$$\Delta Q_{\mathrm{JC3}} = \int_{-(0.9\mathrm{V}_+ - \mathrm{V}_{\mathrm{BEon}})}^{-(0.1V_+ - V_{\mathrm{BEon}})} c_{\mathrm{jc}}(v_{\mathrm{BC}})\, \mathrm{d}v_{\mathrm{BC}}$$

die Ladungsänderung in der Kollektorsperrschicht, die mit der Abnahme der Ausgangsspannung vom Wert $0.9 \cdot V_+$ auf $0.1 \cdot V_+$ verbunden ist. Sobald v_2 den Wert V_{CEon} unterschreitet, beginnt i_{EC} auf den Wert

$$I_{\mathrm{EC}} = I_{\mathrm{C}} \frac{B_{\mathrm{R}}}{B_{\mathrm{F}} + B_{\mathrm{R}} + 1} \left(\frac{B_{\mathrm{F}}}{B} - 1\right)$$

anzusteigen; v_{BE} erhöht sich dabei nur noch geringfügig auf den Wert V_{BEsat}, während v_{CE} geringfügig auf den Wert V_{CEsat} abnimmt.

Ausschaltvorgang. Nimmt v_1 zur Zeit $t = 0$ sprunghaft vom Wert V_+ auf null ab, so werden sich die Spannungen v_{BE} und v_{CE} zunächst nur wenig ändern, da zuvor die durch die Flußpolung der BC-Diode bedingte Speicherladung $T_{\mathrm{R}} i_{\mathrm{EC}}(0)$ abgebaut werden muß. Die hierfür erforderliche Zeit wird als *Speicherzeit* t_{s} bezeichnet. Mit dem Umschaltvorgang springt der Basisstrom auf den zunächst konstanten Wert $i_{\mathrm{B}}(t) \approx -V_{\mathrm{BEsat}}/R_{\mathrm{B}} = -|I_{\mathrm{B}}|$. Aus der Ersatzschaltung 17.8 b folgt damit

$$-|I_{\mathrm{B}}| = \frac{i_{\mathrm{CE}}}{B_{\mathrm{F}}} + \frac{i_{\mathrm{EC}}}{B_{\mathrm{R}}} + T_{\mathrm{R}} \frac{\mathrm{d}i_{\mathrm{EC}}}{\mathrm{d}t}, \tag{17.12}$$

wobei der Term $T_{\mathrm{F}}\, \mathrm{d}i_{\mathrm{CE}}/\mathrm{d}t$ wegen $T_{\mathrm{F}} \ll T_{\mathrm{R}}$ vernachlässigt wurde. Unter der Annahme $B_{\mathrm{F}} \gg B_{\mathrm{R}}$ folgt

$$B_{\mathrm{R}} T_{\mathrm{R}} \frac{\mathrm{d}i_{\mathrm{EC}}}{\mathrm{d}t} + i_{\mathrm{EC}} = -B_{\mathrm{R}}|I_{\mathrm{B}}|\,. \tag{17.13}$$

Dies ist eine Differentialgleichung 1. Ordnung für i_{EC} mit konstanten Koeffizienten; ihre Lösung lautet

$$i_{\mathrm{EC}}(t) = \left[i_{\mathrm{EC}}(0) + B_{\mathrm{R}}\,|I_{\mathrm{B}}| \right] \exp\left(-\frac{t}{T_{\mathrm{R}} B_{\mathrm{R}}}\right) - B_{\mathrm{R}}|I_{\mathrm{B}}|\,.$$

Aus der Bedingung $i_{\mathrm{EC}}(t_{\mathrm{s}}) = 0$ folgt für die *Speicherzeit* die Abschätzung

$$t_{\mathrm{s}} = T_{\mathrm{R}} B_{\mathrm{R}} \ln\left[\frac{i_{\mathrm{EC}}(0)}{B_{\mathrm{R}}|I_{\mathrm{B}}|} + 1 \right]. \tag{17.14}$$

Für $t > t_{\mathrm{s}}$, d. h. nach Abbau der Speicherladung $T_{\mathrm{R}} i_{\mathrm{EC}}(0)$ muß die BC-Sperrschichtladung und die Diffusionsladung $T_{\mathrm{F}} i_{\mathrm{CE}}$ umgeladen werden; die Spannung an der EB-Diode bleibt dabei zunächst annähernd konstant. Aus der Ersatzschaltung 17.8 b folgt für die *Anstiegsverzögerungszeit* t_{PDH} in Analogie zu Gl.(17.10) die Abschätzung

$$t_{\mathrm{PDH}} = t_{\mathrm{s}} + \left(\frac{T_{\mathrm{F}} V_+}{2R_{\mathrm{C}}} + \Delta Q_{\mathrm{JC4}} \right) \Big/ \frac{V_{\mathrm{BEon}}}{R_{\mathrm{B}}}, \tag{17.15}$$

wobei

$$\Delta Q_{\mathrm{JC4}} = \int_{-(0.5\mathrm{V}_+ - \mathrm{V}_{\mathrm{BEon}})}^{-(V_{\mathrm{CEon}} - V_{\mathrm{BEon}})} c_{\mathrm{jc}}(v_{\mathrm{BC}})\, \mathrm{d}v_{\mathrm{BC}}$$

die Ladungsänderung in der Kollektorsperrschicht bezeichnet, die mit der Abnahme von v_{CE} vom Wert $0.5\, V_+$ auf V_{CEon} verbunden ist.

Die *Anstiegszeit* t_{r} folgt entsprechend zu

$$t_{\mathrm{r}} = \left(0.8\, \frac{T_{\mathrm{F}} V_+}{R_{\mathrm{C}}} + \Delta Q_{\mathrm{JC3}} \right) \Big/ \frac{V_{\mathrm{BEon}}}{R_{\mathrm{B}}}, \tag{17.16}$$

wobei ΔQ_{JC3} die Ladungsänderung in der Kollektorsperrschicht bezeichnet, die mit der Abnahme von v_{CE} vom Wert $0.9\, V_+$ auf $0.1\, V_+$ verbunden ist.

Beispiel 17.1.3 Als Beispiel wird ein durch die Parameter

```
IS=10F   VAF=50   BF=250   BR=6   CJC=10P   VJC=0.8   MJC=0.4
+ CJE=20P   VJE=0.8   MJE=0.4   RC=1   TF=500P   TR=50N
```

beschriebener Transistor in analytischer Rechnung untersucht; die Ergebnisse für die Schaltzeiten werden mit den Resultaten einer SPICE-Transientenanalyse verglichen. Für R_B wurde der Wert 10 kΩ, für R_C der Wert 500 Ω gewählt, die Versorgungsspannung wurde mit 5 V angenommen. Abbildung 17.11 zeigt das Ergebnis der SPICE Transientenanalyse für den Verlauf der Eingangsspannung $v_1(t)$ und der Ausgangsspannung $v_2(t) = v_\mathrm{CE}(t)$.

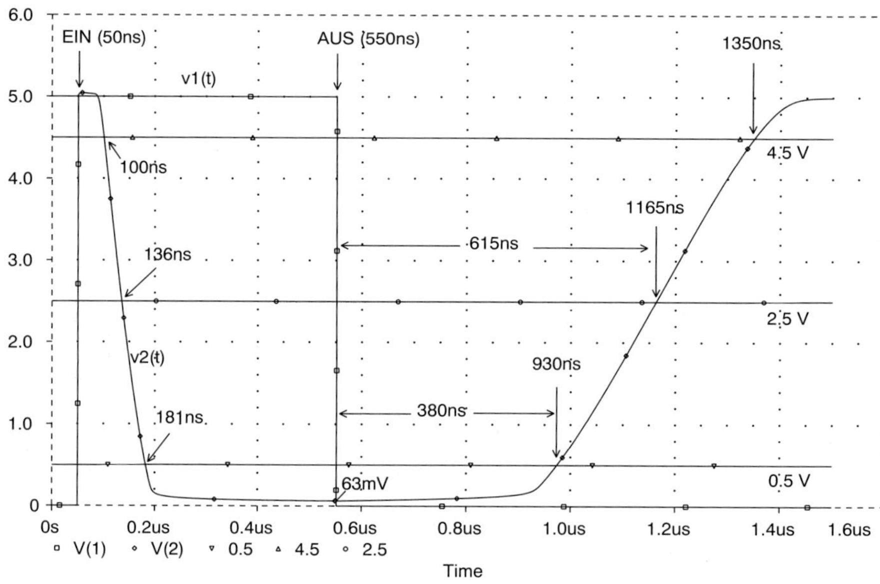

Abb. 17.11. Einschalt- und Ausschaltvorgang bei ohmscher Last

Die Annahme $V_\mathrm{BEon} = 0.7$ V führt auf die Abschätzung

$$\langle c_\mathrm{je}\rangle_1 \approx c_\mathrm{je}(V_\mathrm{BEon}/2) = \frac{20\,\mathrm{pF}}{(1 - 0.35\,\mathrm{V}/0.8\,\mathrm{V})^{0.4}} = 25.2\,\mathrm{pF}$$

und entsprechend $\langle c_\mathrm{jc}\rangle_1 \approx c_\mathrm{jc}(V_+ - V_\mathrm{BEon}/2) \approx 4.6\,\mathrm{pF}$. In Gl. (17.7) eingesetzt resultiert $t_1 \approx 45\,\mathrm{ns}$. Wird $\langle c_\mathrm{jc}\rangle_2$ als Wert der Kollektorsperrschichtkapazität bei $3V_+/4$ abgeschätzt, so folgt

$$\Delta Q_\mathrm{JC2} = \frac{10\,\mathrm{pF}}{(1 + 3.75/0.8)^{0.4}} \cdot 2.5\,\mathrm{V} \approx 12.5\,\mathrm{pC}$$

und aus Gl. (17.10) weiter

$$t_\mathrm{PDL} - t_1 = \left(500\,\mathrm{ps} \cdot \frac{2.5\,\mathrm{V}}{500\,\Omega} + 12.5\,\mathrm{pC}\right) \Big/ \frac{4.3\,\mathrm{V}}{10\,\mathrm{k\Omega}} \approx 35\,\mathrm{ns}\,,$$

so daß $t_\mathrm{PDL} \approx 80$ ns folgt. Entsprechend folgt

$$\Delta Q_{\rm JC3} \approx \frac{10\,\rm pF}{(1+1.8\,\rm V/0.8\,V)^{0.4}} \cdot 4\,\rm V \approx 22.7\,pC\,,$$

falls $\langle c_{\rm jc}\rangle_3$ durch den Wert der Kollektorsperrschichtkapazität bei $V_+/2 - V_{\rm Beon}$ angenähert wird; damit folgt die Abschätzung

$$t_{\rm f} = \left(500\,\rm ps \cdot \frac{0.8\cdot 5\,V}{500\,\Omega} + 22.7\,pC\right) \Big/ \frac{4.3\,\rm V}{10\,\rm k\Omega} = 70\,\rm ns\,.$$

Beide Ergebnisse liegen wegen der etwas zu gering abgeschätzten mittleren Sperrschichtkapazität und der vernachlässigten Rekombination etwas unter den Resultaten der `.TRAN`-Analyse, die für $t_{\rm PDL}$ den Wert 86 ns und für $t_{\rm f}$ den Wert 81 ns ergibt (Abb. 17.11). Zur Ermittlung der Speicherzeit wird zunächst der Wert von $i_{\rm EC}(0)$ bestimmt, wobei angenommen wird, daß sich stationäre Verhältnisse eingestellt haben. Aus

$$i_{\rm EC}(0) = \frac{B_{\rm R}(B_{\rm F}I_{\rm B} - I_{\rm C})}{B_{\rm F}+B_{\rm R}+1} = 2.23\,\rm mA$$

und $|I_{\rm B}| = V_{\rm BEsat}/R_{\rm B} = 80\,\mu\rm A$ folgt dann

$$t_{\rm s} = 6\cdot 50\,\rm ns \cdot \ln\left(\frac{2.27\,mA + 6\cdot 0.08\,mA}{6\cdot 0.08\,mA}\right) = 523\,ns\,.$$

Dies liegt über dem Ergebnis der Transientenanalyse, aus der $t_{\rm s} = 380\,\rm ns$ abgelesen wurde. Der Grund für die Abweichung liegt zum einen in der hier vernachlässigten Rekombination im Transistor, und zum anderen darin, daß wegen des erst kurz zuvor erfolgten Einschaltvorgangs noch keine stationären Verhältnisse vorliegen: Bei längerer Einschaltdauer würde $v_{\rm CE}$ noch um einige mV abnehmen und eine entsprechend größere Speicherladung in der BC-Diode aufgebaut werden. Der Leser kann dies leicht nachprüfen, indem er eine Transientenanalyse nur für den Ausschaltvorgang durchführt. Die simulierte Anstiegsverzögerungszeit $t_{\rm PDH}$ ist deshalb auch etwas kleiner als die durch analytische Rechnung bestimmte. Für die Anstiegszeit folgt schließlich aus Gl. (17.16) die Abschätzung $t_r \approx 382\,\rm ns$, was gut mit dem Simulationsergebnis (380 ns) übereinstimmt. Die Güte der Übereinstimmung kommt daher, daß sich hier die Fehler aufgrund der etwas zu gering abgeschätzten mittleren Sperrschichtkapazität sowie der vernachlässigten Rekombination kompensieren. Δ

Abweichungen von der Ladungssteuerungstheorie

Die betrachtete Großsignalersatzschaltung ist für einen realen Transistor im Schaltbetrieb nur mit Einschränkungen gültig:

(1) Die quasistatische Annahme für die Diffusionsladungen führt genau wie bei der pn-Diode zu einer fehlerhaften Vorhersage der Speicherzeit.

(2) Bedingt durch den Basisbahnwiderstand laufen die Umladevorgänge im Transistor mit ungleichförmiger Verzögerung ab: Beim Einschalten tritt eine erhöhte Emitterrandverdrängung auf, während beim Ausschalten eine Stromkonzentration in der Mitte des Emitters stattfindet, da die näher am Kontakt liegenden Teile des Basisbahngebiets bereits entladen sind.

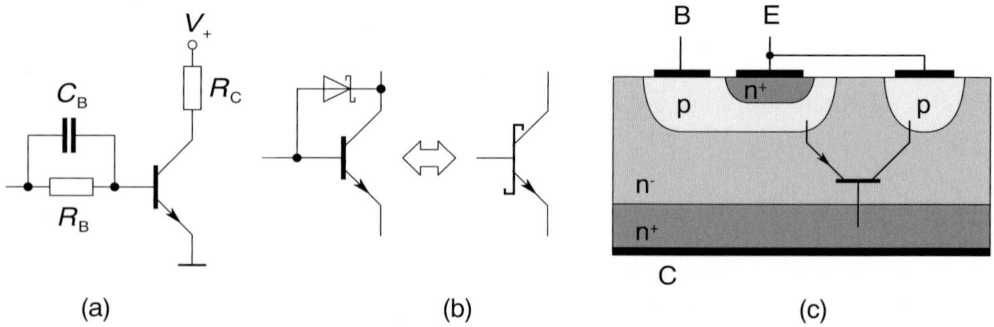

Abb. 17.12. Maßnahmen zur Erhöhung der Schaltgeschwindigkeit. (**a**) „Speed-up"-Kondensator, (**b**) Schottky-Transistor und (**c**) Integration mit p-Typ Guardring

Maßnahmen zur Erhöhung der Schaltgeschwindigkeit

Maßnahmen zur Erhöhung der Schaltgeschwindigkeit zielen auf eine Verringerung der Minoritätslebensdauer im Kollektorbahngebiet, auf eine Erhöhung des zum Umladen zur Verfügung stehenden Stroms sowie auf eine Vermeidung der Sättigung. Bei Ansteuerung des Transistors mit einer Spannungsquelle, deren Hub groß ist im Vergleich zur Schwellspannung der EB-Diode, muß ein Serienwiderstand R_B zur Begrenzung des Basisstroms im stationären Betrieb eingesetzt werden. Dieser bestimmt beim Schaltvorgang jedoch den maximalen Lade- bzw. Entladestrom. Zur Erhöhung der Schaltgeschwindigkeit wird deswegen häufig parallel zu R_B ein Kondensator C_B geschaltet (Abb. 17.12), der R_B während des Schaltvorgangs überbrückt.

Durch zusätzliche Rekombinationszentren kann die Lebensdauer in der Kollektorsperrschicht und damit die bei einem gegebenen Strom gespeicherte Diffusionsladung verringert werden. Unabhängig davon ob dies durch Diffusion von Gold- oder Platin-Atomen oder durch Elektronenbeschuß erfolgt, erhöht sich dabei allerdings die Sättigungsspannung V_{CEsat} (Abb. 17.13).

Ein Ansatz zur Verminderung der in der BC-Diode gespeicherten Ladungen ist der Einsatz sog. Schottky-Transistoren, bei denen parallel zur BC-Diode eine Schottky-Diode geschaltet ist (Abb. 17.12 b). Wegen der geringeren Schleusenspannung der Schottky-Diode wird bei $V_{BC} > 0$ vor allem ein Strom durch die Schottky-Diode fließen. Da die Diffusionsladung in der Schottky-Diode minimal ist, kommt es deshalb nur zu einer vernachlässigbaren Speicherzeit. Die Sättigungsspannung V_{CEsat} erhöht sich in Schottky-Transistoren in dem Maße, wie die Schleusenspannung der BC-Diode durch die Schottky-Diode reduziert wird, und beträgt typischerweise einige hundert Millivolt (Abb. 17.13). Eine weitere Möglichkeit die Speicherzeit vertikaler npn-Transistoren zu verringern ist die Diffusion eines p-Typ Guardrings der mit dem Emitter des npn-Transistors verbunden ist. Auf diesem Weg entsteht ein lateraler pnp-Transistor (Abb. 17.12 c), der in die n^--Epischicht injizier-

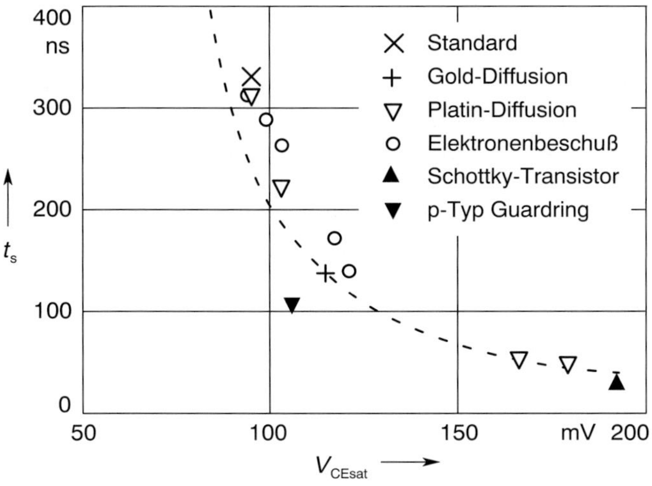

Abb. 17.13. Zusammenhang zwischen Speicherzeit t_s und Sättigungsspannung V_{CEsat} für unterschiedliche Maßnahmen zur Verringerung der Speicherzeit. die gestrichelte Linie wurde durch Simulation ermittelt (nach [3])

te Löcher extrahieren kann und damit die effektive Lebensdauer der Löcher ind er Epischicht herabsetzt. Diese Technik bietet einen guten Kompromiß zwischen Speicherzeit und Sättigungsspannung (Abb. 17.13).

17.1.5 Verzerrungen

Der Wert des Emitterserienwiderstands beeinflußt nicht nur die Spannungsverstärkung, sondern auch die durch die Nichtlinearität der Transferstromkennlinie bedingten Verzerrungen. Betrachtet wird der Fall einer sinusförmigen Wechselspannung am Eingang $v_1(t) = \hat{v}_1 \sin(\omega t)$ im Frequenzintervall $f_3 < f < f_4$ (vgl. Beispiel 17.1.2). Dort ist R'_E als Gegenkopplungswiderstand wirksam; C_E und C_K können als Kurzschluß behandelt werden, Kapazitäten im Transistor und durch die Beschaltung des Ausgangs sind noch nicht wirksam. Dann folgt durch Reihenentwicklung

$$\begin{aligned} v_2(t) &\approx V_2 - R_C \frac{dI_C}{dV_B} \hat{v}_1 \sin(\omega t) - \frac{R_C}{2} \frac{d^2 I_C}{dV_B^2} \hat{v}_1^2 \sin^2(\omega t) \\ &= V_2 - \frac{R_C}{4} \frac{d^2 I_C}{dV_B^2} \hat{v}_1^2 - R_C \frac{dI_C}{dV_B} \hat{v}_1 \sin(\omega t) + \frac{R_C}{4} \frac{d^2 I_C}{dV_B^2} \hat{v}_1^2 \cos(2\omega t) \end{aligned}$$

In Serie zum Emitter ist R'_E wirksam, so daß nach (17.1) gilt

$$\frac{dI_C}{dV_B} \approx \frac{g_m}{1 + R'_E g_m} \approx \frac{I_C}{V_T + R'_E I_C} .$$

Nochmaliges Differenzieren ergibt

$$\frac{d^2 I_C}{dV_B^2} \approx \frac{dI_C}{dV_B} \frac{V_T}{(V_T + R'_E I_C)^2} .$$

Das Verhältnis K'_2 der Amplituden von erster Oberschwingung zu Grundschwingung des Verstärkers mit Seriengegenkopplung folgt hieraus zu

$$K_2' = \left(\frac{\mathrm{d}I_\mathrm{C}}{\mathrm{d}V_\mathrm{B}}\right)^{-1} \frac{\mathrm{d}^2 I_\mathrm{C}}{\mathrm{d}V_\mathrm{B}^2} \frac{\hat{v}_1}{4} \approx \frac{V_T\, \hat{v}_1}{4(V_T + R_\mathrm{E}' I_\mathrm{C})^2} . \tag{17.17}$$

Das Amplitudenverhältnis wird mit zunehmendem Wert von R_E', d.h. zunehmender Gegenkopplung, immer kleiner – in Übereinstimmung mit den allgemeinen Ergebnissen aus Kap. 2.5.

Beispiel 17.1.4 Für den in den Beispielen 17.1.1 und 17.1.2 untersuchten Verstärker folgt bei $T = 300$ K für die Kleinsignalamplitude $\hat{v}_1 = 50$ mV und $R_\mathrm{E}' = 5\,\Omega$ für das Verhältnis K_2' der Amplitude von erster Oberschwingung zu Grundschwingung

$$K_2' = \frac{V_T\, \hat{v}_1}{4 \cdot (V_T + R_\mathrm{E}'\, I_\mathrm{C})^2} \approx 0.125 ,$$

während für $R_\mathrm{E}' = 15\,\Omega$ bzw. $R_\mathrm{E}' = 25\,\Omega$ die Werte $K_2' \approx 0.032$ bzw. $K_2' \approx 0.014$ resultieren. Zum Vergleich wurde mit SPICE eine `.FOUR`-Analyse des in Beispiel 17.1.2 untersuchten Transistorverstärkers durchgeführt. Die folgende Tabelle zeigt einen Ausschnitt der dabei erzeugten `.OUT`-Datei.

```
**** FOURIER ANALYSIS                          TEMPERATURE = 27.000 DEG C

PARAM RVAL = 5

 HARMONIC FREQUENCY   FOURIER    NORMALIZED     PHASE      NORMALIZED
    NO       (HZ)    COMPONENT   COMPONENT      (DEG)     PHASE (DEG)
     1    1.000E+05  2.929E+00   1.000E+00   -1.723E+02    0.000E+00
     2    2.000E+05  3.762E-01   1.284E-01    1.084E+02    2.807E+02
     3    3.000E+05  2.391E-02   8.161E-03   -1.664E+02    5.963E+00
TOTAL HARMONIC DISTORTION = 1.286800E+01 PERCENT

PARAM RVAL = 15

 HARMONIC FREQUENCY   FOURIER    NORMALIZED     PHASE      NORMALIZED
    NO       (HZ)    COMPONENT   COMPONENT      (DEG)     PHASE (DEG)
     1    1.000E+05  1.648E+00   1.000E+00   -1.760E+02    0.000E+00
     2    2.000E+05  5.588E-02   3.390E-02    9.962E+01    2.756E+02
     3    3.000E+05  5.695E-03   3.455E-03   -1.670E+02    9.007E+00
TOTAL HARMONIC DISTORTION = 3.408114E+00 PERCENT

PARAM RVAL = 25

 HARMONIC FREQUENCY   FOURIER    NORMALIZED     PHASE      NORMALIZED
    NO       (HZ)    COMPONENT   COMPONENT      (DEG)     PHASE (DEG)
     1    1.000E+05  1.139E+00   1.000E+00   -1.774E+02    0.000E+00
     2    2.000E+05  1.754E-02   1.539E-02    9.586E+01    2.732E+02
     3    3.000E+05  1.431E-03   1.256E-03   -1.705E+02    6.889E+00
TOTAL HARMONIC DISTORTION = 1.544426E+00 PERCENT
```

Das Verhältnis K_2' der Amplituden von Grundschwingung (`HARMONIC NO 1`) zur ersten Oberschwingung (`HARMONIC NO 2`) kann als `NORMALIZED COMPONENT` in der Zeile `HARMONIC NO 2` abgelesen werden; Es resultieren die Werte 0.128 für $R_\mathrm{E}' = 5\,\Omega$, 0.034 für $R_\mathrm{E}' = 15\,\Omega$ und 0.015 für $R_\mathrm{E}' = 25\,\Omega$ in guter Übereinstimmung mit den Ergebnissen der analytischen Abschätzung. Δ

17.1.6 Rauschen

Abbildung 17.15 zeigt das Ergebnis einer .NOISE-Analyse für die Rauschspannung (bezogen auf ein Frequenzintervall von 1 Hz) am Ausgang des in Beispiel 17.1.2 untersuchten Verstärkers. Die Frequenzen f_1, f_2, f_3 und f_4 charakterisieren auch hier den Frequenzgang. Für $f < f_1$ ist die Einkoppelkapazität C_{K1} so hochohmig, daß das Rauschen am Eingang durch R_B bestimmt wird; für $f > f_1$ wird R_B in der Kleinsignalersatzschaltung durch R_S überbrückt, wodurch sich die am Eingang anliegende Rauschspannung verringert. Für $f > f_2$ nimmt die Verstärkung zu, was zu einem Ansteigen der Rauschspannung am Ausgang führt. Für $f > f_3$ stellt sich dann eine annähernd konstante Rauschspannung ein, die erst für $f > f_4$ wegen der dann abfallenden Spannungsverstärkung wieder abnimmt.

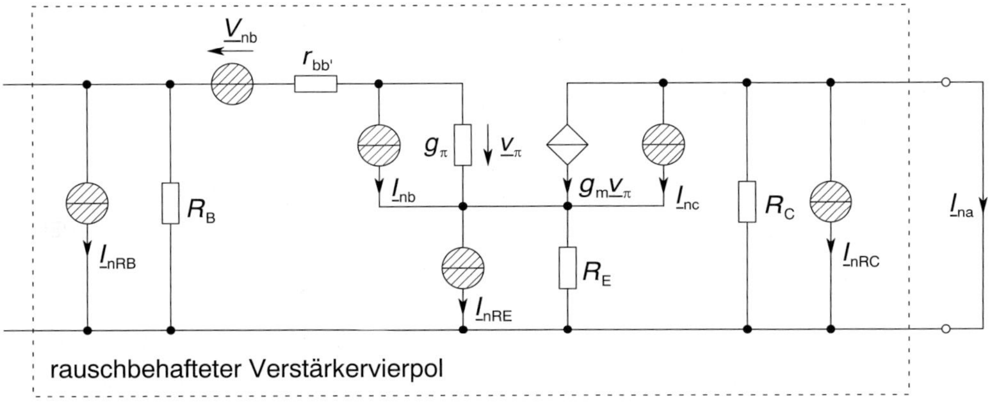

Abb. 17.14. Kleinsignalersatzschaltung des rauschbehafteten Verstärkervierpols im Frequenzbereich $f_3 < f < f_4$

Die Rauschzahl des Verstärkers wird durch die Rauschzahl des Transistors, das Rauschen des Gegenkopplungswiderstands sowie das Rauschen des Kollektorwiderstands R_C bestimmt. Um die Rauschzahl des Verstärkers zu berechnen, wird die Rauschersatzschaltung des rauschbehafteten Verstärkervierpols mit Emitterserienwiderstand R'_E nach Abb. 17.14 in eine Reihenschaltung aus Rauschvierpol und rauschfreiem Verstärker umgewandelt.

Effektive Rauschquellen. Die effektiven Rauschquellen werden wie bei der Berechnung der Rauschzahl des Bipolartransistors ermittelt und werden durch die komplexen Effektivwerte

$$\underline{I}_n \approx -\underline{I}_{nRB} + \frac{\underline{V}_{nb}}{R_B} - \underline{I}_{nb} + \frac{R'_E}{R_B}\,\underline{I}_{nRE} + \frac{R_B + r_\pi}{\beta R_B}\,\underline{I}_{nc} + \frac{R_B + r_i}{\beta R_B}\,\underline{I}_{nRC}$$

$$\underline{V}_n \approx \underline{V}_{nb} - (r_{bb'} + R'_E)\underline{I}_{nb} + R'_E \underline{I}_{nRE} + \frac{r_\pi + r_{bb'} + R'_E}{\beta}\,\underline{I}_{nc} + \frac{r_i}{\beta}\underline{I}_{nRC}$$

beschrieben, wobei $r_{\mathrm{bb'}} \ll R_{\mathrm{B}}$ und $R'_{\mathrm{E}} \ll R_{\mathrm{B}}$ angenommen wurde; $r_{\mathrm{i}} \approx r_{\pi}(1 + g_{\mathrm{m}} R'_{\mathrm{E}})$ bezeichnet den Eingangswiderstand des Verstärkers (vgl. (17.4)); die $\underline{I}_x$ und $\underline{V}_y$ bezeichnen die komplexen Effektivwerte der als unkorreliert angenommenen Rauschquellen in der Ersatzschaltung nach Abb. 17.14, also

$$\begin{aligned}
\underline{I}_{\mathrm{nRB}} \Big/ \sqrt{\Delta f} &= \sqrt{4 k_{\mathrm{B}} T / R_{\mathrm{B}}} \cdot \mathrm{e}^{\mathrm{j}\varphi_{\mathrm{nRB}}} \\
\underline{V}_{\mathrm{nb}} \Big/ \sqrt{\Delta f} &= \sqrt{4 k_{\mathrm{B}} T r_{\mathrm{bb'}}} \cdot \mathrm{e}^{\mathrm{j}\varphi_{\mathrm{nb}}} \\
\underline{I}_{\mathrm{nb}} \Big/ \sqrt{\Delta f} &= \sqrt{2 e I_{\mathrm{B}}} \cdot \mathrm{e}^{\mathrm{j}\varphi_{\mathrm{ib}}} \\
\underline{I}_{\mathrm{nRE}} \Big/ \sqrt{\Delta f} &= \sqrt{4 k_{\mathrm{B}} T / R'_{\mathrm{E}}} \cdot \mathrm{e}^{\mathrm{j}\varphi_{\mathrm{nRE}}} \\
\underline{I}_{\mathrm{nc}} \Big/ \sqrt{\Delta f} &= \sqrt{2 e I_{\mathrm{C}}} \cdot \mathrm{e}^{\mathrm{j}\varphi_{\mathrm{ic}}} \\
\underline{I}_{\mathrm{nRC}} \Big/ \sqrt{\Delta f} &= \sqrt{4 k_{\mathrm{B}} T / R_{\mathrm{C}}} \cdot \mathrm{e}^{\mathrm{j}\varphi_{\mathrm{rb}}} \,.
\end{aligned}$$

Mit diesen Ausdrücken folgt

$$\begin{aligned}
C_{11} &\approx r_{\mathrm{bb'}} + R'_{\mathrm{E}} + (r_{\mathrm{bb'}} + R'_{\mathrm{E}})^2 \frac{I_{\mathrm{B}}}{2V_T} + \frac{(r_{\pi} + r_{\mathrm{bb'}} + R'_{\mathrm{E}})^2}{\beta^2} \frac{I_{\mathrm{C}}}{2V_T} + \frac{r_{\mathrm{i}}^2}{\beta^2 R_{\mathrm{C}}} \\
C_{22} &\approx \frac{1}{R_{\mathrm{B}}} + \frac{r_{\mathrm{bb'}} + R'_{\mathrm{E}}}{R_{\mathrm{B}}^2} + \frac{I_{\mathrm{B}}}{2V_T} + \left(\frac{R_{\mathrm{B}} + r_{\pi}}{\beta R_{\mathrm{B}}} \right)^2 \frac{I_{\mathrm{C}}}{2V_T} + \left(\frac{R_{\mathrm{B}} + r_{\mathrm{i}}}{\beta R_{\mathrm{B}}} \right)^2 \frac{1}{R_{\mathrm{C}}} \\
C_{12} &\approx \frac{2(r_{\mathrm{bb'}} + R'_{\mathrm{E}})}{R_{\mathrm{B}}} + (r_{\mathrm{bb'}} + R'_{\mathrm{E}}) \frac{I_{\mathrm{B}}}{V_T} + \frac{r_{\pi}(R_{\mathrm{B}} + r_{\pi})}{\beta^2 R_{\mathrm{B}}} \frac{I_{\mathrm{C}}}{V_T} + \frac{2 r_{\mathrm{i}}(R_{\mathrm{B}} + r_{\mathrm{i}})}{\beta^2 R_{\mathrm{C}} R_{\mathrm{B}}}
\end{aligned}$$

wobei $C_{11} = S_v/(4k_{\mathrm{B}}T)$, $C_{22} = S_i/(4k_{\mathrm{B}}T)$ und $C_{12} = c_{i,v}\sqrt{S_i S_v}/(4k_{\mathrm{B}}T)$.

Sind die S_v, S_i und $c_{i,v}$ bekannt, so kann die Rauschzahl nach Gl. (3.44) berechnet werden. Dabei zeigt sich daß nicht alle Terme dieselbe Bedeutung aufweisen. Werden nur die wichtigsten Terme „mitgenommen“, so ergibt sich die Näherung

$$\boxed{F = 1 + R_{\mathrm{G}} \left(\frac{1}{R_{\mathrm{B}}} + \frac{I_{\mathrm{B}}}{2V_T} \right) + \frac{1}{R_{\mathrm{G}}} \left(r_{\mathrm{bb'}} + R'_{\mathrm{E}} + \frac{r_{\pi}^2}{\beta^2} \frac{I_{\mathrm{C}}}{2V_T} \right) .} \qquad (17.18)$$

Die Bedeutung der unterschiedlichen Beiträge zur Rauschzahl wird im folgenden Beispiel untersucht.

Beispiel 17.1.5 Für den in Beispiel 17.1.2 untersuchten Verstärker gilt im Arbeitspunkt $r_{\pi} = 1.04\,\mathrm{k\Omega}$, $g_{\mathrm{m}} = 193\,\mathrm{mS}$, $\beta = 200$, $I_{\mathrm{B}} = 24.9\,\mu\mathrm{A}$ und $I_{\mathrm{C}} = 4.98\,\mathrm{mA}$, der Basisbahnwiderstand beträgt $r_{\mathrm{bb'}} = 10\,\Omega$, der Generatorwiderstand $50\,\Omega$. Mit diesen Daten wurde das Rauschmaß in der Näherung nach Gl. (17.18), die Größen C_{11}, C_{22} und C_{12} und daraus das Rauschmaß nach Gl. (3.44) berechnet. Die Ergebnisse für die unterschiedlichen Gegenkopplungswiderstände sind in Tabelle 17.1 zusammengestellt.

Tabelle 17.1 Beiträge zur Rauschzahl

$\frac{R'_E}{\Omega}$	N_F^*)	$\frac{C_{11}}{\Omega}$	$\frac{C_{22}}{\mu S}$	C_{12}	NF^{**})	$\frac{R_{Gopt}}{\Omega}$	NF_{min}
5	1.47 dB	17.9	768.5	0.0147	1.54 dB	153	1.02 dB
15	2.05 dB	28.2	772	0.0224	2.17 dB	191	1.27 dB
25	2.56 dB	38.5	775.5	0.0301	2.72 dB	223	1.48 dB

*) berechnet mit Näherung Gl. (17.18), **) berechnet nach Gleichung (3.44)

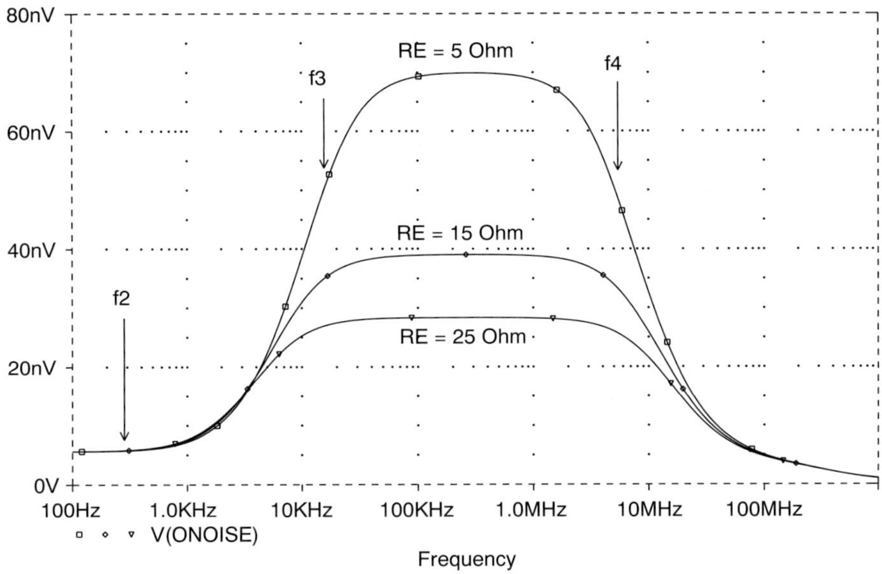

Abb. 17.15. Rauschspannungsdichte $\sqrt{S_v(f) \cdot 1\,\text{Hz}}$ am Ausgang des Verstärkers

Die Näherung (17.18) liefert bereits recht gute Ergebnisse, die mit Gl. (3.44) errechneten Werte für das Rauschmaß stimmen mit den Resultaten der SPICE-Simulation [3] überein. Der Beitrag zur Rauschzahl aufgrund der Korrelation zwischen den Quellen kann bei geringer Gegenkopplung in der Regel vernachlässigt werden; dies gilt auch für den Beitrag des Kollektorwiderstands R_C. Die Auswirkung des Schrotrauschens der Kollektorsperrschicht sollte beim gewählten Generatorwiderstand jedoch berücksichtigt werden.

Beim gewählten Quellwiderstand $R_G = 50\,\Omega$ liegt keine Rauschanpassung vor. Der aus Gl. (16.116) berechnete Wert $R_G = 162\,\Omega$ ist wegen des nicht berücksichtigten Serienwiderstands auch nicht optimal. Die mit Gl. (16.117) berechneten Werte für R_{Gopt} sind in Tabelle 17.1 zusammen mit den jeweiligen Minimalwerten für das erreichbare Rauschmaß angegeben. Auch diese Daten stimmen mit den Ergebnissen der SPICE-Analyse überein. Δ

[3]Da $4k_BTR_S = 8.28 \cdot 10^{-19}\,\text{V}^2/\text{Hz}$ für $T = 300\text{K}$ und $R_S = 50\Omega$ gilt, kann das Rauschmaß mittels `10*log10(V(INOISE)*V(INOISE)/8.28E-19)` in PROBE ermittelt werden, falls zuvor eine `.NOISE`-analyse durchgeführt wurde.

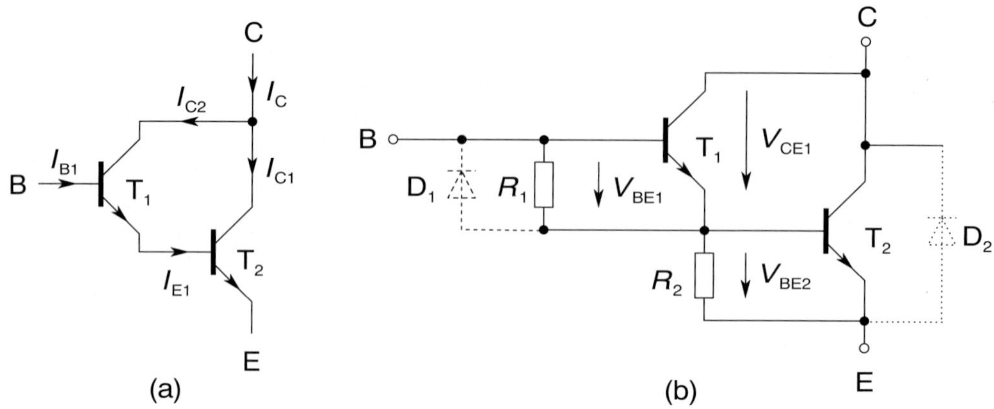

Abb. 17.16. Darlington-Schaltung. (**a**) Prinzipschaltung und (**b**) Schaltung eines integrierten Darlington-Transistors (nach [1])

17.1.7 Darlington-Schaltung

Soll mit einem sehr geringen Strom im Eingangskreis ein großer Strom im Ausgangskreis gesteuert werden (großer Eingangwiderstand), so kann die in Abb. 17.16(a) dargestellte *Darlington-Schaltung* herangezogen werden, die als sog. *Darlington-Transistor* wie ein einzelner Transistor mit Basisstrom $I_B = I_{B1}$ und Kollektorstrom $I_C = I_{C1} + I_{C2}$ wirkt. Da der Basisstrom I_{B2} von T_2 gleich dem Emitterstrom $I_{E1} = (B_{N1} + 1)I_{B1}$ von T_1 ist, gilt

$$I_C = B_{N1} I_{B1} + B_{N2}(B_{N1} + 1)I_{B1} \approx B_{N1}B_{N2} I_{B1} , \tag{17.19}$$

d. h. die Stromverstärkung des Darlington-Transistors ist annähernd gleich dem Produkt der Stromverstärkungen der Einzeltransistoren.

Die Steuerspannung V_{BE} des Darlington-Transistors setzt sich aus V_{BE1} und V_{BE2} zusammen – sie ist damit bei Vorwärtsbetrieb von der Größenordnung der doppelten Schleusenspannung der Einzeltransistoren. Wird der Darlington-Transistor im Schaltbetrieb eingesetzt, so gerät nur der Treibertransistor T_1 in Sättigung: Da $V_{CE1} > 0$ gilt, folgt zwangsläufig $V_{CB2} > 0$. Die Restspannung zwischen Kollektor und Emitter des Darlington-Transistors beträgt deshalb mindestens eine Schleusenspannung.

Darlington-Transistoren weisen ein ungünstiges *Schaltverhalten* auf. Problematisch ist hier insbesondere der Ausschaltvorgang, da über T_1 keine Ladungen aus T_2 abfließen können. Integrierte Darlington-Transistoren werden deshalb um zusätzliche Bauelemente ergänzt (Abb. 17.16 b). Die antiparallel zur EB-Diode von T_1 geschaltete Diode D_1 ermöglicht einen Ausräumstrom für T_2, falls die Basis-Emitter-Spannung V_{BE} des Darlington-Transistors negative Werte annimmt. Die Diode D_2 hat eine Schutzfunktion: Sie wird niederohmig, falls beim Schalten induktiver Lasten $V_{CE} < 0$ wird. Der Kollektor-Emitter-

Reststrom des einfachen Darlington-Transistors ist bei hohen Temperaturen häufig unakzeptabel groß, da der Kollektor-Emitter-Reststrom von T_1 nochmals mit der Stromverstärkung B_{N2} von T_2 verstärkt wird. Um diese Schwierigkeit zu beheben, werden die beiden Widerstände R_1 und R_2 parallel zu den EB-Dioden der beiden Transistoren geschaltet. Die Widerstandswerte werden so gewählt, daß der Basis-Kollektor-Reststrom des jeweiligen Transistors an diesen einen Spannungsabfall hervorruft, der deutlich unterhalb der Schleusenspannung der jeweiligen EB-Diode liegt. In diesem Fall fließt I_{CBO} über den Basiskontakt ab und der Kollektor-Emitter-Reststrom wird sehr gering.

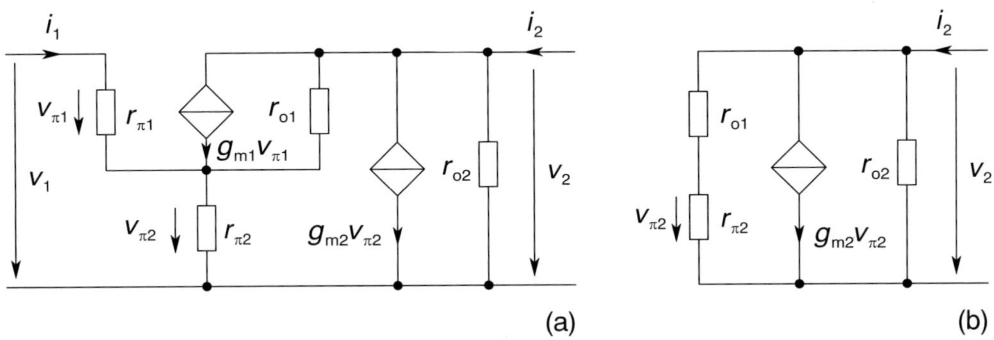

Abb. 17.17. (**a**) Kleinsignalersatzschaltung des Darlington-Transistors, (**b**) zur Berechnung des Ausgangswiderstands eines Darlington-Transistors

Der *Eingangswiderstand* r_i des Darlington-Transistors folgt aus der in Abb. 17.17 a dargestellten Kleinsignalersatzschaltung. Wird r_{o1} der Einfachheit halber vernachlässigt, so ist $v_1 = v_{\pi 1} + v_{\pi 2} = r_{\pi_1} i_1 + r_{\pi 2}(\beta_1 + 1) i_1$ und damit für $\beta_1 \gg 1$

$$r_i \approx r_{\pi 1} + \beta_1 r_{\pi 2} \approx r_{\pi 1}(1 + \beta_1/\beta_2) \approx 2r_{\pi 1} , \tag{17.20}$$

denn es gilt $r_{\pi 2} \approx r_{\pi 1}/\beta_2$, da die Eingangswiderstände von T_1 und T_2 annähernd umgekehrt proportional zum jeweiligen Kollektorstrom sind.

Der *Ausgangswiderstand* r_a bei offenem Eingang folgt aus der in Abb. 17.17 b dargestellten Kleinsignalersatzschaltung. Da wegen des offenen Eingangs $v_{\pi 1} = 0$ gilt konnte $r_{\pi 1}$ und die von $v_{\pi 1}$ gesteuerte Transferstromquelle von T_1 aus der Ersatzschaltung entfernt werden. Für den Ausgangswiderstand r_2 des Darlington-Transistors folgt so

$$r_a = \frac{v_2}{i_2} = \left(\frac{1}{r_{o2}} + \frac{\beta_2 + 1}{r_{o1} + r_{\pi 2}} \right)^{-1} \approx 2\, r_{o2} , \tag{17.21}$$

wobei $r_{o1} \approx \beta_2\, r_{o2}$ angenommen wurde – da die Ausgangswiderstande der Transistoren umgekehrt proportional zum Kollektorstrom sind, ist dies bei einheitlicher Early-Spannung der Transistoren näherungsweise gültig, da sich die Kollektorströme um die Stromverstärkung $B_{N2} \approx \beta_2$ unterscheiden.

17.2 Kollektorschaltung (Emitterfolger)

Abbildung 17.18 zeigt einen npn-Bipolartransistor in Kollektorschaltung, auch als *Emitterfolger* bezeichnet.

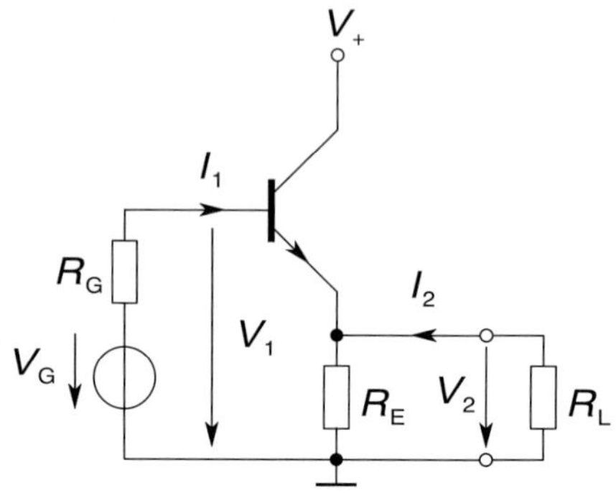

Abb. 17.18. Emitterfolger

Liegt V_1 oberhalb der Schleusenspannung der EB-Diode des Transistors, so fließt ein Emitterstrom I_E, der an R_E einen Spannungsabfall und damit eine von null verschiedene Ausgangsspannung V_2 hervorruft. Bezeichnet $I_L = -I_2$ den in die Last fließenden Strom, so ist

$$I_E = \frac{V_2}{R_E} + I_L \, .$$

Aus diesem berechnet sich der Spannungsabfall V_{BE} an der EB-Diode zu

$$V_{BE} = V_T \ln\left(\frac{B_N}{B_N+1}\frac{I_E}{I_S}\right) .$$

Mit $B_N \gg 1$ führt dies auf den folgenden Zusammenhang zwischen Eingangs- und Ausgangsspannung

$$V_1 = V_2 + V_T \ln\left(\frac{V_2}{R_E I_S} + \frac{I_L}{I_S}\right) . \qquad (17.22)$$

Da sich V_{BE} für Emitterströme größer ca. 1 mA nicht mehr wesentlich ändert, folgt die Ausgangsspannung V_2 näherungsweise der Eingangsspannung V_1 mit einer *Pegelverschiebung* von der Größenordnung der Schleusenspannung V_{BEon} einer Diode (Abb. 17.19).

Beispiel 17.2.1 Abbildung 17.19 zeigt die Ausgangsspannung V_2 und die Spannung V_{BE} für einen Emitterfolger als Funktion von V_1 für zwei verschiedene Werte von R_E (SPICE-Simulation). Die Übertragungskennlinie entspricht weitgehend einer, um die Schleusenspannung V_{BEon} der EB-Diode nach unten verschobenen, Geraden der Steigung eins. Δ

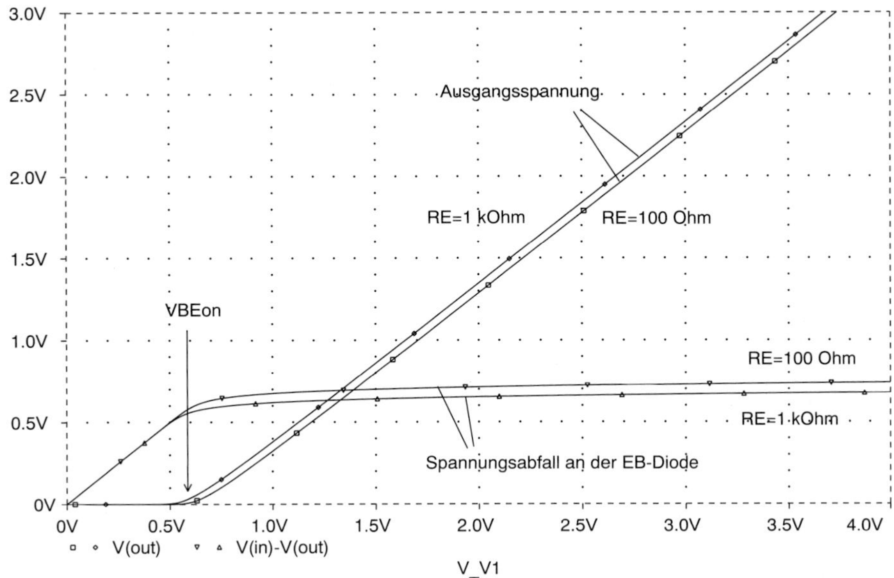

Abb. 17.19. Übertragungskennlinie $V_2(V_1)$ und Pegelverschiebung $V_{\mathrm{BE}}(V_1)$ eines Emitterfolgers für zwei verschiedene Werte von R_{E}

17.2.1 Übertragungsfaktor, Ein- und Ausgangswiderstand

Zur Bestimmung von Spannungsverstärkung und Eingangswiderstand des beschalteten Emitterfolgers wird die Kleinsignalersatzschaltung Abb. 17.20 a betrachtet, wobei $R = R_{\mathrm{E}} \| R_{\mathrm{L}} \| r_{\mathrm{o}}$. Der Widerstand $r_{\mathrm{b}} = R_{\mathrm{G}} + r_{\mathrm{bb'}}$ wird üblicherweise nahezu ausschließlich durch den Quellwiderstand R_{G} bestimmt.

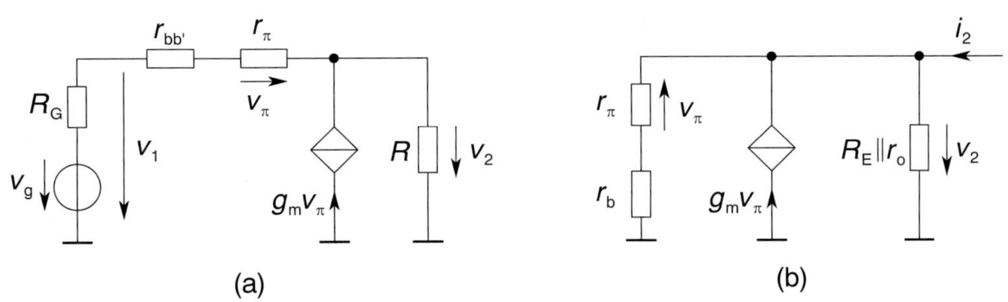

Abb. 17.20. Kleinsignalersatzschaltung zur Bestimmung des (**a**) Spannungsübertragungsfaktors und des (**b**) Ausgangswiderstands der Verstärkerstufe in Kollektorschaltung

Aus dem Knotensatz folgt

$$(g_{\mathrm{m}}+g_{\pi})\, v_{\pi} = \frac{v_2}{R} \quad \text{bzw.} \quad \frac{v_{\pi}}{v_2} = \frac{1}{R(g_{\mathrm{m}}+g_{\pi})} \approx \frac{1}{R g_{\mathrm{m}}} \,.$$

In $v_g = v_2 + v_\pi + r_b g_\pi v_\pi$ folgt für den Kehrwert des Spannungsübertragungsfaktors

$$\frac{v_g}{v_2} = 1 + (1 + r_b g_\pi)\,\frac{v_\pi}{v_2} \approx 1 + \frac{1 + r_b g_\pi}{R g_m}$$

bzw. wegen $\beta = g_m / g_\pi$

$$\boxed{\frac{v_2}{v_b} = \frac{1}{1 + r_b/\beta R + 1/g_m R}\,.} \tag{17.23}$$

Da üblicherweise $r_b \ll \beta R$ und $R g_m \gg 1$ gilt, ist der Spannungsübertragungsfaktor annähernd eins. Mit

$$v_1 = \left(1 + r_{bb'} g_\pi + \frac{v_2}{v_\pi}\right) v_\pi \approx (1 + r_{bb'} g_\pi + R g_m)\, v_\pi$$

folgt für den *Eingangswiderstand* des Emitterfolgers

$$\boxed{r_i = \frac{v_1}{i_1} = r_\pi\,(1 + r_{bb'} g_\pi + R g_m) \approx \beta\, R\,.} \tag{17.24}$$

Der *Ausgangswiderstand* r_a des Emitterfolgers folgt aus der in Abb. 17.20 b skizzierten Ersatzschaltung. Durch Zusammenfassen der Beziehung

$$i_2 + (g_m + g_\pi) v_\pi - \frac{v_2}{R_E \,\|\, r_o} = 0 \quad \text{mit} \quad v_\pi = -\frac{r_\pi}{r_\pi + r_b}\, v_2$$

folgt der Ausgangswiderstand zu

$$\boxed{r_a = \left(\frac{\beta + 1}{r_\pi + r_b} + \frac{1}{R_E \,\|\, r_o}\right)^{-1} = R_E \,\|\, r_o \,\|\, \frac{r_\pi + r_b}{\beta + 1}\,.} \tag{17.25}$$

Der Wert des Ausgangswiderstands ist für typische Beschaltung sehr viel kleiner als der Eingangswiderstand. Aus diesem Grund wird der Emitterfolger auch als *Impedanzwandler* eingesetzt.

17.2.2 Frequenzgang

Bei hohen Frequenzen wird der Übertragungsfaktor durch die Transistor- und Lastkapazitäten beeinflußt. Abbildung 17.21 zeigt das Ergebnis einer `.AC`-Analyse für den Spannungsübertragungsfaktor eines kapazitiv belasteten Emitterfolgers. Dieser weist eine Resonanzüberhöhung auf, wie wir sie bereits beim LRC-Reihenschwingkreis in Kap. 1.3 kennenglernt haben. In der Umgebung der Resonanzfrequenz ändert sich die Phasenverschiebung zwischen Eingang und Ausgang von null auf $-180°$, ebenfalls in Analogie zum LRC-Reihenschwingkreis. Wegen dieser induktiven Wirkung des Emitterfolgers kann es beim Umladen kapazitiver Lasten zu *Überschwingern* kommen.

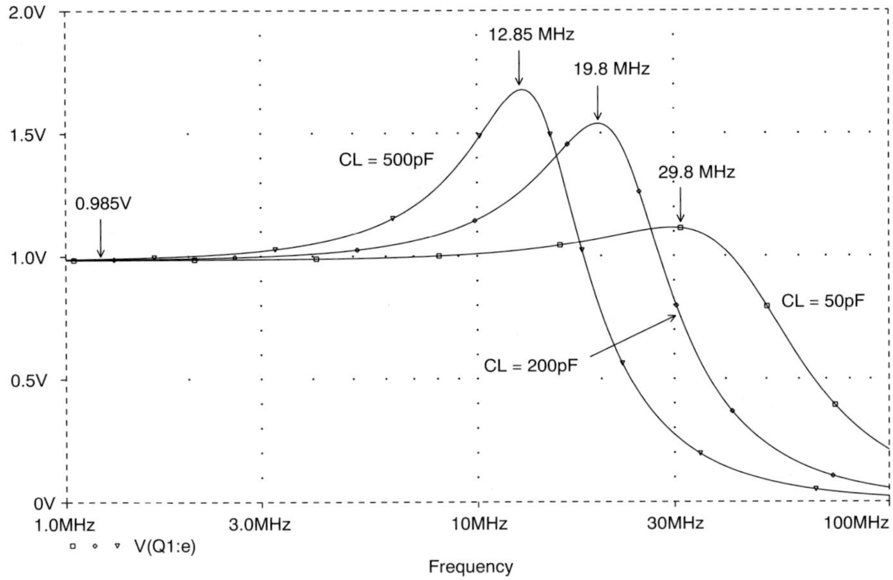

Abb. 17.21. Frequenzgang der Spannungsverstärkung eines Emitterfolgers (Beispiel 17.2.2)

Zur Untersuchung des Frequenzgangs eines kapazitiv belasteten Emitterfolgers wird die in Abb. 17.22 dargestellte Kleinsignalersatzschaltung herangezogen. Generatorwiderstand R_G und Basisbahnwiderstand $r_{bb'}$ wurden dabei

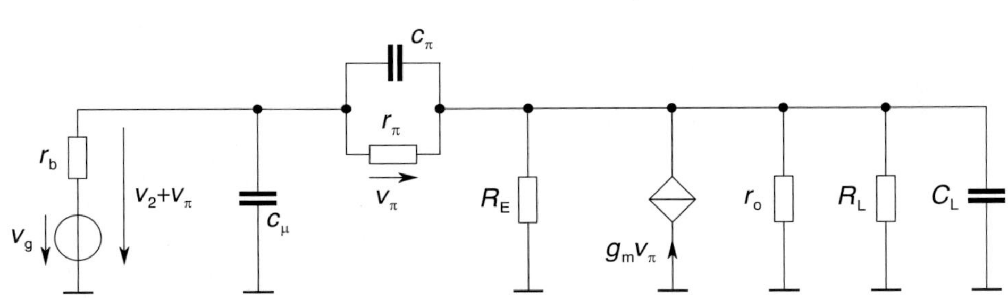

Abb. 17.22. Kleinsignalersatzschaltung des kapazitiv belasteten Emitterfolgers

wieder zu r_b zusammengefaßt; mit R wird im folgenden die Parallelschaltung der Widerstände R_E, r_o und R_L bezeichnet. Mit

$$\underline{i}_b = j\omega c_\mu (\underline{v}_2 + \underline{v}_\pi) + (g_\pi + j\omega c_\pi)\, \underline{v}_\pi$$

in

$$\underline{v}_g = \underline{v}_2 + \underline{v}_\pi + r_b\, \underline{i}_b$$

folgt unter Verwendung von $\omega_\beta = g_\pi/(c_\pi + c_\mu)$

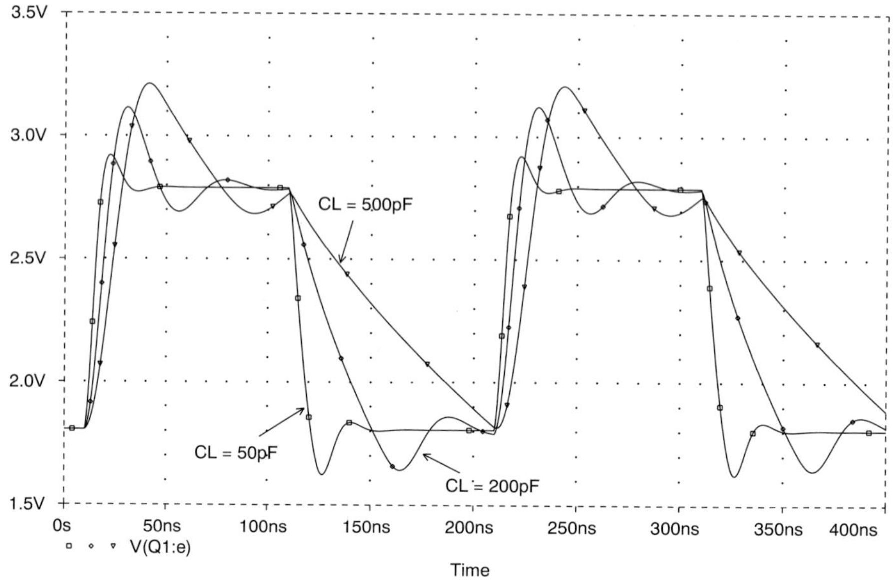

Abb. 17.23. Schaltverhalten des Emitterfolgers mit kapazitiver Last (Beispiel 17.2.2)

$$\underline{v}_g = (1 + j\omega r_b c_\mu)\, \underline{v}_2 + [1 + r_b\, g_\pi\, (1 + j\,\omega/\omega_\beta)]\, \underline{v}_\pi$$

bzw. für den Kehrwert des Spannungsübertragungsfaktors

$$\frac{\underline{v}_g}{\underline{v}_2} = 1 + j\omega r_b c_\mu + \left[1 + r_b\, g_\pi \left(1 + j\,\frac{\omega}{\omega_\beta}\right)\right] \frac{\underline{v}_\pi}{\underline{v}_2} .$$

Das Spannungsverhältnis $\underline{v}_\pi/\underline{v}_2$ folgt aus dem Knotensatz

$$(g_m + g_\pi + j\omega c_\pi)\, \underline{v}_\pi = \frac{\underline{v}_2}{R} + j\omega C_L \underline{v}_2 \quad \text{mit} \quad R = R_E \,||\, R_L \,||\, r_o$$

zu

$$\frac{\underline{v}_\pi}{\underline{v}_2} = \frac{1 + j\omega R C_L}{R(g_m + g_\pi + j\omega c_\pi)} \approx \frac{1 + j\omega R C_L}{R\, g_m} ,$$

wobei die Näherung unter der Voraussetzung $g_m/g_\pi = \beta \gg 1$ und $\omega c_\pi/g_m \ll 1$ anwendbar ist; die letzte Bedingung ist für Frequenzen $f \ll f_T$ erfüllt. Durch Ausmultiplizieren folgt mit $\omega_T = \beta\omega_\beta$

$$\frac{\underline{v}_g}{\underline{v}_2} \approx 1 + j\omega \underbrace{\left[r_b c_\mu + \left(\frac{1}{g_m} + \frac{r_b}{\beta}\right) C_L + \frac{r_b}{\beta R}\,\frac{1}{\omega_\beta}\right]}_{\text{RC}} - \omega^2 \underbrace{\frac{r_b C_L}{\omega_T}}_{\text{LC}} ,$$

wobei die frequenzunabhängigen Terme $1/Rg_m$ und $r_b/\beta R$ vernachlässigt wurden. Der Spannungsübertragungsfaktor besitzt demnach dieselbe Form wie derjenige eines LRC-Reihenschwingkreises. Durch Koeffizientenvergleich folgt für die Eigenkreisfrequenz

$$\omega_0 = \frac{1}{\sqrt{LC}} = \sqrt{\frac{\omega_{\mathrm{T}}}{r_{\mathrm{b}}\, C_{\mathrm{L}}}} \tag{17.26}$$

und für die Abklingkonstante

$$\delta = \frac{R}{2L} = \left(\frac{c_\mu}{2C_{\mathrm{L}}} + \frac{1}{2r_{\mathrm{b}}g_{\mathrm{m}}} + \frac{1}{2\beta}\right)\omega_{\mathrm{T}} + \frac{1}{2RC_{\mathrm{L}}} \,.$$

Ist die Güte $Q = \omega_0/2\delta$ größer als $1/\sqrt{2}$, so treten eine *Resonanzüberhöhung* des Spannungsübertragungsfaktors sowie Überschwinger beim Schaltvorgang auf. Dies wird durch das folgende Beispiel illustriert.

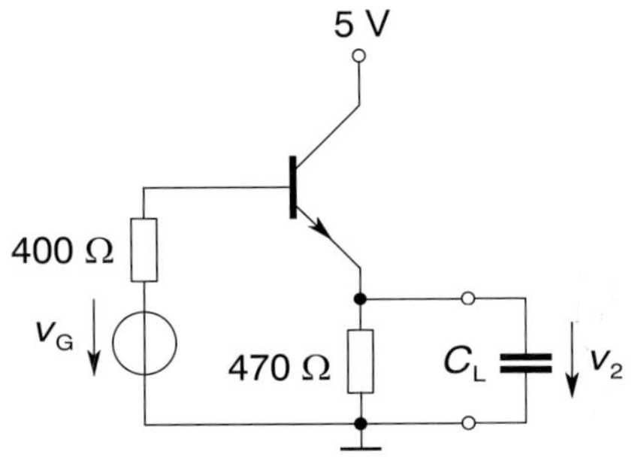

Abb. 17.24. In Beispiel 17.2.2 untersuchte Schaltung

Beispiel 17.2.2 Als Beispiel wird der nin Abb. 17.24 skizzierte Emitterfolger mit kapazitiver Last C_{L} betrachtet. Die Generatorspannung wird dabei aus einem Gleichanteil $V_{\mathrm{G}} = 3$ V mit überlagertem Wechselanteil zusammengesetzt. Der Strom im Arbeitspunkt ergibt sich mit der Abschätzung $V_{\mathrm{BE}} \approx 0.7$ V zu

$$I_{\mathrm{E}} = (V_{\mathrm{G}} - V_{\mathrm{BE}})/R_{\mathrm{E}} = 4.9\,\mathrm{mA}\,.$$

Die Schaltung wurde mit SPICE simuliert, wobei der Transistor durch die Modellparameter

```
IS=10F   BF=250   VAF=50   BR=6   RB=10   RC=1   CJE=20P   VJE=0.9
+  MJE=0.4   CJC=10P   VJC=0.75   MJC=0.4   TF=400P   TR=40N
```

beschrieben wurde. Bei $T = 300$ K ergab die Arbeitspunktberechnung dann $I_{\mathrm{C}} = 4.87$ mA, $g_{\mathrm{m}} = 188\,\mathrm{mS}$, $\beta = 260$, $r_{\mathrm{o}} = 10.4\,\mathrm{k\Omega}$, $c_\pi = 107\,\mathrm{pF}$, $c_\mu = 5.94\,\mathrm{pF}$, und $f_{\mathrm{T}} = 264\,\mathrm{MHz}$. Für die betrachteten Lastkapazitäten $C_{\mathrm{L}} = 50\,\mathrm{pF}$, $C_{\mathrm{L}} = 200\,\mathrm{pF}$ und $C_{\mathrm{L}} = 500\,\mathrm{pF}$ ergibt die analytische Rechnung die in der folgenden Tabelle zusammengefaßten Resultate.

C_{L}/pF	f_r/MHz	RC/ns	Q	f_r/MHz	$0.43\,R_{\mathrm{E}}C_{\mathrm{L}}$/ns
50	45.8	3.25	1.07	34.3	9.7
200	22.9	4.28	1.623	20.6	39
500	14.5	6.33	1.73	13.2	97

In allen Fällen ist $Q > 1/\sqrt{2}$, so daß eine Resonanzüberhöhung zu erwarten ist, was durch das Ergebnis der `.AC`-Analyse bestätigt wird. Die aus Abb. 17.21 abgelesenen Werte der Resonanzfrequenz $f_r = f_0 \sqrt{1 - 1/2Q^2}$ stimmen mit den aus Gl. (17.26) ermittelten Werten überein.

Die als Folge der Resonanzüberhöhung zu erwartenden Überschwinger beim Schaltbetrieb wurden mit einer `.TRAN`-Analyse untersucht. Der Generatorgleichspannung $V_G = 3\,\mathrm{V}$ wurde dabei eine symmetrische Rechteckspannung (Hub $1\,\mathrm{V_{ss}}$) der Grundfrequenz 5 MHz überlagert. Das Ausgangssignal zeigt das erwartete Einschwingverhalten, wobei die Höhe der Überschwinger mit der Güte Q zunimmt. Das Simulationsergebnis macht zusätzlich eine Besonderheit des Emitterfolgers deutlich: Die ansteigenden Flanken sind sehr viel steiler als die abfallenden. Der Grund ist, daß der Emitterfolger bei nicht allzu großem Generatorwiderstand über den Emitter leicht einen großen Strom zum *Aufladen* einer kapazitiven Last liefern kann. Das *Entladen* der kapazitiven Last muß jedoch über $R = R_E \,\|\, r_o \approx R_E$ erfolgen. Die hierzu erforderliche Zeit läßt sich aus dem mittleren Entladestrom $I \approx (V_G - V_{BE})/R_E$ und der Ladungsänderung $\Delta Q = C_L\,\Delta V$ ermitteln

$$\Delta t \approx \frac{C_L\,\Delta V}{I} \approx R_E C_L \frac{\Delta V}{V_G - V_{BE}} \approx 0.43\,R_E C_L\ .$$

Die so berechneten Werte (vgl. Ergebnistabelle) stimmen mit dem Ergebnis der `.TRAN`-Analyse überein (Abb. 17.23). △

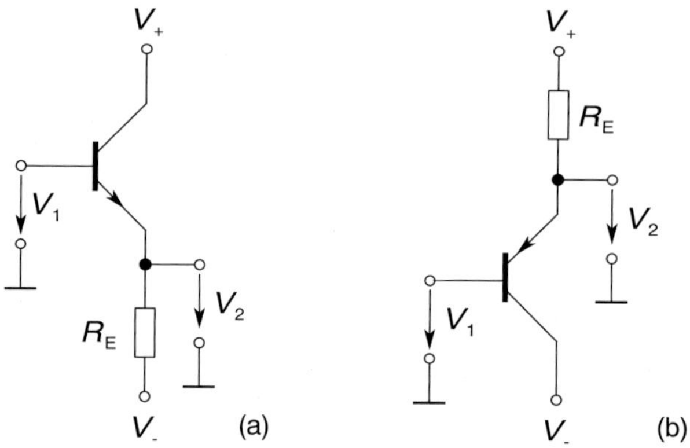

Abb. 17.25. Emitterfolger, **(a)** mit npn-Transistor, **(b)** mit pnp-Transistor

17.2.3 Komplementäre Endstufe

Endstufen müssen eine große Ausgangsleistung bei hohem Wirkungsgrad liefern. Dabei kommt es auf eine große Aussteuerbarkeit und einen kleinen Ausgangswiderstand an. Endstufen werden daher meist als reine Stromverstärker mit einer Spannungsverstärkung von annähernd eins realisiert. Das einfachste Beispiel hierfür ist der in Abb. 17.25 a dargestellte *Emitterfolger*. Als Leistungsverstärker ist diese Schaltung jedoch nicht geeignet, da sie eine große statische Verlustleistung und nur einen sehr geringen Wirkungsgrad aufweist. Die Ursache hierfür liegt im unsymmetrischen Aufbau: Der npn-Transistor liefert beim Aufladen des Ausgangsknotens ($\mathrm{d}v_2/\mathrm{d}t > 0$) zwar einen sehr großen Strom; der beim Entladen ($\mathrm{d}v_2/\mathrm{d}t < 0$) anfallende Strom muß jedoch über R_E abfließen, was bei großen Strömen kleine Werte von R_E und damit eine große statische Verlustleistung bedingt. Würde der Emitterfolger mit einem pnp-Transistor aufgebaut (Abb. 17.25 b), so würde dieser zwar einen großen Entladestrom liefern, beim Aufladen des Ausgangsknotens müßte jedoch wieder ein kleiner Wert für R_E gewählt werden. Im *komplementären* Emitterfolger wird der npn-Emitterfolger mit einem pnp-Emitterfolger kombiniert. Auf diesem Weg können große Ausgangsströme beliebiger Polarität bei gleichzeitig kleiner statischer Verlustleistung erzeugt werden.

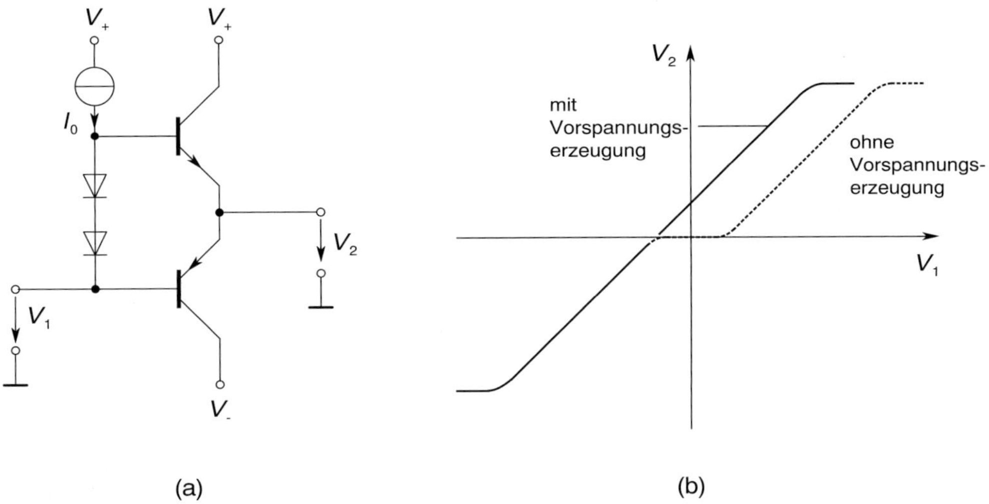

Abb. 17.26. Komplementärer Emitterfolger mit Vorspannungserzeugung. (**a**) Schaltbild, (**b**) Übertragungskennlinie

Abbildung 17.26 zeigt einen komplementären Emitterfolger mit Vorspannungserzeugung. Parallel zu den EB-Dioden des npn- und des pnp-Transistors liegen dabei zwei in Reihe geschaltete Dioden. Der von der Stromquelle gelieferte Stom erzeugt so eine Vorspannung für die EB-Dioden – die Ausgangsspannung v_2 ist deshalb um annähernd die Schleusenspannung einer Diode größer als die Eingangsspannung v_1 – die Übertragungskennlinie ist weitgehend linear (vgl. Abb. 17.26b). Wird auf die Vorspannungserzeugung verzichtet (Kurzschluß der beiden Basisanschlüsse), so ergibt sich die in Abb. 17.26b gestrichelte Übertragungskennlinie. Für Eingangsspannungen in der Nähe des Nullpunkts ergeben sich hier starke Abweichungen vom linearen Verlauf, die sich im Verstärker als *Übernahmeverzerrungen* störend bemerkbar machen.

17.3 Basisschaltung

Der Eingangsstrom $I_1 = -I_E$ der in Abb. 17.27a dargestellten *Basisschaltung* ist betragsmäßig annähernd gleich groß wie der Strom I_C im Ausgangsskreis, d. h. die Stromverstärkung ist annähernd eins. Die Basisschaltung hat deshalb einen geringen Eingangswiderstand und ermöglicht nur eine Spannungsverstärkung.

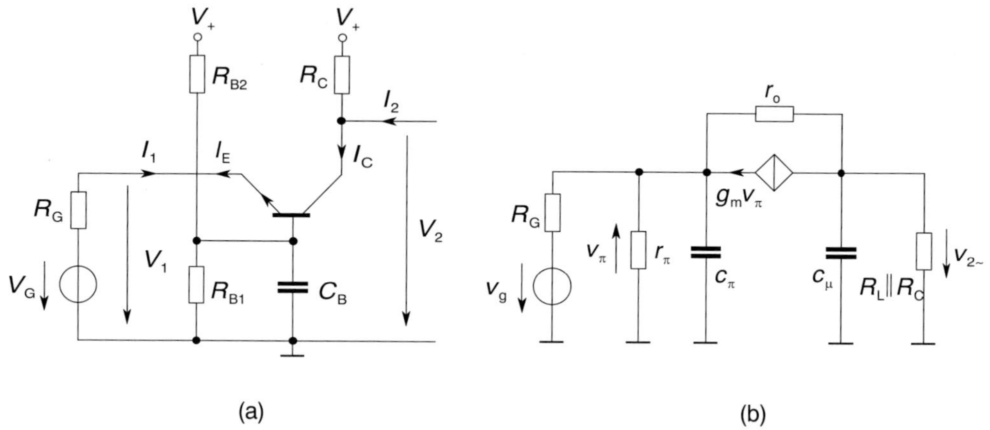

Abb. 17.27. Basisschaltung. (**a**) Grundschaltung mit Arbeitspunkteinstellung durch Basisspannungsteiler und (**b**) Kleinsignalersatzschaltung mit ohmscher Last R_L

Spannungsübertragungsfaktor, Eingangs- und Ausgangswiderstand folgen aus der in Abb. 17.27 b dargestellten Kleinsignalersatzschaltung. Dort wird das Basispotential als konstant angenommen ($\underline{v}_g = 0$), was für einen niederohmigen Basisspannungsteiler gerechtfertigt ist. Mit $\underline{v}_{1\sim} = -\underline{v}_\pi$ und der Abkürzung $R = R_L \parallel R_C \parallel r_o$ folgt aus dem Knotensatz angewandt auf den Ausgangsknoten

$$\left(\frac{1}{R} + \mathrm{j}\omega c_\mu\right) \underline{v}_{2\sim} = -\left(g_m + \frac{1}{r_o}\right) \underline{v}_\pi \approx g_m \underline{v}_{1\sim}$$

für den *Spannungsübertragungsfaktor*

$$\frac{\underline{v}_{2\sim}}{\underline{v}_{1\sim}} \approx \frac{g_m R}{1 + \mathrm{j}\omega R c_\mu} \approx g_m R\,,$$

was vom Vorzeichen abgesehen, weitgehend dem für die Emitterschaltung gefundenen Wert entspricht. Auf den Eingangsknoten angewandt liefert der Knotensatz den Zusammenhang

$$\underline{i}_{1\sim} + (g_m + g_\pi)\,\underline{v}_\pi + \mathrm{j}\omega c_\pi \underline{v}_\pi + g_o(\underline{v}_{2\sim} + \underline{v}_\pi) = 0$$

was mit $\underline{v}_{1\sim} = -\underline{v}_\pi$ und $\underline{v}_{2\sim} = A_v\,\underline{v}_{1\sim}$ auf die *Eingangsimpedanz*

$$\underline{z}_i = \frac{1}{g_m + g_\pi + g_o(1 - A_v) + \mathrm{j}\omega c_\pi} \approx \frac{1}{g_m}\,\frac{1}{1 + \mathrm{j}f/f_T}$$

führt, wobei $\beta \gg 1$, $g_o A_v \ll g_m$ und $2\pi f_T \approx g_m/c_\pi$ angenommen wurde. In der Regel gilt $|\underline{z}_i| \ll R_G$, so daß der Eingang des Verstärkers annähernd mit dem Strom $\underline{i}_{1\sim} \approx \underline{v}_g/R_G$ angesteuert wird. Dann gilt $\underline{v}_{1\sim} \approx \underline{z}_i \underline{v}_g/R_G$ und

$$\underline{v}_{2\sim} \approx \frac{g_m R}{1 + j\omega R c_\mu} \frac{\underline{z}_i}{R_G} \underline{v}_g \approx \frac{R}{R_G} \frac{1}{1 + j\omega R c_\mu} \frac{1}{1 + jf/f_T} \underline{v}_g ,$$

d. h. die Bandbreite des Verstärkers ist wegen des hier nicht auftretenden Miller-Effekts und der hohen Transitfrequenz des Transistors sehr groß. Der *Ausgangswiderstand* des Verstärkers folgt aus der betrachteten Kleinsignalersatzschaltung unter Vernachlässigung der Kapazitäten und mit der Näherung $R_G \,||\, r_\pi \,||\, r_o \approx R_G \,||\, r_\pi$ zu

$$r_a = R_C \,||\, r_o \left(1 + \frac{\beta R_G}{R_G + r_\pi}\right) ,$$

wobei $g_m r_\pi = \beta$ verwendet wurde. Der Ausgangswiderstand ist für kleine Werte des Quellwiderstands von derselben Größenordnung wie der Ausgangswiderstand des Verstärkers in Emitterschaltung.

17.3.1 Kaskode

Die in Abb. 17.28 dargestellte *Kaskode* kombiniert eine Verstärkerstufe in Emitterschaltung mit einer Verstärkerstufe in Basisschaltung. Die Schaltung wirkt wie ein einzelner Transistor mit Emitter E_1, Basis B_1 und Kollektor C_2. Durch die große Stromverstärkung von T_1 kann der hohe Eingangs-

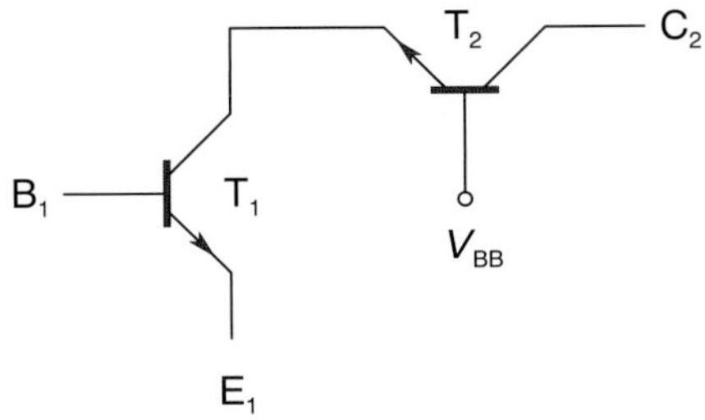

Abb. 17.28. Kaskode

strom, der von der Verstärkerstufe in Basisschaltung benötigt wird, bei einem geringen Eingangsstrom i_1 geliefert werden. Die Spannungsverstärkung der Eingangsstufe ist annähernd 1, der Miller-Effekt ist deshalb weitgehend eliminiert, d.h. die Spannungsrückwirkung aufgrund der kapazitiven Kopplung zwischen Eingangs- und Ausgangskreis ist praktisch vernachlässigbar. Die Kaskode weist einen sehr großen Ausgangswiderstand auf; wird sie in Verbindung mit einer aktiven Last eingesetzt, so läßt sich eine sehr große Spannungsverstärkung erzielen. Die Kaskode läßt sich einfach dimensionieren und eignet sich für den Aufbau von Breitbandverstärkern.

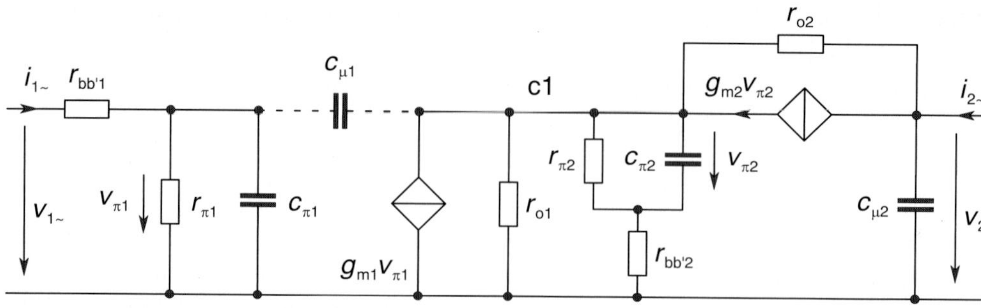

Abb. 17.29. Kleinsignalersatzschaltung der Kaskode

Das Verhalten der Kaskode bei höheren Frequenzen wird durch die in Abb. 17.29 gezeigte Ersatzschaltung beschrieben. Wegen der sehr geringen Eingangsimpedanz der Basisschaltung wird der Spannungshub an Konten c1 von derselben Größenordnung wie der Spannungshub am Eingang. Gilt $c_{\pi 1} \gg c_{\mu 1}$ so kann $c_{\mu 1}$ für die Analyse des Frequenzverhaltens vernachlässigt werden ; $\underline{v}_{\pi 1}/\underline{v}_{1\sim}$ zeigt dann ein Tiefpaßverhalten mit einer Grenzfrequenz die annähernd gleich der Steilheitsgrenzfrequenz f_{y} ist, weitgehend unabhängig von der Last am Ausgang der Verstärkerstufe.

17.4 Diodenschaltung

Werden Kollektor und Basis kurzgeschlossen (Abb. 17.30 a), so verhält sich der Transistor wie eine pn-Diode[4] mit nahezu idealer Exponentialkennlinie. Diese Diode weist nur eine geringe Durchbruchspannung auf (V_{BREBO}); da Sättigung vermieden wird ist die Rückwärtserholzeit sehr klein und durch die Basistransitzeit und die EB-Sperrschichtkapazität bestimmt.

Strom-Spannungsbeziehung. Der Spanmnungsabfall $V = V_{\mathrm{CE}} = V_{\mathrm{BE}}$ über der Diodenschaltung ist gleich der Flußspannung der EB-Diode; der Strom ist demzufolge

$$I = I_{\mathrm{C}} + I_{\mathrm{B}} = \frac{I_{\mathrm{S}}}{q_{\mathrm{B}}}\left(1+\frac{1}{B_{\mathrm{N}}}\right)\exp\left(\frac{V}{V_T}\right) ,$$

falls die Bahnwiderstände vernachlässigt werden können. Werden der Early-Effekt und nichtideale Anteile des Bassistroms vernachlässigt ($q_{\mathrm{B}} \approx 1$, und $B_{\mathrm{N}} \approx B_{\mathrm{F}}$) so folgt

$$I \approx I_{\mathrm{S}}\left(1+\frac{1}{B_{\mathrm{F}}}\right)\exp\left(\frac{V}{V_T}\right) ,$$

[4] Weitere Möglichkeiten pn-Dioden im Rahmen integrierter Bipolarschaltungen zu realisieren werden z.B. in [2] diskutiert.

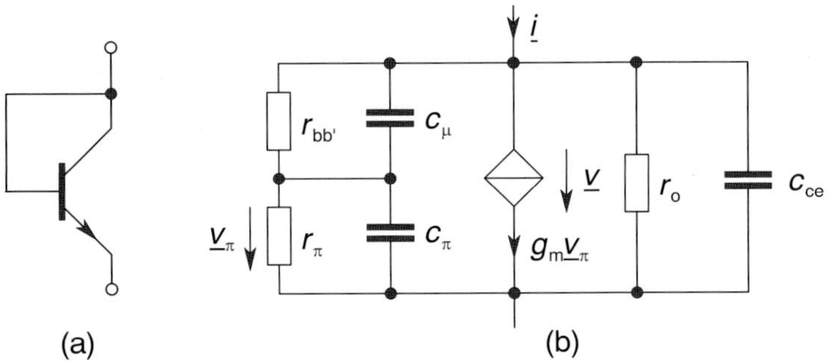

Abb. 17.30. Bipolartransistor in (**a**) Diodenschaltung, (**b**) zugehörige Kleinsignalersatzschaltung

d.h. im elementaren Transistormodell ist der Sättigungsstrom der Diodenschaltung durch $I_S(1{+}1/B_F)$ gegeben. Im Fall $B_F \gg 1$ ist der Sättigungsstrom also annähernd gleich dem Transfersättigungsstrom. Da q_B und B_N arbeitspunktabhängig sind kommt es zu einer geringen Abweichung des Emissionskoeffizienten von eins

$$N = \frac{1}{V_T}\left(\frac{\mathrm{d}\ln I}{\mathrm{d}V}\right)^{-1} = \left[1 - \frac{V_T}{q_B}\frac{\mathrm{d}q_B}{\mathrm{d}V} - \frac{V_T}{B_N^2 + B_N}\frac{\mathrm{d}B_N}{\mathrm{d}V}\right]^{-1} .$$

HF-Verhalten. Das Verhalten der Diodenschaltung bei höheren Frequenzen wird mit der in Abb. 17.30 b skizzizierten Kleinsignalersatzschaltung untersucht. Mit

$$\underline{i} = (g_m + g_\pi + \mathrm{j}\omega c_\pi)\underline{v}_\pi + (g_o + \mathrm{j}\omega c_{ce})\underline{v}$$

und

$$\underline{v}_\pi = \frac{1 + \mathrm{j}\omega r_{bb'} c_\mu}{1 + r_{bb'} g_\pi + \mathrm{j}\omega r_{bb'}(c_\pi + c_\mu)}\,\underline{v} ,$$

folgt für die Kleinsignaladmittanz der Diode

$$\underline{y} = \frac{\underline{i}}{\underline{v}} = g_o + \mathrm{j}\omega c_{ce} + \frac{g_m + g_\pi}{1 + r_{bb'} g_\pi}\,\frac{1 + \mathrm{j}f/f_1 - f^2/f_3^2}{1 + \mathrm{j}f/f_2} ,$$

mit

$$f_1 = \frac{g_m + g_\pi}{2\pi[\,c_\pi + r_{bb'}(g_m + g_\pi)\,c_\mu\,]} , \qquad f_2 = \frac{1 + r_{bb'} g_\pi}{2\pi r_{bb'}(c_\pi + c_\mu)}$$

und

$$f_3 = \frac{1}{2\pi}\sqrt{\frac{g_m + g_\pi}{r_{bb'} c_\pi c_\mu}} .$$

Da das Transistormodell nur bis zur ersten Ordnung der Frequenz $f = \omega/2\pi$ korrekt ist, kann der Term der Ordnung ω^2 nur mangelhaft aus der Ersatzschaltung Abb. 17.30 b berechnet werden. Aber wenn auch f_3 keine vollständige Beschreibung des Frequenzgangs in zweiter Ordnung von ω bietet, so zeigt das Ergebnis doch, daß der Basiswiderstand in Verbindung mit den Transistorkapazitäten ein Resonanzverhalten und damit einen Anstieg des Scheinwiderstands bedingt [4].

17.5 Stromquellen

Ein Bipolartransistor, dessen Ausgangsleitwert y_{22e} null ist, arbeitet bei V_{BE} = const. als *Stromquelle*: Der Kollektorstrom ist dann unabhängig von V_{CE} und damit unabhängig vom Spannungsabfall über einer in Serie zum Kollektor geschalteten Last. In realen Transistoren ist $y_{22e} \approx 1/r_o$ endlich und die Stromquelle nichtideal – durch Seriengegenkopplung kann der Ausgangswiderstand jedoch stark angehoben werden. Abbildung 17.31a zeigt den prinzipiellen Schaltungsaufbau.

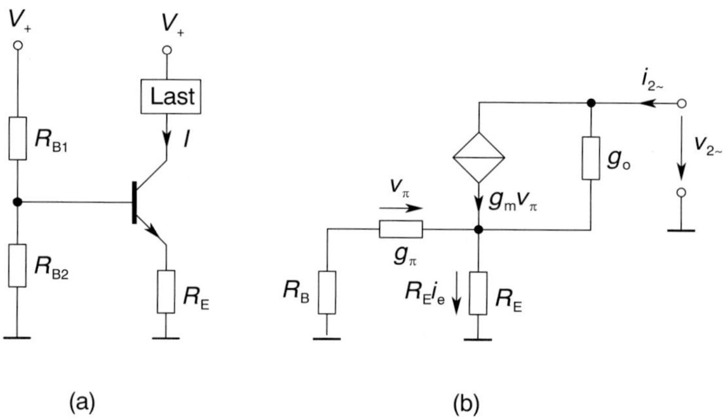

Abb. 17.31. Stromquelle mit Seriengegenkopplung. (**a**) Schaltplan und (**b**) Kleinsignalersatzschaltung

Zur Bestimmung des Ausgangswiderstands der Stromquelle wird die zugehörige Kleinsignalersatzschaltung nach Abb. 17.31 b betrachtet. Die Spannungsteilerregel liefert mit $R_B = R_{B1} \,\|\, R_{B2}$ den Zusammenhang

$$v_\pi = -\frac{r_\pi}{r_\pi + R_B} R_E \, i_e \,,$$

so daß

$$i_{2\sim} = g_m v_\pi + g_o(v_2 - R_E i_e) = -\left(\frac{r_\pi g_m}{r_\pi + R_B} + g_o\right) R_E \, i_e + g_o v_{2\sim} \,.$$

Dies läßt sich mit

$$i_e = i_{2\sim} + g_\pi \, v_\pi = i_{2\sim} - \frac{g_\pi \, r_\pi}{r_\pi + R_B} R_E \, i_e$$

zusammenfassen. Für den *Ausgangswiderstand* r_a folgt so mit $\beta = g_m \, r_\pi$

$$\frac{v_{2\sim}}{i_{2\sim}} = r_o + R_E \frac{\beta r_o + r_\pi + R_B}{r_\pi + R_B + R_E} \,. \tag{17.27}$$

Neben dem Fall ohne Gegenkopplung ($R_E = 0$) mit $r_a = r_o$ beschreibt diese Beziehung den Fall schwacher Gegenkopplung ($R_E \ll r_\pi$) mit

$$\boxed{r_a \approx r_o + R_E(1 + \beta r_o/r_\pi) = R_E + r_o(1 + g_m R_E)}$$

sowie den Fall starker Gegenkopplung ($R_E \gg r_\pi$) mit

$$\boxed{r_a \approx r_o + \beta r_o = (\beta+1) r_o ,}$$

wobei ein niederohmiger Basisspannungsteiler $R_B \ll r_\pi$ angenommen wurde. Durch die Seriengegenkopplung steigt der Ausgangswiderstand zwar zunächst proportional zu R_E an, er kann durch Vergrößern von R_E jedoch nicht beliebig erhöht werden und strebt im Fall starker Gegenkopplung gegen $(\beta+1)r_o$. In dieser Beziehung unterscheidet sich der Bipolartransistor vom Feldeffekttransistor, der dieses Sättigungsverhalten nicht zeigt: Da beim FET kein Strom in den Eingang fließt, gilt hier $\beta \to \infty$, was das abweichende Verhalten erklärt.

17.5.1 Einfache Stromspiegel

Eine einfache Schaltung für die Realisierung von Konstantstromquellen ist der in Abb. 17.32a dargestellte *Stromspiegel*.

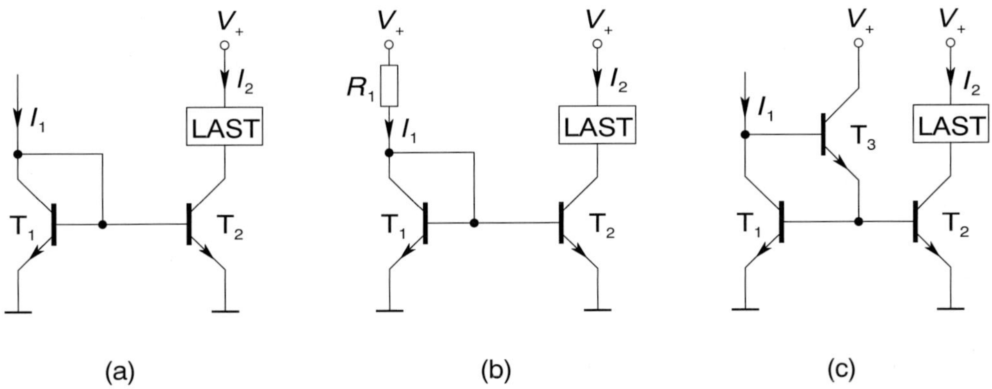

Abb. 17.32. Stromspiegel mit Bipolartransistoren. (**a**) Grundschaltung, (**b**) einfache Konstantstromquelle, (**c**) verbesserte Stromspiegelschaltung zur Reduktion des Einflusses der Basisströme

Die EB-Dioden der beiden Transistoren sind parallel geschaltet, d. h. die beiden Transistoren weisen dieselben Spannungen V_{BE} auf.[5] Die BC-Diode von Transistor T_1 ist kurzgeschlossen ($V_{CB} = 0$); solange T_2 nicht in Sättigung gelangt, gilt für die Kollektorströme I_{C1} und I_{C2} der beiden Transistoren für $V_{BE} \gg V_T$ unter Vernachlässigung der Bahnwiderstände

[5]So gesehen wäre die Bezeichnung „Spannungsspiegel" passender. Von identischen Spannungen V_{BE} darf allerdings nur ausgegangen werden, solange keine Spannungsabfälle auf den Verbindungen zwischen den Transistoren auftreten.

$$I_{C1} = \frac{I_{S1}}{q_{B1}} \exp\left(\frac{V_{BE}}{V_T}\right) \quad \text{und} \quad I_2 = I_{C2} = \frac{I_{S2}}{q_{B2}} \exp\left(\frac{V_{BE}}{V_T}\right) .$$

Der Strom I_1, der im linken Zweig des Stromspiegels fließt, setzt sich zusammen aus dem Kollektorstrom I_{C1} von T_1 und den Basisströmen beider Transistoren

$$I_1 = I_{C1} + I_{B1} + I_{B2} = \left(1+\frac{1}{B_{N1}}\right) I_{C1} + \frac{I_{C2}}{B_{N2}} .$$

Für das sog. *Spiegelverhältnis* von I_1 und I_2 resultiert somit

$$\frac{I_1}{I_2} = \frac{I_{S1}}{I_{S2}}\frac{q_{B2}}{q_{B1}}\left(1+\frac{1}{B_{N1}}\right) + \frac{1}{B_{N2}} \approx \frac{I_{S1}}{I_{S2}} , \tag{17.28}$$

d. h. für große Werte der Stromverstärkungen B_{N1}, B_{N2} und unter Vernachlässigung des Early-Effekts ist das Verhältnis der beiden Ströme durch das Verhältnis der beiden Sättigungsströme gegeben. Beim Entwurf integrierter Schaltungen läßt sich I_{S1}/I_{S2} über das Verhältnis der jeweiligen Emitterflächen leicht beeinflussen.

Mit Einzeltransistoren aufgebaute Stromspiegel sind ungeeignet, da unterschiedliche Temperaturen der Transistoren zu erheblichen Fehlern im Spiegelverhältnis führen: Stromspiegelschaltungen verwenden deshalb immer Transistoren, die auf einem Chip integriert sind und deshalb eine gute *thermische Kopplung* aufweisen. Unter dieser Bedingung ist auch der Mitlaufeffekt, der zu einer Aufsteilung des Ausgangskennlinienfelds führt unproblematisch: Da sich mit T_2 auch T_1 erwärmt wird V_{BE} wegen $I_1 \approx$ const. mit steigender Temperatur von T_2 kleiner und kompensiert so den Effekt der Eigenerwärmung.

Abbildung 17.32 b zeigt eine einfache Konstantstromquelle unter Verwendung der Stromspiegelschaltung. Der Strom $I_1 = (V_+ - V_{BE})/R_1$ durch den Widerstand R_1 wird entsprechend dem Spiegelverhältnis in den rechten Ast gespiegelt. Abweichungen des Spiegelverhältnisses vom konstanten Wert I_{S1}/I_{S2} sind zum einen durch den *Early-Effekt* zum anderen durch die endliche Stromverstärkung der Transistoren bedingt. Diese Abweichung läßt sich durch eine größere Early-Spannung der Transistoren verringern. Der zweite Beitrag läßt sich durch eine modifizierte Stromspiegelschaltung entsprechend Abb. 17.32c wesentlich reduzieren. In dieser Schaltung wird der Basisstrom der Transistoren T_1 und T_2 über den Emitter des Transistors T_3 zugeführt. Dieser benötigt nur einen Basisstrom

$$I_{B3} = (I_{B1}+I_{B2})/(B_{N3}+1) .$$

Nur dieser Strom wird von I_1 abgezogen und damit nicht in den rechten Ast gespiegelt. Der Fehler im Spiegelverhältnis aufgrund endlicher Basisströme ist für die verbesserte Schaltung deshalb nicht mehr von der Größenordnung $1/B_N$, sondern von der Größenordnung $1/B_N^2$ und damit praktisch immer vernachlässigbar.

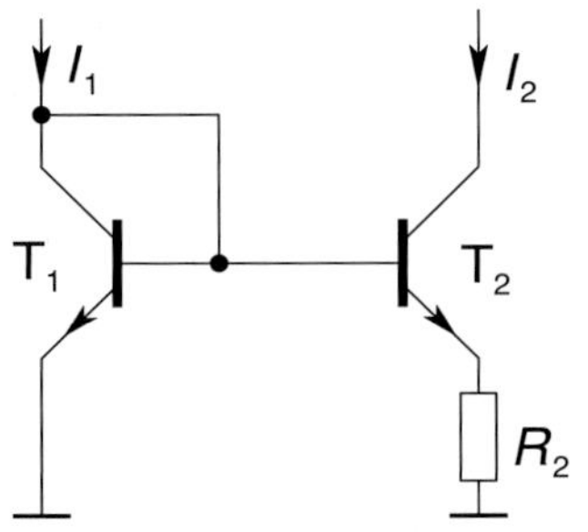

Abb. 17.33. Stromspiegel mit reduziertem Ausgangsstrom

Der Ausgangsstrom des Stromspiegels läßt sich durch Einfügen eines Emitterserienwiderstands R_2 entsprechend Abb. 17.33 verringern. Dieser Widerstand verkleinert den Spannungsabfall an der EB-Diode von Transistor T_2 um $R_2 I_2$. Unter Vernachlässigung des Early-Effekts folgt damit für das Spiegelverhältnis des modifizierten Stromspiegels

$$\frac{I_1}{I_2} = \exp\left(-\frac{I_2 R_2}{V_T}\right) . \tag{17.29}$$

Wegen der im Argument der Exponentialfunktion auftretenden Temperaturspannung V_T hängt das Spiegelverhältnis hier allerdings deutlich von der Temperatur ab.

17.5.2 Wilson-Stromspiegel

Mit gewöhnlichen Stromspiegeln realisierte Stromquellen weisen einen Ausgangswiderstand auf, dessen Wert durch die Early-Spannung begrenzt ist. Mit der in Abb. 17.34 a dargestellten *Wilson-Stromquelle* lassen sich Stromquellen mit einem sehr hohen Ausgangswiderstand realisieren. Der Grund liegt in einer *Seriengegenkopplung* am Ausgang: Da der Ausgangsstrom I_{C3} über den Stromspiegel T_2 und T_1 rückgekoppelt wird, bedingt eine Zunahme von I_{C3} einen Anstieg von I_R und damit eine Abnahme von $V_{BE1} + V_{BE2}$, was der Zunahme von I_{C3} entgegenwirkt.

Spiegelverhältnis. Im folgenden wird der Einfachheit halber angenommen, daß alle Transistoren dieselbe Stromverstärkung B_N aufweisen. Der Strom I_R durch R_1 setzt sich aus dem Kollektorstrom I_{C1} von T_1 und dem Basisstrom I_{C3}/B_N von T_3 zusammen

$$I_R = I_{C1} + I_{C3}/B_N . \tag{17.30}$$

I_{C1} wird von I_{C2} gespiegelt. Bezeichnet δ den relativen Fehler im angestrebten Spiegelverhältnis mit dem Wert 1, so gilt $I_{C1} = (1+\delta) I_{C2}$. Durch Anwenden des Knotensatzes auf den Emitterknoten von T_3 folgt weiter

$$I_{C3} = \frac{B_N}{B_N+1}(I_{C2}+I_{B1}+I_{B2}) \approx \frac{B_N}{B_N+1}\left(1+\frac{2}{B_N}\right) I_{C2} ,$$

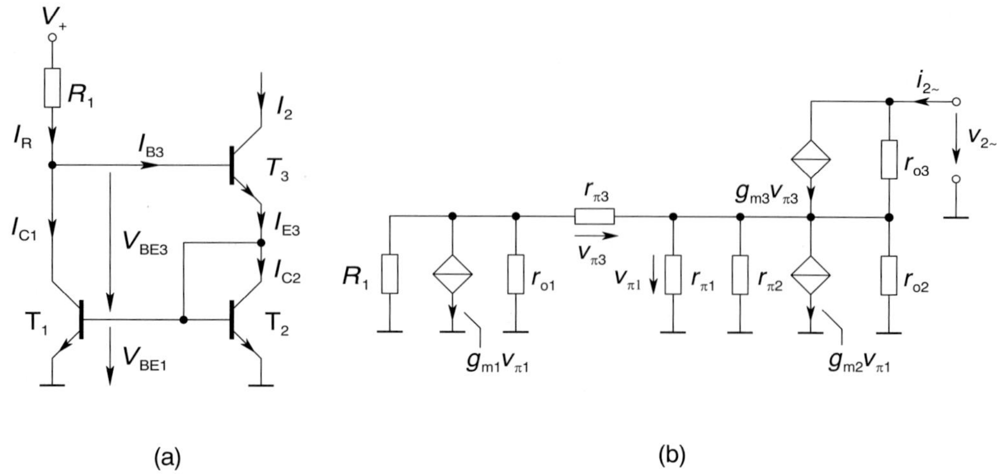

Abb. 17.34. Wilson-Stromspiegel. (**a**) Schaltplan und (**b**) Kleinsignalersatzschaltung

so daß mit Gl. (17.30) folgt

$$I_{\mathrm{R}} = I_{\mathrm{C3}} \left[\frac{1}{B_{\mathrm{N}}} + (1+\delta) \frac{B_{\mathrm{N}}+1}{B_{\mathrm{N}}+2} \right] \approx I_{\mathrm{C3}} \left(1+\delta + \frac{2}{B_{\mathrm{N}}^2} \right) .$$

Die Abweichung des Ausgangsstroms I_{C3} von I_{R} ist demzufolge, vom konstanten Fehler δ im Spiegelverhältnis abgesehen, von der Größenordnung $2/B_{\mathrm{N}}^2$.

Der *Ausgangswiderstand* r_{a} der Wilson-Stromquelle folgt aus der in Abb. 17.34 b dargestellten Kleinsignalersatzschaltung der Quelle näherungsweise zu

$$r_{\mathrm{a}} \approx r_{\mathrm{o}}\beta/2 ,$$

wobei $\beta \gg 1$ und die Kleinsignalkenngrößen der einzelnen Transistoren als identisch angenommen wurden – eine, von Bauteilstreuungen abgesehen, sinnvolle Annahme, da alle Transistoren von annähernd demselben Strom durchflossen werden.

17.5.3 Aktive Last

Die bisher betrachteten Verstärkerschaltungen verwendeten einen ohmschen Widerstand als Lastelement. Im Fall des Verstärkers in Emitterschaltung war dies der Kollektorwiderstand R_{C}. Die im Idealfall ($g_{\mathrm{o}} = 0$, keine Bahnwiderstände) erreichbare Verstärkung

$$\frac{\mathrm{d}V_2}{\mathrm{d}V_1} \approx -g_{\mathrm{m}} R_{\mathrm{C}} \approx -\frac{R_{\mathrm{C}} I_{\mathrm{C}}}{V_T}$$

ist durch den Spannungsabfall an R_{C} im Arbeitspunkt bestimmt. Große Werte der Spannungsverstärkung erfordern deshalb große Werte der Versorgungsspannung V_+ und große Widerstandswerte R_{C}.

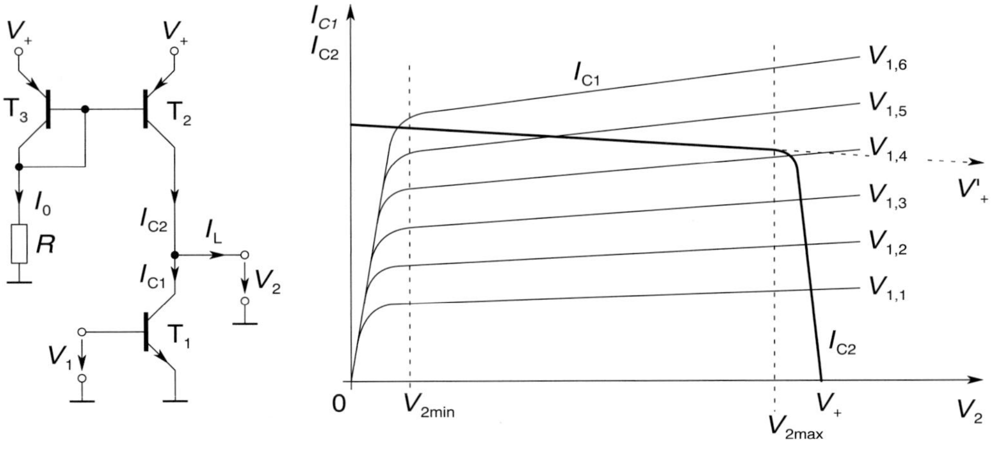

Abb. 17.35. Verstärker in Emitterschaltung mit aktiver Last. (**a**) Schaltplan, (**b**) graphisches Verfahren zur Bestimmung von Arbeitspunkt und Übertragungskennlinie

Werden statt der ohmschen Widerstände pnp-Stromspiegel als Lastelemente eingesetzt (Abb. 17.35 a), so lassen sich – wegen der nun nicht mehr linearen Lastkennlinie – bei gegebener Versorgungsspannung V_+ sehr viel größere Werte der Spannungsverstärkung erreichen. Dies wird aus Abb. 17.35 b ersichtlich. Im Spannungsbereich $V_{2\mathrm{min}} < v_2 < V_{2\mathrm{max}}$ besitzt die Ausgangskennlinie des Transistors T_2 einen annähernd linearen Verlauf mit einer Steigung, die durch den Widerstand r_o bestimmt wird. Um diese Kennlinie mit einem Kollektorwiderstand R_C zu realisieren, wäre die Versorgungsspannung $V'_+ = r_\mathrm{o}\, I_{\mathrm{C2max}} \gg V_+$ erforderlich. Für den Spannungsübertragungsfaktor des unbelasteten Verstärkers folgt

$$\frac{\mathrm{d}V_2}{\mathrm{d}V_1} = -\frac{g_{\mathrm{m1}} r_{\mathrm{o2}}}{1 + r_{\mathrm{o2}}/r_{\mathrm{o1}}} \, .$$

Mit

$$g_{\mathrm{m1}} \approx \frac{I_{\mathrm{C1}}}{V_T} \, , \qquad r_{\mathrm{o1}} \approx \frac{V_{\mathrm{AF1}}}{I_{\mathrm{C1}}} \, , \qquad r_{\mathrm{o2}} \approx \frac{V_{\mathrm{AF2}}}{I_{\mathrm{C2}}} \quad \text{und} \quad I_{\mathrm{C1}} \approx I_{\mathrm{C2}}$$

führt dies auf

$$\frac{\mathrm{d}V_2}{\mathrm{d}V_1} = -\frac{1/V_T}{1/V_{\mathrm{AF1}} + 1/V_{\mathrm{AF2}}} \, . \qquad (17.31)$$

Bei Early-Spannungen V_{AF1}, V_{AF2} mit Werten im Bereich einiger zehn Volt sind demnach Spannungsverstärkungen mit Werten von mehreren tausend möglich.

17.6 Differenzverstärker

Mit Bipolartransistoren aufgebaute Differenzverstärker werden für viele Analogschaltungen benötigt und bilden die Grundlage der ECL-Technik. Die einfachste Ausführung eines (emittergekoppelten) Differenzverstärkers mit Bipolartransistoren ist in Abb. 17.36 dargestellt. Dabei wurde, wie in der ECL-Technik üblich, der positive Pol der Versorgungsspannung als Bezugspotential (Betriebsspannung $V_{\mathrm{EE}} < 0$) verwendet.

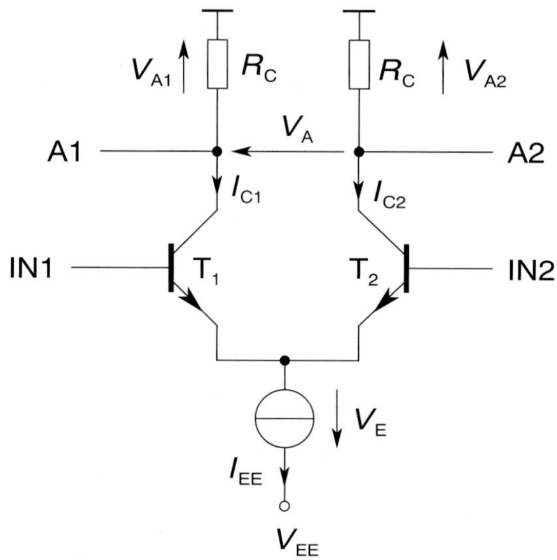

Abb. 17.36. Emittergekoppelter Differenzverstärker

17.6.1 Übertragungskennlinie

Die Ausgangsspannungen sind mit der in der ECL-Technik üblichen negativen Betriebsspannung V_{EE} durch die Spannungsabfälle an den Hubwiderständen definiert

$$V_{\mathrm{A1}} = -R_{\mathrm{C}} I_{\mathrm{C1}} \quad \text{und} \quad V_{\mathrm{A2}} = -R_{\mathrm{C}} I_{\mathrm{C2}} \,. \tag{17.32}$$

Solange Sättigung ausgeschlossen ist, werden die Ströme I_{C1} und I_{C2} nur durch die Steuerspannungen $V_{\mathrm{BE1}} = V_{\mathrm{IN1}} - V_{\mathrm{E}}$ und $V_{\mathrm{BE2}} = V_{\mathrm{IN2}} - V_{\mathrm{E}}$ bestimmt. Im Fall identischer Transistoren folgt aus dem elementaren Transistormodell unter Vernachlässigung des Early-Effekts ($q_{\mathrm{B}} = 1$) für das Verhältnis der beiden Kollektorströme

$$\frac{I_{\mathrm{C2}}}{I_{\mathrm{C1}}} = \exp\left(-\frac{V_{\mathrm{D}}}{V_T}\right) , \tag{17.33}$$

wobei $V_{\mathrm{D}} = V_{\mathrm{IN1}} - V_{\mathrm{IN2}}$ die *Differenzeingangsspannung* bezeichnet. Im Fall großer Stromverstärkungen können die Kollektorströme näherungsweise den jeweiligen Emitterströmen gleichgesetzt werden, deren Summe durch die Stromquelle festgelegt wird

$$I_{\mathrm{EE}} = I_{\mathrm{E1}} + I_{\mathrm{E2}} = \frac{I_{\mathrm{C1}}}{A_{\mathrm{N}}} + \frac{I_{\mathrm{C2}}}{A_{\mathrm{N}}} \approx I_{\mathrm{C1}} + I_{\mathrm{C2}} \,. \tag{17.34}$$

Die Stromverstärkung in Basisschaltung $A_{\mathrm{N}} = B_{\mathrm{N}}/(B_{\mathrm{N}}+1)$ wurde dabei für die beiden Transistoren als identisch angenommen. Die beiden Gleichungen lassen sich nun nach I_{C1} bzw. I_{C2} auflösen mit dem Ergebnis

$$I_{\mathrm{C1}} = \frac{A_{\mathrm{N}}\, I_{\mathrm{EE}}}{1+\exp(-V_{\mathrm{D}}/V_T)} \quad \text{und} \quad I_{\mathrm{C2}} = \frac{A_{\mathrm{N}}\, I_{\mathrm{EE}}}{1+\exp(V_{\mathrm{D}}/V_T)} \,. \tag{17.35}$$

Mittels Gl. (17.32) folgen aus Gl. (17.35) die Ausgangsspannungen V_{A1} und V_{A2}. Für die Ausgangsspannungsdifferenz $V_{\mathrm{A}} = V_{\mathrm{A2}} - V_{\mathrm{A1}}$ folgt damit

$$\boxed{V_{\mathrm{A}} = V_{\mathrm{S}} \tanh\left(\frac{V_{\mathrm{D}}}{2V_T}\right) .}$$

Die Größe $V_{\mathrm{S}} = A_{\mathrm{N}} R_{\mathrm{C}} I_{\mathrm{EE}} \approx R_{\mathrm{C}} I_{\mathrm{EE}}$ bezeichnet dabei den maximalen *Spannungshub* (englisch: *voltage swing*) des Verstärkers.

Ist der Hub der Differenzeingangsspannung V_{D} groß im Vergleich zu $2\,V_T$, so arbeitet der Differenzverstärker als *Inverter*. Der Spannungsabfall an den Kollektorwiderständen ändert sich dabei um den maximalen Spannungshub V_{S} (d.h. $|\Delta V_{\mathrm{A}}| = 2\,V_{\mathrm{S}}$). Dies wird in der ECL-Technik (vgl. Kap. 17.8.2) zur Realisierung schneller Digitalschaltungen ausgenutzt.

Beispiel 17.6.1 Die Transistoren des zu untersuchenden Differenzverstärkers werden im elementaren Transistormodell durch $I_{\mathrm{S}} = 10$ fF, $B_{\mathrm{F}} = 250$ und $B_{\mathrm{R}} = 10$ beschrieben. Der Strom I_{EE} wird mit 2 mA vorgegeben und die Temperatur betrage 300 K. Die Kollektorwiderstände R_{C} sind für einen Hub von 500 mV unter diesen Umständen mit 250 Ω zu wählen. Für die maximale Spannungsverstärkung bei reinem Gegentaktbetrieb folgt damit mit (17.36)

$$A_{\mathrm{Dmax}} = \frac{V_{\mathrm{S}}}{4V_T} \approx \frac{500\,\mathrm{mV}}{4 \cdot 25.9\,\mathrm{mV}} = 4.8 \,.$$

Abildung 17.37 zeigt das Ergebnis einer SPICE `.AC`-Analyse für die Übertragungskennlinien $V_{\mathrm{A1}}(V_{\mathrm{D}})$ und $V_{\mathrm{A2}}(V_{\mathrm{D}})$ sowie die Differenzspannungsverstärkung. Das Ergebnis $A_{\mathrm{Dmax}} = 4.8$ wird durch die Simulation bestätigt. Δ

Offsetspannung. Unsymmetrien im Aufbau des Differenzverstärkers führen zu einer nichtverschwindenden *Eingangsoffsetspannung* V_{O}; diese ist definiert als die Differenzeingangsspannung die angelegt werden muß, damit die Ausgangsspannung verschwindet. Hauptursachen für das Auftreten der Offsetspannung sind: (1) Streuungen der Kollektorwiderstandswerte bzw. allgemeiner der Lastkennlinie, falls der Differenzverstärker mit aktiver Last ausgeführt wird. (2) Streuungen der Sättigungsströme der Transistoren. Dies

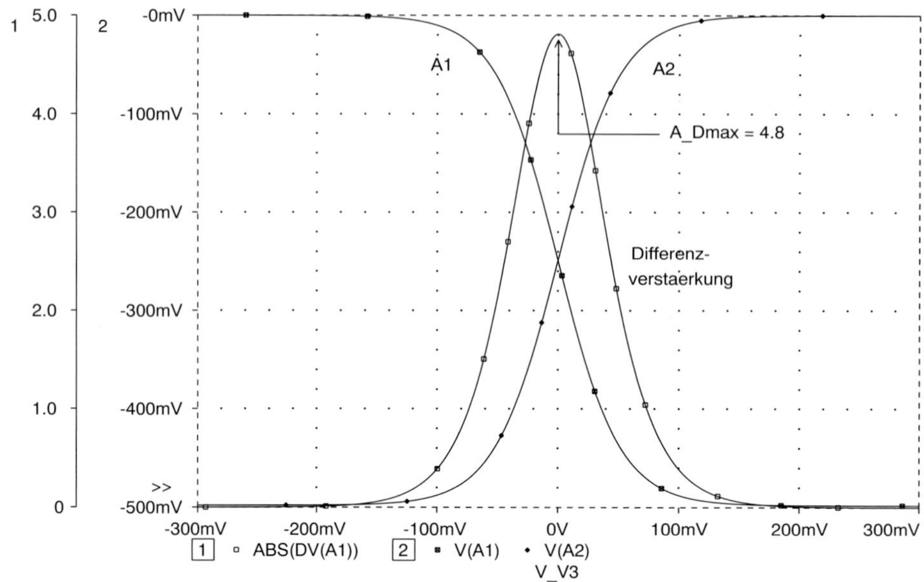

Abb. 17.37. Übertragungskennlinie der Differenzstufe nach Beispiel 17.6.1

kann zum einen fertigungstechnische Gründe haben (unterschiedliche Basisweiten oder Abweichungen im Layout) oder auf eine unterschiedliche Temperatur der Transistoren zurückzuführen sein. Differenzverstärker mit geringer Offsetspannung lassen sich deshalb nur in *integrierter* Form herstellen. Dabei werden die Transistoren der Differenzstufe meist durch Parallelschalten mehrerer Transistoren realisiert, um eine gute thermische Kopplung sowie einen Ausgleich systematischer Veränderungen der Transistoreigenschaften über der Chipoberfläche zu erzielen (z. B. Verkopplung „über Kreuz“).

Abschätzung. Die Eingangsoffsetspannung V_O ist die Spannungsdifferenz, die zwischen den Eingängen angelegt werden muß, damit die Ausgangsspannungsdifferenz verschwindet. Die Forderung

$$R_{C1} I_{S1} \exp\left(\frac{V_{BE1}}{V_T}\right) = R_{C2} I_{S2} \exp\left(\frac{V_{BE2}}{V_T}\right)$$

führt auf die *Eingangsoffsetspannung* $V_O = V_{BE1} - V_{BE2}$

$$V_O = V_T \ln\left(\frac{R_{C2} I_{S2}}{R_{C1} I_{S1}}\right) \approx V_T \left(\frac{\Delta R_C}{R_C} + \frac{\Delta I_S}{I_S}\right) .$$

Die angegebene Näherung folgt dabei bei geringen relativen Abweichungen, d. h. unter den Annahmen

$$\frac{R_{C2}}{R_{C1}} - 1 = \frac{\Delta R_C}{R_C} \ll 1 \quad \text{und} \quad \frac{I_{S2}}{I_{S1}} - 1 = \frac{\Delta I_S}{I_S} \ll 1$$

durch Entwickeln des Logarithmus bis zur ersten Ordnung.

17.6.2 Differenz- und Gleichtaktverstärkung

Die *Differenzspannungsverstärkung* des symmetrischen Inverters beschreibt die Änderung der Ausgangsspannung mit der Differenzeingangsspannung bei reiner Gegentaktaussteuerung

$$A_{\mathrm{D}} = -\frac{\mathrm{d}V_{\mathrm{A1}}}{\mathrm{d}V_{\mathrm{D}}} = \frac{\mathrm{d}V_{\mathrm{A2}}}{\mathrm{d}V_{\mathrm{D}}} = \frac{1}{2}\frac{\mathrm{d}V_{\mathrm{A}}}{\mathrm{d}V_{\mathrm{D}}} = \frac{V_{\mathrm{S}}}{4V_T}\,. \tag{17.36}$$

Wird I_{EE} durch eine ideale Stromquelle eingeprägt und ist somit unabhängig von V_{E}, so ist die Gleichtaktverstärkung null, d. h. die Ausgangsspannungen V_{A1} und V_{A2} ändern sich nicht, falls V_{IN1} und V_{IN2} um denselben Wert verändert werden. In der Praxis läßt sich eine derart perfekte Stromquelle nicht realisieren. I_{EE} wird von V_{E} und damit von der Gleichtaktspannung V_{GL} abhängen. Bei *Gleichtaktaussteuerung* gilt $V_{\mathrm{IN1}} = V_{\mathrm{IN2}} = V_{\mathrm{GL}}$; für die Gleichtakteingangsspannung V_{GL} folgt mit $V_{\mathrm{BE1}} = V_{\mathrm{BE2}} = V_{\mathrm{BE}}$

$$V_{\mathrm{GL}} = V_{\mathrm{BE}} + V_{\mathrm{E}}\,.$$

Da der Ausgangswiderstand der Stromquelle $r_{\mathrm{ee}} = \mathrm{d}V_{\mathrm{E}}/\mathrm{d}I_{\mathrm{EE}}$ groß im Vergleich zum Kehrwert $1/g_{\mathrm{m}}$ des Übertragungsleitwerts der Transistoren ist, gilt $\mathrm{d}V_{\mathrm{E}}/\mathrm{d}V_{\mathrm{GL}} \approx 1$, d. h. die Spannung an den EB-Dioden der beiden Dioden kann bei Gleichtaktaussteuerung als nahezu konstant angenommen werden. Wegen $V_{\mathrm{A1}} = V_{\mathrm{A2}} \approx -R_{\mathrm{C}}I_{\mathrm{EE}}/2$ folgt damit für die *Gleichtaktverstärkung*

$$A_{\mathrm{GL}} = -\frac{\mathrm{d}V_{\mathrm{A1}}}{\mathrm{d}V_{\mathrm{GL}}} = -\frac{\mathrm{d}V_{\mathrm{A1}}}{\mathrm{d}I_{\mathrm{EE}}}\frac{\mathrm{d}I_{\mathrm{EE}}}{\mathrm{d}V_{\mathrm{E}}}\frac{\mathrm{d}V_{\mathrm{E}}}{\mathrm{d}V_{\mathrm{GL}}} \approx \frac{R_{\mathrm{C}}}{2\,r_{\mathrm{ee}}}\,. \tag{17.37}$$

Für die *Gleichtaktunterdrückung* CMRR bedeutet dies

$$\mathrm{CMRR} = \frac{A_{\mathrm{D}}}{A_{\mathrm{GL}}} \approx \frac{R_{\mathrm{C}}I_{\mathrm{EE}}}{4V_T}\frac{2r_{\mathrm{ee}}}{R_{\mathrm{C}}} = \frac{r_{\mathrm{ee}}I_{\mathrm{EE}}}{2V_T}\,; \tag{17.38}$$

sie ist um so größer, je größer der Ausgangswiderstand der verwendeten Stromquelle ist.

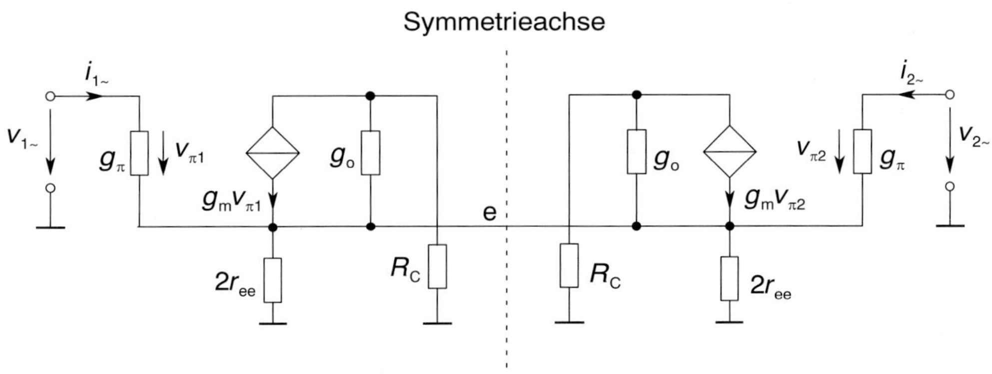

Abb. 17.38. Kleinsignalersatzschaltung des Differenzverstärkers

Kleinsignalanalyse durch Netzwerkaufteilung

Die Ergebnisse des vorausgegangenen Abschnitts lassen sich auch aus der in Abb. 17.38 dargestellten Kleinsignalersatzschaltung des Differenzverstärkers gewinnen. Der den Ausgangswiderstand der Stromquelle beschreibende Wi-

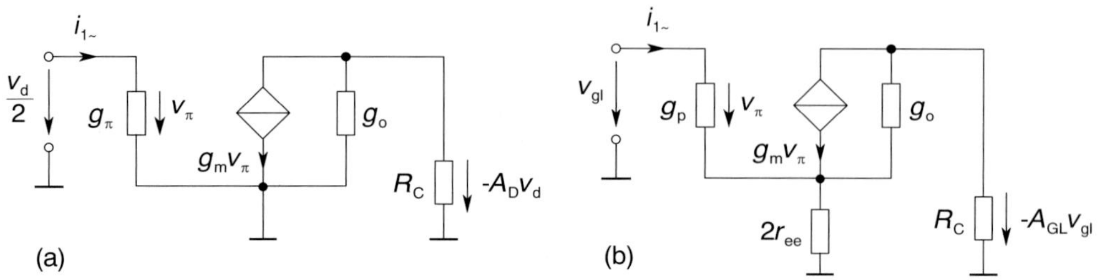

Abb. 17.39. Kleinsignalersatzschaltung des Differenzverstärkers für (**a**) Gegentaktbetrieb und (**b**) Gleichtaktbetrieb

derstand r_{ee} wurde in zwei parallel geschaltete Widerstände $2r_{ee}$ aufgespalten, um die *Symmetrie* der Schaltung zu unterstreichen. Zur Bestimmung des Übertragungsverhaltens können nach dem Überlagerungssatz Gegentakt- und Gleichtaktbetrieb getrennt untersucht werden.

- Bei reiner *Gegentaktaussteuerung* bleibt das Potential des Knotens e unverändert, d. h. der Knoten e kann für diesen Betrieb als Masse angesehen werden. Für die Bestimmung der Differenzverstärkung genügt es die in Abb. 17.39 a gezeigte Teilschaltung zu untersuchen.
- Bei reiner *Gleichtaktaussteuerung* fließt kein Strom über die in Abb. 17.38 eingezeichnete Symmetrielinie – es genügt deshalb die Untersuchung der in Abb. 17.39 b gezeigten Halbschaltung.

Aus der in Abb. 17.39 a gezeigten Schaltung folgt für die Differenzverstärkung

$$A_{\mathrm{D}} = \frac{g_{\mathrm{m}}}{2}\,(R_{\mathrm{C}} \,\|\, r_{\mathrm{o}}) \quad \text{mit} \quad g_{\mathrm{m}} \approx \frac{1}{V_T}\frac{I_{\mathrm{EE}}}{2}\,,$$

vom Faktor 1/2 abgesehen, derselbe Werte wie für die Verstärkerstufe in Emitterschaltung ohne Gegenkopplung. Die Teilschaltung (b) zur Berechnung der Gleichtaktverstärkung entspricht der Verstärkerstufe in Emitterschaltung mit starker Gegenkopplung, so daß nach Gl. (17.3)

$$A_{\mathrm{GL}} = R_{\mathrm{C}}/2r_{\mathrm{ee}}$$

resultiert. Die durchgeführte Symmetriebetrachtung ist auch bei hohen Frequenzen anwendbar, wenn die Transistorkapazitäten in der Ersatzschaltung berücksichtigt werden müssen. Für die Differenzverstärkung ergibt sich so beispielsweise ein Frequenzgang, wie bei der nicht gegengekoppelten Verstärkerstufe in Emitterschaltung.

17.6.3 Analog-Multiplizierer

Ein Analog-Multiplizierer liefert ein Ausgangssignal, das proportional zum Produkt der Eingangssignale ist. Ein solcher Baustein kann aus dem Diffe-

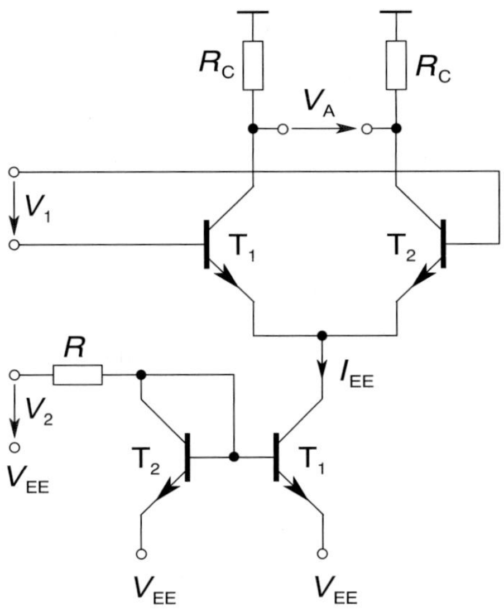

Abb. 17.40. Aus dem Differenzverstärker abgeleiteter Analogmultiplizierer

renzverstärker abgeleitet werden. Bei Kleinsignalbetrieb ist die Differenzausgangsspannung durch

$$v_a = \frac{R_C I_{EE}}{2V_T} v_{1\sim} \qquad (17.39)$$

gegeben. Ist I_{EE} proportional zu einem anderen Signal v_2, wie in der Schaltung nach Abb. 17.40, wo $I_{EE} = \Gamma(v_2 - V_{BEon})/R$ mit dem Stromspiegelverhältnis Γ, so folgt aus (17.39) für den Kleinsignalanteil der Ausgangsspannung

$$v_a = \frac{\Gamma R_S}{2RV_T} v_{2\sim} v_{1\sim} . \qquad (17.40)$$

Offensichtlich ist v_a proportional zum Produkt aus $v_{1\sim}$ und $v_{2\sim}$ falls $V_2 > V_{BEon}$. Diese Schaltung funktioniert nicht für negative Werte von V_2, und wird deshalb als *Zwei-Quadranten-Multiplizierer* bezeichnet (er arbeitet nur in zwei Quadranten der (V_1, V_2) Ebene). Die Schaltung kann auch als ein Kleinsignalverstärker mit einer durch V_2 einstellbaren Spannungsverstärkung (variable-gain amplifier) angesehen werden.

Die in Abb. 17.41 gezeigte *Gilbert-Zelle* arbeitet als Vier-Quadranten-Multiplizierer. Sie besteht aus drei Differenzstufen durch die die Ströme I_{EE}, I_{C1} und I_{C2} fließen. Mit der Näherung $A_N \to 1$, folgt aus (17.35)

$$I_{C1} = \frac{I_{EE}}{1 + \exp(-V_2/V_T)} , \qquad I_{C2} = \frac{I_{EE}}{1 + \exp(V_2/V_T)} , \qquad (17.41)$$

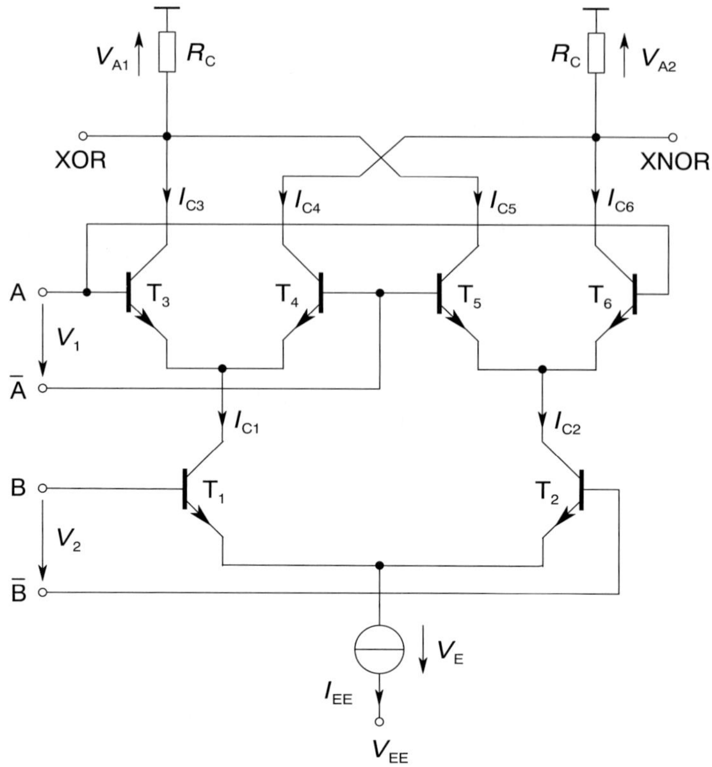

Abb. 17.41. Vier-Quadranten Multiplizierer (Gilbert-Zelle). Mit diesem Schaltkreis kann auch die XOR und XNOR Funktion in ECL (Gegentaktbetrieb mit series gating) realisiert werden

sowie

$$I_{C3} = \frac{I_{C1}}{1+\exp(-V_1/V_T)} , \qquad I_{C4} = \frac{I_{C1}}{1+\exp(V_1/V_T)} \tag{17.42}$$

and

$$I_{C5} = \frac{I_{C2}}{1+\exp(V_1/V_T)} , \qquad I_{C6} = \frac{I_{C2}}{1+\exp(-V_1/V_T)} . \tag{17.43}$$

Durch Kombination dieser Beziehungen folgt für die Differenzausgangsspannung

$$V_A = V_{A2} - V_{A1} = R_C\,(I_{C3} + I_{C5} - I_{C4} - I_{C6}) \tag{17.44}$$

bzw.

$$V_A = R_C I_{EE} \tanh\left(\frac{V_1}{2V_T}\right) \tanh\left(\frac{V_2}{2V_T}\right) . \tag{17.45}$$

Die Ausgangsspannung ist demzufolge proportional zum Produkt der Tangens-Hyperbolikusse der Eingangsspannungen. Bei Kleinsignalbetrieb kann (17.45) entwickelt werden mit dem Ergebnis

$$v_a = R_C I_{EE} \frac{v_{1\sim}}{2V_T} \frac{v_{2\sim}}{2V_T} . \tag{17.46}$$

17.6.4 Schmitt-Trigger

Abbildung 17.42 zeigt ein Schaltbeispiel für einen *Schmitt-Trigger* mit Bipolartransistoren. Die Schaltung besteht aus einem Differenzverstärker mit positiver Rückkopplung des Ausgangs auf den nichtinvertierenden Eingang. Die Schaltpunkte ergeben sich aus der Forderung $v_1 = v_1'$. Da v_1' durch den Spannungsabfall an R_1 und damit vom Kollektorstrom durch T_1 beeinflußt wird, ergibt sich eine Schalthysterese.

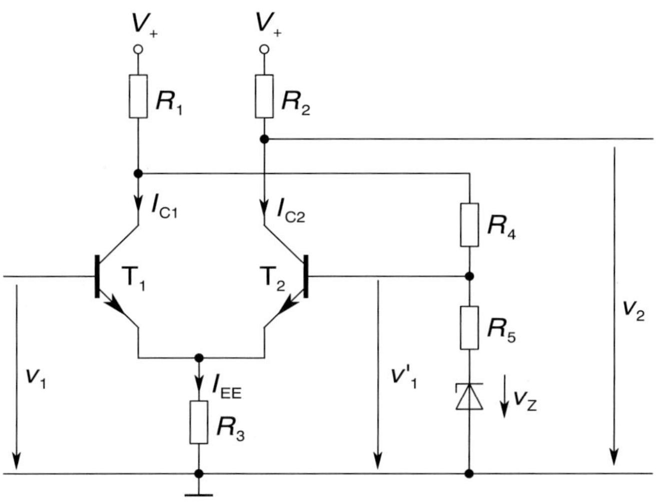

Abb. 17.42. Schmitt-Trigger mit Bipolartransistoren

Schaltspannungen. Die Schaltspannungen (Abb. 17.43) berechnen sich nach der folgenden Fallunterscheidung:

(1) Die untere Schaltspannung V_{S1} ergibt sich für den Fall, daß T_2 sperrt; dann fließt durch R_1 der Kollektorstrom von T_1 und der Strom durch die Z-Diode, so daß

$$V_{S1} = v_1' = V_+ - R_1 I_{C1} - (R_1 + R_4) I_Z .$$

Mit $V_Z \approx V_{ZN}$ gilt $I_Z \approx (V_{S1} - V_{ZN})/R_5$; zusammen mit der für $B_N \gg 1$ gültigen Näherung

$$I_{C1} = \frac{I_{EE}}{1 + 1/B_N} = \frac{V_{S1} - V_{BEon}}{R_3(1 + 1/B_N)} \approx \frac{V_{S1} - V_{BEon}}{R_3}$$

folgt für die untere Schaltspannung

$$V_{S1} = \frac{V_+ + \dfrac{R_1 + R_4}{R_5} V_{ZN} + \dfrac{R_1}{R_3} V_{BEon}}{1 + \dfrac{R_1 + R_4}{R_5} + \dfrac{R_1}{R_3}} . \tag{17.47}$$

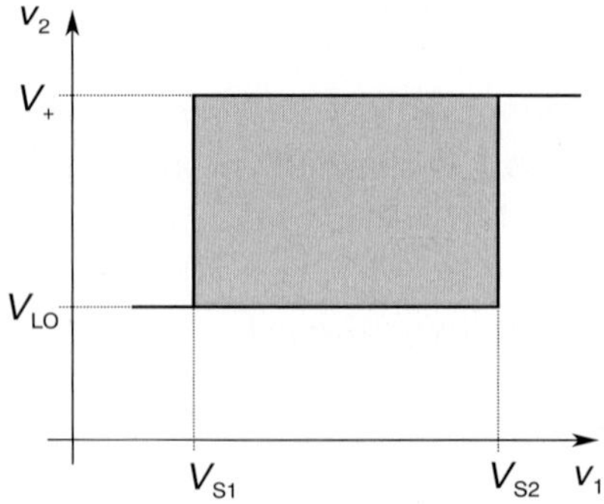

Abb. 17.43. Hysterese des Schmitt-Triggers

(2) Die obere Schaltspannung V_{S2} ergibt sich für den Fall, daß T_1 sperrt. Durch R_1 und R_4 fließt dann der Basisstrom von T_2 und der Strom durch die Z-Diode; damit gilt

$$V_{S2} = v_1' = V_+ - (R_1 + R_4)\left(I_{B2} + \frac{v_1' - V_Z}{R_5}\right) .$$

Mit

$$I_{B2} = \frac{I_{EE}}{B_N + 1} \approx \frac{V_{S2} - V_{BE}}{R_3(B_N + 1)}$$

und $V_Z \approx V_{ZN}$ folgt für die obere Schaltspannung

$$V_{S2} = \frac{V_+ + \dfrac{R_1 + R_4}{R_5} V_{ZN} + \dfrac{R_1 + R_4}{R_3(B_N + 1)} V_{BEon}}{1 + \dfrac{R_1 + R_4}{R_5} + \dfrac{R_1 + R_4}{R_3(B_N + 1)}} . \tag{17.48}$$

Im Grenzfall großer Stromverstärkungen ($B_N \to \infty$) folgt

$$V_{S1} = \frac{V_+ - K\,V_{ZN} + R_1 V_{BEon}/R_3}{1 + K + R_1/R_3} \tag{17.49}$$

und

$$V_{S2} = \frac{V_+ - K\,V_{ZN}}{1 + K} , \tag{17.50}$$

wobei K das Widerstandsverhältnis $K = (R_1 + R_4)/R_5$ bezeichnet. Die Ausgangsspannung des Schmitt-Triggers ist für $v_1 > V_{S2}$ durch V_+ gegeben, da T_2 in diesem Fall sperrt. Für $v_1 < V_{S1}$ leitet T_2; mit $v_1' = V_{S2}$ folgt

$$I_{EE} = \frac{V_{S2} - V_{BEon}}{R_3} ,$$

so daß mit $I_{C2} \approx I_{EE}$ folgt

$$V_{LO} \approx V_+ - \frac{R_2}{R_3}(V_{S2} - V_{BEon}) . \tag{17.51}$$

17.7 Bandabstandsreferenzen

Da Referenzspannungsquellen mit einer Z-Diode in der integrierten Schaltungstechnik wenig[6] geeignet sind, wurden sog. *Bandabstandsreferenzen* entwickelt, die kleinere Spannungswerte liefern, günstigere Rauscheigenschaften aufweisen und keine zusätzlichen Prozeßschritte erfordern. Die Referenzspannung V_{REF} wird dabei aus der Flußpannung $V_{\mathrm{BE}}(T)$ der EB-Diode eines Transistors und einer Korrekturspannung $V_{\mathrm{CORR}}(T)$ zusammengesetzt, die die Abnahme von $V_{\mathrm{BE}}(T)$ mit der Temperatur ausgleicht. Da $V_{\mathrm{BE}}(T)$ annähernd linear mit der absoluten Temperatur abnimmt, sollte $V_{\mathrm{CORR}}(T)$ proportional zur absoluten Temperatur ansteigen. Eine solche Spannung läßt sich aus der Differenz $\Delta V_{\mathrm{BE}} = V_T \ln(I_{\mathrm{C1}}/I_{\mathrm{C2}})$ von zwei, bei unterschiedlichen Kollektorstromdichten betriebenen Bipolartransistoren ableiten.[7]

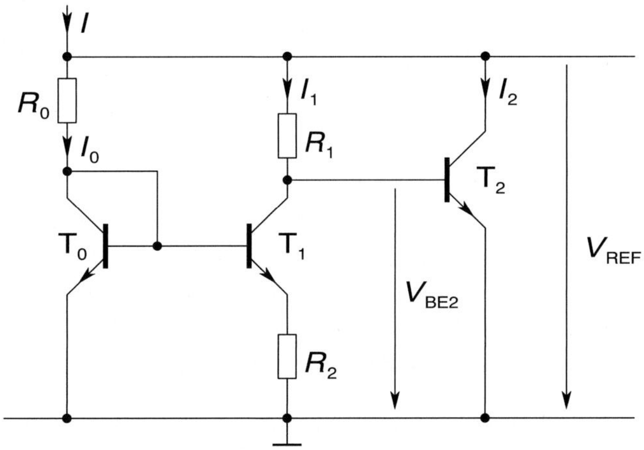

Abb. 17.44. Bandabstandsreferenz nach Widlar

Abbildung 17.44 zeigt als Beispiel die von Widlar 1971 vorgeschlagene *Bandabstandsreferenz*. Die Ausgangsspannung V_{REF} dieser Schaltung ist gegeben durch den Spannungsabfall V_{BE2} über der EB-Diode von Transistor T_2 und den Spannungsabfall am Widerstand R_1

$$V_{\mathrm{REF}} = V_{\mathrm{BE2}} + R_1 I_1 \ .$$

Zur Erläuterung des Schaltungsprinzips werden die Basisströme als vernachlässigbar klein angenommen. T_0 und T_1 bilden einen Stromspiegel, so daß gilt

[6]Störend sind dabei die zusätzlich erforderlichen Prozeßschritte, die geforderte Toleranz (bei Einzelhalbleitern durch Selektion leicht erreichbar) sowie die unerwünscht hohen, häufig außerhalb des Versorgungsspannungsbereichs liegenden Werte der Z-Spannung, bei der diese temperaturunabhängig wird ($V_{\mathrm{ZN}} \approx (5-6)$ V).

[7]Weiter entwickelte Bandabstandsreferenzen kompensieren die lineare und die quadratische Temperaturabhängigkeit von $V_{\mathrm{BE}}(T)$ (curvature corrected bandgap reference) [5–8].

$$R_2\,I_1 \;=\; V_T \ln(I_0/I_1)$$

bzw.

$$V_{\mathrm{REF}} \;=\; V_{\mathrm{BE2}} + V_T\,\frac{R_1}{R_2}\,\ln\left(\frac{I_0}{I_1}\right)\,. \tag{17.52}$$

Temperaturunabhängige Verhältnisse R_1/R_2 sowie I_0/I_1 angenommen, folgt für die Änderung der Referenzspannung mit der Temperatur

$$\frac{\mathrm{d}V_{\mathrm{REF}}}{\mathrm{d}T} \;=\; \frac{\mathrm{d}V_{\mathrm{BE2}}}{\mathrm{d}T} + \frac{R_1}{R_2}\,\frac{k_{\mathrm{B}}}{e}\,\ln\left(\frac{I_0}{I_1}\right)\,.$$

Die Referenzspannung wird demnach temperaturunabhängig, falls

$$\frac{R_1}{R_2}\,\ln\left(\frac{I_0}{I_1}\right) \;=\; -\frac{e}{k_{\mathrm{B}}}\,\frac{\mathrm{d}V_{\mathrm{BE2}}}{\mathrm{d}T} \tag{17.53}$$

erfüllt ist. Da für $I_{\mathrm{C2}} = \mathrm{const.}$

$$\frac{\mathrm{d}V_{\mathrm{BE2}}}{\mathrm{d}T} \;=\; \frac{V_{\mathrm{BE2}} - V_{\mathrm{g}} - X_{\mathrm{TI}}V_T}{T}$$

gilt, wird durch die Gln. (17.52) und (17.53) die Referenzspannung auf

$$V_{\mathrm{REF}} \;=\; V_{\mathrm{BE2}} - T\,\frac{\mathrm{d}V_{\mathrm{BE2}}}{\mathrm{d}T} \;=\; V_{\mathrm{g}} + X_{\mathrm{TI}}V_T$$

festgelegt. Sie liegt damit in der Nähe der Bandabstandsspannung V_{g}, was die Bezeichung Bandabstandsreferenz erklärt; in Silizium gilt $V_{\mathrm{REF}} \approx 1.3$ V. Die Vorgehensweise bei der Dimensionierung zeigt das folgende Beispiel.

Beispiel 17.7.1 Sei $\vartheta = 60°\mathrm{C}$. Der Wert von I_2 wird mit 0.5 mA vorgegeben, bei diesem Wert sei $V_{\mathrm{BE2}} = 0.75$ V. Aus Gl. (17.53) folgt nun mit $V_{\mathrm{g}} \approx 1205\,\mathrm{mV}$ sowie $X_{\mathrm{TI}} \approx 3.5$

$$\frac{R_1}{R_2}\,\ln\left(\frac{I_0}{I_1}\right) \;=\; -\frac{V_{\mathrm{BE2}} - V_{\mathrm{g}}}{V_T} + X_{\mathrm{TI}} \;\approx\; 19.35 \;=\; \frac{R_1 I_1}{V_T}\,.$$

Damit der Basisstrom I_{B2} von T_2 vernachlässigbar klein ist, muß $I_1 \gg I_2/B_{\mathrm{N2}}$ gelten, d. h. I_1 sollte von derselben Größenordnung wie I_2 sein. Wählt man $I_1 = I_2/2 = 0.25$ mA, so folgt

$$R_1 \;=\; \frac{19.35\,V_T}{I_1} \;=\; 2222\,\Omega\,.$$

Für den Wert von R_2 wird 200 Ω gewählt – ein Wert der sich in ICs mit vernünftiger Genauigkeit herstellen läßt; damit folgt

$$\ln(I_0/I_1) \;=\; \frac{R_2 I_1}{V_T} \;=\; 1.742 \qquad \text{bzw.} \qquad I_0 \;=\; 5.706\,I_1 \;\approx\; 1.427\,\mathrm{mA}\,.$$

Falls T_0 und T_2 denselben Wert des Sättigungsstroms aufweisen, ist damit $V_{\mathrm{BE0}} \approx 0.78$ V. Dies ergibt für den Spannungsabfall an R_0 den Wert $I_0 R_0 = V_{\mathrm{REF}} - V_{\mathrm{BE0}} \approx 0.511$ V, was auf $R_0 \;=\; 370\,\Omega$ führt. Δ

17.8 Digitalschaltungen

Mit Bipolartransistoren aufgebaute Schalter eignen sich zum Aufbau digitaler Schaltkreise. Von den zahlreichen unterschiedlichen Schaltungstechniken und -varianten werden an dieser Stelle nur die früher weitverbreitete TTL-Technik – heute durch die CMOS-Technik abgelöst – und die ECL-Technik betrachtet.

17.8.1 TTL-Schaltungen

TTL-Schaltungen werden mit einer 5V-Versorgungsspannung betrieben; sie verwenden als *Schalthub* nahezu den gesamten Versorgungsspannungsbereich, was eine geringe Empfindlichkeit gegen äußere Störsignale sowie gegenüber Bauelementetoleranzen garantiert. Der große Schalthub hat andererseits den Nachteil großer Umladezeiten bei kapazitiven Lasten und erzeugt bei steilen Schaltflanken hohe Störspitzen (Nebensprechen infolge großer Werte von dv/dt). Die beiden Schaltzustände werden mit 0 und 1 bzw. mit LO und HI bezeichnet. Bei LO am Ausgang geraten die Schalttransistoren in Sättigung, was zum einen eine hohe dynamische Störsicherheit zum anderen eine große Schaltverzögerung aufgrund der Speicherzeit bedingt. Die Verschaltung von TTL-Bausteinen ist vergleichsweise einfach, da Leitungen nicht mit dem Wellenwiderstand abgeschlossen werden müssen – dies allerdings mit der Folge starker Reflexionen und Störungen.

Abbildung 17.45 a zeigt den Aufbau eines Standard-TTL-NAND-Gatters mit zwei Eingängen. Die beiden Eingänge sind mit je einem Emitter eines *Multiemittertransistors* verbunden. Liegt mindestens einer der beiden Eingänge auf LO, so erhält T_1 über R_1 einen Basisstrom und wird dadurch leitend (Vorwärtsbetrieb). Da der Kollektor von T_1 mit der Basis von T_2 verbunden ist, kann kein großer Kollektorstrom fließen: T_1 gerät in Sättigung und schaltet den LO-Pegel auf die Basis von T_2 durch. T_2 ist dann hochohmig und an R_3 tritt kein Spannungsabfall auf, d. h. der Ausgang des Gatters ist HI, falls mindestens einer der beiden Eingänge auf LO liegt. Liegen beide Eingänge auf HI-Pegel, so arbeitet T_1 im *Rückwärtsbetrieb* und liefert den Basisstrom für T_2: Der Ausgang wird auf LO-Pegel gesteuert, wie es der NAND-Funktion entspricht. Die Transistoren T_3 und T_4 bilden eine Gegentaktendstufe, die die Belastbarkeit des Gatters (Fan-Out) verbessert. Die gestrichelt eingezeichneten Dioden D_2 und D_3 dienen der Begrenzung von Störspannungspulsen, die durch Leitungsinduktivitäten beim Schaltvorgang hervorgerufen werden. Sie werden leitend, wenn die jeweilige Eingangsspannung den Wert -0.7 V unterschreitet.

Die in TTL-Schaltungen unvermeidliche Sättigung der Transistoren wirkt sich negativ auf die Schaltzeiten aus. Zur Verbesserung wurden sog. *Schottky-TTL*-Schaltungen entwickelt, bei denen parallel zur BC-Diode eine Schottky-Diode liegt. Abbildung 17.45 b zeigt die Schaltung eines Schottky-TTL-

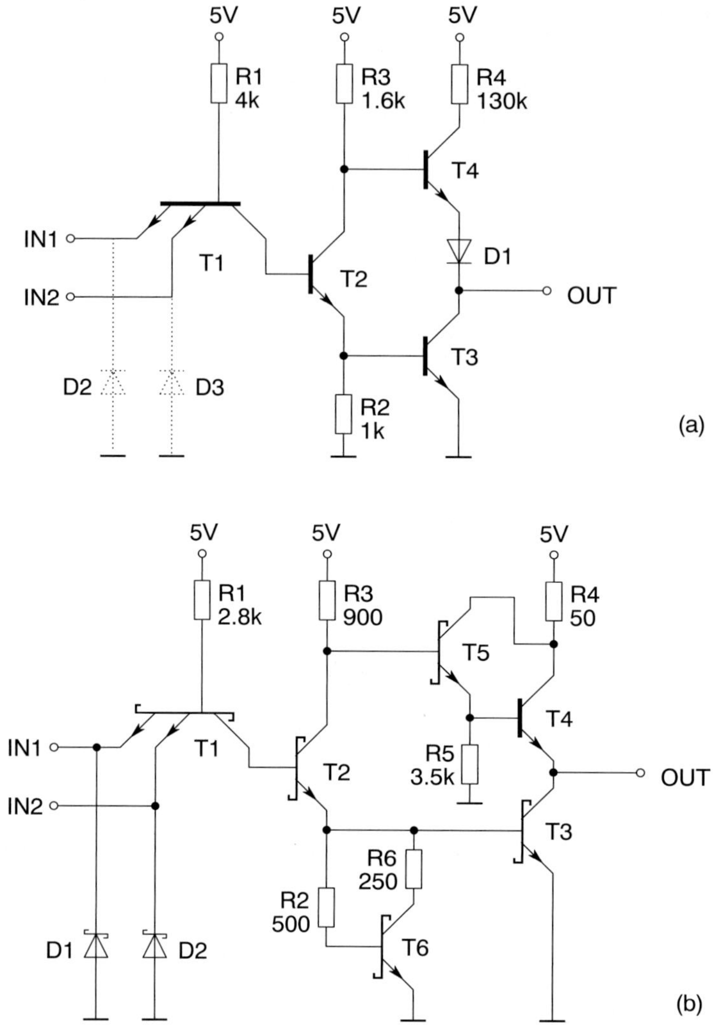

Abb. 17.45. Schaltkreise in TTL-Technik. (**a**) Standard-TTL-NAND-Gatter mit zwei Eingängen, (**b**) Schottky-TTL-NAND-Gatter mit zwei Eingängen (nach [9])

NAND-Gatters mit zwei Eingängen. Im Vergleich zur Schaltung Abb. 17.45 a wurden sämtliche Transistoren, die beim Schaltbetieb in Sättigung geraten können, als Schottky-Transistoren ausgeführt. Eine weitere Modifikation betrifft die zur Pegelverschiebung dienende Diode D_1, die durch eine Darlington-Schaltung ersetzt wurde: Diese ermöglicht größere Ausgangsströme bei ansteigender Flanke und verkürzt damit die Anstiegszeit. Eine günstigere Form der Übertragungskennlinie und damit ein höherer Störabstand ergibt sich ferner durch den zusätzlich eingeführten Transistor T_6 [9].

TTL-Bausteine werden wegen ihrer vergleichsweise großen Verlustleistung (typischerweise 10 mW je Gatter) in Neuentwicklungen nicht mehr eingesetzt – TTL-kompatible CMOS-Bausteine haben diese vollständig verdrängt.

17.8.2 Emitter-Coupled Logic (ECL)

ECL-Gatter sind aus Differenzstufen aufgebaut (Abb. 17.36), die bis in den nichtlinearen Bereich hinein ausgesteuert werden: Abhängig davon welcher Zweig der Differenzstufe vom Strom I_{EE} durchflossen wird, liegt der eine oder andere logische Zustand vor. Der *Schalthub* V_S kann hier sehr gering gehalten werden – am geringsten bei Gegentaktbetrieb mit $V_S \approx 200$ mV. Sättigung der Transistoren kann durch geeignete Auslegung der Schaltung sicher vermieden werden, was extrem kurze Schaltzeiten ermöglicht. Die ECL-Schaltungstechnik ist bedeutsam für die Hochgeschwindigkeitslogik und bietet Gatterlaufzeiten von weniger als 10 ps (Abb. 17.46).

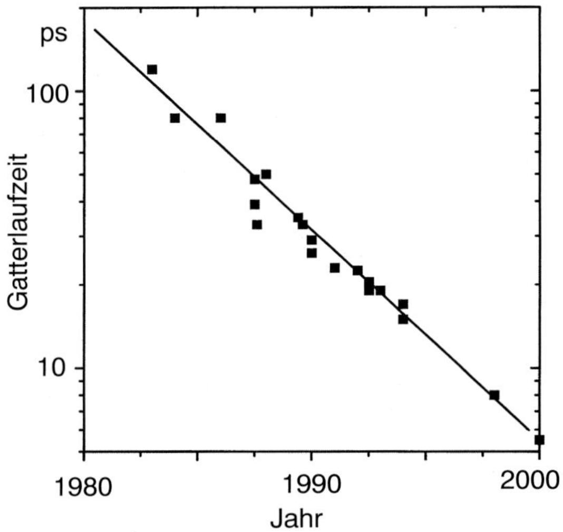

Abb. 17.46. Entwicklung der Gatterlaufzeiten von ECL-Schaltungen [10–12]

Die statische Leistungsaufnahme von ECL-Gattern ist vergleichsweise groß, so daß ECL-Schaltungen bei niederen Frequenzen mit CMOS-Schaltkreisen (vgl. Kap. 21) nicht konkurrieren können. Bei sehr hohen Schaltfrequenzen sieht die Situation jedoch anders aus, da die Verlustleistung statischer CMOS-Logik proportional zur Schaltfrequenz ansteigt und bei sehr hohen Frequenzen sogar größer sein kann als die ensprechender ECL-Schaltungen.[8] Ein weiterer Vorzug der ECL-Technik ist die Möglichkeit mit abgeschlossenen Leitungen und damit minimalen Leitungslaufzeiten zu arbeiten. Außerdem werden wegen der nahezu konstanten Stromaufnahme und des geringen Spannungshubs weniger Störungen hervorgerufen. Als Nachteile sind vor allem die aufwendige Schaltungstechnik sowie die große statische Verlustleistung zu nennen, die eine Obergrenze für die Integration von ECL-Gattern bedingt.

[8] CMOS-Schaltungen für sehr hohe Schaltfrequenzen nutzen denn auch mit MCML (vgl. Kap. 21) denselben schaltungstechnischen Ansatz wie ECL.

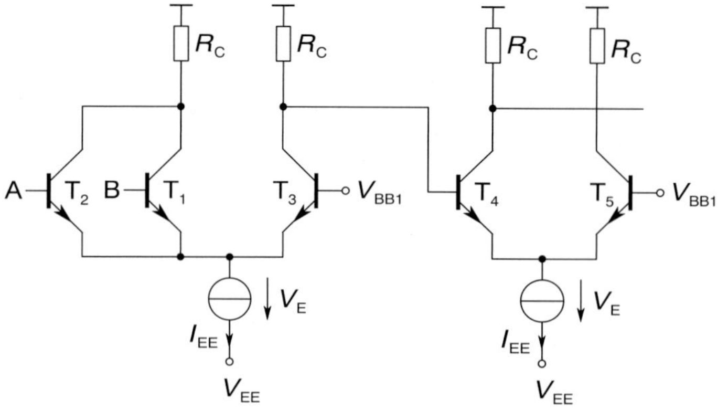

Abb. 17.47. CML-Schaltungstechnik

Von *CML-Schaltungstechnik* wird gesprochen, wenn die Ausgangsspannung eines Gatters direkt auf den Eingang des folgenden Gatters gelegt wird (Abb. 17.47).[9] Die CML-Schaltungstechnik erfordert nur sehr geringe Versorgungsspannungen: Im Extremfall genügt für $|V_{EE}|$ die Flußspannung einer Diode zuzüglich der Spannung, die mindestens über der Stromquelle abfallen muß, damit diese zuverlässig arbeitet. Nachteilig bei CML-Schaltungen ist die Flußpolung der BC-Diode mit dem Spannungshub $V_S \approx R_C I_{EE}$: Führt beispielsweise Transistor T_3 in Abb. 17.47 keinen Strom, so liegt die Basis von Transistor T_4 annähernd auf Massepotential und ist damit größer als die Referenzspannung $V_{BB1} \approx -V_S/2$. Über T_4 fließt deshalb der Gatterstrom I_{EE}, so daß an R_C der Spannungsabfall V_S auftritt. Das Kollektorpotential von T_4 liegt demnach um V_S unter dem Basispotential: Die BC-Diode ist mit V_S flußgepolt.

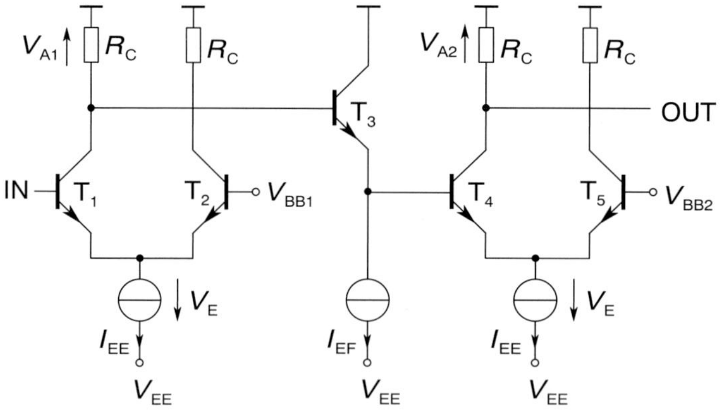

Abb. 17.48. ECL-Schaltungstechnik

Bei *Gegentaktbetrieb* ist die Flußpolung der BC-Diode des angesteuerten Transistors am geringsten: Da beide Eingänge der Differenzstufe gegenphasig ange-

[9] Dieses einfache Beispiel kombiniert eine ODER-Verknüpfung mit einem Inverter. Sie ist streng genommen redundant, da am Ausgang stets zwei komplementäre Signale vorliegen.

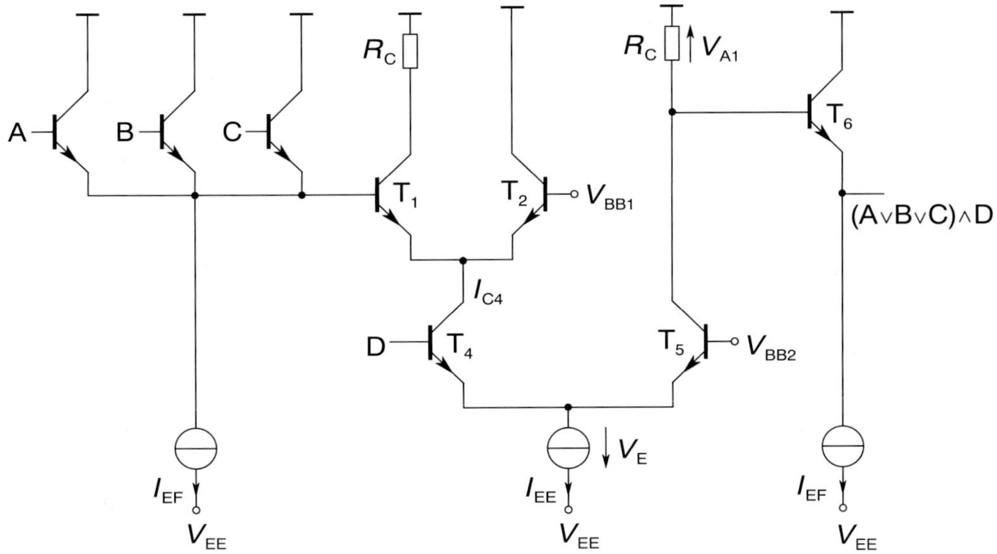

Abb. 17.49. ECL-Schaltungstechnik. Verknüpfung mehrerer Emitterfolger (Eingänge A, B und C) zum WIRED-OR, AND/NAND-Verknpfung mit dem Eingang D durch series gating

steuert werden, ändert sich die Differenz der Basispotentiale um $2\,V_S$, d. h. um den doppelten Hub. Der Gegentaktbetrieb bietet eine hohe Störsicherheit und kürzestmögliche Gatterlaufzeiten. Nachteilig ist jedoch, daß logische Funktionen nur durch *series gating*, d. h. durch Reihenschaltung von Differenzstufen realisiert werden können. Außerdem ist der erhöhte Vedrahtungsaufwand zu nennen, da jedes Signal über zwei Leitungen geführt wird. Wegen dieser Nachteile werden CML- und ECL-Schaltungen meist mit einseitiger Ansteuerung (single ended) ausgeführt. Dabei wird das Basispotential eines Transistors der Differenzstufe auf ein Bezugspotential V_{BB1} gelegt. Der Hub kann hier jedoch aus Gründen der Störsicherheit nicht kleiner als 500 mV gewählt werden,[10] d. h. bei CML-Schaltungen resultiert eine beachtliche Flußpolung der BC-Diode. Aus diesem Grund wird überwiegend die *ECL-Schaltungstechnik* eingesetzt, bei der die Signalspannung durch einen Emitterfolger um die Schleusenspannung einer Diode verschoben wurde (vgl. Abb. 17.48). Durch die Emitterfolger wird die Ausgangsspannung um die Flußspannung V_{BEon} einer Diode abgesenkt. Die Referenzspannung $V_{BB1} \approx -V_S/2 - V_{BEon}$ wird mit einem zweiten Emitterfolger um denselben Wert abgesenkt. Ein Spannungshub von bis zu 700 mV kann deshalb keine Flußpolung der BC-Dioden einer nachfolgenden Differenzstufe bewirken. Ein weiterer Vorzug der Emitterfolger ist ihre geringe Ausgangsimpedanz von wenigen Ohm mit der sie sich sehr gut zum Treiben von $50\,\Omega$-Leitungen eignen.

In den Schaltkreisen der klassischen ECL10K-Reihe wurde der Gatterstrom I_{EE} durch einen ohmschen Widerstand R_E mit einem Widerstandwert in der

[10]Typische Werte in ECL-Schaltungen im praktischen Einsatz liegen bei 700 mV.

Größenordnung von 1 kΩ festgelegt. Diese sehr einfache Technik führte zu einer ungünstigen Form der Übertragungskennlinie, die sich zusätzlich als von der Temperatur und der Versorgungsspannung abhängig erwies. Deshalb wird in den weiterentwickelten ECL-Schaltkreisen eine Konstantstromquelle mit Bipolartransistor zur Einprägung des Gatterstroms eingesetzt. Diese wird von einer speziellen Referenzspannungsquelle (dem sog. Bias-Treiber) angesteuert, welche einen spezifizierten Temperaturgang aufweist und so einen temperaturunabhängigen Spannungshub bewirkt.

Abbildung 17.49 zeigt zwei Ansätze zur Reduktion der Verlustleistung, bei denen durch schaltungstechnische Maßnahmen Gatterfunktionen zusammengefaßt werden. Werden mehrere Emitterfolger parallel geschaltet, so resultiert eine OR-Verknüpfung (sog. *Wired-OR-Verknüpfung*): Ist nur einer der Eingänge A, B oder C auf HI, so wird dieser das Basispotential von T_1 auf HI-Potential „ziehen". Durch Einfügen einer weiteren Differenzstufe (im Beispiel T_4, T_5) in einen Ast einer Differenzstufe kann zusätzlich eine AND/NAND-Verknüpfung realisiert werden. Diese Technik wird als *series gating* bezeichnet. Die Potentiale der Eingangsignale benachbarter Ebenen werden dabei durch Emitterfolger um die Schleusenspannung je einer Diode gegeneinander verschoben.

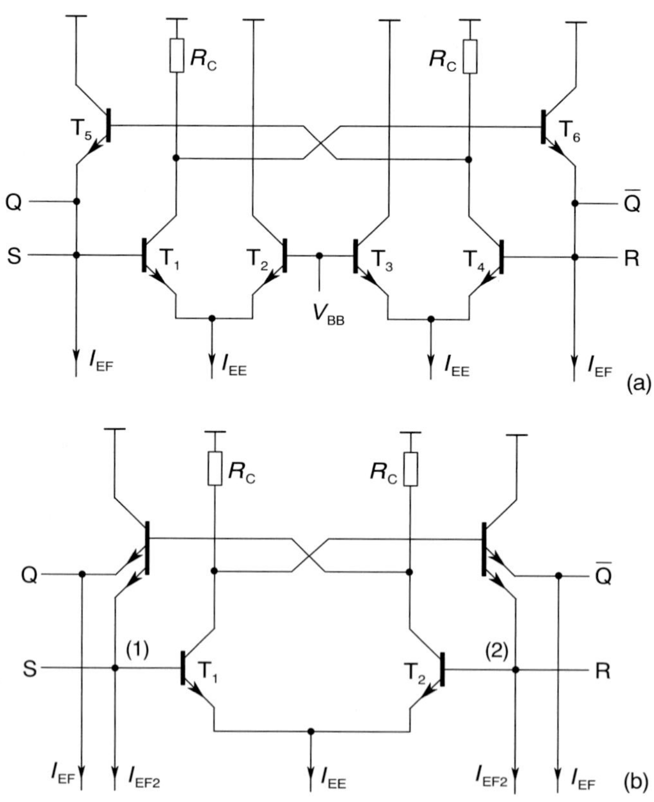

Abb. 17.50. RS-Flipflop. (**a**) aufgebaut mit single-ended ECL NOR-Gattern, (**b**) alternative Realisierung eines RS-Flipflop, ohne Referenzpotential V_{BB}

Flip-Flops

Durch Koppeln von zwei ECL-NOR-Gattern läßt sich ein RS-Flipflop realisieren. Abbildung 17.50 a zeigt dies für zwei single-ended ECL-Gatter. Durch Verschmelzen der beiden Gatter ergibt sich die in Abb. 17.50 b dargestellte Schaltung bei der die Referenztransistoren eingespart wurden. Um die innere Rückkopplungssschleife von den lastabhängigen Ausgängen Q und $\overline{\text{Q}}$ zu entkoppeln werden hier Multiemittertansistoren verwendet. Da die SET und RESET Eingänge jeweils ein Wired-OR mit dem Emitterfolger des speisenden Gatters bilden benötigt das Flipflop nur drei Stromquellen; die Ströme I_{EF2} werden von den vorgeschalteten Emitterfolgern gestellt.

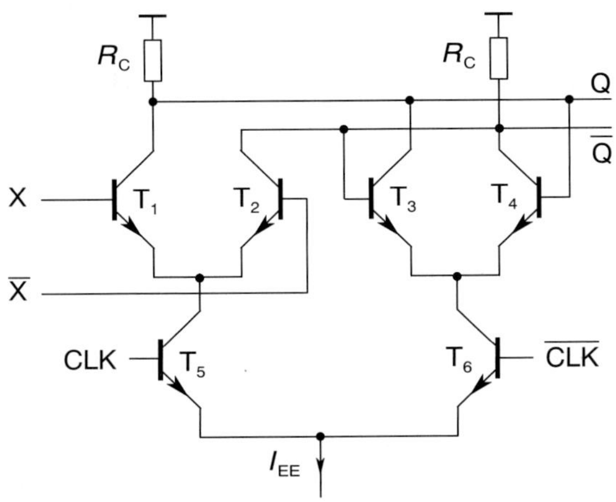

Abb. 17.51. D-Flipflop mit Series gating

Abbildung 17.51 zeigt ein D-Flipflop. Ist CLK HI so werden die Ausgänge Q und $\overline{\text{Q}}$ gleich $\overline{\text{X}}$ und X gesetzt. Ist CLK LO, so wirken sich Änderungen der Eingangsvariablen nicht auf den Ausgang aus.

Power-delay-Produkt

Für die Verzögerungszeit eines CML-Gatters (Gatterlaufzeit) läßt sich schreiben [13, 14]

$$\tau_{\text{d}} = \tau_{\text{f}} + R_{\text{BB}'} C_{\text{B}} + R_{\text{C}} C_{\text{C}} \; ; \tag{17.54}$$

die Kapazitäten C_{B} und C_{C} sind dabei gewichtete Summen der Transistor- und Verdrahtungskapazitäten. Für grobe Abschätzungen kann nach [14]

$$C_{\text{B}} \approx 2c_{\text{jc}}(0) + \frac{\tau_{\text{f}} I_{\text{EE}}}{150\,\text{mV}} \tag{17.55}$$

$$C_{\text{C}} \approx 2c_{\text{jc}}(0) + 0.5\, c_{\text{cs}}(0) + C_{\text{W}} \tag{17.56}$$

verwendet werden,[11] wobei c_{cs} die Kollektor-Substrat-Kapazität und C_{W} die durch die Verdrahtung und die angeschlossene Last bedingte Kapazität bezeichnet. Da bei vorgegebenem Hub V_{S} der Wert der Kollektorwiderstände umgekehrt proportional zum Gatterstrom I_{EE} zu verändern ist ($R_{\mathrm{C}} = V_{\mathrm{S}}/I_{\mathrm{EE}}$), dominiert bei kleinen Gatterströmen der dritte Term auf der rechten Seite von (17.54). Dieser Term nimmt mit zunehmender Verlustleistung $P = I_{\mathrm{EE}}|V_{\mathrm{EE}}|$ des Gatters proportional zu $1/P$ ab. Für große Werte von P wird die Laufzeit nur noch durch die ersten beiden Terme auf der rechten Seite von Gl. (17.54) bestimmt. Wegen der bei großen Strömen zunehmenden Vorwärtstransitzeit τ_{f} und wegen des mit I_{EE} und damit mit P zunehmenden Werts von C_{B} wird τ_{d} nach Durchlaufen eines Minimums wieder ansteigen. Wird die Gatterverzögerung über der im Gatter umgesetzten Leistung aufgetragen, so resultiert demzufolge ein Verlauf, wie er in Abb. 17.52 schematisch dargestellt ist.

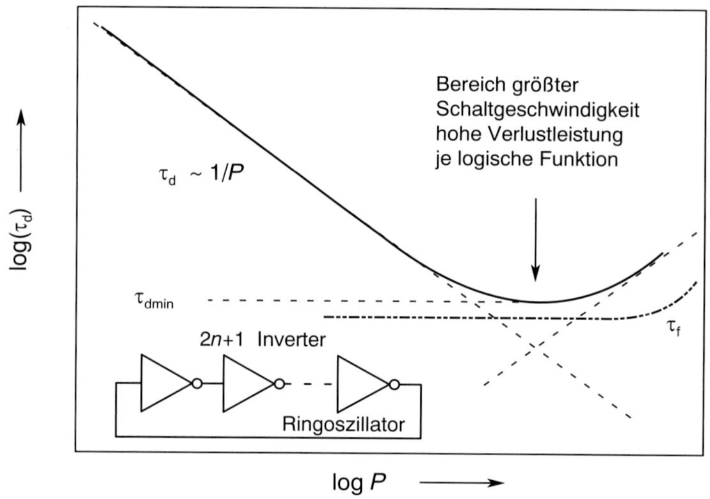

Abb. 17.52. Gatterverzögerung von CML- und ECL-Schaltkreisen als Funktion der Verlustleistung

Neben dem minimalen Wert der Gatterlaufzeit τ_{dmin} ist dabei vor allem die Näherungsgerade für kleine Leistungen von Interesse; in diesem Bereich ist das Produkt aus Gatterlaufzeit und Verlustleistung annähernd konstant. Es wird als *Power-delay-Produkt* zur Charakterisierung einer Bipolartechnolgie verwendet; für das Power-delay-Produkt folgt

$$P\tau_{\mathrm{d}} \geq PR_{\mathrm{C}}C_{\mathrm{C}} = C_{\mathrm{C}}V_{\mathrm{S}}|V_{\mathrm{EE}}| \,.$$

[11] Dieses Ergbnis bezieht sich auf CML-Gatter ohne Emitterfolger. Für einen Emitterfolger, der die Kapazität C_{W} treibt, ist eine zusätzliche Zeitkonstante [15]

$$\tau_{\mathrm{EF}} \approx 0.69 \left(\frac{1}{2\pi f_{\mathrm{T}}} + \frac{C_{\mathrm{W}} V_T}{I_{\mathrm{EF}}} \right)$$

zu berücksichtigen.

Für einfache Inverterfunktionen wurden in speziell auf minimales Power-delay-Produkt optimierten Schaltkreisen bereits Werte kleiner als 10 fJ realisiert. In auf minimale Gatterlaufzeit optimierten ECL-Schaltkreisen wurden bereits Werte für $\tau_{\mathrm{dmin}} < 10\,\mathrm{ps}$ erreicht. Um derartige Angaben über minimale Gatterlaufzeiten und Power-delay-Produkte richtig beurteilen zu können, muß man die Meßmethode kennen: Üblicherweise werden zur Bestimmung der Gatterlaufzeit sog. *Ringoszillatoren* untersucht [16] – das sind Reihenschaltungen einer ungeraden Anzahl $(2n+1)$ von Invertern, deren Ausgang auf den Eingang rückgekoppelt ist (Abb. 17.52). Derartige Schaltungen führen selbsterregte Schwingungen mit der Periode $2(2n{+}1)\tau_{\mathrm{d}}$ aus, wobei τ_{d} die Gatterlaufzeit, also die Verzögerungszeit eines Inverters bezeichnet. Für $n \gg 1$ ergibt sich so ein meßtechnisch leicht erfaßbares Signal. Da jeder Ausgang nur mit dem Eingang des nächsten Inverters belastet wird, die Verdrahtungskapazität im Vergleich zu praktischen Logikschaltungen vernachlässigbar klein ist und die Ringoszillatoren meist im Gegentaktbetrieb mit minimalem Hub betrieben werden, ergeben sich wesentlich geringere Werte für Verlustleistung und Verzögerungszeit, als in realen Schaltungen erzielbar sind.

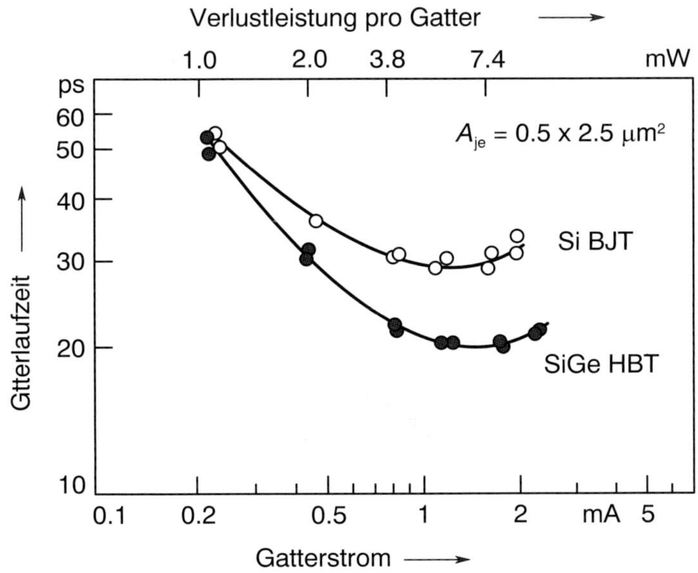

Abb. 17.53. Vergleich der Gatterlaufzeiten unbelasteter ECL-Ringoszillatoren (Spannungshub $V_{\mathrm{S}} = 500\,\mathrm{mV}$) als Funktiondes Gatterstroms für einen SiGe HBT und Si BJT mit vergleichbarem Layout und Dotierstoffprofil (nach [17])

Abbildung 17.53 zeigt die Verlustleistung und Gatterlaufzeit von ECL-Invertern die mit Si BJTs und SiGe HBTs derselben Größe und vergleichbarem Dotierstoffprofil hergestellt wurden. Bei kleinen Gatterströmen wird die Gatterlaufzeit primär durch die Sperrschichtkapazität bestimmt. Da diese für Si BJTs und SiGe HBTs von derselben Größenordnung sind, ergeben sich hier kaum Unterschiede in der Gatterlaufzeit. Für größere Werte des Gatterstroms gewinnt die Diffusionskapazität der EB-Diode an Bedeutung. Wegen der geringeren Basistransitzeit von SiGe HBTs werden deshalb kleinere Gatterlaufzeiten erzielt als mit Si BJTs.

17.9 Literaturverzeichnis

[1] H. Schenk. *Bipolare Transistoren.* Springer, Berlin, 1978.

[2] M. Reisch. *High-Frequency Bipolar Transistors.* Springer, Berlin, 2003

[3] H. Schligtenhorst, G.A.M. Hurkx, H. Schroeder, B. Sievers. Alternatives for gold killing of bipolar switching transistors *IEEE BCTM Tech. Dig.*, pp. 180–183, 1998.

[4] L.M. Rucker. Monolithic bipolar diodes and their models. *IEEE Circuits and Devices Mag.*, (March):257–263, 1991.

[5] Y.P. Tsividis. Accurate analysis of temperature effects in $I_C - V_{BE}$ characteristics with application to bandgap reference sources. *IEEE J. Solid-State Circuits*, 15(6):1076–1084, 1980.

[6] R.J. Widlar. Low voltage techniques. *IEEE J. Solid-State Circuits*, 13(6):838–846, 1978.

[7] G.C.M. Meijer, P.C. Schmale, K. van Zalinge. A new curvature-corrected bandgap reference. *IEEE J. Solid-State Circuits*, 17(6):1139–1143, 1982.

[8] M. Gunawan, G.C.M. Meijer, J. Fonderie, J.H. Huising. A curvature-corrected low-voltage bandgap reference. *IEEE J. Solid-State Circuits*, 28(6):667–670, 1993.

[9] D.A. Hodges, H.G. Jackson. *Analysis and Design of Digital Integrated Circuits.* McGraw Hill, New York, second edition, 1988.

[10] J.D. Warnock. Silicon bipolar device structures for digital applications: Technology trends and future directions. *IEEE Trans. Electron Devices*, 42(3):377–389, 1995.

[11] E. Ohue, et.al. A 7.7-ps cml using selective epitaxial SiGe HBTs. *IEEE BCTM Tech. Dig.*, pp. 97–100, 1998.

[12] K. Washio, et.al. 82 GHz dynamic frequency divider in 5.5 ps ECL SiGe HBTs. *ISSCC Tech.Dig.*, 2000:12.8, 2000.

[13] D.D. Tang, P.M. Solomon. Bipolar transistor design for optimized power-delay logic circuits. *IEEE J. Solid-State Circ.*, 14(4):679–684, 1979.

[14] P.K. Tien. Propagation delay in high speed silicon bipolar and gaas hbt digital circuits. *Int. J. of High-Speed Electronics*, 1(1):101–124, 1990.

[15] G.R. Wilson. Advances in bipolar VLSI. *Proc. IEEE*, 78(11):1707–1719, 1990.

[16] R. Müller, H.-J. Pfleiderer, K.-U. Stein. Energy per logic operation in integrated circuits: Definition and determination. *IEEE J. Solid-State Circuits*, 11(5):657–661, 1976.

[17] J.D. Cressler. SiGe HBT technology: A new contender for Si-based RF and microwave circuit applications. *IEEE Trans. Microwave Theory and Techniques*, 46(5):572–589, 1998.

18 CAD-Modelle für Bipolartransistoren

Die Modellierung, d.h. die mathematische Beschreibung der elektrischen Eigenschaften eines Bipolartansistors spielte von Anfang an eine bedeutende Rolle. Schließlich wurde der Transistor aufgrund theoretischer Überlegungen entwickelt und es ist interessant anzumerken, daß bereits 1958, aufgrund von Modellrechnungen, Transitfrequenzen von 40 GHz [1] für Bipolartransistoren mit einer Basisweite von 150 nm und einer Basisladung der Größenordnung $10^{13}\,\mathrm{cm}^{-2}$ vorausgesagt wurden – die technische Umsetzung dauerte gut drei Jahrzehnte bis ca. 1990, als Transitfrequenzen in diesem Bereich mit selbstjustierten Bipolartransistoren erreicht werden konnte.

Mit zunehmender Komplexität integrierter Schaltungen wurde die Modellierung des Bipolartransistors für CAD-Anwendungen unverzichtbar. Das 1954 veröffentlichte Ebers–Moll [2,3] war ein über längere Zeit verwendetes Großsignalmodell des Bipolartransistors. Ende der 1960er Jahre wurde dann mit dem Gummel–Poon Modell [4] eine besser geeignete Beschreibung gefunden, die es erlaubte Hochinjektionseffekte auf vergleichsweise einfache Weise zu erfassen. Dieses Modell stellt immer noch einen Standard dar; neuere Entwicklungen, wie VBIC95, HICUM oder MEXTRAM, führen die dem Gummel-Poon Modell zugrundeliegenden Ansätze fort um eine verbesserte Beschreibung der Hochinjektionseffekte, Temperaturabhängigkeiten, Eigenerwärmung, Substrateinflüsse in integrierten Transistoren etc. zu erhalten.

Der Schwerpunkt dieses Kapitels liegt auf dem Gummel-Poon Modell, wie es in SPICE verwendet wird. Ein zweiter Abschnitt betrachtet die weiterentwickelten Modelle ohne auf die mathematischen Details einzugehen.

18.1 Gummel-Poon Modell

Die in PSPICE eingesetzte Ersatzschaltung des Bipolartransistors verwendet eine gegenüber dem elementaren Transistormodell verbesserte Beschreibung des Transferstroms und erweitert dieses um zusätzliche Netzwerkelemente, die sich aus dem verbreiteten Aufbau in Planartechnologie ergeben.

18.1.1 Ersatzschaltung und Modellanweisung

Das Ersatzschaltbild des Bipolartransistors ermöglicht die Simulation diskreter und integrierter Bipolartransistoren. Die in Abb. 18.1 gezeigte Ersatzschaltung ergibt sich aus dem in Kap. 16.8 erläuterten Aufbau von Bipolartransistoren in Planartechnologie.

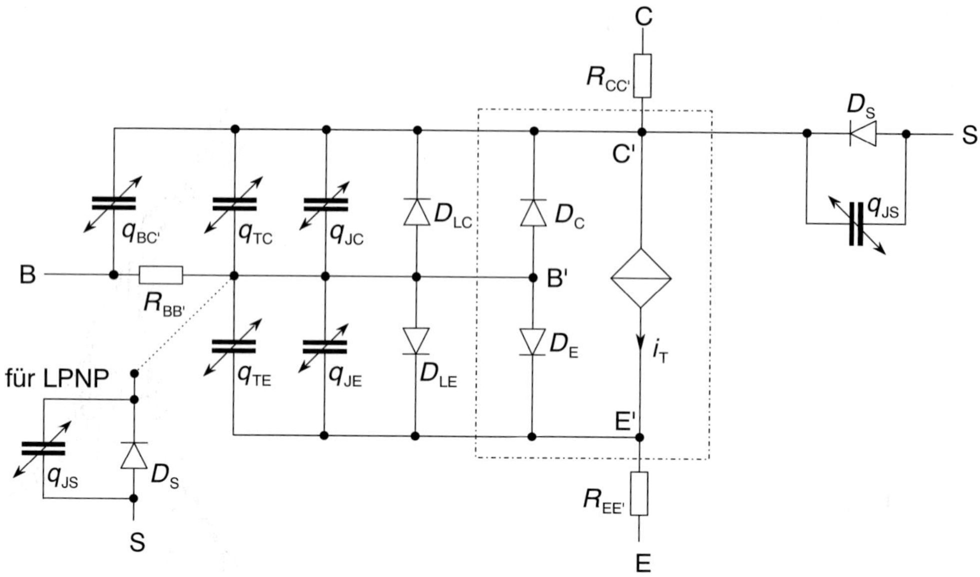

Abb. 18.1. Ersatzschaltung des (vertikalen) npn-Bipolartransistors in SPICE. Das Modell des (vertikalen) pnp-Transistors resultiert durch Umpolen der Dioden. Sollen laterale pnp-Transistoren simuliert werden (Modelltyp LPNP), so ist der Substratanschluß nicht am inneren Kollektorknoten sondern am inneren Basisknoten

Netzwerkmodell und Elementanweisung

Die *Elementanweisung* für einen Transistor in der SPICE-Netzliste lautet

`Q(name)  K_C  K_B  K_E  ⟨ K_S ⟩  Mname  ⟨ AREA ⟩`

Dabei bezeichnet `K_C` den Namen des Kollektorknotens, `K_B` den Namen des Basisknotens, `K_E` den Namen des Emitterknotens, `K_S` den Namen des Substratknotens, dessen Angabe optional[1] ist. `Mname` kennzeichnet das verwendete Transistormodell, dessen Parameter in einer gesonderten `.MODEL`-Anweisung aufgeführt werden. Zur Beschreibung der Elemente des Großsignalmodells sind mehr als 50 Parameter vorgesehen, die in Tabelle 18.1 zusammengestellt sind. Diese auf den ersten Blick entmutigende Fülle wird verständlich, wenn die einzelnen Parameter den verschiedenen Elementen der Ersatzschaltung zugeordnet werden. Wird eine Kenngröße nicht spezifiziert, so verwendet SPICE automatisch den entsprechenden, in Tabelle 18.1 angeführten, Ersatzwert. Für npn, pnp und laterale pnp-Transistoren werden unterschiedliche Modellanweisungen verwendet.

```
.MODEL   Mname   NPN    (Modellparameter)
.MODEL   Mname   PNP    (Modellparameter)
.MODEL   Mname   LPNP   (Modellparameter)
```

[1] Wird `K_S` nicht angegeben, so wird der Substratknoten automatisch auf Null gelegt.

Tabelle 18.1 Parameter des SPICE-Transistormodells

Bedeutung	Parameter	Einheit	Ersatzwert
Idealer Transistor			
Transfersättigungsstrom	I_S, IS	A	10^{-16}
Ideale Vorwärtsstromverstärkung	B_F, BF	-	100
Ideale Rückwärtsstromverstärkung	B_R, BR	-	1
Vorwärtsemissionskoeffizient	N_F, NF	-	1
Rückwärtsemissionskoeffizient	N_R, NR	-	1
Early-Effekt			
Vorwärts-Early-Spannung	V_{AF}, VAF	V	∞
Rückwärts-Early-Spannung	V_{AR}, VAR	V	∞
Leckstromdioden			
Sättigungsstrom der nichtidealen EB-Diode	I_{SE}, ISE	A	0
Emissionskoeffizient der nichtidealen EB-Diode	N_E, NE	-	1.5
Sättigungsstrom der nichtidealen BC-Diode	I_{SC}, ISC	A	0
Emissionskoeffizient der nichtidealen BC-Diode	N_C, NC	-	2.0
Sättigungsstrom der CS-Diode	I_{SS}, ISS	A	0
Emissionskoeffizient der CS-Diode	N_S, NS	-	1
Hochstromeffekte			
Kniestrom in Vorwärtsrichtung	I_{KF}, IKF	A	∞
Kniestrom in Rückwärtsrichtung	I_{KR}, IKR	A	∞
„Roll Off“ - Exponent	N_K, NK	-	0.5
Bahnwiderstände			
Emitterbahnwiderstand	R_E, RE	Ω	0
Basisbahnwiderstand (Maximalwert)	R_B, RB	Ω	0
Basisbahnwiderstand (Minimalwert)	R_{BM}, RBM	Ω	RB
Kniestrom des Basisbahnwiderstands	I_{RB}, IRB	A	∞
Kollektorbahnwiderstand	R_C, RC	Ω	0
Quasisättigung			
Ladungsfaktor für Epischicht	Q_{CO}, QCO	C	0
Widerstand der Epischicht	R_{CO}, RCO	Ω	0
Grenzspannung für Beweglichkeit	V_O, VO	V	10
Dotierungsfaktor für Epischicht	γ, GAMMA	-	10^{-11}
Transitzeiten			
Ideale Vorwärtstransitzeit	T_F, TF	sec	0
Spannungsabhängigkeit der Transitzeit	X_{TF}, XTF	-	0
Abhängigkeit der Transitzeit von V_{BC}	V_{TF}, VTF	V	∞
Abhängigkeit der Transitzeit von I_C	I_{TF} ITF	A	0
„Excess Phase“ bei der Kreisfrequenz $1/(2\pi T_F)$	P_{TF}, PTF	Grad	0
Ideale Rückwärtstransitzeit	T_R, TR	sec	0

Tabelle 18.1 (Fortsetzung)

Bedeutung	Parameter	Einheit	Ersatzwert
Sperrschichtkapazitäten			
Sperrschichtkapazität der EB-Diode für $U = 0$	C_{JE}, CJE	F	0
Diffusionsspannung	V_{JE}, VJE	V	0.75
Gradationsexponent	M_{JE}, MJE	-	0.33
Sperrschichtkapazität der BC-Diode für $U = 0$	C_{JC}, CJC	F	0
Diffusionsspannung	V_{JC}, VJC	V	0.75
Gradationsexponent	M_{JC}, MJC	-	0.33
Anteil von c_{jc}, der über RB umgeladen wird	X_{CJC}, XCJC	-	1
Sperrschichtkapazität der CS-Diode für $U = 0$	C_{JS}, CJS	F	0
Diffusionsspannung	V_{JS}, VJS	V	0.75
Gradationsexponent	M_{JS}, MJS	-	0
Koeffizient für Sperrschichtnäherung	F_{C}, FC	-	0.5
Temperaturabhängigkeit			
Bandabstandsspannung ($\approx W_g/e$)	E_G, EG	V	1.11
Temperaturexponent der Stromverstärkung	X_{TB}, XTB	-	0
Temperaturexponent von IS	X_{TI}, XTI	-	3
Temperaturkoeffizient für RE (linear)	T_{RE1}, TRE1	K^{-1}	0
Temperaturkoeffizient für RE (quadratisch)	T_{RE2}, TRE2	K^{-2}	0
Temperaturkoeffizient für RB (linear)	T_{RB1}, TRB1	K^{-1}	0
Temperaturkoeffizient für RB (quadratisch)	T_{RB2}, TRB2	K^{-2}	0
Temperaturkoeffizient für RBM (linear)	T_{RM1}, TRM1	K^{-1}	0
Temperaturkoeffizient für RBM (quadratisch)	T_{RM2}, TRM2	K^{-2}	0
Temperaturkoeffizient für RC (linear)	T_{RC1}, TRC1	K^{-1}	0
Temperaturkoeffizient für RC (quadratisch)	T_{RC2}, TRC2	K^{-2}	0
Rauschen			
$1/f$-Rauschkoeffizient	K_{F}, KF	A^2	0
$1/f$-Rauschexponent	A_{F}, AF	-	1

`AREA` ist eine dimensionslose Zahl, mit der die flächenspezifischen Kenngrößen skaliert werden: Ströme und Sperrschichtkapazitäten werden mit `AREA` multipliziert, Widerstände durch `AREA` dividiert. Die Angabe ist optional – wird für `AREA` keine Angabe gemacht, so wird automatisch `AREA = 1` angenommen. Die folgenden Modellgleichungen beziehen sich auf `AREA = 1`.

Die in Abb. 18.1 gezeigte Ersatzschaltung des Bipolartransistors erweitert das elementare Transistormodell, dessen Elemente in dem durchbrochenen Rahmen zu sehen sind. Diese sind angeschlossen an die inneren Knoten B', C' und E', die über die Serienwiderstände $R_{\mathrm{BB'}}$, $R_{\mathrm{CC'}}$ und $R_{\mathrm{EE'}}$ mit den Anschlüssen B (Basis), C (Kollektor) und E (Emitter) verbunden sind. Die Werte von $R_{\mathrm{BB'}}$ und $R_{\mathrm{CC'}}$ werden dabei als arbeitspunktabhängige Größen behandelt.

Parallel zur EB-Diode D_{E} und BC-Diode D_{C} ist jeweils eine *Leckstromdiode* (D_{LE} bzw. D_{LC}) geschaltet. Diese beschreiben das hauptsächlich durch die Rekombination von Ladungsträgern in den Raumladungszonen und an den Oberflächen bedingte nichtideale Verhalten der Diodenströme. Die bei Flußpolung des pn-Übergangs zwischen Kollektor und Substrat fließenden Ströme werden durch die Diode D_{S} erfaßt. Alle Dioden werden mit Strom-Spannungs-Beziehungen der Form

$$i = I_{\mathrm{S}} \left[\exp\left(\frac{v}{NV_T}\right) - 1 \right]$$

beschrieben. Sättigungsströme und Emissionskoeffizienten der einzelnen Dioden sind in der folgenden Tabelle zusammengestellt:

Diode	D_{E}	D_{C}	D_{LE}	D_{LC}	D_{S}
Sättigungsstrom	IS/BF	IS/BR	ISE	ISE	ISS
Emissionskoeffizient	NF	NR	NE	NC	NS

Die Größen BF und BR bezeichnen dabei die bereits vom elementaren Transistormodell bekannten, idealen Stromverstärkungen im Vorwärts- bzw. Rückwärtsbetrieb. Der Strom durch die Diode D_{E} ist demnach beispielsweise

$$i_{\mathrm{DE}}(v_{\mathrm{B'E'}}) = \frac{i_{\mathrm{CE}}}{B_{\mathrm{F}}} = \frac{I_{\mathrm{S}}}{B_{\mathrm{F}}} \left[\exp\left(\frac{v_{\mathrm{B'E'}}}{N_{\mathrm{F}} V_T}\right) - 1 \right] .$$

Die *Sperrschichtladungen* werden durch die interne und die externe BC-Sperrschichtkapazität (mit den Ladungen q_{JC} bzw. $q_{\mathrm{BC'}}$), die EB-Sperrschichtkapazität (mit der Ladung q_{JE}) und die CS-Sperrschichtkapazität (mit der Ladung q_{JS}) beschrieben. Die Arbeitspunktabhängigkeit der Sperrschichtkapazitäten wird durch den aus Kap. 14 bekannten Ansatz[2]

$$c_{\mathrm{j}}(v') = c_{\mathrm{j}}(0) \left(1 - v'/V_{\mathrm{J}}\right)^{-M}$$

erfaßt. Die Bezeichnungen für $c_{\mathrm{j}}(0)$, Diffusionsspannung V_{J} und Gradationsexponent M für die verschiedenen Kapazitäten können der folgenden Tabelle entnommen werden.

Kapazität	c_{je}	c_{jc}	$c_{\mathrm{bc'}}$	c_{js}
$c_{\mathrm{j}}(0)$	CJE	XCJC·CJC	(1-XCJC)·CJC	CJS
Diffusionsspannung	VJE	VJC	VJC	VJS
Gradationsexponent	MJE	MJC	MJC	MJS

[2]Für Flußspannungen größer als $F_{\mathrm{C}} V_{\mathrm{J}}$ wird die Sperrschichtkapazität, wie bei der pn-Diode, durch lineare Extrapolation beschrieben. Die Diffusionsspannungen V_{JE}, V_{JC} und V_{JS}, ebenso wie die Parameter C_{JE}, C_{JC} und C_{JS} werden mit Modellbeziehungen wie bei der pn-Diode temperaturabhängig beschrieben.

Zu beachten ist die Aufteilung der BC-Sperrschichtkapazität unter Verwendung des Parameters $X_{\mathrm{CJC}} = A_{\mathrm{je}}/A_{\mathrm{jc}}$. X_{CJC} bestimmt den Flächenanteil der inneren BC-Kapazität für den Transistor in Planartechnologie. Nur dieser Anteil wird über den Basisbahnwiderstand $R_{\mathrm{BB'}}$ umgeladen. Für die innere BC-Sperrschichtkapazität c_{jc} gilt beispielsweise

$$c_{\mathrm{jc}} = X_{\mathrm{CJC}} C_{\mathrm{JC}} \left(1 - v_{\mathrm{B'C'}}/V_{\mathrm{JC}}\right)^{-M_{\mathrm{JC}}} .$$

Die im Transistor auftretende Diffusionsladung wird in einen Anteil $q_{\mathrm{TE}} \sim i_{\mathrm{CE}}$ aufgeteilt, der von der EB-Diode gesteuert wird und einen Anteil $q_{\mathrm{TC}} \sim i_{\mathrm{EC}}$, der von der BC-Diode gesteuert wird

$$q_{\mathrm{TE}} = \tau_{\mathrm{f}}\, i_{\mathrm{CE}}/q_{\mathrm{B}} \quad \text{und} \quad q_{\mathrm{TC}} = \tau_{\mathrm{r}}\, i_{\mathrm{EC}}/q_{\mathrm{B}} . \tag{18.1}$$

Die Vorwärtstransitzeit τ_{f} wird dabei arbeitspunktabhängig berechnet, während die Rückwärtstransitzeit τ_{r} als konstant $\tau_{\mathrm{r}} = T_{\mathrm{R}}$ angesetzt wird. Zur arbeitspunktabhängigen Beschreibung der Vorwärtstransitzeit τ_{f} werden in SPICE insgesamt vier Parameter (T_{F}, X_{TF}, I_{TF} und V_{TF}) eingesetzt:

$$\tau_{\mathrm{f}} = T_{\mathrm{F}} \left[1 + X_{\mathrm{TF}} \left(\frac{I_{\mathrm{CE}}}{I_{\mathrm{CE}} + I_{\mathrm{TF}}} \right)^2 \exp\left(\frac{v_{\mathrm{B'C'}}}{1.44\, V_{\mathrm{TF}}} \right) \right] \tag{18.2}$$

Diese werden an gemessene $\tau_{\mathrm{f}}(I_{\mathrm{C}})$-Verläufe angepaßt.

18.1.2 Transferstrom, Gummel-Poon-Ansatz

In SPICE wird die Beschreibung des Transferstroms durch Einfügen der Emissionskoeffzienten N_{F} und N_{R} verallgemeinert, die durch Anpassen an gemessene Kennlinienverläufe bestimmt werden[3]

$$\boxed{i_{\mathrm{T}} = \frac{I_{\mathrm{S}}}{q_{\mathrm{B}}} \left\{ \exp\left[\frac{v_{\mathrm{B'E'}}(t)}{N_{\mathrm{F}}\, V_T} \right] - \exp\left[\frac{v_{\mathrm{B'C'}}(t)}{N_{\mathrm{R}}\, V_T} \right] \right\} = \frac{i_{\mathrm{CE}} - i_{\mathrm{EC}}}{q_{\mathrm{B}}} .} \tag{18.3}$$

Im elementaren Transistormodell wird in q_{B} nur der Vorwärts-Early-Effekt erfaßt. Eine verbesserte Beschreibung des Transferstroms erfordert eine arbeitpunktabhängige Modellierung von q_{B}. Diese muß die Änderung der Basisladung durch die Verschiebung der Sperrschichtränder und die im Flußbetrieb anfallenden Diffusionsladungen berücksichtigen. Unter Berücksichtigung der arbeitspunktabhängigen Sperrschicht- und Diffusionsladung in der Basis gilt

$$q_{\mathrm{B}} = 1 + \frac{q_{\mathrm{JE}}}{Q_{\mathrm{B0}}} + \frac{q_{\mathrm{JC}}}{Q_{\mathrm{B0}}} + \frac{q_{\mathrm{TE}}}{Q_{\mathrm{B0}}} + \frac{q_{\mathrm{TC}}}{Q_{\mathrm{B0}}} , \tag{18.4}$$

wobei Q_{B0} die Basisladung bei $V_{\mathrm{B'E'}} = V_{\mathrm{B'C'}} = 0$ bezeichnet (vgl. Kap. 16.2.3). Bei *Niederinjektion*, d. h. solange die Diffusionsladung klein ist im Vergleich zur Basisladung, gilt in sehr guter Näherung

[3] In der Praxis können N_{F} und N_{R} i. allg. gleich eins gesetzt werden.

$$q_{\mathrm{B}} \approx 1 + \frac{q_{\mathrm{JE}}}{Q_{\mathrm{B0}}} + \frac{q_{\mathrm{JC}}}{Q_{\mathrm{B0}}} = q_1 \,, \tag{18.5}$$

wobei $q_{\mathrm{JE}}/Q_{\mathrm{B0}}$ die relative Änderung der Basisladung durch die Verschiebung des emitterseitigen Sperrschichtrands und $q_{\mathrm{JC}}/Q_{\mathrm{B0}}$ die relative Änderung der Basisladung durch die Verschiebung des kollektorseitigen Sperrschichtrands bezeichnet. Mit der (Vorwärts-)Early-Spannung V_{AF} und der Rückwärts-Early-Spannung V_{AR} wird q_1 gewöhnlich beschrieben durch

$$q_1 = \left(1 - \frac{v_{\mathrm{B'C'}}}{V_{\mathrm{AF}}} - \frac{v_{\mathrm{B'E'}}}{V_{\mathrm{AR}}}\right)^{-1} .$$

Bei *Hochinjektion* sind die Terme $q_{\mathrm{TE}}/Q_{\mathrm{B0}}$ und $q_{\mathrm{TC}}/Q_{\mathrm{B0}}$, die die relative Änderung der Basisladung aufgrund der über die EB- und die BC-Diode injizierten Diffusionsladungen charakterisieren, nicht mehr vernachlässigbar. Zusätzlich zu q_1 ist nun ein zweiter Term

$$\frac{1}{Q_{\mathrm{B0}}}\left(\tau_{\mathrm{f}}\,\frac{I_{\mathrm{CE}}}{q_{\mathrm{B}}} + \tau_{\mathrm{r}}\,\frac{I_{\mathrm{EC}}}{q_{\mathrm{B}}}\right) = \frac{q_2}{q_{\mathrm{B}}}$$

zu berücksichtigen. Für die normierte Basisladung q_{B} folgt somit die quadratische Beziehung

$$q_{\mathrm{B}} = q_1 + \frac{q_2}{q_{\mathrm{B}}} \,. \tag{18.6}$$

Unter Vernachlässigung der Arbeitspunktabhängigkeit von τ_{f} läßt sich der *Vorwärtskniestrom* (oder kurz: Kniestrom)

$$I_{\mathrm{KF}} = Q_{\mathrm{B0}}/\tau_{\mathrm{f}} \tag{18.7}$$

und der *Rückwärtskniestrom*

$$I_{\mathrm{KR}} = Q_{\mathrm{B0}}/\tau_{\mathrm{r}} \tag{18.8}$$

definieren. Mit diesen Größen liefert Auflösen von Gl. (18.6) nach q_{B}

$$\boxed{q_{\mathrm{B}} = \frac{q_1}{2} + \sqrt{\frac{1}{4}\,q_1^2 + \frac{I_{\mathrm{CE}}}{I_{\mathrm{KF}}} + \frac{I_{\mathrm{EC}}}{I_{\mathrm{KR}}}}\;.} \tag{18.9}$$

Dies ist der in SPICE[4] verwendete Ansatz.

[4]Die Zunahme der Vorwärtstransitzeit bei hohen Kollektorstromdichten führt zu Fehlern in der Beschreibung von q_{B}. Der in PSPICE verwendete Ansatz

$$q_{\mathrm{B}} = \frac{q_1}{2}\left[1 + (1 + 4q_2)^{N_K}\right] \qquad \text{und} \qquad q_2 = \frac{i_{\mathrm{CE}}}{I_{\mathrm{KF}}} + \frac{i_{\mathrm{EC}}}{I_{\mathrm{KR}}}$$

ermöglicht eine annähernde Berücksichtigung dieses Effekts durch Anpassen des sog. „Roll-off"-Exponenten N_K.

18.1.3 Stromverstärkung

Die Stromverstärkung $B_{\mathrm{N}} = I_{\mathrm{C}}/I_{\mathrm{B}}$ ist wegen der Arbeitspunktabhängigkeit von q_{B} und wegen des nichtidealen Verhaltens der EB-Diode vom Arbeitspunkt, d. h. von I_{C}, abhängig. Bei Vorwärts-Betrieb ergibt das Gummel–Poon Modell für Basis- und Kollektorstrom

$$I_{\mathrm{B}} = \frac{I_{\mathrm{S}}}{B_{\mathrm{F}}} \exp\left(\frac{V_{\mathrm{B'E'}}}{V_T}\right) + I_{\mathrm{SE}} \exp\left(\frac{V_{\mathrm{B'E'}}}{N_{\mathrm{E}} V_T}\right)$$

$$I_{\mathrm{C}} = \frac{I_{\mathrm{S}}}{q_{\mathrm{B}}} \exp\left(\frac{V_{\mathrm{B'E'}}}{V_T}\right) .$$

Wird $\exp(V_{\mathrm{B'E'}}/V_T)$ durch I_{C} ausgedrückt, so folgt

$$B_{\mathrm{N}}(I_{\mathrm{C}}) = \frac{I_{\mathrm{C}}}{I_{\mathrm{B}}} = \frac{1}{\dfrac{q_{\mathrm{B}}}{B_{\mathrm{F}}} + \dfrac{I_{\mathrm{SE}}}{I_{\mathrm{C}}} \left(\dfrac{I_{\mathrm{C}} q_{\mathrm{B}}}{I_{\mathrm{S}}}\right)^{1/N_{\mathrm{E}}}} . \tag{18.10}$$

In integrierten Bipolartransistoren macht sich die EB-Leckstromdiode häufig nur bei sehr kleinen Werten des Kollektorstroms I_{C} bemerkbar; dann gilt $q_{\mathrm{B}} \approx q_1$, so daß

$$B_{\mathrm{N}} \approx \frac{1}{I_{\mathrm{SE}}} \left(\frac{I_{\mathrm{S}}}{q_1}\right)^{1/N_{\mathrm{E}}} I_{\mathrm{C}}^{1-1/N_{\mathrm{E}}} ; \tag{18.11}$$

diese Beziehung beschreibt einen Anstieg der Stromverstärkung $B_{\mathrm{N}} \sim I_{\mathrm{C}}^{1-1/N_{\mathrm{E}}}$ falls die Arbeitpunktabhängigkeit von q_1 vernachlässigbar ist. Eine doppelt-logarithmische Auftragung von B_{N} über I_{C}, liefert dann eine Gerade der Steigung $1 - 1/N_{\mathrm{E}}$ wie in Abb. 18.2 dargestellt.

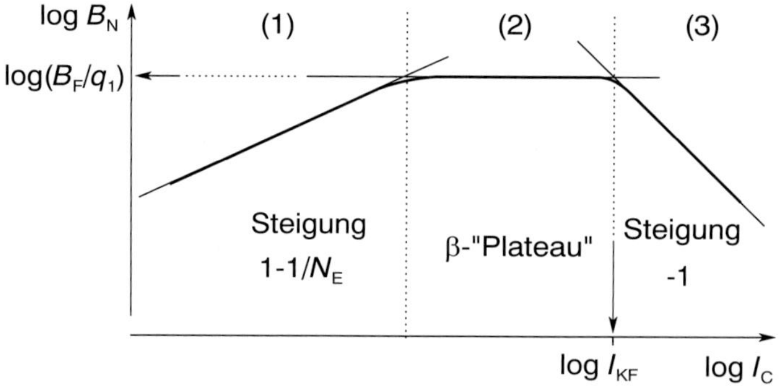

Abb. 18.2. Doppelt-logarithmische Auftragung der Stromverstärkung B_{N} über dem Kollektorstrom I_{C}

Bei größeren Werten des Kollektorstroms kann der Einfluß der EB-Leckstromdiode vernachlässigt werden, so daß

$$B_{\mathrm{N}} \approx \frac{B_{\mathrm{F}}}{q_1 + I_{\mathrm{C}}/I_{\mathrm{KF}}} , \tag{18.12}$$

da bei Vorwärtsbetreib $q_B = q_1 + I_C/I_{KF}$. Ist $I_C \ll I_{KF}$, so ist der Wert von $B_N \approx B_F/q_1$ annähernd konstant, was zum sog. β-Plateau (Abb. 18.2) führt. Insbesondere bei integrierten Bipolartransistoren ist die Halbleiterqualität sehr hoch – derartige Transistoren weisen gewöhnlich über viele Größenordnungen des Kollektorstroms eine nahezu[5] konstante Stromverstärkung auf. Gilt $I_C \gg I_{KF}$, so kann q_1 in (18.12)vernachlässigt werden und es folgt

$$B_N \approx B_F I_{KF}/I_C \; ; \tag{18.13}$$

diese Beziehung beschreibt einen Abfall $B_N \sim 1/I_C$. In der doppelt-logarithmischen Auftragung von B_N über I_C, wird dieses Verhalten durch eine Gerade der Steigung -1 wiedergegeben, wie in Abb. 18.2 dargestellt.

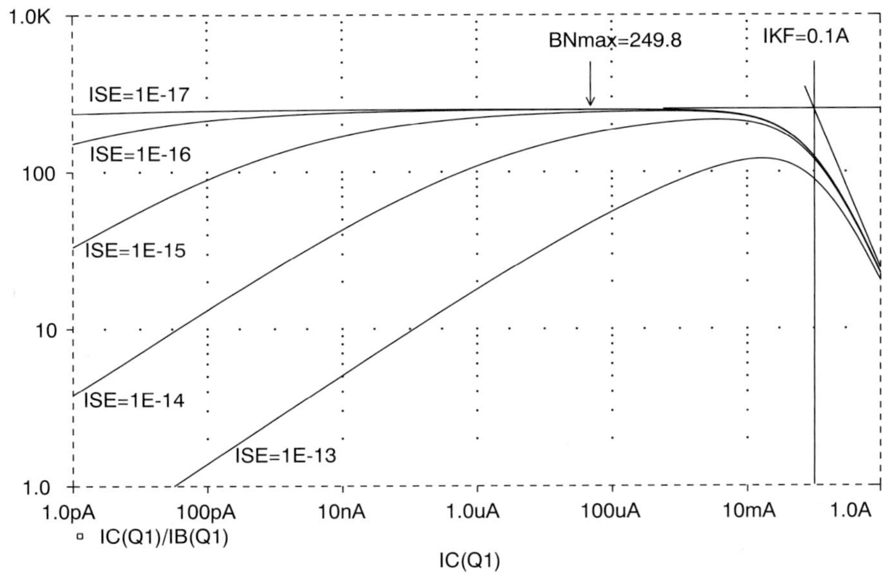

Abb. 18.3. Zur Arbeitspunktabhängigkeit der Stromverstärkung

Beispiel 18.1.1 Als Beispiel wird die Stromverstärkung $B_N(I_C)$ für verschiedene Werte von I_{SE} mittels SPICE-Simulation ermittelt. In der Beispielsimulation wurden Basis und Kollektor kurzgeschlossen ($V_{CB} = 0$) und die EB-Diode mit einer Spannungsquelle angesteuert. In der `.MODEL`-Anweisung wurden die folgenden Parameter definiert

```
IS=10F  XTI=3  EG=1.11  BF=250  BR=5  NE=1.3  IKF=0.1  XTB=1.5
```

Der Wert von I_{SE} wurde im Intervall 10^{-17} A $< I_{SE} < 10^{-13}$ A verändert. Das Simulationsergebnis zeigt die mit zunehmendem I_{SE} abnehmende Breite des β-Plateaus. Für $I_{SE} = 10^{-13}$ A wird der Basisstrom nahezu ausschließlich durch die Leckstromdiode bestimmt. Ein β-Plateau tritt hier nicht mehr auf (vgl. Abb. 18.3). Δ

[5] Da ein Anstieg von I_C mit einem Anstieg von $V_{B'E'}$ und damit einem Anstieg von q_1 verknüpft ist, sinkt B_N in diesem Bereich mit zunehmendem Kollektorstrom leicht ab.

18.1.4 Temperaturabhängigkeit

Der Transfersättigungsstrom I_S und die Stromverstärkungen B_F und B_R werden bei einer von der Bezugstemperatur abweichenden Simulationstemperatur entsprechend den Gln. (16.41) und (16.44) umgerechnet. Für die Temperaturabhängigkeit des Sättigungsstroms der EB-Leckstromdiode wird der Ansatz

$$I_{SE}(T) = I_{SE}(T_0) \left(\frac{T}{T_0}\right)^{X_{TI}/N_E - X_{TB}} \exp\left[\frac{E_G}{N_E V_T}\left(\frac{T}{T_0} - 1\right)\right] \qquad (18.14)$$

verwendet.[6] Für $N_E > 1$ wächst I_S schneller mit T an als I_{SE}. Bei Temperaturzunahme verliert der Einfluß der Leckstromdiode auf die Stromverstärkung B_N des Transistors demnach an Bedeutung: Die Arbeitspunktabhängigkeit der Stromverstärkung wird dadurch geringer.

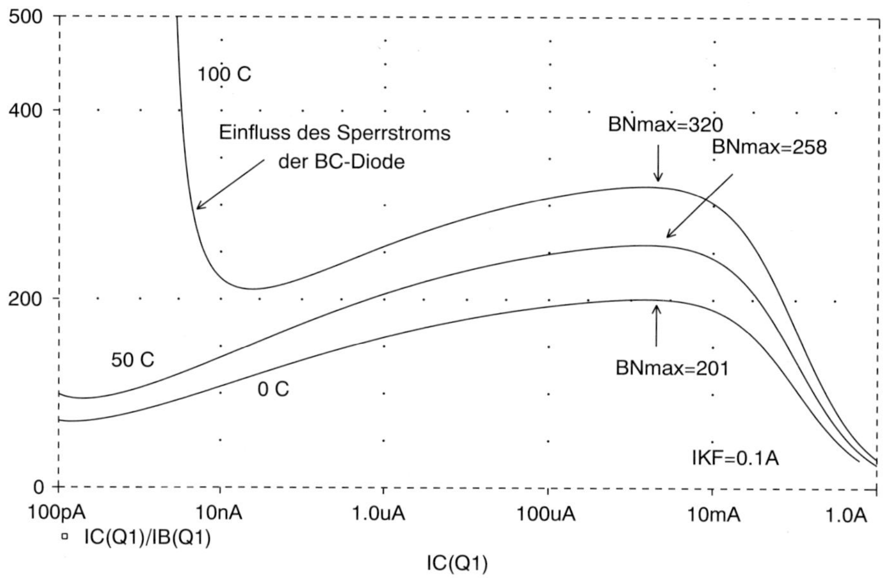

Abb. 18.4. I_C/I_B in Emitterschaltung als Funktion von I_C für verschiedene Werte der Temperatur

Beispiel 18.1.2 Abbildung 18.4 zeigt das Ergebnis einer SPICE-Simulation für das Verhältnis I_C/I_B als Funktion von I_C. Hierzu wurden mittels `.DC`-Analyse Werte von I_B und I_C als Funktion von V_{BE} bestimmt, wobei $V_{CE} = 2$ V konstant gehalten wurde. Der Transistor wurde durch die in Beispiel 18.1.1 angegebenen Parameter beschrieben; simuliert wurde für $\vartheta = 0\,°C$, $\vartheta = 50\,°C$ und $\vartheta = 100\,°C$. Mit $T_0 = 300$ K folgt für die ideale Vorwärtsstromverstärkung bei 0°C

$$B_F(0°C) = 250 \left(\frac{273\text{ K}}{300\text{ K}}\right)^{1.5} = 217$$

[6]Eine entsprechende Beziehung, mit den für die jeweilige Diode spezifizierten Emissionskoeffizienten und Sättigungströmen, gilt für die übrigen Dioden.

und entsprechend $B_F(50°C) = 279$ sowie $B_F(100°C) = 346$; die simulierten Maximalwerte von I_C/I_B (vgl. Abb. 18.4) liegen wegen des Einflusses der Leckstromdiode und des Kniestroms etwas unter dem Wert von B_F.

Im Bereich kleiner Kollektorströme dominiert der Einfluß der Leckstromdiode, der zu einem Anstieg von I_C/I_B mit I_C führt. Dies ist besonders deutlich bei 0°C zu sehen. Bei höheren Temperaturen weicht I_C/I_B für kleine Werte von I_C von dem in Abb. 18.2 skizzierten Verlauf ab. Ursache dieser Abweichung ist der stark temperaturabhängige Sperrstrom I_{CBO} der BC-Diode. Dieser steht zusätzlich zu dem über die Klemmen fließenden Basisstrom I_B als Löcherstrom zur Verfügung. Damit gilt $I_C \approx B_N(I_B + I_{CBO})$ und somit

$$\frac{I_C}{I_B} = B_N \left(1 + \frac{I_{CBO}}{I_B}\right) .$$

Das Verhältnis I_C/I_B ist demnach merklich größer als B_N, falls I_B in die Größenordnung von I_{CBO} kommt. Bei der Auswertung des I_C/I_B-Verlaufs in *Basisschaltung* nach Kap. 18.1.6 ist $I_{CBO} = 0$ wegen $V_{CB} = 0$, so daß hier keine Verfälschung auftreten kann. Δ

18.1.5 Bahnwiderstände

Emitterbahnwiderstand. Der *Emitterbahnwiderstand* $R_{EE'}$ kann in den meisten Fällen als ohmscher Widerstand beschrieben werden. Wegen der geringen Tiefe und der sehr hohen Dotierung des Emitterbahngebiets ist $R_{EE'}$ nahezu ausschließlich durch den *Kontakt* bestimmt. Mit dem spezifischen Kontaktwiderstand ρ_C gilt

$$R_{EE'} \approx \rho_C / A_{je} .$$

Für diskrete Transistoren ist $R_{EE'}$ gewöhnlich kleiner als 1 Ω, in integrierten Bipolartransistoren mit ihren sehr geringen Emitterflächen A_{je} können jedoch Serienwiderstände im Bereich einiger 10 Ω auftreten. Der Emitterbahnwiderstand reduziert den Übertragungsleitwert von Bipolartransistoren bei höheren Stromdichten.

In PSPICE wird der *Emitterbahnwiderstand* $R_{EE'}$ als temperaturabhängiger ohmscher Serienwiderstand beschrieben

$$R_{EE'} = R_E \left[1 + T_{RE1}(T - T_0) + T_{RE2}(T - T_0)^2\right] , \tag{18.15}$$

wobei T_{RE1} und T_{RE2} den linearen und quadratischen Temperaturkoeffizienten von $R_{EE'}$ bezeichnen.

Basisbahnwiderstand. Der *Basisbahnwiderstand* $R_{BB'}$ läßt sich stets aufteilen in einen *externen* Anteil, der den Kontaktwiderstand und die Zuführung bis zum Basisbahngebiet des inneren Transistors erfaßt, und einen internen Anteil. Der externe Anteil verhält sich in guter Näherung wie ein ohmscher

Widerstand, dessen Wert durch Dotierung und Geometrie des externen p-Bahngebiets sowie den Kontaktwiderstand gegeben ist. Der *interne* Anteil des Basisbahnwiderstands dagegen ist stark vom Arbeitspunkt abhängig und nimmt mit zunehmendem Basisstrom ab. Dies hat zwei Ursachen:

(1) Mit zunehmendem Transferstrom nimmt die Diffusionsladung in der Basis zu. Durch die erhöhte Löcherdichte kommt es zu einer Verbesserung der Leitfähigkeit und damit zur Abnahme von $R_{\mathrm{BB'}}$.

(2) Mit zunehmendem Basisstrom nimmt der Spannungsabfall über der Basis zu. Da der an einem Ort in den Emitter abfließende Strom aber von der lokalen Spannung über der Sperrschicht abhängt, bedeutet dies, daß der Strom nicht gleichmäßig über den Transistorquerschnitt verteilt fließt, sondern vorzugsweise am Rand.

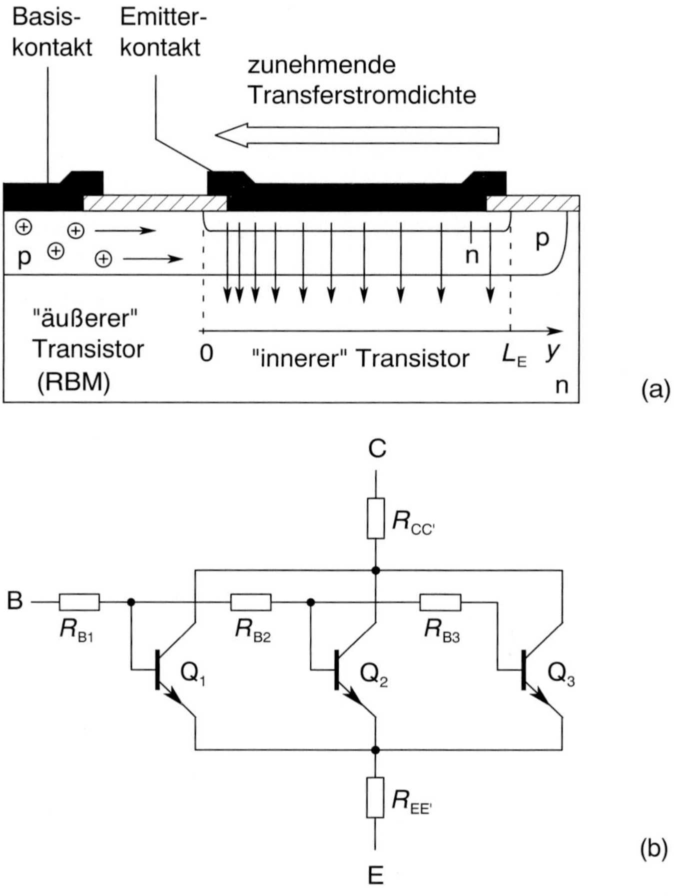

Abb. 18.5. (**a**) Randverdrängung des Transferstroms im statischen Betrieb und (**b**) erweitertes Bipolartransistormodell

Der Basisbahnwiderstand wird in SPICE arbeitspunktabhängig unter Verwendung der drei Parameter $R_{\mathrm{B}}, R_{\mathrm{BM}}$ und I_{RB}, modelliert. Wird I_{RB} nicht spezifiziert (Ersatzwert ∞), so gilt

$$R_{\mathrm{BB'}} = R_{\mathrm{BM}} + \frac{R_{\mathrm{B}} - R_{\mathrm{BM}}}{q_{\mathrm{B}}}\,, \tag{18.16}$$

wobei R_{B} und R_{BM} mit Hilfe der Temperaturkoeffizienten T_{RB1}, T_{RB2}, T_{RM1} und T_{RM2} temperaturabhängig beschrieben werden

$$R_{\mathrm{B}}(T) = R_{\mathrm{B}}\left[1 + T_{\mathrm{RB1}}(T - T_0) + T_{\mathrm{RB2}}(T - T_0)^2\right] \tag{18.17}$$

$$R_{\mathrm{BM}}(T) = R_{\mathrm{BM}}\left[1 + T_{\mathrm{RM1}}(T - T_0) + T_{\mathrm{RM2}}(T - T_0)^2\right]. \tag{18.18}$$

Bei Vorgabe eines endlichen Kniestroms $I_{\mathrm{RB}} > 0$ in der Modellanweisung wird der Ansatz

$$R_{\mathrm{BB'}} = R_{\mathrm{BM}} + 3(R_{\mathrm{B}} - R_{\mathrm{BM}})\,\frac{\tan(x) - x}{x\tan^2(x)} \tag{18.19}$$

verwendet, wobei mit $i_{\mathrm{B}} = i_{\mathrm{DE}} + i_{\mathrm{DC}} + i_{\mathrm{DLE}} + i_{\mathrm{DLC}}$ gilt

$$x = \left(\sqrt{1 + \frac{144}{\pi^2}\,\frac{i_{\mathrm{B}}}{I_{\mathrm{RB}}}} - 1\right) \Bigg/ \left(\frac{24}{\pi^2}\sqrt{\frac{i_{\mathrm{B}}}{I_{\mathrm{RB}}}}\right). \tag{18.20}$$

Der verwendete Ansatz gründet auf Rechnungen von Hauser [5] und Ghosh [6] und stellt nur eine annähernd korrekte Beschreibung dar. Die Beschreibung des Basisbahnwiderstands in einem Netzwerkmodell kann ohnehin aus verschiedenen Gründen nur einen Kompromiß darstellen:

(1) Der betrachtete Ansatz läßt die *Leitfähigkeitsmodulation* in der Basis durch die Diffusionsladung unberücksichtigt – diese beeinflußt den Basisbahnwiderstand jedoch nennenswert.

(2) Die durchgeführte Untersuchung gründet auf der Annahme, daß der im Basisbahnwiderstand fließende Strom eindimensional nur in y-Richtung erfolgt, was nur für Streifentransistoren mit großen W/L-Verhältnis annähernd korrekt ist.

(3) Bei *Schaltvorgängen* ergibt sich als zusätzliches Problem, daß die zur Berechnung herangezogene Stromverteilung die Verhältnisse nur im statischen Fall korrekt wiedergibt. Beim Ausschalten eines Transistors werden zunächst die Randzonen umgeladen und dann erst die tiefer im Inneren liegenden Basisbahngebiete: Der Spannungsabfall ändert Vorzeichen und Verlauf.

(4) Die zugrundegelegte Leistungsrechnung ergibt wegen der verteilten Natur des Basisbahnwiderstands nicht den korrekten Serienwiderstand zur Berechnung der DC-Kennlinie. Ein Vergleich unterschiedlicher Ansätze zur Berechnung des Basisbahnwiderstands ist in [7] zu finden.

Die beschriebenen Schwierigkeiten lassen sich prinzipiell durch Verwenden eines verteilten Modells für den Transistor lösen. Dabei wird der Transistor, wie in Abb. 18.5 b dargestellt, durch mehrere parallel geschaltete Tansistoren beschrieben [6], die über Basisbahnteilwiderstände $R_{\mathrm{B}\alpha}$ miteinander verkoppelt sind, wobei häufig bereits zwei parallel geschaltete Elemente genügen.

Kollektorbahnwiderstand, Quasisättigung. Der *Kollektorbahnwiderstand* $R_{CC'}$ wird in SPICE im einfachsten Fall als temperaturabhängiger ohmscher Serienwiderstand beschrieben

$$R_{CC'} = R_C \left[1 + T_{RC1}(T - T_0) + T_{RC2}(T - T_0)^2 \right] = R_C(T) . \quad (18.21)$$

Die Parameter R_C, T_{RC1} und T_{RC2} bezeichnen dabei den Kollektorbahnwiderstand bei der Bezugstemperatur sowie seinen linearen und den quadratischen Temperaturkoeffizienten. Bei großen Werten der Stromstärke ist dies keine gute Näherung: Injektion von Minoritäten aus der Basis in das niedrig dotierte Kollektorbahngebiet und Geschwindigkeitssättigung beeinflussen hier den Serienwiderstand. Dies wird in einem erweiterten Modell berücksichtigt.

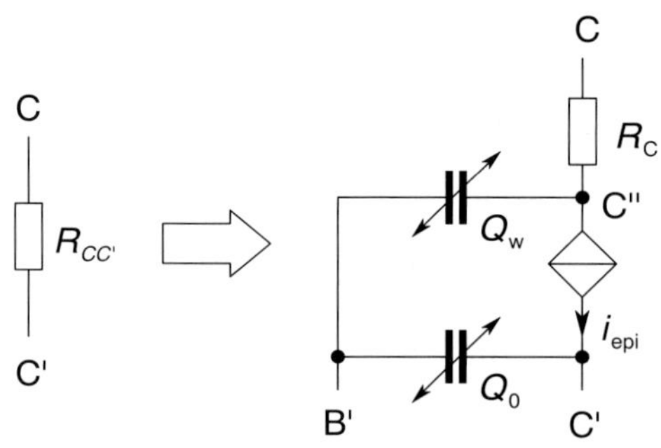

Abb. 18.6. Netzwerkmodell zur Beschreibung der Quasisättigung

Wird der Parameter R_{C0} in der `.MODEL`-Anweisung spezifiziert, so wird $R_{CC'}$ durch das in Abbildung 18.6 dargestellte Netzwerk ersetzt, das zusätzlich am inneren Basisknoten B' angeschlossen wird. Die gesteuerte Stromquelle i_{epi} ermöglicht eine Berücksichtigung der Leitfähigkeitsmodulation im Kollektorbahngebiet. Für die gesteuerte Stromquelle i_{epi} wird angesetzt [8]

$$i_{epi} = \frac{K(v_{B'C'}) - K(v_{B'C''}) - \ln\left[\dfrac{1 + K(v_{B'C'})}{1 + K(v_{B'C''})}\right] + \dfrac{v_{B'C'} - v_{B'C''}}{V_T}}{\dfrac{R_{C0}}{V_T}\left(1 + \dfrac{|v_{B'C'} - v_{B'C''}|}{V_0}\right)} , \quad (18.22)$$

wobei gilt

$$K(v) = \sqrt{1 + \gamma \exp(v/V_T)} \quad \text{mit} \quad \gamma = (2n_i N_{DC})^2 . \quad (18.23)$$

Der Parameter R_{C0} bestimmt den Wert des ohmschen Widerstands des Kollektorbahngebiets unter Vernachlässigung der Feldstärkeabhängigkeit der Beweglichkeit

$$R_{C0} = \frac{d_{epi}}{e\mu_{n0} N_{DC} A_{je}} . \quad (18.24)$$

Dieser Wert ist nur maßgeblich, falls die Spannung über dem niedrig dotierten Kollektorbahngebiet so gering ist, daß eine Geschwindigkeitssättigung unberücksichtigt bleiben kann. Der Parameter V_0 bestimmt die kritische Spannung, die über dem Kollektorbahngebiet auftreten muß, damit sich eine Geschwindigkeitssättigung auf die Beweglichkeit auswirkt

$$V_0 = d_{\mathrm{epi}} v_{\mathrm{nsat}} / \mu_{\mathrm{n0}} \,. \tag{18.25}$$

Die beiden Ladungen Q_{w} und Q_{o} berücksichtigen die im Kollektor gespeicherten Ladungen. Zur Beschreibung der arbeitspunktabhängigen Ladungen Q_{w} und Q_{o} werden die Beziehungen

$$Q_{\mathrm{o}} = Q_{\mathrm{C0}} \left[K(v_{\mathrm{B'C'}}) - 1 - \gamma/2 \right] \tag{18.26}$$

$$Q_{\mathrm{w}} = Q_{\mathrm{C0}} \left[K(v_{\mathrm{B'C''}}) - 1 - \gamma/2 \right] \tag{18.27}$$

verwendet [8]. Die Größe Q_{C0} ist dabei definiert als

$$Q_{\mathrm{C0}} = e A_{\mathrm{je}} d_{\mathrm{epi}} \, N_{\mathrm{DC}}/4$$

und bis auf den Faktor $-1/4$ gleich der Ladung der Elektronen im Kollektorbahngebiet des npn-Transistors.

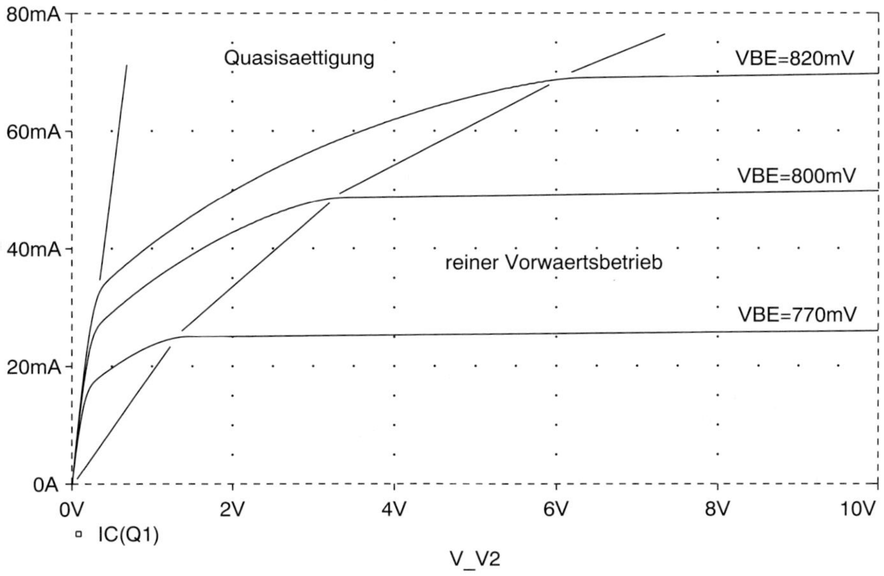

Abb. 18.7. Ausgangskennlinienfeld unter Berücksichtigung der Quasisättigung

Beispiel 18.1.3 Als Beispiel wird ein Transistor mit einer Kollektordotierung $N_{\mathrm{DC}} = 10^{15}\,\mathrm{cm}^{-3}$, einer Epidicke $d_{\mathrm{epi}} = 5\,\mu\mathrm{m}$ und einer Sperrschichtfläche $A_{\mathrm{je}} = 5000\,\mu\mathrm{m}^2$ betrachtet. Hierfür läßt sich abschätzen

$$R_{\mathrm{C0}} = \rho d_{\mathrm{epi}} / A_{\mathrm{je}} \approx 35\,\Omega$$

$$V_0 = v_{\mathrm{nsat}} d_{\mathrm{epi}} / \mu_{\mathrm{N}}(0) \approx 4.2\,\mathrm{V}$$

$$Q_{\mathrm{C0}} = e A_{\mathrm{je}} N_{\mathrm{DC}} d_{\mathrm{epi}}/4 \approx 10^{-12}\,\mathrm{As}$$

$$\gamma = (2 n_{\mathrm{i}}/N_{\mathrm{DC}})^2 \approx 4.7 \cdot 10^{-10} \,.$$

Mit diesen Werten folgt das in Abb. 7.4.16 dargestellte Ausgangskennlinienfeld, wobei in der `.MODEL`-Anweisung zusätzlich die Parameter $I_{\mathrm{S}} = 5$ fA, $B_{\mathrm{F}} = 250$, $B_{\mathrm{R}} = 10$, $V_{\mathrm{AF}} = 150\,\mathrm{V}$, $R_{\mathrm{E}} = 0.5\,\Omega$, $R_{\mathrm{B}} = 10\,\Omega$ und $R_{\mathrm{C}} = 5\,\Omega$ definiert wurden.

Für kleine Werte von V_{CE} liegt Sättigung vor. Der Kollektorstrom I_{C} wächst hier annähernd linear mit V_{CE} an: Die Steigung der Kennlinien wird vor allem durch R_{E} und R_{C} bestimmt, da das niedrig dotierte Kollektorbahngebiet von Ladungsträgern überschwemmt wird und deshalb niederohmig ist. Für $V_{\mathrm{CE}} > V_{\mathrm{BE}}$ wird zunächst Quasisättigung beobachtet; hier ist zusätzlich zu R_{C} der Widerstand des niedrig dotierten Kollektorbahngebiets wirksam. Könnte die Sättigung der Driftgeschwindigkeit vernachlässigt werden, so würde sich das Gebiet der Quasisättigung bis zu $V_{\mathrm{CE}} = V_{\mathrm{BE}} + (R_{\mathrm{E}} + R_{\mathrm{C}} + R_{\mathrm{C0}})I_{\mathrm{C}}$ erstrecken. Als Folge der Geschwindigkeitssättigung zeigt das niederohmige Kollektorbahngebiet ein nichtohmsches Verhalten: Der wirksame Widerstand steigt mit dem Spannungsabfall über der Kollektorsperrschicht an. Die Spannung V_{CE}, bei der der Übergang vom Bereich der Quasisättigung zum reinen Vorwärtsbetrieb erfolgt, vergrößert sich deshalb. Δ

18.1.6 Parameterbestimmung

Gummel-Plot, Stromverstärkung. Die Kenngrößen I_{S}, N_{F}, B_{F}, I_{SE}, N_{E} und I_{KF} werden gewöhnlich mit der in Abb. 18.8 skizzierten Basisschaltung ($V_{\mathrm{BC}} = 0$) verwendet. Mit zwei Amperemetern wird der Strom $I_{\mathrm{B}}(V_{\mathrm{BE}})$ und $I_{\mathrm{C}}(V_{\mathrm{BE}})$ gemessen. Abbildung 18.8 zeigt die nach dem Gummel-Poon Modell zu erwartenden Kennlinienverläufe unter der Annahme vernachlässigbarer Bahnwiderstände ($V_{\mathrm{BE}} = V_{\mathrm{B'E'}}$); für $V_{\mathrm{CB}} = 0$ und $V_{\mathrm{BE}} \gg V_T$ gilt dann

$$I_{\mathrm{C}} \approx \frac{I_{\mathrm{S}}}{q_{\mathrm{B}}} \exp\left(\frac{V_{\mathrm{BE}}}{N_{\mathrm{F}} V_T}\right) \quad \text{und} \tag{18.28}$$

$$I_{\mathrm{B}} \approx \frac{I_{\mathrm{S}}}{B_{\mathrm{F}}} \exp\left(\frac{V_{\mathrm{BE}}}{N_{\mathrm{F}} V_T}\right) + I_{\mathrm{SE}} \exp\left(\frac{V_{\mathrm{BE}}}{N_{\mathrm{E}} V_T}\right) \tag{18.29}$$

Eine logarithmische Auftragung von Kollektor- und Basisstrom über V_{BE} sollte in diesem Fall Geraden ergeben. Der Logarithmus des Kollektorstroms steigt für $I_{\mathrm{C}} \ll I_{\mathrm{KF}}$ linear mit V_{BE} an; aus Steigung und Achsenabschnitt [7] der an die Kennlinie angepaßten Geraden lassen sich so I_{S} und N_{F} bestimmen. Dabei gilt in sehr guter Näherung $N_{\mathrm{F}} \approx 1$. Für $I_{\mathrm{C}} \gg I_{\mathrm{KF}}$ zeigt der Logarithmus des Kollektorstroms ebenfalls einen linearen Anstieg, allerdings mit der Steigung $1/(2N_{\mathrm{F}}V_T)$. Verursacht wird dies durch den Einfluß von q_{B}. Mit $I_{\mathrm{EC}} \approx 0$ folgt

$$I_{\mathrm{C}} \approx \frac{I_{\mathrm{CE}}}{q_1/2 + \sqrt{q_1^2/4 + I_{\mathrm{CE}}/I_{\mathrm{KF}}}} ;$$

[7] Dies ist streng genommen nur unter der Annahme $V_{\mathrm{AR}} \to \infty$ korrekt. Für endliches V_{AR} gilt

$$I_{\mathrm{C}} = I_{\mathrm{S}} \left(1 - \frac{V_{\mathrm{BE}}}{V_{\mathrm{AR}}}\right) \exp\left(\frac{V_{\mathrm{BE}}}{N_{\mathrm{F}} V_T}\right) \approx I_{\mathrm{S}} \exp\left(-\frac{V_{\mathrm{BE}}}{V_{\mathrm{AR}}}\right) \exp\left(\frac{V_{\mathrm{BE}}}{N_{\mathrm{F}} V_T}\right) , \tag{18.30}$$

wobei die Näherung für $V_{\mathrm{BE}} \ll V_{\mathrm{AR}}$ verwendet werden kann. Der bei der Bestimmung von N_{F} gemachte Fehler ist dann von der Größenordnung V_T/V_{AR}.

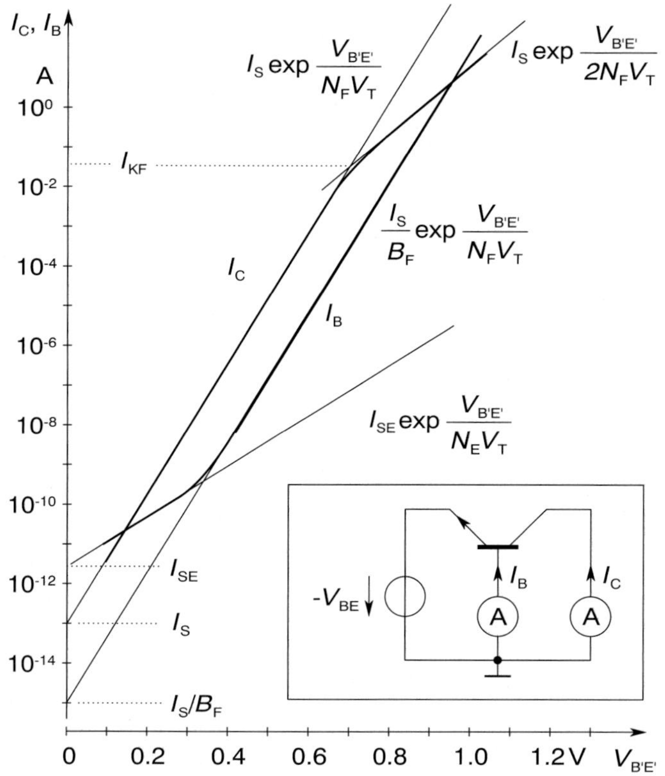

Abb. 18.8. Eingangs- und Transferstromkennlinie in Basisschaltung nach dem in SPICE verwendeten Ersatzschaltbild ($V_{BC} = 0$). Logarithmische Auftragung unter Vernachlässigung der Bahnwiderstände (nach [9])

für $I_{CE} \gg I_{KF}$ kann $q_1 \approx 1$ vernachlässigt werden, so daß gilt

$$I_C \approx \sqrt{I_{CE}\, I_{KF}} \approx \sqrt{I_S\, I_{KF}} \exp\left(\frac{V_{B'E'}}{2N_F V_T}\right) . \tag{18.31}$$

Der Schnittpunkt der beiden Näherungsgeraden ergibt $\log(I_{KF})$. Die Bestimmung des Kniestroms I_{KF} aus der Abflachung der Transferstromkennlinie in logarithmischer Auftragung ist jedoch i. allg. unzuverlässig, da in diesem Strombereich *Bahnwiderstände* einen deutlichen Einfluß auf die Kennlinie haben. Ein geeigneter Zugang für die Bestimmung von I_{KF} ist die Auswertung der Stromverstärkung (Abb. 18.9): Bei großen Kollektorströmen I_C wird nach dem Gummel-Poon Modell ein Abfall der Stromverstärkung $B_N \sim 1/I_C$ erwartet, was einer Geraden der Steigung -1 in der doppeltlogarithmischen Auftragung entspricht. Bei geringeren Kollektorströmen ist das β-Plateau sichtbar, mit einer geringen Abnahme der Stromverstärkung aufgrund des Early-Effekts. Mit $I_B = (I_S/B_F)\exp(V_{B'E'}/V_T)$ und der Näherung (18.30), ergibt sich die Abschätzung

$$B_N \approx B_F \exp\left(-\frac{V_{BE}}{V_{AR}}\right) \approx B_F \left(\frac{I_C}{I_S}\right)^{-V_T/(V_{AR}-V_T)} \sim I_C^{-V_T/V_{AR}} ,$$

was einer Geraden der Steigung $-V_T/V_{AR}$ in der doppeltlogarithmischen Auftragung von B_N über I_C entspricht.

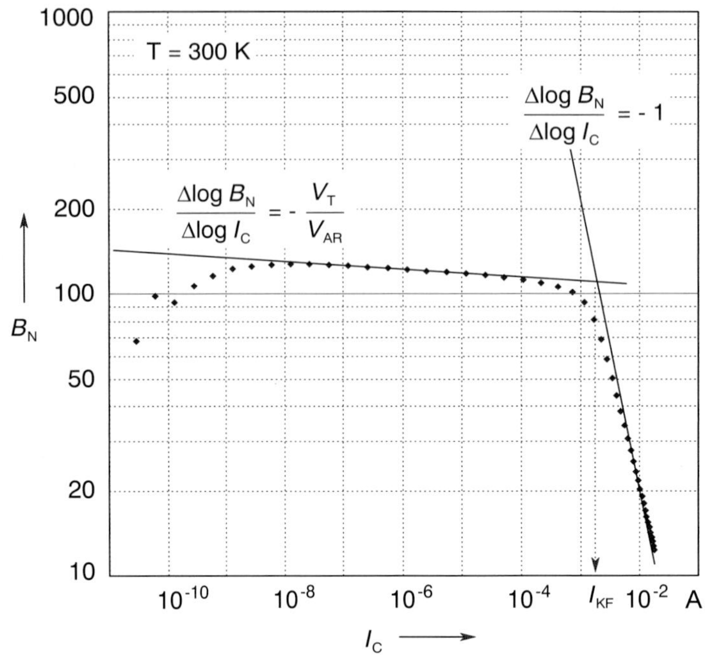

Abb. 18.9. Großsignalstromverstärkung $B_N = I_C/I_B$ über I_C (Meßwerte, doppeltlogarithmische Auftragung) und Extraktion des Kniestroms I_{KF}

Die Parameter I_{SE}, N_E und B_F folgen aus einer logarithmischen Auftragung der $I_B(V_{BE})$-Kennlinie. Abhängig von der Kristallqualität des Halbleiters und den Störstellen an den Grenzflächen zum Oxid kann die Situation auftreten, daß der Basisstrom nahezu ausschließlich durch die Leckstromdiode bestimmt wird. Dies ist vor allem bei Einzelhalbleitern der Fall und wirkt sich in einer ausgeprägten *Arbeitspunktabhängigkeit* der Stromverstärkung aus.

Die Bestimmung der den Rückwärtsbetrieb charakterisierenden Kenngrößen N_R, B_R, I_{SC}, N_C und I_{KR} erfolgt auf analoge Weise, wobei jedoch Eingangs- und Transferstromkennlinien im Rückwärtsbetrieb ($V_{BE} < 0$, $V_{BC} > 0$) ausgewertet werden. Der Koeffizient N_R ist hier, ebenso wie N_F in sehr guter Näherung eins. In der Folge wird deshalb stets, soweit nicht explizit anderweitig vermerkt, $N_F = N_R = 1$ vorausgesetzt.

Ausgangskennlinien, Early-Spannung. Die Ausgangskennlinien $I_C(V_{CE})$ kann entweder mit konstantem V_{BE} oder konstantem I_B gemessen werden. Da der Transistor im Gummel-Poon Modell als spannungsgesteuerte Stromquelle beschrieben wird, ist es sinnvoll mit $V_{BE} =$ const. zu messen, trotz des bei diesen Messbedingungen stärker ausgeprägten Mitlaufeffekts.

Abbildung 18.10 zeigt Werte der durch Extrapolation ermittelten Early-Spannung für verschiedene Werte von V_{BE}. Bei kleinen Werten von V_{BE} steigt die Early-Spannung mit V_{BE} an. Der Grund dafür liegt im Anstieg der Basisladung: Da q_B mit V_{BE} ansteigt ist die relative Änderung von q_B mit V_{CB} geringer, was zu größeren Werten der durch Extrapolation bestimm-

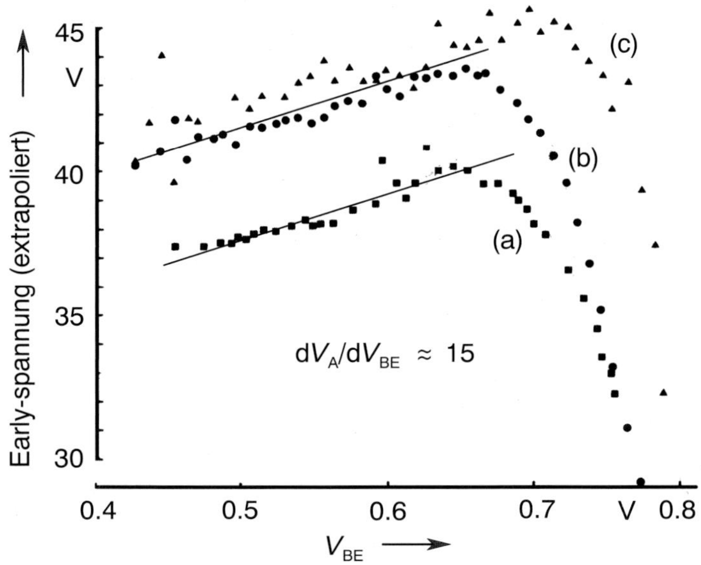

Abb. 18.10. Durch Extrapolation bestimmte Early-Spannungen für verschiedene Werte von V_{BE} für drei unterschiedliche Transistoren auf einem Chip: (**a**) kleine und (**b**), (**c**) große Emitterstreifenbreite [10]

ten Early-Spannung führt.[8] Bei größeren Werten von V_{BE} macht sich eine zusätzliche Aufsteilung der Ausgangskennlinien durch den Mitlaufeffekt bemerkbar, was sich in sinkenden Werten der durch Extrapolation bestimmten Early-Spannung bemerkbar macht.

Transitzeit. Mit einem S-Parametermeßplatz kann die Kleinsignalstromverstärkung $h_{21e}(f)$ als Funktion der Frequenz für verschiedene Arbeitspunkte I_C ermittelt werden. Die Transitfrequenz $f_T = \beta f_\beta$ läßt sich dann für jeden Arbeitpunkt aus dem Bode-Diagramm von $h_{21e}(f)$ ermitteln. Der Parameter τ_f wird dann in der Regel über eine Auftragung von $1/(2\pi f_T)$ über $1/I_C$ bestimmt. Solange die Transitzeit als konstant angenommen werden kann, sollte eine solche Auftragung eine Gerade mit dem Achsenabschnitt $\tau_f + (r_{ee'} + r_{cc'})c_{jc}$ ergeben, da

$$\frac{1}{2\pi f_T} = \frac{(c_{je} + c_{jc})V_T}{I_C} + \tau_f + (r_{ee'} + r_{cc'})c_{jc} \,. \tag{18.32}$$

[8] Dieser Zusammenhang wird im Gummel-Poon Modell nicht korrekt wiedergegegeben [10, 11]; der bei Niederinjektion verwendete Ansatz

$$q_B \approx q_1 \approx \left(1 - \frac{V_{BE}}{V_{AR}} + \frac{V_{CB}}{V_{AF}}\right)^{-1}$$

führt wegen $V_{CB} = V_{CE} - V_{BE}$ auf die Abhängigkeit

$$I_C \sim \frac{1}{q_B} \approx \left(1 - \frac{V_{BE}}{V_{AR}^*}\right)\left(1 + \frac{V_{CE}}{V_{AF}(1 - V_{BE}/V_{AR}^*)}\right) ,$$

mit $V_{AR}^* = V_{AR}V_{AF}/(V_{AR} + V_{AF})$. Dies führt auf einen mit V_{BE} sinkenden Wert der durch Extrapolation bestimmten Early-Spannung $V_A \approx V_{AF}(1 - V_{BE}/V_{AR}^*)$, was den Meßergebnissen widerspricht.

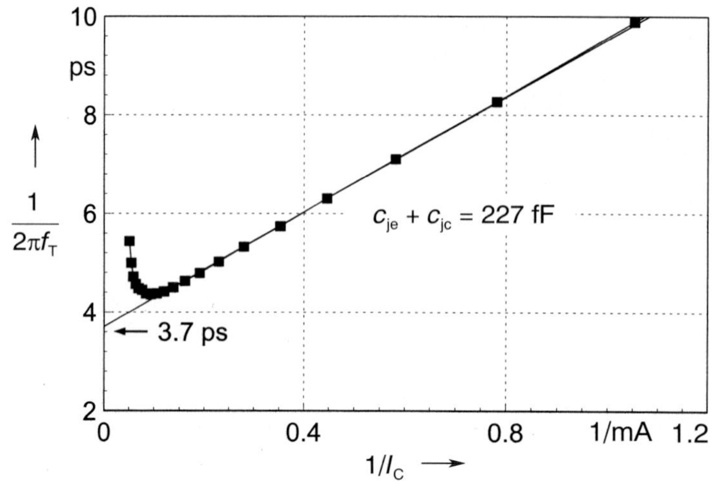

Abb. 18.11. Ermitteln des für Niederinjektion gültigen Werts der Vorwärtstransitzeit τ_f aus Messungen der Transitfrequenz [12]

Bei kleinem I_C bzw. großem $1/I_C$ können Hochinjektionseffekte vernachlässigt werden. Durch Extrapolation zu $1/I_C \to 0$ und Abzug von $(r_{ee'}+r_{cc'})c_{jc}$ erhält man die Vorwärtstransitzeit bei Niederinjektion. Dies wird durch 18.11 illustriert; der Anstieg von τ_f bei großen Werten von I_C bedingt eine Abweichung vom linearen Verlauf.

18.2 Komplexere Modelle für integrierte Bipolartransistoren

Das Gummel-Poon-Modell ist ein seit Jahrzehnten bewährtes Modell, das für viele Anwendungen eine ausreichende Genauigkeit der Simulationsergebnisse liefert. Dennoch gibt es einige Punkte in denen eine verbesserte Beschreibung wünschenswert ist:

- Arbeitspunktabhängigkeit der normierten Basisladung q_B für eine verbesserte Beschreibung des Early-Effekts, von Hochinjektionseffekten im Basisgebiet und der für einen HBT mit graded base charakteristischen Effekte.
- Transitzeit bei Hochinjektion
- Basis- und Kollektorbahnwiderstand
- Sperrströme und Durchbruch
- Temperaturabhängigkeit, Eigenerwärmung
- Nicht-quasistatische Effekte
- Auswirkungen des pn-Übergangs zwischen Kollektor und Substrat
- Geometrie-Abhängigkeiten

Nach der Einführung des Gummel-Poon Modells im Jahr 1970 entwickelte sich dieses schnell zum Standard für die Modellierung von Bipolartransistoren. 1985 kamen dann mehrere Neuentwicklungen und Verbesserungen:

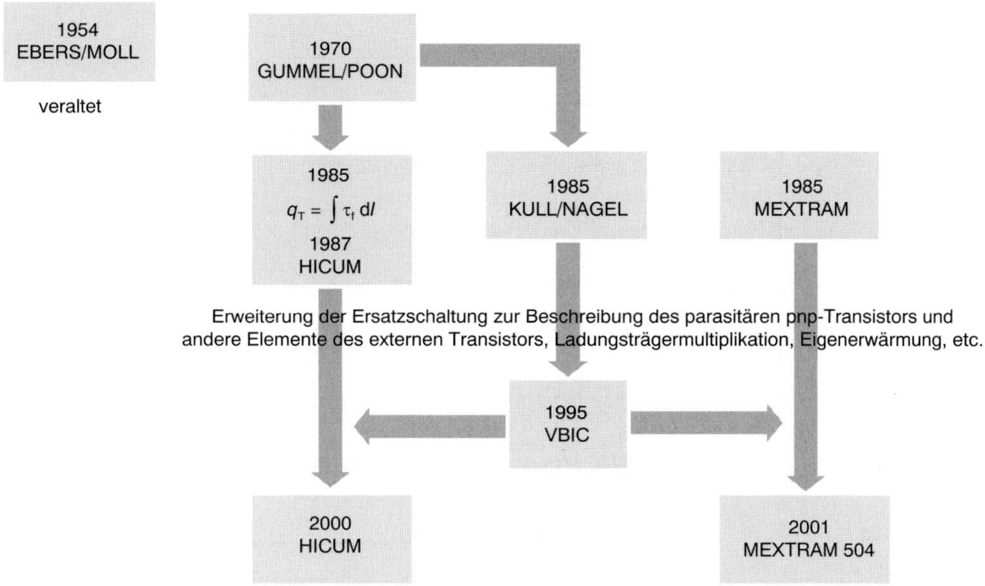

Abb. 18.12. Evolution komplexer Transistormodelle

- Die Arbeitsgruppe um Prof. Rein stellte klar, daß die Vorwärtstransitzeit eine Kleinsignalgröße ist, d.h. daß die Minoritätsspeicherladung als Integral über die Vorwärtstransitzeit zu berechnen ist [13]. Dies erlaubt eine deutliche Verbesserung des Hochstromverhaltens auf der Basis von Parametern die sich durch Kleinsignalmessungen ermitteln lassen. Die entsprechende Erweiterung des Gummel-Poon Modells führte zu den ersten Versionen des Modells HICUM, das in der Folge in mehreren Schritten weiterentwickelt wurde.

- Ein weiterer wichtiger Beitrag ist das ebenfalls 1985 veröffentlichte Modell für das Kollektorbahngebiet von Kull [8]; dieses erweitert das Gummel-Poon Modell um einen zusätzlichen Knoten was eine verbesserte Beschreibung der Quasisättigung bringt. Diese Erweiterung ist in PSPICE verfügbar (vgl. Kap. 18.1.5).

- Ebenfalls 1985 wurde durch de Graaff und Mitarbeiter die erste Version des Modells MEXTRAM veröffentlicht. Dieses Modell nutzt ebenfalls einen zusätzlichen Kollektorknoten und wurde über die Jahre zum aktuellen Stand weiterentwickelt.

Daß alle diese Beiträge im selben Jahr erschienen sind ist sicherlich ein Zufall - obwohl zu Beginn der achziger Jahre durch die Entwicklung der selbstjustierten Bipolartransistoren ein verstärktes Interesse an der Modellierung von Bipolartransistoren bei sehr hohen Frequenzen und damit sehr hohen Arbeitsstromdichten entstand: Zuvor wurde das Frequenzverhalten weitgehend durch die externen Kapazitäten und Bahnwiderstände bestimmt, d.h. eine detailliertere Beschreibung des inneren Transistors hätte für die Praxis nur einen geringen Nutzen erbracht. 1995 wurde dann versucht mit dem Modell VBIC95 einen Industriestandard zu schaffen. Abbildung 18.13 zeigt

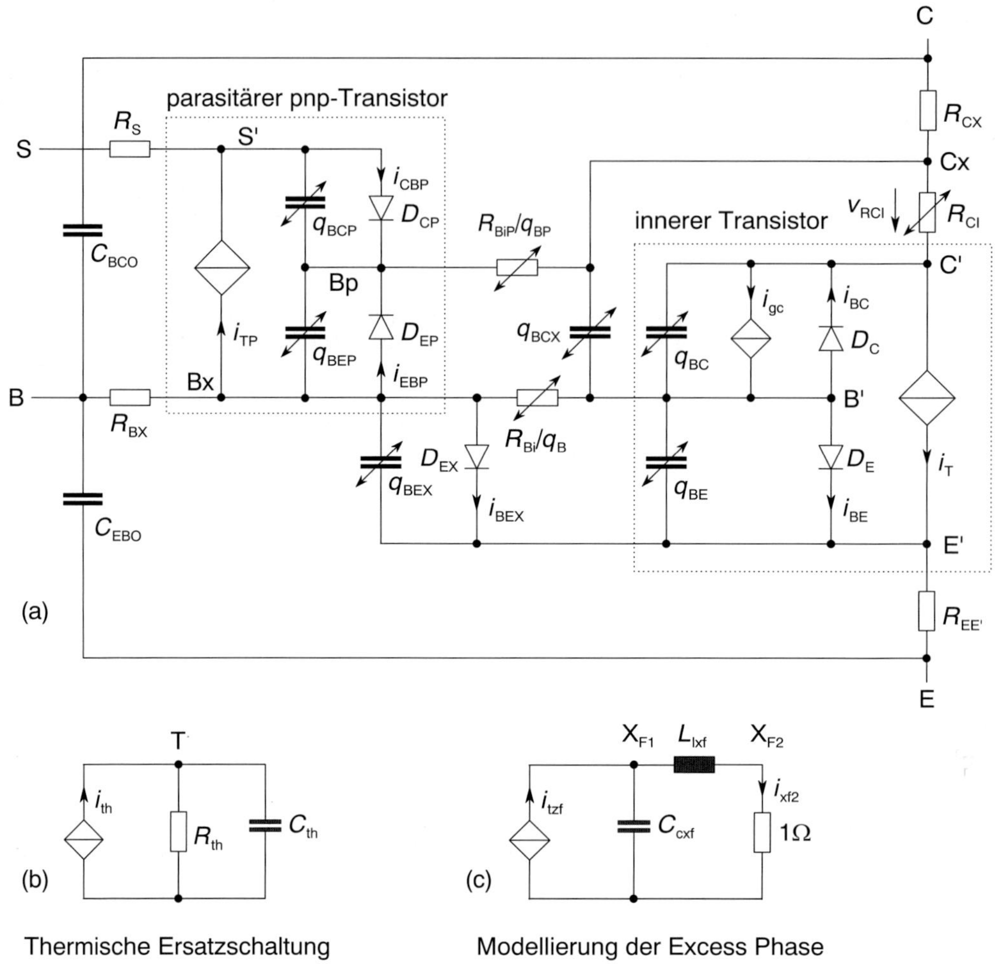

Abb. 18.13. Ersatzschaltung eines integrierten npn-Bipolartransistors nach dem VBIC95-Modell [14]

die zugrundegelegte Ersatzschaltung. Das Modell erweitert und verbessert das Standard-Gummel-Poon Modell in mehrfacher Hinsicht: Es bietet einen modifizierte Version der Epischicht nach Kull, eine verbesserte Beschreibung des Early-Effekts über die Sperrschichtkapazitäten, eine erweiterte Ersatzschaltung um den parasitären pnp-Transistor (Basis-Kollektor-Substrat) integrierter Bipolartransistoren zu erfassen, eine verbesserte Beschreibung der im epitaxialen Kollektorgebiet gespeicherten Ladung, eine konsistente Modellierung der Excess Phase[9], eine Beschreibung der Ladungsträgermultiplikati-

[9] Bei hohen Frequenzen kommt es zu Abweichungen vom quasistatischen Verhalten. Insbesondere übersteigt die Phase von $\underline{h}_{21e}$ den durch das quasistatische Giacoletto-Modell vorhergesagten Wert (Excess Phase); im Fall einer AC-Analyse muß der Übertragungsleitwert g_m mit einem frequenzabhängigen Faktor multipliziert werden

$$g_m \rightarrow g_m \, \underline{\phi}(j\omega) \; .$$

Die Excess Phase wird häufig durch

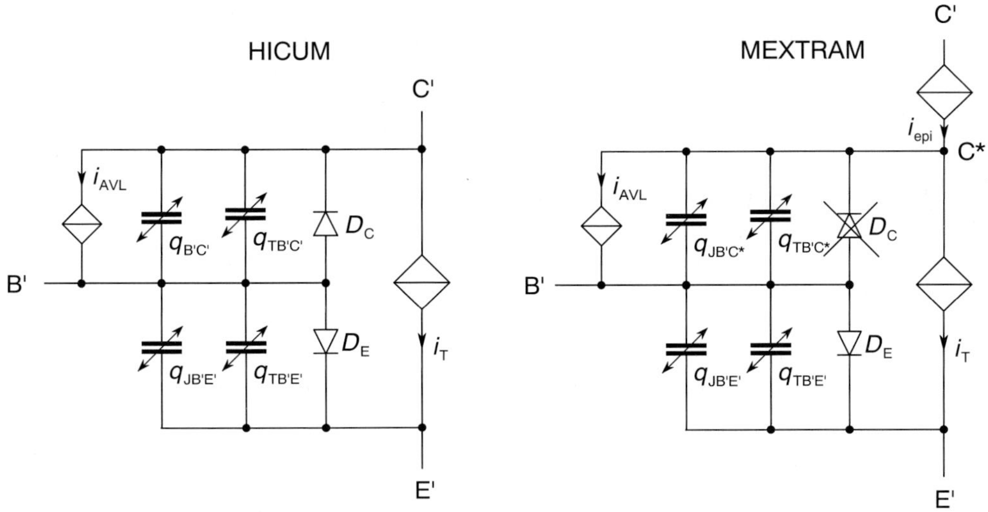

Abb. 18.14. Ersatzschaltung des inneren Transistors in HICUM und MEXTRAM

on in der BC-Diode sowie der Eigenerwärmung im Rahmen einer einfachen thermischen Ersatzschaltung. Unglücklicherweise wurde die für die Modellierung von HF-Bipolartransistoren bedeutsame Beschreibung der arbeitspunktabhängigen Vorwärts-Transitzeit nicht verbessert. Das Modell wurde in der Zukunft nicht sehr gepflegt, so daß für anspruchsvolle Simulationsaufgaben heute eher die Fortentwicklungen der Programme HICUM bzw. MEXTRAM eingesetzt werden. Beide Modell weisen umfangreiche, dem VBIC95-Modell vergleichbare Netzwerke zur Modellierung des „äußeren" Transistors auf. Die Modellierung des inneren Transistors erfolgt beim HICUM-Modell über ein dem konventionellen Gummel-Poon-Modell vergleichbares Netzwerk, im MEXTRAM-Modell wurde ein zusätzlicher Kollektorknoten eingeführt um die epitaxiale Schicht besser beschreiben zu können (Abb. 18.14). Eine weitergehende Darstellung dieser Modelle entspricht nicht der Intention dieses

---

$$\underline{\phi}(\mathrm{j}\omega) \;=\; \frac{1}{1+\mathrm{j}(\omega/\omega_0)-\omega^2/(3\omega_0^2)}\,,$$

beschrieben [15], wobei $\omega_0 = 1/(P_{\mathrm{TF}}\tau_{\mathrm{f}})$ mit dem Parameter P_{TF} als Vielfaches der Vorwärtstransitzeit τ_{f} ausgedrückt wird. Die durch $\underline{\phi}(\mathrm{j}\omega)$ verursachte Phasenverschiebung

$$\varphi \;=\; \arctan\frac{3\omega_0\omega}{3\omega_0^2-\omega^2}$$

kann durch $\omega\tau_1$ angenähert werden, wobei $\tau_1 = P_{\mathrm{TF}}\tau_{\mathrm{f}}$. Im Zeitbereich entspricht der Phasenfaktor einer Differentialgleichung zweiter Ordnung, die den verzögerten Transferstrom $i_{\mathrm{Tx}}(t)$ über

$$\frac{1}{3\omega_0^2}\frac{\mathrm{d}i_{\mathrm{Tx}}}{\mathrm{d}t^2}+\frac{1}{\omega_0}\frac{\mathrm{d}i_{\mathrm{Tx}}}{\mathrm{d}t}+i_{\mathrm{Tx}} \;=\; i_{\mathrm{Tf}}\,. \tag{18.33}$$

aus dem nicht verzögerten Transferstrom $i_{\mathrm{Tf}}(t)$ ermittelt. In VBIC95 wird dies durch die in Abb. 18.13 c dargestellte Ersatzschaltung bewirkt.

Buches[10]: Für einen vergleichenden Überblick kann auf [10, 16] zurückgegriffen werden; eine lesenswerte Einführung in die Ideen von HICUM ist auch in [17] zu finden.

18.3 Literaturverzeichnis

[1] J.M. Early. Structure-determined gain-band product of junction triode transistors. *Proc. IRE*, 46:1924–1927, 1958.

[2] J.J. Ebers, J.L. Moll. Large-signal behaviour of junction transistors. *Proc. IRE*, 42:1761–1772, 1954.

[3] J.L. Moll. Large-signal transient response of junction transistors. *Proc. IRE*, 42:1773–1784, 1954.

[4] H.K. Gummel, H.C. Poon. An integral charge control model of bipolar transistors. *Bell Syst. Tech. J.*, 49:827–852, 1970.

[5] J.R. Hauser. The effects of distributed base potential on emitter-current injection density and effective base resistance for stripe transistor geometries. *IEEE Trans. Electron Devices*, 11:238–242, 1964.

[6] H.N. Ghosh. A distributed model of the junction transistor and its application in the prediction of the emitter-base diode characteristic, base impedance, and pulse response of the device. *IEEE Trans. Electron Devices*, 12(10):513–531, 1965.

[7] J.E. Lary, R.L. Anderson. Effective base resistance of bipolar transistors. *IEEE Trans. Electron Devices*, 32(11):2503–2505, 1985.

[8] G.M. Kull,S.-W. Lee, P. Lloyd, J. Prendergast, L.W. Nagel, H. Dirks. A unified circuit model for bipolar transistors including quasi-saturation effects. *IEEE Trans. Electron Devices*, 32(6):1103–1113, 1985.

[9] I.E. Getreu. *Modeling the Bipolar Transistor.* Tektronix, Beaverton, 1976.

[10] M. Reisch. *High-Frequency Bipolar Transistors.* Springer, Berlin 2003

[11] C.C. Mc Andrew, L.W. Nagel. Early effect modeling in SPICE. *IEEE J. Solid-State Circuits*, 31(1):136–138, 1996.

[12] K. Aufinger. *Physikalische Modellierung der Rauscheigenschaften von Silizium- und Silizium-Germanium-Höchstfrequenz-Bipolartransistoren.* Dissertation, Insbruck, 2001.

[13] H.-M. Rein, H. Stübing, M. Schröter. Verification of the integral charge-control relation for high-speed bipolar transistors at high current densities. *IEEE Trans. Electron Devices*, 32(6):1070–1076, 1985.

[14] C.C. Mc Andrew, J.A. Seitchik, D.F. Bowers, M. Dunnn, M. Foisy, I. Getreu, M. McSwain, S. Moinian, J. Parker, D.J. Roulston, M. Schroeter, P. van Wijnen, L.F. Wagner. VBIC95, the vertical bipolar inter-company model. *IEEE J. Solid-State Circuits*, 31(10):1476–1483, 1996.

[15] P.B. Weil, L.P. McNamee. Simulation of excess phase in bipolar transistors. *IEEE Trans. Circ. Syst.*, CAS-25:114–116, 1978.

[16] J. Berkner. *Kompaktmodelle für Bipolartransistoren.* Expert, Stuttgart, 2002.

[17] M. Schröter, S. Lehmann, S. Fregonese, T. Zimmer. A computationally efficient physics-based compact bipolar transistor model for circuit design - part I: Model formulation. *IEEE Trans. Electron Devices*, 53(2):279–286, 2006.

[10] Dokumentationen aktueller Programmversionen sind über die web-Seite des compact modeling council www.eigroup.org/cmc zugänglich.

19 Thyristoren

Thyristoren[1] sind steuerbare Silizium-Gleichrichter, die aus drei in Serie geschalteten pn-Übergängen aufgebaut sind (pnpn-Vierschichtstruktur). Die Bahngebiete werden üblicherweise mit p_1 (Anode), n_1 (Basis), p_2 (Gate) und n_2 (Kathode) bezeichnet, die pn-Übergänge mit J_1, J_2 und J_3. Das Schaltzeichen des Thyristors ähnelt dem der Diode (Abb. 19.1), im Unterschied dazu ist zusätzlich zu *Anode* (A) und *Kathode* (K) jedoch ein dritter Anschluß vorhanden, das sog. *Gate* (G).

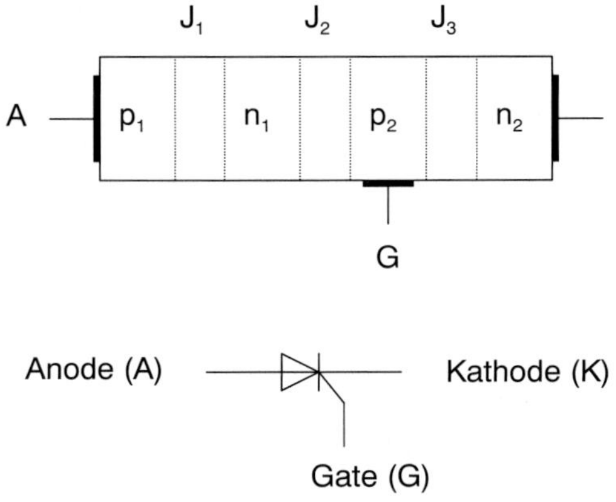

Abb. 19.1. Prinzipieller Aufbau und Schaltsymbol des Thyristors

Thyristoren weisen für positive Spannungen v_{AK} ein *bistabiles Verhalten* auf: Durch einen positiven Steuerstrom i_G kann der Thyristor von einem hochohmigen Zustand in einen niederohmigen Zustand umgeschaltet werden. Dort kann er Stromdichten von mehreren 100 A/cm^2 bei einem Spannungsabfall von $(1-2)$ V führen. Der Thyristor bleibt im niederohmigen Zustand, bis die Spannung v_{AK} umgepolt wird.

Zum Einschalten (Zünden) des Thyristors genügt im Gegensatz zum Bipolartransistorschalter ein kurzer Strompuls; der Effektivwert der erforderlichen Steuerleistung ist deshalb (abhängig von der Schaltfrequenz) um typischerweise fünf bis sechs Größenordnungen kleiner als die gesteuerte Leistung, die maximale Schaltfrequenz liegt zumeist im Kilohertzbereich. Im Gegensatz zu Bipolartransistoren können Thyristoren sehr großflächig ausgeführt werden und Ströme im Kiloamperebereich führen. Die erreichbaren Sperrspannungen liegen dabei im Kilovoltbereich, d.h. Thyristoren ermöglichen Schaltleistungen, die in den Megawattbereich reichen. Daneben werden *Kleinleistungsthyristoren* mit typischen Schaltleistungen im Kilowattbereich hergestellt.

[1] Der Name Thyristor steht abkürzend für Thyratron (das ist ein heute nicht mehr verwendetes Röhrenbauelement zum Schalten elektrischer Lasten) und Transistor. Die in den USA übliche Abkürzung SCR kommt von silicon controlled rectifier.

Thyristoren werden als *elektronische Schalter* z.B. für Helligkeitsregler, Frequenzumsetzer (50 Hz nach 16.6 Hz) und Drehzahlregler für Drehstrommotoren eingesetzt. Gegenstand dieses Kapitels ist der klassische (rückwärtssperrende) Thyristor sowie die daraus entwickelten Sonderformen wie GTOs, TRIACs etc. – MOS-gesteuerte Thyristoren (MCTs) werden in Kap. 23 betrachtet.

19.1 Rückwärtssperrende Thyristoren

Abbildung 19.2 zeigt das sog. *Hauptstromkennlinienfeld* eines (rückwärtssperrenden) Thyristors – das ist die Auftragung des Anodenstroms I_A über V_{AK} für verschiedene Werte des Gatestroms.

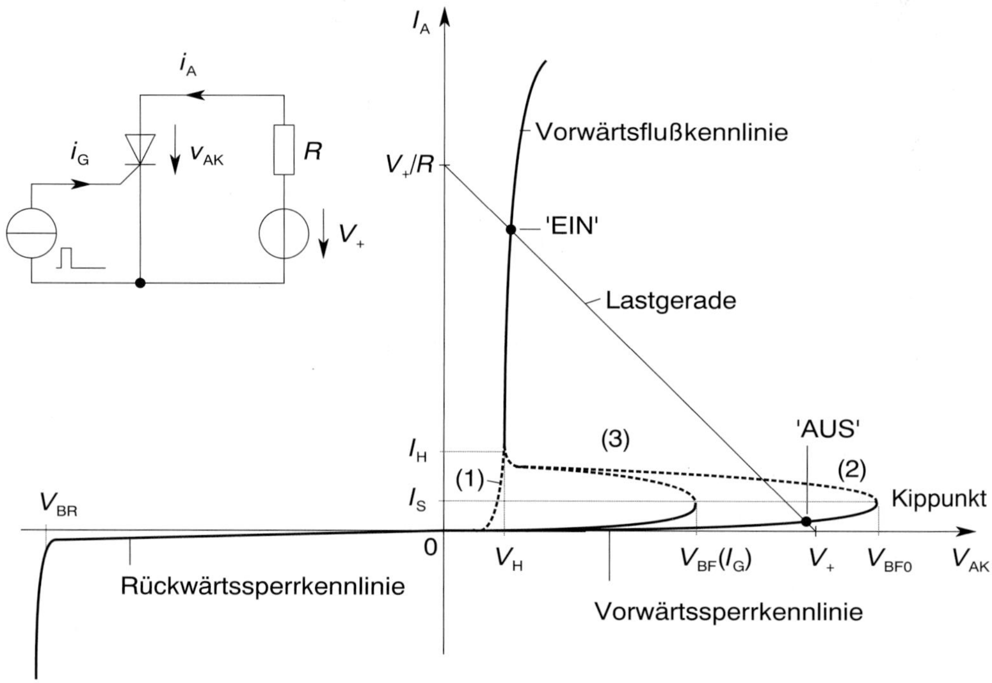

Abb. 19.2. Hauptstromkennlinie eines (rückwärtssperrenden) Thyristors (schematisch)

Im *Sperrbetrieb* ($V_{AK} < 0$) verhält sich der Thyristor wie eine pn-Diode: Abgesehen von dem i.allg. vernachlässigbaren Sperrstrom fließt bis zum Erreichen der Rückwärtsdurchbruchspannung V_{BR} kein Strom. Eine gewöhnliche pn-Diode würde bei *Vorwärtsbetrieb* mit Erreichen der Schleusenspannung einen starken Anstieg des Anodenstroms aufweisen (1). Der Thyristor weicht von diesem Verhalten ab: Liegt kein Gatestrom vor, so fließt bis zum Erreichen der *Nullkippspannung* (breakover voltage) V_{BF0} nur ein geringer Anodenstrom. Nach Überschreiten der Nullkippspannung bzw. des Kippstroms I_S springt der Thyristor in den leitenden Zustand und verhält sich annähernd wie eine Diode. In diesem Zustand verbleibt der Thyristor, bis der Haltestrom I_H bzw. die *Haltespannung* V_H unterschritten werden.

Die Schaltzustände bei ohmscher Last ergeben sich aus den Schnittpunkten der Lastkennlinie mit der Hauptstromkennlinie im Vorwärtsbetrieb. Ist die Versorgungsspannung V_+ kleiner als die Nullkippspannung und V_+/R größer als der *Haltestrom* I_H, so besitzt die Lastgerade drei Schnittpunkte mit der Hauptstromkennlinie. Von diesen entsprechen zwei stabilen Arbeitspunkten. Der Schnittpunkt mit der Vorwärtssperrkennlinie definiert den AUS-Zustand (*Blockierzustand*): Hier fällt nahezu die gesamte Versorgungsspannung V_+ am Thyristor ab und es fließt nur ein sehr geringer Strom durch die Last. Wird nun durch einen kurzen Gatestrompuls die Kippspannung auf Werte kleiner als V_+ abgesenkt (3), so wird der Thyristor niederohmig: Nun fällt nahezu die gesamte Versorgungsspannung V_+ an der Last ab – es fließt ein Strom, der im wesentlichen durch die anliegende Spannung und den Lastwiderstand bestimmt ist (EIN-Zustand, *Durchlaßzustand*).

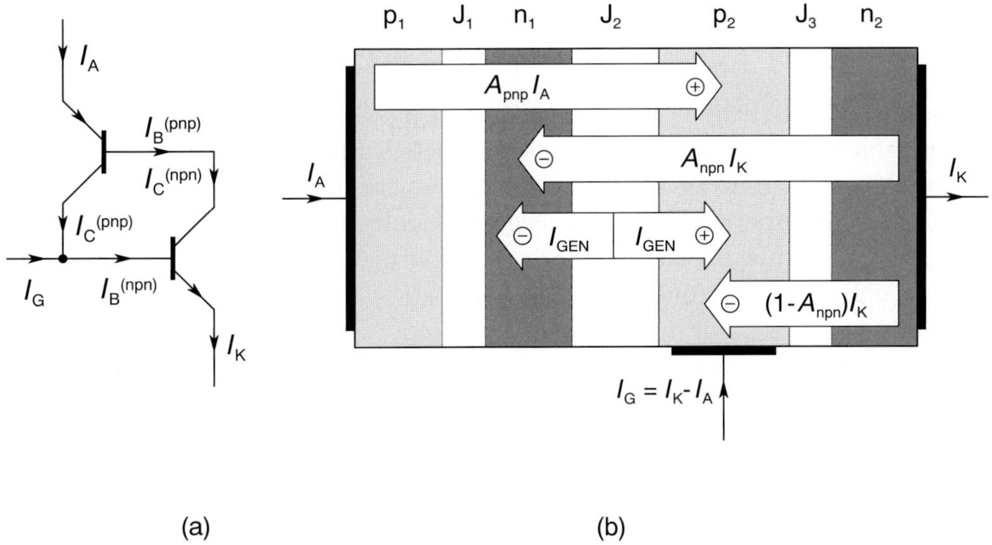

Abb. 19.3. Zur Erläuterung der Wirkungsweise eines Thyristors. (**a**) Ersatzschaltung zur Erläuterung des Prinzips und (**b**) Stromkomponenten

19.1.1 Aufbau und Wirkungsweise

Der bei Thyristoren beobachtete Schalteffekt läßt sich durch einen nichtlinearen internen Rückkopplungsmechanismus erklären. Abbildung 19.3 a zeigt eine Ersatzschaltung für die pnpn-Vierschichtstruktur. Diese läßt sich auffassen als ein npn- und ein pnp-Transistor, die so miteinander verschaltet sind, daß die Basis des einen jeweils mit dem Kollektor des anderen verknüpft ist. Die

Basis des npn-Transistors kann über den Gateanschluß zusätzlich von außen versorgt werden. Im niederohmigen Zustand erhalten die beiden Transistoren die zum Einschalten erforderlichen Basisströme jeweils über den Kollektorstrom des anderen Transistors: Bezeichnet $A_{\mathrm{pnp}} = B_{\mathrm{pnp}}/(B_{\mathrm{pnp}}{+}1)$ die Stromverstärkung des Transistors $\mathrm{p_1n_1p_2}$ in Basisschaltung, so fließt ein Löcherstrom $A_{\mathrm{pnp}}I_{\mathrm{A}}$ in das Basisgebiet $\mathrm{p_2}$ des Transistors $\mathrm{n_2p_2n_1}$; umgekehrt liefert der Transistor $\mathrm{n_2p_2n_1}$ mit der Stromverstärkung $A_{\mathrm{npn}} = B_{\mathrm{npn}}/(B_{\mathrm{npn}}{+}1)$ einen Elektronenstrom $A_{\mathrm{npn}}(I_{\mathrm{A}}{+}I_{\mathrm{G}})$ in das Basisgebiet $\mathrm{n_1}$ des $\mathrm{p_1n_1p_2}$-Transistors.

Abbildung 19.3 b zeigt einen schematischen Querschnitt durch die Thyristorstruktur einschließlich der verschiedenen Elektronen- und Löcherstromanteile. Ist $V_{\mathrm{AK}} > 0$ und der Thyristor im Blockierzustand, so fällt nahezu die gesamte Spannung V_{AK} als Sperrspannung am Übergang $\mathrm{J_2}$ ab; die pn-Übergänge $\mathrm{J_1}$ und $\mathrm{J_3}$ sind flußgepolt und weisen nur eine geringe Flußspannung auf. Im Folgenden wird deshalb lediglich der in der Sperrschicht $\mathrm{J_2}$ auftretende Generationsstrom I_{GEN} berücksichtigt. Da Elektronen und Löcher paarweise rekombinieren, muß im stationären Zustand der in die GK-Diode fließende Löcherstrom gleich groß sein wie der dort rekombinierende Elektronenstrom

$$I_{\mathrm{G}} + I_{\mathrm{GEN}} + A_{\mathrm{pnp}}I_{\mathrm{A}} = (1-A_{\mathrm{npn}})(I_{\mathrm{A}}+I_{\mathrm{G}}) \,. \tag{19.1}$$

Der in der Sperrschicht $\mathrm{J_2}$ generierte Strom I_{GEN} setzt sich aus dem thermisch generierten Strom I_{Gth} (der dem gewöhnlichen Sperrstrom der $\mathrm{n_1p_2}$-Diode entspricht), dem Beitrag aufgrund der Ladungsträgermultiplikation (Stoßionisation) in der Sperrschicht sowie gegebenenfalls dem durch Licht bedingten Generationsstrom $I_{\mathrm{h}\nu}$ zusammen.[2] In die Sperrschicht wird der Löcherstrom $A_{\mathrm{pnp}}I_{\mathrm{A}}$ und der Elektronenstrom $A_{\mathrm{npn}}(I_{\mathrm{A}}+I_{\mathrm{G}})$ injiziert. Mit den Multiplikationsfaktoren M_{p} für injizierte Löcher und M_{n} für injizierte Elektronen resultiert für den Generationsstrom

$$I_{\mathrm{GEN}} = I_{\mathrm{Gth}} + I_{\mathrm{h}\nu} + (M_{\mathrm{p}}-1)\,A_{\mathrm{pnp}}I_{\mathrm{A}} + (M_{\mathrm{n}}-1)A_{\mathrm{npn}}(I_{\mathrm{A}}+I_{\mathrm{G}}) \,.$$

In Gl. (19.1) eingesetzt und nach I_{A} aufgelöst, erhält man für den Anodenstrom

$$\boxed{I_{\mathrm{A}} = \frac{M_{\mathrm{n}}A_{\mathrm{npn}}I_{\mathrm{G}} + I_{\mathrm{Gth}} + I_{\mathrm{h}\nu}}{1 - M_{\mathrm{n}}A_{\mathrm{npn}} - M_{\mathrm{p}}A_{\mathrm{pnp}}}} \,. \tag{19.2}$$

Mit zunehmendem Gatestrom I_{G} wächst der Anodenstrom I_{A} an. Die Ursache des Schalteffekts liegt in der Arbeitspunktabhängigkeit der Stromverstärkungen A_{npn} und A_{pnp}. Wie in Bipolartransistoren nehmen diese bei kleinen Stromdichten mit steigender Stromdichte zu.

---

[2] I_{Gth} und $I_{\mathrm{h}\nu}$ sind ebenfalls der Ladungsträgermultiplikation ausgesetzt und steigen deshalb mit zunehmender Sperrspannung an. Die Multiplikationsfaktoren der beiden Stromanteile werden durch den Ort an dem die Ladungsträger generiert bestimmt und liegen im Bereich zwischen M_{n} und M_{p}.

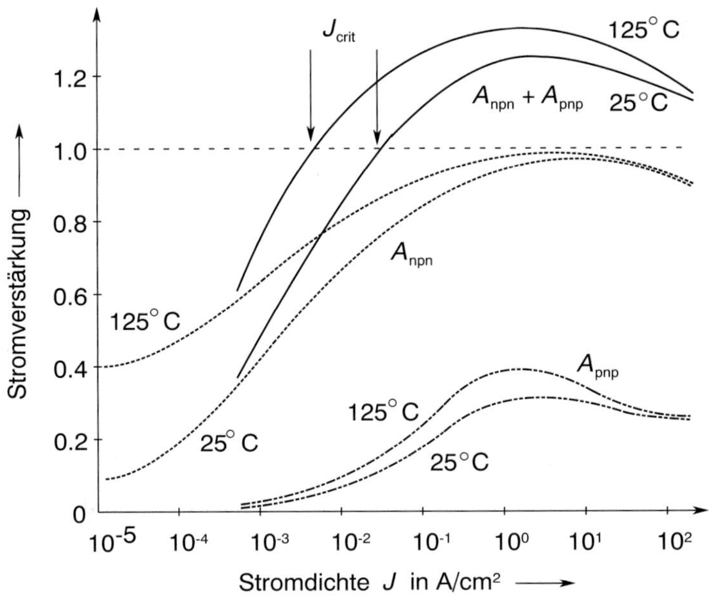

Abb. 19.4. Abhängigkeit der Stromverstärkungen im Thyristor von der Stromdichte für unterschiedliche Temperaturen (typischer Verlauf, nach [1])

Abbildung 19.4 zeigt typische Verläufe für die Arbeitspunktabhängigkeit der Stromverstärkungen: Thyristoren sind so ausgelegt, daß im spezifizierten Spannungs- und Temperaturbereich bei kleinen Stromdichten die Ungleichung $A_{\mathrm{npn}} + A_{\mathrm{pnp}} < 1$ erfüllt ist. Die kritische Stromdichte J_{crit} bei der $A_{\mathrm{npn}} + A_{\mathrm{pnp}} = 1$ gilt, ist hier noch nicht erreicht, der Thyristor befindet sich im Blockierzustand. Um den Thyristor zu zünden muß nach (19.2)

$$\Xi = M_{\mathrm{n}} A_{\mathrm{npn}} + M_{\mathrm{p}} A_{\mathrm{pnp}} \rightarrow 1$$

den Wert 1 erreichen. Da M_{n} und M_{p} mit zunehmender Blockierspannung v_{AK} ansteigen, wird irgendwann die *Zündbedingung* $\Xi = 1$ erreicht. In diesem Fall findet eine sog. *Überkopfzündung* statt: Der Thyristor zündet, da v_{AK} die Nullkippspannung überschreitet. Wegen der stark temperaturabhängigen und auch nicht genau spezifizierten Nullkippspannung ist ein kontrolliertes Einschalten des Thyristors auf diesem Weg nicht möglich. Da es bei diesem Zündmechanismus außerdem zu einer lokal inhomogenen Stromverteilung mit örtlicher Überhitzung und der Gefahr der Zerstörung des Bauteils kommen kann, wird die Überkopfzündung in der Praxis nicht eingesetzt. Stattdessen wird üblicherweise durch Überschreiten der kritischen Stromdichte J_{crit} mit einem positiven Gatestrompuls gezündet: Mit zunehmendem Strom I_{G} erhöht sich I_{A} bzw. die Stromdichte und damit der Wert von $\Xi = M_{\mathrm{n}} A_{\mathrm{npn}} + M_{\mathrm{p}} A_{\mathrm{pnp}}$. Erreicht die Stromdichte den kritischen Wert J_{crit} so geht $\Xi \rightarrow 1$; der Nenner des Ausdrucks auf der rechten Seite von Gl. (19.2) geht gegen Null, d.h. der Ausdruck weist einen *Pol* auf. Zum Aufrechterhalten eines durch die Beschaltung bestimmten Anodenstroms I_{A} bedarf es dann keines äußeren Gatestroms mehr.

19.1.2 Herstellung von Thyristoren

Abbildung 19.5 a zeigt den Aufbau eines einfachen Thyristors in der Draufsicht, die Abbildungen 19.5 b und c den zugehörigen Querschnitt und Dotierstoffverlauf. Charakteristisch ist das ausgedehnte und sehr schwach dotierte n_1-Gebiet – die Basis des pnp-Transistors. Die Ausdehnung und die Dotierstoffkonzentration dieses Gebiets werden durch das verwendete Siliziumsubstrat bestimmt; abhängig von der gewünschten Blockierspannung werden Dicken im Bereich von $(100-500)$ µm und Dotierstoffkonzentrationen im Bereich von 10^{13} cm^{-3} bis 10^{15} cm^{-3} verwendet.

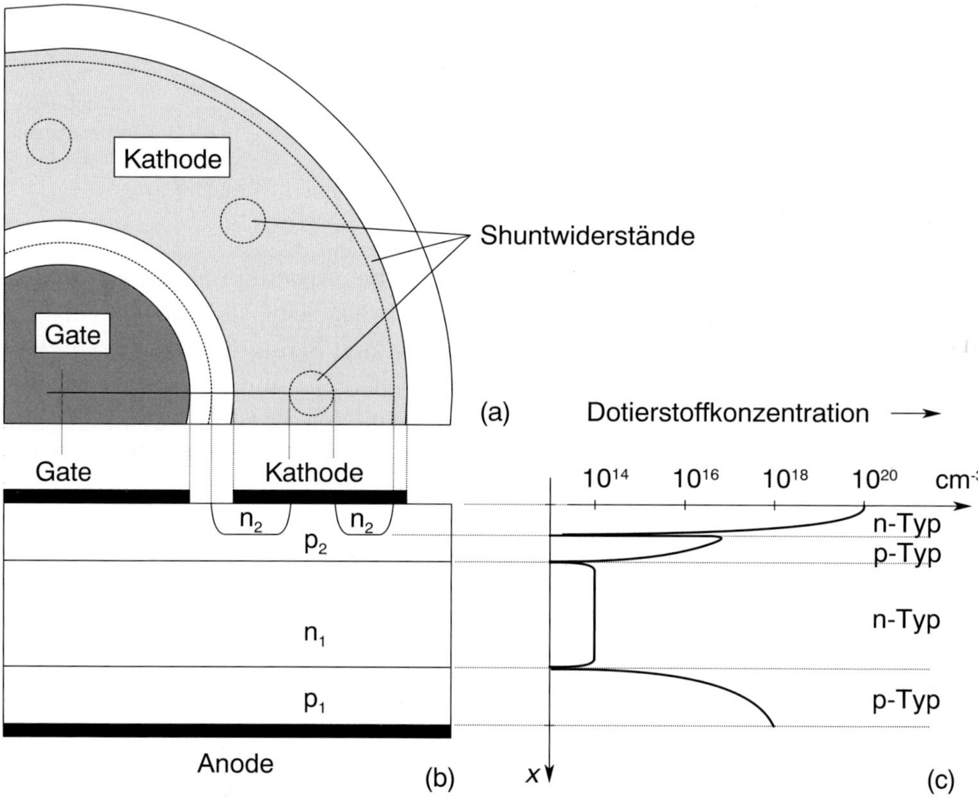

Abb. 19.5. Aufbau eines Thyristors. (**a**) Draufsicht, (**b**) Querschnitt (schematisch) und (**c**) Dotierstoffverteilung (prinzipieller Verlauf)

Insbesondere für sehr große Blockierspannungen wird eine *gleichförmige* Dotierung über die gesamte Waferfläche benötigt: Hochleistungsthyristoren nutzen häufig die gesamte Waferfläche mit einen Durchmesser von der Größenordnung 10 cm. Die geforderte Homogenität der Dotierung kann mittels Kernumwandlung durch Neutronenbeschuß von undotiertem Silizium erreicht werden: Siliziumisotope der Massenzahl 30, die ein Neutron einfangen, werden dabei instabil, verwandeln sich mit einer Halbwertszeit von ca. 2.6 Stunden über einen β-Zerfall, bei dem ein Elektron ausgesandt wird, in Phosphor

$$^{30}_{14}\mathrm{Si} + \text{Neutron} \rightarrow {}^{31}_{14}\mathrm{Si} + \gamma\text{-Quant} \rightarrow {}^{31}_{15}\mathrm{P} + \text{Elektron}\ ,$$

und wirken damit als Donatoren (Dotierung vom n-Typ).

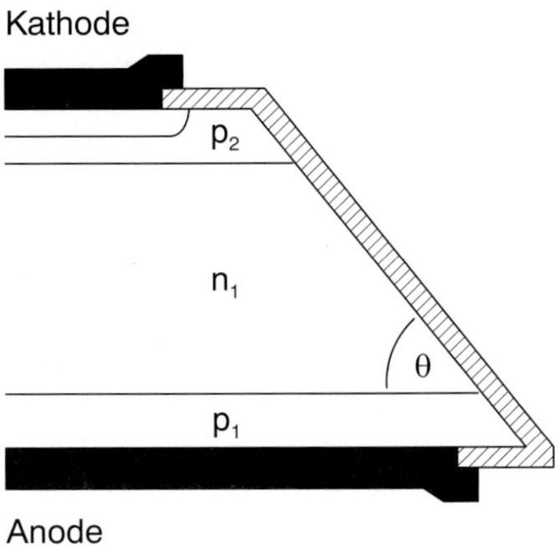

Abb. 19.6. Seitlich abgeschrägte Thyristortablette zur Verringerung der Feldstärke im Randbereich (Prinzip); häufig werden sowohl der p_2n_1-Übergang und der n_1p_1-Übergang durch eine naßchemische tzung (Mesaätzung) „abgeschrägt", dabei entstehen konkave Begrenzungsflächen

In das n-dotierte Siliziumsubstrat werden zunächst von zwei Seiten p-Gebiete diffundiert, die der Realisierung von Anode und Gate dienen. Anschließend erfolgt bei kleineren Thyristoren ein Zersägen der Scheiben in einzelne Thyristortabletten. Bei Thyristoren für große Durchbruchspannungen werden die pn-Übergänge an der Seite der Tabletten abgeschrägt (vgl. Abb. 19.6), da sich auf diesem Weg die Feldstärke am Rand der pn-Übergänge verringern läßt und Randdurchbrüche vermieden werden können. Dabei ist es besonders günstig, wenn der Querschnitt beim Übergang vom höher dotierten zum niedriger dotierten Gebiet abnimmt [2].

Durch thermische Oxidation wird die Tablette dann von einer Oxidschicht überzogen. Dort wo die *Kathodengebiete* zu liegen kommen wird die Oxidschicht wieder weggeätzt und ein stark n-dotiertes Gebiet diffundiert. Beim gezeigten Aufbau handelt es sich um einen Thyristor mit sog. *Kurzschlußemitter*: Die Kathode wird an verschiedenen Stellen mit dem p_2-Gebiet verbunden – an diesen Stellen wird der n_2p_2-Übergang überbrückt. Dies wirkt sich aus wie ein parallel zur GK-Diode geschalteter *Shuntwiderstand* R_{GK}. Zweck dieser parallel geschalteten Shuntwiderstände ist es, die Stromverstärkung A_{npn} des npn-Transistors im Bereich kleiner Ströme zu verringern und damit eine definierte und weniger temperaturabhängige *Schaltschwelle* einzustellen. Abbildung 19.7 zeigt schematisch die Abhängigkeit der Stromverstärkung A_{npn} von der Stromdichte mit und ohne Shuntwiderstand. Bei Anwesenheit eines Shuntwiderstands ist die kritische Stromstärke annähernd V_{GKon}/R_{GK}: Kleinere Ströme erzeugen an R_{GK} einen Spannungsabfall der geringer ist als die Schleusenspannung V_{GKon} der GK-Diode, und fließen deswegen über R_{GK}.

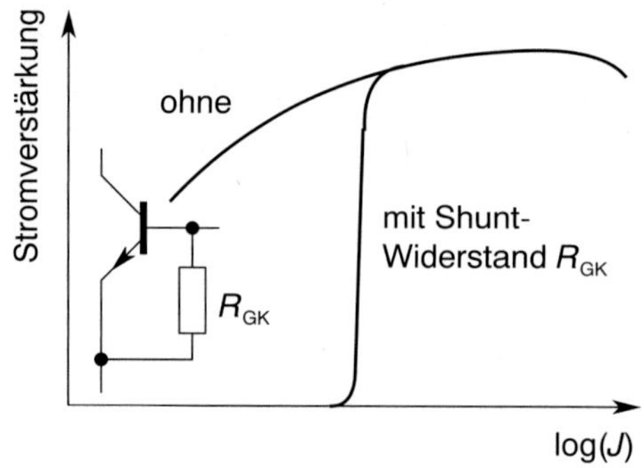

Abb. 19.7. Zur Wirkung eines EB-Shunt-Widerstands

Nach der n_2-Diffusion werden auch die Anoden- und Gateanschlußgebiete freigelegt und mit Metallkontakten versehen.[3] Das Layout der Gateelektrode hängt dabei von der Größe des Thyristors ab. In Kleinleistungsthyristoren wird die Gateelektrode in der Mitte angeordnet und ringförmig von der Kathode umgeben (vgl. Abb. 19.5). Bei großflächigen Thyristoren verwendet man in der Regel eine Gateelektrode, die aus zahlreichen Streifen aufgebaut ist, um die Zündausbreitungszeit zu verringern.

19.1.3 Spannungs- und Stromgrenzwerte

Die höchstzulässige periodische *Vorwärts-Spitzensperrspannung* V_{DRM} beschreibt die maximal zulässige Sperrspannung in Vorwärtsrichtung; entsprechend gibt die höchstzulässige periodische *Rückwärts-Spitzensperrspannung* V_{RRM} die maximal zulässige Sperrspannung in Rückwärtsrichtung an. Diese Spannungswerte dürfen auch in kurzfristigen Pulsen nicht überschritten werden. Bei der Anwendung eines Thyristors in einem normalen Versorgungsnetz ist die Höhe der Störspannungen meist nicht genau bekannt – es ist daher üblich mit einem Spannungssicherheitsfaktor zwischen 2 und 2.5 zu arbeiten; für Betrieb bei Netzspannung (230 $\mathrm{V_{eff}}$) wird V_{RRM} und V_{DRM} üblicherweise mit $(600 - 800)$ V gewählt.

Zusätzliche Grenzspannungen. Bei sinusförmigem Verlauf der anliegenden Spannung darf die Amplitude im Vorwärtsbetrieb die höchstzulässige periodische Vorwärts-Scheitelspannung V_{DWM} nicht überschreiten; bei Rückwärtsbetrieb darf die höchstzulässige periodische Rückwärts-Scheitelspannung V_{RWM} nicht überschritten werden. Für einige Thyristoren werden bei Gleichbetrieb geringere Grenzspannungen spezifiziert, für diese ist die höchstzulässige Vorwärts-Gleichsperrspannung V_{D} kleiner als V_{DWM} bzw. die höchtzulässige Rückwärts-Gleichsperrspannung V_{R} kleiner als V_{RWM}. Für einzeln auftretende Störpulse mit weniger als 10 ms Dauer wird gelegent-

[3]Für die Kontaktierung großflächiger Thyristoren wird häufig Molybdän verwendet, da dieses Metall annähernd dieselbe thermische Ausdehnung aufweist wie Silizium, so daß bei einer Erwärmung des Bauteils aufgrund der umgesetzten Verlustleistung nur geringe mechanische Spannungen auftreten.

lich zusätzlich die höchstzulässige Vorwärts- bzw. Rückwärts-Stoßspitzensperrspannung V_{DSM} bzw. V_{RSM} spezifiziert.

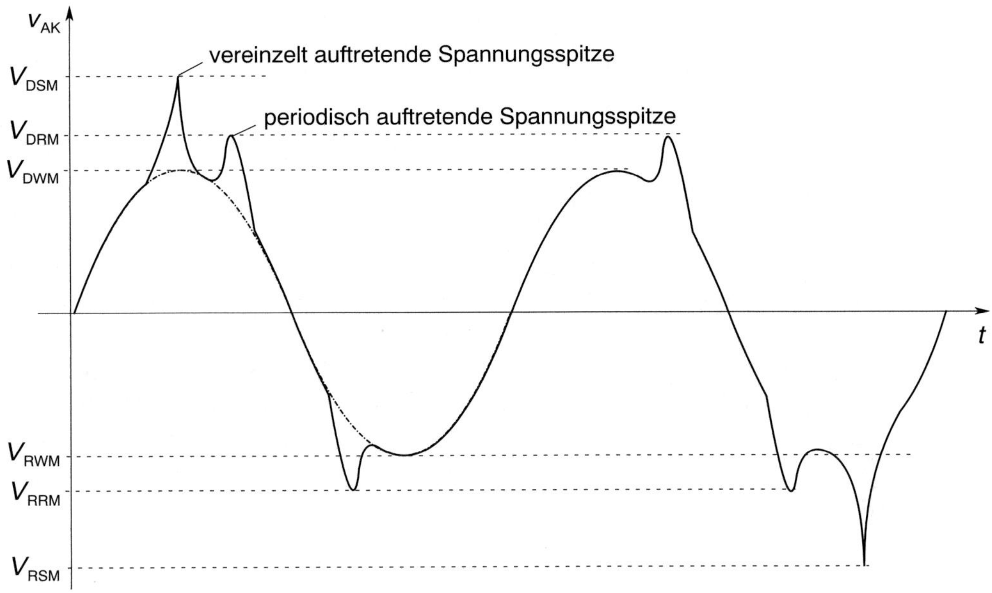

Abb. 19.8. Zur Definition der Spannungsgrenzwerte

Der *Dauergrenzstrom* I_{TAV} bestimmt den maximal zulässigen Strom (Mittelwert über eine Periode) in Einwegschaltungen und bei ohmscher Last. Der höchstzulässige Effektivwert wird durch den *Dauereffektivstrom* I_{TRMS} spezifiziert. Der Zusammenhang zwischen Dauergrenzstrom und Dauereffektivstrom wird durch den Formfaktor $F = I_{TRMS}/I_{TAV}$ gegeben. Bei Phasenanschnittsteuerungen ist F eine Funktion des Stromflußwinkels θ. Bei periodisch auftretenden Stromspitzen darf der höchstzulässige periodische *Spitzenstrom* I_{TRM} nicht überschritten werden; der beim Umladen der Diffusionsladung maximal fließende Strom wird durch die höchstzulässige periodische *Rückstromspitze* I_{RRM} festgelegt.

19.1.4 Sperrvermögen

Bei *Sperrbetrieb* des Thyristors entspricht dieser einem $p_1n_2p_2$-Bipolartransistor mit offener Basis und einer in Serie zum Emitter liegenden sperrgepolten Diode, die im Fall des Kurzschlußemitters von einem Widerstand R_{GK} überbrückt wird (Abb. 19.9). Die anliegende Sperrspannung $V_{AK} < 0$ fällt am Übergang J_1 ab, falls der Thyristor einen Kurzschlußemitter aufweist, die GK-Diode also nicht sperrt. Ist die GK-Diode als konventionelle Diode ausgeführt, so teilt sich die anliegende Sperrspannung auf in den Spannungsabfall an J_1 und den an J_3; die Durchbruchspannung wird dadurch nur unwesentlich größer, da die Durchbruchspannung von J_3 vergleichsweise gering ist. Die

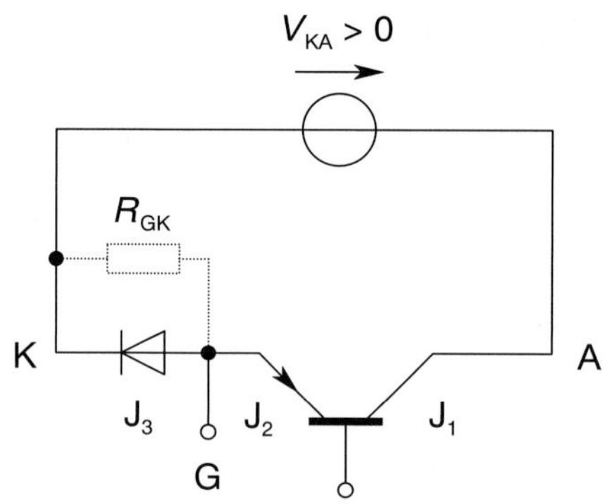

Abb. 19.9. Zum Verhalten des Thyristors bei Sperrpolung

Durchbruchspannung der Anordnung wird deshalb durch die Durchbruchspannung des $p_1n_1p_2$-Transistors bei offener Basis bestimmt. Diese kann, wie in Kap. 16 ausgeführt, entweder auf ein Durchgreifen der Raumladungszone durch das n_1-Gebiet (punchthrough) oder auf den Lawineneffekt zurückzuführen sein. Da sich die Sperrschicht von J_1 vorzugsweise in das n_1-Gebiet ausdehnt, ergibt sich die Spannung V_{pt}, bei der die Sperrschicht am Übergang J_2 anstößt, näherungsweise zu

$$V_{pt} \approx \frac{eN_{D1}d_{n1}^2}{2\epsilon_0\epsilon_r} . \tag{19.3}$$

Hierbei bezeichnen N_{D1} die Dotierstoffkonzentration des n_1-Gebiets und d_{n1} dessen Dicke. Der Wert von V_{pt} muß größer sein als die angestrebte Rückwärtsdurchbruchspannung V_{BR}, was für

$$d_{n1} > \sqrt{\frac{2\epsilon_0\epsilon_r V_{BR}}{eN_{D1}}}$$

der Fall ist. Unter dieser Voraussetzung erfolgt der Durchbruch aufgrund des Lawineneffekts mit der Durchbruchspannung

$$V_{BR} \approx \frac{V_{BR1}}{(B_{pnp}+1)^{1/n}} = V_{BR1}(1-A_{pnp})^{1/n} , \tag{19.4}$$

wobei die Spannungsabhängigkeit des Multiplikationsfaktors über einen Ansatz nach Miller mit Exponent n beschrieben wurde und V_{BR1} die Durchbruchspannung des Übergangs J_1 d.h. der BC-Diode des Transistors $p_1n_1p_2$, bezeichnet. Diese wird durch die Dotierung des n_1-Gebiets bestimmt, wobei näherungsweise gilt (vgl. Kap. 14)

$$V_{BR1} = 60\,\mathrm{V}\left(\frac{N_{D1}}{10^{16}\,\mathrm{cm}^{-3}}\right)^{-0.75} . \tag{19.5}$$

Ist die Stromverstärkung A_{pnp} vor allem durch die Rekombination im Basisgebiet des Transistors bestimmt, so gilt

$$A_{pnp} \approx 1/\cosh(d_B/L_n) = \mathrm{sech}\,(d_B/L_n) , \tag{19.6}$$

wobei

$$d_{\mathrm{B}} \approx d_{\mathrm{n1}} \left(1 - \sqrt{V_{\mathrm{KA}}/V_{\mathrm{pt}}}\right)$$

die vom Spannungsabfall ($\approx V_{\mathrm{KA}}$) an der Sperrschicht J_1 abhängige Basisweite des Transistors $p_1 n_1 p_2$ und d_{n1} die Dicke der n_1-Schicht bezeichnet.

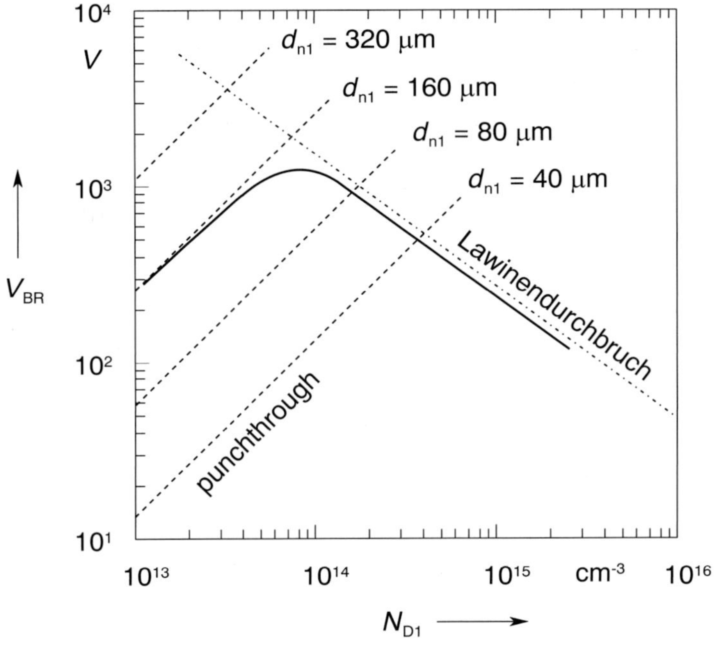

Abb. 19.10. Grenzen der Sperrspannungsfestigkeit eines Thyristors aufgrund von Lawineneffekt und punchthrough, Ermitteln der optimalen Dicke (nach [2])

Für eine gegebene Dicke d_{n1} wird die Durchbruchspannung bei geringer Dotierstoffkonzentration nach Gl. (19.3) proportional zu N_{D1} ansteigen, da hier der Durchbruch aufgrund des punchthrough erfolgt. Bei großen Dotierungen dominiert der Lawineneffekt; die durch die Gln. (19.4), (19.5) und (19.6) bestimmte Durchbruchspannung fällt mit zunehmender Dotierung ab. Zwischen diesen Grenzfällen findet sich die optimale Dotierstoffkonzentration mit der maximalen Durchbruchspannung. Abbildung 19.10 zeigt dies für den Fall $d_{\mathrm{n1}} = 160\,\mu\mathrm{m}$ mit der optimalen Dotierstoffkonzentration $N_{\mathrm{D1}} \approx 8 \cdot 10^{13}\ \mathrm{cm}^{-3}$.

Im Vorwärtsblockierzustand fällt die angelegte Spannung vorzugsweise als Sperrspannung am pn-Übergang J_2 ab; der Thyristor sperrt bis zur Nullkippspannung, die durch die *Kippbedingung*

$$\Xi = M_{\mathrm{n}} A_{\mathrm{npn}} + M_{\mathrm{p}} A_{\mathrm{pnp}} = 1$$

bestimmt wird. Nimmt man die Multiplikationsfaktoren M_{n} und M_{p} als näherungsweise identisch an, so folgt mit der Durchbruchspannung V_{BR2} von J_2 aus der Miller-Beziehung (vgl. Kap. 14)

$$M_{\rm n} = M_{\rm p} \approx \frac{1}{1 - (V_{\rm AK}/V_{\rm BR2})^n}$$

für die Nullkippspannung

$$V_{\rm BF0} = V_{\rm BR2}\,(1 - A_{\rm npn} - A_{\rm pnp})^{1/n} \,. \tag{19.7}$$

Im Fall des Kurzschlußemitters ist $A_{\rm npn}$ im Blockierzustand sehr klein. Da sich die Sperrschicht J_2 hauptsächlich in das n_1-Gebiet erstreckt, gilt bei gleichförmiger Dotierung außerdem $V_{\rm BR1} \approx V_{\rm BR2}$, wodurch sich Gl. (19.7) zu

$$V_{\rm BF0} \approx V_{\rm BR1}\,(1 - A_{\rm pnp})^{1/n} \approx V_{\rm BR}$$

vereinfacht; der Thyristor weist unter diesen Umständen annähernd *symmetrische* Sperreigenschaften auf.

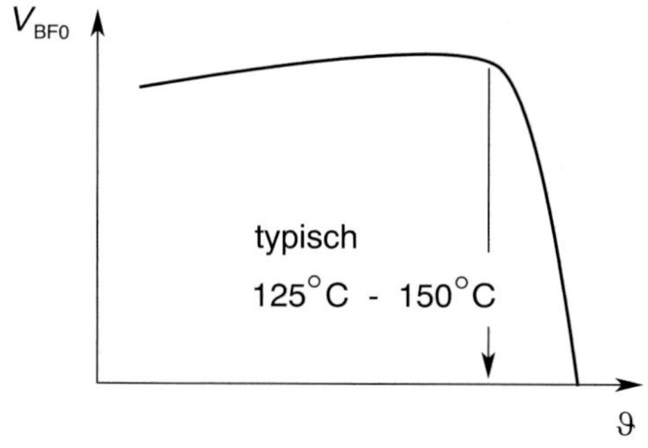

Abb. 19.11. Temperaturabhängigkeit der Nullkippspannung (schematisch)

Die Nullkippspannung eines Thyristors ist temperaturabhängig. Bei niederen Temperaturen wird ein leichter Anstieg beobachtet, da $V_{\rm BR1}$ durch den Lawineneffekt bestimmt ist und mit zunehmender Temperatur ansteigt. Bei hohen Temperaturen erfolgt ein steiler Abfall der Nullkippspannung. Der Grund hierfür liegt in der mit der Temperatur zunehmenden intrinsischen Dichte $n_{\rm i}$: Das niedrig dotierte n_1-Gebiet verliert seinen p-Typ-Charakter sobald $n_{\rm i}$ vergleichbar zur Dotierstoffkonzentration $N_{\rm D1}$ in der Basis wird. Der pn-Übergang J_2 verliert damit seine Sperrfähigkeit, und der Thyristor zündet.

19.1.5 Zünden des Thyristors, Durchlaßzustand

Thyristoren werden üblicherweise durch einen positiven Gatestrompuls[4] gezündet. Dieser muß so groß sein, daß die Schleusenspannung $V_{\rm GKon}$ der GK-Diode erreicht wird. Da der Strom zwischen Gate und Kathode für $V_{\rm GK} < V_{\rm GKon}$ bei den üblicherweise verwendeten Thyristoren mit Kurzschlußemitter über den Shuntwiderstand $R_{\rm GK}$ fließt, muß $I_{\rm G} > I_{\rm GT} \approx V_{\rm GKon}/R_{\rm GK}$ gelten. Der Wert von $I_{\rm GT}$ wird als (oberer) *Zündstrom* bezeichnet: Überschreitet $I_{\rm G}$ diesen vom Hersteller spezifizierten Wert, so schaltet der Thyristor

[4]Zum Schalten großer Leistungen wurden auch lichtgesteuerte Thyristoren entwickelt (vgl. S. 949).

sicher vom Sperrzustand in den Durchlaßzustand. Dies gilt auch, falls V_{GK} die obere *Zündspannung* V_{GT} überschreitet. Die untere Zündspannung V_{GD} definiert dagegen einen Steuerspannungswert, unterhalb dem ein Zünden des Thyristors sicher vermieden wird (Abb. 19.12).

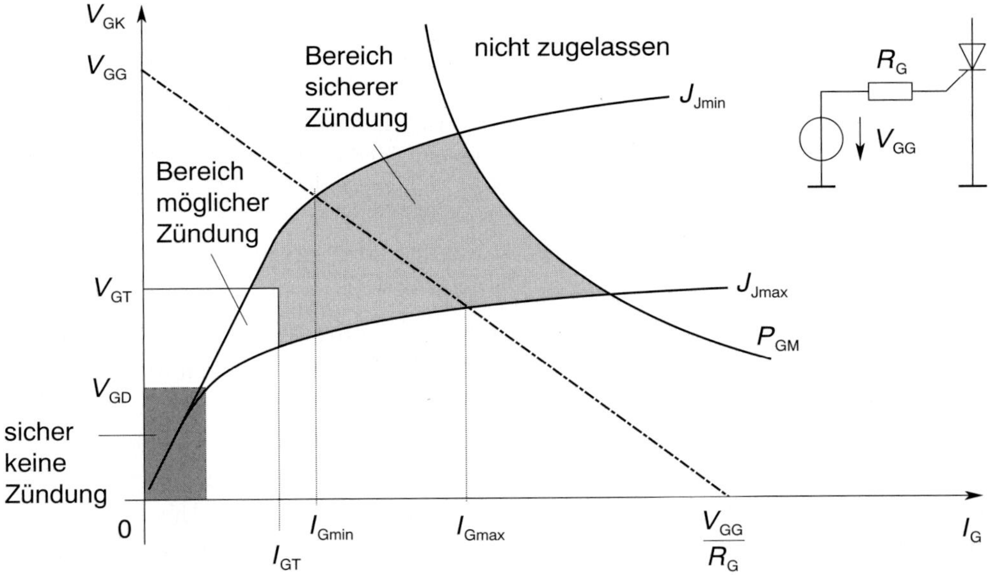

Abb. 19.12. Zünddiagramm

Da die Schleusenspannung V_{GKon} der GK-Diode mit zunehmender Temperatur ab- und der Wert des parallel liegenden Shuntwiderstands zunimmt, wird bei erhöhter Temperatur ein geringerer Zündstrom benötigt. Der Temperaturkoeffizient des erforderlichen Zündstroms liegt typischerweise bei $-0.5\%/\mathrm{K}$. In Datenblättern wird I_{GT} in der Regel für die Bauteiltemperatur $\vartheta_J = 25°\mathrm{C}$ spezifiziert; für Bauteiltemperaturen $\vartheta_J > 25°\mathrm{C}$ ist für Gatestrompulse $I_G > I_{GT}$ demnach ein sicheres Zünden des Thyristors gewährleistet.

Wird der Ausgang der Zündpulsschaltung durch eine Spannungsquelle mit der Leerlaufspannung V_{GG} und dem Innenwiderstand R_G beschrieben, so müssen V_{GG} und R_G so gewählt werden, daß die Schnittpunkte mit den Eingangskennlinien die Bedingungen $I_G > I_{GT}$ und $I_G V_{GK} < P_{GM}$ erfüllen (vgl. Abb. 19.12), wobei P_{GM} die höchstzulässige *Steuerverlustleistung* (Spitzenwert) angibt. Die Dauer des Gatestrompulses ist dabei so zu bemessen, daß die mittlere Verlustleistung im Steuerkreis kleiner ist als die im Mittel zugelassene Steuerverlustleistung P_{GAV}.

In der Praxis werden üblicherweise Gatestrompulse mit $I_G \gg I_{GT}$ verwendet, da sich auf diesem Weg die Zündzeit t_{gd} verringern läßt; der Zusammenhang ist in Abb. 19.13 schematisch dargestellt. Wegen der Zunahme der

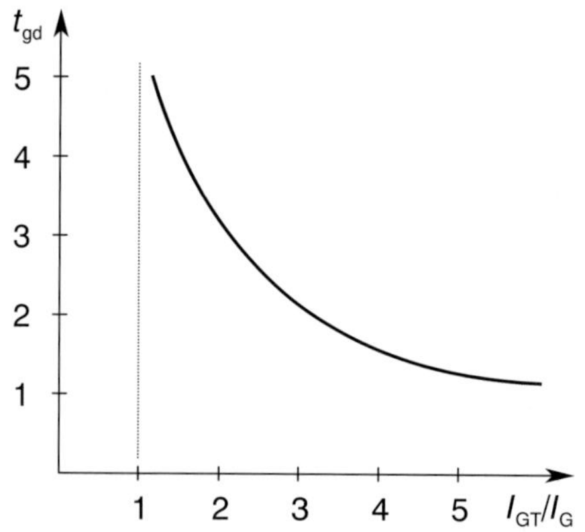

Abb. 19.13. Zündverzögerungszeit als Funktion des zur Zündung verwendeten Gatestrompulses I_G (schematisch, (nach [3]))

Verlustleistung im Steuerkreis ist die Höhe des Gatestrompulses begrenzt; als Kompromiß wird häufig $I_G \approx 5\,I_{GT}$ verwendet.

Bis zur Zündung fällt nahezu die gesamte Spannung v_{AK} an der mittleren Sperrschicht J_2 ab. Beim Umschalten in den Durchlaßzustand muß die Sperrschicht J_2 abgebaut werden. Zu diesem Zweck müssen vom Anodengebiet über den Transistor $p_1n_1p_2$ Löcher in das p_2-Gebiet und vom Kathodengebiet über den Transistor $n_2p_2n_1$ Elektronen in das n_1-Gebiet injiziert werden. Wegen der Basistransitzeiten der beiden Transistoren erfolgt der Abbau der Sperrschicht deswegen mit einer bestimmten Verzögerung, der sog. *Zündverzugszeit* t_{gd}. Diese ist definiert als die Zeit, die vom Beginn des Zündpulses bis zur Abnahme des Spannungsabfalls am Thyristor auf 90 % verstreicht (vgl. Abb. 19.14). Nach dieser Zeit wächst die Ladungsträgerdichte im n_1-Gebiet über die Dotierstoffkonzentration an, und die Sperrschicht wird abgebaut. Nach der sog. *Durchschaltzeit* t_{gr} ist die Spannung v_{AK} dann auf 10 % ihres Ausgangswerts abgesunken (Abb. 19.14). Die Summe aus Zündverzugszeit und Durchschaltzeit wird als *Zündzeit* t_{gt} bezeichnet.

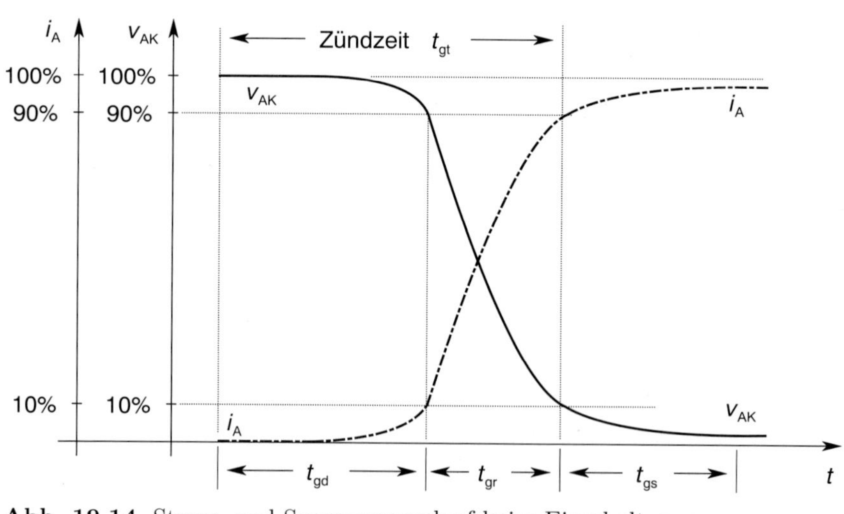

Abb. 19.14. Strom- und Spannungsverlauf beim Einschaltvorgang

Beim Durchschalten des Thyristors leitet zunächst nur ein kleiner Teilbereich in der Nähe des Gateanschlusses, da in der p_2-Schicht ein Spannungsabfall auftritt, und die Flußspannung am p_2n_2-Übergang mit zunehmendem Abstand vom Gatekontakt abnimmt [4] (Abb. 19.15).

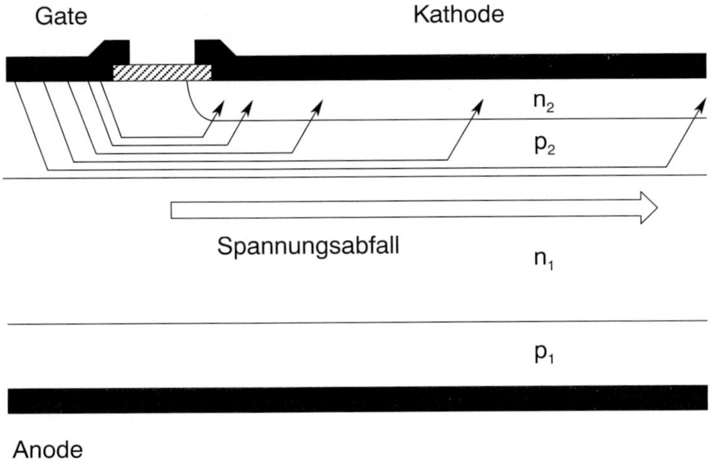

Abb. 19.15. Zur Erläuterung der Zündausbreitungszeit

Das leitende Gebiet dehnt sich dann lateral mit einer Geschwindigkeit von typischerweise (50 − 100) µm/µs aus. Die *Zündausbreitungszeit* t_{gs} bestimmt die Zeit, nach der die gesamte Fläche unter dem Kathodenanschluß gezündet hat. Steigt der Strom $i_A(t)$ nun sehr schnell an, so kommt es zu einer lokal überhöhten Stromdichte und damit zu einer räumlich begrenzten starken Erwärmung (hot spot). Um eine Schädigung des Thyristors zu vermeiden, wird die zulässige Anstiegsgeschwindigkeit des Stroms deshalb vom Hersteller begrenzt: Die *kritische Stromsteilheit* $(\mathrm{d}i/\mathrm{d}t)_{cr}$ bestimmt die maximal zulässige Anstiegsgeschwindigkeit des Stroms beim Schaltvorgang. Typische Werte für $(\mathrm{d}i/\mathrm{d}t)_{cr}$ liegen im Bereich von 100 A/µs bis zu mehreren 1000 A/µs, abhängig von der Bauform des Thyristors. Überschreitet $\mathrm{d}i_A/\mathrm{d}t$ diesen Wert, so muß mit einer Schädigung des Thyristors gerechnet werden.

Im *Durchlaßzustand* liegt bei großen Flußströmen in den Bahngebieten n_1 und p_2 *Hochinjektion* vor, d.h. die Ladungsträgerdichte in diesen Bereichen ist groß im Vergleich zur jeweiligen Dotierstoffkonzentration. Elektronen- und Löcherdichte weisen hier annähernd denselben Wert auf – es ist unter diesen Bedingungen nicht mehr sinnvoll von einem n-Typ oder p-Typ Halbleiter zu sprechen. Das elektrische Verhalten des Thyristors ähnelt unter diesen Bedingungen der pin-Diode bei Hochinjektion. Dies wird sowohl durch Simulationen als auch durch Messungen bestätigt. Abbildung 19.16 zeigt schematisch die Dotierstoffkonzentration sowie die Verteilung der Elektronen und Löcher im Thyristor bei Durchlaßbetrieb. Wie bei der pin-Diode befindet sich zwischen den beiden hochdotierten Gebieten eine von Ladungsträgern überschwemmte Zone mit $n(x) \approx p(x)$. Die Hauptstromkennlinie eines Thyristors im Durchlaßzustand entspricht für große Ströme deshalb weitgehend der einer pin-Diode.

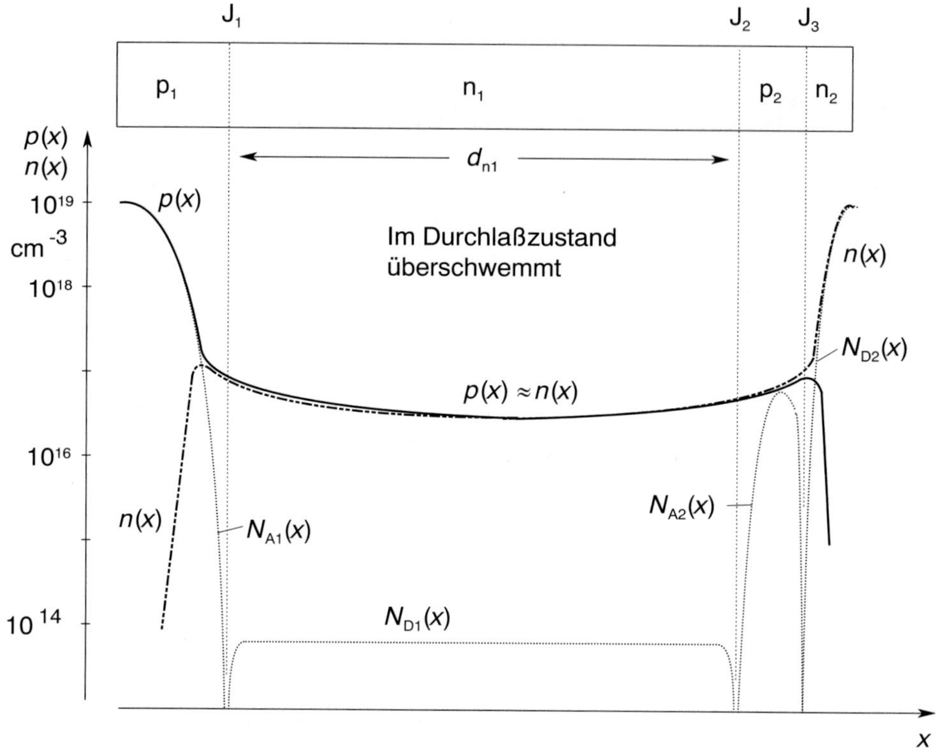

Abb. 19.16. Dotierstoffkonzentration und Ladungsträgerdichten in einem Thyristor im Durchlaßzustand (typischer Verlauf)

Maßgeblich für die Ladungsträgerdichten in den niedrig dotierten Bahngebieten ist die Lebensdauer für Elektronen und Löcher. Im Fall einer geringen Lebensdauer werden injizierte Elektronen und Löcher schnell durch Rekombination abgebaut, was in der Mitte zu niedrigen Ladungsträgerdichten und damit zu einem erhöhten Widerstand bzw. Spannungsabfall im Durchlaßzustand führt.

Die *Durchlaßkennlinie* eines Thyristors beschreibt den Anodenstrom I_{A} als Funktion der Durchlaßspannung[5] V_{AKon} im Durchlaßbereich des Thyristors. Für die Berechnung der Durchlaßverluste kann sie durch eine Knickkennlinie angenähert werden (Abb. 19.17). Mit dem Kleinsignalwiderstand im Durchlaßbereich $r_{\mathrm{T}} = \mathrm{d}V_{\mathrm{AK}}/\mathrm{d}I_{\mathrm{A}}$ folgt für die Durchlaßspannung V_{AKon}

$$V_{\mathrm{AKon}} = V_{\mathrm{TAK}} + r_{\mathrm{T}} I_{\mathrm{A}} \ , \qquad (19.8)$$

[5] Für die Durchlaßspannung wird häufig V_T geschrieben, für den Durchlaßstrom I_{T}. Diese Schreibweise wird hier nicht verwendet, da V_T für die Temperaturspannung vergeben ist.

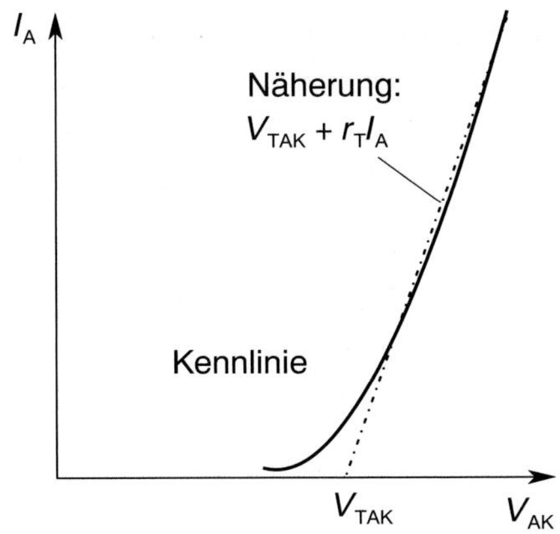

Abb. 19.17. Durchlasskennlinie

wobei V_{TAK} die *Schleusenspannung* des Thyristors bezeichnet. Die Durchlaßspannung eines Thyristors ist temperaturabhängig mit einem vom Anodenstrom abhängigen Temperaturkoeffizienten: Da die Schleusenspannung V_{TAK} mit zunehmender Temperatur ab-, der Kleinsignalwiderstand aber zunimmt, weist die Durchlaßspannung bei geringen Stromdichten (Einfluß von r_{T} gering) einen negativen TK ($\mathrm{d}V_{\mathrm{AK}}/\mathrm{d}T \approx -1.5$ mV/K) auf, bei großen Stromdichten (Einfluß von r_{T} groß) einen leicht positiven TK ($\mathrm{d}V_{\mathrm{AK}}/\mathrm{d}T \approx 0.5$ mV/K) auf [5]. Aus Durchlaßspannung und Anodenstrom ergibt sich für die *Durchlaßverlustleistung*

$$P = V_{\mathrm{AKon}} I_{\mathrm{A}} \approx V_{\mathrm{TAK}} I_{\mathrm{A}} + r_{\mathrm{T}} I_{\mathrm{A}}^2 \, . \tag{19.9}$$

Neben der Zündung durch Gatestrom besteht die Möglichkeit der Zündung durch einen Lichtpuls, der im Thyristor einen Fotostrom $i_{\mathrm{h}\nu}$ bedingt, wodurch es zum Überschreiten der kritischen Stromdichte kommt. Dies wird in sog. *Fotothyristoren* (vgl. z.B. [6–8]) sowie speziellen Optokopplerbausteinen mit Thyristoren und TRIACs ausgenutzt. Dabei wird das Licht einer LED zur Triggerung herangezogen. Wegen der geringen Quantenausbeute der Leuchtdioden werden hier Thyristoren mit hoher Einschaltempfindlichkeit benötigt. Zu diesem Zweck wird in der Regel ein innerer Verstärkungsmechanismus ausgenützt (Amplifiying gate thyristor, vgl. [2]). Wird der Thyristor durch eine intensiven Lichtpuls gezündet, so wird die Zündverzugszeit deutlich verringert. Fotothyristoren zeichnen sich durch galvanische Trennnung von Steuerungs- und Hauptstromkreis aus und werden für Schaltleistungen bis in den Megawattbereich hergestellt.

Ein häufig unerwünschter Zündmechanismus ist die sog. $\mathrm{d}v/\mathrm{d}t$-*Triggerung*. Befindet sich der Thyristor im Vorwärts-Blockierzustand und steigt v_{AK} sehr schnell an, so tritt am pn-Übergang J_2 ein großer Verschiebestrom zum Umladen der Sperrschichtkapazität auf. Falls dieser nicht über das Gate abgeführt wird, kann die kritische Stromdichte J_{crit} überschritten werden, und der Thyristor zünden. Um ein Zünden des Thyristors aufgrund des $\mathrm{d}v/\mathrm{d}t$-Effekts zu vermeiden, muß die Anstiegsgeschwindigkeit von v_{AK} unterhalb eines vom Hersteller spezifizierten Werts bleiben: Die *kritische Spannungssteilheit* $(dv/dt)_{cr}$ bestimmt die maximal zulässige Anstiegsgeschwindigkeit der Sperrspannung am Thyristor, für die der Thyristor ohne Steuerstrompuls ($i_G = 0$) noch zuverlässig sperrt.[6] Der Wert von $(dv/dt)_{cr}$ liegt bei typischerweise 20 V/µs, falls keine Shuntwiderstände verwendet werden, und kann bei Verwenden von Shuntwiderständen um das zehn- bis hundertfache gesteigert werden [2]. Eine schaltungstechnische Maßnahme zur Erhöhung der dv/dt-Festigkeit eines Thyristors ist die *Sperrpolung* der GK-Diode; der Verschiebestrom kann dann über den Gatekontakt fließen und hat keinen Einfluß auf die Stromverstärkungen der rückgekoppelten Transistoren.

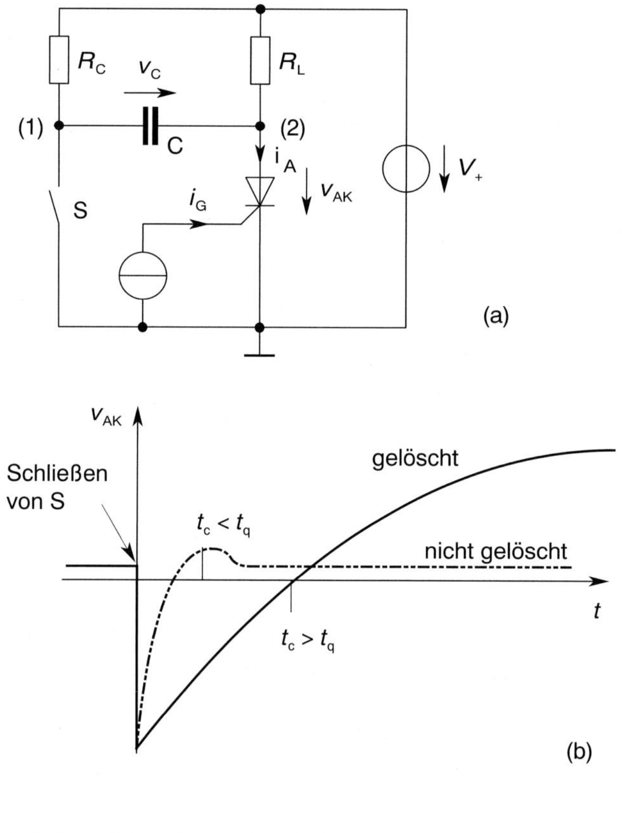

Abb. 19.18. Abschalten eines Thyristors mit Löschkondensator

19.1.6 Löschen des Thyristors

Um den Thyristor abzuschalten (zu löschen) muß der Durchlaßstrom unter den Haltestrom I_H abgesenkt werden. In der Praxis erfolgt dies durch Umpo-

[6] Sie wird angegeben für einen exponentiellen Anstieg der Vorwärts-Sperrspannung auf 2/3 der höchstzulässigen Vorwärts-Spitzensperrspannung aus dem strom- und spannungslosen Zustand heraus, bei einer Wiederholfrequenz von 50 Hz und der maximal zulässigen Sperrschichttemperatur.

len von $v_{\rm AK}$ (*Kommutierung*).[7] Bei Gleichspannungsbetrieb kann die Kommutierung mit einem *Löschkondensator* erfolgen. Abbildung 19.18 zeigt den prinzipiellen Aufbau einer Schaltung zum Zünden und Löschen eines Thyristors bei Gleichbetrieb; der Schalter S sei zunächst geöffnet. Befindet sich der Thyristor im Blockierbetrieb, so fällt die Versorgungsspannung V_+ am Thyristor ab. Durch einen positiven Gatestrompuls $i_{\rm G}(t)$ wird der Thyristor gezündet – er bleibt auch nach Abschalten des Gatestroms niederohmig. Die Versorgungsspannung V_+ fällt nun größtenteils am Lastwiderstand $R_{\rm L}$ ab. Die Anode des Thyristors (2) liegt damit näherungsweise auf Massepotential und der Kondensator C lädt sich über $R_{\rm C}$ auf $v_{\rm C} \approx V_+$ auf. Wird nun der Schalter S geschlossen, so wird der Knoten (1) auf Masse gelegt, d.h. wegen des Spannungsabfalls am Kondensator folgt direkt nach dem Schließen des Schalters $v_{\rm AK} = -v_{\rm C}(0) \approx -V_+$. Für $t > 0$ wird der Kondensator über $R_{\rm L}$ umgeladen[8]

$$v_{\rm AK}(t) \approx V_+ - [V_+ + v_{\rm C}(0)]\mathrm{e}^{-t/\tau} \quad \text{mit} \quad \tau = R_{\rm L}C\,.$$

Die am Thyristor abfallende Spannung $v_{\rm AK}$ ist demnach kleiner Null, solange

$$t < t_{\rm c} = R_{\rm L}C\ln(1+v_{\rm C}(0)/V_+) \approx R_{\rm L}C\ln(2)$$

gilt. Ist die sog. *Schonzeit* $t_{\rm c}$ größer als die *Freiwerdezeit* $t_{\rm q}$ des Thyristors, so sperrt dieser zuverlässig: Die Spannung $v_{\rm AK}(t)$ verläuft in diesem Fall gegen die Versorgungsspannung V_+. Gilt dagegen $t_{\rm c} < t_{\rm q}$, so wird der Thyristor nicht gelöscht, die Spannung $v_{\rm AK}(t)$ läuft unter diesen Umständen gegen den Spannungsabfall im Durchlaßzustand. In praktischen Schaltungen wird der Schalter S mit einem zweiten Thyristor, dem sog. *Löschthyristor* ausgeführt. Dieser Thyristor kann wesentlich kleiner sein als der Hauptthyristor. Die Schonzeit $t_{\rm c}$ wird üblicherweise um ca. 50 % größer gewählt als die vom Hersteller spezifizierte Freiwerdezeit.

Die Freiwerdezeit $t_{\rm q}$ wird benötigt um die im Flußbetrieb im Thyristor gespeicherte Ladung zu entfernen und die Sperrschicht J_1 aufzubauen. Elektronen und Löcher fließen dabei – sofern sie nicht paarweise rekombinieren – über den Kathoden- bzw. Anodenkontakt ab. Abbildung 19.19 zeigt den Abbau der Elektronendichte für $t > 0$ und den Aufbau der Sperrschicht. Die Freiwerdezeit $t_{\rm q}$ ist *temperaturabhängig*: Sie verdoppelt sich annähernd bei einer Temperaturerhöhung von 25°C auf 125°C. Eine weitere Einflußgröße ist die *Anstiegsgeschwindigkeit* der sich wieder aufbauenden Spannung $v_{\rm AK}$

---

[7]Nur Kleinleistungsthyristoren und spezielle sog. Gate Turn-Off Thyristoren können durch einen negativen Gatestrom gelöscht werden (vgl. Kap. 19.2.2).

[8]Diese Rechnung vernachlässigt die in der Praxis unvermeidlichen Zuleitungsinduktivitäten sowie die aus dem Thyristor abließende Ladung. Letzteres ist gerchtfertigt, solange die im Thyristor im Durchlaßzustand gespeicherte Ladung $\tau I_{\rm A} \approx \tau V_+/R_{\rm L}$ (τ = Lebensdauer für Elektron-Loch-Paare) klein ist im Vergleich zur Kondensatorladung CV_+. Dies ist für $\tau \ll R_{\rm L}C$ der Fall. Da die Freiwerdezeit $t_{\rm q}$ aber ein mehrfaches der Lebensdauer τ beträgt, ist die Rechnung für Schonzeiten $t_{\rm c} > t_{\rm q}$ gerechtfertigt.

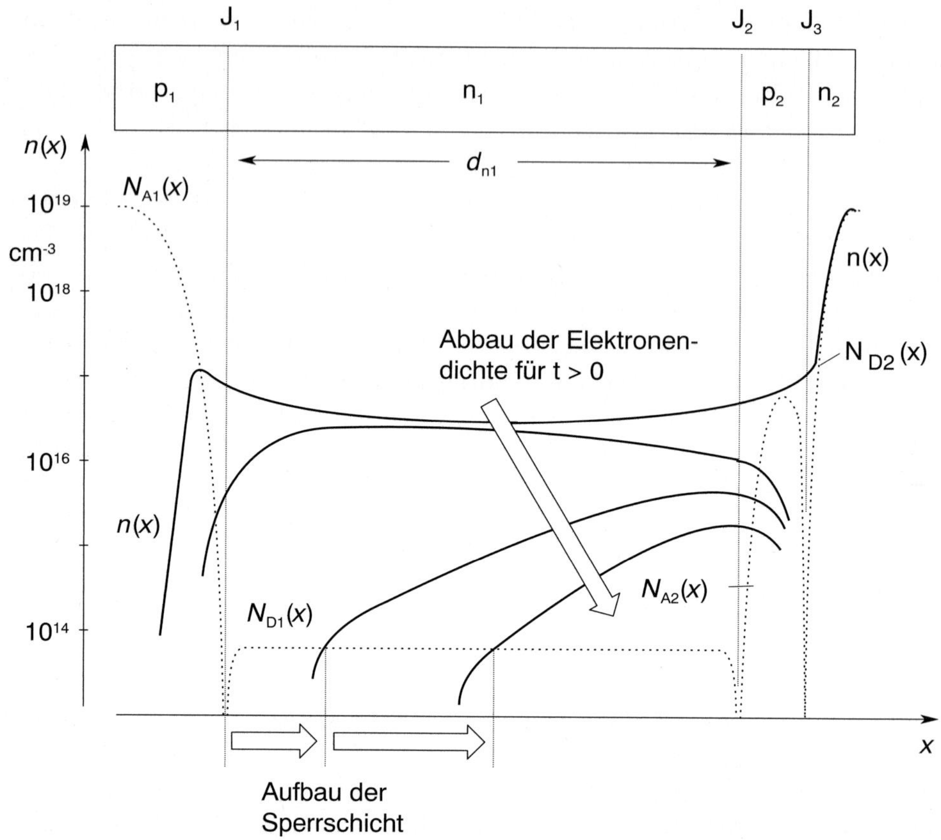

Abb. 19.19. Abbau der im Thyristor gespeicherten Ladung bei Kommutierung ($v_{AK} < 0$)

– je näher diese bei der kritischen Spannungssteilheit $(\mathrm{d}v/\mathrm{d}t)_{\mathrm{cr}}$ liegt, desto größer ist die erforderliche Freiwerdezeit. Zur Bestimmung der Freiwerdezeit wird die Steilheit der wiederkehrenden Spannung deshalb durch die Gleichung $\mathrm{d}v_{\mathrm{AK}}/\mathrm{d}t = V_{\mathrm{DRM}}/t_{\mathrm{q}}$ festgelegt. Durch Einbau von Störstellen (Golddotierung, Beschuß mit energiereicher Elektronenstrahlung) kann die Rekombinationsrate für Elektron-Loch-Paare vergrößert und die Freiwerdezeit verringert werden. Da dies jedoch zu einer Erhöhung des Spannungsabfalls im Durchlaßzustand führt und außerdem die Sperreigenschaften bei hoher Temperatur verschlechtert werden, ist hier ein Kompromiß erforderlich.

Die Freiwerdezeit wächst annähernd proportional zum Quadrat der Dicke d_{n1} des Basisgebiets an; da dessen Dicke annähernd proportional zur geforderten Spitzensperrspannung ansteigen muß, gilt in grober Näherung $t_{\mathrm{q}} \sim V_{\mathrm{DRM}}^2$. Typische Werte für die Freiwerdezeit schneller Thyristoren liegen bei $t_{\mathrm{q}} \approx 7\,\mu\mathrm{s}$ für Thyristoren mit Spitzensperrspannungen von 600 V und 70 µs für Thyristoren mit Spitzensperrspannungen von 2 kV [3].

Abbildung 19.20 zeigt das Verhalten des Thyristors mit induktiver Last bei Kommutierung mit einer angelegten Rechteckspannung $v_0(t)$, die zwischen

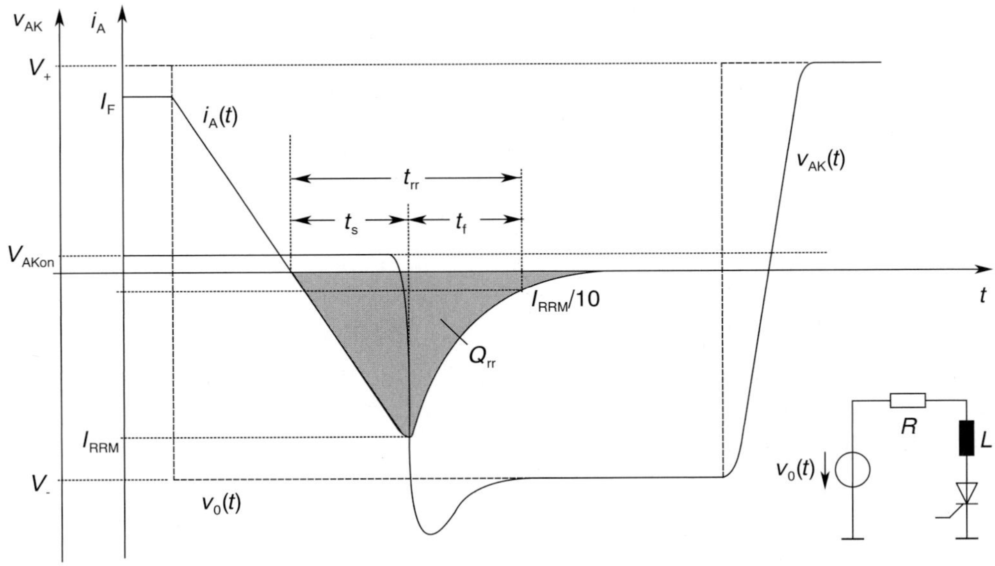

Abb. 19.20. Schaltverhalten bei induktiver Last und Zwangskommutierung durch eine Rechteckspannung

den Werten V_+ und V_- hin- und herschaltet. Als Ausgangspunkt wird $v_0 = V_+$ angenommen; befindet sich der Thyristor im Durchlaßzustand, so fließt der Strom $i_A = I_F$, und am Thyristor fällt die Spannung $v_{AK} = V_{AKon}$ ab. Diese Spannung bleibt wegen der in der Diode gespeicherten Ladung zunächst auch nach Umschalten von v_0 auf V_- erhalten. Aus dem Maschensatz folgt demnach für kleine Werte von R

$$v_{AK}(t) + L\,\frac{di}{dt} \approx V_-$$

bzw. wegen $v_{AK}(t) \approx V_{AKon} \ll |V_-|$

$$\frac{di}{dt} \approx \frac{V_- - V_{AKon}}{L} \approx \frac{V_-}{L}\,.$$

Der Strom fällt linear mit der Zeit ab, wodurch weniger Ladungsträger in den Thyristor injiziert werden. Die nach dem Nulldurchgang des Stroms noch im Bauelement verbliebene Speicherladung fließt teilweise über den Kathoden- bzw. Anodenkontakt ab und rekombiniert zum anderen Teil. Nach der sog. *Spannungsnachlaufzeit* t_s ist die Diffusionsladung in den Bahngebieten abgebaut, nun können sich die Sperrschichten aufbauen, und der Spannungsabfall am Thyristor nimmt zu. Die *Sperrverzugszeit* t_{rr} bestimmt die Zeit vom Nulldurchgang des Anodenstroms bis zum Abklingen des Rückstroms auf 10 % seines maximalen Werts I_{RRM}. Die in Abb. 19.20 schraffierte Fläche unter der $i_A(t)$-Kurve bestimmt die *Sperrverzögerungsladung* Q_{rr} und damit die beim Ausschaltvorgang auftretenden Schaltverluste.

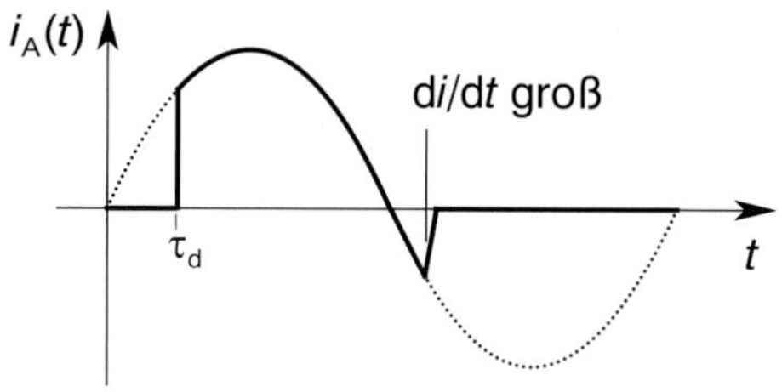

Abb. 19.21. Periodische Kommutierung

In Wechselspannungsschaltungen erfolgt eine periodische Kommutierung: Jede negative Halbwelle bringt den Thyristor in Rückwärtsbetrieb ($v_{AK} < 0$) und löscht ihn damit. Der Thyristor sperrt nach dem Nulldurchgang der anliegenden Wechselspannung noch nicht sofort, da zuvor die im Flußbetrieb aufgebaute Diffusionsladung ausgeräumt werden muß. Aus diesem Grund fließt nach dem Nulldurchgang von v_{AK} zunächst ein Rückstrom, der nach Ausräumen der Diffusionsladung sehr schnell gegen null geht (Abb. 19.21). Diese schnelle Stromänderung ruft in Induktivitäten im Hauptstromkreis Spannungsspitzen hervor; in praktischen Schaltungen werden diese durch Parallelschalten eines RC-Glieds sowie eines Varistors unterdrückt.

19.1.7 Parallel- und Reihenschaltung von Thyristoren

Thyristoren können *parallel* geschaltet werden, falls kein Thyristor mit größeren Grenzströmen eingesetzt werden kann. Da wegen Exemplarstreuungen Abweichungen in den Durchlaß- und Sperrkennlinien vorliegen, wodurch eine unsymmetrische Stromaufteilung resultiert, sind parallelgeschaltete Thyristoren so auszuwählen, daß sie möglichst identische Durchlaßkennlinien aufweisen; außerdem sollte die anteilige Strombelastung der Thyristoren kleiner als der Grenzwert (Reduktion um ca. 20 %) gewählt werden. Für eine möglichst symmetrische Auslastung sollten die Thyristoren eine gute thermische Kopplung aufweisen (z.B. durch Montage auf einem gemeinsamen Kühlblech) und über Zuleitungen identischer Länge (und damit identische Zuleitungsinduktivitäten) verfügen. Eine unsymmetrische Stromaufteilung während der Zündphase als Folge unterschiedlicher Ansprechgeschwindigkeiten kann durch steile und energiereiche Zündpulse vermindert werden.

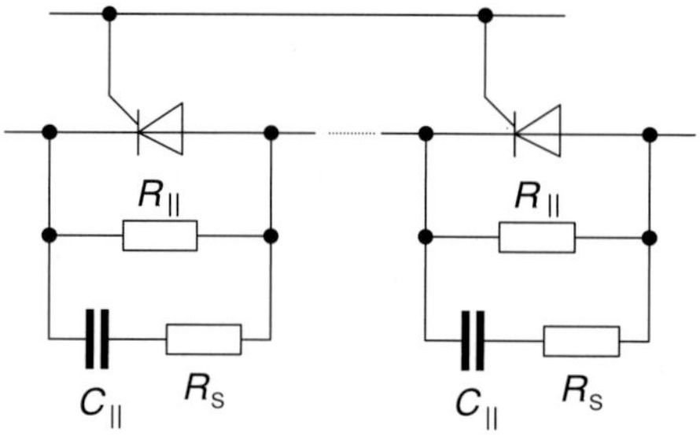

Abb. 19.22. Reihenschaltung von Thyristoren

Zur Erhöhung der Spannungsfestigkeit können Thyristoren auch in *Reihe* geschaltet werden. Eine gleichförmige Aufteilung der bei Gleichbetrieb abfallenden Sperrspannung wird dabei durch einen parallel geschalteten Spannungsteiler erzielt (Abb. 19.22), wobei $R_{\|}$ so gewählt wird, daß der durch den Spannungsteiler fließende Strom ungefähr zehnmal so groß ist wie der Sperrstrom der Thyristoren. Damit trotz unterschiedlicher Sperrschichtkapazitäten der Thyristoren auch im Schaltbetrieb eine weitgehend gleichförmige Spannungsaufteilung vorliegt, wird zusätzlich zu jedem Thyristor eine Kapazität $C_{\|}$ geschaltet, die in etwa das zehnfache der Sperrschichtkapazität (Größenordnung 100 pF für Kleinleistungsthyristoren) beträgt. In Serie zum Kondensator ist dabei je ein Widerstand $R_{\mathrm{S}} \approx V_{\mathrm{RWM}}/I_{\mathrm{TRM}}$ zu schalten, der sicherstellt, daß der periodische Spitzenstrom des Thyristors nicht überschritten wird [5, 9].

19.1.8 Phasenanschnittsteuerung mit Thyristoren

Abbildung 19.23a zeigt eine mögliche Anwendung des Thyristors in einer Schaltung zur sog. *Phasenanschnittsteuerung*. Der Thyristor ist hier in Serie

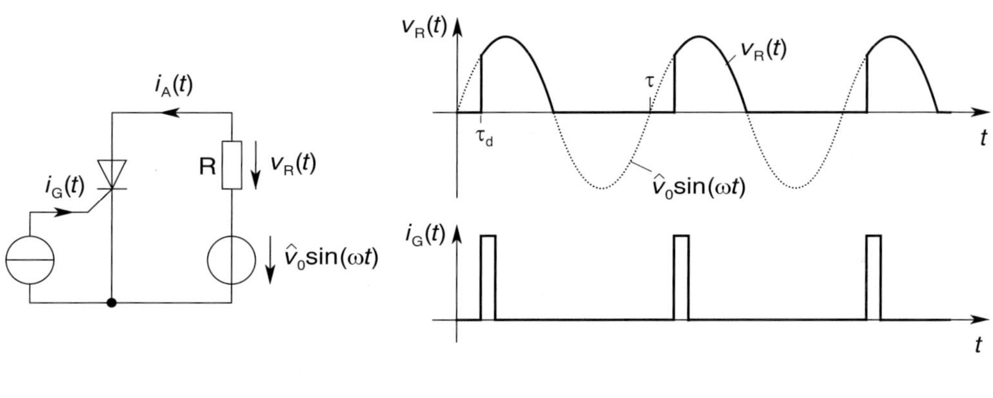

Abb. 19.23. Phasenanschnittsteuerung mit Thyristor. (**a**) Grundschaltung, (**b**) zeitlicher Verlauf des Spannungsabfalls $v_{\mathrm{R}}(t)$ an der Last sowie des Triggerstroms $i_{\mathrm{G}}(t)$

zu einer Last R in einem Wechselstromkreis mit einer Spannungsamplitude $\hat{v}_0 < V_{\mathrm{BR}}$ angeordnet. Der Strom durch den Thyristor während der positiven Halbwelle ist zunächst null, bis dieser – um τ_{d} gegenüber dem Nulldurchgang verzögert – gezündet wird. Nach dem Zünden wird der Thyristor niederohmig, der Strom durch die Reihenschaltung wird dann weitgehend durch R bestimmt

$$i(t) = \frac{\hat{v}_0 \sin(\omega t)}{R} .$$

Dieser Strom fließt bis zum nächsten Nulldurchgang. Während der dann folgenden negativen Halbwelle sperrt der Thyristor ($i_A = 0$). Der Effektivwert P der an R abgegebenen Leistung ist

$$P = \frac{1}{R}\frac{1}{\tau}\int_0^\tau v^2(t)\,\mathrm{d}t = \frac{1}{R}\frac{1}{\tau}\int_{\tau_\mathrm{d}}^{\tau/2} v^2(t)\,\mathrm{d}t = \frac{\hat{v}_0^2}{R}\frac{1}{\tau}\int_{\tau_\mathrm{d}}^{\tau/2} \sin^2(\omega t)\,\mathrm{d}t\,.$$

Ausführen des Integrals ergibt mit $\omega\tau = 2\pi$ und dem *Stromflußwinkel*

$$\theta = \omega\left(\frac{\tau}{2} - \tau_\mathrm{d}\right) = \pi - \omega\tau_\mathrm{d}\,,$$

das Ergebnis

$$\boxed{P = \frac{\hat{v}_0^2}{4\pi R}\left(\theta - \frac{\sin 2\theta}{2}\right).} \tag{19.10}$$

Abhängig von der Wahl des Zündzeitpunkts τ_d läßt sich P zwischen dem Wert null (für $\theta = 0$ bzw. $\tau_\mathrm{d} = \tau/2$) und dem Wert $\hat{v}_0^2/(4R)$ (für $\theta = \pi$ bzw. $\tau_\mathrm{d} = 0$) verändern.

19.2 Sonderformen des Thyristors

19.2.1 Asymmetrisch sperrende Thyristoren, RCTs

Häufig wird antiparallel zum Thyristor eine Diode geschaltet – eine hohe Durchbruchspannung V_BR ist dann nicht erforderlich. In diesen Fällen kann die Schaltgeschwindigkeit des Thyristors auf Kosten der Rückwärtsdurchbruchspannung erhöht werden. Zur Verringerung der Freiwerdezeit t_q wird die Dicke der $\mathrm{n_1}$-Zone verringert und zwischen den $\mathrm{p_1n_1}$-Übergang des Thyristors eine stark n-dotierte Schicht eingefügt. Diese verhindert ein Durchgreifen der $\mathrm{p_2n_1}$-Raumladungszone zum $\mathrm{p_1}$-Gebiet im Vorwärtsblockierbetrieb, so daß V_BF0 groß gleibt; wegen der erhöhten Dotierung im Übergang J_3 wird V_BR dafür auf typischerweise 20 V verringert, weswegen derartige Thyristoren auch asymmetrisch sperrend (ASCR) heißen.

RCTs[9] sind rückwärtsleitende Thyristoren: Im Vorwärtsbetrieb zeigen sie ein Verhalten wie konventionelle Thyristoren, weisen im Rückwärtsbetrieb aber keine Sperrfähigkeit auf. Das elektrische Verhalten eines RCT entspricht demnach einem konventionellen Thyristor mit Antiparalleldiode. Ursache hierfür ist ein Kurzschluß des $\mathrm{p_1n_1}$-Gebiets am Anodenkontakt. Auf diesem Weg kann bei Rückwärtsbetrieb (Anode negativ vorgespannt) ein großer Elektronenstrom in das Bauteil fließen, wodurch der interne pnp-Transistor niederohmig wird und die niedrig dotierten Bahngebiete des Thyristors mit Ladungsträgern überschwemmt. Da die für eine gegebene Nullkippspannung

[9] Die Abkürzung RCT steht für reverse conducting thyristor.

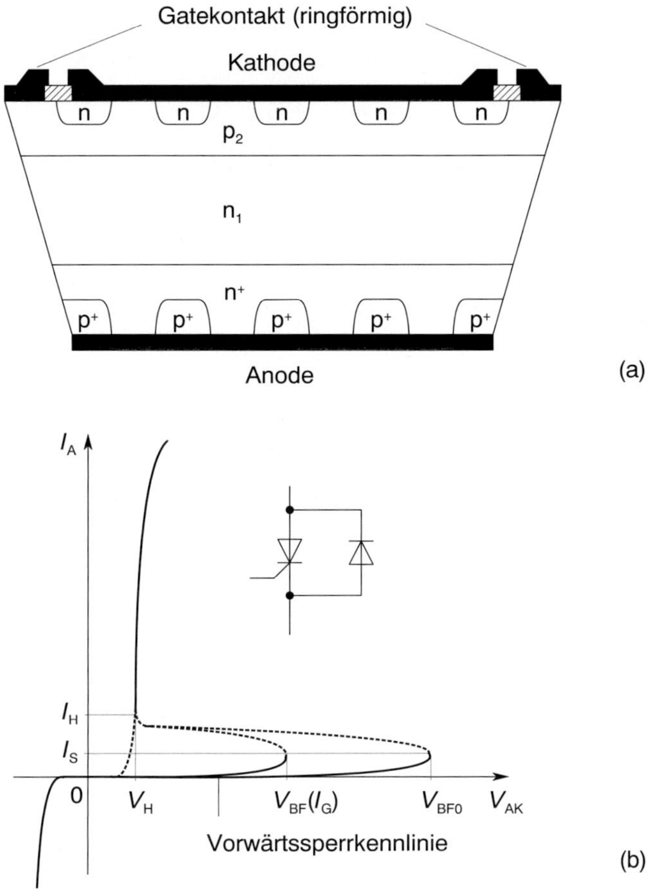

Abb. 19.24. RCT. (**a**) Querschnitt (schematisch) und (**b**) Hauptstromkennlinie (schematisch)

V_{BF0} erforderliche Schichtdicke d_{n1} verringert ist, weist der RCT eine geringere Freiwerdezeit (Reduktion um typischerweise 40 %) sowie eine geringere Durchlaßspannung (Reduktion um typischerweise 30 %) auf. Da der pn-Übergang J_2 wegen der stark n-dotierten Schicht seine Sperrfähigkeit auch bei höherer Temperatur nicht verliert, sind RCTs für höhere Sperrschichttemperaturen geeigneter als konventionelle Thyristoren.

19.2.2 Gate Turn-Off Thyristoren (GTO)

Ein GTO (Gate Turn-Off Thyristor) läßt sich wie ein konventioneller Thyristor mit einem positiven Gatestrompuls zünden; im Gegensatz zu diesem kann er aber durch einen negativen Gatestrompuls wieder gelöscht werden [10, 11]. GTOs sind mit Sperrspannungen von 6 kV und Anodenströmen von 6 kA realisiert worden [12] und sind wichtige Elemente der Hochleistungselektronik[10].

[10] Vgl. insbesondere [8], Kap.5 für eine tiefergehende Betrachtung.

Abbildung 19.25 zeigt das prinzipielle Ausschaltverhalten: Durch einen negativen Gatestrom werden Löcher aus dem p_2-Gebiet extrahiert und dadurch ein Abschalten des npn-Transistors erzwungen. Der Anodenstrom bleibt während der *Speicherzeit* t_s zunächst weitgehend unverändert und beginnt erst nach dem Abschalten des npn-Transistors zu fallen, da nun der „Basisstrom" des pnp-Transistors ausbleibt. Während der *Abfallzeit* t_f wird die Sperrschicht J_2 aufgebaut. Die im Basisgebiet des pnp-Transistors vorliegende Diffusionsladung wird dann während der Abklingzeit t_t ausgeräumt; da der npn-Transistor hier bereits vollständig sperrt, muß dies über den Gateanschluß erfolgen.

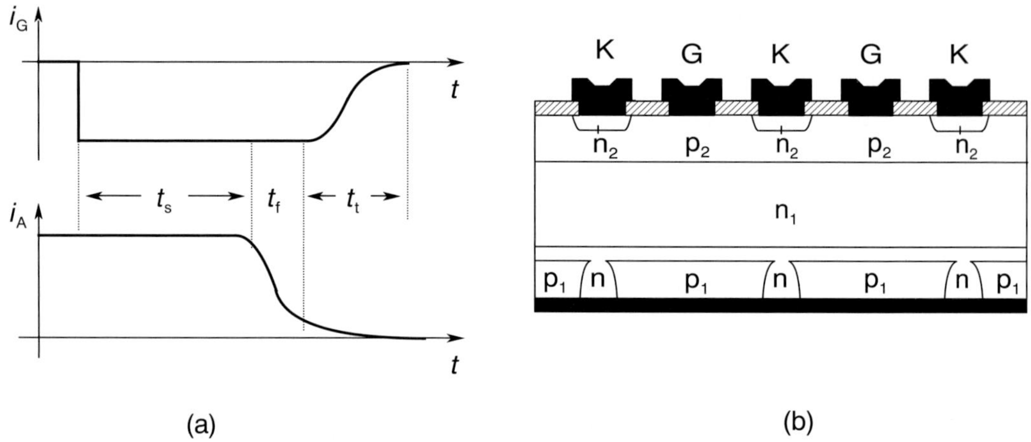

Abb. 19.25. Gate Turn-Off Thyristor (GTO). (**a**) Ausschaltverhalten und (**b**) Aufbau (schematisch) eines rückwärtsleitenden GTO

Um den Transistor im niederohmigen Zustand zu halten muß im npn-Transistor der „Basisstrom" $(1-A_{npn})(I_A+I_G)$ aufgebracht werden. Dieser setzt sich zusammen aus dem „Kollektorstrom" $A_{pnp}I_A$ des pnp-Transistors und dem von außen zugeführten Gatestrom I_G. Gilt

$$A_{pnp}I_A + I_G < (1-A_{npn})(I_A+I_G)$$

bzw. [11]

$$-I_G > A_{pnp}I_A - (1-A_{npn})I_K ,$$

so schaltet der Thyristor ab. Mit $I_K = I_A + I_G$ führt diese Forderung auf

$$B = -\frac{I_A}{I_G} \leq \frac{A_{npn}}{A_{npn}+A_{pnp}-1} = B_{off}$$

Die Größe B_{off} auf der rechten Seite der Ungleichung wird als *Abschaltstromverstärkung* bezeichnet; ihr Wert soll möglichst groß sein. In der Praxis er-

[11] Ein nach außen fließender Gatestrom besitzt negatives Vorzeichen.

reichte Werte liegen zwischen 3 und 10, d.h. es werden erhebliche Gateströme benötigt, um einen großen Anodenstrom abzuschalten. Der Haltestrom von GTOs ist insbesondere bei tiefen Temepraturen wesentlich größer als der konventioneller Thyristoren.

Große Werte von B_{off} erfordern $A_{\mathrm{npn}} \approx 1$ und $A_{\mathrm{pnp}} \ll 1$ sowie einen geringen Serienwiderstand der GK-Diode, um beim Abschalten die von der Basis des pnp-Transistor injizierten Löcher zuverlässig abtransportieren zu können. Aus diesem Grund werden GTOs streifenförmig aufgebaut mit alternierenden Gate- und Kathodeanschlüssen; Kurzschlußemitter sind wegen $A_{\mathrm{npn}} \approx 1$ nicht einsetzbar. Abbildung 19.25b zeigt den prinzipiellen Aufbau eines GTOs. Die n-dotierten Gebiete zwischen Anode und Basis des pnp-Transistors stellen einen Parallelleitwert zur EB-Diode des pnp-Transistors dar, was für geringe Stromdichten einen geringen Wert der Stromverstärkung A_{pnp} bedingt und wie bei RCTs eine Verringerung der Speicherzeit ermöglicht. Diese Technik wird bei GTOs häufig angewandt; daneben werden GTOs mit symmetrischem Sperrverhalten ($V_{\mathrm{BR}} \approx V_{\mathrm{BF0}}$) hergestellt, die allerdings langsamer sind.

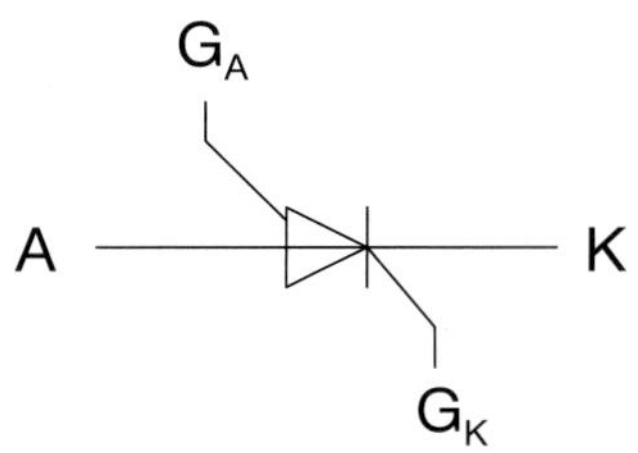

Abb. 19.26. Schaltzeichen der Thyristortetrode

Thyristortetroden. Bei der Thyristortetrode sind alle vier Bahngebiete der pnpn-Struktur kontaktiert. Das Schaltsymbol derartiger, über zwei Gateelektroden verfügender Thyristoren zeigt Abb. 19.26. G_{A} bezeichnet dabei sinngemäß den Basisanschluß des pnp-Transistors, G_{K} den Basisanschluß des npn-Transistors. Thyristortetroden können über die beiden Gates gelöscht werden. Da sie aus technologischen Gründen jedoch nur für verhältnismäßig geringe Hauptströme gebaut werden können, spielen sie im Vergleich zu den GTO-Thyristoren nur eine untergeordnete Rolle.

19.2.3 Überspannungsschutz mit Thyristoren

Parallel zum Verbraucher geschaltete Thyristoren lassen sich auch im Überspannungsschutz einsetzen. Als Zündmechanismus kann dabei entweder die Überkopfzündung verwendet werden – in diesem Fall spricht die Sicherung bei Überschreiten der Nullkippspannung an; ein separater Gateanschluß ist nicht erforderlich, der Aufbau entspricht üblicherweise dem eines DIAC (vgl. 19.4.1 – oder aber durch eine Gatestrompuls der über eine Z-Diode generiert wird (Abb. 19.27).

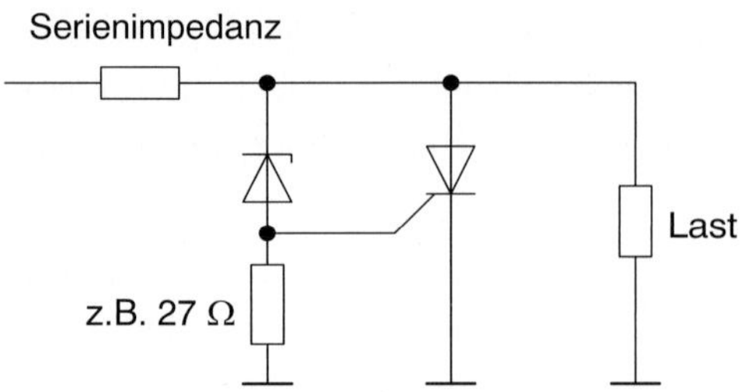

Abb. 19.27. Überspannungsschutz mit Thyristoren. Bei Überschreiten der Nenn-Z-Spannung fließt über die Z-Diode ein Strom, der am Serienwiderstand einen Spannungsabfall verursacht über den der Thyristor gezündet wird.

Wird der Thyristor aufgrund einer Überspannungssituation gezündet, so bildet sich eine niederohmige Überbrückung des Verbrauchers über die Störstrompulse abgeleitet werden können. Diese bleibt erhalten, bis der Haltestrom wieder unterschritten wird. In Verbindung mit einer Serienimpedanz wird so auch eine Überspannung vermieden. Im Vergleich zu anderen Überspannungsschutzelementen wie Z-Diode oder Varistor ist der Spannungsabfall über dem leitenden Thyristor dabei wesentlich geringer als die zum Zünden erforderliche Spannung. Dies hat den positiven Effekt, daß sehr viel größere Störladungen abgeleitet werden können: Die im Bauteil während eines kurzen Pulses umgesetzte Energie ist ja

$$W \approx V \int i_{\text{stoer}} \, \mathrm{d}t \approx V Q_{\text{stoer}}$$

wobei V den Spannungsabfall im niederohmigen Zustand angibt.

19.3 Modellierung von Thyristoren in PSPICE

In der PSPICE-Modellbibliothek werden Thyristoren durch eine Ersatzschaltung (Makromodell) beschrieben. Das Modell wurde im Hinblick auf kurze Simulationszeiten konzipiert und erfaßt nicht alle Eigenschaften eines Thyristors, insbesondere gilt es nur für Raumtemperatur und berücksichtigt keine temperaturabhängigen Effekte. Der bei der Modellierung verwendete Ansatz wird hier dennoch näher betrachtet, da er zusätzliche Einblicke in die Möglichkeit der Nachbildung eines bestimmten elektrischen Verhaltens durch ein Makromodell bietet. Das für den Thyristor verwendete Makromodell ist in Abb. 19.28 dargestellt; es verwendet als zentrale Elemente einen *spannungsgesteuerten Schalter* `SCr` in Serie zu einer Diode.

Der in PSPICE verfügbare spannungsgesteuerte Schalter besitzt eine mit dem Kennbuchstaben `S` beginnende Elementanweisung [12]

```
S(name)    A1    A2    E1    E2    Mname
```

in Verbindung mit einer Modellanweisung der Form

```
.MODEL    Mname    VSWITCH    (RON=    ROFF=    VON=    VOFF= )
```

[12] Die Anweisung für den stromgesteuerten Schalter ist analog aufgebaut und beginnt mit dem Kennbuchstaben `W`.

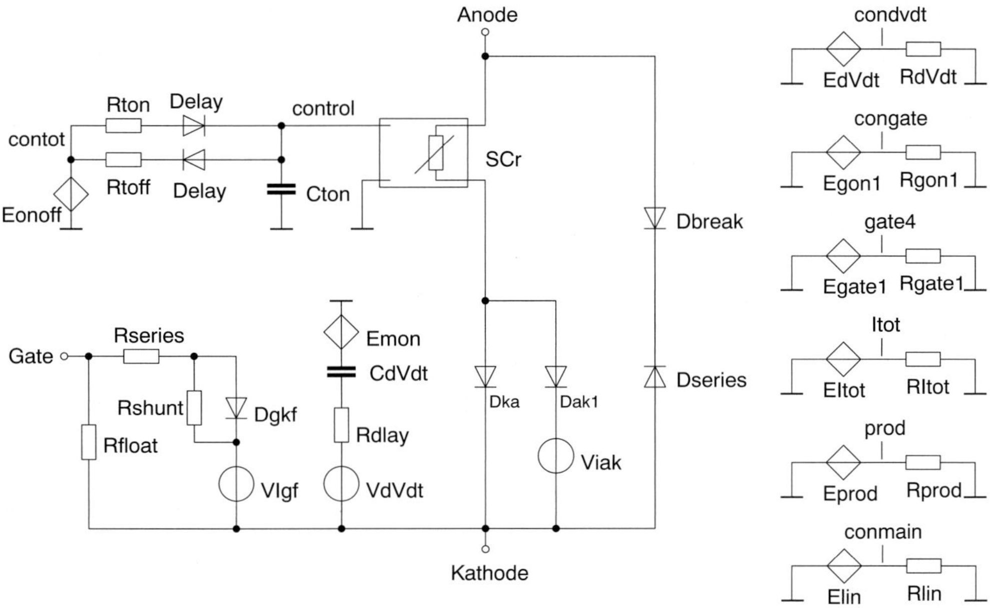

Abb. 19.28. PSPICE-Makromodell für Thyristoren

und kann als ein Widerstand betrachtet werden, dessen Wert über die zwischen den Knoten `E1` und `E2` anliegende Steuerspannung `v(control)` zwischen den Werten `ROFF` für `v(control)` $<$ `VOFF` und `RON` für `v(control)` $>$ `VON` umgeschaltet werden kann (vgl. Abb. 19.29). Im Intervall `VOFF` $<$ `v(control)` $<$ `VON` wird der Widerstandswert

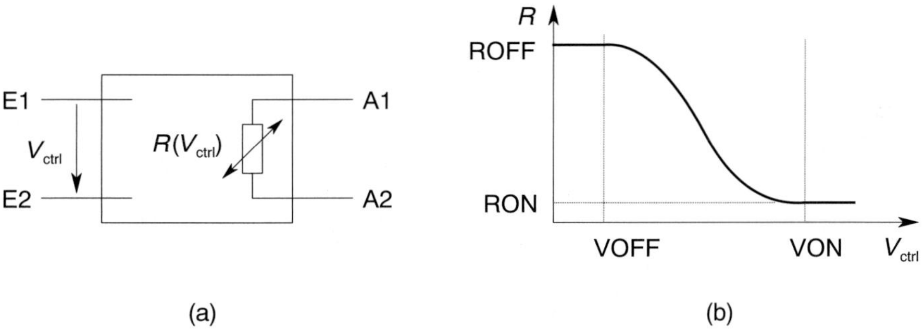

Abb. 19.29. Spannungsgesteuerter Schalter. (**a**) Aufbau und (**b**) Abhängigkeit des Widerstandswerts von der Steuerspannung

durch die Funktion

$$R(x) \;=\; \sqrt{\mathtt{RON}\cdot\mathtt{ROFF}}\left(\frac{\mathtt{RON}}{\mathtt{ROFF}}\right)^{\left(3x-4x^3\right)/2}$$

mit

$$x \;=\; \frac{2\mathtt{v(control)}-\mathtt{VON}-\mathtt{VOFF}}{2\,(\mathtt{VON}-\mathtt{VOFF})}$$

beschrieben. Im Makromodell des Thyristors wird `VOFF`$= 1.5$ V und `VON` $= 5.0$ V gewählt; der Thyristor befindet sich im Sperrzustand falls `v(control)` < 1.5 V gilt,

Tabelle 19.1 Parameter des PSPICE-Makromodells für Thyristoren

Parameter	Formelzeichen	Bedeutung	Beispiel
VDRM	V_{DRM}	Nullkippspannung	400 V
VRRM	V_{RRM}	Spitzensperrspannung	400 V
IDRM	I_{DRM}	Nullkippstrom	10 μA
IH	I_{H}	Haltestrom	6 mA
dVdt	$(dv/dt)_{\mathrm{cr}}$	kritische Spannungssteilheit	50 V/μs
IGT	I_{GT}	Gate-Triggerstrom	5 mA
VGT	V_{GT}	Gate-Triggerspannung	0.7 V
VTM	V_{TM}	Durchlaßspannung	1.7 V
ITM	I_{TM}	Durchlaßstrom	25 A
TON	t_{on}	Einschaltzeit	1 μs
TOFF	t_{off}	Ausschaltzeit	15 μs

und im Durchlaßzustand, falls `v(control)` > 5 V gilt. Die Werte von `ROFF` und `RON` werden aus den in Tabelle 19.1 aufgeführten Thyristorkenngrößen V_{DRM}, V_{RRM}, I_{H}, V_{TM} und I_{TM} berechnet, die zu Beginn der Teilschaltungsdefinition angegeben werden. Der verwendete Ansatz ist

$$\mathtt{RON} = \frac{V_{\mathrm{TM}} - 0.7\,\mathrm{V}}{I_{\mathrm{TM}}} \quad \text{und} \quad \mathtt{ROFF} = \frac{V_{\mathrm{DRM}}^2}{V_{\mathrm{TM}} I_{\mathrm{H}}} .$$

Diese Definition führt auf die in Abb. 19.30 a dargestellte *Hauptstromkennlinie*. Bei kleinen Strömen ist der Spannungsabfall an der Diode `Dka` (vgl. Abb. 19.28) vernachlässigbar; der Anodenstrom ist dann durch `ROFF` bestimmt: Bei großen Strömen resultiert ein Spannungsabfall am Thyristor, der sich aus der Flußspannung der Diode `Dka` und dem Widerstand `RON` des spannungsgesteuerten Schalters zusammensetzt (vgl. Abb. 19.30 a).

Die Steuerspannung `v(control)` von `SCr` ist gleich der Spannung über der Kapazität `Cton`. Diese wird von der gesteuerten Spannungsquelle `Eonoff` umgeladen. Das zugeschaltete Netzwerk bedingt eine Ein- bzw. Ausschaltverzögerung. Ist die Ausgangsspannung `v(contot)` dieser Quelle größer als `v(control)` $+ V_{\mathrm{F0}}$, so wird `Cton` weiter über `Rton` aufgeladen. Da `Cton` durch die Einschaltzeit t_{on} bestimmt wird, folgt

$$\frac{\mathrm{d}}{\mathrm{d}t}\mathtt{v(control)} = \frac{\mathtt{v(contot)}\ \text{-}\ \mathtt{v(control)} - V_{\mathrm{F0}}}{1.87\,t_{\mathrm{on}}} ,$$

d.h. die Zeitkonstante dieses Aufladevorgangs wird durch t_{on} bestimmt.

Ist andererseits `v(contot)` kleiner als `v(control)` $+ V_{\mathrm{F0}}$, so wird `Cton` über `Rtoff` entladen. Da der Wert von `Rtoff` aus dem Verhältnis $t_{\mathrm{off}}/t_{\mathrm{on}}$ von Ausschaltzeit zu Einschaltzeit berechnet wird, folgt

$$\frac{\mathrm{d}}{\mathrm{d}t}\mathtt{v(control)} = \frac{\mathtt{v(control)}\ +\ V_{\mathrm{F0}}\ \text{-}\ \mathtt{v(contot)}}{0.638 \cdot t_{\mathrm{off}}} .$$

Die Quelle `Eonoff` muß mindestens 5.7 V liefern, damit `Cton` auf `v(control)` > 5 V aufgeladen werden kann. Da `Eonoff` für Ausgangsspannungen zwischen 0 und 10 V als lineare Spannungsquelle mit Übertragungsfaktor 1 arbeitet, muß die Steuerspannung von `Eonoff` größer sein als dieser Wert. Diese Steuerspannung setzt sich aus drei Anteilen zusammen, die unterschiedliche Zündmechanismen berücksichtigen:

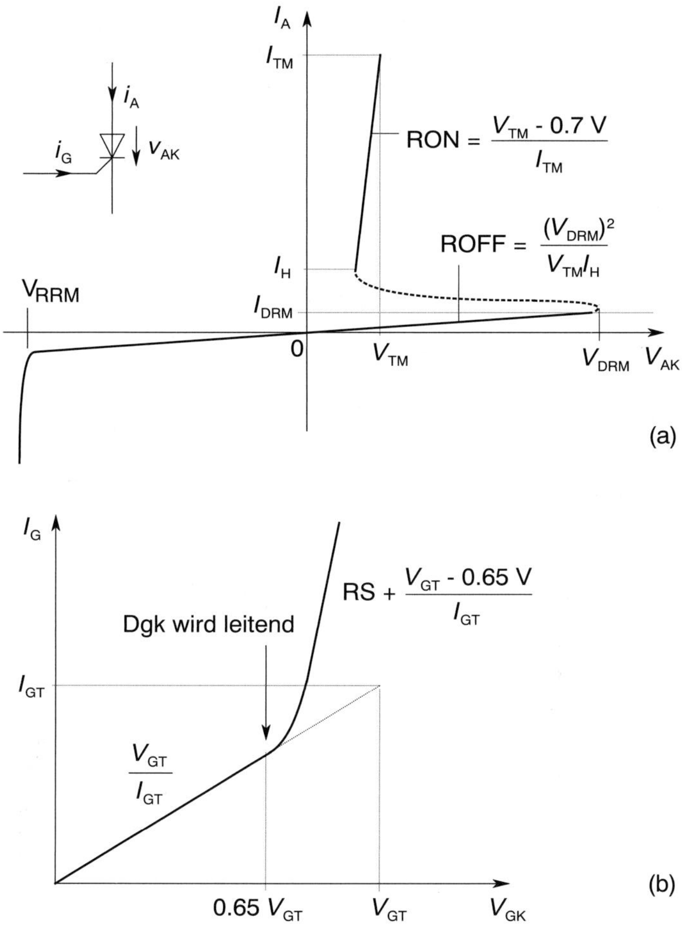

Abb. 19.30. Nachbildung der (**a**) Hauptstromkennlinie und der (**b**) Eingangskennlinie im PSPICE-Makromodell für Thyristoren

```
v(contot) = v(congate) + v(conmain) + v(condvdt)
```

Die Spannung `v(congate)` beschreibt das Zünden des Thyristors durch einen Gatestrom, die Spannung `v(conmain)` das Zünden durch Überschreiten der Kippspannung und den Halteeffekt für $i_A > I_H$ und die Spannung `v(condvdt)` das Zünden aufgrund des dv/dt-Effekts. Da sich die Spannungen addieren, wird die gegenseitige Beeinflussung der Mechanismen berücksichtigt. Um die Darstellung nicht allzusehr aufzublähen, wird im Folgenden nur die Wirkungsweise von `v(congate)` erläutert.

Triggerung durch einen Gatestrom: Die Diode `Dgkf` beschreibt den pn-Übergang zwischen Gate und Kathode. Das nichtideale Verhalten dieser Diode bei kleinen Gateströmen wird durch den hierzu parallel geschalteten Widerstand `Rshunt` beschrieben. Die Widerstände `Rseries` und `Rshunt` werden aus den Parametern `IGT` und `VGT` berechnet:

$$\texttt{Rseries} = \frac{V_{GT} - 0.65\ \text{V}}{I_{GT}} \quad \text{bzw.} \quad \texttt{Rshunt} = \frac{0.65\ \text{V}}{I_{GT}} .$$

Für die Eingangskennlinie ergibt sich damit der in Abb. 10.3.3b dargestellte Verlauf. Der Widerstand `Rfloat` ist sehr hochohmig (10 GΩ) und beeinflußt die Schaltungseigenschaften nicht; ohne diesen Widerstand wäre der Gateanschluß nur mit einem Bauteil verbunden was bei unbeschaltetem Gate zu einer Fehlermeldung führen würde. Die Abhängigkeit der Eingangskennlinie vom Hauptstrom wird im Modell nicht erfaßt.

Der Gatestrom i_G wird durch die DC-Quelle `Vigf` (0V) gemessen und steuert zusammen mit der Spannung v_{AK} zwischen Anode und Kathode die Ausgangsspannung `v(congate)` der Quelle `Egon1`. Die Quelle `Egate1` dient dabei nur der Umsetzung von i_G in eine Spannung. Für die Spannung v am Knoten `congate` folgt damit

$$v = \begin{cases} 0 & \text{falls} \quad i_G < 0.95 \cdot I_{GT} \\ 10 \dfrac{i_G - 0.95\, I_{GT}}{1\,\mathrm{mA}}\, v_{AK} & \text{falls} \quad 0.95\, I_{GT} < i_G < 0.95\, I_{GT} + 1\,\mathrm{mA} \\ 10\, v_{AK} & \text{falls} \quad i_G > 0.95\, I_{GT} + 1\,\mathrm{mA} \end{cases}$$

Überschreitet der Gatestrom demnach den Wert I_{GT} um 1 mA und ist $v_{AK} > 0.57\,\mathrm{V}$, so erhält `Eonoff` über die gesteuerte Quelle `Egon1` eine so große Steuerspannung, daß sich der Durchlaßzustand einstellt.

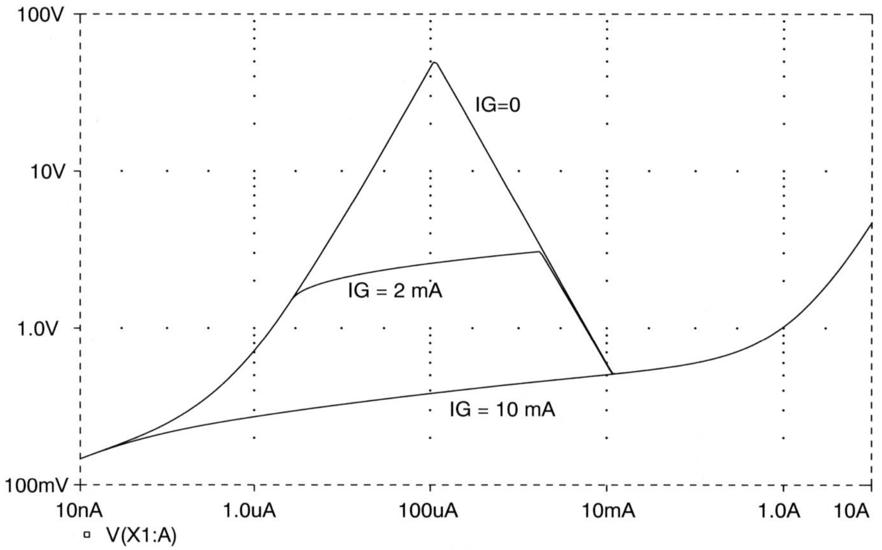

Abb. 19.31. Hauptstromkennlinienfeld des Thyristors 2N1595, simuliert mit dem PSPICE-Makromodell

Beispiel 10.3.1.1 Als Beispiel wird das Hauptstromkennlinienfeld des Thyristors 2N1595 mit dem Makromodell aus der PSPICE-Modellbibliothek simuliert. Als unabhängige Variable der `.DC`-analyse wurde dabei der Anodenstrom mit einer Quelle eingeprägt, da so eine eindeutige Funktion $V_{AK}(I_A)$ resultiert. Über eine zweite Quelle wurden unterschiedliche Werte des Gatestroms eingespeist. Der Thyristor wird durch die Modellparameter `VDRM` = `VRRM` = 50 V, `ICH` = 5 mA, `VTM` = 1.1 V, `ITM` = 1 A, `IGT` = 2 mA und `VGT` = 0.7 V beschrieben. Δ

19.4 DIACs und TRIACs

DIACs[13] und TRIACs sind Bausteine, die sowohl bei Vorwärts- als auch bei Rückwärtsbetrieb ein bistabiles Verhalten zeigen. Sie wurden speziell für den Betrieb in Wechselspannungsschaltungen entwickelt.

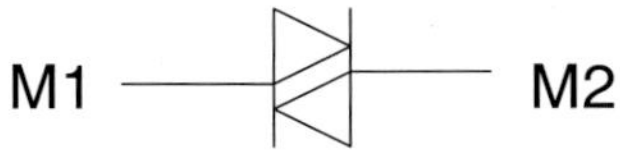

Abb. 19.32. DIAC: Schaltsymbol

19.4.1 DIACs

DIACS sind zweipolige Bauelemente, die unabhängig von der Polung einen Blockier- und einen niederohmigen Durchlaßzustand aufweisen. Der einfachste Ansatz ist die *npn-Triggerdiode*, die einem npn-Transistor mit offener Basis entspricht. Die Dotierstoffkonzentration in Emitter und Kollektor wird hier vergleichbar gewählt, so daß die Durchbruchspannung der EB-Diode annähernd gleich der Durchbruchspannung der BC-Diode ist. Bezeichnet V_{BR} diese Durchbruchspannung, so ist der im Durchbruch an der npn-Triggerdiode auftretende Spannungsabfall

$$V_{\mathrm{CEO}} \approx \frac{V_{\mathrm{BR}}}{\sqrt[n]{B_{\mathrm{N}}+1}} ;$$

er nimmt wegen der Arbeitspunktabhängigkeit der Stromverstärkung B_{N} mit zunehmendem Strom ab (vgl. Kap.7.2), was das bistabile Verhalten erläutert.

Der üblicherweise für einen DIAC verwendete Aufbau ist in Abb. 19.34 a dargestellt; er entspricht zwei antiparallel geschalteten Thyristoren, die jedoch keinen Gateanschluß aufweisen. Diese Anordnung zeichnet sich gegenüber der npn-Triggerdiode durch geringere Spannungsabfälle im Durchlaßzustand aus. Der DIAC wird gezündet durch Überschreiten der Nullkippspannungen V_{BRR} bzw. V_{BRF} (vgl. Abb. 19.34 b) oder durch den $\mathrm{d}v/\mathrm{d}t$-Effekt.

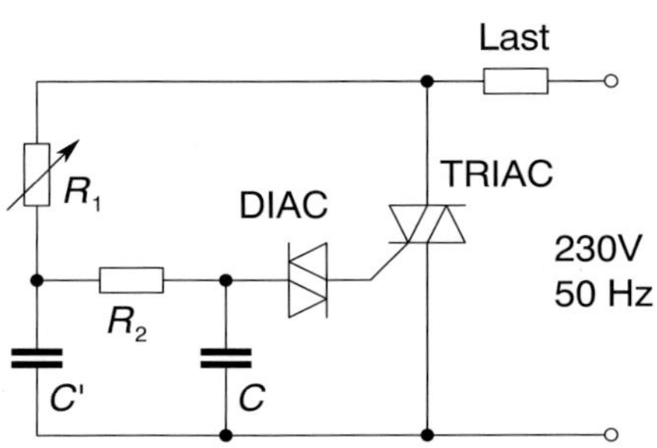

Abb. 19.33. Einsatz eines DIAC zur Zündung eines TRIAC

[13] Von englisch: diode alternating current switch.

DIACs wurden zum Zünden von Thyristoren und TRIACs entwickelt. Dabei wird meist ein Kondensator über einen Widerstand aufgeladen (vgl. Abb. 19.33): Überschreitet die Spannung über dem Kondensator C die Durchbruchspannung des DIAC, so fließt über diesen ein Entladestrom, der zum Zünden des Thyristors verwendet werden kann. Da in der Regel[14] $R_2 \ll R_1$ gewählt wird, ist die Spannung von C und C' während des Aufladevorgangs annähernd gleich groß, d.h. der Zündwinkel wird durch die Zeitkonstante $R_1(C \parallel C')$ bestimmt. Wegen der mittlerweile von zahlreichen Herstellern verfügbaren integrierten Schaltungen zur Phasenanschnittsteuerung von Thyristoren und TRIACs wird diese Technik heute nur noch selten eingesetzt.

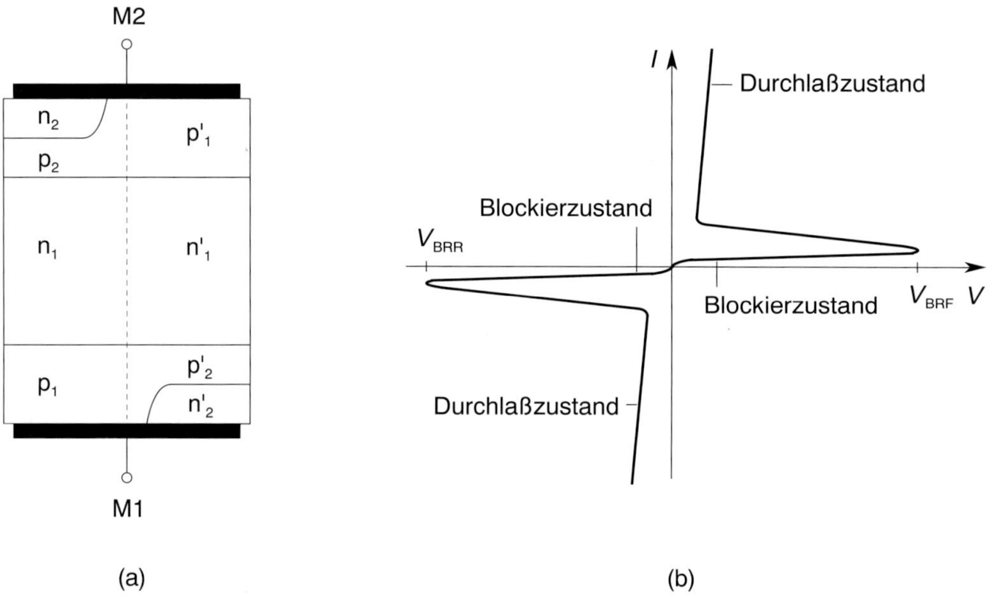

Abb. 19.34. DIAC. (**a**) Aufbau und (**b**) Strom-Spannungs-Kennlinie (schematisch)

19.4.2 TRIACs

TRIACs [15] sind Thyristoren, die eine symmetrische Hauptstromkennlinie aufweisen (vgl. Abb. 19.36 a). Sie weisen wie konventionelle Thyristoren drei Anschlüsse auf: die den Hauptstrom führenden als Hauptanschlüsse (main terminal) bezeichneten Anschlüsse MT1 und MT2 (auch Anode1 und Anode2) sowie den als Kontrollelektrode dienenden Gateanschluß (G). Prinzipiell kann ein TRIAC als zwei antiparallel geschaltete, in einem Bauelement verschmolzene Thyristoren aufgefaßt werden; diese werden in Abb. 19.36 b als Normalthyristor und Antiparallelthyristor bezeichnet.

[14]Typische Werte sind $C = 47$ nF, $C' = 150$ nF, $R_1 \approx 100$ kΩ und $R_2 \approx 4.7$ kΩ.
[15]Von englisch: triode for alternating current.

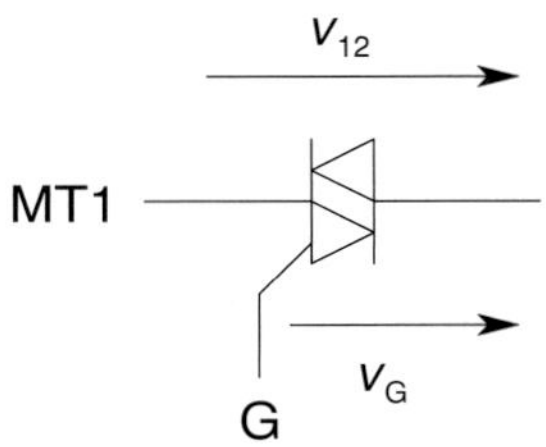

Abb. 19.35. Schaltysmbol eines TRIAC

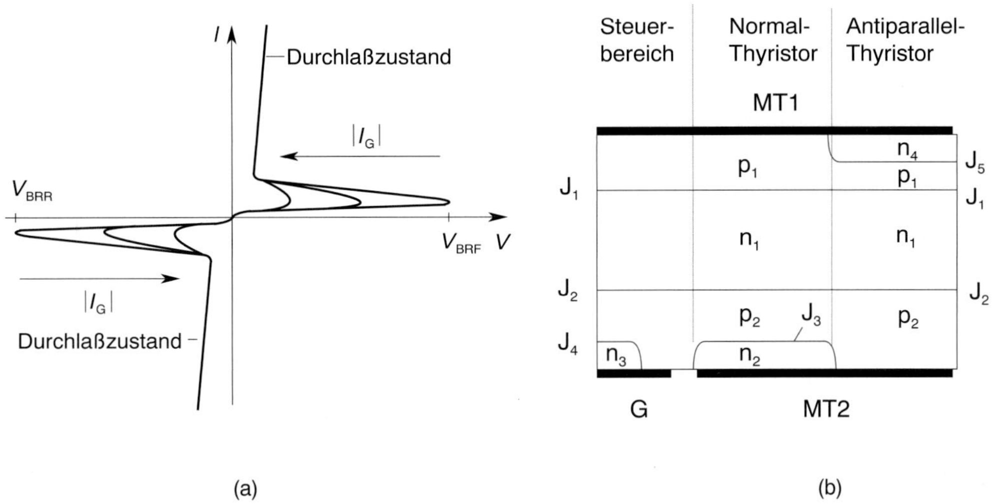

Abb. 19.36. TRIAC. (**a**) Aufbau (schematisch) und (**b**) Hauptstromkennlinie (schematisch)

TRIACs können sowohl bei positiver als auch bei negativer Spannung zwischen den Hauptanschlüssen gezündet werden; da dies sowohl mit positivem als auch mit negativem Gatestrom möglich ist, bestehen insgesamt vier verschiedene Zündarten, die in Abb. 19.37 in den jeweiligen Qudranten der $(V_G|V_{12})$-Ebene dargestellt sind.

Normal-Plus-Zündung: Hier ist $v_{12} > 0$ und $v_G > 0$ bzw. $i_G > 0$ (1. Quadrant); über den Gatekontakt fließen Löcher in das p_2-Gebiet, was zum Zünden des Normalthyristors führt. Die Verhältnisse entsprechen der Zündung eines konventionellen Thyristors durch einen Gatestrompuls. Der pn-Übergang J_3 sperrt und beeinflußt das Verhalten des Bauteils nicht. Da J_5 ebenfalls sperrt, bleibt der Antiparallelthyrisor inaktiv.

Normal-Minus-Zündung: Hier ist $v_{12} > 0$ und $v_G < 0$ bzw. $i_G < 0$ (2. Quadrant). Der pn-Übergang J_4 ist hier in Flußrichtung gepolt: Über J_4 werden Elektronen in das p_2-Gebiet injiziert, vom MT2-Kontakt Löcher. Der MT2-Kontakt entspricht damit dem Gateanschluß des „Hilfsthyristors" $p_1n_1p_2n_3$, der nach Überschreiten des entsprechenden Zündstroms niederohmig wird. Über diesen Hiflsthyristor fließen nun so viele Ladungsträger in die Bahngebiete des Normalthyristors, daß dieser ebenfalls zündet.

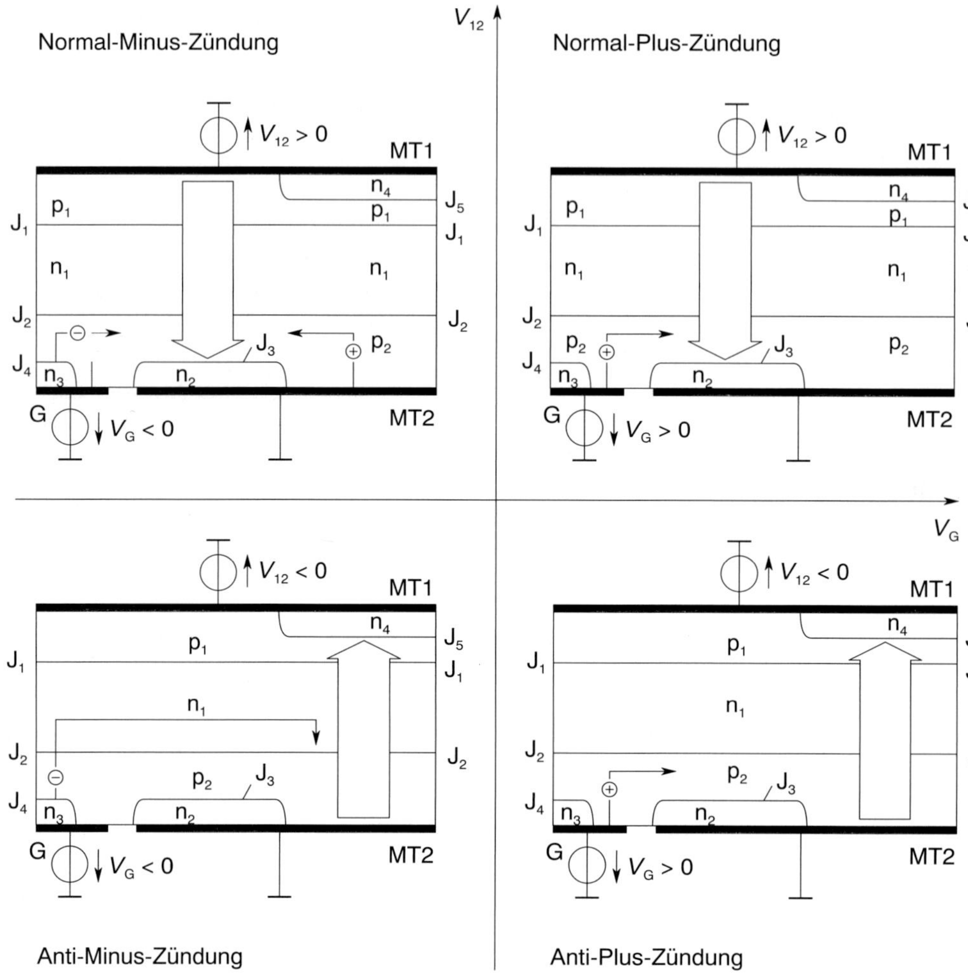

Abb. 19.37. Betriebsarten eines TRIAC

Anti-Minus-Zündung: Hier ist $v_{12} < 0$ und $v_G < 0$ bzw. $i_G < 0$ (3. Quadrant); der Antiparallelthyristor wird über den im Sättigungsbetrieb arbeitenden Transistor $n_3p_2n_1$ gezündet. Über den flußgepolten pn-Übergang J_4 werden Elektronen in das p_2-Gebiet injiziert. Diese können zur Sperrschicht J_2 diffundieren und werden dort vom Feld der Raumladungszone zum n_1-Gebiet abtransportiert. Das n_1-Gebiet lädt sich auf diesem Weg negativ auf, und der pn-Übergang J_2 gerät in Flußpolung. Der Transistor $p_2n_1p_1$ führt deswegen einen mit dem Gatestrom ansteigenden Strom und zündet nach Überschreiten der kritischen Stromdichte den Thyristor $p_2n_1p_1n_4$.

Anti-Plus-Zündung: Hier ist $v_{12} < 0$ und $v_G > 0$ bzw. $i_G > 0$ (4. Quadrant); der pn-Übergang J_3 wird flußgepolt und Elektronen vom n_2-Gebiet in das p_2-Gbiet injiziert. Diese diffundieren in das n_1-Gebiet, das sich negativ auflädt und den pn-Übergang J_2 in Flußrichtung polt, wodurch der Antiparallelthyristor gezündet wird.

Die Hauptanwendung von TRIACs liegt in der Phasenanschnittsteuerung von Wechselstromschaltungen (Licht-Dimmer, Motorsteuerungen, Temperaturregelungen, etc.). TRIACs weisen schlechtere Zündeigenschaften auf als Thyristoren und nützen die Halbleiterfläche weniger effektiv als diese. Sie werden

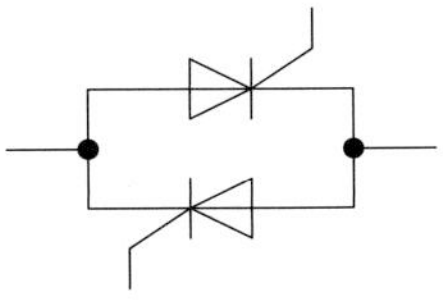

Abb. 19.38. Antiparallel geschaltete Thyristoren

deshalb nicht für große Schaltleistungen verwendet (typische Werte für die Dauergrenzströme liegen im Bereich einiger Ampere). Bidirektionale Schalter für große Ströme werden in der Regel durch zwei antiparallel geschaltete Thyristoren verwirklicht (vgl. Abb. 19.38).

19.5 Unijunctiontransistoren

Durch die Flußpolung eines pn-Übergangs kann die Dichte beweglicher Ladungsträger in einem Bahngebiet vergrößert und damit der ohmsche Widerstand des Bahngebiets verringert werden. Diese *Leitfähigkeitsmodulation* wird in *Unijunctiontransistoren*[16] (UJTs) ausgenutzt. Diese weisen wie Thyristoren einen hochohmigen AUS-Zustand und einen niederohmigen EIN-Zustand auf. Zur Erläuterung der Wirkungsweise wird der in Abb. 19.39a gezeigte Aufbau und die zugehörige Ersatzschaltung betrachtet. Der Widerstand R_1 ist dabei arbeitspunktabhängig, da bei Flußpolung Ladungsträger in das Bahngebiet zwischen den Anschlüssen E und B1 injiziert werden und die Leitfähigkeit verändern. Liegt zwischen den Anschlüssen B1 und B2 die Spannung V_{BB} an und ist $I_{\mathrm{E}} = 0$, so verhält sich das Bauteil wie ein ohmscher Widerstand: Es fließt der Strom

$$I_{\mathrm{B}} = \frac{V_{\mathrm{BB}}}{R_{10} + R_2}$$

und am „Knoten“ A, bzw. am Emitterkontakt ($I_{\mathrm{E}} = 0$) stellt sich die Spannung

$$V_{\mathrm{E0}} = \frac{R_{10}}{R_{10} + R_2} V_{\mathrm{BB}} = \eta V_{\mathrm{BB}}$$

ein, wobei R_{10} den ohmschen Widerstand des Bahngebiets zwischen A und B1 ohne injizierte Ladungsträger bezeichnet. Das *Teilerverhältnis* (intrinsic stand-off ratio) η liegt typischerweise bei 0.5. Wird nun ein Emitterstrom I_{E} eingeprägt, so ist die Spannung $V_{\mathrm{EB}} = V_{\mathrm{E,B1}}$ gegeben durch

[16] Auch als Doppelbasisdioden bezeichnet.

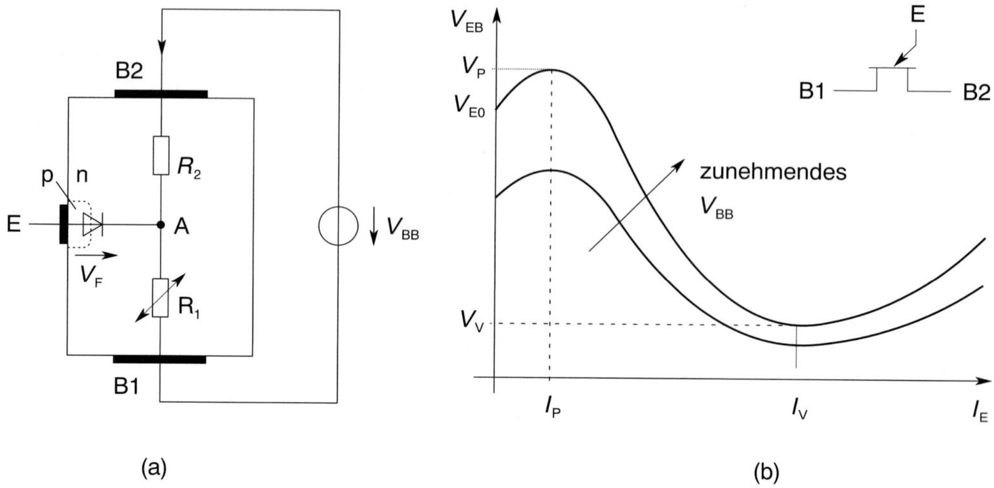

Abb. 19.39. Unijunctiontransistor. (**a**) Aufbau und einfache Ersatzschaltung, (**b**) Emitterkennlinie sowie Schaltzeichen

$$V_{EB} = V_F + \frac{R_1}{R_1 + R_2} V_{BB} \, .$$

Bei kleinen Strömen I_E haben die injizierten Ladungsträger keinen nennenswerten Einfluß auf den Wert von R_1; in diesem Bereich steigt V_{EB} mit zunehmendem I_E an. Bei größeren Werten von I_E nimmt der Wert von R_1 und damit das Spannungsteilerverhältnis $R_1/(R_1 + R_2)$ als Folge der Leitfähigkeitsmodulation ab. Da sich die Flußspannung V_F am pn-Übergang unter diesen Umständen nur noch geringfügig ändert, nimmt V_{EB} mit zunehmendem I_E ab: Der Unijunctiontransistor weist hier einen *negativen Kleinsignalwiderstand* dV_{EB}/dI_E auf.

Mit zunehmendem I_E fällt V_{EB} so vom Wert der *Gipfelspannung* (Höckerspannung) V_P bis zur *Talspannung* V_V ab. Die zugehörigen Werte des Gipfelstroms I_P bzw. des Talstroms I_V liegen typischerweise im Bereich einiger Mikroampere bzw. Milliampere. Unijunctiontransistoren sind für niedrige Werte der Verlustleistung (einige 100 mW) und Betriebsspannung (V_{BB} kleiner als wenige zehn Volt) ausgelegt.

Abbildung 19.40 a zeigt eine Anwendung des Unijunctiontransistors als *Oszillator*. Ist C zunächst entladen, so fließt kein Emitterstrom I_E; der über R_V fließende Strom lädt dann die Kapazität C auf. Mit Überschreiten der Gipfelspannung beginnt ein größerer Emitterstrom zu fließen, der die Kapazität C entlädt und V_{EB} bis auf den Wert der Talspannung V_V verringert. Der dabei fließende Entladestrom erzeugt an R_L Spannungspulse, wie in Abb. 19.40b dargestellt. Die Periode τ, mit der diese Pulse auftreten, ist durch die Ladezeit des Kondensators C von V_V bis V_P bestimmt und näherungsweise gegeben durch [2]

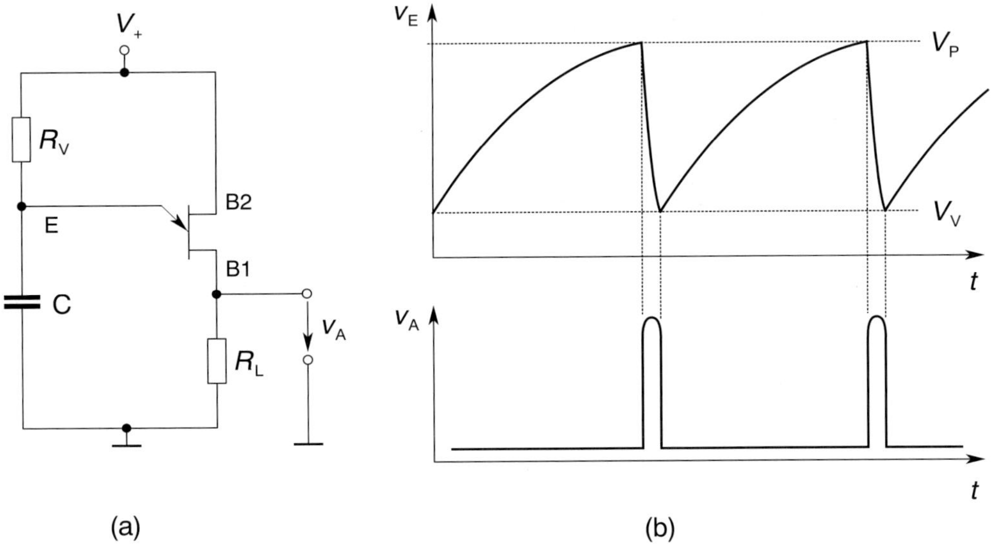

Abb. 19.40. (**a**) Oszillator mit Unijunctiontransistor und (**b**) Pulsformen

$$\tau \approx -R_V C \ln(1-\eta) .$$

Programmierbare Unijunctiontransistoren (PUTs, PUJTs) weisen wie ein Thyristor eine pnpn-Schichtfolge auf. Im Gegensatz zum Thyristor wird jedoch das n-dotierte Gebiet als Gate verwendet. Dies wird durch das in Abb. 19.41 gezeigte Schaltsymbol zum Ausdruck gebracht. Der programmierbare UJT zeigt eine Kennlinie wie der konventionelle UJT, zeichnet sich gegenüber diesem jedoch durch größere Schaltgeschwindigkeit und höhere Empfindlichkeit aus. Außerdem läßt sich die Gipfelspannung durch Beschalten des Gateanschlusses mit einem Spannungsteiler verändern. Programmierbare UJTs können beispielsweise in Zündschaltungen für TRIACs verwendet werden. Beispielschaltungen mit programmierbaren UJTs sind in [13] zu finden.

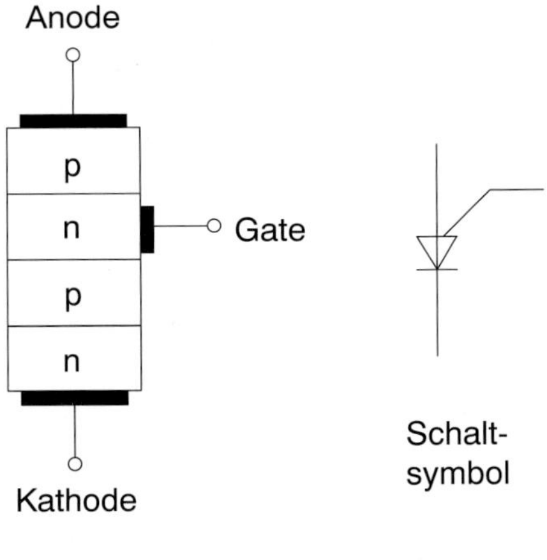

Abb. 19.41. Programmierbarer Unijunctiontransistor

19.6 Literaturverzeichnis

[1] A. Möschwitzer, K. Lunze. *Halbleiterelektronik.* Verlag Technik, Berlin, sechste Auflage, 1984.

[2] S.M. Sze. *Physics of Semiconductor Devices.* Wiley, New York, second edition, 1982.

[3] T.S. Moss (Hrsg.). *Handbook on Semiconductors, vol.4: Device Physics.* North-Holland, Amsterdam, 1993.

[4] W. Gerlach. *Thyristoren.* Springer, Berlin, 1981.

[5] SIEMENS. *Thyristor-Handbuch.* Siemens AG, Berlin, vierte Auflage, 1976.

[6] M. Watanabe, Y. Takahashi, K. Endo, H. Karigi, O. Hashimoto. A 115-mm diameter 6-kV 2500-A light-triggerd thyristor. *IEEE Trans. Electron Devices*, 37(1):285–289, 1990.

[7] M. Ruff, H.-J. Schulze, U. Kellner. Progress in the development of an 8-kV light-triggered thyristor with integrated protection functions. *IEEE Trans. Electron Devices*, 46(8):1768–1774, 1999.

[8] D. Schröder. *Leistungselektronische Bauelemente.* Springer, Berlin, zweite Auflage, 2006.

[9] K. Heumann, C. Stumpe. *Thyristoren.* Teubner, Stuttgart, dritte Auflage, 1974.

[10] E.D. Wolley. Gate turn-off in p-n-p-n devices. *IEEE Trans. Electron Devices*, 13(7):590–597, 1966.

[11] M. Azuma, M. Kurata. GTO thyristors. *Proc. IEEE*, 76(4):419–427, 1988.

[12] Y. Shimizu, S. Kimura, H. Kozaka, N. Matsura, T. Tanaka, N. Monma. A study on maximum turn-off current of a high-power GTO. *IEEE Trans. Electron Devices*, 46(2):413–419, 1999.

[13] R.J. Haver, B.C. Shiner. Theory, characteristics and applications of the programmable unijunction transistor. *Motorola Application Note AN-527.*

20 MOS-Feldeffekttransistoren

20.1 Einführung

Feldeffekttransistoren (FETs) sind aktive Bauelemente, bei denen der Stromfluß durch einen leitenden Kanal mit Hilfe einer Steuerelektrode moduliert werden kann. Der prinzipielle Aufbau eines FET ist in Abb. 20.1 dargestellt: Der zwischen den Anschlüssen *Source* (**S**) und *Drain* (**D**) fließende Strom wird durch das sog. *Gate* (**G**) gesteuert.[1]

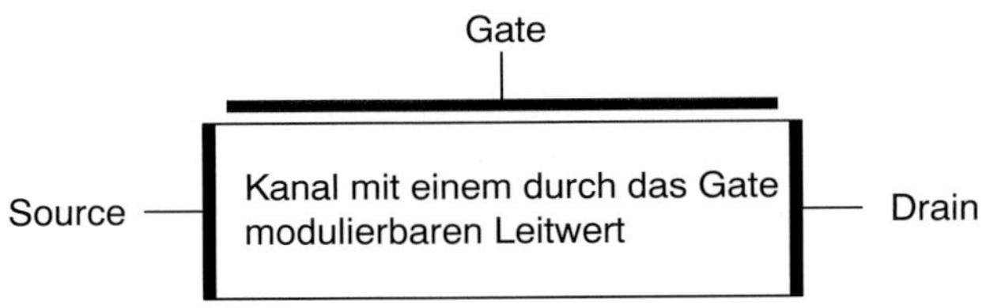

Abb. 20.1. Schematischer Aufbau eines Feldeffekttransistors

Feldeffekttransistoren werden gelegentlich auch als *Unipolartransistoren* bezeichnet, da bei FETs im Gegensatz zu Bipolartransistoren nur Ladungsträger einer Polarität zum Strom beitragen. Der Aufbau von Feldeffekttransistoren ist häufig symmetrisch – die Kennlinien ändern sich nicht, wenn die Rolle von Source und Drain vertauscht wird. Die vom Hersteller spezifizierten Anschlüsse sollten dennoch eingehalten werden, da FETs für Verstärkeranwendungen häufig so aufgebaut werden, daß die Kapazität zwischen Gate und Drain geringer ist als die Kapazität zwischen Gate und Source,[2] so daß es günstiger ist, den Drainanschluß mit dem Ausgang einer Verstärkerschaltung zu verbinden.

Ist der Kanal für $V_{GS} = 0$ bereits leitfähig, so spricht man von einem Feldeffekttransistor vom *Verarmungstyp* (Depletion-Typ); wird der Kanal erst durch eine entsprechende Gatespannung V_{GS} leitfähig, so liegt ein Feldeffekttransistor vom *Anreicherungstyp* (Enhancement-Typ) vor. Abhängig davon, ob die

[1]Die englischen Bezeichnungen Source (deutsch „Quelle“ – für den Anschluß, über den die Ladungsträger in den Kanal eingespeist werden) und Drain (deutsch „Abfluß“ – für den Anschluß, über den die Ladungsträger aus dem Kanal abgezogen werden) weisen auf eine bildhafte Analogiebetrachtung zum FET hin: Wird ein Rohr geneigt (entsprechend einer zwischen Source und Drain angelegten Spannung), so fließt Wasser (entsprechend dem elektrischen Strom) vom höher gelegenen Ende (Quelle, entsprechend Source) zum tieferen Ende (Abfluß, entsprechend Drain). Der durch das Rohr fließende Wasserstrom kann über einen den Rohrquerschnitt verändernden Schieber (entsprechend dem Gate) gesteuert werden.

[2]Diese Kapazität ist wegen des Miller-Effekts besonders kritisch. Bei MOSFETs mit nur drei Anschlußklemmen ist die Symmetrie darüber hinaus durch einen Kurzschluß zwischen Source und Bulk verletzt.

Ladungsträger im Kanal Elektronen oder Löcher sind, unterscheidet man ferner *n-Kanal-* und *p-Kanal-Feldeffekttransistoren.*

Die Steuerung des Drainstroms erfolgt – zumindest im NF-Bereich – in sehr guter Näherung *leistungslos*, da zwischen Kanal und Steuerelektrode bei intakten Bauelementen i. allg. nur ein vernachlässigbar kleiner Leckstrom fließt. Abhängig von der Realisierung der Steuerelektrode unterscheidet man JFETs, MESFETs, MOSFETs und MODFETs (HEMTs).

Steuerelektrode ausgeführt als	Bezeichnung
pn-Diode	JFET
Schottky-Diode	MESFET
MOS-Kondensator	MOSFET
Heteroübergang	MODFET, HEMT

Die ersten Vorschläge für Feldeffekttransistoren gab es bereits 1930 bzw. 1935 mit den Patentanmeldungen von Lilienfeld und Heil. Das Konzept ist damit älter als das des Bipolartransistors. Die Realisierung scheiterte aber zunächst an unzureichenden technologischen Möglichkeiten. Der Sperrschichtfeldeffekttransistor (JFET) war der erste praktisch realisierte Feldeffekttransistor. Er wurde 1952 von Shockley vorgeschlagen und 1953 verwirklicht – zu diesem Zeitpunkt war man in der Lage sperrende pn-Übergänge herzustellen. Der MOSFET wurde 1960 erstmals von Kahng und Atalla vorgeschlagen und verwirklicht. Dieses Bauelement dominiert mittlerweile auf dem Gebiet hochintegrierter Digitalschaltungen. Daneben haben Leistungs-MOSFETs in Schaltanwendungen und Verstärkerendstufen einen bedeutenden Marktanteil erlangt.

Gegenstand dieses Kapitels ist der MOSFET. Zunächst werden die verschiedenen MOSFET-Typen und ihre Strom-Spannungs-Beziehungen in einfachster Näherung erläutert, wobei das Hauptaugenmerk auf dem n-Kanal-MOSFET vom Anreicherungstyp liegt. In folgenden Abschnitten wird dann die Physik des MOSFET vertieft und auf die Besonderheiten der Kurzkanal-MOSFETs eingegangen.

20.1.1 MOSFET-Typen

Abbildung 20.2 zeigt schematisch Querschnitte der verschiedenen MOSFET-Typen und ihre Schaltzeichen. Der MOSFET ist ein Bauteil mit vier Anschlüssen (Source, Gate, Drain und Bulk), die alle auf definiertem Potential liegen müssen. Schaltsymbole, bei denen der Bulk-Anschluß nicht explizit aufgeführt ist, setzen die Kenntnis des Bulk-Potentials (z.B. Potential des Substrats in integrierten Schaltungen) voraus. Der Begriff MOSFET wird in der Folge, soweit nicht anderweitig vermerkt, für einen MOSFET vom Anreicherungstyp verwendet.

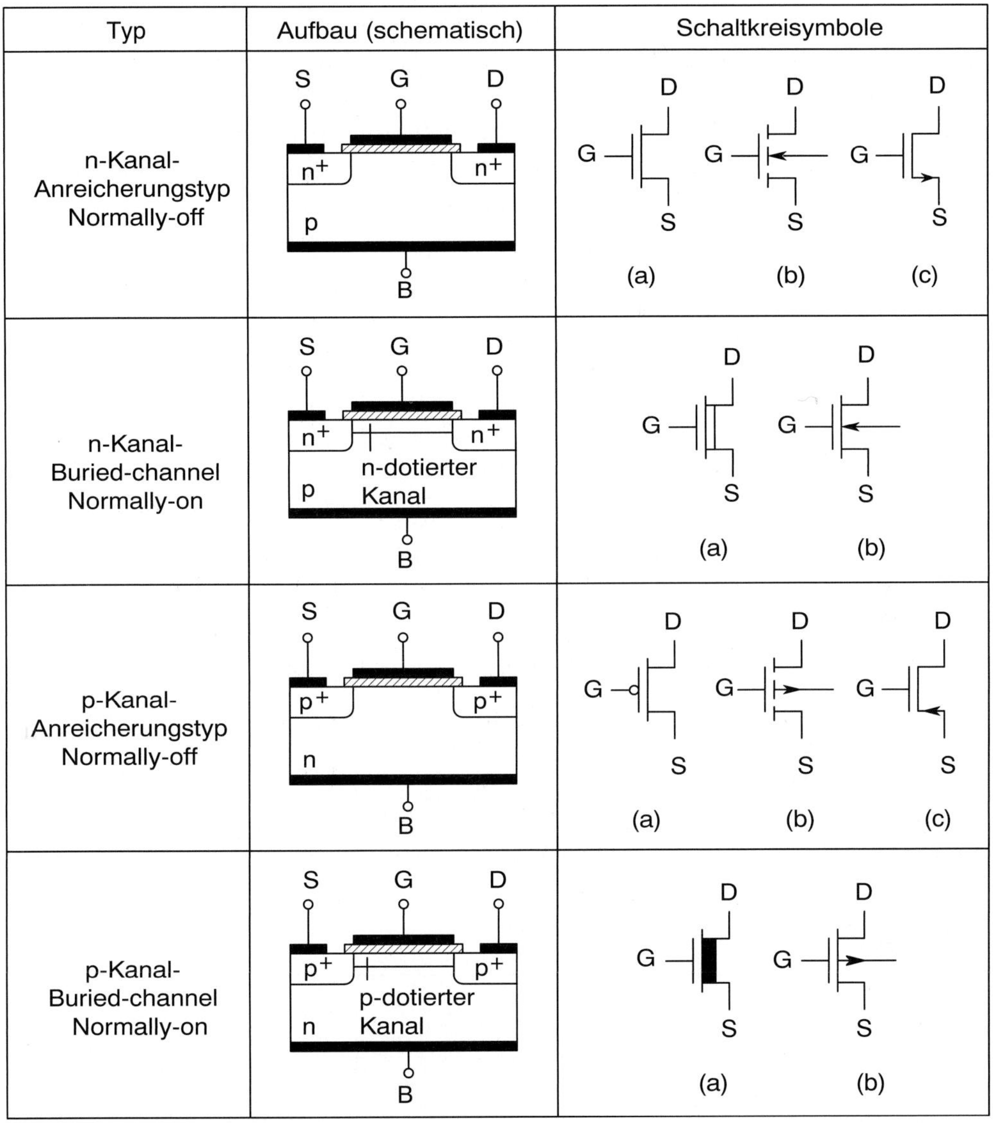

Abb. 20.2. Aufbau und Schaltzeichen der verschiedenen MOSFET-Typen

Der n-Kanal-MOSFET vom Anreicherungstyp ist aus einem MOS-Kondensator (zwischen Gate und dem gewöhnlich als *Bulk* bezeichneten p-Substrat) und zwei pn-Übergängen aufgebaut. Der MOSFET wird normalerweise so betrieben, daß keiner der beiden pn-Übergänge in Flußrichtung gerät. Ein Stromfluß zwischen Source und Drain tritt nur auf, wenn sich durch Anlegen einer Gatespannung $V_{\mathrm{GS}} > 0$ ein *Inversionskanal* unter dem Gateoxid bildet. Durch die von der Gatespannung abhängige Ladung im Inversionskanal des MOS-Kondensators kann der Strom zwischen Source und Drain gesteuert werden. Derartige Transistoren werden auch als *Normally-off-Transistoren* bezeichnet, da für den Aufbau eines Kanals erst eine Steuerspannung angelegt werden muß. MOSFETs vom Anreicherungstyp werden als n-Kanal-Transistoren (mit p-Typ Bulk) und als p-Kanal-Transistoren (mit n-Typ Bulk) verwendet. Im Gegensatz zu den Anreicherungstypen stehen die *Buried-channel-MOSFETs*. Da bei diesen i. allg. auch ohne Anlegen einer Steuerspannung ein leitender Kanal zwischen Source und Drain besteht, werden derartige Transistoren auch als *Normally-on-Transistoren* bezeichnet.

20.1.2 Gegenüberstellung von Bipolartransistor und MOSFET

Abbildung 20.3 weist auf wesentliche Unterschiede zwischen npn-Bipolartransistor und n-Kanal-MOSFET hin.

<table>
<tr><th>Bauelement</th><th>Bipolar-Transistor</th><th>n-Kanal-MOSFET</th></tr>
<tr><td>Aufbau
(schematisch)</td><td>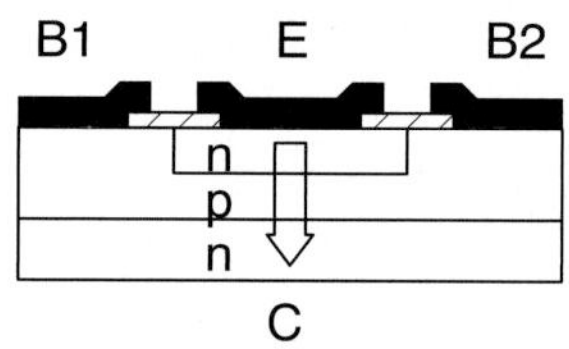
</td><td>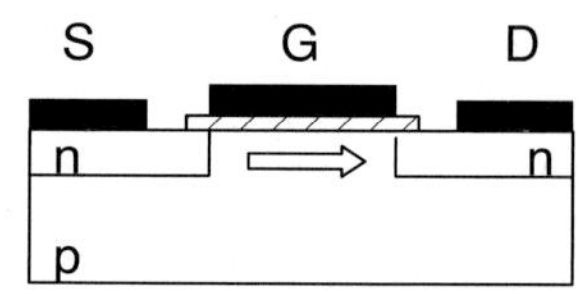
</td></tr>
<tr><td>Stromfluß</td><td>vertikal</td><td>lateral</td></tr>
<tr><td>kritische Abmessung für Grenzfrequenz</td><td>Basisweite</td><td>Kanallänge</td></tr>
<tr><td>Rauschen (Hauptursachen)</td><td>Schrotrauschen, Widerstandsrauschen</td><td>Widerstandsrauschen 1/f-Rauschen</td></tr>
<tr><td>Strom-Spannungs-charakteristik</td><td>exponentiell</td><td>quadratisch (im Sättigungsgebiet)</td></tr>
<tr><td>Übertragungsleitwert, Steilheit</td><td>$g_m = \frac{I_C}{V_T}$</td><td>$g_m = \sqrt{2\beta_n I_D}$</td></tr>
<tr><td>Steuerstrom</td><td>$I_B = I_C / B_N$</td><td>$I_G = 0$</td></tr>
<tr><td>Kontrolle der Schaltschwelle</td><td>besser</td><td>schlechter</td></tr>
</table>

Abb. 20.3. Gegenüberstellung von npn-Bipolartransistor und n-Kanal-MOSFET

1. Der *Eingangsleitwert* eines intakten MOSFET bei NF-Betrieb ist vernachlässigbar klein – der MOSFET benötigt im Gegensatz zum Bipolartransistor keinen Steuerstrom. Neben Strom und Spannung kann deshalb in MOS-Schaltungen auch die *Ladung* als Signalgröße dienen. Dies ermöglicht schaltungstechnische Ansätze, wie die dynamische CMOS-Logik, die mit Bipolartransistoren nicht verwirklicht werden können.

2. In Bipolartransistoren tritt im *Schaltbetrieb* im niederohmigen Zustand (Sättigung) eine große Speicherladung auf, die beim Ausschaltvorgang zu einer unerwünschten Speicherzeit führt. Da MOSFETs keinen vergleichbaren Effekt zeigen, eignen sich diese i. allg. besser als schnelle Schalter bei Aussteuerung bis an die Grenzen der Versorgungsspannung.

3. Die exponentielle Kennlinie des Bipolartransistors führt zu einer vergleichsweise geringen Abhängigkeit der *Schleusenspannung*

$$V_{\mathrm{BEon}} \approx V_T \ln\left(\frac{I_{\mathrm{C}}}{I_{\mathrm{S}}}\right) \approx V_T \ln\left(\frac{I_{\mathrm{C}} N_{\mathrm{AB}} d_{\mathrm{B0}}}{e A_{\mathrm{je}} D_{\mathrm{n}} n_{\mathrm{i}}^2}\right)$$

von den Abmessungen und der Dotierstoffkonzentration des Basisbahngebiets. Weicht die Emitterfläche beispielsweise um 10 % vom Sollwert ab, so verändert sich $V_{\mathrm{BEon}} \approx 0.8\,\mathrm{V}$ um $\Delta V_{\mathrm{BEon}} \approx V_T \ln(1.1) \approx 2.5\,\mathrm{mV}$ bei Raumtemperatur, was einer relativen Änderung $\Delta V_{\mathrm{BEon}}/V_{\mathrm{BEon}} \approx 0.3\,\%$ entspricht. Bei MOSFETs mit kurzen Kanallängen wird wegen der in Kap. 20.5 erläuterten Kurz- und Schmalkanaleffekte eine wesentlich größere Abhängigkeit der Einsatzspannung von Fehlern in der lateralen Abmessung beobachtet: Eine Abweichung der Kanallänge um 10 % vom Nominalwert kann in ungünstigen Fällen eine relative Änderung der Einsatzspannung um mehr als 10 % zur Folge haben. Mit Bipolartransistoren aufgebaute Differenzverstärker weisen aus diesem Grund i. allg. eine wesentlich geringere *Offsetspannung* auf als Differenzverstärker, die mit MOSFETs realisiert wurden. Ein weiterer Vorzug des Bipolartransistors ist die bessere *Langzeitstabilität* der Schleusenspannung – diese ändert sich im Gegensatz zum MOSFET, für den eine Verschiebung der Einsatzspannung beobachtet werden kann (vgl. Kap. 20.5), nur unwesentlich.

4. Bipolartransistoren weisen eine *exponentielle* Transferstromkennlinie und damit eine sehr viel ausgeprägtere Abhängigkeit des Ausgangsstroms $I_{\mathrm{C}}(V_{\mathrm{BE}})$ von der Steuerspannung auf als MOSFETs, die eine annähernd *quadratische* Abhängigkeit $I_{\mathrm{D}}(V_{\mathrm{GS}})$ (im Sättigungsbereich) aufweisen. Der Übertragungsleitwert (die Steilheit) g_{m} des Bipolartransistors ist deshalb i. allg. größer als der des MOSFET. [3]

5. Da die Transferstromkennlinie des MOSFET weniger stark gekrümmt ist als die des Bipolartransistors, sind *Verzerrungen* im Großsignalbetrieb in der Regel geringer. Endstufen von NF-Verstärkern werden heute vorzugsweise mit MOSFETs ausgeführt.

---

[3] Aus den in Abb. 20.3 angegebenen groben Näherungsbeziehungen ergibt sich unter der Annahme $I_{\mathrm{C}} = I_{\mathrm{D}} = I$ für den MOSFET eine größere Steilheit, falls

$$\sqrt{2\beta_{\mathrm{n}} I} > \frac{I}{V_T} \qquad \text{bzw.} \qquad \beta_{\mathrm{n}} > \frac{I}{2V_T^2}$$

gilt. Dies erfordert jedoch für typische Ströme im Bereich von 1 mA sehr große Werte für den Übertragungsleitwertfaktor β_{n} (vgl. Gl. (20.10)), was zu großen Transistorflächen und Eingangskapazitäten führt.

6. Der Stromfluß in Bipolartransistoren erfolgt vertikal, in MOSFETs lateral. Die für die Schaltzeiten *kritischen Abmessungen*, Basisweite bzw. Kanallänge, werden entsprechend im Fall des Bipolartransistors durch Diffusion, Implantation oder Schichtabscheidung, im Fall des (integrierten) MOSFET in der Regel durch einen lithographischen Schritt bestimmt.

7. Bei konstanten Klemmenspannungen führt eine Temperaturerhöhung i. allg. zu einer Abnahme des Drainstroms beim MOSFET, während beim Bipolartransistor ein Anstieg des Kollektorstroms zu beobachten ist. Eine Parallelschaltung mehrerer MOSFETs ist deshalb unproblematisch, während bei Bipolartransistoren i. allg. Emitterserienwiderstände verwendet werden müssen.

8. MOSFETs besitzen bei hohen Frequenzen i. allg. günstigere *Rauscheigenschaften* als Bipolartransistoren. Der Grund hierfür liegt im geringeren Rauschstrom, der in Verbindung mit hochohmigen Signalquellen zu geringen Rauschspannungen am Ausgang führt. Da die Rauschspannungen von Bipolartransistor und MOSFET jedoch vergleichbar groß sind, ergeben sich bei niederohmigen Signalquellen keine nennenswerten Vorteile. Bei niedrigen Frequenzen können MOSFETs vom Anreicherungstyp, als Folge eines Einfangs von Elektronen in oberflächennahe Zustände an der Si-SiO_2-Grenzfläche, ein erhöhtes $1/f$-Rauschen aufweisen.

20.2 Der MOSFET in einfachster Näherung

Abbildung 20.4 erläutert die unterschiedliche Wirkungsweise von Bipolartransistor und MOSFET anhand des Bändermodells – im Fall des MOSFET ist dabei der Verlauf der Bandkanten an der Si-SiO_2-Grenzfläche wiedergegeben. In beiden Fällen liegt eine npn-Struktur vor; eine Spannung $V_{CE} > 0$ bzw. $V_{DS} > 0$ fällt für $V_{BE} = 0$ bzw. $V_{SB} = 0$ als Sperrspannung an der BC- bzw. BD-Diode ab.

Damit im Bipolartransistor Elektronen vom Emitter zum Kollektor fließen können, muß durch eine Flußpolung der EB-Diode die von den Elektronen zu überwindende Potentialbarriere abgebaut werden (Abb. 20.4 a) – dies ermöglicht eine Elektroneninjektion in das Basisgebiet und damit den Transferstrom. Beim MOSFET wird dagegen $V_{SB} = 0$ nicht verändert – ein Abbau der Potentialbarriere erfolgt hier in einer dünnen Zone unterhalb des Gateoxids durch den *Feldeffekt* (Abb. 20.4 b), d. h. durch die Änderung $\Delta\psi_s$ des Oberflächenpotentials aufgrund der angelegten Gatespannung. Bei geringer Bandverbiegung im Gebiet schwacher Inversion verhält sich der MOSFET ähnlich wie ein Bipolartransistor: Durch den Kanal fließt ein *Diffusionsstrom*, der als Unterschwellstrom oder Subthresholdstrom bezeichnet wird. Mit zunehmender Gatespannung V_{GS} wird die Potentialbarriere jedoch so weit abgebaut, daß die Elektronen nahezu ungehindert vom Sourcegebiet in den Kanal gelangen können. Der Stromfluß erfolgt dann weitgehend als *Driftstrom*. Im

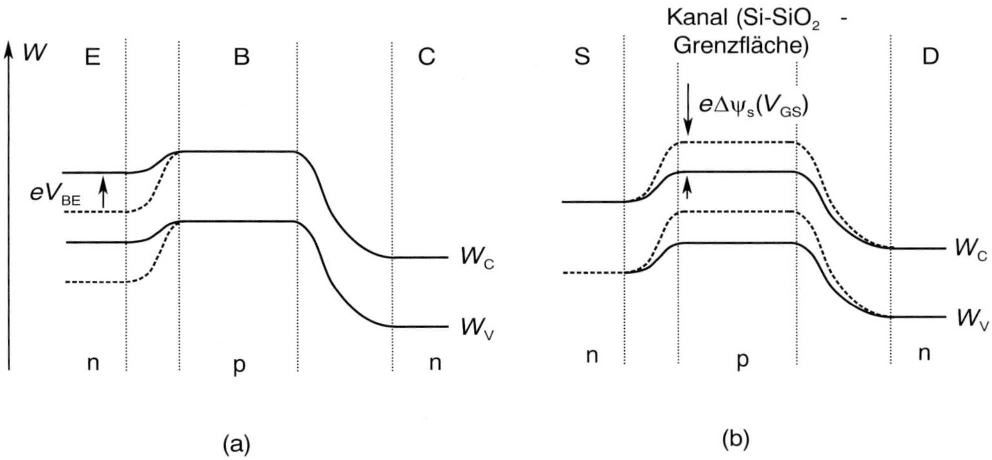

Abb. 20.4. Vergleich der Steuermechanismen des Transferstroms in (**a**) Bipolartransistor und (**b**) n-Kanal-MOSFET

Bänderschema Abb. 20.4 b würde sich dies in einer Neigung der Bandkanten im Bereich des Kanals bemerkbar machen.

20.2.1 Drainstrom

Die folgende Betrachtung bietet einen einfachen Zugang zur Drainstromkennlinie eines n-Kanal-MOSFET. Der Subthresholdstrom wird dabei nicht berücksichtigt: Für die Flächenladungsdichte im Kanal wird die Approximation durch eine Knickkennlinie gemäß Kap. 14.7 verwendet. Danach bildet sich für $V_{\mathrm{GS}} > V_{\mathrm{TH}}$ ein Inversionskanal unter der Gateelektrode aus, der eine leitende Verbindung zwischen Source und Drain herstellt. Der Drainstrom I_{D} ist bei stationärem Betrieb gleich dem durch den Inversionskanal fließenden Transferstrom I_{T}. Da die Elektronen von Source nach Drain fließen ($V_{\mathrm{DS}} > 0$) bezeichnet der in Abb. 20.5 angegebene Strompfeil einen positiven

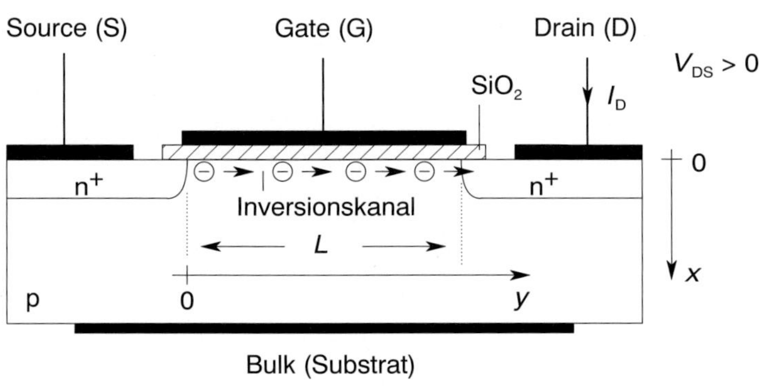

Abb. 20.5. Querschnitt durch einen n-Kanal-MOSFET (Anreicherungstyp)

Drainstrom. Der durch den Kanal transportierte Transferstrom I_T wird als proportional zur Elektronenladung Q_n im Kanal angesetzt

$$I_\mathrm{T} = -Q_\mathrm{n}/\tau_\mathrm{K} . \tag{20.1}$$

Die *Transitzeit* τ_K bezeichnet dabei die Zeit, die ein Elektron im Mittel benötigt, um den Kanal zu durchlaufen. Für die Transitzeit folgt aus der in Abb. 20.5 definierten *Kanallänge* L und der mittleren Geschwindigkeit $\langle v \rangle$ der Elektronen im Kanal

$$\tau_\mathrm{K} = L/\langle v \rangle .$$

Unter Vernachlässigung der Feldstärkeabhängigkeit der Beweglichkeit gilt die Näherung

$$\langle v \rangle = -\langle \mu_\mathrm{s} E_y \rangle \approx \mu_\mathrm{s} V_\mathrm{DS}/L , \tag{20.2}$$

wobei μ_s die Beweglichkeit der Elektronen im Kanal, E_y die Komponente des elektrischen Felds in Stromflußrichtung (Abb. 20.5) und $\langle .. \rangle$ die Mittelung über den Kanalbereich bezeichnet. Für die Transitzeit folgt so

$$\tau_\mathrm{K} \approx L^2/(\mu_\mathrm{s} V_\mathrm{DS}) . \tag{20.3}$$

Die Ladung im Kanal kann durch die in Kap. 14.7 erläuterte Knickkennlinie näherungsweise beschrieben werden

$$Q_\mathrm{n} = \begin{cases} 0 & \text{für} \quad V_\mathrm{GS} \leq V_\mathrm{TH} \\ -c'_\mathrm{ox} W L (V_\mathrm{GS} - V_\mathrm{TH}) & \text{für} \quad V_\mathrm{GS} > V_\mathrm{TH} \end{cases} . \tag{20.4}$$

Dabei gibt W die Abmessungen des Kanals senkrecht zur Zeichenebene in Abb. 20.5 an. Für den Drainstrom $I_\mathrm{D} = I_\mathrm{T}$ folgt für $V_\mathrm{GS} > V_\mathrm{TH}$ durch Zusammenfassen

$$I_\mathrm{D} \approx \frac{V_\mathrm{DS}}{R_\mathrm{DSon}} \quad \text{mit} \quad \frac{1}{R_\mathrm{DSon}} = K_\mathrm{P} \frac{W}{L} (V_\mathrm{GS} - V_\mathrm{TH}) . \tag{20.5}$$

Dabei bezeichnet

$$K_\mathrm{P} = \mu_\mathrm{s} c'_\mathrm{ox} \tag{20.6}$$

den sog. *Übertragungsleitwertparameter*.

Beispiel 20.2.1 Betrachtet wird ein n-Kanal-MOSFET mit der Oxiddicke $d_\mathrm{ox} = 25\,\mathrm{nm}$ und der Elektronenbeweglichkeit im Kanal $\mu_\mathrm{s} = 430\,\mathrm{cm}^2/(\mathrm{Vs})$. Für die flächenspezifische Oxidkapazität folgt in diesem Fall

$$c'_\mathrm{ox} = \frac{\epsilon_\mathrm{SiO2}}{d_\mathrm{ox}} = \frac{8.85 \cdot 10^{-14}\,\mathrm{F/cm} \cdot 3.9}{25 \cdot 10^{-7}\,\mathrm{cm}} = 138\,\frac{\mathrm{nF}}{\mathrm{cm}^2}$$

und für den Übertragungsleitwertparameter $K_\mathrm{P} = \mu_\mathrm{s} c'_\mathrm{ox} = 60\,\mu\mathrm{A/V}^2$. △

Gleichung (20.5) liefert lediglich für kleine Werte von V_{DS} eine sinnvolle Beschreibung der Kennlinie. Der MOSFET zeigt hier das Verhalten eines ohmschen Widerstands R_{DSon}, dessen Widerstandswert mit zunehmendem V_{GS} sinkt. Diese Situation ist im Schaltbetrieb bei geschlossenem Schalter gegeben; über dem MOSFET sollte dann nur noch eine kleine Restspannung abfallen, die sich über $R_{DSon}I_D$ aus dem Laststrom ergibt.

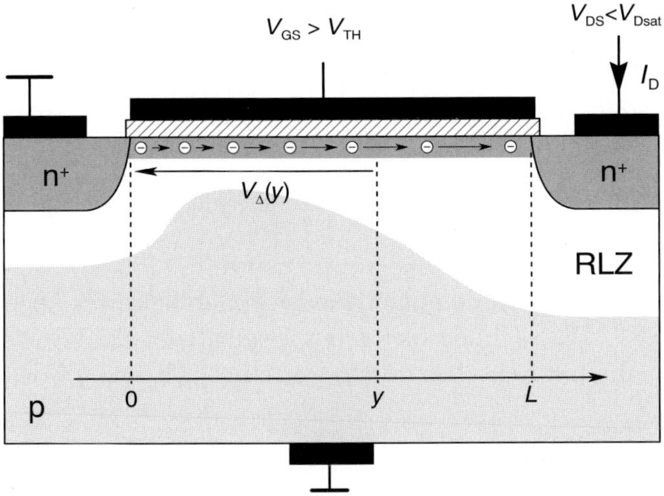

Abb. 20.6. N-Kanal-MOSFET (Enhancement-Typ) im Widerstandsbereich ($V_{DS} < V_{Dsat}$). Die mittlere Driftgeschwindigkeit der Elektronen im Kanal erreicht die Sättigungsgeschwindigkeit v_{nsat} nicht

Mit zunehmendem V_{DS} wird die Flächenladungsdichte im Kanal ortsabhängig (Abb. 20.6): Durch den Spannungsabfall über dem Kanal nimmt die Potentialdifferenz zwischen Gate und Kanal und damit die Flächenladungsdichte vom Wert

$$Q'_n(0) = -c'_{ox}(V_{GS} - V_{TH})$$

bei Source zu Drain hin ab auf den Wert

$$Q'_n(L) = -c'_{ox}(V_{GS} - V_{TH} - V_{DS}) \;.$$

Dies läßt sich bei der Beschreibung des Drainstroms I_D näherungsweise berücksichtigen, wenn in Gl. (20.1) eine mittlere Flächenladung

$$Q_n \approx \frac{WL}{2}\left[Q'_n(0) + Q'_n(L)\right] = -c'_{ox}WL\left(V_{GS} - V_{TH} - \frac{V_{DS}}{2}\right)$$

verwendet wird. Die Strom-Spannungs-Beziehung nimmt damit die Form

$$I_D = K_P\frac{W}{L}\left(V_{GS} - V_{TH} - \frac{V_{DS}}{2}\right)V_{DS} \tag{20.7}$$

an. Diese Gleichung beschreibt eine Parabel mit einem Maximum bei der *Sättigungsspannung* (auch Abschnürspannung)

$$V_{Dsat} = V_{GS} - V_{TH} \;. \tag{20.8}$$

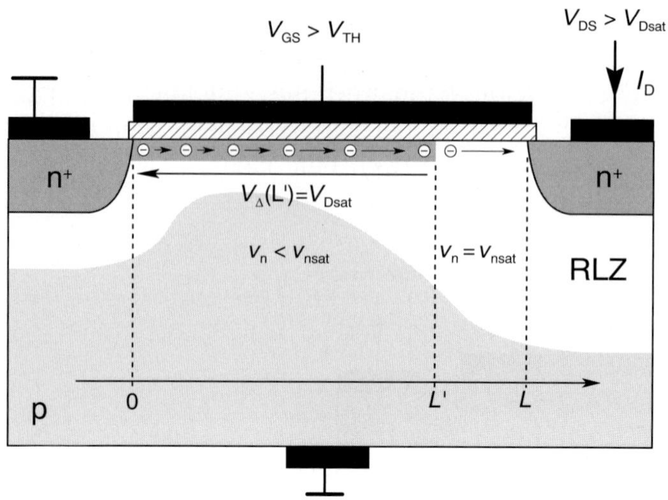

Abb. 20.7. N-Kanal-MOSFET (Enhancement-Typ) im Sättigungsbereich ($V_{DS} > V_{Dsat}$). Für $y > L'$ ist die mittlere Driftgeschwindigkeit der Elektronen gleich der Sättigungsgeschwindigkeit v_{nsat}

Für $V_{DS} > V_{Dsat}$ würde der Drainstrom demnach wieder abnehmen, was aber physikalisch nicht sinnvoll ist.[4] Tatsächlich bleibt der Drainstrom für $V_{DS} > V_{Dsat}$ annähernd konstant, man spricht hier auch von einer *Sättigung*[5] des Drainstroms (vgl. Abb. 20.8).

Für $V_{GS} > V_{TH}$ läßt sich die Kennlinie demzufolge in zwei Bereiche unterteilen: Für $V_{DS} \leq V_{Dsat}$ arbeitet der MOSFET im *Widerstandsbereich* (auch Trioden- oder Anlaufbereich) und verhält sich wie ein *nichtlinearer Widerstand*; für $V_{DS} > V_{Dsat}$ arbeitet er im *Sättigungsbereich* (auch Abschnürbereich) und verhält sich annähernd wie eine von V_{GS} gesteuerte *Stromquelle*. Im Sättigungsbereich gilt – zumindest bei großen Kanallängen L – näherungsweise

$$I_D \approx I_{Dsat} \approx \frac{1}{2} K_P \frac{W}{L} V_{Dsat}^2 . \tag{20.9}$$

Zur Abkürzung der Schreibweise wird häufig der *Übertragungsleitwertfaktor*

$$\beta_n = K_P W/L \tag{20.10}$$

verwendet. In der betrachteten Näherung ist im Sperrbereich, Widerstandsbereich und Sättigungsbereich jeweils eine eigene Strom-Spannungs-Beziehung

[4]Sinkendes I_D würde eine Verringerung des Spannungsabfalls im nicht abgeschnürten Teil des Kanals bedingen. Dies wiederum würde zu einer geringeren Abschnürung und damit zu einem größeren Leitwert des Kanals führen. Da ein höherer Leitwert bei gegebener Spannung aber einen größeren Strom bedingt, steht dies im Widerspruch zur ursprünglichen Annahme eines sinkenden Drainstroms I_D. Die Auflösung dieses Widerspruchs und eine korrekte Beschreibung ist nur unter Berücksichtigung der Sättigung der Driftgeschwindigkeit (vgl. Kap. 20.2.2) möglich.

[5]Die Sättigung der MOSFET-Kennlinie hat keinen Zusammenhang mit dem Sättigungsbetrieb des Bipolartransistors: Im Unterschied zum Bipolartransistor, bei dem Sättigung für Spannungen $V_{CE} < V_{BE}$ im Ausgangskreis auftritt, erfordert der Sättigungsfall beim MOSFET große Spannungen $V_{DS} > V_{GS} - V_{TH}$ im Ausgangskreis.

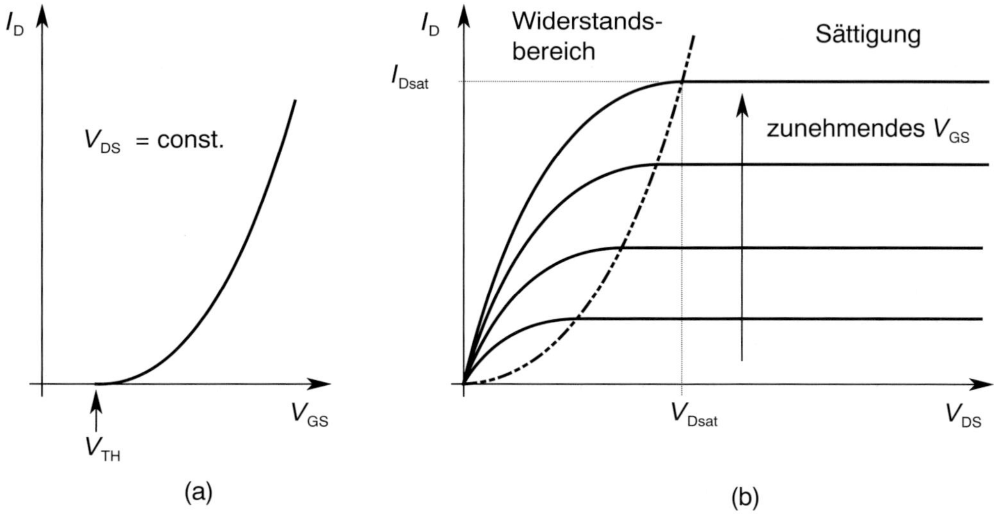

Abb. 20.8. Kennlinien des n-Kanal-MOSFET in einfachster Näherung. (**a**) Transferstromkennlinie (Steuerkennlinie) und (**b**) Ausgangskennlinienfeld

gültig. Tabelle 20.1 gibt eine Übersicht für den n-Kanal-MOSFET; der Einfluß der Bahnwiderstände auf die Kennlinien wird in dieser Näherung vernachlässigt.

Tabelle 20.1 Strom-Spannungs-Beziehungen für den n-Kanal-MOSFET

Betriebsbereich	V_{GS}	V_{DS}	I_D
Sperrbereich	$< V_{TH}$	beliebig	0
Widerstandsbereich	$> V_{TH}$	$< V_{GS} - V_{TH}$	$\beta_n \left(V_{GS} - V_{TH} - \frac{V_{DS}}{2} \right) V_{DS}$
Sättigungsbereich	$> V_{TH}$	$\geq V_{GS} - V_{TH}$	$\frac{\beta_n}{2} (V_{GS} - V_{TH})^2$

Diese Beziehungen werden auch von SPICE im LEVEL1-Modell des MOSFET verwendet, falls nur der Übertragungsleitwertparameter K_P und die Einsatzspannung V_{TO} (vgl. Kap. 20.2.4) angegeben werden.

Beispiel 20.2.2 Abbildung 20.9 zeigt das Ergebnis einer SPICE-DC-Analyse für das Ausgangskennlinienfeld eines MOSFET mit $L = 5\,\mu\text{m}$ sowie $W = 100\,\mu\text{m}$ für den in der `.MODEL`-Anweisung nur die Kenngrößen $K_P = 20\,\mu\text{A/V}^2$ und $V_{TH} = V_{TO} = 1\,\text{V}$ angegeben wurden (vgl. Kap. 20.2.4). Für diesen Transistor gilt

$$\beta_n = K_P W/L = 0.4\,\text{mA/V}^2 .$$

Der Übergang vom Widerstandsbereich zum Sättigungsbereich erfolgt bei $V_{Dsat} = V_{GS} - V_{TH}$. Dabei fließt jeweils der Strom $I_{Dsat} = \beta_n V_{Dsat}^2/2$. Die Grenze zwischen

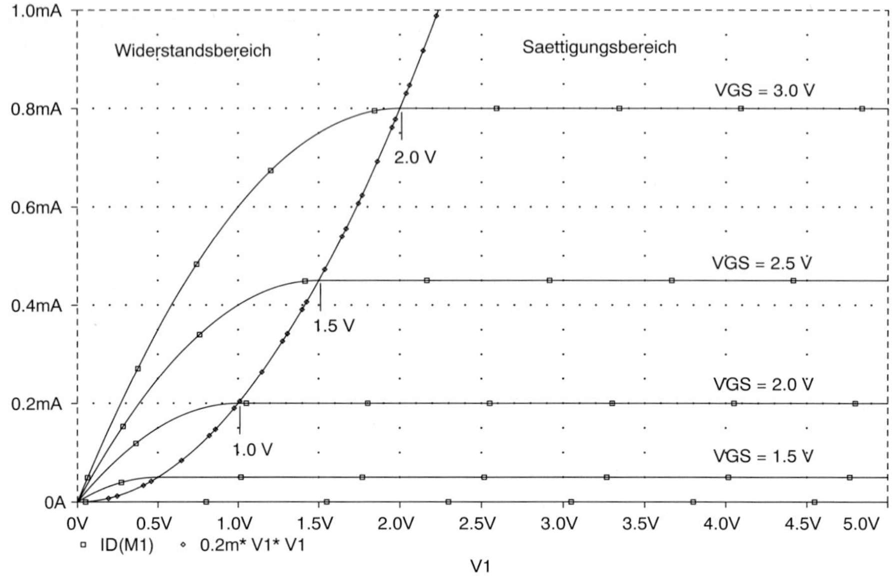

Abb. 20.9. Ausgangskennlinienfeld im LEVEL 1 – Modell (Kap. 20.2.4) in einfachster Näherung

Widerstandsbereich und Sättigungsbereich in der $(V_{\mathrm{DS}}|I_{\mathrm{D}})$-Ebene liegt demnach für unterschiedliche Werte von V_{GS} auf der Parabel

$$I_{\mathrm{D}} = \frac{1}{2}\beta_{\mathrm{n}} V_{\mathrm{DS}}^2 = 0.2\,\mathrm{mA} \cdot \left(\frac{\mathtt{V1}}{\mathrm{V}}\right)^2 ,$$

was durch die Simulationsergebnisse in Abb. 20.9 veranschaulicht wird. △

20.2.2 Geschwindigkeitssättigung

Die Kennlinien von MOSFETs mit Kanallängen im Bereich weniger Mikrometer und darunter lassen sich mit dem in Kap. 20.2.1 vorgestellten Langkanalmodell (LEVEL 1) nicht mit hinreichender Genauigkeit beschreiben. Vor allem die Geschwindigkeitssättigung führt zu deutlichen Abweichungen im Kennlinienverlauf.

Mit abnehmender Kanallänge erhöht sich die Feldstärke E_y in Stromflußrichtung. Da die Elektronenbeweglichkeit wegen der *Geschwindigkeitssättigung* aber mit zunehmender Feldstärke geringer wird, führt dies zu einer Abnahme des Übertragungsleitwerts: Bei Kurzkanaltransistoren wächst der Strom im Sättigungsbereich nicht mehr quadratisch mit der angelegten Steuerspannung, sondern zeigt eher eine *lineare* Abhängigkeit von V_{GS}. Der Ansatz

$$\mu_{\mathrm{s}}(E_y) \approx \frac{\mu_{\mathrm{s}}}{\sqrt{1 + (E_y/E_{\mathrm{sat}})^2}} \quad \text{mit} \quad E_{\mathrm{sat}} = \frac{v_{\mathrm{nsat}}}{\mu_{\mathrm{s}}}$$

für die Feldstärkeabhängigkeit der Elektronenbeweglichkeit im Kanal stimmt gut mit Meßergebnissen überein. Die unter Verwendung dieser Beziehung berechneten Kennliniengleichungen sind jedoch unzweckmäßig kompliziert. Der alternative Ansatz

$$\mu_{\mathrm{s}}(E_y) \approx \frac{\mu_{\mathrm{s}}}{1+E_y/E_{\mathrm{sat}}} = \frac{v_{\mathrm{n}}}{E_y} \quad \text{mit} \quad E_{\mathrm{sat}} = \frac{v_{\mathrm{nsat}}}{\mu_{\mathrm{s}}} \tag{20.11}$$

führt im Grenzfall $E_y \to \infty$ für die Driftgeschwindigkeit v_{n} ebenfalls auf die Sättigungsgeschwindigkeit v_{nsat}.[6] Der MOSFET geht in die Sättigung, wenn sich die Elektronen vor Drain ($y = L$) mit der Sättigungsgeschwindigkeit bewegen, d.h.

$$I_{\mathrm{D}} = v_{\mathrm{nsat}} c'_{\mathrm{ox}} W (V_{\mathrm{GS}} - V_{\mathrm{TH}} - V_{\mathrm{Dsat}}) \,. \tag{20.12}$$

Der Transistor geht deshalb bereits bei Werten $V_{\mathrm{DS}} < V_{\mathrm{GS}} - V_{\mathrm{TH}}$ in die Sättigung über. In den Bereichen, in denen der Spannungsabfall $V_\Delta(y)$ (Abb. 20.6) über dem Kanal kleiner ist als V_{Dsat} läßt sich für den Drainstrom (Driftanteil) schreiben

$$I_{\mathrm{D}} = c'_{\mathrm{ox}} W \mu_{\mathrm{s}}(E_y) \left[V_{\mathrm{GS}} - V_{\mathrm{TH}} - V_\Delta(y) \right] E_y(y) \,.$$

Mit dem Ansatz (20.11) für die Feldstärkeabhängigkeit der Beweglichkeit im Kanal und $E_y(y) = \mathrm{d}V_\Delta/\mathrm{d}y$ folgt

$$I_{\mathrm{D}} \left(1 + \frac{\mu_{\mathrm{s}}}{v_{\mathrm{nsat}}} \frac{\mathrm{d}V_\Delta}{\mathrm{d}y} \right) = \mu_{\mathrm{s}} c'_{\mathrm{ox}} W (V_{\mathrm{GS}} - V_{\mathrm{TH}} - V_\Delta) \frac{\mathrm{d}V_\Delta}{\mathrm{d}y}$$

bzw. nach Trennung der Variablen

$$I_{\mathrm{D}}\, \mathrm{d}y = \left[\mu_{\mathrm{s}} c'_{\mathrm{ox}} W (V_{\mathrm{GS}} - V_{\mathrm{TH}} - V_\Delta) - I_{\mathrm{D}} \frac{\mu_{\mathrm{s}}}{v_{\mathrm{nsat}}} \right] \mathrm{d}V_\Delta$$

Integration über den Kanal – von 0 bis L falls $V_{\mathrm{DS}} \leq V_{\mathrm{Dsat}}$, bzw. von 0 bis bis zum Punkt L' in dem $V_\Delta(L') = V_{\mathrm{Dsat}}$ gilt, falls $V_{\mathrm{DS}} > V_{\mathrm{Dsat}}$ – ergibt

$$I_{\mathrm{D}} L' = \mu_{\mathrm{s}} c'_{\mathrm{ox}} W \int_0^{V_\Delta(L')} (V_{\mathrm{GS}} - V_{\mathrm{TH}} - V_\Delta)\, \mathrm{d}V_\Delta - I_{\mathrm{D}} \frac{\mu_{\mathrm{s}}}{v_{\mathrm{nsat}}} V_\Delta(L')$$

Gilt $V_{\mathrm{DS}} \leq V_{\mathrm{Dsat}}$ so ist $L' = L$, $V_\Delta(L') = V_{\mathrm{DS}}$ und

$$I_{\mathrm{D}} = \mu_{\mathrm{s}} c'_{\mathrm{ox}} \frac{W}{L} \frac{1}{1 + V_{\mathrm{DS}}/V^*_{\mathrm{DS}}} \left(V_{\mathrm{GS}} - V_{\mathrm{TH}} - \frac{V_{\mathrm{DS}}}{2} \right) V_{\mathrm{DS}}$$

wobei $V^*_{\mathrm{DS}} = v_{\mathrm{nsat}} L/\mu_{\mathrm{s}}$. Gilt $V_{\mathrm{DS}} > V_{\mathrm{Dsat}}$, so führt die Integration auf

$$I_{\mathrm{D}} = \mu_{\mathrm{s}} c'_{\mathrm{ox}} \frac{W}{L'} \frac{1}{1 + V_{\mathrm{DSat}}/V^*_{\mathrm{DS}}} \left[(V_{\mathrm{GS}} - V_{\mathrm{TH}})^2 - (V_{\mathrm{GS}} - V_{\mathrm{TH}} - V_{\mathrm{Dsat}})^2 \right]$$

Da I_{D} bei Erreichen der Sättigung auch (20.12) genügen muß ergibt sich die folgende Bestimmungsgleichung für die Sättigungsspannung V_{Dsat}

[6] Dieser Ansatz wird auch in SPICE (LEVEL 3) verwendet; die Driftgeschwindigkeit der Ladungsträger im Bereich mittlerer Feldstärken (ca. 10^4 V/cm) wird dabei jedoch zu klein berechnet.

$$\frac{\mu_s c'_{ox}}{1 + \dfrac{\mu_s V_{Dsat}}{v_{nsat} L}} \frac{W}{L} \left(V_{GS} - V_{TH} - \frac{V_{Dsat}}{2} \right) V_{Dsat} = v_{nsat} W c'_{ox} \left(V_{GS} - V_{TH} - V_{Dsat} \right) .$$

Diese kann nach V_{Dsat} aufgelöst werden mit dem Ergebnis

$$V_{Dsat} = V_{DS}^* \left(\sqrt{1 + \frac{2(V_{GS} - V_{TH})}{V_{DS}^*}} - 1 \right) , \tag{20.13}$$

wobei wieder Gebrauch von der Abkürzung $V_{DS}^* = v_{nsat} L / \mu_s$ gemacht wurde. Als Folge der Geschwindigkeitssättigung liegt V_{Dsat} bei kurzen Kanallängen deutlich[7] unterhalb von $V_{GS} - V_{TH}$, d.h. das Verhalten einer Stromquelle wird bereits bei geringeren Werten der Ausgangsspannung V_{DS} gezeigt. Das ist beispielsweise für die Herstellung von Stromqullen in integrierten Schaltungen mit verringerter Versorgungsspannung von Bedeutung. Für große Kanallängen

$$L \gg \frac{2\mu_s (V_{GS} - V_{TH})}{v_{nsat}} \quad \text{bzw.} \quad V_{DS}^* \gg V_{GS} - V_{TH} \tag{20.14}$$

läßt sich die Wurzel in Gl. (20.13) bis zur ersten Ordnung entwickeln, was auf

$$V_{Dsat} \approx V_{GS} - V_{TH}$$

führt. Im Fall großer Kanallängen L geht die Beziehung für den Sättigungsstrom demnach wieder in das Ergebnis des in Abschn. 20.2.1 formulierten Langkanal-Modells über

$$I_{Dsat} \approx \frac{1}{2} \mu_s c'_{ox} \frac{W}{L'} (V_{GS} - V_{TH})^2 .$$

Die rechte Seite der Ungleichung (20.14) besitzt für typische Werte von $(V_{GS} - V_{TH})$ die Größenordnung weniger Mikrometer. Für Submikrometertransistoren ist die Bedingung (20.14) demnach nicht erfüllt; hier muß der allgemeine Ausdruck herangezogen werden. Im Grenzfall $V_{GS} - V_{TH} \gg V_{DS}^*$ verläuft der Drainstrom gegen den Grenzwert

$$I_{Dsat} \to \mu_s c'_{ox} \frac{W}{L} V_{DS}^* (V_{GS} - V_{TH}) = v_{nsat} c'_{ox} W (V_{GS} - V_{TH}) ,$$

d. h. der Drainstrom zeigt hier nicht mehr die für Langkanaltransistoren typische quadratische Strom-Spannungs-Beziehung, sondern wächst nur noch annähernd *linear* mit der Steuerspannung an. Dies läßt sich qualitativ bereits aus Gl. (20.2) verstehen: Da die Driftgeschwindigkeit der Ladungsträger im Kanal nach oben durch v_{nsat} begrenzt ist, kann die Transitzeit τ_K den Wert L/v_{nsat} nicht unterschreiten. Ist dieser Wert annähernd erreicht, so wächst der Drainstrom nur noch mit der Ladung im Kanal und damit proportional zu V_{GS} an.

[7]Während für $(V_{GS} - V_{TH})/V_{DS}^* = 0.5$ aus (20.13) noch $V_{Dsat} = 0.82(V_{GS} - V_{TH})$ gilt, folgt für $(V_{GS} - V_{TH})/V_{DS}^* = 4$ bereits $V_{Dsat} = 0.5(V_{GS} - V_{TH})$.

20.2.3 Substratsteuereffekt

Wird zwischen Source und Bulk eine Sperrspannung angelegt, so vergrößert sich der Wert der Einsatzspannung. Dies wird als *Substratsteuereffekt* oder *Body-Effekt* bezeichnet. Zur Veranschaulichung wird das Bändermodell betrachtet (Abb. 20.10), dort ist der Verlauf der Bandkanten an der Si-SiO_2-Grenzfläche für $V_{SB} = 0$ und $V_{SB} > 0$ dargestellt. Durch Anlegen der Sperrspannung V_{SB} vergrößert sich die von den Elektronen auf ihrem Weg von Source nach Drain zu überwindende Potentialbarriere um $e\,\Delta\psi_s$. Für $V_{SB} > 0$ muß die Leitungsbandkante durch den Feldeffekt demnach stärker abgesenkt werden als bei $V_{SB} = 0$, damit es zu einem Transferstrom kommen kann; dies wiederum erfordert eine größere Steuerspannung V_{GS}.

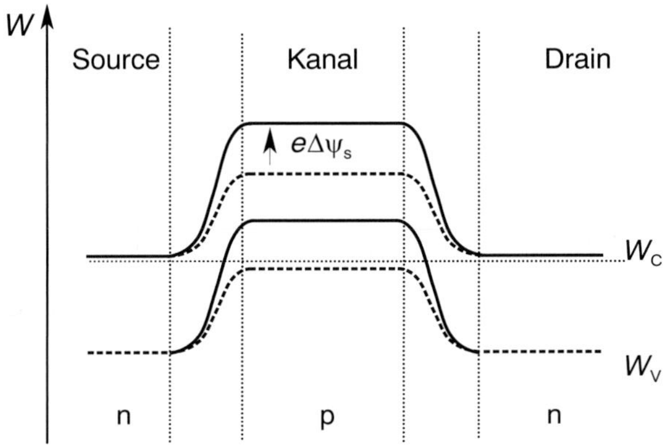

Abb. 20.10. Zum Substratsteuereffekt. Vergrößerung der Potentialbarriere zwischen Source und Drain für $V_{GS} = V_{DS} = 0$ durch eine Substratvorspannung $V_{SB} > 0$

Durch die Substratvorspannung $V_{SB} > 0$ vergrößert sich die als Bulkladung bezeichnete Ladung Q_B in der Raumladungszone. Für ein homogen dotiertes Substrat gilt dabei näherungsweise (vgl. Kap. 14.7)

$$Q_B = -\gamma\, c_{ox} \sqrt{\Phi + V_{SB}} ,$$

wobei $\Phi = 2\phi_F$ das Oberflächenpotential beim Einsetzen starker Inversion und γ den *Substratsteuerungsfaktor* bezeichnet. Da für die Ladung im Inversionskanal bei starker Inversion nach Kap. 14.7

$$Q_n = -c_{ox}\left(V_{GS} - V_{FB} - \Phi + \frac{Q_B}{c_{ox}}\right) = -c_{ox}(V_{GS} - V_{TH})$$

gilt, folgt für die Einsatzspannung

$$V_{TH} = V_{FB} + \Phi + \gamma\sqrt{\Phi + V_{SB}}$$

bzw.

$$\boxed{V_{TH} = V_{TO} + \gamma\left(\sqrt{\Phi + V_{SB}} - \sqrt{\Phi}\right) ,} \qquad (20.15)$$

wobei V_{TO} den Wert der *Einsatzspannung* für $V_{\mathrm{SB}} = 0$ angibt. Im folgenden Beispiel wird gezeigt, wie die Parameter V_{T0}, γ und Φ ermittelt werden können. Zur Bestimmung dieser drei Größen sind mindestens drei für unterschiedliches V_{SB} bestimmte Werte der Einsatzspannung V_{TH} erforderlich.

Beispiel 20.2.3 Für einen n-Kanal MOSFET wurde $V_{\mathrm{TH}} = 1.1\,\mathrm{V}$ für $V_{\mathrm{SB}} = 0$, $V_{\mathrm{TH}} = 1.62\,\mathrm{V}$ für $V_{\mathrm{SB}} = 2\,\mathrm{V}$ und $V_{\mathrm{TH}} = 1.95\,\mathrm{V}$ für $V_{\mathrm{SB}} = 4\,\mathrm{V}$ ermittelt, woraus sofort

$$V_{\mathrm{TO}} = 1.1\,\mathrm{V}$$

folgt. Aus Gl. (20.15) ergibt sich damit das folgende Gleichungssystem für γ und Φ

$$\begin{aligned} 0.52\,\mathrm{V} &= \gamma \cdot \left(\sqrt{2\,\mathrm{V} + \Phi} - \sqrt{\Phi}\right) \\ 0.85\,\mathrm{V} &= \gamma \cdot \left(\sqrt{4\,\mathrm{V} + \Phi} - \sqrt{\Phi}\right) . \end{aligned}$$

Durch Division kann γ eliminiert werden, so daß mit $0.85/0.52 = 1.635$ folgt

$$\sqrt{4\,\mathrm{V} + \Phi} - \sqrt{\Phi} = 1.635 \cdot \left(\sqrt{2\,\mathrm{V} + \Phi} - \sqrt{\Phi}\right)$$

bzw.

$$\sqrt{4\,\mathrm{V} + \Phi} = 1.635 \cdot \sqrt{2\,\mathrm{V} + \Phi} - 0.635 \cdot \sqrt{\Phi} .$$

Quadrieren dieses Ausdrucks bringt

$$4\,\mathrm{V} + \Phi = 5.344\,\mathrm{V} + 2.672\,\Phi + 0.403\,\Phi - 2.075 \cdot \sqrt{(2\,\mathrm{V} + \Phi) \cdot \Phi} .$$

Nach Isolieren der Wurzel und erneutem Quadrieren folgt hieraus für Φ die quadratische Gleichung

$$(2\,\mathrm{V} + \Phi) \cdot \Phi = (0.648\,\mathrm{V} + \Phi)^2$$

bzw.

$$\Phi^2 + 2\,\mathrm{V} \cdot \Phi = \Phi^2 + 1.296\,\mathrm{V} \cdot \Phi + 0.42\,\mathrm{V}^2 = 0 ,$$

mit der Lösung

$$\Phi = 0.596\,\mathrm{V} .$$

Nach Rücksubstitution folgt für den Substratsteuerungsfaktor

$$\gamma = \frac{0.52\,\mathrm{V}}{\sqrt{2.596\,\mathrm{V}} - \sqrt{0.596\,\mathrm{V}}} = 0.62\,\sqrt{\mathrm{V}} ,$$

womit sämtliche Parameter bestimmt sind. Δ

20.2.4 Kennlinien im LEVEL1-Modell

In SPICE sind unterschiedliche MOSFET-Modelle verfügbar, die in Kap. 24 erläutert werden. Die MOSFET-Modelle wurden ursprünglich für den Entwurf integrierter Schaltkreise entwickelt. Die Elementanweisung ermöglicht deshalb Angaben über die Geometrie des MOSFET, soweit sie der Designer über das Layout beeinflussen kann. Aus diesen Angaben errechnet SPICE dann mit dem in der `.MODEL`-Anweisung angegebenen Parametersatz die Kenngrößen der Ersatzschaltung.

Dieser Abschnitt beschränkt sich auf die Darstellung des LEVEL1-Modells für den Gleichbetrieb unter Vernachlässigung der Bahnwiderstände und bei Sperrbetrieb der Bulk-Source- sowie der Bulk-Drain-Diode. Die Kennlinien können dann durch eine spannungsgesteuerte *Transferstromquelle* zwischen Drain und Source beschrieben werden. Die *Elementanweisung* für einen MOSFET in der SPICE-Netzliste lautet im einfachsten Fall

```
M(name)   K_d   K_g   K_s   K_b   Mname   ⟨L=L⟩ ⟨W=W⟩
```

Dabei bezeichnet `K_d` den Namen des Drainknotens, `K_g` den Namen des Gateknotens, `K_s` den Namen des Sourceknotens und `K_b` den Namen des Bulkknotens; `Mname` kennzeichnet das verwendete Transistormodell, dessen Parameter in einer gesonderten `.MODEL`-*Anweisung* aufgeführt werden. Die Angabe der Abmessungen L und W in der Elementanweisung ist nicht zwingend. Diese Größen können auch in der `.MODEL`-Anweisung oder in der `.OPTIONS`-Anweisung (mittels `DEFL` und `DEFW`) spezifiziert werden.

Für n-Kanal- und p-Kanal-MOSFETs werden unterschiedliche Modellanweisungen verwendet.

```
.MODEL   Mname   NMOS   (Modell-Parameter)
.MODEL   Mname   PMOS   (Modell-Parameter)
```

Die folgende Betrachtung beschränkt sich auf den n-Kanal-MOSFET (Modelltyp `NMOS`); die Beziehungen für den p-Kanal-MOSFET (Modelltyp `PMOS`) sind – von einigen Vorzeichen abgesehen – identisch. Tabelle 20.2 gibt die zur Beschreibung der Drainstromkennlinie in einfachster Näherung benötigten Parameter an; wird eine Kenngröße nicht spezifiziert, so verwendet SPICE automatisch den entsprechenden Ersatzwert.

Die Kennlinie der Transferstromquelle wird im LEVEL 1 - Modell durch die in Kap. 20.2.1 betrachtete quadratische $I(V)$-Abhängigkeit beschrieben. Die Kenngrößen V_{T0}, K_{P}, γ und Φ wurden dort bereits erläutert. Als einzige Ergänzung wird der sog. *Kanallängenmodulationsparameter* λ eingeführt, der den endlichen Ausgangsleitwert des MOSFET im Sättigungsbereich erfaßt. Diese Kenngröße besitzt die Einheit 1/V und entspricht dem Kehrwert der Early-Spannung des Bipolartransistors.

Tabelle 20.2 Ausgewählte Parameter des LEVEL 1 - Modells

Bedeutung	Parameter	Einheit	Ersatzwert
Einsatzspannung	V_{TO}, VTO	V	0
Übertragungsleitwertparameter	K_{P}, KP	$\mathrm{A/V^2}$	$2 \cdot 10^{-5}$
Substratsteuerungsfaktor	γ, GAMMA	$\sqrt{\mathrm{V}}$	0
Oberflächenpotential	Φ, PHI	V	0.6
Kanallängenmodulationsparameter	λ, LAMBDA	1/V	0

Im *Sperrbereich* (für $v_{\mathrm{GS}} \leq V_{\mathrm{TH}}$) wird angesetzt

$$\boxed{i_{\mathrm{T}} = 0\,,} \tag{20.16}$$

im *Widerstandsbereich* (für $v_{\mathrm{GS}} > V_{\mathrm{TH}}$, $0 < v_{\mathrm{DS}} < v_{\mathrm{GS}} - V_{\mathrm{TH}}$)

$$\boxed{i_{\mathrm{T}} = K_{\mathrm{P}} \frac{W}{L} \left(v_{\mathrm{GS}} - V_{\mathrm{TH}} - \frac{v_{\mathrm{DS}}}{2} \right) v_{\mathrm{DS}} \left(1 + \lambda v_{\mathrm{DS}}\right)} \tag{20.17}$$

und im *Sättigungsbereich* (für $v_{\mathrm{GS}} > V_{\mathrm{TH}}$, $v_{\mathrm{DS}} > v_{\mathrm{GS}} - V_{\mathrm{TH}}$)

$$\boxed{i_{\mathrm{T}} = \frac{1}{2} K_{\mathrm{P}} \frac{W}{L} (v_{\mathrm{GS}} - V_{\mathrm{TH}})^2 (1 + \lambda v_{\mathrm{DS}})\,.} \tag{20.18}$$

Die *Einsatzspannung* V_{TH} wird dabei beschrieben durch

$$\boxed{V_{\mathrm{TH}} = V_{\mathrm{TO}} + \gamma \left(\sqrt{\Phi - v_{\mathrm{BS}}} - \sqrt{\Phi} \right)\,.} \tag{20.19}$$

Das LEVEL 1 - Modell verwendet demnach fünf Parameter (K_{P}, V_{TO}, γ, Φ und λ) zur Beschreibung der Transferstromquelle.

Beispiel 20.2.4 Abbildung 20.11 zeigt die Auswirkung des Kanallängenmodulationsparameters λ auf das Ausgangskennlinienfeld anhand einer Beispielsimulation. Für die Simulation wurde $L = 2\,\mu\mathrm{m}$, $W = 100\,\mu\mathrm{m}$, $V_{\mathrm{TO}} = 1\,\mathrm{V}$, $K_{\mathrm{P}} = 60\,\mu\mathrm{A/V^2}$ und $V_{\mathrm{BS}} = 0$ angesetzt. Wie die Simulation zeigt, wird der Stromwert für $\lambda \neq 0$ nicht nur im Sättigungsbereich, sondern auch im Widerstandsbereich vergrößert – andernfalls ergäbe sich für $V_{\mathrm{DS}} = V_{\mathrm{Dsat}}$ ein Sprung im Wert von $g_{\mathrm{o}} = \partial I_{\mathrm{D}} / \partial V_{\mathrm{DS}}$, d. h. eine Unstetigkeit im Ausgangsleitwert. Δ

Parameterbestimmung. Die Kenngrößen V_{TO}, $\beta_{\mathrm{n}} = K_{\mathrm{P}} W/L$, γ und Φ lassen sich mit der in Abb. 20.12 a dargestellten Meßanordnung bestimmen. Wegen

$$V_{\mathrm{GS}} = V_{\mathrm{DS}} > V_{\mathrm{GS}} - V_{\mathrm{TH}}$$

wird der MOSFET für $V_{\mathrm{GS}} > V_{\mathrm{TH}}$ im Sättigungsbereich betrieben, so daß gilt

$$I_{\mathrm{D}} \approx \frac{\beta_{\mathrm{n}}}{2} (V_{\mathrm{DS}} - V_{\mathrm{TH}})^2 \quad \text{bzw.} \quad \sqrt{I_{\mathrm{D}}} = \sqrt{\beta_{\mathrm{n}}/2}\,(V_{\mathrm{DS}} - V_{\mathrm{TH}})\,.$$

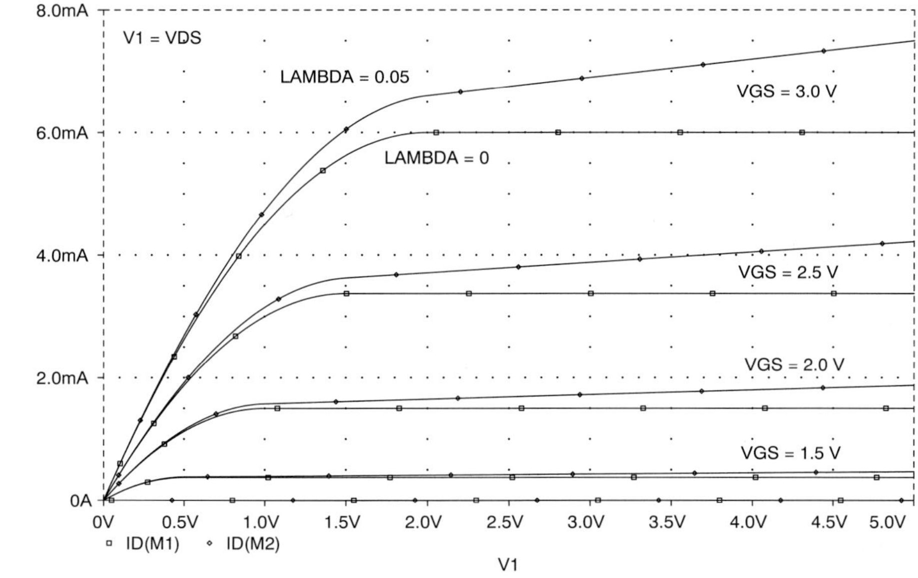

Abb. 20.11. Auswirkung des Kanallängenmodulationsparameters λ auf das Ausgangskennlinienfeld eines n-Kanal-MOSFET

Eine Auftragung von $\sqrt{I_D}$ über V_{DS} müßte demnach eine Gerade der Steigung $\sqrt{\beta_n/2}$ ergeben, die die Abszisse bei $V_{DS} = V_{TH}$ schneidet. Aus Achsenabschnitt und Steigung folgen demnach sofort β_n und V_{TH}. Wird diese Messung für mindestens drei verschiedene Werte der Substratvorspannung V_{SB} wiederholt (Abb. 20.12 b), so erhält man drei verschiedene Werte von V_{TH}, aus denen sich die Kenngrößen V_{TO}, γ und Φ entsprechend der Vorgehensweise in Beispiel 20.3.3 gewinnen lassen.

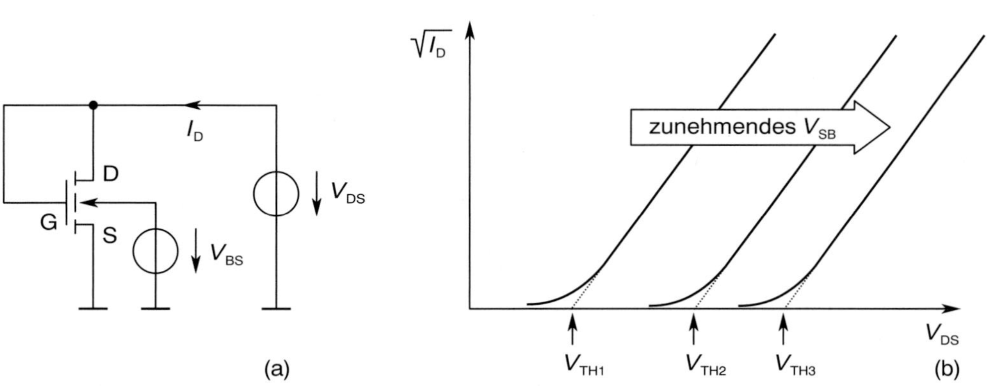

Abb. 20.12. Bestimmung der Einsatzspannung im LEVEL 1 - Modell

Der Kanallängenmodulationsparameter λ ergibt sich aus der Steigung der Ausgangskennlinie im Sättigungsbereich und wird auf dieselbe Weise bestimmt wie die Early-Spannung des Bipolartransistors: Die zu $I_\mathrm{D} = 0$ extrapolierte Ausgangskennlinie weist den Achsenabschnitt $-1/\lambda$ auf (Abb. 20.13).

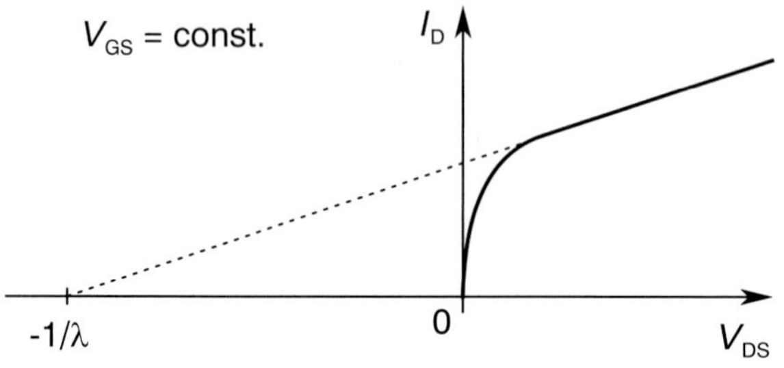

Abb. 20.13. Bestimmung des Parameters λ

20.2.5 NF-Kleinsignalbeschreibung

Bei NF-Betrieb kann das Kleinsignalverhalten des MOSFET durch das in Abb. 20.14 dargestellte Netzwerk beschrieben werden. Lediglich der Transferstrom weist einen von null verschiedenen Kleinsignalanteil

$$\begin{aligned} i_\mathrm{d} &= \frac{\partial I_\mathrm{D}}{\partial V_\mathrm{GS}} v_\mathrm{gs} + \frac{\partial I_\mathrm{D}}{\partial V_\mathrm{BS}} v_\mathrm{bs} + \frac{\partial I_\mathrm{D}}{\partial V_\mathrm{DS}} v_\mathrm{ds} \\ &= g_\mathrm{m} v_\mathrm{gs} + g_\mathrm{mb} v_\mathrm{bs} + g_\mathrm{o} v_\mathrm{ds} \end{aligned} \tag{20.20}$$

auf, wobei g_m den *Übertragungsleitwert*, g_o den *Ausgangsleitwert* und g_mb die *Substratsteilheit* des (inneren) Transistors bezeichnen.

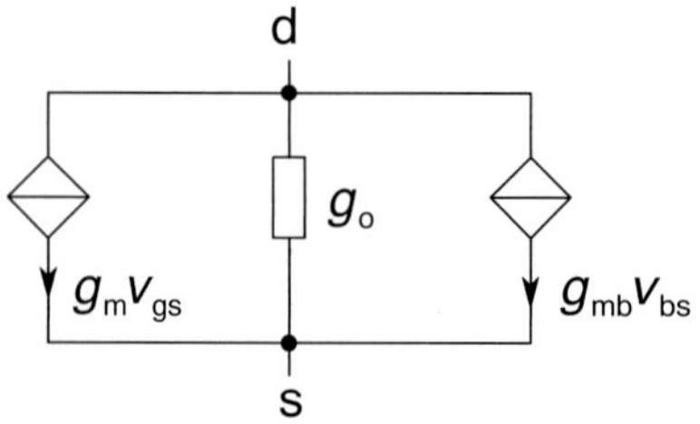

Abb. 20.14. Elementares Kleinsignalmodell (NF) des MOSFET

Die Werte von g_m, g_o und g_mb sind arbeitspunktabhängig und folgen durch Ableiten der Kennliniengleichungen des Großsignalmodells. Im hier zugrunde gelegten LEVEL1-Modell ist im *Subthresholdbereich* $I_\mathrm{D} = 0$ und damit

$$g_\mathrm{m} = g_\mathrm{o} = g_\mathrm{mb} = 0 \, .$$

Im *Widerstandsbereich* ($V_\mathrm{GS} > V_\mathrm{TH}$, $V_\mathrm{DS} < V_\mathrm{Dsat}$) folgt mit $\beta_\mathrm{n} = K_\mathrm{P} W/L$ durch Ableiten der Gln. (20.17) und (20.18)

$$g_{\mathrm{m}} = \beta_{\mathrm{n}} V_{\mathrm{DS}} \left(1 + \lambda V_{\mathrm{DS}}\right) \approx \beta_{\mathrm{n}} V_{\mathrm{DS}} \tag{20.21}$$

$$g_{\mathrm{mb}} = -g_{\mathrm{m}} \frac{\mathrm{d}V_{\mathrm{TH}}}{\mathrm{d}V_{\mathrm{BS}}} = \frac{g_{\mathrm{m}}\gamma}{2\sqrt{\Phi + V_{\mathrm{SB}}}} \approx \frac{\beta_{\mathrm{n}}\gamma V_{\mathrm{DS}}}{2\sqrt{\Phi + V_{\mathrm{SB}}}} \tag{20.22}$$

$$\begin{aligned} g_{\mathrm{o}} &= \beta_{\mathrm{n}}(V_{\mathrm{GS}} - V_{\mathrm{TH}})(1 + 2\lambda V_{\mathrm{DS}}) - \beta_{\mathrm{n}} V_{\mathrm{DS}}(1 + 3\lambda V_{\mathrm{DS}}/2) \\ &\approx \beta_{\mathrm{n}}(V_{\mathrm{GS}} - V_{\mathrm{TH}} - V_{\mathrm{DS}}) \,, \end{aligned} \tag{20.23}$$

während im *Sättigungsbereich* folgt

$$g_{\mathrm{m}} = \beta_{\mathrm{n}} V_{\mathrm{Dsat}}(1 + \lambda V_{\mathrm{DS}}) \approx \beta_{\mathrm{n}}(V_{\mathrm{GS}} - V_{\mathrm{TH}}) \tag{20.24}$$

$$g_{\mathrm{mb}} = \frac{\beta_{\mathrm{n}}\gamma V_{\mathrm{Dsat}}(1 + \lambda V_{\mathrm{DS}})}{2\sqrt{\Phi + V_{\mathrm{SB}}}} \approx \frac{\beta_{\mathrm{n}}\gamma V_{\mathrm{Dsat}}}{2\sqrt{\Phi + V_{\mathrm{SB}}}} \tag{20.25}$$

$$g_{\mathrm{o}} = \frac{\lambda}{2}\beta_{\mathrm{n}} V_{\mathrm{Dsat}}^2 \approx \lambda I_{\mathrm{D}} \,. \tag{20.26}$$

Diese Beziehungen können für Überschlagsrechnungen im NF-Bereich herangezogen werden.

20.2.6 Transistorkapazitäten, Transitfrequenz

MOSFETs weisen bei Gleichbetrieb eine im Idealfall unendlich große Stromverstärkung auf; bei Wechselbetrieb treten jedoch Blindströme über die mit der Gateelektrode verbundenen Kapazitäten auf, die zu einem endlichen Gatestrom führen. Wie beim Bipolartransistor läßt sich eine Transitfrequenz f_{T} definieren als die Frequenz, bei der in Sourceschaltung bei Kurzschluß (AC, $V_{\mathrm{DS}} = \mathrm{const.}$) am Ausgang betragsmäßig derselbe Kleinsignalstrom fließt wie am Eingang.

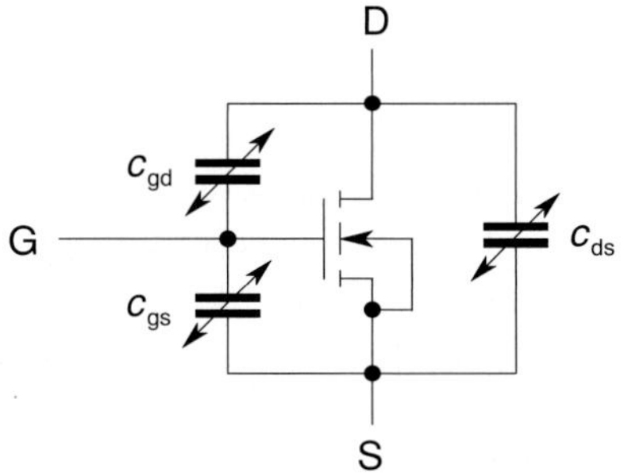

Abb. 20.15. Transistorkapazitäten eines MOSFET

Da die vollständige Kleinsignalersatzschaltung (vgl. Kap. 20.6) etwas aufwendig und für eine einführende Betrachtung zu unübersichtlich ist, beschränken wir uns hier auf den Fall $V_{\mathrm{BS}} = 0$, d. h. Kurzschluß zwischen Source und Bulk. Dieser Fall ist beispielsweise bei Einzelhalbleiter-MOSFETs mit drei

Anschlüssen gegeben. Zwischen den Anschlüssen treten dann die Abbildung 20.15 eingezeichneten Kapazitäten[8] auf.

In Datenblättern wird in der Regel die Eingangskapazität c_{iss}, die Ausgangskapazität c_{oss} und die Rückwirkungskapazität c_{rss} in Sourceschaltung angegeben. Die *Eingangskapazität*

$$c_{\mathrm{iss}} \approx c_{\mathrm{gs}} + c_{\mathrm{gd}} \tag{20.27}$$

bestimmt dabei die Kapazität zwischen Gate und Source bei Kurzschluß am Ausgang. Die *Ausgangskapazität*

$$c_{\mathrm{oss}} \approx c_{\mathrm{ds}} + c_{\mathrm{gd}} \tag{20.28}$$

bestimmt die Kapazität zwischen Drain und Source bei kurzgeschlossenem Eingang (Meßaufbau sinngemäß). Die *Rückwirkungskapazität*

$$c_{\mathrm{rss}} \approx c_{\mathrm{gd}} \tag{20.29}$$

schließlich bestimmt die Kapazität zwischen Gate und Drain. Diese Kapazitäten können bei Leistungs-MOSFETs im Bereich von Nanofarad liegen (vgl. Kap. 23) und erfordern in schnellen Schaltanwendungen hinreichend dimensionierte Treiberschaltungen.

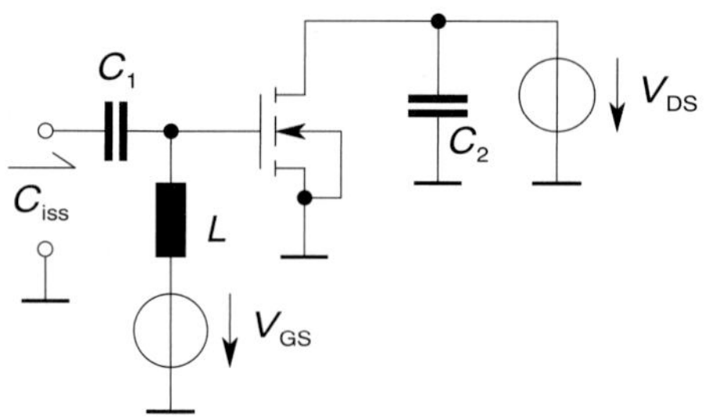

Abb. 20.16. Messanordnung zur Bestimmung der Eingangskapazität c_{iss} (für Leistungs-MOSFETs mit typischen Kapazitätswerten im nF-Bereich. Bei MOSFETs in integrierten Schaltungen müssen die Kapazitäten über die Kleinsignalersatzschaltung aus S-Parameter-Messungen extrahiert werden)

Abbildung 20.16 erläutert exemplarisch den Meßaufbau zur Bestimmung von c_{iss}. In der Meßschaltung wirken C_1 und C_2 als Kurzschluß für Wechselströme, während L für Wechselströme genügend hochohmig ist, um die Gleichspannungsversorgung mit der V_{GS} eingestellt wird, hinsichtlich des Wechselanteils zu entkoppeln. Entsprechend wird am Ausgang die den Arbeitspunkt V_{DS} bestimmende Spannungsquelle hinsichtlich des Wechselanteils kurzgeschlossen.

Abbildung 20.17 zeigt eine Kleinsignalersatzschaltung, die die Kapazitäten c_{gd}, c_{gs} und c_{ds} berücksichtigt. Aus dieser läßt sich die Transitfrequenz f_{T}, bei der $|\underline{i}_{\mathrm{d}}/\underline{i}_{\mathrm{g}}| = 1$ gilt, leicht gewinnen. Bei Kurzschluß am Ausgang werden die Elemente g_{o} und c_{ds} überbrückt. Für den Gatestrom folgt dann

$$\underline{i}_{\mathrm{g}} = \mathrm{j}\omega(c_{\mathrm{gs}}+c_{\mathrm{gd}})\underline{v}_{\mathrm{gs}} = \mathrm{j}\omega c_{\mathrm{iss}}\,\underline{v}_{\mathrm{gs}}\ ,$$

[8]Diese sind nichtlinear und streng genommen nur als Kleinsignalkapazitäten definiert.

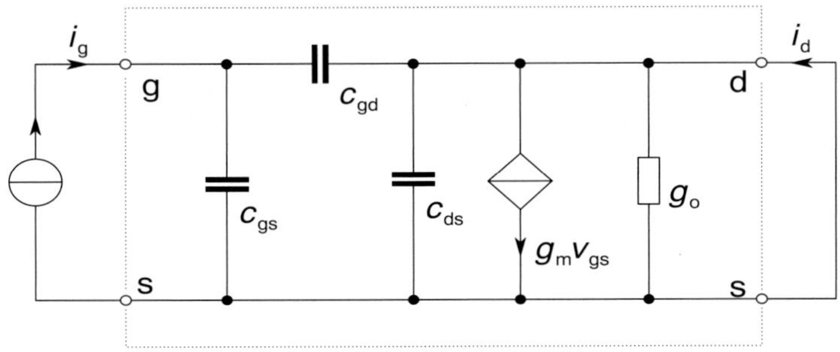

Abb. 20.17. Vereinfachte Kleinsignalersatzschaltung des MOSFET in Sourceschaltung zur Bestimmung der Transitfrequenz

während der Kleinsignalanteil des Transferstroms durch

$$\underline{i}_{\mathrm{d}} = g_{\mathrm{m}} \underline{v}_{\mathrm{gs}}$$

gegeben ist. Die beiden Ströme sind betragsmäßig gleich groß bei der *Transitfrequenz*

$$\boxed{f_{\mathrm{T}} = g_{\mathrm{m}}/(2\pi c_{\mathrm{iss}}) \,.} \tag{20.30}$$

Die Werte von g_{m} und c_{iss} sind arbeitspunktabhängig. Mit den Abschätzungen

$$c_{\mathrm{iss}} \approx c_{\mathrm{ox}} = c'_{\mathrm{ox}} WL \quad \text{und} \quad g_{\mathrm{m}} = \mu_{\mathrm{s}} c'_{\mathrm{ox}} \frac{W}{L} (V_{\mathrm{GS}} - V_{\mathrm{TH}})$$

folgt für den Betrieb im Sättigungsbereich

$$f_{\mathrm{T}} \approx \frac{\mu_{\mathrm{s}}(V_{\mathrm{GS}} - V_{\mathrm{TH}})}{2\pi L^2} = f_{\mathrm{T0}} \,. \tag{20.31}$$

Der Wert von f_{T0} ist umgekehrt proportional zum Quadrat der Kanallänge L. Mit typischen Werten für die Beweglichkeit μ_{s} und Kanallängen im Bereich von einem Mikrometer ergeben sich hieraus Transitfrequenzen in der Größenordnung mehrer GHz. Gleichung (20.31) ist nur qualitativ richtig: Messungen an MOSFETs mit unterschiedlichen Kanallängen L im Mikrometerbereich zeigen deutliche Abweichungen von diesem einfachen Zusammenhang, bestätigen jedoch die im GHz-Bereich liegenden Transitfrequenzen [1].

20.2.7 Der n-Kanal-MOSFET als Schalter

MOSFETs vom Anreicherungstyp lassen sich als Schalter einsetzen: Ein typischer Anwendungsfall ist das Umladen einer Kapazität über einen n-Kanal-MOSFET. Die folgende Untersuchung dieses Vorgangs zeigt, daß sich der n-Kanal-MOSFET gut zum Entladen eignet, beim Aufladen einer Kapazität auf die volle Versorgungsspannung aber Probleme bereitet. Der Substratsteuereffekt wird dabei der Einfachheit halber vernachlässigt. Die umzuladende Kapazität wird ferner als linear und groß im Vergleich zu den Transistorkapazitäten angenommen, so daß diese nicht berücksichtigt werden müssen.

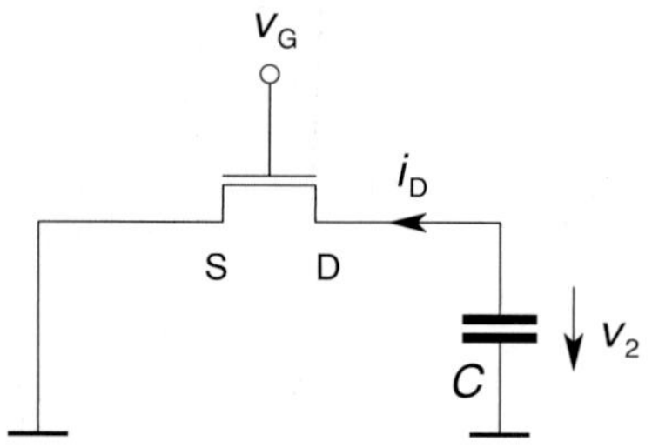

Abb. 20.18. Entladen einer Kapazität über einen n-Kanal MOSFET

Entladen

Das Entladen einer Kapazität über einen n-Kanal-MOSFET wird anhand der in Abb. 20.18 dargestellten Schaltung diskutiert. Für $t < 0$ sei die Kapazität auf $v_2(0^-) = V_{DD}$ aufgeladen, während das Gatepotential auf Nullpotential liegt. Unter diesen Bedingungen sperrt der n-Kanal-MOSFET und verhindert, daß sich die Kapazität entlädt. Wird für $t = 0$ das Gatepotential auf V_{DD} angehoben, so wird der MOSFET leitend und führt zu einem Entladestrom $i_D(t)$. Als Source wirkt der auf niedrigerem Potential liegende Anschluß. Da direkt nach dem Umschalten $V_{GS} = V_{DS} = V_{DD}$ gilt, arbeitet der MOSFET zunächst im Sättigungsbereich, bis die Ausgangsspannung um V_{TH} abgenommen hat. In diesem Bereich ist der Drainstrom konstant

$$I_D = \frac{1}{2}\beta_n (V_{GS} - V_{TH})^2 .$$

Die zur Absenkung der Ausgangsspannung um V_{TH} benötigte Zeit berechnet sich nun aus $dv_2/dt = -I_D/C$ zu

$$t_1 = -\frac{C}{I_D}[v_2(t_1) - v_2(0)] = \frac{CV_{TH}}{I_D} .$$

Für $t > t_1$ gilt $v_2 = v_{DS} < V_{GS} - V_{TH}$, der MOSFET befindet sich nun im Widerstandsbereich, so daß gilt

$$i_D = \beta_n \left(V_{GS} - V_{TH} - \frac{v_2}{2}\right) v_2 = -C\frac{dv_2}{dt} .$$

Diese Differentialgleichung für $v_2(t)$ läßt sich durch Trennung der Variablen lösen. Nach der Umformung in

$$\frac{dv_2}{(V_{GS} - V_{TH} - v_2/2)v_2} = -\frac{\beta_n}{C}\,dt$$

folgt die zum Absenken der Ausgangsspannung von $V_{DD} - V_{TH}$ auf v_2 benötigte Zeit $t - t_1$ durch Integration ($V_{GS} = V_{DD}$)

$$\begin{aligned} -\frac{\beta_n}{C}(t - t_1) &= \int_{V_{DD}-V_{TH}}^{v_2} \frac{dv}{(V_{GS} - V_{TH} - v/2)v} \\ &= \frac{1}{V_{DD} - V_{TH}} \ln\left(\frac{v_2/2}{V_{DD} - V_{TH} - v_2/2}\right) . \end{aligned}$$

Die Zeit t die benötigt wird um die Ausgangsspannung auf den Wert $v_2 < V_{DD} - V_{TH}$ abzusenken, ergibt sich damit zu

$$\boxed{t = \tau_n \left[\frac{2V_{TH}}{V_{DD} - V_{TH}} + \ln\left(\frac{V_{DD} - V_{TH} - v_2/2}{v_2/2}\right)\right]}\,, \tag{20.32}$$

mit der Zeitkonstanten

$$\boxed{\tau_n = \frac{C}{\beta_n (V_{DD} - V_{TH})} = C R_{DSon}\,.} \tag{20.33}$$

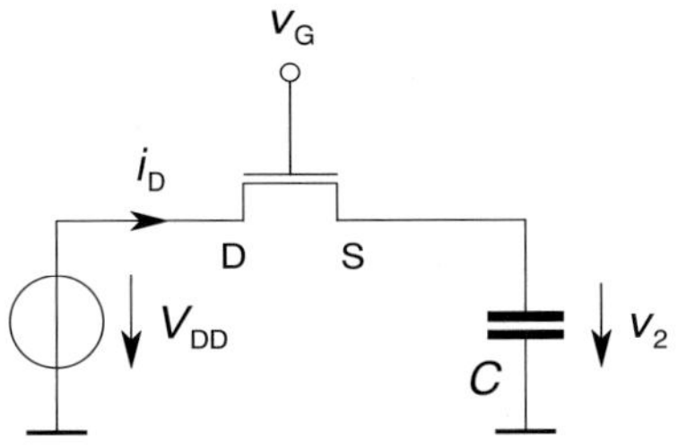

Abb. 20.19. Aufladen einer Kapazität mit n-Kanal MOSFET

Aufladen

Ist die Kapazität C entladen ($v_2(0^-) = 0$), das Drainpotential gleich V_{DD} und springt die Spannung am Gate vom Wert 0 auf V_{DD} (vgl. Abb. 20.19), so fließt ein Ladestrom in den Kondensator. Der mit dem Kondensator verbundene Anschluß wirkt deshalb als Source. Wegen $V_{GS} = V_{DS}$ arbeitet der MOSFET im Sättigungsbereich, so daß gilt

$$i_D = \frac{\beta_n}{2} (V_{DD} - v_2 - V_{TH})^2 = C \frac{dv_2}{dt}$$

Durch Trennung der Variablen

$$dt = \frac{2C}{\beta_n} \frac{dv_2}{(V_{DD} - v_2 - V_{TH})^2}$$

und anschließende Integration folgt

$$\begin{aligned} t = \int_0^t dt &= \frac{2C}{\beta_n} \int_0^{v_2(t)} \frac{dv}{(V_{DD} - v - V_{TH})^2} \\ &= \frac{2C}{\beta_n} \left(\frac{1}{V_{DD} - v_2(t) - V_{TH}} - \frac{1}{V_{DD} - V_{TH}} \right). \end{aligned}$$

Wird diese Beziehung nach $v_2(t)$ aufgelöst, so resultiert

$$v_2(t) = (V_{DD} - V_{TH}) \left[1 - \frac{1}{1 + t/(2\tau_n)} \right]. \tag{20.34}$$

Der Wert von $v_2(t)$ nähert sich asymptotisch der Spannung $V_{\rm DD} - V_{\rm TH}$, kann diese aber nicht übersteigen, da der MOSFET zuvor in den Sperrzustand geht.[9] Um eine Kapazität trotz der beschriebenen Schwierigkeit über einen n-Kanal-MOSFET auf $V_{\rm DD}$ aufladen zu können, muß während des Ladevorgangs das Gatepotential um mindestens $V_{\rm TH}$ über $V_{\rm DD}$ liegen. Dies kann erforderlichenfalls durch eine kapazitive Spannungsüberhöhung erreicht werden. Ein praktisches Beispiel hierfür ist die Ansteuerung der Wortleitungen in MOS-Speicherbausteinen.

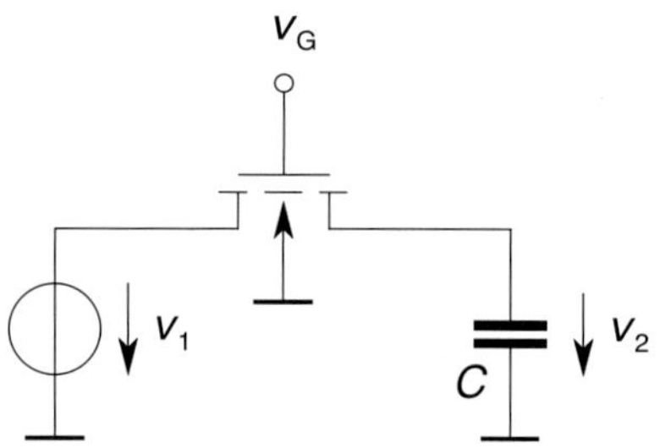

Abb. 20.20. Zu Beispiel 20.2.5

Beispiel 20.2.5 Betrachtet wird das Umladen einer Kapazität $C = 10\,\rm nF$ über einen n-Kanal-MOSFET mit $L = 3\,\mu\rm m$, $W = 100\,\mu\rm m$, $K_{\rm P} = 60\,\mu\rm A/V^2$ und $V_{\rm TO} = 1\,\rm V$. Das Bulkpotential wurde dabei auf Masse gelegt (Abb. 20.20). Um den Einfluß des Substratsteuereffekts zu verdeutlichen, wurden Substratsteuerungsfaktor γ und Oberflächenpotential Φ nur bei einer Simulation mit $\gamma = 0.4\sqrt{\rm V}$ und $\Phi = 0.6\,\rm V$ in der `.MODEL`-Anweisung spezifiziert. In der Vergleichssimulation wurden diese Größen nicht angegeben – der von SPICE gewählte Ersatzwert $\gamma = 0$ läßt den Body-Effekt unberücksichtigt.

Beim Entladen der Kapazität ist $V_{\rm SB} = 0$, der Substratsteuereffekt ist hier ohne Bedeutung. Die Zeit, die benötigt wird, um C auf 0.5 V zu entladen folgt aus Gl. (20.32) zu

$$\begin{aligned} t_{\rm f} &= \frac{C}{\beta_{\rm n}(V_{\rm DD} - V_{\rm TH})}\left[\frac{2V_{\rm TH}}{V_{\rm DD} - V_{\rm TH}} + \ln\left(\frac{V_{\rm DD} - V_{\rm TH} - v_2/2}{v_2/2}\right)\right] \\ &= 1.25\,\mu\rm s\left[\frac{2}{4} + \ln\left(\frac{4 + 0.25}{0.25}\right)\right] = 4.16\,\mu\rm s\,, \end{aligned}$$

in guter Übereinstimmung mit dem in Abb. 20.21 dargestellten Simulationsergebnis.

Beim Aufladen der Kapazität wirkt der mit dem Kondensator verbundene Anschluß als Source, so daß $v_2 = v_{\rm SB}$ gilt: Mit zunehmender Ladespannung wird der Substratsteuereffekt bedeutsam, wodurch sich die Einsatzspannung vergrößert. Bei Berücksichtigung des Substratsteuereffekts verläuft $v_2(t)$ demnach gegen einen geringeren Endwert als ohne Substratsteuereffekt. In beiden Fällen liegt die asymptotisch erreichte Spannung jedoch deutlich unterhalb der Versorgungsspannung $V_{\rm DD}$ (Abb. 20.21). Δ

[9]Wegen des Subthresholdstroms gilt diese Aussage allerdings nur streng in der betrachteten Näherung.

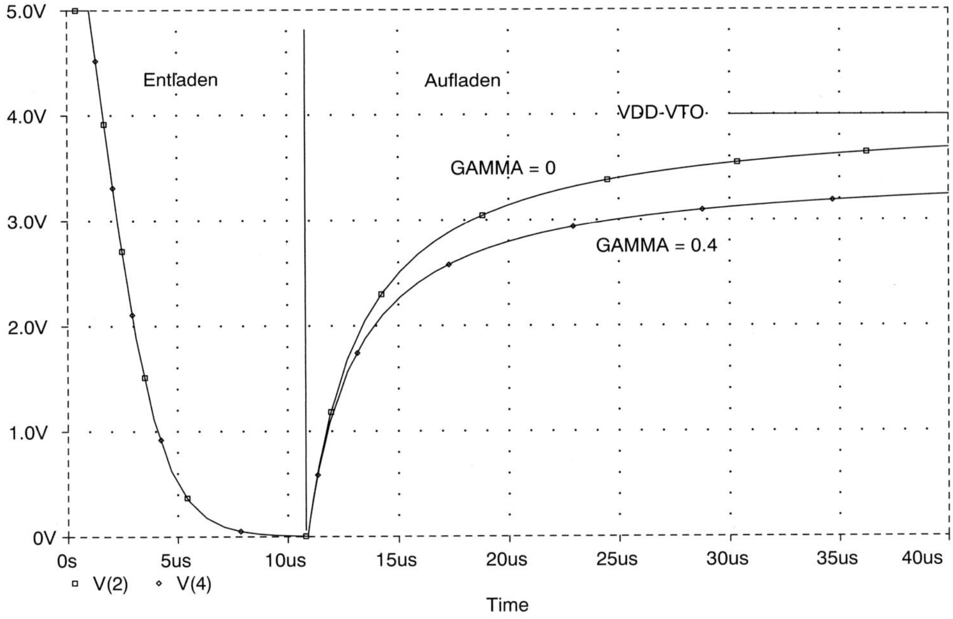

Abb. 20.21. Entladen und Aufladen einer Kapazität über einen n-Kanal-MOSFET

20.2.8 P-Kanal-MOSFETs

In p-Kanal-MOSFETs vom Anreicherungstyp wird der Strom zwischen Source und Drain von Löchern in einem Inversionskanal in einem n-Typ Bulk getragen. Wegen der positiven Löcherladung ist der von Source (Löcherquelle) nach Drain (Löchersenke) fließende Strom positiv – bei einem in den Drainkontakt weisenden Strompfeil für I_D (Abb. 20.22) ist der Drainstrom des p-Kanal-MOSFET demnach bei normalem Betrieb negativ (Abb. 20.23).

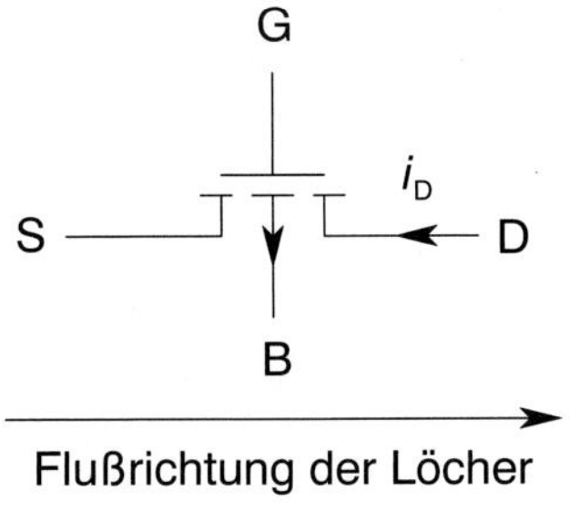

Abb. 20.22. Schaltzeichen des p-Kanal MOSFET

Damit die Löcher von Source nach Drain fließen, muß $V_{DS} < 0$ gewählt werden. Entsprechend muß auf dem Gate eine hinreichend große negative Ladung aufgebracht werden, damit sich auf der gegenüber liegenden Sei-

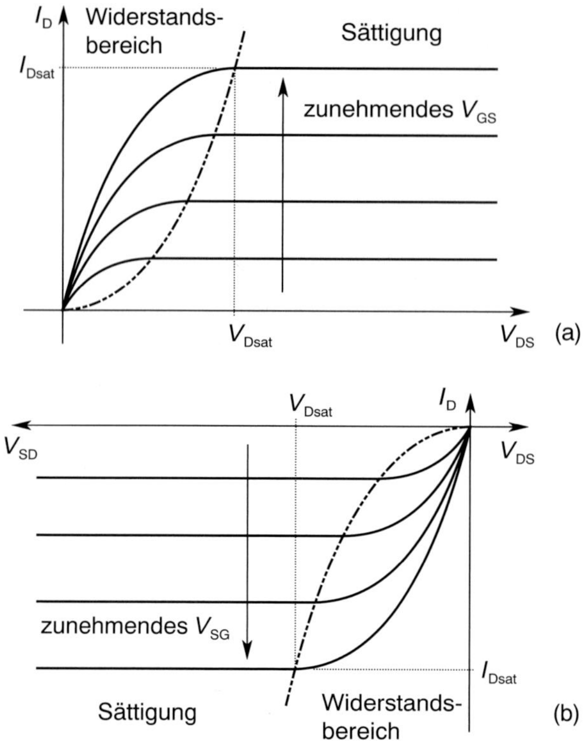

Abb. 20.23. Ausgangskennlinienfeld für (**a**) n-Kanal- und (**b**) p-Kanal-MOSFET

te des Gateoxids ein Inversionskanal mit Löchern bildet. Die Steuerspannung V_{GS} ist demzufolge im Normalbetrieb negativ. Die Strom-Spannungs-Beziehungen des p-Kanal-MOSFET ergeben sich aus denen des n-Kanal-MOSFET durch Vertauschen der Vorzeichen. Bezeichnet $\beta_p = K_P W/L$ den *Übertragungsleitwertfaktor* [10] des p-Kanal-MOSFET, so gelten die in Tabelle 20.3 zusammengestellten Beziehungen. Die Einsatzspannung V_{TH} ist hier als *negative* Größe definiert. Ohne Substratvorspannung ist

$$V_{TH} = V_{TO} = V_{FB} - \Phi - \gamma\sqrt{\Phi}\,, \qquad (20.35)$$

wobei $\Phi = -2\phi_F$ das positiv genommene Oberflächenpotential beim Einsetzen starker Inversion und γ den Substratsteuerungsfaktor

$$\gamma = \frac{1}{c'_{ox}}\sqrt{2e\epsilon_{Si}N_D} \qquad (20.36)$$

des p-Kanal-MOSFET bezeichnet. Eine Substratvorspannung verschiebt die Einsatzspannung auf den Wert

$$V_{TH} = V_{TO} - \gamma\left(\sqrt{\Phi - V_{SB}} - \sqrt{\Phi}\right)\,. \qquad (20.37)$$

[10] Da die Löcherbeweglichkeit im Inversionskanal nur etwa halb so groß ist wie die Elektronenbeweglichkeit, gilt für das Verhältnis der Übertragungsleitwertfaktoren β_n und β_p von n-Kanal- und p-Kanal-MOSFET bei identischen Abmessungen als Anhaltspunkt $\beta_n \approx 2\beta_p$. Dies muß beim Layout von CMOS-Schaltungen beachtet werden.

Tabelle 20.3 Strom-Spannungs-Beziehungen für den p-Kanal-MOSFET

Betriebsbereich	V_{GS}	V_{DS}	I_D
Sperrbereich	$> V_{TH}$	beliebig	0
Widerstandsbereich	$< V_{TH}$	$> V_{GS} - V_{TH}$	$-\beta_p \left(V_{GS} - V_{TH} - \frac{V_{DS}}{2}\right) V_{DS}$
Sättigungsbereich	$< V_{TH}$	$< V_{GS} - V_{TH}$	$-\frac{\beta_p}{2} (V_{GS} - V_{TH})^2$

Damit der p-Kanal-MOSFET leitend wird, muß $V_{GS} < V_{TH}$ gelten. Während der n-Kanal-MOSFET leitend wird, sobald V_{GS} die Einsatzspannung *überschreitet*, wird der p-Kanal-MOSFET leitend sobald die Einsatzspannung *unterschritten* wird. Man sagt deshalb auch: n-Kanal- und p-Kanal-MOSFET sind zueinander *komplementär*. Besonders deutlich wird dies, wenn ein Schalter mit n-Kanal-MOSFET mit einem Schalter mit p-Kanal-MOSFET verglichen wird. Dabei wird angenommen, daß die Eingangsspannung v_1 nur die

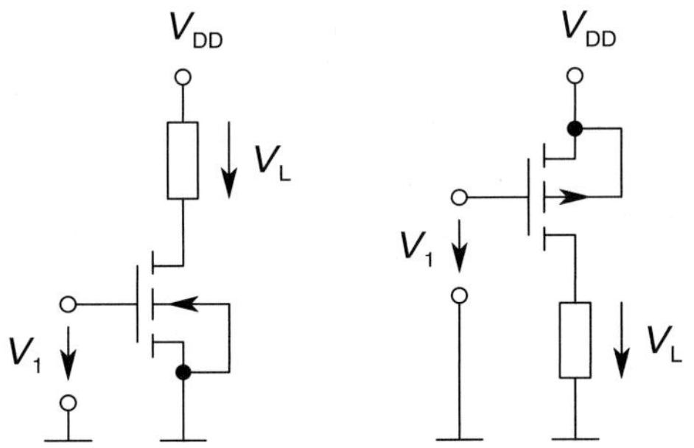

Abb. 20.24. n-Kanal MOSFETs eignen sich als Schalter zum Minuspol, p-Kanal MOSFETs als Schalter zum Pluspol

Werte 0 ($\equiv$ LO) sowie V_{DD} ($\equiv$ HI) annehmen darf. Der Schalter mit n-Kanal-MOSFET ist dann eingeschaltet, wenn die Eingangsspannung auf V_{DD} liegt, andernfalls ausgeschaltet. Der Schalter mit p-Kanal-MOSFET verhält sich genau umgekehrt: vom Standpunkt der binären Logik zeigt dieser dasselbe Verhalten wie ein Schalter mit n-Kanal-MOSFET dem ein Inverter vorgeschaltet ist. Deshalb sind in der Digitaltechnik die in Abb. 20.2a aufgeführten Schaltsymbole, bei denen sich p-Kanal-MOSFET und n-Kanal-MOSFET nur durch einen Invertierungskreis unterscheiden, sehr beliebt.

n-Kanal- und p-Kanal-MOSFETs weisen auch komplementäre *Schalteigenschaften* auf: n-Kanal-MOSFETs eignen sich gut zum Entladen einer Kapazität zu Masse (Pull-down-Funktion), während p-Kanal-MOSFETs gut zum Aufladen einer Kapazität auf das Potential der positiven Versorgungsspannung geeignet sind (Pull-up-Funktion). Dies wird in der CMOS-Schaltungstechnik ausgenutzt, bei der beide Transistortypen so eingesetzt werden, daß sich ihre spezifischen Vorzüge ergänzen.

20.2.9 Temperaturverhalten

Der Drainstrom eines MOSFET ist von der Temperatur abhängig. Bei Betrieb im Widerstands- bzw. Sättigungsbereich, d. h. bei starker Inversion, liegt die Ursache hierfür in der temperaturabhängigen Beweglichkeit μ_s im Kanal sowie im Temperaturgang der Einsatzspannung. Für konstante angelegte Spannungen ergibt sich der Temperaturkoeffizient des Drainstroms zu

$$\frac{1}{I_D}\frac{dI_D}{dT} = \frac{1}{I_D}\left(\frac{\partial I_D}{\partial \mu_s}\frac{d\mu_s}{dT} + \frac{\partial I_D}{\partial V_{TH}}\frac{dV_{TH}}{dT}\right) . \tag{20.38}$$

Für die Temperaturabhängigkeit der Beweglichkeit gilt annähernd ein Potenzgesetz

$$\mu_s(T) \approx \mu_s(T_0)\left(\frac{T}{T_0}\right)^{-m} \quad \text{wobei} \quad m \approx 1.5 ,$$

so daß wegen $I_D \sim \mu_s(T)$ [11]

$$\frac{1}{I_D}\frac{\partial I_D}{\partial \mu_s}\frac{d\mu_s}{dT} = \frac{1}{\mu_s}\frac{d\mu_s}{dT} \approx -\frac{m}{T} \tag{20.39}$$

resultiert.

Die Temperaturabhängigkeit der Einsatzspannung läßt sich häufig mit ausreichender Genauigkeit durch eine lineare Temperaturabhängigkeit

$$V_{TH}(T) = V_{TH}(T_0)\,[1 + \alpha\,(T - T_0)]$$

beschreiben. Der *Temperaturkoeffizient*

$$\alpha = \frac{1}{V_{TH}}\left.\frac{dV_{TH}}{dT}\right|_{T_0}$$

der Einsatzspannung hängt dabei von der Substratvorspannung, der Substratdotierung sowie vom gewählten Gatematerial ab und liegt typischerweise im Bereich von $-0.05\,\%/\mathrm{K}$ bis $-0.3\,\%/\mathrm{K}$.

Kompensationspunkt. Da die Abnahme der Beweglichkeit mit der Temperatur zu einer Verringerung des Drainstroms, die Abnahme der Einsatzspannung mit der Temperatur zu einer Zunahme von I_D führt, existiert ein Arbeitspunkt in dem $dI_D/dT = 0$ gilt. In diesem *Kompensationspunkt* muß nach Gl. (20.38) gelten

$$\frac{1}{I_D}\frac{\partial I_D}{\partial V_{TH}}\frac{dV_{TH}}{dT} = -\frac{1}{I_D}\frac{\partial I_D}{\partial \mu_s}\frac{d\mu_s}{dT} = \frac{m}{T} .$$

[11] Diese Abhängigkeit wird in SPICE bei der temperaturabhängigen Modellierung des Parameters K_P berücksichtigt; weicht T von der Bezugstemperatur T_0 ab, so wird $K_P(T)$ mittels $K_P(T) = K_P\,(T/T_0)^{-1.5}$ berechnet.

Bei Sättigungsbetrieb gilt näherungsweise

$$\frac{1}{I_\mathrm{D}}\frac{\partial I_\mathrm{D}}{\partial V_\mathrm{TH}} = -\frac{g_\mathrm{m}}{I_\mathrm{D}} = -\sqrt{\frac{2\beta_\mathrm{n}}{I_\mathrm{D}}} = -\frac{2}{V_\mathrm{GS} - V_\mathrm{TH}}\,;$$

dies führt auf die folgende Beziehung für die Steuerspannung V_GSK im Kompensationspunkt

$$V_\mathrm{GSK} \approx V_\mathrm{TH} - \frac{2T}{m}\frac{\mathrm{d}V_\mathrm{TH}}{\mathrm{d}T}\,. \tag{20.40}$$

Mit $\mathrm{d}V_\mathrm{TH}/\mathrm{d}T = -1.5\ \mathrm{mV/K}$ und $m = 1.5$ liegt der Kompensationspunkt V_GSK für $T = 300$ K um 600 mV oberhalb der Einsatzspannung. Ist $V_\mathrm{GS} < V_\mathrm{GSK}$, so weist der Drainstrom einen positiven Temperaturkoeffizienten auf, für Werte $V_\mathrm{GS} < V_\mathrm{GSK}$ einen negativen Temperaturkoeffizienten.

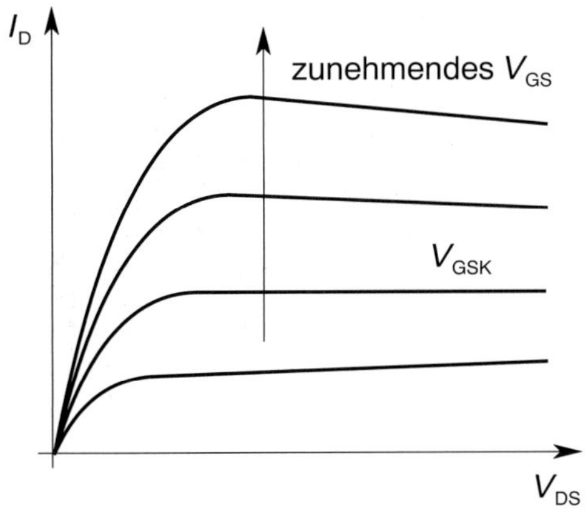

Abb. 20.25. Auswirkung der Eigenerwärmung auf den Verlauf der Ausgangskennlinien

Mitlaufeffekt. Wird im MOSFET die Leistung $P = V_\mathrm{DS}\,I_\mathrm{D}$ umgesetzt, so liegt seine Temperatur im thermisch eingeschwungenen Zustand um

$$\Delta\vartheta = R_\mathrm{th}\,V_\mathrm{DS}\,I_\mathrm{D}$$

über der Umgebungstemperatur ϑ_A, falls R_th den thermischen Widerstand des MOSFET zur Umgebung bezeichnet. Da sich beim Durchlaufen einer Ausgangskennlinie die im Bauteil umgesetzte Leistung stetig ändert, wird der Kennlinienverlauf durch die Eigenerwärmung des Bauteils beeinflußt. Für Steuerspannungen $V_\mathrm{GS} < V_\mathrm{GSK}$ wirkt sich dies in einer Aufsteilung der Kennlinie aus; für $V_\mathrm{GS} > V_\mathrm{GSK}$ wird eine Abflachung beobachtet, die so weit gehen kann, daß die Ausgangskennlinie mit zunehmendem V_DS abfällt (Abb. 20.25). Die rechnerische Untersuchung des Mitlaufeffekts beim MOSFET verläuft analog zu der für den Bipolartransistor durchgeführten Betrachtung.

20.3 Kanalimplantation, Buried-channel-MOSFETs

Durch Implantation kann die Dotierstoffkonzentration in einer dünnen Schicht unterhalb des Gateoxids verändert werden. Bei geringen Veränderungen wirkt sich dies in einer Verschiebung der *Einsatzspannung* aus und wird in der Praxis zur Einstellung derselben eingesetzt. Bei hinreichend großer Implantationsdosis kann das Bulk in einer dünnen Zone unter dem Gateoxid umdotiert werden: Es entsteht ein sog. Buried-channel-MOSFET.

20.3.1 Einstellen der Einsatzspannung

Wird im Beispiel eines p-Typ-Bulk die Akzeptorkonzentration erhöht, so wirkt sich dies in einer Erhöhung der Einsatzspannung des n-Kanal-MOSFET (Anreicherungstyp) aus, eine teilweise Kompensation der Akzeptorkonzentration im Bulk durch zusätzlich eingebrachte Donatoren entsprechend in einer Absenkung der Einsatzspannung. Im Fall einer idealen an der Si-SiO_2-Grenzfläche lokalisierten Flächenladung ergibt sich eine Verschiebung der Einsatzspannung um

$$\Delta V_{\mathrm{TH}} = eD_I/c'_{\mathrm{ox}} ,$$

wobei D_I im Betrag gleich der Implantationsdosis[12] ist.

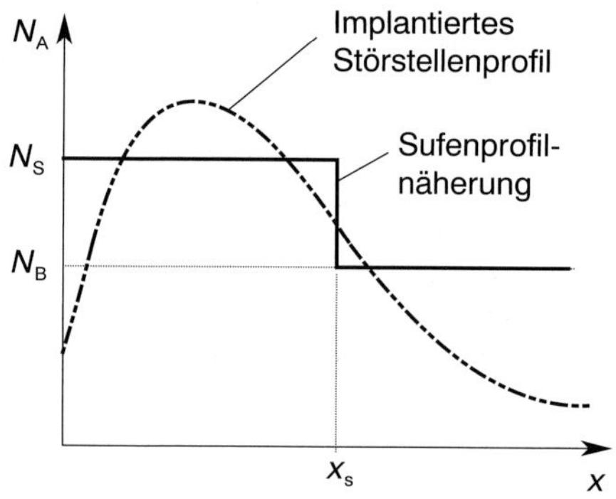

Abb. 20.26. Kanalimplantation zur Einstellung der Einsatzspannung

Stufenprofil. Wegen der endlichen Ausdehnung der implantierten Schicht ergeben sich in der Praxis Abweichungen von dieser Beziehung. Wird das implantierte Dotierungsprofil durch eine Stufe entsprechend Abb. 20.26 angenähert, so folgt mit $D_I = (N_{\mathrm{S}} - N_{\mathrm{B}})x_{\mathrm{s}}$ nach [2]

$$V_{\mathrm{TH}} = V_{\mathrm{FB}} + \Phi + \gamma \left(\sqrt{\Phi + V_{\mathrm{BS}} - \frac{ex_{\mathrm{s}}D_I}{2\epsilon_{\mathrm{Si}}}} \right) + \frac{eD_I}{c'_{\mathrm{ox}}} .$$

[12] Das ist die Anzahl der implantierten Störstellen je Flächeneinheit. Das positive Vorzeichen gilt, falls die implantierten Störstellen vom selben Typ sind wie die Bulkdotierung, andernfalls ist D_I das Negative der Implantationsdosis.

20.3.2 Buried-channel-MOSFETs

Ist die Dichte der implantierten Donatoren größer als die Dotierstoffkonzentration im p-Typ-Bulk, so entsteht ein vergrabener Kanal vom n-Typ – derartige MOSFETs werden deshalb auch als *Buried-channel-MOSFETs* bezeichnet. Abhängig von Dotierstoffkonzentration [13] und Dicke des vergrabe-

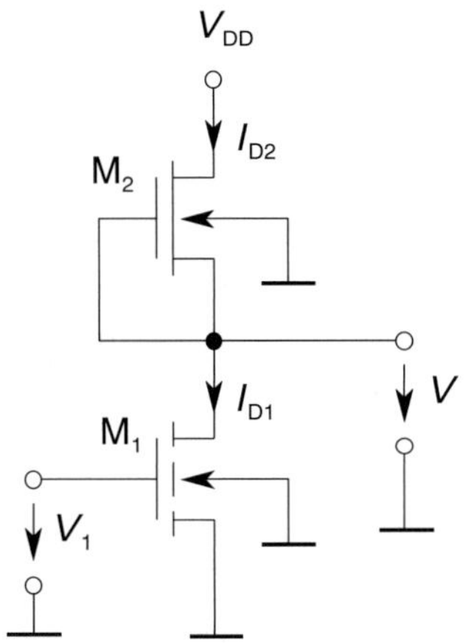

Abb. 20.27. Buried-channel-MOSFET als Lastelement in einem nMOS-Inverter

nen Kanals stellt dieser für $V_{GS} = 0$ eine leitende Verbindung zwischen Source und Drain dar oder ist völlig verarmt. Im ersten Fall liegt ein Normally-on-MOSFET im zweiten Fall ein Normally-off-MOSFET vor. Die folgende Betrachtung beschränkt sich auf den n-Kanal-Buried-channel-MOSFET vom Normally-on-Typ, der vor allem als Lastelement in der nMOS-Technik (Abb. 20.27) eingesetzt wird. Im Vergleich zu Lastelementen, die mit n-Kanal-MOSFETs vom Anreicherungstyp (vgl. Kap. 21.1) gebildet werden, ermöglichen diese einen den gesamten Versorgungsspannungsbereich umfassenden Schalthub, sowie eine höhere Spannungsverstärkung.

Zur Berechnung der Transferstromkennlinie ist die Flächenladungsdichte im leitenden Kanal zu bestimmen. Dieser wird als homogen mit der Donatorkonzentration N_D dotiert angenommen. Für $V_{DS} = 0$ weist die Flächenladungsdichte im gesamten Kanal denselben Wert auf. Der Wert von Q'_n folgt aus der Flächenladungsdichte der Elektronen in der n-dotierten Schicht der Dicke d_0 $Q'_{n0} = -eN_D d_0$ unter Berücksichtigung der Flächenladungsdichte $\Delta Q'_{n1}$ der Akkumulations- oder Verarmungszone an der Si-SiO_2-Grenzfläche sowie der Flächenladungsdichte

$$\Delta Q'_{n2} = eN_D x_2 = \sqrt{\frac{2e\epsilon_{Si} N_A N_D (V_{SB} + V_{JB})}{N_A + N_D}}$$

[13] Übliche Werte für die Kanaldotierung liegen bei 10^{16} cm^{-3}.

der substratseitigen Sperrschicht, wobei V_{JB} die Diffusionsspannung des pn-Übergangs zwischen Kanal und Substrat bezeichnet.

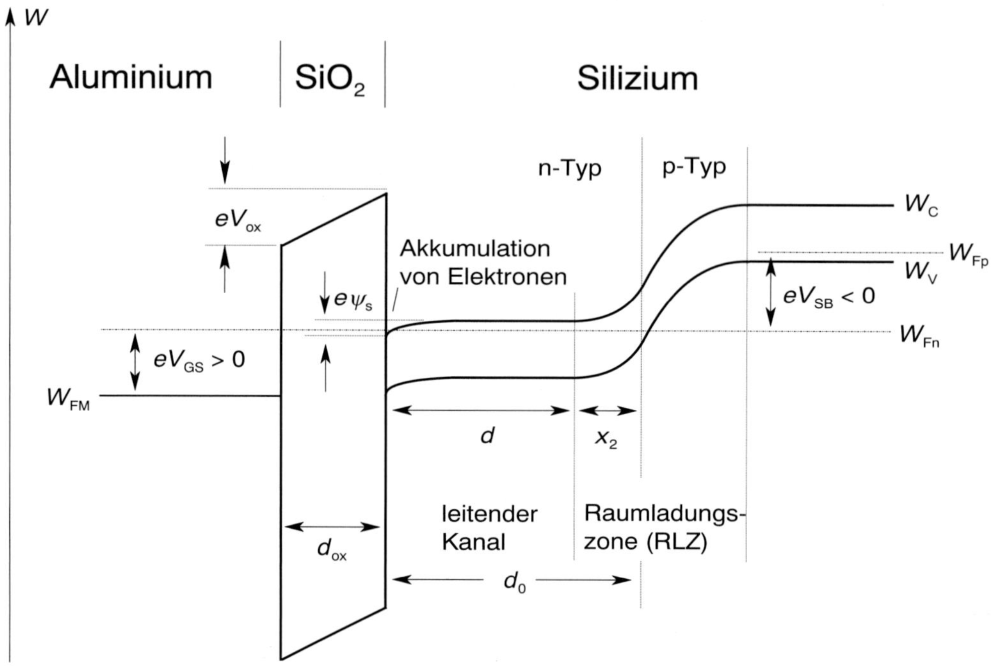

Abb. 20.28. Bänderschema einen n-Kanal-Buried-channel-MOSFET (Normally-on) bei Akkumulation

Akkumulation

Ist $V_{\mathrm{GS}} > V_{\mathrm{FB}}$ so bildet sich am Gate eine Akkumulationsschicht von Elektronen (Abb. 20.28), die eine Änderung der Flächenladungsdichte um

$$\Delta Q'_{\mathrm{n1}} = -c'_{\mathrm{ox}}(V_{\mathrm{GS}} - V_{\mathrm{FB}})$$

bewirkt. Für die Flächenladungsdichte der leitfähigen Schicht folgt damit

$$Q'_{\mathrm{n}} = Q'_{\mathrm{n0}} + \Delta Q'_{\mathrm{n2}} - c'_{\mathrm{ox}}(V_{\mathrm{GS}} - V_{\mathrm{FB}}) = -c'_{\mathrm{ox}}(V_{\mathrm{GS}} + V_{\mathrm{P}})$$

mit der *Abschnürspannung*

$$V_{\mathrm{P}} = -\frac{Q'_{\mathrm{n0}} + \Delta Q'_{\mathrm{n2}}}{c'_{\mathrm{ox}}} - V_{\mathrm{FB}} .$$

Solange entlang des gesamten Kanals Akkumulation vorliegt, folgt mit dem für den Anreicherungs-MOSFET verwendeten Ansatz

$$I_{\mathrm{D}} = \mu_{\mathrm{s}} c'_{\mathrm{ox}} \frac{W}{L} \left(V_{\mathrm{GS}} + V_{\mathrm{P}} - V_{\mathrm{DS}}/2\right) V_{\mathrm{DS}} . \qquad (20.41)$$

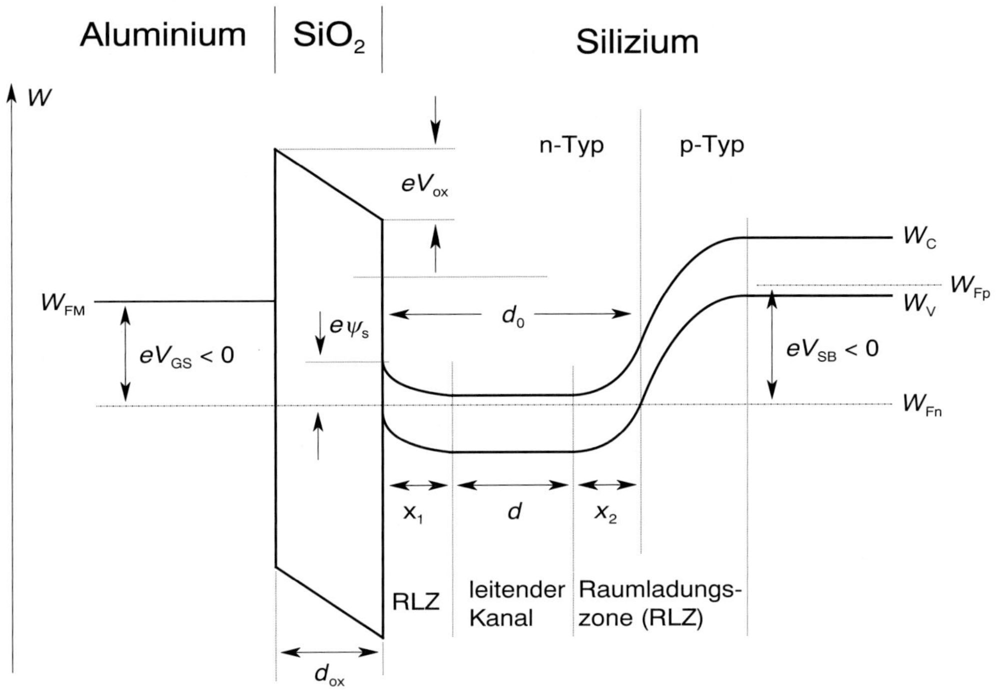

Abb. 20.29. Bänderschema einen n-Kanal-Buried-channel-MOSFET (Normally-on) bei Verarmung

Verarmung, Inversion

Abbildung 20.29 zeigt das Bänderschema für einen n-Kanal-Buried-channel-MOSFET (Normally-on) bei Verarmung. Zur Berechnung von $\Delta Q'_{\mathrm{n1}}$ machen wir Gebrauch von der Beziehung ($\psi_{\mathrm{s}} < 0$)

$$V_{\mathrm{GS}} = V_{\mathrm{ox}} - \psi_{\mathrm{s}} \, .$$

In Verbindung mit

$$V_{\mathrm{ox}} = \frac{Q'_{\mathrm{G}}}{c'_{\mathrm{ox}}} = -\frac{\Delta Q'_{\mathrm{n1}}}{c'_{\mathrm{ox}}} \, , \qquad \Delta Q'_{\mathrm{n1}} = eN_{\mathrm{D}} x_1 \quad \text{und} \quad x_1^2 = -\frac{2\epsilon_{\mathrm{Si}}\psi_{\mathrm{s}}}{eN_{\mathrm{D}}}$$

führt dies auf die folgende quadratische Beziehung für $\Delta Q'_{\mathrm{n1}}$

$$\Delta Q'_{\mathrm{n1}} + c'_{\mathrm{ox}} V_{\mathrm{GS}} - \frac{c'_{\mathrm{ox}}}{2e\epsilon_{\mathrm{Si}} N_{\mathrm{D}}} (\Delta Q'_{\mathrm{n1}})^2 = 0$$

mit der Lösung

$$\Delta Q'_{\mathrm{n1}} = \frac{e\epsilon_{\mathrm{Si}} N_{\mathrm{D}}}{c'_{\mathrm{ox}}} \left(1 + \sqrt{1 + \frac{2(c'_{\mathrm{ox}})^2 V_{\mathrm{GS}}}{e\epsilon_{\mathrm{Si}} N_{\mathrm{D}}}} \right) .$$

Unterschreitet V_{GS} die Einsatzspannung des p-Kanals, so ist die Bandverbiegung im Kanal so groß, daß starke Inversion auftritt. Sobald dieser Wert erreicht ist, kann der Kanal durch V_{GS} nicht mehr weiter abgeschnürt werden.

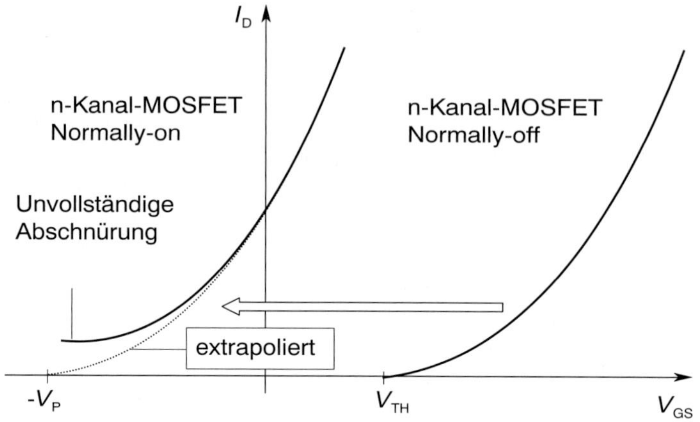

Abb. 20.30. Transferstromkennlinien (schematisch) für n-Kanal-MOSFETs vom Normally-off und vom Normally-on-Typ (V_{DS} = const.)

Strom-Spannungs-Beziehungen

Für $V_{DS} > 0$ ist zusätzlich zu V_{GS} der Spannungsabfall über dem Kanal wirksam: Die Flächenladungsdichte wird ortsabhängig. Ein Teil der Oberfläche kann nun in Akkumulation, ein Teil in Verarmung und ein Teil in Inversion sein – zur Beschreibung müßte demnach eine Zerlegung des Kanals in mehrere Segmente durchgeführt werden [3,4]. In einfachster Näherung können dennoch die Strom-Spannungs-Beziehungen des Anreicherungs-MOSFET zur Beschreibung der Kennlinien des Buried-channel-MOSFET herangezogen werden. Die Einsatzspannung V_{TH} des n-Kanal-Buried-channel-MOSFET weist dabei jedoch negative Werte auf, da für $V_{GS} = 0$ bereits ein leitender Kanal zwischen Source und Drain existiert. Mit der üblicherweise verwendeten Abschnürspannung $V_P = -V_{TH}$ gilt demnach im *Sperrbereich* ($V_{GS} < -V_P$)

$$I_D = 0 \tag{20.42}$$

im *Widerstandsbereich* ($V_{GS} > -V_P$ und $V_{DS} < V_{GS} + V_P$)

$$I_D = K_P \frac{W}{L} \left(V_{GS} + V_P - \frac{V_{DS}}{2} \right) V_{DS} \tag{20.43}$$

und im *Sättigungsbereich* ($V_{GS} > -V_P$ und $V_{DS} > V_{GS} + V_P$)

$$I_D = \frac{1}{2} K_P \frac{W}{L} \left(V_{GS} + V_P \right)^2 . \tag{20.44}$$

Um einen endlichen Ausgangswiderstand im Sättigungsbereich zu erfassen, werden die Strom-Spannungs-Beziehungen für den Widerstands- und Sättigungsbereich wie beim Anreicherungs-MOSFET mit dem Faktor $(1 + \lambda V_{DS})$

multipliziert, wobei λ den Kanallängenmodulationsparameter bezeichnet. Abbildung 20.30 stellt schematisch den Verlauf der Transferstromkennlinie eines n-Kanal-Anreicherungs-MOSFET derjenigen eines n-Kanal-Buried-channel-MOSFET gegenüber. Bei gleichem Übertragungsleitwertfaktor folgt die Kennlinie des Buried-channel-MOSFET einfach durch Parallelverschieben (gestrichelte Linie). In der Praxis ergeben sich jedoch, insbesondere im Bereich der Abschnürspannung, Abweichungen: In Abb. 20.30 wurde die Dicke des vergrabenen Kanals größer als die Ausdehnung der Raumladungszone beim Einsetzen starker Inversion angenommen. Ein Abschnüren des Kanals durch die Steuerspannung V_{GS} ist unter diesen Umständen nicht möglich.

20.4 Mehr zur Physik des MOSFET

Das in Abschnitt 20.2.1 gefundene Langkanal-Modell ist für die Simulation elektronischer Schaltungen mit Kanallängen im Mikrometer- und Submikrometerbereich unzureichend:

- Die Geschwindigkeitssättigung wird nur unbefriedigend erfaßt.
- Die durch den Spannungsabfall im Kanal ebenfalls ortsabhängige Flächenladungsdichte in der Raumladungszone zwischen Kanal und Bulk ist bisher nicht berücksichtigt.
- Die den bisher durchgeführten Rechnungen (in vereinfachter Form) zugrundeliegende Gradual-channel Näherung ist bei Kurzkanaltransistoren nicht mehr tauglich, da das elektrostatische Potential nicht mehr aus eindimensionalen Rechnungen folgt.

Dieser Abschnitt betrachtet deshalb die Physik des MOSFET näher. Als Grundlage dient dabei die Charge-sheet Näherung für den Transferstrom, die auch den Ausgangspunkt für die Formulierung aktueller CAD-Modelle liefert.

20.4.1 Die Charge-sheet Näherung

Betrachtet wird ein n-Kanal-MOSFET mit dem in Abb. 20.5 skizzierten Querschnitt. Für die y-Komponente der Elektronenstromdichte $\boldsymbol{J}_{\mathrm{n}}$ gilt

$$J_{\mathrm{n},y} = -e\mu_{\mathrm{n}} n \frac{\partial \psi}{\partial y} + eD_{\mathrm{n}} \frac{\partial n}{\partial y} .$$

Durch Integration über x von 0 bis D (im Bulk) und Multiplikation mit W folgt für den Transferstrom bei y

$$I_{\mathrm{T}}(y) = eW \int_0^D \mu_{\mathrm{n}} n \frac{\partial \psi}{\partial y} \, \mathrm{d}x - eW \int_0^D D_{\mathrm{n}} \frac{\partial n}{\partial y} \, \mathrm{d}x .$$

Der erste Summand auf der rechten Seite beschreibt dabei den Driftstrom im Gebiet starker Inversion, während der zweite Term den Anteil des Diffusionsstroms bezeichnet, der vor allem im Subthreshold-Bereich bedeutend ist. Die Beweglichkeit kann als Oberflächenbeweglichkeit vor das Integral gezogen werden; unter Annahme eines konstanten Diffusionskoeffizienten D_n folgt somit

$$I_\mathrm{T}(y) = eW\mu_\mathrm{s}(y)\int_0^D n\,\frac{\partial\psi}{\partial y}\,\mathrm{d}x - eWD_\mathrm{n}\frac{\partial}{\partial y}\int_0^D n\,\mathrm{d}x$$

In der *Charge-sheet Näherung* wird die Ausdehnung des leitenden Kanals in x-Richtung vernachlässigt; unter diesen Umständen gilt mit $\psi_\mathrm{s}(y) = \psi(0, y)$

$$Q_n'(y) = -e\int_0^D n\,\mathrm{d}x \quad \text{und} \quad e\int_0^D n\,\frac{\partial\psi}{\partial y}\,\mathrm{d}x = -\frac{\mathrm{d}\psi_\mathrm{s}}{\mathrm{d}y}\,Q_\mathrm{n}'(y)\,,$$

so daß

$$I_\mathrm{T}(y) = -\mu_\mathrm{s}(y)WQ_\mathrm{n}'(y)\,\frac{\mathrm{d}\psi_\mathrm{s}}{\mathrm{d}y} + D_\mathrm{n}W\,\frac{\mathrm{d}Q_\mathrm{n}'}{\mathrm{d}y}\,. \tag{20.45}$$

Da im stationären Betrieb $I_\mathrm{T}(y) = I_\mathrm{D} = \mathrm{const.}$ gelten muß, liefert Integration über die Kanallänge L

$$\begin{aligned} I_\mathrm{D} &= \frac{1}{L}\int_0^L I_\mathrm{T}(y)\,\mathrm{d}y \qquad (20.46)\\ &= -\frac{W}{L}\int_0^L \mu_\mathrm{s}(y)Q_\mathrm{n}'(y)\,\frac{\mathrm{d}\psi_\mathrm{s}}{\mathrm{d}y}\,\mathrm{d}y + D_\mathrm{n}\frac{W}{L}\int_0^L \frac{\mathrm{d}Q_\mathrm{n}'}{\mathrm{d}y}\,\mathrm{d}y\,. \end{aligned}$$

Dieser Ausdruck folgt direkt aus der Stromgleichung in Drift-Diffusions-Näherung unter Vernachlässigung der Dicke der Inversionsschicht.

Gleichung (20.46) dient als Ausgangspunkt zur Modellierung des Transferstroms. Wird im ersten Integral die Integrationsvariable y durch ψ_s substituiert und die Beweglichkeit μ_s in den Integranden durch eine effektive Beweglichkeit[14] $\langle\mu_\mathrm{s}\rangle$ ersetzt, so geht (20.46) über in

$$\begin{aligned} I_\mathrm{D} &= -\langle\mu_\mathrm{s}\rangle\,\frac{W}{L}\int_{\psi_\mathrm{s}(0)}^{\psi_\mathrm{s}(L)} Q_\mathrm{n}'(\psi_\mathrm{s})\,\mathrm{d}\psi_\mathrm{s} + D_\mathrm{n}\,\frac{W}{L}\int_0^L \frac{\mathrm{d}Q_\mathrm{n}'}{\mathrm{d}y}\,\mathrm{d}y \qquad (20.47)\\ &= -\langle\mu_\mathrm{s}\rangle\,\frac{W}{L}\int_{\psi_\mathrm{s}(0)}^{\psi_\mathrm{s}(L)} Q_\mathrm{n}'(\psi_\mathrm{s})\,\mathrm{d}\psi_\mathrm{s} + D_\mathrm{n}\frac{W}{L}\left[\,Q_\mathrm{n}'(L) - Q_\mathrm{n}'(0)\,\right] \end{aligned}$$

Diese Beziehungen werden häufig als Ausgangspunkt für die Formulierung von Modellgleichungen für die MOSFET-Kennlinien herangezogen; bei der Auswertung des Integrals für Langkanal-MOSFETs ist dabei die Gradualchannel Näherung hilfreich.

[14] Dies ist allgemein durch Anwenden des Mittelwertsatzes der Integralrechnung möglich.

20.4.2 Langkanal-MOSFETs, Gradual-channel Näherung

Die sog. *Gradual-channel Näherung* ermöglicht die Auswertung des ersten Integrals auf der rechten Seite von (20.47). Dabei wird die Poisson-Gleichung folgendermaßen genähert

$$\begin{aligned}\frac{\partial^2\psi}{\partial x^2} &= \frac{e}{\epsilon_{\rm si}}\left(N_{\rm A}-N_{\rm D}+n-p\right)-\frac{\partial^2\psi}{\partial y^2}\\ &\approx \frac{e}{\epsilon_{\rm si}}\left(N_{\rm A}-N_{\rm D}+n-p\right)\end{aligned} \tag{20.48}$$

d.h. es wird $\partial\psi/\partial x \gg \partial\psi/\partial y$ angenommen: Die Gradual-channel Näherung setzt also voraus, daß das elektrische Feld im Kanal in y-Richung wesentlich kleiner ist als das Feld in x-Richtung. Sie ist deshalb nur für Langkanal-Transistoren[15] anwendbar. In Gradual-channel Näherung lautet die Forderung nach Neutralität

$$Q'_{\rm G}+Q'_{\rm n}+Q'_{\rm B} = 0\ ;$$

zusammen mit

$$Q'_{\rm G}=c'_{\rm ox}V_{\rm ox} \quad \text{sowie} \quad Q'_{\rm B}=-\gamma c'_{\rm ox}\sqrt{\psi_{\rm s}}$$

und der Aufspaltung der Potentialdifferenz zwischen Gate und Bulk[16]

$$V_{\rm GB} = V_{\rm GS}+V_{\rm SB} = V_{\rm ox}+\psi_{\rm s}+V_{\rm FB}\ ;$$

folgt daraus die wichtige Beziehung

$$\boxed{Q'_{\rm n} = -c'_{\rm ox}\left(V_{\rm GB}-V_{\rm FB}-\psi_{\rm s}-\gamma\sqrt{\psi_{\rm s}}\right)\ .} \tag{20.49}$$

Mit diesem Ausdruck für $Q'_{\rm n}$ läßt sich das erste Integral auf der rechten Seite von (20.47) ausführen mit dem Ergebnis

$$\beta_{\rm n}\left[(V_{\rm GB}-V_{\rm FB})(\psi_{\rm sL}-\psi_{\rm s0})-\frac{1}{2}\left(\psi_{\rm sL}^2-\psi_{\rm s0}^2\right)-\frac{2}{3}\gamma\left(\psi_{\rm sL}^{3/2}-\psi_{\rm s0}^{3/2}\right)\right]$$

wobei $\beta_{\rm n}=\langle\mu_{\rm s}\rangle c'_{\rm ox}W/L$, $\psi_{\rm sL}=\psi_{\rm s}(L)$ und $\psi_{\rm s0}=\psi_{\rm s}(0)$ geschrieben wurde; für den zweiten Ausdruck auf der rechten Seite von (20.47) folgt mit der Einstein-Bezeihung $D_{\rm n}=\mu_{\rm n}V_T$ entsprechend

$$\beta_{\rm n}V_T\left[\psi_{\rm sL}-\psi_{\rm s0}+\gamma\left(\psi_{\rm sL}^{1/2}-\psi_{\rm s0}^{1/2}\right)\right]\ .$$

Die beiden Ergebnisse lassen sich zu

---

[15] Bei Kurzkanaltransistoren muß das Oberflächenpotential $\psi_{\rm s}(y)$ anhand der zweidimensionalen Poisson-Gleichung bestimmt werden.

[16] Dabei wird eine evtl. im Oxid vorhandene Flächenladungsdichte $Q'_{\rm ox}$ vernachlässigt. Liegen Störladungen vor, so ist $V_{\rm FB}$ durch $V_{\rm FB}+Q'_{\rm ox}/c'_{\rm ox}$ zu ersetzen und die Neutralitätsbedingung entsprechend zu erweitern.

$$\boxed{I_{\rm D} \;=\; \beta_{\rm n}\left[f(\psi_{\rm sL}) - f(\psi_{\rm s0})\right]} \tag{20.50}$$

zusammenfassen, wobei

$$f(\psi_{\rm s}) \;=\; (V_{\rm GB} - V_{\rm FB} + V_T)\psi_{\rm s} - \frac{1}{2}\,\psi_{\rm s}^2 - \frac{2}{3}\,\psi_{\rm s}^{3/2} + \gamma V_T \psi_{\rm s}^{1/2} \tag{20.51}$$

Aus dieser Darstellung der Kennliniengleichungen wird die Symmetrie des Transistors deutlich: Durch Vertauschen von $\psi_{\rm s0}$ und $\psi_{\rm sL}$ (Umpolen) ändert sich nur das Vorzeichen des Stroms [5].

Bei Inversion ist $\psi_{\rm s}$ groß gegenüber V_T; die Flächenladungsdichte in der Inversionsschicht ist dann, wie im folgenden Exkurs gezeigt, durch die Näherung

$$\boxed{Q'_{\rm n} \;=\; -\gamma c'_{\rm ox}\left[\sqrt{\psi_{\rm s} + V_T\,\exp\left(\frac{\psi_{\rm s} - 2\phi_{\rm F} - V_\Delta}{V_T}\right)} - \sqrt{\psi_{\rm s}}\right]} \tag{20.52}$$

gegeben; V_Δ bezeichnet dabei den Spannungsabfall im Kanal.

Exkurs: Bestimmung von $Q'_{\rm n}(\psi_{\rm s}, V_\Delta)$. In Gradual-channel Näherung läßt sich die Flächenladungsdichte der Inversionsschicht in Analogie zur Vorgehensweise beim MOS-Kondensator ermitteln (vgl. Kap. 14): Durch Integration von

$$\frac{\partial E}{\partial x} \;=\; \frac{e}{\epsilon_{\rm Si}}\,(N_{\rm D} - N_{\rm A} + p - n)$$

mit

$$\begin{aligned} 0 \;&=\; N_{\rm D} - N_{\rm A} + p - n \\ p \;&=\; n_{\rm i}\,{\rm e}^{(\phi_{\rm p}-\psi)/V_T} \;=\; p_{\rm p0}\,{\rm e}^{-\psi/V_T} \\ n \;&=\; n_{\rm i}\,{\rm e}^{(\psi-\phi_{\rm n})/V_T} \;=\; n_{\rm p0}\,{\rm e}^{\psi/V_T}\,{\rm e}^{(\phi_{\rm p}-\phi_{\rm n})/V_T} \end{aligned}$$

folgt die x-Komponente der elektrischen Feldstärke an der Oberfläche

$$E_x(0,y) = -(Q'_{\rm n} + Q'_{\rm B})/\epsilon_{\rm Si}$$

und daraus die Flächenladungsdichte der Inversionsschicht. Das Quasi-Fermipotential der Löcher wird dabei als konstant angeommen ($\boldsymbol{J}_{\rm p} = 0$); das Quasi-Fermipotential der Elektronen ist ortsabhängig. Ist die Elektronenstromdichte in x-Richtung vernachlässigbar, so gilt $\partial\phi_{\rm n}/\partial x = 0$ und $\phi_{\rm n}$ ist nur eine Funktion von y. Mit der Abkürzung $V_\Delta(y) = \phi_{\rm p} - \phi_{\rm n}(y)$ folgt so bei Inversion ($\psi_{\rm s} > 0$)

$$Q'_{\rm n} \;=\; -\gamma c'_{\rm ox}\,\sqrt{V_T}\,F\left(\frac{\psi_{\rm s}}{V_T}, \frac{V_\Delta}{V_T}, \frac{n_{\rm p0}}{p_{\rm p0}}\right) - Q'_{\rm B} \tag{20.53}$$

mit

$$F(x,y,c) \;=\; \sqrt{{\rm e}^{-x} + x - 1 + c\,\left({\rm e}^{x-y} - x - {\rm e}^{-y}\right)}\,. \tag{20.54}$$

Gilt $x \gg 1$, so kann $F(x,y,c)$ durch

$$F(x,y,c) \approx \sqrt{x + c\,\mathrm{e}^{x-y}}$$

genähert werden; mit $Q'_\mathrm{B} = -\gamma c'_\mathrm{ox}\sqrt{\psi_\mathrm{s}}$ sowie[17] $n_\mathrm{p0}/p_\mathrm{p0} = \mathrm{e}^{-2\phi_\mathrm{F}/V_T}$ folgt so aus (20.53) die Näherung (20.52).

Durch Gleichsetzen von (20.52) und (20.49) folgen nun (implizite) Gleichungen zur Bestimmung von ψ_s0 und ψ_sL

$$\psi_\mathrm{s0} = V_\mathrm{GB} - V_\mathrm{FB} - \gamma\sqrt{\psi_\mathrm{s0} + V_T \exp\left(\frac{\psi_\mathrm{s0} - 2\phi_\mathrm{F} - V_\mathrm{SB}}{V_T}\right)} \qquad (20.55)$$

$$\psi_\mathrm{sL} = V_\mathrm{GB} - V_\mathrm{FB} - \gamma\sqrt{\psi_\mathrm{sL} + V_T \exp\left(\frac{\psi_\mathrm{sL} - 2\phi_\mathrm{F} - V_\mathrm{DB}}{V_T}\right)} \qquad (20.56)$$

Diese lassen sich allgemein nur numerisch auswerten; für den Fall der starken und schwachen Inversion lassen sich jedoch Näherungen finden.

Starke Inversion

Bei starker Inversion gilt

$$\psi_\mathrm{s0} \approx \Phi + V_\mathrm{SB} \qquad \text{und} \qquad \psi_\mathrm{sL} \approx \Phi + V_\mathrm{DB}$$

wobei Φ das Oberflächenpotential bei starker Inversion[18] bezeichnet; unter diesen Umständen folgt aus (20.50) und (20.51)

$$\begin{aligned} I_\mathrm{D} &= \beta_\mathrm{n}\Big\{ (V_\mathrm{GB} - V_\mathrm{FB} - \Phi)(V_\mathrm{DB} - V_\mathrm{SB}) - \frac{1}{2}(V_\mathrm{DB}^2 - V_\mathrm{SB}^2) \\ &\qquad - \frac{2}{3}\gamma\left[(\Phi + V_\mathrm{DB})^{3/2} - (\Phi + V_\mathrm{SB})^{3/2}\right]\Big\} \end{aligned}$$

bzw. wegen $V_\mathrm{DB} = V_\mathrm{DS} + V_\mathrm{SB}$ und $V_\mathrm{GB} = V_\mathrm{GS} + V_\mathrm{SB}$

$$\begin{aligned} I_\mathrm{D} &= \beta_\mathrm{n}\Big\{ (V_\mathrm{GS} - V_\mathrm{FB} - \Phi)V_\mathrm{DS} - \frac{1}{2}V_\mathrm{DS}^2 \\ &\qquad - \frac{2}{3}\gamma\left[(\Phi + V_\mathrm{SB} + V_\mathrm{DS})^{3/2} - (\Phi + V_\mathrm{SB})^{3/2}\right]\Big\} \end{aligned} \qquad (20.57)$$

Durch Entwickeln

$$\begin{aligned} (\Phi + V_\mathrm{SB} + V_\mathrm{DS})^{3/2} &\approx (\Phi + V_\mathrm{SB})^{3/2} + \frac{3}{2}\sqrt{\Phi + V_\mathrm{SB}} \cdot V_\mathrm{DS} \\ &\qquad + \frac{3}{4}\frac{1}{\sqrt{\Phi + V_\mathrm{SB}}} \cdot \frac{V_\mathrm{DS}^2}{2} \end{aligned}$$

---

[17] ϕ_F bezeichnet das in Kap. 14 eingeführte Dotierungspotential.

[18] Dieses ist für die Zwecke der Modellierung ein Fitparameter; [5] schlägt für Φ die Abschätzung $\Phi \approx 2\phi_\mathrm{F} + 6V_T$ vor.

vereinfacht sich dieses Ergebnis zu

$$\boxed{I_\mathrm{D} = \beta_\mathrm{n}\left[(V_\mathrm{GS}-V_\mathrm{TH})V_\mathrm{DS} - \frac{1+\delta_1}{2}\,V_\mathrm{DS}^2\right]}\,, \tag{20.58}$$

wobei

$$V_\mathrm{TH} = V_\mathrm{FB} + \Phi + \gamma\sqrt{\Phi + V_\mathrm{SB}} \qquad \text{und} \qquad \delta_1 = \frac{\gamma}{2\sqrt{\Phi + V_\mathrm{SB}}} \tag{20.59}$$

Diese Beziehung wird beispielsweise im LEVEL3-Modell des MOSFET in SPICE verwendet (Kap. 24) und eignet sich wegen der quadratischen Form gut für analytische Rechnungen.

Kanallängenmodulation. Im Sättigungsbereich, d. h. für $V_\mathrm{DS} > V_\mathrm{Dsat}$, können die Ergebnisse für den Transferstrom auf den Teilbereich des Kanals bis zum *Abschnürpunkt* – das ist der Punkt, an dem die Ladungsträger die Sättigungsgeschwindigkeit v_nsat erreichen – angewendet werden. Da der Spannungsabfall bis zum Abschnürpunkt gleich V_Dsat ist, ändert sich der Transferstrom nur noch aufgrund einer Änderung der effektiven Kanallänge[19] – also der Entfernung des Abschnürpunkts von Source. Wird diese wird mit $L - \Delta L$ angesetzt, so folgt

$$\boxed{I_\mathrm{T} = \frac{I_\mathrm{T}(V_\mathrm{Dsat})}{1 - \Delta L/L}}\,. \tag{20.60}$$

Zur Berechnung von ΔL wird im LEVEL 3-Modell (vgl. Kap. 24) die Beziehung

$$\Delta L = \frac{\epsilon_\mathrm{Si} E_\mathrm{p}}{e N_\mathrm{SUB}}\left[\sqrt{1 + \kappa\,\frac{2eN_\mathrm{SUB}}{\epsilon_\mathrm{Si} E_\mathrm{p}^2}(V_\mathrm{DS} - V_\mathrm{Dsat})} - 1\right] \tag{20.61}$$

herangezogen. Die Größe E_p bezeichnet dabei die Feldstärke in Stromflußrichtung im Abschnürpunkt; κ ist eine dimensionslose Fitgröße von der Größenordnung eins, die durch Anpassen an gemessene Kennlinienverläufe bestimmt wird.

Zur Bestimmung von ΔL. Hintergrund von Gleichung (20.61) ist die Überlegung, daß sich die Spannung V_DS aufteilen läßt in einen Beitrag V_Dsat, der über dem Kanal bis zu $y = L - \Delta L$ auftritt und die über der Raumladungszone vor Drain abfallende Potentialdifferenz (vgl. Abb. 20.31)

$$V_\mathrm{DS} = V_\mathrm{Dsat} + \int_0^{\Delta L} |E_y(\xi)|\,\mathrm{d}\xi\,.$$

[19] Falls Der Einfluß der sich ändernden Feldstärke und der DIBL-Effekt vernachlässigt werden. Unter der Annahme, daß die Steigung der Ausgangskennlinie lediglich durch die Kanallängenmodulation verursacht wird, führt Gl. (20.60) für $\Delta L/L \ll 1$ auf annähernd dasselbe Ergebnis wie der Faktor $(1 + \lambda V_\mathrm{DS})$ im LEVEL 1 - Modell, falls $\lambda = \Delta L/(L V_\mathrm{DS})$ gesetzt wird.

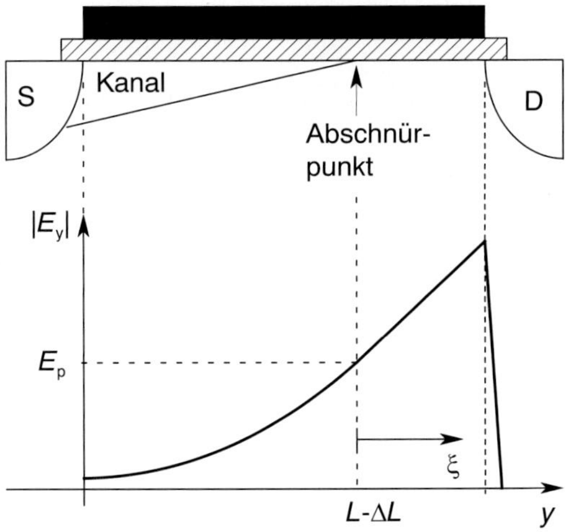

Abb. 20.31. Zur Ortsabhängigkeit der elektrischen Feldstärke im Kanal

Wird die durch die Ladungsträger bedingte Raumladung gegenüber der festen Raumladung der Akzeptorionen vernachlässigt, so folgt aus der Poisson-Gleichung unter der Annahme eindimensionaler Feldverhältnisse

$$|E_y(\xi)| \;=\; E_{\mathrm{p}} + \frac{eN_{\mathrm{SUB}}}{\epsilon_{\mathrm{Si}}}\,\xi\,,$$

wobei E_{p} die Feldstärke in y-Richtung am drainseitigen Rand des Kanals bezeichnet. Ausführen des Integrals ergibt die folgende quadratische Gleichung für ΔL

$$V_{\mathrm{DS}} \;=\; V_{\mathrm{Dsat}} + E_{\mathrm{p}}\Delta L + \frac{eN_{\mathrm{SUB}}}{2\epsilon_{\mathrm{Si}}}\Delta L^2 \tag{20.62}$$

mit der Lösung

$$\Delta L \;=\; \frac{\epsilon_{\mathrm{Si}} E_{\mathrm{p}}}{eN_{\mathrm{SUB}}}\left[\sqrt{1 + \frac{2eN_{\mathrm{SUB}}}{\epsilon_{\mathrm{Si}} E_{\mathrm{p}}^2}(V_{\mathrm{DS}} - V_{\mathrm{Dsat}})} - 1\right].$$

Der Wert von E_{p} wird so berechnet, daß die erste Ableitung $g_{\mathrm{d}} = \partial I_{\mathrm{D}}/\partial V_{\mathrm{DS}}$ des Transferstroms beim Übergang in den Sättigungsbereich ($V_{\mathrm{DS}} = V_{\mathrm{Dsat}}$ und $\Delta L = 0$) stetig ist

$$g_{\mathrm{d}}(V_{\mathrm{Dsat}}) \;=\; \frac{I_{\mathrm{T}}(V_{\mathrm{Dsat}})}{L}\frac{\mathrm{d}}{\mathrm{d}V_{\mathrm{DS}}}\Delta L\,,$$

wobei g_{d} aus der Transferstromkennlinie im Widerstandsbereich zu berechnen ist. Wird diese Gleichung mit der aus Gl. (20.62) durch Ableiten $E_{\mathrm{p}}\mathrm{d}\Delta L/\mathrm{d}V_{\mathrm{DS}} = 1$ gewonnenen Beziehung zusammengefaßt, so folgt

$$E_{\mathrm{p}} \;=\; \frac{I_{\mathrm{T}}(V_{\mathrm{Dsat}})}{g_{\mathrm{d}}(V_{\mathrm{Dsat}})\,L}\,. \tag{20.63}$$

Die Beziehungen (20.61) und (20.63) bilden die Grundlage für die Beschreibung der Kanallängenmodulation im LEVEL 3-Modell.

Schwache Inversion

Im Unterschwellbereich ($V_{\mathrm{GS}} < V_{\mathrm{TH}}$) dominiert in (20.47) der Diffusionsstromanteil des Transferstroms, d.h. es gilt

$$I_{\mathrm{D}} \approx -D_{\mathrm{n}} \frac{W}{L} \left[Q'_{\mathrm{n}}(0) - Q'_{\mathrm{n}}(L) \right] ;$$

bei schwacher Inversion ist der Exponentialausdruck unter der Wurzel in (20.52) klein im Vergleich zu ψ_{s}/V_T, so daß durch Entwickeln der Wurzel

$$Q'_{\mathrm{n}} \approx -\frac{\gamma c'_{\mathrm{ox}} V_T}{2\sqrt{\psi_{\mathrm{s}}}} \exp\left(\frac{\psi_{\mathrm{s}} - 2\phi_{\mathrm{F}} - V_\Delta}{V_T} \right) \tag{20.64}$$

resultiert. Da die Dichte der mobilen Ladungsträger gering ist werden die Feldverhältnisse durch diese kaum gestört: Das Oberflächenpotential im Kanal ist deshalb in sehr guter Näherung konstant und durch das vom MOS-Kondensator bekannte Ergebnis

$$\psi_{\mathrm{s}} \approx \frac{1}{2} \left(\sqrt{\gamma^2 + 4(V_{\mathrm{GB}} - V_{\mathrm{FB}})} - \gamma \right) \tag{20.65}$$

gegeben. Da bei Source $V_\Delta = V_{\mathrm{SB}}$ und bei Drain $V_\Delta = V_{\mathrm{DS}} + V_{\mathrm{SB}}$ gilt, folgt aus (20.64)

$$\frac{Q'_{\mathrm{n}}(L)}{Q'_{\mathrm{n}}(0)} = \exp\left(-\frac{V_{\mathrm{DS}}}{V_T} \right)$$

so daß

$$I_{\mathrm{D}} \approx -D_{\mathrm{n}} \frac{W}{L} Q'_{\mathrm{n}}(0) \left[1 - \exp\left(-\frac{V_{\mathrm{DS}}}{V_T} \right) \right] ,$$

mit

$$Q'_{\mathrm{n}}(0) \approx -\frac{\gamma c'_{\mathrm{ox}} V_T}{2\sqrt{\psi_{\mathrm{s}}}} \exp\left(\frac{\psi_{\mathrm{s}} - 2\phi_{\mathrm{F}} - V_{\mathrm{SB}}}{V_T} \right) . \tag{20.66}$$

Wird in (20.65) $V_{\mathrm{GB}} = V_{\mathrm{GS}} + V_{\mathrm{SB}}$ berücksichtigt und der Ausdruck um $V_{\mathrm{GS}} = V_{\mathrm{TH}}$ nach V_{GS} entwickelt, so folgt

$$\psi_{\mathrm{s}}(V_{\mathrm{GS}}) \approx \psi_{\mathrm{s}}(V_{\mathrm{TH}}) + \left. \frac{\mathrm{d}\psi_{\mathrm{s}}}{\mathrm{d}V_{\mathrm{GS}}} \right|_{V_{\mathrm{TH}}} (V_{\mathrm{GS}} - V_{\mathrm{TH}}) .$$

Wie in Kapitel 14.7.5 gezeigt, gilt für den MOS-Kondensator

$$\frac{\mathrm{d}\psi_{\mathrm{s}}}{\mathrm{d}V_{\mathrm{GS}}} = \frac{c'_{\mathrm{ox}}}{c'_{\mathrm{ox}} + c'_{\mathrm{dep}}} ,$$

wobei c'_{dep} die mit der Raumladungszone im Bulk verbundene Sperrschichtkapazität bezeichnet. Mit $\psi_{\mathrm{s}}(V_{\mathrm{TH}}) \approx 2\,\phi_{\mathrm{F}} + V_{\mathrm{SB}}$ läßt sich somit schreiben

$$\psi_{\mathrm{s}}(V_{\mathrm{GS}}) \approx 2\,\phi_{\mathrm{F}} + V_{\mathrm{SB}} + \frac{V_{\mathrm{GS}} - V_{\mathrm{TH}}}{m} \quad \text{mit} \quad \frac{1}{m} = \frac{c'_{\mathrm{ox}}}{c'_{\mathrm{ox}} + c'_{\mathrm{dep}}}\,.$$

Wird ψ_{s} durch diesen Ausdruck im Argument der Exponentialfunktion in (20.66) beschrieben[20], so ergibt sich die folgende Näherung für den Drainstrom im Unterschwellbereich

$$\boxed{I_{\mathrm{D}} \approx I_{\mathrm{DSS}} \exp\left(\frac{V_{\mathrm{GS}}}{mV_T}\right)\left[1 - \exp\left(-\frac{V_{\mathrm{DS}}}{V_T}\right)\right].} \tag{20.67}$$

Dabei bezeichnet

$$I_{\mathrm{DSS}} \approx D_{\mathrm{n}}\,\frac{W}{L}\,\frac{\gamma c'_{\mathrm{ox}} V_T}{2\sqrt{2\phi_{\mathrm{F}} + V_{\mathrm{SB}}}} \exp\left(-\frac{V_{\mathrm{TH}}}{mV_T}\right) \tag{20.68}$$

den Drainreststrom (I_{D} für $V_{\mathrm{GS}} = 0$ und $V_{\mathrm{DS}} \gg V_T$).

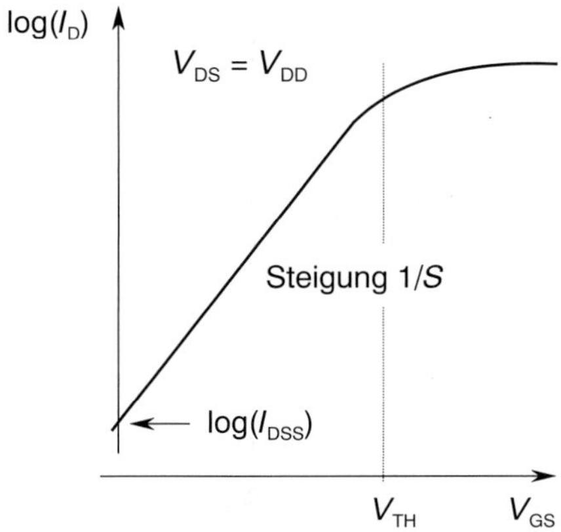

Abb. 20.32. Subthresholdstrom im n-Kanal MOSFET

Der für $V_{\mathrm{GS}} < V_{\mathrm{TH}}$ und $V_{\mathrm{DS}} > 0$ fließende Unterschwellstrom hängt nach (20.67) exponentiell von der Spannung V_{GS} ab (Abb. 20.32). Zur Charakterisierung der Abhängigkeit wird in der Regel der sog. *Gate voltage swing*

$$\boxed{S = m\,V_T \ln(10)} \tag{20.69}$$

angegeben, das ist die Spannungsänderung ΔV_{GS} die eine Änderung des Unterschwellstroms um eine Dekade bewirkt. Der Drainreststrom I_{DSS} ist nach (20.68) exponentiell von der Einsatzspannung und dem Gate voltage swing abhängig. Dieser Reststrom führt zu statischer Verlustleistung in CMOS-Schaltkreisen und entlädt die Speicherkapazität in DRAM-Bausteinen, was verkürzte Refresh-Zyklen (vgl. Kap. 22) bedingt und damit die *Verlustleistung* erhöht. Typische Werte für S sind 80 mV/dec bei Raumtemperatur und 100 mV/dec bei 85°C. Eine Verringerung der Einsatzspannung um 100 mV würde bei $\vartheta = 85°$ demnach eine Verzehnfachung der Verlustleistung im Standby-Betrieb verursachen.

[20] Im Vorfaktor wird die Spannungsabhängigkeit von ψ_{s} vernachlässigt.

Beweglichkeit im Kanal

Die Grenzfläche zwischen Si und SiO_2 ist extrem glatt mit einer typischen Rauhigkeit von 2 Å (Varianz der Abweichungen vom Mittelwert) [6]. Dennoch beeinflußt die Streuung der Ladungsträger im Kanal an der Grenzfläche die Beweglichkeit deutlich: Die *Beweglichkeit* μ_s der Ladungsträger im Kanal ist wegen der Streuung an der Si-SiO_2-Grenzfläche geringer als die Beweglichkeit im Volumen. Da der Einfluß der *Oberflächenstreuung* mit abnehmender Dicke des Inversionskanals zunimmt (Abb. 20.33)), wird die effektive Beweglichkeit im Kanal von der Feldstärke $E_x(0)$ und damit von V_{GS} sowie V_{SB} beeinflußt.

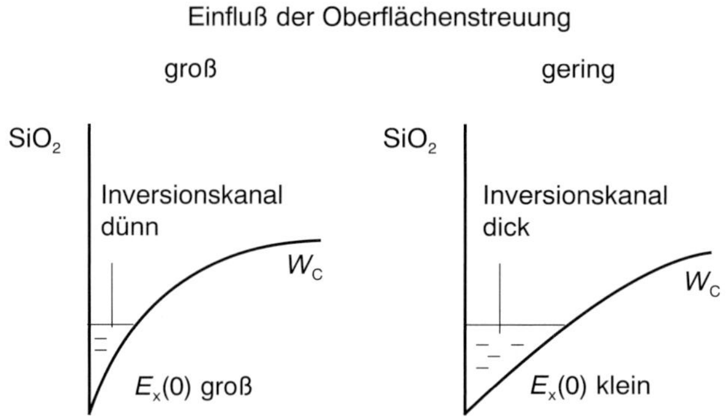

Abb. 20.33. Einfluß der Komponente E_x der elektrischen Feldstärke auf die Dicke der Inversionsschicht und damit auf die Bedeutung der Oberflächenstreuung

Wegen der für größere Werte von V_{DS} auftretenden Geschwindigkeitssättigung ist die Beweglichkeit darüber hinaus eine Funktion von V_{DS}. Die Abhängigkeit der effektiven Beweglichkeit von den Spannungen V_{GS}, V_{SB} und V_{DS} wird üblicherweise in der Form

$$\mu_s(V_{GS}, V_{SB}, V_{DS}) = \mu_{s0} \cdot f_1(V_{GS}, V_{SB}) \cdot f_2(V_{DS}) \qquad (20.70)$$

ausgedrückt. Nach [7] kann für $f_1(V_{GS}, V_{SB})$ der Ansatz

$$f_1(V_{GS}, V_{SB}) = \frac{1}{1 + \Theta(V_{GS} - V_{TH}) + \Theta_B V_{SB}} \qquad (20.71)$$

verwendet werden, wobei Θ und Θ_B an das Experiment anzupassende Kenngrößen sind. Typische Werte sind $\mu_{s0} \approx 60\,\mu m^2/(V\,ns)$ für n-Kanal-MOSFETs bei Raumtemperatur und $\Theta \approx (0.1 - 0.4)\,nm/(d_{ox} \cdot V)$, während Θ_B von der Größenordnung einiger hundertstel V^{-1} ist [8]. Die genauen Werte von Θ und Θ_B sind durch die Rauhigkeit der Si-SiO_2-Grenzfläche bestimmt und deshalb prozeßspezifisch. In Modellen für CAD-Anwendungen wie dem BSIM-Modell wird im Nenner von (20.71) noch ein Term $\sim (V_{GS} - V_{TH})^2$ eingefügt, so daß

$$\mu_s = \frac{\mu_{s0}}{1 + \Theta_1(V_{GS} - V_{TH}) + \Theta_2(V_{GS} - V_{TH})^2 + \Theta_B V_{SB}}\,; \qquad (20.72)$$

wobei die Parameter Θ_1, Θ_2 und Θ_B temperaturabhängig angegeben werden. Abbildung 20.34 zeigt Meßergebnisse für die Abnahme der Beweglichkeit mit der Feldstärke E_x und der Temperatur.

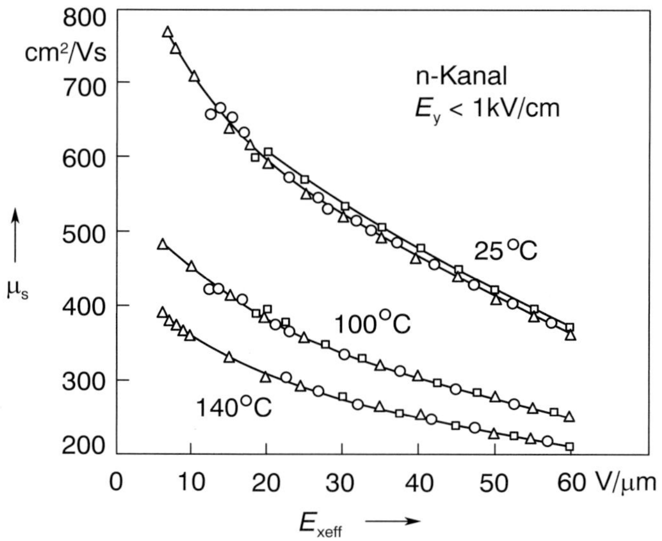

Abb. 20.34. Einfluß der Temperatur und der elektrischen Feldstärke $E_{x,\text{eff}} = -(Q'_B + Q'_n/2)/\epsilon_{Si}$ auf die Elektronenbeweglichkeit im Kanal (nach [9])

Die Geschwindigkeitssättigung wird durch den zweiten Faktor $f_2(V_{DS})$ beschrieben; für die Zwecke der Kompaktmodellierung wird dabei meistens

$$f_2(V_{DS}) = \frac{1}{1 + V_{DS}/V_{DS}^*} \quad \text{mit} \quad V_{DS}^* = LE_{\text{crit}}$$

gewählt (vgl. Kap. 20.2.2).

Velocity overshoot. Für Kanallängen $L \leq 0.1\,\mu\text{m}$ liegt L in der Größenordnung der freien Weglänge der Ladungsträger [10]. Unter diesen Umständen kann es zum *velocity overshoot* kommen, da zahlreiche Elektronen beim Durchlaufen des Kanals nicht gestreut werden und deshalb schneller werden können als die Sättigungsgeschwindigkeit. Dieser Effekt führt zu einem größeren Übertragungsleitwert [10,11] was sich in Digitalschaltungen in reduzierten Schaltzeiten bemerkbar macht.

Endliche Dicke der Inversionsschicht. Die klassische Langkanaltheorie des MOSFET behandelt die Inversionsladung als eine an der Si-SiO_2-Grenzfläche lokalisierte Flächenladung. Tatsächlich weist die Inversionsschicht jedoch eine Dicke von einigen Nanometern auf. Diese muß klein sein gegenüber der Oxiddicke damit die Annahme einer Flächenladung für die Inversionsschicht gerechtfertigt ist. Bei Oxiddicken von weniger als zehn Nanometer, wie sie bei Submikrometertransistoren verwendet werden, gilt diese Annahme jedoch nicht mehr. Hier kommt es zu einer Abnahme des Übertragungsleitwerts, die sich mit einem Korrekturfaktor

$$F_{\text{ch}} \approx \frac{\epsilon_{\text{Si}}}{\epsilon_{\text{Si}} + \epsilon_{\text{SiO2}} \cdot x_{\text{inv}}/d_{\text{ox}}}$$

im Ausdruck für den Übertragungsleitwert zu berücksichtigen ist [12]. Die Größe x_{inv} bezeichnet dabei die Ausdehnung der Inversionsschicht.

20.5 Elektrisches Verhalten von Kurzkanal-MOSFETs

Gegenstand dieses Abschnitts sind Besonderheiten der Kurzkanaltransistoren, die bei der Strukturverkleinerung von Bedeutung sind.

20.5.1 Einsatzspannung, Kurzkanaleffekte

Die Einsatzspannung wurde in der Vergangenheit in praktischen CMOS-Schaltungen weitgehend einheitlich zwischen 600 mV und 900 mV gewählt. Dies stellt einen Kompromiß dar in bezug auf den statischen Störabstand, die Schaltgeschwindigkeit und die im Sperrbereich fließenden Ströme.

Durch die *Kanalimplantation* läßt sich die Einsatzspannung V_{TH} unabhängig von der Austrittsarbeit der Gateelektrode einstellen. Die Substratdotierung bestimmt dann die Einsatzspannung nur noch unwesentlich, ist aber nach wie vor maßgeblich für den Substratsteuereffekt. Mit zunehmender Dotierung nimmt die elektrische Feldstärke E_x (senkrecht zur Si-SiO$_2$-Grenzfläche) im Kanalbereich zu, was sich, wegen der dann zunehmenden Oberflächenstreuung der Ladungsträger, in einer Abnahme der Beweglichkeit auswirkt. [21]

Eine Besonderheit tritt in CMOS-Schaltungen auf. Hier wird in einfachen[22] Prozessen n$^+$-poly-Silizium als Gatematerial sowohl für n-Kanal- als auch p-Kanal-MOSFETs verwendet. Unter diesen Umständen muß die Kanaldotierung des p-Kanal-MOSFET vom p-Typ sein, damit eine Schwellspannung von -700 mV erreicht wird, d. h. der p-Kanal-MOSFET ist ein Buried-channel-MOSFET vom Normally-off-Typ.

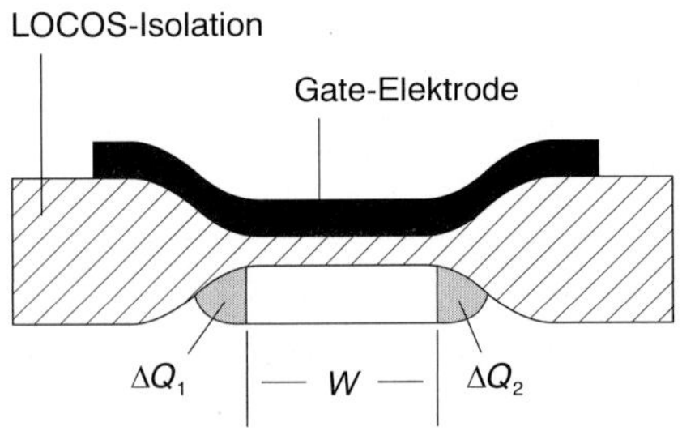

Abb. 20.35. Zum Schmalkanaleffekt

Bei Kanallängen im Mikrometerbereich erweist sich die Einsatzspannung als *geometrieabhängig*: Sie nimmt in der Regel mit der Kanallänge L ab (Kurzkanaleffekt) und mit der Kanalweite W zu (Schmalkanaleffekt). Die Ursache hierfür ist, daß die zur Neutralisierung der Gateladung wirksame Bulkladung durch die Raumladungszonen vor Source und Drain verringert wird

[21] Für Kanaldotierungen der Größenordnung 10^{17} cm^{-3} und darüber wird die Beweglichkeit zusätzlich durch erhöhte Streuung an Störstellen verringert.

[22] Aktuelle CMOS-Prozesse (vgl. Kap. 20.7.1) für schnelle Digitalschaltungen verwenden unterschiedlich dotierte Gateelektroden (p$^+$ und n$^+$) für p- und n-Kanal MOSFETs.

(Kurzkanaleffekt) und sich andererseits etwas über die Kanalweite W hinaus unter das LOCOS-Oxid ausdehnt (Schmalkanaleffekt): In einem MOSFET mit LOCOS-Isolation an den Seiten bildet sich unter dem LOCOS-Oxid eine Raumladungszone (Abb. 20.35), die einen zusätzlichen Ladungsbeitrag zur Bulkladung bedingt. Das Volumen dieser Raumladungszone ist annähernd proportional zu $\Phi - V_{\rm BS}$, da sich die Randzone mit zunehmender Sperrpolung sowohl in vertikaler als auch in lateraler Richtung vergrößert.

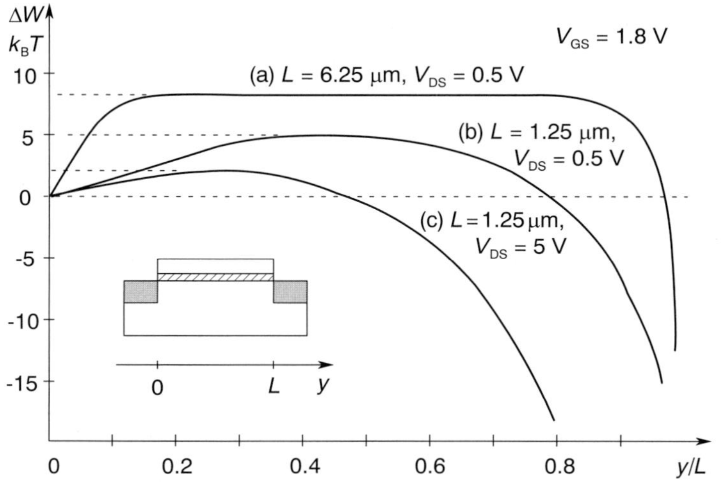

Abb. 20.36. Auswirkung der Kanallänge und der Drainspannung $V_{\rm DS}$ auf die von Elektronen zu überwindende Potentialbarriere ΔW (Daten nach [13])

Drain-induced Barrier Lowering (DIBL). Durch die von $V_{\rm DS}$ abhängige Ausdehnung der Raumladungszone vor Drain kommt es darüber hinaus zu einer Abnahme der Einsatzspannung mit zunehmendem $V_{\rm DS}$. Dieser als Drain-induced barrier lowering (DIBL) bezeichnete Effekt [13] bestimmt bei Submikrometertransistoren maßgeblich die Steigung des Ausgangskennlinienfelds im Sättigungsbereich und führt zu einem beträchtlichen Anstieg der Leckströme ind CMOS-Schaltungen (vgl. Kap. 20.5.7). Abbildung 20.36 zeigt die von Elektronen auf ihrem Weg von Source nach Drain zu überwindende Potentialbarriere. Wird die Kanallänge von 6.25 µm auf 1.25 µm verringert, so wird, bei konstanter Steuerspannung $V_{\rm GS}$, die zu überwindende Potentialbarriere wegen des Kurzkanaleffekts bereits deutlich vermindert; eine weitere Absenkung der Potentialbarriere kommt durch ein Anheben der Drainspannung $V_{\rm DS}$ zustande: Das ist der DIBL-Effekt. Bei niedrigerer Potentialbarriere ist eine geringere Steuerspannung für denselben Strom erforderlich, was einer geringeren Einsatzspannung entspricht. Zur Charakterisierung des DIBL-Effekts wird gewöhnlich der *Spannungsdurchgriff* $\Delta V_{\rm GS}/\Delta V_{\rm DS}$ bei konstantem Drainstrom $I_{\rm D}$ bestimmt.

Statistische Schwankungen der Einsatzspannung. Die Dotierstoffatome sind statistisch im Festkörper verteilt, d.h. es gibt Zonen mit etwas größerer und Zonen mit etwas geringerer Dotierstoffkonzentration. Da die relative Schwankung der Dotierstoffatome unter dem Gateoxid umgekehrt proportional zur Wurzel aus der Gesamtzahl der Dotierstofftome in der Raumladungszone ist, nimmt die Schwankung mit abnehmenden Bauteilabmessungen zu. Eine statistische Auswertung der Einsatzspannungen von MOSFETs [14] ergab eine Gauß-Verteilung mit einer Varianz, die zu 60 % auf die statistische Verteilung der Dotierstoffatome zurückzuführen ist. Weitere Ursachen für unterschiedliche Einsatzspannungen bzw. Ströme sind unterschiedliche Oxiddicken und Ladungen die in Oberflächenzuständen an der Si-SiO_2-Grenzfläche eingefangen sind, sowie Schwankungen der Bauteilabmessungen. Analogschaltungen werden aus diesem Grund mit abnehmender Kanallänge zunehmend unpräziser.[23] Aber auch Digitalschaltungen werden durch die zunehmende Unsicherheit der Bauteilparameter negativ beeinflußt, da die Gatterlaufzeit starken Schwankungen unterworfen ist [16]; dies erfordert entsprechende Sicherheitsmargen beim „Timing“ und verringert so die mögliche Taktrate.

20.5.2 Kanallängenmodulation, Ausgangsleitwert

Bei Kurzkanaltransistoren ist die Kanallängenmodulation wesentlich ausgeprägter als bei Langkanaltransistoren: Dieselbe Änderung der Ausdehnung der Raumladungszone vor Drain führt zu einer sehr viel größeren relativen Abnahme der Kanallänge. Deshalb weisen Kurzkanal-MOSFETs einen vergleichseise großen Ausgangsleitwert auf und sind deshalb für zahlreiche Schaltungen der Analogtechnik (z.B. Stromspiegel) nur eingeschränkt verwendbar. Zur Realisierung derartiger Schaltungen werden deshalb Kanallängen die deutlich oberhalb der minimalen Strukturgröße liegen herangezogen.

20.5.3 Bahnwiderstände

Bei MOSFETs im Submikrometerbereich wird der Kennlinienverlauf in starkem Maß durch die Bahnwiderstände bestimmt [17]. Diese sind durch den jeweiligen Kontaktwiderstand, den Ausbreitungswiderstand in der darunter liegenden diffundierten Schicht und bei LDD-Transistoren durch den Widerstand des niedrig dotierten Drainbahngebiets bedingt (Abb. 20.37). Für Source- und Drainbahnwiderstand gilt demnach näherungsweise, unter Verwendung von Gl. (13.8) für den Kontaktendwiderstand

$$R_{\mathrm{DD'}} = R_{\mathrm{SS'}} = \frac{\sqrt{\rho_{\mathrm{K}} R_{\mathrm{F}}}}{W} \coth\left(L_{\mathrm{K}} \sqrt{\frac{\rho_{\mathrm{K}}}{R_{\mathrm{F}}}}\right) + \frac{1}{e\mu_{\mathrm{n}}} \frac{\Delta_{\mathrm{s}}}{W} \frac{1}{\Phi_{\mathrm{LDD}}} .$$

[23] Auch Bipolartransistorpaare weisen eine mit sinkenden Abmessungen ansteigende Streubreite der Offsetspannung auf. Durch ein größeres Layout kann allgemein die Offsetspannung vermindert und damit die Genauigkeit von Analogschaltungen vergrößert werden. Da größere Bauteile aber größere Kapazitäten und damit eine geringere Bandbreite sowie eine größere Verlustleistung mit sich bringen, muß stets in Kompromiß zwischen Genauigkeit, Bandbreite und Verlustleistung gesucht werden [15].

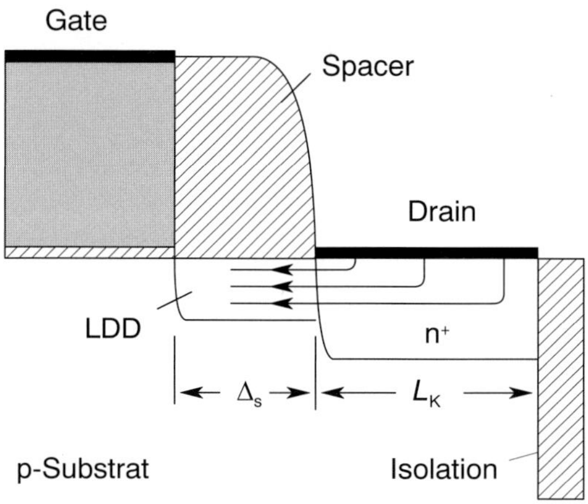

Abb. 20.37. Drainbahnwiderstand im n-Kanal MOSFET

Der durch das LDD-Gebiet bedingte Serienwiderstand wurde dabei mit der Implantationsdosis Φ_{LDD} ausgedrückt, die bei homogener Dotierung dem Produkt aus Dotierstoffkonzentration und Schichtdicke entspricht.[24]

Beispiel 20.5.1 Mit $\Phi_{\mathrm{LDD}} = 10^{13}\,\mathrm{cm}^{-2}$, $\Delta_{\mathrm{s}} = 0.25\,\mu\mathrm{m}$, $W = 5\,\mu\mathrm{m}$, $L_{\mathrm{K}} = 0.8\,\mu\mathrm{m}$, $\rho_{\mathrm{K}} = 40\,\Omega\,\mu\mathrm{m}^2$ und $R_{\mathrm{F}} = 50\,\Omega$ folgt für den durch das Anschlußgebiet bedingten Kontaktendwiderstand

$$\frac{\sqrt{\rho_{\mathrm{K}} R_{\mathrm{F}}}}{W} \coth\left(L_{\mathrm{K}}\sqrt{\frac{\rho_{\mathrm{K}}}{R_{\mathrm{F}}}}\right) = 14.6\,\Omega$$

und für den Widerstand des LDD-Gebietes

$$\frac{1}{e\mu_{\mathrm{n}}}\frac{\Delta_{\mathrm{s}}}{W}\frac{1}{\Phi_{\mathrm{LDD}}} = 52\,\Omega\,,$$

wobei $\mu_{\mathrm{n}} = 600\,\mathrm{cm}^2/(\mathrm{V\,s})$ angenommen wurde. Der Bahnwiderstand wird in diesem Beispiel durch das niedrig dotierte LDD-Gebiet dominiert. Da Source- und Drainbahnwiderstand als Serienwiderstände beim Umladen kapazitiver Lasten wirken, kommt es zu einer spürbaren Erhöhung der Anstiegs- und Abfallzeiten. Δ

20.5.4 Gate Leakage, TDDB

Ist die Spannung V_{GS} so groß, daß im Gateoxid die *Durchbruchfeldstärke* überschritten wird, so fließt ein großer Gatestrom, durch den das Gateoxid zerstört wird. Die Durchbruchfeldstärke liegt bei guter Oxidqualität [25] – abhängig

[24] In der Praxis sind geringere Werte für das LDD-Gebiet zu erwarten, da sich durch das elektrische Feld im Oxid Elektronen an der Si-SiO_2-Grenzfläche akkumulieren: Das LDD-Bahngebiet verhält sich demnach wie ein n-Kanal-Buried-channel-MOSFET und müßte genau genommen als arbeitspunktabhängiger Widerstand beschrieben werden. Eine genauere Betrachtung müßte auch den Ausbreitungswiderstand beim Übergang zwischen den Anschlüssen und dem Kanal beachten.

[25] Defekte und Schwachstellen der Oxidschicht, wie eine ungleichförmige Oxiddicke, eingelagerte Ionen oder Metallatome, Sauerstoffausscheidungen etc. können zu Durchbruch bei wesentlich geringeren Spannungen führen. Bausteine, die derartige Defekte aufweisen, fal-

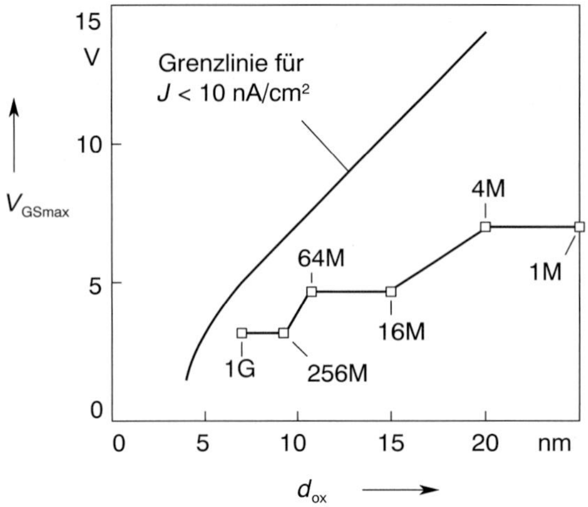

Abb. 20.38. Maximal zulässige Versorgungsspannung als Funktion der Oxiddicke, theoretische Grenze und praktisch realisierte Werte (nach [19])

von der Oxiddicke – im Bereich von 10 MV/cm. In der Praxis wird die zulässige Gate-Source-Spannung V_{GSmax} und damit die maximale Feldstärke im Oxid geringer gewählt, da bereits bei geringerer Feldstärke ein deutlicher Tunnelstrom und damit ein unerwünschter Gatestrom auftritt.[26] Ferner kann es zu Alterungsvorgängen und zu einem verzögerten Durchbruch, dem sog. zeitabhängigen dielektrischen Durchbruch (TDDB von englisch: Time-dependent dielectric breakdown), kommen. Beim TDDB bilden sich positive Ladungszentren im Oxid, die zu einer lokalen Erhöhung der Feldstärke und damit der Stromdichte führen. Nach Überschreiten eines kritischen Werts der lokalen Feldstärke nimmt der Strom innerhalb von weniger als 1 µs so stark zu, daß ein Durchbruch des Oxids auftritt.

Das Auftreten von TDDB erfordert in der Regel, daß das Oxid von einer kritischen Ladungsmenge pro Flächeneinheit $Q'_{\mathrm{TDDB}} = J \cdot t_{\mathrm{TDDB}}$ durchflossen wurde. Der Wert von Q'_{TDDB} liegt bei größenordnungsmäßig 10 C/cm^2 [18]. Da der Strom bei Oxiddicken größer als ca. 5 nm als Fowler-Nordheim-Tunnelstrom fließt, gilt für die Stromdichte

$$J \approx A E^2 \exp\left(-B/E\right) \ ,$$

wobei [18] $A \approx 1.25 \cdot 10^{-6}\,\mathrm{A/V^2}$ und $B \approx 233.5\,\mathrm{MV/cm}$. Die Zeit t_{TDDB}, nach der Oxiddurchbruch auftritt, läßt sich damit abschätzen zu

$$t_{\mathrm{TDDB}} = \frac{Q'_{\mathrm{TDDB}}}{J} \approx \frac{8\,\mu\mathrm{s}}{E^2} \exp\left(\frac{233.5}{E}\right) \ ,$$

len in der Regel beim Test aus (Frühausfälle) und reduzieren die Herstellungsausbeute. In die Oxidschicht eingelagerte Ionen können sich darüber hinaus im elektrischen Feld durch die Oxidschicht bewegen, wodurch sie die Ladungs- und Potentialverhältnisse und damit die Einsatzspannung verändern. Deshalb ist bei der Herstellung stets auf größtmögliche Reinheit der Oxide zu achten.

[26] In MOSFETs mit Kanallängen im Bereich von 100 nm und darunter sind Tunnelströme durch die extrem dünnen Gateoxide nicht zu vermeiden (vgl. Kap. 20.7.6).

wobei E in MV/cm einzusetzen ist. Die Feldstärke im Oxid sollte möglichst den Wert 5 MV/cm nicht überschreiten. Unter diesen Umständen liegt die Stromdichte für Fowler-Nordheim-Tunneln unter 0.1 nA/cm^2 und TDDB kann weitgehend ausgeschlossen werden. Abbildung 20.38 zeigt die Grenzspannung V_{GSmax} für eine Tunnelstromdichte $J = 10\,\mathrm{nA/cm^2}$ als Funktion der Oxiddicke sowie praktisch realisierte Werte für DRAM-Speicherbausteine.

20.5.5 Source-Drain-Durchbruch

Die Source-Drain-Durchbruchspannung BV_{DSS} wird für $V_{GS} = V_{BS} = 0$ ermittelt. Sie kann auf *Punchthrough* oder aber auf einen *Lawineneffekt* zurückzuführen sein.

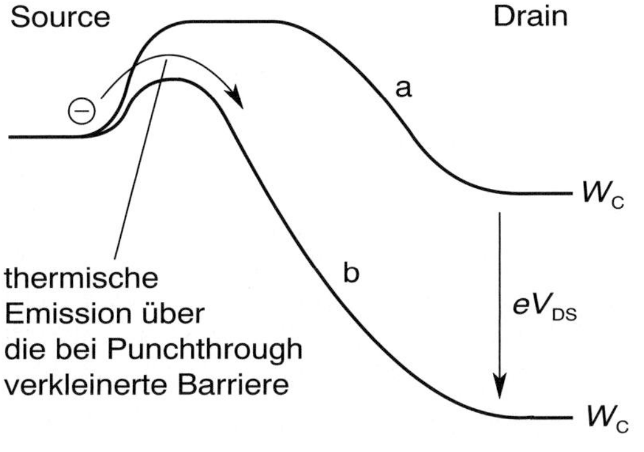

Abb. 20.39. Verlauf der Leitungsbandkante zwischen Source und Drain **a** vor und **b** nach Einsetzen des Punchthrough

Punchthrough. Punchthrough tritt auf, wenn V_{DS} so groß wird, daß die Raumladungszone vor Drain an die Raumladungszone vor Source anstößt. Unter diesen Umständen wird die von den Elektronen auf ihrem Weg von Source nach Drain zu überwindende Potentialbarriere auch ohne Anlegen einer Steuerspannung so stark verringert, daß ein großer Drainstrom fließt; Punchthrough kann demnach als Extremfall des Drain-induced barrier lowering (DIBL) angesehen werden. Zur Illustration dient der in Abb. 20.39 skizzierte Verlauf für die Leitungsbandkante im Halbleiter unter dem Gateoxid (a) vor und (b) nach Punchthrough. Durch thermische Emission über die im Fall (b) verringerte Barriere kommt es zum Punchthrough-Strom. Dies kann insbesondere bei kurzen Kanallängen problematisch werden. Als Anhaltspunkt dient die Beziehung (14.8) für die Sperrschichtweite des eindimensionalen pn-Übergangs.[27] Danach ist die Sperrschichtweite bei Annahme einseitiger pn-Übergänge umgekehrt proportional zu $\sqrt{N_A}$. Mit abnehmender Kanallänge L muß die Substratdotierung demnach angehoben werden, damit Punchthrough ausgeschlossen werden kann. In der Praxis wird darüber hinaus die Dotie-

[27]Für eine genaue Analyse muß die zweidimensionale Poisson-Gleichung im Halbleiter gelöst werden.

rung in einer dünnen Zone unter dem Gateoxid durch eine Kanalimplantation erhöht; der Punchthrough tritt dann nicht direkt an der Si-SiO_2-Grenzfläche auf, sondern im geringer dotierten Halbleitervolumen. Durch Optimieren der Dotierstoffprofile kann auch bei Kanallängen von 0.2 µm eine Punchthrough-Spannung von mehr als 3.3 V erreicht werden. Bedingt durch die erhöhte Dotierstoffkonzentration steigt allerdings die elektrische Feldstärke vor Drain an, mit der Folge erhöhter *Degradation* (vgl. Kap. 20.7.4) und einer verringerten Durchbruchspannung aufgrund des Lawineneffekts.

Lawinendurchbruch. MOSFETs werden in der Regel so ausgelegt, daß Punchthrough vermieden wird; der Source-Drain-Durchbruch kommt deshalb i. allg. über den von Source, Bulk und Drain gebildeten parasitären npn-Bipolartransistor zustande. Der wirksame Mechanismus ist dabei dem Emitter-Kollektor-Durchbruch des Bipolartransistors verwandt.

Zur Erläuterung wird Abb. 20.40 betrachtet: Bei großen Spannungen V_{DS} bildet sich vor Drain ein Gebiet aus, in dem die Feldstärke so groß ist, daß die Elektronen des Transferstroms (1) dort *Stoßionisation* hervorrufen können (2). Die dabei entstehenden Elektronen fließen über Drain ab und bedingen eine Verstärkung des Transferstroms um den Multiplikationsfaktor M. Die gleichzeitig generierten Löcher fließen in das p-Substrat und können über den Bulkanschluß oder – bei Flußpolung der SB-Diode – auch über Source abfließen. Dieser zweite Stromanteil wirkt wie ein Basisstrom für den parasitären npn-Transistor (Source-Bulk-Drain), der einen Elektronentransferstrom (6) bewirkt. Auf diesem Weg entsteht ein Rückkopplungspfad, der zu einer Instabilität, dem Source-Drain-Durchbruch, führen kann. Die Spannung V_{DS} darf aus diesem Grund die Drain-Source-Durchbruchspannung BV_{DSS} nicht überschreiten. Sogenannte *avalanchefeste* Leistungs-MOSFETs (vgl. Kap. 23) bilden diesbezüglich allerdings eine Ausnahme: Bei diesen darf BV_{DSS} überschritten werden, sofern die beim Durchbruch im Bauteil umgesetzte Energie einen bestimmten Wert nicht übersteigt.

Ersatzschaltung und Durchbruchsbedingung. Abbildung 20.40b zeigt eine Ersatzschaltung, die die beschriebenen Mechanismen näherungsweise erfaßt [20]. Damit die SB-Diode in Flußpolung gerät und ein Basisstrom I_B fließt, muß der Spannungsabfall am Substratwiderstand R_{B1} so groß sein, daß $V_{B'S'} = I_B R_{B1} - V_{SB} = V_{BSon} \approx 0.65\,V$ erfüllt ist. Für

$$\frac{M-1}{M} I_D < I_{on} = \frac{V_{BSon} + V_{SB}}{R_{B1}}$$

wird der generierte Löcherstrom demnach als Substratstrom über den Bulkkontakt abfließen. In diesem Bereich führt der parasitäre npn-Transistor keinen Strom; da die wegen des Spannungsabfalls an R_{B1} lokal verringerte Substratvorspannung aber eine *Einsatzspannungsverschiebung* bewirkt, ergibt sich dennoch eine positive Rückkopplung auf den Drainstrom. Sobald der Substratstrom den Wert I_{on} erreicht, beginnt ein Basisstrom I_B im parasitären npn-Transistor zu fließen. Der erzeugte Löcher-

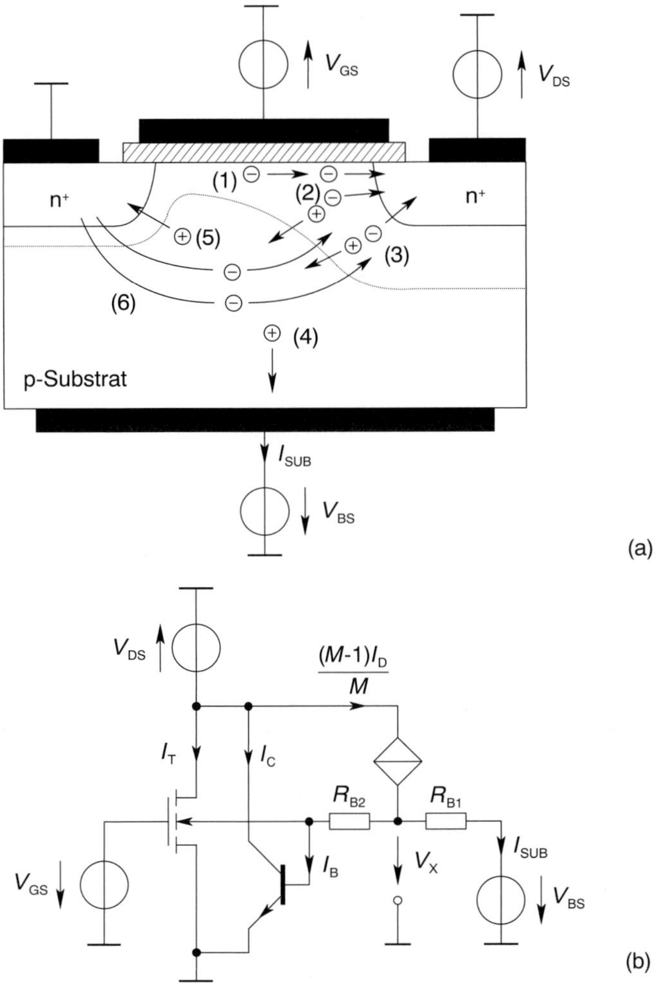

Abb. 20.40. Zum Mechanismus für den Source-Drain-Durchbruch. (**a**) Querschnitt, Ströme und Generationsprozesse, (**b**) Ersatzschaltung

strom spaltet sich nun auf in einen über den Bulkkontakt abfließenden Anteil und einen in den Sourcekontakt abfließenden Anteil

$$\frac{M-1}{M} I_{\mathrm{D}} = \frac{V_{\mathrm{X}} - V_{\mathrm{BS}}}{R_{\mathrm{B1}}} + \frac{V_{\mathrm{X}} - V_{\mathrm{BSon}}}{R_{\mathrm{B2}}} .$$

Wird V_{X} durch I_{B} ausgedrückt, so folgt

$$I_{\mathrm{SUB}} = \frac{V_{\mathrm{BSon}} - V_{\mathrm{BS}}}{R_{\mathrm{B1}}} + \frac{R_{\mathrm{B2}}}{R_{\mathrm{B1}}} I_{\mathrm{B}} = I_{\mathrm{on}} + \frac{R_{\mathrm{B2}}}{R_{\mathrm{B1}}} I_{\mathrm{B}} .$$

Bezeichnet B_{N} die Stromverstärkung des parasitären npn-Transistors, so gilt

$$I_{\mathrm{B}} = \frac{I_{\mathrm{C}}}{B_{\mathrm{N}}} = (M-1)(I_{\mathrm{T}} + I_{\mathrm{C}}) - I_{\mathrm{SUB}} .$$

Für den Drainstrom ergibt sich auf diesem Weg

$$I_{\mathrm{D}} = M\,(I_{\mathrm{T}} + I_{\mathrm{C}}) = M\,\frac{I_{\mathrm{T}} - k\,B_{\mathrm{N}}\,I_{\mathrm{on}}}{1 - k\,B_{\mathrm{N}}\,(M-1)} \quad \text{mit} \quad k = \frac{R_{\mathrm{B1}}}{R_{\mathrm{B1}} + R_{\mathrm{B2}}} ,$$

d. h. es erfolgt ein Durchbruch für

$$k\, B_{\mathrm{N}}\,(M-1) \rightarrow 1\,.$$

Dies entspricht bis auf den zusätzlichen Faktor k der Durchbruchsbedingung für den Bipolartransistor.

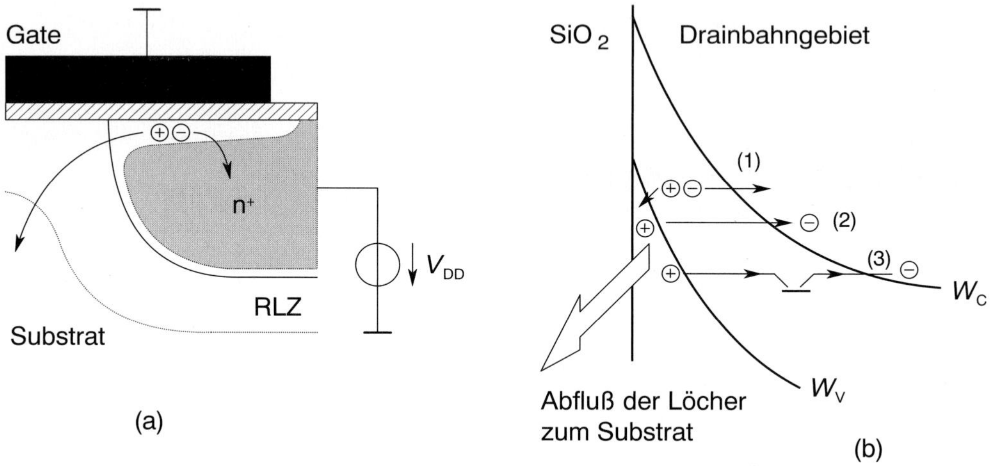

Abb. 20.41. Gate-induced Drain Leakage. (**a**) Überlapp zwischen Gate und Drain und (**b**) Ausschnitt aus dem Bänderschema zur Erläuterung der Beiträge zum Löcherstrom

20.5.6 Gate-Induced Drain Leakage (GIDL)

Gate-induced Drain Leakage (GIDL) tritt in integrierten Submikrometer-MOSFETs an den Stellen auf, an denen die Gateelektrode mit dem Drainbahngebiet überlappt. Betrachtet wird der in Abb. 20.41 dargestellte Fall des n-Kanal-MOSFET mit $V_{\mathrm{GS}} = 0$ und $V_{\mathrm{DS}} = V_{\mathrm{DD}}$. Das Drainbahngebiet ist relativ zum Gate positiv vorgespannt, wodurch sich im Drainbahngebiet eine Raumladungszone unter der Gateelektrode bildet (Abb. 20.41 a). Eine Inversionsschicht (hier Löcher) kann sich nicht ausbilden, da in die Raumladungszone eingebrachte Löcher zum Substrat abfließen. Die auf der Drainseite erforderliche Ladung ist deswegen als Raumladung aufzubringen, was zu einer hohen Feldstärke im Drainbahngebiet führt. Dies wiederum begünstigt Tunnelvorgänge – direkt (Abb. 20.41 b,2) oder über Störstellen (Abb. 20.41 b,3) – die zusätzlich zu den durch thermische Generation bedingten Löchern (Abb. 20.41 b,1) zum Substratstrom beitragen. Durch den GIDL-Effekt vergrößert sich die statische Verlustleistung von CMOS-Schaltungen. Ferner bedingt der vom Substratstrom hervorgerufene Spannungsabfall am Substratwiderstand eine Verschiebung der Einsatzspannung über den Substratsteuereffekt. Der GIDL-Effekt bestimmt eine Obergrenze für die zulässige Versorgungsspannung V_{DD}.

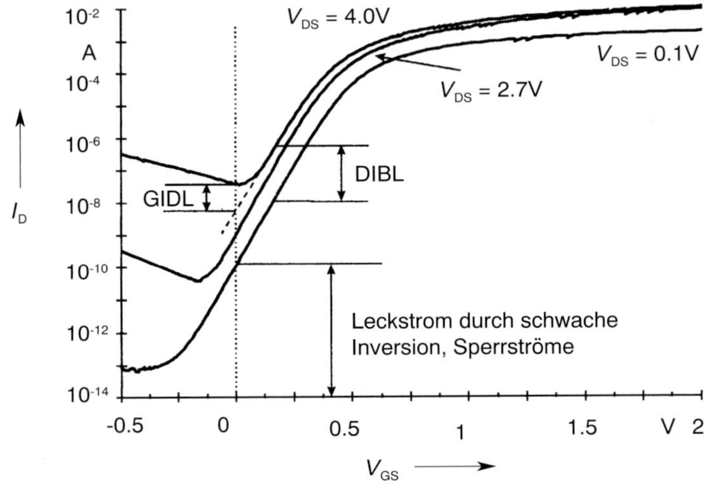

Abb. 20.42. Übertragungskennlinie eines Kurzkanal-MOSFET für verschiedene Werte von V_{DS} (Daten nach [21])

20.5.7 Unterschwellströme, Drainreststrom

Da mit den Versorgungsspannungen auch die Einsatzspannungen der MOSFETs gesenkt werden müssen, kommt es bei Kurzkanal-MOSFETs zu einem erheblichen Anstieg des Drainreststroms $I_{\mathrm{DSS}} \sim \exp(-V_{\mathrm{TH}}/mV_T)$. Durch den DIBL-Effekt und Gate-induced drain leakage wird der Effekt noch verschärft. Abbildung 20.42 zeigt die Übertragungskennlinie eines n-Kanal-MOSFET der 0.35 µm Technologiegeneration für verschiedene Werte von V_{DS}: Wird V_{DS} von 0.1 V auf 2.7 V angehoben, so steigt der Drainreststrom wegen des DIBL-Effekts um annähernd den Faktor 10; wird V_{DS} auf 4 V angehoben, so wird im Beispiel gar ein Anstieg des Leckstroms um annähernd den Faktor 300 beobachtet, wobei der DIBL-Effekt einen Anstieg um annähernd den Faktor 70 und der GIDL-Effekt einen weiteren Anstieg des Drainreststroms um mehr als den Faktor vier bewirkt.

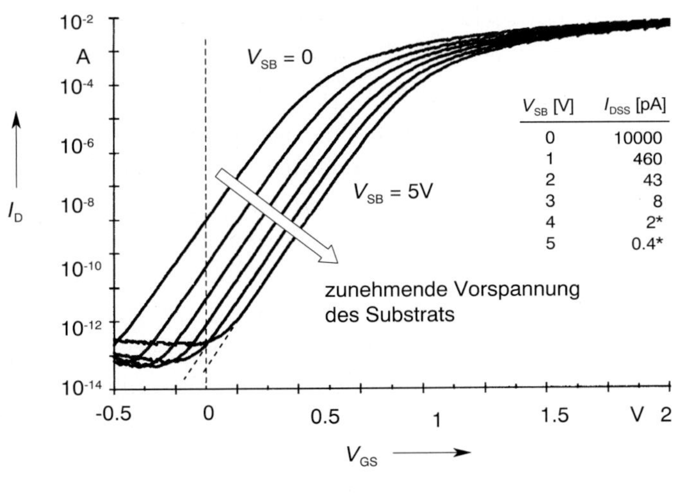

Abb. 20.43. Übertragungskennlinie eines Kurzkanal-MOSFET für unterschiedliche Werte der Substratvorspannung V_{SB} (Daten nach [21]), mit * gekennzeichnete Werte wurden durch lineare Extrapolation abgelesen

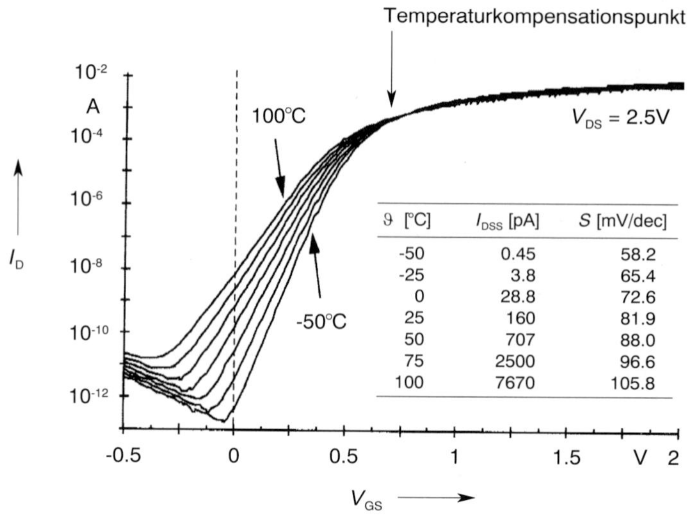

ϑ [°C]	I_{DSS} [pA]	S [mV/dec]
-50	0.45	58.2
-25	3.8	65.4
0	28.8	72.6
25	160	81.9
50	707	88.0
75	2500	96.6
100	7670	105.8

Abb. 20.44. Übertragungskennlinie eines Kurzkanal-MOSFET für verschiedene Werte der Bauteiltemperatur(Daten nach [21])

Eine weitere Verschärfung der Problematik kommt durch die Temperaturabhängigkeit der Unterschwellströme zustande, da die MOSFETs im Betrieb als Folge der Eigenerwärmung eine deutlich größere Temperatur aufweisen. Abbildung 20.43 zeigt für den Drainreststrom einen Anstieg um mehr als den Faktor 250 bei einer Erhöhung der Temperatur von 0°C auf 100°C. Diese Zahlenwerte[28] machen verständlich, daß die Leckstromproblematik zum zentralen Thema in der Entwicklung moderner hochintegrierter CMOS-Bausteine geworden ist. Zur Linderung der Probleme werden sowohl prozeß- als auch schaltungstechnische Maßnahmen ergriffen.

Auf der Seite der Prozeßentwicklung kann insbesondere durch Optimierung der Dotierstoffverteilung im Kanal und im Bulk viel zur Unterdrückung des DIBL-Effekts getan werden (vgl. Kap. 20.7.7). Weitere Möglichkeiten sind die Integration von MOSFETs mit unterschiedlichen Einsatzspannungen (durch unterschiedliche Kanalimplantation) oder unterschiedlichen Oxiddicken (technologisch anspruchsvoll), sowie neuartige MOSFET-Strukturen (SOI-Dünnfilmtransistoren, FinFets, vgl. Kap. 20.7.8) die kleinere Werte des Gate voltage swing S und damit geringere Drainreströme aufweisen [21].

Schaltungstechnische Maßnahmen zielen auf eine Verringerung der Leckströme durch Einführen zusätzlicher Transistoren, über die inaktive Schaltungsteile von der Versorgungsspannung abgekoppelt werden können (Sleep transistor) bzw. ein Anheben der Einsatzspannung durch den Substratsteuereffekt. Da die Einsatzspannung mit der Substratvorspannung V_{SB} ansteigt und der Drainreststrom exponentiell von der Einsatzspannung abhängt, ist dies eine wirksame Methode: Bei dem in Abb. 20.44 gezeigten Beispiel nimmt der Drainreststrom durch Anheben von V_{SB} von 0 V auf 3 V auf weniger als ein

[28]Vgl. auch Abb. 21.15.

Tausendstel des ursprünglichen Werts ab. Da eine Anhebung der Einsatzspannung die beim Schaltvorgang fließenden Ströme vermindert und damit einen unerwünschten Anstieg der Schaltzeiten bedingt, soll die Einsatzspannung nur in nicht zeitkritischen bzw. vorübergehend inaktiven Schaltungsteilen angehoben werden. Ansätze hierfür sind im standby befindliche Schaltungsteile mit einer anderen Substatvorspannung zu betreiben als aktive Schaltungsteile (VTMOS, Variable threshold CMOS) oder aber die Einsatzspannung durch eine Verkopplung von Gate und Substrat dynamisch zu verändern[29] (DTMOS, Dynamic threshold CMOS) [21].

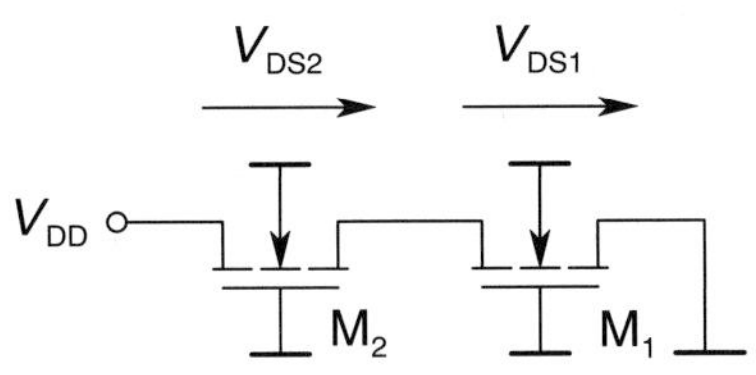

Abb. 20.45. Reihenschaltung zweier MOSFETs (Zu Beispiel 20.5.2)

Beispiel 20.5.2 Dieses Beispiel zeigt, daß es bei Reihenschaltung (Abb. 20.45) zweier „ausgeschalteter" MOSFETs zu einer deutlichen Verringerung des Leckstroms kommt. Der DIBL-Effekt wird dabei näherungsweise durch den auch im LEVEL 3-Modell verwendeten Parameter σ berücksichtigt. Muß M_1 die gesamte Versorgungsspannung V_{DD} sperren, so gilt $V_{THn1} = V_{TO} - \sigma V_{DD}$, bei Reihenschaltung hingegen fällt über M_1 nur V_{DS1} ab, so daß die Einsatzspannung $V'_{THn1} = V_{TO} - V_{DS1}$ resultiert. Die Leckströme stehen demzufolge im Verhältnis

$$\frac{I'_{DSS}}{I_{DSS}} = \exp\left(-\frac{\sigma(V_{DD} - V_{DS1})}{mV_T}\right) \; ;$$

um diesen Faktor vermindert sich der Leckstrom falls ein MOSFET im Sperrbetrieb durch zwei sperrende MOSFETs in Reihe ersetzt wird. Da die beiden MOSFETs denselben Strom führen gilt $V_{THn1} = V_{THn2} - V_{GS2} = V_{THn2} + V_{DS1}$; mit $V_{THn1} = V_{TO} - \sigma V_{DS1}$,

$$V_{THn2} = V_{TO} - \sigma V_{DS2} + \gamma\left(\sqrt{\Phi + V_{DS1}} - \sqrt{\Phi}\right)$$

und $V_{DS2} = V_{DD} - V_{DS1}$ folgt

$$V_{DS1} - \frac{\sigma V_{DD} + \gamma\sqrt{\Phi}}{1 + 2\sigma} = -\frac{\gamma}{1 + 2\sigma}\sqrt{\Phi + V_{DS1}} \, .$$

Quadrieren liefert eine quadratische Gleichung für V_{DS1}; mit den Beispielwerten $V_{DD} = 3.3\,\mathrm{V}$, $\gamma = 0.3\sqrt{\mathrm{V}}$, $\Phi = 0.95\,\mathrm{V}$, $mV_T = 35\,\mathrm{mV}$ und $\sigma = 0.032$ folgt so $V_{DS1} = 87\,\mathrm{mV}$. Der Leckstrom wird demzufolge um den Faktor $\mathrm{e}^{-2.94} = 5.3 \cdot 10^{-2}$ reduziert; durch die Reihenschaltung verringert sich sein Wert auf weniger als ein Zehntel des Leckstroms eines Einzeltransistors. Δ

[29]Wegen der damit verbundenen Flußpolung kann dieser Ansatz allerdings nur bei Betriebsspannungen unterhalb ca. 0.6 V zum Tragen kommen.

20.6 Kleinsignalbeschreibung des MOSFET

Wird der Sourceanschluß als Bezugselektrode gewählt, so stehen drei unabhängige Klemmenströme (i_g, i_d und i_b) sowie drei unabhängige Klemmenspannungen (v_gs, v_ds und v_bs) zur Beschreibung des Kleinsignalverhaltens zur Verfügung. Diese lassen sich bei sinusförmiger Zeitabhängigkeit über die Leitwertmatrix des MOSFET miteinander verknüpfen

$$\begin{pmatrix} \underline{i}_\mathrm{g} \\ \underline{i}_\mathrm{d} \\ \underline{i}_\mathrm{b} \end{pmatrix} = \begin{pmatrix} \underline{y}_{11\mathrm{s}} & \underline{y}_{12\mathrm{s}} & \underline{y}_{13\mathrm{s}} \\ \underline{y}_{21\mathrm{s}} & \underline{y}_{22\mathrm{s}} & \underline{y}_{23\mathrm{s}} \\ \underline{y}_{31\mathrm{s}} & \underline{y}_{32\mathrm{s}} & \underline{y}_{33\mathrm{s}} \end{pmatrix} \begin{pmatrix} \underline{v}_\mathrm{gs} \\ \underline{v}_\mathrm{ds} \\ \underline{v}_\mathrm{bs} \end{pmatrix} . \tag{20.73}$$

Die $\underline{i}_\alpha$ und $\underline{v}_{\alpha\beta}$ bezeichnen dabei die Kleinsignalanteile der Ströme und Spannungen in komplexer Schreibweise. Zur Beschreibung des Kleinsignalverhaltens sind demnach neun linear voneinander unabhängige *Leitwertparameter* erforderlich. Diese lassen sich – zumindest näherungsweise – nach Betrag und Phase aus der Kleinsignalersatzschaltung berechnen.

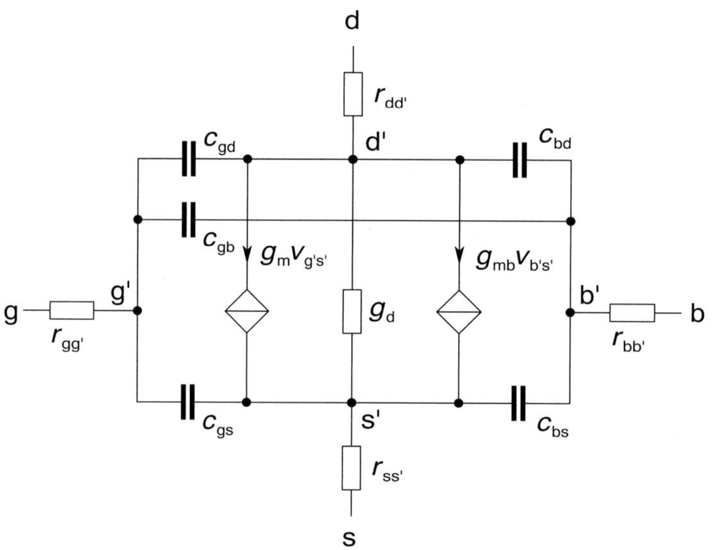

Abb. 20.46. Kleinsignalersatzschaltung des MOSFET

20.6.1 Kleinsignalersatzschaltung

Durch Hinzufügen von Kapazitäten und Bahnwiderständen zu Abb. 20.14 gelangt von man zu der in Abb. 20.46 dargestellten Kleinsignalersatzschaltung. Die Ersatzschaltung nach Abb. 20.46 kann für Frequenzen

$$f < 0.1\, f_\mathrm{T0} \quad \text{mit} \quad f_\mathrm{T0} = g_\mathrm{m}/2\pi c_\mathrm{ox}$$

mit ausreichender Genauigkeit eingesetzt werden. Für höhere Betriebsfrequenzen wird die betrachtete Näherung unzuverlässig; der Kanal des MOSFET ist dann als inhomogene RC-Leitung zu betrachten. Der Übertragungsleitwert ergibt sich dabei als komplexe frequenzabhängige Größe. Durch Entwickeln des allgemeinen Ausdrucks $\underline{g}_\mathrm{m}$ für den Übertragungsleitwert im Sättigungsbereich bis zur dritten Ordnung in der Frequenz ergibt sich nach [22,23]

$$\underline{g}_\mathrm{m} = \frac{g_\mathrm{m}}{1 + \mathrm{j}\frac{4}{15}\frac{f}{f_\mathrm{T0}} - \frac{1}{45}\left(\frac{f}{f_\mathrm{T0}}\right)^2 - \mathrm{j}\frac{8}{8190}\left(\frac{f}{f_\mathrm{T0}}\right)^3} . \tag{20.74}$$

Wird nur der Term erster Ordnung in der Frequenz berücksichtigt, so folgt

$$\underline{g}_\mathrm{m} = \frac{g_\mathrm{m}}{1 + \frac{4}{15}\frac{\mathrm{j}f}{f_\mathrm{T0}}} = \frac{g_\mathrm{m}}{1 + \mathrm{j}\omega\frac{4}{15}\frac{c_\mathrm{ox}}{g_\mathrm{m}}} \approx g_\mathrm{m} - \mathrm{j}\omega\frac{4}{15}c_\mathrm{ox}$$

bzw.

$$\underline{g}_\mathrm{m} \approx g_\mathrm{m} - \mathrm{j}\omega c_\mathrm{m}$$

mit der sog. *Transkapazität* $c_\mathrm{m} = 4\,c_\mathrm{ox}/15$. Eine verbesserte Beschreibung des HF-Verhaltens kann demzufolge durch Ergänzen der Ersatzschaltung um gesteuerte Quellen mit kapazitivem Verhalten, den sog. Transkapazitäten, erreicht werden. Für eine vollständige Beschreibung muß die Ersatzschaltung wie in Abb. 20.47 durch insgesamt drei Transkapazitäten ergänzt werden. Diese lassen sich aus einer quasistatischen Analyse bestimmen.

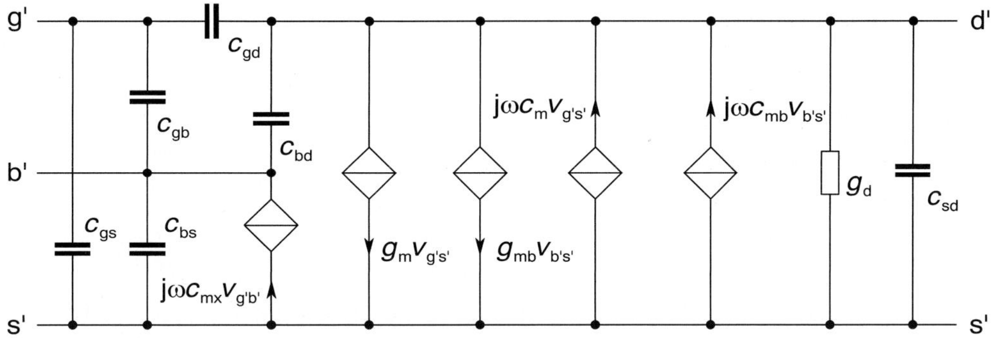

Abb. 20.47. Kleinsignalersatzschaltung des MOSFET unter Berücksichtigung der Transkapazitäten und Vernachlässigung von Bahnwiderständen

Kapazitätskoeffizienten, Transkapazitäten. Die folgende Betrachtung beschränkt sich auf die inneren Kapazitäten des MOSFET; die BS- und BD-Sperrschichtkapazitäten sowie die Überlappkapazitäten zwischen Gate und Source bzw. Gate und Drain werden, ebenso wie die Bahnwiderstände, nicht berücksichtigt. Für die Klemmenströme des MOSFET läßt sich dann schreiben

$$i_\mathrm{D}(t) = i_\mathrm{T}(t) + \frac{\mathrm{d}q_\mathrm{D}}{\mathrm{d}t}, \quad i_\mathrm{G}(t) = \frac{\mathrm{d}q_\mathrm{G}}{\mathrm{d}t} \quad \text{und} \quad i_\mathrm{B}(t) = \frac{\mathrm{d}q_\mathrm{B}}{\mathrm{d}t} \tag{20.75}$$

wobei $i_\mathrm{T}(t)$ den Strom der Tansferstromquelle, $q_\mathrm{D}(t)$ die auf der Drainelektrode, q_G die auf der Gateelektrode und q_B die im Bulk gespeicherte Ladung bezeichnet. Die

Angabe des Sourcestroms ist nicht erforderlich, da sich dieser aus den angegebenen Strömen durch Anwenden des Knotensatzes ergibt

$$i_\mathrm{S}(t) \;=\; i_\mathrm{D}(t) + i_\mathrm{G}(t) + i_\mathrm{B}(t) \;=\; i_\mathrm{T}(t) - \frac{\mathrm{d}q_\mathrm{S}}{\mathrm{d}t}\,. \tag{20.76}$$

Die Ladungen $q_\mathrm{D}(t)$, $q_\mathrm{S}(t)$, $q_\mathrm{G}(t)$ und $q_\mathrm{B}(t)$ sind über die durch den Index bezeichnete Elektrode in das Bauelement geflossen. Da dieses als neutral vorausgesetzt wird, muß gelten

$$q_\mathrm{D}(t) + q_\mathrm{S}(t) + q_\mathrm{G}(t) + q_\mathrm{B}(t) \;=\; 0\,. \tag{20.77}$$

In der Folge wird das Substratpotential als Bezugspotential verwendet; die Klemmenspannungen werden durch v_GS, v_DS und v_BS angegeben. In der *Ladungssteuerungstheorie* wird für die Ladungen $q_\mathrm{D}(t)$, $q_\mathrm{G}(t)$ und $q_\mathrm{B}(t)$ die bereits von der Theorie der Diode und des Bipolartransistors bekannte quasistatische Annahme

$$\begin{aligned} q_\mathrm{D}(t) &= Q_\mathrm{D}[v_\mathrm{GS}(t), v_\mathrm{DS}(t), v_\mathrm{BS}(t)] \\ q_\mathrm{G}(t) &= Q_\mathrm{G}[v_\mathrm{GS}(t), v_\mathrm{DS}(t), v_\mathrm{BS}(t)] \\ q_\mathrm{B}(t) &= Q_\mathrm{B}[v_\mathrm{GS}(t), v_\mathrm{DS}(t), v_\mathrm{BS}(t)], \end{aligned}$$

verwendet. Aus diesem Ansatz folgt durch Bilden der Ableitungen

$$\begin{pmatrix} \mathrm{d}q_\mathrm{D}/\mathrm{d}t \\ \mathrm{d}q_\mathrm{G}/\mathrm{d}t \\ \mathrm{d}q_\mathrm{B}/\mathrm{d}t \end{pmatrix} = \begin{pmatrix} c_\mathrm{dd} & -c_\mathrm{dg} & -c_\mathrm{db} \\ -c_\mathrm{gd} & c_\mathrm{gg} & -c_\mathrm{gb} \\ -c_\mathrm{bd} & -c_\mathrm{bg} & c_\mathrm{bb} \end{pmatrix} \begin{pmatrix} \mathrm{d}v_\mathrm{DS}/\mathrm{d}t \\ \mathrm{d}v_\mathrm{GS}/\mathrm{d}t \\ \mathrm{d}v_\mathrm{BS}/\mathrm{d}t \end{pmatrix}$$

mit den *Kapazitätskoeffizienten*

$$\begin{aligned} c_\mathrm{dd} &= \frac{\partial Q_\mathrm{D}}{\partial V_\mathrm{DS}} & c_\mathrm{dg} &= -\frac{\partial Q_\mathrm{D}}{\partial V_\mathrm{GS}} & c_\mathrm{db} &= -\frac{\partial Q_\mathrm{D}}{\partial V_\mathrm{BS}} \\ c_\mathrm{gd} &= -\frac{\partial Q_\mathrm{G}}{\partial V_\mathrm{DS}} & c_\mathrm{gg} &= \frac{\partial Q_\mathrm{G}}{\partial V_\mathrm{GS}} & c_\mathrm{gb} &= -\frac{\partial Q_\mathrm{G}}{\partial V_\mathrm{BS}} \\ c_\mathrm{bd} &= -\frac{\partial Q_\mathrm{B}}{\partial V_\mathrm{DS}} & c_\mathrm{bg} &= -\frac{\partial Q_\mathrm{B}}{\partial V_\mathrm{GS}} & c_\mathrm{bb} &= \frac{\partial Q_\mathrm{B}}{\partial V_\mathrm{BS}} \end{aligned}$$

Insgesamt werden so neun verschiedene Kapazitätskoeffizienten definiert, die im allgemeinen Fall jedoch nicht als reziprok angenommen werden dürfen, d. h. i. allg. gilt

$$c_{\alpha\beta} \neq c_{\beta\alpha}\,.$$

Die Differenzen $c_{\alpha\beta} - c_{\beta\alpha}$ definieren die sog. *Transkapazitäten.* Im einzelnen wird die Schreibweise

$$c_\mathrm{m} = c_\mathrm{dg} - c_\mathrm{gd}, \qquad c_\mathrm{mb} = c_\mathrm{db} - c_\mathrm{bd} \qquad \text{und} \qquad c_\mathrm{mx} = c_\mathrm{bg} - c_\mathrm{gb} \tag{20.78}$$

verwendet. Unter Verwendung dieser Transkapazitäten und der Zerlegung $v_\mathrm{GS} = v_\mathrm{GD} + v_\mathrm{DS}$ sowie $v_\mathrm{BS} = v_\mathrm{BD} + v_\mathrm{DS}$ folgt für die Änderung von $q_\mathrm{D}(t)$ die Beziehung

$$\begin{aligned}\frac{\mathrm{d}q_\mathrm{D}}{\mathrm{d}t} &= c_\mathrm{dd}\,\frac{\mathrm{d}v_\mathrm{DS}}{\mathrm{d}t} - c_\mathrm{dg}\,\frac{\mathrm{d}v_\mathrm{GS}}{\mathrm{d}t} - c_\mathrm{db}\,\frac{\mathrm{d}v_\mathrm{BS}}{\mathrm{d}t}\\ &= c_\mathrm{dd}\,\frac{\mathrm{d}v_\mathrm{DS}}{\mathrm{d}t} - c_\mathrm{gd}\,\frac{\mathrm{d}v_\mathrm{GS}}{\mathrm{d}t} - c_\mathrm{m}\,\frac{\mathrm{d}v_\mathrm{GS}}{\mathrm{d}t} - c_\mathrm{bd}\,\frac{\mathrm{d}v_\mathrm{BS}}{\mathrm{d}t} - c_\mathrm{mb}\,\frac{\mathrm{d}v_\mathrm{BS}}{\mathrm{d}t}\\ &= c_\mathrm{sd}\,\frac{\mathrm{d}v_\mathrm{DS}}{\mathrm{d}t} + c_\mathrm{gd}\,\frac{\mathrm{d}v_\mathrm{DG}}{\mathrm{d}t} + c_\mathrm{bd}\,\frac{\mathrm{d}v_\mathrm{DB}}{\mathrm{d}t} - c_\mathrm{m}\,\frac{\mathrm{d}v_\mathrm{GS}}{\mathrm{d}t} - c_\mathrm{mb}\,\frac{\mathrm{d}v_\mathrm{BS}}{\mathrm{d}t} \qquad (20.79)\end{aligned}$$

wobei

$$c_\mathrm{sd} = c_\mathrm{dd} - c_\mathrm{gd} - c_\mathrm{bd}\,. \qquad (20.80)$$

Entsprechend führt die Substitution $v_\mathrm{DS} = v_\mathrm{DG} + v_\mathrm{GS}$ sowie $v_\mathrm{BS} = v_\mathrm{BG} + v_\mathrm{GS}$ auf

$$\frac{\mathrm{d}q_\mathrm{G}}{\mathrm{d}t} = c_\mathrm{gd}\,\frac{\mathrm{d}v_\mathrm{GD}}{\mathrm{d}t} + c_\mathrm{gs}\,\frac{\mathrm{d}v_\mathrm{GS}}{\mathrm{d}t} + c_\mathrm{gb}\,\frac{\mathrm{d}v_\mathrm{GB}}{\mathrm{d}t} \qquad (20.81)$$

mit

$$c_\mathrm{gs} = c_\mathrm{gg} - c_\mathrm{gd} - c_\mathrm{gb} \qquad (20.82)$$

und die Substitution $v_\mathrm{DS} = v_\mathrm{DB} + v_\mathrm{BS}$ sowie $v_\mathrm{GS} = v_\mathrm{GB} + v_\mathrm{BS}$ auf

$$\frac{\mathrm{d}q_\mathrm{B}}{\mathrm{d}t} = c_\mathrm{bd}\,\frac{\mathrm{d}v_\mathrm{BD}}{\mathrm{d}t} + c_\mathrm{gb}\,\frac{\mathrm{d}v_\mathrm{BG}}{\mathrm{d}t} - c_\mathrm{mx}\,\frac{\mathrm{d}v_\mathrm{GB}}{\mathrm{d}t} + c_\mathrm{bs}\,\frac{\mathrm{d}v_\mathrm{BS}}{\mathrm{d}t} \qquad (20.83)$$

mit

$$c_\mathrm{bs} = c_\mathrm{bb} - c_\mathrm{bd} - c_\mathrm{bg}\,. \qquad (20.84)$$

Die Umsetzung der Gln. (20.79) , (20.81) und (20.83) in eine Kleinsignalersatzschaltung führt auf Abb. 20.47.

Während $q_\mathrm{G}(t)$ als Ladung auf einer Kondensatorplatte und $q_\mathrm{B}(t)$ als Raumladung im Halbleiter unzweideutig identifiziert werden können, erfordert die Angabe von $q_\mathrm{D}(t)$ und $q_\mathrm{S}(t)$ eine *Aufteilung der Elektronenladung* im Kanal, falls der MOSFET nicht im Sperrzustand betrieben wird. Eine solche Aufteilung ergibt sich aus der Forderung, daß die Transferstromquelle im Netzwerkmodell den *Mittelwert* des Stroms i_n durch den Kanal angibt. Die Ortsabhängigkeit dieses Stroms wird durch die Kontinuitätsgleichung beschrieben

$$\frac{\partial i_\mathrm{n}}{\partial y} = W\,\frac{\partial q'_\mathrm{n}}{\partial t}\,,$$

wobei q'_n die (zeit- und ortsabhängige) Flächenladungsdichte im Kanal bezeichnet. Der am Sourcekontakt in den Kanal injizierte Strom $i_\mathrm{n}(0) = i_\mathrm{S}$ und der am Drainkontakt aus dem Kanal abfließende Strom $i_\mathrm{D} = i_\mathrm{n}(L)$ unterscheiden sich demnach um die Ladungsänderung im Kanal

$$i_\mathrm{D}(t) - i_\mathrm{S}(t) = W\frac{\mathrm{d}}{\mathrm{d}t}\int_0^L q'_\mathrm{n}(y')\,\mathrm{d}y'\,.$$

Die Transferstromquelle in der Ersatzschaltung soll durch den Mittelwert

$$i_\mathrm{T}(t) = \frac{1}{L}\int_0^L i_\mathrm{n}(y)\,\mathrm{d}y$$

beschrieben werden. Nach partieller Integration ergibt dies

$$\begin{aligned} i_\mathrm{T}(t) &= \int_0^L \frac{\partial}{\partial y}(y \cdot i_\mathrm{n})\,\mathrm{d}y - \int_0^L y\,\frac{\partial i_\mathrm{n}}{\partial y}\,\mathrm{d}y \\ &= i_\mathrm{n}(L) - \frac{1}{L}\int_0^L y\,\frac{\partial i_\mathrm{n}}{\partial y}\,\mathrm{d}y \;=\; i_\mathrm{D} - \frac{W}{L}\frac{\mathrm{d}}{\mathrm{d}t}\int_0^L y\,q_\mathrm{n}'(y)\,\mathrm{d}y\,, \end{aligned} \tag{20.85}$$

so daß durch Vergleich mit Gl. (20.75) die in [24] beschriebene Zerlegung folgt

$$q_\mathrm{S} = W\int_0^L \left(1-\frac{y}{L}\right) q_\mathrm{n}'(y)\,\mathrm{d}y \qquad \text{und} \qquad q_\mathrm{D} = W\int_0^L \frac{y}{L}\,q_\mathrm{n}'(y)\,\mathrm{d}y\,.$$

Abhängig von der verwendeten Näherungsbeziehung für die Inversionsladung ergeben sich etwas unterschiedliche Ausdrücke für die Ladungsanteile. Mit den Abkürzungen

$$\Lambda = \frac{(v_\mathrm{GS}-V_\mathrm{TH})^2}{6} - \frac{\alpha_x v_\mathrm{DS}(v_\mathrm{GS}-V_\mathrm{TH})}{8} + \frac{\alpha_x^2 v_\mathrm{DS}^2}{40}$$

und $\chi = v_\mathrm{GS}-V_\mathrm{TH}-\alpha_x v_\mathrm{DS}/2$ gilt im Widerstandsbereich

$$q_\mathrm{G} = c_\mathrm{ox}\left[v_\mathrm{GS} - V_\mathrm{FB} - \Phi - \frac{v_\mathrm{DS}}{2} + \frac{\alpha_x v_\mathrm{DS}^2}{12\,\chi}\right] \tag{20.86}$$

$$q_\mathrm{B} = c_\mathrm{ox}\left[-V_\mathrm{TH} + V_\mathrm{FB} + \Phi + \frac{(1-\alpha_x)v_\mathrm{DS}}{2} - \frac{\alpha_x(1-\alpha_x)v_\mathrm{DS}^2}{12\,\chi}\right] \tag{20.87}$$

$$q_\mathrm{D} = -c_\mathrm{ox}\left[\frac{v_\mathrm{GS}-V_\mathrm{TH}-\alpha_x v_\mathrm{DS}}{2} + \frac{\alpha_x v_\mathrm{DS}}{\chi^2}\,\Lambda\right] \tag{20.88}$$

$$q_\mathrm{S} = -c_\mathrm{ox}\left[\frac{v_\mathrm{GS}-V_\mathrm{TH}}{2} + \frac{\alpha_x v_\mathrm{DS}}{\chi}\left(\frac{\alpha_x v_\mathrm{DS}}{12} - \frac{\Lambda}{\chi}\right)\right] \tag{20.89}$$

und im Sättigungsbereich

$$q_\mathrm{G} = c_\mathrm{ox}\left(v_\mathrm{GS} - V_\mathrm{FB} - \Phi - \frac{v_\mathrm{GS}-V_\mathrm{TH}}{3\alpha_x}\right) \tag{20.90}$$

$$q_\mathrm{B} = c_\mathrm{ox}\left[-V_\mathrm{TH} + V_\mathrm{FB} + \Phi + \frac{(1-\alpha_x)(v_\mathrm{GS}-V_\mathrm{TH})}{3\alpha_x}\right] \tag{20.91}$$

$$q_\mathrm{D} = -\frac{4}{15}\,c_\mathrm{ox}\,(v_\mathrm{GS}-V_\mathrm{TH}) \tag{20.92}$$

$$q_\mathrm{S} = -\frac{6}{15}\,c_\mathrm{ox}\,(v_\mathrm{GS}-V_\mathrm{TH})\,. \tag{20.93}$$

Die Kapazitätskoeffizienten ergeben sich hieraus durch Ableiten. Diese Beziehungen wurden von verschiedenen Autoren (z. B. [25, 26]) angegeben, Unterschiede finden sich lediglich in der Definition der Größe α_x. Der einfachste Ansatz ist nach [26]

$$\alpha_x = 1 + \frac{\gamma}{2\sqrt{\Phi - V_\mathrm{BS}}}\,.$$

20.6.2 Rauschen

Das Rauschen des MOSFET wird hauptsächlich durch das thermische Rauschen der Bahnwiderstände und des Kanals bestimmt. Das thermische Rauschen der Bahnwiderstände wird in der Ersatzschaltung durch zwei Rauschspannungsquellen mit den Spektralfunktionen

$$S_{v,\mathrm{rd}}(f) = 4k_{\mathrm{B}}Tr_{\mathrm{dd'}} \quad \text{und} \quad S_{v,\mathrm{rs}}(f) = 4k_{\mathrm{B}}Tr_{\mathrm{ss'}}$$

erfaßt. Der den Strom führende Kanal zeigt ebenfalls thermisches Rauschen: Bei sehr kleinen Spannungen V_{DS}, solange die Kanaleinschnürung vernachlässigbar klein ist, entspricht der Kanal einem ohmschen Leitwert

$$G = \mu_{\mathrm{s}} \frac{W}{L} Q'_{\mathrm{n}} ,$$

dessen Rauschen durch eine parallel zur Transferstromquelle geschaltete Rauschstromquelle mit der Spektralfunktion

$$S_i(f) = 4k_{\mathrm{B}}TG$$

beschrieben wird (vgl. Abb. 20.48).

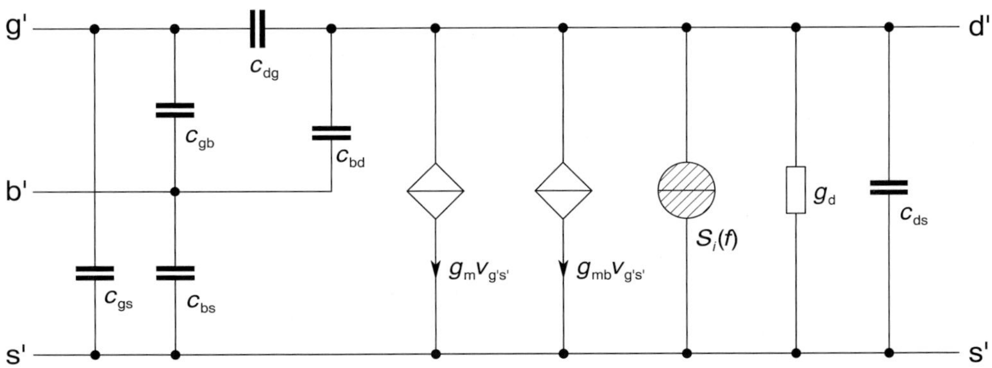

Abb. 20.48. Rauschersatzschaltung des MOSFET für den Bereich mittlerer Frequenzen

Mit zunehmender Kanaleinschnürung ist die Flächenladungsdichte Q'_{n} und die Beweglichkeit abhängig von y. Für G ist nun der Mittelwert

$$G = \frac{W}{L} \langle \mu_{\mathrm{s}} Q'_{\mathrm{n}}(y) \rangle \quad \text{mit} \quad \langle \mu_{\mathrm{s}} Q'_{\mathrm{n}}(y) \rangle = \frac{1}{L} \int_0^L \mu_{\mathrm{s}} Q'_{\mathrm{n}}(y)\,\mathrm{d}y$$

zu verwenden. Wird die Beweglichkeit näherungsweise als unabhängig von y angenommen, so vereinfacht sich dieser Ausdruck zu

$$S_i(f) = -4k_{\mathrm{B}}T \frac{\mu_{\mathrm{s}}}{L^2} Q_{\mathrm{n}} , \tag{20.94}$$

wobei Q_n die gesamte Ladung im Kanal bezeichnet; Messungen zeigen, daß die Näherung (20.94) bis zu Kanallängen von 0.18 µm in sehr guter Näherung erfüllt ist [27].

Langkanal-MOSFETs. Im Widerstandsbereich folgt aus $Q_\mathrm{n} = Q_\mathrm{S} + Q_\mathrm{D}$, (20.88) und (20.89)

$$Q_\mathrm{n} = -c_\mathrm{ox}\left[V_\mathrm{GS} - V_\mathrm{TH} - \frac{\alpha_x V_\mathrm{DS}}{2} + \frac{\alpha_x^2 V_\mathrm{DS}^2}{12\chi}\right],$$

so daß mit $\beta_\mathrm{n} = \mu_\mathrm{s} c'_\mathrm{ox} W/L$ und $c_\mathrm{ox} = c'_\mathrm{ox} WL$ folgt

$$S_i(f) = 4k_\mathrm{B}T\beta_\mathrm{n}\left[V_\mathrm{GS} - V_\mathrm{TH} - \frac{\alpha_x V_\mathrm{DS}}{2} + \frac{\alpha_x^2 V_\mathrm{DS}^2}{12\chi}\right]. \tag{20.95}$$

Im Sättigungsbereich folgt entsprechend mit (20.92) und (20.93)

$$Q_\mathrm{n} = -\frac{2}{3}\,c_\mathrm{ox}(V_\mathrm{GS} - V_\mathrm{TH})$$

so daß

$$S_i(f) = 4k_\mathrm{B}T\,\frac{2}{3}\,\beta_\mathrm{n}(V_\mathrm{GS} - V_\mathrm{TH}) = 4k_\mathrm{B}T\,\frac{2g_\mathrm{m}}{3}. \tag{20.96}$$

Im Subthresholdbereich (Gebiet schwacher Inversion) fließt der Transferstrom als Diffusionsstrom, vergleichbar dem Transferstrom des Bipolartransistors. Entsprechend kann die Elektronenladung Q_n hier wie die Diffusionsladung in der Basis eines Bipolartransistors der Basisweite L berechnet werden[30]

$$\Delta Q_\mathrm{n} = -\frac{L^2}{2\mu_\mathrm{s} V_T}\,I_\mathrm{D}. \tag{20.97}$$

In Gl. (20.94) eingesetzt, folgt für die Spektralfunktion des Rauschstroms im Subthresholdbereich

$$S_i(f) = 2eI_\mathrm{D}. \tag{20.98}$$

Dieses Ergebnis entspricht dem Schrotrauschen des Kollektorstroms eines Bipolartransistors.

Kurzkanal-MOSFETs. Die Beziehungen (20.95) und (20.96) bieten eine für Langkanaltransistoren ausreichende Genauigkeit. Unter Berücksichtigung der in Kurzkanaltransistoren bedeutsamen Geschwindigkeitssättigung und Kanallängenmodulation folgt nach [28] im Widerstandsbereich ($V_\mathrm{DS} < V_\mathrm{Dsat}$)

[30] Diese Beziehung gilt in guter Näherung für $V_\mathrm{DS} > 5V_T$; für kleinere Werte von V_DS ist (20.97) mit dem Faktor der Ansatz $[1 - \exp(-V_\mathrm{DS}/V_T)]$ zu multiplizieren [5].

$$
\begin{aligned}
S_i &= \frac{4kT\beta_\mathrm{n}^2}{I_\mathrm{D}}\left[V_\mathrm{GST}^2 V_\mathrm{DS} - \alpha_x V_\mathrm{GST} V_\mathrm{DS}^2 + \frac{\alpha_x^3}{3} V_\mathrm{DS}^3\right] \\
&\quad - \frac{4k_\mathrm{B}T\beta_\mathrm{n}}{V_\mathrm{DS}^*}\left[V_\mathrm{GST} V_\mathrm{DS} - \frac{\alpha_x}{2} V_\mathrm{DS}^2\right] , \qquad (20.99)
\end{aligned}
$$

wobei $V_\mathrm{GST} = (V_\mathrm{GS} - V_\mathrm{TH})$ und $V_\mathrm{DS}^* = E_\mathrm{sat}\,L$; für den Sättigungsbereich $(V_\mathrm{DS} \geq V_\mathrm{Dsat})$ gilt entsprechend

$$
\begin{aligned}
S_i &= \frac{4k_\mathrm{B}T\beta_\mathrm{n}^2}{(1-\Delta L/L)^2}\frac{1}{I_\mathrm{D}}\left[V_\mathrm{GST}^2 V_\mathrm{Dsat} - \alpha_x V_\mathrm{GST} V_\mathrm{Dsat}^2 + \frac{\alpha_x^3 V_\mathrm{Dsat}^3}{3}\right] \\
&\quad - \frac{4k_\mathrm{B}T\beta_\mathrm{n}}{V_\mathrm{DS}^*(1-\Delta L/L)^2}\left[V_\mathrm{GST} V_\mathrm{DS} - \frac{\alpha_x}{2} V_\mathrm{Dsat}^2\right] . \qquad (20.100)
\end{aligned}
$$

Die Beziehungen wurden in [28] mit Messungen verglichen und bestätigt.

1/f-Rauschen. Bei kleinen Frequenzen wird zusätzlich zum thermischen Kanalrauschen ein $1/f$-*Rauschen* beobachtet, das sich näherungsweise durch die Spektralfunktion

$$
S_i(f) = \left(\frac{I_\mathrm{D}}{\mathrm{A}}\right)^{A_\mathrm{F}} \frac{K_\mathrm{F}}{f}
$$

beschreiben läßt. Die Parameter K_F aund A_F sind dabei an Meßwerte anzupassen. Ursachen des $1/f$-Rauschens sind Schwankungen der Teilchenzahl und der Beweglichkeit, wobei in n-Kanal MOSFETs die Schwankungen der Teilchenzahl, in p-Kanal MOSFETs die Schwankungen der Beweglichkeit dominieren [29, 30].

Induziertes Gate- und Substratrauschen. Der mit dem Anschluß der Gateelektrode verbundene Serienwiderstand $r_\mathrm{gg'}$ verursacht eine Rauschspannung mit dem Spektrum

$$
S_{v,\mathrm{rg}} = 4k_\mathrm{B}T r_\mathrm{gg'} ,
$$

die sich über den Übertragungsleitwert auf den Drainstrom auswirkt. Der mit dem Gateleckstrom I_G verbundene Rauschstromanteil kann wegen der guten Isolatoreigenschaften gewöhnlich vernachlässigt werden und wurde in der Rauschersatzschaltung Abb. 20.48 nicht berücksichtigt. Die durch das thermische Rauschen bedingten Fluktuationen des Potentials im Kanal koppeln kapazitiv auf die Gateelektrode und das Substrat und verursachen so ein Rauschen des Gate- und des Substratstroms. Dies wird auch als induziertes Gate- bzw. Substratrauschen bezeichnet. Diese Effekte sind in der Regel vernachlässigbar klein.

20.7 MOSFETs in integrierten Schaltungen

Integrierte CMOS-Schaltungen (vgl. Kap. 21) dominieren heute auf dem Gebiet der Digitaltechnik. Daneben gewinnen integrierte Analogschaltungen in CMOS-Technik als reine Analogbausteine (z. B. Operationsverstärker) oder als Analogzellen in gemischten analog-digitalen Systemen zunehmend an Bedeutung. Durch fortschreitende Strukturverkleinerung konnten Integrationsgrad und Taktfrequenz der Schaltkreise kontinuierlich gesteigert werden. Maßgeblich für die Leistungsfähigkeit einer „Technologiegeneration“ ist die minimale Strukturgröße λ, die in Digitalschaltungen in der Regel gleich der Gatelänge gewählt wird. In der Produktion wurden bisher minimale Strukturgrößen von 65 – 90 nm erreicht, wobei eine weitergehende Reduktion in den Bereich unter 50 nm abzusehen ist. Bei der Strukturverkleinerung sind insbesondere die abnehmenden Durchbruchspannungen, zu Änderungsausfällen (Driftausfällen) führende Degradationseffekte, eine zunehmende Empfindlichkeit gegenüber elektrostatischen Entladungen sowie ausgeprägte Kurzkanaleffekte und Schwankungen der Bauteilkenngrößen zu beachten.

20.7.1 Herstellung integrierter CMOS-Bausteine

Integrierte CMOS-Schaltungen erfordern die Herstellung von n-Kanal- und p-Kanal-MOSFETs auf einem Chip. Da n-Kanal-MOSFETs ein p-Typ-Substrat und p-Kanal-MOSFETs ein n-Typ-Substrat erfordern, müssen Teilgebiete des Wafers umdotiert werden um beide Transistortypen herstellen zu können. Im einfachsten Fall werden hierzu sog. n-Wannen in einem p-Typ Substrat oder aber p-Wannen in einem n-Typ-Substrat erzeugt. Zur Erläuterung wird hier die einfache CMOS-Technologie mit n-Wanne betrachtet.[31]

Konventioneller CMOS-Prozess mit n-Wanne

n-Wanne, LOCOS-Oxidation. Als Ausgangsmaterial dient p-dotiertes Silizium mit einer typischen Dotierstoffkonzentration von 10^{15} cm^{-3}. Zur Herstellung der n-Wannen wird zunächst eine thermische Oxidschicht erzeugt, die nach einem Ätzschritt als Maske für die Implantation und anschließende *Diffusion* von Donatoren dient. Es entstehen n-dotierte wannenförmige Gebiete im p-Substrat mit einer Oberflächenkonzentration von der Größenordnung $N_\mathrm{D} \approx 10^{16}$ cm^{-3} und einem – bedingt durch die Diffusion – vergleichsweise geringen Gradienten der Dotierstoffkonzentration. Um eine Justierung späterer Fotomasken zu ermöglichen, wird die Waferoberfläche im Bereich der n-Wanne leicht abgeätzt, wodurch eine Stufe entsteht. In der Folge wird die LOCOS-Isolation hergestellt, die unterschiedliche Bauteile durch

[31] Der betrachtete Prozeßablauf dient der Darstellung der prinzipiellen Vorgehensweise und Probleme und entspricht nicht dem neuesten technologischen Stand.

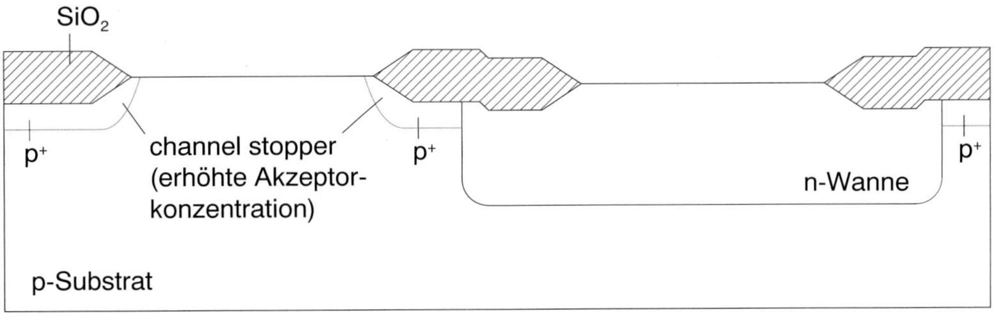

Abb. 20.49. Querschnitt durch einen CMOS-Inverter nach Herstellung der n-Wanne und der LOCOS-Isolation

SiO_2-Gebiete voneinander trennt und nur diejenigen Teilgebiete der Waferoberfläche nicht erfaßt, an denen später die Transistoren zu liegen kommen. Um die Kapazität von elektrischen Verbindungen gegenüber Substrat klein zu halten, sollte die Dicke dieser Oxidschichten möglichst groß sein (typische Werte der Schichtdicke liegen bei 1 µm). Die Herstellung der LOCOS-Isolationsgebiete folgt dabei dem in Kap. 13 beschriebenen Verfahren, nach dem Siliziumnitrid als Maske für die thermische Oxidation verwendet wird. Zur Vermeidung unerwünschter Inversionskanäle unter dem LOCOS-Oxid wird vor der thermischen Oxidation eine Implantation von Akzeptoratomen vorgenommen (sog. *Channel stopper*). Eine Umdotierung der aktiven Bereiche wird dabei durch die Siliziumnitridmaske des LOCOS-Prozesses verhindert. Da die Erzeugung thermischer Oxidschichten mit Schichtdicken im Mikrometerbereich mehrere Stunden dauert und eine hohe Temperatur der Scheibe ($\vartheta > 1000°C$) erfordert, findet während der LOCOS-Oxidation eine zusätzliche Ausdiffusion der n-Wanne statt. Abbildung 20.49 zeigt den Querschnitt durch einen CMOS-Inverter nach Herstellung von n-Wanne und LOCOS-Isolation.

Gateoxid und -elektrode. Nach der Herstellung des LOCOS-Oxids wird die Siliziumnitridschicht wieder entfernt und die Siliziumoberfläche in den Gebieten, in denen die Transistoren zu liegen kommen, durch Abätzen gereinigt. Dann wird das *Gateoxid* aufgewachsen – die Oxiddicken liegen dabei im Bereich weniger Nanometer (für Submikrometertranistoren) bis zu einigen 100 nm. An die Qualität dieses Oxids sowie an die Einhaltung seiner Dicke sind höchste Anforderungen zu stellen, da diese Größen die Einsatzspannung des MOSFETs und seine Zuverlässigkeit beeinflussen. Durch Implantation von Störstellen (bei n^+-dotiertem poly-Si-Gate in der Regel Bor) kann nun die Dotierstoffkonzentration im Bereich des Kanals und damit die Einsatzspannung der MOSFETs verändert werden. Auf das Gateoxid wird in einem nächsten Prozeßschritt eine stark mit Phosphor (n-Typ) dotierte – und damit niederohmige – polykristalline Siliziumschicht abgeschieden. Der Flächenwiderstand dieser Schicht sollte so gering wie möglich sein, da diese auch zur

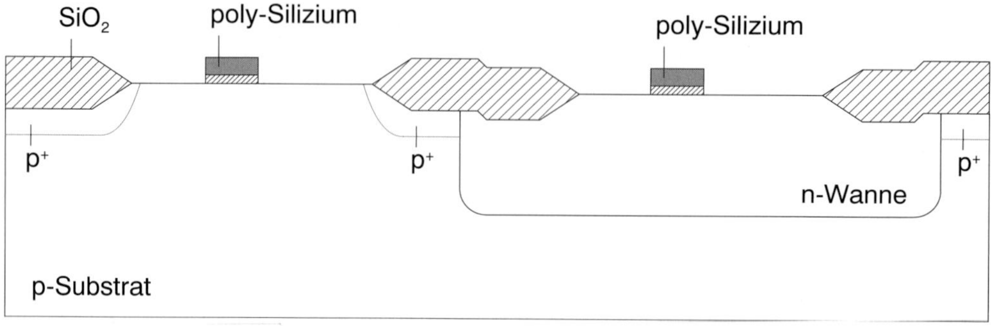

Abb. 20.50. Querschnitt durch einen CMOS-Inverter nach der Strukturierung des Gateoxids

Verbindung der Gateelektroden verschiedener Transistoren verwendet wird. Nach Abscheiden der polykristallinen Siliziumschicht wird die Doppelschicht aus poly-Silizium und Gateoxid an den Stellen wieder entfernt, an denen Source und Drain zu liegen kommen. Hierzu wird ein Plasmaätzverfahren verwendet. Abhängig von der verwendeten Maske ergeben sich unterschiedliche Kanallängen und damit unterschiedliche elektrische Eigenschaften der Bauelemente.

Implantation der Source- und Draingebiete. Nach Freiätzen der Source- und Draingebiete werden die Anschlußgebiete der MOSFETs implantiert. Dies geschieht selbstjustierend: Das Gebiet unter dem Gate wird bei der Implantation automatisch ausgeschlossen, da es durch die darüberliegende Gateelektrode abgeschirmt wird.

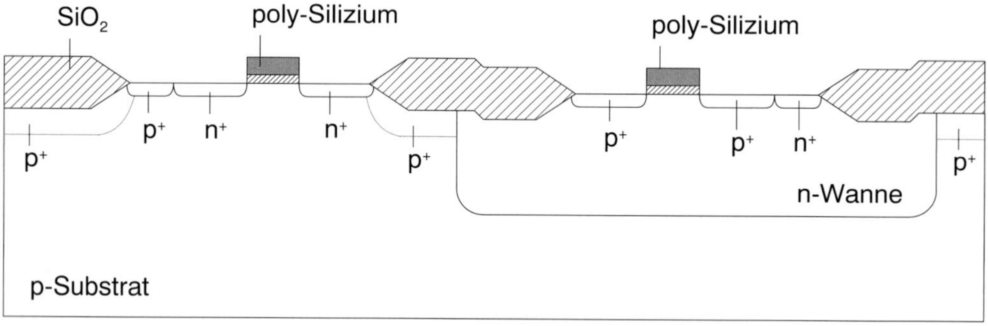

Abb. 20.51. Querschnitt durch einen CMOS-Inverter nach Implantation der Source- und Drain-Gebiete

Für die Implantation von Source- und Draingebiet des n-Kanal-MOSFET müssen die Anschlußgebiete des p-Kanal-MOSFET abgeschirmt werden. Als Maske für die Donatorimplantation wird Fotolack verwendet, der so strukturiert wird, daß die n-Wanne, d. h. das Gebiet des p-Kanal-MOSFET, bis auf einen kleinen Streifen, an dem später der Wannenkontakt entstehen soll, abgedeckt ist. Als Donator wird gewöhnlich Arsen verwendet, da sich damit flachere pn-Übergänge erzielen lassen. Die Flächenwiderstände der Anschlußgebiete liegen typischerweise bei 30 Ω. Für die Implantation der Source- und Drain-Gebiete des p-Kanal-MOSFET ist das Gebiet des n-Kanal-MOSFET mit Fotolack abzudecken. Hierzu wird eine Maske verwendet, die außer den Bereichen an denen ein Substratanschluß erfolgen soll, nur diejenigen Teilgebiete des p-Kanal-Transistors nicht abgedeckt läßt, an denen später Source und Drain liegen sollen. Nun wird der Fotolack entfernt und die Scheibe im Anschluß kurzzeitig erhitzt um durch die Implantation bedingte Kristallschäden auszuheilen. Die Ausheilzeiten und -temperaturen müssen dabei so klein gewählt werden, daß die Ausdiffusion der bisher erzeugten Bahngebiete tolerierbar klein bleibt.

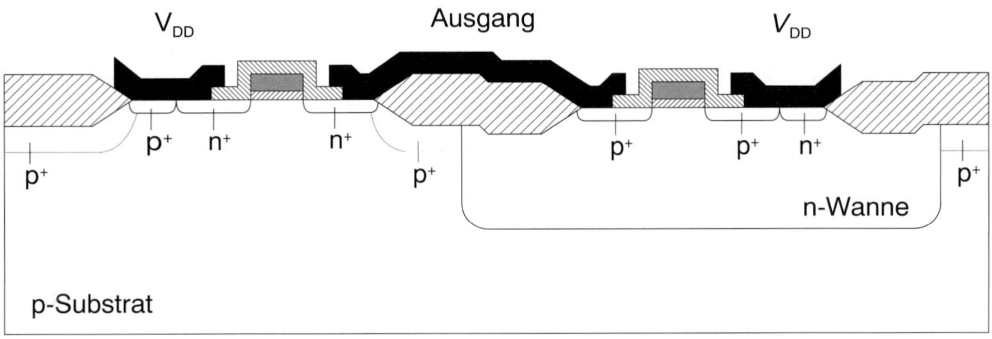

Abb. 20.52. Querschnitt durch einen CMOS-Inverter nach Metallisierung

Metallisierung. Nun wird die Scheibe ganzflächig mit einer aus der Gasphase abgeschiedenen Oxidschicht bedeckt. Die Oberfläche dieser Oxidschicht ist dabei i. allg. uneben, da die darunterliegenden LOCOS-Stege und Gategebiete eine nichtplanare Oberfläche aufweisen; diese Unebenheiten sind kritisch: Im ungünstigsten Fall können diese zu Unterbrechungen in den elektrischen Verbindungen führen. Aber auch Verbindungen, die lediglich zu dünn geraten sind, stellen langfristig ein Zuverlässigkeitsproblem dar, da die lokal erhöhte Stromdichte zu *Elektromigration* und so zu einer Unterbrechung der Leiterbahn führen kann. In modernen Prozessen wird deshalb ein Teil der Oxidschicht über Chemical-Mechanical Polishing (CMP) wieder abgetragen, so daß eine planare Oberfläche entsteht. Das abgeschiedene und ggf. planarisierte SiO_2 wird nun an den Stellen wieder entfernt, an denen elektrische Kontakte zu den darunterliegenden Bahngebieten hergestellt werden sollen (*Kontaktlochätzung*). Nach der Kontaktlochätzung wird Aluminium abgeschieden und so strukturiert, daß die gewünschten elektrischen Verbindungen entstehen. Abbildung 20.52 zeigt den Querschnitt durch die Inverterstruktur nach der Metallisierung. Kontakte zur Gateelektrode werden gewöhnlich außerhalb der Bahngebiete gemacht, um Zuverlässigkeitsprobleme durch *metal spikes* auszuschließen. Die elektrische Verbindung der beiden Gateelektroden zur Bildung des Invertereingangs wird über das hochdotierte polykristalline Gatematerial hergestellt.

Als letzter Prozeßschritt wird die gesamte Scheibe *passiviert*, d. h. mit einer Isolatorschicht überzogen (z. B. Siliziumnitrid). Diese schützt die Schaltung vor Feuchtigkeit, Verunreinigungen und mechanischen Beschädigungen. Für die elektrischen Anschlüsse der Schaltungen nach außen sind in diese Passivierungsschicht wiederum Löcher zu ätzen, über die der Chip nach Einbau in ein Gehäuse mit Drähten kontaktiert werden kann.

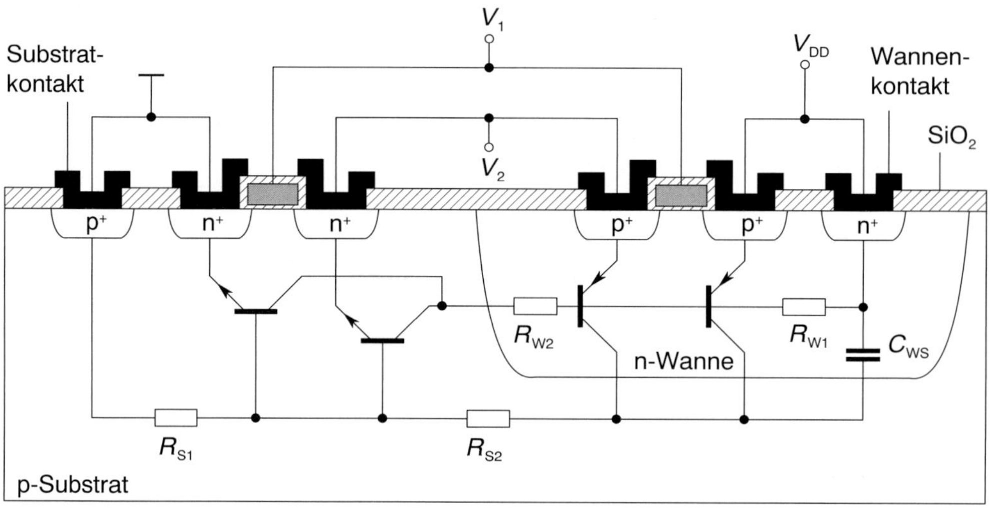

Abb. 20.53. Querschnitt durch einen CMOS-Inverter (n-Wannen-Prozeß). Die beim Latchup beteiligten parasitären Bipolartransistoren, Serienwiderstände, und Kapazitäten sind gekennzeichnet.

20.7.2 Latchup

Werden n-Kanal und p-Kanal MOSFETs in einem Substrat realisiert, so entstehen npnp-Konfigurationen (vgl. Abb. 20.53), die einen parasitären Thyristor (vgl. Kap. 19) bilden. Schaltet dieser in den niederohmigen Zustand, so kommt es zu einem großen Strom zwischen der positiven Versorgungsspannung und Masse, der zu einer thermischen Überlastung und damit in der Regel zu einer Zerstörung der integrierten CMOS-Schaltung führt. Dieses unerwünschte Verhalten wird als *Latchup* bezeichnet. Für eine Diskussion des Latchup-Effekts wird die in Abb. 20.54 angegebene, vereinfachte Ersatzschaltung nach [31] betrachtet. Der Transistor T1 ist ein lateraler npn-Transistor zwischen Source des n-Kanal-MOSFET und der n-Wanne, T2 ist ein vertikaler pnp-Transistor zwischen der Source des p-Kanal-MOSFET und dem Substrat. Der *Substratwiderstand* R_S erfaßt den Spannungsabfall im Sub-

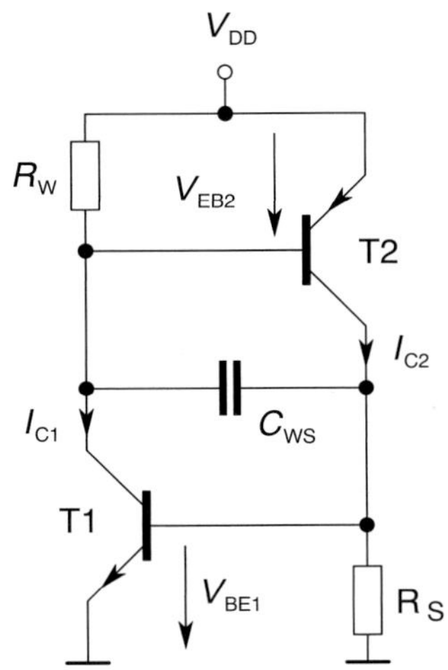

Abb. 20.54. Vereinfachte Ersatzschaltung zur Diskussion des Latchup-Effekts

strat, der *Wannenwiderstand* R_W den Spannungsabfall in der n-Wanne. Für die Kollektorströme der Transistoren läßt sich schreiben

$$I_{C1} = \frac{V_{EB2}}{R_W} + \frac{I_{C2}}{B_{N2}} \quad \text{und} \quad I_{C2} = \frac{V_{BE1}}{R_S} + \frac{I_{C1}}{B_{N1}} .$$

Durch Zusammenfassen folgt für I_{C1} die Beziehung

$$I_{C1} = \frac{B_{N1}B_{N2}}{B_{N1}B_{N2} - 1}\left(\frac{V_{EB2}}{R_W} + \frac{V_{BE1}}{B_{N2}R_S}\right) ,$$

d. h. I_{C1} kann über alle Grenzen wachsen, wenn die Schleifenverstärkung $B_{N1}B_{N2}$ der rückgekoppelten Transistoren den Wert 1 annimmt. Latchup kann demnach zuverlässig vermieden werden, falls für beliebige Ströme

$$\boxed{B_{N1}B_{N2} < 1}$$

gilt. Diese Bedingung kann häufig nicht erfüllt werden – insbesondere bei sehr dicht gepackten Transistoren treten wegen der dann geringen Basisweiten vergleichsweise große Stromverstärkungen auf. Um Latchup zu vermeiden, müssen der Substratwiderstand R_S sowie der Wannenwiderstand R_W so gering sein, daß der an ihnen auftretende Spannungsabfall nicht ausreicht, den Thyristor zu zünden. Zur Verringerung des Substratwiderstands R_S wird in der Regel ein *Episubstrat* verwendet, bei dem eine dünne, niedrig dotierte Schicht auf einem hochdotierten und damit niederohmigen Träger aufgewachsen ist. Der Wannenwiderstand kann vom Designer durch Plazierung einer hinreichend großen Zahl von Wannenkontakten klein gehalten werden.

Verschiedene Mechanismen können zum Zünden des parasitären Thyristors führen:

1. Ein hoher *Sperrstrom* (z. B. als Folge thermischer Generation oder des Lawineneffekts), insbesondere des pn-Übergangs zwischen Wanne und Substrat

kann in Verbindung mit einem ungünstig plazierten Wannenkontakt (R_W groß) die EB-Diode von T2 so weit in Flußrichtung polen, daß der Thyristor zündet. Um diesen Mechanismus auszuschließen, muß der Wannenkontakt sehr dicht beim Sourcegebiet angeordnet werden.

2. Bei Schaltvorgängen auftretende Über- oder Unterschwinger können ebenfalls zum Latchup führen. Dies ist z. B. bei *Ausgangstreibern*, die Lasten mit induktivem Anteil umladen, von Bedeutung. Gerät die Ausgangsspannung um mehr als die Schleusenspannung einer Diode außerhalb des Versorgungsspannungsbereichs, so kommt es zu einer Ladungsträgerinjektion in das Substrat. Um Latchup zu vermeiden, sind bei diesen Transistoren *Guard-Ringe* – das sind in Sperrichtung gepolte pn-Übergänge, die die injizierenden Gebiete ringförmig umschließen – vorzusehen, die die injizierten Ladungsträger „aufsammeln"und dem Rückkopplungszweig entziehen.

3. Durch *kapazitive Kopplung* eines Knotens zur Wanne kann ein Spannungssprung auf diese übertragen werden, sofern die Wanne nicht niederohmig angeschlossen ist.

Eine ausführliche Diskussion der unterschiedlichen Latchup-Mechanismen und Maßnahmen zur Abhilfe ist in [31] zu finden.

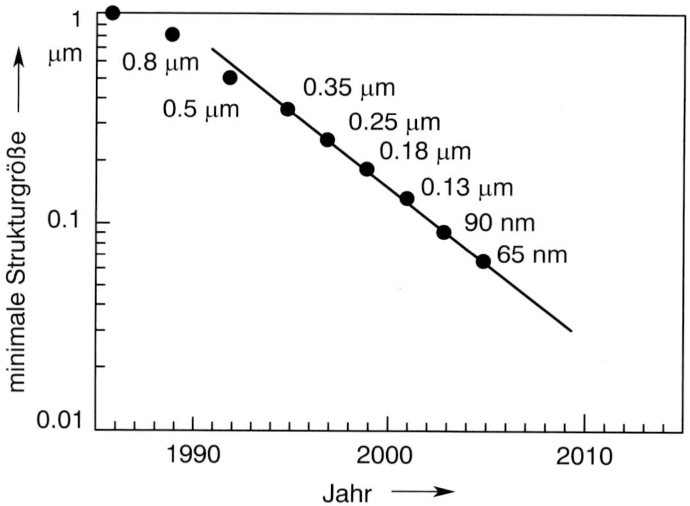

Abb. 20.55. Entwicklung der minimalen Strukturgröße (Kanallänge) in aufeinanderfolgenden CMOS-Technologiegenerationen

20.7.3 Die Idee der Skalierung

Abbildung zeigt wie sich die minimale Strukturgröße (Kanallänge) aufeinanderfolgender CMOS-Technologiegenerationen in der Vergangenheit entwickelt hat: Alle zwei Jahre wurde eine neue Generation eingeführt, bei der die minimale Strukturgröße im Vergleich zum Vorgänger um annähernd den Faktor 0.7 vermindert war. Beim Übergang zur nächsten Technologiegeneration mit feinerer Lithographie sollten bestehende Schaltungen einfach übertragen werden können. Aus diesem Grund wurde die Skalierungstheorie für MOSFETs entwickelt. Diese läßt sich zwar in der Praxis nur eingeschränkt anwenden, erläutert jedoch einige prinzipielle Zusammenhänge.

Tabelle 20.4 Isotrope Skalierung [32]

Parameter	L	W	d_{ox}	N_A	x_j	V_{DD}	E	t_d
Skalierungsfaktor	κ	κ	κ	$1/\kappa$	κ	κ	1	κ

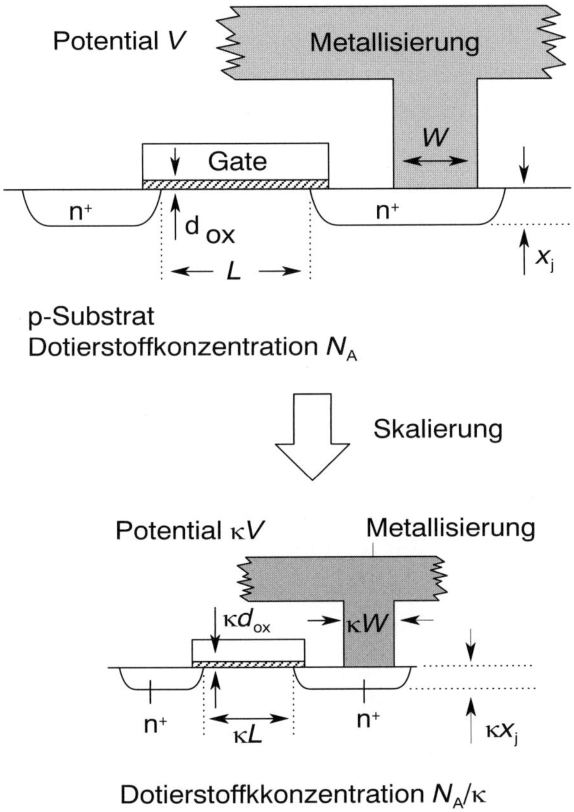

Abb. 20.56. Isotrope Skalierung

Bezeichnet κ den *Skalierungsfaktor*, d. h. den Faktor, um den die minimale Strukturgröße λ durch die verbesserte Lithographie abgenommen hat (Abb. 20.56), so sind bei der sog. *isotropen Skalierung* die Abmessungen L und W des Kanals, die Oxiddicke d_{ox}, die Substratdotierung N_A, die Tiefe x_j der Source- und Draingebiete, sowie die Versorgungsspannung V_{DD} entsprechend Tabelle 20.4 zu verändern. Die Bezeichnung *isotrope Skalierung* rührt daher, daß sämtliche Abmessungen um denselben Faktor κ verringert werden. Die Anhebung der Dotierstoffkonzentration ist erforderlich, damit die elektrische Feldstärke E im Bauteil unverändert bleibt. Dies ist aus der Poissongleichung für das elektrostatische Potential in einem n-Kanal-MOSFET ersichtlich, wonach gilt

$$\nabla^2 \psi = \frac{\partial^2 \psi}{\partial x^2} + \frac{\partial^2 \psi}{\partial y^2} + \frac{\partial^2 \psi}{\partial z^2} = -\frac{e\, N_\mathrm{A}}{\epsilon_\mathrm{Si}} .$$

Die linke Seite skaliert wegen $\psi \sim \kappa$ und $x^2 \sim \kappa^2$ proportional zu $1/\kappa$ was auch für die rechte Seite der Poissongleichung gelten muß. Dies führt auf die Forderung $N_\mathrm{A} \sim 1/\kappa$. Die Übertragungsleitwertfaktoren

$$\beta = \mu_\mathrm{s} \frac{\epsilon_\mathrm{SiO2}}{d_\mathrm{ox}} \frac{W}{L} \sim \frac{1}{\kappa}$$

nehmen umgekehrt proportional zum Skalierungsfaktor zu; als Folge der quadratischen Strom-Spannungs-Beziehung nimmt der Drainstrom wegen $V_\mathrm{GS} \sim \kappa$ und $V_\mathrm{DS} \sim \kappa$ proportional zu κ ab. Da die zum Umladen der Transistorkapazitäten zur Verfügung stehenden Ströme ebenso wie die umzuladenden Kapazitäten proportional zu κ abnehmen, skaliert die Gatterlaufzeit ($t_\mathrm{d} \approx C V_\mathrm{DD}/I_\mathrm{D}$) idealerweise mit κ, was eine Steigerung der Taktfrequenz um den Faktor $1/\kappa$ zuläßt.

Der einfache Skalierungsansatz wurde in der Praxis nicht verwirklicht, da er für jede neue Technologiegeneration eine eigene Versorgungsspannung bedingen würde, was den Systementwurf kompliziert. Weitere Probleme ergeben sich daraus, daß verschiedene Kenngrößen nicht verringert werden können: Die Diffusionsspannungen der pn-Übergänge beispielsweise nehmen mit der erforderlichen Anhebung der Dotierstoffkonzentration zu und skalieren nicht wie die Versorgungsspannung proportional zu κ. Diffusionsströme wie der Subthresholdstrom in MOSFETs skalieren ebenfalls nicht wie die Betriebsspannungen: Die Einsatzspannung kann aus diesem Grund nicht beliebig verringert werden.

Ein alternativer Ansatz für die MOSFET-Skalierung [33] nimmt eine konstante Betriebsspannung an; horizontale Abmessungen und Dotierstoffkonzentrationen werden wie im Fall der isotropen Skalierung verändert. Wegen nicht zu umgehender Materialprobleme wie Durchschlagsfeldstärken und Bauteildegradation durch heiße Elektronen kann die Feldstärke jedoch nicht beliebig erhöht werden: Bis zu $\lambda = 0.5\,\mu\mathrm{m}$ konnte die Betriebsspannung V_DD bei 5 V gehalten werden; mit kleiner werdenden Bauteilabmessungen wurde jedoch eine Verringerung der Betriebsspannungen unvermeidlich. Die reduzierten Betriebsspannungen liegen bei 3.3 V, 2.2 V und 1.5 V, wobei Versorgungsspannungen von 1.5 V vor allem für Anwendungen mit geringer Verlustleistung (Laptops, etc.) von Interesse sind. Ein verallgemeinerter Skalierungsansatz, bei dem die Versorgungsspannung nicht mit κ, sondern schwächer mit dem Faktor α vermindert wird, verwendet die in Tabelle 20.5 aufgeführten Regeln. In der Praxis wird von diesen Regeln abgewichen, um die elektrischen Eigenschaften zu optimieren. Die Kanaldotierung wird beispielsweise stärker

Tabelle 20.5 Verallgemeinerte Skalierungsregeln (nach [33])

Parameter	L	W	d_{ox}	N_A	x_j	V_{DD}	E	t_d
Skalierungsfaktor	κ	κ	κ	α/κ^2	κ	α	α/κ	κ^2/α

angehoben als die Substratdotierung wodurch sich geringe Sperrschichtkapazitäten und ein geringer Substratsteuereffekt bei gleichzeitig akzeptablen Kurzkanaleffekten erreichen lassen. Auch wird die Gateoxiddicke in der Regel weniger stark verringert um die Erhöhung der Feldstärkekomponente E_x senkrecht zum Kanal und die damit verbundene Beweglichkeitsreduktion im Kanal zu vermindern.

Die in einem CMOS-Schaltkreis umgesetzte *Leistung* ist proportional zur umzuladenden Kapazität und zur Taktfrequenz (vgl. Kap. 21)

$$P \sim f_\phi C V_{DD}^2$$

und bleibt wegen der gleichzeitig verringerten Kapazität C annähernd konstant. Da die Fläche der Schaltung jedoch $\sim \kappa^2$ abnimmt, steigt die je Flächeneinheit anfallende Verlustleistung an. Bei gleichbleibender Chipfläche (und höherem Integrationsgrad) erhöht sich die Verlustleistung demzufolge stark. Wegen der quadratischen Abhängigkeit der Verlustleistung von der Betriebsspannung kann dies durch eine Verringerung von V_{DD} zumindest teilweise kompensiert werden.

20.7.4 Degradation

Die im Sättigungsbetrieb in der Raumladungszone vor Drain erzeugten energiereichen Ladungsträger können zu einer Schädigung des Oxids und der Si-SiO_2-Grenzfläche führen. Dies wirkt sich in der Regel in einer als *Degradation* bezeichneten Verschiebung wichtiger Bauteilkenngrößen wie der Einsatzspannung des MOSFET aus und kann zu Änderungsausfällen (Driftausfällen) führen, wenn die Verschiebungen so stark sind, daß der für die jeweilige Kenngröße spezifizierte Grenzwert überschritten wird. Für die Degradation sind unterschiedliche Mechanismen verantwortlich:

(1) Ladungsträgerinjektion in das Oxid: Besitzt ein heißes Elektron eine kinetische Energie, die größer ist als die Barrierenhöhe an der Si-SiO_2-Grenzfläche, so kann es in des Oxid injiziert werden (vgl. Abb. 20.57 a). Auf diesem Weg kommt es zu einem Gatestrom. Ein Teil der in das Oxid injizierten Elektronen kann dort eingefangen werden und führt zu einer Aufladung, die sich in einer Verschiebung der Einsatzspannung bemerkbar macht. Ein entsprechender Mechanismus ist auch bei Löchern zu beobachten (vgl. Abb. 20.57 b). Da die für Löcher zu überwindende Barriere mit 4.6 eV jedoch wesentlich größer ist als die von Elektronen zu überwindende Barriere von 3.2 eV sind p-Kanal-MOSFETs für diesen Degradationsmechanismus deutlich weniger störanfällig.

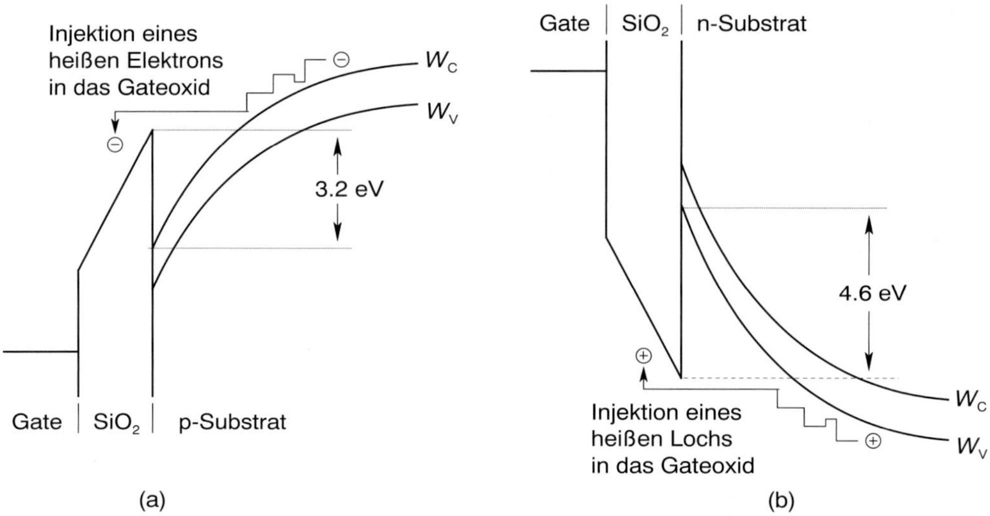

Abb. 20.57. Injektion heißer Ladungsträger in das Gateoxid bei (**a**) n-Kanal-MOSFET und (**b**) p-Kanal-MOSFET

n-Kanal-MOSFETs werden wegen dieser Problematik in der Regel als LDD-Transistoren (vgl. Kap. 20.7.5) realisiert.

(2) Störung der Si-SiO_2-Grenzfläche: Durch den Beschuß der Si-SiO_2-Grenzfläche mit heißen Ladungsträgern kommt es zur Generation von Oberflächenzuständen, die sich in einer Verschiebung der Einsatzspannung bemerkbar machen sowie zu einer Verringerung der Beweglichkeit im Kanal, da die Oberflächenstreuung zunimmt.

(3) In n-Kanal-LDD-MOSFETs bewirken im Oxid eingefangene Elektronen aufgrund der elektrostatischen Abstoßung eine Verarmung des LDD-Gebiets an Elektronen, wodurch sich der Serienwiderstand erhöht.

Bei konventionellen n-Kanal-MOSFETs wird als Folge des Elektroneneinfangs im Oxid gewöhnlich eine Abnahme des Übertragungsleitwerts mit der Zeit beobachtet. Die Degradation von p-Kanal-MOSFETs erfolgt vorzugsweise durch den Einfang heißer Elektronen im Gateoxid. Diese werden durch Stoßionisation in der Raumladungszone vor Drain erzeugt und führen zu einer Verminderung der Einsatzspannung, einer Vergrößerung des Übertragungsleitwerts und damit einer Zunahme des Subthresholdstroms. Letzteres kann zum Verlust der Sperrfähigkeit des MOSFET führen und erhöht die Verlustleistung in statischen CMOS-Schaltungen.

Da sowohl der durch Stoßionisation vor Drain bedingte Substratstrom I_{SUB}, als auch die zur Degradation des elektrischen Verhaltens führenden Schäden mit heißen Ladungsträgern verbunden sind, liefert der fließende Substratstrom Anhaltspunkte für die erfolgte Degradation. Die mittlere Lebensdauer bis zum Auftreten des Änderungsausfalls ist von den Betriebsbedingungen abhängig. Nach [34] gilt näherungsweise

$$\mathrm{MTTF} = c\left(\frac{I_\mathrm{D}}{I_\mathrm{SUB}}\right)^m \frac{W}{I_\mathrm{D}},$$

wobei m ungefähr drei beträgt und c von der Technologie sowie der zulässigen Parameterdrift abhängt und durch Messungen bestimmt werden muß. Dieser Ansatz ermöglicht die Untersuchung der Degradation durch beschleunigte Alterung, d. h. elektrischem Streß mit Klemmenspannungen außerhalb der für den Normalbetrieb spezifizierten Grenzen. Die bei Belastung im Gleichbetrieb beobachtete Degradation ist nur bedingt auf Transistoren in Schaltungen übertragbar, in denen z. B. durch Zuleitungsinduktivitäten kurzfristige Überspannungen auftreten können [19]. Um die Degradation von MOSFETs in Schaltungen bereits beim Entwurf abschätzen zu können, wurden spezielle Simulationsprogramme entwickelt [35, 36].

Degradationseffekte die auf energiereiche Ladungsträger zurückzuführen sind werden mit verringerter Betriebsspannung unwahrscheinlicher: Die Zunahme der kinetischen Energie eines Ladungsträgers beim Durchlaufen eines sperrgepolten pn-Übergangs ist durch die frei werdende potentielle Energie $e(V_\mathrm{R} + V_\mathrm{J})$ begrenzt, wobei V_R die Sperrspannung und V_J die Diffusionsspannung bezeichnet. Aus diesem Grund ist es unwahrscheinlich, Ladungsträger mit einer kinetischen Energie größer als $e(V_\mathrm{DD} + V_\mathrm{J})$ anzutreffen; Degradationsefekte die eine größere Energie erfordern sind nicht zu befürchten.

20.7.5 LDD-MOSFETs

Abbildung 20.58 zeigt exemplarisch ein Prozeßschema zur Herstellung eines sog. LDD-MOSFETs mit Salicide-Kontakten.[32] Derartige Transistoren bieten einen Kompromiß zwischen den konkurrierenden Forderungen nach geringen Bahnwiderständen (erfordert hohe Dotierung des Drainbahngebiets) und geringer Feldstärke vor Drain (erfordert geringe Dotierung des Drainbahngebiets).

Nach Herstellung des thermischen Gateoxids und der Kanalimplantation zur Einstellung der Einsatzspannung wird n-dotiertes, polykristallines Silizium als Gateelektrode abgeschieden. Durch einen anisotropen Ätzvorgang (Plasmaätzen, vgl. Kap. 13) wird das polykristalline Silizium und das thermische Oxid bis auf einen Steg der Breite L_m entfernt (a). Dieser wird in der Folge als Maske für die Implantation des Lightly Doped Drain (LDD) verwendet (b), d. h. eines schwach n-dotierten Gebiets am source- und drainseitigen Rand des Kanals. Durch Abscheiden eines gut kantenbedeckenden Oxids (c) und anschließendes anisotropes Rückätzen (d) läßt sich am Rand der Gateelektrode ein als *Spacer* bezeichnetes Ätzresiduum herstellen, das die Gateelektrode zu Source und Drain hin isoliert. Nach Implantation von

[32] Die Abkürzung LDD steht für lightly doped drain, die Abkürzung Salicide für self aligned silicide.

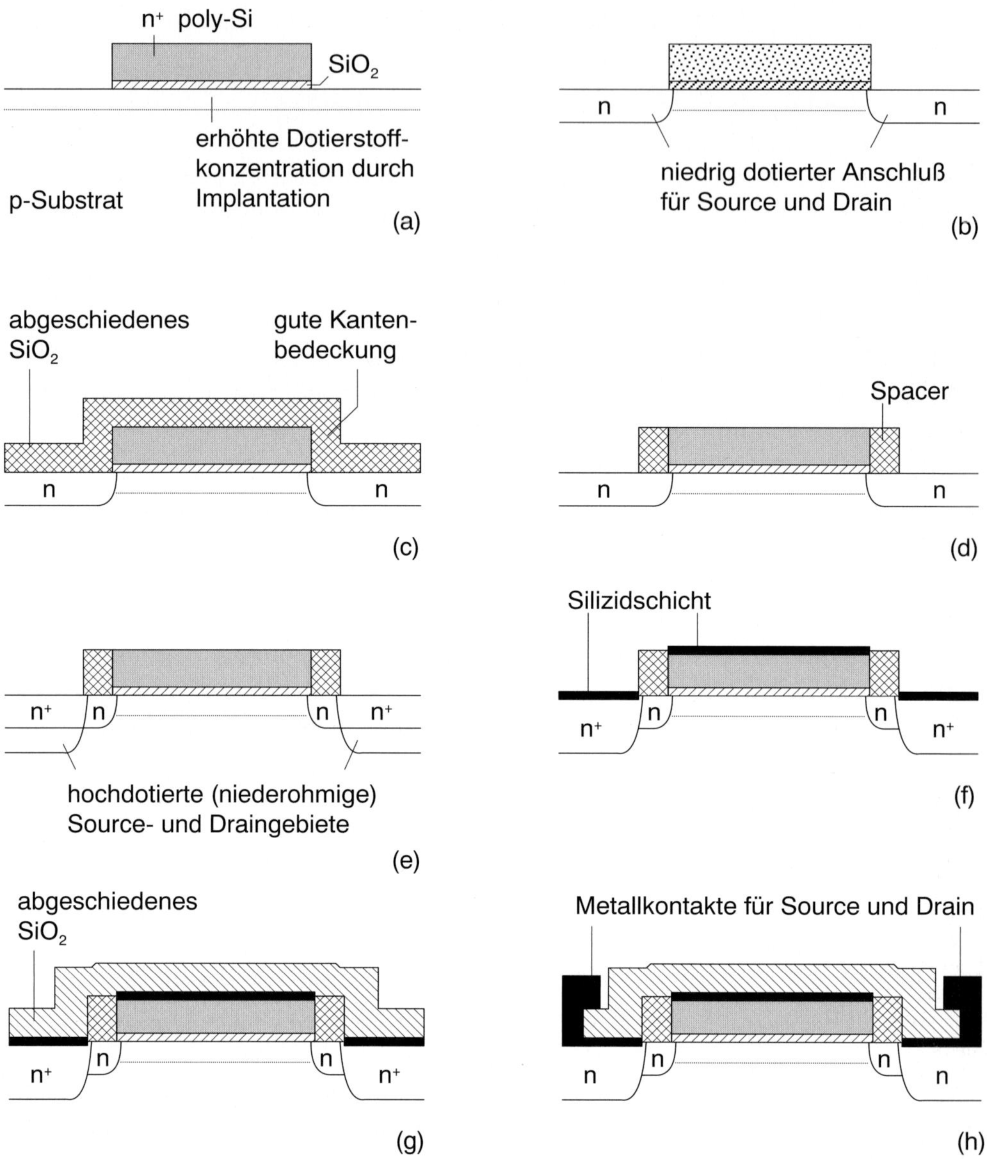

Abb. 20.58. Zur Herstellung von LDD-MOSFETs mit Salicide-Kontakten

Source- und Draingebiet (e) erfolgt die Silizidierung. Die Waferoberfläche wird dabei mit einem dünnen Metallfilm überzogen. Kommt dieser über Silizium zu liegen, so bildet sich in einem Temperschritt ein sog. *Silizid*, d. h. eine Metallsilizumverbindung. Liegt Oxid unter dem Metallfilm, so kommt es zu keiner Reaktion mit der Unterlage. Ein anschließender Ätzvorgang entfernt den Metallfilm, läßt das Silizid aber unverändert: Die Siliziumflächen sind nun mit einer niederohmigen Silizidschicht überzogen (f). Dieser Schritt erfordert keine zusätzliche Fotolithographie: Es liegt ein selbstjustierender Vorgang vor (salicide). Durch Abscheiden eines Oxids (g), Kontaktlochätzen, Abscheiden einer Metallschicht und Strukturierung derselben, werden die elektrischen Anschlüsse [33] hergestellt.

Der MOSFET mit LDD-Kontkt wurde kontinuierlich weiterentwickelt, bis zu Kanallängen, die derzeit in der Fertigung 65 nm erreicht haben. Die folgenden Abschnitte gehen auf einige wesentliche Entwicklungspunkte ein.

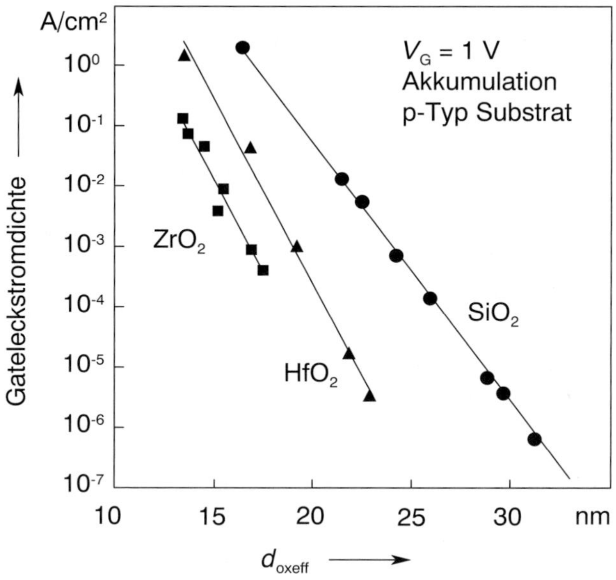

Abb. 20.59. Leckstromdichten durch unterschiedliche Gatedielektrika als funktion der effektiven Oxiddicke (nach [37])

20.7.6 Gatedielektrikum

Eine verringerte Dicke d_{ox} der Oxidschicht bedingt größere Werte für c'_{ox} und damit größere Sättigungsströme und bessere Übertragungsleitwerte. Bei sehr geringer Gateoxiddicke von weniger als 5 nm kommt es allerdings zu direkten Tunnelströmen, so daß die Gateelelektrode nicht mehr als vollständig isoliert angenommen werden kann; dies wird in MOSFETs mit Kanallängen unter 100 nm in Kauf genommen[34] Technologie für High-performance Logik [38, 39]. Außerdem ist bei Gateoxiddicken im Nanometerbereich die ebenfalls im Nanometerbereich liegende Ausdehnung der Ladungsschicht auf der poly-Siliziuim Gateelektrode zu berücksichtigen, die (Reihenschaltung) zu einer Abnahme der der Gatekapazität führt: Der Drainstrom steigt damit nicht mehr umgekehrt proportional zur Oxiddicke, d.h. die Strukturverkleinerung

[33] Im Bild sind nur die Anschlüsse von Source und Drain gezeigt.

[34] Dies gilt insbesondere für die Entwicklung von sehr schnellen Digitalschaltungen im Netzbetrieb: Die durch das dünnere Gateoxid bedingte, erhöhte Oxidkapazität vergrößert die Sättigungsströme der Transistoren im ON-Zustand, und verbessert so die Schaltgeschwindigkeit. Bei Schaltungen für mobile Anwendungen ist das Verlustleistungsargument sehr viel schwerwiegender: Hier wird eher eine größere Oxiddicke gewählt und auf ein wenig „Performance“ verzichtet.

wirkt sich nicht mehr voll auf die „Performance“ aus. Mit Gateoxiddicken von weniger als 2 nm entstehen nicht nur Probleme durch unerwünschte direkte Tunnelströme, es kann auch zu Zuverlässigkeitsproblemen [40, 41] kommen.

Wegen der genannten Probleme wurden in den vergangenen Jahren intensiv alternative Gatematerialien mit größerer Dielektrizitätszahl untersucht; diese können bei derselben spezifischen Oxidkapazität eine größere Dicke aufweisen und damit verringerte Tunnelströme. Zur direkten Vergleichbarkeit derartiger Materialien wird häufig die *äquivalente Oxiddicke* $d_{\mathrm{ox,eff}} = d_{\mathrm{x}}\,\epsilon_{\mathrm{Si}}/\epsilon_{\mathrm{x}}$ verwendet. Aus einer Vielzahl untersuchter Materialien zeichnen sich Hafniumoxide (HfO_2, $HfSi_xO_y$, etc.) als wahrscheinlichste Kandidaten für alternative Gatedielektrika ab, ZrO_2 weist anscheinend Probleme bezüglich der thermischen Stabilität auf [42]. Wegen der die Oxidkapazität vermindernden Ausdehnung der Raumladungszone in Gateelektroden aus polykristallinem Silizium zielen neuere Entwicklungen zusätzlich darauf ab, die Gateelektrode durch Metall oder Silizid zu realisieren.

20.7.7 Dotierstoffverteilung, Kurzkanaleffekte, Piezowiderstandseffekt

Durch optimale Abstimmung von Kanallänge, Oxiddicke und Tiefe der Source- und Drain-Gebiete sowie optimierte Verläufe der Dotierstoffkonzentration im Bulk kann das klassische CMOS-Konzept (Bulk CMOS) bis zu Kanallängen von weniger als 50 nm eingesetzt werden [43, 44].

Dual Workfunction Gate. Aktuelle CMOS-Prozesse nutzen unterschiedliche Gateelektroden [45] für p- und n-Kanal-MOSFETs: p^+poly-Silizium für p-Kanal-MOSFETs und n^+poly-Silizium für n-Kanal MOSFETs. Auf diesem Weg entstehen MOS-Strukturen mit einer kleinen Flachbandspannung, was die Herstellung von MOSFETs mit geringer Einsatzspannung ermöglicht.

Retrograde Doping. Prinzipiell kann die Substratdotierung homogen angehoben werden um die Ausdehnung der Raumladungszonen in das Bulk zu vermindern und so bei gegebener Kanallänge Kurzkanaleffekte zu reduzieren. Dies führt jedoch zu einem starken Anstieg der Feldstärke senkrecht zum Kanal und damit zu einer unerwünschten Verminderung der Beweglichkeit im Kanal. Die bis zu Kanallängen im Bereich von ca 0.25 µm verwendete Methode des *Retrograde doping*, bei der die Dotierstoffkonzentration mit dem Abstand von der Si/SiO_2-Grenzfläche ansteigt, zielt darauf ab hier einen Kompromiß zu finden. Retrograde doping kann durch Implantation oder durch Epitaxie (δ-doped MOSFET) erreicht werden.

Pocket Implantation, Halo Doping. Bei Kanallängen unter ca. 0.25 µm werden Kurzkanaleffekte in der Regel durch einen lateral inhomogenen Dotierstofferverlauf im Bulk vermindert (Halo doping). Dabei wird die Dotierstoffkonzentration im Bereich von Source und Drain durch eine sog. *Pocket-Implantation*

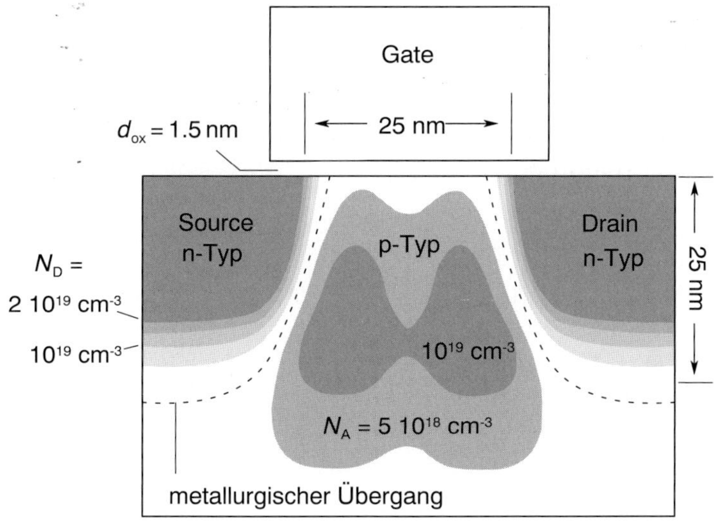

Abb. 20.60. Dotierstoff-Verteilung in einem optimierten n-Kanal MOSFET mit 25 nm Gatelänge und inhomogener Dotierung des Bulk (Super-Halo, nach [43])

lokal erhöht [46]; wird die Kanallänge noch weiter verringert so wird eine sowohl in vertikaler als auch in lateraler Richtung inhomogene Bulk-Dotierung erforderlich (Super-Halo). Abbildung 20.60 zeigt das Ergebnis einer Studie für die optimale Verteilung der Dotierstoffatome in einem n-Kanal MOSFET mit der Kanallänge 25 nm für die Betriebsspannung $V_{DD} = 1\,\mathrm{V}$. Ziel dieser ganzen Entwicklungen ist es, bei möglichst geringem Drainreststrom I_{off} einen möglichst großen Sättigungsstrom I_{on} zum schnellen Umladen kapazitiver Lasten zu erzielen.

Beweglichkeit, Piezowiderstandseffekt. Als Folge des Piezowiderstandseffekts (vgl. Kap. 12) können die Beweglichkeiten der Elektronen und noch mehr die der Löcher durch mechanische Spannungen im Kanalbereich deutlich gesteigert werden [47]. Dies führt zu größeren Sättigungsströmen und zu kürzeren Schaltzeiten. Eine Verbesserung der Beweglichkeiten im Kanal wurde für die Weiterentwicklung der CMOS-Technologie bedeutend, da die Steigerung der Sättigungsströme aufgrund der Oxiddickenreduzierung nicht mehr so markant ausfällt wie bei früheren Technologieschritten, als die Oxiddicken noch groß im Vergleich zu den Dicken der Ladungsschichten in Gateelektrode und Inversionsschicht waren.

Eine Möglichkeit mechanische Spannungen im Kanalbereich aufzubauen ist die Herstellung einer dünnen epitaxialen Siliziumschicht auf einer entspannten $Si_{1-x}Ge_x$-Schicht; in [48] wurde für derartige MOSFETs ein Anstieg der Elektronenbeweglichkeit im Kanal um 75 % gefunden. Dieser Ansatz ist jedoch sehr aufwendig und bietet außerdem nur die Möglichkeit die Siliziumschicht zu dehnen – Kompression ist mit diesem Ansatz nicht möglich. Für die Produktion entwickelte CMOS-Prozesse nutzen deshalb die mechanischen Spannungen die z.B. mit abgeschiedenen Schichten [44] oder aber selektiv epitaktisch aufgewachsenen $Si_{1-x}Ge_x$-Schichten [39] entstehen. Durch derartige

Maßnahmen konnten bei einem Drainreststrom (bezogen auf die Weite W) von $I_{DSS} = 100\,nA/µm$ Sättigungsströme von $1.12\,mA/µm$ (n-Kanal) bzw. $0.69\,mA/µm$ (p-Kanal erzielt werden [44], das Verhältnis der Ströme im ein- bzw. ausgeschalteten Zustand des MOSFET liegt damit in der Größenordnung von 10000:1 was noch tolerabel ist.

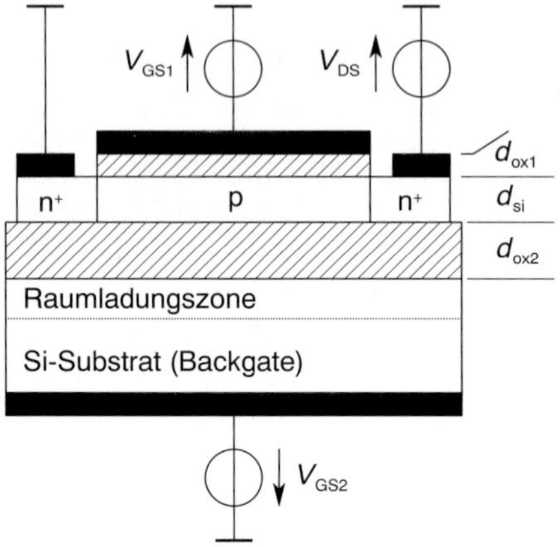

Abb. 20.61. Querschnitt durch einen SOI-MOSFET (schematisch)

20.7.8 SOI-MOSFETs, FinFETs

Die bisher betrachteten MOSFETs wurden in einkristallinen Wafern hergestellt, deren Dicke groß ist im Vergleich zu den lateralen Abmessungen der MOSFETs. Daneben gewinnen Transistoren, die in dünnen halbleitenden Schichten auf isolierendem Träger hergestellt wurden, zunehmend an Bedeutung. Der prinzipielle Aufbau eines derartigen n-Kanal-MOSFET in SOI-Technik[35] ist in Abb. 20.61 dargestellt. Als Substratmaterial wird dabei ein Siliziumwafer verwendet, der von einer Oxidschicht der Dicke d_{ox2} überzogen ist. Auf dieser Oxidschicht kommt die halbleitende Schicht der Dicke d_{Si}, über der im Bereich des Kanals das Gateoxid mit der Dicke d_{ox1} liegt. Ein solcher Schichtaufbau kann auf unterschiedliche Weise erreicht werden:

- Ein mögliches Verfahren sind Abscheiden von polykristallinem Silizium auf einen zuvor oxidierten Siliziumträger mit anschließender Rekristallisation.
- Geringere Defektdichten lassen sich in der Regel durch Verkleben zweier zuvor oxidierter Halbleiterscheiben (Waferbonding) und anschließendes Abätzen einer Halbleiterschicht bis zur gewünschten Filmdicke erzielen (BESOI-Verfahren). Ein Nachteil dieses Verfahrens ist, daß hier zwei Wafer zur Herstellung eines SOI-Substrats verbraucht werden.
- Bei geringen Filmdicken kann auch das SIMOX-Verfahren verwendet werden. Dabei werden Sauerstoffatome in einen einkristallinen Wafer implantiert. Diese häufen sich in einer Schicht unterhalb der Halbleiteroberfläche.

[35] Die Abkürzung SOI steht für silicon on insulator.

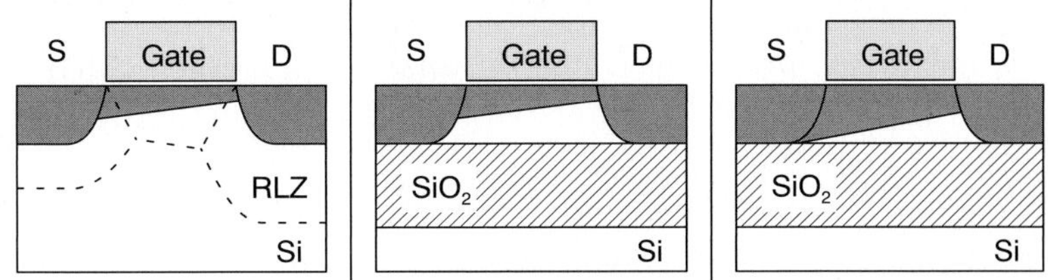

	CMOS auf Si-Substrat	SOI (Dickfilm)		SOI (Dünnfilm	
Bulk		floating	kontaktiert	floating	kontaktiert
Reproduzierbarkeit V_{th}	gut	gut	gut	schwach	schwach
Substratsteuereffekt					
Si-Substrat	groß	klein	klein	mittel	mittel
Si-Film	———	groß	groß	klein	klein
Durchbruchspannung	groß	klein	groß	klein	klein
Sättigungsstrom	standard	ann. wie standard	ann. wie standard	größer	größer
Gate voltage swing	standard	ann. wie standard	ann. wie standard	kleiner	kleiner

Abb. 20.62. SOI-MOSFET-Technologien im Vergleich zum konventionellen MOSFET auf Si-Substrat (Bulk CMOS); Punkte in denen die jeweilige Technologie Vorteile aufweist sind grau unterlegt (nach [49]

In einem anschließenden Temperaturschritt bildet sich eine Schicht aus SiO_2 unter einem dünnen halbleitenden Film.

- Das Smart-Cut Verfahren schließlich modifiziert die BESOI-Technik dahingehend, daß das obere Substrat nach der Verbindung mechanisch abgespalten wird und so für die erneute Herstellung eines SOI-Substrats zur Verfügung steht.

SOI-MOSFETs weisen geringere parasitäre Kapazitäten auf und ermöglichen somit größere Schaltgeschwindigkeiten bzw. eine deutliche Reduktion der Verlustleistung bei gegebener Schaltgeschwindigkeit. Da bei dieser Technik die einzelnen Transistoren vollständig durch dielektrische Isolation voneinander getrennt sind, kann kein Latchup-Effekt auftreten. Ein weiterer Vorzug ist das Verhalten der Transistoren im Subthreshold-Bereich: Als Folge des *Substratsteuereffekts* bei nicht kontaktiertem Bulk resultiert eine größere Steilheit für $V_{GS} < V_{TH}$, was sich in einer Verringerung der Verlustleistung im Standby-Betrieb auswirkt. Wegen des geringeren Halbleitervolumens liegt darüber hinaus eine geringere Empfindlichkeit gegenüber Störstrahlung vor. Diesen Vorzügen stehen einige Nachteile gegenüber: Zum einen ist es schwierig SOI-MOSFETs mit hoher Ausbeute zu realisieren. Andererseits kann das floatende

Bulkpotential Probleme beim Betrieb in der Schaltung aufwerfen. Außerdem wird die Wärmeabfuhr durch die Oxidschicht verschlechtert.

Dickfilmtransistoren. Bei *Dickfilmtransistoren* ist die Schichtdicke d_{Si} so groß, daß das Halbleitergebiet unter dem Gate nie vollständig verarmt ist. Ist der Transistor vom Normally-on-Typ, d. h. ist die Bulkdotierung vom selben Typ wie diejenige von Source und Drain, so verhält sich der Transistor wie ein Buried-channel-MOSFET vom Volumentyp mit dem Unterschied einer leicht modifizierten Abhängigkeit der Abschnürspannnung vom Potential des Substratkontakts. Ist der Tranistor vom Anreicherungstyp (Normally-off), so ist zu beachten, daß sich sowohl an der Vorderseite als auch an der Rückseite des Bulkfilms eine Inversionsschicht bilden kann. Ansonsten entspricht das Verhalten dem Volumen-MOSFET, sofern der Bulkfilm über einen Kontakt auf definiertem Potential gehalten wird. Weist der Bulkfilm *keinen* Anschluß auf, so wird das Bulk-Potential durch den in der BD-Diode auftretenden Sperrstrom bestimmt: Für $V_{\mathrm{DS}} > 0$ liegen Verhältnisse vor, die dem Bipolartransistor mit offener Basis entsprechen. Der in der BD-Diode auftretende Sperrstrom (thermisch oder durch Stoßionisation) bedingt einen Löcherstrom in den Bulkfilm, der nur über eine Flußpolung der BS-Diode in den Source-Kontakt abfließen kann. Der Wert von V_{BS} ist damit arbeitspunktabhängig.

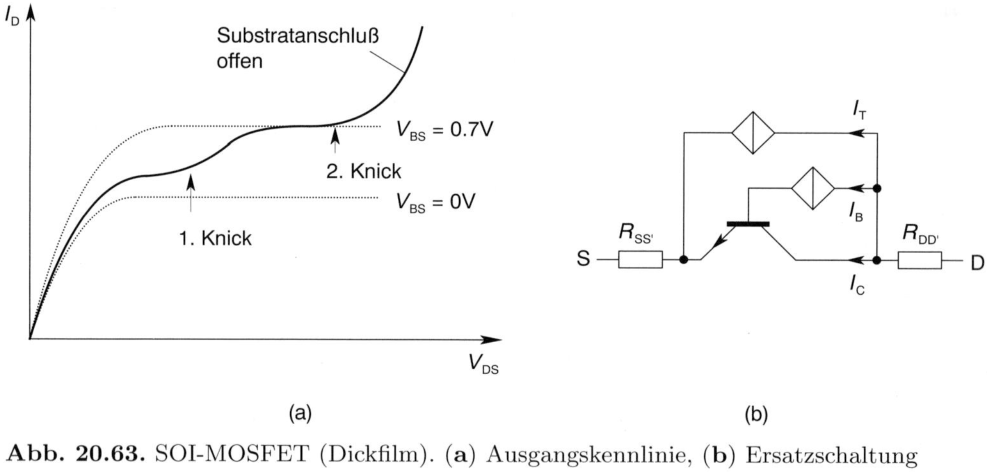

Abb. 20.63. SOI-MOSFET (Dickfilm). (**a**) Ausgangskennlinie, (**b**) Ersatzschaltung

Die Kennlinien von SOI-MOSFETs mit floatendem Bulkpotential zeigen in der Regel zwei markante Knicke (*Kink effect*, vgl. Abb. 20.63 a). Der erste Knick ist auf den Substratsteuereffekt zurückzuführen: Der mit V_{DS} zunehmende Sperrstrom der Bulk-Drain-Diode vergrößert V_{BS} bis zur Schleusenspannung $V_{\mathrm{BSon}} \approx 0.7\,\mathrm{V}$, wodurch die Einsatzspannung abnimmt. Ist die Schleusenspannung erreicht, so bleibt V_{BS} annähernd konstant. Der parasitäre npn-Transistor vergrößert nun zusehends den Stromfluß zwischen Source und Drain und macht sich ab einer bestimmten Spannung V_{DS} in der Ausgangskennlinie bemerkbar (2. Knick).

Dünnfilmtransistoren. In *Dünnfilmtransistoren* ist das Bulkgebiet vollständig verarmt. Die Einsatzspannung hängt hier zusätzlich von der Spannung zwischen Source und Backgate ab. Derartige Transistoren zeichnen sich durch eine geringere Feldstärke vor Drain und damit verringerte Stoßionisation aus. Der bei Dickfilmtransistoren beobachtete Kink effect ist hier in der Regel unbedeutend. Ebenfalls von Bedeutung ist der bei Dünnfilmtransistoren verringerte Gate voltage swing S [18], der eine kleine Verlustleistung bedingt und auch für die analoge Schaltungstechnik hilfreich ist [50]. SOI-Dünnfilmtransistoren sind deshalb interessante Kandidaten für die Herstellung von verlustleistungsarmen, hochintegrierten Digitalschaltungen wie sie für mobile Anwendungen benötigt werden. Daneben ist die dielektrische Isolation vom Halbleitersubstrat sehr günstig, wenn es darum geht, Ladungsverfälschungen durch Störladungen – wie sie von ionisierender Strahlung erzeugt werden – auszuschließen. Dies ist vor allem in Speicherbausteinen bedeutsam – aber auch in Logikschaltungen liegen Latches und bistabile Elemente vor, die bei einem solchen Störfall ein fehlerhaftes bit speichern.

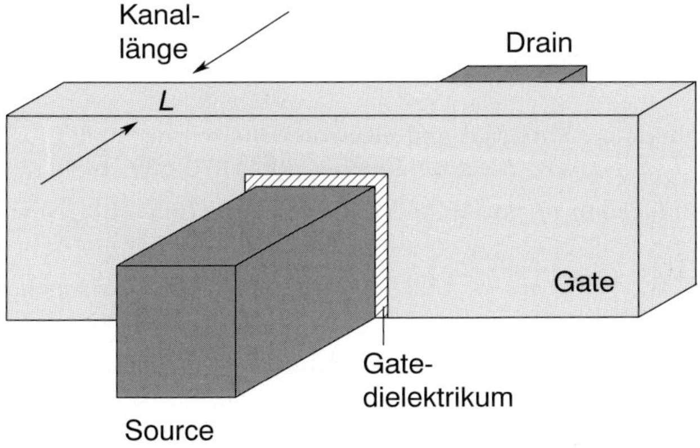

Abb. 20.64. Prinzip eines FinFET (auch Trigate-Transistor

FinFETs

FinFETS [51] verwenden einen dünnen Siliziumsteg auf Oxid zur Realisierung des Bulks. Durch einen zweiten, durch ein dünnes Oxid isolierten Steg wird die Gateelektrode realisiert (Abb. 20.64). Mit solchen Bauteilen wurden funktionierende MOSFETs mit Kanallängen von unter 20 nm hergestellt, die es ermöglichen, Kurzkanaleffekte zu kontrollieren, ohne wie bei den Fortentwicklungen der klassischen CMOS-Technik eine große Dotierung des Kanalbereichs und die damit verbundene Verringerung der Beweglichkeit zu erfordern. Die elektrischen Eigenschaften der FinFETs sind wegen der Quantisierung der Elektronen in dem dünnen Steg stark von der Stegbreite abhängig [52].

Dünnflimtransistoren aus amorphem oder polykristallinem Silizium

Dünnfilmtransistoren aus amorphem oder polykristallinem Silizium sind insbesondere für die Ansteuerung von Flüssigkristalldisplays[36] [53] von Interesse, da sich die Transistoren durch Abscheideverfahren auf dem Glasträger des Displays herstellen lassen. Eine so erzeugte Matrix von Transistoren zur Ansteuerung der LCD-Zellen ist für die gebräuchlichen Active Matrix LCDs (AMLCDs, vgl. Kap. 30) erforderlich. Bei diesen Anwendungen dienen die MOSFETs nur als Schalter, d.h. es kommt hauptsächlich auf den Einschaltwiderstand R_{DSon} sowie die Drainreststrom I_{DSS} an. Ein Modell zur Beschreibung des elektrischen Verhaltens polykristalliner Dünnfilmtransistoren ist in [54] angegeben.

20.8 Literaturverzeichnis

[1] J.M. Steininger. Understanding wide-band MOS transistors. *IEEE Circuits and Devices Magazine*, (May):26–31, 1990.

[2] S.M. Sze. *Physics of Semiconductor Devices.* Wiley, New York, second edition, 1982.

[3] M.-W. Chiang, J. Choma, C. Kao. A simulation method to completely model the various transistor operational modes of long channel depletion MOSFETs. *IEEE Trans. CAD*, 4(3):322–328, 1985.

[4] M. J. van der Tol, S.G. Chamberlain. Potential and electron distribution model for the buried-channel MOSFET. *IEEE Trans. Electron Devices*, 36(4):670–689, 1989.

[5] Y.P. Tsividis. *Operation and Modeling of the MOS Transistor.* McGraw Hill, New York, 1988.

[6] S.M. Goodnick, D.K. Ferry, C.W. Wilmsen, Z. Liliental, D. Fathy, O.L. Krivanek. Surface roughness at the Si(100)-SiO_2 interface. *Phys. Rev. B*, 32(12):8171–8186, 1985.

[7] F.M. Klaassen. A MOS model for computer-aided design. *Philips Res. Reports*, 31:71–83, 1976.

[8] A. Vladimirescu, S. Liu. The simulation of MOS integrated circuits using SPICE2. *Memorandum No. UCB/ERL M80/7*, 1980.

[9] A.G. Sabnis, J.T. Clemens. Characterization of the electron mobility in the inverted ⟨100⟩ Si surface. *IEDM Tech. Dig.*, pp. 18–21, 1979.

[10] G.A. Sai-Halasz, M.R. Wordeman, D.P. Kern, S.A. Rishton, E. Ganin, T.H.P. Chang, R.H. Dennard. Experimental technology and performance of 0.1 µm-gate-length FETs operated at liquid-nitrogen temperature. *IBM J. Res. and Dev.*, 34(4):452–465, 1990.

[11] G.G. Shahidi, D. A. Antoniadis, H.I. Smith. Electron velocity overshoot at room and liquid nitrogen temperatures in silicon inversion layers. *IEEE Electron Device Letters*, 9(2):94–96, 1988.

[12] Y. El-Mansy. MOS device and technology constraints in VLSI. *IEEE Trans. Electron Devices*, 29(4):567–573, 1982.

[13] R.R. Troutman. VLSI limitations from drain-induced barrier lowering. *IEEE Trans. Electron Devices*, 26(4):461–469, 1979.

[36] Weitere Anwendungen von Dünnfilmtransistorn aus polykristallinemSilizium ist das (in Entwicklung befindliche) Gebiet der 3D-Integration bei dem mehrere Ebenen mit Halbleiterbauelementen übereinander angeordnet sind.

[14] T. Mizuno, J.-I. Okamura, A. Toriumi. Experimental study of threshold voltage fluctuation due to statistical variation of channel dopant number in MOSFET's. *IEEE Trans. Electron Devices*, 41(11):2216–2221, 1994.

[15] P.R. Kinget. Device mismatch and tradeoffs in the design of analog circuits. *IEEE J. Solid-State Circuits*, 40(6):1212–122, 2005.

[16] K. Bernstein, D.J. Frank, A.E. Gattiker, W. Haensch, B.L. Ji, S.R. Nassif, E.J. Nowak, D.J. Pearson, N.J. Rohrer. High-performance CMOS variability in the 65-nm regime and beyond. *IBM J. Res. and Dev.*, 50(4/5):433-449, 2006.

[17] K.K. Ng, W.T. Lynch. The impact of intrinsic series resistance on MOSFET scaling. *IEEE Trans. Electron Devices*, 34(3):503–511, 1987.

[18] S.M. Sze (Ed.). *High-Speed Semiconductor Devices.* Wiley, New York, 1990.

[19] E. Takeda, K. Ikuzaki, H. Katto, Y. Ohji, K. Hinode, A. Hamada, T. Sakuta, T. Funabiki, T. Sasaki. VLSI reliability challenges: From device physics to wafer scale integration. *Proc. IEEE*, 81(5):653–674, 1993.

[20] F.-C. Hsu, P.-K. Ko, S. Tam, C. Hu, R.S. Muller. An analytical breakdown model for short-channel MOSFETs. *IEEE Trans. Electron Devices*, 29(11):1735–1740, 1982.

[21] K. Roy, S. Mukhopadhyay, H. Mahmoodi-Meimand. Leakage current mechanisms and leakage reduction techniques in deep-submicrometer CMOS circuits. *Proc. IEEE*, 91(2):305–327, 2003.

[22] J.R. Burns. High-frequency characteristics of the insulated-gate field-effect transistor. *RCA Review*, (Sept.):385–418, 1967.

[23] P.J.V. Vandeloo, W.M.C. Sansen. Modeling of the MOS transistor for high frequency analog design. *IEEE Trans. CAD*, 8(7):713–723, 1989.

[24] S.-Y. Oh, D.E. Ward, R.W. Dutton. Transient analysis of MOS transistors. *IEEE Trans. Electron Devices*, 27(8):1571–1578, 1980.

[25] B.J. Sheu, W.-J. Hsu, P.K. Ko. An MOS transistor charge model for VLSI design. *IEEE Trans. CAD*, 7(4):520–527, 1988.

[26] N.D. Arora, L.M Richardson. *MOSFET modeling for circuit simulation* in: VLSI Electronics Microstructure Science vol. 18 (N.G. Einspruch, G.S. Gildenblat Eds.). *Academic Press*, pp. 237–276, 1989.

[27] K. Han, H. Shin, K. Lee. Analytical drain thermal noise current model valid for deep submicron MOSFETs. *IEEE Trans. Electron Devices*, 51(2):261–268, 2004.

[28] B. Wang, J.R. Hellums, C.G. Sodini. MOSFET thermal noise modeling for analog integrated circuits. *IEEE J. Solid-State Circuits*, 29(7):833–835, 1994.

[29] T.G.M. Kleinpenning. On $1/f$ trapping noise in MOSTs. *IEEE Trans. Electron Devices*, 37(9):2084–2089, 1990.

[30] L.K.J. Vandamme, X. Li, D. Rigaud. $1/f$-noise in MOS devices, mobility or number fluctuations? *IEEE Trans. Electron Devices*, 41(11):1936–1945, 1994.

[31] R.R. Troutman. *Latchup in CMOS Technology.* Kluwer, Boston, 1986.

[32] R.H. Dennard, F.H. Gaensslen, H.-N. Yu, V.L. Rideout, E. Bassous, A.R. LeBlanc. Design of ion-implanted MOSFET's with very small physical dimensions. *IEEE J. Solid-State Circuits*, 9(5):256–268, 1974.

[33] G. Baccarani, M.R. Wordeman, R.H. Dennard. Generalized scaling theory and its application to 1/4 micrometer MOSFET design. *IEEE Trans. Electron Devices*, 31(4):452–462, 1984.

[34] H.-M. Muehlhoff, D. V. McCaughan. *MOS transistors and memories* in: Handbook on semiconductors, vol. 4 (T.S. Moss, Ed.). *Elsevier*, pp. 265–387, 1993.

[35] C. Hu. IC reliability simulation. *IEEE J. Solid-State Circuits*, 27:241–246, 1992.

[36] Y. Leblebici, S.-M. Kang. Modeling and simulation of hot-carrier-induced device degradation in MOS circuits. *IEEE J. Solid-State Circuits*, 28(5):585–595, 1993.

[37] T. Ma et. al. Group IVB metal oxides high permittivity gate insulators deposited from anhydrous metal nitrates. *IEEE Trans. Electron Devices*, 48(10):2348–2356, 2001.

[38] H.S. Momose, M. Ono, T. Yoshitomi, T. Ohguro, S.-I. Nakamura, M Saito, H. Iwai. 1.5 nm direct-tunneling gate oxide Si MOSFET's. *IEEE Trans. Electron Devices*, 43(8):1233–1242, 1996.

[39] S.E. Thompson et al. A 90-nm logic technology featuring straind-silicon. *IEEE Trans. Electron Devices*, 51(11):1790–1797, 2004.

[40] J.S. Suehle. Ultrathin gate oxide reliabilty: Physical models, statistics, and characterization. *IEEE Trans. Electron Devices*, 49(6):958–971, 2002.

[41] D.A. Buchanan. Scaling the gate dielectric: Materials, integration and reliability. *IBM J. Res. and Dev.*, 43(3):245–264, 1999.

[42] E.P. Gusev, V. Narayanan, M.M. Frank. Advanced high-k dielectric stacks with polysi and metal gates: recent progess and current challenges. *IBM J. Res. and Dev.*, 50(4/5):387–410, 2006.

[43] Y. Taur, C.H. Wann, D.J. Frank. 25 nm CMOS design considerations. *IEDM Tech. Dig.*, pp. 789–793, 1998.

[44] T. Sugii. High-performance bulk CMOS technology for 65/45 nm nodes. *Solid-State Electronics*, 50(1):2–9, 2006.

[45] S. Hillenius, R. Liu, G. Georgiou, D.W.R.L. Field, A. Kornblit, D. Boulin, R. Johnston, W. Lynch. A symmetric submicron CMOS technology. *IEDM Tech. Dig.*, pp. 252–255, 1986.

[46] Y. Taur, D.A. Buchanan, W. Chen, D.J. Frank, K.E. Ismail, S.-H. Lo, G.A. Sai-Halasz, R.G. Viswanathan, H.-J. C. Wann, S.J. Wind, H.-S. Wong. CMOS scaling into the nanometer regime. *Proc. IEEE*, 85(4):486–504, 1997.

[47] P.R. Chidambaram, C. Bowen, S. Chakravarthi, C. Machala, R. Wise. Fundamentals of silicon material properties for successful exploitation of strain engineering in modern CMOS manufacturing. *IEEE Trans. Electron Devices*, 53(5):944–964, 2006.

[48] K. Rim, J.L. Hoyt, J.F. Gibbons. Fabrication and analysis of deep submicron strained-Si n-MOSFET's. *IEEE Trans. Electron Devices*, 47(7):1406–1414, 2000.

[49] T. Eimori et.al. Approaches to extra-low voltage DRAM operation by SOI-DRAM. *IEEE Trans. Electron Devices*, 45(5):1000–1009, 1998.

[50] J.-P. Colinge. Fully-depleted SOI CMOS for analog applications. *IEEE Trans. Electron Devices*, 45(5):1010–1016, 1998.

[51] D. Hisamoto, W.-C. Lee, J. Kedzierski, H. Takeuchi, K. Asano, C. Kuo, E. Anderson, T.-J. King, J. Bokor, C. Hu. Finfet - a self-aligned double-gate MOSFET scalable to 20 nm. *IEEE Trans. Electron Devices*, 47(12):2320–2325, 2000.

[52] S. Xiong, J. Bokor. Sensitivity of double-gate and FinFET devices to process variations. *IEEE Trans. Electron Devices*, 50(11):2255–2260, 2003.

[53] H. Aoki. Dynamic characterization of a-Si TFT-LCD pixels. *IEEE Trans. Electron Devices*, 31(1):31–39, 1996.

[54] M.D. Jacunski, M.S. Shur, A.A. Owusu, T. Ytterdal, M. Hack, and B. Iniguez. A short-channel DC SPICE model for polysilicon thin-film transistors including temperature effects. *IEEE Trans. Electron Devices*, 46(6):1146–1158, 1999.

21 Grundschaltungen mit MOSFETs

Die CMOS-Schaltungstechnik [1] nutzt die *komplementären* Eigenschaften von n- und p-Kanal-MOSFET zum Aufbau von Logikschaltungen, die eine vernachlässigbar kleine Verlustleistung im statischen Betrieb aufweisen. Erst durch diese Technik konnten hochintegrierte Logikschaltungen, wie die modernen 32 Bit- und 64 Bit-Mikroprozessoren, auf einem Chip realisiert werden. Weitere Vorzüge der CMOS-Technologie sind der einfache Schaltungsentwurf, die gute Skalierbarkeit, d. h. die leichte Übertragbarkeit bestehender Schaltungslayouts auf weiterentwickelte CMOS-Prozesse sowie die große *Störsicherheit*. Die CMOS-Technik hat heute auf dem Gebiet der digitalen Schaltkreise mit weitem Abstand den größten Marktanteil.

21.1 Grundschaltungen mit n-Kanal MOSFETs

21.1.1 Sourceschaltung und nMOS-Inverter

Abbildung 21.1 zeigt einen n-Kanal-MOSFET in Sourceschaltung. Diese Schaltung kann als Verstärker oder als Inverter eingesetzt werden.

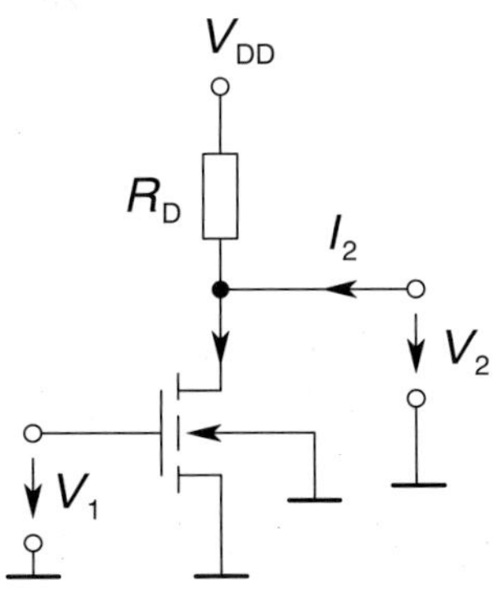

Abb. 21.1. n-Kanal MOSFET in Source-Schaltung

Übertragungskennlinie. Für $V_1 < V_{TH}$ sperrt der MOSFET, so daß $V_2 \approx V_{DD}$ gilt. Für $V_1 > V_{TH}$ und $V_2 > V_1 - V_{TH}$ arbeitet der MOSFET im Sättigungsbereich. Bei vernachlässigbarem Ausgangsstrom I_2 gilt dabei

$$I_D = \beta_n (V_1 - V_{TH})^2 / 2 = (V_{DD} - V_2)/R_D$$

bzw.

$$V_2 = V_{DD} - \beta_n R_D (V_1 - V_{TH})^2 / 2 , \qquad (21.1)$$

d. h. die Übertragungskennlinie besitzt hier einen parabelförmigen Verlauf.

[1]Die Abkürzung CMOS steht für Complementary MOS.

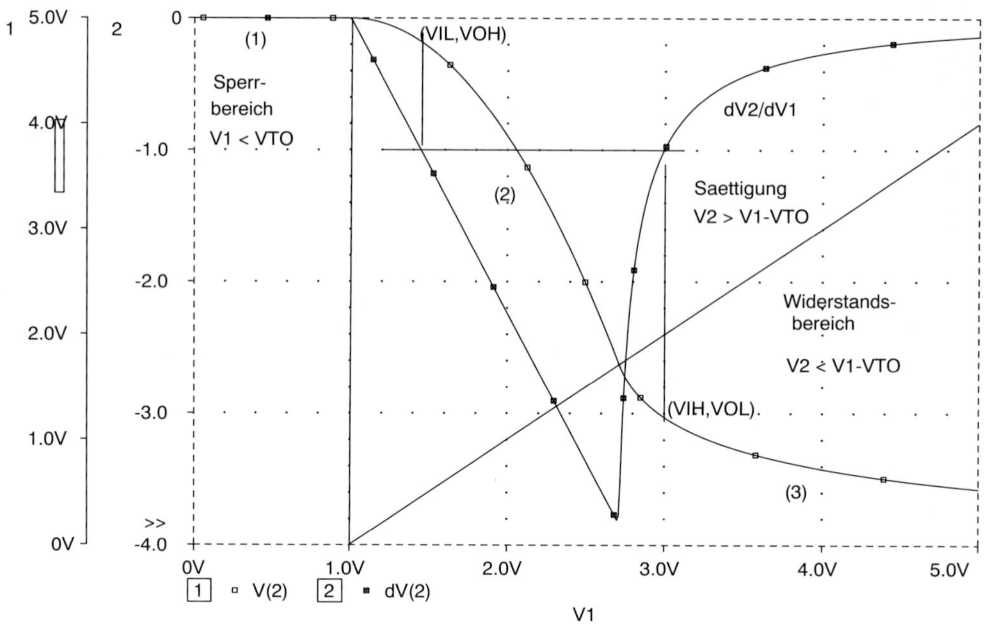

Abb. 21.2. Übertragungskennlinie $V_2(V_1)$ des nMOS-Inverters (Beispiel 21.1.1) und ihre Ableitung $\mathrm{d}V_2/\mathrm{d}V_1$

Gilt $V_2 < V_1 - V_{\mathrm{TH}}$ bzw.

$$V_1 \;>\; V_{\mathrm{TH}} + \frac{1}{\beta_{\mathrm{n}} R_{\mathrm{D}}} \left(\sqrt{1 + 2\beta_{\mathrm{n}} R_{\mathrm{D}} V_{\mathrm{DD}}} - 1 \right) ,$$

so arbeitet der MOSFET im Widerstandsbereich und es gilt

$$I_{\mathrm{D}} \;=\; \beta_{\mathrm{n}} \left(V_1 - V_{\mathrm{TH}} - \frac{V_2}{2} \right) V_2 \;=\; \frac{V_{\mathrm{DD}} - V_2}{R_{\mathrm{D}}} .$$

Diese quadratische Beziehung kann nach V_2 aufgelöst werden

$$V_2 \;=\; \frac{1}{\beta_{\mathrm{n}} R_{\mathrm{D}}} + V_1 - V_{\mathrm{TH}} - \sqrt{\left(\frac{1}{\beta_{\mathrm{n}} R_{\mathrm{D}}} + V_1 - V_{\mathrm{TH}} \right)^2 - \frac{2V_{\mathrm{DD}}}{\beta_{\mathrm{n}} R_{\mathrm{D}}}} . \qquad (21.2)$$

Die Übertragungskennlinie[2] $V_2(V_1)$ wird in diesem Bereich mit zunehmendem V_1 flacher.

Beispiel 21.1.1 Als Beispiel wird ein nMOS-Inverter betrachtet. Für den n-Kanal-MOSFET seien die Kenngrößen $K_{\mathrm{P}} = 20\,\mu\mathrm{A/V}^2$ und $V_{\mathrm{TO}} = 1$ V vorgegeben, sowie $L = 5\,\mu\mathrm{m}$ und $W = 100\,\mu\mathrm{m}$. Damit folgt $\beta_{\mathrm{n}} = 0.4\ \mathrm{mA/V}^2$. Der Widerstandswert von

[2]Für die Darstellung der Kennlinie ist es einfacher $V_1(V_2)$ zu berechnen mit dem Ergebnis

$$V_1 \;=\; \frac{1}{\beta_{\mathrm{n}} R_{\mathrm{D}}} \left(\frac{V_{\mathrm{DD}}}{V_2} - 1 \right) + V_{\mathrm{TH}} + \frac{V_2}{2} .$$

R_D soll so gewählt werden, daß für $V_1 = 2.5$ V die Ausgangsspannung $V_2 = 2.5$ V resultiert. Da der MOSFET unter diesen Umständen im Sättigungsbereich arbeitet, führt dies auf die Forderung

$$\frac{V_{DD} - V_2}{R_D} = \frac{\beta_n}{2}(V_1 - V_{TO})^2 ,$$

was mit $V_1 = V_2 = 2.5$ V und $V_{DD} = 5$ V den Wert

$$R_D = \frac{2(V_{DD} - 2.5\,\mathrm{V})}{\beta_n (2.5\,\mathrm{V} - V_{TO})^2} \approx 5.6\,\mathrm{k\Omega}$$

ergibt. Dieser Wert wurde einer SPICE-DC-Analyse zugrundegelegt; die so berechnete Übertragungskennlinie des Inverters ist in Abb. 21.2 zu sehen. Δ

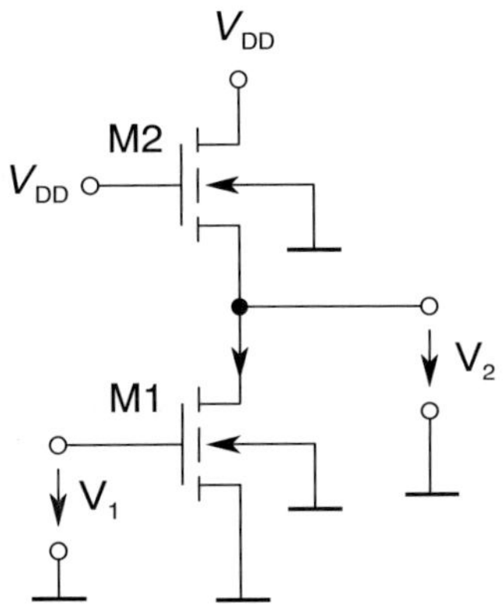

Abb. 21.3. Verstärker in Sourceschaltung mit aktiver Last

Aktive Last. Abbildung 21.3 zeigt einen nMOS-Inverter mit einem n-Kanal-MOSFET vom Anreicherungstyp als Lastelement. Da das Gatepotential von M2 gleich V_{DD} ist, gilt für diesen Transistor $V_{GS} = V_{DS} = V_{DD} - V_2$, d. h. M2 arbeitet im Sättigungbereich solange $V_2 < V_{DD} - V_{TH}$ gilt. Für $V_2 > V_{DD} - V_{TH}$ befindet sich M2 im Sperrbereich. Der Ausgangsspannungshub ist deshalb auf das Spannungsintervall $0 < V_2 < V_{DD} - V_{TH}$ begrenzt, was sich in einer Verschlechterung der Störsicherheit bemerkbar macht. Besser geeignet als Lastelemente sind n-Kanal-Buried-channel-MOSFETs oder p-Kanal-MOSFETs, wie sie in der CMOS-Technik eingesetzt werden.

Einsatz als Verstärker, Seriengegenkopplung. Aus den Kleinsignalbeziehungen

$$v_{2\sim} = -R_D i_d \quad \text{und} \quad i_d = g_m v_{gs} + g_o v_{ds} \tag{21.3}$$

folgt mit $v_{gs} = v_{1\sim}$ und $v_{ds} = v_{2\sim}$ für den Spannungsübertragungsfaktor des unbelasteten Inverters ($i_{2\sim} = 0$)

$$\frac{v_{2\sim}}{v_{1\sim}} = -\frac{g_m R_D}{1 + g_o R_D} , \tag{21.4}$$

in völliger Analogie zu dem Ergebnis für den Bipolartransistor in Emitterschaltung.

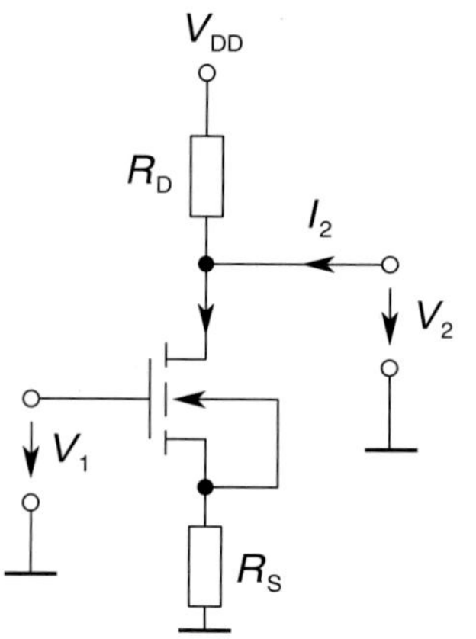

Abb. 21.4. Sourceschaltung mit Seriengegenkopplung

Bei *Seriengegenkopplung* des Verstärkers mit R_S entsprechend Abb. 21.4 gelten die Kleinsignalbeziehungen

$$v_{1\sim} = v_{gs} + R_S i_d \quad \text{und} \quad v_{2\sim} = v_{ds} + R_S i_d \,. \tag{21.5}$$

Zusammenfassen dieser Beziehungen mit den in (21.3) angegebenen Kleinsignalbeziehungen ergibt den *Spannungsübertragungsfaktor*

$$\boxed{\frac{v_{2\sim}}{v_{1\sim}} = -\frac{g_m R_D}{1 + R_S(g_m + g_o) + R_D g_o}\,.} \tag{21.6}$$

Durch eine Seriengegenkopplung wird wie beim Bipolartransistor die Steilheit des Transistors verringert und die Verstärkung herabgesetzt. Ferner ergibt sich eine Linearisierung der Kennlinie und damit eine Verringerung der Verzerrungen bei Großsignalbetrieb.

Liegt der Bulkanschluß auf Masse, so ist bei Seriengegenkopplung die vom Drainstrom abhängige Substratvorspannung $V_{SB} = R_S I_D$ wirksam. Die Kleinsignalbeziehung für den Drainstrom ist nun allgemein mit

$$i_d = g_m v_{gs} + g_o v_{ds} + g_{mb} v_{bs}$$

anzusetzen. Wegen $v_{bs} = -R_S i_d$ folgt durch Zusammenfassen

$$\frac{v_{2\sim}}{v_{1\sim}} = -\frac{g_m R_D}{1 + R_S(g_m + g_{mb} + g_o) + R_D g_o}\,.$$

Als Folge des *Substratsteuereffekts* ergibt sich demnach eine weitere Veringerung der Spannungsverstärkung $|v_{2\sim}/v_{1\sim}|$.

Beispiel 21.1.2 Ein n-Kanal-MOSFET mit den Abmessungen $L = 2\,\mu\text{m}$ und $W = 100\,\mu\text{m}$ und den Parametern $V_{TO} = 1\,\text{V}$, $K_P = 60\,\mu\text{A/V}^2$, $\gamma = 0.4\,\sqrt{\text{V}}$ sowie $\Phi = 0.6\,\text{V}$ erfordert in der `.MODEL`-Anweisung die folgenden Angaben

```
VTO=1  KP=6E-5  GAMMA=0.4  PHI=0.6
```

Abbildung 21.5 zeigt die Ergebnisse einer SPICE-DC-Analyse für die Übertragungskennlinie in Sourceschaltung mit $R_\mathrm{D} = 5.6\,\mathrm{k\Omega}$ mit und ohne Seriengegenkopplung. Bei den mit $R_\mathrm{S} = 1\,\mathrm{k\Omega}$ gegengekoppelten Schaltungen wurde der Bulkanschluß einmal auf Sourcepotential, das andere Mal auf Masse gelegt um die Auswirkung des Substratsteuereffekts zu zeigen.

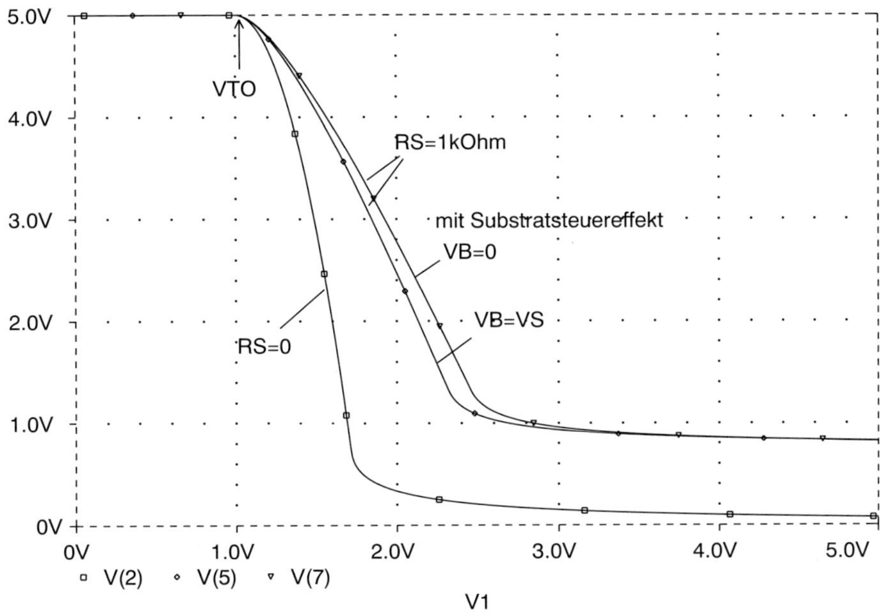

Abb. 21.5. Simulierte Übertragungskennlinien für einen n-Kanal-MOSFET in Sourceschaltung mit und ohne Seriengegenkopplung (`VB` = Bulkpotential, `VS` = Sourcepotential)

Wird die Betriebsspannung mit $V_\mathrm{DD} = 5\,\mathrm{V}$ und der Arbeitspunkt der Ausgangsspannung mit $V_2 = 2.5$ V vorgegeben, so arbeitet der Transistor in Sättigung mit

$$I_\mathrm{D} = (V_\mathrm{DD} - V_2)/R_\mathrm{D} = 446\,\mu\mathrm{A} .$$

Für den Übertragungsleitwert folgt mit $\beta_\mathrm{n} = K_\mathrm{P} W/L = 3\,\mathrm{mA/V^2}$

$$g_\mathrm{m} = \sqrt{2\beta_\mathrm{n} I_\mathrm{D}} = 1.64\,\mathrm{mS} .$$

Da λ in der `.MODEL`-Anweisung nicht spezifiziert wurde, wird der Ersatzwert $\lambda = 0$ verwendet, was auf $g_\mathrm{o} = 0$ führt. Ohne Seriengegenkopplung $R_\mathrm{S} = 0$ beträgt der Spannungsübertragungsfaktor demnach

$$v_{2\sim}/v_{1\sim} = -g_\mathrm{m} R_\mathrm{D} = -9.16 .$$

Ein Verstärker mit Bipolartransistor in Emitterschaltung würde beim selben Strom $I_\mathrm{C} = 446\,\mu\mathrm{A}$ und identischer Beschaltung ($R_\mathrm{C} = 5.6\,\mathrm{k\Omega}$ und $R_\mathrm{E} = 0$) bei $T = 300$ K den Spannungsübertragungsfaktor

$$v_{2\sim}/v_{1\sim} = -R_\mathrm{C} I_\mathrm{C}/V_T = -96.4$$

aufweisen. Bei Seriengegenkopplung mit $R_S = 1\ \mathrm{k\Omega}$ resultiert für den Verstärker in Sourceschaltung

$$\frac{v_{2\sim}}{v_{1\sim}} = -\frac{g_m R_D}{1 + R_S g_m} = -3.47\,,$$

falls Bulk und Source kurzgeschlossen sind (VB=VS). Liegt das Bulkpotential dagegen auf Masse (VB=0), so ist der Substratsteuereffekt zu berücksichtigen. Mit der Substratvorspannung $V_{SB} = R_S I_D = 446\,\mathrm{mV}$ folgt für die Substratsteilheit

$$g_{mb} = g_m \frac{\gamma}{2\sqrt{\Phi + V_{SB}}} = 0.32\,\mathrm{mS}$$

und damit der Spannungsübertragungsfaktor

$$\frac{v_{2\sim}}{v_{1\sim}} = -\frac{g_m R_D}{1 + R_S(g_m + g_{mb})} = -3.09\,.$$

Diese Ergebnisse lassen sich durch Differenzieren der in Abb. 21.5 dargestellten Übertragungskennlinien mittels PROBE bestätigen. Δ

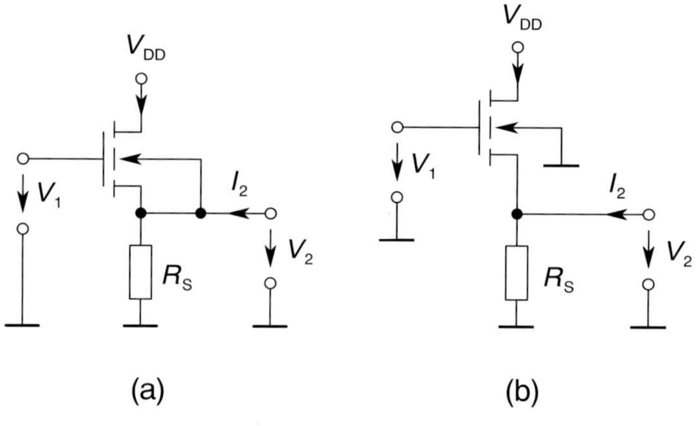

Abb. 21.6. Drainschaltung (Sourcefolger) mit n-Kanal MOSFET. (**a**) $V_{BS} = 0$ (kein Substratsteuereffekt) und (**b**) $V_{BS} = -R_S(I_D + I_2)$ (mit Substratsteuereffekt)

21.1.2 Drainschaltung (Sourcefolger) mit n-Kanal-MOSFET

Die Schaltung Abb. 21.6 a zeigt einen n-Kanal-MOSFET in Drainschaltung. Diese Schaltung besitzt wie der Emitterfolger eine Spannungsverstärkung von der Größenordnung eins sowie einen im Vergleich zum Ausgangswiderstand sehr großen[3] Eingangswiderstand und wirkt damit als *Impedanzwandler*.

Spannungsübertragungsfaktor. Wegen

$$V_{DS} = V_{DD} - V_2 \quad \text{und} \quad V_{GS} = V_1 - V_2$$

arbeitet der MOSFET für $V_{TH} < V_1 < V_{DD}$ im Sättigungsbereich und für $V_1 < V_{TH}$ im Sperrbereich. Die Ausgangsspannung der Schaltung ist

[3] Im Idealfall ($I_G = 0$) geht $r_e \to \infty$.

$$V_2 = R_S(I_D+I_2) \ , \quad \text{so daß} \quad v_2 = R_S(i_d+i_2) \ . \tag{21.7}$$

Ist $I_2 = -V_2/R_L$ durch eine ohmsche Last bestimmt, so gilt $i_{2\sim} = -v_{2\sim}/R_L$. In diesem Fall folgt wegen

$$v_{gs} = v_{1\sim} - v_{2\sim} \ , v_{ds} = -v_{2\sim} \quad \text{sowie} \quad i_d = g_m v_{gs} + g_o v_{ds}$$

durch Zusammenfassen der *Spannungsübertragungsfaktor*

$$\boxed{\frac{v_{2\sim}}{v_{1\sim}} = \frac{R_S g_m}{1 + R_S(g_m + g_o + 1/R_L)} < 1 \ .} \tag{21.8}$$

Gilt $g_m \gg g_o$, $g_m \gg 1/R_L$ und $R_S g_m \gg 1$, so folgt hieraus $v_{2\sim}/v_{1\sim} \approx 1$.

Ausgangswiderstand. Der *Ausgangswiderstand* der Schaltung bestimmt die Änderung von V_2 mit I_2 bei konstant gehaltener Eingangspannung V_1

$$r_a = \left(\frac{\partial V_2}{\partial I_2}\right)_{V_1} = \left.\frac{v_{2\sim}}{i_{2\sim}}\right|_{v_{1\sim}=0} \ .$$

Durch Zusammenfassen der bei konstanter Eingangsspannung ($v_{1\sim} = 0$) gültigen Kleinsignalbeziehung

$$i_d = g_m v_{gs} + g_o v_{ds} = -(g_m + g_o) v_{2\sim}$$

mit (21.7) folgt

$$\boxed{r_a = \left.\frac{v_{2\sim}}{i_{2\sim}}\right|_{v_{1\sim}=0} = \frac{R_S}{1 + R_S(g_m + g_o)} \ .} \tag{21.9}$$

Für $g_m R_S \gg 1$ geht dieser Ausdruck gegen $1/g_m$, was dem für den Emitterfolger gefundenen Ergebnis entspricht. Wegen der (bei gleichem Strom) geringeren Steilheit g_m des MOSFET weist der Sourcefolger jedoch einen größeren Ausgangswiderstand auf als der Emitterfolger.

Substratsteuereffekt. Liegt das Bulkpotential wie in Abb. 21.6 b auf Masse ($V_B = 0$), so ist $V_{SB} = V_2$. Mit V_2 ändert sich deshalb auch die Einsatzspannung V_{TH}. In diesem Fall ist

$$i_d = g_m(v_{1\sim} - v_{2\sim}) - g_{mb} v_{2\sim} - g_o v_{2\sim}$$

und der Ausdruck für den Spannungsübertragungsfaktor geht über in

$$\frac{v_{2\sim}}{v_{1\sim}} = \frac{R_S g_m}{1 + R_S(g_m + g_{mb} + g_o + 1/R_L)} \ .$$

Für den Ausgangswiderstand folgt unter Berücksichtigung des Substratsteuereffekts entsprechend

$$r_a = \frac{R_S}{1 + R_S(g_m + g_{mb} + g_o)} \ .$$

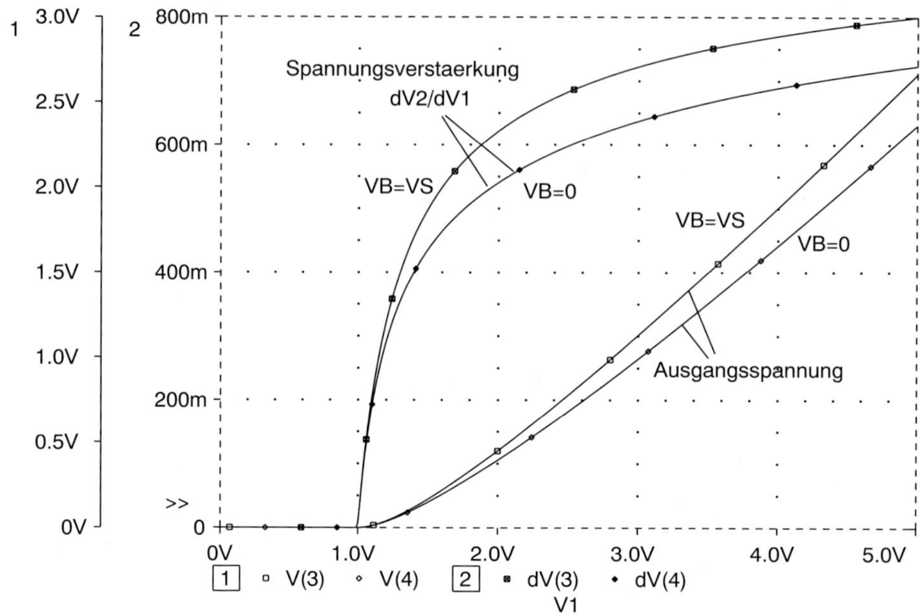

Abb. 21.7. Ausgangsspannung (Skala 1) und Spannungsübertragungsfaktor (Skala 2) eines Sourcefolgers für unterschiedliches Substratpotential

Beispiel 21.1.3 Abbildung 21.7 zeigt die Übertragungskennlinie eines unbelasteten Sourcefolgers mit $V_{\mathrm{B}} = V_2$ und $V_{\mathrm{B}} = 0$ sowie den Spannungsübertragungsfaktor $\mathrm{d}V_2/\mathrm{d}V_1$ berechnet mit der SPICE-DC-Analyse für beide Fälle. Der Simulation wurden die folgenden Daten zugrundegelegt: $V_{\mathrm{DD}} = 5\,\mathrm{V}$, $R_{\mathrm{S}} = 1\,\mathrm{k\Omega}$, $K_{\mathrm{P}} = 60\,\mathrm{\mu A/V^2}$, $V_{\mathrm{TO}} = 1\,\mathrm{V}$, $\gamma = 0.4\sqrt{\mathrm{V}}$, $\Phi = 0.6\,\mathrm{V}$, $L = 2\,\mathrm{\mu m}$ und $W = 100\,\mathrm{\mu m}$.

Für $V_2 < V_{\mathrm{TO}}$ ist die Ausgangsspannung erwartungsgemäß null, da sich der n-Kanal-MOSFET im Sperrzustand befindet. Für $V_1 > V_{\mathrm{TO}}$ folgt die Ausgangsspannung in grober Näherung der Eingangsspannung. Ein Vergleich der Übertragungskennlinie des Sourcefolgers mit der eines identisch beschalteten Emitterfolgers (Beispiel 17.2.1) zeigt die schlechtere Linearität des Sourcefolgers – eine Folge der geringeren Steilheit der Transferstromkennlinie des n-Kanal-MOSFET. Dies wirkt sich auch auf den Spannungsübertragungsfaktor der Schaltung aus, der deutlich unterhalb von eins liegt.

Mit $\lambda = 0$ und $1/R_{\mathrm{L}} = 0$ folgt bei der Ausgangsspannung $V_2 = 2$ V für den Drainstrom $I_{\mathrm{D}} = 2$ mA. Für die Steilheit des MOSFET im Arbeitspunkt folgt somit

$$g_{\mathrm{m}} = \sqrt{\beta_{\mathrm{n}} I_{\mathrm{D}}} = 3.46\,\mathrm{mS}\ .$$

Dies führt auf den Spannungsübertragungsfaktor

$$\frac{v_{2\sim}}{v_{1\sim}} = \frac{R_{\mathrm{S}} g_{\mathrm{m}}}{1 + R_{\mathrm{S}} g_{\mathrm{m}}} = 0.78\ ,$$

was durch die Simulation bestätigt wird. Die Untersuchung des Falls, bei dem Bulk auf Masse liegt, wird dem Leser als Übungsaufgabe überlassen. Δ

21.2 Statische CMOS-Logik

21.2.1 Der CMOS-Inverter

Die Besonderheiten statischer CMOS-Logik werden anhand des Inverters erläutert. Abbildung 21.8 stellt zu diesem Zweck die wichtigsten Digitalschaltungen für die Inverterfunktion zusammen.

Der aus Kap. 17 bekannte *ECL-Inverter* arbeitet mit einer Differenzstufe durch die – unabhängig vom Schaltzustand – ein annähernd konstanter Strom fließt. Die Verlustleistung des ECL-Inverters ist weitgehend unabhängig von der Schaltfrequenz

$$P = I_{\mathrm{EE}} \cdot |V_{\mathrm{EE}}| \ .$$

Wegen der großen Steilheit der Bipolartransistoren und der verwendeten Stromquelle kann mit Spannungshüben von wenigen hundert Millivolt gearbeitet werden, was zu sehr kurzen Gatterlaufzeiten führt. Als Folge der vergleichsweise hohen Verlustleistung in der Größenordnung von 1 mW pro Gatter werden hochintegrierte ECL-Chips mit mehr als $2 \cdot 10^4$ Gatterfunktionen jedoch nur sehr selten realisiert. Ungünstig bei hochintegrierten ECL-Schaltungen ist auch der im Vergleich zur statischen CMOS-Logik aufwendigere Schaltungsentwurf.

Der *nMOS-Inverter* besteht aus einem n-Kanal-MOSFET in Reihe zu einem Lastelement, das hier als ohmscher Widerstand R angenommen wird. Die Eingangsspannung ist entweder LO ($V_{\mathrm{IN}} \approx 0$) oder HI ($V_{\mathrm{IN}} \approx V_{\mathrm{DD}}$). Ist $V_{\mathrm{IN}} \approx 0$, so sperrt der n-Kanal-MOSFET: Nahezu die gesamte Versorgungsspannung fällt am MOSFET ab und der Ausgang ist HI ($V_{\mathrm{OUT}} \approx V_{\mathrm{DD}}$). Ist $V_{\mathrm{IN}} \approx V_{\mathrm{DD}}$, so ist der n-Kanal-MOSFET niederohmig im Vergleich zu R: Nun fällt nahezu die gesamte Versorgungsspannung an R ab und der Ausgang ist LO ($V_{\mathrm{OUT}} \approx 0$). Bei Sperrbetrieb des n-Kanal-MOSFET ist die Verlustleistung des unbeschalteten Inverters gering, sie beträgt jedoch annähernd V_{DD}^2/R falls der Eingang HI ist. Im Mittel treten beide Schaltzustände mit derselben Wahrscheinlichkeit auf – für die mittlere *Verlustleistung* folgt demnach unter Vernachlässigung der Umladeverluste

$$P \approx V_{\mathrm{DD}}^2/2R \ .$$

Da sich große Werte von R ungünstig auf die Schaltzeiten auswirken, kann die mittlere Verlustleistung je Gatterfunktion nicht beliebig klein gemacht werden: Ihr Wert liegt ebenfalls in der Größenordnung 1 mW und begrenzt die Anzahl der auf einem Chip realisierbaren Gatterfunktionen. Heute werden nMOS-Schaltungen nur noch in Ausnahmefällen – beispielsweise als Pseudo-nMOS-Schaltungen zur NOR-Verknüpfung zahlreicher Eingangssignale – eingesetzt.

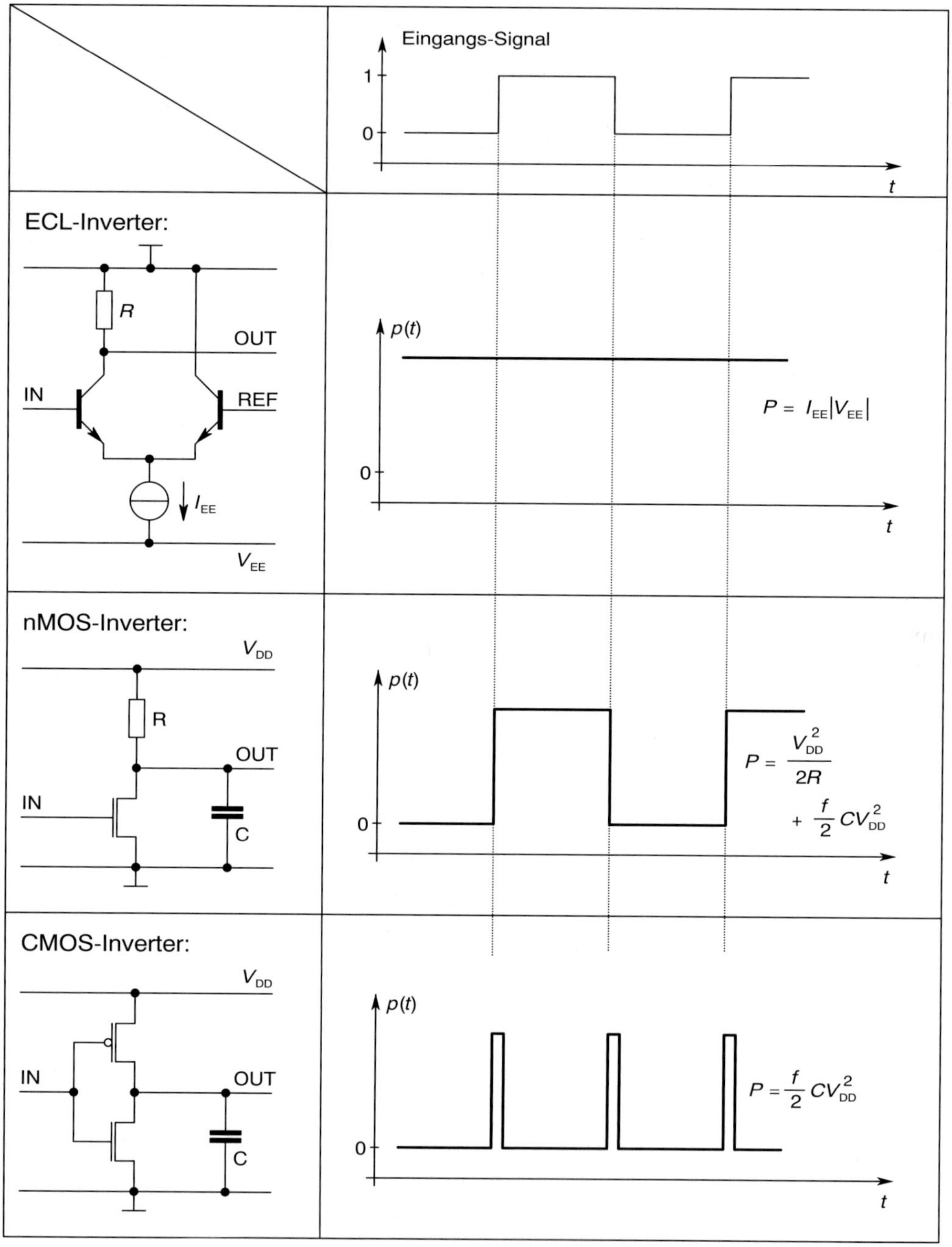

Abb. 21.8. Verschiedene Wege zur schaltungstechnischen Realisierung der Inverterfunktion

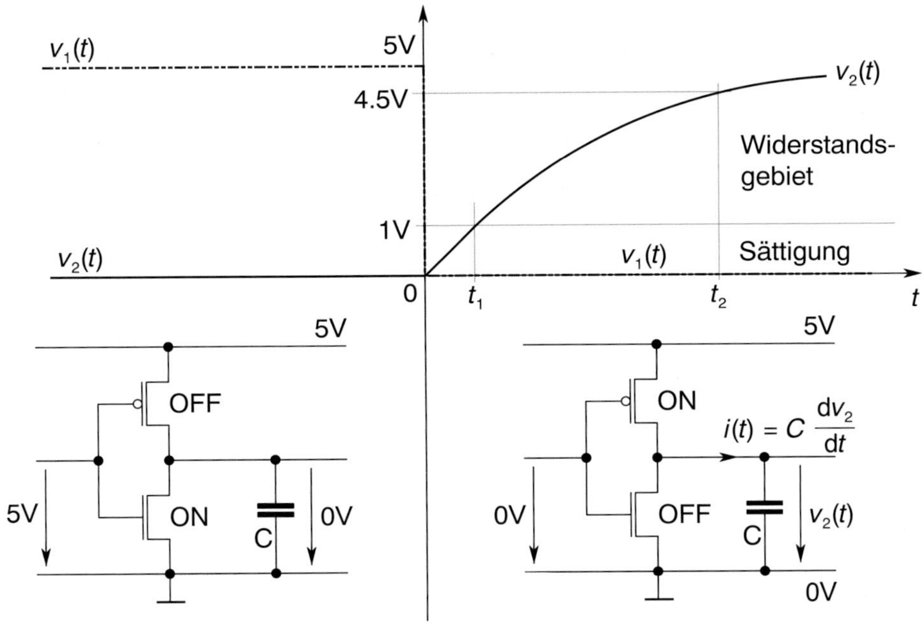

Abb. 21.9. Einschaltvorgang beim CMOS-Inverter mit kapazitiver Last

Beim *CMOS-Inverter* wird der Lastwiderstand durch einen ebenfalls vom Eingang gesteuerten p-Kanal-MOSFET ersetzt. Über diesen kann der Ausgangsknoten leicht auf das Potential der Versorgungsspannung gezogen werden (vgl. Abb. 21.9), wodurch der gesamte Versorgungsspannungsbereich als Schalthub zur Verfügung steht. Wegen der Komplementarität der beiden Transistoren

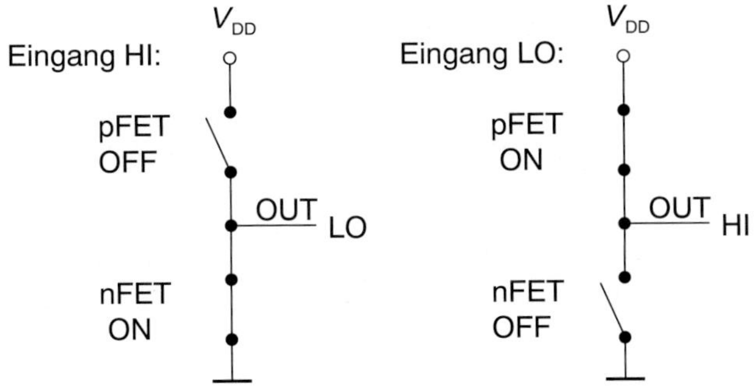

Abb. 21.10. Schaltermodell zur Erläuterung der Wirkungsweise eines CMOS-Inverters

ist stets einer von diesen im Sperrzustand, falls das Potential am Eingang auf LO ($V_1 \approx 0$) oder auf HI ($V_1 \approx V_{DD}$) liegt. Im Fall vernachlässigbar geringer Subthresholdströme kann der CMOS-Inverter demnach als eine Reihenschaltung zweier Schalter angesehen werden (Abb. 21.10), von denen stets einer geöffnet ist – sofern am Eingang LO oder HI anliegt. Eine nennenswerte *Verlustleistung* fällt nur im Schaltvorgang an: Die mittlere Verlustleistung wird deshalb proportional zur *Schaltfrequenz* f ansteigen. Bei geringer Schaltfrequenz f und Versorgungsspannung V_{DD} lassen sich deshalb elektronische Schaltungen konstruieren, die extrem verlustarm arbeiten. Dies wird z. B. in Armbanduhren oder in solarbetriebenen Taschenrechnern ausgenutzt. CMOS ist derzeit die einzige Schaltungstechnik, die es erlaubt 10^6 oder mehr logische Funktionen auf einem Chip zu integrieren.

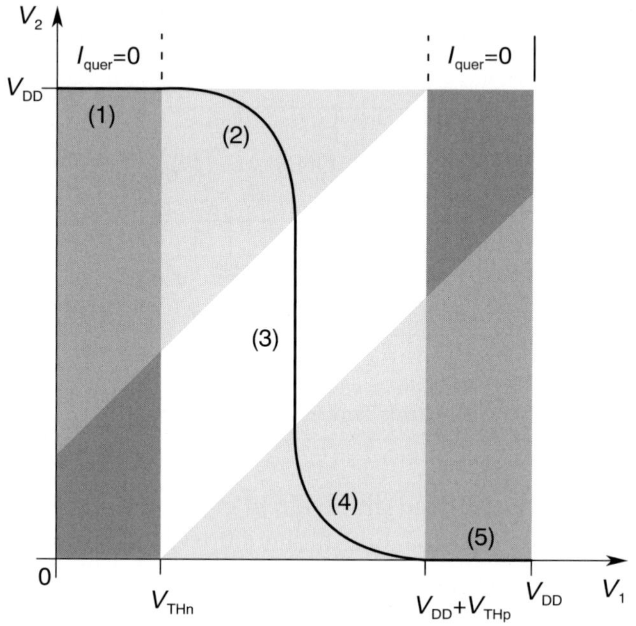

Abb. 21.11. Betriebszustände von n-Kanal-MOSFET und p-Kanal-MOSFET in einem CMOS-Inverter als Funktion der Spannungen an Ein- und Ausgang (Bezeichungen wie im Text)

Übertragungskennlinie. Die *Übertragungskennlinie* des unbelasteten CMOS-Inverters ergibt sich aus der Forderung $I_{D1} + I_{D2} = 0$, wobei für I_{D1} und I_{D2} die zu den jeweiligen Betriebszuständen (vgl.Abb. 21.11) gehörenden Strom-Spannungs-Beziehungen zu verwenden sind. Insgesamt sind dabei fünf Bereiche zu unterscheiden:

(1) Für $V_1 < V_{THn}$ sperrt der n-Kanal-MOSFET, so daß $I_{D1} = 0$ und damit auch $I_{D2} = 0$ gilt. Der unbelastete CMOS-Inverter führt keinen Strom und es gilt $V_2 = V_{DD}$.

(2) Für $V_{THn} < V_1$ und $V_2 > V_1 - V_{THp}$ arbeitet der n-Kanal-MOSFET im Sättigungsbereich, der p-Kanal-MOSFET im Widerstandsbereich, so daß

$$I_{D1} = \frac{1}{2}\beta_n(V_1 - V_{THn})^2$$

$$I_{D2} = -\beta_p(V_{DD} - V_2)\left(\frac{V_{DD} + V_2}{2} - V_1 + V_{THp}\right) .$$

(3) Für $V_{\mathrm{THn}} < V_1$ und $V_1 - V_{\mathrm{THn}} < V_2 < V_1 - V_{\mathrm{THp}}$ arbeiten beide Transistoren im Sättigungsbereich. Unter Vernachlässigung des Ausgangsleitwerts der Transistoren gilt

$$I_{\mathrm{D1}} = \frac{1}{2}\,\beta_{\mathrm{n}}(V_1 - V_{\mathrm{THn}})^2 \quad \text{und} \quad I_{\mathrm{D2}} = -\frac{1}{2}\,\beta_{\mathrm{p}}(V_{\mathrm{DD}} - V_1 + V_{\mathrm{THp}})^2 \,.$$

Die Übertragungskennlinie verläuft in dieser Näherung im betrachteten Bereich senkrecht.

(4) Für $V_{\mathrm{THn}} < V_1 < V_{\mathrm{DD}} + V_{\mathrm{THp}}$ und $V_2 < V_1 - V_{\mathrm{THn}}$ arbeitet der n-Kanal-MOSFET im Widerstandsbereich, der p-Kanal-MOSFET im Sättigungsbereich, wobei gilt

$$\begin{aligned} I_{\mathrm{D1}} &= \beta_{\mathrm{n}}(V_1 - V_{\mathrm{THn}} - V_2/2)V_2 \,, \\ I_{\mathrm{D2}} &= -\frac{1}{2}\,\beta_{\mathrm{p}}(V_{\mathrm{DD}} - V_1 + V_{\mathrm{THp}})^2 \,. \end{aligned}$$

(5) Für $V_1 > V_{\mathrm{DD}} + V_{\mathrm{THp}}$ sperrt der p-Kanal-MOSFET, so daß $I_{\mathrm{D2}} = 0$ und damit auch $I_{\mathrm{D1}} = 0$ gilt. Der unbelastete CMOS-Inverter führt keinen Strom und es gilt $V_2 = 0$.

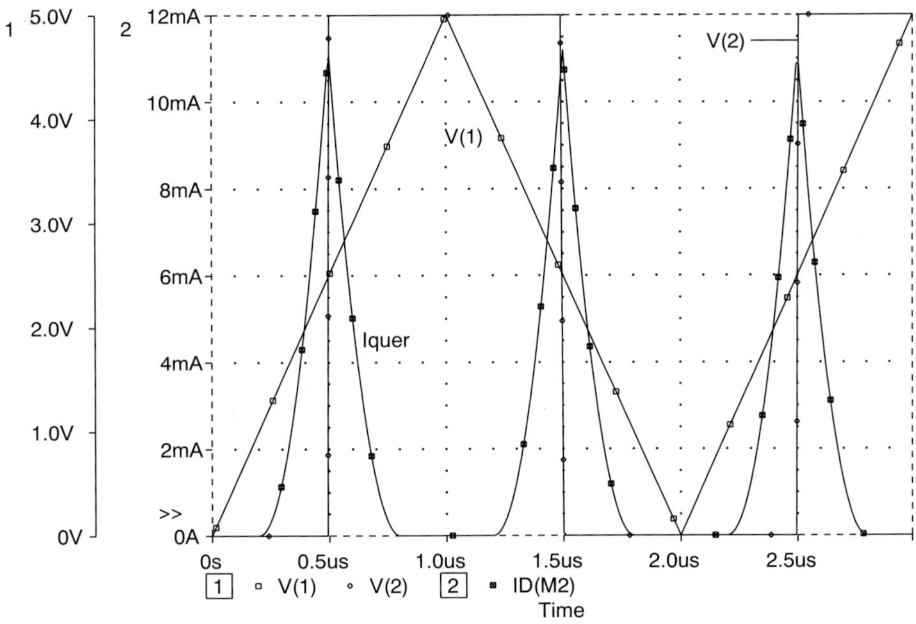

Abb. 21.12. Asugangssignal V(2) einer Kette aus zwei CMOS-Invertern bei Dreieckförmiger Eingangsspannung V(1) und Querstrom der ersten Inverterstufe

Bedingt durch die nichtlineare Übertragungskennlinie des Inverters erfolgt eine „Regenerierung“ digitaler Signale, wodurch die bei Analogrechnern nach mehreren Rechenschritten problematische Fehlerfortpflanzung vermieden werden kann. Am Eingang des Gatters kann dem korrekten Signal eine vergleichsweise große Störspannung überlagert sein, ohne daß am Ausgang große Abweichungen vom korrekten Signalpegel auftreten. Abbildung 21.12 illustriert dies anhand einer SPICE-Simulation für eine Kette von zwei CMOS-Invertern[4]: Nach Durchlaufen von zwei CMOS-Invertern ist aus dem Dreieckssignal ein Rechtecksignal geworden.

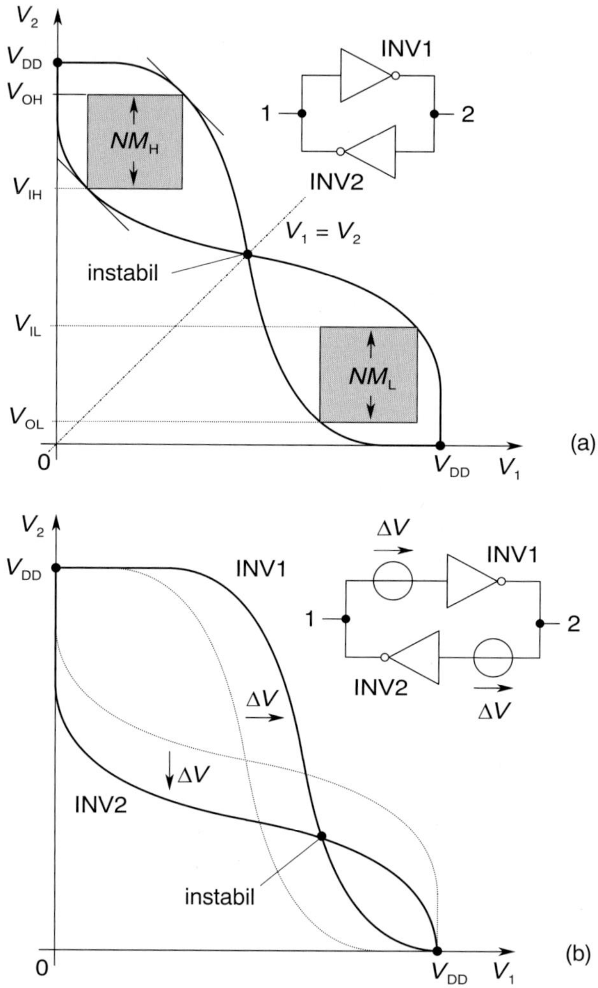

Abb. 21.13. Zustände eines Flipflops und Bestimmung des statischen Störabstands. (**a**) stabile Zustände ohne Störspannungen und (**b**) Einfluß von statischen Störspannungen

Störsicherheit. Die Störsicherheit von Gattern wird durch den *statischen Störabstand* bestimmt. Zur Definition des statischen Störabstands wird meist das aus zwei rückgekoppelten Invertern bestehende Flipflop betrachtet [1, 2]. Dieses besitzt zwei stabile Arbeitspunkte, die sich als Schnittpunkte

[4]Symmetrisch, Modellparameter $K_P = 1\,\mathrm{mA/V^2}$, $|V_{TO}| = 1\,\mathrm{V}$, $W/L = 10$.

der beiden Inverterkennlinien bestimmen lassen (Abb. 21.13 a). Durch eine Störspannung ΔV an den Eingängen der beiden rückgekoppelten Inverter (vgl. Abb. 21.13 b) verschieben sich die Kennlinien und der instabile Punkt verschiebt sich zusehends zu null (für $\Delta V < 0$) bzw. V_{DD} (für $\Delta V > 0$), wodurch nach Überschreiten einer kritischen Störspannung der zweite stabile Arbeitspunkt verloren geht. Der Betrag der Störspannung, ab der nur noch ein stabiler Arbeitspunkt des Flipflops existiert, wird als *statischer Störabstand* bezeichnet. Er läßt sich grafisch als Seitenlänge eines zwischen die Inverterkennlinien einbeschriebenen Quadrats interpretieren (Abb. 21.13a). Bei unsymmetrischen Inverterkennlinien ergeben sich auf diesem Weg zwei Störspannungsabstände

$$N_{\mathrm{ML}} = V_{\mathrm{IL}} - V_{\mathrm{OL}} \qquad \text{sowie} \qquad N_{\mathrm{MH}} = V_{\mathrm{OH}} - V_{\mathrm{IH}} \,. \tag{21.10}$$

Als Maß für die Störsicherheit ist dabei der kleinere der beiden Werte anzusehen, da der Schaltzustand in der Regel nicht bekannt ist. Für maximale Störsicherheit sollte der instabile Punkt des Flipflops deswegen möglichst nahe bei $V_1 = V_2 = V_{\mathrm{DD}}/2$ liegen. Dies hat Konsequenzen für den Entwurf statischer CMOS-Logikschaltungen: Bei betragsmäßig gleich großen Einsatzspannungen für n- und p-Kanal-MOSFET sind die Übertragungsleitwertfaktoren β_{n} und β_{p} ebenfalls gleich groß zu wählen.[5] Da für Kanallängen um 1 µm annähernd $\mu_{\mathrm{n}}/\mu_{\mathrm{p}} \approx 2$ gilt, sind die Weiten W_{n} und W_{p} von n-Kanal- und p-Kanal-MOSFET so zu wählen, daß $W_{\mathrm{p}} \approx 2W_{\mathrm{n}}$ gilt, d. h. die p-Kanal-MOSFETs benötigen deutlich mehr Chipfläche als die n-Kanal-MOSFETs.

Verlustleistung. Die im Inverter umgesetzte Verlustleistung kann in einen proportional zur Schaltfrequenz ansteigenden und einen frequenzunabhängigen Anteil aufgeteilt werden. Der frequenzproportionale Anteil wird durch den Querstrom und das Umladen kapazitiver Lasten bestimmt, der frequenzunabhängige Anteil durch die Subthresholdströme. Da in getakteten CMOS-Schaltungen meistens ein Großteil der Gatter während eines Taktzyklus seinen Zustand beibehält, ist die für die Verlustleistung maßgebliche mittlere *Schaltfrequenz* f i. allg. wesentlich geringer als die *Taktfrequenz* f_{ϕ}.[6]

Querstrom. Im Intervall $V_{\mathrm{THn}} < v_1 < V_{\mathrm{DD}} + V_{\mathrm{THp}}$ leiten sowohl n- als auch p-Kanal MOSFET: Bei Eingangssignalen endlicher Anstiegs- bzw. Abfallzeit fließt deshalb ein „Querstrom“ durch die Reihenschaltung von n-Kanal und p-Kanal MOSFET. Im Folgenden wird der Effektivwert der damit verbundenen Verlustleistung ermittelt. Dazu wird am Eingang eine steigende Flanke der Anstiegsgeschwindigkeit t_{r} zugrundegelegt (Abb. 21.14). Dann fließt im Zeitintervall der Länge

[5] Unter diesen Bedingungen sind auch Anstiegs- und Abfallzeiten beim Umschalten kapazitiver Lasten identisch.

[6] Aus diesem Grund kann das Power-delay-Produkt von CMOS-Schaltkreisen nicht direkt mit dem von ECL-Schaltkreisen verglichen werden.

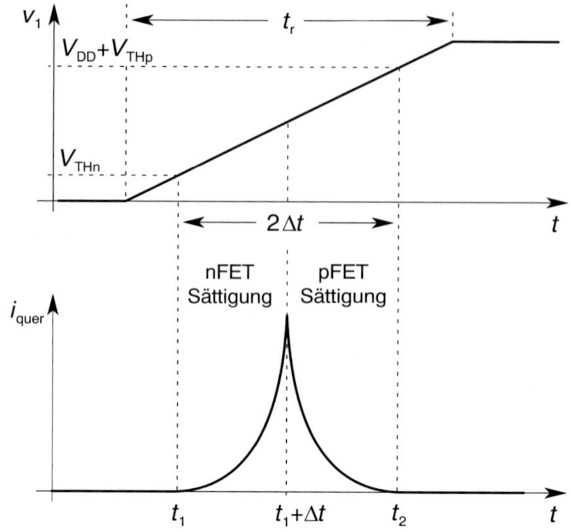

Abb. 21.14. Querstrom im CMOS-Inverter

$$2\Delta t \;=\; \frac{V_{\mathrm{DD}} + V_{\mathrm{THp}} - V_{\mathrm{THn}}}{V_{\mathrm{DD}}}\, t_{\mathrm{r}} \tag{21.11}$$

zwischen t_1 und t_2 der Querstrom $i_{\mathrm{quer}}(t)$. Unter der Annahme einer symmetrischen Übertragungskennlinie ($\beta_{\mathrm{n}} = \beta_{\mathrm{p}}$ sowie $V_{\mathrm{THn}} = -V_{\mathrm{THp}}$) gilt [3]

$$\int_{t_1}^{t_2} i_{\mathrm{quer}}(t)\,\mathrm{d}t \;=\; 2\int_{t_1}^{t_1+\Delta t} i_{\mathrm{quer}}(t)\,\mathrm{d}t \;.$$

Da der n-Kanal MOSFET im Zeitintervall $[\,t_1, t_1+\Delta t\,]$ im Sättigungsbereich arbeitet, ergibt sich der mittlere Stromfluß während eines Schaltvorgangs der Dauer $\tau = 1/f$ zu

$$\begin{aligned} I \;&=\; \frac{1}{\tau}\cdot 2\cdot\frac{1}{2}\,\beta_{\mathrm{n}}\int_{t_1}^{t_1+\Delta t}[\,v_1(t) - V_{\mathrm{THn}}\,]^2\,\mathrm{d}t \\ &=\; f\beta_{\mathrm{n}}\int_{t_1}^{t_1+\Delta t}\left[\frac{V_{\mathrm{DD}}}{t_{\mathrm{r}}}(t-t_1)\right]^2\mathrm{d}t\;. \end{aligned}$$

Ausführen des Integrals ergibt mit Δt nach (21.11) für den Effektivwert der auftretenden Verlustleistung[7]

$$P_{\mathrm{quer}} \;=\; I_{\mathrm{quer}}V_{\mathrm{DD}} \;=\; \frac{1}{24}\,\beta_{\mathrm{n}}\,(V_{\mathrm{DD}}+V_{\mathrm{THp}}-V_{\mathrm{THn}})^3\,t_{\mathrm{r}}f \;\;.$$

Der durch den Querstrom bedingte Beitrag zur effektiven Verlustleistung des CMOS-Inverters wächst demnach prortional zur dritten Potenz der Versorgungsspannung und proportional zur Schaltfrequenz $f = 1/\tau$ an; ihr Wert ist um so kleiner, je geringer das Verhältnis $t_{\mathrm{r}}/\tau = t_{\mathrm{r}}f$ ist. Anstiegs- und Abfallzeiten von Signalen sollten deshalb möglichst klein sein.

[7] Unter der Annahme, daß die Abfallzeit der Bedingung $t_{\mathrm{f}} = t_{\mathrm{r}}$ genügt.

Umladen der Lastkapazität. Das Umladen einer kapazitiven Last bedingt die effektive Verlustleistung

$$P = \frac{1}{2} f C V_{\mathrm{DD}}^2 , \tag{21.12}$$

wobei f die Schaltfrequenz und C die umzuladende Kapazität[8] bezeichnet. Die Kapazität C wird als mit dem Ausgang des Inverters verknüpfte Lastkapazität (Abb. 21.8) behandelt. Während des *Einschaltvorgangs* (Aufladen von C) liefert die Spannungsquelle die Ladung CV_{DD} und verrichtet dabei die Arbeit CV_{DD}^2. Hiervon wird jedoch nur die Hälfte, d. h. $CV_{\mathrm{DD}}^2/2$, als Verlustleistung im p-Kanal-MOSFET verbraucht, die andere Hälfte wird in der Kapazität gespeichert. Beim *Ausschaltvorgang* liefert die Spannungsquelle keinen Strom, da der p-Kanal-MOSFET sperrt. Hier wird die auf dem Kondensator gespeicherte Energie $CV_{\mathrm{DD}}^2/2$ im n-Kanal-MOSFET in Verlustleistung umgesetzt. Pro Schaltvorgang fällt damit die Verlustenergie $CV_{\mathrm{DD}}^2/2$ an.[9] Multiplikation mit der mittleren Schaltfrequenz f führt auf den Effektivwert der Verlustleistung. Der Beitrag (21.12) steigt proportional zum Quadrat der Versorgungsspannung an.

Unterschwellströme. Die proportional zur Taktfrequenz ansteigenden Beiträge zur Verlustleistung hängen stark von der Versorgungsspannung ab. Um bei höher werdender Taktfrequenz die in hochintegrierten CMOS-Bausteinen anfallende Verlustleistung zu begrenzen wird deshalb die Versorgungsspannung reduziert. Mit der Versorgungsspannung muß jedoch auch die Einsatzspannung der MOSFETs reduziert werden. Dies führt zu einem Anstieg der Unterschwellströme und des Leckstroms I_{DSS}. Abbildung 21.15 zeigt die Entwicklung der Verlustleistung hochintegrierter CMOS-Mikroprozessoren: Im Zuge der Strukturverkleinerung gewann der statische Verlustleistungsanteil zunehmend an Bedeutung.

---

[8] Interne Transistorkapazitäten lassen sich in C berücksichtigen, wobei jedoch zu beachten ist, daß einzelne Kapazitäten wegen des Miller-Effekts um den doppelten Hub umgeladen werden müssen. Dies kann durch eine entsprechende Gewichtung bei der Berechnung der effektiven Lastkapazität berücksichtigt werden.

[9] Zur Berechnung der effektiven Verlustleistung: Sowohl beim Aufladen als auch beim Entladen der Lastkapazität wird im Inverter Leistung umgesetzt. Wegen der zugrundegelegten Symmetrie genügt es den Entladevorang zu betrachten: Über dem n-Kanal MOSFET fällt dabei die Spannung $v_{\mathrm{C}}(t)$ des Kondensators ab, i_{DnC} bezeichne den Anteil des Drainstroms, mit dem die Lastkapazität umgeladen wird; der Effektivwert der umgesetzten Leistung ist damit

$$P_{\mathrm{C}} = \frac{1}{\tau} \int_0^{\tau} i_{\mathrm{Dn}}(t) v_{\mathrm{C}}(t)\, \mathrm{d}t \,.$$

Mit $i_{\mathrm{DnC}} = -C_{\mathrm{L}}\, \mathrm{d}v_{\mathrm{C}}/\mathrm{d}t$, $v_{\mathrm{C}}(0) = V_{\mathrm{DD}}$ und $v_{\mathrm{C}}(\tau) = 0$ folgt so

$$P_{\mathrm{C}} = \frac{1}{\tau} \int_{V_{\mathrm{DD}}}^{0} -C_{\mathrm{L}} v_{\mathrm{C}}\, \mathrm{d}v_{\mathrm{C}} = f C_{\mathrm{L}} \int_0^{V_{\mathrm{DD}}} V_{\mathrm{C}}\, \mathrm{d}v_{\mathrm{C}} = \frac{1}{2} C_{\mathrm{L}} V_{\mathrm{DD}}^2 f \,.$$

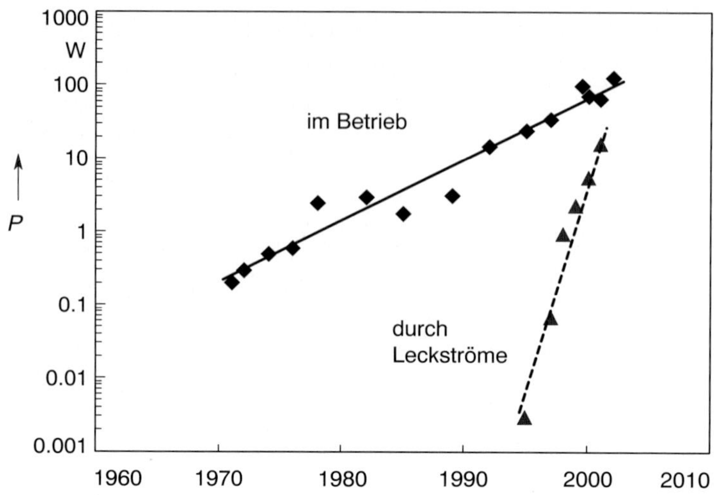

Abb. 21.15. Verlustleistung hochintegrierter CMOS-Mikroprozessoren (nach [4])

21.2.2 Logische Verknüpfungen in CMOS

Abbildung 21.16 zeigt den prinzipiellen Aufbau eines CMOS-Gatters: Dieses besteht aus einem Netzwerk von p-Kanal-MOSFETs über das der Ausgang niederohmig mit der positiven Versorgungsspannung kurzgeschlossen werden kann (Pull-up-Funktion) und einem Netzwerk von n-Kanal-MOSFETs, das eine niederohmige Verbindung zu Masse ermöglicht (Pull-down-Funktion). Die Transistoren sind so verschaltet, daß bei HI oder LO am Eingang nur jeweils einer der beiden Blöcke niederohmig wird. Zu diesem Zweck wird jeder Eingang mit dem Gate eines p-Kanal- und eines n-Kanal-MOSFET verbunden.

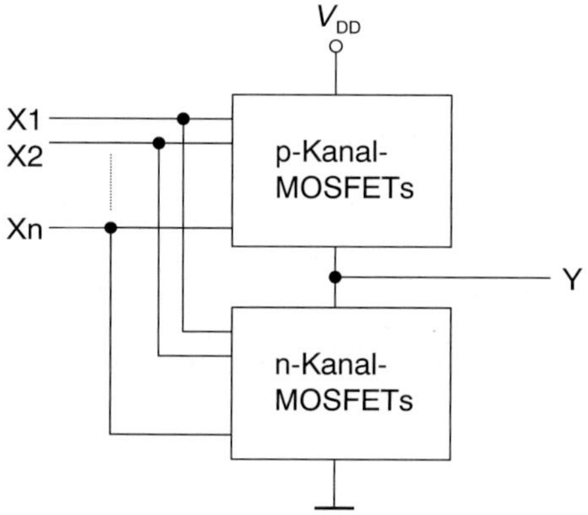

Abb. 21.16. Statische CMOS-Logik: Prinzipieller Aufbau eines Gatters

Um ein Gatter für eine bestimmte logische Funktion zu entwerfen, betrachtet man am besten zunächst das Teilnetzwerk der n-Kanal-MOSFETs. Hier erfordert die NAND-Funktion eine Reihenschaltung, die NOR-Funktion eine Parallelschaltung der Transistoren. Das jeweils zugehörige Netzwerk aus p-Kanal-MOSFETs ergibt sich dann aus der Forderung, daß dieses genau dann niederohmig ist, wenn das Netzwerk der n-Kanal-MOSFETs hochohmig ist. Offensichtlich müssen dazu die p-Kanal-MOSFETs parallel geschaltet werden, wenn die n-Kanal-MOSFETs in Reihe liegen und umgekehrt. Abbildung 21.17 zeigt das CMOS-NAND und das CMOS-NOR als zwei einfache Vertreter statischer CMOS-Gatter.

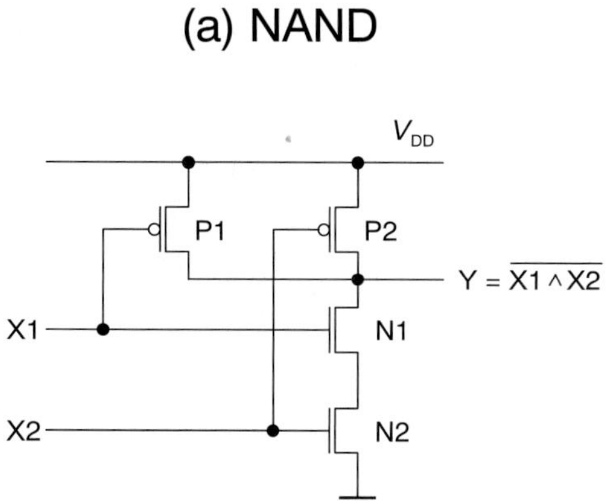

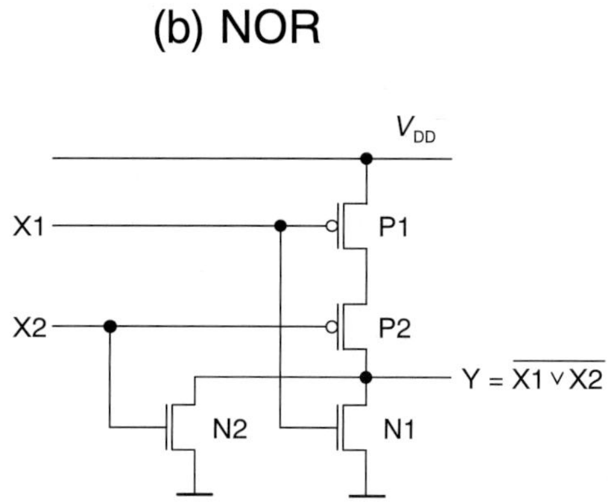

X1	X2	N1	P1	N2	P2	Y
0	0	OFF	ON	OFF	ON	1
0	1	OFF	ON	ON	OFF	1
1	0	ON	OFF	OFF	ON	1
1	1	ON	OFF	ON	OFF	0

X1	X2	N1	P1	N2	P2	Y
0	0	OFF	ON	OFF	ON	1
0	1	OFF	ON	ON	OFF	0
1	0	ON	OFF	OFF	ON	0
1	1	ON	OFF	ON	OFF	0

Abb. 21.17. Logische Verknüpfungen in CMOS. (**a**) CMOS-NAND-Gatter und (**b**) CMOS-NOR-Gatter mit je zwei Eingängen ($0 \equiv$ LO, $1 \equiv$ HI)

Sind mehr als drei Eingänge miteinander zu verknüpfen, so ist es i. allg. unzweckmäßig dies in einem CMOS-Gatter der beschriebenen Form durchzuführen, da dann vier oder mehr MOSFETs in Reihe geschaltet sind, was zu großen Schaltzeiten[10] führt. Günstiger ist es, in solchen Fällen die logische Verknüpfung durch Zusammenschalten mehrerer Gatter mit verringerter Anzahl von Eingängen oder aber als (pseudo-)nMOS-Logik auszuführen. Kann eine bestimmte logische Verknüpfung sowohl mit NAND- als auch mit NOR-Gattern verwirklicht werden, so sind i. allg. NAND-Gatter vorzuziehen, da bei diesen die besser leitenden n-Kanal-MOSFETs in Serie liegen, wodurch der Flächenbedarf der n-Kanal- und p-Kanal-MOSFETs besser ausgeglichen werden kann.

Hin und wieder ist es günstig mehrere logische Verknüpfungen in einem CMOS-Gatter zu kombinieren. Dies gilt insbesondere für die in Abbildung 21.18 dargestellten Gatter vom AOI-Typ (AND-OR-INVERT) sowie vom OAI-Typ (OR-AND-INVERT).

[10] Hier ist der Substratsteuereffekt besonders nachteilig, da alle in Reihe geschaltete MOSFETs dasselbe Substratpotential aufweisen.

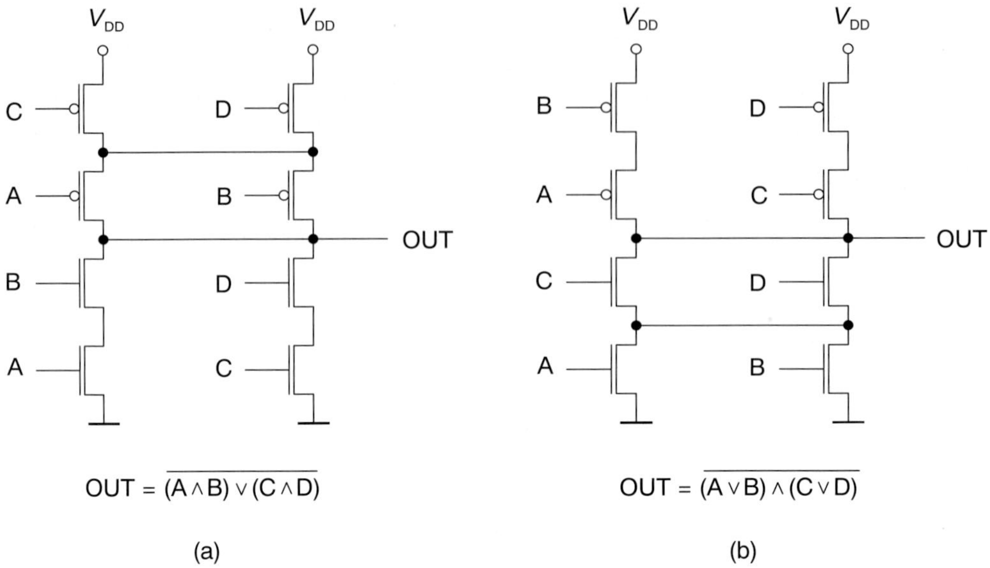

Abb. 21.18. Kombinierte CMOS-Gatter. (**a**) AOI-Typ und (**b**) OAI-Typ

Wahrheitstabelle

X_0	X_1	Y_0	Y_1	Y_2	Y_3
0	0	1	0	0	0
0	1	0	1	0	0
1	0	0	0	1	0
1	1	0	0	0	1

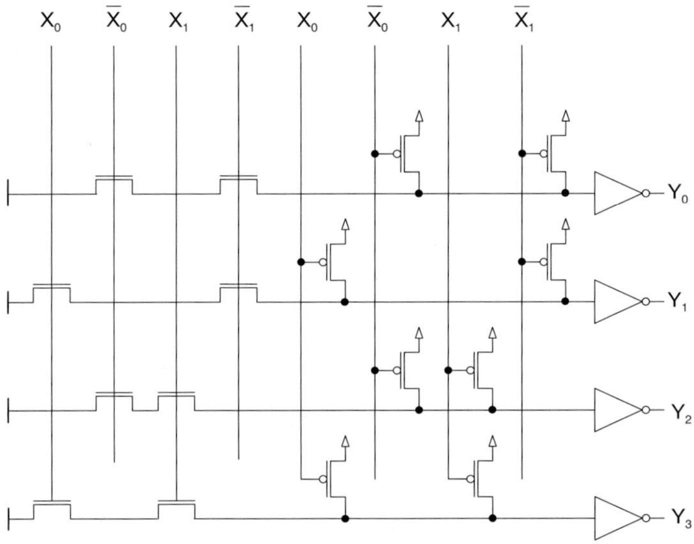

Abb. 21.19. 2-bit NAND-Dekoder in statischer CMOS-Logik

Ein m-bit *Dekoder* weist m Eingänge und 2^m Ausgänge auf; zu jedem Wort am Eingang – der *Adresse* – ist genau ein, für das am Eingang anliegende Adreßwort spezifischer Ausgang auf HI[11]. Diese Funktion läßt sich beispielsweise durch NAND-Verknüpfungen in statischer CMOS-Logik realisieren, wie dies am Beispiel eines 2-bit Dekoders in Abb. 21.19 illustriert ist. Die Wahrheitstabelle dieses Dekoders (HI active) ist ebenfalls in Abb. 21.19 gezeigt.

[11]Ein entsprechender Dekoder wird als *HI active* bezeichnet, liegt die ausgewählte Ausgang auf LO während alle übrigen auf HI liegen, so heißt der Dekoder *LO active*.

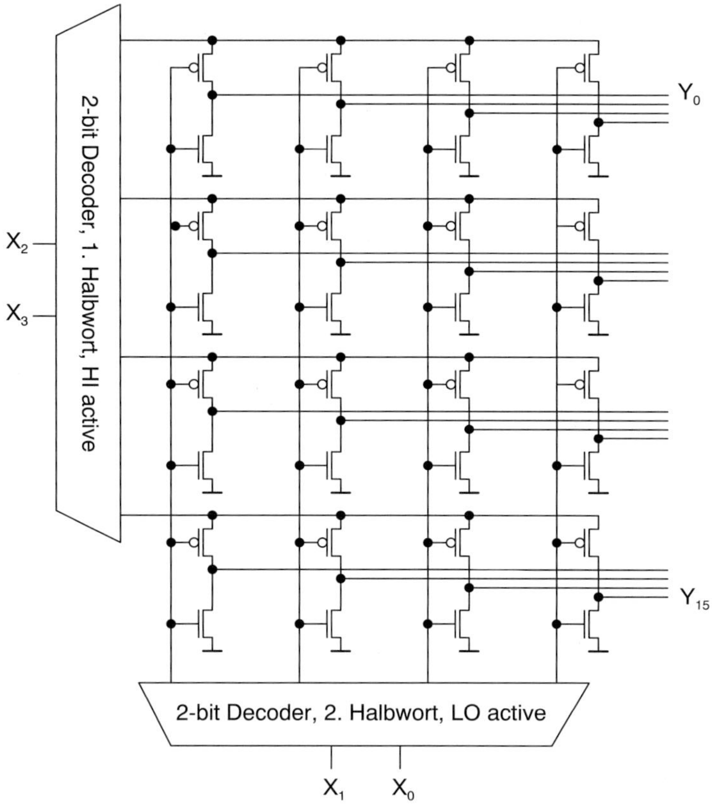

Abb. 21.20. Kaskadieren von Dekodern in statischer CMOS-Logik

Durch eine regelmäßige Anordnung der Transistoren in einer Matrix, wie durch den Schaltplan in Abb. 21.19 illustriert, wird das Layout vereinfacht und eine hohe Packungsdichte der Transistoren ermöglicht.

Die Dekodierung langer Adreßworte erfordert NAND-Gatter mit zahlreichen Eingängen und bedingt so erhebliche Schaltverzögerungen. Zur schnelleren Dekodierung ist eine Kaskadierung möglich, wie dies in Abb. 21.20 illustriert ist. Das Adreßwort wird dabei in zwei Halbworte aufgeteilt. Das Halbwort der weniger signifikanten bits (2. Halbwort) wird in einem Dekoder (LO active), das Halbwort der signifikanteren bits in einem zweiten Dekoder (HI active) dekodiert. Die Ausgänge der beiden Dekoder werden über eine Matrix on CMOS-Invertern verknüpft.

21.2.3 Transfergate

Die Parallelschaltung eines n-Kanal- und eines p-Kanal-MOSFET, deren Gates mit invertierten Signalen angesteuert werden, wird als *Transfergate* bezeichnet. Transfergates werden als bidirektionale Schalter eingesetzt, über die ein Knoten sowohl auf- als auch entladen werden kann. Liegt das Gatepotential des n-Kanal-MOSFET auf LO, das des p-Kanal-MOSFET auf HI, so sind beide MOSFETs im Sperrzustand: Das Transfergate ist dann hochohmig und entspricht einem geöffneten Schalter. Liegt das Gatepotential des n-Kanal-MOSFET auf HI und das des p-Kanal MOSFET auf LO, so leitet mindestens einer der beiden Transistoren: Das Transfergate ist niederohmig und entspricht einem geschlossenen Schalter.

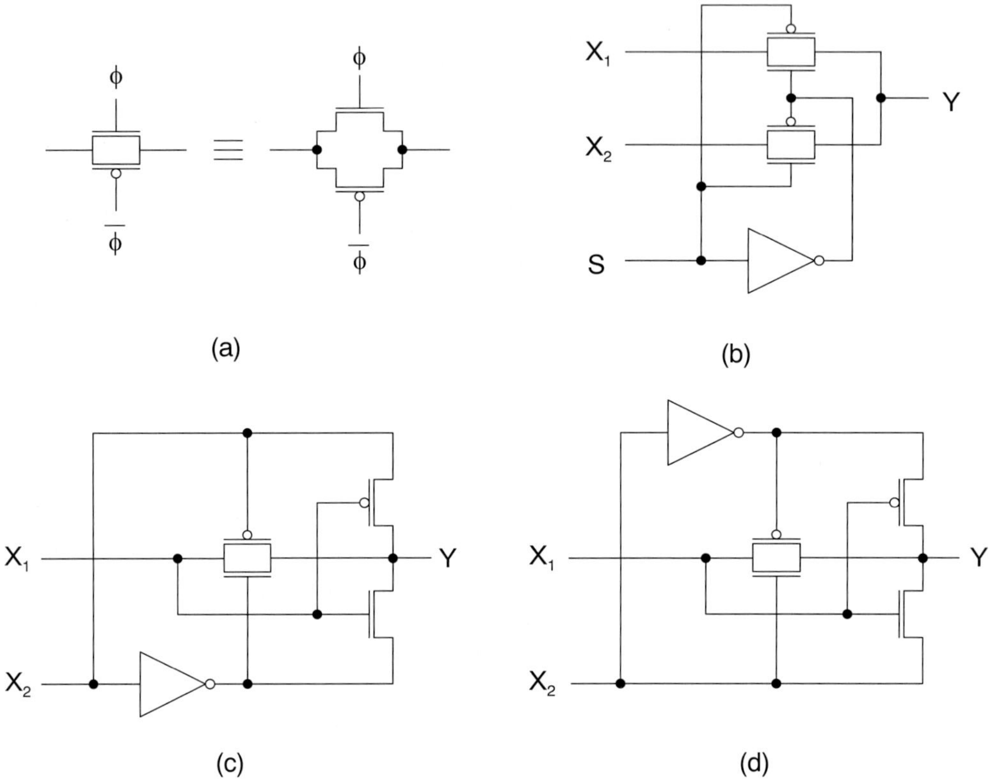

Abb. 21.21. CMOS-Transfergate (**a**) Aufbau und logische Verknüpfungen mit Transfergates: (**b**) Multiplexer, (**c**) XOR und (**d**) XNOR

Transfergates ermöglichen den Aufbau von Logikschaltungen, die nur eine sehr geringe Anzahl von Transistoren erfordern. Abbildung 21.21 zeigt drei Beispiele hierfür: Den Multiplexer mit zwei Eingängen, das XOR-Gatter und das XNOR-Gatter. Der Nachweis (durch Aufstellen der Wahrheitstabelle), daß die Gatter die angegebene Funktion erfüllen, wird dem Leser als Übungsaufgabe überlassen.

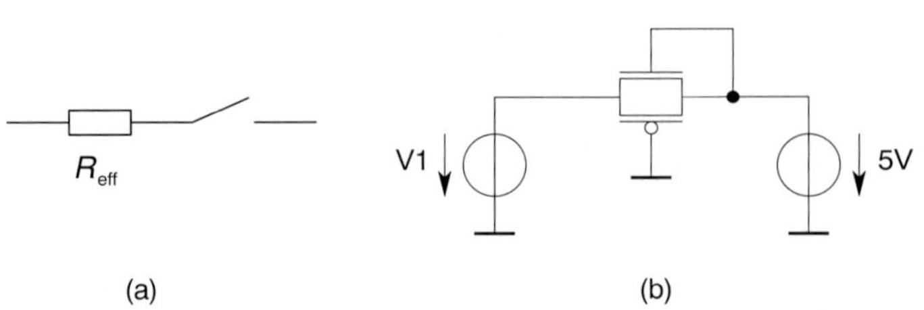

Abb. 21.22. Transfergate (**a**) Einfache Ersatzschaltung und (**b**) Beschaltung nach Beispiel 23.2.1

Für Überschlagsrechnungen kann das Transfergate, wie Beispiel 21.2.1 zeigt, durch einen effektiven Widerstand R_{eff} in Serie zu einem idealen Schalter ersetzt werden (Abb. 21.22 a). Zur Abschätzung des effektiven Widerstands wird angenommen, daß das Transfergate mit der vollen Versorgungsspannung angesteuert wird. Dabei arbeiten beide Transistoren im Sättigungsbereich. Der Strom durch das Transfergate ist damit

$$I_{\text{D1}} - I_{\text{D2}} = \frac{1}{2}\,\beta_{\text{n}}\,(V_{\text{DD}} - V_{\text{THn}})^2 + \frac{1}{2}\,\beta_{\text{p}}\,(V_{\text{DD}} + V_{\text{THp}})^2 \,.$$

Für den effektiven Widerstand R_{eff} kann so abgeschätzt werden

$$\frac{1}{R_{\text{eff}}} = \frac{I_{\text{D1}} - I_{\text{D2}}}{V_{\text{DD}}} = \frac{\beta_{\text{n}}\,(V_{\text{DD}} - V_{\text{THn}})^2}{2\,V_{\text{DD}}} + \frac{\beta_{\text{p}}\,(V_{\text{DD}} + V_{\text{THp}})^2}{2\,V_{\text{DD}}} \,. \qquad (21.13)$$

Bei symmetrischer Auslegung ($\beta_{\text{n}} = \beta_{\text{p}}$ und $V_{\text{THp}} = -V_{\text{THn}}$) vereinfacht sich dies zu

$$R_{\text{eff}} = \frac{V_{\text{DD}}}{\beta_{\text{n}}\,(V_{\text{DD}} - V_{\text{THn}})^2} \,. \qquad (21.14)$$

Mit dieser Beziehung kann die für das Umladen kapazitiver Lasten C maßgebliche Zeitkonstante $R_{\text{eff}}C$ rasch abgeschätzt werden.

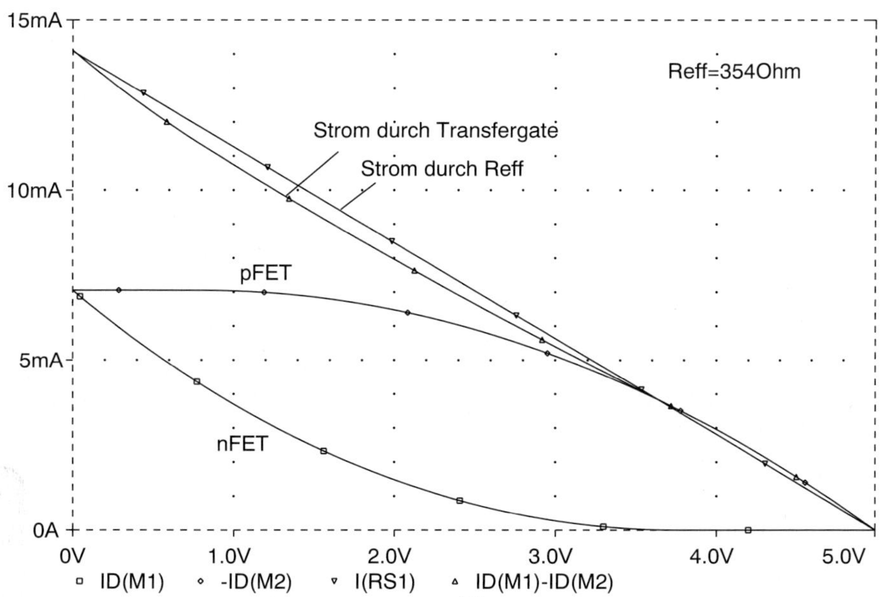

Abb. 21.23. Strom durch eine CMOS-Transfergate als Funktion der Ausgangsspannung. Simulation nach Beispiel 21.2.1

Beispiel 21.2.1 Abbildung 21.23 zeigt den mit der SPICE-DC-Analyse berechneten Strom durch den n-Kanal- sowie den p-Kanal-MOSFET eines CMOS-Transfergates mit einer Beschaltung entsprechend Abb. 21.22 b. Die Abmessungen der Transistoren wurden so gewählt, daß $\beta_\mathrm{n} = \beta_\mathrm{p}$ gilt; für den n-Kanal-MOSFET wurden $L = 1\,\mu\mathrm{m}$ sowie $W = 8\,\mu\mathrm{m}$ vorgegeben und für den p-Kanal-MOSFET $L = 1\,\mu\mathrm{m}$ sowie $W = 20\,\mu\mathrm{m}$. Die Beschreibung erfolgte im LEVEL1-Modell mit den Modellanweisungen

```
.MODEL  Mnmos1  NMOS  (VTO=0.8  KP=1E-4  GAMMA=0.35  PHI=0.78)
.MODEL  Mpmos1  PMOS  (VTO=-0.8  KP=4E-5  GAMMA=0.4  PHI=0.7)
```

Der n-Kanal-MOSFET arbeitet bis zu V1 $= 5\,\mathrm{V} - V_\mathrm{THn}$ im Sättigungsbereich und sperrt für größere Werte von V1. Der p-Kanal-MOSFET dagegen arbeitet für kleine

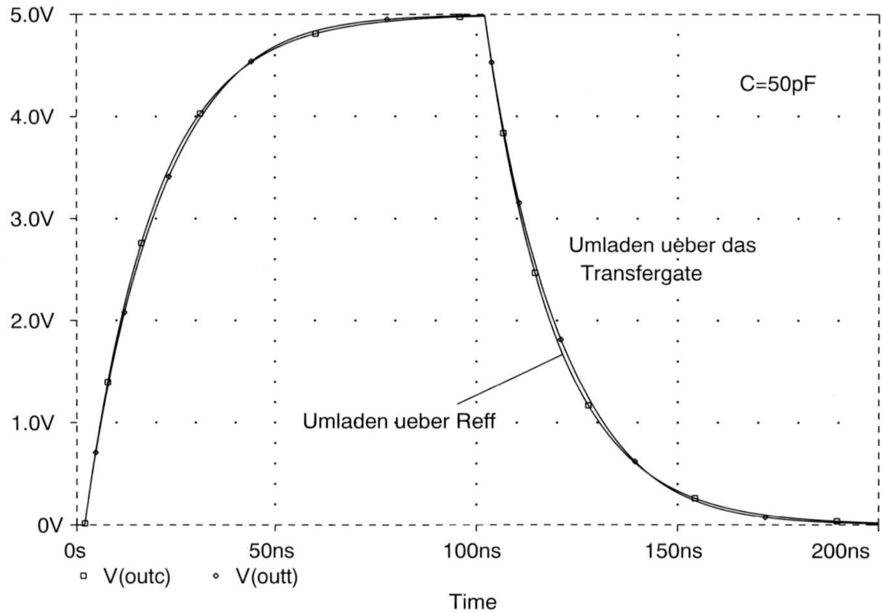

Abb. 21.24. Ausgangsspannungsverlauf beim Umladen einer Kapazität $C = 50$ pF über ein Transfergate und über den effektiven Widerstand R_eff des Transfergates

Werte von V1 im Sättigungsbereich und transportiert einen konstanten Strom, um dann für größere Werte von V1 in den Widerstandsbereich überzugehen. Werden die beiden Ströme addiert, so ergibt sich ein annähernd linearer Verlauf, wie er einem ohmschen Widerstand entspricht (Abb. 21.23). Zum Vergleich wurde der Strom durch den nach. Gl. (21.14) berechneten Widerstand R_eff des Transfergates eingetragen. Mit $\beta_\mathrm{n} = \beta_\mathrm{p} = 0.8\ \mathrm{mA/V^2}$ folgt

$$R_\mathrm{eff} = \frac{5\,\mathrm{V}}{(0.8\,\mathrm{mA/V^2})(5\,\mathrm{V} - 0.8\,\mathrm{V})^2} = 354\,\Omega\,.$$

Wie die Simulation zeigt, stimmt der Strom durch R_eff weitgehend mit dem Strom durch das Transfergate überein. Der effektive Widerstand R_eff eignet sich demzufolge für eine näherungsweise Beschreibung des Umladens kapazitiver Lasten über ein Transfergate. Dies wird auch durch Abb. 21.24 bestätigt, in der das Ergebnis einer Transientenanalyse für die Spannung über einer Kapazität $C = 50$ pF über der Zeit aufgetragen ist. Die Eingangsspannung wurde mit einer `PULSE`-Quelle als Rechteckspannung vorgegeben. Δ

21.2.4 Pseudo-nMOS-Logik

Sind zahlreiche Signale logisch miteinander zu verknüpfen, so kann die *Pseudo-nMOS*-Schaltungstechnik eingesetzt werden. Diese ermöglicht schnelle NOR-Verknüpfungen zahlreicher Eingänge, ein kompaktes Layout sowie kleine Eingangskapazitäten da nur jeweils ein MOSFET angesteuert wird. Da diese Technik aber statische Verlustleistung aufweist, wird sie nur in Sonderfällen, wie beim Aufbau von Decodern oder PLAs eingesetzt.

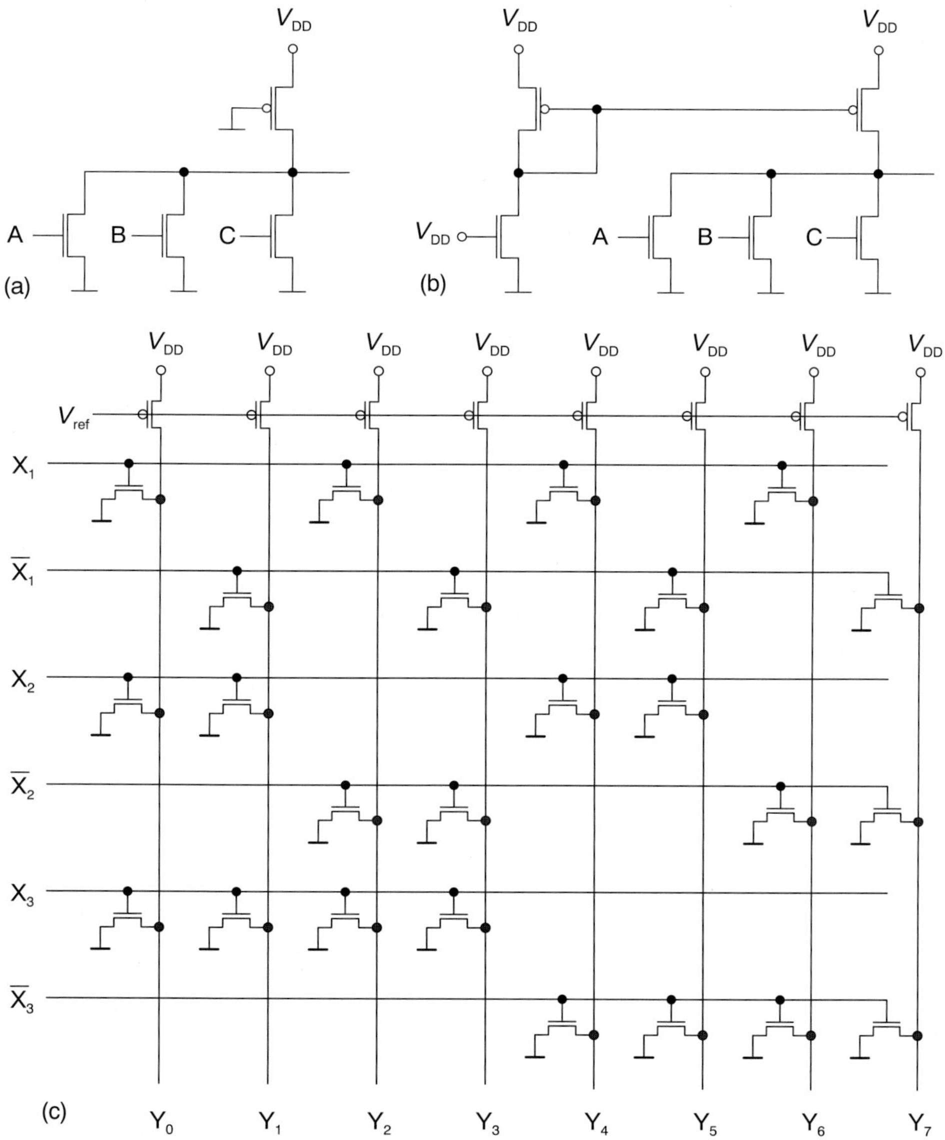

Abb. 21.25. NOR (3 Eingänge) in Pseudo-nMOS-Technik, (**a**) einfache Ausführung, (**b**) verbesserte Schaltung mit reduzierter Empfindlichkeit gegenüber Prozeßschwankungen und (**c**) 8-bit Dekoder in pseudo-nMOS Technik

Abbildung 21.25 a zeigt ein NOR-Gatter mit drei Eingängen. Der als Lastelement verwendete p-Kanal-MOSFET ist durch die Beschaltung stets im Gebiet starker Inversion. Nachteilig an dieser Schaltung ist, daß prozeßbedingte Schwankungen der Kenngrößen des p-Kanal-MOSFET die Übertragungskennlinie des Gatters verändern. In dieser Hinsicht günstiger ist der in Abb. 21.25 b gezeigte Ansatz, bei dem über einen pMOS-Stromspiegel der durch einen n-Kanal-MOSFET fließende Strom gespiegelt wird. Prozeßschwankungen, die die Eigenschaften der MOSFETs in einheitlicher Weise beeinflussen, wirken sich in dieser Anordnung nicht auf die Übertragungskennlinie aus. Abbildung 21.25 c zeigt den Schaltplan eines 8-bit Dekoders in Pseudo-nMOS-Technik.

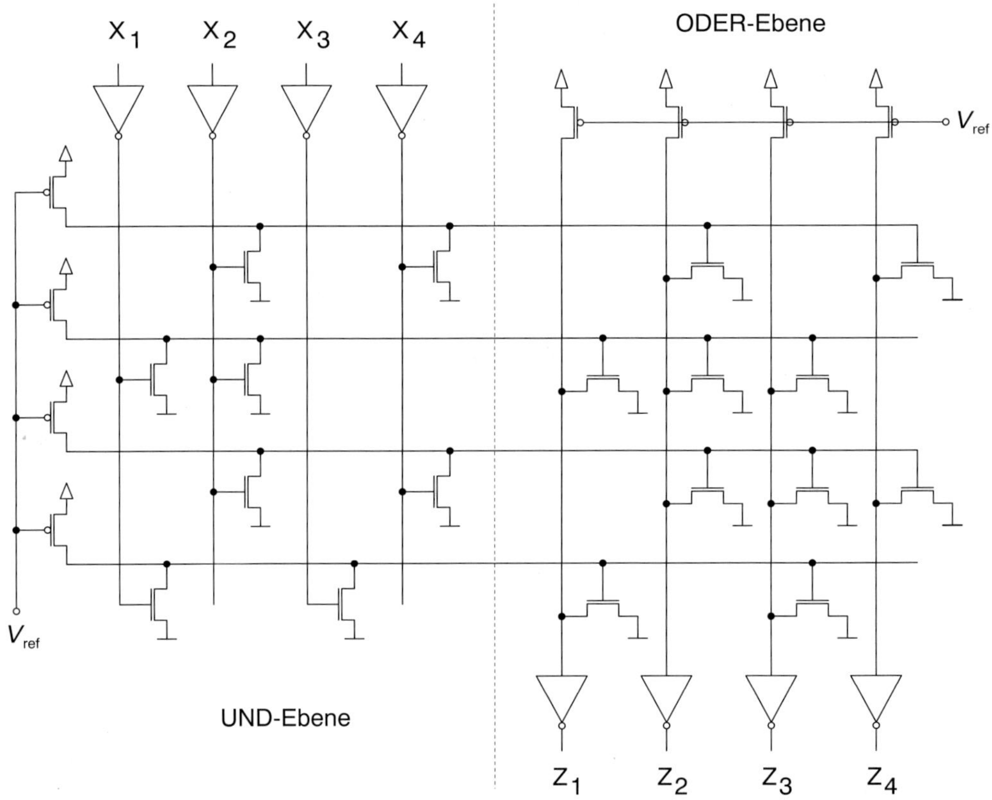

Abb. 21.26. PLA in Pseudo-nMOS-Technik

Nach den Regeln von de Morgan läßt sich jede Zeile einer Wahrheitstabelle mittels zweier aufeinanderfolgender NOR-Verknüpfungen und der Inverterfunktion realisieren. Dies wird in sog. Programmable Logic Arrays (PLAs) ausgenutzt. Abbildung 21.26 zeigt ein PLA in Pseudo-nMOS-Technik. Dieses besteht aus einer UND-Ebene in der die Eingangssignale UND-verknüpft werden und einer ODER-Ebene in der die ODER-Verknüpfung stattfindet.

Beispiel 21.2.2 Das Ausgangssignal Z_1 im Beispiel Abb. 21.26 ergibt sich aus den Eingangssignalen gemäß

$$Z_1 = \overline{\overline{\overline{X_1} \vee \overline{X_2}} \vee \overline{\overline{X_1} \vee \overline{X_3}}} = (X_1 \wedge X_2) \vee (X_1 \wedge X_3)$$

Das Aufstellen der vollständigen Wahrheitstabelle wird dem Leser als Übungsaufgabe überlassen. Δ

Durch die reguläre Anordnung der Transistoren in einem PLA besteht die Möglichkeit eines automatisierten Layouts auf der Grundlage der Wahrheitstabelle. Mit Hilfe entsprechender Entwurfssoftware werden dabei an den erforderlichen Stellen in der UND- sowie der ODER-Ebene Transistoren eingefügt. Die Vorteile des geringeren Entwurfsaufwands werden in integrierten Schaltungen allerdings durch die anfallende statische Verlustleistung, den in der Regel erhöhten Flächenbedarf sowie die im Vergleich zu konventioneller statischer CMOS-Logik meist erhöhte Signallaufzeit geschmälert [5].

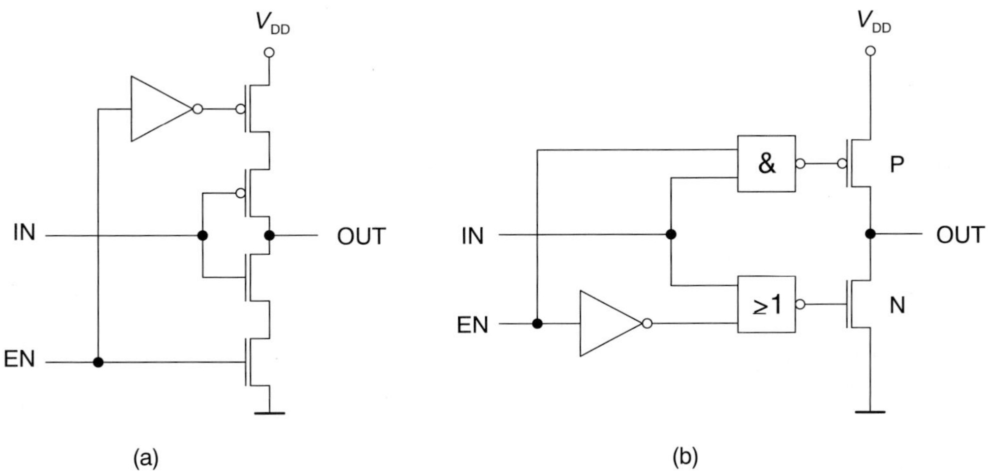

Abb. 21.27. Tristate-Treiber, (**a**) für geringe und (**b**) für große kapazitive Last

21.2.5 Tristate-Treiber

Sind mehrere Ausgangstreiber an eine Leitung eines Bussystems angeschlossen, so darf stets nur einer auf die Leitung wirken. Die restlichen Treiber müssen von der Leitung entkoppelt werden, d. h. sie dürfen keine niederohmige Verbindung zur Versorgungsspannung oder zur Masse herstellen. Der Ausgang derartiger *Tristate-Treiber* verfügt zusätzlich zu den Zuständen LO und HI über einen gewöhnlich mit Z bezeichneten Zustand mit schwebendem Ausgangsknoten. Ob sich der Treiber im hochohmigen Z-Zustand befindet wird durch das Auswahlsignal EN bestimmt. Befindet sich dieses auf LO, so ist der Ausgang hochohmig, andernfalls verhält sich der Treiber wie ein gewöhnlicher Inverter.

Sind nur geringe kapazitive Lasten zu treiben, so eignet sich die in Abb. 21.27 a dargestellte Schaltung zum Aufbau eines Tristate-Treibers: Ist EN auf LO-Potential, so sperren die in Serie zum Inverter angeordneten Transistoren und der Ausgang ist hochohmig. Da ein Umladen des Ausgangsknotens hier über zwei Transistoren mit einem relativ großen Serienwiderstand erfolgt, wird für Ausgangstreiber meist die in Abb. 21.27 b dargestellte Schaltung verwendet. Die Wirkungsweise der Schaltung ergibt sich aus der folgenden Wahrheitstabelle.

EN	IN	$\overline{\mathrm{EN} \wedge \mathrm{IN}}$	$\overline{\mathrm{IN} \vee \overline{\mathrm{EN}}}$	N	P	OUT
0	0	1	0	OFF	OFF	Z
0	1	1	0	OFF	OFF	Z
1	0	1	1	ON	OFF	0
1	1	0	0	OFF	ON	1

21.2.6 Treiben großer kapazitiver Lasten

Die Verzögerungszeit eines Inverters steigt proportional zur Lastkapazität C_L an. Der Proportionalitätsfaktor ist dabei umgekehrt proportional zum Übertragungsleitwert und damit bei gegebener Kanallänge umgekehrt proportional zur Weite des MOSFETs bzw. seiner Gatekapazität. Für eine gegebene Kanallänge läßt sich die Laufzeit demnach in der Form

$$\tau \;=\; \tau_0 + \tau' C_\mathrm{L}/C_\mathrm{i}$$

darstellen, wobei τ_0 und τ' technologiespezifische und von der Kanallänge der eingesetzten MOSFETs abhängige Parameter sind.

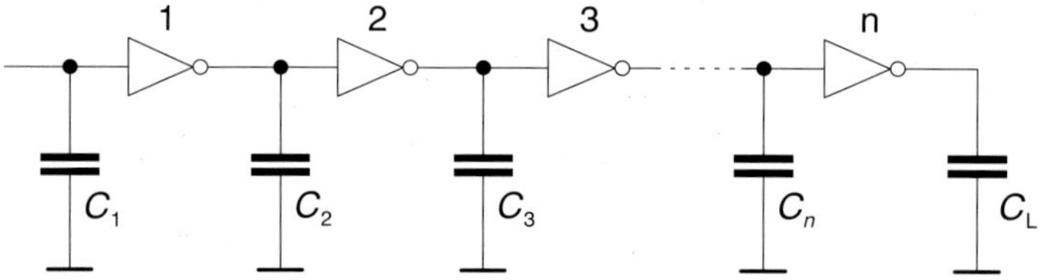

Abb. 21.28. Kaskadierung von CMOS-Invertern zum Treiben großer kapazitiver Lasten

Sollen große kapazitive Lasten getrieben werden, so erweist es sich als zweckmaßig eine Reihenschaltung mehrerer Inverter mit ansteigender Größe zu verwenden um auf diesem Weg die Gesamtlaufzeit zu vermindern. Wird eine Kette von n Invertern verwendet, um die Lastkapazität C_L umzuladen, so ergibt sich die in Abb. 21.28 dargestellte Situation: Die Lastkapazität des Inverters k entspricht dabei der Eingangskapazität des Inverters $k+1$. Für die Laufzeit eines Inverters folgt so

$$\tau \;=\; \tau_0 + \tau'\, C_{\mathrm{i},k+1}/C_{\mathrm{i},k} \;=\; \tau_0 + \tau'\, F\ .$$

Im Folgenden wird angenommen, daß das Fanout $F = C_{i,k+1}/C_{i,k}$ für sämtliche Stufen denselben Wert aufweist; die Gesamtlaufzeit der Kette setzt sich dann aus n identischen Beiträgen zusammen

$$\tau_{\text{ges}} = n(\tau_0 + \tau' F) \; .$$

Gilt $C_{\text{L}}/C_1 = X$, so folgt $F = X^{1/n}$ bzw. $n = \ln(X)/\ln(F)$, so daß

$$\tau_{\text{ges}} = (\tau_0 + \tau' F) \, \frac{\ln(X)}{\ln(F)} \; .$$

Das Fanout F soll nun so gewählt werden, daß die Gesamtlaufzeit minimal wird. Aus der Bedingung $\mathrm{d}\tau_{\text{ges}}/\mathrm{d}F = 0$ folgt dann nach kurzer Rechnung die Bedingung

$$\tau_0/\tau' = F \, [\ln(F) - 1] \; .$$

Diese nichtlineare Gleichung für F ist nicht geschlossen analytisch lösbar[12]. Für typische CMOS-Technologien erweisen sich Fanout-Werte im Bereich von vier bis fünf üblicherweise als optimal.

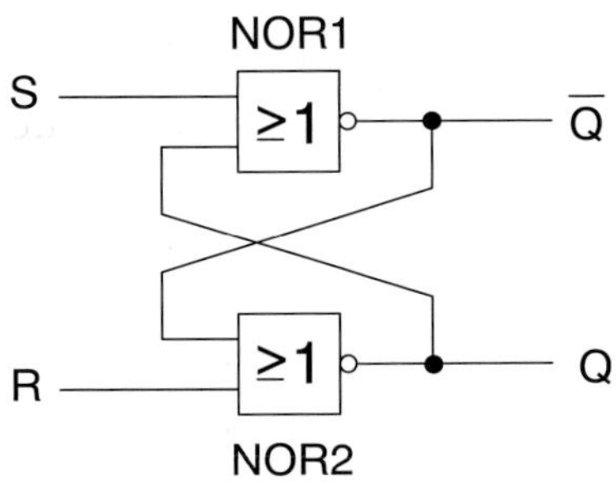

R	S	Q	$\overline{\text{Q}}$	
0	0	keine Zustandsänderung		
0	1	1	0	1 speichern
1	0	0	1	0 speichern
1	1	illegal		

Abb. 21.29. Statisches RS-Flipflop

21.2.7 Flipflops

Abbildung 21.29 zeigt ein statisches *RS-Flipflop*. Das RS-Flipflop weist zwei Eingänge auf: S (set) und R (reset). Gilt R=0 und S=0, so sind zwei Zustände möglich:

- Q=1: Dann tritt am Eingang von NOR1 eine 1 auf, so daß $\overline{\text{Q}}$=0. Da dieses Signal wieder mit dem Eingang von NOR2 verbunden ist, resultiert (mit R=0) Q=1 wie angenommen.

[12] Im Grenzfall $\tau_0 \to 0$ resultiert $\ln(F) \to 1$ und damit $F \to \mathrm{e} \approx 2.7$, d.h. wird die Laufzeit des unbelasteten Inverters vernachlässigt, so ergibt sich das in zahlreichen Lehrbücher wiedergegebene klassische Resultat von Mohsen und Mead [6]. Dieses Ergebnis ist allerdings unbefriedigend, da eine Vernachlässigung von τ_0 zu kleine Werte des optimalen Fanout F ergibt.

- Q=0: Dann tritt am Eingang von NOR1 eine 0 auf, so daß (wegen S=0) am Ausgang $\overline{\mathrm{Q}}$=1 resultiert. Da dieses Signal mit dem Eingang von NOR2 verbunden ist, ergibt sich so Q=0 wie angenommen.

Bei R=S=0 tritt keine Zustandsänderung auf, das Flipflop verharrt im alten Zustand und speichert eine 0 bzw. eine 1. Der gespeicherte Zustand kann verändert werden durch Setzen (S=1, R=0) mit Q=1 bzw. Rücksetzen (S=0, R=1) mit Q=0. Nicht erlaubt ist die Kombination S=R=1 der Eingangsvariablen; in diesem Fall haben beide NOR-Gatter eine 1 am Eingang, was zu $\overline{\mathrm{Q}}$=Q=0 führt, d.h. die beiden Ausgänge sind in diesem Fall nicht mehr invertiert zueinander.

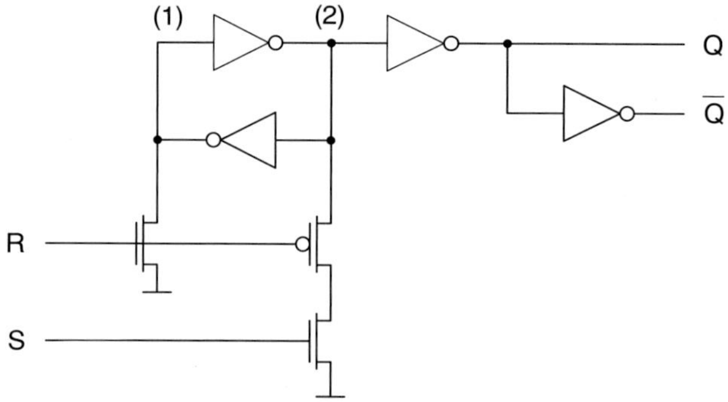

Abb. 21.30. Modifiziertes RS-Flipflop

Abbildung 21.30 zeigt ein alternatives RS-Flipflop, das auch für R=S=1 einen definierten Zustand aufweist: Gilt R=S=1, so öffnet der p-Kanal MOSFET die Verbindung von Knoten (2) zu Masse, während Knoten (1) über den n-Kanal MOSFET auf Masse (0) gelegt wird. An Knoten (2) liegt dann eine 1 vor, so daß Q=0 gilt.

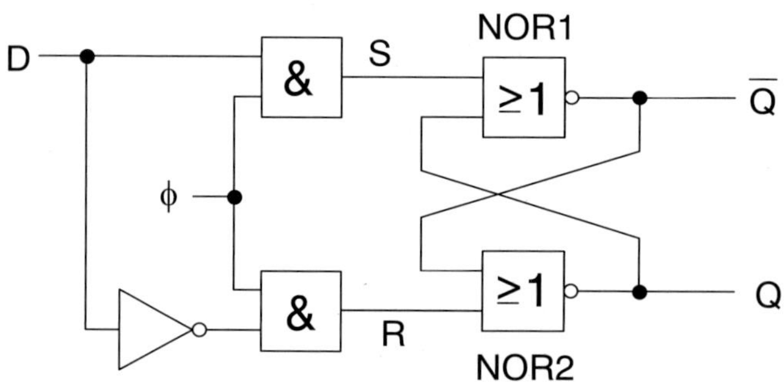

Abb. 21.31. Getaktetes D-Flipflop

Flipflops werden in der Regel synchron betrieben, d.h. Zustandsänderungen können nur erfolgen wenn dies durch ein Taktsignal ϕ erlaubt wird. Zu diesem Zweck können dem RS-Flipflop zwei NAND-Gatter vorgeschaltet werden. Nun können R und S nur im Fall ϕ=1 von Null verschiedene Werte annehmen, d.h. nur unter dieser Bedingung ist ein Setzen oder Rücksetzen des Flipflops möglich. Da R und S komplementär sein müssen, bietet es sich an beide Signale aus einem Eingangssignal D abzuleiten. Auf diesem Weg gelangt man zu dem in Abb. 21.31 dargestellten getakteten *D-Flipflop*. Dieses übernimmt bei ϕ=1 das Eingangssignal (Q → D).

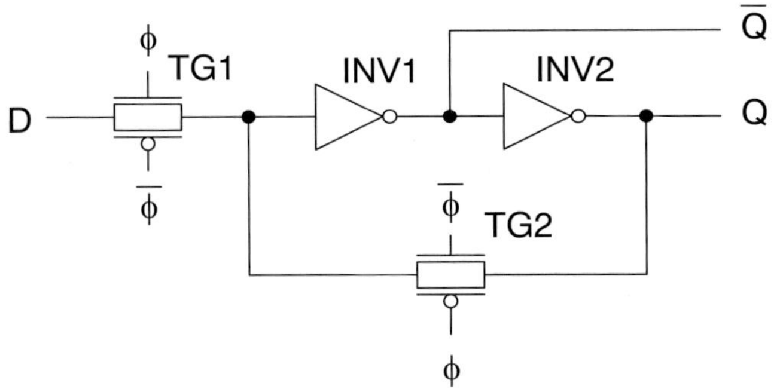

Abb. 21.32. Realisierung eines getakteten D-Flipflops mit Transfergates

Mit Hilfe von Transfergates läßt sich eine gegenüber dem Logikplan deutlich vereinfachte Realisierung des D-Flipflops finden (Abb. 21.32). Ist ϕ=1 so ist TG1 geschlossen und TG2 offen, das Signal D durchläuft die beiden Inverter und setzt so Q=D. Mit ϕ →0 wird TG1 geöffnet - Änderungen von D können den Zustand des Flipflop dann nicht mehr ändern. Über das nun geschlossene TG2 wird der Ausgang von INV2 auf den Eingang INV1 rückgekoppelt, wodurch der eingestellte Zustand stabil bleibt.

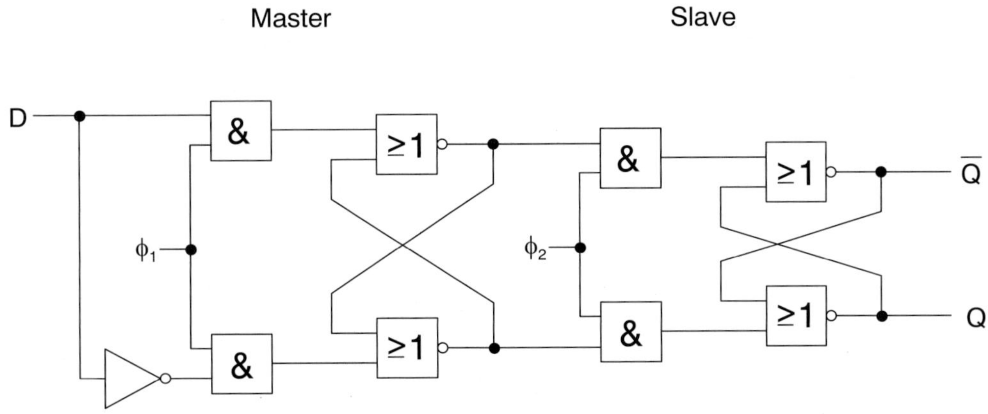

Abb. 21.33. Master-Slave D-Flipflop

An den bisher betrachteten Flipflops stört bei Anwendungen in getakteten Schaltungen häufig ihre Transparenz im Fall ϕ=1, d.h. die Tatsache, daß sich Zustandsänderungen am Eingang direkt auf den Ausgang übertragen. Dieses Problem kann durch sog. *Master-Slave Flipflops*, d.h. durch eine Reihenschaltung von zwei unterschiedlich getakteten Flipflops behoben werden. Mit ϕ_1 kann dann das 1. Flipflop (Master) gesetzt werden. Dieses hält die gespeicherte Information auch nach der fallenden Flanke von ϕ_1; mit $\phi_2 \rightarrow 1$ wird die Information dann in das 2. Flipflop (slave) übernommen und steht damit auch am Ausgang zur Verfügung.

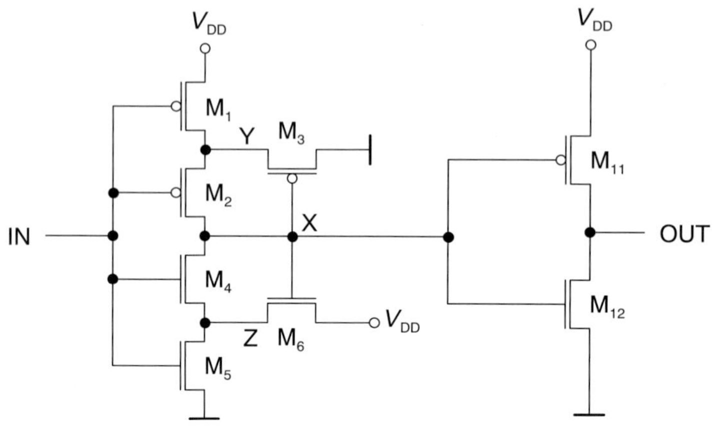

Abb. 21.34. Realisierung eines Schmitt-Triggers in CMOS-Technologie

21.2.8 Schmitt-Trigger

Schmitt-Trigger dienen der Impulsformung, ihre Spannungsübertragungskennlinie weist eine Hysterese auf. Abbildung 21.34 zeigt die Realisierung eines Schmitt-Triggers in CMOS-Technologie. Der Schaltkreis ist aus dem eigentlichen Schmitt-Trigger (M_1 bis M_6) und einem nachgeschalteten Inverter aufgebaut, der der Invertierung und Pulsformung dient. Ohne die M_3 und M_6 würden M_1, M_2, M_4 und M_5 das Verhalten eines CMOS-Inverters aufweisen; das bistabile Verhalten des Schaltkreises wird durch die positive Rückkopplung des Ausgangs X über M_3 und M_6 bedingt. Zur näheren Erläuterung wird zunächst die steigende Flanke der Eingangsspannung betrachtet und eine Bedingung für den oberen Schaltpunkt V_{S2} ermittelt. Solange V_1 kleiner ist als die Einsatzspannung V_{TOn} von Transistor M_5 existiert kein leitender Pfad vom Knoten X zu Masse, d.h. es gilt $V_X = V_{DD}$. Der p-Kanal MOSFET M3 befindet sich im Sperrzustand, M_6 kann keinen Strom führen, da M_5 noch sperrt, d.h. es gilt $V_{GS6} = V_{THn6}$. Steigt V_1 auf Werte größer als V_{TOn5}, so beginnt M_5 zu leiten, und das Potential an Drain von M_5 bzw. an Source von M_4 sinkt. M_4 bleibt jedoch zunächst gesperrt, da die Steuerspannung V_{GS4} erst dann die Einsatzspannung überschreitet, wenn $V_1 - V_Z \geq V_{THn4}$ gilt. Wird M_4 leitend, so wird das Potential an X und damit die Steuerspannung von M_6 vermindert. In der Folge führt M_6 einen geringeren Drainstrom was zu einer Absenkung von V_{DS1} und damit zu einem Anstieg von V_{GS4} führt. Als Folge dieser positiven Rückkopplung wird M_4 niederohmiger und verringert das Potential an X weiter bis V_X schließlich auf null abgesenkt ist. Der obere Kippunkt V_{S2} ist deshalb erreicht, sobald M_4 leitend wird, d.h. falls $V_1 - V_Y = V_{THn4}$

erfüllt ist.[13] Wegen des Substratsteuereffekts ist $V_{\mathrm{THn4}} > V_{\mathrm{THn5}} = V_{\mathrm{TOn}}$, d.h. M_5 arbeitet bei Erreichen der Schaltschwelle im Widerstandsbereich, M_6 im Sättigungsbereich. Bei Erreichen der Schaltschwelle ($V_1 = V_{\mathrm{S2}}$) gilt deshalb

$$\frac{1}{2}\,\beta_{\mathrm{n6}}(V_{\mathrm{DD}} - V_{\mathrm{THn6}} - V_{\mathrm{Y}})^2 \;=\; \beta_{\mathrm{n5}}\left(V_{\mathrm{S2}} - V_{\mathrm{TO}} - \frac{V_{\mathrm{Y}}}{2}\right) V_{\mathrm{Y}}$$

wobei $V_{\mathrm{Y}} = V_{\mathrm{S2}} - V_{\mathrm{THn4}} = V_{\mathrm{S2}} - V_{\mathrm{THn6}}$, so daß

$$\frac{1}{2}\,\beta_{\mathrm{n6}}(V_{\mathrm{DD}} - V_{\mathrm{S2}})^2 \;=\; \beta_{\mathrm{n5}}\left(\frac{V_{\mathrm{S2}}}{2} - V_{\mathrm{TOn}} + \frac{V_{\mathrm{THn4}}}{2}\right)(V_{\mathrm{S2}} - V_{\mathrm{THn4}})$$

resultiert. Über diese Bedingung läßt sich das zur Einstellung eines gewünschten Werts V_{S2} erforderliche Verhältnis $\beta_{\mathrm{n5}}/\beta_{\mathrm{n6}}$ ermitteln, mit dem Ergebnis

$$\frac{\beta_{\mathrm{n5}}}{\beta_{\mathrm{n6}}} \;=\; \frac{(V_{\mathrm{DD}} - V_{\mathrm{S2}})^2}{(V_{\mathrm{S2}} - V_{\mathrm{TO}})^2 - \Delta V_{\mathrm{TH}}^2}\,,$$

wobei ΔV_{TH} den Anstieg der Einsatzspannung von M_4 aufgrund des Substratsteuereffekts bezeichnet. Auf analoge Weise wird die Schaltspannung V_{S1} durch das Verhältnis $\beta_{\mathrm{p1}}/\beta_{\mathrm{p3}}$ bestimmt.

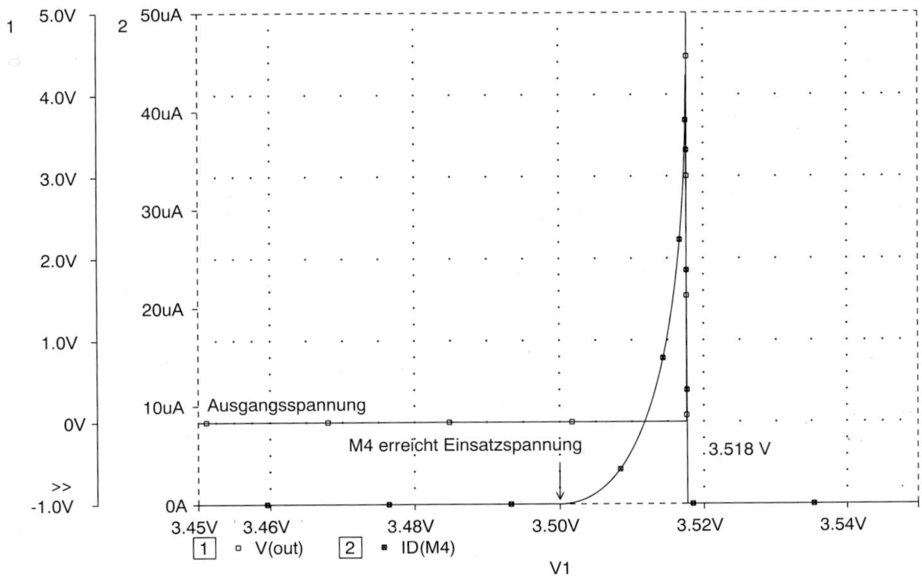

Abb. 21.35. Simulation zu Beispiel 21.2.3

Beispiel 21.2.3 Ein Schmitt-Trigger soll für die Versorgungsspannung $V_{\mathrm{DD}} = 5\,\mathrm{V}$ und den Schaltspannungen $V_{\mathrm{S1}} = 1.5\,\mathrm{V}$ und $V_{\mathrm{S2}} = 3.5\,\mathrm{V}$ ausgelegt werden. Die Einsatzspannungen der MOSFETs sind $V_{\mathrm{TOn}} = -V_{\mathrm{TOp}} = 1\,\mathrm{V}$, der Substratsteuereffekt wird in der Folge vernachlässigt, was auf $\beta_{\mathrm{n5}}/\beta_{\mathrm{n6}} = \beta_{\mathrm{p1}}/\beta_{\mathrm{p3}} = 0.36$ führt. Die Transi-

[13] Dies liefert nur eine Näherung. Eine strenge Definition der Schaltschwelle ergibt sich aus der Forderung $|\mathrm{d}V_{\mathrm{X}}/\mathrm{d}V_1| \to \infty$.

storen M_2 und M_4 werden mit $\beta_{n4} = 10\,\beta_{n5}$ und $\beta_{p2} = 10\,\beta_{p1}$ großzügig dimensioniert um das Potential des Knotens X mit Erreichen der Einsatzspannungs wirkungsvoll verändern zu können. Abbildung 21.35 zeigt das Ergebnis einer SPICE-Simulation für einen entsprechend dimensionierten Schmitt-Trigger, das mit der Steuerdatei

```
V1 1 0 DC 0
V2 5 0 DC 5
M1 4 1 5 5 MOSP L=1u W=3.6u
M2 3 1 4 5 MOSP L=1u W=30u
M3 0 3 4 5 MOSP L=1u W=10u
M4 3 1 2 0 MOSN L=1u W=30u
M5 2 1 0 0 MOSN L=1u W=3.6u
M6 5 3 2 0 MOSN L=1u W=10u
M7 out 3 5 5 MOSP L=1u W=20u
M8 out 3 0 0 MOSN L=1u W=20u
.MODEL MOSP PMOS (KP=1E-3 VTO=-1)
.MODEL MOSN NMOS (KP=1E-3 VTO=1)
.NODESET V(3)=5
.DC V1 0 5 0.0001
.PROBE
.END
```

erzielt wurde. Die Schaltschwelle liegt mit 3.518 V sehr nahe beim Zielwert 3.5 V. Da es sich beim Schmitt-Trigger um eine Schaltung mit bistabilen Eigenschaften handelt, muß ein bestimmter Schaltzustand zu Beginn der Analyse durch die `.NODESET`-Anweisung vorgegeben werden. △

21.3 Current-Mode Logik (MCML)

Für die Realisierung sehr schneller Digitalschaltungen[14] kann die aus der CML-Technik bekannte Schaltungstechnik auf MOSFETs übertragen werden. Die Vorgehensweise ist dabei identisch zur Schaltungstechnik mit Bipolartransistoren. Wie bei der CML-Technik wird der Spannungshub deutlich geringer als die Versorgungsspannung gewählt: Typische Werte liegen im Bereich von 0.2 V bis 0.4 V. Als Lastelemente werden im Widerstandsbereich betriebene p-Kanal MOSFETs eingesetzt; das Layout der Lastelemente und der von der Stromquelle gelieferte Strom werden so aufeinander abgestimmt, daß der gewünschte Spannungshub auftritt.

Die Leistungsaufnahme von MCML-Schaltkreisen ist weitgehend frequenzunabhängig und liegt wegen des reduzierten Spannungshubs für Taktfrequenzen im GHz-Bereich unter der konventioneller CMOS-Schaltkreise. Ein weiterer Vorzug ist die Möglichkeit die Lastwiderstände auf den Wellenwiderstand der Ausgangsleitung abzustimmen und so mit abgeschlossenen Leitungen zu arbeiten. Die Versorgungsspannung von MCML-Schaltkreisen kann

[14] MCML-Schaltkreise eignen sich beispielsweise für die Herstellung elektronischer Schaltkreise für breitbandige Glasfaser-Übertragungsstrecken mit Datenraten bis 40 Gb/s [7,8].

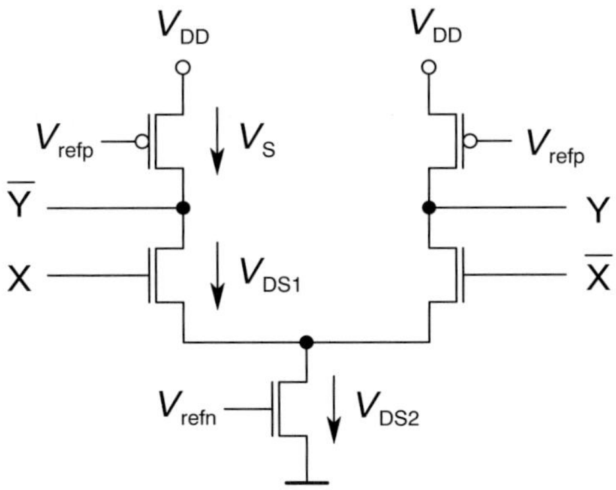

Abb. 21.36. Inverter mit differentieller Ansteuerung in MCML-Technik

bei Verzicht auf series gating (vgl. Kap. 17) sehr klein gewählt werden; Abbildung 21.36 zeigt dies an einem differentiell angesteuerten Inverter in MCML-Technik: Fließt der Strom durch den linken Zweig, so muß $V_{DD} > V_S + 2\,V_{Dsat}$ gelten, damit die beiden n-Kanal MOSFETs in Sättigung betrieben werden. Da V_{Dsat} vor allem wegen der Geschwindigkeitssättigung kleiner ist als $V_{GS} - V_{THn1}$ können bei Verwendung von MOSFETs mit Einsatzspannungen im Bereich von 200 mV Betriebsspannungen der Größenordnung 1 V erreicht werden.

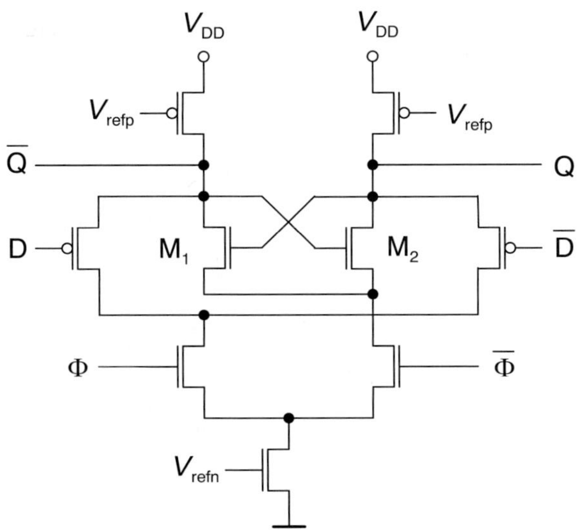

Abb. 21.37. Inverter mit differentieller Ansteuerung in MCML-Technik

Logische Verknüpfungen lassen sich leicht aus der Inverterstruktur ableiten; Abb. 21.37 zeigt eine Realisierungsmöglichkeit für ein D-Flipflop in MCML-Technik. Für Φ = HI ist das Flipflop transparent und es gilt D=Q; für Φ = LO werden die Eingangstransistoren deaktiviert und die Information wird in den, nun an Betriebsspannung liegenden, rückgekoppelten Transistoren M_1 und M_2 gespeichert.

21.4 Dynamische CMOS-Logik

Die Möglichkeit, Ladung als Signalgröße auf der Gatekapazität von MOSFETs zu speichern, wird in den dynamischen Logikschaltungen ausgenutzt. Die Verwendung dieser Schaltungstechniken erfordert im Gegensatz zur statischen Logik getaktete Schaltungen.

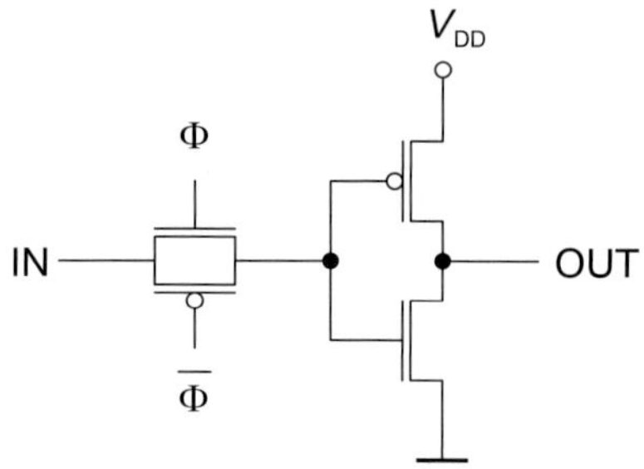

Abb. 21.38. Dynamisches Latch

Dynamisches Latch, Schieberegister. Abbildung 21.38 zeigt ein *dynamisches Latch*, bestehend aus einem CMOS-Inverter mit vorgeschaltetem Transfergate. Solange das Transfergate leitend ist, wird der Eingang des Inverters auf das Potential des Knoten IN aufgeladen. Beim Schließen des Transfergates wird diese Information als Ladung auf der Eingangskapazität *gespeichert*. Für große Zeiten geht die Ladung durch Leckströme zwar wieder verloren – für Zeitintervalle von der Größenordnung eines Taktzyklus in einer integrierten Schaltung ist dies jedoch vernachlässigbar.

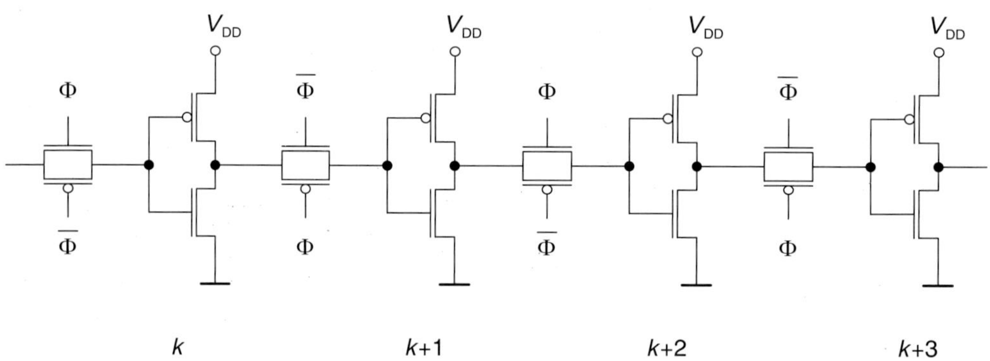

Abb. 21.39. Dynamisches Schieberegister

Durch Hintereinanderschalten mehrerer gegenphasig getakteter dynamischer Latches gelangt man zum dynamischen *Schieberegister*, von dem in Abb. 21.39 zwei Stufen – bestehend aus je zwei Latches – dargestellt sind. Zur Erläuterung der Wirkungsweise wird zunächst der Fall Φ = LO betrachtet. Dann ist das Transfergate von Latch $k+1$ sowie das Transfergate von Latch $k+3$ transparent, während die übrigen Transfergates hochohmig sind. Während dieser

Phase wird deshalb die Information von Latch k auf Latch $k+1$ übertragen und entsprechend von Latch $k+2$ auf Latch $k+3$. In der nächsten Phase ($\Phi =$ HI) sind die zuvor transparenten Transfergates hochohmig, während die zuvor hochohmigen transparent sind. Nun wird die Information von Latch $k+1$ auf Latch $k+2$ übertragen.

Domino-Logik. Die *Domino-Logik* verwendet ein Taktsignal pch, das für sämtliche Gatter einheitlich ist: In jedem Gatter befindet sich ein CMOS-Inverter, dessen Eingang während der *Precharge-Phase* auf HI-Potential aufgeladen wird, wodurch der Ausgang auf LO-Potential liegt. An diesen Ausgang angeschlossene n-Kanal-MOSFETs sind demnach sämtlich gesperrt.

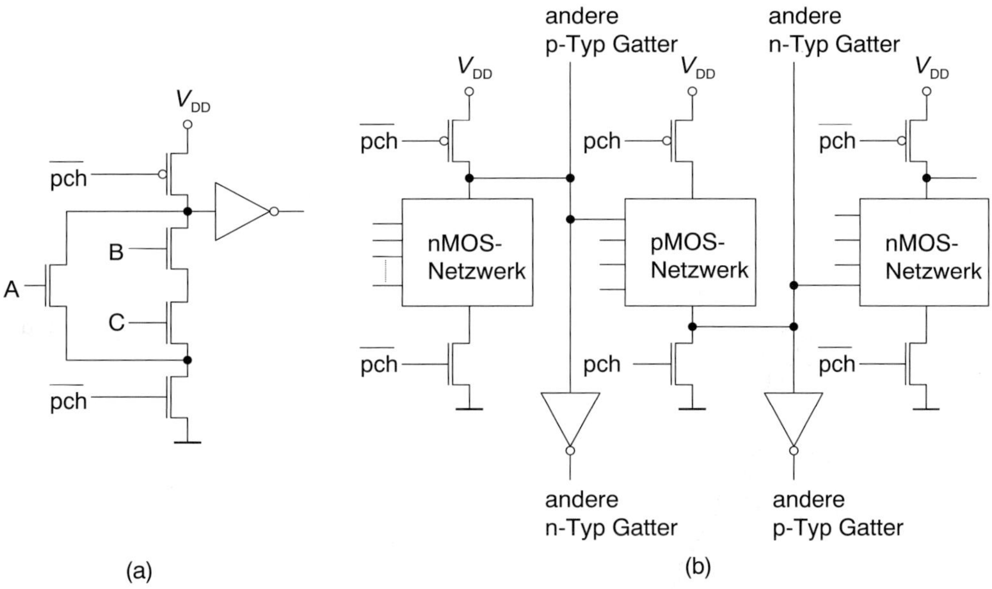

Abb. 21.40. (**a**) Domino-Gatter (n-Typ) und (**b**) Nora-Logik

Abbildung 21.40 a zeigt ein einfaches Domino-Gatter mit drei Eingängen. Während der Precharge-Phase ist das Signal $\overline{\text{pch}}$ auf LO; damit besteht eine niederohmige Verbindung des Invertereingangs zu V_{DD} während zu Masse keine niederohmige Verbindung besteht. Die Eingangskapazität des Inverters wird deshalb auf V_{DD} aufgeladen und der Inverterausgang ist LO. Nach der Precharge-Phase ist $\overline{\text{pch}}$ auf HI: Der Invertereingang besitzt nun keine Verbindung mehr zu V_{DD} und die Eingangskapazität kann entladen werden, falls einer der durch die n-Kanal-MOSFETs bestimmten Entladepfade niederohmig wird. Im Beispiel Abb. 21.40 a bedeutet dies, daß entweder A auf HI oder aber B und C auf HI liegen müssen. In diesem Fall geht der Invertereingang auf LO und der Ausgang auf HI, d. h. das Gatter entspricht der logischen Funktion A $\vee$ (B $\wedge$ C).

Nachteil der Domino-Logik ist, daß keine invertierten Signale zur Verfügung stehen. Eine auch als *Nora-Logik* bezeichnete, verbesserte Domino-Logik verwendet abwechselnd Domino-Gatter vom n-Typ und Domino-Gatter von p-Typ, wobei auf die Inverter verzichtet wird. Während der Precharge-Phase werden hier die Ausgänge der Gatter vom n-Typ auf HI, die Ausgänge der Gatter vom p-Typ auf LO vorgeladen. Die Eingangstransistoren der folgenden Gatter sind deshalb gesperrt. Als Nachteil der Domino-Logik und verwandter dynamischer Schaltungstechniken ist der erhöhte *Entwurfsaufwand* zu nennen – nur durch sorgfältige Auslegung der Schaltungen kann eine zuverlässige Funktion und eine hohe Störsicherheit sichergestellt werden. Trotz der höheren Schaltgeschwindigkeit und der geringeren Chipfläche spielen die dynamischen Schaltungstechniken aus diesem Grund eine Außenseiterrolle.

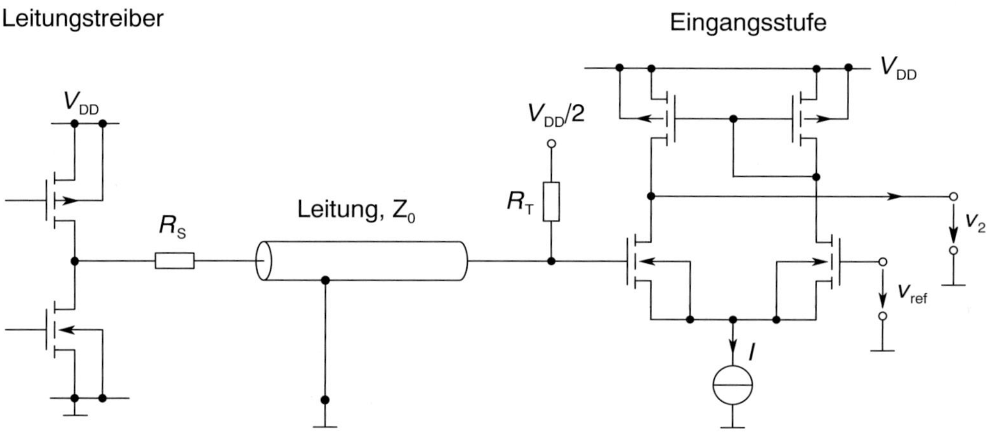

Abb. 21.41. Angenäherter Abschluß einer Datenleitung in Stub-Series Terminated Logic

21.5 Stub-Series-Terminated Logic (SSTL)

Mit zunehmenden Taktraten digitaler Systeme kann die mit dem Ausgang eines digitalen Schaltkreises verbundene Datenleitung nicht mehr als kapazitive Last aufgefaßt und muß wie ein Wellenleiter behandelt werden. Um Störungen durch Reflexionen an mangelhaft abgeschlossenen Leitungen zu vermeiden werden Abschlußwiderstände eingesetzt. Als Beispiel wird die Beschaltung im Rahmen des weit verbreiteten SSTL-Standards betrachtet. Bei Beschaltung von Datenleitungen nach dem SSTL-Standard werden zwei Abschlußwiderstände (R_S und R_T) eingesetzt, so daß sich in Verbindung mit dem Eingangswiderstand der Eingangsstufe und dem Ausgangswiderstand des Treibers jeweils annähernd der Wellenwiderstand einstellt und Reflexionen so gut als möglich vermieden werden. Für eine schnelle Detektion der Signale wird eine Differenzstufe verwendet, die mit der Referenzspannung $V_\mathrm{ref} = V_\mathrm{DD}/2$ betrieben wird.

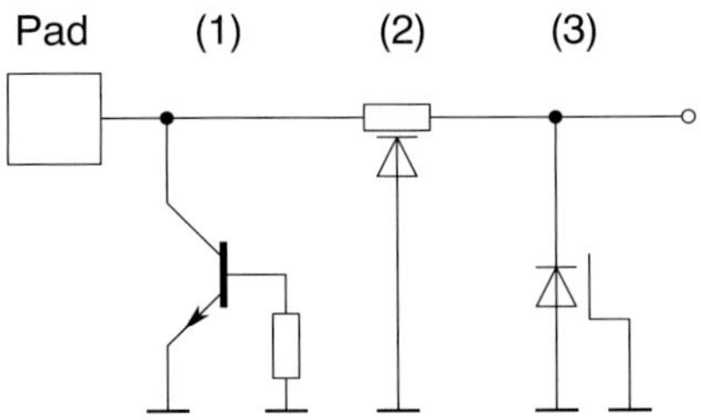

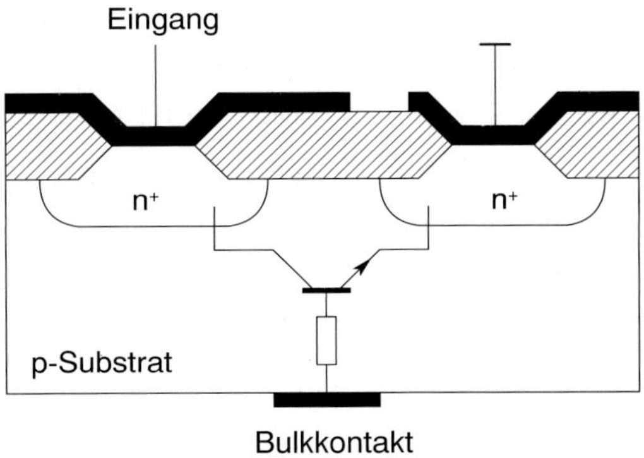

Abb. 21.42. (**a**) ESD-Schutzbeschaltung mit (1) Dickoxidtransistor, (2) diffundiertem Widerstand und (3) FP-Diode, (**b**) Querschnitt (schematisch) durch einen Dickoxidtransistor (nach [9])

21.6 ESD-Schutzschaltungen

Integrierte MOS-Bausteine müssen mit ESD-Schutzschaltungen versehen werden [10]. Abbildung 21.42 zeigt eine weit verbreitete und sehr wirksame ESD-Schutzschaltung für MOS-Bausteine [11, 12]. Als erste Stufe der Schutzschaltung wird ein sog. *Dickoxidtransistor* verwendet. Dies ist ein parasitärer npn-Transistor, der bei Überschreiten einer kritischen Spannung durchbricht und eine niederohmige Verbindung des Eingangspads zu Masse herstellt. Das Energieaufnahmevermögen dieser Struktur ist durch den zweiten Durchbruch des Bipolartransistors begrenzt: Wird eine kritische Stromstärke überschritten, so kommt es zu einer lokalen Überhitzung und Stromeinschnürung, die in der Regel zu einer Zerstörung des Bauteils oder einer Veränderung seiner elektrischen Eigenschaften führt [9]. Als zweites Element wird ein diffundierter Widerstand, d. h. ein in das p-Substrat diffundiertes n-Bahngebiet mit zwei Anschlüssen, verwendet [13]. Dieser weist zum einen eine strombegrenzende Wirkung auf, zum anderen schafft er wegen der mit ihm verbundenen parasitären Diode einen niederohmigen Pfad zu Masse sobald das Potential des Eingangs die Schleusenspannung einer Diode unterschreitet. Als drittes Element wird eine sog. *FP-Diode*[15] eingesetzt. Bei dieser wird der pn-Übergang von einer durch ein Oxid überdeckten Gateelektrode überdeckt. Diese wird auf Massepotential gelegt und beeinflußt die Durchbruchspannung des pn-Übergangs [14], die so eingestellt wird, daß ihr Wert unterhalb derjenigen des Gateoxids liegt. Die FP-Diode wird deshalb niederohmig und begrenzt im Verbindung mit dem diffundierten Widerstand (2) den Spannungsimpuls am Eingang.

[15] Non englisch: field-plated Diode.

Mit abnehmenden Bauteilabmessungen und steigender Frequenz[16] wird die Realisierung von ESD-Schutzschaltungen zunehmend problematischer [16]: Einerseits sollen die den Überspannungspuls aufnehmenden Bauelemente ein möglichst großes Energieaufnahmevermögen und damit ein großes Volumen aufnhemen, auf der anderen Seite sollte die parallel zur Eingangskapazität wirkende Kapazität der Schutzschaltung möglichst klein sein. In diesem Zusammenhang sind Schutzelemente vom Thyristortyp die im niederohmigen Zustand nur einen geringen Spannungsabfall aufweisen, und damit bei gegebenem Strom nur wenig Energie aufnehmen müssen, von Vorzug.

21.7 Analogschaltungen

In bipolaren Analogschaltungen werden oft Ströme als Signalgrößen verwendet, da Bipolartransistoren eine vergleichsweise lineare Stromübertragungskennlinie aufweisen. In MOS-Schaltungen hingegen bietet sich wegen der isolierten Steuerelektrode und der hohen Qualität der MOS-Kondensatoren Ladung als Signalgröße an. Dies ermöglicht neuartige Schaltungskonzepte wie die sog. Switched-capacitor-Filter oder die Charge-redistribution-AD-Wandler. Ansonsten sind die aus der Bipolartechnik bekannten Grundschaltungen weitgehend auf MOS-Schaltungen übertragbar.

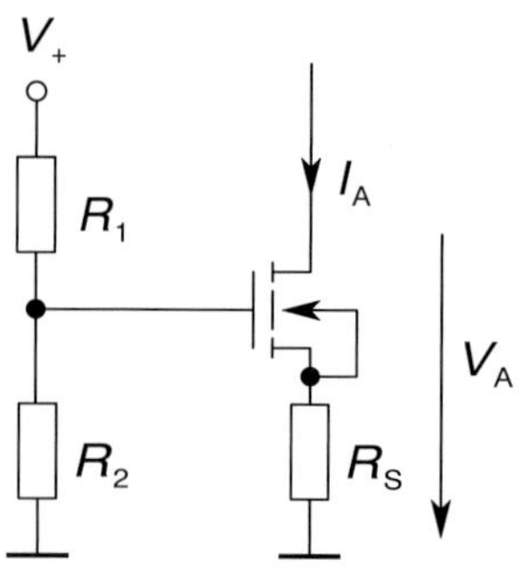

Abb. 21.43. Konstantstromquelle mit n-Kanal MOSFET

21.7.1 Konstantstromquelle

Abbildung 21.43 zeigt eine Stromquelle mit n-Kanal-MOSFET. Für die Klemmenspannungen des MOSFET gilt

$$V_{\mathrm{GS}} = \frac{R_2}{R_1+R_2} V_+ - R_{\mathrm{S}} I_{\mathrm{A}} , \qquad \text{so daß} \qquad v_{\mathrm{gs}} = -R_{\mathrm{S}} i_{\mathrm{a}}$$

sowie

$$V_{\mathrm{DS}} = V_{\mathrm{A}} - R_{\mathrm{S}} I_{\mathrm{A}} , \qquad \text{so daß} \qquad v_{\mathrm{ds}} = v_{\mathrm{a}} - R_{\mathrm{S}} i_{\mathrm{a}} .$$

[16]Ein Ansatz zur Steigerung der Bandbreite einer ESD-Schutzschaltung durch induktive Beschaltung (inductive peaking) wird in [15] beschrieben.

Wird dies in der Kleinsignalbeziehung

$$i_a = g_m v_{gs} + g_o v_{ds}$$

verwendet, so folgt für den *Ausgangswiderstand* der Stromquelle

$$r_a = \frac{v_a}{i_a} = \frac{1 + R_S(g_m + g_o)}{g_o} .$$

Für $R_S g_m \gg 1$ ist $r_a \gg 1/g_o$; der Ausgangswiderstand wächst dann proportional zu R_S an

$$r_a \approx R_S\, g_m/g_o ,$$

d. h. wird eine Seriengegenkopplung mit sehr großem R_S verwendet – in der Praxis könnte eine solche mit einer Transistorstromquelle realisiert werden – so lassen sich Konstantstromquellen mit extrem hohem Ausgangswiderstand verwirklichen. Stromquellen mit Bipolartransistor ermöglichen dagegen auch im Fall starker Seriengegenkopplung nur endliche Ausgangswiderstände β/g_o.

21.7.2 Stromspiegel, Konstantstromquellen

Stromspiegel und Konstantstromquellen mit MOSFETs werden wie ihre Gegenstücke mit Bipolartransistoren aufgebaut. Abbildung 21.44 zeigt einen nMOS- sowie einen pMOS-Stromspiegel. Der nMOS-Stromspiegel verwendet Masse, bzw. die negative Versorgungsspannung als Bezugspotential, der pMOS-Stromspiegel die positive Versorgungsspannung.

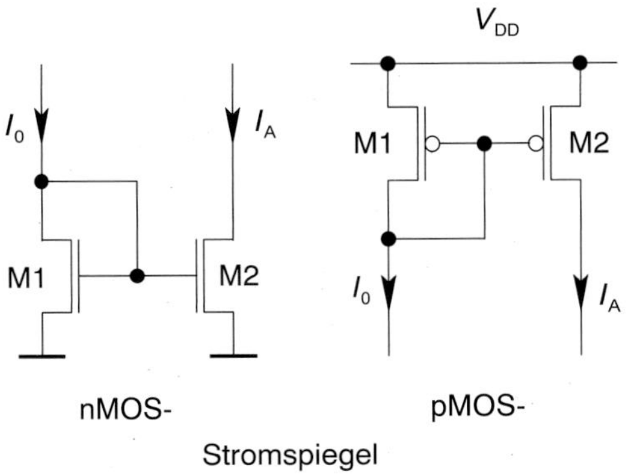

Abb. 21.44. Stromspiegel mit MOSFETs

Beim nMOS-Stromspiegel arbeitet der Transistor M1 wegen $V_{GS1} = V_{DS1}$ im Sättigungsbetrieb, ebenso wie M2 falls $V_{DS2} > V_{Dsat}$ gilt. Da an beiden Transistoren dieselbe Spannung V_{GS} anliegt, sind die Ströme I_0 und I_A bei identischen Transistoren, abgesehen vom Einfluß des endlichen Ausgangsleitwerts, gleich groß. Der Ausgangswiderstand der Schaltung läßt sich mit dem Kanallängenmodulationsparameter λ angeben

$$r_o \approx 1/\lambda I_A .$$

Bipolare Stromspiegel bieten i. allg. einen höheren Ausgangswiderstand als MOS-Stromspiegel. Für diese läßt sich r_o zwar durch Erhöhen der Kanallänge vergrößern; dies hat jedoch den Nachteil eines großen Flächenbedarfs bzw. einer großen Steuerspannung V_GS, führt zu einem schlechteren Frequenzverhalten wegen der vergrößerten Eingangskapazität und bedingt bei abnehmendem Übertragungsleitwertfaktor β_n einen verringerten Aussteuerbereich da

$$V_\mathrm{Dsat} \approx \sqrt{\frac{2I_\mathrm{D}}{\beta_\mathrm{n}}} \approx \sqrt{\frac{2I_\mathrm{D}}{K_\mathrm{P}}\frac{L}{W}}$$

umgekehrt proportional zu $\sqrt{W}$ zunimmt.

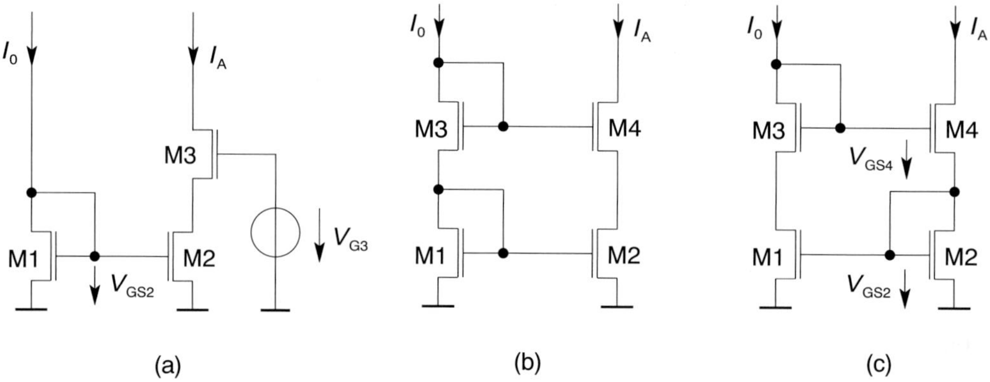

Abb. 21.45. Stromspiegel mit MOSFETs. (**a**) Ausgangsstufe mit Kaskode (Prinzip) und (**b**) Realisierung sowie (**c**) Wilson-Stromspiegel

Verschiedene schaltungstechnische Maßnahmen ermöglichen eine Verringerung des Ausgangsleitwerts. Abbildung 21.45 a zeigt einen nMOS-Stromspiegel mit einer *Kaskode* am Ausgang. Da bei konstantem Eingangsstrom I_0 der Wert von V_GS2 konstant bleibt, gilt

$$i_\mathrm{a} = g_\mathrm{d2} v_\mathrm{ds2} = -(g_\mathrm{m3} + g_\mathrm{mb3}) v_\mathrm{ds2} + g_\mathrm{d3}\,(v_\mathrm{a} - v_\mathrm{ds2}) \;,$$

woraus sofort der Ausgangswiderstand

$$r_\mathrm{o} = \frac{v_\mathrm{a}}{i_\mathrm{a}} = \frac{1}{g_\mathrm{d2}} \frac{g_\mathrm{m3} + g_\mathrm{mb3} + g_\mathrm{d3} + g_\mathrm{d2}}{g_\mathrm{d3}} > \frac{1}{g_\mathrm{d2}} \frac{g_\mathrm{m3}}{g_\mathrm{d3}}$$

folgt, d. h. r_o nimmt im Vergleich zum einfachen Stromspiegel mindestens um den Faktor $g_\mathrm{m3}/g_\mathrm{d3}$ zu. Eine einfache Realisierung des Stromspiegels mit Kaskode am Ausgang ist in Abb. 21.45 b angegeben. Abbildung 21.45 c zeigt einen *Wilson-Stromspiegel* mit n-Kanal-MOSFETs dessen Ausgangswiderstand gegenüber dem des einfachen Stromspiegels ebenfalls um annähernd $g_\mathrm{m}/g_\mathrm{o}$ erhöht ist, wie die folgende Rechnung zeigt.

Wilson-Stromspiegel. Zur Vereinfachung der Schreibweise wird wieder der symmetrische Stromspiegel betrachtet, bei dem sämtliche Transistoren von demselben

Strom durchflossen werden und identische Kleinsignalleitwerte besitzen. Für den Wilson-Stromspiegel Abb. 21.45c gilt dann

$$\begin{aligned} i_\mathrm{a} &= i_\mathrm{d4} = g_\mathrm{m} v_\mathrm{gs4} + g_\mathrm{o}(v_\mathrm{a} - v_\mathrm{gs2}) \\ &= i_\mathrm{d2} = (g_\mathrm{m} + g_\mathrm{o}) v_\mathrm{gs2} \,. \end{aligned} \tag{21.15}$$

Falls I_0 als konstant angenommen wird, gilt ferner $i_\mathrm{d1} = i_\mathrm{d3} = 0$; mit

$$i_\mathrm{d1} = g_\mathrm{m} v_\mathrm{gs2} + g_\mathrm{o} v_\mathrm{ds1} \quad \text{und} \quad i_\mathrm{d3} = (g_\mathrm{m} + g_\mathrm{o}) v_\mathrm{gs3}$$

führt dies auf

$$v_\mathrm{ds1} = -\frac{g_\mathrm{m}}{g_\mathrm{o}} v_\mathrm{gs2} \quad \text{und} \quad v_\mathrm{gs3} = 0 \,.$$

Für v_gs4 folgt damit

$$v_\mathrm{gs4} = v_\mathrm{gs3} + v_\mathrm{ds1} - v_\mathrm{gs2} = -\left(\frac{g_\mathrm{m}}{g_\mathrm{o}} + 1\right) v_\mathrm{gs2} \,.$$

Wird diese Beziehung mit den Gln. (21.15) zusammengefaßt und v_gs2 und v_ds4 eliminiert, so folgt für den Ausgangswiderstand

$$r_\mathrm{o} = \frac{v_\mathrm{a}}{i_\mathrm{a}} \approx \frac{1}{g_\mathrm{o}} \left(\frac{g_\mathrm{m}}{g_\mathrm{o}} + 2\right) , \tag{21.16}$$

wobei Terme der Ordnung $g_\mathrm{o}/g_\mathrm{m}$ vernachlässigt wurden. Bei dieser Betrachtung wurde der Substratsteuereffekt nicht berücksichtigt, d. h. für M3 und M4 wurd $V_\mathrm{BS} = 0$ angenommen, was in integrierten Schaltungen aber häufig nicht erfüllt ist. Die Berechnung des Ausgangsleitwerts unter Berücksichtigung des Substratsteuereffekts wird als Übungsaufgabe empfohlen.

21.7.3 Steuerbarer Widerstand

Bei kleinen Spannungen V_DS verhält sich der MOSFET näherungsweise wie ein ohmscher Widerstand vom Wert $R_\mathrm{DS} \approx 1/g_\mathrm{o}$. Der Wert von R_DS nimmt mit ansteigendem V_GS ab.

Abbildung 21.46 zeigt einen variablen Spannungsteiler mit n-Kanal-MOSFET, dessen Teilerverhältnis mit der Steuerspannung V_X verändert werden kann. Die Widerstände R_2 und R_3 wurden zur Linearisierung der Abhängigkeit des Spannungsteilerverhältnisses von der Steuerspannung eingefügt. Nach dem Überlagerungssatz gilt

$$V_\mathrm{GS} = \frac{R_2}{R_2 + R_3} V_\mathrm{X} + \frac{R_3}{R_2 + R_3} V_2 \,.$$

Im Fall $R_2 = R_3$ folgt somit für den Drainstrom

$$I_\mathrm{D} = \beta_\mathrm{n} \left(\frac{V_\mathrm{X} + V_2}{2} - V_\mathrm{TH} - \frac{V_2}{2}\right) V_2 = \beta_\mathrm{n} \left(\frac{V_\mathrm{X}}{2} - V_\mathrm{TH}\right) V_2 \,,$$

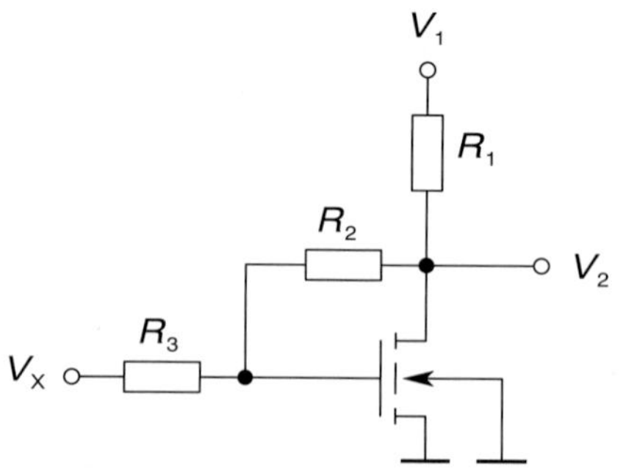

Abb. 21.46. Variabler Spannungsteiler

d. h. es ergibt sich das Verhalten eines ohmschen Widerstands. Für die Ausgangsspannung des Spannungsteilers folgt

$$V_2 = V_1 - R_1(I_D + I_{R2}) \,, \quad \text{wobei} \quad I_{R2} = \frac{V_2 - V_X}{R_2 + R_3}$$

gilt. Durch Zusammenfassen ergibt sich der Zusammenhang

$$V_1 = \left[1 + \beta_n R_1 \left(\frac{V_X}{2} - V_{TH} \right) + \frac{R_1}{R_2 + R_3} \right] V_2 - \frac{R_1}{R_2 + R_3} V_X \,.$$

Wird $R_1 \ll R_2 + R_3$ gewählt, so liegt ein linearer Spannungsteiler mit dem einstellbaren Teilerverhältnis

$$\frac{V_2}{V_1} \approx \frac{1}{1 + \beta_n R_1 \left(V_X/2 - V_{TH} \right)}$$

vor.

21.7.4 Differenzverstärker mit Stromspiegellast

Abbildung 21.47 zeigt den Schaltplan eines CMOS-Differenzverstärkers mit einer aus n-Kanal-MOSFETs aufgebauten Differenzstufe sowie einer mit p-Kanal-MOSFETs aufgebauten Stromspiegellast.

Kleinsignalanalyse. Bei NF-Kleinsignalbetrieb liefert der Knotensatz, angewandt auf die Knoten (1), (2) und (3)

$$i_{d1} + i_{d3} = 0 \qquad (21.17)$$

$$i_{d4} + i_{d2} = -i_l \qquad (21.18)$$

$$i_{d1} + i_{d2} = g_0 v_{3\sim} \qquad (21.19)$$

wobei g_0 den Ausgangsleitwert der Stromquelle bezeichnet. Werden die Kleinsignaleingangsspannungen v_{in1} und v_{in2} in einen Gleich- und einen Differenzanteil zerlegt

$$v_{in1} = v_{gl} - \frac{1}{2} v_d \qquad \text{bzw.} \qquad v_{in2} = v_{gl} + \frac{1}{2} v_d$$

bzw.

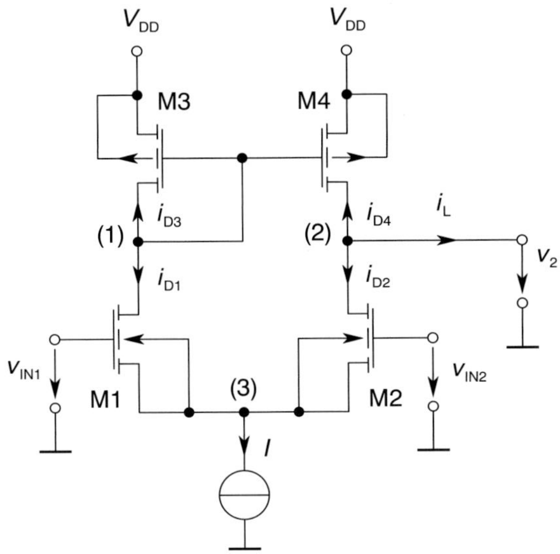

Abb. 21.47. CMOS-Differenzverstärker mit Stromspiegellast

$$v_{\mathrm{gl}} = \frac{1}{2}\,(v_{\mathrm{in1}} + v_{\mathrm{in2}}) \qquad \text{und} \qquad v_{\mathrm{d}} = v_{\mathrm{in1}} - v_{\mathrm{in2}}$$

und angenommen, daß der Differenzverstärker symmetrisch aufgebaut ist, d. h., daß $g_{\mathrm{m1}} = g_{\mathrm{m2}}$, $g_{\mathrm{d1}} = g_{\mathrm{d2}}$, $g_{\mathrm{m3}} = g_{\mathrm{m4}}$ und $g_{\mathrm{d3}} = g_{\mathrm{d4}}$ gilt, so folgt für die Kleinsignalanteile der Drainströme

$$i_{\mathrm{d1}} = g_{\mathrm{m1}}\left(v_{\mathrm{gl}} + \frac{1}{2}\,v_{\mathrm{d}} - v_{3\sim}\right) + g_{\mathrm{d1}}\,(v_{1\sim} - v_{3\sim}) \tag{21.20}$$

$$i_{\mathrm{d2}} = g_{\mathrm{m1}}\left(v_{\mathrm{gl}} - \frac{1}{2}\,v_{\mathrm{d}} - v_{3\sim}\right) + g_{\mathrm{d1}}\,(v_{2\sim} - v_{3\sim}) \tag{21.21}$$

$$i_{\mathrm{d3}} = (g_{\mathrm{m3}} + g_{\mathrm{d3}})v_{1\sim} \tag{21.22}$$

$$i_{\mathrm{d4}} = g_{\mathrm{m3}}v_{1\sim} + g_{\mathrm{d3}}v_{2\sim} \tag{21.23}$$

Diese Beziehungen werden in die Knotengleichungen eingesetzt.

Die Knotengleichungen führen, gemeinsam mit den Kleinsignalgleichungen der Transistoren, auf drei Beziehungen, die sich unter Eliminieren von $v_{1\sim}$ und $v_{3\sim}$ zusammenfassen lassen zu

$$v_{2\sim} = -A_{\mathrm{D}}\,v_{\mathrm{d}} - A_{\mathrm{GL}}v_{\mathrm{gl}} - r_{\mathrm{o}}i_{\mathrm{l}}\,. \tag{21.24}$$

Für die *Differenzverstärkung* gilt dabei unter der Annahme $g_{\mathrm{m}\alpha} \gg g_{\mathrm{d}\alpha}$ näherungsweise

$$\boxed{A_{\mathrm{D}} = \frac{g_{\mathrm{m1}}}{g_{\mathrm{d1}} + g_{\mathrm{d3}}}} \tag{21.25}$$

während Gleichtaktverstärkung und Ausgangswiderstand durch

$$A_{\mathrm{GL}} \approx \frac{g_0}{2g_{\mathrm{m1}}} \tag{21.26}$$

sowie

$$\boxed{r_{\mathrm{o}} \approx \frac{1}{g_{\mathrm{d1}}+g_{\mathrm{d3}}}} \tag{21.27}$$

gegeben sind. Die *Gleichtaktunterdrückung* der Differenzstufe ist demnach durch

$$\mathrm{CMRR} = \frac{A_{\mathrm{D}}}{A_{\mathrm{GL}}} \approx \frac{2g_{\mathrm{m1}}g_{\mathrm{m2}}}{g_0(g_{\mathrm{d1}}+g_{\mathrm{d2}})} \tag{21.28}$$

bestimmt. Die Differenzstufe ist Grundbestandteil integrierter CMOS-Operationsverstärker; weitere Anwendungen sind z. B. Verstärker in Switched-capacitor-Filtern sowie Leseverstärker in MOS-Speicherbausteinen.

Switched-capacitor-Filter

Switched-capacitor-Filter (SC-Filter) [17] bieten eine Alternative zu konventionellen aktiven Filtern mit RC-Netzwerken. Das Aufladen des Kondensators wird dabei nicht über den Widerstand R, sondern über einen getakteten Schalter gesteuert. Zur Erläuterung der Idee wird der in Abb. 21.48 dargestellte RC-Integrator betrachtet.

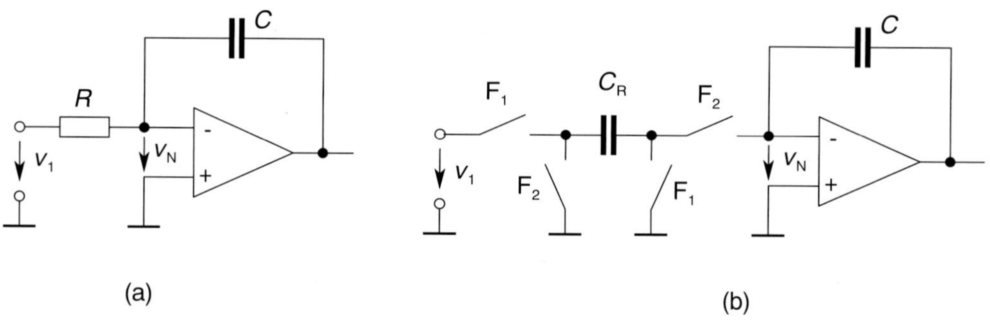

Abb. 21.48. RC-Integrator mit (**a**) RC-Netzwerk und (**b**) als Switched-capacitor-Filter

Beim Switched-capacitor-Filter werden zwei Schalterpaare derart durch die Taktsignale Φ_1 und Φ_2 angesteuert (Abb. 21.48 b), daß nur jeweils eines geschlossen ist. Ist das mit Φ_1 angesteuerte Schalterpaar geschlossen, so wird C_{R} auf v_1 aufgeladen. Werden die Schalter nach Beendigung des Aufladevorgangs geöffnet und dafür die mit Φ_2 getakteten Schalter geschlossen, so wird C_{R} nun auf $v_{\mathrm{N}} \approx 0$ entladen. Die während eines Taktzyklus der Dauer T transportierte Ladung ist demnach

$$\Delta Q = C_{\mathrm{R}}\,(v_1 + v_{\mathrm{N}}) \approx C_{\mathrm{R}} v_1 \,.$$

Dies entspricht einem mittleren Strom $I = \Delta Q/T$, d. h. die Anordnung verhält sich wie ein Widerstand R vom Wert T/C_{R}. Die Integrationszeitkonstante

$$RC \equiv T\,\frac{C}{C_{\mathrm{R}}}$$

ist somit durch ein Kapazitäts*verhältnis* bestimmt, das sich in der Praxis mit sehr geringen Toleranzen ($\leq 10^{-3}$) realisieren läßt. Weitere Vorzüge der Switched-capacitor-Filter sind:

- Switched-capacitor-Filter lassen sich mit einer für Digitaltechnik optimierten CMOS-Technologie verwirklichen und eignen sich deshalb gut für die Herstellung gemischter analog/digitaler Schaltungen auf einem Chip.
- Da sich große Widerstandswerte R mit kleinen Kapazitätswerten C_{R} verwirklichen lassen, wird die zur Realisierung der Filterfunktion erforderliche Chipfläche i. allg. reduziert.
- Da die Last eines Switched-capacitor-Filters im wesentlichen kapazitiv ist, benötigen die in den Filtern eingesetzten Operationsverstärker keine Endstufe mit geringem Ausgangswiderstand. Die Operationsverstärker können deshalb als einstufige CMOS-Differenzverstärker ausgelegt werden.

Die Schalter in Switched-capacitor-Filtern werden durch n-Kanal-MOSFETs oder CMOS-Transfergates realisiert. Über die Transistorkapazitäten kommt es zu einer kapazitiven Einkopplung des Taktsignals (Clock feedthrough), die für einfache n-Kanal-Schalter beispielsweise in [18] untersucht wurde. Um hierdurch bedingte Fehler zu verringern werden die Abmessungen der Schalttransistoren minimiert, wodurch die störenden Koppelkapazitäten abnehmen.

CMOS-Inverter als Kleinsignalspannungsverstärker

Aus der beim unbelasteten Inverter gültigen Beziehung

$$I_{\mathrm{D1}}(V_1, V_2) + I_{\mathrm{D2}}(V_1, V_2) = 0$$

folgt durch Ableiten bezüglich V_1 die Gleichung

$$\frac{\partial I_{\mathrm{D1}}}{\partial V_1} + \frac{\partial I_{\mathrm{D1}}}{\partial V_2}\frac{\mathrm{d}V_2}{\mathrm{d}V_1} + \frac{\partial I_{\mathrm{D2}}}{\partial V_1} + \frac{\partial I_{\mathrm{D2}}}{\partial V_2}\frac{\mathrm{d}V_2}{\mathrm{d}V_1} = 0$$

bzw.

$$g_{\mathrm{m1}} + g_{\mathrm{d1}}\,\frac{\mathrm{d}V_2}{\mathrm{d}V_1} = -g_{\mathrm{m2}} - g_{\mathrm{d2}}\,\frac{\mathrm{d}V_2}{\mathrm{d}V_1}\,.$$

Dies läßt sich nach $\mathrm{d}V_2/\mathrm{d}V_1$ auflösen mit dem Ergebnis

$$\frac{\mathrm{d}V_2}{\mathrm{d}V_1} = -\frac{g_{\mathrm{m1}} + g_{\mathrm{m2}}}{g_{\mathrm{d1}} + g_{\mathrm{d2}}}\,; \qquad (21.29)$$

die Spannungsverstärkung des CMOS-Inverters ist demzufolge maßgeblich durch die Ausgangsleitwerte der Transistoren bestimmt. Für kleine Werte des Kanallängenmodulationsparameters λ besitzt die Übertragungskennlinie bei Sättigung beider Transistoren eine sehr große Steigung und sorgt damit für eine große Spannungsverstärkung.

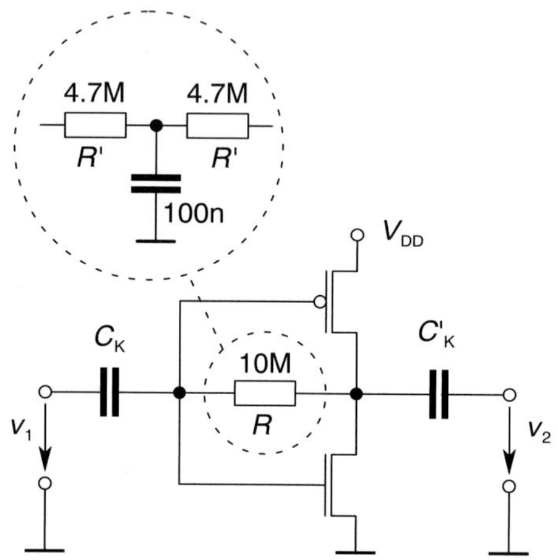

Abb. 21.49. Beschaltung des CMOS-Inverters als Kleinsignalverstärker

Abbildung 21.49 zeigt einen einfachen CMOS-Kleinsignalverstärker. Die Arbeitspunkteinstellung erfolgt hier durch Rückkopplung über den hochohmigen Widerstand R auf den Eingang. Da der bei Gleichbetrieb in den Eingang des CMOS-Verstärkers fließende Strom vernachlässigbar klein ist, ergibt sich der Arbeitspunkt aus der Bedingung $V_1 = V_2$, d. h. aus dem Schnittpunkt der Übertragungskennlinie des Inverters mit der Winkelhalbierenden im ersten Quadranten. Der zu verstärkende Kleinsignalanteil wird über C_K eingekoppelt und nach erfolgter Verstärkung über C'_K ausgekoppelt. Da der CMOS-Inverter bei niederfrequenter Kleinsignalansteuerung näherungsweise wie eine spannungsgesteuerte Spannungsquelle wirkt, ist die Eingangsimpedanz des Verstärkers annähernd R/A_v, wobei A_v die Spannungsverstärkung bezeichnet. Wird eine höhere Eingangsimpedanz gefordert, so kann der Rückkopplungswiderstand R durch ein RC-Netzwerk entsprechend Abb. 21.49 ersetzt werden. In diesem Fall stellt der Kondensator bei Betriebsfrequenz einen Kurzschluß zu Masse dar: Der Eingangswiderstand des Verstärkes ist dann $R' = 4.7\ \mathrm{M\Omega}$.

Die beschriebene Verstärkerschaltung kann nicht angewendet werden, falls erhöhte Anforderungen an die Linearität gestellt werden. Weitere Nachteile sind die schwer vorhersagbare Spannungsverstärkung und die große Ausgangsimpedanz. Die Schaltung kann jedoch gute Dienste leisten, wenn schwache Signale unabhängig von der Pulsform lediglich kräftig verstärkt werden sollen: CMOS-Bausteine, auf denen mehrere Inverter integriert sind, ermöglichen dann den Aufbau von Verstärkerschaltungen für Centbeträge!

21.8 BiCMOS

Die Abkürzung BiCMOS bezeichnet eine integrierte Schaltkreistechnologie, bei der Bipolartransistoren und MOSFETs auf einem Chip integriert werden. Dies bedingt zwar einen erhöhten prozeßtechnischen Aufwand, ermöglicht dafür aber schaltungstechnische Ansätze, die gezielt die spezifischen Vorzüge der Bipolartransistoren und MOSFETs nutzen. Integrierte Schaltungen in BiCMOS-Technologie werden wegen ihres höheren Aufwands und der damit verbundenen Kosten nur in Fällen eingesetzt, in denen sich die geforderten Eigenschaften mit integrierten Bipolar- oder CMOS-Schaltungen nicht realisieren lassen.

BiCMOS-Treiber. Abbildung 21.50 zeigt verschiedene Ausführungen eines Inverters in BiCMOS-Technologie, wie sie zum Treiben großer kapazitiver Lasten eingesezt werden können. Die Schaltungen kombinieren den hohen Eingangswiderstand eines CMOS-Inverters mit dem geringen Ausgangswiderstand einer bipolaren Ausgangsstufe. Derartige BiCMOS-Treiber können eine kapazitive Last schneller umladen als ein CMOS-Treiber, der dieselbe Fläche auf dem Chip einnimmt. Der Ausgangsspannungshub ist dabei, wie beim CMOS-Treiber, annähernd gleich dem Versorgungsspannungsbereich.

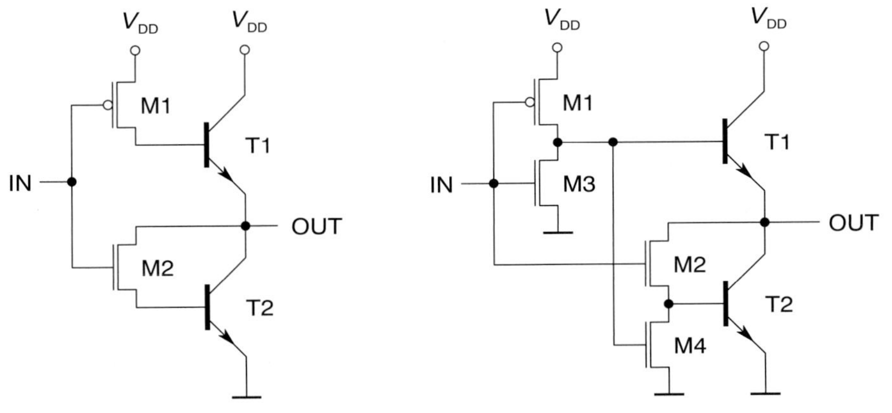

Abb. 21.50. BiCMOS-Treiberschaltungen

Der in Abb. 21.50 a gezeigte Schaltkreis erfordert zwar die geringste Anzahl von Bauteilen, hat jedoch den Nachteil einer hohen Verlustleistung bei langsamer Änderung der Eingangsspannung. Der Grund hierfür ist, daß für $V_{\mathrm{BEon}} + V_{\mathrm{THn}} < V_{\mathrm{IN}} < V_{\mathrm{DD}} + V_{\mathrm{THp}}$ sowohl M1 als auch M2 einen Basisstrom liefern. Dies hat zur Folge, daß über T1 und T2 ein niederohmiger Pfad von V_{DD} zu Masse entsteht, der sich in einer unerwünschten Erhöhung der Verlustleistung bemerkbar macht. Eine Verbesserung kann beispielsweise durch die zusätzlichen MOSFETs M3 und M4 in der Schaltung nach Abb. 21.50 b erreicht werden. Die zusätzlichen Elemente werden dabei so dimensioniert, daß der Eingangsspannungsbereich, in dem sowohl T1 als auch T2 großen Strom führen können, minimal wird.

BiCMOS erlaubt die Integration unterschiedlicher digitaler Schaltungstechniken wie CMOS und ECL auf einem Chip. Werden nur die zeitkritischen Pfade in ECL ausgeführt, so kann dies höhere Taktraten ermöglichen ohne die Verlustleistung in dem Maß, wie es in einer reinen ECL-Lösung der Fall wäre zu erhöhen. So wurden beispielsweise sehr schnelle SRAM-Bausteine mit MOS-Speicherzellen und ECL-Peripherieschaltkreisen für Cache-Speicher in Großrechnern entwickelt. Als Beispiel sei ein 1 Mb ECL–CMOS SRAM mit der Zugriffszeit von 550 ps und der Verlustleistung 43 W auf der Basis eines 0.2 µm BiCMOS-Prozesses genannt [19].

Die wahrscheinlich größte Bedeutung der BiCMOS-Technologie liegt aber in der Konstruktion von gemischt analog-digitalen Bausteinen und von ICs für die Hochfrequenztechnik.[17] Die analogen Schaltungsteile werden dabei häufig mit Bipolartransistoren, die digitalen Teile in CMOS-Technik ausgeführt. Dabei wird die im Vergleich zu MOSFETs größere Steilheit und die geringere Offsetspannung von Bipolartransistorpaaren ausgenutzt. Bei der Integration gemischt-analoger Systeme auf einem Chip ist das Problem des Übersprechens besonders kritisch: Durch die i.allg. geringen Signalpegel im analogen Schaltungsteil machen sich hier Störungen der Versorgungsspannung sowie eine Einkopplung der digitalen Signale über das Substrat besonders unangenehm bemerkbar.

Frühere Ansätze der BiCMOS-Technologie versuchten den zusätzlichen Prozeßaufwand gegenüber einem konventionellen CMOS-Prozeß zu minimieren. Die Leistungsfähigkeit eines BiCMOS-IC muß sich jedoch mit der einer Mehr-Chip-Lösung aus reinen CMOS und SiGe-HBT ICs messen lassen. Aus diesem Grund können nur sehr hochwertige Bipolartransistoren integriert werden. Der modulare Ansatz moderner BiCMOS-Prozesse [20,21] geht von einem zugrundeliegenden CMOS-Prozeß aus zu dem – den Anforderungen des Projekts entsprechend – ein oder mehrere Zusatz-Prozeßmodule hinzugefügt werden.

Tabelle 21.1 zeigt typische Kenngrößen für Bipolartransistoren[18] in verschiedenen BiCMOS-Technologie-Generationen. Zusätzlich wünschenswerte Komponenten für gemischt analog-digitale Chips sind Widerstände mit linearer Kennlinie, Kapazitäten, Varaktoren und Induktivitäten großer Güte. Die Ko-

[17] Als typisches Beispiel kann eine PLL-Schaltung für HF-Anwendungen dienen: Diese besteht typischerweise aus einem mit Bipolartransistoren aufgebauten Frequenzteiler (Prescaler), einem programmierbaren frequenzteiler in CMOS-Technik, Phasendetektor und Ladungspumpe. Für Mobilfunkanwendungen werden diese idealerweise mit BiCMOS auf einem Chip integriert.

[18] Die geringe Durchbruchspannung V_{BRCEO} der Transistoren ist durch eine zusätzliche Kollektorimplantation bestimmt, welche das Verhalten des Transistors bei hohen Stromdichten verbessert. Durch eine zusätzliche Maske kann diese – soweit erforderlich – bei einzelnen Transistoren unterdrückt werden, was zu größeren Durchbruchspannungen führt.

Tabelle 21.1 Kenngrößen für SiGe HBTs in verschiedenen BiCMOS Technologie-Generationen [20]

Parameter	0.5 µm	0.25 µm	0.18 µm
$A_{\mathrm{je}}/\mu\mathrm{m}^2$	0.5×2.5	0.44×3	0.18×0.82
B_{N}	100	100	200
$V_{\mathrm{A}}/\mathrm{V}$	65	75	120
$V_{\mathrm{BRCEO}}/\mathrm{V}$	3.35	3.35	2.5
$V_{\mathrm{BRCBO}}/\mathrm{V}$	10.5	10.5	7.5
$f_{\mathrm{T}}/\mathrm{GHz}$	47	47	90
$f_{\mathrm{max}}/\mathrm{GHz}$	65	65	90
$NF_{\mathrm{min}}/\mathrm{dB}$	0.8	0.8	0.4

sten sollten durch Hinzufügen dieser Komponenten um nicht mehr als ca. 50 % gegenüber einem konventionellen CMOS-Prozeß ansteigen.

21.9 Literaturverzeichnis

[1] J. Lohstroh, E. Seevinck, J. de Groot. Worst-case static noise margin criteria for logic circuits and their mathematical equivalence. *IEEE J. Solid-State Circuits*, 18(6):803–807, 1983.

[2] E. Seevinck, F.J. List, J. Lohstroh. Static-noise margin analysis of MOS SRAM cells. *IEEE J. Solid-State Circuits*, 22(5):748–754, 1987.

[3] H.J.M. Veendrick. Short-circuit dissipation of static CMOS circuitry and its impact on the design of buffer circuits. *IEEE J. Solid-State Circuits*, 19(4):468–473, 1984.

[4] G.E. Moore. No exponential is forever ... *www.intel.com*, 2003.

[5] J.-S. Wang, C.-R. Chang, C. Yeh. Analysis and design of high-speed and low-power CMOS PLAs. *IEEE J. Solid-State Circuits*, 36(8):1250–1262, 2000.

[6] A.M. Mohsen, C.A. Mead. Delay-time optimization for driving and sensing of signals on high-capacitance paths of VLSI systems. *IEEE J. Solid-State Circuits*, 14(2):462–470, 1979.

[7] B. Razavi. Prospects of CMOS technology for high-speed optical communication circuits. *IEEE J. Solid-State Circuits*, 37(9):1135–1145, 2002.

[8] D. Kehrer, H.-D. Wohlmuth, H. Knapp, M. Wurzer, A.L. Scholz. 40-Gb/s 2:2 multiplexer and 1:2 demultiplexer in 120 nm standard CMOS. *IEEE J. Solid-State Circuits*, 38(11):1830–1837, 2003.

[9] C. Duvvury, A. Amerasekera. ESD: A pervasive reliability concern for IC technologies. *Proc. IEEE*, 81(5):690–702, 1993.

[10] J.K. Keller. Protection of MOS integrated circuits from destruction by electrostatic discharge. *EOS/ESD Symp.*, Proc. vol. EOS-3:73–79, 1981.

[11] C. Duvvury, R.N. Rountree, L.S. White. A summary of most efective electrostatic discharge protection circuits for MOS memories and their observed failure modes. *EOS/ESD Symp.*, Proc. vol. EOS-5:181–184, 1983.

[12] J.E. Vinson, J.J. Liou. Electrostatic discharge in semiconductor devices: protection techniques. *Proc. IEEE*, 88(12):1878–1900, 2000.

[13] G. Krieger, P. Niles. Diffused resistor characteristics at high current density levels - analysis and applications. *IEEE Trans. Electron Devices*, 36(2):416–423, 1989.

[14] A.S. Grove. *Physics and Technology of Semiconductor Devices.* Wiley, New York, 1967.

[15] S. Galal, B. Razavi. Broadband ESD protection circuits in CMOS technology. *IEEE J. Solid-State Circuits*, 38(12):2334–2340, 2003.

[16] S.H. Voldmann. The state of the art of electrostatic discharge proection: physics, technology, circuits, design, simulation and scaling. *IEEE J. Solid-State Circuits*, 34(9):1272–1282, 1999.

[17] R. Gregorian, K.W. Martin, G.C. Temes. Switched-capacitor circuit design. *Proc. IEEE*, 71(8):941–966, 1983.

[18] B.J. Sheu, C. Hu. Switch-induced error voltage on a switched capacitor. *IEEE J. Solid-State Circuits*, 19(4):519–525, 1984.

[19] H. Nambu, K. Kanetani, K. Yamasaki, K. Higeta, M. Usami, M. Nishiyama, K. Ohhata, F. Arakawa, T. Kusunoki, K. Yamaguchi, A. Hotta, N. Homma. A 550-ps access 900-mhz 1-Mb ECL-CMOS SRAM. *IEEE J. Solid-State Circuits*, 35(8):1159–1168, 2000.

[20] D.L. Harame, D.C. Ahlgren, D.D. Coolbaugh, J.S. Dunn, G.G. Freeman, J.D. Gillis, R.A. Groves, G.N. Hendersen, R.A. Johnson, A.J. Joseph, S. Subbanna, A.M. Victor, K.M. Watson, C.S. Webster, P.J. Zampardi. Current status and future trends of SiGe BiCMOS technology. *IEEE Trans. Electron Devices*, 48(11):2575–2594, 2001.

[21] D.A. Rich, M.S. Carroll, M.R. Frei, T.G. Ivanov, M. Mastrapasqua, S. Moinian, A.S. Chen, C.A. King, E. Harris, J. de Blauwe, H.-H. Vuong, V. Archer, K. Ng. BiCMOS – technology for mixed-digital, analog and RF applications. *IEEE Microwave Magazine*, 3(2):44–55, 2002.

[22] K. Hoffmann *Systemintegration*, 2. Auflage, Oldenbourg, München 2006

22 Speicherbausteine

Speicherbausteine sind neben den Logikschaltungen notwendige Bestandteile digitaler Systeme. Prinzipiell wird unterschieden zwischen RAM-Speichern[1], auf die sowohl Schreib- als auch Lesezugriffe möglich sind, und ROM-Speichern, bei denen nur ein Lesezugriff[2] erfolgen kann.

ROM (Read-Only Memory)
- **ROM** (maskenprogrammiert)
- **PROM** (anwenderprogrammiert)
- **EPROM** (UV-löschbar)
- **EEPROM** (elektrisch löschbar)
- **Flash-EPROM**

RAM (Random Access Memory)
- dRAM (dynamisch)
- sRAM (statisch)

CAM (Content-Addressed Memory)

FRAM, FeRAM (Ferroelectric RAM)
MRAM (Magnetoresistive RAM)
PRAM, PCRAM (Phase Change RAM)

Abb. 22.1. Zur Einteilung der Speicherbausteine

Die RAM-Bausteine werden eingeteilt in statische RAMs (SRAMs), bei denen die Speicherfunktion durch ein Flipflop (bistabiler Schaltkreis durch nichtlineare Rückkopplung) verwirklicht wird, und dynamische RAMs (DRAMs), bei denen die Information als Ladungsmenge auf einem Kondensator gespeichert wird. Sowohl SRAMs als auch DRAMs sind flüchtige Speicher: Sie verlieren die in ihnen gespeicherte Information, sobald die Versorgungsspannung abgeklemmt wird. Dies gilt nicht für die ebenfalls elektrisch programmierbaren EPROM-Bausteine (EPROM, EEPROM, Flash-EPROM), die keine Versorgungsspannung benötigen um die gespeicherte Information zu halten. SRAM, DRAM und EPROM-Speicher werden sowohl als standardisierte Einzelbausteine als auch als *embedded memory* in integrierten digitalen Systemen eingesetzt. Nichtflüchtige Speicher mit einer unbegrenzten Zahl von Schreibzugriffen sind die teilweise noch in Entwicklung befindlichen FRAM-, MRAM- und PRAM- Bausteine.

---

[1] Die Abkürzung RAM steht für random access memory, die Abkürzung ROM für read only memory.

[2] Im Fall der EEPROM-Bausteine sind zwar auch Schreibzugriffe möglich; die Anzahl möglicher Schreibzugriffe ist jedoch begrenzt auf ca. 10^5 bis 10^6; RAM-Speicherbausteine ermöglichen im Gegensatz hierzu eine praktisch unbegrenzte Anzahl von Schreibzugriffen.

Speicherhierarchie. Computersysteme nützen in der Regel eine Hierarchie mehrerer Speichermedien, die sich in Zugriffszeit und Kapazität unterscheiden. Auf dem Prozessorbaustein integriert sind die *Register* und der LEVEL1 Cache-Speicher, auf der Computerplatine finden sich dann gewöhnlich LEVEL2 Cache-Speicher und der Hauptspeicher. Die *Cache*-Speicher werden i.allg. mit SRAMs[3] verwirklicht, für den Hauptspeicher kommen DRAMs zum Einsatz. Der Nutzen eines Cache-Speichers ergibt sich aus dem Lokalitätsprinzip für Daten und Befehle; danach werden

- Daten oder Befehle, die im Adreßraum in der Nähe von gerade benutzten liegen mit größerer Wahrscheinlichkeit demnächst wieder benutzt als weiter entfernt liegende.
- Soeben benutzte Daten und Befehle mit großer Wahrscheinlichkeit bald wieder benutzt.

Deshalb ist es sinnvoll auf Verdacht Seiten aus dem langsameren Hauptspeicher in den schnelleren Cache-Speicher zu laden.

Moderne Prozessoren arbeiten i.allg mit virtueller Adressierung. Dies

- stellt i.allg. einen Adreßraum zur Verfügung, der größer ist als der physikalisch vorhandene, und
- ist vorteilhaft um gleichzeitig mehrere ausführbare Programme mit Schutzrechten im Hauptspeicher zu halten.

Um die virtuelle Adresse in eine physikalische Adresse umzusetzen wird der Translation-Lookaside Buffer (TLB) eingesetzt. Dies ist ein Assoziativspeicher oder content-addressed memory (CAM) der gespeicherten Worten jeweils ein Wort zuordnet.

Prinzipieller Aufbau eines RAM-Speichers. Der prinzipielle Aufbau eines RAM ist in Abb. 22.2 am Beispiel eines 1 Mb-Speichers dargestellt. Für jedes Bit wird eine Speicherzelle benötigt: Die Speicherzellen sind matrixförmig mit $2^{10} = 1024$ Zeilen und $2^{10} = 1024$ Spalten angeordnet[4].

Jede Speicherzelle ist mit einer der in Abb. 22.2 horizontal verlaufenden Wortleitungen und einer der in Abb. 22.2 vertikal verlaufenden Bitleitungen verbunden. Mit der *Wortleitung* kann eine Zeile in der Matrix aus Speicherzellen ausgewählt werden. Um eine der 1024 Zeilen auszuwählen, werden $\log_2(1024) = 10$ Adreßbits benötigt. Diese werden im Dekoder zur Aktivierung eines Wortleitungstreibers verwendet. Die Speicherzellen der ausgewählten Zeile werden über Auswahltransistoren, die von der Wortleitung gesteuert werden, mit den sog. *Bitleitungen* verknüpft. Über die Bitleitung kann so

[3] Das Level1 Cache ist ein embbed SRAM.

[4] Ein 1 Mb-Speicher verfügt deshalb über etwas mehr als 1 Million Speicherzellen ($2^{20} =$ 1046576.

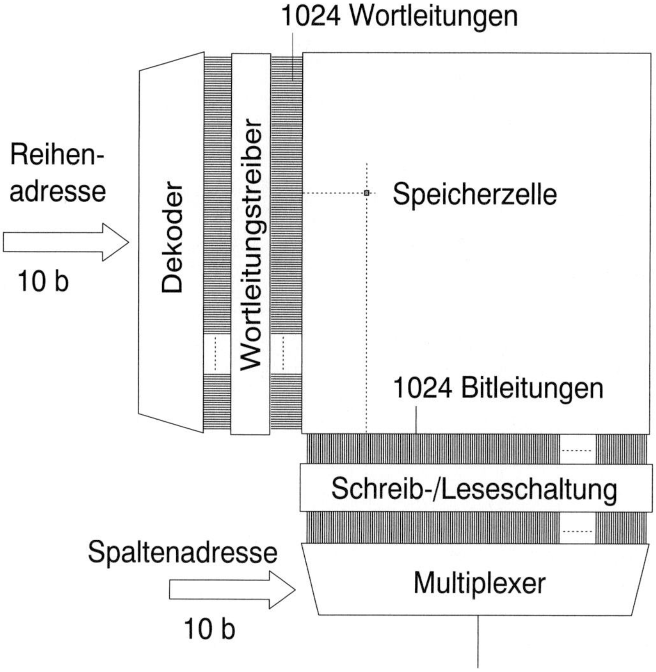

Abb. 22.2. Prinzipieller Aufbau eines 1 Mb-RAM, Aufteilung der Adresse in Zeilen- und Spaltenadresse

der Inhalt der Zelle ausgelesen oder überschrieben werden. An der Bitleitung muß deshalb ein Leseverstärker und ein Tristate-Treiber zum Beschreiben angeschlossen sein[5]: Je nachdem, ob die Zellen auf der ausgewählten Zeile der Speichermatrix ausgelesen oder beschrieben werden sollen, ist am Ende der Bitleitungen eine Schreib- oder eine Leseschaltung aktiv.

Die beschriebene Anordnung dient zur Erläuterung des Prinzips: Reale Speicherbausteine verwenden in der Regel eine Unterteilung des Zellenfelds in mehrere Zellblöcke (Seiten). Auf diesem Weg können Schreib- und Lesevorgänge beschleunigt werden, da einerseits die RC-Zeitkonstanten der umzuladenden Wort- und Bitleitungen vermindert werden und andererseits die Dekodierung in zwei Teilschritte zerlegt werden kann (Zeilenauswahl und Seitenauswahl), was den Dekodiervorgang beschleunigt, da diese Teilschritte parallel ausgeführt werden können.

Bei einem RAM-Speicher für *asynchronen* Betrieb wird kein Taktsignal von außen zugeführt, d.h. der vom Speicherchip verwendete Takt wird chipintern erzeugt, und aus der Flanke des Adreß- oder chip select Signals abgeleitet. *Synchron* betriebene RAMs dagegen leiten das intern benötigte Taktsignal aus dem über einen eigenen Eingang zugeführten Systemtakt ab.

[5] In der Regel besitzt nicht jede Bitleitung eine eigene Schreib-Leseschaltung; stattdessen werden mehrere Bitleitungen über einen Multiplexer mit der Schreib-Leseschaltung verbunden.

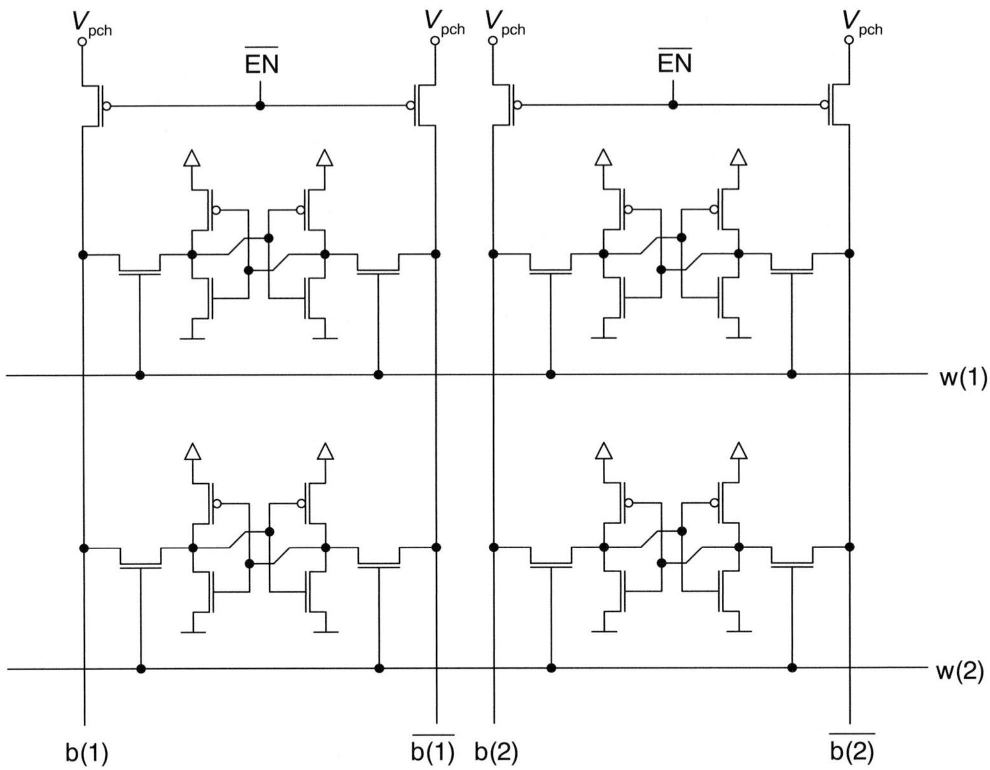

Abb. 22.3. Ausschnitt aus dem Zellenfeld eines SRAM in CMOS-Technologie

22.1 SRAMs

22.1.1 Single-port-SRAMs

Abbildung 22.3 zeigt einen Ausschnitt aus dem Zellenfeld eines SRAM in CMOS-Technologie. Das eigentliche Speicherelement besteht aus zwei rückgekoppelten CMOS-Invertern, die über zwei nMOS-Auswahltransistoren mit den beiden komplementären Bitleitungen verbunden sind. Durch die Verwendung komplementärer Bitleitungen b(i) und $\overline{\text{b(i)}}$ wird die Zuverlässigkeit erhöht und die Empfindlichkeit gegenüber Schwankungen der Bauteilkenngrößen verringert. Als Leseverstärker kann beispielsweise ein Differenzverstärker mit Stromspiegellast verwendet werden.

Die Weite W der Auswahltransistoren wird gewöhnlich zwei- bis dreimal geringer gewählt als diejenige der Transistoren in den rückgekoppelten Flipflops, um eine Verfälschung der gespeicherten Information durch Ladungsteilung und kapazitive Einkopplung beim Auslesevorgang zu verhindern. Die Bitleitungen können über p-Kanal-MOSFETs auf die Spannung V_{pch} vorgeladen werden, wodurch sich Ein- und Auslesevorgänge verkürzen lassen: Bei einer Vorladespannung in der Größenordnung der halben Versorgungsspannung

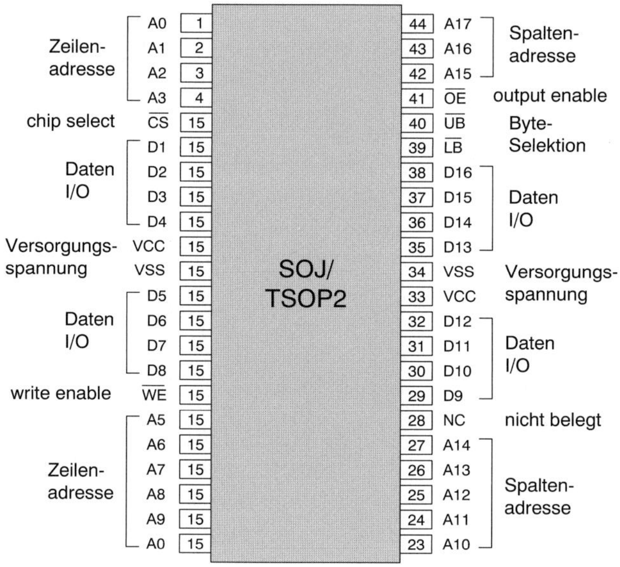

Abb. 22.4. PIN-Belegung eines 256K16bit SRAM am Beispiel des K654016V1D (Samsung) im SOJ- bzw. TSOP-Gehäuse

tritt auf jeder Leitung nur der Hub $V_{DD}/2$ auf, wodurch die umzuladende Ladungsmenge und damit die Schaltzeit reduziert wird.

SRAM-Chips weisen in der Regel Anschlüsse für sämtliche Adreßbits auf und verzichten auf Adreßmultiplexing. Die Anzahl der elektrischen Anschlüsse ist dadurch größer als die von DRAMs. Abbildung 22.4 zeigt das Beispiel eines 4 Mb-SRAM, das 2^{18} Worte der Länge 16 b speichert. Für die Adressierung werden deshalb 18 Anschlüsse (A0 bis A17) benötigt, für die 16 b breiten Daten 16 Anschlüsse (D1 bis D16). Zusätzlich zu den Versorgungsspannungsanschlüssen (in der Regel mehrere zur Verminderung störender Serienimpedanzen) müssen dann nur noch die Signale „write enable" (erlaubt das Beschreiben des Zellenfelds), „output enable"(erlaubt das Auslesen des Speicherinhalts) und das chip select Signal zugeführt werden.

SRAMs in CMOS-Technologie waren einer schnellen Entwicklung unterworfen: Abbildung 22.5 zeigt, daß die benötigte Zellfläche pro Jahr um annähernd ein Drittel schrumpfte. SRAMs weisen derzeit Speicherkapazitäten unter 100 Mb auf. Als Beispiel kann ein synchron betriebenes SRAM der Speicherkapazität 72 Mb, der Betriebsspannung 1.2 V in 0.1 µm CMOS-Technologie (Oxiddicken 1.5 nm und 3.5 nm) dienen, das mit der Frequenz 750 MHz getaktet werden kann; der von einer Speicherzelle eingenommene Platz beträgt 0.845 µm^2 [2]. Die Stromaufnahme dieses SRAM im standby-Betrieb ist 80 mA, d.h. es tritt eine statische Verlustleistung von annähernd 100 mW auf. Das Problem der statischen Verlustleistung ist auch bei embedded-SRAMs brisant: In [3] wird ein embedded SRAM in 65 nm CMOS-Technologie (Zellfläche 0.57 µm^2) beschrieben, bei dem die statische Verlustleistung durch zusätzliche Transistoren auf ein Drittel bis ein Fünftel des ursprüunglichen Werts vermindert werden konnte.

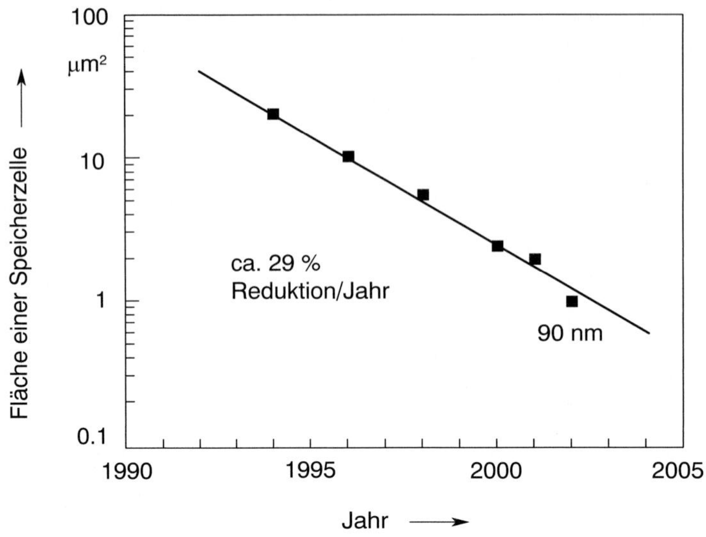

Abb. 22.5. Entwicklung der Zellgröße von SRAM-Bausteinen (nach [1]

Weitere Probleme [4] der Strukturverkleinerung bei SRAMs sind die sinkenden Störspannungsabstände und die früher nur von DRAMs bekannte Empfindlichkeit gegenüber α-Teilchen. Die mit einem Speicherknoten verbundene Kapazität beträgt nur noch wenige Femtofarad, und die auf dieser Kapazität gespeicherte Ladung ist wesentlich geringer als die Ladung der durch ein energiereiches α-Teilchen erzeugten Elektronen (vgl. Kap. 22.2.3). Im ungünstigen Fall kann es deshalb zum „Umladen“ des Speicherknotens und damit zu einer Verfälschung der gespeicherten Information kommen. Um derartige soft errors durch ionisierende Strahlung zu vermeiden, können zusätzliche Lastkapazitäten an die Speicherknoten angeschlossen werden.[6]

Alternativen zu der in Abb. 22.3 gezeigten 6-Transistor-Zelle, sind die 4-Transistor-Zelle und die 6-Transistor-Zelle mit p-Kanal-Lastelementen, die als TFT-Transistoren in der Ebene über den n-Kanal MOSFETs der Speicherzelle angeordnet sind. Bei der 4-Transistor-Zelle mit ohmscher Last werden statt der p-Kanal MOSFETs hochohmige polysilizium-Widerstände verwendet; die Speicherzelle besteht hier also aus zwei rückgekoppelten nMOS-Invertern und weist eine durch den Lastwiderstand bestimmte Verlustleistung auf. Aus diesem Grund eignet sich dieses Konzept nicht für die Realisierung hochintegrierter SRAM-Bausteine. Die zusätzlich erforderliche Schicht aus hochohmigen polykristallinem Silizium erhöht darüberhinaus den prozeßtechnischen Aufwand.[7] Die TFT-Zelle (z.B. [6]) ermöglicht zwar geringe statische Verlustleistungswerte erfordert jedoch zuzsätzliche Prozeßschritte gegenüber

[6]Entsprechende Speicherzellen wurden z.B. von STM vorgestellt.

[7]Werden die Leckströme der p-Kanal-MOSFETs ausgenutzt, so besteht prinzipiell die Möglichkeit gänzlich auf die Lastelemente zu verzichten [5]; wegen der zunehmenden Gateleckströme aktueller CMOS-Technologiegenerationen bedingt dieses Konzept allerdings große Werte der statischen Verlustleistung.

dem konventionellen CMOS-Prozeß, was mit Kosten aber auch Zeitaufwand[8] verbunden ist.

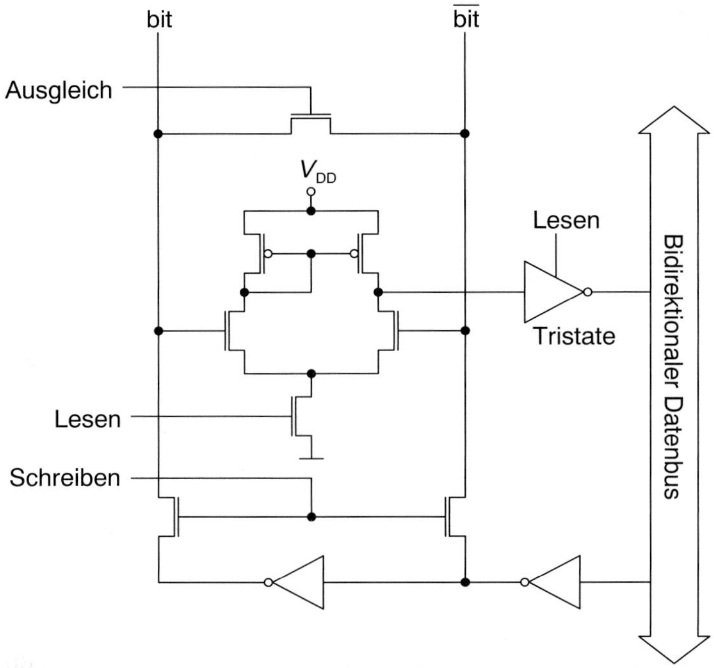

Abb. 22.6. Prinzipieller Aufbau einer Schreib-Lese-Schaltung für ein SRAM

22.1.2 Schreib-Lese-Schaltung

Jede Speicherzelle wird über die mit ihr verbundene Bitleitung beschrieben und ausgelesen. An den Bitleitungen muß deshalb jeweils ein Leseverstärker zum Bewerten der Bitleitungspotentiale und ein abschaltbarer Treiber zum Beschreiben der Zellen angeschlossen sein. Abbildung 22.6 zeigt den prinzipiellen Aufbau einer solchen Schreib-Lese-Schaltung. Als Leseverstärker wird ein CMOS-Differenzverstärker mit Stromspiegellast verwendet. Dieser arbeitet, sobald das Signal „Lesen“ auf HI liegt – andernfalls führt die Differenzstufe keinen Strom. Das verstärkte Signal wird dann von einem Tristatetreiber verstärkt und auf den bidirektionalen Datenbus geleitet. Um eine Zelle zu beschreiben, muß das Signal „Schreiben“ auf HI liegen. Die damit angesteuerten n-Kanal-MOSFETs sind dann niederohmig und verbinden die Bitleitungen mit dem bidirektionalen Datenbus über den die neue Information zugeführt wird.

[8] Dieser ist wegen der zügigen Entwicklung der CMOS-Technologie kritisch: Muß ein, wegen des erhöhten Entwicklungsaufwands mit Verzögerung auf den Markt gelangendes, TFT-SRAM mit einem konventionellen SRAM der nächsten Technologiegeneration konkurrieren, das bessere Eigenschaften aufweist, so sind die Zusatzkosten nicht zu rechtfertigen.

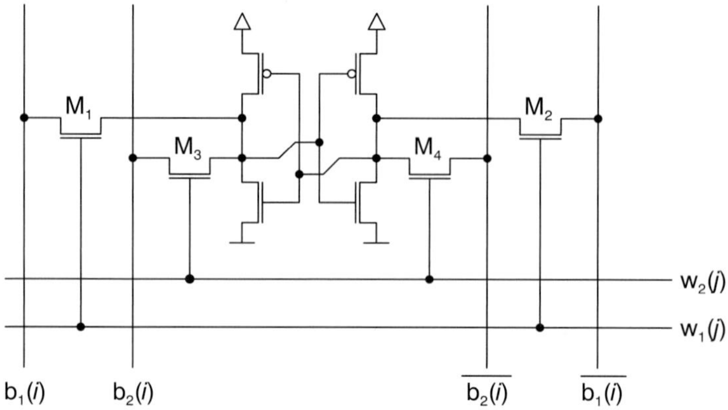

Abb. 22.7. Speicherzelle eines Dual-port-SRAM in CMOS-Technik

22.1.3 Dual-port-SRAMs

Neben den beschriebenen Single-port-SRAMs werden auch Dual-port-SRAMs eingesetzt, bei denen jede Zelle mit jeweils zwei komplementären (d. h. insgesamt vier) Bitleitungen verbunden ist (Abb. 22.7). Zur Kontrolle des Zugriffs werden hier vier Auswahltransistoren benötigt, so daß pro Zelle insgesamt acht Transistoren erforderlich sind. Die einzelnen Speicherzellen in Dual-port-SRAMs liegen zwar nicht so dicht gepackt wie in Single-port-SRAMs, ermöglichen aber einen schnelleren Zugriff, da während eines Schreib- oder Lesevorgangs auf einem der komplementären Bitleitungspaare das andere vorgeladen werden kann. Dual-port-SRAMs werden beispielseise zur Realisierung der Register in Mikroprozessorbausteine integriert.

Ein FIFO-Speicher (First-In-First-Out) gibt Daten in der Reihenfolge aus in der sie eingespeichert wurden. FIFOs werden in der Regel als spezielle Dual-port SRAMs mit einem intern erzeugten Adreßzeiger für Schreib- und Lesezugriffe realisiert.

22.1.4 CAM, Assoziativspeicher

Ein *Assoziativspeicher* oder CAM[9] ist ein inhaltsadressierbarer Speicher – die Aktivierung der Wortleitung einer auszulesenden Speicherzeile erfolgt hier nicht durch Dekodierung einer Adresse, sondern durch Vergleich eines Worts (tag) mit einem der Speicherzeile zugeordneten Wort. Derartige Speicher werden beispielsweise bei der virtuellen Speicherverwaltung in Mikroprozessoren eingesetzt. Ein CAM ist in der Regel aus zwei einander zugeordneten SRAM-Blöcken aufgebaut[10] (Abb. 22.8). Jede Zeile (jedes Wort) von SRAM 1 ist dabei über eine Leitung, die sog. *Hitleitung*, mit einer Zeile (einem Wort) des SRAM 2 verbunden. SRAM 1 übernimmt die Funktion des Adreßdekoders eines konventionellen SRAM. Wird an SRAM 1 das Suchwort (tag)

[9] Von englisch: content adressed memory.

[10] [7] bietet einen Überblick über verschiedene Ansätze zur Realisierung von CAM-Bausteinen.

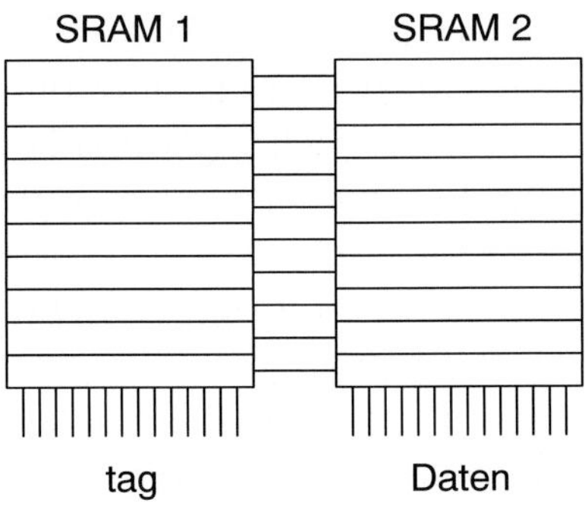

Abb. 22.8. Zum Aufbau eines Assoziativspeichers (CAM)

angelegt, so wird dieses automatisch mit den in den einzelnen Zeilen von SRAM 1 gespeicherten Daten verglichen. Bei vollständiger Übereinstimmung des Speicherinhalts einer Zeile mit dem Suchwort wird über die Hitleitung die Wortleitung des SRAM 2 aktiviert, wonach die zugeordnete Information am Ausgang von SRAM 2 zur Verfügung steht. SRAM 2 kann als gewöhnliches Single-port-SRAM aufgebaut werden, die Zellen von SRAM 1 müssen um eine Vergleicherschaltung erweitert werden, mit der festgestellt werden kann, ob der Inhalt der Zelle mit dem von außen angelegten Signal übereinstimmt.

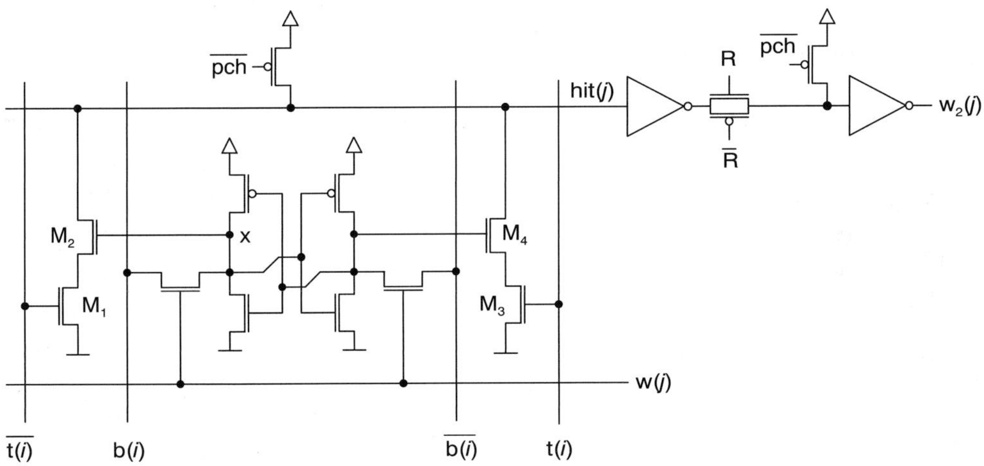

Wahrheitstabelle

x	t	M1	M2	M3	M4	Entladepfad
LO	LO	ON	OFF	OFF	ON	hochohmig
LO	HI	OFF	OFF	ON	ON	niederohmig
HI	LO	ON	ON	OFF	OFF	niederohmig
HI	HI	OFF	ON	ON	OFF	hochohmig

Abb. 22.9. Speicherzelle für die Vergleichsstufe eines CAM

Abbildung 22.9 zeigt eine derartige Zelle mit Vergleicherschaltung. Zusätzlich zu dem komplementären Bitleitungspaar sind hier zwei komplementäre Leitungen für das tag-Signal vorgesehen. Vor Anlegen der tag-Bits t(i) und $\overline{\text{t(i)}}$

wird die Hitleitung hit(j) über den mit $\overline{\text{pch}}$ angesteuerten p-Kanal-MOSFET auf V_{DD} vorgeladen; das vom Signal R angesteuerte Transfergate ist hochohmig, die zur zugeordneten Zeile des SRAM 2 führende Wortleitung w2(j) ist LO, da der Eingang des vorgeschalteten Inverters auf V_{DD} vorgeladen ist. Wie die in Abb. 22.9 aufgeführte Wahrheitstabelle zeigt, ergibt sich bei Nichtübereinstimmung des tag-Bits mit dem Speicherinhalt der Zelle ein niederohmiger Pfad zu Masse, der die vorgeladene Hitleitung entlädt. Werden z. B. 32 derartige Zellen parallel an eine Hitleitung angeschlossen, so wird diese entladen, wenn bereits in einer Zelle Nichtübereinstimmung mit dem angelegten Bit besteht. Nur bei vollständiger Übereinstimmung bleibt die Ladung auf der Hitleitung erhalten. Nach Öffnen des mit R angesteuerten Transfergates aktiviert diese Leitung die Wortleitung der zugeordneten Speicherzeile des SRAM 2 und ermöglicht so das Auslesen des dort gespeicherten Worts.

CAM-Speicher weisen eine erhebliche Verlustleistung auf, da bei jedem Suchvorgang sämtliche Hitleitungen vorgeladen werden müssen. Neuere Entwicklungen gehen dieses Problem an durch modifizierte Schaltungen [8, 9] und durch Aufteilen des Suchvorgangs in mehrere Teilschritte (Hierarchie) mit Pipelining [10, 11]

22.2 DRAMs

In DRAMs wird die Information nicht als Schaltzustand eines bistabilen Schaltkreises sondern als Ladungsmenge auf einer Kapazität gespeichert. Die Zelle eines DRAMs ist – zumindest hinsichtlich ihres Schaltplans – deshalb sehr einfach: Sie besteht lediglich aus einem Kondensator[11] und einem Auswahltransistor (Abb. 22.10). Während die eine Elektrode des Kondensators konstant auf $V_{\mathrm{DD}}/2$ gehalten wird, kann das Potential der anderen Kondensatorelektrode entweder auf 0 oder auf V_{DD} gelegt werden. Die Referenzspannung $V_{\mathrm{DD}}/2$ wird durch eine auf dem Chip integrierte Schaltung generiert. Durch diese Technik kann über dem Oxid maximal die Spannung $V_{\mathrm{DD}}/2$ abfallen, was die Feldstärke im Oxid im Vergleich zu einer auf Massepotential liegenden Gegenelektrode halbiert.

Da jeder Kondensator Leckströme aufweist und wegen der über die Auswahltransistoren fließenden Leckströme wird die gespeicherte Ladungsmenge kontinuierlich abgebaut: Der Informationsgehalt der Zelle geht mit der Zeit verloren, falls keine Gegenmaßnahmen ergriffen werden. In DRAMs werden, um dem Ladungsverlust entgegenzuwirken, die Inhalte der Speicherzellen

[11] Neben diesem seit Jahrzehnten bewährten Konzept werden in letzter Zeit auch DRAM-Konzepte ohne Speicherkondensator untersucht [12, 13]. Bei diesem Ansatz wird das schwebende Bulk eines SOI-MOSFET als Speicherknoten benutzt. Abhängig von der Menge der auf dem Bulk-Knoten gespeicherten Löcher resultiert eine mehr oder weniger große Einsatzspannung des MOSFET: Die beiden Speicherzustände der Zelle können so durch den Wert des Drainstroms, der beim Lesevorgang fließt unterschieden werden.

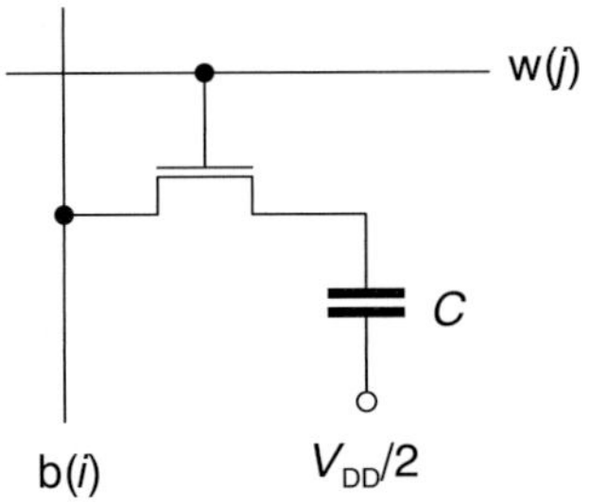

Abb. 22.10. Speicherzelle eines DRAM

deshalb periodisch ausgelesen, die Speicherinhalte bewertet und die Ladungsinhalte der Speicherkondensatoren wieder aufgefrischt. Dies wird von einer speziellen *Refresh-Logik* gesteuert, die entweder in einem Memory-Controller vorliegt oder zusätzlich zum Speicher auf dem DRAM-Chip integriert ist. Trotz dieses Zusatzaufwands lassen sich in DRAM-Bausteinen sehr viel mehr Bits abspeichern als in SRAMs derselben Chipfläche. Dafür ist die Zugriffszeit bei DRAMs größer als bei SRAMs.

Wichtige Kenngrößen für einen DRAM-Baustein sind neben seiner Speicherkapazität (z.B. 256 Mb) und der Organisation (z.B. x8 falls Schreib- und Lesezugriffe in 8 bit breiten Worten erfolgen), die Versorgungsspannung, Verlustleistung, und die Zugriffszeit. DRAMs arbeiten mit *Adreßmultiplexing*, d.h. die Adresse wird in zwei Raten (Zeilen- und Spaltenadresse) übertragen, wodurch sich die Zahl der Adreßpins halbiert. Umgekehrt vergrößert ein zusätzliches Adreßpin die Adresse um 2 bit und ermöglicht damit die vierfache[12] Anzahl von Speicherzellen zu adressieren.

22.2.1 Wortleitungstreiber (Boost-Schaltung)

Beim Schreibvorgang wird die Bitleitung auf LO- oder HI-Potential gebracht und lädt in der von der Wortleitung ausgewählten Zeile den Speicherkondensator um. Damit die Zelle über den nMOS-Auswahltransistor vollständig auf das Bitleitungspotential aufgeladen werden kann, muß die Spannung V_{GS} des Auswahltransistors während des Schreibvorgangs um mindestens V_{TH} über V_{DD} liegen. Dies kann durch sog. *Boostschaltungen* mittels kapazitiver Spannungsüberhöhung erreicht werden: Abbildung 22.11a zeigt den prinzipiellen Aufbau eines derartigen Wortleitungstreibers. Vor Aktivierung der Wortleitung sind sämtliche Eingangssignale E1, E2 und E3 auf LO. Der Knoten (1) liegt deshalb auf LO während Knoten (2) über M1 auf $V_{DD} - V_{TH}$ aufgeladen wird. Die Kapazität C1 wird demnach auf die Spannung $v_{C1}(0) = V_{DD} - V_{TH}$ aufgeladen. Solange E1 auf LO liegt, ist M2 hochohmig und M3 niederohmig, so daß Knoten (3) auf LO liegt. Die Transistoren M4 und M6 sind deshalb hochohmig, während M5 und M7, die durch $\overline{\mathrm{E2}}$ angesteuert werden, nieder-

[12] Aus diesem Grund steigt die Speicherkapazität bei gegebener Organsisation in der Regel um den Faktor 4 wenn beim Übergang zur nächsten Technolgiegeneration die Dichte der Speicherzellen erhöht werden kann.

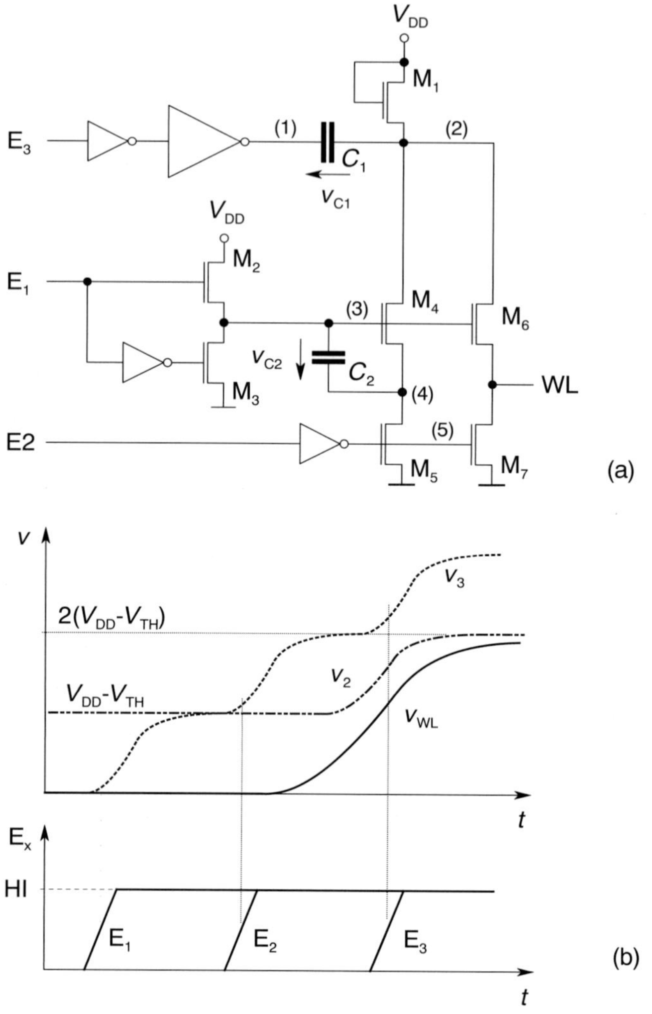

Abb. 22.11. Wortleitungstreiber mit kapazitiver Spannungsüberhöhung (Booster). (**a**) Prinzipieller Schaltungsaufbau und (**b**) Zeitabhängigkeit der Steuersignale und der wichtigsten Potentiale

ohmig sind: Das Potential von Knoten (4) und der Ausgangsknoten liegen somit auf Masse. Die Wortleitung ist deaktiviert und C2 ist zunächst entladen ($v_{C2}(0) \approx 0$).

E1 → HI. Wird nun E1 auf HI gelegt, so wird M2 niederohmig und M3 hochohmig; über M2 wird Knoten (3) auf $V_{DD} - V_{TH}$ aufgeladen. M4 und M6 werden nun niederohmig, können jedoch das Potential von Knoten (4) und des Ausgangsknotens nur wenig anheben, da die noch niederohmigen Transistoren M5 und M7 dem entgegenwirken. Das Potential von Knoten (4) bleibt deshalb annähernd auf LO und C2 wird auf ungefähr $V_{DD} - V_{TH}$ aufgeladen.

E2 → HI. Wird nun E2 auf HI gelegt, so werden M5 und M7 hochohmig. Über M4 wird das Potential von Knoten (4) demnach auf ungefähr $V_{DD} - 2V_{TH}$ gezogen. Falls M2 einen deutlich geringeren Übertragungsleitwertfaktor aufweist als M4 dauert das Umladen von C2 wesentlich länger: Es kommt zu einer kapazitiven Spannungsüberhöhung des Knotens (3) und damit der Steuerspannungen für M4 und M6, so daß der Ausgangsknoten auf das Potential von (2) aufgeladen wird.

E3 → HI. Wird nun E3 auf HI gelegt, so wird das Potential von (2) kapazitiv überhöht und liegt annähernd auf $2\,(V_{DD} - V_{TH})$. Über M4 wird dadurch Knoten (4) auf diesen Wert aufgeladen, was wegen der vergleichsweise großen Entladezeitkonstate von C2 auf eine zusätzliche kapazitive Spannungsüberhöhung von (3) und damit der Steuerspannung von M6 führt. Für M6 gilt deshalb $V_{GS} > V_2 - V_{TH}$, d. h. der Ausgangsknoten kann über M6 vollständig auf $V_2 \approx 2\,(V_{DD} - V_{TH})$ aufgeladen werden.

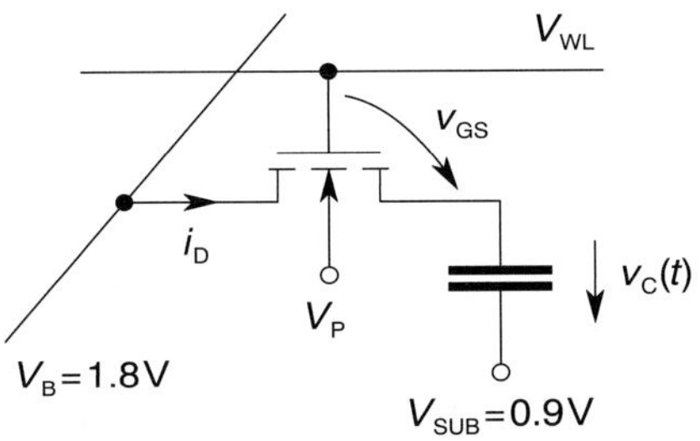

Abb. 22.12. Zu Beispiel 22.2.1

Beispiel 22.2.1 Betrachtet wird das Aufladen (Schreiben einer 1) einer DRAM-Speicherzelle mit einem Speicherkondensator der Kapazität 40 fF über einen n-Kanal MOSFET ($\beta_n = 80\,\mu A/V^2$, $V_{TO} = 970\,mV$, $\gamma = 0.32\sqrt{V}$, $\Phi = 830\,mV$). Das Potential V_{WL} auf der Bitleitung (vgl. Abb. 22.12) wird gleich der Betriebsspannung des Bausteins (1.8 V) angenommen, das Potential der p-Wanne wird mit V_P bezeichnet. Die Spannung v_C über der Kapazität C soll sich beim Aufladevorgang von -0.85 V auf 0.85 V ändern.

Für die Klemmenspannungen des MOSFET folgt $v_{GS} = V_{WL} - 0.9\,V - v_C$, $v_{DS} = V_B - 0.9\,V - v_C$ und $v_{SB} = 0.9\,V + v_C - V_P$. V_{WL} muß um mehr als die Einsatzspannung über V_B liegen, damit der Kondensator voll aufgeladen werden kann, d.h. der MOSFET arbeitet im Widerstandsbereich und es gilt

$$i_D = \beta_n \left(V_{WL} - 2.03\,V - v_C/2 - \gamma\sqrt{v_C + \psi} \right) (0.9\,V - v_C) = C\,\frac{dv_C}{dt}$$

wobei $\psi = 0.9\,V - V_P + \Phi$. Die zum Umladen erforderliche Zeit Δt läßt sich nach Trennung der Variablen durch Integration errechnen; für eine grobe Abschätzung des für eine gegebene Umladezeit Δt erforderlichen Wortleitungspotentials V_{WL} wird der Drainstrom als konstant angenommen ($i_D \approx i_D(v_C = 0)$). Mit $V_P = 0$ folgt so $i_D \approx 72\,\mu A \cdot (V_{WL} - 2.45\,V)/V$; soll der Umladevorgang mit diesem Strom in 1 ns abgeschlossen sein, so muß

$$V_{WL} > 2.45\,V + \frac{40\,fF \cdot 1.7\,V}{72\,\mu A \cdot 1\,ns} = 3.4\,V$$

gelten, d.h. der Wortleitungstreiber sollte annähernd eine Verdoppelung der Betriebsspannung ermöglichen. Δ

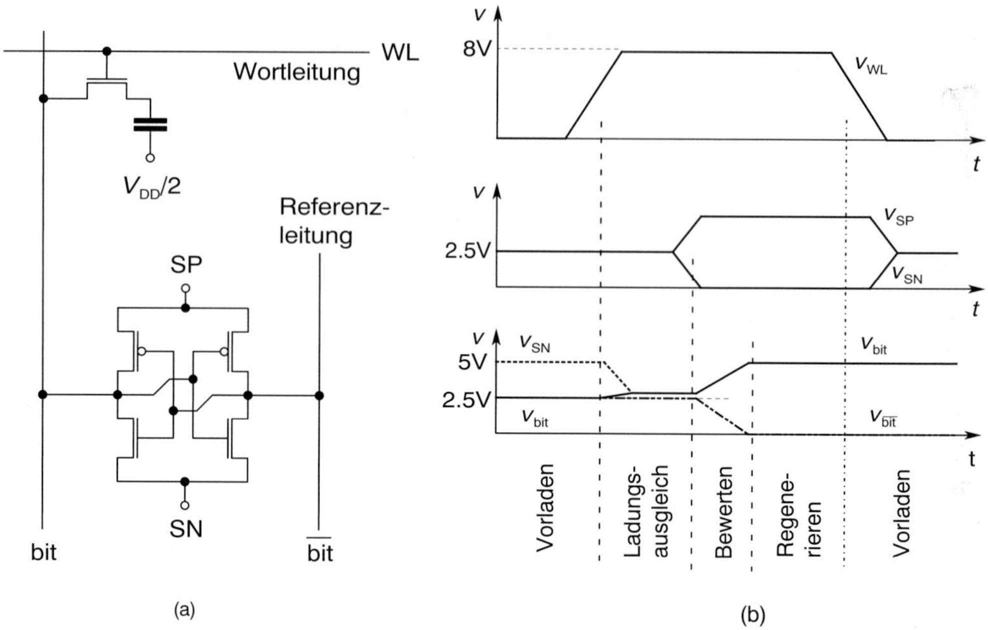

Abb. 22.13. Leseverstärker eines DRAM und Zeitabhängigkeit (schematisch) der wichtigsten Signale

22.2.2 Dynamischer Leseverstärker

Abbildung 22.13 a zeigt den Schaltplan für einen dynamischen Leseverstärker in einem DRAM. Diese Schaltung erfüllt zwei Aufgaben: Zum einen liefert sie den logischen Zustand der auszulesenden Speicherzelle auf der Leitung bit, zum anderen *regeneriert* sie den Ladungsinhalt der Zelle auf ihren vollen ursprünglichen Wert. Der Leseverstärker eines DRAM ist demnach anders aufgebaut als der eines SRAM. Im Gegensatz zum SRAM steht beim DRAM nur eine Bitleitung, d. h. kein komplementäres Bitleitungspaar zur Verfügung.

Um Störungen durch Übersprechen zwischen benachbarten Leitungen gering zu halten werden in der Regel sog. *Folded Bitlines* verwendet (Abb. 22.14). Aufeinanderfolgende Zeilen der Speichermatrix werden dabei an unterschiedliche Bitleitungen angeschlossen. Dies verdoppelt zwar die Anzahl der erforderlichen Bitleitungen, verringert dafür aber das Übersprechen,[13] da zwischen zwei in einen Schreib- oder Lesevorgang einbezogenen Bitleitungen jeweils eine inaktive Leitung liegt. Die inaktive Leitung dient auch als Spannungsreferenz im Leseverstärker. Vor Beginn des Auslesevorgangs werden die Bitleitung bit und eine benachbarte als Referenz dienende Bitleitung $\overline{\text{bit}}$ auf $V_{DD}/2$ vorgeladen. Wird nun die Wortleitung aktiviert, so wird der Auswahltransistor niederohmig und es kommt zu einem Ladungsausgleich zwischen dem Speicherkondensator (Kapazität C_C) und der Bitleitungskapazität C_B. Dabei

[13] Ein alternativer Ansatz wird in [14] untersucht.

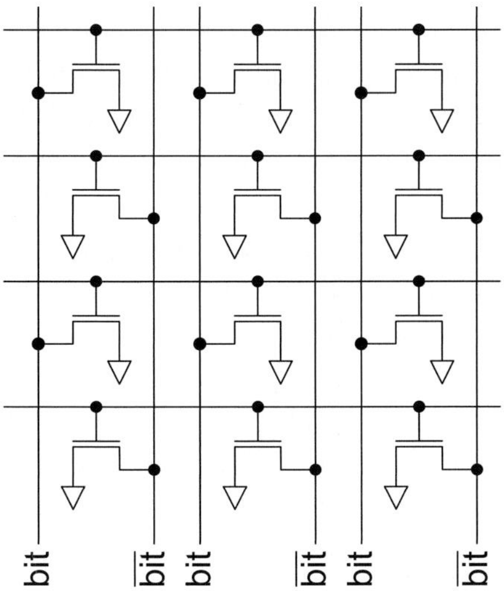

Abb. 22.14. Folded Bitlines

ändert sich das Potential des Speicherknotens von V_C auf $V_\mathrm{B} = V_\mathrm{DD}/2 + \Delta V_\mathrm{B}$, was mit einer Ladungsänderung

$$\Delta Q_1 \;=\; C_\mathrm{C}\,(V_\mathrm{C} - V_\mathrm{B})$$

verbunden ist. Das Potential auf der Bitleitung ändert sich entsprechend von $V_\mathrm{DD}/2$ auf V_B, was einer Ladungsänderung

$$\Delta Q_2 \;=\; C_\mathrm{B}\left(\frac{V_\mathrm{DD}}{2} - V_\mathrm{B}\right)$$

entspricht. Da die Ladung erhalten bleibt, muß $\Delta Q_1 + \Delta Q_2 = 0$ gelten. Mit

$$V_\mathrm{C} \;=\; \frac{V_\mathrm{DD}}{2} \pm \frac{V_\mathrm{DD}}{2}$$

folgt somit für das Bitleitungspotential nach erfolgtem *Ladungsausgleich*

$$V_\mathrm{B} \;=\; \frac{V_\mathrm{DD}}{2}\left(1 \pm \frac{C_\mathrm{C}}{C_\mathrm{C} + C_\mathrm{B}}\right) .$$

Die Änderung des Bitleitungspotentials beim Auslesevorgang beträgt demnach

$$\Delta V_\mathrm{B} \;=\; \pm \frac{C_\mathrm{C}}{C_\mathrm{C} + C_\mathrm{B}}\,\frac{V_\mathrm{DD}}{2} . \tag{22.1}$$

Die Potentiale v_SP und v_SN liegen dabei zunächst auf $V_\mathrm{DD}/2$ (Abb. 22.13 b), so daß das Flipflop ohne Versorgungsspannung ist. Nach erfolgtem Ladungsausgleich wird SP auf V_DD geschaltet und SN auf 0. Das Flipflop fällt dabei in einen Zustand, der durch die Unsymmetrie der beiden Bitleitungspotentiale bestimmt ist: Für $\Delta V_\mathrm{B} > 0$ wird die Bit-Leitung auf HI-Potential aufgeladen, für $\Delta V_{\mathrm{B}} < 0$ auf LO-Potential. Über den noch niederohmigen Auswahltransistor erfolgt so eine Erneuerung der ursprünglichen Ladung im Speicherkondensator. Der dynamische Leseverstärker leistet demnach nicht nur die Bewertung des Bitleitungspotentials sondern führt auch einen *Refresh* des Ladungsinhalts der Zelle durch.

Aus Gründen der *Störsicherheit* sollte der Spannungshub ΔV_{B} auf der Bitleitung beim Auslesevorgang (Lesesignal) nicht kleiner als ca. 200 mV gewählt werden. Unter idealen Bedingungen würde zwar eine Potentialdifferenz von 50 mV zwischen der Bitleitung und der Referenzleitung genügen, damit der dynamische Leseverstärker schnell genug in den stabilen Punkt kippt. Für eine zuverlässige Funktion der Schaltung sind jedoch mehrere Störeinflüsse zu beachten, die die Anhebung des Lesesignals auf mindestens 200 mV erforderlich machen [15]: Zum einen liegen Bitleitung und Referenzleitung vor Beginn des Auslesevorgangs nicht exakt auf demselben Potential (midlevel tolerance). Zum anderen können Schwankungen der Einsatzspannungen der Transistoren im Leseverstärker zu einem Offset im Ansprechverhalten führen. Ferner sind Störungen durch kapazitive Kopplung (z. B. zwischen Wort- und Bitleitung) sowie durch α-Teilchen (s.u.) zu beachten. Auch ist zu berücksichtigen, daß das Zellpotential vor Beginn des Auslesevorgangs wegen unvollständiger Aufladung der Zelle und Leckstromverlusten in der Regel nicht exakt 0 oder V_{DD} beträgt.

Das Verhältnis von Bitleitungskapazität C_{B} zu Zellkapazität C_{C} kann aus den genannten Gründen nicht beliebig vergrößert werden und wird üblicherweise zu annähernd zehn gewählt. Die Anzahl der mit einer Bitleitung verbundenen Speicherzellen wird durch die Forderung $C_{\mathrm{B}} < 10\,C_{\mathrm{C}}$ auf größenordnungsmäßig 100 begrenzt. Ebenfalls begrenzt ist die Zahl der Speicherzellen, die an eine Wortleitung angeschlossen werden können, da wegen des Widerstands der Wortleitung und der verteilten kapazitiven Last bei großen Wortleitungslängen zu große Zugriffszeiten folgen. Das Zellenfeld eines DRAM wird deshalb in Blöcke mit einem Speichervermögen der Größenordnung 256 kb unterteilt.

22.2.3 Alpha-Teilchen, Störsicherheit

Alpha-Teilchen, wie sie bei bestimmten radioaktiven Zerfallsprozessen freigesetzt werden, besitzen eine kinetische Energie von mehreren Millionen Elektronenvolt. Durchläuft ein solches Teilchen den Halbleiter so gibt es seine Energie an den Kristall ab und erzeugt eine große Anzahl von Elektron-Loch-Paaren: Die im Mittel für die Erzeugung eines Elektron-Loch-Paars benötigte Energie beträgt 3.6 eV – bei einer Teilchenenergie von 4 MeV werden demnach mehr als eine Million Elektron-Loch-Paare erzeugt. Werden diese vollständig im Feld einer Raumladungszone getrennt, so fließt eine Ladung ΔQ_{α} von mehr als 100 fC in die angrenzenden Bahngebiete. Diese Ladungsmenge ist in der Lage den Speicherinhalt einer Zelle zu verändern und damit die gespeicherte Information zu verfälschen. Dadurch bedingte sog. *soft errors* wurden bereits bei DRAMs mit einer Speicherkapazität von 256 kb beobachtet[14] [17].

Um die Störsicherheit eines Speicherkonzepts beurteilen zu können, muß der Anteil der von einem α-Teilchen erzeugten Ladungsträger ermittelt werden, die zur Verfälschung des Ladungsinhalts der Zelle unter ungünstigen Umständen beitragen können. Bei einer mittleren Energieverlustrate[15] von ca. 150 keV/µm und einer mittleren Energie von 3.6 eV für die Erzeugung eines Elektron-Loch-Paars folgt die Anzahl der pro Längeneinheit erzeugten Elektron-Loch-Paare zu annähernd $4 \cdot 10^4\,\mu\text{m}^{-1}$. Bei der Untersuchung der von einem pn-Übergang eingesammelten Ladung zeigte sich [19, 20], daß die durch das α-Teilchen erzeugten Ladungsträger zu einer starken Störung der Feldverhältnisse in der Umgebung der Bahn des α-Teilchens führen. Als Folge dieser Störung können Ladungsträger aus einem im Vergleich zur Sperrschicht ausgedehnten Trichterbereich (Funneling Range, vgl. Abb. 22.15) durch *Drift* eingesammelt werden, was zu einem Stromimpuls kürzer als 1 ns führt.

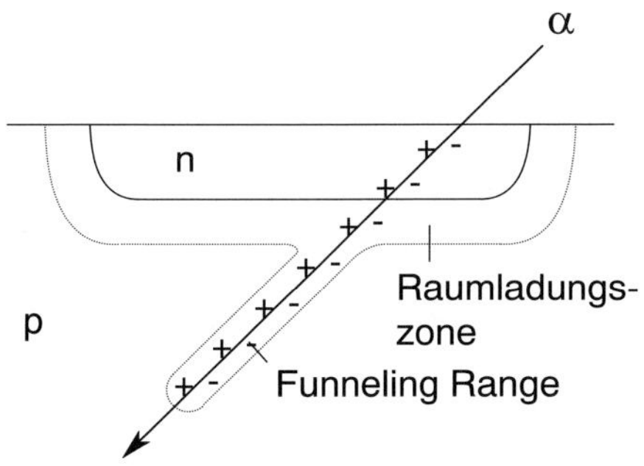

Abb. 22.15. Funneling

Da die Ladung auf einem Speicherkondensator stets kleiner ist als die von einem α-Teilchen bei vollständiger Ladungstrennung erzeugte Ladung, müssen Speicherzellen entwickelt werden, die nur einen geringen Bruchteil der erzeugten Ladung aufsammeln können.

22.2.4 Zur Technologie von DRAM-Bausteinen

Verbesserungen in der Herstellungstechnologie ermöglichten eine konsequente Strukturverkleinerung und Erhöhung des Speichervermögens der DRAM-Bausteine. Dies führte zu niedrigen Kosten und ermöglichte neue Anwendungen, was sich wiederum positiv auf den DRAM-Markt auswirkte. Aufeinan-

[14] Durch Fehlererkennung und -korrektur können Probleme durch soft errors weitgehend vermieden werden [16].

[15] Diese ist abhängig von der Energie des α-Teilchens und steigt mit abnehmender Teilchenenergie an [18].

derfolgende DRAM-Generationen unterscheiden sich i. allg. um ein vierfach höheres Speichervermögen. Die Entwicklungslinie verlief über die Stufen

$$256\,\mathrm{kb} \rightarrow 1\,\mathrm{Mb} \rightarrow 4\,\mathrm{Mb} \rightarrow 16\,\mathrm{Mb} \rightarrow 64\,\mathrm{Mb} \rightarrow 256\,\mathrm{Mb} \rightarrow 1\,\mathrm{Gb}\,.$$

Aufeinanderfolgende Generationen wurden in der Vergangheit mit einer Verzögerung von ca. drei Jahren am Markt eingeführt. Die Speicherzelle wurde dabei mit jedem Schritt um jeweils typisch den Faktor 3 verkleinert, während die Chipfläche um annähernd 40 % vergrößert wurde [21].

Die Verringerung der Zellfläche um annähernd den Faktor 3 beim Übergang von einer Technologiegeneration zur folgenden ist zum einen auf einen Fortschritt in der Fotolithographie (jeweils ca. Faktor 2), zum anderen in neuartigen Zellkonzepten (ca. Faktor 1.5) begründet [22]. Die Zellkapazität wurde aus Gründen der Störsicherheit weitgehend konstant gehalten und ebenso die Bitleitungskapazität, wobei die auf eine Zelle bezogene Bitleitungskapazität wegen der Steigerung in der Dichte der Zellen abnimmt, so daß mehr Speicherzellen an eine Bitleitung angeschlossen werden können. Durch Verringerung der Isolatordicke und Verwendung von Isolatoren mit größerer Dielektrizitätszahl[16] konnte die flächenspezifische Kapazität jeweils um den Faktor 1.5 gesteigert werden. Wegen der Reduktion der Zellfläche um den Faktor drei ergibt sich bei konstant gehaltener Zellkapazität $C_\mathrm{C} \approx 30 - 40\,\mathrm{fF}$ demnach die Konsequenz einer Verdoppelung des Verhältnisses von Kondensatorfläche zu Zellfläche.

In DRAM-Bausteinen mit einem Speichervermögen bis zu 1 Mb wurden Speicherkondensator und Auswahltransistor nebeneinander angeordnet (Abb. 22.16). Man spricht in diesem Zusammenhang auch von einer *planaren Zelle*. Der Speicherkondensator besteht im Beispiel Abb. 22.16 aus der poly1-Schicht, die auf $V_\mathrm{DD}/2$ gelegt ist und einer n-dotierten Schicht im p-Substrat. Je nachdem ob eine 0 oder eine 1 gespeichert ist, hat diese das Potential 0 oder V_DD, d. h. der pn-Übergang zum Substrat ist nie in Flußrichtung und isoliert unterschiedliche Speicherelektroden gegeneinander. Der pn-Übergang der im Substrat liegenden Kondensatorelektrode kann durch Störstrahlung erzeugte Ladungsträger aus einem großen Bereich einsammeln:Der Speicher-

[16]Siliziumnitrid (Si_3N_4) beispielsweise besitzt mit $\epsilon_\mathrm{r} = 7.5$ eine annähernd doppelt so große Dielektrizitätszahl wie SiO_2. Wegen zahlreicher Störstellen, die als Einfangszentren für Elektronen dienen und Strom über den sog. Poole-Frenkel-Effekt [23] transportieren können, wird in der Praxis jedoch mit sog. *ONO-Schichten* gearbeitet, bei denen die Siliziumnitridschicht zwischen zwei dünnen Oxidschichten angeordnet ist. ONO-Schichten zeigen an Schwachstellen eine selbstheilende Wirkung: Elektronen die über die Schwachstelle in die Siliziumnitridschicht gelangen, werden dort teilweise eingefangen und bedingen eine negative Aufladung im Bereich der Schwachstelle, wodurch andere Elektronen verdrängt werden. Auf großes Interesse stoßen auch ferroelektrische Dielektrika, die sich durch extrem große Dielektrizitätszahlen auszeichnen.

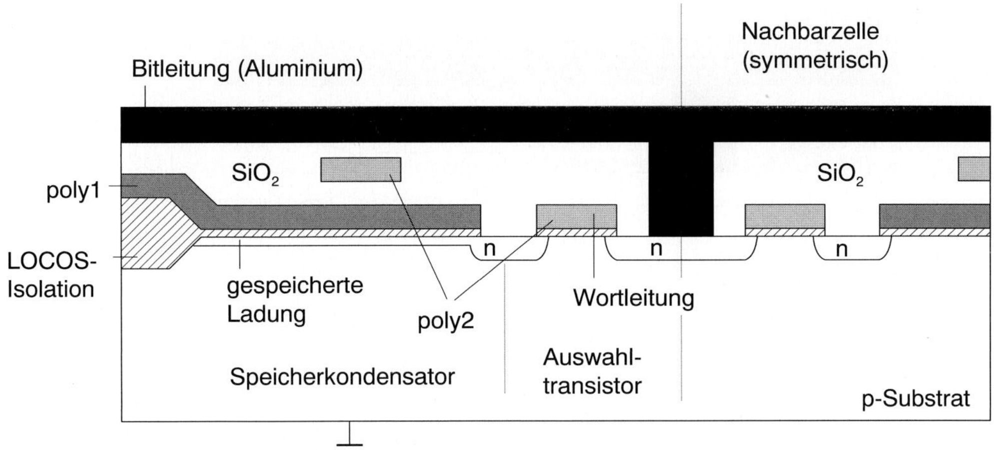

Abb. 22.16. Planare Zelle für DRAMs mit Speichervermögen bis zu 1 Mbit

kondensator benötigt deshalb große Kapazitätswerte um eine Verfälschung des Speicherinhalts durch Störstrahlung zu verhindern.

Wie die folgende Überschlagsrechnung zeigt, kann der Speicherkondensator ab einem Speichervermögen von 4 Mb nicht mehr planar ausgeführt werden. Bei einer Chipfläche kleiner als $1\,\mathrm{cm}^2$ darf eine Zelle nicht wesentlich mehr als $10\,\mu\mathrm{m}^2$ der Chipoberfläche einnehmen. Da bei planaren Zellen nur etwa die Hälfte der Zellfäche für den Speicherkondensator benutzt werden kann, steht für diesen eine Fläche von ca. $5\,\mu\mathrm{m}^2$ zur Verfügung. Bei einer effektiven Gateoxiddicke[17] von 13 nm führt dies auf eine Zellkapazität von ca. 13 fF, was um den Faktor 3 unter dem angestrebten Wert von 40 fF liegt.

Dieses Problem führte zur Entwicklung der sog. *Trench-Kondensatorzelle*, bei der der Speicherkondensator als *Zylinderkondensator* ausgeführt wird. Letzterer kann durch Plasmaätzen der Siliziumoberfläche und anschließende thermische Oxidation hergestellt werden. Durch Auffüllen mit dotiertem polykristallinem Silizium läßt sich eine Kondensatorelektrode herstellen. Ursprünglich wurde diese auf $V_{\mathrm{DD}}/2$ gelegt und die im Substrat liegende Elektrode als Speicherknoten benutzt. Abbildung 22.17 zeigt einen alternativen Ansatz, die sog. SPT-Zelle, bei der das Innere des Trenches als Speicherknoten verwendet wird. Diese Anordnung weist eine vergleichsweise große Störsicherheit gegenüber Alphastrahlung auf. Im Substrat erzeugte Ladung kann den Speicherinhalt der Zelle nicht verfälschen, da sie über den n-Wannenkontakt abfließt. Weitere Vorzüge sind die vergleichsweise ebene Chipoberfläche, die geringe Differenz der Austrittsarbeit zwischen den beiden

[17]In Mehrschichtdielektrika wird die effektive Gateoxiddicke d_{eff} so bestimmt, daß ein reines Oxiddielektrikum der Dicke d_{eff} dieselbe flächenspezifische Kapazität aufweist. Im Fall eines ONO-Dielektrikums mit den Schichtdicken d_{ox1}, d_{n} und d_{ox2} gilt beispielsweise

$$d_{\mathrm{eff}} = d_{\mathrm{ox1}} + \frac{\epsilon_{\mathrm{SiO2}}}{\epsilon_{\mathrm{Si3N4}}} d_{\mathrm{n}} + d_{\mathrm{ox2}} \,.$$

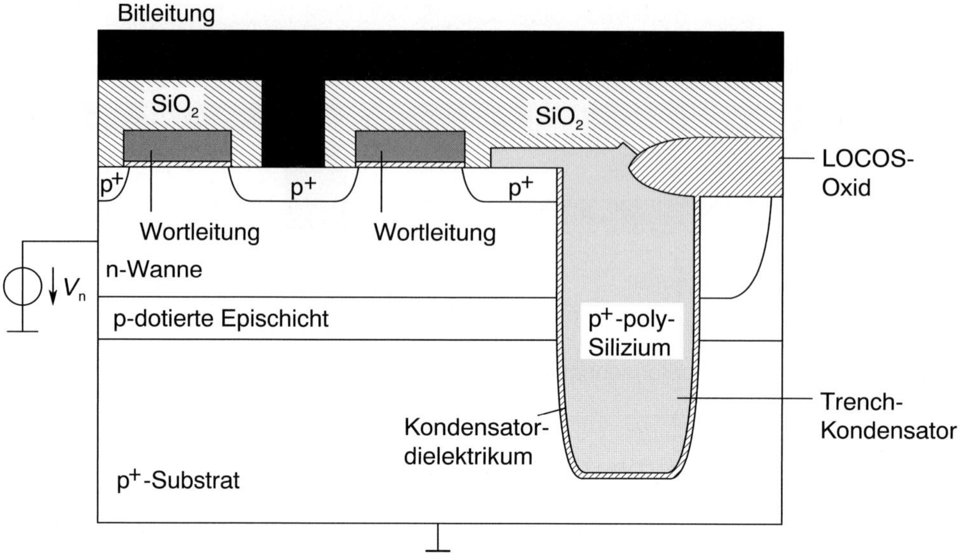

Abb. 22.17. SPT-Zelle (nach [22])

Kondensatorelektroden (p^+-poly-Silizium und p^+-Substrat) sowie die kleinen Mindestabstände zwischen benachbarten Speicherzellen. Nachteilig ist, daß das Substrat auf Masse gelegt werden muß, was die Feldstärke im Oxid bei einem auf V_{DD} aufgeladenen Speicherknoten vergrößert. Durch einen etwas aufwendigeren Prozeß kann dieses Problem jedoch umgangen werden.

Das Konzept der Trench-Zelle wurde kontinuierlich weiterentwickelt, wobei neben der allgemeinen Strukturverkleinerung auch neue Konzepte, wie der über dem Trenchkondensator liegende Surrounding gate transistor (SGT) [24], eine Erhöhung der Dichte der Speicherzellen ermöglichten.[18] Die von einer Speicherzelle benötigte Fläche wird in der Regel in Einheiten der minimalen Strukturgröße F (minimum feature size) angegeben, wobei typische Zellkonzepte den Flächenbedarf $8F^2$ aufweisen. Parallel zur Trench-Zelle wurde die *Stacked-capacitor Zelle* entwickelt, bei der der Speicherkondensator über den im einkristallinen Silizium realisierten Auswahltransistoren realisiert wird. Abhängig vom Hersteller kommen dabei unterschiedliche Kondensatorstrukturen zum Einsatz (Zylinderform, Mehrschichtkondensatoren, etc.).

Redundanz. Die für kostengünstige Herstellung von DRAM-Bausteinen erforderliche hohe Ausbeute kann nur durch *redundante* Schaltungsteile erreicht werden: Durch zusätzliche (redundante) Zeilen in der Speichermatrix besteht die Möglichkeit eine beim Test als defekt erkannte Speicherzeile zu deaktivieren und durch die redundante Zeile zu ersetzen. Für derartige Reparaturvorgänge wird das Auftrennen von Leiterbahnen durch Laserbeschuß oder kurze Strompulse und die nachträgliche Herstellung leitender Verbindungen durch programmierbare Kurzschlüsse (Antifuses) sowie elektrochemische Ver-

[18] Als Beispiel sie die VERI BEST Zelle von Infineon/IBM genannt [25].

fahren verwendet. Daneben kommen elektronische Hilfsschaltungen, die defekte Teile deaktivieren und dafür redundante Schaltungsteile verwenden, zum Einsatz.

22.2.5 Refresh

Beim Auslesen einer Zeile wird der Speicherinhalt dieser Zeile automatisch aufgefrischt. Damit keine Information verlorengeht muß sichergestellt werden, daß der Speicherinhalt jeder Zeile innerhalb der sog. *Refreshzeit* (Retention time) wieder aufgefrischt wird.

Beispiel 22.3.1 Bei Leckströmen der Größenordnung 0.1 pA und einem zulässigen Spannungsverlust von 200 mV muß bei einer Speicherkapazität von 40 fF nach

$$\Delta t = \frac{40\,\text{fF} \cdot 0.2\,\text{V}}{0.1\,\text{pA}} = 80\,\text{ms}$$

ein Refresh-Vorgang erfolgen. Dieses Beispiel zeigt typische Größenordnungen auf; meist beträgt die Zeit zwischen zwei Refresh-Vorgängen 64 ms. △

Es gibt verschiedene Refresh-Prozeduren:

- **$\overline{\textbf{RAS}}$ only.** Bei dieser Refreshprozedur übergibt der DRAM-Controller mit der fallenden Flanke von $\overline{\text{RAS}}$ eine Zeilenadresse an den Speicherbaustein. Die Zeile wird vom Leseverstärker bewertet und damit aufgefrischt, eine Spaltenauswahl erfolgt nicht ($\overline{\text{CAS}} = 1$).
- **$\overline{\textbf{RAS}}$ before $\overline{\textbf{CAS}}$, (CBR-Refresh).** Bei diesem Verfahren wird die Adresse der aufzufrischenden Zeile von einem auf dem Chip integrierten Zeilenzähler (Refresh-Counter) erzeugt. Da keine Adresse übertragen werden muß, erfolgt der Refresh schneller; der Speicherbaustein erkennt den durchzuführenden Refreshvorgang daran, daß die die fallende Flanke von $\overline{\text{CAS}}$ vor der fallenden Flanke von $\overline{\text{RAS}}$ auftritt.
- **Auto-Refresh.** Bei dieser Technik wird der Refreshvorgang vom Speicherchip selbst gesteuert.

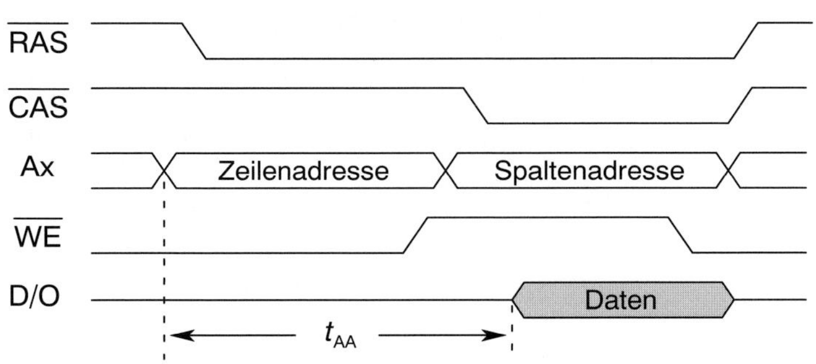

Abb. 22.18. Lesezyklus eines asynchronen DRAM, Definition der Adresszugriffszeit t_{AA}

22.2.6 Adressierung, Zugriffszeiten

DRAMs nutzen Adreßmultiplexing: Beim Signal $\overline{\text{RAS}} \rightarrow 0$ wird die Zeilenadresse übertragen, mit $\overline{\text{CAS}} \rightarrow 0$ die Spaltenadresse. Abbildung 22.18 zeigt den zeitlichen Ablauf (Prinzip) des Lesevorgangs eines asynchronen DRAM. Durch $\overline{\text{WE}} \rightarrow 1$ wird das Auslesen bewirkt. Die Zeit die vom Anlegen der Zeilenadresse benötigt wird, bis die Daten am Ausgang (D/O) zur Verfügung stehen ist, die *Adreßzugriffszeit*[19] t_{AA}.

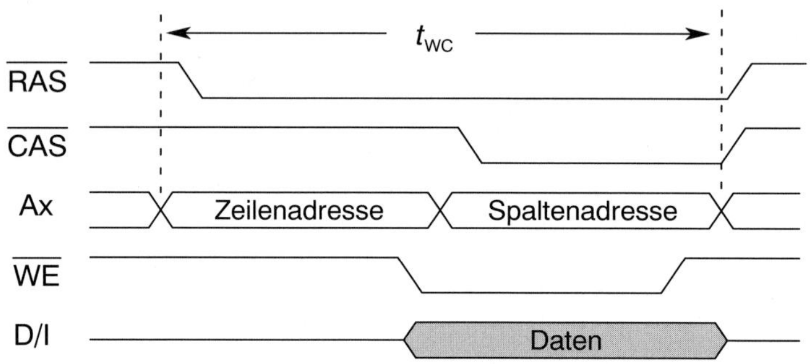

Abb. 22.19. Schreibzyklus eines asynchronen DRAM, Definition der Write-Cycle Time t_{WC}

Abbildung 22.19 zeigt den zeitlichen Ablauf (Prinzip) des Schreibvorgangs für ein asynchrones DRAM. Durch $\overline{\text{WE}} \rightarrow 0$ wird das Speichern der am Eingang (D/I) anliegenden Daten bewirkt. Die Zeit für die die Daten, vom Anlegen der Zeilenadresse aus gerechnet, mindestens anliegen müssen, wird als *Schreibzugriffszeit*[20] t_{WC} bezeichnet.

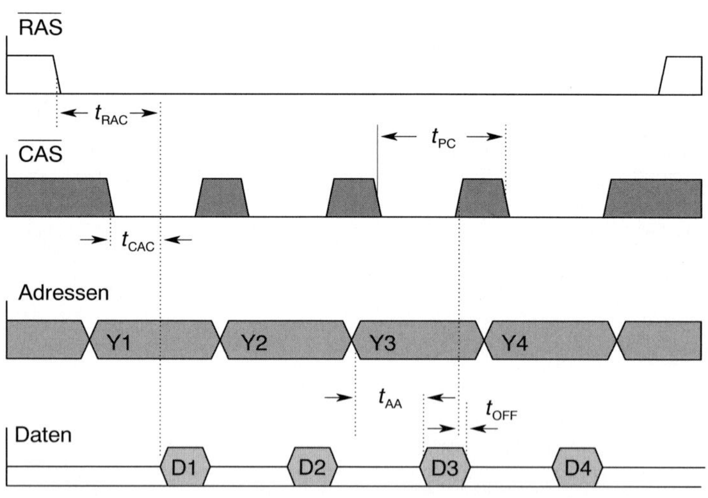

Abb. 22.20. FPM-Timing

[19] Engl.: *Address access time.*
[20] Engl.: *Write cycle time.*

22.2.7 Maßnahmen zur Verbesserung der Zugriffszeit

Fast Page Mode. Der Fast Page Mode (FPM) nutzt die Unterteilung in Zeilen- und Spaltenadresse: Einmaliges Laden der Zeilenadresse ermöglicht es einen Block von Daten mit einheitlicher Zeilen- aber unterschiedlichen Spaltenadressen auszulesen. Während des FPM-Zyklus werden dann nur noch Spaltenadressen geladen (random). Wegen des Lokalitätsprinzips läßt sich so eine Geschwindigkeitssteigerung erzielen.

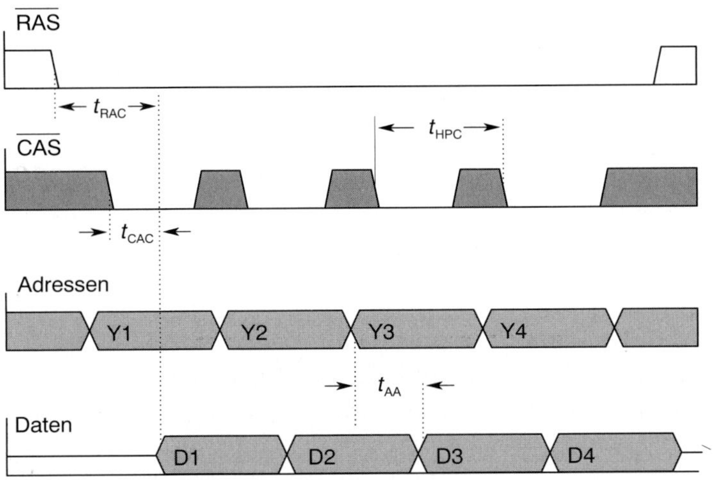

Abb. 22.21. EDO-Timing

EDO-RAM. EDO-RAMs [21] nutzen einen einen modifizierten FPM-Zyklus, bei dem die Daten am Ausgang bis zum Beginn des nächsten Zyklus aktiv bleiben.

Burst-Betrieb. Beim Burst-Betrieb werden mehrere aneinandergrenzende Worte einer Zeile ausgelesen; dabei genügt es die Anfangsadresse zu übertragen, die folgenden Adressen werden dann im Speicherbaustein generiert. Durch Pipelining läßt sich eine weitere Beschleunigung erzielen: dabei wird, während die Daten eines Bursts übertragen werden, bereits die nächste Adresse in den Speicher geladen. Wird der Speicherbaustein in mehrere *Bänke* unterteilt, auf die zeitlich versetzt zugegriffen wird, so kann eine weitere Verbesserung der Zugriffszeit erzielt werden.

Synchrone DRAM (SDRAM). Der Zugriff auf asynchrone DRAMs wird vom Prozessor gesteuert: Dieser gibt Adressen vor und sorgt mit den Signalen RAS und CAS für deren Übernahme. Anschließend muß der Prozessor die Adreßzugriffszeit abwarten um die gewünschten Daten zu erahlten. In synchronen DRAMs werden die Adreßein- und die Datenausgänge zusätzlich mit Latches ausgestattet. Der Speicherbaustein übernimmt dann die Adresse, liest in

[21] Von Extended Data Out.

der Folge während einer vorgegebenen Anzahl von Taktzyklen die gewünschten Speicherzellen aus und speichert die gewünschte Information in Latches am Ausgang, von wo aus sie dann auf den Datenbus geschrieben werden. Da der Prozessor die Anzahl der für den Auslesevorgang benötigten Taktzyklen kennt, kann er zwischenzeitlich andere nützliche Operationen ausführen. Bei diesem Verfahren muß nur das Systemtaktsignal an den Speicherbaustein geführt werden. Ein weiterer Vorzug ist, daß synchrone DRAMs durch pipelining bereits neue Adressen laden können, während der Speicher noch die vorhergehende Adresse auswertet. Ein weiterer Weg Speicherzugriffszeiten zu verringern ist die Methode des *Prefetch*; dabei werden während eines Zugriffs mehrere Worte zugleich ausgelesen, sozusagen auf Verdacht. Bei Bedarf können diese Daten in einem burst weitergegeben werden, wobei die Adressen wie beim page mode des asynchronen DRAM intern generiert werden. Üblich ist auch die Verwendung mehrerer Speicherbänke; diese ermöglichen etwa das Auslesen einer Bank während die andere gerade vorgeladen wird und erlauben es so Precharge-Phasen zu verdecken und durch *Interleaving*[22], d.h. abwechselndes Zugreifen auf unterschiedliche Speicherbänke kürzere Zugriffszeiten zu erreichen.

DDR-RAM. Bei DDR-RAMs[23] können sowohl bei der steigenden als auch bei der fallenden Flanke Speicherzugriffe erfolgen, d.h. je Taktzyklus sind zwei Speicherzugriffe möglich. Eine weitere Steigerung ist möglich, wenn Schreib- und Lesezugriffe über getrennte ports erfolgen, die jeweils im DDR-Modus betrieben werden. Entsprechende Speicherbausteine werden unter der Bezeichung QDR[24] angeboten. Neben den DDR-SDRAMs sind SLDRAM (Synchronous Link DRAM) und RAMBUS Ansätze synchrone DRAM-Speicher mit hoher Datenbandbreite zu realisieren [26].

22.3 ROM, PROM

Nachteil der beschriebenen SRAM- und DRAM-Bausteine ist die Flüchtigkeit der gespeicherten Information beim Abschalten der Versorgungsspannung. Mit ROMs lassen sich Daten nichtflüchtig speichern. Der Speicherinhalt wird in einem einmaligen Programmiervorgang festgelegt und ist dann nicht mehr veränderbar. Die Programmierung kann beim Hersteller mittels sog. *maskenprogrammierter* ROMs oder beim Anwender erfolgen. Maskenprogrammierte ROMs sind – große Stückzahlen vorausgesetzt – sehr kostengünstige Bausteine. *Anwenderprogrammierbare* ROMs (PROMs) verwenden an der Schnittstelle zwischen Wort- und Bitleitung dünne Metallfilmstege (sog. *Fusable Links*) die beim Programmieren in speziellen Program-

[22] Die Aufteilung des Speicherbausteins in mehrere Blöcke ermöglicht einen überlappten Zugriff, bei dem der Zugriff auf die Bänke zeitlich versetzt erfolgen kann.

[23] Die Abkürzuung DDR steht für Double Data Rate.

[24] Abkürzend für Quad Data Rate.

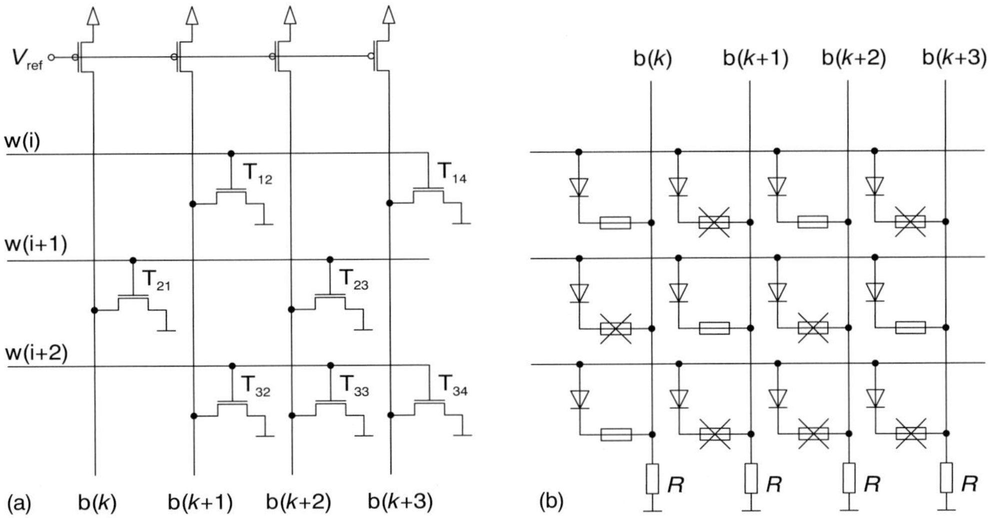

Abb. 22.22. Zellenfeld nichtflüchtiger Speicher. (**a**) CMOS-ROM (maskenprogrammiert) und (**b**) PROM (anwenderprogrammierbar)

miergeräten durch einen kurzen Stromimpuls durchgeschmolzen werden oder sog. *Antifuses*, in denen zwei Leiter durch eine dünne Isolierschicht getrennt werden, die beim Programmieren durch eine Überspannung zerstört wird, wodurch eine leitende Verbindung entsteht [27, 28]. Eine andere Möglichkeit zur Realisierung von Antifuses liefern in Sperrichtung gepolte pn-Übergänge, die beim Programmieren durch Anlegen einer Überspannung zerstört und damit niederohmig werden.

ROMs in integrierten CMOS-Schaltkreisen verwenden meist eine NOR-Matrix mit MOS-Transistoren. Abbildung 22.22a zeigt den prinzipiellen Aufbau: Die Ausgangssignale b(k) liegen auf LO, falls mindestens einer der angeschlossenen Transistoren niederohmig ist. Wird die Wortleitung w(i) ausgewählt, so werden T_{12} und T_{14} niederohmig, die Bits b(k), b($k+1$), b($k+2$) und b($k+3$) sind dann 1, 0, 1 und 0.

Das in Abb. 22.22 b dargestellte PROM hat denselben Speicherinhalt. Solange keine der Wortleitungen ausgewählt ist (0 V), führt keine der Dioden Strom, sämtliche Bitleitungen werden über die ohmschen Widerstände auf Masse gelegt. Bei Aktivieren einer Wortleitung (z. B. 5 V) werden die Dioden niederohmig, sofern sie über eine Sicherung mit der zugeordneten Bitleitung verbunden sind. Die Bitleitung nimmt dann das Potential der Wortleitung, abzüglich der Schleusenspannung der Diode an. Wurde die Sicherung zuvor durchgeschmolzen (Kreuz), so hat die Wortleitung keinen Einfluß auf das Bitleitungspotential, das weiter auf LO liegt. Dieser Ansatz erlaubt PROMs mit einer sehr hohen Speicherkapazität: In [29] wird ein PROM der Speicherkapazität 512 Mb beschrieben, bei dem mehrere Ebenen von Speicherzellen übereinander angeordnet sind. Den prinzipiellen Aufbau einer Zelle zeigt

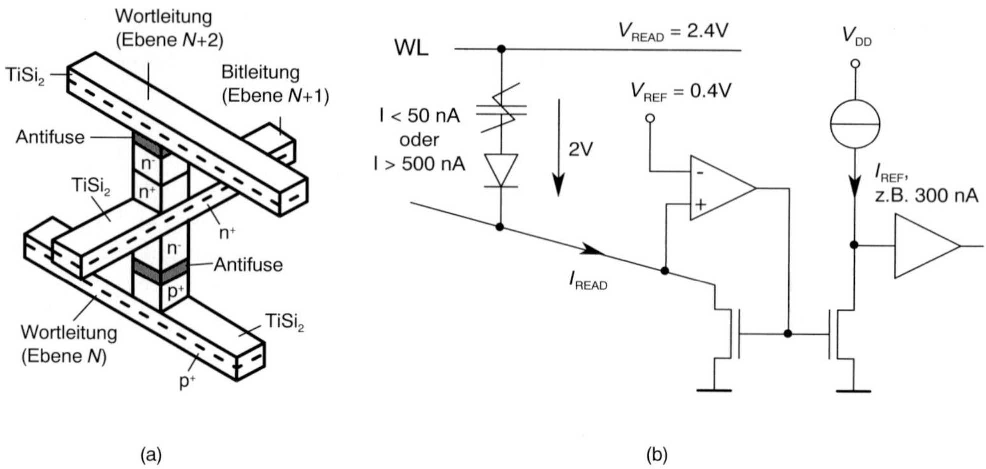

Abb. 22.23. Realisierung eines PROM mit dreidimensionalem Zellenfeld. (**a**) Anordnung von Wort- und Bitlungen und (**b**) Ausleseschaltung (Prinzip) [29]

Abb. 22.23 a. Es handelt sich um einen pn-Übergang der zwischen Wort- und Bitleitung angeordnet ist und der im unprogrammierten Zustand wegen einer, als Antifuse wirkenden, dünnen Oxdischicht hochohmig ist. Beim Programmieren wird diese Oxidschicht zerstört, wodurch der pn-Übergang bei Flußpolung leitend wird. Abbildung 22.23 b zeigt eine Prinzipschaltung für den Auslesevorgang: Wird an die Wortleitung die Spannung 2.4 V angelegt, so fällt über dem pn-Übergang (und dem durch die zerstörte Antifuse bedingten Serienwiderstand) die Spannung 2 V ab. Abhängig davon, ob die Antifuse zerstört wurde oder nicht, ist der nun fließende Strom größer als 500 nA oder kleiner als 50 nA. Dieser Strom wird nun mit einem Referenzstrom verglichen: gilt $I_{\mathrm{READ}} < I_{\mathrm{REF}}$, so geht $V_{\mathrm{X}} \to 0$ und der Ausgang ist HI.

22.4 EPROMs, EEPROMs, Flash-Memory

Der Speicherinhalt eines ROM ist zwar nichtflüchtig, kann aber im nachhinein auch nicht mehr verändert werden. Die MOS-Technologie ermöglicht daneben die Herstellung elektrisch programmierbarer, nichtflüchtiger Speicher mit veränderbarem Speicherinhalt; man unterscheidet:

- EPROMs – bei diesen ist ein elektrischer Löschvorgang nicht möglich: Die Zelle muß hierzu mit UV-Licht bestrahlt werden.
- EEPROMs[25] (oder E^2PROMs) – bei diesen kann jedes gespeicherte Wort für sich elektrisch gelöscht werden.
- Flash-EPROMs – bei diesen erfolgt der Schreibzugriff wortweise, es können aber nur ganze Seiten (Zellblöcke) gelöscht werden.

[25] EEPROM steht abkürzend für electrically erasable PROM.

Grundelement sämtlicher Typen ist ein MOSFET mit einer allseitig durch SiO_2 isolierten Gateelektrode: Diese besitzt keinen Anschluß und wird auch als *Floating Gate* bezeichnet. Eine auf diese Gateelektrode gebrachte Elektronenladung hält sich dort wegen der hervorragenden Isolatoreigenschaften des SiO_2 über Jahre und bedingt so eine nichtflüchtige Informationsspeicherung.

Anforderungen an den Isolator. Damit die gespeicherte Information nicht verlorengeht, muß die Selbstentladezeitkonstante $\tau_{\text{is}} = R_{\text{is}}C$ des Speicherkondensators groß sein im Vergleich zur spezifizierten Haltedauer. Mit den für einen einfachen Plattenkondensator gültigen Beziehungen $R_{\text{is}} = \rho d_{\text{ox}}/A$ sowie $C = \epsilon_0\epsilon_{\text{r}}A/d_{\text{ox}}$ folgt

$$\tau_{\text{is}} = \epsilon_0\epsilon_{\text{r}}\rho$$

Die Forderung $\tau_{\text{is}} \gg 10\,\text{y}$ führt dann auf

$$\rho \gg \frac{10 \cdot 365 \cdot 24 \cdot 3600\,\text{s}}{8.85 \cdot 10^{-14}\,\text{F/cm} \cdot 3.9} = 9.1 \cdot 10^{20}\,\Omega\text{cm}\ .$$

Die auf dem Kondensator gespeicherte Ladung

$$Q = CV = \epsilon_0\epsilon_{\text{r}}\frac{A}{d_{\text{ox}}}Ed_{\text{ox}} = \epsilon_0\epsilon_{\text{r}}AE$$

ist durch die maximal zulässige Feldstärke bestimmt. Diese folgt aus der Forderung, daß der Ladungsverlust $JA\tau_{\text{is}}$ aufgrund des Leckstroms (Stromdichte J) klein ist im Vergleich zur gespeicherten Ladung, bzw. $J\tau_{\text{is}} \ll \epsilon_0\epsilon_{\text{r}}E$. Mit $\epsilon_{\text{r}} = 3.9$ und E in der Größenordnung 1 MV/cm folgt so für die Größenordnung der maximal zulässigen Stromdichte $10^{-15}\,\text{A/cm}^2$.

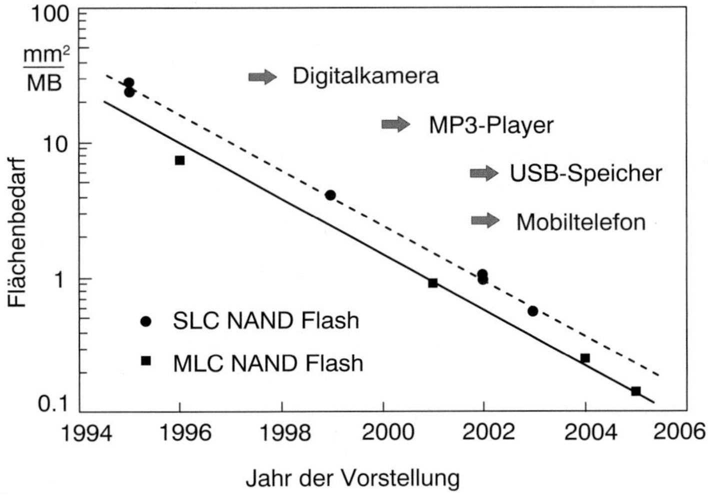

Abb. 22.24. Entwicklung von Flash-EPROMs (nach [30], SLC: single-level Zelle, MLC: multi-level Zelle)

EPROMs werden beispielsweise in Rechnern zum Abspeichern der Boot-Routine, als mobile Datenträger (memory stick), in Mobilfunkgeräten zum Abspeichern von Telefonnummern, SMS-Meldungen, etc. oder in Digitalkameras zum Abspeichern der aufgenommenen Bilder verwendet. Abbildung 22.24

zeigt wie sich der Flächenverbrauch zum Abspeichern eines Mb im Laufe der Entwicklung verringerte. Umgekehrt proportional zur Zellfläche nimmt die Speicherkapazität zu. Mit einem 4-level NAND Flash Speicherchip in 70 nm CMOS-Technologie wurde bereits ein 8 Gb Speicher hergestellt [30]. Der Chip benötigt eine Fläche von 146 mm^2 und arbeitet mit einer Betriebsspannung von 2.7–3.6 V. Für einen Lesezugriff werden maximal 50 ns benötigt, die Datenrate beim Schreiben kann bis zu 6 Mb/s, die Datenrate beim Lesen bis zu 60 Mb/s betragen.

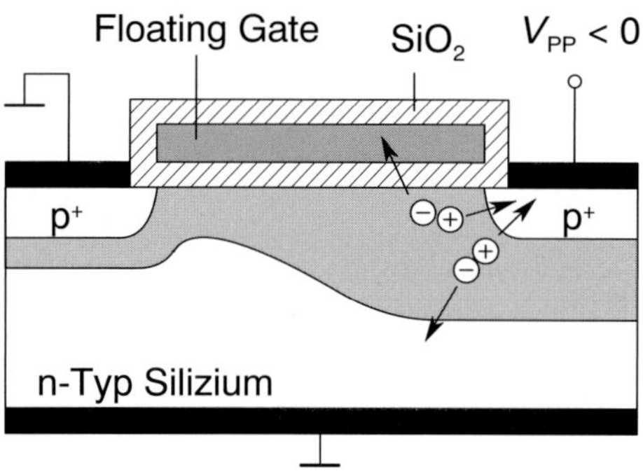

Abb. 22.25. FAMOS-Zelle

Zur Entwicklung der EPROM-Bausteine. Abbildung 22.25 zeigt den Querschnitt durch eine FAMOS-Zelle,[26] wie sie in den ersten EPROMs Verwendung fand. Die Zelle verwendet einen p-Kanal-MOSFET, da sich das Floating Gate, wegen der unterschiedlichen Barrierenhöhen für Elektronen und Löcher, sehr viel leichter mit Elektronen aufladen läßt. Der Ladungsinhalt der Zelle wirkt sich auf die Inversionsladung unter dem Gate aus und kann somit aus dem Leitwert des p-Kanal-Normally-off-MOSFET ermittelt werden. Um das Floating Gate beim Schreibvorgang mit Elektronen aufzuladen wird Drain so stark negativ vorgespannt, daß Durchbruch auftritt (die Stromstärke wird dabei auf einen Wert begrenzt, der eine Zerstörung ausschließt). Vor Drain entstehen dabei heiße Elektronen, die über Drain abfließen oder in die Gateelektrode injiziert werden können, falls ihre kinetische Energie größer ist als 3.2 eV.

Ausgehend von der FAMOS-Zelle wurden Konzepte mit n-Kanal-MOSFETs entwickelt: Abbildung 22.26 zeigt den Querschnitt durch eine EPROM-Zelle wie sie üblicherweise verwendet wird. Im Gegensatz zum FAMOS-Transistor kommt dabei ein n-Kanal-MOSFET zum Einsatz, der mit einem Floating Gate und einem *Steuergate* ausgestattet ist. Die Auswahl der auszulesenden Zelle erfolgt über das Steuergate. Befindet sich keine Ladung auf dem Gate, so bewirkt eine hinreichend große positive Gatespannung die Bildung einer Inversionsschicht: Der Kanal zwischen Source und Drain wird niederohmig.

[26]FAMOS steht abkürzend für floating gate avalanche injection MOS.

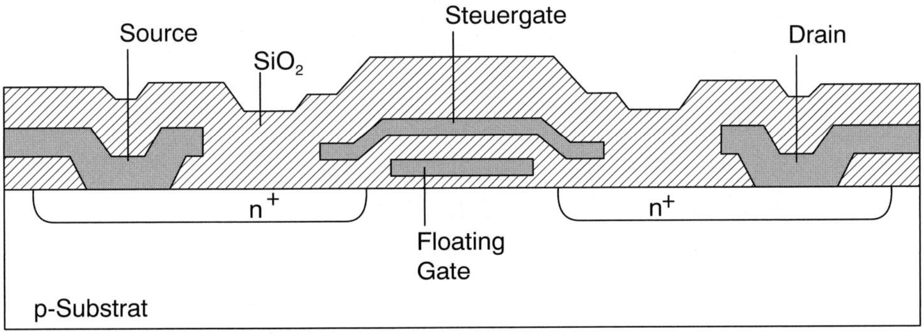

Abb. 22.26. Querschnitt durch eine EPROM-Zelle

Durch eine negative Speicherladung auf dem Gate verschiebt sich die *Einsatzspannung* des n-Kanal-MOSFET zu größeren Werten hin: Die Steuerspannung ist nun nicht mehr in der Lage eine Inversionsschicht zu erzeugen – der MOSFET bleibt hochohmig. Zum Programmieren wird die Spannung am Steuergate so groß gewählt, daß sich ein leitender Kanal bildet. Wird nun noch eine große Spannung V_{DS} gewählt, so werden die Elektronen beim Durchlaufen der Raumladungszone vor Drain so stark beschleunigt, daß einige[27] von ihnen auf das Floating Gate gelangen können. Zur Informationsspeicherung werden solche MOSFETs mit Floating Gate in Form einer NOR-Matrix wie beim ROM angeordnet (Abb. 22.27).

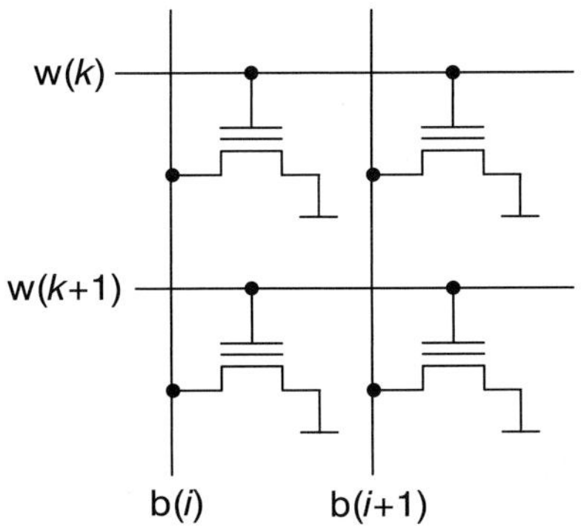

Abb. 22.27. Adressierung von EPROM-Zellen

22.4.1 MOSFETs mit Floating Gate

Abbildung 22.28 zeigt den Querschnitt durch einen MOSFET mit Floating Gate. Der Strom durch den MOSFET wird durch das Potential des Floating Gate bestimmt, im Widerstandsbereich gilt (LEVEL 1, $\lambda = 0$)

$$I_{\mathrm{D}} = \beta_{\mathrm{n}} \left(V_{\mathrm{FG}} - V_{\mathrm{TH}} - V_{\mathrm{DS}}/2 \right) V_{\mathrm{DS}} .$$

[27] Der Aneil ist natürlich von den Feldverhältnissen abhängig; eine typische Größenordnung liegt bei 10^{-5}, d.h. der Ladestrom des Floating Gate beträgt nur 1/100 000 des Drainstroms.

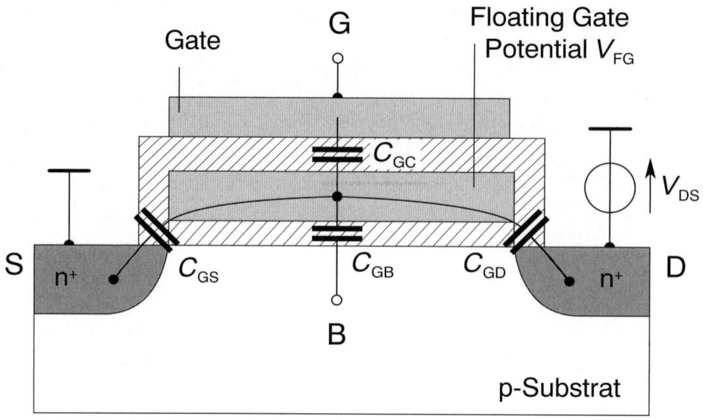

Abb. 22.28. Querschnitt (schematisch) eines n-Kanal MOSFET mit Floating Gate

Das Potential auf dem Floating Gate wird durch die gespeicherte Ladung Q_{FG} bestimmt. Diese läßt sich als Summe der auf den Kapazitäten C_{GS}, C_{GB}, C_{GD} und C_{GC} gespeicherten Ladung darstellen; werden diese der Einfachheit halber als linear angenommen, so gilt

$$\begin{aligned} Q_{\mathrm{FG}} &= C_{\mathrm{GC}}\,(V_{\mathrm{FG}}-V_{\mathrm{GS}}) + C_{\mathrm{GS}}V_{\mathrm{FG}} + C_{\mathrm{GB}}\,(V_{\mathrm{FG}}-V_{\mathrm{BS}}) \\ &\quad + C_{\mathrm{GD}}\,(V_{\mathrm{FG}}-V_{\mathrm{DS}}) \ . \end{aligned}$$

Mit der Gesamtkapazität

$$C_{\Sigma} = C_{\mathrm{GC}} + C_{\mathrm{GS}} + C_{\mathrm{GB}} + C_{\mathrm{GD}}$$

folgt im Fall $V_{\mathrm{BS}} = 0$ mit $V_{\mathrm{TH}} = V_{\mathrm{TO}}$ und den *Koppelkoeffizienten*

$$\alpha_{\mathrm{G}} = C_{\mathrm{GS}}/C_{\Sigma} \quad \text{und} \quad \alpha_{\mathrm{D}} = C_{\mathrm{GD}}/C_{\Sigma}$$

für das Potential des Floating Gate

$$V_{\mathrm{FG}} = \alpha_{\mathrm{G}}V_{\mathrm{GS}} + \alpha_{\mathrm{D}}V_{\mathrm{DS}} + Q_{\mathrm{FG}}/C_{\Sigma} \ .$$

V_{FG} wird nicht nur durch V_{GS} und die gespeicherte Ladung Q_{FG}, sondern auch durch V_{DS} bestimmt. Der Übergang in den Sättigungsbereich erfolgt für $V_{\mathrm{DS}} = V_{\mathrm{FG}} - V_{\mathrm{TO}}$ bzw.

$$V_{\mathrm{DS}} = \alpha_{\mathrm{G}}V_{\mathrm{GS}} + \alpha_{\mathrm{D}}V_{\mathrm{DS}} + Q_{\mathrm{FG}}/C_{\Sigma} - V_{\mathrm{TO}} \ ,$$

so daß

$$V_{\mathrm{Dsat}} = \frac{\alpha_{\mathrm{G}}}{1-\alpha_{\mathrm{D}}}\left(V_{\mathrm{GS}} - V_{\mathrm{TH}}^{\mathrm{FB}}\right)$$

mit der Einsatzspannung

$$V_{\mathrm{TH}}^{\mathrm{FB}} = \frac{1}{\alpha_{\mathrm{G}}}\left(V_{\mathrm{TO}} - \frac{Q_{\mathrm{FG}}}{C_{\Sigma}}\right)$$

des Floating Gate MOSFET. Im Sättigungsbereich ($V_{DS} > V_{Dsat}$ gilt nun

$$\begin{aligned} V_{FG} - V_{TO} &= \alpha_G \left[V_{GS} - \frac{1}{\alpha_G} \left(V_{TO} - \frac{Q_{FG}}{C_\Sigma} \right) \right] + \alpha_D V_{DS} \\ &= (1 - \alpha_D) V_{Dsat} + \alpha_D V_{DS} \ , \end{aligned}$$

so daß

$$I_D = \frac{\beta_n}{2} (V_{FG} - V_{TO})^2 = \frac{\beta_n}{2} V_{Dsat}^2 \left(1 + \alpha_D \frac{V_{DS} - V_{Dsat}}{V_{Dsat}} \right)^2$$

Der Drainstrom des Floating Gate MOSFET steigt deshalb)auch bei $\lambda = 0$)im Sättigungsbereich weiter mit V_{DS} an.

22.4.2 EPROMs, EEPROMs

EPROMs finden breite Anwendungsgebiete z. B. in Steuerrechnern. Zum *Programmieren* wird die Programmierspannung in einer Folge kurzer Programmierpulse angelegt; nach jedem Programmierpuls wird der Speicherinhalt der Zelle ausgelesen. Dieser Vorgang wird so lange wiederholt, bis die Information gespeichert ist, wobei die erforderliche Zahl n der Programmierpulse durch einen Zähler ermittelt wird. Damit ein Ladungsverlust auf dem Floating Gate nicht zum Verlust der Information führt, erfolgt nun ein *Überprogrammieren*, d. h. die Zelle wird mit z.B. $2n$ weiteren Programmierpulsen aufgeladen. So kann eine Speicherdauer von 10 Jahren erreicht werden. Beim *Löschen* der Zellen müssen die Elektronen durch Bestrahlen mit UV-Licht entfernt werden. Dabei wird ausgenutzt, daß Photonen mit Energien größer als 3.2 eV in der Lage sind, die im Floating Gate eingefangenen Elektronen soweit anzuregen, daß sie das Gate verlassen können. Die Dauer des Löschvorgangs liegt in der Größenordnung von 10 Minuten, d.h. der Löschvorgang ist sehr zeitaufwendig. Ferner erfordert das Löschen häufig den Ausbau des Speicherchips aus dem Gerät und macht ein spezielles Gehäuse mit einem für UV-Licht durchlässigen Quarzglasfenster nötig, das im Betrieb abgeklebt wird. Wegen der hohen Gehäusekosten werden EPROMs meist in nichttransparenten Kunststoffgehäusen untergebracht; solche EPROMs sind nicht löschbar: Es handelt sich um einmalig programmierbare EPROMs (OTP-EPROMs[28]).

EEPROMs[29] sind elektrisch löschbare EPROMs. Um die auf dem Floating Gate gespeicherte Ladung wieder zu entfernen nutzen derartige Zellen den Tunneleffekt: Beträgt die Oxiddicke zwischen Floating Gate und Substrat lediglich 10 bis 20 Nanometer, und wird eine große Spannung an das Oxid angelegt, so können Elektronen durch das Oxid auf das Floating Gate tunneln (Fowler-Nordheim-Tunneln).

[28] Die Abkürzung steht für: One-Time Programmable.

[29] Die Abkürzung steht für Electrically Erasable PROM.

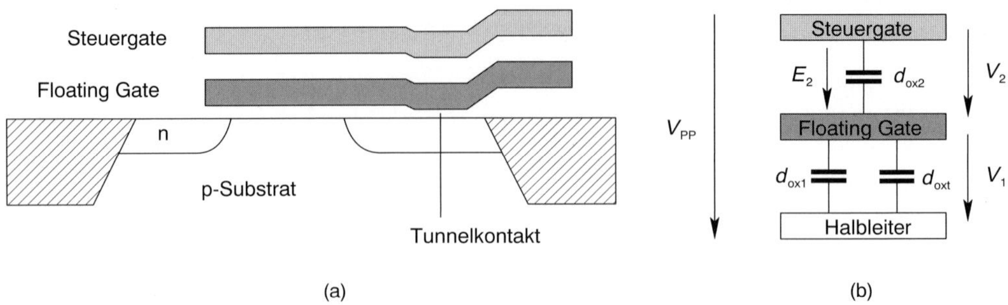

Abb. 22.29. EEPROM. (**a**) FLOTOX-Zelle, und (**b**) zur Spannungsaufteilung in der FLOTOX-Zelle

Als Beispiel wird die in Abb. 22.29 a dargestellte FLOTOX-Zelle betrachtet; diese verwendet eine Zone mit besonders dünnem Tunneloxid über Drain. Wird Drain auf 0 V und das Steuergate auf V_{PP} gelegt, so fließt ein Tunnelstrom in das Gate – die Zelle wird mit einer 1 beschrieben. Wird Drain auf V_{PP} gelegt und das Steuergate auf Masse, so entlädt sich die Zelle, d. h. Schreiben und Löschen erfolgt hier über den Tunneleffekt. Da V_{PP} wesentlich größer ist als die Betriebsspannung V_{DD}, ist der – exponentiell von der angelegten Spannung abhängige – Tunnelstrom zwischen Floating Gate und Drain im Normalbetrieb vernachlässigbar.

Zur Tunnelstromprogrammierung. Problematisch bei der Tunnelstromprogrammierung ist es, die für einen Tunnelstrom hohe Feldstärke im Tunnelkontakt zu erhalten: Wären die Kapazitäten zwischen Steuergate und Floating Gate und die zwischen Floating Gate und Halbleiter einfache Plattenkondensatoren, so würde sich (bei identischer Dielektrizitätszahl) in beiden Dielektrika dieselbe Feldstärke einstellen, d.h. es würden nicht nur Tunnelströme zwischen Drain und dem Floating Gate fließen. Wird die Kapazität zwischen Floating Gate und Halbleiter als Parallelschaltung (Abb. 22.29 b) zweier Plattenkondensatoren[30] mit unterschiedlicher Oxiddicke d_{ox1} (Fläche $1-x)A$) und d_{oxt} (Fläche xA) aufgefaßt, so folgt für die Feldstärke im Tunneloxid der Dicke d_{oxt}

$$E_{\mathrm{t}} = \frac{d_{\mathrm{ox1}}}{d_{\mathrm{oxt}} + (d_{\mathrm{ox1}} - d_{\mathrm{oxt}})x} E_2 \rightarrow \frac{d_{\mathrm{ox1}}}{d_{\mathrm{oxt}}} E_2 \quad \text{für} \quad x \rightarrow 0 \,.$$

Damit die Feldstärke im Tunnelkontakt deutlich größer wird als die Feldstärke zwischen Steuergate und Floating Gate darf die Fläche des Tunnelkontakts demzufolge nur einen geringen Anteil der Fläche von Floating Gate und Steuergate ausmachen.

[30] Da es sich um MOS-Kondensatoren handelt wird die Kapazität zusätzlich durch die von der Dotierung des Halbleiters abhängige Ausdehnung der Raumladungszone bestimmt. Die durchgeführte Betrachtung kann leicht durch Reihenschaltung entsprechender Sperrschichtkapazitäten erweitert werden.

Beeinflussung von Nachbarzellen. Ein prinzipielles Problem der einfachen NOR-Architektur (Abb. 22.27) mit elektrisch löschbaren Zellen ist, daß die zur Programmierung einer Zelle erforderliche große Steuerspannung über die Wortleitung am Steuergate aller Floating Gate MOSFETs einer Zeile anliegt, wodurch es zu *Ladungsverfälschungen* in den Nachbarzellen kommt. Dieses Problem kann nur durch Reihenschaltung eines Auswahltransistors[31] zu jeder Speicherzelle gelöst werden. Dies bedingt einen erheblichen Flächenbedarf und damit eine geringe Dichte der Speicherzellen. Um eine hohe Speicherkapazität zu erlangen wird deshalb, in den sog. *Flash-EPROMs*, für das Schreiben ein Weg gewählt, bei dem Nachbarzellen nicht gestört werden, während das Löschen blockweise ausgeführt wird.

22.4.3 Flash-EPROMs

Flash-EPROMs besitzen Speicherzellen mit einem besonders einfachen Aufbau und werden derzeit mit Speicherkapazitäten von mehr als 1 Gb hergestellt [32]. Die Anzahl der zulässigen Schreib-/Lösch-Vorgänge wird mit mehr als 10^5 spezifiziert [33].[32] Der Marktanteil der Flash-EPROMs nimmt derzeit stark zu – typische Anwendungen sind Speicherkarten für Laptops, elektronische Zahlungsmittel, Speicher für elektronische Kameras, etc. Das Löschen erfolgt seitenweise auf elektrischem Weg, der Schreibvorgang kann bitweise gesteuert werden. Zahlreiche Flash-EPROMs kommen mit einer Versorgungsspannung[33] aus; die zum Programmieren und Löschen erforderlichen größeren Spannungen werden dann auf dem Chip mit einer sog. Ladungspumpe (vgl. Kap. 22.4.4) erzeugt. Die Steuerung des Programmiervorgangs über die Anzahl der Stromimpulse wird in Flash-EPROMs in der Regel mit integriert.

Abbildung 22.30 zeigt eine Flash-EPROM-Zelle vom ETOX-Typ: Das Schreiben erfolgt hier durch Injektion heißer Ladungsträger in das Oxid, wie bei der EPROM-Zelle; das Löschen erfolgt durch Fowler-Nordheim-Tunneln zwischen dem Floating Gate und Drain. Damit sich die zum Löschen erforderliche große Feldstärke über dem Oxid einstellt, bleibt der Drainanschluß beim Löschen floatend; die Fläche der Kapazität zwischen Source und Floating Gate wird dadurch gering, was eine hohe Feldstärke bedingt. Beim Programmieren liegt der Drainanschluß nicht zu beschreibender Zellen auf 0 V; Sour-

[31]Speicherzelle und Auswahltransistor lassen sich prinzipiell zur *Split-Gate-Zelle* verschmelzen (vgl. z.B. [31]).

[32]Wird diese Zahl überschritten, so fällt die Speicherzelle in der Regel nicht aus, erfordert jedoch größere Programmierzeiten. Der Grund hierfür liegt i.allg. in Elektronen, die in Störstellen im Oxid eingefangen werden.

[33]Daneben gibt es Flash-EPROMs die zwei Versorgungsspannungen benötigen: die Versorgungsspannung $V_{DD} = 5$ V und eine weitere Spannungen $V_{PP} = 12$ V für das Beschreiben und Löschen der Zellen. Auf diesem Weg kann der Schaltungsaufwand auf dem Speicherchip minimiert werden. Dies kann Kostenvorteile bieten, wenn mehrere EPROMs in der Schaltung benötigt werden.

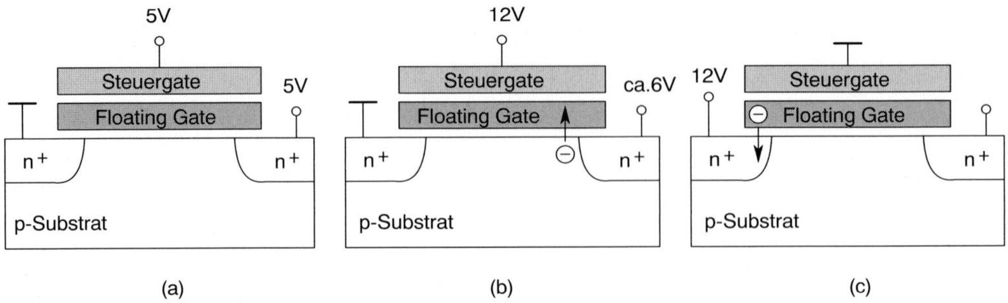

Abb. 22.30. Flash-EPROM-Zelle vom ETOX-Typ. (**a**) Lese-, (**b**) Schreib- und (**c**) Löschvorgang (Source-Erase)

ce und Drain sind dann über einen leitenden Kanal verbunden, wodurch die wirksame Fläche der Kapazität vergrößert und die Feldstärke verringert wird. Ladungsverfälschungen in Nachbarzellen treten deshalb beim Schreibvorgang nicht auf.

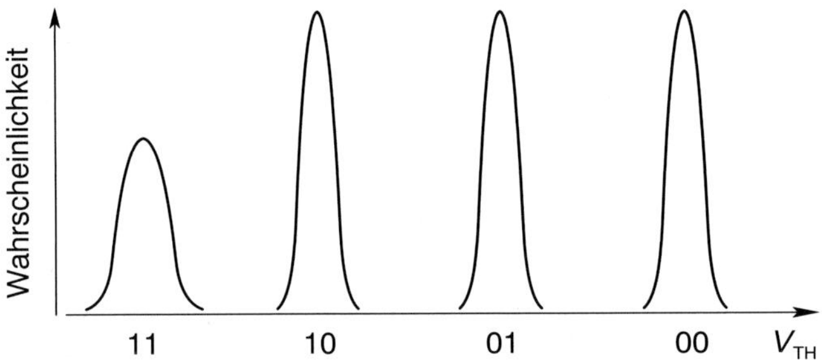

Abb. 22.31. Zulässige Verteilung der zu unterschiedlichen Speicherzuständen gehörigen Einsatzspannungen in einer 2-bit-Speicherzelle (nach [34])

Multilevel Speicher. Werden mehr als zwei Ladungszustände des Speicherkondensators unterschieden, so kann auch mehr als ein bit pro Zelle gespeichert werden. Abbildung 22.31 zeigt schematisch die Verteilung der Einsatzspannungen einer 2-bit Speicherzelle, in der insgesamt vier Ladungszustände (bzw. Einsatzspannungswerte) unterschieden werden müssen. Die mit dem Multilevel-Ansatz verbundene Erhöhung der Speicherdichte erfordert allerdings eine höhere Genauigkeit bei der Programmierung [35] sowie aufwendigere Leseschaltungen [34].

22.4.4 Zur Schaltungstechnik

NOR-Architektur. Flash-EPROMS mit NOR-Architektur haben sich über einen großen Zeitraum entwickelt. Sie zeichnen sich durch kurze Zugriffszeiten bei random access aus. Die Dichte[34] der Speicherzellen ist jedoch vergleichsweise gering, so daß relativ hohe Kosten pro Bit anfallen. Wegen dieser

[34]Ein Beispiel für einen Flash-Speicher mit NOR-Architektur, der eine vergleichsweise hohe Speicherdichte aufweist ist ein 64-Mb NOR-Flash in 0.16 µm Technologie, das bei einer Fläche von 44 mm^2 eine Lesezugriffszeit von 30 ns aufweist [36].

Nachteile sind in den letzten Jahren vermehrt Flash-EPROMS mit NAND-Architektur für speicherintensive Anwendungen zum Einsatz gekommen.

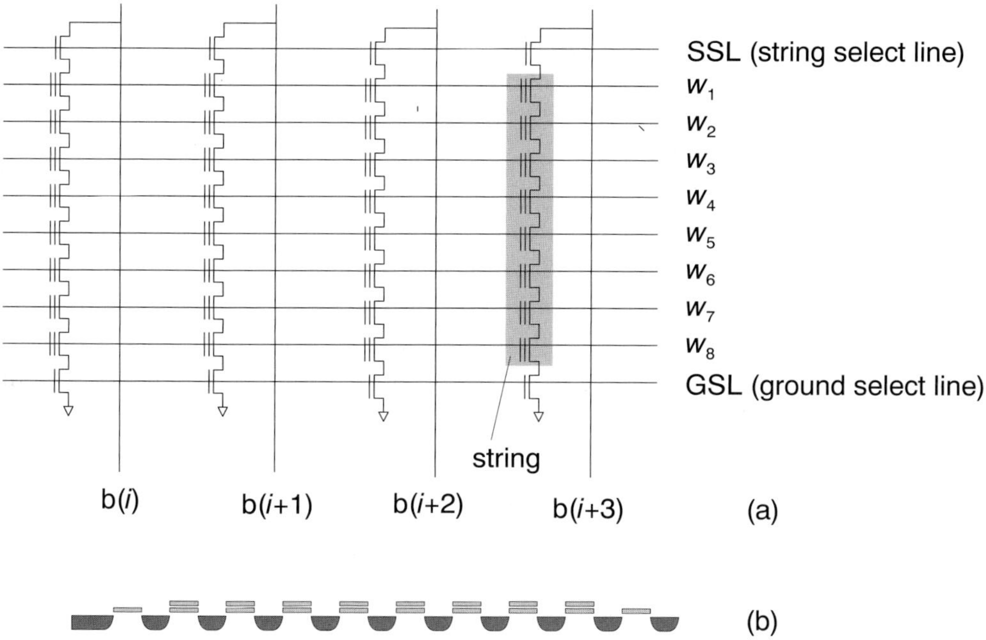

Abb. 22.32. NAND-Architektur für Flash-Speicher (**a**) Schaltplan und (**b**) Querschnitt durch einen String von Speicherzellen

NAND-Architektur. Abbildung 22.32 zeigt die Verschaltung von Speicherzellen in eiem NAND-Array. Die Zellen sind dabei zu *Strings* zusammengefaßt, die über Auswahltransistoren (angesteuert durch SSL bzw. GSL, Abb. 22.32) mit der Bitleitung verbunden werden können. Abgesehen von der auszulesenden Zelle werden sämtliche Zellen des Strings mit einer Spannung angesteuert, die so groß ist, daß der Kanal unabhängig vom Ladungszustand des Floating Gate leitfähig wird, d.h. diese Zellen stellen ebenfalls geschlossene Schalter auf dem Weg zur Bitleitung dar. Lediglich die auszulesende Zelle wird mit einer geringeren Spannung angesteuert und weist eine vom Speicherzustand abhängige Leitfähigkeit auf. Diese Architektur ermöglicht es die Speicherzellen wesentlich dichter zu packen, wodurch die Kosten pro Bit deutlich sinken. Die Zugriffszeit bei random access ist zwar größer als beim NOR-Array, bei sequentiellem Auslesen von Daten ist die Zugriffszeit des NAND-Arrays jedoch ebenfalls sehr günstig.

Ladungspumpe. Die zur Programmierung benötigte Spannung liegt in der Regel deutlich oberhalb der Versorgungsspannung und wird meist auf dem Chip erzeugt. Zu diesem Zweck kann eine *Ladungspumpe* eingesetzt werden. Abbildung 22.33 erläutert die Grundschaltung einer Ladungspumpe: Die MOSFETs sind als „Diode“ beschaltet, d.h. der Strom durch den MOSFET ist in einfachster Näherung $\beta_n(V_{DS} - V_{TH})^2/2$ für $V_{DS} > V_{TH}$ und null

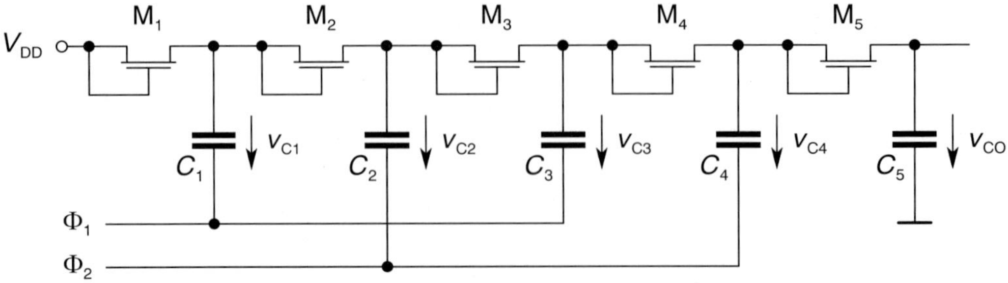

Abb. 22.33. Ladungspumpe zur Erzeugung einer Ausgangsspannung $V_{CO} > V_{DD}$

für $V_{DS} < V_{TH}$. Aus diesem Grund kann ein Kondensator seine Ladung für $V_{DS} > V_{TH}$ an seinen Nachbarn auf der rechten Seite weitergeben, ein Strom zum Nachbarn auf der linken Seite ist ausgeschlossen. Da aufeinanderfolgende Kondensatoren gegenphasig mit dem Hub V_{DD} angesteuert werden, kann die Spannung in jeder Stufe um maximal $V_{DD} - V_{TH}$ angehoben werden. Nach n Stufen stellt sich also (im unbelasteten Zustand) die maximale Ausgansspannung $n(V_{DD} - V_{TH})$ ein.

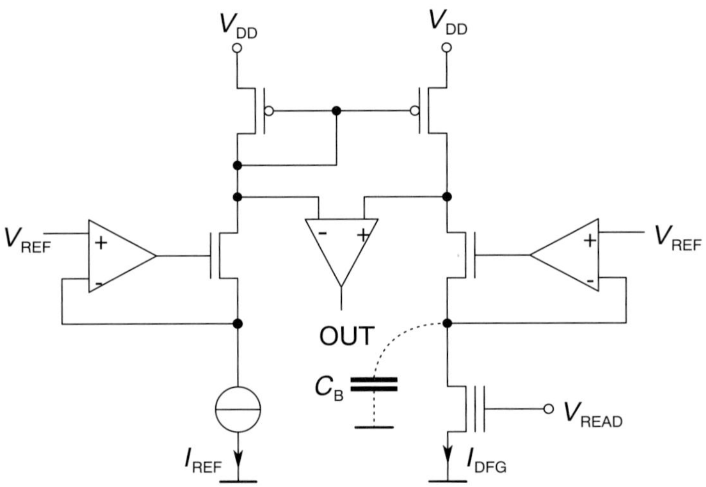

Abb. 22.34. Zur Vorgehensweise bei der Bewertung des Drainstroms I_{DFG} durch den Floating Gate MOSFET beim Auslesevorgang

Leseschaltung. Beim Auslesen einer Speicherzelle fließt ein, abhängig vom Ladungszustand mehr oder weniger großer, Strom I_{DFG} durch den Floating Gate MOSFET. Die Leseschaltung muß diesem Stromwert nun möglichst schnell ein LO oder HI zuordnen. Zu diesem Zweck muß I_{DFG} mit einem Referenzstrom I_{REF} verglichen werden. Um Verzögerungszeiten durch das Umladen der Bitleitungskapazität C_B (Abb. 22.34) zu vermeiden, wird das Bitleitungspotential annähernd konstant gehalten [37]. Der Wert von I_{DFG} wird dann über den p-Kanal Stromspiegel mit I_{REF} verglichen; die Differenzspannung zwischen den Zweigen wird verstärkt und liefert das Ausgangssignal. Diese Grundidee kann sogar bei Versorgungsspannungen von weniger als 1 V umgesetzt werden [38].

22.5 Alternative Speicherkonzepte

Alternative Speichertechnologien versuchen die Nachteile der nichtflüchtigen Flash-Speicher (beschränkte Zahl von Schreib-Lese-Zyklen, hohe Programmierspannung und langsamer Schreibvorgang) zu umgehen. Darüber hinaus könnten nichtflüchtige Speicher mit Zugriffszeiten und Speicherkapazitäten, die mit denjenigen von DRAMs vergleichbar sind, diese ersetzen und Informationen speichern ohne Leistung zu benötigen – eine insbesondere für mobile Anwendungen sehr verlockende Aussicht. Die Arbeiten konzentrieren sich auf drei Effekte

- FRAMs (FeRAMs) nutzen die remanente Polarisation eines ferroelektrischen Dielektrikums um Daten zu speichern.
- MRAMs nutzen die magnetische Polarisation in dünnen Schichten und
- PRAMs (auch OUM von Ovonic Unified Memories) nutzen einen wärmeinduzierten Übergang zwischen dem kristallinen und dem amorphen Zustand von Chalkogeniden um zwei Schaltzustände zu realisieren.

Kommerziell verfügbar sind derzeit lediglich FRAMs, die als nichtflüchtige Speicher insbesondere in Chip-Karten eingesetzt werden. Die Fertigbarkeit der anderen Technologien wurde anhand eines 16 Mb Demonstratorchip (MRAM) und eines 64 Mb Demonstratorchip (PRAM) gezeigt. Um in Konkurrenz zu etablierten Speichermedien wie DRAM oder Flash-Speicher treten zu können, muß bei denen neuen Ansätzen allerdings noch die Zellgröße verringert werden. Maßgeblich für den Erfolg der neu entwickelten Speichertechnologien wird auch der mit der Integration derartiger Speicher (embedded memory) in Logikchips verbundene Zusatzaufwand sein.

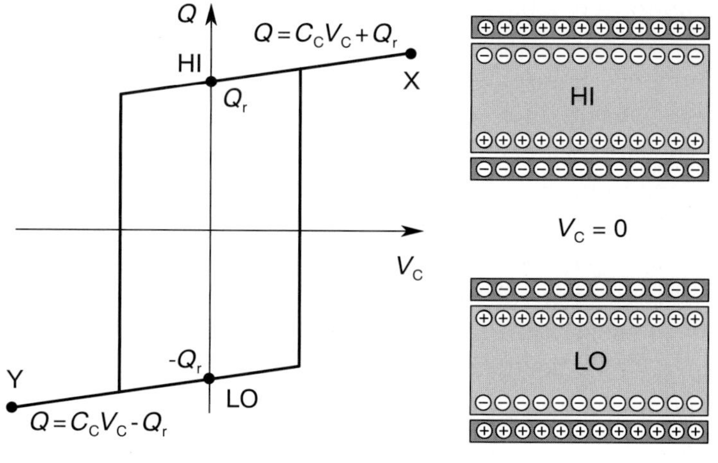

Abb. 22.35. Auf einem ferroelektrischen Kondensator gespeicherte Ladung (idealisiert). Im spannungslosen Zustand $V_C = 0$ muß die Ladung auf den Kondensatorplatten die Polarisationsladung im Dielektrikum neutralisieren

22.5.1 FRAM

Wie bereits in Kap. 8 erläutert weist die Polarisation ferroelektrischer Materialien eine Hysterese auf; die zwei Zweige der Hysteresekurve können den Zuständen HI und LO zugeordnet werden (Abb. 22.35). Da der Polarisationszustand des ferroelektrischen Kondensators auch im spannungslosen Zustand erhalten bleibt, erlauben solche Kondensatoren das Konzept des DRAM auf einen nichtflüchtigen Speicher, das FRAM (oder FeRAM), zu übertragen. Die Speicherzelle eines FRAM besteht demnach im einfachsten Fall aus einem ferroelektrischen Kondensator und einem Auswahltransistor, dessen Gate mit der Wortleitung und dessen Source (bzw. Drain) mit der Bitleitung verbunden ist [39]. Im Unterschied zum DRAM liegt allerdings nicht ein Anschluß des Speicherkondensators auf festem Bulkpotential, sondern ist mit einer zweiten Leitung, der *Plateleitung*[35] (PL), verbunden (Abb. 22.36).

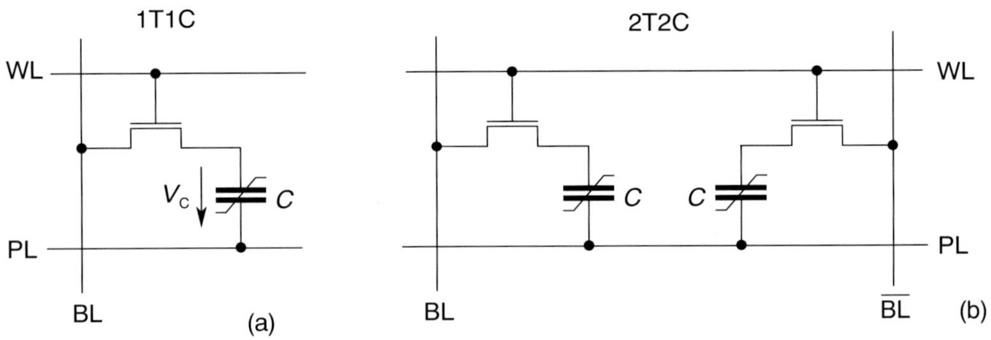

Abb. 22.36. Speicherzelle eines ferroelektrischen RAM. (**a**) 1T1C-Zelle und (**b**) 2T2C-Zelle

Ferroelektrische RAM-Bausteine haben das reine Forschungsstadium bereits verlassen und sind im Handel verfügbar. Im Vergleich zu EPROM-Bausteinen zeichnen sie sich durch wesentlich größere Schreibgeschwindigkeit, die niedrigere benötigte Spannung, geringere Verlustleistung und eine um mehrere Größenordnungen höhere Anzahl möglicher Schreib-/Lese-Zyklen ($> 10^{10}$) aus. Die Hauptanwendung liegt derzeit im Chipkarten-Bereich und der Mobiltelefonie. Für die Verwendung in Mobiltelefonen u.ä. wurde beispielsweise ein 1 Mb-embedded FRAM (1T1C) mit einer Zellfläche von $2.7\,\mu m^2$ entwickelt, das bei der Betriebsspannung 0.9 V noch zuverlässig arbeitet. Ein weiteres Beispiel ist ein 64 Mb eFRAM (embedded FRAM) das mit nur zwei zusätzlichen Masken in einen $0.13\,\mu m$ CMOS-Logikprozeß integriert wurde (1T1C, Betriebsspannung 1.3 V, Zellfläche $0.54\,\mu m^2$, Adreßzugriffszeit geringer als 30 ns, [40]).

[35]Es gibt auch Ansätze ohne Plateline (konstantes Bulkpotential); dies bringt Vorteile hinsichtlich der Zugriffszeit, erfordert aber einene periodischen Refresh des Speicherinhalts [39].

Ferroelektrische Materialien. Ferroelektrika für FRAM-Anwendungen müssen über eine hohe Curie-Temperatur verfügen um auch bei erhöhter Temperatur die Daten zuverlässig halten zu können. Ein seit langem eingesetztes Material ist Blei-Zirkonium-Titanat (PZT, $PbZr_xTi_{1-x}O_3$) das, wie das in Kap. 8 betrachtete Bariumtitanat, eine Perowskitstruktur aufweist: Die Elementarzelle ist identisch zu Abb. 8.6, wobei Barium- durch Bleiatome und ein Anteil x der Titanatome durch Zirkonium-Atome zu erstzen sind. Alternativ kommen Wismutoxidschichten (SBT, $SbBi_2Ta_2O_9$) zum Einsatz, die bessere Eigenschaften in Bezug auf die Alterung[36] aufweisen.

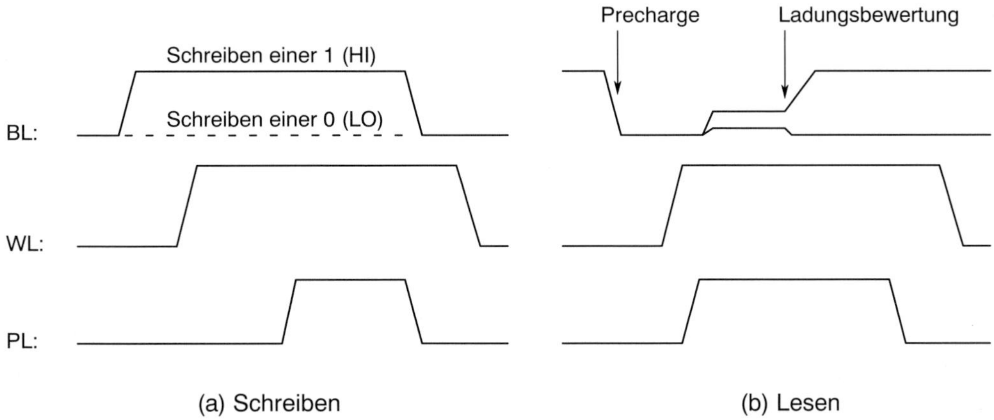

Abb. 22.37. Verlauf (schematisch) der Potentiale auf Bitleitung (BL), wortleitung (WL) und Plateleitung (PL) beim (**a**) Schreib- un (**b**) Lesezugriff auf ein FRAM

Schreib- und Lesezugriffe. Abbildung 22.37 a erläutert die Signalverläufe beim Beschreiben einer FRAM-Zelle. Damit die Bitleitung mit dem Speicherkondensator verbunden ist, muß wie beim DRAM das Wortleitungspotential durch kapazitive Spannungsüberhöhung auf einen Wert größer als $V_{\mathrm{DD}} + V_{\mathrm{TH}}$ angehoben werden. Zum Schreiben einer 1 muß das Bitleitungspotential of HI, das Plateleitungspotential auf LO liegen; auf der Hysteresekurve (Abb. 22.35) stellt sich dann der Punkt X ein. Wird die Spannung über dem Kondensator anschließend auf Null abgesenkt (durch Anheben des Plateleitungspotentials

[36]Beim Betrieb eines ferroelektrischen Kondensators kommt es nämlich zu Änderungen der Hysteresekurve, die die Anzahl der möglichen Schreibzugriffe einschränken; dabei wird unterschieden zwischen *Ermüdung* (Fatigue, Deformation der Hysteresekurve durch häufiges Ändern der Polarisationsrichtung), *Prägung* (Imprint, Deformation der Hysteresekurve nach lang anhaltender Polarisation) und *Relaxation* (Ladungsverlust direkt nach dem Aufladen nach einem Zyklus schneller Lade- und Entladevorgänge). Die mit solchen Unzulänglichkeiten verbundenen Einschränkungen der Störspannungsfestigkeit können durch aufwendigere Konzepte wie die 2T2C-Zelle (Abb. 22.36 b), bei der zwei entgegengesetzt polarisierte Speicherkondensatoren mit zwei komplementären Bitleitungen verbunden sind, angegangen werden; die mit diesem Ansatz verbundene Verdoppelung der Zellfläche ist jedoch für hochintegrierte FRAMs unerwünscht.

auch auf HI) so bleibt der Speicherzustand HI erhalten. Soll eine 0 geschrieben werden, so ist das Bitleitungspotential null; wird das Plateleitungspotential auf V_{DD} gezogen, so wird V_{C} negativ und es stellt sich der Punkt Y auf der Hysteresekurve ein (Abb. 22.35). Wird V_{C} in der Folge auf Null abgesenkt, so bleibt der Zustand LO erhalten.

Beim Lesen wird die Bitleitung zunächst entladen (Potential 0 V). Mit dem Öffnen des Auswahltransistors wird die Bitleitung dann mit dem Speicherkondensator ($V_{\mathrm{C}} = 0\,\mathrm{V}$) verbunden, d.h. das Bitleitungspotential ändert sich zunächst nicht. Wird nun die Plateleitung auf V_{DD} gezogen, so stellt sich der Punkt Y auf der Hysteresekurve (Abb. 22.35) ein. Abhängig davon, ob der Kondensator eine HI oder eine LO gespeichert hatte, nimmt die Ladung des Kondensators dabei um $2Q_{\mathrm{r}} + C_{\mathrm{C}}(V_{\mathrm{PL}} - V_{\mathrm{B}})$ bzw. um $C_{\mathrm{C}}(V_{\mathrm{PL}} - V_{\mathrm{B}})$ ab. Wegend er Ladungserhaltung steigt die Ladung auf der Bitleitung entsprechend an, so daß sich das Bitleitungspotential

$$V_{\mathrm{B}} = \frac{C_{\mathrm{C}}}{C_{\mathrm{C}} + C_{\mathrm{B}}} V_{\mathrm{PL}} + \frac{2Q_{\mathrm{r}}}{C_{\mathrm{C}} + C_{\mathrm{B}}} \quad \text{bzw.} \quad V_{\mathrm{B}} = \frac{C_{\mathrm{C}}}{C_{\mathrm{C}} + C_{\mathrm{B}}} V_{\mathrm{PL}}$$

einstellt, je nachdem ob zuvor ein HI oder ein LO gespeichert war. Diese Änderung des Bitleitungspotentials kann nun wie beim DRAM bewertet werden. Wie beim DRAM geht die auf dem ferroelektrischen Kondensator gespeicherte Information beim Auslesevorgang verloren: Uunabhängig vom Speicherzustand wird der Punkt Y auf der Kennlinie angefahren. Die Zelle muß nach dem Auslesen wieder neu beschrieben werden, was wie beim DRAM erfolgen kann. Wegen der Ermüdung des ferroelektrischen Dielektrikums wird die Zahl der möglichen Schreib- und Lesevorgänge derzeit deshalb auf ca. $10^{10} - 10^{12}$ begrenzt.[37]

Neben den beschriebenen Speicherkonzepten mit NOR-Architektur kann auch die von Flash-Speichern bekannte NAND-Architektur eingesetzt werden. Abbildung 22.38 zeigt die Anordnung der Speicherzellen in einem derartigen Chain FRAM. Die Speicherkondensatoren werden durch niederohmig geschaltete MOSFETs überbrückt ($\overline{\mathrm{WLX}}$=HI); soll eine Zelle ausgelesen werden, so wird der parallel liegende MOSFET ausgeschaltet; die Zelle ist dann über die restlichen, niederohmig bleibenden, MOSFETs des Strings mit Bit- und Plateleitung verbunden. Da die Zellen einer Kette nur eine Bit- und eine Plateleitung benötigen, ermöglicht dieser Ansatz eine sehr hohe Dichte von Speicherzellen; [43] liefert ein Beispiel für ein 32 Mb Chain FRAM in 0.2 µm CMOS-Technologie mit einer Zellfläche von 1.875 µm^2.

[37] Ansätze bei denen der Zellinhalt ohne Verlust der gespeicherten Information ausgelesen wird [41, 42], erlauben mehr als 10^{16} – und damit eine für praktische Erfordernisse unbegrenzte Anzahl – von Schreib- und Lesevorgängen; der Flächenbedarf bzw. die Zugriffszeit derartiger Ansätze ist derzeit allerdings noch unbefriedigend. Als weiterer Ansatz wird die Verwendung von MOSFETs mit ferroelektrischem Gatedielektrikum für Speicherzwecke untersucht; diese erlauben dem NAND-Flash vergleichbare Speicherbausteine, die ohne Informationsverlust ausgelesen werden können.

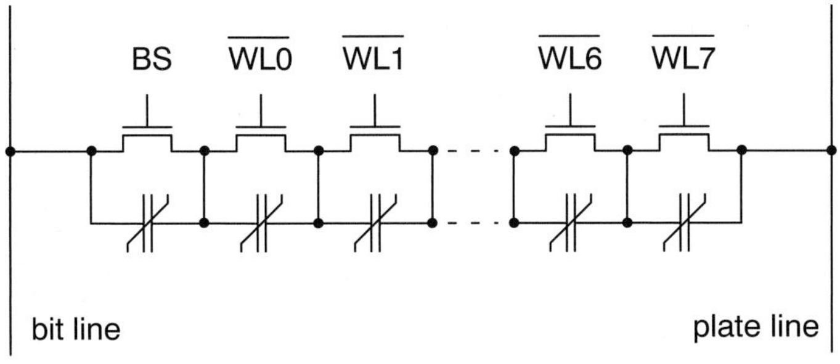

Abb. 22.38. FRAM mit NAND-Architektur (Chain-Fram)

22.5.2 MRAM

MRAMs nutzen die Tatsache, daß der Tunnelstrom durch einen dünnen Isolator zwischen zwei ferromagnetischen Schichten von der Ausrichtung der magnetischen Momente in den Schichten abhängt [44]: Der Widerstand des Tunnelübergangs ist bei antiparalleler Ausrichtung der Magnetisierungsrichtungen um typischerweise 50 % größer als bei paralleler Ausrichtung der Magnetisierungsrichtungen. Diese Widerstandsänderung kann detektiert werden, so daß die beiden Fälle als zwei mögliche Speicherzustände unterschieden werden können.

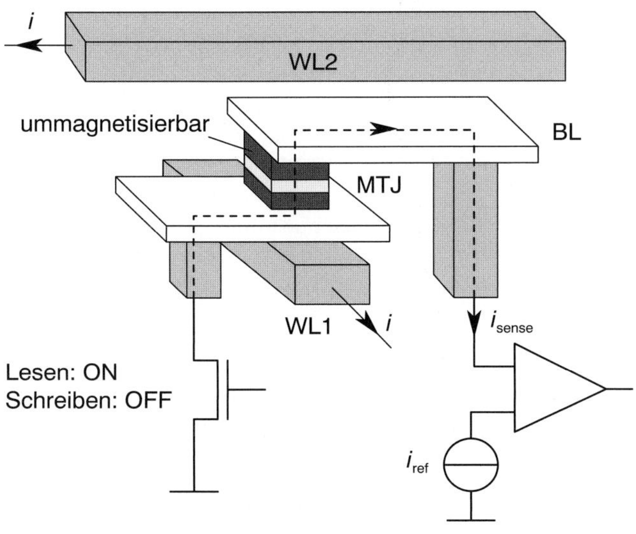

Abb. 22.39. Prinzipieller Aufbau eines MRAM mit magnetischem Tunnelübergang (MTJ, nach [45])

In der Speicherzelle eines MRAM besteht der magnetische Tunnelübergang aus einer senkrechten Schichtfolge einer magnetisch harten Schicht (nicht ummagnetisierbar) auf der ein Isolator (i.allg. Aluminiumoxid) und darüber eine magnetisch weiche (verhältnismäßig leicht ummagnetisierbare) Schicht abgeschieden wurde. Diese Zelle ist an die Bitleitung angeschlossen über die bei

Aktivierung des Auswahltransistors[38] ein Strom fließen kann, was die Unterscheidung der beiden Speicherzustände ermöglicht. Jede Zelle eines MRAM liegt zwischen zwei senkrecht zueinander verlaufenden Wortleitungen, die beim Beschreiben von einem Strom durchflossen werden. Abhängig von der Stromflußrichtung wird der eine oder andere Zustand programmiert; durch die remanente Magnetisierung der feromagnetischen Schicht wird die Information nach Abschalten des Programmierstrompulses gespeichert. Der Wert des Stroms wird so gewählt, daß nur an den Kreuzungspunkten von zwei stromdurchflossenen Leitungen eine Ummagnetisierung stattfinden kann. Die zu beschreibende Zelle ist also durch den Schnittpunkt zweier stromdurchflossener Wortleitungen bestimmt, der Auswahltransistor ist beim Beschreiben im Sperrbetrieb. Daten für ein 16 Mb MRAM, das drei Masken zusätzlich zu der zugrundegelegten 0.18 µm CMOS-Technologie benötigt, für Betriebsspannungen von 1.8 V mit einer Zellfläche von 1.42 µm^2 und einer Zugriffszeit von 30 ns (Lesen und Schreiben) sind in [47] angegeben.

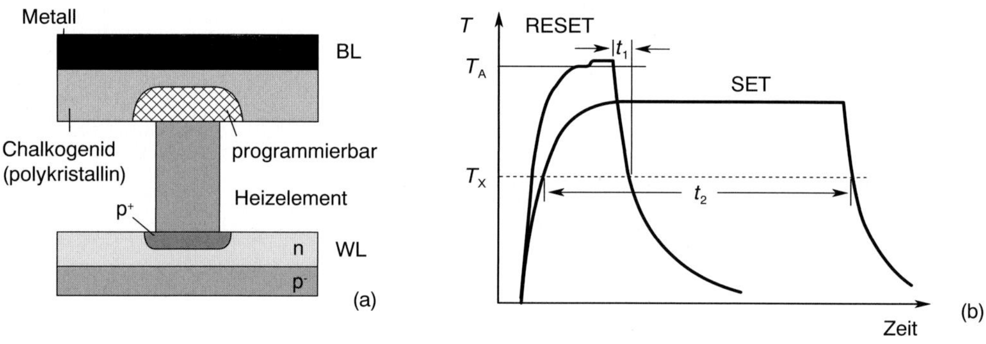

Abb. 22.40. Aufbau einer PRAM-Speicherzelle, (**a**) Querschnitt und (**b**) schematischer Temperaturverlauf im programmierbaren Volumen bei SET (Übergang zum polykristallinen Gefüge) und RESET (Übergang zum amorphen Zustand, nach [50])

22.5.3 PRAM

R. Ovshinsky zeigte, daß bestimmte Chalkogenide einen reversiblen Übergang zwischen amorpher und polykristalliner Phase aufweisen.[39] Wird ein solcher Festkörper durch einen kurzen und großen Strompuls (z.B. 0.8 mA für 8 ns) aufgeheizt und kühlt dann schnell wieder ab, so wird das polykristalline Gefüge aufgelöst und der amorphe Zustand liegt vor. Wird der Festkörper durch einen kleineren, aber dafür länger andauernden Strompuls

[38] Die beschriebene 1T1MTJ-Zelle ist nicht die einzige Möglichkeit. Es gibt auch Ansätze ohne Auswahltransistor, die eine besonders hohe Packungsdichte erlauben, aber schlecht lesbar sind [46].

[39] Die Anwendbarkeit dieses Effekts für die Realisierung von Speichern in der Computertechnik (nichtflüchtige Speicherbausteine und wiederbeschreibbare Laserdisks) ist lange bekannt [48, 49].

erwärmt (z.B. 0.4 mA für 85 ns), so entsteht nach dem Abkühlen ein polykristallines Gefüge. Der Widerstandswert im amorphen Zustand (mehr als 10 kΩ) ist typischerweise um mehr als den Faktor zehn größer als der Widerstand im polykristallinen Zustand (ca. 1 kΩ) so daß sich beide Zustände leicht unterscheiden lassen.

Abbildung 22.41 erläutert die Adressierung einer PRAM-Zelle. Eine Zeile wird ausgewählt durch WL → 0, alle anderen Wortleitungen liegen auf HI-Potential. Soll eine Zelle in dieser Zeile gesetzt, rückgesetzt oder ausgelesen werden, so wird über die Bitleitung ein entsprechender Strom eingeprägt, der im Fall des Setzens oder Rücksetzens die Umwandlung des Festkörpergefüges bewirkt, und im Fall des Lesens (kleinerer Stromwert) einen für den Speicherzustand spezifischen Spannungsabfall hervorruft, der dann ausgewertet werden kann.

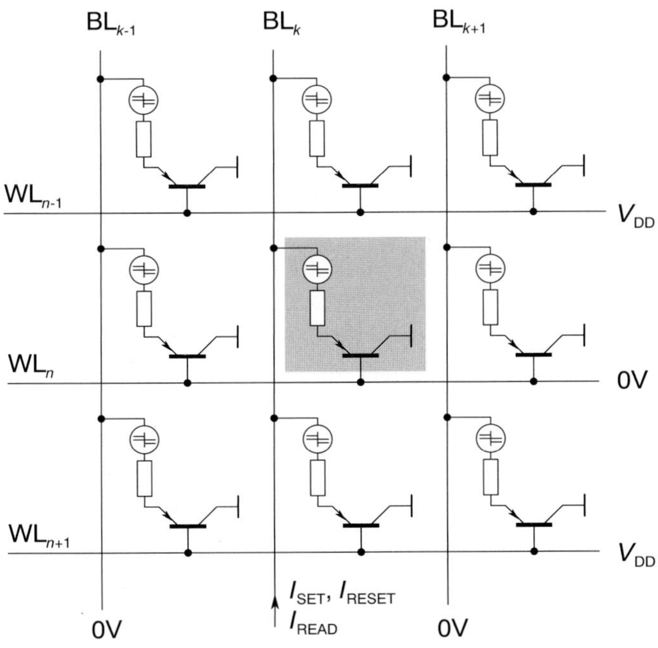

Abb. 22.41. Auswahl einer Speicherzelle im PRAM-Array für SET-, RESET und Lesezugriff

PRAMs zeichnen sich gegenüber Flash-Speichern durch mehrere Vorzüge aus:

- Sie können mit der Versorgungsspannung programmiert werden und benötigen intern keine höhere Spannung,
- sie können bitweise beschrieben und gelöscht werden – bei Flash-Speichern müssen stets ganze Seiten gelöscht werden
- sie sind vergleichsweise kostengünstig in der Herstellung, und

- sie weisen eine für praktische Anwendungen praktisch unbegrenzte Zahl von möglichen Schreib-/Lesezyklen auf: mit PRAMs lassen sich mehr als 10^{12} Schreib-/Lese-Vorgänge durchführen.

Grenzen für die Skalierbarkeit könnten sich aus der Wärmeleitung ergeben: Durch Schreib-/oder Lesevorgänge auf einer Zelle darf die Zelle in der Umgebung nicht so stark erwärmt werden, daß dort ebenfalls ein Phasenübergang stattfindet. Das Potential der Technologie ist jedoch beachtlich: So wurde in [51] die Integration eines nichtflüchtigen PRAM mit der Speicherkapazität 64 Mb in einen 0.18 µm CMOS-Prozeß beschrieben. Die programmierbare Widerstandsschicht wurde dabei über einen dünnen Leiter mit einem Durchmesser von nur 45 nm mit dem darunter liegenden Auswahltransistor verbunden, die Fläche einer Speicherzelle betrug 0.504 µm^2; für Auslesevorgänge, SET und RESET werden bei der Betriebsspannung 3 V und 30°C 60 ns, 120 ns und 50 ns benötigt.

22.6 Literaturverzeichnis

[1] G.E. Moore. No exponential is forever ... *www.intel.com*, 2003.

[2] U.-R. Cho et.al. A 1.2-V 1.5-Gb/s 72-Mb DDR3 SRAM. *IEEE J. Solid-State Circuits*, 38(11):1943–1950, 2003.

[3] K. Zhang et.al. SRAM design on 65-nm CMOS-technology with dynamic sleep transistor for leakage reduction. *IEEE J. Solid-State Circuits*, 40(4):895–900, 2005.

[4] Y. Nakagome, M. Horiguchi, T. Kawahara, K. Itoh. Review and future prospects of low-voltage RAM circuits. *IBM J. Res. and Dev.*, 47(5/6):525–552, 2003.

[5] K. Noda, K. Matsui, K. Takeda, N. Nakamura. A loadless CMOS four-transistor SRAM cell in a 0.18 µm logic technology. *IEEE Trans. Electron Devices*, 48(12):2851–2855, 2001.

[6] T. Yamanaka et.al. Advanced TFT SRAM cell technology using a phase-shift lithography. *IEEE Trans. Electron Devices*, 42(7):1305–1313, 1995.

[7] K. Pagiamtzis, A. Sheikholeslami. Content-addressable memory (CAM) circuits and architectures: a tutorial and survey. *IEEE J. Solid-State Circuits*, 41(3):712–727, 2006.

[8] H. Miyatake, M Tanaka, Y. Mori. A design for high-speed low-power CMOS fully parallel content-addressable memory macros. *IEEE J. Solid-State Circuits*, 36(6):956–968, 2001.

[9] B.-D. Yang, L.-S. Kim. A low-power CAM using pulsed NAND-NOR match-line and charge-recycling search-line driver. *IEEE J. Solid-State Circuits*, 40(8):1736–1744, 2005.

[10] K. Pagiamtzis, A. Seikoleslami. A low-power content-addressable memory (CAM) using pipelind hierarchical search scheme. *IEEE J. Solid-State Circuits*, 39(9):1512–1519, 2004.

[11] H. Noda and et.al. A cost-efficient high-performance dynamic TCAM with pipelined hierarchical searching and shift redundancy architecture. *IEEE J. Solid-State Circuits*, 40(1):245–253, 2005.

[12] T. Ohsawa, K. Fujita, T. Higashi, Y. Iwata, T. Kajayama, Y. Asao, K. Sunouchi. Memory design using a one-transistor gain cell on SOI. *IEEE J. Solid-State Circuits*, 37(11):1510–1522, 2002.

[13] T. Shino et.al. Operation volatge dependence of memory cell characteristics in fully depleted floating-body cell. *IEEE Trans. Electron Devices*, 52(10):2220–2226, 2005.

[14] T. Sekiguchi, K. Itoh, T. Takahashi, M. Sugaya, H. Fujisawa, M. Nakamura, K. Kajagaya, K. Kimura. A low-impedance open-bitline array for mutligigabit DRAM. *IEEE J. Solid-State Circuits*, 37(4):487–498, 2002.

[15] H.-M. Muehlhoff, D. V. McCaughan. *MOS transistors and memories* in: Handbook on semiconductors, vol. 4 (T.S. Moss, Ed.). *Elsevier*, pages 265–387, 1993.

[16] M. Fukuma, H. Furata, M. Takada. Memory LSI reliability. *Proc. IEEE*, 81(5):768–775, 1993.

[17] T.C. May, M.H. Woods. Alpha-particle induced soft errors in dynamic memories. *IEEE Trans. Electron Devices*, 26(1):2–9, 1979.

[18] D.S. Yaney, J.T. Nelson, L.L. Vanskike. Alpha-particle tracks in silicon and their effect on dynamic MOS RAM reliability. *IEEE Trans. Electron Devices*, 26(1):10–16, 1979.

[19] G.C. Messenger. Collection of charge on junction nodes from ion tracks. *IEEE Trans. Nucl. Sci.*, 29(6):2024–2031, 1982.

[20] F.B. McLean, T.R. Oldham. Charge funneling in n- and p-type Si substrates. *IEEE Trans. Nucl. Sci*, 29(6):2018–2023, 1982.

[21] W. Müller, D. Kranzer. Technologies for megabit DRAMs. *A.E.Ü.*, 57(12):2181–2182, 1969.

[22] N.C.C. Lu. Advanced cell structures for dynamic RAMs. *IEEE Circuits and Devices Magazine*, (Januar 1990):27–36, 1990.

[23] S.M. Sze. *Physics of Semiconductor Devices.* Wiley, New York, second edition, 1982.

[24] K. Sunouchi, H. Takato, N. Okabe, T. Yamada, T. Ozaki, S. Inoue, K. Hashimoto, K. Hieda, A. Nitayama, F. Horiguchi, F. Masuoka. A surrounding gate transistor (SGT) cell for 64/256 Mbit DRAMs. *IEDM Tech. Dig.*, pages 23–26, 1989.

[25] U. Gruening et.al. A novel trench DRAM cell with a vertical access transistor and buried strap (VERI BEST) for 4 Gb/16 Gb. *IEDM Tech. Dig.*, pages 25–29, 1999.

[26] H. Ikeda, H. Inukai. High-speed DRAM architecture development. *IEEE J. Solid-State Circuits*, 34(5):685–692, 1999.

[27] J. Greene, E. Hamdy, S. Beal. Antifuse field programmable gate arrays. *Proc. IEEE*, 81(7):1042–1056, 1993.

[28] G. Zahng, C. Hu, S. Chiang, S. Elthouky, E.Z. Hamdy. An electro-thermal model for metal-oxide-metal antifuses. *IEEE Trans. Electron Devices*, 42(8):1548–1558, 1995.

[29] M. Johnson et.al. 512-Mb PROM with a three-dimensional array of diode/antifuse memory cells. *IEEE J. Solid-State Circuits*, 38(11):1920–1928, 2003.

[30] T. Hara et.al. A 146-mm^2 8-Gb multi-level NAND flash memory with 70-nm CMOS technology. *IEEE J. Solid-State Circ.*, 41(1):161–169, 2006.

[31] P. Pavan, R. Bez, P. Olivio, E. Zanoni. Flash memory cells – an overview. *Proc. IEEE*, 85(8):1248–1271, 1997.

[32] G. Ginami, D. Canali, D. Fattori, G. Girardi, P. Scintu, L. Tarchini, D. Tricarico. Survey of flash technology with specific attention to the critical process parameters related to manufacturing. *Proc. IEEE*, 91(4):503–522, 2003.

[33] S. Aritome, R. Shirota, G. Hemink, T. Endoh, F. Masuoka. Reliability issues of flash memory cells. *Proc. IEEE*, 81(5):776–788, 1993.

[34] B. Ricco, G. Torelli, M. Lanzoni, A. Manstretta, H.E. Maes, D. Montanari, A. Modelli. Nonvolatile multilevel memories for digital applications. *Proc. IEEE*, 86(12):2399–2421, 1998.

[35] H. Kurata, S. Saeki, T. Kobayashi, Y. Sasago, T. Arigane, K. Otsuga, T. Kawahara. Constant-charge injection programming: A novel high-speed programming method for multilevel flash memories. *IEEE J. Solid-State Circuits*, 40(2):523–531, 2005.

[36] T. Tanzawa et.al. A 44-mm^2 four-bank eight-word page-read 64-Mb flash memory with flexible block redundancy and fast accurate word-line voltage controller. *IEEE J. Solid-State Circuits*, 37(11):1485–1492, 2002.

[37] R. Micheloni, L. Crippa, M. Sangalli, G. Campardo. The flash memory read path: building blocks and critical aspects. *Proc. IEEE*, 91(4):537–553, 2003.

[38] A. Comte, G.L. Giudice, G. Palumbo, A. Signorello. A high-performance very low-voltage current sense amplifier for nonvolatile memories. *IEEE J. Solid-State Circuits*, 40(2):507–514, 2005.

[39] A. Sheikholeslami, P.G. Gulak. A survey of circuit innovations in ferroelectric random-access memories. *Proc. IEEE*, 88(5):667–689, 2000.

[40] H.P. McAdams et.al. A 64-Mb embedded FRAM utilizing a 130-nm 5LM Cu/FSG logic process. *IEEE J. Solid-State Circuits*, 39(4):667–676, 2004.

[41] S.-M. Yoon, H. Ishiwara. Memory operations of 1T2C-type ferroelectric memory cell with excellent data retention characteristics. *IEEE Trans. Electron Devices*, 48(9):2002–2008, 2001.

[42] Y. Kato, T. Yamada, Y. Shimada. 0.18 µm nondestructive readout FeRAM using charge compensation technique. *IEEE Trans. Electron Devices*, 52(12):2616–2621, 2005.

[43] S. Shiratake2003 et.al. A 32-Mb chain FeRAM with segment/stitch array architecture. *IEEE Trans. Electron Devices*, 38(11):1911–1918, 2003.

[44] S. Parkin, X. Jiang, C. Kaiser, A. Panchula, K. Roche, M. Samant. Magnetically engineered spintronic sensors and memory. *Proc. IEEE*, 91(5):661–680, 2003.

[45] J. Slaughter et.al. MRAM technology - status and future challenges. *Cornell CNS nanotechnology symposium*, veröffentlicht im internet, 2004.

[46] T.M. Maffitt, J.K. DeBrosse, J.A. Gabric, E.T. Gow, M.C. Lamorey, J.S. Parenteau, D.R. Willmott, M.A. Wood, W.J. Gallagher. Design considerations for MRAM. *IBM J. Res. and Dev.*, 50(1):25–39, 2006.

[47] W.J. Gallagher, S.S.P. Parkin. Development of the magnetic tunnel junction MRAM at IBM: from first junctions to a 16-Mb MRAM demonstrator chip. *IBM J. Res. and Dev.*, 50(1):5–23, 2006.

[48] S.R. Ovshinsky, H. Fritzsche. Amorphous semiconductors for switching, memory and imaging applications. *IEEE Trans. Electron Devices*, 20(2):91–105, 1973.

[49] R.G. Neale, J.A. Aseltine. The application of amorphous materials to computer memories. *IEEE Trans. Electron Devices*, 20(2):195–205, 1973.

[50] S. Lai, T. Lowrey. OUM - a 180 nm nonvolatile memory cell element technology for stand alone and embedded applications. *IEDM Tech. Dig.*, pages 803–806, 2001.

[51] W. Y. Cho et.al. A 0.18 µm 3.0 V 64-Mb nonvolatile phase-transition random access memory (PRAM). *IEEE J. Solid-State Circuits*, 40(1):293–298, 2005.

23 MOS-Leistungsbauelemente

Gegenstand dieses Kapitels sind Leistungs-MOSFETs und ihre Weiterentwicklung (CoolMOS), IGBTs und MOS-gesteuerte Thyristoren. Diese Bauteile haben ihre Hauptanwendung als elektronische Schalter, wobei die Forderungen nach geringen Durchlaßverlusten (kleines R_{DSon} beim MOSFET), geringen Schaltverlusten (Kapazitäten) und hoher Spannungsfestigkeit im Vordergrund stehen. Wichtige Anwendungsbeispiele sind:

- DC-DC-Wandler z.B. für die Informationstechnik: Moderne CMOS-Chips mit Betriebsspannungen der Größenordnung 1 V und einer Leistungsaufnahme von 100 W erfordern Ströme der Größenordnung 100 A, die von der Stromversorgung des Computersystems als Gleichstrom bereit gestellt werden müssen. Welche Probleme dies aufwirft, erkennt man beispielsweise daran, daß ein Serienwiderstand von 1 mΩ unter diesen Umständen den Spannungsabfall 100 mV aufweist, was 10 % der Versorgungsspannung entspricht [1]. Die Stromversorgung in solchen Computersystemen, in denen unterschiedliche Komponenten außerdem zumeist unterschiedliche Betriebsspannungen benötigen, wird deshalb zweistufig ausgeführt: In einer ersten Stufe wird die Netzwechselspannung in eine Gleichspannung von z.B. 48 V umgewandelt, die mit vertretbaren Leiterbahnquerschnitten im System verteilt werden kann. In der Nähe des Verbrauchers wird dann eine DC-DC-Wandlung auf die lokal benötigte geringe Spannung durchgeführt. Wie eine Analyse der dabei auftretenden Verluste zeigt, sind diese zu mehr als der Hälfte durch Verluste der MOSFETs und dabei vor allem durch den endlichen Einschaltwiderstand R_{DSon} bestimmt, weshalb dieser Größe hier eine besondere Bedeutung zukommt.
- Photovoltaik-Anwendungen mit Netzeinspeisung erfordern Wechselrichter, die aus dem von den Solarmodulen gelieferten Gleichstrom eine zur Einspeisung geeignete Wechselspannung machen. In den modernen String-Wechselrichtern (vgl. Kap. 28) kommen zumeist MOSFETs oder IGBTs zum Einsatz.
- Motorsteuerungen. Von den Elektromoren geringer Leistung, die in einem modernen Automobil gleich dutzendweise auftreten bis zum Antrieb einer Hochgeschwindigkeitslokomotive kommen hier MOSFETs, IGBTs aber auch GTOs zum Einsatz.

Bei großen Stückzahlen kann es interessant sein, Leistungsbauelemente zusammen mit der Steuer- und Regelelektronik zu sog. *Smart Power* Bausteinen zu integrieren. Der letzte Abschnitt dieses Kapitels betrachtet diese Thematik näher.

23.1 Vertikale Leistungs-MOSFETs

Durch Parallelschalten zahlreicher (i. allg. mehrerer tausend) MOSFETs auf einem Chip können Leistungs-MOSFETs für Drainströme bis zur Größenordnung 100 A hergestellt werden. Diese zeichnen sich gegenüber Leistungs-Bipolartransistoren vor allem durch kurze Schaltzeiten, Immunität gegenüber dem bei Bipolartransistoren problematischen zweiten Durchbruch und die reine Spannungssteuerung aus. Werden geringe Durchbruchspannungen im Ausgangskreis gefordert, so sind Leistungs-MOSFETs den Bipolartransistoren in vielen Anwendungen überlegen.

23.1.1 Bauformen Vertikaler Leistungs-MOSFETs

VMOSFET. Die ersten Leistungs-MOSFETs wurden als sog. VMOSFETs realisiert. Abbildung 23.1 zeigt schematisch den Querschnitt durch eines der Elemente eines VMOSFET. Bei der Herstellung wird meist ein stark

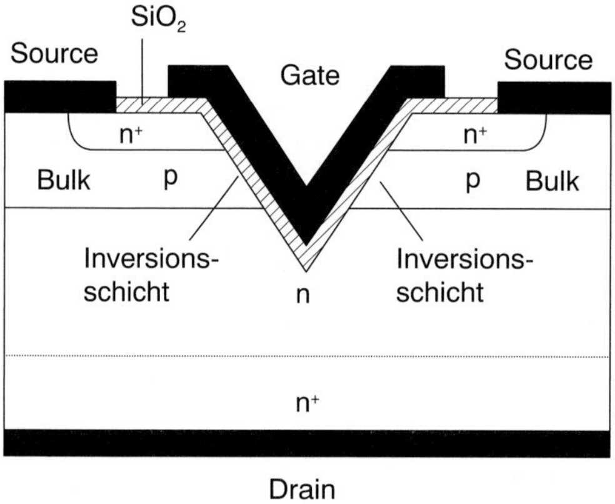

Abb. 23.1. VMOSFET (schematisch)

n-dotiertes Substrat mit einer darüber liegenden schwach n-dotierten Epischicht verwendet. In dieses kann eine p-dotierte Schicht diffundiert werden, in die wieder wannenförmige, stark n-dotierte Gebiete diffundiert werden. Durch anisotropes Ätzen der Siliziumoberfläche werden V-förmige Gräben (V-Grooves, vgl. Kap. 13) durch die so entstandene npn-Schichtfolge gebildet. Der Graben wird in der Folge durch thermische Oxidation mit einer dünnen Oxidschicht überzogen. Eine darüber aufgebrachte Gateelektrode ist dann in der Lage in der p-dotierten Schicht einen Inversionskanal zu erzeugen, über den der Stromfluß zwischen Source und Drain gesteuert werden kann. Source- und Gateelektrode sind an der Vorderseite des Halbleiterchips angebracht, während die Drainelektrode auf der Rückseite liegt, d. h. der Transferstrom fließt in *vertikaler* Richtung. Wegen des vertikalen Aufbaus können leicht zahlreiche Transistoren parallel geschaltet werden. Die erzielbare Packungsdichte der einzelnen MOSFETs ist jedoch geringer als bei dem in der Folge beschriebenen vertikalen DMOSFET; dieser vermeidet außerdem die an der Spitze des V auftretende hohe elektrische Feldstärke.

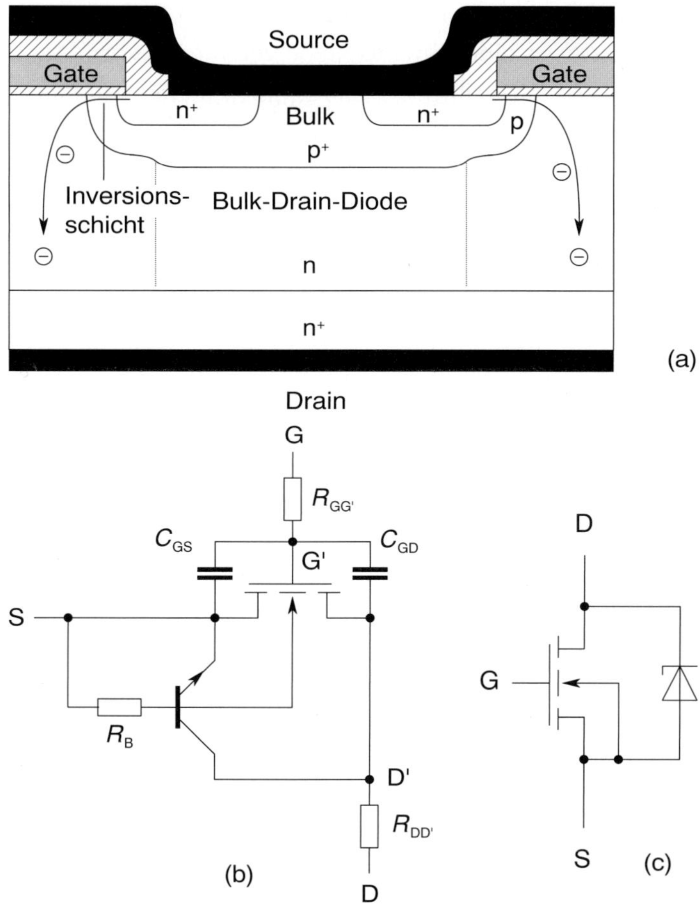

Abb. 23.2. DMOSFET. (**a**) Querschnitt, (**b**) Ersatzschaltung (vereinfacht) (**c**) Bulk-Drain-Diode

Vertikaler DMOSFET. Abbildung 23.2 a zeigt schematisch den Querschnitt durch einen einzelnen vertikalen n-Kanal-DMOSFET (VDMOSFET)[1]. Durch eine die Chipoberfläche überziehende Source-Metallisierung werden die Einzeltransistoren parallelgeschaltet und $V_{BS} = 0$ eingestellt. Das Draingebiet wird als niedrig dotierte Epischicht (n-Typ) auf einem hochdotierten Substrat (n^+) hergestellt. Dotierstoffkonzentration und Dicke der Epischicht werden auf die geforderte Durchbruchspannung BV_{DSS} abgestimmt. Wie beim VMOSFET sind Source- und Drainkontakt auf gegenüberliegenden Seiten des Halbleiterchips angeordnet wodurch das Parallelschalten der einzelnen Transistoren erleichtert wird. Der Gateanschluß erfolgt über einen Kontakt

[1] Abkürzend für Vertical Double-diffused MOSFET; die Abkürzung DMOS geht auf [2] zurück. DMOSFETs werden auch als p-Kanal-Transistoren hergestellt, die bei gleicher zulässiger Sperrspannung und Chipfläche jedoch einen mehr als doppelt so großen Wert von R_{DSon} aufweisen als n-Kanal-MOSFETs.

am Rand des Halbleiterchips. Dies bedingt einen *Gatebahnwiderstand* R_G der typischerweise im Bereich einiger Ohm liegt (Abb. 23.2 b) und bei schnellen Schaltvorgängen stört. Um den Gatebahnwiderstand möglichst gering zu halten wurden MOSFETs entwickelt, bei denen der Flächenwiderstand der polykristallinen Gateelektrode durch eine Silizidschicht verringert wird [3].

Die in Abb. 23.2 b dargestellte vereinfachte[2] Ersatzschaltung zeigt den zwischen Source und Drain liegenden parasitären npn-Bipolartransistor. Da Source und Bulk über die Sourcemetallisierung kurzgeschlossen sind, führt dieser Transistor in der Regel keinen Strom. Nur durch Spannungsabfälle in der p-dotierten Schicht (d. h. am Widerstand R_B der Ersatzschaltung), wie sie bei Schaltvorgängen auftreten, kann die Schleusenspannung der EB-Diode des npn-Transistors erreicht werden. Durch eine hohe Dotierung des Bulkgebiets unter den Sourcekontakten wird dieses deshalb möglichst niederohmig gemacht, so daß der parasitäre npn-Transistor i. allg. auch bei schnellen Schaltvorgängen die Schleusenspannung nicht erreicht und keinen Strom führt.

Der Querschnitt Abb. 23.2 a zeigt die parallel zu Source und Drain liegende *Bulk-Drain-Diode*. Deren Durchbruchspannung kann auf einen spezifizierten Wert eingestellt werden, wodurch parallel zu Source und Drain eine Z-Diode wirksam ist (Abb. 23.2 c). DMOSFETs sind nur in Drain-Source-Richtung sperrfähig: Bei $V_{DS} < 0$ wird die Bulk-Drain-Diode leitend – der MOSFET verhält sich dann wie eine Gleichrichterdiode, was in Schaltanwendungen ausgenutzt werden kann. Die Diode kann dabei einen Strom entsprechend dem maximal zulässigen Drainstrom des MOSFET führen. Überschreitet V_{DS} andererseits die Durchbruchspannung der Diode, so kommt es zu einem Sperrstrom aufgrund des Lawineneffekts. Wegen der großen Fläche der Bulk-Drain-Diode kann ein vergleichsweise hoher Sperrstrom fließen, ohne daß die Diode zerstört wird. Auf diesem Weg gelangt man zu sog. *avalanche-festen* MOSFETs, die gerade beim Schalten induktiver Lasten (s.u.) große Bedeutung erlangt haben.

Leistungs-MOSFETs vom Trench-Typ. In Leistungs-MOSFETs vom Trench-Typ (Abb. 23.3) wird der Kanal in vertikaler Richtung angeordnet. Die Herstellung entspricht vom Prinzip der eines VMOSFET; anstatt der durch anisotrope naßchemische Ätzung erzeugten V-förmigen Gräben werden hier jedoch U-förmige Gräben (U-Grooves) durch *Plasmaätzen* erzeugt. Diese werden mit einer dünnen Oxidschicht versehen und mit hochdotiertem polykristallinem Silizium ausgefüllt, das als Gateelektrode dient und am Rand des Chips kontaktiert wird.

[2] Da Leistungs-MOSFETs aus mehreren tausend parallel geschalteten Einzel-MOSFETs bestehen sind die Transistorkapazitäten und Bahnwiderstände verteilt.

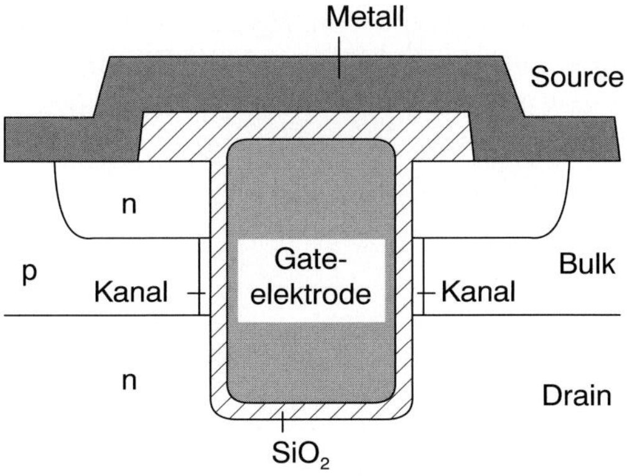

Abb. 23.3. Leistungs-MOSFET vom Trench-Typ

Leistungs-MOSFETs vom Trench-Typ ermöglichen eine deutliche Erhöhung der Packungsdichte der parallelgeschalteten Einzel-MOSFETs. Bei gleicher Chipfläche ergibt sich ein stark verringerter Wert von R_{DSon}, dessen Wert so bis auf wenige mΩ reduziert werden kann. Derart geringe Serienwiderstände sind insbesondere in der Automobiltechnik von Bedeutung, da hier in der Regel kleine Spannungen und große Ströme verwendet werden: Bei einem Strom von 10 A und $R_{\mathrm{DSon}} = 10$ mΩ folgt ein Spannungsabfall am MOSFET von 100 mV und die Verlustleistung 1 W – ein für die meisten Anwendungen tolerabler Wert.

23.1.2 Einschaltwiderstand

Der Drain-Source-*Einschaltwiderstand* R_{DSon} bestimmt den Spannungsabfall am geschlossenen MOSFET-Schalter und ist deshalb von großer Bedeutung. Sein Wert hängt von der Steuerspannung V_{GS}, wegen der Sättigung der Ausgangskennline aber auch vom Schaltstrom I_{D} ab.

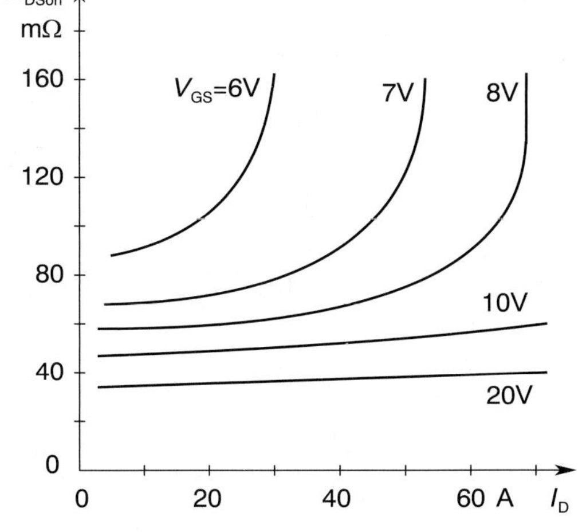

Abb. 23.4. R_{DSon}, Einschaltwiderstand

Beispiel BUZ22. Abbildung 23.4 zeigt typische Verläufe von R_{DSon} als Funktion von I_{D} für verschiedene Werte von V_{GS} am Beispiel des Leistungs-MOSFET BUZ22. Zum Schalten großer Ströme wird demnach eine große Steuerspannung V_{GS} benötigt, da andernfalls die im Schalter anfallende Verlustleistung $R_{\mathrm{DSon}} I_{\mathrm{D}}^2$ zu groß wird. Für den Schaltstrom $I_{\mathrm{D}} = 50\,\mathrm{A}$ ergibt sich beispielsweise

Gatespannung V_{GS}, V	7	8	10	20
Einschaltwiderstand R_{DSon}, mΩ	110	75	55	38
Spannungsabfall $R_{\mathrm{DSon}} I_{\mathrm{D}}$, V	5.5	3.75	2.75	1.9
Verlustleistung $R_{\mathrm{DSon}} I_{\mathrm{D}}^2$, W	275	187	137	95

Die bei einer Gehäusetemperatur von 25°C zulässige Verlustleistung 125 W wird demnach nur bei der Steuerspannung $V_{\mathrm{GS}} = 20\,\mathrm{V}$ nicht überschritten.

Spezifischer Einschaltwiderstand. Der Wert von R_{DSon} ist durch die Packungsdichte der Einzel-MOSFETs bestimmt und umgekehrt proportional zur Chipfläche A; mit Leistungs-MOSFETs vom Trench-Typ wurden bereits spezifische Einschaltwiderstände $A R_{\mathrm{DSon}}$ der Größenordnung $1\,\mathrm{m\Omega cm^2}$ erzielt. Wegen der geringeren Löcherbeweglichkeit weist R_{DSon} bei p-Kanal MOSFETs mehr als den doppelten Wert des Einschaltwiderstands eines n-Kanal MOSFETs derselben Chipfläche auf.

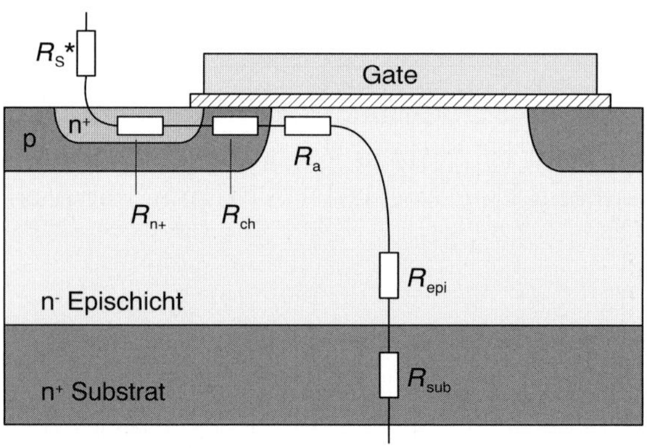

V_{DSmax}	30 V	600 V
R_S*/R_{DSon}	7 %	0.5 %
R_{n+}/R_{DSon}	6 %	0.5 %
R_{ch}/R_{DSon}	28 %	1.5 %
R_a/R_{DSon}	23 %	0.5 %
$R_{epi}/R_{\mathrm{DSon}}$	29 %	96.5 %
$R_{sub}/R_{\mathrm{DSon}}$	7 %	0.5 %

Abb. 23.5. Zur Zusammensetzung von R_{DSon} bei Hoch- und Niedervolt-MOSFETs, R_{S}^* bezeichnet den Montageanteil des Sourcebahnwiderstands (nach [4])

Das Problem der Durchbruchspannung. Hohe Durchbruchspannungen BV_{DSS} erfordern ein ausgedehntes und sehr niedrig dotiertes Drainbahngebiet, mit der Folge eines hohen Werts von R_{DSon}: Nach [5] steigt der Einschaltwiderstand annähernd proportional zu $V_{\mathrm{BR}}^{2.6}$; eine Verdoppelung der Durchbruchspannung bedingt danach einen um annähernd den Faktor sechs erhöhten Wert des Einschaltwiderstands. Abbildung 23.5 zeigt daß R_{DSon} bei Hochvolt-MOSFETs nahezu vollständig durch den Widerstand der epitaxialen Schicht bestimmt ist.

Der MOSFET ist deshalb als Hochvolttransistor dem Bipolartransistor unterlegen. Dieser muß zwar auch mit einem ausgedehnten und niedrig dotierten Kollektorbahngebiet versehen werden um hohe Durchbruchspannungen zu erreichen. Bedingt durch die bei hohen Strömen auftretende *Sättigung* bzw. Quasisättigung kommt es beim Bipolartransistor jedoch zu einer Überschwemmung des niedrig dotierten Kollektorbahngebiets mit Ladungsträgern, wodurch dieses niederohmig wird. Da dieser Mechanismus bei DMOSFETs fehlt, ist eine Verringerung von R_{DSon} nur durch Parallelschalten einer größeren Anzahl von MOSFETs möglich. Die damit verbundene Vergrößerung der Chipfläche wirkt sich nachteilig auf die Herstellungskosten sowie die Transistorkapazitäten aus, die beim kurzfristigen Umladen zu hohen Strompulsen führen. Leistungs-MOSFETs sind deshalb besonders geeignet für Schaltanwendungen bei denen Spannungen bis zu 100 V zu schalten sind. Unter diesen Umständen wird R_{DSon} durch den Widerstand des Inversionskanals bestimmt, bei höheren Werten von BV_{DSS} ist das Draingebiet so hochohmig, daß der Widerstand der Epitaxieschicht dominiert.

23.1.3 Kompensationsbauelemente, CoolMOS

Bei homogen dotierten Epischichten ist die Ladung gleichförmig über die Raumladungszone verteilt. Die elektrische Feldstärke ist dann ortsabhängig, und zeigt einen dreieckförmigen Verlauf mit einer Feldspitze am metallurgischen Übergang (vgl. Kap. 12). Würde die Epi-Schicht keine Dotierung aufweisen, so wäre die gesamte epitaxiale Schicht verarmt; der Verlauf der elektrischen Feldstärke wäre dann rechteckförmig (Abb. 23.6), mit der Konsequenz, daß bei derselben Potentialdifferenz die maximale Feldstärke halbiert wird.[3] Bei neutraler Schicht tritt der Durchbruch aufgrund des Lawineneffekts deshalb erst bei deutlich größeren Spannungswerten auf.

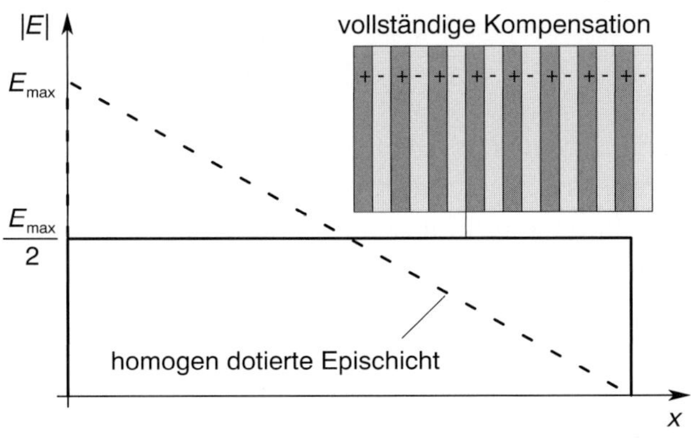

Abb. 23.6. Verlauf der elektrischen Feldstärke in einer verarmten, homogen dotierten Epischicht und in einer neutralen Epischicht, wie sie durch Kompensation annähernd erreicht werden kann. Die Potentialdifferenz ist in beiden Fällen dieselbe

[3] Da sich die Potentialdifferenz als Integral über die elektrische Feldstärke ergibt, ist die Potentialdifferenz identisch falls die Flächen unter den $E(x)$-Kurven identisch sind.

Die Situation einer bei großen Sperrspannungen annähernd neutralen Schicht kann durch sehr viele, dicht beieinander liegende, vertikal verlaufende p- und n-Gebiete erreicht werden: Bei Sperrpolung sind diese vollständig verarmt, so daß dünne Streifen mit negativ geladenen Akzeptorionen dünnen Streifen mit positiven Donatorionen gegenüberstehen. Sieht man von den, wegen der geringen Dicken unbedeutenden, Potentialänderungen in lateraler Richtung ab, so ergibt sich bei Mittelung über zwei sich neutralisierende Streifen die mittlere Ladungsdichte null, d.h. in vertikaler Richtung erfolgt ein annähernd rechteckiger Feldstärkeverlauf.

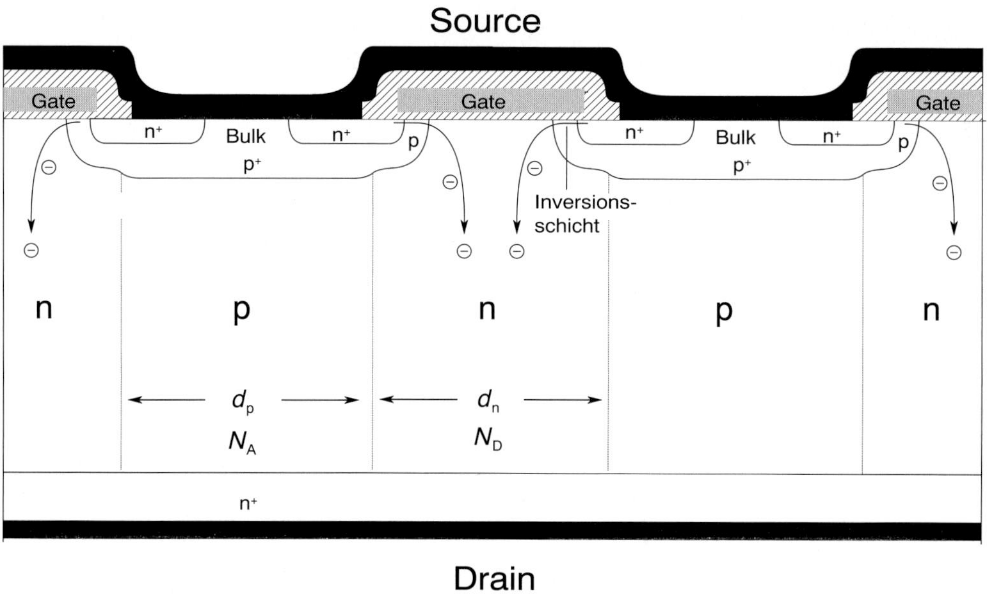

Abb. 23.7. Aufbau eines CoolMOSFET; vollständige Kompensation der Dotierung in der Epischicht liegt vor, falls $N_A d_p = N_D d_n$ gilt

Das Konzept der Kompensation der Ladungsdichte in der Raumladungszone wurde erstmals mit der von Siemens entwickelten CoolMOS-Technik umgesetzt [4, 6]. Die p- und n-dotierten Streifen werden dabei durch mehrfache Epitaxie- und Implantationsschritte realisiert (Multiepitaxieverfahren). Mit zunehmender Durchbruchspannung steigen dabei die Anzahl der erforderlichen Epitaxieschritte und damit die Herstellungskosten.[4] Die Dotierung des n-Drain-Gebiets muß nun mit zunehmender Durchbruchspannung nicht mehr abgesenkt werden, wichtig ist nur, daß die vertikalen Streifen dünn genug sind, um jedenfalls verarmt zu sein, und daß die Ladungsdichte bei Mittelung über die verarmten p- und n-Gebiete in lateraler Richtung den Wert null ergibt. Die Technik reduziert den Einschaltwiderstand R_{DSon} von Hochvolt-

[4]Wird die Kompensationsstruktur über einer auf dem n^+-Substrat liegenden n^--Epischicht aufgebracht, so kann die Durchbruchspannung von 600 V MOSFETs auf Werte größer als 1 kV angehoben werden (Semi-superjunction MOSFET, [7]).

Leistungs-MOSFETs für Spannungen von 600 V bis 1 kV bei gleichbleibender Chipfläche um grössenordnungsmäßig den Faktor fünf [4] und eröffnet damit für Leistungs-MOSFETs das Marktsegment der Schaltnetzteile für die schnelle Schalter mit Sperrspannungen von 500 V bis 800 V bei gleichzeitig geringen Durchlaßverlusten gefordert sind.

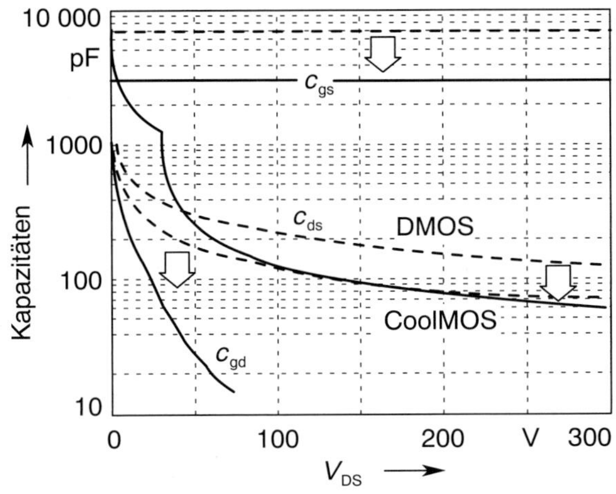

Abb. 23.8. Kapazitäten eines CoolMOSFET im Vergleich zu denen eines konventionellen DMOSFET. Deutliche Unterschiede bestehen bei der Arbeitspunktabhängigkeit der Ausgangskapazität c_{ds} (nach [4])

Die Ausgangskapazität des Bauteils wird primär durch die Drain-Source-Kapazität c_{ds} bestimmt. Diese ist bei kleinen Spannungen V_{DS}, solange die p- und n-Gebiete noch nicht völlig verarmt sind, wegen der großen Sperrschichtflächen zunächst sehr groß. Sind die p- und n-Gebiete aber verarmt, so sinkt die Ausgangskapazität auf Werte die deutlich unterhalb derjenigen vergleichbarer DMOSFETs liegen. Maßgeblich für die Schaltverluste beim Schalten großer Spannung ist die umzuladende Energie

$$W_{DS} = \int_0^{V_{dS}} c_{ds}(V)\,dV \; ;$$

diese liegt bei annähernd der Hälfte eines konventionellen DMOSFET [6]. Da die Chipfläche eines CoolMOSFET beim selben R_{DSon}-Wert deutlich geringer ist als die eines DMOSFET ist auch die Eingangskapazität des CoolMOSFET deutlich verringert: Die zum Einschalten erforderliche Ladung Q_G ist damit wesentlich kleiner. Das Energieaufnahmevermögen W_{AS} im Avalanche-Fall sinkt gegenüber konventionellen MOSFETs mit vergleichbarem R_{DSon}, da das Volumen geringer wird.

Als Beispiel werden der CoolMOSFET SPP08N80C3 und der DMOSFET BUZ305 (beide Infineon) verglichen, die dieselbe Blockierspannung 800 V aufweisen.

Parameter	R_{DSon}/Ω	I_D/A	Q_G/nC	W_{AS}/mJ
SPP08N80C3	0.39	8	40	340
BUZ305	0.85	7.5	180	830

23.1.4 Eigenschaften, Kenndaten, Anwendungshinweise

Wegen der weit verbreiteten Anwendung als Schalter, werden Leistungs-MOSFETs vor allem im Hinblick auf geringen Einschaltwiderstand R_{DSon} und geringe Eingangskapazität bei gleichzeitig möglichst großer Durchbruchspannung V_{BRDSS} und geringem Drainreststrom optimiert.

Restströme. Der *Drainreststrom*[5] I_{DSS} wird bei einer vorgegebenen Spannung V_{DS} für $V_{\mathrm{GS}} = V_{\mathrm{BS}} = 0$ ermittelt. Sein Wert wird durch den Subthresholdstrom und den Sperrstrom der Bulk-Drain-Diode bestimmt und ist deshalb stark temperaturabhängig. Er wird in der Regel als Obergrenze für zwei verschiedene Betriebstemperaturen spezifiziert.

Beispiel. Der Wert des Drainreststroms ist bei Einzelhalbleiter-MOSFETs vom zulässigen Drainstrom und damit von der Baugröße des MOSFET abhängig. Für den Kleinleistungs-MOSFET BS170 ($I_{\mathrm{Dmax}} = 300\,\mathrm{mA}$) wird z. B. $I_{\mathrm{DSS}} < 0.5\,\mu\mathrm{A}$ bei $\vartheta = 25°\mathrm{C}$ und $V_{\mathrm{DS}} = 60\,\mathrm{V}$ sowie $I_{\mathrm{DSS}} < 5\,\mu\mathrm{A}$ bei $\vartheta = 125°\mathrm{C}$ und $V_{\mathrm{DS}} = 50\,\mathrm{V}$ spezifiziert; für den Leistungs-MOSFET IRFP064 ($I_{\mathrm{Dmax}} = 70\,\mathrm{A}$) entsprechend $I_{\mathrm{DSS}} < 25\,\mu\mathrm{A}$ bei $\vartheta = 25°\mathrm{C}$ und $V_{\mathrm{DS}} = 60\,\mathrm{V}$ sowie $I_{\mathrm{DSS}} < 250\,\mu\mathrm{A}$ bei $\vartheta = 150°\mathrm{C}$ und $V_{\mathrm{DS}} = 48\,\mathrm{V}$.

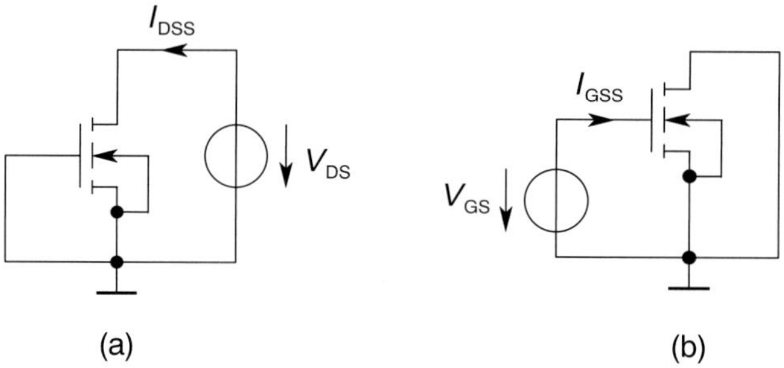

Abb. 23.9. Messanordnung zur Bestimmung von (**a**) Drainreststrom I_{DSS} und (**b**) Gatereststrom I_{GSS}

Der *Gatereststrom* I_{GSS} wird bei einer vorgegebenen Spannung V_{GS} und $V_{\mathrm{DS}} = 0$ gemessen. Für integrierte MOSFETs ist dieser in der Regel vernachlässigbar klein. Bei Einzelhalbleiter-MOSFETs wird der Gateanschluß jedoch häufig mit einer Schutzbeschaltung aus Z-Dioden versehen; der Gatereststrom ist dann maßgeblich durch den Sperrstrom dieser Dioden bestimmt. Der Wert von I_{GSS} wird in Datenblättern durch eine Obergrenze spezifiziert.

Beispiel. Als Beispiel wird wieder der Kleinleistungs-MOSFET BS170 mit $I_{\mathrm{GSS}} < 10\,\mathrm{nA}$ für $V_{\mathrm{GS}} = 20\,\mathrm{V}$ und $\vartheta = 25°\mathrm{C}$ sowie der Leistungs-MOSFET IRFP064 mit $I_{\mathrm{GSS}} < 100\,\mathrm{nA}$ bei $V_{\mathrm{GS}} = 20\ \mathrm{V}$ und $\vartheta = 25°\mathrm{C}$ herangezogen.

[5] Diese Bezeichnung kann zu Verwechslungen mit dem Sättigungsstrom führen, der in der Literatur häufig ebenfalls mit I_{DSS} bezeichnet wird.

Durchbruchspannungen. In Einzelhalbleiter-MOSFETs sind vor allem die durch den Gatedurchbruch bestimmte Grenzspannung V_{GSmax} sowie die Source-Drain-Durchbruchspannung BV_{DSS} zu beachten. Der Wert von V_{GSmax} darf nicht überschritten werden (auch nicht kurzfristig), da eine zu große Gatespannung zum Durchbruch des Gateoxids und damit in der Regel zur Zerstörung des Bauteils führt. In avalanchefesten Leistungs-MOSFETs darf die Durchbruchspannung V_{BRDSS} überschritten werden, dies ist insbesondere für das schnelle Abschalten induktiver Lasten von Bedeutung.

ESD-Festigkeit. Wie bei allen MOS-Bausteinen ist auch bei Leistungs-MOSFETs eine Empfindlichkeit gegenüber elektrostatischen Entladungen zu beachten. Im Vergleich zu integrierten MOS-Schaltungen ist die Gefährdung als Folge der deutlich vergrößerten *Eingangskapazität* zwar verringert, dennoch sollten die für MOS-Bausteine vorgeschlagenen Maßnahmen beachtet werden.

23.1.5 Schaltbetrieb

Da in MOSFETs keine Diffusionsladung gespeichert wird, lassen sich elektronische Schalter mit MOSFETs wesentlich schneller abschalten als solche mit Bipolartransistoren. MOSFETs erfordern ferner keinen Steuerstrom im statischen Betrieb und weisen keinen zweiten Durchbruch auf. Die Schaltzeit wird durch die Eingangs- und Miller-Kapazität sowie den Gatebahnwiderstand und den Innenwiderstand der Treiberschaltung bestimmt. Insbesondere bei niederohmiger Ansteuerung ist darüber hinaus die im Steuer- und im Ausgangskreis wirksame *Zuleitungsinduktivität* zu beachten.

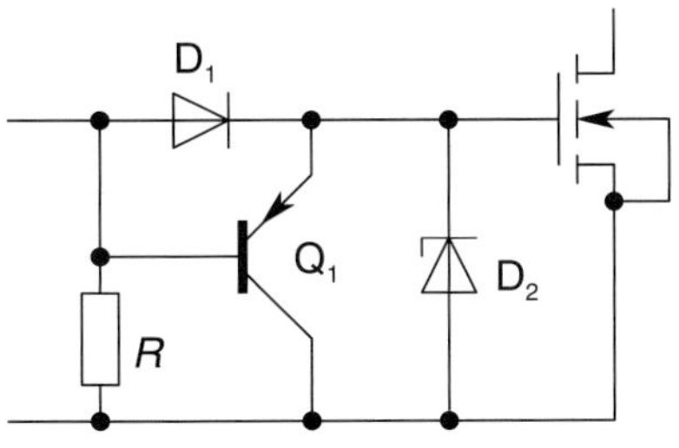

Abb. 23.10. Abschaltnetzwerk

Der Ausschaltvorgang kann durch ein aktives *Abschaltnetzwerk* entsprechend Abb. 23.10 beschleunigt werden. Dabei bezeichnet D1 eine Gleichrichterdiode (z. B. 1N4148), D2 eine Z-Diode mit $V_{\mathrm{ZN}} < V_{\mathrm{GSmax}}$ und R einen Widerstand mit ca. 1 kΩ. Beim Einschalten leitet D1 und die EB-Diode von Q1 sperrt. Beim Ausschalten sperrt D1, Transistor Q1 wirkt als Emitterfolger und stellt einen niederohmigen Pfad vom Gateknoten zu Masse bereit.

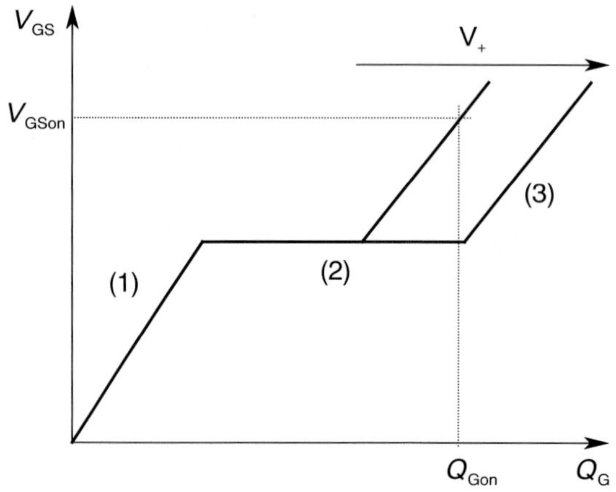

Abb. 23.11. Gatespannung als Funktion der Gateladung (schematisch)

Gateladung. Für die Dimensionierung von Treiberschaltungen ist die mit dem Schaltvorgang verbundene Änderung der Gateladung von Bedeutung. In Datenblättern wird diesbezüglich meist für einen gegebenen Schaltstrom I_D die Gatespannung V_{GS} als Funktion der Gateladung Q_G aufgetragen (Abb. 23.11)). Der gestufte Verlauf erklärt sich folgendermaßen: Im Bereich (1) ist die Schwellspannung zunächst noch nicht erreicht – der Wert von V_{GS} wächst mit Q_G an, überschreitet die Schwellspannung und nimmt so lange zu, bis der Transistor den spezifizierten Drainstrom führen kann. Im Bereich (2) beginnt der Drainstrom I_D zu fließen und V_{DS} nimmt ab – die in diesem Bereich aufgebrachte Gateladung dient vornehmlich zum Umladen von c_{gd}. Die hierzu erforderliche Ladung, und damit die Breite des „Plateaus", nimmt mit der zu schaltenden Spannung V_+ zu (Abb. 23.11)). Nach Umladen von c_{gd} wird die Eingangskapazität weiter auf die maximale Spannung V_{GSon} aufgeladen (3).

Ist die beim Schaltvorgang aufzubringende Gateladung Q_{Gon} bekannt, so läßt sich der erforderliche Steuerstrom i_G aus der gewünschten Schaltzeit t_s berechnen

$$i_G = Q_{Gon}/t_s \,. \tag{23.1}$$

Die bei periodischem Betrieb mit der Frequenz f von der Treiberschaltung aufzubringende Steuerleistung beträgt effektiv

$$P = Q_{Gon} V_{GSon} f \,. \tag{23.2}$$

Beispiel 23.1.1 Mit $Q_{Gon} = 20\,\mathrm{nC}$ bei $V_{GS} = 10\,\mathrm{V}$ und $I_D = 15\,\mathrm{A}$ sowie einer geforderten Schaltzeit von 100 ns muß der Treiber den Steuerstrom

$$i_G = 20\,\mathrm{nC}/100\,\mathrm{ns} = 200\,\mathrm{mA}$$

liefern; die Steuerleistung bei einer Schaltfrequenz $f = 500\,\mathrm{kHz}$ beträgt dann

$$P = 20\,\mathrm{nC} \cdot 10\,\mathrm{V} \cdot 500\,\mathrm{kHz} = 100\,\mathrm{mW} \,.$$

Von einer „leistungslosen" Ansteuerung des MOSFET kann also nur bei Gleichbetrieb gesprochen werden. Δ

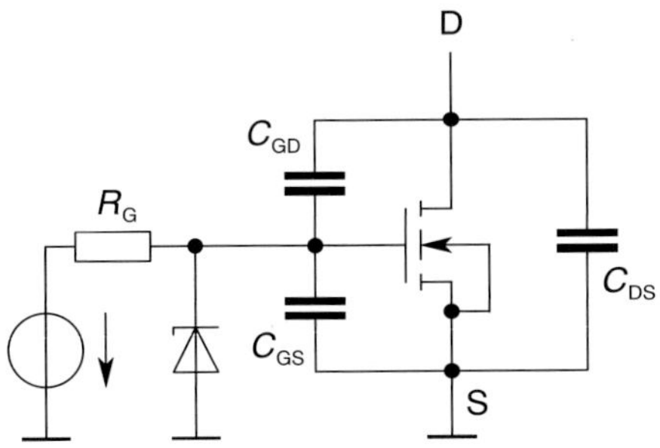

Abb. 23.12. Zur Erläuterung kapazitiver Effekte im Schaltfall

Kapazitive Effekte. Änderungen der Spannung im Ausgangskreis wirken sich durch kapazitive Kopplung auch auf die Steuerspannung V_{GS} im Eingangskreis aus. Zur Erläuterung wird Abb. 23.12 betrachtet. Wird das Gate des MOSFET hochohmig angesteuert, so bedingt ein Spannungshub ΔV_{DS} im Ausgangskreis eine durch das kapazitive Teilerverhältnis bestimmte Änderung der Eingangsspannung

$$\Delta V_{GS} = \frac{c_{gd}}{c_{gd} + c_{gs}} \Delta V_{DS} \approx \frac{c_{rss}}{c_{iss}} \Delta V_{DS} ,$$

die mit der Zeitkonstanten $R_G C_{iss}$ abklingt. Mit den typischen Werten $c_{rss} = 250\,\text{pF}$ und $c_{iss} = 1400\,\text{pF}$ folgt aus $\Delta V_{DS} = 100\,\text{V}$ beispielsweise $\Delta V_{GS} = 16.4\,\text{V}$. Die eingekoppelte Spannung ΔV_{GS} kann einen MOSFET kurzfristig einschalten, obwohl die Steuerspannung auf null liegt. In ungünstigen Fällen kann die Spannung so groß werden, daß die zulässige Gate-Source-Spannung BV_{GSS} überschritten und der MOSFET zerstört wird. Um diesbezügliche Probleme zu vermeiden, kann eine Z-Diode zwischen Gate und Source des MOSFET geschaltet werden. Außerdem sollte der Ausgangswiderstand der Treiberschaltung R_G möglichst gering gewählt werden.

Bulk-Drain-Diode. Bei Anwendungen, in denen die Bulk-Drain-Diode flußgepolt wird, ist die *Rückwärtserholzeit* t_{rr} zu beachten, während der die Diode als unerwünschter Kurzschluß wirkt. Wie bei der pn-Gleichrichterdiode ist t_{rr} abhängig vom abzuschaltenden Flußstrom I_F. Die Rückwärtserholzeit ist typabhängig und liegt je nach Sperrspannung des Transistors im Bereich zwischen ca. 100 ns und ca. 2 µs.

Die Bulk-Drain-Diode kann als *Freilaufdiode* z. B. in Motorsteuerungen eingesetzt werden. Bei schneller Kommutierung (di/dt groß) kann es dabei zum Einschalten des parasitären Bipolartransistors kommen, was durch Stromeinschnürung und lokale Überhitzung zur Zerstörung des Bauteils führen kann. Dies gilt insbesondere bei Transistoren mit hohen Sperrspannungen und entsprechend großen Sperrverzögerungszeiten. Um dies zu vermeiden wurden spezielle Leistungs-MOSFETs[6] entwickelt, bei denen die Minoritätslebensdauer in der Bulk-Drain Diode durch eine zusätzliche Metalldotierung stark

[6] Sog. FREDFETs – von Fast Recovery Epitaxial Diode FET.

vermindert wird. Dies bewirkt eine deutlich verringerte Speicherladung Q_{rr} und damit eine sehr viel geringere Rückstromspitze während der Kommutierung, so daß der parasitäre Bipolartransistor auch bei schneller Kommutierung nicht einschaltet.

Zuleitungsinduktivitäten. Wegen stets vorhandener Zuleitungsinduktivitäten treten bei schnellen Abschaltvorgängen Spannungsspitzen in v_{DS} auf, die sich kapazitiv auf v_{GS} auswirken und auf diesem Weg zumindest die Schaltgeschwindigkeit vermindern. Maßnahmen diesbezügliche Probleme zu vermeiden zielen auf eine Minimierung der Zuleitungsinduktivitäten (möglichst kurze Leitungen, möglichst geringe Fläche von Leiterschleifen, Einsatz verdrillter Leitungen und ground planes) oder eine Begrenzung der v_{DS}-Spannungsspitze durch eine parallelgeschaltete Z- oder Suppressor-Diode bzw. ein parallelgeschaltetes RC-Glied („snubber“, vgl. Abb. 23.13).

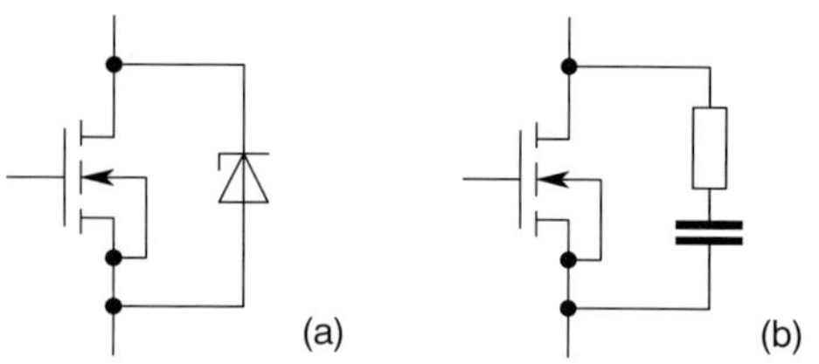

Abb. 23.13. Unterdrückung von Spannungsspitzen mit (**a**) Suppressor-Diode und (**b**) Snubber

Parallelschalten von MOSFETs. MOSFETs lassen sich parallel betreiben, ohne daß eine Instabilität in der Stromverteilung zu befürchten ist. Im Schaltbetrieb können jedoch wegen der Zuleitungsinduktivitäten eine ungleichförmigen Stromverteilung sowie unerwünschte Oszillationen [8] auftreten. Zur Vermeidung sollten die Zuleitungen zu den einzelnen MOSFETs möglichst identisch ausgeführt werden; ergänzend werden die einzelnen Gateanschlüsse mit Dämpfungsperlen versehen oder Gateserienwiderstände verwendet.

Schalten induktiver Lasten. Wird ein MOSFET als Schalter für eine induktive Last eingesetzt, so tritt beim Umschalten eine induzierte Spannung auf. Diese kann wegen der kurzen Schaltzeiten der MOSFETs große Werte annehmen. Beim Ausschalten großer Ströme kann die Drain-Source-Durchbruchspannung BV_{DSS} überschritten werden. Als Folge tritt Avalanche-Durchbruch der Bulk-Drain-Diode auf, der Spannungsabfall zwischen Drain und Source wird damit auf BV_{DSS} begrenzt. Die während dieses Druchbruchs im Transistor umgesetzte Energie

$$W_{\mathrm{A}} = \frac{1}{2} L I_{\mathrm{D}}^2 \frac{BV_{\mathrm{DSS}}}{BV_{\mathrm{DSS}} - V_+}$$

darf nicht zu einer Erwärmung über die maximal zulässige Sperrschichttemperatur hinausführen. Der beim Durchbruch der Bulk-Drain-Diode maximal zulässige Strom I_{AV} und die dabei dissipierbare Energie hängen von der Pulsdauer und damit vom Induktivitätswert ab [9]. In Datenblättern wird zumeist eine Obergrenze für die beim Durchbruch im Bauteil umgesetzte Energie spezifiziert. Begrenzende Faktoren für die Avalanche-Festigkeit sind die durch die Eigenerwärmung bedingte maximale Pulsbelastbarkeit; zusätzlich darf die beim Avalanche-Durchbruch auftretende Stromdichte nicht so groß sein, daß der parasitäre Bipolartransistor eingeschaltet wird. Der letzte Punkt erfordert einen möglichst geringen Basisbahnwidersand des Transistors: Der Schichtwiderstand des p-Typ-Gebiets unter der Source-Elektrode sollte demnach möglichst groß, die laterale Ausdehnung des Source-Gebiets möglichst gering sein.

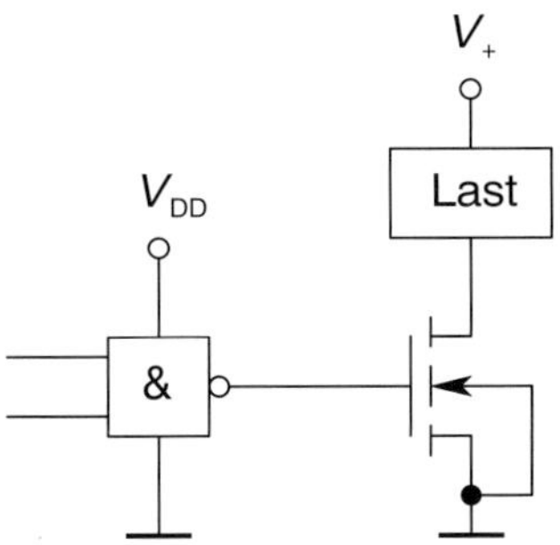

Abb. 23.14. Direkte Ansteuerung eines Leistungs-MOSFET mit Digitalgatter

Ansteuerung mit Logik-Gattern. Leistungs-MOSFETs lassen sich direkt mit den Ausgängen integrierter CMOS-Schaltungen ansteuern. Günstig ist hier eine möglichst große Betriebsspannung[7] der CMOS-Bausteine. Um Leistungs-MOSFETs mit der in der Digitaltechnik üblichen Spannung 5 V wirkungsvoll steuern zu können wurden spezielle Typen mit geringer Schwellspannung (ca. $1 - 2$ V) entwickelt, was um ca. 2 V unter dem Wert für konventionelle Typen liegt. Die R_{DSon}-Werte dieser Typen sind bei $V_{GS} = 5$ V typischerweise gleich groß wie die konventioneller Typen bei $V_{GS} = 10$ V.

Die zum Schalten großer Ströme benötigten MOSFETs weisen eine große Eingangskapazität auf. Um diese im Schaltbetrieb schnell umladen zu können ist es in der Regel zweckmäßig, zwischen den Ausgang des Logik-Gatters und die Gateelektrode des Leistungs-MOSFETs einen CMOS-Treiberbaustein zu schalten.

Stromquellen. Abbildung 23.15 zeigt eine spannungsgesteuerte Stromquelle, die große Ausgangsströme liefern kann und einen sehr geringen Ausgangswiderstand aufweist.

[7] Ist diese zu gering, so muß eine Pegelanpassung vorgenommen werden.

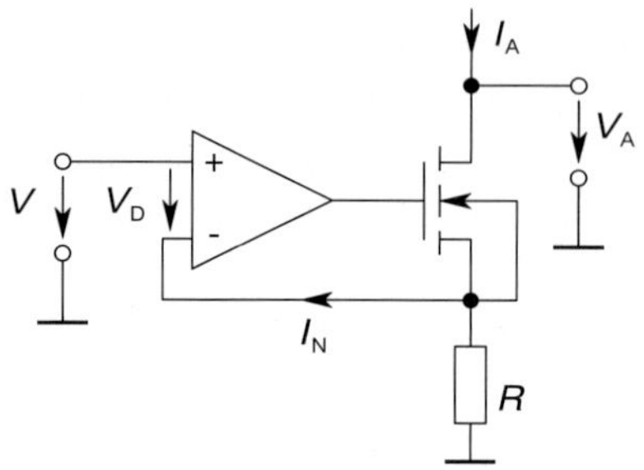

Abb. 23.15. Stromquelle mit MOSFET

Mit $V_D \approx 0$ und $I_N \approx 0$ folgt für den Ausgangsstrom

$$I_A = V/R\,.$$

Der Ausgangswiderstand der Stromquelle kann mit einer Kleinsignalbetrachtung ermittelt werden. Bei konstant gehaltener Eingangsspannung ($\mathrm{d}V = 0$) folgt für die Änderung des Gatepotentials

$$\mathrm{d}V_G = A_D\,\mathrm{d}V_D = -A_D R\,\mathrm{d}I_A\,.$$

Durch Zusammenfassen mit

$$\mathrm{d}I_A = g_m(\mathrm{d}V_G - R\,\mathrm{d}I_A) + g_d(\mathrm{d}V_A - R\,\mathrm{d}I_A)$$

kann $\mathrm{d}V_G$ eliminiert werden, was auf

$$\mathrm{d}I_A = -g_m(A_D+1)R\,\mathrm{d}I_A + g_d\,\mathrm{d}V_A - g_d R\,\mathrm{d}I_A$$

und damit auf den *Ausgangswiderstand*

$$r_a = \frac{\mathrm{d}V_A}{\mathrm{d}I_A} \approx \frac{1+g_m(A_D+1)R+g_d R}{g_d} \approx \frac{g_m}{g_d}A_D\,R$$

führt. Diese Beziehung gilt wegen des Frequenzgangs der Differenzverstärkung des OPV (vgl. Kap. 6) nur bei sehr geringen Frequenzen. Bei höheren Frequenzen folgt mit dem Spannungsübertragungsfaktor $\underline{a}_d$ des Operationsverstärkers die frequenzabhängige Ausgangsimpedanz

$$\underline{Z}_a = \frac{g_m}{g_d}R\,\underline{a}_d = \frac{g_m}{g_d}\frac{RA_D}{1+\mathrm{j}f/f_{co}}\,.$$

MOSFETs mit Sicherungswirkung. Kommt es zum Lastkurzschluß, so kann ein MOSFET-Schalter überlastet und zerstört werden. Dies läßt sich durch eine externe Schutzbeschaltung vermeiden. In der Regel wird dazu ein geringer Widerstand in Serie zum MOSFET geschaltet und der Spannungsabfall an diesem Widerstand abgegriffen. Überschreitet dieser einen bestimmten Wert, so wird über eine Komparatorschaltung die Spannung V_{GS} auf null gelegt, wodurch der Leistungs-MOSFET stromlos wird. Eleganter sind MOSFETs mit integriertem Überlastschutz, die im Überlastfall automatisch in den Sperrzustand übergehen. Ein Beispiel derartiger Bauelemente sind die als TOP-

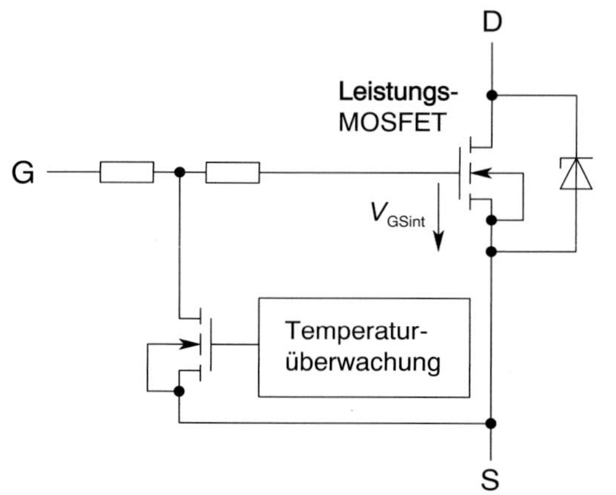

Abb. 23.16. MOSFET mit integriertem Überlastschutz

FET[8] bezeichneten Leistungs-MOSFETs der Fa. Philips. Diese verfügen über einen integrierten Temperatursensor, der ständig die Chiptemperatur überwacht. Bei Überschreiten einer Grenztemperatur oder bei Überschreiten einer bestimmten Anstiegsgeschwindigkeit der Temperatur wird die intern am MOSFET anliegende Gatespannung V_{GSint} von einem ebenfalls mitintegrierten Flipflop auf null gelegt. Dieser Zustand des Flipflops bleibt auch nach Beenden der Überlastsituation bis zum Reset erhalten. TOPFETs können als dreipolige Bausteine im TO220-Gehäuse konventionelle Leistungs-MOSFETs direkt ersetzen. Die Versorgung der Schutzschaltung ist dabei mit dem Gate verbunden (Abb. 23.16), der Reset erfolgt durch Nullsetzen der externen Gatespannung V_{GS} und damit der Versorgungsspannung des Flipflop. Daneben sind TOPFETs mit fünf Anschlüssen verfügbar, die eine größere schaltungstechnische Flexibilität ermöglichen, da hier der Reset über einen separaten Anschluß erfolgen kann und außerdem ein Ausgangssignal bereitgestellt wird, das die ansprechende Sicherung meldet.

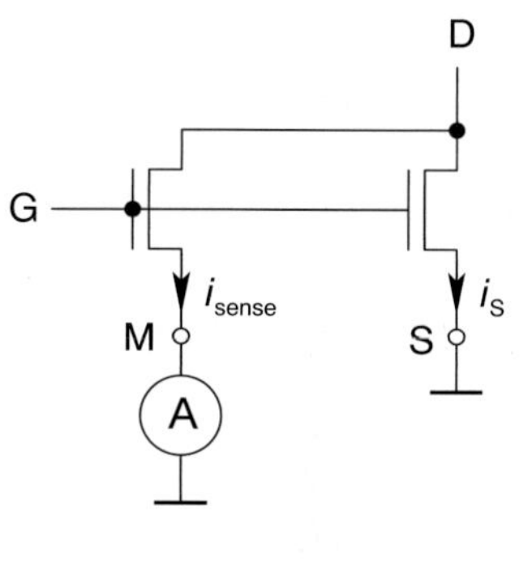

Abb. 23.17. Leistungs-MOSFET mit integriertem Stromspiegel zur Kontrolle des Ausgangsstroms

In sog. SENSEFETs [10, 11] besitzen einige der parallel geschalteten MOSFETs einen separaten Source-Anschluß. Über diesen läßt sich der im MOSFET fließende Strom ermitteln, da die Anordnung als *Stromspiegel* arbeitet

[8] Abkürzend für Temperature and Overload Protected FET.

(vgl. Abb. 23.17). Typische Werte für das Spiegelverhältnis liegen bei 1:1000. Um den durch den Transistor fließenden Strom zu ermitteln, muß hier nicht der Spannungsabfall an einem zusätzlichen Serienwiderstand bestimmt werden, was sich günstig auf die Verlustleistung auswirkt.

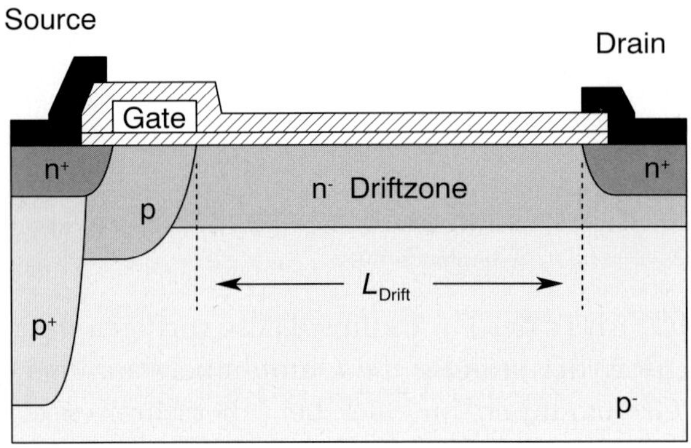

Abb. 23.18. Prinzipieller Aufbau eines lateralen DMOSFET

23.2 Laterale DMOSFETs

Abbildung 23.18 zeigt den prinzipiellen Aufbau eines lateralen DMOSFET (LDMOSFET), bei dem Source- und Drainkontakt auf der Chipoberseite ausgeführt werden. Über dem schwach p-dotierten Substrat wird dabei eine schwach n-dotierte Schicht epitaktisch abgeschieden, die als *Driftzone* zwiscehn dem Kanal und dem Drainkontakt wirkt und über der im Sperrfall die angelegte Spannung abfällt. Dotierstoffkonzentration und Länge L_{Drift} dieses Gebiets sind maßgeblich für die Durchbruchspannung. Feldspitzen im Randbereich können durch ein ringförmiges Layout vermieden werden. Als Nachteil der lateralen Anordnung ist der im Vergleich zur vertikalen Anordnung große Flächenverbrauch zu sehen. Dies gilt insbesondere falls große Durchbruchspannungen gefordert sind, wie das folgende Zahlenbeispiel zeigt.

Beträgt die Länge der Driftzone, wie im Fall des in [12] untersuchten 1200 V Prozesses, 120 µm und kann der Transistor 0.1 mA Drainstrom je µm Kanalweite liefern, so muß die Kanalweite für den Strom $I_{\mathrm{D}} = 5\,\mathrm{A}$ mindestens $W = 5 \cdot 10^4\,\mu\mathrm{m}$ betragen; der Flächenverbrauch des Transistors ist dann bei Annahme einer rechteckförmigen Driftzone jedenfalls größer als $LW = 6 \cdot 10^6\,\mu\mathrm{m}^2$ bzw. $6\,\mathrm{mm}^2$.

Schalter für große Ströme werden deshalb besser mit vertikalen MOSFETs realisiert: Laterale DMOSFETs eignen sich für Anwendungen im Hochfrequenzbereich [2, 13]; sie kommen auch für die Integration von Leistungstransistoren in Smart-Power ICs in Betracht; insbesondere falls nur begrenzte Stromwerte verlangt werden.

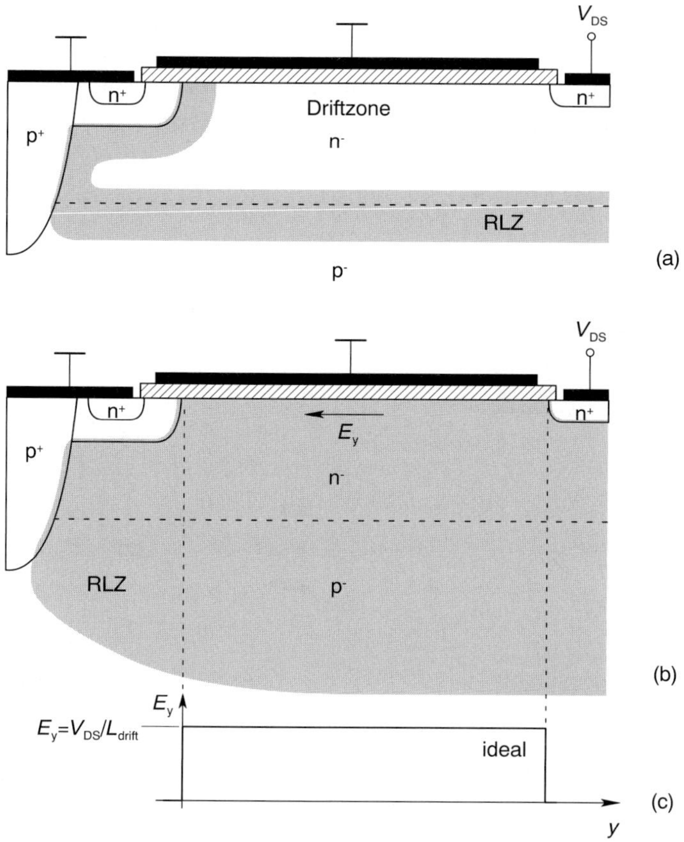

Abb. 23.19. RESURF-Prinzip zur Reduktion der maximalen Feldstärke in der Driftzone. (**a**) Kleines V_{DS}, (**b**) großes V_{DS} in der Nähe der Durchbruchspannung. Durch die Ausdehnung der Raumladungszone in das p^--Substrat verteilt sich der Spannungsabfall V_{DS} entlang der Si-SiO_2-Grenzfläche gleichförmiger über das n^--Gebiet, so daß der für den Durchbruch maßgebliche Maximalwert der Feldstärke verringert wird, (**c**) idealer Feldstärkeverlauf in der Driftregion

Für große Durchbruchspannungen sollte der Spannungsabfall V_{DS} möglichst gleichförmig über die Driftzone verteilt werden, damit der für den Durchbruch maßgebliche Wert der maximalen elektrischen Feldstärke bei gegebenem V_{DS} möglichst gering bleibt. Ideal wäre demnach eine Feldverteilung wie in Abb. 23.19 c dargestellt. Diese Situation kann durch Anwenden des RESURF-Prinzips näherungsweise erreicht werden. Dabei werden Dicke und Dotierstoffkonzentration der n^--Epischicht so gewählt, daß die Epischicht bereits vor Erreichen der geforderten Blockierspannung verarmt ist (Abb. 23.19 b). Die ausgedehnte Raumladungszone im p^--Substrat mit ihrer negativen Raumladung beeinflußt dann die Feldverhältnisse in der Driftzone und ermöglicht damit eine annähernd gleichförmig über den Kanal verteilte elektrische Feldstärke. Mit Epidicken im Bereich von ca. 10 µm und gut aufeinander abgestimmten Dotierstoffkonzentrationen in n^--Epischicht und p^--Substat können laterale DMOSFETs mit Durchbruchspannungen größer 1.2 kV hergesellt werden [12]. Prinzipiell ließen sich zwar auch laterale MOSFETs für größere Sperrspannungen realisieren, dies ist jedoch wegen des großen Flächenbedarfs i.allg. nicht sinnvoll.

23.3 IGBTs

IGBTs[9] kombinieren MOSFET und Bipolartransistor in einem Bauelement und ermöglichen eine im statischen Betrieb leistungslose Ansteuerung [14]. IGBTs werden als Schalter beispielsweise in der Kfz-Technik (Zündungen), als Frequenzumrichter für Drehstromantriebe, in Schaltnetzteilen größerer Leistung, etc. eingesetzt.

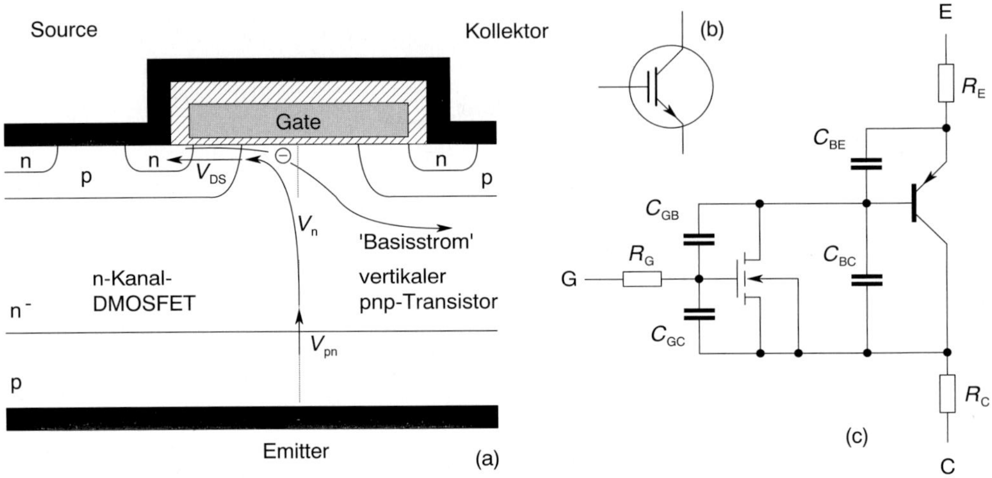

Abb. 23.20. IGBT. (**a**) Querschnitt (Ausschnitt, schematisch), (**b**) Schaltzeichen und (**c**) Ersatzschaltung

Der Querschnitt eines IGBT entspricht dem eines vertikalen DMOSFET an dessen Rückseite jedoch ein zusätzlicher pn-Übergang angebracht ist. Auf diesem Weg entstehen vertikale pnp-Tansistoren, deren Basisstrom über einen n-Kanal-MOSFET gesteuert wird (Abb. 23.20). IGBTs sind Leistungs-MOSFETs bei hohen Sperrspannungen (typischerweise 600 V und mehr) überlegen, da reine MOSFETs als Folge der niedrigen Draindotierung hier einen großen Wert von R_{DSon} aufweisen. In IGBTs wird das niedrig dotierte Gebiet im Durchlaßzustand jedoch mit Ladungsträgern überschwemmt und niederohmig (Leitfähigkeitsmodulation), so daß bei hochsperrenden Schaltern mit IGBTs geringere Spannungsabfälle auftreten als an entsprechenden MOSFET-Schaltern (Abb. 23.21).

Ein typisches Beispiel ist der IGBT BUP 202. Dieser weist eine zulässige Kollektor-Emitter-Sperrspannung $V_{\mathrm{CE}} = 1000\,\mathrm{V}$ und eine zulässige Verlustleistung von 100 W auf (bei der Gehäusetemperatur $\vartheta_{\mathrm{C}} = 25°\mathrm{C}$). Bei einer Steuerspannung $V_{\mathrm{GE}} = 15\,\mathrm{V}$ und $I_{\mathrm{C}} = 5\,\mathrm{A}$ tritt zwischen Kollektor und Emitter die Sättigungsspannung mit typisch $V_{\mathrm{CEsat}} = 2.8\,\mathrm{V}$ auf. Der Wert von V_{CEsat} nimmt mit der Temperatur zu und liegt bei 125°C typischerweise bei 3.8 V. Die Schaltzeiten liegen in der Größenordnung von 20 ns (Einschalten) und 100 ns bis 200 ns (Ausschalten).

[9]Von englisch: Insulated Gate Bipolar Transistor.

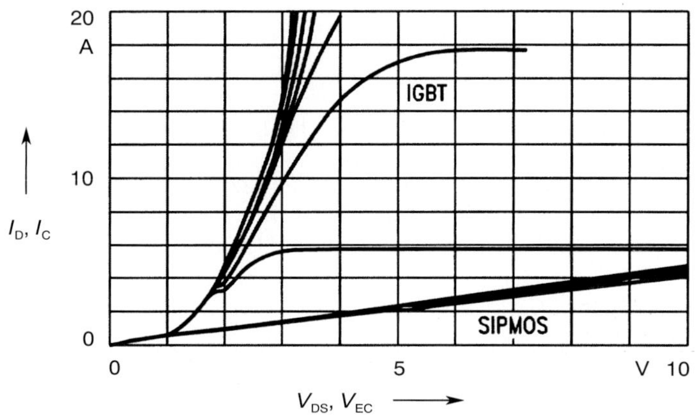

Abb. 23.21. Vergleich der Ausgangskennlinien von IGBT und DMOSFET (nach [15])

Im Gegensatz zum Leistungs-MOSFET liegt beim IGBT zwischen Emitter (Source) und Kollektor (Drain) keine pn-Diode sondern eine pnp-Schichtfolge vor, so daß der IGBT in beide Richtungen sperrfähig ist. Der Spannungsabfall über dem IGBT setzt sich zusammen aus dem Spannungsabfall V_{DS} über dem MOSFET, dem Spannungsabfall V_n über der Basis und dem Spannungsabfall V_{pn} an der EB-Diode (Abb. 23.20 a). Da die EB-Diode erst leitend wird, wenn V_{pn} die Schleusenspannung erreicht, und da V_{DS} und V_n im Bereich kleiner Ströme für $V_{GS} \gg V_{TH}$ vernachlässigt werden können, zeigen IGBTs zunächst eine Ausgangskennlinienverlauf wie eine Diode (Abb. 23.21).

Tailstrom. Beim Abschalten eines IGBT muß die Diffusionsladung in den Bahngebieten abgebaut werden, was sich in einem im Vergleich zum MOSFET langsameren Abfall des Stroms auswirkt (Abb. 23.22). Die damit verbundenen, sog. *Tailverluste* sind insbesondere bei höheren Taktfrequenzen zu berücksichtigen.

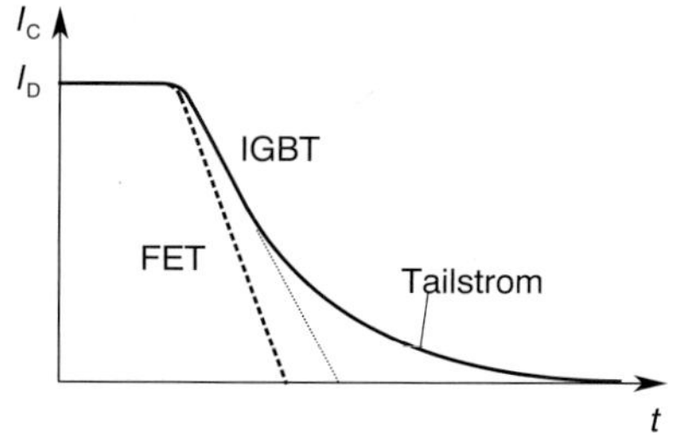

Abb. 23.22. IGBT, Ausschaltverhalten (vereinfacht)

Da geringe Einschaltwiderstände bei großen zulässigen Sperrspannungen prinzipiell eine große Diffusionsladung in der Basis (Driftregion) erfordern, muß bei der Entwicklung eines IGBT ein Kompromiß zwischen kurzen Abschaltzeiten und geringen Einschaltwiderständen gefunden werden. Prinzipiell werden zwei Ansätze unterschieden: Der in Abb. 23.20 skizzierte NPT-Typ und der PT-Typ mit zusätzlicher n^+-Schicht.

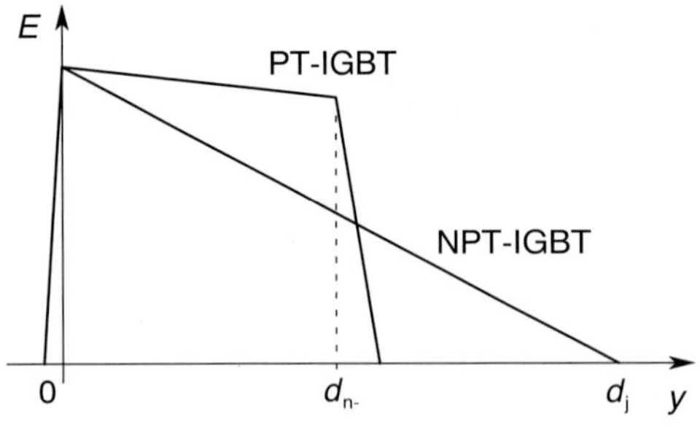

Abb. 23.23. Feldstärkeverlauf (schematisch) in IGBTs vom Punchthrough- (PT) und Nonpunchphrough-Typ (NPT). Die Dotierung der n^-Zone wurde im PT-Typ geringer als im NPT-Fall angenommen

NPT-IGBTs. Bei dem in Abb. 23.20 skizzierten IGBT vom NPT-Typ (Non-Punchthrough) verläuft die Raumladungszone bei Erreichen der maximal zulässigen Sperrspannung noch im schwach dotierten n-Basisgebiet.

PT-IGBTs. Punchthrough-IGBTs (PT-IGBTs) weisen eine vergleichsweise dünne niedrig dotierte Basiszone auf, die über einer dünnen n^+-dotierten Schicht angeordnet ist.

Abbildung 23.23 skizziert den prinzipiell unterschiedlichen Feldstärkeverlauf in den beiden Typen im Fall $V_{CE} < 0$: Während die Dicke der n^- Schicht beim NPT-Typ größer sein muß als d_j wird diese beim PT-Typ so gering gewählt, daß sie bei Erreichen der Durchbruchspannung vollständig verarmt ist. Die n^+ Schicht verhindert einen Punchthrough des pnp-Tansistors im Sperrbetrieb und wirkt wegen der kürzeren Minoritätslebensdauer im stark dotierten Silizium als Senke für Minoritäten: Die Diffusionsladung wird deshalb schneller abgebaut, Tail-Verluste werden verringert. Die Sperrfähigkeit für $V_{CE} > 0$ ist bei PT-IGBTs im Vergleich zu NPT-Typen deutlich eingeschränkt, da die Durchbruchspannung der dann sperrgepolten Basis-Kollektor-Diode vergleichsweise gering ist.

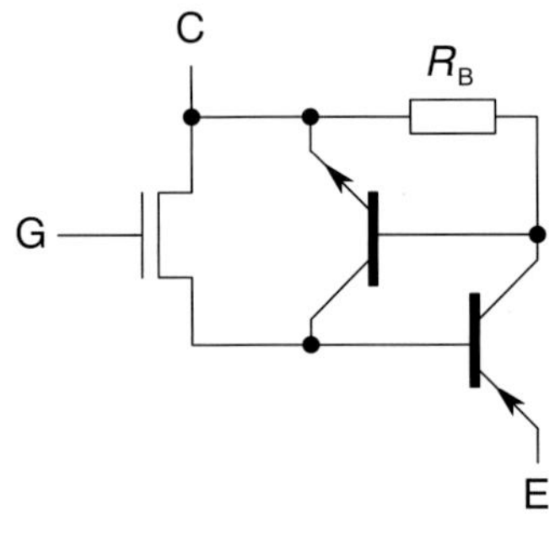

Abb. 23.24. IGBT, Latchup

Latchup. In Verbindung mit dem parallel zum n-Kanal-MOSFET liegenden parasitären npn-Transistor (Abb. 23.24) bildet der IGBT einen Thyristor, der zu *Latchup* führen kann. Der Strom zwischen Kollektor und Emitter ist bei Auftreten von Latchup nicht mehr über das Gate steuerbar – der IGBT wird dann häufig überlastet und zerstört. Zum Latchup kommt es in der Regel, wenn der Spannungsabfall im Bulkgebiet (in der Ersatzschaltung nach Abb. 23.24 am Widerstand R_B) größer wird als die Schleusenspannung der EB-Diode des npn-Transistors. Der Flächenwiderstand des unter dem Sourcekontakt liegenden Bulkgebietes wird deshalb so gering wie möglich gewählt. Durch diese Maßnahmen kann Latchup unter realistischen Schaltbedingungen weitgehend ausgeschlossen werden.

Anwendung: Zündanlagen in Kraftfahrzeugen. IGBTs werden beispielsweise in elektronisch gesteuerten Zündanlagen verwendet. Der IGBT wird dabei von einem Mikrokontroller angesteuert und schaltet den Strom durch die Primärseite der Zündspule. Bei dieser Anwendung ist eine kleine Sättigungsspannung von besonderer Bedeutung: Da die Versorgungsspannung unter ungünstigen Umständen (beim Anlassen in der Kälte) auf unter 6 V abnehmen kann, sollte die Sättigungsspannung beim maximalen Spulenstrom nicht über 2 V liegen. An der Spule tritt dann zumindest der Spannungsabfall 4 V auf, was bei einem typischen Widerstand der Primärwicklung von 0.5 Ω auf einen Mindeststrom von 8 A führt. Die damit verbundene Energie[10] $W = L\,I^2/2$ wird beim Abschalten des IGBT im Sekundärkreis unter Bildung des Zündfunkens abgebaut. Wird die Zündkerze jedoch (unbeabsichtigt) abgeklemmt, so muß der IGBT in der Lage sein, die in der Zündspule gespeicherte Energie abzuleiten. Zu diesem Zweck wird der IGBT in der Regel mit einer *Schutzbeschaltung* versehen, die die Spannungen zwischen Gate und Emitter bzw. Kollektor begrenzt und in speziellen Bausteinen bereits mitintegriert ist.

Das PSPICE-Modell des IGBT

In PSPICE ist eine IGBT-Modellanweisung verfügbar (Kennbuchstabe der Elementanweisung: Z), die dem in [16–19] beschriebenen Modell entspricht. Die Elementanweisung beginnt mit dem Kennbuchstaben `Z` und weist die vom Bipolartransistor bekannte Form

```
Zname   K_c   K_g   K_e   Mname
```

auf. Die in Tabelle 23.1 aufgeführten Modellparameter werden in einer gesonderten `.MODEL`-Anweisung in der Form

```
.MODEL   Mnam   NIGBT (Modellparameter)
```

aufgelistet. Zur Modellierung wird die in Abb. 23.25 skizzierte Ersatzschaltung verwendet.

Der Strom i_{MOS} durch den MOSFET wird unter Berücksichtigung der Abhängigkeit der Beweglichkeit von der Feldstärke E_x senkrecht zur Stromflußrichtung beschrieben. Der Substhresholdstrom wird nicht erfaßt, d.h. $i_{MOS} = 0$ für $V_{GS} < V_{TH}$. Für Spannungen V_{GS} oberhalb der Einsatzspannung wird der Ansatz

[10] Mit Induktivitätswerten von typischerweise 5 mH ergibt sich eine gespeicherte Energie $W \approx 160$ mJ.

Tabelle 23.1 Parameter des PSPICE IGBT-Modells

Bedeutung	Parameter	Einheit	Ersatzwert
Gate-Drain-Überlapp	A_{GD}, AGD	m^2	$5 \cdot 10^{-6}$
Fläche	A, AREA	m^2	10^{-5}
Avalanchefaktor	B_{VF}, BVF	–	1
Avalancheexponent	B_{VN}, BVN	–	4
GS-Kapazität (flächenspez.)	C_{GS}, CGS	$\mathrm{F/cm}^2$	$1.24 \cdot 10^{-8}$
GD-Kapazität (flächenspez.)	C_{OXD}, COXD	$\mathrm{F/cm}^2$	$3.5 \cdot 10^{-8}$
Sättigungsstromdichte	J_{SNE}, JSNE	$\mathrm{A/cm}^2$	$6.5 \cdot 10^{-13}$
Sättigungskoeffizient	K_{F}, KF	–	1
Elektronenbeweglichkeit	μ_{n}, MUN	$\mathrm{cm}^2/(\mathrm{Vs})$	$1.5 \cdot 10^3$
Löcherbeweglichkeit	μ_{p}, MUP	$\mathrm{cm}^2/(\mathrm{Vs})$	$4.5 \cdot 10^2$
Basisdotierung	N_{B}, NB	cm^{-3}	$2 \cdot 10^{14}$
Lebensdauer	τ, TAU	s	$7.1 \cdot 10^{-6}$
Beweglichkeitsmodulationsparameter	Θ, THETA	1/V	0.02
Einsatzspannung	V_{TH}, VT	V	4.7
metallurgische Basisweite	W_{B}, WB	m	$9 \cdot 10^{-5}$

$$i_{\mathrm{MOS}} = \frac{K_{\mathrm{F}} K_{\mathrm{P}} (V_{\mathrm{GS}} - V_{\mathrm{TH}} - K_{\mathrm{F}} V_{\mathrm{DS}}/2) V_{\mathrm{DS}}}{1 + \Theta (V_{\mathrm{GS}} - V_{\mathrm{TH}})} \tag{23.3}$$

verwendet, falls $V_{\mathrm{DS}} \leq (V_{\mathrm{GS}} - V_{\mathrm{TH}})/K_{\mathrm{F}}$ gilt (Widerstandsbereich) und

$$\frac{K_{\mathrm{P}} (V_{\mathrm{GS}} - V_{\mathrm{TH}})^2}{2 [1 + \Theta (V_{\mathrm{GS}} - V_{\mathrm{TH}})^2]} \tag{23.4}$$

falls $V_{\mathrm{DS}} > (V_{\mathrm{GS}} - V_{\mathrm{TH}})/K_{\mathrm{F}}$ gilt (Sättigung). Der Parameter Θ hat dabei dieselbe Bedeutung wie im LEVEL3-Modell, der zusätzlich eingeführte Parameter K_{F} ist dimensionslos und von der Größenordnung Eins; er ermöglicht eine verbesserte Beschreibung des Kennlinienverlaufs im Widerstandsbereich.

Im Vergleich zu konventionellen Bipolartransistoren weist der in der IGBT-Struktur integrierte pnp-Transistor eine niedrig dotierte und sehr dicke Basis auf. Dies muß bei der Modellierung berücksichtigt werden und führt zu Strom-Spannungsbeziehungen, die sich nicht durch das Gummel-Poon-Modell ausdrücken lassen.

i_{BSS} beschreibt die Rekombination im Basis- und Emitterbahngebiet

$$i_{\mathrm{BSS}} = \frac{q_{\mathrm{EB}}}{\tau} + \left(\frac{q_{\mathrm{EB}}}{Q_{\mathrm{B}}}\right)^2 \frac{4 N_{\mathrm{B}}^2}{n_{\mathrm{i}}^2} I_{\mathrm{SNE}} \tag{23.5}$$

wobei $I_{\mathrm{SNE}} = J_{\mathrm{SNE}} \cdot$AREA und q_{EB} die im Basisgebiet gespeicherte Ladung bezeichnet; die Ladung Q_{B} ist proportional zum Basisvolumen AW und der Ladungsdichte eN_{scl} in der BC-Raumladungszone. Wie bei der PIN-Diode (vgl. Kap. 15.2) ist die Rekombination in der Basis proportional zu q_{EB}, die Injektion in den Emitter proportional zu q_{EB}^2.

Der Transferstrom wird unter Berücksichtigung des ambipolaren Transports durch die Stromquelle i_{CSS} beschrieben [18]

$$i_{\mathrm{CSS}} = \begin{cases} 0 & \text{für} \quad v_{\mathrm{EB}} \leq 0 \\ \dfrac{\mu_{\mathrm{p}}}{\mu_{\mathrm{n}} + \mu_{\mathrm{p}}} i_{\mathrm{C}} + \dfrac{\mu_{\mathrm{n}}}{\mu_{\mathrm{n}} + \mu_{\mathrm{p}}} \dfrac{4 V_T \mu_{\mathrm{p}}}{W^2} q_{\mathrm{EB}} & \text{für} \quad v_{\mathrm{EB}} \geq 0 \end{cases} \tag{23.6}$$

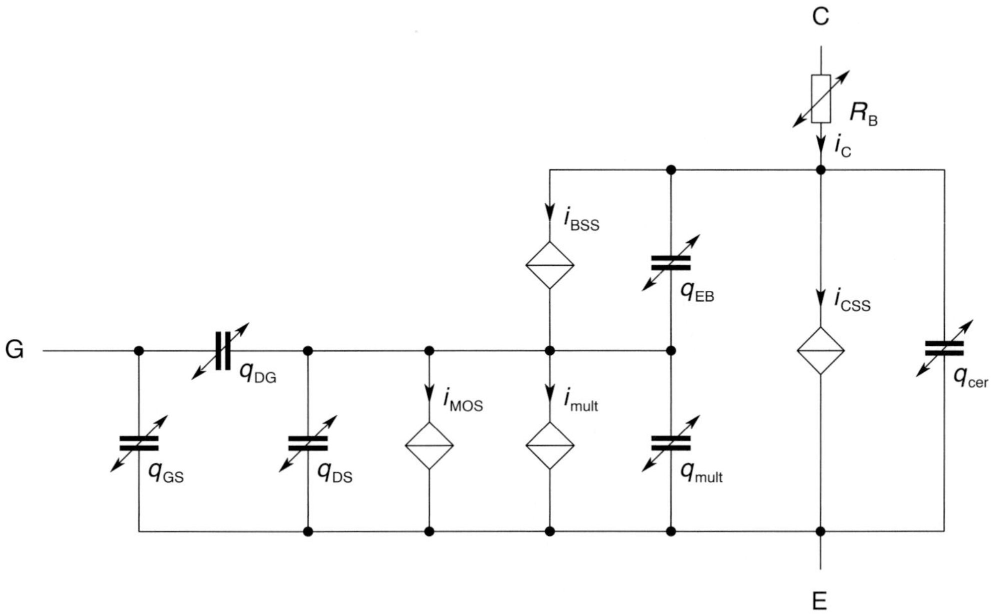

Abb. 23.25. Ersatzschaltung des in PSPICE implementierten Modells von Hefner

Die Basisweite W errechnet sich dabei aus der in der `.MODEL`-Anweisung spezifizierten metallurgischen Basisweite W_B abzüglich der Ausdehnung der BC-Sperrschicht.

Der durch Generation in der Raumladungszone vor Drain bedingte Strom wird durch die Stromquelle $i_\mathrm{mult} = (M-1)(i_\mathrm{MOS} + i_\mathrm{CSS}) + M\, i_\mathrm{gen}$ beschrieben, wobei der Multiplikationsfaktor mit den Parametern B_VF und B_VN über einen Miller-Ansatz berechnet wird.

Eine vollständige Darstellung des Modells würde den Rahmen sprengen, zur Illustration der Zusammenhänge wird ein reiner Gleichbetrieb mit $I_\mathrm{mult} = 0$ betrachtet. In diesem Fall folgt aus dem Knotensatz $I_\mathrm{MOS} = I_\mathrm{BSS}$ und $I_\mathrm{C} = I_\mathrm{CSS} + I_\mathrm{BSS}$. Die erste Beziehung zusammen mit (23.5) erlaubt es Q_EB durch I_MOS auszudrücken

$$Q_\mathrm{EB} = Q_x \left(\sqrt{1 + \frac{2 I_\mathrm{MOS} \tau}{Q_x}} - 1 \right) \quad \text{mit} \quad Q_x = \frac{Q_\mathrm{B}^2 n_\mathrm{i}^2}{8 N_\mathrm{B}^2 I_\mathrm{sne} \tau} . \tag{23.7}$$

Mit diesem Ergebnis und $D_\mathrm{p} = V_T \mu_\mathrm{p}$ liefert die zweite Beziehung zusammen mit (23.6) den folgenden Zusammenhang zwischen I_C und I_MOS

$$I_\mathrm{C} = \frac{4 D_\mathrm{p}}{W^2}\, Q_\mathrm{EB} + \frac{\mu_\mathrm{n} + \mu_\mathrm{p}}{\mu_\mathrm{n}}\, I_\mathrm{MOS}$$

wobei $W^2/4D_\mathrm{p}$ die Basistransitzeit bei hohen Stromdichten angibt (vgl. Kap. 16.2.9). Im Fall kleiner Ströme kann die Wurzel in (23.7) entwickelt werden und es folgt $I_\mathrm{C} \sim I_\mathrm{MOS}$; bei großen Strömen ergibt sich ein Anstieg $I_\mathrm{C} \sim \sqrt{I_\mathrm{MOS}}$, die Stromverstärkung des pnp-Transistors fällt dann wegen der aus Kap. 16 bekannten Hochinjektionseffekte.

23.4 MOS-gesteuerte Thyristoren (MCTs)

MOS-gesteuerte Thyristoren (MCTs) [20] weisen einen geringeren Spannungsabfall im Durchlaßzustand auf als vergleichbare IGBTs. Diese noch nicht sehr lange verfügbaren Bauelemente stellen damit eine Alternative zu IGBTs und GTOs bei großen Schaltströmen dar. Die Stromdichte bei einem Spannungsabfall von ca. 1.3 V beträgt hier typischerweise $100\,\mathrm{A/cm^2}$.

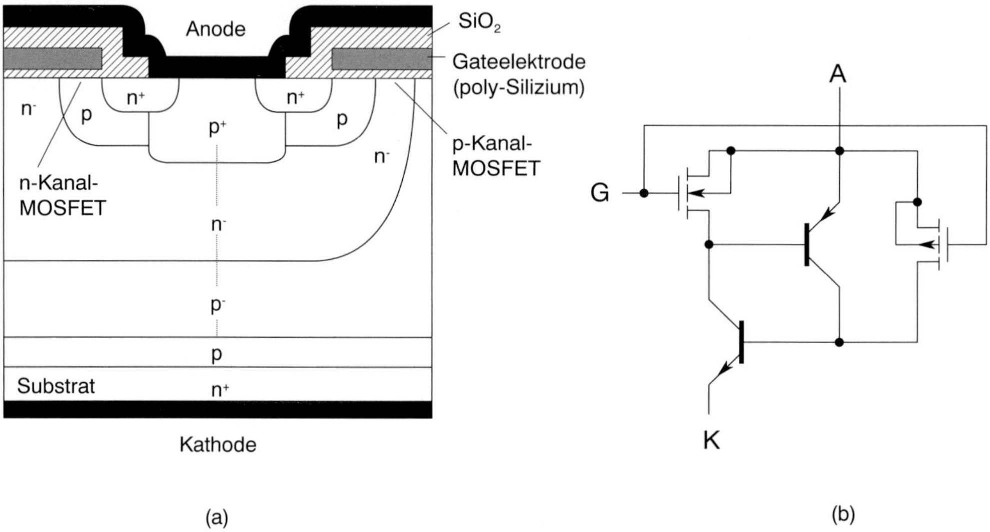

Abb. 23.26. MOS-gesteuerter Thyristor. **(a)** Zelle und **(b)** Ersatzschaltung (nach [21])

MCTs sind wie Leistungs-MOSFETs aus sehr vielen (Größenordnung 10^5) parallel geschalteten Elementen aufgebaut. Abildung 23.26 a zeigt das Aufbauschema eines solchen Elements, die zugehörige Ersatzschaltung ist in Abb. 23.26 b dargestellt. Durch einen negativen Gatespannungspuls wird der p-Kanal-MOSFET eingeschaltet und über diesen der Thyristor gezündet. Durch eine positive Gatespannung wird umgekehrt der n-Kanal-MOSFET niederohmig, wodurch die EB-Diode des pnp-Transistors überbrückt und der MCT abgeschaltet wird. MCTs weisen ein langsameres Abschaltverhalten sowie höhere Schaltverluste auf als IGBTs [22]. Ausgeschaltete MCTs können wie gewöhnliche Thyristoren durch eine schnelle Änderung des Spannungsabfalls zünden ($\mathrm{d}v/\mathrm{d}t$-Triggerung); darüber hinaus ist die Stromanstiegsgeschwindigkeit $\mathrm{d}i/\mathrm{d}t$ Beschränkungen unterworfen, da meist nur ein Bruchteil der Zellen mit einem MOSFET zum Einschalten ausgestattet ist. Deshalb ist wie beim gewöhnlichen Thyristor eine gewisse Zündausbreitungszeit zu beachten. Da MCTs ein sehr feines Layout aufweisen, ist die Chipfläche begrenzt (Ausbeute), MCTs wurden deshalb nur für Schaltströme bis zu ca. 100−200 A realisiert; sie haben bisher keine große Bedeutung erlangt.

23.5 Integration, Smart-Power ICs

Smart-Power ICs nutzen spezielle Prozesse, die die Integration von CMOS-Schaltkreisen und Leistungsbauelementen auf einem Chip erlauben. Ein BCDMOS-Prozeß liegt insbesondere vor, wenn bipolare Elemente (Freilaufdioden, Bipolartransistoren), CMOS-Schaltungen und DMOS-Transistoren auf einem Chip integriert sind. Weiterentwicklungen erlauben darüber hinaus die Integration von Speichern wie EPROMs. Smart-Power ICs sind vor allem für den Spannungsbereich unter 100 V interessant und haben Anwendungen z.B. in der Automobilelektronik, der Audiotechnik, in Motorsteuerungen, für die Ansteuerung von Plasma-Displays oder bei der Herstellung von Schaltnetzteilen [23]. Abhängig vom zu realisierenden Produkt kommen Smart-Power Prozesse unterschiedlicher Komplexität zum Einsatz.

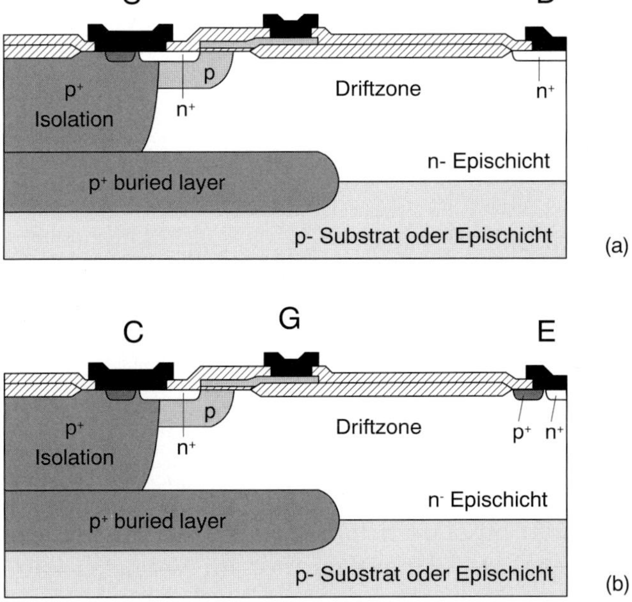

Abb. 23.27. Realisierung eines (**a**) lateralen DMOS-FET und eines (**b**) lateralen IGBT in einem einfachen HVCMOS-Prozeß

23.5.1 Hochvolt-CMOS-Prozeß

Die einfachsten Ansätze kombinieren einen CMOS-Prozeß mit hochspannungsfesten Transistoren, die in der Regel als DMOSFET oder als LIGBT realisiert werden [24]. Laterale IGBTs sind dabei vor allem als Schalter für größere Ströme interessant, da sie beim selben Verbrauch an Chipfläche einen wesentlich größeren Strom führen können. Ein solcher HVCMOS-Prozess baut meist[11] auf einem schwach p-dotierten Substrat auf, das von einer mehrere Mikrometer dicken n^- Epischicht für die Driftzonen der HV-Transistoren bedeckt wird (Abb. 23.27). Unter der n^--Schicht liegen vergrabene n^+ und p^+ Schichten, die vor allem für den niederohmigen Anschluß der n- und p-Wannen der CMOS-Schaltungsteile benötigt werden[12] aber auch in Verbindung mit dem RESURF-Konzept eine Optimierung des Feldstärkeverlaufs in der Driftzone ermöglichen: Aus diesem Grund erstreckt sich der p^+ buried layer ein Stück weit unter die Driftzone. In einem derartigen Prozeß lassen sich auch laterale IGBTs (LIGBT) (Abb. 23.27 b) realisieren, die bei identischer Chipfläche wesentlich größere Ströme schalten können. Ein typischer Anwendungsbereich für einfache HVCMOS-Prozesse sind ICs für Schaltnetzteile, die den MOSFET-Leistungsschalter[13] zusammen mit der Elektronik zur Ansteuerung und Überwachung (Schutz vor Überlastung) integrieren.

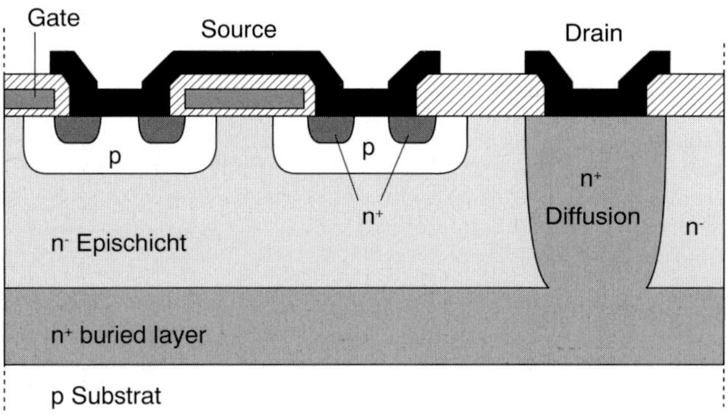

Abb. 23.28. Integration eines vertikalen DMOSFET in einem BCDMOS-Prozess

23.5.2 BCDMOS-Prozeß

BCDMOS-Prozesse erweitern den bisher beschriebenen Ansatz und bieten zusätzlich vertikale DMOSFETs und bipolare Schaltungsteile wie Freilaufdioden. Nun können Schalter für mittlere Spannungen mit im Vergleich zum lateralen MOSFET höherer Stromtragfähigkeit integriert werden. Für die Isolation zwischen den Bauteilen wird häufig pn-Übergangsisolation eingesetzt. Abbildung 23.28 zeigt den Querschnitt durch einen vertikalen DMOSFET in einem BCDMOS-Prozeß. Beispiele für die Verwendung solcher BCDMOS-Prozesse sind integrierte Stereoverstärker [25] oder Schaltungen zur Ansteuerung von Elektromotoren.

[11] Alternative Ansätze verzichten auf den buried layer und realisieren die Driftzone durch Diffusion einer n-Wanne in das p-Substrat.

[12] Da die Dotierung der Epischicht auf die Erfordernisse der Driftzone abgestimmt ist, kommen zwei Wannen zum Einsatz um jeweils optimale Dotierstoffkonzentration im Bulk der MOSFETs zu erhalten (Twin well Prozeß).

[13] Wegen der hohen Taktraten kommen bipolare Schalter hier nicht in Betracht.

23.5.3 SOI-Technologien

Eine nahezu perfekte Isolation zwischen Bauteilen wird durch die SOI-Technologie erreicht, bei der Bauelemente oder Schaltungsteile durch SiO_2-Schichten gegeneinander isoliert sind.

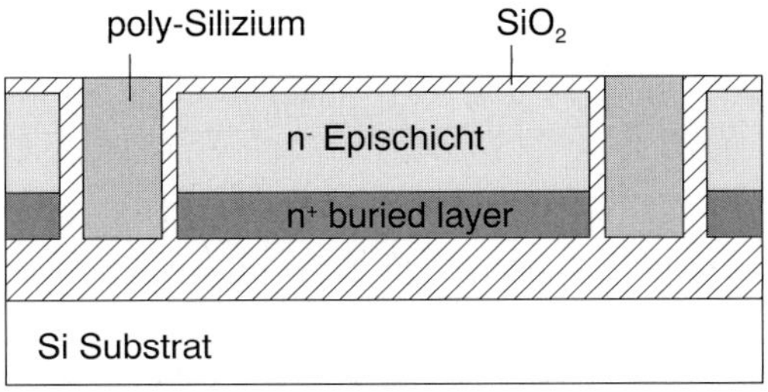

Abb. 23.29. Ansatz zur Isolation von Bauelementen in einem SOI-Smart Power Prozeß

Abbildung 23.29 zeigt eine mögliche Anwendung der SOI-Technologie zur gegenseitigen Isolation der Bauelemente. Auf dem SOI-Substrat mit stark n-dotierter Si-Schicht wird zunächst durch Epitaxie eine schwach n-dotierte Schicht erzeugt. Durch Plasmaätzen werden in diese Doppelschicht Unterbrechungen geätzt, die mit einer Oxidschicht überzogen und mit polykristallinem Silizium aufgefüllt werden. Auf diesem Weg wird eine vollständige dielektrische Isolation erzielt; ein solcher Prozeß ist deshalb insbesondere auch für die Realisierung von Schaltern zum Pluspol (High-side Switches) einsetzbar. Eine Variante dieses Ansatzes, mit der komplementäre Hochvolt-MOSFETs (n-Kanal und p-Kanal-MOSFET) zur Ansteuerung eines Plasma-Displays integriert wurden, wird in [26] beschrieben.

23.6 Literaturverzeichnis

[1] A. Lidow, D.Kinzer, G. Sheridan. The semiconductor roadmap for power management in the next millenium. *Proc. IEEE*, 89(6):803–812, 2001.

[2] H.J. Sigg, G.D. Vendelin, T.P. Cauge, J. Kocsis. D-MOS transistor for microwave applications. *IEEE Trans. Electron Devices*, 19(1):45–53, 1972.

[3] K. Shenai. Gate-resistance-limited switching frequencies of power MOSFETs. *IEEE Electron Device Letters*, 11(11):544–546, 1990.

[4] G. Deboy, L. Lorenz, M. März. Kühle Lösung für heiße Anwendungen. *Elektronik*, (19):42–50, 1998.

[5] C. Hu. Optimum doping profile for minimum ohmic resistance and high breakdown voltage. *IEEE Trans. Electron Devices*, 26(3):243–244, 1979.

[6] G. Deboy, M. März, J.-P. Stengl, H. Strack, J. Tihanyi, H. Weber. A new generation of high voltage MOSFETs breaks the limit line of silicon. *IEDM Tech. Dig.*, pages 683–685, 1998.

[7] W. Saito, I. Omura, S. Aida, S. Koduki, M. Izumisawa, H. Yoshioka, T.Ogura. High breakdown voltage ($>$ 1000 V) semi-superjunction MOSFET using 600-V class superjunction MOSFET process. *IEEE Trans. Electron Devices*, 52(10):2317–2322, 2005.

[8] J.G. Kassakian, D. Lau. An analysis and experimental verification of parasitic oscillations in paralleled power MOSFETs. *IEEE Trans. Electron Devices*, 31(7):959–963, 1984.

[9] K. Fischer, K. Shenai. Dynamics of power MOSFET switching unter unclamped inductive loading conditions. *IEEE Trans. Electron Devices*, 43(6):1007–1015, 1996.

[10] MOTOROLA. Understanding SENSEFETs. *Application Note AN1001*, 1988.

[11] Philips. Application note 10322_1. 2004.

[12] M.F. Chang, G. Pifer, H. Yilmaz, E.J. Wildi, R.G. Hodgins, K. Owyang, M.S. Adler. Lateral HVIC with 1200-V bipolar and field effect devices. *IEEE Trans. Electron Devices*, 33(12):1992–2001, 1986.

[13] P. Perugupalli, M. Trivedi, K. Shenai, S.K. Leong. Modeling and characterization of an 80 V silicon LDMOSFET for emerging RFIC applications. *IEEE Trans. Electron Devices*, 45(7):1468–1478, 1998.

[14] B.J. Baliga, M.S. Adler, R.P. Love, P.V. Gray, N.D. Zommer. The insulated gate transistor: A new three-terminal MOS controlled bipolar power device. *IEEE Trans. Electron Devices*, 31(6):821–828, 1984.

[15] Infineon. *Halbleiter, Technische Erläuterungen und Kenndaten für Studierende*. Publicis MCD Corporate Publishing, Erlangen, 2001.

[16] A. R. Hefner, D.L. Blackburn. An analytical model for the steady-state and transient characteristics of the power insulated-gate bipolar transistor. *Solid-State Electronics*, 31(10):1513–1532, 1988.

[17] A. R. Hefner. An investigation of the drive circuit requirements for the power insulated gate bipolar transistor (IGBT). *IEEE Trans. Power Electron.*, 6(2):208–219, 1991.

[18] A. R. Hefner, D.M. Dieboldt. An experimentally verified IGBT model implemented in the SABER circuit simulator. *IEEE Trans. Power Electron.*, 9(5):532–542, 1994.

[19] A. R. Hefner. Modeling buffer layer IGBTs for circuit simulation. *IEEE Trans. Power electron.*, 10(2):111–123, 1995.

[20] V.A.K. Temple. MOS-controlled thyristors - a new class of power devices. *IEEE Trans. Electron Devices*, 33(10):1609–1618, 1986.

[21] B.K. Bose. Power electronics - a technology review. *Proc. IEEE*, 80(8):1303–1334, 1992.

[22] M. Trivedi, S. Pendharkar, K. Shenai. Switching chaacteristics of MCT's and IGBT's in power converters. *IEEE Trans. Electron Devices*, 43(11):1994–2003, 1996.

[23] B. Murari, F. Bertotti, G.A. Vignola (Eds.). *Smart Power ICs*. Springer, Berlin 1997.

[24] Z. Parpia, J.G. Mena, C.A.T. Salama. A novel CMOS-compatible high-voltage transistor structure. *IEEE Trans. Electron Devices*, 33(12):1948–1952, 1986.

[25] P. Morrow, E. Gaalaas, O. McCarthy. A 20-W stereo class-D audio output stage in 0.6 µm BCDMOS technology. *IEEE J. Solid-State Circuits*, 39(11):1948–1958, 2004.

[26] J. Kim, T.M. Roh, S.-G. Kim, Q.S. Song, D.W. Lee, J.-G. Koo, K.-I. Cho, and D.S. Ma. High-voltage power integrated circuit technology using SOI for driving plasma display panels. *IEEE Trans. Electron Devices*, 48(6):1256–1262, 2001.

24 CAD-Modelle für MOSFETs

Dieses Kapitel stellt zunächst das LEVEL 1-Modell und das LEVEL 3-Modell des MOSFET vor. Diese Modelle sind zwar für die Simulation aktueller MOSFETs mit Kanallängen im Submikrometer-Bereich nicht genau genug, bieten dem Einsteiger dafür aber einen vergleichsweise übersichtlichen Zugang zu den erfaßten Effekten. Die weiterentwickleten BSIM-Modelle (LEVEL 7) werden nur kurz gestreift, da diese derzeit durch alternative Ansätze wie das PSP- oder das EKV-Modell abgelöst werden. Die diesen Modellen zugrundeliegenden Ideen werden im letzten Abschnitt dieses Kapitels dargestellt.

24.1 Einführung

Für die Beschreibung der Klemmenströme und Klemmenspannungen eines MOSFET wird wie beim Bipolartransistor eine Ersatzschaltung des Bauelements, d. h. ein Netzwerk aus Elementen mit definierten Strom-Spannungs-Beziehungen verwendet.

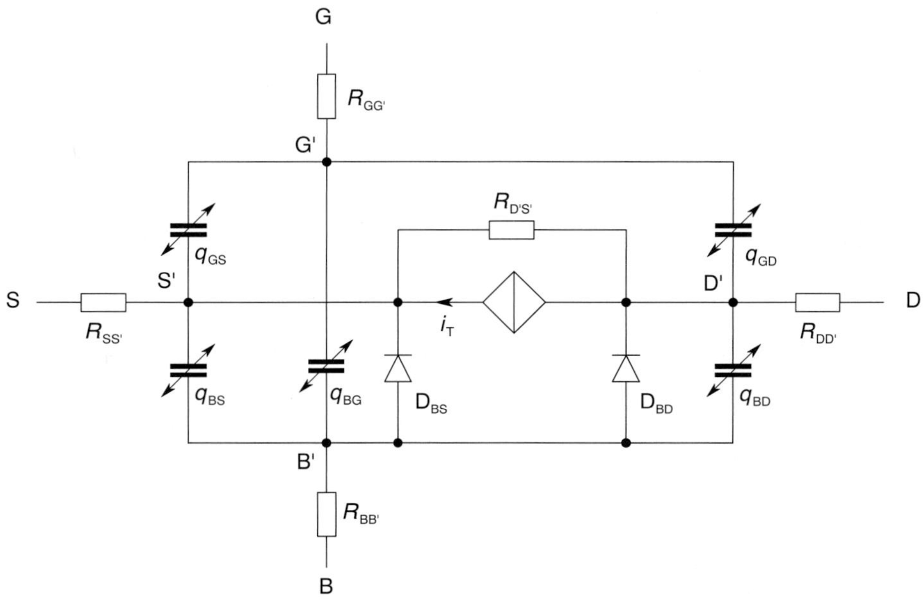

Abb. 24.1. Großsignalersatzschaltung nach Shichman und Hodges sowie Meyer für einen n-Kanal-MOSFET

Abbildung 24.1 zeigt das *Großsignalmodell* des n-Kanal-MOSFET nach Shichman und Hodges sowie Meyer [1,2], das sich anschaulich aus dem Aufbau des n-Kanal-MOSFET (vgl. Abb. 24.2) ergibt: Mit jedem Anschluß ist ein Serienwiderstand verbunden, der die Anschlüsse S, G, D und B mit den inneren

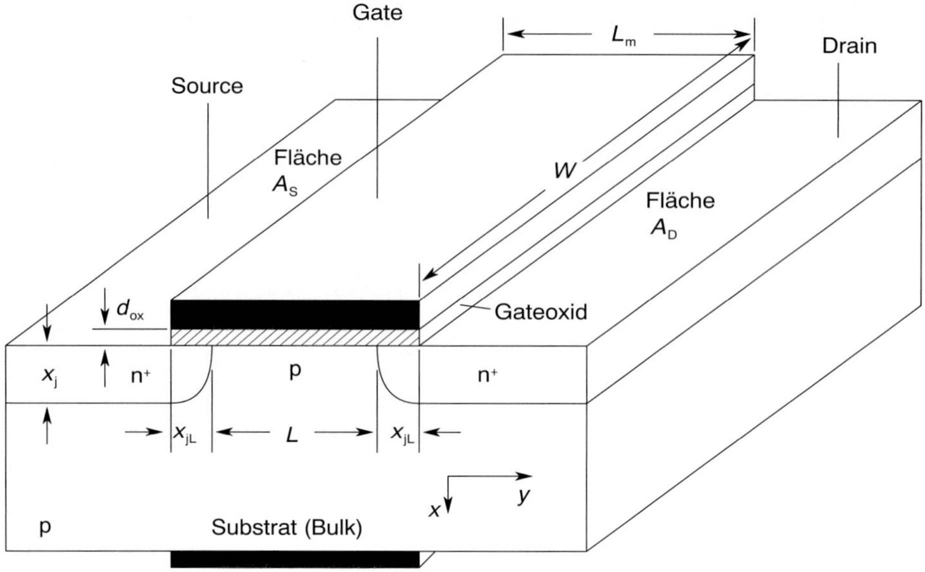

Abb. 24.2. Schnitt durch einen integrierten n-Kanal-MOSFET und Definition charakteristischer Abmessungen

Knoten S', G', D' und B' verknüpft. Die BS- und die BD-Diode wird jeweils mittels einer idealen Diode mit parallel geschalteter Sperrschicht- und Diffusionskapazität beschrieben. Zur Modellierung des durch den Kanal fließenden Transferstroms ist eine spannungsgesteuerte Transferstromquelle vorgesehen. Zusätzlich sind zwischen G' und jedem der inneren Knoten S', D' und B' Kapazitäten berücksichtigt.

Die in Abb. 24.1 gezeigte Ersatzschaltung setzt die in der Realität nicht gegebene Reziprozität der Kapazitätskoeffizienten voraus und verletzt die *Ladungserhaltung*. Dies ist für die Simulation von MOS-Schaltungen, in denen Ladung als Signalgröße dient, nicht tolerabel und kann beispielsweise zu fehlerhaften Simulationsergebnissen für das elektrische Verhalten von DRAM-Bausteinen oder Switched-capacitor-Filtern führen. Um Ladungserhaltung sicherzustellen, müssen als zusätzliche Netzwerkelemente die in Abb. 24.1 nicht aufgeführten Transkapazitäten eingeführt werden.

Die in SPICE verfügbaren MOSFET-Modelle wurden für MOSFETs in integrierten Schaltungen entwickelt. Die Elementanweisung verwendet deshalb Angaben über die Geometrie des MOSFET soweit sie der Designer über das Layout beeinflussen kann. Aus diesen Angaben errechnet SPICE dann mit dem in der `.MODEL`-Anweisung angegebenen Parametersatz die Kenngrößen der Ersatzschaltung. Abbildung 24.2 zeigt den zugrunde gelegten Aufbau und die charakteristischen Abmessungen eines integrierten MOSFET. Die *Elementanweisung* für einen MOSFET lautet nach Kap. 20.1

M(name) K_d K_g K_s K_b Mname ⟨L = L_m⟩ ⟨W = W⟩

wobei `K_d` den Namen des Drainknotens, `K_g` den Namen des Gateknotens, `K_s` den Namen des Sourceknotens und `K_b` den Namen des Bulkknotens bezeichnet. `Mname` kennzeichnet das verwendete Transistormodell, dessen Parameter in der gesonderten `.MODEL`-*Anweisung* aufgeführt werden. In der `.MODEL`-Anweisung kann durch die Angabe `LEVEL =` n zwischen verschiedenen MOSFET-Modellen gewählt werden. Wir beschränken uns hier auf

- Das LEVEL 1 - Modell, das auf Arbeiten von Shichman und Hodges sowie Meyer zurückgeht. Es bietet eine grobe Beschreibung des Verhaltens von MOSFETs mit großen Kanallängen. Wird keine Angabe über das zu verwendende Modell gemacht, so verwendet PSPICE automatisch das LEVEL 1 - Modell.
- Das LEVEL 3 - Modell, das Kurzkanaleffekte auf der Grundlage einer physikalischen Modellierung mittels parametrisierter Abhängigkeiten erfaßt und im Vergleich zum LEVEL 2 - Modell kürzere Rechenzeiten ermöglicht.

24.2 LEVEL 1 - Modell

Zur Beschreibung der Elemente der Ersatzschaltung sind die in Tabelle 24.1 aufgeführten Parameter vorgesehen. Wird eine Kenngröße nicht spezifiziert, so verwendet SPICE automatisch den entsprechenden, in Tabelle 24.1 aufgeführten, Ersatzwert. Das Modell berücksichtigt, daß sich Source- und Draingebiete i. allg. um $x_{\mathrm{jL}} =$ `LD` unter das Gateoxid ausdehnen, was sich in einer verminderten effektiven Kanallänge bemerkbar macht. Aus der in der Elementanweisung spezifizierten Abmessung L_{m} der Gateelektrode berechnet SPICE die Kanallänge $L = L_{\mathrm{m}} - 2x_{\mathrm{jL}}$. Die folgende Betrachtung beschränkt sich auf den n-Kanal-MOSFET (Modelltyp `NMOS`); die Beziehungen für den p-Kanal-MOSFET (Modelltyp `PMOS`) sind – von einigen Vorzeichen abgesehen – identisch.

Kennlinien, Parameterbestimmung

Die Kennlinie der Transferstromquelle wird, unter Verwendung der Kenngrößen V_{TO}, K_{P}, γ, Φ sowie λ, durch die in Kap. 20 betrachtete quadratische $I(V)$-Abhängigkeit beschrieben. Die Bedeutung dieser Kenngrößen und ihre Bestimmung aus gemessenen Kennlinienverläufen ist in Kap. 20 nachzulesen. In der Folge werden die Strom-Spannungs-Beziehungen zur Vereinfachung der Schreibweise unter Vernachlässigung der Bahnwiderstände als Funktion der äußeren Spannungen V_{XY} angegeben. In Fällen in denen die Bahnwiderstände nicht vernachlässigbar sind, sind die V_{XY} durch die inneren Spannungen $V_{\mathrm{X'Y'}}$ zu ersetzen.

Tabelle 24.1 Parameter des LEVEL 1 - Modells

Bedeutung	Parameter	Einheit	Ersatzwert
Einsatzspannung	V_{TO}, VTO	V	0
Übertragungsleitwertparameter	K_P, KP	A/V	$2 \cdot 10^{-5}$
Substratsteuerungsfaktor	γ, GAMMA	$\sqrt{V}$	0
Oberflächenpotential	Φ, PHI	V	0.6
Kanallängenmodulationsparameter	λ, LAMBDA	1/V	0
Unterdiffusion der S/D-Gebiete	L_D, LD	m	0
Oxiddicke	d_{ox}, TOX	m	10^{-7}
Drainbahnwiderstand	$R_{DD'}$, RD	Ω	0
Sourcebahnwiderstand	$R_{SS'}$, RS	Ω	0
Gatebahnwiderstand	$R_{GG'}$, RG	Ω	0
Bulkbahnwiderstand	$R_{BB'}$, RB	Ω	0
Source-Drain-Parallelwiderstand	R_{DS}, RDS	Ω	∞
BD-Sperrschichtkapazität bei $V_{BD} = 0$	C_{BD}, CBD	F	0
BS-Sperrschichtkapazität bei $V_{BS} = 0$	C_{BS}, CBS	F	0
Substrat-Sperrsättigungsstrom	I_S, IS	A	10^{-14}
Emissionskoeffizient	N, N	–	1
Diffusionsspannung für D_{SB}, D_{DB}	Φ_B, PB	V	0.8
c_j-Koeffizient	F_C, FC	–	0.5
Transitzeit	T_T, TT	s	0
GS-Überlappkapazität / Kanalbreite	C_{GS0}, CGSO	F/m	0
GD-Überlappkapazität / Kanalbreite	C_{GD0}, CGDO	F/m	0
GB-Überlappkapazität / Kanallänge	C_{GB0}, CGBO	F/m	0
Kanalladungsteilungsfaktor	X_{QC}, XQC	–	1
$1/f$-Rauschkoeffizient	K_F, KF	A^2	0
$1/f$-Rauschexponent	A_F, AF	–	1

Bulk-Drain- und Bulk-Substrat-Diode. Die Dioden D_{BS} und D_{BD} werden als ideale pn-Dioden mit Sättigungsstrom I_S und Idealitätsfaktor N beschrieben. Die Strom-Spannungs-Beziehungen lauten demzufolge

$$i_{DBS} = I_S \left[\exp\left(\frac{v_{BS}}{NV_T}\right) - 1 \right] \quad \text{und} \quad i_{DBD} = I_S \left[\exp\left(\frac{v_{BD}}{NV_T}\right) - 1 \right] .$$

Zur Bestimmung von I_S und N ist die Diodenkennlinie der Source-Bulk- bzw. der Drain-Bulk-Diode in logarithmischer Auftragung auszuwerten.

Bahnwiderstände. Die Bahnwiderstände $R_{SS'}$, $R_{DD'}$, $R_{BB'}$ und $R_{GG'}$ werden als rein ohmsche Widerstände beschrieben.

Der Bahnwiderstand $R_{SS'} + R_{DD'}$ folgt aus Messungen von $R_{DSon} = dI_D/dV_{DS}$ für $V_{DS} \to 0$. Der Wert von R_{DSon} setzt sich zusammen aus $R_{SS'}$, $R_{DD'}$ und dem Widerstand des Kanals. Da letzterer proportional zu L ansteigt, wird eine Auftragung von R_{DSon} über L näherungsweise eine Gerade ergeben (vgl. Abb. 24.3 a). Wird diese zu $L = 0$ hin extrapoliert, so ist der Achsenabschnitt gerade gleich $R_{DD'} + R_{SS'}$. Da i. allg. nicht L, sondern das Maskenmaß L_m bekannt ist, muß für eine Auftragung über L zunächst die Abweichung $L_m - L = 2x_{jL}$ bestimmt werden. Zu diesem Zweck

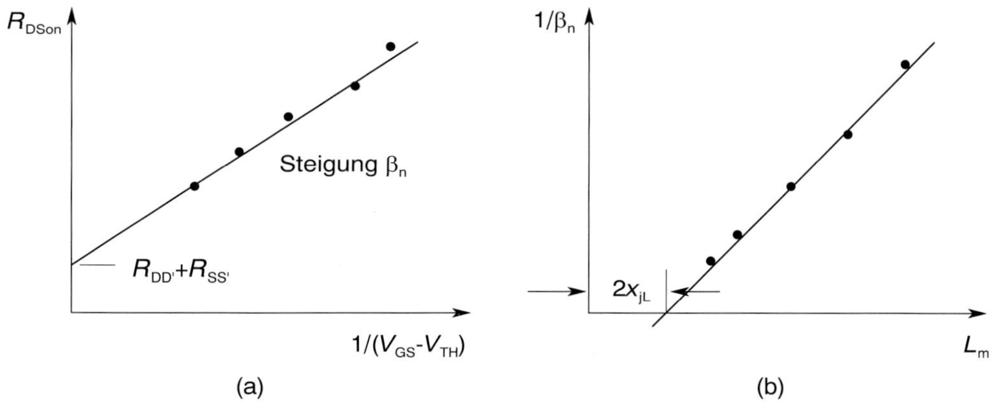

Abb. 24.3. Bestimmung (**a**) des Bahnwiderstands $R_{\mathrm{DD}'} + R_{\mathrm{SS}'}$ und (**b**) der Abweichung $L_{\mathrm{m}} - L = 2x_{\mathrm{jL}}$ im LEVEL 1 - Modell

wird beispielweise der Kehrwert von $\beta_{\mathrm{n}} = K_{\mathrm{P}}\, W/L$ über L_{m} aufgetragen.[1] Aus

$$\frac{1}{\beta_{\mathrm{n}}} = \frac{L_{\mathrm{m}} - 2x_{\mathrm{jL}}}{W K_{\mathrm{P}}}$$

folgt ein linearer Verlauf. Extrapolation zu $1/\beta_{\mathrm{n}} = 0$ führt auf $2\,x_{\mathrm{jL}}$ (vgl. Abb. 24.3). Bei bekanntem x_{jL} folgt aus β_{n}, W und L_{m} der Übertragungsleitwertparameter K_{P}. Das Auswerteverfahren ist nur dann anwendbar, wenn zur Charakterisierung mehrere, bis auf unterschiedliche Kanallängen identische, MOSFETs zur Verfügung stehen. Liegt nur ein MOSFET vor, so kann R_{DSon} für unterschiedliches V_{GS} ausgewertet werden.

$$R_{\mathrm{DSon}} = \frac{1}{\beta_{\mathrm{n}}(V_{\mathrm{GS}} - V_{\mathrm{TH}})} + R_{\mathrm{DD}'} + R_{\mathrm{SS}'} \,.$$

Wird der Wert von R_{DSon} über $1/(V_{\mathrm{GS}} - V_{\mathrm{TH}})$ aufgetragen, so ergibt sich annähernd eine Gerade mit dem Achsenabschnitt $R_{\mathrm{DD}'} + R_{\mathrm{SS}'}$ (Abb. 24.3 a).

Modellanweisung mit prozeßspezifischen Kenngrößen

Die angegebenen Parameter ermöglichen die vollständige Beschreibung im Rahmen des LEVEL 1 - Modells. Alternativ besteht die Möglichkeit, die elektrischen Kenngrößen aus prozeßspezifischen Kenngrößen und Layoutdaten zu berechnen. In der Elementanweisung können zu diesem Zweck zusätzliche Angaben über die Abmessungen der Anschlußgebiete gemacht werden. Die Angabe der Flächen A_{D} und A_{S} von Drain- und Sourcegebiet sowie der entsprechenden Randlängen P_{D} und P_{S} muß nicht in der Elementanweisung, sondern kann auch in der `.MODEL`-Anweisung erfolgen. Die Elementanweisung besitzt die allgemeine Form

```
M(name)    K_d    K_g    K_s    K_b    Mname
+ ⟨L=L⟩  ⟨W=W⟩ ⟨AD=A_D⟩  ⟨AS=A_S⟩ ⟨PD=P_D⟩ ⟨PS=P_S⟩
+ ⟨NRD=N_RD⟩ ⟨NRS=N_RS ⟩ ⟨NRG=N_RG⟩ ⟨NRB=N_RB⟩
+ ⟨M=m⟩ ⟨OFF⟩ ⟨IC = V_DS, V_GS, V_BS⟩
```

[1]Zur Bestimmung von L wurden zahlreiche Verfahren vorgeschlagen. Eine vergleichende Betrachtung ist in [3] zu finden.

Tabelle 24.2 Prozeßspezifische Parameter des LEVEL 1 - Modells

Bedeutung	Parameter	Einheit	Ersatzwert
Substratdotierung	N_{SUB}, `NSUB`	cm^{-3}	0
Eindringtiefe der S/D-Diffusion	x_{j}, `XJ`	m	0
Oberflächenbeweglichkeit	μ_{s0}, `UO`	$\mathrm{cm}^2/(\mathrm{Vs})$	600
Flächensperrstromdichte	J_{S}, `JS`	$\mathrm{A/m}^2$	0
Randsperrstromdichte	J_{SSW}, `JSSW`	A/m	0
Flächenwiderstand von Source und Drain	R_{SH}, `RSH`	Ω	0
flächenspezifische Sperrschichtkapazität	C_{J}, `CJ`	$\mathrm{F/m}^2$	0
Gradationsexponent des Flächenanteils der Sperrschichtkapazität	M_{J}, `MJ`	–	0.5
randspezifische Sperrschichtkapazität	C_{JSW}, `CJSW`	F/m	0
Gradationsexponent des Randanteils der Sperrschichtkapazität	M_{JSW}, `MJSW`	–	0.5

Werden die Parameter K_{P}, Φ und γ in der `.MODEL`-Anweisung nicht spezifiziert, so werden diese aus der Substratdotierung N_{SUB} berechnet gemäß

$$K_{\mathrm{P}} = c'_{\mathrm{ox}} \cdot \mu_{\mathrm{s0}} \tag{24.1}$$

$$\Phi = 2 \cdot 25.9\,\mathrm{mV} \cdot \ln\left(\frac{N_{\mathrm{SUB}}}{1.45 \cdot 10^{16}\,\mathrm{m}^{-3}}\right) \tag{24.2}$$

$$\gamma = \left(\frac{2 \cdot 1.602 \cdot 10^{-19}\,\mathrm{As} \cdot 11.7}{3.9^2 \cdot 8.85 \cdot 10^{-12}\,\mathrm{As/(Vm)}}\right)^{1/2} \cdot d_{\mathrm{ox}} \cdot \sqrt{N_{\mathrm{SUB}}} \tag{24.3}$$

Die Dioden $D_{\mathrm{BS'}}$ und $D_{\mathrm{BD'}}$ werden als ideale pn-Dioden mit Idealitätsfaktor N beschrieben. Die Sättigungsströme der Dioden werden aus den flächen- und randspezifischen Sättigungsstromdichten J_{S} und J_{SSW} berechnet. Für die Kennlinie der Diode D_{BS} bedeutet dies

$$i_{\mathrm{DBS}} = (J_{\mathrm{S}} A_{\mathrm{S}} + J_{\mathrm{SSW}} P_{\mathrm{S}}) \left[\exp\left(\frac{v_{\mathrm{BS}}}{N V_{\mathrm{T}}}\right) - 1\right] , \tag{24.4}$$

während die Kennlinie der Diode D_{BD} durch

$$i_{\mathrm{DBD}} = (J_{\mathrm{S}} A_{\mathrm{D}} + J_{\mathrm{SSW}} P_{\mathrm{D}}) \left[\exp\left(\frac{v_{\mathrm{BD}}}{N V_{\mathrm{T}}}\right) - 1\right] \tag{24.5}$$

beschrieben wird. Die Kapazitäten c_{bs} und c_{bd} werden aus einem Flächenanteil (proportional zur Fläche A_{S} bzw. A_{D} des Source- bzw. Drain-Diffusionsgebiets) und einem Randanteil (proportional zur Randlänge P_{S} bzw. P_{D} des jeweiligen Diffusionsgebiets) zusammengesetzt

$$c_{\mathrm{bs}} = \frac{C_{\mathrm{J0}} A_{\mathrm{S}}}{(1 - V_{\mathrm{BS}}/P_{\mathrm{B}})^{M_{\mathrm{J}}}} + \frac{C_{\mathrm{JSW}} P_{\mathrm{S}}}{(1 - V_{\mathrm{BS}}/P_{\mathrm{B}})^{M_{\mathrm{JSW}}}} \tag{24.6}$$

$$c_{\mathrm{bd}} = \frac{C_{\mathrm{J0}} A_{\mathrm{D}}}{(1 - V_{\mathrm{BD}}/P_{\mathrm{B}})^{M_{\mathrm{J}}}} + \frac{C_{\mathrm{JSW}} P_{\mathrm{D}}}{(1 - V_{\mathrm{BD}}/P_{\mathrm{B}})^{M_{\mathrm{JSW}}}} \tag{24.7}$$

Zur Beschreibung der Sperrschichtkapazitäten werden demnach fünf Parameter (C_{J}, M_{J}, C_{JSW}, M_{JSW} und P_{B}) zusätzlich zu den Flächen und Randlängen benötigt.

Werden der Flächenwiderstand R_{SH} des Source- bzw. Drainbahngebiets sowie die effektiven Verhältnisse von Länge zu Breite der Anschlußgebiete N_{RD} und N_{RS} angegeben, so werden R_{D} und R_{S} mittels

$$R_{\mathrm{S}} = R_{\mathrm{SH}}\, N_{\mathrm{RS}} \qquad \text{und} \qquad R_{\mathrm{D}} = R_{\mathrm{SH}}\, N_{\mathrm{RD}}$$

berechnet, falls R_{S} und R_{D} in der `.MODEL`-Anweisung nicht explizit aufgeführt sind.

24.3 LEVEL 3 - Modell

Das LEVEL 3 - Modell erweitert das Shichman-Hodges-Modell und berücksichtigt den Einfluß der Feldstärkeabhängigkeit der Beweglichkeit und der Geschwindigkeitssättigung, die Geometrieabhängigkeit der Einsatzspannung (Kurzkanaleffekt und Schmalkanaleffekt), Drain-induced Barrier Lowering (DIBL), die Kanallängenmodulation sowie Subthresholdströme für $v_{\mathrm{GS}} < V_{\mathrm{TH}}$. Es hat breite Anwendung für die Simulation von Digitalschaltungen mit Kanallängen $L \geq 1\,\mu\mathrm{m}$ gefunden und liefert in der Regel eine für diese Zwecke ausreichend genaue Beschreibung der Kennlinienverläufe. Kleinsignalkenngrößen – insbesondere der Ausgangsleitwert g_{d} – werden jedoch i.allg mit unbefriedigender Genauigkeit ermittelt, was den Nutzen des Modells für die Simulation analoger Schaltungen einschränkt. Tabelle 24.3 führt die im LEVEL 3 - Modell zusätzlich zu den Parametern des LEVEL 1 - Modells verfügbaren Parameter auf.

Tabelle 24.3 Ergänzende Parameter des LEVEL 3 - Modells

Bedeutung	Parameter	Einheit	Ersatzwert
Maximale Driftgeschwindigkeit	$v_{\max}$ `VMAX`	m/s	0
Beweglichkeitsänderung	θ, `THETA`	V^{-1}	0
Kanallängenmodulation	κ, `KAPPA`	–	0.2
DIBL-Koeffizient	η, `ETA`	–	0
Schmalkanalkoeffizient	δ, `DELTA`	–	0
Fast surface state density	N_{FS}, `NFS`	cm^{-2}	0
Oberflächenzustandsdichte	N_{SS}, `NSS`	cm^{-2}	0
Typ des Gatematerials	T_{PG}, `TPG`	–	1

Der Kanallängenmodulationsparameter λ hat im LEVEL 3 - Modell keine Bedeutung, da die effektive Kanallänge im Sättigungsbereich durch einen anderen Ansatz berechnet wird. Auf die Angabe von T_{PG} und N_{SS} kann verzichtet werden, falls V_{TO}, wie empfohlen, in der Modellanweisung spezifiziert wird.

Wird der Parameter N_{FS} nicht angegeben oder null gesetzt, so wird der Transferstrom im LEVEL 3 - Modell für $v_{\mathrm{GS}} < V_{\mathrm{TH}}$ vernachlässigt

$$i_{\mathrm{T}} = 0 \quad \text{für} \quad v_{\mathrm{GS}} < V_{\mathrm{TH}}\,. \tag{24.8}$$

Im Widerstandsbereich ($v_{DS} < V_{Dsat}$) wird der Transferstrom durch die Beziehung

$$\boxed{i_T = \beta_n \left(v_{GS} - V_{TH} - \frac{1+F_B}{2} v_{DS} \right) v_{DS}} \tag{24.9}$$

beschrieben. Diese besitzt, abgesehen von der zusätzlichen Variablen[2] F_B, dieselbe Form wie diejenige des LEVEL 1 - Modells. Bei der Berechnung des Übertragungsleitwertfaktors β_n und der Einsatzspannung V_{TH} werden jedoch aufwendigere Beziehungen verwendet, um den Einfluß der Feldstärkeabhängigkeit der Beweglichkeit und der Geschwindigkeitssättigung, die Kanallängenmodulation, die Geometrieabhängigkeit der Schwellspannung (Kurzkanaleffekt und Schmalkanaleffekt) sowie Drain-induced Barrier Lowering (DIBL) zu berücksichtigen.

24.3.1 Einsatzspannung

Für kleine Abmessungen W und L im Bereich weniger Mikrometer und darunter wird die Einsatzspannung vom Layout, d. h. von den Werten von W und L abhängig. Mit abnehmender Kanallänge wird dabei i. allg. eine *Verringerung* der Einsatzspannung beobachtet. Der Grund dafür liegt in den pn-Übergängen vor Source und Drain – diese verringern die Ladung Q_B, die von der Gateelektrode gesteuert wird. Die relative Abnahme von Q_B wird durch den *Ladungsteilungsfaktor* F_s erfaßt. Der *Substratsteuerungsfaktor* γ ist dann unter Berücksichtigung der Ladungsteilung durch γF_s zu ersetzen. Da $F_s \leq 1$ gilt nimmt der Substratsteuerungseffekt ab. Damit wird aber auch die Einsatzspannung

$$V_{TH} = V_{FB} + \Phi + \gamma F_s \sqrt{\Phi - V_{BS}} \tag{24.10}$$

geringer.

Ladungsteilungsfaktor im LEVEL 3-Modell. Im LEVEL 3 - Modell werden die im Querschnitt Abb. 24.4 mit A_Δ gekennzeichneten Anteile bei der Berechnung von Q_B nicht berücksichtigt. Da die Ladungen proportional zu den Flächen sind, ergibt sich der Ladungsteilungsfaktor zu

$$F_s = 1 - \frac{2A_\Delta}{L\,x_0} = 1 - \frac{x_s}{L}, \tag{24.11}$$

wobei die Dreiecksfläche A_Δ durch $x_s x_0/2$ ausgedrückt wurde. Zur Bestimmung von x_s wird die Raumladungszone nach [4] als ellipsenförmig angenommen. Bei bekannten Werten von x_p und x_c folgt dann aus der Ellipsengleichung

[2] Der Parameter F_B berücksichtigt näherungsweise die Auswirkung des Spannungsabfalls $V_\Delta(y)$ über dem Kanal auf die Ausdehnung der Raumladungszone (vgl. Kap. 20). Im LEVEL 3 - Modell wird $F_B = \mathrm{d}V_{TH}/\mathrm{d}V_{SB}$ nach Gl. (24.13) unter Berücksichtigung der Arbeitspunkt- und Geometrieabhängigkeit der Einsatzspannung ermittelt.

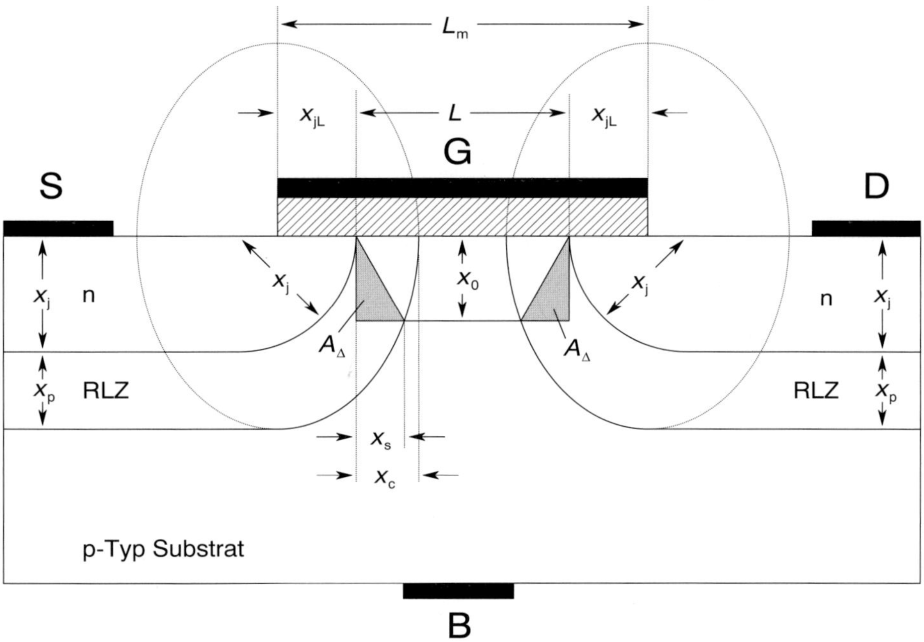

Abb. 24.4. Bestimmung des Ladungsteilungsfaktors F_s im LEVEL 3 - Modell nach [4]

$$x_s = (x_c + x_{jL}) \sqrt{1 - \left(\frac{x_0}{x_p - x_j} \right)^2} - x_{jL} .$$

Die Größe x_p bezeichnet dabei die Ausdehnung der ebenen Raumladungszone in das Substrat. Bei Annahme eines einseitigen pn-Übergangs gilt

$$x_p = \sqrt{\frac{2e\epsilon_{Si}}{eN_{SUB}} (V_{SB} + P_B)} ,$$

wobei P_B die Diffusionsspannung des pn-Übergangs bezeichnet. Die laterale Ausdehnung x_c der Raumladungszone läßt sich mit Hilfe der Poissongleichung näherungsweise berechnen [4] und mittels x_j und x_p ausdrücken durch

$$x_c \approx 0.0631353 \cdot x_j + 0.8013292 \cdot x_p \cdot \left(1 - 0.0138617 \cdot \frac{x_p}{x_j} \right) .$$

Mit dem so bestimmten x_c folgt dann der *Ladungsteilungsfaktor*

$$F_s = 1 - \frac{x_c + x_{jL}}{L} \sqrt{1 - \left(\frac{x_p}{x_p + x_j} \right)^2} - \frac{x_{jL}}{L} . \qquad (24.12)$$

Drain-Induced Barrier Lowering (DIBL. Für $V_{DS} > 0$ ist die Ausdehnung der Raumladungszone der BC-Diode größer als die Ausdehnung der Raumladungszone der BS-Diode. Der Wert von Q_B wir dadurch weiter reduziert, so daß γF_s und damit V_{TH} mit ansteigender Spannung V_{DS} abnimmt. Dieser als Drain-induced barrier lowering (DIBL) bezeichnete Effekt (Kap. 20.5) gewinnt mit abnehmender Kanallänge an Bedeutung. Im LEVEL 3 - Modell wird er durch einen linear von V_{DS} abhängigen Zusatzterm

$$\Delta V_{TH} = -\sigma \, V_{DS}$$

erfaßt, wobei σ aus der Oxiddicke d_{ox}, der Kanallänge L und dem in der `.MODEL`-Anweisung spezifizierten Parameter η berechnet wird

$$\sigma = \eta \cdot 0.023602 \, \frac{d_{ox}/\mathrm{nm}}{(L/\mu\mathrm{m})^3} \, .$$

Der Wert von η wird dabei an gemessene Kennlinienverläufe angepaßt.

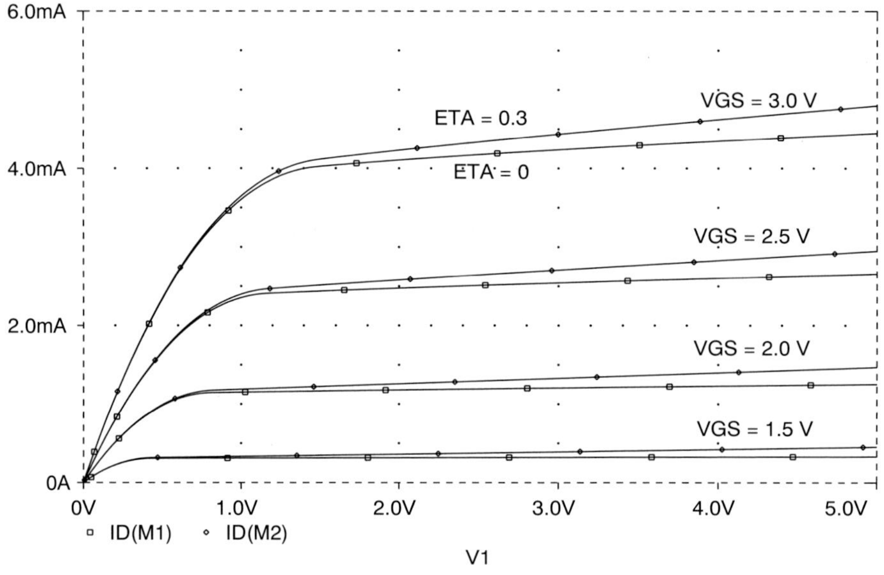

Abb. 24.5. Drain-induced barrier lowering im LEVEL 3 - Modell

Beispiel 24.3.1 Als Beispiel wird die Auswirkung des Parameters `ETA` auf das Ausgangskennlinienfeld eines n-Kanal-MOSFET im LEVEL 3 - Modell betrachtet. Der Transistor wurde durch die Modellanweisung

```
.MODEL Mnmos1 NMOS (LEVEL=3 VTO=1 KP=6E-5 GAMMA=0.4
+ PHI=0.74 NSUB=5E16 TOX=20N VMAX=1.5E5 KAPPA=1 ETA=0)
```

beschrieben, Kanallänge und -weite wurden mit 2 µm bzw. 100 µm vorgegeben. Das Ausgangskennlinienfeld weist im Sättigungsbereich für `ETA=0` eine leichte Steigung auf, die durch die Kanallängenmodulation hervorgerufen wird (Abb. 24.5). Wird `ETA=0.25` vorgegeben, so nimmt der Ausgangsleitwert des MOSFET deutlich zu, was sich in einer Zunahme der Steigung des Ausgangskennlinienfelds bemerkbar macht. Δ

Schmalkanaleffekt. Der Schmalkanaleffekt wird im LEVEL 3 - Modell durch eine Verschiebung der Einsatzspannung um

$$\Delta V_{\rm TH} \;=\; \delta \,\frac{\pi \epsilon_{\rm Si}}{4c'_{\rm ox}W}\,(\Phi - V_{\rm BS})$$

berücksichtigt. Der Parameter δ = DELTA wird dabei durch Anpassen an gemessene Kennlinienverläufe bestimmt.

Durch Zusammenfassen ergibt sich die im LEVEL 3 - Modell verwendete Beziehung zur Berechung der Einsatzspannung unter Berücksichtigung von Kurz- und Schmalkanal- sowie DIBL-Effekt

$$V_{\rm TH} \;=\; V_{\rm FB} + \Phi + \gamma F_{\rm s}\sqrt{\Phi - V_{\rm BS}} - \sigma V_{\rm DS} + \delta \frac{\pi \epsilon_{\rm Si}}{4c'_{\rm ox}W}(\Phi - V_{\rm BS}) \;. \quad (24.13)$$

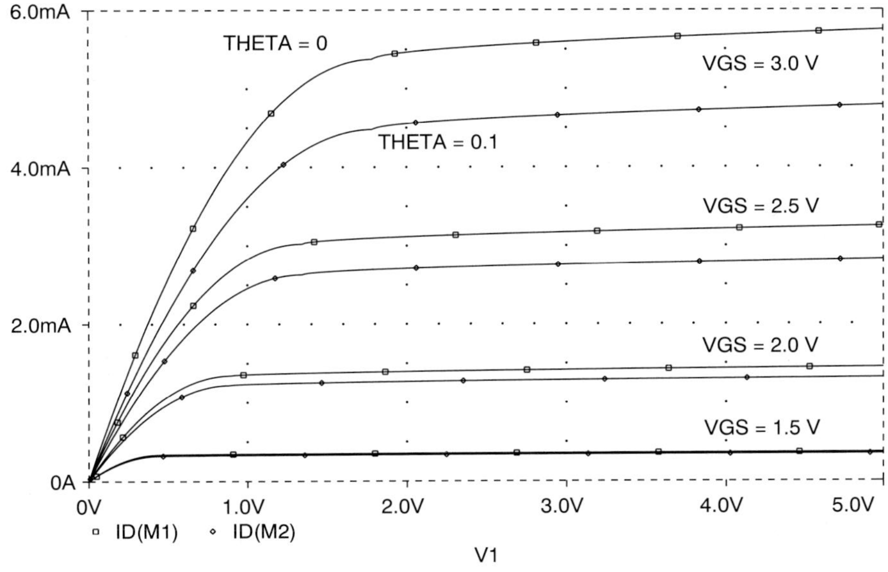

Abb. 24.6. Auswirkung des Parameters Θ auf das Ausgangskennlinienfeld (Beispiel 24.3.2)

24.3.2 Effektive Beweglichkeit, Sättigungsgeschwindigkeit

Die Abhängigkeit der Beweglichkeit von der Steuerspannung $V_{\rm GS}$ wid im LEVEL 3 - Modell wie in (20.71) mit der Annahme $\Theta_{\rm B} = 0$ beschrieben

$$\mu_{\rm s} = \frac{\mu_{\rm s0}}{1 + \Theta\,(V_{\rm GS} - V_{\rm TH})} \;.$$

Insbesondere bei MOSFETs mit kurzen Kanallängen ist die *Geschwindigkeitssättigung* von Bedeutung. Diese kann im LEVEL 3 - Modell durch die maximale Driftgeschwindigkeit $v_{\rm max} \equiv$ VMAX spezifiziert werden. Wird diese Größe angegeben, so wird eine *effektive Beweglichkeit* berechnet gemäß

$$\mu_{\rm s}(V_{\rm DS}) \;=\; \frac{\mu_{\rm s}}{1 + V_{\rm DS}/V_{\rm DS}^{*}}$$

mit $V_{\mathrm{DS}}^* = L v_{\max}/\mu_{\mathrm{s}}$, bzw.

$$\mu_{\mathrm{s,eff}} = \frac{\mu_{\mathrm{s0}}}{1 + \Theta\,(V_{\mathrm{GS}} - V_{\mathrm{TH}}) + V_{\mathrm{DS}}/V_{\mathrm{DS}}^*}\,, \tag{24.14}$$

andernfalls wird $\mu_{\mathrm{s}}(V_{\mathrm{DS}}) = \mu_{\mathrm{s}}$ verwendet.

Beispiel 24.3.2 Der Parameter `THETA` wirkt sich im Ausgangskennlinienfeld vor allem auf den Wert des Sättigungsstroms aus, wie die Beispielsimulation Abb. 24.6 zeigt. Der Transistor wurde durch die Modellanweisung

```
.MODEL Mnmos1 NMOS (LEVEL=3 VTO=1 KP=6E-5 GAMMA=0.4
+ PHI=0.74 NSUB=5E16 TOX=20N    THETA=0)
```

beschrieben, Kanallänge und -weite wurden mit 2 µm bzw. 100 µm vorgegeben. Für eine zweite Simulation wurde `THETA=0.1` angenommen, was zu einer Verringerung des Sättigungsstroms führt, die um so stärker ausgeprägt ist, je größer V_{GS} gewählt wird. △

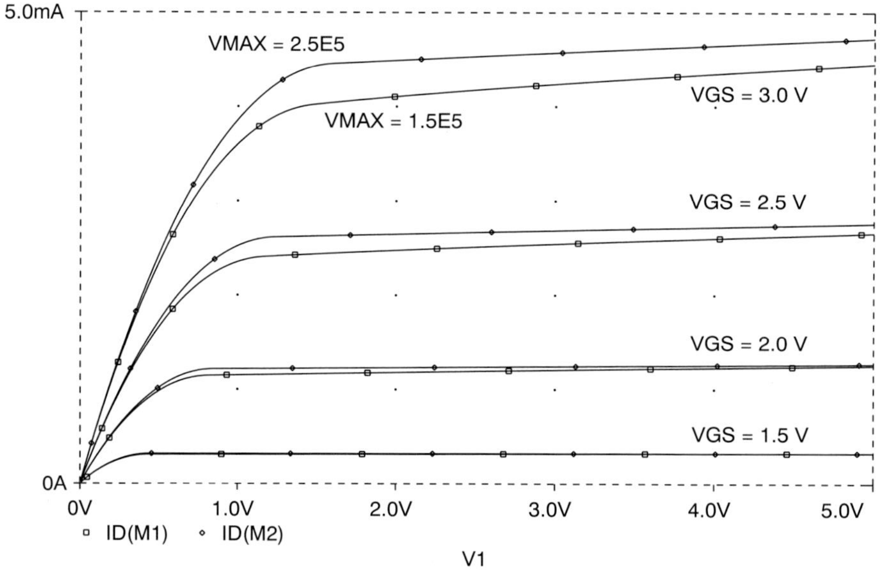

Abb. 24.7. Einfluß von $v_{\max}$ auf das Ausgangskennlinienfeld (Beispiel 24.3.3)

Beispiel 24.3.3 Abbildung 24.7 zeigt die Auswirkung der Kenngröße $v_{\max}$ auf das Ausgangskennlinienfeld. Für die Simulation wurden die Kenngrößen aus Beispiel 24.3.1 zugrundegelegt, der DIBL-Effekt unterdrückt (`ETA=0`) und lediglich der Wert der Sättigungsgeschwindigkeit verändert. Erwartungsgemäß wirkt sich eine Steigerung der Sättigungsgeschwindigkeit in einer Zunahme des Sättigungsstroms aus. △

24.3.3 Sättigungsspannung

Mit zunehmendem $V_{\rm DS}$ nimmt die Flächenladungsdichte $Q'_{\rm n}(L)$ bei Drain ab, d. h. die Driftgeschwindigkeit der Ladungsträger ist dort höher als bei Source. Bei der *Sättigungsspannung* bewegen sich die Ladungsträger bei $x = L$, d. h. vor Drain, mit der maximalen Driftgeschwindigkeit $v_{\max}$. Aus der Forderung

$$I_{\rm T}(V_{\rm GS}, V_{\rm Dsat}) \;=\; -v_{\max} W Q'_{\rm n}(L) \;=\; -v_{\rm nsat} W Q'_{\rm n}(L) \tag{24.15}$$

folgt im LEVEL 3 - Modell die Bestimmungsgleichung

$$c'_{\rm ox}\frac{W}{L}\frac{\mu_{\rm s}}{1+V_{\rm DS}/V^*_{\rm DS}}\left(V_{\rm GS}-V_{\rm TH}-\frac{1+F_{\rm B}}{2}V_{\rm Dsat}\right)V_{\rm Dsat} \;=\; v_{\max}c'_{\rm ox}W\cdot\left[\,V_{\rm GS}-V_{\rm TH}-(1+F_{\rm B})V_{\rm Dsat}\,\right]$$

mit der Lösung

$$V_{\rm Dsat} \;=\; \frac{V_{\rm GS}-V_{\rm TH}}{1+F_{\rm B}} + V^*_{\rm DS}L - \sqrt{\left(\frac{V_{\rm GS}-V_{\rm TH}}{1+F_{\rm B}}\right)^2 + (V^*_{\rm DS})^2}\,. \tag{24.16}$$

Der Wert von $V_{\rm Dsat}$ wird für $\eta \neq 0$ über $V_{\rm TH}$ von $V_{\rm DS}$ abhängig und berücksichtigt so die Auswirkung des DIBL-Effekts auf die Ausgangskennlinien. Wird $v_{\max}$ in der `.MODEL`-Anweisung nicht spezifiziert, so wird die Sättigungsspannung $V_{\rm Dsat}$ aus dem Maximum der Transferstromkennlinie im Widerstandsbereich ermittelt. Dies ist gleichbedeutend mit der Forderung $Q'_{\rm n}(L) = 0$.

24.3.4 Kanallängenmodulation

Im Sättigungsbereich, d. h. für $V_{\rm DS} > V_{\rm Dsat}$, können die Ergebnisse für den Transferstrom auf den Teilbereich des Kanals bis zum *Abschnürpunkt* – das ist der Punkt, an dem die Ladungsträger die maximale Driftgeschwindigkeit erreichen – angewendet werden. Da der Spannungsabfall bis zum Abschnürpunkt gleich $V_{\rm Dsat}$ ist, ändert sich der Transferstrom nur noch aufgrund einer Änderung der effektiven Kanallänge – also der Entfernung des Abschnürpunkts von Source. Wird diese wird mit $L - \Delta L$ angesetzt, so folgt

$$\boxed{I_{\rm T} = \frac{I_{\rm T}(V_{\rm Dsat})}{1-\Delta L/L}\,.} \tag{24.17}$$

Die Steigung des Ausgangskennlinienfelds im Sättigungsbereich wird im LEVEL 3 - Modell nicht durch den Kanallängenmodulationsparameter λ erfaßt, sondern über eine berechnete Änderung ΔL der Kanallänge. Zur Berechnung von ΔL wird, wie in Kap. 20.4 erläutert, die Beziehung

$$\Delta L \;=\; \frac{\epsilon_{\rm Si}E_{\rm p}}{eN_{\rm SUB}}\left[\sqrt{1+\kappa\,\frac{2eN_{\rm SUB}}{\epsilon_{\rm Si}E_{\rm p}^2}(V_{\rm DS}-V_{\rm Dsat})}-1\right] \tag{24.18}$$

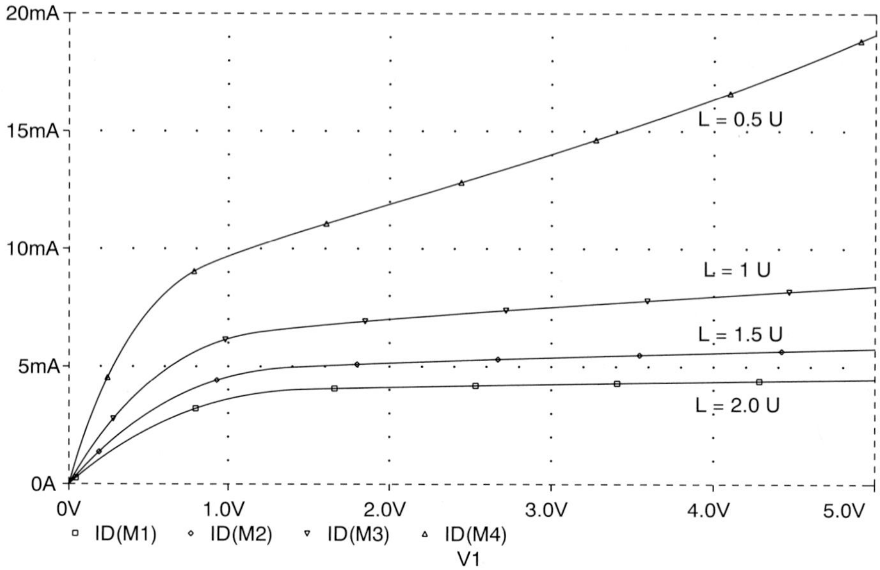

Abb. 24.8. Einfluß der Kanallänge auf das Ausgangskennlinienfeld

herangezogen. Die Größe E_{p} bezeichnet dabei die Feldstärke in Stromflußrichtung im Abschnürpunkt und wird von SPICE über die Beziehung

$$E_{\mathrm{p}} g_{\mathrm{d}}(V_{\mathrm{Dsat}}) L = I_{\mathrm{T}}(V_{\mathrm{Dsat}}) \tag{24.19}$$

ermittelt; κ ist eine dimensionslose Fitgröße von der Größenordnung eins, die durch Anpassen an gemessene Kennlinienverläufe bestimmt wird.

Beispiel 24.3.4 Abbildung 24.8 zeigt die im LEVEL 3 - Modell errechnete Auswirkung der Kanallängenmodulation auf das Ausgangskennlinienfeld. Die Simulation wurde mit dem im Beispiel 24.3.1 aufgeführten Modellparametersatz durchgeführt, wobei der DIBL-Effekt durch Wahl von `ETA=0` nicht berücksichtigt wurde. Δ

24.3.5 Subthresholdstrom

Der für Spannungen $V_{\mathrm{GS}} < V_{\mathrm{TH}}$ fließende *Subthresholdstrom* bestimmt den Strom, der durch einen geöffneten MOSFET-Schalter fließt; dieser ist von großer Bedeutung in verlustleistungsarmen CMOS-Schaltungen, die bei geringen Schaltfrequenzen betrieben werden. Der Subthresholdstrom ist ein Diffusionsstrom und genügt einer exponentiellen Strom-Spannungs-Beziehung. Der Subthresholdstrom wird im LEVEL 3 - Modell und im LEVEL 2 - Modell auf dieselbe Weise beschrieben. Dabei wird die Kennlinie aus zwei Teilen *zusammengesetzt* falls der Parameter $N_{\mathrm{FS}} \neq 0$ in der Modellanweisung angegeben wird. Bis zur Spannung

$$V_{\mathrm{GSon}} = V_{\mathrm{TH}} + n\,V_{\mathrm{T}} \quad \text{mit} \quad n = 1 + \frac{1}{c'_{\mathrm{ox}}}\left(1 + eN_{\mathrm{FS}} + \frac{\partial Q_{\mathrm{B}}}{\partial V_{\mathrm{BS}}}\right)$$

wird der Transferstrom durch

$$I_{\mathrm{T}} = I_{\mathrm{T}}(V_{\mathrm{GSon}}) \cdot \exp\left(\frac{V_{\mathrm{GS}} - V_{\mathrm{GSon}}}{nV_{\mathrm{T}}}\right)$$

beschrieben; für $V_{\mathrm{GS}} > V_{\mathrm{GSon}}$ gilt $I_{\mathrm{T}} = I_{\mathrm{T}}(V_{\mathrm{GSon}})$ mit dem in Gl. (24.9) bzw. (24.17) definierten Transferstrom bei starker Inversion. Eine Berücksichtigung des Subthresholdstroms wird jedoch nur für $N_{\mathrm{FS}} \neq 0$ durchgeführt. Durch N_{FS} kann dann der Wert des Subthresholdstroms eingestellt werden. Der Wert von N_{FS} ist dabei als reine Fitgröße aufzufassen.

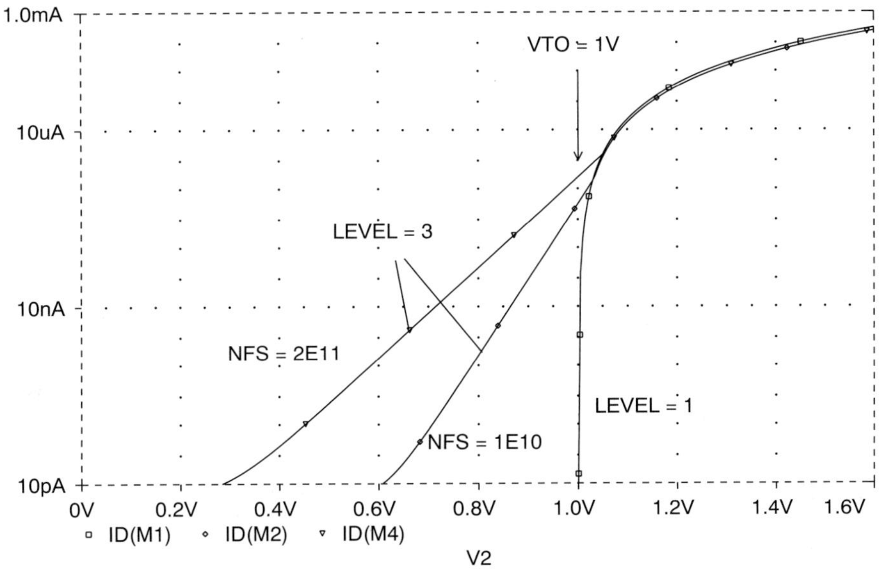

Abb. 24.9. Subthresholdkennlinien im LEVEL 3 - Modell (Beispiel 24.3.5)

Beispiel 24.3.5 Abbildung 24.9 zeigt das Subthresholdverhalten eines n-Kanal-MOSFET im LEVEL3-Modell für unterschiedliche Werte des Parameters N_{FS}. Der Übergang vom Gebiet schwacher zum Gebiet starker Inversion wird leider nur unbefriedigend beschrieben. Δ

24.3.6 Transistorkapazitäten

Die Speicherladungen q_{BS} und q_{BD} der pn-Übergänge zwischen Bulk und Source bzw. Bulk und Drain werden durch Sperrschichtkapazitäten mit der Diffusionsspannung P_{B} und dem Gradationsexponent M_{J} beschrieben. Bei Flußpolung der pn-Übergänge wird für $T_{\mathrm{T}} \neq 0$ zusätzlich die Diffusionskapazität des pn-Überganges berücksichtigt

$$c_{\rm bs} = \frac{\partial q_{\rm BS}}{\partial V_{\rm BS}} = \frac{C_{\rm BS}}{(1 - V_{\rm BS}/P_{\rm B})^{M_{\rm J}}} + T_{\rm T}\,\frac{{\rm d}I_{\rm DBS}}{{\rm d}V_{\rm BS}} \tag{24.20}$$

$$c_{\rm bd} = \frac{\partial q_{\rm BD}}{\partial V_{\rm BD}} = \frac{C_{\rm BD}}{(1 - V_{\rm BD}/P_{\rm B})^{M_{\rm J}}} + T_{\rm T}\,\frac{{\rm d}I_{\rm DBD}}{{\rm d}V_{\rm BD}} \tag{24.21}$$

Für Flußspannungen größer als $F_{\rm C}\,P_{\rm B}$ wird der Kapazitätsverlauf wie bei der pn-Diode (vgl. Kap. 12) linearisiert.

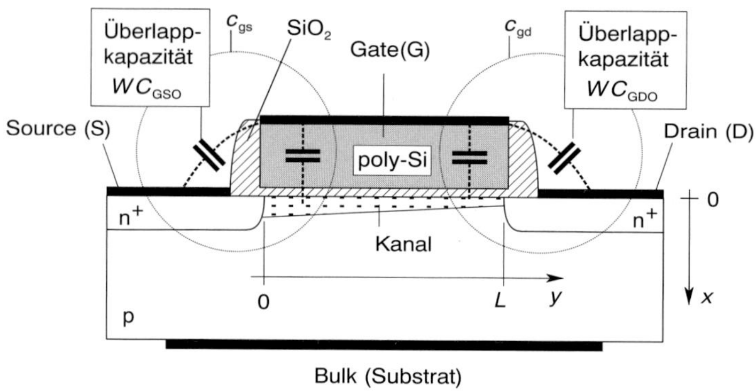

Abb. 24.10. Kapazitätskoeffizienten $c_{\rm gs}$ und $c_{\rm gd}$

Die Kapazitäten zwischen Gate und Source, Drain sowie Bulk werden nicht nur durch die *Überlappkapazitäten*, die die kapazitive Kopplung zwischen den Bahngebieten erfassen (Abb. 24.10), sondern auch durch die kapazitive Kopplung zum Kanal hin bestimmt und sind deswegen arbeitspunktabhängig.

Im *Sperrbereich* ($V_{\rm GS} < V_{\rm TH}$) sind zwischen Gate und Source bzw. Drain nur die durch die Parameter $C_{\rm GSO}$ und $C_{\rm GDO}$ spezifizierten Überlappkapazitäten wirksam. Zwischen Gate und Bulk ist zusätzlich zu der durch den Parameter $C_{\rm GBO}$ spezifizierten Überlappkapazität die Kapazität eines MOS-Kondensators wirksam. Dieser wird im Modell als arbeitspunktunabhängig beschrieben und gleich der Oxidkapazität angesetzt, so daß

$$c_{\rm gs} = C_{\rm GSO}\,W \tag{24.22}$$

$$c_{\rm gd} = C_{\rm GDO}\,W \tag{24.23}$$

$$c_{\rm gb} = c_{\rm ox} + C_{\rm GBO}\,L\,. \tag{24.24}$$

Die *Oxidkapazität* $c_{\rm ox}$ wird dabei aus den Abmessungen des Kanals und der Oxiddicke $d_{\rm ox}$ berechnet

$$c_{\rm ox} = c'_{\rm ox} W L \quad \text{mit} \quad c'_{\rm ox} = 3.9 \cdot 8.854 \cdot 10^{-12}\,\frac{\rm As}{\rm Vm}\,\frac{1}{d_{\rm ox}}\,. \tag{24.25}$$

Gelangt der MOSFET für $V_{\rm GS} > V_{\rm TH}$ in den *Widerstandsbereich*, so entsteht ein leitender Kanal zwischen Source und Drain, der den Bulkanschluß abschirmt und $c_{\rm gb}$ auf die Überlappkapazität $C_{\rm GBO}L$ reduziert. Die Kapazität zwischen Gate und Kanal ist aufzuteilen in einen dem Sourceanschluß zugeordneten Teil und einen dem Drainanschluß zugeordneten Teil. Zu diesem Zweck wird nach [5] die gesamte Ladung auf dem Gate als Funktion von V_{GS} und V_{DS} ausgedrückt. Die entsprechenden Kapazitäten ergeben sich dann durch Ableiten

$$c_{\mathrm{gs}} = \frac{\mathrm{d}Q_{\mathrm{G}}}{\mathrm{d}V_{\mathrm{GS}}} \quad \text{und} \quad c_{\mathrm{gd}} = \frac{\mathrm{d}Q_{\mathrm{G}}}{\mathrm{d}V_{\mathrm{GD}}} . \tag{24.26}$$

Im Widerstandsbereich ($V_{\mathrm{GS}} > V_{\mathrm{TH}}$, $V_{\mathrm{DS}} < V_{\mathrm{GS}} - V_{\mathrm{TH}} = V_{\mathrm{Dsat}}$) folgt im LEVEL1-Modell mit der unten ausgeführten Rechnung unter Berücksichtigung der Überlappkapazitäten

$$c_{\mathrm{gs}} = \frac{2}{3}\, c_{\mathrm{ox}} \cdot \left[1 - \frac{(V_{\mathrm{Dsat}} - V_{\mathrm{DS}})^2}{(2V_{\mathrm{Dsat}} - V_{\mathrm{DS}})^2} \right] + C_{\mathrm{GSO}}\, W \tag{24.27}$$

$$c_{\mathrm{gd}} = \frac{2}{3}\, c_{\mathrm{ox}} \cdot \left[1 - \frac{V_{\mathrm{Dsat}}^2}{(2V_{\mathrm{Dsat}} - V_{\mathrm{DS}})^2} \right] + C_{\mathrm{GDO}}\, W \tag{24.28}$$

$$c_{\mathrm{gb}} = C_{\mathrm{GBO}}\, L . \tag{24.29}$$

Im *Sättigungsbereich* ($V_{\mathrm{GS}} > V_{\mathrm{TH}}$, $V_{\mathrm{DS}} > V_{\mathrm{Dsat}} = V_{\mathrm{GS}} - V_{\mathrm{TH}}$) wird angesetzt

$$c_{\mathrm{gs}} = \frac{2}{3}\, c_{\mathrm{ox}} + C_{\mathrm{GSO}}\, W \tag{24.30}$$

$$c_{\mathrm{gd}} = C_{\mathrm{GDO}}\, W \tag{24.31}$$

$$c_{\mathrm{gb}} = C_{\mathrm{GBO}}\, L . \tag{24.32}$$

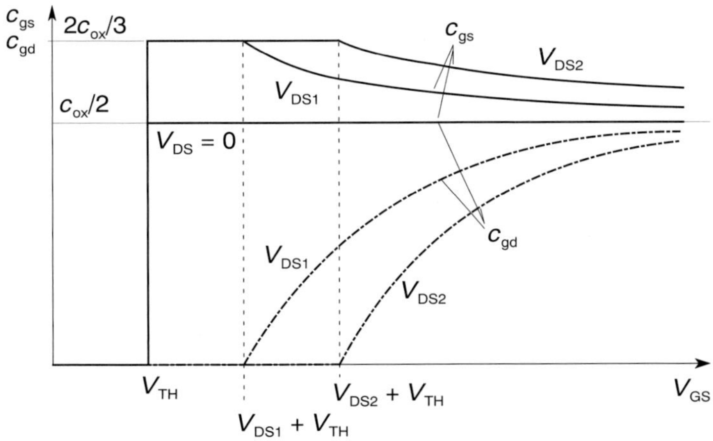

Abb. 24.11. Abhängigkeit der Kapazitäten c_{gs} und c_{gd} von V_{GS} unter Vernachlässigung der Überlappkapazitäten für $V_{\mathrm{DS}} = 0$ und zwei unterschiedliche Spannungen $V_{\mathrm{DS1}} > 0$, $V_{\mathrm{DS2}} > 0$ (schematisch)

Die Kapazitäten c_{gs} und c_{gd} hängen sowohl von V_{GS} als auch von V_{DS} ab. Werden die Kapazitäten als Funktion von V_{GS} betrachtet, so befindet sich der MOSFET für kleine Werte von V_{GS} zunächst im Sperrbereich und c_{gs} sowie c_{gd} sind nur durch die Überlappkapazitäten gegeben. Bei V_{TH} erfolgt dann für $V_{\rm DS} > 0$ der Übergang zum Sättigungsbereich: $c_{\rm gs}$ erhöht sich dadurch um $2c_{\rm ox}/3$, während $c_{\rm gd}$ seinen Wert zunächst beibehält. Für $V_{\rm GS} > V_{\rm DS} + V_{\rm TH}$ erfolgt dann ein Ansteigen von $c_{\rm gd}$ auf den Wert $c_{\rm ox}/2 + C_{\rm GDO}\,W$ während $c_{\rm gs}$ auf den Wert $c_{\rm ox}/2 + C_{\rm GSO}\,W$ abnimmt (vgl. Abb. 24.11).

Die angegebenen Kapazitätskoeffizienten bieten keine vollständige Beschreibung der Speicherladungen im MOSFET und verletzen die Ladungsbilanz. Für eine korrekte Beschreibung müssen sie um zusätzliche Netzwerkelemente im Ersatzschaltbild, die sog. Transkapazitäten ergänzt werden. Dabei muß die Ladung im Kanal in einen dem Sourceanschluß sowie einen dem Drainanschluß zugeordneten Teil aufgespalten werden. Die Aufteilung der Inversionsladung kann im LEVEL 3 - Modell mit dem Parameter $X_{\rm QC}$ definiert werden. Wird dieser Parameter in der Modellanweisung spezifiziert, so wird die Kanalladung $-(q_{\rm G} + q_{\rm B})$ aufgeteilt in

$$q_{\rm D} \;=\; -X_{\rm QC}\cdot(q_{\rm G}+q_{\rm B}) \qquad \text{und} \qquad q_{\rm S} \;=\; (1-X_{\rm QC})\cdot(q_{\rm G}+q_{\rm B})$$

Dieser Ansatz ist physikalisch nicht streng begründet und kann Konvergenzprobleme oder Fehler verursachen.

Zur Berechnung der Gateladung. Die Ladung auf dem Gate zwischen y und $y+{\rm d}y$ ist

$${\rm d}Q_{\rm G} \;=\; \frac{\epsilon_{\rm SiO2}}{d_{\rm ox}}\,V_{\rm ox}(y)\,{\rm d}y \;=\; \frac{\epsilon_{\rm SiO2}}{d_{\rm ox}}\,[\,V_{\rm GS} - V_\Delta(y) - V_{\rm FB} - \Phi\,]\,{\rm d}y\;, \tag{24.33}$$

wobei $V_\Delta(y)$ den Spannungsabfall zwischen Source und dem Kanal bei y bezeichnet. Da der Drainstrom entlang des Kanals konstant bleibt, gilt zusätzlich

$$I_{\rm D} \;=\; \mu_{\rm s,eff}c'_{\rm ox}W\,[\,V_{\rm Dsat} - V_\Delta(y)\,]\,\frac{{\rm d}V_\Delta}{{\rm d}y} \;=\; \mu_{\rm s,eff}c'_{\rm ox}W\left(V_{\rm Dsat} - \frac{V_{\rm DS}}{2}\right)V_{\rm DS}$$

bzw.

$${\rm d}y \;=\; L\,\frac{V_{\rm Dsat} - V_\Delta(y)}{(V_{\rm Dsat} - V_{\rm DS}/2)\,V_{\rm DS}}\,{\rm d}V_\Delta\;.$$

In Gl. (24.33) kann so die Integrationsvariable y durch V_Δ ersetzt werden. Für die Gateladung folgt somit

$$Q_{\rm G} \;=\; \int_0^{V_{\rm DS}} Q'_{\rm G}(V_\Delta)\,{\rm d}V_\Delta = c'_{\rm ox}\left[V_{\rm GS} - V_{\rm FB} - \Phi - \frac{(V_{\rm Dsat} - 2V_{\rm DS}/3)V_{\rm DS}}{2V_{\rm Dsat} - V_{\rm DS}}\right]\,.$$

Ableiten bezüglich $V_{\rm GS}$ bzw. $V_{\rm GD}$ und Addition der Überlappkapazitäten führt sofort auf die Gln. (24.27) und (24.28).

Da die Modelle LEVEL 1 bis LEVEL 3 für die Simulation digitaler Schaltungen entwickelt wurden, muß bei der Simulation von Analogschaltungen mit teilweise erheblichen Ungenauigkeiten gerechnet werden. Probleme treten dabei vor allem bei geringen Versorgungsspannungen und/oder hohen Betriebsfrequenzen auf.

24.4 Weiterentwickelte MOS-Modelle

Das LEVEL 3 Modell wurde mit der Entwicklung von MOSFETs mit Kanallängen unter einem Mikrometer sogar für eine befriedigende Simulation von Digitalschaltungen zu ungenau; für analoge Schaltungen in CMOS-Technik, die mit dem Ziel gemischt-analog-digitale Schaltungen zu integrieren zunehmend interessant wurden, war das LEVEL 3-Modell ohnehin nicht richtig zu gebrauchen. Die Modelle wurden deshalb kontinuierlich weiterentwickelt und verfeinert. Dabei kann prinzipiell unterschieden werden zwischen der Vorgehensweise der BSIM-Modelle, die – ausgehend vom Audruck für den Strom bei starker Inversion – eine zunehmende kunstvollere Modellierung der Einsatzspannung brachten, und den aus dem Charge-sheet Modell abgeleiteten Ansätzen, wie dem EKV- und PSP-Modell.

24.4.1 Die BSIM-Modelle

Als Nachfolger des SPICE LEVEL 3 Modells wurden die BSIM-Modelle entwickelt. Die Modelle BSIM [6] und BSIM2 legten das Hauptaugenmerk dabei auf numerisch günstige Eigenschaften und weniger auf die physikalische Basis der Modellbeschreibung. Das Resultat waren Modelle mit Parametersätzen deren Bezug nur geringen Bezug zu Prozeßkenngrößen hatte. Die Modelle wurden als LEVEL 4 und LEVEL 5 in PSPICE integriert, haben aber keine große Bedeutung erlangt. Mit BSIM3 wurde dann wieder mehr Wert auf die physikalische Grundlage der Modellgleichungen gelegt. Dieses Modell hat ebenfalls Eingang in PSPICE gefunden (LEVEL 6 als Version 2 und LEVEL 7 als Version 3.3) und war für einige Jahre das wohl am meisten genutzte MOS-Modell. Das BSIM3-Modell erfasst zahlreiche im LEVEL 3-Modell nicht berücksichtigte Effekte wie eine inhomogene Dotierung des Kanals (vertikal und lateral), eine endliche Ausdehnung der Inversionsschicht und der Raumladungszone in der Polysiliziumschicht, oder Substratströme als Folge der Stoßionisation in der Raumladungszone vor Drain. Kurzkanaleffekte werden analog zum LEVEL3-Modell über eine arbeitspunktabhängige Einsatzspannung erfaßt. Ein kontinuierlicher Übergang vom Subthresholdbereich zum Gebiet der starken Inversion wird durch eine „effektive Einsatzspannung“ erreicht, die so definiert wird, daß sie bei kleinen und großen Werten von V_{GS} auf die aus Kap. 20.4 bekannten Grenzfälle führt. Eine Darstellung der zugrundeliegenden Ideen findet sich in [7,8]. Das Modell wurde dann noch zum BSIM4-Modell weiterentwickelt, dessen Dokumentation über die Webseite des CMC (www.eigroup.org/cmc) zugänglich ist, es besteht heute allerdings weitreichender Konsens darüber, daß andere Ansätze für die Modellierung der Sub-0.25 µm MOSFETs befriedigendere Ergebnisse liefern. Den Schlüssel zu den neuen Modellierungsansätzen brachte eine Rückbesinnung auf das bereits in Kap. 20.4 vorgestellte Charge-sheet Modell.

24.4.2 Charge-sheet Modelle

Alternative Ansätze zur Modellierung wie das PSP- [9] und das EKV-Modell [10] gründen auf der in Kap. 20.4 erläuterten Charge-sheet Näherung, wonach der Drainstrom als Integral über das Oberflächenpotential[3] beschrieben werden kann. Diese Charge-sheet Modelle bieten eine durchgehende und physikalisch begründete Beschreibung der MOSFET-Kennlinien ohne Fallunterscheidungen. Ausgangspunkt sind die in Kap. 20.4 hergeleiteten Beziehungen (20.49), (20.53) und (20.54), die zu

$$(V_{\mathrm{GB}} - V_{\mathrm{FB}} - \psi_{\mathrm{s}})^2 = \gamma^2 V_T F\left(\frac{\psi_{\mathrm{s}}}{V_T}, \frac{V_\Delta}{V_T}, \frac{n_{\mathrm{p0}}}{p_{\mathrm{p0}}}\right) \tag{24.34}$$

zusammengefaßt werden. Diese Beziehung wurde in Gradual-channel Näherung für das Langkanal-Modell gefunden; ein numerisches Problem, das sich aus der Annahme $\partial\phi_{\mathrm{n}}/\partial x = 0$ ergibt kann durch eine leichte Modifikation des Ausdrucks auf der rechten Seite behoben [11] werden, die im Fall $\psi_{\mathrm{s}} > 3\,V_T$ keinen Effekt hat. (24.34) liefert eine *implizite* Gleichung zur Bestimmung des Oberflächenpotentials ψ_{s}. Der mit der numerischen Lösung dieser Gleichung verbundene numerische Aufwand hat die erfolgreiche Implementierung des Charge-sheet Modells in CAD-Programmen lange Zeit verhindert. Stattdessen wurde der z.B. in den BSIM-Modellen verfolgte Ansatz bevorzugt, der eine korrekte Beschreibung des Verhaltens bei schwacher und bei starker Version mit einer geeignet definierten Interpolationsfunktion, die einen stetig differenzierbaren Übergang zwischen den beiden asymptotisch richtigen Lösungen bietet, verwendet (Abb. 24.12).

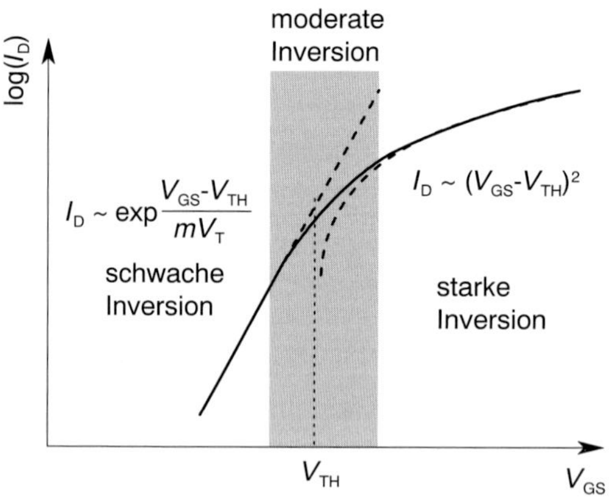

Abb. 24.12. Die Beschreibung der Kennlinien unter Verwendung der Einsatzspannung V_{TH} liefert das richtige asymptotische Verhalten im Bereich schwacher und starker Inversion, erfordert jedoch eine physikalisch nicht begründete Interpolation für den zunehmend bedeutender werdenden Bereich der moderaten Inversion

Wegen der drastischen Versorgungsspannungsreduktion von Submikrometer-MOSFETs ist jedoch der Bereich moderater Inversion besonders wichtig geworden. Dies gilt für Digitalschaltungen und ganz besonders für Analogschal-

[3]Deshalb werden derartige Modelle häufig auch als „ψ_{s}-based models“ (Oberflächenpotentialorientierte Modelle) bezeichnet.

tungen. Aus diesem Grund wird der erhöhte numerische Aufwand zur Berechnung des Oberflächenpotentials mittlerweile in Kauf genommen, wobei zur Verkürzung der Rechenzeit Näherungsausdrücke eingeführt werden.

Die modernen Modelle bieten nicht nur eine verbeserte Beschreibung der bereits vom LEVEL 3-Modell bekannten Effekte wie Feldstärkeabhängigkeit der Beweglichkeit, Sättigung der Driftgeschwindigkeit, Kanallängenmodulation, DIBL-Effekt, sondern berücksichtigen auch

- Eigenerwärmung
- Stoßionisation in der Raumladungszone vor Drain (Substratströme)
- Auswirkung der Raumladungszone in der poly-Silizium Gateelektrode
- Tunnelströme durch das Gatedielektrikum
- Gate-induced Drain Leakage (GIDL) und entsprechend Gate-induced Source Leakage (GISL)
- Auswirkungen einer vertikal inhomogenen Dotierung im Bulk wie sie z.B. bei einem Retrograde-Prozeß gegeben ist
- Auswirkungen der lateral inhomogenen Dotierung im Bulk wie sie durch eine Pocket-Implantation bedingt ist
- Arbeitspunktabhängige Serienwiderstände
- Arbeitspunktabhängige Überlappkapazitäten
- Quantenmechanische Effekte

Der folgende Abschnitt betrachtet beispielhaft das derzeit favorisierte PSP-Modell. Für eine Beschreibung des in vielen Punkten ähnlichen EKV-Modells wird auf [10, 12] verwiesen.

Das PSP-Modell

Das derzeit vom Compact modeling council empfohlene Modell zur Simulation von Submikrometer-MOSFETs ist aus dem Charge-sheet Modell abgeleitet und ergab sich durch Kombination der darauf gründenden Modell SP (entwickelt an der Pennsylvania State University [13]) und MM11 (entwickelt bei Philips [14]).

Symmetrische Linearisierung. Durch Lineariserung des Ausdrucks für die Flächenladungsdichte Q'_n im Inversionskanal als Funktion des Oberflächenpotentials ergeben sich vergleichsweise einfache Ausdrücke für die Ladungen. In PSP wird dabei eine symmetrische Variante verwendet, bei der die Rolle von Source und Drain vertauscht werden können.[4]

[4]Ein befriedigendes Modell sollte für einen symmetrisch aufgebauten MOSFET eine Kennlinie liefern, die symmetrisch bezüglich des Vertauschens von Source und Drain ist: Wird $V_\mathrm{B} = 0$, $V_\mathrm{S} = -V_\mathrm{DS}/2$ und $V_\mathrm{D} = V_\mathrm{DS}/2$ gewählt, so muß $I_\mathrm{D}(V_\mathrm{DS}) = -I_\mathrm{D}(-V_\mathrm{DS})$ gelten

Die Inversionsladung $Q'_\mathrm{n}(\psi_\mathrm{s})$ wird dabei in der Form

$$Q'_\mathrm{n} = Q'_\mathrm{n}(\psi_\mathrm{sm}) + \alpha(\psi_\mathrm{s} - \psi_\mathrm{sm}) = Q'_\mathrm{nm} + \alpha(\psi_\mathrm{s} - \psi_\mathrm{sm}) \tag{24.35}$$

um den Mittelwert

$$\psi_\mathrm{sm} = \frac{\psi_\mathrm{sS} + \psi_\mathrm{sD}}{2}$$

der Oberflächenflächenpotentialwerte ψ_sS und ψ_sD an Source und Drain entwickelt.

Transferstrom. Die Modellierung des Transferstroms geht von (20.45) aus. Mit der Einstein-Beziehung $D_\mathrm{n} = V_T \mu_\mathrm{n}$ und der Definition

$$Q^*_\mathrm{n} = Q'_\mathrm{n} - V_T \frac{\mathrm{d}Q'_\mathrm{n}}{\mathrm{d}\psi_\mathrm{s}}$$

läßt sich diese zu

$$I_\mathrm{T}(y) = -\mu_\mathrm{s}(y) W Q^*_\mathrm{n}(y) \frac{\mathrm{d}\psi_\mathrm{s}}{\mathrm{d}y} \tag{24.36}$$

umformen. Wird die Beweglichkeit in der Form

$$\mu_\mathrm{s}(y) = \mu_\mathrm{eff} \Big/ \sqrt{1 + \left(\frac{\mu_\mathrm{eff}}{v_\mathrm{nsat}} \frac{\mathrm{d}\psi_\mathrm{s}}{\mathrm{d}y}\right)^2}$$

angegeben, so kann (24.36) nach $\mathrm{d}\psi_\mathrm{s}/\mathrm{d}y$ aufgelöst werden; nach Trennung der Variablen folgt so

$$I_\mathrm{D}\,\mathrm{d}y = -\mu_\mathrm{eff}\sqrt{W^2 (Q^*_\mathrm{n})^2 - I_\mathrm{D}^2/v_\mathrm{nsat}^2}\,\mathrm{d}\psi_\mathrm{s} \tag{24.37}$$

Mit (24.35) folgt

$$\frac{\mathrm{d}Q^*_\mathrm{n}}{\mathrm{d}\psi_\mathrm{s}} = \frac{\mathrm{d}Q'_\mathrm{n}}{\mathrm{d}\psi_\mathrm{s}} = \alpha \quad \text{bzw.} \quad \mathrm{d}\psi_\mathrm{s} = \frac{1}{\alpha}\,\mathrm{d}Q^*_\mathrm{n}$$

Dies erlaubt es auf der rechten Seite von (24.37) die Integrationsvariable ψ_s durch Q^*_n zu substituieren und die Integration auszuführen. Auf diesem Weg folgt eine implizite Gleichung für I_D, die durch

$$I_\mathrm{D} = \frac{2\mu_\mathrm{eff}}{1 + \sqrt{1 + 2(\theta_\mathrm{sat}\Delta\psi)^2}} \frac{W}{L} Q^*_\mathrm{nm}\,\Delta\psi \tag{24.38}$$

angenähert wird, wobei $Q^*_\mathrm{nm} = Q^*_n(\psi_\mathrm{sm})$ und $\Delta\psi = \psi_\mathrm{sD} - \psi_\mathrm{sS}$ gilt.

---

und die zweite Ableitung des Drainstroms für $V_\mathrm{DS} \to 0$ verschwinden. Diese Bedingung ist beispielsweise im BSIM3v3-Modell verletzt [15].

Beweglichkeit. Die Beweglichkeit μ_{eff} wird mit den Parametern μ_0, μ_{E}, θ_μ, C_{S} und ρ als Funktion der effektiven Feldstärke $E_{\text{eff}} = -(Q'_{\text{Bm}} + Q'_{\text{nm}}/2)/\epsilon_{\text{Si}}$ im Punkt mit $\psi_{\text{s}} = \psi_{\text{sm}}$ berechnet

$$\mu_{\text{eff}} = \frac{\mu_0 \mu_x}{1 + (\mu_{\text{E}} E_{\text{eff}})^{\theta_\mu} + C_{\text{S}}/(1 + Q'_{\text{nm}}/Q'_{\text{Bm}})^2 + \rho}$$

Der Parameter ρ wird dabei gleich null gesetzt, falls Serienwiderstandseffekte extern berücksichtigt werden, μ_x ist ein spannungsabhängiger Korrekturterm, der z.B. eine Ortsabhängigkeit der Beweglichkeit aufgrund unterschiedlicher Dotierstoffkonzentration berücksichtigt [13].

Kurzkanaleffekte. Kurzkanaleffekte kommen durch Abweichungen von der Gradual-channel Näherung zustande. Um sie zu erfassen wird die zweidimenisonale Poisson-Gleichung in der Form

$$\frac{\partial^2 \psi}{\partial x^2} = \frac{e N_{\text{A}}}{\epsilon_{\text{Si}}} - \frac{\partial^2 \psi}{\partial y^2} = f \cdot \frac{e N_{\text{A}}}{\epsilon_{\text{Si}}} \tag{24.39}$$

mit dem Faktor

$$f \approx 1 - \frac{\epsilon_{\text{Si}}}{e N_{\text{A}}} \frac{\partial^2 \psi_{\text{s}}}{\partial y^2} = 1 - \Delta f$$

geschrieben. Diese Schreibweise zeigt daß die Ladungsdichte der Raumladungszone auf effektiv $e N_{\text{A}} \cdot f$ reduziert wird. f wird in PSP als spannungsabhängige Größe beschrieben [13]; für $\Delta f \to 0$ führt (24.39) wieder auf die Gradual-channel Näherung.

Gate Depletion Effekt. Die endliche Ausdehnung der Raumladungszone auf der poly-Silizium Gateelektrode reduziert die wirksame Oxidkapazität und damit Übertragungsleitwert und Sättigungsstrom. Der Effekt wird bei der Bestimmung des Oberflächenpotentials berücksichtigt, indem V_{GB} um die Potentialdifferenz ψ_{p} über der Raumladungszone im Gate vermindert wird. Der Wert von ψ_{p} wird als Funktion von ψ_{s} und V_{GB} ausgedrückt.

Substratströme. Der durch Stoßionisation bedingte Substratstrom ist proportional zum Drainstrom und wird durch den Ansatz

$$I_{\text{B}} = I_{\text{D}} A_1 (V_{\text{DS}} - A_3 \Delta\psi) \exp\left(-\frac{A_2^*(V_{\text{SB}})}{V_{\text{DS}} - A_3 \Delta\psi}\right)$$

wobei $A_2^*(V_{\text{SB}})$ mit Hilfe der Parameter A_2 und A_4 abhängig von der Substratvorspannung V_{SB} berechnet wird.

Gate-induced Drain Leakage. Der GIDL-Effekt wird durch den Ansatz

$$I_{\text{GIDL}} = A_{\text{GIDL}} V_{\text{DB}} V_{\text{tovl}} V_{\text{ovl}} \exp\left(-\frac{B_{\text{GIDL}}}{V_{\text{tovl}}}\right)$$

berechnet, wobei V_{tovl} mit dem Parameter C_{GIDL} aus der Potentialdifferenz V_{ovl} über dem Oxid und V_{DB} berechnet wird.

Tunnelströme durch das Gateoxid. Tunnelströme durch das Gateoxid beschreiben im Fall des n-Kanal MOSFET im Normalbetrieb Elektronen die wegen des positiven Gatepotentials auf die Gateelektrode tunneln. Dies kann von Source, Drain oder vom Kanal aus erfolgen, und wird durch ein (aufwendiges) Tunnelstrommodell erfaßt, dessen Wiedergabe hier zu weit führen würde.

24.5 Literaturverzeichnis

[1] H. Shichman, D.A. Hodges. Modeling and simulation of insulated-gate field-effect transistor switching circuits. *IEEE J. Solid-State Circuits*, 3(3):285–289, 1968.

[2] J.E. Meyer. MOS models and circuit simulation. *RCA Rev.*, 32:42–63, 1971.

[3] K.K. Ng, J.R. Brews. Measuring the effective channel length of MOSFETs. *IEEE Circuits and Devices Magazine*, pp. 33–38, November 1990.

[4] L.M. Dang. A simple current model for short channel IGFET and its application to circuit simulation. *IEEE J. Solid-State Circuits*, 14(2):358–367, 1979.

[5] J.E. Meyer. MOS models and circuit simulation. *RCA Rev.*, 32(Mar):42–63, 1971.

[6] B.J. Sheu, D.L. Scharfetter, P.-K. Ko, M.-C. Jeng. BSIM: Berkeley short-channel IGFET model for MOS transistors. *IEEE J.Sol.St.Circ.*, 22(4):558–566, 1987.

[7] W. Liu, C. Hu. BSIM3V3 MOSFET model. *Int. J High Speed Electroncis and Systems*, 9(3):671–701, 1999.

[8] D.P. Foty. *MOSFET Modeling with SPICE.* Prentice Hall, Upper Saddle River 1997.

[9] G. Gildenblat, X. Li, H. Wang, W. Wu, R. van Langevelde, A.J. Scholten, G.D.J. Smit, D.B.M. Klaassen. Introduction to PSP MOSFET model. *Workshop on Compact Modeling, Anaheim CA*, pages 19–24, 2005 (auch im internet auf PSP website).

[10] C.C. Enz, F. Krummenacher, E.A. Vittoz. An analytical MOS transistor model valid in all regions of operation and dedicated to low-voltage and low-current applications. *Analog Integrated Circuits and Signal Processing*, 8:83–114, 1995 (auch im internet auf der EKV-Website).

[11] W. Wu, T.-L. Chen, G. Gildenblat, C.C. McAndrew. Physics-based mathematical conditioning of the MOSFET surface potential equation. *IEEE Trans. Electron Devices*, 51(7):1196–1200, 2004.

[12] J.-M. Sallese, M. Bucher, F. Krummenacher, P. Fazan. Inversion charge linearization in MOSFET modeling and rigorous derivation of the EKV compact model. *Solid-State Electronics*, 47:677–683, 2003.

[13] G. Gildenblat, H. Wang, T.-L. Chen, X. Gu, X. Cai. SP: An advanced surface-potential based compact MOSFET model. *IEEE J. Solid-State Circuits*, 39(9):1394–1406, 2004.

[14] R. van Langevelde, A.J. Scholten, D.B.M. Klaassen. Physical background of MOS model 11. *Nat.Lab. Unclassified Report 2003/00239*, 2003 (im internet über PSP website erreichbar oder über: www.semiconductors.philips.com).

[15] K. Joardar, K. Gullapalli, C.C. McAndrew, M.E. Burnham, A. Wild. An improved MOSFET model for circuit simulation. *IEEE Trans. Electron Devices*, 45(1):134–148, 1998.

25 Sperrschichtfeldeffekttransistoren

In Sperrschichtfeldeffekttransistoren wird der Strom durch den Kanal zwischen Source und Drain über die arbeitspunktabhängige Ausdehnung einer Raumladungszone (Sperrschicht) gesteuert. Je nachdem, ob diese Raumladungszone zu einem pn- oder einem Schottky-Übergang gehört, spricht man von einem JFET[1] oder einem MESFET. Abgesehen davon, daß JFETs in der Regel aus Silizium, MESFETs zumeist mit Galliumarsenid oder anderen III-V-Verbindungshalbleitern hergestellt werden, zeigen die Bauteile ein weitgehend identisches Verhalten. Eine Sonderform des Feldeffekttansistors, der sog. MODFET oder HEMT, nutzt die Möglichkeit über Heterostrukturen einen Kanal mit besonders hoher Ladungsträgerbeweglichkeit zu erzeugen. Derartige Bauelemente sind besonders rauscharm und weisen eine hohe Transitfrequenz auf, sie werden im letzten Abschnitt dieses Kapitels betrachtet.

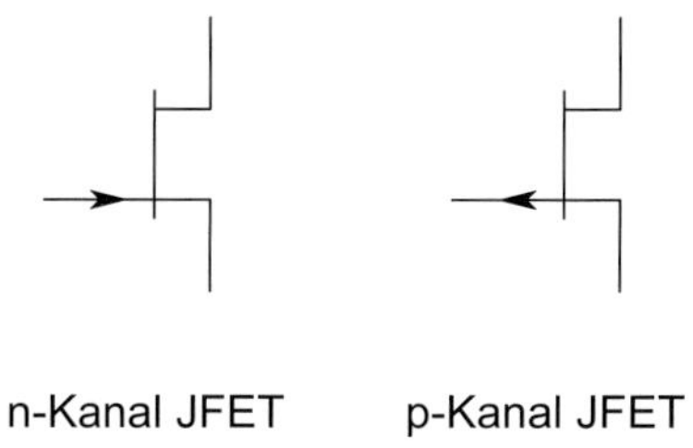

Abb. 25.1. Schaltsymbole für Sperrschichtfeldeffekttransistoren

25.1 Sperrschichtfeldeffekttransistoren (JFETs)

Die folgende Betrachtung beschränkt sich auf den n-Kanal-JFET vom Normally-on-Typ;[2] dieser besteht aus einem n-dotierten Bahngebiet mit zwei Anschlüssen (Source und Drain), das zwischen zwei p-Gebieten eingebettet ist (Abb. 25.2). Der p-Kanal-JFET ist entsprechend aufgebaut – in diesem Fall ist ein p-dotiertes Bahngebiet zwischen zwei n-Gebiete eingebettet. Abbildung 25.1 zeigt die für n-Kanal- und p-Kanal-JFET verwendeten Symbole (Normally-on-Typ).

---

[1] Von englisch: junction field-effect transistor bzw. metal semiconductor field effect transistor.

[2] JFETs können sowohl als Normally-on-Typen als auch als Normally-off-Typen hergestellt werden. Im ersten Fall wird der Leitwert des Kanals durch Anlegen einer Sperrspannung gesteuert, während im zweiten Fall eine Flußspannung zwischen Source und Gate angelegt werden muß, um einen leitenden Kanal zu erzeugen. Da Flußspannungen oberhalb der Schleusenspannung jedoch zu unerwünschten Gateströmen führen, verfügen die Normally-off-Typen nur über einen begrenzten Aussteuerbereich und werden deshalb in der Praxis selten verwendet.

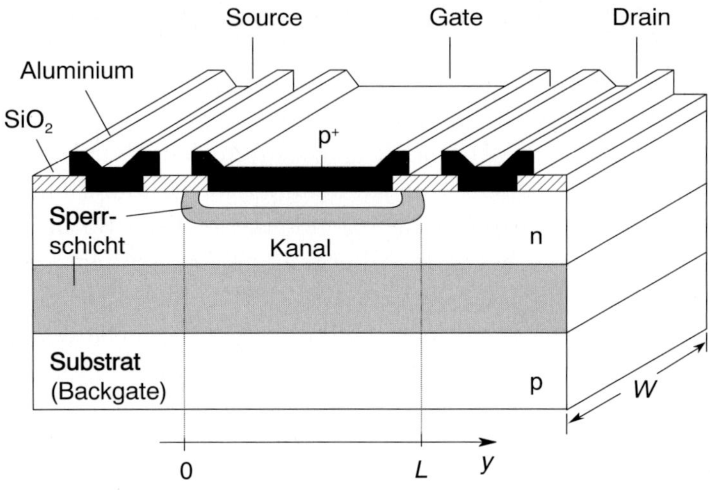

Abb. 25.2. Aufbau eines n-Kanal-JFET in Planartechnologie (schematisch)

Die Dicke d des leitenden Kanals und damit der Widerstand zwischen Source und Drain ist durch die Breite der Raumladungszonen und somit durch die Sperrspannungen zwischen Source und Gate- bzw. Backgateelektrode[3] bestimmt. Mit steigender Sperrspannung zwischen Source und Gate wird der leitende Kanal immer dünner: Bei konstantem V_{DS} nimmt der Drainstrom I_{D} ab. Auf diesem Weg läßt sich der Drainstrom im Ausgangskreis über den Wert von V_{GS}, d. h. die Spannung im Eingangskreis steuern. Ein wesentlicher Unterschied zum Bipolartransistor besteht darin, daß der pn-Übergang in *Sperrichtung* betrieben wird: Im Steuerkreis fließt aus diesem Grund nur ein geringer Sperrstrom.[4]

25.1.1 Kennlinien des JFET

Die folgende Untersuchung der Kennlinien eines n-Kanal-JFET beschränkt sich auf die Betrachtung des zwischen $y = 0$ und $y = L$ befindlichen Kanals.

Vernachlässigbare Kanaleinschnürung. Solange V_{DS} sehr klein ist, kann der Kanalquerschnitt als annähernd konstant angenommen werden. Die Dicke des n-dotierten Gebiets wird entsprechend Abb. 25.3 mit d_0 bezeichnet. Wird der Einfluß der Raumladungszonen auf den Kanalleitwert nicht berücksichtigt, so weist dieser den Leitwert

$$G_0 = e\mu_{\mathrm{n}} N_{\mathrm{D}} \frac{W}{L} d_0 \tag{25.1}$$

[3] Die beiden Anschlüsse werden in der Praxis meist kurzgeschlossen.

[4] Der hohe Eingangswiderstand und die meist besseren Rauscheigenschaften von JFETs zeichnen diesen gegenüber Bipolartransistoren für Verstärkeranwendungen trotz der geringeren Steilheit aus. Weitere typische Anwendungen sind spannungsgesteuerte Widerstände oder Konstantstromquellen. Integrierte p-Kanal JFETs lassen sich relativ einfach gemeinsam mit npn-Bipolartransistoren integrieren (BIFET-Prozeß, vgl. z.B. [1]).

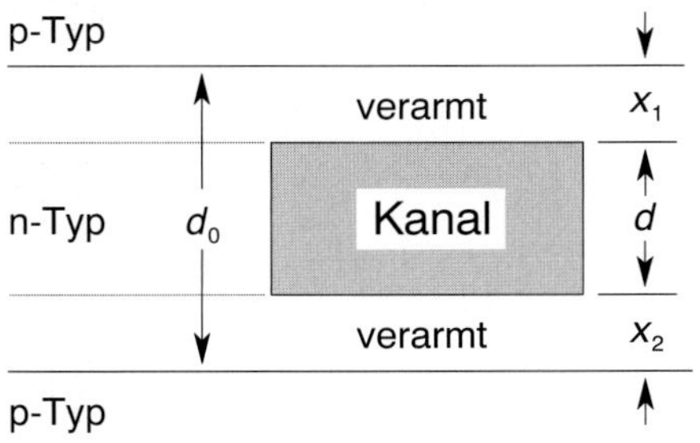

Abb. 25.3. Querschnitt durch den Kanal

auf. Bedingt durch die Raumladungszonen ist ein Teil des n-dotierten Gebiets verarmt: Die Dicke d des stromführenden Kanals ist gegenüber d_0 reduziert. Bezeichnen x_1 und x_2 die Ausdehnungen der beiden Raumladungszonen in das n-dotierte Gebiet, so gilt mit der Diffusionsspannung V_J

$$d \approx d_0 - x_1 - x_2 \approx d_0 \left(1 - a\sqrt{V_\mathrm{J} - V_\mathrm{GS}}\right)$$

mit

$$a = \frac{2}{d_0}\sqrt{\frac{2\epsilon_\mathrm{Si}\, N_\mathrm{A}}{eN_\mathrm{D}(N_\mathrm{D}+N_\mathrm{A})}} .$$

Dabei wird angenommen, daß die Gate- und Backgateelektrode kurzgeschlossen sowie homogen mit N_A dotiert sind. Für den zwischen Source und Drain auftretenden, mit V_GS veränderlichen Leitwert folgt damit

$$G = G_0 \left[1 - a\sqrt{V_\mathrm{J} - V_\mathrm{GS}}\right] . \tag{25.2}$$

Der Ausdruck in eckigen Klammern berücksichtigt den Einfluß der Raumladungszonen auf den Leitwert. Für $a\sqrt{V_\mathrm{J} - V_\mathrm{GS}} = 1$ bzw.

$$V_\mathrm{GS} = V_\mathrm{J} - V_\mathrm{P} = V_\mathrm{TO} \quad \text{mit} \quad V_\mathrm{P} = 1/a^2 \tag{25.3}$$

ist der Kanal abgeschnürt ($d = 0$). Die Größe V_TO wird in der Folge als *Abschnürspannung* bezeichnet.

Berücksichtigung der Kanaleinschnürung. Für zunehmende Spannungen V_DS tritt ein nicht mehr vernachlässigbarer Spannungsabfall am Kanal auf. Die Dicke $d(y)$ (Abb. 25.4) des leitenden Kanals wird damit ortsabhängig: Der Kanal schnürt sich ein. Mit dem *Abschnürstrom*

$$I_\mathrm{P} = e\mu_\mathrm{n} N_\mathrm{D} \frac{W}{L} \frac{d_0}{a^2} = G_0 V_\mathrm{P} \tag{25.4}$$

folgt dann für die $I(V)$-Kennlinie

$$I_\mathrm{D} = I_\mathrm{P} \left[\frac{V_\mathrm{DS}}{V_\mathrm{P}} - \frac{2}{3}\left(\frac{V_\mathrm{DS} + V_\mathrm{J} - V_\mathrm{GS}}{V_\mathrm{P}}\right)^{3/2} + \frac{2}{3}\left(\frac{V_\mathrm{J} - V_\mathrm{GS}}{V_\mathrm{P}}\right)^{3/2}\right] . \tag{25.5}$$

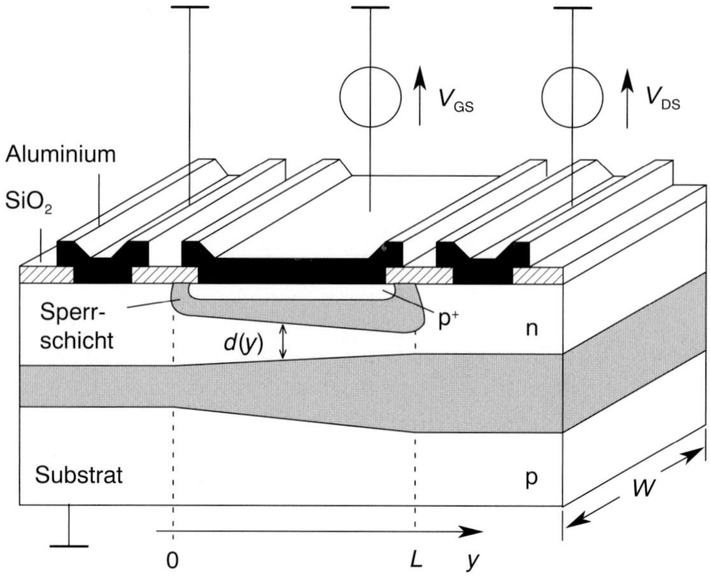

Abb. 25.4. Querschnitt durch einen JFET und Kanaleinschnürung bei großem V_{DS}

Herleitung. Die folgende Rechnung dient der Herleitung von Gl. (25.5). Bezeichnet $V_\Delta(y)$ den entlang des Kanals zwischen Source und y auftretenden Spannungsabfall, so weist der Kanal bei y die Dicke

$$d(y) = d_0 \left(1 - a\sqrt{V_{\mathrm{J}} - V_{\mathrm{GS}} + V_\Delta(y)}\right)$$

auf. Wegen des ortsabhängigen Kanalquerschnitts ist die Stromdichte $J_{\mathrm{n}}(y) = -I_{\mathrm{D}}/Wd(y)$ ortsabhängig. Der im Kanal fließende Strom wird von Majoritätsladungsträgern getragen und ist deshalb nahezu ausschließlich ein *Driftstrom* mit der Stromdichte

$$J_{\mathrm{n}} = e\mu_{\mathrm{n}} N_{\mathrm{D}} E(x) = -e\mu_{\mathrm{n}} N_{\mathrm{D}} \frac{\mathrm{d}V_\Delta(y)}{\mathrm{d}y} .$$

Mit den für $J_{\mathrm{n}}(y)$ und $d(y)$ gefundenen Ausdrücken resultiert für $V_\Delta(y)$ somit die folgende Differentialgleichung

$$d_0 \left(1 - a\sqrt{V_{\mathrm{J}} - V_{\mathrm{GS}} + V_\Delta}\right) \frac{\mathrm{d}V_\Delta}{\mathrm{d}y} = \frac{I_{\mathrm{D}}}{e\mu_{\mathrm{n}} N_{\mathrm{D}} W} .$$

Der Strom entlang des Kanals darf als konstant angenommen werden. Integration entlang des Kanals von 0 bis L liefert deshalb mit den Randbedingungen $V_\Delta(0) = 0$ und $V_\Delta(L) = V_{\mathrm{DS}}$ den folgenden Zusammenhang zwischen V_{DS} und I_{D}

$$\int_0^{V_{\mathrm{DS}}} \left(1 - a\sqrt{V_{\mathrm{J}} - V_{\mathrm{GS}} + V_\Delta}\right) \mathrm{d}V_\Delta = \frac{I_{\mathrm{D}}}{e\mu_{\mathrm{n}} N_{\mathrm{D}} W d_0} \int_0^L \mathrm{d}y ,$$

wobei die Beweglichkeit μ_{n} als konstant angenommen wurde. Ausführen der Integrale führt auf

$$V_{\mathrm{DS}} - \frac{2a}{3} \left(V_{\mathrm{J}} - V_{\mathrm{GS}} + V_{\mathrm{DS}}\right)^{3/2} + \frac{2a}{3} \left(V_{\mathrm{J}} - V_{\mathrm{GS}}\right)^{3/2} = \frac{1}{e\mu_{\mathrm{n}} N_{\mathrm{D}}} \frac{L}{W d_0} I_{\mathrm{D}} .$$

Wird dies nach I_D aufgelöst, so folgt

$$\begin{aligned} I_\mathrm{D} &= e\mu_\mathrm{n}N_\mathrm{D}\frac{W}{L}d_0\left[V_\mathrm{DS}-\frac{2a}{3}\left(V_\mathrm{J}-V_\mathrm{GS}+V_\mathrm{DS}\right)^{3/2}+\frac{2a}{3}\left(V_\mathrm{J}-V_\mathrm{GS}\right)^{3/2}\right] \\ &= G_0\left\{V_\mathrm{DS}-\frac{2}{3\sqrt{V_\mathrm{P}}}\left[\left(V_\mathrm{DS}+V_\mathrm{J}-V_\mathrm{GS}\right)^{3/2}-\left(V_\mathrm{J}-V_\mathrm{GS}\right)^{3/2}\right]\right\}. \end{aligned}$$

Mit dem in (25.4) eingeführten Abschnürstrom kann dies in (25.5) überführt werden.

Ausgangskennlinienfeld. Werden Gate und Source kurzgeschlossen, d.h. gilt $V_\mathrm{GS}=0$, so vereinfacht sich Gl. (25.5) zu

$$I_\mathrm{D} = I_\mathrm{P}\left[\frac{V_\mathrm{DS}}{V_\mathrm{P}}-\frac{2}{3}\left(\frac{V_\mathrm{DS}+V_\mathrm{J}}{V_\mathrm{P}}\right)^{3/2}+\frac{2}{3}\left(\frac{V_\mathrm{J}}{V_\mathrm{P}}\right)^{3/2}\right]. \tag{25.6}$$

Für kleine V_DS wächst I_D annähernd linear mit V_DS an; mit zunehmendem V_DS wird der zweite Term auf der rechten Seite von Gl. (25.5) immer bedeutender. Der Anstieg verlangsamt sich und erreicht ein Maximum für

$$V_\mathrm{DS} = V_\mathrm{P}-V_\mathrm{J} = V_\mathrm{DSS} = -V_\mathrm{TO}.$$

V_DSS heißt *maximale Sättigungsspannung*, der zugehörige Drainstrom

$$I_\mathrm{DSS} = I_\mathrm{P}\left[\frac{1}{3}-\frac{V_\mathrm{J}}{V_\mathrm{P}}+\frac{2}{3}\left(\frac{V_\mathrm{J}}{V_\mathrm{P}}\right)^{3/2}\right] \tag{25.7}$$

maximaler Sättigungsstrom. Für $V_\mathrm{DS}=V_\mathrm{DSS}$ tritt eine Abschnürung am Kanalende auf. Gleichung (25.5) liefert für $V_\mathrm{DS}>V_\mathrm{DSS}$ einen Drainstrom, der mit zunehmendem V_DS wieder abnimmt. Dies entspricht nicht der Realität – Messungen an Feldeffekttransistoren zeigen für $V_\mathrm{DS}>V_\mathrm{DSS}$ einen schwachen Anstieg von I_D mit V_DS,[5] der sich wie beim MOSFET über einen Kanallängenmodulationsparameter beschreiben läßt (Abb. 25.5). Für $V_\mathrm{GS}\neq 0$ tritt die Sättigung nicht bei $V_\mathrm{DSS}=-V_\mathrm{TO}$ sondern bei

$$V_\mathrm{DSP} = V_\mathrm{DSS}+V_\mathrm{GS}$$

auf. Der zugehörige Sättigungsstrom I_DSP läßt sich mit häufig ausreichender Genauigkeit annähern durch die Beziehung

$$\boxed{I_\mathrm{DSP} \approx I_\mathrm{DSS}\left(1-\frac{V_\mathrm{GS}}{V_\mathrm{TO}}\right)^2 = I_\mathrm{DSS}\left(1+\frac{V_\mathrm{GS}}{V_\mathrm{DSS}}\right)^2.} \tag{25.8}$$

Beispiel 25.1.1 Für einen n-Kanal Silizium JFET mit einer Dicke des n-dotierten Gebiets $d_0=2\,\mu\mathrm{m}$, der Kanaldotierung $N_\mathrm{D}=10^{16}\ \mathrm{cm}^{-3}$, der Gatedotierung $N_\mathrm{A}=$

---

[5] Ursache dieser fehlerhaften Beschreibung des tatsächlichen Verhaltens sind die uneingeschränkte Anwendung der Sperrschichtnäherung sowie die Vernachlässigung der Feldstärkeabhängigkeit der Elektronenbeweglichkeit im Kanal.

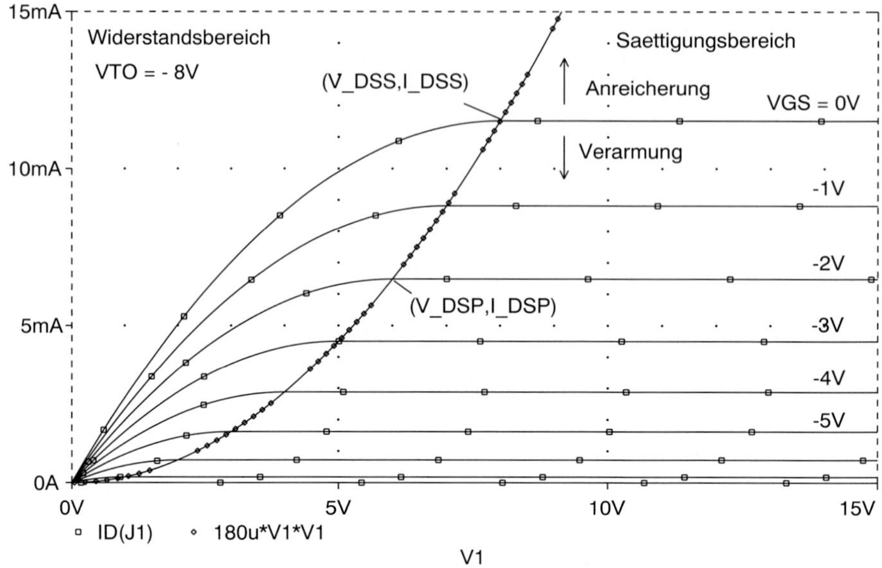

Abb. 25.5. Ausgangskennlinienfeld eines n-Kanal-JFET (Simulation mit $V_{\mathrm{TO}} = -8\,\mathrm{V}$ und $\beta = 180\,\mu\mathrm{A/V}^2$, entsprechend einem maximalen Sättigungsstrom $I_{\mathrm{DSS}} = 11.5\,\mathrm{mA}$)

10^{19} cm^{-3}, der Kanallänge $L = 20\,\mu\mathrm{m}$ und der Kanalweite $W = 100\,\mu\mathrm{m}$ soll die Abschnürspannung V_{TO}, der Abschnürstrom I_{P} und der maximale Sättigungsstrom I_{DSS} berechnet werden, wobei vollständige Ionisation der Störstellen angenommen wird. Zur Berechnung der Abschnürspannung ist zunächst V_{J} zu bestimmen

$$V_{\mathrm{J}} = V_T \ln\left(N_{\mathrm{D}} N_{\mathrm{A}}/n_{\mathrm{i}}^2\right) = 870\,\mathrm{mV}\,.$$

Mit V_{P} nach Gl. (25.3)

$$V_{\mathrm{P}} = \frac{e d_0^2}{8\epsilon_0\epsilon_r} \frac{N_{\mathrm{D}} N_{\mathrm{A}}}{N_{\mathrm{D}} + N_{\mathrm{A}}} \approx 7.66\,\mathrm{V}$$

folgt für die Abschnürspannung

$$V_{\mathrm{TO}} = V_{\mathrm{J}} - V_{\mathrm{P}} = -6.79\,\mathrm{V}\,.$$

Der Abschnürstrom I_{P} ist gemäß Gl. (25.4)

$$I_{\mathrm{P}} = e^2 \mu_{\mathrm{n}} N_{\mathrm{D}}^2 \frac{d_0^3}{8\epsilon_0\epsilon_r} \frac{W}{L} \approx 6.4\,\mathrm{mA}\,.$$

Mit Kenntnis von V_{P}, I_{P} und V_{J} läßt sich nun der maximale Sättigungsstrom berechnen

$$I_{\mathrm{DSS}} = I_{\mathrm{P}} \left[\frac{1}{3} - \frac{V_{\mathrm{J}}}{V_{\mathrm{P}}} + \frac{2}{3}\left(\frac{V_{\mathrm{J}}}{V_{\mathrm{P}}}\right)^{3/2}\right] \approx 1.56\,\mathrm{mA}\,.$$

Temperaturabhängigkeit, Kompensationspunkt. Die *Temperaturabhängigkeit* des Drainstroms I_D bei konstant gehaltenen Klemmenspannungen ist eine Folge temperaturbedingter Änderungen der Beweglichkeit μ_n, der Diffusionsspannung V_J und der Abschnürspannung V_P

$$\frac{dI_D}{dT} = \frac{\partial I_D}{\partial \mu_n}\frac{d\mu_n}{dT} + \frac{\partial I_D}{\partial V_J}\frac{dV_J}{dT} + \frac{\partial I_D}{\partial V_P}\frac{dV_P}{dT} . \tag{25.9}$$

Im Gegensatz zum Bipolartransistor, der auf der thermischen Emission von Ladungsträgern über eine Potentialbarriere beruht, weist der JFET eine deutlich geringere Temperaturabhängigkeit und keine Neigung zu thermischer Instabilität auf. Zu jedem V_{DS} gibt es sogar einen Arbeitspunkt V_{GS} in dem dI_D/dT verschwindet. Dies ist durch das unterschiedliche Vorzeichen von $d\mu_n/dT$ und dV_J/dT bedingt.

Zum Verhalten des JFET im Sättigungsbereich. Die durchgeführte Untersuchung des Ausgangskennlinienfelds beruht auf der Annahme, daß der Elektronenstrom in einem neutralen Kanal (d. h. $n \approx N_D$) verläuft, dessen Grenzen durch die Sperrschichtnäherung gegeben sind. Zur Berechnung der Sperrschichtränder wurde die sog. *Gradual-channel Näherung* herangezogen [2]. Nach dieser tritt im Kanal nur ein Feld in y-Richtung – d. h. in Richtung des Stromflusses – auf; die x-Komponente des elektrischen Feldstärkevektors wird im Kanal als vernachlässigbar klein angenommen. Ferner wird angenommen, daß die Beweglichkeit der Elektronen im Kanal unabhängig vom Wert der elektrischen Feldstärke im Kanal ist.

Beide Annahmen sind bei starker Kanaleinschnürung nicht mehr korrekt: Wegen des dann sehr geringen Kanalquerschnitts wird die Stromdichte bei gegebenem Drainstrom sehr hoch. Eine hohe Stromdichte erfordert jedoch eine hohe elektrische Feldstärke, die nicht ohne Einfluß auf die Beweglichkeit bleibt. Da sich die Elektronen im Kanal maximal mit der Sättigungsgeschwindigkeit v_{nsat} bewegen, ist die Sperrschichtnäherung nur anwendbar bis zu einer minimalen Kanaldicke $d_{min} = I_D/(eN_D W v_{nsat})$.

25.1.2 Großsignalmodell, Beschreibung in SPICE

Das SPICE-Modell des JFET leitet sich aus dem Langkanalmodell des Feldeffekttransistors nach Shichman und Hodges ab. Die *Elementanweisung* ist von der allgemeinen Form

```
J(name)  K_d  K_g  K_s  Mname   ⟨ AREA ⟩
```

`Mname` ist dabei der Name der Modellanweisung, in der die zugehörigen Modellparameter aufgelistet sind. Die Modellanweisung für einen n-Kanal-JFET ist von der Form

```
.MODEL    Mname    NJF    (Modellparameter)
```

die Modellanweisung für den p-Kanal-JFET ist bis auf die Kennbuchstaben `PJF` (statt `NJF`) identisch. Auf die Angabe der dimensionslosen Zahl `AREA` kann verzichtet werden, ihr Ersatzwert ist eins. Wird `AREA` $\neq 1$ angegeben, so werden die in der `.MODEL`-Anweisung angegebenen Werte für I_S, C_GS und C_GD mit `AREA` multipliziert, die Werte von R_S und R_D durch `AREA` dividiert. Abbildung 25.6 zeigt die zugrundegelegte Großsignalersatzschaltung für den

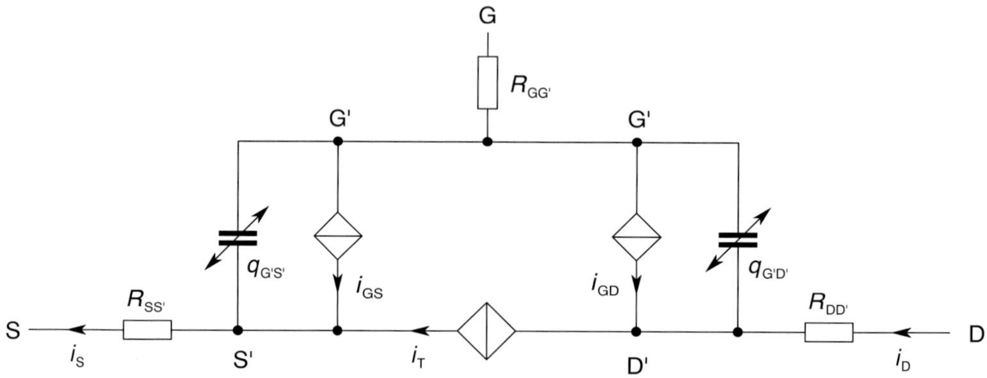

Abb. 25.6. Großsignalersatzschaltung für den n-Kanal JFET

n-Kanal-JFET. Die Kenngrößen zur Beschreibung der Netzwerkelemente sind in Tabelle 25.1 zusammengestellt.

Transferstrom. Die Strom-Spannungs-Beziehungen für die Transferstromquelle des JFET-Modells entsprechen – abgesehen von einem Faktor zwei in der Definition des *Übertragungsleitwertfaktors* β – denen des LEVEL1-Modells des MOSFET.[6] Im *Sperrbereich*, d. h. für $v_\mathrm{GS} - V_\mathrm{TO} < 0$, wird $i_\mathrm{T} = 0$ angesetzt. Im *Widerstandsbereich*, d. h. für $0 < v_\mathrm{DS} < v_\mathrm{GS} - V_\mathrm{TO}$ lautet der Ansatz

$$i_\mathrm{T} = \beta\, v_\mathrm{DS}\,[\,2(v_\mathrm{GS}-V_\mathrm{TO}) - v_\mathrm{DS}\,]\,(1+\lambda v_\mathrm{DS}) \tag{25.10}$$

und im *Sättigungsbereich*, d. h. für $0 < v_\mathrm{GS}-V_\mathrm{TO} < v_\mathrm{DS}$

$$i_\mathrm{T} = \beta\,(v_\mathrm{GS}-V_\mathrm{TO})^2(1+\lambda v_\mathrm{DS})\,. \tag{25.11}$$

Die angegebenen Beziehungen gelten für den Betrieb in Vorwärtsrichtung ($v_\mathrm{DS} > 0$); die bei Rückwärtsbetrieb gültigen Beziehungen ergeben sich hieraus durch die Substitutionen $v_\mathrm{GS} \to v_\mathrm{GD}$ und $v_\mathrm{DS} \to -v_\mathrm{DS}$. Die Temperaturabhängigkeit der Abschnürspannung V_TO und des Übertragungsleitwertfaktors wird durch die Parameter `VTOTC` $= \alpha_\mathrm{VTO}$ sowie `BETATCE` $= \alpha_\beta$ erfaßt

$$V_\mathrm{TO}(T) = V_\mathrm{TO} + \alpha_\mathrm{VTO}(T-T_0) \qquad \text{und} \qquad \beta(T) = \beta \cdot 1.01^{\alpha_\beta (T-T_0)}\,.$$

Gatestrom. Der Gatestrom setzt sich aus einem Anteil i_GS, der zu Source abfließt sowie einem Anteil i_GD, der zu Drain abfließt, zusammen. Diese Ströme werden durch

[6] Im Fall nicht verschwindender Bahnwiderstände sind die Spannungen zwischen den inneren Knoten (gestrichen) zu verwenden.

Tabelle 25.1 Parameter des JFET-Modells

Bedeutung	Parameter	Einheit	Ersatzwert
Abschnürspannung	V_{TO}, VTO	V	−2
Übertragungsleitwertparameter	β, BETA	$\mathrm{A/V^2}$	1E-4
Kanallängenmodulationsparameter	λ, LAMBDA	$\mathrm{V^{-1}}$	0
Drainbahnwiderstand	$R_{\mathrm{DD'}}$, RD	Ω	0
Sourcebahnwiderstand	$R_{\mathrm{SS'}}$, RG	Ω	0
Sättigungsstrom	I_{S}, IS	A	10^{-14}
Emissionskoeffizient	N, N	–	1
Sättigungsstrom der Leckstromdiode	I_{SR}, ISR	A	0
Emissionskoeffizient der Leckstromdiode	N_R, NR	–	2
Ionisationskoeffizient	α, ALPHA	$\mathrm{V^{-1}}$	0
Stoßionisationskniespannung	V_{K}, VK	V	0
GD-Kapazität bei 0 V	C_{GD}, CGD	F	0
GS-Kapazität bei 0 V	C_{GS}, CGS	F	0
Diffusionsspannung	P_B, PB	V	1.0
Gradationsexponent	M, M	–	0.5
c_{j}-Koeffizient	F_{C}, FC	–	0.5
Temperaturkoeffizient für V_{TO}	α_{VTO}, VTOTC	V/K	0
Temperaturexponent für β	β_{TCE}, BETATCE	%/K	0
Temperaturexponent für I_{S}	X_{TI}, XTI	–	0
Koeffizient für $1/f$-Rauschen	K_F, KF	$\mathrm{A^2}$	0
Exponent für $1/f$-Rauschen	A_F, AF	–	1

Diodenkennlinien beschrieben. Da bei Betrieb im Sättigungsbereich aufgrund der hohen Feldstärke vor Drain Elektron-Loch-Paare durch *Stoßionisation* entstehen und die erzeugten Löcher zu Gate hin abfließen, weist i_{GD} eine zusätzliche Komponente i_{i} auf, die den durch Stoßionisation bedingten Löcherstrom erfaßt. Der Ansatz für die Ströme lautet somit

$$i_{\mathrm{GS}} = i_{\mathrm{rec}}(v_{\mathrm{GS}}) \quad \text{und} \quad i_{\mathrm{GD}} = i_{\mathrm{rec}}(v_{\mathrm{GS}}) - i_{\mathrm{i}} \, , \tag{25.12}$$

wobei

$$i_{\mathrm{rec}}(v) = I_{\mathrm{S}} \left[\exp\left(\frac{v}{N V_{\mathrm{T}}} \right) - 1 \right] + K_{\mathrm{gen}}(v) I_{\mathrm{SR}} \left[\exp\left(\frac{v}{N_R V_{\mathrm{T}}} \right) - 1 \right]$$

mit

$$K_{\mathrm{gen}}(v) = \left[\left(1 - \frac{v}{P_B} \right)^2 + 0.005 \right]^{M/2}$$

den Strom durch die nichtidealen pn-Dioden beschreibt (vgl. Kap. 12). Der zusätzliche durch die Stoßionisation bedingte Gatestromanteil i_{i} wird nur im Sättigungsbetrieb ($v_{\mathrm{DS}} > v_{\mathrm{GS}} - V_{\mathrm{TO}}$) als von null verschieden angesetzt und dort durch

$$i_{\mathrm{i}} = \alpha \, (v_{\mathrm{DS}} - v_{\mathrm{GS}} + V_{\mathrm{TO}}) \exp\left(\frac{V_{\mathrm{K}}}{v_{\mathrm{DS}} - v_{\mathrm{GS}} + V_{\mathrm{TO}}} \right) i_{\mathrm{T}}$$

beschrieben.

Kapazitäten. Die im Betrieb auftretenden Speicherladungen q_{GS} und q_{GD} werden durch die Sperrschichtkapazitäten (Bahnwiderstände vernachlässigt)

$$c_{\mathrm{gs}} = \frac{\mathrm{d}q_{\mathrm{GS}}}{\mathrm{d}V_{\mathrm{GS}}} = \frac{C_{\mathrm{GS}}}{\left(1 - \dfrac{v_{\mathrm{GS}}}{P_B}\right)^M} \qquad \text{und} \qquad c_{\mathrm{gd}} = \frac{\mathrm{d}q_{\mathrm{GD}}}{\mathrm{d}V_{\mathrm{GD}}} = \frac{C_{\mathrm{GD}}}{\left(1 - \dfrac{v_{\mathrm{GD}}}{P_B}\right)^M}$$

beschrieben. Für Flußspannungen größer als $F_{\mathrm{C}}P_B$ wird eine lineare Extrapolation des Verlaufs wie bei der pn-Diode verwendet.

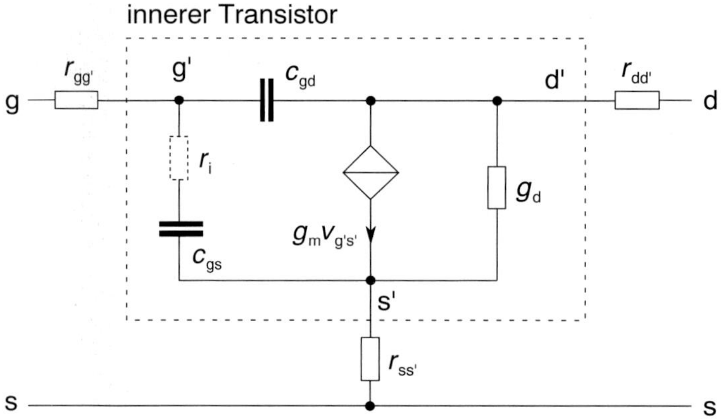

Abb. 25.7. Kleinsignalersatzschaltung des JFET in Sourceschaltung; in SPICE wird r_{i} durch einen Kurzschluß ersetzt

25.1.3 Kleinsignalbeschreibung des JFET

Das Kleinsignalmodell ergibt sich durch Linearisieren der Netzwerkelemente der Großsignalersatzschaltung im Arbeitspunkt. Bei Sperrpolung der pn-Übergänge resultiert so die in Abb. 25.7 gezeigte Kleinsignalersatzschaltung. Die Werte von c_{gs} und c_{gd} sind die entsprechenden Werte im Arbeitspunkt. Die Arbeitspunktabhängigkeit der Serienwiderstände $R_{\mathrm{DD'}}$, $R_{\mathrm{SS'}}$ und $R_{\mathrm{GG'}}$ darf gewöhnlich als vernachlässigbar angenommen werden, so daß gilt

$$r_{\mathrm{dd'}} = R_{\mathrm{DD'}}, \qquad r_{\mathrm{ss'}} = R_{\mathrm{SS'}} \qquad \text{und} \qquad r_{\mathrm{gg'}} = R_{\mathrm{GG'}} \,.$$

Der Wert von $r_{\mathrm{gg'}}$ ist außer bei sehr hohen Frequenzen meistens zu vernachlässigen, da er nur ein Tiefpaßverhalten beim Umladen der Kleinsignalkapazitäten verursacht. Für Übertragungsleitwert g_{m} und Ausgangsleitwert g_{d} im Widerstandsbereich folgt durch Ableiten von Gl. (25.10)

$$g_{\mathrm{m}} = \left(\frac{\partial I_{\mathrm{D}}}{\partial V_{\mathrm{GS}}}\right)_{V_{\mathrm{DS}}} \approx 2\beta V_{\mathrm{DS}}(1+\lambda V_{\mathrm{DS}}) \tag{25.13}$$

und

$$g_{\mathrm{d}} = \left(\frac{\partial I_{\mathrm{D}}}{\partial V_{\mathrm{DS}}}\right)_{V_{\mathrm{GS}}} \approx 2\beta(V_{\mathrm{GS}} - V_{\mathrm{DS}} - V_{\mathrm{TO}}) \,, \tag{25.14}$$

wobei $\lambda \approx 0$ angenommen wurde. Im Sättigungsbereich folgt entsprechend aus Gl. (25.11)

$$g_{\mathrm{m}} = \left(\frac{\partial I_{\mathrm{D}}}{\partial V_{\mathrm{GS}}}\right)_{V_{\mathrm{DS}}} = \frac{2I_{\mathrm{D}}}{V_{\mathrm{GS}}-V_{\mathrm{TO}}} \tag{25.15}$$

sowie

$$g_{\mathrm{d}} = \frac{\lambda I_{\mathrm{D}}}{1+\lambda V_{\mathrm{DS}}} .$$

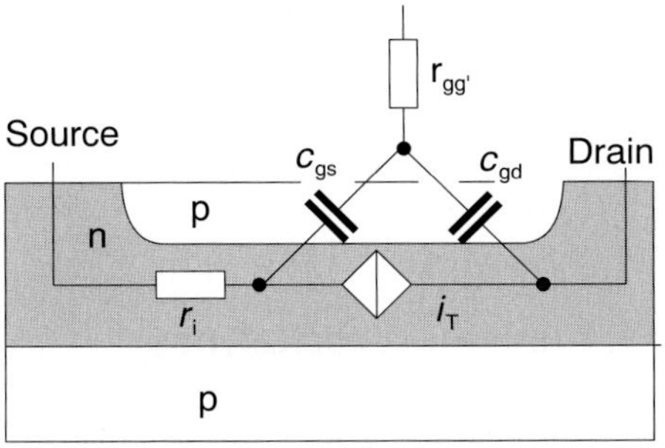

Abb. 25.8. Zur Interpretation von r_{i}

Der in Abb. 25.7 gestrichelt eingezeichnete Widerstand r_{i} berücksichtigt näherungsweise, daß c_{gs} über den Kanal umgeladen werden muß (Abb. 25.8). Im Fall großer Kanallängen läßt sich r_{i} mit dem Modell einer RC-Leitung berechnen [3]. Typische Werte für r_{i} liegen in der Größenordnung von 10 Ω. Die von SPICE angewendete Kleinsignalersatzschalung verwendet $r_{\mathrm{i}} = 0$.

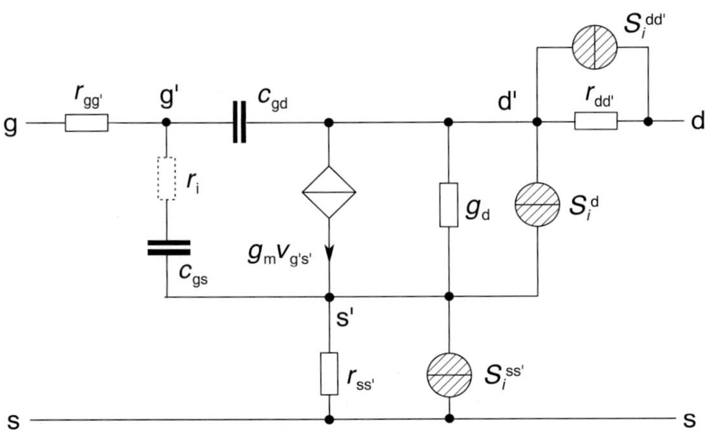

Abb. 25.9. Rauschersatzschaltbild des JFET

Rauschen. Zur Beschreibung des Rauschverhaltens wird das Modell wie im Fall des MOSFET um Rauschstromquellen parallel zu $r_{\mathrm{dd'}}$, $r_{\mathrm{ss'}}$ und g_{d} ergänzt (Abb. 25.9). Die Spektren der Rauschquellen lauten $S_i^{\mathrm{ss'}} = 4k_{\mathrm{B}}T/r_{\mathrm{ss'}}$, $S_i^{\mathrm{dd'}} = 4k_{\mathrm{B}}T/r_{\mathrm{dd'}}$ sowie

$$S_i^{\mathrm{d}} = \frac{8k_{\mathrm{B}}T g_{\mathrm{m}}}{3} + \frac{K_{\mathrm{F}}}{f}\left(\frac{I_{\mathrm{D}}}{\mathrm{A}}\right)^{A_{\mathrm{F}}} .$$

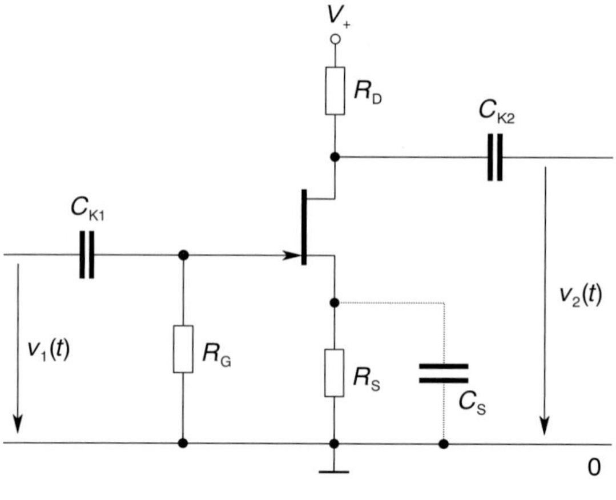

Abb. 25.10. Einstufiger Verstärker mit JFET in Sourceschaltung

25.1.4 Verstärkerstufe mit n-Kanal-JFET in Sourceschaltung

Exemplarisch wird hier die Verstärkerstufe in Sourceschaltung untersucht, die der in Kap. 17 untersuchten Emitterschaltung entspricht. Da der zwischen Gate und Kanal befindliche pn-Übergang in Sperrichtung betrieben wird, fließt im Unterschied zur Emitterschaltung nahezu kein Eingangsstrom. Abb. 25.10 zeigt einen einstufigen Verstärker mit JFET in Sourceschaltung.

Arbeitspunkt. Der Widerstand R_G dient der Einstellung des Arbeitspunkts: Für einen vernachlässigbaren Gleichanteil des Gatestroms ist $V_\mathrm{G} = 0$. Aufgrund des an R_S auftretenden Spannungsabfalls liegt zwischen Gate und Source demnach die Sperrspannung $V_\mathrm{GS} = -R_\mathrm{S} I_\mathrm{D}$ an. Bei Betrieb des Transistors im Sättigungsbereich gilt aber zusätzlich

$$I_\mathrm{D} = I_\mathrm{DSS}\left(1 + \frac{V_\mathrm{GS}}{V_\mathrm{DSS}}\right)^2 \quad \text{bzw.} \quad V_\mathrm{GS} = V_\mathrm{DSS}\left(\sqrt{\frac{I_\mathrm{D}}{I_\mathrm{DSS}}} - 1\right) .$$

Dies liefert den folgenden Zusammenhang zwischen Drainstrom I_D im Arbeitspunkt und Sourcewiderstand R_S

$$\boxed{R_\mathrm{S} = \frac{V_\mathrm{DSS}}{I_\mathrm{D}}\left(1 - \sqrt{\frac{I_\mathrm{D}}{I_\mathrm{DSS}}}\right) .} \tag{25.16}$$

Über Gl. (25.16) kann der zur Einstellung eines vorgegebenen Drainstroms I_D erforderliche Serienwiderstand R_S bestimmt werden.

Frequenzgang. Für die Berechnung des Frequenzgangs wird die in Abb. 25.11 gezeigte Kleinsignalersatzschaltung des Verstärkers herangezogen. Durch Netzwerkumwandlung geht diese über in die in Abb. 25.12 gezeigte Ersatzschaltung. Das aus den Elementen g_d, R_D, C_K2 und $\underline{Z}_\mathrm{L}$ gebildete Teilnetzwerk wur-

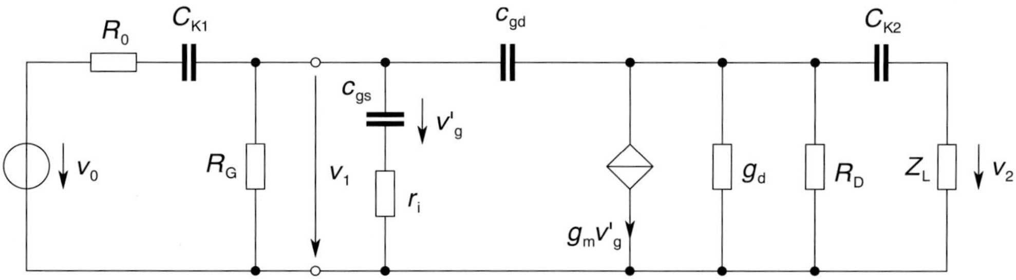

Abb. 25.11. Kleinsignalersatzschaltung des Verstärkers mit JFET in Sourceschaltung

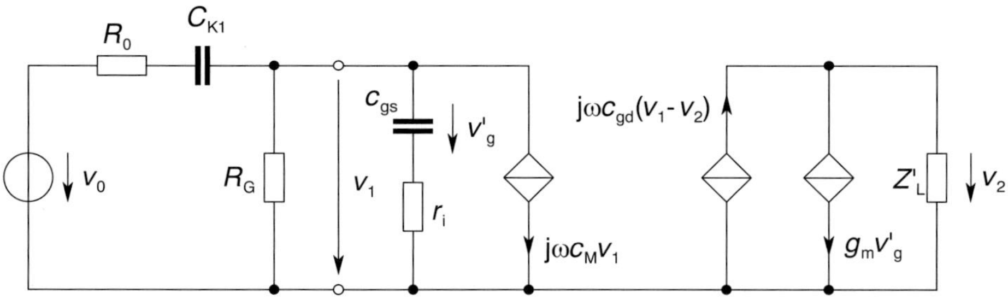

Abb. 25.12. Kleinsignalersatzschaltung des Verstärkers in Sourceschaltung nach Netzwerkumwandlung

de dabei durch die Ersatzimpedanz $\underline{Z}'_{\mathrm{L}}$ ersetzt. Die neu eingeführten gesteuerten Stromquellen beschreiben den Strom durch die Miller-Kapazität, deren Wert bei höheren Frequenzen komplex wird. Der Wert der Miller-Kapazität ist

$$\underline{c}_{\mathrm{M}} = c_{\mathrm{gd}}(1 - \underline{H}_v) \quad \text{mit} \quad \underline{H}_v = \underline{v}_2/\underline{v}_1 \,.$$

Da nach der Spannungsteilerregel

$$\underline{v}'_{\mathrm{g}} = \frac{1}{1 + \mathrm{j}\omega r_{\mathrm{i}} c_{\mathrm{gs}}} \underline{v}_1$$

gilt, lautet die Knotenregel angewandt auf den Ausgangsknoten

$$\frac{g_{\mathrm{m}}}{1 + \mathrm{j}\omega r_{\mathrm{i}} c_{\mathrm{gs}}} \underline{v}_1 + \frac{\underline{v}_2}{\underline{Z}'_{\mathrm{L}}} - \mathrm{j}\omega c_{\mathrm{gd}}(\underline{v}_1 - \underline{v}_2) = 0 \,.$$

Dies kann sofort nach dem Spannungsübertragungsfaktor $\underline{H}_v$ aufgelöst werden mit dem Ergebnis

$$\underline{H}_v = -\frac{\underline{Z}'_{\mathrm{L}}\left[g_{\mathrm{m}} - \mathrm{j}\omega c_{\mathrm{gd}}(1 + \mathrm{j}\omega r_{\mathrm{i}} c_{\mathrm{gs}})\right]}{(1 + \mathrm{j}\omega r_1 c_{\mathrm{gs}})(1 + \mathrm{j}\omega c_{\mathrm{gd}} \underline{Z}'_{\mathrm{L}})} \,.$$

Die Eingangsbeschaltung des Verstärkers besitzt nach der Spannungsteilerregel den Übertragungsfaktor

$$\begin{aligned}\frac{\underline{v}_1}{\underline{v}_0} &= \frac{R_\mathrm{G} \,\|\, \underline{z}_\mathrm{i}}{R_0 + (\mathrm{j}\omega C_\mathrm{K1})^{-1} + R_\mathrm{G} \,\|\, \underline{z}_\mathrm{i}} \\ &= \frac{1}{1 + \dfrac{R_0}{R_\mathrm{G}} + \dfrac{1}{\mathrm{j}\omega R_\mathrm{G} C_\mathrm{K1}} + \left(\mathrm{j}\omega R_0 + \dfrac{1}{C_\mathrm{K1}}\right)\left(\underline{c}_\mathrm{M} + \dfrac{c_\mathrm{gs}}{1+\mathrm{j}\omega r_\mathrm{i} c_\mathrm{gs}}\right)} .\end{aligned}$$

Dieser beschreibt ein Hochpaßverhalten mit der Grenzfrequenz $1/(2\pi R_\mathrm{G} C_\mathrm{K1})$ und das ohmsche und kapazitive Teilerverhältnis.

Verzerrungen. Aus der im Sättigungsbereich näherungsweise gültigen Beziehung

$$I_\mathrm{D}(t) = \beta \left[v_\mathrm{GS}(t) - V_\mathrm{TO} \right]^2$$

folgt bei sinusförmiger Ansteuerung mit der Amplitude $\hat{v}_\mathrm{gs}$ um V_GS

$$v_\mathrm{GS}(t) = V_\mathrm{GS} + \hat{v}_\mathrm{gs} \cos(\omega t)$$

für den Drainstrom

$$I_\mathrm{D}(t) = I_\mathrm{D} \left[1 + \frac{\hat{v}_\mathrm{gs}\cos(\omega t)}{V_\mathrm{GS} - V_\mathrm{TO}} \right]^2 \qquad \text{mit} \qquad I_\mathrm{D} = \beta (V_\mathrm{GS} - V_\mathrm{TO})^2 .$$

Durch Ausmultiplizieren der Klammer ergibt sich unter Berücksichtigung der Identität $\cos^2(x) = [\,1 + \cos(2x)\,]/2$ die Zeitabhängigkeit

$$I_\mathrm{D}(t) = I_\mathrm{D} + \frac{\hat{v}_\mathrm{gs}^2}{2(V_\mathrm{GS} - V_\mathrm{TO})^2} + \frac{2 I_\mathrm{D} \hat{v}_\mathrm{gs} \cos(\omega t)}{V_\mathrm{GS} - V_\mathrm{TO}} + \frac{I_\mathrm{D} \hat{v}_\mathrm{gs}^2 \cos(2\omega t)}{2(V_\mathrm{GS} - V_\mathrm{TO})^2} .$$

Wegen der quadratischen Strom-Spannungs-Beziehung tritt nur die erste Oberschwingung auf, höhere Harmonische entfallen. Das Verhältnis der ersten Oberschwingung zur Amplitude der Grundschwingung ist der Klirrfaktor

$$k_\mathrm{FET} = \frac{\hat{v}_\mathrm{gs}}{4(V_\mathrm{GS} - V_\mathrm{TO})} = \frac{|\hat{v}_\mathrm{ds1}|}{8 R_\mathrm{D} I_\mathrm{D}} ,$$

wobei $\hat{v}_\mathrm{ds1}$ die Amplitude der Grundschwingung am Verstärkerausgang bezeichnet. Das entsprechende Ergebnis für den Bipolartransistor lautet [7]

$$k_\mathrm{BJT} \approx \frac{\hat{v}_\mathrm{be}}{4 V_\mathrm{T}} \approx \frac{|\hat{v}_\mathrm{ce1}|}{4 R_\mathrm{C} I_\mathrm{C}} ,$$

wobei $\hat{v}_\mathrm{ce1}$ die Amplitude der Grundschwingung am Verstärkerausgang bezeichnet.

[7] In beiden Fällen wurde der Ausgangsleitwert des Transistors vernachlässigt. Für den Verstärker in Emitterschaltung gilt unter diesen Umständen $\hat{v}_\mathrm{ce1} = -R_\mathrm{C} g_\mathrm{m} \hat{v}_\mathrm{be} = -R_\mathrm{C} I_\mathrm{C}\, \hat{v}_\mathrm{be}/V_\mathrm{T}$, was auf die angegebene Umformung führt.

25.2 GaAs-MESFETs

MESFETs werden in der Regel auf schwach dotiertem Substratmaterial (i.allg. GaAs oder andere Verbindungshalbleiter) hergestellt und verwenden als Steuerelektrode eine *Schottky-Diode* (Abb. 25.13 a). Mit dieser lassen sich kürzere Gatelängen und damit höhere Grenzfrequenzen verwirklichen als im JFET.[8] Das niedrig dotierte Substratmaterial weist wegen der geringen intrinsischen Dichte von GaAs eine geringe Elektronen- und Löcherdichte und somit einen hohen spezifischen Widerstand auf; man spricht in diesem Zusammenhang auch von *semiisolierenden Substraten*. Auf das semiisolierende Substrat werden die aktiven Schichten *abgeschieden*, beispielsweise mit dem MOCVD-Verfahren[9], bei dem gasförmige metallorganische Verbindungen wie Trimethylgallium $Ga(CH_3)_3$ und AsH_3 an der Oberfläche des erhitzten Substrats unter Bildung von GaAs reagieren. Die abgeschiedene Schicht wird dann ätztechnisch strukturiert und bis auf die Stellen, an denen die Transistoren entstehen sollen, wieder abgetragen (*Mesatechnik*). Alternativ hierzu besteht die Möglichkeit, die aktiven Schichten durch Implantation in das semiisolierende Substrat herzustellen. Da die Implantation bei dieser sog. *Planartechnik* maskiert erfolgen kann, ist hier keine Mesaätzung erforderlich.

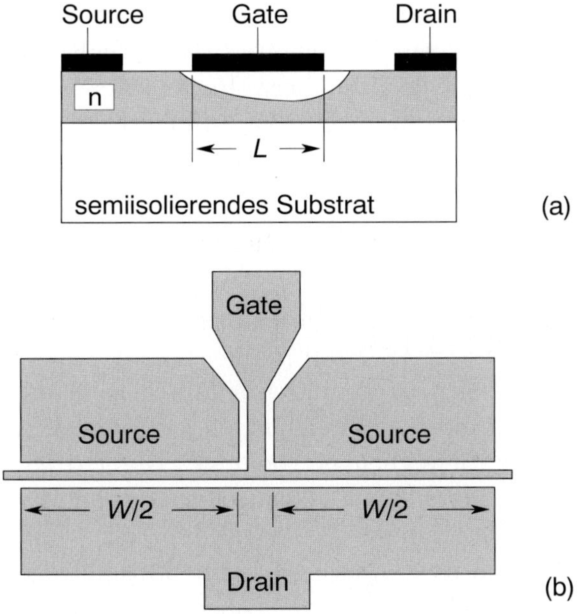

Abb. 25.13. Aufbau eines MESFET. (**a**) Querschnitt (schematisch) und (**b**) Draufsicht

[8]JFETs werden deshalb nur in der Siliziumtechnik und mit Halbleitermaterialien auf denen sich keine Schottkybarrieren mit hinreichender Barrierenhöhe realisieren lassen hergestellt. Beispiel hierfür sind die in der Optoelektronik bedeutsamen Materialien InP und $In_{0.53}Ga_{0.47}As$; JFETs aus diesen Materialien lassen sich gemeinsam mit Laserdioden oder Fotodioden auf einem optoelektronischen IC (OEIC) kombinieren.

[9]Die Abkürzung MOCVD steht für Metal Organic Chemical Vapour Deposition.

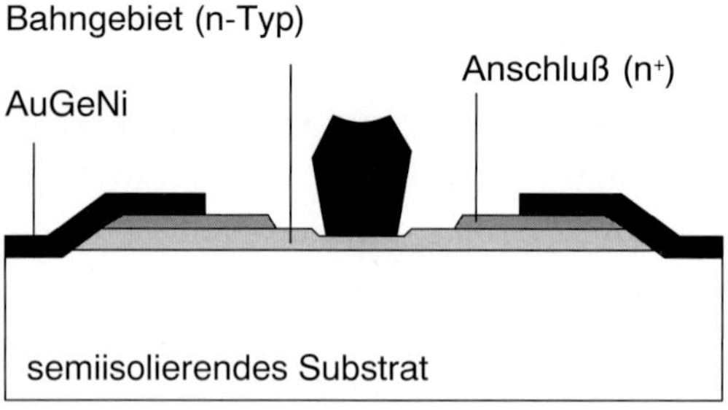

Abb. 25.14. Liftoff-Technik

Zur Herstellung der Metallkontakte wird häufig die sog. Lift-off-Technik eingesetzt, bei der mit Ausnahme der zu metallisierenden Gebiete die gesamte Scheibe mit Fotolack abgedeckt wird. Nach Aufdampfen der Metallisierungsschicht wird der Fotolack entfernt, wodurch die auf Fotolack liegende Metallschicht ebenfalls abgehoben wird. Der Querschnitt der so erzeugten Gateelektrode weist in der Regel eine „Stempelform“ auf (Abb. 25.14, [4]), was auch bei geringen Kanallängen der Größenordnung 0.1 µm geringe Gatebahnwiderstände ermöglicht. Abbildung 25.13 b zeigt ein typisches Layout der Elektroden. Der Gatekontakt wird in der Regel in der Mitte der Gateelektrode angebracht um den Serienwiderstand gering zu halten. Dieser läßt sich für nicht allzu große Frequenzen mit dem spezifischen Widerstand ρ und dem Leiterbahnquerschnitt A mittels $R_\mathrm{G} = \rho W/(6A)$ berechnen. Bei hohen Frequenzen verhält sich die Gatelektrode wie ein Wellenleiter; die Verhältnisse lassen sich dann nicht mehr durch ein RC-Glied annähern. In der Praxis wird dies in der Regel durch eine Verminderung der Weite W auf Werte kleiner als $\lambda/16$ erreicht, wobei λ die zur Betriebsfrequenz gehörende Wellenlänge darstellt.

Typische Werte für L und W von MESFETs für Betriebsfrequenzen um die 10 GHz liegen bei 0.25 µm bzw. 200 – 300 µm. Der maximale Sättigungsstrom I_DSS liegt bei typischerweise 20 – 50 mA; größere Stromwerte werden durch Parallelschalten mehrerer derartiger MESFETs möglich.

Die Kennlinien von MESFETs lassen sich näherungsweise mit den für den JFET hergeleiteten Beziehungen beschreiben. Abweichungen sind vor allem durch die Feldstärkeabhängigkeit der Beweglichkeit bedingt: Die Driftgeschwindigkeit in Galliumarsenid geht bereits bei Feldstärken von wenigen kV/cm in Sättigung und weist darüber hinaus bei 3.5 kV/cm ein Maximum auf während in Silizium ein monotoner Anstieg bis zur Sättigungsgeschwindigkeit (für Feldstärken größer ca. 100 kV/cm) beobachtet wird. Die Feldstärkeabhängigkeit der Beweglichkeit hat deshalb in GaAs-MESFETs einen größeren Einfluß auf die Sättigung der Ausgangskennlinie als in Si-JFETs. Bei großen Feldstärken kommt es außerdem zur Ausbildung einer Domäne.

25.2.1 Anwendungen

MESFETs werden in schnellen Digitalschaltungen, integrierten Mikrowellenschaltungen[10] und in rauscharmen Vorverstärkern sowie Leistungsverstärkern für Frequenzen im GHz-Bereich eingesetzt.

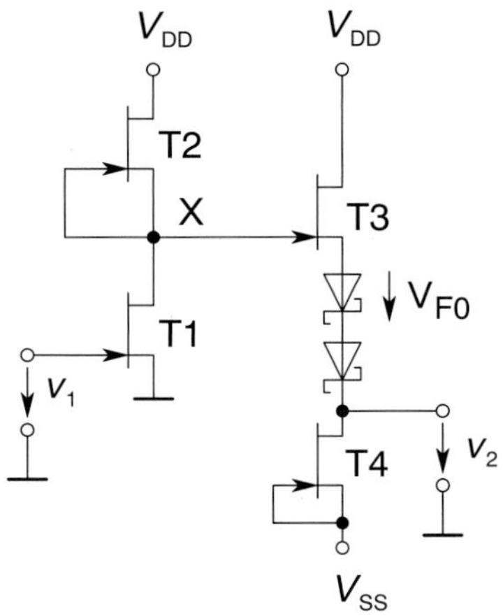

Abb. 25.15. BFL-Logik mit MESFETs

Digitalschaltungen mit MESFETs. Digitalschaltungen mit MESFETs ermöglichen hohe Schaltgeschwindigkeiten. Sie werden jedoch nur in geringen Stückzahlen hergestellt, da sie eine gegenüber der ECL-Technik vergleichbare Schaltgeschwindigkeit und Verlustleistung aufweisen, in der Herstellung aber deutlich teurer sind. Abbildung 25.15 zeigt als eines von vielen Beispielen den Aufbau eines BFL-Inverters[11] mit Normally-on-MESFETs. Die Schaltung verwendet Schottky-Dioden mit Schleusenspannungen $V_{\mathrm{on}} \approx 0.7\,\mathrm{V}$ als Pegelschieber. Typische Werte für die Versorgungsspannungen sind $V_{\mathrm{DD}} = 2.5\,\mathrm{V}$ und $V_{\mathrm{SS}} = -2.5\,\mathrm{V}$; die Abschnürspannungen V_{TO} der Transistoren liegen typischerweise bei $-1\,\mathrm{V}$. Ist $v_1 < V_{\mathrm{TO}}$, so sperrt T1; das Potential des Knotens X ist dann annähernd gleich V_{DD}, so daß T3 niederohmig ist. Die Ausgangsspannung beträgt unter diesen Umständen annähernd $v_2 = V_{\mathrm{DD}} - 2V_{\mathrm{F0}} \approx 1.1\,\mathrm{V}$, da T4 als Stromquelle arbeitet und für einen Stromfluß durch die Dioden sorgt. Ist $v_1 \gg V_{\mathrm{TO}}$, so ist T1 niederohmig – der Knoten X liegt dann annähernd auf Massepotential; der von T3 geführte Strom ist unter diesen Umständen so klein, daß T4 nicht mehr als Stromquelle arbeiten kann und nur noch eine geringe Spannung V_{DS} aufweist, d. h. der Ausgang liegt annähernd auf V_{SS}. Zu niedrigen Eingangsspannungen gehört demnach eine große Ausgangsspannung und umgekehrt, d. h. die Schaltung arbeitet als Inverter.

[10] Abgekürzt MMICs für: Microwave Monolithic Integrated Circuits.

[11] Die Abkürzung BFL steht für Buffered Fet Logic. Daneben existieren andere schaltungstechnische Ansätze wie DCFL (direct coupled FET logic) oder SDFL (Schottky Diode FET Logic) (vgl. [5]).

Verstärker mit MESFETs. Breitbandvorverstärker für den GHz-Bereich mit GaAs-MESFET sind komplett integriert im Handel erhältlich. Wesentlich für derartige Anwendungen ist eine geringe Rauschzahl des Transistors. Typische Werte für die Rauschzahl liegen bei 1.8 dB für $f = 12\,\text{GHz}$. Die minimale Rauschzahl des FET in Sourceschaltung läßt sich nach der Formel von Fukui abschätzen, die in der Form[12]

$$F_{\min} \approx 1 + 0.25\,\frac{L}{\mu\text{m}}\,\frac{f}{\text{GHz}}\,\sqrt{g_{\text{m}}(r_{\text{gg}'} + r_{\text{ss}'})}$$

angegeben werden kann [7]. Dies zeigt, daß gute Rauscheigenschaften eine geringe Kanallänge und niedrige Bahnwiderstände erfordern. Besonders vorteilhaft in dieser Hinsicht sind die im nächsten Abschnitt beschriebenen MODFETs.

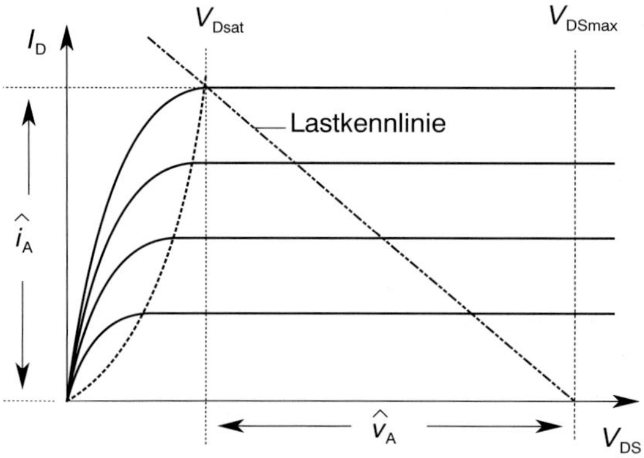

Abb. 25.16. Aussteuerungsbereich eines Verstärkers im A-Betrieb

Leistungsverstärker mit MESFETs werden in der Regel im A-Betrieb realisiert. Bezeichnet I_{Dmax} den maximal fließenden Drainstrom und V_{DSmax} die maximal auftretende Spannung (Abb. 25.16), so sind die Amplituden $\hat{\imath}_{\text{A}}$ und $\hat{v}_{\text{A}}$ für Strom und Spannung im Ausgangskreis bei Vollaussteuerung

$$\hat{\imath}_{\text{A}} = \frac{I_{\text{Dmax}}}{2} \quad \text{und} \quad \hat{v}_{\text{A}} = \frac{V_{\text{DSmax}} - V_{\text{Dsat}}}{2} ,$$

d. h. der Effektivwert der Ausgangsleistung bei voller Aussteuerung beträgt

$$P = \frac{1}{8}\,I_{\text{Dmax}}(V_{\text{DSmax}} - V_{\text{Dsat}}) .$$

Da der maximal zulässige Strom proportional zur Gateweite ansteigt, gilt dies auch für die Leistung P, wobei für jedes Watt Ausgangsleistung in der Regel mindestens ein Millimeter Gatelänge benötigt wird. In Leistungs-MESFETs werden deshalb mehrere MESFETs auf einem Chip parallelgeschaltet.

[12] Ein auf Meßergebnisse gestützter Vergleich unterschiedlicher Ansätze für die Modellierung des Rauschverhaltens von MESFETs ist in [6] zu finden.

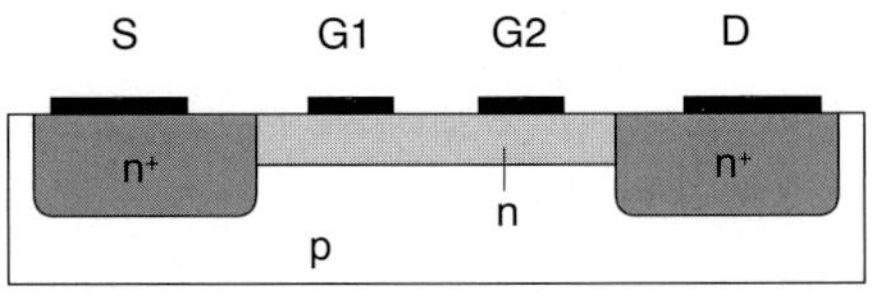

Abb. 25.17. Dualgate-MESFET

25.2.2 Dual-Gate-MESFETs

Abbildung 25.17 zeigt den schematischen Querschnitt durch einen *Dual-gate-*MESFET. Dieser entspricht zwei FETs in *Kaskodeschaltung*. Diese Schaltung ist wegen des geringen Miller-Effekts sowie der um den Faktor $g_{\mathrm{d}}/g_{\mathrm{m}}$ verringerten Werte der Spannungsrückwirkung und des Ausgangsleitwerts von Interesse. Dual-gate-MESFETs werden vorzugsweise in Vorverstärkern und Mischern eingesetzt und ermöglichen den Aufbau von Verstärkern mit automatischer Verstärkungsregelung (AGC-Verstärker), wie sie etwa bei Fernseh-Satellitenempfängern eingesetzt werden. In Mischern wird das Eingangssignal auf Gate G1, das Signal des Lokaloszillators auf Gate G2 gelegt; die Zwischenfrequenz läßt sich dann über einen Resonanzkreis auskoppeln.

25.2.3 SPICE-Modelle für MESFETs

Für GaAs-MESFETs wird in PSPICE eine spezielle *Elementanweisung*, beginnend mit dem Kennbuchstaben B verwendet. Die Elementanweisung ist von der allgemeinen Form

```
B(name)   K_d   K_g   K_s   Mname   ⟨AREA⟩
```

`Mname` ist dabei der Name der Modellanweisung in der die zugehörigen Modellparameter aufgelistet sind. Die dimensionslose Zahl `AREA` besitzt dieselbe Bedeutung wie im Fall des JFET-Modells; auf ihre Angabe kann verzichtet werden, ihr Ersatzwert ist eins. Das Ersatzschaltbild entspricht demjenigen des JFET (Abb. 25.6). Für die beschreibenden Gleichungen sind unterschiedliche Modelle verfügbar.

LEVEL 1 - Modell. Das LEVEL 1 - MESFET-Modell entstand durch Modifikation des SPICE-Modells des JFET [8]. Ausgangspunkt war die Beobachtung, daß das JFET-Modell zwar das Verhalten im Sättigungungsbereich mit befriedigender Genauigkeit beschreibt, im Widerstandsbereich aber deutliche Abweichungen von gemessenen Kennlinien zeigt. Statt der im JFET-Modell gegebenen Aufteilung in Widerstands- und Sättigungsbereich mit unterschiedlichen Strom-Spannungs-Beziehungen wird für $v_{\mathrm{GS}} > V_{\mathrm{TO}}$ der nicht durch ein physikalisches Modell begründete Ansatz[13]

$$i_{\mathrm{T}} = \beta(1+\lambda v_{\mathrm{DS}})(v_{\mathrm{GS}}-V_{\mathrm{TO}})^2 \tanh(\alpha v_{\mathrm{DS}}) \qquad (25.17)$$

[13]Unter der Annahme $v_{\mathrm{DS}} > 0$. Die angegebenen Beziehungen lassen sich durch Vertauschen der Indices S' und D' auch auf den Fall $v_{\mathrm{DS}} < 0$ anwenden.

Tabelle 25.2 Parameter des LEVEL 1 - MESFET-Modells

Bedeutung	Parameter	Einheit	Ersatzwert
Abschnürspannung	V_{TO}, VTO	V	−2.5
Kanallängenmodulationsparameter	λ, LAMBDA	V^{-1}	0
Übertragungsleitwertparameter	β, BETA	A/V^2	0.1
Drainbahnwiderstand	$R_{DD'}$, RD	Ω	0
Sourcebahnwiderstand	$R_{SS'}$, RS	Ω	0
Gatebahnwiderstand	$R_{GG'}$, RG	Ω	0
Sättigungsstrom	I_S, IS	A	10^{-14}
Emissionskoeffizient	N, N	–	1
GD-Kapazität bei 0 V	C_{GD}, CGD	F	0
GS-Kapazität bei 0 V	C_{GS}, CGS	F	0
DS-Kapazität bei 0 V	C_{DS}, CDS	F	0
Diffusionsspannung	V_{BI}, VBI	V	1.0
Gradationsexponent	M, M	–	0.5
c_j-Koeffizient	F_C, FC	–	0.5
Bandabstandsspannung	E_G, EG	V	1.11
Temperaturexponent für I_S	X_{TI}, XTI	–	0
Temperaturkoeffizient für V_{TO}	α_{VTO}, VTOTC	V/K	0
Temperaturexponent für β	β_{TCE}, BETATCE	%/K	0
Temperaturkoeffizient für $R_{GG'}$	α_{RG}, TRG1	K^{-1}	0
Temperaturkoeffizient für $R_{DD'}$	α_{RD}, TRD1	K^{-1}	0
Temperaturkoeffizient für $R_{SS'}$	α_{RS}, TRS1	K^{-1}	0
Sättigungsparameter	α, ALPHA	V^{-1}	2.0
Transitzeit	τ, TAU	s	0
Koeffizient für $1/f$-Rauschen	K_F, KF	A^2	0
Exponent für $1/f$-Rauschen	A_F, AF	–	1

verwendet; für $v_{GS} \leq V_{TO}$ wird $i_T = 0$ angesetzt. Der zusätzlich eingeführte *Sättigungsparameter* α wird so angepaßt, daß die Steigung der Kennlinie im Widerstandsbereich korrekt wiedergegeben wird. Für große Werte von V_{DS} geht $\tanh(\alpha v_{DS}) \to 1$, was dem Übergang zum Sättigungsgebiet entspricht. Der im Sättigungsbereich fließende Strom ist

$$i_T \approx \beta(1+\lambda v_{DS})(v_{GS}-V_{TO})^2 .$$

Im LEVEL 1 - MESFET-Modell wird eine endliche Laufzeit τ angenommen: Der Transferstrom wird durch die um τ verzögerte Reaktion auf $v_{GS}(t)$ beschrieben

$$i_T(t) = i_T[\, v_{GS}(t-\tau), v_{DS}\,] .$$

Zur Implementierung wird dieser Ausdruck entwickelt

$$i_T(t) \approx i_T[\, v_{GS}(t), v_{DS}\,] - \tau \frac{\mathrm{d}i_T}{\mathrm{d}v_{GS}} \frac{\mathrm{d}v_{GS}}{\mathrm{d}t} ,$$

wobei der Ausdruck $\tau(\mathrm{d}i_T/\mathrm{d}v_{GS}) = \tau_K g_m$ eine zusätzliche Kapazität zwischen Source und Gate – entsprechend der von der EB-Diode gesteuerten Diffusionskapazität c_{TE} im Bipolartransistor – bezeichnet.

Als Parameter stehen die in Tabelle 25.2 aufgeführten Kenngrößen zur Verfügung. Die Diodenkennlinien werden mittels Sättigungsstrom I_S und Emissionskoeffizient N mit dem bekannten Exponentialansatz

$$i_{DGS} = I_S \left[\exp\left(\frac{v_{GS}}{N V_T} \right) - 1 \right] \quad \text{und} \quad i_{DGD} = I_S \left[\exp\left(\frac{v_{GD}}{N V_T} \right) - 1 \right]$$

beschrieben, während für die Kapazitäten – beschrieben durch C_{GS}, C_{GD}, V_{BI}, M und F_C – der aus Kap. 12.2 bekannte Ansatz

$$c_{gs} = C_{GS} \left(1 - \frac{v_{GS}}{V_{BI}} \right)^{-M} \quad \text{und} \quad c_{gd} = C_{GD} \left(1 - \frac{v_{GD}}{V_{BI}} \right)^{-M}$$

verwendet wird, solange v_{GS} bzw. v_{GD} kleiner als $F_C V_{BI}$ sind; für größere Flußspannungen wird wie bei der pn-Diode eine lineare Extrapolation der Spannungsabhängigkeit verwendet (vgl. Kap. 12.2).

Tabelle 25.3 Ergänzende Parameter des LEVEL 2 - MESFET-Modells

Bedeutung	Parameter	Einheit	Ersatzwert
Driftsättigungsparameter	B, `B`	V^{-1}	0.3
Transitzeit	τ, `TAU`	s	0
„capacitance transition voltage“	V_Δ, `VDELTA`	V	0.2
„capacitance limiting voltage“	V_{max}, `VMAX`	V	0.5

LEVEL 2 - Modell. Im LEVEL 2 - Modell stehen die in Tabelle 25.3 aufgeführten Kenngrößen als zusätzliche Parameter zur Verfügung. Das LEVEL 2 - Modell entspricht dem in [9] beschriebenen MESFET-Modell. Der tanh in der Transferstrombeziehung des LEVEL1 - Modells wird hier durch eine Polynomapproximation ersetzt. Für $V_{GS} > V_{TO}$ wird angesetzt ($i_T = 0$ für $V_{GS} < V_{TO}$)

$$i_T = \beta(1+\lambda V_{DS})(V_{GS}-V_{TO})^2 \frac{K_t}{1 + B(V_{GS}-V_{TO})}$$

mit

$$K_t = \begin{cases} 1 - (1-\alpha V_{DS}/3)^3 & \text{für} \quad 0 \le V_{DS} < 3/\alpha \\ 1 & \text{für} \quad V_{DS} > 3/\alpha \end{cases}$$

Der Driftsättigungsparameter B wurde eingeführt, um den Einfluß der *Geschwindigkeitssättigung* näherungsweise erfassen zu können. Er ist an gemessene Kennlinienverläufe anzupassen; typische Werte für B liegen in der Größenordnung von 1/V. Die Kapazitäten werden durch den Ansatz

$$c_{gs} = \frac{k_1 k_2 C_{GS}}{\sqrt{1 + \dfrac{V_n}{V_{BI}}}} + k_3 C_{GD} \quad \text{und} \quad c_{gd} = \frac{k_1 k_3 C_{GS}}{\sqrt{1 + \dfrac{V_n}{V_{BI}}}} + k_2 C_{GD}$$

beschrieben, wobei die k_1, k_2 und k_3 arbeitspunktabhängige Faktoren beschreiben, die in Verbindung mit der aus v_{GS} und v_{DS} und den Parametern `VDELTA` und `VMAX` errechneten Spannung V_n einen stetigen Verlauf der Kapazitäten für positives und negatives V_{DS} bewirken. Eine ausführliche Darstellung dieses auf Fitprozeduren gründenden Ansatzes ist in [9] zu finden.

LEVEL 3 - Modell. Das LEVEL 3 - Modell entspricht dem LEVEL 2 - Modell bis auf die Beschreibung des Transferstroms, für den hier unter der Bedingung $v_{GS} > V_{TO}$ der Ansatz

$$i_T = \frac{i_{T0}}{1 + \delta\, v_{DS} i_{T0}} \quad \text{mit} \quad i_{T0} = \beta K_t (v_{GS} - V_{TO} - \gamma v_{DS})^Q$$

verwendet wird. Durch den frei wählbaren Exponenten Q können Abweichungen von der quadratischen Abhängigkeit des Sättigungsstroms von der Gatespannung erfaßt werden, die zusätzlich eingeführten Parameter δ (Dimension 1/W, Ersatzwert null) und γ (dimensionslos, Ersatzwert null) ersetzen die Parameter B und λ des LEVEL 2 - Modells. Das Modell kann besser an gemessene Kennlinienverläufe angepaßt werden [10] und bietet eine verbesserte Beschreibung der Kleinsignalkenngrößen und S-Parameter über einen größeren Bereich von Arbeitspunkten.

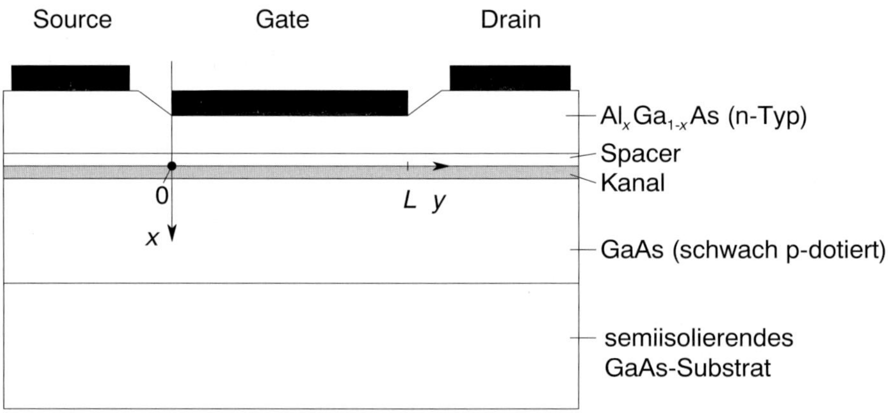

Abb. 25.18. Querschnitt (schematisch) durch einen MODFET auf semiisolierendem GaAs-Substrat (nach [4])

25.3 MODFETs

MODFETs [14] sind Feldeffekttransistoren, die einen Heteroübergang zwischen zwei Halbleitermaterialien mit unterschiedlicher Energielücke und Dotierung ausnutzen. Der stromführende Kanal kann dabei in ein schwach dotiertes Halbleitergebiet verlegt werden, was sich günstig auf die Beweglichkeit der Ladungsträger (i. allg. Elektronen) auswirkt. Die höhere Elektronenbeweglichkeit im Kanal ermöglicht höhere *Transitfrequenzen* und verbesserte Rauscheigenschaften. MODFETs eignen sich aus diesen Gründen hervorragend für die Eingangsstufen von Verstärkern im HF-Bereich.

[14] Die Abkürzung MODFET kommt von MOdulation Doped FET. Alternativ werden in der Literatur die Abkürzungen HEMT (für High Electron Mobility Transistor), HFET (für Heterostructure FET), SDHT (für Selectively Doped Heterostructure Transistor) oder TEGFET (für Two-dimensional Electron Gas FET) verwendet.

Abbildung 25.18 zeigt schematisch den Aufbau eines MODFET auf GaAs-Substrat. Im Unterschied zum GaAs-MESFET befindet sich hier unter dem Gate eine dünne n-dotierte AlGaAs-Schicht mit einer Donatorkonzentration von der Größenordnung $10^{18}\,\mathrm{cm}^{-3}$. Diese bildet mit der darunter liegenden schwach p-dotierten GaAs-Schicht einen Hetero-pn-Übergang mit einer Potentialmulde für Elektronen.

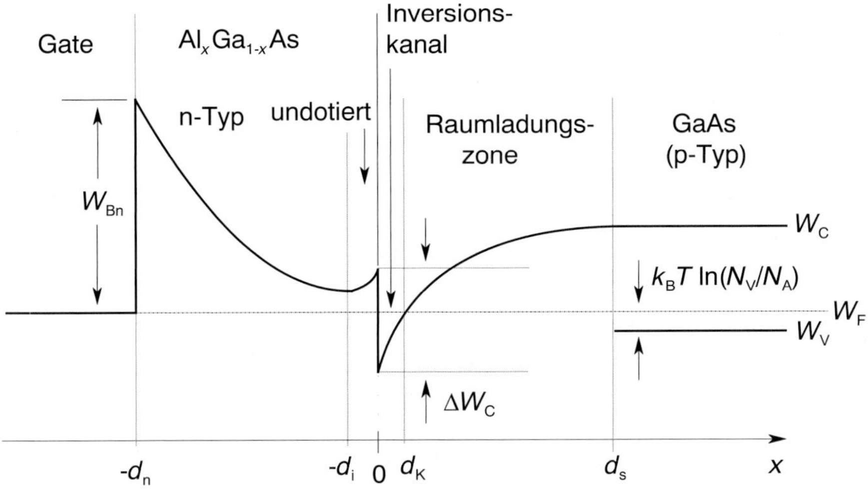

Abb. 25.19. Bandschema für einen MODFET auf GaAs-Substrat (nach [4])

Abbildung 25.19 zeigt den Verlauf der Leitungsbandkante im Gleichgewicht. Wegen des Konzentrationsgefälles diffundieren sehr viele Elektronen aus dem hochdotierten AlGaAs-Gebiet in die schmale Potentialmulde an der AlGaAs-GaAs-Grenzfläche, wo sie in x-Richtung *lokalisiert* sind. Nur in den Richtungen parallel zur Grenzfläche können sich die Elektronen ungehindert fortbewegen. Deswegen spricht man auch von einem *zweidimensionalen Elektronengas.* In dem Kanal kann eine sehr hohe Elektronendichte in einem undotierten Gebiet erreicht werden. Da die *Beweglichkeit* der Elektronen parallel zur Grenzfläche nicht durch Streuung an Störstellenatomen behindert wird, ist sie sehr groß: Bei Raumtemperatur wurden Werte $\mu_s \approx 8000\,\mathrm{cm}^2/\mathrm{Vs}$, bei $T = 77\,\mathrm{K}$ Werte $\mu_s \approx 10^5\ \mathrm{cm}^2/\mathrm{Vs}$ gemessen. Diese Kombination hoher Elektronenbeweglichkeit und -dichte ist der spezifische Vorzug des MODFET.

Ladungssteuerungstheorie

Wie beim MOSFET wird der Stromfluß zwischen Source und Drain durch die Ladung im Kanal bestimmt. Diese kann durch Anlegen einer Steuerspannung verändert werden. Solange eine nennenswerte Elektronenladung im Kanal ist, kann die Ausdehnung der Raumladungszone im p-Typ GaAs als annähernd konstant angenommen werden. Die Flächenladungsdichte im Kanal steigt dann proportional zur Gatespannung V_{GS}, d. h. in Analogie zum MOSFET kann der Ansatz [11]

$$Q'_n = c'(V_{GS} - V_{TH}) \qquad \text{mit} \qquad c' = \frac{\epsilon_n}{d_n}$$

verwendet werden, wobei ϵ_n die Permittivität und d_n die Dicke der n-dotierten AlGaAs-Schicht bezeichnet. Entsprechend folgt in einfachster Näherung für die Kennlinie im Widerstandsbereich

$$I_D = \mu_s \frac{\epsilon_n}{d_n} \frac{W}{L} (V_{GS} - V_{TH} - V_{DS}/2) V_{DS}$$

und im Sättigungsbereich

$$I_D = \mu_s \frac{\epsilon_n}{d_n} \frac{W}{L} \frac{1}{2} (V_{GS} - V_{TH})^2$$

Die Einsatzspannung V_{TH} wird wie bei anderen Feldeffekttransistoren aus einer Auftragung $\sqrt{I_D}$ vs. V_{GS} ermittelt.

Modulationswirkungsgrad

Die mit einer Gatespannungsänderung verbundene Ladungsänderung $-\Delta Q_G$ im Halbleiter spaltet sich auf in eine Ladungsänderung ΔQ_{ch} im Kanal, eine Änderung der Ladung der Raumladungszone sowie eine Änderung der Ladung im AlGaAs. Der *Modulationswirkungsgrad*

$$\eta = \frac{\Delta Q_{ch}}{\Delta Q_G} \tag{25.18}$$

bestimmt den Anteil der Ladungsänderung im Kanal. Diese Größe sollte möglichst nahe bei eins liegen, da sie die Transitfrequenz [12]

$$f_T \approx \frac{v_{nsat}}{2\pi L} \cdot \eta \tag{25.19}$$

des MODFET bestimmt. Eine Verbesserung des Modulationswirkungsgrads ist möglich, wenn die Unstetigkeit ΔW_C der Leitungsbandkante am Heteroübergang größer wird. Da diese bei der beschriebenen AlGaAs-GaAs-Konfiguration jedoch vergleichsweise gering ist, wurden MODFETs entwickelt, bei denen dünne GaInAs-Schichten auf einem GaAs-Substrat unter einer AlGaAs-Schicht verwendet werden. GaInAs weist zwar eine andere Gitterkonstante auf als GaAs; die benötigten dünnen Schichten lassen sich dennoch versetzungsfrei aufwachsen, solange die Schichtdicke geringer als ein kritischer Wert ist. Die abweichende Gitterkonstante wird dann durch Verzerrungen des Gitters aufgefangen. Derartige *pseudomorphe MODFETs* (auch PHEMTs) wurden bereits mit Transitfrequenzen größer als 300 GHz hergestellt.

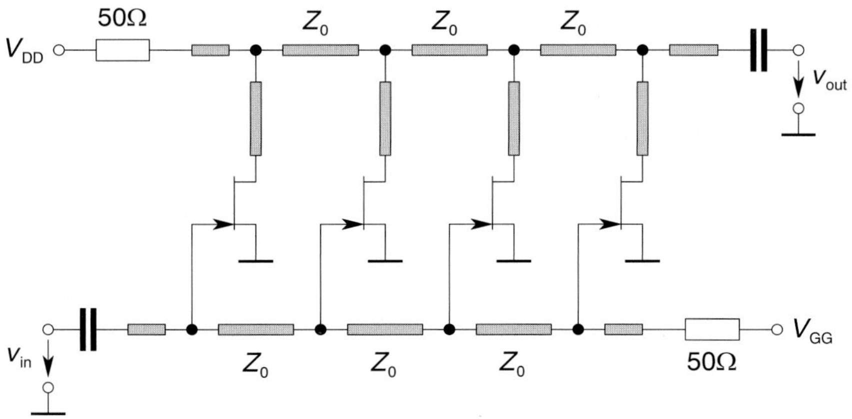

Abb. 25.20. Wanderwellenverstärker mit MODFETs

Anwendungen

Die Hauptanwendungsgebiete für MODFETs liegen im Aufbau von Verstärkern für Frequenzen im GHz-Gebiet. Wegen der hohen Beweglichkeit im Kanal zeichnen sich MODFETs durch besonders geringe Rauschzahlen[15] aus. Rauscharme MODFETs werden deshalb insbesondere für die Eingangsstufe von Verstärkern im Frequenzbereich von ca. 2 bis 100 GHz eingesetzt, etwa bei der Satellitenkommunikation oder der optischen Übertragung mit hohen Datenraten[16].

Als Beispiel wird der für Eingangsstufen in rauscharmen Vorverstärkern entwickelte pseudomorphe MODFET ATF-35076 von Agilent (Hewlett-Packard) betrachtet. Dieser weist eine Kanallänge $L = 0.25\,\mu\text{m}$ und eine Weite $W = 200\,\mu\text{m}$ auf. Die minimale Rauschzahl bei $f = 12\,\text{GHz}$, $V_{DS} = 1.5$ V und $I_D = 10\,\text{mA}$ beträgt 0.75 dB; der maximale Drainsättigungsstrom bei $V_{DS} = 1.5\,\text{V}$ ist $I_{DSS} = 50\,\text{mA}$, die zugehörige Steilheit $g_m = 65\,\text{mS}$.

Durch Parallelschalten mehrerer MODFETs lassen sich Leistungsverstärker für den Mikrowellenbereich realisieren. Für Frequenzen kleiner als ca. 60 GHz liegt die erreichbare Ausgangsleistung je Millimeter Kanalweite bei ca. 1 W [12].[17]

---

[15]In [13] werden beispielsweise MODFETs auf GaAs-Substrat beschrieben, die bei $f = 12\,\text{GHz}$ das Rauschmaß 0.31 dB und bei $f = 18\,\text{GHz}$ das Rauschmaß 0.45 dB aufweisen.

[16]In [14] wird z.B. ein Empfänger mit MODFET auf InP-Substrat für modulierte Lichtsignale mit Datenraten von mehr als 40 Gb/s vorgestellt.

[17]Mit derzeit in Entwicklung befindlichen MODFETs auf der Basis des Halbleiters Galliumnitrid, der sich durch eine große Energielücke auszeichnet, können deutlich größere Ausgangsleistungen erzielt werden; [15] beschreibt beispielsweise einen AlGaN/GaN MODFET der bei einer Kanalweite von lediglich 8 mm die Ausgangsleistung 51 W liefert, ein Beispiel für einen MODFET der bei $f = 100\,\text{GHz}$ pro mm Weite die Leistung 4 W abgibt wird in [16] angeführt.

Abbildung 25.20 zeigt den Aufbau eines Wanderwellenverstärkers (englisch: Travelling Wave Amplifier) mit MODFETs. Ein derartiger Verstärker weist i. allg. eine extrem hohe Bandbreite auf: Mit MODFETs der Kanallänge 0.1 µm ließ sich beispielsweise eine Verstärkung von 5 dB im Frequenzbereich von 5 bis 100 GHz erzielen [12]. Da die einzelnen Verstärkerstufen des Wanderwellenverstärkers mit der charakteristischen Impedanz des Wellenleiters angesteuert werden, liegt keine Rauschanpassung vor, was zu einer erhöhten (typischerweise 60 %) Rauschzahl von Wanderwellenverstärkern führt. Wegen der geringen Rauschzahlen der MODFETs kann dies jedoch häufig in Kauf genommen werden.

25.4 Literaturverzeichnis

[1] L.K. Nanver, E.J.G. Goudena. Design considerations for integrated high-frequency P-channel JFETs. *IEEE Trans. Electron Devices*, 35(11):1924–1934, 1988.

[2] W. Shockley. A unipolar „field-effect“ transistor. *Proc. IRE*, 40(11):1365–1376, 1952.

[3] W. Kellner, H. Kniepkamp. *GaAs-Feldeffekttransistoren (Halbleiter-Elektronik Bd. 16)*. Springer, Heidelberg, 1989.

[4] S.M. Sze (Ed.). *High-Speed Semiconductor Devices*. Wiley, New York, 1990.

[5] D.A. Hodges, H.G. Jackson. *Analysis and Design of Digital Integrated Circuits*. McGraw Hill, New York, second edition, 1988.

[6] P. Heymann, M. Rudolph, H. Prinzler, R. Doerner, L. Klapproth, G. Böck. Experimental evaluation of microwave field-effect transistor noise models. *IEEE Trans. Microwave Theory and Techniques*, 47(2):156–163, 1999.

[7] S.M. Sze. *Physics of Semiconductor Devices*. Wiley, New York, second edition, 1982.

[8] W.R. Curtice. A MESFET model for use in the design of GaAs integrated circuits. *IEEE Trans. Microwave Theory and Techniques*, 28(5):448–456, 1980.

[9] H. Statz, P. Newman, I.W. Smith, R.A. Pucel, H.A. Haus. GaAs FET device and circuit simulation in SPICE. *IEEE Trans. Electron Devices*, 34(2):160–169, 1987.

[10] A.J. McCamant, G.D. McCormack, D.H. Smith. An improved GaAs MESFET model for SPICE. *IEEE Trans. MTT*, 38(6):822–824, 1990.

[11] D. Delagebeaudeuf, N.T. Linh. Metal-(n) AlGaAs-GaAs two-dimensional electron gas FET. *IEEE Trans. Electron Devices*, 29(6):955–960, 1982.

[12] L.D. Nguyen, L. E. Larson, U.K. Mishra. Ultra-high-speed modulation-doped field-effect transistors: a tutorial review. *Proc. IEEE*, 80(4):494–518, 1992.

[13] J.-H. Lee, H.-S. Yoon, C.-S. Park, H.-M. Park. Ultra low noise characteristics of AlGaAs/InGaAs/GaAs pseudomorphic HEMTs with wide head T-shaped gate. *IEEE Electron Device Letters*, 16(6):271–273, 1995.

[14] H. Fukuyama, K. Sano, K. Murata, H. Kitabayashi, Y. Yamana, T. Enoki, H. Sugahara. Photoreceiver module using an InP HEMT transimpedance amplifier for over 40 Gb/s. *IEEE J. Solid-State Circuits*, 39(10):1690–1696, 2004.

[15] U.K. Mishra, P. Parikh, Y.-F. Wu. AlGaN/GaN HEMTs - an overview of device operation and applications. *Proc. IEEE*, 90(6):1022–1031, 2002.

[16] R.J. Trew, G.L. Bilbro, W. Kuang, Y. Liu, H. Yin. Microwave AlGaN/GaN HFETs. *IEEE Microwave Magazine*, March 2005 pp. 56–66, 2005.

26 Grundlagen Optoelektronik

Optoelektronische Bauelemente dienen der Umwandlung optischer Strahlung in elektrische Signale oder umgekehrt. Die Anwendungen derartiger Bauelemente reichen von der Energiegewinnung (Solarzellen) über optische Nachrichtenübertragung, Detektion schwacher optischer Signale, Bildwandlung, Displays bis hin zu den unterschiedlichsten Aufgaben der Meß-, Steuerungs- und Regelungstechnik. Gegenstand dieses Kapitels ist eine kurze Zusammenstellung der wichtigsten Grundlagen aus der Optik, die für die folgenden Abschnitte benötigt werden.

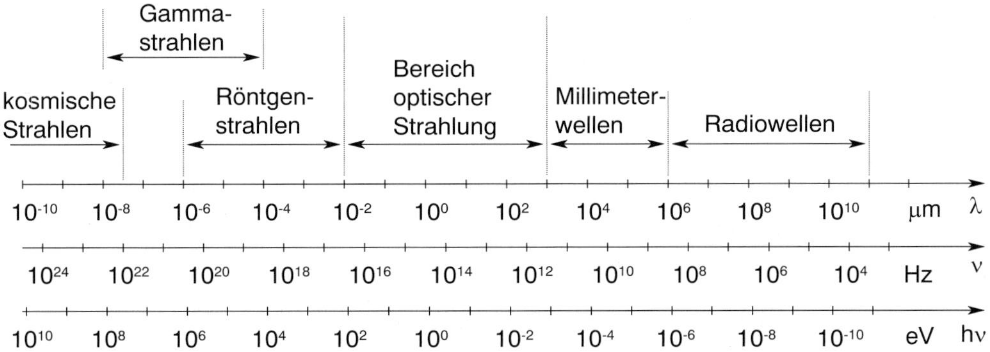

Abb. 26.1. Das Spektrum der elektromagnetischen Strahlung

26.1 Licht

Licht – allgemeiner optische Strahlung – stellt einen Teilbereich des elektromagnetischen Strahlungsspektrums dar (Abb. 26.1). Unter *optischer Strahlung* versteht man elektromagnetische Strahlung im Wellenlängenbereich zwischen 10 nm und 1 mm. Der Bereich optischer Strahlung wird zu kleinen Wellenlängen hin durch den Bereich der Röntgenstrahlen, zu großen Wellenlängen hin durch den Bereich der mm-Wellen begrenzt. Die optische Strahlung wird eingeteilt in die Unterbereiche Ultraviolett (UV), sichtbares Licht und Infrarot (IR). Sichtbares Licht stellt nur einen geringen Anteil der optischen Strahlung, mit Wellenlängen im Bereich von $380\ \mathrm{nm} < \lambda < 780\ \mathrm{nm}$, dar. Abbildung 26.2 erläutert die in DIN 5031 definierte Einteilung der optischen Strahlung. *Monochromatisches* Licht ist Licht mit genau definierter Wellenlänge. Die meisten Lichtquellen emittieren nicht monochromatisch. Die spektrale Zusammensetzung oder kurz das *Spektrum* derartiger Lichtquellen beschreibt die Anteile der unterschiedlichen Wellenlängen.

Wellenlängenbereich	Bezeichnung
100 nm - 280 nm	UV-C
280 nm - 315 nm	UV-B
315 nm - 380 nm	UV-A
380 nm - 440 nm	violettes Licht
440 nm - 495 nm	blaues Licht
495 nm - 558 nm	grünes Licht
558 nm - 640 nm	gelbes Licht
640 nm - 750 nm	rotes Licht
750 nm - 1400 nm	IR-A
1.4 mm - 3 μm	IR-B
3 mm - 1000 μm	IR-C

Abb. 26.2. Wellenlängenbereiche optischer Strahlung

26.1.1 Photonen

Elektromagnetische Strahlung im optischen Bereich entsteht i. allg. beim Übergang zwischen zwei erlaubten Zuständen der Elektronen in einem Atom, Molekül oder Festkörper. Die beim Übergang von einem Zustand höherer Energie in einen Zustand niederer Energie freigesetzte Energie wird in Form von elektromagnetischer Strahlung als *Photon* abgegeben. Für die Energie $W_{h\nu}$ eines solchen Photons gilt

$$\boxed{W_{h\nu} = h\nu\,,} \tag{26.1}$$

wobei h die *Plancksche Konstante*[1]

$$h = 6.626196 \cdot 10^{-34}\,\mathrm{J\,s} = 4.13569 \cdot 10^{-15}\,\mathrm{eV\,s}$$

und ν die *Frequenz* des Photons bezeichnet. Die Frequenz ν ist mit der Wellenlänge λ über die Beziehung

$$\boxed{v_{\mathrm{ph}} = \nu\,\lambda} \tag{26.2}$$

verknüpft. Die Größe v_{ph} ist die *Phasengeschwindigkeit* der Welle. Im Vakuum gilt $v_{\mathrm{ph}} = c$ mit der *Vakuumlichtgeschwindigkeit*

$$c = 2.997925 \cdot 10^{8}\ \mathrm{m/s}\,.$$

Zwischen der Energie eines Photons und seiner Wellenlänge λ besteht im Vakuum demnach die Beziehung

$$W_{h\nu} = \frac{hc}{\lambda} = 1.23985\,\mathrm{eV} \cdot \frac{\mathrm{\mu m}}{\lambda}\,. \tag{26.3}$$

Je höher die Energie eines Photons, desto kleiner seine Wellenlänge.

[1] Auch als Plancksches Wirkungsquantum bezeichnet.

Photonen besitzen zwar keine Ruhemasse, aber dennoch einen *Impuls*, mit dem Wert

$$\boxed{p = h/\lambda \,.} \tag{26.4}$$

Photonen können somit bei Streuung an Teilchen Energie und Impuls an diese abgeben. Wie das folgende Beispiel 26.1.1 zeigt, ist der Impuls eines Photons im Bereich der optischen Strahlung gewöhnlich vernachlässigbar klein.

Beispiel 26.1.1 Ein Photon der Wellenlänge $\lambda = 500$ nm besitzt die Energie

$$W_{h\nu} = 1.23985\,\mathrm{eV}\,\frac{\mu\mathrm{m}}{0.5\,\mu\mathrm{m}} \approx 2.48\,\mathrm{eV}$$

sowie den Impuls

$$p = \frac{6.626 \cdot 10^{-34}\,\mathrm{J\,s}}{5 \cdot 10^{-7}\,\mathrm{m}} = 1.325 \cdot 10^{-27}\,\mathrm{N\,s}\,.$$

Ein (freies) Elektron mit demselben Impuls würde die Geschwindigkeit

$$v_\mathrm{e} = \frac{p}{m_\mathrm{e}} = \frac{1.325 \cdot 10^{-27}\,\mathrm{N\,s}}{9.109 \cdot 10^{-31}\,\mathrm{kg}} \approx 1455\,\frac{\mathrm{m}}{\mathrm{s}}$$

aufweisen. Die damit verbundene Bewegungsenergie ist

$$W_\mathrm{kin} = \frac{p^2}{2m_\mathrm{e}} \approx 6 \cdot 10^{-6}\,\mathrm{eV}\,.$$

Sie ist klein im Vergleich zur mittleren Energie der Wärmebewgung der Elektronen (≈ 40 meV bei Raumtemperatur) sowie zur Energie des Photons. △

Emission und Absorption von Photonen

Abbildung 26.3 zeigt schematisch die möglichen Übergänge zwischen den Energieniveaus W_1 und W_2 unter Beteiligung eines Photons. Die *Absorption* eines Photons der Energie $h\nu = W_2 - W_1$ durch ein Atom im Zustand W_1 überführt das Atom in den angeregten Zustand W_2. Überläßt man das Atom im angeregten Zustand W_2 sich selbst, so fällt es von sich aus in den Grundzustand zurück. Dies wird als *spontane Emission* bezeichnet. Der Übergang vom angeregten Zustand in den Grundzustand kann auch durch ein einfallendes Photon der Energie $h\nu = W_2 - W_1$ hervorgerufen werden. Dieser Vorgang wird als *stimulierte Emission* bezeichnet. Stimulierte Emission ermöglicht eine Verstärkung der optischen Strahlung. Wegen der gleichzeitig vorhandenen Absorption ist dies aber nur möglich, wenn *Besetzungsinversion* vorliegt, d. h. wenn sich mehr Elektronen im angeregten Zustand W_2 als im Grundzustand W_1 aufhalten: Ein einlaufendes Photon wird mit größerer Wahrscheinlichkeit ein Elektron von $W_1 \to W_2$ anregen (Absorption) als den Übergang $W_2 \to W_1$ verursachen (stimulierte Emission) falls mehr Atome der Energie W_1 vorliegen als Atome der Energie W_2.

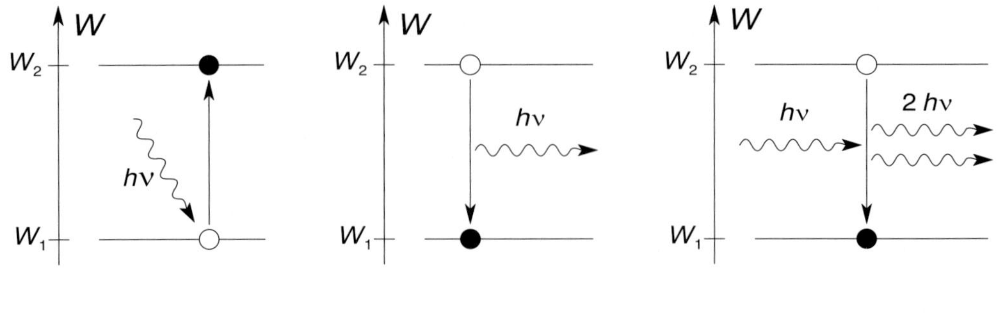

Abb. 26.3. Strahlende Übergänge zwischen zwei Energieniveaus W_1 und W_2. (**a**) Absorption, (**b**) spontane Emission und (**c**) stimulierte Emission

26.1.2 Gruppengeschwindigkeit, Materialdispersion

In einem Medium mit Brechungsindex n breitet sich ein ebener Wellenzug mit der *Phasengeschwindigkeit*

$$\boxed{v_{\mathrm{ph}} = c/n} \tag{26.5}$$

aus. Der Brechungsindex n läßt sich aus der Dielektrizitätszahl ϵ_{r} und der Permeabilitätszahl μ_{r} berechnen gemäß [2]

$$n = \sqrt{\epsilon_{\mathrm{r}}\mu_{\mathrm{r}}} \,. \tag{26.6}$$

Da der Brechungsindex wellenlängenabhängig ist, besitzen Wellenzüge unterschiedlicher Wellenlänge eine unterschiedliche Phasengeschwindigkeit.

Die beim Übergang zwischen zwei Energiezuständen ausgesandten Photonen können als kurze Wellenzüge (Pulse) aufgefaßt werden (Abb. 26.4). Derartige Pulse entstehen durch Überlagerung von Wellenzügen unterschiedlicher Frequenz

$$E(x,t) = \int_{-\infty}^{\infty} E(k)\, \mathrm{e}^{-j\,k(x-v_{\mathrm{ph}}t)}\, \mathrm{d}k \,,$$

wobei $k = 2\pi/\lambda = \omega/v_{\mathrm{ph}}$ die *Wellenzahl* der Komponenten bezeichnet. Die Funktion $E(k)$ ist die Fourier-Transformierte des Pulses zur Zeit $t = 0$. Im Vakuum breitet sich ein solcher Strahlungspuls mit der Geschwindigkeit c aus. Alle Frequenzkomponenten besitzen dort dieselbe Phasengeschwindigkeit. In *dispersiven* Medien, in denen die Brechzahl abhängig von ν bzw. λ ist, besitzen die verschiedenen Frequenzanteile unterschiedliche Ausbreitungsgeschwindigkeiten. Das Maximum des Strahlungspulses bewegt sich mit der *Gruppengeschwindigkeit*

[2] Da in den für optische Anwendungen relevanten Medien $\mu_{\mathrm{r}} \approx 1$ gilt, ist der Brechungsindex nahezu ausschließlich durch ϵ_{r} bestimmt.

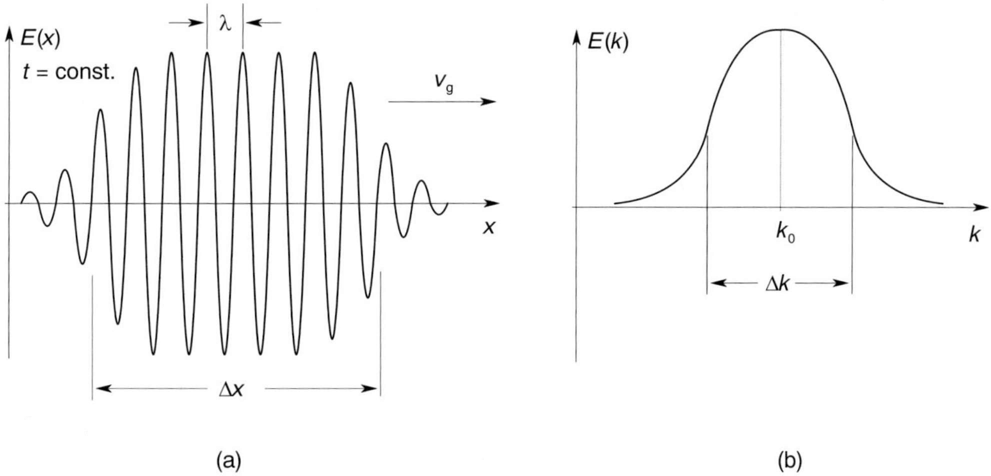

Abb. 26.4. Kurzer elektromagnetischer Strahlungspuls. Prinzipieller Verlauf (a) der elektrischen Feldstärke für $t = \text{const.}$ sowie (b) der zugehörigen Fourier-Transformierten. Der Puls erfordert die Überlagerung ebener Wellen und weist deshalb eine Frequenzunschärfe auf

$$\boxed{v_\mathrm{g} = c/n_\mathrm{g} \; .} \tag{26.7}$$

Dabei bezeichnet n_g den *Gruppenbrechungsindex*

$$n_\mathrm{g}(\lambda) = n(\lambda) - \lambda \frac{\mathrm{d}n}{\mathrm{d}\lambda} \; . \tag{26.8}$$

Unschärferelation für Photonen

Die Länge $|\Delta x|$ des Strahlungspulses im Ortsraum und die Breite $|\Delta k|$ der Funktion $E(k)$ (Abb. 26.4) können nicht gleichzeitig beliebig klein gemacht werden. Stets gilt die *Unschärferelation*

$$|\Delta x| \cdot |\Delta k| \geq 1/2 \; ,$$

d. h. ein sehr scharfer Puls muß aus Wellenzügen mit einem sehr viel breiteren Frequenzspektrum zusammengesetzt werden als ein sehr ausgedehnter, langer Puls. Die Unschärfe der Wellenlänge eines Photons wird im folgenden Beispiel abgeschätzt.

Beispiel 26.1.2 Betrachtet wird ein Lichtpuls (Photon), der von einem isolierten Natriumatom bei einem Strahlungsübergang emittiert wird. Die damit verbundene Dauer ist ca. $\Delta t \approx 10^{-8}$ s. Die Ausdehnung des Pulses ist damit von der Größenordnung $\Delta x = c\,\Delta t = 3$ m. Damit folgt aus der Unschärferelation für die Breite der Funktion $E(k)$

$$|\Delta k| \geq \frac{1}{2|\Delta x|} \approx \frac{1}{6\,\mathrm{m}} \; ,$$

dies entspricht einer Unschärfe in der Wellenlänge

$$|\Delta\lambda| = \frac{\lambda^2}{2\pi}|\Delta k|$$

bzw. einer relativen Unschärfe für $\lambda = 500$ nm

$$\frac{|\Delta\lambda|}{\lambda} = \frac{\lambda\,|\Delta k|}{2\pi} \approx 2 \cdot 10^{-8} \,.$$

Die Wellenlänge und damit die Frequenz eines Photons ist deshalb mit einer gewissen Unsicherheit behaftet. Für die Unschärfe in der Frequenz folgt

$$|\Delta\nu| = \frac{c}{\lambda^2}\,|\Delta\lambda| \,.$$

Wegen $W = h\nu$ resultiert hieraus eine *Energieunschärfe*

$$|\Delta W| = h\,|\Delta\nu| \geq \frac{h}{4\pi}\frac{1}{|\Delta t|} \,.$$

Diese Beziehung wird allgemein als *Energie-Zeit-Unschärferelation* bezeichnet. Die Energie des Wellenpakets ist demnach umso „unschärfer“, je kürzer die Pulsdauer Δt ist. In stark verdünnten Gasen ist die Wellenlänge eines Übergangs als Folge der Unschärferelation nur bis zu einer Genauigkeit der Größenordnung 10^{-8} definiert; in dichten Gasen ist die Breite einer „Spektrallinie“ deutlich größer (Stoßverbreiterung, vgl. z. B. [1]). Δ

26.2 Strahlungsgrößen

Zur Charakterisierung der optischen Strahlung sind unterschiedliche Strahlungsgrößen definiert; dabei wird zwischen *radiometrischen* (physikalischen) Strahlungsgrößen und *fotometrischen* (lichttechnischen) Strahlungsgrößen, welche zusätzlich die spektrale Empfindlichkeit des menschlichen Auges berücksichtigen, unterschieden. Eine in der Strahlungsphysik häufig verwendete Größe ist der *Raumwinkel* Ω bzw. sein Differential $\mathrm{d}\Omega$. Der Raumwinkel Ω, unter dem eine Fläche A von einem Punkt O aus gesehen wird, wird durch Zentralprojektion dieser Fläche auf eine Kugel vom Radius 1 definiert: Ω ist gleich der Fläche des projizierten Bildes auf der Kugeloberfläche. Der Raumwinkel ist eine dimensionslose Größe; zur Kennzeichnung einer Größe als raumwinkelbezogen wird dennoch üblicherweise das *Steradiant* (sr) verwendet. Da die Oberfläche der Einheitskugel gleich 4π ist, ist dem vollen Raum der Raumwinkel 4π sr zuzuordnen. Ein Flächenelement $\mathrm{d}A$ im Abstand r von O, dessen Normaleneinheitsvektor mit der Projektionsrichtung den Winkel φ einschließt (Abb. 26.5), wird unter dem differentiellen Raumwinkel

$$\boxed{\mathrm{d}\Omega = \frac{\cos(\varphi)}{r^2}\,\mathrm{d}A} \tag{26.9}$$

gesehen. Für $\mathrm{d}\Omega$ läßt sich in Polarkoordinaten (r, ϑ, φ) schreiben

$$\mathrm{d}\Omega = \sin\vartheta\,\mathrm{d}\vartheta\,\mathrm{d}\varphi \,. \tag{26.10}$$

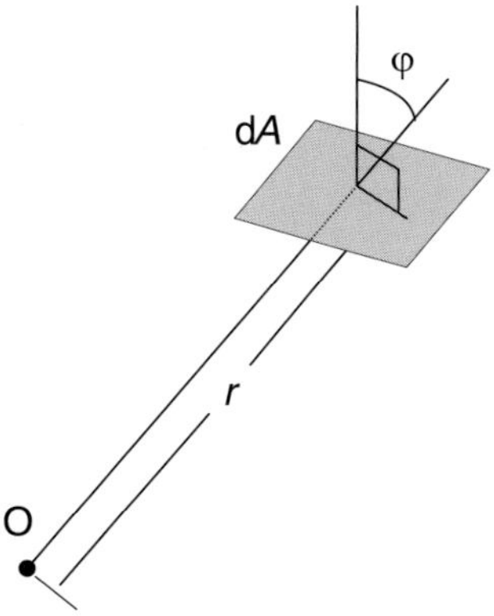

Abb. 26.5. Zur Definition des Raumwinkelelements

Ein kreisförmiger Kegel mit Öffnungswinkel 2α schließt demnach den Raumwinkel

$$\Delta\Omega = \int_0^{2\pi}\int_0^{\alpha} \sin\vartheta \, d\vartheta \, d\varphi = 2\pi\int_0^{\alpha} \sin\vartheta \, d\vartheta = 2\pi(1-\cos\alpha) \qquad (26.11)$$

ein.

26.2.1 Radiometrische Strahlungsgrößen

Ist dW_e die von der Strahlungsquelle im Zeitintervall dt abgegebene Energie, so ist

$$\Phi_e = \frac{dW_e}{dt} \quad \text{in} \quad \mathrm{W} \qquad (26.12)$$

die *Strahlungsleistung* bzw. der *Strahlungsfluß*. Ist dA_S ein Oberflächenelement des Strahlers und $d\Phi_e$ der von diesem Oberflächenelement ausgehende Strahlungsfluß, so bezeichnet

$$M_e = \frac{d\Phi_e}{dA_S} \quad \text{in} \quad \mathrm{W/m^2} \qquad (26.13)$$

die *spezifische Ausstrahlung* des Strahlers. Bezeichnet $d\Phi_e$ die von einer Strahlungsquelle in das Raumwinkelelement $d\Omega = \sin\vartheta \, d\vartheta \, d\varphi$ abgestrahlte Leistung, so ist

$$I_e = \frac{d\Phi_e}{d\Omega} \quad \text{in} \quad \mathrm{W/sr} \qquad (26.14)$$

die *Strahlstärke* in diese Richtung. Die Strahlung heißt *isotrop*, falls die Strahlstärke unabhängig von ϑ und φ ist. Die Strahlungsleistung Φ_e ergibt sich durch Integration der Strahlstärke über alle Raumwinkelelemente $d\Omega$

$$\Phi_e = \int_\Omega I_e \, d\Omega \, . \qquad (26.15)$$

Ist $\mathrm{d}I_\mathrm{e}$ die von einem Flächenelement $\mathrm{d}A_\mathrm{S}$ ausgehende Strahlstärke und ist φ_S der Winkel zwischen der Strahlungsrichtung und der Flächennormalen, so bezeichnet

$$L_\mathrm{e} = \frac{1}{\cos\varphi_\mathrm{S}} \frac{\mathrm{d}I_\mathrm{e}}{\mathrm{d}A_\mathrm{S}} \quad \text{in} \quad \mathrm{W/(sr\,m^2)} \tag{26.16}$$

die *Strahldichte* der Strahlungsquelle. Aus der Strahldichte folgt die Strahlstärke durch Integration über die Oberfläche A_S des Strahlers

$$I_\mathrm{e} = \int_{\mathrm{A_S}} L_\mathrm{e} \cos\varphi_\mathrm{S}\, \mathrm{d}A_\mathrm{S} \,. \tag{26.17}$$

Durch Integration über sämtliche Raumwinkelelemente $\mathrm{d}\Omega$ resultiert aus der Strahldichte andererseits die spezifische Ausstrahlung des Strahlers

$$M_\mathrm{e} = \int_{\Omega} L_\mathrm{e} \cos\varphi_\mathrm{S}\, \mathrm{d}\Omega \,. \tag{26.18}$$

Erfordert eine Strahlungsquelle eine Eingangsleistung P, um eine Strahlungsleistung Φ_e abzugeben, so heißt

$$\eta_\mathrm{e} = \Phi_\mathrm{e}/P \tag{26.19}$$

die *Strahlungsausbeute* der Strahlungsquelle.

Neben diesen die Strahlungsquelle (d. h. die Senderseite) charakterisierenden Größen sind noch die beiden die Empfängerseite charakterisierenden Strahlungsgrößen *Bestrahlungsstärke* und *Bestrahlung* gebräuchlich. Ist $\mathrm{d}\Phi_\mathrm{e}$ die auf das Flächenelement $\mathrm{d}A_\mathrm{E}$ eines Empfängers auftreffende Strahlungsleistung, so bezeichnet

$$E_\mathrm{e} = \frac{\mathrm{d}\Phi_\mathrm{e}}{\mathrm{d}A_\mathrm{E}} \quad \text{in} \quad \mathrm{W/m^2} \tag{26.20}$$

die *Bestrahlungsstärke.* Die gesamte auf den Empfänger auftreffende Strahlungsleistung errechnet sich hieraus durch Integration über die Empfängerfläche A_E

$$\Phi_\mathrm{e} = \int_{\mathrm{A_E}} E_\mathrm{e}\, \mathrm{d}A_\mathrm{E} \,. \tag{26.21}$$

Die im Zeitintervall $[t_0, t_1]$ auf das Flächenelement $\mathrm{d}A_\mathrm{e}$ auftreffende Strahlungsenergie

$$H_\mathrm{e} = \int_{\mathrm{t_0}}^{t_1} E_\mathrm{e}\, \mathrm{d}t \tag{26.22}$$

wird als *Bestrahlung* bezeichnet.

Ist die Normale auf das Empfängerflächenelement $\mathrm{d}A_\mathrm{E}$ um den Winkel φ_E gegenüber der Einfallsrichtung der Strahlung verkippt (Abb. 26.6), so besteht

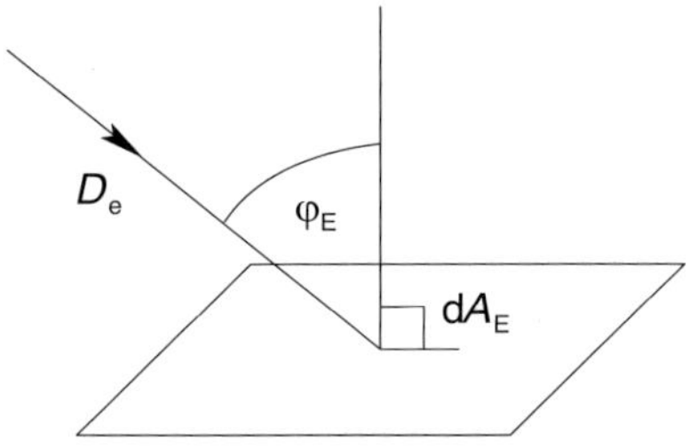

Abb. 26.6. Zur Definition der Strahlungsflußdichte

zwischen der Bestrahlungsstärke E_e und der *Strahlungsflußdichte* D_e am Ort des Empfängerelements der Zusammenhang

$$D_e = \frac{E_e}{\cos(\varphi_E)} \quad \text{in} \quad \text{W/m}^2 . \tag{26.23}$$

Die Strahlungsflußdichte ist bei senkrechtem Einfall gleich der Bestrahlungsstärke.

Alle bisher betrachteten Größen dienen der Kennzeichnung der Strahlung unabhängig von der Wellenlänge. Um Aussagen über die spektrale Zusammensetzung der Strahlung machen zu können, werden die entsprechenden spektralen Strahlungsgrößen benötigt. Als Beispiel wird hier der *spektrale Strahlungsfluß* $\Phi_{e,\lambda}$ betrachtet: Für nicht monochromatische Strahlungsquellen läßt sich die im Wellenlängenintervall zwischen λ und $\lambda + d\lambda$ abgegebene Strahlungsleistung $d\Phi_e$ mit dem spektralen Strahlungsfluß $\Phi_{e,\lambda}$ ausdrücken als

$$d\Phi_e = \Phi_{e,\lambda} \, d\lambda .$$

Der Strahlungsfluß Φ_e folgt aus $\Phi_{e,\lambda}$ durch Integration über alle Wellenlängen

$$\Phi_e = \int_0^\infty \Phi_{e,\lambda} \, d\lambda . \tag{26.24}$$

Die Definition der *spektralen spezifischen Ausstrahlung* $M_{e,\lambda}$, der *spektralen Strahlstärke* $I_{e,\lambda}$, der *spektralen Strahldichte* $L_{e,\lambda}$ und der *spektralen Bestrahlungsstärke* $E_{e,\lambda}$ verläuft analog. Stets läßt sich aus der Spektralverteilung die entsprechende radiometrische Größe durch Integration über alle Wellenlängen gewinnen.

26.2.2 Fotometrische Strahlungsgrößen

Die *fotometrischen* Strahlungsgrößen berücksichtigen die wellenlängenabhängige Empfindlichkeit des menschlichen Auges. Zu diesem Zweck werden die spektralen radiometrischen Strahlungsgrößen mit einer Bewertungsfunktion $V(\lambda)$ multipliziert und über λ integriert. Die einer beliebigen radiometrischen

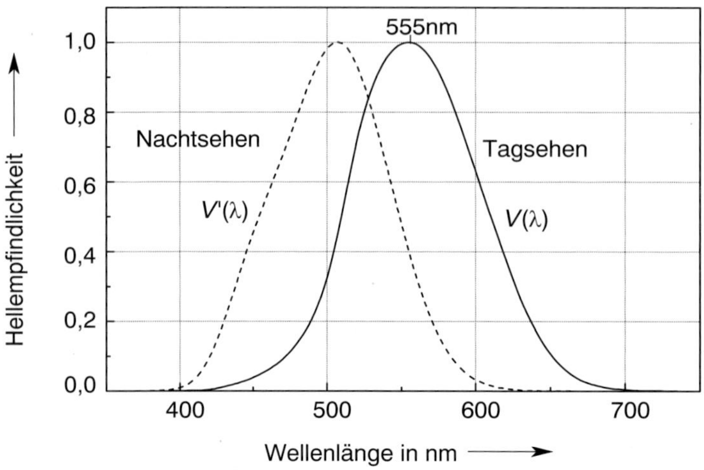

Abb. 26.7. Spektraler Hellempfindlichkeitsgrad für das Tagsehen (V) und für das Nachtsehen (V') als Funktion der Lichtwellenlänge

Strahlungsgröße X_e mit der spektralen Dichte $X_{\mathrm{e},\lambda}$ entsprechende fotometrische Strahlungsgröße[3] X_v ist demzufolge definiert durch

$$X_\mathrm{v} = K_\mathrm{m} \int\limits_{380\,\mathrm{nm}}^{780\,\mathrm{nm}} X_{\mathrm{e},\lambda}\, V(\lambda)\, \mathrm{d}\lambda\,. \tag{26.25}$$

Dabei bezeichnet $V(\lambda)$ den auf den Wert 1 normierten spektralen Hellempfindlichkeitsgrad und K_m einen dimensionsbehafteten Proportionalitätsfaktor, der als *Maximalwert des fotometrischen Strahlungsäquivalents für das Tagsehen* bezeichnet wird. Der spektrale Hellempfindlichkeitsgrad $V(\lambda)$ ist in Abb. 26.7 dargestellt. $V(\lambda)$ besitzt ein Maximum bei 555 nm. Ebenfalls eingezeichnet ist der spektrale Hellempfindlichkeitsverlauf $V'(\lambda)$ für das Nachtsehen. Das Maximum dieser Kurve ist zu kleineren Wellenlängen hin verschoben und liegt etwa bei 510 nm. Der Wert von K_m ist definiert als

$$K_\mathrm{m} = 683\,\mathrm{cd\,sr/W}\,; \tag{26.26}$$

die dabei auftretende Größe *Candela* (cd) ist die Maßeinheit der *Lichtstärke*[4]

$$I_\mathrm{v} = K_\mathrm{m} \int\limits_{380\,\mathrm{nm}}^{780\,\mathrm{nm}} I_{\mathrm{e},\lambda}\, V(\lambda)\, \mathrm{d}\lambda \qquad \text{in cd}\,, \tag{26.27}$$

dem fotometrischen Analogon zur Strahlstärke I_e.

[3]Radiometrische Strahlungsgrößen werden mit dem Index e, fotometrische Strahlungsgrößen mit dem Index v gekennzeichnet.

[4]Wie aus Abb. 26.7 ersichtlich, ist $V(\lambda = 555\,\mathrm{nm}) = 1$. Im Sonderfall monochromatischer Strahlung dieser Wellenlänge gilt deshalb $I_\mathrm{v} = K_\mathrm{m}\, I_\mathrm{e}$. Durch die Wahl von K_m ist 1 cd demnach festgelegt als die Lichtstärke, die einer monochromatischen Strahlungsquelle der Frequenz 540 THz (entsprechend einer Wellenlänge $\lambda = 555.2$ nm) und der Strahlstärke $1/683\ \mathrm{W\,sr^{-1}}$ entspricht.

Tabelle 26.1 Radiometrische und fotometrische Strahlungsgrößen

radiometr. Größe	**Symbol, Einheit**	**Definition**	**fotometr. Größe**	**Symbol, Einheit**
Strahlungs-leistung	Φ_e, W	$\dfrac{\mathrm{d}W_\mathrm{e}}{\mathrm{d}t}$	Licht-strom	Φ_v, lm
Strahlungs-energie	W_e, J, Ws	$\int_0^t \Phi_\mathrm{e}\,\mathrm{d}t$	Lichtmenge	W_v, lm s
spezifische Ausstrahlung	M_e, $\frac{\mathrm{W}}{\mathrm{m}^2}$	$\dfrac{\mathrm{d}\Phi_\mathrm{e}}{\mathrm{d}A_\mathrm{S}}$	spez. Licht-ausstrahlung	M_v, lx
Strahlungs-stärke	I_e, $\frac{\mathrm{W}}{\mathrm{sr}}$	$\dfrac{\mathrm{d}\Phi_\mathrm{e}}{\mathrm{d}\Omega}$	Licht-stärke	I_v, cd
Strahldichte	L_e, $\frac{\mathrm{W}}{\mathrm{sr\,m}^2}$	$\dfrac{1}{\cos\varphi_\mathrm{S}}\dfrac{\mathrm{d}I_\mathrm{e}}{\mathrm{d}A_\mathrm{S}}$	Leuchtdichte	L_v, lm
Strahlungs-flußdichte	D_e, $\frac{\mathrm{W}}{\mathrm{m}^2}$	$\dfrac{1}{\cos\varphi_\mathrm{E}}\dfrac{\mathrm{d}\Phi_\mathrm{e}}{\mathrm{d}A_\mathrm{E}}$	Licht-stromdichte	D_v, lx
Bestrahlungs-stärke	E_e, $\frac{\mathrm{W}}{\mathrm{m}^2}$	$\dfrac{\mathrm{d}\Phi_\mathrm{e}}{\mathrm{d}A_\mathrm{e}}$	Beleuchtungs-stärke	E_v, lx
Bestrahlung	H_e, $\frac{\mathrm{W\,s}}{\mathrm{m}^2}$	$\int_0^t E_\mathrm{e}\,\mathrm{d}t$	Belichtung	H_v, lm

Tabelle 26.1 gibt einen Überblick über die radiometrischen Größen und die entsprechenden fotometrischen Größen, mit Definitionsgleichungen und verwendeten Einheiten.

Die der Strahlungsleistung entsprechende fotometrische Größe ist der *Lichtstrom.* Die hierfür verwendete Größe Lumen (lm) ist definiert als

$$1\ \mathrm{lm} \;=\; 1\ \mathrm{cd\,sr}.$$

Die *Lichtausbeute* einer Quelle der Eingangsleistung P, die einen Lichtstrom Φ_v aussendet, ist definiert gemäß

$$\eta_\mathrm{v} = \Phi_\mathrm{v}/P = K\eta_\mathrm{e} . \tag{26.28}$$

Die Größe K bezeichnet dabei das *fotometrische Strahlungsäquivalent* der Quelle. K ist definiert als der Quotient von Lichtstrom Φ_v und Strahlungsfluß Φ_e

$$K = \Phi_\mathrm{v}/\Phi_\mathrm{e} \leq K_\mathrm{m} . \tag{26.29}$$

Durch Integration über die Zeit liefert der Lichtstrom das fotometrische Äquivalent der Strahlungsenergie, die sog. *Lichtmenge*

$$W_\mathrm{v} = \int_{\mathrm{t}_0}^{t_1} \Phi_\mathrm{v}\,\mathrm{d}t \qquad \text{in lm s} .$$

Der spezifischen Ausstrahlung entspricht in der Fotometrie die *spezifische Lichtausstrahlung*. Diese wird gewöhnlich in Lux (lx) angegeben, wobei gilt

$$1 \text{ lx} = 1 \text{ lm/m}^2 = 1 \text{ cd sr/m}^2.$$

Die *Beleuchtungsstärke* E_v ist das fotometrische Analogon zur Bestrahlungsstärke. Über die Zeit integriert, ergibt sich aus E_v die *Belichtung*

$$H_\mathrm{v} = \int_0^t E_\mathrm{v}(t)\,\mathrm{d}t .$$

Beispiel 26.2.1 Eine Leuchtdiode strahle Licht der Wellenlänge $\lambda = 600$ nm ab. In 20 cm Entfernung von der Diode befinde sich ein Fotodetektor mit der Fläche $A_\mathrm{e} = 0.5$ cm^2, die senkrecht zur Einfallsrichtung der Strahlung ausgerichtet sei. Zu berechnen ist der auf den Detektor treffende Lichtstrom, die Beleuchtungsstärke, die Bestrahlungsstärke und die Anzahl der pro Zeiteinheit auf den Detektor treffenden Photonen, falls die Lichtstärke der Diode $I_\mathrm{v} = 80$ mcd beträgt.

Der Detektor erscheint von der Leuchtdiode aus gesehen unter dem Raumwinkelelement

$$\Delta\Omega = \frac{A_\mathrm{e}}{r^2} = \frac{0.5\,\mathrm{cm}^2}{(20\,\mathrm{cm})^2} = 1.25 \cdot 10^{-3}\,\mathrm{sr} .$$

Der auf den Detektor treffende Lichtstrom errechnet sich damit zu

$$\Phi_\mathrm{v} = I_\mathrm{v}\Delta\Omega = 80\,\mathrm{mcd} \cdot 1.25 \cdot 10^{-3}\,\mathrm{sr} = 10^{-4}\,\mathrm{lm} ,$$

was der Beleuchtungsstärke

$$E_\mathrm{v} = \Phi_\mathrm{v}/A_\mathrm{E} = 2\,\mathrm{lx}$$

entspricht. Diese Größe läßt sich mit dem spektralen Hellempfindlichkeitsgrad $V(600\mathrm{nm}) = 0.631$ in die Bestrahlungsstärke umrechnen

$$E_\mathrm{e} = \frac{E_\mathrm{v}}{V(\lambda)K_\mathrm{m}} = \frac{2\,\mathrm{lx}}{0.631 \cdot 683\,\mathrm{lx\,m^2\,W^{-1}}} = 4.64 \cdot 10^{-7}\,\frac{\mathrm{W}}{\mathrm{cm}^2} .$$

Die auf den Detektor fallende Strahlungsleistung ist demnach

$$\Phi_{\mathrm{e}} = E_{\mathrm{e}} A_{\mathrm{E}} = 0.232\,\mu\mathrm{W}\,.$$

Mit der Photonenenergie

$$W = \frac{1.23985\,\mathrm{eV}}{\lambda/\mu\mathrm{m}} = 2.066\,\mathrm{eV} = 3.31\cdot 10^{-19}\,\mathrm{J}$$

führt dies auf die pro Zeiteinheit auf den Detektor treffende Anzahl der Photonen

$$\frac{\mathrm{d}N_{\mathrm{h}\nu}}{\mathrm{d}t} = \frac{\Phi_{\mathrm{e}}}{W} = 7\cdot 10^{11}\,\frac{\text{Photonen}}{\mathrm{s}}\,.$$

26.2.3 Das fotometrische Grundgesetz

Gegeben sei eine Strahlungsquelle der Strahldichte L_{e}. Eine kleine Empfängerfläche $\mathrm{d}A_{\mathrm{E}}$ erscheine von dem kleinen Sendeflächenelement $\mathrm{d}A_{\mathrm{S}}$ unter dem Winkel φ_{S} (Abb. 26.8).

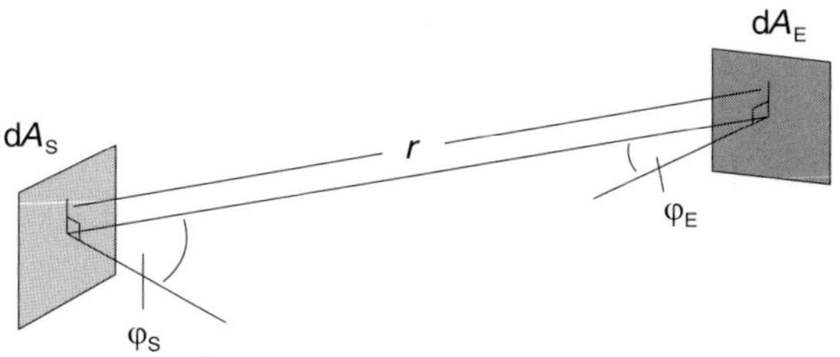

Abb. 26.8. Zum fotometrischen Grundgesetz

Die Strahlstärke von $\mathrm{d}A_{\mathrm{S}}$ in Richtung von $\mathrm{d}A_{\mathrm{e}}$ ist $\mathrm{d}I_{\mathrm{E}} = L_{\mathrm{e}} \cos\varphi_{\mathrm{S}}\,\mathrm{d}A_{\mathrm{S}}$. Ist $\mathrm{d}A_{\mathrm{E}}$ nicht senkrecht zur von $\mathrm{d}A_{\mathrm{S}}$ ausgesandten Strahlung, sondern um den Winkel φ_{e} verkippt, so erscheint $\mathrm{d}A_{\mathrm{S}}$ von $\mathrm{d}A_{\mathrm{e}}$ aus unter dem Raumwinkel

$$\mathrm{d}\Omega = \frac{\cos\varphi_{\mathrm{e}}\,\mathrm{d}A_{\mathrm{e}}}{r^2}\,.$$

Die von $\mathrm{d}A_{\mathrm{S}}$ auf $\mathrm{d}A_{\mathrm{E}}$ auftreffende Strahlungsleistung $\mathrm{d}^2\Phi_{\mathrm{e}} = \mathrm{d}I_{\mathrm{e}}\cdot\mathrm{d}\Omega$ ist demnach

$$\boxed{\mathrm{d}^2\Phi_{\mathrm{e}} = L_{\mathrm{e}}\cdot\frac{\cos\varphi_{\mathrm{S}}\,\mathrm{d}A_{\mathrm{S}}\cdot\cos\varphi_{\mathrm{e}}\,\mathrm{d}A_{\mathrm{E}}}{r^2}\,.} \tag{26.30}$$

Diese Beziehung ist als *fotometrisches Grundgesetz* bekannt. Nach diesem nimmt die übertragene Strahlungsleistung mit dem Quadrat des Abstands von Sender und Empfänger ab.

26.2.4 Brechung und Reflexion

Trifft Licht auf die Grenzfläche zwischen zwei Materialien mit unterschiedlichem Brechungsindex, so ändert sich seine Ausbreitungsrichtung entsprechend dem *Brechungsgesetz*

$$\frac{\sin(\alpha)}{\sin(\beta)} = \frac{n_2}{n_1} \, .$$

Beim Übergang von einem Medium mit größerer Brechzahl (optisch dichteres Medium) zu einem Medium mit geringerer Brechzahl (optisch dünneres Medium) ist $\beta > \alpha$ (Abb. 26.9). Erreicht β den Wert von 90° so ist der Einfallswinkel gleich dem Grenzwinkel der *Totalreflexion*

$$\alpha_{\mathrm{T}} = \arcsin(n_2/n_1) \, . \tag{26.31}$$

Für Einfallswinkel $\alpha > \alpha_{\mathrm{T}}$ wird das Licht vollständig an der Grenzfläche reflektiert. Der Reflexionskoeffizient r ist dann eins. Die Phase der reflektierten Welle ist um π gegenüber der der einlaufenden Welle verschoben, der Einfallswinkel ist gleich dem Ausfallswinkel.

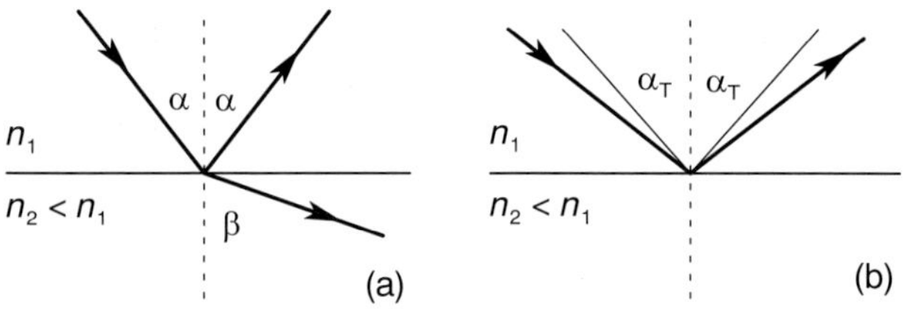

Abb. 26.9. Zum Brechungsgesetz. ((**a**) Reflexion und Tansmission bei $\alpha < \alpha_{\mathrm{T}}$, (**b**) Totalreflexion

Liegt sowohl *Reflexion* als auch *Transmission* vor , so bestimmt die Polarisation des Lichts den *Reflexionskoeffizient* r, das ist das Verhältnis der reflektierten zur auftreffenden Strahlungsleistung. Reflexionsgrad und *Transmissionskoeffizient* t (das ist das Verhältnis der die Grenzfläche durchtretenden Strahlungsleistung zur einfallenden Strahlungsleistung) sind über die Beziehung $r + t = 1$ miteinander verknüpft. Der Reflexionskoeffizient hängt vom Einfallswinkel α, dem Brechzahlverhältnis $n_{21} = n_2/n_1$ und der Polarisation der auftreffenden optischen Strahlung ab. Der Zusammenhang wird durch die *Fresnelschen Gleichungen* beschrieben.[5] Für den Anteil der parallel zur Einfallsrichtung polarisierten Strahlung gilt

$$r_{\|} = \left(\frac{n_{21}^2 \cos\alpha - \sqrt{n_{21}^2 - \sin^2\alpha}}{n_{21}^2 \cos\alpha + \sqrt{n_{21}^2 - \sin^2\alpha}} \right)^2 ,$$

der Reflexionskoeffizient für den Anteil der senkrecht zur Einfallsrichtung polarisierten Strahlung ist

[5] Eine Herleitung dieser Zusammenhänge ist beispielsweise in [2, 3] zu finden.

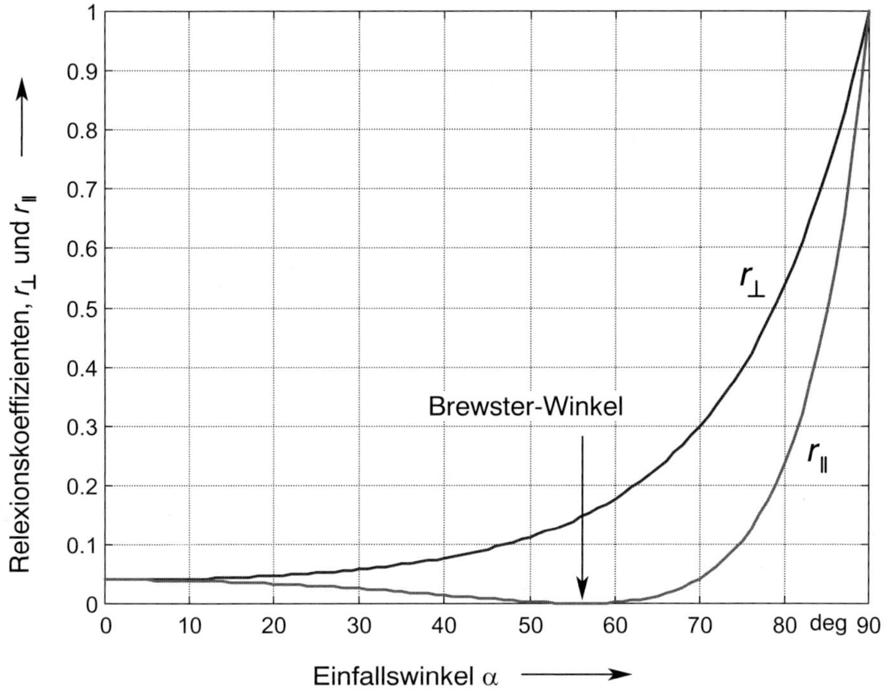

Abb. 26.10. Reflexionskoeffizienten als Funktion des Einfallswinkels α für $n_{21} = 1.5$

$$r_\perp = \left(\frac{\cos\alpha - \sqrt{n_{21}^2 - \sin^2\alpha}}{\cos\alpha + \sqrt{n_{21}^2 - \sin^2\alpha}} \right)^2 .$$

Gilt wie in Abb. 26.10 $n_{21} > 1$, so gehen die Reflexionskoeffizienten bei streifendem Einfall ($\alpha \to 90°$) gegen eins; gilt $n_{21} < 1$, so geht r bereits für einen Winkel $\alpha_\mathrm{T} < 90°$ gegen 1 (Grenzwinkel der Totalreflexion).

Bei dem durch

$$n_{21}^2 \cos\alpha - \sqrt{n_{21}^2 - \sin^2\alpha} = 0 \quad \text{bzw.} \tan\alpha = n_{21}$$

bestimmten *Brewster-Winkel* ist $r_\parallel = 0$, d.h. bei diesem Einfallswinkel wird nur der senkrecht zur Einfallsebene polarisierte Strahlungsanteil (teilweise) reflektiert. Für senkrechten Einfall gilt insbesondere

$$r = r_\parallel = r_\perp = \left(\frac{n_1 - n_2}{n_1 + n_2} \right)^2$$

der Reflexionskoeffizient wächst für kleine Brechzahldifferenzen also annähernd quadratisch mit dem Brechzahlsprung $n_1 - n_2$ an.

26.3 Farbsehen und Farbmetrik

Farbe ist keine physikalische Größe im strengen Sinn, sondern eine Sinnesempfindung: optische Strahlung gelangt auf die Strahlungsrezeptoren der Retina und bedingt so eine Reizung der angeschlossenen Nervenzellen, die dem Menschen als Farbe bewußt[6] werden.

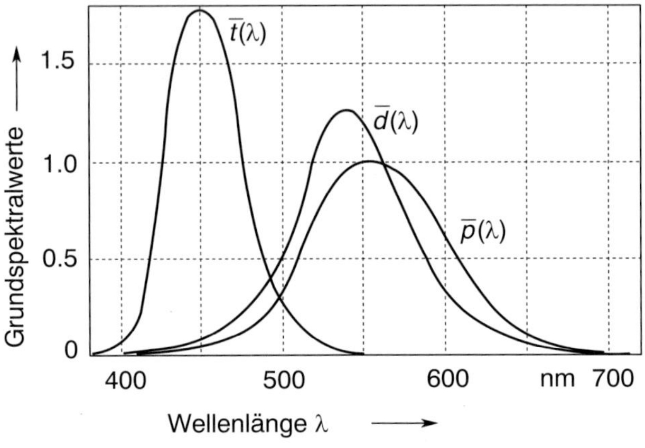

Abb. 26.11. Spektrale Empfindlichkeit der drei Zapfenarten

In der Netzhaut (Retina) liegen zwei Arten von Fotorezptoren vor, die Stäbchen und die Zapfen. Die Stäbchen sorgen für das Sehen bei schwachem Licht – sie sind jedoch so empfindlich, daß sie bei normalem Tageslicht überlastet sind und keine Signale mehr liefern können. Unter diesen Bedingungen übernehmen die Zapfen den Sehvorgang. Diese bieten eine höhere räumliche und zeitliche Auflösung und ermöglichen das Farbsehen. Letzteres ist möglich, da Normalsichtige über drei verschiedene, mit unterschiedlichen Farbpigmenten ausgestattete, Zapfen verfügen. Abbildung 26.11 zeigt die relative spektrale Empfindlichkeit der drei verschiedenen Zapfen. Trifft Licht der spektralen Bestrahlungsstärke $E_{\mathrm{e}\lambda}$ auf diese Rezeptoren, so werden entsprechend gewichtete Nervensignale P, D und T hervorgerufen

$$P \sim \int E_{\mathrm{e}\lambda}\,\overline{p}(\lambda)\,\mathrm{d}\lambda\,, \qquad D \sim \int E_{\mathrm{e}\lambda}\,\overline{d}(\lambda)\,\mathrm{d}\lambda\,, \qquad T \sim \int E_{\mathrm{e}\lambda}\,\overline{t}(\lambda)\,\mathrm{d}\lambda\,.$$

Die Intensität der Signale P, D und T bestimmt die wahrgenommene Farbe und Helligkeit. Zwei Farbreize sind für das Auge nicht unterscheidbar, wenn die hervorgerufenen Nervensignale P, D und T im selben Verhältnis zueinander stehen. Aus diesem Grund läßt sich jede Farbempfindung (FARBE) durch Überlagern der drei Grundfarben ROT, GRÜN und BLAU hervorrufen

[6]Zum Farbempfinden tragen auch subjektive Faktoren bei. Wir empfinden „weisses" Papier sowohl bei Tages- als auch im Licht einer Glühlampe als „weiß", obowohl die spektrale Zusammensetzung der von der Papieroberfläche rückgestreuten Strahlung in den beiden Fällen deutlich verschieden ist: Das Gehirn weiß, daß Papier „weiß" ist und korrigiert die Sinnesempfindung entsprechend.

$$\text{FARBE} = R \times \text{ROT} + G \times \text{GRÜN} + B \times \text{BLAU} .$$

Die Primärfarben ROT, GRÜN und BLAU (reelle Primärvalenzen) wurden dabei durch monochromatisches Licht der Wellenlängen

$$\lambda = 700\,\text{nm (ROT)},\ \lambda = 546,1\,\text{nm (GRÜN)},\ \lambda = 435.8\,\text{nm (BLAU)}$$

festgelegt. Mit den Farbwerten R, G und B ist die FARBE vollständig definiert einschließlich der Helligkeit; R, G und B können als Komponenten eines Farbvektors aufgefaßt werden, sie bestimmen Vielfache der Basisvektoren ROT, GRÜN und BLAU. Für jede Wellenlänge λ des sichtbaren Spektrums können die Beiträge die Beiträge $R(\lambda)$, $G(\lambda)$ und $B(\lambda)$ ermittelt werden, die denselben Farbeindruck hervorrufen wie die Spektralfarbe. Dabei ergeben sich für $R(\lambda)$ jedoch teilweise negative[7] Werte.

Statt der Primärvalenzen ROT, GRÜN und BLAU werden deshalb die *Normvalenzen* $\boldsymbol{X}$, $\boldsymbol{Y}$ und $\boldsymbol{Z}$ verwendet[8]. Mathematisch gesehen stellen $\boldsymbol{X}$, $\boldsymbol{Y}$ und $\boldsymbol{Z}$ einen weiteren Satz von Basisvektoren für den Raum der Farbvektoren. Die Normfarbwerte, das sind Komponenten X, Y und Z des Farbvektors in dieser neuen Basis lassen sich duch eine lineare Abbildung (eine Matrix) aus den Komponenten R, G und B ermitteln [4].

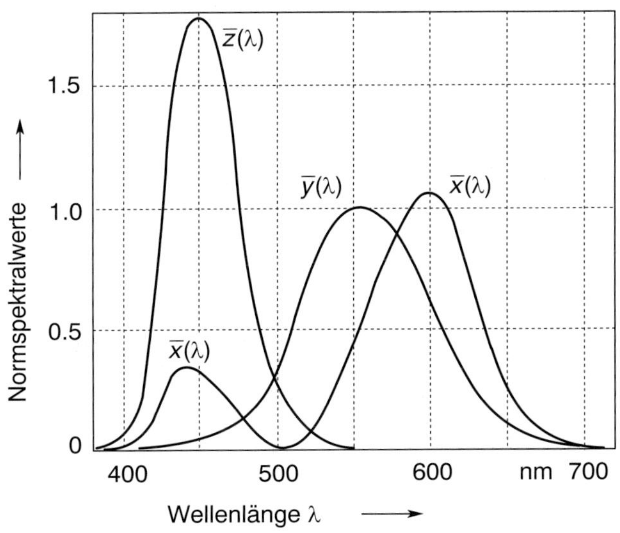

Abb. 26.12. Normspektralwertkurven

Die Normvalenzen sind dabei so festgelegt, daß die wahrgenommene Helligkeit (also die Leuchtdichte L_v) nur durch die $\boldsymbol{Y}$-Komponente bestimmt wird; mit der spektralen Hellempfindlichkeit $V(\lambda)$ gilt deshalb

[7]Das bedeutet: Durch Überlagern von GRÜN und BLAU in den Beiträgen $G(\lambda)$ und $B(\lambda)$ erhält man dann denselben Farbeindruck wie durch Überlagern der Spektralfarbe mit ROT im Anteil $R(\lambda)$.

[8]Diese Primärvalenzen sind virtuell: Sie lassen sich physikalisch nicht realisieren.

$$\overline{y}(\lambda) = V(\lambda) .$$

Mit den *Normfarbwertanteilen*

$$x = \frac{X}{X+Y+Z}, \quad y = \frac{Y}{X+Y+Z} \quad z = \frac{Z}{X+Y+Z}$$

ist die Zusammensetzung einer Farbe in normierter Form vollständig gegeben. Da $x + y + z = 1$ gilt, genügt die Angabe von x und y um einen Farbton vollständig zu charakterisieren. Dies entspricht einem Punkt in der Norm-Farbtafel (Abb.26.13) mit den Koordinatenachsen x und y. Da $z \geq 0$ gilt, können dabei nur Punkte innerhalb des durch $x + y = 1$ begrenzten Farbdreiecks auftreten.

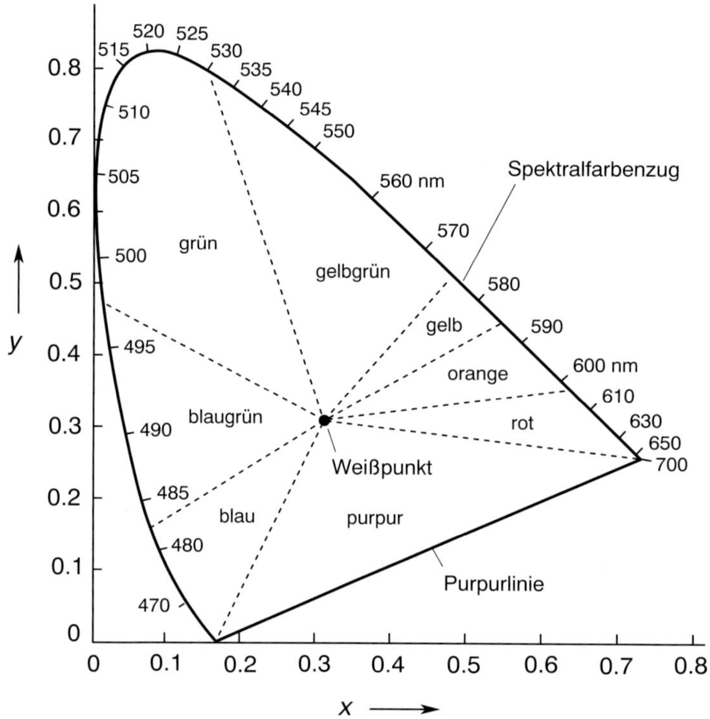

Abb. 26.13. Norm-Farbtafel

Jede Spektralfarbe der Wellenlänge λ läßt sich durch Überlagern der Normvalenzen darstellen in der Form

$$\overline{x}(\lambda)\,\boldsymbol{X} + \overline{y}(\lambda)\,\boldsymbol{Y} + \overline{z}(\lambda)\,\boldsymbol{Z} .$$

Die Funktionen $\overline{x}(\lambda)$, $\overline{y}(\lambda)$ und $\overline{z}(\lambda)$ werden als Normspektralwertkurven bezeichnet; ihr Verlauf ist in Abb.26.12 dargestellt. Werden die Normfarbwerte der Spektralfarben (monchromatisches Licht) in der Farbwerttafel dargestellt, so ergibt sich eine „parabelförmige“ Linie, deren Enden durch die Purpurgerade (Mischfarben aus Violett und Rot) verbunden sind. Wird eine Farbe durch Mischen zweier Farben hervorgerufen, so liegt der zugehörige Normfarbwertanteil auf der Mischgeraden. Da alle reellen Farben durch berlagern von Spektralfarben zustandekommen, liegen alle reellen Farbwertanteile innerhalb der durch Spektralfarbenzug und *Purpurgerade* begrenzten Fläche; außerhalb dieser Grnze liegende Farbwerte werden als virtuell bezeichnet. Der Punkt mit $x = y = 0.333$ wird als *Weißpunkt* oder *Unbuntpunkt* bezeichnet; der entsprechende Farbeindruck entspricht weiß.

26.4 Absorption und Dämpfung

Licht wird beim Durchgang durch ein Material *absorbiert*. Für einen parallelen Lichtstrahl, der sich in x-Richtung bewegt, nimmt der Strahlungsfluß mit zunehmendem x gemäß

$$\frac{d\Phi_e}{dx} = -\alpha\, \Phi_e(x) \tag{26.32}$$

ab. Der Parameter α bezeichnet dabei den *Absorptionskoeffizienten* des Materials. Der Kehrwert des Absorptionskoeffizienten heißt Absorptionslänge: Nach der Strecke $1/\alpha$ ist die Strahlungsleistung bedingt durch die Absorption auf $1/e$ ihres ursprünglichen Werts abgesunken. Bezeichnet $\Phi_e(0)$ den Strahlungsfluß für $x = 0$ und bewegt sich der Lichtstrahl für $x > 0$ durch ein Medium mit dem Absorptionskoeffizienten α, so folgt aus Gl. (26.32)

$$\boxed{\Phi_e(x) = \Phi_e(0)e^{-\alpha x}\ .} \tag{26.33}$$

Lichtabsorption in Halbleitermaterialien

In Halbleitern lassen sich drei Mechanismen für die Absorption optischer Strahlung unterscheiden (vgl. Abb. 26.14). Bei zwei von diesen führt die Absorption des Lichts zur Erzeugung freier Ladungsträger – diese Mechanismen werden zur Detektion optischer Strahlung sowie zur optisch-elektrischen Energiewandlung eingesetzt:

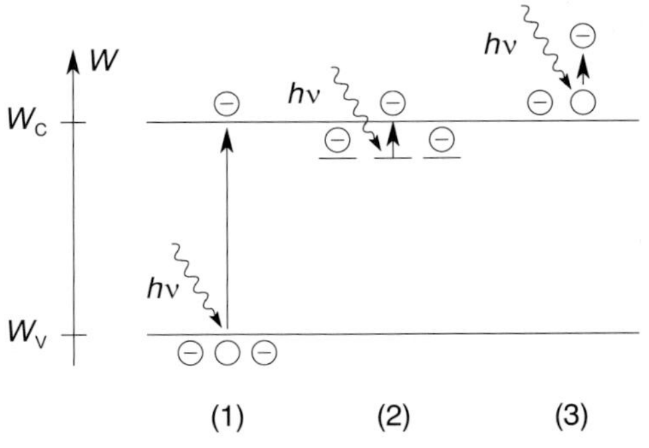

Abb. 26.14. Absorptionsmechanismen für Photonen in Halbleitermaterialien

(1) Bildung von Elektron-Loch-Paaren (Anregung von Elektronen vom Valenz- ins Leitungsband). Die Photonenenergie muß dabei der Bedingung

$$W_{\mathrm{g}} \leq h\nu = \frac{hc}{\lambda}$$

genügen, d. h. dieser Mechanismus kann nur für Licht der Wellenlänge

$$\lambda < \lambda_{\mathrm{G}} = \frac{hc}{W_{\mathrm{g}}}$$

auftreten; die Größe λ_{G} wird als *Grenzwellenlänge* bezeichnet. Die folgende Tabelle gibt einen Überblick über Energielücke, Grenzwellenlänge und Brechungsindex der wichtigsten Halbleitermaterialien für optoelektronische Bauelemente.

Tabelle 26.2 Energielücke, Grenzwellenlänge und Brechungsindex wichtiger Halbleiter bei $T = 300$ K

Material	Ge	Si	GaAs	GaP	InSb	SiC	GaSb	InP
W_{g} [eV]	0.66	1.12	1.43	2.26	0.18	2.2 – 3	0.73	1.35
λ_{G} [nm]	1880	1130	867	548	6900	500	1700	918
n	4.0	3.45	3.4	3.36	3.9	2.63	3.9	3.2

(2) Übergänge zwischen Bändern und diskreten Störstellenniveaus, insbesondere von Donatorniveaus ins Leitungsband oder vom Valenzband in Akzeptorniveaus. Dieser Absorptionsmechanismus setzt voraus, daß die beteiligten Störstellenniveaus noch nicht auf thermischem Weg ionisiert wurden. Dies erfordert um so tiefere Temperaturen, je geringer die Energiedifferenz zwischen den Störstellen und der betreffenden Bandkante ist. Die Grenzwellenlänge für diesen Absorptionsmechanismus ist durch den Abstand der Störstellenniveaus von der Bandkante gegeben und wesentlich größer als die Grenzwellenlänge für die Erzeugung von Elektron-Loch-Paaren.

(3) Absorption durch „freie“ Ladungsträger. Dieser Mechanismus, bei dem Elektronen im Leitungsband und Löcher im Valenzband Energie aufnehmen, ist nicht mit einer Grenzwellenlänge verbunden; er führt zu einer Abnahme der Transparenz von Halbleitern im längerwelligen Bereich.

In der Nähe der Grenzwellenlänge wird eine deutliche Änderung des Absorptionskoeffizienten beobachtet. Für *direkte* Halbleiter (vgl. Kap. 4.1) ist diese besonders deutlich ausgeprägt. Im Fall indirekter Halbleiter erfordert die Impulserhaltung wegen des geringen Photonenimpulses die Wechselwirkung mit dem Festkörpergitter. Die Änderung des Absorptionskoeffizienten mit der Wellenlänge ist in diesem Fall bei der Grenzwellenlänge weniger markant. Abbildung 26.15 zeigt die Änderung des Absorptionskoeffizienten α mit der Wellenlänge λ für verschiedene Halbleitermaterialien.

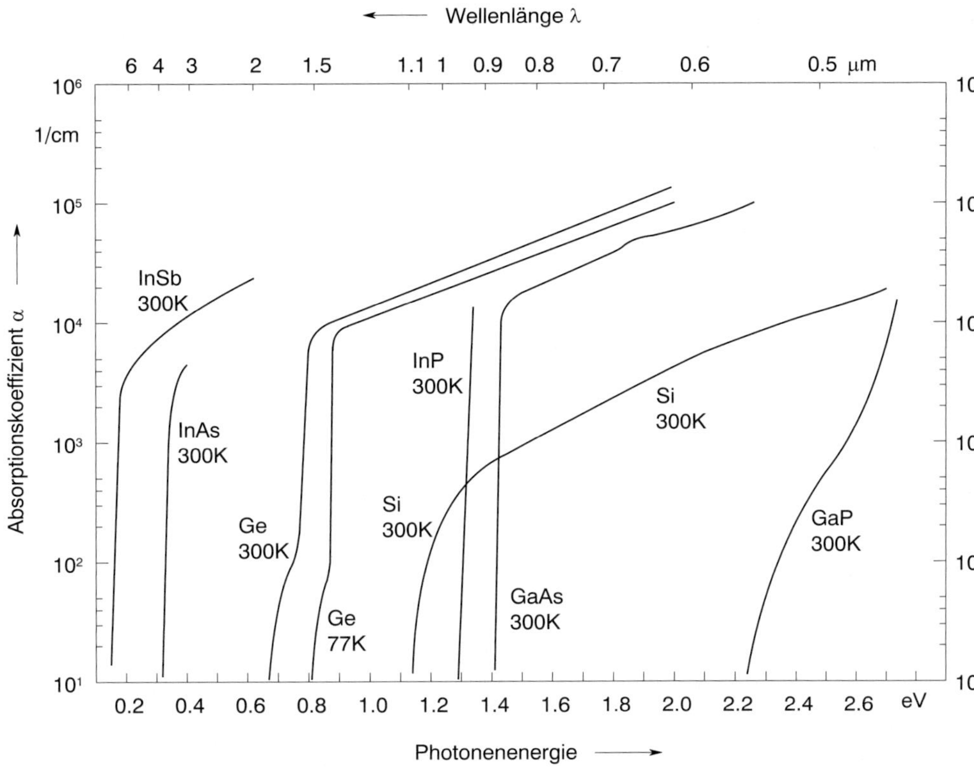

Abb. 26.15. Absorption in Halbleitern als Funktion der Wellenlänge λ (nach [5])

26.5 Lichtwellenleiter

Lichtwellenleiter (LWL) zeichnen sich als Mittel zur Nachrichtenübertragung in mehrfacher Hinsicht gegenüber elektrischen Leitungen (z. B. Koaxialkabeln) aus: Sie bieten eine hohe Bandbreite, eine sehr geringe Dämpfung[9] und eignen sich hervorragend für die Übertragung digitaler Signale; ferner weisen sie kein Übersprechen zwischen den Leitungen auf, sind weitgehend immun gegen die Einkopplung von Störsignalen und bewirken eine vollständige galvanische Trennung der Endstellen. Die wichtigsten Kenngrößen eines Lichtwellenleiters sind die *Dämpfung* sowie das *Bandbreite-Länge-Produkt.*

[9]Letztere ist das Resultat aufwendiger Entwicklung. Zum Vergleich: Gewöhnliches Fensterglas hat einen Schwächungskoeffizient von mehreren tausend dB/km, während der geringste, mit Quarzglasfasern bisher erreichte, Schwächungskoeffizient 0.2 dB/km beträgt (bei einer Wellenlänge von ca. 1.5 μm). Dies ist bereits sehr nahe an der für das Material Quarzglas spezifischen Durchlässigkeit, wie sie durch die Rayleigh-Streuung und die Schwingungsoberkante der Si-O-Bindung (s.u.) vorhergesagt werden.

26.5.1 Dämpfung in Glasfasern

Licht wird beim Durchgang durch Glasfasern gedämpft. Die durch eine Lichtleitfaser bedingte Dämpfung wird gewöhnlich durch den *Dämpfungsbelag* α_{dB} (Schwächungskoeffizient) beschrieben, der die Dämpfung in dB/km angibt

$$\alpha_{\mathrm{dB}} = 10\,\frac{\mathrm{dB}}{\mathrm{km}}\,\log\left[\frac{\Phi_{\mathrm{e}}(0)}{\Phi_{\mathrm{e}}(1\ \mathrm{km})}\right] = 4.34\,\mathrm{dB}\cdot\alpha\,. \tag{26.34}$$

Für die Dämpfung in der Glasfaser sind mehrere Mechanismen verantwortlich:

1. *Rayleigh-Streuung*: Diese wird verursacht durch örtliche Änderungen im Brechungsindex des Materials. Der Effekt nimmt mit zunehmender Wellenlänge proportional zu $1/\lambda^4$ ab.

2. *Absorption durch Phononen (IR-Absorption)*: Die Kerne (Ionenrümpfe) der Atome des Lichtleiters werden von der durchlaufenden elektromagnetischen Welle in Schwingungen versetzt, wodurch der Welle Energie entzogen, diese also gedämpft wird. Die Resonanzfrequenz dieser Vorgänge begrenzt das für nachrichtentechnische Übertragung taugliche Wellenlängenintervall zu großen Wellenlängen hin.

3. *Absorption durch Elektronen (UV-Absorption)*: Den Lichtleiter durchlaufende Photonen können insbesondere bei kleiner Wellenlänge mit den Elektronen der Glasfaseratome wechselwirken. Die hierdurch bedingte Dämpfung nimmt im optischen Bereich mit zunehmender Wellenlänge ab. In dem für die optische Übertragungstechnik relevanten Wellenlängenbereich spielt sie eine untergeordnete Rolle.

Die einzelnen Beiträge für Quarzglas und die Dämpfung praktisch realisierter Monomodefasern zeigt Abb. 26.16. Zusätzlich zu den zuvor beschriebenen Mechanismen tritt Absorption durch unbeabsichtigte Materialbeimengungen, Lichtstreuung an großen Körnern und Blasen sowie Dämpfung der Signalleistung durch Schwankungen des Faserdurchmessers und makroskopische Abweichungen des Brechungsindex vom gewünschten Verlauf auf. Die bei bestimmten Wellenlängen besonders markanten Abweichungen rühren von einer Absorption durch OH^--Ionen und Metall-Ionen her.

Wegen des gegenläufigen Verhaltens der mit wachsender Wellenlänge abnehmenden Rayleigh-Streuung und der zunehmendem IR-Absorption weist Quarzglas ein absolutes *Dämpfungsminimum* bei der Wellenlänge $\lambda \approx 1.55\,\mu\mathrm{m}$ auf. Neben diesem liegen noch mehrere lokale Minima, sog. *Transmissionsfenster*, z. B. bei den für die Praxis wichtigen Wellenlängen $\lambda = 850\,\mathrm{nm}$ (Wellenlänge, bei der GaAs-Leuchtdioden emittieren) und $\lambda = 1.33\,\mu\mathrm{m}$ (Wellenlänge, bei der die Materialdispersion minimal ist) auf. Für die Realisierung langer Glasfaserübertragungsstrecken wird die Wellenlänge der Sendebauelemente so gewählt, daß sie in einem der Transmissionsfenster bei $\lambda = 1.33\,\mu\mathrm{m}$ oder $\lambda = 1.55\,\mu\mathrm{m}$ liegt.

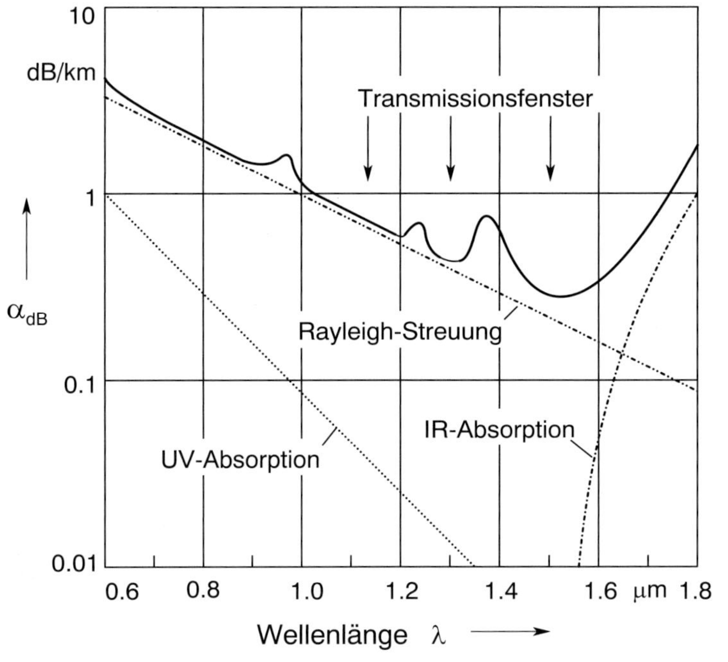

Abb. 26.16. Dämpfung in Lichtwellenleitern als Funktion der Wellenlänge λ

Beispiel 26.5.1 Für eine Lichtleitfaser mit dem in Abb. 26.16 gegebenen Dämpfungsverhalten soll die Leistung ermittelt werden, die am Ausgang eines 5 km langen Lichtleiters ankommt, in den am Eingang die Leistung 1 mW (Wellenlängen $\lambda = 1.3\,\mu\text{m}$, $\lambda = 800$ nm) eingespeist wird.

Abbildung 26.16 liefert für den Schwächungskoeffizienten $\alpha_{\text{dB}} \approx 0.6$ dB/km bei $\lambda = 1.3\,\mu\text{m}$ und $\alpha_{\text{dB}} \approx 2.0\,\text{dB/km}$ bei $\lambda = 0.8\,\mu\text{m}$. Nach einer Übertragungsstrecke von 5 km ist das Signal mit $\lambda = 1.3\,\mu\text{m}$ um näherungsweise $5\,\text{km} \cdot 0.6\,\text{dB/km} = 3\,\text{dB}$ gedämpft, das Signal mit $\lambda = 0.8\,\mu\text{m}$ um $5\,\text{km}{\cdot}2\,\text{dB/km} = 10\,\text{dB}$. Am Ausgang resultiert mithin die Strahlungsleistung

$$\Phi_{\text{e}}(5\text{ km}) \approx 1\,\text{mW} \cdot 10^{-0.3} \approx 500\,\mu\text{W}$$

bei $\lambda = 1.3\,\mu\text{m}$ sowie

$$\Phi_{\text{e}}(5\text{ km}) \approx 1\,\text{mW} \cdot 10^{-1} \approx 100\,\mu\text{W}$$

bei $\lambda = 0.8\,\mu\text{m}$. Δ

26.5.2 Bandbreite-Länge-Produkt von Lichtwellenleitern

Das Bandbreite-Länge-Produkt eines Lichtwellenleiters wird durch die Pulsverbreiterung aufgrund der unterschiedlichen Ausbreitungsgeschwindigkeit der Photonen bestimmt. Dies hat zur Folge, daß die in den Lichtwellenleiter eingekoppelten Einzelpulse nach Durchlaufen einer größeren Strecke ineinanderlaufen und schließlich nicht mehr als einzelne Pulse erkannt werden können. Wird ein Puls mit der Halbwertsbreite $t_{\text{H}}(0)$ in einen Lichtwellenleiter

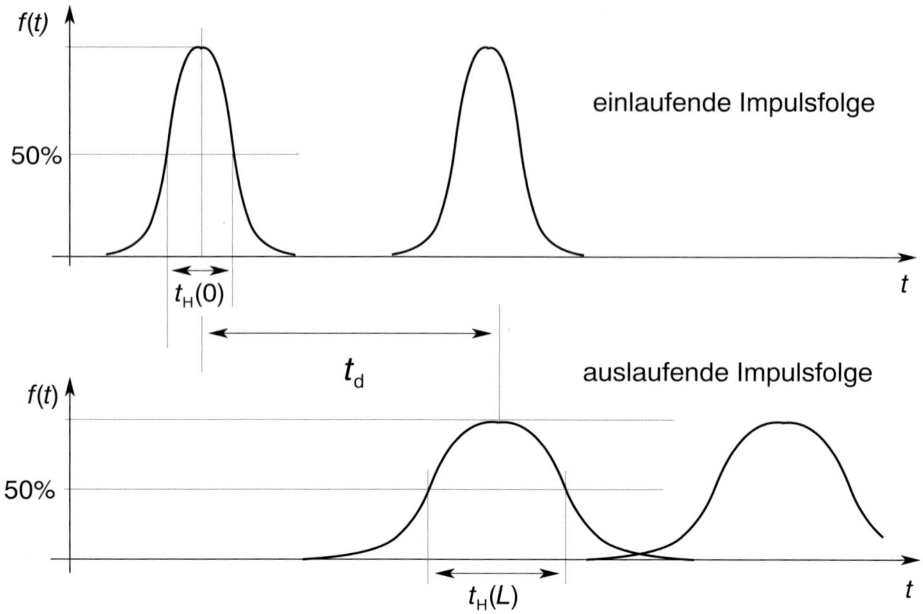

Abb. 26.17. Pulsverbreiterung beim Durchgang durch einen Lichtwellenleiter

eingekoppelt und weist er nach Durchlaufen der Länge L die Halbwertsbreite $t_{\mathrm{H}}(L)$ auf, so ist die *Pulsverbreiterung* nach Durchlaufen der Strecke L definiert als

$$\Delta t = t_{\mathrm{H}}(L) - t_{\mathrm{H}}(0) .$$

Ihr Wert nimmt gewöhnlich proportional zur durchlaufenen Länge L zu, d. h. $\Delta t/L$ ist konstant. Die Bandbreite B des Lichtleiters ist umgekehrt proportional zu Δt. Für Gauß-Pulse, das sind Einzelpulse mit einer Zeitabhängigkeit der Form

$$f(t) = A \exp\left(-\frac{2.77\, t^2}{t_{\mathrm{H}}(0)^2}\right) , \tag{26.35}$$

gilt beispielsweise

$$B \approx 0.44/\Delta t . \tag{26.36}$$

Da die Pulsverbreiterung Δt näherungsweise proportional zur durchlaufenen Strecke L ist, bleibt das Verhältnis $\Delta t/L$ annähernd konstant, so daß

$$\boxed{B \cdot L \approx \frac{0.44}{\Delta t/L} = \text{const.} ,} \tag{26.37}$$

d. h. das *Bandbreite-Länge-Produkt* $B \cdot L$ ist konstant. Bei einer optischen Übertragung mit Lichtwellenleitern sind Bandbreite und Übertragungslänge „austauschbare“ Größen. Für Übertragungsstrecken sehr geringer Länge steht eine sehr große Bandbreite zur Verfügung – bei großen Strecken reduziert sich die Bandbreite dann umgekehrt proportional zur Übertragungslänge.

Die Pulsverbreiterung in Lichtleitern wird im wesentlichen durch zwei Mechanismen dominiert: Modendispersion und Materialdispersion. Diese werden im Zusammenhang mit Multimode- und Monomode-Lichtwellenleitern erläutert.

26.5.3 Multimodefaser

Abbildung 26.18 zeigt schematisch einen Querschnitt durch eine *Multimodefaser*, bei der ein Kern mit Brechungsindex n_{K} von einem Mantel umgeben ist, dessen Brechungsindex n_{M} etwas kleiner ist als der des Kerns. Der Brechungsindex des umgebenden Mediums wird mit n_0 bezeichnet.

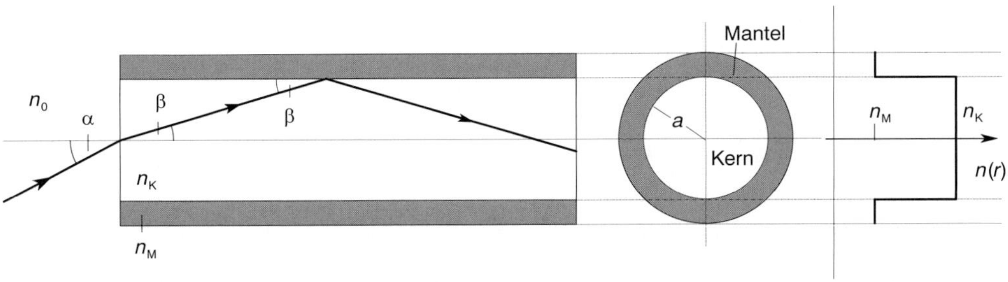

Abb. 26.18. Multimodefaser

Ein unter dem Winkel α eingespeister Lichtstrahl breitet sich aufgrund der Totalreflexion zwischen Kern und Mantel entlang der Glasfaser aus, falls α kleiner ist als der sog. *Akzeptanzwinkel* Θ_{A}. Für diesen gilt

$$n_0 \cdot \sin \Theta_{\mathrm{A}} = \sqrt{n_{\mathrm{K}}^2 - n_{\mathrm{M}}^2} = A_{\mathrm{N}} .$$

Die Größe A_{N} wird als *numerische Apertur* der Faser bezeichnet.

Der Durchmesser des Kerns einer Multimodefaser ist groß im Vergleich zur Wellenlänge des Lichts. Dies ist von Vorteil beim Einkoppeln von Licht in die Faser, da die Quelle nicht sehr präzise bezüglich der Faserachse justiert werden muß. Da sich in der Multimodefaser verschiedene Moden – bildlich gesprochen, Lichtstrahlen mit unterschiedlichem Winkel zur Faserachse – ausbreiten können, diese aber unterschiedliche Laufzeiten aufweisen (Modendispersion), ist das Bandbreite-Länge-Produkt von Multimodefasern stark eingeschränkt.

Abschätzung der Pulsverbreiterung. Die Pulsverbreiterung in der Stufenprofilfaser kann mit Hilfe der geometrischen Optik abgeschätzt werden. Die Lichtgeschwindigkeit im Faserkern ist c/n_{K}. Die zum Durchlaufen einer Strecke der Länge L benötigte Zeit hängt ab vom Winkel β, den der Strahl mit der Faserachse bildet

$$t(\beta) = \frac{n_{\mathrm{K}}}{c} \frac{L}{\cos \beta} .$$

Der Wert von β ist durch den Grenzwinkel der Totalreflexion begrenzt: $0^\circ \leq \beta < 90^\circ - \alpha_T = 90^\circ - \arcsin(n_M/n_K)$. Am schnellsten sind die Strahlen, die parallel zur Faserachse verlaufen. Diese durchlaufen eine Faser der Länge L in der Zeit

$$t_{min} = n_K L/c\,.$$

Am langsamsten sind die Strahlen, die den Mantel unter dem Grenzwinkel der Totalreflexion treffen. Diese erreichen das Faserende nach

$$t_{max} = \frac{n_K}{c}\frac{L}{\cos(90^\circ - \alpha_T)} = \frac{n_K}{c}\frac{L}{\sin\alpha_T} = \frac{n_K}{c}L\frac{n_K}{n_M}\,.$$

Nach Durchlaufen der Strecke L hat sich der Puls demzufolge um

$$\Delta t = t_{max} - t_{min} = \frac{L}{c}\frac{n_K}{n_M}(n_K - n_M) = A_N^2 \cdot \frac{L}{c}\frac{n_K}{n_M(n_K + n_M)} \approx \frac{A_N^2 L}{2n_K c}$$

verbreitert. Für eine Übertragungsstrecke der Länge $L = 1$ km, mit $n_K = 1.6$ und $A_N = 0.5$, ergibt sich beispielsweise $\Delta t \approx 0.26\,\mu s$. Dies entspricht einem Bandbreite-Länge-Produkt von

$$B \cdot L = \frac{0.44}{\Delta t/L} = \frac{0.44}{0.26 \cdot 10^{-6}\,\text{s/km}} = 3.9\,\text{MHz} \cdot \text{km}\,.$$

In nachrichtentechnischen Anwendungen wird in der Regel ein großes Bandbreite-Länge-Produkt verlangt. Wegen der Modendispersion ist die Multimodefaser hier ungeeignet. Dennoch finden derartige Fasern aufgrund ihrer geringen Kosten und der leichten Ein- und Auskopplung zahlreiche Anwendungen, wie z. B. in der Automobiltechnik, wobei die hohe Störsicherheit der Verbindungen ausgenutzt wird.

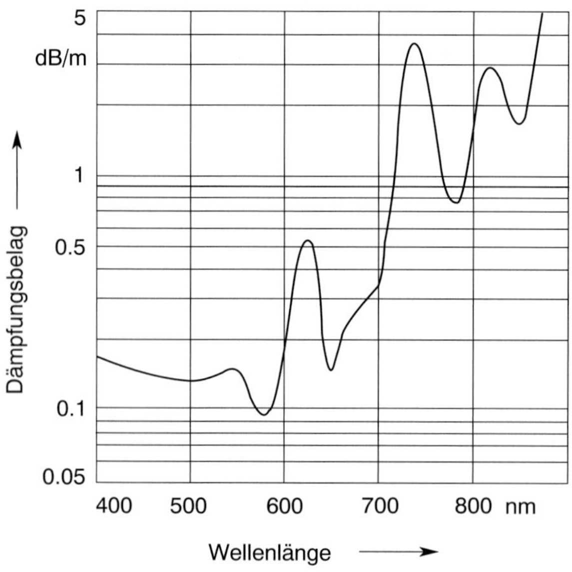

Abb. 26.19. Dämpfungsbelag von PMMA-Lichtleitern (nach [6])

Insbesondere für kurze Verbindungen werden als kostengünstige Lichtwellenleiter auch *Kunststoffmaterialien* eingesetzt. Als Beispiel sei die Kunststoffaser PMMA (Polymethylmethacrylat) genannt. Fasern aus diesem Material weisen Dämpfungsminima (Abb. 26.19) auf bei den Wellenlängen 570 nm (grün) und 650 nm (rot) und eignen sich damit gut zur Kombination mit entsprechenden Leuchtdioden. Die Dämpfung liegt bei ca. 200 dB/km, was für Langstreckenverbindungen indiskutabel, bei Verbindungen im Bereich weniger als 100 m jedoch unproblematisch ist. Die numerische Apertur liegt bei $A_N = 0.5$, der Faserdurchmesser ist im Bereich 1 mm, was geringe mechanische Anforderungen stellt; das Bandbreite-Länge-Produkt liegt bei ca. 15 MHz·km.

26.5.4 Gradientenfaser

Bei einer *Gradientenfaser* nimmt die Brechzahl nach außen hin kontinuierlich bis zum Wert der Mantelbrechzahl ab.

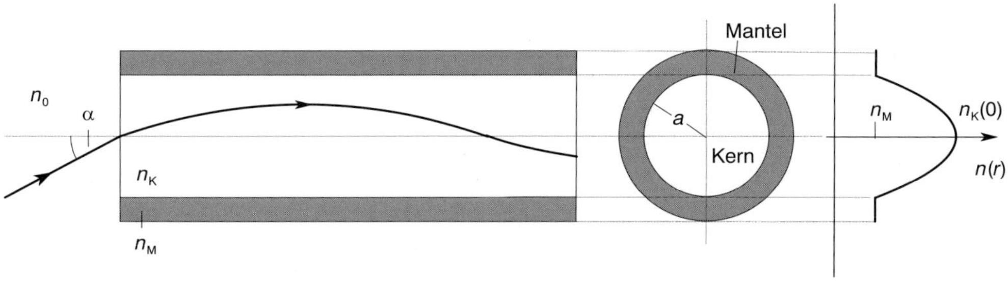

Abb. 26.20. Gradientenfaser

In einer Gradientenfaser verlaufende Lichtstrahlen werden „kontinuierlich gebrochen“: Das Licht bewegt sich nicht auf einem „Zickzackkurs“ wie bei der Stufenprofilfaser, sondern auf „wellenförmigen Bahnen“. Licht, das sich auf weiter ausschwingenden Bahnen bewegt, legt zwar nach wie vor eine größere Weglänge zurück. Dies wird jedoch kompensiert durch die mit zunehmendem Abstand von der Faserachse höhere Lichtgeschwindigkeit aufgrund der abnehmenden Brechzahl.[10] Auf diesem Weg läßt sich erreichen, daß die Laufzeit bis zum Faserende für alle Lichtanteile nahezu gleich ist: Mit Gradientenfasern lassen sich Laufzeitunterschiede je km Faserlänge auf weniger als 100 ps reduzieren. Die Kompensation der Modendispersion ist allerdings nur bei einer Wellenlänge, der Betriebswellenlänge der Faser, optimal. Bei dieser ist das Bandbreite-Länge-Produkt typischerweise um den Faktor 50 größer als dasjenige der Multimodefaser.

[10] Diese auf der geometrischen Optik beruhende Erläuterung ist zwar recht anschaulich, jedoch nicht frei von Widersprüchen: Für achsenparallele Lichtstrahlen etwa ergibt sich eine Ausbreitungsgeschwindigkeit, die mit dem Abstand zur Faserachse zunimmt. Eine Auflösung des Widerspruchs wird nur durch die Beschreibung des Lichts als elektromagnetisches Wellenfeld unter Verwendung der Maxwell-Gleichungen mit entsprechenden Randbedingungen ermöglicht.

Als *numerische Apertur* der Gradientenfaser wird definiert

$$A_\mathrm{N} = \sqrt{n^2(0) - n_\mathrm{M}^2}\,.$$

Der Akzeptanzwinkel Θ_A ist für solche Fasern wegen ihres Brechzahlprofils vom Abstand r von der Faserachse abhängig. In Verallgemeinerung der Ergebnisse der Stufenprofilfaser gilt

$$n_0 \sin[\,\Theta_\mathrm{A}(r)\,] = \sqrt{n^2(r) - n_\mathrm{M}^2} \le A_\mathrm{N}\,,$$

d. h. $\Theta_\mathrm{A}(r)$ wird durch den Unterschied von lokaler Brechzahl und Mantelbrechzahl bestimmt.

Typische Daten für Bandbreite-Länge-Produkt und Schwächungskoeffizient einer Gradientenfaser sind $B \cdot L = 1.5$ GHz·km sowie $\alpha_\mathrm{dB} = 0.5$ dB/km bei $\lambda = 1.3\,\mu$m. Der Kerndurchmesser liegt typischerweise bei 100 µm, die numerische Apertur bei $A_\mathrm{N} = 0.2$. Gradientenfasern werden für Datenübertragungsstrecken mit moderaten Anforderungen an die Bandbreite eingesetzt. Der große Kerndurchmesser erlaubt kostengünstige Steckverbindungen und damit einen preiswerten Systemaufbau.

26.5.5 Monomodefaser

Bei *Monomodefasern* ist der Kerndurchmesser im Vergleich zur Multimodefaser auf wenige Mikrometer reduziert und damit von derselben Größenordnung wie die Wellenlänge des durchlaufenden Lichts. In solchen Fasern kann sich nur noch eine Mode des elektromagnetischen Wellenfelds ausbreiten – bildlich gesprochen: Nur noch Lichtstrahlen parallel zur Faserachse können in der Monomodefaser auftreten.

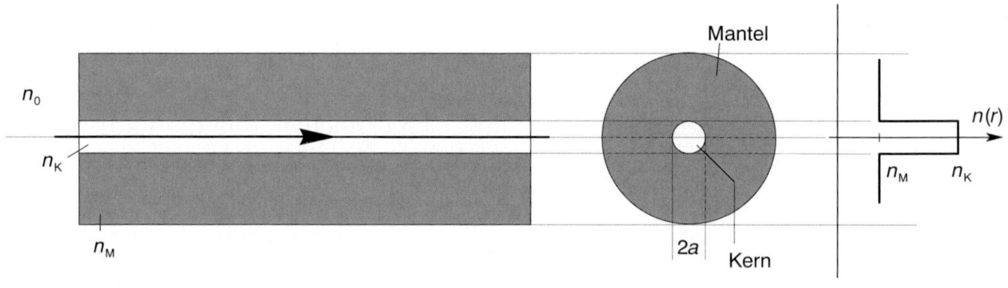

Abb. 26.21. Monomodefaser

Damit nur eine Mode ausbreitungsfähig ist, darf das Verhältnis von Kernradius a zu Wellenlänge λ einen kritischen Wert nicht überschreiten. Wird λ kleiner als die Grenzwellenlänge

$$\lambda_\mathrm{C} = 2.612\,a A_\mathrm{N} \tag{26.38}$$

für Monomodebetrieb, so breiten sich auch in Monomodefasern mehrere Mo-

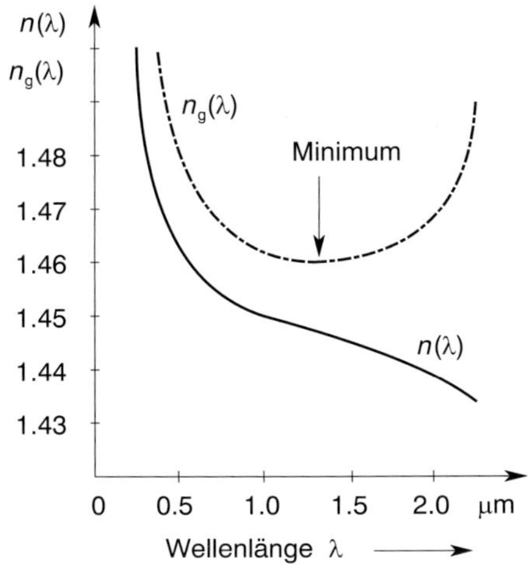

Abb. 26.22. Materialdispersion

den aus. Für Wellenlängen $\lambda > \lambda_C$ tritt keine Modendispersion auf. Aufgrund des von der Wellenlänge abhängigen Brechungsindex und der endlichen Breite des Spektrums modulierbarer Lichtquellen existiert aber dennoch ein Mechanismus zur Pulsverbreiterung – die sog. *Materialdispersion.* Photonen unterschiedlicher Wellenlänge weisen dann unterschiedliche Ausbreitungsgeschwindigkeit $v_g = c/n_g(\lambda)$ auf, was zu einer Verbreiterung eines aus mehreren Photonen zusammengesetzten Lichtpulses führt. Die Pulsverbreiterung ergibt sich aus

$$\Delta t = \frac{L}{v_{g,min}} - \frac{L}{v_{g,max}} \approx L \frac{\Delta v_g}{v_g^2}$$

bzw.

$$\Delta t \approx \frac{L}{v_g^2} \left| \frac{dv_g}{d\lambda} \right| \Delta\lambda = \frac{L}{c} \left| \frac{dn_g}{d\lambda} \right| \Delta\lambda \,. \tag{26.39}$$

Damit Δt klein wird, sollte λ so gewählt werden, daß $dn_g/d\lambda \approx 0$ gilt. Dies ist für Quarzglasfasern bei $\lambda \approx 1300$ nm in guter Näherung der Fall.

Zur Charakterisierung der Materialdispersion wird gewöhnlich der Materialdispersionsparameter $D_{mat}(\lambda)$ mit der Einheit ps/(nm·km) verwendet. Für eine Lichtquelle mit einer spektralen Breite $\Delta\lambda$ errechnet sich hieraus die Pulsverbreiterung pro Längeneinheit

$$\frac{\Delta t}{L} = D_{mat}(\lambda)\, \Delta\lambda \tag{26.40}$$

bzw. das Bandbreite-Länge-Produkt

$$B \cdot L = \frac{0.44}{\Delta t/L} = \frac{0.44}{D_{mat}(\lambda)\, \Delta\lambda} \tag{26.41}$$

Ein großes Bandbreite-Länge-Produkt erfordert demnach einen kleinen Wert des Materialdispersionsparameters sowie eine Lichtquelle mit schmalem Emissionsspektrum.

Typische Daten für eine Monomodefaser sind $D_{\mathrm{mat}} = 3.5$ ps/(nm·km) und $\alpha_{\mathrm{dB}} = 0.4$ dB/km bei $\lambda = 1300$ nm und $D_{\mathrm{mat}} = 20$ ps/(nm·km) und $\alpha_{\mathrm{dB}} = 0.25$ dB/km bei $\lambda = 1550$ nm.

26.6 Wärmestrahlung

Jeder Körper mit einer Temperatur $T > 0$ K gibt Energie in Form von *Wärmestrahlung* ab. Die abgestrahlte Strahlungsleistung wird durch die Temperatur und Beschaffenheit der Oberfläche des Körpers bestimmt. Als Bezug eignet sich die Strahlung des schwarzen Körpers. Unter einem schwarzen Körper versteht man einen Körper, der einfallende Strahlung, unabhängig von Wellenlänge und Einfallswinkel, zu 100 % absorbiert. Auf der anderen Seite gibt der schwarze Körper – verglichen mit anderen Temperaturstrahlern gleicher Temperatur, geometrischer Form und Abmessung – in jede Richtung und bei jeder Wellenlänge die maximal mögliche Strahlungsleistung ab. Für einen *schwarzen Strahler* ist die spektrale spezifische Ausstrahlung durch

$$\boxed{M_{\mathrm{e},\lambda}^{(s)} = \frac{2\pi c^2 h}{\lambda^5 \cdot \left[\exp\left(\frac{ch}{\lambda k_{\mathrm{B}} T}\right) - 1\right]}} \tag{26.42}$$

gegeben. Diese Beziehung ist als *Plancksches Strahlungsgesetz* bekannt. Wird die Wellenlänge λ in µm, die Temperatur T in K angegeben, so gilt

$$M_{\mathrm{e},\lambda}^{(s)} = 37.41 \, \frac{\mathrm{W}}{\mathrm{cm^2\,nm}} \, \frac{1}{\left(\frac{\lambda}{\mu\mathrm{m}}\right)^5 \left[\exp\left(\frac{1.438 \cdot 10^4}{(\lambda/\mu\mathrm{m})\,(T/\mathrm{K})}\right) - 1\right]} \,. \tag{26.43}$$

Abbildung 26.23 zeigt die spektrale spezifische Ausstrahlung eines schwarzen Strahlers für verschiedene Werte der Temperatur T. Die Kurven zeigen ein deutlich ausgeprägtes Maximum bei einer durch die jeweilige Temperatur bestimmten Wellenlänge λ_{max}. Näherungsweise gilt

$$\boxed{\lambda_{\mathrm{max}} = 2898 \, \frac{\mu\mathrm{m\,K}}{T} \,.} \tag{26.44}$$

Das Maximum der spektralen spezifischen Ausstrahlung verschiebt sich also mit zunehmender Temperatur zu immer kleineren Wellenlängen – Gl. (26.44) wird i. allg. als *Wiensches Verschiebungsgesetz* bezeichnet. Für den Maximalwert der spektralen spezifischen Ausstrahlung gilt

$$M_{\mathrm{e},\lambda_{\mathrm{max}}}^{(s)} = 1.29 \cdot 10^{-18} \cdot \left(\frac{T}{\mathrm{K}}\right)^5 \frac{\mathrm{W}}{\mathrm{nm\,cm^2}} \,. \tag{26.45}$$

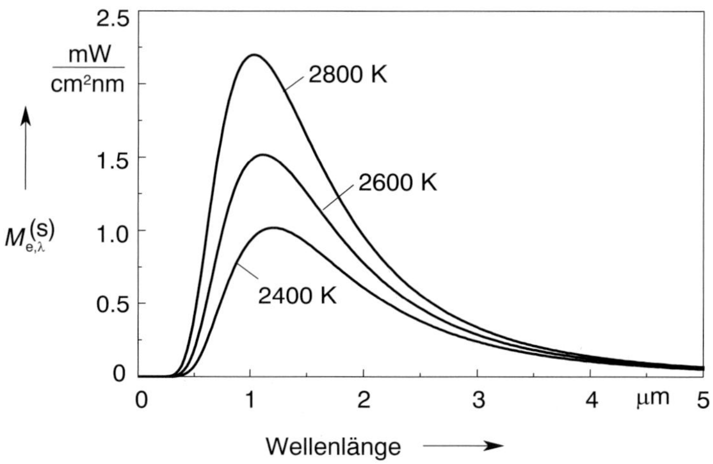

Abb. 26.23. Spektrale spezifische Ausstrahlung des schwarzen Strahlers für verschiedene Temperaturwerte

Die spezifische Ausstrahlung $M_\mathrm{e}^{(s)}$ des schwarzen Strahlers ergibt sich durch Integration des Planckschen Gesetzes über sämtliche Wellenlängen

$$M_\mathrm{e}^{(s)} = \int_0^\infty M_{\mathrm{e},\lambda}^{(s)}\,\mathrm{d}\lambda = \sigma_\mathrm{S}\,T^4 \tag{26.46}$$

mit

$$\sigma_\mathrm{S} = \frac{2\pi^5 k_\mathrm{B}^4}{15 h^3 c^2} = 5.67 \cdot 10^{-8}\,\frac{\mathrm{W}}{\mathrm{m^2\,K^4}}\,. \tag{26.47}$$

Diese Beziehung heißt *Stefan-Boltzmann-Gesetz.* Nach ihr ist die spezifische Ausstrahlung eines schwarzen Körpers proportional zur 4. Potenz seiner Temperatur.

Beispiel 26.7.1 Die Sonne verhält sich annähernd wie ein kugelförmiger schwarzer Strahler mit der Oberflächentemperatur 5777 K und dem Durchmesser $1.39 \cdot 10^9$ m. Die von der Sonne insgesamt abgestrahlte Leistung ist

$$\pi \cdot (1.39 \cdot 10^9\,\mathrm{m})^2 \cdot 5.67 \cdot 10^{-8}\,\frac{\mathrm{W}}{\mathrm{m^2\,K^4}}\,(5777\,\mathrm{K})^4 = 3.83 \cdot 10^{26}\,\mathrm{W}\,.$$

Der Abstand der Erde von der Sonne beträgt circa $1.5 \cdot 10^{11}$ m. Die Strahlungsflußdichte an der Oberseite der Erdatmosphäre beträgt damit näherungsweise

$$D_\mathrm{e} = \frac{3.83 \cdot 10^{26}\,\mathrm{W}}{4\pi(1.5 \cdot 10^{11}\,\mathrm{m})^2} = 1356\,\frac{\mathrm{W}}{\mathrm{m^2}}\,.$$

Diese Größe wird als Solarkonstante bezeichnet (vgl. Kap. 28). Δ

Die spezifische Ausstrahlung realer Wärmestrahlungsquellen ist kleiner als die des schwarzen Strahlers. Zum Vergleich wird der *Emissionsgrad*

$$\epsilon(\lambda) = M_{\mathrm{e},\lambda}/M_{\mathrm{e},\lambda}^{(s)} \leq 1 \tag{26.48}$$

eingeführt. Ist ϵ unabhängig von λ, so spricht man von einem grauen Strahler.[11] Weist ϵ eine wesentliche Abhängigkeit von der Wellenlänge auf, so liegt ein *selektiver Strahler* vor. Ein derartiges Verhalten zeigen beispielsweise Festkörper mit Energielücke.

Der *Absorptionsgrad* $\alpha(\lambda)$ eines Wärmestrahlers ist definiert als der absorbierte Anteil der bei der Wellenlänge λ auftreffenden Strahlungsleistung. Im Fall eines grauen Strahlers ist der Absorptionsgrad unabhängig von der Wellenlänge. Emissionsgrad ϵ und Absorptionsgrad α sind dann gleich groß

$$\boxed{\epsilon = \alpha\ .} \tag{26.49}$$

Dieser als *Kirchhoffsches Gesetz* bekannte Zusammenhang[12] muß erfüllt sein, damit ein Wärmestrahler der Temperatur T in einer Umgebung mit der Temperatur T_A für $T = T_\mathrm{A}$ im *Strahlungsgleichgewicht* ist. Ein solcher Körper strahlt pro Flächeneinheit die Leistung

$$\Delta\Phi_\mathrm{e}^{(-)} = \epsilon\,\sigma\,T^4$$

ab. Gleichzeitig absorbiert er pro Flächeneinheit aus der Umgebung die Strahlungsleistung

$$\Delta\Phi_\mathrm{e}^{(+)} = \alpha\,\sigma\,T_\mathrm{A}^4\ .$$

Die „Netto-Abstrahlung"

$$\Delta\Phi_\mathrm{e}^{(-)} - \Delta\Phi_\mathrm{e}^{(+)} = \sigma\left(\epsilon\,T^4 - \alpha\,T_\mathrm{A}^4\right)$$

muß aber nach dem 2. Hauptsatz der Thermodynamik für $T = T_\mathrm{A}$ verschwinden, was nur unter der Bedingung $\epsilon = \alpha$ möglich ist.

26.7 Literaturverzeichnis

[1] C. Gerthsen, H.O. Kneser, H. Vogel. *Physik.* Springer, Berlin, sechzehnte Auflage, 1989.

[2] D. Kühlke. *Optik - Grundlagen und Anwendungen.* Harri Deutsch, Frankfurt, zweite Auflage, 2004.

[3] E. Hecht. *Optik.* Addison Wesley, Bonn, 1989.

[4] Bergmann, Schäfer. *Lehrbuch der Experimentalphysik Band III: Optik (H. Gobrecht Hrsg.).* de Gruyter, Berlin, achte Auflage, 1987.

[5] G.E. Stillman, V.M. Robbins, N. Tabatabaie. III-V compound semiconductor devices: Optical detectors. *IEEE Trans. Electron Devices*, 31(11):1643–1655, 1984.

[6] Y. Li, J. Ai, J. Popelek. Board-level 2-D data-capable optical interconnection circuits using polymer fiber-image guides. *Proc. IEEE*, 88(6):794–805, 2000.

[11] Der schwarze Strahler ist mit $\epsilon = 1$ als Grenzfall des grauen Strahlers anzusehen.

[12] Das Kirchhoffsche Gesetz wird hier nicht in seiner allgemeinsten Form dargestellt.

27 Detektoren für optische Strahlung

Detektoren für optische Strahlung dienen der Umwandlung von optischer Strahlungsleistung in elektrische Signale. Hierfür gibt es zahlreiche Anwendungen in der Nachrichtentechnik, Unterhaltungselektronik sowie in der Meß-, Steuerungs- und Regelungstechnik. Gegenstand dieses Abschnitts sind Fotowiderstände, Fotodioden und -transistoren, MSM-Fotodetektoren sowie pyroelektrische IR-Sensoren und Photomultiplier; Solarzellen und CCD-Bildwandler werden in gesonderten Kapiteln erläutert.

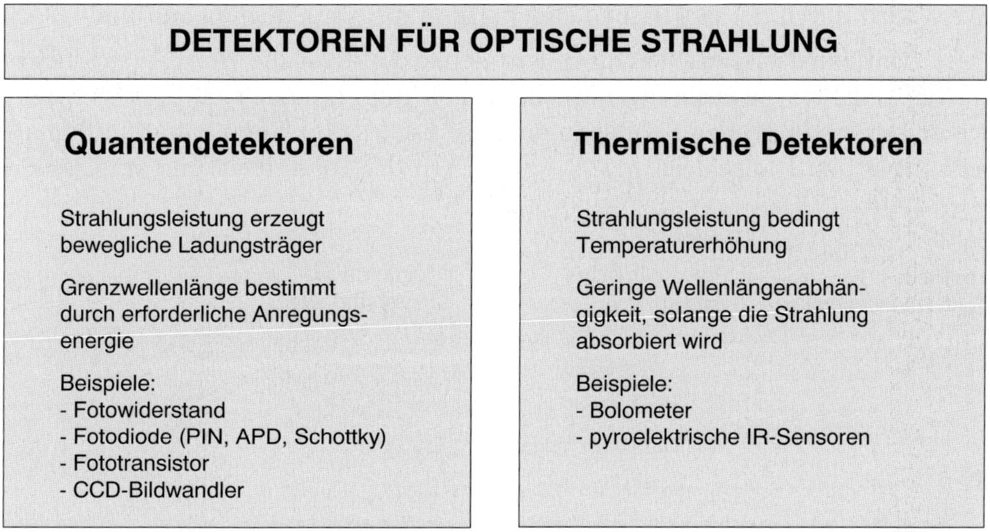

Abb. 27.1. Optische Strahlungsdetektoren

Die betrachteten Bauelemente lassen sich einteilen (Abb. 27.1) in die Gruppe der *Quantendetektoren* – bei diesen erzeugen einfallende Photonen freie Ladungsträger und damit einen elektrischen Effekt – und die *thermischen Detektoren* – diese sprechen auf eine Temperaturänderung, bedingt durch die einfallende Strahlungsleistung, an.

27.1 Kenngrößen für Fotodetektoren

Für die Freisetzung von Ladungsträgern in Quantendetektoren ist eine für den Detektor spezifische Mindestenergie ΔW aufzubringen. Deshalb sprechen derartige Detektoren nicht mehr auf Photonen an, deren Energie $h\nu$ kleiner ist als ΔW. Dies bedingt eine für den Detektor spezifische *Grenzwellenlänge*

$$\lambda_{\mathrm{G}} = hc/\Delta W \, . \tag{27.1}$$

Die *Empfindlichkeit* S eines Fotodetektors gibt die Änderung der Ausgangsgröße X des Detektors (Strom oder Spannung) mit der Änderung der einfallenden Strahlungs- bzw. Lichtleistung an. Da die Empfindlichkeit für monochromatisches Licht

$$S(\lambda) = \left.\frac{\mathrm{d}X}{\mathrm{d}\Phi_\mathrm{e}}\right|_\lambda \tag{27.2}$$

gewöhnlich wellenlängenabhängig ist, muß bei der Angabe der Empfindlichkeit die spektrale Zusammensetzung der zugrundeliegenden optischen Strahlung mit angegeben werden.

Die *Ansprechzeit* eines Fotodetektors gibt an, wie schnell die Ausgangsgröße des Detektors einer Änderung der einfallenden Strahlungsleistung folgt; dieser Wert wird durch die elektrische Beschaltung des Detektors beeinflußt.

Als Maß für das Rauschen eines Fotodetektors dient die *Rauschäquivalenzleistung* NEP.[1] Verschiedene Mechanismen führen dazu, daß bei einer Umwandlung des optischen Signals in ein elektrisches, das Verhältnis von Signalleistung P_S zu Rauschleistung P_N zugunsten der Rauschleistung verschoben wird (Abb. 27.2).

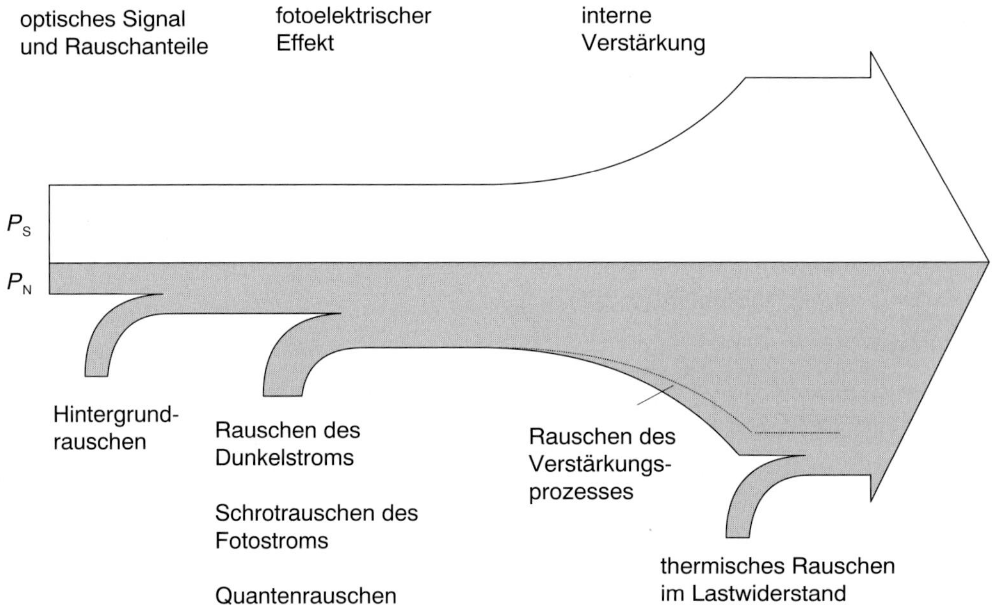

Abb. 27.2. Änderung des Signal-Rausch-Verhältnisses im Zug der optisch-elektrischen Signalumwandlung (nach [1])

Die Rauschäquivalenzleistung NEP gibt grob gesprochen die Signalleistung an, die erforderlich ist, um am Ausgang das Signal-Rausch-Verhältnis 1 zu erhalten, und bestimmt damit eine Untergrenze der detektierbaren Leistung.

[1] Von englisch: noise equivalent power.

Die exakte Definition lautet: *Die NEP ist der erforderliche Effektivwert der Strahlungsleistung, der bei hundertprozentiger Modulation am Ausgang das Signal-Rausch-Verhältnis 1 hervorruft.*

Die *Detektivität D* eines Detektors ist definiert als Kehrwert der Rauschäquivalenzleistung

$$D = 1/\mathrm{NEP} . \tag{27.3}$$

Da die Detektivität D von der Empfängerfläche A_E und der Bandbreite B des Empfängers abhängt, wird zum Vergleich unterschiedlicher Detektoren häufig die durch

$$D^* = D\sqrt{A_\mathrm{E}B} \tag{27.4}$$

definierte *modifizierte Detektivität* D^* herangezogen.

27.2 Fotowiderstände (LDR)

Fotowiderstände sind Strahlungsdetektoren mit einem besonders einfachen Aufbau. Da im Gegensatz zu Fotodioden keine pn-Übergänge erforderlich sind, können Fotowiderstände auch mit Materialien realisiert werden, die technologisch noch nicht gut beherrscht werden. Verglichen mit Fotodioden ist die Ansprechgeschwindigkeit von Fotowiderständen in der Regel schlecht; wegen ihrer hohen Empfindlichkeit bei niedriger Beleuchtungsstärke, der einfachen Schaltungstechnik sowie ihrer guten Eignung für IR-Anwendungen besitzen Fotowiderstände dennoch zahlreiche Anwendungen.

Abb. 27.3. Fotowiderstand, Schaltzeichen

27.2.1 Mechanismen der Fotoleitung

Ein Fotowiderstand ist im wesentlichen ein Halbleiterstück mit zwei Kontakten. Wird eine Spannung angelegt, so fließt ein Strom durch die Probe, dessen Wert sich durch die Intensität des einfallenden Lichts beeinflussen läßt. Der ohne Lichteinwirkung fließende Strom wird als *Dunkelstrom* bezeichnet, der durch das Licht hervorgerufene Stromanteil als *Fotostrom.*

Die meisten Fotoleiter nutzen den Effekt der lichtinduzierten Eigenleitung bzw. Störstellenleitung. In beiden Fällen werden im Festkörper frei bewegliche Ladungsträger durch Photonen erzeugt. Bei der *lichtinduzierten Eigenleitung* werden Elektron-Loch-Paare durch Anregen von Elektronen aus dem Valenz- ins Leitungsband erzeugt. Dies ist in Abb. 27.4 a im Bandschema illustriert. Bei der *lichtinduzierten Störstellenleitung* dagegen werden freie Ladungsträger durch Ionisation von Störstellen mittels Licht erzeugt. Eine schematische Darstellung dieses Vorgangs im Bandschema ist in Abb. 27.4 b gegeben. Die lichtinduzierte Störstellenleitung ist nur dann von Bedeutung, wenn die Störstellen überwiegend nicht ionisiert sind, und erfordert deshalb eine *Abkühlung* der Probe auf sehr tiefe Temperaturen.

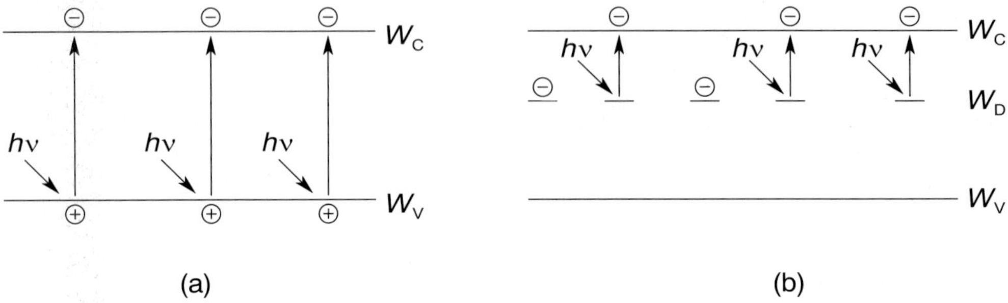

Abb. 27.4. Mechanismen der Fotoleitung. (**a**) Lichtinduzierte Eigenleitung und (**b**) lichtinduzierte Störstellenleitung

Das Bandschema zeigt den Unterschied der beiden Mechanismen hinsichtlich der Mindestenergie für die Erzeugung von beweglichen Ladungsträgern. Da die Störstellenniveaus nahe bei den Bandkanten liegen

$$W_C - W_D \ll W_g \quad \text{bzw.} \quad W_A - W_V \ll W_g$$

werden für die lichtinduzierte Störstellenleitung sehr viel weniger energiereiche Photonen benötigt als für die lichtinduzierte Eigenleitung. Die Grenzwellenlänge der lichtinduzierten Störstellenleitung im n-Halbleiter ist

$$\lambda_G = \frac{hc}{W_C - W_D} .$$

Mit $W_C - W_D \approx 50$ meV resultiert so $\lambda_G \approx 25$ µm. Die lichtinduzierte Störstellenleitung eignet sich aus diesem Grund für die Realisierung von Strahlungsdetektoren auch für fernes Infrarot.

27.2.2 Leitwert und Empfindlichkeit

Die Änderung ΔG des Leitwerts aufgrund der lichtinduzierten Eigenleitung wurde in Beispiel 12.4.2 untersucht. Dies stellt eine Vereinfachung der in der Praxis vorliegenden Situation dar, da Fotowiderstände gewöhnlich aus polykristallinen Schichten bestehen.[2] Mit dem *Quantenwirkungsgrad* η, der

[2] An den Korngrenzen eingefangene Elektronen führen zu von den Elektronen zu überwindenden Potentialbarrieren und damit zu einer vergleichsweise geringen *Dunkelbeweglichkeit*. Bei Beleuchtung nimmt die Dichte der beweglichen Ladungsträger zu und damit die Höhe der Potentialbarriere ab, was sich einer Zunahme der Beweglichkeit auswirkt: Die *Hellbeweglichkeit* ist dann deutlich größer als die Dunkelbeweglichkeit.

Minoritätslebensdauer τ, der Photonenenergie hc/λ und der auftreffenden Strahlungsleistung Φ_e folgt für einen Fotowiderstand der Länge L

$$\Delta G = e\eta(\mu_n + \mu_p)\,\tau\,\frac{\Phi_e}{hc/\lambda}\,\frac{W}{L}\,. \tag{27.5}$$

Der Fotowiderstand weist demnach eine um so größere Empfindlichkeit auf, je größer der Quantenwirkungsgrad, die Beweglichkeiten der Ladungsträger und deren Lebensdauern sind und je kleiner der Elektrodenabstand L ist. Liegt am Fotowiderstand eine Spannung V an, so bedingt die Leitwertänderung die Stromänderung $\Delta I = \Delta G\,V$. Das Verhältnis

$$A_I = \frac{\Delta I}{eWL\eta\Phi_e\lambda/hc} = \frac{V}{L^2}\,(\mu_n + \mu_p)\,\tau \tag{27.6}$$

dieser Stromänderung zum primär erzeugten Elektronenstrom[3] $eWL\eta\Phi_e\lambda/hc$ wird als *Verstärkung* des Fotowiderstands bezeichnet. Das folgende Beispiel zeigt, daß sich mit Fotowiderständen sehr hohe Verstärkungen erzielen lassen.

Beispiel 27.2.1 Betrachtet wird ein CdS-Fotowiderstand der Länge $L = 0.2\,\mathrm{mm}$ bei $V = 1\,\mathrm{V}$. Typische Werte für die Elektronenbeweglichkeit und die Lebensdauer liegen bei $\mu_n \approx 200\,\mathrm{cm^2/Vs}$ und $\tau \approx 1\,\mathrm{ms}$. Die Löcherbeweglichkeit ist so gering, daß der Strom nahezu ausschließlich von den Elektronen getragen wird. Mit den gegebenen Zahlenwerten resultiert die Verstärkung $A_I = 500$. Dieses zunächst verblüffende Ergebnis wird verständlich, wenn man bedenkt, daß für jedes Elektron (bzw. Loch), das den Halbleiter aufgrund des angelegten Felds über einen Kontakt verläßt, über den gegenüberliegenden Kontakt wieder ein Elektron (bzw. Loch) in den Halbleiter gelangt. Durch den Stromfluß gehen aus diesem Grund keine Ladungsträger im Halbleiter verloren. Die Laufzeit der Elektronen durch den Fotowiderstand von einem Kontakt zum anderen ist $t_n = L^2/\mu_n V$, diejenige der Löcher $t_p = L^2/\mu_p V$. Die Verstärkung des Fotowiderstands läßt sich demnach auch ausdrücken über das Verhältnis von Lebensdauer zu Laufzeit der beteiligten Ladungsträger

$$A_I = \tau/t_n + \tau/t_p\,.$$

Verstärkungsfaktoren größer als eins ergeben sich dadurch, daß der Kontaktabstand so klein gemacht wird, daß die Laufzeit der Ladungsträger kleiner wird als die Lebensdauer. Zu bemerken ist hier allerdings, daß eine Reduktion der Länge L auch eine Reduktion der lichtempfindlichen Fläche bedeutet und nur bei entsprechender Fokussierung des zu detektierenden Signals praktikabel ist. Δ

Die *Empfindlichkeit* S eines Fotowiderstands ist das Verhältnis von lichtinduzierter Stromänderung ΔI und auftreffender Strahlungsleistung Φ_e. Mit $\Delta I = \Delta G \cdot V$ folgt für diese Größe

$$S = \frac{\Delta I}{\Phi_e} = \frac{e\eta\tau}{h\nu}\frac{V}{L^2}(\mu_n + \mu_p) = \frac{e\eta}{h\nu}\,A_I\,. \tag{27.7}$$

[3] Dieser würde fließen, falls nur die generierten Ladungsträger über die Kontakte abfließen könnten. Ein solcher Fall liegt etwa bei der Fotodiode vor.

27.2.3 Ansprechgeschwindigkeit und Rauschen

Setzt sich die einfallende Strahlungsleistung aus einem konstanten Anteil und einem Anteil mit sinusförmiger Variation zusammen und liegt am Fotowiderstand eine Spannung V an, so fließt ein Strom der sich aus einem durch Dunkelstrom und Gleichanteil der einfallenden Strahlung bestimmten Anteil sowie einem durch den Wechselanteil mit Amplitude $\hat{\phi}_{\mathrm{e1}}$ modulierten Signalanteil zusammensetzt. Wegen der endlichen Lebensdauer τ der generierten Ladungsträger folgt die Leitwertänderung der Änderung der einfallenden Lichtintensität aber nicht trägheitslos: Es resultiert ein *Tiefpaßverhalten.* Für die Amplitude $\hat{i}_{\mathrm{s}}$ und für die Phasenverschiebung δ des Signalstroms gegenüber der einfallenden Lichtleistung folgt (vgl. Beispiel 12.4.2)

$$\hat{i}_{\mathrm{s}} = \frac{S}{\sqrt{1+\omega^2\tau^2}}\,\hat{\phi}_{\mathrm{e1}} \quad \text{und} \quad \delta = -\arctan(\omega\tau)\ . \tag{27.8}$$

Mit zunehmender Lebensdauer der lichtgenerierten Ladungsträger erhöht sich die Empfindlichkeit S des Fotowiderstands. Auf der anderen Seite verschlechtert sich aber die *Grenzfrequenz* $f_{\mathrm{g}} \approx 1/(2\pi\tau)$. Das Produkt aus $S \sim \tau$ und $f_{\mathrm{g}} \sim \tau^{-1}$ bleibt dabei unverändert.

Rauschen und Detektivität. Das Rauschen von Fotowiderständen ist durch das thermische Widerstandsrauschen sowie durch statistische Schwankungen der Generations- und Rekombinationsvorgänge bestimmt. Für eine Untersuchung der Detektivität wird die in Abb. 27.5 a gezeigte Schaltung betrachtet; der Fotowiderstand bildet hier gemeinsam mit dem Lastwiderstand R_{L} einen Spannungsteiler, der als rein kapazitiv belastet angenommen wird.

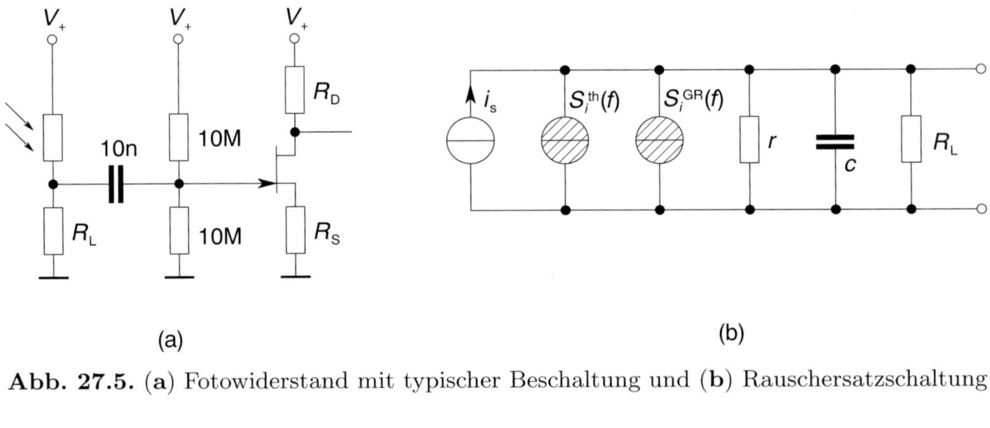

Abb. 27.5. (**a**) Fotowiderstand mit typischer Beschaltung und (**b**) Rauschersatzschaltung

Abbildung 27.5 b zeigt die zugehörige Rauschersatzschaltung. Hierbei bezeichnet r den Kleinsignalwiderstand und $c = \tau/r$ eine Kapazität zur Nachbildung der frequenzabhängigen Empfindlichkeit des Fotowiderstands. Das *thermische Rauschen* des Kleinsignalwiderstands r und des Lastwiderstands R_{L} wird durch eine Rauschstromquelle mit der Spektralfunktion

$$S_i^{\mathrm{th}}(f) = 4k_{\mathrm{B}}T\left(\frac{1}{r} + \frac{1}{R_{\mathrm{L}}}\right) \tag{27.9}$$

beschrieben. Da die Rekombination der Ladungsträger ein statistischer Vorgang ist, weist die Ladungsträgerdichte und damit die Leitfähigkeit des Fotowiderstands Fluktuationen auf, die sich als *$1/f$-Rauschen* bemerkbar machen. Dieses wird in der Ersatzschaltung durch die Rauschstromquelle S_i^{GR} beschrieben. Fotoleiter werden in der Regel bei niederen Frequenzen eingesetzt; ihr Rauschverhalten wird dann durch das $1/f$-Rauschen bestimmt. Für die *bezogene Detektivität* als Funktion der Frequenz des Signalanteils gilt dann in guter Näherung

$$D^*(f) \sim \sqrt{\frac{f}{1 + f^2/f_{\mathrm{g}}^2}} \quad \text{mit} \quad f_{\mathrm{g}} = \frac{1}{2\pi\tau} .$$

Der Wert von D^* wird maximal für $f = f_{\mathrm{g}}$, d. h. für ein optimales Signal-Rausch-Verhältnis sollte das zu detektierende Signal mit f_{g} moduliert werden.

27.2.4 Beispiele

Fotowiderstände werden mit unterschiedlichen Halbleitermaterialien hergestellt. Als Beispiele für Strahlungsdetektoren im sichtbaren Bereich werden CdS- und CdSe-Schichten betrachtet, als Beispiele für IR-Strahlungsdetektoren solche aus PbS, PbSe und HgCdTe. Alle diese Fotowiderstände nützen die lichtinduzierte Eigenleitung. Für spezielle Anwendungen sind Detektoren verfügbar, die die lichtinduzierte Störstellenleitung ausnutzen (z. B. Ge dotiert mit Cu oder Au); derartige Bausteine können Grenzwellenlängen von bis zu mehr als 40 µm aufweisen.

CdS, CdSe-Fotowiderstände. Abb. 27.6 zeigt die relative spektrale Empfindlichkeit und die Änderung des Widerstandswerts $R(E_{\mathrm{v}})$ eines *CdS-Fotowiderstands* mit der Beleuchtungsstärke. CdS-Fotowiderstände weisen ihr *Empfindlichkeitsmaximum* bei der Wellenlänge $\lambda = 520$ nm auf und sind damit eng mit der spektralen Hellempfindlichkeit des Auges verwandt. Werden die Schwefel-Atome ganz oder teilweise durch Selen-Atome ersetzt, so verändert sich die spektrale Empfindlichkeit – das Maximum der Empfindlichkeit wird zu größeren Wellenlängen verschoben.

CdS-Fotowiderstände werden vorzugsweise im Sinterverfahren hergestellt. Dabei wird reines CdS-Pulver gelöst, auf einen Keramikträger aufgebracht, getrocknet und anschließend gesintert, wobei eine polykristalline CdS-Schicht entsteht. Auf dieser fotoleitenden Schicht wird nun ein Elektrodenpaar angebracht, welches zumeist Kammstruktur (Abb. 27.7) besitzt. Auf diesem Weg können große Werte für W/L erzielt werden. Wird der Widerstandswert R, wie in Abb. 27.6 b, in doppeltlogarithmischer Form als Funktion der Beleuchtungsstärke aufgetragen, so ergeben sich näherungsweise Geraden, d. h. R

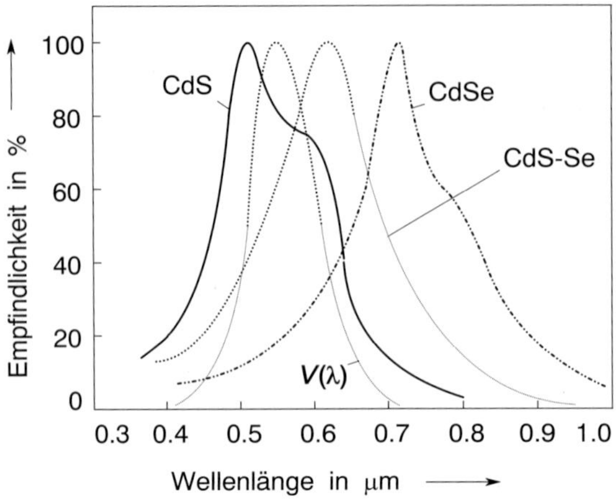

(a)

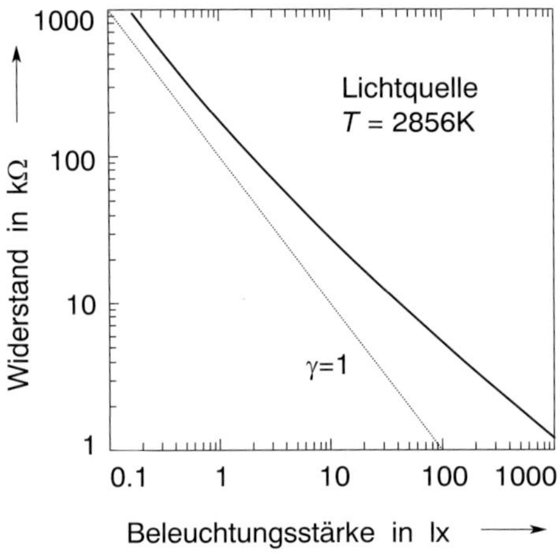

(b)

Abb. 27.6. (**a**) Relative spektrale Empfindlichkeitvon CdS- und CdSe-Fotowiderständen und (**b**) Widerstandswert als Funktion der Beleuchtungsstärke

genügt einem Potenzgesetz der Form $R(E_\mathrm{v}) \sim E_\mathrm{v}^{-\gamma}$. Der Exponent γ ergibt sich aus der Steigung in der doppeltlogarithmischen Auftragung; sein Wert ist in der Regel etwas kleiner als eins. Er wird in Datenblättern meist aus den Widerstandswerten bei 10 lx und 100 lx bestimmt

$$\gamma = \log\left[\frac{R(10\,\mathrm{lx})/\Omega}{R(100\,\mathrm{lx})/\Omega}\right] . \tag{27.10}$$

Mit dem in Datenblättern für eine Beleuchtungsstärke von 10 lx spezifizierten Widerstandswert folgt dann

$$\boxed{R(E_\mathrm{v}) = R(10\,\mathrm{lx}) \cdot \left(\frac{E_\mathrm{v}}{10\,\mathrm{lx}}\right)^{-\gamma} .} \tag{27.11}$$

Fotowiderstände ändern ihren Widerstandswert mit der Temperatur, wobei die Temperaturabhängigkeit in der Regel mit sinkender Beleuchtungsstärke zunimmt. Der *Temperaturkoeffizient* α_R hängt dabei von der genauen Zusammensetzung des Fotowiderstands ab und kann sowohl positiv als auch negativ

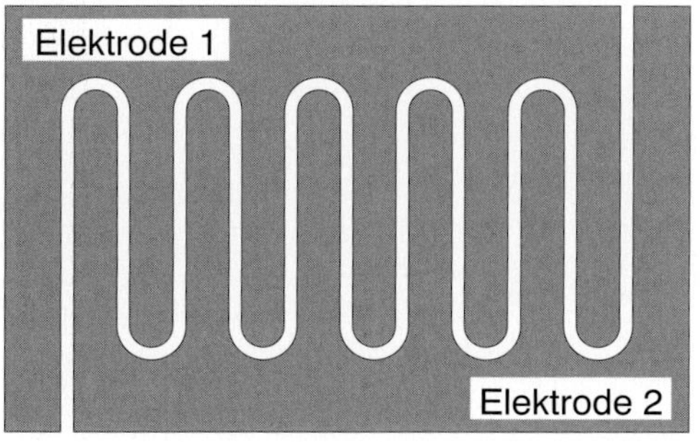

Abb. 27.7. Mäanderformiges Layout eines Fotowiderstands

sein. Die *Ansprechzeit* wird meist als Anstiegs- und Abfallzeit des Signals bei hell-dunkelgetasteter Strahlung der Beleuchtungsstärke 10 lx ermittelt; sie liegt typischerweise in der Größenordnung 10 ms. Der Widerstand eines CdS-Fotowiderstands bei geringen Beleuchtungsstärken hängt etwas von der in der Vergangenheit erfolgten Bestrahlung ab (*light history effect*). Aus diesem Grund eignen sich CdS-Fotowiderstände nicht für Absolutmessungen bei niedrigen Beleuchtungsstärken.

PbS, PbSe-Fotowiderstände. *PbS-Detektoren* werden als Dünnschicht-Fotoleiter in einem chemischen Verfahren auf ein Trägersubstrat aufgebracht und sind für den Wellenlängenbereich $0.8\,\mu m < \lambda < 3.6\,\mu m$ ausgelegt, PbSe-Detektoren für den Wellenlängenbereich $1.0\,\mu m < \lambda < 5.0\,\mu m$. Typische Anwendungen dieser Bauelemente liegen in der Prozeß-Überwachung, Gasanalyse, Spektroskopie und der Umwelttechnik. Durch Kühlen der Detektoren mit einem Peltier-Element lassen sich der Dunkelwiderstand erhöhen und die Rauscheigenschaften verbessern. Ferner resultiert – da PbS und PbSe im Gegensatz zu den meisten Halbleitermaterialien eine mit sinkender Temperatur abnehmende Energielücke aufweisen – eine Verschiebung der Grenzwellenlänge zu größeren Wellenlängen hin.

Bei zeitlich konstanter Bestrahlung ergibt sich eine Abnahme des Widerstandswerts mit der Zeit. Aus diesem Grund wird die auf den PbS- bzw. PbSe-Widerstand fallende Strahlung zerhackt *(Chopper-Betrieb)*; die zu detektierende optische Strahlung wird so moduliert, und lediglich der Wechselanteil des Signals wird verstärkt. Wegen der endlichen Trägerlebensdauer weist die Empfindlichkeit S als Funktion der Zerhackerfrequenz ein Tiefpaßverhalten mit einer Grenzfrequenz von der Größenordnung 1 kHz auf. Da PbS-Fotowiderstände ein markantes $1/f$-Rauschen aufweisen, verbessert sich das Signal-Geräusch-Verhältnis mit zunehmender Zerhackerfrequenz; es wird maximal, wenn das Signal mit der Grenzfrequenz $f_g = 1/2\pi\tau$ moduliert wird. Abbildung 27.8a zeigt einen PbS-Fotowiderstand im Zerhackerbetrieb. Dieser bildet gemeinsam mit R_L einen Spannungsteiler, dessen Ausgangsspannung über das lichtabhängige Spannungsteilerverhältnis moduliert und kapazitiv auf den Eingang des OPV gekoppelt wird. Für optimale Empfindlichkeit sollte R_L annähernd gleich dem Dunkelwiderstand des Fotowiderstands sein. Da

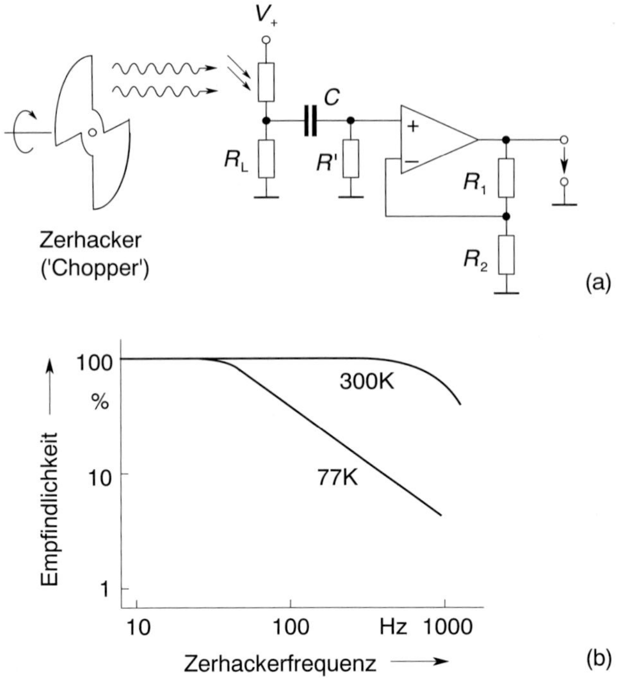

Abb. 27.8. (**a**) Einsatz eines PbS-Fotowiderstands im Zerhackerbetrieb (Chopper-Betrieb) und (**b**) relative Empfindlichkeit als Funktion der Zerhackerfrequenz (typische Werte)

die Empfindlichkeit der PbS-Fotowiderstände stark temperaturabhängig ist, wird die Beschaltung des OPV als nichtinvertierender Verstärker meist unter Verwendung eines *Thermistors* vorgenommen, der über eine dann temperaturabhängige Spannungsverstärkung den *Temperaturgang* des Detektors kompensiert.

HgCdTe-Fotowiderstände. Fotowiderstände aus Quecksilber-Cadmium- Tellurid werden als Einkristalle auf einem Al_2O_3-Träger aufgewachsen; sie sind mit unterschiedlichen spektralen Empfindlichkeiten verfügbar. Durch Verändern des Cadmium-Anteils x kann die Energielücke der $Hg_{1-x}Cd_xTe$-Mischkristalle eingestellt werden, wobei näherungsweise gilt

$$W_g/\text{eV} \;=\; 1.59 \cdot x - 0.25 + 0.327 \cdot x^3 + 5.23 \cdot 10^{-4}(1 - 2.08 \cdot x) \cdot T \; .$$

HgCdTe-Fotoleiter lassen sich auf diesem Weg mit Grenzwellenlängen im Bereich von 3 µm bis zu 25 µm herstellen. Bei Wellenlängen größer als 10 µm werden die Detektoren bei der Temperatur von flüssigem Stickstoff betrieben, da andernfalls die durch thermische Anregung bedingte Eigenleitung zu groß würde. Wegen des bei niedrigen Frequenzen vorherrschenden $1/f$-Rauschens sollten HgCdTe-Fotowiderstände im Zerhackerbetrieb eingesetzt werden.

27.3 pin-Fotodioden

Fotodioden werden meist als pin-Dioden realisiert und in Sperrichtung betrieben. Durch Bestrahlen mit Licht werden in der Diode Elektron-Loch-Paare erzeugt, die im Feld der Raumladungszone voneinander getrennt werden und als Fotostrom $I_{h\nu}$ über die Kontakte abfließen. Das Schaltsymbol der Fotodiode ist in Abb. 27.9 c dargestellt.

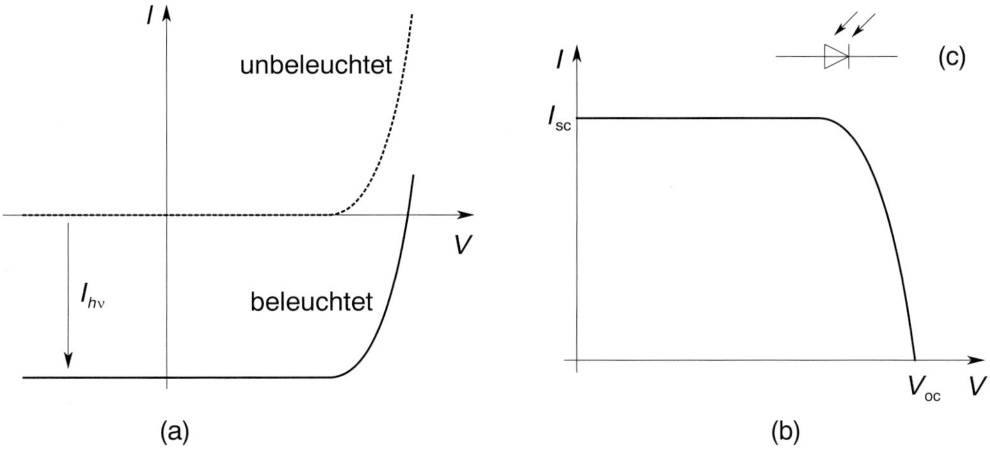

Abb. 27.9. Strom-Spannungs-Kennlinie einer pin-Diode im unbeleuchteten Zustand im (**a**) Verbrauchersystem und (**b**) Erzeugersystem

27.3.1 Strom-Spannungs-Kennlinie und Empfindlichkeit

Die $I(V)$-Kennlinie einer beleuchteten Fotodiode ist, wie in Abb. 27.9 a illustriert, gegenüber dem unbeleuchteten Fall um den Betrag des Fotostroms $I_{h\nu}$ nach unten verschoben. Mit der Diodenkennlinie folgt damit

$$\boxed{I(V) = I_\mathrm{S}\left[\exp\left(\frac{V}{NV_T}\right) - 1\right] - I_{h\nu}\,.} \tag{27.12}$$

Bei Beleuchtung verläuft ein Teil der Kennlinie im vierten Quadranten. Hier befindet sich die Fotodiode im *Elementbetrieb*, d. h. sie gibt Leistung an einen angeschlossenen Verbraucher ab. Eine Darstellung dieses Teils der Kennlinie im Erzeugersystem ist in Abb. 27.9 b zu sehen. Als charakteristische Punkte der Kennlinie treten *Kurzschlußstrom* $I_\mathrm{sc} \approx I_{h\nu}$ und *Leerlaufspannung* V_oc auf. Die *Empfindlichkeit* S, angegeben in A/W, bestimmt den bei einem gegebenen Wert der einfallenden Strahlungsleistung Φ_e fließenden Fotostrom

$$\boxed{I_{h\nu} = S\,\Phi_\mathrm{e}\,.} \tag{27.13}$$

Der Wert der Empfindlichkeit hängt von der Wellenlänge des eingestrahlten Lichts ab; Werte für die Empfindlichkeit einer Si-Diode bei einer Wellenlänge von ca. 800 nm liegen beispielsweise in der Größenordnung von 0.5 A/W.

Nicht jedes auftreffende Photon erzeugt auch ein Elektron-Loch-Paar, das dann zum Fotostrom $I_{h\nu}$ beiträgt. Der *Quantenwirkungsgrad* η_{Q} bestimmt den Anteil der „wirksamen“ Photonen, d. h. das Verhältnis der Rate der über den Kontakt abfließenden Elektronen zur Rate der auf die Diode auftreffenden Photonen. Mit η_{Q} folgt für die *Empfindlichkeit S* bei der Wellenlänge λ

$$S(\lambda) = \frac{I_{h\nu}}{\Phi_{\mathrm{e}}} = \frac{e\eta_{\mathrm{Q}}}{h\nu} = \frac{e\eta_{\mathrm{Q}}}{hc}\lambda\,. \qquad (27.14)$$

Ist der Quantenwirkungsgrad η_{Q} unabhängig von der Wellenlänge, so nimmt die Empfindlichkeit demnach proportional zur Wellenlänge zu. Da sich Verluste nie völlig vermeiden lassen, ist η_{Q} stets kleiner als eins; für die Empfindlichkeit $S(\lambda)$ resultiert hieraus die Ungleichung

$$S(\lambda) < 0.8065\,\frac{\lambda}{\mu\mathrm{m}}\frac{\mathrm{A}}{\mathrm{W}}\,.$$

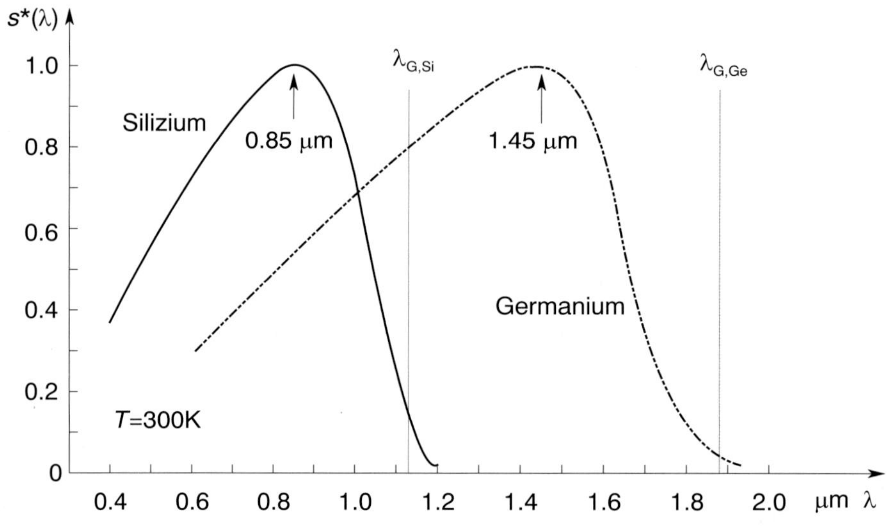

Abb. 27.10. Relative Empfindlichkeit für eine Silizium- und eine Germanium-pin-Diode

Der Anstieg der Empfindlichkeit mit der Wellenlänge setzt sich nicht unbeschränkt fort: Für Photonen mit $\lambda > \lambda_{\mathrm{G}} = hc/W_{\mathrm{g}}$ ist die Photonenenergie kleiner als die Energielücke, d. h. die Energie derartiger Photonen reicht nicht aus für die Erzeugung von Elektron-Loch-Paaren. Die Empfindlichkeit einer pin-Fotodiode zeigt aus diesem Grund für große Wellenlängen einen steilen Abfall. Bezeichnet $S_{\max}$ die maximale Empfindlichkeit der Diode, so heißt

$$s^*(\lambda) = S(\lambda)/S_{\max}$$

die *relative Empfindlichkeit.* Abbildung 27.10 zeigt die relative Empfindlichkeit $s^*(\lambda)$ als Funktion der Wellenlänge für eine Si- und eine Ge-Fotodiode. Zum Vergleich ist für beide Dioden die Grenzwellenlänge $\lambda_G = hc/W_g$ eingezeichnet.

Die Empfindlichkeit einer Fotodiode hängt von der Richtung ab, in der die einfallende Strahlung auf die Detektorfläche trifft. Für eine gegebene Bestrahlungsstärke ist sie bei senkrechtem Einfall maximal und nimmt (z. B. wegen zunehmender Reflexion) mit zunehmendem Einfallswinkel ab. Diese Richtungsabhängigkeit wird in Datenblättern in normierter Form als *Richtcharakteristik* spezifiziert. Als *Halbleistungspunkte* werden die Winkel bezeichnet, unter denen die Empfindlichkeit auf die Hälfte des Maximalwerts abgesunken ist.

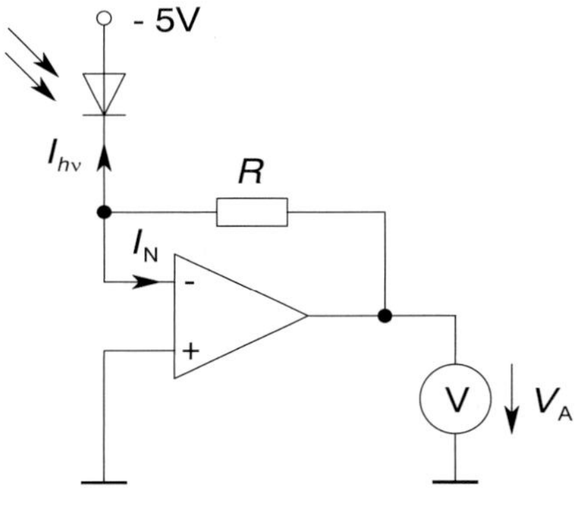

Abb. 27.11. Zu Beispiel 27.3.1

Beispiel 27.3.1 Die in Abb. 27.11 dargestellte Schaltung kann als *Belichtungsmesser* verwendet werden. Der Widerstand R der Schaltung läßt sich so festlegen, daß die am Ausgang in Millivolt abgelesene Spannung den Wert der Beleuchtungsstärke in lux wiedergibt. Unter Vernachlässigung des Eingangsruhestroms des OPV und mit $V_N \approx 0$ folgt

$$V_A = R\, I_{h\nu} \,.$$

Ableiten nach der Beleuchtungsstärke E_v liefert nun

$$\frac{dV_A}{dE_v} = R \cdot \frac{dI_{h\nu}}{dE_v} = R\, S_v \;,$$

wobei S_v die fotometrische Empfindlichkeit der Fotodiode angibt. Gemäß der Aufgabenstellung muß die linke Seite der Gleichung betragsmäßig 1 mV/lx ergeben. Gilt beispielsweise S_v = 10 nA/lx, so folgt

$$R = \frac{1\,\text{mV}}{\text{lx}} \frac{\text{lx}}{10\,\text{nA}} = 10^5\,\Omega \,.$$

Der Eingangsruhestrom I_N beeinflußt lediglich den Nullpunkt der Ausgangsspannung, nicht aber die Empfindlichkeit dV_a/dE_v, da $dI_N/dE_v = 0$ angenommen werden kann. Δ

27.3.2 Fotometrische Strahlungsmessung mit pin-Diode

Bei der fotometrischen Strahlungsmessung ist die auftreffende spektrale Bestrahlungsstärke mit der spektralen Hellempfindlichkeit des Auges $V(\lambda)$ zu wichten. Für beliebige spektrale Zusammensetzung des einfallenden Lichts kann dies von einem Fotodetektor nur dann geleistet werden, wenn seine relative spektrale Empfindlichkeit $s^*(\lambda)$ mit $V(\lambda)$ übereinstimmt

$$s^*(\lambda) \equiv V(\lambda) \; .$$

Dies ist i. allg. nicht der Fall: Abbildung 27.12 zeigt $s^*(\lambda)$ für die Si-Fotodiode BPW34 (Siemens) und $V(\lambda)$; offensichtlich führt $s^*(\lambda)$ zu einer völlig anderen Wichtung der einzelnen spektralen Anteile des Lichts als $V(\lambda)$ – eine allgemeine fotometrische Strahlungsmessung ist mit dieser Diode nicht möglich.

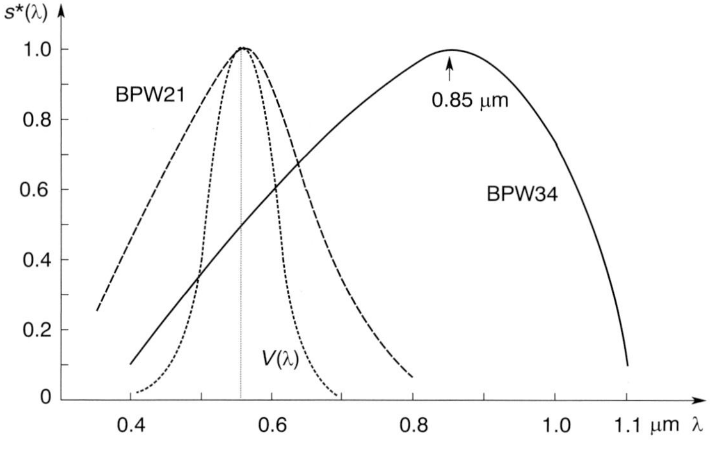

Abb. 27.12. Relative Empfindlichkeit der Fotodioden BPW21 und BPW34 im Vergleich zur spektralen Hellempfindlichkeit des Auges

Mit der Empfindlichkeit $S(\lambda) = S_{\text{max}} \cdot s^*(\lambda)$ und der Detektorfläche A_{E} ergibt sich der durch die spektrale Bestrahlungsstärke $E_{\text{e},\lambda}$ hervorgerufene Fotostrom allgemein zu

$$I_{h\nu} \;=\; S_{\text{max}}\, A_{\text{E}} \int_0^\infty E_{\text{e},\lambda}\, s^*(\lambda)\, \text{d}\lambda \; ,$$

während die Beleuchtungsstärke E_{v} definitionsgemäß durch

$$E_{\text{v}} \;=\; K_{\text{m}} \int_{380\,\text{nm}}^{780\,\text{nm}} E_{\text{e},\lambda}\, V(\lambda)\, \text{d}\lambda$$

gegeben ist. Der Zusammenhang zwischen Fotostrom und Beleuchtungsstärke wird damit

$$\frac{I_{h\nu}}{E_{\text{v}}} \;=\; \frac{S_{\text{max}}\, A_{\text{E}}}{K_{\text{m}}}\, F(E_{\text{e},\lambda})$$

mit dem von der spektralen Bestrahlungsstärke abhängigen Faktor

$$F(E_{\mathrm{e},\lambda}) = \frac{\displaystyle\int_0^\infty E_{\mathrm{e},\lambda}\, s^*(\lambda)\,\mathrm{d}\lambda}{\displaystyle\int_{380\,\mathrm{nm}}^{780\,\mathrm{nm}} E_{\mathrm{e},\lambda}\, V(\lambda)\,\mathrm{d}\lambda}\,.$$

Für einen gegebenen Verlauf von $E_{\mathrm{e},\lambda}$ kann $F(E_{\mathrm{e},\lambda})$ als konstanter Faktor angesehen werden. Für die zugehörige Lichtart kann dann eine Empfindlichkeit in nA/lx angegeben werden. Empfindlichkeitsangaben für Si pin-Dioden in nA/lx sind deshalb nur auf die im Datenblatt angegebene Lichtart (gewöhnlich Temperaturstrahler mit $T = 2856$ K) anwendbar. Wegen dieser Schwierigkeit wurden für fotometrische Strahlungsmessungen spezielle Fotodioden mit vorgeschaltetem Filter entwickelt, deren relative spektrale Empfindlichkeit der spektralen Hellempfindlichkeit $V(\lambda)$ des Auges nahekommt.

Beispiel 27.3.2 Als Beispiel wird hier die Si-Fotodiode BPW21 (Siemens) betrachtet. Diese weist eine maximale Empfindlichkeit von 0.34 A/W bei $\lambda = 550$ nm auf. Die Empfindlichkeit in nA/lx ist durch 10 nA/lx bei 2856 K spezifiziert. Mit der Diodenfläche von $A_{\mathrm{E}} = 7.34\ \mathrm{mm}^2$ folgt

$$\frac{I_{h\nu}}{E_{\mathrm{v}}} = \frac{S_{\max} A_{\mathrm{E}}}{K_{\mathrm{m}}} \cdot F(E_{\mathrm{e},\lambda}) = 3.65\,\frac{\mathrm{nA}}{\mathrm{lx}} \cdot F(E_{\mathrm{e},\lambda})\,,$$

d. h. für die Diode muß $F(E_{\mathrm{e},\lambda}) \approx 3$ bei $T = 2856$ K gelten. Dies läßt sich auch anhand der relativen spektralen Empfindlichkeit der Diode verstehen, da die Fläche unter $s^*(\lambda)$ wesentlich größer ist als die Fläche unter $V(\lambda)$ (vgl. Abb. 27.12). Δ

Für die fotometrische Bewertung von *monochromatischem* Licht bekannter Wellenlänge ist es besser, eine radiometrische Strahlungsmessung durchzuführen und die gemessene Bestrahlungsstärke mittels

$$E_{\mathrm{v}} = \frac{K_{\mathrm{m}}\, I_{h\nu}\, V(\lambda)}{S(\lambda)\, A_{\mathrm{E}}}$$

in eine Beleuchtungsstärke umzurechnen.

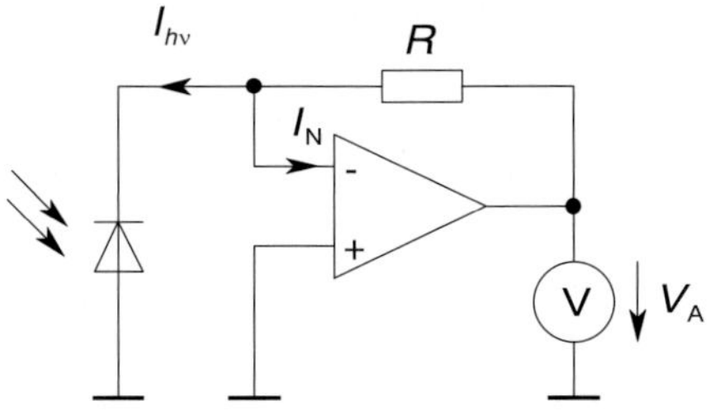

Abb. 27.13. Elementbetrieb

Strahlungsmessung im Elementbetrieb. Durch die Vorspannung der pin-Diode fließt zusätzlich zum Fotostrom ein (temperaturabhängiger) Dunkelstrom. Dieser kann weitgehend unterdrückt werden, wenn die Fotodiode im *Elementbetrieb* eingesetzt wird (vgl. Abb. 27.13). Innerhalb des Aussteuerungsbereichs des OPV ist V_D und damit die Spannung über der Fotodiode annähernd null, mit der Konsequenz vernachlässigbar kleiner Dunkelströme. Wegen der mit abnehmender Sperrspannung ansteigenden Diodenkapazität ist die Ansprechgeschwindigkeit dieser Schaltung jedoch geringer.

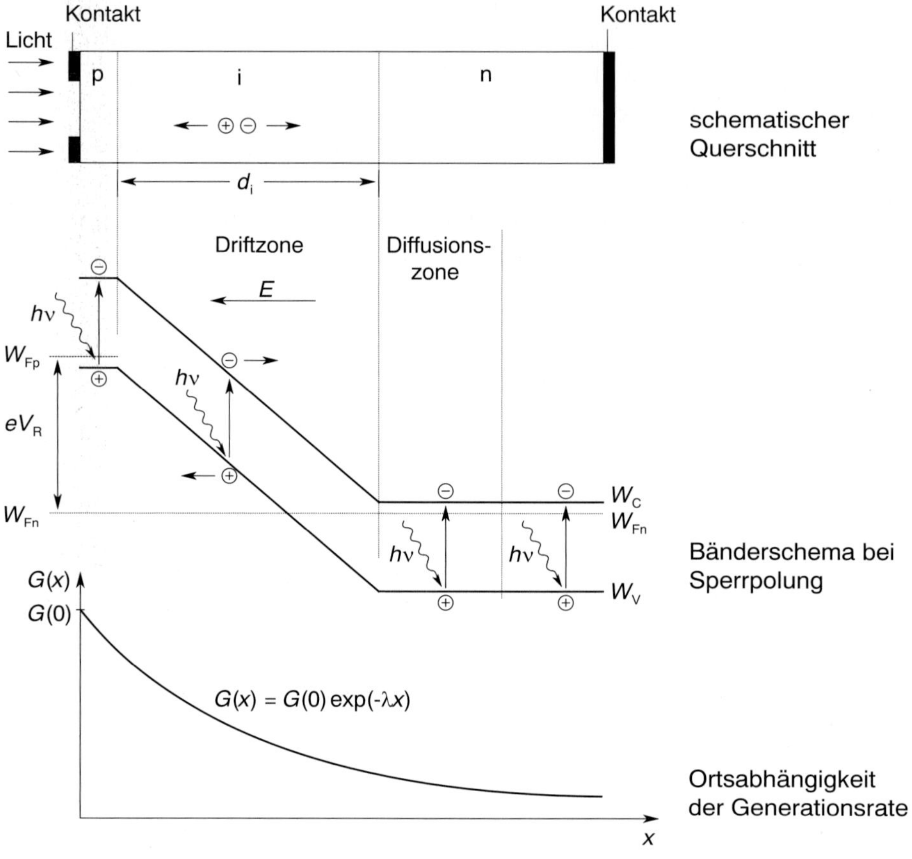

Abb. 27.14. Bänderschema für eine pin-Diode bei Sperrpolung

27.3.3 Beiträge zum Fotostrom, Quantenwirkungsgrad

Abbildung 27.14 zeigt schematisch Aufbau und Bänderschema einer *pin-Fotodiode* bei Sperrpolung. Da sich die Raumladungszone nur wenig in die hoch dotierten p- und n-Gebiete erstreckt, ist ihre Ausdehnung im wesentlichen durch die Dicke d_i der intrinsischen Schicht bestimmt. Bei der skizzierten Diode tritt das Licht auf der p-Seite ein. Diese wird möglichst dünn ausgeführt, so daß nur ein kleiner Bruchteil des einfallenden Lichts darin absorbiert wird. Der größte Teil der einfallenden Strahlung wird normalerweise in der intrinsischen Schicht absorbiert. Die dort erzeugten Elektron-Loch-Paare werden im elektrischen Feld getrennt: Elektronen fließen in Richtung des n-Bahngebiets, Löcher in Richtung des p-Bahngebiets ab. Dies geschieht so schnell im Vergleich zur Lebensdauer der Ladungsträger, daß die Rekombination vernachlässigt werden kann. Der in der Raumladungszone erzeugte Anteil I_{dr} des Fotostroms folgt einer Änderung der einfallenden Strahlungsleistung sehr schnell. Elektron-Loch-Paare, die im n-Bahngebiet generiert werden, können dagegen nur dann zum Fotostrom beitragen, wenn die erzeugten Löcher zum Sperrschichtrand *diffundieren*; dort werden sie vom elektrischen Feld der Raumladungszone erfaßt und zum n-Bahngebiet abtransportiert, was sich in einem Beitrag I_{diff} zum Fotostrom auswirkt. Sowohl I_{dr} als auch I_{diff} sind bei der Berechnung des Quantenwirkungsgrads zu bestimmen. Unter Vernachlässigung der im p-Bahngebiet generierten Ladungsträger folgt für den *Quantenwirkungsgrad* nach [2]

$$\eta = \frac{I_{\mathrm{dr}} + I_{\mathrm{diff}}}{e\Phi_{h\nu}(0)} = (1-R)\left(1 - \frac{\mathrm{e}^{-\alpha d_{\mathrm{i}}}}{1+\alpha L_{\mathrm{p}}}\right) . \tag{27.15}$$

Zur Erzielung eines hohen Quantenwirkungsgrads sollte deshalb der Reflexionskoeffizient R klein sowie das Produkt αd_{i} aus Absorptionskoeffizient α und Dicke d_{i} der intrinsischen Schicht groß gegenüber eins sein.

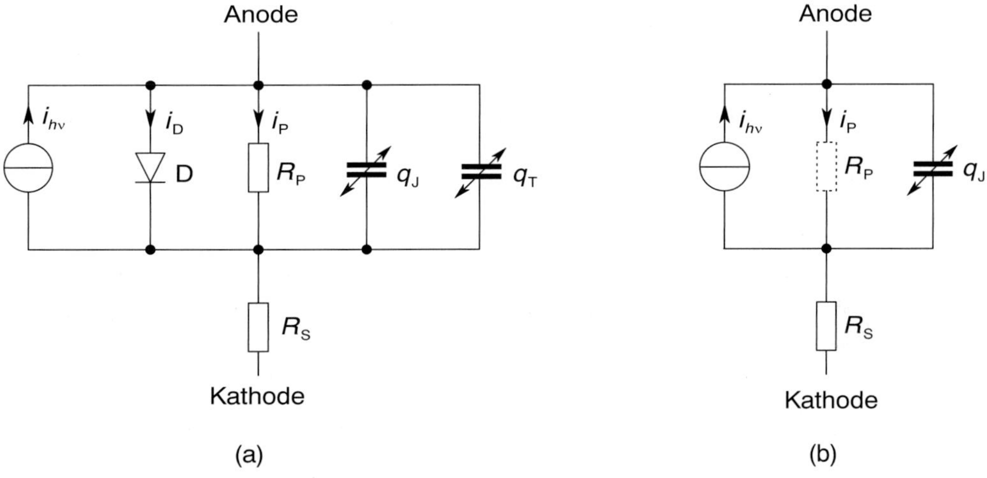

Abb. 27.15. Ersatzschaltung der pin-Diode. (**a**) Allgemein und (**b**) bei Sperrbetrieb

27.3.4 Ersatzschaltung der pin-Diode

Ohne Lichteinfall kann das Verhalten der pin-Fotodiode mit der bekannten Ersatzschaltung der pn-Diode beschrieben werden. Der durch Lichteinfall hervorgerufene Generationsstrom wird darin mittels einer zusätzlichen Stromquelle $i_{h\nu}$ erfaßt, wie dies in Abb. 27.15 a dargestellt ist. Für den in der Praxis gewöhnlich vorliegenden Fall der *Sperrpolung* kann der Strom durch die Diode D und die Diffusionsladung q_T vernachlässigt werden. Die Ersatzschaltung nimmt dann die vereinfachte Form Abb. 27.15 b an. Eine weitere, häufig zulässige Vereinfachung ist es, den Parallelwiderstand R_{p} (der typischerweise Werte im Gigaohm-Bereich aufweist) zu vernachlässigen.

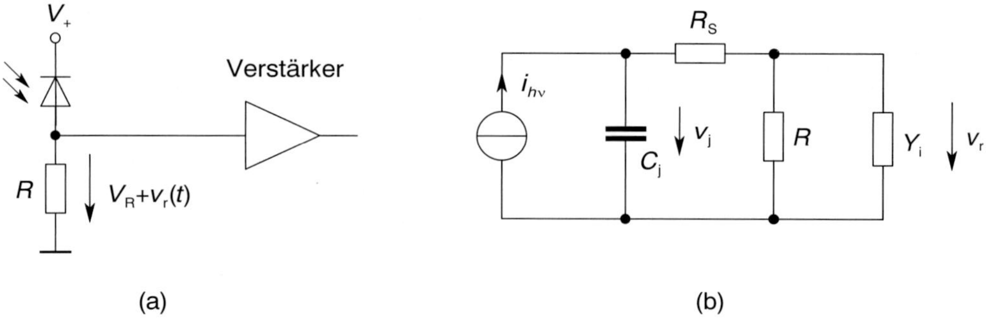

Abb. 27.16. Eingangsstufe eines Fotoempfängers mit pin-Diode. (**a**) Schaltplan und (**b**) Kleinsignal-Ersatzschaltung

27.3.5 Ansprechgeschwindigkeit, Grenzfrequenz

Für die Diskussion des Frequenzverhaltens einer pin-Diode wird die in Abb. 27.16 a gezeigte Schaltung und die zugehörige Kleinsignalersatzschaltung Abb. 27.16 b betrachtet. Die einfallende Strahlungsleistung soll einen Gleichanteil Φ_{e0} und einen Wechselanteil der Frequenz $f = \omega/2\pi$ aufweisen

$$\Phi_e(t) = \Phi_{e0} + \phi_{e1}(t) \quad \text{mit} \quad \phi_{e1}(t) = \mathrm{Re}\left(\underline{\phi}_{e1}\right) .$$

Der von der Diode gelieferte Fotostrom

$$i_{h\nu}(t) = I_{h\nu 0} + i_{h\nu 1}(t) \quad \text{mit} \quad i_{h\nu 1}(t) = \mathrm{Re}\left(\underline{i}_{h\nu 1}\right)$$

weist dann einen Wechselanteil $i_{h\nu 1}$ derselben Frequenz auf. Dieser teilt sich auf in einen Anteil, der zum Umladen der Sperrschichtkapazität benötigt wird, und einen Anteil, der über R_S abfließt. Sind die Eingangsimpedanz $\underline{Z}_i = 1/\underline{Y}_i$ des Verstärkers und der Widerstand R groß im Vergleich zu R_S, so kann der Bahnwiderstand der Diode vernachlässigt werden. Mit dieser Annahme folgt $\underline{v}_j = \underline{v}_r$ und damit aus dem Knotensatz

$$\underline{i}_{h\nu 1} = j\omega c_j \, \underline{v}_r + \frac{\underline{v}_r}{R} + \underline{Y}_i \, \underline{v}_r ,$$

so daß

$$\frac{\underline{v}_r}{\underline{i}_{h\nu 1}} \approx \frac{R}{1 + R\underline{Y}_i + j\omega R \, c_j} . \tag{27.16}$$

Ist $\underline{Y}_i = j\omega c_{in}$ nur durch die Eingangskapazität c_{in} des Verstärkers bestimmt, so resultiert ein einfaches Tiefpaßverhalten mit der *Grenzfrequenz*

$$\boxed{f_g = \frac{1}{2\pi R(c_{in} + c_j)}} . \tag{27.17}$$

Gleichung (27.16) liefert den Zusammenhang zwischen $\underline{i}_{h\nu 1}$ und $\underline{v}_r$. Für eine vollständige Beschreibung des Ansprechverhaltens wird nun noch ein Zusammenhang zwischen den komplexen Zeigern der einfallenden Strahlungsleistung

$\underline{\phi}_{\mathrm{e}1}$ und $\underline{i}_{\mathrm{h}\nu 1}$ benötigt. Da die in der Driftzone der Dicke d_i erzeugten Ladungsträger lediglich mit der Sättigungsgeschwindigkeit v_nsat vorankommen, treten *Laufzeiten* in der Größenordnung der *Transitzeit* $t_\mathrm{tr} = d_\mathrm{i}/v_\mathrm{nsat}$ auf. Bei gleichbleibender Amplitude der einfallenden Strahlung nimmt deshalb die Amplitude des Fotostroms mit zunehmender Frequenz ab; eine Kleinsignalanalyse der Halbleitergleichungen unter der vereinfachenden[4] Annahme einer ortsunabhängigen Generationsrate [2] ergibt

$$\underline{i}_{h\nu 1} = \frac{e}{h\nu}\frac{1-\mathrm{e}^{\mathrm{j}\omega t_\mathrm{tr}}}{\mathrm{j}\omega t_\mathrm{tr}}\underline{\phi}_{\mathrm{e}1} .$$

Die hieraus resultierende *Grenzfrequenz* ist näherungsweise

$$f_\mathrm{tr} \approx v_\mathrm{nsat}/2d_\mathrm{i} . \tag{27.18}$$

Solange $f \ll f_\mathrm{tr}$ gilt, brauchen Laufzeiteffekte in der intrinsischen Zone nicht berücksichtigt zu werden. Aus $d_\mathrm{i} = 20\,\mu\mathrm{m}$, $v_\mathrm{nsat} = 10^7$ cm/s folgt $f_\mathrm{tr} = 2.5\,\mathrm{GHz}$. Weist die Sperrschicht eine geringere Dicke d_i auf, so resultieren entsprechend höhere Grenzfrequenzen.

Optimierung. Der einzige Weg zur Vermeidung störender Laufzeiteffekte bei höheren Frequenzen ist die Reduktion der Dicke der intrinsischen Schicht d_i. Da diese aber eine Erhöhung der Sperrschichtkapazität $c_\mathrm{j} \approx \epsilon_0\epsilon_\mathrm{r} A_\mathrm{j}/d_\mathrm{i}$ bedingt, führt dies auf der anderen Seite zu einer Erhöhung der Grenzfrequenz

$$f_\mathrm{g} = \frac{1}{2\pi R(c_\mathrm{in}+c_\mathrm{j})} = \frac{d_\mathrm{i}}{2\pi R(c_\mathrm{in}d_\mathrm{i} + \epsilon_0\epsilon_\mathrm{r}A_\mathrm{j})} .$$

Das beste Frequenzverhalten wird erzielt, wenn $1/f_\mathrm{g}+1/f_\mathrm{tr}$ minimal wird. Dies führt auf eine quadratische Gleichung für d_i mit der Lösung

$$d_\mathrm{i} \approx \sqrt{\pi\epsilon_0\epsilon_\mathrm{r}v_\mathrm{nsat}A_\mathrm{j}R} .$$

Die Gesamtverzögerungszeit ergibt sich damit zu

$$\tau = \frac{1}{2\pi f_\mathrm{g}} + \frac{1}{2\pi f_\mathrm{tr}} = Rc_\mathrm{in} + 2\sqrt{\frac{\epsilon_0\epsilon_\mathrm{r}A_\mathrm{j}R}{\pi v_\mathrm{nsat}}} .$$

Anteil des Diffusionsstroms. Die bisherige Betrachtung setzt voraus, daß die in den Bahngebieten erzeugten Ladungsträger keinen nennenswerten Beitrag zum Diodenstrom liefern. Wird der Diodenstrom wesentlich durch den Diffusionsanteil I_diff bestimmt, so ist nicht die durch Drift bestimmte Laufzeit t_tr maßgeblich für eine Verzögerung zwischen optischem Signal und generiertem Strom, sondern die für den Abbau der Diffusionsladung in den Bahngebieten der Diode maßgebliche *Speicherzeit*, die abhängig von der Dotierung im Bereich von Nanosekunden liegt. Da dies für nachrichtentechnische Anwendungen in der Regel zu langsam ist, wird dort das Halbleitermaterial und die Dicke der intrinsischen Schicht der pin-Diode so auf die zu detektierende Wellenlänge abgestimmt, daß die Ladungsträger vorzugsweise in der intrinsischen Schicht erzeugt werden.

[4]Eine genauere Analyse ist beispielsweise in [3] zu finden.

27.3.6 Realisierung von pin-Fotodioden

pin-Dioden werden vorzugsweise in *Planartechnik* hergestellt; ein einfaches Beispiel ist als Querschnitt in Abb. 27.17 a dargestellt. Der Durchmesser des Kontaktfensters, über das das optische Signal eingekoppelt wird, ist für nachrichtentechnische Anwendungen auf den Durchmesser des Lichtleiters abgestimmt. Um Reflexionsverluste an der Oberfläche zu vermeiden, wird die Siliziumoberfläche im Bereich des Kontaktfensters optisch *vergütet*.[5] Das p-Bahngebiet ist an den Rändern mit einem, das Kontaktfenster ringförmig umschließenden, Kontakt metallisiert.

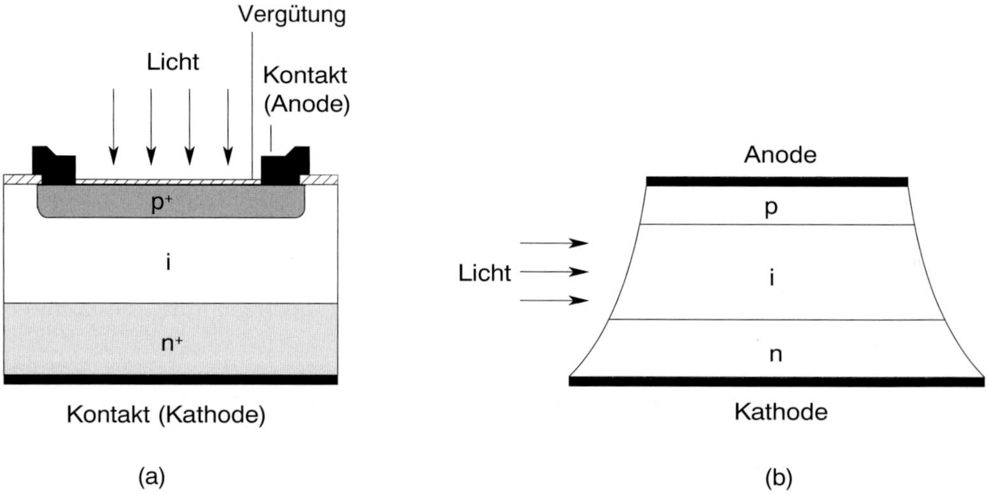

Abb. 27.17. Aufbau von pin-Dioden. (**a**) Konventionelle pin-Fotodiode und (**b**) pin-Diode mit Mesastruktur für seitliche Einstrahlung

Ist die Strahlungsabsorption im Halbleiter nur gering, so muß die intrinsische Zone für gute Werte des Quantenwirkungsgrads sehr dick ausgeführt werden. Dies führt wegen der damit verbundenen Laufzeiten aber zu hohen Ansprechzeiten. Einen Ausweg aus den konträren Anforderungen, die sich aus dem Wunsch nach hoher Quantenausbeute und Ansprechgeschwindigkeit ergeben, bieten Fotodioden mit *Mesastruktur*, bei denen die optische Strahlung seitlich in die intrinsische Schicht eingekoppelt werden kann. Die Dicke der intrinsischen Schicht muß nun nicht mehr im Hinblick auf die Absorptionslänge ausgelegt werden – sie muß aber dennoch so dick sein, daß die einfallende Strahlung darauf fokussiert werden kann.

In *Heterostruktur-Fotodioden* werden für die p- und n-Bahngebiete Halbleiter mit größerer Energielücke verwendet als für die intrinsische Zone. Einfallendes Licht erzeugt damit nur in der intrinsischen Zone Elektron-Loch-Paare:

[5]Hierzu braucht die Si-Schicht nur durch Oxidation mit einer SiO_2-Schicht der Dicke $\lambda/4$ überzogen zu werden.

Der Fotostrom weist deshalb nur einen Driftanteil auf, was sich in hoher *Ansprechgeschwindigkeit* auswirkt. Ein weiterer Vorzug solcher Heterostruktur-Fotodioden ist der geringe *Dunkelstrom*. Dieser ist als thermischer Generationsstrom zumindest proportional zur intrinsischen Dichte n_i und zum Generationsvolumen; da n_i jedoch exponentiell von der Energielücke W_g abhängt und das Volumen der Zone mit kleinem W_g gering ist, resultiert ein geringer Dunkelstrom.

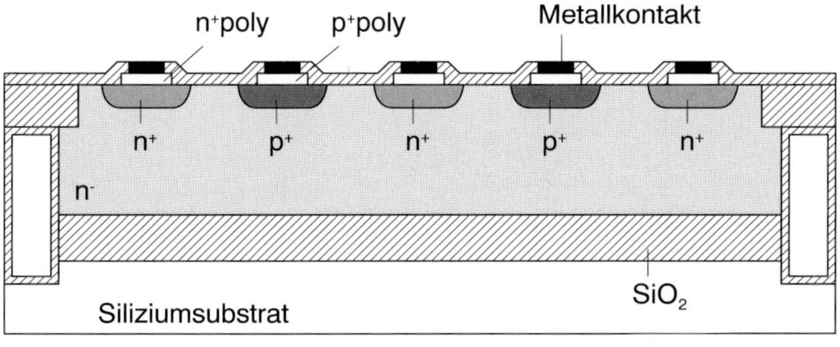

Abb. 27.18. Laterale pin-Diode zur Integration in SOI-Technologie (nach [4])

Laterale pin-Dioden mit ineinandergreifenden fingerförmigen Anoden- und Kathodenkontakten eignen sich zur Integration in CMOS-Bausteine (SOI-Technologie). Abb. 27.18 zeigt den schematischen Querschnitt einer lateralen pin-Diode: Die Dicke der schwach dotierten n^--Schicht liegt typischerweise bei ca. 2 µm. Dieses Gebiet ist im Betrieb vollständig ausgeräumt und nach unten durch Oxid isoliert, was „langsame“ Diffusionsströme aus dem Substrat verhindert. Der Quantenwirkungsgrad ist wegen der im Vergleich zur Absorptionslänge geringen Dicke der n^--Schicht gering (Empfindlichkeit $S \approx 50 - 90\,\mathrm{mA/W}$ bie $\lambda = 840\,\mathrm{nm}$), obwohl ein Teil der das n^--Gebiet durchlaufenden Photonen an der Si-$\mathrm{SiO_2}$-Grenzfläche reflektiert wird. Derartige pin-Dioden wurden bereits mit Grenzfrequenzen größer als 8 GHz realisiert; sie sind von besonderem Interesse für die Einführung schneller optischer Verbindungen in der Computertechnik.

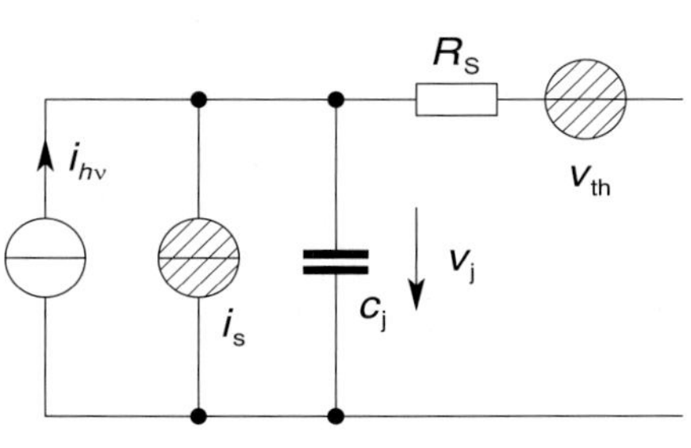

Abb. 27.19. Rauschersatzschaltung der pin-Diode

27.3.7 Rauschen von pin-Fotodioden

Die Rauschersatzschaltung der pin-Diode erweitert die Kleinsignalersatzschaltung um Rauschquellen, die die beiden wichtigsten Beiträge zum Rauschen der Fotodiode berücksichtigen (vgl. Abb. 27.19):

(1) *Schrotrauschen,* beschrieben durch eine Rauschstromquelle mit der Spektralfunktion

$$S_i = 2eI_{h\nu} = \overline{i_{\rm s}^2}/\Delta f \ ,$$

wobei $I_{h\nu} = \overline{i_{h\nu}}$ den Mittelwert des Diodenstroms (Fotostrom und Dunkelstrom) bezeichnet.

(2) *Thermisches Rauschen* am Serienwiderstand $R_{\rm S}$, beschrieben durch eine in Serie geschaltete Rauschspannungsquelle mit der Spektralfunktion

$$S_v = 4k_{\rm B}TR_{\rm S} = \overline{v_{\rm th}^2}/\Delta f \ .$$

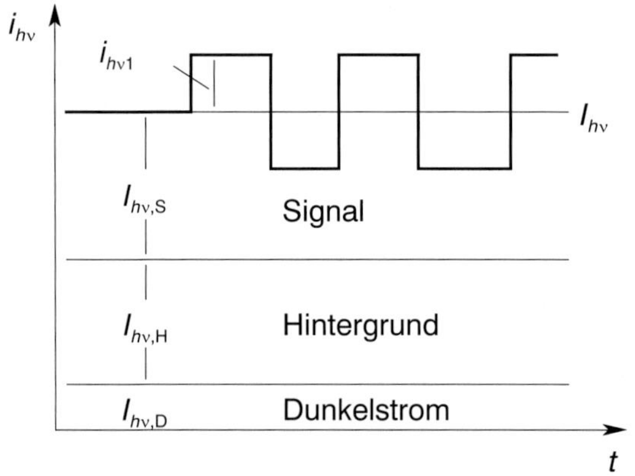

Abb. 27.20. Signal- und Rauschanteile des Stroms durch eine pin-Fotodiode

Rauschen einer pin-Diode mit Lastwiderstand

Das Rauschen einer pin-Diode in Serie zu einem Lastwiderstand R wird – bei vernachlässigbarem Bahnwiderstand $R_{\rm S}$ – durch das Schrotrauschen in der Sperrschicht und das thermische Rauschen des Lastwiderstands R bestimmt. Das mittlere Rauschstromquadrat in einem Frequenzband der Breite B ist damit näherungsweise

$$I_{\rm n}^2 = \overline{i_{\rm s}^2} + \overline{i_{\rm th}^2} = 2e\,(I_{h\nu} + 2V_T/R)\,B \ .$$

Dabei bezeichnet $I_{h\nu}$ den zeitlichen Mittelwert des Stroms der Fotodiode. Dieser setzt sich zusammen aus dem Gleichanteil $I_{h\nu,{\rm S}}$ des Signalstroms, dem durch die Hintergrundbeleuchtung bedingten Fotostrom $I_{h\nu,{\rm H}}$ und dem Dunkelstrom $I_{h\nu,{\rm D}}$ (Abb. 27.20)

$$I_{h\nu} = I_{h\nu,{\rm S}} + I_{h\nu,{\rm H}} + I_{h\nu,{\rm D}} \ .$$

Für die Übertragung von Informationen wird die einfallende Strahlung intensitätsmoduliert; der Effektivwert $I_{h\nu 1}$ des dem Gleichanteil überlagerten Fotosignalstroms ist mit $I_{h\nu,{\rm S}}$ über den *Modulationshub* m verknüpft

$$I_{h\nu 1} = m\,I_{h\nu,{\rm S}}/\sqrt{2}\,.$$

Mit $I_{h\nu 1}$ folgt das *Signal-Rausch-Verhältnis*

$$\begin{aligned}\frac{P_\mathrm{S}}{P_\mathrm{N}} &= \frac{I_{h\nu,1}^2}{I_\mathrm{n}^2} = \frac{m^2 I_{h\nu,\mathrm{S}}^2/2}{2eB\,(I_{h\nu,\mathrm{S}}+I_{h\nu,\mathrm{H}}+I_{h\nu,\mathrm{D}}+2V_T/R)} \\ &= \frac{m^2}{4}\frac{1}{eB}\frac{I_{h\nu,\mathrm{S}}}{\left(1+\dfrac{I_{h\nu,\mathrm{H}}}{I_{h\nu,\mathrm{S}}}+\dfrac{I_{h\nu,\mathrm{D}}}{I_{h\nu,\mathrm{S}}}+\dfrac{2V_T}{RI_{h\nu,\mathrm{S}}}\right)}\,. \end{aligned} \tag{27.19}$$

Diese Beziehung wird im Folgenden für zwei Grenzfälle näher untersucht.

1. *Vernachlässigbarer Hintergrund:* Dieser Fall ist z. B. in Glasfaserübertragungsstrecken gegeben. Der Ausdruck (27.19) für das Signal-Rausch-Verhältnis vereinfacht sich unter Vernachlässigung von $I_{h\nu,\mathrm{H}}$ und $I_{\mathrm{h}\nu,\mathrm{D}}$ zu

$$\frac{P_\mathrm{S}}{P_\mathrm{N}} = \frac{m^2}{4}\frac{1}{eB}\frac{I_{h\nu,\mathrm{S}}}{\left(1+\dfrac{2V_T}{RI_{h\nu,\mathrm{S}}}\right)}\,.$$

$I_{h\nu,\mathrm{S}}$ läßt sich mittels der Empfindlichkeit S über den zeitlichen Mittelwert $\overline{\phi}_{\mathrm{e,S}}$ der einfallenden Signalleistung ausdrücken

$$I_{h\nu,\mathrm{S}} = S\,\overline{\phi}_{\mathrm{e,S}}\,.$$

Für schnelle Empfänger muß R klein sein (kleine RC-Zeitkonstante). Bei kleiner mittlerer Signalleistung $\overline{\phi}_{\mathrm{e,S}}$ ist dann das Rauschen am Lastwiderstand dominierend. Wird das Schrotrauschen vernachlässigt, so folgt im Fall $m=1$ näherungsweise

$$\frac{P_\mathrm{S}}{P_\mathrm{N}} = \frac{S^2\,R\,\overline{\phi}_{\mathrm{e,S}}^{\,2}}{8k_\mathrm{B}TB}\,.$$

Wird dieser Ausdruck gleich 1 gesetzt, so resultiert die Rauschäquivalenzleistung

$$\mathrm{NEP} = \sqrt{\frac{8k_\mathrm{B}TB}{S^2R}}\,. \tag{27.20}$$

Die Bandbreite B wird durch die in Gl. (27.17) definierte Grenzfrequenz f_g bestimmt; für den Hubwiderstand R folgt damit der Zusammenhang[6]

$$R = \frac{1}{2\pi(c_\mathrm{j}+c_\mathrm{in})B}$$

und für die Rauschäquivalenzleistung

$$\mathrm{NEP} = \frac{4B}{S}\sqrt{\pi k_\mathrm{B}T(c_\mathrm{j}+c_\mathrm{in})}\,. \tag{27.21}$$

[6]Laufzeiteffekte werden als vernachlässigbar klein angenommen.

Dies zeigt: Die minimal detektierbare Leistung NEP nimmt mit steigender Bandbreite, Temperatur und Kapazität sowie abnehmender Empfindlichkeit der Fotodiode zu.

Beispiel 27.3.3 Als Beispiel wird eine Diode der Empfindlichkeit $S = 0.5\,\mathrm{A/W}$ mit der kapazitiven Last $c_\mathrm{j} + c_\mathrm{in} = 1\,\mathrm{pF}$ betrachtet. Diese soll bei $T = 300\,\mathrm{K}$ mit der Bandbreite $B = 1\,\mathrm{GHz}$ eingesetzt werden. Für ein Signal-Rausch-Verhältnis von 1 muß dann mindestens die Leistung

$$\mathrm{NEP} = \frac{4 \cdot 10^9\,\mathrm{s}^{-1}}{0.5\,\mathrm{A/W}} \cdot \sqrt{3.14 \cdot 1.38 \cdot 10^{-23}\,\frac{\mathrm{J}}{\mathrm{K}} \cdot 300\,\mathrm{K} \cdot 10^{-12}\,\frac{\mathrm{As}}{\mathrm{V}}} = 0.9\,\mu\mathrm{W}$$

auf den Detektor treffen. Mit schmalbandigeren Empfängern lassen sich auch geringere Strahlungsleistungen detektieren. Δ

2. *Hintergrund dominierend:* Dieser Fall kann beispielsweise in einer IR-Fernbedienung auftreten. Für das Signal-Rausch-Verhältnis folgt dann aus Gl. (27.19) unter Vernachlässigung der Terme $I_{h\nu,\mathrm{S}}/I_{h\nu,\mathrm{H}}$ sowie $I_{h\nu,\mathrm{D}}/I_{h\nu,\mathrm{H}}$

$$\frac{P_\mathrm{S}}{P_\mathrm{N}} = \frac{m^2}{4}\,\frac{1}{eB}\,\frac{I_{h\nu,\mathrm{S}}^2}{I_{h\nu,\mathrm{H}}}\,\frac{1}{1 + 2V_T/(RI_{h\nu,\mathrm{H}})}\,.$$

Der Wert von R ist so zu wählen, daß der Spannungsabfall am Hubwiderstand beim maximalen Hintergrundstrom deutlich kleiner ist als die Versorgungsspannung V_+; im Folgenden wird $RI_{h\nu,\mathrm{H}} = V_+/2$ angenommen. Wegen

$$\frac{2\,V_T}{R\,I_{h\nu,\mathrm{H}}} = \frac{4V_T}{V_+} \ll 1$$

läßt sich der Ausdruck für das Signal-Rausch-Verhältnis weiter vereinfachen zu

$$\frac{P_\mathrm{S}}{P_\mathrm{N}} = \frac{m^2}{4}\,\frac{1}{eB}\,\frac{I_{h\nu,\mathrm{S}}^2}{I_{h\nu,\mathrm{H}}}\,.$$

Für $P_\mathrm{S}/P_\mathrm{N} = 1$ ergibt sich aus $I_{h\nu,\mathrm{S}} = S\,\overline{\phi}_{\mathrm{e,S}}$ wieder die NEP

$$\mathrm{NEP} = \frac{2}{mS}\sqrt{eB\,I_{h\nu,\mathrm{H}}}\,.$$

Wird $I_{h\nu,\mathrm{H}} = S'\,\Phi_{\mathrm{e,H}}$ mit der Hintergrundstrahlungsleistung $\Phi_{\mathrm{e,H}}$ ausgedrückt [7], so folgt mit $S' = \kappa\,S$

$$\mathrm{NEP} = \frac{2}{m}\sqrt{\frac{e\kappa B\Phi_{\mathrm{e,H}}}{S}}\,. \tag{27.22}$$

[7] Die Empfindlichkeit S' kann dabei von der Empfindlichkeit S für das Signal abweichen, da die Hintergrundbeleuchtung gewöhnlich eine andere spektrale Zusammensetzung aufweist als das eigentliche Lichtsignal.

Beispiel 27.3.4 Mit der für IR-Signalübertragung entwickelten pin-Fotodiode BPW 34 soll eine IR-Fernbedienung aufgebaut werden. Bis zu welcher Entfernung läßt sich ein mit der Bandbreite $B = 50\,\mathrm{kHz}$ amplitudenmoduliertes Lichtsignal ($m = 1$) einer mit $\lambda = 850\,\mathrm{nm}$ emittierenden Leuchtdiode (Strahlstärke $I_\mathrm{e} = 20\,\mathrm{mW/sr}$) mit einem Signal-Rausch-Verhältnis $P_\mathrm{S}/P_\mathrm{N} \geq 5$ übertragen? Die Fernbedienung soll dabei auch dann noch zuverlässig funktionieren, wenn die Sonnenstrahlung direkt auf den Detektor fällt.

Die Empfängerfläche der Diode BPW 34 beträgt $A_\mathrm{E} = 7.6\,\mathrm{mm}^2$. Eine LED der Strahlstärke $I_\mathrm{e} = 20\,\mathrm{mW/sr}$ im Abstand x bedingt wegen des Modulationsgrads $m = 1$ eine mittlere auf die Empfängerfläche treffende Strahlungsleistung

$$\frac{1}{2} I_\mathrm{e} \frac{A_\mathrm{E}}{x^2} = \frac{152\,\mathrm{nW}}{(x/\mathrm{m})^2} .$$

Dieser Wert muß größer sein als 5 NEP bzw.

$$\frac{x}{\mathrm{m}} \leq \sqrt{\frac{152\,\mathrm{nW}}{5\,\mathrm{NEP}}} .$$

Bei direkter Sonnenbestrahlung ist die Rauschäquivalenzleistung primär durch das Rauschen des Hintergrundstroms bestimmt. Mit der Bestrahlungsstärke $1000\,\mathrm{W/m}^2$ ergibt sich die auf die Detektorfläche fallende Strahlungsleistung zu $7.6\,\mathrm{mW}$. Wird näherungsweise angenommen, daß die Empfindlichkeit der Zelle für Licht der spektralen Zusammensetzung des Sonnenlichts durch $\kappa\, s_\lambda$ mit $\kappa = 1/3$ und $s_\lambda = 0.6\,\mathrm{A/W}$ gegeben ist, so ist der durch das Sonnenlicht hervorgerufene Fotostrom $I_{h\nu,\mathrm{H}} = 1.52\,\mathrm{mA}$. Mit $\Delta f = 50\,\mathrm{kHz}$ folgt aus Gl. (27.22) $\mathrm{NEP} = 11.6\,\mathrm{nW}$, so daß $x \leq 1.6\,\mathrm{m}$ erfüllt sein muß. Dieses Ergebnis kann in der Praxis durch Verwenden von Blenden und Filtern wesentlich verbessert werden. Als Grenzfall ist die Übertragungsstrecke im Dunkeln anzusehen: Hier gilt $I_{h\nu,\mathrm{H}} = 0$. Die Rauschäquivalenzleistung folgt aus dem Signal-Rausch-Verhältnis

$$\frac{P_\mathrm{S}}{P_\mathrm{N}} = \frac{m^2}{4} \frac{1}{eB} \frac{I_{h\nu,\mathrm{S}}}{1 + 2V_T/(RI_{h\nu,\mathrm{S}})}$$

durch die Forderung $P_\mathrm{S}/P_\mathrm{N} = 1$. Mit $m = 1$ und $I_{h\nu,\mathrm{S}} = S \cdot \mathrm{NEP}$ folgt so

$$\frac{S \cdot \mathrm{NEP}}{4\,eB} = 1 + \frac{2\,V_T}{S\,R \cdot \mathrm{NEP}} .$$

Dies bestimmt eine quadratische Gleichung für NEP mit der Lösung

$$\mathrm{NEP} = \frac{2\,eB}{S}\left(1 + \sqrt{1 + \frac{2\,V_T}{e\,R\,B}}\right) \approx \frac{2\,eB}{S}\sqrt{\frac{2\,V_T}{e\,R\,B}} .$$

Mit den gegebenen Zahlenwerten folgt hieraus bei $T = 300\,\mathrm{K}$

$$\mathrm{NEP} \approx 67.5\,\mathrm{nW}/\sqrt{R/\Omega}\,;$$

für $R = 100\,\mathrm{k}\Omega$ folgt so $\mathrm{NEP} = 0.21\,\mathrm{nW}$ und daraus $x \leq 12$ m, d. h. ohne die störende Hintergrundstrahlung kann die Information über deutlich größere Strecken übertragen werden. Bei Betrieb mit Hintergrundbeleuchtung muß mit kleineren Widerstandswerten gearbeitet werden, da andernfalls der Spannungsabfall am Widerstand zu groß wird. Δ

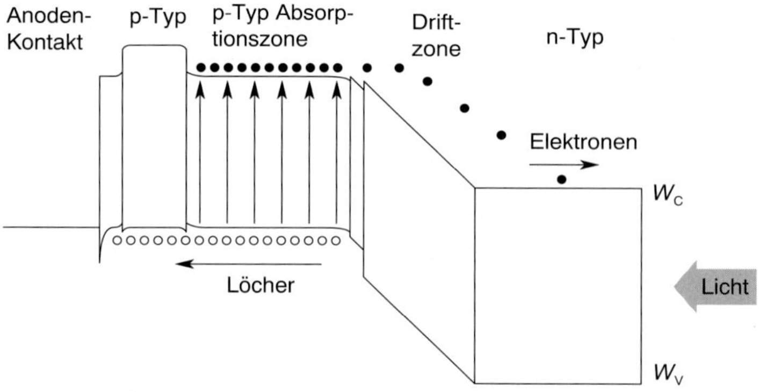

Abb. 27.21. Bandschema einer Unitravelling-carrier Fotodiode (nach [5])

27.3.8 Unitravelling-carrier Fotodioden

In pin-Dioden werden durch Licht generierte Elektronen und Löcher im elektrischen Feld getrennt und durch Drift abtransportiert. Maßgeblich sind dabei sowohl die Laufzeit der Elektronen als auch die der Löcher. Da Löcher zumeist eine schlechtere Beweglichkeit und damit auch eine geringere Driftgeschwindigkeit aufweisen als die Elektronen sind letztlich die Löcher maßgeblich für die effektive Transitzeit. Die Idee der *Unitravelling-carrier Fotodiode* [5] ist nun nur die durch Licht erzeugten Elektronen driften zu lassen. Dies ist möglich wenn die Photonen in einer stark dotierten quasineutralen p-Typ Schicht absorbiert werden. Die Löcher können dann zum Kontakt fließen, die Elektronen gelangen durch Drift und Diffusion zur dünnen Driftzone. Dort werden Sie durch das elektrische Feld abtransportiert wobei eine geringe Laufzeit der Elektronen auch durch *velocity overshoot* Effekte erzielt wird.

Abbildung 27.21 zeigt das Bandschema einer Unitravelling-carrier Fotodiode. Das Licht durchläuft das n-Bahngebiet und die Driftzone ohne Elektron-Loch-Paare zu erzeugen, da die Energielücke dieser Bahngebiete so groß gewählt wird, daß die Grenzwellenlänge unterhalb der Wellenlänge der einfallenden Photonen liegt. Die Elektron-Loch-Paare werden in einer dünnen Zone mit geringerer Energielücke (z.B. InGaAs, hohe Elektronenbeweglichkeit) erzeugt. Diese weist üblicherweise einen Dotierstoffgradienten und/oder ein quasielektrisches Feld aufgrund eines bandgap grading auf, so daß dort erzeugte Elektronen nicht nur durch Diffusion sondern auch durch Drift zur Driftzone gelangen über die sie durch das elektrische Feld abtansportiert werden. Die Dicke der absorbierenden Schicht wird begrenzt durch eine angrenzende Schicht mit größerer Energielücke in der keine Elektron-Loch-Paare mehr erzeugt werden können. Auf diesem Weg wird eine große Zeitkonstante aufgrund der Diffusion der Elektronen aus dem p-Bahngebiet verhindert. Maßgeblich für die Grenzfrequenz eines solchen Bauteils ist die Zeit die benötigt wird um Elektronen aus dem p-Bahngebiet über die Driftzone in das n-Bahngebiet abzutransportieren. Mit Unitravelling-carrier Fotodioden wurden bereits Grenzfrequenzen von mehr als 300 GHz erzielt [5].

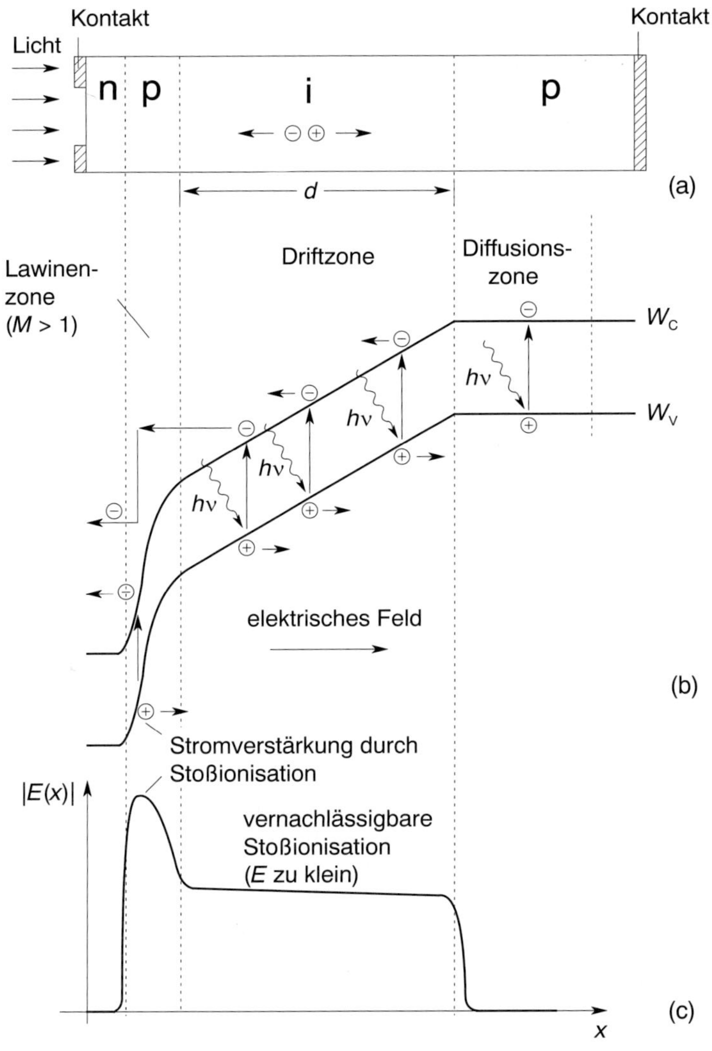

Abb. 27.22. (**a**) Schematischer Aufbau, (**b**) Bänderschema (Sperrpolung) und (**c**) Verlauf der elektrischen Feldstärke in einer APD

27.4 Avalanche-Fotodioden (APDs)

Avalanche-Fotodioden (APDs) arbeiten im Prinzip wie pin-Dioden, weisen jedoch einen internen Verstärkungsmechanismus auf. Dieser beruht auf der Stoßionisation der durch Licht erzeugten Ladungsträger: Die an die Diode angelegte Sperrspannung ist so hoch, daß in der Nähe des metallurgischen Übergangs Ladungsträgermultiplikation auftritt (Abb. 27.22). Die Empfindlichkeit s_{APD} der APD ist gegenüber derjenigen der pin-Diode s_{pin} um den *Multiplikationsfaktor* M erhöht

$$s_{\mathrm{APD}} = M\, s_{\mathrm{pin}} \,.$$

Da M abhängig von der angelegten Sperrspannung Werte von mehr als 100 annehmen kann, läßt sich die Empfindlichkeit gegenüber pin-Dioden um mindestens zwei Größenordnungen steigern. Der Multiplikationsfaktor hängt stark von der Sperrspannung ab. Eine konstante Verstärkung (konstantes M) erfordert deshalb eine genaue Kontrolle der angelegten Sperrspannung. Wegen der Temperaturabhängigkeit des Multiplikationsfaktors bei konstanter Spannung muß die an die Diode angelegte Sperrspannung darüber hinaus einen definierten Temperaturgang aufweisen. Für den Betrieb von APDs werden deshalb bereits vorgefertigte Spannungsversorgungen mit entsprechenden Eigenschaften geliefert. Avalanche-Fotodioden werden üblicherweise als diskrete Bauteile eingesetzt; in [6] wird die Realisierung einer APD in einen 0.8 µm CMOS-Prozeß beschrieben (Empfindlichkeit S=180 mA/W bei $\lambda = 470\,\text{nm}$ und $V = 0$, Multiplikationsfaktor 20). Dies ermöglicht die Integration empfindlicher und rauscharmer Empfänger für optische Signale.

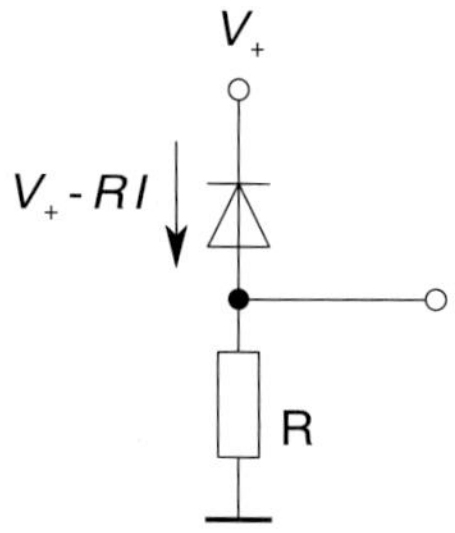

Abb. 27.23. Empfängerschaltung mit Avalanche-Fotodiode

Abbildung 27.23 zeigt eine typische Empfängerschaltung mit APD, das Signal wird als Spannungsabfall an R abgegriffen. Die starke Änderung des Multiplikationsfaktors mit der angelegten Spannung bedingt eine Abhängigkeit der Verstärkung vom fließenden Strom I und damit von der einfallenden Strahlungsleistung: Wird die Spannungsabhängigkeit von M durch die empirische Beziehung nach Miller beschrieben, so ist

$$M = \frac{1}{1 - \left(\dfrac{V_+ - RI}{V_{\mathrm{BR}}}\right)^{n_{\mathrm{m}}}} .$$

Die APD arbeitet somit als nichtlinearer Verstärker des primär erzeugten Fotostroms, was zu *Verzerrungen* des Signals führt; aus diesem Grund werden APDs nicht für die Übertragung analoger Signale verwendet.

Der interne Verstärkungsmechanismus der APD trägt zum *Rauschen* bei: Da die Ladungsträgermultiplikation einen Zufallsprozeß darstellt, ist der Multiplikationsfaktor $M(t)$ zeitlichen Schwankungen unterworfen. Dies muß in der Rauschersatzschaltung der Fotodiode berücksichtigt werden: Die Rauschstromquelle zur Beschreibung des Schrotrauschens ist nun durch eine Rauschstromquelle mit dem Spektrum [1]

$$\boxed{S_i = 2eI_{h\nu,\mathrm{S}}\, M^2\, F(M)} \qquad (27.23)$$

zu ersetzen, wobei $I_{h\nu,\mathrm{S}}$ den mittleren Signalstrom unter Vernachlässigung der Ladungsträgermultiplikation bezeichnet. Der Faktor $M^2 = \overline{M}^2$ berücksichtigt die Verstärkung des Schrotrauschens der Diode durch den Lawineneffekt; der sog. *Rauschfaktor* $F(M) = \overline{M^2}/\overline{M}^2$ berücksichtigt, daß der Multiplikationsfaktor zeitlichen Schwankungen unterworfen ist. Da wegen der statistischen Natur der Ladungsträgermultiplikation $\overline{M}^2 \leq \overline{M^2}$ gilt, muß stets $F(M) \geq 1$ gelten mit dem Grenzwert $F(1) = 1$. Der Rauschfaktor ist um so kleiner, je größer das Verhältnis der Ionisationskoeffizienten von primär zu sekundär erzeugten Ladungsträgern ist. Für den Fall, daß lediglich Elektronen in die Multiplikationszone injiziert werden, lautet der Rauschfaktor

$$F(M) = k\,M + (1-k)\,(2 - 1/M) \ ,$$

wobei das Verhältnis $k = \alpha_\mathrm{p}/\alpha_\mathrm{n}$ der Ionisationskoeffizienten als konstant angenommen wurde. Für $M > 10$ kann der Rauschfaktor in der Regel gut durch

$$\boxed{F(M) \approx M^\chi} \tag{27.24}$$

angenähert werden. Der Wert von χ ist dabei vom Halbleitermaterial abhängig. Typische Werte für χ liegen zwischen 0.3 und 0.4 für Silizium-APDs, bei 0.7 für APDs aus InGaAs und bei 1.0 für APDs aus Germanium.

Signal-Rausch-Verhältnis. Für das *Signal-Rausch-Verhältnis* einer APD in Serie zu einem Hubwiderstand R folgt in Verallgemeinerung des Ergebnisses für die pin-Diode [1]

$$\frac{P_\mathrm{S}}{P_\mathrm{N}} = \frac{m^2}{4}\frac{1}{eB}\frac{I_{h\nu,\mathrm{S}}}{F(M)\left(1 + \dfrac{I_{h\nu,\mathrm{H}}}{I_{h\nu,\mathrm{S}}} + \dfrac{I_{h\nu,\mathrm{D}}}{I_{h\nu,\mathrm{S}}}\right) + \dfrac{2V_T}{M^2\,R\,I_{h\nu,\mathrm{S}}}} \ . \tag{27.25}$$

Für den Fall, daß der Signalanteil den Fotostrom dominiert, resultiert beim Modulationsgrad $m = 1$ das Signal-Rausch-Verhältnis

$$\frac{P_\mathrm{S}}{P_\mathrm{N}} = \frac{1}{4eB}\,\frac{I_{h\nu,\mathrm{S}}}{M^\chi + 2V_T/(M^2 R I_{h\nu,\mathrm{S}})} \ .$$

Bei kleinen Werten von M wird das Signal-Rausch-Verhältnis demnach mit M ansteigen, da der zunächst bedeutende Term proportional zu $1/M^2$ im Nenner kleiner wird. Der mit M^χ ansteigende Term wirkt diesem Verhalten entgegen und sorgt dafür, daß $P_\mathrm{S}/P_\mathrm{N}$ nach Überschreiten eines *optimalen* Werts M_opt wieder abfällt. Beim optimalen Wert des Multiplikationsfaktors muß die Ableitung von $P_\mathrm{S}/P_\mathrm{N}$ bezüglich M verschwinden, was für

$$\chi\,M^{\chi-1} - \frac{4V_T}{M^3 R I_{h\nu,\mathrm{S}}} = 0$$

der Fall ist. Der optimale Wert des Multiplikationsfaktors ergibt sich hieraus durch Auflösen zu

$$M_\mathrm{opt} = \left(4V_T/\chi R I_{h\nu,\mathrm{S}}\right)^{1/(2+\chi)} \ .$$

Beispiel 27.4.1 Als Beispiel wird eine an eine Glasfaser angekoppelte APD in einem Empfänger der Bandbreite $B = 1$ GHz betrachtet. Auf die APD soll Licht der Wellenlänge $\lambda = 900$ nm mit dem Pegel -28 dBm und dem Modulationsgrad $m = 1$ treffen; der Hintergrundanteil des Lichts und der Dunkelstrom seien vernachlässigbar klein. Die im Mittel auftreffende Strahlungsleistung ist demnach

$$\overline{\Phi_\mathrm{e}} = 1\,\mathrm{mW} \cdot 10^{-28/10} = 1.58\,\mu\mathrm{W}\,,$$

was mit $S = 0.43\,\mathrm{A/W}$ auf den primär erzeugten Fotostrom $I_{h\nu,\mathrm{S}} = 681\,\mathrm{nA}$ führt. Der Wert von R wird so gewählt, daß mit der Diodenkapazität $c_d = 1.2$ pF die geforderte Bandbreite $B = 1\,\mathrm{GHz}$ erzielt wird, d. h. $R = 1/(2\pi c_d B) = 133\,\Omega$. Bei Raumtemperatur ($V_T \approx 25$ mV) folgt mit $\chi = 0.37$ für den optimalen Multiplikationsfaktor

$$M_\mathrm{opt} = \left(\frac{4V_T}{\chi R I_{h\nu,\mathrm{S}}}\right)^{1/(2+\chi)} \approx 30\,.$$

Das Signal-Rausch-Verhältnis ist unter diesen Bedingungen gleich

$$\frac{P_\mathrm{S}}{P_\mathrm{N}} = \frac{1}{4eB}\,\frac{I_{h\nu,\mathrm{S}}}{M^\chi + 2V_T/(M^2 R I_{h\nu,\mathrm{S}})} = 256 \quad \text{bzw.} \quad 24.1\,\mathrm{dB}\,.$$

Zum Vergleich: Eine pin-Diode ($M = 1$) würde unter den angegebenen Bedingungen lediglich ein Signal-Rausch-Verhältnis von 1.9 liefern. Δ

Geiger Mode. Im Geiger Mode wird die APD mit einer Spannung betrieben, die oberhalb der Durchbruchspannung liegt [7, 8]. Durch den Lawineneffekt kommt es zu einem sehr starken Anstieg des Sperrstroms sobald die Lawine durch ein einzelnes – optisch oder thermisch erzeugtes Elektron-Loch-Paar ausgelöst wird. Durch einen großen Serienwiderstand (passives Quenching) oder eine elektronische Schaltung, die auf den Stromanstieg reagiert (aktives Quenching) wird daraufhin die Spannung an der APD unter die Durchbruchspannung abgesenkt, so daß die Lawine nach einem kurzen Strompuls wieder erlischt. APDs mit besonders geringem Dunkelstrom (evtl. Kühlung) können deswegen zum Zählen einzelner Photonen eingesetzt werden. Der Wirkungsgrad mit dem auftreffende Photonen eine Lawine auslösen können, kann Werte größer als 80 % aufweisen. Es dauert eine gewisse Zeit nach dem Auslösen einer Lawine in der die APD kein Photon detektieren kann (dead time). Da auch thermisch erzeugte Elektron-Loch Paare eine Lawine auslösen können kommt es auch ohne auftreffende Photonen zu Strompulsen: Das Verfahren ist nur dann sinnvoll einzusetzen, wenn die Generationsrate durch Licht die thermische Generationsrate deutlich übersteigt. Ebenfalls zu beachten ist das sog. Afterpulsing, wobei in einer vorausgehenden Lawine erzeugte Ladungsträger in Störstellenzusständen eingefangen und erst mit erheblicher zeitlicher Verzögerung wieder freigegeben werden und so eine weitere Lawine auslösen. Arrays von im Geiger Mode betriebenen APDs können als Bildwandler für Restlichtverstärker dienen und stehen in Konkurrenz zu Multi-channel Plates (vgl. Kap. 27.9) [9].

27.5 Schottky-Fotodioden, MSM-Fotodioden

Schottky-Fotodioden verwenden keinen pn- sondern einen Metall-Halbleiter-Übergang; sie erlauben die Realisierung schneller und empfindlicher Fotodetektoren.

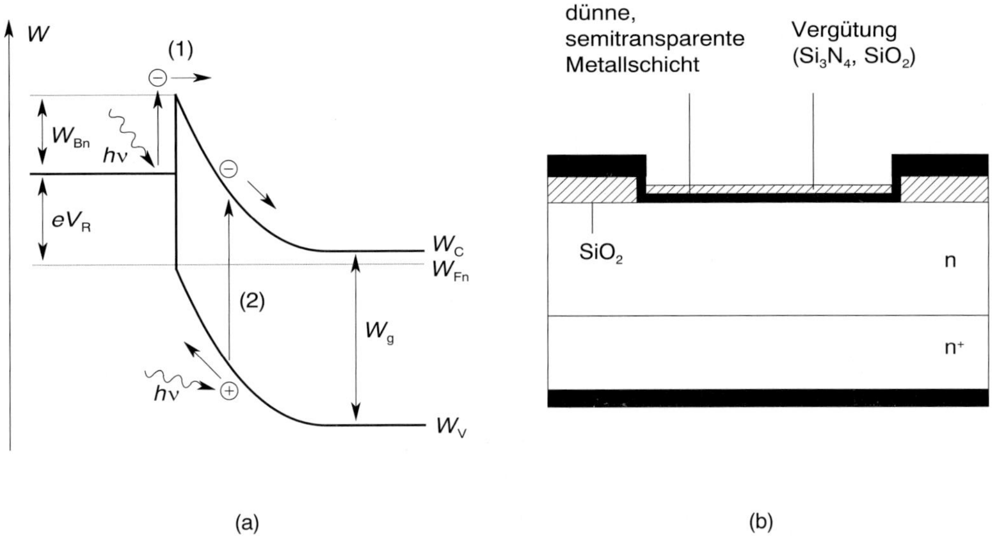

Abb. 27.24. Schottky-Fotodiode. (**a**) Bänderschema und (**b**) schematischer Aufbau

Abbildung 27.24 zeigt den Aufbau einer Schottky-Fotodiode und das zugehörige eindimensionale Bandschema. Zwei Mechanismen tragen zum Fotostrom der Diode bei:

(1) Anregung von Elektronen aus dem Metall über die Schottky-Barriere. Die Wellenlänge eines Photons, das zu diesem Vorgang beiträgt, muß kleiner sein als die Grenzwellenlänge $\lambda_{G1} = hc/W_{Bn}$. Nach einer Theorie von Fowler gilt für die *Empfindlichkeit* als Funktion der Photonenenergie $h\nu$

$$S \sim (h\nu - W_{Bn})^2 \ .$$

(2) Erzeugung von Elektron-Loch-Paaren in der Raumladungszone mit anschließender Separation durch das elektrische Feld. Die Grenzwellenlänge für diesen Vorgang ist $\lambda_{G2} = hc/W_g$, wobei W_g die Energielücke des Halbleiters bezeichnet.

Da die Barrierenhöhe W_{Bn} klein im Vergleich zur Energielücke W_g gemacht werden kann, eignen sich Schottky-Dioden auch für die Detektion von *IR-Strahlung* mit $\lambda > hc/W_g$. Die Lichteinstrahlung kann in diesem Fall von der Rückseite, d. h. durch das Halbleitersubstrat erfolgen, da dieses für $\lambda > hc/W_g$ transparent ist. Mit Silizidkontakten lassen sich beispielsweise Barrierenhöhen von der Größenordnung $W_{\text{Bn}} = 100$ meV herstellen [10]. Die zugehörige Grenzwellenlänge liegt in diesem Beispiel bei $\lambda_{\text{G1}} = hc/W_{\text{Bn}} \approx 12\,\mu$m.

MSM-Fotodioden. Metal-Semiconductor-Metal (MSM)-Fotodioden nutzen dicht beeinander liegende Schottky-Kontakte auf einem lichtabsorbierenden Halbleitersubstrat. Mit Elektrodenabständen von weniger als 1 µm können Grenzfrequenzen die weit im GHz-Bereich liegen erreicht werden. Um ausreichende Detektorflächen zu erhalten werden die Elektroden zumeist kammförmig ineinander verzahnt [11, 12]. Vorteil der Kammstruktur ist die geringe Kapazität des Detektors, ein Nachteil ergibt sich durch die erhebliche Abschattung[8], die zu Quantenwirkungsgraden kleiner 50 % führt.

27.6 Fotodioden mit lateraler Ortsauflösung

Fotodioden mit lateraler Ortsauflösung erlauben die Bestimmung des Orts, an dem ein Lichtstrahl auf die Fotodiode trifft und werden als *Positionsdetektoren* eingesetzt. Abb. 27.25 a zeigt den prinzipiellen Aufbau einer solchen Fotodiode mit Ortsauflösung in x-Richtung.

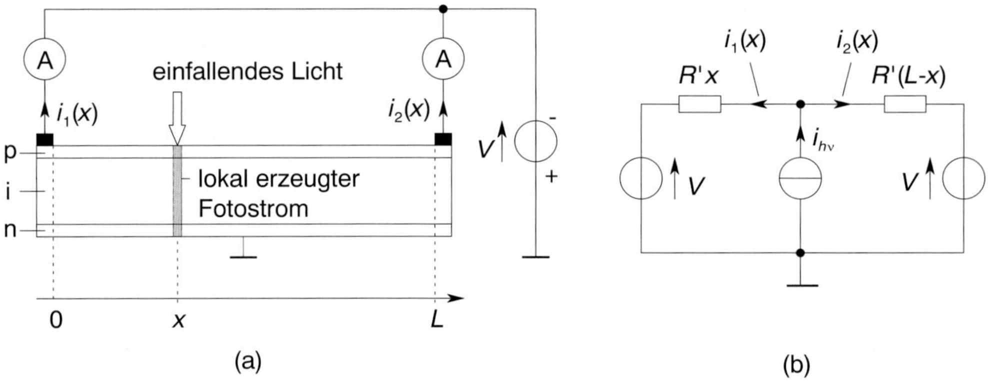

Abb. 27.25. (**a**) Querschnitt (schematisch) durch eine bei x beleuchtete Fotodiode mit lateraler Ortsauflösung und (**b**) Ersatzschaltung

Die an der Vorderseite liegende p-Schicht ist an beiden Rändern kontaktiert. Der von einem scharf gebündelten Lichtstrahl bei x erzeugte Fotostrom $i_{h\nu}$ teilt sich in einen Anteil $i_1(x)$ und einen Anteil $i_2(x)$ auf; das Verhältnis der beiden Ströme ergibt sich aus der Ersatzschaltung des Sensors (vgl. Abb. 27.25 b): Trifft der Lichtstrahl bei x auf den Sensor und ist R' der Widerstand des p-Bahngebiets je Längeneinheit, so fließt i_1 über den Widerstand $R'\,x$ ab, i_2 über den Widerstand $R'(L-x)$, wobei L den Abstand der bei-

[8] Bei Beleuchtung von der Rückseite können Abschattungseffekte vermieden werden. Dies erfordert jedoch eine Dünnung des Substrats und erschwert damit die Integration derartiger Fotodioden.

den Kontakte angibt. Da an beiden Widerständen wegen des Maschensatzes derselbe Spannungsabfall auftreten muß, resultiert die Forderung

$$R' x i_1 = R' (L-x) i_2 \quad \text{bzw.} \quad x = \frac{i_2}{i_1 + i_2} L .$$

Das *Auflösungsvermögen*[9] Δx derartiger Sensoren liegt in der Größenordnung von 10 µm, die Ansprechgeschwindigkeit [13, 14] liegt unter 1 µs, d. h. Fotodioden mit lateraler Ortsauflösung eignen sich auch für Messungen im Zeitbereich (z. B. Vibrationsmessungen).

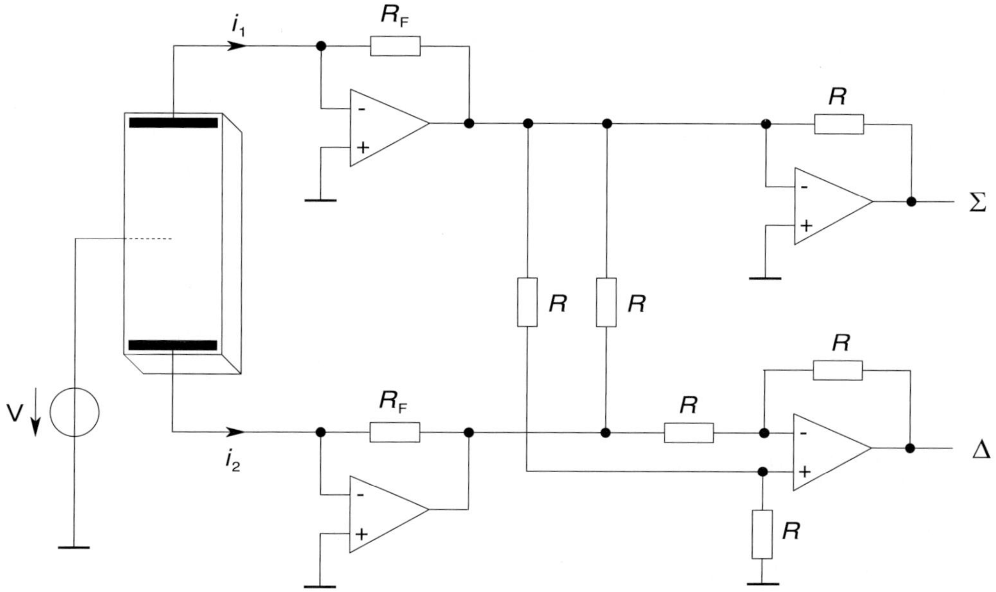

Abb. 27.26. Auswertung der Signale einer Fotodiode mit lateraler Ortsauflösung

Abbildung 27.26 zeigt eine Schaltung für die *Auswertung* der Signale eines eindimensionalen ortsauflösenden Sensors. Die Schaltung erzeugt ein *Summensignal* $\Sigma = R_F(i_1 + i_2)$ und ein *Differenzsignal* $\Delta = R_F(i_1 - i_2)$. Aus diesen wird in einem nachgeschalteten Dividierer das Signal

$$f = \frac{i_1 - i_2}{i_1 + i_2}$$

gebildet. Hieraus errechnet sich die Lage x zu

$$x = (1-f)L/2 .$$

Das Verfahren kann zur Bestimmung der Koordinaten des Auftreffpunkts eines Lichtstrahls in zwei Dimensionen erweitert werden. Abbildung 27.27 zeigt

[9] Ein hohes Auflösungsvermögen erfordert eine hohe Homogenität der Widerstandsschichten, da andernfalls R' nicht mehr als ortsunabhängig angenommen werden kann.

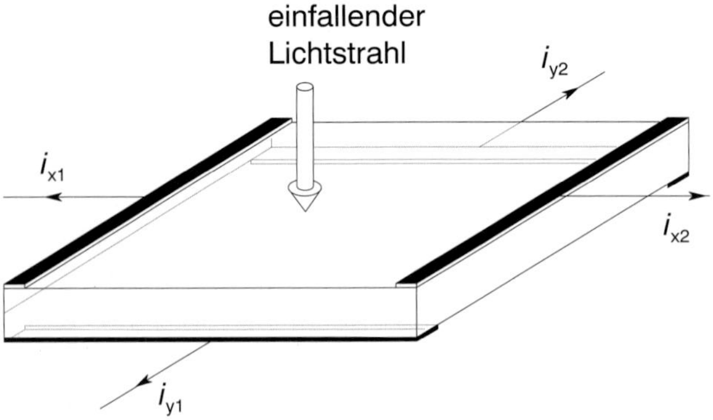

Abb. 27.27. Fotodiode mit lateraler Ortsauflösung in zwei Dimensionen

den schematischen Querschnitt eines entsprechenden Sensors, bei dem in der p-Schicht eine Aufteilung des Stroms in x-Richtung – zur Bestimmung der x-Koordinate – in der n-Schicht eine Aufteilung des Stroms in y-Richtung – zur Bestimmung der y-Koordinate – vorgenommen wird. Durch parallele Anordnung zweier derartiger (als ausreichend lichtdurchlässig angenommener) Sensoren kann sogar die Einfallsrichtung eines Lichtstrahls bestimmt werden. Zu diesem Zweck werden in beiden Ebenen die Koordinaten der Punkte P_1 bzw. P_2 bestimmt, in denen der Lichtstrahl durch den jeweiligen Sensor tritt. Da diese den einfallenden Lichtstrahl (Gerade) eindeutig festlegen, läßt sich daraus die Einfallsrichtung bestimmen.

27.7 Fototransistoren

Fototransistoren sind Fotodetektoren, die wie APDs einen internen Verstärkungsmechanismus und damit eine höhere Empfindlichkeit als pin-Fotodioden aufweisen. Die Ansprechgeschwindigkeit ist wesentlich geringer als die der APDs, dafür kommen Fototransistoren mit einer geringen Versorgungsspannung aus und weisen eine nur wenig von der Versorgungsspannung abhängige Empfindlichkeit auf.

Abbildung 27.28 a zeigt schematisch den Aufbau eines bipolaren Fototransistors. Ladungsträger, die durch Licht in der ausgedehnten BC-Raumladungszone erzeugt werden, werden im Feld der Raumladungszone getrennt. Die Elektronen können über den Kollektor abfließen und verursachen dort einen Strom $I_{h\nu}$. Die in das p-Bahngebiet abfließenden Löcher haben bei offener Basis ($I_\mathrm{B} = 0$) keine andere Möglichkeit, als die EB-Diode in Flußrichtung zu treiben und im Emitter zu rekombinieren. Dies kommt einem Basisstrom $I_{h\nu}$ im Transistor gleich. Dieser bedingt einen um die *Stromverstärkung* B_N verstärkten Transferstrom $B_\mathrm{N}\, I_{h\nu}$, der ebenfalls zum Kollektorstrom beiträgt. Damit gilt für den Kollektorstrom

$$I_\mathrm{C} = (B_\mathrm{N} + 1)\, I_{h\nu} \ , \tag{27.26}$$

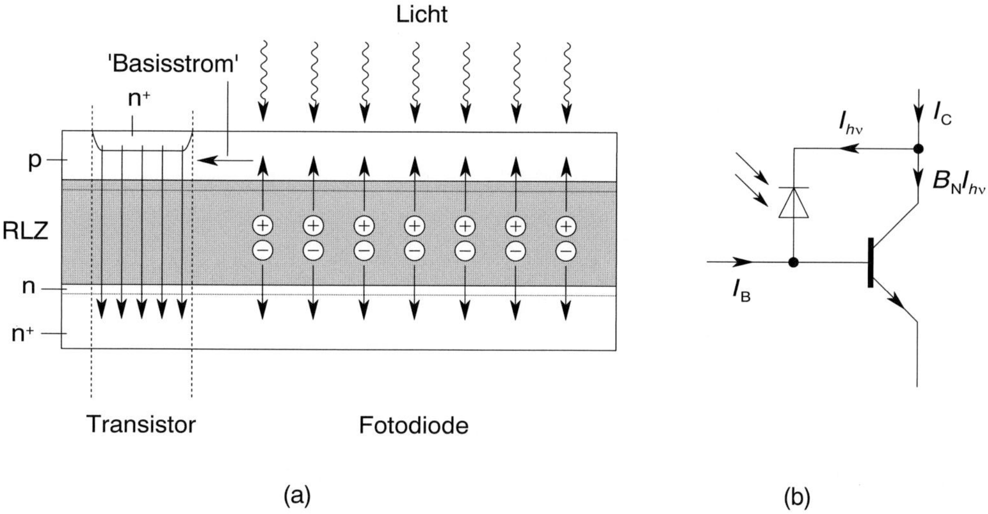

Abb. 27.28. (**a**) Querschnitt und (**b**) Prinzipschaltung eines bipolaren Fototransistors

d. h. der Fototransistor vergrößert den Strom der Fotodiode – Signalstrom und Dunkelstrom – um den Faktor $(B_N + 1)$. Typische Werte für die Stromverstärkung von Fototransistoren liegen bei 500. Wegen der Arbeitspunktabhängigkeit der Stromverstärkung besteht in der Regel ein nichtlinearer Zusammenhang zwischen Bestrahlungsstärke und Fotostrom.

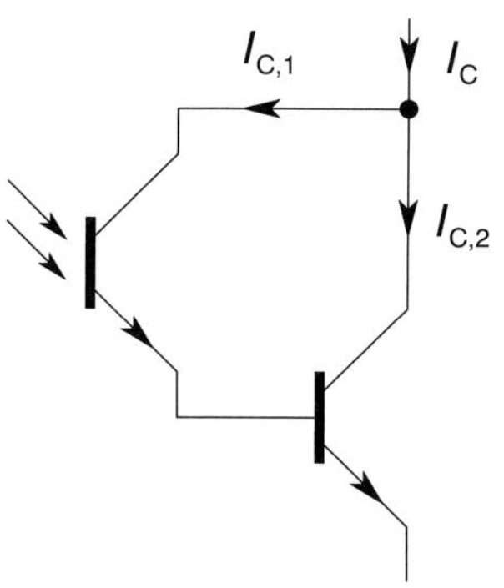

Abb. 27.29. Foto-Darlington-Transistor

Foto-Darlington. Eine Steigerung der Empfindlichkeit ist mit Foto-Darlington-Transistoren möglich (Abb. 27.29). Der Kollektorstrom ist dann

$$\begin{aligned} I_C &= I_{C,1} + I_{C,2} = (B_{N1} + 1) I_{h\nu} + B_{N2}(B_{N1} + 1) I_{h\nu} \\ &= (B_{N1} + 1)\,(B_{N2} + 1)\, I_{h\nu} \,. \end{aligned} \tag{27.27}$$

Weisen die Einzeltransistoren Stromverstärkungen um die 500 auf, so wird der primär erzeugte Fotostrom annähernd 25000-fach verstärkt. Die hohe Empfindlichkeit von Foto-Darlington-Transistoren ist allerdings mit dem Nachteil großer Ansprechzeiten verbunden; breitbandige Empfänger für optische Signale lassen sich mit derartigen Detektoren deshalb nicht aufbauen.

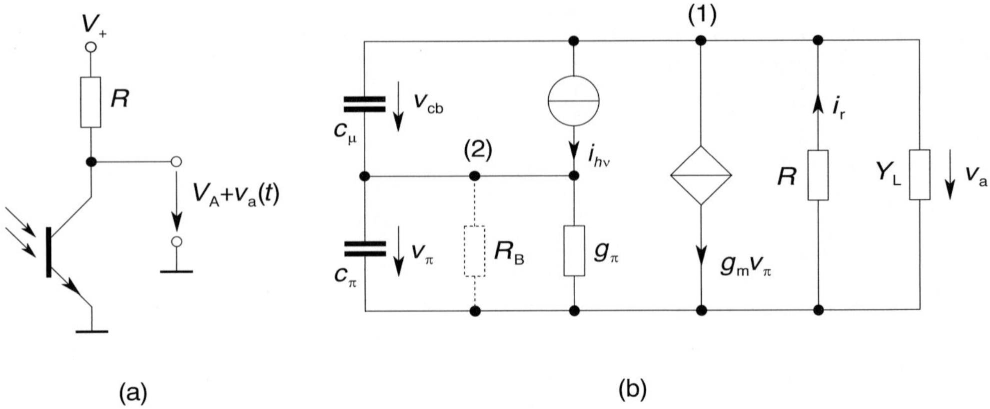

Abb. 27.30. Empfängerschaltung mit Fototransistor. (**a**) Schaltbild und (**b**) Kleinsignalersatzschaltung unter Vernachlässigung der Bahnwiderstände. Der gestrichelt eingezeichnete Widerstand R_{B} ist im Fall der offenen Basis nicht wirksam

27.7.1 Frequenzverhalten

Abbildung 27.30 a zeigt eine einfache Empfängerschaltung, bei der die Basis des Fototransistors nicht angeschlossen wird. Die zugehörige Kleinsignalersatzschaltung ist in Abb. 27.30 b zu sehen; eine an den Ausgang der Empfängerschaltung angeschlossene Last wurde dabei durch die Admittanz $\underline{Y}_{\mathrm{L}}$ erfaßt. Zur Untersuchung des Frequenzverhaltens wird der Knotensatz für (1)

$$\underline{i}_{\mathrm{r}} = -\frac{\underline{v}_a}{R} = \underline{i}_{h\nu} + g_{\mathrm{m}}\,\underline{v}_\pi + \underline{Y}_{\mathrm{L}}\,\underline{v}_a + \mathrm{j}\omega c_\mu\,\underline{v}_{\mathrm{cb}}$$

und der Knotensatz für (2)

$$\underline{i}_{h\nu} = (g_\pi + \mathrm{j}\omega c_\pi)\,\underline{v}_\pi - \mathrm{j}\omega c_\mu\,\underline{v}_{\mathrm{cb}}$$

sowie der Maschensatz $\underline{v}_a = \underline{v}_\pi + \underline{v}_{\mathrm{cb}}$ verwendet. Durch Zusammenfassen dieser Gleichungen lassen sich die Variablen $\underline{v}_\pi$ und $\underline{v}_{\mathrm{cb}}$ eliminieren. Unter Berücksichtigung von $\beta = g_{\mathrm{m}}/g_\pi$ folgt so der gesuchte Zusammenhang zwischen dem komplexen Zeiger $\underline{i}_{h\nu}$ des Fotostroms und dem komplexen Zeiger $\underline{v}_a$ der Ausgangsspannung

$$\frac{\underline{v}_a}{\underline{i}_{h\nu}} = -\frac{R\,(\beta + 1 + \mathrm{j}\omega c_\pi/g_\pi)}{1 + \mathrm{j}\omega R(\beta{+}1)c_\mu + R\underline{Y}_{\mathrm{L}} + \mathrm{j}\omega(1 + R\underline{Y}_{\mathrm{L}})\dfrac{c_\pi{+}c_\mu}{g_\pi}}\,, \tag{27.28}$$

wobei nur Terme erster Ordnung in ω berücksichtigt wurden. Mit

$$g_\pi = \frac{g_{\mathrm{m}}}{\beta} \approx \frac{I_{\mathrm{C}}}{\beta V_T}\,, \qquad c_\pi = c_{\mathrm{je}} + \tau_{\mathrm{f}}\frac{I_{\mathrm{C}}}{V_T} \quad \text{und} \quad c_\mu = c_{\mathrm{jc}}$$

gilt

$$\frac{c_\pi{+}c_\mu}{g_\pi} \approx \beta\left[\tau_{\mathrm{f}} + \frac{(c_{\mathrm{je}}{+}c_{\mathrm{jc}})V_T}{I_{\mathrm{C}}}\right] = \frac{1}{2\pi f_\beta}\,.$$

Im Fall einer rein kapazitiven Last $\underline{Y}_\mathrm{L} = \mathrm{j}\omega c_\mathrm{L}$ folgt aus Gl. (27.28) unter Vernachlässigung des frequenzabhängigen Terms im Zähler in 1. Ordnung von ω ein Tiefpaßverhalten

$$\frac{\underline{v}_a}{\underline{i}_{h\nu}} = -\frac{R(\beta+1)}{1+\mathrm{j}f/f_\mathrm{g}} \tag{27.29}$$

mit der *Grenzfrequenz*

$$\boxed{\frac{1}{2\pi f_\mathrm{g}} = \frac{1}{2\pi f_\beta} + R(\beta{+}1)c_\mathrm{jc} + Rc_\mathrm{L}\,.} \tag{27.30}$$

Die Bedeutung der einzelnen Beiträge zur Grenzfrequenz wird im folgenden Beispiel erläutert.

Beispiel 27.7.1 Mit den typischen Werten $R = 100\,\Omega$, $\beta = 300$, $c_\mathrm{je} = 20\,\mathrm{pF}$, $c_\mathrm{jc} = 30\,\mathrm{pF}$, $\tau_\mathrm{f} = 100\,\mathrm{ps}$, $c_\mathrm{L} = 20\,\mathrm{pF}$ und $V_T = 25\,\mathrm{mV}$ (Raumtemperatur) sowie einem Strom $I_\mathrm{C} = 5\,\mathrm{mA}$ im Arbeitspunkt[10] folgt

$$\beta R c_\mathrm{jc} = 300\cdot 100\,\Omega\cdot 30\,\mathrm{pF} = 0.9\,\mu\mathrm{s}$$

und

$$\frac{1}{2\pi f_\beta} = 300\left(100\,\mathrm{ps} + \frac{50\,\mathrm{pF}\cdot 25\,\mathrm{mV}}{5\,\mathrm{mA}}\right) = 0.105\,\mu\mathrm{s}\,,$$

d. h. für Hubwiderstände dieser Größenordnung wird das Frequenzverhalten hauptsächlich durch den Term $\beta R c_\mathrm{jc}$ bestimmt. Anstiegs- und Abfallzeiten sind im betrachteten Beispiel größenordnungsmäßig

$$t_\mathrm{r}, t_\mathrm{f} \approx 1/(2\pi f_\mathrm{g}) \approx 1\,\mu\mathrm{s}\,,$$

was deutlich oberhalb der mit pin-Fotodioden erreichbaren Werte liegt. Wäre der Empfänger statt mit einem Fototransistor mit einer Fotodiode der Sperrschichtkapazität c_jc aufgebaut worden, so wäre das Gl. (27.28) entsprechende Resultat

$$\frac{\underline{v}_a}{\underline{i}_{h\nu}} = -\frac{R}{1+\mathrm{j}\omega R(c_\mathrm{L}+c_\mathrm{j})}$$

mit der 3 dB-Grenzfrequenz

$$f_\mathrm{g} = \frac{1}{2\pi R(c_\mathrm{L}{+}c_\mathrm{j})} \approx 31.83\,\mathrm{MHz}\,.$$

Bei niederen Frequenzen wird demnach durch Einsatz des Fototransistors ein um den Faktor $\beta{+}1$ vergrößerter Übertragungsfaktor beobachtet, die Grenzfrequenz des Verstärkers wird dafür bei vernachlässigbarer Last um annähernd denselben Faktor reduziert, so daß das Verstärkungs-Bandbreite-Produkt nicht wesentlich verändert wird. Δ

[10] Dieser wird in der angegebenen Schaltung durch den Gleichanteil des einfallenden Lichts bestimmt.

Fototransistoren werden aufgrund ihrer hohen Empfindlichkeit in Sensoranwendungen, Lichtschranken etc. verwendet; wegen der geringen Grenzfrequenz werden sie in der Regel nicht in Nachrichtenübertragungssystemen eingesetzt. Die sehr geringe Grenzfrequenz der in Abb. 27.30 a gezeigten Empfängerschaltung kann durch den Betrieb des Fototransistors in einer Kaskodeschaltung (Wegfall der Miller-Kapazität) oder durch eine Beschaltung der Basis erhöht werden.

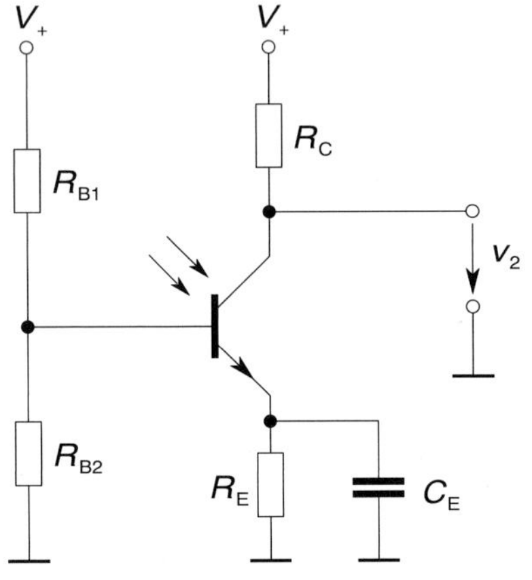

Abb. 27.31. Einstellen des Arbeitspunkts eines Fototransistors mit Basisanschluß

Basisanschluß

Fototransistoren werden häufig mit externem *Basisanschluß* ausgeführt (Abb. 27.31). Dies ermöglicht zum einen eine Einstellung des Arbeitspunkts bei geringer Bestrahlungsstärke. Zum anderen kann durch einen ohmschen Widerstand R_B parallel zur Emitter-Basis-Diode die Bandbreite der Empfängerschaltung erhöht werden – allerdings auf Kosten der Empfindlichkeit bei kleinen Frequenzen. In der Kleinsignalersatzschaltung Abb. 27.30 b ist der Basisspannungsteiler als Widerstand $R_B = R_{B1} \parallel R_{B2}$ parallel zum Kleinsignalleitwert g_π zu berücksichtigen. Seine Wirkung ist gleichbedeutend einer Herabsetzung der Stromverstärkung $\beta = g_m/g_\pi$ auf den Wert

$$\beta' = \frac{g_m}{g_\pi + 1/R_B} = \frac{\beta}{1 + (R_B g_\pi)^{-1}} .$$

Mit dieser Ersetzung lassen sich die Ergebnisse für den Fototransistor mit unbeschalteter Basis direkt anwenden. Je niederohmiger der Basisspannungsteiler, desto kleiner der Wert von β': Dies wirkt sich einerseits in einer Erhöhung der Bandbreite, andererseits in einer reduzierten Empfindlichkeit aus. Für das *Verstärkungs-Bandbreite-Produkt* folgt unter Verwendung von (27.29) und (27.30) das Ergebnis

$$\frac{R\,(\beta'+1)}{\dfrac{1}{f_\beta} + 2\pi R(\beta'+1)c_{\mathrm{jc}} + 2\pi R c_{\mathrm{L}}} \approx \frac{R\,f_\beta}{\dfrac{1}{\beta'+1} + 2\pi R\left(c_{\mathrm{jc}} + \dfrac{c_{\mathrm{L}}}{\beta'+1}\right) f_\beta}\,.$$

Der Wert von β' beeinflußt das Verstärkungs-Bandbreite-Produkt demnach nur unwesentlich, solange $\beta' \gg 1$ gilt und die Lastkapazität c_{L} gering ist. Als Grenzfall ist der Kurzschluß der EB-Diode ($R_{\mathrm{B}} \to 0$) zu betrachten. Dann wird $\beta' = 0$, und der Ausdruck für die Grenzfrequenz geht über in

$$\frac{1}{2\pi f_{\mathrm{g}}} = R(c_{\mathrm{jc}}+c_{\mathrm{L}})\,,$$

d. h. es ergibt sich gerade das Ergebnis der pin-Diode.

27.7.2 Rauschen

Der Fototransistor verstärkt nicht nur das Schrotrauschen der als Fotodiode wirkenden Basis-Kollektor-Diode, sondern wirkt darüber hinaus als zusätzliche Rauschquelle. Eine Untersuchung des Signal-Rausch-Verhältnisses liefert für die *Rauschäquivalenzleistung* des Fototransistors in einem Frequenzband der Breite B [15] [11]

$$\mathrm{NEP} = \frac{\sqrt{2eI_{\mathrm{C}}}}{S_0}\sqrt{\frac{2}{B_{\mathrm{N}}}}\sqrt{\frac{1+f^2/(2f_T f_\beta)}{1+f^2/f_T^2}}\cdot\sqrt{B}\,. \tag{27.31}$$

Dabei bezeichnet $S_0 = \eta_{\mathrm{e}}/(h\nu)$ die Empfindlichkeit der Basis-Kollektordiode, die um den Faktor $\beta+1$ kleiner ist als die Empfindlichkeit des Fototransistors. Bis in den Bereich der Transitfrequenz des Fototransistors liegt die NEP des Fototransistors demnach um annähernd den Faktor $\sqrt{2}$ über derjenigen der BC-Fotodiode und ist damit von derselben Größenordnung.

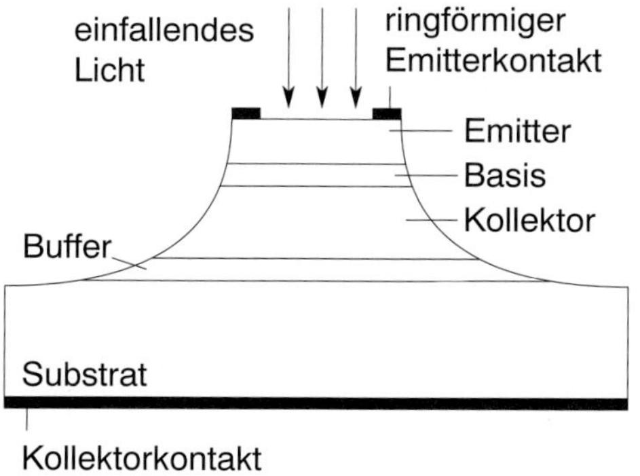

Abb. 27.32. Heterostruktur-Fototransistor

[11] Die Arbeitspunktabhängigkeit der Stromverstärkung wird hier nicht berücksichtigt, d. h. es wird vereinfachend $\beta = B_{\mathrm{N}}$ angenommen.

27.7.3 Heterostruktur-Fototransistoren

Mit Heterostruktur-Fototransistoren (vgl. Abb. 27.32) lassen sich Stromverstärkungen von mehr als tausend erzielen. Durch Abstimmung der Energielücken der Bahngebiete auf die zu detektierende Wellenlänge kann erreicht werden, daß die Absorption der Strahlung vorzugsweise im Basisgebiet stattfindet. Wird die Strahlung gut fokussiert, so kann die Fläche der BC-Diode stark verringert werden, was sich wegen der über den Faktor β gewichteten Sperrschichtkapazität c_{jc} günstig auf die Grenzfrequenz auswirkt.

27.8 Pyroelektrische IR-Detektoren

Pyroelektrische Detektoren sind thermische Detektoren; im Gegensatz zu Quantendetektoren wird die durch die einfallende Strahlung bedingte Erwärmung zum Strahlungsnachweis benützt. Eine Grenzwellenlänge existiert für derartige Detektoren deshalb nicht. Pyroelektrische IR-Detektoren werden vor allem für Näherungsschalter und Bewegungsmelder (Treppenhausbeleuchtung, automatische Türöffner, Einbruchsicherung, Personenzählung, Einschalten sanitärer Spülungen, etc.) eingesetzt. Als Strahlungsquelle dient bei diesen Anwendungen der Mensch. Liegt dessen Temperatur um ΔT oberhalb der Umgebungstemperatur T_{A}, so strahlt er die Leistung

$$\begin{aligned}\Phi_{\mathrm{e}} &= \overline{\epsilon(\lambda)}\,A\,\sigma\left[(T_{\mathrm{A}}+\Delta T)^4 - T_{\mathrm{A}}^4\right] \approx 4\overline{\epsilon(\lambda)}\,A\,\sigma T_{\mathrm{A}}^3\,\Delta T \\ &\approx 6\,\mathrm{W}\,\frac{\overline{\epsilon(\lambda)}\,A}{\mathrm{m}^2}\left(\frac{T_{\mathrm{A}}}{298\,\mathrm{K}}\right)^3\frac{\Delta T}{\mathrm{K}}\end{aligned}$$

ab, wobei $\overline{\epsilon(\lambda)}$ den mittleren Emissionsgrad bezeichnet. Bei einer effektiv wirksamen Oberfläche $\overline{\epsilon(\lambda)}\,A = 1\ \mathrm{m}^2$ wird pro Grad Temperaturdifferenz zur Umgebung demnach annähernd die Leistung 6 W abgestrahlt; das Emissionsmaximum liegt bei ca. 10 µm (vgl. Beispiel 27.8.2).

Tabelle 27.2 Eigenschaften pyroelektrischer Materialien

Größe	$c\rho_{\mathrm{m}}$	λ	ϵ_{r}	$\tan\delta$	P_{Q}	P_{v}	k_π^2
Einheit	J/cm³K	mW/cm K			C/cm²K	kV/cm K	%
$LiTaO_3$	3.2	42	45	10^{-4}	$2\cdot10^{-8}$	5	1
TGS	2.5	4	30	$5\cdot10^{-6}$	$3.5\cdot10^{-8}$	13	7.5
$BaTiO_3$	3	30	1000	$6\cdot10^{-3}$	$4\cdot10^{-8}$	0.5	0.2
$PbTiO_3$	3	20	200	$6\cdot10^{-3}$	$2.3\cdot10^{-8}$	1.3	0.39
PVDF	2.3	1.3	12	10^{-2}	$0.4\cdot10^{-8}$	4	0.2

Pyroelektrische Materialien sind nichtleitende dielektrische Materialien mit einer spontanen Polarisation P_{s}, die durch permanente Dipole in der Substanz bedingt ist. Die spontane Polarisation P_s ist stark temperaturabhängig und erzeugt auf der Oberfläche des Materials die Flächenladungsdichte Q/A. Eine Temperaturänderung ΔT bedingt eine Änderung der Polarisation ΔP_s, was eine Änderung der Oberflächenladung ΔQ und damit eine Änderung ΔV der Spannung zwischen den Oberflächen zur Folge hat. Die Ladungsänderung läßt sich unter Verwendung des pyroelektrischen *Ladungskoeffizienten* P_Q (vgl. Tabelle 27.2) berechnen

$$\Delta Q = P_\mathrm{Q}\, A\, \Delta T \ ,$$

die Spannungsänderung mit dem pyroelektrischen *Spannungskoeffizienten* P_v

$$\Delta V = P_\mathrm{v}\, d\, \Delta T \ .$$

Dabei bezeichnet A die Detektorfläche und d die Dicke des Dielektrikums (Plattenabstand). Der Quotient

$$C \ = \ \frac{\Delta Q}{\Delta V} \ = \ \frac{P_\mathrm{Q}}{P_\mathrm{v}}\frac{A}{d} \ = \ \epsilon_0 \epsilon_\mathrm{r}\, \frac{A}{d}$$

ist die *Sensorkapazität.* Mit pyroelektrischen Materialien lassen sich sehr hohe Spannungskoeffizienten $\Delta V/\Delta T$ realisieren, wie das folgende Beispiel zeigt.

Beispiel 27.8.1 Der pyroelektrische Spannungskoeffizient für $LiTaO_3$ ist $P_\mathrm{v} = 5\,\mathrm{kV/(cm\,K)}$. Bei einer Dicke des Sensors von $d = 30\,\mu\mathrm{m}$ folgt so

$$\frac{\Delta V}{\Delta T} \ = \ P_\mathrm{v}\, d \ = \ 15\, \frac{\mathrm{V}}{\mathrm{K}} \ .$$

Die mit Thermoelementen ($\Delta V/\Delta T \approx 10^{-4}$ V/K) oder mit Bolometern[12] ($\Delta V/\Delta T \approx$ 100 mV/K, je nach Beschaltung) erreichbaren Werte liegen wesentlich niedriger. Δ

Die *Ansprechgeschwindigkeit* des Sensors wird durch die thermische Zeitkonstante τ_th des Sensorelements bestimmt. Für diese gilt näherungsweise [16]

$$\tau_\mathrm{th} \ \approx \ 0.1\,\mathrm{s} \cdot d/\mu\mathrm{m} \ .$$

Kleine thermische Zeitkonstanten lassen sich demzufolge nur mit geringen Schichtdicken (im Mikrometerbereich) erzielen. Um den Sensor um ΔT zu erwärmen, muß die Wärmeenergie

$$\Delta W_\mathrm{th} \ = \ C_\mathrm{th}\, \Delta T \ = \ c_\mathrm{p}\, \rho_\mathrm{m}\, d\, A\, \Delta T$$

aufgewendet werden, wobei C_th die Wärmekapazität des Sensors, c_p die spezifische Wärmekapazität und ρ_m die Dichte des pyroelektrischen Materials bezeichnet. Die durch die Erwärmung bedingte Änderung der Oberflächenladung ΔQ entspricht einer Änderung

[12] Bolometer nutzen eine temperaturbedingte Widerstandsänderung zur Detektion der Strahlung aus.

$$\Delta W_{\text{el}} = \frac{\Delta Q^2}{2C} = \frac{1}{2}\frac{A\,d}{\epsilon_0\epsilon_{\text{r}}}\,P_{\text{Q}}^2\,\Delta T^2$$

der elektrischen Energie. Als *Wirkungsgrad* η des Sensors wird das Verhältnis von der in einem Kreisprozeß freisetzbaren elektrischen Energie $2\,\Delta W_{\text{el}}$ zu aufgewandter Wärmeenergie bezeichnet

$$\eta = \frac{2\,\Delta W_{\text{el}}}{\Delta W_{\text{th}}} = \frac{P_{\text{Q}}^2 \Delta T}{\epsilon_0\epsilon_{\text{r}} c_{\text{p}} \rho_{\text{m}}} = \frac{P_{\text{Q}}^2 T_{\text{A}}}{\epsilon_0\epsilon_{\text{r}} c_{\text{p}} \rho_{\text{m}}}\,\frac{\Delta T}{T_{\text{A}}} = k_\pi^2\,\eta_{\text{Carnot}}\,.$$

Die als pyroelektrischer *Kopplungsfaktor* bezeichnete Größe

$$k_\pi^2 = \frac{P_{\text{Q}}^2 T_{\text{A}}}{\epsilon_0\epsilon_{\text{r}} c_{\text{p}} \rho_{\text{m}}}$$

bestimmt dabei das Verhältnis des Sensorwirkungsgrads zum maximal bei der Umgebungstemperatur T_{A} erreichbaren Carnot-Wirkungsgrad.

Triglycinsulfat (TGS) ist das Material mit dem stärksten pyroelektrischen Effekt. Wegen seiner geringen Curie-Temperatur ist der Einsatz dieses Materials jedoch auf Temperaturen unter 40°C beschränkt, was eine Anwendung in der Sensorik in der Regel ausschließt. Pyroelektrische Sensoren mit $LiTaO_3$ sind im Handel erhältlich; dieses Material zeichnet sich durch seine geringen dielektrischen Verluste aus.

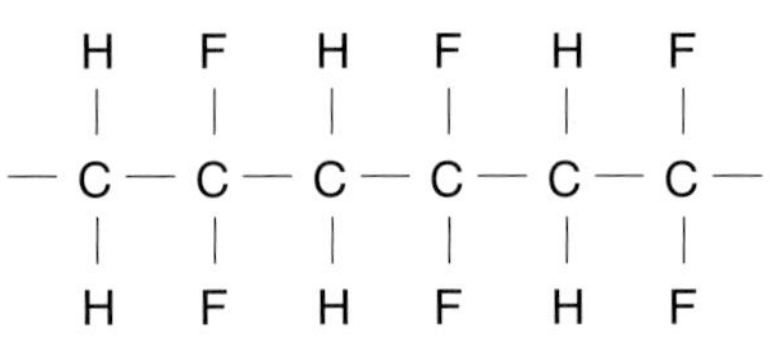

Abb. 27.33. Polyvinyldifluorid (PVDF)

Das für kostengünstige Passiv-IR-Detektoren am häufigsten verwendete Material ist PVDF (Polyvinyldifluorid, Abb. 27.33) [16, 17]. Vorzüge dieses Materials sind vergleichsweise unbedeutende Materialkosten, die einfache Verarbeitung und die Möglichkeit, dünne Schichten mit vergleichsweise geringem Aufwand herzustellen, was die Realisierung von Detektoren mit hohen Ansprechgeschwindigkeiten ermöglicht. Als Nachteil ist eine Alterung, d. h. Abnahme der Empfindlichkeit im Laufe der Jahre, zu berücksichtigen.

Die *Auswerteelektronik* für pyroelektrische IR-Detektoren muß kleine Ladungsänderungen nachweisen. Dies erfordert einen nachgeschalteten Verstärker mit sehr hohem Eingangswiderstand. Die Spannungsverstärkung kann dabei klein sein, da der Spannungshub des Sensors in der Regel ausreichend groß ist. Der einfachste Ansatz ist hier ein als Sourcefolger betriebener Feldeffekttransistor, der zur Erhöhung der Störsicherheit mit in das Gehäuse eingebaut wird (Abb. 27.34 a). Anforderung an den Aufbau sind eine geringe thermische Kopplung des Sensors mit dem Gehäuse sowie eine geringe Wärmekapazität

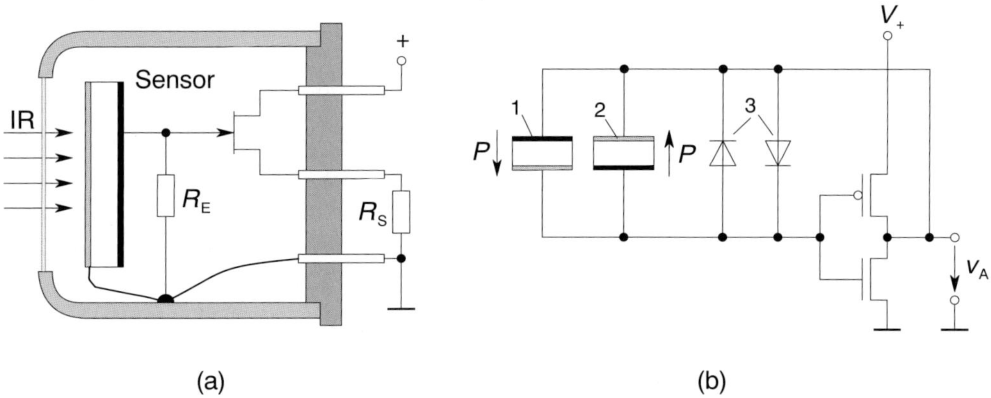

Abb. 27.34. Pyroelektrischer IR-Sensor. (**a**) Einfacher Aufbau, (**b**) Kompensationsschaltung, um Fehler durch Schwankungen der Umgebungstemperatur auszuschließen

desselben für kurze Anstiegszeiten. Dies läßt sich bei Verwenden dünner Sensorfolien erreichen, wobei ein Kompromiß zwischen der Wärmekapazität ($\sim d$) und der Spannungsänderung ($\sim 1/d$) geschlossen werden muß.

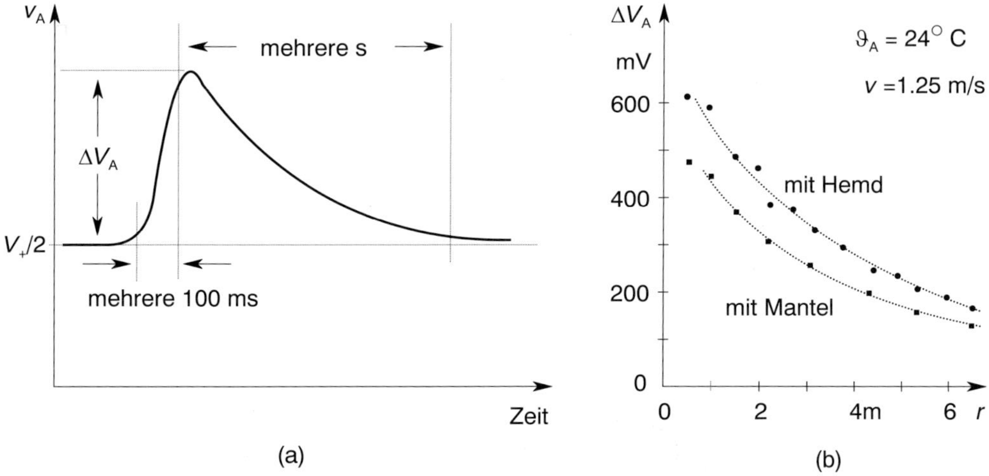

Abb. 27.35. Signal eines PVDF-Sensors. (**a**) Zeitabhängigkeit (typ. Verlauf), (**b**) Spitzenwert für unterschiedliche Abstände r der detektierten Person zum Detektor (nach [18])

In Bewegungsmeldern wird die Strahlung i. allg. durch Spiegel auf eine kleine Sensorfläche gebündelt; durch vorgeschaltete Blenden kann eine *Richtwirkung* erreicht werden. Um auszuschließen, daß der Bewegungsmelder auf eine Erwärmung des Gehäuses anspricht, die nicht durch die Wärmestrahlung hervorgerufen wird, wird ein *Kompensationsverfahren* eingesetzt. Abbildung 27.34 b zeigt ein Beispiel: Parallel[13] zu dem durch die Wärmestrahlung beeinflußten Detektor (1) wird dabei ein umgekehrt gepolter abgeschatteter Detektor (2) verwendet. Ändert sich die Temperatur beider Detektoren im

[13] Alternativ können zwei entgegengesetzt gepolte Detektoren in Reihe geschaltet werden.

selben Maß, so heben sich die resultierenden Ladungsänderungen gegenseitig auf, d. h. nur ein Differenzsignal wird verstärkt. Zur Signalbegrenzung und als hochohmige Ableitwiderstände können pn-Dioden (3) verwendet werden [18], ein nachgeschalteter CMOS-Inverter bietet eine kostengünstige Verstärkung. Der typische Verlauf des Ausgangssignals ist in Abb. 27.35 a dargestellt; der Spitzenwert ΔV_A hängt von der Entfernung, Geschwindigkeit und Kleidung der detektierten Person sowie von der Umgebungstemperatur ϑ_A ab. Abbildung 27.35 b zeigt dies für eine Person, die mit der Geschwindigkeit $v = 1.25$ m/s in unterschiedlichem Abstand r senkrecht durch den Erfassungsbereich des Detektors geht.

Beispiel 27.8.2 Ein Mensch (Körpertemperatur 310 K) tritt im Abstand von 5 m in das Sichtfeld eines Bewegungsmelders mit pyroelektrischem Strahlungssensor. Für die Umgebungstemperatur $\vartheta_\mathrm{A} = 18\,°\mathrm{C}$ soll die netto abgestrahlte Wärmeleistung und die Wellenlänge, bei der das Emissionsmaximum liegt, abgeschätzt werden. Um welchen Wert ändert sich die auf den Detektor fallende Strahlungsleistung, falls die Empfangsoptik die Öffnung $A_\mathrm{O} = 20\ \mathrm{m}^2$ hat? Welche Wärmekapazität und welche Abmessungen darf der Detektor höchstens aufweisen, damit er sich aufgrund der veränderten Strahlung in 200 ms um 1 K erwärmt?

Für eine Abschätzung der netto abgestrahlten Leistung wird angenommen, daß der Mensch die Oberfläche $A_\mathrm{M} = 1\,\mathrm{m}^2$ und das Emissionsvermögen $\epsilon = 0.5$ hat. Nach dem Stefan-Boltzmannschen Strahlungsgesetz ergibt sich die netto abgestrahlte Leistung zu

$$\Phi_\mathrm{e} = \epsilon\, A_\mathrm{M}\, \sigma \left(T^4 - T_\mathrm{A}^4\right) \approx 58\,\mathrm{W}\ .$$

Dieser Wert ist nur sinnvoll, wenn die getragene Kleidung so schlecht isoliert, daß die Oberflächentemperatur gleich der Körpertemperatur ist. Insbesondere für „warme" Kleidungs stücke sind hier deutliche Abweichungen zu erwarten, die einen geringeren Wert der abgestrahlten Wärmeleistung bedingen. Nach dem Wienschen Verschiebungsgesetz liegt das Emissionmaximum bei

$$\lambda = \frac{2892\,\mu\mathrm{m\,K}}{310\,\mathrm{K}} \approx 9.3\,\mu\mathrm{m}\ .$$

Der Einfachheit halber wird angenommen, daß der Mensch isotrop, d. h. in alle Richtungen gleich, abstrahlt; der auf den Detektor fallende Anteil von Φ_e ist dann näherungsweise

$$\Delta\Phi_\mathrm{e} = \Phi_\mathrm{e}\, \frac{A_\mathrm{O}}{4\pi r^2} \approx 370\,\mu\mathrm{W}\ .$$

Wird die Wärmeableitung vernachlässigt, so verursacht die erhöhte Strahlungsleistung eine Änderung der Wärmeenergie

$$\Delta\Phi_\mathrm{e}\, \Delta t = C_\mathrm{th}\, \Delta T\ .$$

Damit in der Zeit $\Delta t = 200$ ms eine Temperaturerhöhung $\Delta T = 1$ K möglich ist, darf C_th den Wert

$$\frac{\Delta\Phi_\mathrm{e}\Delta t}{\Delta T} = \frac{370\,\mu\mathrm{W} \cdot 200\,\mathrm{ms}}{1\,\mathrm{K}} \approx 74\,\frac{\mu\mathrm{J}}{\mathrm{K}}$$

nicht überschreiten. Für das Volumen V folgt aus $C_{\rm th} = c_{\rm p}\rho_{\rm m} V$ mit dem Wert $c_{\rm p}\rho_{\rm m} = 2.3\ \rm J/cm^3\,K$ die Forderung

$$V < \frac{74\,\mu\rm J/K}{2.3\ \rm J/cm^3\,K} \approx 3.2 \cdot 10^{-5}\,\rm cm^{-3}\,.$$

Weist der Sensor die Fläche $1\,\rm mm^2$ auf, so beträgt die maximal zulässige Schichtdicke $32\,\mu\rm m$; Schichtdicken in dieser Größenordnung werden in praktischen Sensoren eingesetzt. Δ

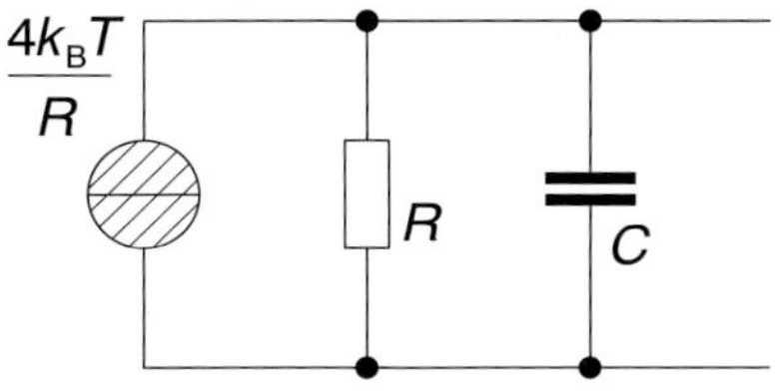

Abb. 27.36. Rauschersatzschaltung eines pyroelektrischen Sensorbauelements

Rauschen. Pyroelektrische Sensoren zeichnen sich durch ein sehr geringes Eigenrauschen aus [19], da nur die mit dem Realteil der Sensorimpedanz verbundene Rauschleistung an die Auswerteelektronik abgegeben werden kann. Zur Erläuterung wird die in Abb. 27.36 dargestellte Rauschersatzschaltung betrachtet. Die Kapazität C entspricht der Sensorkapazität, und kann als reiner Blindwiderstand keine Rauschleistung abgeben; lediglich der parallel wirksame Verlustwiderstand

$$R = \frac{1}{\omega C \tan\delta}$$

erzeugt einen Rauschstrom, der in einem Frequenzband der Breite B den Effektivwert

$$I_{\rm n} = \sqrt{\frac{4k_{\rm B}T}{R}B} = \sqrt{4k_{\rm B}T\,\omega C\,\tan\delta\,B}$$

aufweist. Dieser Rauschstrom bedingt eine Rauschspannung mit dem Effektivwert

$$V_{\rm n} = \frac{I_{\rm n}}{\omega C} = \sqrt{\frac{4k_{\rm B}T\,\tan\delta}{\omega C}B}$$

an der Sensorkapazität C. Die *Rauschleistung* ergibt sich hieraus durch Produktbildung

$$P_{\rm n} = I_{\rm n}V_{\rm n} = 4k_{\rm B}T\tan\delta\,B\,.$$

Ihr Wert ist um den Verlustfaktor $\tan\delta$ kleiner als die Rauschleistung eines Widerstands.

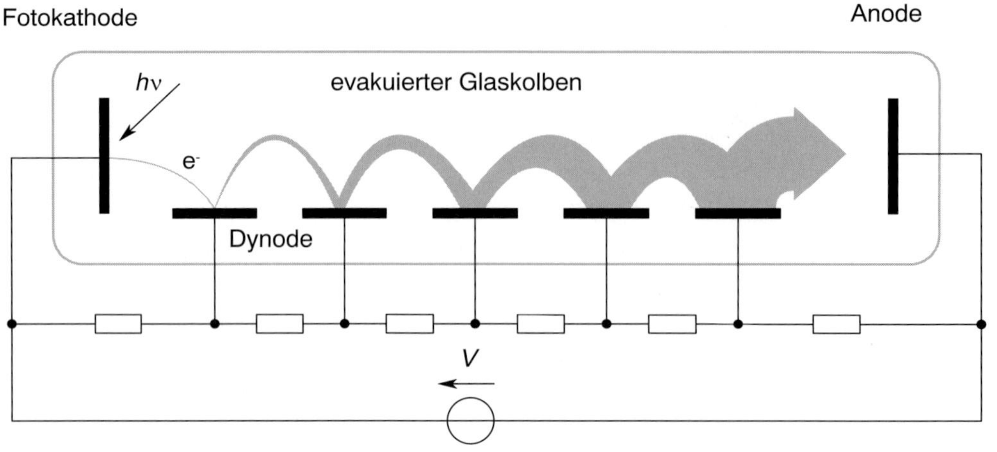

Abb. 27.37. Aufbau einer Photomultiplier-Röhre (schematisch)

27.9 Photomultiplier

Photomultiplier sind Röhren mit einer lichtempfindlichen Photokathode, die einen internen Verstärkungsmechanismus durch *Sekundärelektronenemission* aufweisen. Abbildung 27.37 zeigt den prinzipiellen Aufbau eines Photomultipliers. Einfallendes Licht löst Elektronen aus der Photokathode. Diese werden im elektrischen Feld zur Anode hin beschleunigt, treffen dabei auf die sog. *Dynoden* und schlagen aus diesen weitere Elektronen heraus (Sekundärelektronenemission). Die zwischen Anode und Kathode anliegende Spannung wird dabei durch einen Spannungsteiler aufgeteilt, so daß zwischen jeweils zwei aufeinanderfolgenden Dynoden ein elektrisches Feld entsteht; durch geeignete Form der Dynoden kann so erreicht werden, daß im elektrischen Feld beschleunigte Elektronen an allen Dynoden anstoßen und jeweils Sekundärelektronen erzeugen. Abhängig von der angelegten Spannung kann der durch den Lichteinfall bedingte primäre Fotostroms dabei um den Faktor eine Million verstärkt werden. Die Grenzwellenlänge eines Photomultipliers wird durch die Austrittsarbeit der Fotokathode bestimmt und liegt für die gebräuchlichen Bialakali-Kathoden bei ca. 630 nm.

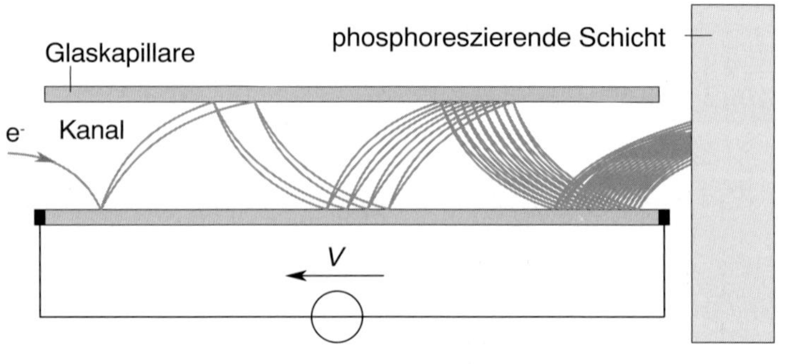

Abb. 27.38. Elektronenverstärkung im Kanal einer Multichannel Plate (MCP)

Eine Weiterentwicklung des Photomultipliers erlaubt die Herstellung von Restlichtverstärkern. Dabei werden die aus der Fotokathode austretenden Elektronen über einen Elektronenlinse auf eine sog. *Multi-channel plate* (MCP) fokussiert. Diese besteht aus einer wabenförmigen Anordnung von mehreren Millionen Glaskapillaren (Kanäle) mit einem Durchmesser von ca. 10 − 12 µm. Elektronen die in einen solchen Kanal gelangen, werden in dem durch die angelegte Spannung (typischerweise 1 kV) bedingten elektrischen Feld beschleunigt und erzeugen durch Zusammenstöße mit der Wand (Abb. 27.38) Sekundärlelektronen was eine pixelweise Stromverstärkung um mehr als den Faktor 50 000 ermöglicht. Der verstärkte Elektronenstrom wird dann auf eine phosphoreszierende Schichte geleitet wodurch wieder ein Lichtsignal entsteht.

27.10 Farbsensoren

Farbsensoren finden zahlreiche Anwendungen in Farbvergleichsprüfungen, in Sortierungsautomaten, in der Prozeßüberwachung etc. Um eine Farbe zu charakterisieren müssen Signale für die Grundfarben ROT, GRÜN und BLAU erzeugt werden. Ein Ansatz hierfür ist die Kombination von drei Si pin-Fotodioden deren spektrale Empfindlichkeit durch vorgeschaltete Filter möglichst gut auf die spektrale Empfindlichkeit der entsprechenden Rezeptoren im Auge angepaßt ist. Ein alternativer Ansatz ist es drei pn-Übergänge übereinander anzuordnen und die in diesen pn-Übergängen anfallenden Sperrströme auszuwerten: Da der Absorptionskoeffizient mit abnehmender Wellenlänge zunimmt werden in der obersten Diode vor allem die kurzwelligen Strahlungsanteile detektiert, in der untersten die langwelligen Strahlungsanteile. Durch geeignete Wahl der Schichtdicken können so Fotodioden mit unterschiedlicher spektraler Empfindlichkeit realisiert werden. Werden derartige Sensoren mit amorphem Silizium realisiert [20], so genügen wegen des hohen Absorptionskoeffizienten Schichtdicken unter 1 µm[14]

27.11 Literaturverzeichnis

[1] L.K. Anderson, B.J. McMurtry. High speed photodetectors. *Proc. IEEE*, 54(11):1335–1349, 1966.

[2] S.M. Sze. *Physics of Semiconductor Devices.* Wiley, New York, second edition, 1982.

[3] G. Lucovsky, R.F. Schwarz, R.B. Emmons. Transit-time considerations in p-i-n diodes. *J. Appl. Phys.*, 35(3):622–628, 1964.

[14] Die ist insbesondere für die Integration von Sensorarrays wie sie für den Aufbau von Bildwandlern benötigt werden interessant: Die Alternative mehrere subpixel mit unterschiedlicher spektraler Empfindlichkeit nebeneinander anzuordnen kann zu unerwünschten Effekten (Farb Moiree) führen, wenn regelmäßig angeordnete, sehr dicht beeinander liegende Objekte aufgelöst werden sollen.

[4] M. Ghioni, F. Zappa, V.P. Kesan, J. Warnock. A VLSI-compatible high-speed silicon photodetector for optical link data applications. *IEEE Trans. Electron Devices*, 43(7):1054–1060, 1996.

[5] H. Ito, S. Kodama, Y. Muramoto, T. Furuta, T. Nagatsuma, T. Ishibashi. High-speed and high-output InP-InGaAs unitraveling-carrier photodiodes. *IEEE J. Selected Topics in Quantum Electronics*, 10(4):709–727, 2004.

[6] A. Rochas, A.R. Pauchard, P.-A. Besse, D. Pantic, Z. Prijic, R.S. Popovic. Low-noise silicon avalanche photodiodes fabricated in conventional CMOS technologies. *IEEE Trans. Electron Devices*, 49(3):387–394, 2002.

[7] W.J. Kindt, N.H. Shahrjerdy, H.W. van Zeijl. A silicon avalanche photodiode for single optical photon counting in the Geiger mode. *Sensors and Actuators A*, 60:98–102, 1997.

[8] A. Spinelli, A.L. Lacaita. Physics and numerical simulation of single photon avalanche diodes. *IEEE Trans. Electron Devices*, 44(11):1931–1943, 1997.

[9] E. Sciacca, A.C. Giudice, D. Sanfilippo, F. Zappa, S. Lombardo, R. Consentino, C. di Franco, M Ghioni, G. Fallica, G. Bonanno, S. Cova, E. Rimini. Silicon planar technology for single-photon optical detectors. *IEEE Trans. Electron Devices*, 30(4):918–924, 2003.

[10] B.-Y. Tsaur, C.K. Chen, B.A. Nechay. IrSi schottky-barrier infrared detectors with wavelength response beyond 12 µm. *IEEE Electron Device Lett.*, 11(9):415–417, 1990.

[11] L.-H. Laih, T.-C. Chang, Y.-A. Chen, W.-C. Tsay, J.-W. Hong. Characteristics of MSM photodetectors with trench electrodes on p-type Si wafer. *IEEE Trans. Electron Devices*, 45(9):2018–2023, 1998.

[12] C.-S. Lin, Y.-C. Chang, R.-H. Yeh, J.-W. Hong. Reducing dark current in a high-speed Si-based interdigitated trench-electrode MSM photodetector. *IEEE Trans. Electron Devices*, 50(5):1306–1313, 2003.

[13] W.P. Connors. Lateral photodetector operating in the fully reverse-biased mode. *IEEE Trans. Electron Devices*, 18(8):591–596, 1971.

[14] A.K. Dutta, Y. Hatanaka. A study of the transient response of position-sensitive detectors. *Solid-State Electronics*, 32(6):485–492, 1989.

[15] F.H. de la Moneda, E. R. Chenette, A. van der Ziel. Noise in phototransistors. *IEEE Trans. Electron Devices*, 18(6):340–346, 1971.

[16] H. Meixner, G. Mader. Pyroelektrische IR-Detektoren auf Polymerbasis. *Physik in unserer Zeit*, 21(5):210–218, 1990.

[17] H. Meixner, G. Mader, P. Kleinschmidt. Infrared sensors based on the pyroelectric polymer polyvinylidene fluoride (PVDF). *Siemens Forsch.- u. Entwickl.-Ber.*, 15(3):105–114, 1986.

[18] P. Kleinschmidt, H. Meixner. Passiv-Infrarot-Detektor auf der Basis von Polyvinylidenfluorid. *Sensor 85*, 6, 1985.

[19] W. Heywang. *Sensorik.* Springer, Berlin, vierte Auflage, 1992.

[20] D. Knipp, P.G. Herzog, H. Stiebig. Stacked amorphous silicon color sensors. *IEEE Trans. Electron Devices*, 49(1):170–176, 2002.

28 Solarzellen

Solarzellen erlauben die Umwandlung der einfallenden Strahlungsleistung in elektrische Leistung. In ihrer Grundform stellen sie großflächige Fotodioden dar. Die erste Solarzelle mit diffundierten pn-Übergängen wurde 1954 von Chapin, Fuller und Pearson vorgestellt [1]. Bereits nach einem Jahr wurden Wirkungsgrade von ca. 6 % erreicht. Heute werden mit einkristallinen Siliziumsolarzellen Wirkungsgrade von mehr als 20 % erzielt. Als Ausgangsmaterial für Solarzellen wird derzeit vornehmlich Silizium verwendet. Abhängig von der Festkörperstruktur werden einkristalline, polykristalline und amorphe Solarzellen unterschieden. Die unterschiedlichen Typen unterscheiden sich im Wirkungsgrad, der Lebensdauer sowie dem zur Herstellung erforderlichen Energieeinsatz und den Kosten.

Der *Wirkungsgrad* der Solarzellen ist eine kritische Größe, da bei hohem Wirkungsgrad kleinere Kollektorflächen zur Deckung eines bestimmten Leistungsbedarfs ausreichen. Da ein großer Teil der Kosten eines photovoltaischen Systems, wie Verkabelung, Montagekosten, Träger und Platzbedarf, proportional zur Fläche anwächst, macht sich ein hoher Wirkungsgrad bei den Gesamtkosten des Systems günstig bemerkbar.

Wegen der hohen Kosten sind Solarzellen zur Stromversorgung in Europa bisher nur im *Inselbetrieb* wirtschaftlich. Da die Anschlußkosten zum Netz der EVU entfallen, kann bereits heute bei entlegenen Verbrauchern (Verkehrsanzeigen, Gehöfte, Berghütten, etc.) u.U. ein deutlicher Kostenvorteil bei solarer Stromversorgung erzielt werden. Systeme im Inselbetrieb lassen sich einteilen in solche ohne Batteriepuffer (z. B. Solargeneratoren zum Antrieb von Pumpen für Bewässerungssysteme, die in der Nacht stillstehen dürfen) und solche mit Batteriepuffer (z. B. zur Versorgung von Berghütten, in denen die erzeugte elektrische Energie für die Beleuchtung eingesetzt werden soll). Bei batteriegepufferten Systemen ist zu bedenken, daß die Kosten für die Speicherung [1] und die zugehörige Regelelektronik erheblich zu den Gesamtkosten des Systems beitragen.

In den letzten Jahren wurde die Photovoltaik insbesondere in der Bundesrepublik durch das Erneuerbare Energiengesetz (EEG) massiv gefördert. Durch garantierte Einspeisevergütungen in das Elektrizitätsnetz die deutlich über den Marktpreisen für den Bezug elektrischer Energie liegen, wurde die Einspeisung von Solarstrom für den Betreiber wirtschaftlich.

---

[1] Für ein Solarmodul, das bei maximaler Sonneneinstrahlung (AM 1.5) eine Leistung von 40 W abgibt, ist eine Batterie mit der Nennkapazität von der Größenordnung 100 Ah erforderlich.

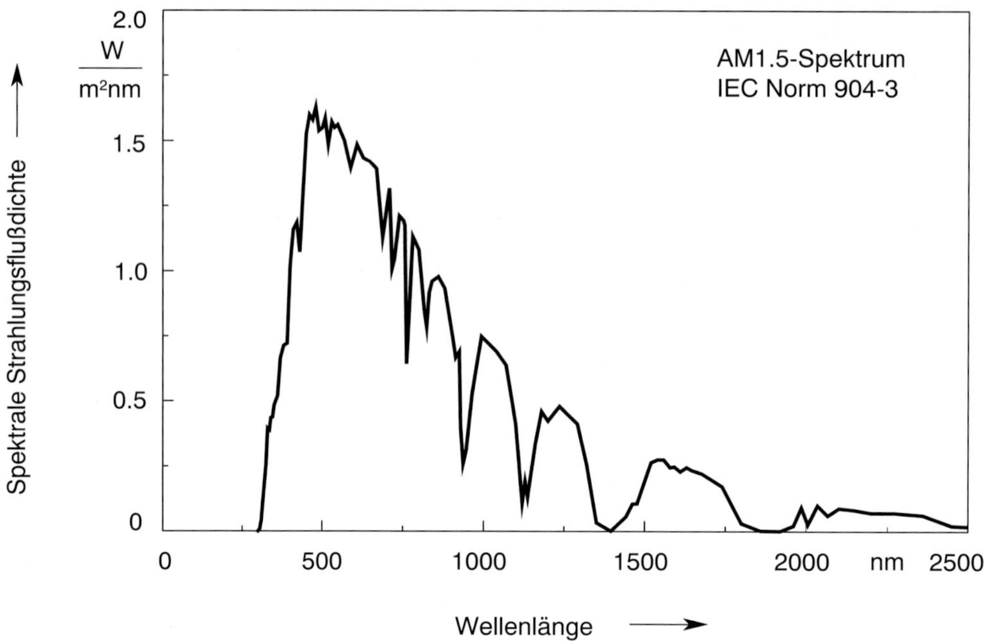

Abb. 28.1. Das AM 1.5-Strahlungsspektrum der Sonne

28.1 Sonneneinstrahlung

Die von der Sonne an der Obergrenze der Erdatmosphäre ankommende optische Strahlung besitzt die Strahlungsflußdichte $D_{e0} = 1353\ \mathrm{W/m^2}$. Die Größe D_{e0} wird üblicherweise als *Solarkonstante*[2] bezeichnet. Die spektrale Verteilung entspricht weitgehend einem schwarzen Strahler der Temperatur $T \approx 5780\,\mathrm{K}$ und wird gewöhnlich mit AM 0 [3] gekennzeichnet. Das AM 0 Spektrum ist maßgeblich für photovoltaische Anwendungen im Weltraum (z.B. Stromversorgung von Satelliten).

Beim Durchgang der Sonnenstrahlung durch die Erdatmosphäre erfolgt eine *Abschwächung*. Insbesondere bewirkt die elektronische Anregung von O_2, N_2 und O_3-Molekülen eine starke Absorption der Ultravioletten Strahlung und die Anregung der Rotations- und Schwingungsfreiheitsgrade von H_2O- und CO_2-Molekülen eine starke Absorption der IR-Strahlung v.a. im Wellenlängenbereich $\lambda > 3\,\mu\mathrm{m}$. Zusätzlich sind zu beachten:

- Rayleigh-Streuung – diese betrifft wegen der starken Wellenlängenabhängigkeit proportional zu λ^{-4} vor allem blaues Licht
- Streuung an Staubteilchen und Aerosolen

[2] Dieser Wert ist u. a. wegen der Exzentrizität der Erdbahn um die Sonne leichten Schwankungen unterworfen und stellt einen Mittelwert dar.

[3] Diese Schreibweise kommt von englisch „air mass 0“.

- Auswirkungen eines inhomgenen Brechungsindex – etwa bedingt durch Turbulenzen oder lokale Temperaturunterschiede
- Absorption und Streuung an Wasserdampf in der Atmosphäre

Mit AM 1 werden die Verhältnisse nach senkrechtem Durchlaufen der atmosphärischen Luftschichten gekennzeichnet. AM 1-Verhältnisse liegen nur bei senkrechtem Einfall der Strahlung zwischen den Wendekreisen vor.

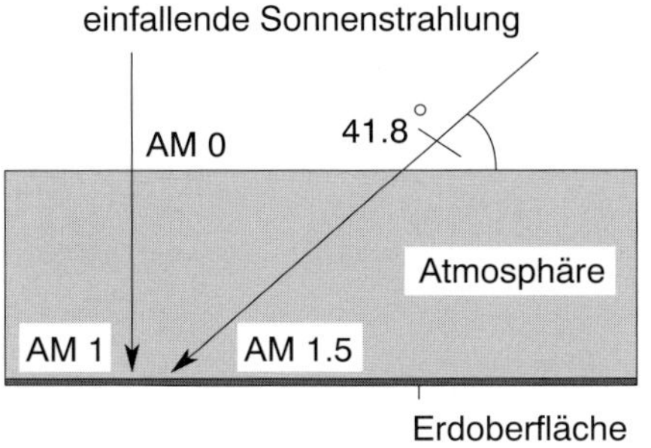

Abb. 28.2. Zur Definition des AM1- und AM1.5-Strahlungsspektrums der Sonne

In Europa erfolgt die Lichteinstrahlung nie senkrecht; die größere Weglänge der Strahlung durch die Atmosphäre führt zu einer erhöhten Dämpfung. Die mittleren Verhältnisse in Europa entsprechen dem in Abb. 28.1 dargestellten AM 1.5-Spektrum; dieses weist deutliche Absorptionsbanden auf, die insbesondere durch den H_2O- und CO_2-Gehalt der Atmosphäre bedingt sind. Das AM 1.5-Spektrum entspricht einer Bestrahlungsstärke von 1 kW/m^2; die spektrale Zusammensetzung der einfallenden Strahlung ist in der IEC-Spektrum-Norm 904-3 festgelegt. Wegen der jahreszeitlichen Schwankungen des Einfallswinkels sind AM 1.5-Verhältnisse nur als Mittelwert anzusehen; in der Bundesrepublik liegt der Maximalwert bei AM 1.15 (Sommersonnenwende), der Minimalwert bei AM 4 (Wintersonnenwende).

28.1.1 Direkte, Diffuse und Globale Sonneneinstrahlung

Die auf die Solarzelle auftreffende Strahlung wird als *Globalstrahlung* bezeichnet. Neben der direkt von der Sonne auftreffenden Strahlung (*Direktstrahlung*) trifft *diffuse* Strahlung, die durch Streuung der Sonnenstrahlung an der Atmosphäre entsteht, auf die Solarzelle. Da vorzugsweise kurzwelliges Licht gestreut wird, weist die diffuse Strahlung eine andere spektrale Zusammensetzung auf als die direkte Strahlung. Für die Leistungsabgabe einer Solarzelle sind beide Strahlungsanteile von Bedeutung: bei wolkenlosem Himmel und starker Globalstrahlung sinkt der diffuse Strahlungsanteil typischerweise auf Werte unter 20 %; dieser kann jedoch bei starker Bewölkung und geringer Globalstrahlung Werte bis 100 % annehmen. Das Verhältnis von direkter zu diffuser Strahlungsleistung ist zudem stark standordabhängig: während es in

Kempten im Jahresmittel bei ca. 1:1 liegt, liegt es in Lissabon annähernd bei 2:1. Die Direktstrahlung ist auch bei wolkenlosem Himmel stark von der Tages- und Jahreszeit abhängig; ihre Einfallsrichtung kann aus der geographischen Lage des Standorts (geographische Länge und Breite) sowie der Uhrzeit ermittelt werden.

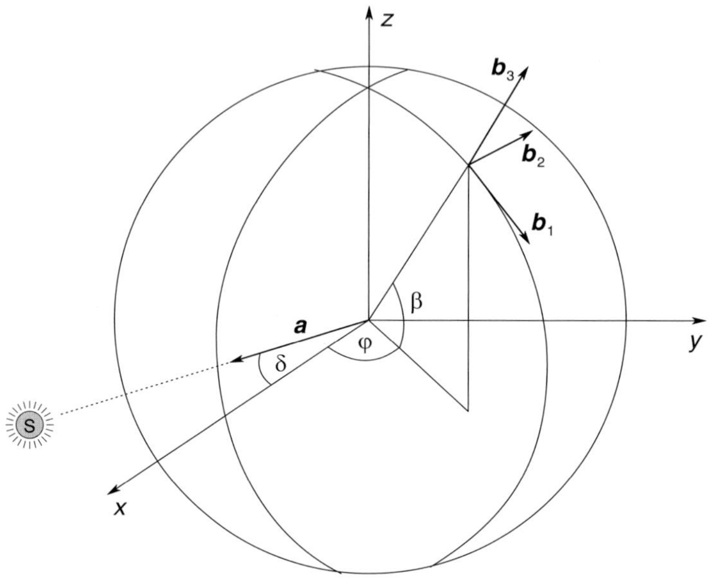

Abb. 28.3. Zur Charakterisierung der Einfallsrichtung der Sonnenstrahlung

Direktstrahlung. Zur Beschreibung der Einfallsrichtung der Sonnenstrahlung verwenden wir ein lokales orthonormiertes kartesisches Koordinatensystem $\boldsymbol{b}_1$, $\boldsymbol{b}_2$, $\boldsymbol{b}_3$ wie in Abb. 28.3 skizziert. Die Vektoren $\boldsymbol{b}_1$ und $\boldsymbol{b}_2$ spannen die Tangentialebene zur Erdoberfläche im Beobachtungspunkt auf. Die Lage des Beobachtungspunkts wird durch die geographische Länge λ und die geographische Breite β bestimmt. Die Drehbewegung der Erde wird mit dem in Abb. 28.3 dargestellten Koordinatensystem erfaßt. Hier entspricht die z-Achse der Drehachse der Erde, die xy-Ebene der Äquatorialebene. Im gewählten Koordinatensystem fällt die Sonnenstrahlung parallel zur xz-Ebene ein. Die Sonne strahlt dann unter dem von der Jahreszeit abhängigen Winkel δ, der *Deklination* ein. Diese läßt sich näherungsweise aus der Beziehung

$$\delta = 23.45° \sin\left(2\pi\frac{284 + N_\mathrm{d}}{365}\right)$$

ermitteln, wobei N_d die Nummer des Tages im Jahr angibt. Die Deklination variiert zwischen dem Wert $-23.45°$ am 21. Dezember (Wintersonnenwende) und dem Wert $23.45°$ am 21. Juni (Sommersonnenwende). Der Richtungsvektor $\boldsymbol{a}$ zur Sonne weist die Komponenten

$$\boldsymbol{a} = \begin{pmatrix} \cos\delta \\ 0 \\ \sin\delta \end{pmatrix}$$

auf. Bezeichnet β die geographische Breite des Standorts, so lauten die Basisvektoren in Komponentenform

$$\boldsymbol{b}_1 = \begin{pmatrix} \sin\beta\cos\varphi \\ \sin\beta\sin\varphi \\ \cos\beta \end{pmatrix}, \quad \boldsymbol{b}_2 = \begin{pmatrix} -\sin\varphi \\ \cos\varphi \\ 0 \end{pmatrix}, \quad \boldsymbol{b}_3 = \begin{pmatrix} \cos\beta\cos\varphi \\ \cos\beta\sin\varphi \\ \sin\beta \end{pmatrix}.$$

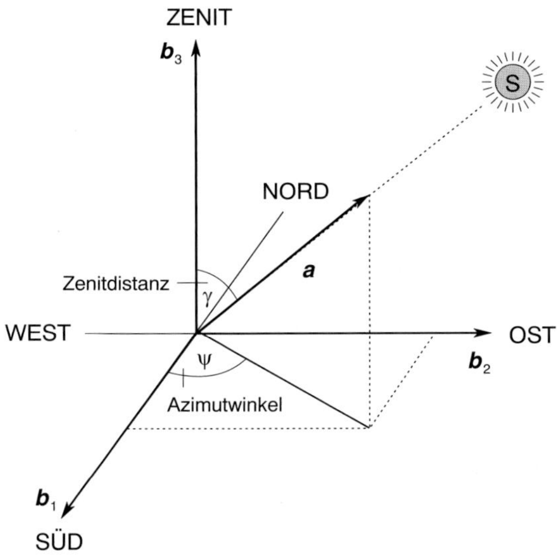

Abb. 28.4. Zur Charakterisierung der Einfallsrichtung der Sonnenstrahlung

Wegen der Erdrotation steigt der *Stundenwinkel* φ proportional zur Zeit an. Bei Beschränkung auf einen Tag kann das Koordinatensystem so gewählt werden, daß beim Tageshöchststand der Sonne $\varphi = 0$ gilt; bei Sonnenhöchststand strahlt die Sonne unter dem Winkel $\beta - \delta$ zur Vertikalen ($\boldsymbol{b}_3$) direkt von Süden.

Durch Bilden der Skalarprodukte des Richtungsvektors der Sonnenstrahlung $\boldsymbol{a}$ mit den Basisvektoren $\boldsymbol{b}_2$ und $\boldsymbol{b}_3$ lassen sich für jeden Stundenwinkel φ *Azimut* ψ und *Zenitdistanz* γ (Abb. 28.4) bzw. die *Einstrahlungshöhe* $90° - \gamma$ ermitteln

$$\cos(90° - \psi) = \boldsymbol{a} \cdot \boldsymbol{b}_2 \quad \text{und} \quad \cos(\gamma) = \boldsymbol{a} \cdot \boldsymbol{b}_3 .$$

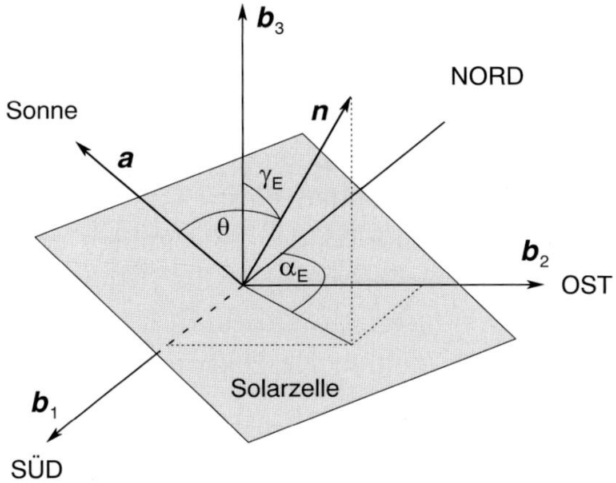

Abb. 28.5. Bestimmung des Einfallswinkel auf eine Absorberfläche mit Normalenvktor $\boldsymbol{n}$.

Im $\boldsymbol{b}_1\boldsymbol{b}_2\boldsymbol{b}_3$-System kann die Ausrichtung einer Solarzelle durch den Normalenvektor $\boldsymbol{n}$ angegeben werden (Abb. 28.5); zur Angabe von $\boldsymbol{n}$ wird gewöhnlich der Azimutwinkel[4] α_E und die Zenitdistanz γ_E verwendet

$$\boldsymbol{n} = \begin{pmatrix} -\sin(\gamma_\mathrm{E})\cos(\alpha_\mathrm{E}) \\ \sin(\gamma_\mathrm{E})\sin(\alpha_\mathrm{E}) \\ \cos(\gamma_\mathrm{E}) \end{pmatrix} . \tag{28.1}$$

Ist der Einfallsvektor $\boldsymbol{a}$ der Sonnenstrahlung im $\boldsymbol{b}_1\boldsymbol{b}_2\boldsymbol{b}_3$-System bekannt, so kann der Einfallswinkel θ auf die Absorberfläche über $\cos(\theta) = \boldsymbol{a}\cdot\boldsymbol{n}$ bestimmt werden.

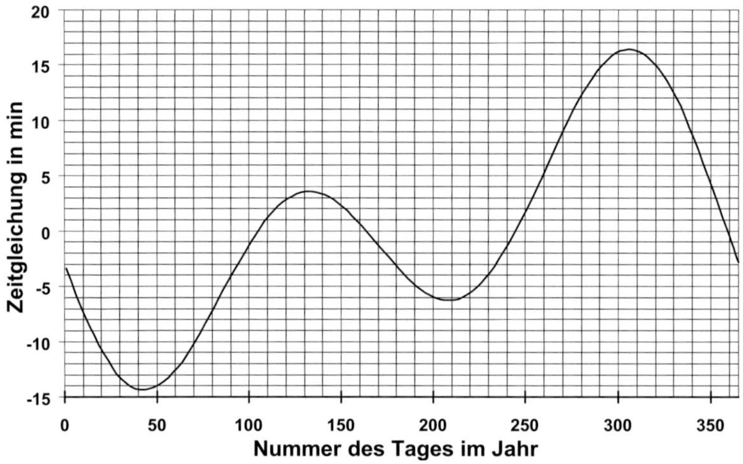

Abb. 28.6. Durch die Exzentrizität der Erdumlaufbahn bedingte Abweichung Δt zwischen Wahrer und Gesetzlicher Ortszeit

Beim Sonnenhöchststand ist die sog. *Wahre Ortszeit* (WOZ) oder auch *Sonnenzeit* genau 12 h. Da sich die Erde in 24 h einmal um ihre Achse dreht, nimmt φ um 15° je Stunde zu, d.h. aus der Wahren Ortszeit ergibt sich der sog. Stundenwinkel φ nach der Formel

$$\varphi = \frac{\mathrm{WOZ} - 12\,\mathrm{h}}{\mathrm{h}} \cdot 15^\circ \; ;$$

vormittags ergeben sich damit negative Werte von φ, nachmittags positive. Die Wahre Ortszeit weicht von der Gesetzlichen Zeit (GZ) ab. Im Gegensatz zur Wahren Ortszeit ist die Gesetzliche Zeit für alle Längengrade einer Zeitzone einheitlich. Die Gesetzliche Zeit muß deshalb um den Wert $(\lambda_0 - \lambda)\mathrm{h}/15^\circ$ erhöht werden, wobei λ den Längengrad des Standorts der Solaranlage und λ_0 den Bezugsmeridian der jeweiligen Zeitzone bezeichnet. Für die (Mitteleuropäische Zeitzone) MEZ gilt $\lambda_0 = -15^\circ$ im Winterhalbjahr, und $\lambda_0 = -30^\circ$ bei Sommerzeit. Unter Berücksichtigung einer kleinen Korrektur Δt welche

[4] Im Gegensatz zu ψ ist α_E der mit der Nordrichtung eingeschlossene Winkel.

Abweichungen der Umlaufbahn von der Kreisform berücksichtigt, folgt so für die Wahre Ortszeit

$$\mathrm{WOZ} = \mathrm{GZ} + \frac{\lambda_0 - \lambda}{15°} \cdot \mathrm{h} + \Delta t$$

Die durch die Exzentritzität der Erdumlaufbahn bedingte Korrektur ist gegeben durch die Gleichung (Abb. 28.6)

$$\Delta t = 7.38\,\mathrm{min} \cdot \cos\left(2\pi \frac{88 + N_\mathrm{d}}{365}\right) - 10.02\,\mathrm{min} \cdot \sin\left(4\pi \frac{10 + N_\mathrm{d}}{365}\right)$$

Der Zusammenhang zwischen Gesetzlicher Zeit und Wahrer Ortszeit ermöglicht die Ermittlung des Einfallswinkels der Strahlung zu einem bestimmten Zeitpunkt und damit die Bestimmung der optimalen Ausrichtung sowie einer möglichen Verschattung.

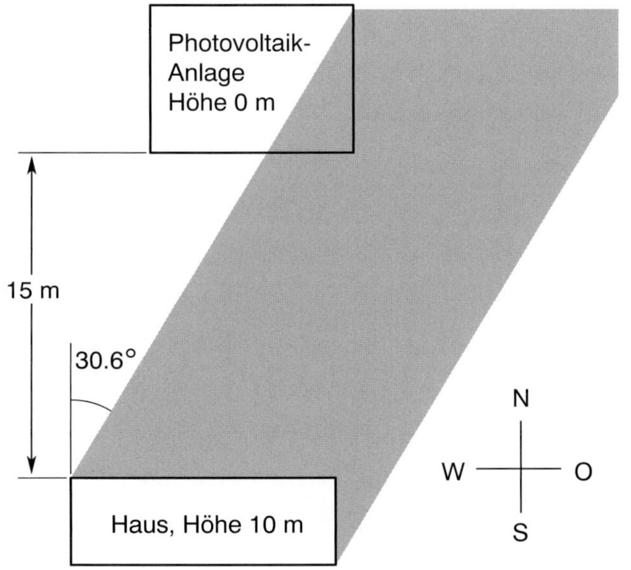

Abb. 28.7. Verschattung einer Photovoltaik-Anlage durch ein Haus nach Beispiel 28.1.1

Beispiel 28.1.1 Betrachtet wird eine Solaranlage bei Kempten[5] ($\lambda = -10.32\,°$, $\beta = 47.7\,°$). Am 1. November ($N_\mathrm{d} = 305$) gilt $\Delta t \approx 16\,\mathrm{min}$; um 14 h Gesetzlicher Zeit (GZ) ergibt sich damit die Wahre Ortszeit (WOZ)

$$\mathrm{WOZ} = \mathrm{GZ} + \frac{-15° - (-10.32°)}{15°}\,\mathrm{h} + 0.27\,\mathrm{h} = 13\,\mathrm{h}\,57\,,$$

was zum Stundenwinkel $\varphi = 29.4°$ führt. Die Zenitdistanz errechnet sich nun aus

$$\begin{aligned}\cos(\gamma) &= \cos(-15.36°)\cos(47.7°)\cos(29.4°) + \sin(-15.36°)\sin(47.7°) \\ &= 0.369\end{aligned}$$

[5] Standorte die östlich vom Nullmeridian liegen (östliche Länge) sind durch einen negativen Längengrad charakterisiert.

zu $\gamma = 68.3°$, d.h. die Sonnenstrahlung trifft unter dem Winkel 21.7° zur Horizontalen auf. Der Azimutwinkel folgt aus

$$\cos(\psi) = \frac{\cos(-15.36°)\sin(47.7°)\cos(29.4°) - \sin(-15.36°)\cos(47.7°)}{\sin(68.3°)}$$
$$= 0.86$$

zu $\psi = 30.6°$. Da der Stundenwinkel φ größer als Null ist, ist das positive Vorzeichen für ψ zu wählen. Ein Haus der Höhe 10 m wirft einen Schatten der Länge $L = 10\,\mathrm{m}/\tan(21.7°) = 35.1\,\mathrm{m}$; auf einer ebenerdigen Photovoltaik-Anlage ergibt sich die in Abb. 28.7 eingezeichnete Verschattung. Δ

28.2 Spektrale Empfindlichkeit

Die Bestrahlung der Solarzelle erfolgt nicht monochromatisch; die Rate mit der Photonen im Wellenlängenintervall zwischen λ und $\lambda+\mathrm{d}\lambda$ pro Flächeneinheit auftreffen errechnet sich als Quotient der spektralen Bestrahlungsstärke $E_{\mathrm{e},\lambda}$ und der Energie hc/λ der Photonen. Würde jedes der in diesem Wellenlängenintervall auftreffenden Photonen ein Elektron zum Kurzschlußstrom beitragen, so hätte dieser den Wert

$$\mathrm{d}I'_{\mathrm{sc}} = eA_{\mathrm{E}}\,\frac{\lambda}{hc}\,E_{\mathrm{e},\lambda}\,\mathrm{d}\lambda\,,$$

wobei A_{E} die Fläche der Solarzelle bezeichnet. Der wegen unvermeidlicher Verluste erzielbare Wert $\mathrm{d}I_{\mathrm{sc}}$ ist kleiner; das Verhältnis

$$\eta_{\mathrm{Q}}(\lambda) = \mathrm{d}I_{\mathrm{sc}}/\mathrm{d}I'_{\mathrm{sc}}$$

ist der *Quantenwirkungsgrad* der Solarzelle bei der Wellenlänge λ. Ist die Abhängigkeit des Quantenwirkungsgrads von der Wellenlänge der einfallenden Strahlung bekannt, so läßt sich der Kurzschlußstrom leicht durch Integration über die Wellenlänge ermitteln

$$I_{\mathrm{sc}} = \frac{eA_{\mathrm{E}}}{hc}\int_0^{\lambda_{\max}} \lambda\,\eta_{\mathrm{Q}}(\lambda) E_{\mathrm{e},\lambda}\,\mathrm{d}\lambda\,. \tag{28.2}$$

Der Quantenwirkungsgrad kann durch Lösen der Transportgleichungen errechnet werden. Dazu ist der Beitrag $\mathrm{d}I_{\mathrm{scn}}$ der über den n-seitigen Sperrschichtrand bei x_{n} (Abb. 28.8) in die Raumladungszone injizierten Löcher, der Beitrag $\mathrm{d}I_{\mathrm{scnp}}$ der in der Raumladungszone generierten Elektron-Loch-Paare und der Beitrag $\mathrm{d}I_{\mathrm{scp}}$ der bei x_{n} aus dem im p-Bahngebiet injizierten Elektronen zum Kurzschlußstrom zu ermitteln. Durch Addition der drei Beiträge ergibt sich der Beitrag der Photonen mit Wellenlängen zwischen λ und $\lambda + \mathrm{d}\lambda$ zum Kurzschlußstrom

$$\mathrm{d}I_{\mathrm{sc}} = \mathrm{d}I_{\mathrm{scn}} + \mathrm{d}I_{\mathrm{scpn}} + \mathrm{d}I_{\mathrm{scp}}\,.$$

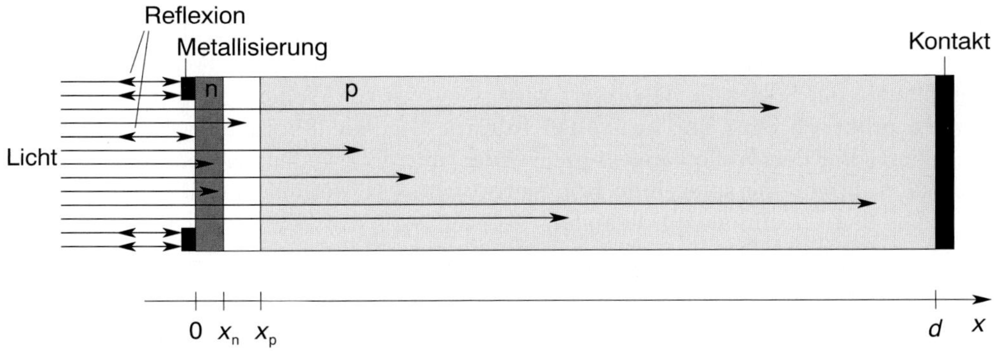

Abb. 28.8. Für die Berechnung des Quantenwirkungsgrads zugrundegelegter Querschnitt

Für die in der Raumladungszone erzeugten Elektron-Loch-Paare darf angenommen werden, daß sie durch das elektrische Feld so schnell aus der Raumladungszone abtransportiert werden, daß eine Rekombination in diesem Bereich vernachlässigt werden kann. Da die durch die Photonen mit Wellenlängen zwischen λ und $\lambda + \mathrm{d}\lambda$ bedingte Generationsrate $\mathrm{d}G_{h\nu} \sim \exp(-\alpha x)$ exponentiell abnimmt folgt für diesen Beitrag zum Kurzschlußstrom

$$\mathrm{d}I_{\mathrm{scpn}} = A_{\mathrm{E}} \int_{x_{\mathrm{n}}}^{x_{\mathrm{p}}} \mathrm{d}G_{h\nu}(x)\,\mathrm{d}x = \left(\mathrm{e}^{-\alpha x_{\mathrm{n}}} - \mathrm{e}^{-\alpha x_{\mathrm{p}}}\right)(1-r)\,\mathrm{d}I'_{\mathrm{sc}} \,. \tag{28.3}$$

Der Faktor $1 - r$ berücksichtigt dabei, daß ein durch den Reflexionskoeffizient r festgelegter Teil der Photonen bereits an der Oberfläche reflektiert wird. Bezeichnen $\eta_{\mathrm{Qn}}(\lambda)$ und $\eta_{\mathrm{Qp}}(\lambda)$ die Anteile mit denen die im n- bzw. p-Bahngebiet erzeugten Minoritäten zum Kurzschlußstrom beitragen, so gilt zusätzlich

$$\begin{aligned} \mathrm{d}I_{\mathrm{scn}} &= (1-r)\,\eta_{\mathrm{Qn}}(\lambda)\left(1-\mathrm{e}^{-\alpha x_{\mathrm{n}}}\right)\mathrm{d}I'_{\mathrm{sc}} \quad \text{und} \\ \mathrm{d}I_{\mathrm{scp}} &= (1-r)\,\eta_{\mathrm{Qp}}(\lambda)\,\mathrm{e}^{-\alpha x_{\mathrm{p}}}\,\mathrm{d}I'_{\mathrm{sc}} \,; \end{aligned}$$

für den Quantenwirkungsgrad der Solarzelle ergibt sich so mit $d_{\mathrm{j}} = x_{\mathrm{p}} - x_{\mathrm{n}}$

$$\frac{\eta_{\mathrm{Q}}(\lambda)}{1-r(\lambda)} = \eta_{\mathrm{Qn}}(\lambda)\left(1-\mathrm{e}^{-\alpha x_{\mathrm{n}}}\right) + \mathrm{e}^{-\alpha x_{\mathrm{p}}}\left(\eta_{\mathrm{Qp}}(\lambda) + \mathrm{e}^{\alpha d_{\mathrm{j}}} - 1\right) . \tag{28.4}$$

Tabelle 28.1 Absorption optischer Strahlung in einer Solarzelle (Beispiel 28.2.1)

$W_{h\nu}$	λ	$\alpha(\lambda)$	$1-\mathrm{e}^{-\alpha d}$	$1-\mathrm{e}^{-\alpha x_{\mathrm{n}}}$	$\mathrm{e}^{-\alpha x_{\mathrm{n}}}-\mathrm{e}^{-\alpha x_{\mathrm{p}}}$	$\mathrm{e}^{-\alpha x_{\mathrm{p}}}-\mathrm{e}^{-\alpha d}$
1.24	1000	72	0.4674	0.0107	0.0071	0.4496
1.5	828	780	1	0.114	0.0668	0.8228
2.0	621	4470	1	0.4886	0.1844	0.3271
2.5	497	18480	1	0.9375	0.0527	0.0099

$W_{h\nu}$ in eV, λ in nm und $\alpha(\lambda)$ in 1/cm

Beispiel 28.2.1 Tabelle 28.1 gibt für Photonen unterschiedlicher Energie Werte für den Absorptionskoeffizienten $\alpha(\lambda)$ in Silizium. Mit den im Beispiel gewählten

Werten $x_\mathrm{n} = 1.5\,\mu\mathrm{m}$, $x_\mathrm{p} = 2.5\,\mu\mathrm{m}$ und $d = 150\,\mu\mathrm{m}$ kann dann die Wahrscheinlichkeit $1 - \mathrm{e}^{-\alpha d}$ dafür berechnet werden, daß ein Photon der jeweiligen Wellenlänge beim Durchlaufen der Solarzelle absorbiert wird. Diese ist für Wellenlängen im sichtbaren Bereich praktisch eins; nur im Nahen Infrarot liegende Photonen werden schlecht absorbiert: Bei der Wellenlänge $1\,\mu\mathrm{m}$ werden nur 46.7 % der Photonen absorbiert. Dies kann durch eine spiegelnde Rückseite verbessert werden, da die Photonen die Solarzelle dann nochmals durchlaufen.

Ebenfalls berechnet wurden die Wahrscheinlichkeiten $1-\mathrm{e}^{-\alpha x_\mathrm{n}}$, $\mathrm{e}^{-\alpha x_\mathrm{n}} - \mathrm{e}^{-\alpha x_\mathrm{p}}$ und $\mathrm{e}^{-\alpha x_\mathrm{p}} - \mathrm{e}^{-\alpha d}$ dafür, daß das Photon bei einmaligem Durchlaufen in n-Bahngebiet, Raumladungszone oder p-Bahngebiet absorbiert wird. Während längerwellige Strahlung überwiegend im p-Gebiet absorbiert wird, dominiert bei kürzerwelligem Licht die Absorption in der n-Schicht. Δ

Im Fall großer Absorptionskoeffizienten α (kürzerwelliges Licht) wird der Wirkungsgrad stärker durch $\eta_\mathrm{Qn}(\lambda)$, bei kleinerem Absorptionskoeffizienten (längerwelliges Licht) stärker durch $\eta_\mathrm{Qp}(\lambda)$ bestimmt. In konventionellen einkristallinen Siliziumsolarzellen wird der größte Anteil der einfallenden Photonen im p-Gebiet umgesetzt, so daß $\eta_\mathrm{Qp}(\lambda)$ die größte Bedeutung für den Wirkungsgrad aufweist. Die folgende Ergänzung zeigt, wie sich $\eta_\mathrm{Qp}(\lambda)$ aus den Transportgleichungen ermitteln läßt.

Berechnung des Quantenwirkungsgrads $\eta_\mathrm{Qp}(\lambda)$. Die Vorgehensweise zur Berechnung des Quantenwirkungsgrads wird an dem in Abb. 28.8 skizzierten Aufbau gezeigt. Mit dem Absorptionskoeffizient $\alpha(\lambda)$ folgt für den Beitrag der Photonen im Wellenlängenintervall zwischen λ und $\lambda + \mathrm{d}\lambda$ zur Generationsrate an der Oberfläche der Solarzelle

$$\mathrm{d}G_{h\nu}(0) = [1-r]\,\alpha \frac{\lambda}{hc} E_{\mathrm{e},\lambda}\,\mathrm{d}\lambda = \frac{[1-r]\,\alpha}{eA_\mathrm{E}}\,\mathrm{d}I'_\mathrm{sc}\,. \tag{28.5}$$

Wegen der Absorption im Halbleitermaterial nimmt die durch Licht bedingte Generation von Elektron-Loch-Paaren exponentiell mit der Eindringtiefe ab

$$\mathrm{d}G_{h\nu}(x) = \mathrm{d}G_{h\nu}(0)\,\mathrm{e}^{-\alpha x}\,.$$

Der größte Beitrag zum Kurzschlußstrom wird i.allg. durch die im p-Bahngebiet erzeugten Elektron-Loch-Paare geliefert; die Diffusionsgleichung für die Elektronen lautet dort

$$\frac{\mathrm{d}^2}{\mathrm{d}x^2}\Delta n_\mathrm{p} - \frac{\Delta n_\mathrm{p}}{L_\mathrm{n}^2} + \frac{\mathrm{d}G_{h\nu}(0)\,\mathrm{e}^{-\alpha x}}{D_\mathrm{n}} = 0$$

an. Die allgemeine Lösung dieser inhomogenen Differentialgleichung zweiter Ordnung ist durch den Ansatz

$$\Delta n_\mathrm{p}(x) = a(\lambda)\exp\left(\frac{x}{L_\mathrm{n}}\right) + b(\lambda)\exp\left(-\frac{x}{L_\mathrm{n}}\right) - \frac{\tau_\mathrm{n}\mathrm{d}G_{h\nu}(0)\,\mathrm{e}^{-\alpha x}}{\alpha^2 L_\mathrm{n}^2 - 1}$$

gegeben. Die Integrationskonstanten $a(\lambda)$ und $b(\lambda)$ ergeben sich aus den Randbedingungen bei $x = x_\mathrm{p}$ und $x = d$. Die Dichte der Überschußelektronen am Sperrschichtrand ist durch die Shockleysche Randbedingung

$$\Delta n_\mathrm{p}(x_\mathrm{p}) = n_\mathrm{p0} \exp(V'/V_T)$$

vorgegeben; die Dichte der Überschußelektronen am Rückseitenkontakt wird durch die Rekombinationsgeschwindigkeit S_n am Kontakt bestimmt

$$S_\mathrm{n}\Delta n_\mathrm{p}(d) = -D_\mathrm{n} \frac{\mathrm{d}}{\mathrm{d}x} \Delta n_\mathrm{p}\bigg|_d .$$

Aus diesen Randbedingungen folgt mit $\nu_\mathrm{n} = D_\mathrm{n}/S_\mathrm{n}L_\mathrm{n}$ und $d_\mathrm{p} = d - x_\mathrm{p}$

$$\begin{aligned} a(\lambda) &= \frac{\tau_\mathrm{n}}{\alpha^2 L_\mathrm{n}^2 - 1} \frac{(1-\alpha\nu_\mathrm{n}L_\mathrm{n})\mathrm{e}^{-\alpha d_\mathrm{p}} + (\nu_\mathrm{n}-1)\mathrm{e}^{-d_\mathrm{p}/L_\mathrm{n}}}{(\nu_\mathrm{n}+1)\mathrm{e}^{d_\mathrm{p}/L_\mathrm{n}} + (\nu_\mathrm{n}-1)\mathrm{e}^{-d_\mathrm{p}/L_\mathrm{n}}} \mathrm{e}^{-x_\mathrm{p}/L_\mathrm{n}} \mathrm{d}G_{h\nu}(0)\mathrm{e}^{-\alpha x_\mathrm{p}} \\ &\quad + \frac{(\nu_\mathrm{n}-1)\mathrm{e}^{-d_\mathrm{p}/L_\mathrm{n}}}{(\nu_\mathrm{n}+1)\mathrm{e}^{d_\mathrm{p}/L_\mathrm{n}} + (\nu_\mathrm{n}-1)\mathrm{e}^{-d_\mathrm{p}/L_\mathrm{n}}} \mathrm{e}^{-x_\mathrm{p}/L_\mathrm{n}} \Delta n_\mathrm{p}(x_\mathrm{p}) \\ &= a_1(\lambda)\mathrm{e}^{-x_\mathrm{p}/L_\mathrm{n}} \mathrm{d}G_{h\nu}(x_\mathrm{p}) + a_2(\lambda)\mathrm{e}^{-x_\mathrm{p}/L_\mathrm{n}} \Delta n_\mathrm{p}(x_\mathrm{p}) \end{aligned}$$

und

$$\begin{aligned} b(\lambda) &= \frac{\tau_\mathrm{n}}{\alpha^2 L_\mathrm{n}^2 - 1} \frac{(\nu_\mathrm{n}+1)\mathrm{e}^{d_\mathrm{p}/L_\mathrm{n}} - (1-\alpha\nu_\mathrm{n}L_\mathrm{n})\mathrm{e}^{-\alpha d_\mathrm{p}}}{(\nu_\mathrm{n}+1)\mathrm{e}^{d_\mathrm{p}/L_\mathrm{n}} + (\nu_\mathrm{n}-1)\mathrm{e}^{-d_\mathrm{p}/L_\mathrm{n}}} \mathrm{e}^{x_\mathrm{p}/L_\mathrm{n}} \mathrm{d}G_{h\nu}(0)\mathrm{e}^{-\alpha x_\mathrm{p}} \\ &\quad + \frac{(\nu_\mathrm{n}+1)\mathrm{e}^{d_\mathrm{p}/L_\mathrm{n}}}{(\nu_\mathrm{n}+1)\mathrm{e}^{d_\mathrm{p}/L_\mathrm{n}} + (\nu_\mathrm{n}-1)\mathrm{e}^{-d_\mathrm{p}/L_\mathrm{n}}} \mathrm{e}^{x_\mathrm{p}/L_\mathrm{n}} \Delta n_\mathrm{p}(x_\mathrm{p}) \\ &= b_1(\lambda)\mathrm{e}^{x_\mathrm{p}/L_\mathrm{n}} \mathrm{d}G_{h\nu}(x_\mathrm{p}) + b_2(\lambda)\mathrm{e}^{x_\mathrm{p}/L_\mathrm{n}} \Delta n_\mathrm{p}(x_\mathrm{p}) . \end{aligned}$$

Die Überschußelektronendichte ist damit

$$\begin{aligned} \Delta n_\mathrm{p}(x) &= \left[a_1(\lambda)\mathrm{e}^{(x-x_\mathrm{p})/L_\mathrm{n}} + b_1(\lambda)\mathrm{e}^{-(x-x_\mathrm{p})/L_\mathrm{n}} - \frac{\tau_\mathrm{n}\mathrm{e}^{-\alpha(x-x_\mathrm{p})}}{\alpha^2 L_\mathrm{n}^2 - 1} \right] \mathrm{d}G_{h\nu}(x_\mathrm{p}) \\ &\quad + \left[a_2(\lambda)\mathrm{e}^{(x-x_\mathrm{p})/L_\mathrm{n}} + b_2(\lambda)\mathrm{e}^{-(x-x_\mathrm{p})/L_\mathrm{n}} \right] \Delta n_\mathrm{p}(x_\mathrm{p}) \end{aligned}$$

sie läßt sich als Summe eines durch $\mathrm{d}G_{h\nu}(x_\mathrm{p})$, d.h. durch die eingestrahlten Photonen im Wellenlängenbereich zwischen λ und $\lambda + \mathrm{d}\lambda$ bedingten, und eines durch $\Delta n_\mathrm{p}(x_\mathrm{p})$ bestimmten Terms darstellen.

Durch Ableiten von (28.6) folgt für den Strom der aus dem p-Bahngebiet in die Raumladungszone injizierten Elektronen

$$\begin{aligned} \mathrm{d}I_\mathrm{n} &= eA_\mathrm{E}D_\mathrm{n} \frac{\mathrm{d}J_\mathrm{n}}{\mathrm{d}x}\bigg|_{x_\mathrm{p}} \\ &= \frac{eA_\mathrm{E}D_\mathrm{n}}{L_\mathrm{n}} \left[a_1(\lambda) - b_1(\lambda) + \frac{\alpha\tau_\mathrm{n}L_\mathrm{n}}{\alpha^2 L_\mathrm{n}^2 - 1} \right] \mathrm{d}G_{h\nu}(x_\mathrm{p}) \\ &\quad + \frac{eA_\mathrm{E}D_\mathrm{n}}{L_\mathrm{n}} \left[a_2(\lambda) - b_2(\lambda) \right] \Delta n_\mathrm{p}(x_\mathrm{p}) . \end{aligned} \tag{28.6}$$

Mit dem in (14.31) definierten Sättigungsstrom I_S der Kurzbasisdiode und

$$dG_{h\nu}(x_p) = \frac{\alpha(1-r)}{eA_E} e^{-\alpha x_p} dI'_{sc}$$

folgt

$$dI_n = (1-r)\eta_{Qp}(\lambda) e^{-\alpha x_p} dI'_{sc} - I_S \left[\exp\left(\frac{V'}{V_T}\right) - 1\right] \quad (28.7)$$

mit dem Quantenwirkungsgrad

$$\eta_{Qp}(\lambda) = \frac{\alpha D_n}{L_n}\left[a_1(\lambda) - b_1(\lambda) + \frac{\alpha\tau_n L_n}{\alpha^2 L_n^2 - 1}\right] \quad (28.8)$$

$$= \frac{\alpha L_n}{\alpha^2 L_n^2 - 1}\left[\alpha L_n - \frac{\cosh\left(\frac{d_p}{L_n}\right) + \nu_n \sinh\left(\frac{d_p}{L_n}\right) + (\alpha\nu_n L_n - 1)e^{-\alpha d_p}}{\nu_n \cosh\left(\frac{d_p}{L_n}\right) + \sinh\left(\frac{d_p}{L_n}\right)}\right].$$

Der Strom der Solarzelle läßt sich nach (28.7) darstellen als Differenz eines durch die Beleuchtung bedingten Stroms und eines durch den Anstieg der Minoritätsdichte am Sperrschichtrand bedingten Stroms, der eine exponentielle Strom-Spannungscharakteristik aufweist. In der Ersatzschaltung der Solarzelle (vgl. Kap. 28.3) wird dies durch eine Stromquelle und eine Diode erfaßt.

Beispiel 28.2.2 Die in Beispiel 28.2.1 untersuchte Solarzelle soll eine mit $N_A = 10^{15}\,\text{cm}^{-3}$ dotierte Basiszone aufweisen und wird bei der Temperatur $T = 300\,\text{K}$ im Kurzschlußbetrieb ($\Delta n_p(x_p) = 0$) betrachtet. Mit der Lebensdauer τ_n und der Beweglichkeit $\mu_n = 1360\,\text{cm}^2/\text{Vs}$ folgt der Diffusionskoeffizient $D_n = 35.2\,\text{cm}^2/\text{s}$ und die Diffusionslänge $L_n = 265\,\mu\text{m}$. Ist die Rückseite direkt mit Metall kontaktiert, so ist die Rekombinationsgeschwindigkeit S_n sehr groß, d.h. es gilt annähernd $\nu_n = 0$. Im Fall einer Rückseite mit der sehr geringen Oberflächenrekombinationsgeschwindigkeit $S_n = 100\,\text{cm/s}$ folgt $\nu_n = 13.2$.

Wird die Solarzelle mit Licht der Wellenlänge $828\,\mu\text{m}$ bestrahlt, so daß $(1-r)E_e = 10\,\text{mW/cm}^2$ gilt, so ist

$$dG_{h\nu}(x_p) = \alpha\frac{\lambda}{hc}(1-r)E_e e^{-\alpha x_p} = 2.673\cdot 10^{19}\,\frac{1}{\text{cm}^3\,\text{s}}$$

Im Fall $\nu_n = 0$ ergibt sich $a_1 = -23.85\,\text{ns}$ und $b_1 = 72.59\,\text{ns}$, so daß mit $\xi = (x - x_p)/d_p$ folgt

$$\Delta n_p = -6.38\cdot 10^{11}\,\text{cm}^{-3}\,e^{0.5566\,\xi} + 19.41\cdot 10^{11}\,\text{cm}^{-3}\,e^{-0.5566\,\xi} - 13.03\cdot 10^{11}\,\text{cm}^{-3}\,e^{-11.505\,\xi}$$

Wird dieselbe Rechnung mit $\nu_n = 13.2$ durchgeführt, so folgt $a_1 = 10.73\,\text{ns}$ und $b_1 = 38.02\,\text{ns}$, so daß

$$\Delta n_p = 2.87\cdot 10^{11}\,\text{cm}^{-3}\,e^{0.5566\,\xi} + 10.16\cdot 10^{11}\,\text{cm}^{-3}\,e^{-0.5566\,\xi} - 13.03\cdot 10^{11}\,\text{cm}^{-3}\,e^{-11.505\,\xi}$$

Abbildung 28.9 zeigt den so berechneten Verlauf der Elektronendichte für die beiden

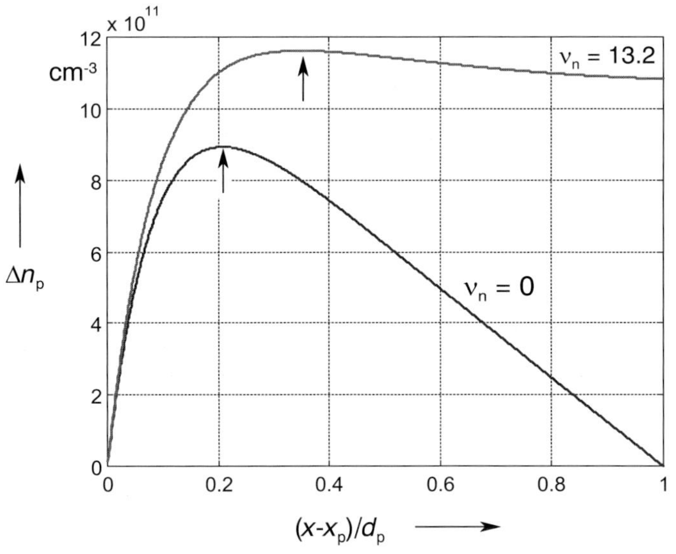

Abb. 28.9. Elektronendichte in der Bsis (p-Bahngebiet) der im Beispiel untersuchten Solarzelle für unterschiedliche Rückseitenkontakte

Fälle. Da Elektronen in Richtung des Konzentrationsgefälles diffundieren, können nur die Elektronen links vom Maximum von Δn_p zur Raumladungszone gelangen und zum Strom der Solarzelle beitragen. Dieser Anteil ist bei oxidpassivierter Rückseitenelektrode (kleines S_n) größer, was in sog. *Punktkontaktsolarzellen* [2] ausgenutzt wird, bei denen die Rückseite – abgesehen von kleinflächigen Kontakten – größtenteils mit einer Schicht aus thermischem Oxid überzogen ist. Δ

28.3 Kenngrößen und Ersatzschaltung

Das elektrische Verhalten der Solarzelle läßt sich anhand einer einfachen Ersatzschaltung verstehen.

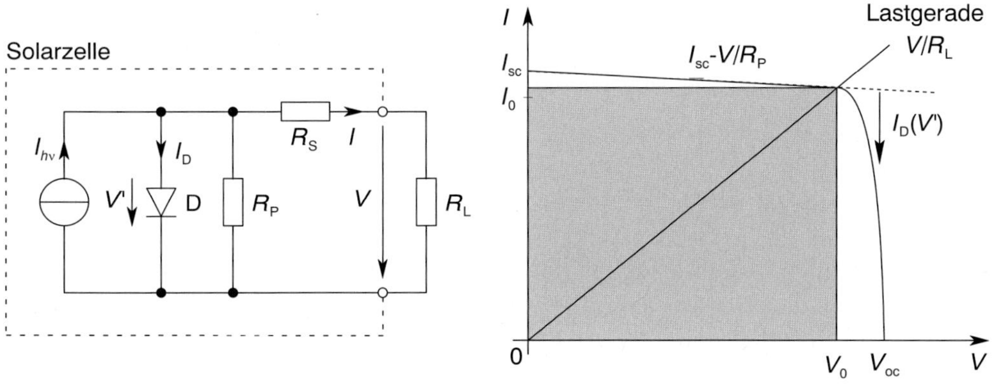

Abb. 28.10. (**a**) Ersatzschaltung und (**b**) Kennlinie einer Solarzelle

Kennlinie und Wirkungsgrad

Die Strom-Spannungs-Kennlinie der Solarzelle ergibt sich aus der in Abb. 28.10 a dargestellten Ersatzschaltung der Fotodiode. Der von der Solarzelle an den Verbraucher – hier ein ohmscher Lastwiderstand R_L – abgegebene Strom ist gleich dem Fotostrom $I_{h\nu}$ abzüglich des Stroms durch D und R_P

$$I = I_{h\nu} - I_\mathrm{S}\left[\exp\left(\frac{V'}{NV_T}\right) - 1\right] - \frac{V'}{R_\mathrm{P}} . \tag{28.9}$$

Die äußere Klemmenspannung und die Spannung V', die intern an der Diode abfällt, unterscheiden sich dabei um den Spannungsabfall am Serienwiderstand R_S

$$V' = V + R_\mathrm{S} I . \tag{28.10}$$

Für den *Kurzschlußstrom* I_sc folgt aus $V' \approx V = 0$

$$\boxed{I_\mathrm{sc} \approx I_{h\nu} ,} \tag{28.11}$$

während die *Leerlaufspannung* für große Werte von R_P aus $I = 0$ zu

$$\boxed{V_\mathrm{oc} \approx N\,V_T \ln\left(1 + \frac{I_{h\nu}}{I_\mathrm{S}}\right)} \tag{28.12}$$

folgt. Der Arbeitspunkt (V_0, I_0) wird festgelegt durch den Schnittpunkt von Kennlinie und Lastgerade.

Abgegebene Leistung, Maximum Power Point. Die bei einem bestimmten Arbeitspunkt an den Verbraucher abgegebene Leistung $P = V_0 \cdot I_0$ ist in Abb. 28.10 b als Fläche des markierten Rechtecks zu interpretieren. Die von der Solarzelle abgegebene Leistung hängt offensichtlich vom gewählten Arbeitspunkt ab. Der Punkt maximaler Leistungsabgabe MPP (*maximum power point*) liege bei $(V_\mathrm{M}, I_\mathrm{M})$. Bezeichnet Φ_e die auf die Solarzelle treffende Strahlungsleistung, so ist der Wirkungsgrad η der Zelle definiert durch

$$\eta = V_\mathrm{M} I_\mathrm{M}/\Phi_\mathrm{e} . \tag{28.13}$$

Das Verhältnis

$$\mathrm{FF} = V_\mathrm{M} I_\mathrm{M}/(V_\mathrm{oc} I_\mathrm{sc}) \tag{28.14}$$

wird gewöhnlich als *Füllfaktor* der Solarzelle bezeichnet. Dieser gibt den Flächenanteil des Rechtecks unter dem MPP $(V_\mathrm{M}, I_\mathrm{M})$ am Rechteck unter $(V_\mathrm{oc}, I_\mathrm{sc})$ an. Mit FF geht der Ausdruck für den Wirkungsgrad über in

$$\eta = \mathrm{FF}\, V_\mathrm{oc} I_\mathrm{sc}/\Phi_\mathrm{e} . \tag{28.15}$$

Kurzschlußstrom I_sc und einfallende Strahlungsleistung sind wie bei der Fotodiode über die Empfindlichkeit S miteinander verknüpft

$$I_{\mathrm{sc}} = S\Phi_{\mathrm{e}} = SAE_{\mathrm{e}} \,. \tag{28.16}$$

Einsetzen von (28.12) und (28.16) in Gl. (28.15) führt auf

$$\boxed{\eta = \mathrm{FF} \cdot NV_T\, S \,\ln\left(1 + \frac{SE_{\mathrm{e}}}{I_{\mathrm{S}}/A}\right) .} \tag{28.17}$$

Dies zeigt: Der Wirkungsgrad nimmt mit einfallender Bestrahlungsstärke zu. Da die Zunahme aber nur logarithmisch erfolgt und da mit erhöhter Bestrahlungsstärke in der Regel auch eine Zunahme der Temperatur und damit des Sättigungsstroms I_{S} verbunden ist, ist die Steigerung des Wirkungsgrads in konzentrierenden Solarzellen[6] zumeist unbedeutend.

Peakleistung. Wegen der tageszeitlichen und witterungsbedingten Schwankungen der auf die Solarzelle treffenden Strahlungsleistung ist die *Leistungsabgabe* zeitlich nicht konstant. Die von einer Solarzelle unter Standard-Prüfbedingungen ($E_0 = 1\,\mathrm{kW/m^2}$, AM 1.5, Zelltemperatur 25°C) im MPP abgegebene Leistung wird i.allg. als *Peakleistung* P_{peak} (Einheit $\mathrm{W_p}$) spezifiziert. Der unter diesen Bedingungen erzielte Wirkungsgrad errechnet sich mit der Fläche A der Solarzelle zu $\eta_0 = P_{\mathrm{peak}}/(AE_0)$. Durch Ändern der Bestrahlungsstärke und der Temperatur ändert sich nicht nur die abgegebene Leistung, sondern auch der Wirkungsgrad.

Temperaturabhängigkeit. Die Kennlinie einer Solarzelle ist temperaturabhängig. Für den *Kurzschlußstrom* I_{sc} wird dabei gewöhnlich eine Zunahme mit der Temperatur beobachtet. Der Grund hierfür liegt zum einen in einer Abnahme der Energielücke mit der Temperatur, wodurch auch längerwellige Photonen Elektron-Loch-Paare erzeugen und damit zum Strom der Solarzelle beitragen können. Zum anderen muß die Mehrzahl der durch Licht erzeugten Elektronen erst zur Sperrschicht diffundieren, um zum Fotostrom beitragen zu können. Da die Ladungsträgerdiffusion wegen der stärkeren Wärmebewegung bei höheren Temperaturen bevorzugt abläuft, nimmt I_{sc} mit der Temperatur zu; der Temperaturkoeffizient des Kurzschlußstroms liegt dabei typischerweise bei $5\cdot 10^{-4}\,\mathrm{K}^{-1}$. Die *Leerlaufspannung* V_{oc} nimmt – im Gegensatz zu I_{sc} – mit zunehmender Temperatur ab. Der Grund ist die Temperaturabhängigkeit des Sättigungsstroms I_{S} und der Temperaturspannung V_T: Der Strom $I_{h\nu}$ fließt bereits bei kleineren Spannungen V' durch die Diode ab. Bei einer typischen Änderung $-1.5\,\mathrm{mV/K}$ und der für Siliziumsolarzellen typischen Leerlaufspannung 600 mV ergibt sich für V_{oc} ein Temperaturkoeffizient der Größenordnung $-2.5\cdot 10^{-3}\,\mathrm{K}^{-1}$. Da dieser betragsmäßig wesentlich größer ist als der Temperaturkoeffizient des Kurzschlußstroms, nimmt der Wirkungsgrad η der Solarzelle mit zunehmender Temperatur ab.

[6] Der Hauptvorzug konzentrierender Solarkollektoren, bei denen die einfallende Strahlungsleistung durch Fokussierung (über Spiegel oder vorgeschaltete Fresnel-Linsen) erhöht wird, liegt in der Reduktion der erforderlichen Zellflächen. Dies ermöglicht es, teure Zellen mit hohem Wirkungsgrad einzusetzen.

Nennbetriebs-Zelltemperatur (NOCT). Die Temperatur einer Solarzelle erhöht sich annähernd proportional zur auftreffenden Strahlungsleistung. Vom Hersteller wird die in der Regel die *Nennbetriebs-Zelltemperatur* NOCT spezifiziert. Diese stellt sich bei der Umgebungstemperatur 20°C und der Bestrahlungsstärke 800 W/m² bei einer Windgeschwindigkeit von 1 m/s ein. Die Betriebstemperatur einer Zelle errechnet sich aus der Umgebungstemperatur ϑ_{A} und der Bestrahlungsstärke gemäß

$$\vartheta = \vartheta_{\mathrm{A}} + (\mathrm{NOCT} - 20°\mathrm{C}) \frac{E_{\mathrm{e}}}{800\,\mathrm{W/m^2}}$$

Makromodell der Solarzelle für Simulationen mit SPICE

Unter Verwendung des SPICE-Diodenmodells läßt sich leicht ein *Makromodell* für die Solarzelle generieren. Für die Diode werden dabei lediglich die Parameter I_{S} und N, (sowie evtl. I_{SR} und N_R) spezifiziert. Parallelwiderstand R_{P} und Serienwiderstand R_{S} werden als zusätzliche Elemente entsprechend der in Abb. 28.11a gezeigten Ersatzschaltung eingefügt. Der Wert von R_{P} ergibt sich dabei sofort aus der Steigung der Kennlinie bei Beleuchtung (lineare Auftragung) bei kleinen Spannungswerten. Die übrigen Parameter resultieren aus der Dunkelkennlinie im Flußbereich (logarithmische Auftragung) und werden wie bei der pn-Diode ermittelt.

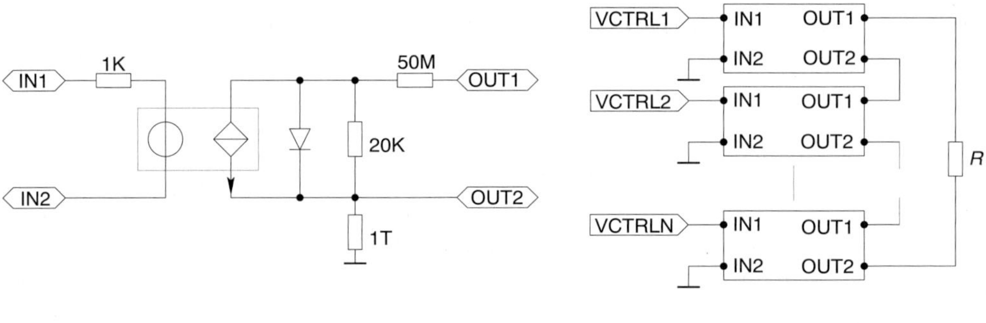

Abb. 28.11. Makromodell für Solarzellen. (**a**) Ersatzschaltung und (**b**) Reihenschaltung (Array)

Der Fotostrom $I_{h\nu}$ wird in der Ersatzschaltung von einer Stromquelle geliefert; in Abb. 28.11 a ist diese als stromgesteuerte Stromquelle ausgeführt um unterschiedliche Bestrahlungsstärken beschreiben zu können. Am Eingang der Schaltung wird eine zur *Bestrahlungsstärke* proportionale Steuerspannung angelegt, etwa $V = E_{\mathrm{e}} \cdot \mathrm{V\,m^2/W}$. Bei einem Serienwiderstand von 1 kΩ fließt im Eingangskreis demnach bei der Bestrahlungsstärke 1 W/m² der Strom 1 mA. Durch Vorgabe eines TK für den Serienwiderstand kann die *Temperaturabhängigkeit* des Fotostroms $I_{h\nu}$ erfaßt werden.

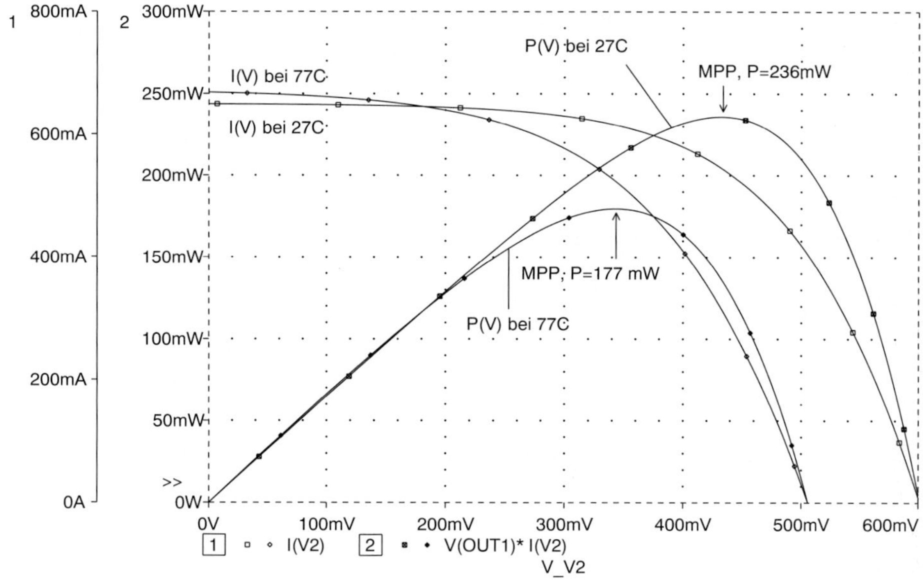

Abb. 28.12. $I(V)$-Kennlinie und Leistungsabgabe einer Solarzelle für zwei verschiedene Temperaturwerte

Beispiel 28.3.1 Weist $I_{h\nu}$ beispielsweise den Temperaturkoeffizienten $6 \cdot 10^{-4}/\mathrm{K}$ auf, so ist dem Widerstand `TC = -6E-4`, also das Negative dieses Temperaturkoeffizienten zuzuweisen. Der Koppelfaktor der stromgesteuerten Stromquelle ist so zu wählen, daß sich zu gegebener Bestrahlungsstärke der Zelle der richtige Kurzschlußstrom einstellt. Im betrachteten Fall wäre für einen Kurzschlußstrom von 650 mA bei $1\,\mathrm{kW/m^2}$ der Koppelfaktor -0.65 zu wählen. Abbildung 28.12 zeigt mit diesem Modell simulierte Kennlinien (Bestrahlungsstärke $1\,\mathrm{kW/m^2}$) für zwei verschiedene Werte der Temperatur. Die von der Solarzelle im MPP abgegebene Leistung nimmt um 25 % von 236 mW auf 177 mW ab. Die Hauptursache hierfür ist die Abnahme der Leerlaufspannung V_{oc} von 602 mV auf 504 mV (annähernd -2 mV/K). Δ

28.4 Einkristalline Solarzellen

Abbildung 28.13 zeigt schematisch den Aufbau einer einfachen einkristallinen Siliziumsolarzelle. Einkristalline Solarzellen werden gewöhnlich aus Siliziumwafern, wie sie auch zur Verwendung integrierter Schaltungen benötigt werden, durch Diffusion eines pn-Übergangs und Kontaktierung hergestellt. Derartige Solarzellen weisen im Vergleich zu Solarzellen aus amorphem oder polykristallinem Silizium höhere Wirkungsgrade und eine sehr hohe Lebensdauer auf, erfordern allerdings auch den höchsten Energieeinsatz und sind am teuersten. Standard-Solarzellen aus Silizium weisen die Fläche $12.5 \times 12.5\,\mathrm{cm^2}$ und eine Dicke von ca. 300 µm auf, es werden aber auch größere Zellen (z.B. $15 \times 15\,\mathrm{cm^2}$ oder $20 \times 20\,\mathrm{cm^2}$) mit verringerter Dicke (z.B 150 µm)

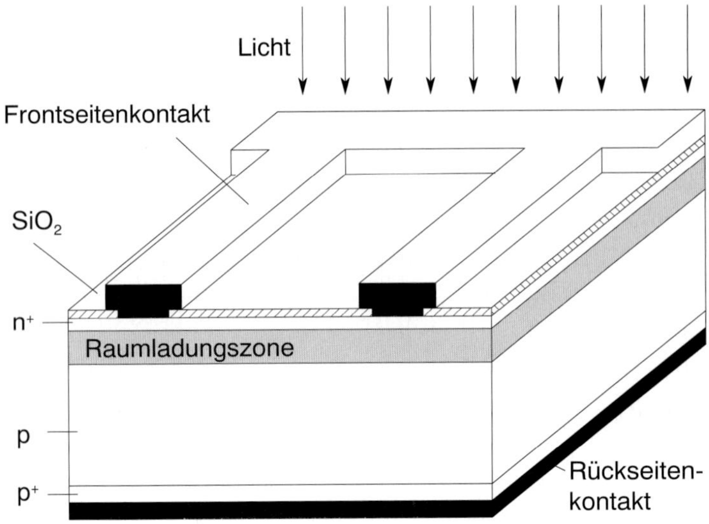

Abb. 28.13. Aufbau einer einfachen einkristallinen Siliziumsolarzelle mit pn-Übergang

hergestellt, wodurch weniger Silizium verbraucht wird. Der Prozeßablauf bei der Herstellung folgt i.allg. dem folgenden Schema:

- Sägen des Silizium-Einkristalls und
- naßchemisches Ätzen um Schäden durch das Sägen zu beseitigen. Durch das Ätzen gehen auf Vorder- und Rückseite ca. 20 µm Silizium verloren, das Sägen führt zu einem Materialverlust von ca. 200 µm [3]. Die so hergestellten Wafer werden nun einer
- Reinigung unterworfen; anschließend wird durch
- Diffusion von Phosphor der Emitter in dem p-Typ-Substrat hergestellt.[7]
- Diffusion von Bor-Atomen in die Wafer-Rückseite erhöht dort die Akzeptorkonzentration und erzeugt ein elektrisches Feld, das die in der Basis erzeugten Minoritäten vom Rückseitenkontakt abstößt. Bei ⟨100⟩-orientiertem Silizium kann nun noch eine
- Ätzung zur Herstellung einer Oberflächentextur durchgeführt werden. Die nun aufgebrachte
- Passivierung erfolgt durch Abscheiden einer Schicht aus SiO_2 oder Si_3N_4 (Siliziumnitrid). Abscheiden einer Siliziumnitridschicht in einem Plasma-CVD-Verfahren führt dabei zum Einbau von Wasserstoffatomen in das Kristallgitter; diese können sich an nicht abgesättigte Bindungsorbitale

[7] Da Elektronen eine höhere Beweglichkeit aufweisen als Löcher ist die Diffusionslänge für Elektronen größer als die für Löcher. Da in einkristallinen Zellen die meisten Elektron-Loch-Paare im schwach dotierten basis-Gebiet erzeugt werden und die Minoritäten erst zur Raumladungszone diffundieren müssen um zum Strom beitragen zu können ist das Substratmaterial standardmäßig p-Typ. Moderne Dünnschichtsolarzellen mit einem Basisgebiet dessen Dicke deutlich kleiner ist als die Diffusionlänge, ist diese Betrachtung weniger bedeutend; in derartigen Solarzellen kann es durchaus vorteilhaft sein n-Typ Substratmaterial zu verwenden [4].

anlagern und deaktivieren damit verbundene Rekombinationszentren, was sich in einer Erhöhung der Lebensdauer für Minoritätsladungsträger auswirkt [5].

- Elektrische Anschlüsse werden im Standardprozeß im Siebdruckverfahren hergestellt [6]. Die aufgebrachte Paste besteht neben Partikeln aus Silber oder Aluminium mit Durchmessern von typ. $5 - 10\,\mu m$ aus einem Pulver das sich beim Einbrennen durch die Nitridschicht ätzt und so den elektrischen Anschluß erzeugt. Die in der Siebdruckpaste enthaltenen Binde- und Lösemittel verdampfen bei diesem Einbrennvorgang. Die minimale Stegbreite der mit dem Siebdruckverfahren hergestellten Leiterbahnen liegt bei ca. $100\,\mu m$.

Auf diesem Weg hergestellte Solarzellen weisen typische Zellwirkungsgrade von $15 - 16\,\%$ auf.

Der *Wirkungsgrad* einer Solarzelle wird durch verschiedene Verlustmechanismen beschränkt. Von der einfallenden Strahlungsleistung kann eine Siliziumsolarzelle theoretisch höchstens 44 % ausnutzen (vgl. Beispiel 28.4.1); Verluste (vgl. Abb. 28.14) durch Reflexion an der Oberfläche der Solarzelle, Rekombinationsverluste sowie Verluste am Serienwiderstand reduzieren diesen Wert in sehr guten Solarzellen weiter auf etwas mehr als 20 %.

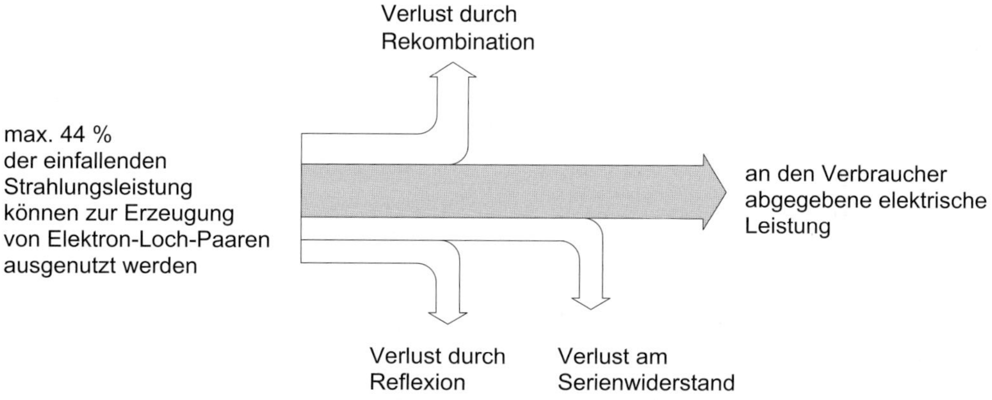

Abb. 28.14. In einer Solarzelle wirksame Verlustmechanismen

Die *Empfindlichkeit* S der Zelle wird bestimmt durch die *Reflexionsverluste* (beschrieben durch den Reflexionskoeffizient $r(\lambda)$), *Abschattungsverluste* (beschrieben durch den Anteil $\sigma \leq 1$ der Zellenoberfläche, die nicht von Metallisierungsstegen bedeckt ist) sowie den internen Quantenwirkungsgrad $\eta_Q(\lambda)$

$$S(\lambda) = [1 - r(\lambda)] \cdot \sigma \cdot \eta_Q(\lambda) \cdot \frac{e}{hc} \cdot \lambda\,. \tag{28.18}$$

Ziel der Optimierung des Wirkungsgrads einkristalliner Solarzellen ist es, die einzelnen Faktoren durch technische Maßnahmen zu verbessern.

Optimierung des Wirkungsgrads

Optimale Energielücke. Photonen, deren Energie knapp oberhalb der Energielücke liegt, tragen mit dem höchsten Wirkungsgrad zum Fotostrom bei, da nahezu die gesamte Energie zur Erzeugung von Elektron-Loch-Paaren aufgewandt wird. Photonen mit Energien $h\nu < W_\mathrm{g}$ können keine Elektron-Loch-Paare erzeugen und tragen nicht zum Fotostrom bei. Photonen mit Energien deutlich größer als W_g erzeugen zwar ein Elektron-Loch-Paar; dieses weist wegen der überschüssigen Energie jedoch eine große kinetische Energie auf, die über Gitterstöße zu einer unerwünschten Erwärmung der Zelle beiträgt. Der photovoltaische *Grenzwirkungsgrad* η_∞ errechnet sich aus der Annahme, daß jedes Photon mit $h\nu > W_\mathrm{g}$ ein Elektron-Loch-Paar erzeugt, das zum Fotostrom beiträgt.

Beispiel 28.4.1 Der Grenzwirkungsgrad läßt sich analytisch berechnen, falls das Spektrum der einfallenden Strahlung dem eines schwarzen Körpers der Temperatur T_S entspricht. Die spektrale Strahlungsflußdichte $D_{\mathrm{e}\lambda}$ ist dann

$$D_{\mathrm{e}\lambda} \sim \frac{W^5}{\exp\left(W/k_\mathrm{B}T_\mathrm{S}\right) - 1} \qquad \text{mit} \qquad \lambda = \frac{hc}{W}\,.$$

Die Flußdichte der Photonen mit Energien zwischen W und $W + \Delta W$ ist unter diesen Umständen proportional zu

$$\frac{D_{\mathrm{e}\lambda}}{W}\frac{\mathrm{d}\lambda}{\mathrm{d}W}\,\Delta W \sim \frac{W^2\,\Delta W}{\exp\left(W/k_\mathrm{B}T_\mathrm{S}\right) - 1}\,.$$

Die Wahrscheinlichkeit $f_{h\nu}(W)\,\Delta W$ dafür, daß ein beliebig „herausgegriffenes“ Photon eine Energie in diesem Bereich aufweist, ist demnach

$$f_{h\nu}(W)\Delta W = \frac{1}{a}\frac{W^2\,\Delta W}{\exp\left(W/k_\mathrm{B}T_\mathrm{S}\right)-1} \qquad \text{mit} \qquad \frac{1}{a} = \int_0^\infty \frac{W^2}{\exp\left(W/k_\mathrm{B}T_\mathrm{S}\right)-1}\,\mathrm{d}W\,.$$

Da nur Photonen mit Energien $h\nu > W_\mathrm{g}$ zur Energieumwandlung beitragen, und zwar mit der Energie W_g, folgt hieraus der Grenzwirkungsgrad zu

$$\eta_\infty = \frac{W_\mathrm{g}\displaystyle\int_{W_\mathrm{g}}^\infty f_{h\nu}(W)\,\mathrm{d}W}{\displaystyle\int_0^\infty W\,f_{h\nu}(W)\,\mathrm{d}W} = \frac{\displaystyle\int_{W_\mathrm{g}}^\infty \frac{W^2\,W_\mathrm{g}}{\exp(W/k_\mathrm{B}T_\mathrm{S}) - 1}\,\mathrm{d}W}{\displaystyle\int_0^\infty \frac{W^3}{\exp(W/k_\mathrm{B}T_\mathrm{S}) - 1}\,\mathrm{d}W}\,.$$

Zur Auswertung des Integrals kann die allgemeine Beziehung [7]

$$\int_0^\infty \frac{x^{n-1}}{\mathrm{e}^{\alpha x} - \beta}\,\mathrm{d}x = \frac{1}{\beta\,\alpha^n}\,(n-1)!\sum_{\mathrm{k}=1}^\infty \frac{\beta^k}{k^n}$$

verwendet werden. Für die Integrale folgt so

$$\int_0^\infty \frac{W^3}{\exp(W/k_B T_S) - 1} \, dW = 3! \, (k_B T_S)^4 \sum_{m=1}^{\infty} \frac{1}{m^4} = \frac{\pi^4}{15} (k_B T_S)^4$$

$$\int_{W_g}^\infty \frac{W_g W^2}{\exp(W/k_B T_S) - 1} \, dW = \int_0^\infty \frac{W_g (W_g + \overline{W})^2}{\exp[(W_g + \overline{W})/k_B T_S] - 1} \, d\overline{W}$$

$$= (k_B T_S)^4 \sum_{m=1}^{\infty} \left(\frac{\xi^3}{m} + \frac{2\xi^2}{m^2} + \frac{2\xi}{m^3} \right) e^{-m\xi}$$

und damit für den photovoltaischen Grenzwirkungsgrad

$$\eta_\infty = \frac{15}{\pi^4} \sum_{m=1}^{\infty} \left(\frac{\xi^3}{m} + \frac{2\xi^2}{m^2} + \frac{2\xi}{m^3} \right) \cdot e^{-m\xi} .$$

Ist $\xi = W_g/k_B T_S$ größer als eins, so konvergiert die Reihe sehr schnell; bei der Auswertung genügt es dann, die ersten Reihenglieder zu berücksichtigen. Bei $T =$ 300 K folgt für Silizium ($W_g = 1.12$ eV) $\xi \approx 2.204$ und $\eta_\infty = 44\,\%$, für GaAs ($W_g = 1.42$ eV) entsprechend $\eta_\infty = 41\,\%$. Bei Berücksichtigung der tatsächlich an der Erdoberfläche vorkommenden Spektralverteilung ergeben sich geringfügig andere Werte. △

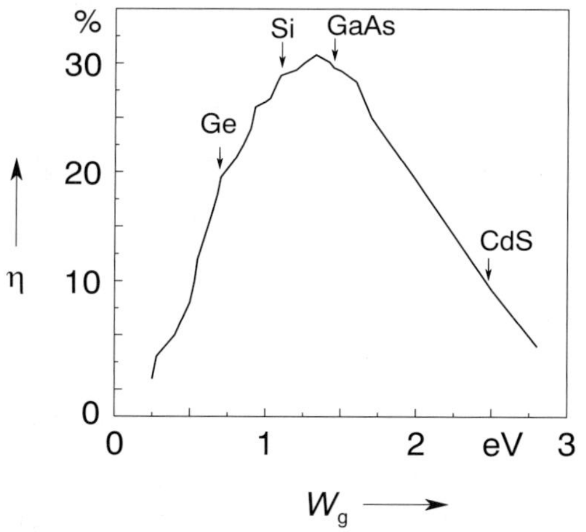

Abb. 28.15. Grenzwirkungsgrad von Solarzellen als Funktion der Energielücke

Wird die Energielücke verkleinert, so sind wegen der größer werdenden Grenzwellenlänge eine zunehmende Anzahl von Photonen in der Lage Elektron-Loch-Paare zu erzeugen, was sich in einer Zunahme des Kurzschlußstroms I_{sc} auswirkt. Auf der anderen Seite nimmt der Sättigungsstrom I_S der internen Diode mit abnehmendem W_g zu, was sich in einer Abnahme der Leerlaufspannung V_{oc} bemerkbar macht. Die maximal von der Solarzelle lieferbare Leistung FF$\cdot V_{oc} I_{sc}$ wird deswegen mit abnehmender Energielücke nicht kontinuierlich ansteigen, sondern nach Überschreiten eines optimalen Werts wieder absinken. Trägt man den unter Berücksichtigung der in der Solarzelle auftretenden Rekombinationsverluste maximal erreichbaren Wirkungsgrad η

über der Energielücke auf, so ergibt sich bei $T = 300\text{K}$ und einer Bestrahlung mit AM 1.5 der in Abb. 28.15 gezeigte Verlauf. Der *optimale Wert der Energielücke* liegt demnach zwischen 1 eV und 1.5 eV.

Rekombinationsverluste. Ein hoher Wirkungsgrad erfordert eine möglichst große Minoritätslebensdauer in den Bahngebieten und damit möglichst reines Silizium.[8] Zusätzlich kommt es, wie das Beispiel 28.2.2 bereits zeigte, auf eine möglichst geringe Oberflächenrekombination an. Diese wird an der Oberseite in der Regel durch eine Oxidpassivierung herabgesetzt, wodurch die Empfindlichkeit der Zelle im kurzwelligen Spektralbereich deutlich verbessert werden kann.

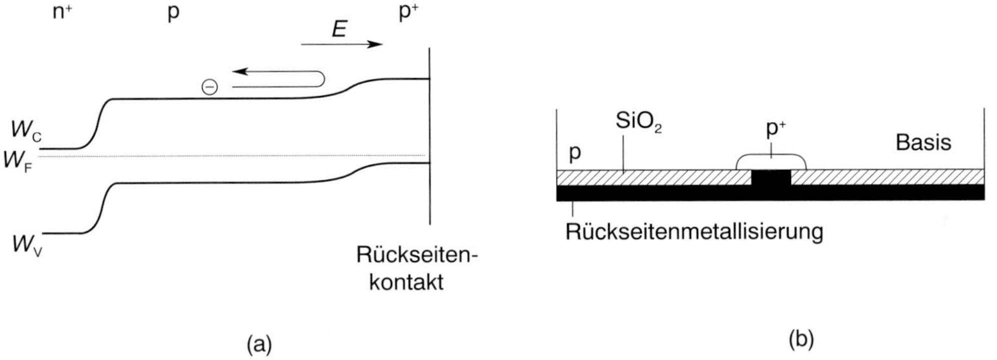

Abb. 28.16. Maßnahmen zur Reduktion der Rekombination am Rückkontakt. (**a**) BSF-Zelle und (**b**) Punktkontaktzelle

Zur Reduktion der Rekombination von Elektronen am Rückseitenkontakt wurden die sog. *BSF-Zellen*[9] entwickelt. Dabei erzeugt ein Gefälle der Dotierstoffkonzentration in der Nähe des Kontakts ein elektrisches Feld, das der Elektronendiffusion zum Kontakt hin entgegenwirkt (Abb. 28.16 a). Diese Technik wird meist mit *Punktkontakten* an der Rückseite kombiniert (Abb. 28.16 b). Durch thermische Oxidation der Rückseite läßt sich eine defektarme Oberfläche erzeugen, an der wenig Ladungsträger rekombinieren können. Wegen der reduzierten Kontaktfläche kann so der Ladungsträgerverlust durch Rekombination am Rückkontakt verringert werden.[10]

---

[8] Eine Untersuchung der Auswirkung unterschiedlicher metallischer Verunreinigungen auf den Wirkungsgrad von Solarzellen bietet [8].

[9] Von englisch: Back Surface Field.

[10] Die BSF-Technik erfordert nicht notwendig eine Bordiffusion von der Rückseite: In [9] wird berichtet, daß Aluminium (3. Hauptgruppe) bei hohen Temperaturen mit Silizium eine Legierung bildet, die zu geringen Oberflächenrekombinationsgeschwindigkeiten von ca. 200 cm/s führt.

Reflexion. Reflexionsverluste werden durch *Vergüten* der Oberfläche vermindert. Zu diesem Zweck wird die Solarzelle mit einer[11] transparenten Schicht überzogen, deren Brechungsindex zwischen dem des Halbleitermaterials und dem von Luft liegt. Der Brechungsindex n ist optimal als geometrisches Mittel der Brechungsindizes der angrenzenden Medien gewählt; im Fall einer an Luft angrenzenden Solarzelle müßte demnach gelten $n = \sqrt{n_{\mathrm{Si}}}$. Der Brechungsindex von Silizium ist abhängig von der Wellenlänge, der Mittelwert für den sichtbaren Bereich liegt annähernd bei 4 weswegen der Brechungsindex einer aufgebrachten Vergütungsschicht annähernd 2 betragen sollte. In der Praxis verwendete Vergütungsschichten sind beispielsweise thermisches Oxid (Brechungsindex ca. 1.5) und Siliziumnitrid (Brechungsindex ca. 2.05). Die Vergütung ist optimal, wenn die Schichtdicke gleich einem Viertel der Wellenlänge λ/n des Lichts in der Vergütungsschicht ist. Da das Sonnenlicht nicht monochromatisch ist, wird die Vergütungsschicht für den dominierenden Wellenlängenbereich um $\lambda \approx 550$ nm ausgelegt. Silizium Solarzellen erscheinen bläulich da die aufgebrachte Vergütung kurzwelliges blaues Licht stärker reflektiert als längerwelliges: Die Dicke der Vergütungsschicht ist auf das Maximum der spektralen Bestrahlungsstärke bei ca. 550 nm abgestimmt.

Die Dicke der Vergütungsschicht bestimmt die Farbe der Solarzelle. Durch Verändern der Schichtdicke lassen sich deshalb Solarzellen mit veschiedenen Farben herstellen [11]. Da in Gebäude integrierte Solarzellen wichtige architektonische Elemente darstellen, kann es interessant sein, dies zur Gestaltung einzusetzen. Bei der Verschaltung von Solarzellen unterschiedlicher Farbe in einem Modul (um ein bestimmtes Muster zu erzielen), muß auf identische Kurzschlußströme geachtet werden, da andernfalls der Wirkungsgrad sinkt.

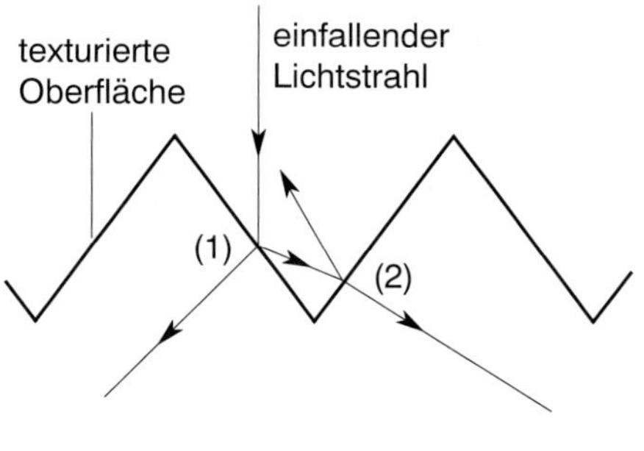

Abb. 28.17. Oberflächentextur zur Verminderung der Reflexionsverluste

Weitere Verbesserungen ergeben sich durch *Texturieren* der Oberfläche. Durch ein anisotropes naßchemisches Ätzverfahren lassen sich pyramidenförmige Vertiefungen in der Oberfläche der Solarzelle erzeugen. Einfallendes Licht, das an der Oberfläche reflektiert wird (Abb. 28.17, (1)), trifft auf die benachbarte Pyramidenwand (2) und hat nochmals eine „Chance“, in die Solarzelle einzudringen. Auf diesem Weg kann die Reflexion vermindert werden.

[11] Für Hochleistungssolarzellen werden auch Mehrschichtvergütungen [10] verwendet.

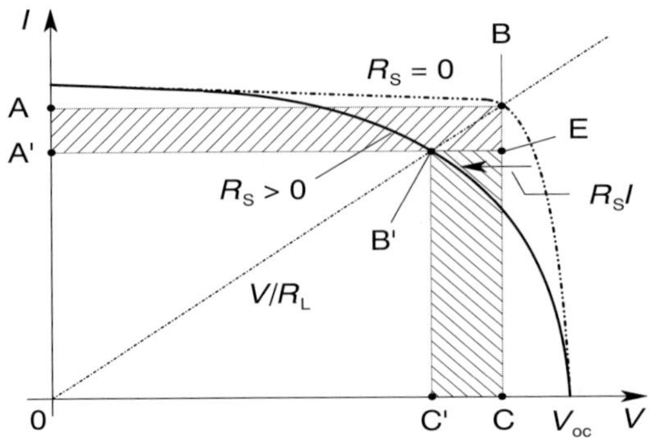

Abb. 28.18. Zur Auswirkung des Serienwiderstands auf die im MPP verfügbare Leistung

Serienwiderstand und Abschattungsverluste. Abbildung 28.18 zeigt den von einer Solarzelle abgegebenen Strom als Funktion der Klemmenspannung für $R_S = 0$ (gestrichelt) und $R_S \neq 0$ (durchgezogen). Die für $R_S = 0$ an den Lastwiderstand R_L abgegebene Leistung kann als Fläche des Rechtecks ABCO, die für $R_S \neq 0$ an R_L abgegebene Leistung als Fläche von A'B'C'O interpretiert werden. Der Serienwiderstand reduziert die von der Solarzelle abgegebene Leistung demnach in zweifacher Hinsicht: Zum einen wird im Serienwiderstand die Verlustleistung $R_S I^2$ umgesetzt, was in Abb. 28.18 der Fläche CC'B'E entspricht; zum anderen wird durch den Spannungsabfall am Bahnwiderstand die innere Diode stärker in *Flußrichtung* gepolt, d. h. in der Diode rekombiniert eine zunehmende Zahl von Elektron-Loch-Paaren, was der Fläche AA'BE in Abb. 28.18 entspricht. Eines der wichtigsten Ziele bei der Optimierung einer Solarzelle ist deshalb die Minimierung des wirksamen Serienwiderstands.

Der Serienwiderstand setzt sich aus dem Kontaktwiderstand an der Rückseite, dem ohmschen Widerstand der Bahngebiete (p-Typ und n-Typ), den Kontaktwiderständen, dem ohmschen Widerstand der Metallfinger auf der Frontseite und dem ohmschen Widerstand des Sammelbusses zusammen. Insbesondere die Kontaktierung des an der Oberfläche liegenden n-Typ-Gebiets ist sorgfältig auszulegen, da die dort eingesetzten Metallstege zu unerwünschten *Abschattungsverlusten* führen. Hier ist ein Kompromiß zu schließen: Jede Abdeckung der Oberfläche verringert die Empfindlichkeit der Solarzelle, weswegen Metallisierungsstege mit möglichst geringer Breite wünschenswert sind. Eine abnehmende Stegbreite bedingt andererseits eine Erhöhung des Serienwiderstands R_S, was sich wiederum nachteilig auf den Wirkungsgrad auswirkt.[12] Schwächer dotierte Emitter ermöglichen prinzipiell einen höheren Wirkungsgrad, haben jedoch den Nachteil eines größeren Serienwiderstands im n-Bahngebiet und erfordern ein dichteres Netz von Metallstegen der Oberflächenmetallisierung mit erhöhten Abschattungsverlusten.

Abbildung 28.19 zeigt zwei Wege zur Reduktion unerwünschter Abschattungseffekte durch die Frontseitenkontaktierung. In Abb. 28.19 a ist die Vor-

[12]Eine Betrachtung zur diesbezüglichen Optimierung ist in [12] zu finden.

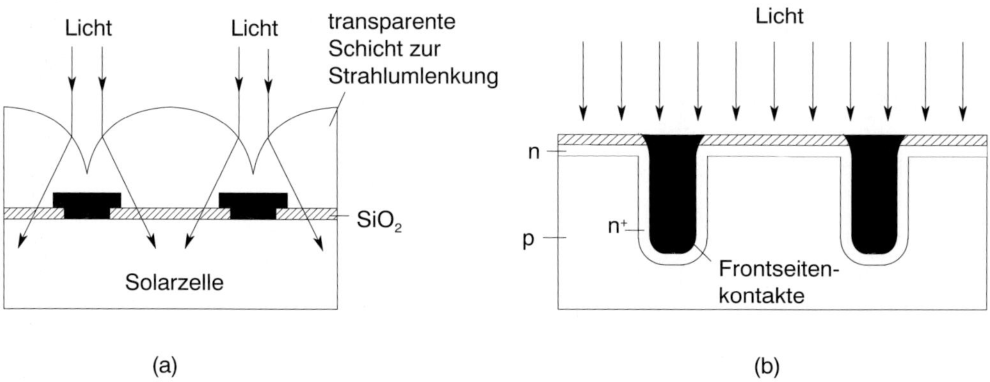

Abb. 28.19. Reduktion von Abschattungseffekten. (**a**) Optische Strahlumlenkung, (**b**) niederohmige vergrabene Metallisierungsbahnen mit geringem Querschnitt bezüglich der einfallenden Strahlung

derseite der Zelle von einer transparenten optischen Schicht überzogen, deren Oberfläche so geformt ist, daß einfallende Lichtstrahlen an den Leiterbahnen vorbei in das Halbleitermaterial abgelenkt werden. In Abb. 28.19 b wird eine niederohmige Frontseitenkontaktierung mit geringer Querschnittsfläche gegenüber dem einfallenden Licht durch Metallstege erreicht, die in tiefen Gräben geführt werden (sog. Buried Contact Solarzelle). Die Gräben werden dabei vor Diffusion des pn-Übergangs durch Bearbeiten der Halbleiteroberfläche mit dem Laser erzeugt. Dieser schneidet nach Abscheiden der als Antireflexschicht dienenden Oberflächenpassivierung ca. 30 µm breite Gräben in die Oberfläche die als Diffsionsmaske für eine lokale n^+-Diffusion dienen. Das Auffüllen der Gräben kann etwa mit Nickel erfolgen, das sich aus einer Lösung nur auf der freiliegenden Halbleiteroberfläche, nicht aber auf der Passivierungsschicht niederschlägt.

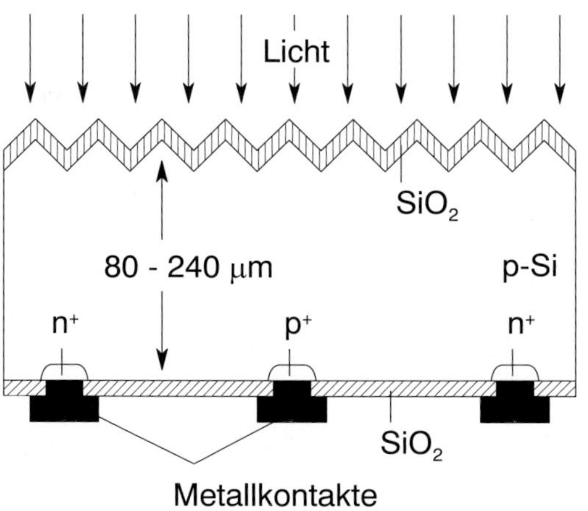

Abb. 28.20. Rückseitig kontaktierte Punktkontaktsolarzelle

Abschattungseffekte werden völlig ausgeschlossen, wenn n-Bahngebiet und p-Bahngebiet auf der Rückseite kontaktiert werden, wie in der in Abb. 28.20

skizzierten Punktkontaktsolarzelle. Bei dieser sind Vorder- und Rückseite der Zelle weitgehend durch eine SiO_2-Schicht mit geringer Oberflächenrekombination passiviert. Die Fläche der hochdotierten Kontaktgebiete ist klein gehalten, wodurch Rekombinationsverluste an den Kontakten minimiert werden. Die Textur der Frontseite vermindert einerseits Reflexionsverluste; andererseits erhöht sich die „optische Weglänge", da einfallendes Licht wegen der Brechung die Solarzelle i. allg. nicht senkrecht zur Rückseite durchläuft. Die Schichtdicke der Zelle kann deshalb kleiner als bei konventionellen Zellen gewählt werden. Da die Metallisierung auf der Rückseite erfolgt, lassen sich bei diesem Zelltyp sehr geringe Serienwiderstände erzielen. Als weiterer Vorzug ist die einfache Verdrahtung beim Zusammenschalten der Zellen zu Arrays zu nennen. Mit Punktkontaktsolarzellen wurden in konzentrierenden Kollektoren bereits Wirkungsgrade von mehr als 28 % nachgewiesen.

Der Trend zu größeren Solarzellenflächen ist problematisch im Hinblick auf die Verdrahtung, da wegen der größeren Ströme größere Leiterquerschnitte erforderlich sind um Serienwiderstandsverluste gering zu halten. Dies bedingt höhere Abschattungsverluste und kann zusätzlich – da die Leiterbahnen von der Oberseite der einen Zelle zur Rückseite der anderen Zelle geführt werden müssen – Probleme durch mechanische Verspannungen hervorrufen. Ein Ansatz um sowohl Emitter als auch Basiskontakt einer Solarzelle auf der Rückseite ausführen zu können ist das sog. Pin-up module (PUM) [13]; bei diesem Ansatz wird vor der Diffusion des Emitters mit dem Laser ein Array[13] von Löchern in den Wafer gebohrt, über das der Emitter mit einem auf der Rückseite ausgeführten Kontakt verbunden werden kann. Vorteile des Ansatzes liegen in einer verringerten Abschattung und geringerem Serienwiderstand insbesondere bei Zellen mit großer Fläche sowie einer besseren Ausnutzung der Modulfläche

Zellen aus III-V-Verbindungshalbleitern

Einkristalline Zellen aus III-V-Verbindungshalbleitern wie GaAs, GaAlAs, GaInAs, GaInAsP und InP ermöglichen höchste Wirkungsgrade. Die spektrale Empfindlichkeit von GaAs-Solarzellen stimmt sehr gut mit der spektralen Bestrahlungsstärke der Sonnenstrahlung überein. Wegen der direkten Energielücke weisen GaAs-Solarzellen höhere Absorptionskoeffizienten auf als Siliziumsolarzellen; die erforderliche Schichtdicke ist deshalb geringer. Dieser Vorzug der GaAs-Solarzellen wird durch Probleme mit der Rekombination der erzeugten Ladungsträger an der Halbleiteroberfläche (Galliumarsenid läßt sich nicht wie Silizum durch eine einfache thermische Oxidation passivieren), die Giftigkeit der Bestandteile Ga und As sowie die hohen Kosten aufgewogen; die Verbreitung derartiger Solarzellen ist deshalb trotz ihrer Vorzüge gering.

[13] Für eine Zelle der Fläche 20 cm×20 cm werden 36 Löcher benötigt.

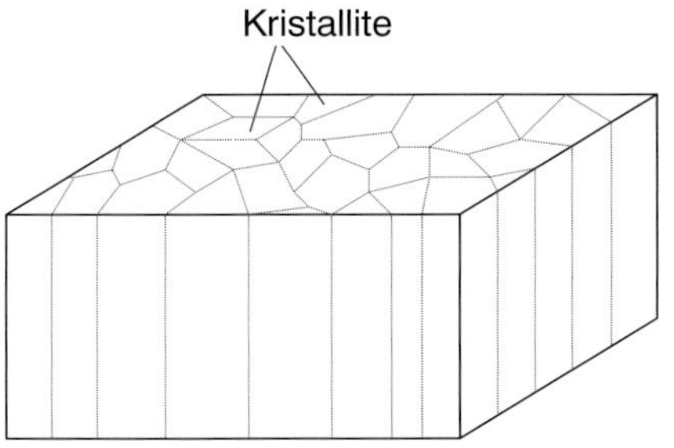

Abb. 28.21. Kolumnares polykristallines Gefüge

28.5 Polykristalline Siliziumsolarzellen

Bei polykristallinen Siliziumsolarzellen entfällt das Ziehen eines Siliziumeinkristalls nach dem Czochralski-Verfahren. Stattdessen wird das Silizium in Blöcke gegossen. Durch geeignete Temperaturführung beim Abkühlen unter die Schmelztemperatur kann erreicht werden, daß das Silizium als kolumnares polykristallines Gefüge mit sehr großen Körnern erstarrt (vgl. Abb. 28.21). Nach dem Erstarren wird das Material senkrecht zu den säulenförmigen Kristalliten in Scheiben gesägt und wie im Fall einkristalliner Solarzellen weiterbearbeitet. Die Korngrenzen verlaufen dann weitgehend senkrecht zur Siliziumscheibe; dies ist vorteilhaft, da parallel zur Oberfläche verlaufende Korngrenzen Leckströme bedingen[14] und damit zu einem verringerten Wirkungsgrad führen.

Polykristalline Solarzellen bieten Vorzüge bei der Verschaltung zu Arrays, da die polykristallinen Blöcke mit quadratischem Grundriß gegossen werden können. So ergeben sich ohne Verschnitt quadratische Solarzellen, die sich leicht in Arrays nebeneinander anordnen lassen. Wegen der etwas schlechteren Kristallqualität des polykristallinen Materials resultiert eine höhere Störstellenkonzentration (insbesondere an den Korngrenzen), die zu einer Reduktion der Lebensdauer für Minoritäten und damit des Wirkungsgrads führt. Durch geeignete Behandlung des polykristallinen Siliziums lassen sich mit dieser Technik dennoch Wirkungsgrade über 18 % erzielen [14].

28.6 Dünnschichtsolarzellen

In *Dünnschichtsolarzellen* werden nur dünne Halbleiterschichten mit Dicken der Größenordnung 1 µm verwendet. Diese werden in der Regel direkt aus der Gasphase auf einen Träger (i. allg. Glas) abgeschieden, wobei große Flächen bei hohem Durchsatz zu vergleichsweise niedrigen Kosten beschichtet werden können. Weitere Vorzüge sind die einfache Realisierbarkeit von Arrays verschalteter Solarzellen, die wegen der Abscheidung auf eine gemeinsame Glasplatte auf reduzierte Anforderungen bezüglich Rahmung und Abdichtung

[14] Insbesondere dann, wenn sie in der Sperrschicht zu liegen kommen.

führen. Probleme bei der Entwicklung von Dünnschichtsolarzellen bereitet die *Langzeitstabilität*. Das Interesse an Dünnschichtsolarzellen konzentriert sich derzeit auf Solarzellen aus amorphem Silizium sowie Heterostrukturzellen aus binären und ternären Verbindungshalbleitern.

28.6.1 Amorphe Siliziumsolarzellen

Amorphe Siliziumsolarzellen erfordern wegen des günstigen Absorptionsverhaltens des amorphen Siliziums (vgl. Abb. 28.22a) nur eine vergleichsweise geringe Schichtdicke. Dies wirkt sich günstig auf die zur Herstellung benötigte Energie aus. Ferner lassen sich Solarzellenarrays bereits bei der Herstellung der Zellen realisieren, wobei eine Rahmung und Abdichtung des Panels nicht erforderlich ist, da direkt auf Glas abgeschieden wird. Dies ist von besonderer Bedeutung bei verschalteten Solarzellen für den Betrieb von leistungsarmen MOS-Schaltungen (z. B. in Taschenrechnern oder Armbanduhren). Dort liegt derzeit auch das Hauptanwendungsgebiet amorpher Siliziumsolarzellen. Probleme gibt es allerdings noch mit der *Langzeitstabilität* – der elektrische Wirkungsgrad nimmt mit zunehmender Bestrahlung ab. Ursache der Verschlechterung des Wirkungsgrads ist eine Zunahme der Rekombinationszentren im Halbleiter durch die Bestrahlung (Staebler-Wronski-Effekt). Die Abnahme des Wirkungsgrads kann bis zu 30 % im ersten Betriebsjahr betragen.

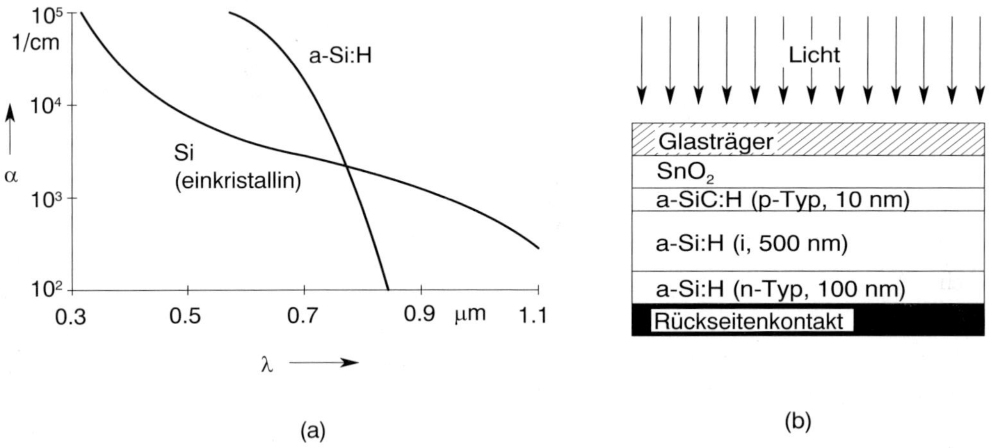

Abb. 28.22. (**a**) Absorptionskoeffizient von einkristallinem und amorphem Silizium, (**b**) typischer Aufbau einer Dünnschichtsolarzelle aus amorphem Silizium

Herstellung. Amorphe Siliziumschichten lassen sich durch thermische Zersetzung von Silan (SiH_4) erzeugen (thermische CVD). Dabei setzt sich das Silizium auf dem vorgeheizten Substrat ab. Die Substrattemperatur darf dabei nicht größer als 625 °C sein, da die aufwachsende Schicht ansonsten ein polykristallines Gefüge aufweist. Die mit wachsender Temperatur zunehmende Abscheiderate wird hierdurch auf ca. 10 nm/min begrenzt. Die durch dieses Verfahren erzeugten Halbleiterschichten weisen eine geringe Minoritätslebensdauer auf und sind nicht geeignet für photovoltaische Anwendungen: Ein großer Teil der erzeugten Elektron-Loch-Paare rekombiniert wieder, ohne zum Fotostrom an den Klemmen beitragen zu können. Ursache der verringerten Minoritätslebensdauer sind die in amorphem Silizium häufig anzutreffenden „dangling bonds", das sind nicht abgesättigte Bindungsorbitale bedingt durch fehlende Bindungspartner im nicht perfekten Festkörper. Diese wirken als Rekombinationszentren und vermindern damit die Minoritätslebensdauer.

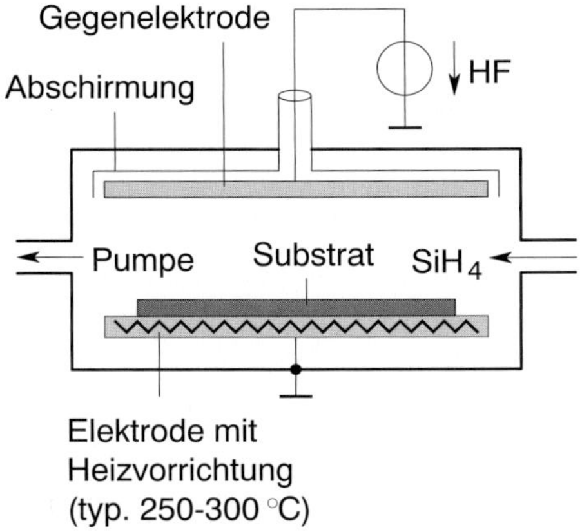

Abb. 28.23. Plasma-CVD

Eine wesentliche Herabsetzung der Störstellenkonzentration wurde erst durch das Plasma-CVD-Verfahren erzielt. Dabei wird das Silan in einer Glimmentladung bei einer Substrattemperatur von typischerweise 300 °C zersetzt. Bei dieser Temperatur reicht die thermische Energie der Gasmoleküle nicht aus, um die Bindungen des SiH_4 aufzulösen; die Anregung erfolgt über Elektronenstöße im Plasma. Im Unterschied zum thermischen CVD-Verfahren wird bei der Plasma-CVD *Wasserstoff* im Festkörper eingebaut (a-Si:H). Dies führt zu sehr viel höheren Minoritätslebensdauern, da die „dangling bonds" mit Wasserstoffatomen *abgesättigt* und damit als Rekombinationszentren inaktiv werden.

Dotiereffizienz. Kristallines Silizium läßt sich gut dotieren, da jedes Atom vier nächste Nachbarn hat: Ein eingebautes Bor-Atom wird mit seinen drei Valenzelektronen deshalb stets ein nur mit einem Elektron besetztes Bindungsorbital erzeugen. Wird das Bor-Atom dagegen im amorphen Silizium anstatt eines Siliziumatoms eingebaut, das nur drei nächste Nachbarn aufweist, so sind sämtliche Bindungsorbitale abgesättigt, das Boratom wirkt dann nicht als Akzeptor. Die *„Dotiereffizienz"* im amorphen Silizium ist aus diesem Grund deutlich kleiner als eins.

Abbildung 28.22 b zeigt das Aufbauschema einer typischen Solarzelle aus amorphem Silizium. Die Zelle wurde in [15] beschrieben und besitzt einen Wirkungsgrad von 12.65 %. Auf dem Glasträger wird zunächst eine transparente Elektrode aus SnO_2 erzeugt, die als Frontseitenkontakt dient. Über dieser wird eine pin-Struktur abgeschieden; die p-dotierte Schicht aus amorphem a-SiC:H weist wegen des beigemengten Kohlenstoffs eine Energielücke von annähernd 2.4 eV auf. Das einfallende Licht wird deswegen hauptsächlich

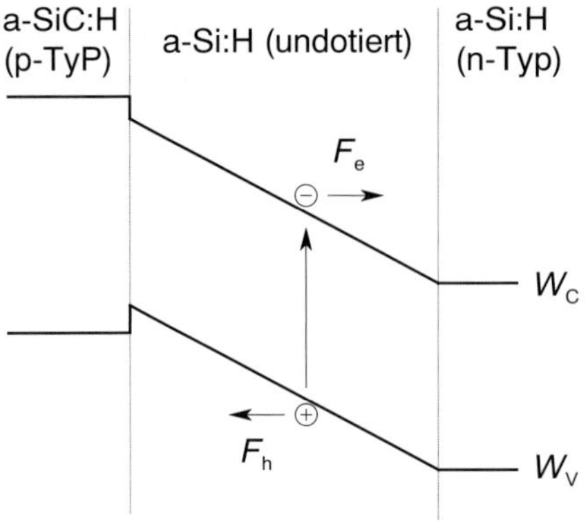

Abb. 28.24. Bänderschema einer Solarzelle aus amorphem Silizium

in der folgenden nur schwach dotierten a-Si:H-Schicht der Dicke $d_i \approx 500$ nm absorbiert. Bedingt durch die pin-Struktur baut sich in der schwach dotierten Schicht ein elektrisches Feld der Größenordnung 1V/µm auf (Abb. 28.24). Trotz der im Vergleich zu einkristallinem Silizium sehr viel geringeren Beweglichkeit und Diffusionslänge kann so eine effiziente Trennung der generierten Elektron-Loch-Paare erzielt werden.[15]

28.6.2 Heterostruktur-Dünnschicht-Solarzellen

CdTe-Solarzellen. Abbildung 28.25a zeigt das Aufbauschema einer CdTe-Dünnschicht-Solarzelle [16]. Bei der Herstellung wird hier auf einen Glasträger eine dünne Schicht SnO_2:F (fluordotiertes Zinnoxid) abgeschieden, das mit einem Flächenwiderstand von $(5-10)\,\Omega$ einen niederohmigen Anschluß für die darauf abgeschiedene CdS-Schicht (Dicke ca. (50 − 80) nm) darstellt. Diese Schicht ist für einen Großteil der auftreffenden optischen Strahlung transparent, da nur Photonen mit einer Energie größer als $W_g \approx (2.35-2.37)$ eV Elektron-Loch-Paare erzeugen können. Über die CdS-Schicht wird eine (3 − 5) µm dicke p-dotierte Schicht CdTe ($W_g \approx 1.56$ eV) abgeschieden, in der die einfallende Strahlung vorzugsweise absorbiert wird. Die abgeschiedenen Schichten sind polykristallin mit Korngrößen im Mikrometerbereich. CdTe-Dünnschicht-Solarzellen ermöglichen Wirkungsgrade größer als 12 % mit vergleichsweise kostengünstigen Herstellungstechniken und zeigen nur eine sehr geringe Degradation. Problematisch ist die Giftigkeit des Cadmium und die Schwierigkeit, niederohmige Kontakte an das p-dotierte CdTe herzustellen.

[15] Für eine wirkungsvolle Trennung der Ladungsträger sollte die Transitzeit $t_{tr} \approx d_i/(2v)$ kleiner sein als die Minoritätslebensdauer, die typischerweise im Bereich von $(10^{-8}-10^{-6})$ s liegt. Mit der Beweglichkeit von typischerweise $\mu \approx 0.1\,\mathrm{cm^2/(Vs)}$ und der Feldstärke $E \approx 10^4$ V/cm ist die Driftgeschwindigkeit $v = \mu E \approx 10^7$ µm/s, was für $d_i = 0.5$ µm auf $t_{tr} \approx 50$ ns führt.

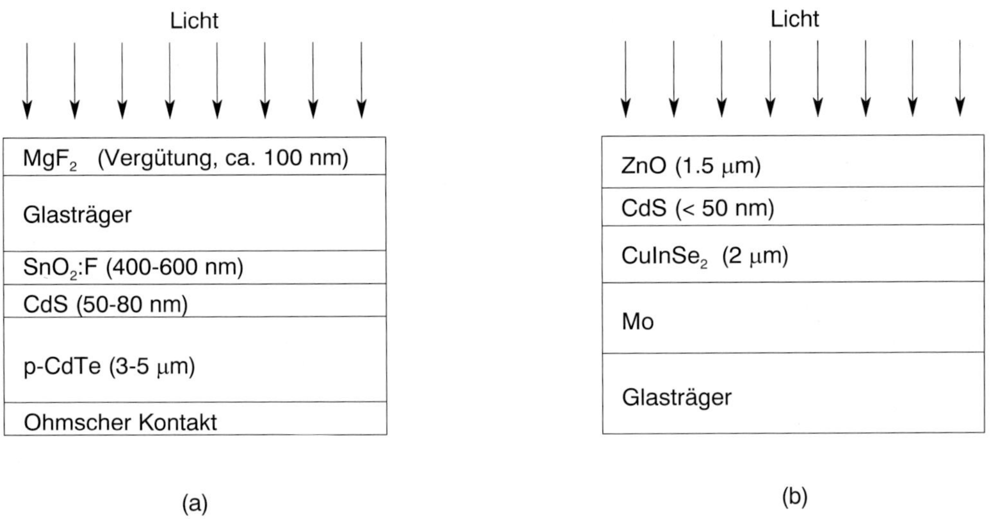

Abb. 28.25. Aufbauschema von Dünnschichtsolarzellen mit Verbindungshalbleitern. (**a**) CdTe-Zelle (nach [16]) und (**b**) CIS-Zelle (nach [17])

CIS-Solarzellen. Die in Abb. 28.25 b gezeigte CIS-Zelle zeichnet sich gegenüber der CdTe-Zelle durch einen sehr viel geringeren Cadmium-Anteil aus. Die CdS-Schicht mit einer typischen Dicke von 50 nm trägt wegen ihrer großen Energielücke ($W_g \approx 2.5\,\text{eV}$) kaum zur Absorption bei. Das Licht wird deshalb hauptsächlich in der wenige Mikrometer dicken polykristallinen $CuInSe_2$-Schicht (Kupfer-Indium-Diselenid, CIS) mit der Energielücke $W_g = 1.02\,\text{eV}$ absorbiert.[16] Der CdS/$CuInSe_2$-Heteroübergang weist eine relative Änderung der Gitterkonstanten („lattice mismatch") von lediglich 1.2 % auf, was geringe Verspannungen im Gitter bedingt. Mit CIS-Solarzellen sind Wirkungsgrade größer als 12 % möglich, die Degradation ist vernachlässigbar.

Mehrfach-Solarzellen. Mehrfach-Solarzellen stellen eine Reihenschaltung mehrerer *übereinander* angeordneter, dünner Solarzellen aus Halbleitermaterialen mit unterschiedlicher Energielücke dar. Auf diesem Weg kann das Spektrum der einfallenden Sonnenstrahlung besser ausgenutzt werden. Der Aufbau solcher Mehrfachsolarzellen ist recht aufwendig: Die einzelnen Halbleiterschichten werden aus der Gasphase auf dem als Träger dienenden Germaniumsubstrat abgeschieden. Deshalb wurden derartige Zellen zunächst vor allem für die Anwendung im Weltraum entwickelt, wo es weniger auf die Kosten als auf den Wirkungsgrad ankommt. Als Beispiel dient der in Abb. 28.26 dargestellte Aufbau einer Zweifach- und einer Dreifach-Solarzelle der Firma Spectrolab [18].

[16] Eine bessere Abstimmung der Absorption auf das Sonnenspektrum ist möglich, wenn der Bandabstand dieser Schicht durch teilweise Substitution von In durch Ga vergrößert wird.

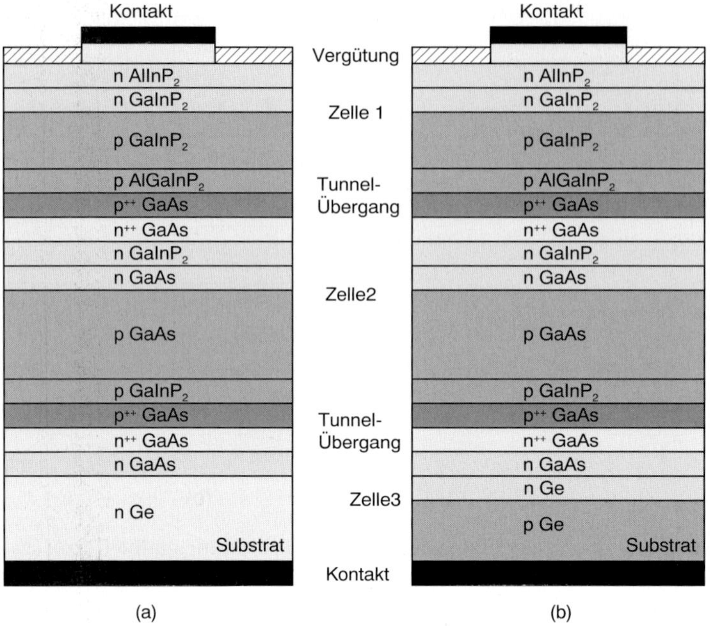

Abb. 28.26. Aufbau einer (**a**) Zweifach- und einer (**b**) Dreifach-Solarzelle (nach [18])

Werden Solarzellen wie in Abb. 28.26 übereinandergeschichtet, so entstehen im Betrieb zwangsläufig sperrgepolte pn-Übergänge. Damit über diese ein Strom fließen kann, werden sie extrem stark dotiert, so daß der Strom als Tunnelstrom fließen kann. Da die Solarzellen in Reihe betrieben werden, muß darauf geachtet werden, daß jede Solarzelle denselben Strom liefert, da andernfalls dieselben Probleme auftreten wie bei der ungleichmäßig ausgeleuchteten Reihenschaltung im Solarzellenarray (vgl. Kap. 28.7). Wichtig ist auch, daß die Grenzflächen zwischen den unterschiedlichen Halbleiterschichten nur eine sehr geringe Anzahl von Grenzflächenzuständen aufweisen, damit Rekombinationsverluste an den Übergängen so gut als möglich vermieden werden. Mit Dreifach-Solarzellen können Wirkungsgrade von mehr als 30 % erreicht werden, der Ausbau des Konzepts auf z.B. Fünffach-Solarzellen erlaubt eine weitere Steigerung des Wirkungsgrads (und der Fertigungskosten). Für die Anwendung auf der Erde können derartige Solarzellen in Verbindung mit Konzentratorsystemen (Spiegelsysteme, Fresnellinsen) interessant sein (Abb. 28.27). Allerdings nur in Regionen mit einem sehr hohen Direktstrahlungsanteil, da der diffuse Strahlungsanteil nur unzureichend gebündelt werden kann.

Solarzellen auf Polymerbasis

Solarzellen auf Polymerbasis befinden sich derzeit im Forschungsstadium, wobei bereits Wirkungsgrade im Bereich von 5 % erzielt wurden [19]. Die Haltbarkeit von Polymersolarzellen läßt derzeit allerdings noch sehr zu wünschen

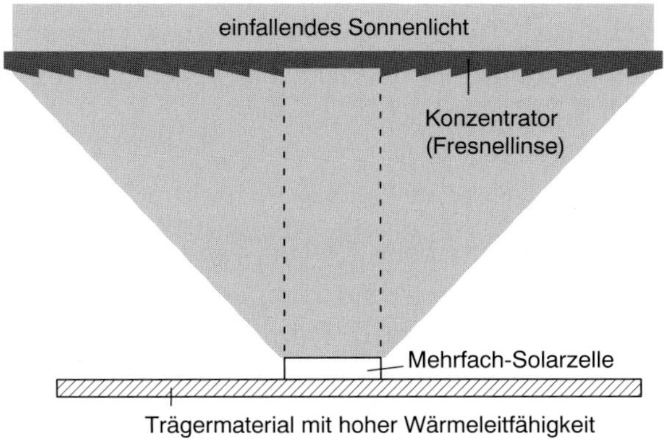

Abb. 28.27. Konzentration der einfallenden Direktstrahlung auf eine kleinflächige Mehrfach-Solarzelle mittels Fresnel-Linse)

übrig. Durch Einsatz von Fullerenen und eine hermetische Kapselung, die Sauerstoff und Luftfeuchtigkeit von der lichtempfindlichen Schicht fernhält, lassen sich aber Lebensdauern von mehreren tausend Stunden erzielen. Sollten hier weitere Fortschritte erzielt wrden, so könnten derartige Solarzellen insbesondere für die Stromversorgung von Konsumgütern (z.B. Elektrospielzeug, Taschenrechner, Nachladen von Mobiltelefonen) interessant werden, da zu hoffen ist, daß die Herstellungskosten wesentlich unter denen von Siliziumsolarzellen liegen.

28.7 Solarzellenarrays

Werden größere Ströme als der Kurzschlußstrom einer einzelnen Solarzelle oder größere Spannungen als die Leerlaufspannung einer einzelnen Solarzelle benötigt, so müssen mehrere Solarzellen parallel bzw. in Serie geschaltet werden.

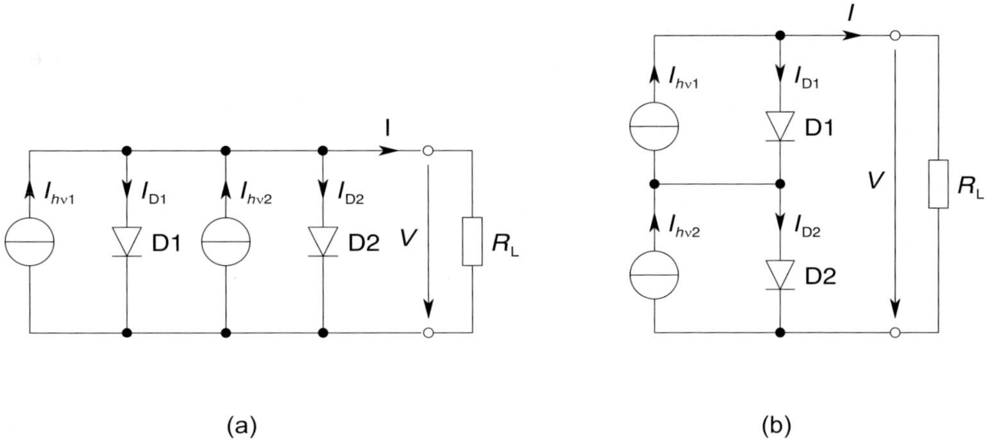

Abb. 28.28. Solarzellen-Arrays. Ersatzschaltung für (**a**) Parallel- und (**b**) Serienbetrieb zweier Solarzellen unter Vernachlässigung der Bahnwiderstände

Abbildung 28.28a zeigt die Ersatzschaltung für zwei *parallel* geschaltete Solarzellen. Bahnwiderstände wurden dabei der Einfachheit halber vernachlässigt. Der an den Verbraucher abgegebene Strom errechnet sich aus

$$I = I_{h\nu 1} - I_{\mathrm{D1}} + I_{h\nu 2} - I_{\mathrm{D2}} \,.$$

Bei identischen Zellen ($I_{\mathrm{D1}} = I_{\mathrm{D2}}$) und identischer Beleuchtung der beiden Zellen ($I_{h\nu 1} = I_{h\nu 2}$) liefert die Parallelschaltung den doppelten Strom der Einzelzelle, falls die Spannung konstant gehalten wird. Damit beide Zellen im MPP betrieben werden können, muß R_{L} gegenüber dem optimalen Wert für die Einzelzelle halbiert werden. Wird nun eine der beiden Zellen abgeschattet, so reduziert sich der Strom auf die Hälfte, während sich die abgegebene Leistung, die proportional zum Quadrat des Stroms ist, auf annähernd 25 % des Werts bei gleichförmiger Ausleuchtung verringert.

Eine einfache Ersatzschaltung für die *Reihenschaltung* zweier Dioden ist in Abb. 28.28b zu sehen. Wegen des Knotensatzes muß

$$I = I_{h\nu 1} - I_{\mathrm{D1}} = I_{h\nu 2} - I_{\mathrm{D2}}$$

gelten. Sind die Zellen identisch und gleichmäßig ausgeleuchtet, so addieren sich die Spannungen der einzelnen Solarzellen; um beide Zellen im MPP ($I = I_{\mathrm{M}}$, $V = 2\,V_{\mathrm{M}}$) zu betreiben, muß der Lastwiderstand R_{L} gegenüber dem entsprechenden Wert für die Einzelzelle verdoppelt werden. Bei teilweiser Abschattung einer der Zellen ($I_{h\nu 1} < I_{\mathrm{M}}$) ist der durch die Last fließende Strom annähernd gleich $I_{h\nu 1}$; über der Reihenschaltung fällt deshalb die Spannung $R_{\mathrm{L}}\,I_{\mathrm{h}\nu 1}$ ab. Der Spannungsabfall an der vollständig ausgeleuchteten Zelle erhöht sich wegen $I_{\mathrm{D1}} \approx 0$ auf

$$V_2 \approx N V_T \ln\left(\frac{I_{\mathrm{D2}}}{I_{\mathrm{S}}}\right) \approx N V_T \ln\left(\frac{I_{h\nu 2} - I_{h\nu 1}}{I_{\mathrm{S}}}\right) ,$$

da die teilweise ausgeleuchtete Zelle wie ein erhöhter Lastwiderstand wirkt. Die Spannung über Zelle 1 nimmt ab; D1 gerät in Sperrpolung, sobald $R_{\mathrm{L}}\,I_{\mathrm{h}\nu 1} < V_2$ gilt. Mit zunehmender Abschattung strebt $I_{\mathrm{h}\nu 1}$ und damit auch die abgegebene Leistung gegen null: Bei vollständiger Abschattung einer Zelle gibt die Reihenschaltung überhaupt keine Leistung mehr ab. Eine deutliche Verbesserung der Situation läßt sich erreichen, wenn die Ausgänge der Solarzelle jeweils mit einer *antiparallel* geschalteten Diode überbrückt werden. Diese gerät in Flußpolung, sobald die an der Solarzelle abfallende Sperrspannung die Schleusenspannung der Diode überschreitet, und begrenzt so die an der unbeleuchteten Solarzelle abfallende Sperrspannung.

Beispiel 28.7.1 Abbildung 28.29 zeigt die Wirkung einer solchen Diode anhand einer SPICE-Simulation. Simuliert wurde eine Reihenschaltung von 10 Solarzellen; die einzelnen Zellen wurden durch eine Ersatzschaltung entsprechend Abb. 28.11 beschrieben. Neun Zellen wurden mit der Steuerspannung 1000 V angesteuert, entspre-

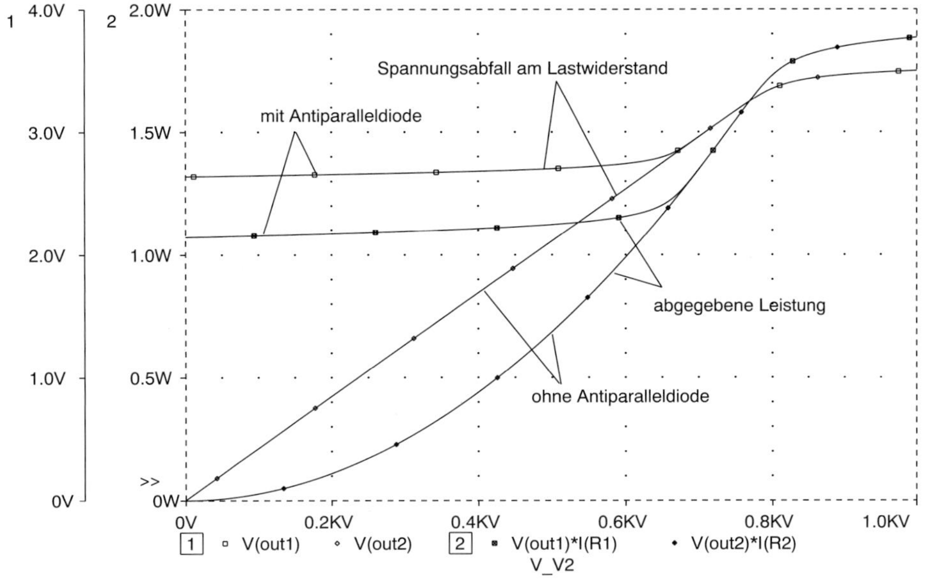

Abb. 28.29. Ausgangsspannung und abgegebene Leistung einer Reihenschaltung von 10 Solarzellen bei partieller Abschattung einer Zelle (SPICE-Simulation, Beispiel 28.7.1)

chend einer Bestrahlungsstärke von 1000 W/m^2; bei einer Zelle wurde die Steuerspannung kontinuierlich von 0 auf 1000 V erhöht, entsprechend einer zwischen 0 und 1000 W/m^2 variierenden Bestrahlungsstärke. Während das Array ohne Antiparalleldioden bei vollständiger Abschattung einer Zelle keine Leistung mehr abgibt, wird bei Verwendung von Antiparalleldioden lediglich eine Minderung der abgegebenen Leistung auf annähernd 80 % beobachtet. Δ

Der früher verfolgte Ansatz, den vom gesamten Array (Reihen- und Parallelschaltung von Modulen) gelieferten Gleichstrom über eine Sammelschiene zu einem zentralen Wechselrichter zu führen wird durch ein modulares System mit sog. String-Wechselrichtern kleinerer Leistung ersetzt, die nur jeweils den Strom einer Reihenschaltung von Modulen wechselrichten. Dieser Ansatz ermöglicht einen modularen, nachträglich erweiterbaren Aufbau der Verluste durch Fehlanpassungen in der Parallelschaltung vermeidet und für jeden String den Betrieb im MPP ermöglicht.

28.8 Literaturverzeichnis

[1] D.M. Chapin, C.S. Fuller, G.L. Pearson. A new silicon p-n junction photocell for converting solar radiation into electrical power. *J. Appl. Phys.*, 25:676, 1954.

[2] R.M. Swanson, S.K. Beckwith, R.A. Crane, W.D. Eades, Y.H. Kwark, R.A. Sinton, S.E. Swirhun. Point-contact solar cells. *IEEE Trans. Electron Devices*, 31(5):661–664, 1984.

[3] J. Szlufcik, S. Sivoththaman, J.F. Nijs, R.P. Mertens, R.van Overstraeten. Low-cost

industrial technologies of crystalline silicon solar cells. *Proc. IEEE*, 85(5):711–730, 1997.

[4] J.E. Cotter, J.H. Guo, P.J. Cousins, M.D. Abbott, F.W. Chen, K.C. Fisher. P-type versus n-type silicon wafers: prospects for high-efficiency commercial silicon solar cells. *IEEE Trans. Electron Devices*, 53(8):1893–1901, 2006.

[5] C.G. van de Walle, B.R. Tuttle. Microscopic theory of hydrogen in silicon devices. *IEEE Electron Device Letters*, 47(10):1779–1786, 2000.

[6] W.M. Hilali, A. Rohatgi, S. Asher. Development of screen-printed silicon solar cells with high fill factors on $100\,\Omega/\mathrm{sq}$ emitters. *IEEE Trans. Electron Devices*, 51(6):948–955, 2004.

[7] I.S. Gradshteyn, I.M. Ryzhik. *Table of Integrals, Series and Products.* Academic Press, New York, 1980.

[8] J.R. Davis Jr., A. Rohatgi, R.H. Hopkins, P.D. Blais, P. Rai-Choudhury, J.R. Mormick, H.C. Mollenkopf. Impurities in silicon colar cells. *IEEE Trans. Electron Devices*, 27(4):677–687, 1980.

[9] S. Narashima, A. Rohatgi, A.W. Weeber. An optimized rapid aluminium back surface field technique for silicon solar cells. *IEEE Trans. Electron Devices*, 46(7):1363–1370, 1999.

[10] J. Zhao, M.A. Green. Optimized antireflection coatings for high-efficiency silicon solar cells. *IEEE Trans. Electron Devices*, 38(8):1925–1934, 1991.

[11] I. Tobias, A. El Moussaoui, A. Luque. Colored solar cells with minimal current mismatch. *IEEE Trans. Electron Devices*, 46(9):1858–1865, 1999.

[12] A. Goetzberger, B. Voß, J. Knobloch. *Sonnenenergie: Photovoltaik.* Teubner, Stuttgart, 1994.

[13] J.H. Bultman, M.W. Brieko, A.R. Burgers, J. Hoornstra, A.C. Tip, A.W. Weeber. Interconnection through vias for improved efficiency and easy module manufacturing of crystalline silicon solar cells. *Solar Energy Materials & Solar Cells*, 65:339–345, 2001.

[14] S. Narashima, A. Rohatgi. Fabrication and characterization of 18.6 % efficient multicrystalline silicon solar cells. *IEEE Trans. Electron Devices*, 45(8):1776–1782, 1998.

[15] Y. Arai, M. Ishii, H. Shinohara, S. Yamazaki. A single p-i-n junction amorphous-silicon solar cell with conversion efficiency of 12.65 %. *IEEE Electron Device Letters*, 12(8):460–461, 1991.

[16] T.L. Chu, S.S. Chu, J. Britt, C. Ferekides, C. Wang, C.Q. Wu, H.S. Ullal. 14.6 % efficient thin-film cadmium teulluride heterojunction solar cells. *IEEE Electron Device Letters*, 13(5):303–304, 1992.

[17] K.W. Mitchell, C. Eberspacher, J.H. Ermer, K.L. Pauls, D.N. Pier. CuInSe2 cells and modules. *IEEE Trans. Electron Devices*, 37(2):410–417, 1990.

[18] N. H. Karam et.al. Development and characterizationof high-efficiency $Ga_{0.5}In_{0.5}P$/GaAs/Ge dual- and triple-junction solar cells. *IEEE Trans. Electron Devices*, 46(10):2116–2125, 1999.

[19] G. Dennler, N.S. Sariciftci. Flexible conjugated polymer-based plastic solar cells: From basics to applications. *Proc. IEEE*, 93(8):1429–1439, 2005.

29 Lichtemittierende Dioden

Lichtemittierende Dioden lassen sich in Leuchtdioden (LEDs) und Laserdioden unterteilen. Letztere emittieren kohärentes Licht und können im Vergleich zu Leuchtdioden schneller und mit höherem Wirkungsgrad moduliert werden. Dieses Kapitel behandelt neben Leucht- und Laserdioden auch sog. Optokoppler, die LED und Fotodetektor in einem Gehäuse kombinieren.

29.1 Leuchtdioden (LEDs)

Leuchtdioden[1] sind Halbleiterdioden, die bei Flußpolung Licht aussenden.

29.1.1 Wirkungsweise und Kenndaten

Das von einer LED emittierte Licht entsteht bei der Rekombination von Elektron-Loch-Paaren im Halbleiter. Die Energie $h\nu$ der erzeugten Photonen ist i. allg. wenig größer als die Energielücke des Halbleitermaterials aus dem die Diode hergestellt ist. Damit das emittierte Licht im sichtbaren Bereich liegt, muß

$$W_{\mathrm{g}} \geq \frac{hc}{760\,\mathrm{nm}} \approx 1.7\,\mathrm{eV}$$

sein. Die folgende Tabelle und Abb. 29.1 geben typische Halbleitermaterialien für LED-Anwendungen, deren Energielücken und die zugehörigen Wellenlängen an.

Material	ZnS	GaN	SiC	ZnSe	GaP	GaAs	InP
W_{g}/eV	3.66	3.36	3.0	2.67	2.26	1.43	1.34
λ/nm	340	370	415	465	550	870	925

GaAs-Leuchtdioden emittieren im Infraroten und werden vor allem für Übertragungsstrecken geringer Bandbreite (Glasfaser, Kopfhörer, Optokoppler) verwendet. Sie sind gut auf das Empfindlichkeitsmaximum ($\lambda \approx 850\,\mathrm{nm}$) von Si-Fotodioden abgestimmt und bieten eine vergleichsweise große Strahlungsausbeute bei günstigem Preis.

GaP-Leuchtdioden emittieren bei ca. 500 nm und liefern grünes Licht. Daneben lassen sich Mischkristalle $\mathrm{GaAs}_x\mathrm{P}_{1-x}$ herstellen, bei denen ein Teil der As-Atome des GaAs-Kristalls durch P-Atome ersetzt ist. Auf diesem Weg kann die Wellenlänge im Bereich von ca. 500 nm bis 870 nm variiert werden: Es entstehen gelbgrüne, orange oder rote Leuchtdioden für Anzeigezwecke.

[1] Die Abkürzung LED steht für englisch: Light Emitting Diode.

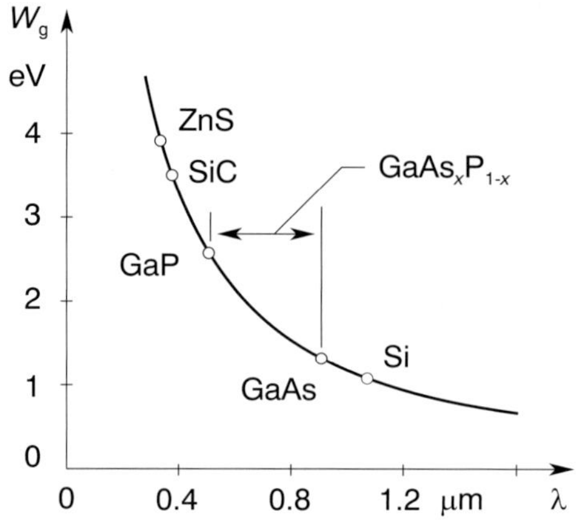

Abb. 29.1. Erforderliche Energielücke zur Emission von Photonen einer gegebenen Wellenlänge

Für nachrichtentechnische Anwendungen werden vorzugsweise Heterostruktur-Leuchtdioden verwendet. Hier sind insbesondere quaternäre Verbindungshalbleiter der Form $\mathrm{In}_{1-x}\mathrm{Ga}_x\mathrm{As}_y\mathrm{P}_{1-y}$ von Bedeutung; die Wellenlänge kann dabei durch die Zusammensetzung im Intervall $0.92\,\mu\mathrm{m} < \lambda < 1.65\,\mu\mathrm{m}$ eingestellt werden. Rote Leuchtdioden mit Emissionsmaximum bei $\lambda = 660\,\mathrm{nm}$ sind gut geeignet für Übertragungsstrecken mit Kunststoff-Lichtleitern, die in diesem Wellenlängenbereich eine geringe Dämpfung aufweisen.

Wegen der hohen Zuverlässigkeit und den mittlerweile guten Lichtausbeuten werden Leuchtdioden auch für Signalanwendungen und in großformatigen Displays eingesetzt. Rote Leuchtdioden beispielsweise bieten heute eine höhere Lichtausbeute als rot gefiltertes Glühlampenlicht, was diese Bauteile in der Kraftfahrzeugtechnik (Begrenzungsleuchten, Bremsanzeige) interessant macht.

Die Strahlstärke einer LED ist winkelabhängig. Die *Abstrahlcharakteristik* gibt die Winkelabhängigkeit in normierter Form (bezogen auf die maximale Strahlstärke) wieder. Abbildung 29.2 zeigt Abstrahlcharakteristika für eine LED mit großem Abstrahlwinkel (gute seitliche Sichtbarkeit) sowie für eine LED mit sehr kleinem Abstrahlwinkel (hohe Richtwirkung).

Bei Leuchtdioden soll ein möglichst großer Teil der Rekombinationsvorgänge strahlend, d. h. unter Emission eines Photons erfolgen. Als Kenngröße wird die *Quantenausbeute*

$$\eta_\mathrm{Q} = \mathcal{R}_\mathrm{rad}/\mathcal{R}$$

herangezogen, das ist der Anteil der strahlenden Rekombinationsvorgänge (beschrieben durch die Rekombinationsrate $\mathcal{R}_\mathrm{rad}$) an der Gesamtrekombination (beschrieben durch die Rekombinationsrate $\mathcal{R}$). In der Regel bieten nur Halbleiter mit *direkter* Energielücke eine für den Bau von Leuchtdioden

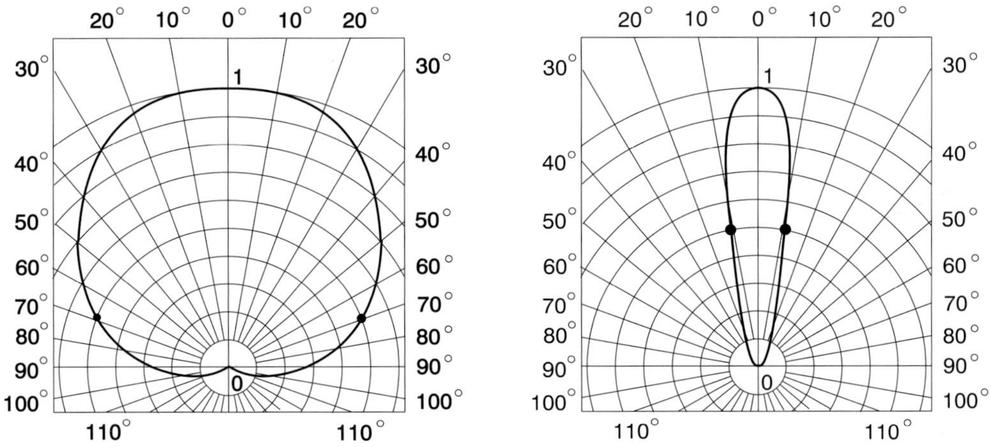

(a) (b)

Abb. 29.2. Abstrahlcharakteristik für Leuchtdioden mit (**a**) großem und (**b**) geringem Abstrahlwinkel (Halbleistungspunkte bei bei ca. 70° bzw. 10°)

ausreichend große Quantenausbeute η_Q.[2] Die äußere Quantenausbeute η_{Qe} (äußerer Wirkungsgrad) einer LED ist kleiner als die Quantenausbeute η_Q aufgrund von Absorption im Halbleiter und Totalreflexion an der Oberfläche. Typische Werte für η_{Qe} liegen im Bereich weniger Prozent.

Beispiel 29.1.1 Für eine LED wird eine maximale Lichtstärke von 650 mcd beim Diodenstrom $I = 20$ mA, einer Wellenlänge $\lambda = 590$ nm und Halbleistungspunkten bei 30° angegeben. Für diese Leuchtdiode soll die äußere Quantenausbeute abgeschätzt werden.

Zunächst wird die Strahlstärke I_e aus der Lichtstärke I_v unter Verwendung von

$$I_v = K_m \int_{380\,\mathrm{nm}}^{780\,\mathrm{nm}} V(\lambda)\, I_{e,\lambda}\, \mathrm{d}\lambda \approx K_m \cdot V(590\,\mathrm{nm}) \cdot I_e$$

bestimmt, wobei die Strahlung der LED als in guter Näherung monochromatisch angenommen wurde. Mit $V(590\,\mathrm{nm}) = 0.757$ und $K_m = 683\,\mathrm{cd\,sr\,W^{-1}}$ folgt so

$$I_e = \frac{0.65\,\mathrm{cd}}{0.757 \cdot 683 \cdot \mathrm{cd\,sr/W}} = 1.26\,\frac{\mathrm{mW}}{\mathrm{sr}}\,.$$

Um aus dieser Größe die abgestrahlte Leistung zu bestimmen, wird die Strahlstärke zwischen den Halbleistungspunkten als konstant angenommen und außerhalb vernachlässigt

$$I_e(\vartheta) = \begin{cases} I_{e,\max} & \text{für} \quad \vartheta < 30° \\ 0 & \text{sonst} \end{cases} .$$

Der ausgeleuchtete Raumwinkel ist damit

[2]Durch Einbau sog. isoelektronischer Störstellen können auch in einigen indirekten Halbleitern wie GaP akzeptable Quantenausbeuten erzielt werden.

$$\Delta\Omega = 2\pi \int_0^{30^\circ} \sin\vartheta \, d\vartheta = 2\pi\,(1 - \cos 30^\circ) = 0.84\,\mathrm{sr}\,.$$

Dies führt auf die abgestrahlte Lichtleistung

$$\Phi_\mathrm{e} = I_\mathrm{e}\,\Delta\Omega \approx 1.06\,\mathrm{mW}$$

bzw. den abgestrahlten Photonenfluß

$$\frac{\Phi_\mathrm{e}}{h\nu} = \frac{\Phi_\mathrm{e}\lambda}{hc} \approx 3.14 \cdot 10^{15}\,\frac{\mathrm{Photonen}}{\mathrm{s}}\,.$$

Dieser ist ins Verhältnis zu setzen zur Gesamtrekombinationsrate

$$\mathcal{R} = \frac{I}{e} = \frac{20 \cdot 10^{-3}\,\mathrm{A}}{1.6 \cdot 10^{-19}\,\mathrm{C}} = 1.25 \cdot 10^{17}\,\frac{\mathrm{Rekombinationen}}{\mathrm{s}}\,.$$

Der Quotient von Photonenfluß und Gesamtrekombinationsrate bestimmt die Quantenausbeute

$$\eta_\mathrm{Q} = \frac{1}{\mathcal{R}} \cdot \frac{\Phi_\mathrm{e}\lambda}{hc} \approx 2.5\,\%\,\frac{\mathrm{Photonen}}{\mathrm{Rekombinationsvorgang}}\,.$$

Wesentlich höhere Quantenausbeuten lassen sich nur mit Superstrahlungs-LEDs und Laserdioden erreichen. △

Eine der Hauptursachen für den schlechten äußeren Wirkungsgrad ist der hohe Brechungsindex der Halbleitermaterialien. Dieser verursacht einen geringen Grenzwinkel der *Totalreflexion*,[3] d. h. nur ein kleiner Teil der im Halbleiter erzeugten Photonen kann auch tatsächlich aus dem Halbleiter austreten. Eine Verbesserung[4] der ausgekoppelten Strahlungsleistung ist möglich durch Verwenden eines durchsichtigen Kunststoffgehäuses geeigneter Form (i. allg. aus Epoxidharz, vgl. Abb. 29.3). Auf diesem Weg läßt sich einerseits eine Linsenwirkung erzielen und somit die Richtcharakteristik des ausgesandten Lichts beeinflussen, auf der anderen Seite liegt die Brechzahl des Epoxidharzes so, daß näherungsweise

$$n_\mathrm{epoxi} \approx \sqrt{n_\mathrm{GaAs}}$$

gilt. Dies führt zu einer Reduktion des Brechzahlsprungs an der Halbleiteroberfläche und damit zu einem größeren Grenzwinkel der Totalreflexion, weshalb ein größerer Anteil der erzeugten Photonen aus dem Halbleiterkristall austreten kann.

[3] Der Grenzwinkel der Totalreflexion beim Übergang zwischen GaAs und Luft läßt sich aus $n = \sqrt{\epsilon_\mathrm{r}\mu_\mathrm{r}} \approx \sqrt{\epsilon_\mathrm{r}}$ mit $\epsilon_\mathrm{r} = 13.1$ abschätzen zu

$$\beta_\mathrm{T} = \arcsin\,(1/\sqrt{\epsilon_\mathrm{r}}) \approx 16.2^\circ\,,$$

d. h. nur Photonen, die unter einem Einfallswinkel kleiner als ca. 16° auf die Halbleiterfläche treffen, werden auch tatsächlich aus der LED austreten.

[4] Durch eine Verspiegelung der Rückseite und eine spezielle Strukturierung der Oberfläche der LED über ein Plasmaätzverfahren wurden bereits GaAs/AlGaAs-LEDs mit einem äußeren Wirkungsgrad von 40 % erzielt [1].

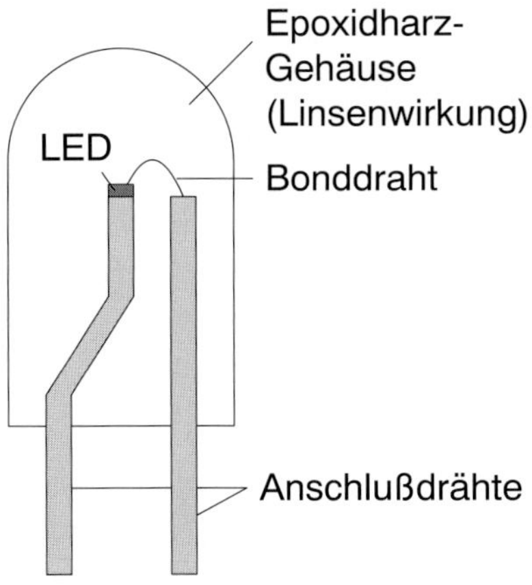

Abb. 29.3. Aufbau einer LED mit Epxidharzgehäuse

Das Spektrum einer LED ist *temperaturabhängig.* Dies hat zwei Ursachen: Zum einen nimmt der Wert der Energielücke W_g in der Regel mit abnehmender Temperatur zu. Dies bedingt eine Zunahme der Energie der Photonen, die bei der Rekombination von Elektron-Loch-Paaren emittiert werden, d. h. eine Verschiebung des Emissionsmaximums zu kleineren Wellenlängen. Zum anderen nimmt die mittlere kinetische Energie der Elektronen bzw. Löcher mit abnehmender Temperatur ab, d. h. die Elektronen und Löcher halten sich näher an den Bandkanten auf als bei höherer Temperatur. Die bei der Rekombination freiwerdende Energie ist damit geringeren statistischen Schwankungen unterworfen – die LED weist ein mit abnehmenden Temperaturen zunehmend *schmalbandigeres* Emissionsverhalten auf. Ein typischer Wert für die Breite des Emissionsspektrums bei Raumtemperatur ist $\Delta\lambda \approx 40$ nm für eine GaAs-LED.

Leuchtdioden zeigen ein Alterungsverhalten: Sie *degradieren* – ihre Lichtstärke nimmt bei konstantem Strom mit zunehmender Betriebsdauer ab. Der Grund für dieses Verhalten ist die Entstehung von Kristalldefekten, die als zusätzliche nichtstrahlende Rekombinationszentren wirken. Die Abnahme der Lichtstärke (bzw. der emittierten Strahlungsleistung) aufgrund der Alterung genügt in grober Näherung einem exponentiellen Zeitgesetz

$$\Phi_v(t) = \Phi_v(0)\, e^{-\beta t} .$$

Als *Lebensdauer* wird die Zeit definiert, nach der die Lichtstärke auf einen bestimmten Prozentsatz (i. allg. 50 %) ihres Anfangswerts abgesunken ist

$$\mathrm{MTTF} = \ln(2)/\beta .$$

Dieser Wert hängt von der Betriebstemperatur T und vom Flußstrom I ab, wobei nach [2] gilt

$$\beta = \beta_0\, I\, e^{-W_A/kT} .$$

Erfahrungswerte für W_A liegen dabei im Bereich von 0.5 eV bis 0.8 eV.

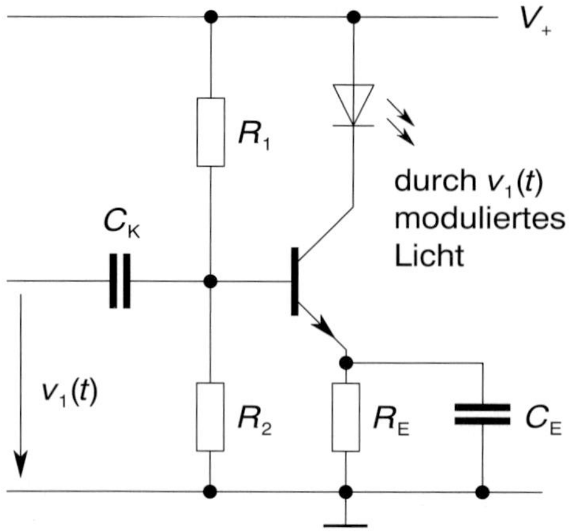

Abb. 29.4. Modulation des von einer LED ausgesandten Lichts

29.1.2 Modulation des ausgestrahlten Lichts

Bei Gleichbetrieb ist die ausgesandte Strahlungsleistung Φ_e (zumindest in der Umgebung des Arbeitspunkts) annähernd proportional zum Diodenstrom I. Die Änderung von Φ_e mit I wird als *Modulationssteilheit* bezeichnet

$$\kappa = \mathrm{d}\Phi_\mathrm{e}/\mathrm{d}I\,. \tag{29.1}$$

Aus diesem Grund ist eine Modulation mit der Stromquelle sinnvoll. Abbildung 29.4 zeigt eine entsprechende Schaltung. Ersetzt man die Ansteuerschaltung durch eine Stromquelle, so gelangt man zu der in Abb. 29.5 a dargestellten Ersatzschaltung. Der von der Quelle gelieferte Strom i teilt sich auf in einen Wirkanteil i_D und zwei Blindanteile durch die Sperrschicht- und Diffusionskapazität. Bei Kleinsignalbetrieb ist der eingeprägte Strom

$$i(t) = I + i_\sim(t) \quad \text{mit} \quad i_\sim(t) = \mathrm{Re}\left(\hat{\underline{i}}_\sim\,\mathrm{e}^{\mathrm{j}\omega t}\right) = \mathrm{Re}(\underline{i}_\sim)\,.$$

Für $\underline{i}_\sim$ folgt aus der in Abb. 29.5 b dargestellten Kleinsignalersatzschaltung

$$\underline{i}_\sim = (g_\mathrm{d} + \mathrm{j}\omega c_\mathrm{d})\,\underline{v}'\,,$$

wobei $\underline{v}'$ den komplexen Zeiger der an der Diode D abfallenden Spannung bezeichnet. Mit dem komplexen Zeiger $\underline{\phi}_\mathrm{e} = \kappa\,\underline{i}_\mathrm{d} = \kappa\,g_\mathrm{d}\,\underline{v}'$ der emittierten Strahlungsleistung folgt für die (komplexe) Modulationssteilheit $\underline{\kappa}$ bei der Kreisfrequenz ω

$$\underline{\kappa} = \frac{\underline{\phi}_\mathrm{e}}{\underline{i}_1} = \frac{\kappa}{1 + \mathrm{j}\omega r_\mathrm{d} c_\mathrm{d}}\,, \tag{29.2}$$

d. h. das Verhältnis der Amplitude von emittierter Strahlungsleistung zu eingeprägtem Diodenstrom zeigt ein *Tiefpaßverhalten*. Mit $r_\mathrm{d} = NV_T/I$ und $c_\mathrm{d} = c_\mathrm{j} + T_\mathrm{T} g_\mathrm{d}$ folgt

$$\underline{\kappa} = \frac{\kappa}{1 + \mathrm{j}\omega\,(T_\mathrm{T} + N c_\mathrm{j} V_T/I)} = \frac{\kappa}{1 + \mathrm{j}\,f/f_\mathrm{g}}\,.$$

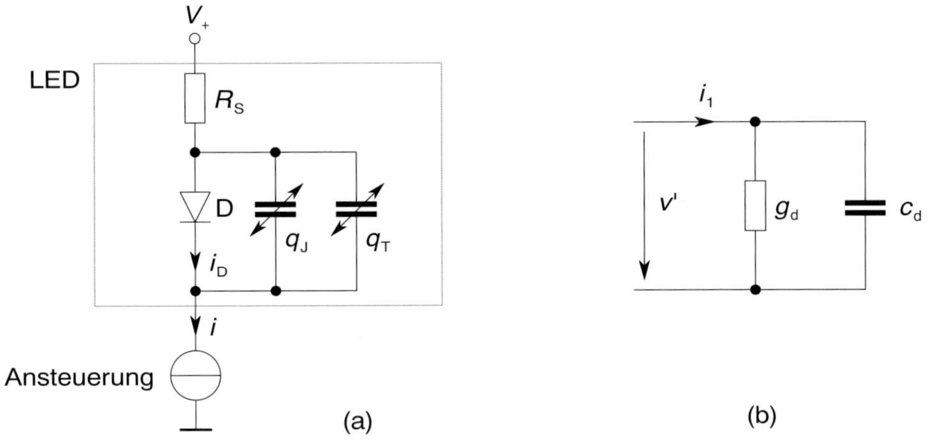

Abb. 29.5. Ersatzschaltung für LED mit Stromansteuerung. (**a**) Großsignalbeschreibung und (**b**) Kleinsignalbeschreibung

Für die *Grenzfrequenz* f_g der LED ist demnach die Lebensdauer für Minoritätsladungsträger maßgeblich

$$\boxed{f_g = \frac{1}{2\pi\left(T_T + Nc_jV_T/I\right)} < \frac{1}{2\pi T_T}\ .} \tag{29.3}$$

Diese läßt sich durch hohe Dotierung auf Werte der Größenordnung 1 ns verringern, was einer maximal erreichbaren Grenzfrequenz der Größenordnung 100 MHz entspricht. Deutlich höhere Grenzfrequenzen lassen sich nur mit Superstrahlungs-LEDs oder Laserdioden erzielen.

29.1.3 Bauformen

Diffundierte Dioden. Die einfachsten LEDs werden als diffundierte pn-Übergänge hergestellt, wie dies in Abb. 29.6 schematisch dargestellt ist.

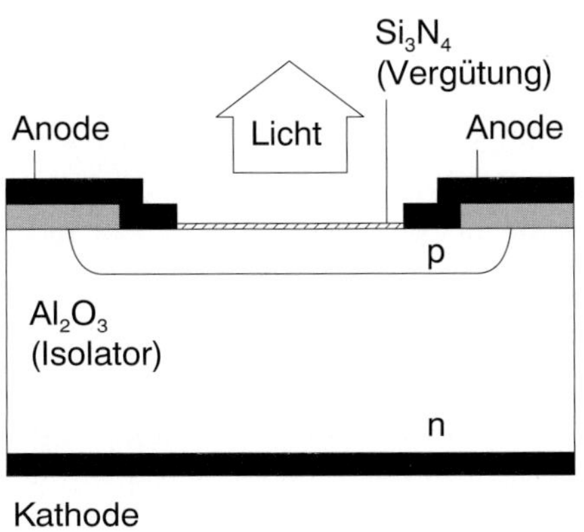

Abb. 29.6. Aufbau einer diffundierten LED

Die Abmessungen des vergüteten Austrittsfensters liegen typischerweise bei $0.2\,\mathrm{mm} \times 0.2\,\mathrm{mm}$, die Chipfläche bei $0.4\,\mathrm{mm} \times 0.4\,\mathrm{mm}$. Derartige Dioden wirken als *Flächenemitter* mit einer vergleichsweise großen Abstrahlfläche; in der Glasfaserübertragungstechnik können sie nur in Verbindung mit Multimodefasern verwendet werden. Die in die Faser eingekoppelte Strahlungsleistung ist wegen des großen Abstrahlwinkels vergleichsweise gering.

Beispiel 29.1.2 Eine Leuchtdiode strahle Licht mit der Leistung $\Phi_\mathrm{e} = 1\,\mathrm{mW}$ ab; die Strahlstärke soll dabei dem Lambert-Beer-Gesetz $I_\mathrm{e}(\vartheta) = I_\mathrm{e}(0)\cos\vartheta$ genügen. Zu berechnen ist die in eine Multimodefaser mit der numerischen Apertur $A_\mathrm{N} = 0.4$ eingekoppelte Strahlungsleistung.
Die in die Faser eingekoppelte Strahlungsleistung ist

$$P = I_\mathrm{e}(0) \int_0^{2\pi} \int_0^{\Theta_\mathrm{A}} \cos\vartheta \, \sin\vartheta \, \mathrm{d}\vartheta \, \mathrm{d}\varphi = \pi I_\mathrm{e}(0) \left[1 - \cos^2\Theta_\mathrm{A} \right] ,$$

wobei Θ_A den Grenzwinkel der Totalreflexion bezeichnet. Dieser ist mit der numerischen Apertur über $A_\mathrm{N} = \sin\Theta_\mathrm{A}$ verknüpft (vgl. Kap. 26), so daß

$$P = \pi \, I_\mathrm{e}(0) \, A_\mathrm{N}^2 \, .$$

Die Strahlungsleistung Φ_e ist mit der Strahlstärke $I_\mathrm{e}(\vartheta)$ über die Beziehung

$$\Phi_\mathrm{e} = I_\mathrm{e}(0) \int_0^{2\pi} \int_0^{\pi/2} \cos\vartheta \, \sin\vartheta \, \mathrm{d}\vartheta \, \mathrm{d}\varphi = \pi \, I_\mathrm{e}(0)$$

verknüpft, der Anteil der in die Faser eingekoppelten Strahlungsleistung beträgt demnach A_N^2 oder 16 %; wegen $\Phi_\mathrm{e} = 1\,\mathrm{mW}$ gilt somit $P = 160\,\mu\mathrm{W}$. Δ

Einfache Leuchtdioden für Anzeigen mit Farben im Spektralbereich zwischen grün und rot verwenden diffundierte pn-Übergänge in $\mathrm{GaAs}_{1-x}\mathrm{P}_x$-Kristallen. Durch Verändern des Phosphoranteils x kann die Energielücke und damit die Wellenlänge der emittierten Strahlung verändert werden. Die Vergrößerung der Energielücke mit zunehmendem Phosphoranteil x wirkt sich insbesondere in einer Anhebung des direkten Leitungsbandminimums aus (Abb. 29.8), während das indirekte Leitungsbandminimum weniger betroffen ist. Für $x > 0.45$ liegt das direkte Leitungsbandminimum höher als das indirekte: $\mathrm{GaAs}_{1-x}\mathrm{P}_x$ ist dann ein indirekter Halbleiter und weist nur noch einen geringen Quantenwirkungsgrad auf. Durch Einbau sog. *isoelektronischer Störstellen*, an denen strahlende Rekombination stattfinden kann, ist es dennoch möglich, Leuchtdioden mit Strahlungsausbeuten der Größenordnung 1 % herzustellen. In GaP hat sich insbesondere eingebauter Stickstoff als sehr wirksam erwiesen. Stickstoff ist ein Element der fünften Hauptgruppe und ersetzt beim Einbau in das Kristallgitter Phosphoratome. Dabei bilden sich lokalisierte Energiezustände in der Nähe der Leitungsbandkante, an denen Elektronen eingefangen werden können. Wird von dem so gebildeten negativen Ladungsschwerpunkt in der Folge ein Loch eingefangen, so bildet sich ein sogenanntes *gebundenes Exciton*, das unter Emission eines Photons rekombinieren kann.

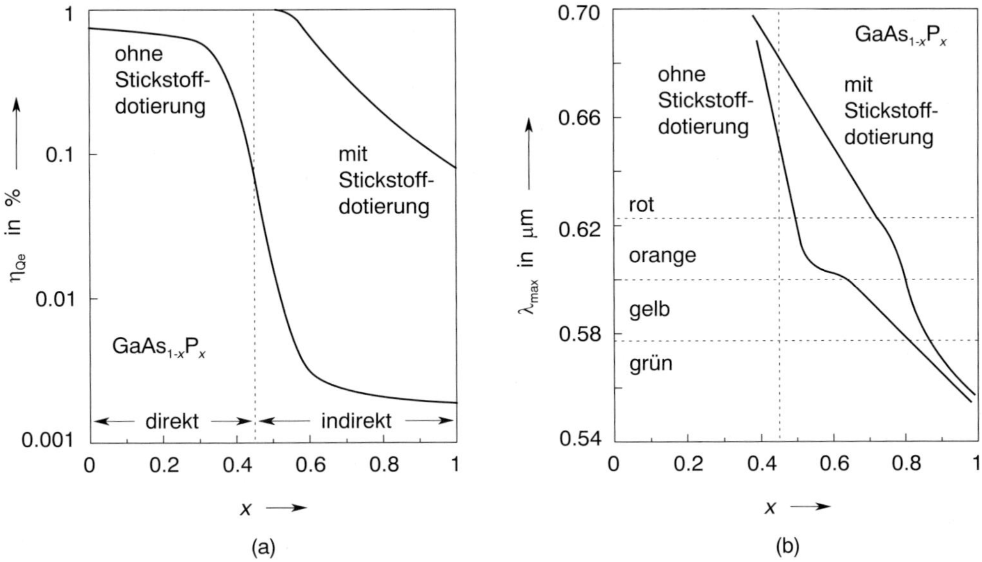

Abb. 29.7. Einfluß einer Stickstoffdotierung auf (**a**) Quantenwirkungsgrad und (**b**) Wellenlänge des Emissionsmaximums $\lambda_{\max}$ von $GaAs_{1-x}P_x$-Leuchtdioden mit unterschiedlichem Phosphoranteil x

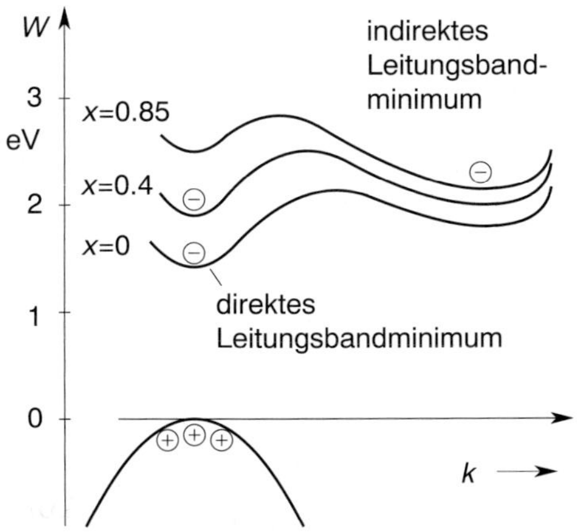

Abb. 29.8. Einfluß des Phosphor-Anteils x auf die Bandstruktur von $GaAs_{1-x}P_x$ Kristallen

Die Strahlungsausbeute kann so um mehr als den Faktor 100 erhöht werden (Abb. 29.7 a); da die Elektronen im isoelektronisch dotierten GaAsP nicht von der Bandkante, sondern vom energetisch tiefer liegenden Störstellenzustand aus rekombinieren, ist die freiwerdende Energie hier etwas geringer, die Wellenlänge der emittierten Strahlung mithin größer (Abb. 29.7 b).

Heterostruktur-Leuchtdioden. Durch Änderung der Zusammensetzung von beispielsweise $GaAl_xAs_{1-x}$-Mischkristallen kann die Energielücke im Bereich von 1.42 eV ($x = 0$, GaAs) bis 2.2 eV verändert werden, ohne daß sich die Gitterkonstante nennenswert verändert. Dies ermöglicht die Herstellung von Leuchtdioden mit Heteroübergang. Die größte Verbreitung haben dabei die

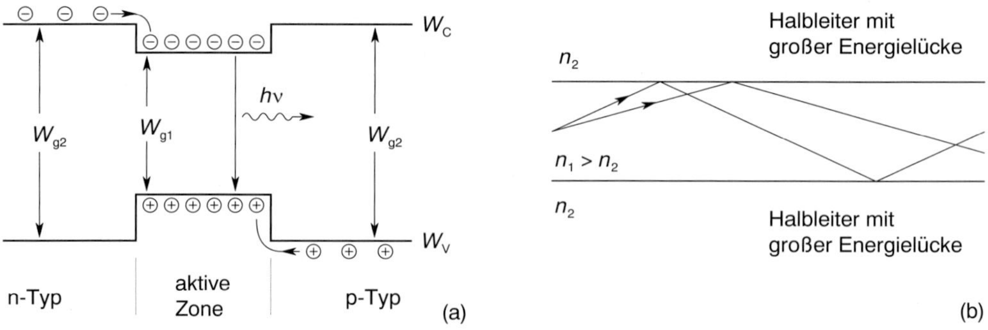

Abb. 29.9. Doppelheterostruktur-LED. (**a**) Bänderschema (Prinzip) bei starker Flußpolung und (**b**) Wellenleitereffekt

sog. *Doppelheterostruktur-LEDs* (DH-LEDs) gefunden, bei denen eine dünne Zone mit geringer Energielücke zwischen zwei unterschiedlich dotierten Bahngebieten eingebettet ist (Abb. 29.9 a). Bei Flußpolung wird der sog. *aktive Bereich* mit Ladungsträgern überschwemmt - strahlende Rekombination von Elektron-Loch-Paaren findet hauptsächlich dort statt. DH-LEDs werden als Flächenemitter und als Kantenemitter hergestellt.

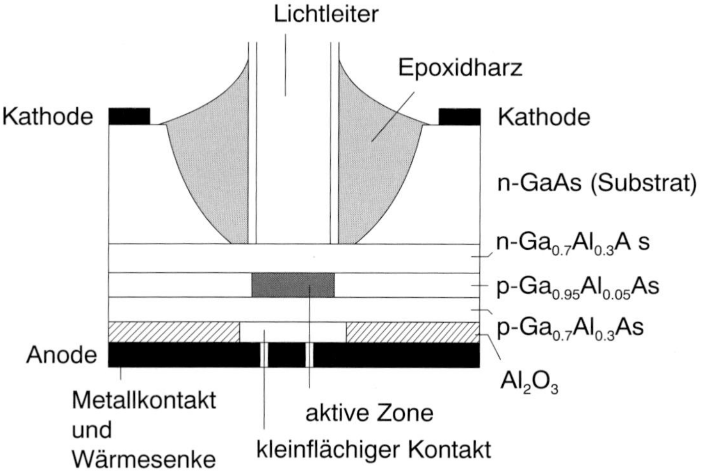

Abb. 29.10. Doppelheterostruktur-LED (Flächenemitter)

Abbildung 29.10 zeigt den Querschnitt durch eine *flächenemittierende* DH-LED für Anwendungen in der Glasfasertechnik. Der Stromfluß erfolgt in vertikaler Richtung, wird jedoch in seinem Querschnitt durch eine Isolatorschicht (im Beispiel Al_2O_3) stark eingeengt. Auf diesem Weg wird das Volumen, in dem die Rekombination stattfindet und aus dem Licht emittiert wird (aktive Zone), räumlich stark begrenzt, was die Einkopplung des erzeugten Lichts in eine Glasfaser verbessert. Da die Stromdichten in der aktiven Zone sehr groß werden können ($> 10^4$ A/cm^2), muß diese in der Nähe einer Wärmesenke (d. h. nahe der Rückseite des Halbleiterchips) plaziert werden, damit die anfallende Verlustleistung abgeführt werden kann.

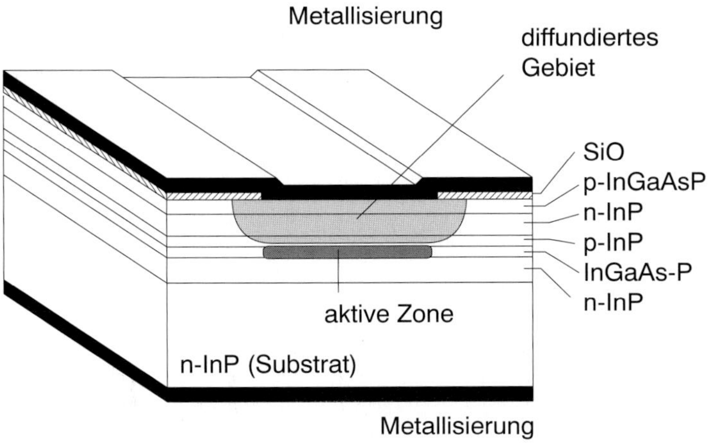

Abb. 29.11. Aufbau einer Superstrahlungs-Doppelheterostruktur-LED (kantenemittierend, nach [3])

Abbildung 29.11 zeigt eine *kantenemittierende* DH-LED. Das Licht tritt hier an der Seite aus und wird durch den Brechzahlsprung an den Heteroübergängen geführt (Wellenleitereffekt, Abb. 29.9 b). Bei starker Flußpolung arbeiten derartige LEDs i.allg. als *Superstrahlungs-Leuchtdioden*, das sind kantenemittierende Leuchtdioden, mit einem extrem durch Elektronen und Löcher überschwemmten aktiven Bereich. Dort gelangen Elektron-Loch-Paare vermehrt durch *stimulierte Emission* zur Rekombination. Dies wirkt sich günstig auf die Quantenausbeute aus; daneben wird die Grenzfrequenz der Diode positiv beeinflußt, da die die Trägerlebensdauer verringert wird: Superstrahlungs-LEDs ermöglichen Grenzfrequenzen größer als 1 GHz ohne die bei Laserdioden möglichen Relaxationsoszillationen oder Instabilitäten.

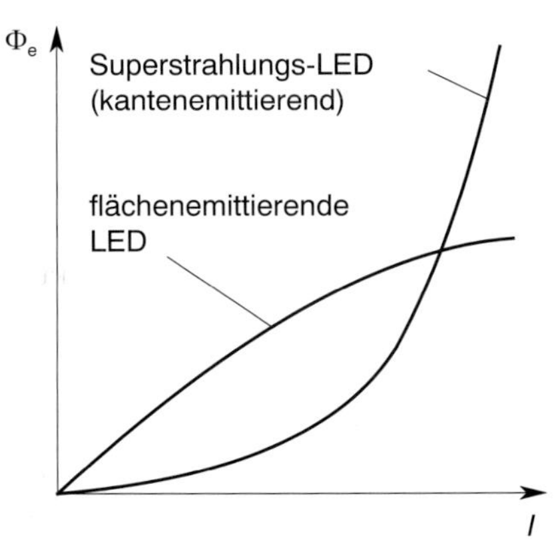

Abb. 29.12. Superstrahlungs-LED

Abbildung 29.12 zeigt schematisch die Abhängigkeit der emittierten Strahlungsleistung vom Diodenstrom. Während kantenemittierende Superstrahlungs-LEDs als Folge der zunehmenden stimulierten Emission einen überproportionalen Anstieg von Φ_e mit I aufzeigen, stellt sich bei flächenemittierenden LEDs in der Regel eine Abflachung des $\Phi_e(I)$-Verlaufs ein. Die Ursache hierfür liegt in einer Abnahme des Quantenwirkungsgrads als Folge nichtstrahlender Auger-Rekombinationsvorgänge sowie in zunehmender Bedeutung der stimulierten Emission, die wegen des Wellenleitereffekts zu einer verstärkten Kantenemission führt.

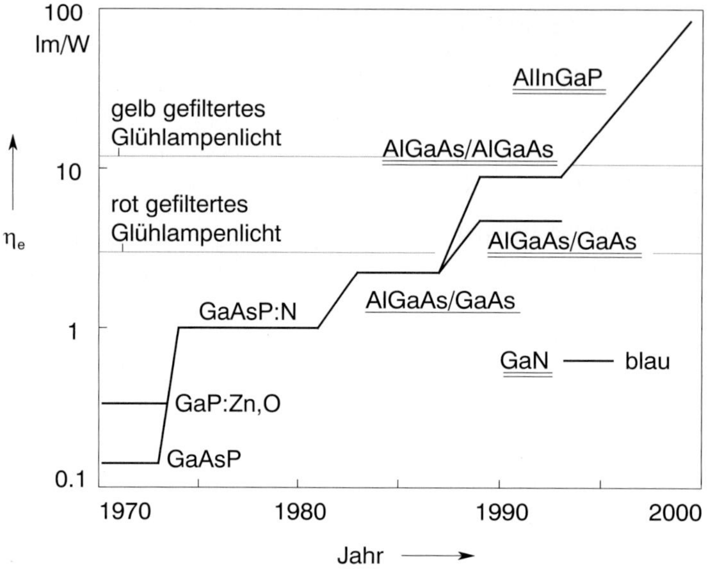

Abb. 29.13. Entwicklung der Lichtausbeute von Leuchtdioden (nach [4]); Heterostrukturdioden wurden durch Unterstreichen, Doppelheterostrukturdioden durch zweimaliges Unterstreichen gekennzeichnet

Abbildung 29.13 zeigt die Entwicklung der *Lichtausbeute* von Leuchtdioden. Die Entwicklung der DH-LED ermöglichte die Herstellung roter Strahler mit einer Lichtausbeute oberhalb derjenigen von rot gefiltertem Glühlampenlicht, wodurch zahlreiche neue Anwendungsbereiche, insbesondere in der Kraftfahrzeugtechnik und der Signaltechnik erschlossen wurden. Eine entsprechende Entwicklung nehmen gelbe und orange Leuchtdioden: LED aus AlInGaP-Mischkristallen übertreffen mittlerweile die Lichtausbeute von gelb gefiltertem Glühlampenlicht deutlich und erlangen im Wellenlängenbereich zwischen 550 nm und 630 nm zunehmende Bedeutung.

Blaue Leuchtdioden. Blaue Leuchtdioden erfordern Halbleiter mit einer Energielücke W_g im Bereich von 3 eV; Materialien, die dieser Anforderung genügen, sind Galliumnitrid (GaN), Zinksulfid (ZnS), Zinkselenid (ZnSe) und Siliziumkarbid (SiC). Trotz erheblicher Anstrengungen war es über lange Zeit nur mit SiC möglich, blau emittierende LEDs mit reproduzierbaren Eigenschaften herzustellen. Dieses Material kann in verschiedenen Polytypen mit unterschiedlicher Energielücke vorkommen. Für optoelektronische Anwendungen wird die hexagonale Modifikation, die bei Raumtemperatur die Energielücke $W_g = 2.98$ eV aufweist, verwendet. Da es sich bei SiC um einen indirekten Halbleiter handelt, ist die Quantenausbeute gering; der geringe Wirkungsgrad und der vergleichsweise hohe Preis begrenzten den Anwenderkreis dieser Bauelemente.

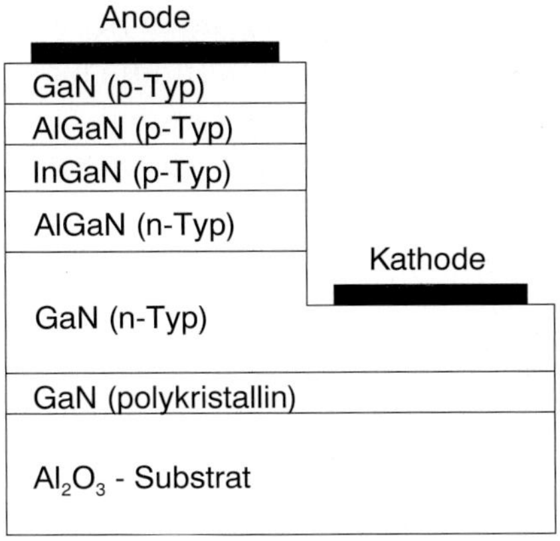

Abb. 29.14. Aufbau einer blauen LED mit GaN

Galliumnitrid (GaN) [5] bietet als direkter Halbleiter eine höhere Quantenausbeute, läßt sich jedoch nur sehr schwer p-dotieren. Durch eine neu entwickelte Prozeßführung konnte das Problem überwunden werden, so daß mittlerweile blaue Leuchtdioden ($\lambda = 450\,\mathrm{nm}$) mit einem äußeren Quantenwirkungsgrad im Prozentbereich erhältlich sind. Der prinzipielle Aufbau einer solchen LED ist in Abb. 29.14 dargestellt; verwendet wird ein Doppel-Heteroübergang zwischen Zink-dotiertem InGaN (Indiumgalliumnitrid) und AlGaN (Aluminiumgalliumnitrid). Der Heteroübergang wird auf einer einkristallinen GaN-Schicht abgeschieden. Die Diode verwendet eine polykristalline Schicht aus GaN zwischen dem Al_2O_3-Substrat und dem pn-Übergang, da die Gitterkonstanten von GaN und Al_2O_3 so unterschiedlich sind, daß epitaktisch aufgewachsene Filme zwangsläufig eine hohe Defektdichte aufweisen.

Blaue LEDs die von einer phosphoreszierenden Schicht umgeben sind, werden auch zur Realisierung von „weißen" LEDs herangezogen. Dort wird das Spektrum einer blauen LED dem Emissionsspektrum der umgebenden phosphoreszierenden Schicht (gelb) überlagert, was einen annähernd weißen Lichteindruck vermittelt. Abbildung 29.15 zeigt die spektrale Verteilung des von

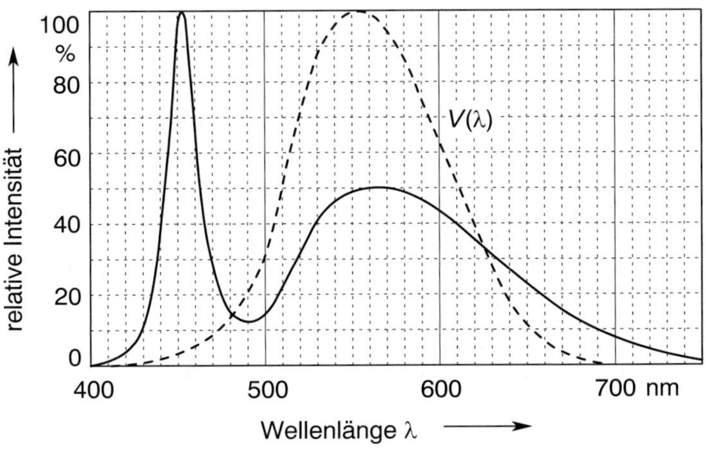

Abb. 29.15. Spektrum der von einer „weißen" LED (bestehend aus einer blauen LED mit phosphoreszierender Schicht) emittierten Strahlung (nach [6])

einer solchen LED emittierten Lichts: Der von der phophoreszierenden Schicht bewirkte Strahlungsanteil folgt annähernd der spektralen Hellempfindlichkeit des Auges. Das von der primären Quelle bedingte zusätzliche Maximum der spektralen Verteilung bei ca. 450 nm erklärt die häufig kalte Lichtwirkung solcher Leuchtdioden. Die Lichtausbeute derartiger weißer LEDs ist mehr als doppelt so groß wie die einer typischen Glühlampe; Leuchtdioden werden damit zu ernsthaften Konkurrenten etablierter Beleuchtungstechniken wie Glühbirne und Leuchtstoffröhre [7] (vgl. Tabelle 29.1). Die häufig kalte Wirkung des Lichts derartiger LEDs rührt von den eingesetzten phosphoreszierenden Stoffen. Durch veränderte Zusammensetzung der phosphoreszierenden Schicht kann die Farbtemperatur verändert werden.

Tabelle 29.1 Kennzeichen von Weißlichtquellen (Daten nach [8])

Lichtquelle	P [W]	η_v [lm/W]	MTTF [h]
Glühlampe	15 – 1000	6 – 12	1000
Halogenlampe	5 – 2000	12 – 24	2000 – 4000
Leuchtstofflampe	4 – 150	60 – 104	8000 – 60 000
Hochdruck-Entladungslampe	38 – 2100	70 – 120	6000 – 20 000
Leuchtdioden (LED)	ca. 1	20 – 30	20 000 – 100 000

Als Nachteil dieses Eindioden-Konzepts sind die Einschränkungen des Wirkungsgrads zu nennen, die sich durch die Verluste bei der Umwandlung kurzwelliger in längerwellige Photonen ergeben. Außerdem sind die Freiheitsgrade beim Einstellen der Farbtemperatur begrenzt; durch unterschiedliche Alterung der LED und der phosphoreszierenden Schicht kommt es darüber hinaus zu einer alterungsbedingten Verschiebung der Farbtemperatur. Für Beleuchtungszwecke werden weiße LEDs deshalb nur eingesetzt, wenn keine besonderen Anforderungen an die Farbtemperatur des Lichts gestellt werden. LEDs sind wegen ihrer sehr großen Lebensdauer aber sehr interessante Kandidaten für die Realisierung hochwertiger Raumbeleuchtungen.

Ein anderer Ansatz um weisses Licht mit Leuchtdioden zu produzieren ist die Kombination grüner, blauer und roter Leuchtdioden auf einem Chip. Durch Überlagerung kann so weisses Licht erzeugt werden. Da das Intensitätsverhältnis der von den unterschiedlichen LEDs abgestrahlten Leistung eingestellt werden kann, besteht bei derartigen Beleuchtungssystem prinzipiell die Möglichkeit die Farbtemperatur (eher wärmeres oder eher kälteres Licht) durch den Benutzer einzustellen. Problematisch an diesem Ansatz sind Prozeßschwankungen, die sich ebenso wie eine unterschiedliche Temperaturabhängigkeit der verschiedenen LEDs oder unterschiedlicher Alterung in einer mangelhaften Konstanz der spektralen Verteilung bemerkbar machen. Aus diesem Grund wurden Ansteuerschaltungen entwickelt, die die Abstrahlung der unterschiedlichen LED-Typen mit Fotodioden überwachen und den Diodenstrom entsprechend nachregeln [9].

29.2 Laserdioden

Wegen der endlichen Ladungsträgerlebensdauer nimmt die Modulationssteilheit $\underline{\kappa}$ einer LED mit zunehmender Frequenz ab, was die Verwendung von Leuchtdioden als Sendeelemente in Glasfaserübertragungsstrecken hoher Datenrate einschränkt. Eine weitere diesbezügliche Einschränkung resultiert aus der vergleichsweise großen Breite des Emissionsspektrums. Diese bedingt – wegen der Materialdispersion in Lichtleitern – eine Begrenzung des Bandbreite-Länge-Produkts. Die von Leuchtdioden emittierte Strahlung wird hauptsächlich durch spontane Emission, bei der zufällig zusammentreffende Elektron-Loch-Paare unter Aussendung eines Photons rekombinieren, hervorgerufen. Die emittierten Photonen sind in Frequenz und Phase statistisch verteilt, eine Situation, die auch als *inkohärente* Strahlung bezeichnet wird. Laserdioden (LDs) nützen dagegen die stimulierte Emission von Photonen in Verbindung mit teildurchlässigen Spiegeln zur *Rückkopplung* eines Teils der Strahlungsleistung, um eine in sehr guter Näherung monochromatische und *kohärente* Strahlung zu erzeugen. Da durch den Mechanismus der stimulierten Emission ein zusätzlicher Mechanismus zum Abbau der Diffusionsladung vorliegt, können Laserdioden sehr viel *schneller* moduliert werden als gewöhnliche Leuchtdioden. Dies ist von Bedeutung für die Realisierung optischer Übertragungsstrecken mit Datenraten im Bereich mehrerer Gbit/s.

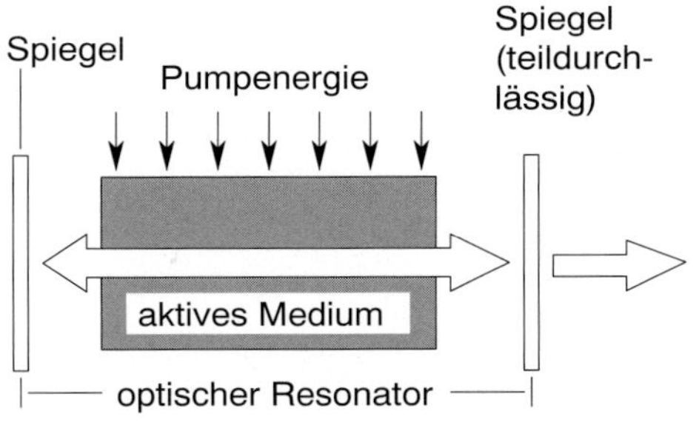

Abb. 29.16. Prinzipieller Aufbau eines Lasers

29.2.1 Prinzip des Lasers und Schwellenbedingung

Der prinzipielle Aufbau eines Lasers[5] ist in Abb. 29.16 dargestellt. Er besteht aus einem optischen Verstärker, dem *aktiven Medium*, in dem die stimulierte Emission die Absorption überwiegt, und zwei teildurchlässigen Spiegeln an den Enden, die einen *optischen Resonator* bilden. Bedingt durch die Spiegel, durchlaufen Photonen die sich *parallel* zur Strahlachse ausbreiten, das aktive Medium mehrfach, bevor sie aus dem optischen Resonator austreten können. Aufgrund der Vervielfachung durch stimulierte Emission werden auf diesem

[5] Die Abkürzung Laser steht für Light Amplification by Stimulated Emission of Radiation; eine gut lesbare Einführung in das Lasergebiet bietet [10].

Weg spezielle „Moden“ bevorzugt – die „Eigenschwingungen“ des Resonators.

Moden. Das Licht im Resonator (Laser) kann durch eine stehende Welle in x-Richtung beschrieben werden

$$E(x) = E_0 \cdot \mathrm{e}^{-\mathrm{j}kx} .$$

Die Wellenzahl k ist dabei i. allg. komplex, wodurch eine Dämpfung bzw. Verstärkung im Lasermedium beschrieben wird: Ist $\mathrm{Im}(k) > 0$, so wächst die Amplitude mit x (Verstärkung); ist $\mathrm{Im}(k) < 0$, so fällt die Amplitude mit x (Abschwächung). Die Reflexion des Lichts an den Enden wird beschrieben durch die Koeffizienten[6] ρ_1 und ρ_2. Im stationären Zustand muß $E(x) = E(x + 2L)$ gelten[7] bzw.

$$1 = \rho_1 \rho_2 \mathrm{e}^{-\mathrm{j}2kL} = \rho_1 \rho_2 \mathrm{e}^{2\mathrm{Im}(k)\,L} \mathrm{e}^{-\mathrm{j}2\mathrm{Re}(k)\,L} , \tag{29.4}$$

wobei L die *Länge* des Resonators bezeichnet. Die rechte Seite von Gl. (29.4) ist positiv und reell, d. h. es gilt $\mathrm{e}^{-\mathrm{j}2\mathrm{Re}(k)\,L} = 1$ bzw.

$$2\,\mathrm{Re}(k)\,L = 2m\pi \quad \text{mit ganzzahligem } m .$$

Der Realteil der Wellenzahl k einer elektromagnetischen Welle, die in einem Medium mit Brechungsindex n die Wellenlänge λ/n aufweist, ist $\mathrm{Re}(k) = 2\pi n/\lambda$, so daß

$$L = m\lambda/2n .$$

In den Resonator „passen demnach $m/2$ Wellenlängen“, die sich als stehende Wellen, sog. *Resonatormoden* (auch Fabry-Perot-Resonanzen) ausbilden können. Die ganze Zahl $m \gg 1$ wird als *Ordnung* der jeweiligen (longitudinalen) Resonatormode bezeichnet.

Beispiel 29.2.1 Hochauflösende Spektren der von einer Laserdiode emittierten Strahlung zeigen die unterschiedlichen Moden. Im Beispiel Abb. 29.17 a ist das Spektrum der Laserdiode SLD111V [11] bei der abgestrahlten Leistung $\Phi_\mathrm{e} = 1\,\mathrm{mW}$ abgebildet; das Emissionsmaximum liegt bei $\lambda = 785\,\mathrm{nm}$, der Abstand zweier benachbarter Moden beträgt $\Delta\lambda = 0.5\,\mathrm{nm}$. Für die Mode mit dem Index m lautet die Resonanzbedingung $m\,\lambda = 2Ln$ und für die benachbarte Mode mit Index $m+1$ $(m+1)(\lambda - \Delta\lambda) = 2Ln$. Nach Subtraktion der beiden Gleichungen verbleibt

$$\lambda = (m+1)\Delta\lambda = \frac{2Ln}{\lambda - \Delta\lambda}\,\Delta\lambda$$

[6] Diese sind als Verhältnis der elektrischen Feldstärkeamplitude bestimmt, die reflektierte Strahlungsleistung ist proportional zum Quadrat dieser Koeffizienten, d.h. die Reflexionskoeffizienten r_1 und r_2 sind gleich ρ_1^2 bzw. ρ_2^2.

[7] Dies entspricht der Anschwingbedingung $k\,A_\mathrm{v} = 1$ eines Oszillators: Der Faktor $\rho_1\,\rho_2$ erfaßt die rückgekoppelte Amplitude und entspricht dem Rückkopplungsfaktor k, der Faktor $\exp(-\mathrm{j}2kL)$ gibt die Feldstärkeänderung bei zweimaligem Durchlaufen des Lasermediums wieder und entspricht damit der Verstärkung A_v.

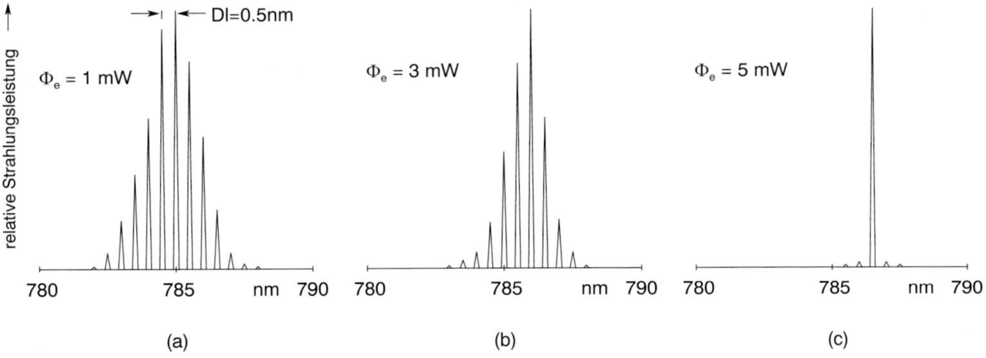

Abb. 29.17. Hochaufgelöstes Spektrum der von einer Laserdiode emittierten Strahlung (relative Darstellung) für unterschiedliche Werte der insgesamt emittierten Strahlungsleistung

bzw.

$$L = \frac{\lambda(\lambda - \Delta\lambda)}{2n\Delta\lambda} \approx \frac{\lambda^2}{2n\Delta\lambda} \,.$$

Mit $n \approx 3.6$ für GaAs folgt so für die Länge der Laserdiode $L \approx 170\,\mu\mathrm{m}$. Δ

Schwellenbedingung. Unter Berücksichtigung von $\mathrm{e}^{-\mathrm{j}2\mathrm{Re}(k)\,L} = 1$ geht (29.4) über in

$$\frac{1}{\rho_1\rho_2} = \mathrm{e}^{2\mathrm{Im}(k)\,L} \quad \text{bzw.} \quad \mathrm{Im}(k) = \frac{1}{2L}\ln\left(\frac{1}{\rho_1\rho_2}\right) . \tag{29.5}$$

Die Energiestromdichte S bzw. die Photonenzahl $N_{h\nu}$ der optischen Strahlung im Lasermedium ist proportional zum Betragsquadrat der elektrischen Feldstärke

$$S \sim N_{h\nu} \sim |E^2(x)| \sim \mathrm{e}^{2\mathrm{Im}(k)\,x} \,,$$

d. h. $2\,\mathrm{Im}(k)$ kann als *Verstärkungsfaktor* des Lasermediums je Längeneinheit aufgefaßt werden. Bezeichnet g den *optischen Gewinn* durch stimulierte Emission abzüglich der Absorption unter Erzeugung von Elektron-Loch-Paaren und α_i die Dämpfung im Lasermedium durch Absorption an freien Ladungsträgern, Streuung etc., so gilt

$$\mathrm{Im}(k) = \frac{1}{2}(g - \alpha_\mathrm{i}) \,.$$

In Verbindung mit Gl. (29.5) führt dies auf die *Schwellenbedingung*

$$\boxed{g = \alpha_\mathrm{i} + \frac{1}{L}\ln\left(\frac{1}{\rho_1\rho_2}\right) = \alpha_\mathrm{ges} \,.} \tag{29.6}$$

Bei stationärem Betrieb muß die durch die effektive Dämpfungskonstante α_ges beschriebene Dämpfung der optischen Strahlung aufgrund der Streuung und Spiegelverluste gleich dem optischen Gewinn g sein.

Da sich die Photonen mit der Gruppengeschwindigkeit v_g durch das Lasermedium bewegen, ergibt sich die mittlere *Photonenlebensdauer* $\tau_{h\nu}$ aus der effektiven Dämpfungskonstante α_ges zu

$$\tau_{h\nu} = \frac{1}{\alpha_\mathrm{ges}\, v_\mathrm{g}} = \frac{1}{v_\mathrm{g}\left[\alpha_\mathrm{i} + \frac{1}{L}\ln\left(\frac{1}{\rho_1\rho_2}\right)\right]} . \qquad (29.7)$$

Für $\alpha_\mathrm{i} = 0$ erhält man insbesondere

$$\tau_{h\nu}^s = -\frac{L}{v_\mathrm{g}\ln(\rho_1\rho_2)} ; \qquad (29.8)$$

diese Größe ist die mittlere Lebensdauer eines Photons im Resonator aufgrund der Abstrahlung durch die Spiegel.

Beispiel 29.2.2 Die Brechzahl von GaAs ist $n \approx 3.6$; für die Gruppengeschwindigkeit folgt damit

$$v_\mathrm{g} \approx c/n \approx 8.3 \cdot 10^{10}\,\mathrm{mm/s} ,$$

wobei Phasen- und Gruppenbrechzahl als näherungsweise identisch angenommen wurden. Erfolgt die Reflexion an den Resonatorenden lediglich aufgrund des Brechzahlsprungs zwischen dem Halbleitermaterial und Luft, so folgt aus den Fresnelschen Formeln mit $\rho_1 = \rho_2$

$$\rho_1\,\rho_2 = \rho_1^2 = \rho_2^2 = \left(\frac{n-1}{n+1}\right)^2 \approx 0.32 .$$

Ist die Länge des Resonatorvolumens $L = 0.2\,\mathrm{mm}$, so folgt

$$\tau_{h\nu}^s = \frac{L}{v_\mathrm{g}\ln\frac{1}{\rho_1\,\rho_2}} \approx 2.1\,\mathrm{ps} ;$$

der Wert von α_i liegt in GaAs gewöhnlich bei 1/mm; die Photonenlebensdauer folgt damit aus Gl. (29.7)

$$\tau_{h\nu} = \frac{1}{v_\mathrm{g}\left(\alpha_\mathrm{i} + \frac{1}{L}\ln\frac{1}{\rho_1\rho_2}\right)} \approx 1.8\,\mathrm{ps} ,$$

d. h. die Größenordnung von $\tau_{h\nu}^s$ und $\tau_{h\nu}$ ist typischerweise wenige Pikosekunden. Δ

29.2.2 Abgestrahlte Leistung, Optischer Gewinn

Mit der Photonenzahl $N_{h\nu}$ im Resonator, der Photonenenergie $h\nu$ und der Photonenlebensdauer $\tau_{h\nu}$ folgt die durch die Spiegel nach außen abgegebene *Strahlungsleistung*

$$\boxed{\Phi_\mathrm{e} \;=\; h\nu\,\frac{N_{h\nu}}{\tau^s_{h\nu}} \;=\; h\nu\,N_{h\nu}\,\frac{v_\mathrm{g}}{L}\,\ln\left(\frac{1}{\rho_1\rho_2}\right)\;.} \tag{29.9}$$

Der optische Gewinn g ist eine Funktion der Wellenlänge, der Temperatur und vor allem der Anzahl der in den aktiven Bereich injizierten Ladungsträger (Elektronen und Löcher). Ist diese gering, so überwiegt die Absorption und der optische Gewinn ist kleiner als null – die von der Laserdiode emittierte Strahlung ist dann primär auf die spontane Emission zurückzuführen und weist wegen des geringen Quantenwirkungsgrads lediglich eine kleine Modulationssteilheit auf. Damit der optische Gewinn größer null wird, muß die Dichte der injizierten Elektronen und Löcher i. allg. einen Schwellwert n_{T0} in der Größenordnung 10^{18} cm^{-3} übersteigen, was eine starke Flußpolung des pn-Übergangs erfordert. Bezeichnet n die Dichte der in das aktive Volumen injizierten Elektronen und n_{T0} den Wert der Elektronendichte, bei dem sich Absorption und stimulierte Emission die Waage halten (die optische Verstärkung also null ist), so gilt näherungsweise [12]

$$g \;=\; A\,(n - n_{\mathrm{T0}})\;. \tag{29.10}$$

Der sog. *differentielle optische Gewinn* $A = \mathrm{d}g/\mathrm{d}n$ ist dabei ebenso wie die Schwellendichte n_{T0} durch die Bandstruktur des verwendeten Halbleitermaterials bestimmt. Für InGaAsP-Laserdioden gilt beispielsweise $A \approx (1.2 - 2.5)\cdot 10^{16}$ cm^2 sowie $n_{\mathrm{T0}} \approx (0.9 - 1.5)\cdot 10^{18}$ cm^{-3}.

Ist die Schwellenbedingung (29.6) erreicht, so kommt es als Folge der stimulierten Emission zu einer vermehrten Rekombination von Elektron-Loch-Paaren. Die $\Phi_\mathrm{e}(I)$-Kennlinie der Laserdiode verläuft in diesem Bereich annähernd linear, jedoch deutlich steiler als im Bereich kleiner Flußströme. Der *Schwellstrom* I_th der Laserdiode wird durch lineare Extrapolation der $\Phi_\mathrm{e}(I)$-Kennlinie zu $\Phi_\mathrm{e} = 0$ ermittelt (Abb. 29.18). Für $I > I_\mathrm{th}$ arbeitet die Diode als Laserdiode und weist eine hohe Modulationssteilheit

$$\kappa \;=\; \frac{\mathrm{d}\Phi_\mathrm{e}}{\mathrm{d}I} \;=\; \eta_\mathrm{d}\,\frac{h\nu}{e} \tag{29.11}$$

auf. Die sog. *differentielle Quantenausbeute* η_d bestimmt den Anteil der zusätzlich eingebrachten Elektron-Loch-Paare, die bei der Rekombination mit einem Photon zur abgestrahlten Leistung beitragen. Der Wert von η_d liegt typischerweise im Bereich von $(60 - 90)\,\%$.

Durch die für $I > I_\mathrm{th}$ mit dem Strom zunehmende stimulierte Emission „vervielfachen“ sich die Photonen mit dem höchsten optischen Gewinn $g(\lambda)$ am effizientesten und „bedienen“ sich bevorzugt bei den zur Rekombination anstehenden Elektron-Loch-Paaren. Dadurch geraten Photonen anderer Wellenlänge zunehmend ins Hintertreffen: Der Verlauf der Funktion $g(\lambda)$ verändert sich so, daß weniger Moden die Schwellenbedingung erfüllen – die emittierte Strahlung setzt sich deshalb aus weniger Moden zusammen, bis im

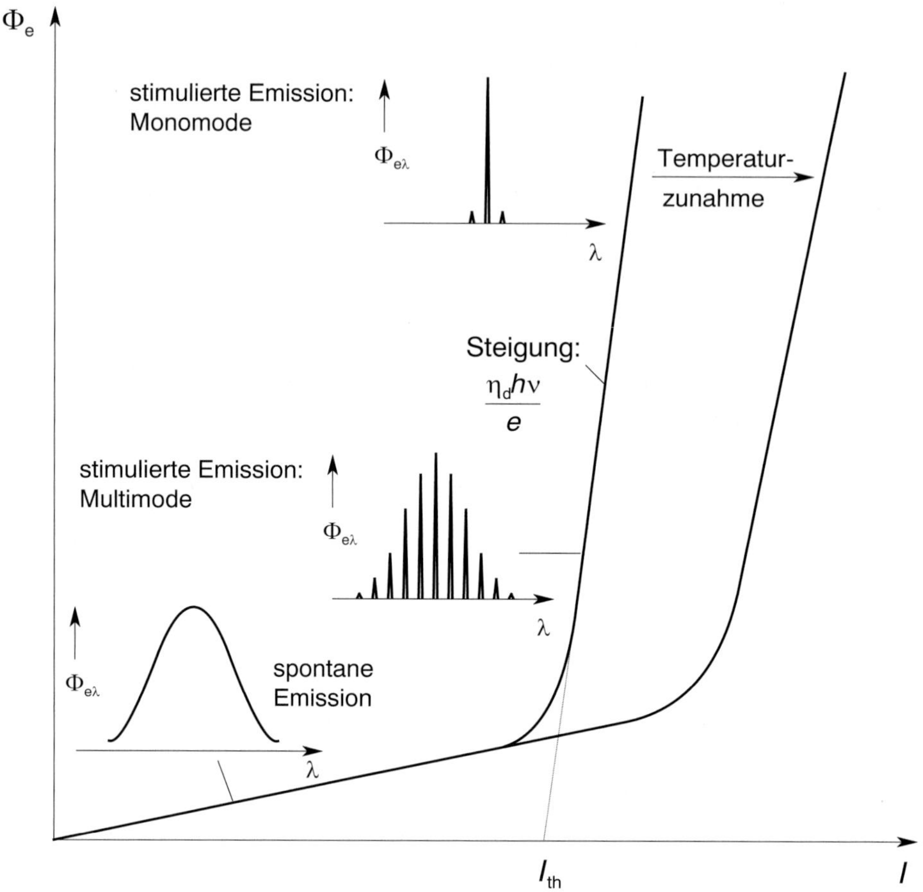

Abb. 29.18. $\Phi_e(I)$-Kennlinie einer Laserdiode, Bestimmung des Schwellstroms I_{th} und der differentiellen Quantenausbeute η_d

Grenzfall nur noch eine Mode übrigbleibt (Abb. 29.18). Abbildung 29.17 zeigt dieses Verhalten am Beispiel der kurzen indexgeführten Laserdiode SLD111V: Sind bei $\Phi_e = 1\,\text{mW}$ noch ca. zehn Moden sichtbar, so besteht das Spektrum bei $\Phi_e = 5\,\text{mW}$ praktisch nur noch aus einer Mode (Monomodebetrieb); in diesem Fall ist nur für $\lambda = \lambda_m$ die Schwellenbedingung erfüllt (Abb. 29.19). Die „Frequenzunschärfe" der emittierten Laserstrahlung liegt typischerweise in der Größenordnung 100 MHz, was bei der Wellenlänge $\lambda = 800\,\text{nm}$ einer *Linienbreite* $\Delta\lambda = 2 \cdot 10^{-4}\,\text{nm}$ entspricht. Sie wird hauptsächlich durch statistische Schwankungen des optischen Gewinns sowie des Brechungsindex als Folge von Fluktuationen der Elektronenzahl im Resonatorvolumen bedingt.

29.2.3 Temperaturabhängigkeit und Abstrahlcharakteristik

Die Wellenlänge der Laserstrahlung ändert sich mit der Temperatur. Dies hat verschiedene Ursachen: Zum einen ändern sich Brechungsindex und die

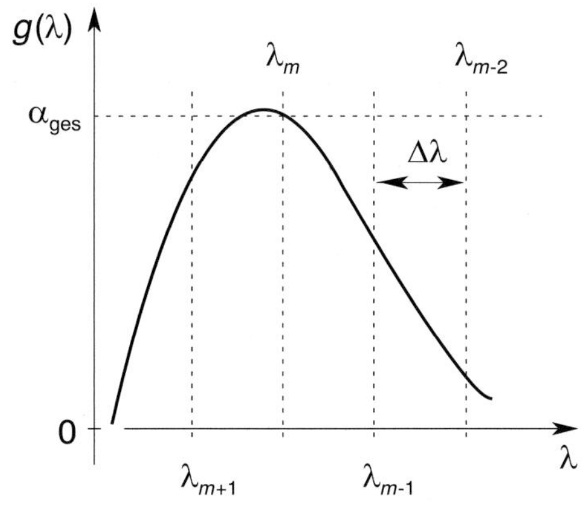

Abb. 29.19. Optischer Gewinn $g(\lambda)$ im Monomodebetrieb

Länge des Resonators mit der Temperatur (thermische Ausdehnung). Zum anderen ändert sich die Energielücke und damit der Verlauf des optischen Gewinns $g(\lambda)$. Im Monomodebetrieb führt dies zum sog. *Modenspringen*, d. h. die Wellenlänge des emittierten Lichts ändert sich sprunghaft (Abb. 29.20).

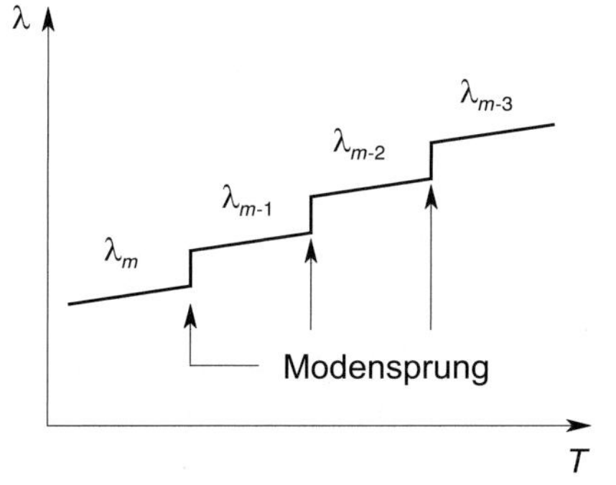

Abb. 29.20. Modenspringen im Monomodebetrieb als Folge von Temperaturänderungen

Der *Schwellstrom* I_{th} der Laserdiode und der differentielle Quantenwirkungsgrad η_{d} sind ebenfalls temperaturabhängig (Abb. 29.18): Der Wert von I_{th} nimmt näherungsweise exponentiell mit der Temperatur zu; bei einer Temperaturerhöhung von 0 °C auf 50 °C erhöht sich I_{th} je nach Bauteil um 25 % bis 75 %. Der differentielle Quantenwirkungsgrad sinkt etwas mit ansteigender Temperatur, d. h. die Modulationssteilheit wird mit zunehmender Betriebstemperatur geringer.

Die von einer Laserdiode emittierte Strahlung ist nicht achsenparallel, sondern divergent. Der Grund hierfür liegt in der *Beugung* an der Austrittsöffnung. Diese weist Abmessungen D und W (Abb. 29.21 a) von wenigen Mikrometern auf, was in der Größenordnung der emittierten Wellenlänge liegt. Die Beugung ist wegen der unterschiedlichen Abmessungen D und W in horizontaler und vertikaler Richtung unterschiedlich stark ausgeprägt: Die *Abstrahlcharakteristik* einer Laserdiode ist deshalb i. allg. nicht zylindersymmetrisch bezüglich der Strahlachse. In Datenblättern wird die Abstrahlcharakteristik

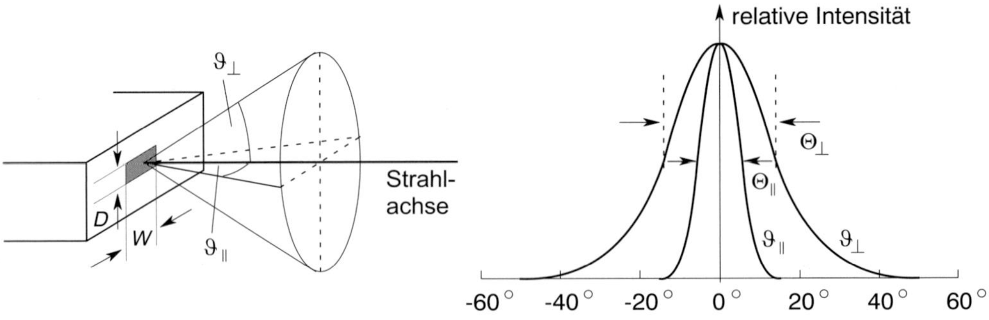

(a) (b)

Abb. 29.21. Abstrahlcharakteristik einer Laserdiode. (**a**) Definition von $\vartheta_\perp$ und $\vartheta_\parallel$ und (**b**) Richtcharakteristiken

aus diesem Grund durch zwei Winkelabhängigkeiten charakterisiert. Abbildung 29.21 b zeigt eine typische Richtcharakteristik für einen indexgeführten Laser.[8] Für die in Abb. 29.21b bezeichneten *Halbwertswinkel* gilt nach [13]

$$\Theta_\parallel = 8\,n\,\Delta n_\parallel \frac{W}{\lambda} \qquad \text{und} \qquad \Theta_\perp = 8\,n\,\Delta n_\perp \frac{D}{\lambda}\,,$$

wobei $\Delta n_\parallel$ und $\Delta n_\perp$ die Abnahme der Brechzahl am Rand des aktiven Bereichs in horizontaler bzw. vertikaler Richtung bezeichnet. Wegen der sehr geringen Lichtaustrittsöffnung genügt eine einfache auf diese fokussierte Sammellinse, um die Strahldivergenz zu kompensieren und einen „Lichtstrahl" zu erzeugen, wie er in zahlreichen Anwendungen (z. B. Barcode-Scanner, CD-Abspielgerät, Laserdrucker) benötigt wird. In Glasfaserübertragungsstrecken kann so die Einkopplung der Strahlung in die Faser verbessert werden: Indexgeführte Laserdioden ermöglichen auf diesem Weg eine nahezu 100 %-ige Einkopplung der emittierten Strahlung in die Faser.

29.2.4 Alterung

Wie Leuchtdioden zeigen auch Laserdioden eine *Alterung* (Degradation), die sich in einer Zunahme des Schwellstroms und einer Abnahme der differentiellen Quantenausbeute zeigt: Die bei konstantem Strom emittierte Strahlungsleistung nimmt demzufolge im Lauf der Zeit ab (Abb. 29.22). Damit die emittierte Strahlungsleistung konstant bleibt, muß der Strom durch die Laserdiode mit zunehmender Betriebszeit erhöht werden. Der erforderliche Strom wird dabei in der Regel mittels einer gemeinsam mit der Laserdiode in ein Gehäuse integrierten Fotodiode (Monitordiode) ermittelt. Diese kann an der

[8] Gewinngeführte Laser zeigen wegen der anderen Ortsabhängigkeit der Brechzahl in der Regel eine andere Abhängigkeit von $\vartheta_\parallel$, mit zwei Maxima der Strahlstärke, die symmetrisch zur Strahlachse liegen.

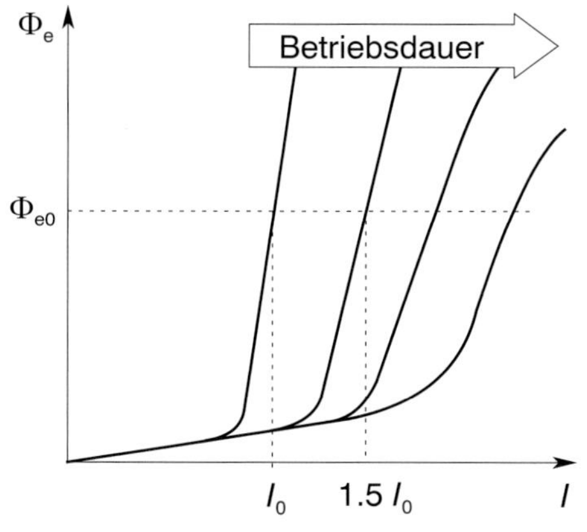

Abb. 29.22. Alterung der $\Phi_e(I)$-Kennlinie einer Laserdiode

Rückseite der Laserdiode angebracht werden und liefert einen Fotostrom, der direkt proportional zur Strahlungsleistung Φ_e ist.

Die *Lebensdauer* MTTF einer Laserdiode wird über eine maximal zulässige Steigerung (i. allg. um 50 %) des für eine bestimmte Strahlungsleistung Φ_{e0} erforderlichen Stroms definiert. Bei Raumtemperatur ergeben sich so Lebensdauern größer als 10^5 Stunden, ein Wert, der mit zunehmender Temperatur deutlich abnimmt, wobei ein Arrhenius-Gesetz erfüllt wird

$$\mathrm{MTTF} \sim \exp\left(\frac{W_\mathrm{A}}{k_\mathrm{B}T}\right) .$$

Die Aktivierungsenergie W_A liegt dabei i.allg. zwischen 0.7 eV und 0.8 eV.

29.2.5 Bilanzgleichungen, Großsignalmodell

Der Strom durch eine LED wird durch die Gleichung

$$i(t) = \frac{q_\mathrm{T}(t)}{T_\mathrm{T}} + \frac{\mathrm{d}q_\mathrm{T}}{\mathrm{d}t} + c_\mathrm{j}\,\frac{\mathrm{d}v'}{\mathrm{d}t} \qquad (29.12)$$

beschrieben, wobei T_T die effektive Lebensdauer für die injizierte Diffusionsladung ohne stimulierte Emission bezeichnet. Diese Beziehung kann als *Bilanzgleichung* aufgefaßt werden, die besagt, daß die in die Diode fließende Löcherladung dort entweder rekombiniert (1. Term auf der rechten Seite), zur Änderung der Löcherladung in den Bahngebieten (Diffusionsladung) beiträgt (2. Term) oder aber die Löcherladung in der Sperrschichtkapazität verändert (3. Term).

In der Laserdiode ist die Anzahl $N_{h\nu}$ der Photonen so groß, daß in der Bilanz zusätzlich die Erzeugung von Elektron-Loch-Paaren bei der Absorption von Photonen sowie die Rekombination von Elektron-Loch-Paaren aufgrund der stimulierten Emission zu beachten sind. Mit der Gruppengeschwindigkeit der Photonen v_g folgt für die Änderung $\mathrm{d}N_{h\nu}/\mathrm{d}t|_\mathrm{g}$ der Photonenzahl im Laservolumen aufgrund von Absorption und stimulierter Emission

$$\left.\frac{\mathrm{d}N_{h\nu}}{\mathrm{d}t}\right|_{\mathrm{g}} = v_{\mathrm{g}}\, g N_{h\nu} \,.$$

Diese ist bis auf das Vorzeichen und die Elementarladung e identisch mit der durch Absorption und stimulierte Emission bedingten Änderung der Diffusionsladung

$$\left.\frac{\mathrm{d}q_{\mathrm{T}}}{\mathrm{d}t}\right|_{\mathrm{g}} = -e \left.\frac{\mathrm{d}N_{h\nu}}{\mathrm{d}t}\right|_{\mathrm{g}} .$$

Schreibt man die Elektronendichte n im aktiven Volumen als Quotient aus Diffusionsladung $q_{\mathrm{T}}(t)$ und $e\mathcal{V}_{\mathrm{r}}$, wobei $\mathcal{V}_{\mathrm{r}}$ das Resonatorvolumen bezeichnet, und entsprechend $n_{\mathrm{T0}} = Q_{\mathrm{T0}}/(e\mathcal{V}_{\mathrm{r}})$, so folgt mit den Gln. (29.9) und (29.10)

$$\left.\frac{\mathrm{d}q_{\mathrm{T}}}{\mathrm{d}t}\right|_{\mathrm{g}} = -\chi\,[\,q_{\mathrm{T}}(t) - Q_{\mathrm{T0}}\,]\,\Phi_{\mathrm{e}}(t)\,, \tag{29.13}$$

wobei zur Abkürzung der Proportionalitätsfaktor

$$\chi = \frac{v_{\mathrm{g}}\, A\, \tau_{h\nu}^{s}}{h\nu\, \mathcal{V}_{\mathrm{r}}}$$

eingeführt wurde. Die Ladungsänderung (29.13) wirkt wie ein zusätzlicher in die Diode fließender Strom und muß deshalb auf der linken Seite von Gl. (29.12) berücksichtigt werden. Für den Strom durch die Laserdiode folgt so

$$\boxed{i(t) = \frac{q_{\mathrm{T}}(t)}{T_{\mathrm{T}}} + \frac{\mathrm{d}q_{\mathrm{T}}}{\mathrm{d}t} + c_{\mathrm{j}}\,\frac{\mathrm{d}v'}{\mathrm{d}t} + \chi\,[\,q_{\mathrm{T}}(t) - Q_{\mathrm{T0}}\,]\,\Phi_{\mathrm{e}}(t)\,.} \tag{29.14}$$

Die Größe Q_{T0} kann dabei als *Schwellenladung* angesehen werden: Für $q_{\mathrm{T}}(t) < Q_{\mathrm{T0}}$ überwiegt die Absorption, für $q_{\mathrm{T}}(t) > Q_{\mathrm{T0}}$ die stimulierte Emission. Im zweiten Fall liegt *Besetzungsinversion* vor: Das Lasermedium arbeitet dann – von anderen Verlusten abgesehen – verstärkend.

Trägt die stimulierte Emission nennenswert zur Strahlungsleistung $\Phi_{\mathrm{e}}(t)$ bei, so ist nach Gl. (29.14) der Klemmenstrom $i(t)$ zusätzlich eine Funktion von $\Phi_{\mathrm{e}}(t)$. Für diese Größe bzw. die hierzu proportionale Photonenzahl $N_{h\nu}(t)$ muß deshalb eine zusätzliche Bilanzgleichung aufgestellt werden. Die Änderung von $N_{h\nu}(t)$ als Folge von Absorption unter Erzeugung von Elektron-Loch-Paaren sowie stimulierter Emission ist nach Gl. (29.14)

$$\left.\frac{\mathrm{d}N_{h\nu}}{\mathrm{d}t}\right|_{\mathrm{g}} = \frac{\chi}{e}\,[\,q_{\mathrm{T}}(t) - Q_{\mathrm{T0}}\,]\,\Phi_{\mathrm{e}}(t)\,.$$

Die Änderung der Photonenzahl durch Streuverluste, Absorption durch freie Ladungsträger und Auskoppeln von Photonen aus dem Resonatorvolumen ist durch die *Photonenlebensdauer* $\tau_{h\nu}$ bestimmt

$$\left.\frac{\mathrm{d}N_{h\nu}}{\mathrm{d}t}\right|_{\tau} = -\frac{N_{h\nu}}{\tau_{h\nu}}\,.$$

Spontane Emissionsprozesse führen ebenfalls zu einer Änderung von $N_{h\nu}(t)$. Diese sind proportional zum Rekombinationsstrom $q_\mathrm{T}/T_\mathrm{T}$ und wegen der geringen Quantenausbeute oberhalb der Laserschwelle vergleichsweise unbedeutend. Da sich die folgende Untersuchung auf das Verhalten oberhalb der Laserschwelle beschränkt, wird dieser Term hier nicht berücksichtigt. Durch Zusammenfassen resultiert die oberhalb der Laserschwelle gültige Bilanzgleichung für die Photonenzahl im Resonatorvolumen

$$\frac{\mathrm{d}N_{h\nu}}{\mathrm{d}t} = \left.\frac{\mathrm{d}N_{h\nu}}{\mathrm{d}t}\right|_\mathrm{g} + \left.\frac{\mathrm{d}N_{h\nu}}{\mathrm{d}t}\right|_\tau = \frac{\chi}{e}\left[q_\mathrm{T}(t) - Q_\mathrm{T0}\right]\Phi_\mathrm{e} - \frac{N_{h\nu}}{\tau_{h\nu}}\,. \tag{29.15}$$

Mit Gl. (29.9) kann Gl. (29.15) in eine Bilanzgleichung für die emittierte *Strahlungsleistung* umgewandelt werden

$$\boxed{\frac{\mathrm{d}\Phi_\mathrm{e}}{\mathrm{d}t} = \frac{\chi h\nu}{e\tau^s_{h\nu}}\left[q_\mathrm{T}(t) - Q_\mathrm{T0}\right]\Phi_\mathrm{e} - \frac{\Phi_\mathrm{e}}{\tau_{h\nu}}\,.} \tag{29.16}$$

Die beiden Gleichungen (29.14) und (29.16) stellen ein nichtlineares System gekoppelter Differentialgleichungen dar, welches simultan zu lösen ist. Die folgende Untersuchung beschränkt sich auf eine Betrachtung des stationären Betriebs und des Kleinsignalverhaltens.

Stationärer Betrieb

Im stationären Betrieb ist $\mathrm{d}q_\mathrm{T}/\mathrm{d}t = \mathrm{d}\Phi_\mathrm{e}/\mathrm{d}t = 0$. Aus Gl. (29.16) folgt so mit $q_\mathrm{T} = Q_\mathrm{T}$

$$\frac{\chi h\nu}{e}\left(Q_\mathrm{T} - Q_\mathrm{T0}\right) = \frac{\tau^s_{h\nu}}{\tau_{h\nu}} = \frac{1}{\eta_\mathrm{d}}\,. \tag{29.17}$$

Die Diffusionsladung ist im Laserbetrieb demzufolge unabhängig vom Diodenstrom gleich dem Wert

$$Q_\mathrm{TS} = Q_\mathrm{T0} + \frac{e}{\eta_\mathrm{d}\chi h\nu} = I_\mathrm{th}T_\mathrm{T}\,. \tag{29.18}$$

Mit $\mathrm{d}q_\mathrm{T}/\mathrm{d}t = \mathrm{d}v'/\mathrm{d}t = 0$ folgt aus (29.14) für den Diodenstrom

$$I = \frac{Q_\mathrm{TS}}{T_\mathrm{T}} + \chi\left(Q_\mathrm{TS} - Q_\mathrm{T0}\right)\Phi_\mathrm{e}\,. \tag{29.19}$$

Durch Zusammenfassen resultiert

$$I = I_\mathrm{th} + \frac{1}{\eta_\mathrm{d}}\frac{e\Phi_\mathrm{e}}{h\nu}\,.$$

Wird diese Beziehung nach der emittierten Strahlungsleistung aufgelöst, so folgt

$$\boxed{\Phi_\mathrm{e} = \eta_\mathrm{d}\frac{h\nu}{e}\left(I - I_\mathrm{th}\right)\,.} \tag{29.20}$$

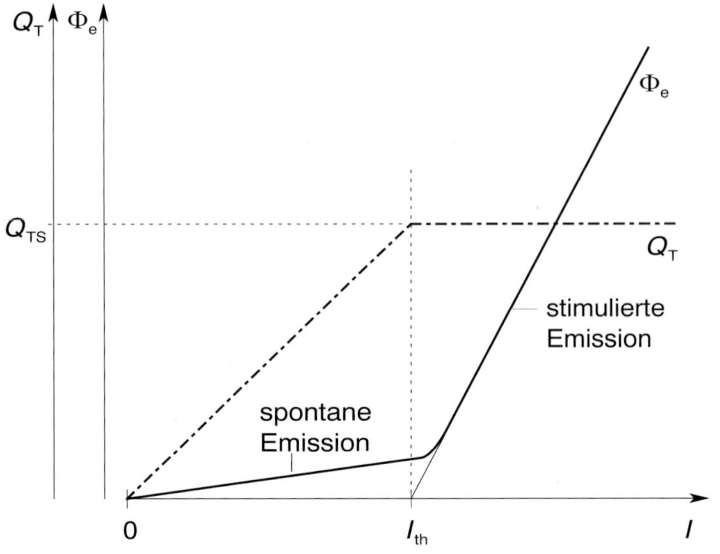

Abb. 29.23. Diffusionsladung q_T und emittierte Strahlungsleistung ϕ_e als Funktion des Diodenstroms I

Abbildung 29.23 zeigt schematisch Diffusionsladung und emittierte Strahlungsleistung als Funktion des Diodenstroms: Bis zu dem in Gl. (29.18) definierten *Schwellstrom* I_{th} steigt die Diffusionsladung annähernd proportional zum Diodenstrom an. In diesem Bereich ist die durch stimulierte Emission bedingte Strahlung klein: Die Laserdiode arbeitet hier wie eine Leuchtdiode. Oberhalb des Schwellstroms steigt die Diffusionsladung nicht mehr weiter an, da wegen der nun bedeutenden stimulierten Emission zusätzliche Elektron-Loch-Paare sofort zur Rekombination gebracht werden. Die Strahlungsleistung wächst in diesem Bereich wesentlich stärker mit dem Diodenstrom an; durch Ableiten von (29.20) folgt (29.11) für die *Modulationssteilheit* der Laserdiode. Die *differentielle Quantenausbeute* η_d ist dabei nach (29.17) das Verhältnis $\tau_{h\nu}/\tau_{h\nu}^s$.

Beispiel 29.2.3 Eine GaAlAs/GaAs/GaAlAs DH-Laserdiode besitzt den Schwellstrom 50 mA und emittiert bei 60 mA und der Flußspannung 2 V Licht der Leistung 8 mW. Zu berechnen ist die Modulationssteilheit bei Laserbetrieb, die (differentielle) Quantenausbeute des emittierten Lichts ($\lambda = 840\,\text{nm}$) und die Strahlungsausbeute des Bauelements.

Nach Überschreiten der Laserschwelle führt eine Steigerung $\Delta I = 10\,\text{mA}$ des Stroms zu einer Steigerung $\Delta\Phi_e = 8\,\text{mW}$ der emittierten Strahlungsleistung; die Modulationssteilheit ist damit

$$\Delta\Phi_e/\Delta I = 0.8\,\text{mW/mA} .$$

Dies liefert für die differentielle Quantenausbeute oberhalb der Laserschwelle

$$\eta_d = \frac{e\lambda}{hc}\frac{\Delta\Phi_e}{\Delta I} = 54.2\,\% .$$

Die Strahlungsausbeute errechnet sich als das Verhältnis der emittierten Strahlungsleistung zur umgesetzten elektrischen Leistung

$$\eta_e = \frac{8\,\mathrm{mW}}{60\,\mathrm{mA}\cdot 2\,\mathrm{V}} = 6.66\,\%\,,$$

und ist wesentlich kleiner als η_d. △

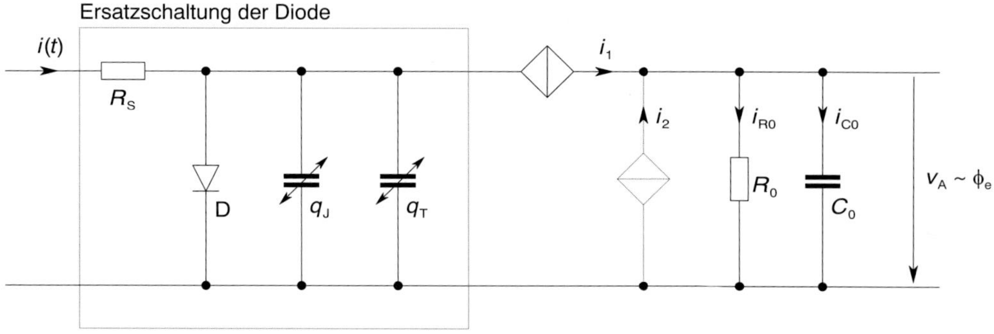

Abb. 29.24. Großsignalmodell der Laserdiode

Großsignalmodell der DH-Laserdiode

Abbildung 29.24 zeigt ein *Netzwerkmodell* zur Beschreibung der Laserdiode im Großsignalbetrieb. Die Ersatzschaltung der pn-Diode mit Sperrschichtkapazität und Diffusionskapazität wird dabei um eine gesteuerte Stromquelle i_1 erweitert, die die Wechselwirkung zwischen Strom und emittierter Strahlungsleistung beschreibt und in den parallel geschalteten Elementen R_0 und C_0 einen Spannungsabfall hervorruft, der proportional zur emittierten Strahlungsleistung ist. Die gestrichelt eingezeichnete Stromquelle i_2 wird nur benötigt, falls die Auswirkung spontaner Rekombinationsvorgänge auf die abgestrahlte Leistung von Interesse ist. Aus dem Knotensatz folgt

$$i_1 + i_2 = \frac{v_A}{R_0} + C_0\,\frac{dv_A}{dt} \quad \text{bzw.} \quad \frac{dv_A}{dt} = \frac{i_1}{C_0} + \frac{i_2}{C_0} - \frac{v_A}{R_0 C_0}\,.$$

Da $v_A \sim \Phi_e$ gelten soll, müssen wegen Gl. (29.16) die Zusammenhänge

$$R_0 C_0 = \tau_{h\nu} \quad \text{und} \quad \frac{i_1}{C_0} = \frac{\chi h\nu}{e\tau_{h\nu}^s}\,[\,T_T\,i_D(t) - Q_{T0}\,]\,v_A$$

erfüllt sein, wobei $q_T(t) = T_T i_D(t)$ verwendet und i_2 gleich null gesetzt wurde. Die Quelle i_1 wird demzufolge von dem Diodenstrom $i_D(t)$ und der Spannung $v_A(t)$ gesteuert

$$i_1(t) = C_0\,\frac{\chi h\nu}{e\tau_{h\nu}^s}\,[\,T_T\,i_D(t) - Q_{T0}\,]\,v_A(t)\,.$$

Das beschriebene Modell lehnt sich an [14] an; in der Literatur veröffentlichte Modelle zur Simulation von Laserdioden [15–17] unterschiedlicher Bauart sind ähnlich aufgebaut, jedoch in der Regel aufwendiger.

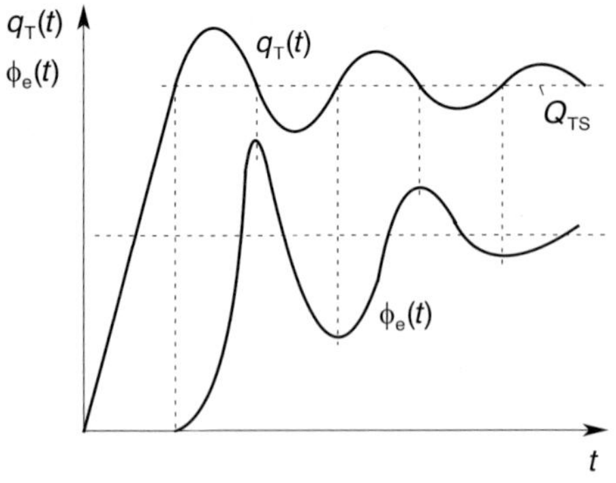

Abb. 29.25. Einschwingvorgang beim Einschalten einer Laserdiode

29.2.6 Kleinsignalbetrieb, Modulationsgrenzfrequenz

Bedingt durch die in der Laserdiode vorliegende Rückkopplung kann es zu *Rückkopplungsschwingungen* kommen, die folgenden physikalischen Hintergrund haben: Bei einem schnellen Stromanstieg ist die Anzahl der Photonen im Lasermedium und damit die stimulierte Emission zunächst noch gering, so daß die Diffusionsladung über den Wert Q_{TS} ansteigen kann (Abb. 29.25). Der optische Gewinn ist dann groß, mit der Folge eines schnellen Anstiegs der Photonenzahl im Lasermedium und damit der emittierten Strahlungsleistung $\Phi_{\mathrm{e}}(t)$ bis auf einen Wert oberhalb des Gleichgewichtswerts Φ_{e0}. Durch die nun sehr ausgeprägte stimulierte Emission wird die Diffusionsladung im aktiven Bereich auf einen Wert kleiner als Q_{TS} abgebaut, was eine Verringerung des optischen Gewinns und damit der Strahlungsleistung auf einen Wert kleiner als Φ_{e0} zur Folge hat. Nun kann sich die Diffusionsladung wieder „erholen", und der beschriebene Zyklus wird erneut durchlaufen, bis die in der Regel gedämpfte Schwingung abgeklungen und der Endwert erreicht ist. Während solcher Einschwingvorgänge können sich auch bei Laserdioden, die im Dauerstrichbetrieb nur eine Mode emittieren, vorübergehend wieder andere Moden ausbilden, was im Folgenden der Einfachheit halber jedoch nicht berücksichtigt wird; ein detaillierteres Modell der Laserdiode ist z. B. in [18] zu finden.

Kleinsignalanalyse. Zur Untersuchung des Einschwingverhaltens wird eine Kleinsignalanalyse der Bilanzgleichungen (29.14) und (29.16) durchgeführt. Sind die Größen $i(t)$, $q_{\mathrm{T}}(t)$ und $\Phi_{\mathrm{e}}(t)$ aus Gleichanteilen I, Q_{T} und Φ_{e0} mit überlagerten Kleinsignalwechselanteilen $i_1(t)$, $q_{\mathrm{t}}(t)$ und $\phi_{\mathrm{e1}}(t)$ zusammengesetzt, so folgt mit (29.17) für die Kleinsignalanteile

$$
\begin{aligned}
i_1(t) &= \frac{q_{\mathrm{t}}(t)}{T_{\mathrm{T}}} + \frac{\mathrm{d}q_{\mathrm{t}}}{\mathrm{d}t} + \chi \Phi_{\mathrm{e0}} q_{\mathrm{t}}(t) + \chi\,(Q_{\mathrm{T}} - Q_{\mathrm{T0}})\phi_{\mathrm{e1}}(t) + \chi \phi_{\mathrm{e1}}(t) q_{\mathrm{t}}(t)\;, \\
\frac{\mathrm{d}\phi_{\mathrm{e1}}}{\mathrm{d}t} &= \frac{\chi h\nu}{e\tau_{h\nu}^{s}}\,\Phi_{\mathrm{e0}} q_{\mathrm{t}}(t) + \frac{\chi h\nu}{e\tau_{h\nu}^{s}}(Q_{\mathrm{T}} - Q_{\mathrm{T0}})\phi_{\mathrm{e1}}(t) - \frac{\phi_{\mathrm{e1}}(t)}{\tau_{h\nu}} + \frac{\chi h\nu}{e\tau_{h\nu}^{s}} q_{\mathrm{t}}(t)\phi_{\mathrm{e1}}(t) \\
&= \frac{\chi h\nu}{e\tau_{h\nu}^{s}}\,\Phi_{\mathrm{e0}} q_{\mathrm{t}}(t) + \frac{\chi h\nu}{e\tau_{h\nu}^{s}} q_{\mathrm{t}}(t)\phi_{\mathrm{e1}}(t)\;,
\end{aligned}
$$

wobei der Strom durch die Sperrschichtkapazität vernachlässigt wurde. Weisen die Kleinsignalanteile die Kreisfrequenz ω auf, so läßt sich schreiben

$$i_1(t) = \mathrm{Re}(\underline{i}_1), \quad q_\mathrm{t}(t) = \mathrm{Re}(\underline{q}_\mathrm{t}) \text{ und } \phi_\mathrm{e1}(t) = \mathrm{Re}(\underline{\phi}_\mathrm{e1}) .$$

Mit diesem Ansatz und unter Vernachlässigung der Terme $\sim \phi_\mathrm{e1}(t) q_\mathrm{t}(t)$, in denen ein Produkt aus zwei Kleinsignalanteilen auftritt, resultiert das linearisierte Gleichungssystem für die komplexen Zeiger $\underline{i}_1$, $\underline{q}_\mathrm{t}$ und $\underline{\phi}_\mathrm{e1}$

$$\underline{i}_1 = \left(\frac{1}{T_\mathrm{T}} + \mathrm{j}\omega + \chi \Phi_\mathrm{e0} \right) \underline{q}_\mathrm{t} + \frac{1}{\eta_\mathrm{d}} \frac{e}{h\nu} \underline{\phi}_\mathrm{e1} ,$$

$$\underline{q}_\mathrm{t} = \mathrm{j}\omega \frac{e \tau_{h\nu}^s}{\chi h\nu} \frac{1}{\Phi_\mathrm{e0}} \underline{\phi}_\mathrm{e1} .$$

Durch Zusammenfassen der beiden Gleichungen erhält man die komplexe *Modulationssteilheit*

$$\underline{\kappa} = \frac{\underline{\phi}_\mathrm{e1}}{\underline{i}_1} = \eta_\mathrm{d} \frac{h\nu}{e} \frac{1}{1 + \mathrm{j} \dfrac{\omega \tau_{h\nu}}{\chi \Phi_\mathrm{e0}} \left(\dfrac{1}{T_\mathrm{T}} + \chi \Phi_\mathrm{e0} \right) - \dfrac{\omega^2 \tau_{h\nu}}{\chi \Phi_\mathrm{e0}}} . \tag{29.21}$$

Im Grenzfall $\omega \to 0$ vereinfacht sich dieses Ergebnis zu Gl. (29.11)

$$\Delta \Phi_\mathrm{e} = \frac{\mathrm{d}\Phi_\mathrm{e}}{\mathrm{d}I} \Delta I = \eta_\mathrm{d} \frac{h\nu}{e} \Delta I .$$

Im Bereich höherer Frequenzen wird die Modulationssteilheit frequenzabhängig. Mit der *Modulationsgrenzfrequenz*

$$f_\mathrm{mg} = \frac{\omega_\mathrm{mg}}{2\pi} = \frac{1}{2\pi} \sqrt{\frac{\chi \Phi_\mathrm{e0}}{\tau_{h\nu}}} = \frac{1}{2\pi} \sqrt{\frac{\chi \, \eta_\mathrm{d} \, h\nu \, (I - I_\mathrm{th})}{e \, \tau_{h\nu}}} \tag{29.22}$$

und dem *Dämpfungsfaktor*

$$\gamma = \frac{1}{T_\mathrm{T}} + \chi \Phi_\mathrm{e0} = \frac{1}{T_\mathrm{T}} + \chi \eta_\mathrm{d} \frac{h\nu}{e} (I - I_\mathrm{th}) \tag{29.23}$$

gilt

$$\underline{\kappa} = \frac{\kappa}{1 + \mathrm{j} \, \gamma \, \omega / \omega_\mathrm{mg}^2 - \omega^2 / \omega_\mathrm{mg}^2} . \tag{29.24}$$

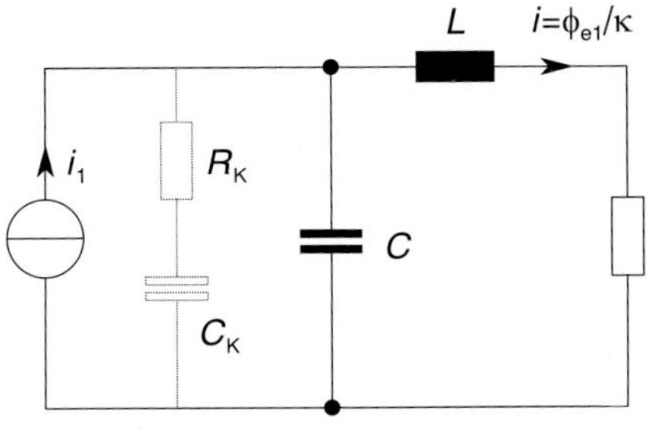

Abb. 29.26. Kleinsignalmodell der Laserdiode mit Kompensationsnetzwerk

Der frequenzabhängige Faktor, mit dem κ zu multiplizieren ist, kann als Stromübertragungsfaktor $\underline{H}_\mathrm{i}$ aus der in Abb. 29.26 skizzierten Kleinsignalersatzschaltung ermittelt werden. Für diesen gilt

$$\underline{H}_\mathrm{i} = \frac{\underline{i}_R}{\underline{i}_1} = \frac{1}{1 + \mathrm{j}\omega RC - \omega^2 LC},$$

wobei R gleich dem Kleinsignalwiderstand NV_T/I der Diode und C sowie L so gewählt werden, daß $RC = \gamma/\omega_\mathrm{mg}^2$ und $\sqrt{LC} = 1/\omega_\mathrm{mg}$ bzw.

$$C = \frac{\gamma}{R\omega_\mathrm{mg}^2} \quad \text{und} \quad L = \frac{R}{\gamma}$$

erfüllt ist. In der Nähe der Resonanzfrequenz

$$f_\mathrm{r} = \frac{1}{2\pi}\sqrt{\omega_\mathrm{mg}^2 - \gamma^2/2}$$

ergibt sich eine Überhöhung der Modulationssteilheit, die sich beim Schaltvorgang in *Überschwingern* bemerkbar macht. Diese lassen sich durch ein *Kompensationsnetzwerk*, wie das gestrichelt eingezeichnete RC-Glied, unterdrücken. Werden dessen Elemente R_K und C_K mit

$$R_\mathrm{K} = \frac{L}{\sqrt{2LC} - RC} \quad \text{und} \quad C_\mathrm{K} = \frac{\sqrt{2LC} - RC}{R}$$

gewählt, so ist der Übertragungsfaktor $\underline{i}_R/\underline{i}_1$ kritisch bedämpft.

Beispiel 29.2.4 Als Beispiel wird eine GaAs-Laserdiode mit dem Schwellstrom $I_\mathrm{th} = 20\,\mathrm{mA}$, der Minoritätslebensdauer $T_\mathrm{T} = 2\,\mathrm{ns}$ und der differentiellen Quantenausbeute $\eta_\mathrm{d} = 70\,\%$ betrachtet. Mit der Photonenenergie $h\nu \approx 1.42$ eV ergibt sich die Modulationssteilheit

$$\kappa = \eta_\mathrm{d}\,\frac{h\nu}{e} = 0.994\,\mathrm{V} = 0.994\,\frac{\mathrm{mW}}{\mathrm{mA}}\,.$$

Die Diode soll ein aktives Volumen mit den Abmessungen $200\,\mu\mathrm{m}\times 5\,\mu\mathrm{m}\times 0.3\,\mu\mathrm{m}$ aufweisen; mit dem differentiellen optischen Gewinn $A \approx 5\cdot 10^{-16}\ \mathrm{cm}^2$, der in Beispiel 29.2.2 berechneten Gruppengeschwindigkeit $v_\mathrm{g} \approx 8.3\cdot 10^9\,\mathrm{cm/s}$ und Lebensdauer $\tau_{h\nu}^s \approx 2.1\,\mathrm{ps}$ ergibt sich dann

$$\chi = \frac{v_\mathrm{g} A \tau_{h\nu}^s}{h\nu \mathcal{V}_\mathrm{r}} \approx 1.27\cdot 10^{11}\,\frac{1}{\mathrm{Ws}}\,.$$

Wird der Arbeitspunkt so eingestellt, daß $\Phi_\mathrm{e0} = 5$ mW gilt, so folgt aus Gl. (29.22) die Modulationsgrenzfrequenz

$$f_\mathrm{mg} = \frac{1}{2\pi}\sqrt{\frac{\chi\Phi_\mathrm{e0}}{\eta_\mathrm{d}\,\tau_{h\nu}^s}} = 3.3\,\mathrm{GHz}$$

und mit $T_\mathrm{T} = 2\,\mathrm{ns}$ aus Gl. (29.23) der Dämpfungsfaktor

$$\gamma = \frac{1}{T_\mathrm{T}} + \chi\Phi_\mathrm{e0} = 0.5\,\mathrm{GHz} + 0.64\,\mathrm{GHz} \approx 1.14\,\mathrm{GHz}\,.$$

Da $\gamma < \sqrt{2}\,\omega_{\mathrm{mg}}$ gilt, zeigt die Diode bei schnellen Schaltvorgängen Relaxationsschwingungen. Mit dem Diodenstrom $I \approx I_{\mathrm{th}} + \Phi_{\mathrm{e0}}/\kappa \approx 25\,\mathrm{mA}$ folgt bei Raumtemperatur und dem Emissionskoeffizient $N = 1$: $R \approx 25\,\mathrm{mV}/25\,\mathrm{mA} \approx 1\,\Omega$ und damit $C = \gamma/\omega_{\mathrm{mg}}^2 R = 2.65\,\mathrm{pF}$ sowie $L = 1/\omega_{\mathrm{mg}}^2 C = 0.87\,\mathrm{nH}$. Zur kritischen Bedämpfung würde demnach ein RC-Glied mit

$$R_{\mathrm{K}} = \frac{L}{\sqrt{2LC} - RC} \approx 13\,\Omega \quad \text{und} \quad C_{\mathrm{K}} = \frac{\sqrt{2LC} - RC}{R} \approx 65\,\mathrm{pF}$$

benötigt. Δ

Rauschen. Das von einer Laserdiode emittierte Licht ist statistischen Schwankungen unterworfen; eine einführende Übersicht über die verschiedenen Mechanismen, die zum Rauschen der Laserdiode beitragen bietet [19].

29.2.7 Bauformen kantenemittierender Laserdioden

Laserdioden werden wegen der guten Richtwirkung und der hohen Grenzfrequenz als Sendeelemente in Glasfaserübertragungsstrecken eingesetzt. Sollen Signale mit Datenraten im Bereich von Gb/s über große Entfernungen übertragen werden, so kommt wegen der Materialdispersion nur Monomodebetrieb der Laserdiode in Frage. Wegen der wellenlängenabhängigen Dämpfung in Glasfasern, die bei $\lambda = 1.55\,\mu\mathrm{m}$ minimal wird, sollte die emittierte Wellenlänge bei diesem Wert liegen. Für die Verwendung mit Monomodefasern muß der Halbleiterchip präzise im Gehäuse ausgerichtet sein, damit das Licht effizient in die Faser eingekoppelt werden kann. Dioden für solche Anwendungen werden häufig vom Hersteller bereits mit einem Stück Glasfaser versehen („pigtail"), das dann an eine Leitung angespleißt werden kann.

Neben den Anwendungen in der Nachrichtentechnik sind Laserdioden Schlüsselbausteine in zahlreichen Massenprodukten wie Laserpointer, Barcode-Leser, Laserdrucker, CD-Spieler und CD-Brenner. In diesen Anwendungen wird insbesondere die gute Fokussierbarkeit des Laserlichts ausgenutzt; der Laser wird dabei entweder im Dauerstrichbetrieb eingesetzt (CD-Spieler) oder nur vergleichsweise langsam moduliert. Die geforderte Strahlungsleistung liegt hier je nach Anwendung zwischen 5 mW (CD-Spieler) und 30 mW (CD-Brenner).

Die ersten Laserdioden wurden als hochdotierte pn-Übergänge in GaAs hergestellt. Die Schwellstromdichten dieser Laserdioden waren mit größenordnungsmäßig $10^5\,\mathrm{A/cm^2}$ jedoch so groß, daß ein Dauerstrichbetrieb nicht möglich war. Mit der Entwicklung der Doppelheterostruktur-Laserdioden (DH-Laserdioden) konnte die Schwellstromdichte um mehr als eine Größenordnung verringert werden, was praktisch einsetzbare Laserdioden erbrachte. Die Schichtfolge einer DH-Laserdiode entspricht im wesentlichen der einer DH-LED: Eine dünne i. allg. p-dotierte Schicht eines Halbleiters (z. B. GaAs) wird dabei von einer n- bzw. p-dotierten Schicht eines Halbleiters mit größerer Energielücke (z. B. $Ga_{1-x}Al_xAs$) begrenzt.

Index- und gewinngeführte Laserdioden. Im Resonator muß das Licht parallel zur Strahlachse geführt werden. In vertikaler Richtung geschieht dies in DH-Laserdioden durch den *Brechzahlsprung* an den Heteroübergängen (Wellenleitereffekt, vgl. Abb. 29.9 b). In horizontaler Richtung wird ebenfalls eine Ortsabhängigkeit der Brechzahl zur Strahlführung ausgenützt. In den sog. *indexgeführten* Laserdioden wird eine laterale Begrenzung des aktiven Bereichs durch ein Medium mit geringerer Brechzahl verwendet, in den sog. *gewinngeführten* Laserdioden wird die Änderung der Brechzahl mit der Ladungsträgerdichte zur Strahlführung ausgenutzt: Im aktiven Bereich, in dem sehr viele Ladungsträger vorliegen, ist die Brechzahl größer als in den benachbarten Bereichen, so daß allein durch den Stromfluß eine Führung des Lichtstrahls gegeben ist.

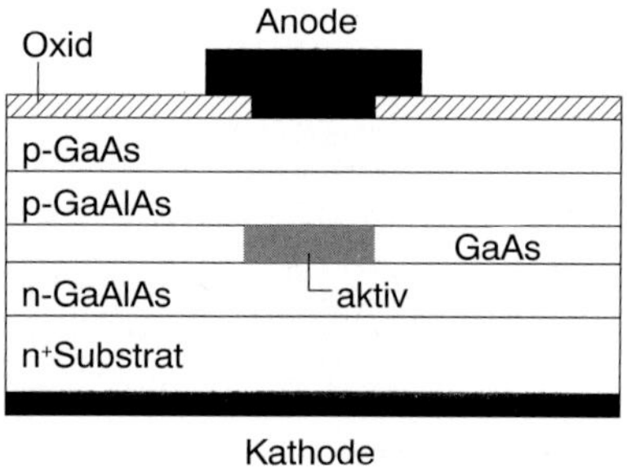

Abb. 29.27. Oxidstreifenlaser

Abbildung 29.27 zeigt einen sog. *Oxidstreifenlaser* als Beispiel für eine gewinngeführte Laserdiode. In diesem Beispiel wird der p-Kontakt einer GaAlAs-GaAs-GaAlAs-DH-Laserdiode über einen schmalen Streifen (typische Breite wenige Mikrometer) in einer Oxidschicht realisiert. Der aktive stromdurchflossene Bereich wird durch die Breite des Kontakts bestimmt. Da die Brechzahl in dem nicht vom Strom durchflossenen Gebiet geringer ist, ergibt sich ein Führung des Lichts. Wegen der Ladungsträgerdiffusion in lateraler Richtung erfolgt allerdings ein kontinuierlicher Übergang der Brechzahl, was sich in der *Abstrahlcharakteristik* der Laserdiode bemerkbar macht.

Quantum-Well (QW) Laserdioden. Wird die aktive Zone in einer DH-Laserdiode sehr dünn gewählt, so kommt es zu einer Quantisierung der Energieniveaus der in den Potentialgräben (Abb. 29.9 a) der aktiven Zone eingesperrten Ladungsträger. Laserstrahlung kommt dann durch stimulierte Übergänge zwischen diesen Niveaus zustande. Die Vorzüge dieser Quantum-Well Laserdioden [20] liegen in einem geringeren Schwellstrom, einer geringeren Temperaturempfindlichkeit sowie einem schmalen Emissionsspektrum.

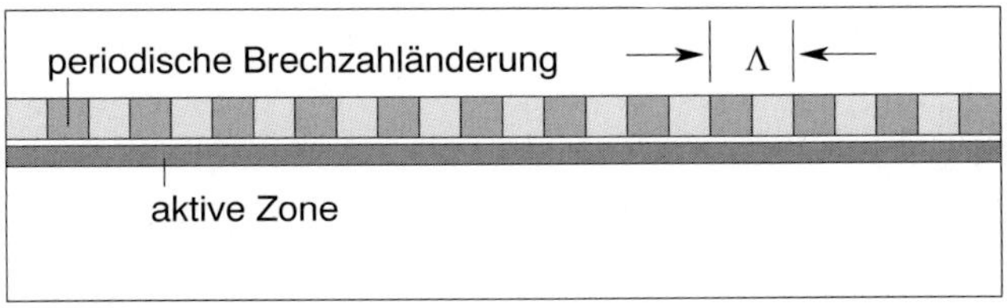

Abb. 29.28. Zur Idee des Distributed-Feedback Lasers

DFB-Laser. Distributed Feedback (DFB)-Laserdioden verwenden in unmittelbarer Nähe der aktiven Zone eine regelmäßige Abfolge von Bereichen größerer und geringerer Brechzahl. Dieses sog. Bragg-Gitter verläuft über die ganze Länge der Laserdiode und sorgt dafür, daß sich vor allem zur Gitterkonstante Λ passende Wellenlängen im Resonator verstärken können. Der DFB-Laser zeichnet sich deswegen durch einen auch bei Lastwechsel stabilen, Monomodebetrieb aus [21].

Monitordiode. Laserdioden werden häufig gemeinsam mit einer pin-Fotodiode, der sog. *Monitordiode* integriert. Diese liefert einen zur tatsächlich abgestrahlten Leistung proportionalen Fotostrom und ermöglicht so, eine Drift aufgrund von Temperaturverschiebungen und Alterungsvorgängen zu kompensieren.

29.2.8 VCSELs, Oberflächenemittierende Laserdioden

Die Abkürzung VCSEL steht für Vertical Cavity Surface Emitting Laser [22] und bezeichnet einen Laserdiodentyp, bei dem das Laserlicht nicht parallel zur Chipfläche läuft und über eine Spaltkante austritt, sondern senkrecht zur Chipfläche austritt. Der Resonator muß dabei in vertikaler Richtung angeordnet werden, was durch Epitaxieverfahren erreicht werden kann. Da gleichzeitig eine sehr große Zahl von Laserdioden auf einem Substrat erzeugt werden kann, sind VCSELs trotz des aufwendigen Herstellverfahrens sehr gut zur Fertigung in großen Stückzahlen geeignet. Sie eignen sich zur Ankopplung an Monomode-Fasern und zeichnen sich durch stabilen Monomodebetrieb aus. Interessant ist auch die Möglichkeit ganze Arrrays von Laserdioden auf einer Fläche zu realisieren.

Abbildung 29.29 zeigt den prinzipiellen Aufbau einer oberflächenemittierenden Laserdiode. Die Länge des Resonators wird dabei durch die Dicke der abgeschiedenen Schicht vorgegeben und muß der Bedingung $L = m\lambda/2n$ genügen, wobei der Modenindex m typischerweise mit 2 gewählt wird. Für die Dicke des Resonators folgt dann mit $n \approx 3.5$ die Größenordnung 0.25 µm falls λ im Bereich von 800 nm liegt. Die Dicke der aktiven Schicht ist wesentlich geringer als die des Resonators und liegt typischerweise in der Größenordnung 10 nm. Lateral wird die aktive Zone durch eine Bündelung des Stroms begrenzt; dies wird durch Oxidschichten oder eine lokale Herabsetzung der Beweglichkeit durch Protonenbeschuß erreicht.

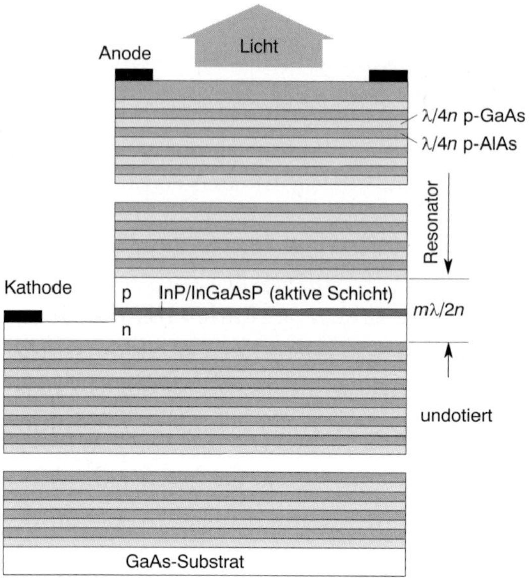

Abb. 29.29. Prinzipieller Aufbau eines VCSEL für Emission im Wellenlängenbereich von 1.3 µm bis 1.55 µm

Die Geringe Resonatorlänge hat wichtige Konsequenzen:

- Wegen des kleinen Modenindex m ist die relative Wellenlängendifferenz zur nächsthöheren Mode (gegeben durch $1/(m+1)$, vgl. Beispiel 29.2.1) so groß, daß für benachbarte Moden die Anschwingbedingung (29.6) nicht mehr erfüllt ist. Der VCSEL kann deshalb nur eine longitudinale Mode ausbilden und bleibt dieser Mode auch bei schnellen Schaltvorgängen treu.
- Die geringe Resonatorlänge stellt besondere Anforderungen an die Verspiegelung des Resonators: Bezeichnet $r = \rho_1 \rho_2$ das geometrische Mittel der Reflexionskoeffizienten an Ober- und Unterseite so tritt nach (29.6) Laserbetrieb nur dann auf, falls

  $$(g - \alpha_{\mathrm{i}})L = -\ln(r)$$

  erfüllt ist. Damit dies für sehr kleine Werte der Resonatorlänge L erfüllt werden kann, muß r sehr nahe bei eins liegen. Dies kann durch aufeinanderfolgende Doppelschichten[9] von Materialien mit unterschiedlichem Brechungsindex erzielt werden. Der Brechnungsindes ist dabei mit $\lambda/4n$ zu wählen, wobei λ die Wellenlänge der emittierten Strahlung und n der Brechungsindex der jeweiligen Schicht ist.
- Das geringe Resonatorvolumen $\mathcal{V}$ bedingt sehr geringe Schwellströme: Mit VCSELs wurden Schwellströme der Größenordnung 10 µA erreicht [22].

[9] In der Praxis werden jeweils mehr als zwanzig solcher Doppelschichten zur Realisierung des unteren und oberen Spiegels verwendet. Werden auf der Obersetie weniger solcher Doppelschichten verwendet als auf der Unterseite, so strahlt der VCSEL vorzugsweise nach oben ab.

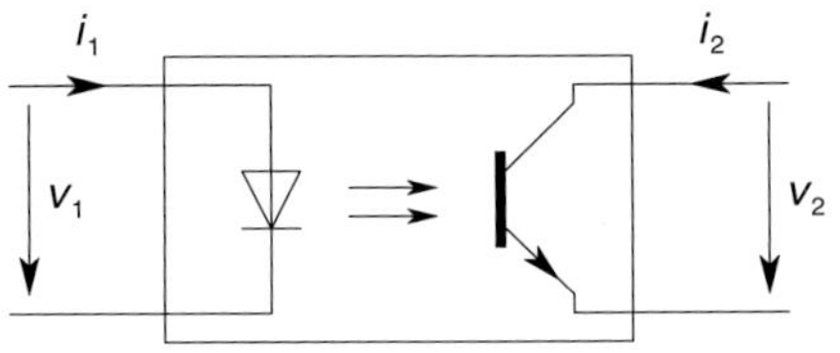

Abb. 29.30. Optokoppler

29.3 Optokoppler

Optokoppler dienen der Signalübertragung zwischen zwei galvanisch getrennten Kreisen. Dabei wird im Eingangskreis von einer LED ein Lichtsignal erzeugt, das im Ausgangskreis von einem Empfänger (Fotodiode oder Fototransistor) wieder in ein elektrisches Signal umgewandelt wird. Die Verkopplung von Eingangs- und Ausgangskreis ist damit rein optisch und erfordert keinerlei elektrische Verbindung. Die gebräuchlichsten Optokoppler bestehen aus einer GaAs-LED und einem Si-Fototransistor (vgl. Abb. 29.30).[10] Die beiden Elemente werden in einem Gehäuse mit einem lichtleitenden, elektrisch isolierenden Kunststoff vergossen. Um Streulicht abzuschirmen, wird die Anordnung mit einer lichtundurchlässigen Kunststoffschicht überzogen. Die Isolation zwischen Eingangskreis und Ausgangskreis ist um so besser, je weiter Sendediode und Empfangselement voneinander entfernt sind. Typische Werte für diesen Abstand liegen bei 0.5 mm.

29.3.1 Kenngrößen

Der *Kopplungsfaktor* K des Optokopplers ist das Verhältnis des im Ausgangskreis fließenden Stroms i_2 zu dem im Eingangskreis fließenden Diodenstrom i_1. Der Wert des Kopplungsfaktors wird gewöhnlich bei $V_2 = 5$ V spezifiziert und ist sowohl arbeitspunkt- als auch temperaturabhängig, da einerseits die von der LED emittierte Strahlungsleistung nicht streng proportional zum Strom i_1 im Eingangskreis ist und andererseits die Stromverstärkung des Fototransistors arbeitspunkt- und temperaturabhängig ist. Zur Erläuterung der Zusammenhänge wird Abb. 29.31 betrachtet. Dort ist auf der linken Seite die Eingangskennlinie des Optokopplers dargestellt. Weist die Diodenkennlinie bei kleinen Strömen einen Bereich mit erhöhtem Nichtidealitätsfaktor auf, so ist dieser häufig durch nichtstrahlende Rekombinationsvorgänge an Störstellen in der Raumladungszone bestimmt. Die Quantenausbeute η_{Qe} der LED ist hier gering und damit auch der im Fototransistor hervorgerufene „Basisstrom“ $I_{h\nu} = \kappa I_1$. Für den Ausgangsstrom folgt mit der Stromverstärkung B_{N} im Arbeitspunkt

$$I_2 = \kappa\,(B_{\mathrm{N}}+1)I_1 = KI_1\,.$$

[10] Daneben sind Optokoppler mit einer Fotodiode als Empfangselement erhältlich; für Schaltanwendungen der Leistungselektronik werden außerdem Optokoppler mit Thyristoren und TRIACs hergestellt.

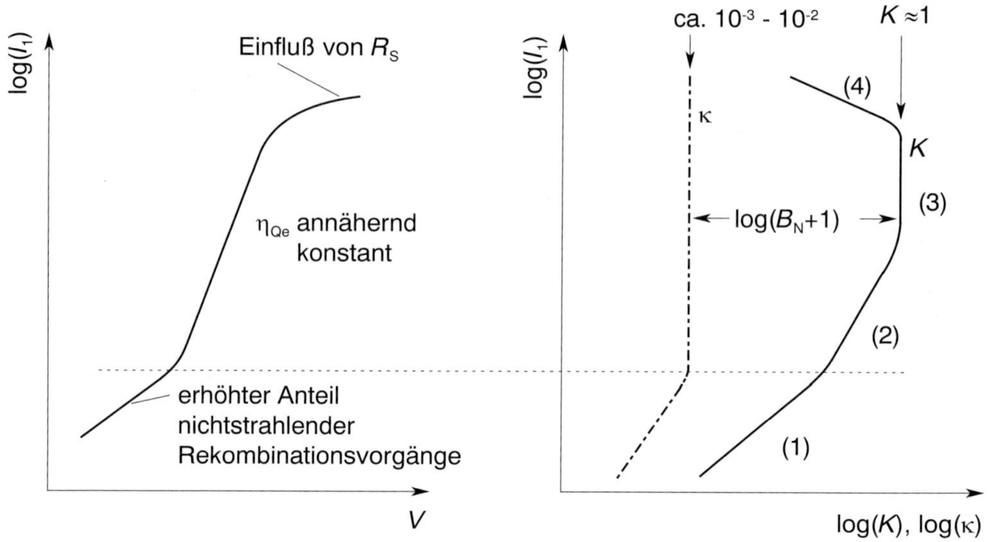

Abb. 29.31. Zur Arbeitspunktabhängigkeit des Kopplungsfaktors

In einer logarithmischen Auftragung ist der Koppelfaktor K gegenüber dem internen Koppelfaktor κ um $\log(B_\mathrm{N}+1)$ verschoben. Bei kleinen Strömen I_1 nimmt K zu (1), da hier sowohl die Quantenausbeute η_Qe als auch die Stromverstärkung mit dem Strom ansteigt. Ab einem bestimmten Strom ist die Quantenausbeute η_Qe der LED und damit κ häufig annähernd konstant, eine weitere Arbeitspunktabhängigkeit des Koppelfaktors ist dann nur noch durch die Stromverstärkung bestimmt. Diese bedingt zunächst einen weiteren Anstieg von K (2); erst bei großen Strömen – nach Überschreiten des Kniestroms des Fototransistors – wird dann ein Abfall des Koppelfaktors beobachtet (4), da hier die Stromverstärkung wieder abnimmt. Im üblicherweise verwendeten Arbeitsbereich (3) kompensiert die Stromverstärkung $B_\mathrm{N} \gg 1$ die geringe Quantenausbeute und die Verluste der optischen Kopplung weitgehend, so daß $K \approx 1$ erzielt wird.

Optokoppler mit Fotodiode als Empfangselement[11] erlauben eine Verringerung der Arbeitspunktabhängigkeit von K. Bei diesen ist der Strom im Ausgangskreis weitgehend unabhängig von V_2 (kein Early-Effekt), was die Eignung für die Übertragung analoger Signale verbessert. Da das detektierte Signal keine interne Verstärkung erfährt, liegt der Koppelfaktor derartiger Bausteine jedoch typischerweise unter einem Prozent.

Zwischen Eingangs- und Ausgangskreis eines Optokopplers dürfen – je nach Typ – Gleichspannungen von mehreren Kilovolt angelegt werden. Die *Isolationsprüfspannung* spezifiziert den zugelassenen Grenzwert für die Potentialdifferenz zwischen Eingangs- und Ausgangskreis. Der *Isolationswiderstand* R_is wird zwischen den kurzgeschlossenen Eingangs- und den ebenfalls kurz-

[11]Verfügt der Fototransistor im Ausgangskreis über einen Basisanschluß, so kann auch die BC-Diode des Fototransistors als Fotodiode eingesetzt werden.

geschlossenen Ausgangsklemmen gemessen und ist normalerweise höher als $100\,\mathrm{G\Omega}$. Bei Einsatz des Optokopplers auf einer Leiterplatte kann der Isolationswiderstand des Optokopplers meist als unendlich angenommen werden, da parallel zum Optokoppler größere Ströme über die Leiterplatte fließen.[12]

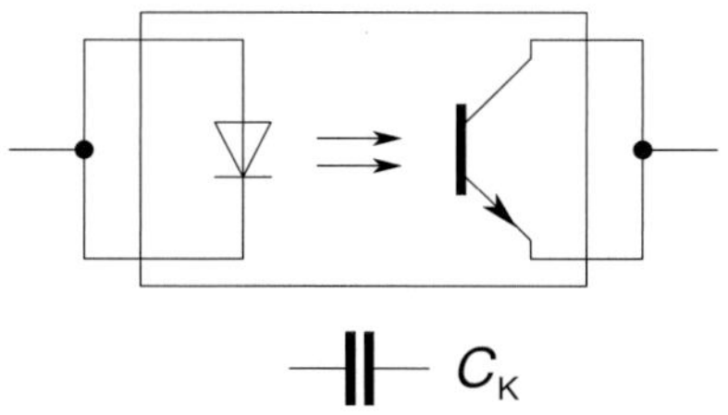

Abb. 29.32. Bestimmung der Koppelkapazität des Optokopplers

Bei höheren Frequenzen kann das Übertragungsverhalten des Optokopplers durch die *Koppelkapazität* C_K zwischen Eingangs- und Ausgangskreis beeinflußt werden. Diese wird mit kurzgeschlossenen Eingangs- und Ausgangsklemmen gemessen (Abb 29.32) und liegt gewöhnlich etwas unter 1 pF.

29.3.2 Frequenzverhalten, Ansprechgeschwindigkeit

Das Übertragungsverhalten von Optokopplern wird sowohl durch den Ein- als auch durch den Ausgangskreis bestimmt. Abbildung 29.33 a zeigt eine Schaltung zur Übertragung eines analogen Signals $v_1(t)$ im Eingangskreis auf das analoge Signal $v_2(t)$ im Ausgangskreis. $v_1(t)$ sei von der Form

$$v_1(t) = V_1 + \mathrm{Re}\left(\underline{\hat{v}}_{1\sim}\, \mathrm{e}^{\mathrm{j}\omega t}\right) = V_1 + \mathrm{Re}(\underline{v}_{1\sim}) ,$$

d. h. einer Gleichspannung V_1, die den Arbeitspunkt definiert, ist eine sinusförmige Wechselspannung der Amplitude $\hat{v}_1$ überlagert. Der Wert von $\hat{v}_1$ sei so klein, daß Kleinsignalbetrieb vorliegt; das Ausgangssignal $v_2(t)$ ist dann in guter Näherung von der Form

$$v_2(t) = V_2 + \mathrm{Re}\left(\underline{\hat{v}}_2\, \mathrm{e}^{\mathrm{j}\omega t}\right) = V_2 + \mathrm{Re}(\underline{v}_{2\sim}) .$$

Der Übertragungsfaktor $\underline{v}_{2\sim}/\underline{v}_{1\sim}$ der Schaltung läßt sich mit der in Abb. 29.33 b dargestellten Kleinsignalersatzschaltung bestimmen, wobei Bahnwiderstände in LED und Transistor, Isolationswiderstand und Koppelkapazität C_K vernachlässigt wurden. Die Verkopplung zwischen Eingangs- und Ausgangskreis wird durch eine lineare stromgesteuerte Stromquelle beschrieben. Bezeichnet $k = \mathrm{d}I_2/\mathrm{d}I_1$ den *Kleinsignalkoppelfaktor* (NF), so liefert diese einen sinusförmig modulierten Fotostrom mit dem komplexen Zeiger

[12] Störende Oberflächenströme bei großen Potentialdifferenzen zwischen Eingangs- und Ausgangskreis lassen sich vermeiden, wenn der Ausgang des Optokopplers von einer ringförmigen Leiterbahn umgeben wird, die auf annähernd demselben Potential liegt und von einer niederohmigen Spannungsquelle versorgt wird (Guarding). Im einfachsten Fall genügt eine auf Massepotential liegende Leiterbahn.

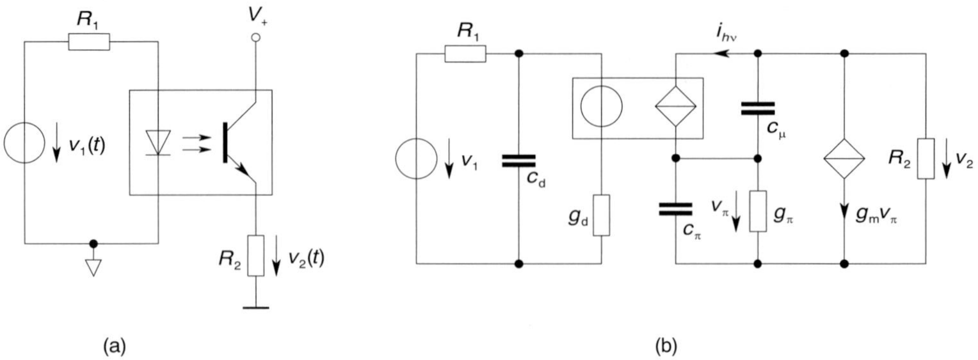

Abb. 29.33. (**a**) Übertragung eines sinusförmigen Signals, (**b**) Kleinsignalersatzschaltung

$$\underline{i}_{h\nu} = \frac{k}{\beta+1}\underline{i}_\mathrm{d} \approx \frac{k}{\beta}\underline{i}_\mathrm{d}\,.$$

Der Zeiger $\underline{i}_\mathrm{d}$ des Stroms durch den Diodenleitwert g_d im Eingangskreis errechnet sich aus dem Zeiger $\underline{v}_{1\sim}$ gemäß

$$\underline{i}_\mathrm{d} = \frac{g_\mathrm{d}}{1 + R_1(g_\mathrm{d} + \mathrm{j}\omega c_\mathrm{d})}\underline{v}_{1\sim}\,.$$

Der Fotostrom $\underline{i}_{h\nu}$ andererseits erzeugt am Widerstand R_2 eine sinusförmig modulierte Ausgangsspannung[13]

$$\underline{v}_{2\sim} \approx -\frac{\beta R_2}{1 + \mathrm{j}f\left(\dfrac{1}{f_\beta} + 2\pi R_2 c_\mu \beta\right)}\underline{i}_{h\nu}\,.$$

Durch Zusammenfassen resultiert der *Übertragungsfaktor*

$$\frac{\underline{v}_{2\sim}}{\underline{v}_{1\sim}} = -\frac{k g_\mathrm{d} R_2}{1 + R_1 g_\mathrm{d}}\,\frac{1}{1 + \mathrm{j}\,f/f_\mathrm{E}}\,\frac{1}{1 + \mathrm{j}\,f/f_\mathrm{A}}$$

mit

$$f_\mathrm{E} = \frac{1 + R_1 g_\mathrm{d}}{2\pi R_1 c_\mathrm{d}} \quad \text{und} \quad f_\mathrm{A} = \left(\frac{1}{f_\beta} + 2\pi R_2 c_\mu \beta\right)^{-1}. \tag{29.25}$$

Der Übertragungsfaktor ist demnach als Produkt eines konstanten Faktors, der den Wert bei kleinen Frequenzen bestimmt, und zwei Tiefpaßübertragungsfaktoren, die den durch den Eingangs- bzw. den Ausgangskreis bedingten Frequenzgang beschreiben, darstellbar. Die kleinere der beiden Grenzfrequenzen f_E bzw. f_A bestimmt die *Bandbreite* der Übertragungsstrecke. Gilt $f_\mathrm{E} < f_\mathrm{A}$, so ist die Bandbreite durch den Eingangskreis bestimmt, andernfalls durch den Ausgangskreis.

[13] Dieses Ergebnis folgt mit $2\pi f_\beta = g_\pi/(c_\pi + c_\mu)$ unter den Annahmen $g_\mathrm{m} \gg \omega c_\mu$, $\beta \gg 1$ und $f \ll f_\mathrm{T}$ aus den Knotensätzen für Basis- und Kollektorknoten.

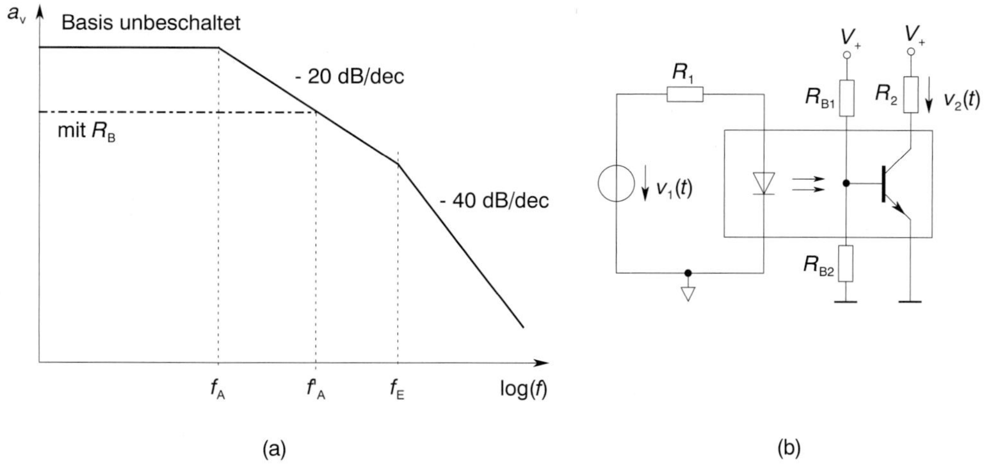

Abb. 29.34. Frequenzgang der Übertragungsstrecke mit Optokoppler. (**a**) Verstärkungsmaß des Spannungsübertragungsfaktors und (**b**) Beschaltung

In der Regel gilt $f_A < f_E$; in diesem Fall kann die Bandbreite durch Beschalten des Basisanschlusses mit einem Widerstand R_B erhöht werden. Ein solcher ist automatisch wirksam, falls der Arbeitspunkt des Fototransistors durch einen Basisspannungsteiler (Abb. 29.34 b) eingestellt wird ($R_B = R_{B1} \parallel R_{B2}$). In der Kleinsignalersatzschaltung ist dann g_π durch $g'_\pi = g_\pi \parallel R_B$ zu ersetzen. Unter der Voraussetzung $g_m \gg \omega c_\mu$ folgt nun in erster Ordnung der Frequenz

$$\frac{\underline{v}_{2\sim}}{\underline{i}_{h\nu}} = -\frac{R_L(\beta' + 1 + jf/f_\beta)}{1 + jf\left(\dfrac{1}{f_\beta} + 2\pi R_L c_\mu(\beta' + 1)\right)} \approx \frac{R_L\beta'}{1 + jf\left(\dfrac{1}{f_\beta} + 2\pi R_L c_\mu \beta'\right)}$$

mit $\beta' = g_m/g'_\pi$; die als zweites angegebene Näherung gilt dabei unter der Voraussetzung $\beta' \gg 1$ und $\beta' \gg f/f_\beta$. Die Grenzfrequenz des Ausgangskreises f_A erhöht sich durch die Beschaltung auf den Wert

$$f'_A = \left(\frac{1}{f_\beta} + 2\pi\beta' R_2 c_\mu\right)^{-1},$$

was sich in einer Steigerung der Bandbreite bemerkbar macht, solange $f'_A < f_E$ gilt. Da die Erhöhung der Bandbreite mit einer Verringerung des Spannungsübertragungsfaktors verbunden ist, muß die Amplitude $\hat{v}_1$ des Eingangssignals, mit dem die LED moduliert wird, angehoben werden, um eine vorgegebene Amplitude $\hat{v}_2$ im Ausgangskreis zu erhalten.

Die maximale Wiederholfrequenz für *Pulse* ist bei unbeschalteter Basis in der Regel auf wenige kHz beschränkt. Eine Beschaltung des Basisanschlusses ermöglicht auch hier die Übertragung mit erhöhter Frequenz. Bei der Ansteuerung von Digitalschaltungen wird der Fototransistor in der Regel im *Schaltbetrieb* eingesetzt und gerät bei geschlossenem Schalter in *Sättigung.*

Wegen der dabei im Transistor gespeicherten Ladung kommt es zu einer unerwünschten Schaltverzögerung, die die Taktfrequenz begrenzt. Durch eine Begrenzung der Pulsdauer sowie eine Beschränkung des im Eingangskreis fließenden Stroms kann die im Transistor gespeicherte Ladung begrenzt werden.[14] Manche Hersteller geben in ihren Datenblättern Diagramme an, aus denen sich die optimalen Werte für Pulsstrom und -dauer ablesen lassen.

29.3.3 Galvanische Trennung

Soll beispielsweise der Ausgang eines Digitalgatters zur Ansteuerung eines Transistorschalters in einem Stromkreis dienen, so ermöglichen Optokoppler eine *galvanische Trennung*, d. h. insbesondere die Festlegung des Schaltpunkts unabhängig von den Versorgungsspannungen V_+ und V_- im Lastkreis.

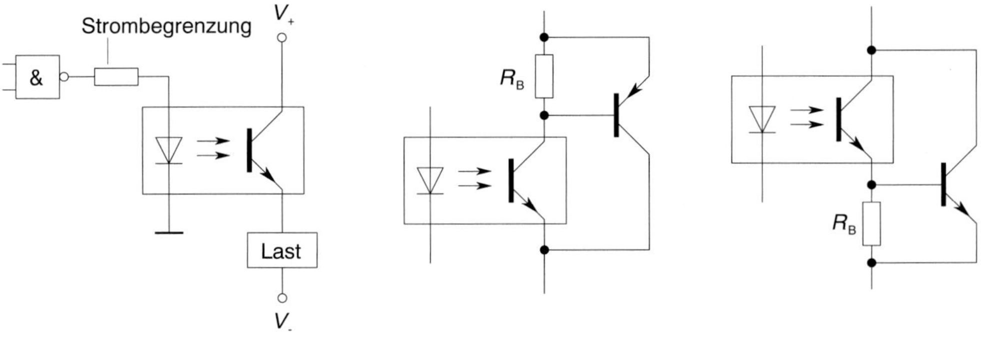

Abb. 29.35. Galvanische Trennung mit Optokoppler. (**a**) Prinzip, Erhöhung des Ausgangsstroms mit (**b**) pnp-Transistor und (**c**) npn-Transistor

Abbildung 29.35 a zeigt den prinzipiellen Schaltungsaufbau eines Transistorschalters mit galvanisch getrennter Ansteuerung durch ein Digitalgatter. Der Strom durch die Last darf den maximal zulässigen Kollektorstrom des Optokopplers nicht überschreiten. Ist dieser zu gering, so ermöglicht eine Darlington-Schaltung in Verbindung mit einem Leistungsbipolartransistor eine Erhöhung des Schaltstroms (Abb. 29.35 b und c). Überschreitet die Spannung $V_+ - V_-$ im Ausgangskreis die CE-Durchbruchspannung BV_{CEO} des Fototransistors, so können die in Abb. 29.36 dargestellten Beschaltungen des

[14] Als Anhaltspunkt kann die Mindestpulsdauer $t_{\min}$ mit der Ladungssteuerungstheorie abgeschätzt werden. Der während der Pulsdauer $t_{\min}$ fließende Basisstrom $I_{h\nu}$ muß dabei in der Lage sein, die BC-Sperrschichtkapazität sowie die EB-Sperrschicht und Diffusionskapazität umzuladen; bezeichnet I_2 den im Ausgangskreis zu schaltenden Strom, ΔV_2 die Spannungsänderung im Ausgangskreis und ΔV_{BE} die Änderung der Basis-Emitter-Spannung des Transistors beim Schaltvorgang, so muß demnach gelten

$$I_{h\nu}\, t_{\min} \geq T_F\, I_2 + (c_{\mathrm{je}} + c_{\mathrm{jc}})\Delta V_{\mathrm{BE}} + c_{\mathrm{jc}}\Delta V_2 \;.$$

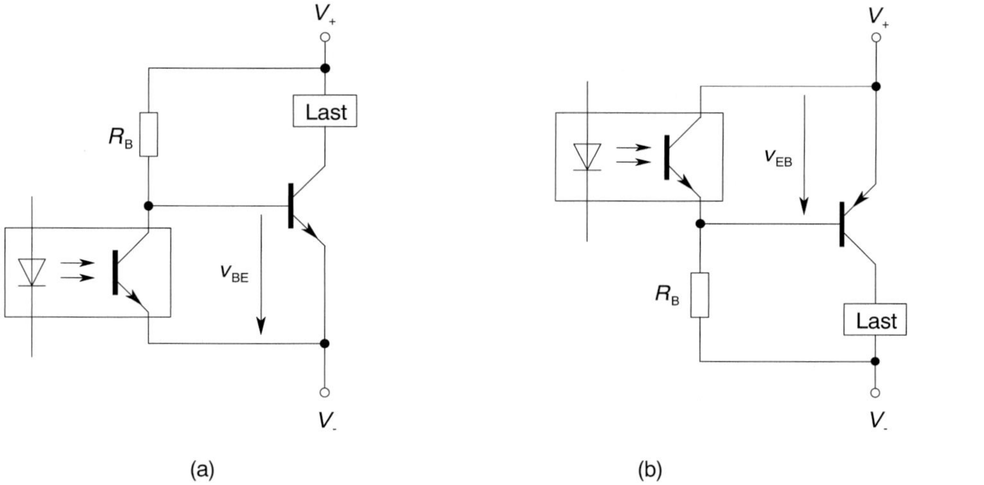

Abb. 29.36. Erhöhung der zulässigen Spannung im Ausgangskreis eines Optokopplers mit (**a**) npn- Transistor und (**b**) pnp-Transistor

Optokopplers verwendet werden. Die CE-Durchbruchspannung des zugeschalteten Transistors muß der Beziehung $BV_{\mathrm{CEO}} > (V_+ - V_-)$ genügen. Der Optokoppler wirkt dann parallel zur EB-Diode des Transistors: Ist der Fototransistor niederohmig, so wird die EB-Diode kurzgeschlossen und der Schalter ist geöffnet. Bei hochohmigem Fototransistor steuert der durch R_{B} fließende Basisstrom den Transistor in den niederohmigen Zustand und der Schalter ist geschlossen. Der Wert von R_{B} ist so zu wählen, daß der zugeschaltete Transistor den zum Schalten der Last erforderlichen Basisstrom erhält, d. h.

$$R_{\mathrm{B}} \leq \frac{V_+ - V_- - V_{\mathrm{BE}}}{I_{\mathrm{Bmax}}} = \frac{V_+ - V_- - V_{\mathrm{BE}}}{I_{\mathrm{Last}}} B_{\mathrm{Nmin}} \, .$$

Bei der Auslegung ist die minimale im spezifizierten Arbeitsbereich auftretende Stromverstärkung B_{Nmin} heranzuziehen.

Trennverstärker. Trennverstärker verfügen über einen galvanisch getrennten Eingangs- und Ausgangskreis.[15] Im Gegensatz zu induktiven Kopplern (Transformatoren) und kapazitiven Kopplern (Kondensatoren), die nur Wechselsignale ausreichend hoher Frequenz übertragen, sind Optokoppler auch für die Übertragung von Gleichspannungen verwendbar. Bei hohen Anforderungen an die Linearität des Trennverstärkers kann die Arbeitspunktabhängigkeit des Koppelfaktors problematisch werden. Für derartige Anwendungen wurden spezielle Optokoppler mit einer Sendediode und zwei Empfangsdioden entwickelt. Abbildung 29.37 zeigt den Aufbau eines mit einem derartigen Optokoppler aufgebauten Trennverstärkers.

[15] Derartige Verstärker werden beispielsweise in der Medizintechnik aus Sicherheitsgründen eingesetzt.

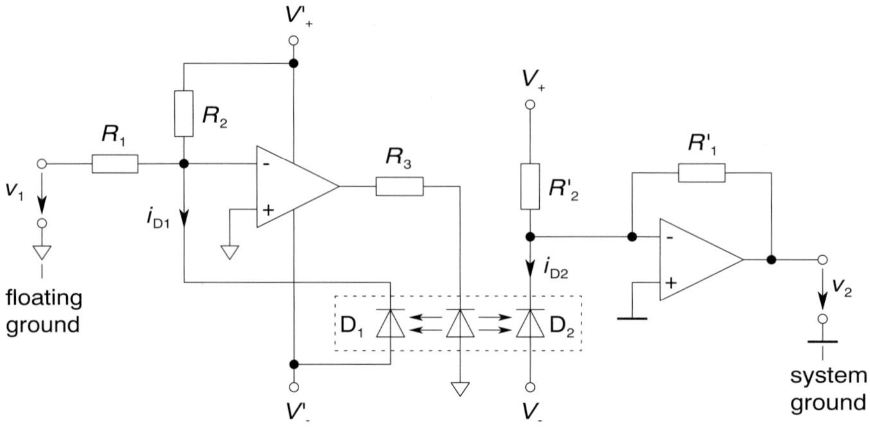

Abb. 29.37. Trennverstärker hoher Linearität mit Optokoppler

Wirkungsweise des Trennverstärkers. Um Linearitätsfehler[16] auszugleichen, wird das von der LED erzeugte Signal über D1 auf den Eingang rückgekoppelt. Der Operationsverstärker sorgt nun dafür, daß der Strom i_{D1} durch die Referenzdiode gleich dem Sollwert ist. Da der nichtinvertierende Eingang auf dem Bezugspotential der erdfreien Stromversorgung liegt und $V_P \approx V_{\mathrm{N}}$ gilt, liefert der Knotensatz mit $i_{\mathrm{N}} = 0$

$$i_{\mathrm{D1}} = V'_+/R_2 + v_1/R_1 \ .$$

Der Ausgangsstrom des Operationsverstärkers regelt sich so ein, daß die LED in D1 einen entsprechenden Fotostrom hervorruft. Über R_2 wird der Arbeitspunkt eingestellt, d. h. ein Gleichanteil des Fotostroms, der auch bei $v_1 = 0$ fließt. Die Schaltung ist damit auch für Eingangssignale wechselnder Polarität einsetzbar, solange $|v_1| < V'_+ R_1/R_2$ erfüllt ist.

Der in der Fotodiode D_2 erzeugte Fotostrom i_{D2} steht zum Fotostrom i_{D1} in einem festen Verhältnis $i_{\mathrm{D2}} = K_3\, i_{\mathrm{D1}}$. Der Wert von K_3 ist zwar hinsichtlich seines Absolutwerts deutlichen Schwankungen[17] unterworfen, weist aber nur eine geringe Abhängigkeit von Arbeitspunkt und Temperatur auf, was sich in einer geringen Verzerrung des übertragenen Signals auswirkt. Der Strom i_{D2} erzeugt an R'_2 einen Spannungsabfall, der über den nachgeschalteten Verstärker eine Ausgangsspannung

$$V_2 = R'_1 i_{\mathrm{D2}} - \frac{R'_1}{R'_2} V^+ = K_3 \frac{R'_1}{R_1} V_1 + V_{\mathrm{O}}$$

mit der Offsetspannung

$$V_{\mathrm{O}} = K_3 \cdot \frac{R'_1}{R_2} V'_+ - \frac{R'_1}{R'_2} V_+$$

hervorruft. Durch Wahl von $R'_1 = A_v R_1/K_3$ und $R'_2 = R_2 V_+/(K_3 V'_+)$ ergibt sich ein Trennverstärker mit einer offsetfreien Ausgangsspannung und der Spannungsverstärkung A_v, d. h. es gilt $V_2 = A_v V_1$.

[16]Alternativ kann im Eingangskreis auch eine AD-Wandlung vorgenommen, das digitale Signal übertragen und im Ausgangskreis wieder in ein analoges Signal rückgewandelt werden. In diesem Fall wären Nichtlinearitäten des Optokopplers ohne Bedeutung.

[17]Er wird mit einer Toleranz von ca. ±50 % spezifiziert.

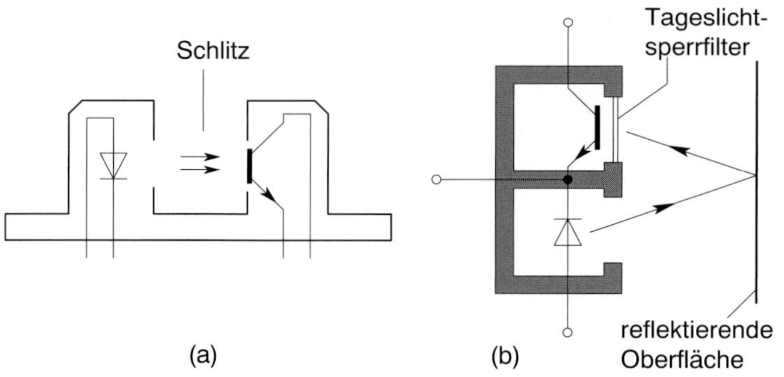

Abb. 29.38. Lichtschranken. (**a**) Gabellichtschranke und (**b**) Reflexionslichtschranke

29.3.4 Lichtschranken

Gabellichtschranken. Gabellichtschranken (Abb. 29.38 a) sind Optokoppler, bei denen Sender und Empfänger durch einen Spalt getrennt sind. In Verbindung mit Rasterscheiben oder Rasterlinealen ermöglichen diese Bauteile das Erfassen von Verdrehungen oder Verschiebungen. Gabellichtschranken bieten eine sehr hohe örtliche Auflösung, die prinzipiell nur durch die Wellenlänge des verwendeten Lichts begrenzt wird.

Rasterscheiben in Verbindung mit Gabellichtschranken ermöglichen nur die Bestimmung des Betrags, nicht aber der Richtung der Verdrehung. Um diese ebenfalls erfassen zu können, wurden sog. *Differential-Gabellichtschranken* entwickelt, die über zwei benachbarte Lichtschranken verfügen. Abhängig von der Reihenfolge in der die beiden Strahlengänge unterbrochen werden, liegt die eine oder andere Drehrichtung vor.

Reflexionslichtschranken. Bei *Reflexionslichtschranken* befinden sich Sender und Empfänger auf derselben Seite des zu detektierenden Objekts (Abb. 29.38 b) . Da die beiden Elemente im Baustein durch eine lichtundurchlässige Wand getrennt sind, kann die von der LED emittierte Strahlung nur dann auf den Fototransistor treffen, falls sie an einer Oberfläche reflektiert wird. Häufig wird, wie in Abb. 29.38 b, der Emitter des Fototransistors intern mit der Kathode der LED kurzgeschlossen, wodurch die Zahl der Anschlußpins auf drei verringert werden kann. Für Anwendungen, in denen ein hohes Auflösungsvermögen wesentlich ist, wird das Fenster der LED mit einer Linse versehen, die die Strahlung in einem definierten Abstand vom Baustein fokussiert.

Typische Anwendungen für Reflexionslichtschranken liegen in der Positionsüberwachung (z. B. Erkennen der Papierkante in Kopierern und Druckern), Drehzahlüberwachung (in Verbindung mit bedruckten Schreiben, die auf das rotierende Objekt geklebt werden können) und Lichtgriffel (Barcode-Leser).

29.3.5 Modellierung in PSPICE

Die PSPICE-Modellbibliothek verwendet Ersatzschaltungen (Makromodelle) zur Nachbildung des elektrischen Verhaltens im Handel verfügbarer Optokoppler. Die Vorgehensweise wird in Beispiel 29.3.1 anhand des Optokopplers A4N25 erläutert.

Beispiel 29.3.1 Der Optokoppler A4N25 wird in der PSPICE-Modellbibliothek durch die folgende `.SUBCKT`-Anweisung definiert.

```
.SUBCKT  A4N25  pin1  pin2  pin4  pin5  pin6  PARAMS: rel_CTR=1
D_MainLED  pin1  pin2  MainLED
D_PhotoLED  pin1  1  PhotoLED  .001
V_PhotoLED  1  pin2  0
F_TempComp  0  2  V_PhotoLED  1.7
R_TempComp  2  0  TempComp rel_CTR
G_BaseSrc  5  6  2  0  .9
Q_PhotoBJT  5  6  4  PhotoBJT
R_C  5  pin5  .1
R_B  6  pin6  .1
R_E  4  pin4  .1
C_1  pin1  7  .4p
R_1  pin1  7  .12T
C_2  pin2  7  .4p
R_2  pin2  7  .12T
C_4  pin4  7  .4p
R_4  pin4  7  .12T
C_5  pin5  7  .4p
R_5  pin5  7  .12T
C_6  pin6  7  .4p
R_6  pin6  7  .12T
.MODEL MainLED D(IS=10.01E-21  RS=2.049  IKF=11.84  N=1.053  XTI=3
+ CJO=40p  M=.34  VJ=.75  ISR=30N  NR=3.8  BV=6  IBV=100U  TT=.5u)
.MODEL PhotoLED D(IS=1.1P  RS=.66  IKF=30M  N=1.9  XTI=3  CJO=0  M=.34
+ VJ=.75  ISR=30N  NR=3.8  BV=0  TT=0)
.MODEL TempComp RES(R=1  Tc1=-11.27M  Tc2=43.46u)
.MODEL PhotoBJT NPN(IS=10F  XTI=3  VAF=60  BF=400  NE=3.75  ISE=580P
+ IKF=.26  XTB=1.5  BR=.04  NC=2  ISC=3.5N  CJC=10P  MJC=.3333
+ VJC=.75  TR=88U  CJE=2.5P  MJE=.3333  VJE=.75  TF=1.5N)
.ENDS
```

Die Teilschaltung verfügt über fünf Anschlüsse: `pin1` und `pin2` entsprechen Anode und Kathode der LED im Eingangskreis, `pin4`, `pin5` und `pin6` sind Emitter, Kollektor und Basis des Fototransistors im Ausgangskreis. Um den Isolationswiderstand und die kapazitive Kopplung zwischen den Anschlußpins zu erfassen, wird von jedem Anschluß `pinX` ein Widerstand `R_X` $= 120\ \mathrm{G\Omega}$ und parallel dazu eine Koppelkapazität `C_X` $= 0.4$ pF zu dem gemeinsamen Knoten 7 geführt. Läßt man diese Elemente unberücksichtigt, so ergibt sich aus der Netzliste die in Abb. 29.39 gezeigte Ersatzschaltung.

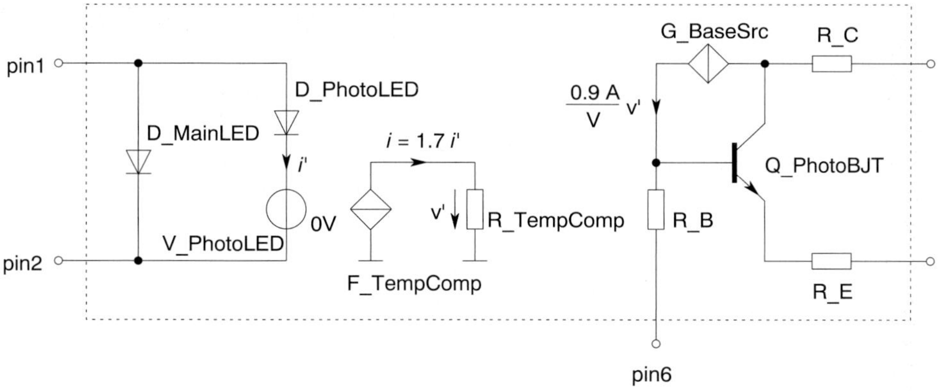

Abb. 29.39. Ersatzschaltung des Optokopplers A4N25

Der Eingangskreis wird durch zwei parallelgeschaltete Dioden beschrieben; die Spannungsquelle `V_PhotoLED` dient lediglich zur Bestimmung des durch `D_PhotoLED` fließenden Stroms. Der durch `D_PhotoLED` fließende Strom ist proportional zu dem mit strahlender Rekombination verbundenen Diodenstromanteil. Da Blindströme aufgrund der Diodenkapazität keine optische Strahlung verursachen und somit beim Fototransistor kein Signal hervorrufen können, wird `D_PhotoLED` als *kapazitätsfrei* angesetzt (`CJE=0, CJC=0, TT=0`).

Die Verkopplung von Eingangs- und Ausgangskreis erfolgt mittels der stromgesteuerten Stromquelle `F_TempComp`, die in `R_TempComp` einen Spannungsabfall v' erzeugt, der wiederum zur Steuerung der spannungsgesteuerten Stromquelle `G_BaseSrc` verwendet wird. Durch Definition eines Temperaturkoeffizienten für `R_TempComp` kann so ein Temperaturgang des Kopplungsfaktors nachgebildet werden.

Der Kopplungsfaktor K der Ersatzschaltung wird durch den Stromteiler im Eingangskreis, die Übertragungsfaktoren der gesteuerten Quellen `F_TempComp` und `G_BaseSrc`, den Wert von `R_TempComp` und die Stromverstärkung B_{N} des `PhotoBJT` bestimmt; mit den angegebenen Werten gilt demnach

$$K = \frac{I_{\mathrm{PhotoLED}}}{I_{\mathrm{MainLED}} + I_{\mathrm{PhotoLED}}} \cdot 1.7 \, \frac{R'}{\Omega} \cdot 0.9 \cdot (B_{\mathrm{N}}+1) \, . \tag{29.26}$$

Über das vom Eingangsstrom abhängige Stromteilerverhältnis im Eingangskreis und die vom Ausgangsstrom abhängige Stromverstärkung B_{N} im Ausgangskreis wird die Arbeitspunktabhängigkeit des Koppelfaktors nachgebildet. Die Wahl der Parameter und die unübersichtliche Festlegung des Koppelfaktors durch zahlreiche Größen sind in diesem Beispiel sicher nicht optimal. Dennoch bietet es ein instruktives Beispiel für die Vorgehensweise bei der Makromodellierung. Die Simulation des arbeitspunktabhängigen Koppelfaktors K, des internen Koppelfaktors κ und der Stromverstärkung B_{N} wird dem Leser als Übungsaufgabe überlassen. Δ

29.4 Literaturverzeichnis

[1] R. Windisch et.al. 40 % efficient thin-film surface-textured light-emitting diodes by optimization of natural lithography. *IEEE Trans. Electron Devices*, 47(7):1492–1498, 2000.

[2] Hamamatsu. Solid state emitters. *Druckschrift*, 1994.

[3] T.S. Moss (Hrsg.). *Handbook on Semiconductors, vol.4: Device Physics.* North-Holland, Amsterdam, 1993.

[4] K. Werner. Higher visibility for LEDs. *IEEE Spectrum*, (7):30–39, 1994.

[5] S. Nakamura, G. Fasol. *The Blue Laser Diode - GaN Based Light Emitters and Lasers.* Springer, Berlin, 1997.

[6] OSRAM. LWT67C. *Datenblatt der Firma Osram, www.osram.de.*

[7] M.S. Shur, A. Zukauskas. Solid-state lighting: toward superior illumination. *Proc. IEEE*, 93(10):1691–1703, 2005.

[8] A.F. Pease. Eine lichte Zukunft. *Siemens - Pictures of the Future.* Herbst 2003.

[9] S. Muthu, F.J.P. Schuurmans, M.D. Pashley. Red, green, and blue LEDs for white light illumination. *IEEE J. Selected Topics in Quantum Electronics*, 8(2):333–338, 2002.

[10] J. Eichler, H.J. Eichler. *Laser.* Springer, Berlin, 2003.

[11] SONY. *Laser diodes - Data book.* Sony corp., 1992.

[12] T.-P. Lee. Recent advances in long-wavelength semiconductor lasers for optical fiber communication. *Proc. IEEE*, 79(3):253–276, 1991.

[13] W. Harth, H. Grothe. *Sende- und Empfangsdioden für die optische Nachrichtentechnik.* Teubner, Stuttgart, 1984.

[14] R.S. Tucker. High-speed modulation of semiconductor lasers. *IEEE Trans. Electron Devices*, 32(12):2572–2584, 1985.

[15] R.S. Tucker. Large-signal circuit model for simulation of injection-laser modulation dynamics. *IEE Proc.*, 128(5):180–184, 1981.

[16] R.S. Tucker, D.J. Pope. Circuit modeling of the effect of diffusion on damping in a narrow-stripe semiconductor laser. *IEEE J. Quantum Electronics*, 19(7):1179–1183, 1983.

[17] D.S. Gao et.al. Optoelectronic integrated circuits. *IEEE J. Quantum Electronics*, 26(7):1206–1215, 1990.

[18] D. Marcuse. Computer model on an injection laser amplifier. *IEEE J. Quantum Electronics*, 19(1):63–73, 1983.

[19] B.O. Nilsson. Noise mechanisms in laser diodes. *IEEE Trans. Electron Devices*, 41(11):2139–2150, 1994.

[20] N. Holonyak Jr., R.M. Kolbas, R.D. Dupuis, P.D. Dapkus. Quantum-well heterostructure lasers. *IEEE J. Quantum Electronics*, 16(2):170–186, 1980.

[21] Y. Suematsu, S. Arai. Single-mode semiconductor lasers for long-wavelength optical fiber communications and dynamics of semiconductor lasers. *IEEE J. Selected Topics on Quantum Electronics*, 6(6):1436–1449, 2000.

[22] K. Iga. Surface emitting laser - its birth and generation of new optoelectronics field. *IEEE J. Selected Topics on Quantum Electronics*, 6(6):1201–1215, 2000.

30 Displays

Displays dienen der Darstellung von Informationen (Fernsehen, Automobil) und bilden über menügeführte Auswahlsysteme eine wichtige Schnittstelle zum Nutzer in mobilen elektronischen Geräten wie Mobilfunkgeräten, GPS-Empfängern, Laptops. Für einfache Anwendungen wurden alphanumerische Displays auf LED- oder LCD-Basis entwickelt, bei denen einzelne Segmente direkt durch digitale Signale angesteuert werden. Sehr viel flexibler sind die in den letzten Jahren entwickelten Flat-panel Displays, bei denen zur Informationsdarstellung eine Matrix von Bildpunkten eingesetzt wird. Dieses Kapitel stellt die wichtigsten Grundlagen der weit verbreiteten Flüssigkristalldisplays (LCD) und Plasmadisplays sowie neuerer Entwicklungen wie Field-Emission Displays und OLED-Displays zusammen.[1]

30.1 Flüssigkristall-Anzeigen (LCDs)

LCDs sind passive Displays – sie erzeugen selbst kein Licht. Ihre Funktion gründet darauf, daß sich durch Ändern der elektrischen Feldstärke in einem Flüssigkristall die Lichtdurchlässigkeit bzw. Rückstreuung verändern läßt. Ihre breite Verwendung insbesondere in tansportablen Geräten verdanken sie ihrer geringen Leistungsaufnahme – diese liegt typischerweise im Bereich weniger Milliwatt – ihrem geringen Gewicht und ihrer geringen Dicke (typischerweise wenige Millimeter), der planaren Bildfläche und der im Vergleich zur Röhrentechnik geringen Versorgungsspannung.

30.1.1 Flüssigkristalle

Flüssigkristalle weisen keinen direkten Übergang vom festen in den flüssigen Zustand auf: Bei der *Schmelztemperatur* T_S gehen Flüssigkristalle zunächst in eine Mesophase, den flüssigkristallinen Zustand, über, in dem die Moleküle zwar gegeneinander verschiebbar sind aber doch eine Fernordnung aufweisen. Erst bei der *Klärtemperatur*[2] T_K geht dieser Ordnungszustand verloren, es folgt ein Übergang vom flüssigkristallinen zum flüssigen Zustand.

Flüssigkristalle sind meist organische Substanzen, deren Moleküle eine längliche Struktur besitzen. In der flüssigkristallinen Phase sind diese annähernd parallel ausgericht, d.h. die Moleküle weisen nahezu die kristalline Ordnung

[1] Andere Displaytechnologien wie die an Marktanteil verlierende Fernsehröhre, oder Projektionsdisplays auf der Basis modulierter Laserstrahung oder bewegter Mikrospiegel [1] werden hier nicht betrachtet.

[2] Der Begriff Klärtemperatur rührt daher, daß die Substanz im flüssigkristallinen Zustand in der Regel milchig trübe ist, und oberhalb der Klärtemperatur in eine klare Flüssigkeit übergeht.

auf, sind im Gegensatz zur Situation im Kristall aber beweglich. Abhängig von der Anordnung der Moleküle unterscheidet man smektische, nematische und cholesterische Flüssigkristalle.

In *smektischen* Flüssigkristallen sind die Moleküle in leicht gegeneinander verschiebbaren Schichten angeordnet. Ihre technische Bedeutung für die Display-Technik ist derzeit gering. *Nematische* Flüssigkristalle bestehen aus fadenförmigen Molekülen die sich in der flüssigkristallinen Phase vorzugsweise parallel ausrichten. Diesen verwandt sind die *cholesterischen* Flüssigkristalle, bei denen übereinanderliegende Molekülschichten aber eine zusätzliche Verdrillung aufweisen. Diese Verdrillung weist eine materialspezifische *Ganghöhe* auf die entweder im oder entgegen dem Uhrzeigersinn verläuft.

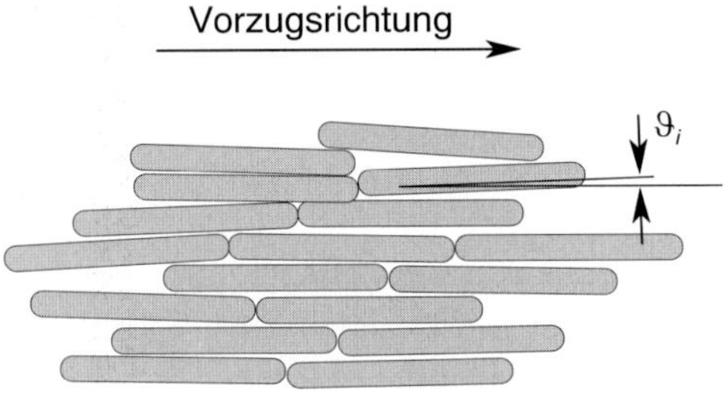

Abb. 30.1. Anordnung der Moleküle in der flüssigkristallinen Phase einer nematischen Substanz

Nematische Flüssigkristalle weisen die größte Bedeutung für die Herstellung von Displays auf. In einem perfekt geordneten festen Zustand sind alle Moleküle exakt parallel ausgerichtet, im flüssigkristallinen Zustand zumindest in guter Näherung parallel. Beschreibt ϑ_i die Auslenkung des i-ten Moleküls gegenüber der Vorzugsrichtung (Abb. 30.1), so gilt für den Mittelwert $\langle \vartheta_i \rangle = 0$; die Größe

$$S = \frac{1}{2} \langle 3 \cos^2 \vartheta_i - 1 \rangle = 1 - \frac{3}{2} \langle \sin^2 \vartheta_i \rangle$$

bezeichnet den sog. *Ordnungsgrad* des Flüssigkristalls: Bei perfekter Ordnung sind alle ϑ_i gleich null und $S = 1$; in einer völlig ungeordneten Flüssigkeit mit beliebig zueinander orientierten Molekülen ist $S = 0$. Wird der Ordnungsgrad S der Moleküle über der Temperatur aufgetragen, so resultiert ein Diagramm entsprechend Abb. 30.2.

Anisotropie, Doppelbrechung. Abhängig vom Ordnungsgrad zeigen Flüssigkristalle mehr oder weniger anisotrope Eigenschaften. Insbesondere Dielektrizitätszahl und Brechungsindex optischer Strahlung hängen dann ab vom Winkel zur Vorzugsrichtung der Moleküle im Flüssigkristall. In Flüssigkristallen mit *positiver Anisotropie* ist die Dielektrizitätszahl $\epsilon_{\|}$ bei Ausrichtung des elektrischen Feldes parallel zur Vorzugsrichtung größer als die Dielektrizitätszahl $\epsilon_{\perp}$ bei elektrischem Feld senkrecht zur Vorzugsrichtung. Werden Flüssigkristalle mit positiver Anisotropie in ein elektrisches Feld gebracht,

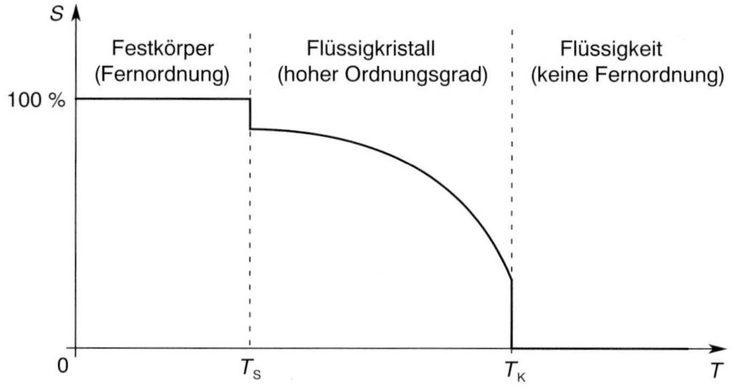

Abb. 30.2. Phasen und Ordnungsgrad eines Materials mit flüssigkristalliner Phase

so kommt es zu einer Ausrichtung der Moleküle parallel zur Feldrichtung. Wie schnell derartige Ausrichtvorgänge ablaufen wird durch die Viskosität der flüssigkristallinen Phase bestimmt. Diese weist eine exponentielle Temperaturabhängigkeit auf, d.h. die Ansprechzeit eines Flüssigkristalldisplays ist stark temperaturabhängig. Durch geeignete Materialauswahl können Flüssigkristalldisplays mit Ansprechzeiten unter 10 ms für einen großen nutzbaren Temperaturbereich geschaffen werden.

Breitet sich Licht im Flüssigkristall parallel zur Vorzugsrichtung aus (ordentlicher Strahl), so steht der elektrische Feldstärkevektor senkrecht zur Molekülachse und der Brechungsindex ist $n_\perp \approx \sqrt{\epsilon_\perp}$; steht der Lichtstrahl senkrecht auf der Vorzugsrichtung (außerordentlicher Strahl) so kann – abhängig von der Polarisationsrichtung – der elektrische Feldstärkevektor parallel oder senkrecht zur Vorzugsrichtung orientiert sein. Entsprechend ist der Brechungsindex $n_\perp$ oder $n_\parallel \approx \sqrt{\epsilon_\parallel}$ wirksam. Wegen dieser optischen Anisotropie zeigen Flüssigkristalle den Effekt der Doppelbrechung [2].

30.1.2 TN-Zelle

Die am weitesten verbreiteten LCD-Zellen gründen auf einer Störung nematischer Flüssigkristalle durch ein angelegtes elektrisches Feld. Die *TN-Zelle*[3] verwendet einen nematischen Flüssigkristall, bei dem die Vorzugsrichtung der Moleküle an Ober- und Unterseite um 90° gegeneinander verdreht sind. Abbildung 30.3 zeigt den prinzipiellen Aufbau einer TN-Zelle. An Ober- und Unterseite der Zelle befinden sich zwei um 90° gegeneinander verdrehte Polarisationsfilter. Der Flüssigkristall ist zwischen zwei mit transparenten Elektroden (ITO) beschichteten Glasplatten eingeschlossen. Die Verdrillung der Moleküle um 90° wird durch dünne, um diesen Winkel gegeneinander verdrehte Orientierungsschichten auf den Elektroden bewirkt. Diese werden zumeist mittels eines dünnen organischen Polymers (i.allg. Polyimidschicht), dessen

[3]Die Abkürzung TN steht für <u>T</u>wisted <u>N</u>ematic; nach ihren Erfindern wird diese Zelle gelegentlich auch *Schadt-Helfrich*-Zelle benannt (vgl. [3] für einen Überblick über die geschichtliche Entwicklung der Flüssigkristall-Displays).

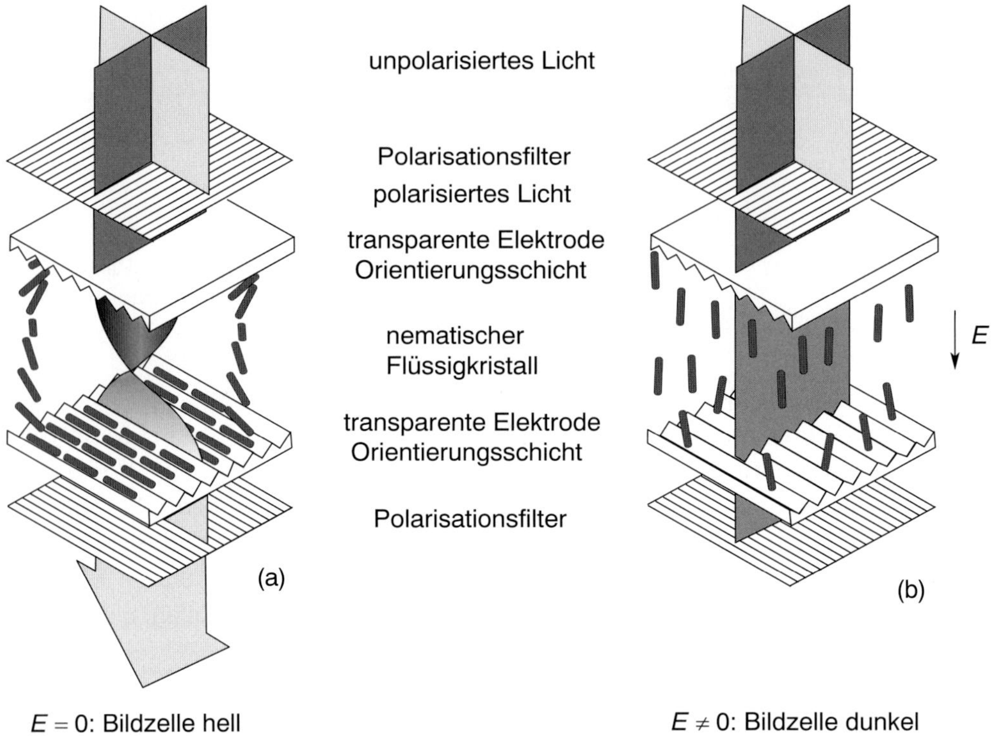

Abb. 30.3. Aufbau und Wirkungsweise einer TN-Zelle (nach [3]). (**a**) ohne elektrisches Feld (transparent), (**b**) mit elektrischem Feld (opak)

Oberfläche eine Rillenstruktur[4] aufweist realisiert. An den Oberflächen erfolgt eine parallele Ausrichtung der Flüssigkristall-Moleküle zu den Rillen der Orientierungsschicht. In der dazwischenliegenden Schicht findet ein kontinuierlicher Übergang in der Ausrichtung der Moleküle statt. Auf diesem Weg sind die Dipolkräfte zwischen aufeinanderfolgenden Schichten minimal. Unterstützt wird dies durch die Beimengung[5] geringer Konzentrationen eines cholesterischen Flüssigkristalls.

Das Licht kann die beiden Polfilter nur durchlaufen, falls die Polarisationsrichtung in der Zelle um 90° gedreht wird. Im Durchlaßzustand (kein elektrisches Feld angelegt) wird diese Drehung durch die um 90° verdrillten Moleküle des nematischen Flüssigkristalls bewirkt (Abb. 30.3 a). Wird ein elektrisches Feld angelegt, so richten sich die Moleküle wegen ihres Dipolmoments im elektrischen Feld aus, die Verdrillung wird aufgehoben (Abb. 30.3 b). Da sich die Polarisationsrichtung des Lichts nun beim Durchgang durch die Zelle nicht

[4] Eine solche Rillenstruktur läßt sich mechanisch durch „Bürsten" mit einem weichen Material erreichen. Die Tiefe der Rillen liegt typischerweise zwischen 1 und 10 nm, ihr Abstand zwischen 60 und 250 nm [3].

[5] Nematische Flüssigkristalle wie sie in TN-Zellen verwendet werden, bestehen i.allg. nicht aus einer reinen Substanz, sondern aus einer Mischung verschiedener Komponenten. Auf diesem Weg lassen sich die unterschiedlichen Anforderungen wie hohe Stabilität, günstige Lage des Temperaturintervalls $[T_S, T_K]$, und kurze Schaltzeiten befriedigen.

mehr ändert, wird das Licht im zweiten Polfilter absorbiert – die Zelle befindet sich im Sperrzustand.[6] Zwischenwerte („Grautöne“) lassen sich realisieren durch eine teilweise Störung der Orientierung der Moleküle (schwaches elektrisches Feld).

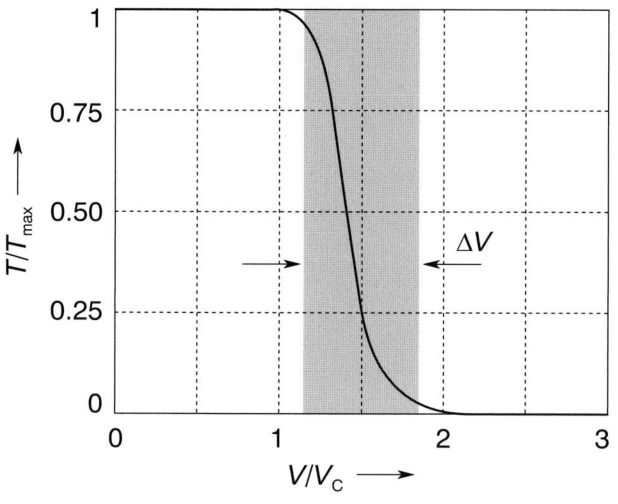

Abb. 30.4. Elektrooptische Kennlinie einer TN-Zelle mit gekreuzten Polaristoren in normierter Form (prinzipieller Verlauf)

Die elektrooptische Kennlinie der TN-Zelle (Abb. 30.4) stellt den Zusammenhang zwischen dem Transmissionskoeffizient der Zelle und der angelegten Spannung dar. Die Auftragung zeigt, daß zunächst eine Schwellspannung V_C erreicht werden muß, damit eine Auslenkung der Moleküle aus dem verdrillten Zustand heraus erfolgt. Oberhalb dieser Spannung ändert sich der Transmissionskoeffizient dann innerhalb eines vergleichswese geringen Spannungsintervalls ΔV sehr stark. Eine solche „steile“ elektrooptische Kennlinie ist für die Anwendung in Passive-Matrix Displays wünschenswert (vgl. Kap. 30.1.5).

Genauere Betrachtung nach Gooch und Tarry. Abbildung 30.3 stellt eine Vereinfachung der tatsächlich in einem verdrillten nematischen Kristall vorliegenden Verhältnisse dar. Tatsächlich wird das linear polarisierte Licht, das durch die Oberseite eindringt beim Durchgang durch den verdrillten Flüssigkristall elliptisch polarisiert, so daß die Transmission im spannungslosen Zustand kleiner als 100 % bzw. (im Fall der Normally-black Zelle) größer als 0 % sein kann. Für die Transmission einer Normally-white Zelle gilt

$$T = 1 - \frac{\sin^2\left(\phi\sqrt{1+u^2}\right)}{1+u^2}$$

[6]Bei der beschriebenen Zelle handelt es sich um einen *Normally-white Typ*, der ohne angelegte Spannung transparent ist. Daneben gibt es *Normally-black* Typen, mit parallel ausgerichteten Polarisatoren auf Ober- und Unterseite: Wegen der Drehung der Polarisationsebene durch den verdrillten nematischen Flüssigkristall ist eine solche Zelle im feldfreien Fall opak; bei Anlegen eines elektrischen Feldes kommt es zu keiner Verdehung der Polarisationsrichtung und die Zelle wird transparent.

wobei ϕ den Verdrillwinkel der Zelle bezeichnet. Die Größe u ist durch die Dicke der Zelle d, die Brechzahländerung $\Delta n = n_{\parallel} - n_{\perp}$ und die Wellenlänge λ bestimmt

$$u = \frac{\pi \Delta n}{\phi} \frac{d}{\lambda}.$$

Maximale Transmission und damit ein maximales Kontrastverhältnis treten demnach bei den Nullstellen der Sinusfunktion, d.h. unter der Bedingung

$$\phi\sqrt{1+u^2} = m\pi \quad \text{bzw.} \quad m^2 = \frac{\phi^2}{\pi^2} + \Delta n^2 \frac{d^2}{\lambda^2}$$

mit $m = 1, 2, ...$ auf. Gilt $\phi = \pi/2$ (Verdrillwinkel 90°) so ergeben sich Transmissionsmaxima für

$$\Delta n \frac{d}{\lambda} = \sqrt{0.75}, \sqrt{3.75}, \sqrt{8.75}, ... = 0.866, 1.936, 2.958....$$

Diese Bedingung sollte für ein optimales Kontrastverhältnis erfüllt sein.

Die in frühen Anwendungen in Uhren und Taschenrechnern eingesetzten TN-Displays wiesen ein vergleichsweise großes $\Delta n \approx 0.2$ und Zelldicken $d \approx 8\,\mu\text{m}$ auf [3], so daß bei $\lambda = 550\,\text{nm}$ das Verhältnis $\Delta n\, d/\lambda \approx 3$ resultierte. Diese Zellen nutzen demnach das Transmissionsmaximum bei $m = 3$, was zu einer vergleichsweise großen Schichtdicke und damit zu Displays führte, die unempfindlich auf geringe Schwankungen der Schichtdicke reagierten. Da die Ansprechzeit einer LCD-Zelle umgekehrt proportional zum Quadrat der Dicke der Zelle ist, werden heute für Zellen mit kurzer Ansprechzeit geringere Schichtdicken und das Transmissionsmaximum bei $m = 1$ eingesetzt. Durch Fortschritte in der Herstellung lassen sich die geforderten geringen Schichtdicken mittlerweile reproduzierbar herstellen.

Da sich Flüssigkristalle im elektrischen Gleichfeld zersetzen können, werden LCD-Zellen mit reiner Wechselspannung betrieben. Die Schwellenspannung V_{C} liegt bei typischerweise 2 V (effektiv), der Aussteuerbereich liegt typischerweise beim zwei- bis dreifachen der Schwellspannung. Das Kontrastverhältnis – definiert als Verhältnis von maximaler zu minimaler Leuchtdichte – beträgt bei senkrechter Betrachtung in handelsüblichen Zellen ca. 200:1. Ein Nachteil der TN-Zelle ist der vergleichsweise kleine Blickwinkel unter dem eine gute Lesbarkeit erfolgt.

30.1.3 STN-Zelle

Die STN-Zelle (von super twisted nematic) verwendet wie die TN-Zelle Orientierungsschichten auf den Elektroden zur Einstellung einer definierten Verdrillung. Der Verdrillwinkel ist jedoch gegenüber der TN-Zelle auf typischerweise 270° erhöht; dem nematischen Flüssigkristall werden dabei meist cholesterische Bestandteile zugefügt. Ferner ist die Richtung der Polarisatoren auf Ober- und Unterseite nicht parallel oder senkrecht zur jeweiligen Orientierungsschicht: Bei einem mit 270° verdrillten Flüssigkristall erwies es sich als günstig auf der Oberseite einen Winkel von 30° und auf der Unterseite einen Winkel von 60° zwischen der Ausrichtung des Polarisators und der Vorzugsrichtung der Moleküle (Ausrichtung der Orientierungsschicht) zu wählen [3]. Das die Zelle durchlaufende Licht weist Komponenten des elektrischen Feldstärkevektors parallel und senkrecht zu den Molekülen des Flüssigkristalls auf. Wegen der doppelbrechenden Eigenschaften des Flüssigkristalls sind die Laufzeiten der beiden Anteile aber unterschiedlich. Die auftretende Phasenverschiebung ist wellenlängenabhängig, sie bestimmt den Grad um den die Polarisationsrichtung beim Durchlaufen der Zelle verdreht wird und bestimmt so, ob das Licht den 2. Polarisationsfilter durchlaufen kann. Durch Anlegen eines elektrischen Feldes wird die Orientierung der Molküle verändert und damit die Wellenlänge des durchgelassenen Lichtes. Auf diesem Weg läßt sich beispielsweise eine blaugrüne Schrift vor einem gelb-orangen Hintergrund realisieren.

Die Vorzüge der STN-Zelle sind eine im Vergleich zur TN-Zelle steilere elektrooptische Kennlinie, sowie eine bessere Erkennbarkeit unter schrägem Blickwinkel. Problematisch sind jedoch Farbänderungen bei seitlicher Betrachtung. Zur Kompensation winkelabhängiger Effekte – und um die für Farbdisplays benötigten „weißen“ Zellen, die nicht nur Licht einer bestimmten Wellenlänge durchlassen, zu realisieren – kann entweder eine Kunststoffolie (bzw. eine Kombination mehrer Folien) aus optisch anisotropem Material (z.B. gerecktes Polycarbonat) oder aber eine zweite STN-Zelle mit entgegengesetzter Schraubrichtung (DSTN, double layer STN) vorgeschaltet werden. Wegen des sehr viel einfacheren Herstellungsprozesses wird üblicherweise der erste Weg beschritten.

30.1.4 Reflektive Zellen

LCDs erzeugen selber kein Licht; in hochwertigen Display-Anwendungen wird deshalb stets eine Hintergrundbeleuchtung eingesetzt, deren Licht durch die LCD-Matrix moduliert wird (transmissive LCDs). Eine deutliche Absenkung des Energieverbrauchs ist möglich, wenn das Umgebungslicht ausgenutzt werden kann. Zu diesem Zweck werden reflektive LCDs eingesetzt, die in ihrer einfachsten Form eine verspiegelte Rückseite haben. Ist die Zelle durchläßig, so kann das Umgebungslicht die Zelle durchlaufen um an der verspiegelten Rückseite reflektiert zu werden und an der Oberseite wieder auszutreten: Es entsteht ein heller Eindruck. Ist die Zelle lichtundurchlässig, so wird das auf die Zelle treffende Licht absorbiert: Es entsteht ein dunkler Eindruck. Da das Licht „weißer“ Zellen den Flüssigkristall zweimal durchlaufen muß um reflektiert zu werden, ist das Kontrastverhältnis dieser Anwendungen nicht sehr groß (i.allg. kleiner als 5:1) und zudem stark abhängig vom Blickwinkel.[7]

[7]Die reflektiven Eigenschaften lassen sich verbessern, wenn zusätzlich auf die Oberseite eine $\lambda/4$ Schicht aufgebracht wird.

Diese Methode wird deshalb nur bei einfachen Anwendungen wie Taschenrechnern oder Uhren eingesetzt, u.U. mit einer zusätzlichen Hilfs-Lichtquelle um das Display auch bei sehr geringem Umgebungslicht ablesen zu könnnen.

Neben diesen einfachen monochromatischen Displays werden reflektive Zellen für Farbdisplays entwickelt. Mit cholesterischen Flüssigkristallen lassen sich LCD-Zellen aufbauen, die eine Grundfarbe reflektieren, die anderen aber durchlassen (vgl. z.B. www.kentdisplay.com). Durch Übereinanderstapeln von drei auf die Reflexion der drei Grundfarben abgestimmten Zellen lassen sich so reflektive Farbdisplays hertellen [4].

30.1.5 Ansteuerung in Matrix-Displays

Bei Displays mit vielen Bildpunkten kann nicht mehr jedes Pixel über einen separaten Anschluß angesteuert werden. Für die Adressierung sind die beiden in Abb. 30.5 dargestellten Methoden gebräuchlich.

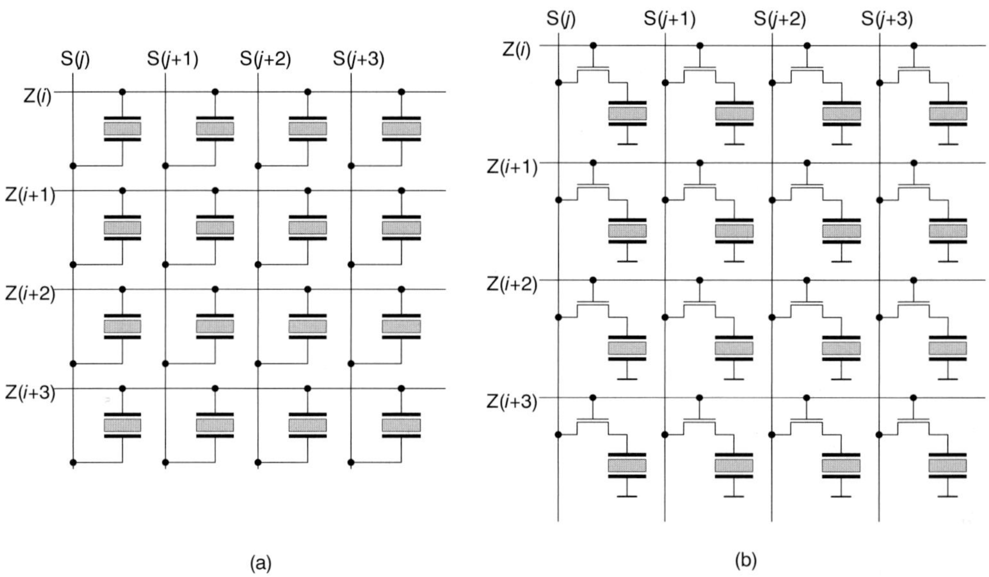

Abb. 30.5. Verfahren zur Ansteuerung einer Matrix von LCD-Zellen. (**a**) Zeitmultiplex-Verfahren (Passive-Matrix), (**b**) Ansteuerung mit Auswahltransistoren (Active-Matrix).

Bei der *Passive-Matrix* Ansteuerung (Abb. 30.5 a) befinden sich die Zeilen und Spaltenelektrode auf gegenüberliegenden Seiten der Zelle. Die Anteuerung der Bildelemente erfolgt im Zeitmultiplex und nutzt die nichtlineare elektrooptische Kennline der einzelnen Zellen aus. Die Zeilenauswahl erfolgt zunächst durch Anlegen einer Spannung $V_{\rm Z}$ die geringer ist als die Schwellspannung $V_{\rm C}$, bei der die flüssigkristalline Ordnung gestört wird. An die Spalten wird nun die Spannung $+V_{\rm Z}$ angelegt, falls die der entsprechende Bildpunkt transparent bleiben soll – in diesem Fall ist die Potentialdifferenz zwischen Vorder-

und Rückseite der Zelle am Schnittpunkt von Zeilen- und Spaltenelektrode Null. Soll der Bildpunkt opak werden, so wird an die entsprechende Spaltenelektrode der Wert $-V_Z$ angelegt – die Potentialdifferenz über der Zelle am Schnittpunkt von Zeilen- und Spaltenelektrode ist dann $2\,V_Z$. Dieser Wert muß über der Schwelle V_C liegen. Der Kontrast solcher Displays ist, ebenso wie die Größe der mit dieser Technik ansteuerbaren Matrix, nach oben beschränkt, wobei einer steilen elektrooptischen Kennlinie mit einem geringen Wert von $P = \Delta V/V_C$ (Abb. 30.4) eine große Bedeutung zukommt.[8]

Diese Probleme lassen sich durch *Active-Matrix* Displays (Abb. 30.5 b) vermeiden. Bei diesen werden die einzelnen Bildelemente über Auswahltransistoren angesprochen, wie dies bei einem dRAM der Fall ist. Die Ansteuerung einer Zelle ist nur möglich, wenn der zugehörige Auswahltransistor leitend ist (Zeilenauswahl). Die Bildinformation wird dann über die Spaltenelektroden in Form eines Spannungsimpulses an die Zelle angelegt. Durch sukzessives Beschreiben einzelner Zeilen wird die Bildinformation aufgebaut. Die LCD-Zelle wirkt dabei wie ein Kondensator; zur Verbesserung der Ladungsspeichereigenschaft wird ein Kondensator parallel geschaltet. Die Bildinformation bleibt damit solange erhalten wie die Ladung auf dem Kondensator. Auf diesem Weg wird Zeile für Zeile „beschrieben“ - ein Refresh (Bildwiederholung) erfolgt nachdem sämtliche Zeilen beschrieben wurden. Bei der Bildwiederholfrequenz von 60 Hz wird jede Zelle alle 16.7 ms neu beschrieben; hält die Kombination aus Speicherkapazität und LCD-Zelle die Ladung über diesen Zeitraum, so resultiert ein flimmerfreies Bild.

Für die Ansteuerung werden MOSFETs aus dünnen auf dem Display abgeschiedenen Si-Schichten verwendet (TFT-Tansistoren); die parallel zur LCD-Zelle geschalteten Speicherkondensatoren werden ebenfalls in Dünnschichttechnologie durch Abscheideverfahren realisiert. Die Polarität der angelegten Spannung wird bei jedem neuen Bildaufbau vertauscht um eine Zersetzung der Flüssigkristalle im elektrischen Feld zu vermeiden.

Farbdarstellung. Da sich sämtliche Farben additiv aus den drei Grundfarben blau, rot und grün mischen lassen, muß jeder Bildwandler für Farbbilder mit mindestens drei Rezeptoren unterschiedlicher spektraler Empfindlichkeit ausgestattet sein. Umgekehrt muß jedes Display für Farbdarstellung mindestens drei Bilder in den Grundfarben überlagern. Die Überlagerung kann durch rasche zeitliche Abfolge aufeinanderfolgender Bilder erfogen oder durch dicht beeinander liegende Farbpunkte. In beiden Fällen muß die zeitliche bzw. räumliche Abfolge der Punkte so dicht liegen, daß die lichtempfindlichen Zellen im Augen die einzelnen Signale nicht mehr auflösen können.

[8] In [5] wird im Fall geringer Werte von P die maximale Zeilenzahl mit $1/P^2$ abgeschätzt. bei größerer Zeilenzahl ergeben sich Probleme durch Übersprechen.

30.1.6 Hintergrundbeleuchtung

Die Hintergrundbeleuchtung von LCD-Displays wird in der Regel durch *Elektrolumineszenz-Folien* realisiert. Dabei werden Phosphorschichten wie dotiertes Zinksulfid in einem elektrischen Wechselfeld zum Leuchten angeregt.

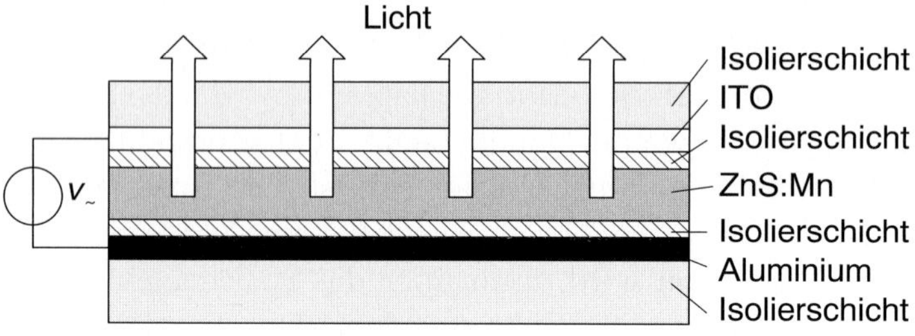

Abb. 30.6. Elektrolumineszenz-Folie

Abbildung 30.6 zeigt den prinzipiellen Aufbau einer solchen Lichtquelle. Dabei wird auf eine durchsichtige isolierende Trägerfolie eine leitende Schicht aus ITO (Indiumzinnoxid) aufgebracht. Hierüber wird, eingebettet zwischen zwei durchsichtigen Isolatorschichten, die aktive Schicht (z.B. ZnS mit eingebauten Mn-Ionen) aufgebracht. Darüber wird noch eine leitende Fläche und eine weitere Isolatorfolie aufgebracht. Wird an die Elektroden ein elektrisches Wechselfeld angelegt, so werden bei ausreichender Amplitude[9] an der jeweiligen Kathode Elektronen freigesetzt, die im elektrischen Feld zur jeweiligen Anode beschleunigt werden. Durch Anregung der auf Zn-Plätzen eingebauten Mn^{2+}-Aktivatorzentren kommt es zur Lichtemission (Elektrolumineszenz).

Elektroluminiszenez-Folien können mit sehr geringen Dicken (ca. 0.2 mm) und geringem Gewicht (ca. 60 mg/cm^2) hergestellt weden und eignen sich damit insbesondere für mobile Anwendungen. Bei sorgfältiger Herstellung – insbesondere einer guten Kapselung der gegen Luftfeuchte empfindlichen Phosphorschicht – liegt die Lebensdauer bei typischerweise fünftausend Betriebsstunden.[10]

30.2 Plasma-Displays

Plasma-Displays bestehen aus einzelnen Zellen in denen durch eine Gasentladung ultraviolettes Licht erzeugt wird. Dieses wird in phosphoreszierenden Schichten absorbiert und in sichtbares Licht umgewandelt. Für die Darstellung eines farbigen Pixels werden damit drei dicht beieinander liegende Zellen mit unterschiedlicher Phosphorschicht benötigt. Abbildung 30.7 zeigt den prinzipiellen Aufbau einer Zelle.

[9]Typische Werte sind 20–200 V bei einigen hundert Hertz.

[10]Da es nicht zu einem Ausfall sondern zu einer allmählich kleiner werdenen Lichtausbeute kommt, wird die Lebensdauer zumeist über die Halbierung der Lichtausbeute bestimmt.

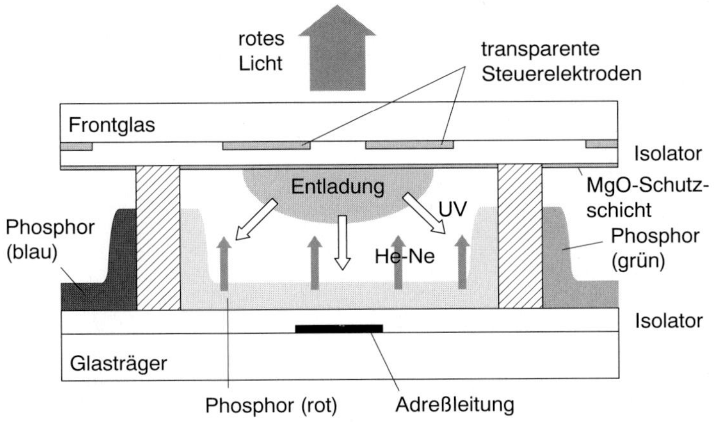

Abb. 30.7. Querschnitt durch die Zelle eines oberflächenemittierenden Plasma-Displays, die Adreßleitung und die Steuerelektroden auf der Oberseite verlaufen in Displays senkrecht zueinander, Zusätzliche Filterschichten zur Ausblendung unerwünschter Spektralanteile wurden nicht eingezeichnet

Die Gasentladung wird in modernen Displays nicht durch eine Gleich- sondern durch eine Wechselspannung hervorgerufen (AC Plasma display). Die Entladung findet dabei auf der Vorderseite[11] der Zelle statt, so daß die Phosphorschicht auf der Rückseite nicht durch Ionenbeschuß geschädigt wird.

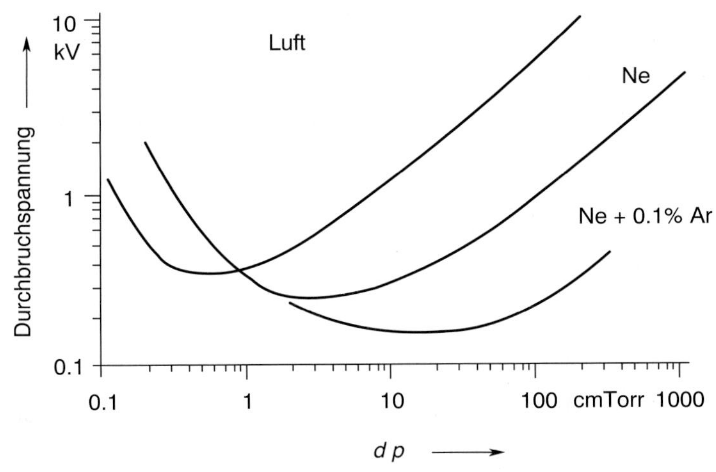

Abb. 30.8. Paschenkurve für unterschiedliche Gase (nach [6])

Die Durchbruchspannung eines Gases hängt vom Produkt aus Gasdruck p und Elektrodenabstand d ab; der Zusammenhang wird in sog. *Paschen-Kurven* [7] wiedergegeben. Um eine geringe Durchbruchspannung zu erhalten werden Gasmischungen eingesetzt. Abbildung 30.8 zeigt die Absenkung der Durchbruchspannung für eine Mischung aus Neon und Argon. Bei einer solchen Penning-Mischung weist eine Komponente einen metastabilen Zustand mit einer Energie oberhalb der Ionisierungsenergie der anderen Komponente auf.

[11] In früheren Ansätzen wurde eine Gasentladung auf der Rückseite und eine transparente Phosphorschicht auf der Vorderseite verwendet – ein entsprechender Aufbau wird beispielsweis in [6] beschrieben. Wegen der geringeren Leuchtdichte wird dieser Ansatz jedoch nicht mehr verfolgt.

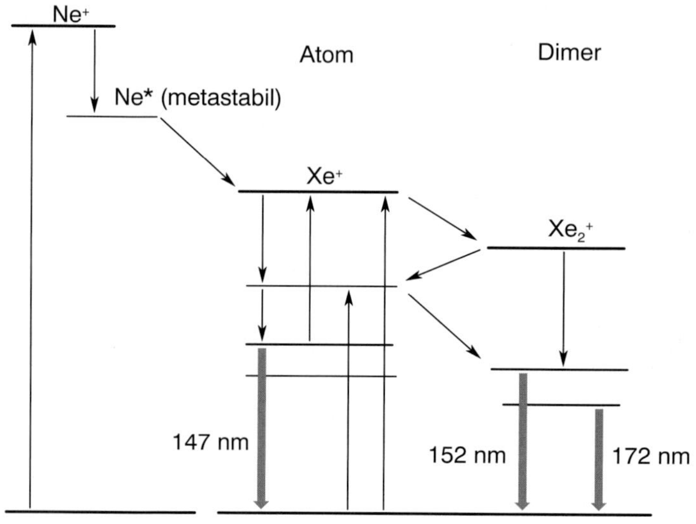

Abb. 30.9. Übergänge in einer Neon-Xenon-Gasmischung (nach [6])

Über Stöße kann die Energie des metastabilen Zustands dann zur Ionisation der beigefügten Komponente dienen. Als sehr wirkungsvoll hat sich eine Mischung aus Neon mit einem Xenon-Anteil von 4 – 5 % erwiesen. In metastabile Zustände angeregte Neon-Atome geben dabei ihre Energie ab zur Erzeugung ioniserter Xenon-Atome oder -Dimere. Diese können Elektronen einfangen und über Zwischenzustände in den Grundzustand zurückfallen, wobei UV-Strahlung mit 147 nm, 152 nm und 172 nm Wellenlänge emittert wird (Abb. 30.9). Bei der Gasentladung wird nicht nur ultraviolettes, sondern auch sichtbares Licht erzeugt. Dieses muß für Farbdisplays durch Filterschichten unterdrückt werden, um die Farbwirkung der phosphoreszierenden Schicht nicht zu verfälschen.

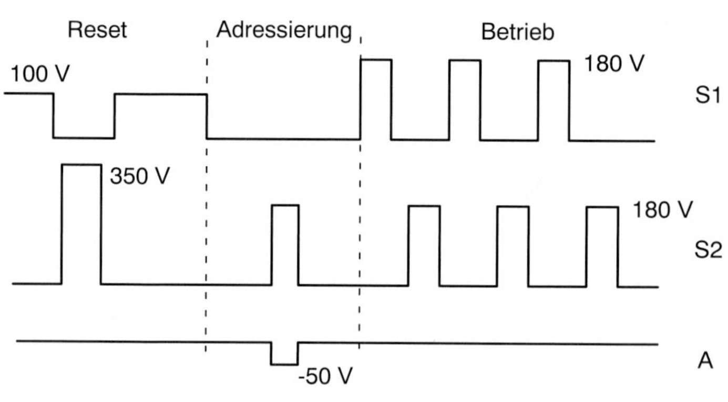

Abb. 30.10. Zeitlicher Spannungsverlauf (schematisch) an den Steuerelektroden S1 und S2 und der Adreßelektrode (nach [8])

Abbildung 30.10 zeigt ein Beispiel für den Spannungsverlauf an den zwei Steuerelektroden, die zur Aufrechterhaltung einer Gasentladung verwendet werden, und der Adreßelektrode bei Reset (Löschen der Gasentladung), Adressierung (Zünden der Gasentladung) und während des Betriebs mit Wechselspannung.

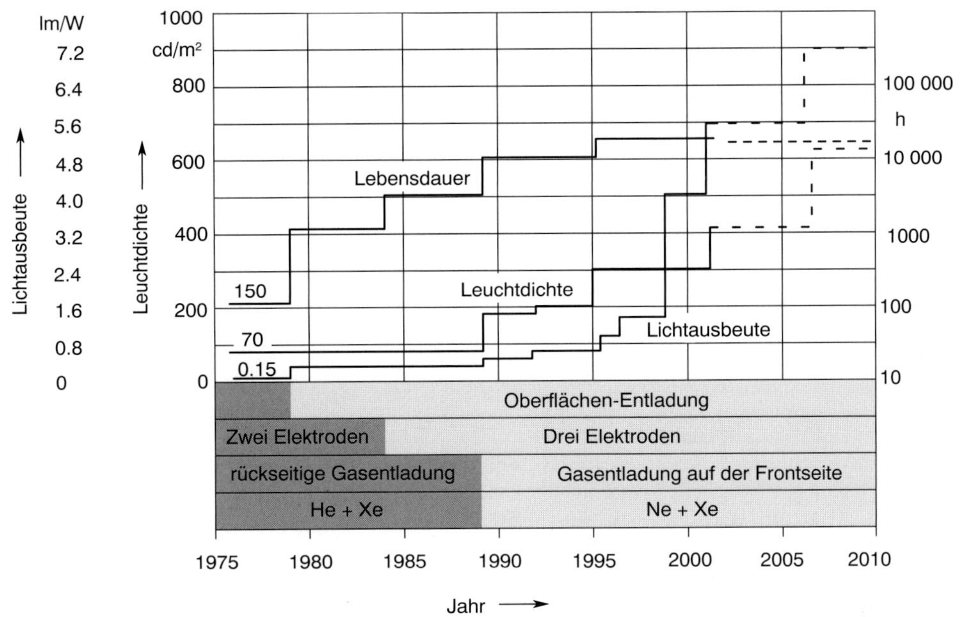

Abb. 30.11. Zur Entwicklung von Leuchtdichte, Lichtausbeute und Lebensdauer von Plasma-Display-Panels (nach [6])

Plasma-Displays haben eine beeindruckende Entwicklung hinter sich und werden mittlerweile in großer Zahl für Fernsehdisplays verwendet. Abbildung 30.11 zeigt die Entwicklung der für derartige Anwendungen relevanten Größen.

30.3 Vakuum-Fluoreszenz- und Field-Emission Displays

Vakuum-Fluoreszenz- und Field-Emission Displays nutzen wie konventionelle Fernsehgeräte im elektrischen Feld beschleunigte Elektronen, die in eine Phosphorschicht geschossen werden um ein Lichtsignal zu erzeugen. Die Intensität des erzeugten Lichts wird durch eine Steuergitter, das den Elektronenstrom beeinflußt, verändert. Der wesentliche Unterschied der beiden Displaytypen besteht im Mechanismus über den die freien Elektronen erzeugt werden: Bei Vakuum-Fluoreszenz-Displays kommt der Mechanismus der Glühemission zum Einsatz, Field-Emission Displays nutzen durch Feldemission freigesetzte Elektronen.

Vakuum-Fluoreszenz-Displays (VFDs). VFDs verwenden einzeln adressierbare, phosphorbeschichtete Anoden; über diesen liegt das Steuergitter und darüber ein Netz sehr feiner „Glühdrähte“, die aufgrund ihrer Beschichtung eine so geringe Austrittsarbeit aufweisen, daß sie ohne zu leuchten Elektronen emittieren können. Ist die Gitterspannung so, daß Elektronen zu den Anoden gelangen können, so werden die Elektronen zu den positiv vorgespannten Anoden hingezogen und bringen diese zum leuchten, die anderen bleiben dunkel.

VFDs weisen eine große Helligkeit von standardmäßig bis zu 2000 cd/m^2 und einen breiten Sichtwinkel auf; sie arbeiten in einem breiten Temperaturbereich (typischerweise ca. −60 °C bis ca. 100 °C) und sind sehr robust. Im Vergleich zu LCDs weisen sie eine größere Einbautiefe auf. VFDs werden meist als einfarbige Anzeigeelemente eingesetzt. Anwendungsbereiche für VFDs sind etwa Aussteuerungsanzeigen in HiFi-Anlagen, oder Anzeigeelemente in Auto-Armaturenbrettern, wobei meist kundenspezifische Ausführungen zum Einsatz kommen. VFDs sind wegen der nicht abgestützten Frontscheibe auf relativ kleine Formate beschränkt und eignen sich nicht für Computer- oder Fernsehbildschirme.

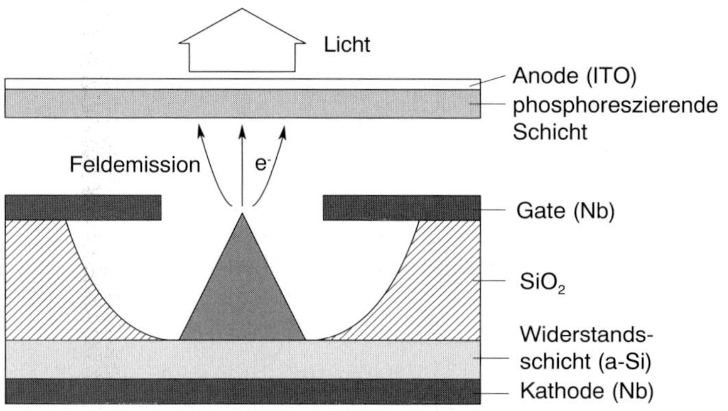

Abb. 30.12. Aufbau einer Zelle eines Field-Emission Displays (nach [9]

Field-Emission-Displays (FEDs). Bei sehr hohen Feldstärken, wie sie an Elektrodenspitzen auftreten können, treten Elektronen über einen Tunneleffekt, die *Feldemission*, aus der Elektrode aus. Werden diese Elektronen im elektrischen Feld beschleunigt und in eine phosphoreszierende Schicht geschossen, so regen sie diese zum Leuchten an; durch Auswahl des Phosphors kann die Farbe gewählt werden. In Field-Emission Displays wird eine matrixförmige Anordnung dicht benachbarter kegelförmiger Elektroden verwendet, um eine über die gesamte Fläche des Displays homogene Elektronenemission zu erzielen. Abbildung 30.12 zeigt den prinzipiellen Aufbau einer Emissionselektrode; die Höhe der kegelförmigen Elektrode liegt dabei bei ca. 1 µm, der Durchmesser bei 0.8 µm. Die Öffnung der Gateelektrode weist einen Durchmesser von ca. 1 µm auf; die Schicht aus amorphem Silizium dient als Serienwiderstand. Zur Herstellung werden die aus der Mikroelektronik bekannten Schichtabscheide- und Ätzverfahren eingesetzt. Field-Emission Displays benötigen hohe Anodenspannungen im Kilovoltbereich, die Gatespannung mit der der aus der Spitzenelektrode austretende Elektronenstrom gesteuert wird liegt typischerweise im Bereich einiger zehn Volt.

Jede Zelle weist mehrere Emissionselektroden auf. Da für die Darstellung farbiger Pixel drei Grundfarben benötigt werden, besteht die Möglichkeit drei mit unterschiedlichen Phosphorschichten überzogene, durchsichtige Anoden einzusetzen, die abwechselnd auf das hohe Anodenpotential gelegt werden. Die jeweils aktive Anode zieht dann alle in der Zelle aus emittierten Elektronen auf sich (switched anode). Der Nachteil bei diesem Verfahren ist die Beschränkung der Anodenspannung, die sich aus den dicht benachbarten Anodenstreifen ergibt. Für die Herstellung lichtstarker Displays ist dies ungünstig; hier werden konstante Anodenspannungen verwendet und jeder Anode spezifische Emissionselektroden zugeordnet. Mögliche Anwendungen für diese derzeit in Entwicklung befindlichen Displays sind insbesondere verlustleistungsarme Flachbild-Fernsehdisplays [9].

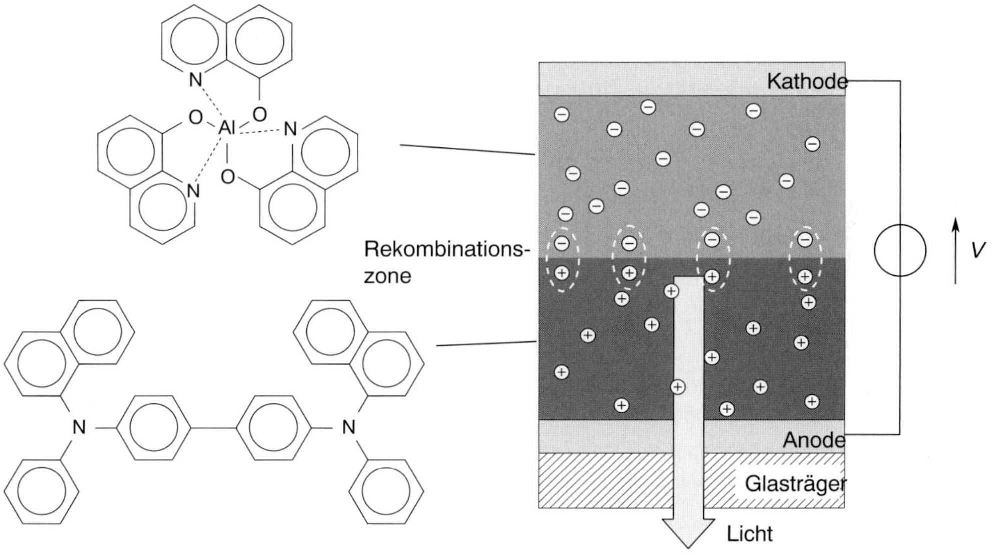

Abb. 30.13. Prinzipieller Aufbau einer OLED mit Elektronen-Transportschicht und Löchertransportschicht (nach [10])

30.4 OLED-Displays

OLED-Displays nutzen organische Materialien mit halbleitenden Eigenschaften. Organische Moleküle mit halbleitenden Eigenschaften können durch Kettenmoleküle mit konjugierten Doppelbindungen hergestellt werden. Durch Überlagerung der Atomorbitale entstehen delokalisierte Elektronenzustände, d.h. Elektronen in derartigen Zuständen lassen sich nicht einem Atompaar zuordnen und können sich – in völliger Analogie zur Situation im Festkörper – entlang des gesamten Moleküls ausbreiten. Ein Teil dieser ausgedehnten Zustände ist besetzt, darüber liegen jedoch im Grundzustand unbesetzte Elektronenzustände. Die Energiedifferenz zwischen dem höchsten im Grundzustand besetzten Zustand (HOMO, highest occupied molecular orbital) und dem niedrigsten im Grundzustand unbesetzten Zustand (LUMO, lowest unoccupied molecular orbital) kann als Analogie zur Energielücke gesehen werden, die unter der Energielücke liegenden Zustände entsprechen dem Valenz- die oberhalb liegenden Zustände dem Leitungsband des Halbleiters. Wird ein Elektron vom „Valenz"- ins „Leitungs"band gehoben, so entsteht ein Elektron-Loch-Paar bei dessen Rekombination Energie in Form eines Photons oder als Wärme freigesetzt wird. Um nun ein kontinuierliches Rekombinationsleuchten zu erhalten müssen wie bei der Leuchtdiode vom Pluspol über ein p-dotiertes Gebiet Löcher und vom Minuspol über ein n-dotiertes Gebiet Elektronen zugeführt werden. Abbildung 30.13 erläutert den prinzipiellen Aufbau: Die Rekombination erfolgt an der Grenze zwischen Elektronen- und Löchertransportschicht.

OLED Displays lassen sich direkt auf Siliziumchips herstellen und bieten so eine Realisierungsmöglichkeit für Microdisplays wie sie beispielsweise für die Anzeige des Sucherbilds digitaler Kameras benötigt werden: In [11] wird ein solches Microdisplay mit $852 \times 600 \times 3$ OLED-Zellen zur Darstellung von 852×600 farbigen Bildpunkten vorgestellt. Die Pixelgröße beträgt dabei lediglich $5 \times 15\,\mu\text{m}^2$, die Größe des gesamten Displays $16.28 \times 14.2\,\text{mm}^2$. Unterschiedliche Farben werden durch aufgedruckte Filterschichten erreicht.

30.5 Literaturverzeichnis

[1] P.F. van Kessel, L.J. Hornbeck, R.E. Meier, M.R. Douglass. A MEMS-based projection display. *Proc. IEEE*, 86(8):1687–1704, 1998.

[2] Bergmann, Schäfer. *Lehrbuch der Experimentalphysik Band III: Optik (H. Gobrecht Hrsg.)*. de Gruyter, Berlin, achte Auflage, 1987.

[3] H. Kawamoto. The history of liquid crystal displays. *Proc. IEEE*, 90(4):460–500, 2002.

[4] G.P. Crawford. A bright new page in portable displays. *IEEE Spectrum, October*, pp. 40–46, 2000.

[5] P.M.Alt, P. Pleshko. Scanning limitations of liquid-crystal displays. *IEEE Trans. Electron Devices*, 21(2):146–155, 1974.

[6] H. Uchiike, T. Hirakawa. Color plasma displays. *Proc. IEEE*, 90(4):533–539, 2002.

[7] W. von Münch. *Elektrische und magnetische Eigenschaften der Materie*. Teubner, Stuttgart, 1987.

[8] S.-H. Jang, K.-D. Cho, H.-S. Tae, K.C. Choi, S.-H. Lee. Improvement of luminance and luminous efficiency using address voltage pulse during sustain-period of AC-PDP. *IEEE Trans. Electron Devices*, 48(91):1903–1910, 2001.

[9] S. Itoh, M. Tanaka. Current status of field-emission displays. *Proc. IEEE*, 90(4):514–520, 2002.

[10] J.M. Shaw, P.F. Seidler. Organic electronics: Introduction. *IBM J. Research and Development*, 45(1):3–9, 2001.

[11] G.B. Levy et.al. An 852 × 600 pixel OLED-on-silicon color microdisplay using CMOS subthreshold-voltage-scaling current drivers. *IEEE J. Solid-State Circuits*, 37(12):1879–1888, 2002.

31 Bildwandler

Bildwandler sind matrixförmige[1] Arrays aus $m \times n$ Fotodetektoren, die jeweils einen Bildpunkt (Pixel) bewerten, d.h. ein zu der auf das Pixel treffenden Strahlungsleistung proportionales elektrisches Signal liefern. Zusätzlich zur eigentlichen elektrooptischen Wandlung ist hier der Auslesevorgang, bei dem die in der Matrix gespeicherte Bildinformation seriell ausgelesen wird, von großer Bedeutung. Neben den seit den 70er Jahren bekannten CCD-Bausteinen, die eine spezielle Prozeßführung erfordern, haben in den letzten Jahren auch CMOS-Bildwandler eine erhebliche Bedeutung erlangt. Letztere lassen sich mit vergleichsweise geringem Zusatzaufwand über konventionelle CMOS-Prozesse realisieren. Dies bietet nicht nur Herstellern, die nicht über spezialisierte Prozesse für CCD-Bausteine verfügen, die Möglichkeit Bildwandler-ICs herzustellen, sondern ermöglicht zusätzlich die Integration der digitalen Signalverarbeitung auf einem Chip (camera on a chip). Dies ist vor allem für Niedrigpreis-Anwendungen wie die Integration von Kamerafunktionen in Mobiltelefone wesentlich.

31.1 Charge Coupled Devices

Charge Coupled Devices (CCDs) sind Arrays von MOS-Kondensatoren, die als dynamische Ladungsspeicher dienen. Durch Anlegen geeigneter Taktsignale werden Informationen (d. h. Ladungen) von einem Kondensator zum nächsten übertragen. Auf diesem Weg lassen sich Schieberegister für binäre Informationen realisieren. Die Hauptanwendung derartiger CCDs liegt jedoch in der Bildwandlertechnik. Die Ladung in den einzelnen Zellen stellt dabei eine *analoge* Information für die Helligkeit eines Bildpunkts dar. Da hier – im Gegensatz zur Digitaltechnik – keine binäre Bewertung des Ladungsinhalts vorliegt, wird in diesem Zusammenhang auch von *Analogschieberegistern* gesprochen.

31.1.1 Surface Channel CCDs (SCCDs)

Wird an das Gate eines zunächst nicht vorgespannten (LO) n-Kanal MOS-Kondensators eine hohe positive Spannung (HI) angelegt, so gerät der MOS-Kondensator in tiefe Verarmung („deep depletion“, vgl. Kap. 14). Zunächst ist keine Inversionsschicht vorhanden – die gesamte negative Ladung auf der Substratseite des MOS-Kondensators wird durch die Raumladungszone (negativ geladene Akzeptoren) geliefert: Es entsteht eine tiefe Potentialmulde

[1] In Scannern werden linienförmige Arrays, die das Bild Zeile für Zeile aufnehmen eingesetzt.

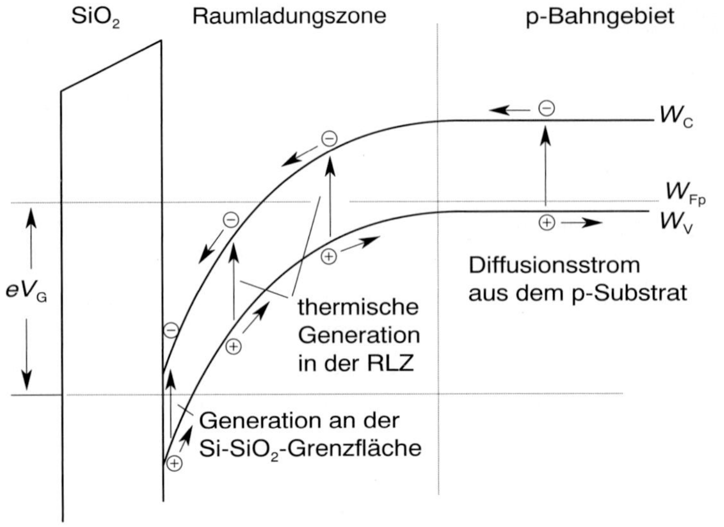

Abb. 31.1. Bänderschema einer CCD-Zelle, Beiträge zum Dunkelstrom

(Abb. 31.1). Wird keine Ladung in diese Potentialmulde injiziert, so bildet sich durch thermische Generation langsam eine *Inversionsschicht* aus. Die zum Aufbau der Inversionsschicht benötigte Zeit ist durch die Rate mit der Elektron-Loch-Paare generiert werden, bestimmt. Aufgrund der Ladungstrennung im Feld der Raumladungszone fließen die Elektronen zur Si-SiO_2-Grenzfläche, die Löcher zum Substratkontakt. Die senkrecht zur Grenzfläche fließende *Dunkelstromdichte* J_{dark} kann dabei durch

$$J_{\text{dark}} = \frac{ed_{\text{j}}}{2\tau} n_{\text{i}} + \frac{eD_{\text{n}}}{L_{\text{n}}} \frac{n_{\text{i}}^2}{N_{\text{A}}} + \frac{1}{2} eS_{\text{G}} n_{\text{i}} \tag{31.1}$$

abgeschätzt werden [1]. Der erste Term auf der rechten Seite beschreibt den durch Generation in der Raumladungszone der Dicke d_{j} bedingten Beitrag, der zweite Term den Beitrag durch Diffusion der Elektronen aus dem p-Substrat und der dritte Term die Generation von Ladungsträgern an der Si-SiO_2-Grenzfläche. Der Parameter S_{G} bezeichnet dabei die Generationsgeschwindigkeit an der Si-SiO_2-Grenzfläche; diese hängt stark von der Defektdichte an der Si-SiO_2-Grenzfläche ab, typische Werte für diese Größe liegen bei 1 cm/s [2]. Sämtliche Beiträge enthalten die exponentiell von der Temperatur abhängige intrinsische Dichte n_{i} als Faktor, weshalb J_{dark} stark mit der Temperatur anwächst. Die zum Aufbau der Inversionsschicht benötigte Ladung pro Flächeneinheit ist

$$Q'_I = -Q'_{\text{n}} = c'_{\text{ox}}(V_{\text{G}} - V_{\text{TH}}) \,. \tag{31.2}$$

Wird diese nur durch den Dunkelstrom aufgebracht, so ist hierfür die Zeit

$$t_{\text{dark}} = \frac{Q'_I}{J_{\text{dark}}} = \frac{c'_{\text{ox}}}{J_{\text{dark}}} (V_{\text{G}} - V_{\text{TH}}) \tag{31.3}$$

erforderlich. Bei erhöhter Umgebungstemperatur kann t_{dark} im Bereich von Millisekunden liegen, bei sehr tiefen Temperaturen hat sich auch nach mehreren Stunden noch keine Inversionsschicht gebildet. Für Zeiten, die klein im Vergleich zu t_{dark} sind, dient die Potentialmulde als *dynamischer Ladungsspeicher*.

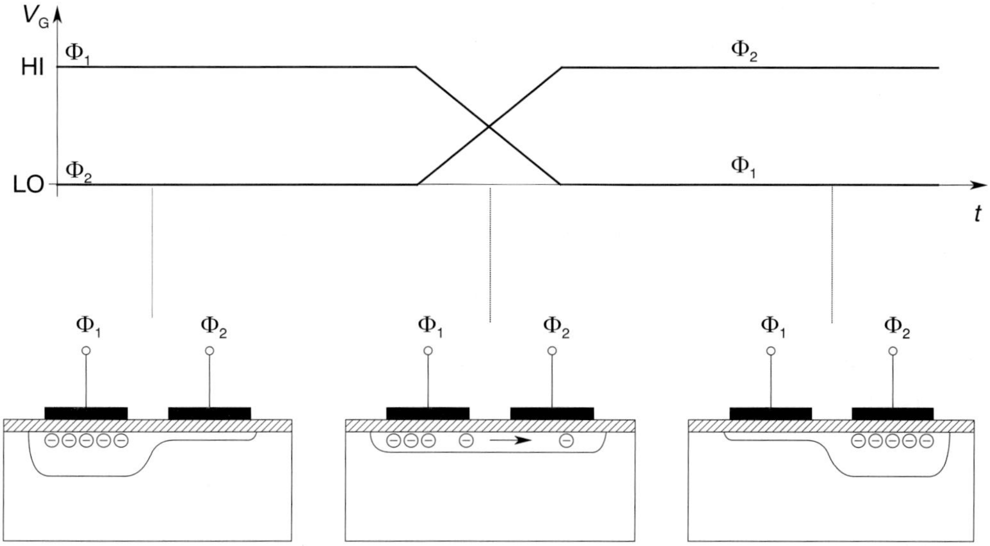

Abb. 31.2. Ladungsübertrag zwischen benachbarten MOS-Kondensatoren

Durch Verändern der Gatepotentiale lassen sich Ladungen von einem MOS-Kondensator auf einen benachbarten übertragen: Wird ein zuvor auf HI-Potential liegendes Gate auf LO gelegt und gleichzeitig ein benachbartes, zuvor auf LO liegendes Gate auf HI, so wird die Inversionsschicht des ersten MOS-Kondensators abgebaut und gleichzeitig diejenige des zweiten aufgebaut (Abb. 31.2). Mehrere Mechanismen bestimmen diesen *Ladungsübertrag*: Diffusion (bedingt durch das Konzentrationsgefälle), Drift (aufgrund der gegenseitigen elektrostatischen Abstoßung der Elektronen) und Streufelder. Da letztere vorzugsweise am Rand auftreten, spielen sie insbesondere bei kleinen Strukturen eine bedeutende Rolle. Geringe Längen der MOS-Kondensatoren sind wünschenswert, da so ein schneller Ladungsübertrag erreicht werden kann.

Durch Aneinanderreihen einer größeren Zahl von MOS-Kondensatoren kann bei Verwenden eines geeigneten Taktschemas die Ladung von Stufe zu Stufe weitergeschoben werden: Das CCD arbeitet als dynamisches Schieberegister. Die Taktsignale, mit denen die Gates angesteuert werden, müssen dabei so gewählt werden, daß sich die Ladungen nicht vermischen können. Dies wird

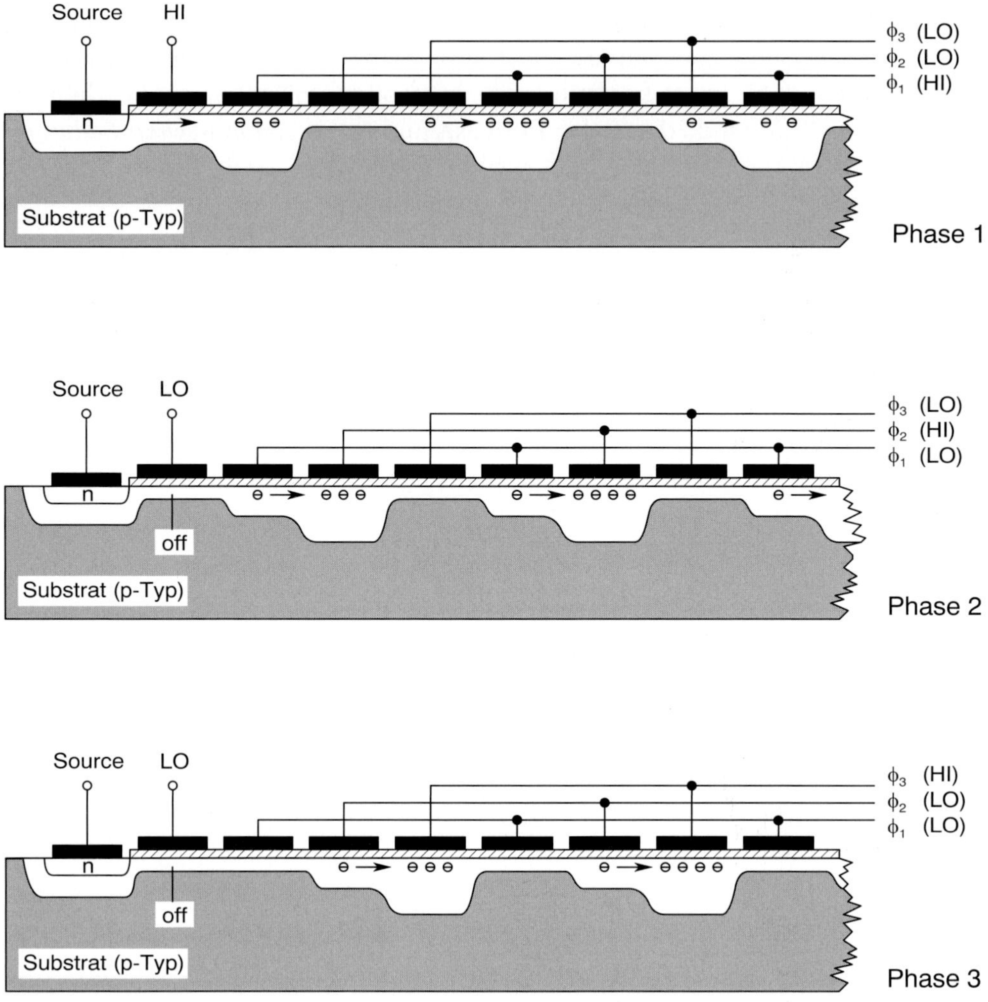

Abb. 31.3. CCD-Schieberegister mit 3-Phasen-Taktschema

anhand des in Abb. 31.3 dargestellten *3-Phasen-Taktschemas* erläutert.[2] Für Speicherung und Weitertransport einer Informationseinheit werden hier drei benachbarte MOS-Kondensatoren benötigt, die mit den Taktsignalen Φ_1, Φ_2 und Φ_3 angesteuert werden, von denen jeweils nur eines auf HI liegt.

Phase 1. In dieser Phase wird die Information unter den mit Φ_1 getakteten Gates gespeichert. Φ_1 ist HI, damit sich unter den entsprechenden Gates eine Potentialmulde bildet, Φ_2 und Φ_3 sind LO. In Schieberegistern können durch ein auf HI getaktetes Transfergate Elektronen über einen Inversionskanal vom Sourceanschluß in die am weitesten links liegende Zelle gelangen (Abb. 31.3).

[2]Neben dem 3-Phasen-Taktschema werden auch andere Taktschemen (2-Phasen-Takt, 4-Phasen-Takt) verwendet. Hier wird nur ein Beispiel erläutert, um die prinzipiellen Zusammenhänge zu erklären. Die Erzeugung des Takts belastet den Anwender von CCDs i. allg. nicht, da die Hersteller derartiger Bausteine geeignete ICs zur Takterzeugung anbieten.

Phase 2. Φ_2 wird auf HI gesetzt, Φ_1 auf LO; unter den mit Φ_2 getakteten Gates bilden sich Potentialmulden, die die Ladung aus den mit Φ_1 getakteten Gates aufnehmen: Die Ladung wird wie bei einer *Eimerkette* aus den Potentialmulden der mit Φ_1 getakteten Gates in die Potentialmulden der mit Φ_2 getakteten Gates „gekippt".

Phase 3. Φ_3 wird nun auf HI gesetzt, Φ_2 auf LO, wodurch sich unter den mit Φ_3 getakteten Gates eine Potentialmulde bildet, die die Ladung aus den mit Φ_2 getakteten Gates aufnimmt. Beim nächsten Schritt würde die Ladung wieder in ein mit Φ_1 getaktetes Gate übertragen (Phase 1).

Die durch den Dunkelstrom bedingte *Verfälschung* des Ladungsinhalts einer Zelle definiert eine untere Grenze für die Taktfrequenz, ein mit zunehmender Taktfrequenz schlechter werdender Ladungsübertrag zwischen benachbarten Zellen bestimmt eine obere Grenze für die Taktfrequenz.

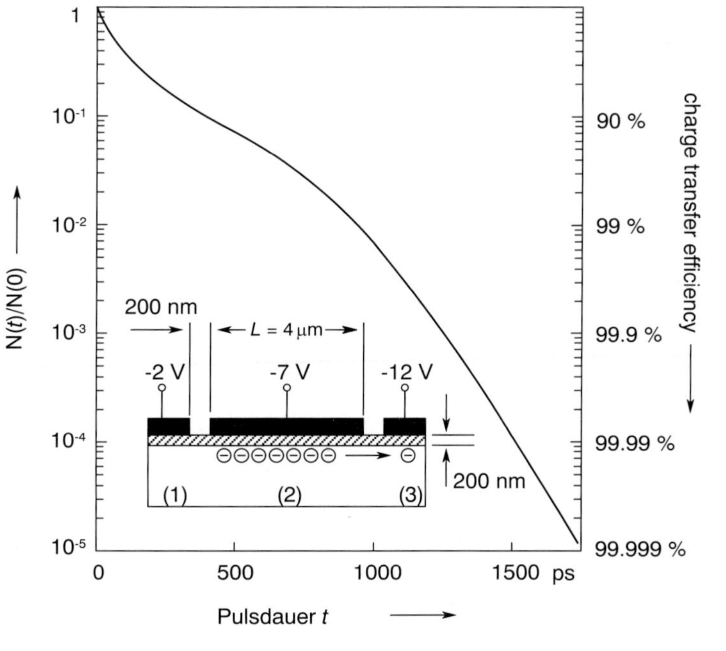

Abb. 31.4. Charge transfer efficiency als Funktion der Pulsdauer (nach [1]). $N(t)/N(0)$ gibt den relativen Anteil der noch nicht übertragenen Elektronen an

Der Anteil der Ladung einer Zelle, der während eines Taktzyklus zur Nachbarzelle übertragen wird, ist durch die *charge transfer efficiency* CTE bestimmt. Da sich Fehler akkumulieren, sollte die charge transfer efficiency deutlich über 99.99 % liegen. Abbildung 31.4 zeigt die CTE für CCDs mit MOS-Kondensatoren der Gatelänge 4 µm als Funktion der Periode des Taktsignals.

Umladbare Zustände an der Si-SiO_2-Grenzfläche führen zu erhöhtem Rauschen in SCCDs. Die Grenzflächenzustände fangen Elektronen ein und werden während eines Taktzyklus in der Regel nicht vollständig entleert. Deshalb ist die Zahl der weitertransportierten Elektronen statistischen Schwan-

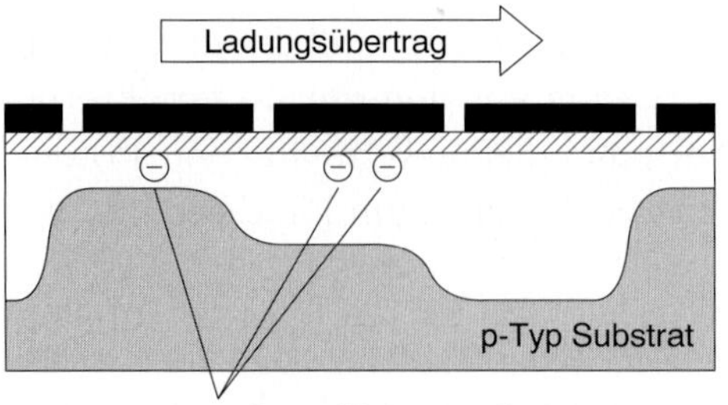

Abb. 31.5. Unvollständiger Ladungsübertrag zwischen benachbarten Zellen durch Einfang von Elektronen in Grenzflächenzuständen

kungen unterworfen, was als Rauschen des Ausgangssignals bemerkbar wird. Dieses sog. *Transferrauschen* läßt sich vermindern, wenn die Potentialmulden nicht vollständig entleert werden, so daß die Oberflächenzustände nicht umgeladen werden müssen. Dies ist möglich durch eine geeignete Festlegung des Nullpunkts mit einer definierten endlichen Ladungsmenge (fat zero). Da die laterale Ausdehnung der Potentialmulden von der gespeicherten Ladung abhängt, greift dieser Ansatz an den Rändern der Potentialmulden allerdings nicht (edge effect), so daß das Transferrauschen nur teilweise unterdrückt werden kann. Hochwertige CCDs werden deshalb in der Regel als Buried-channel CCDs ausgeführt.

31.1.2 Buried-channel CCDs (BCCDs)

In Buried-channel CCDs (BCCDs) wird eine dünne n-Schicht an der Si-SiO_2-Grenzfläche eingefügt (Abb. 31.6). Diese wird über einen Anschluß mit V_n positiv gegenüber dem Substrat vorgespannt. Befindet sich das Gatepotential auf Masse, so bildet sich sowohl an der Si-SiO_2-Grenzfläche als auch am pn-Übergang eine Verarmungszone aus. Der Wert von V_n wird größer als die Durchgreifspannung V_{pt} gewählt, bei der die zugehörigen Sperrschichtränder zusammenstoßen; unter diesen Umständen ist das gesamte unter dem Gate befindliche n-Bahngebiet verarmt. Abbildung 31.6 a zeigt das Bänderschema für den Fall $V_G = 0$ bei vollständiger Verarmung der n-Schicht; der Punkt X mit dem größten positiven Potential tritt dort auf, wo die beiden Verarmungszonen zusammenstoßen.

Potential des Speicherkonotens. Das Potential V_X im Punkt X kann für $V_n > V_{pt}$ aus den Schichtdicken und Dotierstoffkonzentrationen ermittelt werden. Die Anordnung darf dabei als Reihenschaltung einer MOS-Kapazität c_{MOS} und einer Sperrschichtkapazität c_j aufgefaßt werden, die im Punkt X aneinanderstoßen (Abb. 31.7); die Flachbandspannung des MOS-Kondensators wird der Einfachheit halber als null angenommen. Bezeichnet V_{ox} die über der Oxidschicht und V_S die im Halbleiter zwischen der Si-SiO_2-Grenzfläche und X auftretende Potentialdifferenz, so gilt

$$V_X = V_G + V_{ox} + V_S \ .$$

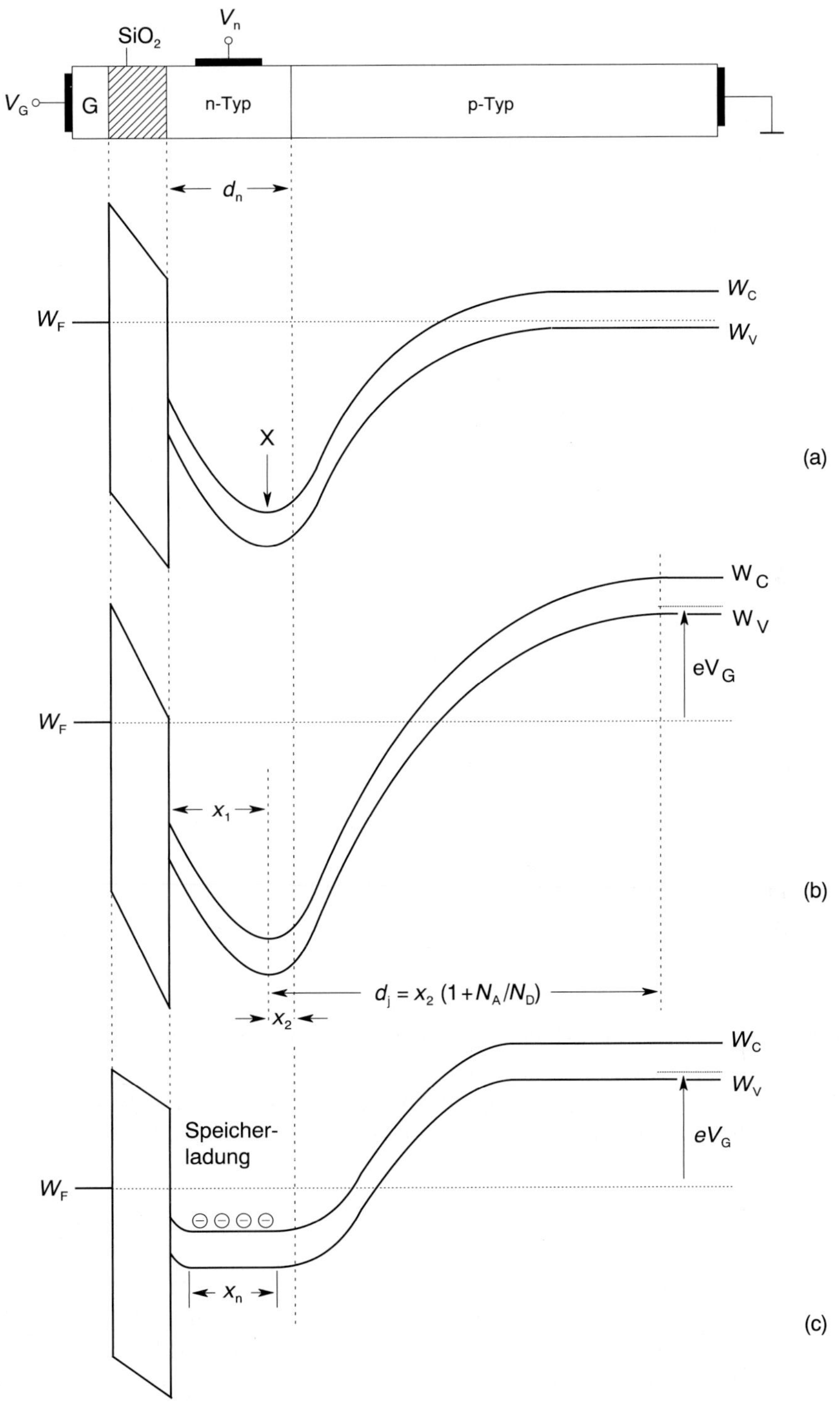

Abb. 31.6. Buried-channel CCD, Aufbau und Bänderschema. (**a**) $V_n > 0$, $V_G = 0$, (**b**) $V_n > 0$, $V_G > 0$, ohne Speicherladung und (**c**) $V_n > 0$, $V_G > 0$, mit Speicherladung

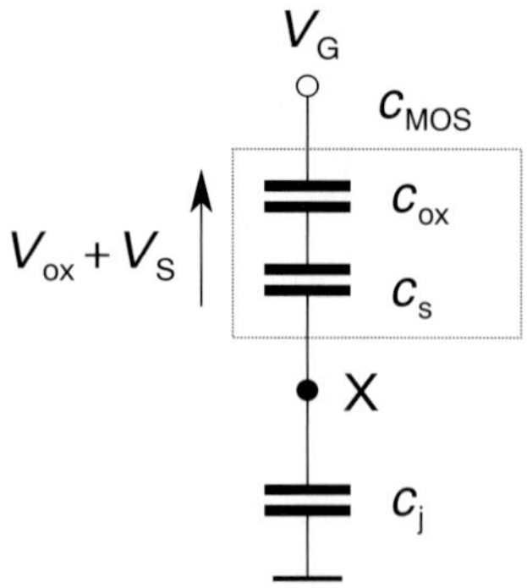

Abb. 31.7. Zur Kapazität des buried-channel MOS-Kondensators

Der Spannungsabfall über dem Oxid ist durch die Ladung auf dem Gate und wegen der Neutralität des MOS-Kondensators durch die Ladung zwischen der Si-SiO$_2$-Grenzfläche und X bestimmt

$$c'_{\mathrm{ox}} V_{\mathrm{ox}} = e N_{\mathrm{D}} x_1 \,.$$

Mit dem proportional zu x_1^2 ansteigenden Ausdruck für V_{S} folgt so

$$V_{\mathrm{X}} = V_{\mathrm{G}} + \frac{e N_{\mathrm{D}}}{c'_{\mathrm{ox}}} x_1 + \frac{e N_{\mathrm{D}}}{2\,\epsilon_{\mathrm{Si}}} x_1^2 \,. \tag{31.4}$$

Da V_{X} durch die über dem pn-Übergang auftretende Potentialdifferenz bestimmt ist, folgt aus der Theorie des abrupten pn-Übergangs die zusätzliche Bedingung

$$V_{\mathrm{X}} = \frac{e}{2\epsilon_{\mathrm{Si}}} \frac{N_{\mathrm{D}}(N_{\mathrm{D}} + N_{\mathrm{A}})}{N_{\mathrm{A}}} x_2^2 = \Xi x_2^2 \,. \tag{31.5}$$

Da die Raumladungszonen aneinander anstoßen, müssen die Ausdehnungen x_1 und x_2 zusätzlich der Bedingung

$$d_{\mathrm{n}} = x_1 + x_2$$

genügen. Durch Zusammenfassen mit (31.4) und (31.5) ergibt sich eine quadratische Gleichung für x_1 bzw. x_2. Der Wert von V_{X} kann dann aus der resultierenden Lösung durch Einsetzen in Gl. (31.4) berechnet werden; er ist unabhängig von V_{n}: Nach Durchgreifen der Raumladungszone bedingt eine Erhöhung von V_{n} über V_{pt} hinaus keine weitere Ladungsänderung unter der Gateelektrode, der Potentialverlauf ändert sich dort deshalb nicht mehr mit V_{n}.

Bei Anlegen einer positiven Gatespannung muß auf der Halbleiterseite mehr negative Ladung aufgebaut werden, was bei vollständig verarmter n-Schicht durch Verschieben des Sperrschichtrands in das p-Typ-Substrat bewirkt wird (Abb. 31.6 b). Werden Elektronen in die Raumladungszone eingebracht, so sammeln sich diese im Potentialmaximum beim Punkt X und kompensieren dort die Ladung der Donatorionen. Es entsteht eine neutrale n-Typ-Schicht der Dicke $x_z = Q'_{\mathrm{n}}/(e N_{\mathrm{D}})$ (Abb. 31.6 c), über der keine Potentialdifferenz auftritt. Das Potential V_{X} dieses Gebiets kann in Analogie zur oben erläuterten Vorgehensweise bestimmt werden, wobei d_{n} durch $d_{\mathrm{n}} - x_z$ zu ersetzen ist. Der Wert von x_z ist direkt proportional zur Speicherladung Q'_{n} je Flächeneinheit, so daß ein Zusammenhang zwischen V_{X} und Q'_{n} resultiert.

Da die Speicherladung im BCCD durch eine Raumladungszone von der Si-SiO_2-Grenzfläche getrennt ist, erfolgt bei einer Änderung der gespeicherten Ladung kein Umladen der Grenzflächenzustände, wodurch das *Transferrauschen* verringert wird. Die größere Entfernung der gespeicherten Ladung von der Gateelektrode wirkt sich andererseits in einer Abnahme der Ladung, die pro Flächeneinheit gespeichert werden kann, aus. Beim SCCD wird diese durch die flächenspezifische Oxidkapazität c'_{ox} bestimmt, da die Speicherladung direkt an der Grenzfläche liegt. Beim BCCD ist der Ladungsschwerpunkt im Halbleiter und bei vollständig gefülltem „Potentialtopf" um ca. $d_{\mathrm{n}}/2$ von der Si-SiO_2-Grenzfläche entfernt. Die für die Ladungsspeicherung im BCCD maßgebliche flächenspezifische Kapazität läßt sich demnach mittels

$$\frac{1}{c'_{\mathrm{BCCD}}} = \frac{1}{c'_{\mathrm{ox}}} + \frac{d_{\mathrm{n}}/2}{\epsilon_{\mathrm{Si}}}$$

abschätzen, d. h. bei identischen Flächen- und Potentialverhältnissen liegt die Ladung, die sich in einer SCCD-Zelle speichern läßt, um annähernd den Faktor

$$\frac{c'_{\mathrm{ox}}}{c'_{\mathrm{BCCD}}} = 1 + \frac{\epsilon_{\mathrm{ox}}}{\epsilon_{\mathrm{Si}}} \frac{d_{\mathrm{n}}}{2d_{\mathrm{ox}}}$$

über derjenigen der BCCD-Zelle. In einer BCCD-Zelle mit $d_{\mathrm{n}} = 300\,\mathrm{nm}$ und $d_{\mathrm{ox}} = 60\,\mathrm{nm}$ beispielsweise kann demnach nur ca. 55 % der Ladung einer gleichgroßen SCCD-Zelle untergebracht werden. Wegen des geringeren Transferrauschens können mit BCCDs bei gleicher Fläche dennoch größere Signal-Rausch-Verhältnisse erzielt werden.

Ein weiterer Vorzug der BCCDs gegenüber den SCCDs ist die Ortsabhängigkeit der elektrischen Feldstärke, die beim Auslesevorgang den Ladungstransfer von einer Zelle zur nächsten beschleunigt, was eine erhöhte Taktfrequenz ermöglicht. Dieser Vorzug ist bei den sog. *peristaltischen* CCDs (PCCDs) besonders stark ausgeprägt; diese weisen eine vergleichsweise dicke n-dotierte Schicht auf und können mit mehreren 100 MHz getaktet werden [3].

31.1.3 Ladungsbewertung

Am Ausgang eines CCD-Schieberegisters muß eine sehr empfindliche *Ladungsbewertung* durchgeführt werden: Typische Empfindlichkeiten für diese Ladungsbewertung liegen bei wenigen Mikrovolt pro Elektron, d. h. ein zusätzliches Elektron in der Speicherzelle bedingt eine Veränderung des Ausgangssignals im Mikrovoltbereich. Derart empfindliche Schaltungen müssen mit auf dem CCD-Chip integriert werden und nutzen die kleine Eingangskapazität und die sehr gute Isolation der Gateelektrode von CMOS-Verstärkerstufen. Abbildung 31.8 zeigt den Schaltplan eines typischen Verstärkers zur Ladungsbewertung in einem CCD-Chip.

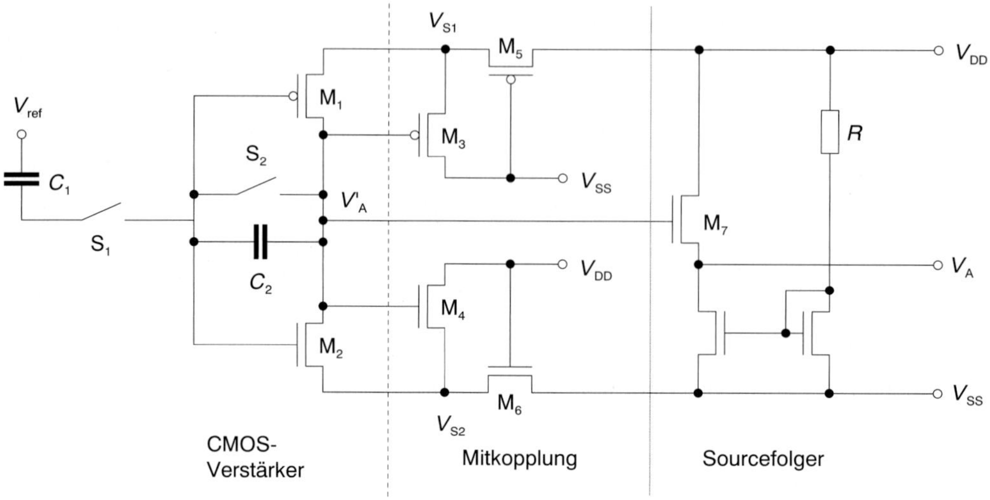

Abb. 31.8. Schaltplan eines Verstärkers zur Ladungsbewertung in einem CCD (nach [4])

Vor Beginn der Bewertung des Zellinhalts wird der Eingang der als Verstärker dienenden CMOS-Stufe M1, M2 durch Schließen des Schalters[3] S2 vorgeladen. S1 ist während dieses *Reset-Vorgangs* geöffnet und wird erst nach Öffnen des Schalters S2 geschlossen. Nun erfolgt ein Ladungsausgleich mit der Ladung auf der CCD-Zelle (C1), wodurch das Potential am Eingang des CMOS-Verstärkers M1, M2 verändert wird. Die Transistoren M3, M4, M5 und M6 bedingen eine *Mitkopplung* des Ausgangssignals der Inverterstufe, was die Leerlaufverstärkung der Stufe deutlich erhöht. Wegen des hohen Werts der Leerlaufverstärkung ist die Verstärkung der Schaltung im wesentlichen durch das Kapazitätsverhältnis C_1/C_2 bestimmt. Durch den Sourcefolger M7 wird das Ausgangssignal der Verstärkerstufe niederohmig ausgegeben. Die Optimierung einer Ausleseschaltung für schnelle und rauscharme Auslesevorgänge wird in [5] gegeben.

31.1.4 CCD-Sensoren, Eigenschaften und Kenngrößen

Die CCD-Technik eignet sich hervorragend für die Realisierung von Bildwandlern, wie sie etwa in Fernsehkameras zum Einsatz kommen. Die Zellen des CCD-Registers werden dabei durch einen Fotostrom geladen, der der Helligkeit des jeweiligen *Pixels* oder Bildpunkts proportional ist. Auf diesem Weg entsteht nach einer bestimmten, für alle Zellen gleich großen Belichtungszeit, ein *Ladungsbild* im CCD-Speicher: Der Ladungsinhalt jeder Zelle ist durch die Helligkeit des jeweiligen Bildpunkts bestimmt. Im Gegensatz zu digital arbeitenden CCD-Schieberegistern wird hier in den Zellen eine *analoge* Information gespeichert. Die beim Auslesen eines zweidimensionalen Ar-

[3] In der Praxis realisiert durch ein CMOS-Transfergate.

rays erforderliche Parallel-Seriell-Wandlung kann wegen der Schieberegister-Funktion des CCD-Arrays leicht implementiert werden. Generell wird zwischen Progressive-Scan-Bildsensoren, bie denen das Vollbild komplett ausgelesen wird und Video-Sensoren (interlaced) unterschieden, die im ersten Zyklus ein erstes Halbbild (ungerade Zeilennummern), in einem zweiten Zyklus das zweite Halbbild (gerade Zeilennummern) auslesen. Derartige Sensoren liefern ein analoges Standard-Video-Signal wie es in der konventionellen Fernsehtechnik gebräuchlich ist. Gegenstand dieses Abschnitts ist eine Zusammenstellung der wichtigsten Kenngrößen und Eigenschaften von CCD-Bildwandlern.

Empfindlichkeit. Die *spektrale Empfindlichkeit* des CCD wird durch die Fotodioden bestimmt und entspricht in der Regel weitgehend der einer Silizium-pin-Fotodiode. Durch Aufbringen von *Filterschichten* kann die Empfindlichkeit auf einzelne Spektralbereiche abgestimmt werden. Dies wird z. B. in speziellen CCDs für Farbaufnahmen ausgenützt, in denen zu jedem Bildpunkt drei mit unterschiedlichen Filtern versehene Fotodioden verwendet werden.

Für manche Anwendungen ist die Empfindlichkeit im ultravioletten Spektralbereich zu gering. Eine deutliche Steigerung der Empfindlichkeit ist hier durch Beschichten der Oberfläche des CCD-Chips mit einer wenige Mikrometer dicken, im UV-Licht fluoreszierenden Schicht möglich.

CCD-Bildwandler mit Schottky-Fotodioden ermöglichen die Herstellung infrarotempfindlicher Videokameras. Schottky-Fotodioden mit Platinsilizid beispielsweise können IR-Strahlung mit Wellenlängen bis zu 5.7 µm detektieren und Temperaturunterschiede bis herunter zu 0.02°C auflösen. Anders zusammengesetzte Schottky-Kontakte ermöglichen die Herstellung von Bildwandlern mit Grenzwellenlängen $\lambda_G > 10\,\mu m$. Mit solchen Bausteinen aufgebaute Wärmebildkameras werden z. B. in der Medizin, in der Thermographie (Anwendungsbeispiel: Auffinden von Wärmebrücken) sowie beim Militär eingesetzt.

CCD-Bildwandler sind *integrierende* Sensoren: Die in den Zellen des Analogschieberegisters gespeicherte Ladung ergibt sich durch Integration des von den Zellen gelieferten Stroms über die Belichtungszeit. Die *Empfindlichkeit* (engl. Responsivity) von CCD-Bildwandlern wird deshalb als Änderung des Ausgangssignals bezogen auf die erfolgte Bestrahlung spezifiziert; typische Werte liegen bei $1\,\mathrm{mV\,cm^2/nJ}$ (vgl. Beispiel 31.1.1).

Dunkelstrom, Kühlung. Der in die Speicherzellen fließende *Dunkelstrom* verändert den Ladungsinhalt auch während des Auslesevorgangs. Da die Zellinhalte seriell ausgelesen werden, sind die Inhalte der zuletzt ausgelesenen

Zellen u.U. stärker verfälscht als die der zuerst ausgelesenen.[4] In der Regel dominieren in Gl. (31.1) die Terme proportional zu n_{i}, so daß mit der Bandabstandsspannung V_{g} die Proportionalität

$$J_{\mathrm{dark}} \sim \exp\left(-V_{\mathrm{g}}/2V_T\right)$$

gilt. Durch *Kühlen* (z. B. mit einem Peltier-Element) kann der Dunkelstrom demnach stark vermindert werden, was lange Belichtungszeiten ermöglicht. Für Anwendungen in der Astronomie, mit Belichtungszeiten von mehreren Stunden, wird auf typischerweise 140 K abgekühlt; eine geringere Temperatur würde keine Verbesserung hinsichtlich des Dunkelstroms bedingen, hätte jedoch ein zumindest teilweises Ausfrieren beweglicher Ladungsträger durch Einfang an ionisierten Dotierstoffatomen zur Folge.

Verlustleistung. Die *Verlustleistung* eines CCD wird in den meisten Anwendungen durch das Umladen der Speicherkondensatoren im CCD-Schieberegister bestimmt. Mit der Taktfrequenz f_ϕ, der Kapazität C_ϕ des Analogschieberegisters und dem Hub ΔV_{G} folgt der Effektivwert der Verlustleistung dann zu

$$P \approx f_\phi C_\phi \Delta V_{\mathrm{G}}^2 .$$

Auflösungsvermögen, MTF. Als Maß für das Auflösungsvermögen eines CCD-Bausteins wird die *Modulation Transfer Function* (MTF) verwendet. Die MTF ist definiert als der Modulationsgrad des Ausgangssignals, wenn ein Schwarz-Weiß-Balkenmuster abgebildet wird. Als theoretischer Grenzwert ist die geometrische MTF

$$\mathrm{MTF}_0 = \frac{\sin\left(\pi f_{\mathrm{s}} d\right)}{\pi f_{\mathrm{s}} d}$$

von Bedeutung, wobei f_{s} die Anzahl der auf das CCD abgebildeten Schwarzweiß-Linienpaare je Längeneinheit und d den Abstand zweier benachbarter Bildelemente des CCD bezeichnet. Gilt $f_{\mathrm{s}} d \ll 1$, so geht $\mathrm{MTF}_0 \to 100\,\%$; für $f_{\mathrm{s}} d > 0.5$ gilt $\mathrm{MTF}_0 < 64\,\%$, benachbarte Linien können dann nicht mehr aufgelöst werden: Anschaulich bedeutet dies, daß mindestens zwei Bildelemente erforderlich sind, um ein schwarz-weißes Linienpaar aufzulösen.[5] In der Praxis wird die MTF eines Bildwandler-CCDs gegenüber dem Wert von MTF_0 u.a. durch die begrenzte Charge Transfer Efficiency CTE, Beugung und Streuung

[4] In einigen CCDs wird deshalb ein sog. *dark reference signal* erzeugt. Zu diesem Zweck werden parallel zu den belichteten Zellen nicht beleuchtete CCD-Zellen ausgelesen und nur das Differenzsignal ausgewertet.

[5] Dies kann als räumliches Pendant zum Nyquist-Theorem der Nachrichtentechnik aufgefaßt werden, nach dem ein Signal mindestens mit der doppelten Bandbreite abgetastet werden muß.

von Licht an den Elektroden sowie die laterale Diffusion von Ladungsträgern, verringert [6].

Homogenität. Ein perfektes CCD würde bei gleichförmiger Bestrahlung für jedes Pixel dasselbe Ausgangssignal liefern. In der Praxis ergeben sich jedoch leichte Schwankungen, da die einzelnen Bildelemente nicht völlig identisch ausfallen. Diese auch als *fixed pattern noise* (FPN) bezeichneten Schwankungen sind im Gegensatz zum Rauschen des CCDs systematisch, d. h. keinen statistischen Schwankungen unterworfen. Um den fixed pattern noise von den Rauschanteilen zu trennen, werden die Zellinhalte des CCD-Bausteins bei homogener Ausleuchtung wiederholt ausgelesen, wobei für jeden Bildpunkt der Mittelwert bestimmt wird. Die statistischen Schwankungen unterworfenen Rauschanteile kompensieren sich dabei in zunehmendem Maß; bei Mittelung über eine große Zahl von Auslesevorgängen kann die verbleibende Schwankung auf eine ungleichförmige Empfindlichkeit der einzelnen Pixel oder auf lokale Schwankungen des Dunkelstroms [6] zurückgeführt werden. Die *Gleichförmigkeit* des Ausgangssignals bei homogener Bestrahlung wird in Datenblättern als relative Schwankung durch die *photo response non-uniformity* PRNU angegeben; ihr Wert liegt typischerweise bei wenigen Prozent. Insbesondere bei CCDs mit sehr großer Fläche stellt die Forderung nach einer geringen PRNU hohe Anforderungen an die Qualität des Halbleitersubstrats und die Prozeßführung.

Rauschen, Dynamik. Das Ausgangssignal eines CCD ist auch ohne FPN und bei gleichförmiger Bestrahlung statistischen Schwankungen unterworfen. Diese werden als Rauschspannung am Ausgang oder aber als mittleres Schwankungsquadrat der Elektronenzahl einer Zelle charakterisiert. In Verbindung mit dem maximalen Ladungsinhalt einer Zelle bestimmt das Rauschen des CCD-Bausteins die Dynamik DR. Moderne CCDs haben ein Ausleserauschen, das nahe an das theoretisch erreichbare Minimum heranreicht.

Rauschmechanismen. Das Rauschen des Ausgangssignals hat mehrere Ursachen: Da das Licht in Quanten transportiert wird, weist die einfallende Strahlung ein Schrotrauschen auf, das sich in einer statistischen Unsicherheit der erzeugten Elektronenzahl, dem sog. *Quantenrauschen* bemerkbar macht. Ist $\overline{N}$ die mittlere Anzahl der detektierten Photonen, so ist das Schwankungsquadrat aufgrund des Quantenrauschens gleich

$$\langle \Delta N^2 \rangle_1 = \overline{N} .$$

Die erzeugten Elektronen werden zum Aufladen des Speicherkondensators im CCD-Array verwendet, dessen Ladespannung ein Rauschen mit dem *Rauschspannungsqua-*

[6] Ein durch thermische Generation an Gitterdefekten lokal erhöhter Dunkelstrom kann den Ladungsinhalt einzelner Zellen verfälschen und helle Bildpunkte, sog. *dark current spikes*, erzeugen.

drat (vgl. Kap. 3) $V_\mathrm{n}^2 = k_\mathrm{B}T/C$ aufweist. Dieses sog. *Eingangsrauschen* ist mit einer Schwankung der Elektronenzahl verbunden, die das mittlere Schwankungsquadrat

$$\langle \Delta N^2 \rangle_2 = \frac{C^2 V_\mathrm{n}^2}{e^2} = \frac{k_\mathrm{B}TC}{e^2} = \frac{CV_T}{e}$$

aufweist. Durch statistische Schwankungen beim Ladungstransfer von einer Zelle des Analogschieberegisters zur nächsten kommt es beim Auslesen des CCD zu einem weiteren Rauschbeitrag, dem sog. *Transferrauschen*. Die Hauptursache[7] des Transferrauschens sind an Störstellen (sog. *Traps*) eingefangene Elektronen, die während eines Taktzyklus festgehalten werden können. Das mittlere Schwankungsquadrat der Elektronenzahl nach m Transfers aufgrund dieser Vorgänge ist nach [6]

$$\langle \Delta N^2 \rangle_3 = 1.4\, k_\mathrm{B}T\, m\, N_\mathrm{TG} \,,$$

wobei N_TG die mittlere Anzahl der Trapzustände je MOS-Kondensator angibt. Da es im Volumen sehr viel weniger Trapzustände gibt als an der Si-SiO_2-Grenzfläche, ist das Transferrauschen in BCCDs um typischerweise mindestens eine Größenordnung kleiner als in SCCDs.

Zur Bewertung des Ladungsinhalts einer Zelle wird in der Regel ein Ladungsausgleich mit einem auf eine bestimmte Spannung vorgeladenen Bewerterknoten hergestellt. Das Potential des Bewerterknotens ist statistischen Schwankungen unterworfen, was zum sog. *reset noise* führt. Das Rauschspannungsquadrat des vorgeladenen Bewerterknotens ist

$$V_\mathrm{n}^2 = k_\mathrm{B}T/C_\mathrm{B} \,,$$

wobei C_B die Kapazität des Bewerterknotens bzgl. Masse bezeichnet. Um den *reset noise* zu unterdrücken, wird häufig das Verfahren des *correlated double sampling* (CDS) eingesetzt [7]. Dabei wird das Ausgangssignal einmal nach erfolgtem Reset, d. h. vor Aufbringen der zu bewertenden Ladung, und einmal nach erfolgtem Ladungsausgleich bestimmt und die Differenz ausgewertet, wodurch statistische Schwankungen beim Vorladen des Bewerterknotens kompensiert werden können.

Die Dynamik DR (engl. *dynamic range*) gibt das Verhältnis zwischen dem hellsten und dem gerade noch detektierbaren Signal an. Dies ist gleichbedeutend mit dem Signal-Rausch-Verhältnis einer vollständig gefüllten Zelle. Die Dynamik wird üblicherweise in dB angegeben; wird das Rauschen von CCD-Bildwandlern über das mittlere Schwankungsquadrat $\overline{\Delta N^2}$ der Elektronenzahl in einer Zelle spezifiziert und ist N_max die Zahl der Elektronen in einer vollständig gefüllten Zelle, so kann die Dynamik mittels

$$\mathrm{DR} = 20\,\mathrm{dB} \cdot \log \frac{N_\mathrm{max}}{\sqrt{\overline{\Delta N^2}}}$$

[7] Daneben tritt wegen des unvollständigen Ladungstransfers (CTE < 1) ein Schrotrauschen auf, das nach m Transfers zu einem mittleren Schwankungsquadrat

$$\langle \Delta N^2 \rangle = 2(1 - \mathrm{CTE}) m N_\mathrm{max}$$

der Elektronenzahl führt [6]; N_max bezeichnet dabei die Elektronenzahl in einer vollständig gefüllten Zelle.

berechnet werden. In der Praxis werden üblicherweise Werte zwischen 70 dB und 90 dB erreicht.

Blooming und Smear. Während des Auslesevorgangs trifft weiter Licht auf den CCD-Bildwandler. Insbesondere in einfachen CCD-Bildwandlern, in denen das einfallende Licht im Halbleitersubstrat Elektron-Loch-Paare erzeugt, die dann direkt in den Potentialmulden gesammelt werden, wird dadurch der Speicherinhalt verfälscht. Es kommt zu einem als *image smear* bezeichneten Verschmieren des Bildes: Einzelne helle Bildpunkte verursachen beim Weitertransport der Speicherinhalte in allen folgenden Zellen eine Störladung, die die Dynamik und die MTF des CCD beeinträchtigen. Durch höhere Taktfrequenzen kann dieser Effekt verringert werden. In modernen Bildwandlern, bei denen das CCD-Array abgeschattet und über einen elektronischen Verschluß mit den das Signal liefernden Fotodioden verbunden ist, ist der image smear in der Regel vernachlässigbar klein.

Blooming ist eine durch lokale Überbelichtung bedingte Verfälschung des Bilds. Ursache ist ein „Überlaufen" der Potentialmulde, wenn in diese während der Belichtungszeit mehr Elektronen fließen als aufgenommen werden können. Fließen die überzähligen Elektronen in das Substrat, so können sie zu anderen Potentialmulden diffundieren und dort den Speicherinhalt verfälschen. Im erzeugten Bild wirkt sich das wie eine Vergrößerung des hellen Bildpunkts aus, da benachbarte Zellen durch die überlaufenden Elektronen zu stark aufgeladen werden. Um Bildfehler durch Blooming zu verringern, muß in der Nähe jeder CCD-Speicherzelle eine auf positivem Versorgungspotential liegendes Bahngebiet als Senke für Elektronen angebracht werden, die überlaufende Elektronen abtransportiert und so eine Verfälschung des Ladungsinhalts benachbarter Zellen verhindert.

31.1.5 Bauformen und Beispiele

Lineare CCD-Sensoren

In *linearen CCD-Sensoren* sind die Bildelemente in einer Zeile angeordnet. Diese Bausteine werden z. B. zur Längenmessung oder Lagebestimmung eingesetzt. Das zu charakterisierende Objekt wird dabei mittels einer Optik auf das CCD abgebildet. Durch Auswerten von Hell-Dunkel-Kontrasten kann mit einfachem Abzählen eine Längenmessung durchgeführt werden. Eine weitere interessante Anwendung liegt im Bereich der Spektrometrie, wo das z. B. durch ein Beugungsgitter in seine spektralen Bestandteile aufgelöste Licht auf ein CCD gelenkt wird. Beim Auslesen des CCDs ergibt sich dann die, mit der spektralen Empfindlichkeit des CCD gewichtete, spektrale Verteilung.

Lineare CCD-Sensoren können zur Aufnahme von *Bildern* verwendet werden, wenn das abzubildende Objekt relativ zum CCD verschoben wird. Beispiele hierfür sind das Abbilden einer Papierseite, die von einem mechanischen Vorschub transportiert wird (z. B. in einem Faxgerät) oder aber Luftbildaufnahmen (z. B. mit einem Satelliten, der mit bekannter Geschwindigkeit relativ zur Erdoberfläche fliegt und diese zeilenförmig „abrastern“ kann).

Lineare CCDs verwenden in der Regel zwei Analogschieberegister für die geraden und die ungeraden Bildelemente (vgl. Beispiel 31.1.1). Dies ermöglicht zum einen eine Verdoppelung der Taktfrequenz, ohne daß die CTE beeinträchtigt würde, zum anderen kann das Rastermaß der Fotodioden halb so groß wie das Rastermaß des CCD-Arrays gewählt werden, was eine Verdoppelung des Auflösungsvermögens ermöglicht.

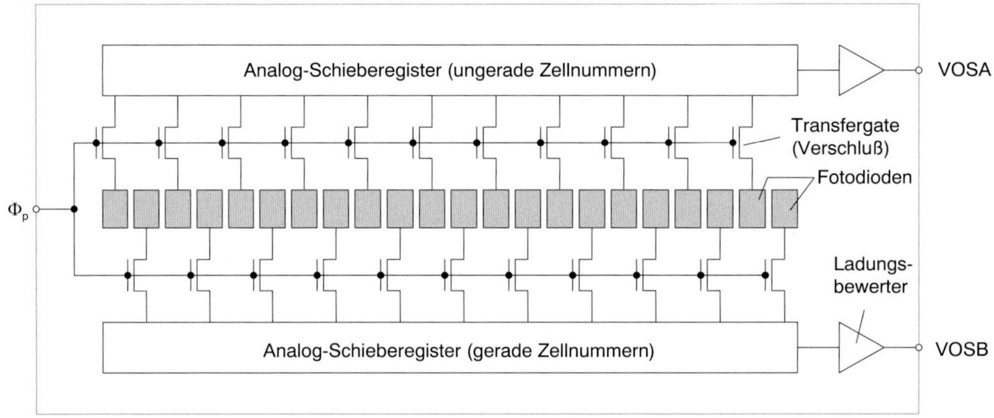

Abb. 31.9. Aufbau eines linearen CCD-Sensors (schematisch)

Beispiel 31.1.1 Als Beispiel wird der lineare CCD-Sensor TH7808B betrachtet. Ein Blockschaltbild dieses Bausteins ist in Abb. 31.9 zu sehen. Der Baustein verwendet 5184 nebeneinander angeordnete Fotodioden der Fläche $7 \times 7\,\mu\text{m}^2$. Der von diesen gelieferte Strom wird zum Aufladen der MOS-Kondensatoren in zwei parallel wirkenden Analog-Schieberegistern verwendet. Zur Belichtungssteuerung ist zwischen den Fotodioden und den zugeordneten Speicherzellen des CCD jeweils ein Transfergate geschaltet, das mit dem Signal Φ_p angesteuert wird. Belichtet wird, solange $\Phi_p = \text{HI}$ gilt; um die Kapazität $C_{\Phi\text{p}} \approx 300\,\text{pF}$ der 5184 parallel angesteuerten Transfergates schnell umladen zu können, sind leistungsfähige Treiber erforderlich, die als integrierte Schaltung vom Hersteller geliefert werden. Die Daten werden mit maximal $16 = 2 \times 8\,\text{MHz}$ ausgegeben, für das Auslesen des Schieberegisters werden demnach

$$t_{\text{read}} = \frac{5184}{16 \cdot 10^6\,\text{s}^{-1}} = 0.324\,\text{ms}$$

benötigt. Das Dunkelstromsignal wird bei $25\,^\circ\text{C}$ mit typischerweise $50\,\mu\text{V/ms}$ angegeben; da der Hub der Ausgangsspannung $0.9\,\text{V}$ beträgt, ist eine Zelle bei Raumtemperatur nach der Zeit $0.9\,\text{V}/(50\,\mu\text{V/ms}) = 18\,\text{s}$ vollständig aufgeladen. Die angegebene Dynamik $\text{DR} = 6000$ erfordert eine Zykluszeit, die höchstens $1/6000$ dieses Werts, d. h. maximal 3 ms, beträgt; die zum Auslesen mit der vorgesehenen Taktfrequenz 16 MHz erforderliche Zeit t_{read} beträgt ungefähr ein Zehntel dieses Werts, so daß mehr als zwei Millisekunden für die Belichtung zur Verfügung stehen. Die Empfindlichkeit (responsivity) beträgt $1.6\,\mathrm{mV\,cm^2/nJ}$; zusammen mit dem Ausgangsspannungshub $\Delta V_\mathrm{A} = 0.9\,\mathrm{V}$ folgt die für ein vollständiges Auffüllen einer Zelle erforderliche Bestrahlung zu

$$H_\mathrm{e} = \frac{0.9\,\mathrm{V}}{1.6\,\mathrm{mV\,cm^2/nJ}} = 0.56\,\frac{\mathrm{\mu J}}{\mathrm{cm^2}}\ ;$$

bei einer maximalen Belichtungszeit von 2 ms genügt eine Bestrahlungsstärke von $0.28\,\mathrm{mW/cm^2}$, um eine Zelle vollständig aufzuladen. Die maximale Zahl der in einem MOS-Kondensator speicherbaren Elektronen folgt aus dem Ausgangsspannungshub und dem Ladungsumrechnungsfaktor $1.7\,\mu\mathrm{V}/\mathrm{Elektron}$ zu

$$\frac{0.9\,\mathrm{V}}{1.7\,\mathrm{\mu V/Elektron}} = 5\cdot 10^5\ \mathrm{Elektronen}\ .$$

Bildwandler

Durch parallele Anordnung linienförmiger CCD-Sensoren lassen sich Bildwandler für Videokameras realisieren. Abbildung 31.10 a zeigt den prinzipiellen Aufbau eines CCD-Bildwandlers in *Frame-Transfer-Konfiguration*; bei diesem wird zunächst in der lichtempfindlichen Zone (Detektorbereich) ein der lokalen Lichtintensität entsprechendes Ladungsbild erzeugt. Als Fotoelemente werden dabei in der Regel MOS-Kondensatoren eines CCD-Arrays verwendet. Nach erfolgter Belichtung wird der Ladungsinhalt dieses zweidimensionalen CCD-Schieberegisters in ein gleichgroßes abgeschattetes CCD-Schieberegister (Speicherbereich) verschoben, das der Zwischenspeicherung während der Parallel-Seriell-Wandlung dient. Dieser Vorgang muß sehr schnell erfolgen, da es während des Transports zu einer Nachbelichtung und zu image smear kommen kann. Die Zellinhalte werden seriell ausgelesen, wobei jeweils eine Zeile „vertikal“ in das Ausleseregister geschoben wird, das dann Zelle für Zelle horizontal ausgelesen wird (vgl. Abb. 31.10 a). Solange die Bildinformation ausgelesen wird, entsteht ein neues Bild auf der Detektorfläche. Die Frame-Transfer-Konfiguration bietet eine einfache Möglichkeit zum Erzeugen von *Fernsehhalbbildern*, bei denen in einem Halbbild die geraden und im zweiten Halbbild die ungeraden Zeilen ausgelesen werden. Falls sich die lichtempfindlichen Elemente zwischen den Aufnahmen um eine Zeile verschieben lassen, genügt die zur Aufnahme eines Halbbilds erforderliche Zahl von Bildelementen. In Frame-Transfer-CCDs bestimmt die angelegte Taktspannung, welche Zeilen im CCD-Array als Detektoren wirken; durch einfache Spannungssteuerung wird so eine Verschiebung um eine Zeile möglich und die Zahl der erforderlichen Bildpunkte halbiert.

Der Aufbau eines CCD-Bildwandlers in *Interline-Konfiguration* ist in Abb. 31.10 b dargestellt; hier wird der Fotostrom in separaten Fotodioden generiert und über Transfergates zum Aufladen der MOS-Kondensatoren in den zugeordneten CCD-Zeilen verwendet. Mit dieser Technik entfällt die Nachbelich-

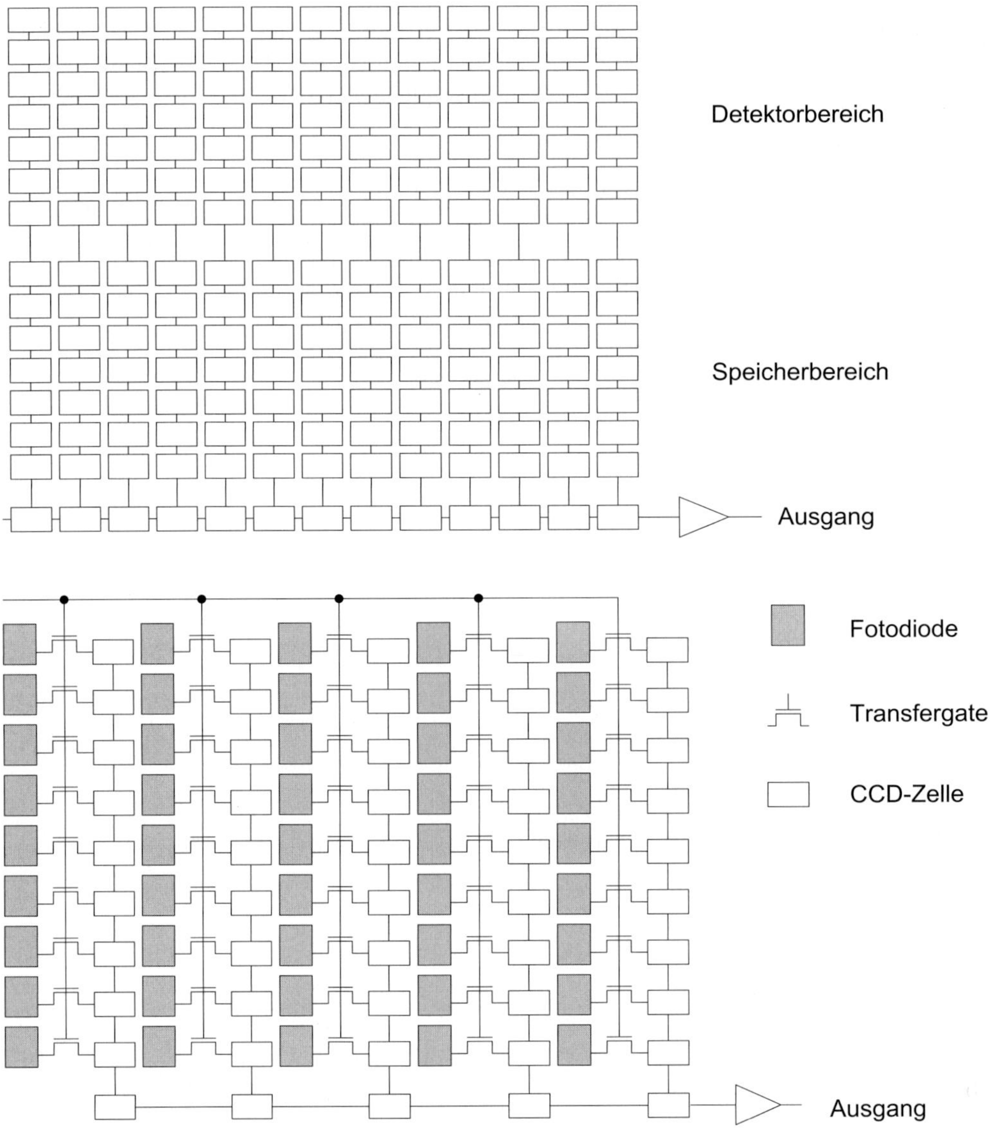

Abb. 31.10. CCD-Bildwandler. (**a**) Frame-Transfer-Konfiguration und (**b**) Interline-Konfiguration

tung während des Auslesevorgangs, und es lassen sich sehr kurze Belichtungszeiten realisieren. Um während des Auslesevorgangs des CCDs bereits ein neues Bild belichten zu können, wurde die Interline-Transfer-Konfiguration entwickelt, die eine Detektorfläche entsprechend der Interline-Konfiguration, aber einen zusätzlichen Bereich für die Zwischenspeicherung und Parallel-Seriell-Wandlung wie die Frame-Transfer-Konfiguration aufweist. Da die Fotodioden in der Interline-Konfiguration nicht verschoben werden können, werden zur Erzeugung von Fernsehhalbbildern doppelt so viele Pixels benötigt wie bei der Frame-Transfer-Konfiguration.

CCD-Bildwandler werden beispielsweise von Kodak mit einer Auflösung von bis zu 39 Mpixel für Anwendungen in der professionellen Fotografie hergestellt, der Aufbau eines 11-Mpixel Sensors im Kleinbildformat ($24 \times 36\,\text{mm}^2$) wird in [8] beschrieben.

IR-Bildwandler auf CCD-Basis. Wird die Fotodiode als Schottky-Diode ausgeführt, so kann die Grenzwellenlänge weit ins Infrarote verschoben werden. Als Beispiel kann der in [9] beschriebene IR-Bildwandler mit der Grenzwellenlänge 16 µm dienen. Da das Siliziumsubstrat eine sehr viel geringere Grenzwellenlänge aufweist, kann das Sensorarray von der Rückseite her belichtet werden. Für geringe Dunkelströme ist eine Abkühlung auf ca. 50 K erforderlich. Ein alternativer Ansatz IR-Bildwandler auf CCD-Basis zu realisieren ist die Integration pyroelektrischer Schichten (vgl. Kap. 27.8) auf dem CCD-Chip [10]. Die damit aufgebauten thermischen Detektoren können bei Raumtemperatur betrieben werden und ermöglichen damit einen kostengünstigen Betrieb.

31.2 CMOS-Bildwandler

CCD-Bildwandler erfordern eine spezielle Prozeßführung, die deutlich von der konventioneller CMOS-Prozesse abweicht. Betrachtet man die von einer digitalen Kamera (Einzelbilder oder Videos) geforderten Funktionen [11]

1. Optische Abbildung auf die Detektorfläche durch ein Objektiv
2. Spektrale Aufteilung der auftreffenden Strahlung durch Bildwandlerelemente mit vorgeschalteten Filtern zur Erzeugung eines Farbsignals
3. Umsetzung der vom Filter durchgelassenen Photonen in Elektronen
4. Bewertung der erzeugten Ladungsträger zur Erzeugung eines analogen Spannungssignals
5. Steuerelektronik (z.B. Belichtungszeitsteuerung) und Treiberschaltungen
6. Signalverarbeitung wie Correlated double sampling
7. Analog-Digital-Wandlung
8. Ausgabelektronik

so lassen sich die Punkte (2)bis (4) in einem CCD-Chip integrieren, die weiteren Funktionen erfordern zusätzliche integrierte Bausteine. Dies ist im Hinblick auf niedrige Herstellungskosten und geringe Verlustleistung unerfreulich. Aus diesem Grund wurden in den letzten Jahren große Anstrengungen unternommen, Bildwandler mit etablierten CMOS-Prozessen aufzubauen, die es ermöglichen sämtliche Komponenten auf einem Chip zu integrieren (camera on a chip). Dies ermöglichte es beispielsweise mit geringen Kosten Kamerafunktionen in Massenprodukte wie Mobiltelefonen zu integrieren.

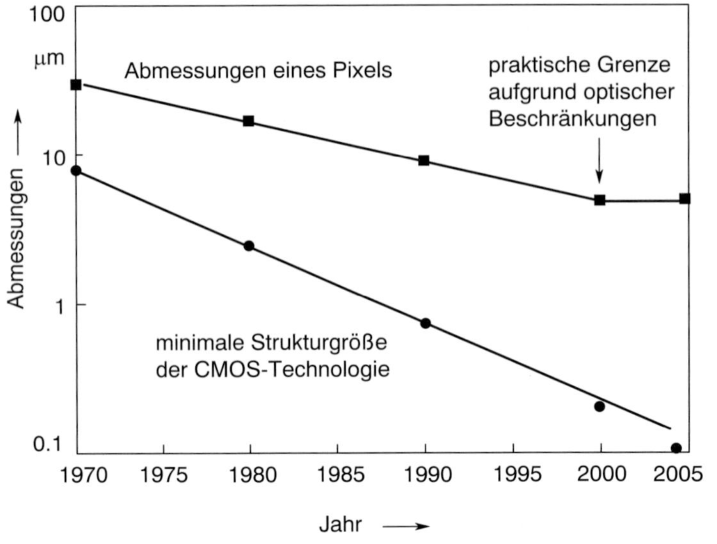

Abb. 31.11. Entwicklung der Pixelgröße und der minimalen Strukturgröße der CMOS-Technologie (nach [11])

Integrierende MOS-Bildwandler, bei denen die durch Licht erzeugten Elektron-Loch-Paare die Sperrspannung einer zuvor auf einen bestimmten Wert der Sperrspannung vorgeladenen, und dann von der Versorgungsspannung getrennten Fotodiode [12] verändern, wurden bereits vor den CCD-Bausteinen entwickelt.

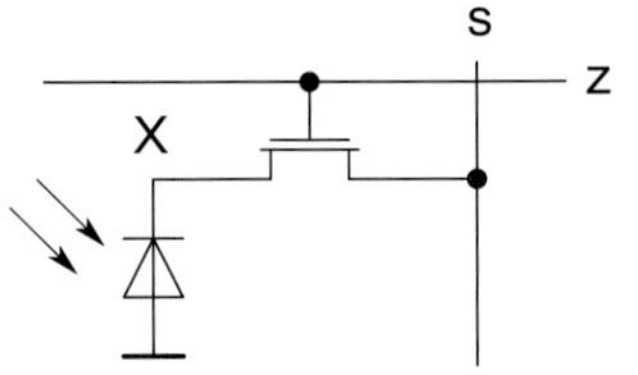

Abb. 31.12. Integrierendes CMOS-Bildwandlerelement eines MOS-Bildwandlers (passive-pixel Element))

Abbildung 31.12 zeigt den Aufbau eines Bildwandlerelements; die Spaltenleitung s wird dabei auf konstatem Potential gehalten. Wird die Auswahlleitung z aktiviert, so wird am Knoten X das Potential wieder hergestellt. Die dazu erforderliche Ladung wird verstärkt und liefert damit ein Signal, das zu der zuvor erzeugten Fotoladung proportional ist. Ein solches Bildwandlerelement wird als *passive-pixel* Element bezeichnet, da im Pixel keine Signalverstärkung erfolgt. Wegen des vergleichsweise großen fixed pattern noise und des im Vergleich zu CCD-Bausteinen großen Rauschens des Auslesevorgangs waren diese Ansätze nicht erfolgreich.

Durch Einführung sog. *active-pixel* Elemente, bei denen am Ort jedes Pixels eine Signalverstärkung erfolgt, konnten diese Probleme jedoch deutlich reduziert werden. Active-pixel Elemente wurden möglich, da die Abmessungen eines Pixels aufgrund optischer Einschränkungen im Mikrometerbereich liegen [13] und damit deutlich größer sind als die minimale Strukturgröße aktueller CMOS-Prozesse (Abb. 31.11).

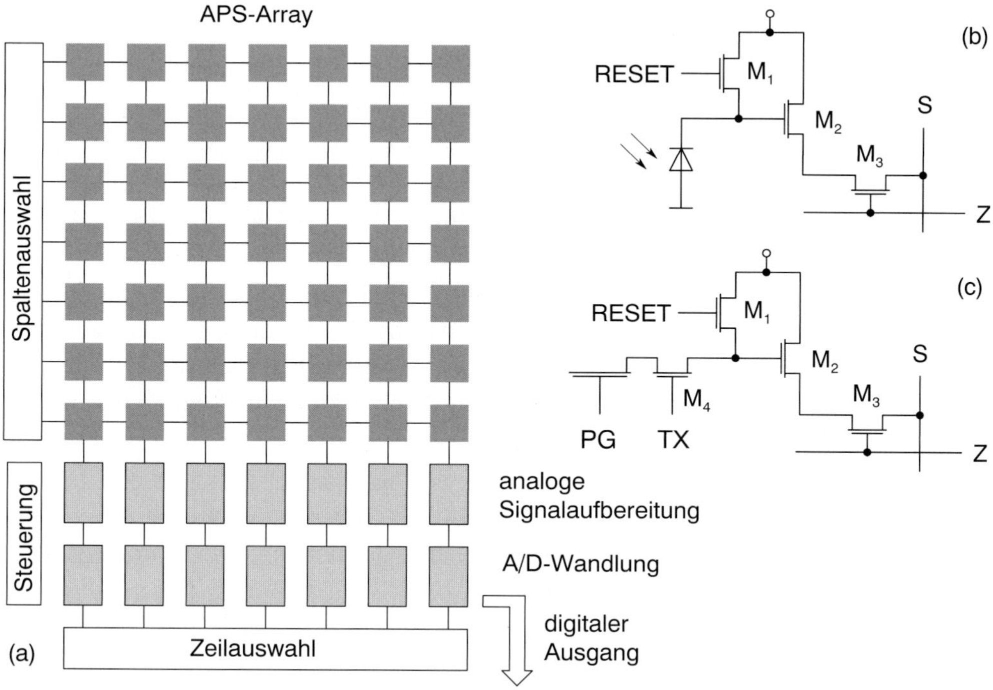

Abb. 31.13. APS CMOS Bildwandler mit digitalem Ausgang. (**a**) Prinzipieller Aufbau (nach [11]), (**b**) Active-pixel Element mit Fotodiode (3-Transistorzelle), (**c**) active-pixel Element mit Fotogate (5-Transistorzelle)

Abbildung 31.13 a zeigt den prinzipiellen Aufbau eines CMOS-Bildwandlers mit integrierter Analog-Digital-Wandlung und digitalem Ausgang. Das Auslesen erfolgt prinzipiell wie in einem dRAM: Durch Aktivieren der Zeilenauswahlleitung z werden die Bildelemente einer Zeile mit den Spaltenleitungen s verbunden, an denen die Auswerteelektronik angeschlossen ist. Im Gegensatz zum CCD, bei dem mit jeder ausgelesenen Zeile der gesamte Inhalt des Speichers verschoben werden muß, kann hier jede Zeile ohne Beeinflussung der übrigen ausgelesen werden, was die Verlustleistung deutlich verringert.

3-Transistorzelle mit Fotodiode. Die 3-Transistorzelle mit Fotodiode (Abb. 31.13 b) [14] eignet sich für einfachere CMOS-Bildwandler. Der RESET wird über Transistor M_1 durchgeführt, M_2 wirkt als Sourcefolger für das Potential des Speicherknotens X, der über den Auswahltransistor M_3 mit der Spaltenleitung s verbunden wird.

5-Transistorzelle mit Fotogate. Bei der 5-Transistorzelle (Abb. 31.13 c) wird die durch das Licht erzeugte Ladung wie im CCD-Bildwandler zunächst auf einem MOS-Kondensator gespeichert. Über den Transistor M_4 kann nach Abschluß der Belichtung ein Ladungsausgleich mit dem zuvor über den RESET-Schalter vorgeladenen Gate des Sourcefolgers hergestellt werden. Durch dieses Verfahren werden Rauschbeiträge durch RESET sowie $1/f$-Rauschen und Fixed Pattern Noise vermindert. Derartige Zellen sind sehr rauscharm und eignen sich für die Herstellung sehr hochwertiger Bildwandler [15]. Die Pixelgröße beträgt dabei typischerweise das Zwanzigfache der minimalen Strukturgröße [11].

Die Belichtungszeit ist die Zeit zwischen Reset und Auslesen einer Fotodiode. Im Fall des sog. *Rolling Shutter* ist diese durch die Taktrate mit der der Auslesevorgang vorgenommen wird bestimmt, d.h. bei zeilenweisem Auslesen ist das Belichtungsintervall in aufeinanderfolgenden Zeilen um eine kleine Zeit verschoben. Dies kann bei schnell beweglichen Objekten zu verzerrten Abbildern führen und ist auch problematisch für die Synchronisation mit Elektronenblitzen. Für solche Anwendungen wurden Bildwandler entwickelt, bei denen der Belichtungsvorgang in allen Zellen zu denselben Zeitpunkten beginnt und endet.

Digitale Kameras verwenden nach wie vor in großer Zahl die etablierten CCD-Bildwandler. Daneben wurden CMOS-Bildwandlerchips für hohe Ansprüche in der Fotografie entwickelt; so wurde beispielsweise ein CMOS-Bildwandler für das Kleinbildformat ($24 \times 36\,\mathrm{mm}^2$) mit der Auflösung 13.87 Mpixel entwickelt, der 3.25 Bilder/s auslesen kann. Ein CMOS-Bildwandlerchip mit digitaler Ausgabe einer Bilddiagonale von 1.25 Zoll und einem Auflösungsvermögen von 8.3 Mpixel, das mit einer Rate von 60 Bildern [8] pro Sekunde ausgelesen werden kann, wird in [18] beschrieben; die Leistungsaufnahme dieses Chip beträgt 597 mW.

CMOS-Bildwandler können für sehr geringe Betriebsspannung hergestellt werden[9] und sind damit besonders interessant für mobile Anwendungen mit geringer Versorgungsspannung, wie Mobiltelefone mit Kamerafunktion. CMOS-Bildwandler eröffnen wegen der leicht integrierbaren digitalen Signalverarbeitung darüber hinaus Anwendungsmöglichkeiten in der Robotik, Objekterkennung und Automobiltechnik [17], die sich mit konventionellen CCDs, falls überhaupt, nur mit sehr großem Aufwand realisieren lassen. IR-Bildwandler auf CMOS-Basis lassen sich mit pyroelektrischen PVDF-Sensorelementen [19], oder Schottky-Dioden realisieren.

31.3 Bildwandler für Farbbilder

Zur Aufnahme von Farbbildern müssen drei Bilder in den drei Grundfarben erzeugt werden. Dies kann seriell mit einem einfachen monochromatischen CCD und einem vorgeschalteten *Farbrad* mit drei Filtern in den drei Grundfarben erfolgen, oder aber parallel mit drei monochromatischen CCDs und einem Strahlteiler (Prisma), wie in hochwertigen Farbfernsehkameras. Der in handelsüblichen Digitalkameras beschrittene Weg verwendet jedoch für jedes

[8] Entwickelt für den möglichen zukünftigen UDTV-Fernsehstandard (Ultrahigh-definition television).

[9] n [16] wird z.B. ein Bildwandler für eine Betriebsspannung von 1 V beschrieben.

Pixel drei benachbarte Sensorelemente mit unterschiedlichen vorgeschalteten Filtern. Dieser Ansatz ergibt die einfachsten Systeme (minimale Chipzahl, keine bewegten Teile) kann jedoch bei sehr feinen Strukturen zu deutlichen Farbverfälschungen (Farb-Moiré) führen, da die Sensoren für die drei Grundfarben ja nicht am selben Ort sind.

Ein alternativer Ansatz wird mit dem von Foveon entwickelten CMOS-Bildwandler verfolgt, bei dem die Detektoren für den blauen, grünen und roten Spektralbereich übereinander angeordnet sind[10] (Abb. 31.14). Dabei wird ausgenutzt, daß die kurzwellen Spektralanteile einen wesentlich größeren Absorptionskoeffizienten aufweisen als längerwellige Anteile. Deshalb wird der blaue Anteil der Strahlung bevorzugt in der oberflächennahen Schicht absorbiert und trägt damit zum Fotostrom des Übergangs J_1 bei, die etwas längerwellige grüne Strahlung dringt tiefer in den Halbleiter ein und dominiert den Fotostrom des Übergangs J_2, die roten Spektralanteile schließlich dringen am weitesten ein und bestimmten den Fotostrom von J_3. Die Tiefen der metallurgischen Übergänge bestimmen die Aufteilung[11] des Fotostroms in einen Anteil I_{blau}, I_{gruen} und I_{rot}.

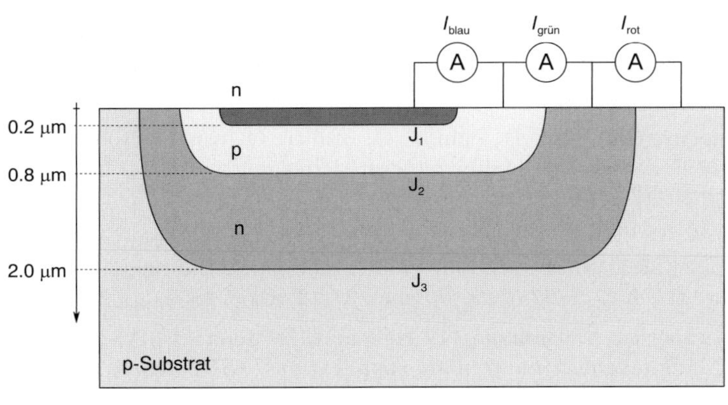

Abb. 31.14. Vertikal integrierter Farbsensor des Foveon-Bildwandlerchips (www.foveon.com)

31.4 Literaturverzeichnis

[1] S.M. Sze. *Physics of Semiconductor Devices.* Wiley, New York, second edition, 1982.

[2] D.K. Schroder. Carrier lifetimes in silicon. *IEEE Trans. Electron Devices*, 44(1):160–170, 1997.

[3] T.S. Moss (Hrsg.). *Handbook on Semiconductors, vol.4: Device Physics.* North-Holland, Amsterdam, 1993.

[4] J. Hynecek. BCMD - an improved photosite structure for high-density image sensors. *IEEE Trans. Electron Devices*, 38(5):1011–1020, 1991.

[10] Werden nur zwei Fotodioden übereinander angeordnet, so kann die Anzahl der benötigten Farbfilterschichten auf zwei vermindert werden [20].

[11] Vgl. z.B. [21] zu Fragen der Auslegung.

[5] J. Hynecek. Low-noise and high-speed charge detection in high-resolution CCD image sensors. *IEEE Trans. Electron Devices*, 44(10):1679–1688, 1997.

[6] J.D.E Beynon, D.R. Lamb. *Charge-coupled devices and their applications.* McGraw-Hill, London, 1980.

[7] J. Hynecek. Theoretical analysis and optimization of CDS signal processing method for CCD image sensors. *IEEE Trans. Electron Devices*, 39(11):2497–2507, 1992.

[8] J.T. Bosiers, B.G.M. Dillen, C. Draijer, A.C. Kleimann, F.J. Polderdijk, M.A.R.C. de Wolf, W. Klaassens, A.J.P. Theuwissen, H.L. Peek, H.O. Folkerts. A 35-mm format 11 Mpixel full-frame CCD for professional digital still imaging. *IEEE Trans. Electron Devices*, 50(1):254–265, 2003.

[9] B.-Y. Tsaur, C.K. Chen, S.A. Marino. Long-wavelength Ge_xSi_{1-x}/Si heterojunction infrared detectors and 400×400-element imager arrays. *IEEE Electron Device Letters*, 12(6):293–296, 1991.

[10] M. Okuyama, Y. Togami, Y. Hamakawa, M. Kimata, S. Uematsu. Pyroelectric infrared-CCD image sensore using $LiTaO_3$. *Sensors and Actuators*, 16:263–271, 1989.

[11] E.R. Fossum. CMOS image sensors: electronic camera-on-a-chip. *IEEE Trans. Electron Devices*, 44(10):1689–1698, 1997.

[12] G.P. Weckler. Operation of pn-junction photodetectors in a photon flux integrating mode. *IEEE J. Solid-State Circuits*, 2(3):65–73, 1967.

[13] T. Satoh et.al. Optical limitations to cell size reduction in IT-CCD image sensors. *IEEE Trans. Electron Devices*, 44(10):1599–1603, 1997.

[14] P. Noble. Self-scanned silicon image detector arrays. *IEEE Trans. Electron Devices*, 15(4):202–209, 1968.

[15] S.K. Mendis, S.E. Kemeny, R.C. Gee, B. Pain, C.O. Staller, Q. Kim, E.R. Fossum. CMOS active pixel image sensors for highly integrated imaging systems. *IEEE J. Solid-State Circuits*, 32(2):187–197, 1997.

[16] C. Xu, W.-Q. Zhang, W.-H. Ki, M. Chan. A 1.0-V V_{DD} CMOS active-pixel sensor with complementary pixel architecture and pulsewidth modulation fabricated with a 0.25 µm CMOS process. *IEEE J. Solid-State Circuits*, 37(12):1853–1859, 2002.

[17] B.J. Hosticka, W. Brockherde, A. Bumann, T. Heimann, R. Jeremias, A. Kemma, C. Nitta, O. Schrey. CMOS imaging for automotive applications. *IEEE Trans. Electron Devices*, 50(1):173–183, 2003.

[18] I. Takayanagi, M. Shirakawa, K. Mitani, M. Sugawara, S. Iversen, J. Moholt, J. Nakamura, E.R. Fossum. A 1.25-inch 60-frames/s 8.3-Mpixel digital-output CMOS image sensor. *IEEE J. Solid-State Circuits*, 40(11):2305–2314, 2005.

[19] H.J. Weller, D. Setiadi, T.D. Binnie. Low-noise charge sensitive readout for pyroelectric sensor arrays using PVDF thin film. *Sensors and Actuators*, 85:267–274, 2000.

[20] K.M. Findlater, D. Renshaw, J.E.D. Hurwitz, R.K. Henderson, M.D. Purcell, S.G. Smith, T.E.R. Bailey. A CMOS image sensor with a double-junction active pixel. *IEEE Trans. Electron Devices*, 50(1):32–42, 2003.

[21] T. Numai. A design of absorption layers in stacked color sensors. *Sensors and Actuators A*, 125:156–158, 2006.

32 Sensorbauelemente

Sensoren dienen der Umwandlung nichtelektrischer in elektrische Größen. Die in diesem Kapitel behandelten Sensorbauelemente[1] dienen der Messung von Temperatur, Magnetfeldern, ionisierender Strahlung, Längenänderungen, Drücken; Sensoren für optische Strahlung wurden in Kap. 27 betrachtet.

32.1 Temperatursensoren

Die gebräuchlichsten Temperatursensoren sind Widerstands-Temperatursensoren, Thermoelemente und Halbleitertemperatursensoren, die die Temperaturabhängigkeit der Flußspannung an einem pn-Übergang auswerten.[2]

32.1.1 Widerstands-Temperatursensoren

Die Temperaturabhängigkeit der elektrischen Leitfähigkeit von Metallen und Halbleitern wird in speziellen Meßwiderständen zur Temperaturmessung verwendet. Die absolute Temperatur kann dabei mit Genauigkeiten im mK-Bereich bestimmt werden, was Widerstandsmessungen mit einer relativen Genauigkeit der Größenordnung 10^{-6} erfordert.

Metallwiderstände für Temperatur-Messungen

Metall-Widerstandstemperatursensoren werden als Draht- oder Schichtwiderstände gefertigt. Im Gegensatz zum Einsatz in ohmschen Widerständen werden hier möglichst hohe Temperaturkoeffizienten angestrebt. Zumeist werden reine Metalle wie Platin (Pt) oder Nickel as Widerstandsmaterialien eingesetzt. Der üblicherweise verwendete Nennwert (bei 0°C) derartiger Sensoren ist 100 Ω (Pt100- bzw. Ni100-Widerstände), daneben sind die Nennwerte 200 Ω, 500 Ω und 1000 Ω gebräuchlich.

Platin-Widerstandstemperatursensoren. In Keramik eingebettete *Platin*-Widerstandstemperatursensoren sind über einen großen Temperaturbereich (−200°C bis 850°C) einsetzbar und genügen hohen Anforderungen hinsichtlich Meßgenauigkeit und Langzeitstabilität [1]. Um eine Verfälschung aufgrund einer bei hohen Temperaturen möglichen Änderung des Gefüges zu ver-

[1] Der Begriff *Sensoren* wird häufig deutlich weiter gefaßt: sog. „intelligente“ Sensoren integrieren beispielsweise das eigentliche Sensorbauelement mit der analogen Signalverstärkung und einer digitalen Signalverarbeitung.

[2] Daneben werden andere temperaturabhängige Bauteilgrößen wie die temperaturabhängige Eigenfrequenz eines Schwingquarzes zur Temperaturmessung ausgenutzt.

meiden sollten Temperatursensoren für Präzisionsmessungen bei einer Temperatur die über der maximal zu messenden Temperatur liegt, gealtert werden. Für die $R(\vartheta)$-Kennlinie eines Platin-Widerstands gilt im Temperaturbereich $0°\mathrm{C} < \vartheta < 850°\mathrm{C}$ die Näherung

$$R(\vartheta) \approx R(0)\left(1 + \alpha_{\mathrm{R}}\,\vartheta + \alpha_{\mathrm{R2}}\,\vartheta^2\right)$$

mit dem linearen TK $\alpha_{\mathrm{R}} = 3.90802 \cdot 10^{-3}/°\mathrm{C}$ und dem quadratischen TK $\alpha_{\mathrm{R2}} = -0.580195 \cdot 10^{-6}/°\mathrm{C}^2$. Im Temperaturbereich $-200\,°\mathrm{C} < \vartheta < 0\,°\mathrm{C}$ werden noch die Terme 3. und 4. Ordnung berücksichtigt

$$R(\vartheta) \approx R(0)\left(1 + \alpha_{\mathrm{R}}\,\vartheta + \alpha_{\mathrm{R2}}\,\vartheta^2 + \alpha_{\mathrm{R3}}\,\vartheta^3 + \alpha_{\mathrm{R4}}\,\vartheta^4\right) ,$$

mit $\alpha_{\mathrm{R3}} = 0.42735 \cdot 10^{-9}/°\mathrm{C}^3$, $\alpha_{\mathrm{R4}} = -4.2735 \cdot 10^{-12}/°\mathrm{C}^4$.

Nickel-Widerstandstemperatursensoren. Bei geringeren Anforderungen lassen sich die kostengünstigen Nickel-Temperatursensoren einsetzen. Diese sind gewöhnlich für einen Temperaturbereich von $-60\,°\mathrm{C}$ bis $180°\mathrm{C}$ spezifiziert. In diesem Temperatur-Bereich gilt näherungsweise (Daten nach DIN 43760)

$$R(\vartheta) \approx R(0)\left(1 + \alpha_{\mathrm{R}}\,\vartheta + \alpha_{\mathrm{R2}}\,\vartheta^2 + \alpha_{\mathrm{R4}}\,\vartheta^4 + \alpha_{\mathrm{R6}}\,\vartheta^6\right)$$

mit $\alpha_{\mathrm{R}} = 5.485 \cdot 10^{-3}/°\mathrm{C}$, $\alpha_{\mathrm{R2}} = 6.650 \cdot 10^{-6}/°\mathrm{C}^2$, $\alpha_{\mathrm{R4}} = 2.805 \cdot 10^{-11}/°\mathrm{C}^4$, und $\alpha_{\mathrm{R6}} = -2.000 \cdot 10^{-17}/°\mathrm{C}^6$. Nickel-Widerstandstemperatursensoren werden meistens in Schicht-Technologie auf einem Keramiksubstrat hergestellt; der im Datenblatt spezifizierte Widerstand $R(0)$ wird durch Lasertrimmen eingestellt.

Halbleiter-Widerstandstemperatursensoren. Der spezifische Widerstand dotierter Halbleitermaterialien hängt stark von der Dotierstoff-Konzentration ab und weist darüber hinaus – insbesondere bei schwach dotierten Proben – eine ausgeprägte Temperaturabhängigkeit auf. Bei geeigneter Wahl der Dotierung[3] lassen sich annähernd lineare $R(T)$-Kennlinien realisieren. Der TK derartiger Widerstände liegt etwa doppelt so hoch wie der von Metall-Widerstandstemperatursensoren. Abbildung 32.1 zeigt den Aufbau eines einfachen Halbleiter-Widerstandstemperatursensors. Si-Halbleiterwiderstände für Temperaturmeßzwecke werden gewöhnlich nicht als Massewiderstände mit großflächigen Anschlüssen auf der Stirnseite realisiert, da dies zu einer unerwünscht hohen Streuung der Widerstandswerte führen würde.

[3]Diese wird typischerweise im Bereich zwischen 10^{14} cm^{-3} und 10^{15} cm^{-3} gewählt. Für geringere Werte der Dotierstoffkonzentration weist die $R(T)$-Kennlinie im technisch interessanten Bereich unerwünschte Nichtlinearitäten auf; im Bereich höherer Dotierstoff-Konzentrationen nimmt dahingegen der TK ab, was die Empfindlichkeit der Meßwiderstände reduziert.

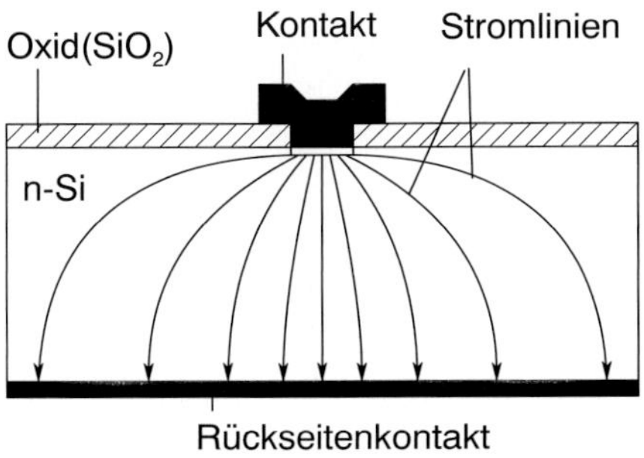

Abb. 32.1. Spreading resistance Prinzip

Stattdessen wird ein Aufbau verwendet bei dem zumindest ein Kontakt eine geringe Anschlußfläche aufweist. Der Widerstandswert wird dann durch den Ausbreitungswiderstand (spreading resistance) und damit durch Kontaktfläche und spezifischen Widerstand des Substratmaterials bestimmt. Die Größe der Kontakte läßt sich mit den in der Mikroelektronik entwickelten Verfahren leicht kontrollieren. Da auch die Dotierstoff-Konzentration zuverlässig[4] eingestellt werden kann, führt dieser Aufbau zu geringen Streuungen im Widerstandswert.

Als Beispiel wird der KTY-Temperatursensor (Infineon) betrachtet [2]. Dabei handelt es sich um einen Halbleiter-Temperatursensor nach dem spreading resistance Prinzip. Der Sensor weist Widerstandswerte im kΩ-Bereich auf und wird für einen zulässigen Temperaturbereich von $-50\,°\mathrm{C} < \vartheta < 150\,°\mathrm{C}$ spezifiziert. Um eine Polungsabhängigkeit des Widerstandswertes aufgrund der unsymmetrischen Kontakte zu vermeiden wird das Doppelloch-Sensorprinzip verwendet, bei dem beide Kontakte auf der Chip-Oberfläche ausgeführt werden. Alterungsbeständige Übergangswiderstände zwischen Metall und Halbleiter werden durch eine Mehrschichtmetallisierung Ti-Pt-Au erreicht. Die Langzeitstabilität wird mit $\pm 0.2\%$ spezifiziert. [5] Die $R(\vartheta)$-Kennlinie läßt sich im Temperaturbereich von $-50\,°\mathrm{C} < \vartheta < 125\,°\mathrm{C}$ beschreiben durch

$$R(\vartheta) \;\approx\; R(0)\left(1 + \alpha_{\mathrm{R}}\,\vartheta + \alpha_{\mathrm{R2}}\,\vartheta^2\right) \qquad\qquad T \text{ in } °\mathrm{C}$$

mit $R(0) = 1645.27\,\Omega$, dem linearen TK $\alpha_{\mathrm{R}} = 8.200 \cdot 10^{-3}/°\mathrm{C}$ und dem quadratischen TK $\alpha_{\mathrm{R2}} = 1.698 \cdot 10^{-5}/°\mathrm{C}^2$.

Ändern der Bezugstemperatur. Die $R(\vartheta)$-Kennlinie wird häufig in der Form

$$R(\vartheta) \;=\; R(0)\left(1 + \alpha_{\mathrm{R}}\,\vartheta + \alpha_{\mathrm{R2}}\,\vartheta^2\right)$$

angegeben. Wird das Bauteil im Bereich der mittleren Meßtemperatur ϑ_{m} eingesetzt, so ist es meist zweckmäßig, die Bezugstemperatur ϑ_{m} zu verwenden und die $R(\vartheta)$-Kennlinie in der Form

[4] Beispielsweise durch Beschuß mit Neutronen.

[5] Eine Alterung kann z.B. durch den Einfang von Störladungen im SiO_2 bedingt sein. Diese Ladungen beeinflussen das elektrische Feld im Halbleiter und damit die Stromverteilung, was sich wiederum auf den Widerstandswert auswirkt. Derartige Störladungen können durch „heiße Ladungsträger“ hervorgerufen werden, die bei hohen Feldstärken im Halbleiter auftreten. Zur Vermeidung derartiger Alterungseffekte wird eine maximale Betriebsspannung spezifiziert, unterhalb der entsprechende Alterungseffekte vernachlässigbar sind.

$$R(\vartheta) = R(\vartheta_m)\left[1 + \alpha'_R(\vartheta - \vartheta_m) + \alpha'_{R2}(\vartheta - \vartheta_m)^2\right]$$

mit auf die neue Bezugstemperatur angepaßten Temperaturkoeffizienten α'_R und α'_{R2} anzugeben. Durch Koeffizientenvergleich folgt

$$\alpha'_R = \frac{\alpha_R + 2\alpha_{R2}\vartheta_m}{1 + \alpha_R\vartheta_m + \alpha_{R2}\vartheta_m^2} \quad \text{und} \quad \alpha'_{R2} = \frac{\alpha_{R2}}{1 + \alpha_R\vartheta_m + \alpha_{R2}\vartheta_m^2}$$

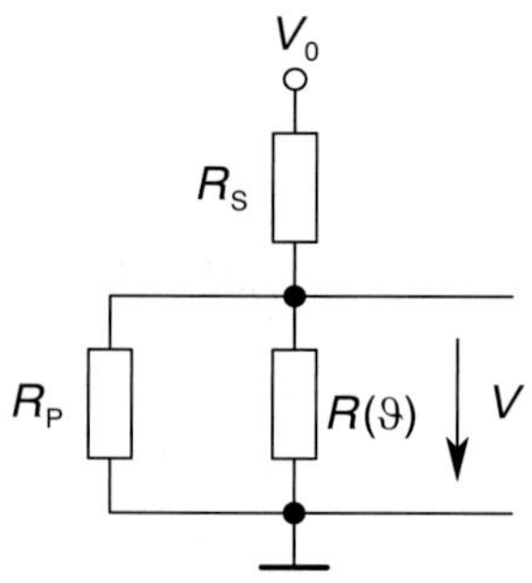

Abb. 32.2. Linearisierung der Widerstands-Temperaturkennlinie durch Parallel- und Serienwiderstand

Linearisierung der $R(\vartheta)$-Kennlinie. Die durch den quadratischen Temperaturkoeffizienten bedingte Nichtlinearität der $R(\vartheta)$-Kennlinie kann durch die Beschaltung mit einem Parallel- und und einem Serienwiderstand entsprechend Abb. 32.2 teilweise kompensiert werden. Bezeichnet $R_M = R(\vartheta_m)$ die Temperatur des Meßwiderstands bei der Bezugstemperatur ϑ_m, so folgt für den Spannungsabfall am Meßwiderstand aus der Spannungsteilerregel

$$V = V_0 \frac{R_M}{R_S + kR_M} \quad \text{mit} \quad k = 1 + \frac{R_S}{R_P}$$

Die Werte von R_S und R_P lassen sich nun durch Vorgabe der Ausgangsspannung $V(\vartheta_m)$ bzw. des Spannungsteilerverhältnisses

$$x = \frac{V(\vartheta_m)}{V_0} = \frac{R_M}{R_S + kR_M} \tag{32.1}$$

und die Forderung $\mathrm{d}^2V/\mathrm{d}\vartheta^2|_{\vartheta_m} = 0$ festlegen. Diese zweite Bedingung sorgt dafür, daß die $V(\vartheta)$-Kennlinie bei ϑ_m einen Wendepunkt aufweist, so daß dort der Temperaturkoeffizient zweiter Ordnung der Ausgangsspannung verschwindet. Mit

$$\left.\frac{\mathrm{d}R}{\mathrm{d}\vartheta}\right|_{\vartheta_m} = \alpha'_R R_M \quad \text{und} \quad \left.\frac{\mathrm{d}^2R}{\mathrm{d}\vartheta^2}\right|_{\vartheta_m} = 2\alpha'_{R2}R_M$$

geht die genannte Bedingung über in

$$0 = (R_S + kR_M)\alpha'_{R2} - k(\alpha'_R)^2 R_M \tag{32.2}$$

Durch Zusammenfassen von (32.1) und (32.2) folgt

$$k = \frac{\alpha'_{R2}}{x(\alpha'_R)^2} \quad \text{und} \quad R_S = R_M\left(\frac{1}{x} - k\right)$$

zur Festlegung der Beschaltung. Damit sich positive Werte für R_S und R_P ergeben müssen zusätzlich die Bedingungen $1 < k < 1/x$ bzw. $x < \alpha'_{R2}/(\alpha'_R)^2) < 1$ erfüllt sein. Die relative Empfindlichkeit σ (d.h. die relative Änderung der Ausgangsspannung mit der Temperatur) des so beschalteten Meßaufbaus ist bei der Bezugstemperatur

$$\sigma = \frac{1}{V}\frac{\mathrm{d}V}{\mathrm{d}\vartheta}\bigg|_{\vartheta_\mathrm{m}} = \frac{R_\mathrm{S}}{R_\mathrm{S}+kR_\mathrm{M}}\,\alpha'_\mathrm{R} = \left(1-\frac{\alpha'_\mathrm{R2}}{(\alpha'_\mathrm{R})^2}\right)\alpha'_\mathrm{R}\,.$$

Dieser Wert ist mit Erfüllen der Abgleichbedingung fest vorgegeben.

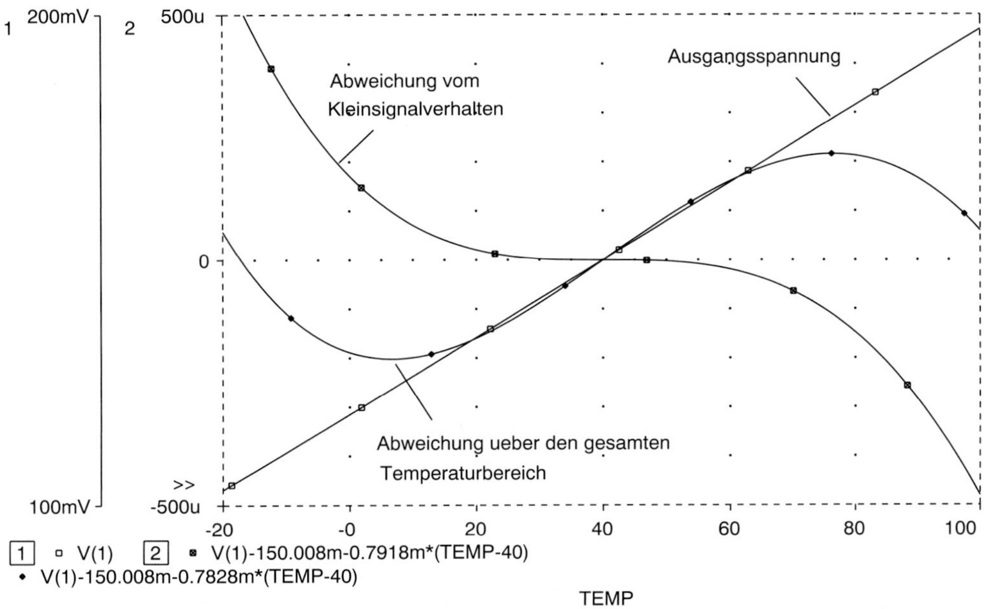

Abb. 32.3. Zu Beispiel 32.1.1

Beispiel 32.1.1 Ein Halbleiter-Temperatursensor mit $R(0) = 1645.27\,\Omega$, $\alpha_\mathrm{R} = 8.2 \cdot 10^{-3}/\mathrm{K}$ und $\alpha_\mathrm{R2} = 1.698 \cdot 10^{-5}/\mathrm{K}^2$ soll im Temperaturbereich um 40 °C eingesetzt werden. Auf diesen Temperaturwert bezogen resultiert $R_\mathrm{M} = 2229\,\Omega$, $\alpha'_\mathrm{R} = 7.054 \cdot 10^{-3}/\mathrm{K}$ sowie $\alpha'_\mathrm{R2} = 1.253 \cdot 10^{-5}/\mathrm{K}^2$. Das Spannungsteilerverhältnis muß kleiner sein als $\alpha'_\mathrm{R2}/(\alpha'_\mathrm{R})^2 = 0.252$ und wird mit $x = 0.15$ vorgegeben. Damit folgt $k = 1.678$ und $R_\mathrm{S} = 11.12\,\mathrm{k}\Omega$ sowie $R_\mathrm{P} = 16.4\,\mathrm{k}\Omega$.

Abbildung 32.3 zeigt das Ergebnis einer SPICE-Simulation ($V_0 = 1\,\mathrm{V}$) für die Ausgangsspannung $V = V(1)$ als Funktion der Temperatur im Bereich von −20 °C bis 100 °C ermittelt mit der SPICE .DC-Analyse. Zusätzlich aufgetragen ist die Abweichung der Kennlinie von der Tangente im Arbeitspunkt bei 40 °C (Abweichung vom Kleinsignalverhalten), die in der Umgebung des Arbeitspunkts minimal wird; die Empfindlichkeit beträgt dort 0.7918 mV/°C. Soll der Fehler über den gesamten Temperaturbereich minimiert werden, so führt die etwas kleinere Empfindlichkeit 0.7828 mV/°C, die sich aus der Steigung der Geraden durch die Endpunkte der $R(\vartheta)$-Kennlinie ergibt, zu geringeren maximalen Abweichungen (auf Kosten eines um den Arbeitspunkt herum schneller ansteigenden Fehlers). Δ

32.1.2 Temperaturmessung mit Heißleitern

Heißleiter gehören zu den am weitesten verbreiteten Temperatursensoren. Im Vergleich zu Metall-Widerstandstemperatursensoren liefern Heißleiter wegen des großen Temperaturkoeffizienten ein größeres Meßsignal. Heißleiter-Temperatursensoren sind durch eine stärkere Nichtlinearität der $R(T)$-Kennlinie, größere Herstelltoleranzen und eine geringere Langzeitstabilität gekennzeichnet. Wegen der geringen Abmessungen sind dafür annähernd punktförmige Messungen mit geringer thermischer Zeitkonstante möglich.

Zur einfachen Auswertung der Meßdaten sollte die Temperatur eines Heißleiters für Temperaturmeßzwecke (*Meßheißleiter*) gleich der Umgebungstemperatur sein. Dies setzt voraus, daß die durch Eigenerwärmung bedingte Übertemperatur

$$\Delta T \;=\; R_{\mathrm{th}} R(T) I^2 \;=\; R_{\mathrm{th}} V^2 / R(T)$$

kleiner ist als die gewünschte Meßgenauigkeit. Meßheißleiter werden aus diesem Grund mit großem Nennwiderstand (typische Werte: $100\,\mathrm{k\Omega}$ oder $1\,\mathrm{M\Omega}$) hergestellt; so läßt sich eine meßtechnisch leicht erfaßbare Spannung[6] V mit vernachlässigbarer Übertemperatur kombinieren. Bei der Realisierung hochpräziser Temperatursensoren ist auch die Langzeitstabilität der $R(T)$-Kennlinie zu berücksichtigen. Für hochwertige Heißleiter wird eine Drift von weniger als 0.04%/y angegeben.

Durch Logarithmieren läßt sich (7.17) nach der absoluten Temperatur auflösen. Dies führt auf eine Beziehung der Form

$$1/T \;=\; a + b \ln(R) \tag{32.3}$$

mit $a = -\ln(R_\infty/B)$, und $b = 1/B$. D.h. sind die Größen a und b des Heißleiters bekannt, so kann aus dem Widerstandswert die Temperatur bestimmt werden. Dies wird für Temperaturmeßzwecke ausgenützt. Für hohe Anforderungen an die Genauigkeit der Temperaturmeßzwecke kann die Beziehung (32.3) erweitert werden zur sog. Steinhart-Hart-Gleichung

$$1/T \;=\; a + b \ln(R) + c\,[\ln(R)]^3$$

mit einem zusätzlichen Parameter c. In besonders ausgefeilten Anwendungen ließen sich damit Temperaturmessungen mit Unsicherheiten von unter 0.01 K erreichen[7].

---

[6] Meßfehler durch die Zuleitungswiderstände können vernachlässigt werden.

[7] Der relative Fehler einer solchen Messung ist von der Größenordnung $10\,\mathrm{mK}/300$ K $\approx 3 \cdot 10^{-5}$ Diese Genauigkeit muß bei der Widerstandsmessung mindestens erreicht werden, was bei digitaler Messung ein Auflösungsvermögen von mindestens 15 bit erfordert.

32.1.3 Halbleiter-Temperatursensoren

Halbleiter-Temperatursensoren nutzen die annähernd linear von der Temperatur abhängige Flußspannung eines pn-Übergangs zur Temperaturmessung [3, 4]. Die Diode wird dabei in der Regel über einen Transistor realisiert [5], bei dem Basis und Kollektor kurzgeschlossen sind, da auf diesem Weg Diodenkennlinien mit gut reproduzierbaren Eigenschaften resultieren.

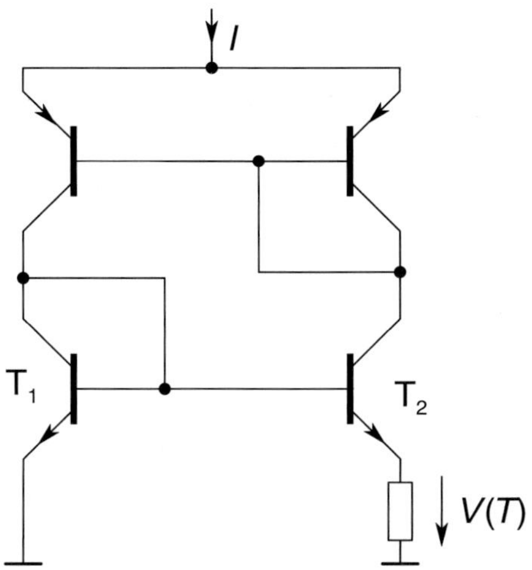

Abb. 32.4. Integrierter Halbleiter-Temperatursensor (Prinzipschaltung)

Abbildung 32.4 zeigt das Prinzip eines solchen (integrierten) Temperaturfühlers. Der durch die pnp-Transistoren gebildete Stromspiegel sorgt dafür, daß die beiden Transistoren T_1 und T_2 denselben Strom erhalten. Weist T_2 einen um den Faktor m größeren Sättigungsstrom als T_1 auf[8], so ist der Spannungsabfall über der EB-Diode entsprechend geringer, die über dem Widerstand auftretende Spannungsdifferenz

$$V(T) = V_{\mathrm{BE1}} - V_{\mathrm{BE2}} = V_T \ln\left(\frac{I_{\mathrm{S2}}}{I_{\mathrm{S1}}}\right) = \frac{k_{\mathrm{B}} \ln(m)}{e} T$$

ist direkt proportional zur absoluten Temperatur T; durch einen nachgeschalteten Verstärker entsteht ein meßtechnisch leicht erfaßbares Spannungssignal.

Halbleiter-Temperatursensoren sind für Temperaturen bis ca. 200°C einsetzbar; sie sind preisgünstig, weisen ein hohe Linearität auf und bieten wegen der internen Verstärkung ein großes Ausgangssignal. Nachteilig ist die benötigte Spannungsversorgung, eine mögliche Verfälschung des Meßwerts als Folge der der Eigenerwärmung sowie die große thermische Zeitkonstante aufgrund der großen Wärmekapazität von IC und Gehäuse.

[8] In der Praxis werden dabei m identische Transistoren parallelgeschaltet. Auf diesem Weg fallen Prozeßschwankungen bei der Bildung des Verhältnisses nicht ins Gewicht.

32.1.4 Thermoelemente

Hängt die Dichte der beweglichen Ladungsträger nicht vom Ort ab, so stellt sich im stromlosen Zustand als Folge eines Temperaturgradienten ein elektrisches Feld $E(x) = -\alpha_S \,\mathrm{d}T/\mathrm{d}x$ ein, wobei α_S den Seebeck-Koeffizienten des Leiters bezeichnet. Ist α_S ortsunabhängig, so führt dies zu einer Spannung $V = \alpha_S \Delta T$ zwischen den Leiterenden, falls ΔT die Temperaturdifferenz bezeichnet. Dieser Effekt liegt der Temperaturmessung mit Thermoelementen zugrunde. Bei der Anwendung dieses Effekts zur Messung von Temperaturdifferenzen muß die Thermospannung zwischen den Enden gemessen werden. Damit in der Meßleitung nicht dieselbe Thermospannung auftritt (und der Spannungsmesser 0 anzeigt) muß für diese ein anderes Material verwendet werden. Im Thermoelement werden deshalb zwei Materialien mit unterschiedlichen Seebeck-Koeffizienten α_{S1} und α_{S2} eingesetzt. Besitzen zwei Metalle zwei Kontakte die auf verschiedenen Temperaturen T_1 und T_2 gehalten werden, so entsteht eine Potentialdifferenz, die sog. *Thermospannung*

$$V_{12} = (\alpha_{S1} - \alpha_{S2}) \Delta T = S_{12}(T_2 - T_1) \tag{32.4}$$

die gemessen werden kann. Die Größe $S_{12} = \alpha_{S1} - \alpha_{S2}$ heißt (differentieller) *Seebeck-Koeffizient* für die beiden Metalle. Typische Werte für in der Praxis verwendete Thermoelement-Paare sind 57 µV/K für Eisen/Konstantan (55 % Cu, 44 % Ni, 1 % Mn), 42 µV/K für Nickel/Chromnickel (90 % Ni, 10 % Cr) und 9 µV/K für Platin/Platinrhodium (90 % Pt, 10 % Rh). DIN IEC 584 stellt die Temperaturabhängigkeit der Thermospannungen von in der Praxis gebräuchlichen Thermoelementpaaren zusammen.

Der thermoelektrische Effekt wurde erstmals 1821 von Thomas Johann Seebeck beschrieben. In der Folgezeit wurden zahlreiche Thermoelemente untersucht, wobei sich die Anforderungen mit der Verfügbarkeit hochempfindlicher digitaler Meßinstrumente zunehmend vom Wunsch nach einer möglichst großen Thermospannung zu großer Stabilität und Lebensdauer wandelten.

Thermoelemente messen Temperaturen im Bereich −200 °C bis 1600 °C; sie sind i.allg. nicht so genau wie Widerstandstemperatursensoren, zeichnen sich gegenüber diesen jedoch durch die annähernd punktförmige Temperaturmessung und die geringe thermische Zeitkonstante aus: Thermoelement-Meßfühler lassen sich sehr klein machen – so wurden bereits Thermoelemente mit Drahtdurchmessern von 20 µm (das ist weniger als die Dicke eines menschlichen Haars) realisiert.

Platin-Platinrhodium-Thermoelemente. Seit mehr als einem Jahrhundert ist das Platin-Platinrhodium-Thermoelement (Typ S) von Le Chatelier bekannt, bei dem der negative Thermodraht aus Platin, der positive Thermodraht aus einer Platin-Rhodium-Legierung mit 10 % Rhodium-Anteil besteht. Dieses liefert eine Thermospannung von 9.6 µV/K und bietet eine sehr gute Langzeitstabilität (relative Abweichung 0.6 % nach 6 Wochen bei 1500 °C). Noch

Tabelle 31.1 Kenngrößen ausgewählter Thermopaare (Zahlen nach [6])

Thermopaar (Typ)	Thermospannungen [mV] −100°C	100°C	400°C	800°C	1200°C	Einsatzbereich [° C]
Cu/CuNi (T)	-3.38	4.28	20.87	–	–	−40 ... 350
Fe/CuNi (J)	-4.63	5.27	21.85	45.50	69.54	−40 ... 750
NiCr/Ni (K)	-3.55	4.10	16.40	33.28	48.83	−40 ... 1200
PtRh/Pt (S)		0.645	3.260	7.345	11.947	0 ... 1600

günstigere Werte – allerding auf Kosten der erzeugten Thermospannung – werden mit Thermoelementen erzielt, bei denen beide Drähte einen Rhodium-Anteil aufweisen, wie das $Pt_{0.7}Rh_{0.3}$-$Pt_{0.94}Rh_{0.06}$-Thermoelement.

Hinweise zur Anwendung von Thermoelementen

Da sich Thermoelemente nur zur Messung von Temperaturdifferenzen eignen erfordern Temperaturmesungen mit Thermoelementen die Kenntnis der Temperatur eines Kontakts. Dies wird klassisch durch ein Eisbad erreicht: Wird ein Kontakt in ein Wasserbad, das auf der Temperatur schmelzenden Eises gehalten wird gelegt, so ist die Referenztemperatur 0° C. Komfortabler ist der Einsatz integrierter Bausteine zur Auswertung der Thermospannung. Dabei wird der zweite Kontakt in einem integrierten Baustein ausgeführt, d.h. die Referenztemperatur ist hier die Chiptemperatur[9] T_{chip} des integrierten Bausteins. Wird die Chiptemperatur durch einen integrierten Halbleitertemperatursensor ermittelt, so kann die gemessene Thermospannung $S_{12}(T-T_{\text{chip}})$ um $S_{12}T_{\text{chip}}$ korrigiert und so die Temperatur T bestimmt werden. Schaltungstechnisch kann dies durch Analogschaltungen – wie im AD594 mit analoger Ausgabe [7]– oder aber nach Analog-Digitalwandlung auf digitale Weise ausgeführt werden – wie im MAX6674 mit digitaler Ausgabe.

Die von einem Thermoelement bei einer bestimmten Temperatur abgegebenen Thermospannung nimmt in der Regel im Laufe der Zeit ab. Ursache ist meist die Diffusion von Atomen über die Kontaktstelle hinweg und damit eine Angleichung der Materialzusammensetzung.

Die Meßstelle kühlt sich unter die zu messende Umgebungstemperatur ab, da Wärme über das Thermoelement abgeleitet wird. Aus diesem Grund sollten große Temperaturgradienten in der Umgebung der Meßstelle vermieden werden: Der aufgrund eines Temperaturgradienten in der Umgebung der Meßstelle auftretende Meßfehler wächst annähernd proportional zum Temperaturgradienten.

[9] Wegen der üblicherweise geringen Verlustleistung entspricht diese weitgehend der Umgebungstemperatur.

32.1.5 Thermopiles

Thermopiles sind eine Reihenschaltung von typischerweise 50 bis 100 Thermoelementen mit entsprechend vergrößertem Ausgangssignal: Durch die Addition der Thermospannungen wird die Signalspannung vervielfacht.

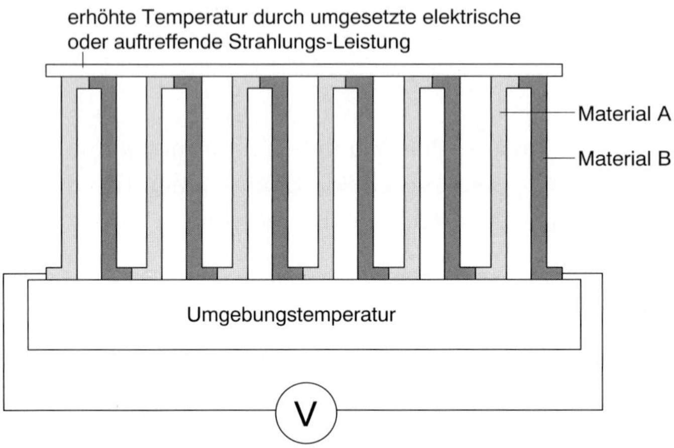

Abb. 32.5. Aufbau eines Thermopiles zur Messung von Übertemperaturen

Abbildung 32.5 zeigt den prinzipiellen Aufbau eines Thermopiles. Thermopiles können mit den Verfahren der Halbleitertechnologie auf Siliziumsubstraten hergestellt werden. Gebräuchliche Thermoelemente sind dabei Cu-CuNi44, Wismut-Antimon (Bi-Sb) oder poly-Silizium-Gold (große Thermospannung aber auch größerer Serienwiderstand und damit höhere Rauschspannung).

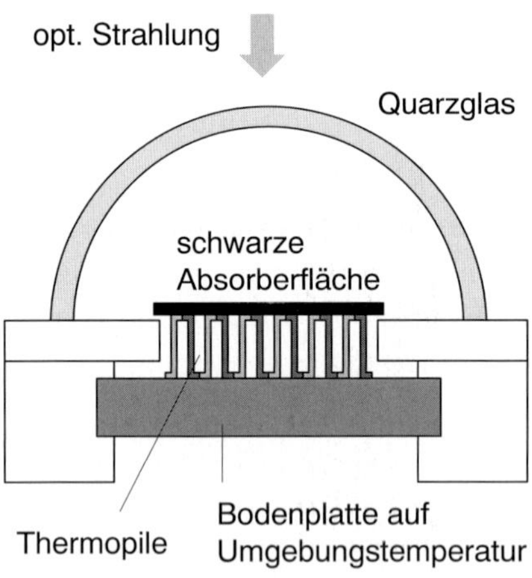

Abb. 32.6. Aufbau eines Pyranometers zur Strahlungsmessung

Pyranometer. Als Anwendungsbeispiel kann das in der Strahlungsmeßtechnik eingesetzte *Pyranometer* betrachtet werden. Bei diesem wird die Temperaturdifferenz zwischen einer auf Umgebungstemperatur gehaltenen Rückseite und einer schwarzen Absorberfläche ermittelt, deren Temperatur aufgrund der auftreffenden Strahlungsleistung höher liegt als die Umgebungstemperatur.

Da die vom Thermopile abgegebene Spannung nur durch die Temperaturdifferenz bestimmt ist, ergibt sich so ein thermischer Detektor der in einem weiten Umgebungstemperaturbereich eingesetzt werden kann. Der von einem solchen Detektor erfasste Spektralbereich wird vor allem durch die spektrale Durchlässigkeit des Fensters bestimmt. Bei typischen Quarzglasfenstern ist Empfindlichkeit im Wellenlängenberreich von ca. 300 nm bis ca. 4 µm nahezu konstant.

Effektivwertmessung. Ein weiteres Beispiel für die Verwendung von Thermopiles liegt in der Effektivwertmessung. Dabei wird die Übertemperatur eines wechselstromdurchflossenen Bifilardrahts mit einem Thermopile ermittelt. Da die Eigenerwärmung proportional zum Effektivwert der umgesetzten Leistung ist, kann dieser so mit speziell ausgelegten Thermopiles bis zu Frequenzen von ca. 1 MHz ermittelt werden.

32.2 Magnetfeldsensoren

In der Elektronik eingesetzte Magnetfeldsensoren nutzen entweder den bereits in Kap. 12.4.8 erläuterten Hall-Effekt (Hall-Sensoren) oder aber den Magnetowiderstandseffekt (Magnetowiderstandssensoren).[10] Magnetfeldsensoren kommen in vielen Bereichen zum Einsatz. Sie eignen sich hervorragend zur berührungslosen Erfassung von Position, Drehzahl oder Drehsinn in Automobil- oder Industrieanwendungen; gegenüber optischen Methoden zeichnen sie sich dabei durch sichere Funktion, auch bei Verschmutzung, aus. Als weitere Anwendungsbeispiele seien das Auslesen von Festplatten und die potentialfreie Strommessung genannt.

32.2.1 Hall-Sensoren

Hall-Sensoren erfassen auch Gleichfelder und arbeiten in einem großen Frequenzbereich linear. Sie liefern ein kleines Meßsignal (Größenordnung mV/T) das eine Präzisionsverstärkerschaltung z.B. mit chopper-stabilisierten OPV erfordert. Aus diesem Grund werden Hall-Sensoren häufig in Sensor-ICs angeboten, die die Verstärkung und evtl. AD-Wandlung bereits integriert haben.

Die Hall-Spannung ist stark temperaturabhängig. Die Temperatur muß deswegen erfaßt und der Meßwert entsprechend korrigiert werden. Hall-Sensoren weisen eine starken Exemplarstreuungen unterworfene Offsetspannung (*Nullspannung*) V_{H0} auf: Als Folge von Fehljustierungen, Dotierstoffinhomogenitäten sowie Defekten kommt es ohne Feld ($B_z = 0$) zu einer Nullspannung

[10] Daneben wurden noch Magnetfeldsensoren auf Transistorbasis entwickelt (MAGFET, Magnetotransistor) [8], die nach Wissen des Vefassers bisher aber keine größere wirtschaftliche Bedeutung erlangt haben. Die extrem empfindlichen SQUIDs [9] erfordern eine extreme Abkühlung des Sensors und werden nur für spezielle Meßaufgaben (beispielsweise in der Medizinelektronik) eingesetzt.

V_{H0}. Diese läßt sich durch die sog. *spinning current* Methode kompensieren, bei der Messungen der Hall-Spannung mit unterschiedlichen Stromflußrichtungen kombiniert werden, um die Nullspannung zu eliminieren [10].

Die im Leerlauf beim Nennstrom gemessene Hall-Spannung V_{H} ist proportional zum Strom durch den Hall-Sensor sowie zur Feldkomponente B_z

$$V_{\mathrm{H}} \; = \; K_{\mathrm{B0}} I B_z + V_{\mathrm{H0}} \; .$$

Der Proportionalitätsfaktor K_{B0} wird als *Leerlaufempfindlichkeit* bezeichnet. Sowohl der Widerstand R_1, den der Hallgenerator für den Steuerstrom darstellt, als auch der Innenwiderstand R_2 der „Hall-Spannungsquelle“ weisen eine leichte Abhängigkeit von der magnetischen Flußdichte B_z auf.

Wird der Hall-Sensor wie in [11] beschrieben durch Implantation in undotiertes (semiisolierendes) GaAs hergestellt, so lassen sich durch Wahl der Implantationsdosis leicht Leerlaufempfindlichkeiten zwischen 30 und 300 V/AT einstellen. Die Leerlaufempfindlichkeit ist in guter Näherung umgekehrt proportional zur Implantationsdosis – hohe Empfindlichkeiten erfordern deswegen hohe Schichtwiderstände und bewirken so einen hohen Innenwiderstand; aus diesem Grund kann der Schichtwiderstand nicht beliebig zur Erhöhung der Empfindlichkeit gesteigert werden. Im Beispiel des KSY10 wurde eine Leerlaufempfindlichkeit von 200 V/AT in Verbindung mit dem Innenwiderstand 1170 Ω realisiert.

Anwendungsbeispiele

Potentialfreie Strommessung. Hall-Sensoren ermöglichen die Messung von Strömen über das erzeugte magnetische Feld – ohne galvanische Verbindung. Dabei wird ein Hall-Element in den Luftspalt eines hochpermeablen Jochs gebracht, um das der stromführende Leiter mit n_1 Windungen gewickelt ist (Abb. 32.7). Bezeichnet δ die Dicke des Luftspalts und μ die Permeabilität des Jochs, so ist die magnetische Induktion

$$B \; = \; \mu \, \frac{n_1 I}{\delta + l_{\mathrm{Fe}}/\mu} \; .$$

Diese Beziehung erlaubt es aus der über den Hall-Sensor ermittelten magnetischen Induktion den Strom I zu ermitteln. Eine Fehlerquelle dieses Verfahrens ist die Nichtlinearität der Permeabilität μ. Dieses Problem kann über das in Abb. 32.7 dargestellte Verfahren umgangen werden. Dabei wird der Hall-Sensor in Verbindung mit einem Regelkreis eingesetzt, der das Joch flußfrei hält. Zu diesem Zweck wird ein Strom $I' = V/R$ über eine zweite Wicklung mit n_2 Windungen eingeprägt. Aus der am Widerstand R gemessenen Spannung V errechnet sich der Strom I dann über das Windungsverhältnis:

$$I \; = \; -\frac{1}{R} \frac{n_2}{n_1} V \; .$$

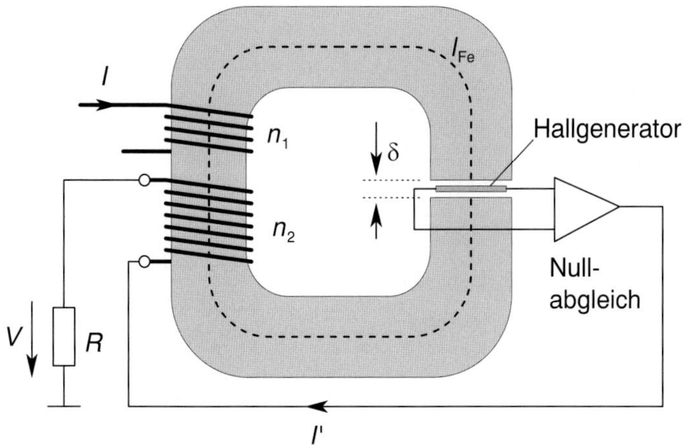

Abb. 32.7. Indirekte Strommessung mit Hall-Element (nach [12])

Ein weiterer Vorzug dieses indirekten Verfahrens ist, daß wegen des Nullabgleichs die Temperaturabhängigkeit der Empfindlichkeit des Hall-Sensors nicht eingeht.

Leistungsmessung. Das Verfahren der potentialfreien Strommessung kann zur Leistungsmessung elektrischer Verbraucher ausgebaut werden. Der Strom durch den Verbraucher wird dabei, wie oben besprochen, mit dem Hall-Sensor ermittelt. Die am Hall-Sensor anliegende Spannung wird nun allerdings durch Spannungstransformation aus der am Verbraucher abfallenden Spannung V erzeugt. Die Hall-Spannung ist damit proportional zum Produkt $V \times I$ und damit zu der im Verbraucher umgesetzten Leistung.

32.2.2 Magnetowiderstandssensoren

Magnetoresistive Sensoren weisen eine vergleichsweise große Empfindlichkeit bei kleinen Werten der magnetischen Feldstärke auf. Klassische Magnetowiderstandsensoren nutzen den Magnetowiderstandseffekt in halbleitenden Schichten (Feldplatten) oder die von der Richtung des Magnetfelds abhängige Anisotropie der Leitfähigkeit in geeigneten ferromagnetischen Schichten (AMR-Sensoren). Mit der Entdeckung des GMR-Effekts sind weitere sehr empfindliche und miniaturisierbare Sensoren hinzugekommen.

Feldplatten. Feldplatten sind magnetoresistive Halbleitersensoren, die vorzugsweise mit Indiumantimonid oder anderen Verbindungshalbleitern mit hoher Elektronenbeweglichkeit aufgebaut werden. Wird der Aufbau eines Hall-Felds durch Kurzschlußstreifen senkrecht zur Stromflußrichtung verhindert, so bewegen sich die Elektronen im Halbleiter annähernd unter dem *Hall-Winkel* $\theta_{\mathrm{H}} = \arctan(\mu_{\mathrm{n}} B_z)$ zur Stromflußrichtung. Je größe die magnetische Induktion B_z, desto größer wird dieser Winkel und desto größer wird der von den Elektronen auf ihrer Bahn durch die Feldplatte zurückzulegende Weg

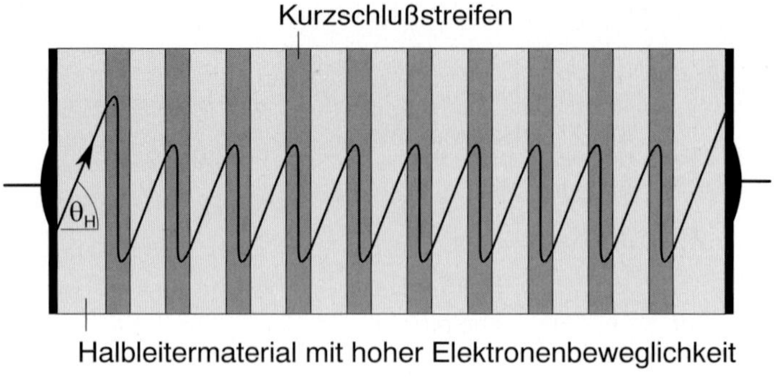

Abb. 32.8. Zur Wirkungsweise der Feldplatte

(Abb. 32.8). Bei Feldplatten erhöht sich der Widerstand zunächst proportional zu B^2, bei großen Feldstärken wird dann nur noch ein Anstieg proportional zu B beobachtet. Die Widerstandsänderung ist unabhängig von der Polarität des Feldes und am stärksten, falls das Feld senkrecht zur Platte steht. Zum Ausgleich der Temperaturabhängigkeit wird in der Regel eine Brückenschaltung verwendet.

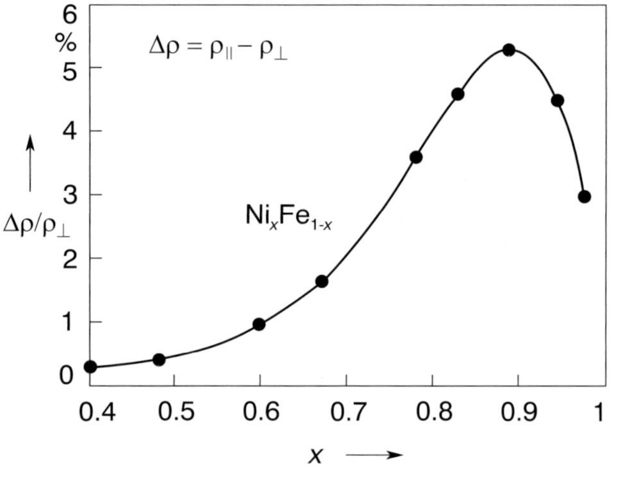

Abb. 32.9. Maximalwert der relativen Widerstandsänderung aufgrund des anisotropen Magnetowiderstands von NiFe-Legierungen als Funktion der Zusammensetzung (nach [13])

AMR-Sensoren. Der spezifische Widerstandswert ferromagnetischer Legierungen (z.B. NiFe oder NiCo) hängt von der Ausrichtung der Magnetisierungs- zur Stromflußrichtung ab (*anisotroper Magnetowiderstandseffekt*). Der spezifische Widerstand $\rho_{\|}$ parallel zur Magnetisierungsrichtung ist dabei i.allg. größer als der spezifische Widerstand $\rho_{\perp}$ in der Richtung senkrecht dazu. Die relative Änderung $\Delta\rho/\rho_{\perp}$ des spezifischen Widerstands beim Übergang von paralleler zu senkrechter Ausrichtung der Magnetisierung zur Richtung des Stromflusses liegt im im Prozentbereich. Der Wert ist dabei abhängig von der Zusammensetzung der weichmagnetischen Legierung (Abb. 32.9). Ideal ist demnach Permalloy (Mu-Metall) mit einem ca. 20 %-igen Eisenanteil.

Anisotrope Leitfähigkeit. Im allgemeinen Fall einer anisotropen Leitfähigkeit kann die elektrische Leitfähigkeit nicht mehr länger als Skalar gelten und ist durch einen Tensor zu ersetzen. Bei Strömen in dünnen Schichten genügt die Betrachtung von zwei Dimensionen; zwischen elektrischer Feldstärke und Stromdichte besteht dann der Zusammenhang

$$\begin{pmatrix} J_x \\ J_y \end{pmatrix} = \begin{pmatrix} \sigma_{xx} & \sigma_{xy} \\ \sigma_{yx} & \sigma_{yy} \end{pmatrix} \begin{pmatrix} E_x \\ E_y \end{pmatrix} .$$

Fließt der Strom nur in x-Richtung, so muß

$$\sigma_{yx} E_x + \sigma_{yy} E_y = 0 \quad \text{bzw.} \quad E_y = -\frac{\sigma_{yx}}{\sigma_{xx}} E_x$$

gelten, damit $J_y = 0$ erfüllt sein kann. Bei Medien mit anisotroper Leitfähigkeit, in denen die Leitfähigkeitsmatrix Nichtdiagonalelemente aufweist, besitzt der Feldstärkevektor demzufolge auch eine Komponente senkrecht zur Stromflußrichtung.

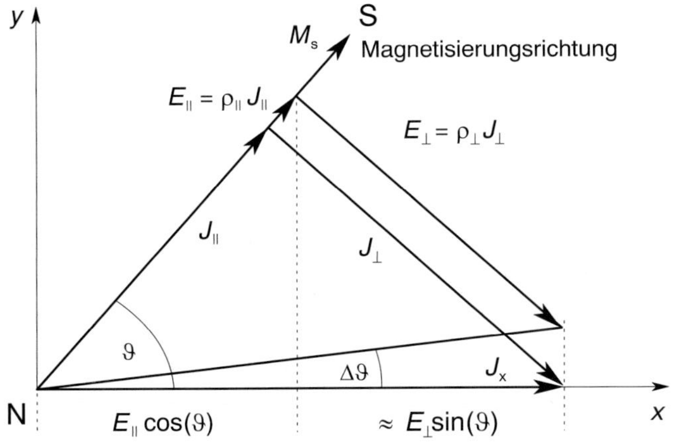

Abb. 32.10. Zur Untersuchung des anisotropen Magnetowiderstandseffekts N: magnetischer Nordpol, S: magnetischer Südpol (nach [14])

Im Fall eines AMR-Sensors, der von einem Strom in x-Richtung durchflossen wird, kann die Stromdichte in eine Komponente $J_{\|} = J\cos(\vartheta)$ parallel zur Magnetisierungsrichtung und eine Komponente $J_{\perp} = J\sin(\vartheta)$ senkrecht dazu aufgespalten werden, wobei ϑ den Winkel zwischen Stromfluß- und Magnetisierungsrichtung angibt (Abb. 32.10). Ist die Komponente des elektrischen Feldstärkevektors senkrecht zur Stromflußrichtung und damit der Winkel $\Delta\vartheta$ klein, so folgt

$$E_x \approx E_{\|} \cos(\vartheta) + E_{\perp} \sin(\vartheta) = J \left[\rho_{\|} \cos^2(\vartheta) + \rho_{\perp} \sin^2(\vartheta) \right]$$

da $E_{\|} = \rho_{\|} J_{\|}$ und $E_{\perp} = \rho_{\perp} E_{\perp}$. Mit der Beziehung $\sin^2(\vartheta) = 1 - \cos^2(\vartheta)$ folgt damit für den spezifischen Widerstand in Stromflußrichtung

$$\rho = \rho_{\perp} \left(1 + \frac{\Delta\rho}{\rho_{\perp}} \cos^2(\vartheta) \right) .$$

Der einfache AMR-Widerstand erlaubt demnach Rückschlüsse auf die Richtung des Magnetfelds (den Winkel ϑ zur Stromflussrichtung) nicht aber auf dessen Betrag. Die Bestimmung des Betrags wird möglich, wenn die ferromagnetische Schicht eine Richtung leichter Magnetisierbarkeit aufweist, weiterführende Informationen hierüber sind in [14] zu finden.

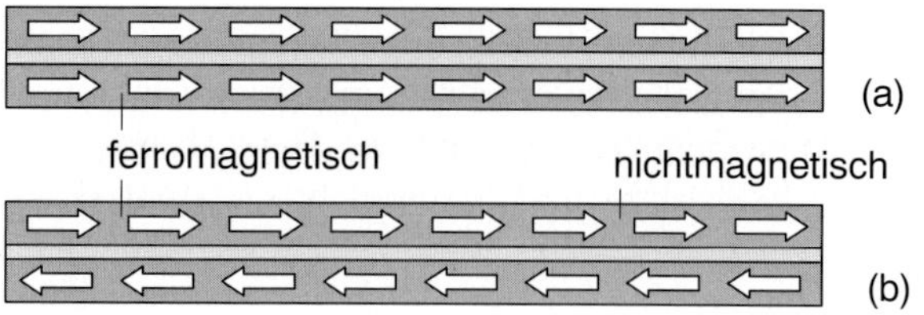

Abb. 32.11. Ferromagnetische Doppelschicht

GMR-Sensoren. Werden zwei ferromagnetische Schichten durch eine dünne Schicht eines nichtmagnetischen Materials getrennt (Abb. 32.11), so hängt der Widerstand der Anordnung von der Ausrichtung der Magnetisierung in den ferromagnetischen Schichten ab: Bei paralleler Ausrichtung wird ein kleinerer Widerstand beobachtet als bei antiparalleler. Der Grund dafür ist, daß die Streuwahrscheinlichkeit von Elektronen in ferromagnetischen Materialien von der Richtung des Elektronenspins abhängt: Ist der Spin eines Elektrons parallel zu den Spins der ferromagnetischen Ordnung ausgerichtet, so ist die Streuwahrscheinlichkeit geringer und die Beweglichkeit größer. Da Elektronen, ohne ihren Spin zu ändern, über die dünne nichtmagnetische Schicht von der einen Lage in die andere wechseln können, werden im Fall (a) überwiegend parallel, im Fall (b) hingegen überwiegend antiparallel zur Spinrichtung der Elektronen in der Nachbarschicht orientierte Elektronen eingebracht. Eine gegenseitige Beeinflussung der Schichten ist nur möglich, falls die Elektronen die Zwischenschicht passieren können ohne gestreut zu werden, und damit die durch den Feromagneten vorgegebene Vorzugsrichtung des Spins zu verlieren. Dies erfordert Schichtdicken von wenigen Nanometern, und erklärt warum der Effekt erst nach der Entwicklung geeigneter Schichtabscheideverfahren entdeckt wurde. Dabei wurden Widerstandsänderungen von mehr als 50 % beobachtet.[11]

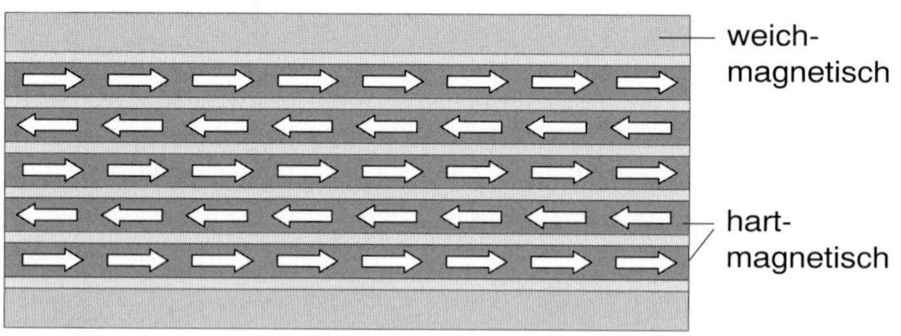

Abb. 32.12. GMR-Sensor mit künstlichem Antiferromagneten

Kommerzielle GMR-Sensoren verwenden meist eine Schichtfolge entgegengeetzt magnetisierter, hartmagnetischer Schichten (sog. künstlicher Antiferromagnet) zwischen zwei weichmagnetischen Schichten, deren Magnetisierung die Richtung des äußeren Magnetfelds annehmen kann (Abb. 32.12). Der Widerstand dieser Anordnung wird von der Ausrichtung der Magnetisierung der weichmagnetischen Schichten zur Magnetisierung der hartmagnetischen

[11]Das ist groß im Vergleich zu AMR-Sensoren: Daher der Name *Riesenmagnetowiderstandseffekt* (GMR = Giant Magneto Resistance).

Schichten bestimmt; typische Werte für die erreichbare Widerstandsänderung liegen zwischen 5 und 20 %. Das äußere Feld muß stark genug sein, um die weichmagnetische Schicht vollständig zu magnetisieren, darf aber nicht so stark sein, daß die hartmagnetischen Schichten ummagnetisiert werden können. In dem weiten Feldstärkebereich dazwischen hängt der Widerstand nur von der Richtung, nicht aber vom Betrag des äußeren Magnetfelds ab.

Der GMR-Effekt erlaubt die Herstellung extrem kleiner Magnetfeldsensoren, wie sie in Leseköpfen für Computerfestplatten benötigt werden. Dies ermöglichte den beeindruckenden Anstieg der Speicherdichte von Computerfestplatten um den Faktor 100 im Zeitraum von 1996 bis 2003 [15].

32.3 Dehnungsmeßstreifen

Dehnungsmeßstreifen (DMS) dienen zur Messung von Kräften und Drücken. Die durch mechanische Kraftwirkung bedingte Deformation des Widerstands erzeugt dabei eine Widerstandsänderung und so das Sensorsignal.

Empfindlichkeit

Ein Widerstand der Länge L mit konstantem Querschnitt A weist den Wert $R = \rho L/A$ auf, so daß

$$\mathrm{d}R = \frac{\partial R}{\partial \rho}\,\mathrm{d}\rho + \frac{\partial R}{\partial L}\,\mathrm{d}L + \frac{\partial R}{\partial A}\,\mathrm{d}A$$

bzw.

$$\frac{\mathrm{d}R}{R} = \frac{\mathrm{d}\rho}{\rho} + \frac{\mathrm{d}L}{L} - \frac{\mathrm{d}A}{A}\,. \tag{32.5}$$

Der spezifische Widerstand

$$\rho = \frac{1}{e\mu_\mathrm{n} n} = \frac{\mathcal{V}}{e\mu_\mathrm{n} N}$$

ist proportional zum Quotienten aus Volumen $\mathcal{V} = LA$ und Elektronenbeweglichkeit μ_n sowie Teilchenzahl N, so daß

$$\frac{\mathrm{d}\rho}{\rho} = \frac{\mathrm{d}\mathcal{V}}{\mathcal{V}} - \frac{\mathrm{d}(\mu_\mathrm{n} N)}{\mu_\mathrm{n} N} = \frac{\mathrm{d}L}{L} + \frac{\mathrm{d}A}{A} - \frac{\mathrm{d}(\mu_\mathrm{n} N)}{\mu_\mathrm{n} N}\,.$$

Wird dieser Zusammenhang in (32.5) berücksichtigt, so folgt

$$\frac{\mathrm{d}R}{R} = 2\,\frac{\mathrm{d}L}{L}\frac{\mathrm{d}(\mu_\mathrm{n} N)}{\mu_\mathrm{n} N} \tag{32.6}$$

Für die relative Widerstandsänderung läßt sich demnach schreiben

$$\boxed{\mathrm{d}R/R = k\epsilon} \tag{32.7}$$

mit dem k-Faktor (Gauge-Faktor)

$$k = 2 - \frac{1}{\epsilon}\frac{\mathrm{d}(\mu_\mathrm{n} N)}{\mu_\mathrm{n} N} \,. \tag{32.8}$$

Die relative Längenänderung $\epsilon = \mathrm{d}L/L$ ist nach dem *Hookeschen Gesetz* proportional zur mechanischen Spannung $\sigma = F/A$

$$\epsilon = \sigma/E \tag{32.9}$$

E heißt *Elastizitätsmodul* (Einheit $\mathrm{N/m^2}$). Die relative Widerstandsänderung eines Dehnungsmeßstreifens ist damit proportional zur ausgeübten Zugspannung und erlaubt so *Kraftmessungen.*

32.3.1 Metallfolien-DMS, Dünnschicht-DMS

In *Metallfolien-DMS* kommt die Widerstandsänderung hauptsächlich durch die Änderung der Abmessungen zustande. Der k-Faktor liegt in diesen Sensoren annähernd bei zwei. Metallfolien-DMS werden häufig auf dünnen Kunststoffolien hergestellt, die vom Anwender mit einem Epoxidharzkleber auf das Meßobjekt geklebt werden können. Bei diesem sehr einfach anzuwendenden Verfahren ist allerdings zu beachten, daß Kunststoffolie und Epoxidharzschicht einen Teil der mechanischen Deformation aufnehmen können und so das Meßsignal abschwächen. Wegen des geringen spezifischen Widerstands der Metallschichten wird der Dehnungsmeßstreifen in der Regel in Mäanderform ausgelegt (Abb. 32.13) um meßtechnisch leicht erfaßbare Widerstandswerte zu erhalten; typische relative Widerstandsänderungen liegen bei ca. 0.1 %.

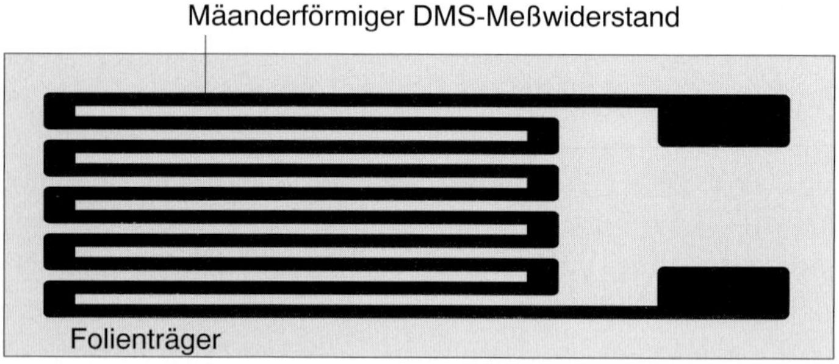

Abb. 32.13. Metallfolien-DMS auf Kunststoffolienträger

Ist das Meßobjekt elektrisch isolierend oder mit einer isolierenden Oberfläche überzogen, so können *Dünnschicht-DMS* direkt aufgesputtert und anschließend durch ein Ätzverfahren strukturiert werden. Solche Dünnschicht-DMS haben wegen der geringen Dicke der Widerstandsschicht nur einen geringen Einfluß auf die Steifigkeit dünner Membranen und können deshalb beispielsweise zur Herstellung von Drucksensoren für kleine Drücke eingesetzt werden.

32.3.2 Halbleiter-DMS

In Halbleitern (z.B. Si) ist der Piezowiderstandseffekt sehr viel stärker ausgeprägt als in Metallen, der k-Faktor kann hier mehr als hundertfach größer sein als bei Metallfolien-DMS. Die relative Widerstandsänderung hängt dabei allerdings nichtlinear von der relativen Längenänderung ϵ ab

$$\mathrm{d}R/R \approx k_1\epsilon + k_2\epsilon^2$$

und ist außerdem stark temperaturabhängig. Halbleiter-DMS sind als Einzelbauteile nur schwer zu handhaben und werden deshalb nahezu ausschließlich in integrierten Halbleitersensoren eingesetzt, die dann gleichzeitig Signalverstärkung und Temperaturkompensation übernehmen [16].

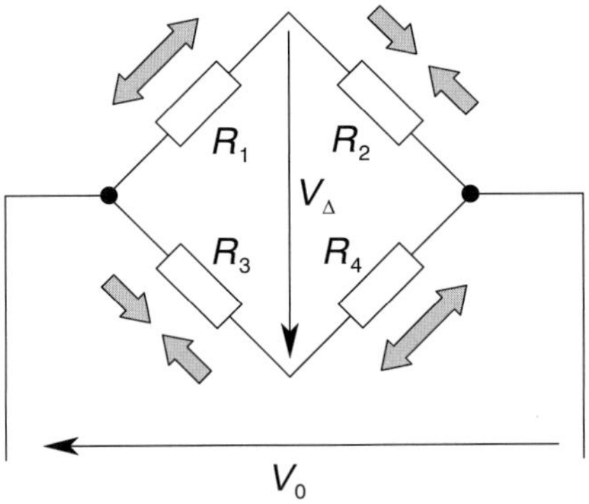

Abb. 32.14. Brückenschaltung

32.3.3 Brückenschaltung

Da die relative Widerstandsänderung im Promillebereich liegt, werden DMS meist [12] in Brückenschaltung entsprechend Abb. 32.14 verschaltet. Für die Querspannung V_Δ folgt dabei sofort aus der Spannungsteilerregel

$$V_\Delta = \left(\frac{R_1}{R_1 + R_2} - \frac{R_3}{R_3 + R_4}\right) V_0 .$$

Bezeichnet $\mathrm{d}R_\alpha$ die zug- oder druckbedingte Änderung des Widerstands R_α, so ist die Änderung der Querspannung

$$\frac{\mathrm{d}V_\Delta}{V_0} = \frac{R_2}{(R_1+R_2)^2}\,\mathrm{d}R_1 - \frac{R_1}{(R_1+R_2)^2}\,\mathrm{d}R_2 - \frac{R_4}{(R_3+R_4)^2}\,\mathrm{d}R_3 + \frac{R_3}{(R_3+R_4)^2}\,\mathrm{d}R_4 .$$

Handelt es sich um identische Meßwiderstände $R_1 = R_2 = R_3 = R_4$, so vereinfacht sich dieser Ausdruck zu

[12] Ein Anwendungsbeispiel für den Einsatz der Brückenschaltung sind Drucksensoren.

$$\frac{\mathrm{d}V_\Delta}{V_0} = \frac{1}{4}\left(\frac{\mathrm{d}R_1}{R_1} - \frac{\mathrm{d}R_2}{R_2} - \frac{\mathrm{d}R_3}{R_3} + \frac{\mathrm{d}R_4}{R_4}\right) .$$

Das Sensorsignal ergibt sich damit als Differenzsignal und weist wegen des *Differenzprinzips* eine gute Linearität und Temperaturkompensation auf.

Differenzprinzip. Nichtlinearität und Temperaturabhängigkeit der Sensorkennlinie $f(x,\vartheta)$ kann zu einem großen Teil durch Auswerten des Differenzsignals eliminiert werden. Wird die Meßgröße x vom Arbeitspunkt X aus gemessen, so ist das Ausgangssignal

$$y(x,0) = f(X+x,\vartheta_0) - f(X,\vartheta_0) ,$$

falls die Temperatur des Sensors gleich der Bezugstemperatur ϑ_0 ist. Weicht die Sensortemperatur um $\Delta\vartheta$ von ϑ_0 ab, so resultiert das Ausgangssignal

$$\begin{aligned} y(x,\Delta\vartheta) &= f(X+x,\vartheta_0+\Delta\vartheta) - f(X,\vartheta_0) \\ &\approx \frac{\partial f}{\partial x}\,x + \frac{\partial f}{\partial \vartheta}\,\Delta\vartheta + \frac{1}{2}\frac{\partial^2 f}{\partial x^2}\,x^2 + \frac{\partial^2 f}{\partial x \partial \vartheta}\,x\Delta\vartheta + \frac{1}{2}\frac{\partial^2 f}{\partial \vartheta^2}\,\Delta\vartheta^2 , \end{aligned}$$

wobei die Sensorkennlinie bis zur 2. Ordnung um den Arbeitspunkt entwickelt wurde. $y(x,\vartheta)$ ist in 1. Ordnung von $\Delta\vartheta$ abhängig und weist Nichtlinearitäten auf. Wird statt $y(x,\Delta\vartheta)$ das Differenzsignal

$$y(x,\Delta\vartheta) - y(-x,\Delta\vartheta) \approx 2\left(\frac{\partial f}{\partial x} + \frac{\partial^2 f}{\partial x \partial \vartheta}\,\Delta\vartheta\right) x$$

ausgewertet, so resultiert ein linear von der Meßgröße x abhängiges Ausgangssignal, dessen Wert nur noch über $\partial f^2/\partial x\partial\vartheta$ von $\Delta\vartheta$ bestimmt wird.

Werden die Widerstände wie in Abb. 32.14 mit Zug und Druck belastet, und sind alle Dehnungen betragsmäßig gleich ($\epsilon = \epsilon_1 = \epsilon_4 = -\epsilon_2 = -\epsilon_3$) so vereinfacht sich der Ausdruck für das Sensorsignal zu

$$\boxed{\mathrm{d}V_\Delta/V_0 = k\,\epsilon\,.} \tag{32.10}$$

32.4 Drucksensoren

Elektronische Drucksensoren nutzen die druckbedingte Deformation (Abb. 32.15) einer Membran um mittels Dehnungsmeßstreifen, Piezowiderstandseffekt oder kapazitiver Änderungen ein elektrisches Signal zu erzeugen.

32.4.1 DMS-Drucksensoren

DMS-Drucksensoren nutzen auf eine Membran aufgebrachte Dehnungsmeßstreifen um die durch einen Druck bedingte Deformation der Membran in ein elektrisches Signal umzusetzen. Gewöhnlich werden dazu Dünnschicht-DMS

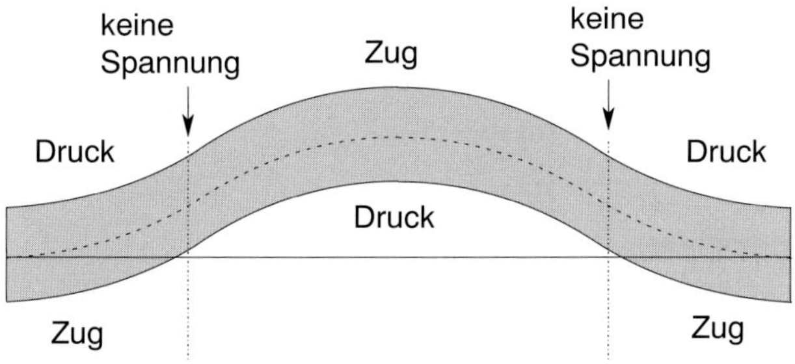

Abb. 32.15. Zug und Druck auf Ober- und Unterseite einer am Rand fest eingespannten Membran

in Brückenschaltung auf die Membran des Drucksensors aufgedampft. Das Layout ist so zu wählen, daß die zur Brückenschaltung verschalteten Dehungsmeßstreifen betragsmäßig identischen relativen Längenänderungen ausgesetzt sind.

32.4.2 Piezoresistive Silizium-Drucksensoren

Piezoresistive Silizium-Drucksensoren nutzen die hohen k-Werte von Halbleiter-DMS und haben eine große Verbreitung gefunden, da sie mit den etablierten Verfahren der Halbleitertechnologie relativ kostengünstig hergestellt werden können. Als Membran kommt dabei eine dünne Schicht aus einkristallinem Silizium zum Einsatz in die DMS-Meßwiderstände hineindiffundiert werden (vgl. z.B. [14]). Einsatzgebiete dieser Sensoren liegen beispielsweise in der Druckmessung in elektronischen Wetterstationen oder Höhenmessern. Weitere Anwendungsgebiete finden sich in der Automobiltechnik: So werden Siliziumdrucksensoren zur Bestimmung der Differenz zwischen dem Umgebungsdruck und dem Druck im Ansaugkanal eines Motors eingesetzt um ein optimales Luft-Kraftstoffgemisch zu injizieren; weitere Anwendungsbeispiele aus der Automobiltechnik sind Crash-Sensoren zur Auslösung der Seitenairbags oder die Überwachung des Reifendrucks [17].

32.4.3 Kapazitive Drucksensoren

Wird eine Elektrode eines Plattenkondensators auf einer deformierbaren Membran aufgebracht, so ändert sich der Plattenabstand des Kondensators bei Änderung des Drucks auf der Außenseite des abgedichteten Kondensators. Bei Nenndruck p_{nenn} ist die Kapazität durch die Plattenkondensatorformel bestimmt; im Fall einer kreisförmigen Elektrode vom Radius R gilt

$$C_0 = \epsilon_0 \epsilon_r \pi R^2 / d_0^2 \, .$$

Die Abweichung von diesem Kapazitätswert läßt sich nach [18] näherungsweise durch

$$\Delta C = C_0 \frac{1-\alpha}{1-x} x \quad \text{mit} \quad x = \frac{p}{p_{\text{nenn}}}$$

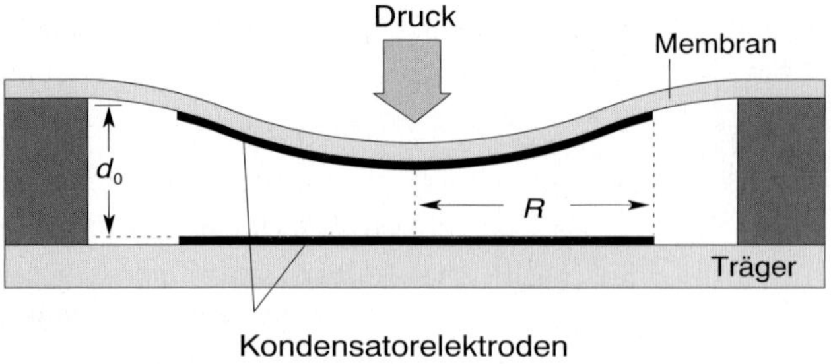

Abb. 32.16. Prinzipieller Aufbau eines kapazitiven Drucksensors

ausdrücken; α bezeichnet dabei einen an die Sensorkennlinie anzupassenden, dimensionlosen Parameter. Die Kennlinie ist nichtlinear, bei analoger Signalverarbeitung und größeren Kapazitätsänderungen empfiehlt sich deshalb eine Kennlinienlinearisierung. Kapazitive Drucksensoren werden in der Regel in Siliziumtechnologie mit integrierter Meß- aund Auswerteschaltung realisiert.

32.5 Kapazitive Feuchtesensoren

Feuchte Luft enthält Wasserdampf. Die Dichte des in der Luft enthaltenen Wasserdampfs wird als *absolute Feuchte* bezeichnet. Luft kann bei einer bestimmten Temperatur nur eine bestimmte Menge Wasserdampf aufnehmen. Wird diese *Sättigungsfeuchte* überschritten, so kommt es zur Bildung von Kondensationströpfchen (Tau). Als *relative Feuchte* wird das Verhältnis von absoluter Feuchte zur Sättigungsfeuchte bezeichnet.

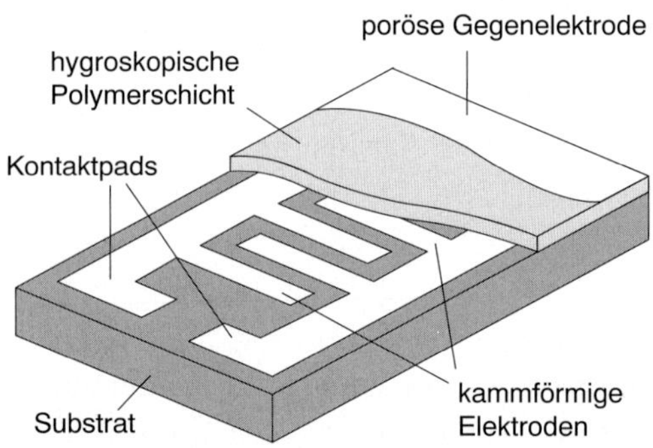

Abb. 32.17. Prinzipieller Aufbau eines kapazitiven Dünnschiht-Feuchtesensors

Kapazitive Feuchtesensoren[13] nutzen die Änderung des Kapazitätswerts eines Kondensators, dessen Dielektrikum Wasser aus der Umgebungsluft aufnehmen kann. Derartige Sensoren sind weitverbreitet, weisen eine in guter Näherung lineare Abhängigkeit des Kapazitätswerts von der relativen Feuchte auf und benötigen im Betrieb nur eine geringe Leistung. Das Ziel bei der

[13]Neben den hier besprochenen kapazitiven Feuchtesensoren existieren andere Verfahren, die beispielsweise die Änderung der Leitfähigkeit eines flüssigen oder Polymer-Elektrolyten bzw. poröser Keramiken mit der von der relativen Feuchte abhängigigen Einlagerung von Wasser ausnutzen; [19, 20] bieten einen Überblick über alternative Verfahren.

Entwicklung kapazitver Feuchtesensoren sind reproduzierbare Kennlinien die eine geringe Hysterese aufweisen.

Abbildung 32.17 zeigt den prinzipiellen Aufbau eines kapazitiven Feuchtesensors. Die Kondensatorelektroden sind fingerförmig auf dem isolierenden Trägersubstrat angeordnet. Über diesen wird die hygroskopische Polymerschicht (i.allg. Polyamid oder Polyimid) und darüber eine wasserdampfdurchlässige Gegenelektrode aufgebracht (i.allg eine sehr dünne, poröse Goldschicht). Diese muß bei dem hier betrachteten Aufbau nicht kontaktiert werden. Typische Werte für die relative Änderung des Kapazitätswerts mit der relativen Feuchte liegen in der Größenordnung 0.5 % je Prozent Änderung der relativen Feuchte. Kapazitive Feuchtesensoren zeigen häufig einen großen Temperaturkoeffizient, der erforderlichenfalls über eine zusätzliche Temperaturmessung korrigiert werden muß. Ein Feuchtesensor mit schneller Ansprechzeit und integrierter Heizvorrichtung wird in [21] beschrieben.

32.6 Detektoren für Ionisierende Strahlung

Detektoren für ionisierende Strahlung werden beispielsweise in der Röntgentechnik und zur Überwachung von Kernkraftwerken benötigt. Zur Charakterisierung des von ionisierender Strahlung ausgehenden Gefährdungspotentials werden die Meßgrößen Energiedosis und Dosisäquivalent sowie die Energiedosisleistung verwendet.

Die *Energiedosis* (engl. absorbed dose) D ist die von der ionisierenden Strahlung je Masseneinheit Δm auf das Material übertragene Energie ΔW

$$D = \Delta W / \Delta m \; ; \tag{32.11}$$

die *Energiedosisleistung* $\dot{D}$ gibt die Energiedosis ΔD je Zeiteinheit Δt an

$$\dot{D} = \Delta D / \Delta t \; . \tag{32.12}$$

Als Maß der Energiedosis wird J/kg bzw. Gray (Gy)[14] verwendet.

Da unterschiedliche Strahlungsarten derselben Energiedosis eine unterschiedliche Gefährdung bedingen, wird die Energiedosis mit einem strahlungsspezifischen *Qualitätsfaktor* multipliziert um das in Sievert angegebene *Dosisäquivalent* zu erhalten. Der Qualitätsfaktor weist dabei Werte zwischen 1 – für β-Strahlung (energiereiche Elektronen), Röntgen- und Gammastrahlung – und 20 (für schwere Teilchenstrahlung) auf; für die ebenfalls bei Kernumwandlungen ausgesandte α-Strahlung ist der Qualitätsfaktor 10 [22].

[14] 1Gy = 1 J/kg. Früher wurde die Einheit Rad (rd) verwendet: 1 rd = 0.01 J/kg.

32.6.1 Ionisationskammern, Zählrohre

Ionisationskammern. Eine *Ionisationskammer* besteht aus zwei Elektroden zwischen denen eine elektrische Spannung anliegt. Trifft ionisierende Strahlung auf das zwischen den Elektroden befindliche Gas, so entstehen Ionen und Elektronen die aufgrund des elektrischen Felds zwischen den Elektroden zu einem elektrischen Strom führen. Die Spannung an der Ionisationskammer muß hinreichend groß gewählt werden: Im Bereich geringer Spannungen rekombiniert ein nennenswerter Teil der erzugten Ladungsträger wieder bevor sie die Elektroden erreichen. Ist die angelegte Spannung V größer als die Sättigungsspannung V_S, so erfolgt die Trennung von positiver und negativer Ladung im Feld so rasch, daß Rekombination vernachlässigt werden kann. In diesem Bereich ist der bei einer bestimmten Dosisleistung beobachtete Strom I konstant und proportional zur absorbierten Strahlungsleistung Φ

$$\Phi = W_\mathrm{i} I/e \,, \tag{32.13}$$

wobei W_i die mittlere Energie zur Erzeugung eines Ions und e die Elementarladung bezeichnet.

Wegen ihrer Zuverlässigkeit und ihrer Anwendbarkeit auch bei Strahlung geringer Energie finden Ionisationskammern eine breite Verwendung zur Messung der Strahlungsexposition von Menschen etwa in der Röntgendiagnostik.

Zählrohre. Zählrohre verwenden i.allg. eine aus einem dünnen Draht gefertigte Anode und eine Spannung bei der die Feldstärke an der Anode so groß ist, daß es durch Stoßionisation zur Vervielfachung der von der Strahlung erzeugten Ladungsträger kommt. Zählrohre können im sog. *Proportionalbereich* als Proportionalzählrohre, oder im *Auslösebereich* als Auslöse- oder Geiger-Müller-Zählrohre eingesetzt werden.

Proportionalzählrohre. Bei Betrieb im Proportionalbereich wird jeder primär erzeugte Ladungsträger durch Stoßionisation vervielfacht. Die *Gasverstärkung* M bestimmt dabei die im Mittel je Ionisationsvorgang an den Elektroden detektierte Ladung; ihr Wert kann durch die angelegte Spannung auf bis zu 10^5 eingestellt werden. Im Proportionalbereich arbeitet das Zählrohr demzufolge wie eine Ionisationskammer deren Strom um den Faktor M verstärkt wird.

Als Füllgase werden i.allg. Edelgase (Argon, Helium) mit Drücken zwischen 1 und 500 kPa mit Beimengungen niedermolekularer Kohlenwasserstoffe (Methan, Isobutan) verwendet. Die Beimengungen verringern die mittlere Geschwindigkeit der Elektronen und ermöglichen eine größere Gasverstärkung. Proportionalzählrohre können als Teilchenzähler eingesetzt werden, wobei wegen der geringen Totzeiten auch große Teilchenflußdichten charakterisiert werden können. Wegen der geringen Impulshöhe ist jedoch eine kräftige Verstärkung der erzeugten Signale erforderlich. Darüber hinaus kann die

Energie der einfallenden Teilchen charakterisiert werden (Energiespektroskopie): Bei bekannter Gasverstärkung M kann aus der von einem Teilchen erzeugten Ladung Q die primär im Gasvolumen erzeugte Ladung Q/M und daraus, über die Energie je Ionisationsvorgang W_i, die Energie $W = QW_\mathrm{i}/eM$ des detektierten Teilchens ermittelt werden.

Geiger-Müller-Zählrohre. Im Auslösebereich breitet sich die Entladung über das gesamte Zählrohrvolumen aus und bricht erst nach Unterschreiten einer kritischen Spannung wieder ab. Die Impulsamplituden sind hier unabhängig von der Anzahl der primär erzeugten Ladungsträger, so daß keine Energieauflösung gegeben ist.

Durch Beimengung von Halogenen zur Gasmischung im Zählrohr kann die Betriebsspannung auf Werte von wenigen hundert Volt abgesenkt werden. Die Lebensdauer solcher Halogen-Zählrohre ist allerdings durch chemische Reaktionen mit den Elektroden und Wänden begrenzt. Selbstlöschende Zählrohre werden durch Beimengung organischer Stoffe (z.B. Äthanol) zum Edelgas des Zählrohrs realisiert. Da sich die beigemengten Moleküle im Betrieb des Zählrohrs zersetzen, begrenzen diese die Lebensdauer des Zählrohrs auf ca. 10^9 Entladungen.

32.6.2 Halbleiterdetektoren

Halbleiterdetektoren arbeiten nach demselben Prinzip wie Fotodioden: Die ionisierende Strahlung erzeugt im Festkörper Elektron-Loch-Paare, die im elektrischen Feld getrennt werden und so ein Stromsignal hervorrufen. Da die Energie zur Erzeugung eines Elektron-Loch-Paars nur wenige Elektronenvolt beträgt, besitzen Halbleiterdetektoren ein wesentlich größeres Energieauflösungsvermögen als Proportionalzählrohre und sind damit besonders gut für die Energiespektroskopie[15] geeignet.

Insbesondere zur Spektroskopie der Gammastrahlung mit hoher Reichweite werden großvolumige Kristalle benötigt, damit die gesamte Energie im Kristall in Elektron-Loch-Paare umgesetzt wird. Eingesetzt werden hier gewöhnlich hochreine Germaniumkristalle mit mehreren Zentimetern Durchmesser. Der Grund für die Verwendung von Germanium liegt in der Tatsache begründet, daß die Wahrscheinlichkeit dafür, daß ein γ-Quant auf einer bestimmten Strecke absorbiert wird, stark mit der Ordnungszahl des Absorbers ansteigt [23]: Das Absorptionsvermögen von Germanium ($Z = 32$) ist deshalb sehr viel größer als das von Silizum ($Z = 14$). Zur Verringerung des durch thermische Generation von Elektron-Loch-Paaren bedingten Sperrstroms werden Halbleiterdetektoren meist gekühlt.

[15] Vgl. [6] für eine einführende Darstellung.

32.7 Literaturverzeichnis

[1] H.J.A. Klappe. Platin-Widerstandsthermometer für industrielle Anwendungen. *Technisches Messen*, 54(4):130–140, 1987.

[2] H. Reichert. Halbleiter-Thermistoren: Preiswerte Präzision. *Elektronik*, (16):42–45, 1989.

[3] J.S. Brugler. Silicon transistor biasing for linear collector current temperature dependence. *IEEE J. Solid-State Circuits*, 2(2):57–58, 1967.

[4] A. Ohte, M. Yamagata. A precision silicon transistor thermometer. *IEEE Trans. Instrumentation and Measurement*, 26(4):335–341, 1977.

[5] G.C.M. Meijer. An IC temperature transducer with an intrinsic reference. *IEEE J. Solid-State Circuits*, 15(3):370–373, 1980.

[6] J. Niebuhr, G. Lindner. *Physikalische Meßtechnik mit Sensoren.* Oldenbourg Industrieverlag, München, fünfte Auflage, 2002.

[7] P. Brokaw. A monolithic conditioner for thermocouple signals. *IEEE J. Solid-State Circuits*, 18(6):707–716, 1983.

[8] H. Baltes, R. Castagnetti. *Magnetic Sensors in Semiconductor Sensors (S.M. Sze Ed.).* J.Wiley, New York, 1994.

[9] J. Clarke. Principles and applications of SQUIDs. *Proc. IEEE*, 77(8):1208–1223, 1989.

[10] C. Müller-Schwanneke, F. Jost, K. Marx, S. Lindenkreuz, K. von Klitzing. Offset reduction in silicon Hall sensors. *Sensors and Actuators*, 81:18–22, 2000.

[11] E. Pettenpaul, W. Flossmann. Hall-Effekt-Positionssensoren aus Ionen-implantiertem GaAs. *Elektronik Industrie*, 11(11):13–15, 1980.

[12] U. Borcke, H.-H. Cuno. *Feldplatten und Hallgeneratoren.* Siemens AG, Berlin, 1985.

[13] T.R. McGuire, R.I. Potter. Anisotropic magnetoresistance in ferromagnetic 3D alloys. *IEEE Trans. Magnetics*, 11(4):1018–1036, 1975.

[14] H. Schaumburg. *Sensoren.* Teubner, Stuttgart, 1992.

[15] S. Parkin, X. Jiang, C. Kaiser, A. Panchula, K. Roche, M. Samant. Magnetically engineered spintronic sensors and memory. *Proc. IEEE*, 91(5):661–680, 2003.

[16] R.C. Jaeger, J.C. Suhling, R. Ramani, A.T. Bradley, J. Xu. CMOS stress sensors on (100) silicon. *IEEE J. Solid-State Electronics*, 35(1):85–95, 2000.

[17] H.J. Gevatter, U. Grünhaupt (Hrsg.). *Handbuch der Mess- und Automatisierungstechnik im Automobil.* Springer, Berlin, 2006.

[18] H.-R. Tränkler, E.Obermeier (Hrsg.). *Sensortechnik.* Springer, Berlin, 1998.

[19] N. Yamazoe, Y. Shimizu. Humidity sensors: Principles and applications. *Sensors and Actuators*, 10:379–398, 1986.

[20] Z.M. Rittersma. Recent achievemants in miniaturised humidity sensors – a review of transduction techniques. *Sensors and Actuators A*, 96:196–210, 2002.

[21] U. Kang, K.D. Wise. A high-speed capacitive humidity sensor with on-chip thermal reset. *IEEE Trans. Electron Devices*, 47(4):702–710, 2000.

[22] D. Meschede. *Physik.* Springer, Berlin, 21. Auflage, 2001.

[23] E.E. Haller, F.S. Goulding. Nuclear Radiation Detectors *in Handbook on Semiconductors, vol.4 (T.S. Moss Ed.).* Elsevier, North Holland, 1993.

33 Batterien und Akkumulatoren

Fortschritte der Halbleiterelektronik erlaubten es die Versorgungsspannung sowie die Verlustleistung elektronischer Schaltungen zu verringern; dies ermöglichte es zahlreiche elektronische Geräte zu verwirklichen, die ihre elektrische Leistung aus Batterien oder Akkumulatoren beziehen. Die Verwendung elektrochemischer Zellen zur Energieversorgung bietet in der Meßtechnik außerdem den Vorzug einer geringen Störbeeinflussung, da keine Störungen über das Stromnetz eingekoppelt werden könnnen. Ein weiterer Vorzug elektrochemischer Zellen ist das im Vergleich zu elektronisch geregelten Konstantspannungs- und Stromquellen geringe Rauschen.

Umgangssprachlich wird der Begriff *Batterie*[1] synonym für sog. *Primärquellen* verwendet – das sind elektrochemische Elemente, welche einmalig Energie liefern können und anschließend „nutzlos" werden; *Akkumulatoren* (Akkus) oder *Sekundärquellen* sind im Gegensatz dazu elektrochemische Energiespeicher, die nach Abgabe der gespeicherten Energie wieder aufgeladen werden können.

Dieses Kapitel bietet eine Einführung in das Gebiet der in elektronischen Geräten eingesetzten Batterien und Akkumulatoren. Als weitere für die Elektronik bedeutsame Energiespeicher werden die sog. Ultracaps, sowie die ebenfalls derzeit für Anwendungen in portablen Systemen untersuchte Brennstoffzelle kurz vorgestellt.

33.1 Elektrochemische Zellen

33.1.1 Grundprinzipien

Elektrochemische Energiespeicher wandeln beim Entladen chemische Energie in elektrische Energie um. Die chemische Reaktion läuft in zwei räumlich getrennten Teilschritten an den Oberflächen der beiden Elektroden ab: Dabei wird die negative Elektrode (die sog. Anode)[2] oxidiert, wobei Elektronen an die Elektrode abgegeben werden, die positive Elektrode (die sog. Kathode) dagegen reduziert, wobei Elektronen von der Elektrode abgegeben werden.

[1]Der Begriff Batterie bezeichnet allgemein eine Zusammenschaltung mehrerer technisch gleichartiger Geräte und wurde im Zusammenhang mit der Voltaschen Säule, bei der zahlreiche identisch aufgebaute Zellen in Reihe geschaltet wurden, in Anlehnung an die militärische Bedeutung, geprägt.

[2]Diese Bezeichnung mag auf den ersten Blick verwirrend sein, da in elektronischen Bauteilen (z.B. Dioden) defintionsgemäß die Elektronen von der Kathode zur Anode fließen. Dies gilt jedoch auch für die Batterie, wenn man nicht den äußeren, sondern den inneren Strompfad betrachtet: hier wird tatsächlich negative Ladung von der Kathode zur Anode transportiert.

Wird ein Verbraucher zwischen die Elektroden geschaltet, so fließen über diesen Elektronen von der negativen zur positiven Elektrode. Im Inneren sind die beiden Teilreaktionen über den Elektrolyt, das ist eine ionenleitende Substanz, miteinander verknüpft.

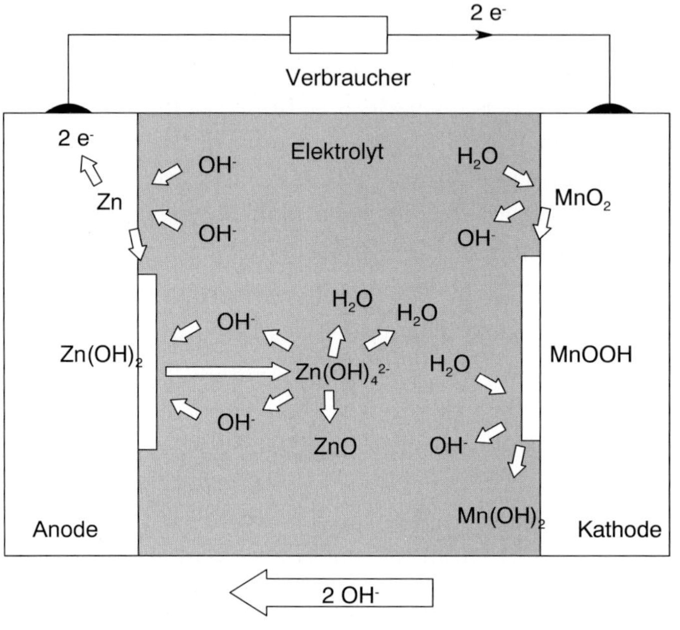

Abb. 33.1. Zur Wirkungsweise der Alkali-Mangan-Zelle

Als Beispiel wird die Zellreaktion einer Alkali-Mangan-Zelle (Abb. 33.1) mit der Gesamtreaktion

$$MnO_2 + Zn + 2\,H_2O \quad \rightarrow \quad Mn(OH)_2 + Zn(OH)_2$$

betrachtet. Diese läßt sich in komplexe Abläufe an Anode und Kathode unterteilen, die in vereinfachter Form folgendermaßen aussehen [1]:

Anodenreaktion. Beim Entladen bildet sich an der negativen Elektrode zunächst eine Zinkhydroxidzwischenschicht

$$Zn + 2\;OH^- \quad \rightarrow \quad Zn(OH)_2 + 2\;e^- \;.$$

Die Zinkhydroxidzwischenschicht löst sich in alkalischer Lösung unter Bildung von Zinkat

$$Zn(OH)_2 + 2\;OH^- \quad \rightarrow \quad Zn(OH)_4^{2-} \;.$$

Sobald der Elektrolyt mit Zinkat gesättigt ist, fällt Zinkoxid aus der Lösung aus.

$$Zn(OH)_4^{2-} \quad \rightarrow \quad ZnO + 2\,OH^- + H_2O$$

Kathodenreaktion. Die an die Anode abgegebenen Elektronen fließen über den Verbraucher zur positiven Elektrode und reduzieren dort Mangandioxid zu $Mn(OH)_2$

$$MnO_2 + H_2O + 2e^- \quad \rightarrow \quad Mn(OH)_2 + 2\,OH^-$$

Diese Reaktion läuft über mehrere Zwischenschritte ab: Zunächst wird Wasserstoff ins Mangandioxid eingelagert (Bildung von MnOOH); dieses löst sich in stark alkalischer Lösung unter Bildung positiver Manganionen, die mit den OH^- Ionen zu $MN(OH)_2$ reduziert werden.

Durch Addition der Teilreaktionen resultiert die Eingangs beschriebene Gesamtreaktion. Der über den Verbraucher von der Anode zur Kathode fließende Strom wird von Elektronen getragen; der Stromkreis wird geschlossen durch den Transport von OH^- Ionen im Elektrolyt von der Kathode zur Anode.

Redoxreaktion. In der Chemie wird – grob gesprochen – von der *Oxidation* einer Substanz gesprochen, wenn sie bei einer chemischen Umwandlung Elektronen an die Reaktionspartner abgibt, umgekehrt spricht man von *Reduktion.* Oxidation und Reduktion verlaufen nicht unabhängig voneinander, da die von einer Substanz abgegebenen Elektronen von der anderen Substanz aufgenommen werden müssen. Man spricht deshalb von *Redoxreaktionen.* In Galvanischen Zellen sind Oxidation und Reduktion räumlich getrennt: An der Kathode finden Oxidationsvorgänge statt, an der Anode Reduktionsvorgänge. Die Anzahl n_e der von der Anode beim Oxidationsvorgang aufgenommenen Elektronen wird als *Wertigkeit* des Elektrodenmaterials bezeichnet. Das Verhältnis aus der molaren Masse des Elektrodenmaterials und dessen Wertigkeit bestimmt die sog. *Äquivalentmasse* des Elektrodenmaterials.

Standardpotential. Die maximal aus den zur Reaktion gebrachten Substanzen je Mol zu gewinnende Arbeit ist durch die freie Reaktionsenthalpie

$$\Delta G = \Delta H - T\,\Delta S$$

gegeben; die Größe ΔH bezeichnet dabei die Reaktionsenthalpie – das ist die Änderung der inneren Energie U (Bindungsenergie, Wärme) und der Druckenergie pV – die Größe ΔS die Reaktionsentropie, also die mit der chemischen Reaktion verbundene Änderung der Entropie. Die von der Zelle verrichtete elektrische Arbeit muß demzufolge der Ungleichung

$$VIt = VQ \leq \Delta G$$

genügen. Die nach Umsetzung eines Mols geflossene Ladung ist $Q = n_e e N_{mol} = eF$ mit der Faraday-Konstante

$$F = eN_{mol} = 1.602 \cdot 10^{-19}\,\mathrm{As} \times 6.022 \cdot 10^{23}\,\frac{1}{\mathrm{mol}} = 96485\,\frac{\mathrm{As}}{\mathrm{mol}}\,,$$

so daß die Zellspannung V kleiner sein muß als das *Standardpotential* (auch: reversible Zellspannung oder Ruheklemmenspannung)

$$\boxed{E_0 = -\frac{\Delta G}{n_e F}\,;}$$

das Vorzeichen wurde dabei konventionsgemäß so gewählt, daß ein positiver Wert resultiert (Festlegung des Spannungspfeils).

33.1.2 Elektrodenprozesse

Ein wesentlicher Unterschied zwischen den elektrochemischen und den Verbrennungsreaktionen besteht darin, daß bei Verbrennungsreaktionen die Reaktionsteilnehmer direkt miteinander reagieren und Reaktionen im gesamten Volumen stattfinden, während elektrochemische Reaktionen nur an einer Elektrodenoberfläche ablaufen können: Die *Oberfläche* der Elektrode begrenzt den Umsatz pro Zeiteinheit und damit den maximal verfügbaren Batteriestrom einer Batterie. Der von einer Batterie lieferbare Strom bestimmt in Verbindung mit der Spannung die abgebbare Leistung.

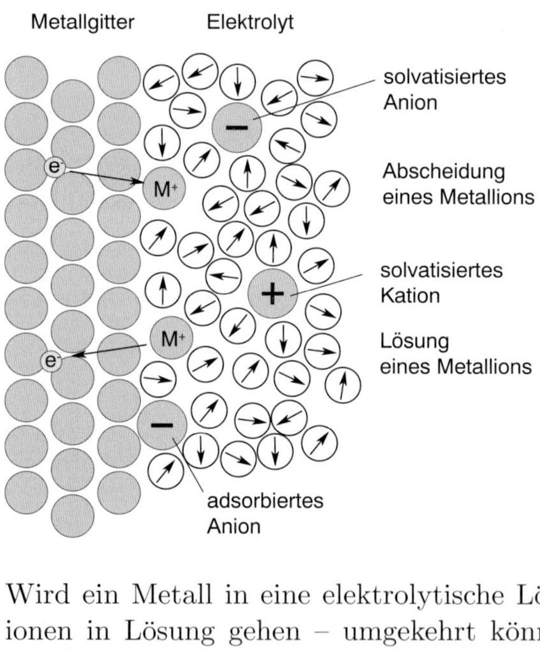

Abb. 33.2. Grenzfläche zwischen Metall und Elektrolyt (nach [2]). Abscheiden und Lösen von Metallatomen

Wird ein Metall in eine elektrolytische Lösung gebracht, so können Metallionen in Lösung gehen – umgekehrt können Metallionen an der Elektrode abgeschieden werden (Abb. 33.2). Im ersten Fall bleibt ein Elektron zurück, und die Elektrode lädt sich negativ auf, im zweiten Fall resultiert eine positive Aufladung der Elektrode, da das angelagerte Metallion eine[3] positive Ladung

[3]Im Fall einfach positv geladener Metallionen; mehrfach positv geladene Metallionen bewirken entsprechend größere Ladungstransfers.

mitbringt. Welcher Prozeß übewiegt wird durch die Differenz der elektrochemischen Potentiale in Metall und Elektrolyt bestimmt.

Elektrochemisches Potential. Das *chemische Potential* einer Teilchenkomponente i ist durch

$$\mu_i = \left(\frac{\partial G}{\partial N_i}\right)_{p,T}$$

bestimmt, wobei G die freie Enthalpie und N_i die Anzahl der Teilchen der Sorte i angibt. Das chemische Potential ist deshalb die Arbeit, die erforderlich ist, um ein Teilchen der Sorte i bei konstantem Druck p und konstanter Temperatur T, in das System zu bringen. Im Fall geladener Teilchen wird diese Arbeit zusätzlich durch das elektrostatische Potential ψ des Systems bestimmt; das chemische Potential ist dann zum *elektrochemischen Potential*

$$\tilde{\mu}_i = \mu_i + eZ_i\psi$$

zu verallgemeinern, wobei eZ_i die Ladung des Teilchens angibt. Weisen zwei unterschiedlich zusammengesetzte und aneinandergrenzende Systeme denselben Wert des elektrochemischen Potentials auf, so ist mit einem Übergang eines Teilchens vom einen zum anderen System kein Energiegewinn verbunden – die beiden Systeme befinden sich dann im thermischen Gleichgewicht.

Tabelle 33.1 Elektrochemische Spannungsreihe der Metalle (nach [3])

Metall	n_e	E_N, V	Metall	n_e	E_N, V
Li	1	−2.96	Cd	2	−0.40
K	1	−2.92	Co	2	−0.28
Ca	2	−2.76	Ni	2	−0.23
Na	1	−2.71	Sn	2	−0.16
Mg	2	−2.34	Pb	2	−0.12
Al	2	−1.33	Cu	2	0.34
Mn	2	−1.10	Ag	1	0.79
Zn	2	−0.76	Hg	2	0.85
Cr	2	−0.51	Au	2	1.36
Fe	2	−0.44	Pt	2	1.60

Elektrodenpotentiale, Spannungsreihe. Ein Gleichgewicht zwischen Abscheidung und Auflösung liegt vor, wenn die elektrochemischen Potentiale denselben Wert aufweisen. Ist das chemische Potential im Metall größer als in der Lösung, so überwiegt die Auflösung der Elektrode, im umgekehrten Fall überwiegt die Abscheidung von Metallionen aus der Lösung an der Elektrodenoberfläche; im ersten Fall lädt sich die Metallelektrode negativ auf, im zweiten Fall positiv. Die mit dieser Aufladung verbundene Änderung des elektrostatischen und damit des elektrochemischen Potentials kommt zum Stillstand, sobald das elektrochemische Potential in beiden Systemen denselben Wert aufweist. Zwischen dem Elektrolyt und der Elektrode bildet sich dann die, durch die Differenz der chemischen Potentiale bestimmte, Potentialdifferenz $V = \Delta\mu_i/e$ aus. Diese als *Elektrodenpotential* bezeichnete Potentialdifferenz läßt sich nicht direkt messen. Um die Potentialdifferenz zur Elektrolytlösung zu ermitteln muß ja eine zweite Elektrode in Kontakt mit dem Elektrolyt gebracht werden: Zwischen den Elektroden kann nur die *Differenz* der Elektrodenpotentiale gemessen werden. Wird eine Elektrode als Referenz – in der Elektrochemie ist das eine sog. „*Wasserstoffnormalelektrode*“, das ist eine von Wasserstoffgas umspülte Platinelektrode – festgelegt, so gelangt man zu der in Tabelle 33.1 angeführten *elektrochemischen Spannungsreihe.*

Helmholtz-Doppelschicht, Doppelschichtkapazität. Die im Elektrolyt gelösten Ionen werden zu der geladenen Elektrodenoberfläche hingezogen und bilden mit dieser eine Dipolschicht: Es entsteht eine Doppelschicht aus der Ladung an der Oberfläche des Metalls und den an der Grenzfläche angehäuften solvatisierten[4] Ionen, die sog. *Helmholtz-Doppelschicht.* Die mit der Doppelschicht verbundene Kapazität weist wegen des geringen räumlichen Abstands von positiver und negativer Ladung einen sehr großen Wert auf. Dies wird in den elektrochemischen Kondensatoren ausgenutzt (vgl. Kap. 33.2).

Gouy-Chapman-Theorie: Wird das elektrostatische Potential im Elektrolyt gleich null gesetzt, und beträgt die Dichte der Ionen dort n_0, so folgt aus der Boltzmann-Statistik für die Dichten $n_+(x)$ und $n_-(x)$ der Kationen und Anionen

$$n_+(x) = n_0 \exp\left(-\frac{eZ\psi(x)}{k_\mathrm{B}T}\right) \quad \text{und} \quad n_-(x) = n_0 \exp\left(\frac{eZ\psi(x)}{k_\mathrm{B}T}\right) ,$$

wobei Z die Ladungszahl der Ionen bezeichnet. Die Poisson-Gleichung für das elektrostatische Potential im Elektrolyt lautet nun

$$\frac{\mathrm{d}^2\psi}{\mathrm{d}x^2} = \frac{Ze}{\epsilon}\left[n_-(x) - n_+(x)\right] .$$

Diese Gleichung bildet die Grundlage der sog. *Gouy-Chapman-Theorie* der Doppelschicht. Die Auswertung erfolgt in weiten Zügen analog zur Untersuchung der Ladungsverteilung an der Si-SiO_2-Grenzfläche des MOS-Kondensators bei Akkumulation (vgl. z.B. [2]). Die Dicke der Ionenschicht wird durch die Debye-Länge

$$L_\mathrm{D} = \sqrt{\frac{\epsilon k_\mathrm{B}T}{Z^2e^2n_0}}$$

bestimmt.

---

[4]Weisen die Moleküle des Lösungsmittels ein Dipolmoment auf, so lagern sich die Dipole an die Ionen an (positiv geladene Ionen ziehen beispielsweise die negativen Ladungsschwerpunkte an und stoßen die positiven Ladungsschwerpunkte ab): Es entsteht ein solvatisiertes Ion. Die mit der Bindung der Dipole an die Ionen verbundene Bindungsenergie wird als Solvationsenergie bezeichnet.

Butler-Volmer-Gleichung, Tafel-Gerade. Ein Abbau des Elektrodenpotentials gegenüber dem Gleichgewichtswert führt zu überwiegender Auflösung des Elektrodenmaterials. Die Rate mit der Ionen in Lösung gehen hängt dabei exponentiell von der Abweichung $\eta = \psi - \psi_0$ des Elektrodenpotentials vom Gleichgewichtspotential ab. Unter Berücksichtigung der stets auch ablaufenden Umkehrreaktion folgt für die Stromdichte mit der Ionen in Lösung gehen

$$J = J_0 \left[\exp\left(\frac{\alpha n_e \eta}{V_T}\right) - \exp\left(-\frac{(1-\alpha) n_e \eta}{V_T}\right) \right]$$

diese Beziehung wurd als *Butler-Volmer-Gleichung*[5] bezeichnet, der Parameter α heißt *Durchtrittsfaktor* ; α liegt zwischen 0 und 1 und weist typische Werte von ca. 0.5 auf. Der Faktor J_0 heißt *Austauschstromdichte*, sein Wert hängt über einen Boltzmann-Faktor exponentiell von der absoluten Temperatur ab. Ist das Elektrodenpotential weit vom Gleichgewicht entfernt, so kann die Rückreaktion vernachlässigt werden und die Butler-Volmer-Gleichung beschreibt einen exponentiell von der Absenkung des Elektrodenpotentials ansteigenden Strom in Lösung gehender Ionen. Wegen dieser Abhängigkeit von $\eta = V - V_0$ hat sich die logarithmische Darstellung von Meßdaten in Form einer *Tafel-Geraden* (Abb. 33.3) b als nützlich erwiesen.

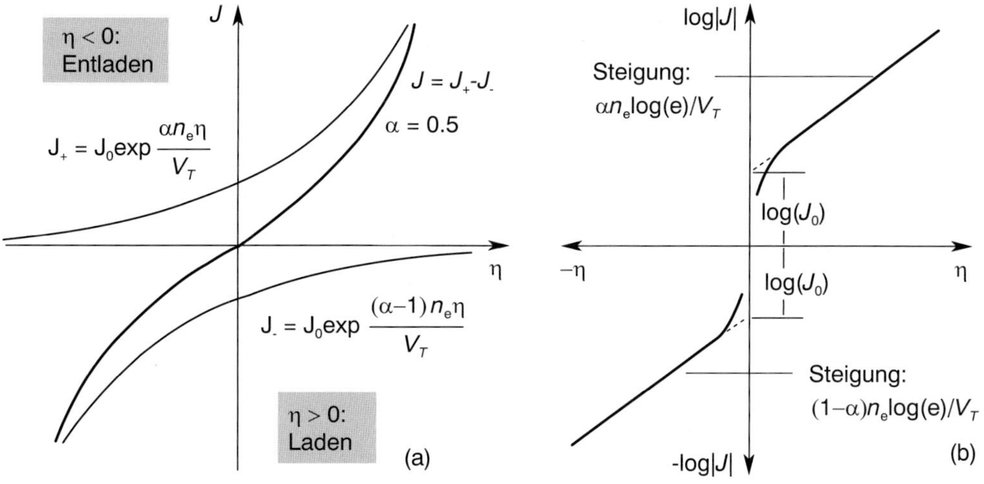

Abb. 33.3. Durchtritts-Strom-Spannungs-Kurve nach der Butler-Volmer-Gleichung. (**a**) Lineare Auftragung und (**b**) logarithmische Auftragung (nach [4])

Ist $\eta < 0$, so ist das Elektrodenpotential kleiner als das der Gleichgewichtswert; in diesem Fall überwiegt die Auflösung von Metallionen, das elektrochemische Element entlädt sich. Gilt $\eta > 0$, so werden Metallatome auf der Elektrode abgeschieden; diese Situation liegt beim Wiederaufladen eines Akkus vor.

[5] In der Literatur zur Elektrochemie wird üblicherweise die ideale Gaskonstante $R = N_{\mathrm{mol}} k_{\mathrm{B}}$ und die Faraday-Konstante $F = N_{\mathrm{mol}} e$ verwendet, wobei gilt $V_T = k_{\mathrm{B}} T/e = RT/F$.

Tabelle 33.1 Spannungsverhalten und Energiedichten gebräuchlicher Elemente

Element	V_0 V	V_N V	V_S V	$\Delta W/\Delta m$ mWh/g^3	Typ
Zink-Braunstein	1.5	1.2	0.9	50 – 80	Primärzelle
Alkali-Mangan	1.5	1.25	0.9	65 – 100	Primärzelle
Quecksilberoxid-Zink	1.35	1.25	0.9	100 – 125	Primärzelle
Silberoxid-Zink	1.6	1.5	0.9	130 – 190	Primärzelle
Luft-Zink	1.45	1.15	0.9	300 – 500	Primärzelle
Lithium-Mangandioxid	3.2	2.9	1.8	200 – 300	Primärzelle
Nickel-Cadmium	1.2	1.2	1.0	40 – 80	Akku
Nickel-Metallhydrid	1.3	1.2	1.0	55	Akku
Lithium-Ionen	4.1	3.6	2.7	140	Akku
Blei	2.0	1.9	1.7	50 – 100	Akku

V_0: Leerlaufspannung, V_N: Nennspannung, V_S: empfohlene Entladeschlußspannung

33.1.3 Kenngrößen, Spezifische Energie, Leistungsabgabe

Entladespannung, Nennspannung. Die im stromlosen Zustand gemessene *Leerlaufspannung* V_0 wird im Betrieb unterschritten: Als Maß für die mittlere Entladespannung dient die *Nennspannung* V_N. Ihr Wert liegt unter der *Anfangsspannung*, die in der Regel nach Entnahme von 10 Prozent des Energieinhalts gemessen wird, da die Spannung im Laufe der Entladung abnimmt. Die *Entladeschlußspannung* V_S bestimmt die Spannung am Ende der Entladung. Wird eine Zelle unter ihre Entladeschlußspannung entladen, so spricht man von *Tiefentladung*. Da die meisten Sekundärelemente hierdurch geschädigt werden und an Kapazität verlieren, sollten Tiefentladungen vermieden werden.

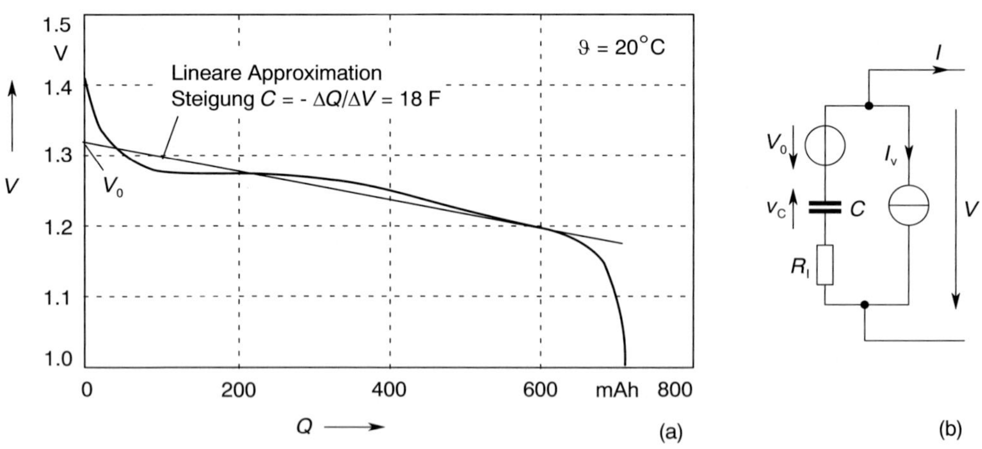

Abb. 33.4. (**a**) Entladekennlinie eines NiMh-Akkus (nach Unterlagen der Firma Maxell) und (**b**) vereinfachte Ersatzschaltung für die Entladung bis zur Nennkapazität

Gespeicherte Energie, Nennkapazität. Die *Kapazität* eines Elements bestimmt die gespeicherte Energie; ihr Wert ist durch die Menge des Elektrodenmaterials bestimmt und läßt sich durch größere Bauformen leicht steigern. Soll ein Batterietyp für ein transportables Gerät ausgewählt werden, so kommt es deshalb besonders auf die *massenspezifische Energie* der Batterie (Einheit [Wh/kg]), das ist die auf die Masse der Batterie bezogene Kapazität, an. Große Werte der massenspezifischen Energie einer Batterie erfordern *hohe Zellspannungen* und Elektrodenmaterialien mit *geringer Äquivalentmasse*. Lithium (Zellspannung: $> 4\,\text{V}$ möglich, Wertigkeit: 1, Äquivalentmasse 7 g) beispielsweise hat hier deutliche Vorzüge gegenüber Blei (Zellspannung: $\approx 2\,\text{V}$, Wertigkeit 2: Äquivalentmasse 103.5 g). Typische Werte der massenspezifischen Energie[6] von Blei- oder Nickel-Cadmium-Akkumulatoren liegen in der Größenordnung 50 Wh/kg, mit Lithium-Ionen-Akkus wurde annähernd der dreifache Wert erzielt; diese Werte sind klein im Vergleich zu der bei der Verbrennung von Benzin freigesetzten Energie (12 000 Wh/kg).

Die *Nennkapazität* C_N eines Elements ist der bei Entladung unter Nennbedingungen[7] verfügbare *Energieinhalt* des Elements. Sie wird in der Regel als die Ladung angegeben, die das Element bei Entladung mit konstanter Stromstärke abgibt, bevor die Entladeschlußspannung erreicht wird. Die in Abb. 33.4 unter Nennbedingungen aufgenommene Entladekennlinie führt demnach auf die Nennkapazität 700 mAh.

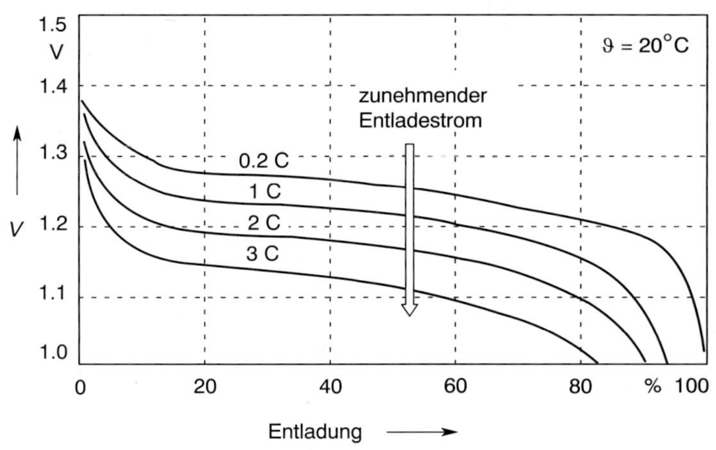

Abb. 33.5. Entladekennlinie eines NiMh-Akkus für verschiedene Werte des Entladestroms (nach Unterlagen der Firma Maxell, entladung in Einheit der Nennkapazität)

Steigt der Entladestrom, so sinkt die Kapazität. Dies wird durch Abb. 33.5 illustriert, die Entladekennlinien eines NiMh-Akkus für verschiedene Entladeströme zeigt. Zur Charakterisierung des Entladestroms wird meist die *Entla-*

[6]Ohne Berücksichtigung des Batteriegehäuses.

[7]Das ist eine festgelegte Nenntemperatur (i.allg. $\vartheta_N = 20\,°\text{C}$), Entladeschlußspannung und Nennentladestrom (bei Akkumulatoren i.allg. der zehnstündige Entladestrom I_{10}, bei Batterien wird der Nennstrom sehr viel geringer gewählt – z.B. 1000-stündiger Strom; der Nennentladestrom muß so klein gewählt werden, daß Leistungsverluste am Innenwiderstand weitgehend vernachlässigbar sind).

derate (C-Rate) verwendet. Die Angabe 1 C bedeutet, daß die Zelle in einer Stunde entladen wird, bei einem 10-stündigen Entladevorgang ist die Entladerate entsprechend 0.1 C. Liegt die Entladerate über 1 C, so wird von einer *Hochstromentladung* gesprochen. Nicht alle Zellen sind hierfür geeignet.

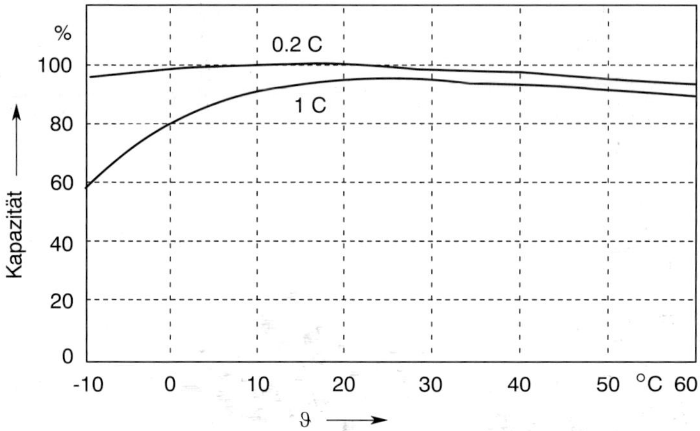

Abb. 33.6. Temperaturabhängigkeit der Kapazität von NiMh-Akkus (nach Unterlagen der Firma Maxell)

Abbildung 33.8 zeigt die Kapazität eines NiMH-Akkus als Funktion der Temperatur; insbesondere bei großem Entladestrom tritt ein deutlicher Abfall der Kapazität bei tiefen Temperaturen auf.

Spannungsabfall, Innenwiderstand. Die von einer Zelle gelieferte Spannung sinkt mit dem Strom, da einerseits das Elektrodenpotential stromabhängig ist und anderseits, insbesondere durch den Stromtransport im Elektrolyt, ein Serienwiderstand auftritt.

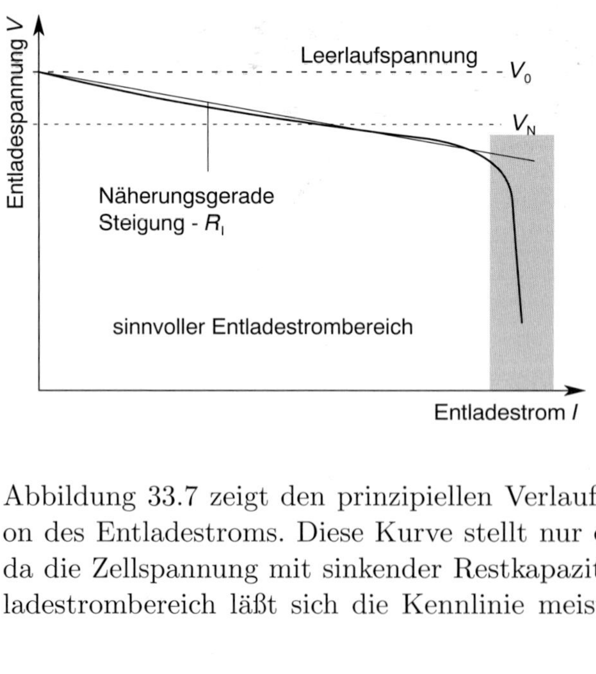

Abb. 33.7. Zellspannung als Funktion des Entladestroms (schematisch)

Abbildung 33.7 zeigt den prinzipiellen Verlauf der Zellspannung als Funktion des Entladestroms. Diese Kurve stellt nur eine „Momentaufnahme" dar, da die Zellspannung mit sinkender Restkapazität abfällt. Im sinnvollen Entladestrombereich läßt sich die Kennlinie meist mit ausreichender Genauigkeit durch eine Gerade annähern. Um den vom Entladestrom abhängigen Spannungsabfall zu charakerisieren wurde in der einfachen Ersatzschaltung Abb. 33.4 b ein ohmscher Innenwiderstand R_I aufgenommen. Dessen Wert kann aus der Steigung der Näherungsgeraden ermittelt werden (Abb. 33.7). Liegt keine Kennlinie vor, so kann $R_\mathrm{I} \approx (V_0 - V_\mathrm{N})/I_\mathrm{N}$ aus der Differenz von Leerlaufspannung und Nennspannung (ermittelt beim Entladestrom I_N) abgeschätzt werden.

Ersatzschaltung. Abbildung 33.4 b zeigt eine vereinfachte Ersatzschaltung für eine Batterie. Die am Verbraucher abfallende Klemmenspannung ergibt sich daraus zu

$$V \;=\; V_0 - v_\mathrm{C} - R_\mathrm{I} i \;=\; V_0 - \frac{1}{C}\int_0^t (i + I_\mathrm{v})\,\mathrm{d}t - R_\mathrm{I} i \,.$$

Der über den Verbraucher fließende Strom i und der Selbstentladestrom I_v (s.u.) laden die Kapazität auf und führen so zu einer Absenkung der Klemmenspannung im Laufe der Entladung. Der Wert der Kapazität ist so zu wählen, daß die Entladekennlinie im praktisch relevanten Bereich möglichst gut wiedergegeben wird. Die Vorgehensweise wird in Abb. 33.4 a erläutert: Aus der Steigung der Näherungsgeraden für die Entladekennlinie läßt sich in diesem Beispiel der Wert $C = 18\,\mathrm{F}$ ermitteln. Die Ersatzschaltung kann nur bis zum Erreichen der Entladeschlußspannung eingesetzt werden.

Selbstentladung. Wird eine Batterie längere Zeit gelagert, so sinkt ihre Kapazität. Diese *Selbstentladung* kann bei Primärzellen (bei Raumtemperatur) meist vernachlässigt werden: Geht man von einer Lagerzeit von 2 Jahren aus, so genügt ein Zuschlag von 5 – 10 % auf die geforderte Kapazität um Selbstentladeverluste auszugleichen [5]. Bei Sekundärelementen ist die Selbstentladung allerdings deutlich ausgeprägter: Für einen NiCd-Akkumulator mit Sinterelektroden nimmt die Kapazität nach zwölfmonatiger Lagerung bei 20 °C beispielsweise um 60 % ab.

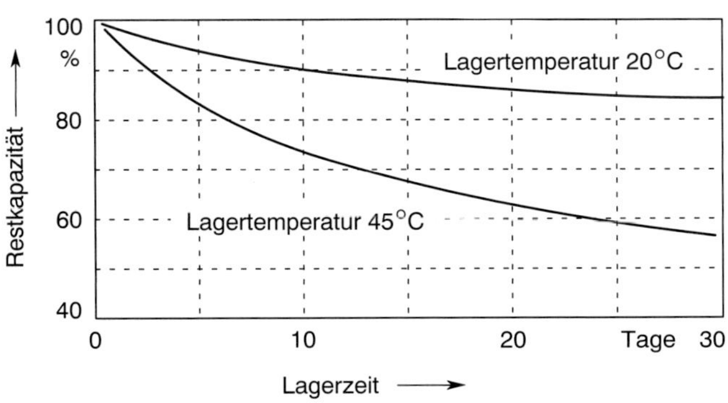

Abb. 33.8. Selbstentladeverahlten von NiMh-Akkus bei unterschiedlicher Lagertemperatur (nach Unterlagen der Firma Maxell)

Der durch Selbstentladung nach einer bestimmten Zeit bedingte Kapazitätsverlust hängt stark von der Lagertemperatur des Kondensators ab. Abbildung

33.6 illustriert dies für den Fall eines NiMh-Akkus, der bei zwei unterschiedlichen Temperaturen gelagert wurde. Im Fall einer Alkali-Mangan-Zelle steigt der Selbstentladestrom I_v bei einem Temperaturanstieg von 20 °C auf 60 °C um annähernd den Faktor 20. Insbesondere Primärzellen sollten deshalb nicht bei hohen Temperaturen gelagert werden.

Der Wert des Selbstentladestroms läßt sich leicht aus dem Abfall der Kapazität ermitteln: Sinkt beispielsweise die Kapazität eines Akkus der Nennkapazität 600 mAh in 30 Tagen um 25 %, so ist der Ladungsverlust in diesem Zeitraum 150 mAh und der Selbstentladestrom entsprechend $I_v = 150\,\text{mAh}/(30 \times 24\,\text{h}) = 0.208\,\text{mA}$.

Bauformen. Batterien und Akkumulatoren werden in einer schier unübersehbaren Vielzahl von Formen angeboten, wobei die in Tabelle 33.3 aufgeführten zylindrischen Zellen die größte Verbreitung aufweisen.

Tabelle 33.3 Abmessungen und IEC-Bezeichnung zylindrischer Primärzellen

Typ	Mono	Baby	Mignon	Lady	Micro
IEC-Bezeichnung	R 20	R 14	R 6	R 1	R 03
Durchmesser, mm	34.2	26.2	14.5	12	10.5
Höhe, mm	61.5	50	50.5	30	44.5

33.1.4 Reihen- und Parallelschaltung

Für den Betrieb elektronischer Geräte werden üblicherweise mehrere Zellen in Reihe geschaltet um die abgegebene Spannung zu erhöhen.

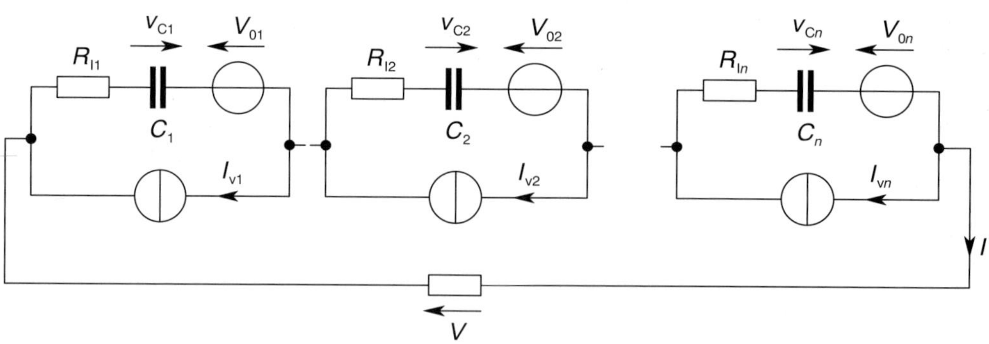

Abb. 33.9. Vereinfachte Ersatzschaltung für die Reihenschaltung von n Zellen

Reihenschaltung. Abbildung 33.11 zeigt eine vereinfachte Ersatzschaltung für mehrere in Reihe geschaltete Zellen.Weisen die einzelnen Zellen einer Batteriereihe unterschiedliche Ladezustände auf, so wird die Zelle mit der geringsten Ladung als erstes vollständig entladen und gelangt dann in den *Reversebetrieb*, d.h. sie wird von den anderen, noch nicht entladenen, Zellen mit einer

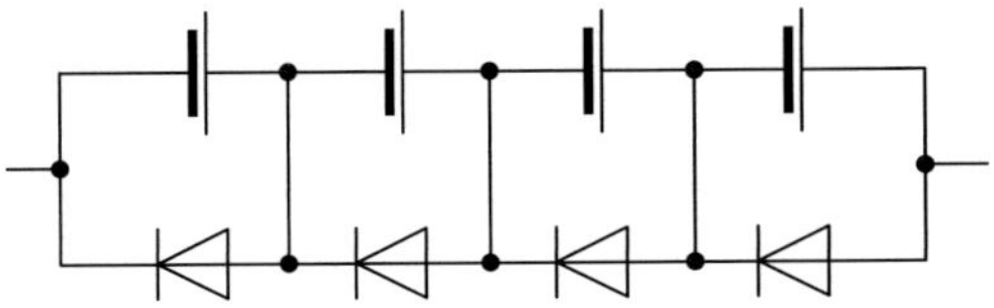

Abb. 33.10. Begrenzung möglicher Reversespannungen in Batteriereihen

entgegengesetzt zur vorgesehenen Polung gerichteten Spannung betrieben. Bei größeren Batteriereihen sollten deshalb – sofern die Batterien nicht explizit als reversebetriebssicher klassifiziert sind – Bypassdioden parallel zu jeder Zelle gelegt werden, um die mögliche Reversespannung auf die Schleusenspannung der Diode zu begrenzen (Abb. 33.10).

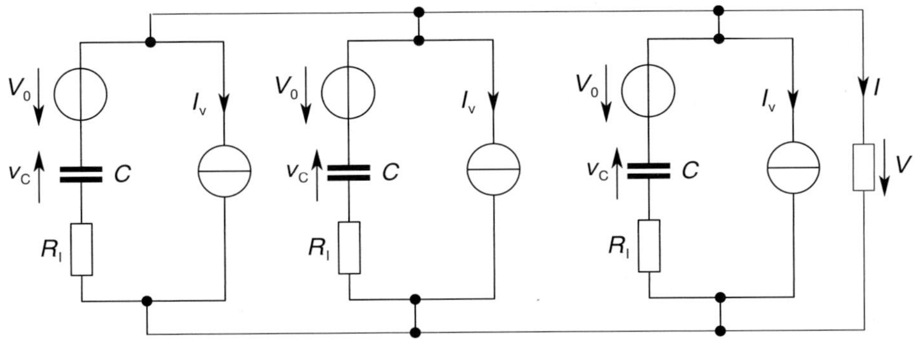

Abb. 33.11. Vereinfachte Ersatzschaltung für die Parallelschaltung von n Zellen

Parallelschaltung. Um Kapazität und Entladestrom eines Batteriesystems zu vergrößern können Batterien parallel geschaltet werden. Abbildung 33.11 zeigt eine vereinfachte Ersatzschaltung für mehrere parallel geschaltete Zellen. Bei unterschiedlichen Ladezuständen der Zellen kommt es zu Umladevorgängen. Wird beispielsweise eine gebrauchte und eine frische Primärzelle parallel geschaltet, so kommt es aufgrund der unterschiedlichen Klemmenspannungen zu einer Entladung der frischen Zelle, während die gebrauchte aufgeladen wird. Das führt zwar meist nicht zur Zerstörung der gebrauchten Zelle, ist aber wegen der endlichen Wirkungsgrade der elektrochemischen Umwandlungen mit einem Kapazitätsverlust verbunden. Deshalb sollten die Batterien in einem elektronischen Gerät stets gleichzeitig ausgewechselt werden. Um Umladevorgänge in parallelgeschalteten Batteriereihen zu vermeiden wird in Serie zu jeder Batteriereihe eine Diode geschaltet (Abb. 33.12).

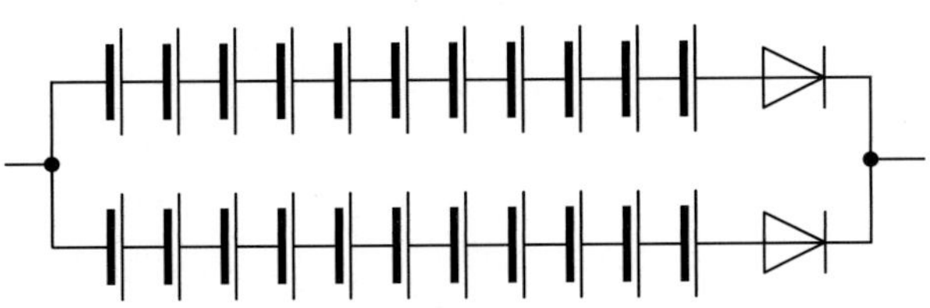

Abb. 33.12. Entkopplungsdioden zum Schutz vor Umladungsvorgängen in parallel geschalteten Batteriereihen

33.1.5 Betrieb mit Solarzellen

Photovoltaische Systeme im Inselbetrieb liegen nicht nur bei entlegenen Siedlungen mit einem mittleren Leistungsbedarf im Kilowattbereich vor, sondern auch bei zahlreichen Kleinleistungsverbrauchern: Im

- Mikrowattbereich liegen auf minimalen Energieverbrauch optimierte integrierte Schaltkreise (Solaruhren, Solarrechner), im
- Milliwattbereich liegt der mittlere Verbrauch von Parkscheinautomaten oder durchschnittlich genutzten Mobiltelefonen. Durchschnittliche Leistungen im
- Wattbereich weisen beispielsweise Stromversorgungen auf Booten oder in Wochenendhäusern, solarbetriebene Meßstationenen, etc auf.

Bei Kleinleistungsverbrauchern kommen mittlerweile in der Regel Nickel-Metallhydrid-Akkus oder Lithium-Ionen-Akkus zum Einsatz, für leistungsintensivere Anwendungen werden Bleiakkumulatoren verwendet.

Für den Betrieb elektronischer Geräte ist meist eine Reihenschaltung mehrerer Akkus erforderlich. Diese kann von einem Solargenerator (Reihenschaltung von Solarzellen) wiederaufgeladen werden (Abb. 33.13). Die Diode D sorgt dafür, daß der Strom nur vom Solargenerator zu den Akkus fließen kann, die Zellen werden deshalb nur dann weiter aufgeladen, wenn die Spannung des Solargenerators größer ist als die aktuelle Ladespannung zuzüglich der Schleusenspannung der Diode D. Diese sollte möglichst klein sein, so daß sich hier der Einsatz von Schottky-Dioden empfiehlt. Um ein Überladen der Akkus zu vermeiden sollte eine Überbrückung (Transistor T und Widerstand R) hinzugefügt werden, die über eine Regelelektronik aktiviert wird, sobald die Ladespannung einen vorgegebenen Wert übersteigt.

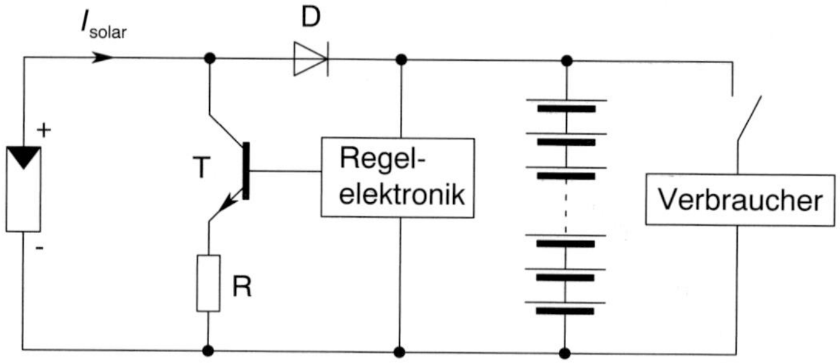

Abb. 33.13. Photovoltaisches System für Inselbetrieb

33.2 Ultracaps

Abbildung 33.14 gibt einen Hinweis auf die Einsatzgebiete unterschiedlicher Energiespeicher für die Elektronik. Konventionelle Kondensatoren ermöglichen kurzfristig große Entladeströme und können damit eine große Leistung

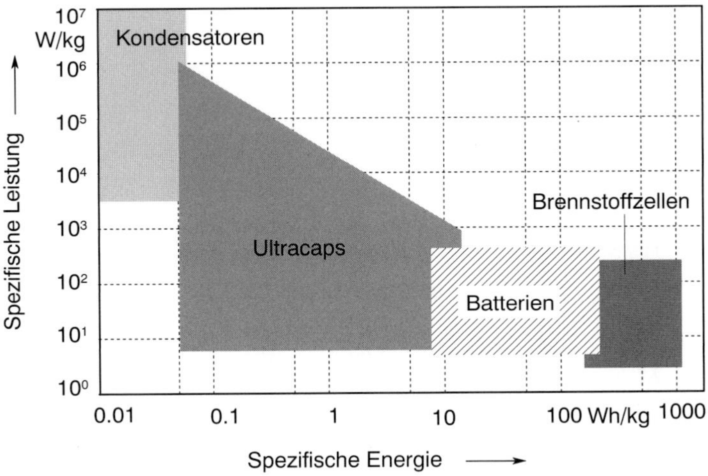

Abb. 33.14. Einsatzgebiete unterschiedlicher Energiespeichertechnologien (Ragone-Plot, nach [6])

abgeben. Das Energieaufnahmevermögen ist jedoch begrenzt auf weniger als 0.1 Wh/kg. Das Energieabgabevermögen konventioneller Batterien und Akkumulatoren liegt um Größenordnungen höher – wegen der geringen Entladeströme ist die von einer Batterie abgegebene Leistung aber sehr viel geringer. Ein Energiespeicher der ein größeres Energieabgabevermögen als konventionelle Kondensatoren und eine größere spezifische Leistung als elektrochemische Elemente aufweist wurde mit den *elektrochemischen Kondensatoren* (Ultracaps) gefunden.

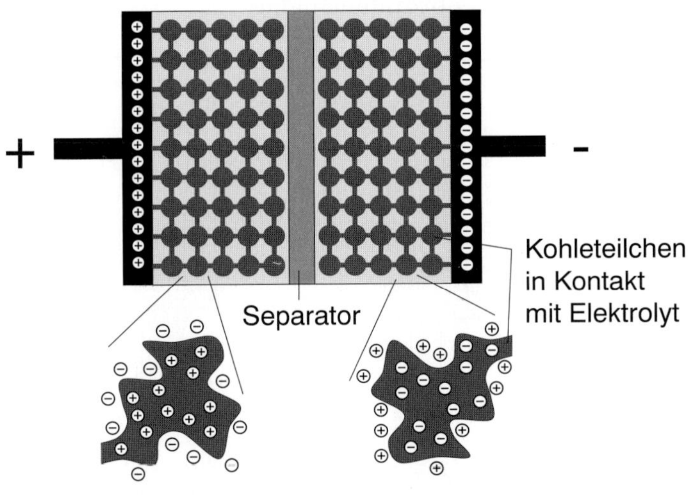

Abb. 33.15. Prinzipieller Aufbau eines elektrochemischen Kondensators (Ultracap, nach [6])

Aufbau und Wirkungsweise. Ultracaps nutzen die sehr große flächenspezifische Kapazität der Helmholtz-Doppelschicht in Verbindung mit einer sehr großen Oberfläche der „Kondensatorelektroden“. Da der Abstand von positiver und negativer Ladungsschicht in der Größenordnung 1 nm liegt, folgt die Größenordnung der flächenspezifischen Kapazität zu $10\,\mu F/cm^2$, falls die

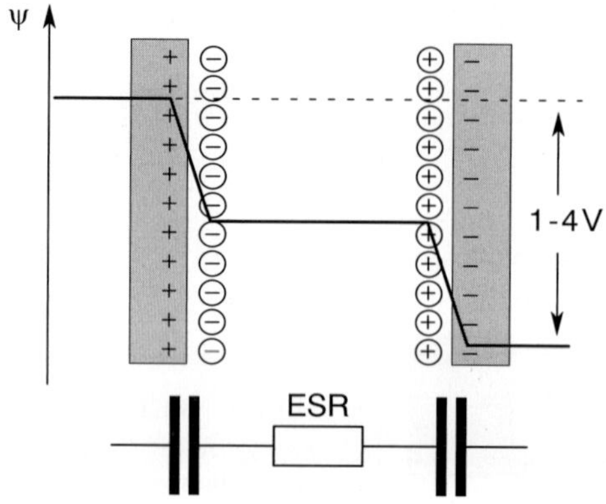

Abb. 33.16. Zum Verlauf des elektrostatischen Potentials in der elektrolytischen Doppelschicht eines Ultracap mit einfacher Ersatzschaltung (nach [6])

Dielektrizitätszahl größenordnungsmäßig zehn ist. Da die Feldstärke in der Doppelschicht Werte von bis zu 10^6 V/cm annehmen kann, beträgt die in einer dermaßen aufgeladenen Doppelschicht gespeicherte Ladung pro Flächeneinheit größenordnungsmäßig $Q' = \epsilon E \approx 10^{-6}$ As/cm^2.

Um die Elektrodenfläche zu erhöhen nutzen Ultracaps beispielsweise Aktivkohle [8] als Elektrodenmateral, das sind sehr feine Kohleteilchen (Abb. 33.15), die in der Summe eine sehr große Oberfläche aufweisen: 1 g Aktivkohle weist eine Oberfläche in der Größenordnung von 1000 m^2 auf. Für einen niederohmigen Anschluß dieser porösen Schicht aus Kohleteilchen werden in der Regel Aluminiumfolien verwendet. Wird die maximale Potentialdifferenz [9] über der Doppelschicht mit $\Delta V = 1\,\mathrm{V}$ angenommen, so resultiert ein massenspezifisches Energiespeichervermögen von größenordnungsmäßig

$$\frac{\Delta W}{\Delta m} = Q'\Delta V \frac{\Delta A}{\Delta m} \approx 10^{-6} \frac{\mathrm{As}}{\mathrm{cm}^2} \cdot 1\,\mathrm{V} \cdot 10^7 \frac{\mathrm{cm}^2}{\mathrm{g}} \approx 3 \frac{\mathrm{Wh}}{\mathrm{kg}} .$$

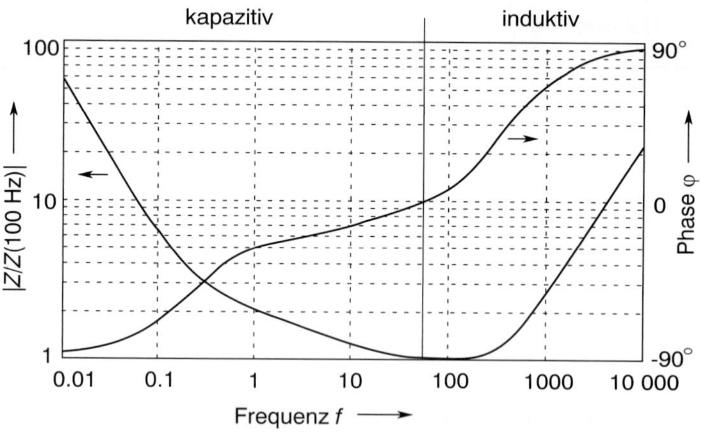

Abb. 33.17. Zur Frequenzabhängigkeit der Impedanz eines Ultracap (nach Unterlagen der Firma EPCOS)

[8] Es gibt auch Ansätze die beispielsweise Metalloxide einsetzen.

[9] Mit organischen Dielektrika lassen sich Potentialdifferenzen größer als 2 V realisieren.

Größenordnungen: Ein Kondensator mit 2500 F wiegt größenordnungsmäßig 700 g und speichert ca. 5 Wh/kg; die kurzfristig verfügbare Leistung ist größer als 1 kW/kg. Ultracaps eignen sich demnach für die kurzfristige Speicherung von Energie, sie zeigen bereits bei niedrigen Frequenzen deutliche Abweichungen vom rein kapazitiven Verhalten (Abb. 33.17): Der Verlustwinkel beträgt bereits bei $f = 0.1\,\mathrm{Hz}$ mehr als $10\,°$. Ursache dieses schlechten Frequenzverhaltens ist der vergleichsweise hohe, durch den Elektrolyt bedingte Serienwiderstand ESR (Abb. 33.16).

33.3 Brennstoffzellen

Brennstoffzellen wandeln, wie elektrochemische Elemente, chemische Energie direkt in elektrische Energie (und Wärme). Sie zeichnen sich durch einen hohen Wirkungsgrad und den modularen Aufbau aus, der es ermöglicht, Stromversorgungen vom Milliwatt- bis zum Megawattbereich zu realisieren. Brennstoffzellen haben in den letzten Jahren vor allem in Verbindung mit der elektrischen Antriebstechnik großes Interesse erfahren.

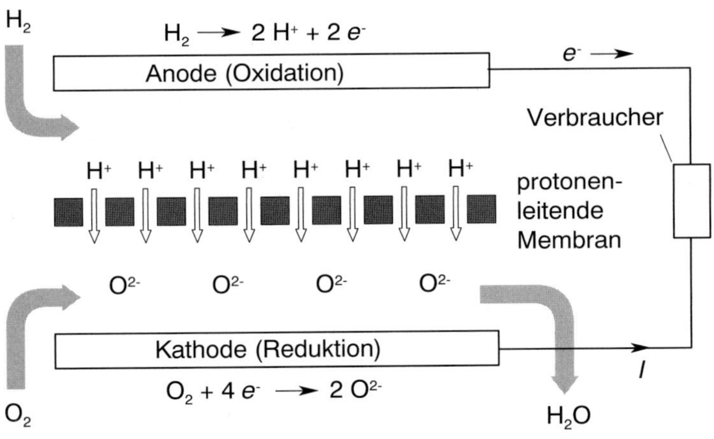

Abb. 33.18. Prinzipieller Aufbau einer Brennstoffzelle mit protonenleitender Membran

Als Beispiel für einen Brennstoffzellentyp, der auch für den Betrieb elektronischer Geräte (z.B. Laptops) in Betracht kommt, wird die in Abb. 33.18 skizzierte PEM-Brennstoffzelle betrachtet. Die Abkürzung PEM stellt für Proton-Exchange Membran und weist auf ein wesentliches Funktionselement einer solchen Zelle hin: Anode und Kathode sind durch eine Polymermembran getrennt, die Wasserstoffionen (Protonen) durchläßt.

Der für den Betrieb der Brennstoffzelle benötigte Wasserstoff kann für Kleinanwendungen aus einem *Metallhydridspeicher* gewonnen werden. Dabei wird Natriumborhydrid ($NaBH_4$) mit Wasser zur Reaktion gebracht, wobei Wasserstoff freigesetzt wird

$$\mathrm{NaBH_4 + 2\,H_2O \quad \rightarrow \quad 4\,H_2 + NaBO_2} \ .$$

Die Zelle zeichnet sich durch eine vergleichsweise einfache Herstellung und die geringe Schichtdicke aus: Dies ermöglicht es Brennstoffzellenstacks hoher Leistungsdichte (1 kW/kg) zu realisieren. Der Zellwirkungsgrad ist mit typischerweise 50 – 68 % sehr gut. Probleme sind eine CO-Empfindlichkeit und ein Austrockenen oder Einfrieren der Membran: Die üblicherweise verwendete Nafion-Folie weist einen Wassergehalt von 30 % auf.

Die reversible Zellspannung folgt wie bei der elektrochemischen Zelle aus der freien Reaktionsenthalpie $\Delta G = \Delta H - T\Delta S$ und der Anzahl n_e der je Elementarreaktion transportierten Elektronen

$$E_0 \ = \ -\Delta G / n_\mathrm{e} F \ ;$$

ihr Wert sinkt mit zunehmender Temperatur und wächst mit steigendem Druck.

Beispiel 33.3.1 Im Fall der Knallgasreaktion

$$\mathrm{H_2} + \frac{1}{2}\,\mathrm{O_2} \quad \rightarrow \quad \mathrm{H_2O}$$

gilt bei Normalbedingungen (25°C, 101325 Pa): $\Delta H = -285.83\,\mathrm{kJ/mol}$ sowie $\Delta S = -163.34\,\mathrm{J/(mol\,K)}$.[10] Aus diesen Angaben errechnet sich sofort die freie Reaktionsenthalpie $\Delta G = -237.13\,\mathrm{kJ/mol}$, so daß mit $n_\mathrm{e} = 2$ folgt

$$E_0 \ = \ -\frac{\Delta G}{n_\mathrm{e} F} \ = \ 1.23\,\mathrm{V} \ .$$

Die Zellspannung praktischer PEM-Zellen liegt unter diesem Wert. Der Wert von E_0 nimmt um

$$\left(\frac{\partial E_0}{\partial T}\right)_p \ = \ \frac{\Delta S}{n_\mathrm{e} F} \ = \ -0.85\,\frac{\mathrm{mV}}{\mathrm{K}}$$

mit zunehmender Temperatur ab. △

Abbildung 33.19 zeigt den prinzipiellen Zusammenhang zwischen Spannung und Strom. Bei $I = 0$ ist die gegenber der reversiblen Zellspannung reduzierte *Nernst-Spannung* E_N verfügbar. Bei größeren Strömen sinkt die Spannung aufgrund der Elektrodenreaktion und Serienwiderstandseffekten. Dabei sinkt die Spannung über einen großen Bereich annähernd linear mit dem Strom. In diesem Arbeitsbereich kann die Brennstoffzelle demnach als Spannungsquelle der Leerlaufspannung V_0 mit Ausgangswiderstand $R = -\mathrm{d}V/\mathrm{d}I$ beschrieben werden.

Der *Wirkungsgrad* der Brennstoffzelle ist definiert als das Verhältnis der an den Verbraucher abgegebenen Leistung zu der pro Zeiteinheit umgesetzten

[10] Die Reaktionsentropie ist negativ, da die Teilchenzahl abnimmt: Aus zwei Wasserstoffmolekülen und einem Sauerstoffmolekül entstehen zwei Wassermoleküle (Annahme: flüssig).

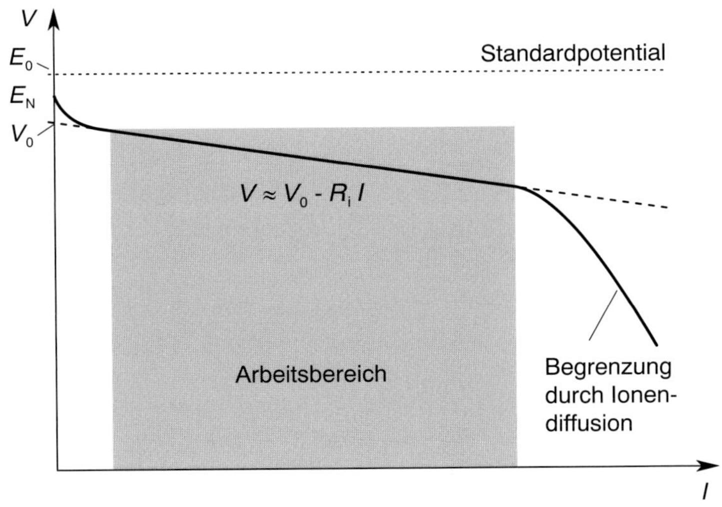

Abb. 33.19. Ausgangsspannung einer Brennstoffzelle (schematisch) als Funktion des abgegebenen Stroms

chemischen Energie. Der Wirkungsgrad ist zunächst annähernd konstant und sinkt mit zunehmendem Laststrom nur schwach; erst bei großen Stromstärken wird ein starker Abfall beobachtet. Die an den Verbraucher abgegebene Leistung steigt deshalb zunächst annähernd linear mit dem Strom, um nach Überschreiten eines Maximalwerts steil abzufallen.

33.4 Literaturverzeichnis

[1] W. Baumann, A. Muth. *Batterien, Daten und Fakten zum Umweltschutz.* Springer, Berlin, 1997.

[2] W. Schmickler. *Grundlagen der Elektrochemie.* Vieweg, Braunschweig, 1996.

[3] H.-D. Jaksch. *Batterie-Lexikon.* Pflaum, München, 1993.

[4] C.H. Hamann, W. Vielstich. *Elektrochemie.* Wiley-VCH, Weinheim, dritte Auflage, 1998.

[5] H.-A. Kiehne. *Gerätebatterien.* Expert, Renningen, 2001.

[6] R. Kötz, M. Carlen. Principles and applications of electrochemical capacitors. *Electrochimica Acta*, 45:2483–2498, 2000.

Index